Chemie

der

menschlichen Nahrungs- und Genussmittel.

Von

Dr. J. König,

Dr.-Ing. h. c., Geh. Reg.-Rat, o. Prof. an der Kgl. Westfälischen Wilhelms-Universität
in Münster i. W.

Dritter Band.

Untersuchung von Nahrungs-, Genussmitteln
und Gebrauchsgegenständen.

3. Teil: Die Genussmittel, Wasser, Luft, Gebrauchsgegenstände, Geheimmittel und ähnliche Mittel.

Vierte, vollständig umgearbeitete Auflage.

Mit 314 Abbildungen im Text und 6 lithographischen Tafeln.

Springer-Verlag Berlin Heidelberg GmbH

1918.

Untersuchung

von

Nahrungs-, Genussmitteln und Gebrauchsgegenständen.

3. Teil: Die Genussmittel, Wasser, Luft, Gebrauchsgegenstände, Geheimmittel und ähnliche Mittel.

Vierte, vollständig umgearbeitete Auflage.

Unter Mitarbeit von

Prof. Dr. A. Beythien-Dresden, Dr. C. Griebel-Berlin, Dr. L. Grünhut-München, Dr. A. Scholl-Münster i. W., Prof. Dr. A. Spieckermann-Münster i. W., Prof. Dr. A. Thienemann-Plön (Holstein), Prof. Dr. J. Tillmans-Frankfurt a. M. und Prof. Dr. K. Windisch-Hohenheim

herausgegeben von

Dr. J. König,

Dr.-Ing. h. c., Geh. Reg.-Rat, o. Prof. an der Kgl. Westfälischen Wilhelms-Universität in Münster i. W.

Mit 314 Abbildungen im Text und 6 lithographischen Tafeln.

Springer-Verlag Berlin Heidelberg GmbH

1918.

ISBN 978-3-662-41940-3   ISBN 978-3-662-41996-0 (eBook)
DOI 10.1007/978-3-662-41996-0

Copyright 1918 by Springer-Verlag Berlin Heidelberg

Ursprünglich erschienen bei Julius Springer in Berlin 1918.

Softcover reprint of the hardcover 4th edition 1918

Vorrede.

Bei Niederschrift der Vorrede zum zweiten Teil dieses Werkes, Ostern 1914, gab ich der Hoffnung Ausdruck, daß der dritte Teil voraussichtlich in Jahresfrist werde folgen können. Diese Hoffnung ist leider nicht in Erfüllung gegangen. Denn einige Monate später brach der schrecklichste und blutigste Krieg aus, den die Welt je erlebt hat und der nunmehr schon fast vier Jahre in uneingeschränkter Heftigkeit forttobt. Daß hierdurch sowohl die Bearbeitung wie die Drucklegung des Buches vielfache Störungen erlitten haben, kann nicht befremden. Dazu kommt, daß wir hofften, die neuen amtlichen Vorschriften für die Untersuchung des Weines, die schon ausgearbeitet vorliegen, wenigstens am Schlusse dieses Teiles aufnehmen zu können. Da aber die Vorschriften nochmals durchberaten werden müssen und dann noch der Genehmigung des Bundesrates bedürfen, also ihre Veröffentlichung noch nicht abzusehen ist, so haben wir geglaubt, mit der Herausgabe des dritten Teiles, auch ohne Aufnahme der neuen Untersuchungsvorschriften für Wein, nicht länger warten zu sollen, indem wir diese seinerzeit alsbald nach ihrer Veröffentlichung in einem besonderen Ergänzungsheft nachliefern werden. Denn die früheren Vorschriften für Untersuchung des Weines vom 11. Juni 1896 hier aufzunehmen, hat wenig Wert, weil sie durch die neuen vielfach verbessert und ergänzt werden, dazu aber durch die gebräuchlichen Lehrbücher über Untersuchung der Nahrungs- und Genußmittel schon genügend bekannt sind. Wir haben uns daher bei Wein einstweilen auf die Beurteilung auf Grund der chemischen Untersuchung und der Rechtsprechung beschränkt, da die Beurteilung durch die zu erwartenden neuen Vorschriften zur Untersuchung des Weines keine wesentliche Änderung erleiden dürfte.

Dagegen habe ich durch die Aufnahme zweier neuen, von sachkundigster Seite bearbeiteten Abschnitte, nämlich über die Untersuchung von Mineralwässern sowie von Geheimmitteln, die bis jetzt in den analytischen Lehrbüchern nicht oder nur dürftig behandelt ist, aber den analytischen Chemiker nicht selten beschäftigt, den Inhalt des Werkes wesentlich bereichern können.

Das jetzt für alle drei Bände beigefügte Inhaltsverzeichnis ist von Herrn Dr. J. Hasenbäumer - Münster i. W. (erster und zweiter Teil) und von Herrn Dr. J. Großfeld - Recklinghausen (dritter Teil) bearbeitet worden. Ihnen und allen Mitarbeitern spreche ich an dieser Stelle für ihre erfolgreiche Unterstützung wiederholt meinen wärmsten Dank aus.

Möge der im verheerenden Kriege begonnene und im noch immer tobenden Kriege beendete dritte Teil in einem baldigen glücklichen Frieden seinen Weg in die Fachkreise antreten und dieselbe günstige Aufnahme wie seine beiden Vorgänger finden. Da der erste Teil, dessen Neubearbeitung bis jetzt noch nicht möglich war, bereits durch anastatischen Druck vervielfältigt werden mußte, glaube ich annehmen zu dürfen, daß das Werk geeignet ist, den ihm zugedachten Platz auszufüllen.

Münster i. W., Herbst 1918.

J. König.

Inhaltsübersicht.

Dritter Teil des III. Bandes.

Die Genußmittel, Wasser, Luft, Gebrauchsgegenstände, Geheimmittel und ähnliche Mittel.

Chemische Untersuchung S. 134 (Bestimmung des Zimtaldehyds S. 135; Nachweis von extrahiertem Zimt S. 135; Bestimmung der Stärke S. 135; Nachweis von Zucker, oxalsaurem Kalk, Zimtabfall S. 136).
Mikroskopische Untersuchung S. 137.
Anhaltspunkte für die Beurteilung S. 140 (nach der chem. und mikrosk. Untersuchung S. 140; nach der Rechtslage S. 141).

Chemische Untersuchung S. 145 (Nachweis des Gingerols und Kalküberzuges S. 145).
Mikroskopische Untersuchung S. 145.
Anhaltspunkte für die Beurteilung S. 146.

(Regelung des Verkehrs mit Gewürzen S. 152.)

Begriffsbestimmungen S. 154; Normale Beschaffenheit und chem. Zusammensetzung S. 155; Vorkommende Abweichungen, Verfälschungen, Nachahmungen u. a. S. 158; Probenahme und erforderliche Prüfungen S. 159.

Sinnenprüfung S. 160; Bestimmung des Wassers S. 160; Gesamtstickstoff S. 161; Coffein S. 161; Coffearin S. 169; Fett S. 169; die in Wasser löslichen Stoffe S. 169; Gerbsäure S. 171; Zucker, in Zucker überführbare Kohlenhydrate, Pentosane, Rohfaser S. 172; Asche und Untersuchung der Asche S. 173; Überzugsmittel S. 174; Prüfung gerösteten Kaffees auf Überzugsstoffe S. 176. Bestimmung der abwaschbaren Stoffe S. 178; Glasieren des Kaffees mit Borax S. 180; Prüfung auf arsenhaltige Harze und künstliche Färbung S. 181. Nachweis von Kunstkaffee S. 182; Untersuchung von Kaffee-Extrakten S. 184.

Beurteilung nach der chem. und mikroskop. Untersuchung S. 191; nach der Rechtslage S. 194.

Begriffsklärungen S. 196; Normale Beschaffenheit und Zusammensetzung S. 197; Abweichungen, Verfälschungen, Nachahmungen u. a. S. 197; Probeentnahme S. 198; Erforderliche Prüfungen und Bestimmungen S. 198; Untersuchungsverfahren S. 198.
Grundsätze für die Beurteilung S. 200.

Seite

Gewürze.

Allgemeines.

Unter den hier in Betracht kommenden Gewürzen verstehen wir Pflanzenteile (Wurzeln, Rinden, Blätter, Blütenteile, Früchte, Samen, Schalen) aller Art, welche durch einige wohlriechende ätherische Öle oder scharf schmeckende Stoffe einerseits den Speisen einen angenehmen und zusagenden Geruch und Geschmack erteilen, andererseits die Absonderung der Verdauungssäfte befördern.

Da es sich meistens um seltene tropische Pflanzenerzeugnisse handelt und der Anbau bzw. die Gewinnung der Nachfrage nicht entspricht und immer weniger entsprechen wird, so liegt die Versuchung, den echten Erzeugnissen wertlose Stoffe beizumischen, sehr nahe. In der Tat lassen sich diese Stoffe und Verfälschungsarten kaum alle aufzählen und mehren sich mit jedem Jahre; viele derselben sind mehreren Gewürzen gemeinsam, andere dagegen für einzelne Gewürze eigenartig, weshalb sie bei den einzelnen Gewürzen angegeben werden sollen. (Vgl. auch II. Bd. 1904, S. 1013 u. f.)

Die Reinheit der Gewürze läßt sich im natürlichen unzerkleinerten Zustande unschwer oder doch weit leichter als im gemahlenen Zustande feststellen. Als rein bezeichnet man die Gewürze, wenn sie frei von fremden Beimengungen sind und eine normale chemische Zusammensetzung bzw. einen normalen Gehalt an den wertbestimmenden Bestandteilen besitzen.

Hierbei ist indes zu berücksichtigen, daß im Handel und beim Mahlen der Gewürze sich in einer Handelsware gewisse Beimengungen (z. B. Erde, Sand), leicht vermahlbare Pflanzenteile oder Teile von anderen Gewürzen bzw. Samen, wenn letztere auf derselben Mühle gemahlen werden, als Restanhängsel in den Mahlgängen nicht ganz vermeiden lassen; auch können bei der Sammlung oder bei dem Versand leicht einzelne fremde Samen- oder Pflanzenteile (einzelne Griffel im Safran oder einzelne Stiele in gemahlenen Nelken usw.) bzw. andere Gewürze in das betreffende Gewürz gelangen, ohne daß den Einführenden der Ware ein Verschulden trifft und die Ware als verfälscht bezeichnet werden kann. Man muß daher für manche Gewürze des Handels, besonders im gepulverten Zustande einige Zugeständnisse machen, und wenn sich die fremden Beimengungen in mäßigen Mengen bewegen, die einen absichtlichen Zusatz und einen Vermögensvorteil ausschließen, soll man das Gewürz, falls es auch nicht als rein bezeichnet werden kann, als handelszulässig ansehen bzw. es als „marktfähige Ware" ansprechen. Aus dem Grunde hat denn auch der Verein deutscher Nahrungsmittelchemiker in Gemeinschaft mit Gewürzhändlern und -müllern für die einzelnen Gewürze Begriffserklärungen und die Grenzen in der Beschaffenheit und Zusammensetzung festgestellt, bis zu welchen ein Gewürz als nicht zu beanstandende marktfähige Ware angesehen werden kann, und diese mögen auch, solange es noch an amtlichen Begriffserklärungen und Gehaltsgrenzen fehlt, in den nachstehenden Ausführungen als Anhaltspunkte für die Beurteilung zugrunde gelegt werden.

Immerhin erfordert die Beurteilung gerade der Gewürze die größte Um- und Vorsicht; es ist dazu in der Regel eine recht eingehende mikroskopische und chemische Untersuchung mit heranzuziehen.

Probenahme.

Für eine einwandfreie mikroskopische und chemische Untersuchung ist zunächst eine richtige Probenahme von größter Bedeutung; denn gerade die gepulverten Gewürze können sich, wie H. Kapeller[1]) für Zimt gezeigt hat, beim längeren Aufbewahren, wenn sie aus Teilen von verschiedenem spezifischen Gewicht bestehen, leicht entmischen. Man muß daher den Inhalt des Vorratsbehälters auf einer sauberen Unterlage (Tisch oder Papier) erst gehörig durcheinandermischen, ehe man eine Probe entnimmt. Sind mehrere Behälter bzw. Säcke mit demselben Gewürz vorhanden, so entnimmt man nach III. Bd., 1. Teil, S. 4 zuerst aus jedem Behälter eine gute Durchschnittsprobe, bringt die einzelnen Proben auf eine saubere Unterlage (oder auch in eine große Schale), mischt sorgfältig und entnimmt hiervon eine kleinere Teilprobe für die Untersuchung. In der Regel genügen 50 bis 100 g — von sehr teuren Gewürzen wie Safran und Vanille kann man auch mit geringeren Mengen (15—30 g) auszukommen suchen —. Die Proben werden am besten in Glas- oder Steingutgefäßen, oder auch in Pappschachteln, aber so verpackt und aufbewahrt, daß weder ein Verlust von Wasser noch Fett und ätherischem Öl eintreten kann. Aus dem Grunde muß auch die Untersuchung alsbald nach der Probeentnahme in Angriff genommen werden.

Liegen die Gewürze im ganzen natürlichen Zustande vor, so müssen sie mit den im III. Bd., 1. Teil, S. 10 ff. angegebenen Hilfsmitteln für die chemische Untersuchung tunlichst fein zerkleinert werden, während ein Teil des unzerkleinerten Gewürzes zu einer makroskopischen und mikroskopischen Untersuchung dienen kann.

Makroskopische und mikroskopische Untersuchung.

Für die makro- und mikroskopische Untersuchung werden die Gewürze erst auf Glanzpapier in dünner Schicht ausgebreitet und mit freiem Auge sowie der Lupe angesehen. Bei ganzen unzerkleinerten Gewürzen erkennt man durchweg schon allein auf diese Weise etwaige Verunreinigungen und Beimengungen. Man kann dann durch Längs- und Querschnitte die Natur der einzelnen Anteile noch näher feststellen.

Auch bei gepulverten Gewürzen findet man vielfach durch dünne Ausbreitung und Besichtigung mittels der Lupe fremde Beimengungen leicht heraus. Zweckmäßiger aber ist es, diese durch 2 Siebe, nämlich das eine von 1 mm, das andere von 0,5 mm Maschenweite, zu treiben und beide Anteile getrennt zu untersuchen. In dem feinsten Teile lassen sich am besten etwa vorhandene fremde Stärkearten, in dem gröberen Anteil makro- wie mikroskopisch am leichtesten fremdartige Gewebselemente erkennen. Von den gröberen Anteilen lassen sich auch Quer- und Längsschnitte behufs weiterer Unterscheidung anfertigen. Im allgemeinen wird man den feineren und gröberen Siebanteil für die mikroskopische Untersuchung noch weiter aufhellen bzw. aufschließen. Hierfür sind schon unter Mehl (III. Bd., 2. Teil, S. 564 u. f.) die üblichen Verfahren angegeben. Für Gewürze mögen hier noch folgende Aufhellungsmittel aufgeführt werden:

1. Glycerin, unverdünnt oder zu gleichen Teilen mit Wasser verdünnt. Zur Prüfung auf Stärke setzt man unter dem Mikroskop Jod in Jodkalium (1 Jod auf eine Jodkaliumlösung 3 : 60) oder Jodglycerin (gesättigte Lösung von Jod in Glycerin) zu. Mit größerer Sicherheit erkennt man die Stärke in dem durch Äther vorher entfetteten Rückstand.

2. Auch lassen sich in diesen Präparaten etwaiges Pilzmycel erkennen. Um Fett und Öl nachzuweisen, verteilt man das Pulver in Wasser und prüft mit 1 proz. Überosmiumsäure, wodurch Fette und Öle wegen Bildung von metallischem Osmium braun bis schwarz werden.

Alkannatinktur färbt in alkoholischer Lösung Fette und Öle rötlichbraun bis blutrot, Harze und ätherische Öle rot; alkoholische Sudanrotlösung färbt Fetttröpfchen rötlichgelb.

Gerbstoff wird durch Eisenchlorid rotbraun gefärbt.

3. Chloralhydrat (8 Teile in 5 Teilen Wasser nach A. Meyer), sowohl bei Pulvern wie bei Schnitten, wodurch nach kürzerer oder längerer Zeit (bis 24 Stunden) Stärke, Fett, Harz und Farbstoff gelöst werden.

---

[1]) Zeitschr. f. Untersuchung d. Nahrungs- u. Genußmittel 1911, **22**, 729.

4. Die gröberen Anteile der Gewürze können aufgehellt werden:

a) durch Kochen mit 2 proz. Salzsäure während 10 Minuten, Absetzenlassen in Spitz-gläsern und Untersuchen des Bodensatzes in Chloralhydrat (Schimper);

b) durch Erhitzen mit 5 proz. Natronlauge, Filtrieren (bzw. Kollieren), Auswaschen und Erhitzen in Glycerinessigsäure (10 Vol. Glycerin und 5 Vol. 60 proz. Essigsäure);

c) durch gelindes Erwärmen mit einer konzentrierten Lösung von Kaliumchlorat und 20 proz. Salzsäure, Auswaschen mit 50 proz. Alkohol, Zufügen von alkoholi-scher Kalilauge, abermaliges Auswaschen mit 50 proz. Alkohol und Einbetten in Chlo-ralhydratlösung oder Glycerin.

Durch diese und andere Hilfsmittel hält es nicht schwer, geeignetes Material für die mikroskopische Untersuchung zu gewinnen. In Zweifelsfällen zieht man zweckmäßig Stammproben echter Gewürze oder der vermuteten Beimengungen hinzu. Sollten Dauerpräparate als Beweisgegenstände erwünscht sein, so empfiehlt sich nach Ed. Spaeth folgende Einbettungsflüssigkeit: 7 Teile Glycerin, 6 Teile Wasser, 1 Teil Gelatine und 1 Teil 1 proz. Carbolsäure werden zusammen erwärmt und filtriert; die Mischung wird in Reagensgläsern aufbewahrt und beim Gebrauch wieder erwärmt; man ent-nimmt von der flüssig gewordenen Glyceringelatine einen Tropfen, bringt diesen zu dem Prä-parat, das man in verdünntem Glycerin hergestellt hat, schließt mit dem Deckglas und be-streicht dessen Ränder mit Lack.

Chemische Untersuchung.

Bei der chemischen Untersuchung der Gewürze hat die Bestimmung des Stickstoffs meistens nur eine untergeordnete Bedeutung; wo sie, wie beim Senf und einigen anderen Ge-würzen, wünschenswert oder notwendig ist, wird sie nach III. Bd., 1. Teil, S. 240 ausgeführt.

Die Bestimmung der Rohfaser kommt öfter, besonders bei Pfeffer, Zimt u. a. in Be-tracht und wird dann in der Regel nach dem sog. Weender-Verfahren (III. Bd., 1. Teil, S. 457) ausgeführt; das Verfahren vom Verfasser (III. Bd., 1. Teil, S. 453) ist dafür aber nicht minder geeignet. Nicht selten ist auch die Bestimmung der Stärke und der Pentosane von Belang (vgl. unter Pfeffer) und können hierfür, soweit bei den einzelnen Gewürzen nichts Besonderes zu berücksichtigen ist, die allgemein üblichen Verfahren (III. Bd., 1. Teil, S. 437 ff. sowie S. 447) angewendet werden.

Für die sonstigen Bestimmungen, die allgemein bei den Gewürzen angewendet werden, ist noch folgendes besonders zu bemerken:

1. Wasser. Die Bestimmung des Wassers in den Gewürzen kann auf Genauigkeit keinen Anspruch machen, weil mit dem Wasser beim Trocknen auch stets flüchtige Öle oder Kohlenwasserstoffe (Terpene) entweichen. Aus dem Grunde kann nur ein zu vereinbarendes einheitliches Verfahren wenigstens vergleichbare Werte zwischen den einzelnen Analytikern liefern.

Die ersten Vereinbarungen deutscher Nahrungsmittelchemiker unter dem Vorsitz des Kaiserlichen Gesundheitsamtes schreiben ein 2 stündiges Trocknen von 5 g gepulvertem Gewürz im Wassertrockenschrank vor.

Das Schweizerische Lebensmittelbuch gibt dieselbe Vorschrift, während Härtel und Will[1] empfehlen, das Gewürz so lange im Wasserdampftrockenschrank zu trocknen, bis das Gewicht — infolge Verharzung des Fettes durch zutretenden Luftsauerstoff — wieder zuzunehmen beginnt.

Winton, Ogden und Mitchel[2] trocknen 2 g Gewürzpulver bei 110° bis zur Gewichts-beständigkeit und ziehen von dem Gewichtsverlust die Menge des besonders bestimmten ätherischen Öles ab. Das Verfahren ist aber nur dann richtig, wenn sämtliches ätherisches Öl bei diesem Trocknen sich verflüchtigt, was wohl nicht der Fall ist.

Von anderer Seite ist empfohlen, das Gewürzpulver im Vakuum über konz. Schwefelsäure

---

[1] Zeitschr. f. Untersuchung d. Nahrungs- u. Genußmittel 1907, **14**, 567.

[2] Ebendort 1899, **2**, 939.

oder Phosphorsäure bis zur Gewichtsbeständigkeit zu trocknen. Aber auch hierbei gehen die ätherischen Öle z. Tl. mit dem Wasser in den Verlust über.

v. Sigmond und Vuk[1]) trockneten je 5 g Gewürzpulver 24 Stunden bei 102° im trockenen Luft- und trockenen Leuchtgasstrom; beim Trocknen im Luftstrom war der Gewichtsverlust stets geringer als beim Trocknen im Gasstrom.

Das Untersuchungsamt Mannheim[2]) hält das Verfahren von Mai und Rheinberger bzw. J. F. Hoffmann (III. Bd., 2. Teil, S. 311 u. 502) auch bei Gewürzen für anwendbar.

2. Wässeriger Auszug.
Winton, Ogden und Mitchell bestimmen (l. c.) den Kaltwasserauszug wie folgt: 4 g Gewürzpulver werden in einem 200 ccm fassenden Kolben mit 200 ccm Wasser übergossen; das Kölbchen wird verkorkt, die ersten acht Stunden alle halben Stunden geschüttelt und dann 16 Stunden ruhig stehen gelassen. Sodann werden 50 ccm abfiltriert, in einer Platinschale eingedampft und bei 100° bis zum konstanten Gewichte getrocknet (vgl. auch unter Fenchel S. 94).

3. Äthyl- bzw. Methylalkoholauszug.
Hierbei verfährt man a) nach den früheren deutschen Vereinbarungen wie folgt: Man bringt in ein vorher gewogenes Wägeglas, das unten und im Deckel mit je 3 Öffnungen versehen ist und dessen untere Seite mit ausgewaschenem und ausgeglühtem Asbest so belegt ist, daß von dem Pulver nichts herausgerissen werden kann, ungefähr 5 g des Gewürzpulvers, trocknet dieselben im Wassertrockenschrank bei etwa 100° bis zur Gewichtsbeständigkeit, bringt das Glas mit Inhalt in einen Soxhletschen Extraktionsapparat und zieht etwa 8—12 Stunden mit Alkohol aus. Nach dieser Zeit wird das Glas herausgenommen, im Wassertrockenschrank wie vorher getrocknet und wieder gewogen. Der Verlust zwischen dem von Wasser befreiten und dem getrockneten Extraktionsrückstand gibt den in Alkohol löslichen Anteil an. Auch kann an Stelle des Wägeglases der Goochsche Tiegel Verwendung finden (vgl. auch unter Fenchel S. 94).

b) Winton, Ogden und Mitchell (l. c.) verfahren in folgender Weise:

2 g Gewürzpulver werden in einen 100 ccm fassenden Meßkolben gegeben und bis zur Marke mit 95 proz. Alkohol übergossen; die ersten 8 Stunden wird jede halbe Stunde gehörig umgeschüttelt und dann ruhig 24 Stunden stehen gelassen. Hiernach werden 50 ccm abfiltriert, in einer Platinschale eingedampft und bei 110° bis zur Gewichtsbeständigkeit getrocknet.

Der auf diese Weise erhaltene Wert wird Alkoholextrakt bzw. -auszug nach Winton genannt.

c) Auch pflegt man in einigen Fällen erst den mit Äther erschöpften Niederschlag nach a weiter mit Alkohol auszuziehen und nennt diesen Wert den Alkoholextrakt nach der Ätherextraktion.

4. Gesamter Äthyläther- und Petrolätherauszug, sowie ätherische Öle.
Der Gesamtäther bzw. Petrolätherauszug kann wie der des Alkoholauszuges bestimmt werden. Winton, Ogden und Mitchell verbinden mit der Bestimmung des Gesamtätherauszuges auch die des ätherischen Öles in folgender Weise: 2 g Gewürzpulver werden im Soxhletschen Apparat 20 Stunden mit wasserfreiem Äther ausgezogen, der Äther wird bei Zimmertemperatur verdunsten gelassen und der Rückstand nach 18 stündigem Trocknen über Schwefelsäure gewogen. Darauf wird der Kolbeninhalt 6 Stunden lang bei 100° und weiter bis zur Gewichtsbeständigkeit bei 110° erhitzt. Der Rückstand wird als nicht flüchtiger Ätherauszug, die Differenz als flüchtiges Öl angesehen.

Auch wird aus dem gewogenen Gesamtätherauszug[3]) (von 5 oder 10 g) das ätherische Öl wohl mit Wasserdampf abdestilliert, der hinterbliebene Rückstand von Wasser befreit — was durch Zu-

---

[1]) Zeitschr. f. Untersuchung d. Nahrungs- u. Genußmittel 1911, **22**, 599.

[2]) Ebendort 1915, **30**, 40.

[3]) Neumann, Wender und Gg. Gregor (Zeitschr. f. Untersuchung d. Nahrungs- u. Genußmittel 1901, **4**, 43) ziehen die Gewürze mit Alkohol aus und verwenden den alkoholischen Auszug zur Destillation mit Wasserdampf, worin aber ein wesentlicher Vorteil nicht liegen dürfte.

satz von Alkohol unterstützt werden kann — und gewogen, während aus dem Destillat das ätherische Öl nach III. Bd., 2. Teil, S. 716 u. f. oder unter 5 gewonnen und ebenfalls bestimmt wird.

Beide Verfahren sind aber nicht genau. Der Gesamtätherauszug kann zweckmäßig wie der Alkoholauszug unter 3 b bestimmt werden, während für die Bestimmung des ätherischen Öles richtiger eines der folgenden Verfahren gewählt wird.

5. Ätherisches Öl. Die zur Bestimmung des ätherischen Öles angewendeten Verfahren sind bereits III. Bd., 2. Teil, S. 716 u. f. beschrieben.

Insonderheit für Gewürze hat R. Reich[1]) noch ein besonderes Verfahren angegeben und hierfür folgenden Apparat[2]), der aus Dampfentwickler I, Mantel II und Patrone III besteht, empfohlen.

Die Patrone besteht aus zwei ineinander schiebbaren Messingrohren (Teleskopröhren) a und b. Röhre (a) dient zur Aufnahme des zu destillierenden Gewürzes, Röhre (b) als Verschluß. In der Röhre (a) ist bei (c) ein kupferner Siebboden angebracht. Soll destilliert werden, so gibt man auf das Sieb eine etwa 3 cm hohe Schicht linsen- bis erbsengroßer Bimssteinstückchen und füllt nun das ebenfalls mit Bimssteinstückchen gut gemischte Gewürzpulver darauf.

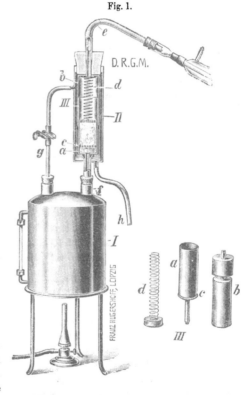

Fig. 1.

D. R. G. M.

Durch einen mit federnder Metallspirale versehenen, aus zwei kupfernen Siebplatten bestehenden Deckel (d) wird das Gewürz in der Patrone festgehalten, so daß während der Destillation ein Hinüberreißen leichter Gewürzteilchen durch den Wasserdampf verhindert wird. Nun wird die Röhre (b) darüber geschoben. Hierauf setzt man die Patrone in den Mantel fest ein und verbindet sie gleichzeitig durch den Vorstoß (e) mit dem Liebigschen Kühler.

Der aus Zinkblech gearbeitete Mantel II sitzt bei (f) auf dem Dampfentwickler auf; der aus letzterem hier austretende Dampf muß nun direkt durch die Patrone hindurchströmen. In den Mantel kann bei (f) kein Dampf eintreten, da er durch eine Dichtung vollkommen abgesperrt wird.

Durch eine zweite Dampfzuleitung (g) wird auch der Mantel geheizt, hierdurch wird eine Abkühlung der Patrone während der Destillation völlig vermieden, außerdem dient diese Dampfzuleitung als Dampfregulator und als Sicherheitsventil; ein Steigrohr ist somit überflüssig.

Der den Mantel durchströmende Dampf verläßt denselben bei h und kann direkt abgeleitet oder durch eine hier anzubringende Kühlvorrichtung verdichtet werden.

Bei ölreichen Gewürzen verwendet man 10 g, von den übrigen 20 g; dieselben werden zweckmäßig durch Mischen mit Bimssteinpulver gelockert. Stärkereiche Gewürze dagegen werden zweckmäßig im grobgemahlenen Zustande angewendet. Die Bildung von Kondenswasser in der Patrone ist tunlichst zu vermeiden, die Destillation ist deshalb möglichst rasch vorzunehmen. Während der Destillation ist es nötig, von Zeit zu Zeit die Kühlung abzustellen,

---

1) Zeitschr. f. Untersuchung d. Nahrungs- u. Genußmittel 1909, **18**, 401.
2) Der Apparat wird von der Firma Franz Hugershoff in Leipzig geliefert.

damit die schwerflüchtigen, im Kühlrohr niedergeschlagenen Ölbestandteile vollständig in das Destillat übergeführt werden. In $1^1/_2$—2 Stunden werden etwa 600—800 ccm Destillat erhalten, womit die Destillation beendet zu sein pflegt. Das Destillat wird mit Kochsalz gesättigt und nach dem Vorschlage von R. Reich (vgl. III. Bd., 2. Teil, S. 719) 3 mal mit je 25—30 ccm Pentan ausgeschüttelt. Letzteres kann man entweder unter der Bezeichnung „Pentan für Photometrie" fertig beziehen oder selbst aus dem käuflichen Petroläther durch fraktionierte Destillation gewinnen, indem man die zwischen 25—35° übergehenden Anteile auffängt; diese dürfen keinen Rückstand hinterlassen und müssen frei sein von Bestandteilen, welche von konzentrierter Schwefelsäure und konzentriertern Laugen angegriffen werden. Das Pentan wird, wie III. Bd., 2. Teil, S. 719 angegeben ist, verdunstet.

Wenn man mit Äthyläther arbeitet, so soll er vor der Verdunstung vollständig entwässert werden.

6. Asche, deren Sandgehalt und Alkalität. *a) Die Gesamtasche* wird in 5 oder 10 g der gut durchgemischten Probe — bei Safran genügen 2 g — in üblicher Weise unter Auslaugen der verkohlten Masse mit Wasser nach III. Bd., 1. Teil, S. 476 bestimmt. Soll eine ausführliche Bestimmung der einzelnen Bestandteile stattfinden, so verfährt man sinngemäß nach III. Bd., 1. Teil, S. 479 u. ff.

b) In Salzsäure Unlösliches (Sand und Ton). Für gewöhnlich begnügt man sich mit der Bestimmung des in Salzsäure Unlöslichen, indem man die gewogene Asche mit 10 proz. Salzsäure bei Zimmertemperatur stehen läßt, die Lösung filtriert, den Filterrückstand mit heißem Wasser auswäscht, samt Filter glüht und wägt.

Das Schweizerische Lebensmittelbuch schreibt ein einmaliges Aufkochen der Asche mit 20 ccm 10 proz. Salzsäure, Filtrieren, Auswaschen mit heißem Wasser usw. vor.

Der so erhaltene Rückstand wird als Sand bezeichnet und aufgeführt; in Wirklichkeit enthält er auch für gewöhnlich noch Ton und durch Salzsäure ausgeschiedene Kieselsäure; die Bezeichnung Sand ist aber allgemein üblich geworden.

Nicht selten schließt der Rückstand auch noch andere in Salzsäure unlösliche Stoffe, wie Schwerspat usw., ein, worauf dann besonders geprüft werden muß.

c) Alkalität der Asche der Gewürze. H. Lührig und R. Thamm[1]) führen die Bestimmung von Wasser, Asche und Alkalität in einer und derselben Probe aus, indem sie 10 g Gewürzpulver zunächst 2 Stunden im Wasserbadtrockenschrank trocknen.

Dann wird das Pulver in einer Platinschale auf schrägliegender durchlochter Asbestplatte in der früher beschriebenen Weise über kleiner Flamme verkohlt, um den störenden Einfluß der aus dem Leuchtgas stammenden schwefligen Säure bzw. Schwefelsäure fern zu halten; die Kohle wird ausgelaugt, der Filterrückstand verbrannt und nach Zugeben des wässerigen Auszuges zur Trockne verdampft, schwach geglüht und als Gesamtasche gewogen. Mittels etwa 50,0 ccm heißen Wassers wird die Asche in ein 100 ccm-Kölbchen gespült, 10 Minuten darin gekocht, nach dem Erkalten zur Marke aufgefüllt und der Inhalt nach dem Mischen durch ein kleines quantitatives Filter filtriert. 50,0 ccm Filtrat werden mit einem Überschuß von $^1/_4$ N.-Schwefelsäure einige Zeit bei aufgesetztem Trichter gekocht und nach dem Erkalten mit $^1/_4$ N.-Lauge unter Tüpfeln auf empfindlichem Azolithminpapier zurücktitriert und so die Alkalität des wasserlöslichen Anteils der Mineralbestandteile (die „wasserlösliche Alkalität") ermittelt. Der quantitativ auf das Filter gebrachte und sorgfältig mit heißem Wasser ausgewaschene Rückstand stellt nach dem Verbrennen des Filters und Glühen den wasserunlöslichen Anteil der Mineralbestandteile, die „wasserunlösliche Asche" dar. Mit einem Überschuß von $^1/_4$ N.-Schwefelsäure aufgekocht und mit $^1/_4$ N.-Lauge zurücktitriert, liefert er den Wert für die „wasserunlösliche Alkalität". Die Summe von wasserlöslicher und wasserunlöslicher Alkalität stellt die „Gesamtalkalität", die Differenz von Gesamtasche und wasserunlöslicher Asche die „wasserlösliche Asche" dar. Die titrierte Flüssigkeit wird zum Schluß mit so viel konzentrierter

---

[1]) Zeitschr. f. Untersuchung d. Nahrungs- u. Genußmittel 1906, **11**, 129.

Salzsäure versetzt, daß das Gemisch etwa 10% davon enthält, digeriert und nun zur Feststellung des „Sandgehaltes" verwendet.

R. Thamm[1]) macht in Fortsetzung dieser Untersuchung darauf aufmerksam, daß bei Bestimmung der Alkalität der Gewürzaschen ein einheitliches Arbeiten von größtem Wert sei, besonders, wenn die Aschen Manganoxyduloxyd enthalten, von dem 1 Mol. 8 Äquivalente Salzsäure, aber nur 6 Äquivalente Schwefelsäure benötigt. Er empfiehlt hierfür das Verfahren, das vorstehend für die Bestimmung der Alkalität des wasserunlöslichen Anteiles der Asche angegeben ist. Die Asche wird in einer Platinschale mit einem reichlichen, mindestens doppelten Überschuß von $1/_4$ N.-Schwefelsäure versetzt und nach Bedecken mit einem Uhrglase 5 Minuten lang über kleiner Flamme gekocht; dann wird das Uhrglas abgespült und nach dem Erkalten der Schaleninhalt mit $1/_4$ N.-Lauge, unter Anwendung von empfindlichem Azolitminpapier als Indicator, zurücktitriert (vgl. auch III. Bd., 1. Teil, S. 510 u. f.).

Allgemeine Gerichtsentscheidung betreffend Verfälschung der Gewürze.

Die gerichtliche Beurteilung von Verfälschungen der Gewürze wird bei den einzelnen Gewürzen mitgeteilt werden. Die nachstehende Gerichtsentscheidung betrifft die Beurteilung von Verfälschungen mehrerer Gewürze zusammen und möge daher hier in der Einleitung zu diesem Abschnitt besonders aufgeführt werden[2]), nämlich:

Verkauf verfälschter Gewürze als „präparierte". Der Angeklagte hatte fortgesetzt verschiedenen reinen Gewürzen zum Zwecke der Täuschung fremde minderwertige und gleichartige, aber minderwertige Stoffe beigemengt. Eine Probe gemahlener Zimt ergab einen Zusatz von extrahiertem Zimt und 18% Zucker. Macis, als rein bezeichnet, enthielt Bombaymacis, die fast geruchlos und wertlos ist. „Präparierte Macis" enthielt Muskatnuß neben Macis, ferner gestoßenen Zwieback und gefärbtes Paniermehl. Der „präparierte Safran" enthielt Safranblütenpulver (Feminelle) in bedeutenden Mengen als Zusatz. Nelken zeigten einen Zusatz von extrahierten Nelken und Nelkenstielen. Schwarzer gemahlener Pfeffer enthielt einen starken Schalenzusatz.

Die grauen Körner des Penang-Pfeffers, einer geringeren Pfeffersorte, ließ er mit schwarzer Erde (Frankfurter Schwarz) schwarz färben und verkaufte sie als höherwertigen reinen schwarzen Singapore-Pfeffer. Fenchel wurde mit extrahiertem Fenchel vermischt. Der Angeklagte gibt selbst zu, seine „präparierten" Gewürze mit minderwertigen oder wertlosen Zutaten verfälscht zu haben, die bei ihm kaufenden Kaufleute, Detaillisten, wußten, daß sie unter der Bezeichnung „präpariert" keine reine, sondern unreine, mit minderwertigen Stoffen versetzte Ware bekamen. Die Kunden der Detaillisten, das Publikum, das tagtäglich bei dem Kleinhändler einkauft, wußte und weiß in der Regel nicht, daß „präparierte" Gewürze verfälschte sind. Verurteilung aus § 10[1 u. 2] NMG.

LG. Leipzig, 9. Januar 1896.

Die einzelnen Gewürze im besonderen.

A. Samengewürze.

Zu den Samengewürzen gehören der Senf und die Muskatnuß nebst dem zugehörigen Samenmantel, der Macis oder der sog. Muskatblüte.

1. Senf. Senfmehl.

Zur Bereitung des Senfes und Senfmehles dienen (II. Bd., S. 1013) die Samen vom schwarzen Senf (Brassica nigra Koch) und weißem Senf (Sinapis alba L.); an Stelle des schwarzen Senfes wird auch der gleichwertige russische oder Sareptasenf (Brassica

---

1) Zeitschr. f. Untersuchung d. Nahrungs- u. Genußmittel 1906, **12**, 168.

2) Die Beurteilung der Gewürze nach der Rechtslage ist auch in diesem Abschnitt, wenn nichts anderes angegeben ist, von Prof. Dr. C. A. Neufeld, Würzburg, bearbeitet worden.

juncea Hook. f. et Thoms.) verwendet. Dem schwarzen Senfsamen sind aber auch häufig
beigemengt die Samen von Ackersenf (Sinapis arvensis L.), Raps (Br. napus L.) und Rübsen
(Br. rapa L.) u. a. Die Samen unterscheiden sich äußerlich wie folgt:

Samen	Farbe der äußeren Schale	Form und Gestaltung	Größe mm	Gewicht für 1 Korn mg
1. Br. nigra L. . .	rotbraun	kugelig und kugeligeiförmig[1]	1,0—1,5	0,63—1,96
2. Br. juncea Hook.	rotbraun oder gelblich	dgl. mit Maschenzeichnung	1,57—1,65	2,8—3,5
3. Br. Napus L. . .	rotbraun bis bräunlich-schwarz	kugelig, fein punktiert[2]	1,5—2,4	2,4
4. Br. Rapa L. . .	dunkelrotbraun	kugelig mit Maschenzeichnung	1,3—1,8	1,3—2,5
5. Sin. arvensis L. .	rotbraun	kugelig, glatt oder fein punktiert[2]	1,48—1,54	1,8—2,2
6. Sin. alba L. . .	rötlichgelb bis gelblich-weiß	kugelig und fein punktiert[2]	2,0—2,5	5,0—6,0

Nach Hartwich und Vuillemin[3] unterscheiden sich der schwarze und weiße Senfsamen dadurch, daß sowohl das Ferment „Myrosin" wie das Glykosid „Sinigrin" (myronsaures
Kalium) von schwarzem Senfsamen (Brassica nigra), ebenso von Br. rapa, Br. juncea, Sinapis
cernua, Sin. glauca mit Millons Reagens keine Rotfärbung geben, während sowohl das
Ferment als das Glykosid „Sinalbin" des weißen Senfsamens (Sinapis alba), ebenso von Sin.
dissecta und arvensis sich mit Millons Reagens stark rot färben. Dieses Verhalten läßt sich
in den wäßrigen Auszügen, wie mikroskopisch, nach Entfernung des Fettes durch Äther zur
Unterscheidung der beiden Senfsamen verwenden.

G. Jörgensen[4] empfiehlt den Stickstoffgehalt des Thiosinamins zur Unterscheidung der einzelnen Brassicaarten. 25 g Senf werden mit 250 ccm Wasser eine Stunde lang
im verschlossenen Kolben stehen gelassen und davon mit Wasserdampf 150 ccm in eine gut gekühlte, mit 15 ccm 25 proz. Ammoniak und 40 ccm 96 proz. Alkohol gefüllte Vorlage überdestilliert.
Das Destillat wird in einer gewogenen Schale auf dem Wasserbade verdampft, der Rückstand
(Thiosinamin) 1 Stunde lang im Dampftrockenschrank getrocknet und gewogen, dann in heißem
Wasser gelöst und darin der Stickstoff nach Kjeldahl bestimmt. Die Hälfte des gefundenen
Stickstoffs entfällt auf Ammoniak; Thiosinamin minus Ammoniakgewicht ergibt den Gehalt
an Senföl. Der Stickstoffgehalt des Allylsenföls beträgt 24,14%, des Krotonsenföls 21,54%,
des Angelylsenföls 19,44%. Jörgensen fand nur bei Brassica nigra und Br. juncea 23,96
bis 24,23% Stickstoff im Thiosinamin, alle anderen Brassicaarten enthielten weniger Stickstoff im Thiosinamin (nämlich 18,86—21,16%) und geben sich hierdurch im Senf zu erkennen.

Eine sichere Unterscheidung dieser und anderer Cruciferensamen ist jedoch nur durch
eine eingehende mikroskopische Untersuchung möglich.

Unter Senfmehl versteht man das durch feines Vermahlen der natürlichen oder entfetteten — meistens der gepreßten, entfetteten — Samen von Brassica nigra L., Br. juncea
Hook. und Sinapis alba hergestellte Mehl. Das Mehl aus dem schwarzen und russischen
Senfsamen — welcher letztere stets entfettet zu werden pflegt — ist von grünlichgelber Farbe,
die durch Kalilauge citronengelb wird; das Mehl aus dem weißen oder gelben Senf, welches
dem aus schwarzem Senf zur Erhöhung des scharfen Geschmackes zugesetzt zu werden pflegt,
ist gleichmäßig gelb.

---

[1] Sie lassen nur unter der Lupe netzige Zeichnung erkennen.
[2] Unter der Lupe.
[3] Zeitschr. f. Untersuchung d. Nahrungs- u. Genußmittel 1905, **10**, 699.
[4] Ebendort 1910, **20**, 738.

Der scharfe Geschmack wird beim schwarzen und russischen Senf durch das Glykosid „Sinigrin" (myronsaures Kalium), beim weißen Senf durch das Glykosid „Sinalbin" hervorgerufen, welche sich unter dem Einfluß des Enzyms „Myrosin" nach Anfeuchten mit Wasser in Allylsenföl bzw. Isothiocyanallyl (Sulfocyanakrinyl), Zucker und Monokaliumsulfat bzw. Sialbinsulfat umsetzen (vgl. II. Bd. 1904, S. 1015).

Unter Senf (Tafelsenf, Mostrich) versteht man das aus dem unentfetteten oder entfetteten Senfmehl durch Vermischen mit Wasser, Essig, Wein, Kochsalz, Zucker und verschiedenen aromatischen Stoffen hergestellte Gewürz.

Diese dem Schweizerischen Lebensmittelbuch entlehnte Begriffserklärung hat im Codex alimentarius austriacus folgenden Wortlaut:

„Tafelsenf, Speisesenf ist ein aus den Samen verschiedener Senfpflanzen unter Zugabe von Weinmost oder Weinessig zubereiteter, mitunter noch mit verschiedenen Gewürzen (auch mit Sardellen und Anchovis versetzter, scharf schmeckender Brei (Konserve)",

während das Lebensmittelbuch für die Vereinigten Staaten von Nordamerika folgende schärfere Begriffserklärung gibt:

„Präparierter Senf, deutscher Senf, französischer Senf, Senfpaste ist eine Paste aus einer Mischung von gemahlenem Senfsamen oder Senfmehl mit Salz, Gewürzen und Essig; sie enthält, auf wasser-, fett- und salzfreie Substanz berechnet, nicht mehr als 24% Kohlenhydrate (als Stärke berechnet), und, nach der amtlichen Methode bestimmt, nicht mehr als 12% Rohfaser und nicht weniger als 35% Protein, das ausschließlich von den genannten Materialien herstammt."

Die chemische Zusammensetzung der Senfsamen und naturgemäß auch die des Senfmehles ist großen Schwankungen unterworfen.

So ergaben an den allgemeinen chemischen Bestandteilen:

	Wasser %	Stickstoff-Substanz %	Ätherisches Öl %	Fettes Öl %	Rohfaser %	Asche %
Senfsamen[1] .	4,8—10,7	20,5—39,5	0,06—0,90	20,0—38,5	7,0—16,5	4,0—5,5
Senfmehl . .	3,5—7,0	25,6—43,5	0,24—1,85	20,0—38,5	1,8—6,0	3,7—6,0
					Essigsäure	
Tafelsenf . .	74,0—81,5	6,0—6,6	0,18—0,25	2,5—8,5	2,0—3,7	2,3—5,3

Der Pentosangehalt ist von Hanuš und Bien[2]) zu 5,93—6,58% in der Trockensubstanz gefunden.

Die erlaubten Zusätze zur Bereitung des Speisesenfs sind im II. Bd. 1904, S. 1015 aufgeführt, ebenso die Verfälschungen, die vorwiegend in der Mitverwendung minderwertiger Crucifersamen und Unkrautsamen, in dem Zusatz von Getreidemehl (besonders Maismehl), von den Preßrückständen der Ölsamen und in dem Auffärben mit Curcuma- und Teerfarbstoffen bestehen. Auch künstliche Senfsamen werden in der Literatur erwähnt.

In zersetztem, verdorbenem Senf fand A. Kossowicz[3]) zwei Spaltpilze, nämlich 1. Bacillus sinapivorax, der Glykose vergärt und Gelatine verflüssigt und 2. Bacillus sinapivagus, der keine Zuckerarten vergärt, aber den Senf verfärbt und den Geruch wie Geschmack verschlechtert; ferner in einer anderen Probe eine Essigbakterie, die auch in dem verwendeten Essig vorkam.

---

[1]) Die Schwankungen im Gehalt an den allgemeinen Bestandteilen sind bei schwarzem und weißem Senfsamen gleich.

[2]) Zeitschr. f. Untersuchung d. Nahrungs- u. Genußmittel 1906, **12**, 395.

[3]) Zeitschr. f. Landw. Versuchswesen in Österreich 1906, **9**, 111 und 1909, **12**, 464.

Ed. Spaeth[1]) fand in einem Senf, der in Porzellan- bzw. Steinguttöpfen mit Bleideckel verschlossen war, 0,476% Blei. Die Bleideckel waren trotz anfänglicher Papierumhüllung stark angegriffen (korrodiert); schwach korrodierte Deckel enthielten noch 93,8 bzw. 93,4%, stärker korrodierte Deckel nur mehr 91,2 bis 58,0% Blei.

Chemische Untersuchung.

Zur Feststellung der Beschaffenheit und Reinheit des Senfmehles bzw. Senfes (Mostrichs) können vorwiegend folgende Bestimmungen dienen:

α) **Stickstoff.** Derselbe wird bei Senfmehl wie üblich (III. Bd., 1. Teil, S. 240 α) und bei Speisesenf nach III. Bd., 1. Teil, S. 240 β bestimmt.

β) **Fett** bzw. Ätherauszug; bei Senfmehl wie üblich (III. Bd., 1. Teil, S. 342), bei Speisesenf nach III. Bd., 1. Teil, S. 346.

Reines Senfmehl enthält in der Trockensubstanz mindestens 5% Stickstoff und 30 bis 33% Fett, Speisesenf infolge anderweitiger würzender Zusätze mindestens 4% Stickstoff und 20—25% Fett. Sind entfettete Senfsamen verwendet, so ist der Fettgehalt natürlich geringer, der Gehalt an Stickstoff aber entsprechend höher.

Von größerem Belang für die Ermittelung der Reinheit und Beschaffenheit des Senfes und Senfmehles ist jedoch

γ) **die Bestimmung des Senföles.** A. Schlicht[2]) hat für diese Bestimmung das ursprünglich von V. Dirks[3]) und später von O. Foerster[4]) angegebene Verfahren zuletzt in folgender Weise angewendet:

20—25 g Senfsamenmehl werden zunächst mit Wasser 4 Stunden bei Zimmertemperatur behandelt, dann wird die Masse zum Sieden gebracht und ungefähr 15 Minuten darin erhalten. Nach völligem Abkühlen setzt man Myrosinlösung zu und läßt diese, ohne zu erwärmen, 16 Stunden ein- wirken. Oder man behandelt den gepulverten Samen mit 300 ccm Wasser, in welchem 0,5 g Wein- säure gelöst sind, 16 Stunden bei Zimmertemperatur. In beiden Fällen ist der Entwicklungskolben von vornherein mit einem Liebigschen Kühler und der eine alkalische Permanganatlösung enthalten- den Vorlage verbunden. Die Permanganatlösung enthält ungefähr 20 mal mehr Kaliumpermanganat, als zur Oxydation der anzunehmenden Menge Senföl erforderlich ist und ferner $^1/_4$ des angewendeten an Kaliumhydroxyd. Nach dem Digerieren wird in beiden Fällen unter Vermeidung jeglicher Kühlung möglichst viel aus dem Entwicklungskolben abdestilliert. Nach beendeter Destillation wird der Inhalt der Vorlage unter tüchtigem Durchschütteln erwärmt, das überschüssige Permanganat durch Zusatz von reinem Alkohol zerstört, das Ganze auf ein bestimmtes Volumen gefüllt, gemischt, durch ein trockenes Filter filtriert und in einem aliquoten Teil des Filtrats die Schwefelsäure bestimmt. Da jedoch der aus dem zugesetzten Alkohol etwa entstehende Aldehyd Kaliumsulfat reduziert haben kann, so setzt man zu dem abgemessenen Teil nach Ansäuern mit Salzsäure etwas Jod zu und fällt erst nach dem Erwärmen mit Chlorbarium. Aus dem erhaltenen Bariumsulfat berechnet sich durch Multiplikation mit 0,4249 der Gehalt an Senföl.

M. Passon[5]) hat vorgeschlagen, das Senföl in 50—75 ccm Eisessig aufzufangen, indem noch gleichzeitig eine 2. Vorlage mit 20 ccm Schwefelsäure hinzugefügt wird, das ganze Destillat in einem Kjeldahl-Kolben einzuengen und nach Kjeldahl zu verbrennen.

1 Teil Stickstoff = 7,0715 Teile Senföl, oder 1 ccm $^1/_{10}$ N.-Lauge = 0,0099 g Senföl.

Karl Diederich[6]) und Vuillemin[7]) haben das von Eugen Diederich angegebene Verfahren zur Wertbestimmung des Senfsamens wie folgt abgeändert:

---

1) Zeitschr. f. Untersuchung d. Nahrungs- u. Genußmittel 1909, **18**, 650.
2) Zeitschr. f. öffentl. Chemie 1903, **9**, 37.
3) Landw. Versuchsstationen 1883, **28**, 174.   4) Ebendort 1888, **35**, 209.
5) Zeitschr. f. angew. Chemie 1896, S. 422.
6) Zeitschr. f. Untersuchung d. Nahrungs- u. Genußmittel 1901, **4**, 381.
7) Ebendort 1904, **8**, 522.

5 g Senfsamen zerquetscht man sorgfältig in einem Mörser, spült mit 100 ccm Wasser in einen etwa 200 ccm fassenden Rundkolben, verschließt den Kolben gut und läßt zwei Stunden bei 20—25° C unter öfterem Umschütteln stehen. Man setzt dann 200 ccm Alkohol hinzu, verbindet mit einem Liebigschen Kühler, legt einen etwa 200 ccm fassenden Kolben mit 30 ccm 10 proz. Ammoniak und 10 ccm Alkohol vor und destilliert, indem man das Kühlrohr eintauchen läßt, ohne Ölzusatz ungefähr die Hälfte über. Gleichzeitig verschließt man den Kolben mit einem doppelt durchbohrten Stopfen und führt ein zweites Rohr in ein zweites Kölbchen mit Ammoniakflüssigkeit. Auf diese Weise sind jegliche Verluste ausgeschlossen. Den Kühler spült man mit etwas Wasser nach und versetzt das Destillat mit überschüssiger Silbernitratlösung (3—4 ccm 10 proz. Lösung). Das Zusammenballen des Schwefelsilbers beschleunigt man durch Umschwenken und Erwärmen im Wasserbade. Nachdem sich der Niederschlag gut abgesetzt hat, sammelt man ihn durch Filtrieren der heißen Flüssigkeit auf einem vorher mit Ammoniak, heißem Wasser, Alkohol und Äther nacheinander gewaschenen Filter, wäscht denselben mit heißem Wasser aus, verdrängt die wässerige Flüssigkeit mit starkem Alkohol und diesen wieder mit Äther. Der so behandelte Niederschlag trocknet rasch und leicht bei etwa 80° C und wird bis zur Gewichtsbeständigkeit getrocknet. Das erhaltene Ag_2S [1]) gibt mit 0,4311 — oder 0,4301 nach Vuillemin — multipliziert, die Menge Senföl, welche die angewendeten 5 g Senfsamen geliefert hatten.

Gadamer[2]) hat ein ähnliches Verfahren eingeschlagen, das auch vom Deutschen Arzneibuch V, S. 463 aufgenommen ist, nämlich:

5 g gepulverter schwarzer Senf werden in einem Kolben mit 100 ccm Wasser von 20°—25° übergossen. Man läßt den verschlossenen Kolben unter wiederholtem Umschwenken 2 Stunden lang stehen, setzt alsdann 20 ccm Weingeist und 2 ccm Olivenöl hinzu und destilliert unter sorgfältiger Kühlung. Die zuerst übergehenden 40—50 ccm werden in einem Meßkolben von 100 ccm Inhalt, der 10 ccm Ammoniakflüssigkeit enthält, aufgefangen und mit 20 ccm $^1/_{10}$ N.-Silbernitratlösung versetzt. Dem Kolben wird ein kleiner Trichter aufgesetzt und die Mischung 1 Stunde lang im Wasserbade erhitzt. Nach dem Abkühlen und Auffüllen mit Wasser auf 100 ccm dürfen für 50 ccm des klaren Filtrats nach Zusatz von 6 ccm Salpetersäure und 1 ccm Ferriammoniumsulfatlösung höchstens 6,5 ccm $^1/_{10}$ N.-Ammoniumrhodanidlösung bis zum Eintritt der Rotfärbung erforderlich sein, was 0,7% Allylsenföl entspricht. (1 ccm $^1/_{10}$ N.-Silbernitratlösung = 0,004956 g Allylsenföl, Ferriammoniumsulfat als Indicator.)

Über die Bestimmung des Thiosinamins nach Jörgensen vgl. vorstehend S. 8.

ð) Bestimmung der Stärke bzw. **Nachweis von fremdem Mehl.** Senfsamen enthält **keine Stärke**; reduzierende Stoffe finden sich nur in den Hülsen; daher soll **entfettetes Senfmehl** nach A. E. Leach[3]), wenn es mit Diastase behandelt wird, nicht mehr als 2,5% Glykose aufweisen, es soll nicht mehr als 5% Rohfaser und nicht weniger als 8% Stickstoff enthalten.

H. Kreis[4]) empfiehlt zur Bestimmung der Stärke im Senf das Mayrhofersche Verfahren, indem 5 g Senf am Rückflußkühler auf dem Wasserbade mit 50 ccm 8 proz. alkoholischer Kalilauge 1 Stunde, dann mit 50 proz. Alkohol verdünnt, heiß durch einen Gooch-Tiegel filtriert und mit 50 proz. Alkohol ausgewaschen werden sollen usw. (vgl. III. Bd., 1. Teil, S. 441). Man soll von der ermittelten Stärke 3% abziehen, da diese Menge auch in stärke-

---

[1]) Die Umsetzung hierbei erfolgt nach folgenden Gleichungen:

$$CSN \cdot C_3H_5 + NH_3 = CS{\Big\langle}{{N \cdot C_3H_5}\atop{NH_2}} \quad \text{(Thiosinamin)}$$

$$CS{\Big\langle}{{N \cdot C_3H_5}\atop{NH_2}} + 2\,AgNO_3 + 2\,NH_3 = NCNH \cdot C_3H_5 + Ag_2S + 2\,NH_4 \cdot NO_3\,.$$

[2]) Deutsches Arzneibuch 1910, V. Ausg., S. 381.

[3]) Zeitschr. f. Untersuchung d. Nahrungs- u. Genußmittel 1905, **9**, 229.

[4]) Chem.-Ztg. 1910, **34**, 1021.

freiem Senf gefunden wird. Man wird aber auch ebenso richtig eine bestimmte Menge Senfsamenmehl oder Senf im Gooch-Tiegel mit Asbestlage erst mit Wasser, dann mit Alkohol
und Äther ausziehen und den Rückstand samt Asbest mit 2proz. Salzsäure kochen und nach
III. Bd., 1. Teil, S. 441 verfahren können.

ε) **Prüfung auf fremde Farbstoffe.** P. Köpcke[1]) erwärmt Senf behufs Nachweises
von fremdem Farbstoff mit wässerigem Ammoniak, filtriert, verjagt das Ammoniak zum
größten Teil und färbt nach Zusatz von Kaliumbisulfat wie gewöhnlich mit Wolle aus.
P. Süß[2]) dagegen behandelt etwa 50 g Speisesenf mit etwa 75 ccm 70proz. Alkohol, läßt
10 Minuten stehen und filtriert.

Mit einem Teile des Filtrates wird ein ungebeizter Wollfaden in einem Porzellanschälchen über
kleiner Flamme angefärbt, mit Wasser gewaschen und getrocknet: eine schmutzig hellgelbe Farbe
des Fadens, die bald verblaßt, läßt eine künstliche Färbung ausgeschlossen erscheinen, wenn nicht
auf Betupfen mit Salzsäure oder Ammoniak ein Farbenwechsel eintritt. In einen anderen Teil des
Filtrates hängt man einen Streifen dickes Fließpapier, den man nach 24 Stunden herausnimmt und
trocknet. Inzwischen prüft man Teile des Filtrates wie des ausgefärbten Wollfadens mit 10proz.
Salzsäure und mit 10proz. Ammoniak. Gewisse gelbe Teerfarben (Methylorange usw.) geben mit
Säure eine bläulichrote Färbung; Tropäoline färben den Wollfaden mehr oder weniger orangegelb.
Auf Salzsäurezusatz erfolgt Rot- oder Violettfärbung. Den Capillarstreifen teilt man in 3 Teile
und prüft ebenfalls mit Säure und Ammoniak; einen Teil hebt man auf. Hat Ammoniak Curcuma
angezeigt, so behandelt man den 3. Streifen mit Borsäurelösung und nach dem Trocknen mit einem
Tropfen Ammoniak.

P. Bohrisch[3]) versetzt 10 g Senf nach Verjagen des größten Teiles des Wassers auf dem
Wasserbade mit 30 ccm absolutem Alkohol, läßt 16 Stunden stehen, filtriert, hängt in das Filtrat
Papierstreifen und prüft diese, wie dieses III. Bd., 1. Teil, S. 215 bzw. nachstehend angegeben ist.

Die Wollfadenprobe führt P. Bohrisch in der Weise aus, daß er 20 g Senf in einer
Porzellanschale mit 100 ccm Wasser übergießt, die Mischung unter öfterem Umrühren eine halbe
Stunde erwärmt und noch heiß filtriert; 50 ccm des Filtrats werden mit 10 ccm einer 10proz.
Kaliumbisulfatlösung zum Kochen erhitzt, und in die Flüssigkeit wird alsdann 10 Minuten lang
ein ungebeizter Wollfaden getaucht. Der Wollfaden muß nach dem Auswaschen mit Wasser
bzw. Ammoniak eine rein zitronengelbe Färbung behalten, da die natürlichen ungefärbten
Senfsamenmehle auch braungelbe Färbungen liefern.

Th. Merl[4]) empfiehlt Speisesenf mit reinem Aceton, Senfmehle mit 60proz. Aceton
auszuziehen und die Lösung in verschiedener Weise zu prüfen. Sie zeigt folgende Änderungen
der Farbe:

Bei Anwesenheit von	Durch verdünnte Salzsäure	Durch Ammoniak	Zinnchlorür sofort	nach Erwärmen
Curcuma	keine Veränderung	orangerot	schwach rötlich	hell-dunkelbraun
Teerfarbstoffe (Tropäoline, Citronin)	kirschrot	gelb	rot	gelb

Man kann die Acetonlösung auch auf einem Streifen gewöhnlichen Filtrierpapiers eintrocknen lassen; bei Anwesenheit von Teerfarbstoffen der genannten Art wird die gelbe Farbe
des Papiers durch verdünnte Salzsäure in Rot umgewandelt, bei Anwesenheit von Curcumafarbstoff erst durch konzentrierte Salzsäure. Für den weiteren Nachweis des letzteren kann
man den Papierstreifen auch mit etwa 1proz. Borsäure tränken, bei 80° trocknen, darauf mit
der Acetonlösung übergießen, diese vorsichtig verdunsten lassen, bis die gelbe Farbe des Papiers

―――――――――
[1]) Pharmaz. Zentralhalle 1905, **46**, 293.
[2]) Ebendort 1905, **46**, 291.
[3]) Zeitschr. f. Untersuchung d. Nahrungs- u. Genußmittel 1904, **8**, 285.
[4]) Ebendort 1908, **15**, 526.

eben in Rosarot-Orangerot übergeht; beim Betupfen mit verdünnter Lauge geht letztere Färbung in Blau bzw. Grün über.

E. Sievers[1]) empfiehlt zum Ausziehen fremder Farbstoffe, besonders von Curcumafarbstoff Äther, dem auf je 10 ccm einige Tropfen Alkohol zugesetzt werden.

Mikroskopische Untersuchung.

Außer den S. 8 bereits erwähnten Cruciferensamen bzw. deren Preßrückständen sowie den Farbstoffen (Curcuma und Teerfarbstoffen) werden dem Senfmehl bzw. Senf auch zugesetzt Getreidemehle (Weizen-, Mais-), Erbsenmehl, Kartoffelmehl und von den Preßrückständen ölhaltiger Samen besonders Leinkuchenmehl, durch welche letzteren Zusätze der Senf bindiger werden soll.

Da der Senf keine Stärke enthält, läßt sich der Zusatz von Getreide-, Erbsen- und Kartoffelmehl unschwer mikroskopisch an der Art und Menge der Stärkekörner erkennen, für welchen Zweck die zu untersuchende Probe zweckmäßig vorher entfettet wird.

Schwieriger ist die Unterscheidung der einzelnen Cruciferensamen. Hierfür treibt man das Mehl oder auch den Senf durch ein Sieb (S. 2) und untersucht den feineren Teil auf Stärke, während man den gröberen Teil, die Schalen und Gewebselemente enthaltend, mit Säure und Alkali (S. 3) aufschließt. Bei letzterer Behandlung wird das zartwandige Parenchym der Samenkerne zerstört. Um diese zu gewinnen, schüttelt man nach C. Böhmer[2]) die Probe Mehl oder Senf mit absolutem Alkohol und läßt in einem Spitzglase oder Zylinder stehen. Die schweren Schalentrümmer setzen sich zuerst ab, während sich das Parenchymgewebe auf diesen ansammelt, abgehoben und für sich untersucht werden kann.

Für die Unterscheidung der Brassica- und Sinapisarten kommen 6 Schichten in Betracht, nämlich: 1. Epidermiszellen, 2. äußeres Parenchym, 3. Palisaden-, Becher-, Stäbchenzellen oder Sklereiden, 4. Farbstoffzellen, 5. Aleuron- oder Proteinzellen, 6. das unter den Proteinzellen liegende Innenparenchym des Nährgewebes. Hiervon sind nur die 3 ersten Zellschichten und darunter besonders die Epidermis- und Palisadenschicht zur Unterscheidung geeignet. Die vieleckigen, in der Flächenansicht meist 5—6-seitigen Epidermiszellen gelatinieren zum Teil in Wasser und in verdünnter Alkalilauge bei den einzelnen Brassica- und Sinapisarten in sehr verschiedenem Grade und bilden oft große Mengen Schleim; in anderen Fällen ist die Epidermis gar nicht quellbar. Die darunter liegende äußere Parenchymschicht mit inhaltleeren Zellen fehlt bei einigen Arten ganz und bietet sonst wenig kennzeichnende Unterschiede. Dagegen sind die nach innen folgenden, radial gestreckten, meist gelb- oder braungefärbten Palisadenzellen für die Unterscheidung um so wichtiger. Sie besitzen, wie C. Böhmer (l. c. S. 412) ausführt, das Eigentümliche, „daß im Querschnitt die Verdickungen je zweier Nachbarzellen zusammen eine radial gestreckte, im oberen Teil nach dem Zellumen zu beiderseits schräg-dachförmig absetzende Palisade bilden, die bei einzelnen Samenarten in ungleicher Höhe absetzt und in verschiedenem Dickenverhältnis zur Weite des Lumens steht. Der obere Teil der Palisade ist also bei den meisten Samen unverdickt und fadendünn; zugleich folgen, wie bei Brassica dissecta und Brassica nigra Koch zu ersehen ist, bei ein und derselben Samenart lange und kurze Palisaden alternierend aufeinander. Da die peripherischen Schichten kollabiert darüber liegen, so bekommt die Oberfläche der verschiedenen Samenarten dadurch einen welligen, netzig-grubigen Verlauf. Ist der obere, unverdickte, seitliche Teil der Palisaden lang, so löst sich beim Präparieren der ganze obere Zellverband als feines Fadennetz leicht ab; sind bei anderen Cruciferenarten die unverdickten Zellwände kurz, so kann man in der Fläche ein Fadennetz nur mit Schwierigkeit erkennen, und reicht die seitliche Verdickung bis zum oberen Zellrand, so ist ein Fadennetz überhaupt nicht vorhanden.‟

---

[1]) Zeitschr. f. Untersuchung d. Nahrungs- u. Genußmittel 1912, **24**, 393.
[2]) C. Böhmer, Die Kraftfuttermittel, Berlin 1903.

C. Böhmer empfiehlt daher das Senfmehl bzw. den Senf in Wasser aufzuweichen, mit verdünnter Alkalilauge aufzukochen, das zarte leichte Keimparenchym wiederholt mit Wasser abzuschlämmen, die abgeschlämmten Schalen für sich auf einer Glasplatte mit einer Unterlage von weißem Papier auszubreiten und zunächst mittels einer Lupe zu untersuchen, ob sie gequollen oder stark verschleimt sind, ob sie eine erkennbare oder gar sehr deutliche Maschenzeichnung aufweisen und welche Farbe sie besitzen. Bei denjenigen Cruciferensamen, welche, wie z. B. dem Raps, keine quellbare Epidermis besitzen, gelingt das Abschlämmen leichter als bei den mit quellbarer Epidermis versehenen Cruciferensamen.

C. Böhmer gibt dann, anlehnend an die Gruppeneinteilung von O. Burchard[1]), folgende Gruppenübersicht zur Unterscheidung der einzelnen Cruciferensamen:

A. Die Epidermis- wie auch die äußere Parenchymschicht sind quellbar.

I. Die Zellen des äußeren Parenchyms sind in den Ecken collenchymatisch verdickt und schließen Intercellularräume ein.

1. Die Palisaden sind farblos, in der Fläche ohne Maschennetz. Die Parenchymschicht unter den Becherzellen hat mehrere Lagen, kein Pigment. Die Schale ist glatt, weiß oder gelb: Sinapis alba.

2. Hierher gehört auch Sinapis disecta.

3. Das äußere Parenchym besteht aus großen, sehr deutlich hervortretenden Zellen; die Palisadenzellen sind niedrig und von etwas ungleicher Höhe; sie bewirken eine weitlumige Maschenzeichnung:

Raphanus Raphanistrum.

II. Die Zellen des äußeren Parenchyms sind im allgemeinen einschichtig, nicht collenchymatisch verdickt und ohne Intercellularräume.

1. Die Schale ist braun; die Netzzeichnung unter dem Mikroskop zwar kräftig, aber etwas verschwommen; Parenchymschicht mit brauner Masse, mit Eisensalzen sich blau färbend; Farbstoffzellen mehrschichtig: Brassica nigra.

2. Farbstoffzellen sind einschichtig; sonstige Eigenschaften wie bei der vorigen Art:

Brassica japonica.

B. Das äußere über den Palisaden lagernde Parenchym ist zusammengedrückt und nach der Quellung kaum sichtbar.

I. Die Epidermis zeigt im Querschnitt starke, schleimige Quellung.

1. Die Palisaden erscheinen farblos. Samenschale ist glatt, die Palisaden sind in der Flächenansicht ohne Maschennetz und erscheinen mit sehr schmalem, ovalem Zellumen; Farbstoff der reifen Samen in den strichförmigen Lumina violettschwarz:

Sinapis arvensis.

2. Die Palisaden erscheinen gelb bis braun gefärbt. Die Palisaden sind überall bis fast zur vollen Höhe verdickt.

a) Palisaden kräftig, stark verdickt, mit großem Lumen, dunkelbraun, ohne Netzzeichnung:

Brassica oleracea.

II. Die Epidermis läßt am Querschnitt keine schleimige Quellung erkennen.

1. Die Palisaden sind sehr niedrig, erscheinen farblos oder gelblich, zeigen keine Schichtung und stehen gedrängt aneinander.

a) Schale glatt, ohne Netzzeichnung, die Lumina der Palisaden in der Flächenansicht auffällig eng:

Brassica glauca.

b) Schale feinnetzig-grubig, daher Maschenzeichnung; Palisaden wie bei Br. Rapa, aber heller und glänzender, Maschennetz sehr schwach:

Brassica dichotoma.

2. Die Palisadenzellen erscheinen bräunlichgelb bis braun, sind höher als die unter 1.

---

[1]) Journal f. Landwirtschaft 1896, **44**, 340.

b) Oberfläche der Samen grob netzadrig, Palisaden sehr niedrig, maschengezeichnet. Rötliche Pigmentzellen:

Brassica juncea.

c) Palisaden etwas gestreckter, die Lumina deutlicher erkennen lassend, im Querschnitt braun, nicht rötlich. Schwache Netzzeichnung:

Brassica Besseriana.

a) Palisaden ähnlich wie bei Br. dichotoma, aber dolchförmig, sehr deutliche Maschenzeichnung:

Brassica ramosa.

b) Palisaden in der ganzen Länge verdickt, oben abgerundet; Lumina derselben durchschnittlich so breit wie zwei aneinanderstoßende Zellwände; keine Maschenzeichnung, daher glatte Schale: Brassica Napus.

c) Lumina der Palisaden viel enger als die Zellwände; schwach ausgeprägte, aber deutliche Maschenzeichnung, daher feine, grubige Schale:

Brassica Rapa.

Im einzelnen ist noch folgendes zu merken:

a) Schwarzer Senf (Brassica nigra Koch, Sinapis nigra L., Fig. 2). Über den braunschwarzen Stäbchenzellen bemerkt man in der Tangentialansicht eine ausgeprägte, große Maschenzeichnung, veranlaßt durch die zwischen die zartwandigen, großen Parenchymzellen (2, Fig. 2) radial hineinragenden, fadenförmigen Verlängerungen der Stäbchen. Das Bild kann nur zu Verwechselungen des schwarzen Senfs mit russischem Senf (Sinapis juncea) oder mit Hederich (Raphanus Raphanistrum), allenfalls auch mit Rübsen führen. Russischer Senf ist aber an der helleren Färbung der Stäbchen kenntlich. Der Unterschied der übrigen Sämereien läßt sich nur am Querschnitt feststellen. Der Hederich enthält über den Stäbchen eine 2reihige Schicht dickwandiger Parenchymzellen, der schwarze Senf nur eine Reihe dünn-

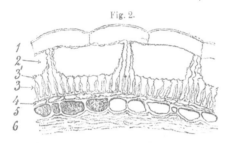

Fig. 2.

Querschnitt.
1.—4. Samenschale.
1. Epidermis, 2. Parenchym, 3. Stäbchenschicht,
4. Farbstoffschicht, 5. äußere, 6. innere Endospermschicht.

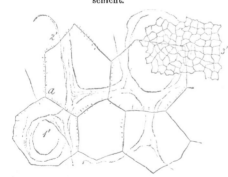

Tangentialansicht zu den entsprechenden Nummern des Querschnittes.

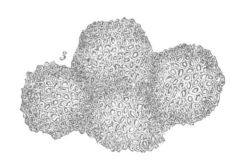

Tangentialansicht der Stäbchenschicht.

Schwarzer Senf, Vergr. 200. Nach C. Böhmer.

wandiger, nahezu kubischer Zellen; beim Rübsen fehlen unter anderem die langen, fadenförmigen Verlängerungen der Stäbchen.

Die 5—6seitigen hohen Tafelzellen der Epidermis sind wie diejenigen des weißen Senfs und Hederichs mit zarten Porenkanälen versehen.

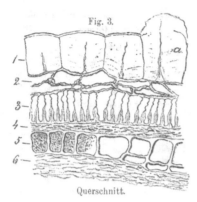

Fig. 3.

Querschnitt.

1. Epidermis (*a* gequollene Zellen), 2. Paren-chymschicht, 3. Stäbchenschicht, 4. Endodermis, 5. und 6. Endospermschichten.

b) Weißer Senf (Sinapis alba L., Fig. 3). Stäbchen im Gegensatz zu denen aller anderen Brassica- und Sinapisarten farblos oder schwach gelblich gefärbt, nur im unteren Drittel bis zur halben Höhe verdickt, von da ab in Gestalt geschlängelter Fäden in die collenchymatisch verdickten Zellen (2, Fig. 3) verlaufend. Die niedergedrückten Fäden verdecken bei schwacher Aufschließung in der Tangentialansicht die Lumina der farblosen Zellen und lassen keine Maschenzeichnung erkennen; erst nach genügender Aufhellung durch längeres Kochen mit Säuren und Alkalien tritt die Maschenzeichnung zwar schwach, aber deutlich hervor. Epidermiszellen im Querschnitt quadratisch, geschichtet, in Wasser hoch aufquellend, mit spaltenförmigem Lumen, in der Tangentialansicht 5 bis 6 seitig polygonal.

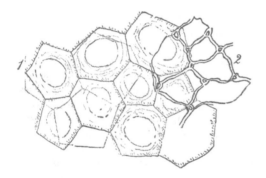

Tangentialansichten zu den entsprechenden Nummern des Querschnittes.
Weißer Senf, Vergr. 200. Nach C. Böhmer.

c) Russischer Sareptasenf (Brassica Besseriana Andr., Fig. 4). Der Sareptasenf von hellbrauner Farbe wird zum Typus Brassica juncea Roxb. (Sinapis glauca L., nach Burchard mit Brassica lanceolata Lange sich deckend) gerechnet und kommt zuweilen im indischen Raps vor; er enthält außer dem gewöhnlichen Senföl ein ätherisches Senföl, welches die Haut, besonders Schleimhaut, stark angreift — daher die Verwendung des Sareptasenfes zu Senfpflastern.

Die ungleich hohen Palisaden bilden in der Flächen-ansicht eine meist deutliche Maschenzeichnung und auffallend enge, rundliche, oft dreieckige Lumina.

Fig. 4.

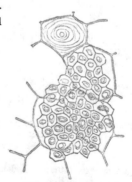

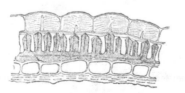

Querschnitt.   Flächenansicht.
Russischer Sareptasenf. Nach Bille Gram.

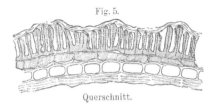

Fig. 5.

Querschnitt.

d) Europäischer Raps (Brassica campe-stris L., Fig. 5). Diese nicht in Indien wachsende Brassicaart hat eine stärkere Maschenzeichnung als der Rübsen; Epidermis und äußeres Parenchym sind kollabiert.

e) Ostindische Rapssaat (Brassica campestris L. var. Sarson Prain, Indian Colza, auch Brassica glauca oder Sinapis glauca Roxb. genannt, Fig. 6).

Fig. 6.

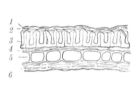

Flächenansicht.　　　　Querschnitt.

Indischer Raps (Brassica campestris var. Sarson Prain.). 1. Epidermis, 2. Parenchymschicht, 3 Palisadenzellen, 4. Farbstoffschicht, 5. Proteinzellen, 6. innere Parenchymschicht. Nach C. Böhmer.

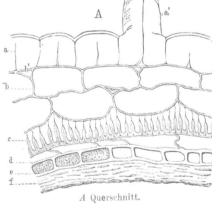

Flächenansicht.
Europäischer Raps (Brassica campestris L.).
Nach Bille Gram.

A Querschnitt.

Fig. 7.
Hederichsamen (vgl. auch S. 18).

a Oberhaut mit einer gequollenen Zelle *a'*, *b* darunter liegende, tafelförmige Zellen mit Intercellularräumen *b'*, *c* wellenförmig verlaufende Stäbchenschicht, deren peripherisches, äußeres Ende sehr lang und dünnwandig ist, sich daher, wie in Fig. *B* bei *b* angedeutet, von dem unteren loslöst, *d* darunter liegende, gelbgefärbte Tafelzellen, *e* Endospermschicht mit darunter liegenden, zartwandigen Parenchymzellen *f* (mit den übrigen Brassicasamen kongruent). *C* die Tangentialansicht der Stäbchenschicht ist sehr deutlich netzförmig, Zellen mit sehr kleinem, infolge seitlicher Beschattung schwarz erscheinendem Lumen und in der macerierten Masse, infolge seitlicher Verschiebung des oberen, dünnwandigen Teiles, oft nur undeutlich erkennbar.

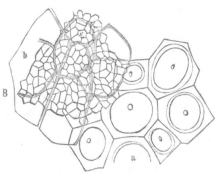

B und *C* Tangentialansichten zu den 3 peripherischen Schichten.
Hederichsamen, Vergr. 200. Nach C. Böhmer.

Als besonderes Kennzeichen für die Unterscheidung des ostindischen Rapses von anderen Brassicaarten gibt C. Böhmer an, daß die meist undeutlich rundlichen Palisaden stark lichtbrechend sind; eine Maschenzeichnung ist nur selten und dann noch schwach vorhanden. Die glatte Epidermis und das äußere Parenchym lassen keine Teilung erkennen. Die Farbe ist gelbweiß.

f) Hederichsamen (Raphanus Raphanistrum L., Fig. 7, S. 17). Der Hederichsamen wird nicht selten für sich allein gepreßt und unter dem Namen „Öl- oder Raps- oder Rübsenkuchen" in den Handel gebracht. In den echten Sorten der letzteren, ferner im Leinkuchen bzw. Leinmehl findet er sich fast stets als natürliche Beimengung, und weil diese Preßrückstände nicht selten zur Verfälschung der Gewürze dienen, so kommt der Hederichsamen auch in diesen und besonders im Senf vor. Die anatomische Struktur des Samens stimmt im allgemeinen mit derjenigen der Senfsamen überein. Diese Unkrautsamen lassen sich mikroskopisch nur schwer von den Brassicaarten unterscheiden (vgl. S. 14 u. f.). Am kennzeichnendsten zur Unterscheidung ist die in Fig. 7, S. 17 unter C dargestellte Flächenansicht der Stäbchenschicht mit ihrem sehr kleinen Lumen.

g) Ackersenf (Sinapis arvensis L., Fig. 8). Der Samen des Ackersenfes zeichnet sich vor dem der Brassicaarten durch die hohen, tafelförmig aneinander gereihten Epidermiszellen aus

Fig. 8.

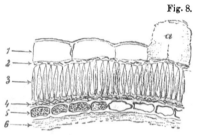

Querschnitt.   Tangentialansicht der Stäbchenschicht.
A c k e r s e n f, Vergr. 200.
1.—4. Samenschale, 1. Epidermis mit einer aufgequollenen Zelle a, 2. Parenchym, 3. Stäbchenschicht, 4. Farbstoffschicht, 5. äußere, 6. innere Endospermschicht. Nach C. Böhmer.

(*1*, Fig. 8). Zur Identifizierung dienen die kleinen, radial pfeilspitzenartig gestreckten Stäbchen. Ihre Höhendifferenz fällt im Verhältnis zur Länge nicht ins Auge, man bemerkt deshalb auch kein Schattennetz. Infolge der zentralen Verdickung der seitlichen Zellwände sind die Lumina undurchsichtig und heben sich in der Tangentialansicht als schwarze Striche hervor, welche von den braunen Zellwänden wie von den Fäden eines kleinmaschigen Netzes umgeben werden.

h) Winterraps (Brassica Napus hiemalis Dill, Fig. 9, S. 19). Die Unterschiede von anderen Samenarten dieser Gruppe sind schon vorstehend angegeben. Der Samen ist braun bis violettschwarz. Die Samenschale ist glatt; die Epidermiszellen enthalten keinen Schleim, bleiben vielmehr, wie das äußere Parenchym, bei der beschriebenen Behandlung bandförmig dicht über den Palisaden liegen, ohne Zellteilung erkennen zu lassen.

Die Palisaden (Fig. 9, S. 19) sind im Querschnitt gleich lang und zeigen keine oder nur kaum bemerkbare Maschenzeichnung; ihre Lumen sind zum Unterschied von anderen Brassicaarten so breit und mitunter breiter als die seitlichen Doppelwände. Das im Querschnitt dünne Häutchen der beiden obersten Zellagen differenziert sich in eine der Tangentialansicht aus 5—6 seitigen polygonalen Zellen bestehende Epidermis und 2—3 Reihen tangentialer, tafelförmig gestreckter, zartwandiger Parenchymzellen.

i) Sommerrübsen (Brassica Rapa annua Koch-Metzger, Fig. 10). Der Samen des Sommerrübsens ist kleiner, die Farbe desselben heller (rötlich braun) als die bzw. die des Rapses.

Die Zellstruktur des Sommerrübsens ist nahezu übereinstimmend mit derjenigen von Brassica Napus, nur die der Stäbchenschicht ist ein wenig abweichend. Die Länge der Stäbchenzellen (Fig. 10, S. 19) variiert nämlich in ziemlich regelmäßigen Abständen um eine Kleinigkeit, und deshalb erscheint die Schicht in tangentialer Lage über den längeren Stäbchen wie von einem

Fig. 9.

Winterraps.

1. Epidermis, 2. Parenchymschicht, 3. Stäbchenschicht, 3'. dünnwandiger Teil derselben, 4. Farbstoffschicht, 5. äußere, 6. innere Endospermschicht.

Querschnitt.

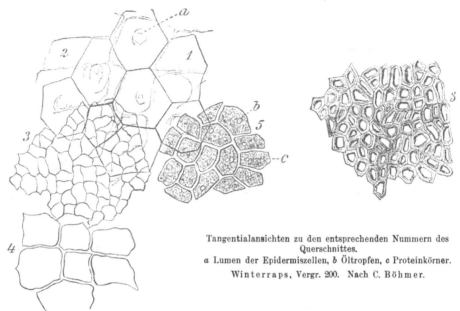

Tangentialansichten zu den entsprechenden Nummern des
Querschnittes.
a Lumen der Epidermiszellen, *b* Öltropfen, *c* Proteinkörner.
Winterraps, Vergr. 200. Nach C. Böhmer.

Fig. 10.

Sommerrübsen.

1. Epidermis, 2. Parenchymschicht, 3. Stäbchenschicht, 3'. dünnwandiger Teil derselben, 4. Farbstoffschicht, 5. äußere, 6. innere Endospermschicht.

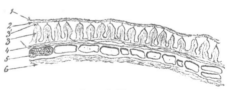

Querschnitt.

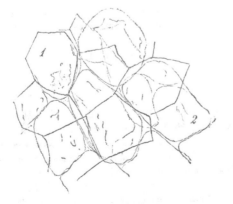

Tangentialansichten zu den entsprechenden
Nummern des Querschnittes.
Sommerrübsen, Vergr. 200.
Nach C. Böhmer.

undeutlichen Schattennetz überzogen. Gleichzeitig sind die radialen Zellwände am zentralen oder basalen Teil so verdickt, daß die Zellumen nahezu verschwinden, niemals aber den Durchmesser der Doppelwandungen erreichen.

k) Kohlsaat (Brassica oleracea L., Fig. 11). Die Zellstruktur von Brassica oleracea (Fig. 11) ist derjenigen von Brassica Napus und Rapa sehr ähnlich. Die Stäbchen sind gleich lang,

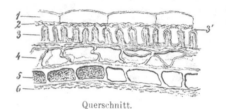

Fig. 11.

Kohlsaat.

1. Epidermis, 2. Parenchym, 3. Stäbchenschicht, 3'. dünnwandiger Teil der Stäbchen, 4. Farbstoffschicht, 5. äußere,
6. innere Endospermschicht.

Querschnitt.

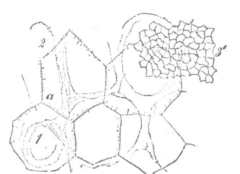

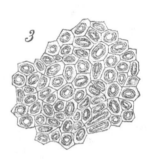

Tangentialansichten zu den entsprechenden Nummern des Querschnittes.
Kohlsaat, Vergr. 200. Nach C. Böhmer.

der seitliche, unverdickte Teil der Zellwände ist sehr kurz; auf Querschnitten kaum bemerkbar; auf denselben sind kennzeichnend die hohen, in Wasser stark aufquellenden Epidermiszellen.

Über die in Sinapis- und sonstigen Brassicaarten vorkommenden Unkrautsamen vgl. auch III. Bd., 2. Teil, S. 589 u. f.

l) Leinsamen (Linum usitatissimum L., Fig. 12, S. 21). Für die Erkennung des Lein-samens sind zu beachten:

1. Die 5—7 seitigen Epidermis- (Schleim-)Zellen (Fig. 12, 1); sie quellen mit Wasser stark auf und sondern den dicken, zähen Schleim ab; im jugendlichen Zustande bestehen sie aus Cellulosemembranen und enthalten vereinzelte Stärkekörnchen, im reifen Zustande nicht mehr.

2. Die kreis- oder ellipsoidischen Parenchymzellen, die durch zahlreiche Intercellular-räume getrennt sind (Fig. 12, 2a).

3. Die langgestreckten, stark verdickten, porösen Faserzellen (Fig. 12, 3), die an den Spitzen fest ineinander verkeilt sind und einen braunen Inhalt führen.

Die folgenden Zellschichten (Fig. 12, 4 und 5), das hyaline Parenchym, bieten wenig Eigenartiges, dagegen bilden

4. die 4—5 seitigen Tafel- oder Pigmentzellen (Fig. 12, 6) ein sehr wertvolles Unterschei-dungsmerkmal; sie enthalten einen dunkelbraunen Farbstoff und erscheinen über oder unter den polygonalen farblosen Endospermzellen wie in einem Netze liegend; ihre Wände sind von feinen Porenkanälen durchbohrt. Das parenchymatische Endosperm und die Kotyledonen enthalten zahl-reiche Proteinkörner und Öltröpfchen. Stärkekörner sind nur in unreifen Samen aufzufinden.

m) Gilbwurz (Curcuma longa L., Fig. 13, S. 21). Die Gilbwurz enthält kennzeichnende Stärkekörner; wenn aber die Gilbwurz selbst zur Verfälschung benutzt wird, so läßt sie sich durch

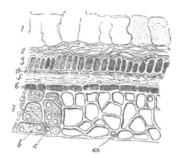

Fig. 12.

Leinsamen.

1. Schleimzellen, 2. Parenchymzellen, 3. Sklerenchymzellen, 4. und 5. zusammengedrückte Testa-
schichten, 6. Pigmentschicht, 7. Endosperm,
a Intercellularräume, *b* Proteinkörner,
c Öltropfen.

Querschnitt.

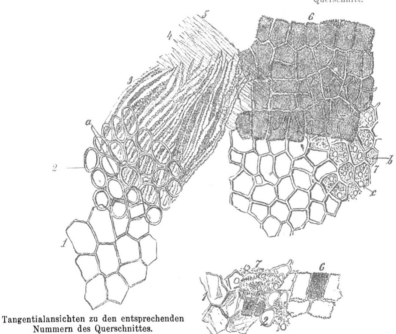

Tangentialansichten zu den entsprechenden
Nummern des Querschnittes.
Leinsamen, Vergr. 200. Nach C. Böhmer.

Fig. 13.

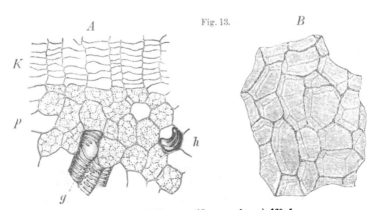

Gewebe der Gilbwurz (Curcuma longa), 160:1.
A Querschnitt durch die Rinde des Wurzelstockes, *K* Kork, *p* Parenchym, mit Kleister erfüllt, *h* Ölzelle,
g Gefäßröhren, *B* Kork in der Flächenansicht. Nach J. Möller.

die Stärkekörner nicht nachweisen, weil sie verkleistert zu sein pflegen. In solchem Falle bedarf es noch anderer Merkmale zum Nachweis, welche in dem Vorhandensein des Korkgewebes und der Gefäße der Gilbwurz (Fig. 13, S. 21) gegeben sind. Zur Aufsuchung dieser Elemente behandelt man nach J. Möller einen Teil der Paste oder des Senfes in einem Probierröhrchen mit absol. Alkohol in der Wärme, gießt ab und wiederholt diese Behandlung, wodurch man eine Menge in der Emulsion nicht leicht auffindbarer Gewebselemente erhält. Unter diesen, welche den verschiedensten Gewürzen angehören, wird man — allerdings nicht ohne Schwierigkeit — die genannten in der Fig. 13, S. 21 wiedergegebenen Gewebselemente der Gilbwurz entdecken.

Anhaltspunkte für die Beurteilung des Senfes.

a) Nach der chemischen und mikroskopischen Untersuchung.

Der Verein deutscher Nahrungsmittelchemiker[1]) hat für die Beurteilung des Senfes folgende Vereinbarungen getroffen:

1. Senfmehl, das zur Bereitung des Tafelsenfes (Speisesenf, Mostrich) benutzt wird, wird aus dem Samen mehrerer zur Familie der Cruciferen gehörenden Pflanzen hergestellt, und zwar kommen hierbei in Betracht die Samen von Brassica nigra Koch (schwarzer oder brauner Senf), die Samen von Sinapis alba L. (weißer oder gelber Senf) und die Samen von Sinapis juncea L. (Sareptasenf, russischer Senf).

2. Marktfähiges Senfpulver, schwarzes (braunes) wie gelbes, darf nicht mehr als 4,5% Mineralbestandteile (Asche), auf lufttrockene Ware berechnet, enthalten, der in 10 proz. Salzsäure unlösliche Teil der Asche betrage nicht mehr als 0,5%.

3. Zusätze von fremden Farbstoffen zum Senfpulver, wie zum Speisesenf, Tafelsenf, Mostrich, sind als Fälschung zu erachten, ebenso Zusätze von Mehl, Weizenmehl, Maismehl, Kartoffelmehl, Erbsenmehl und dgl. zu Speisesenf, wenn diese Zusätze nicht deutlich deklariert sind.

Nach dem Codex alim. austr. soll der Aschengehalt der Senfmehle 4% betragen, jedenfalls 5% nicht übersteigen. Der Zusatz von Getreidemehl zu Sareptasenfmehl behufs Milderung des Geschmackes kann zwar gestattet, soll aber deklariert werden und 20% nicht übersteigen.

Das Schweizer. Lebensmittelbuch gestattet als Zusatz zu Tafelsenf eine geringe Menge von Reismehl sowie von unschädlichen fremden Farbstoffen, erklärt aber die Beimischung von anderen Mehlen für unzulässig. Es schreibt einen Höchstgehalt von 5% Asche und 0,5% in Salzsäure unlösliche Asche sowie einen Mindestgehalt von 0,8% ätherischem Öl vor. Über die Forderungen in den Vereinigten Staaten vgl. S. 9.

Eine belgische Verordnung vom 27. Dezember 1894 verlangt eine Deklaration von Farbstoffzusätzen, während das Lebensmittelgesetz in Dänemark vom 16. Juli 1912 die Färbung des Senfes mit unschädlichen gelben Farbstoffen gestattet.

4. Verdorbener Senf sowie Senf, der mehr als Spuren von Metallen (Blei, Kupfer usw.) enthält, ist vom Verkehr auszuschließen.

Letztere Bestimmung gilt selbstverständlich auch für alle anderen Gewürze.

b) Nach der Rechtslage.

Senf mit Weizenkleie. Der Senf enthielt einen Zusatz von 19% Weizenkleie. Das Gericht hat sich dem Gutachten des als Sachverständigen vernommenen Senffabrikanten angeschlossen. Hiernach ist anzunehmen, daß unter Senf ein Fabrikat, bestehend aus Senfsamen, Essig, Salz und Gewürz, allenfalls Farbe, zu verstehen ist. Insofern die Angeklagten nun dem von ihnen hergestellten Senf Weizenkleie zugesetzt haben, haben sie den Senf verfälscht, da durch den Zusatz der Senf nicht nur objektiv verschlechtert ist, sondern auch durch den

---

[1]) Zeitschr. f. Untersuchung d. Nahrungs- u. Genußmittel 1905, **10**, 32.

Zusatz von Weizenkleie, einem geringwertigen, wenn auch unschädlichen Stoff, dem Senf eine Beschaffenheit gegeben ist, in welcher nach der durch die allgemeine Auffassung im Verkehr getragenen Anschauung des Konsumenten und Käufers über die Eigenschaft einer unverfälschten Ware eine Herabsetzung des Genußwertes zu erblicken ist. Das kaufende Publikum erwartet beim Einkauf von „Senf" eine reine unverfälschte Ware und würde, falls es ihm bekannt würde, daß dem Senf Weizenkleie, ein Viehfutter, zugesetzt sei, diesen Senf nicht mehr als unverfälschten Senf ansehen. Die Verfälschung des Senfes geschah lediglich zum Zwecke der Täuschung im Handel und Verkehr. Auf Grund der Beweisaufnahme ist auch angenommen, daß der Angeklagte als Senffabrikant wohl gewußt hat, daß das kaufende Publikum unter „Düsseldorfer Tafelsenf" bzw. „Prima" nur reinen unverfälschten Senf, der frei von Weizenkleie ist, versteht. Vergehen gegen § 10$^{1 u. 2}$ NMG.

LG. Düsseldorf, 30. Mai 1902.

Senf mit Zusatz von Kartoffelstärke. Um seinen dünnflüssigen Senf zu verdicken, hat der Angeklagte zu etwa 200—300 Pfund Senf 3—5 Pfund Kartoffelstärke zugesetzt.

Nach den Gutachten der Sachverständigen ist in der Vermischung von Senf bzw. im Stadium der Verarbeitung zu Senf befindlicher Senfsaat mit Kartoffelstärke eine Verfälschung von Senf im Sinne des NMG. zu erblicken, da Senf zwar nicht lediglich aus Senfkörnern hergestellt wird, sondern bei der Fabrikation auch Zusätze von Zucker, Weinessig, Salz und Zimt oder ähnlichen den Geschmack mildernden Gewürzen zu erhalten pflegt, dagegen der Zusatz von Kartoffelstärke als einer den chemischen Bestandteilen des fertigen Senfs völlig fremden Substanz ein Fabrikationsprodukt ergibt, das in seiner Zusammensetzung mit dem im Handel und Verkehr eingebürgerten Begriffe reinen Senfs nicht vereinbar und als verfälschter Senf zu bezeichnen ist. Verurteilung nach § 10, Ziff. 2 NMG.

LG. Lüneburg, 8. Juli 1912.

(Zeitschr. f. Untersuchung d. Nahrungs- u. Genußmittel, Beilage, 1913, **5**, 195.)

Gefärbter Senf. Der Senf war mit einem gelben Teerfarbstoff gefärbt. Zu den normalen Bestandteilen des Senfes sind nur Senfsamen, Essig, Salz und den Geschmack verfeinernde Zutaten, besonders Gewürz zu rechnen. Als ein solcher normaler Bestandteil kann aber Farbzusatz auch bei dem in Fabrikantenkreisen allgemein geübten Färbungsverfahren nicht gelten, da dieses Herkommen nicht unter Berücksichtigung der berechtigten Erwartungen des Publikums gebildet ist. Letzterem ist von einem Verfärben des Senfs nichts bekannt. Es meint vielmehr, mit dem gelben Senf ein „naturfarbenes" Produkt zu erhalten und will nur ein solches haben. Dies gilt sogar von der Mehrzahl der Detaillisten. Ein Farbstoff ist mithin ein anormaler Bestandteil des Senfes. Durch diesen ist dem Senf zum Zweck der besseren Verkäuflichkeit der Anschein eines höheren Wertes gegeben worden. Denn die minderwertigen Senfqualitäten bekamen durch den Teerfarbstoff den gleichen Farbenton, den der nur aus der ersten, teuersten Senfsaatsorte — Holländer schwarz — fabrizierte Mostrich aufwies. Dem Publikum aber ist bekannt, daß gelb aussehender Senf an sich vollwertiger ist, als der mehr grau gefärbte.

Der Angeklagte hat aber den Senf nicht nur verfälscht, sondern ihn auch wissentlich unter Verschweigung dieses Umstandes verkauft und, soweit der von ihm angepriesene Naturellmostrich in Frage kommt, unter einer zur Täuschung geeigneten Bezeichnung feilgehalten. § 10$^{1 u. 2}$ NMG.

LG. Leipzig, 10. April 1906.

Gefärbter Senf. Der Senf war mit etwa 1% Eisenocker gefärbt.

Daß durch diesen Ockerzusatz der Mostrich verfälscht oder verschlechtert worden ist, konnte nicht für erwiesen erachtet werden. Nach dem Gutachten der Sachverständigen wird Mostrich, der eine graue Naturfarbe hat, ganz allgemein gefärbt, da er erst dann die bekannte braungelbe Farbe erhält. Ocker ist ein für die menschliche Gesundheit durchaus unschädliches Färbemittel, welches den Mostrich nur dann verschlechtern könnte, wenn es bei seinem verhältnismäßig schweren Gewicht in solcher Menge zugesetzt würde, daß dadurch eine Vermehrung des Gewichtes des Mostrichs herbeigeführt werden würde; dies ist aber bei dem Zusatz von 1% ganz ausgeschlossen. Der Angeklagte hat dem Mostrich durch den Ockerzusatz nur die allgemein übliche braune Farbe gegeben, nicht aber bei dem Publikum den Schein einer besseren Beschaffenheit erwecken wollen.

LG. Königsberg, 28. Februar 1899.

Mit Teerfarbstoff künstlich gefärbter Senf[1]). Der Angeklagte hat Tafelsenf mittels eines künstlichen Teerfarbstoffs gelb gefärbt und den so gefärbten Senf verkauft und feilgehalten, ohne diese Färbung für die Konsumenten erkennbar zu deklarieren.

Der Handelsartikel Tafelsenf ist allerdings ein menschliches Genußmittel, dessen wesentlichen und überwiegenden Bestandteil zu Mehl verarbeitete Senfkörner bilden. Der Tafelsenf besteht aber nicht bloß aus dem Senfmehl, sondern auch aus verschiedenen anderen Zutaten, insbesondere auch aus Essig, Salz, Zucker, Gewürzen, denen häufig auch noch andere Stoffe, namentlich Zubereitungen aus Sardellen oder Gurken beigemengt sind, je nachdem dieser oder jener Geschmack erzielt werden soll. Tafelsenf ist daher, wie auch die gehörten Sachverständigen erklärt haben, nicht ein reines Naturprodukt, sondern ein aus verschiedenen Stoffen künstlich hergestelltes Fabrikat, für dessen Zusammensetzung und äußeres Aussehen keine feste Norm besteht. Als wesentlichen Bestandteil des Tafelsenfs erwartet das konsumierende Publikum allerdings einen aus Senfkörnern, also einem Naturprodukt, hergestellten Stoff; es kann jedoch nicht angenommen werden, daß die Erwartung des Publikums auch dahin geht, daß der Tafelsenf frei von künstlicher Färbung sei. Dem Publikum kommt es vielmehr nur auf einen guten Geschmack und ein gefälliges Aussehen des Tafelsenfs, nicht darauf an, ob er gefärbt oder ungefärbt ist.

Der Zusatz von Farbstoff zu Tafelsenf kann daher nicht schlechtweg als gegen das Nahrungsmittelgesetz verstoßend angesehen werden . . . Eine Verfälschung würde allerdings dann vorliegen, wenn der Angeklagte zu dem von ihm hergestellten Senf Senfkörner von geringerem Werte verwendet hätte, als nach dem äußeren Aussehen des Senfs anzunehmen war.

Die Strafkammer hat nicht für erwiesen erachtet, daß der Angeklagte dadurch, daß er seine Senffabrikate färbte und ohne Deklarierung der Färbung feilhielt und verkaufte, die Abnehmer über die Güte der Ware täuschen wollte. Es ist auch nicht erwiesen, daß der Angeklagte zur Herstellung seiner Fabrikate Senfkörner von geringerer Güte und von geringerem Werte verwandt hat, als das äußere Aussehen der Fabrikate vermuten ließ. Durch den bloßen Zusatz des ganz unschädlichen Farbstoffes, der nur in ganz geringer Menge erfolgte, wurde das Wesen der Fabrikate nicht verschlechtert, sie erlangten dadurch nur ein gefälligeres Aussehen. Hierin kann eine Verfälschung nicht erblickt werden. Da es hiernach an den Voraussetzungen des § 10, Abs. 1 und 2 NMG. fehlt, mußte der Angeklagte freigesprochen werden.

LG. I Berlin, 10. Mai 1912.

2. Muskatnuß.

Unter „Muskatnuß" versteht man den von der harten Samenschale und dem Samenmantel (Arillus) befreiten Samenkern (das Endosperm) des echten, auf den Molukken einheimischen Muskatnußbaumes (Myristica fragrans Houtt.).

Die Kerne sind in der Regel gekalkt und deshalb weiß gefärbt; im ungekalkten Zustande sehen sie braun aus und haben eine netzaderig-runzliche Oberfläche; sie sind von stumpfeiförmiger Gestalt; der Nabel an dem einen Ende ist durch eine vertiefte Rinne (Raphe) mit dem anderen vertieften Ende (der Chalaca) verbunden. Die Nüsse sind durchschnittlich 25 mm lang und zeigen im Innern auf dem Querschnitt ein marmoriertes Aussehen, das durch die in verschiedenen dunkelbraunen Falten (Ruminationsgewebe) sich verzweigende Samenhaut bedingt wird.

Neben dieser kommt auch eine billigere Muskatnuß im Handel vor, nämlich von Myristica argentea Warburg, in Neuguinea wachsend, auch Papua-, Macassarnuß

---

[1]) Zeitschr. f. Untersuchung d. Nahrungs- u. Genußmittel, Beilage, 1913, 197.

genannt; sie sind weicher, länger (25—40 mm lang), und weniger aromatisch. — Die B o m b a y -
M u s k a t n u ß ist noch länger (bis 50 mm lang), hat eine zylindrische Form und feinere, zahlreichere Streifungen. —

In der c h e m i s c h e n Z u s a m m e n s e t z u n g sind beide Sorten nicht wesentlich verschieden, indem nach mehreren Analysen der Gehalt der echten und Papuanuß an ä t h e -
r i s c h e m Ö l 3,6 bzw. 4,7%, an F e t t (Ätherauszug) 34,4 bzw. 35,5%, an S t ä r k e 23,7 bzw.
29,3%, an R o h f a s e r 5,6 bzw. 2,1%, an A s c h e 3,0 bzw. 2,7%, an A l k o h o l e x t r a k t 12,0
bzw. 16,8% betrug.

An P e n t o s a n e n wurden von H a n u š und B i e n 2,48% in der Trockensubstanz gefunden.

Außer der minderwertigen Muskatnuß von Myristica argentea Warb. gibt es verschiedene
noch minderwertigere Sorten (vgl. II. Bd. 1904, S. 1017). Diese werden nicht selten den echten
Muskatnüssen beigemengt oder untergeschoben; auch sind verschiedentlich k ü n s t l i c h e,
schwach parfümierte Muskatnüsse, bestehend aus Mehl und Ton, oder Ton allein, oder aus
Holzmehl, im Handel angetroffen. Wurm- bzw. insektenstichige Nüsse werden auch mit einem
Teig aus Mehl, Öl, Kalk ausgebessert.

Sonst dienen die w u r m s t i c h i g e n („Raupen") oder g e s c h r u m p f t e n Nüsse und
Bruch zur Gewinnung der M u s k a t b u t t e r. Diese schmilzt bei 38—51° und hat eine Verseifungszahl von 154—161, eine Jodzahl von 31—52.

Die **chemische Untersuchung** wird nach den allgemein üblichen Verfahren (S. 3 u. f.)
ausgeführt und gibt über die Verfälschungen g a n z e r N ü s s e (besonders Unterschiebung von
künstlichen Muskatnüssen) leicht Aufschluß. Auch bei der Beurteilung von M u s k a t n u ß -
p u l v e r, das selbstverständlich noch größeren Verunreinigungen und Verfälschungen ausgesetzt ist, kann die chemische Untersuchung nicht entbehrt werden, weil durch fremde
Zusätze der normale Gehalt an den wichtigsten Bestandteilen verschoben sein wird.

Fig. 14.

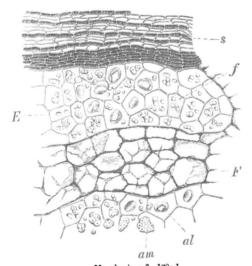

Muskatnuß, 160:1.
s Samenhaut, F Samenhaut in einer Falte des Endosperms,
E Endosperm, am Stärkekörner, al Krystalloide, f Farbstoff.

Fig. 15.

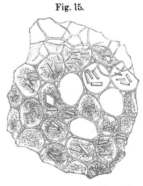

Samenhaut der Muskatnuß.
Flächenansicht, 160 : 1.
Die Krystalle sind Fettsäure-
krystalle.
Nach J. Möller.

Wo die chemische Untersuchung z. B. bei Muskatnußpulver versagen sollte, kann die
mikroskopische Untersuchung aushelfen, wozu vorstehende Abbildungen (Fig. 14 u. 15) nach
J. Möller als Anhaltspunkte dienen können.

Die Muskatnuß enthält ein lückiges Parenchym aus rundlichen polygonalen Zellen, die neben den braunen noch stäbchenförmige, seltener tafelförmige Krystalle (Myristinsäure) enthalten. Die Samenhaut in den Spalten des Endosperms ist ein weitmaschiges, polygonales, verzogenes und auch zerrissenes Gewebe ohne Inhalt (*F*, Fig. 14, S. 25). Das Endosperm (*E*) besteht aus polygonalen, dünnwandigen Zellen, die mit Proteinen, Fett und Stärke gefüllt sind; einzelne Zellen enthalten auch einen braunen Farbstoff (*f*). Die Proteinkörner haben nicht selten die Form von Globulinen, in denen mitunter ein Krystalloid (*al*) sichtbar ist.

Die Stärkekörner bestehen aus meistens 2—3, aber auch mehreren Teilkörnern; letztere haben einen deutlichen Kern und sind nach außen gewölbt (*am*).

Das Deutsche Arzneibuch V, 1910 gibt folgende Erläuterung für die mikroskopische Untersuchung der Muskatnuß:

Das äußere Hüllperisperm setzt sich aus flachen, häufig einen rotbraunen Inhalt oder Einzelkrystalle führenden Zellen zusammen, während die sich in das Endosperm erstreckenden Leisten hauptsächlich aus blasenförmigen Ölzellen bestehen. Das Endosperm wird aus dünnwandigen, mitunter braun gefärbten Zellen gebildet, in denen sich Fett, häufig in krystallinischer Form (Fig. 15, S. 25), vereinzelte Aleuronkörner mit großen Krystalloiden und in reichlicher Menge kleine, meist zusammengesetzte Stärkekörner finden.

Das rötlichbraune, etwas ins Graue oder Gelbliche spielende Pulver ist durch die gelblichen Fetzen des Endosperms, in dessen Zellen sich Stärke und Aleuronkörner leicht erkennen lassen, und durch die freiliegende Stärke und die Fetzen des braunen Perisperms, besonders des Hüllperisperms gekennzeichnet.

Anhaltspunkte für die Beurteilung.

Der Verein deutscher Nahrungsmittelchemiker[1]) hat 1905 für die Beurteilung der Muskatnüsse folgende Vereinbarung getroffen:

1. Muskatnüsse sind die nach geeignetem Trocknen und Entfernen (Zerschlagen) der harten Samenschale gekalkten Samenkerne des Muskatnußbaumes, und zwar von Myristica fragrans Houttuyn, Familie der Myristicaceen.

2. Muskatnüsse müssen einen aromatischen Geruch und Geschmack zeigen und dürfen nicht von Würmern usw. angefressen sein.

3. Als höchste Grenzzahlen für den Gehalt an Mineralbestandteilen (Asche) in der lufttrockenen Ware haben zu gelten 3,5% und für den in 10proz. Salzsäure unlöslichen Teil der Asche 0,5%.

Der Codex alim. austr. verlangt für Muskatnüsse mindestens 2% ätherisches Öl; ferner 34% Fett, bei kalkfreien Nüssen 2,7% Asche, während bei kalkhaltigen bis höchstens 6% Asche zugelassen werden sollen.

Das Schweizer. Lebensmittelbuch schließt sich bezüglich des zulässigen Aschen- und Sandgehaltes den Forderungen der deutschen Nahrungsmittelchemiker an.

Die Vereinigten Staaten von Nordamerika stellen folgende Forderung an Muskatnuß:

Muskatnuß ist der getrocknete Samen von Myristica fragrans Houttuyn, der von seiner Schale befreit ist, mit oder ohne eine dünne Kalkschicht. Normale Standard-Muskatnüsse, gestoßen oder ungestoßen, sind Muskatnüsse, die nicht weniger als 25% nichtflüchtigen Ätherextrakt enthalten, nicht mehr als 5% Gesamtasche, nicht mehr als 0,5% in Salzsäure unlösliche Asche und nicht mehr als 10% Rohfaser. Macassar-Papua, männliche oder lange Muskatnuß, ist der getrocknete Samen von Myristica argentea Warb., befreit von seiner Schale.

3. *Macis.*

Macis (sog. Macisblüte bzw. sog. Muskatblüte) ist der getrocknete Samenmantel (Arillus) der echten Muskatnuß (Myristica fragrans Houtt.).

---

[1]) Zeitschr. f. Untersuchung d. Nahrungs- u. Genußmittel 1905, **10**, 27.

Der Baum ist auf den Molukken einheimisch, wird aber auch auf den Bandainseln (in Brasilien und Westindien) angebaut und heißt die echte Macis daher auch Banda-macis (Menadomacis). Sie bildet im getrockneten Zustande, wie sie im Handel vorkommt, ein zusammengepreßtes Haufwerk, von hellgelber bis gelbbräunlicher Farbe, von hornartiger, brüchiger Beschaffenheit; oberhalb der Basis ist der Arillus in zahlreiche, schmale und flache (etwa 1 mm dicke) Lappen (Lacinien) zerschlitzt. Die Papuamacis oder Macasssar-macis (von Myr. argentea Warb.), auch Macisschalen genannt, ist schmutzigbraun bis braun-rot gefärbt und deren Arillus länger als die erste; der Arillus hat nur 4 Streifen bzw. Zipfel, die oben in mehrere dünne Streifen auseinandergehen, die nach W. Busse[1]) über der Spitze der Nuß zu einem konischen Deckel verschlungen sind. Die Papuamacis steht im Aroma und Ge-schmack der Bandamacis nach. Der Geruch erinnert beim Zerreiben nach einiger Zeit an Sassafrasöl — wahrscheinlich von Safrol herrührend —. Die wilde Macis oder Bombay-macis (von Myr. malabarica) besitzt gar kein Aroma und nur eine ganz geringe Menge äthe-risches Öl; sie ist durchweg lebhaft rot gefärbt — einzelne Arten sind auch von gelber bis braungelber Farbe —, wesentlich länger als die echte Macis und besitzt eine zylindrische Form; sie ist in feinere und zahlreichere Streifen zerschlitzt, die sich an der Spitze fest zu einer Art Knäuel, das fast wie ein Flechtwerk aussieht, zusammenschieben. Die Bombaymacis ist als Ge-würz wertlos.

Wie im Äußeren, so sind die 3 Macisarten auch in der chemischen Zusammen-setzung verschieden, indem für sie bei einem mittleren Gehalt von 10,5% Wasser (Schwan-kungen 5,0—23,0%) gefunden wurden:

Macis	Ätherisches Öl %	Petroläther-auszug = Fett %	Äther-lösliches Harz[2]) %	Alkohol-lösliches Harz[3]) %	Zucker %	In Zucker überführbare Stoffe[4]) %	Roh-faser %	Asche %	Sand %
Banda- (echte) .	4,0—12,0	22,5—34,9	1,2—5,1	3,8—4,0	ca. 2,0	22,7—34,4	ca. 4,5	1,8—2,5	0—0,3
Papua-	4,0—6,0	53,0—55,5	0,4—1,8	1,7—2,1	—	(8,8)	„ 4,6	ca. 2,0	0—0,3
Bombay- (wilde)	0,3—1,3	29,0—34,5	27,5—37,5	2,5—3,5	—	(14,5)	„ 8,2	„ 2,0	0—0,2

An Pentosanen wurden von Hanuš und Bien 4,39% in der Trockensubstanz der echten Macis gefunden.

Die echte (Banda-)Macis unterscheidet sich daher von den beiden anderen Macis-sorten durch den höheren Gehalt an ätherischem Öl und geringeren Gehalt an Fett (Petrolätherauszug), die wilde Macis ist dagegen durch den geringen Gehalt an ätherischem Öl und durch hohen Gehalt an ätherlöslichem Harz von den beiden anderen Macissorten unterschieden.

Ed. Spaeth[5]) gibt ferner als Unterschiede die Konstanten des durch Petroläther ausge-zogenen, durch Destillation im Wasserdampf von ätherischen Ölen befreiten Fettes an, nämlich:

	Jodzahl	Verseifungszahl
Bandamacis	77—80	170—173
Bombaymacis	50—53	189—191

Vorwiegend die ersten Unterschiede können als Anhaltspunkte für die Beurteilung der Reinheit einer Macis mitverwendet werden.

Die Verfälschungen bestehen, besonders bei dem Macispulver, in der Untermischung der wilden Macis oder geringwertigeren Papuamacis unter die echte. Auch werden wohl Zucker,

[1]) Arbeiten a. d. Kais. Gesundheitsamte 1896, **12**, 628 u. 660.
[2]) Ätherauszug nach Behandlung mit Petroläther (Harzätherauszug minus Petrolätherauszug).
[3]) Alkoholauszug nach Behandlung mit Äther.
[4]) d. h. durch Diastase in Zucker überführbare Stoffe.
[5]) Forschungsberichte über Lebensmittel 1895, 148.

gemahlener Zwieback, gefärbtes Grießmehl, Semmelmehl, sonstige Mehle, Curcuma usw. beigemengt.

A. Bujard[1]) untersuchte als Ersatzmittel für Macis ein Maculin, Heckmann
und Kuttenkeuler[2]) ein Muskatin, welche aus gelbgefärbtem Weizenmehl bzw. Mais-
grieß bestanden, keine Spur Macis enthielten, aber mit etwas Macisöl parfümiert waren.

1. Chemische Untersuchung. a) Über die wichtige Bestimmung des **ätherischen Öles,**
des **Petroläther-** und **Äthylätherauszuges,** sowie der Asche usw. vgl. vorstehend S. 4 u. f.
Über die Bestimmung der durch **Diastase** in **Zucker überführbaren Stoffe** vgl. III. Bd., 1. Teil,
S. 438. Hierfür muß das Macispulver vorher zweckmäßig entfettet werden. Da die Macis
keine Stärke enthält, so muß die nicht unwesentliche Menge von in Zucker überführbaren
Stoffen der Gruppe der Dextrine angehören. Bei Anwesenheit von stärkehaltigen Mehlen in
Macispulver wird aber diese Menge von in Zucker überführbaren Stoffen durch genanntes
Verfahren noch erhöht sein.

b) Zucker. Bezüglich eines etwaigen Zuckerzusatzes zur Macis behaupten Ludwig
und Haupt[3]), daß die natürliche Macis 1,65—4,28% Zucker (als Glykose berechnet) enthalte.
Ed. Spaeth[4]) und ebenso F. Utz[5]) weisen aber darauf hin, daß die in der Macis vorhandene,
in kaltem Wasser lösliche Zuckermenge so gering sei, daß sie auf die Drehung der Ebene des
polarisierten Lichtes kaum einen Einfluß habe. Außerdem läßt sich zugesetzter Zucker mechanisch durch Chloroform abscheiden. Ed. Spaeth verfährt für den Zweck wie folgt:

Man behandelt etwa 10 g des Macispulvers — das vorher durch Behandlung mit Petroläther von Fett befreit sein kann — in bekannter Weise mit Chloroform entweder in einem
Reagensglase oder in einem Sedimentierapparat; der zugesetzte Zucker (Rohrzucker, Farin-
zucker, Milchzucker) setzt sich ab; man gießt das Chloroform ab, entfernt die letzten Kubikzentimeter des beim Sediment verbliebenen Chloroforms durch vorsichtiges Erwärmen im
Wasserbade und löst den Rückstand — man sieht deutlich, ob Zucker vorhanden ist — in warmem Wasser. Die Lösung spült man in ein 50 ccm fassendes Kölbchen, kühlt den Inhalt
ab, gibt 2,5 ccm Tonerdehydratbrei hinzu, füllt dann auf 50 ccm auf, läßt einige Zeit stehen
und polarisiert das Filtrat. Man kann auch 10 bis 20 g Macis (nicht vorher entfetten!) mit
100 ccm Wasser mehrere Minuten tüchtig schütteln und dann sofort filtrieren; 50 ccm des
Filtrates werden mit 2,5 ccm Bleiessig und einigen Tropfen Tonerdehydratbrei versetzt und
auf 55 ccm aufgefüllt; es wird dann filtriert und die Lösung im 220 mm-Rohr polarisiert.

c) Nachweis des Farbstoffes. Sehr verschieden von der Bombaymacis verhält sich
die Bandamacis auch durch den Farbstoff (vgl. II. Bd. 1904, S. 1020). Zu seinem Nachweis
verfährt man wie folgt:

Man zieht etwa 5 g Macis mit der 10fachen Menge Alkohol in der Wärme aus, filtriert
und prüft das Filter und Filtrat wie folgt:

Macis	Filter beim Betupfen mit Kalilauge	1 ccm Filtrat wird mit 3 ccm Wasser und 1 ccm einer 1 proz. Kaliumchromatlösung	Basisches Bleiacetat erzeugt Niederschlag	1 ccm Filtrat, 3 ccm Wasser und einige Tropfen Ammoniak färben	Papierstreifen, mit dem Filtrat getränkt, werden nach Eintauchen in gesättigtes Barytwasser und Trocknen
Banda- (echte)	fast farblos	hellgelb	fleischfarbenen	rosa	braungelb
Bombay- (unechte) }	dunkelrot[6])	ockerfarben bzw. sattbraun	hellgelben	tieforange bis gelbrot	ziegelrot

---

[1]) Zeitschr. f. Untersuchung d. Nahrungs- u. Genußmittel 1904, **8**, 523.
[2]) Ebendort 1914, **27**, 903.   [3]) Ebendort 1905, **9**, 208.
[4]) Ebendort 1906, **11**, 447.   [5]) Ebendort 1906, **12**, 432.
[6]) Wenn die gelbe Farbe des Filters von Curcuma herrührt, so wird sie beim Betupfen
mit Kalilauge braun.

Auch läßt sich der Nachweis der Bombaymacis mikrochemisch erbringen, indem der lebhaft gefärbte, orangerote Inhalt der großen gefüllten Sekretzellen (Ölzellen) durch Alkalien (Ammoniak) blutrot gefärbt wird.

P. Schinder[1]) bedient sich zum Nachweise von unechter Bombaymacis in echter Bandamacis einer Vorrichtung, die aus einem unten verengten Glaszylinder von 2,5 cm Durchmesser und etwa 15 cm Länge besteht; der Durchmesser des eingeengten Teiles beträgt 1,5 cm.

Auf einen oberhalb der Verengung angebrachten losen Wattebausch bringt man 5 g Macispulver, setzt den Apparat auf ein Reagensrohr und übergießt das Pulver mit 7—8 ccm 98—99 proz. Alkohol, gießt noch zweimal je 7—8 ccm Alkohol auf und fängt den Extrakt im ersten Reagensrohr auf. Man setzt dann den Apparat auf einen 2., 3., 4., 5. Zylinder und laugt das Pulver immer zweimal mit 7—8 ccm Alkohol aus. Gibt man dann in jeden Zylinder einen Tropfen Bleiessig, so entsteht bei Bandamacis im ersten Zylinder ein starker gelber bis roter Niederschlag, der im zweiten Zylinder bedeutend geringer ist und im dritten gewöhnlich nicht mehr erscheint. Ist aber Bombaymacis vorhanden, so nimmt die Färbung des Niederschlages im zweiten und dritten Zylinder an Reinheit und Intensität zu.

F. Utz[2]) versetzt Macis direkt mit 1 proz. Natronlauge; hierdurch wird Bandamacis nicht, Bombaymacis dagegen dunkelorange gefärbt; der Farbstoff läßt sich capillarimetrisch in Filtrierpapierstreifen sammeln.

C. Griebel[3]) will noch 20% Papuamacis in echter Bandamacis durch folgende Reaktion nachweisen können:

Je 0,1 g reiner gemahlener Bandamacis und des zu prüfenden Pulvers werden in Reagensgläsern mit je 10 ccm leicht siedenden Petroläthers übergossen und diese Gemische eine Minute lang kräftig durchgeschüttelt. Ein Teil der Filtrate (etwa je 2 ccm) wird mit dem gleichen Volumen Eisessig gemischt und dann möglichst schnell hintereinander vorsichtig mit konz. Schwefelsäure unterschichtet, wobei jede Vermischung der Flüssigkeiten vermieden werden muß. Bei reiner Bandamacis entsteht alsdann an der Berührungszone ein gelblicher Ring, während bei Gegenwart von Papuamacis je nach der Menge derselben schneller oder langsamer eine rötliche Färbung auftritt. Falls nach 1—2 Minuten nicht eine deutlich rötliche Färbung eingetreten ist, ist die Reaktion als negativ anzusehen, weil später auch bei Bandamacis ähnliche Farbentöne entstehen. Aus diesem Grunde ist auch die Kontrollprobe mit reiner Bandamacis nötig, und es empfiehlt sich, den Schwefelsäurezusatz bei dieser zuerst vorzunehmen.

Bombaymacis gibt, nebenbei bemerkt, bei gleicher Behandlung eine farblose Zone.

Zum Nachweise von Teerfarbstoffen schüttelt man nach Ed. Spaeth einige Gramm des Macispulvers mit ungefähr 10 ccm 70 proz. Alkohol tüchtig aus, läßt längere Zeit stehen, schüttelt abermals um und gießt den bei Anwesenheit von Teerfarbstoffen stärker gefärbten Alkoholauszug in ein Reagensgläschen. Man säuert mit etwas Weinsäurelösung an, gibt einen reinen, fettfreien Wollfaden hinzu und erhitzt einige Zeit im Wasserbade; bei Anwesenheit von Teerfarbstoffen färbt sich die Wolle gelb.

2. Mikroskopische Untersuchung. Eine mikroskopische Unterscheidung der Banda- und Papuamacis ist nicht möglich; nur die Bombaymacis zeigt einige Unterschiede — der mikrochemische ist schon vorstehend erwähnt —. Nach J. Möller[4]) zeigt ein Querschnitt durch das blattartige Gebilde der Bandamacis in Glycerin (Fig. 16, S. 30) ein beiderseits von Oberhaut begrenztes Parenchym, in welchem die großen Ölzellen (o) auffallen. Am Grunde des Arillus ist die Oberhaut stellenweise doppelt. Der Inhalt der Ölzellen besteht aus einem Gemenge von ätherischem Öl, Fett und Harz. Wird das Öl durch Äther gelöst, so kommen

[1]) Zeitschr. f. öffentl. Chemie 1902, **8**, 288.

[2]) Chem.-Ztg. 1905, **29**, 988.

[3]) Zeitschr. f. Untersuchung d. Nahrungs- u. Genußmittel 1909, **18**, 202.

[4]) J. Möller, Mikroskopie d. Nahrungs- u. Genußmittel 1905, 367.

zahlreiche unregelmäßige Körperchen zum Vorschein, die sich mit Jod rotbraun färben (Amylodextrin). Stärke fehlt, wie schon gesagt.

Die Oberhaut besteht in der Flächenansicht (Fig. 17) aus spindelförmigen, fast 1 mm langen und 20—40 mm breiten Zellen, die mit Wasser stark aufquellen. Die Zellwand — mit Ausnahme der Cuticula — wird durch Chlorzinkjod gebläut.

Fig. 17.

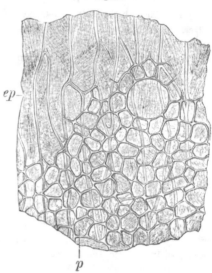

Fig. 16.

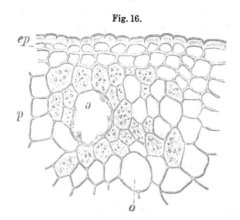

Querschnitt durch Bandamacis.
ep Oberhaut und Hypoderm. *p* Parenchym mit den
Ölzellen *o*. Nach J. Möller.

Flächenansicht von Bandamacis.
ep Oberhaut, *p* Parenchym.
Nach J. Möller.

Die Bombaymacis (Fig. 18) unterscheidet sich von der echten Macis im Querschnitt durch die schmalen und hohen Oberhautzellen, unterschiedlicher aber sind die zahlreichen Sekretzellen (*f*), deren Inhalt unter Wasser orangerot ist, mit Alkalien blutrot wird.

Fig. 18.

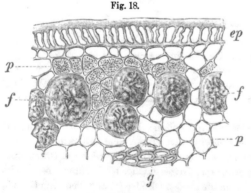

Querschnitt durch Bombaymacis.
ep Oberhaut, *p* Parenchym, *f* Farbstoffzellen, *g* Leitbündel.
Nach T. F. Hanausek.

Bezüglich des mikroskopischen Nachweises von fremden Zusätzen, z. B. von Getreidemehlen (Zwieback, Semmel) vgl. III. Bd., 2. Teil, S. 538 u. 568 u. f., von Curcuma S. 20 u. f., von Leinmehl S. 20 u. f., von Olivenkernen und Palmkernmehl unter Pfeffer S. 54 u. 56.

Auch Mohnkuchenmehl wird als Verfälschungsmittel von gepulvertem Macis angegeben. Über seine mikroskopische Erkennung im Pulver ist nach A. L. Winton folgendes zu bemerken:

1. Die Oberhautzellen des Mohnsamens (*ep* Fig. 19, S. 31) sind polygonal und enorm groß, dem Netzwerk des Mohnsamens entsprechend. Die radialen Wände sind dünn und gewellt. Das dichte Maschenwerk wird nicht von den Oberhautzellen, sondern von einer tieferen, der 3. Zellschicht gebildet.

2. Die Krystallschicht (*k* Fig. 19) besteht aus dünnwandigen, polygonalen Zellen mit Krystallsand.

3. Die Faserschicht (f Fig. 19) mit 15—40 μ dicken Fasern läuft der Längsachse parallel und verursacht das netzige Relief der Samenoberfläche.

4. Die Querzellen (q), mäßig verdickt, braun, zugespitzt, Seite an Seite gereiht, kreuzen die Fasern.

5. Die Netzzellen (n) sind wie letztere angeordnet und enthalten eine dunkelbraune Masse, die in Alkalien unlöslich ist und auf Gerbstoff nicht reagiert. In den weißen Samen fehlt dieser Inhalt.

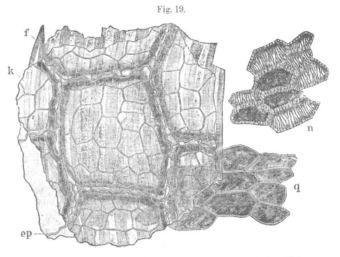

Fig. 19.

Schalengewebe des Mohnsamens in der Flächenansicht.
ep Oberhaut, *k* Krystallschicht, *f* Faserschicht, *q* Querzellen, *n* Netzzellen.
Nach A. L. Winton.

Das Endosperm und der Embryo enthalten 3—7 μ große Aleuronkörner mit mehreren Globoiden und Krystalloiden.

Anhaltspunkte für die Beurteilung.

a) Nach der chemischen Untersuchung.

Für die Beurteilung der Macis haben die deutschen Nahrungsmittelchemiker folgende Vereinbarung getroffen:

1. „Muskatblüte, Macis ist der Samenmantel der echten Muskatnuß, abstammend von Myristica fragans Houttuyn, Familie der Myristicaceen. Macis sowie das Pulver dieser muß aus dem seines ätherischen Öles nicht beraubten Samenmantel der echten Muskatnuß bestehen und muß einen kräftigen gewürzhaften Geruch und einen scharf bitteren Geschmack besitzen; als Zeichen besonderer Güte gilt eine möglichst hellgelbe Farbe der Macis.

2. Der Gehalt an ätherischem Öl muß mindestens 4,5% betragen.

3. Als höchste Grenzzahlen an Mineralbestandteilen (Asche) in der lufttrockenen Ware haben zu gelten 3% und für den in 10 proz. Salzsäure unlöslichen Teil der Asche 0,5%.“

Mit vorstehenden Forderungen an den Gehalt von ätherischem Öl, Asche und unlöslichem Teil der Asche decken sich die im Schweizerischen Lebensmittelbuch.

Der Codex alim. austr. verlangt mindestens 4,0% ätherisches Öl, höchstens bis 35% Fett, höchstens bis 2,5% Gesamtasche und höchstens 0,5% in Salzsäure unlösliche Aschenbestandteile.

Nach dem Lebensmittelbuch der Vereinigten Staaten von Nordamerika soll normale Standard-Macis nicht weniger als 20% und nicht mehr als 30% nicht flüchtigen Ätherextrakt, nicht mehr als 3% Gesamtasche, nicht mehr als 0,5% in Salzsäure unlösliche Asche und nicht mehr als 10% Rohfaser enthalten.

4. Die Frage, ob die Beimengung von Papuamacis zu Bandamacis unstatthaft ist, wird verschieden beurteilt. Nach W. Busse[1]) kann Papuamacis nicht als Verfälschungs-mittel angesehen werden, während sie nach dem Schweizerischen Lebensmittelbuch zu bean-standen ist. Die Papuamacis ist aber in der chemischen Zusammensetzung, besonders im Fett-

---

[1]) Arbeiten a. d. Kais. Gesundheitsamte 1896, **12**, 628 u. f.

gehalt, verschieden und wenn sie weiter, wie allgemein behauptet wird, weniger Aroma besitzt, als die Bandamacis, dann muß sie als solche oder als Zusatz zu Bandamacis naturgemäß deklariert werden. Es folgt dieses auch aus der Begriffserklärung für Macis und den für diese zu fordernden Gehalten an ätherischem Öl und Fett.

5. Ein Gehalt von mehr als 2% Zucker in der Macis oder deren Pulver läßt eine Ware des Zusatzes von Zucker verdächtig erscheinen. Der Zusatz von Zucker und allen sonstigen fremdartigen Stoffen ist selbstverständlich als Verfälschung anzusehen.

b) Beurteilung nach der Rechtslage.

Macisblüte mit Bombaymacis. Als Macisblüte wird der Samenmantel der eigentlichen Muskatnüsse bezeichnet, sie ist wegen ihres hohen Gehaltes an ätherischem Öl als Gewürz geschätzt. Diese Eigenschaft kommt aber nur der als Bandamacis von dem Myristica fragrans (oder Moschata) genannten Baum gewonnenen Macisblüte zu, die ihren Gehalt an Gewürzstoff auch in getrocknetem Zustande bewahrt. Die von Myristica Malabarica herrührende sog. Bombaymacis hat einen verschwindend geringen Gehalt von Gewürzstoff. Bandamacis ergibt beim Mahlen ein helles, sehr stark aromatisches, Bombaymacis ein dunkles, so gut wie geruchloses Mehl. Als reines Gewürz ist nur das aus Bandamacis (oder in geringerer Beschaffenheit aus Papuamacis) hergestellte Mehl zu bezeichnen. Das Mehl aus Bombaymacis ist als Gewürz völlig wertlos. Dem Verhältnisse der Beimischung von Bombaymacis entsprechend wird hierdurch eine Verschlechterung des Gewürzes erzielt.

Daß in der Vermischung der reinen Macis mit einem überhaupt kein Gewürz oder ein ganz anderes Gewürz darstellenden Produkt objektiv eine Verfälschung lag, bedurfte nach den Ausführungen des Gerichts keiner Darlegung. Ebenso stand fest, daß der Angeklagte auf diese Art verfälschte Macisblüte verkauft und daß er seinen Abnehmern die Verfälschung objektiv verschwiegen hatte. Der Angeklagte hatte dies fahrlässig getan. Vergehen gegen § 11 NMG.

LG. Leipzig, 25. Oktober 1904.

Macisblüten mit Paniermehl. Die Angeklagten hatten Macisblüten — Muskatblüten —, die zum großen Teile durch Beimengung von gemahlenen Semmeln (Paniermehl) verfälscht waren, unter Verschweigung dieses Umstandes als reine, unverfälschte Macisblüten an Geschäftskunden verkauft.

Das Berufungsgericht hat Fahrlässigkeit der Angeklagten beim Verkaufe der gefälschten Macisblüten darin gefunden, daß sie unterließen, von der Aufschrift auf den gelieferten Blechbüchsen, in welchen die Bestandteile der Waren als aus „Macisblüten, Muskatblüten und Paniermehl" bestehend bezeichnet waren, Kenntnis zu nehmen. Verurteilung aus § 11 NMG.

Die Revision wurde verworfen, „weil die Angeklagten unter Außerachtlassung pflicht- und berufsgemäßer Sorgfalt unterlassen hatten, sich über die Beschaffenheit dieser Ware die nach Lage der Sache mögliche Kenntnis zu verschaffen".

OLG. München, 14. November 1899.

Macisblüte mit Milchzucker. Der Angeklagte hatte der Macisblüte beim Mahlen bis zu 9% Milchzucker zugesetzt, weil sich die Macis wegen ihres zu starken Ölgehaltes nicht zu Pulver mahlen ließ. Das erhaltene Pulver hatte er unter Verschweigung des Zusatzes als reingemahlene Macis verkauft.

Nach dem Gutachten der Sachverständigen wird Macisblüte durch Zusatz von Milchzucker in ihrer Würzungskraft herabgesetzt. Dessen war sich der Angeklagte als Drogen- und Gewürzhändler bewußt. Nicht minder mußte er sich sagen, daß seine Kunden unter „Macisblüte" oder „reingemahlener Macisblüte" nach den Grundsätzen des reellen und soliden Geschäftsverkehrs ein von fremdartigen Zusätzen freies Macispulver erwarten durften. Demnach stellte sich die Macisblüte als durch den Milchzuckerzusatz verfälscht dar. Vergehen gegen § 10² NMG.

LG. Leipzig, 14. März 1905.

B. Gewürze von Früchten.

Hierzu gehören 4. Sternanis als Sammelfrucht, 5. Vanille und 6. Cardamomen als Kapselfrüchte, 7. Pfeffer, 8. Langer Pfeffer, 9. Nelkenpfeffer, 10. Spanischer und Cayennepfeffer und 11. Mutternelken als Beerenfrüchte, sowie 12. Anis, 13. Fenchel, 14. Coriander, 15. Kümmel als Spaltfrüchte.

4. Sternanis (Badian).

Sternanis, Badian, ist der einachsige Fruchtstand des im südlichen China einheimischen Baumes Illicium anisatum L. oder Illicium verum Hook. (echter oder chinesischer Sternanis).

Der Fruchtstand besteht aus meistens 8 radial um die kurze Achse angeordneten, kahnförmigen, von der Seite zusammengedrückten und an der nach oben gekehrten Bauchwand aufspringenden Früchten, welche runzelig, von brauner Farbe sind und je einen glänzenden hellbraun gefärbten Samen einschließen. Es sind meist nicht alle Früchte des Fruchtstandes entwickelt. Geruch und Geschmack sind feurig gewürzhaft nach Anis. (Schweizerisches Lebensmittelbuch.)

Diesen zum Verwechseln ähnlich sind die Früchte des giftigen, japanischen Sternanis von Illicium religiosum Sieb. et Zucc. Sie sind kleiner und meistens weniger gut ausgebildet als die echten und haben kein ätherisches Öl. Ihr Geruch und Geschmack sind scharf säuerlich, harzig, nicht nach Anis, welcher Geruch durch Beimengung von echtem Sternanis verdeckt wird. Der giftige Bestandteil, das Shikimin, hat seinen Sitz nicht im Samen, sondern im Perikarp.

Der Sternanis ist bis jetzt nur wenig untersucht; hiernach sind der echte und giftige Sternanis in dem Gehalt an allgemeinen chemischen Bestandteilen nur wenig unterschieden, indem sie enthalten:

Sternanis	Wasser %	Stickstoff-Substanz %	Ätherisches Öl %	Fett %	Rohfaser %	Asche %	Pentosane in der Trockensubstanz %
Echter . . .	13,23	5,34	4,79	6,76	28,75	2,60	13,79
Giftiger . .	11,94	6,35	0,66	2,35	27,91	(11,91)	11,37

Nach älteren Angaben unterscheidet sich der echte Sternanis von dem verdächtigen durch einen höheren Harzgehalt; so gibt J. F. Eykmann[1]) an:

Sternanis	Wasser %	Grünes fettes Öl %	In Äther unlösliches Harz %	Vom Harz in Wasser unlöslich %
Echter	11,5	3,8	6,7	90,5
Giftiger	16,0	3,1	11,9	91,0

Meißner fand nach derselben Quelle für die Karpellen und Samen des echten Sternanis folgenden Gehalt:

Fruchtteile	Ätherisches Öl %	Fettes Öl %	In Äther unlösliches Harz %	Benzoesäure %	Extraktivstoff %	Gerbende Substanz. Salze %
Karpellen	5,3	5,6	20,7	0,2	—	5,1
Samen .	1,8	17,9	2,6	Talgartiges Fett 1,6	4,1	Gummoser Extraktivstoff 23,0

[1]) Mitteil. d. Deutschen Gesellschaft f. Natur- u. Völkerkunde 1880, 33. Heft, S. 120.

Im Samen des giftigen Sternanis hat Eykmann 30,5% fettes Öl gefunden.

Das einfachste Mittel zur Unterscheidung des echten und giftigen Sternanis bildet nach C. Hartwich[1]) die Geschmacksprobe; ist eine Probe verdächtig und gibt sie beim Zerkauen einen unangenehm scharfen, nicht anisartigen Geschmack, so soll sie beseitigt werden.

W. Lenz[2]) empfiehlt zur Unterscheidung beider Sorten folgende, auch von C. Hartwich als bewährt gefundene Behandlung: Ein zerbrochenes Karpell wird zweimal mit 5 ccm 95 proz. Alkohol gekocht, so daß etwa 1 ccm Alkohol verdunstet; der Alkohol wird abgegossen und mit dem 4—5 fachen Volumen Wasser verdünnt, wodurch bei allen echten Sternanisproben eine Trübung auftritt; schüttelt man diese Flüssigkeit mit frisch rektifiziertem, unter 60° siedendem Petroläther, so löst dieser die Trübung auf und hinterläßt nach dem Verdunsten bei echtem Sternanis ein gelbliches Öl von starkem reinem Geruch, beim giftigen Sternanis dagegen einen kaum sichtbaren Rückstand von einem eigenartigen, an Wanzen erinnernden Geruch. Nimmt man den Rückstand weiter mit 2 ccm Essigsäureanhydrid auf, setzt eine Spur Eisenchlorid zu und schichtet über konzentrierter Schwefelsäure, so tritt bei echtem Sternanis sofort eine braune Zone auf, bei giftigem bzw. falschem Sternanis färbt sich die Essigsäureanhydridschicht grünlich und erst nach längerer Zeit erscheint an der Berührungsfläche beider Flüssigkeiten eine braune Zone.

Außer diesen beiden qualitativen Prüfungen kann zur Unterscheidung beider Sternanissorten bzw. von extrahiertem echtem Sternanis auch eine quantitative Bestimmung des fetten und ätherischen Öles dienen, wovon beide nach vorstehenden Analysen verschiedene Mengen enthalten.

Ob und wie auch das von Eykmann[3]) im falschen Sternanis nachgewiesene giftige Shikimin mit zum Nachweise von dem falschen (japanischen) Sternanis verwertet werden kann, ist meines Wissens noch nicht geprüft. J. F. Eykmann hat zunächst nachgewiesen, daß dem ätherischen und fetten Öl die spezifisch giftige Substanz[4]) nicht anhaftet; sie ging aber durch Behandeln des entfetteten Samens mit 1% Essigsäure enthaltendem Alkohol von 75 Vol.-% in Lösung und konnte hieraus durch Bleiacetat nicht gefällt werden. Infolgedessen verfährt Eykmann zum Nachweise von **Shikimin** wie folgt:

Eine größere Menge zerkleinerter Samen — E. verwendete 2,5 kg — wird mit Petroläther von Fett befreit und sodann mit essigsäurehaltigem, 75 proz. Alkohol ausgezogen. Die Auszüge werden eingedampft, der Rückstand mit etwas Eisessig erwärmt und das Gemisch nach und nach mit so viel Chloroform versetzt, bis dieses nichts mehr ausscheidet. Die Chloroformlösung wird abgelassen und filtriert, der Rückstand noch einige Male mit Chloroform behandelt, die gesamte Flüssigkeit durch Destillation von Chloroform und durch weiteres Eindampfen von Essigsäure befreit; der amorphe gelbe Rückstand gibt mit Wasser eine ölartige Emulsion, löst sich schwer darin, reagiert stark sauer, gibt mit Kaliumquecksilberjodid eine weiße Trübung und mit Salzsäure unter Entwicklung eines eigenartigen Geruchs eine blauviolette bis grünliche Färbung. Behufs weiterer Reinigung wird der gelbe Rückstand, weil die giftige Substanz in Wasser löslich ist, mit Wasser ausgezogen, die Lösung filtriert, durch Schütteln mit Petroläther gereinigt, dann nach Trennung von letzterem mit Kaliumcarbonat versetzt und jetzt mit Chloroform ausgeschüttelt, das von der wässerigen Flüssigkeit getrennt und abdestilliert wird. Behandelt man den wenig gelben amorphen Rückstand mit verdünnter Salzsäure und überläßt die Lösung längere Zeit sich selbst, so kann man unter dem Mikroskop rhombische Plättchen beobachten. Werden die ersten Ausscheidungen (warzenförmige Krystallglomerate) aus Wasser wiederholt umkrystallisiert, so beobachtet man unter dem Mikroskop sternförmig gruppierte spitzige Krystalle, zuweilen auch Säulenformen.

---

[1]) Zeitschr. f. Untersuchung d. Nahrungs- u. Genußmittel 1901, **4**, 783; 1909, **17**, 755.

[2]) Ebendort 1899, **2**, 943.

[3]) Mitteil. d. Deutschen Gesellschaft f. Natur- u. Völkerkunde Ostasiens 1881, 23. Heft, S. 120.

[4]) Das ätherische Öl äußerte in Gaben von 8—10 g bei Kaninchen zwar auch Vergiftungserscheinungen, aber keine wesentlich anderen als äthylhaltige ätherische Öle sie überhaupt zeigen.

Die Krystalle sind hart, lösen sich schwierig in kaltem, leichter in heißem Wasser, Äther und Chloroform, leicht in Alkohol und Eisessig, nicht in Petroläther und in Alkalien nicht merklich besser als in Wasser. Sie reduzieren alkalische Kupferlösung nicht, ebensowenig nach Kochen mit verdünnter Schwefelsäure. Die noch etwas unreinen Krystalle schmolzen bei etwa 175°, stärker erhitzt, färbten sie sich rotbraun unter Verbreitung eines besonderen Geruches, zuletzt verkohlten sie, ohne den geringsten festen Rückstand zu hinterlassen.

Als etwa 12—13 mg der gereinigten Krystalle, in kochendem Wasser gelöst, mit Reis und Fleisch gemischt, einem jungen Hunde eingegeben wurden, traten nach 10 Minuten: Unruhe, starkes Bellen, Drehung des Kopfes und der Zunge bei geöffnetem Maule, Kratzen mit den Hinterfüßen auf; nach 15 Minuten: heftige Krämpfe der Bauchmuskeln mit Neigung zum Erbrechen, tetanische Krämpfe mit Ausstrecken der 4 Füße, starke Biegung des Kopfes nach dem Rücken, Abscheidung von Schaum, Erbrechen, plötzliche Umdrehung des Körpers um die Längsachse, nachher starke Konvulsionen in den Füßen, zuletzt Kollaps und nach 3 Stunden der Tod.

Ähnliche Vergiftungserscheinungen nach Genuß der Früchte bzw. Samen von giftigem Sternanis sind auch bei Menschen beobachtet, nämlich: wiederholtes Erbrechen, Krämpfe, erweiterte Pupillen, Erbrechen von Schleim und Blutfäden, blaue Haut und Lippen, Schaum vor dem Munde u. a.

Eine sicherere Unterscheidung bietet jedoch die **botanische** und **mikroskopische** Untersuchung der Früchte, wie sie von W. Lenz[1]) und E. Beuttner[2]) angegeben ist.

Lenz benutzt zur Unterscheidung die an jeder Frucht vorhandene, wohlerhaltene Verlängerung des Fruchtstieles, die Columella. Schon bei makroskopischer Betrachtung der Früchte sieht man, daß die Columella bei Illicium verum (Fig. 20 a) meist breit in der Höhe der Karpellränder endigt, bei Illicium religiosum (Fig. 21 a) dagegen mehr spitz schon unterhalb der Karpellränder, so daß sie unter diese eingesenkt erscheint. Fig. 20 b und 21 b zeigen die natürliche Frucht in der Seitenansicht nach der Entfernung aller Karpelle bis auf zwei gegenüberstehende. Untersucht man die Längs- und Querschnitte der Columella, so finden sich durchgreifende Unterschiede. Illicium religiosum besitzt in der Nähe seiner oberen, in die Karpelle einbiegenden Gefäßbündel einen Belag aus starkwandigen, im Querschnitt kreisrunden Zellen (Fig. 21 c); im Längsschnitt (Fig. 21 d) zeigen diese Zellen Tüpfel, welche nur sehr wenig schräg gestellt sind. Die Länge der Zellen beträgt etwa das Drei- bis Sechsfache ihrer Breite; die Wandungen sind $1/4$—$1/3$ des lichten Durchmessers dick. Wo diese Art des Belages fehlt, pflegen in der unmittelbaren Nähe der Gefäßbündel die meist einerseits spindel-, andererseits keulenförmig gestalteten kleinen einfachen Sklereiden (Fig. 21 e) aufzutreten. Lenz hat solche Gefäßbündelbeläge bei Illicium verum nicht gefunden, sie sind jedoch auch bei Illicium religiosum nicht ganz leicht zu sehen.

Recht kennzeichnend sind jedoch die eigentlichen Sklereiden aus den Columellen der beiden Früchte. Bei Illicium religiosum sieht man auf Längs- und Querschnitten mehr oder minder verdickte Sklereiden von rundlicher Grundform (Fig. 21 e und f), oft erscheinen dieselben unregelmäßig, aber niemals sind sie von einer so bizarren Morgensternform wie bei Illicium verum (Fig. 20 c). Dieser besitzt in seiner Columella auch kleine und rundliche mehr oder minder stark verdickte Sklereiden, ausgezeichnet ist derselbe aber — ganz wie dies von den Fruchtstielen bekannt ist — durch seine riesigen, die sonderbarsten Ausstülpungen, spitze und kegelförmige, gerade und krumme Hörner und Ausläufer besitzenden Astrosklereiden (Fig. 20 c). An diesen höchst sonderbaren und zahlreichen Gebilden und ihrer Größe kann der echte Sternanis sicher erkannt werden. Ihr Fehlen ist kennzeichnend für Illicium religiosum.

Behufs Messung und Zählung der Sklereiden, die an Schnitten nicht durchführbar ist, erhitzt W. Lenz je eine Columella (die Spindel, welche nach dem Abbrechen der Karpelle übrigbleibt) in einem ganz kleinen, etwa 3 ccm fassenden Fläschchen mit einer Lösung von Natriumsalicylat in Wasser

---

[1]) Nach Arch. d. Pharm. 1899, **237**, 241 in Zeitschr. f. Untersuchung d. Nahrungs- u. Genußmittel 1899, **2**, 944.

[2]) Nach Schweizer. Wochenschr. f. Chemie u. Pharm. 1907, **45**, 277 in Zeitschr. f. Untersuchung d. Nahrungs- u. Genußmittel 1908, **15**, 747.

(1 : 1) mit fest zugebundenem Stöpsel $^1/_4$—$^1/_2$ Stunde im lebhaft strömenden Wasserdampf. Die nun leicht mit den Fingern zerdrückbare Fruchtspindel wird zerkleinert, mit heißem Wasser gewaschen, dann mit kalter, frischer, starker Javellescher Lauge, weiter mit Salzsäure behandelt, ausgewaschen in Alkohol übertragen und nach Beseitigung der Gasbläschen in schwach alkalischem Wasser mit etwas Glycerin untersucht.

Fig. 20.

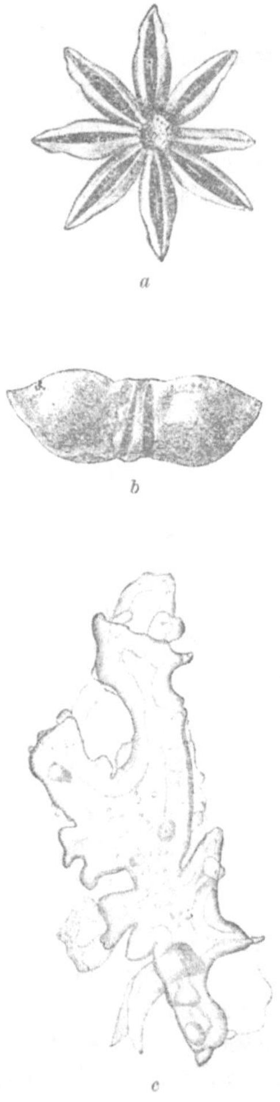

Fig. 21.

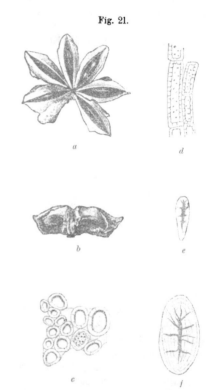

Echter Sternanis. Illicium verum Hook.
a Frucht in der Aufsicht, 1:1; *b* Frucht in der Seitenansicht nach Entfernung aller Karpelle bis auf zwei gegenüberstehende, 1:1; *c* Sklereiden aus der Columella, 130:1. Nach W. Lenz.

Giftiger Sternanis. Illicium religiosum Sieb.
a Frucht in der Aufsicht, 1:1; *b* Frucht in der Seitenansicht nach Entfernung bis auf zwei gegenüberstehende, 1:1; *c, d* u. *e* Zellen der Columella, 130:1; *c* Querschnitt der starkwandigen Zellen des Belages in der Nähe der oberen in die Karpelle einbiegenden Gefäßbündel; *d* dieselben Zellen im Längsschnitt; *e* kleine einfache Sklereiden aus unmittelbarer Nähe der Gefäßbündel, welche beim Fehlen von *c* u. *d* auftreten; *f* eigentliche Sklereiden aus der Columella, 280:1. Nach W. Lenz.

Als **Anhaltspunkte** für die **Beurteilung** können die Schweizerischen Bestimmungen gelten, wonach der echte Sternanis mindestens 4% ätherisches Öl und höchstens 4% Gesamtasche mit nicht mehr als 0,2% in Salzsäure Unlöslichem enthalten soll.

Selbstverständlich ist die Beimengung von falschem Sternanis zu echtem nicht nur als Verfälschung, sondern je nach der vorhandenen Menge als mehr oder minder gesundheitsgefährlich anzusehen. Ebenso muß die teilweise Entziehung von ätherischem Öl als Verfälschung beurteilt werden.

5. Vanille.

Vanille ist die nicht völlig ausgereifte, geschlossene, aber ausgewachsene, nach einem Fermentationsprozeß getrocknete, einfächerige und schotenförmige Kapselfrucht von Vanilla planifolia Andrews.

Über den Anbau, die Sammlung und Zubereitung der Vanille vgl. II. Bd. 1904, S. 1023. Die Frucht ist 18—30 cm lang, 0,6—1,0 cm breit, meist etwas flachgedrückt, gekrümmt, an der Basis und Spitze verschmälert, längsfurchig, schwarzbraun und schwach glänzend, fleischig und biegsam, stark aromatisch duftend. Gute Vanille bedeckt sich außen nach und nach mit Krystallen von Vanillin, das in der frisch geernteten Frucht nicht oder nur in geringer Menge vorkommen, sondern sich erst durch den Fermentationsprozeß bilden soll. Das Vanillin ist zwar der wichtigste eigenartige Bestandteil der Vanille, jedoch hängt die Qualität der Vanille nicht allein vom Gehalt an Vanillin ab. Beim längeren Lagern werden die langen, weißglänzenden Nadeln des Vanillins allmählich gelblich bis gelbbräunlich. Beim Durchschneiden der Vanille findet man in dem fleischigen Perikarp die sehr kleinen (0,2 mm großen), rundlich eiförmigen, gelbbraunen bis schwarzen, glänzenden Samen, die in einer öl- oder balsamähnlichen Flüssigkeit eingebettet sind. Die mitunter auf den Kapseln erkennbaren Zeichen und Schriftzüge sollen Eigentumsmarken bedeuten, die durch Einstechen in die jungen Früchte hervorgerufen werden (Schweizerisches Lebensmittelbuch).

Man unterscheidet nach Ed. Spaeth[1]) zurzeit vorwiegend 4 Sorten Vanille im Handel, nämlich:

1. Die mexikanische Vanille, die aber meistens in Amerika verbraucht wird und nicht nach Europa kommt.

2. Die Bourbon - Vanille von der Insel Réunion, aber auch von Madagaskar, den Comoren und Seychellen stammend; sie gilt als die zweitbeste Sorte und kommt vorwiegend auf den europäischen Markt.

3. Die deutsch - ostafrikanische Vanille, die in den deutschen Schutzgebieten Kamerun, Togo und Neuguinea angebaut und der Bourbon-Vanille gleich bewertet wird.

4. Die Tahiti - Vanille, als die geringste Sorte, die kein oder nur wenig Vanillin und neben diesem Piperonal (II. Bd. 1904, S. 1025) enthält; dieser Vanille fehlt das feine Aroma, sie hat einen heliotropartigen Geruch. Auch die Vanille von Mauritius, Java und den Fijiinseln gelten als minderwertig.

Der Vanillingehalt schwankt in den einzelnen Vanillesorten zwischen 0,75—2,9%. Die sonstigen Unterschiede in der allgemeinen chemischen Zusammensetzung mögen aus folgenden von J. Balland[2]) ausgeführten Analysen erhellen:

Vanille	Wasser %	Stickstoff- Substanz %	Äther- auszug %	Petroläther- auszug (Fett) %	Zucker %	Rohfaser %	Asche %
Von den Comoren	19,8	5,94	30,41	10,0	14,20	16,90	2,85
Von Réunion .	20,7	5,74	17,66	14,7	17,80	20,20	3,20
Von Tahiti· . .	13,7	4,96	36,64	11,3	18,50	8,20	4,70

Ob diese Gehalte regelmäßig bei den einzelnen Sorten auftreten, muß noch durch weitere Untersuchungen festgestellt werden. W. Busse (l. c.) gibt z. B. den Petrolätherauszug bei Peru-Vanille zu 21,24%, bei Tahiti-Vanille zu 7,99 und bei Ceylon-Vanille zu 10,16% an, während die mit Petroläther erschöpften Vanillen 8—14% alkohollösliches Harz ergaben. Der Gehalt an reduzierendem Zucker wird in anderen Proben Vanilla planifolia zu 6,98—9,12% (bei einem Wassergehalt von 20—30%), der Pentosangehalt der Trockensubstanz von Hanuš und Bien (l. c.) zu 5,48% angegeben.

1) Pharm. Zentralhalle 1908, Nr. 27—36.
2) Rev. internat. des falsificat. 1905, 48.

Als Verfälschungen der Vanille sind zu beachten: mit Alkohol ausgezogene oder minderwertige Vanillesorten, die mit Öl, Perubalsam oder Zucker bestrichen und mit Benzoesäure oder künstlichem Vanillin — auch Acetanilid wird angegeben — bestäubt worden sind, ferner die Unterschiebung geringwertiger Sorten, z. B. der Tahiti-Vanille, besonders der wildwachsenden Vanillesorten (Vanilla palmarum Lindl, Vanilla Pompona Schiede) unter die besseren Sorten. Die wildwachsenden Vanillesorten, auch Vanillon genannt, unterscheiden sich im ganzen Zustande schon äußerlich von den echten Sorten; sie sind nämlich meist dreikantig, kürzer (nur etwa 15 cm lang) und dicker (25 mm), stark längsgefurcht, fettglänzend und oft mit Samen bedeckt. Sie besitzen wie die Tahiti-Vanille einen heliotropartigen, von Piperonal (Heliotropin) herrührenden Geruch. Der Gehalt an Vanillin ist sehr verschieden; für Vanilla palmarum wurden von Peckolt, wie W. Busse (l. c.) angibt, 1,03%, für brasilianische Vanillons von Denner 0,1—0,2%, in 2 Proben Vanillons aus Britisch-Guyana 0,129% und aus Brasilien von W. Busse selbst 2,12% Vanillin gefunden. Ob neben dem Vanillin noch andere Aldehyde (z. B. Benzaldehyd) in den Vanillons vorhanden sind, ist noch eine Streitfrage.

1. Chemische Untersuchung. Außer den allgemeinen chemischen Untersuchungsverfahren, die nach S. 3 u. f. ausgeführt werden, kommen für die Vanille noch folgende in Betracht:

a) Quantitative Bestimmung des Vanillins. Sie wird bis jetzt durchweg wie folgt ausgeführt:

3—5 g einer Durchschnittsprobe der Vanille, die zerkleinert und innig mit ausgewaschenem Sande gemischt wird, werden im Soxhletschen Apparate mit Äther vollkommen ausgezogen. Aus dem ätherischen Auszuge wird das Vanillin durch eine Natriumbisulfitlösung (Natriumbisulfitlauge und Wasser zu gleichen Teilen gemischt) durch wiederholtes Ausschütteln entzogen. Die Natriumbisulfitlösung wird mit verdünnter Schwefelsäure zersetzt; nach Beseitigung der schwefligen Säure durch Wasserdampf oder besser durch Kohlensäure (E. Schmidt) wird mit Äther ausgeschüttelt, um das Vanillin zu lösen. Diese ätherische Lösung hinterläßt beim Verdunsten bei nicht zu hoher Temperatur (40—50°) das Vanillin, das für die Wägung im Exsiccator getrocknet wird.

J. Hanuš[1]) prüfte verschiedene Hydrazine auf ihre Eigenschaft, Aldehyde zu fällen, und fand, daß das p-Bromphenylhydrazin $C_6H_4Br \cdot NH \cdot NH_2$ sich besonders zum Fällen des Vanillins eignet, wenn letzteres sich in wässeriger Lösung befindet; die Gegenwart von Vanillinsäure schadet hierbei nicht.

Besser aber noch als Bromphenylhydrazin eignet sich nach J. Hanuš[2]) m-Nitrobenzhydrazid $C_6H_4\begin{cases} CO \cdot NH \cdot NH_2\,(1) \\ NO_2 \qquad\qquad (3) \end{cases}$ zur quantitativen Bestimmung des Vanillins.

J. Hanuš schlägt dafür folgende Ausführung vor:

Etwa 3 g Vanille, in kleine Stückchen zerschnitten, werden 3 Stunden mit Äther extrahiert, wobei eine möglichst kleine Menge desselben (höchstens 50 ccm) in Anwendung kommt. Die ätherische Lösung wird im Wasserbade von 60° verdunstet, der Rest in einer kleinen Menge Äther gelöst und durch ein kleines Filterchen in einen Erlenmeyer-Kolben filtriert[3]), gründlich mit Äther gewaschen, wieder verdampft, der Rückstand in 50 ccm Wasser aufgenommen, $^1/_4$ Stunde in dem Wasserbade von 60° stehen gelassen, bis sich alles Vanillin gelöst hat, kräftig durchgeschüttelt, und die so erhaltene Emulsion mit 0,2 g m-Nitrobenzhydrazid (in 10 ccm Lösung) gefällt. Der Kolben bleibt $^1/_2$ Stunde im Wasserbade, dann unter öfterem Umschütteln 24 Stunden bei gewöhnlicher Temperatur stehen. Bei der Filtration wird zuerst das Fett dreimal mit Petroläther extrahiert, dann durch einen bei 100° getrockneten gewogenen Gooch-Tiegel filtriert, mit Petroläther ausgewaschen, bei 100—105° getrocknet und gewogen.

---

[1]) Zeitschr. f. Untersuchung d. Nahrungs- u. Genußmittel 1900, **3**, 531.

[2]) Ebendort 1905, **10**, 585.

[3]) Ebendort 1900, **3**, 657.

Durch Multiplikation des gewogenen Rückstandes mit 0,4829 erhält man den in der angewendeten Menge der Substanz vorhandenen Vanillingehalt.

Weiter hat Hanuš[1]) gefunden, daß das Vanillin im Gegensatz zu dem ebenfalls in der
Vanille vorkommenden Piperonal mit Platinchlorwasserstoff ebenso wie mit Eisen-
chlorid ein Kondensationserzeugnis bildet, welches frei von mineralischen Stoffen ist. Dieses
Verhalten läßt sich in folgender Weise zur quantitativen Bestimmung benutzen:

In einem etwa 150 ccm fassenden Erlenmeyer-Kolben wird ein bestimmtes, etwa 0,02
bis 0,15 g Vanillin enthaltendes Volumen der frischen wässerigen Lösung abgemessen, 10 ccm
Platinchloridlösung hinzugefügt und auf 50 ccm (bei größerer Menge der Lösung und wenn mehr
Vanillin zugegen ist, auf 100 ccm) aufgefüllt; sodann stellt man den Kolben in einen Wassertrockenschrank, der auf der Temperatur von 70—80° erhalten wird, läßt dann noch eine Stunde völlig abkühlen, filtriert in einen getrockneten gewogenen, mit Asbest gefüllten Goochschen Tiegel, wäscht
gründlich mit kaltem Wasser (noch einige Male, wenn die Reaktion auf Salzsäure verschwunden ist)
und trocknet bis zur Gewichtsbeständigkeit im Lufttrockenschranke bei 100—105°. Das konstante
Gewicht ist nach dreistündigem Trocknen erreicht. Aus der aufgewogenen Menge des ausgeschiedenen Produktes erhält man durch Berechnung nach der Formel $x = \dfrac{y + 15,7}{0,97}$ bei einer Verdünnung auf 50 ccm oder nach der Formel $x = \dfrac{y + 38,25}{1,04}$ bei einer Verdünnung auf 100 ccm die
Menge Vanilin x, wenn y die Menge des gewogenen Niederschlages ist.

A. Moulin[2]) schlägt zur quantitativen Bestimmung des Vanillins die Fällung mit Pikrinsäure vor und die Ermittelung der Menge des gelben Pikrats auf colorimetrischem Wege.

b) Qualitativer Nachweis von Vanillin. Nach Mohlisch werden Vanillinkrystalle
durch Thymol, Salzsäure und Kaliumchlorat in der Kälte carminrot gefärbt; dieselbe carmin-
oder ziegelrote Färbung erhält man, wenn man Vanillin, selbst in mikroskopischen Schnitten
der Frucht, mit einem Tropfen 0,4 proz. Orcin- oder Phloroglucinlösung — J. Möller empfiehlt
eine 5 proz. Phloroglucinlösung — und dann mit einem Tropfen konzentrierter Schwefelsäure
versetzt.

S. Rothenfuszer[3]) hat für den Zweck eine Lösung von Paraphenylendiaminchlor-
hydrat, womit Gelbfärbung auftritt, vorgeschlagen, während E. F. Häusler[4]) eine große
Anzahl organischer Verbindungen aufführt, womit Vanillin kennzeichnende qualitative Reaktionen gibt.

c) Bestimmung des Piperonals neben Vanillin. Das Vanillin gibt nach Denner
(vgl. W. Busse, l. c. S. 108), ähnlich wie Phenole, mit Basen salzartige Verbindungen; man behandelt deshalb die Aldehyde mit verdünnter Natronlauge und destilliert das Ungelöste mit
Wasserdämpfen. Hierbei geht das Piperonal mit heliotropartigem Geruch in Tröpfchen über,
die bei Winterkälte erstarren und bei 37° schmelzen. Schneegans und Gehrock schütteln
die nach Zersetzung der Bisulfitverbindungen erhaltene ätherische Lösung der Aldehyde mit
verdünnter Natronlauge und erhalten dadurch vanillinfreies Piperonal (Schmelzpunkt 38°).
Die Trennungen verlaufen aber nicht quantitativ. W. Busse hat daher folgendes Verfahren
versucht:

Die nach Zersetzung der Bisulfitmischung erhaltene ätherische Aldehydlösung wurde mit
Magnesiumcarbonat entsäuert, durch Destillation auf etwa 50 ccm eingeengt und darauf wiederholt
mit $^1/_4$ proz. Natronlauge (im Überschuß) ausgeschüttelt. Nachdem auf diese Weise sämtliches
Vanillin entfernt ist, erhält man eine rein heliotropartig riechende Flüssigkeit, welche beim Verdunsten
das Piperonal in gelblichen Tröpfchen zurückläßt. Die Piperonallösung wurde vorsichtig vom Äther

---

[1]) Zeitschr. f. Untersuchung d. Nahrungs- u. Genußmittel 1900, **3**, 531.
[2]) Ebendort 1904, **8**, 523.
[3]) Archiv d. Pharm. 1907, **245**, 360.
[4]) Zeitschr. f. anal. Chemie 1914, **53**, 363.

befreit und darauf mit wässeriger Kaliumpermanganatlösung, unter Zusatz einiger Tropfen Natronlauge so lange geschüttelt, bis auch beim Erwärmen keine Entfärbung mehr eintrat. Das überschüssige Permanganat wurde mit etwas Alkohol zersetzt und die Flüssigkeit, nach wiederholtem Dekantieren und Auswaschen des Braunsteins mit siedendem Wasser, filtriert. Das schwach alkalische Filtrat wurde auf ein möglichst kleines Volumen eingedampft, noch einmal filtriert und dann mit Salzsäure übersättigt. Ist die Lösung genügend konzentriert, so fällt die Piperonylsäure in dichten Flocken aus, anderenfalls entsteht nur eine schwache Trübung. Die Flüssigkeit wurde darauf wiederholt mit Äther ausgeschüttelt, dieser mit sehr geringen Mengen Wasser gewaschen und später durch ein getrocknetes Filter filtriert. Nach Verdunsten des Äthers blieb in allen Fällen eine rein weiße krystallinische Substanz zurück, welche unter dem Mikroskop die charakteristischen Krystallformen der Piperonylsäure zeigte und ohne nennbaren Rückstand sublimierte.

Es gelang aber nicht, die Piperonylsäure mit einem Schmelzpunkt von 228° rein zu gewinnen; die Schmelzpunkte der gewonnenen Säuren lagen erheblich niedriger. Über das vorstehend von J. Hanuš (S. 38) angegebene Verfahren liegen anscheinend bis jetzt keine weiteren Nachprüfungen vor, und weil das Piperonal sich gegen m-Nitrobenzhydrazid wie Vanillin verhält, so können vorläufig noch keine genauen Trennungsverfahren für Vanillin und Piperonal angegeben werden.

Qualitativ läßt sich das Piperonal neben Vanillin in wässeriger Lösung durch Bromwasser nachweisen, durch welches Piperonal je nach der Konzentration mehr oder weniger rasch und in weißen seidenglänzenden Krystallen ausgeschieden wird, während aus Vanillinlösungen sich erst nach 24stündigem Stehen ein geringer brauner Niederschlag bildet.

d) Bestimmung von Acetanilid neben Vanillin und Piperonal. Beim Ausschütteln der ätherischen Vanillin- und Piperonallösung mit konzentrierter Natriumbisulfitlösung bleibt das Acetanilid im Äther und kann aus ihm gewonnen werden; es unterscheidet sich ferner von den beiden Aldehyden durch den Gehalt an Stickstoff.

Das Acetanilid zeigt wie alle primären Amine die Isonitrilreaktion.

Man erwärmt in einem Reagensrohr ein bohnengroßes Stück Kali mit 5 ccm Alkohol, gießt die Lösung in ein anderes Reagensrohr und versetzt die noch warme Lösung mit einem Tropfen des vermuteten Acetanilids sowie 4 Tropfen Chloroform. Es tritt hierbei sofort oder nach gelindem Erwärmen eine Reaktion ein, die sich durch die Abscheidung von Chlorkalium sowie durch das Auftreten eines höchst eigenartigen unangenehmen Geruches zu erkennen gibt. Dieser tritt noch deutlicher hervor, wenn man die Flüssigkeit aus dem Reagensrohr ausgießt und in letzteres etwas kaltes Wasser gibt. Atmet man die Dämpfe der riechenden Flüssigkeit mit dem Munde ein, so macht sich im Halse ein eigenartiger süßlicher Geschmack bemerkbar.

e) Nachweis von Benzoesäure. Die beim Lagern von minderwertigen Vanillesorten auskrystallisierende Benzoesäure bzw. die durch Bestäuben künstlich aufgetragene Benzoesäure kann man in der Weise nachweisen, daß man die Krystalle mit Äther ablöst, die Ätherlösung mit Natriumbisulfit schüttelt, die Ätherlösung abfiltriert, den Äther verdunstet, den Rückstand mit Wasser aufnimmt und mit Eisenchlorid prüft. Die Krystalle reagieren außerdem sauer und schmelzen bei 120—121°, während Vanillin bei 80—81° schmilzt und die vorstehend S. 39 erwähnten Reaktionen gibt.

f) Nachweis von Zucker (vgl. unter Macis, S. 28 und nachstehend unter Vanilleextrakten, S. 41 c).

2. Untersuchung von Vanilleextrakten. Von der Vanille werden auch alkoholische Extrakte in den Handel gebracht, die wohl mit Extrakten der Tonkabohnen verfälscht werden und nach W. H. Hess und A. B. Prescott[1]), sowie A. L. Winton und M. Silvermann[2]) wie folgt untersucht werden können:

---

[1]) Zeitschr. f. Untersuchung d. Nahrungs- u. Genußmittel 1894, **2**, 946.
[2]) Ebendort 1903, **6**, 465.

a) Gesamtrückstand: 5 g Extrakt werden mit 10 g geglühtem Seesand bei 100° getrocknet, bis die Differenz der letzten Wägungen nur mehr 2 mg beträgt.

b) Alkohol: 25 g werden auf 150 ccm verdünnt, in ein 100 ccm-Pyknometer destilliert und aus dem spezifischen Gewicht wird in üblicher Weise der Alkohol berechnet.

c) Saccharose (und Glykose): 13,024 g Extrakt werden in 8 ccm Wasser gelöst, mit 3 g basischem Bleiacetat und Tonerdebrei versetzt, auf 100 ccm aufgefüllt, filtriert und im 200 mm-Rohr polarisiert. 50 ccm des Filtrates werden mit 5 ccm konzentrierter Salzsäure versetzt, 10 Minuten bei 70° erwärmt, rasch abgekühlt, vom Chlorblei abfiltriert und im 220 mm-Rohr polarisiert. Der Saccharosegehalt wird nach der Clergetschen Formel (III. Bd. 2. Teil, S. 758) berechnet.

d) Glycerin: Wie in Süßweinen, vgl. weiter unten.

e) Vanillin und **Cumarin:** Man verdunstet auf einem Wasserbade den Alkohol von 25 g Extrakt, wobei das Volumen der Flüssigkeit durch Zufügen von Wasser gleich erhalten werden soll. Dann fügt man tropfenweise Bleiacetatlösung hinzu, bis kein Niederschlag mehr entsteht, filtriert und wäscht mit heißem Wasser aus. Das Filtrat wird mit Äther ausgeschüttelt; es enthält Vanillin und Cumarin. Zur Gewinnung des Vanillins schüttelt man die ätherische Lösung mit 2 proz. Ammoniak aus. Die ammoniakalische Lösung wird mit 10 proz. Salzsäure angesäuert und derselben mit Äther das Vanillin entzogen, das schließlich mit Ligroin vom Siedepunkte 80—85° gereinigt wird. Das in der obigen ätherischen Lösung zurückgehaltene Cumarin wird nach dem Abdunsten des Äthers mit Petroläther (Siedepunkt 30—40° C) gereinigt.

Nach A. E. Leach[1]) sollen sich Vanillin und Cumarin noch durch folgendes Verhalten unterscheiden: Vanillin gibt mit einigen Tropfen Eisenchlorid Grünfärbung, Cumarin bleibt farblos; mit Jodjodkalium bildet Cumarin in wässeriger Lösung, im Gegensatz zu Vanillin, einen flockigen, erst braunen, nach dem Schütteln dunkelgrünen Niederschlag; aus ätherischer Lösung krystallisiert Vanillin in langen, dünnen Nadeln, die oft sternförmig angeordnet sind, während Cumarin kürzere und dickere Krystallformen liefert.

f) Caramel-Zusatz: Crampton und Simons[2]) gründen ihr Verfahren zum Nachweise von Caramel darauf, daß es ebenso wie Pflaumensaft-Farbstoff in Äther unlöslich ist. Hess und Prescott haben (l. c.) ein noch anderes, aber zweifellos ebenso unsicheres Verfahren angegeben (vgl. ferner III. Bd., 1. Teil, S. 569).

g) Teerfarbstoffe: Sie können nach dem Verfahren von N. Arata (III. Bd., 1. Teil, S. 550) nachgewiesen werden.

3. Mikroskopische Untersuchung. Während sich die Kapselfrüchte der Vanillesorten schon durch ihre Form und Größe unterscheiden lassen, bedarf es für den Nachweis von echter Vanille und Vanillon in Pulvern bzw. in mit Vanille versetzten Genußmitteln (wie Schokolade) einer eingehenden mikroskopischen Untersuchung. Für die Vanille sind besonders kennzeichnend die Samen sowie die Oberhaut der Fruchtwand und die Raphidenschläuche.

Der Samen ist nach J. Möller[3]) 0,4 mm lang, 0,3 mm breit und schießpulverähnlich (Fig. 22). Nach genügendem Kochen in Lauge und dem Zerquetschen treten die polygonalen Oberhautzellen (ep Fig. 22 u. 23) von 75 μ Länge und 15—30 μ Breite hervor; im Querschnitt zeigen sie eine hufeisenförmige Verdickung.

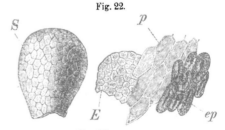

Fig. 22.

Vanillesamen.
S ganzer Samen (vergr.), *ep* Oberhaut, *p* Parenchym, *E* Keimling. Nach J. Möller.

[1]) Zeitschr. f. Untersuchung d. Nahrungs- u. Genußmittel 1904, **8**, 523.

[2]) Ebendort 1901, **4**, 419.

[3]) J. Möller, Mikroskopie d. Nahrungs- u. Genußmittel. Berlin 1905.

Die innere Auskleidung der Samenschale (*p*) besteht aus einem zartzelligen, gestreckten Gewebe von ebenfalls brauner Farbe. Die **Oberhautzellen der Fruchtwand** (Fig. 23) sind gestreckt und deutlich getüpfelt — bei den Sorten aus Mexiko und Zentralamerika sind die Tüpfel spaltenförmig; sie erscheinen daher netzförmig verdickt. — Nach innen zu werden die Zellen oft bis 150 μ

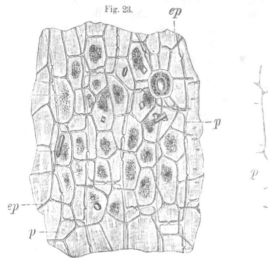

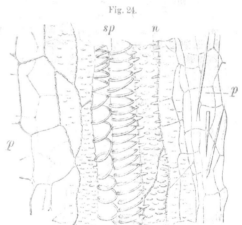

Außenwand der Vanille in der
Flächenansicht.
ep Oberhaut mit Oxalatkrystallen, *p* Parenchym. Nach J. Möller.

Fruchtfleisch der Vanille.
p Parenchym mit Krystallnadeln, *sp* und *n* Spiral-
und Netzgefäße. Nach J. Möller.

lang und dünnwandig. In mit Lauge behandelten Längsschnitten finden sich vereinzelt lange, in Längsreihen übereinandergestellte Krystallschläuche mit oft 500 μ langen **Raphidenbündeln**. Zum mikrochemischen Nachweis von Vanillin bedient man sich der S. 39 erwähnten Reagenzien.

Das **Fruchtfleisch** (Fig. 24) ist von Leitbündeln durchzogen, deren Gefäße spiralig oder netzförmig verdickt sind und deren Fasern ovale (nicht spaltenförmige) Tüpfel besitzen (Tschirch).

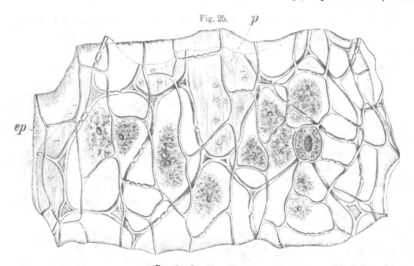

Gewebe der Vanillon.
ep Oberhaut mit einer Spaltöffnung, *p* Fruchtfleisch. Nach J. Möller.

Die Pompona- oder La Guayra-Vanille (Vanillon) kann an der Großzelligkeit des Frucht-fleisches erkannt werden. Die Oberhautzellen (Fig. 25) sind etwa 400 μ lang und 140 μ breit, die Spaltöffnungen dagegen klein (60 μ). Noch größer sind die Hypodermzellen; auch sind diese nicht netzig verdickt.

Anhaltspunkte für die Beurteilung.

a) Nach der chemischen und technischen Untersuchung.

Der Verein deutscher Nahrungsmittelchemiker hat folgende Forderungen für Vanille vereinbart:

1. „Vanille ist die nicht völlig ausgereifte, noch geschlossene, schwarzbraune Kapsel-frucht von Vanilla planifolia Andrews, Familie der Orchidaceen.

2. Vanille muß einen aromatischen Geruch und Geschmack zeigen und aus den unversehrten, nicht ausgezogenen, in der gegebenen Charakteristik gekennzeichneten Kapselfrüchten der Vanilla planifolia bestehen.

3. Aufgesprungene, dünne, gelblichbraune steife Früchte, sowie heliotropartig riechende Früchte sind keine marktfähige Ware.

4. Der Gehalt an Mineralbestandteilen (Asche) betrage nicht mehr als 5%.“

Der Codex alim. austr. verlangt für eine gute Vanillesorte mindestens 2% Vanillin — als Höchstgrenze hierfür wird sogar 4,5% angegeben —; der Wassergehalt soll 20—28%, der Aschen-gehalt höchstens 5% betragen. Das künstliche Vanillin darf nicht als Ersatz der Vanille betrachtet werden.

Das Schweizer. Lebensmittelbuch setzt nur für Gesamtasche eine Höchstmenge von 6% fest, während im Lebensmittelbuch der Verein. Staaten von Nordamerika Vanille nicht er-wähnt ist.

Nach obiger Begriffserklärung deutscher Nahrungsmittelchemiker sind die Unterschiebung geringwertiger Vanillesorten, sowie das Bestreichen dieser oder extrahierter Vanillesorten mit Öl oder Perubalsam und das Bestreuen derselben mit künstlichem Vanillin oder Benzoesäure oder mit Zucker oder mit anderen Stoffen, z. B. von Glaspulver als Verfälschungen anzusehen.

b) Nach der Rechtslage.

Verkauf von Tahiti-Vanille als Vanille. Der Angeklagte hat Tahiti-Vanille verkauft. Dieses Produkt, eine auf der Insel Tahiti wachsende wilde Vanilleart, enthält im Gegen-satz zu der stark vanillinhaltigen Bourbon-Vanille nur eine ganz geringe Menge von Vanillin im natürlichen Zustande. Während die erstere mit einem Filz weißer, aus natürlichem Vanillin bestehender Krystallnadeln überzogen ist, fehlt dieses bei der Tahiti-Vanille gänzlich. Um ihr das Aussehen der Bourbon-Vanille zu geben und um den geringen Gewürzwert zu verdecken, wird die Schote der Tahiti-Vanille mit Vanillin-Krystallen, die auf künstlichem Wege gewonnen sind, überzogen. Trotzdem bleibt ihr Vanillingehalt immer noch mindestens um die Hälfte hinter demjenigen der Bourbon-Vanille zurück. In der Herstellung dieses Kunstproduktes ist unbedenklich das Nachmachen eines Genußmittels im Sinne des § 10 NMG. zu finden. Denn das Produkt erweckt den Anschein, etwas anderes zu sein, als es wirklich ist.

Der Angeklagte hat die Tahiti-Vanille in der Verschweigung des Umstandes, daß sie der Bourbon-Vanille nachgemacht war, verkauft. Obwohl er ihre Eigenschaften kannte, bot er sie einer Frau als Vanille an, versicherte ihr, daß es gute Vanille sei und lieferte die Ware in Glashüllen, die lediglich die Aufschrift „Feinste Vanille" trugen, als Vanille. Vergehen gegen § 10[2] NMG. 9.

OLG. Düsseldorf, 5. August 1910.

Vanillin mit Mannit und Antifebrin. Der Angeklagte vermischte 3 kg Vanillin mit etwa 800 g Mannit und 1,2 kg Antifebrin. Dieses Gemisch verkaufte er als „krystallisiertes Vanillin" unter Verschweigung der Zusätze. Vanillin ist ein Genußmittel. Dies ergibt sich aus seiner gewöhnlichen Bestimmung zur Herstellung von Vanillezucker, Schokoladen und Parfümerien. Durch die Vermischung des Vanillins zu zwei Fünfteln mit minderwertigen Stoffen, insbesondere mit dem in dieser Zusammensetzung zwar nicht gesundheitsschädlichen, aber keinem angemessenen Geschmacks- oder Geruchszwecke dienenden Antifebrin wird der Grundstoff des Vanillins verschlechtert. Es liegt hiernach eine Verfälschung des Vanillins durch Beimischung minderwertiger Stoffe vor. Verurteilung aus § 10[1] NMG. und § 263 StGB. (Betrug). LG. Leipzig, 23. November 1905.

6. Cardamomen.

Unter Cardamomen versteht man die Früchte von entweder den kleinen bzw. Malabar-Cardamomen (Elettaria Cardamomum White et Maton aus dem westlichen Südindien) oder den langen bzw. Ceylon-Cardamomen (Elettaria Cardamomum major Smith auf Ceylon angebaut). Hierneben beschreiben W. Busse[1]) eine Cardamomenart von Kamerun, C. Hartwich und J. Swanland[2]) eine solche von Colombo. Während die Ceylon-Cardamomen eine Spielart der Malabar-Cardamomen sind, ist die Abstammung der beiden letzten Sorten, die ein diesen ähnliches Aroma besitzen, unbekannt. Die Unterschiede im äußeren Bau der Früchte wie Samen sind folgende:

Früchte	1. Kleine Malabar-Cardamomen	2. Lange Ceylon-Cardamomen	3. Kamerun-Cardamomen	4. Colombo-Cardamomen
Form und Farbe	Stumpf dreikantig oder eirund bis länglich, mit kurzem Schnabel, von strohgelber oder hellbrauner Farbe; Fruchtwand gerippt.	Ziemlich scharf dreikantig, länglich mit 5—6 cm langem Stiel; bräunlich grau gefärbt; stark gerippt.	Flaschenförmig, rundlich oval, am unteren Ende blasig aufgetrieben; langhalsig; an der Spitze tüllenförmig erweitert. Hell bis rotbraun.	Gestreckt eiförmig, dreikantig, im Querschnitt gerundet; fast weiß, glänzend und glatt.
Größe	1,5 bis 2,0 cm lang.	2,5 bis 4,0 cm lang.	5—6 cm lang, 1,1—2,0 cm dick.	1,3—2,0 cm lang, 1,0 cm dick.
Samen-Anzahl	6—8 in 2 Reihen der 3fächerigen Kapsel.	In jedem Fache ungefähr 20 Samen.	—	—
Farbe und Äußeres	Rötlich braun, quergestreift, abtrennbare dünne Samenhaut, kantig.	—	Grünlich-braun bis schwarzbraun, mit hellen grünlichen Flecken oder Streifen; unregelmäßig eiförmig; nach einer Seite gewölbt.	Nichts Auffälliges; Geschmack milde, nicht kampferartig.
Größe der Samen	2—3 mm lang.	3—5 mm lang.	4—5 mm lang, 1,5—2,0 mm dick.	Fast gleich mit Nr. 1.

Die Cardamomen sind bis jetzt nur wenig untersucht; hiernach sind die kleinen (Malabar) und langen (Ceylon-)Cardamomen in der chemischen Zusammensetzung nur wenig verschieden, dagegen ist der Unterschied zwischen Samen und Schalen erheblicher, nämlich:

Fruchtteile	Ätherisches Öl %	Fett %	Stärke %	Rohfaser %	Asche %
Samen	3,0—4,0	1,0—2,0	22,0—40,0	11,0—17,0	2,5—10,5
Schale	0,1—0,7	2,0—3,0	18,0—21,0	28,0—31,0	12,0—15,0

[1]) Arbeiten a. d. Kaiserl. Gesundheitsamte 1898, **14**, 139.

[2]) Zeitschr. f. Untersuchung d. Nahrungs- u. Genußmittel 1904, **7**, 52.

Hanuš und Bien (l. c.) fanden den Gehalt der Malabar-Cardamomen an Pentosanen zu 2,62%, den der Ceylon-Cardamomen zu 2,37% in der Trockensubstanz.

Der Gehalt der Früchte an Samen beträgt 60—75%, der an Schalen 40—25%.

Für den Samen der Kamerun-Cardamomen fand W. Busse 1,6% ätherisches Öl; das Öl ergab 0,9071 spezifisches Gewicht (bei 15°), 152,1 Jodzahl, 62,5 Refraktometerzahl (bei 25°) und — 23,5° Drehung im 100 mm-Rohr.

Die langen (Ceylon-)Cardamomen gelten weniger wertvoll als die kleinen (Malabar-) Cardamomen. Dieses gilt aber besonders von Kamerun- und Colombo-Cardamomen, so daß deren Unterschiebung unter die beiden ersten Sorten als Verfälschung anzusehen ist.

Die sonstigen runden Cardamomensorten, z. B. die Siam - Cardamomen (Amomum Cardamomum L.), die wilden oder Bastard - Cardamomen (Amomum xanthioides Wall.), die bengalischen Cardamomen (Amomum subulatum Rxn.) und die javanischen Cardamomen (Amomum maximum Rxn.) kommen wegen ihres kampferartigen Geschmacks als Ersatzmittel gar nicht in Betracht. Sie würden sich schon durch den Geschmack zu erkennen geben.

Die Asche der ganzen Frucht sowohl als die der Schalen und Samen zeigt nach R. Thamm[1]) außerordentlich große Schwankungen, nicht minder ihre Alkalitätszahlen (Verbrauch an ccm N-Säure für 1 g Asche, vgl. H. Lührig, S. 66); er fand z. B. für 2 Proben Malabar-Cardamomen:

	Gemahlene ganze Früchte	Gemahlene Samen	Gemahlene Fruchtschalen
In Salzsäure Unlösliches	1,01 bzw. 2,43%	1,39 bzw. 1,84%	0,43 bzw. 0,70%
Sandfreie Asche. . . .	3,33 ,, 7,08 ,,	2,02 ,, 3,58 ,,	7,44 ,, 12,70 ,,
Alkalitätszahl der Asche	15,2 ,, 9,5 ccm	7,4 ,, 5,4 ccm	19,4 ,, 12,3 ccm N-Säure.

R. Thamm glaubt, daß diese Schwankungen durch ein Bleichen der Früchte mit schwefliger Säure verursacht werden.

Das Cardamomenöl des Handels wird durch Destillation im großen dargestellt; sein spez. Gewicht liegt, nach Beringer[2]), zwischen 0,929 und 0,947; die Drehung im 100 mm-Rohr schwankt zwischen + 22 und + 40; es löst sich leicht und klar in 4 Volumteilen 70 proz. Alkohols.

Für die gemahlenen Cardamomensamen sind als Verfälschungen zu beachten: Entölte Samen und gemahlene Fruchtschalen, Getreidemehle und sonstige allgemein zur Verfälschung von Gewürzen verwendete Rückstände der Ölgewinnung.

Die chemische Untersuchung erstreckt sich auf die vorstehend aufgeführten Bestandteile, die nach den allgemein üblichen Verfahren bestimmt und durch die angegebenen Verfälschungen nach dieser oder jener Richtung verschoben werden.

Die mikroskopische Untersuchung wird meistens nur bei dem Cardamomenpulver erforderlich.

Dasselbe sieht nach J. Möller (l. c.) auf den ersten Blick dem des Pfeffers sehr ähnlich; es besteht vorwiegend aus Stärkeklumpen. Die Stärkekörnchen (im großzelligen Perisperm) sind sehr klein (2—3 μ, selten 4 μ), kugelig oder polygonal; die Stärkemasse (am Fig. 26, S. 46) hat in der Mitte einen kleinen Hohlraum mit einem oder mehreren kleinen Oxalatkrystallen.

Neben den Stärkeklumpen findet man aber leicht und bald die kennzeichnenden Fragmente der Oberhaut und Palisadenschicht (Fig. 26 o u. st). Die Oberhaut (o) besteht aus langen, faserförmigen, etwa 35 μ breiten, scharf konturierten Zellen. Sie sind dicker und starrer als die des Endokarps und des Arillus. Die Fruchtschale ist besonders an der äußeren Oberhaut, an den Harzklumpen und den Leitbündeln zu erkennen. Die Palisadenzellen (st) sind braun, sehr stark verdickt, so daß nur an der Außenseite eine kleine Höhle frei bleibt. Sie sind etwa 25 μ hoch und 8—20 μ dick. In der Flächenansicht sind sie polygonal.

---

[1]) Zeitschr. f. Untersuchung d. Nahrungs- u. Genußmittel 1906, **12**, 168.

[2]) Ebendort 1912, **23**, 66.

Fig. 27.

Fig. 26.

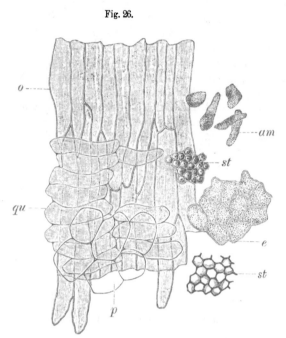

Samengewebe der kleinen Cardamomen.
o Oberhaut, *qu* Querzellen, *p* Parenchym, *st* Palisaden,
e Perisperm, *am* Stärkeklumpen. Nach J. Möller.

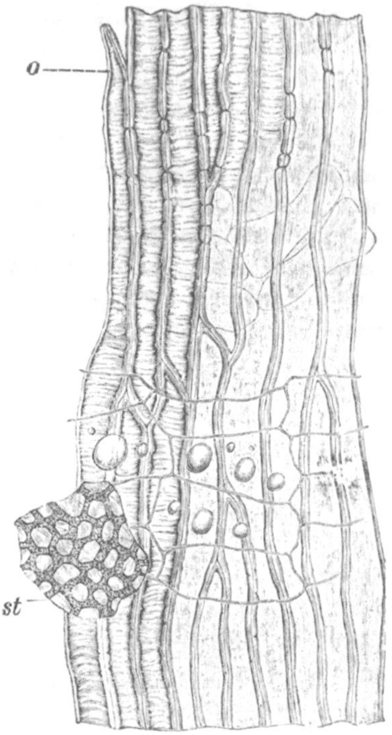

Samengewebe der langen Cardamomen.
o Oberhaut, *st* Palisaden. Nach J. Möller.

Die langen Cardamomen unterscheiden sich dadurch von den kleinen, daß ihre Frucht-schale dünne, lange einzellige Haare oder Narben derselben auf der Oberhaut trägt, daß ferner die Oberhautzellen der Samenschale (Fig. 27 *o*) bedeutend dickwandiger (6 μ) sind.

Anhaltspunkte für die Beurteilung der Cardamomen. Die vom Verein deutscher Nah-rungsmittelchemiker für Cardamomen getroffenen Vereinbarungen lauten:

1. Cardamomen sind die Früchte von Elettaria Cardamomum White et Maton, die als sog. kleine Cardamomen oder Malabar-Cardamomen aus Vorderindien stammen, oder die Früchte von einer Spielart der vorigen Pflanze, von Elettaria Cardamomum major Smith, die als sog. lange oder Ceylon-Cardamomen auf Ceylon wild wachsen und angebaut werden, Familie der Zingiberaceen.

2. Marktfähige gemahlene Cardamomen dürfen nur aus den Samen bestehen; sie müssen einen angenehmen, scharf aromatischen Geruch und Geschmack zeigen.

3. Der Gehalt an ätherischem Öl betrage nicht unter 3%.

Die Herstellung von Mahlprodukten mit Hüllen (Fruchtschalen) ist unter entsprechender Deklaration zulässig.

4. Als höchste Grenzzahlen des Gehaltes an Mineralbestandteilen (Asche) haben, auf lufttrockene Ware berechnet, zu gelten:

	Asche	In 10 proz. Salzsäure unlösliche Asche
Für ganze Cardamomen (mit Hüllen)	14%	4%
Für Cardamomensamen	10 ,,	4 ,,

Die Unterschiebung geringwertiger oder falscher Cardamomen sowie fremde Zusätze zu den ganzen oder gemahlenen Cardamomen sind selbstverständlich als Verfälschungen anzusehen. Dasselbe gilt vom Bleichen derselben, wenn dadurch die S. 45 erwähnten Substanzveränderungen hervorgerufen werden.

In anderen Ländern, wie Österreich-Ungarn, der Schweiz und den Vereinigten Staaten von Nordamerika sind bis jetzt für Cardamomen keine Vorschriften getroffen.

7. Pfeffer.

Man unterscheidet im Handel zwischen schwarzem und weißem Pfeffer; beide sind die Beerenfrucht derselben Pflanze (Piper nigrum L.), eines Kletterstrauches, der in Hinterindien einheimisch ist, aber auch auf Borneo, Sumatra und Java, den Philippinen, Ceylon, in Siam und dem tropischen Amerika angebaut wird.

Der schwarze Pfeffer ist die unreife (bzw. vor der völligen Reife gesammelte), noch grüne, an der Sonne oder über Feuer getrocknete, durch Schrumpfung gerunzelte Frucht.

Der weiße Pfeffer ist nach früherem Gebrauch die reife, nach einem 2—3 tägigen Fermentationsvorgang von der äußeren Fruchtschale befreite und getrocknete Frucht.

Neuerdings wird aber Weißpfeffer aus dem schwarzen Pfeffer dadurch hergestellt, daß man letzteren entweder in Meer- oder Kalkwasser (auch in Salzsäure?) aufweicht und die Schalen mit den Händen abreibt oder auch durch besondere Schälmaschinen von den Schalen befreit.

Das Pfefferpulver wird in der Weise gewonnen, daß man den schwarzen wie weißen Pfeffer ähnlich wie Getreidesamen erst zu Grobschrot bzw. Kernschrot und dieses weiter zu Mehl verarbeitet. Aus dem Kernschrot des schwarzen Pfeffers wird hierbei auch Weißpfefferpulver hergestellt.

Der ganze schwarze Pfeffer hat eine grauschwarze bis braunschwarze Farbe und eine je nach der Reife mehr oder weniger runzelige Oberfläche; die Runzeln entstehen durch das Eintrocknen des Fruchtfleisches. Die stark runzligen (weniger reifen) und grauschwarz aussehenden Früchte sind leichter im Gewicht, lassen sich leichter zerreiben und enthalten mehr Schalen als die weniger stark gerunzelten (mehr reifen), dunkelbraun gefärbten Früchte.

Die Oberfläche des weißen Pfeffers ist dagegen infolge des Reifezustandes und der Zubereitung glatt, grau- bis gelbweiß und durch die vorhandenen Gefäßbündel schwach gestreift. Die Qualität der Pfeffersorten ist je nach dem Gewinnungsort sehr verschieden; im allgemeinen gelten die schwersten Sorten für die besten.

Nach T. F. Hanausek ist Malabar- und Mangalore-Pfeffer der beste; Penang- und Saigon-Pfeffer enthalten viel taube Körner, sind daher leichter und minderwertiger. Die verschiedenen Cayennepfeffer gelten als die geringwertigsten Sorten.

Die weißen Pfeffer kommen meistens von Java, Sumatra, Singapore und Lampong. Der Penangpfeffer ist häufig gekalkt oder getont und enthält bis 20% schwarzen Pfeffer beigemengt.

W. Gladhill[1] gibt eine ausführliche Beschreibung der einzelnen in Nordamerika vertriebenen Pfeffersorten, während C. Hartwich[2] sowie F. Härtel und R. Will[3] das Gewicht von je 100 Korn ermittelten (siehe 1. Tabelle auf S. 48).

Der weiße Pfeffer, der 3—6% schwarzen Pfeffer zu enthalten pflegt, ist naturgemäß schwerer als schwarzer; Härtel und Will fanden das Gewicht von 100 Körnern weißen Pfeffers zu 4,64—5,27 g; Hartwich suchte Körner von je 5 mm Durchmesser aus und fand das 100-Korngewicht gleich großen schwarzen Pfeffers zu durchschnittlich 3,9049 g (2,870—4,705 g), das der weißen Pfeffersorten zu durchschnittlich 4,6838 g (3,340—5,323 g); das Gewicht von 100 Stück tauben Körnern schwankt zwischen 1,00 bis 1,66 g.

Ebenso wie die äußere Beschaffenheit ist auch die chemische Zusammensetzung der Pfeffersorten großen Schwankungen unterworfen, wie aus folgenden, durch neuere Untersuchungen gewonnenen Zahlen hervorgeht (siehe 2. Tabelle auf S. 48).

---

[1] Americ. Journ. of Pharm. 1904, **76**, 70.

[2] Zeitschr. f. Untersuchung d. Nahrungs- u. Genußmittel 1906, **12**, 524.

[3] Ebendort 1907, **14**, 569.

Pfeffersorte, schwarze	Äußere Beschaffenheit	Kleine und taube Körner in 100	Schalen	Spindeln und Stielchen	Gewicht von 100 Korn
Tellichery . . .	dunkelbraun, Schale fest am Perisperm	wenige	etwa 1,0%	sehr wenige	4,85 g (Hä. u. Wi.) 4,22 g (Ha.)
Singapore . . .	desgl.	selten (7—10 Stck.)	selten	etwa 2%	4,10—4,56 g (Hä. u. Wi.)
Aleppy	schwarz und hellbraun	etwa 2 Gew.-Proz.	2—3%	—	3,76 g (Hä. u. Wi.) 3,82 g (Ha.)
Trang	hell- bis dunkelbraun, starke Schale	10—15%	etwa 3%	wenige	—
Lienburg. . . .	braun bis schwarz	taube = 0; 15—20% aufgeplatzte Körner	viel	—	—
Lampong . . .	bräunlich bis schwarz	3—19 Stück taube, 5—15% hohle Körner	desgl.	wenige	3,2—3,54 g (Hä. u. Wi.)
Sumatra-Westküste	dunkelbraun bis schwarz	viele hohle Körner	3—5%	1—2%	—
Saigon	—	16 Stück taube	—	—	3,07 g (Hä. u. Wi.)
Acheen (Java-, Penang-, Atjeh-)[1]	dunkelbraun	22—37 Stück taube, 3% kleine, 10—15% große hohle	viel	3—5%	2,05—2,97 g (Hä. u. Wi.)

Bestandteile	Schwarzer Pfeffer			Weißer Pfeffer			Taube Körner		Pfefferschalen	
	Niedrigstgehalt	Höchstgehalt	M tte	Niedrigstgehalt	Höchstgehalt	Mittel	Niedrigstgehalt	Höchstgehalt	Niedrigstgehalt	Höchstgehalt
Wasser	8,0	15,7	12,5	9,5	17,3	13,50	12,0	13,0	9,0	11,5
Stickstoff-Substanz	6,6	15,8	12,8	5,6	14,4	11,9	—	—	13,0	14,5
Ätherauszug . . .	6,0	10,5	9,1	5,0	9,0	8,0	—	—	3,0	4,4
Ätherisches Öl . .	1,2	3,6	2,25	1,0	2,4	1,5	1,6	2,1	0,8	1,0
Pyperin	4,6	9,7	7,5	4,8	10,0	7,8	4,3	6,7	wenig	4,7
Piperidin	0,4	0,8	0,6	0,2	0,4	0,3	—	—	0,7	
Harz	0,3	2,1	1,05	0,2	1,0	0,35	0,94	0,96	1,19	1,28
Alkoholextrakt .	6,4	16,6	10,3	5,6	12,6	9,1	—	—	6,3	10,2
Stärke(Glykosewert)	30,0	47,8	36,5	50,0	62,0	56,8	4,4	5,6	11,5	23,6
Pentosane	4,0	6,5	5,0	1,2	1,8	1,5	—	—	8,5	11,3
Bleizahl in der Trockensubstanz . .	0,04	0,08	0,06	0,02	0,03	—	—	—	0,124	0,157
Rohfaser.	8,7	17,5	14,0	3,5	7,8	4,4	30,4	32,6	24,0	48,0
Asche	3,0	7,4	5,15	1,5	6,0	1,9	7,4	8,5	6,8	51,4
Sand	0,1	2,0	0,52	wenig	1,0	0,2	0,7	1,4	0,5	41,7

[1] Diese Pfeffersorten werden mit der Bezeichnung A, B und C gehandelt.

Die Alkalität der Asche des schwarzen Pfeffers (für 1 g Asche ccm N.-Säure, S. 6) schwankt nach Lührig und Thamm in 9 Sorten, wie folgt:

Gesamtasche   Wasserlösliche Asche   Wasserunlösliche Asche
9,6—11,3 ccm   6,4—9,1 ccm   12,2—16,3

H. Sprinkmeyer und A. Fürstenberg[1]) untersuchten je 13 Proben selbstgemahlenen schwarzen und weißen Pfeffer in derselben Weise mit folgendem Ergebnis:

Pfeffer	Wasser %	Asche %	Sand %	Alkalität der Asche (je 1 g Asche erfordert ccm N.-Säure)					
				Gesamtasche		Wasserlösliche Asche		Wasserunlösliche Asche	
				Schwank. ccm	Mittel ccm	Schwank. ccm	Mittel ccm	Schwank. ccm	Mittel ccm
Schwarzer	13,22	4,68	0,38	9,0—12,4	11,1	8,5—11,0	9,5	12,1—15,2	13,2
Weißer . .	14,79	1,59	0,08	5,3—15,4	9,4	4,8—18,2	10,2	5,0—14,8	9,2

Die Verunreinigungen und Verfälschungen des Pfeffers sind schon im II. Bd. 1904, S. 1031 angegeben; sie sind gerade bei Pfeffer als dem weitverbreitetsten Gewürz am häufigsten und mannigfachsten und werden vorgenommen:

a) Bei ganzem Pfeffer durch Färben von schwarzem Pfeffer, durch Überziehen mit Kreide oder Ton zur Vortäuschung von weißem Pfeffer; H. Kreis[1]) z. B. fand einen geringwertigen Penangpfeffer mit kohlensaurem Kalk überzogen, um ihm das Aussehen von gutem Singaporepfeffer zu geben; B. Fischer und Grünhagen[2]), ebenso J. Heckmann[3]) beobachteten als Überzug über schwarzen Pfeffer Ton bzw. Schwerspat, E. Dinslage[4]) Ton mit 7,5% Kalk; G. E. Hanausek gibt für den Zweck ein weißes Pulver an, das aus Gummi, Stärke, Gips und Bleiweiß bestand. Der Kunstpfeffer wird durch Formen und Rösten von Mehlteig sowie entsprechendes Färben (z. B. mit Frankfurter Schwarz, Umbra oder mit Ruß) hergestellt. A. Bertschinger und Bimbi[5]) stellten Kunstpfeffer fest, bestehend aus Weizenmehl, Oliventrestern und etwas Paprikapulver bzw. Pfefferabfall.

Auch fremde Früchte aus der Familie der Piperaceen u. a. werden untergeschoben.

A. Mennechet[6]) beobachtete im schwarzen Pfeffer die Früchte von Myrsine africana L. und Embelia ribes Burm., Fleury[7]) die Samen von Wicken, Bussard und Andouard[8]) desgleichen die Samen einer Leguminose Ervum ervillia L. Der Samen enthielt:

Protein   Alkoholextrakt   Stärke   Rohfaser   Asche
25,00%   4,36%   41,60%   14,70%   3,26%

A. Barille[9]) untersuchte einen neuen Pfeffer, der ein rotbraunes Pulver bildete, einen starken (aber angenehmen) Geruch und einen scharfen, aromatisch brennenden Geschmack besaß. Der Pfeffer enthielt:

Wasser %	Stickstoff-Substanz %	Ätherisches Öl %	Piperin %	Glykose %	Saccharose %	Stärke %	Rohfaser %	Asche %	Alkoholischer Extrakt %
14,60	12,20	4,47	3,65	5,20	1,66	38,00	10,0	4,55	19,25

[1]) Zeitschr. f. Untersuchung d. Nahrungs- u. Genußmittel 1903, **6**, 463.
[2]) Ebendort 1901, **4**, 782.   [3]) Ebendort 1902, **5**, 302.
[4]) Ebendort 1913, **26**, 200.   [5]) Ebendort 1901, **4**, 782; 1904, **7**, 51.
[6]) Ebendort 1902, **5**, 371.   [7]) Ebendort 1910, **19**, 758.
[8]) Ebendort 1913, **25**, 415.   [9]) Ebendort 1904, **7**, 50.

C. Hartwich[1]) stellte' im schwarzen Pfeffer von Aleppy und Tellichery eine völlig ähn-liche Piperaceenfrucht — am meisten ähnlich den Früchten von Piper arborescens — fest, ferner eine Verunreinigung mit dem Samen von wahrscheinlich einer Abart von Phaseolus radiatus L. Ein schwarzer Pfeffer war mit Ruß gefärbt; in Malabarpfeffer wurden Früchte beobachtet, deren Inneres von einem Insekt ausgefressen war.

b) bei Pfefferpulver durch Beimengung

α) von Pfefferschalen, -spindeln und -stielen (von sog. Pfefferstaub), d. h. von Abfällen, die bei der Herstellung des Weißpfeffers aus schwarzem Pfeffer gewonnen werden;

β) den verschiedenartigsten fremden Mehlen und gewerblichen Abfällen, z. B. von Ge-treidemehlen, Leguminosenmehlen, Kartoffelmehl, den verschiedenen Ölkuchenmehlen bzw. Preßrückständen der Ölfabrikation, besonders von Oliventrestern bzw. -kernen, Palmkernen, auch Mandel-, Birnenmehl, Nußschalen, Kakaoschalen, Holz u. a. werden als Zusätze genannt.

A. Rau[2]) fand z. B. in gemahlenem Pfeffer Hirsekleie, Wacholderbeeren, Mais und Mohnkuchen; V. Parlini[3]) Weinbeerkerne; F. Netolitzky[4]) die gemahlenen Blätter von Sumach (Cotinus Coggrygria Scop. und Rhus Coriaria L.) neben Blättern und Stengeln von Gräsern, Eiche, Malve, Rosmarin.

Die Pfeffer-Matta pflegt vorwiegend aus Hirsekleie (bzw. Getreidemehlen) hergestellt zu werden.

1. Chemische Untersuchung. Die gewöhnlichen Bestimmungen von Wasser, Stick-stoff-Substanz, Äther- und Alkoholauszug, ätherischem Öl, Pentosanen, Roh-faser — deren Bestimmung für die Beurteilung besonders wichtig ist —, Asche und Sand, sowie Alkalität der Asche werden nach den allgemein üblichen Verfahren (S. 3—7) aus-geführt. Für Pfeffer kommen aber noch einige besondere Bestimmungen in Betracht, nämlich:

a) Die Bestimmung der Stärke bzw. des Glykosewertes. Die Stärke im Pfeffer kann nach unseren Erfahrungen recht wohl auf polarimetrischem Wege bestimmt werden und wendet man hierfür zweckmäßig das Ewerssche Verfahren (III. Bd., 1. Teil, S. 444 und 2. Teil, S. 513) an.

F. Härtel[5]) gibt für die Bestimmung der Stärke bzw. des Glykosewertes im Pfeffer noch folgendes Verfahren an:

5 g feingepulverter Pfeffer (Sieb V des Arzneibuches) werden mit 300 ccm Wasser drei Stunden am Rückflußkühler gekocht. Nach dem Abkühlen wird 0,1 g Diastase zugefügt und drei Stunden bei 55° bis 60° verzuckert. Nach dem Erkalten werden 5 ccm Bleiessig, nach kräftigem Umschütteln 5 ccm gesättigte Natriumsulfatlösung zugegeben, dann wird auf 500 ccm aufgefüllt und filtriert. Der Rückstand wird mikroskopisch geprüft, ob alle Stärke verzuckert ist.

200 ccm des Filtrates werden mit 15 ccm Salzsäure (1,25 spezifisches Gewicht) 3 Stunden im kochenden Wasserbade invertiert, sodann wird mit konzentrierter Natronlauge genau neutralisiert, auf 200 ccm aufgefüllt und filtriert. In 25 ccm des Filtrates wird nach bekanntem Verfahren die Glykose bestimmt.

Ch. Arragon[6]) will durch eine Bestimmung der Jodzahl des ganzen Pfeffers eine Ver-fälschung mit fremder Stärke nachweisen können, indem er wie folgt verfährt: „2 g des aufs feinste gemahlenen Pfeffers werden wie bei der Bestimmung der Jodzahl von Fetten in einem Kolben mit eingeschliffenem Stöpsel mit 15 ccm Chloroform und 25 ccm Hübl scher Jodlösung versetzt und der Jodüberschuß nach 4 Stunden mit Thiosulfat bestimmt. Man titriert zuerst bis zur Entfärbung 'der Lösung, fügt etwas Stärkelösung zu, schüttelt den

---

[1]) Zeitschr. f. Untersuchung d. Nahrungs- u. Genußmittel 1906, **12**, 527.

[2]) Ebendort 1901, **4**, 44.   [3]) Ebendort 1903, **6**, 463.

[4]) Ebendort 1910, **19**, 758.   [5]) Ebendort 1907, **13**, 665.

[6]) Mitt. a. d. Gebiete d. Lebensmittelunters. u. Hygiene, veröffentl. vom Schweizer. Ge-sundheitsamte 1910, **1**, 271; Zeitschr. f. Untersuchung d. Nahrungs- u. Genußmittel 1912, **23**, 66.

Kolben stark eine Minute lang, um das durch das Pulver zurückgehaltene Jod in Lösung zu bringen, und kann nun sehr genau zu Ende titrieren." Die Jodzahlen betrugen hiernach:

Bei 6 Proben echtem weißen Pfeffer	Bei 3 Proben echtem schwarzen Pfeffer	Bei 30 reinen Handelsproben	Bei 4 mit Reisstärke verfälschten Proben
17,0—18,0	16,8—17,0	16,1—18,0	7,5

b) Bestimmung des Piperins. Das Piperin im Pfeffer bestimmen F. Härtel und B. Will[1]) in der Weise, daß sie 10 g feinst gepulverten Pfeffer 20 Stunden lang im Soxhletschen Apparat oder besser in dem Apparat von Hilger und Bauer[2]) — in letzterem Falle genügen 4 Stunden — mit Äther ausziehen, das Lösungsmittel bei gewöhnlicher Temperatur verjagen, den Rückstand 18 Stunden über Schwefelsäure trocknen und wägen. Darauf wird derselbe, um das ätherische Öl zu beseitigen, erst 6 Stunden bei 100°, dann bei 110° bis zur Gewichtsbeständigkeit getrocknet und weiter behufs Bestimmung des Stickstoffs nach Kjeldahl mit 1 g Quecksilberoxyd, 1 g Kupfersulfat, 20 g Kaliumsulfat und 25 ccm konzentrierter Schwefelsäure versetzt und aus dem gefundenen Stickstoffgehalt das Piperin berechnet. 1 Teil N × 20,354 = Piperin oder $^1/_{10}$ ccm N.-Schwefelsäure, mit 0,0285 multipliziert = Piperin.

Nach anderen Verfahren zur Bestimmung des Piperins werden 10 g oder mehr Pfefferpulver mit entweder Petroläther oder absolutem Äthylalkohol oder mit Methylalkohol ausgezogen, das Lösungsmittel wird verdunstet und der Rückstand mit einer Lösung von Natrium- oder Kaliumcarbonat behandelt. Hierdurch bleibt das Piperin ungelöst, es kann abfiltriert, gesammelt, durch die Lösungsmittel wieder gelöst und nach Verdampfung der letzteren zur Wägung gebracht werden. Aus der Alkalicarbonatlösung kann das Harz (neben Öl) durch Salzsäure ausgeschieden und ebenso quantitativ bestimmt werden.

c) Piperidin. Nach W. Johnstone (I. Bd. 1903, S. 938) enthält der Pfeffer ein flüchtiges Alkaloid, Piperidin (Pentamethylenimid, $C_5H_{11}N$), das vorgebildet ist und nicht erst aus dem Piperin gebildet wird. Es läßt sich mit Wasserdampf überdestillieren und im Destillat, das bei genügender Destillation nicht mehr alkalisch reagieren darf, durch Titration mit $^1/_{10}$ N.-Schwefelsäure unter Anwendung von Methylorange quantitativ bestimmen (1 ccm $^1/_{10}$ N.-Schwefelsäure = 0,0085 Piperidin).

Die Identität läßt sich auch durch das Platindoppelsalz feststellen. Das Piperidin soll vorwiegend in den Schalen enthalten sein.

d) Bestimmung des Harzes. Für die Bestimmung des Harzes im Pfeffer geben F. Härtel und R. Will (l. c.) folgendes Verfahren an: 10 g Pfefferpulver werden in dem vorstehend bei Piperin beschriebenen Extraktionsapparate mit 100 ccm Alkohol 3 Stunden ausgezogen. Nach dem Abdestillieren des Alkohols wird der Rückstand mit 10 proz. Natriumcarbonat-lösung unter wiederholtem vorsichtigem Umschütteln 24 Stunden digeriert. Hierauf wird filtriert und der Filterrückstand mit Natriumcarbonatlösung, später mit Wasser gut ausgewaschen. Das im Filtrate durch überschüssige Salzsäure zur Ausscheidung gebrachte Harz wird auf einem Filter gesammelt, ausgewaschen und im Dampftrockenschranke vom größten Teile des Wassers befreit. Filter und Harz werden sodann in einem Wägegläschen bis zum konstanten

---

[1]) Zeitschr. f. Untersuchung d. Nahrungs- u. Genußmittel 1907, **14**, 567.

[2]) In eine Kochflasche von 300—350 ccm Inhalt, deren Halsweite mindestens 30 mm beträgt, wird mittels durchbohrten Korkes ein ungefähr 15 cm langes und 22 mm weites Reagensglas eingesetzt und so weit eingeschoben, daß der Boden desselben noch eben etwas (etwa 0,5 cm) über die später in die Kochflasche zu bringende Extraktionsflüssigkeit (Äther bzw. Alkohol) zu stehen kommt. Im Boden des Reagensglases befindet sich eine etwa 5 mm weite Öffnung, ebenso in der Wandung dicht unterhalb des Korkes. Das Reagensglas wird seinerseits mit einem Rückflußkühler verbunden, das auszuziehende Pfefferpulver in eine Filtrierpapierhülse und diese in das Reagensglas gebracht, über dessen Boden man zweckmäßig zuvor etwas Baumwolle gelegt hat. Auch die Oberfläche des Pfeffers in der Papierhülse wird zweckmäßig mit etwas Baumwolle bedeckt. (Forschungsberichte über Lebensmittel 1896, **3**, 113).

Gewicht getrocknet. Hierauf wird das Harz durch heißen Alkohol quantitativ vom Filter gelöst, das Filter nach oberflächlichem Trocknen in das Wägegläschen zurückgegeben und abermals bis zum konstanten Gewicht im Trockenschrank erhitzt. Die Differenz zwischen der ersten und zweiten Wägung gibt die Menge des vorhandenen Harzes an.

Bei der Ausführung des Verfahrens ist folgendes zu beachten: der Alkohol darf nicht völlig abdestilliert werden; es muß ein Rest von etwa 2 ccm im Kolben zurückbleiben, da sonst durch das auftretende Schäumen der Destillationsrückstand an der Wandung des Kolbens aufsteigt, sich hier festlegt und infolgedessen die völlige Auflösung des Harzes nicht mehr gelingt. Aus dem gleichen Grunde muß, um ein Spritzen zu verhüten, die Natriumcarbonatlösung langsam und in kleinen Portionen am Rande des Kolbens entlang unter ruhigem Umschwenken zugegeben werden. In den ersten zwei Stunden des Digerierens mit der Natriumcarbonatlösung ist der Kolben alle zehn Minuten leicht umzuschwenken, da das Gemisch von Piperin und Harz das Bestreben hat, sich zusammenzuballen.

e) Bestimmung der Bleizahl. Unter Bleizahl versteht W. Busse[1]) die Menge metallisches Blei (in Gramm ausgedrückt), die durch die im Auszuge aus 1 g wasserfreiem Pfefferpulver erhaltenen bleifällenden Körper gebunden wird. Die Bleizahl wird wie folgt bestimmt:

5 g der gepulverten und getrockneten (also wasserfreien) Substanz werden mit absolutem Alkohol vollkommen extrahiert, im Trockenschranke von anhaftendem Alkohol befreit, nach dem sorgfältigen Ablösen vom Filter in einer kleinen Porzellanschale mit wenig kaltem Wasser zu einem dicken Brei angerieben und mit 50—60 ccm kochendem Wasser in einen Kolben von etwa 200 ccm Inhalt gespült. Man setzt 25 ccm einer 100 g NaOH im Liter enthaltenden Natronlauge hinzu und digeriert unter wiederholtem Umschütteln 5 Stunden im Wasserbade, wobei der Kolben mit Rückflußkühler versehen wird. Dann wird die Flüssigkeit mit so viel konzentrierter Essigsäure versetzt, daß noch eine schwach alkalische Reaktion vorhanden ist, in einen 250 ccm fassenden Meßkolben gegeben und mit Wasser bis zur Marke aufgefüllt. Man läßt nach kräftigem Umschütteln über Nacht absitzen und filtriert die klare Flüssigkeit am vorteilhaftesten mit Hilfe der Saugpumpe und einer Witt schen Platte. 50 ccm des Filtrates werden in einem Meßkolben von 100 ccm Inhalt mit konzentrierter Essigsäure bis eben zur deutlich sauren Reaktion und daiauf mit 20 ccm einer 100 g im Liter enthaltenden, ebenfalls schwach essigsauren Lösung von Bleiacetat versetzt; man füllt mit Wasser bis zur Marke auf und schüttelt stark um. Nach dem häufig langsam erfolgten Absetzen des Niederschlages wird durch ein kleines Filter filtriert und in 10 ccm des Filtrates nach Zusatz von 5 ccm verdünnter (1 + 3) Schwefelsäure und von 30 ccm absolutem Alkohol in bekannter Weise das Blei als Sulfat bestimmt.

Durch Multiplikation des gefundenen Bleisulfates mit 0,6822 wird der Bleigehalt berechnet und dieser gefundene Wert von dem in 2 ccm der angewendeten Bleiacetatlösung gefundenen abgezogen. Die Differenz gibt dann die Menge Blei an, die durch die in 0,1 g des Pfefferpulvers enthaltenen bleifällenden Körper gebunden wird; die Bleimenge wird auf 1 g wasserfreie Substanz berechnet.

Der Gehalt der Bleiacetatlösung bzw. das Einstellen derselben, ist durch eine genaue Bestimmung des Bleis als Sulfat von Zeit zu Zeit zu kontrollieren. Denn ein Unterschied von 1 mg im Gewichte des Bleisulfates entspricht schon einem Werte von 0,007 bei der Bleizahl. Aus dem Grunde ist auch bei dem Abmessen der 2 ccm der 10 proz. Bleilösung eine äußerst genaue Pipette zu verwenden — am sichersten soll die Lösung abgewogen werden.

f) Nachweis eines mineralischen Überzuges. Ein aus Ton oder Schwerspat bestehender Überzug läßt sich leicht durch Reiben zwischen den Händen oder durch Abspülen mit Wasser abtrennen und seine Natur nach Sammeln und Auswaschen auf einem Filter durch Aufschließen mit Schwefelsäure (Ton) oder mit Kaliumnatriumcarbonat (Schwerspat) leicht nachweisen. Hierbei ist das Gewicht der Gesamtasche, die ebenfalls zur Bestimmung der beiden

---

[1]) Arbeiten a. d. Kaiserl. Gesundheitsamte 1894, **9**, 509. Vgl. auch Ed. Spaeth, Zeitschr. f. Untersuchung d. Nahrungs- u. Genußmittel 1905, **9**, 591.

Bestandteile verwendet werden kann, wesentlich erhöht — es sind von Fischer und Grünhagen bis 28,4% Ton, von J. Heckmann bis 51,0% Schwerspat in überzogenen Pfeffern festgestellt (vgl. auch S. 49).

Häufiger als hiermit wird schwarzer oder mißfarbiger Pfeffer mit Kalk oder Kreide überzogen. Derartig überzogene Pfeffer färben zwischen den Fingern ab oder zeigen mit 10 proz. Essigsäure oder verdünnter 1 proz. Salzsäure ein geringeres oder stärkeres Aufbrausen. Wenn man die verdächtigen Pfefferproben mit diesen Säuren behandelt, mit Wasser nachwäscht und im Filtrat den Kalk — bei Anwendung von ganz verdünnter Salzsäure nach Neutralisation mit Ammoniak — mit Ammoniumoxalat fällt, so geben sie eine erhöhte Menge Niederschlag von Calciumoxalat. Ed. Spaeth fand (l. c.) in derartig überzogenen Pfeffern 0,6—1,16% Kalk (CaO), während ungekalkter Pfeffer unter gleicher Behandlung an Essigsäure oder verdünnte Essigsäure höchstens 0,04—0,10% Kalk (CaO) abgibt.

g) Nachweis des Färbens. Zum Nachweise von Frankfurter Schwarz (Umbra) oder Ruß soll man nach Ed. Spaeth eine größere Menge des verdächtigen Pfeffers mit Chloroform vermischen und in einer Zentrifuge schleudern. Bei der mikroskopischen Untersuchung des Abgeschiedenen lassen sich dann die schwarzen Farbstoffe, die nicht nur zum Färben von Kunstpfeffer, sondern auch von verfälschtem Pfefferpulver angewendet werden, sofort erkennen. Hat man solche erkannt, so muß auch auf sonstige Bestandteile Rücksicht genommen werden.

2. Mikroskopische Untersuchung. Die Art der organischen Verfälschungen des Pfeffers läßt sich nur durch eine mikroskopische Untersuchung nachweisen. Ist aber das Verfälschungsmittel mikroskopisch festgestellt, so läßt sich der Befund durch die eine oder andere der angegebenen chemischen Untersuchungsverfahren erhärten oder es kann sogar hierdurch die Menge des Zusatzes annähernd bestimmt werden. Für den mikroskopischen Nachweis von Verfälschungen muß man zunächst die Gewebselemente des echten Pfeffers kennen.

a) Gewebsteile des echten Pfeffers. Die einzelnen Gewebsschichten und Gewebsbestandteile des echten Pfeffers sind an einem Querschnitt am besten zu erkennen. Schneidet man eine Pfefferfrucht durch, so sieht man außen eine dunkle Zone, die Fruchtschale, das Perikarp, auf welche nach innen ein gelblich weißer, innen hohler Kern folgt, der Samen mit dem weißen, innen hohlen Endospermkörper.

Das Perikarp (Fig. 28 ep—i) besteht aus der Oberhaut ep, einer äußeren Steinzellenschicht a, welche aus einer meist zwei- bis mehrfachen Reihe, stellenweise einfachen Reihe ungleich großer Steinzellen mit dicker, glänzend gelber Membran und einem braunen Inhalt zusammengesetzt ist; dieser folgt eine breite Parenchymschicht aus dünnwandigen Zellen,

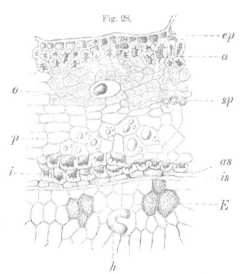

Fig. 28.

Querschnitt durch den schwarzen Pfeffer,
160:1.

ep Oberhaut, a äußere Steinzellenschicht, i innere Steinzellenschicht, p ölführendes Parenchym, o Ölzelle, sp Spiroidengruppe, as äußere braune, is innere farblose Samenhaut, E Endosperm, h Harzzelle. Nach J. Möller.

zwischen denen sich größere, derbwandige, mit Öl oder Harz erfüllte Zellen, die Ölzellen o, befinden und an deren innerem Ende Gefäßbündel verlaufen. Diesem Parenchym folgt ein inneres Parenchym p, dessen Zellen größer und reich an Öl sind, worauf das Perikarp wieder mit Steinzellen i abschließt. Diese letzteren sind nur an der Innenseite verdickt und haben daher hufeisenähnliche Gestalt.

Die Samenschale oder Samenhaut, welche mit den inneren Steinzellen verwachsen ist, besteht aus einer äußeren Schicht dicht nebeneinander gelagerter brauner Zellen (Becherzellen) as und einer

ebenso beschaffenen Schicht farbloser Zellen *is*. Auf diese folgt das Endosperm des Samens *E*, polygonale dünnwandige Zellen, die dicht erfüllt sind mit kleinen, höchstens 0,006 mm großen Stärkekörnern. Letztere haben infolge des gegenseitigen Druckes polygonale Gestalt, sind nicht selten zu
Häufchen zusammengeballt und lassen bei stärkerer Vergrößerung einen Kern oder eine Höhlung
erkennen (Fig. 29 *A*). Zwischen diesen Stärkeplatten liegen nicht sehr häufig etwas größere, verschieden gestaltete, mit Harz erfüllte Zellen, sogenannte Harzzellen (Fig. 28 *h*).

    In Fig. 29 sind die Gewebsbestandteile des schwarzen Pfeffers dargestellt, wie sie bei der mikro-
skopischen Untersuchung des gepulverten Pfeffers zu Gesichte kommen: *ep* stellt ein Stück der

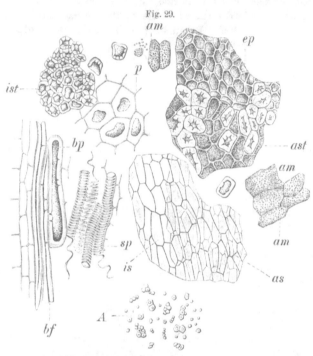

Oberhaut mit einzelnen äußeren Steinzellen „*ast*" dar, die
letzteren liegen hier obenauf,
weil das Fragment umgekehrt
liegt bzw. von unten gesehen
abgebildet ist. Vom Parenchym sind ölführende Zellen
p, sowie Stücke der Gefäßbündel *bf* und *bp* mit Spiralgefäßen *sp* abgebildet. Die
inneren Steinzellen sind in
dem Fragment „*ist*" von
oben gesehen und die auf
diese folgende Samenschale
zeigt in *as* und *is* die äußere
und die innere Schicht dicht
geschlossener Zellen. Die
Stärkezellen *am* sind dicht
erfüllt mit Stärke, die oben
bei *am* freiliegend schwach
vergrößert, unten bei *A* stark
vergrößert dargestellt ist.

    **b) Verfälschungsmit-
tel.** Von den Getreidearten
wird dem Pfeffer vorwiegend
gern Gerstenmehl bei-
gemengt, aber auch Mais,
Reis, Hirse, Kleien von
Weizen, Hirse- und Reis-
schalen, Gramineen-

Elemente des Pfefferpulvers.
ist innere Steinzellenschicht und einzelne Steinzellen, *p* Parenchym mit Harzklumpen, *bf* und *bp* Bastfasern und Bastparenchym,
sp Spiroidenbündel, *ep* Oberhaut mit Steinparenchym, *as* und *is*
äußere und innere Samenhaut, *am* Stärkezellen, *A* Stärkekörner bei
600 facher Vergrößerung. Nach J. Möller.

spelzen und kornradehaltiger Ausreuter sind im Handelspfeffer gefunden worden.

    Von den Leguminosen wird nach T. F. Hanausek besonders gern die Wicke verwendet.

    Über die mikroskopische Erkennung dieser Beimengungen vgl. unter „Mehle" III. Bd.,
2. Teil, S. 368 u. f., 604 u. f.

    Über Leinkuchenmehl vgl. S. 20 bzw. 21, Mohnkuchen S. 31, Raps- und Rüb-
kuchenmehle S. 18 bzw. 19, Holz- (bzw. Baumrinden-) Mehl III. Bd., 2. Teil, S. 601 bzw. 602.

    Besonders häufig ist als Verfälschungsmittel im Pfeffer beobachtet:

    α) Palmkernmehl. Die Fettextraktionsrückstände der Samenkerne der Ölpalme werden
häufig wegen ihrer ähnlichen Beschaffenheit dazu benutzt, Pfefferstaub und Pfefferschalen das
Ansehen des gemahlenen Pfeffers zu geben. Wenn man solches Pulver auf schwarzes Glanzpapier legt und mit der Lupe scharf durchmustert, so findet man zwischen den gelblichen,
glasig und meist bestaubt aussehenden Pfefferstücken die intensiv weiß- und matt-seidenglän-
zenden Partikelchen des Palmkernmehles leicht heraus.

Gewißheit erhält man, wenn man diese rein weißen Partikelchen mit der Pinzette heraus-
holt und mit dieser etwas drückt. Die glasigen und harten Pfefferstücke lassen sich entweder nicht zerdrücken und springen leicht weg oder lassen sich, wenn sie mehr dem Innern
des Endosperms entstammen, zu Mehl zerdrücken, die Palmkern-
stückchen dagegen fühlen sich schwammig an, lassen sich also
etwas zusammendrücken und dehnen sich wieder aus.

Nach A. Meyer verfährt man beim Nachweis des Palmkernmehles im Pfeffer folgendermaßen: Man trennt das Pfefferpulver in gröberes und feineres Pulver und untersucht zuerst das
letztere, darauf das gröbere. Von dem feineren Pulver bringt man
etwas mit Wasser und Jodlösung auf einen Objektträger: die Stärke
des Pfeffers färbt sich blau, die Palmkernstückchen bleiben weiß
und nur ihre Proteinkörner färben sich gelblich. Die weißen Stückchen lassen sich so leichter finden. Dann bringt man etwas von
dem Pulver mit Chloralhydratlösung auf den Objektträger und
untersucht mikroskopisch. Durch das Chloralhydrat werden die
Splitter sehr schön aufgehellt. Das grobe Pulver untersucht man
zuerst mit der Lupe. Die größeren Stückchen des Endosperms,
welche man meist findet, klemmt man zwischen Korkstückchen oder
Holundermark und fertigt mit dem Rasiermesser Schnitte an.

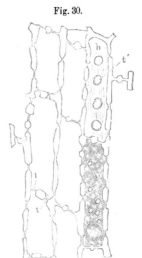

Fig. 30.

Endospermzellen des Palm-
kernes. Längsschnitt.

Bei der mikroskopischen Prüfung des feinen Pulvers, sowie
bei Anfertigung von Schnitten aus den größeren Stücken erhält
man Bilder, wie sie die Figuren 30 und 31 darstellen.

Der Palmkern, der Same der Ölpalme (Elais guiniensis), besteht
nämlich mit Ausnahme einer ziemlich dünnen braunen Samenhaut, deren Zellen wenig charakteristisch
sind, aus dicht aneinander schließenden, im Längsschnitt meist rechteckig, am Rande mehr quadratisch, weiter innerhalb aber längsgestreckt erscheinenden Zellen. Die dicken Wände dieser Zellen
sind farblos und sehr grob getüpfelt, so daß sie aussehen, als ob sie stellenweise knotig verdickt
wären. Findet sich eine Zelle darunter, deren Inhalt ausgeflossen ist, so erkennt man auf der Wand-
fläche derselben die rundlichen, löcherartigen Tüpfel (Fig. 30 t'). Der Inhalt der Zellen besteht aus
krystallinischem Fett (schollige oder strichelige Massen) und sehr großen kugeligen Körpern, den
Aleuronkörnern. Im Querschnitt (Tangentialschnitt am Samen) erscheinen diese Zellen rundlich
zylindrisch und lassen am Grunde teilweise ebenfalls die löcherartigen Tüpfel erkennen.

Die Fig. 31, welche Bruchstücke aus dem feineren Palmkernpulver darstellt, zeigt links
oben die Zellen des Palmkern-Endosperms im Querschnitt bzw. von oben gesehen, während man rechts

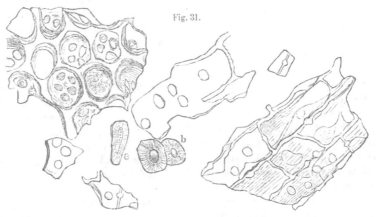

Fig. 31.

Bruchstücke aus dem Palmkernmehl.

unten und in der Mitte Bruchstücke der Längsrichtung nach sieht. Die Fig. 30, S. 55 gibt einen Längsschnitt der Endospermzellen wieder. Auf allen Bildern sind die Tüpfel deutlich kenntlich.

Nach A. Meyer wird nicht selten dem mit Palmkernmehl verfälschten Pfeffer, wenn er zu hell geworden ist, noch körnig gemahlener Torf oder bituminöser Schiefer zugesetzt, um ihn wieder dunkler zu machen. Zur Verfälschung des weißen Pfeffers mit Palmkernmehl wird nur das feine Pulver desselben verwendet.

Eine Feststellung der ungefähren Menge des Zusatzes von Palmkernmehl läßt sich auf chemischem Wege erzielen, indem man den Stärke- und den Rohfasergehalt des Gemisches bestimmt (vgl. S. 48).

β) *Oliventrester.* Eine nicht weniger häufige, besonders in Südfrankreich sehr übliche Verfälschung des Pfeffers ist die mit Preßrückständen der Olivenkerne.

Die pflaumenartige Frucht des Ölbaumes (Olea europaea), die Olive, dient bekanntermaßen zur Gewinnung des Olivenöls. Eine schlechtere Qualität desselben wird gewonnen, wenn man die Kerne der Olive mit- oder diese allein preßt; die Rückstände hiervon, die Oliventrester oder Olivenkerne, werden zur Fälschung des Pfeffers verwendet. Eine Art Vorprüfung auf eine Verfälschung mit Olivenkernen, die aber nur dann beweisend ist, wenn sie in positivem Sinne ausfällt, ist die von Girard und Dupré angegebene Schwimmprobe. Danach soll das Pulver in eine Mischung von gleichen Teilen konzentriertem Glycerin und Wasser gegeben werden, worin die Olivenkernstückchen zu Boden fallen. Da dies aber nur für die groben Bruckstücke gilt, so ist die Vorprüfung, wie gesagt, nur beweisend, wenn sie positiv ausfällt.

A. Pabst benutzt zur Isolierung der Olivenkernbestandteile das von Wurster zur Bestimmung des Holzschliffes verwendete Dimethylparaphenylendiamin. Die Olivenkerne färben sich hiermit sofort intensiv carminrot, wenn man das Pfefferpulver auf ein mit dem Reagens angefeuchtetes Papier streut oder eine größere Menge des Pfeffers in einer Porzellanschale mit dem Reagens verreibt. (Siehe auch Nußschalen S. 59.)

Die Olivenkerne sind länglich-eiförmig, etwa dreimal so lang als dick und immer mit etwas Fruchtfleisch umgeben. Unter diesem befindet sich die sehr harte, aus mehreren Schichten kräftiger Steinzellen bestehende Samenschale, Steinschale, von welcher der Samenkern eingeschlossen ist.

Das Fruchtfleisch, das gewöhnlich der Samenschale anhängt, ist insofern beim Nachweis der Fälschung mit Oliventrestern von großer Wichtigkeit, als die rundlich polyedrischen Zellen neben Fett einen violetten Farbstoff enthalten, der durch konz. Schwefelsäure intensiv morgenrot wird. Dieses Verhalten kann zum mikrochemischen Nachweis der Oliventrester dienen, wenn man die feineren Teile des Pulvers mit etwas Wasser auf den Objektträger bringt und dann nach Aufsuchung solcher Zellen seitlich konzentrierte Schwefelsäure zugibt.

Mit dem Fruchtfleisch verbunden ist die Samenschale des Olivenkerns. Diese besteht, wie schon bemerkt, aus mehreren Schichten kräftiger Steinzellen, die in ihrer Gestalt leicht von denen des Pfeffers zu unterscheiden sind. Denn wenn dieselben auch unter sich wieder ziemlich verschieden gestaltet und z. B. die Steinzellen der oberflächlichen Schicht der Schale ziemlich lang, bastfaserartig (Fig. 32 a) und auch die in der Innenfläche der Schale gestreckt, flach und wenig verdickt erscheinen (Fig. 32 i), so sind sie doch der Hauptmasse nach spindelförmige Körperchen; jedenfalls unterscheiden sie sich von den Steinzellen des Pfeffers dadurch, daß sie durchweg länger gestreckt sind (Fig. 32 m), als dies bei den Steinzellen des Pfeffers der Fall ist, bei denen mehr rundliche Formen vorherrschen. Ein weiterer Unterschied, der selbst die gleichgeformten Steinzellen beider Früchte unterscheiden läßt, ist der, daß die Steinzellen des Pfeffers bei einer mikroskopischen Besichtigung der Bestandteile unter Wasser und ohne weitere vorhergehende Behandlung mit Reagenzien immer gelb gefärbt erscheinen, während die des Olivensamens farblos sind und erst bei Zusatz von konzentrierter Schwefelsäure stark gelb gefärbt werden; dabei quellen sie außerdem mächtig auf, so daß solche gelb gefärbte Stücke mit freiem Auge aus den übrigen Bruchstücken herausgefunden werden können.

Eine zarte Haut aus dünnwandigen Zellen, welche die Samenhaut innen auskleidet (Fig. 32 ea), hat weiter keinen diagnostischen Wert. Etwas charakteristischer ist die Oberhaut der Samenschale des in der Steinschale liegenden Samenkernes. Diese besteht aus sehr großen, meist recht-eckigen sogenannten Tafelzellen, mit starken, ungleichmäßig dicken, stark quellbaren und farblosen Zellwänden, unter denen gelbes Parenchym der übrigen Teile der Samenhaut durchschimmert (Fig. 32 *ep*). Mit der Samenhaut verwachsen ist das Endosperm, dessen äußere, an der Samenhaut lie-gende Zellschicht an der nach dieser zugekehrten Seite verdickte Zellwände besitzt, während die übrigen Zellen des Endosperms dünnwandig und von Gestalt rundlich, polyedrisch sind. Der Inhalt dieser Zellen ist außerordentlich fettreich und besteht zum Teil aus einem großen Fettklumpen, er färbt sich mit Jod gelb — ebenfalls ein diagnostisches Merkmal gegenüber den mit Stärke erfüllten Endospermzellen des Pfeffers. — Das in England unter dem Namen „Peperette" oder „Poivrette" in den Handel kommende Pulver, das mit echtem Pfeffer oder Pfefferbruch gemischt zur Verfälschung

Fig. 32.

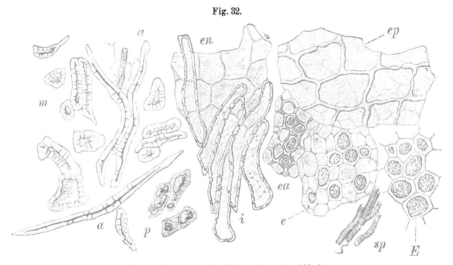

Gewebsfragmente des Olivenkernes, 160:1.

m Steinzellen aus der mittleren Schicht der Steinschale, *a* Faserzellen, *i* innere Steinzellenschicht, *en* das Endothel, *p* Zellen aus dem Fruchtfleische, *ep* Oberhaut der Samenschale mit durchschimmerndem Paren-chym, *ea* Außenschicht des Endosperms, *E* Gewebe der Keimblätter, *e* Embryonalgewebe, *sp* Spiroiden aus der Samenhaut. Nach J. Möller.

des Pfeffers Anwendung findet, besteht nach Campbell aus Oliventrestern und gemahlenen Mandel-schalen.

Anm.: N. Pettkoff[1]) empfiehlt für den Nachweis von Olivenkernen im Pfeffer die vorstehende Reaktion von Pabst in folgender Ausführung:

Zur Herstellung des Reagenzes werden 10 g Dimethylanilin in einer Porzellanschale in 20 g reiner konzentrierter Salzsäure aufgelöst; zu dieser Lösung fügt man 100 g zerstoßenes Eis, worauf man nun unter beständigem Umrühren 100 g einer Lösung von Natriumnitrat (8 g : 100 g Wasser) zugießt und eine halbe Stunde stehen läßt. Darauf wird die Lösung mit 30—40 g Salzsäure und 20 g Stanniol versetzt und das Ganze eine Stunde, zuletzt unter Erwärmen auf dem Wasserbade stehen gelassen. Hierauf wird das Zinn mit gekörntem Zink ausgeschieden und die Lösung abfiltriert. Das Filtrat wird mit Soda neutralisiert, eine leichte Trübung von Zinkcarbonat mit einigen Tropfen Essigsäure beseitigt. Man füllt mit Wasser auf 2 Liter auf und setzt 3—4 ccm einer gesättigten Lösung von Natriumbisulfit hinzu zur Verhinderung der Oxydation. Die Lösung wird im Dunkeln aufbewahrt. Zur Prüfung von Pfefferpulver auf Olivenkerne bringt man etwa 1 g desselben in ein kleines Porzellan-schälchen und übergießt mit einigen ccm des obigen Reagenzes. Nach wenigen Minuten ist die Reak-tion beendet, man rührt die Flüssigkeit auf, gießt sie samt den leichten Pfefferteilchen ab und wieder-

¹) Zeitschr. f. öffentl. Chemie 1908, **14**, 81.

holt dies nochmals mit Wasser; am Boden der Schale finden sich die nun rot gefärbten Teile der Olivenkerne. Bei längerer Einwirkung des Reagenzes erscheinen die Teilchen blau.

Bondil, ebenso Garola und Braun[1]) durchfeuchten eine kleine Probe des vorher entfetteten Pfefferpulvers mit einer 1 proz. Lösung von salzsaurem Paraphenylendiamin, lassen eine halbe Stunde liegen und betrachten unter dem Mikroskop. Die Pfefferelemente werden ausgelöscht, während die gepulverten Olivenkerne braunrot erscheinen.

γ) *Mandelschalen.* Zur Verfälschung der Gewürze werden meistens die gemahlenen Mandelschalen verwendet. Sie sind an den Steinzellen und Leitbündeln leicht aufzufinden, aber von denen anderer Steinfrüchte schwer zu unterscheiden; von denen der Walnußschalen (vgl. Fig. 37, S. 60) unterscheiden sie sich dadurch, daß die ästigbuchtigen Steinzellen der letzteren fehlen. Es gelangen aber auch stets Teile der Samenschale mit in das Mahlgut und diese sind durch die eigenartigen dünnwandigen und weitlichtigen (100 μ breiten, 175 μ hohen) Steinzellen der Oberhaut oder die „Tonnenzellen" gekennzeich-

Fig. 33.

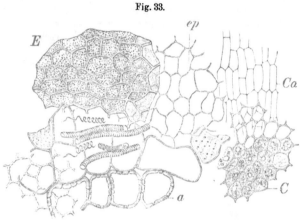

Gewebe der Mandeln in der Flächenansicht.
a Tonnenzellen, *ep* innere Oberhaut der Schale, *E* Aleuronschicht, *C* Cotyledonarparenchym, *Ca* Oberhaut der Cotyledonen. Nach J. Möller.

net (Fig. 33 *a*). Sie sind an ihren Seiten- und Innenwänden getüpfelt, die Mittelschicht der Samenschale besteht aus 2—3 Lagen dicht gefügter, brauner polygonaler Zellen, innen aus Schwammparenchym, in dem die von Krystallkammerfasern begleiteten Leitbündel verlaufen. Die innere Oberhaut der Samenschale besteht aus kleinen, polygonalen Zellen mit braunem Inhalt (Fig. 33 *ep*). Das Nährgewebe *E* läßt sich von der in Wasser erweichten Samenschale als weißes Häutchen, als einfache Aleuronschicht abheben (vgl. auch III. Bd., 2. Teil, S. 738 u. f.).

Fig. 34.

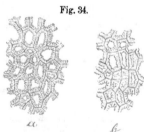

Erdnußmehl.
Oberhaut der Samenschale *a* nach Behandlung mit verdünnten Säuren und Alkalien, *b* in gequollenem Zustande. Nach Fr. Benecke.

δ) *Erdnußmehl.* Beim Erdnußmehl bietet nicht nur die Schale, sondern auch das Endospermgewebe Beweismaterial für eine stattgehabte Fälschung.

Von der Samenschale ist namentlich die Oberhaut charakteristisch, welche aus 5—6seitigen Zellen mit eigentümlichen zahnartigen Verdickungen besteht. Diese Verdickungen bzw. die in die dickwandigen Zellen einspringenden Porenkanäle treten aber nur dann deutlich hervor, wenn das zu untersuchende Pulver mit nur verdünnten Säuren und Alkalien behandelt wird (siehe Fig. 34 *a*). Benutzt man zu starke Säuren und Alkalien und erhitzt sehr lange, so schwellen die Wandverdickungen so an, daß die Porenkanäle nicht mehr sichtbar sind (Fig. 34 *b*). Das Endospermgewebe der Erdnuß besteht aus sehr spröden und hartschaligen Zellen mit großen löcherartigen Tüpfeln, die im Mehl als vielerlei gestaltete Bruchstücke auftreten und nur an den großen Tüpfeln kenntlich sind. Der Inhalt dieser Zellen besteht außer Öltropfen auch aus kugelig gestalteten Proteinkörperchen und ferner aus ziemlich großen runden Stärkekörnern, etwa von der Größe und Form der Gerstenstärkekörner. Ein Zusatz

---

von Jod färbt die Proteinkörner gelb und die Stärke blau, so daß beide Bestandteile unter dem Mikroskop gut nachweisbar sind.

Bestand das Erdnußmehl aus unenthülsten Früchten — was übrigens selten mehr der Fall ist —, so kommen in dem verfälschten Pfefferpulver möglicherweise auch noch Bruchstücke und Elemente der Fruchtschale vor. Diese besteht aus kreuz und quer übereinander geschichteten Partien von meist langgestreckten Faserzellen (Fig. 35).

ε) *Kokosnußkuchenmehl.* Die Zellstruktur der Kokosnuß (Fig. 36) entspricht der der Palmkerne (S. 54). Auch von dem Endokarp, der Steinschale, gelangen Reste mit in die Preßrückstände des Samens; das Gewebe der Steinschale setzt sich wie bei den Palmkernen aus langgestreckten, stark verdickten, von zahlreichen Porenkanälen durchzogenen Steinzellen zusammen, deren spaltenförmige Lumina mit braunem Inhalt erfüllt sind. Nur die

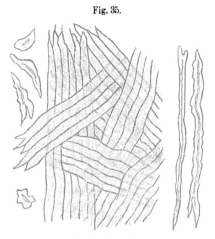

Fig. 35.

Erdnußmehl.
Gewebe und Faserzellen aus der Fruchtkapsel der Erdnüsse. Nach Fr. Benecke.

Endospermzellen besitzen schwächer verdickte, etwa 3 μ dicke Zellwände gegenüber den Palmkernen und enthalten zwischen zahlreichen Proteinkörnern Bündel von Fettsäurekrystallen.

Fig. 36.

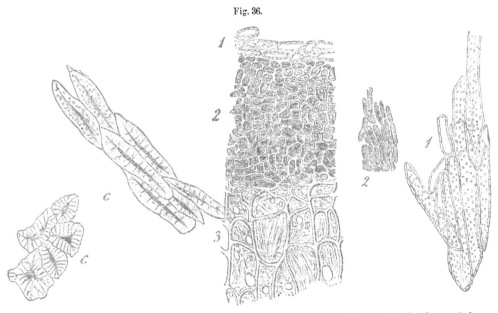

Flächenansichten.   Querschnitt.   Flächenansicht der Samenschale.
Kokosnuß, Vergr. 200.
1. und 2. Schichten der Samenschale, 3. Endosperm, c Steinzellen. Nach C. Böhmer.

ζ) *Walnußschalen.* Eine andere nach Pfeiffer namentlich im Rheingau nicht seltene Pfefferverfälschung soll die mit gepulverten Walnußschalen sein. Der Nachweis derselben ist mikroskopisch ziemlich schwierig, wird aber etwas erleichtert durch die Vornahme einer Isolierung der verholzten Bestandteile des zu untersuchenden Pulvers, unter denen sich auch die Walnußschalen befinden. Diese Isolierung nimmt man am besten nach dem von Pabst (siehe Olivenkerne S. 57) angegebenen Verfahren mit Dimethylparaphenylendiamin vor. Man sucht mit der Lupe die rotgefärbten Teile aus und untersucht die mikroskopisch, wobei man eventuell Schnitte anfertigt. T. F. Hanausek beschreibt die Struktur der Walnußschalen, sowie die Formen der einzelnen Bestandteile derselben wie folgt:

In der Nußschale sind hauptsächlich drei Schichten zu unterscheiden. Die äußere Hälfte der Schale setzt sich aus kleinen, rundlichen oder polyedrischen Steinzellen zusammen, die bis auf ein sehr kleines Lumen und feine Porenkanäle vollständig verdickt sind (Fig. 37 a); sie bilden den steinharten Teil der Nußschale. Indem nun diese Steinzellen nach innen zu immer größer werden, gehen sie endlich in weitlumige, porös verdickte Elemente über (Fig. 37 b u. b'), die eingebuchtet sind, einspringende Wandteile haben und diesem Teile des Steinzellengewebes das Aussehen eines zierlichen Netzes geben. Dabei ist diese Partie viel weicher, leichter schneidbar und schließt ohne scharfe Grenze, also auch mit Übergängen an die dritte Schicht, an ein dunkelbraunes, schwammartiges Parenchym an. In diesem kommen leichtere, weitlumige, aber noch dicht aneinanderschließende (Fig. 37 c) und schließlich elliptische und dunkelbraune, mit großen Intercellularräumen i versehene Parenchymzellen (Fig. 37 d) vor; letztere finden sich in dem Samenträgergewebe. Behandelt man die Steinzellen mit Jod und Schwefelsäure, so werden die Wände der weitlumigen Steinzellen (b u. b') bis auf die gelbbleibende Mittellamelle tiefblau, während die der äußeren Schalenhälfte (a) gelbgrün bleiben; nur die innersten Verdickungsschichten zeigen Blaufärbung; diese Stein-

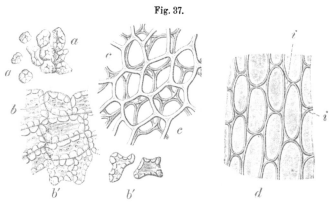

Fig. 37.

Gewebselemente aus der Steinschale der Walnuß.
a kleine Steinzellen der äußeren, b b' weitlumige Steinzellen der inneren Sklerenchymschicht, b solche mit einspringenden buchtigen Wänden, c und d Schwammparenchym, i Intercellularräume. Nach T. F. Hanausek.

zellen sind demnach verholzt, während die übrigen aus Cellulose bestehen. In Wasser sind die Steinzellen der Walnußschale farblos, die des Pfeffers bekanntlich gelb.

Das Schwammparenchym ist korkartig braun und sehr gerbstoffhaltig, weshalb es durch Eisensalze schwarzgrün gefärbt wird. Hat man die Vorprüfung nach Pabst vorgenommen, um die Bruchstücke der Walnuß aus dem Pulver herauszufinden, so werden die verholzten Teile der Walnußstücke durch das Dimethylparaphenylendiamin bereits stark carminrot gefärbt sein, so daß sich die Reaktion mit Jod und Schwefelsäure nicht mehr vornehmen läßt. Diese ist aber auch überflüssig.

Zum mikroskopischen Nachweis der Walnußschalen genügt dann die Form der Steinzellen und das Schwammparenchym mit seiner Gerbstoffreaktion. Ein anderes Hilfsmittel mag auch der Umstand sein, daß die Steinzellen des Pfeffers in der Regel von anderen Gewebsteilen des Fruchtfleisches begleitet und meist hufeisenförmig sind, während die Steinzellen der Walnuß, wenn sie in größerer Menge zusammen vorkommen, niemals von anderen Gewebselementen unterbrochen werden.

η) **Wacholderbeeren.** Die Wacholderbeeren dienen wegen ihres Zuckergehaltes vielfach zur Branntweinbereitung, während der Destillationsrückstand nach dem Trocknen zur Verfälschung des Pfefferpulvers verwendet wird. Auch werden die Wacholderbeeren, indem man sie mit Wasser übergießt, unter öfterem Umrühren 12 Stunden stehen läßt und dann auspreßt und die durch-

geseihte Flüssigkeit eindampft, zur Herstellung eines Extraktes bzw. Wachol-
derbeermuses verwendet, in welchem
H. Lührig[1]) 69,5—76,0% Trockensubstanz mit 2,66—4,16% Asche fand,
während Paula Köpke[2]) für 6 Säfte
dieser Art 68,75—82,23% Trockensubstanz, 0,75—5,60% Mineralstoffe, 51,74
bis 76,84% Zucker (Invertzucker), 0,04
bis 0,15% Stickstoff, 13,5—37,8 Säuren
(ausgedrückt in ccm N.-Säure) und 12,1
bis 13,5 Alkalität (ccm N.-Säure für 1 g
Asche) angibt. Auch die Rückstände
hiervon dienen zur Verfälschung des
Pfeffers. Sie können leicht erkannt
werden 1. an den rundlich polygonalen,
dickwandigen getüpfelten Zellen
der Oberhaut (Fig. 38 ep), die einen
braunen Inhalt führen, an den Nähten
zu ineinandergreifenden Papillen verwachsen sind und in denen oft die Teilung der Tochterzellen zu erkennen ist.
2. an den sack- oder tonnenförmigen,
zart- oder derbhäutigen gelben Zellen des Fruchtfleisches (Fig. 38 p);

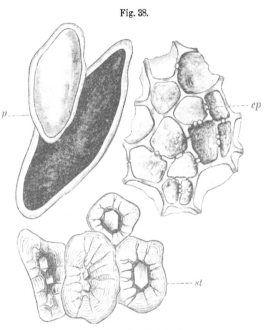

Fig. 38.

Gewebe der Wacholderbeere.
ep Oberhaut, *p* Tonnenzellen aus dem Fruchtfleische,
st Steinzellen der Samenschalen. Nach J. Möller.

3. an den stark verdickten farblosen Steinzellen (Fig. 38 st) der Samenschale, die in ihrem
Lumen meistens je einen großen Oxalatkrystall enthalten.

9) Birnenmehl. Als ein Bestandteil der Matta, aber auch als selbständiges Fälschungsmittel im Pfeffer, überhaupt in Gewürzen, ist von Nevinny das Mehl von gedörrten Birnen
nachgewiesen. Die von J. Möller in der Matta gefundenen Steinzellen und sklerotischen Fasern
unbekannten Ursprungs sind von Hanausek und Nevinny (Fig. 39, S. 62) als Bestandteile solchen
gedörrten Birnenmehls erkannt worden. In St_1, St_2 und St_3 sind verschiedene Formen der Steinzellen, in Fs_1 und Fs_2 solche von Faserzellen und in Ep die eigentümlich gebaute Epidermis
der Birne abgebildet. Diese Epidermis besteht aus kleinen, unregelmäßig vieleckigen Zellen mit
weißlichen Wänden, die außerdem eine Gruppierung zu 2, 3, 4, seltener 6 Zellen erkennen lassen.
Gerade diese Epidermis scheint von den anderen Gewebselementen der beste Nachweis des Vorhandenseins von Birnenmehl zu sein.

t) Seidelbastkörner. Die Gewebselemente der Seidelbastkörner sind, wie ein Blick auf die
Fig. 40, S. 63 zeigt, sehr kennzeichnend und ihr Vorhandensein daher leicht festzustellen. Von denselben sind folgende besonders zu erwähnen. Die polygonalen mit stark porösen Wänden versehenen
Parenchymzellen F der Fruchthaut, deren Inhalt aus je einem braunen, rundlichen Klumpen (*am*)
— einem Stärkekornballen — und Farbstoff, Fett und Aleuronkörnern (*t*) besteht. Auf der Steinschale liegt ein feines Häutchen, dessen Oberhaut (Fig. 40 N) aus scharfeckigen, polygonalen, fein-
porigen Zellen besteht. Von der schwarzen Steinschale stellen Fig. 40 Sc und Sci einen Querschnitt
und einen Tangentialschnitt dar, von denen namentlich letzterer sehr kennzeichnend ist. Ganz
besonders merkwürdig aber ist die unmittelbare Hülle der Samenlappen, das innere feine Samenhäutchen mit seinen gewölbten, rundlich polygonalen Zellen, deren Wände eine sehr schöne Netz-
verdickung zeigen (Fig. 40 se).

---

[1]) Pharm. Zentralhalle 1908, **49**, 277.
[2]) Ebendort 1908, **49**, 279.

Fig. 39.

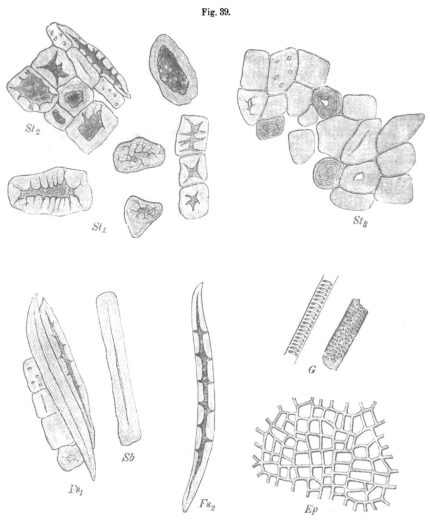

Gewebselemente der Birne.
St_1, St_2 und St_3 Steinzellen, Fs_1 und Fs_2 Faserzellen, G Gefäße, Ep Epidermis. Nach Nevinny.

ϰ) Paradieskörner. Eine Verfälschung des Pfeffers mit diesen scheint vor wenigen Jahren namentlich am Rhein recht häufig gewesen zu sein. Für den Nachweis derselben gibt Unger folgende mikrochemische Reaktion an: Schwefelsäure, mit gleichen Teilen Glycerin verdünnt, gibt dem Endosperm des Pfefferkornes sofort eine intensiv gelbe Färbung, die nach einiger Zeit in grüngelb übergeht, konzentrierte Schwefelsäure färbt das Pfefferendosperm rot, nach 12 Minuten rotgelb. Das Endosperm der Paradieskörner reagiert auf die mit Glycerin verdünnte Schwefelsäure gar nicht; befeuchtet man dagegen mit konzentrierter Schwefelsäure, so bleiben die farblosen Zellen zunächst unverändert und werden nach ca. 12 Minuten sehr schön und andauernd violett. Unger führt diese Reaktion auf die Gegenwart von Furfurol zurück.

Ein anderer Nachweis von Paradieskörnern im Pfeffer besteht nach Fabri in der Reaktion der Gerbsäure. 5 g des verdächtigen Pfeffers sollen mit einem Gemisch von 10 g Alkohol und 5 g Äther einen Tag lang maceriert werden. Auf Zusatz von einigen Tropfen Eisenchlorid zu dem Filtrat tritt bei reinem Pfeffer keine Färbung ein, wogegen die Gegenwart von Paradieskörnern sich durch

Fig. 40.

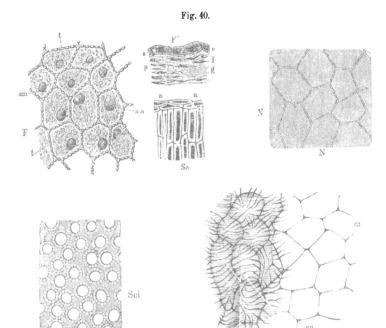

Gewebsteile der Seidelbastkörner.

F Fruchthaut von der Fläche, *am* Stärkeballen, *t* Aleuronkörnchen, *F′* Fruchthaut im Querschnitt, *o* Oberhaut, *p* Parenchym, *g* Gefäße, *Sc* Sklerenchymzellen der Steinschale: *a* Außenseite, *Sci* dieselben in der Aufsicht, *N* Epidermis des auf der Steinschale liegenden Häutchens, *se* Samenhaut mit den netzverdickten Zellen, *en* Fettparenchym des Samenkernes. Nach Nevinny.

eine dunkelgrünbraune Färbung zu erkennen gibt. Es sollen auf diese Weise noch 2% Paradieskörner nachweisbar sein. Da es aber, wie wir oben gesehen haben, noch mehrere gerbstoffhaltige Fälschungsmittel des Pfeffers gibt, so zeigt die Reaktion mit Eisenchlorid nicht bloß die Gegenwart von Paradieskörnern an.

λ) **Kubeben.** Die Kubeben, die Früchte von Piper Cubeba L. (Cubeba officinarum Miq.), die als Heilmittel, selten als Gewürz dienen, werden nach Ausziehung wegen ihrer Ähnlichkeit mitunter dem Pfeffer beigemischt. Sie haben einen an der Fruchtschale angewachsenen 6—8 mm langen Stiel (daher auch „gestielter Pfeffer" genannt); der Samen ist nur am Grunde der Fruchtschale angewachsen und kann leicht herausgenommen werden. Um die Kubeben von Pfeffer zu unterscheiden, müssen nach J. Möller besondere Schnitte aus der Fruchtschale und dem Samen hergestellt werden. An Stelle der Becherzellen der Samenhaut des Pfeffers finden sich bei den Kubeben in einfacher (selten in doppelter Reihe) große (oft 80 μ) isodynamische oder radial gestreckte, sehr stark gleichmäßig verdickte, farblose Steinzellen, die sich mit Alkalien gelb färben. Die Außenschicht der Samenschale ist viel großzelliger (150—200 μ lang und 25 bis 40 μ breit), die innere Pigmentschicht dunkler braun. Die Stärkekörner sind größer (3—12 μ) und nicht so dicht zu Klumpen geballt wie im Pfeffer. Mit konzentrierter Schwefelsäure wird Kubebenpulver ebenso wie das von Langem Pfeffer karminrot, das Pfefferpulver dagegen braunrot.

μ) **Matta.** Die erste Mitteilung über die Bestandteile der Matta hat J. Möller gemacht; er fand, daß Hirsekleie, brandige Gerste, Steinzellen, sklerotische Fasern unbekannten Ursprungs (von Hanausek als Bestandteile von gepulverten gedörrten Birnen aufgedeckt) und Mineralpulver die Materialien waren, aus denen die Matta hergestellt wurde. Die Pfeffer- und Cassiamatta soll als Hauptbestandteil Hirsekleie, die Pimentmatta vorwiegend die von T. F. Hanausek als Birnenmehl erkannten Steinzellen enthalten. Von den im Handel vorkommenden verschiedenen Pfeffermattasorten gibt T. F. Hanausek folgende Beschreibung:

Pfeffermatta Nr. I besteht aus Hirsekleie (Setaria germanica); Matta für gepulverten schwarzen Pfeffer, von dem sie kaum zu unterscheiden ist.

Pfeffermatta Nr. II besteht aus Hirsekleie (höchst wahrscheinlich Panicum miliaceum), mit kleinen strohähnlichen Partikelchen gemischt und deshalb etwas auffälliger, sonst an Farbe dem schwarzen Pfeffer gleich.

Pfeffermatta Nr. III besteht aus Gerstenmehl, wahrscheinlich aus Malz. Es ist grauweiß und makroskopisch von gepulvertem weißen Pfeffer nicht zu unterscheiden. Die Gerstenspelzen fehlen fast ganz.

Pfeffermatta Nr. IV besteht aus sehr grobem Weizenmehl, wahrscheinlich aus Bollmehl; sie wird schwarzem und weißem Pfeffer zugesetzt.

Die Sorten I und IV scheinen die gebräuchlichsten zu sein. Der Hauptbestandteil dieser Matta ist, wie gesagt, die Frucht von Setaria germanica, deutsche Kolben- oder Borstenhirse,

Fig. 41.	Fig. 42.

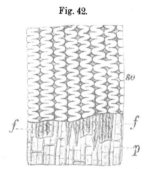

Querschnitt durch die Spelze und Fruchtsamenschale von Setaria germanica.
sv Oberhaut, *f* Hypoderma, *g* Gefäßbündel, *p* Parenchym der Spelze *sp*, *fo* Fruchtoberhaut, *p′* Parenchym der Fruchtsamenschale, *kl* Kleberschicht, *en* Endosperm, *sp* Spelze, *fr* Fruchtkern. Nach T. F. Hanausek.

Spelzengewebe von Setaria germanica.
so Oberhaut, *f* Hypodermafasern, *p* Parenchym, Nach Hanausek.

die Mohár. Diese hat strohgelbe, rotbraune oder schwarzbraune elliptische, vom Rücken zusammengedrückte Spelzen, welche die platteiförmigen 2 mm langen, 1,5 mm breiten und 1 mm dicken Früchtchen umschließen. Die Oberfläche der äußeren Spelze hat eine sehr fein runzelige (nicht höckerige) Beschaffenheit, die durch schwache Erhebungen der Oberhaut veranlaßt wird. Der Querschnitt der bespelzten Mohárfrucht zeigt folgende Gewebsschichten (Fig. 41): Die Oberhaut *sv*, die Sklerenchymfasernschicht *f* mit Gefäßbündeln *g*, das Parenchym *p*, die Innenepidermis, welche die Spelze nach innen abschließt. Darauf folgt die Fruchtschale mit der Oberhaut *fo*, dem Parenchym *p′*, vereinzelte Schlauchzellen und ein feines, die Fruchtschale abschließendes Häutchen. Darunter liegt die Kleberschicht *kl* und das Endosperm *en* mit dünnwandigen, vollständig mit Stärke erfüllten Zellen. Für die Aufsuchung der Setaria im Pfefferpulver sind von besonderer Wichtigkeit die Flächenbilder der Spelze, besonders die der Oberhaut derselben. Die Wandungen der Spelzenoberhautzellen sind sehr scharf und gleichmäßig gewunden, die Zellen selbst äußerst lang, so daß man in Bruchstücken häufig keinen Zellenabschluß findet (Fig. 42 *so*). Von den etwas ähnlichen Gerstenspelzen (vgl. III. Bd., 2. Teil, S. 569 bzw. 570) unterscheiden sie sich dadurch, daß zwischen den Oberhautzellen der Hirse keine Kiesel- oder Spaltöffnungszellen eingeschaltet sind. Unter diesen Oberhautzellen liegt, wie bei Gerste und Hafer usw., eine aus Sklerenchymfasern *f* bestehende Hypoderma, darunter das Parenchym *p*. Das Spelzengewebe von der echten, gemeinen, grauen oder deutschen Hirse (Panicum miliaceum) ist genau so beschaffen, wie das von Setaria germanica. Die italienische Borsten- oder Kolbenhirse unterscheidet sich dadurch, daß die Spelzenepidermiszellen namentlich an den Spitzen der Spelzen stumpfe Höcker besitzen.

Die Flächenansicht der Fruchtoberhaut (Fig. 43) läßt buchtig wellige Oberhautzellen *fo*, das Parenchym *p′* und dünne, feine Schlauchzellen *se* erkennen. Diese Gewebsformen sind bei allen drei Hirsearten nahezu gleich.

Die in den Endospermzellen enthaltenen Stärkekörner der Hirsearten sind klein, meist polyedrisch, seltener rundlich und stets mit Kern bzw. mit Kernspalte versehen. Die Stärkekörner von Setaria germanica und Setaria italica sind gleich, die von Panicum dagegen etwas kleiner, erstere messen 0,0068—0,0136 mm, meistens 0,0102 mm, die letzteren 0,0034 bis 0,010 mm, meistens 0,0087 mm; auch sind erstere ebenso oft rundlich, wie scharf und kantig, letztere dagegen immer scharfeckig (Fig. 44 u. 45). Mitunter sind in der Pfeffermatta auch wellenförmig gebuchtete Zellen mit stumpfen, ein deutliches Lumen zeigenden Haarborsten enthalten, es sind dies Oberhautzellen von den Balgklappen, die mitunter noch an den Früchten haften (Fig. 46).

Die Bestandteile der anderen Pfeffermattasorten sind nach den früher angegebenen und abgebildeten Merkmalen für dieselben leicht aufzufinden.

Über den mikroskopischen Nachweis der weiteren Verfälschungsmittel, nämlich: Galgant, extrahierter Anis, Kakaoschalen, Dattelkerne und Weinbeerkerne, Eicheln, welche letztere drei auch ‾vorwiegend zur Herstellung eines Kaffee-Ersatzmittels verwendet werden, vgl. weiter unten.

Fig. 43.

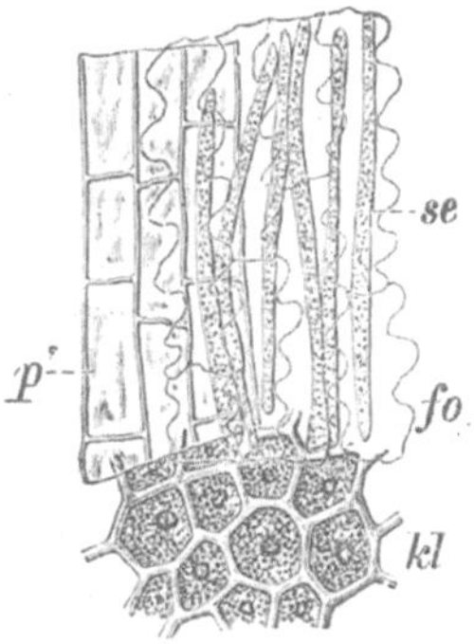

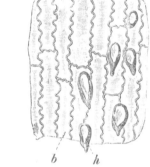

Fruchtsamenschale von Setaria germanica. *fo* Oberhaut, *p'* Parenchym, *se* Schlauchzellen, *kl* Kleberzellen. Nach T. F. Hanausek.

Fig. 46.

Fig. 44.   Fig. 45.

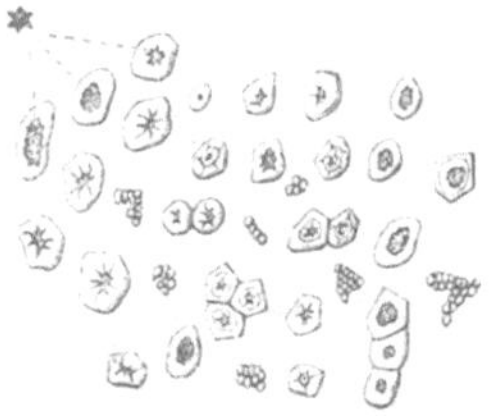

Stärkekörner von Setaria germanica.
Bei * Quetschbilder.

Stärkekörner von Panicum miliaceum.
Nach Hanausek.

Oberhautgewebe *b* einer Balgklappe von Setaria germanica mit Borstenhaaren *h*.
Nach Hanausek.

Anhaltspunkte für die Beurteilung des Pfeffers.

a) Nach der chemischen und mikroskopischen Untersuchung.

1. Die Vereinbarungen der deutschen Nahrungsmittelchemiker stellen folgende Begriffserklärungen und Forderungen auf:

a) Schwarzer Pfeffer ist die getrocknete unreife Steinfrucht von Piper nigrum L., Familie der Piperaceen.

b) Weißer Pfeffer ist die getrocknete reife, von dem äußeren Teil der Fruchtschale befreite Steinfrucht von Piper nigrum.

c) Schwarzer Pfeffer im ganzen Zustande ist die Handelsware, die aus möglichst vollwertigen, Schale und Perisperm enthaltenden, ungefärbten Körnern besteht. Der Höchstgehalt an tauben Körnern, Fruchtspindeln und Stielen darf nicht mehr als 15% betragen.

d) Weißer Pfeffer im ganzen Zustande ist die Handelsware, die aus vollwertigen reifen oder aus geschälten unreifen Körnern besteht. Tonen oder Kalken des Pfeffers ist als Fälschung anzusehen.

e) Schwarzer Pfeffer im gemahlenen Zustande muß ausschließlich aus den Früchten des schwarzen Pfeffers hergestellt sein, er muß den kräftigen charakteristischen Geruch und Geschmack zeigen; bei der mikroskopischen Prüfung muß das reichliche Vorhandensein von Perispermstücken in die Augen fallen; Pfefferschalen, Pfefferspindeln, sogenannte Pfefferköpfe, das abgesiebte vom ganzen Pfeffer und Pfefferstaub dürfen bei oder nach dem Vermahlen, dem Mahlgut bzw. -erzeugnis nicht zugesetzt werden; ebenso ist das Vermahlen von Pfeffer mit mehr als 15% tauben Körnern, Spindeln u. dgl. als eine Fälschung zu bezeichnen.

f) Weißer Pfeffer im gemahlenen Zustande muß ausschließlich aus den reifen oder aus geschälten schwarzen Pfefferkörnern hergestellt sein; er muß ebenfalls den kräftigen Geruch und Geschmack zeigen; bei der makroskopischen Prüfung dürfen Schalenteile in auffallender Menge nicht zu erkennen sein; extrahierter Pfeffer darf beim Vermahlen oder dem Mahlprodukt nicht zugesetzt werden.

Anmerkung. Diese Definitionen finden sich in allen fachwissenschaftlichen Werken; siehe Ed. Spaeth, Zeitschr. f. Untersuchung d. Nahrungs- u. Genußmittel 1908, **15**, 474.

In den amtlichen Vorschriften von Österreich-Ungarn, der Schweiz und den Vereinigten Staaten von Nordamerika haben die Begriffserklärungen folgenden Wortlaut:

Österreich-Ungarn	Schweiz	Vereinigte Staaten von Nordamerika
1. Schwarzer Pfeffer:		
Unter schwarzem Pfeffer versteht man die vor der völligen Reife gesammelten, also noch grünen, rasch getrockneten Beerenfrüchte des Pfefferstrauches Piper nigrum L. (Fam. Piperaceae).	Schwarzer Pfeffer sind die mehr oder weniger unreifen, vollständigen Früchte, die dunkelbraun bis schwarz und stark runzelig sind. Sie sollen nicht zu unreif sein, was man an der geringen Entwicklung des Perisperms erkennt.	Schwarzer Pfeffer sind die getrockneten, unreifen Früchte von Piper nigrum L.
2. Weißer Pfeffer:		
Weißer Pfeffer sind die im Wasser erweichten, von den äußeren Gewebsschichten befreiten und hierauf getrockneten, reifen Beeren des oben genannten Pfefferstrauches.	Weißer Pfeffer sind die reifen Früchte, die vom äußeren Teile der Fruchtschale (bis auf die Gefäßbündel) befreit sind. Sie sind kugelig, am Scheitel etwas abgeflacht oder eingedrückt, grauweiß oder oft von den zarten Gefäßbündeln von oben nach unten durchzogen.	Weißer Pfeffer ist die getrocknete reife Frucht von Piper nigrum L., von der die äußere Schale oder die äußere und innere entfernt ist.

2. Außerdem sind vom Verein deutscher Nahrungsmittelchemiker und in anderen Ländern folgende Höchst- bzw. Niedrigst-Gehalte festgesetzt (siehe nebenstehende Tabelle S. 67).

3. Inwieweit auch noch andere Bestandteile zur Beurteilung mit herangezogen werden können, erhellt aus der Zusammenstellung der chemischen Zusammensetzung, S. 48. So wird durch Beimischung der proteinreichen Ölkuchenmehle der Gehalt an Stickstoff-Substanz (Protein), durch Beimischung von Kleien oder kleienreichen Mehlen der Gehalt an Pentosanen erhöht sein usw.

Sicher können solche Verunreinigungen nur durch die mikroskopische Untersuchung nachgewiesen werden. Als weitere Hilfsmittel zur Erkennung dieser Zusätze können dienen die Bestimmung der Stärke S. 50, der Rohfaser III. Bd., 1. Teil, S. 451 u. f., des Piperins S. 51, der Bleizahl S. 52 und der Arragonschen Jodzahl S. 50.

4. Die Unterschiebung geringwertiger Pfeffersorten unter bessere, die Beimengung von fremden ähnlichen Früchten und Samen oder die Beimengung von den bei der Be-

(Fortsetzung S. 68)

Staat	Für die lufttrockene Substanz a)							Für die Trockensubstanz a)							
	Gesamtasche %	In 10proz. Salzsäure unlöslich %	Ätherisches Öl %	Nichtflüchtiger Ätherauszug %	Piperin c) %	Glykosewert %	Rohfaser %	Gesamtasche %	In 10proz. Salzsäure unlöslich %	Ätherisches Öl %	Nichtflüchtiger Ätherauszug %	Piperin %	Glykosewert %	Rohfaser %	Bleizahl

1. Schwarzer Pfeffer.

Staat	Höchstens	Höchstens	Mindestens	Mindestens	Mindestens	Mindestens	Höchstens	Höchstens	Höchstens	Mindestens	Mindestens	Mindestens	Mindestens	Höchstens	Höchstens
Deutsches Reich .	7,0	2,0	—	(6,0)b	(4,0)c	(30,0)d	17,5	8,0	2,3	—	(6,9)b	(4,6)c	(34,2)d	20,0	0,08
Österreich-Ungarn .	6,0	2,0	1,0	—	5,0	30,0d	17,5	6,9	2,3	1,1	—	5,7	34,2d	20,0	—
Schweiz	7,0	2,0	8,0 (Alkoholextrakt)	—	—	—	17,5	8,0	2,3	9,1 (Alkoholextrakt)	—	—	—	20,0	—
Vereinigte Staaten	7,0	2,0	—	6,0	—c	22d	15,0	8,0	2,3	—	6,9	—c	25,0d	17,1	—

2. Weißer Pfeffer.

Staat	Höchstens	Höchstens	Ätherisches Öl Mindestens	Mindestens	Mindestens	Mindestens	Höchstens	Höchstens	Höchstens	Ätherisches Öl Mindestens	Mindestens	Mindestens	Mindestens	Höchstens	Höchstens
Deutsches Reich .	4,0	1,0	—	(6,0)b	5,5c	(45,0)d	7,0	4,6	1,2	—	(6,9)b	(6,4)c	(52,0)d	8,1	0,03
Österreich-Ungarn .	3,0	1,0	0,8	—	5,0	40,0d	—	3,5	1,2	0,9	—	5,8	46,2d	—	—
Schweiz	4,0	1,0	—	—	—	—	7,0	4,6	1,2	—	—	—	—	8,1	—
Vereinigte Staaten	4,0	0,5	—	6,0	—c	40,0d	5,0	4,6	0,6	—	6,9	—c	46,2d	5,8	—

Anmerkungen zu der vorstehenden Tabelle:

a) Für den Wassergehalt ist nur im Codex alim. austr. eine Höchstgrenze festgesetzt, nämlich für beide Pfeffer (schwarzen wie weißen) 15,0%, obschon er im weißen Pfeffer durchweg etwas höher ist. Bei dem schwankenden Wassergehalt wäre es richtiger, die Grenzzahlen auf Trockensubstanz zu beziehen; ich habe deshalb diese Umrechnung ausgeführt und auf Grund vieler Analysen für den schwarzen Pfeffer einen mittleren Wassergehalt von 12,5%, für den weißen einen solchen von 13,5% angenommen.

b) Die eingeklammerten Zahlen bei den deutschen Vereinbarungen besagen, daß sie noch nicht als definitiv angesehen werden können, sondern noch durch weitere Untersuchungen geprüft werden sollen.

c) An Stelle des zu fordernden geringen Piperingehaltes wird auch die Geringstmenge an Stickstoff in Prozenten des nichtflüchtigen Ätherextraktes angegeben und werden gefordert Stickstoff:

	Schwarzer Pfeffer	Weißer Pfeffer
In Deutschland . .	(3,25 Teile)	(3,50 Teile)
In Verein. Staaten	3,25 „	4,00 „ in 100 Teilen

nicht flüchtigem Ätherextrakt.

d) In Deutschland und Österreich-Ungarn bedeutet Glykosewert die nach dem Diastase-Verfahren bestimmte Menge Stärke (S. 50). In den Verein. Staaten von Nordamerika wird zwischen dem nach diesem und dem nach direkter Inversion erhaltenen Glykosewert bzw. Stärke unterschieden und wird verlangt an Stärke als Mindestgehalt:

	Schwarzer Pfeffer	Weißer Pfeffer
Diastase-Verfahren	22%	40%
Direktes Inversions-Verfahren .	28%	53%

5*

reitung von Weißpfeffer erhaltenen Schalenabfällen unter schwarzen gemahlenen Pfeffer, der Zusatz von fremden unorganischen oder organischen Stoffen irgendwelcher Art, das Überziehen mit Kreide, Kalk, Ton oder Schwerspat, das Färben mit Frankfurter Schwarz oder Ruß, sowie alle Behandlungen, welche den Begriffserklärungen zuwiderlaufen und den Schein einer besseren Beschaffenheit erwecken, als die Ware in Wirklichkeit beanspruchen kann, sind als Verfälschungen anzusehen.

b) Beurteilung des Pfeffers nach der Rechtslage.

Pfeffer mit Pfefferschalen. Der Angeklagte hatte als „rein gemahlenen schwarzen Pfeffer" Mischungen aus den verschiedenen Pfeffersorten und dem Schalenabfall des weißen Pfeffers hergestellt und verkauft. Der Zusatz von Schalenabfall betrug bis zu 50%.

Der Angeklagte hat durch seine Zusätze von Pfefferschalen, deren minderwertige Beschaffenheit ihm bekannt war, den Pfeffer durch Herabsetzung seines natürlichen Gewürzgehaltes verdünnt und verschlechtert und somit verfälscht. Unter „rein gemahlenem Pfeffer" verstehen Abnehmer und Publikum beim Fehlen einer weiteren Angabe die Frucht der Pfefferpflanze in gemahlenem Zustande ohne jedweden weiteren Zusatz, setzen also voraus, daß das Mahlprodukt nicht künstlich verdünnt und somit mit fremden Bestandteilen versetzt ist.

Das Gericht hielt eine Verfälschung im Sinne des § 10$^{1\,u.\,2}$ NMG. für gegeben.
LG. Leipzig, 17/19. Januar 1906.

Pfeffer mit Pfefferschalen (secunda Ware). Der Angeklagte hatte das als „Pfefferschalen" bekannte Abfallprodukt der Schrotung von schwarzem Pfeffer zur Herstellung von weißem Pfeffer, welches aus den äußeren Hüllen des Pfefferkernes mit geringen Mengen anhaftender Bruchteile von Kernsubstanz besteht, mit schwarzem Pfeffer vermahlen und diese Mischung als „Pfeffer rein gemahlen, schwarz secunda" in den Handel gebracht. Der Rohfasergehalt dieses Gemisches betrug nur etwa 16%, blieb also hinter der von den Nahrungsmittelchemikern aufgestellten Höchstgrenze von 17,5% zurück.

Die Strafkammer hat tatsächlich festgestellt, daß durch die Bezeichnung des Pfeffers als „secunda" Ware eine Täuschung ausgeschlossen war, indem die Detailverkäufer wußten, in welcher Weise dieser „secunda" Pfeffer gewonnen war, und, soweit sie dies nicht wußten, ebenso wie das konsumierende Publikum aus dem Zusatze „secunda" jedenfalls entnahmen, daß sie keinen Pfeffer erster Güte erhielten, wobei es ihnen vollständig gleichgültig war, ob sie einen Naturpfeffer minderer Qualität oder einen solchen erster Güte, welcher aber durch Zusatz von Schalen in seiner Qualität herabgesetzt war, erhielten. Unter diesen Umständen kann in dem sich im Rahmen des anerkannt zulässig haltenden Zusatzes von Schalensubstanz, welche immer noch einen starken Inhalt an Piperin enthält, eine Verfälschung im Sinne des Gesetzes nicht erblickt werden, zumal dieser secunda Pfeffer auch zu einem angemessenen und handelsüblichen Preise verkauft wurde. Hierbei mag noch hervorgehoben werden, daß nach den tatsächlichen Feststellungen der Strafkammer auch der Ausdruck „rein gemahlen" keine zur Täuschung geeignete Bezeichnung enthält, weil er nicht dahin verstanden wird, daß der Pfeffer keinen Zusatz an Schalensubstanz enthält, sondern dahin, daß er von fremden Stoffen frei sei.
OLG. Karlsruhe, 4. September 1909.

Pfeffer mit Pfefferköpfen. Der vom Angeklagten verkaufte gemahlene Pfeffer bestand zur Hälfte aus Singaporepfeffer, zur Hälfte aus sog. Pfefferköpfen und anderen in den Gewürzmühlen entstehenden Abfallprodukten.

Nur der Singaporepfeffer kann als Gewürzmittel dienen, während die aus hohlen Schalen bestehenden Pfefferköpfe und die anderen Abfallprodukte gänzlich wertlos sind und jeder Gewürzkraft entbehren. Durch ihren Zusatz ist daher der Pfeffer verschlechtert worden, so daß diese als gemahlener Pfeffer bezeichnete Ware als ein verfälschtes Genußmittel im Sinne des NMG. anzusehen ist. Die Unkenntnis des Angeklagten von der verfälschten Beschaffenheit des Pfeffers war eine fahrlässig verschuldete. § 11 NMG. Die Revision wurde verworfen.

OLG. Dresden, 26. November 1903.

Pfeffer mit Bruchpfeffer. Der Angeklagte hatte 25% Bruchpfeffer mit 75% reinem Pfeffer vermischt, die Mischung gemahlen und als reinen Pfeffer in den Verkehr gebracht, ohne die Käufer von der Mischung zu unterrichten.

Der Bruchpfeffer ist ein beim Ausschälen des schwarzen Pfeffers übrigbleibender Rest. Er kostet für den Zentner etwa 20 M weniger als der ganz körnige und enthält, da er Abfall ist, naturgemäß eine weit größere Menge Sand und Asche als dieser.

Eine Fälschung ist hier insofern schon vorhanden, als der Angeklagte Bruchpfeffer, der immer minderwertig ist, mit reinem Pfeffer vermischt und das, was nach dem Mahlen entstanden ist, als reinen Pfeffer in Verkehr gebracht hat. Die Verfälschung ist aber um so erheblicher, als der Bruchpfeffer, den er zur Mischung verwendet hat, eine sehr schlechter war, er enthielt 10% Asche und darunter 4,5% Sand. Durch die Mischung 75 : 25 hat der Angeklagte also dem gemahlenen Pfeffer etwa 2% Asche mehr zugefügt, als wenn er reinen Pfeffer verwendet hätte, und hierin liegt eine gröbliche Verfälschung der Ware. § 10^1 u. 2 NMG.

LG. Breslau, 12. Oktober 1900.

Pfeffer mit zu hohem Aschengehalt. Der gemahlene schwarze Pfeffer enthielt 9,87%, davon 3,48% in verdünnter Salzsäure unlösliche Aschenbestandteile.

Nach Annahme des Gerichts ist dieser Pfeffer, weil er mehr als die zulässigen 6,5% solcher Bestandteile enthielt, als durch Beimengung fremdartiger Bestandteile, nämlich Pfefferstaub, Pfefferbruch und insbesondere mineralischer Bestandteile verfälschte Ware zu erachten. Der Angeklagte hat zweifellos ein verfälschtes Nahrungs- und Genußmittel unter einer zur Täuschung geeigneten Bezeichnung feilgehalten, insofern er den Pfeffer als Pfeffer erster und bester Qualität bezeichnet habe, während jeder, der solchen Pfeffer anbiete oder kaufe, reinen Pfeffer voraussetze. Dagegen hat sich das Gericht nicht überzeugen können, daß ein wissentliches Feilhalten stattgefunden habe. § 11 NMG.

LG. Regensburg, 25. Juli 1891.

Weißer Pfeffer mit Tonüberzug. Der Pfeffer bestand aus einem Gemenge von weißen und schwarzen Pfefferkörnern, die mit einem Überzuge von Ton versehen waren. Die Untersuchung ergab einen Aschengehalt von 32,8% und einen Tongehalt von 28,4%. Der Pfeffer wurde für objektiv verfälscht erachtet. § 10 NMG.

LG. Breslau, 12. Oktober 1900.

Gekalkter Penangpfeffer. Nach dem Gutachten der Sachverständigen wird der Pfeffer in Penang zum Schutze gegen Wurmfraß „gekalkt", d. h. mit einem Überzuge aus Ton und Schlemmkreide versehen.

Es erscheint dem Landgericht bedenklich, dem Vorderrichter darin zu folgen, daß jedes Kalken des Pfeffers unzulässig sei und sich als Verfälschung im Sinne des NMG. darstelle. Der aus dem Bestreben, den Pfeffer gegen Wurmfraß zu schützen, entstandene Brauch entspricht vielmehr dem soliden Geschäftsherkommen. Zu einer Verfälschung wird das Kalken erst, wenn sich nachweisen läßt, daß es sich nicht im Rahmen des Üblichen gehalten hat, sondern dazu mißbraucht worden ist, das Gewicht des Pfeffers zu erhöhen, oder den Anschein einer besseren Beschaffenheit desselben hervorzurufen. Es erfolgte Freisprechung.

LG. II Berlin, 19. November 1903.

Gekalkter Penangpfeffer. Der Angeklagte hatte getonten Penangpfeffer so, wie er ihn erhalten hatte, vermahlen und als „reinen gemahlenen weißen Pfeffer" verkauft. Dieser enthielt 8% Asche und davon 38% Kieselsäure.

Das Landgericht gelangte zur Verurteilung aus § 10^1 NMG. Es hob hervor, „daß durch Sieben oder Waschen die nach Beendigung des Seetransportes zum Schutze des Pfeffers jedenfalls zwecklose Kalk- oder Tonschicht unschwer zu beseitigen ist, was auch seitens vieler Gewürzmüller vor dem Mahlen zu geschehen pflegt."

Die Revision wurde verworfen. Aus dem Urteil: Mag der Kalk oder Ton auf dem Pfeffer während der Seereise den Schutz des Pfeffers bezweckt haben, so war er nach Beendigung des Transportes überflüssig. Es müßte daher befremden, wenn feststellbar gewesen sein sollte, es habe sich, noch dazu mit stillschweigender Zustimmung des kaufenden Publikums, ein Brauch herausgebildet, vermöge dessen die nun einmal auf dem Pfeffer liegende Kalk- oder Tonschicht anstandslos, so, als gehöre sie gewissermaßen zu den Bestandteilen der Ware selbst, mit vermahlen und dann dem menschlichen Magen, obwohl — als pulverförmiger Kalk oder Ton — tatsächlich Schmutz, statt einer Gewürzmasse oder unter und in einer solchen mit angeboten werden dürfte. Eine derartige Feststellung würde, wäre sie getroffen worden, die erheblichsten Bedenken gegen sich haben. Die Verurteilung des Angeklagten wegen Verfälschung von Pfeffer erscheint hiernach frei von Rechtsirrtum.

OLG. Dresden, 17. Dezember 1903.

Pfeffer mit Surrogat. Der Angeklagte hatte einen mit Surrogat vermischten Pfeffer unter der Bezeichnung „mélange" verkauft.

Das Landgericht stellte fest, daß diese ungenügende Bezeichnung des Pfeffers nur zur Umgehung des Gesetzes und zur Täuschung des Käufers von ihm gewählt sei.

Das Oberlandesgericht nahm an, daß das Landgericht das dolose Vorgehen des Angeklagten nicht nur in dem Gebrauch einer unrichtigen, zur Täuschung geeigneten Bezeichnung, sondern auch in der absichtlichen Unterlassung der nötigen Anordnung, die Kunden, ob sie darnach fragten oder nicht, durch seinen Reisenden über die Beschaffenheit der Ware aufzuklären, erblickt hat. Vergehen gegen § 10² NMG.

OLG. Colmar, 25. November 1890.

Pfeffer mit Palmkernmehl und sonstigen Beimengungen. Der „r. g. Pfeffer" d. h. rein gemahlener Pfeffer enthielt eine Beimengung von **Palmkernmehl, Paprika, schwarzem, braunem und grünem Farbstoff.** Er war verfälscht im Sinne des § 10 NMG.

RG., 2. Februar 1894.

8. Langer Pfeffer.

Unter „Langer Pfeffer" versteht man die getrockneten, walzenförmigen, kätzchenoder kolbenartigen Fruchtstände von Piper longum L., Piper officinarum C. oder Chavica officinarum Mig. (von Java und südöstlichem Asien stammend) oder die Fruchtstände von Chavica Boxburgii Miq. (von Bengalen stammend). Letztere Sorte ist weniger geschätzt als erstere; sie ist kürzer, hat nur 2—3 cm lange, plumpe und dunkele Fruchtstände, während die Fruchtstände von Piper officinarum (Java) matt aschgrau bis graubraun gefärbt, 4—6 cm lang sind, einen Durchmesser von 6—8 mm und an der Basis ein 2 cm langes dünnes Stielchen besitzen.

Der Lange Pfeffer hat denselben Geruch wie der schwarze Pfeffer und auch eine ähnliche Zusammensetzung (nämlich nach Bd. II, S. 1036: 10,69% Wasser, 12,87% Stickstoffsubstanz, 1,56% ätherisches Öl, 6,67% nicht flüchtigen Ätherauszug und darin in Prozenten 3,34% Stickstoff, 4,47% Piperin, 8,60% Alkoholextrakt, 42,88% Glykosewert, 5,47% Rohfaser und 7,11% Gesamtasche mit 1,10% in Salzsäure Unlöslichem); ferner nach Hanuš und Bien 3,75% Pentosane in der Trockensubstanz. Der Lange Pfeffer wird aber kaum für sich als Gewürz verwendet, sondern findet vorwiegend als Zusatz zu schwarzem Pfefferpulver Verwendung. Da derselbe auch im anatomischen Bau dem des schwarzen und weißen Pfeffers ähnlich ist, so ist sein Nachweis in Pfefferpulver meistens nicht leicht.

Wesentlich verschieden ist der Lange Pfeffer nach Möller dadurch von letzterem, daß die Ölharzzellen im Perisperm fehlen, daß das Endokarp weder aus Becherzellen wie im Pfeffer, noch aus isodiametrischen Steinzellen, wie in Kubeben, sondern aus großen, gestreckten, hufeisenförmigen wenig verdickten Zellen besteht. Die Stärkekörnchen sind etwas größer (meistens 4 μ) als die des schwarzen Pfeffers. Konzentrierte Schwefelsäure färbt den Langen Pfeffer dunkelkarminrot (wie bei Kubeben), während schwarzer Pfeffer braunrot wird.

9. Nelkenpfeffer (Piment, Neugewürz).

Der Nelkenpfeffer (Piment oder Neugewürz oder Englisch-Gewürz, Jamaika-pfeffer) ist die nicht völlig reife, an der Sonne getrocknete Beere des kleinen Baumes Pimenta officinalis Berg (Eugenia Pimenta D. C., Myrtus Pimenta L., Myrtaceae), der in Mexiko, auf den Antillen und besonders auf Jamaika angebaut wird. Die Beere ist eirund bis kugelig, etwa 5—7 mm groß, rotbraun bis schwarzbraun, außen körnig rauh, am Scheitel mit 4 zähnigem Kelchrand und Griffelrest, am Grunde mit der Narbe des Fruchtstieles, zwei-fächerig. Die dünne, brüchige Fruchtschale umschließt in jedem Fache einen schwarzbraunen Samen ohne Endosperm, dessen kurze Keimblätter eingerollt sind. Der Nelkenpfeffer riecht und schmeckt ähnlich wie Gewürznelken (Schweizerisches Lebensmittelbuch).

Als Ersatzfrüchte kommen im Handel vor der Tabasko- oder Mexiko-Piment, eine großfrüchtige Varietät (8—10 mm lang), ferner der Kronpiment (Poivre de Thebet) von Pimenta acris, der ebenfalls aus dem tropischen Amerika stammt (vgl. II. Bd., 1904, S. 1037).

Die wichtigsten chemischen Bestandteile des Pimentes schwanken zwischen fol-genden Grenzen:

Wasser	Ätherisches Öl	Äther-auszug (Fett)	Alkohol-auszug	Stickstoff-Substanz	Gerbsäure	Rohfaser	Gesamt-asche	In Salzsäure unlösliche Asche
%	%	%	%	%	%	%	%	%
5,5—12,7	2,1—5,2	4,4—8,2	7,4—14,3	4,03—6,37	8,1—13,9	13,5—24,0	3,5—4,8	wenig

Der Gehalt an Stärke nach dem Diastase-Verfahren wird zu 1,8—3,8%, an in Zucker überführbaren Stoffen zu 16,6—20,6% angegeben.

Hanuš und Bien (l. c.) fanden in der Trockensubstanz des Piments 11,29% Pentosane.

Von vorstehenden Zahlen sind ganz abweichend neuere von Ballard[1] angegebene Befunde (für Piment von Côte d'Ivoire, Guinea, Indien) nämlich:

Wasser	Stickstoff-Substanz	Fett[2]	Rohfaser	Asche
6,5—9,5%	10,5—12,77%	8,45—13,45%	13,53—29,50%	3,8—9,8%

H. Sprinkmeyer und A. Fürstenberg[3] untersuchten 9 zuverlässig reine Piment-proben mit folgendem Ergebnis:

Wasser	Asche	Sand	Alkalität der Asche (1 g Asche erfordert ccm N.-Säure)					
			Gesamtasche		In Wasser lösliche Asche		In Wasser unlösliche Asche	
			Schwank. ccm	Mittel ccm	Schwank. ccm	Mittel ccm	Schwank. ccm	Mittel ccm
%	%	%						
12,70	4,17	0,04	13,1—14,2	13,7	10,0—11,7	10,7	15,7—18,7	16,9

Als Verfälschungsmittel kommen vor im Pimentpulver: Nelkenpfefferstiele, Ge-würznelkenstiele, Sandelholz, braungefärbte Abfälle der Steinnuß (künstliches Elfenbein), Kakao-schalen, Birnenmehl, Eichelmehl, Cichorienmehl, Nußschalen, Olivenkerne, gestoßene Borke usw., extrahierter Piment. Ganzer Piment wird aufgefärbt mit Eisenoxyd oder Bolus; künstliche Pimentkörner bestehen aus Ton und etwas Nelkenöl.

Die chemische Untersuchung des Nelkenpfeffers erfolgt nach den allgemein üblichen Verfahren; für die Bestimmung des im ätherischen Öl vorkommenden Eugenols hat R. Reich

---

[1] Zeitschr. f. Untersuchung d. Nahrungs- u. Genußmittel 1904, **7**, 565.

[2] Wahrscheinlich das ätherische Öl mit einschließend.

[3] Zeitschr. f. Untersuchung d. Nahrungs- u. Genußmittel 1906, **12**, 652.

ein besonderes Verfahren angegeben (vgl. unter Gewürznelken). Extrahierter Nelkenpfeffer läßt sich chemisch durch den geringeren Gehalt an ätherischem Öl erkennen.

Der Nachweis von Ton in künstlichen Pimentbeeren erfolgt in bekannter Weise durch Aufschließen mit konzentrierter Schwefelsäure.

Für die **mikroskopische Untersuchung** mögen folgende Abbildungen und Erläuterungen dienen:

a) **Piment.** Ein Querschnitt durch das Fruchtfleisch (Fruchtwand, Fruchtschale) des Pimentes, zuerst mit Alkohol, dann mit Kalilauge behandelt, mit Wasser gewaschen und in Glycerin gelegt, läßt die Ölbehälter und die weitere Struktur der Fruchtwand erkennen. Dicht unter der

Fig. 47.

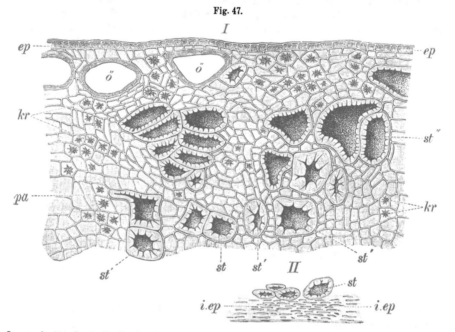

I. Querschnitt durch die Fruchtschale des Piments. *ep* Oberhaut, *ō* Ölbehälter, *pa* Fruchtparenchym, *st, st', st''* Steinzellen (*st'* stark verdickt), *kr* Krystalldrusen von oxalsaurem Calcium. II. *i. ep* Innenfruchtwand mit Steinzellen *st*. Nach T. F. Hanausek.

Oberhaut (Fig. 47) *ep* liegen die Ölbehälter *ō*, deren Größe nach Hanausek 0,07—0,146 mm, meist 0,098 mm im Durchmesser beträgt. Besieht man ein Stück der Fruchtschale von der Oberfläche bei schwacher Vergrößerung, so geben diese Ölbehälter dem Gewebe ein eigentümliches, durch Fig. 47 I dargestelltes Aussehen. Die hier deutlich sichtbaren kugeligen Warzen, die Ölbehälter, schimmern bei stärkerer Vergrößerung und bei Einstellung auf die nun schärfer sich abhebenden Epidermiszellen mit ihren Spaltöffnungen als kugelige Höhlungen durch (Fig. 47 II).

Der Querschnitt der Fruchtschale läßt ferner erkennen, daß die Hauptmasse des Gewebes aus unregelmäßig gestalteten Parenchymzellen, welche nicht selten Krystalldrusen von oxalsaurem Calcium enthalten, besteht. Diese Parenchymzellen sind ferner erfüllt mit Gerb- und Farbstoff und sind daher, wenn nicht, wie bei dem durch Fig. 47 dargestellten Querschnitt, eine Behandlung mit Reagenzien vorausgegangen ist, fast völlig undurchsichtig bzw. in ihren Konturen schwer erkennbar. In dieses Parenchymgewebe sind vereinzelt oder gruppenweise große Steinzellen eingestreut, deren Gestalt eine sehr verschiedene ist. Sie sind meist ellipsoidisch, auch rundlich, keulenförmig usw. und teils wenig verdickt, aber mit zahlreichen Porenkanälen durchsetzt, teils sehr stark verdickt und weniger Porenkanäle enthaltend. Den Abschluß der Fruchtwand nach innen bilden mehrere

Schichten zu einer Haut zusammengedrückter und deshalb undeutlich erkenn-
barer Zellen (Fig. 47 II, *i. ep*). Die in der
Nähe dieser Innenfruchtwand, überhaupt
die mehr nach innen zu liegenden Steinzellen sind kleiner als die äußeren (Fig.
47 II, *st*).

Sehr charakteristische Gewebsteile
enthält ferner die Scheidewand der beiden Fruchtfächer. Dieselbe ist vor
allem förmlich übersät mit Krystalldrusen
und einzelnen Krystallen von oxalsaurem
Calcium; besonders charakteristisch aber
sind sehr große bzw. lange, haarähnlich geformte Sklerenchymzellen (Fig. 49 *b*), die
nicht besonders häufig, aber auch sehr auffallend sind. Auch kleinere Steinzellen und
außerdem Bündel von Spiralgefäßen sind
in der Fruchtscheidewand enthalten.

Das Gewebe des Samenkerns besteht
aus kubischen und polyedrischen, ziemlich
regelmäßig gelagerten Parenchymzellen, die
mit Stärkekörnchen dicht erfüllt sind. An
der Peripherie der Keimblätter liegen unregelmäßig zerstreut zahlreiche Ölbehälter
(Fig. 48 *ö*). Die Zellenwände der Paren-

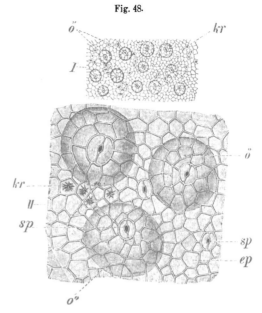

Fig. 48.

I. Oberhaut der Fruchtschale des Piments von der
Fläche gesehen, 170:1. *ö* Ölbehälter, *kr* Krystalldrusen.
II. Dasselbe bei Vergrößerung 600:1. *ep* Epidermiszellen,
sp Spaltöffnungen, *ö* Ölbehälter, *kr* Krystalldrusen.
Nach T. F. Hanausek.

chymzellen des Samenkernes werden durch Eisensalze schwarz gefärbt, enthalten also Gerbstoff.
Ferner hat Hanausek gefunden, daß das Keimparenchym des Pimentsamens Pigmentzellen
führt, welche je eine zentral liegende,
von Stärke umgebene Pigmentscholle
enthalten. Diese Pigmentscholle fehlt
im Samengewebe des Pimentes nie und

Fig. 49.

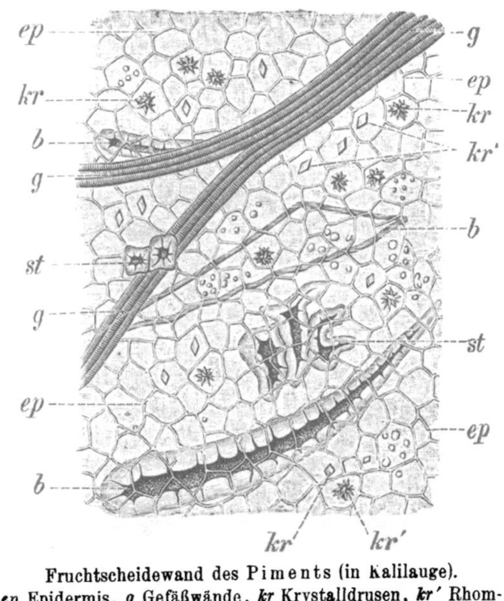

Fruchtscheidewand des Piments (in Kalilauge).
ep Epidermis, *g* Gefäßwände, *kr* Krystalldrusen, *kr′* Rhom-
boeder, *st* Steinzellen, *b* bastfaserähnliche Steinzellen.

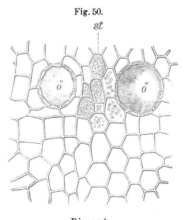

Fig. 50.

Piment.
Querschnitt durch den Samenkern.
st Stärkezellen, *ö* Ölbehälter.
Nach T. F. Hanausek.

ist daher ein wichtiges Kriterium für die Echtheit eines Pimentpulvers. Dasselbe ist jedoch nur bei besonderer Präparationsweise sichtbar; es dürfen nämlich die zur Prüfung vorzunehmenden Gewebsteile nicht in Wasser suspendiert sein, sondern man muß dazu Glycerin oder besser Alkohol nehmen. In Alkohol werden dann die Farbstoffträger als kantige, massive, dunkelrote Schollen sichtbar, welche durch Eisensalze blau, durch Alkalien dunkelgelb und durch Kupferoxydammoniak schwarzbraun gefärbt werden (bei Anwendung des letzteren hellt sich die Gewebsmasse auf und läßt die gleichmäßige Verteilung der Farbstoffträger erkennen). Der größte Teil des Pigmentes ist **eisenbläuender Gerbstoff**.

Bei der Untersuchung des **Pimentpulvers** werden am meisten in die Augen fallen die farblosen **Steinzellen** (Fig. 49 *st*), Fruchthautstücke mit den durchschimmernden kugeligen **Öldrusen** (Fig. 48 I und II), die mit **Stärke** erfüllten Zellen des Keimgewebes, die **Pigmentschollen** (bei Präparation in Alkohol) mit ihren Reaktionen auf Gerbstoff; ferner die zahlreichen **Krystalldrusen** und **Rhomboederkrystalle**.

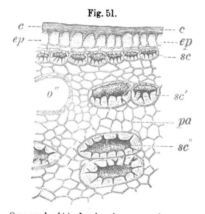

Fig. 51.

Querschnitt durch einen gemeinsamen Nelkenstiel.
c Cuticula, *ep* Epidermiszellen, *sc* kleine, einseitig verdickte Steinzellen, *pa* Rindenparenchym, *sc′* größere, einseitig verdickte und *sc″* große, gleichmäßig verdickte Steinzellen, ö Ölbehälter. Nach T. F. Hanausek.

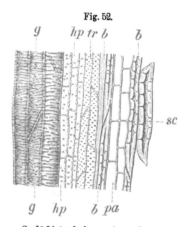

Fig. 52.

Gefäßbündel aus einem Gewürznelkenstiel.
g Gefäße, *hp* Holzparenchym, *tr* Tracheiden oder gefäßartige Holzrollen, *b* Bastfasern, *pa* Parenchym, *sc* langgestreckte Steinzelle.

b) Verfälschungen. Der mikroskopische Nachweis der angegebenen Verfälschungsmittel ist zum Teil schon bei Pfeffer beschrieben. Hier mögen noch erwähnt werden:

α) Gewürznelkenstiele. Von diesen unterscheidet man, da der Fruchtstand eine **Scheindolde** ist, solche, an welchen direkt die Nelke sitzt, und solche, welche mehreren Nelken gemeinsam sind. Der **Querschnitt** (Fig. 51) durch einen gemeinsamen Nelkenstiel lehrt uns, daß die **Oberhaut** mit einer starken Cuticula (Fig. 51 *c*) bekleidet ist, unter der sich die **Epidermiszellen** *ep* befinden. Die Hauptmasse des Gewebes bildet wieder ein dünnwandiges **Parenchym**. In diesem liegt nicht selten dicht unter den Epidermiszellen eine Schicht von **Steinzellen** *sc*, die ähnlich wie die Steinzellen des Pfeffers einseitig verdickt und ebenfalls gelb sind, und gleichmäßig verdickte Steinzellen; ferner finden sich solche vereinzelt oder zu mehreren gruppiert im übrigen Parenchym. Auch **Ölbehälter** sind nahe der Epidermis im Parenchym gelegen, dieselben scheinen aber bei der Betrachtung eines Bruchstückes nicht durch, wie dies beim Piment der Fall ist, sondern man sieht bei näherer Einstellung auf die Epidermiszellen nur diese mit einzelnen Spaltöffnungen, nicht aber die Umrisse der darunterliegenden Öldrusen — ein charakteristisches· Unterscheidungsmerkmal vom Piment.

Außerdem enthalten die Nelkenstiele aber auch noch **Gefäßbündel** (Fig. 52) mit großen **Netz-** und **Treppengefäßen** *g*, **Holzparenchymzellen** *hp*, gefäßartigen Holzzellen *tr* und sehr stark

verdickten Bastfasern *b*. Die Steinzellen in der Nähe der Gefäßbündel sind ebenfalls stark in die Länge gezogen (Fig. 52 *sc*).

Der Querschnitt durch eines der obersten Stielchen
ist dem der Nelke ziemlich gleich. Unter der Cuticula sitzen zahlreiche Ölbehälter, die Zahl der Steinzellen ist dagegen viel geringer.

Die Gefäßbündel bilden hier eine vollständige Zone. Von
den Elementen dieser Gefäßbündel sind die Gefäße merkwürdig
gestaltet, sie besitzen einen rechteckigen Querschnitt und sind
radial angeordnet. Zwischen den Gefäßen liegt ein eigenartiges,
stark verdickte Ecken zeigendes Collenchym (Fig. 53).

Die unterscheidenden Merkmale für die Gewürznelkenstiele gegenüber dem Piment sind also namentlich: das
Vorhandensein von gelben, teils hufeisenförmigen, teils gleichmäßig verdickten Steinzellen, Bruchstücke der Oberhaut, bei
denen keine Ölzellen durchschimmern, netz- und treppenartig
verdickte Gefäße, starke Bastfasern, aber keine Haare, wie
sie bei Nelkenpfeffer- bzw. Pimentstielen auftreten. Die Haare der
letzteren sind einzellig, an einer Seite meist kolbenartig verdickt,
von verschiedener Form und Länge mit braunem Inhalt.

β) *Rotes Sandelholz.* Dieses verrät sich schon bei der
Behandlung des zu untersuchenden Pulvers mit Kalilauge, indem
sich der Farbstoff des Sandelholzes löst und die Stückchen sich
mit einer Wolke tiefroten Farbstoffes umgeben. Bei der mikroskopischen Prüfung fallen die jedem Holzkörper eigenen Gefäße und
Zellen, wie netz- und treppenförmig usw. verdickte Gefäße
auf, zu denen hier noch Gefäße mit sehr eigentümlichen, spalt-
förmigen und solche mit sechseckig behöften Tüpfeln hinzu-
kommen. Ferner treten sogenannte Libriformfasern, Holz-
parenchymzellen und dies Gewebe rechtwinkelig schneidende Markstrahlen auf (Fig. 54 *m*).
Außerdem enthalten die Holzparenchymzellen Krystalle von oxalsaurem Calcium.

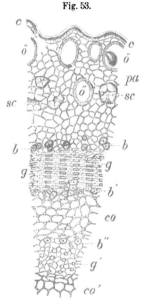

Fig. 53.

Querschnitt durch ein oberstes Gewürznelken-
stielchen.
c Cuticula. *ö* Ölbehälter, *pa* Parenchym, *sc* Steinzellen. *b*, *b'*,
b'' Bastfasern, *g* und *g'* Gefäße,
co Collenchym, *co'* collenchyma-
tisches Parenchym.
Nach T. F. Hanausek.

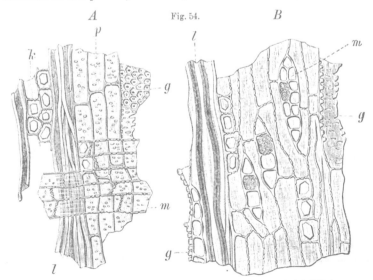

Fig. 54.

Rotes Sandelholz. *A* radialer. *B* tangentialer Längsschnitt, 160:1.
k Holzparenchym mit Oxalatkrystallen, *p* Holzparenchym, *l* Libriformfasern, *g* Gefäße, *m* Markstrahlen.
Nach J. Möller.

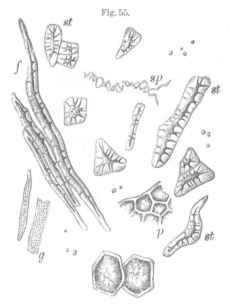

Fig. 55.

Piment-Matta.

st Verschiedene Steinzellen, *f* Faserbündel, *p* Parenchym (wahrscheinlich Epidermis), *sp* das abgerollte Spiralband eines Gefäßes, *g* ein kleines Gefäß.
Nach J. Möller.

γ) **Piment-Matta.** Wie für die Verfälschung des Pfeffers eine besondere Matta hergestellt wird, so auch für Piment. Nach Hanausek bestehen die 4 im Handel vorkommenden für die Verfälschung des Pimentes benutzten Matta-Sorten aus folgenden Bestandteilen:

Piment-Matta Nr. I besteht aus Steinzellen, Bastfasern usw. und ist echtem Piment höchst ähnlich.

Piment-Matta Nr. II besteht aus Hirsekleie wie Pfeffer-Matta Nr. I und ist braun gefärbt.

Piment-Matta Nr. III besteht aus oft brandiger Gerste und sieht sehr unvollkommen aus. Die Nachahmung ist schon mit freiem Auge wahrnehmbar, da strohähnliche Partikel, lichter und dunkler gefärbte Körner sofort auffällig werden.

Piment-Matta Nr. IV besteht wahrscheinlich aus einem Cerealienmehl.

Die Piment-Matta Nr. II scheint die größte Verbreitung zu haben.

Die bei Piment-Matta Nr. I gefundenen Steinzellen und Bastfasern usw., welche Möller in der nebenstehenden Fig. 55 abgebildet hat, gehören nach den Untersuchungen von Hanausek und Nevinny dem Mehl von gedörrten Birnen an. Die Gewebselemente dieser sind außerdem unter „Pfeffer" in Fig. 39, S. 62 wiedergegeben.

Anhaltspunkte für die Beurteilung des Piments.

a) Nach den Vereinbarungen der deutschen Nahrungsmittelchemiker sind an den Nelkenpfeffer (Piment) folgende Forderungen zu stellen:

1. „Piment ist die getrocknete, nicht völlig reife Frucht (Beere) von Pimenta officinalis Berg, Familie der Myrtaceen.

2. Marktfähiger, ganzer oder gemahlener Piment muß den bekannten gewürzhaften Geruch und Geschmack zeigen; der Gehalt an Pimentstielen darf 2% und der Gehalt an überreifen schwarzen weichen Früchten 5% nicht übersteigen. Piment darf nicht extrahiert sein.

3. Als höchste Grenzwerte, auf lufttrockene Ware berechnet, haben zu gelten für Mineralbestandteile (Asche) 6,0% und für den in 10proz. Salzsäure unlöslichen Teil der Asche 0,5%.

4. Der Gehalt an ätherischem Öle betrage nicht unter 2,0%. Das Färben des Piments ist als Fälschung zu erachten; die Verwendung des spanischen und mexikanischen Pimentes, des brasilianischen und des kleinen mexikanischen oder Kron-Pimentes ist unstatthaft."

In anderen Ländern gelten ähnliche Bestimmungen, nämlich:

	Österreich-Ungarn	Schweiz	Verein. Staaten von Nordamerika
Höchstgehalt an Asche	6,0%	6,0%	6,0%
In 10proz. Salzsäure unlöslicher Teil . . .	1,0%	0,5%	0,5%
Mindestgehalt an ätherischem Öl	—	2,0%	Rohfaser 25,0%
			Gerbsäure 8,0%[1])

---

[1]) Aus dem Sauerstoffverbrauch des wässerigen Auszuges berechnet.

b) Über die gerichtliche Beurteilung von verfälschtem Piment liegen drei Entscheidungen vor, nämlich:

Piment mit Beimengung von Baumrinde. Die Untersuchung hatte ergeben, daß der gemahlene Piment Rinde und Bastfasern enthielt, und daß die Rinde, da sie gerbstoffhaltig war, wahrscheinlich von Eiche herrührte. Durch diesen Zusatz ist das Gewürz verschlechtert, also verfälscht. § 10$^{1\,\text{u.}\,2}$ NMG.

RG., 2. Februar 1894.

Piment mit Pimentsiebsel, Kakaoschalen und Nelkenstielen. Nelkenstiele haben zwar einen gewissen Gewürzgehalt, derselbe ist aber von ganz anderer Art und jedenfalls nicht geeignet, das dem Piment eigene Gewürz zu ersetzen. Durch den Zusatz solcher Stiele wird vielmehr, zumal auch der Wert der Nelkenstiele hinter dem des Piments zurückbleibt, eine Verschlechterung des Pimentpulvers bewirkt. Der Zusatz von Kakaoschalen zu Piment charakterisiert diese Mischung ohne weiteres als verfälscht. Denn dieser Zusatz ist ohne jeden Gewürzwert, er ist als Bestandteil des Pimentpulvers völlig wertlos. Der Zusatz von Pimentsiebsel, das ist der bei Reinigung des Piments abgesiebte Abfall an Staub, Stiel- und Blatteilen, den der Angeklagte besonders von auswärts bezog, zu dem als „rein gemahlene, Qualität II" gelieferten Piment kennzeichnet die so entstandene, ohne Deklaration des Zusatzes gelieferte Mischung als verfälschtes Gewürz. Pimentsiebsel ist als Gewürz völlig wertlos; dabei gleicht das Gemisch äußerlich vollkommen dem rein gemahlenen Piment, der Siebselzusatz ist für den Abnehmer nicht erkennbar. In der Bezeichnung „rein gemahlen" liegt zudem die Vorspiegelung einer falschen Tatsache. Verurteilung aus § 10^2 NMG. und § 263 StGB.

LG. Leipzig, 4./14. Dezember 1905.

Gefärbte Pimentkörner. Das Färben von Piment ist eine Verfälschung der Ware, weil einmal durch das Färben überreife, schwarze, also minderwertige Körner verdeckt werden können, zweitens der Ware ein minderwertiger Fremdstoff zugeführt wird — zwei Momente, die eine Verschlechterung der Ware bedingen — und drittens sowohl einer minderwertigen, wie einer Normalware ein gleichmäßigeres, vorteilhafteres, also besseres Aussehen erteilt wird, als ihr von Natur zukommt, worin eine Täuschung des Käufers zu erblicken ist.

AG. Meißen, (Pharm. Zentralhalle 1905, **46**, 451).

10. Spanischer (Paprika-) und Cayenne-Pfeffer.

a) *Spanischer Pfeffer* ist die reife, saftlose, getrocknete Beere von Capsicum annuum L., C. longum (Solaneae), die in Spanien, Italien, Südfrankreich und besonders im südlichen Ungarn angebaut wird. Die frisch verwendete Frucht pflegt von sehr verschiedener Form, Farbe und Größe zu sein. Die Handelsware ist meist kegelförmig, 6—12 cm lang, glänzend braunrot, vom bleibenden Kelch und vom Fruchtstiel gestützt, im unteren Teile 2—3fächerig und hier zahlreiche helle, rundlich-scheibenförmige Samen führend, im oberen Teile einfächerig. Die Beere ist geruchlos, aber von sehr scharfem brennendem Geschmack. Der wirksame Bestandteil, das Capsaicin, hat seinen Sitz in den Drüsenflecken der Scheidewand-Epidermis; die Fruchtwand ist davon frei. Das rote Pulver der ganzen Frucht des spanischen Pfeffers bildet den Paprika. Letzterer gilt nach W. W. Szigetti[1]) um so wertvoller, je röter und milder er ist; die größere Schärfe soll nicht seinen Wert bedingen.

Die feinste Sorte (Paprika-Spezialität, süßer Paprika, édespaprica) bilden die rötesten, von Stengeln und Placenten befreiten Beeren mit dem Samen zusammen, welche letztere sehr oft mit heißem Wasser behandelt werden.

Die nächstfeine Sorte ist der Rosenpaprika (rozsa-paprica), bei dem die Stengel, nicht aber die Placenten entfernt sind, auch die Samen nicht gewaschen werden.

---

[1]) Zeitschr. f. Untersuchung d. Nahrungs- u. Genußmittel 1903, **6**, 463.

Die Mittelsorte (Königs-, Király-paprica) wird wie die vorige, aber von einer minderwertigeren Beere, zuweilen auch unter Mitverwendung der Stengel gewonnen.

Die schlechteste Sorte (Mercantil Ia und IIa) besteht aus den Abfällen der drei ersten Sorten und ist von gelblichgrauer Farbe sowie scharfem Geschmack.

b) Unter **Cayenne- (Guinea-) Pfeffer** versteht man die kleinfrüchtigen Capsicum-Arten (Capsicum frutescens L., C. fastigiatum), die in Afrika, Südamerika und Ostindien angebaut werden und deren Früchte nur etwa 2 cm lang, sowie von roter oder rotgelber Farbe sind.

Die chemische Zusammensetzung beider Capsicumarten ist mehr oder weniger gleich. So ergaben im Mittel mehrere Analysen:

Art	Wasser %	Stick-stoff-Substanz %	Äthe-risches Öl %	Fett (Äther-extrakt) %	Stärke[1] %	Roh-faser %	Gesamt-asche %	Sand usw. %	Alkohol-extrakt %
Spanischer Pfeffer	11,57	15,07	1,12	8,76	3,83	20,76	6,44	0,31	31,82
Cayenne-Pfeffer .	8,02	13,97	1,12	19,06	1,13	21,98	5,49	0,14	24,49

Diese Bestandteile schwanken nach A. Beythien[2]) für den Rosenpaprika (32 Proben), Preise von 1,60—8,00 M. für 1 kg, wie folgt:

Wasser %	Gesamt-stickstoff %	Alkohol-löslicher Stickstoff %	Ätherextrakt %	Alkoholextrakt %	Rohfaser %	Asche %
7,8—13,5	2,2—2,6	0,36—0,47	12,5—19,7	26,6—35,7	21,1—26,8	5,4—7,8

Diese Schwankungen können, wie A. Beythien und Mitarbeiter[3]) weiter gezeigt haben, auch durch die Art und Länge der Aufbewahrung mit verursacht werden, indem im Mittel von je 4 Untersuchungsreihen gefunden wurden:

Paprika, Dauer der Aufbewahrung	Ätherextrakt %	Alkoholextrakt %	Gesamtextrakt %	Abnahme in Prozenten des Gesamtextraktes %
Frisch	12,72	14,71	27,43	—
6—6 1/2 Monate	12,39	13,00	25,39	7,44
14—21 „	12,23	11,70	23,93	12,76

In 2 Fällen wurde nach 6 monatiger Aufbewahrung eine schwache Gewichtszunahme des Gesamtextraktes beobachtet.

R. Windisch[4]) untersuchte 18 Paprikasorten verschiedener Herkunft mit folgendem Ergebnis:

Größenverhältnisse der Früchte		Asche in der Trocken-substanz der gemahlenen ganzen Frucht		Asche in der Trockensubstanz der zur Verfälschung dienenden Kelche und Stengel	
Länge cm	Breite cm	Schwank. %	Mittel %	Schwank. %	Mittel %
35,0—206,8	12,6—60,0	6,53—9,51	8,36	10,71—14,12	12,09

[1]) Nach dem Diastase-Verfahren bestimmt.

[2]) Zeitschr. f. Untersuchung d. Nahrungs- u. Genußmittel 1902, **5**, 859.

[3]) Ebendort 1910, **19**, 363.   [4]) Ebendort 1907, **13**, 389.

Doolittle und Ogden[1]) zerlegten ungarische und spanische Paprikasorten in ihre Fruchtbestandteile und untersuchten letztere auf ihre chemische Zusammensetzung. Da die Sorten prozentual keine wesentlichen Unterschiede ergaben, so mögen hier nur die Mittelwerte mitgeteilt werden. Die Früchte enthielten 60,0% Schalen (ohne Samen, Placenten und Stiele), 32,6% Samen und Placenten, und 7,4% Stiele. Die chemische Zusammensetzung war folgende:

Teile der Frucht	Wasser (Verlust bei 100°) %	Protein (N × 6,25) %	Nichtflüchtiger Ätherauszug %	Flüchtiger Ätherauszug %	Jodzahl des Ätherauszuges %	In Zucker überführbare Stoffe (Stärke) %	Rohfaser %	Gesamtasche %	Alkalität (ccm 1/10 N.-Salzsäure für 1 g Asche) Gesamt- ccm	wasserlösliche ccm	Sand (in 10% iger Salzsäure unlöslich) %
Ganze Früchte . .	8,48	15,59	9,85	1,02	134,2	18,48	15,34	6,15	7,02	4,92	0,08
Schalen	9,08	14,69	4,85	0,88	131,1	21,58	17,25	6,60	7,69	5,97	0,08
Samen + Placenten	5,77	15,86	19,86	1,71	132,7	16,90	20,24	4,16	3,59	3,44	0,07

v. Sigmond und Vuk[2]) trockneten Paprika und seine Teile im Gasstrom und Luftstrom 24 Stunden bei 102°, veraschten einerseits 2 Stunden im Muffelofen, andererseits bei kleiner Flamme unter Ausziehen mit Wasser und fanden im Mittel:

Wasser bei 102°		Asche		Sand	
im Gasstrom %	im Luftstrom %	im Muffelofen %	kleine Flamme, ausziehen mit Wasser %	Schwank. %	Mittel %
8,18	7,79	6,75	7,23	0,01—2,99	0,63

An Ätherextrakt wurde beim Trocknen im Gasstrom 0,63% mehr gefunden und lag die Jodzahl bei dem durch Trocknen im Gasstrom erhaltenen Fett um 2—3 höher als bei dem durch Trocknen im Luftstrom erhaltenen Fett. Für 5 gemahlene Paprikasorten wurde im Mittel gefunden:

Wasser (Luftstrom) %	Fett (Ätherextrakt im Gasstrom) %	Refraktion des Ätherauszuges (25%) %	Jodzahl des Fettes, Gasstrom Hübl %	Wijs %	Asche (kleine Flamme) %	Sand %
8,29	18,57	79,4	127,4	129,8	8,45	0,57

A. v. Sigmond und M. Vuk[3]) fanden weiter für 25 fehlerfreie ungarische Paprikasorten folgende Verteilung der einzelnen Fruchtanteile im Mittel wie folgt:

	Perikarp	Samen	Placenten	Grünteile
In Prozenten der ganzen Frucht .	58 %	32 %	4,5 %	5,5 %
Gehalt an Fett in Prozenten	14,80 ,,	32,09 ,,	13,81 ,,	2,54 ,,
Jodzahl des Fettes	133,9	139,9	133,6	111,3
Verseifungszahl	183,7	176,9	182,8	—
Refraktion bei 40°	105	64	75,8	—
Reichert - Meißlsche Zahl	2,13	0,3	—	—

---

[1]) Journ. Amer. Chem. Soc. 1908, **30**, 1481.

[2]) Zeitschr. f. Untersuchung d. Nahrungs- u. Genußmittel 1911, **22**, 599.

[3]) Ebendort 1911, **22**, 599 und 1912, **23**, 387.

Bei anderen Paprikasorten schwankte die Samenmenge in der Frucht zwischen 0,43 bis 5,2 g und machte 28,8—61,2% der letzteren aus. Nach der chemischen Zusammensetzung kann man die einzelnen Paprikasorten nicht unterscheiden. Der zu fordernde Fettgehalt hängt wesentlich davon ab, ob die Samen vorhanden sind oder nicht; entsamter Paprika enthält zwischen 9—10%, samenhaltiger zwischen 15—28% Fett (Ätherauszug) in der Trockensubstanz, ferner 4,7—9,6% Asche und 0,02—2,99% Sand.

Den Gehalt an Capsaicin fand K. Micko (II. Bd. 1904, S. 1039) für den spanischen Pfeffer zu 0,03%, für den Cayenne - Pfeffer zu 0,55%, also in letzterem um ungefähr 20 mal höher.

Die Verfälschungen sind vorwiegend folgende: 1. Ausziehen mit Alkohol und Wiederauffärben [mit Teerfarbstoffen (z. B. Sulfoazobenzol-β-Naphthol), Curcuma, Ocker, Mennige, Chromrot]; 2. Zusatz eines solchen Paprikas zu natürlichem Paprika; 3. Vermischen mit etwa 1—2% Öl, wodurch der Paprika einen besseren Glanz bekommt, so daß er sich nach W. Szigetti (l. c.) um 25—50% teurer verkaufen läßt; 4. Zusätze aller Art wie Sandelholz, Holzpulver (Sägemehl), Tomatenschalen, Kleien, Brot, Maisgries, Ziegelsteinmehl, Schwerspat usw. Auch wird aus Cayennepfeffer und Mehl ein Teig gemacht; derselbe wird gebacken und als Cayennepfeffer („Papperpot") in den Handel gebracht.

1. Chemische Untersuchung. Über die auch hier in Anwendung kommenden allgemeinen Untersuchungsverfahren vgl. S. 3 u. f. Im einzelnen sei noch folgendes angegeben:

a) Bestimmung des Capsaicins ($C_{18}H_{28}NO_2$). Diese Bestimmung wird wohl kaum zur Beurteilung der Beschaffenheit des Paprikas herangezogen werden, weil sie zu umständlich ist. Das Verfahren von A. Meyer ist schon II. Bd. 1904, S. 1039 angegeben, das von K. Micko[1]) besteht in kurzen Zügen darin, daß er eine größere Menge (etwa $^1/_2$—1 kg) mit Alkohol auszieht, die alkoholische Lösung mit Kalihydrat schwach alkalisch macht und dann unter kräftigem Schütteln mit einer konzentrierten wässerigen Lösung von Chlorbarium in mäßigem Überschusse versetzt. Nach mehrstündigem ruhigem Stehen wird die klare Flüssigkeit von dem Niederschlage abgehoben und in große Scheidetrichter gebracht, deren Abflußrohre am oberen Ende mit Glaswolle bedeckt sind. Die klar ablaufende Flüssigkeit, die auch bei längerem Stehen keinen Niederschlag mehr absetzt, wird durch Destillation von Alkohol befreit, der verbleibende Destillationsrückstand mit warmem Wasser vermischt und der Ruhe überlassen. Hierbei bilden sich zwei Schichten, eine dunkelgefärbte obere und eine wässerige untere Schicht (von scharfem Geschmack). Letztere gibt mit Salzsäure eine Ausscheidung von einer harzigen Substanz, die durch Schütteln mit Äther gelöst und nach Verdunsten des Äthers zu dem oberen öligen Teile gegeben wird. Beim Auflösen des letzteren in 90 proz. Alkohol entsteht eine Trübung und nach einigen Stunden setzt sich eine geschmacklose, halbfeste krystallinische Masse ab, von der nach dem Klären der Alkohol abgehoben wird. Die geklärte alkoholische Lösung wird mit alkoholischer Kalilauge genau — sie darf nicht alkalisch reagieren — neutralisiert, mit mehreren Litern Alkohol versetzt und unter stetem Umrühren mit in Alkohol gelöstem Silbernitrat gefällt. Der Niederschlag wird mit Alkohol ausgewaschen und im Filtrat das überschüssige Silber mit konzentrierter wässeriger NaCl-Lösung ausgefällt. Von dem Chlorsilber wird abfiltriert, das Filtrat durch Destillation von Alkohol befreit, der Rückstand wieder mit warmem Wasser vermischt und der Ruhe überlassen, worauf sich derselbe in eine ölige und wässerige Schicht trennt. Letztere wird nach dem Abheben wieder mit Salzsäure versetzt, mit Äther ausgeschüttelt, der Äther verdunstet und der Rückstand zu der dunkel gefärbten öligen Schicht gegeben. Diese vermischt man mit überschüssiger etwa 5 proz. Kalilauge und leitet in die Emulsion bis zur vollen Sättigung Kohlensäure. Die abgeschiedene ölige Schicht wird dreimal mit Äther ausgeschüttelt, wodurch die ganze Menge des scharfen Stoffes gelöst wird. Der nach Abdestillieren des Äthers verbleibende Rückstand wird in vielem Wasser gelöst, die Flüssigkeit mit 5 proz. Kalilauge gut durchgemischt, im Wasserbade unter häufigem Umrühren auf 60° erwärmt und bei Zimmertemperatur ruhig stehen gelassen. Diese Behandlung des Rückstandes wird dreimal

---

[1]) Zeitschr. f. Untersuchung d. Nahrungs- u. Genußmittel 1898, **1**, 818 und 1899, **2**, 411.

wiederholt. Die kalihaltige Flüssigkeit enthält alles Capsaicin; sie wird mit einer dem Kalihydrat entsprechenden Menge wässeriger Chlorbariumlösung versetzt. Die alkalische Lösung wird mit Salzsäure angesäuert und wiederholt mit Chloroform ausgeschüttelt; der Chloroformrückstand wird erst mit Schwefelkohlenstoff aufgenommen, der Rückstand hiervon mit Petroläther und aus diesem öfters umkrystallisiert, um reines Capsaicin zu erhalten.

Nach vorstehendem Verfahren sind in Capsicum annuum L. 0,02—0,03% Capsaicin gefunden worden. Ganz abweichende Gehalte gibt Th. Peckolt[1]) für den Capsaicingehalt brasilianischer Capsicumarten an, nämlich in der Trockensubstanz zwischen 0,399% (Caps. ann. L. var. cordiforme Sendt) bis 5,829% (Caps. frutescens Willd. var. odoriferum Vellon); die Ergebnisse bedürfen indes wohl der Nachprüfung.

E. K. Nelson[2]), der nach dem Verfahren von K. Micko im Capsicum fastigiatum 0,14% Capsaicin fand, weist geringe Mengen Capsaicin wie folgt nach:

„10 ccm der zu untersuchenden Tinktur oder der Ätherextrakt von 100 ccm des betreffenden Getränkes — das vor der Extraktion durch Eindunsten von Alkohol befreit worden ist — werden auf dem Wasserbade mit zweifach normaler Kalilauge eingedunstet, der Rückstand wird mit etwa 0,006 bis 0,007 g gepulvertem Mangansuperoxyd und 5—10 ccm Wasser behandelt, indem man das Erwärmen auf dem Wasserbade noch etwa 20 Minuten lang oder jedenfalls so lange fortsetzt, bis alles ätherische Öl verflüchtigt ist. Die Mischung wird dann abgekühlt, mit verdünnter Schwefelsäure angesäuert und sogleich mit Petroläther ausgeschüttelt. Das Lösungsmittel wird in einem kleinen Tiegel abgedunstet und der Rückstand, den man auf möglichst geringen Raum konzentriert, schließlich auf dem Wasserbade etwa 5 Minuten lang erhitzt. Darnach prüft man ihn, indem man etwas davon auf die Zungenspitze bringt; ein brennendes Gefühl deutet auf spanischen Pfeffer; war die verwendete Menge des letzteren sehr gering, so tritt das brennende Gefühl erst in einigen Minuten auf."

b) Bestimmung des Ätherauszuges (Fettes). Statt des üblichen langwierigen Ausziehens des Paprikapulvers mit Äther — es sind 16—18 Stunden Ausziehung erforderlich — empfehlen G. Heuser und C. Hassler[3]) das Gottlieb-Rösesche Verfahren, wie es bei Käse angewendet zu werden pflegt (III. Bd., 2. Teil, S. 313 ff.).

„2 g Substanz werden mit 15—20 ccm verdünnter Salzsäure versetzt und in einem 200 ccm fassenden Erlenmeyer-Kolben mit aufgesetzter Glasbirne erhitzt, so daß das Gemisch etwa 5 bis 10 Minuten siedet. Dann spült man das Ganze in einen 100 ccm fassenden eingeteilten Schüttelzylinder und wäscht mit heißem Wasser nach, bis die Gesamtmenge nicht mehr als etwa 45 ccm beträgt. Nachdem die Flüssigkeit eine Temperatur von etwa 25° angenommen hat, spült man den Erlenmeyer-Kolben erst mit 25 ccm Äther und darauf mit 25 ccm Petroläther nach und gibt beide Portionen nacheinander in den Schüttelzylinder[4]). Nach jeder Zugabe wird etwa 2 Minuten geschüttelt. Zuletzt läßt man absitzen und spült nach $1/4$ Stunde die etwa an den Wänden haftenden Paprikateilchen tropfenweise mit absolutem Alkohol herunter, indem man hierbei durch Drehen des Zylinders etwas nachhilft. Hierdurch setzt sich die extrahierte Substanz ab, und man kann nach etwa 5—6 Stunden einen aliquoten Teil abpipettieren, verdunsten und den Rückstand wägen."

c) Alkoholauszug. Die Menge des Alkoholauszuges wird nach S. 44 bestimmt.

d) Nachweis des Ölens und Ausziehens von Paprika. Sowohl für den Nachweis des Ölens als auch für den des Ausziehens ist die Bestimmung und Untersuchung des Äther- wie Alkoholauszuges vorgeschlagen.

---

[1]) Berichte d. Deutsch. Pharmaz. Gesellschaft 1908, **19**, 31.

[2]) Zeitschr. f. Untersuchung d. Nahrungs- u. Genußmittel 1902, **5**, 858.

[3]) Ebendort 1914, **27**, 201.

[4]) Durch Benutzung des von Fr. Hugershoff in Leipzig hergestellten Apparates, der eine Kombination von einem Erlenmeyer-Kolben und einem graduierten Zylinder darstellt, kann man auch das Umspülen sparen.

α) Bestimmung und Untersuchung des Ätherauszuges (Bestimmung der Jodzahl). W. Szigetti (l. c.) schlägt zum Nachweise des Ölens vor, das Paprikapulver mit Äther auszuziehen, den Äther zu verdunsten, den Rückstand bei 105° zu trocknen und darin Jodzahl und Refraktion zu bestimmen; die Jodzahl des reinen Paprikaöles soll 114,4—116,2, die Refraktion im Abbéschen Refraktometer 1,489—1,490 bei 15° C betragen. Sigmund und Vuk (l. c.) halten aber bei der geringen (1—2%) Menge angewendeten Fettes gegenüber dem verhältnismäßig hohen Fettgehalt des Paprikas einen solchen Nachweis nicht für möglich.

Auch G. Heuser und C. Hassler (l. c.) teilen diese Ansicht; sie fanden für die Ätherauszüge (Fett) von 6 guten Sorten Paprika des Handels 107,2—123,6, für 3 schlechte 103,6 bis 110,1 Jodzahlen. Größere Unterschiede treten zutage, wenn die für das Fett gefundenen Werte auf die angewendete Substanz umgerechnet werden. Noch einfachere und ebenso große Unterschiede erhält man durch die Bestimmung der Jodzahlen für das natürliche Paprikapulver in ähnlicher Weise, wie von Arragon für Pfeffer S. 50 empfohlen ist:

1 g Paprikapulver wird mit 20 ccm Chloroform und wie üblich mit 25 ccm Hüblscher Jodlösung versetzt; nach 6stündiger Einwirkung wird in gewohnter Weise zunächst bis zur Gelbfärbung und nach Zugabe der Stärkelösung unter kräftigem Schütteln bis zu Ende titriert. Die rote Farbe des Paprikapulvers beeinträchtigt die Reaktion nicht, weil das Jod zerstörend auf sie wirkt, so daß am Ende der Titration eine vollkommene Entfärbung eintritt.

Heuser und Hassler fanden auf diese Weise:

Paprikasorten	Ätherauszug (Fett) %	Jodzahlen des Fettes	Jodzahlen auf angew. Substanz ber.	Direkte Jodzahlen für die Substanz
Gute des Handels (6) . . .	15,09—19,15	107,2—123,6	16,4—22,9	31,8—34,8
Schlechte des Handels (3) .	3,30— 6,57	103,6—110,1	3,4— 7,3	19,4—20,7

Heuser und Hassler sind der Ansicht, daß ein Paprikapulver, weil es durchweg unter Mitverwendung der Samen gewonnen wird, mit einem Gehalt an Ätherauszug von 12% an abwärts der Verfälschung verdächtig und mit einem solchen unter 8% als der Verfälschung erwiesen zu beurteilen ist; ebenso läßt nach ihnen eine direkte Jodzahl von 25 an abwärts als verdächtig und mit einer solchen von 20 und weniger als verfälscht erscheinen.

β) Der Alkoholextrakt und die Entschärfung des Paprikas. Die Branntweinschärfen pflegen in der Weise bereitet zu werden, daß man Paprika mittels Beutelchen in Spiritus bzw. Trinkbranntwein hängt. A. Beythien[1] weist darauf hin, daß solche Behandlung des Paprikas durch Bestimmung des Alkoholextraktes nachgewiesen werden könne, welcher wesentlich vermindert sei — er fand in einem solcherweise behandelten, verfälschten Paprika nur mehr 6% Alkoholextrakt gegen 26,80% in natürlichem Paprika —.

A. Nestler[2] und R. Kržižan[3] haben aber gefunden, daß ein extrahierter Paprika unter Umständen kaum weniger Alkoholextrakt liefert als ein natürlicher. A. Beythien und Mitarbeiter[4] haben (vgl. S. 78) weiter gezeigt, daß der Alkohol-Ätherextrakt nach 14 bis 21 monatigem Lagern um 8—17% des Gesamtextraktes abnahm, während der Ätherextrakt im allgemeinen konstant blieb. Heuser und Hassler empfehlen daher für die Beurteilung eines Paprikas nur den Ätherextrakt heranzuziehen.

Wenn man nach Nestler 5 g Paprikapulver mit nur 15 ccm 96 proz. Alkohol behandelt, die alkoholische Lösung nach Zusatz von etwas Wasser mit Benzin durchschüttelt, so nimmt letzteres den blutroten Farbstoff auf, während die alkoholische Lösung das Capsaicin, erkenn-

---

[1]) Zeitschr. f. Untersuchung d. Nahrungs- u. Genußmittel 1902, **5**, 858.

[2]) Ebendort 1907, **13**, 739.

[3]) Zeitschr. f. öffentl. Chemie 1907, **13**, 161.

[4]) Zeitschr. f. Untersuchung d. Nahrungs- u. Genußmittel 1910, **19**, 363.

bar in deren Abdampfrückstand an seinem scharfen Geschmack, enthält. Das mit Alkohol ausgezogene Pulver ist so arm an Capsaicin, daß es geschmacklos zu sein scheint. Es gibt auch sog. milde Paprikas, Kulturrassen von Capsicum annuum, die an sich sehr wenig oder kein Capsaicin enthalten. — Die Früchte von Capsicum tetragonum Mill. sollen, roh oder eingemacht, sogar genossen werden können.

Die Ausziehung der zerkleinerten Fruchthäute, nach Entfernen der Samen, Zentralplacenten und Fruchtscheidewände, mit Alkohol, die Ausschüttelung des Auszuges mit Benzin und die Prüfung des Abdampfrückstandes der alkoholischen Lösung gibt ein einfaches Mittel ab, um festzustellen, ob ein Paprika capsaicinfrei bzw. -arm ist.

e) Nachweis von Stärke. Nur Paprika aus nicht ganz reifen Früchten enthält geringe Mengen kleinkörniger Stärke. Zum Nachweise geringer Mengen fremder Stärke im Paprika verfährt J. Hockauf[1]) wie folgt:

„Die zu untersuchende Probe Paprikapulver wird entweder in Uhrgläschen oder direkt auf dem Objektträger mit alkoholischer Jodlösung (1 : 15) verrieben; hierauf fügt man Chloralhydratlösung (5 : 2) hinzu und verreibt abermals. Der so behandelte Paprika nimmt eine dunkle Farbe an. Bei der mikroskopischen Betrachtung sieht man, daß viele Öltröpfchen dunkelblau bis schwarzblau geworden sind und oft über eine halbe Stunde so bleiben. Die Aufhellung der verfärbten Öltropfen tritt vom Rande ein, während im Innern derselben dunklere Partien längere Zeit sichtbar bleiben; es sind rundliche oder gerundet-eckige Kügelchen, welche nur allmählich verschwinden. Ist das Paprikapulver vollständig aufgehellt, so fügt man noch etwas Chloralhydratlösung (5 : 2) hinzu, wodurch die dunkelblaue Farbe der Stärkekörnchen einer blaßblauen Platz macht, die Körnchen außerdem etwas mehr aufquellen, so daß dieselben sich sofort sehr scharf von den übrigen Gewebsfragmenten abheben. Die in vereinzelten Zellen des Fruchtparenchyms vorkommende, dem Paprika eigene Stärke, kann wohl nicht leicht mit beigemengter Stärke verwechselt werden. Auch wenn man alkoholische Jodlösung und Chloralhydratlösung (5 : 2) zugleich zu dem zu prüfenden Paprikapulver hinzufügt oder ein Gemisch, hergestellt aus gleichen Teilen alkoholischer Jodlösung und Chloralhydratlösung (5 : 2), verwendet, erhält man sehr schöne übersichtliche Präparate."

Zur quantitativen Bestimmung der Stärke zieht man 3 g des Pulvers zweckmäßig erst mit Alkohol, Äther und Wasser aus und kocht den Rückstand mit 2 proz. Salzsäure nach III. Bd., 1. Teil, S. 441.

f) Nachweis von fremden organischen Farbstoffen. Der Nachweis der Teerfarbstoffe, von denen R. Kržižan in einem Falle Orange I gefunden hat, ist darum erschwert, weil der im Paprika natürlich vorkommende, dem Carotin ähnliche Farbstoff manche Eigenschaften mit den Teerfarbstoffen teilt. Er ist löslich in Aceton, Schwefelkohlenstoff, Alkohol, Äther, Olivenöl, Terpentinöl, aber fast gar nicht in Wasser (Unterschied von Safranfarbstoff), durch konzentrierte Schwefelsäure wird er indigoblau gefärbt. Wenn nach Ed. Spaeth der in Aceton gelöste Farbstoff nach Zusatz von Wasser und Essigsäure oder Sulfosalicylsäure oder von Aluminiumacetat- oder Zinnchlorürlösung erwärmt wird, so wird er sehr schön auf Wolle ausgefärbt. Beim Erwärmen der gefärbten Wolle im Trockenschrank bei 100° dagegen und nach W. Szigetti (l. c.) durch Behandlung mit Petroläther verschwindet die Färbung, welche Entfärbung nicht eintritt, wenn Teerfarbstoffe — vgl. über deren Nachweis auch III. Bd., 1. Teil, S. 550 u. f. — zugesetzt sind. Auch capillaranalytisch läßt sich der natürliche Paprikafarbstoff schön nachweisen (vgl. III. Bd., I. Teil, S. 215).

Über den Nachweis von Curcuma vgl. S. 12 und S. 20.

g) Nachweis von zugesetzten unorganischen Stoffen. Der Zusatz von Ziegelsteinmehl, Ocker, Mennige, Chromrot, Schwerspat wird sich meistens schon durch Schütteln mit Chloroform, sicher aber durch Bestimmung und Untersuchung der Asche zu erkennen geben. Wenn Zusatz von Mennige vermutet wird, verbrennt man die Substanz zweckmäßig mit konzentrierter Schwefelsäure und Salpetersäure (vgl. III. Bd., I. Teil, S. 478 und 497), wenn

---

[1]) Zeitschr. f. Untersuchung d. Nahrungs- u. Genußmittel 1907, **13**, 204.

Chromrot oder Chromgelb vermutet wird, so schließt man die abgeschlämmte oder abgesiebte Farbe oder die Asche durch Schmelzen mit Kalium- oder Natriumcarbonat auf.

2. Mikroskopische Untersuchung. Die oben S. 80 aufgeführten Zusätze organischer Art lassen sich durchweg nur sicher durch die mikroskopische Untersuchung nachweisen.

a) Anatomischer Bau des Paprikas. Der Querschnitt der Fruchtschale (Fig. 56) zeigt eine sehr stark verdickte, gelb gefärbte Oberhaut *ep*, ein ebenfalls gelb gefärbtes und starkes Collenchym *ko*, sowie ein collenchymatisch verdicktes, farbloses Parenchym *ko'*; dasselbe führt nach innen zu dünnere und in die Länge gezogene Zellen *pa* und noch weiter nach innen wieder größere Zellen *pa'*,

Fig. 56.

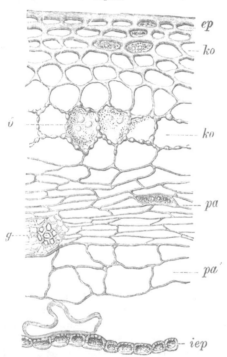

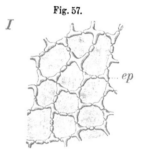

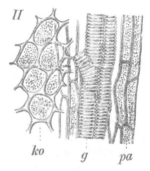

Paprika (C. longum). Querschnitt durch die Fruchthaut.
ep Oberhaut, *ko* Collenchym, *ko'* collenchymatisch verdickte Parenchymzellen, *pa* dünnwandiges Parenchym, *pa'* großzelliges Parenchym, *iep* Innenoberhaut, *ö* Öltröpfchen. Nach T. F. Hanausek.

Paprika.
I. Oberhaut der Fruchthaut von der Fläche gesehen.
II. Mittlere Schichten der Fruchthaut, *ko* Collenchym, *g* Gefäße. *pa* Parenchym.
Nach T. F. Hanausek.

welche nach der inneren Oberhaut zu teilweise geschlängelte Konturen besitzen und öfter größere Hohlräume zwischen dem Parenchym und der inneren Oberhaut freilassen.

Im Flächenschnitt gesehen, erscheinen die Oberhautzellen *ep* als rundlich polygonal verdickte, mit Porenkanälen versehene Zellen (Fig. 57). Die Collenchymzellen enthalten blaßgelbe oder rötliche krümelige Massen, sowie zinnoberrote Öltröpfchen, die namentlich bei Anwendung von Kali deutlich hervortreten. Auch die collenchymatischen, sehr porösen Parenchymzellen *ko'* enthalten kugelige und spindelige Farbstoffkörper. Sehr charakteristisch und ein gutes Kennzeichen für Paprikapulver sind die Zellen der Innenoberhaut. Diese sind unregelmäßig polygonale, teilweise wellig-buchtige Zellen mit stark verdickten, aber sehr porösen Wänden, so daß diese perlschnurartig erscheinen (Fig. 58).

Die Paprikafrucht
(Capsicum annuum L.)
enthält nach J. Nest-
ler[1]) zuweilen, aber
nicht immer, viele und
schön ausgebildete Kry-
stalle von Calcium-
oxalat, vorwiegend im
dünnwandigen Paren-
chym; in den Epidermis-
zellen und dem Mesophyll
der Fruchtscheidewände
fand J. Nestler bisweilen
Eiweißkrystalle, wäh-
rend die weißen Fleckchen
auf den Scheidewän-
den älterer Früchte aus
Capsaicin und noch
einer anderen Substanz
(einem fetten Öl) be-
stehen.

Die Samenhaut
besteht aus einer eigen-
tümlich gebildeten Ober-
haut und mehreren Paren-
chymschichten, auf welche
das Endosperm folgt (Fig.
59). Die Oberhautzel-
len des Samens sind nach
außen dünnwandig, nach
innen sehr stark verdickt und
mit Warzen und Erhöhungen
versehen, welche den Zellen
ein eigentümliches gekröse-
artiges Aussehen geben (von
Möller Gekrösezellen ge-
nannt) (Fig. 59 ep). Ein
Querschnitt durch diese
Zellen (Fig. 60 ep') in der
oberen Hälfte zeigt die wellig-
buchtige Form derselben,
während die Aufsicht auf
die Querwand dieser Zellen
das in Fig. 60 ep wiedergegebene Bild aufweist. Das
Parenchym der Samen-
haut besteht aus 3 Schichten: größere dünnwandige
Zellen Fig. 59 p, undeutlich

Fig. 58.

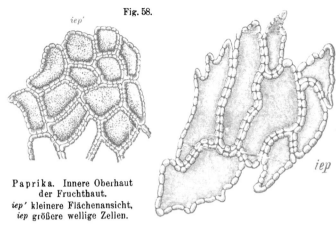

Paprika. Innere Oberhaut
der Fruchthaut.
iep' kleinere Flächenansicht,
iep größere wellige Zellen.

Fig. 59.

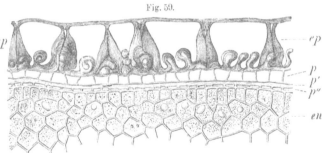

Querschnitt durch den Samen des Paprika.
ep Oberhaut (Gekrösezellen), *p, p', p''* Samenhautparenchym, *en* Endosperm.

Fig. 60.

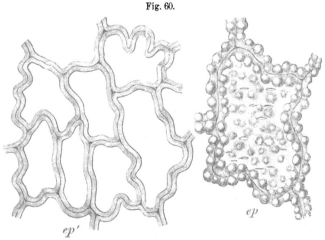

Paprika. Samenoberhautzellen.
ep' Querschnitt durch dieselben, *ep* Aufsicht auf eine Querwand.
Nach T. F. Hanausek.

[1]) Zeitschr. f. Untersuchung d. Nahrungs- u. Genußmittel 1906, **11**, 661.

zusammengedrückte Zellen p' und eine Zellreihe von niedrigen, langgestreckten Zellen, die mit dem Endosperm zusammenhängen p''. Dieses enthält polygonale, dünnwandige Zellen, die mit Fett- und Proteinkörnern erfüllt sind. Sehr eigentümlich gestaltet sind auch die Zellen des Samenträgers. Dieser besteht aus einem lufterfüllten, zarten Mark mit sehr dünnwandigen Zellen, die in den Ecken etwas verdickt sind (Fig. 61). Nicht selten sieht man bei Einstellung einer Schicht die darunterliegende durchschimmern.

Fig. 61.

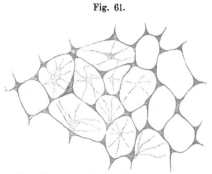

Paprika. Gewebe aus dem Samenträger.

Da auch der Kelch und der Stiel der Frucht mit vermahlen werden, so werden sich auch die Gewebselemente dieser im Pulver vorfinden. Die Oberhaut des Kelches (Fig. 62 A) besteht aus rechteckigen Zellen, deren Querwände wellig sind und die zwischen diesen Spaltöffnungen haben. Darunter liegt ein mit Chorophyll erfülltes Schwammparenchym (Fig. 62 B pa) und unter diesem die innere, mit zahlreichen Drüsenhaaren versehene Oberhaut (Fig. 62 B h).

Der Stiel enthält die Elemente des Holzes, also Holzfaserzellen, Holzparenchym, Markstrahlen, Gefäße, Bastfasern usw. (siehe Fig. 63).

Außer den langbeerigen (langschotigen) Früchten von Capsicum annuum kommen noch kleinere oder kurzbeerige Früchte von anderen Capsicumarten als Paprika in den Handel. Sie führen die Namen Guinea-, Cayenne-, Paprika-, Chilly-, Gold-Pepper. Als Typus

Fig. 63.

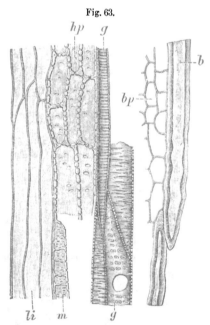

Gewebe des Paprikastengels.
li Libriformfasern, hp Holzparenchym, m Markstrahlen, g Gefäße, b Bastfasern, bp Bastparenchym.
Nach T. F. Hanausek.

Fig. 62.

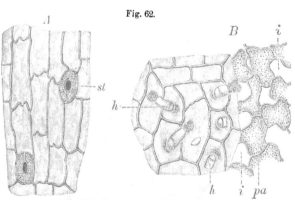

Gewebe des Paprikakelches.
A äußere Oberhaut mit Spaltöffnungen st. B Schwammparenchym pa, i Intercellularräume, h Haare der inneren Oberhaut.

dieser verschiedenen Arten kann die Frucht von Capsicum fastigiatum gelten, die sich von Capsicum annuum dadurch unterscheidet, daß die Oberhautzellen der Fruchthaut nicht rundlich polygonal, wie Fig. 56 S. 84 sie zeigt, sondern mehr viereckig buchtig und kleiner (20 bis 55 μ) sind. Sie sind reihenweise angeordnet, die Wände sind undeutlich getüpfelt.

Bei der mikroskopischen Besichtigung bzw. Prüfung des Paprikapulvers fallen zunächst die teils freien, teils in den Parenchym- und Collenchymzellen der Fruchthaut eingeschlossenen roten oder gelben Öltröpfchen auf, die sich in Alkohol lösen und durch Kalilauge verseift werden. Sodann sind es die Collenchymzellen und namentlich die mit perlschnurartig verdickten Wänden versehenen Zellen der Innenepidermis der Fruchthaut, sowie die merkwürdigen Oberhautzellen der Samen, welche den Hauptbestandteil des Paprikapulvers ausmachen. Dazwischen kommen mehr vereinzelt die Gewebselemente des Kelches und des Stieles vor.

b) Verfälschungen des Paprikas. Über den mikroskopischen Nachweis von Getreidemehl bzw. -abfällen vgl. III. Bd., 2. Teil, S. 538 u. 568, von Preßrückständen der Ölsamen S. 14 u. f., S. 56 u. f., von Sandelholz S. 75, von Sägemehl III. Bd., 2. Teil, S. 601 u. 602.

Über den qualitativen Nachweis sehr geringer Mengen Stärke vgl. S. 83.

Anhaltspunkte für die Beurteilung des spanischen Pfeffers.

a) Die Vereinbarungen deutscher Nahrungsmittelchemiker für Paprika usw. lauten wie folgt:

1. Unter Paprika oder spanischem Pfeffer versteht man die getrockneten reifen, beerenartigen Früchte mehrerer Capsicumarten, besonders von Capsicum annuum, Capsicum longum, Familie der Solanaceen.

2. Als Cayennepfeffer kommen in gepulvertem Zustande die Früchte der kleinfrüchtigen Capsicumarten, von Capsicum frutescens L., Capsicum fastigiatum L. u. a. in den Handel.

3. Marktfähiger Paprika, ganzer wie gemahlener, muß einen lange andauernden, brennenden Geschmack zeigen und darf keine ganz oder teilweise extrahierten, sowie künstlich aufgefärbten Früchte beigemischt enthalten. Wurmstichige und mißfarbig gewordene Früchte sind nicht zulässig.

4. Der alkoholische Extrakt betrage nicht unter 25%.

Anmerkung. Diese Grenzzahl erscheint nach den Ausführungen S. 82 ungewiß; es dürfte nach dem dort Gesagten richtiger sein, statt des Alkoholextraktes den Ätherextrakt und die direkte Jodzahl in den angegebenen Grenzen für die Beurteilung zugrunde zu legen.

5. Als höchste Grenzzahlen, auf lufttrockene Ware berechnet, haben zu gelten für die Mineralbestandteile (Asche) 6,5%, für den in 10 proz. Salzsäure unlöslichen Teil der Asche 1,0%.

Anmerkung. Über den Aschengehalt des Paprikas liegen verschiedene Angaben vor. Bitto[1]) gibt 5,0—6,5%, V. Vedrödi[2]) 6,0—6,5% an; A. G. Stillwell[3]) will für hochwertige Sorten 6—7%, für mittlere 7—8%, für minderwertige Sorten 9—13% Gesamtasche zulassen; A. Beythien[4]) fand in 32 Proben des Dresdener Handels 5,35—7,76% im Mittel 6,34%, K. Windisch[5]) in 18 reinen Proben für die Trockensubstanz 6,53—9,51%, im Mittel 8,36% oder auf 10% Wassergehalt umgerechnet 5,87—8,55%, im Mittel 7,52% Asche; der Sandgehalt wurde zu 0,09—0,26% gefunden. G. Gregor[6]) weist nach, daß der Aschengehalt bei Paprika bis 10%, herrührend aus dem Boden durch natürliche Aufnahme, steigen kann, ohne daß eine Verfälschung anzunehmen ist.

Vielfach wird daher die Höchstgrenze von 6,5% Asche für zu niedrig gehalten. Aber auch die deutsche Pharmakopöe läßt als Höchstmenge im spanischen Pfeffer nur 6,5% Asche zu und in anderen Staaten gelten folgende Bestimmungen:

	Österreich-Ungarn	Schweiz	Verein. Staaten von Nordamerika
Asche { in der Regel . . .	5,0%	—	—
höchstens	8,0%	6,5%	6,5%
In Salzsäure unlöslicher Teil	1,0%	1,0%	0,5%
Alkoholextrakt	—	mindestens 25,0%; Stärke höchstens . .	1,5%
		Rohfaser „ . .	28,0%

---

1) Landw. Versuchsstationen 1896, **46**, 309.

2) Zeitschr. f. Nahrm.-Untersuchung, Hygiene und Warenkunde 1893, **7**, 385.

3) Chem. Centralbl. 1907, **1**, 130.

4) Zeitschr. f. Untersuchung d. Nahrungs- u. Genußmittel 1902, **5**, 858.

5) Ebendort 1907, **13**, 389. 6) Ebendort 1900, **3**, 460.

Durch die Festlegung eines Höchstgehaltes von 6,5% Asche hat man, wie E d. S p a e t h begründet, in Deutschland vorwiegend die minderwertigen Sorten, die reichlich Stengelteile und Samen enthalten, beseitigen wollen, weil gerade diese die Beschaffenheit des Paprikas herabsetzenden Teile verhältnismäßig reich an Asche sind.

b) Über die gerichtliche Beurteilung von verfälschtem Paprika liegen folgende Entscheidungen vor:

Paprika mit Brot oder Stärkemehl und Carmin. Der als reingemahlener Paprika oder Rosenpaprika verkaufte Paprika enthielt einen Zusatz von gemahlenem Brot oder Stärkemehl in der Höhe von 15% und darüber und war mit Carmin künstlich aufgefärbt.

Der Angeklagte hat selbst zugegeben, daß er die Auffärbung durch Carminzusatz an mißfarbigem und deshalb zur Herstellung gut aussehenden und gangbaren Pulvers nicht geeignetem Rohmaterial und mit dem Willen vorgenommen hat, dieses verfälschte Gewürz als „reingemahlen" unter Verschweigung der Verfälschung zu verkaufen und so die Abnehmer zu täuschen. Das muß aber auch für die Herstellung von Paprikapulver unter Zusatz von Brot angenommen werden. Denn nach dem Gutachten der Sachverständigen würde eine solche Mischung, wenn der Zusatz deklariert wird, überhaupt nicht verkäuflich sein. Vergehen gegen § 10² u. ¹ NMG. und § 263 StGB.

LG. Leipzig, 4./14. Dezember 1905.

Paprika mit Zusatz von Schwerspat. Der Paprika hatte einen Aschengehalt von 12,46%, dessen unlöslicher Teil (5,04%) in der Hauptsache aus Bariumsulfat (Schwerspat) bestand. Bariumverbindungen sind nach § 1 des Gesetzes vom 5. Juli 1887 als gesundheitsschädliche Stoffe anzusehen. Auch war mit dem gefundenen Aschengehalt die zulässige Maximalgrenze von 8% überschritten.

Der Angeklagte hatte den Paprika von dem Kaufmann H. bezogen, bei dem, wie der Angeklagte wußte, Paprika wegen seines Gehaltes an Schwerspat beanstandet worden war. Seiner Pflicht als vorsichtiger Kaufmann entsprechend, hätte er bei genügender, gebotener und ihm möglicher Aufmerksamkeit sich sagen müssen, daß auch bei seinem Paprika der Aschengehalt vorschriftswidrig zu hoch und der gesundheitsschädliche Stoff Barium hineingemischt sei; er hätte mit weiterem Verkaufe daher bis auf weitere Weisung der Behörde, nach der er sich nötigenfalls hätte umtun können, warten müssen.

Darin, daß er dies nicht erwog, liegt aber ein fahrlässiges Handeln. Der Angeklagte hat sich sonach der ihm nach § 12¹ zur Last gelegten Handlung aus Fahrlässigkeit schuldig gemacht und war daher nach § 14 NMG. zu bestrafen.

LG. Breslau, 31. August 1912.

(Zeitschr. f. Untersuchung d. Nahrungs- u. Genußmittel, Beilage, 1913, 199.)

11. Mutternelken.

Mutternelken oder Anthophylli sind die nicht völlig ausgereiften Früchte des Gewürznelkenbaumes Jambosa Caryophyllus S p r e n g, Ndz. (vgl. S. 101). Von den in den beiden Fruchtfächern der Gewürznelken enthaltenen Samenknospen pflegt nach J. Möller nur eine sich zu entwickeln, so daß die Frucht eine einfächerige und meistens einsamige Beere — den vergrößerten bauchigen Unterkelch von 20—30 mm Länge und 6—10 mm Dicke — darstellt. Der untere, nicht vergrößerte Teil bildet den Stiel der Frucht; ihr Scheitel ist von den gegeneinander gekrümmten Kelchzipfeln gekrönt, zwischen denen der quadratische Wall und die Griffelsäule noch gut erkennbar sind. Die Fruchtschale ist schwarz und fleischig, der Samen fast zylindrisch, im Querschnitt kreis- bis eirund, an der Oberfläche glänzend schwarzbraun, längsrunzelig oder längsstreifig; er besteht aus zwei dicken, hartfleischigen, im Innern zimtbraunen Keimblättern, von denen das größere um das kleinere gerollt ist.

Die chemische Zusammensetzung erhellt aus folgenden von W. S u t t h o f f ausgeführten Analysen:

Mutternelken	Wasser	Stick-stoff-Sub-stanz	Ätherisches Öl	Fettes Öl	Direkt re-duzierender Zucker	Stärke (in Zucker über-führbar)	Pento-sane	Roh-faser	Asche	Sand
	%	%	%	%	%	%	%	%	%	%
10 Jahre alt.	11,47	3,75	2,04	1,69	10,74	26,97	7,32	6,34	3,80	0,85
1 Jahr alt .	13,15	3,81	2,30	2,09	6,60	31,64	7,04	7,88	3,71	0,12

Die Mutternelken gleichen im Geruch und Geschmack den Gewürznelken, d. h. den getrockneten Blütenknospen. Sie werden für sich in beschränktem Umfange als Gewürz, besonders für die Likörfabrikation verwendet, unter Umständen auch, wenn sie billig sind, im gepulverten Zustande anderen Gewürzpulvern zugesetzt.

Die Mutternelken lassen sich in den Gewürzpulvern mikroskopisch nach J. Möller unschwer erkennen:

1. an den knorrigen Steinzellen (*st* Fig. 64) der Fruchtwand, welche die Dicke eines Kartenblattes hat und im übrigen mit dem Bau des Unterkelches der Gewürznelken (Fig. 81, S. 104) übereinstimmt. Die Steinzellen der Mutternelken sind in Größe und Gestalt verschieden, vorwiegend jedoch stab- und faserförmig knorrig, bis 0,8 mm lang und 0,04 mm dick, meist sehr stark verdickt mit spärlicher Porenbildung und undeutlicher Schichtung. Sie sind mit den Bastfasern in den Gewürznelken und Nelkenstielen und mit den Steinzellen der letzteren (vgl. Fig. 84, S. 105) nicht zu verwechseln.

2. an dem Gewebe (*E* Fig. 65) der Keimlappen mit den Stärkekörnern *am* Fig. 65.

Die Stärkekörner sind von allen einheimischen Stärkesorten verschieden, nur einigen Arrowrootarten (Musa, Dioscorea, Sago) ähnlich, aber mit den Stärkekörnern der Mutternelken werden auch ihre sonstigen Gewebselemente vorhanden sein, an denen sie leicht unterschieden werden können.

Fig. 64.

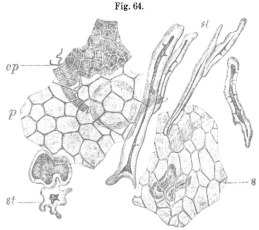

Gewebselemente der Mutternelke.
ep Oberhaut mit Spaltöffnung, *p* braunes Parenchym der Fruchtwand mit durchscheinender Öldruse, *sp* Spiroiden, *st* Steinzellen und Fasern, *s* Endothel. Nach J. Möller.

Fig. 65.

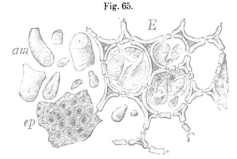

Gewebselemente des Samens der Mutternelke.
E Gewebe der Keimlappen mit Stärkekörnern *am* *ep* Oberhaut der Keimlappen. Nach J. Möller.

12. Anis.

Der Anis ist die trockene Spaltfrucht von Pimpinella anisum L., Familie der Umbelliferen. Er wird jetzt vielerorts angebaut; der italienische und spanische Anis gilt jedoch als der wertvollste. Der italienische Anis besteht aus längeren (bis 6 mm), helleren grüngrauen und besonders süßen Früchten; kurze, dunkel- oder graubraun gefärbte Früchte deuten auf deutsche oder russische Saat.

Die Früchte, deren Teilfrüchte fast immer vereinigt sind, sind verkehrt birnförmig (Fig. 66), von den Seiten ein wenig zusammengedrückt, oben mit dem Stempelpolster und den vertrockneten Griffeln, unten oft mit einem Stück des Fruchtstieles versehen; sie sind 3—5,5 mm lang, die rundlichen eiförmigen (deutsche und russische) Sorten nicht über 3 mm lang; die grünlichgrauen oder braungrauen Früchte sind mit nach oben gerichteten kleinen ein- oder zweizelligen, warzig cuticularisierten Haaren bedeckt und mit 10—12 schmalen, meist wellig

Fig. 66.

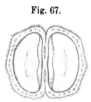

Anisfrüchte.
1. Spanischer oder italienischer, 2. deutscher od.
russischer Anis.
Nach J. Möller.

Fig. 67.

Querschnitt
des Anis, schwach
vergrößert.

gebogenen Rippen versehen. Im Quer-schnitt (Fig. 67) ist die Frucht rundlich bis breit, fünfkantig. Hier treten die unter den Rippen liegenden kleinen Ölstriemen der Fruchtwand hervor, zwischen zwei Rippen 4—6 solcher Sekretgänge.

Jedes Teilfrüchtchen der Spalt-früchte besitzt fünf Rippen, in welchen die Leitbündel verlaufen; die zwischen ihnen liegenden Furchen heißen Tälchen.

In letzteren erkennt man häufig schon mit freiem Auge (z. B. beim Fenchel) die braunen Ölgänge oder Striemen. Frucht-haut und Samenhaut zusammen bilden die Schale, mit welcher der Kern, in dessen Mitte der kleine Embryo liegt, verwachsen ist. Die Fruchtwand besteht hier wie sonst aus äußerer und innerer Ober-haut, zwischen beiden befindet sich das Mesokarp, in welchem die Leitbündel und die Öl-gänge liegen; die Samenhaut besteht meistens nur aus einer einfachen oder doppelten Zellenreihe.

1. In Gewürzpulvern ist der Anis nach J. Möller **mikroskopisch** leicht an den zahlreichen **warzigen Härchen** der äußeren Oberhaut (Fig. 68), die bis 200 μ dick und meist einzellig sind,

Fig. 68.

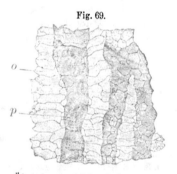

Fig. 69.

Oberhaut des Anis in der Flächenansicht.
Nach J. Möller.

Ölstriemen (o) des Anis, bedeckt
von braunem Parenchym (p).

zu erkennen; ferner an den im Mesokarp verlaufenden, zahlreichen (20—45) Ölstriemen (Fig. 69), die 10—150 μ breit und nicht selten untereinander verbunden sind. An jeder Fugenseite ist das Paren-chym verdickt; hier befinden sich in der Regel nur zwei entsprechend breite (300—400 μ) Ölstriemen.

In den Endospermzellen sind reichlich Aleuronkörner und Calciumoxalatdrusen mit einer klei-nen lufterfüllten (schwarz aussehenden) Zentralhöhle, leicht erkennbar mit Hilfe eines Polarisations-mikroskopes, aber keine Stärke, vorhanden.

2. Chemische Zusammensetzung. Der Gehalt an Wasser der Anisfrüchte schwankt von 11—13%, an Stickstoff-Substanz von 16—18%, an ätherischem Öl von 1—3%, an Fett von 8—11%, an Zucker von 3,5—5,5%, an Rohfaser von 12—25%, an Asche von 6—10,5%[1].

---

[1] Hanuš u. Bien fanden (Zeitschr. f. Untersuchung d. Nahrungs- u. Genußmittel 1906, **12**, 395) in der Trockensubstanz einer Probe Anis 5,64% Pentosane.

3. Die **Verfälschungen** des Anis bestehen vorwiegend in der Beimengung von extra-hierten bzw. des ätherischen Öles beraubten Früchten unter natürliche, in der Beimengung von Erde (Aniserde) und Schierlingsfrüchten (Conium maculatum).

4. Der **Nachweis** dieser **Verfälschungen** kann in folgender Weise geschehen:

a) Nachweis von erschöpftem Anis. In letzterem fehlt das ätherische Öl und ist daher bei Vermischung von erschöpftem Anis unter natürlichen gegen die normale Menge wesentlich vermindert. Hierbei ist indes zu berücksichtigen, daß der Anis je nach Ort und Jahr nicht geringe Schwankungen im Gehalt an ätherischem Öl zeigt und durch längeres Lagern und durch Aufbewahrung in warmen oder zugigen Räumen leicht ätherisches Öl verlieren kann. Sicherer erkennt man die erschöpften Früchte daran, daß sie nicht mehr voll, sondern ge-schrumpft und dunkel aussehen, daß sie bei teilweisem Fehlen der Oberhaut, selbst beim Zerdrücken weder Geruch noch Geschmack besitzen. Liest man in einer fraglichen Probe die solcherweise äußerlich gekennzeichneten Früchte aus, so kann man sogar ziemlich an-nähernd die Menge an extrahiertem Anis in der Probe feststellen.

Mikroskopisch läßt sich der erschöpfte Anis an dem dunkelen Endosperm und daran erkennen, daß die Ölräume leer und braun sind[1]). (Vgl. auch unter „Fenchel".)

b) Nachweis von Schierlingsfrüchten. Diese können schon daran erkannt werden, daß beim Befeuchten der Probe mit Kalilauge und bei schwachem Erwärmen der Coniin-(Mäuse-)Geruch auftritt. Zum sicheren chemischen Nachweis von Coniin verfährt man nach III. Bd., 1. Teil, S. 300.

Makro- und mikroskopisch erkennt man die Schierlingsfrüchte daran, daß sie kahl sind, keine Ölstriemen, aber gekerbte Rippen und in den Mittelschichtzellen Stärkekörner besitzen, die Früchte sind oval, im Mittel 2,75 mm lang und 1,5 mm breit.

c) Der Zusatz von Erde usw. ergibt sich aus der Bestimmung und Untersuchung der Asche (vgl. auch unter „Fenchel", S. 94).

5. **Anhaltspunkte für die Beurteilung.** Der Verein deutscher Nahrungsmittelchemiker hat für den Anis folgende Anforderungen vereinbart:

1. „Anis besteht aus den getrockneten Spaltfrüchten von Pimpinella anisum L., Familie der Umbelliferen.

2. Marktfähiger Anis muß aus den unversehrten[2]), ihres ätherischen Öles weder ganz noch teilweise beraubten Anisfrüchten bestehen und einen kräftigen Geruch und Geschmack zeigen.

3. Als höchste Grenzzahlen haben, auf lufttrockene Ware berechnet, zu gelten für Mineralbestandteile (Asche) 10%, für den in 10 proz. Salzsäure unlöslichen Teil der Asche 2,5%."

In anderen Ländern gelten folgende Bestimmungen:

	Österreich-Ungarn	Schweiz
Gesamtasche höchstens	10%	höchstens 10%
in der Regel	5—8%	—
In Salzsäure unlösliche Asche, höchstens .	3,0%	„ 2,5%
Ätherisches Öl, in der Regel	2—3%	mindestens 2%

Weshalb für das Deutsche Reich bis jetzt kein Mindestgehalt an ätherischem Öl festgesetzt ist, ist vorstehend unter 4 a) begründet.

---

[1]) Demjanow und Cyplenkow geben (vgl. Zeitschr. f. Untersuchung d. Nahrungs- und Genußmittel 1907, **13**, 203) an, daß sie in einem von ätherischem Öl befreiten Anis über 25% Fett gefunden haben. Diese Menge erscheint aber gegenüber dem in dem natürlichen Anis vor-handenen Durchschnittsgehalt an Fett sehr hoch und unwahrscheinlich, wenn nur das ätherische Öl entfernt war. Sie geben folgende Konstanten für das fette Öl des Anis an: Säurezahl = 6,3, Versefungszahl = 178,9, Jodzahl = 105,3, Reichert-Meisslsche Zahl = 4,5.

[2]) Von Würmern an- und zerfressene Ware ist selbstverständlich nicht marktfähig, d. h. zum Verkaufe und Gebrauche geeignet.

4. Anis, welcher Erde oder Schierlingsfrüchte beigemengt enthält, muß als verfälscht oder bei letzterem Vorkommen unter Umständen als gesundheitsnachteilig angesehen werden.

13. Fenchel.

Der Fenchel ist die trockene, reife, meist in ihre Teilfrüchtchen zerfallene Spaltfrucht von Foeniculum vulgare Miller (Foeniculum officinale ND., F. capillaceum Gilib. und Anethum Foeniculi L.), Familie der Umbelliferen. Der Fenchel wächst in Südeuropa wild, aber nur der kultivierte Fenchel hat Wert als Gewürz. Die deutsche Pharmakopöe beschreibt ihn wie folgt: „Die Frucht ist 7—9 mm lang, 3—4 mm breit, länglich stielrund, glatt, kahl, bräunlichgrün oder grünlichgelb, stets mit etwas dunkleren Tälchen. Unter ihren 10 kräftigen Rippen treten die dicht aneinanderliegenden Randrippen etwas stärker hervor als die übrigen. Zwischen je 2 Rippen verläuft ein dunkler, breiter, das Tälchen ausfüllender ·Sekretgang. Auf der flachen Fugenseite jeder Teilfrucht findet sich in der Mitte ein hellerer Streifen und seitlich davon je ein dunkeler Sekretgang."

Fenchel riecht würzig und schmeckt süßlich, schwach brennend.

Man unterscheidet im Handel je nach dem Ursprungsland zwischen deutschem (meist 6—10 mm lange und 3 bis 4 mm breite Früchte), italienischem, mazedonischem (levantischem, 6—8 mm lang und 3 mm dick), galizischem und mährischem Fenchel, welche letztere durchweg nur halb so groß sind als ersterer, nämlich nur 4—5 mm lang und 1,5 mm dick (vgl. Fig. 70). Das Litergewicht von deutschem Fenchel beträgt nach Juckenack und Sendtner[1]) etwa 300 g, das vom mazedonischen 375 g, das vom galizischen 450 g. Ein aus Südfrankreich stammender, römischer oder kretischer Fenchel von Foeniculum dulce Dec. ist 12 mm lang, zylindrisch oder gekrümmt. Die Früchte von wildwachsenden Fenchelpflanzen (aus Südfrankreich und Marokko) sind kleiner (3,5—4,0 mm) als die von kultivierten Pflanzen, von den Seiten häufig etwas zusammen-

Fig. 70.

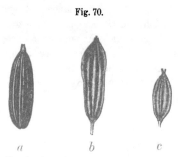

a Deutscher Fenchel, dreimal vergr., *b* römischer Fenchel, eineinhalbmal vergr., *c* mazedonischer Fenchel, eineinhalbmal vergr.
Nach Hager.

Fig. 71.

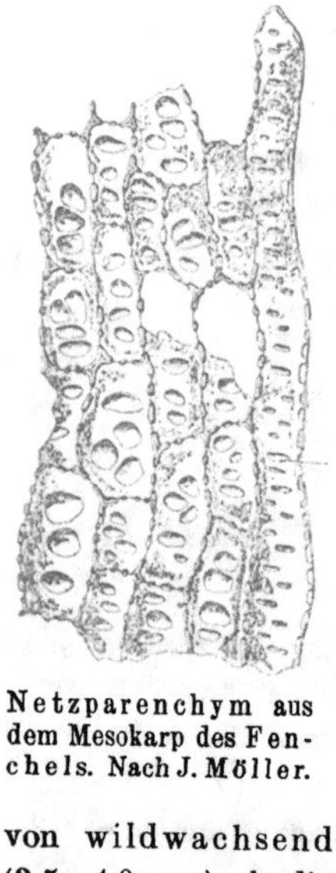

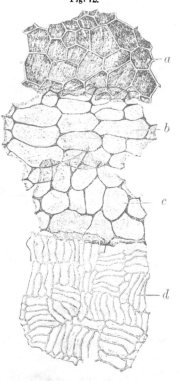

Netzparenchym aus dem Mesokarp des Fenchels. Nach J. Möller.

Fig. 72.

Mesokarpgewebe des Fenchels.
a Tapete des Ölganges, *b* u. *c* braunes Parenchym, *d* Endokarp.
Nach J. Möller.

---

[1]) **Zeitschr.** f. Untersuchung d. Nahrungs- u. Genußmittel 1899, **2**, 329.

gedrückt, im Umriß mehr eirund, grünlich oder braun, mit weißlichen oder hell-braunen, dünneren Rippen und breiteren Tälchen versehen und haben einen etwas bitteren Geschmack.

a) Der **anatomische Bau** des Fenchels ist wie der aller Spaltfrüchte (S. 90). In Fenchel- und Gewürzpulvern sind besonders kennzeichnend die netzförmig verdickten Zellen im Mesokarp (Fig. 71); sie liegen zwischen Leitbündel und Ölgang, sind etwas stärker verdickt und haben so breite Tüpfel, daß sie genetzt erscheinen.

Weiter sind kennzeichnend für Fenchel die gruppenweise nach verschiedenen Richtungen verlaufenden Zellen im Endokarp (*d* Fig. 72). Diese, wie auch die netzartigen Parenchymzellen, lassen sich aber oft nur nach langem Suchen finden.

Das Endosperm enthält 2—3 μ große Aleuronkörner mit 1 oder 2 Globoiden oder einer Oxalat-rosette.

b) Die **chemische Zusammensetzung** anlangend, so enthält der Fenchel 10 bis 16% Wasser, 16—17% Stickstoff-Substanz, 3—6% ätherisches Öl, 9—12% fettes Öl, 4—5% Zucker, 13—15% Rohfaser, 10,5—16,5% Alkoholextrakt, 21,0—27,0% Wasserextrakt, 7,0—8,5% Reinasche, 0,4—5,6% abwaschbare erdige Bestandteile (Sand usw.)[1].

In letzterem Gehalt wie im Gehalt an guten (keimfähigen) und an verkümmerten Früchten sowie an fremden Samen verhalten sich aber die einzelnen Fenchelsorten nicht unwesentlich verschieden. So fanden Juckenack und Sendtner (I. Bd. 1903, S. 959):

Beschaffenheit der Früchte	Deutscher Fenchel		Mazedonischer Fenchel		Galizischer Fenchel	
	Schwankungen %	Mittel %	Schwankungen %	Mittel %	Schwankungen %	Mittel %
Gute Früchte	91,4—96,9	94,5	82,3—84,9	83,6	61,6—84,9	74,8
Keimfähigkeit derselben	74—79	78	76—81	79	63—78	70
Verkümmerte Früchte .	8,6—3,1	5,5	13,3—12,1	12,7	28,3—11,9	17,4
Erdige Beimengungen .	0	0	3,2—5,8	4,5	3,0—7,6	5,3
Abwaschbare ,, .	0,4—0,7	0,5	0,5—2,3	1,1[2]	2,4—5,6	4,3
Fremde Samen	0	0	—	—	2,7—4,6	—

c) **Verfälschungen:** Beimengung von ganz oder teilweise des ätherischen Öles be-raubtem Fenchel unter natürlichen. Die Erschöpfung an ätherischem Öl[3] wird entweder durch Destillieren mit Wasser im Wasserdampfstrome, im luftverdünntem Raume, oder da-durch bewirkt, daß der Fenchel in Leinwandsäckchen gegeben und in teilweise mit Spiritus gefüllte Gefäße gehängt wird. Beim Erwärmen der letzteren durchstreicht der Alkohol den Fenchel und löst einen Teil des ätherischen Öles. Der erschöpfte Fenchel wird lufttrocken ge-macht, dann — ebenso wie mißfarbiger natürlicher Fenchel — zur Aufbesserung der Farbe mit Farbstoffen, denen behufs besseren Bindens etwas Öl zugesetzt wird, umgeschaufelt und zu-letzt gesiebt, um den Überschuß an Farbe zu entfernen. Als Farbstoffe werden Ocker, Chromgelb und Schüttgelb (ein aus Gelbbeeren oder Quercitronrinde durch Niederschlagen mit Alaun und Kreide oder Barytsalzen erhaltener Niederschlag) genannt.

Ch. Arragon[4] fand in einem Fenchel durch Auslesen 72,8% Fenchelkörner, 16,7% fremde Samen (havarierte Weizenkörner, Mohn- und Wickensamen) und 10,5% gelbe Steinchen (mit Eisen-ocker gefärbte Marmorstückchen). Die Fenchelteile bestanden weiter aus tauben und extrahierten Samen; die tauben Samen waren geschmacklos, indifferent gegen die Alkoholprobe und sanken im Wasser nicht unter. Die chemische Untersuchung ergab:

---

[1] Hanuš u. Bien fanden (l. c.) in der Trockensubstanz einer Probe Fenchel 5,90% Pentosane.

[2] Diese Zahlen gelten für italienischen Fenchel.

[3] Vgl. Neumann-Wender u. Gregor, Österr. Chem.-Ztg. 1899, **2**, 588 u. 638.

[4] Zeitschr. f. Untersuchung d. Nahrungs- u. Genußmittel 1908, **16**, 400.

Wasserauszug		Alkoholischer Auszug	Fett	Ätherisches Öl	Asche	Sand
direkt bestimmt %	pyknometrisch bestimmt %	%	%	%	%	%
16,5	16,3	5,6	5,2	1,5	7,4	0,13

Fig. 73.

Dill,
5 mal vergr.

Außerdem werden dem Fenchel mitunter die Früchte vom Dill (Anethum graveolens L.) untergemischt (Fig. 73); diese sind 3—5 mm lang, 2—3 mm breit. Von den 5 Rippen bilden nach J. Möller die an der Fugenseite 0,5 mm breite Flügel; die drei rückständigen sind wenig ausgebildet.

d) Für die Ermittelung der Beschaffenheit und den Nachweis der Verfälschungen des Fenchels haben A. J u c k e n a c k und R. S e n d t - ner[1]) folgende Bestimmungen, die z. T. von den vorstehend beschriebenen abweichen oder sie ergänzen, vorgeschlagen:

1. *Bestimmung des wässerigen Auszuges* (vgl. S. 4).

„25 g gemahlener Fenchel werden mit 250 ccm Wasser in einem Becherglase übergossen, mehrere Stunden stehengelassen und alsdann genau 1 Stunde auf der Asbestplatte unter Umrühren im Sieden erhalten. Man läßt darauf vollständig erkalten, spült den Inhalt des Becherglases in einen möglichst engen Stehzylinder und füllt bei 15° genau auf 250 ccm auf. Nach gutem Durchschütteln filtriert man die Flüssigkeit ab. Sollte, was selten der Fall ist, kein absolut klares Filtrat erhalten werden, so gießt man die Flüssigkeit durch ein Sieb oder Tuch ab, suspendiert in derselben im Mörser spanische Erde oder feinpulveriges Aluminiumhydroxyd, schüttelt wiederholt und filtriert alsdann. Vom Filtrat bestimmt man bei 15° das spezifische Gewicht und gibt als Extraktwert den dem spezifischen Gewicht entsprechenden Zuckerwert mit Hilfe der Tabelle von K. W i n d i s c h (Rubrik 3, III. Bd., 1. Teil, S. 757) an, indem man den gefundenen Extraktwert zugleich mit 10 multipliziert, da der Fenchel mit Wasser im Verhältnis 1 : 10 ausgezogen war."

Die erwähnten Sorten Fenchel ergaben in der natürlichen Substanz 21,62—26,11%, auf Trockensubstanz berechnet, 24,46—28,96% wässerigen Extrakt (d. h. in Wasser lösliche Stoffe).

2. *Bestimmung des Alkoholextraktes* (vgl. S. 4).

„In eine mit einem Bausch gut entfetteter Watte verschlossene, bei 100° zwei Stunden getrocknete und gewogene S c h l e i c h e r - S c h ü l l sche Patrone, welche, wenn neu, zuvor ebenfalls mit Alkohol behandelt war, gibt man den Rückstand (die Trockensubstanz) des bei der Feuchtigkeitsbestimmung gewogenen Fenchels, extrahiert darauf 8—10 Stunden im S o x h l e t schen Extraktionsapparate mit absolutem Alkohol, trocknet alsdann den Rückstand im Wassertrockenschranke mit der Patrone vollständig und bestimmt durch Wägung, nach dem Erkalten im Exsiccator, den Gewichtsverlust. Bei der Berechnung ist zu beachten, daß der Feuchtigkeitsgehalt in Abzug gebracht werden muß."

Die einzelnen Fenchelsorten ergeben auf diese Weise in der natürlichen Substanz 11,16 bis 14,90%, in der Trockensubstanz 13,12 —16,85% alkoholischen Extrakt.

3. *Bestimmung der abwaschbaren erdigen Bestandteile.*

„50 g ganzer Fenchel werden in eine Schüttelflasche von ca. 300 ccm Inhalt gegeben und die Flasche zur Hälfte mit Wasser gefüllt. Darauf schüttelt man entweder kurze Zeit mit der Schüttelmaschine oder kräftig mit der Hand, welches letztere auch vollständig genügt. Alsdann wird die trübe Flüssigkeit sofort durch ein Sieb in ein großes Becherglas gegeben. Die Maschenweite des Siebes ist so gewählt, daß sie möglichst weit ist, jedoch keinen Fenchel durchläßt.

Diese Behandlung wiederholt man mehrere Male, bis das Waschwasser klar bleibt. Bei unreinen Fencheln betragen die vereinigten Waschwässer ca. 1—1¼ Liter. Nachdem der Fenchel nach der letzten Waschung auf dem Siebe auch noch unter Umrühren abgespült wurde, läßt man das erhaltene

---

[1]) Zeitschr. f. Untersuchung d. Nahrungs- u. Genußmittel 1899, **2**, 329.

Waschwasser kurze Zeit absitzen und filtriert durch ein getrocknetes und gewogenes Faltenfilter von bekanntem Aschengehalte. Nach dem Trocknen des Filterinhaltes und Wägen desselben erhält man durch Multiplikation des gefundenen Wertes mit 2 den Prozentgehalt des Fenchels an abwaschbaren erdigen Beimengungen, und zwar als Trockensubstanz ausgedrückt. Hierauf verascht man das Filter nebst Inhalt, berechnet die Asche auf 100 g des angewendeten Fenchels und erhält so die den erdigen Beimengungen entsprechenden Mineralbestandteile. Durch Subtraktion dieses Wertes von dem unter Nr. 2 gefundenen scheinbaren Gehalte des Fenchels an Mineralbestandteilen erhält man den wirklichen Gehalt."

Juckenack und Sendtner fanden auf diese Weise bis 5,6% abwaschbare Erde in Fenchelsorten (S. 93) und sind der Ansicht, daß eine Ware, die mehr als 3% abwaschbare erdige Beimengungen enthält, nicht mehr als marktfähig angesehen werden kann.

4. *Nachweis von extrahiertem Fenchel.*

a) Sortierung mit Hilfe der Lupe. Breitet man einige Gramm Fenchel auf weißem Papier aus und durchmustert sie mit Hilfe der Lupe, so lassen sich die guten Samen von den verkümmerten (extrahierten und gefärbten), sowie von den mit Ackererde behafteten Samen deutlich unterscheiden und auslesen. Bei den reinen Samen sieht man in den Tälchen die Öl-striemen schillernd (lichtbrechend) erscheinen, während bei den extrahierten Samen die Tälchen schwarz aussehen. Bei ersteren treten die Haare scharf hervor, bei den mit Wasserdampf behandelten Samen sehen sie verwaschen und verschwommen aus, ferner erscheinen letztere infolge des Chlorophyllverlustes bräunlicher oder dunkeler.

b) Alkoholprobe. Schüttelt man in einem Reagensglase etwa 3—5 ccm Fenchel mit dem 3—4 fachen Vol. 96 proz. Alkohol und läßt kurze Zeit stehen, so färben sich die extrahierten Samen dunkel bis schwarz, die reinen Samen behalten ihre natürliche Farbe; die alkoholische Lösung von letzteren ist stark grün, von ersteren blaß grün.

c) Wasserprobe. Gibt man in ein weißes Porzellanschälchen etwa 20 ccm Wasser und dazu 2—3 g des zu untersuchenden Fenchels, rührt mit einem Glasstabe um und läßt einige Zeit stehen, so schwimmen die reinen Fenchel infolge der durch den Ölgehalt bedingten Unbenetzbarkeit auf der Oberfläche und behalten ihre natürliche Farbe, die Tälchen der extrahierten Samen dagegen werden infolge des Ölverlustes und der Protoplasmazerstörung immer dunkler bis ganz schwarz und sinken alsdann unter.

Man kann dann einen Querschnitt durch die Frucht machen und mikroskopisch untersuchen; das Endosperm guter natürlicher Früchte erscheint hell, das extrahierter Früchte dunkelbraun bis braunschwarz, die Ölbehälter sind leer und zeigen ein dunkeles Aussehen.

Diese Erscheinungen treten bei den mit Wasser oder im Wasserdampfstrome erschöpften Früchten stärker hervor als bei den Früchten, die im Vakuum oder mit Alkohol und nur zum Teil erschöpft sind (vgl. auch unter „Anis" S. 91).

d) Keimfähigkeit. Neben den vorstehenden Prüfungen kann auch die Bestimmung der Keimfähigkeit, die allerdings durch langes und feuchtes Lagern (Schimmeln), Wurmfraß ebenfalls beeinträchtigt werden kann, mit zum Nachweise von erschöpften Samen herangezogen werden, da bei diesen die Keimfähigkeit naturgemäß vernichtet ist. Man zählt 300—500 Samen und läßt diese in bekannter Weise (vgl. auch unter Brauereigerste) zwischen feuchtem Fließpapier oder in feuchtem Sande keimen, wobei zu beachten ist, daß der Fenchel epigä keimt, d. h. die Kotyledonen bei der Keimung über die Erde treten und ergrünen, was 6—8 Tage zu dauern pflegt und sich bis zu 3 Wochen hinziehen kann.

Natürlicher unverdorbener Fenchel enthält durchweg 70—80% keimfähigen Samen.

Selbstverständlich gibt auch die quantitative Bestimmung des ätherischen Öles einen Anhaltspunkt dafür, ob ein Fenchel extrahiert worden ist oder nicht.

5. *Nachweis des Farbstoffs.*

Die gefärbten Früchte lassen sich in der zu untersuchenden Probe meistens schon mit Hilfe der Lupe erkennen und auslesen (vgl. vorstehend unter 4a). Um den Farbstoff in Substanz nachzuweisen, verfahren Juckenack und Sendtner wie folgt:

„Etwa 50 g Fenchel werden mit Hilfe von Wasser nach dem vorstehend (unter 3, S. 94) angegebenen Verfahren zur Bestimmung der abwaschbaren Bestandteile usw. vollständig von Acker-erde und Schmutz gereinigt (der Farbstoff wird hierbei mit Wasser nicht oder nur in unbedeutendem Maße abgeschlämmt, da er, weil fettig, haften bleibt) und alsdann in einer Schüttelflasche mit dem etwa 3 fachen Volumen absoluten Alkohols überschichtet. Man schüttelt jetzt kräftig mit Hilfe der Schüttelmaschine oder längere Zeit mit der Hand und gießt alsdann unverzüglich (ohne absitzen zu lassen) durch ein geeignetes nicht zu enges Sieb, welches den Fenchel zurückhält. Diese Manipulation wiederholt man zweimal. Die vereinigten Alkohole läßt man absitzen und filtriert. Auf diese Weise erhält man auf dem Filter deutlich den höchst fein verteilten Farbstoff, allerdings in sehr geringer Menge."

Juckenack und Sendtner haben auf diese Weise nur Ocker als künstlichen Farbstoff im Fenchel nachweisen können. Neumann - Wender (l. c.) hat aber auch Chromgelb im gefärbten Fenchel gefunden. Er weicht zum Nachweise dieses Farbstoffes den verdächtigen Samen in Wasser auf und preßt auf Filtrierpapier aus. Die Körner hinterlassen alsdann grün-lichgelbe Flecken; diese behandelt man dann mit Kalilauge, übersättigt die Lauge mit Salz-säure und verwendet diese Lösung zum Nachweise des Chroms in bekannter Weise.

Ed. Spaeth schüttelt den verdächtigen Fenchel mit Alkohol, Chloroform in einem besonderen, von ihm eingerichteten Sedimentierapparat[1]) und erreicht auf diese Weise leicht eine Abscheidung des Farbstoffs; der abgesetzte Farbstoff wird mit Soda und Salpeter geschmolzen und in bekannter Weise auf Chrom (grüne Schmelze) und Blei geprüft.

e) Anhaltspunkte zur Beurteilung.

Der Verein deutscher Nahrungsmittelchemiker hat folgende Vereinbarungen getroffen:

1. Fenchel besteht aus den getrockneten reifen Spaltfrüchten von Foeniculum vulgare Miller, Familie der Umbelliferen.

2. Fenchel muß aus den unverletzten, ihres ätherischen Öles weder ganz noch teilweise beraubten Fenchelfrüchten bestehen; er muß den charakteristischen Geruch und Geschmack deutlich erkennen lassen und darf Fruchtstiele in größerer Menge nicht enthalten.

3. Als höchste Grenzzahlen haben, auf lufttrockne Ware berechnet, zu gelten für Mineralbestandteile (Asche) 10%, für den in 10 proz. Salzsäure unlöslichen Teil der Asche 2,5%.

4. Künstliche Färbung des Fenchels ist als Fälschung zu erachten.

Der Codex alim. austr. verlangt mindestens 3% ätherisches Öl und höchstens 10% Asche einschließlich 3% Sand.

In die Lebensmittelbücher der Schweiz und Vereinigten Staaten von Nordamerika ist Fenchel nicht aufgenommen.

Juckenack und Sendtner verlangen folgende, nach ihren Verfahren gefundene Werte in der Trockensubstanz:

Reinasche	Wässeriger Extrakt	Alkoholischer Extrakt
8,0%	23,5%	12,0%

Wenn diese Werte je nach dem sonstigen Verhalten des Fenchels (vgl. vorstehend) unterschritten werden, so läßt sich eine Extraktion vermuten, die um so stärker ist, je mehr die Werte unter-schritten sind.

14. Coriander.

Der Coriander ist die getrocknete reife Spaltfrucht von Coriandrum sativum L. (Familie der Umbelliferen), einer in Asien, aber auch in anderen warmen Ländern angebauten Pflanze, die als Gewürzpflanze nur wenig, höchstens für die Wurstbereitung eine Bedeutung hat.

„Die Frucht ist kugelig, bis 4 mm dick, oben mit einem 5 zähnigen Kelche gekrönt, hell-braun oder gelbrötlich, seltener blaßgrünlich, kahl und glatt, mit fest zusammenhängenden

---

[1]) Zeitschr. f. angew. Chemie 1913, **26**, 304. Der Apparat wird von Paul Altmann-Berlin NW 6 geliefert.

Teilfrüchtchen. Im Umfange der Frucht liegen zehn schmale, glatte Nebenrippen, in den Zwischenräumen ebenso viele schwach vorspringende, geschlängelte Hauptrippen. Jedes Teilfrüchtchen ist an der Berührungsfläche vertieft und führt daselbst zwei dunkelgefärbte Ölstriemen; die ganze Frucht birgt daher einen linsenförmigen Hohlraum, durch dessen Mitte der Fruchtträger zieht (Fig. 74). Der Samen erscheint im Quer- und Längsschnitte halbmondförmig.

Fig. 75.

Fig. 74.

Coriander, vergr. u. im Querschnitt. Nach J. Möller.

Stein- oder Faserplatte des Corianders in der Flächenansicht. Nach J. Möller.

Geruch und Geschmack der getrockneten reifen Früchte sind angenehm gewürzhaft; frische und unreife Früchte riechen nach Wanzen." (Codex alim. austr.)

1. Von dem *Zellgewebe des Corianders* sind nach J. Möller besonders eigenartig die faserförmigen, in verschiedenen Richtungen gekreuzten, dicht gefügten Steinzellen (Fig. 75, Faser- oder Steinplatte genannt), die oft noch mit dem angrenzenden Parenchym verbunden sind. Das Endokarp setzt sich aus schmalen (3—10 μ), ähnlich wie beim Fenchel parkettartig gruppierten Zellen zusammen. Die Samenhaut besteht aus ebenfalls eigenartigen, braunen, polygonalen Zellen, an deren Innenseite ein orangebrauner Streifen zusammengedrückten Gewebes liegt.

2. Über die *chemische Zusammensetzung* des Corianders liegen nur spärliche Analysen vor; danach beträgt der Gehalt an Wasser 9,5—12%, an Stickstoff-Substanz 11—13%, an fettem Öl etwa 19%, an ätherischem Öl bei guten Früchten um 1% herum, an Rohfaser 26—31%, an Asche rund 5%[1]).

3. Die *Verfälschungen* des Corianders bestehen wie auch bei anderen Spaltfrüchten vorwiegend in der Entziehung des ätherischen Öles; weil aber für den Zweck die Früchte zerkleinert werden müssen, so findet sich die Verfälschung mit erschöpfter Ware nur in dem Corianderpulver. Hierin ist auch von Ed. Spaeth fremde Stärke gefunden.

Der Nachweis der letzteren ist nicht schwer, da Coriander wie alle Spaltfrüchte keine Stärke enthält.

Um so schwieriger aber ist der Nachweis von extrahierter Ware. Ed. Spaeth gibt zwar an, daß ein Gehalt von nur 0,5—0,6% ätherischem Öl ein Corianderpulver der Beimengung von extrahierter Ware schon verdächtig erscheinen lasse. Indes sind in Bd. I 1903, S. 958 zwei Analysen von Coriander mitgeteilt, wonach nur 0,25 bzw. 0,23% ätherisches Öl gefunden worden sind, und werden im Codex alim. austr. 1911 (S. 216) die Schwankungen hieran zu 0,1 bis 1,0% angegeben. Man wird daher erst weitere Untersuchungen über Coriander abwarten müssen, ehe eine Niedrigstgrenze für ätherisches Öl festgelegt werden kann.

4. Als sonstige *Anhaltspunkte für die Beurteilung des Corianders* können folgende Vereinbarungen des Vereins deutscher Nahrungsmittelchemiker dienen:

„1. Coriander sind die Spaltfrüchte von Coriandrum sativum L., Familie der Umbelliferen.

_____

[1]) Hanuš u. Bien fanden in der Trockensubstanz 11,77% Pentosane.

2. Als höchste Grenzzahlen für den Gehalt an Mineralbestandteilen (Asche) haben, auf lufttrockene Substanz berechnet, zu gelten 7,0% und für den in 10 proz. Salzsäure unlöslichen Teil der Asche 2,0%.“

Der Codex alim. austr. stellt dieselben Grenzwerte für Gesamtasche und Sand (in Salzsäure unlöslichen Teil der Asche) auf, während in den Lebensmittelbüchern der Schweiz und Vereinigten Staaten Nordamerikas Coriander bis jetzt fehlt.

15. Kümmel.

Man unterscheidet im Handel zweierlei Kümmel, nämlich den gewöhnlichen Kümmel oder „Kimm“ genannt und den römischen Kümmel, Mutterkümmel oder Kreuzkümmel, die von verschiedenen Pflanzen stammen.

A. Unter **Kümmel als üblichem Gewürz** versteht man die getrockneten Spaltfrüchte von Carum Carvi L., Familie der Umbelliferen, einer Pflanze, die vielfach wild wächst und in verschiedenen Ländern kultiviert wird. Je nach der Herkunft unterscheidet man zwischen holländischem, nordischem, russischem und Hallenser mährischem Kümmel[1]). Je dunkler die Ware ist, desto geringer wird sie im allgemeinen geschätzt.

Der Kümmel, der in seiner Form dem Fenchel ähnlich, aber kleiner und schlanker ist, zerfällt bei der Reife in seine Teilfrüchte und man hat es in der Handelsware meistens nur mit letzteren zu

Fig. 77.

Gewebe des Kümmels.
F Schale im Querschnitt, *E* Nährgewebe, *F* Fasern des Leitbündels, *O* Ölstriemen, bedeckt von teilweise (oben) sklerosiertem Parenchym. Nach J. Möller.

Fig. 76.

Querschnitt des Kümmels, vergr. Nach J. Möller.

tun. Die Teilfrüchtchen sind 4—5 mm lang, 1,5 mm breit, sichelförmig gebogen, von vorn gesehen, im Umriß länglich, im Querschnitt, weil die Fugenseite kaum breiter ist, fast regelmäßig fünfseitig (Fig. 76); an der konvexen Rückseite sind sie mit 5 strohgelben oder hellbraunen, schmalen, stumpfen Rippen und 4 breiteren, dunkelbraunen, je eine Ölstrieme enthaltenden Tälchen versehen, vollständig kahl und glatt. Die hellfarbigen Rippen heben sich scharf von den beinahe scharfen Tälchen ab. Der Geruch ist angenehm aromatisch, der Geschmack beißend gewürzhaft (Codex alim. austr.).

1. Der **anatomische Bau** des Kümmels gleicht so dem des Fenchels, daß es kaum möglich ist, beide mikroskopisch zu unterscheiden. Das Mesokarp ist nach J. Möller nicht so dick wie beim Fenchel, die Leitbündel sind dünner, die Ölstriemen (Fig. 77) beträchtlich breiter (bis 350 μ) und von braunen, polygonalen Zellen umgeben. In den Rippen am Scheitel ist Parenchym schwach sklerosiert. Die Leitbündel (Fig. 77 *F*) sind dünner als beim Fenchel.

---

[1]) Nach dem Codex alim. austr.; Ed. Spaeth führt auch eine Thüringer (Halle) Sorte auf, die am meisten geschätzt werde.

Aber diese Unterschiede lassen sich in Pulvern kaum sicher feststellen. Unter Umständen wird man durch Heranziehung von Vergleichspräparaten von Pulver aus reinen Früchten Aufschluß erhalten.

2. Die *chemische Zusammensetzung* des Kümmels anlangend, so schwankt der Gehalt an Wasser von 11,0—16,0%, an Stickstoff-Substanz von 19,0—20,5%, an ätherischem Öl von 2,0—6,0%, an fettem Öl von 10,0—20,0%, an Zucker von 2,0—4,0%, an Rohfaser von 17,0—22,5% (nach älteren Analysen, wir fanden in einer Probe nur 7,64% Rohfaser), an Asche von 5,0—6,5%; an Alkoholextrakt wurden für die mit Äther erschöpfte Substanz noch 9,5—11,5%, an Pentosanen in der Trockensubstanz 6,86—8,00% gefunden.

3. Als *natürliche Verunreinigungen* können wie bei den anderen Spaltfrüchten geringe Mengen Erde, Sand, Staub sowie andere kümmelähnliche Früchte wild wachsender Umbelliferen vorkommen.

Als Verfälschungen aber sind anzusehen die Untermischung von gefärbtem bzw. von entweder ganz oder teilweise extrahiertem und womöglich noch wieder aufgefärbtem extrahiertem Kümmel unter natürlichen. Auch die Beimengung der Früchte von Aegopodium Podagravia, die das „Schweizerische Lebensmittelbuch" erwähnt, muß als Verfälschung angesehen werden.

4. Der *Nachweis* von extrahierten Früchten kann in ähnlicher Weise und an denselben Merkmalen wie beim Fenchel S. 94 geführt werden. Man kann die extrahierten Früchte nach Ed. Spaeth, selbst wenn sie zerquetscht sind, mit der Lupe erkennen, auslesen und durch ihre Geschmacklosigkeit als solche unterscheiden. Durch Wägen der ganzen ursprünglichen Probe und der ausgelesenen Früchte, oder durch Wägen beider Anteile, der extrahierten und nicht extrahierten natürlichen Früchte kann man den Prozentanteil an beiden berechnen.

Neben dieser kann auch die quantitative Bestimmung des ätherischen Öles Aufschluß über die etwaige Entziehung des letzteren bringen, obschon die Menge an ätherischem Öl im Kümmel je nach der Herkunft, Gewinnung und Lagerung ziemlich großen Schwankungen unterliegt. Aber hier wie bei allen Spaltfrüchten pflegen die völlig erschöpften Früchte kein oder nur Spuren ätherisches Öl zu enthalten (vgl. II. Bd. 1904, S. 1042 u. f.), und müssen daher auch im Gemisch mit natürlichen Früchten den Gehalt an ätherischem Öl um so mehr herabdrücken, je größer die Beimengung hiervon ist.

Die Früchte von Aegopodium Podagravia L., die dem Kümmel sehr ähnlich sind, soll man an ihrem dunkleren Aussehen und an ihrem von dem Kümmel völlig abweichenden Geschmack erkennen können; Ed. Spaeth gibt auch (l. c.) das Fehlen von Ölstriemen in den Tälchen an, während das Schweizer. Lebensmittelbuch sagt, daß der Querschnitt in jedem Tälchen mehrere (bis 4) kleine Ölgänge erkennen lasse.

5. *Anhaltspunkte für die Beurteilung.* Die Vereinbarungen deutscher Nahrungsmittelchemiker haben folgenden Wortlaut:

1. Kümmel besteht aus den getrockneten Spaltfrüchten von Carum Carvi L., Familie der Umbelliferen.

2. Kümmel muß aus den unverletzten, ihres ätherischen Öles weder ganz noch teilweise beraubten Kümmelfrüchten bestehen und muß den charakteristischen Geruch und Geschmack erkennen lassen.

3. Als höchste Grenzzahlen haben, auf lufttrockene Ware berechnet, zu gelten für Mineralstoffe (Asche) 8%, für den in 10proz. Salzsäure unlöslichen Teil der Asche 2%.

Die deutsche Pharmakopöe setzt als Höchstgrenze für den Aschengehalt im Kümmel 8% fest. In anderen Ländern gelten folgende Gehaltsgrenzen:

	Österreich-Ungarn	Schweiz
Gesamtasche	höchstens 7,5%	8,0%
In Salzsäure unlöslicher Anteil	„ 2,0%	2,0%
Ätherisches Öl	mindestens 3,0%	3,0%

In das Lebensmittelbuch der Vereinigten Staaten ist Kümmel als Gewürz bis jetzt nicht aufgenommen. Daß von den deutschen Nahrungsmittelchemikern keine Niedrigstgrenze für ätherisches
Öl festgelegt ist, hat in den bei Anis S. 91 unter 4a) angegebenen Umständen seinen Grund.

B. Römischer Kümmel, Mutterkümmel (auch Roß-, Linsen-, Pfeffer-, Hafer-, Kreuz-,
Mohren-, Welscher, Langer Kümmel genannt) ist die getrocknete Spaltfrucht von Cuminum
Cyminum L. (Familie der Umbelliferen), die in den Mittelländern angebaut wird.

„Die Frucht von 5—6 mm Länge ist meistens zusammenhängend (Fig. 78). Die Teilfrüchtchen besitzen eine gewölbte Rückenfläche, sind braun mit grünlichgelben Rippen und
zwar mit 5 fadenförmigen Haupt- und 4 breiteren flachen
Nebenrippen, die wie erstere mit spröden, meist schon abgebrochenen Börstchen besetzt und daher rauh sind. Der
nierenförmige Querschnitt zeigt einen großen querelliptischen
oder gerundet-dreiseitigen Ölgang in jeder Nebenrippe und
zwei Ölgänge an der Berührungsfläche. Da das Fruchtgehäuse
sich leicht vom Samen ablöst, so sind in der Handelsware
freigelegte Samen mehr oder weniger häufig zu finden.

Fig. 79.

Fig. 78.

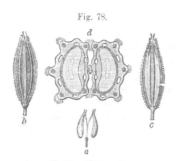

Mutterkümmel.
a natürliche Größe, *b* Rückseite, vergr.,
c Bauchseite, *d* Querschnitt, vergr.
Nach Hager.

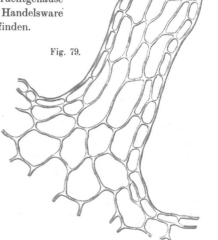

Zotte des Mutterkümmels. Nach J. Möller.

Der Geruch ist eigenartig, nicht angenehm, an Kampfer erinnernd, der Geschmack gewürzhaft." (Codex alim. austr.)

1. Mikroskopisch kann der Mutterkümmel, auch in Pulverform, unschwer an den auf der
Oberhaut der Rippe befindlichen, vielzelligen, bis 200 μ langen, stumpf endigenden Zotten-
haaren (Fig. 79) erkannt werden.

2. Chemisch ist der Mutterkümmel bis jetzt nur spärlich untersucht. Dr. W. Sutthoff
fand hier in zwei Proben:

Kümmel	Wasser	Stickstoff-Substanz	Ätherisches Öl	Fettes Öl	Direkt reduzie-render Zucker	Stärke (in Zucker überführbar)	Pentosane	Rohfaser	Asche	Sand
	%	%	%	%	%	%	%	%	%	%
Alte Ware (wurmstichig) .	8,90	18,44	2,23	11,30	3,89	7,33	11,14	5,52	7,80	1,86
Vorjährige Ware	9,77	17,31	2,15	14,43	3,43	4,68	10,64	7,52	12,91	2,59

3. Für die **Beurteilung** ist der Mutterkümmel in den deutschen Vereinbarungen und in
den Lebensmittelbüchern der Schweiz sowie der Vereinigten Staaten bis jetzt nicht vor-

gesehen. Der Codex alim. austr. aber verlangt für ihn 2—3% ätherisches Öl und setzt die Höchstgrenze für Asche auf 7% einschließlich 2% Sand fest.

Zu bemerken ist weiter, daß der Mutterkümmel, wie ebenso die anderen Spaltfrüchte, sehr leicht von Würmern befallen wird und derartige Ware häufig vom Verkehr ausgeschlossen werden muß.

C. Gewürze von Blüten und Blütenteilen.

Von dieser Art Gewürzen sind bei uns in Gebrauch 16. Gewürznelken, 17. Safran, 18. Kapern und 19. Zimtblüte.

16. Gewürznelken.

Die Gewürznelken (Gewürznagerl, Nelken oder Nägelchen) sind die vollständig entwickelten, aber noch nicht völlig aufgeblühten, getrockneten Blütenknospen des auf den Gewürzinseln einheimischen, in verschiedenen heißen Ländern angebauten Gewürznelkenbaumes Eugenia aromatica Baillon (Eug. caryophyllata Thunb., Jambosa Caryophyllus Spreng. Ndz. oder Caryophyllus aromaticus L.), Familie der Myrtaceen. Die 12—17 mm langen[1]) Gewürznelken (Fig. 80) sind von hell- bis tiefbrauner Farbe und besitzen einen 3—4 mm dicken, stielartigen, schwach vierkantigen, sehr feinrunzeligen, nach oben zu wenig verdickten unterständigen Fruchtknoten, in dessen oberem Teile die beiden kleinen Fruchtknotenfächer liegen. Die 4 am oberen Ende des Fruchtknotens stehenden, dicken, dreieckigen Kelchblätter sind stark abspreizend; die 4 kreisrunden, sich dachziegelig deckenden gelbbraunen Blumenblätter schließen zu einer Kugel von 4—5 mm Durchmesser zusammen und umfassen die zahlreichen, am Außenrand eines niedrigen Walles eingefügten, eingebogenen

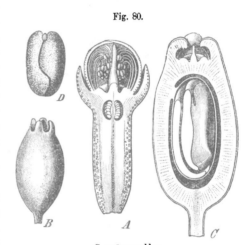

Fig. 80.

Gewürznelke.

A Blüte im Längsschnitt, dreimal vergr.; B Frucht (Mutternelke), nat. Größe; C Mutternelke im Längsschnitt, zweimal vergr.; D Keimling, nat. Größe. — Nach Luerssen.

Staubblätter und den schlanken Griffel. Gewürznelken riechen stark eigenartig und schmecken brennend würzig. Beim Drücken des Fruchtknotens tritt reichlich ätherisches Öl aus. Gewürznelken müssen in Wasser aufrecht schwimmen oder untersinken (Deutsches Arzneibuch).

Amboina- oder Molukken-Nelken gelten als die beste Sorte.

Die Zanzibar- oder afrikanischen Nelken sind vorwiegend in Deutschland in Gebrauch; ferner auch die Penang- und bengalischen Nelken. Die Cayenne-, Bourbon- u. a. Nelken sind kleiner und werden als minderwertiger angesehen.

Chemische Zusammensetzung. Die Gewürznelken sind von allen Gewürzen am reichsten an ätherischem Öl. Ihr mittlerer Gehalt hieran und an den wichtigsten Bestandteilen erhellt aus folgenden Zahlen (siehe 1. Tabelle auf S. 102).

Hiernach ist ein großer Unterschied im Mittel mehrerer Proben dieser Nelkensorten nicht vorhanden. Im einzelnen aber kommen je nach dem Gewinnungsort und -jahr usw. große Schwankungen vor, nämlich im Gehalt an Wasser zwischen 5,0—10,0%, an ätherischem Öl zwischen 12,0—20,5%, an fettem Öl zwischen 5,0—12,0%, an Gerbsäure zwischen 16,2—20,5%, an Rohfaser zwischen 6,0—9,0%, an Asche zwischen 5,2—6,5%, an Alkoholextrakt zwischen

[1]) Kleinere Sorten sind nur 4—10 mm lang.

Nelkensorte	Gewicht von 100 Nelken	In der lufttrockenen Substanz:										
		Wasser	Stickstoff-Substanz	Ätherisches Öl	Eugenol[1]	Fettes Öl	Gerbsäure	Stärke[2]	Rohfaser	Asche	Sand	Alkohol-extrakt
	g	%	%	%	%	%	%	%	%	%	%	%
Amboina . .	9,71	7,24	5,82	19,52	15,62	6,95	16,64	2,80	7,33	6,04	0,04	16,45
Zanzibar . .	9,77	7,39	6,60	18,44	15,52	6,89	18,64	2,51	8,18	5,26	0,03	14,59
Penang. . .	8,00	7,26	6,02	17,55	14,78	7,54	19,44	2,73	8,62	5,96	0,10	17,85
Nelkenstiele	—	9,22	5,84	4,80	—	3,89	18,79	2,17	17,00	7,04	0,60	6,79

14,0—20,5%. Balland[3] gibt sogar in Nelken (von Madagaskar, Martinique, Mayotta, Réunion) 18,9—26,6% Wasser, 9,0—15,2% ätherisches Öl und 6,6—10,8% Rohfaser an.

Hanuš und Bien (l. c.) fanden in der Trockensubstanz von Gewürznelken 7,48% Pentosane.

R. Thamm[4] (Nr. 1) ebenso H. Sprinkmeyer und A. Fürstenberg[5] (2) bestimmten nach S. 6 die Alkalität der Asche der Gewürznelken mit folgenden mittleren Ergebnissen:

Gewürz-nelken	Anzahl der unter-suchten Proben	Wasser	In der sandfreien Trockensubstanz			Alkalitätszahl (1 g Asche erfordert ccm N.-Säure)		
			Gesamt-asche	wasser-lösliche Asche	wasser-unlösliche Asche	Gesamt-asche	wasser-lösliche Asche	wasser-unlösliche Asche
		%	%	%	%	ccm	ccm	ccm
Nr. (1)	6	8,79	6,54	3,66	2,88	15,0	10,4	20,8
Nr. (2)	9	11,23	6,71	3,71	3,00	14,5	11,0	18,8

Diese Werte stimmen sehr gut miteinander überein; auch zeigten die einzelnen Proben, die garantiert rein waren, und bei (1) 0,12—0,89%, im Mittel 0,30%, bei (2) 0,07—0,27%, im Mittel 0,18% Sand enthielten, nur geringe Schwankungen.

Die Verfälschungen der Gewürznelken sind sehr vielseitig und bestehen vorwiegend in der Entziehung des ätherischen Öles und in der Beimengung von extrahierten Nelken, Nelkenstielen, Piment, Pimentstielen, Mutternelken und sonstigen beim Pfeffer und Piment genannten Verfälschungsmitteln (Mehle aller Art), Kakaoschalen, Curcuma usw.; auch künstliche Gewürznelken (aus Mehlteig durch Formen, Färben) sind beobachtet (vgl. II. Bd., S. 1047).

Zum **Nachweise der Verfälschungen** bzw. der guten Beschaffenheit der Gewürznelken dient:

a) Bestimmung des ätherischen Öles und Eugenols. Sie ist wegen der vorhandenen großen Menge hiervon gerade bei Gewürznelken von ausschlaggebender Bedeutung (vgl. S. 4).

R. Reich[6] hat die Bestimmung des ätherischen Öles noch durch eine Bestimmung des Eugenols, des Hauptbestandteiles des Nelkenöles ergänzt; er verfährt dabei wie folgt:

[1] Unter der Annahme berechnet, daß nach den Untersuchungen von R. Reich (vgl. weiter unten) bei den Amboina-Nelken 80,2% und bei den beiden anderen Sorten 84,2% des ätherischen Öles aus Eugenol bestehen.

[2] Nach dem Diastaseverfahren bestimmt.

[3] Zeitschr. f. Untersuchung d. Nahrungs- u. Genußmittel 1904, **7**, 565.

[4] Ebendort 1906, **12**, 168.   [5] Ebendort 1906, **12**, 652.

[6] Ebendort 1909, **18**, 401.

1,0—1,5 g Nelkenöl werden mit 20 ccm 5 proz. Natronlauge $^{1}/_{4}$ Stunde am Steigrohr im Wasserbade unter öfterem Umschwenken verseift. Darauf läßt man erkalten, gibt 20 ccm leicht siedenden
Petroläther hinzu und schüttelt kräftig durch. Die klare Petrolätherlösung wird abgetrennt, die
Eugenolnatriumlösung in einen Schüttelzylinder übergeführt und das Volumen der Lösung mit
5 proz. Natronlauge auf 30 ccm ergänzt. Von der vollkommen blanken Lösung werden 15 ccm in
einen zweiten Schüttelzylinder gebracht, 5 ccm 25 proz. Schwefelsäure, 6 g Kochsalz und 20 ccm
Pentan zugegeben und die Mischung anhaltend geschüttelt. Sobald sich die wässerige und die
Pentanlösung voneinander getrennt haben, und beide Flüssigkeitsschichten vollkommen blank
sind, pipettiert man von der Pentanlösung einen aliquoten Teil (15 ccm) in ein Mannsches
Wägekölbchen und verdunstet wie III. Bd., 2. Teil, S. 719 angegeben ist.

      R. Reich fand für die einzelnen Nelkensorten und Abfälle:

Bestand- teile	Amboina-Nelken %	Zanzibar-Nelken %	Handelsnelken (reine) %	Nelkenstiele %	Mutternelken (Anthophylli) %
Ätherisches Öl	21,3—22,1	18,4—20,1	17,0—19,3	5,8—6,7	2,2—9,2
Eugenol . . .	17,0—17,6	15,4—16,6	15,5—16,3	5,4—5,7	1,9—7,9

      b) Bestimmung der Gerbsäure. Auch der hohe Gehalt an Gerbsäure kann zur
Beurteilung der Güte und Reinheit von Gewürznelken mit herangezogen werden. Die Bestimmung wird nach dem Indigoverfahren ausgeführt (vgl. unter „Wein“).

      c) Über die sonstigen Kennzeichen guter, natürlicher Nelken vgl. vorstehend, S. 101.
Ganze entölte Nelken haben auch ein runzliges, geschrumpftes Aussehen und eine fast
schwarze Farbe; sie sinken nach Ed. Spaeth in Wasser nicht unter.

      Verstäubt man, wie A. Beythien angibt, Gewürznelkenpulver auf verdünnte Eisen-
chloridlösung, so tritt bei natürlichen guten Nelken eine gleichmäßige tiefblaue Färbung ein. Diese Reaktion soll nach Tschirch-Oesterle von Eugenol und nicht von Gerbsäure
herrühren, weil nach Entfernung des Eugenols die Reaktion nicht auftrete. L. Rosenthaler[1]
weist aber darauf hin, daß die Nelken einen gerbstoffhaltigen Stoff enthalten, welcher die
Reaktion mindestens zum Teil verursacht.

      Mikroskopische Untersuchung. Die Verfälschungen können auch bei Gewürznelken am
sichersten durch die mikroskopische Untersuchung erwiesen werden.

      α) Erkennung der echten Gewürznelken. Ein Querschnitt durch den Unter-
kelch, der mit dem Fruchtknoten eine Art Blütenstiel bildet, auf dem die vier dreieckigen
Kelchblätter und unter diesen die mit den Kelchblättern alternierenden Blumenblätter sitzen, hat
folgende Gewebsteile (Fig. 81, S. 104): Die Epidermiszellen sind mit einer sehr starken Cuticula
versehen. Unter der Epidermis liegt ein zartwandiges Parenchym, dessen Zellen radial gestreckt
sind und das in doppelter, auch dreifacher Reihe kugelige oder elliptische Ölräume (*o*) enthält.
Bringt man auf die Ölbehälter in den Schnitten einen Tropfen konzentrierte Kalilauge, so
treten nach einigen Minuten säulenförmige bis nadelartige Krystalle von nelkensaurem
Kalium auf. — Innerhalb der Ölzone geht die Form der Parenchymzellen allmählich in eine
rundliche über und verdickt sich collenchymatisch. Diese Partie enthält gegen ihr inneres Ende
zu eine Anzahl im Kreise gestellter Gefäßbündel, hinter welchen das Parenchym eine unregelmäßige, großlückige, schließlich eine sternförmige Gruppierung annimmt. Die Mitte des Querschnittes enthält ein ringförmiges Gefäßbündel, welches das zentrale Markgewebe einschließt.
Die Gefäßbündel selbst und ihre nächste Umgebung führen Zellen, welche Krystalldrusen enthalten, sogenannte Krystallkammern (Fig. 81 *B K* und Fig. 82 *C*). Die Gefäßbündel bestehen
aus Spiralgefäßen und einzelnen Bastfasern, enthalten aber sonst keine sklerotischen
Elemente.

---

[1] Pharmaz. Zentralhalle 1908, **49**, 647.

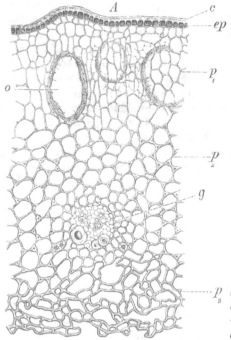

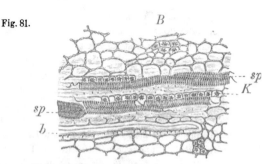

Fig. 81.

Unterkelch der Gewürznelke, 160:1.
A Querschnitt; *ep* Oberhaut mit der Cuticula *c*; *p₁*,
p₂ und *p₃* die 3 verschiedenen, allmählich ineinander übergehenden Parenchymschichten; *o* Ölräume, teilweise von
Parenchym bedeckt; *g* Gefäßbündel, in denen die Querschnitte der engen Spiroiden und der derbwandigen Bastfasern zu erkennen sind. *B* Längsschnitt durch ein
Gefäßbündel; *sp* Spiroiden; *b* Bastfaser, *K* Krystalldrusen.
Nach J. Möller.

Der Inhalt der Parenchymzellen be-
steht aus gelben, in Wasser löslichen und mit Eisenchlorid auf Gerbstoff reagierenden Massen (vgl.
vorstehend), Stärke fehlt in den Geweben der
Gewürznelken vollständig.

Der Bau der Kelchblätter, der Blumen-
blätter, selbst der der Staubgefäße und des Griffels sind dem des Unterkelches gleich; auch
sie enthalten alle eine mehr oder minder starke Epidermis (Fig. 82), größere und kleinere
Ölräume, nicht sehr kräftige Gefäßbündel mit den Krystallkammern.

Fig. 82.

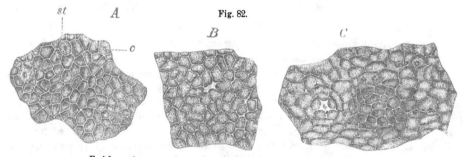

Epidermis von verschiedenen Teilen der Gewürznelke, 160:1.
A vom Unterkelch mit dem Cuticularsaum *c* und den Spaltöffnungen *st*, *B* von der Außenseite, *C* von der
Innenseite des Kronenblattes mit durchschimmernden Ölräumen und Krystalldrusen. Nach J. Möller.

Fig. 83.

Pollen
der Gewürznelke.
Nach J. Möller.

Die Pollenkörner sind durch ihre dreieckige Form mit abgestutzten
Ecken sehr charakteristisch und, wenn sie aufgefunden werden, von großem dia-
gnostischem Wert (Fig. 83). Ebenso gute Erkennungszeichen bieten die Oberhautzellen der verschiedenen Teile der Gewürznelke (Fig. 82, *A*, *B* u. *C*). Die
Oberhautzellen der Kelchblätter sind ebenflächig, und nur sie schließen,
nach Möller, Spaltöffnungen (Fig. 82 *A*, *st*) ein, während die Epidermisschichten
der Kronenblätter frei davon sind. Die Außenseite der Kronenblätter besteht aus wellig umrandeten, starkwandigen Zellen, die Innenseite aus längs-
gestreckten, meist um ein Wachstumszentrum sich gruppierenden, dünnwandigen Zellen, durch welche die Öldrusen und Oxalatkrystalle durchschimmern.

b) Nachweis der Verfälschungen. Die häufigsten vorkommenden Beimengungen bestehen:

α) in Nelkenstielen, von denen man, weil sie sich nicht ganz vermeiden lassen, bis 10% im Nelkenpulver zuzugestehen pflegt. Ihr anatomischer Bau ist schon unter Piment S. 74 beschrie- ben. Hier mögen noch die Formelemente gezeigt werden, wie sie gewöhnlich in Nelkenpulvern auf- treten (Fig. 84). Besonders kennzeichnend sind die Steinzellen, Bastfasern und Netz- oder Treppengefäße — Holzbestandteile, da die Stiele ja mehr oder weniger verholzt sind. Die Steinzellen (Fig. 84 *st, m*) sind sehr verschieden geformt, stark verdickt und mit einfachen und verzweigten Porenkanälen versehen. Bast- fasern kommen, wie wir gesehen haben, auch in den Gefäßbündeln der Nelken selbst vor, doch nur mehr vereinzelt und meist ziemlich klein. Die Bast- fasern der Nelkenstiele (Fig. 84 *b*) sind meist lang, spindelförmig und dick. Die Netz- und Treppen- gefäße (Fig. 84 *g*) deuten neben den Steinzellen am sichersten auf eine Beimischung von Stielen.

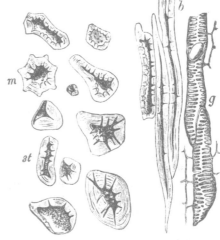

Fig. 84.

Gewebselemente der **Nelkenstiele**, 160:1. *st* Steinzellenformen der Außenrinde, *m* eine stern- förmige Steinzelle aus dem Marke, *g* Gefäßröhren, *b* Bastfasern und eine Steinzelle aus dem Bastparen- chym. Nach J. Möller.

β) Zusatz von Mutternelken. Dieser Zusatz pflegt nur dann vorzukommen, wenn die Mutternelken billiger als die Gewürznelken sind. Über ihre Erkennung vgl. S. 89.

γ) Getreide- und Hülsenfruchtmehle können bei dem Fehlen von Stärke in den Gewürz- nelken schon an der Form der Stärke, zu deren Identifizierung das Pulver zweckmäßig erst entfettet wird, erkannt werden (vgl. auch III. Bd., 2. Teil, S. 538 u. f.).

δ) Über den mikroskopischen Nachweis sonstiger Verfälschungsmittel vgl. unter Pfeffer S. 54 u. f., Piment S. 74 u. f.; über den von Kakaoschalen unter „Kakao" weiter unten.

Anhaltspunkte für die Beurteilung der Gewürznelken.

a) Nach der chemischen Analyse.

Der Verein deutscher Nahrungsmittelchemiker hat folgende Vereinbarungen getroffen:

1. „Gewürznelken (Nelken) sind die nicht vollständig entfalteten (unaufgeblühten), ge- trockneten Blüten von Eugenia aromatica Baillon (Eugenia caryophyllata Thunberg, Jambosa Caryophyllus Niedenzu, Caryophyllus aromaticus L.), zu der Familie der Myrtaceen gehörend.

2. Ganze Nelken müssen unverletzt, voll sein und aus Unterkelch und Köpfchen bestehen; sie dürfen weder ganz noch teilweise ihres ätherischen Öles beraubt sein, müssen stark nach Eugenol riechen und schmecken und müssen beim Drucke mit dem Fingernagel aus dem Ge- webe des Unterkelches leicht ätherisches Öl absondern.

3. Für den Gehalt an Mineralbestandteilen, an Nelkenstielen und an ätherischem Öl gelten die gleichen Anforderungen wie bei den gemahlenen Nelken.

4. Gemahlene Nelken müssen braunrot, braun und von kräftigem Geruch und Ge- schmack sein; ein Zusatz von Nelkenstielen oder von entölten Nelken bei der Herstellung der gemahlenen Ware ist unstatthaft.

5. Der Gehalt an Nelkenstielen darf 10% nicht übersteigen; der Gehalt an äthe- rischem Öl muß mindestens 10% betragen.

6. Als höchste Grenzzahlen für den Gehalt an Mineralbestandteilen (Asche) in der lufttrockenen Ware haben zu gelten 8 % und für den in 10 proz. Salzsäure unlöslichen Teil der Asche 1%."

Das Deutsche Arzneibuch schreibt ebenfalls als Höchstgehalt an Asche 8% vor. In anderen Ländern gelten folgende Bestimmungen:

		Österreich-Ungarn	Schweiz	Verein. Staaten von Nordamerika
Ätherisches Öl	mindestens	12%	12 %	10 %
Asche	höchstens	8%	8 %	8 %
In Salzsäure unlöslicher Teil	„	1%	1 %	0,5%
Nelkenstiele	„	7%	2,5%	5 %
			(f. ganze Nelken)	

Die amerikanischen Bestimmungen verlangen ferner nicht weniger als 12% Gerbsäure (berechnet aus dem Sauerstoffverbrauch des wässerigen Auszuges) und nicht mehr als 10% Rohfaser.

b) Für die Beurteilung von verfälschten Gewürznelken nach der Rechtslage liegen zwei Entscheidungen vor, nämlich:

Gemahlene Nelken mit Nelkenstielen. Die Untersuchung der Probe gemahlener Nelken ergab eine Beimengung von etwa 50% der fast wertlosen Nelkenstiele, während bei einer Probe ganzer Nelken sich nicht mehr als 5% Nelkenstiele vorfanden.

Nach dem Sachverständigengutachten haben Nelkenstiele nur einen Gehalt von 4—5% ätherisches Öl gegenüber 10—20% der Nelken. Ihr Preis ist etwa halb so hoch wie der der Nelken. Ein Zusatzhöchstgehalt von 10% Abfallware, als welche Nelkenstiele zu erachten sind, unterliegt nur dann keiner Beanstandung, wenn derartige Bestandteile bei der Ernte unabsichtlich unter die Früchte kommen; ganz vermeiden läßt sich dies überhaupt nicht. Dagegen begründet jede, auch die kleinste absichtliche Beimengung minderwertiger Stoffe eine Verfälschung der reinen Ware. Es wird durch den Zusatz nicht normaler Bestandteile der innere Wert des Ganzen herabgedrückt und der Ware ein geringerer Verkaufs- und Gebrauchswert verliehen als jener, den sie zu haben scheint und den das Publikum berechtigterweise erwartet. Eine Herabsetzung des Preises ohne gleichzeitige Kenntlichmachung der minderwertigen Beschaffenheit der Ware durch eine besondere Bezeichnung hat nicht etwa den Erfolg der Aufklärung des Publikums über die Minderwertigkeit der Ware, sondern den der Preisdrückerei gegenüber reeller Handelsware. Verurteilung aus § 10 [1 u. 2] NMG.

LG. Nürnberg, 17. März 1909.

Gemahlene Nelken mit Kakaoschalen und Nelkenstielen. Die „rein gemahlenen Nelken" enthielten neben reichlichen Mengen Kakaoschalen 15—30% mitvermahlene Nelkenstiele. Unter „rein gemahlenen Nelken" werden im reellen Handel nur solche Mahlungen verstanden, welche aus dem reinen Naturprodukte, wie es aus dem Ursprungslande eingeführt wird, hergestellt sind. Es dürfen also nur die im Rohmaterial der Nelkenblüten teilweise noch anhaftenden Stiele und Blätter mit in dem Gewürzpulver enthalten sein. Ein Zusatz fremder, dem verwendeten Naturprodukt nicht eigentümlicher und zugehöriger Stiele ist unbedingt auszuschließen und muß, falls erfolgt, besonders deklariert werden. Nelkenstiele sind erheblich weniger wert als die Nelkenblüten, ihr Zusatz bedeutet in jedem Falle eine Verschlechterung des rein gemahlenen Gewürzes und dient dazu, ein trotz des gleichen Aussehens diesem gegenüber minderwertigeres Mahlprodukt herzustellen. Die Beimengung von Kakaoschalen bewirkt nur eine Gewichtserhöhung, aber nicht zugleich eine entsprechende Wertsvermehrung, bedeutet also eine Verschlechterung der Qualität des Gewürzes.

Mithin sind die als „rein gemahlen" gelieferten Nelken als verfälscht anzusehen. In der Angabe der Gewürze als „rein gemahlen" wurde außerdem die Vorspiegelung einer falschen Tatsache gefunden. Vergehen gegen § 10[2] NMG. und § 263 StGB.

LG. Leipzig, 4./14. Dezember 1905.

17. Safran.

Safran (Crocus) sind die getrockneten Narben von Crocus sativus L., einer zu den Iridiaceen gehörenden, im Oktober reifenden Pflanze, die in Kleinasien, Persien, Krim wild wächst, vorwiegend in Spanien und Frankreich, nur in mäßigem Umfange auch in Österreich kultiviert wird.

Die Narben sind dunkelorangerot bis purpurrot, im getrockneten Zustande etwa 2 cm, im aufgeweichten etwa 3,0—3,5 cm lang. Beim Aufweichen in Wasser erweitert sich die Narbe trichterförmig, zeigt feine Kerbungen und ist an der Innenwand aufgeschlitzt. Die drei Narben einer Blüte sind vielfach noch durch einen Rest des heller gefärbten Griffels zusammengehalten. Der Safran riecht sehr stark, schmeckt gewürzhaft bitter, etwas scharf und verleiht beim Kauen dem Speichel eine orangegelbe Färbung; er fühlt sich, zwischen den Fingern gerieben, fettig an.

Man unterscheidet: 1. französischen Safran als beste Sorte, von dem der Safran d'Orange durch künstliche Wärme, der Safran comtat an der Sonne getrocknet ist; der Safran comtat hat eine besonders lebhafte Farbe; 2. spanischen Safran, der dem französischen ähnlich, aber weniger geschätzt wird als dieser; er wird auch häufiger verfälscht. Gegenüber diesen beiden Sorten hat der österreichische und türkische Safran nur mehr eine untergeordnete Bedeutung.

Der sog. orientalische Safran stammt von einer ganz anderen Pflanze (Crocus vernus L.), die auch bei uns als Frühlingssafran in Gärten gezogen wird. Die Narben dieser Pflanze sind wertlos; sie haben weder Geruch noch Geschmack oder nur sehr schwach nach Safran und besitzen nur ein sehr geringes Färbevermögen.

Nach der Aufbereitung unterscheidet man zwischen elegiertem Safran, der frei von Griffeln ist, und naturellem Safran, bei dem die Narben noch größtenteils an zugehörigen Griffeln haften.

Die chemische Zusammensetzung[1]) des Safrans schwankt zwischen folgenden Grenzen:

Wasser		Stickstoff-Substanz	Äthe-risches Öl	Äther-auszug	Petroläther-auszug	Alkohol-auszug	Rohfaser	Asche	
%	Mittel	%	%	%	%	%	%	%	Mittel
8,9—17,2	12,33	6,8—13,6	0,4—1,3	3,5—14,4	1,1—10,7	46,8—52,4	3,6—5,9	4,3—8,4	5,69

Durch das ätherische Öl wird der Geruch und Geschmack, durch einen im Ätherauszug vorhandenen Bitterstoff (Pikrocrocin), der auch in Wasser und Weingeist — in Äther erst nach langer Extraktion — löslich ist, wird der bittere Geschmack bedingt[2]). Der Bitterstoff zerfällt beim Behandeln mit Säuren oder auch mit Alkalien in Zucker (Crocose) und ätherisches Öl (gleich mit Safranöl).

Der Safranfarbstoff (das Crocin oder Polychroit genannt), der sich in Wasser, verdünntem Alkohol leicht — in absolutem Alkohol wenig —, in Äther nur spurenweise löst, ist ein Glykosid, das bei der Behandlung mit verdünnter Salzsäure in Zucker (Crocose) und Crocetin zerfällt. Das Crocin kann in der Weise gewonnen werden, daß der mit Äther erschöpfte Safran mit Wasser ausgezogen und der Auszug mit gereinigter Tierkohle geschüttelt wird, wodurch sämtlicher Farbstoff absorbiert wird. Die Tierkohle wird nach dem Waschen mit Wasser getrocknet und dann mit 90 proz. Alkohol ausgekocht. Das alkoholische Filtrat hinterläßt nach der Entfernung des Alkohols eine gelblichbraune Masse bzw. ein gelbes Pulver, welches mit konzentrierter Schwefelsäure erst tiefblau, dann rot bis braun wird und durch Säuren (wie auch Alkalien) in Crocose und Crocetin zerfällt. Das Crocetin ist ein hochrotes Pulver, nur spurenweise in Wasser, leicht in Alkohol und Äther, ebenso in Alkalien löslich — aus letzterer Lösung wird es durch Säuren wieder gefällt; 100 Teile Crocin liefern nach R. Kayser 28 Teile Crocetin.

F. Decker[3]) gewinnt das Crocetinammonium krystallinisch (d. h. in gelben Nadeln) da-

---

[1]) Vgl. Bd. I 1903, S. 970 und Balland, Zeitschr. f. Untersuchung d. Nahrungs- u. Genußmittel 1907, 7, 565.

[2]) Vgl. R. Kayser, Berichte d. Deutsch. chem. Gesellschaft 1884, 17, 2228.

[3]) Chem.-Ztg. 1906, 30, 18 u. 705.

dúrch, daß er die harzfreie Lösung des Crocetins in sehr verdünnter Natronlauge bei 60—70° mit Ammoniumcarbonat im Überschuß versetzt. Aus der erkalteten Flüssigkeit scheidet sich das Crocetinammonium in gelben Nadeln aus. Wenn man zu der Lösung in sehr verdünnter Natron- oder Kalilauge so viel alkoholische Kali- oder Natronlauge setzt, bis ein bleibender Nieder- schlag entsteht, den man durch Erwärmen auf dem Wasserbade wieder löst, so scheidet sich das crocetinsaure Natrium beim Erkalten in Nadeln (büschelförmig), das Kaliumsalz in rauten- förmigen Krystallen ab.

B. Pfyl und W. Scheitz[1]) erhielten das Ammoniumsalz in glänzenden lanzettlichen Nadeln und Kügelchen auch dadurch, daß sie zur alkoholischen Lösung alkoholisches Ammoniak setzten und vorsichtig unter Kühlung Ammoniak einleiteten. Durch doppelte Umsetzung des Ammoniumsalzes mit salzsaurem Chinin und Brucin konnten auch die Salze der letzteren Basen in Nädelchen bzw. Stäbchen erhalten werden.

Der Safran enthält auch fertig gebildeten, Fehlingsche Lösung direkt reduzieren- den Zucker (etwa 10—15%). Den Gehalt an Pentosanen fanden Hanuš u. Bien (l. c.) zu 5,20% in der Trockensubstanz.

Verfälschungen des Safrans. Der Safran als das teuerste Gewürz — zu 100 g Safran sind etwa 45 500—54 500 Narben erforderlich — ist naturgemäß den größten und viel- seitigsten Verfälschungen ausgesetzt. Diese sind im II. Bd., 1904, S. 1049 bereits ausführlich angegeben. Im Schweizerischen Lebensmittelbuch und im Codex alim. austr. werden die- selben und noch einige andere Verfälschungen aufgeführt, nämlich:

a) Extrahierter und meist wieder aufgefärbter Safran. Er ist oft von spröder Be- schaffenheit. Als zum Auffärben solchen Safrans benutzte Farbstoffe können in Betracht kommen: Teerfarbstoffe (besonders Dinitrokresol als Safranersatz, Rocellin oder Echtrot), Saflor, Sandelholz, Campecheholz, Fernambukholz usw.

b) Beschwerter Safran. Es kommen in Betracht: Wasser, Glycerin, Zuckersirup, Honig, fette Öle, Stärkemehl, ferner Bariumsulfat, Calciumsulfat, Salpeter, Borax, Calciumcarbonat.

c) Teile der Safranblüte: Griffel, an der hellen Farbe leicht zu erkennen. Sie sind in kleinen Mengen zuzulassen, wenn sie sich noch an den Narben befinden. Diese Griffel bilden unter dem Namen „Feminell" einen besonderen Handelsartikel; unter demselben Namen kommen neuer- dings auch die gerollten und die gefärbten Blüten der Calendula (siehe unten) im Handel vor; in Streifen zerschnittenes, gerolltes und gefärbtes Perigon; Staubblätter.

d) Teile fremder Pflanzen: Angeblich Narben anderer Crocusarten. Sie sind kürzer, am vorderen Ende gekerbt oder geteilt. Blüten von Carthamus tinctorius L. (Saflor), Kapsafran, Blüten von Lyperia crocea Eckl., Blüten von Tritonia aurea Pappe, von Arnica montana, Scolymus Hispanicus. Randblüten der Calendula officinalis L. (Ringelblume „Feminell", vgl. bei c), gerollt und gefärbt; zerschnittene Blätter des Granat- baumes; Zwiebelschalen, zerschnitten, gerollt und gefärbt; Klatschmohn; Maisgriffel; ganze oder zerschnittene, gerollte und gefärbte Blätter von Gräsern; feine Pflanzenwurzeln.

e) Andere Fälschungen: Gefärbte Gelatinefäden, strukturlos; Fasern von getrocknetem Fleisch, quergestreift.

Im gepulverten Safran kommen dieselben Verfälschungen vor, besonders häufig Curcuma, Saflor, Sandelholz, ferner Mehle und Stärkemehle, Zucker, Paprikapulver usw.

W. Fresenius und L. Grünhut[2]) untersuchten zwei verfälschte Safransorten und eine Safranessenz mit folgendem Ergebnis:

Probe (Safran)	Feuchtigkeit %	Safran (organ. Stoffe) %	Borax %	Neutrales Natriumborat %	Magnesiumsulfat %
Verfälscht Nr. 1 . . .	2,05	46,73	8,23	17,49	25,50

[1]) Chem.-Ztg. 1906, **30**, 299.

[2]) Zeitschr. f. Untersuchung d. Nahrungs- u. Genußmittel 1900, **3**, 810; vgl. auch F. Daels (ebendort 1901, **4**, 383), der eine ähnliche Verfälschung wie bei Nr. 2 fand.

Probe (Safran)	Feuchtig-keit %	Safran (organ. Stoffe) %	Neutrales Kaliumborat %	Neutrales Natriumborat %	Kali-salpeter %	Ätznatron (NaOH) %
Verfälscht Nr. 2 .	8,43	48,15	20,86	6,41	12,94	3,21

Probe	Wasser %	Safran %	Saccha-rose %	Glykose %	Dextrin %	Borax %	Kali-salpeter %	Kali (KOH) %
Safranessenz . .	46,57	0,40	9,91	1,65	5,63	16,87	10,03	8,94

A. Beythien[1]) fand im Safran Sandelholz, das sich durch eine Bestimmung der Rohfaser nachweisen läßt; reiner Safran enthält 4,5—5,5% Rohfaser, Sandelholz rund 62%.

Nach A. Jonscher[2]) verlieren die Narben des Safrans schneller als die Griffel Wasser und ergaben z. B. bei gleicher Aufbewahrung:

Safran	Wasser %	Ätherlösliches Fett %	Ätherisches Öl %	Asche %
Narben . . .	9,5	6,83	0,34	4,6
Griffel . . .	13,6	4,90	0,23	6,2

Durch Beimengung von Griffeln wird die Färbekraft des Safrans herabgesetzt (ebenso durch Austrocknung und Wasserabspaltung).

Der Nachweis von der Beschaffenheit und Reinheit des Safrans kann auf chemischem und mikroskopischem Wege geschehen.

1. Chemische Untersuchung. a) Allgemeine Prüfung. Nach dem Deutschen Arzneibuch soll 0,1 g über Schwefelsäure getrockneter Safran mit 100 g Wasser 3 Stunden lang unter öfterem Schütteln bei Zimmertemperatur ausgezogen und 1 g des Auszuges mit 99 g Wasser versetzt werden; die Mischung muß bei gutem und reinem Safran deutlich und rein gelb gefärbt erscheinen. Mit Kalilauge erwärmt darf Safran kein Ammoniak entwickeln (Ammoniumsalze); er darf nicht süß schmecken (Zucker) und darf an Petroleumbenzin höchstens 5% lösliche Stoffe abgeben (Fett). Das Schweizerische Lebensmittelbuch gibt als allgemeine Prüfung die Schwefelsäureprobe in folgender Ausführung an:

Man läßt ca. 0,1 g Safran mit 10 ccm Wasser in der Kälte während einer Stunde stehen und schichtet dann 1 ccm der erhaltenen Lösung über 5 ccm Diphenylaminschwefelsäure (0,5 g Diphenylamin + 100 ccm konzentrierte Schwefelsäure + 20 ccm Wasser). Hierauf vermischt man die beiden Flüssigkeiten vorsichtig und beobachtet die auftretenden Färbungen. Bei reinem Safran tritt eine Blaufärbung ein, die bald in Rotbraun übergeht. Bei Anwesenheit von Nitraten bleibt die blaue Färbung bestehen. Teerfarbstoffe machen sich durch intensive, bleibende, meist rote Färbungen bemerkbar. Verfälschungen und Surrogate werden unter dem Mikroskop mit konzentrierter Schwefelsäure nicht blau.

b) Bestimmung der Färbekraft des Safrans. Hierzu haben Procter[3]), Dowzard[4]) und Vinassa[5]) das colorimetrische Verfahren vorgeschlagen, für dessen Ausführung das Schweizerische Lebensmittelbuch folgende Anleitung gibt:

Man maceriert 0,3 g Safran mit 300 g Wasser mehrere Stunden. Vom Filtrat soll 0,1 ccm 100 ccm Wasser deutlich gelb färben (1 : 1 000 000). Oder: 50 ccm eines wässerigen Safranauszuges

---

[1]) Zeitschr. f. Untersuchung d. Nahrungs- u. Genußmittel 1901, **4**, 368.
[2]) Zeitschr. f. öffentl. Chemie 1905, **11**, 444.
[3]) Pharm. Journ. 1889, 801. [4]) Ebendort 1898, 443.
[5]) Archiv d. Pharm. 1892, **230**, 354.

(1 : 1000) werden in einen Zylinder gegossen, in einen zweiten Zylinder gibt man 50 ccm Wasser, zu denen man aus einer Bürette 10 proz. Kaliumbichromatlösung zufließen läßt, bis die Farbe in beiden Zylindern gleich ist. Dazu verbraucht man bei gutem Safran 5—6 ccm.

Das Verfahren von Dowzard weicht hiervon nur dadurch ab, daß er andere Konzentrationen für Safran- und Bichromatlösung anwendet.

A. Jonscher[1]) und R. Kayser[2]) konnten aber nach diesem Verfahren keine befriedigenden Ergebnisse erhalten. R. Kayser fand sogar Differenzen bis 40%. A. Jonscher hat daher als Vergleichslösungen eine solche aus reinem Narbensafran statt der Bichromatlösung vorgeschlagen.

Für die Untersuchung werden 0,1 g des zu prüfenden Safrans, der vorher in dünner Schicht auf einem weißen Kartenblatt 48 Stunden lang in einem trockenen Zimmer verwahrt war, abgewogen, in ein Reagensglas gebracht, mit genau 10 ccm Alkohol von 50 Vol. - % übergossen und über der Flamme zu eben beginnendem Sieden erhitzt. Man stellt das Reagensglas in kaltes Wasser und läßt es eine Stunde verschlossen stehen. Man filtriert und gibt genau 5 ccm des Filtrates in einen Standzylinder.

Ebenso hat man sich aus einem reinen Narbensafran eine Lösung hergestellt. 5 ccm des Filtrates hiervon werden zu 100 ccm mit destilliertem Wasser aufgefüllt; diese Lösung dient als Farbentyp; die aus dem zu prüfenden Safran gewonnene Lösung (5 ccm) wird nun mit destilliertem Wasser bis zu gleicher Farbentiefe wie die Vergleichslösung verdünnt. Diese (die Vergleichslösung) wird gleich 100 gesetzt, die Farbkraft oder Farbzahl wird in Kubikzentimetern des Volumens, bis zu dem die Lösung, aus dem zu untersuchenden Safran gewonnen, verdünnt werden mußte, angegeben.

Die aus den Griffeln z. B. gewonnene Lösung (5 ccm) mußte nur auf 10—14 ccm gebracht werden, um die gleiche Farbentiefe wie die Vergleichslösung zu zeigen; Handelssafrane mußten auf 88—94—100 ccm, andere auf 71—91 gebracht werden; Safranspitzen zeigten eine Farbzahl von 41.

Wenn die Farbzahl eines gemahlenen Safrans unter 80 gefunden wird, dann wird der Safran wohl mehr als 10% Griffeln enthalten, eine Farbzahl unter 70 dürfte auf die Verwendung von mehr als 20% Griffeln hinweisen, eine solche unter 40 würde auf eine reine Spitzenmahlung schließen lassen.

Diese Prüfung kann selbstverständlich nur ungefähr die Menge des Griffelzusatzes feststellen, sie kann aber wesentliche Anhaltspunkte dafür liefern, ob extrahierter Safran vorliegt.

c) Werts- und Reinheitsbestimmung des Safrans. Hilger und Kuntze[3]) haben versucht, die obenerwähnte Eigenschaft des Crocins, in Zucker und unlösliches Crocetin zu zerfallen, in folgender Weise zur Werts- bzw. Reinheitsbestimmung des Safrans zu verwenden:

1 g des gepulverten Safrans wird wiederholt mit etwa je 50 ccm siedendem Wasser behandelt; der jedesmal erhaltene Auszug wird filtriert und die Ausziehung 4—5 mal wiederholt, bis das Filtrat etwa 200 ccm beträgt. Dasselbe wird mit 10 ccm N.-Salzsäure versetzt und ungefähr 10 Minuten im gelinden Sieden erhalten, wodurch eine flockige Ausscheidung von Crocetin entsteht, die auf einem gewogenen Filter gesammelt, mit 20—30 ccm siedendem Wasser ausgewaschen, bei 100° gewogen und getrocknet wird. Hilger und Kuntze fanden auf diese Weise bei verschiedenen Safransorten 9,5—10,8% Crocetin.

B. Pfyl und W. Scheitz weisen aber darauf hin, daß das Verfahren keine einwandfreien Ergebnisse liefern kann, und schlagen für diesen Zweck ein anderes Verfahren vor.

Nach B. Pfyl[4]) enthält nämlich der Safran in Chloroform lösliche Stoffe, die nach weiterer Inversion Fehlingsche Lösung reduzieren. Die im Handel vorkommenden Zucker-

[1]) Zeitschr. f. öffentl. Chemie 1905, **11**, 444.

[2]) Ebendort 1907, **13**, 423.

[3]) Archiv f. Hygiene 1888, **8**, 468.

[4]) Zeitschr. f. Untersuchung d. Nahrungs- u. Genußmittel 1907, **13**, 205.

arten, die Griffel und sonstige Verfälschungsmittel des Safrans enthalten solche Stoffe nicht. Pfyl und Scheitz[1]) benutzen daher die Menge des reduzierten Kupfers, die „Kupferzahl" zur Bestimmung der Güte des Safrans und verfahren in folgender Weise:

5 g scharf getrockneter Safran werden erst mit Petroläther und dann mit Chloroform ausgezogen. Letztere Lösung wird eingedunstet, mit Aceton aufgenommen, in einem Becherglase mit 25 ccm Wasser verdünnt, das Aceton mit kleiner Flamme weggekocht, der wässerige Rückstand wieder zu 25 ccm ergänzt und nach Zusatz von 5 ccm N.-Salzsäure 15 Minuten gekocht. Nach dem Erkalten wird filtriert, das Filtrat mit N.-Kalilauge neutralisiert und weiter nach Meissl-Allihn (III. Bd., 1. Teil, S. 430) behandelt.

Die so gefundene reduzierte Kupfermenge für 5 g Safran beträgt bei feinstem spanischem Safran 200 mg, bei billigeren Sorten 150 mg, im Mittel bei besseren Sorten 170 mg; 2 mit Griffeln untermischte Proben lieferten eine Kupfermenge von nur 78 bzw. 47 mg.

Scheitz gibt als Mittelwert 173 mg Kupfer für 5 g guten Handelssafran an.

B. Pfyl und W. Scheitz[2]) haben weiter die von verschiedenen Mengen reinstem und bestem Crocus Gatinais electus reduzierten Kupfermengen mit folgendem Ergebnis bestimmt:

Angewendet	5,0 g	4,5 g	4,0 g	3,5 g	3,0 g	2,5 g	2,1 g	1,2 g	1,0 g
Red. Kupfer	0,2090	0,1870	0,1619	0,1120	0,0828	0,0614	0,0476	0,0264	0,0230 g

Da die Safrangriffel und alle zur Verfälschung desselben dienenden Stoffe keinen Chloroformauszug liefern, der Fehlingsche Lösung reduziert, so kann man aus der für einen fraglichen Safran gefundenen Kupferzahl die Menge an reinem Safran (d. h. Narben) berechnen, indem bei Zwischenwerten interpoliert wird.

Angenommen, es seien für 5 g eines Safrans 0,0661 g Kupfer gefunden; die nächst niedrige Zahl ist 0,0614 (= 2,5 g Safran), die nächst höhere 0,0828 (= 3,0 g Safran); die Differenz zwischen 0,0828 und 0,0614 beträgt 0,0214 und die Differenz zwischen der gefundenen (0,0661) und nächst niedrigen Zahl (0,0614) ist 0,0047, also verhält sich

$$0,0214 : (3,0 - 2,5 = 0,5) = 0,0047 : x \ (x = 0,11 \text{ g}).$$

Dieser Wert von x muß noch den 2,5 g hinzugezählt werden, um die entsprechende Safranmenge in 5 g der angewendeten Substanz zu finden, nämlich 2,61 g = 52,2% echten Safran.

d) Nachweis von Zucker und Glycerin im Safran. Der Safran, besonders der extrahierte, wird mitunter mit Zucker, Sirup und Glycerin versetzt, um ihn wieder geschmeidiger zu machen. E. Nockmann[3]) glaubt die Verfälschung mit Zucker und Sirup durch Bestimmung der Fehlingsche Lösung **reduzierenden Stoffe** vor und nach der Inversion ermitteln zu können und bestimmte diese Mengen für 7 reine Safranproben in folgender Weise:

5 g Safran wurden in einen Extraktionsapparat gebracht und mit destilliertem Wasser (es befanden sich 200—250 ccm Wasser im Extraktionskolben) bis zur Erschöpfung, d. h. völligen Farblosigkeit der abtropfenden Flüssigkeit extrahiert. Der wässerige Auszug, in dem sich meist geringe flockige Abscheidungen zeigten, wurde ohne Filtration restlos in einen 500 ccm-Meßkolben übergespült und nach dem Auffüllen kräftig durchgeschüttelt. Von der homogenen Flüssigkeit wurden zunächst zur Bestimmung des wässerigen Extraktes 100 ccm (= 1 g Substanz) in einer Platinschale eingedampft und im Wasserdampftrockenschrank bis zur Gewichtskonstanz getrocknet. Sodann wurden je 50 ccm der obigen Lösung in 100 ccm-Kölbchen gebracht und darin die reduzierende Substanz nach Meissl bestimmt und als Invertzucker berechnet, und zwar sowohl in der Lösung direkt, als auch in der nach der Zollvorschrift invertierten Lösung, sowie endlich nach ein-, drei- und vierstündigem Invertieren mit 4 ccm Salzsäure vom spezifischen Gewicht 1,19 im kochenden Wasserbade. Jedesmal wurde vor dem Auffüllen mit 5 ccm Bleiessig und Natriumphosphatlösung

[1]) Zeitschr. f. Untersuchung d. Nahrungs- u. Genußmittel 1907, **14**, 239.

[2]) Ebendort 1908, **16**, 337 u. 347.

[3]) Ebendort 1912, **23**, 453.

geklärt und von der auf 100 ccm aufgefüllten Lösung nach der Filtration 50 ccm in 50 ccm der kochenden Fehlingschen Lösung gebracht.

Auf diese Weise fand E. Nockmann für 7 angeblich reine Safranproben:

Wasser	Asche	Wasserauszug im ganzen	In der Trockensubstanz		
			reduzierende Stoffe, als Invertzucker berechnet		
			vor der Inversion	nach der Inversion	
				kleine Inversion	große Inversion
%	%	%	%	%	%
8,42—13,54	5,01—6,83	70,13—76,01	22,56—24,35	23,35—24,92	38,11—39,75

Nockmann glaubt, daß bei etwaiger Erhöhung dieser Werte auf Zusatz von Zucker oder Stärkesirup erkannt werden könne.

Den Nachweis von etwa zugesetztem Glycerin führte Nockmann in der Weise, daß er 5 g Safran mit Wasser auszog, den Auszug mit Kalkmilch wie bei Weinuntersuchungen behandelte, aber nicht den durch Ausziehen mit Alkohol-Äther erhaltenen Rückstand, der auch noch Bestandteile des Safrans enthielt, gewichtsanalytisch bestimmte, sondern darin das Glycerin nach Neuberg und Wohl[1]) durch Destillation mit Borsäure in Acrolein überführte, wobei die Begleitstoffe nicht störten.

A. Nestler[2]) führt den Nachweis von zugesetztem Zucker mikroskopisch, nachdem er sich überzeugt hat, daß eine Zuckerausscheidung (Effloreszenz), selbst bei 8 Jahre altem Safran, nicht stattfindet.

Bei in Pulvergläsern aufbewahrtem und mit Zucker versetztem Safran findet man unter Umständen ein orangegelbes, körniges Pulver, in welchem sich durch die mikroskopische Untersuchung (in Olivenöl) die Zuckerkrystalle erkennen lassen; dasselbe Krystallpulver erhält man, wenn man die Safranteile einige Male über Papier durch die Finger gleiten läßt. Durch vorsichtiges Abschaben einer in Olivenöl liegenden Narbe erhält man stets zahlreiche, gelbliche und farblose Krystalle, meistens kleine Krusten, welche aus zahlreichen Einzelkrystallen bestehen und von Safranfarbstoff bedeckt sind, tafelförmige, schief-rhombische Prismen und abgestutzte Pyramiden.

Man kann auch eine kleine Menge dieser Krystalle durch folgendes Verfahren annähernd rein gewinnen:

Eine größere Narbenzahl wird mit 96 proz. Alkohol kräftig geschüttelt, auch öfters mit einem Glasstabe umgerührt, damit sich die in Alkohol unlöslichen Krystalle von den Narben loslösen; der Safranfarbstoff wird auch gelöst, jedoch nur langsam. Nun wird der verwendete Alkohol durch ein engmaschiges Netz in ein Spitzglas abgegossen, frischer Alkohol auf die Narben gegossen und dieselbe Behandlung, wie früher, wiederholt. Im Spitzglase sinken die Krystalle samt sehr kleinen Narbenteilchen und Pollenkörnern allmählich zu Boden. Der Alkohol wird nun vorsichtig abgegossen und der Bodensatz so lange in längeren Pausen mit Alkohol gewaschen, bis sich kein Farbstoff mehr löst und der Rückstand eine grauweiße Farbe angenommen hat. Untersucht man diesen Rückstand mikroskopisch, so sieht man nun farblose Krystalle, meist zu größeren Gruppen vereinigt, daneben vereinzelt sehr kleine Narbenfragmente und Pollenkörner, also noch keine vollkommen reine Substanz; doch lassen sich mit diesen Krystallen schon einige Untersuchungen bei mikroskopischer Betrachtung ausführen. Läßt man einen Tropfen destilliertes Wasser zufließen, so sieht man, daß die kleineren Krystalle sich langsam, die größeren sich sehr langsam lösen; am Rande des kleinen Tropfens, dort, wo eine größere Menge von Krystallen sich befindet, bilden sich nun sehr rasch aus der gelösten Substanz zahlreiche kleinere und größere Nadeln und schief-rhombische Prismen. — Haucht man den Objektträger wiederholt kräftig an, während eine größere Menge jener reinen

---

[1]) Berichte d. Deutsch. chem. Gesellschaft 1899, **32**, 1352.
[2]) Zeitschr. f. Untersuchung d. Nahrungs- u. Genußmittel 1905, **9**, 337.

Krystalle unter dem Mikroskope sichtbar ist, so bemerkt man keine Veränderung, keine Wasseraufnahme. Eine hygroskopische Zuckerart, z. B. Rohrzucker, Traubenzucker zeigt bei dieser Behandlung sofort eine Wasseraufnahme — es bilden sich um die einzelnen Fragmente kleine Wasserhöfe.

Milchzucker, der keine hygroskopische Eigenschaft besitzt, zeigt diese Erscheinung nicht. Um die oben erwähnten kleinen Verunreinigungen — Narbenfragmente und Pollenkörner — zu entfernen, fügt man zu dem Bodensatz destilliertes Wasser hinzu, wodurch die Krystalle gelöst werden, filtriert und läßt das Filtrat auf dem Wasserbade eindampfen; man erhält dadurch einen farblosen Rückstand von federartigen Bildungen.

Diese Substanz kann dann zum Nachweise der Zuckerart auf chemischem Wege verwendet werden.

e) Nachweis fremder Farbstoffe. Der Nachweis fremder Farbstoffe gleichzeitig neben Safranfarbstoff ist meistens nicht leicht und lassen sich hierfür auch nur allgemeine Anhaltspunkte geben, nämlich:

α) Ein reiner Safran muß, wenn er in Öl oder Paraffinöl unter dem Mikroskope betrachtet wird, gleichmäßig dunkelorange gefärbte Gewebsteile erkennen lassen; hellgelbe oder farblose Teile lassen auf Entfärbung oder Beimengung von Griffeln schließen (Ed. Spaeth). Künstlich beigemengte Farbstoffe sind ferner nicht in den Zellen eingeschlossen, sondern haften äußerlich in Form von Tröpfchen oder Körnchen an.

β) Der Safranfarbstoff ist vollkommen in Wasser löslich, wodurch er sich vor allem von den Farbstoffen der Ringelblumen und des Saflors, und zum Teil auch von den in Wasser schwer löslichen Teerfarbstoffen unterscheidet.

Behandelt man nach Kuntze und Hilger (l. c.) 0,1—0,2 g Safran auf einem kleinen Papier- oder Asbestfilter mit ca. 400—500 ccm Wasser, so lassen reine Safran-Sorten ein farbloses Gewebe zurück; sind die Fasern oder das Filter noch gefärbt, so sind entweder Saflor, Ringelblumen oder mit Teerfarbstoffen gefärbte Fasern vorhanden. Man sucht dann den Farbstoff durch Alkohol zu lösen und untersucht diese Lösung für sich; auch die mikroskopische Untersuchung des Filterrückstandes kann Aufschluß geben.

Sehr beachtenswert ist auch ein Verdunsten der wässerigen Farblösung; dampft man nämlich 5—10 ccm der wässerigen Lösung in einer flachen Porzellanschale ein, so gibt reine Safranfarbstofflösung einen gleichmäßigen, tiefgelben Rückstand ohne irgendwelche vorherige Ausscheidung, bei Gegenwart fremder Farbstoffe dagegen kommen verschieden gefärbte Zonen und unter Umständen auch Ausscheidungen zum Vorschein.

Werden ferner einige Tropfen konz. Schwefelsäure in eine flache Porzellanschale gebracht und wird eine kleine Menge Safranpulver aufgestreut, so tritt bei reinem Safran die bekannte Blaufärbung ein, welche bald in Braun übergeht, während bei Gegenwart fremder Farbstoffe die tiefblaue Färbung beeinträchtigt ist und rasch umschlägt. Mit verdünnter Salzsäure versetzt, verändert sich der Safranauszug nur wenig; auf Zusatz von Kalilauge wird er goldgelb, mit Zink-Salzsäure oder mit schwefliger Säure behandelt, gibt der Safranauszug ein farbloses Filtrat, das sich selbst nach längerem Stehen an der Luft nicht wieder färbt. Safranauszug gibt mit Bariumsuperoxyd und Salzsäure eine farblose Lösung. (Vgl. auch S. 107 und 109.)

γ) S. Salvatori und C. Zay[1]) trennen und bestimmen die Farbstoffe dadurch, daß sie einen wässerigen Auszug herstellen, letzteren ansäuern und darauf die Farbstoffe auf Wolle niederschlagen; Wolle fixiert aus der sauren Lösung die gelben Nitroderivate, während die Färbung des Safrans durch wiederholtes Auswaschen mit angesäuertem Wasser beseitigt wird. Durch wiederholte Behandlung mit Wolle kann man die künstlichen Farbstoffe vollständig entfernen, und wenn man dann die Wolle mit ammoniakalischem Wasser behandelt, so löst sich die Farbe auf und kann durch Eindampfen gewonnen und gereinigt werden. Die Lösung des Safrans wird durch Zusatz von Säuren und Alkalien nicht merkbar verändert; Viktoriagelb, Martiusgelb und Aurantia durch

---

[1]) Chem. Centralbl. 1891, **2**, 387.

Alkalien ebenfalls nicht, erstere beide geben aber mit Säuren einen weißgelben, Aurantia einen pomeranzengelben Niederschlag; der letztere besteht bei **Viktoriagelb** aus einem bei 109—110° C schmelzenden Dinitrokresol, bei **Martiusgelb** aus dem bei 138° C schmelzenden Dinitro-α-naphthol, bei **Aurantia** aus Hexanitrodiphenylamin, welches bei 238° C schmilzt und in Äther unlöslich ist.

δ) **Bietsch** und **Coreil**[1]) kochen behufs Prüfung auf fremde Farbstoffe eine geringe Menge des Safranpulvers mit etwa 10 ccm einer Mischung von 1 Teil **Essigsäure** und 3 Teilen **Glycerin**, verdünnen mit dem doppelten Volumen Wasser, lassen absetzen und betrachten das zu Boden gesunkene Pulver unter dem Mikroskop. Echter Safran zeigt sich völlig entfärbt, beigemengte Blütenteile anderer Pflanzen erscheinen dagegen noch mehr oder weniger gefärbt. Matte, gelbliche, ovale, auf Zusatz von Jodjodkali sich bläuende Fragmente verraten **Curcumazusatz**, wovon man sich noch dadurch überzeugt, daß man ein kleines, auf eine mehrfache Lage Filtrierpapier gebrachtes Häufchen des fraglichen Safranpulvers mit etwas Chloroform und Äther übergießt, bis sich ringsum ein breiter Fleck gebildet hat; diesen betupft man nach dem Abdunsten mit etwas Borax und einem Tropfen Salzsäure, wodurch die bei reinem Safran gelb bleibende Farbe in braunrot übergeht, wenn Curcuma vorhanden ist (vgl. auch S. 20 u. f.).

ε) Ebenso zweckmäßig dürfte folgendes Verfahren von R. **Kayser**[2]) sein:

Man behandelt einen wässerigen Safranauszug, der durch zweistündiges Digerieren von 5 g Safran mit 50 ccm Wasser hergestellt wird, mit wenig **Alkali** in der Wärme und neutralisiert hierauf; es scheidet sich das **Crocetin**, das durch Kalilauge aus dem Crocin, dem Farbstoff des Safrans abgespalten wurde, aus und die Lösung ist nur noch sehr schwach gelb von etwas gelöst gebliebenem Crocetin gefärbt, so daß dieses gar keine capillaranalytische Reaktion gibt. Sind **Teerfarbstoffe** vorhanden, so bleiben diese bei der angegebenen Behandlung unverändert in Lösung und können leicht auf capillaranalytischem Wege rein erhalten und isoliert werden; man hängt in den Auszug ungefähr 4 bis 5 cm breite Streifen Filtrierpapier; nach etwa sechsstündigem Stehen findet man bei Anwesenheit fremder Farbstoffe die Streifen in verschiedener Höhe charakteristisch gefärbt. Wenn man eine 0,1 proz. reine Safranlösung 3 Stunden lang capilliert, dann bemerkt man, daß der Safranfarbstoff 4 Zonen bildet; zu unterst eine dunkelorangefarbene, dann eine diffusorange und eine längere absolut farblose Zone, die mit einer scharf abgegrenzten schwach gelblichen endigt. (E. **Vinassa**.) Aus der wie angegeben vorbereiteten Lösung können Teerfarbstoffe auch durch Ausfärben mit **Wolle** isoliert werden; man säuert die Lösung mit Weinsäure an und erwärmt mit dem Wollfaden im Wasserbade.

f) Nachweis von Beschwerungsmitteln. Die verschiedenartigen Beschwerungsmittel lassen sich vielfach durch die übliche chemische Analyse nachweisen, indem sie den natürlichen Gehalt des echten Safrans in entsprechender Weise erhöhen oder erniedrigen; so wird sich die Beschwerung mit Öl durch die Erhöhung des Petrolätherauszuges (über 10%), die mit **Fleischfaser** und **Gelatine** durch eine Erhöhung des **Stickstoff**-Gehaltes (über 2% Stickstoff), die mit **Zucker** und **Honig** durch eine Erhöhung des **Zuckergehaltes** (S. 111), die mit **Kiefernborke**, **Sandelholz** usw. durch eine Erhöhung des **Rohfasergehaltes** (über 6%), zu erkennen geben, während die natürlichen Gehalte an Farbstoff usw. vermindert sind.

Die Beschwerung mit **Mineralstoffen** ergibt sich durch eine einfache Bestimmung der Asche, welche für echten Safran höchstens 8% betragen soll. Schwerspat und Ton bleiben beim Behandeln der Asche mit Salzsäure ungelöst; Chlornatrium, Natriumsulfat und Natriumnitrat werden dadurch nachgewiesen, daß man in der wässerigen Lösung Chlor, Schwefelsäure und Salpetersäure in üblicher Weise quantitativ bestimmt (vgl. auch **Fresenius** und **Grünhut** S. 108).

2. Mikroskopische Untersuchung. Der ungemahlene Safran stellt ein Haufwerk von Blütennarben dar, die entweder einzeln sind oder zu zweien oder auch zu dreien zusammenhängen. Läßt man dieses Haufwerk in einem Reagensglas oder einer Schale mit Wasser nötigenfalls nach Zusatz von etwas Ammoniak aufweichen und betrachtet die aufgeweichten Fasern mit der Lupe,

---

[1]) Vierteljahresschr. auf d. Gebiete d. Chem. d. Nahr.- u. Genußmittel 1888, 134.

[2]) XIII. Versammlungsbericht d. Fr. Vereinigung bayr. Vertreter d. angew. Chemie 1894, 25.

so kann man die Safrannarben neben Saflorblüten und Calendulablüten (Fig. 85) leicht erkennen. Die Narben von Crocus vernus sind viel kürzer als beim echten Safran.

a) Echter Safran. Der Querschnitt durch die Narbenwand des Safrans — zwischen Hollundermark hergestellt — ein zartzelliges, locker verbun-

Fig. 86.

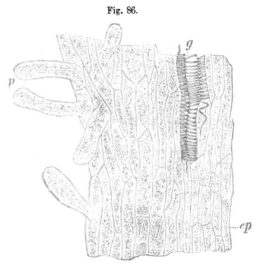

Fig. 85.

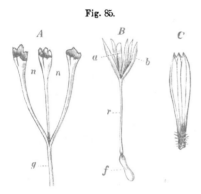

A Safran, *n* Narben, *g* Griffel; *B* Saflorblüte, *f* Fruchtknoten, *r* Blumenkronröhre, *b* Blumenkronzipfel, *a* Antherenröhre; *C* Ringelblume. Nach A. Vogel.

Bruchstück des Safrangewebes. Flächenansicht. 300:1.
ep Oberhautzellen, *p* Papillen, *g* Gefäße.
Nach J. Möller.

denes Parenchym (Fig. 86), beiderseits von einer wenig differenzierten Epidermis überzogen, in der Mitte spärliche kleine Leitbündel mit Spiroiden. Von der Fläche gesehen, sind alle Zellen gestreckt und äußerst zartwandig. Bemerkenswert sind die **Pollenkörner** (*P* Fig. 87), große (0,12 mm Durchmesser), derbhäutige Kugeln mit farblosem körnigem Inhalt.

Die Oberhautzellen — teils parenchymatisch, teils porsenchymatisch — sind oberseits meist zu einer kurzen Papille vorgestülpt.

Fig. 88.

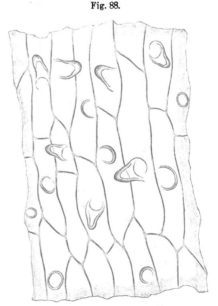

Fig. 87.

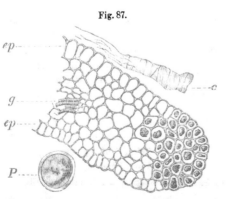

Querschnitt durch den Rand der Safrannarbe.
ep Oberhaut beiderseits, *g* ein Gefäßbündel, *c* die abgelöste Cuticula, *P* ein Pollenkorn. Nach J. Möller.

Oberhaut des Safrans in der Flächenansicht. Nach J. Möller.

8*

Spaltet man eine in Wasser aufgeweichte Narbe und breitet sie auf dem Objektträger aus, so kann man mit einer Lanzennadel die Oberhaut leicht abschaben.

Der Rand des Saumes ist dicht mit Papillen (0,02—0,04 mm breit und bis 0,4 mm lang) besetzt (p Fig. 86, S. 115). Ihre Oberfläche ist sehr fein gekörnt.

Sämtliche Zellen unter der Oberhaut enthalten den feurigroten — in dünnen Schnitten quittgelben — Farbstoff, der die S. 107 angegebenen Eigenschaften besitzt, d. h. in Wasser, Alkohol, Kalilauge, Glycerin löslich, aber in Öl unlöslich ist und die oben S. 113 angegebenen Reaktionen zeigt.

In Safranpulver findet man Bruchstücke des Safrangewebes mit den Papillen (Fig. 86, S. 115), ferner auch die Pollenkörner (Fig. 87 P) und vor allen Dingen den Farbstoff in den Zellen. Dieser ist, weil das Safrangewebe in Gemengen nicht immer deutlich zu erkennen ist, besonders entscheidend. Aber auch hierbei ist Vorsicht geboten, weil manche Paprikasorten einen ähnlichen Farbstoff führen. Letzterer ist aber in Wasser unlöslich und in Öl löslich, während sich der Safranfarbstoff umgekehrt verhält, d. h. in Wasser löslich und in Öl unlöslich ist.

b) Verfälschungen des Safrans.

1. Die Griffel des Safrans. Die Griffel der Safranblüte (Feminell), von denen der elegierte Safran frei sein, der naturelle nur 10% enthalten soll, besitzen dieselben Gewebsformen wie die Narben, lassen sich mikroskopisch aber daran erkennen, daß die Zellen nicht den roten Farbstoff der letzteren enthalten.

Die Griffel werden ferner auch gefärbt, um sie den Narben ähnlicher zu machen. Nach T. F. Hanausek läßt sich eine solche Färbung wahrnehmen, wenn man die verdächtigen Fäden nach der Sonne hält bzw. im durchscheinenden Lichte betrachtet. Safran zeigt dabei eine gleichmäßig rubinrote Färbung mit gelbem Saume, während gefärbte Griffel ungleichmäßige, bald lichte, bald dunkle Färbung mit blauen, violetten und gelbroten Nüancen aufweisen. Bei mikroskopischer Untersuchung erscheint die Oberfläche solcher Fäden reich an Körnchen oder Tröpfchen, während der Inhalt der Zellen von Farbstoff nahezu frei ist.

2. Ringelblumen (Calendula officinalis L., Flores calendulae, oder auch Feminell oder unechter Safran genannt). Von den zweifachen Blüten (Blütenkörbchen), Scheiben- und Strahlenoder Randblüten kommen nur die letzteren zur Verwendung. Sie bestehen aus einem kleinen, spindelförmigen Fruchtknoten und einem einzigen, zungenförmigen, viernervigen, gegen 25 mm langen, orangegelben Blumenblatt.

Dasselbe wird, um es dem Safran sehr ähnlich zu machen, der Länge nach gespalten, anscheinend gedreht und mit Carmin, Anilinrot oder Safrantinktur usw. gefärbt.

Man kann, wie vorstehend unter a) S. 115 schon gesagt ist, durch Aufweichen der Masse in Wasser mit der Lupe unschwer erkennen, ob ein Teilchen dreizackig, namentlich aber, ob es viernervig ist. Auch sind die Kronenblätter von Calendula nicht so dick wie die Fäden der Narben des Crocus, sondern dünn und gelblich durchscheinend, so daß, namentlich bei schwacher Vergrößerung, die aus Gefäßbündeln (Spiralgefäßen) bestehenden Blattnerven recht deutlich hervortreten. Ihre geringe Färbekraft und ihre Geruchlosigkeit sind ebenfalls Beweismittel. Hanausek gibt ferner ein bequemes Mittel an, um die Calendulablüten und ihre Bruchstücke im Safranpulver aufzufinden. Der in den Calendulablüten enthaltene Farbstoff färbt sich in Kalilauge grüngelb bis grün und sind diese dadurch leicht kenntlich — allerdings kann die Reaktion ausbleiben, wenn die Blüten künstlich gefärbt sind, doch hilft in solchem Falle das Aussehen des Bruchstückes, dasselbe zu erkennen —. Bei etwas stärkerer Vergrößerung sind die Fragmente der Calendula daran kenntlich, daß die Zellen des Oberhautgewebes langgestreckt, meist rechteckig oder schwach rhombisch sind, die eine ausgesprochene Längsstreifung erkennen lassen, die bei Crocus und Saflor fehlt (Fig. 89 ep). Diese Zellen enthalten den Farbstoff. Werden sie in Kalilauge präpariert und besehen, so treten in den Zellen große gelbe Tropfen auf, die durch die Einwirkung der Kalilauge teils gelb bleiben, teils sich grünlich färben. Der Basalteil der Blüte ist besetzt mit feinen, schon mit freiem Auge sichtbaren Härchen. Mikroskopisch besehen, sind sie als meistens zweireihige Haare von den Papillen des Safrans leicht unterscheidbar (Fig. 89 ha).

Der Basalteil ist nicht selten belegt mit Pollenkörnern, die eine sehr kennzeichnende, in Fig. 89 *po* wiedergegebene Form besitzen.

3. Saflor. Der Saflor besteht aus den Blüten des in den Tropen verbreiteten, zu den Kompositen gehörigen Farbkrautes (Carthamus tinctorius L.). Aus den Blütenköpfchen werden, wenn sie zu welken beginnen, die roten Blüten herausgenommen, mit Wasser gewaschen und gepreßt, um den gelben Farbstoff zu entfernen, dann wieder getrocknet. Infolge dieser Behandlung erscheint der Saflor des Handels als kleine, aus einem Haufwerk zarter orangeroter oder ziegelroter Blüten geballte Kuchen. Wenn man sie in Wasser aufweicht, tritt der Bau der Blüten wieder hervor (Fig. 85, S. 115). Die Saflorblüten bestehen aus fadenförmigen, 25 mm langen hochroten Blumenröhren,

Fig. 89.

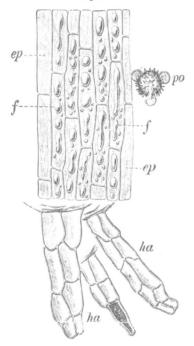

Fig. 90.

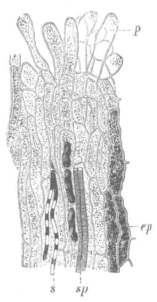

Ringelblume, Calendula.
ep Oberhautzellen, *f* Farbstofftropfen, *ha* Haare im Basalteile der Blüte, *po* Pollen.

Blumenblatt des Saflors in der Flächenansicht.
ep Oberhaut mit den Papillen *p*,
sp Spiralgefäße, *s* Sekretschläuche.
Nach J. Möller.

welche sich in 5 linienförmige, 6 mm lange Zähne spalten; aus der Blumenröhre ragen die zu einer etwa 5 mm langen Röhre verwachsenen gelben Staubbeutel mit dreiseitigen, 0,07 mm messenden Pollenkörnern hervor; zwischen den Staubbeuteln befindet sich der keulenförmig verdickte Griffel.

Das Saflorparenchym ist fester und starrer als Safranparenchym, die Papillen sind derber und beschränken sich auf die Spitze der Perigonzipfel (*p* Fig. 90). Die Konturen der Oberhautzellen sind geschlängelt (*ep* Fig. 90); die Sekretschläuche (*sp* Fig. 90) enthalten eine dunkelbraune, harzähnliche Masse. In den engsten Schläuchen sehen die leeren Zwischenräume, weil sie von der farbigen Umgebung grell abstechen, fast wie Krystalle aus (*s* Fig. 90).

Das Gewebe des Staubblattes besteht aus faserförmigen Zellen, die, wenn sie stark verdickt sind, wie Netzgefäße aussehen und zahlreiche Poren zeigen (Fig. 91, S. 118).

Kennzeichnend vom Safran sind auch die Griffel (Fig. 91), deren Oberhautzellen zu dünnen Papillen verwachsen und daher zottig erscheinen (Fig. 92 *p*).

Fig. 91.

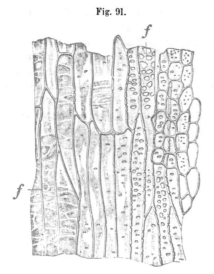

Fig. 92.

Staubblatt des Saflors mit netzig verdickten Faserzellen (*f*) und kleinzelligem Parenchym.
Nach J. Möller.

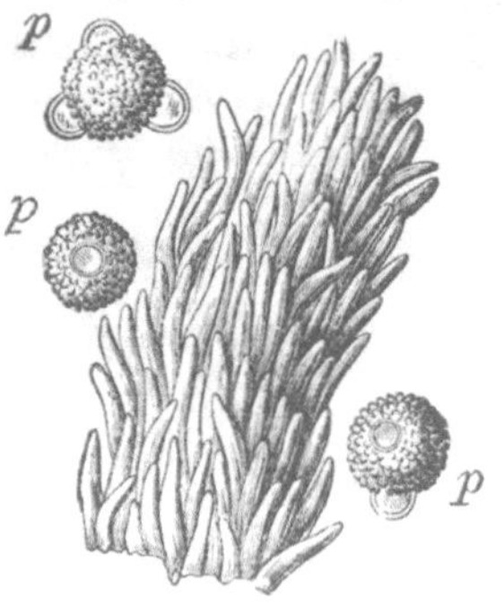

Griffelende der Saflorblüte.
p Pollenkörner in verschiedener
Ansicht.

Die Pollenkörner sind, wie bei Calendula, dreiporig, aber nicht stachelig wie bei Calendula, sondern warzig. Sie sind kleiner als die von Safran, nämlich nur 0,04—0,06 mm groß.

4. Frühlingssafran (Crocus vernus L.). Die Narben sind, wie schon oben gesagt, kürzer, am oberen Ende gekerbt oder geteilt und haben weder Geruch noch Geschmack und nur ein geringes Färbungsvermögen.

5. Kap-Safran. Der Kap-Safran ist gar kein Safran, sondern besteht aus den Blüten eines am Kap verbreiteten, zu den Scrophularineen gehörigen Strauches (Lyperia crocea Eckl. oder L. atropurpurea Beuth.), welche in Geruch, Geschmack und Färbungsvermögen dem echten Safran annähernd gleichen und im Kapland auch als solcher verwendet werden.

Die Blüten besitzen nach T. F. Hanausek einen bauchigen, fünfteiligen, grünlichen Kelch mit linealen Zipfeln und eine oberständige, etwa 25 mm lange Blumenkrone mit langer, dünner, im oberen Teile etwas schiefer Röhre und einem flachen, fünfspaltigen Saum, dessen fast gleiche Zipfel vorn ausgerandet und eingerollt sind. Der Blumenröhre sind zwei kurze und zwei längere Staubgefäße angeheftet, während auf der Blumenkrone und teilweise auch auf dem Kelche große, regelmäßig gestaltete Drüsenschuppen sitzen.

Nach Vogl sind die getrockneten Blüten schwarzbraun, hellen in Wasser auf und erteilen demselben eine gelbe, braungelbe und rötlichbraune Farbe.

6. Blüten von Tritonia aurea Poppe (Crocosma aurea Pl., Babiana aurea Ketsch.) werden in Südafrika ebenfalls als Safran benutzt, da sie einen dem Crocin ähnlichen, in heißem Wasser löslichen Farbstoff enthalten und nach Safran riechen. Die Pflanze hat nach J. Möller einen ährenförmigen Blütenstand. Die Blütenröhre ist zylindrisch und verbreitert sich trichterförmig zu ziemlich gleichen Abschnitten. Die Griffeläste sind an der Spitze keulenförmig verdickt oder verbreitert.

7. Blüten von Arnica montana. Sie sind an den gegliederten Haaren zu erkennen (Ed. Spaeth).

8. Blumenblätter des Granatbaumes (Paeonia). Sie besitzen sehr breite, sich verzweigende Gefäßbündel mit körnigem Inhalt sowie sehr kleinen Pollenkörnern und färben Wasser lebhaft kirschrot (Ed. Spaeth).

9. Maisgriffel. Sie zeigen eine bandartige, flache Gestalt und enthalten der Ringelblume ähnliche, nur kleinere Haare (Ed. Spaeth).

10. Keimlinge von Papilionaceen. T. F. Hanausek fand ein mit Eosin gefärbtes und mit Schwerspat beschwertes Safransurrogat, welches die nachstehenden Gewebsformen (Fig. 93—95) zeigte. Hanausek hält das Surrogat für Wickenkeimlinge.

Fig. 93.

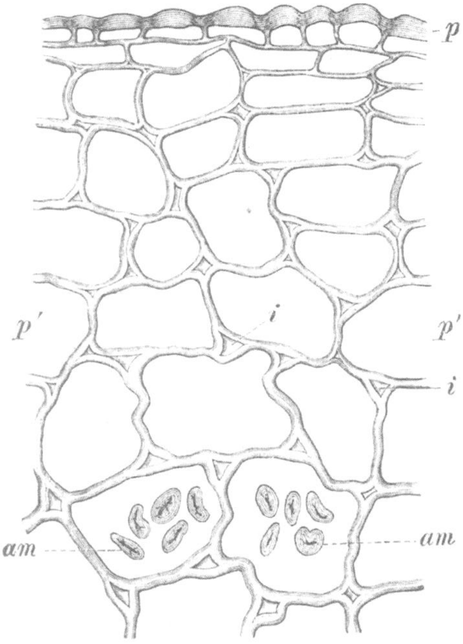

Fig. 94.

Fig. 95.

Querschnittspartie eines linsenförmigen Körpers des Safransurrogates, 350:1. äußerste Zellreihe, p′ Parenchym, i Intercellularräume, am Stärkekörner. Nach T. F. Hanausek.

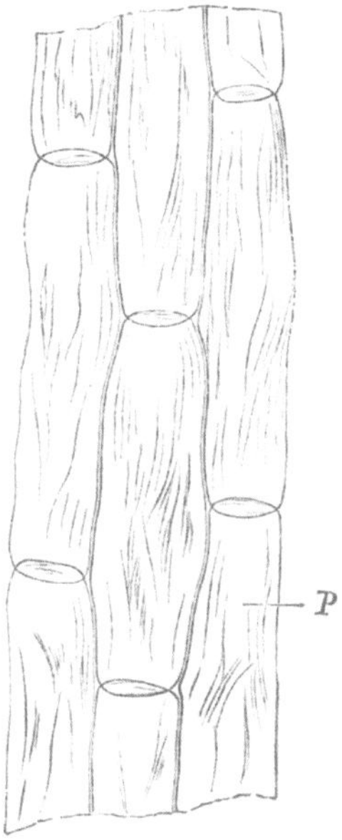

Die Parenchymzellen des Safransurrogates in der Längsansicht.

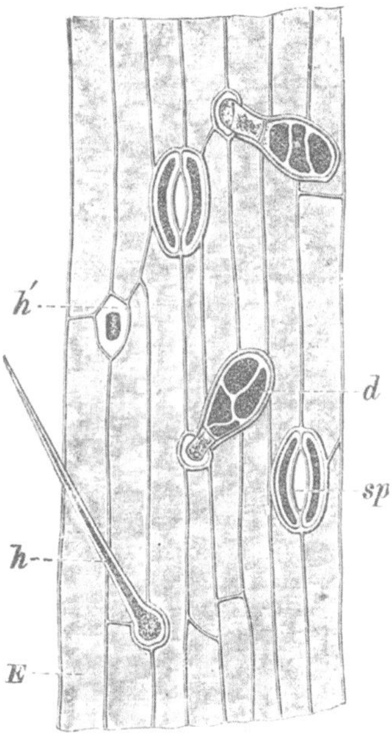

Oberhaut der Surrogatfäden. E Epidermiszellen, sp Spaltöffnungen, d Oberhautdrüsen, h Haar, h′ Insertionspartie eines abgefallenen Haares. Nach T. F. Hanausek.

11. Zwiebelschalen. Sie enthalten in den großen Zellen gut ausgebildete Krystalle von Calciumoxalat.

12. Sandelholz, Fernambukholz, Campecheholz. Über den Nachweis von Sandelholz vgl. S. 75, Fig. 54; auch die beiden anderen Holzarten können mikroskopisch an den Markstrahlen erkannt werden; die Farbstoffe verhalten sich gegen Schwefelsäure und Alkalilauge wie folgt:

Färbung mit	Sandelholz	Fernambukholz	Campecheholz
konz. Schwefelsäure .	· —	schön kirschrot	allmählich orange
Kalilauge	purpurrot	rötlich violett	tief blau

Außerdem kann die quantitative Bestimmung der Rohfaser Aufschluß geben. A. Beythien[1]) fand z. B. in Sandelholz 62%, in Safran dagegen nur 4,5—5,5% Rohfaser.

13. Curcuma und Paprika. Über ihren Nachweis vgl. S. 20 u. S. 84.

14. Malzkeime. Auch gefärbte Malzkeime werden als Fälschungsmittel für Safran angegeben. Nach Barnstein begegnet man selten Längsschnitten, bei welchen, wie in Fig. 96, S. 120, nur eine Reihe von Zellen zu beobachten ist; meistens liegen mehrere Zellreihen übereinander, wodurch das Bild weniger deutlich wird. Bei Gerstenmalz beobachtet man außerdem nicht selten

---

[1]) Zeitschr. f. Untersuchung d. Nahrungs- u. Genußmittel 1901, **4**, 368.

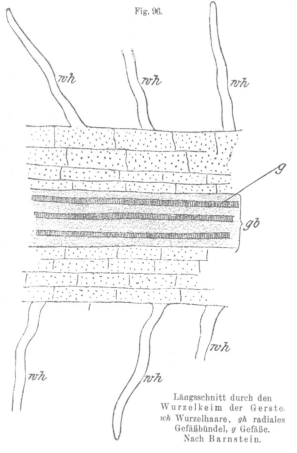

Fig. 96.

Längsschnitt durch den
Wurzelkeim der Gerste.
wh Wurzelhaare, *gh* radiales
Gefäßbündel, *g* Gefäße.
Nach Barnstein.

die verkieselten Epidermiszellen der Gerstenspelze und vereinzelt auch das Gewebe des Blattkeims.

15. Mehl, Stärkemehl. Für den Nachweis hiervon wird das fragliche Pulver durch Waschen mit kaltem Wasser, Weingeist und Äther, bis zur Erschöpfung von Farbstoff, Zucker und Fett befreit; der verbleibende Rückstand kann dann nach III. Bd., 2. Teil, S. 538 u. f. mikroskopisch auf Art der Stärke und nach III. Bd., 1. Teil, S. 441 unter c) durch Kochen mit Salzsäure quantitativ auf Stärkegehalt untersucht werden.

16. Fleischfasern. Zum mikroskopischen Nachweise von Fleischfasern behandelt man die zu untersuchende Probe mit verdünnten Säuren und verdünnter Natronlauge; es erscheinen die Fleischteilchen als Gruppen von lose zusammenhängenden Fasern, oder es bleiben undurchsichtige, dickere Stückchen, welche aber bei schwachem Druck so gelockert werden, daß dieselben ein Bild liefern, wie es *A* in Fig. 97 zur Anschauung bringt.

Fig. 97.

A

B

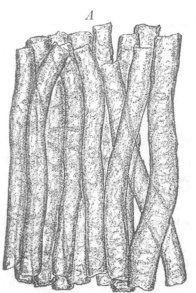

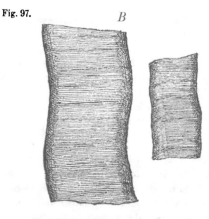

Muskelfaser aus Fleischfuttermehl
A nach Behandeln mit Säuren und
Natronlauge (Vergr. 120),
B nach alleiniger Behandlung mit
Säuren (Vergr. 300).

Noch deutlicher erscheinen diese Fasern, wenn man die zu prüfende Masse nur mit Salz-
oder Salpetersäure behandelt. Es erscheinen alsdann die einzelnen Fasern durch feine Quer-
streifung schraffiert, wie es B in Fig. 97 darstellt.

17. In Wasser lösliche unorganische Beimengungen (Salze). A. Nestler[1]) hat nachgewiesen, daß sich auch unorganische Beimengungen (Salze) mikroskopisch im Safran
nachweisen lassen, nämlich auf folgende Weise: Man zerreibt einige Narbenteile (etwa 5) unter
Zusatz einer kleinen Menge Wasser (etwa 2 ccm), filtriert, fängt das rote Filtrat auf einer für die
folgende mikroskopische Untersuchung geeigneten runden Glasplatte — von etwa 9 cm Durchmesser — auf, läßt verdunsten und untersucht die Kruste unter dem Mikroskop.

Bei reinem Safran sieht man an einzelnen Stellen: längere und kürzere Nadeln, die bisweilen
etwas gekrümmt und zu Aggregaten vereinigt sind; kleine, wetzsteinartige Formen; zweispitzige,
in der Mitte breite Nadeln und kleine sternförmige Aggregate; letztere nur vereinzelt (vgl. die Quelle).

Beschwerungen des Safrans mit Weinstein, Borax, Borax und Salpeter ließen sich
ohne weiteres an den eigenartigen Krystallen in der Kruste erkennen. Die Beschwerung mit Magnesiumsulfat weist A. Nestler[2]) in der Weise nach, daß er ein Stückchen der fraglichen Safrannarbe nach Zusatz eines Tröpfchens Chloralhydrat (5:2) mit einem Skalpell auf einem Objektträger zerdrückt, mit einem Deckgläschen bedeckt und mikroskopisch betrachtet. Es zeigen sich
fast augenblicklich feine kürzere und längere Nadeln und Prismen, deren Zahl in 1—2 Minuten
so zunimmt, daß sie die Gewebsfragmente fast vollständig bedecken. Weiter können zum Nachweise
des Magnesiumsulfats mikrochemische Reaktionen, z. B. mit Calciumchlorid (auf Schwefelsäure)
und mit Natriumphosphatlösung und Ammoniakdampf (auf Magnesium) dienen (vgl. III. Bd.,
1. Teil, S. 210).

Anhaltspunkte für die Beurteilung des Safrans.

a) Nach der chemischen und mikroskopischen Untersuchung.

Der Verein deutscher Nahrungsmittelchemiker hat folgende Forderungen für den Safran
vereinbart:

„1. Safran sind die getrockneten Narben der im Herbste blühenden kultivierten Form
von Crocus sativus L., Familie der Iridiaceen.

Safran, sowohl ganzer wie gemahlener, muß aus den ihres Farbstoffes und ihres
ätherischen Öles weder ganz noch teilweise beraubten Narben von Crocus sativus L. bestehen;
der Geruch muß stark aromatisch, der Geschmack bitter und gewürzhaft sein.

2. Der Gehalt des sogenannten naturellen Safrans an Griffeln und Griffelteilen
darf nicht mehr als 10% betragen.

3. Sogenannter elegierter Safran muß vollkommen frei sein von Griffeln und Griffel-
enden.

4. Als höchste Grenzzahlen des Gehaltes an Mineralbestandteilen (Asche) in der lufttrockenen Ware haben zu gelten 8% und für den in 10 proz. Salzsäure unlöslichen Teil der Asche
1%. Die Asche darf keine anormalen Bestandteile enthalten.

5. Der Wassergehalt (im Wassertrockenschrank bestimmt) betrage nicht mehr
als 15%."

Mit vorstehender Definition stimmen die anderer Länder überein oder sind noch schärfer.
Das Schweizer. Lebensmittelbuch und der Codex alim. austr. bezeichnet Safran als die getrockneten
Narben der Safranpflanze (Crocus sativus L.); das deutsche Arzneimittelbuch, 5. Ausgabe 1910
bezeichnet als Safran die getrockneten Narbenschenkel und das Lebensmittelbuch der Vereinigt.
Staaten von Nordamerika die drei Narben von Crocus sativus L., lassen also beide keine Griffel-
enden zu.

---

[1]) Zeitschr. f. Untersuchung d. Nahrungs- u. Genußmittel 1914, **28**, 264.
[2]) Ebendort 1914, **27**, 388.

Für sonstige Bestandteile des Safrans verlangen:

Bestandteile	Deutsches Arznei-buch 5. Ausg. 1910 %	Codex alim. austr. %	Schweizer. Lebensmittelbuch %
Wasser	12	höchstens 15	höchstens 15
Asche	6,5	,, 7	,, 8
In Salzsäure unlöslich (Sand) .	—	,, 0,5	,, 0,5

Nach dem Codex alim. austr. sollen 0,01 g Safran 3 l Wasser noch schön gelb färben und soll die Menge Invertzucker 20% nicht übersteigen.

b) Beurteilung nach der Rechtslage.

Safran ein Genußmittel. Gegenüber dem Einwande des Angeklagten, daß Safran überhaupt nicht als Genußmittel, sondern nur als Färbestoff in Betracht kommen könnte, nahm der Gerichtshof als festgestellt an, daß zurzeit in Süddeutschland, die Rheinpfalz ausgenommen, und in der Schweiz der Safran, insbesondere bei der Landbevölkerung vorzugsweise als Gewürz bei dem Zurichten von verschiedenen zum menschlichen Genusse und Gebrauch bestimmten Speisen Verwendung findet, und daß dieses so verwendete Gewürz, ohne daß es an sich zur Ernährung des Menschen dient, von diesen mit den hergestellten Speisen genossen und dem Körper zugeführt wird, und daß es daher die Eigenschaft eines Genußmittels hat.

LG. Schweinfurt, 4. April 1887.

Safran ist ein Genußmittel.

OLG. Köln, 8. April 1910.

Safran mit Zusatz von Safrangriffeln. Der Safran enthielt einen Griffelgehalt, der um 40% höher war als der vorkommende höchste Griffelgehalt.

Der Safran hat der Bezeichnung „rein gemahlen" in Wahrheit nicht genügt und deswegen auch den Erwartungen der Empfänger nicht entsprochen, da er die Bestandteile des Naturproduktes nicht im natürlichen Mengenverhältnisse in sich vereinigte. Er ist zwar nach außen hin als reine Ware erschienen, da man ihm die Minderwertigkeit nicht ansehen konnte. In Wirklichkeit ist der Safran infolge einer übermäßigen Anreicherung wertloser, nämlich des Gewürzstoffes ganz entbehrender Griffel bloß eine Mischung von geringerem Werte gewesen. Verurteilung aus § 10² NMG.

LG. Leipzig, 14. Oktober 1906.

Die Revision wurde verworfen. Aus dem Urteil: Der Begriff der Verfälschung eines Nahrungs- und Genußmittels wird auch dadurch erfüllt, daß ein Produkt hergestellt wird, das gegenüber dem normalen minderwertig erscheint, sei es zufolge Entnahme wertvoller Bestandteile, die dem normalen Produkt zukommen, sei es zufolge Nichtentfernung ordnungsmäßig zu entfernender Stoffe, die die normale Beschaffenheit herabsetzen. In diesem Lichte beurteilt die Strafkammer den vorliegenden Sachverhalt, indem sie als erwiesen erachtet, daß das normale Mengenverhältnis der Bestandteile des Naturproduktes zugunsten des Griffelgehaltes beim Safran dergestalt verschoben worden ist, daß die Bezeichnung, unter der das Gewürz in den Verkehr gebracht wurde, der Qualität nicht entsprach.

RG., 7. Mai 1907.

Safran mit Safranspitzen. Als Safranspitzen oder Dechets werden die bei der Auslese der Safrannarben (elegierter Safran) zurückbleibenden Griffel bezeichnet, denen noch kleine Mengen von Narbenteilen anhaften. Der von den Angeklagten als „secunda" verkaufte Safran enthielt 20% solcher Spitzen.

Die Strafkammer hat tatsächlich festgestellt, daß durch die Bezeichnung des von den Angeklagten verkauften Safrans als „secunda"-Ware eine Täuschung ausgeschlossen war, indem die von ihnen einkaufenden Detailverkäufer großenteils die Fabrikationsart kannten, also wußten, in welcher Weise dieser „secunda"-Safran gewonnen war, und, soweit sie dies nicht wußten, wie das konsumierende Publikum aus dem Zusatz „secunda" jedenfalls entnehmen, daß sie keinen Safran erster Güte erhielten, wobei es ihnen vollständig gleichgültig war, ob sie einen Natursafran minderer Qualität oder einen solchen erster Güte, welcher durch Zusatz von Griffeln in seiner Qualität herabgesetzt war, erhielten. Unter diesen Umständen kann in dem sich im Rahmen des anerkannt zulässig haltenden Zusatzes von Griffelsubstanz, welche immer noch einen starken Inhalt an reinem Safran enthält, eine Verfälschung im Sinne des Gesetzes nicht erblickt werden, zumal dieser „secunda"-Safran auch zu einem angemessenen und handelsüblichen Preise verkauft wurde.

OLG. Karlsruhe, 4. September 1909.

Safran mit Saflor. Der Angeklagte hat echtem spanischen Safran 5% Saflor beigemengt und das gemahlene Gemisch als „ff. rein gemahlenen Safran" verkauft. Der Zusatz geschah angeblich, um den Safran besser mahlen zu können.

Daß man ohne Saflor den Safran nicht mahlen könne, wurde von allen gewerblichen und dem wissenschaftlichen Sachverständigen widerlegt. Letzterer führte aus, daß Saflor die Blüte einer Distel, an sich fast wertlos und von minimalem Preise sei, aber mehr Färbekraft als der Crocusgriffel habe.

Daß durch Beimengung eines solchen fremden Stoffes der Safran verschlechtert, verfälscht wird, hielt das Gericht keiner längeren Darlegung für bedürftig. Verurteilung aus § 10¹ u.² NMG.

LG. Augsburg, 18. Juni 1891.

Safran mit Saflor, Sandelholz und Stärke. Die Ware bestand zum größten Teil aus Sandelholz, Saflor und etwas Stärke. Safran selbst war nur in geringer Menge vorhanden. Sie wurde als „Safran" verkauft.

Safran ist eine Ware, die zum Färben und Würzen von Speisen verwendet wird, also ein Genußmittel im Sinne des NMG. Der vom Angeklagten verkaufte Safran war wegen seiner Beimischung als nachgemacht und verfälscht zu bezeichnen. § 10² NMG.

Strafk. b. AG. Koburg, 18. April 1895.

Safran mit Ringelblumenblättern. Die Beimischung von mehr als 5,5% und 11,5% Blütenblätter der Ringelblume zu Safran kann als Verfälschung angesehen werden.

RG., 21. Januar 1890. (Lebbin und Baum, Deutsches Nahrungsmittelrecht, 1907, S. 494.)

Künstlich aufgefärbter Safran. Der Safran war zur Verleihung einer schöneren Farbe künstlich aufgefärbt.

Der Angeklagte hat gewußt, daß eine fremde Farbe an sich kein regelmäßiger Bestandteil, auch kein durch allgemeinen Handelsbrauch gebilligter Zusatz des Safrans, und daß Safran ein Genußmittel sei. Daß nämlich Safran kein bloßes Färbemittel, sondern vielmehr nach seiner substantiellen Beschaffenheit an und für sich ein wirkliches Gewürz darstellt, hat das Landgericht als zweifellos dargetan angesehen. Der Angeklagte hat also wissentlich ein verfälschtes Genußmittel unter Verschweigung dieses Umstandes verkauft. Vergehen gegen § 10² NMG. Die Revision wurde verworfen.

OLG. Dresden, 17. Dezember 1903.

Safran mit Zusatz von Teerfarbstoffen. Der Angeklagte hatte statt gemahlenem echtem Safran eine Mischung verkauft, die zur Hälfte aus Safran, zur anderen Hälfte aber aus organischen Farbstoffen — Nitrophenol und Azofarbstoff — bestand und dabei aber diesen Umstand verschwieg. Den organischen Farbstoff hatte er als künstlichen Safran bezogen.

Da Safran in ganz Süddeutschland in den Privathaushaltungen zum Würzen der Speisen verwendet wird, teils seines eigentümlichen Geschmackes wegen, teils auch, allerdings mit weniger Bedeutung, seiner Färbekraft wegen, so ist er nach Annahme des Gerichts als Gewürz, somit als Genußmittel anzusehen. Verurteilung aus § 10¹ u.² NMG.

LG. Würzburg, 7. November 1892.

18. Kapern.

Kapern, Kappern oder Kaperl sind die noch geschlossenen, abgewelkten, (in Essig oder Salzwasser) eingemachten Blütenknospen des Kapernstrauches Capparis spinosa L. (Familie der Capparideen), der im Mittelmeergebiet wild vorkommt, aber auch kultiviert wird. Die abgepflückten Knospen werden erst einige Stunden welken gelassen, dann in Essig oder Salzwasser oder in salzhaltigem Essig in Fässern von 5—60 kg eingelegt.

„Die Kapern sind etwas flach gedrückt, breitschiefeiförmig oder gerundet-vierseitig, häufig kurz zugespitzt, im größten Querschnitt gerundet-rhombisch, bis 1 cm lang und bis 0,7 cm breit, mit einem 1—2 mm langen Stielreste versehen. Jedes Korn (Knospe) besteht aus vier ungleichen Kelchblättern, vier ungleichen Blumenblättern, zahlreichen freien Staubgefäßen und einem langgestielten Fruchtknoten. Die zwei äußersten Kelchblätter sind breit eiförmig, stark gewölbt, dicklich, zähe, grün, lichtgrau punktiert, die zwei inneren Kelchblätter kleiner, weniger gewölbt und dünn. Die beiden äußeren Blumenblätter sind breiteirund oder

Fig. 98.

Fig. 99.

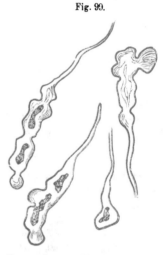

Oberhaut des Kapernkelches. Nach J. Möller.   Kapernhaare. Nach J. Möller.

rundlich, am Grunde mit einem stumpfen, nach einwärts vorspringendem Zahne versehen, bräunlich, zart; die zwei inneren Blumenblätter kleiner, fast verkehrt eiförmig. Der grüne keulenförmige Fruchtknoten sitzt auf einem langen, in der Knospe in einer Schlangenwindung zusammengelegten Stiele und endigt in einer festsitzenden Narbe."

„Der Größe nach teilt man die Kapern im allgemeinen in „minores" und „majores" ein; die kleinste und geschätzteste Sorte heißt Nonpareilles, die größere Surfines, die größte Capucines und Capot. Die größten italienischen Kapern sind die Capperoni. Nach der Art des Einmachens in Essig und Salz oder in Salz allein unterscheidet man Essig- und Salzkapern" (Codex alim. austr.).

Für den mikroskopischen Nachweis von Kapern ist nach J. Möller besonders die Oberhaut des Kelches von Wichtigkeit; sie ist großzellig (Fig. 98) und besitzt eine streifige Cuticula. Im Mesophyll finden sich Zellengruppen mit Haufen gelber Krystallnadeln, die sich in Alkalilauge mit schön gelber Farbe lösen (Rutin).

Weiter sind kennzeichnend die keulig-buchtigen Haare (Fig. 99), die auf der Innenseite der Epidermis sitzen und durch Abschaben der Blumenblätter leicht erhalten werden können.

Als Ersatzmittel bzw. zur Verfälschung dienen wie schon II. Bd., 1904, S. 1054 ausgeführt ist:

a) Die Blütenknospen der Besenpfrieme (Spartium Scoparium L.), auch deutsche, Ginster- oder Geißkapern gt., Fam. der Papilionaceen. Sie sind länglich und besitzen einen zweilippigen Kelch mit 5 ungleichen Blumenblättern und 10 in ein Bündel verwachsenen Staubgefäßen, sowie einen kreisförmig eingerollten Griffel.

b) Blütenknospen der Kapuzinerkresse, Tropaeolum majus L., Fam. der Tropäolaceen. Sie haben einen angenehmen, kressen- oder senfartig scharfen Geschmack, sind kugelig dreiseitig und bestehen aus einem fünfteiligen Kelch mit eilanzettförmigen Zipfeln, von denen der oberste in einen langen Sporn übergeht, aus 5 Blumenblättern, 8 freien Staubgefäßen und einem dreilappigen Fruchtknoten.

c) Knospen der Dotterblume, Caltha palustris L., Fam. der Ranunculaceen. Sie sind leicht erkenntlich an den 5 eirunden, gelbgefärbten Kelchblättern, zahlreichen freien Staubgefäßen, sowie an den 5—10 lineallänglichen, zusammengedrückten, vom kurzen Griffel schief gespitzten Fruchtknoten; Blumenblätter fehlen. Der Codex alim. austr. bezeichnet dieses Kapersurrogat in sanitärer Hinsicht nicht als unbedenklich. Das trifft besonders zu für

d) die unreifen Früchte der Wolfsmilch (Euphorbia lathyris L., Kleines Springkraut). Sie sehen im grünen Zustande kahl aus, sind 7—8 mm lang, dreifächerig mit je einem Samen. Sie gelten als giftig.

Den Kapern — den noch geschlossenen Knospen — werden nach J. Möller auch die Früchte des Kapernstrauches (Cornichons de Caprier) beigemengt. Es sind längliche, vielsamige Beeren, die von den Blütenknospen leicht zu unterscheiden sind.

Als kennzeichnenden chemischen Bestandteil enthalten die Kapern nur das Glykosid „Rutin", von dem P. Foerster 0,5% gefunden hat.

Die eingelegten Kapern enthalten 86,5—88,5% Wasser und in der Trockensubstanz 21,5—30,0% Stickstoff-Substanz, 4,0—4,5% Fett, 9,0—12,0% Rohfaser und 9—10% Asche (bei in Essig eingelegten) und 24,0—25,0% (bei in Salz eingelegten Kapern). Hanuš und Bien (l. c.) fanden in der Trockensubstanz der Kapern 4,01% Pentosane.

P. Foerster[1]) hat das „Rutin" aus den Kapern nach dem Verfahren von Rochleder und Hlasewitz[2]) durch Ausziehen mit Wasser, wiederholtes Umkrystallisieren aus Wasser, und darauffolgendes Ausziehen mit Äther behufs Entfernung des roten Harzes rein dargestellt. Es zerfällt beim Kochen mit verdünnter Schwefelsäure in 47,84% eines gelben, nicht näher untersuchten Körpers und in 57,72% Zucker, den Foerster für „Isodulcit" hält (vgl. II. Bd., 1904, S. 1053).

Anhaltspunkte für die Beurteilung.

Im Deutschen Reich, in der Schweiz und den Vereinigten Staaten von Nordamerika sind bis jetzt für Kapern keine Grundsätze für die Beurteilung aufgestellt. Dagegen heißt es in dem Codex alim. austr.:

„Gute Kapern sind grün, noch vollständig geschlossen und rund, nicht zerdrückt oder teilweise offen; alte verdorbene Kapern dagegen weich und nicht selten bräunlich schwarz gefärbt; diese geben beim Zerdrücken häufig eine schwärzliche körnige Masse. Die Kapern enthalten etwa 0,5% Rutin. In der Trockensubstanz der eingemachten Ware findet man bis zu 30% Rohprotein und 5% Fett."

Auffällig grün gefärbte Kapern erwecken den Verdacht eines Zusatzes von Kupfersulfat; dieser muß wie bei Gemüse, III. Bd., 1. Teil, S. 848, beurteilt werden.

Der Codex alim. austr. bezeichnet Kapern als gesundheitsschädlich, wenn sie mehr als Spuren von wasserlöslichen Kupferverbindungen und mehr als 55 mg Kupfer für 1 kg in unlöslicher Verbindungsform enthalten.

Die Kapern-Ersatzstoffe sind als solche zu deklarieren und selbstverständlich verboten, wenn sie gesundheitsschädlich sind oder sein können.

[1]) Berichte d. Deutschen chem. Gesellschaft 1882, **15**, 214.

[2]) Journ. f. prakt. Chemie **56**, 96; Ann. d. Chem. u. Pharm. **92**, 197.

19. Zimtblüten.

Zimt- oder Cassiablüten (Flores cassiae) sind die nach dem Verblühen gesammelten und getrockneten Blüten oder besser gesagt, unreifen Scheinfrüchte eines Zimtbaumes, wahrscheinlich Cinnamomum Cassia (Nees) Bl. (Familie Lauraceae-Cinnamomeae).

Botanische Kennzeichen: Keulen- oder kreiselförmige, holzige, schwarz- oder graubraune, grobrunzelige Körper von 6—12 mm Länge und am Scheitel von 3—4 mm Breite. Meistens ist an den Blüten noch das kurze Stielchen vorhanden. Jedes Stück besteht aus einer Blütenachse (Unterkelch), die oben mit sechs seicht ausgerandeten, einwärts gewölbten Lappen einen linsenförmigen, hellbraunen, mitunter glänzenden, von dem Griffelüberrest kurz genabelten einfächerigen Fruchtknoten derart einschließt, daß nur eine kleine kreisförmige Fläche des letzteren unbedeckt bleibt (Codex alim. austr.).

Fig. 100.

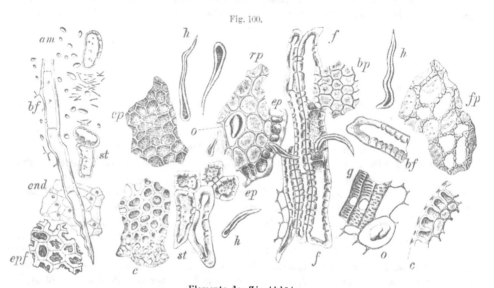

Elemente der Zimtblüte.

ep Oberhaut des Perigons, h Haare, st Steinzellen, f Stabzellen, bf Bastfasern, rp Rindenparenchym, bp Bastparenchym, g Gefäße, o Ölzellen, end Endothel, am Stärke, epf Oberhaut der Frucht, rechts im Durchschnitt, links in der Flächenansicht mit der Cuticula c, fp Steinparenchym des Fruchtfleisches. Nach J. Möller.

Die Zimtblüten haben nur einen schwachen Zimtgeruch — einige riechen nach Kampfer — und werden nur selten dem Zimtpulver zugesetzt, weil sie teurer im Preise sind als Zimtrinde; sie dienen meistens für sich Destillationszwecke.

W. Sutthoff hierselbst fand für eine Probe Zimtblüte (Flores cassiae) folgende Zusammensetzung:

Wasser %	Stickstoff-Substanz %	Ätherisches Öl %	Fettes Öl %	Direkt reduzierender Zucker %	Stärke (in Zucker überführbar) %	Pentosane %	Rohfaser %	Asche %	Sand %
9,78	6,75	1,50	4,25	2,30	5,42	9,08	29,52	4,33	0,13

In Pulverform lassen sich die Zimtblüten nach J. Möller leicht erkennen: 1. An den in großer Menge vorhandenen Härchen h (Fig. 100), die einzellig, selten über 0,12 mm lang, häufig gekrümmt, sehr stark verdickt sind und dem Zimt ganz fehlen; 2. an den ebenso zahlreich vorhandenen Bastfasern (f u. bf), die, verschieden von den Bastfasern in der Innenrinde des Zimts, zu Gruppen (primären Bündeln) aneinandergedrängt, breit sind und ein weites Lumen haben; sie gleichen

Stabzellen (*f*) und sind oft gefächert (*bf*); 3. an der von der der Zimtrinde abweichenden, d e r b c u t i c u l a r i s i e r t e n O b e r h a u t (*epf* rechts), die an die Oberhaut der Gewürznelken erinnert, von ihr sich aber durch die Behaarung unterscheidet; in der Flächenansicht erkennt man die Fragmente der Oberhaut (*epf* links) an den starren, hellen Zellwänden, während die Parenchymzellen infolge der Imbibition durch die Inhaltsmasse braun gefärbt sind; 4. an den S t e i n z e l l e n der Fruchtschale (*fp*), die im Zimt fehlen, während die im Stielchen und Perigon vorkommenden Steinzellen (*st*) von denen des Zimts kaum zu unterscheiden sind. Das Parenchym enthält Ö l z e l l e n, die sich von denen der Rinde nicht unterscheiden, ferner Calciumoxalat und S t ä r k e (*am*), die zwar zum Unterschiede von der zusammengesetzten Stärke in der Zimtrinde einfach ist, aber im Pulver von den Bruchkörnern der Zimtrinde sich nicht unterscheiden läßt.

Der A s c h e n g e h a l t der Zimtblüte soll nach J. M ö l l e r höchstens 4,5% — davon 0,13% in Salzsäure unlöslich — betragen.

D. Gewürze von Blättern und Kräutern.

Von den im II. Bd., 1904, S. 1055 besprochenen Blatt- und Krautgewürzen, nämlich: 1. L a u c h (Allium porrum L.), 2. S c h n i t t l a u c h (Allium Schoenoprasum vulgare L.), 3. S e l l e r i e b l ä t t e r (Apium graveoleus L.), 4. Dill (Anethum graveolens L.), 5. P e t e r s i l i e (Petroselinum sativum Hoffm.); 6. B e i f u ß (Estragon, Draganth, Bertram, Artemisia dracunculus sativus L.), 7. B o h n e n - o d e r P f e f f e r k r a u t (Satureja hortensis L.), 8. B e c h e r b l u m e oder Bimbernell (Poterium sanguisorba glaucescens), 9. G a r t e n - S a u e r a m p f e r oder G e m ü s e a m p f e r (Rumex patientia L.), 10. L o r b e e r b a u m (Laurus nobilis L.) und 11. M a j o r a n (Mairan, Magran, Origanum Majorana L.) bilden bei uns vorwiegend nur die L o r b e e r - und M a j o r a n b l ä t t e r eine Handelsware und mögen daher nur diese hier etwas näher für die Untersuchung besprochen werden. Von den vorstehenden Blättern sind Nr. 6 B e i f u ß, 7. B o h n e n - oder P f e f f e r k r a u t, 9. S a u e r a m p f e r auch in J. M ö l l e r: Mikroskopie der Nahrungs- und Genußmittel, Berlin 1905, mikroskopisch behandelt, worauf verwiesen sei. Dort finden sich auch weiter besprochen: I s o p k r a u t (Hyssopus officinalis L.), das im südlichen Europa als Garten-Küchengewürz angepflanzt wird, und G a r t e n s a l b e i (Salvia officinalis L.), welcher am Mittelmeer wild wächst, aber auch bei uns in Gärten gezogen wird.

20. Lorbeerblätter.

Die bei uns als Gewürz verwendeten L o r b e e r b l ä t t e r sind die getrockneten Blätter des immergrünen Lorbeerbaumes, Laurus nobilis L., Familie der Lauraceen, der in den verschiedensten Spielarten vorwiegend um das Mittelmeer herum angebaut wird. Die in Deutschland verwendeten Lorbeerblätter kommen hauptsächlich aus Italien.

Die Blätter sind kurz gestielt, länglich-lanzettförmig, 8—10 cm lang, 3—5 cm breit, spitz oder zugespitzt, g a n z w a n d i g, am Rande schwach gewellt und etwas umgebogen, lederrig, k a h l, oberseits glänzend, unterseits matt und heller gefärbt. Von den auf der Unterseite stark hervortretenden Hauptnerven gehen 6—8 ziemlich kräftige, schlingenläufige Sekundärnerven ab. Auf Q u e r s c h n i t t e n des Blattes (Fig. 101, S. 128) fallen im Mesophyll die Ö l z e l l e n auf, die kugelig (30—45 $\mu\mu$) sind und oft einen Tropfen farblosen ätherischen Öles enthalten. Die E p i d e r m i s beider Blattseiten, mit einem starken Cuticularüberzug versehen, besteht aus wellig-buchtigen, dicht getüpfelten Zellen. Die S p a l t ö f f n u n g e n auf der Unterseite sind von 4 Nebenzellen umgeben und liegen vertieft (Fig. 102).

Die chemische Z u s a m m e n s e t z u n g anlangend, so ergab eine Analyse bei 9,73% Wasser: 9,45% Stickstoff-Substanz, 3,09% ätherisches Öl, 5,34% Fett, 29,91% Rohfaser und 4,35% Asche; H a n u š und Bien (l. c.) fanden in der Trockensubstanz der Lorbeerblätter 13,84% Pentosane. Die Blätter enthalten auch reichlich Gerbstoff.

G u t e Lorbeerblätter sollen grün und möglichst stielfrei, der Geruch stark gewürzhaft, der Geschmack gewürzhaft bitter sein.

Fig. 101.

Querschnitt des Lorbeerblattes.

Fig. 102.

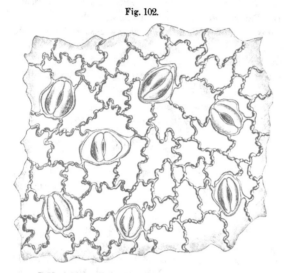

Epidermis der Unterseite des Lorbeerblattes.
Nach J. Möller.

Die Kirschlorbeerblätter, die zur Darstellung des Kirschlorbeerwassers dienen, stammen von dem zu den Amygdaleen gehörenden Kirschlorbeerbaum (Prunus laurocerasus L.); sie sind den Blättern des echten Lorbeerbaumes zwar ähnlich, unterscheiden sich aber dadurch von diesen, daß sie geruchlos und dicklicher sind, einen gesägten, stets umgeschlagenen Rand und an jeder Seite der Mittelrippe an der Blattunterfläche 1—4 Drüsen haben.

21. Majoran.

Unter Majoran (Mairan oder Magran) versteht man das getrocknete, blühende Kraut (Blumenähren und Blätter des Stengels) der Pflanze Majorana hortensis Much. oder Origanum Majorana L., Familie der Labiaten, die im Orient und südlichen Europa einheimisch ist, bei uns als einjähriges Gewächs angebaut und, wenn als zweijähriges Gewächs angebaut, strauchartig wird.

Man unterscheidet deutschen und französischen Majoran im Handel. Der deutsche Majoran besteht aus zerschnittenen, sämtlichen oberirdischen Teilen der Pflanze, also aus Blättern und Stengelteilen; er besitzt meistens eine graugrüne Farbe. Der französische Majoran enthält durchweg nur die abgestreiften Blätter (abgerebelte Ware genannt) und besitzt infolgedessen eine grünere Farbe. Als ganze Pflanze oder in Pulverform kommt der Majoran seltener vor. Im angenehmen, gewürzhaften Geruch und Geschmack sind deutscher und französischer Majoran mehr oder weniger gleich.

Der Codex alim. austr. gibt die botanischen Eigenschaften des Majorans wie folgt an:

„Der dünnbehaarte, rundlich-vierkantige, bis 50 cm hohe Stengel ist oben rispigästig, die Zweige sind dicht und grau behaart, die Blätter gestielt, elliptisch, eirund, eiförmig oder spatelförmig, in den Stiel verschmälert, gegen 2—3 cm lang, stumpf oder abgerundet, ganzrandig graugrün, kurzgraufilzig, einnervig, mit bogenläufigen, undeutlich schlingenbildenden Sekundärnerven. Blüten in kurzwalzlichen, bis fast kugeligen Ähren, die durch die eirundlichen, fast filzigen und gewimperten Deckblätter dicht vierreihig dachig erscheinen. Kelch ein verkehrt eiförmig, undeutlich ausgeschweiftes, am Grunde eingerolltes Blättchen, einlippig; die kleine, weiße Lippenblume mit ausgerandeter Ober- und dreispaltiger, fast gleichzipfeliger Unterlippe. Die Teilfrüchtchen sind bis 1 mm lang, eiförmig, länglich, glatt, braun."

Die Epidermis der Oberseite des Majoranblattes (Fig. 103, S. 129) besteht nach J. Möller aus flachbuchtigen, die der Unterseite (Fig. 104) aus tiefwellig-buchtigen, beiderseits knotig verdickten Zellen. Die an der Unterseite — vereinzelt auch auf der Oberseite — befindlichen Spaltöffnungen sind klein; ihre Nebenzellen sind fast ausnahmslos um die beiden Pole gelagert.

Auf beiden Blattseiten kommen dreierlei Haarformen vor, nämlich: schlanke, mehrzellige, dünnwandige Haare in größerer Anzahl, mitunter feinwarzige, an der Spitze meist gekrümmte Haare und Köpfchenhaare mit kurzem, zwei- bis vierzelligem Stiel und ein- bis zweizelligem Köpfchen.

Die Oberseite (Fig. 103) ist mit einer rosettenförmigen Scheibendrüse versehen, um welche die Oberhautzellen rosettenförmig angeordnet sind.

Wie gerade die Haare zur Erkennung einer Verfälschung von Majoran dienen können, zeigt folgende Untersuchung:

Fig. 104.

Fig. 103.

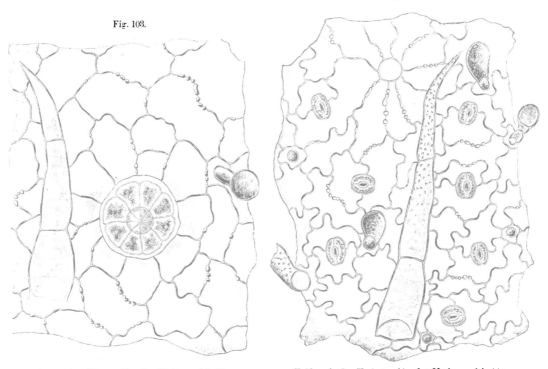

pidermis der Oberseite des Majoranblattes.
Nach J. Möller.

Epidermis der Unterseite des Majoranblattes.
Nach J. Möller.

Fr. Netolitzky[1]) beobachtete nämlich eine Verfälschung des Marseiller Majorans mit den Blättern einer Cistusart (wahrscheinlich Cistus albidus L., Fig. 105, S. 130). Die Epidermis der Blätter bestand fast ausschließlich aus Sternhaaren; durch die Form der flaschenförmigen Drüsenhaare unterschied sich das Blatt von den ähnlichen Folia Altheae. Auch werden zerkleinerte Blätter von Cornus sanguinea L. als Fälschungsmittel für Majoran angegeben; die Haare sind aber von vorstehenden verschieden, sie sind zweiarmig, einzellig, kurz gestielt; sie finden sich parallel zu den Nerven besonders auf der Oberfläche des Blattes. Die Drusenkrystalle liegen in kleinen Gruppen im Schwammparenchym.

Die allgemeine chemische Zusammensetzung des Majorans erhellt aus folgender Analyse:

Wasser %	Stickstoff-Substanz %	Fett (Ätherauszug) %	Ätherisches Öl %	Rohfaser %	Asche %	Sand %	Pentosane in der Trockensubstanz %
7,61	14,31	5,60	1,72	22,06	9,69	3,39	8,32

Der Majoran des Handels enthält durchweg viel Erde (Sand usw.) beigemengt, und zwar der französische meistens mehr als der deutsche Majoran; so fanden G. Rupp und Ed. Spaeth (Bd. I, S. 982, 983 und Bd. II, S. 1057):

[1]) Zeitschr. f. Untersuchung d. Nahrungs- u. Genußmittel 1910, **19**, 205.

Fig. 105.

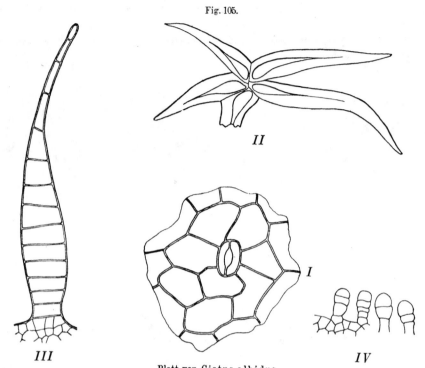

Blatt von Cistus albidus.
I. Epidermis, II. Sternhaar, III. flaschenförmige Drüse, IV. keulenförmige Drüsen.
Nach Netolitzky.

Majoran	Alkoholextrakt		Asche		In Salzsäure Unlösliches (Sand usw.)	
	Schwankungen %	Mittel %	Schwankungen %	Mittel %	Schwankungen %	Mittel %
Deutscher	13,0—23,0	17,0	6,5—22,8	12,0	0,7— 9,7	3,4
Französischer . . .	13,8—26,0	19,1	6,8—31,2	16,3	1,0—18,3	5,3

K. Windisch[1]) untersuchte verschiedene Majoranproben auf Asche und Sand mit folgendem Ergebnis:

Blätter	Wasser		Rohasche		Sand		Sandfreie Asche in der	
							natürlichen Substanz Mittel	Trockensubstanz Mittel
	Schwank. %	Mittel %	Schwank. %	Mittel %	Schwank. %	Mittel %	%	%
1. Selbst abgerebelte, ohne Stengel . . .	8,69—14,03	12,05	7,35—18,09	11,42	0,51—8,28	2,84	8,58	9,72
2. Mit mehr oder weniger Stengeln (Markt)	10,05—18,31	13,53	10,03—11,82	10,51	1,05—1,88	1,31	9,21	10,70
3. Handelsproben . .	7,26—11,97	9,51	9,74—24,98	16,05	1,48—14,8	5,32	10,73	11,80

Weil der Blatt- (gerebelter) Majoran durchweg mehr Asche als der geschnittene Majoran enthält, so haben die Vereinbarungen deutscher Nahrungsmittelchemiker zwischen beiden

---

[1]) Zeitschr. f. Untersuchung d. Nahrungs- u. Genußmittel 1910, **20**, 86.

einen Unterschied im zulässigen Aschengehalt gemacht; diese Vereinbarungen haben folgenden Wortlaut:

1. „Majoran besteht aus dem getrockneten blühenden Kraute der im Orient und im südlichen Europa einheimischen, bei uns angebauten einjährigen Labiate Origanum Majorana L.

2. Das Gewürz kommt als zerschnittene, aus allen oberirdischen Teilen der Pflanze, also aus Blättern und Stengelteilen, oder lediglich aus Blüten und Blättern (abgerebelte Ware) bestehende Ware, seltener als Pulver oder als ganze Pflanze in den Handel.

3. Majoran muß einen kräftigen aromatischen Geruch zeigen. Als höchste Grenzzahlen für den Gehalt an Mineralbestandteilen (Asche) haben, auf lufttrockene Ware berechnet, zu gelten für:

a) Geschnittenen Majoran 12% Asche, in 10 proz. Salzsäure unlösliche Asche 2,5%.

b) Gerebelten oder Blattmajoran 16% Asche, in 10 proz. Salzsäure unlösliche Asche 3,5%.“

Der Codex alim. austr. verlangt für Majoran 1% ätherisches Öl und folgende Grenzen für den Aschengehalt:

	Gesamtasche	In Salzsäure unlöslich (Sand)
Geschnittener oder gepulverter Majoran	13,0%	2,5%
Blätter-Majoran	15,0%	2,5%

In der Schweiz und den Vereinigten Staaten von Nordamerika ist bis jetzt der Majoran unter den Gewürzen nicht aufgeführt.

Im Codex alim. austr. sind als Blattgewürze noch weiter behandelt:

	Zulässiger Gehalt	
	Gesamtasche	Sand
a) Bohnenkraut, Saturei (Satureia hortensis L.)	12%	1%
b) Basilienkraut, Basilicum, Blätter von Ocimum Basilicum L.	—	—
c) Thymian, Welscher Quendel oder Kuttelkraut von Thymus vulgaris L.	8% (0,5—1,0%)	2% äther. Öl)
d) Salbeiblätter von Salvia officinalis	10% (1,5—2,5%)	1% äther. Öl)
e) Lavendel, Blätter mit Zweigspitzen von Lavendula spica L. .	—	—

E. Gewürze von Rinden.

Von Rinden verwenden wir nur eine Art als Gewürz, aber als eines der weitverbreitetsten, nämlich:

22. Zimt.

Unter Zimt (Zimmet, Kanehl, Kaneel, Cassia usw.) versteht man die von den äußeren Gewebsschichten (Kork und primärer Rinde) ganz oder teilweise befreite, getrocknete Astrinde verschiedener, zur Familie der Laurineen gehörenden Cinnamomumarten. Man unterscheidet im Handel vorwiegend 3 Sorten:

1. Ceylonzimt (edler Zimt, Kanehl) von Cinnamomum Ceylanicum Breyne. Dieser besteht aus der dünnen, 0,5 bis höchstens 1 mm starken, von beiden Seiten her eingerollten, von der Ober- (Außen- und Mittel-) Rinde befreiten Innenrinde der jungen Zweige (Schößlinge, Stockausschläge); die Rinden werden zu mehreren (8—10) ineinandergesteckt und kommen in 0,5—1,0 m langen und ungefähr 1 cm dicken Rollen in den Handel. Je enger die Röhren aneinander schließen und je kurzfaseriger der Bruch ist, um so wertvoller gilt der Zimt. Die Rinde ist außen schön hellbraun, innen rotbraun und leicht brüchig. Sie wird wegen ihres äußerst aromatischen Geruches, sehr gewürzhaften, süßen — nicht herben — Geschmackes am höchsten geschätzt, aber nur selten als Gewürz verwendet. Sie ist zur Herstellung von Zimttinkturen und Zimtöl für Apotheken vorgeschrieben.

2. Chinesischer Zimt (Zimt-Cassia, gemeiner Zimt, Cassia vera, in den Preislisten der Gewürzhändler auch Cassia lignea genannt) von Cinnamomum Cassia Blume. Man unterscheidet

in England und Amerika davon 3 Sorten, nämlich Saigon - (beste Sorte), Batavia - und China - Cassia. Der chinesische Zimt besteht aus dickeren, meist einseitig gerollten Röhren von 2—3 cm Durchmesser, während die Rinde 2—3 mm dick ist. Die Rinde ist vielfach nur nachlässig geschält und läßt stellenweise noch primäre Rinde und Kork erkennen. Bei gut geschälter Ware ist die Rinde außen hellbraun, sonst rotbraun und meist längsgestreift, innen dunkler. Im Innern der Warenbündel finden sich oft Bruchstücke und Abfall. Geruch und Geschmack gewürzhaft wie bei Nr. 1, indes tritt ein herber Geschmack schon hervor.

3. Malabarzimt, Holzzimt (auch Holzcassia, Cassia lignea, in den Gewürzlisten auch Cassia vera genannt) von Cinnamomum Burmanni Blume, C. Tamala Nees et Eberm., ferner von den in Südostafrika angebauten Sorten C. obtusifolium, C. pauciflorum u. a. Dieser Zimt ist noch weniger sorgfältig abgeschabt als der chinesische Zimt; infolgedessen hat er ein gelb- bis lederbraunes, auch graubraunes Aussehen; der Geruch ist nur schwach gewürzhaft und der Geschmack herbe.

Der Malabarzimt wird vorwiegend zur Herstellung von Zimtpulver verwendet.

Der Unterschied dieser und anderer Zimtsorten in der chemischen Zusammensetzung erhellt aus folgenden Zahlen (Bd. I, 1903, S. 972 und Bd. II, 1904, S. 1059):

Zimtsorte		Anzahl der Analysen	Wasser	Stickstoff-Substanz	Ätherisches Öl	Fett	Stärke, d. h. in Zucker überführbare Stoffe	Pentosane	Rohfaser	Asche wasser-löslich	Asche wasser-unlöslich	Sand	Alkohol-extrakt
		%	%	%	%	%	%	%	%	%	%	%	%
Ceylon		12	8,87	3,71	1,40	1,73	19,64	12,41	34,44	1,69	2,63	0,12	12,85
Chinesischer	Rinde . .	11	10,88	3,56	1,52	1,96	27,08	7,76	21,82	1,14	2,09	1,32	5,32
	Sprossen	3	6,88	7,35	3,78	5,71	10,71	—	11,76	2,88	1,80	0,27	10,88
Holzcassia	Malabar .	1	8,57	4,50	3,25	1,30	23,22	—	22,27	1,79	2,98	0,03	11,97
	Batavia .	8	10,49	4,86	1,79	1,33	21,55	—	19,35	1,72	3,69	0,05	13,50
	Saigon .	10	8,00	4,22	3,69	2,75	21,84	—	23,43	2,06	2,79	0,37	6,60
	Penang .	1	7,04	4,75	5,84	3,07	23,76	—	20,09	2,03	2,42	0,08	6,07
Indischer[1])		3	13,00	4,96	1,42	2,75	—	—	19,03	2,73		—	—

Selbstverständlich sind die Zahlen bei den einzelnen Sorten unter sich ebenfalls nicht geringen Schwankungen unterworfen, aber man ersieht aus den vorstehenden Zahlen doch, daß die bessere Beschaffenheit einerseits nicht von der Menge an ätherischem Öl, andererseits nicht von der holzigen Beschaffenheit abhängt, weil der Ceylonzimt durchweg am wenigsten ätherisches Öl und am meisten Rohfaser[2]) enthält.

Jos. Hanuš[3]) bestimmte in verschiedenen Zimtsorten dadurch den Gehalt an Zimtaldehyd, daß er den gemahlenen Zimt mit Wasserdampf destillierte, das Destillat mit Äther ausschüttelte, den Rückstand nach dem Verdunsten des Äthers in Wasser suspendierte, den Aldehyd mit Semioxamacid $\left(\begin{array}{l} CO \cdot NH \cdot NH_2 \\ | \\ CO\text{———}NH_2 \end{array}\right)$ fällte und als Azon wog. Er fand im Mittel von je 4 Proben Zimtaldehyd:

Ceylonzimt	Cassiazimt	Blüte des Cassiazimts	Zimtabfälle (Chips) 2 Proben
1,89%	2,71%	4,57%	1,33%

[1]) Nach Balland, Zeitschr. f. Untersuchung d. Nahrungs- u. Genußmittel 1904, **7**, 565.

[2]) Balland gibt in 4 Zimtsorten folgenden Gehalt an Rohfaser an:

	Guadeloupe	Guyana	Madagaskar	Mayotta
Rohfaser . .	47,75%	33,85%	36,10%	36,25%

[3]) Zeitschr. f. Untersuchung d. Nahrungs- u. Genußmittel 1904, **7**, 669.

Die Rinde von ostindischem Zimt (Cinnamomum Tamata) ergab 1,80% der wilde Ceylon-Kanehl von Colombo in der Zweigrinde 0,12%, in der Stammrinde 1,31% Zimtaldehyd; im Destillat von Massoyzimt und anderen Zimtarten entstand kein oder nur ein geringer Niederschlag. Jos. Hanuš ist der Ansicht, daß, wenn der Aldehyd unter 2% beträgt, Ceylonzimt, und wenn er über 2% liegt, Cassiazimt anzunehmen ist.

Bei Vanille hat sich jedoch das Semioxamid zur Fällung des Vanillins nicht bewährt, sondern Hanuš empfiehlt hier die Fällung mit dem Hydrazid der m-Nitrobenzoesäure (vgl. S. 38).

Bezüglich des Gehaltes an Zucker ist schon II. Bd., S. 1059 mitgeteilt, daß Ed. Spaeth in Ceylonzimt 0,50—1,50%, in chinesischem Zimt 0,25%, in Holz-Cassia 0 bis Spuren Invertzucker, aber bei keiner Sorte Saccharose nachgewiesen hat. O. v. Czadek[1] fand in 17 Proben Cassia lignea 0,58—1,83%, in 2 Proben Cassia ceylanica 1,47 und 1,52%, in 3 Proben Cassia vera 1,24, 4,19 und 6,22% Zucker, als Invertzucker berechnet, und bei sämtlichen Proben nur 0,09—0,53% Saccharose, wonach ein künstlicher Zusatz von Zucker beurteilt werden kann. Beythien, Hempel und Bohrisch[2] stellten in einer Probe eines reinen, natürlichen Zimts 25—26% Stärke fest. Wir fanden in einem chinesischen Zimt nur 10,75% Stärke (nach Lintner).

Lührig und Thamm[3] (Nr. 1), ebenso Sprinkmeyer und Fürstenberg[4] (Nr. 2) untersuchten die Asche verschiedener reiner Zimtsorten auf ihre Alkalität (S. 6) usw. und fanden:

Zimtsorte	Anzahl der Proben	Wasser %	Asche %	Sand %	In der sandfreien Trockensubstanz: Asche			Alkalitätszahl (1 g Asche erfordert ccm N.-Säure): Asche		
					Gesamt- %	wasserlöslich %	wasserunlöslich %	Gesamt- ccm	wasserlöslich ccm	wasserunlöslich ccm
1 a. Ceylon- .	8	11,02	4,74	0,04	5,28	1,56	3,72	18,3	9,5	20,8
1 b. Cassia- .	2	14,25	2,08	0,02	2,36	0,93	1,43	14,8	6,5	19,9
2 a. Ceylon- .	5	11,99	4,75	0,07	5,31	1,15	4,17	17,0	12,0	18,5
2 b. Cassia- .	5	12,85	2,88	0,55	2,69	0,99	1,70	15,5	9,1	19,4

Hieraus ergibt sich, daß der reine Cassiazimt weniger Asche enthält als der reine Ceylonzimt, daß dagegen in dem Verhältnis zwischen dem wasserlöslichen und wasserunlöslichen Teil kein wesentlicher Unterschied besteht, daß dagegen die Alkalitätszahl für 1 g Asche (Gesamt- wie wasserlösliche Asche) bei Ceylonzimt etwas höher ist als bei dem Cassiazimt.

J. Hendrick[5] fand in Zimtrinden folgende Gehalte an Calciumoxalat, nämlich:

Zimt	Wilder Ceylonzimt	Cassiarinde
2,50—3,81%	bis 6,62%	0,05—1,34%

Der Seychellenzimt — von den Seychellen stammend — bestand nach einer von A. Beythien und K. Hepp[6] untersuchten Probe aus derben hellbraunen Stücken, welche noch vollständig mit der Korkschicht bedeckt waren und alle drei Gewebsschichten, Kork, Mittelrinde und Innenrinde enthielten. Die außerordentliche Dicke von 6—7 mm erinnert eher an Holz als an Rinde; auch durch den hohen Gehalt an Rohfaser und den niedrigen Gehalt an Stärke und ätherischem Öl unterscheidet sich dieser Zimt von den besseren bis jetzt gebräuchlichen Zimtsorten; die von Beythien und Hepp (Nr. 1), ferner von Rosenthaler und Reis[7] (Nr. 2) ausgeführten Analysen ergaben nämlich:

---

[1] Zeitschr. f. Untersuchung d. Nahrungs- u. Genußmittel 1904, 7, 51.
[2] Ebendort 1904, 7, 566. [3] Ebendort 1906, 11, 129.
[4] Ebendort 1906, 12, 652. [5] Ebendort 1908, 15, 45.
[6] Ebendort 1910, 19, 367. [7] Ebendort 1910, 20, 738.

Sey-chellen-zimt	Wasser	Nh-Substanz	Ätherisches Öl	Alkohol-auszug	In Zucker über-führbare Stoffe (als Glykose ber.)	Rohfaser	Asche	Sand
	%	%	%	%	%	%	%	%
Nr. 1	9,80	2,41	0,42	11,50	6,90	47,05	6,69	0,20
Nr. 2	9,37	2,04	1,33 (Zimtaldehyd)	7,27	—	36,04	8,60	0,44

Rosenthaler und Reis[1]) geben weiter an: 6,52% Wasserauszug und 4,20% Ätheraus-zug[2]); nach ihnen soll der Seychellenzimt von dem Ceylonzimt abstammen, womit der ana-tomische Bau am meisten Ähnlichkeit habe.

Nach J. Meyer[3]) steht das Seychellenzimtöl dem von Ceylonzimt nahe; er fand davon in jüngeren Stücken 1,76% und 6,14% Asche, in dickeren Stücken 2,68% Zimtöl und 7,5% Asche; die Außenschichten der dicken Stücke enthielten nur 0,36% Zimtöl. J. Meyer hält die Unterscheidung des Seychellenzimts von anderen Zimtsorten nach der botanischen Untersuchung nur dann für möglich, wenn die gefundenen Merkmale sich bei der Unter-suchung von Rinden verschiedenen Alters und von verschiedenen Standorten als für die Art kennzeichnend erweisen, während sie in Zimtpulver kaum möglich sein dürfte.

Nelkenzimt, Nelkencassia besteht aus der Rinde eines kleinen brasilianischen Baumes Dicypellium caryophyllatum Nees, Familie der Lauraceen.

Der sog. weiße Zimt stammt von Canella alba Mussay, Familie der Canellaceen, die auf den Bahamainseln (Westindien) vorkommt.

Hanuš und Bien fanden in der Trockensubstanz des Nelkenzimts 11,29%, in der des weißen Zimts 18,28% Pentosane. Weitere Untersuchungen hierüber liegen meines Wissens nicht vor. J. Möller behandelt sie in seiner Mikroskopie 1905, S. 326 und 531 eingehend für die mikroskopische Unterscheidung anderer Zimtsorten, worauf verwiesen sei, weil sie bei uns als Gewürze keine Bedeutung haben.

K. Micko[4]) beschreibt eine falsche Zimtrinde, die einen ähnlichen anatomischen Bau, auch ähnliche Stärke wie die echte Zimtrinde, aber kein Aroma besitzt. Die Rinde ist 20—25 cm lang, bis 5 mm dick; mit Wasser eingeweicht, quillt sie mächtig an und umgibt sich mit einem dicken, gallertartigen Schleim; als Begleiter der Stärke erscheint, be-sonders in den Markstrahlenzellen, Calciumoxalat in Prismenkrystallen; primäre Faserbündel sind nicht vorhanden.

Verfälschungen. Die gangbarsten Verfälschungen des Zimts bestehen (vgl. auch Bd. II, S. 1060):

a) In der Unterschiebung geringwertiger Zimtsorten unter die besseren;

b) in der Entziehung des ätherischen Öles durch Wasserdämpfe oder durch Einhängen der Rinden in Alkohol;

c) in der Vermischung des Zimtpulvers mit Zimtabfällen, Zimtbruch (Astteilen) von der Zubereitung des Zimts;

d) Untermischung von allerlei Stoffen, wie bei Pfeffer, Gewürznelken usw. (z. B. Zimt-matta aus Hirseschalen, Schalen von Haselnuß, Walnuß, Mandeln, Kakao, Sandelholz, Zi-garrenkistenholz, Baumrinden, Mehle und geröstetes Brot, Zucker, ausgezogener Galgant, Ölkuchen, Eisenocker u. a.).

1. Chemische Untersuchung. Über die allgemein anzuwendenden Verfahren vgl. S. 3 u. f. Für Zimt ist nur noch folgendes besonders zu beachten:

---

[1]) Zeitschr. f. Untersuchung d. Nahrungs- u. Genußmittel 1910, **30**, 738.

[2]) Von dem Ätherauszug sollen 2,83% flüchtig sein, was sehr hoch erscheint.

[3]) Arbeiten a. d. Kais. Gesundheitsamte 1911, **36**, 372.

[4]) Zeitschr. f. Untersuchung d. Nahrungs- u. Genußmittel 1900, **3**, 305.

a) Bestimmung des Zimtaldehyds. Der Zimtaldehyd kann wie das Vanillin, S. 38, bestimmt werden. Hanuš[1]) hat aber (vgl. oben S. 132) gefunden, daß für die Bestimmung des Zimtaldehyds auch das Semioxamazid ($NH_2 \cdot CO \cdot CO \cdot NH \cdot NH_2$) sich eignet. Er verfährt wie folgt:

In einem größeren Erlenmeyer-Kolben werden 5—8 g fein gemahlener Zimt abgewogen und mit 100 ccm Wasser übergossen. Der Kolben wird dann durch einen doppelt durchbohrten Gummistopfen verschlossen, durch welchen ein dünnes, unten ausgezogenes Glasrohr, das zur Dampfzuleitung dient, bis fast auf den Boden des Kolbens führt, und ein zweites kurzes knieförmig umgebogenes, das die Verbindung des Kolbens mit einem Liebigschen Kühler herstellt. Es ist dies also ein Apparat, wie er zur Bestimmung der flüchtigen Säuren dient. Zuerst wird der Kolben mit dem Zimt zum Kochen erhitzt und erst dann ein starker Wasserdampfstrom eingeleitet. Hierbei ist darauf zu achten, daß sich die Dampfleitungsröhre unten nicht verstopft. Im Anfange muß vorsichtig erhitzt werden, da das Gemisch manchmal stark schäumt. Man destilliert in einen Kolben, der bis zur Marke 400 ccm faßt, was in ungefähr zwei Stunden erreicht ist. Das Destillat wird dann in einem Scheidetrichter drei- bis viermal mit Äther ausgeschüttelt. Die Ätherlösungen werden in einen Erlenmeyer-Kolben vereinigt, der Äther auf dem 60 bis 70° warmen Wasserbade abgetrieben. Zum zurückgebliebenen, gelblichen Öle setzt man 85 ccm Wasser, schüttelt tüchtig um, bis das Öl gleichmäßig emulgiert ist, und fügt etwa 0,25 g Semioxamazid in 15 ccm heißem Wasser hinzu. Der Niederschlag wird nach 24 Stunden filtriert und bei 105° im Lufttrockenschranke getrocknet. Das gefundene Azon ergibt, mit 0,6083 multipliziert, die Menge des Aldehyds in Grammen. (Vgl. S. 132.)

Das deutsche Arzneibuch (5. Ausg.) gibt folgende Vorschrift zur Bestimmung des Zimtaldehyds im Zimtöl:

5 ccm Zimtöl werden mit 5 ccm Natriumbisulfitlösung versetzt und im Wasserbad unter häufigem Schütteln erwärmt, bis die zunächst entstehende Ausscheidung wieder gelöst ist. Darauf fügt man allmählich weitere Mengen von Natriumbisulfitlösung hinzu und verfährt jedesmal in der beschriebenen Weise, bis die Gesamtmenge der Flüssigkeit 50 ccm beträgt, worauf man noch so lange erwärmt, bis alle festen Anteile gelöst sind und das obenauf schwimmende Öl vollkommen klar ist. Die Menge dieses Öles darf nicht mehr als 1,7 ccm und nicht weniger als 1,2 ccm betragen.

b) Nachweis von extrahiertem Zimt. Der Nachweis von extrahiertem Zimt kann durch Bestimmung des ätherischen Öles erfolgen, das mindestens 1% betragen soll. Die Forderung von Hanuš, daß guter normaler Zimt mindestens 1,5% Zimtaldehyd enthalten soll, dürfte wohl nicht in allen Fällen sich rechtfertigen lassen. Wenn die Extraktion durch Wasserdampf erfolgt ist, so wird auch eine Deformation der Stärke zu beobachten sein.

c) Bestimmung der Stärke. Die Stärke läßt sich nach hiesigen Erfahrungen[2]) recht gut nach dem Lintnerschen Verfahren (III. Bd., 1. Teil, S. 445 und 2. Teil, S. 513) ausführen. Man muß die anzuwendenden 2,5 g — im 1. Teil, S. 445 steht als Druckfehler 25 g — vorher nur genügend mit Wasser, dann mit Alkohol und Äther auswaschen, um sowohl den Zucker, wie auch den Zimtaldehyd, die beide den Drehungswinkel beeinträchtigen können, zu entfernen. Im übrigen verfährt man wie vorgeschrieben. Man kann für die Berechnung den mittleren Drehungswinkel der Stärke zu 204,70 annehmen.

Ein höchster zulässiger Gehalt an Stärke nach diesem Verfahren läßt sich aber bis jetzt nicht angeben, weil die S. 132 angegebenen Mengen für die „in Zucker überführbaren Stoffe" auch noch andere Stoffe einschließen und die Angaben über den wirklichen Stärkegehalt noch zu dürftig sind. Die Gehalte können möglicherweise zwischen 6—11% schwanken.

---

[1]) Zeitschr. f. Untersuchung d. Nahrungs- u. Genußmittel 1904, **7**, 669.
[2]) Biochem. Zeitschr. 1911, **35**, 194 bzw. 212.

d) Nachweis von Zucker. Der Nachweis von Zucker kann wie bei Macis (S. 28) durch Schütteln mit Chloroform geschehen. Über die Erkennung der einzelnen Zuckerart vgl. III. Bd., 1. Teil, S. 427 und über die im natürlichen Zimt vorhandene Menge Zucker S. 133.

e) Bestimmung von oxalsaurem Kalk. Da nach J. Hendrick (S. 133) der Gehalt an oxalsaurem Kalk zur Unterscheidung von Zimtsorten mit verwendet werden soll, so kann unter Umständen die Bestimmung desselben wünschenswert erscheinen. Man kann in solchem Falle den Zimt zweckmäßig erst mit Wasser, darauf mit Alkohol und Äther ausziehen, den Rückstand mit Salzsäure behandeln, die salzsaure Lösung erst mit Ammoniak und dann mit überschüssiger Essigsäure versetzen. Das Calciumoxalat bleibt neben Eisenphosphat ungelöst; es wird abfiltriert, völlig mit heißem Wasser ausgewaschen, vom Filter in ein Becherglas gespült, das Filter durch verdünnte heiße Schwefelsäure vom anhaftenden Calciumoxalat gereinigt, das Filtrat mit mehr Schwefelsäure versetzt und in der trüben heißen Flüssigkeit die Oxalsäure mit $1/_{10}$N.-Kaliumpermanganat titriert; 1 ccm $1/_{10}$ N.-KMnO$_4$ = 0,0020 Ca = 0,0064 g CaC$_2$O$_4$.

f) Unterscheidung der einzelnen Zimtsorten und Nachweis von Zimtabfall (Chips und Zimtbruch). Die Unterschiede in der chemischen Zusammensetzung der einzelnen Zimtsorten sind schon oben S. 131 u. f. angegeben und als nicht oder wenig entscheidend bezeichnet. Nur die wilden Zimtsorten unterscheiden sich von den kultivierten durch einen geringeren Gehalt an ätherischem Öl. Auch kann die Alkalität der Asche zur Unterscheidung von Ceylon- und chinesischem Zimt mitdienen (S. 133). Was den Zimtabfall anbelangt, so unterscheidet man zwischen Chips und Zimtbruch.

α) Chips. Unter Chips[1]) verstand man früher ausschließlich die vorwiegend aus Zimtholz und anderen Holzarten bestehenden Abfälle, die zur Streckung des reinen Zimts dienten (und jetzt auch noch dienen).

In letzter Zeit werden unter Chips aber auch die durch Schneiden und Schälen bei der Aufbereitung des Ceylonzimts gewonnenen Abfälle verstanden, die fast keine Holzfragmente enthalten, sondern fast lediglich aus Rindenteilen bestehen. Diese Abfälle sind, wenn sie die Eigenschaften der Zimtrinde besitzen, dieser mehr oder weniger gleich zu erachten.

Die Beurteilung der Chips hängt daher ganz von der Art der Gewinnung ab; er ist um so minderwertiger, je mehr Holzteilchen er enthält.

Die von der Rinde des Ceylonzimts herrührenden Chips bestehen nach T. F. Hanausek durchweg aus 2,0—3,5 cm langen, 0,2—1,0 cm breiten dünnen Abschnitten der von Kork befreiten Rinde in kaneelbrauner Farbe, häufig auch in Form von Halbrinnen. Es können, wie beim reinen Zimt, einzelne mit Kork versehene Stücke und auch einzelne Holzteilchen vorhanden sein; indes fallen diese bei den guten Chips nicht ins Gewicht und beeinträchtigen ihren Wert als Küchengewürz nicht.

Um zu entscheiden, ob das im Zimtpulver vorkommende Holz von Zimt herrührt oder anderen Ursprungs ist, muß man zunächst feststellen, ob Ceylonzimt vorhanden ist, der sich an der großen Anzahl von Bastfasern, von mandelförmigen Calciumoxalatkrystallen und an den (in der Flächenansicht) quadratischen Parenchymzellen erkennen läßt (vgl. mikroskopische Untersuchung). Chemisch würde sich das Holz, wenn es in nennenswerter Menge vorhanden ist, durch einen höheren Gehalt an Rohfaser am ersten nachweisen lassen.

Mitunter sind den Chips auch Blütenzweige beigemengt, die an den sie kennzeichnenden Haaren nachgewiesen werden können.

β) Zimtbruch, Cassiabruch. Der Zimtbruch ist verschieden von den Chips und rührt anscheinend nur von Cassiazimt her; er besteht aus größeren und kleineren Bruchstücken dieser Zimtsorte, wie sie sich bei der Trocknung, Sortierung, Verpackung usw. ergeben. Der

---

[1]) Vgl. Codex alim. austr. 1911, I. Bd., S. 195 u. 228; ferner T. F. Hanausek, Archiv f. Chemie u. Pharm. 1911. Heft 1.

Zimtbruch wird daher durch einen geringeren Gehalt an ätherischem Öl, vor allem aber durch einen höheren Gehalt an Asche und Sand gekennzeichnet sein.

g) **Der Zusatz von Eisenocker** kann durch die Chloroformprobe, sowie durch die Bestimmung und Untersuchung der Asche nachgewiesen werden.

2. Mikroskopische Untersuchung. a) Der Zimt. Die Zimtsorten sind in ihrem anatomischen Bau nur wenig verschieden. Die Unterscheidung läßt sich am besten durch Herstellung eines Querschnittes bewerkstelligen.

α) Am Querschnitt des chinesischen Zimts (Fig. 106) sind folgende Schichten erkennbar: 1. Das Korkgewebe; aus polygonalen Zellen bestehend, die schichtenweise steinzellenartig verdickt sind und einen dunkelbraunen, in Wasser unlöslichen Inhalt haben. 2. Die primäre Rinde besteht aus einem dickwandigen Parenchym, zwischen welches kleine, schwach verdickte (0,008 mm), und zwar nur auf der Innenseite (hufeisenförmig) verdickte Steinzellen eingestreut sind. 3. Nach innen zu wird die primäre Rinde durch einen Ring von Steinzellen abgeschlossen und von der sekundären Rinde gewissermaßen getrennt. Dieser Ring ist zusammengesetzt aus primären Bündeln von Bastfasern (Fig. 107 b, S. 138) und damit verbundenen Steinzellen (Fig. 107st), welche größer und stärker verdeckt sind als die der primären Rinde. Beim

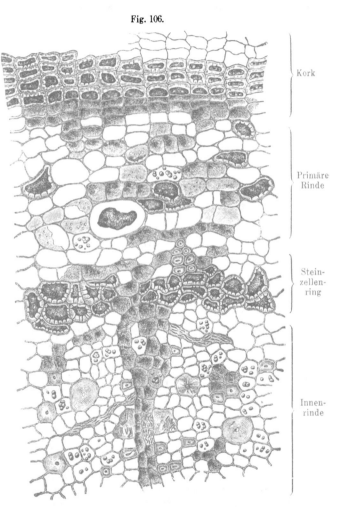

Fig. 106.

Kork

Primäre Rinde

Steinzellenring

Innenrinde

Querschnitt durch chinesischen Zimt. Nach J. Möller.

chinesischen Zimt ist der Steinzellenring mehrfach durchbrochen. 4. Die sekundäre oder Innenrinde oder der Bast wird von Markstrahlen (Fig. 107 m), die aus 1—2, selten 3 Reihen Zellen bestehen, in radiale Streifen geteilt. Die Zellen des Bastparenchyms und der Markstrahlen sehen sich sehr ähnlich, die letzteren sind daher nur an ihrer radialen Anordnung zu erkennen (Fig. 108, S. 139). Das Bastparenchym ist etwas kleinzelliger und dünnwandiger als das Parenchym der primären Rinde. In Längsschnitten treten die tangential gestreckten Rindenzellen (pr Fig. 107) mit ihrem rundlichen Querschnitt und die Bastzellen in ihrer größten Dimension hervor. Zwischen dem Bastparenchym zerstreut liegen meist regellos und vereinzelt Bastfasern (b), von beinahe rechteckigem Querschnitt, sehr engem Lumen und ohne Poren. Im Längsschnitt

(Fig. 107) und im Pulver erscheinen sie als lange, spindelförmige, porenfreie, dickwandige Zellen. Sie sind etwa 0,6 mm lang und in der Mitte 0,035 mm breit. Ferner sind im Bastparenchym einzelne Schleimzellen (*sch*)[1]), sowie Bündel von Siebröhren (*s*) enthalten. Letztere liegen etwas in tangential gestreckten, meist zweireihigen Gruppen beisammen und sind im Querschnitt an der zusammengedrückten, geschlängelten Membran erkennbar. Die Siebröhren (*s*) kommen bündelweise vor; in Querschnitten erkennt man sie an den geschlängelten Membranen, in Längsschnitten an den callösen Querplatten. Die Parenchymzellen und Markstrahlen, zuweilen auch die Steinzellen, sind mit Stärkekörnern erfüllt. Diese sind meist zu dreien, auch zu zweien und zu vieren zusammengesetzt. Die Bruchkörner sind am häufigsten 0,008 mm, hie und da 0,020 mm und darüber groß und haben einen deutlichen Kern. Außer Stärkekörnern enthalten die Zellen eine braune, formlose Masse, welche sich meistens nicht in Wasser, teilweise in Alkohol, größtenteils aber in Kalilauge löst und auf Gerbstoffe reagiert, ferner Prismen von oxalsaurem Calcium.

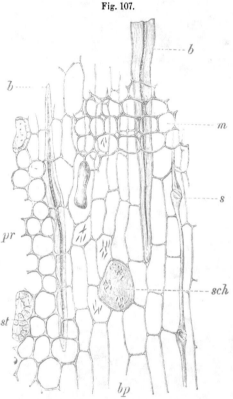

Fig. 107.

Radialer Längsschnitt durch chinesischen Zimt.
pr Parenchym der Außenrinde, *bp* Parenchym des Bastes, *b* Bastfasern, *st* Steinzellen, *sch* Schleimzellen, *s* Siebröhren, *m* Markstrahl.
Nach J. Möller.

β) Beim Ceylonzimt fehlt das Korkgewebe und der größere Teil der primären Rinde, wie der Querschnitt (Fig. 108, S. 139) zeigt. Die äußere Gewebsschicht bildet der hier dicht geschlossene Steinzellenring, auf welchem als Rest noch einige Schichten des collenchymatischen Parenchymgewebes der primären Rinde liegen. Der Steinzellenring besteht aus auf der äußeren Seite liegenden Bastfaserbündeln, zwischen denen kräftig verdickte Sklerenchymzellen liegen, die beim Ceylonzimt größer sind als beim chinesischen Zimt. Der Bast wird wieder durch die Markstrahlen in radiale Streifen geteilt. Im Baste liegen ganz vereinzelt Sklerenchymzellen. Die Bastfaserzellen sind hier nicht vereinzelt oder zu zweien, sondern liegen in Reihen von mehreren Zellen nebeneinander oder hintereinander. Die Siebröhren bilden längere tangentiale Reihen, oft durch die ganze Breite des Baststrahles. Die Schleimzellen scheinen etwas größer zu sein. Eine weitere Verschiedenheit ist nach J. Möller leicht an den Stärkekörnern zu erkennen, indem diese beim Ceylonzimt nur gegen 0,006 mm groß sind und solche von doppelter Größe, wie sie im chinesischen Zimt gewöhnlich sind, bei ersterem zu den Seltenheiten gehören. T. F. Hanausek hat die verschiedenen Größen bei beiden Zimtarten vertreten gesehen.

γ) Im Zimtpulver (Fig. 109, S. 139) sind leicht zu finden: Die Stärkekörnchen, die in keinem anderen Gewürze vorkommen, fast tüpfelfreien Bastfaserzellen, die Steinzellen, das starkwandige Parenchym, selten Korkgewebe.

---

[1]) Legt man nach A. Meyer Schnitte oder Pulverstückchen von Zimt 5 Minuten in Kupfersulfatlösung und dann 15 Minuten in Ätzkalilösung, so werden die Schleimzellen blau gefärbt, während die Ölzellen ungefärbt bleiben. Im Zimtpulver sind die Ölzellen indes meist zerrissen und schwer zu finden.

b) Verfälschungen.

Der mikroskopische Nachweis der Verfälschungsmittel für Zimt ist schon vorher besprochen, so der von Ölsamenrückständen unter Senf S. 14 u. f., Pfeffer S. 54 u. f., ebenso der von Birnenmehl, Mandelschalen, Nußschalen S. 58 u. 60, von Sandelholz S. 75, von Mehl bzw. Stärke III. Bd., 2. Teil, S. 538 u. f., von Matta S. 63 u. 76. Die Erkennung von Galgant wird weiter unten S. 147, die von Kakaoschalen unter Kakao besprochen werden.

Baumrindenpulver ist teilweise sehr schwer nachzuweisen. Meist sind wohl die Bastfasern und die Steinzellen an Größe und Form verschieden von denen des Zimts oder die Bastfasern haben ausgesprochene Tüpfel, welche denen des Zimts meist fehlen oder wenigstens nur sehr schwach hervortreten. Nicht selten verraten sich Baumrinden durch große Krystalle oder Krystalldrusen, welche dem Zimt fehlen.

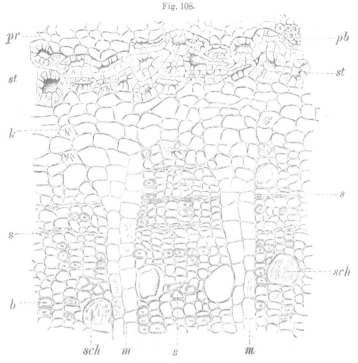

Fig. 108.

Ceylonzimt. Querschnitt, 160:1.
pr Reste der primären Rinde, *pb* Bastfaserbündel des Steinzellenringes *st*, *m* Markstrahlen, *b* Bastfasern der sekundären Rinde, *s* Siebröhrenbündel, *sch* Schleimzellen, *k* Krystallnadeln. Nach J. Möller.

Die ***Holzmehle*** (Mahagoniholz, Zigarrenkistenholz) sind leicht kenntlich an den großen, mit behöften Tüpfeln versehenen Gefäßen. Das Zigarrenkistenholz besitzt weite, kurzgliederige

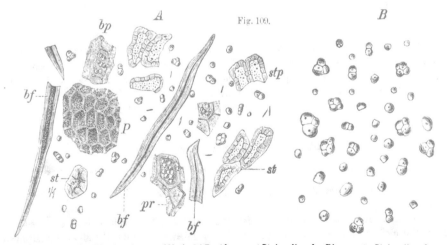

Fig. 109.

A Bestandteile des Zimtpulvers, 160:1. *bf* Bastfasern. *st* Steinzellen des Ringes, *stp* Steinzellen der Außenrinde, *bp* Bastparenchym, *pr* Parenchym der Mittelrinde, *P* Steinkork in der Flächenansicht. *B* Stärkekörner bei 600 facher Vergrößerung. Nach J. Möller.

Gefäße, deren Wände dicht mit sechseckig behöften Tüpfeln versehen sind, ähnlich wie bei Sandelholz (siehe Fig. 54, S. 75). Die Holzfaser wird man an ihrer bedeutenden Länge und auch an der Tüpfelung, die Zellen der Markstrahlen an ihrer Form erkennen. Das Holz der Zigarrenkisten enthält mitunter ästige Holzfasern und in den Markstrahlen große klinorhombische Krystalle.

Das *Zimtholz* selbst, das in den Chips vorkommen kann, läßt sich besonders durch die Gefäße mit der armspangigen Leiterperforierung und durch jene Teile mit den großen, eiförmigen oder elliptischen Tüpfeln von anderen Hölzern unterscheiden. Von den 4 histologischen Elementen, den Libriformfasern, Gefäßen, Markstrahlen und Holzparenchym überwiegen nach T. F. Hanausek die Libriformfasern. Sie sind verhältnismäßig dünnwandig, 13 bis 18 μ breit und endigen teils spitz oder lang einseitig zugespitzt, teils gabelig oder knorrig. Im Querschnitte sind sie gerundet polygonal, häufig breitelliptisch, sie liegen in 8 bis 10 Reihen zwischen den Markstrahlen.

Die Markstrahlen sind meistens zweireihig, porös verdickt und teils stark radial gestreckt, dabei mehr dünnwandig, teils radial verkürzt, dafür in der Längsachse (Markstrahlhöhe) etwas gestreckt, so daß die Zellen hoch rechteckig erscheinen. In diesem Falle sind ihre Wände stärker verdickt, die Porenkanäle deutlich und die Zellen führen häufig einen dunkelbraunen Inhaltskörper, der sich bis in die Porenkanäle verfolgen läßt; es sind dies meist die innersten, in der Mitte der Markstrahlen gelegenen Zellen.

Bezüglich der Gefäße, die durch ihre wechselvolle Struktur ausgezeichnet sind, ist zunächst zu bemerken, daß in dem primären Holze, der sogenannten Markkrone oder Markscheide, etwa 30 μ breite Spiralgefäße vorhanden sind, die, als nahe der Mitte des Holzes entstammend, in den Chips nicht vorkommen; würden sie in einem Zimtpulver in halbwegs nennenswerter Menge auftreten, so ließe sich daraus wohl schließen, daß ganze Zweige zu Pulver verarbeitet wurden, wobei übrigens auch die merkliche Vermehrung der Holzelemente auffallen müßte. Die Gefäße des sekundären Holzes sind getüpfelt, und zwar unterscheidet man: a) Gefäße oder richtiger Gefäßteile (nämlich jene Teile, die an die Markstrahlen oder an Holzparenchym grenzen) mit großen, ovalen, elliptischen oder rundlichen Poren, die stellenweise sogar an die Leiterperforierung erinnern, meist ohne Hof oder nur mit schwacher Andeutung eines Hofes; b) solche mit gehöften Tüpfeln, wobei aber die Tüpfel noch räumlich voneinander etwas getrennt und daher elliptisch konturiert sind; c) endlich Gefäße mit gehöften Tüpfeln, die aber, räumlich beengt, sechsseitig abgeplattet sind. Besonders kennzeichnend sind die Stellen, an denen die Gefäße mit breit eirunden oder kreisförmigen Flächen aneinander stoßen: diese Stellen sind wie eine Leiter mit Querspangen versehen, weshalb man von Leiterperforierung spricht; im allgemeinen sind die Gefäße kurzgliedrig, 80 bis 92 μ breit, an einem Ende oft in einen schmalen Schwanzteil auslaufend.

Das Holzparenchym besteht aus 2 bis 3 Reihen parallel zur Längsachse gestreckter, reichlich poröser Zellen; wo es aber zu stärkerer Entwicklung kommt, sind die Zellen kubisch oder kurzgestreckt, stark sklerosiert mit geschichteten Wänden; sie sind dann wahre Steinzellen geworden. Auch die dunkelbraunen Inhaltskörper, aus verharztem ätherischem Öl und Farbstoff (Zimtrot) bestehend, sind nicht selten in ihnen zu beobachten.

Am sichersten aber geht man, wenn man echtes Zimtholz zum Vergleich mit heranzieht.

Anhaltspunkte für die Beurteilung des Zimts.

a) Nach der chemischen und mikroskopischen Untersuchung.

Für den Zimt hat der Verein deutscher Nahrungsmittelchemiker folgende Forderungen vereinbart:

1. Unter Zimt versteht man die von dem Periderm mehr oder weniger befreite, ihres ätherischen Öles nicht beraubte getrocknete Astrinde verschiedener, zu der Familie der Laurineen gehörenden Cinnamomumarten, so von C. ceylanicum Breyne, C. Cassia Blume und Cinnamonum Burmanni Blume var. chinense.

2. Zimt oder das Pulver desselben muß ausschließlich aus den von ihrem ätherischen Öl nicht befreiten Rinden einer der drei genannten Cinnamomumarten bestehen und muß den charakteristischen Zimtgeruch und Zimtgeschmack deutlich erkennen lassen.

3. Zusätze von Sorten wilder Zimtrinden, sowie von sehr schleimreichen und kaum nach Zimt schmeckenden Rinden sind unstatthaft. Der Gehalt an ätherischem Öle betrage nicht unter 1%. Als höchste Grenzzahlen des Gehaltes an Mineralbestandteilen (Asche) in der lufttrockenen Ware haben zu gelten 5% und für den in 10 proz. Salzsäure unlöslichen Teil der Asche 2%.

4. Aus Zimtbruch hergestelltes Zimtpulver muß deutlich als solches bezeichnet sein. Hierfür haben dann als höchste Grenzzahlen für die Mineralbestandteile zu gelten 7% und für den in 10 proz. Salzsäure unlöslichen Teil der Asche 3,5%. Bei jedem nicht als Bruchzimt deutlich deklarierten Zimtpulver haben die für Zimt festgesetzten Grenzzahlen Geltung.

Zusatz. Chips können unter Umständen als Zimtgewürz angesehen werden (vgl. S. 136); jedoch müssen auch sie als solche (Chips) deklariert werden und dürfen keine nennenswerte Mengen Zimtholz enthalten.

Mit vorstehender Begriffserklärung für Zimt stimmt die im Codex alim. austr. sowie in den Lebensmittelbüchern der Schweiz und der Vereinigten Staaten von Nordamerika überein, nur macht das letztere Lebensmittelbuch noch folgende Unterscheidungen:

Echter Zimt (True cinnam.) ist die getrocknete Rinde von Cinnamomum Ceylanicum Breyne.

Cassia ist die getrocknete Rinde von verschiedenen Cinnamomum-Arten mit Ausnahme von Ceylanicum, von der die äußerste Rinde mehr oder weniger entfernt ist.

Zimtblüten sind die getrockneten, unreifen Früchte von Cinnamomum-Arten.

Gemahlener Zimt, gemahlene Cassia ist ein Pulver, bestehend aus Zimt, Cassia oder Zimtblüte oder eine Mischung dieser Gewürze und enthält nicht mehr als 6% Gesamtasche und nicht mehr als 2% Sand.

Das Schweizer. Lebensmittelbuch läßt höchstens 7% Asche mit 2% in Salzsäure Unlöslichem zu und verlangt mindestens 1% ätherisches Öl und für guten Zimt nicht über 5% Gesamtasche.

Nach dem Codex. alim. austr. soll der Aschengehalt nie über 6%, der in Salzsäure unlösliche Teil (Sand) nicht über 3% hinausgehen; in der Regel beträgt die Aschenmenge 4—5%; die Asche soll nicht rot, sondern grau oder weiß gefärbt sein. Der Gehalt an ätherischem Öl pflegt für alle Zimtsorten 1%, der an Stärke etwa 4%[1]), der Auszug mit 90 proz. Alkohol 18% vom Gewicht der angewendeten Substanz zu betragen.

b) Nach der Rechtslage.

Zimt mit Zucker. Der Angeklagte hatte der gemahlenen Zimtrinde 10% Zucker beigemengt und dieses Gemisch als reines gemahlenes Cassia, das ist Zimt, verkauft.

Der Zeuge hatte ausdrücklich reines gemahlenes Zimtpulver bestellt und war damit zu der Voraussetzung berechtigt, daß ihm Zimtpulver ohne irgendwelchen Zusatz geliefert werde. Als marktgängig im Handelsverkehr kann eine solche Mischware nur dann angesehen werden, wenn sie bei dem Inverkehrbringen als „Zimtrinde mit Zuckerzusatz" ausdrücklich bezeichnet worden ist.

Die Vorinstanz hat sich über den Begriff der Verfälschung nicht geirrt, wenn sie annimmt, daß unter den vorliegenden Umständen das Zimtpulver durch den Zusatz von Zucker im Sinne von § 10² NMG. verfälscht worden sei, da eine Verfälschung auch durch Vermischung einer Ware mit einer anderen von geringerem Werte vorgenommen werden kann.

OLG. Dresden, 30. Januar 1896.

---

[1]) Der Gehalt von 4% Stärke dürfte zu niedrig bemessen sein.

Zimt mit Kakaoschalen, Palmkernmehl und Nelkenstielen. Der Zusatz von Kakaoschalen und von Palmkernmehl in Zimt charakterisieren diese Mischung, wenn sie als „rein gemahlener Cassia" verkauft wurde, ohne weiteres als verfälscht. Denn diese Zusätze sind ohne jeden Gewürzwert, sie sind als Bestandteile des Zimtpulvers völlig wertlos. Durch diese Beimengung wurde ein der Bezeichnung nicht entsprechendes, vom reinen Gewürz sich zwar äußerlich nicht unterscheidendes, tatsächlich aber geringwertigeres Gewürz verkauft, welches den berechtigten Erwartungen des Käufers nicht entsprach.

Gleiches gilt für die Beimengung von Nelkenstielen; diese haben zwar einen gewissen Gewürzgehalt, derselbe ist aber von ganz anderer Art und nicht geeignet, das dem Zimt eigene Gewürz zu ersetzen. Vielmehr wird durch den Zusatz solcher Stiele eine Verschlechterung des Zimtpulvers bewirkt; es entsteht ein Gewürz, welches dem rein gemahlenen Zimt zwar äußerlich gleicht, aber im Werte erheblich nachsteht. Vergehen gegen § 10² NMG. Außerdem wurde in der Angabe des Gewürzes als „rein gemahlen" die Vorspiegelung einer falschen Tatsache gefunden. § 263 StGB.

LG. Leipzig, 4. 14. Dezember 1905.

Zimt mit hohem Sandgehalt. Wenn das bei dem Angeklagten entnommene und als Zimt feilgebotene Produkt einen Sandgehalt von 6,57% aufweist, so ist es sicherlich als Zimt objektiv für verfälscht zu betrachten. Denn es muß, wie aus dem Gutachten des Sachverständigen hervorgeht, bei der Herstellung von gutem gemahlenen Zimt eine Beimengung von Sand fast absolut vermieden werden; diese darf eben nicht mehr als äußerst 2% ausmachen. Andernfalls ist ein zum Zimt nicht gehöriger fremder Stoff in einer solchen Menge beigemischt oder nicht gehörig entfernt, daß die Ware in ihrer Gesamtheit nicht mehr echter, guter Zimt ist. Der Angeklagte hat fahrlässig gehandelt. Übertretung der §§ 10 und 11 NMG.

Die Revision wurde verworfen. Aus dem Urteil: Die Feststellung, daß sich ein Kleinkrämer üblicherweise Vorkenntnisse verschafft, die ihn befähigen, den Unterschied zwischen reinem Zimt und Zimtbruch zu erfassen, hat der Vorderrichter zwar nicht ausdrücklich getroffen, sie folgt indessen unmittelbar aus seiner wiederholten Feststellung, es sei im Verkehr (d. h. nicht nur in Kreisen der Großhändler) üblich, zwischen Zimt und Zimtbruch zu unterscheiden.

OLG. Hamm, 29. August 1911.

F. Gewürze von Wurzeln.

Zu den Gewürzen von Wurzeln rechnet man Ingwer, Galgant, Zitwer, Süßholz und in anderen Ländern auch Kalmus.

23. Ingwer.

Ingwer oder Ingber ist der ungeschälte, einfach gewaschene und getrocknete (bedeckter) oder der geschälte (von den äußeren Gewebsschichten befreite) und getrocknete Wurzelstock (Rhizom) der im heißen Asien und Amerika angebauten Ingwerpflanze (Zingiber officinale Roscoe, Familie d. Zingiberaceen).

Man unterscheidet hiernach den ungeschälten (nur gewaschenen) und den von der Rinde befreiten geschälten Ingwer, von denen der erstere als der wertvollere gilt, weil die Rinde hauptsächlich das Aroma enthält. Der ungeschälte (bedeckter) Ingwer sieht gelblichgrau, der geschälte gelblich, bräunlich und längsstreifig aus. Der geschälte Ingwer wird häufig einerseits noch mit schwefliger Säure oder Chlorkalk gebleicht, andererseits mit Gips oder Kreide überstrichen, gekalkt.

Den Produktionsländern nach unterscheidet man folgende Sorten[1]):

a) Jamaika-Ingwer; er zeigt deutlich die den Hirschgeweihen ähnliche Verzweigung und kommt geschält und gebleicht, wie ungeschält in den Handel. Er hat einen sehr feinen

---

[1]) Vgl. J. Buchwald, Arbeiten a. d. Kais. Gesundheitsamte 1899, **15**, 244, und R. Reich, Zeitschr. f. Untersuchung d. Nahrungs- u. Genußmittel 1907, **14**, 549.

Geruch und Geschmack und gilt als die beste Sorte, kommt aber fast ausschließlich in England und Nordamerika auf den Markt.

b) Cochin-Ingwer. Er gilt von den in Deutschland vertriebenen Sorten als die beste und wird zweimal höher bezahlt als die folgenden Sorten: man unterscheidet A-, B-, C- und D-Cochin-Ingwer; Sorte A besteht aus ausgesuchten Stücken, D aus Abfall (meist ungeschält), während B und C die gangbarste Mittelware bilden. Der Cochin-Ingwer gleicht dem Jamaika-Ingwer und wird in allen Zubereitungen in den Handel gebracht.

c) Bengal-Ingwer. Er wird in Deutschland am meisten verwendet; die geschälte Ware ist nicht vollkommen von runzeligem Kork befreit, von dem noch Reste an den schmalen Seiten der Rhizome hängen, während der ungeschälte Bengal-Ingwer („Bengal naturell") weniger verzweigt und mit dickem braunem Kork und mit Rinde versehen ist; infolgedessen ist er auch vielfach mit Erde und Sand verunreinigt. Die Bruchfläche ist dunkler, gelblich-grau, rauh und sehr kurzfaserig.

d) Japan-Ingwer. Er besteht aus kurzen und breiten Rhizomstücken von grau-weißer Farbe, ist meistens gekalkt und wird vorwiegend zur Herstellung des Ingwerpulvers verwendet.

e) Afrikanischer Ingwer. Der aus Westafrika (Sierra Leone) eingeführte Ingwer ist teils mit reichlichen Korkmengen versehen (bedeckt), teils von Korkteilen befreit, sieht braun bis rotbraun aus, sowie quergeringelt nach den deutlich vorhandenen Internodien. Der Bruch ist kurzfaserig und rauh. Der afrikanische Ingwer soll als weniger wertvoll vorwiegend zur Gewinnung des Ingweröles und des gemahlenen Ingwers verwendet werden.

f) Chinesischer Ingwer. Er hat sehr dicke succulente Rhizomstücke, die sich schwer trocknen lassen und im trockenen Zustande ein schlechtes Aussehen haben. Daher kommen sie nicht als solche, sondern, in Zuckersirup eingemacht, als Conditum Zingiberis in den Handel.

Der Größe nach unterscheiden sich die 4 wichtigsten Sorten wie folgt:

	Jamaika-Ingwer	Cochin-Ingwer	Bengal-Ingwer	Afrikanischer Ingwer
Länge	9 cm	7 cm	7 cm	5—6 cm
Querschnitt	1,5 × 1 „	1,3 × 1 „	2 × 0,75 „	1,5 × 1 „

Die chemische Zusammensetzung des Ingwers, sowohl nach seiner Herkunft, wie nach seiner Zubereitung hat eine vielfache Bearbeitung erfahren, woraus hier nur das Wichtigste mitgeteilt werden kann.

Der Gehalt an den allgemeinen Bestandteilen schwankte nach früheren Analysen (I. Bd. 1903, S. 975) durchweg zwischen folgenden Grenzen:

Wasser %	Stickstoff-Substanz %	Ätherisches Öl %	Fett (nicht flüchtig) %	Stärke [1] %	Rohfaser %	Asche %	Alkohol-extrakt (nach Ätherauszug) %	Wasser-extrakt %
8,0—16,0	5,0—8,8	0,8—4,0	1,9—8,0	49,0—64,0	2,4—8,9	3,1—6,5	1,1—4,5	9,0—17,5

Der Petrolätherauszug schwankt von 2,0—5,8, der Methylalkoholauszug von 3,8—9,6%. Hanuš und Bien fanden in der Trockensubstanz des Bengal-Ingwers 7,64% Pentosane.

Die Art der Zubereitung hat insofern einen Einfluß auf die Zusammensetzung, als durch das Waschen mit Wasser der Wasserauszug und die Asche vermindert, durch das Überziehen mit Gips oder Kreide (Kalken) der Aschen- und Kalkgehalt naturgemäß erhöht wird. So ergaben sich im Mittel mehrerer Proben:

---

[1] Nach dem Diastaseverfahren bestimmt.

Probe	1. Einfluß des Waschens			Probe	2. Einfluß des Kalkens		
	Wasser	Wasser-auszug	Asche		Wasser	Asche wasserlöslich	wasserunlöslich
	%	%	%		%	%	%
Ungewaschen	12,72	11,12	4,17	Ungekalkt gewaschen	10,94	2,78	0,94
Gewaschen .	13,83	9,01	3,34	Gebleicht u. gekalkt	10,28	2,62	4,58

Winton, Ogden und Mitchell fanden, je nachdem der Ingwer nicht und mehr oder weniger gekalkt war, Schwankungen im Kalkgehalt von 0,13—3,53%.

R. Reich[1]) untersuchte eine Reihe Ingwer, teils von Importeuren bezogen, teils im Kleinhandel entnommen, mit folgendem mittlerem Ergebnis, welchem das von A. Beythien[2]) und Mitarbeitern für 74 Ingwerproben des Handels angeschlossen werden möge:

Ingwer	Wasser	Ätherauszug flüchtig	nicht flüchtig	Alkoholauszug nach dem Ätherauszug	nach Winton	Petrol-äther-auszug	Methyl-alkohol-auszug	Mineralstoffe Gesamt-	wasser-löslich	Sand
	%	%	%	%	%	%	%	%	%	%
Cochin- (13) . . .	11,61	1,38	3,40	1,86	3,96	2,19	4,43	4,18	2,33	0,15
Japan- (10) . . .	11,68	1,38	4,48	3,45	5,80	3,06	7,19	4,65	2,04	0,30
Bengal- (18) . . .	12,51	1,60	3,97	1,88	4,36	2,46	5,43	7,06	3,45	2,05
Afrika- (9) . . .	12,74	2,54	6,50	1,70	6,64	4,64	7,47	4,37	1,97	0,84
Pulver des Handels (22) . . .	10,90	1,29	3,92	2,48	4,45	—	5,89	7,25	2,95	1,87
Handelsproben (74)	—	1,93	3,92	2,52	—	2,84	7,02	6,34	—	—
Ingwerabfälle . .	10,33	0,88	3,39	2,53	4,35	—	—	25,88	1,86	18,33

Man sieht aus diesen Untersuchungen, daß auch beim Ingwer, ebenso wie beim Zimt, die bessere Beschaffenheit nicht einzig vom ätherischen Öl abhängt, da der Afrika-Ingwer, der als minderwertiger gilt, durchweg am meisten flüchtiges ätherisches Öl und auch am meisten Alkohol-, Petroläther- und Methylalkoholextrakt enthält. Durch Lagern nimmt der Gehalt an ätherischem Öl ab, indem er z. B. im Mittel von 8 Proben nach 6 monatigem Lagern von 1,46 auf 0,68% herabging.

Winton, Ogden und Mitchell (I. Bd. 1903, S. 977), sowie auch R. Reich (l. c.) untersuchten auch mit Wasser bzw. Alkoholäther ausgezogene Ingwerproben mit folgendem Ergebnis:

Ingwer	Wasser	Ätherauszug flüchtig	nicht flüchtig	Alkoholauszug nach dem Ätherauszug	nach Winton	Petrol-äther-auszug	Methyl-alkohol-auszug	Kalt-wasser-auszug	Asche Gesamt-	wasser-löslich	Sand
	%	%	%	%	%	%	%	%	%	%	%
Reiner	—	1,97	4,10	1,86	5,09	—	—	13,42	5,27	2,71	0,44
Ausgezogen mit { Wasser . . .	—	1,61	3,86	1,76	4,91	—	—	6,15	2,12	0,59	0,18
{ Alkohol-Äther	—	0,32	0,93	1,01	1,30	—	—	16,42	5,05	3,55	1,50
Reiner	13,20	1,51	4,35	4,01	5,58	2,83	6,68	—	4,67	2,05	0,51
Mit ausgezogenem Ingwer vermischt . .	11,53	0,52	2,50	2,20	2,91	1,25	3,34	—	4,45	1,79	0,56
Mit fettem Öl vermahlen	12,84	2,37	10,12	2,38	11,45	9,39	11,90	—	5,22	2,01	1,24
Dgl. und extrahiert .	11,50	0,76	5,99	2,09	5,56	4,63	6,76	—	5,04	1,81	0,47

[1]) Zeitschr. f. Untersuchung d. Nahrungs- u. Genußmittel 1907, **14**, 549.   [2]) Ebendort 1911, **21**, 668.

Hiernach macht sich die Ausziehung mit Wasser vorwiegend durch eine Erniedrigung des Kaltwasserauszuges, wie auch der Gesamt- und wasserlöslichen Asche geltend, die Ausziehung mit Alkohol-Äther oder die Destillation mit Wasserdampf erniedrigt vorwiegend den Gehalt an ätherischem Öl und bei Ausziehung mit Alkohol-Äther auch den an Alkohol-, Petroläther- und Methylalkoholextrakt, während sich das Vermahlen mit Öl in erster Linie durch eine Erhöhung des nicht flüchtigen Ätherauszuges, aber auch des Alkohol-, Petroläther- und Methylalkohol-Auszuges kundgibt.

Außer der Verwendung von minderwertigen Ingwer- und extrahierten Sorten kommen bei dem Ingwer-Pulver als Verfälschungsmittel alle die Stoffe in Betracht, welche wie Mehle, Rückstände der Ölsamen, Mandelkleie, Cayennepfefferschalen und andere, auch bei den sonstigen Gewürzen wiederholt genannt sind. Als Beschwerungsmittel wird Ton angegeben.

Der Nachweis dieser Verfälschungen kann auch hier durch die chemische wie mikroskopische Untersuchung bewirkt werden.

1. Chemische Untersuchung. a) Um die **Ausziehung** des Ingwers, sei es mit Alkohol-Äther oder Wasserdampf oder Wasser, nachzuweisen, genügt es nach vorstehenden Ausführungen nicht, allein das ätherische Öl zu bestimmen, weil dieses auch unter Umständen durch Lagern auf natürliche Weise abnehmen kann. Man muß vielmehr, wie R. Reich (l. c.) hervorhebt, tunlichst alle Werte, die durch die Ausziehung mit kaltem Wasser, Äthyläther, Alkohol, Petroläther, Methylalkohol, sowie durch die Aschenbestimmung erhalten werden, zum Vergleich mit heranziehen, um erst aus der Gesamtheit dieser Ergebnisse einen sicheren Schluß ziehen zu können. Über die Ausführung dieser Bestimmungen vgl. S. 4.

b) **Bestimmung des Gingerols.** Als Ausziehmittel für Ingwer eignet sich nach Carnet und Grier[1] am besten Äthyläther und läßt sich das Gingerol wie folgt bestimmen: Die ätherische Lösung wird eingedampft, der Rückstand mehrere Male mit Petroläther ausgekocht, die Lösung filtriert, mit 60 proz. Alkohol ausgeschüttelt, aus der alkoholischen Lösung der Alkohol verjagt, die wässerige Flüssigkeit mit Schwefelkohlenstoff oder Chloroform ausgeschüttelt, das Lösungsmittel wird verdampft und das zurückbleibende Gingerol auf dem Wasserbade bis zur Gewichtsbeständigkeit getrocknet.

c) **Nachweis des Kalküberzuges.** Hierfür kann man die Wurzelstücke nach Einweichen mit kaltem Wasser, nötigenfalls unter Zuhilfenahme eines weichen Pinsels, abspülen und in dem Spülwasser (der milchigen Flüssigkeit) Kalk, Schwefelsäure und Kohlensäure bestimmen. R. Reich fand auf diese Weise z. B. für 100 g:

Durch Wasser abwaschbare Mineralstoffe	Calciumsulfat	Calciumcarbonat
Cochin-Ingwer . . 0,550—0,725 g	0,307—0,472 g	0,012—0,016 g
Japan-Ingwer . . 0,910—1,265 „	0,043—0,058 „	0,541—0,789 „

Cochin-Ingwer war daher mit Gips, Japan-Ingwer mit kohlensaurem Kalk überzogen.

Da sich aber durch Spülen mit kaltem Wasser schwer oder kaum sämtlicher aufgetragener Kalk entfernen läßt, so verascht man den zerkleinerten Ingwer und bestimmt in der Asche, nachdem sie vorher mit Ammoniumcarbonat durchfeuchtet und letzteres vorsichtig verraucht ist, Kalk, Schwefelsäure und Kohlensäure. Der Kalkgehalt ungekalkter Ingwerarten beträgt in der Regel 0,20—0,30% und kann höchstens auf 0,50% steigen. Ein Mehr an Kalk beweist die Kalkung, und die Frage, ob Gips oder Kreide verwendet ist, ergibt sich aus dem Verhältnis von Schwefelsäure und Kohlensäure zum Kalk.

2. Mikroskopische Untersuchung. Die Korkschicht des Ingwers ist nach J. Möller 0,4 mm dick und besitzt gegen 20 Reihen großer, gleichmäßig flacher und zartwandiger Zellen, die keinen Inhalt führen und deren Membranen braun gefärbt sind (vgl. die Korkschicht der Curcuma. Fig. 21, S. 13).

---

[1] Zeitschr. f. Untersuchung d. Nahrungs- u. Genußmittel 1911, **22**, 182.

Fig. 110.

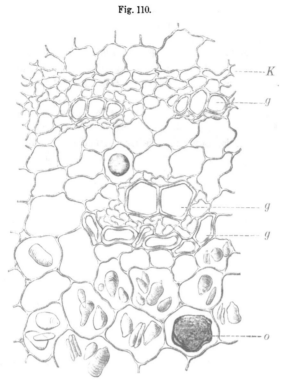

Querschnitt des Ingwers.
K Kernscheide, g Gefäßgruppen, o Ölzellen. Nach J. Möller.

Fig. 111.

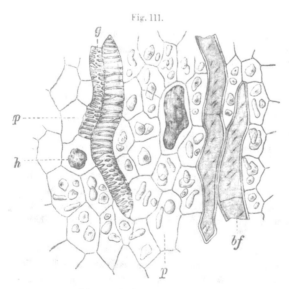

Längsschnitt des Ingwers.
h Ölzellen, p stärkeführendes Parenchym, g Gefäße der
Leitbündel, bf Bastfasern eines benachbarten Bündels.
Nach J. Möller.

Auf die Korkschicht folgt eine ungefähr ebenso breite Schicht kleinzelligen Parenchyms mit zahlreichen eingestreuten Ölzellen. Nach innen wird das Parenchym großzellig und ist mit Stärke angefüllt (p, Fig. 111); dazwischen finden sich vereinzelte Ölzellen mit verkorkten gelben Wänden (o, Fig. 110).

Die Stärkekörner sind einfach, eiförmig, in eine Spitze ausgezogen oder stumpf keilförmig; sie sehen, weil sie flach sind, schmallänglich aus, wenn sie auf der Kante stehen. Der Kern ist im spitzen Ende exzentrisch; jedoch ist die Schichtung wegen ihrer Dichte und Zartheit wenig deutlich. Die Länge der Körner beträgt durchweg 20—30 μ, kleinere oder größere (bis 50 μ) finden sich nur spärlich.

Die Zellen der Kernscheide (Fig. 110 K) führen keine Stärke; ihre Membran ist verkorkt. In der Kernscheide befinden sich in kreisförmiger Anordnung die Leitbündel mit ihren langgliedrigen und weiten (0,05 mm) Gefäßen (g, Fig. 111), die netz- oder treppenförmig aussehen. Daneben finden sich die bis 0,6 mm langen und 0,06 mm breiten, mäßig verdickten Bastfasern (bf, Fig. 111), die ab und zu durch zarte Scheidewände gefächert und von Spaltentüpfeln durchsetzt sind. Durch diese, die Bastfasern, die Leitbündel und Stärke ist der Ingwer so gekennzeichnet, daß sich die üblichen genannten und sonst seltenere Zusätze daneben in Pulvern leicht unterscheiden lassen. Ist bedeckter Ingwer zur Herstellung des Pulvers verwendet, so treten zu diesen drei kennzeichnenden Gewebsteilen die Zellen des Korkes (Fig. 21, S. 13 Korkzellen der Curcuma) als unterschiedlich hinzu.

Anhaltspunkte für die Beurteilung des Ingwers.

Der Verein deutscher Nahrungsmittelchemiker hat für Ingwer folgende Forderungen vereinbart:

1. „Der Ingwer ist der gewaschene, getrocknete, von den äußeren Gewebsschichten ganz oder teilweise befreite Wurzelstock (Rhizom) von Zingiber officinale Roscoe, Familie der Zingiberaceen.

2. Ingwer, sowohl ganzer wie gemahlener, muß aus dem vorher weder ganz noch teilweise extrahierten Rhizom bestehen und muß einen angenehm gewürzhaften Geruch und einen brennenden Geschmack zeigen. Als höchste Grenzzahlen des Gehaltes an Mineralbestandteilen (Asche) in der lufttrockenen Ware haben zu gelten 8% und für den in 10% Salzsäure unlöslichen Teil der Asche 5%.“

Gleiche bzw. ähnliche höchste Aschengehalte für den Ingwer verlangen z. B.

	Deutsches Arzneibuch (V. Ausg.)	Codex alim. austr.	Schweizer. Lebensmittelbuch
Gesamtasche	7%	höchstens 8% (mindestens 1,5%)	8%
In Salzsäure unlöslicher Anteil .	—	—	3%

Das Lebensmittelbuch der Vereinigten Staaten von Nordamerika unterscheidet zwischen ungekalktem sowie gekalktem oder gebleichtem Ingwer und stellt folgende Forderungen:

Normaler Standard-Ingwer ist gestoßener oder ganzer Ingwer, der nicht weniger als 42% oder nicht mehr als 46% Stärke (durch direkte Inversion bestimmt), nicht mehr als 8% Rohfaser, nicht mehr als 8% Gesamtasche, nicht mehr als 1% Kalk und nicht mehr als 3% in Salzsäure unlösliche Asche enthält.

Gekalkter oder gebleichter Ingwer ist ganzer Ingwer, der mit Calciumcarbonat überzogen ist. Normaler Standard gekalkter oder gebleichter Ingwer ist solcher, der nicht mehr als 10% Gesamtasche, nicht mehr als 4% Calciumcarbonat enthält und im übrigen dem reinen Ingwer entspricht.

Für die gerichtliche Beurteilung des verfälschten Ingwers liegt folgende Entscheidung vor:

Ingwer mit extrahiertem Ingwer und Kalk. Der als „rein gemahlene“ verkaufte Ingwer war minderwertig und keine normale Handelsware, weil er einerseits einen fremdartigen Zusatz, nämlich einen solchen von Kalk, wenn schon nur in geringer Menge, gehabt und weil er andererseits die Bestandteile des Ingwers nicht im natürlichen Mengenverhältnisse aufgewiesen hat. Bei der Untersuchung stellte sich nämlich heraus, daß der Ingwer mit extrahiertem Ingwer, d. h. einem solchen versetzt war, dem man zuvor den wertvollen aromatischen Gewürzstoff entzogen hat.

LG. Leipzig, 4. Oktober 1906.

24. Galgant.

Der Galgant besteht aus den einfach getrockneten Wurzelstöcken des Galgant (Galanga oder Alpinia officinarum Nance, Familie der Zingiberaceen), einer dem Ingwer ähnlichen Pflanze, die vorwiegend in Siam angepflanzt wird (daher auch Siam-Ingwer genannt). Die Rhizome bestehen nach dem deutschen Arzneibuch aus 5—6 cm langen, selten längeren, 1—2 cm dicken, rotbraunen, manchmal verzweigten Stücken, die meist noch Reste der festen, glatten, helleren Stengel und der schwammigen Wurzel tragen. Die Stücke sind stellenweise etwas angeschwollen und mit gewellten, ringförmig um die verlaufenden, kahlen oder gefransten gelblichweißen Narben oder Resten der Scheideblätter dicht besetzt. Der Bruch ist faserig. Der hellrotbraune Querschnitt läßt eine nur von wenigen Leitbündeln durchzogene dicke Rinde erkennen, die einen verhältnismäßig kleinen Zentralzylinder mit zahlreichen, dichtgedrängten Leitbündeln umschließt.

Galgant riecht würzig und schmeckt brennend würzig.

Der große Galgant von der japanischen Pflanze Alpinia Galanga Sw. ist außer durch seine Größe, durch die orangebraune Außenfläche und die gelblichweiße Farbe von dem Siam-Galgant unterschieden.

Im Geruch ist der letztere dem Ingwer (bzw. dem Cardamomum) ähnlich; in der chemischen Zusammensetzung weicht er aber dadurch von dem Ingwer ab, daß er weniger Stickstoff-Substanz, ätherisches Öl und Stärke, aber mehr Rohfaser enthält; zwei Analysen (Bd. II 1904, S. 1064) ergaben nämlich im Mittel: 13,65% Wasser, 4,19% Stickstoff-Substanz, 0,68% ätherisches Öl, 4,75% Fett, 33,33% Stärke, 16,85% Rohfaser und 4,33% Asche; an Pentosanen fanden Hanuš und Bien 8,93% in der Trockensubstanz.

Der Galgant findet als Gewürz bei uns nur sehr selten Verwendung; er wird aber, wie schon mehrfach erwähnt ist, zur Verfälschung anderer Gewürze benutzt, besonders nachdem er vorher des ätherischen Öles beraubt ist. Deshalb mögen hier seine mikroskopischen Erkennungszeichen kurz angegeben werden. Der anatomische Bau des Galgants ist nach J. Möller trotz der äußeren Verschiedenheit dem der übrigen Wurzelgewürze der Zingiberaceen ähnlich. Der Galgant besitzt zum Unterschied von ihnen keine Korkbedeckung.

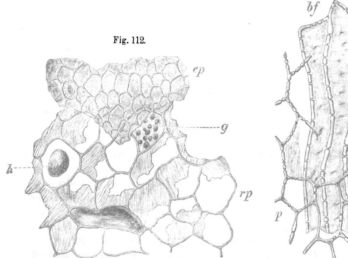

Fig. 112.

Rindengewebe des Galgant.
rp braunes Rindenparenchym, *ep* Oberhaut,
g Gerbstoffkörner, *h* Ölzelle.
Nach J. Möller.

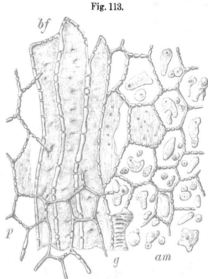

Fig. 113.

Längsschnitt durch den Galgant.
p derbwandiges Parenchym des Markes, *bf* Bastfasern, *g* Teil eines Netzgefäßes, *am* Stärkekörnchen.
Nach J. Möller.

Die Oberhaut (*ep*, Fig. 112) ist klein und derbzellig, nur spärlich von kleinen breitelliptischen Spaltöffnungen unterbrochen und nicht behaart.

Das äußere Rindenparenchym (*rp*, Fig. 112) ist dünnwandig, dunkelrotbraun, an älteren Rhizomen abgestorben, enthält keine Stärke und nur wenig Gerbstoff. Nach innen zu wird das Parenchym oft derbwandig und dicht getüpfelt (*p*, Fig. 113).

Die breite Rindenschicht wird durch die Kernscheide vom zentralen Strange getrennt. Das Parenchym des letzteren ist in den meisten Rhizomen dicht mit Stärke erfüllt, vereinzelt finden sich auch Zellen, die gelbes ätherisches Öl oder einen braunen, mit Eisensalzen sich färbenden Klumpen enthalten (*am*, Fig. 113).

Die Stärkekörner haben eine mannigfache Gestalt; sie sind meistens einfach, keulenförmig, im breiteren Ende mit einem Kern versehen, deutlich geschichtet, mitunter gekrümmt, hammerförmig und dergleichen. Die Länge schwankt zwischen 0,02—0,035 mm, selten 0,08 mm und mehr.

Die Leitbündel sind immer von Bastfasern (*g* u. *bf*, Fig. 113) mit weitem Lumen umgeben. Beide sind den Formelementen beim Ingwer gleich. Zur Unterscheidung des Galgants in Pulvern können in erster Linie die Stärke und weiter das braune derbwandige Parenchym dienen.

Besondere Forderungen für die Beschaffenheit des Galgant sind bis jetzt weder im Deutschen Reich noch in anderen Ländern aufgestellt.

25. Zitwer.

Der Zitwer besteht (nach dem deutschen Arzneibuch, V. Ausg.) aus den getrockneten Querscheiben oder Längsvierteln der knolligen Teile des Wurzelstockes Curcuma zedoaria Roscoe, einer zu der Familie der Zingiberaceen gehörenden Pflanze, die in Südasien und Madagaskar angebaut wird.

Der Wurzelstock ist hart und hat einen Querdurchmesser von 2,5—4 cm. Auf der grauen, runzlig-korkigen Außenseite lassen sich zahlreiche Wurzelnarben erkennen. Die Schnittfläche zeigt eine etwa 2—5 mm dicke Rinde und einen umfangreichen, bei dem in Scheiben von 5—8 mm Dicke geschnittenen Wurzelstocke meist eingesunkenen Zentralzylinder. Der Bruch ist glatt, fest hornartig.

Zitwerwurzel riecht schwach nach Kampfer und schmeckt kampferartig und zugleich bitter.

Die chemische Zusammensetzung der Zitwerwurzel nähert sich der von Ingwer; drei Analysen davon ergaben im Mittel: 16,39% Wasser, 10,83% Stickstoff-Substanz, 1,12% ätherisches Öl, 2,46% Fett, 49,90% Stärke, 4,82% Rohfaser und 4,41% Asche.

Fig. 114.

Fig. 115.

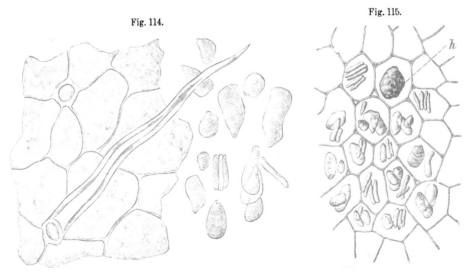

Oberhaut und Stärke der Zitwerwurzel.
Nach J. Möller.

Parenchym der Zitwerwurzel.
h Harzklumpen. Nach J. Möller.

Wie in der chemischen Zusammensetzung gleicht auch im anatomischen Bau die Zitwerwurzel dem des Ingwer. Der Kork ist vielschichtig, groß- und zartzellig. Die Epidermis (Fig. 114) ist mit langen, dickwandigen, meist einzelligen spitzen Haaren versehen.

Das dünnwandige Parenchym enthält reichlich Stärke (Fig. 115). Die Stärkekörner sind linsenförmig flach, von der Fläche betrachtet eiförmig oder keulenförmig, von der Seite stab- bis wurstförmig, meistens 35—55 μ lang, 20—30 μ breit und 10—12 μ dick; der stark exzentrische Kern liegt meist in einem dem schmaleren Ende des Kornes ansitzenden Vorsprunge. Zwischen den stärkeführenden Parenchymzellen finden sich kugelige Sekretzellen mit farblosem oder seltener gelblichem oder bräunlichem Inhalt.

Den kollateral gebauten Leitbündeln fehlen die Bastfasern. Hieran, wie an den Stärke-körnern und den Haaren kann die Zitwerwurzel in Pulverform erkannt werden.

Die Zitwerwurzel hat als Gewürz bei uns nur eine geringe Bedeutung.

26. Kalmus.

Der Codex alim. austr. behandelt als Wurzelgewürz neben Ingwer auch den Kalmus und versteht darunter den frischen oder getrockneten Wurzelstock[1]) von Acorus calamus L., einer an Gewässern bei uns wildwachsenden Pflanze.

Der frische Wurzelstock wird in etwa 10 cm lange Stücke oder in Querscheiben zer-schnitten und nach Art der Citrusschalen in Zucker eingesotten; er ist ein bekanntes volkstüm-liches Magenmittel. Der getrocknete Kalmus kommt im Handel sowohl geschält als ungeschält vor.

Fig. 116.

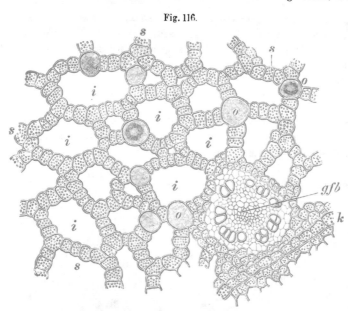

Querschnitt durch den Kalmus.
s Parenchymnetz, i Lücken, o Ölzellen, gfb Leitbündel, k Kernscheide.
Nach Tschirch.

Der ungeschälte, ge-trocknete Kalmus bildet verschieden lange, 1 bis 1,5 cm dicke, etwas flach-gedrückte, fast zylindri-sche oder der Länge nach gespaltene, leichte Stücke, die oberseits abwechselnd dreieckige, gegen den Rand verbreiterte, braune bis schwärzliche Blattnarben und längsrunzelige, rötlich oder olivengrünbräunliche Stengelglieder, an den Seiten einzelne größere Schaftnarben und unter-seits kleine, kreisförmige, vertiefte Wurzelnarben zeigen. Letztere sind in einfachen und doppelten, von der Mitte abwechselnd nach rechts und links verlaufenden Bogenreihen angeordnet. An dem geschälten Kalmus, der eine blaßrötliche Farbe hat, sind nur die Wurzelnarben be-merkbar. Querschnitt elliptisch oder kreisrund, blaßrötlich oder rötlich weiß. Rinde breit, etwa ein Viertel des Durchmessers, schwammig porös, wie der zerstreute Gefäßbündel füh-rende Kern; zwischen Rinde und Kern eine feine Linie (Endodermis oder Kernscheide).

Der Geruch ist angenehm aromatisch, Geschmack gewürzhaft bitter.

W. Sutthoff untersuchte ungeschälten und geschälten Kalmus mit folgendem Ergebnis:

Kalmuswurzel	Wasser %	Stickstoff-Substanz %	Äthe-risches Öl %	Fett %	Zucker als Invert-zucker ber. %	Stärke (in Zucker über-führbare Stoffe) %	Pento-sane %	Roh-faser %	Asche %	Sand %
Ungeschält .	11,41	5,33	2,46	5,75	6,73	34,08	12,44	6,48	4,40	0,28
Geschält . .	12,50	5,39	2,12	3,02	6,52	45,39	8,98	4,26	2,90	0,03

Hanuš und Bien (l. c.) fanden in der Trockensubstanz des Kalmus 8,86% Pentosane.

[1]) Nach dem Deutschen Arzneibuch ist Kalmus der im Herbst gesammelte, geschälte, meist der Länge nach gespaltene, getrocknete Wurzelstock von Acorus calamus L.

Der Kalmus zeigt nach Tschirch in mikroskopischen Querschnitten (Fig. 116) ein höchst eigenartiges, gleichartiges lückiges Gewebe aus einfachen Zellen, die ein ungleichmaschiges Netz bilden. Die Zellen sind rundlich polyedrisch und enthalten meist kleinkörnige Stärke und vereinzelte Ölzellen.

Die Stärkekörner sind meistens einfach, selten zu 2—4 zusammengesetzt; sie sind zwischen 1 und 8 μ, in der Regel 3—4 μ groß. Neben ihnen findet sich in den Zellen auch Eiweiß und eine auf Gerbstoff reagierende Masse.

Die Ölzellen, die sich meistens an den Knotenpunkten des Netzes befinden, einen Öltropfen oder auch Harzklumpen enthalten oder leer sind, sind durchweg 30—50 μ groß und wie beim Ingwer mehr in der Rindenschicht als im Kern anzutreffen.

Leitbündel kommen in der Rindenschicht zerstreut, innerhalb der Endodermis (Kernscheide) als geschlossene Schicht vor. Die treppen- und netzartige Gefäße bilden in diesen Bündeln einen Kreis (Fig. 116).

Die Endodermis besteht aus dünnwandigen Zellen.

Das grauweiße oder gelblichweiße Pulver (Fig. 117) ist in erster Linie durch die dicht mit Stärke erfüllten Parenchymfetzen und die frei liegenden Stärkekörner gekennzeichnet, ferner durch spärliche Gefäßbruchstücke,

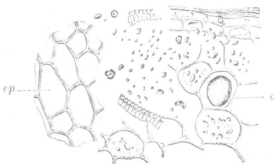

Fig. 117.

Kalmuspulver.
ep Oberhaut, *o* Ölzelle. Nach J. Möller.

Sklerenchymfasern, Zellgruppen, die noch Gliederung zeigen, auch wohl vereinzelte Ölzellen. Ist das Pulver aus ungeschältem Kalmus hergestellt, so findet man auch die polygonalen Zellen der Oberhaut (*ep* Fig. 117) und dünne Bastfasern.

Das Kalmuspulver wird meistens nur in der Tierheilkunde verwendet; es soll nach dem deutschen Arzneibuch (V. Ausg.) nur 6%, nach dem Codex alim. austr. nur 7% Asche enthalten.

27. Süßholz.

Zu den Wurzelgewürzen pflegt auch das Süßholz, die getrockneten, ungeschälten oder geschälten Wurzeln und Ausläufer von Glycyrrhiza glabra L. (Familie der Papilionaceen) gerechnet zu werden. Unter Radix liquiritiae glabra versteht man Spanisches, unter Radix liquiritiae mundata Russisches (meistens geschältes) Süßholz. (Über den Anbau vgl. Bd. II 1904, S. 1064.) Die botanischen Kennzeichen beschreibt das deutsche Arzneibuch (V. Ausg.) wie folgt:

„Die Wurzel ist meist unverzweigt, bis über 1 m lang, bis 4 cm dick, spindelförmig, am oberen Ende oft keulig verdickt. Die Ausläufer sind den Wurzeln ähnlich, jedoch walzenförmig. Beide sind hellgelb, mit feinen, von der Oberfläche sich ablösenden Fasern versehen, zähe, auf dem Bruche langfaserig und grobsplittrig. Der Querschnitt zeigt eine hellgelbe, bis 4 mm dicke Rinde und ein gelbes Holz. Das Holz ist geradstrahlig, vielfach längs den deutlich sichtbaren Markstrahlen gespalten. Die Ausläufer besitzen ein kantiges Mark, das den Wurzeln fehlt. Süßholz riecht schwach, eigenartig und schmeckt süß."

Die chemische Zusammensetzung ist in Bd. II 1904, S. 1065 mitgeteilt; danach ergab das Süßholz 8,68—8,82% Wasser, 9,3—12,9% Stickstoff-Substanz, 3,1—3,7% Fett, 6,0—7,4% Glykose (d. h. direkt reduzierenden Zucker), 2,1—10,4% Saccharose (d. h. Zucker nach der Inversion), 17,7—18,8% Rohfaser und 4,4—5,4% Asche; an Pentosanen fanden Hanuš und Bien in der Trockensubstanz 10,38%. Von dem eigentlichen wirksamen Bestandteile, dem Glycyrrhizin ($C_{44}H_{63}NO_{18}NH_4$), das im Süßholz als Calciumverbindung enthalten sein soll, werden 8% angegeben.

Die Bestimmung des Glycyrrhizins bzw. der Glycyrrhizinsäure ist ebenfalls schon Bd. II, S. 1065 angegeben. Man kann das Glycyrrhizin in amorphem Zustande auch noch in in der Weise gewinnen, daß man den mit kaltem Wasser bereiteten Auszug aufkocht, filtriert, das Filtrat eindunstet und mit verdünnter Schwefelsäure fällt. Die nach einigem Stehen ausgeschiedene zähe Masse wird in 82proz. Weingeist gelöst und aus ihr durch Zusatz von Äther das Harz gefällt; die überstehende Flüssigkeit bzw. das Filtrat wird zur Trockne verdunstet, der Rückstand wieder in Alkohol gelöst, abermals mit Äther gefällt und diese Behandlung nötigenfalls zum dritten Male wiederholt. Man erhält auf diese Weise amorphes Glycyrrhizin als gelblichweißes Pulver von starkem, süßem und zugleich bitterem Geschmack, schwerlöslich in kaltem, leichtlöslich in siedendem Wasser, aus dem es sich beim Erkalten z. T. als zähflüssige Masse abscheidet. Ammoniak und wässerige Alkalien lösen es leichter als Wasser, und zwar mit rotgelber Farbe. Aus den wässerigen Lösungen fällen Barium-, Magnesium-, Kupfer- und Bleisalze die entsprechenden Metallverbindungen.

P. Raseneck[1]) hat einen dem Glycyrrhizin des Süßholzes ähnlichen Süßstoff in Eupatorium rebandianum nachgewiesen und das Verfahren zu seiner Darstellung beschrieben, worauf verwiesen sei.

Für die mikroskopische Untersuchung gibt das deutsche Arzneibuch (V. Ausg.) folgende Anhaltspunkte[2]):

„In der Rinde und im Holzkörper sind zahlreiche, von den Krystallkammerfasern begleitete Gruppen langer, geschichteter, stark verdickter Fasern vorhanden. In der Rinde finden sich zusammengedrückte Siebstränge, im Holze sehr weite, vereinzelt oder in Gruppen von 2 bis 4 stehende, meist kurzgliedrige, gelbe Tüpfel- und Netzleistengefäße. Die Markstrahlen des Holzes sind 3 bis 8 Zellen breit. Außer in den Krystallkammerfasern kommen fünf- bis sechseckige, oft längliche Einzelkrystalle in Rinde und Holz zerstreut vor. In den Parenchymzellen findet sich Stärke in meist einfachen, runden, ovalen bis stäbchenförmigen Körnern von 2 bis 20 μ Durchmesser. Das hellgelbe Pulver ist gekennzeichnet durch die von Krystallkammerfasern begleiteten Fasern, Bruchstücke der Gefäße, die Stärkekörner und die Oxylatkrystalle. Es wird durch konzentrierte Schwefelsäure orangegelb gefärbt."

Regelung des Verkehrs und Verwertung der beanstandeten Gewürze. Der Codex alim. austr. gibt für den Verkehr mit Gewürzen und für die Verwertung der beanstandeten Gewürze folgende beachtenswerte Vorschriften:

A. Regelung des Verkehrs. Es ist außer auf die Beschaffenheit der Gewürze, die den vorstehend festgelegten Grundsätzen entsprechen muß, auf folgende Punkte Gewicht zu legen:

1. Sowohl im Groß- als im Kleinverkehr haben die zum Transport und zur Aufbewahrung dienenden Behälter allen allgemeinen sanitären Anforderungen vollkommen zu entsprechen; besonders sind die Gewürze gegen Staub, Feuchtwerden, „Ausrauchen" (Verlust der flüchtigen Würzstoffe), Insekten („wurmstichige Gewürze") und ekelerregende Verunreinigungen anderer Art zu schützen.

2. Die Lagerräume sollen gut ventiliert und weder naß noch zu trocken sein; auch empfiehlt es sich, das Absieben, Reutern usw. und Mahlen der Gewürze in eigenen Räumen vorzunehmen.

3. Die Abfälle von der Reinigung der Gewürze sind abgesondert zu verwahren und sobald als möglich wegzuschaffen.

4. Bei stark aromatischen oder fetten Gewürzen soll Pergament-, Cerat- oder ähnliches Papier als unmittelbare Umhüllung verwendet werden. Der Gebrauch von Makulaturpapier ist für diesen

------

[1]) Arbeiten a. d. Kais. Gesundheitsamte 1908, **28**, 420 u. Zeitschr. f. Untersuchung d. Nahrungs- u. Genußmittel 1908, **16**, 413.

[2]) Vgl. auch A. Meyer, Wissenschaftliche Drogenkunde. Berlin 1891, I, S. 230 u. ff.

Zweck unzulässig. Es empfiehlt sich, nur dort Gewürze in kleinen Quantitäten abgewogen im Vor-
rate bereitzuhalten, wo ein rascher Absatz Gewähr dafür bietet, daß sie nicht lange lagern. Zum
Einfassen der Gewürze ist ein hölzerner oder hörnerner Löffel zu benutzen.

5. Da die Gewürze im Kleinverkehr gewöhnlich mit anderen Lebensmitteln zusammen feilgehalten werden, ist eine tunlichst getrennte Aufbewahrung anzustreben.

B. Verwertung beanstandeter Gewürze. Gewürze von gesundheitsschädlicher Be-
schaffenheit sind stets und verdorbene Waren dann zu vernichten, wenn es sich nur um geringe
Mengen handelt; das gleiche hat mit gefälschten Gewürzen zu geschehen, deren Gehalt an Würz-
stoffen so gering ist, daß sich eine technische Verwertung nicht verlohnen würde. Die letztere, zum
Beispiel die Herstellung ätherischer Öle, kommt bei großen Mengen verdorbener und gefälschter
Waren dieser Gruppe in Betracht.

Alkaloidhaltige Genußmittel.

Als alkaloidhaltige Genußmittel kommen für den deutschen und europäischen Markt vorwiegend in Betracht: Kaffee, Kolanuß, Tee, Mate, Kakao und Tabak.

Kaffee.[1])

A. Vorbemerkungen.

1. Begriffsbestimmungen. „Kaffee (Kaffeebohnen) sind die von der Fruchtschale vollständig und der Samenschale (Silberhaut) größtenteils befreiten, rohen oder gerösteten, ganzen oder zerkleinerten Samen von Pflanzen der Gattung Coffea. Bohnenkaffee ist gleichbedeutend mit Kaffee.

Als Kaffeesorten werden unterschieden:

1. nach der geographischen Herkunft:
   a) südamerikanischer (brasilianischer [Santos-, Rio-, Bahia-], Venezuela-, Columbia-) Kaffee;
   b) mittelamerikanischer (Guatemala-, Costarica-, Mexiko-, Nicaragua-, Salvador-) Kaffee;
   c) westindischer (Cuba-, Jamaica-, Domingo-, Portorico-) Kaffee;
   d) indischer (Java-, Sumatra- [Padang-], Celebes- [Menado-], Ceylon-, Mysore-, Coorg-, Neilgherry-) Kaffee;
   e) arabischer (Mokka-) Kaffee;
   f) afrikanischer (abessinischer, Usambara-, Nyassa-, Cazengo-) Kaffee;
2. nach der pflanzlichen Abstammung: Kaffee von Coffea arabica, Kaffee von Coffea liberica (Liberiakaffee);
3. nach der Stufe der Zubereitung: roher, gerösteter, gemahlener Kaffee.

Perlkaffee ist Kaffee aus einsamig entwickelten Kaffeefrüchten.

Bruchkaffee (Kaffeebruch) sind zerbrochene Kaffeebohnen.

Kaffeemischungen und gleichsinnig bezeichnete Erzeugnisse sind Gemische verschiedener Kaffeesorten."

Anmerkungen: 1. „Nach der gegebenen Begriffsbestimmung beziehen sich die Festsetzungen über Kaffee im allgemeinen nur auf die bezeichnete Handelsware, nicht auf das daraus bereitete Getränk; vgl. jedoch die Verbote unter II S. 188.

2. Die Samen müssen von der Fruchtschale, d. h. der Oberhaut, dem Fruchtfleisch und der Pergamentschicht oder Hornschale vollständig, von der Silberhaut, soweit dies technisch möglich ist, befreit sein.

3. Die Aufzählung der Kaffeesorten ist nicht erschöpfend; im Großhandel werden noch zahlreiche andere Sorten unterschieden.

---

[1]) Zu diesem Abschnitt ist der im Kaiserl. Gesundheitsamt bearbeitete „Entwurf zu Festsetzungen über Kaffee" mit berücksichtigt worden. Berlin bei Julius Springer. 1915. Der Wortlaut der Ausführungen in diesem Entwurf ist in der Regel durch das Zeichen „ " angedeutet.

4. Unter „geographischer Herkunft" wird bei Kaffee teils das Erzeugungsgebiet, teils der für das Erzeugungsgebiet benutzte Verschiffungshafen verstanden.

5. Von den zahlreichen Arten und Spielarten der Gattung Coffea kommen für die Kaffeegewinnung außer den wichtigsten Arten Coffea arabica und Coffea liberica nur vereinzelt noch einige andere in Betracht, z. B. Coffea stenophylla, Coffea Ibo, Coffea mauritiana (bourbonica), Coffea Humboldtiana, Coffea Bonnieri, Coffea Gallenii, Coffea Mogeneti u. a. Liberiakaffee bedeutet hiernach keine Herkunftsbezeichnung, sondern weist auf die Abstammung der Pflanze von Coffea liberica hin, die auch in anderen Gebieten als Liberia, z. B. auf Java, angebaut wird.

6. Unter rohem Kaffee ist ungerösteter Kaffee zu verstehen.

Als gleichsinnig mit dem Worte „Kaffeemischung" ist besonders die Bezeichnung „Melange", auch in Wortverbindungen, wie „Volksmelange", anzusehen. „Mischungen, die außer Kaffee noch Kaffee-Ersatzstoffe oder Kaffeezusatzstoffe enthalten, sind nicht Kaffeemischungen, sondern Kaffee-Ersatzmischungen (vgl. S. 190 Ziffer 20)."

2. Normale Beschaffenheit und chemische Zusammensetzung.

„Die Kaffeebohnen haben gewöhnlich plankonvexe Gestalt; nur der sog. Perlkaffee, der von einsamig entwickelten Kaffeefrüchten stammt, hat eine walzenförmig-runde Form. Die Länge der Kaffeebohnen schwankt gewöhnlich zwischen 0,5 und 2,0 cm. Liberiakaffee zeichnet sich durch besondere Größe der Bohnen aus.

Auf der flachen Seite der Kaffeebohnen findet sich eine mit den Resten der glänzenden Samenhaut (Silberhaut) ausgekleidete, meist als „Naht" oder „Schnitt" bezeichnete Raphenfurche (Längsfurche), die, wie man beim Zerschneiden in der Querrichtung leicht erkennen kann, nach innen zu eine tief gewundene Spalte ist. Reste der Samenhaut haften auch oft auf der Außenfläche ungebrannter Bohnen. An einem Ende der gewölbten Seite der Bohne findet sich der aus den beiden herzförmigen Keimblättern und dem Würzelchen bestehende, 0,4 bis 0,8 mm lange Embryo. Erweicht man eine ungebrannte Kaffeebohne in heißem Wasser, so läßt sie sich an der Furche auseinanderbiegen, wobei größere Teile der Samenhaut sichtbar werden.

Die Hauptmasse der Kaffeebohnen besteht aus dem hornartigen Endosperm (Nährgewebe), dessen Bau im mikroskopischen Bilde ebenso eigenartige und kennzeichnende Formen aufweist. Das Endosperm besteht außer am Rande, wo die Zellen nach Art einer Oberhaut gebaut sind und dicke tüpfellose Membranen zeigen, aus lückenlos schließenden, polyedrischen, im Innern meist etwas radial gestreckten Zellen, deren Wände mit groben, netzartig verbundenen Verdickungsleisten versehen sind und daher im Querschnitt ein perlschnurartiges Aussehen haben (vgl. S. 185 u. f.). Das Kaffeefett findet sich in den Zellen des Endosperms in Gestalt farbloser, glänzender Kügelchen. Die dünne Samenschale besteht aus zartwandigen, völlig zusammengeschrumpften Parenchymzellen und einer oft unterbrochenen Außenschicht, deren Zellen teilweise den Parenchymzellen gleichen, größtenteils jedoch als höchst eigenartige Sclerenchymzellen ausgebildet sind. Diese Zellen sind vorwiegend spindelförmig gestaltet und haben meist stumpfe Enden; ihre dicke Membran ist von zahlreichen, schief gestellten Tüpfeln zerklüftet. Der Embryo wird aus dünnwandigen, rundlichen, sehr zarten Zellen gebildet.

Die Farbe des rohen Kaffees ist grünlich, gelblich, weißlich, bräunlich oder bläulich. Gerösteter Kaffee hat eine hell- bis kastanienbraune Farbe und eine matte Oberfläche, auf der bisweilen glänzende, von ausgetretenem Kaffeefett herrührende Stellen sichtbar sind.

Roher und besonders gerösteter Kaffee haben einen ihnen eigentümlichen Geruch und Geschmack.

Gemahlener Kaffee stellt ein Pulver aus mehr oder weniger feinen Körnchen von Farbe, Geruch und Geschmack der gerösteten Kaffeebohnen dar; hellbraune Teilchen der Samenhaut sind darin deutlich erkennbar."

Über die Gewinnung und Verarbeitung des geernteten Kaffees, über die verschiedenen Sorten und die Art des Röstens vgl. II. Bd., 1904, S. 1067—1080. Auch sind dort schon genügend die Veränderungen, die der Kaffee beim Rösten erleidet, sowie die chemische Zusammensetzung angegeben. Indes mögen hier die Schwankungen in der chemischen Zusammensetzung von rohem und geröstetem Kaffee, unter Hinzuziehung einiger neueren Untersuchungen, ebenfalls aufgeführt werden, nämlich in der Regel:

	Kaffee	
	Roh	Geröstet
Wasser	8,5—13,5%	1,5—4,5%
In der Trockensubstanz:		
Stickstoff-Substanz (N × 6,25) . . .	10,5 —17,5%	10,8—17,8%
Coffein[1]) . . ▪	1,11—1,50%	1,15—1,56%
Ätherauszug	11,0—15,5%	13,0—17,0%
Petrolätherauszug (Fett)	10,0—14,0%	11,0—15,0%
Zucker	5,5—11,0%	0,5—2,0%
In Zucker überführbare Stoffe . .	—	etwa 20,0%
Gerbsäure	6,0—11,5%	3,0—6,0%
Pentosane	6,0—(16,0)?%	3,0—?%
Rohfaser	20,0—30,0%	18,0—28,0%
Asche	3,5—5,0%	4,0—5,5%
Wasserauszug	27,0—37,0%	23,0—34,0%

Der Röstverlust beträgt in der Regel 15—19%, der Coffeinverlust beim Rösten 2,0 bis 8,5% des vorhandenen Coffeins. Diese Grenzzahlen können indes durch besondere Kulturverhältnisse bei dem rohen oder durch unregelmäßiges Rösten bei dem gerösteten Kaffee sowohl unter- als überschritten werden. Der Liberia - Kaffee verhält sich in der chemischen Zusammensetzung vor und nach dem Rösten wie der arabische Kaffee.

a) Die natürlichen coffeinfreien Kaffeesorten haben bis auf das Fehlen von Coffein eine dem echten Kaffee ähnliche Zusammensetzung. So fand H. Trillich (Bd. 1, S. 990) für den Bourbon - Kaffee:

Bourbon-Kaffee	Wasser %	In der Trockensubstanz				Wasser-auszug %
		Stickstoff-Substanz %	Äther-auszug %	Essigäther-auszug %	Asche %	
Roh	7,84	9,49	9,44	4,17	2,81	—
Geröstet	0,52	11,26	11,47	11,57	3,67	17,94

Außer dem Bourbon - Kaffee, sowie außer der Kaffeeart Coffea Humboldtiana, die auf der großen Komoroinsel einheimisch ist, werden noch drei weitere natürliche coffeinfreie Kaffeearten angegeben, die im Ambregebirge südlich der Dingo-Suarez-Bai auf Madagaskar vorkommen und von C. bourbonica und C. Humboldtiana botanisch verschieden, aber in der chemischen Zusammensetzung mehr oder weniger gleich sind, nämlich nach G. Bertrand[2]) enthalten:

	Coffea Humboldtiana	C. Bonnieri	C. Gallienii	C. Mogeneti
Wasser	11,64%	8,80%	8,40%	9,20%
Gesamt-Stickstoff	1,50%	1,50%	1,75%	1,15%
Asche	2,80%	3,00%	3,40%	3,40%

Der erstere Kaffee (C. Humboldtiana) ergab ferner Ätherauszug 10,68%, Alkoholauszug 8,42%, direkt reduzierenden Zucker 0,80%, sonstigen Zucker 4,20%.

---

[1]) In Wirklichkeit werden Schwankungen im Coffeingehalt bei rohem Kaffee von 0,8—2,8%, bei geröstetem Kaffee von 0,86—2,9% angegeben.

[2]) Compt. rend. 1905, **141**, 209.

b) Neuerdings aber wird dem echten Kaffee vielfach das Coffein künstlich entzogen und der Rückstand als coffeinfreier Kaffee in den Handel gebracht. Die Coffein-Entziehung wird auf verschiedene Weise bewirkt.

Entweder man behandelt die rohen Samen vorher auf besondere Weise z. B. mit überhitztem Wasserdampf, sauer oder basisch reagierenden Gasen oder Dämpfen (Essigsäure, schwefliger Säure), um die Zellen bzw. das Coffein aufzuschließen, und zieht dann mit den üblichen Lösungsmitteln für Coffein (Äther, Alkohol und Benzol, bzw. Mischungen derselben) aus, oder man zieht die rohen unzerkleinerten Bohnen im Vakuum aus, verdampft den Auszug, entzieht dem Rückstand das Coffein, fügt die hierbei verbleibenden coffeinfreien Extraktstoffe den evakuierten Samen wieder zu, unterbricht kurze Zeit das Vakuum und trocknet sodann die imprägnierten Samen weiter im Vakuum.

Nach C. Kippenberger[1]) löst sich das Coffein bzw. auch Coffeintannat in großen Mengen und leicht in heißem Öl, in Glycerin oder Aceton, so daß sich auch diese Lösungsmittel zur Entfernung des Coffeins verwenden lassen.

Nach einem anderen Verfahren (D. R. P. 219 405) wird der rohe Kaffee mit Wasser durchfeuchtet, der durchfeuchtete Kaffee einem durchgeleiteten elektrischen Strom von 2—10 Volt Spannung ausgesetzt und gleichzeitig oder auch wechselweise nach Unterbrechung des Stromes mit Chloroform oder Essigäther usw. ausgezogen.

Nach einem Patent (D. R. P. 221 116) werden die rohen Kaffeebohnen in einem vor Luftzutritt geschützten Behälter erst auf 150° erhitzt, dann bei einem Druck von 2,5 Atm. am Kühler der Wasserdampfdestillation unterworfen und nach Beendigung der Destillation mitsamt der rückständigen Flüssigkeit getrocknet.

Oder man behandelt den Kaffee mit geeigneten Lösungsmitteln und entfernt letztere nebst gelösten Stoffen mit Hilfe der Zentrifuge (D. R. P. 224 152) und sonstige Vorschläge mehr.

K. Lendrich und K. Murdfield[2]) untersuchten derartigen coffeinfreien Kaffee im Vergleich mit natürlichem und erhielten im Mittel mehrerer Proben folgende Ergebnisse:

Gerösteter Kaffee	Wasser	In der Trockensubstanz						
		Protein (N×6,25)	Coffein (N×3,464)	Fett (Petrol-äther-auszug)	Mineralstoffe		Alkalität, für 100 g, N.-Säure	Extrakt-ausbeute
					im ganzen	wasser-löslich		
	%	%	%	%	%	%	ccm	%
Natürlicher . .	1,46	11,75	1,186	15,73	4,71	3,77	56,43	26,17
Coffeinarmer .	2,13	11,83	0,218	17,13	4,23	3,22	47,72	21,30

Die Coffeinbestimmungen wurden nach dem Verfahren von Hilger und Juckenack ausgeführt, das aber nach späteren Ausführungen zu niedrige Ergebnisse liefert. A. Reinsch[3]) fand in 3 Proben coffeinfreien Kaffees nach dem Verfahren von Katz auch noch 0,11, 0,17 und 0,50% Coffein; hiervon gingen noch 71% in den wässerigen Aufguß über, dessen Aroma etwas gelitten hatte. Außer dem geringeren Coffeingehalt ist nach den Untersuchungen von Lendrich und Murdfield besonders der Gehalt an wasserlöslichen Stoffen in den coffeinarmen Kaffees vermindert. R. Kießling[4]) konnte indes eine derartige Verminderung der Extraktausbeute bei coffeinfreiem Kaffee nicht feststellen. Der Röstverlust betrug bei coffeinhaltigem wie -freiem Kaffee 18—19%, die Extraktverminderung in 2 Fällen nur 0,2 bzw. 0,9% (in einem Falle war die Ausbeute sogar um 0,2% höher); die Menge der in Wasser löslichen Stoffe schwankte zwischen 24,7—28,1%, der Coffeingehalt in den natür-

[1]) Zeitschr. f. angew. Chemie 1909, **22**, 1837.
[2]) Zeitschr. f. Untersuchung d. Nahrungs- u. Genußmittel 1908, **15**, 705.
[3]) Ebendort 1908, **15**, 702.
[4]) Chem.-Ztg. 1908, **32**, 495.

lichen, nicht behandelten Kaffeesorten zwischen 0,98—1,72%, in den entsprechend behandelten coffeinfreien Proben zwischen 0,02—0,26%; der Gehalt an dem durch das Rösten gebildeten Kaffeeöl war im Mittel von je 3 Proben ebenfalls gleich, er betrug 0,045 und 0,049%.

Eine vollständige Entfernung des Coffeins scheint hiernach in der Regel nicht möglich zu sein und wird man richtiger von coffeinarmem Kaffee sprechen.

Die amerikanischen Handelsmarken „Detannate Brand - Royal - Dutch - Coffee", „Pure - Coffee" und „Digesto - Coffee" sollen frei von Gerbsäure und Coffein sein. In Wirklichkeit enthielten sie aber nach A. L. Winton[1]) ebensoviel Gerbsäure und Coffein wie die gewöhnlichen Kaffeesorten.

K. B. Lehmann[2]) hat festgestellt, daß der coffeinfreie Kaffee (Hag) mit einem Gehalt von etwa 0,1% Coffein keine Wirkung auf Herz, Nervensystem und Muskeln erkennen läßt und Kakizawa[3]) hat nachgewiesen, daß er auch keine diuretischen Wirkungen äußert; letzterer fand die Harnmenge in 4 Stunden nach Genuß von Wasser, coffeinhaltigem und coffeinfreiem Kaffee im Mittel wie folgt:

	Genuß von Wasser	Genuß von Getränk von 50 g Kaffee coffeinhaltig	coffeinfrei
Harnmenge	305 ccm	848 ccm	298 ccm

3. Vorkommende Abweichungen, Veränderungen, Verfälschungen, Nachmachungen und irreführende Bezeichnungen.

a) „Kaffee enthält bisweilen infolge mangelhafter Reinigung des Rohkaffees eingetrocknete Kaffeefrüchte („Kaffeekirschen"), Bohnen in der Pergamentschale, unreife oder schwarze („Stück")-Bohnen, wurmstichige Bohnen, Stiele, Schalen, fremde Samen, Steinchen, Erd- und Holzstückchen.

b) Durch unzweckmäßige Erntebereitung oder ungeeignete Lagerung nimmt Kaffee bisweilen einen dumpfen oder sonst fremdartigen Geruch an, verschimmelt oder fault.

c) Beim Glätten und Polieren des Kaffees mit Sägemehl und ähnlichen Stoffen können diese in der Samenspalte („Naht") der Kaffeebohnen zurückbleiben, wodurch dem Kaffee der Anschein einer besseren Sorte gegeben werden kann.

d) Um eine andere Sorte oder bessere Beschaffenheit vorzutäuschen, wird Kaffee mitunter gefärbt oder angeröstet („appretiert"). Folgende Färbemittel sind beobachtet worden: Berlinerblau, Turnbulls Blau, Indigo, Kupfervitriol, Ultramarin, Smalte, Ocker, Eisenoxyde, Chromoxyd, Bleichromat, Mennige, gelbe und blaue organische Farbstoffe, Hämatit, gerbsaures Eisen, Kohle, Graphit, Porzellanerde, Talk.

e) Durch Lagerung in feuchten Räumen kann Kaffee Wasser aufnehmen. Zwecks Vergrößerung kleinbohnigen Kaffees, zur Vortäuschung einer besseren Sorte oder zur künstlichen Beschwerung quillt man rohen Kaffee bisweilen mit Wasser oder Wasserdampf auf. Infolge dieser Behandlung oder sonstiger Beschwerung mit Wasser vor, während oder nach der Röstung kann Kaffee einen zu hohen Wassergehalt haben. Um dem so behandelten Kaffee die normale Härte zu verleihen, wird dem Wasser bisweilen Borax zugesetzt.

f) Bei der Schiffsbeförderung kommt Kaffee bisweilen mit Meerwasser, gelegentlich auch mit Süßwasser, in Berührung. Solcher „havarierter" Kaffee verliert, wenn er dem Wasser nur kurze Zeit ausgesetzt war, seine natürliche Farbe und wird unansehnlich; bleibt er längere Zeit mit dem Wasser in Berührung, so nimmt er einen unangenehmen Geschmack an. Aus dem Seewasser nimmt er Chloride auf.

g) Kaffee kommt häufig unter falscher Herkunftsbezeichnung (z. B. als Mokkakaffee, Menadokaffee) in den Handel.

h) Gerösteter Kaffee kann infolge zu starker Erhitzung einen unangenehmen Geschmack aufweisen oder sogar teilweise verkohlt sein.

---

[1]) Zeitschr. f. Untersuchung d. Nahrungs- u. Genußmittel 1910, **19**, 388.
[2]) Münch. med. Wochenschr. 1913, Nr. 6 u. 7.
[3]) Archiv f. Hygiene 1913, **81**, 43.

i) Kaffee wird vielfach während oder nach der Röstung mit Überzugstoffen versehen ("glasierter", "kandierter", "caramelisierter Kaffee" od. dgl.). Am häufigsten dient dazu Zucker, der beim Rösten Caramel bildet und dem Kaffee eine glänzende braunschwarze Farbe erteilt. Als weitere Überzugstoffe kommen vor: Stärkezucker, Stärkesirup, Auszüge aus Feigen, Datteln und anderen zuckerhaltigen Früchten, Stärke, Dextrin, Gummi, Agar-Agar, Schellack und andere Harze, Eiweiß, Gelatine, Gerbsäure und gerbsäurehaltige Auszüge aus Pflanzenteilen, Auszüge aus Kaffeefruchtfleisch und Kakaoschalen, tierische und pflanzliche Fette, Glycerin, Mineralöle und Boraxlösung.

Der zum Glasieren des Kaffees verwendete Schellack kann mit Arsensulfid gefärbt sein.

k) Zur angeblichen Verbesserung des Geschmacks von geringwertigem Kaffee wird dieser bisweilen vor dem Rösten mit Lösungen von Soda, Pottasche, Kalk, Ammoniumsalzen oder Zuckerkalk (Calciumsaccharat) behandelt.

l) Dem Kaffee kann durch besondere Verfahren (Behandlung mit Wasserdampf und Lösungsmitteln) der größte Teil des Coffeins künstlich entzogen werden.

m) Gerösteter ungemahlener Kaffee wird oft durch Zusatz von ähnlich aussehenden gerösteten Samen und anderen Pflanzenteilen verfälscht. Als solche sind besonders Lupinen, Sojabohnen, Platterbsen, Mais und gespaltene Erdnüsse (sog. afrikanischer Nußbohnenkaffee), Samen von Astragalus baeticus, Hibiscus esculentus, Lathyrus sativus beobachtet worden. Auch künstliche Kaffeebohnen sind zur Fälschung des Kaffees verwendet worden.

n) Häufig werden Mischungen von gemahlenem oder ungemahlenem Kaffee mit Kaffee-ersatzstoffen ohne genügende Kennzeichnung in den Verkehr gebracht.

o) Gerösteter Kaffee in gemahlenem oder ungemahlenem Zustande wird bisweilen mit Kaffee, dem ein Teil der wertvollen Bestandteile entzogen ist, oder auch mit Kaffeesatz, Kaffeeabfall, Silberhaut, verfälscht.

p) Unter der Bezeichnung "Kaffee-Extrakt" oder "Kaffee-Essenz" kommen auch Erzeugnisse vor, die zu mehr oder weniger großem Teil aus Kaffee-Ersatzstoffen bestehen oder aus solchen hergestellt sind."

4. Probenahme.

Im allgemeinen ist von dem zu untersuchenden Kaffee je nach den vorzunehmenden Bestimmungen eine Menge von 250 bis etwa 500 g zu entnehmen und der Vorrat dabei gehörig durchzumischen, um einen guten Durchschnitt zu erhalten. Liegt eine Mischung verschiedener Kaffeesorten oder von Kaffee mit Kaffee-Ersatzstoffen vor oder besteht der Verdacht einer solchen Mischung, so ist besonders auf gleichmäßige Durchmischung zu achten. Befindet sich der Kaffee in fertigen kleineren Packungen, so sind solche zu entnehmen. Die Proben sind in dicht schließenden Gefäßen (Blechbüchsen, Glasflaschen od. dgl.) so einzusenden und aufzubewahren, daß sie weder Wasser anziehen noch verlieren können.

5. Erforderliche Prüfungen und Bestimmungen.

"Sofern es sich nicht um die Beantwortung bestimmter Einzelfragen handelt, sind im allgemeinen die nachstehenden Prüfungen und Bestimmungen vorzunehmen:

I. Bei rohem Kaffee.

1. Sinnenprüfung, gegebenenfalls Bestimmung der fremden Bestandteile, von verdorbenen oder anderen wertlosen Bohnen;
2. Bestimmung des Wassers;
3. Prüfung auf künstliche Färbung;
4. Bestimmung des Chlors in der Asche;
5. Prüfung auf Poliermittel.

II. Bei gerösteten Kaffeebohnen.

1. Sinnenprüfung, gegebenenfalls Bestimmung der fremden Bestandteile;
2. Bestimmung des Wassergehaltes und, falls dieser mehr als 4,5% beträgt, auch Prüfung auf Borax;

3. Bestimmung der wasserlöslichen Stoffe;

4. Prüfung auf Überzugstoffe, gegebenenfalls Bestimmung der abwaschbaren Stoffe:
   a) mit Äther abwaschbare (Fett, Paraffin, Mineralöle);
   b) mit Alkohol abwaschbare (Harze);
   c) mit Wasser abwaschbare (Caramel, Glycerin, Dextrin, Leim u. a.);
   wenn mit Schellack glasierter Kaffee vorliegt, auch Prüfung auf Arsen;

5. Bestimmung des Coffeins, besonders wenn der Kaffee als coffeinfrei oder coffeinarm bezeichnet ist.

III. Bei gemahlenem Kaffee.

1. Sinnenprüfung;
2. Vorprüfung auf Zichorie, Feigenkaffee und Caramel;
3. Mikroskopische Prüfung;
4. Bestimmung des Wassers, gegebenenfalls auch Prüfung auf Borax;
5. Bestimmung der wasserlöslichen Stoffe;
6. Bestimmung des Coffeins;
7. Bestimmung und Untersuchung der Asche.

Je nach den besonderen Umständen, namentlich bei gemahlenem Kaffee, sind noch auszuführen: die Bestimmung des Zuckers, der Gerbsäure, der in Zucker überführbaren Kohlehydrate, des Fettes, der Rohfaser und der Proteine."

B. Ausführung der Untersuchung.

1. Sinnenprüfung. „Der Kaffee ist auf Aussehen und Geruch, gerösteter Kaffee auch auf Geschmack zu prüfen.

Bei rohem Kaffee ist auf ungewöhnliche Farbe infolge von Havarie oder von künstlicher Färbung, auf fremde Bestandteile (Kaffeekirschen, Erdteilchen, Holzstückchen u. dgl.), wurmstichige Bohnen, etwa bestehende Fäulnis oder Schimmelbildung, auf fremdartigen Geruch sowie darauf zu achten, ob sich in der „Naht" der Kaffeebohnen Rückstände von Poliermitteln befinden.

Unreife und havarierte Bohnen sind meistens schwärzlich oder blaugrün, beim gerösteten Kaffee im Bruch häufig hellgelb.

Bei gerösteten Kaffeebohnen ist außerdem auf verkohlte Bohnen, auf fremde Samen (Lupinen, Sojabohnen, Mais u. dgl.) und künstliche Kaffeebohnen sowie darauf zu achten, ob der Kaffee mit Überzugstoffen, die meist an dem Glanze der Bohnen erkannt werden können, versehen ist. Ist dies der Fall, so ist der Kaffee auch nach dem Abwaschen mit heißem Wasser und Trocknen auf Aussehen, Geruch und Geschmack zu prüfen.

Bei gemahlenem Kaffee ist noch darauf zu achten, ob sich ohne nähere Untersuchung feststellbare fremde Bestandteile vorfinden.

Manche Ersatzstoffe, besonders Zichorie, Feigenkaffee, Caramel, lassen sich daran erkennen, daß sich deren Teile, wenn der Kaffee auf kaltes Wasser gebracht wird, mit braunen Wölkchen umgeben, die das Wasser braun färben, und daß ihre Teilchen schneller zu Boden sinken als die des Kaffees.

Die Geschmacksprüfung des gerösteten Kaffees wird zweckmäßig an einem mit heißem Wasser bereiteten Auszuge vorgenommen.

Zur Bestimmung der fremden Bestandteile in unzerkleinertem Kaffee werden aus 100 g Kaffeebohnen die fremden Bestandteile ausgelesen und ohne weiteres gewogen. Bei Gegenwart größerer Mengen einer bestimmten Art von fremden Bestandteilen, z. B. Lupinen, ist deren Menge für sich zu bestimmen."

2. Bestimmung des Wassers. a) Im ungerösteten (Roh-) Kaffee. 50 g Bohnen werden einige Stunden im Wassertrockenschrank vorgetrocknet, dann unter Ver meidung von Verlusten mittels der Malzschrotmühle (III. Bd., 1. Teil, S. 11) fein gemahlen und gewogen. Von dem feinen Pulver werden 5 g abgewogen, weiter 3 Stunden im Wassertrockenschrank getrocknet; der Gewichtsverlust wird nach III. Bd., 1. Teil, S. 23 auf den angewendeten Rohkaffee berechnet.

b) Im gerösteten Kaffee: 5 g fein gemahlener Kaffee werden im Wassertrockenschrank 3 Stunden lang getrocknet.

Die Vorschrift in den Festsetzungen des Kaiserl. Gesundheitsamtes ist noch einfacher als vorstehende Vorschrift; sie lautet: „Rohe oder geröstete Kaffeebohnen sind zunächst in einer Mühle möglichst zu zerkleinern. 10 g des Kaffeepulvers werden im Dampftrockenschranke erwärmt, bis keine Gewichtsabnahme mehr festzustellen ist, was gewöhnlich nach 3 Stunden der Fall ist. Der Gewichtsverlust wird als Wasser angesehen."

Hierdurch wird natürlich die ganze Wassermenge nicht erhalten; das würde nur durch Trocknen im Vakuum bei etwa 95° oder durch Trocknen bei 105° bis zur Gewichtsbeständigkeit zu erreichen sein. Dadurch würden aber auch die Aromastoffe sich verflüchtigen. Aus dem Grunde wird man zweckmäßig an obiger Vorschrift festhalten, und wenn dieses einheitlich geschieht, werden die Ergebnisse wenigstens unter sich vergleichbar.

3. Gesamt-Stickstoff wie üblich in 2—3 g nach Kjeldahl (III. Bd., 1. Teil, S. 240). Um den Gehalt an Proteinen annähernd zu ermitteln, kann man den für Coffein gefundenen Stickstoff vom Gesamt-Stickstoff abziehen und den Rest mit 6,25 multiplizieren.

4. Coffein. Für die wichtige Bestimmung des Coffeins ist in den Festsetzungen des Kaiserl. Gesundheitsamtes zu Kaffee folgendes Verfahren angegeben:

„20 g des feingemahlenen Kaffees werden in einem Becherglase mit 10 ccm 10proz. Ammoniaklösung versetzt, sofort durchmischt und unter zeitweiligem Umrühren bei rohem Kaffee 2 Stunden, bei geröstetem Kaffee 1 Stunde stehengelassen. Hierauf wird das Pulver mit 20—30 g grobkörnigem Quarzpulver gemischt, verlustlos in einen Extraktionsapparat gebracht und etwa 3 Stunden lang mit Tetrachlorkohlenstoff unter Erhitzung des Extraktionskolbens auf einem Drahtnetze ausgezogen. Dem Auszuge wird etwa 1 g festes Paraffin (D. A. B. V.) zugesetzt, hierauf der Tetrachlorkohlenstoff abdestilliert und der Rückstand zunächst mit 50, dann 3 mal mit je 25 ccm möglichst heißem Wasser ausgezogen. Die abgekühlten wässerigen Auszüge werden durch ein angefeuchtetes Filter filtriert, wobei zu vermeiden ist, daß Teile der Paraffinschicht auf das Filter gelangen; das Filter wird mit heißem Wasser ausgewaschen. Das auf Zimmertemperatur abgekühlte Filtrat wird bei rohem Kaffee mit 10 ccm, bei geröstetem mit 30 ccm einer 1 proz. Kaliumpermanganatlösung versetzt und 15 Minuten stehengelassen. Hierauf wird das Mangan unter Zutropfen einer 3 proz. Wasserstoffsuperoxydlösung, die außerdem 1% Essigsäure enthält, zur Abscheidung gebracht. Das Gemisch wird etwa $1/_4$ Stunde auf dem Wasserbade erhitzt, der Niederschlag abfiltriert und mit heißem Wasser ausgewaschen. Das Filtrat wird in einer Schale (am besten einer gläsernen) auf dem Wasserbade zur Trockne eingedampft, der Rückstand $1/_4$ Stunde im Dampftrockenschranke getrocknet und mit Chloroform ausgezogen. Nach dem Filtrieren und Auswaschen des Filters mit Chloroform wird das Lösungsmittel abdestilliert und abgedunstet[1]) und das so erhaltene Coffein nach halbstündigem Trocknen im Dampftrockenschranke gewogen.

Falls der nach vorstehendem Verfahren ermittelte Coffeingehalt bei ‚coffeinfreiem‘ Kaffee mehr als 0,08% oder bei ‚coffeinarmem‘ Kaffee mehr als 0,2% beträgt, ist die Reinheit des erhaltenen Coffeins durch Ermittlung seines Stickstoffgehalts nach dem Verfahren von Kjeldahl nachzuprüfen. Wird hierbei weniger Stickstoff gefunden, als der erhaltenen

---

[1]) Zur Vermeidung von Verlusten an Coffein, die sehr leicht bei Verwendung einer Schale dadurch entstehen, daß die Chloroformlösung beim Abdunsten auf dem Wasserbade über den Rand der Schale kriecht, ist es zweckmäßig, die Schale mit einem dünnen Kupferblechmantel, der den Rand der Schale um mindestens 5 cm überragen muß, zu umgeben.

Menge Coffein entspricht, so ist die durch Multiplikation der ermittelten Menge Stickstoff mit 3,464 berechnete Menge Coffein als maßgebend anzusehen."

Anmerkung hierzu. Für die Bestimmung des Coffeins sind eine Reihe Vorschläge gemacht, welche sich in zwei Gruppen teilen lassen, nämlich in eine erste Gruppe, Verfahren umfassend, nach denen das Coffein aus den fein gemahlenen natürlichen und gerösteten Samen entweder direkt oder nach Behandlung mit Alkalien (Kalk, Magnesia oder Ammoniak) ausgezogen wird, und in eine zweite Gruppe, Verfahren umfassend, nach denen die coffeinhaltigen Stoffe ohne und mit Zusatz von Alkalien oder Salzen (Natriumsalicylat,-benzoat) erst mit Wasser ausgekocht werden, der Auszug eingedampft und der mehr oder weniger eingedickte Rückstand zur Coffeinbestimmung benutzt wird.

K. Kornauth[1]) hat seinerzeit behauptet, daß die Verfahren, bei denen das Kaffeepulver erst mit Wasser ausgezogen und der wässerige Auszug zur Behandlung mit Äther und Chloroform benutzt wird, etwas höhere und richtigere Ergebnisse liefern als die Verfahren der ersten Gruppe, bei denen man das Kaffeepulver (ev. nach Alkalisierung) direkt mit letzteren behandelt. Diese Ergebnisse haben sich aber nach neueren Untersuchungen nicht bestätigt, da auch die Verfahren, wonach erst mit Wasser ausgezogen wird, fehlerhafte Ergebnisse liefern können.

Weiter ist bei der Beurteilung der nachstehenden Verfahren zu berücksichtigen, daß Chloroform das Coffein viel leichter löst als Äther. Es ist nicht möglich, alle vorgeschlagenen Verfahren zur Bestimmung des Coffeins hier aufzuführen[2]) oder gar zu beschreiben, ich muß mich auf diejenigen beschränken, die als die maßgebendsten angesehen worden sind.

a) Verfahren, nach denen das Coffein ohne oder mit Zusatz von Alkalien direkt aus den Samen durch Äther bzw. Chloroform, Tetrachlorkohlenstoff und Benzol ausgezogen wird:

Die ältesten Verfahren dieser Art von A. Commaille, J. M. Eder und James Bell[3]), die auf Freimachung des Coffeins durch Erwärmen mit Kalk, Magnesia oder Natriumcarbonat beruhen, können hier übergangen werden, weil hierdurch nach A. Reitter[4]) eine Zersetzung des Coffeins hervorgerufen werden soll.

E. Léger[5]) mischt daher 1,5 Teile des gepulverten coffeinhaltigen Rohstoffs mit 1,0 Teilen Magnesia, setzt 1,5 Teile Wasser zu, digeriert damit in der Kälte 2 Stunden und schüttelt nun mit wechselnden Mengen (10,0—25,0 Teilen) Chloroform aus.

C. Virchow[6]) vermischt den fein gemahlenen Kaffee mit 2,5 g Magnesia und 10 g Wasser, durchschüttelt die Masse mehrmals mit Chloroform, verdampft dieses, zieht aus dem Rückstand das Coffein mit heißem Wasser aus, verdampft letzteres, unterwirft das erhaltene Coffein einer nochmaligen Reinigung, verbrennt es schließlich nach Kjeldahl und berechnet es aus dem gefundenen Stickstoffgehalt.

Das umständliche Verfahren dürfte vor den anderen einfacheren keinen Vorzug besitzen.

Trillich und Göckel[7]) verfahren in ähnlicher Weise wie Socolof, indem sie 10 g Kaffeepulver in einem Scheidetrichter mit Ammoniak durchfeuchten, $1/2$ Stunde stehen lassen und dann mit 200 ccm Essigäther unter öfterem Umschwenken 12 Stunden behandeln.

---

[1]) Mitteil. a. d. Pharm. Institut Erlangen. III. Heft. München 1890, 1.

[2]) Eine eingehende Übersicht über die einschlägige Literatur haben K. Lendrich und E. Nottbohm in Zeitschr. f. Untersuchung d. Nahrungs- u. Genußmittel 1909, **12**, 241 gegeben.

[3]) James Bell, Analyse und Verfälschung d. Nahrungsmittel. Deutsch von Mirus. Berlin 1882, S. 18.

[4]) Berichte d. deutsch. pharm. Gesellschaft in Berlin 1901, **11**, 339.

[5]) Zeitschr. f. Untersuchung d. Nahrungs- u. Genußmittel 1909, 8, 302.

[6]) Chem.-Ztg. 1910, **34**, 1037.

[7]) Forschungsber. über Lebensmittel 1897, **4**, 78.

C. Wolff[1]) kocht den nach dem vorstehenden Verfahren erhaltenen Rückstand mit Magnesiamilch, filtriert und verdampft das Filtrat zur Trockne. Dieser Rückstand wird mit Chloroform erschöpft, die Chloroformlösung in einem Kjeldahl - Kolben verdunstet und der Rückstand nach Kjeldahl verbrannt (1 Teil N = 3,464 Teilen Coffein).

P. Buttenberg[2]) hat dieses bzw. das von J. Katz (S. 164) angegebene Verfahren für Tee in folgender Ausführung angewendet:

10 g Tee werden mit 200 g Chloroform und 5 g 10 proz. Ammoniak in mit Glasstopfen verschlossenem Kolben etwa 1 Stunde unter häufigem Schütteln stehen gelassen. Darauf wird die Flüssigkeit mit Hilfe eines bedeckten Trichters oder eines Sanderschen Zigarettenfilters schnell abfiltriert. 150 g des Filtrates befreit man durch Destillation vollständig vom Chloroform, nimmt den Rückstand unter vorsichtigem Erwärmen in etwa 5 ccm Äther auf und setzt 20 ccm 0,5 proz. Salzsäure hinzu. Nach dem Verdampfen des Äthers filtriert man die erkaltete Flüssigkeit in einen Scheidetrichter und wäscht mit kleinen Mengen 0,5 proz. Salzsäure nach. Das saure Filtrat wird 4—5 mal mit je 20 ccm Chloroform ausgeschüttelt. Die filtrierten Chloroformlösungen geben sodann nach dem Abdestillieren und Trocknen des Rückstandes bei 100° ein so reines Coffein bei Tee, daß die sonst anzuwendende Reinigung mit Bleihydroxyd und Magnesia fortfallen kann. Statt des Ausschüttelns mit Chloroform kann auch ein Perforieren der wässerigen Coffeinlösung angewendet werden.

K. Lendrich und E. Nottbohm[3]) haben ebenso wie Gadamer[4]) gefunden, daß eine Vorbehandlung mit Ammoniak nicht notwendig ist, sondern eine Durchfeuchtung mit Wasser allein genügt, damit sowohl bei rohem als gebranntem Kaffee das Coffein quantitativ ausgezogen werden kann.

K. Lendrich und E. Nottbohm verfahren daher wie folgt:

20 g auf 1 mm Korngröße vermahlener und gesiebter, roher oder gerösteter Kaffee werden in einem geeigneten Glasgefäß mit 10 ccm destilliertem Wasser versetzt, sofort durchgemischt und unter zeitweiligem Umrühren 2 Stunden bzw. 1 Stunde stehen gelassen. Hierauf wird das Kaffeepulver verlustlos in eine Schleicher-Schüllsche Extraktionshülse gebracht und 5 Stunden mit Tetrachlorkohlenstoff bei direkter Feuerung ausgezogen.

Dem gewonnenen Auszuge wird etwa 1 g festes Paraffin zugesetzt, hierauf der Tetrachlorkohlenstoff vollkommen abdestilliert und der verbleibende Rückstand 4 mal mit kochend heißem Wasser ausgezogen. Hierzu verwendet man zuerst 50 ccm, dann 3 mal je 25 ccm Wasser. Die abgekühlten wässerigen Auszüge werden durch ein angefeuchtetes Filter gegossen und letzteres mit kochend heißem Wasser nachgewaschen.

Das auf Zimmertemperatur abgekühlte Filtrat wird mit 10 bzw. 30 ccm einer 1 proz. Kalium permanganatlösung versetzt und gemischt. Nachdem das Permanganat $^1/_4$ Stunde eingewirkt hat, wird das Mangan durch tropfenweisen Zusatz einer 3 proz. Wasserstoffsuperoxydlösung, die in 100 ccm 1 ccm Eisessig enthält, als Superoxyd zur Abscheidung gebracht. Hierauf wird die Flüssigkeit $^1/_4$ Stunde auf dem siedenden Wasserbade erhitzt, heiß filtriert und der Filtrierrückstand mit kochend heißem Wasser ausgewaschen. Das Filtrat wird in einer Glasschale auf dem Wasserbade zur Trockne eingedampft, der Rückstand $^1/_4$ Stunde im Trockenschrank bei 100° nachgetrocknet und sofort mit warmem Chloroform unter Abfiltrieren erschöpft. Der Chloroformauszug wird vom Lösungsmittel befreit und das so erhaltene Coffein nach halbstündigem Trocknen bei 100° zur Wägung gebracht.

An Stelle des Eindampfens der mit Permanganat gereinigten wässerigen Coffeinlösung kann man dieser das Coffein auch durch direkte Ausschüttelung mit Chloroform quantitativ entziehen.

---

[1]) Zeitschr. f. öffentl. Chemie 1907, **13**, 186.
[2]) Zeitschr. f. Untersuchung d. Nahrungs- u. Genußmittel 1905, **10**, 110 bzw. 115.
[3]) Ebendort 1909, **17**, 241.
[4]) Archiv d. Pharmazie 1899, **237**, 58 u. 1909, **18**, 299.

In den Fällen, wo es auf möglichst genaue Coffeinwerte ankommt, empfiehlt es sich, noch die Stickstoffbestimmung auszuführen und aus dem erhaltenen Wert für Stickstoff das Coffein zu berechnen.

Lendrich und Nottbohm fanden nach diesem Verfahren in der Trockensubstanz folgende Coffeingehalte:

Kaffee, roh	Kaffee, geröstet	Hülsen	Samenhäutchen
1,05—2,83%	1,02 –2,95%	0,087%	0,222%

Der durch Rösten entstehende Verlust an Coffein wurde zu 1,50—8,53% gefunden, während der Gesamt-Röstverlust zwischen 14,67—18,33% schwankte.

Der Codex alim. austr. empfiehlt zur Bestimmung des Coffeins das auch von P. Waentig angewendete[1]) Verfahren von J. Katz[2]), nämlich:

10 g des gepulverten Kaffees werden mit 200 g Chloroform und 10 g Ammoniak 2 Stunden lang geschüttelt. Nach dem Absitzen destilliert man 150 g der durch ein Sandersches Zigarettenfilter filtrierten Chloroformlösung ab, löst den Rückstand in 5 ccm Äther und setzt 10 ccm $1/2$ proz. Salzsäure nebst 0,2—0,5 g festem Paraffin zu. Hierauf wird so lange erwärmt, bis der Äther verdunstet und das Paraffin geschmolzen ist, nach dem Erkalten wird durch ein möglichst kleines genäßtes Filter filtriert, der Rückstand noch 2 mal in gleicher Weise mit je 10 ccm $1/2$ proz. Salzsäure und etwas Äther behandelt. Das Filter wird mit etwa 10 ccm $1/2$ proz. Salzsäure ausgewaschen und das Filtrat ohne Substanzverlust in einen geeigneten Extraktionsapparat gebracht, der etwa 50 ccm faßt. Man extrahiert 4 Stunden lang mit Chloroform, dunstet ab und bestimmt im Verdunstungsrückstand den Stickstoff nach Kjeldahl. Der Prozentgehalt an Stickstoff gibt mit 3,4585 — vorstehend ist der Faktor 3,464 berechnet — multipliziert, den gesuchten Prozentgehalt an wasserfreiem Coffein[3]).

J. Katz[4]) hat nach seinem Verfahren auch die Coffeinbestimmung in Kaffeeaufgüssen vorgenommen, indem er hier folgendermaßen verfuhr:

Der bis auf wenige Kubikzentimeter eingedampfte Aufguß (von etwa 15 g gebranntem Kaffee) wurde nach Zusatz von 2 ccm Ammoniak im Perforator (III. Bd., 1. Teil, S. 468) 2 Stunden lang mit Chloroform ausgezogen, aus dem Auszuge das Chloroform abdestilliert und der Rückstand als „Rohcoffein" gewogen. Dasselbe wird in 10 ccm Wasser gelöst und mit 3 ccm einer Aufschüttelung von Bleihydroxyd in Wasser (1 : 20) 10 Minuten lang erwärmt; dann werden etwa 0,2 g gebrannte Magnesia zugesetzt, die Flüssigkeit nach dem Erkalten filtriert und mit Wasser gewaschen. Das Filtrat wird wiederum 2 Stunden lang mit Chloroform ausgezogen, das Chloroform abdestilliert und der Rückstand als „Reincoffein" gewogen.

Auf diese Weise wurde die Menge des in den Kaffeeaufguß, der nach drei verschiedenen Verfahren aus 15 g Kaffee bereitet war, übergegangenen Coffeins wie folgt gefunden:

Verhalten	Auszug bereitet		
	mit Arndtschem Kaffeetrichter	nach dem Deutschen Arzneibuch	mittels gewöhnlichen Papierfilters
1. Vom Gesamtcoffein gelöst . .	96,5 %	85,2 %	60,3 %
2. Gesamtextrakt von 15 g . . .	3,73 g	3,45 g	2,28 g

[1]) Waentig, Arbeiten a. d. Kais. Gesundheitsamte 1906, **23**, 315.

[2]) Archiv d. Pharmazie 1904, **242**, 43.

[3]) J. Katz selbst hat vorgeschlagen, das Rohcoffein erst zu wägen, dieses wieder in Wasser zu lösen, mit 3 ccm aufgeschlämmtem Bleihydroxyd (1 : 20) 10 Minuten zu erwärmen, weiter mit 0,2 g Magnesia zu versetzen, nach dem Erkalten zu filtrieren, den unlöslichen Niederschlag mit Wasser auszuwaschen, das Filtrat wie oben im Perforator mit Chloroform auszuziehen, dieses zu verdunsten und den Rückstand hiervon als Reincoffein zu wägen.

[4]) Archiv d. Pharmazie 1904, **242**, 42.

In einer Tasse Kaffee kann man etwa 0,1 g Coffein als Höchstmenge annehmen. Zusatz von Natrium-carbonat zum Wasser erhöht die Extraktausbeute aus 15 g gebranntem Kaffee um 0,3—0,5 g, der Coffeingehalt wird aber nicht wesentlich erhöht.

P. Siedler[1]) schlägt vor, den gemahlenen Kaffee oder Kaffeeextrakt durch Petrol-äther erst zu entfetten und dann behufs Bestimmung des Coffeins mit ammoniakalischem Chloroform auszuziehen. Letzteres erhält man dadurch, daß man Ammoniakgas in Chloro-form leitet. Auf 5—10 g Kaffeepulver verwendet man etwa 120 g ammoniakalisches Chloro-form und schüttelt tüchtig 1 Stunde lang. Das Chloroform wird dann in ein gewogenes Kölb-chen abgegossen, verdunstet und der Rückstand als Rohcoffein gewogen. Um es zu reinigen, löst man den Rückstand wieder in Chloroform, setzt 20 ccm Wasser zu, verjagt, ohne umzuschütteln, das Chloroform, wobei die Unreinigkeiten sich als Klümpchen absetzen, das Coffein aber in die wässerige Lösung übergeht und in ein Kölbchen filtriert werden kann, um nach dem Verdampfen des Wassers als reines Coffein gewogen zu werden.

Auch J. Burmann[2]) entfettet für die Coffeinbestimmung 5 g fein gemahlenen Kaffee erst mit 100 ccm Petroläther (0,630—0,673, Siedepunkt $<$ 60°), wodurch nur 2,5 mg Coffein, die später zugezählt werden, gelöst werden sollen.

Das an der Luft getrocknete Kaffeepulver wird unter Hinzufügung von 5 g 10 proz. Ammoniak mit 150 ccm Chloroform während $\frac{1}{2}$ Stunde wiederholt geschüttelt, die Lösung filtriert, verdunstet und der Rückstand als Rohcoffein gewogen; der Rückstand wird wiederum in wenig Chloroform gelöst, die Lösung in ein Probierglas, das an zwei Stellen eingeschnürt ist, gegossen. Das Chloro-form wird im Wasserbade verdunstet, der Rückstand erst bei 100° getrocknet, dann in einem Paraffin-bade bei 210—240° erhitzt. Hierbei sublimiert das Coffein in den mittleren Teil des Probierrohres, woraus es nach dem Abschneiden durch Chloroform gelöst und nach Verdunsten desselben als reines Coffein gewogen werden kann.

Rein dürfte dieses Coffein schon sein, aber nicht die ganze Menge ausmachen.

Coffeinbestimmung nach dem Verfahren von Keller[3]) - Siedler. Das Schweizer. Lebensmittelbuch empfiehlt zur Bestimmung des Coffeins das Verfahren von Keller-Siedler in folgender Ausführung:

6 g Kaffee, den man 5 mal durch eine eng gestellte Kaffeemühle hat gehen lassen, werden mit Petroläther entfettet, der Rest des Petroläthers wird durch Erhitzen auf dem Wasserbade entfernt, dann werden 120 g Chloroform und 10 ccm Ammoniakflüssigkeit zugegeben und wird während 1 Stunde häufig kräftig geschüttelt. Man läßt vollständig absetzen, trennt die Chloro-formlösung ab, wägt sie, destilliert das Chloroform ab und entfernt die letzten Reste desselben durch Erwärmen auf dem Wasserbade und Einblasen von Luft. Der Rückstand wird wieder durch einige Tropfen Chloroform gelöst, 20 ccm heißes Wasser zugegeben und, ohne dabei umzu-schütteln, das Chloroform weggekocht. Endlich wird abfiltriert, das Filtrat eingedampft und der Rückstand, welcher Coffein ist, gewogen. Wenn nötig, ist die Reinigung zu wiederholen. Bei der Berechnung ist zu berücksichtigen, daß man nicht alles Chloroform vom Kaffee hat ab-gießen können, sondern in der Regel nur 100 g entsprechend 5 g Kaffee.

Es empfiehlt sich, in dem Rohcoffein den Stickstoffgehalt zu bestimmen und aus demselben das Reincoffein zu berechnen.

Das ursprüngliche Kellersche Verfahren unterscheidet sich von dieser Vorschrift da-durch, daß Keller nicht vorher mit Petroläther entfettet, ferner die 6 g Tee (bzw. Kaffee) mit 6 ccm Ammoniak vorher nur $\frac{1}{2}$ Stunde kräftig umschüttelt, den Destillationsrückstand der Chloroformlösung durch Übergießen mit 3—4 ccm Alkohol und Wiederverjagen des-selben von Chloroform befreit und das erhaltene Rohcoffein nicht mit Chloroform, sondern mit verdünntem Alkohol und Wasser aufnimmt.

---

[1]) Berichte d. deutschen pharm. Gesellsch. 1898, **8**, 18.

[2]) Zeitschr. f. Untersuchung d. Nahrungs- u. Genußmittel 1911, **22**, **530**.

[3]) Berichte d. deutschen pharm. Gesellsch. 1897, **7**, 105.

Auf eine weitere von A. Beitter[1]) angegebene Abänderung des Kellerschen Verfahrens sei verwiesen.

G. Fendler und W. Stüber[2]) halten das Kellersche Verfahren nach der im Schweizer. Lebensmittelbuch gegebenen Vorschrift für weniger genau als die Verfahren von Katz und Lendrich - Nottbohm, welche sie für die besten erklären. Sie geben dem letzten Verfahren folgende, weniger Zeit in Anspruch nehmende und besonders für gerösteten Kaffee geeignete Ausführungsweise:

„Der zu untersuchende rohe oder geröstete Kaffee wird so fein gemahlen, daß das Pulver ein Sieb von 1 mm Maschenweite restlos passiert. 10 g des Pulvers werden in einer Glasstöpselflasche mit 10 g 10 proz. Ammoniakflüssigkeit und 200 g Chloroform ½ Stunde lang ohne Unterbrechung kräftig geschüttelt. Das Schütteln kann mit der Hand oder auf einer Schüttelmaschine geschehen.

Der Inhalt der Flasche wird auf ein Faltenfilter gebracht, welches groß genug ist, um die Gesamtmenge zu fassen. Der Trichter wird mit einem Uhrglase bedeckt. Innerhalb weniger Minuten erhält man so eine genügende Menge klares Filtrat.

150 g des Filtrates werden in einem weithalsigen Kölbchen von etwa 250 ccm Fassungsvermögen auf dem Wasserbade eingedampft; die letzten Chloroformanteile werden durch Ausblasen entfernt.

Der Verdampfungsrückstand des Chloroformauszuges wird mit 80 ccm heißem Wasser übergossen; man digeriert unter öfterem Umschwenken 10 Minuten auf dem siedenden Wasserbade und kühlt dann ab.

Zu dieser Flüssigkeit gibt man bei geröstetem Kaffee 20 ccm, bei Rohkaffee 10 ccm 1 proz. Kaliumpermanganatlösung und läßt ¼ Stunde bei Zimmertemperatur stehen.

Man bringt nun das Mangan durch Zusatz von etwa 3 proz. Wasserstoffsuperoxydlösung, welche in 100 ccm 1 ccm Eisessig enthält, zur Abscheidung. Zu diesem Zweck fügt man zunächst 2 ccm der sauren Wasserstoffsuperoxydlösung hinzu. Erscheint dann die Flüssigkeit noch rot oder rötlich, so verwendet man einen weiteren Kubikzentimeter Wasserstoffsuperoxyd; nötigenfalls fährt man mit dem kubikzentimeterweisen Zusatz fort. Ist die Flüssigkeit nicht mehr rot oder rötlich gefärbt, so stellt man den Kolben auf ein siedendes Wasserbad. Nach einigen Minuten werden Portionen von je ½ ccm der sauren Wasserstoffsuperoxydlösung zugefügt, bis die Flüssigkeit auf weiteren Zusatz nicht mehr heller wird. Im ganzen beläßt man den Kolben ¼ Stunde auf dem Wasserbade. Man kühlt ab und filtriert durch ein angenäßtes glattes Filter von etwa 9 cm Durchmesser. Kolben und Filter werden mit kaltem Wasser nachgewaschen.

Das klare, etwa 200 ccm betragende Filtrat wird zunächst mit 50 ccm, dann 3 mal mit je 25 ccm Chloroform ausgeschüttelt.

Die vereinigten Chloroformausschüttelungen werden in einem gewogenen weithalsigen Kölbchen von etwa 250 ccm Fassungsvermögen eingedunstet. Nachdem man die letzten Chloroformanteile durch vorsichtiges Ausblasen entfernt hat, trocknet man bei 100° C bis zur Gewichtskonstanz, welche nach etwa ½ stündigem Trocknen erreicht zu sein pflegt. Der Rückstand wird als Coffein gewogen. Bei der Berechnung ist zu beachten, daß die zur Wägung gebrachte Coffeinmenge 7,5 g Kaffee entspricht."

Das erhaltene Coffein ist zwar etwas stärker gefärbt als das nach dem Verfahren von Lendrich - Nottbohm erhaltene Coffein; indes ist dieser Umstand auf das zahlenmäßige Ergebnis ohne Einfluß.

Der Schmelzpunkt des Coffeins lag bei 235,4—236,0°, während von Katz 235,0—235,2°, von Lendrich - Nottbohm 236,8—237,4° gefunden wurden.

b) Verfahren zur Bestimmung des Coffeins, bei denen die coffeinhaltigen Rohstoffe erst mit Wasser behandelt und bei denen das Coffein darauf dem Wasser entzogen wird.

---

[1]) Berichte d. deutschen pharm. Gesellsch. 1901, **11**, 339.
[2]) Zeitschr. f. Untersuchung d. Nahrungs- u. Genußmittel 1914, **28**, 9.

Das älteste von Mulder angewendete und von R. Weyrich[1]) abgeänderte Verfahren sowie ein von A. Hilger und E. Fricke[2]) vorgeschlagenes Verfahren können hier übergangen werden; letzteres haben später Hilger und Juckenack[3]) für Tee[4]) in folgender Ausführung angewendet:

20 g fein zerriebener Tee bzw. Kaffee werden mit 900 g Wasser bei Zimmertemperatur in einem gewogenen Becherglase einige Stunden aufgeweicht und dann unter Ersatz des verdampfenden Wassers vollständig ausgekocht, wozu 1 1/2 Stunden erforderlich sind. Man läßt dann auf 60—80° erkalten, setzt 75 g einer Lösung von basischem Aluminiumacetat (7,5—8 proz.) und während des Umrührens allmählich 1,9 g Natriumbicarbonat zu, kocht nochmals etwa 5 Minuten auf und bringt das Gesamtgewicht nach dem Erkalten auf 1000 g. Nun wird filtriert, 750 g des völlig klaren Filtrates, entsprechend 15 g Substanz, werden mit 10 g gefälltem, gepulvertem Aluminiumhydroxyd und mit etwas mittels Wassers zum Brei angeschütteltem Filtrierpapier unter zeitweiligem Umrühren im Wasserbade eingedampft, der Rückstand im Wassertrockenschrank völlig ausgetrocknet und im Soxhletschen Extraktionsapparat 8—10 Stunden mit reinem Tetrachlorkohlenstoff ausgezogen. Als Siedegefäß dient zweckmäßig ein Schottscher Rundkolben von etwa 250 ccm, der auf freiem Feuer über einer Asbestplatte erhitzt wird. Der Tetrachlorkohlenstoff, der stets völlig farblos bleibt, wird schließlich abdestilliert, das zurückbleibende ganz weiße Coffein im Wassertrockenschrank getrocknet und gewogen. Die so erhaltenen Zahlen sind in der Regel ohne weiteres verwendbar, doch ist es sehr zu empfehlen, die Coffeinbestimmung immer durch die Stickstoffbestimmung zu kontrollieren (vgl. S. 161 bzw. 163).

Dem vorstehenden Verfahren ist seinerzeit in den Vereinbarungen Deutscher Nahrungsmittelchemiker das von Forster und Riechelmann[5]) gleich erachtet. Seine Ausführung ist folgende:

20 g Tee bzw. Kaffee werden im gemahlenen Zustande 4 mal mit Wasser ausgekocht, auf 1000 ccm gebracht, filtriert und 600 ccm des Filtrates in einem Extraktionsapparat, der in der angegebenen Abhandlung abgebildet ist, in welchen man vorher etwas Chloroform gegeben hat, mit Natronlauge bis zur alkalischen Reaktion versetzt und 10 Stunden mit Chloroform ausgezogen. Der Chloroformauszug wird in einen Kjeldahl-Kolben gebracht, das Lösungsmittel abdestilliert und die Stickstoffbestimmung nach Kjeldahl ausgeführt. Aus dem Stickstoffgehalt wird durch Multiplikation mit 3,464 das Coffein (wasserfrei) berechnet. Der nach diesem Verfahren bestimmte Coffeingehalt wird etwas zu hoch gefunden, da im Tee außer Coffein noch kleine Mengen von Theophyllin enthalten sind.

Tatlock und Thomson[6]) wenden ein Verfahren an, welches sich dem von Hilger und Juckenack bzw. von Forster und Riechelmann nähert.

5 g Kaffee werden mit 600 ccm Wasser (oder 2 g Tee mit 800 ccm Wasser) 2 bzw. 1 Stunde am Rückflußkühler gekocht, filtriert und von dem Filtrat wird entweder ein Teil (bei Kaffee 500 ccm = 5 g Kaffee) oder das ganze Filtrat (bei Tee nach Auswaschen des Rückstandes mit heißem Wasser) auf etwa 40 ccm eingedampft, der Sirup mit 10 ccm N.-Natronlauge (oder -Ammoniak) versetzt, in einen Scheidetrichter (unter Verwendung von 10 ccm Wasser zum Nachspülen) übergeführt und in diesem nacheinander mit 40, 30 und 10 ccm Chloroform ausgeschüttelt. Die vereinigten Chloroformauszüge werden zur Entfernung von färbenden Stoffen u. dgl. mit 10 ccm N.-Natronlauge, danach mit 10 ccm Wasser ausgeschüttelt. Das Chloroform wird abdestilliert, der Rückstand bei 100° getrocknet und gewogen.

[1]) R. Weyrich, Verschiedene Methoden der Coffeinbestimmung. Dorpat 1872.

[2]) Archiv d. Pharmazie 1885, S. 827.

[3]) Forschungsberichte über Lebensmittel usw. 1897, 4, 19 u. 151.

[4]) Dasselbe wurde seinerzeit (1902) auch in den Vereinbarungen deutscher Nahrungsmittelchemiker als maßgebend angesehen.

[5]) Zeitschr. f. öffentl. Chemie 1897, 3, 129.

[6]) Zeitschr. f. Untersuchung d. Nahrungs- u. Genußmittel 1911, 22, 530 u. 531.

Anm.: Nach A. Beitter (l. c.) ist das Verfahren von Hilger und Juckenack bzw. Fricke nicht zuverlässig, weil einerseits sich das Coffein aus wässerigen Lösungen nicht genügend ausziehen läßt, andererseits das etwa angewendete Bleihydroxyd vom Coffein zurückgehalten wird.

J. Gadamer[1]) und Waentig[2]) haben nachgewiesen, daß das Verfahren von Hilger und Juckenack stets zu niedrige Ergebnisse liefert, weil es nach der Vorschrift nicht gelingt, mit Wasser alles Coffein aus den Rohstoffen auszuziehen. Sie geben dem Kellerschen bzw. Katzschen Verfahren den Vorzug und behaupten, daß auch durch wässeriges Chloroform alles Coffein ausgezogen werde, weil das gerbsaure Coffein schon durch Wasser zersetzt werde.

K. Lendrich und R. Murdfield[3]) bestätigen die Ergebnisse von Gadamer und Waentig über das Verfahren von Hilger und Juckenack, finden aber den Grund für die zu niedrigen Werte in dem scharfen Eintrocknen des wässerigen Auszuges und in der Absorption des Coffeins von der wasserfreien Papierfaser, die es nicht mehr an das Lösungsmittel abgibt. Wendet man den erhaltenen Rückstand in leicht feuchtem Zustande an, zieht bis zur Erschöpfung mit Tetrachlorkohlenstoff aus und berechnet man das Coffein aus dem gefundenen Stickstoffgehalt des letzten Auszuges, so erhält man richtige Werte.

c) Sonstige Verfahren. α) Refraktometrische Bestimmung des Coffeins. J. Hanuš und K. Chocenský[4]) haben, da das Coffein beim Trocknen im Trockenschrank namhafte Verluste erleiden soll, versucht, dasselbe mittels des Eintauchrefraktometers (III. Bd., 1. Teil, S. 113) zu bestimmen. Die Prozentmenge (x') von Coffein berechnet sich in wässerigen Lösungen desselben von 0—1,0 g in 100 ccm bei 17,5° nach der Formel:

$$x' = \frac{y - 15}{5},$$

worin y den abgelesenen Refraktionswert bedeutet.

Selbstverständlich muß das Coffein in der wässerigen Lösung ganz oder doch fast rein sein; wenigstens lassen sich die durch Gewichtsanalyse oder durch die Stickstoffbestimmung (ev. in einer zweiten Probe) gefundenen Werte mittels des Eintauchrefraktometers kontrollieren.

b) Gomberg[5]) fällt zur Bestimmung des Coffeins den coffeinhaltigen Auszug mit Bleiacetatlösung, filtriert und entbleit einen aliquoten Teil des Filtrats mit Schwefelwasserstoff. Man filtriert vom Schwefelblei ab, verjagt den überschüssigen Schwefelwasserstoff und versetzt gleiche aliquote Anteile, den einen direkt, den anderen nach Zusatz von Schwefelsäure oder Salzsäure mit einem bestimmten Volumen einer Jod-Jodkaliumlösung (Wagners Reagens, d. h. 12,7 g Jod + 20 g Jodkalium in Wasser bis zu 1 l); es entsteht ein Niederschlag von $C_8H_{10}N_4O_2 \cdot HJ \cdot J_4$. Nach 5 Minuten titriert man den Jodgehalt in beiden Anteilen; die Differenz im Jodverbrauch entspricht dem vorhandenen Coffein.

Abgesehen von der Umständlichkeit des Verfahrens erscheint es auch nach Kippenberger[6]) nicht sicher, daß der entstehende Niederschlag stets die angenommene Zusammensetzung hat.

Von vorstehenden Verfahren dürften zurzeit das Verfahren von J. Katz bzw. P. Buttenberg und das von Keller-Siedler ev. mit der Abänderung von Beitter den Vorzug verdienen. Auch das Verfahren von Lendrich und Nottbohm wird allen Zwecken genügen, wenn es auch nicht so sicher als erstere sein dürfte. Als Lösungsmittel empfiehlt sich in erster Linie Chloroform wie weiter eine Prüfung der Reinheit von gewogenem Coffein durch eine Stickstoffbestimmung nach Kjeldahl (N × 3,464 = Coffein). Jedenfalls ist es wünschenswert,

---

[1]) Archiv d. Pharmazie 1899, **237**, 58.

[2]) Arbeiten a. d. Kais. Gesundheitsamte 1906, **23**, 315.

[3]) Zeitschr. f. Untersuchung d. Nahrungs- u. Genußmittel 1908, **16**, 647.

[4]) Ebendort 1906, **11**, 313.

[5]) Zeitschr. f. analyt. Chemie 1897, **36**, 259.

[6]) Ebendort 1896, **35**, 466.

daß bei Mitteilung von Coffeinbefunden jedesmal das Bestimmungsverfahren angegeben wird.

5. Coffearin. P. Paladino[1]) behauptet, daß neben dem Coffein im Kaffee noch eine weitere Base Coffearin vorhanden sei, dem die Formel $C_{14}H_{16}N_2O_4$ zukomme.

Man soll den wässerigen Auszug von Kaffee mit Bleiessig fällen, das Filtrat mit Schwefelsäure entbleien und aus dem Filtrat von Bleisulfat das Coffein vollständig mit Chloroform ausschütteln. Aus der verbleibenden, von Coffein befreiten Flüssigkeit soll man mit Hilfe von Dragendorffs Reagens (Kaliumwismutjodid) das Coffearin ausfällen können.

L. Graf[2]) hat das Verfahren von Paladino nachgeprüft und die Ergebnisse bestätigt gefunden. Er fand für das schön krystallisierende Platindoppelsalz 28,61% Platin und 4,18% Stickstoff, während nach obiger Formel 28,39% Platin und 4,09% Stickstoff verlangt werden. Das Coffearin ist als solches im Kaffee enthalten, denn es kann aus dem Kaffee sowohl mit als ohne vorherigen Zusatz von Alkali ausgezogen werden. Es findet sich auch in Coffea Liberica.

Nach K. Gorter[3]) ist dieses Alkaloid wahrscheinlich identisch mit dem Trigonellin Jahns (vgl. II. Bd. 1904, S. 88).

6. Fett. „10 g des feingemahlenen Kaffees werden — bei rohem Kaffee nach zweistündiger Erhitzung im Dampftrockenschranke, bei geröstetem Kaffee unmittelbar — in einem Extraktionsapparate mit Petroläther bis zur Erschöpfung ausgezogen. Das von dem Lösungsmittel befreite Rohfett wird zweimal mit heißem Wasser ausgeschüttelt und danach mit Petroläther aufgenommen. Die Fettlösung wird mit wasserfreiem Natriumsulfat getrocknet und filtriert; der Rückstand wird mit Petroläther nachgewaschen. Nach dem Abdunsten des Lösungsmittels wird das Fett 2 Stunden im Dampftrockenschranke getrocknet und nach dem Erkalten gewogen."

Über die Änderungen des Fettes beim Rösten vgl. Bd. II, 1904, S. 1076.

7. Die in Wasser löslichen Stoffe (Extraktausbeute). Diese für die Beurteilung der Art und Beschaffenheit eines Kaffees wichtige Bestimmung dürfte jetzt wohl allgemein in der im Deutschen Reich und der Schweiz vorgeschriebenen Form ausgeführt werden: „10 g des feingemahlenen Kaffees werden in einem Becherglase mit 200 ccm Wasser übergossen; nach Zugabe eines Glasstabes wird das Gesamtgewicht festgestellt. Der Inhalt des Becherglases wird darauf vorsichtig unter Umrühren zum Sieden erhitzt und 5 Minuten darin erhalten, nach dem Erkalten durch Hinzufügen von Wasser auf das ursprüngliche Gewicht gebracht, gut durchmischt und durch ein Faltenfilter filtriert. 25 ccm des Filtrates werden in einer flachen Platinschale auf dem Wasserbade eingedampft und der Rückstand nach dreistündigem Trocknen im Dampftrockenschranke gewogen. Das Achtfache des Gewichtes des Rückstandes entspricht der Menge der wasserlöslichen Stoffe in den angewendeten 10 g Kaffee."

Wie für die Coffeinbestimmung, so sind auch für die der in Wasser löslichen Stoffe eine Reihe sonstiger Vorschläge gemacht.

C. Krauch[4]) hatte z. B. folgendes Verfahren angegeben:

30 g Substanz werden mit 500 ccm Wasser etwa 6 Stunden auf dem Wasserbade digeriert, die Masse wird durch ein gewogenes Filter filtriert und der Filterrückstand so lange mit Wasser ausgewaschen, bis das Filtrat 1000 ccm beträgt. Der Rückstand auf dem Filter wird getrocknet, gewogen und daraus nach III. Bd., 1. Teil, S. 422 die Menge der in Wasser löslichen Stoffe berechnet.

Diese indirekte Bestimmung der in Wasser löslichen Stoffe des Extraktes wird vielfach für richtiger gehalten als die direkte, d. h. das Eindampfen des Ex-

---

[1]) Gazetta chim. italiana **25**, 104.
[2]) Zeitschr. f. öffentl. Chemie 1904, **10**, 279.
[3]) Annalen d. Chemie 1910, **372**, 237.
[4]) Berichte d. Deutsch. chem. Gesellschaft. Berlin 1878. S. 277.

traktes und Wägen des Rückstandes, weil beim Eindampfen flüchtige Stoffe verloren gehen.

Zur gleichzeitigen Bestimmung des Zuckers nimmt man einen aliquoten Teil des Filtrats
und behandelt denselben wie nachstehend unter Nr. 9 angegeben ist.

Fr. Elsner verfährt in ähnlicher Weise; er kocht 10 g Substanz zweimal mit 150 ccm Wasser,
trocknet das Unlösliche bei 100° und wägt dasselbe.

Sonstige Verfahren beruhen darauf, daß man die wässerigen Auszüge nicht eindampft,
sondern von denselben das spezifische Gewicht bestimmt und die diesem entsprechende
Menge gelöster Stoffe in den Extrakttabellen abliest.

So verfahren z. B. Riche und Rémont[1]), welche 100 g Substanz mit Wasser erschöpfen,
das Filtrat auf 1000 ccm bringen und hiervon das spezifische Gewicht bestimmen.

J. Skalweit[2]) erhitzt 100 g Substanz mit 500 ccm Wasser 3 Stunden lang auf dem Wasserbade, füllt nach dem Erkalten auf das ursprüngliche Gewicht auf und benutzt das Filtrat zur Bestimmung des spezifischen Gewichtes.

Skalweit hat sogar eine eigene Extrakttabelle für Kaffeesurrogate berechnet, welche die
dem spezifischen Gewicht entsprechenden Extraktmengen angibt.

H. Trillich[3]) hat aber gefunden, daß die Skalweitsche Tabelle unrichtige Zahlen gibt;
er benutzt die Schultze-Ostermannsche Extrakttabelle und verfährt wie folgt: 10 g Substanz
(lufttrocken) werden in einem Becherglase (mit Glasstab) mit 250 ccm Wasser übergossen, das
Gesamtgewicht auf 0,1 g genau festgestellt, dann unter Ersatz des verdampfenden Wassers erwärmt
und vom Aufwallen an $1/_4$ Stunde lang gekocht. Nach dem Erkalten bringt man auf das ursprüngliche Gewicht, mischt, filtriert und bestimmt das spezifische Gewicht des Filtrates mittels der
Westphalschen Wage bei 15° usw. Da die Extrakttabelle von Schultze-Ostermann nicht
als richtig angesehen wird, dürfte der Vorschlag Trillichs nicht mehr anwendbar erscheinen.

Auch Jam. Bell (l. c.) benutzt das spezifische Gewicht der Extrakte, um die Größe eines
etwaigen Zichorienzusatzes zu ermitteln. Er kocht 5 g der gemahlenen Substanz eine Zeitlang mit
50 ccm Wasser (also 1 : 10), filtriert und bestimmt das spezifische Gewicht des Filtrats bei 15,5°.
Er findet dasselbe für reinen Kaffee zu 1,0095, für Zichorie zu 1,02170; ist nun z. B. das spezifische
Gewicht eines fraglichen Kaffeeextraktes 1,01438, so liegt dasselbe um 0,00488 über dem eines
reinen Kaffeeextraktes und um 0,00732 unter dem des Zichorienextraktes; da dieselben unter sich
um 0,01222 abweichen, so berechnet sich der Kaffee- und Zichoriengehalt nach den Gleichungen:

$$0,0122 : 0,00732 = 100 : x \ (= 60\% \text{ Kaffee})$$
$$\text{und } 0,0122 : 0,00488 = 100 : x \ (= 40\% \text{ Zichorie}).$$

Die Unterschiede der Extraktlösungen in den spezifischen Gewichten sind indes durchweg
zu gering, um auf Grund dieser die Menge der einzelnen Bestandteile eines Gemisches zu berechnen.
Kennt man aber die Menge der wasserlöslichen Stoffe des reinen Kaffees und des reinen Surrogates
für sich, so läßt sich der Prozentanteil derselben in einem Gemisch auch annähernd wie folgt berechnen:

Angenommen, reiner gebrannter und gemahlener Kaffee enthält 27%, reine gebrannte Zichorie
70% Extrakt, d. h. wasserlösliche Stoffe für die Trockensubstanz; in einem Gemisch aber seien
32% Extrakt gefunden. Reiner Zichorienkaffee enthält daher 70 — 27 = 43%, das Gemisch dagegen 32 — 27 = 5% Extrakt mehr, als reinem Kaffee zukommt; es ist daher:

$$43 : 5 = 100 : x \ (= 11,6\%),$$

d. h. der gemahlene, gebrannte Kaffee würde mit ca. 12% Zichorien vermischt sein.

Aber auch diese Berechnung steht nur auf schwachen Füßen, weil, wie wir gesehen haben,
die Extraktmengen des echten Kaffees wie der einzelnen Surrogate je nach ihrer Zubereitung großen

---

[1]) Repertorium f. analyt. Chem. 1883, S. 139.

[2]) Ebendort 1882, S. 227.

[3]) H. Trillich, Die Kaffeesurrogate. München 1889.

Schwankungen unterworfen sind. Dazu gesellen sich die Unterschiede, welche durch die Art der Extraktionsmethode bedingt sind, und die, wie H. Trillich (l. c.) gezeigt hat, bis zu 8% betragen können.

Denselben Vorschlag zur Bewertung des gerösteten Kaffees bzw. zum Nachweise von Verfälschungen nach dem spezifischen Gewicht des Wasserauszuges macht J. Muter[1]). Er übergießt 10 g des gerösteten und gemahlenen Kaffees in einem Kölbchen mit 100 ccm Wasser, wägt das Ganze, erhitzt $1/4$ Stunde bis zum Sieden, ergänzt das verdampfte Wasser wieder bis zum ursprünglichen Gewicht und bestimmt das spezifische Gewicht der Lösung. H. da Silva[1]) findet das letztere wie folgt:

Reiner Kaffee	Roggen-Kaffee	Zichorien-Kaffee	Mischungen von Kaffee und Zichorien
1,0094—1,0108	1,0235 u. 1,0236	1,0215—1,0232	1,0122—1,0160

Moscheles und Stelzner[2]) weisen darauf hin, daß es bei der Extraktbestimmung nicht auf die absolute Menge der in Wasser löslichen Stoffe, sondern auf die Menge ankommt, welche in der Praxis durch Ausziehen mit Wasser wirklich nutzbar gemacht wird; sie nennen diese Menge die „praktische Extraktausbeute" und bestimmen dieselbe wie folgt:

25—30 g Substanz werden in einer Reibschale fein zerrieben, in einen Literkolben gebracht und mit ca. 500 ccm Wasser $1/2$ Stunde auf dem Wasserbade digeriert. Alsdann läßt man erkalten und füllt auf 1 l auf, filtriert, gibt 50 ccm des Filtrats in eine mit ausgeglühtem Sande beschickte, gewogene Platinschale, dampft ein, trocknet bis zur Gewichtsbeständigkeit und wägt.

Wie schon erwähnt, treten bei diesem Verfahren, sei es durch Verflüchtigung, sei es durch Zersetzung von Extraktstoffen, mehr oder minder große Verluste auf.

Für die Beurteilung des Wertes der Zahlen für Extraktausbeute empfiehlt es sich daher, bei Aufführung der Analysenzahlen anzugeben, nach welchem Verfahren der Extrakt bestimmt wurde.

8. Gerbsäure. Dieselbe läßt sich nach James Bell (l. c.) annähernd in der Weise bestimmen, daß man 5 g feingepulverten Kaffee mit Alkohol extrahiert, den Alkohol verdunstet, den Rückstand mit Wasser aufnimmt und zu der wässerigen Lösung basisch essigsaures Blei setzt; der Niederschlag wird abfiltriert, ausgewaschen und durch Schwefelwasserstoff zerlegt. Beim Verdampfen des Filtrats vom Schwefelbleiniederschlag bleibt die Kaffeegerbsäure als gelbliche spröde Masse zurück.

Man erhält aber noch eine größere Menge gerbstoffartiger Stoffe, wenn man den von Fett befreiten Teil des alkoholischen Extrakts unter Zusatz von Phosphorsäure mit Äther auszieht. Man findet dann im rohen Kaffee durchweg 8,0—9,5% gerbstoffartiger Stoffe.

W. H. Krug[3]) behandelt 2 g Kaffee 36 Stunden lang mit 10 ccm Wasser, setzt 25 ccm 90 proz. Alkohol zu, läßt weitere 24 Stunden stehen, filtriert und wäscht mit 90 proz. Alkohol aus. Das Filtrat wird zum Kochen erhitzt und mit einer kochenden konzentrierten Bleiacetatlösung versetzt. Der entstandene Niederschlag wird filtriert, behufs Entfernung des überschüssigen Bleiacetats mit Alkohol, darauf mit Äther gewaschen, getrocknet und gewogen. Da der Niederschlag die Zusammensetzung $Pb_3(C_{15}H_{15}O_8)_2$ hat, also das Verhältnis von Bleisalz zu Gerbsäure = 1263,63 : 652 sein soll, so ergibt die Menge des Niederschlages $\times$ 0,516 die Menge der Gerbsäure.

H. Trillich und H. Göckel[3]) kochen 3 g feingemahlenen Kaffee 4 mal je $1/2$ Stunde mit etwa 150—200 ccm Wasser aus, kolieren die trüben Abkochungen erst durch Leinenfilter, geben die Filtrate in einen Literkolben, füllen nach dem Erkalten bis zur Marke, mischen

[1]) Zeitschr. f. Untersuchung d. Nahrungs- u. Genußmittel 1907, **14**, 235.

[2]) Chem.-Ztg. 1892, **16**, 261.

[3]) Zeitschr. f. Untersuchung d. Nahrungs- u. Genußmittel 1898, **1**, 101.

und filtrieren dann durch ein trockenes Faltenfilter. Von dem Filtrat werden 400 ccm mit 1 ccm Bleiessig (Liq. Plumbi subacetici) versetzt, gekocht, stehen gelassen und abfiltriert. Der Niederschlag wird mit Wasser ausgewaschen, mit Schwefelwasserstoff zerlegt, der überschüssige Schwefelwasserstoff verjagt, das Filtrat in einer gewogenen Schale eingedampft, getrocknet und gewogen.

Anmerkung. Beim Eintrocknen wird ein Teil der Gerbsäure unlöslich; jedoch stimmen die Ergebnisse annähernd mit den nach Krugs Verfahren gewonnenen überein, während das Bellsche Verfahren um etwa die Hälfte niedrigere Werte liefert.

9. Zucker. Zur Bestimmung des Zuckers kann man den in vorstehender Weise erhaltenen wässerigen Auszug benutzen, indem man einen aliquoten Teil bis zum Sirup eindampft, nach III. Bd., 1. Teil, S. 424 mit Alkohol fällt und im Filtrat nach Verjagung des Alkohols den Zucker in üblicher Weise vor und nach der Inversion bestimmt. Oder man verfährt nach den Festsetzungen im Kaiserl. Gesundheitsamte wie folgt:

„10 g des feingemahlenen Kaffees werden entfettet, getrocknet und in einem mit Rückflußkühler versehenen Kölbchen mit 100 ccm 75 proz. Alkohol eine halbe Stunde in leichtem Sieden erhalten. Die Lösung wird abfiltriert und der Rückstand noch zweimal mit je 50 ccm des Alkohols 10 Minuten lang auf die gleiche Weise behandelt. Die vereinigten Auszüge werden eingedampft. Der Rückstand wird mit Wasser aufgenommen, die Lösung mit möglichst wenig Bleiessig entfärbt und das überschüssige Blei mit gesättigter Natriumsulfatlösung gefällt. Die Lösung wird sodann mit Wasser unter Vernachlässigung des Volumens des Niederschlags auf ein bestimmtes Volumen gebracht und durch ein trockenes Filter filtriert. In einem gemessenen Teile des Filtrats wird der Zucker vor und nach der Inversion mit Fehlingscher Lösung gewichtsanalytisch bestimmt und in der Regel als Saccharose berechnet. Liegen andere Erzeugnisse als reiner Kaffee vor, so ist der Zucker je nach den Umständen als Saccharose, Maltose, Glykose oder Fructose zu berechnen.“

10. Die in Zucker überführbaren Kohlenhydrate. 5 g des feingemahlenen Kaffees werden mit 200 ccm $2^1/_2$ proz. Salzsäure eine halbe Stunde am Rückflußkühler gekocht. Die Säure wird mit Alkali neutralisiert, die Lösung mit möglichst wenig Bleiessig entfärbt und das überschüssige Blei mit gesättigter Natriumsulfatlösung gefällt. Die Lösung wird dann mit Wasser unter Vernachlässigung des Volumens des Niederschlags auf ein bestimmtes Volumen gebracht und durch ein trockenes Filter filtriert. In einem gemessenen Teile des Filtrates wird der Zucker mit Fehlingscher Lösung gewichtsanalytisch bestimmt.

Von dem Reduktionswert wird der Anteil abgezogen, der auf den im Kaffee enthaltenen Zucker entfällt, und der Rest als Glykose berechnet. Die gefundene Glykosemenge, mit 0,9 multipliziert, ergibt die Menge der in Zucker überführbaren Kohlenhydrate (als $C_6H_{10}O_5$ berechnet).

Für eine genaue Bestimmung der in Zucker überführbaren Stoffe empfiehlt es sich unter allen Umständen, die feingepulverte Substanz (etwa 3 g) in einem Goochtiegel mit Asbestlage erst mit kaltem Wasser, darauf mit warmem Alkohol und zuletzt mit warmem Äther auszuziehen, den Rückstand samt Asbest nach III. Bd., 1. Teil, S. 441 mit 2 proz. Salzsäure zu hydrolysieren und in der Lösung, wie dort angegeben ist, den Zucker zu bestimmen.

Bei stärkereichen Ersatzstoffen kann man in der in vorstehender Weise vorbehandelten Substanz die Stärke auch polarimetrisch nach Lintner und Ewers (III. Bd., 1. Teil, S. 444 und 2. Teil, S. 513) bestimmen. Bei Anwendung des Lintnerschen Verfahrens wägt man 2,5 g, bei solcher des von Ewers 5,0 g Substanz ab.

11. Pentosane. Sie werden wie üblich nach III. Bd., 1. Teil, S. 447 bestimmt, indem man auch hier zweckmäßig 3 g Substanz vorher mit Wasser auszieht.

12. Rohfaser. In 3 g Substanz in bekannter Weise nach III. Bd., 1. Teil, S. 453 oder 457.

In dem Entwurfe zu Festsetzungen über Kaffee wird das vom Verfasser vorgeschlagene Verfahren in folgender Ausführung empfohlen: „3 g des feingemahlenen Kaffees werden in einem Literkolben mit 200 ccm Glycerinschwefelsäure[1]) gut durchgeschüttelt und am Rückflußkühler eine Stunde lang gekocht. Nach dem Erkalten verdünnt man mit Wasser auf 800 ccm, kocht nochmals auf und filtriert heiß durch einen Filtertiegel. Den Rückstand wäscht man mit ungefähr 400 ccm siedendem Wasser, darauf mit warmem Alkohol und zuletzt mit Äther aus, bis dieser vollkommen farblos abläuft. Hierauf wird der Inhalt des Tiegels ohne Verlust in eine gewogene Platinschale gebracht, bei 105—110° bis zum gleichbleibenden Gewicht getrocknet und gewogen. Der Rückstand wird sodann über freier Flamme verascht und der Rest zurückgewogen; der Unterschied zwischen beiden Wägungen gibt die Menge aschefreier Rohfaser an."

13. Bestimmung und Untersuchung der Asche. a) Bestimmung der Asche.

„10 g Kaffee werden in einer flachen Platinschale mit kleiner Flamme verkohlt. Der Rückstand wird wiederholt mit geringen Mengen heißen Wassers ausgezogen, der wässerige Auszug durch ein kleines aschenarmes Filter filtriert und das Filter samt der Kohle in der Schale verascht. Alsdann wird das Filtrat in die Schale zurückgebracht, zur Trockne verdampft, der Rückstand ganz schwach geglüht und nach dem Erkalten im Exsiccator gewogen. Um zu verhindern, daß die stark wasseranziehende Asche Feuchtigkeit aus der Luft aufnimmt, bringt man die noch warme Platinschale in eine verschließbare flache Glasschale von bekanntem Gewicht, läßt im Exsiccator vollkommen erkalten und wägt die Glasschale samt Inhalt. Während der ganzen Veraschung ist der Zutritt von Flammengasen (SO_2) zum Schaleninhalt möglichst zu verhindern, zweckmäßig durch Anwendung einer durchlochten Asbestplatte."

b) Bestimmung der Alkalität.

„Die Asche wird mit einigen Tropfen Wasser und einem Tropfen 30 proz. Wasserstoffsuperoxyd möglichst fein zerrieben und mit einer abgemessenen überschüssigen Menge $1/4$ N.-Salzsäure 10 Minuten lang auf dem Wasserbade erwärmt. Nach dem Erkalten setzt man 2 Tropfen Methylorangelösung zu und titriert mit $1/4$ N.-Alkalilauge bis zum Umschlag. Die zur Neutralisation der Asche verbrauchten Milligramm-Äquivalente Säure (= ccm Normalsäure) ergeben die Alkalität der Asche. Diese wird für 100 g Kaffee angegeben."

c) Bestimmung der löslichen Phosphate.

„Die bei der Bestimmung der Alkalität erhaltene Flüssigkeit wird in eine Porzellanschale gespült und mit einigen Kubikzentimetern konzentrierter Salzsäure zur Trockne verdampft. Der Rückstand wird mit einigen Tropfen konzentrierter Salzsäure verrieben, mit 10 ccm ausgekochtem Wasser aufgenommen und das Gemisch nach Hinzufügung von einem Tropfen Methylorangelösung mit $1/4$ N.-Alkalilauge fast bis zum Umschlag des Methylorange versetzt. Nach 5 Minuten langem Erwärmen auf dem Wasserbade wird der Lösung in der Kälte erforderlichenfalls noch so viel $1/10$ N.-Alkalilauge zugegeben, daß sie nur noch schwach sauer bleibt. Man filtriert ab, wäscht das Filter zweimal mit möglichst wenig Wasser nach und stellt das Filtrat mit $1/10$ N.-Alkalilauge nunmehr genau auf den Umschlag des Methylorange ein. Alsdann fügt man 30 ccm etwa 40 proz. neutrale Chlorcalciumlösung[2]) und einige Tropfen Phenolphthaleinlösung hinzu und titriert mit $1/10$ N.-Alkalilauge bei 14—15° bis zur Rötung des Phenolphthaleins. Nach zweistündigem Stehen der Lösung in Wasser von 15° titriert man die inzwischen etwa entfärbte Lösung nach. 1 ccm der nach dem Chlorcalciumzusatz verbrauchten $1/10$ N.-Alkalilauge entspricht 4,75 mg PO_4."

d) Bestimmung der unlöslichen Phosphate ($FePO_4$ und $AlPO_4$).

„Der bei der Bestimmung der löslichen Phosphate erhaltene unlösliche Anteil der Asche wird samt dem

---

[1]) Zur Herstellung der Glycerinschwefelsäure werden 20 g konzentrierte Schwefelsäure mit Glycerin vom spez. Gew. 1,23 zu 1 l aufgelöst.

[2]) Zur Herstellung der Lösung wird 1 kg krystallisiertes Chlorcalcium ($CaCl_2 . 6 H_2O$) in 250 ccm ausgekochtem Wasser gelöst. Die Lösung ist brauchbar, wenn 20 ccm, mit 10 ccm ausgekochtem Wasser verdünnt und einem Tropfen Phenolphthaleinlösung versetzt, farblos sind, aber durch einen Tropfen $1/10$ N.-Alkalilauge dauernd gerötet werden.

Filter mit 30 ccm neutraler Trinatriumcitratlösung[1]) auf dem Wasserbade 20 Minuten lang erhitzt, darauf eine halbe Stunde in Eiswasser gekühlt, mit einem Tropfen Phenolphthalein-lösung versetzt und mit $^1/_{10}$ N.-Alkalilauge titriert, bis die Lösung deutlich gerötet ist. 1 ccm $^1/_{10}$ N.-Alkalilauge entspricht 9,5 mg PO_4.

Die Summe der bei den Bestimmungen c und d erhaltenen Mengen PO_4 gibt die in der Asche enthaltene Gesamtmenge Phosphatrest (PO_4) an."

e) „*Die Bestimmung des Chlors* wird auf titrimetrischem Wege in einer besonders hergestellten Asche von 10 g Kaffee vorgenommen. Zu diesem Zweck wird die Asche mit Wasser aufgenommen und das Gemisch mit Salpetersäure in geringem Überschuß versetzt. Man filtriert ab, wäscht das Filter samt dem Rückstand mit warmem Wasser aus, fällt im Filtrat das Chlor mit einer gemessenen, überschüssigen Menge $^1/_{10}$ N.-Silbernitratlösung und titriert, ohne zu filtrieren, den Überschuß mit $^1/_{10}$ N.-Rhodansalzlösung unter Verwendung von Ferrisalzlösung als Indicator zurück.

f) *Zur Bestimmung der Kieselsäure* wird die Asche von 25 g Kaffee in einer Platinschale zweimal mit Salzsäure zur völligen Trockne verdampft und die abgeschiedene Kieselsäure nach dem Abfiltrieren und Veraschen des Filters geglüht und gewogen."

Anmerkung. K. Lendrich und R. Murdfield[2]) bestimmten in der Asche von natür-lichem und künstlich coffeinfrei gemachtem Kaffee auch den in Wasser löslichen Anteil und die Alkalität nach Farnsteiner (III. Bd., 1. Teil, S. 511) mit folgendem Ergebnis für die Trocken-substanz:

Kaffee	Gesamtasche		In Wasser löslich		Alkalität nach Farn-steiner	
	Schwankungen %	Mittel %	Schwankungen %	Mittel %	Schwankungen %	Mittel %
Natürlicher (9)	4,44—5,03	4,71	3,54—4,09	3,77	53,01—60,34	56,43
Coffeinfreier (8)	4,04—4,36	4,23	3,02—3,32	3,22	45,20—49,42	47,72

Eine Probe Liberiakaffee ergab 4,57% Gesamtasche, 3,00% in Wasser lösliche Asche und 53,88 Alkalität.

14. Überzugsmittel (Glasieren, Firnissen usw.).

Rohkaffee wird vereinzelt mit Talk überzogen. Am weitesten verbreitet ist das Überziehen beim gerösteten Kaffee, z. B. nach S. 159 mit Zucker, Dextrin, Eiweiß usw., auch Kandieren oder Gla-sieren genannt, mit Harzen, auch Firnissen (Firnissieren) genannt. Vielfach werden auch Mischungen von den verschiedensten Überzugsmitteln angewendet.

J. Gonnet (vgl. weiter unten) stellte eine Glasur fest, die aus Zucker und Eisenoxyd (Hämatit?) bestand.

Eine Eiweiß-Kaffeeglasur hatte nach Rich. Krzizan[3]) folgende Zusammensetzung:

Wasser %	Albumin %	Glykose %	Dextrin %	Asche %	Borax %	Teerfarbstoff
21,21	32,40	20,63	22,08	2,78	1,35	Ponceau CO, Säuregelb R und Indulin (Zuckercouleur-ersatz)

[1]) Zur Herstellung der Lösung werden 500 g Trinatriumcitrat in 750 ccm ausgekochtem heißem Wasser gelöst. Die Lösung ist brauchbar, wenn 20 ccm, mit einem Tropfen Phenolphthalein-lösung versetzt, nach 20 Minuten langem Stehen in Eiswasser farblos sind, aber durch 1 Tropfen $^1/_{10}$ N.-Alkalilauge gerötet werden.

[2]) Zeitschr. f. Untersuchung d. Nahrungs- u. Genußmittel 1908, **15**, 705.

[3]) Ebendort 1906, **12**, 213.

Die Glasur war vollständig in Wasser löslich und reagierte stark alkalisch.

E. v. Raumer[1]) fand für eine flüssige Kaffeeglasur folgende Zusammensetzung:

Spez. Gewicht	Trockensubstanz (gewogen) %	Glykose %	Durch Alkohol		Dextrin %	Mineralstoffe %	Drehung von 1 g Trockensubstanz im 200 mm-Rohr
			fällbar %	löslich %			
1,0473	11,52	0,53	9,2	2,1	8,3	0,16	+ 1,6°

Eine sog. Kaffeeglasurfarbe hatte nach P. Hesse[2]) folgende Zusammensetzung:

Wasser %	Stickstoff-Substanz %	Dextrin %	Pentosane %	Asche %	Kali %	Phosphorsäure %	Sand %
10,46	12,44	33,10	19,70	7,71	0,36	Spur	4,90

Hier handelte es sich anscheinend um ein caramelisiertes Pflanzengummi.

Die Glasuren können mitunter auch giftige Stoffe enthalten. F. E. Nottbohm und E. Koch[3]) fanden z. B. in 3 Harzglasuren (Schellack und Kolophonium), die mitunter mit Arsentrisulfid behandelt werden, nach der Reichsvorschrift durch Destillation mit Salzsäure und Ferrochlorid (besser Ferrosulfat, welches eher arsenfrei zu haben ist, vgl. III. Bd., 1. Teil, S. 509) 0,078%, 0,10% und 0,12% Arsen. Auch in den mit diesen Harzen glasierten Kaffeesorten — 25 g wurden mit Natronlauge abgewaschen — konnte noch deutlich Arsen nachgewiesen werden.

Ed. Schaer[4]) macht darauf aufmerksam, daß zum Firnissen der Kaffeebohnen der indische Lackharz bzw. eine der Formen desselben, der Schellack, vor den Coniferenharzen bevorzugt werde, weil er wegen seiner bräunlichen, ins Rötliche ziehenden Färbung die braune Farbe des gerösteten Kaffees nicht beeinträchtige, sich in einer äußerst dünnen Schicht leicht verteilen lasse und sich chemisch sehr indifferent verhalte. Das indische Lackharz aber wird durch Schildläuse auf sehr verschiedenen Pflanzen (Bäumen und Sträuchern) u. a. auch auf Blättern von Angehörigen der Familie der Euphorbiaceen (Aleuritesarten) erzeugt, in denen vielfach auch scharfe, giftige Stoffe vorkommen, weshalb die Anwendung solchen Lackes zum Firnissen des Kaffees gesundheitlich nicht unbedenklich sei. Durch Anwendung einer konzentrierten Chloralhydratlösung läßt sich das Harz lösen und durch Wasser wieder ausfällen.

Utz[5]) fand im Handel ein Harzglasurmittel, das sich vollständig in Eisessig und 90 proz. Alkohol löste; die Lösung in Eisessig färbte sich mit konzentrierter Schwefelsäure stark rot; die Säurezahl betrug 182,52, die Verseifungszahl 224,64, die Ätherzahl 42,12. Utz hält das Harz für Kolophonium.

Das Firnissen oder Glasieren mit Harz wird nach L. E. Andes[6]) entweder in der Weise vorgenommen, daß man die Harze in fester, aber gepulverter Form auf den zu röstenden Kaffee in der Rösttrommel bzw. auf dem Kühlsieb streut und sie durch die Hitze unter gleichzeitiger mechanischer Bewegung auf den Kaffee verteilt, oder dadurch, daß man die Harze in Ammoniak oder fixem Alkali, Alkalicarbonat oder -phosphat löst und die filtrierte Lösung auf den nahezu erkalteten gerösteten Kaffee aufgießt und durch Wenden verteilt.

Statt reiner, bester Harze findet man auch ein aus 60% Leinöl, 20% Kolophoniumseife und 20% Schellack bestehendes Glasiermittel, welches an sich nicht zulässig ist.

1) Zeitschr. f. Untersuchung d. Nahrungs- u. Genußmittel 1911, **21**, 109.

2) Ebendort 1911, **21**, 220.

3) Ebendort 1911, **21**, 286.

4) Ebendort 1906, **12**, 60 u. 1900, **3**, 99.

5) Ebendort 1906, **12**, 430.

6) Ebendort 1909, **18**, 437.

Einfluß des Glasierens auf den Kaffee. 1. Wassergehalt des glasierten Kaffees. Im II. Bd. 1904, S. 1076, habe ich Versuche mitgeteilt, wonach der mit Zucker glasierte Kaffee. vielleicht infolge einer zweiten Erhitzung, durchweg etwas weniger Wasser enthält als der unglasierte, gewöhnlich geröstete Kaffee; auch kann nach früheren Untersuchungen angenommen werden, daß der Wassergehalt im regelrecht gerösteten Kaffee durch Lagerung in feuchten Räumen auf höchstens 5% steigen kann. E. v. Raumer[1]) hat gegenüber diesen Untersuchungen festgestellt, daß von 14 regelrecht gerösteten unglasierten Kaffeesorten bei sehr feuchter Lagerung in 13 Proben der Wassergehalt von 4,6—5,2% schwankte und nur in einer Probe, möglicherweise infolge einer besonderen Behandlung beim Brennen, 8,59% betrug, während mit Stärkesirup glasierte Kaffeesorten 4,6—12,6%, durchweg 8—10% Wasser aufwiesen; selbst ein mit Schellack glasierter Kaffee hatte 8,49% Wasser. Man kann nur annehmen, daß dieser hohe Wassergehalt dem Kaffee schon vor dem Glasieren einverleibt wurde.

2. Bezüglich des Glasierens des Kaffees mit Harz stellte T. F. Hanausek[2]) fest, daß der mit Harz glasierte Kaffee beim Lagern unter einer dunstgesättigten Glasglocke 1,5% Wasser weniger aufnahm als unglasierter Kaffee. Die Gewichtsmenge des Kaffees wurde durch die Harzglasur nur unwesentlich erhöht, der Geschmack nicht merklich beeinflußt, dagegen lieferte der nicht glasierte Kaffee 29,20%, der glasierte nur 27,40%, also 1,80% weniger Extraktausbeute.

Über den Einfluß des Glasierens mit Boraxlösung auf den Kaffee vgl. II. Bd., 1904, S. 1075.

In letzter Zeit hat sich aber, worauf ein preußischer Ministerialerlaß vom 27. September 1910[3]) aufmerksam macht, das Glasieren des Kaffees insofern geändert, als die Glasierlösung nicht dem noch heißen Kaffee, sondern dem gut abgekühlten Kaffee zugesetzt wird. Das mit der Lösung zugesetzte Wasser kann daher nicht mehr verdunsten, sondern wird vom Kaffee aufgenommen und verbleibt darin. Da aber auch unglasierter Kaffee beim Aufbewahren in feuchten Räumen, wie gesagt, Feuchtigkeit aufnimmt, so kann ein hoher Wassergehalt allein nicht als beweisend für die Glasierung angesehen werden, sondern man muß das Glasiermittel selbst direkt nachweisen; ist aber ein solches nachgewiesen und gleichzeitig ein hoher Wassergehalt gefunden, so ist eine Glasierung um so sicherer anzunehmen.

Prüfung gerösteten Kaffees auf Überzugstoffe.

a) „Prüfung auf Kolophonium und andere Harze. 50 g Kaffeebohnen werden mit so viel 80 proz. Alkohol übergossen, daß sie eben damit bedeckt sind, und bis zum Aufkochen des Alkohols auf dem Wasserbade erwärmt; der alkoholische Auszug wird filtriert und eingedampft. Bei Gegenwart von Schellack oder anderen Harzen ist der verbleibende Rückstand in der Wärme zähe, erstarrt aber beim Erkalten lackartig. Ein Teil des Rückstandes wird vorsichtig über einer kleinen Flamme erhitzt, wobei Schellack keinen besonderen Geruch abgibt, während sich die Anwesenheit von Kolophonium und den meisten anderen Harzen durch ihren eigenartigen Geruch zu erkennen gibt. Durch Bestimmung der Säure- und Jodzahl des Rückstandes lassen sich unter Umständen weitere Anhaltspunkte zur Erkennung einzelner Harze gewinnen.

b) Prüfung auf Mineralöle sowie auf tierische und pflanzliche Fette und Öle. 50 g Kaffeebohnen werden mit so viel Petroläther vom Siedepunkte 30—50° übergossen, daß sie eben damit bedeckt sind. Nach etwa 10 Minuten wird der Auszug abgegossen und der Kaffee noch zweimal in gleicher Weise behandelt. Nachdem aus den vereinigten

---

[1]) Zeitschr. f. Untersuchung d. Nahrungs- u. Genußmittel 1911, **21**, 102.

[2]) Ebendort 1899, **2**, 275.

[3]) Ebendort, Beilage, Gesetze u. Verordnungen 1910, **2**, 459.

Lösungen der Petroläther abdestilliert worden ist, wird der Rückstand mit etwas warmem Wasser behandelt, das Wasser wieder abgegossen und der Rückstand mit wenig Petroläther wieder aufgenommen. Die Lösung wird filtriert, der Petroläther verdunstet und der Rückstand im Dampftrockenschranke getrocknet. Reiner gerösteter Kaffee ergibt hierbei selten mehr als 0,5 g Fett. Beträgt der Rückstand mehr und ist nach der Prüfung unter a die Anwesenheit von Kolophonium ausgeschlossen, so liegt in der Regel ein Überzug von Fett oder Öl vor. Durch Feststellung der Verseifungszahl, des Brechungsvermögens und anderer analytischen Konstanten des Rückstandes läßt sich meist die Art des Überzugstoffes feststellen; Mineralöl hinterbleibt bei der Verseifung in Gestalt öliger Tröpfchen.

Anmerkung. Am sichersten verfährt man in der Weise, daß man nach E. Gery[1]) den von äußerlich anhaftendem Fett befreiten gerösteten Kaffee für sich weiter zerkleinert, das Pulver ebenfalls mit Petroläther auszieht und beide Fettauszüge auf ihre Konstanten untersucht. Zeigen sich übereinstimmende Verschiedenheiten in den einzelnen Konstanten beider Fette und übertrifft die absolute Menge des äußerlich anhaftenden Fettes den Wert von 0,5%, so kann eine Überfettung als erwiesen angenommen werden.

c) Prüfung auf wasserlösliche Überzugstoffe (Zucker, Glycerin, Tragant, Agar-Agar, Dextrin, Gummi, Gelatine, Eiweiß, Gerbsäure). Kaffeebohnen, die mit Zucker oder anderen beim Rösten Caramel bildenden Stoffen behandelt worden sind, lassen sich leicht an ihrem Aussehen und eigentümlich bitteren Geschmack sowie daran erkennen, daß einige Bohnen, in Wasser geworfen, diesem eine gelbe bis gelbbraune Farbe erteilen (vgl. S. 160).

Zur Prüfung auf Glycerin werden 50 g Kaffeebohnen mit 100 ccm Wasser aufgekocht. Die Lösung wird abfiltriert und der Rückstand nochmals in der gleichen Weise behandelt. Nachdem die vereinigten Filtrate auf dem Wasserbade möglichst weit eingedampft sind, wird die dabei hinterbliebene sirupartige Masse mit so viel entwässertem Natriumsulfat versetzt, daß sich beim Verreiben des Gemisches eine möglichst trockene Masse bildet. Diese wird mit etwa der doppelten Menge eines Äther-Alkohol-Gemisches, das aus anderthalb Raumteilen Äther und einem Raumteil Alkohol besteht, verrührt; das Lösungsmittel wird abgegossen und diese Behandlung noch zweimal wiederholt. Die vereinigten Auszüge werden eingedampft. Der Rückstand wird eine Stunde im Dampftrockenschrank erhitzt und mit etwa der doppelten Menge gepulvertem Borax zu einer gleichmäßigen Masse verrieben. Ein Teil hiervon wird mit einer Platindrahtöse an den Rand einer Bunsenflamme gebracht, die bei Gegenwart von Glycerin eine grüne Färbung annimmt.

Zur Prüfung auf Tragant werden etwa 5 g des feingemahlenen Kaffees in einem Porzellanmörser tropfenweise mit so viel 25proz. Schwefelsäure unter gründlichem Verreiben versetzt, daß ein dicker Brei entsteht. Nachdem dieser noch mit etwa 10 Tropfen Jodjodkaliumlösung gleichmäßig durchmischt ist, wird eine kleine Probe der Masse mikroskopisch bei 100—200facher Vergrößerung untersucht. Hierbei gibt sich Tragant durch blaugefärbte Körnchen zu erkennen, die mit Stärkekörnern nicht verwechselt werden können, da diese größer sind und eine dunklere Farbe zeigen. In nicht eindeutigen Fällen ist eine Vergleichsprobe herzustellen.

Zur Prüfung auf Agar-Agar werden 5—10 g Kaffeebohnen mit der etwa 10fachen Menge Wasser unter beständigem Umrühren 2—3 Minuten lang gekocht. Die Lösung wird noch heiß durch ein aus dichtem Filtrierpapier hergestelltes Faltenfilter filtriert und 3 Stunden stehen gelassen. Wenn der Kaffee mit Agar-Agar überzogen war, so bildet sich innerhalb dieser Zeit ein feinflockiger Niederschlag von gallertartiger Beschaffenheit.

In vielen Fällen kann die Anwesenheit von Agar-Agar noch durch den Nachweis von Diatomeen bestätigt werden. Hierzu wird der in der beschriebenen Weise erhaltene Aus-

---

[1]) Mitt. a. d. Gebiete d. Lebensmitteluntersuchung u. Hygiene. Schweizer. Gesundheitsamt 1913, **4**, 365.

zug nicht filtriert, sondern noch warm zentrifugiert und der Niederschlag mikroskopisch auf Diatomeen geprüft.

„Zur Prüfung auf andere wasserlösliche Überzugstoffe werden etwa 20 g Kaffeebohnen mit etwa 50 ccm lauwarmem Wasser durchgeschüttelt. Je ein Teil der filtrierten Lösung wird nach den üblichen Verfahren auf einen der in Betracht kommenden Überzugstoffe geprüft, wobei besonders die nachstehenden Reaktionen anzuwenden sind: Dextrin (Stärkesirup) gibt beim Versetzen der Lösung mit der 10fachen Menge absoluten Alkohols eine weißliche Trübung; arabisches Gummi wird durch Bleiessig ausgefällt, durch Bleiacetat dagegen nicht; Gelatine gibt mit Tannin einen flockigen, weißlichen Niederschlag; Eiweiß wird durch Pikrinsäure als gelber Niederschlag ausgefällt; Gerbsäure gibt mit Eisenchlorid einen blauschwarzen Niederschlag.“

15. Bestimmung der abwaschbaren Stoffe.
„20 g Kaffeebohnen werden dreimal mit je 50 ccm Alkohol von 50 Volumprozent in der Weise ausgezogen, daß nach dem Übergießen der Bohnen sofort eine Minute geschüttelt wird und die Bohnen alsdann mit dem Alkohol eine halbe Stunde in Berührung bleiben. Die filtrierten Auszüge werden vereinigt und mit Wasser auf 250 ccm aufgefüllt. 50 ccm dieser Lösung werden in einer flachen Platinschale auf dem Wasserbade eingedampft und der Rückstand nach dreistündigem Trocknen im Dampftrockenschranke gewogen. Sodann wird der Rückstand verascht. Die Differenz zwischen dem Gewicht des Trockenrückstandes und dem der Asche gibt die Menge der abwaschbaren Stoffe an.“

Anmerkungen: 1. Nach den ersten Vereinbarungen deutscher Nahrungsmittelchemiker soll das Verfahren von A. Hilger[1]) in folgender Ausführung angewendet werden:

10 g ganze Kaffeebohnen werden 3 mal gleichmäßig je $^1/_2$ Stunde mit 100 ccm Weingeist (gleiche Raumteile 90 volumproz. Spiritus und Wasser) bei gewöhnlicher Temperatur stehengelassen. Die vereinigten jeweilig abgegossenen Flüssigkeiten werden auf $^1/_2$ l gebracht und filtriert. Ein abgemessener Teil der Lösung wird eingedampft, bei 100° getrocknet, gewogen, hierauf verascht und die Asche gleichfalls gewogen.

2. Das Schweizer. Lebensmittelbuch enthält für diese Bestimmung folgende Vorschrift, die auch vom Codex aliment. austriacus aufgenommen ist, nämlich:

20 g unverletzte Kaffeebohnen werden mit 500 ccm Wasser 5 Minuten geschüttelt. Die Flüssigkeit wird dann sofort durch ein Sieb gegossen und filtriert. Vom Filtrat verdampft man 250 ccm in einer Normalplatinschale, trocknet 3 Stunden im Wassertrockenschrank, wägt, verascht und wägt nochmals. Die Differenz der beiden Wägungen ergibt die abwaschbare organische Substanz, der Rest der Flüssigkeit wird zur qualitativen Prüfung auf Zucker und Dextrin verwendet, evtl. auch auf Glycerin geprüft.

3. Außer diesen sind noch mehrere Verfahren in Vorschlag gebracht.

H. Weigmann und Verf.[2]) haben vorgeschlagen, 10 g ganze Kaffeebohnen zweimal mit je 200 ccm Wasser kurze Zeit zu durchschütteln, dann noch mit 100 ccm Wasser nachzuwaschen, das Filtrat auf 500 ccm zu bringen und in je 200 ccm Abdampfrückstand und Zucker zu bestimmen. Natürlich gebrannte Kaffeebohnen geben auf diese Weise bis zu 5% Extrakt und bis zu 0,5% Zucker, d. h. Fehlingsche Lösung reduzierende Stoffe, mit Zucker glasierte Kaffeebohnen an beiden Bestandteilen natürlich entsprechend mehr.

---

[1]) Nach einem weiteren Vorschlage von A. Hilger soll man 20 g unverletzte Kaffeebohnen in einem Erlenmeyer-Kolben 3 mal mit je 50 ccm Alkohol von 50 Volumprozent ausziehen, indem man nach Übergießen der Bohnen mit vorstehenden 50 ccm Alkohol sofort 1 Minute schüttelt, dann $^1/_2$ Stunde stehen läßt. Die vollkommen klar filtrierten Auszüge werden vereinigt, auf 250 ccm gebracht und von der Lösung werden 50 ccm zur Bestimmung von Extrakt und Asche und etwa 25 ccm zur Bestimmung des Zuckers verwendet.

[2]) Zeitschr. f. angew. Chemie 1888, 631

C. Neubauer[1]) befeuchtet 10 g ganze Kaffeebohnen mit Äther, übergießt mit 400 ccm siedendem Wasser, behandelt damit unter öfterem Umrühren $^1/_2$ Stunde lang, gießt die Flüssigkeit in einen $^1/_2$ l-Kolben, wäscht mit Wasser bis zur Marke nach und filtriert nach dem Mischen. Von dem Filtrat werden aliquote Teile wie beim vorstehenden Verfahren verwendet.

Stutzer und Reitmayer[2]) schütteln 10 g ganze Kaffeebohnen in einem $^1/_2$ l-Kolben 5 Minuten lang mit 250 ccm kaltem Wasser, füllen sofort auf 500 ccm auf, gießen sofort ab, filtrieren und verwenden aliquote Teile des Filtrats zu den Bestimmungen.

Nach vergleichenden Untersuchungen von W. · Fresenius und L. Grünhut[1]) geben die beiden ersten Verfahren die höchsten, das letztere die niedrigsten Werte, während die nach dem obigen Verfahren von Hilger erhaltenen Werte in der Mitte liegen.

Man soll daher bei Aufführung auch dieser Ergebnisse stets angeben, nach welchem Verfahren sie gewonnen sind.

4. Im übrigen kann das Kandieren des Kaffees mit derselben Menge Zucker je nach der Ausführung sehr verschieden ausfallen. E. Orth[3]) kandierte z. B. verschiedene Kaffeesorten mit 10% Zucker bei verschiedener Zeitdauer des Kandierens und fand, daß die Abnahme der Menge der abwaschbaren Stoffe anfangs langsamer und zeiteinheitlich ziemlich gleichmäßig erfolgt, um gegen Ende des Kandierungsvorganges sehr beträchtlich zu sinken. Die Zeitdauer des Kandierens schwankte zwischen $9^1/_2$—48 Minuten, aber nur in zwei von 29 Fällen betrug die Menge der nach den Vereinbarungen abwaschbaren Bestandteile unter 4%, in allen anderen Fällen ging sie über 4%, d. h. 4,30—7,70%, so daß es E. Orth nicht richtig erscheint, für die Menge der abwaschbaren Bestandteile eine Grenzzahl von etwa 5 oder gar 4% festzusetzen. Die Menge der abwaschbaren Stoffe von natürlich gebranntem Kaffee betrug in 3 Proben 0,30%, 0,42% und 0,52%.

5. Nachweis von Zucker - Eisenoxydglasur. J. Gonnet[4]) kocht zu diesem Nachweise 200 g des Kaffees (ganze Bohnen) mit Wasser in einer Porzellanschale, gießt ab und läßt absitzen. Das losgetrennte Eisenoxyd sammelt sich am Boden und kann durch Dekantieren mit Wasser gereinigt, gesammelt und bestimmt werden.

6. Nachweis von Harzglasuren. Das Schweizer. Lebensmittelbuch gibt dafür folgende Vorschrift:

10 g ganze Bohnen werden mit 100 ccm Alkohol von 90—95 Volumproz. aufgekocht und gewaschen. Die Hälfte des filtrierten alkoholischen Auszuges wird eingedampft und der Rückstand erhitzt, die Anwesenheit von Harz gibt sich dabei durch den eigenartigen Harzgeruch zu erkennen. Die andere Hälfte des alkoholischen Auszuges wird evtl. eingedampft, 1 Stunde im Wassertrockenschrank getrocknet und gewogen.

G. de Salas[5]) wäscht den Kaffee mit kaltem Wasser ab, dampft ein und fällt mit Salzsäure, der Niederschlag wird mit Alkohol gelöst, die Lösung eingedampft und der Rückstand mit warmem Wasser behandelt, wodurch das Harz in Form einer harzigen Kruste ausgeschieden wird, womit weitere Reaktionen angestellt werden können.

7. Zum Nachweise von Harz in glasiertem Kaffee gibt Th. v. Fellenberg[6]) folgendes Verfahren an:

Ungefähr 10 g des gerösteten Kaffees werden mit 15—20 ccm Äther übergossen und nach einigen Minuten abfiltriert. Das Filtrat wird mit 2—3 ccm 5 proz. Sodalösung kräftig geschüttelt,

---

[1]) Zeitschr. f. analyt. Chemie 1897, **36**, 225 u. 226.

[2]) Zeitschr. f. angew. Chemie 1888, 701.

[3]) Zeitschr. f. Untersuchung d. Nahrungs- u. Genußmittel 1905, **9**, 137.

[4]) Ebendort 1904, **7**, 560.

[5]) Ebendort 1908, **15**, 42.

[6]) Mitteil. a. d. Gebiete d. Lebensmitteluntersuchung u. Hygiene. Schweizer. Gesundheitsamt 1900, **1**, 301.

wobei neben den freien Fettsäuren des Kaffees auch der größte Teil der Abietinsäure als Natrium-salz in die wässerige Lösung geht. Man schüttelt die Lösung 3—4 mal mit ungefähr 10 ccm Äther aus, um die letzten Spuren des Kaffeeöles zu entfernen, säuert sie mit N-Salzsäure an und schüttelt die freigewordene Abietinsäure nun wieder mit etwas Äther aus. Der Äther wird im Reagensglase verdampft, der Rückstand in einigen Kubikzentimetern Essigsäureanhydrid gelöst und in der Kälte 1 Tropfen Schwefelsäure zugefügt. Eine rotviolette Färbung, welche bald wieder verschwindet bzw. in Bräunlichgelb übergeht, zeigt Abietinsäure an. Bei Schellackglasuren erhält man nach diesem Verfahren meistens eine schwache positive Reaktion, da der Schellack des Handels gewöhnlich mit 15—30% Kolophonium verfälscht ist. Reiner Schellack liefert keine Reaktion. Akaroidharz gibt eine himbeerrote, nach einigen Sekunden in Orangerot über-gehende Färbung.

Nach Kreis[1]) kann die vorstehend erwähnte Storchsche Reaktion nicht direkt zum Nachweise von Harzglasur angewendet werden, weil das Öl des gerösteten Kaffees eine ähnliche Färbung gibt. Kreis empfiehlt, den mit Harz glasierten Kaffee mit Äther abzuwaschen, den Rück-stand nach Verdunsten des Äthers mit Ligroin (90—120° Siedepunkt) zu reinigen und von dem gereinigten Rückstande die Refraktion zu bestimmen. Die Refraktion bei 40° beträgt für Kaffeeöl 72—74, für den gereinigten Rückstand bei Vorliegen von Harzglasuren 77—93.

Reine und geröstete Kaffees geben beim Behandeln mit Wasser, Alkohol und Äther folgende Mengen löslicher Stoffe ab:

Wasser %	Alkohol %	Äther %
0,12—0,49	0,24—2,10	0,37—2,90

Jede über diese Höchstgrenzen hinausgehende Erhöhung der Werte spricht für Gla-sieren mit Zucker oder Sirup bzw. Harz bzw. Öl.

8. Nachweis von Fett, Paraffin, Vaselin und Mineralöl. Nach dem Schweizer. Lebensmittelbuch soll man 10 g ganze Kaffeebohnen 2 Minuten lang mit 50 ccm Äther schütteln, filtrieren, mit 25 ccm nachwaschen, den Äther verdunsten und den Trockenrückstand wägen. Durch Verseifen des Rückstandes nach III. Bd., 1. Teil, S. 410 läßt sich feststellen, ob der Überzug aus einem fetten Öl, aus Paraffin oder Mineralöl besteht.

Über die aus einem natürlichen Kaffee durch Äther gelösten Mengen Fett u. dgl. vgl. vor-stehend.

Nach der früheren Vereinbarung deutscher Nahrungsmittelchemiker soll man 100—200 g Kaffee mit niedrig siedendem Petroläther 10 Minuten stehen lassen, die Lösung abgießen, den rück-ständigen Kaffee noch einige Male mit Petroläther behandeln und dann die gesamten Auszüge verdunsten. Der Rückstand wird erst mit warmem Wasser geschüttelt, mit Petroläther wieder aufgenommen, letzterer verdunstet und dieser Rückstand getrocknet und gewogen. Die Art des Öles soll durch Verseifungszahl und Refraktion geprüft werden.

Bei dieser Bestimmung empfiehlt es sich besonders, natürlichen gerösteten Kaffee in derselben Weise zu behandeln und zum Vergleiche mit heranzuziehen.

16. Das Glasieren des Kaffees mit Borax (II. Bd., 1904, S. 1075)

wird nach E. Bertarelli zunächst durch eine Wasserbestimmung erkannt. Wenn ein Kaffee mehr als 4—5% Wasser und gleichzeitig Borax enthält, so ist ein solcher Zusatz anzunehmen. Den Borax selbst kann man entweder in der Asche oder dadurch nachweisen, daß man den Kaffee mit Wasser schüttelt bzw. auszieht, den Auszug eindampft, verascht und in der Asche wie üblich die Borsäure nachweist (vgl. III. Bd., 1. Teil, S. 591).

---

[1]) Mitteil. a. d. Gebiete d. Lebensmitteluntersuchung u. Hygiene. Schweizer. Gesundheits-amt 1910, 1, 293.

Die Vorschrift in den Entwürfen des Kaiserl. Gesundheitsamtes zur Prüfung auf Borax lautet wie folgt:

„10 g des feingemahlenen Kaffees werden zweimal mit je 50 ccm Wasser aufgekocht. Die Auszüge werden abfiltriert, vereinigt, eingedampft und der Verdampfungsrückstand verascht. Die Asche wird mit möglichst wenig Wasser aufgenommen, die Flüssigkeit tropfenweise mit 25 proz. Salzsäure bis zur schwach sauren Reaktion versetzt, auf etwa 5 ccm gebracht, mit weiteren 0,5 ccm der Salzsäure versetzt und mit Curcuminpapier geprüft. Entsteht dabei eine rötliche oder orangerote Färbung, die beim Betupfen mit einer 2 proz. Lösung von wasserfreiem Natriumcarbonat in Blau umschlägt, so ist die Gegenwart von Borsäure oder Boraten im Kaffee nachgewiesen."

17. Prüfung auf arsenhaltige Harze.
„100 g Kaffeebohnen werden etwa eine halbe Stunde mit 100—150 ccm 96 proz. Alkohol und 10 ccm einer etwa 10 proz. alkoholischen Kalilauge unter wiederholtem Umrühren auf dem Wasserbade erwärmt. Die Lösung wird abgegossen und eingedampft. Der Rückstand wird mit alkoholischer Kalilauge bis zur Auflösung behandelt und dann fast zur Trockne verdampft. Der Rückstand wird mit etwa 10 ccm Wasser aufgenommen, mit Salzsäure angesäuert, die Lösung filtriert und das Filtrat nach dem Verfahren von Marsh auf Arsen geprüft."

18. Prüfung rohen Kaffees auf künstliche Färbung.
„Etwa 50 g Kaffeebohnen werden in einem Kolben mit so viel Petroläther[a]) übergossen, daß sie damit bedeckt sind. Der Kolbeninhalt wird auf etwa 50° erwärmt, eine halbe Stunde unter wiederholtem Schütteln auf dieser Temperatur erhalten und die trübe Flüssigkeit in einen hohen Glaszylinder abgegossen. Dann läßt man stehen, bis der Petroläther völlig klar ist, gießt ihn soweit als möglich ab, bringt den Rückstand in ein Becherglas, verdunstet den Rest des Petroläthers bis auf etwa $^{1}/_{2}$ ccm und fügt etwa 10 ccm Chloroform[b]) hinzu. Hierbei trennen sich die Gewebsteile der Kaffeebohnen sowie etwa zum Färben benutzte Kohle, Sägemehl u. dgl., indem sie auf der Oberfläche schwimmen, von mineralischen Farbstoffen, die auf dem Boden bleiben. Ihre nähere Untersuchung ist nach den üblichen Verfahren der Mineralanalyse[c]), gegebenenfalls auf mikrochemischem Wege (vgl. III. Bd., 1. Teil, S. 210 u. f.) auszuführen.

Bisweilen lassen sich mineralische Farbstoffe auch durch eine mikroskopische Untersuchung von Schnitten, die von der Oberfläche der Kaffeebohnen abgelöst sind, unmittelbar oder durch mikrochemische Reaktionen nachweisen[d]).

Zur Prüfung auf einige organische Farbstoffe, die zur Färbung des Kaffees bisweilen verwendet werden, wird die Oberfläche der Kaffeebohnen abgekratzt, zweckmäßig durch Schütteln in einem zylindrischen Reibeisen, das von einem Glaszylinder umgeben ist. Beim Behandeln des so erhaltenen Pulvers mit siedendem Alkohol lösen sich Indigo, Curcuma sowie eine Reihe von Teerfarbstoffen, die durch ihr Verhalten gegen weiße Wolle und gegen Reagenzien meist näher gekennzeichnet werden können."

Anmerkungen: a) Auch ein Abwaschen der Bohnen mit destilliertem Wasser unter Anwendung eines Pinsels wird empfohlen.

b) Das Chloroform selbst färbt sich hierbei, wenn gleichzeitig organische Farbstoffe, wie Indigo oder Curcuma, vorhanden sind; wird die blaue Lösung beim Erwärmen mit Salpetersäure entfärbt, so ist Indigo, entsteht ein gelber Niederschlag, so ist Curcuma anzunehmen (Grießmayer).

c) Berlinerblau erkennt man daran, daß der Bodensatz mit Kalilauge braungelb (von Eisenoxydhydrat) wird und nach Ansäuern mit Salpetersäure sich wieder blau (von Berlinerblau) färbt. Entsteht hierbei ein gelber Niederschlag, so ist Chromgelb vorhanden.

d) Ebenso wie die chemische kann auch die mikroskopische bzw. mikrochemische Untersuchung zum Nachweise von künstlichen Farbstoffen dienen. E. v. Raumer[1]) trägt mit

---

[1]) Forschungsberichte über Lebensmittel usw. 1896, **3**, 333.

dem Rasiermesser, besonders an den Stellen, wo schon makroskopisch bzw. mit der Lupe fremder Farbstoff aufgelagert erscheint, ganz dünne Schnitte der Oberhaut[1]) ab, bringt diese in einen Wassertropfen[2]) auf den Objektträger unter ein Deckglas und erwärmt mit einer kleinen Gasflamme, bis die Luft verjagt ist. Bei ungefärbtem Kaffee (Fig. 118, Abb. I, Santos naturel) erscheint das ganze parenchymatische Oberflächengewebe rein und frei von fremden Einlagerungen; bei gefärbtem Kaffee finden sich dagegen die Farbteilchen, besonders in den Fältchen, unregelmäßig zerstreut an verschiedenen Stellen und lassen sich häufig schon an ihrem äußeren Aussehen erkennen. Kohle und Graphit z. B. (Abb. II, III u. IV) fallen als zahlreiche schwarze Pünktchen und Splitterchen in die Augen. Bei Färbungen mit Kohle und blauen Farbstoffen (Berlinerblau, Smalte usw.) machen sich teils vereinzelt, teils in Reihenzügen in den Fältchen blaßgrüne bis lichtblaue Teilchen bemerkbar (vgl. Abb. II u. IV). Wo solche Kennzeichen fehlen, hilft die mikrochemische Reaktion (vgl. III. Bd., 1. Teil, S. 210) nach.

Geben z. B. blaßgrüne Partikelchen mit 1 Tropfen Kalilauge rötlichgelbe Flöckchen (Ferrihydroxyd), die durch Salzsäure wieder verschwinden und wieder blaßgrün werden, so liegt Berlinerblau (Abb. II) vor; wird die blaue Färbung auf dem Zellgewebe durch Kalilauge nicht verändert, durch Salzsäure entfärbt, so spricht das für Ultramarin; tritt durch Zusatz eines Tropfens von beiden Reagenzien keine Veränderung ein, so kann eine Färbung mit Smalte (Abb. IV) vorliegen. Chromsaures Blei oder Mennige (Abb. V) sind daran zu erkennen, daß die schwefelgelben bis lichtroten Pünktchen durch Schwefelwasserstoffwasser und Salzsäure schwarzbraun bis schwarz werden (Abb. VI). Bei Beurteilung der Frage, ob Ocker zur Färbung verwendet ist, muß berücksichtigt werden, daß auch dunkelbraun gefärbte Erdteilchen an natürlichen Kaffeebohnen vorkommen können. Falls aber eine Färbung mit Ocker (Abb. III) vorliegt, so zeigen alle Bohnen so regelmäßig wiederkehrende rotgelbe Ockerteilchen und in viel größerer Menge, als je an reinen Kaffees vorkommt. Außerdem löst sich Ocker leicht in Salzsäure auf, während eisenhaltige Erdteilchen sich nicht oder nur langsam verändern.

Man begegnet auch Angaben in der Literatur[3]) über die Färbung von Kaffee mit Kupfersulfat und Grünspan, die sogar giftig gewirkt haben sollen. Das Kupfer läßt sich nach III. Bd., 1. Teil, S. 213 ebenfalls mikrochemisch sehr leicht nachweisen (vgl. auch III. Bd., 2. Teil, S. 848).

19. Nachweis von Kunstkaffee.
Man muß beim Zusatz von Kunstkaffee zu echtem Kaffee zwei Sorten unterscheiden, nämlich wirklich künstlich hergestellten Kaffee, der die Form der gebrannten Kaffeebohnen besitzt, und natürlich vorkommende Samen wie Mais, Lupinen, Erdnußsamen, Astragalus baeticus, Hibiscus esculentus, Lathyrus sativus, die für sich allein als Ersatzstoffe des echten Kaffees verwendet, aber auch dem echten Kaffee untergemischt und als solcher mitverkauft werden.

Der eigentliche Kunstkaffee wird aus Teig von Getreidemehl, Lupinen-, zuweilen auch etwas Eichelmehl unter Mitanwendung von Gummi und Dextrin geformt und geröstet. Auch künstlich zugesetztes Coffein ist darin gefunden worden. Dieser Zusatz liegt jetzt um so näher, als durch die Darstellung von coffeinfreiem Kaffee sehr große Mengen Coffein gewonnen werden. Für das Deutsche Reich ist zwar die Herstellung von Maschinen für die Gewinnung von Kunstkaffee verboten und damit letzterer zur Zeit aus dem Handel verschwunden; indes kann die Fabrikation zu irgendeiner Zeit und irgendwo wieder hervortreten, so daß sein Nachweis notwendig wird.

---

[1]) G. Lagerheim (Pharmaz. Centralhalle 1905, 46, 979) bringt 1 Tropfen einer sirupdicken Lösung von farblosem Celluloid in Aceton auf die Samen und läßt eintrocknen. Die entstehende Haut läßt sich leicht abziehen und nimmt die meisten an der Oberfläche haftenden Farbstoffteilchen mit, welche nunmehr auf der Celluloidhaut mikroskopisch untersucht werden können.

[2]) Kalkreiches Brunnenwasser kann bei Kaffee nach J. Neßler infolge Bildung von Viridinsäure sich grün färben; destilliertes Wasser soll diese Grünfärbung nicht bewirken.

[3]) O. Dietsch, Die wichtigsten Nahrungsmittel u. Getränke. Zürich 1884; H. Hager, Pharmaz. Centralhalle 1879, 20, 201.

Fig. 118. Oberflächenschnitte von Rohkaffee (nach Ed. von Raumer).
200 fache Vergrößerung.

I. Santos naturel.

II. Santos mit 0,5 g blauer Farbe
für 1 kg
(Kohle oder Graphit u. Berliner Blau).

III. Fabrik-Menado braun
(etwas Kohle, viel Ocker).

IV. Guatemala blau
(Kohle, Smalte? etwas Ocker).

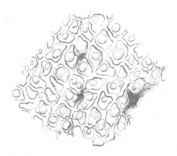

V. Preanger mit 0,5 g rotgelber Farbe
für 1 kg
(Mennige u. chroms. Blei).

VI. Preanger mit 0,5 g rotgelber
Farbe für 1 kg
(mit H₂S u. HCl behandelt).

Verlag von Julius Springer in Berlin.

A. Stutzer hat früher angegeben, daß die Kunstbohnen in Äther untersinken, während echte gebrannte Kaffeebohnen größtenteils auf demselben schwimmen bleiben. Diese Prüfung kann aber nur zu einer allgemeinen Unterrichtung dienen, da auch echte gebrannte Kaffeesamen untersinken.

Da Coffein künstlich zugesetzt werden kann und wird, so ist aus dessen Bestimmung nur dann ein Schluß zu ziehen, wenn davon nichts oder übergroße Mengen gefunden werden. In den meisten Fällen aber wird der Gehalt an Fett, Gerbsäure, Zucker, Dextrin, in Zucker überführbaren Stoffen oder Rohfaser Unterschiede gegen echten gerösteten Kaffee aufweisen und zur Beweisführung herangezogen werden können.

Endgültigen Aufschluß aber kann nur die mikroskopische Untersuchung bringen, wobei besonders das Fehlen des Samen- (Silber-) Häutchens in der Rinne entscheidend dafür ist, daß kein echter Kaffee vorliegt.

20. Untersuchung von Kaffee-Extrakten, -Aufgüssen, -konserven.

Vereinzelt kommen auch fertige Kaffee-Extrakte im Handel vor, die bald durch Eindunsten verdickt sind, bald einen Zusatz von Zucker oder Zichorienauszug erhalten haben.

Reine Kaffee-Extrakte müssen in 100 Teilen Trockensubstanz enthalten:

Nähere Angaben	Stickstoff im ganzen %	Coffein %	Zucker %	Gerbsäure %	Mineralstoffe %	Kali %
Nach Analysen (vgl. II. Bd., S. 1082)	rund 2	2,0—4,0	2,0—3,0	6—12	10—14	6—8
				Sonstige Stoffe		
Ducházek[1] fand in 1 Probe	4,2	4,3	5,5	54,4	9,4	—
Tatlock und Thomson[2] desgl.	—	4,0	2,0	—	13,0	—

Durch Zusatz von Zucker oder Zichorien- oder Rübenauszug wird der Gehalt an Coffein und Gerbsäure selbstverständlich erniedrigt, der an Zucker erhöht.

Nach H. Strunck[3] schwankte der Coffeingehalt für 47 in verschiedenen Kaffeehäusern zubereitete Kaffee-Aufgüsse von 0,0151—0,1282 g für 100 ccm oder 0,042—0,218 g Coffein für die Portion Kaffee — letztere größte Menge für den „Mokka" aus einem Weinhause —. Die Extraktmenge schwankte zwischen 0,811—2,60%, die Aschenmenge zwischen 0,085—0,385%.

Die Bestimmung der einzelnen Bestandteile, wie des Coffeins, Zuckers, der Gerbsäure usw., wird in derselben Weise, wie vorstehend angegeben ist, ausgeführt. Für die Bestimmung des Gesamt-Stickstoffs verdunstet man 10—20 g je nach dem Gehalt an Trockensubstanz unter Ansäuerung mit Schwefelsäure direkt im Kjeldahl-Kolben und verbrennt nach III. Bd., 1. Teil, S. 240 A, a, g. Die Reinheit läßt sich nach vorstehenden Werten für reine Kaffee-Extrakte leicht beurteilen.

21. Die Rösterzeugnisse des Kaffees.

Die Rösterzeugnisse des Kaffees haben für den Genuß nur insofern eine Bedeutung, als das sich bildende, das Aroma des Kaffees bedingende flüchtige Öl im Röstgut verbleibt; die anderen Rösterzeugnisse gehen mit den Brenngasen davon, während umgekehrt beim Tabak der Rauch die eigentlich wirksamen Stoffe enthält. Aus dem Grunde haben die Rösterzeugnisse zum größten Teil nur einen theoretischen Wert. Die Zusammensetzung und die Art der Untersuchung des aromatischen Kaffeeöls ist in Bd. II, 1904, S. 1080 mitgeteilt, worauf also hier verwiesen sei.

C. Mikroskopische Untersuchung des Kaffees.

Für die mikroskopische Untersuchung des gemahlenen Kaffees empfiehlt es sich, das nötigenfalls zerriebene, aber noch körnige Pulver einen oder mehrere Tage in Am-

---

[1] Zeitschr. f. Untersuchung d. Nahrungs- u. Genußmittel 1904, 8, 139.

[2] Ebendort 1911, 22, 531.

[3] Veröffentl. a. d. Gebiete d. Militär-Sanitätswesens 1909, 26.

moniak liegen zu lassen und auch die Präparate mit Ammoniak anzufertigen, oder zum Aufhellen etwa 2 Stunden lang Eau de Javelle einwirken zu lassen. Auch die früher beschriebenen Verfahren der mikroskopischen Technik sowie Aufhellungsmittel (vgl. III. Bd., 2. Teil, S. 564 u. f.) können angewendet werden, ferner erwies sich als brauchbar eine Mischung von 5 Teilen Wasser, 10 Teilen Chloralhydrat, 5 Teilen Glycerin und 3 Teilen 25 proz. Salzsäure. Zweckmäßig wird eine Voruntersuchung des auf einer Glasplatte ausgebreiteten Pulvers mit der Lupe vorgenommen, wobei man die auffallenden Teile absondert, durch Aufdrücken einer erweichten Paraffinkerze fixiert, von ihnen Schnitte anfertigt und diese mittels Xylol vom Paraffin befreit. Bei der Untersuchung ungemahlenen Kaffees sucht man ebenfalls mit der Lupe auffallende Bohnen heraus, läßt dieselben längere Zeit in Wasser einweichen und macht nun Querschnitte und Schabepräparate. Künstliche Kaffeebohnen würden durch das Fehlen der Silberhaut (s. unten) auffallen.

Die Kaffeebohne ist der Samen aus der Frucht von Coffea arabica L. bzw. C. liberica, stenophylla usw. Die Früchte des Kaffeebaumes sind etwa kirschengroße Steinfrüchte, welche zwei bzw. einen Samen (Perlkaffee) enthalten.

Die Hauptmasse des Samenkerns bildet das hornartige Nährgewebe, welches der Länge nach zusammengerollt ist. Im Umriß sind die Kaffeebohnen meist elliptisch, im Querschnitt plankonvex oder schwach konkav-konvex; auf der Innenseite findet sich, entstanden durch die Faltung des Nährgewebes, eine gewöhnlich etwas hin- und hergebogene Längsrinne, die an dem oberen Ende knapp vor dem Rande endet, am unteren Ende meist schief in den Rand einschneidet (vgl. auch S. 155). An dieser Stelle liegt der kleine Keimling. Die das Nährgewebe umschließende Samenhaut („Silberhaut") begleitet, da die Faltung des Endosperms erst bei der späteren Entwicklung des Samens stattfindet, die Oberfläche des Nährgewebes auch in den Falten; sie kann also hier nicht abgetrennt werden, auch wenn sie an der äußeren Oberfläche der Kaffeebohne bei der Gewinnung des Kaffees entfernt wird; Teile derselben müssen sich daher auch in gemahlenem Kaffee stets finden. Neben den Bohnen der gewöhnlichen Form kommen auch Zwillings-, seltener Drillingsbohnen vor. Das Endosperm sowohl wie die Samenhaut haben so kennzeichnende Gewebselemente, daß sie daran immer leicht erkennbar sind.

Fig. 119.

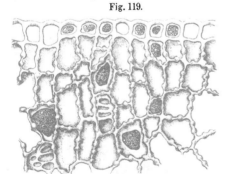

Endosperm der Kaffeebohne. Vergr. 160.
Nach J. Möller.

Fig. 120.

Zellgewebe des Kaffee-Embryos. Vergr. 160.
Nach J. Möller.

Das Endosperm (Fig. 119) besteht in der äußersten Schicht aus in der Flächenansicht polygonalen, im Querschnitt fast isodiametrischen Zellen, welche von einer dünnen Cuticula bedeckt sind. Die nach innen folgenden Parenchymzellen sind lückenlos aneinander gereiht, isodiametrisch-polyedrisch oder etwas radial gestreckt mit ziemlich stark verdickter, grob getüpfelter Membran. Die Tüpfel sind zum Teil sehr groß und erscheinen in der Fläche fenster- oder netzförmig, wobei die Zellwand im Durchschnitt grobknotig oder perlschnurförmig mit deutlich sichtbarer Mittellamelle erscheint.

Der Inhalt der Zellen besteht aus ölhaltigem Plasma, Gerbstoff, Zucker, wenig fein körniger Stärke und wahrscheinlich auch Coffein.

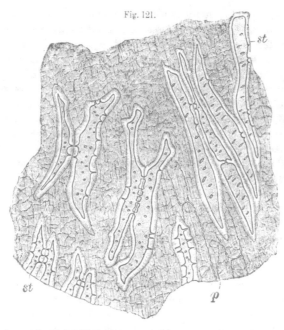

Fig. 121.

Samenhaut der Kaffeebohne. *st* Steinzellen, *p* eine Zellschicht
der Grundmembran. Vergr. 160. Nach J. Möller.

Die Zellen des Embryos, der im gemahlenen Kaffee aber nur ganz selten anzutreffen ist, sind rundlich, mit Plasma erfüllt, zahlreiche große und kleine Intercellularräume zwischen sich lassend (Fig. 120, S. 185).

Die Samenhaut erscheint in der Flächenansicht (Fig. 121) als ein Gewebe aus mehreren Lagen von dünnwandigen, zusammengeschrumpften oder -gepreßten, teilweise tangential gestreckten farblosen Parenchymzellen, zwischen welche in der obersten Schicht einzeln oder in Gruppen Sklereiden (Steinzellen) eingelagert sind. Diese sind in Form und Größe sehr verschieden, vorwiegend spindel-, keulen-, wetzsteinförmig oder unregelmäßig knorrig; die Wand ist dick, verholzt, stark getüpfelt, die Tüpfel sind meist schief gestellt, spaltenförmig oder elliptisch. Zuweilen beobachtet man in dem Parenchym der Samenhaut auch Krystallsandzellen mit Calciumoxalat, welche besser hervortreten, wenn die Haut mit Äther, Alkohol und verdünnter Essigsäure, nötigenfalls mit Chloralhydrat behandelt wird; namentlich erleichtert die Anwendung des Polarisationsmikroskopes die Auffindung der Zellen.

In geröstetem Kaffee ist natürlich die ursprünglich farblose Wand der Endosperm- und Samenhautzellen je nach dem Grade der Röstung mehr oder weniger stark gebräunt und der Zellinhalt deformiert. In reinem Kaffee findet man stets, aber auch ausschließlich, Teile des Nährgewebes und der Samenhaut (sehr selten des Keimlings).

Fig. 122.   Fig. 123.

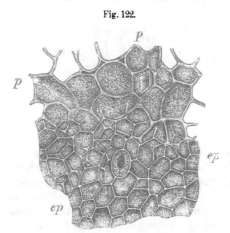

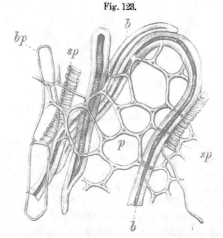

Oberhaut *ep* und Parenchym *p* der Kaffeefrucht. Vergr. 160.
Nach J. Möller.

Elemente aus dem Fruchtfleische der Kaffeebeere. Vergr. 160. *sp* Spiroiden, *b* Bastfasern, *p* Parenchym der äußeren Schicht, *bp* Bündelparenchym.

Die Fruchtschale des Kaffees findet Verwendung zur Bereitung von Kaffeesurrogaten, z. B. des Sakka- oder Sultankaffees (vgl. S. 231); in Arabien bereitet man auch aus dem frischen Fruchtfleisch ein gärendes Getränk (Kischer, Gischr oder Kescher). Sie besteht aus der Oberhaut (Epikarp), einer starken Parenchymschicht (Fruchtfleisch), einer einfachen Lage radial gestreckter Schleimzellen und dem aus einer starken Sklerenchymschicht gebildeten Endokarp (Pergamenthülle). Die Oberhaut (Fig. 122) zeigt in der Flächenansicht kleine polygonale, ziemlich derbwandige Zellen, dazwischen zerstreute, eirunde, von zwei Nebenzellen umgebene Spaltöffnungen. Bei Coffea stenophylla finden sich auch spärliche kurze, stark verdickte, getüpfelte Haare, während die Epidermis der übrigen Kaffeefruchtarten kahl ist.

Das Parenchym des Fruchtfleisches (Fig. 123) ist derbwandig, mit einer braunen, krümeligen Masse erfüllt, in zahlreichen Zellen findet man Calciumoxalat in großen Krystallen oder als Krystallsand. Nach innen zu wird das Parenchym großzelliger, während es in der Nähe der Gefäßbündel collenchymatisch ist. Die Gefäßbündel bestehen aus engen Spiralgefäßen und getüpfelten Tracheen sowie sehr langen, dickwandigen Bastfasern.

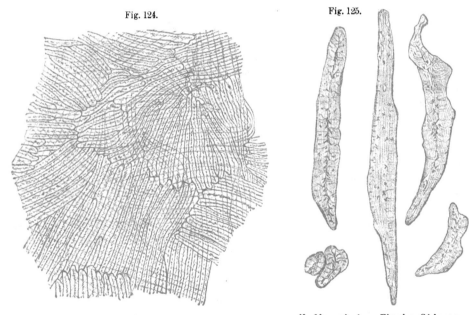

Fig. 124.

Fig. 125.

Kaffeeschale. Flächenansicht des Endokarps (Pergamenthülle). Vergr. 100. Nach A. Bömer.

Kaffeeschale. Einzelne Sklerenchymelemente des Endokarps. Vergr. 200. Nach A. Bömer.

Das Endokarp (Fig. 124) ist ein sehr zähes und festes Gewebe aus kreuz und quer gelagerten, langgestreckten, dickwandigen, knorrigen und ästigen Sklerenchymzellen. Eine Verwechslung dieser Steinzellen mit denen der Samenhaut ist nur bei einzelnen, isolierten Elementen möglich, während sie in größeren Gruppen leicht zu unterscheiden sind, da in der Samenhaut die Steinzellen stets von dem dünnwandigen Parenchym begleitet sind.

D. Grundsätze für die Beurteilung.

I. Verbote zum Schutze der Gesundheit. Für Genußzwecke darf — auch in Mischungen oder Zubereitungen — nicht in den Verkehr gebracht werden:

1. Kaffee, der mit gesundheitsschädlichen Farben gefärbt ist,
2. Kaffee, der mit arsenhaltigem Schellack überzogen ist,
3. Kaffee, der mit Borax behandelt ist.

Anmerkung. Die Verbote unter I sind zum Schutze der Gesundheit bestimmt. Damit ist indessen nicht gesagt, daß Erzeugnisse, deren Beschaffenheit diesen Vorschriften zuwiderläuft, unter allen Umständen gesundheitsschädlich sind. Andererseits sind nicht alle Behandlungsweisen aufgeführt, die die in Betracht kommenden Erzeugnisse gesundheitsgefährlich machen, sondern nur die wichtigsten.

Zu den Zubereitungen, für die der gesundheitlich bedenkliche Kaffee nicht verwendet werden darf, gehört in erster Linie das Kaffeegetränk.

II. Als verdorben ist anzusehen:

Kaffee, der infolge unzweckmäßiger Art der Ernte, der Erntebereitung oder der weiteren Behandlung, infolge Beschädigung durch See- oder Flußwasser ("Havarie"), ungeeigneter Lagerung oder anderer Umstände in rohem oder geröstetem Zustande oder in dem daraus bereiteten Kaffeegetränk eine derart ungewöhnliche Beschaffenheit, insbesondere einen so fremdartigen oder widerwärtigen Geruch oder Geschmack aufweist, daß er zum Genusse ungeeignet ist;

Kaffee, der verschimmelt oder sonst stark verunreinigt ist;

Kaffee, der beim Rösten verkohlt ist;

Gerösteter Kaffee, der aus verdorbenem, rohem Kaffee hergestellt ist.

Anmerkungen. 1. Havarie ist nicht allgemein als Ursache für Verdorbenheit anzusehen, sondern nur dann, wenn der Kaffee dadurch zum Genusse untauglich geworden ist. Leicht havarierter Kaffee, der nur in seinem Genußwerte herabgesetzt ist, darf nach Ziffer 4 der Beurteilungsgrundsätze (S. 189) unter entsprechender Bezeichnung in den Verkehr gebracht werden.

2. Ein größerer Kaffeevorrat, der nur an einzelnen Stellen leichte Schimmelbildung zeigt, ist nicht als verschimmelt anzusehen. Ebenso ist eine sonstige Verunreinigung nur dann als Kennzeichen der Verdorbenheit anzusehen, wenn sie nach Art oder Menge als stark zu bezeichnen ist. Inwieweit ein Gehalt an wurmstichigen Bohnen, schwarzen Bohnen od. dgl. eine starke Verunreinigung des Kaffees darstellt, ist von Fall zu Fall zu beurteilen.

3. Nach der an letzter Stelle genannten Bedingung der Verdorbenheit ist es unzulässig, Kaffee, der aus irgendeinem Grunde verdorben ist, durch Rösten nur äußerlich von diesem Fehler zu befreien.

III. Als verfälscht, nachgemacht oder irreführend bezeichnet sind anzusehen:

1. als Kaffee oder mit Namen von Kaffeesorten bezeichnete Erzeugnisse, die der Begriffsbestimmung für Kaffee nicht entsprechen;

Anmerkung. Zu 1. Der Begriffsbestimmung für Kaffee müssen auch solche Erzeugnisse entsprechen, die nicht ausdrücklich als Kaffee, sondern nur mit dem Namen einer Kaffeesorte, z. B. Menado, Mokka, Melange, bezeichnet sind (vgl. S. 155).

2. mit einem Herkunftsnamen bezeichneter Kaffee, der nicht aus dem entsprechenden Erzeugungsgebiete stammt; mit Herkunftsnamen bezeichnete Kaffeemischungen, sofern die Bestandteile, die der Menge nach überwiegen und die Art bestimmen, nicht aus den entsprechenden Erzeugungsgebieten stammen;

Anmerkung. Zu 2. "Javakaffee" muß aus Java stammen, "Santoskaffee" aus dem Erzeugungsgebiete, für das Santos Verschiffungshafen ist; "Guatemalamischung" muß zu mehr als der Hälfte aus Guatemalakaffee bestehen und den diesem eigentümlichen Geruch und Geschmack hervortreten lassen.

3. Kaffee, der nicht so weit als technisch möglich von minderwertigen oder wertlosen Bestandteilen befreit worden ist, ausgenommen solcher Kaffee, der sich als "ungelesener" Kaffee noch im Großhandel befindet;

Anmerkung. Zu 3. Als minderwertige oder wertlose Bestandteile sind insbesondere Steinchen, Erd- und Holzstückchen, eingetrocknete Kaffeefrüchte (Kaffeekirschen), Bohnen in der Pergamentschicht, Stiele, Schalen und fremde Samen anzusehen.

4. durch See- oder Flußwasser in seinem Genußwerte herabgesetzter („havarierter") Kaffee, auch in Mischung mit anderem Kaffee, sofern nicht die minderwertige Beschaffenheit aus der Bezeichnung des Kaffees hervorgeht;

Anmerkung. Zu 4. Die Minderwertigkeit von havariertem, aber noch genußtauglichem Kaffee darf nicht lediglich aus dem Preise hervorgehen, sondern muß ausdrücklich gekennzeichnet sein.

5. roher Kaffee, dessen Wassergehalt 12%, gerösteter Kaffee, dessen Wassergehalt 5% übersteigt;

6. Kaffee, der unmittelbar oder mittelbar mit Wasser beschwert worden ist;

Anmerkung. Zu 5 und 6. Bei zu hohem Wassergehalt gilt der Kaffee stets als verfälscht, unabhängig davon, wie das Wasser hineingelangt ist. Eine absichtliche Beschwerung mit Wasser gilt auch dann als Verfälschung, wenn die angegebenen Höchstgrenzen des zulässigen Wassergehalts nicht überschritten sind.

Eine mittelbare Beschwerung mit Wasser kann z. B. dadurch eintreten, daß Kaffee in feuchten Räumen gelagert wird. Das Waschen oder Befeuchten des Kaffees vor dem Rösten wird in der Regel nicht als Beschwerung anzusehen sein.

7. Kaffee, dem Holzmehl oder andere bei seiner Reinigung verwendete Stoffe in einer technisch vermeidbaren Menge anhaften;

8. künstlich, auch durch Anrösten, gefärbter Kaffee;

Anmerkung. Nach Ziffer 8 ist jede künstliche Veränderung der Farbe des rohen Kaffees nach Abschluß der sachgemäßen Erntebereitung verboten, auch wenn sie nicht durch Farbstoffe, sondern durch andere Kunstgriffe, z. B. durch leichtes Erhitzen oder sehr schwaches Rösten, das dem Kaffee nicht das Aussehen des rohen Kaffees nehmen soll, ausgeführt wird. Die Farbenänderung, die der Kaffee beim eigentlichen Rösten erfährt, gegebenenfalls auch durch die Verwendung der erlaubten Überzugstoffe (vgl. Ziffer 10), fällt natürlich nicht unter das Verbot der Ziffer 8.

9. Kaffee, dessen minderwertige Beschaffenheit durch Überzugstoffe verdeckt worden ist;

Anmerkung. Durch Ziffer 9 ist die Verwendung von Überzugstoffen beim Rösten des Kaffees unter allen Umständen verboten, wenn sie zur Täuschung über Minderwertigkeit des Kaffees dienen·kann.

10. Kaffee, der mit anderen Überzugstoffen als Rohr- oder Rübenzucker oder Schellack versehen worden ist;

Anmerkung. Zu 10. Es ist als selbstverständlich anzusehen, daß der verwendete Rohr- oder Rübenzucker in seiner Reinheit den für die Verwendung zu Genußzwecken zu stellenden Anforderungen entsprechen muß. Andere Zuckerarten sowie Zuckersirup oder -lösungen sind nicht zulässig. Der verwendete Schellack muß technisch rein sein und darf nicht gefärbt sein. Körnerlack oder andere Harze sowie Schellacklösungen sind nicht zulässig. Die zulässige Menge der Überzugstoffe ist durch die Ziffern 12 und 13 geregelt.

11. Kaffee, der mit Überzugstoffen versehen und nicht dementsprechend als „mit gebranntem Zucker überzogen" oder „mit Schellack überzogen" bezeichnet ist;

Anmerkung. Zu 11. Die Bezeichnung des mit Überzugstoffen versehenen Kaffees muß dem Wortlaute nach, nicht nur dem Sinne nach, den angegebenen Bezeichnungen entsprechen.

12. unter Verwendung von Zucker gerösteter Kaffee, bei dem mehr als 7 Teile Zucker auf 100 Teile rohen Kaffee verwendet worden sind oder der mehr als 3% abwaschbare Stoffe enthält;

Anmerkung. Zu 12. Die Begrenzung des Zuckerüberzugs bezieht sich sowohl auf die zu verwendende Menge Zucker als auch auf den Zustand des fertig gerösteten Kaffees. Jede der beiden Bedingungen muß für sich erfüllt sein. Was unter „abwaschbaren Stoffen" zu verstehen ist, geht aus den Vorschriften für die Untersuchung, S. 178, hervor.

13. mit Schellack überzogener Kaffee, bei dem mehr als 0,5 Teile Schellack auf 100 Teile rohen Kaffee verwendet worden sind;

14. Kaffee, der mit Soda, Pottasche, Kalk, Zuckerkalk (Calciumsaccharat) oder Ammoniumsalzen behandelt worden ist;

15. Kaffee, dem Coffein durch besondere Behandlung entzogen ist, sofern er nicht dementsprechend bezeichnet ist;

Anmerkung. Zu 15. Die Art der Bezeichnung wird sich nach dem Grade der Coffeinentziehung zu richten haben, wobei die in Ziffer 16 und 17 gegebenen Beschränkungen einzuhalten sind.

16. als „coffeinfrei" oder gleichsinnig bezeichneter Kaffee, der mehr als 0,08% Coffein enthält;

17. als „coffeinarm" oder gleichsinnig bezeichneter Kaffee, der mehr als 0,2% Coffein enthält;

18. Kaffee, dem andere Bestandteile als Coffein, die für den Genußwert des Kaffeegetränks von Bedeutung sind, durch besondere Behandlung entzogen sind;

Anmerkung. Zu 18. Für den Genußwert des Kaffees sind in erster Linie die wasserlöslichen Stoffe von Bedeutung. Kaffee, der bereits mit Wasser ausgezogen ist, ist daher als verfälscht anzusehen, ebenso auch coffeinarmer oder coffeinfreier Kaffee, dem bei der Coffeinentziehung andere wasserlösliche Stoffe in nennenswerter Menge entzogen worden sind.

19. Mischungen von Kaffeebohnen mit künstlichen Kaffeebohnen oder mit Lupinen oder mit Sojabohnen oder anderen Kaffee-Ersatzstoffen, die in der Mischung mit Kaffeebohnen verwechselbar sind;

20. andere als die unter Ziffer 19 genannten Mischungen von Kaffee mit Kaffee-Ersatzstoffen oder Kaffeezusatzstoffen, sofern sie nicht ausdrücklich als „Kaffee-Ersatzmischung" bezeichnet sind und, falls sie unter Hinweis auf den Gehalt an Kaffee in den Verkehr gebracht werden, der Anteil der Gesamtmenge der fremden Stoffe in der Mischung zahlenmäßig angegeben ist;

21. Kaffee, dem andere Stoffe als Kaffee-Ersatzstoffe oder Kaffee-Zusatzstoffe beigemischt sind;

Anmerkung. Die Ziffern 19 bis 21 regeln die Beurteilung der Mischungen von Kaffee mit anderen Stoffen. Soweit diese nicht zu den Kaffee-Ersatzstoffen oder Kaffee-Zusatzstoffen gehören, sind sie nach Ziffer 21 ohne weiteres als Verfälschungsmittel anzusehen, z. B. Kaffeeschalen, Kaffeesatz; aber auch Kaffee-Ersatzstoffe sind nach Ziffer 19 als Verfälschungsmittel anzusehen, wenn sie in bohnenähnlicher Form Kaffeebohnen beigemengt werden. Zweckentsprechend geröstete Sojabohnen, Lupinen oder gespaltene Erdnüsse sind, wenn sie auch für sich betrachtet sich von Kaffeebohnen merklich unterscheiden, doch in der Mischung mit Kaffeebohnen mit diesen leicht zu verwechseln. Noch mehr gilt dies von Kaffee-Ersatzstoffen oder wertlosen Stoffen, die künstlich in Form von Kaffeebohnen gepreßt sind. Die Maschinen zur Herstellung solcher Kaffeebohnen sind durch die Kaiserliche Verordnung vom 1. Februar 1891 (Reichs-Gesetzbl. S. 11) verboten.

Im übrigen sind nach Ziffer 20 Mischungen von Kaffee mit Kaffee-Ersatzstoffen oder Kaffee-Zusatzstoffen unter der Bedingung genauer Bezeichnung erlaubt; Voraussetzung ist natürlich, daß die verwendeten Kaffee-Ersatz- oder -Zusatzstoffe den für diese gegebenen Festsetzungen entsprechen. Die Angabe der Art der Beimengungen in der Bezeichnung der Mischungen ist nicht vorgeschrieben; bei Beimengung mehrerer Stoffe braucht nicht der Anteil der einzelnen, sondern nur ihre Gesamtmenge zahlenmäßig angegeben zu werden. Auch diese Angabe kann wegfallen, wenn jeder Hinweis auf den Kaffeegehalt der Mischung vermieden ist.

22. mit Wortzusammensetzungen, die das Wort ‚Kaffee" enthalten, bezeichnete kaffeeartige Erzeugnisse, die nicht ausschließlich aus Kaffee bestehen, unbeschadet der Bezeichnungen „Zichorienkaffee", „Feigenkaffee", „Gerstenkaffee", „Roggenkaffee", „Kornkaffee", „Weizenkaffee", „Malzkaffee", „Eichelkaffee" sowie „Kaffee-Ersatz", „Kaffeezusatz", „Kaffeegewürz";

Anmerkung. Zu 22. Die Beschränkung für das Wort „Kaffee" in Wortzusammensetzungen bezieht sich nur auf die Erzeugnisse, die äußerlich oder nach der Art ihrer Bestimmung dem „Kaffee" im Sinne der Begriffsbestimmung ähnlich sind. Die zugelassenen Ausnahmen sind erschöpfend aufgeführt. Was unter „Zichorienkaffee" usw. zu verstehen ist, geht aus den Begriffsbestimmungen der Festsetzungen über Kaffee-Ersatzstoffe hervor. Andere als die genannten Kaffee-Ersatzstoffe dürfen nicht mit Wortzusammensetzungen, die das Wort „Kaffee" enthalten, bezeichnet werden.

Bezeichnungen wie „Nährsalzkaffee", „Hämatinkaffee" od. dgl. kommen schon deswegen nicht in Betracht, weil Mischungen von Kaffee mit Salzen, Hämatin od. dgl. nicht unter den Begriff der Kaffee-Ersatzmischungen fallen und daher nach Ziffer 21 unzulässig sind.

23. als „Kaffee-Extrakt" oder „Kaffee-Essenz" bezeichnete Erzeugnisse, die aus anderen Stoffen als Kaffee und Wasser bereitet sind, unbeschadet eines geringen Zusatzes von Zucker und von Milch, sofern diese Zusätze aus der Bezeichnung hervorgehen.

Beurteilung nach den Ergebnissen der chemischen und mikroskopischen Untersuchung.

1. Die Herkunft des Kaffees läßt sich durch chemische oder mikroskopische Untersuchungsverfahren im allgemeinen nicht ermitteln. Einige Kaffeesorten weisen in Farbe und Gestalt ausgesprochene Kennzeichen auf. In einzelnen Fällen läßt sich auch ein Anhaltspunkt durch die Feststellung des Coffeingehaltes gewinnen.

2. Ein Wassergehalt des rohen Kaffees von mehr als 12% ist gewöhnlich durch feuchte Lagerung verursacht, kann aber auch ein Zeichen von absichtlicher Beschwerung oder von Havarie sein; im letzteren Falle beträgt der Gehalt der Asche an Chlor meist über 1% (bezogen auf die Asche), auch zeigt der Kaffee oft ein ungewöhnliches Aussehen.

3. Ein Wassergehalt des gerösteten Kaffees von mehr als 5% weist auf feuchte Lagerung oder auf Beschwerung durch Wasser oder flüssige Überzugsmittel hin.

4. Werden in unzerkleinertem Kaffee mehr als 2% fremde Bestandteile gefunden, so ist ohne weiteres zu folgern, daß der Kaffee nicht soweit als technisch möglich gereinigt oder daß er mit fremden Bestandteilen vermischt ist; unter Umständen ist dieser Schluß auch schon bei einem geringeren Gehalt an fremden Bestandteilen zu ziehen.

5. Ein weniger als 23% betragender Gehalt des gerösteten Kaffees an wasserlöslichen Stoffen läßt namentlich dann, wenn gleichzeitig der Coffeingehalt geringer als 1,0% ist, darauf schließen, daß dem Kaffee Bestandteile, die seinen Genußwert bedingen, entzogen worden sind.

6. Eine ungewöhnlich hohe oder niedrige Aschenmenge des gerösteten Kaffees läßt eine Behandlung mit Alkalien, Kalkverbindungen oder Borax vermuten; das Ergebnis der Untersuchung der Asche kann näheren Aufschluß darüber geben.

7. Wenn sich bei der mikroskopischen Untersuchung des gemahlenen Kaffees in nennenswerter Menge Gewebsteile finden, die nicht den Kaffeebohnen eigentümlich sind, so ist in der Regel eine Verfälschung des Kaffees als erwiesen anzusehen. Aus dem mikroskopischen Befunde läßt sich auch folgern, ob es sich um einen Zusatz von Kaffeeersatzstoffen od. dgl., um mangelhafte Reinigung des Rohkaffees von fremden Bestandteilen (Kaffeekirschen od. dgl.) oder um Reste von Poliermitteln (Holzmehl od. dgl.) handelt.

8. Auf eine Verfälschung des gerösteten Kaffees mit Kaffee-Ersatzstoffen weisen ferner hin:

a) ein ungewöhnlich hoher Gehalt an wasserlöslichen Stoffen; die meisten Kaffeesorten enthalten 24—27%, einige Sorten, besonders Liberiakaffee, bis zu 33% wasserlösliche Stoffe; durch die Behandlung mit Überzugstoffen, namentlich Zucker, kann dieser Gehalt um einige Prozent erhöht sein;

b) ein ungewöhnlich niedriger Coffeingehalt;

c) ein Zuckergehalt, der 2%, und ein Gehalt an in Zucker überführbaren Kohlenhydraten, der 20% übersteigt;

d) eine Aschenmenge von weniger als 3,9%; bei reinem gerösteten Kaffee von normalem Wassergehalt beträgt sie in der Regel mehr als 4,0%, bei den meisten Kaffee-Ersatzstoffen — mit Ausnahme von Zichorie — erheblich weniger;

e) eine Alkalität der Asche von weniger als 57 Milligramm-Äquivalenten auf 100 g Kaffee; bei reinem gerösteten Kaffee von normalem Wassergehalt beträgt diese Zahl in der Regel gegen 60, bei den meisten Kaffee-Ersatzstoffen erheblich weniger, bei solchen aus Getreide nur gegen 10;

f) ein Gesamtgehalt der Asche an Phosphatrest, der 0,70 g PO_4 auf 100 g Kaffee überschreitet; bei reinem gerösteten Kaffee liegt diese Zahl in der Regel zwischen 0,50 und 0,65, bei gerösteten Getreidearten und Lupinen zwischen 1,00 und 1,25 g;

g) ein Eisen- und Aluminiumgehalt, der bei der Bestimmung der Phosphate in der Asche mehr als 12% des Gesamt-Phosphatrestes bindet; bei reinem Kaffee liegt diese Zahl in der Regel zwischen 5 und 10%, bei Zichorien- und Feigenkaffee zwischen 25 und 50%;

h) das Vorhandensein einer nennenswerten Menge von Kieselsäure in der Asche; reiner Kaffee enthält solche nicht oder in einzelnen Fällen nur bis zu 0,5% (bezogen auf die Asche), während namentlich Zichorie, Feigenkaffee und geröstete Getreidearten erheblich mehr enthalten.

Das Schweizerische Lebensmittelbuch enthält folgende Vorschriften für den Kaffee.

Rohkaffee.

1. Guter Kaffee sei je nach Sorte gleichmäßig in Farbe und Größe der Bohnen. Kaffee, der mehr als 5% sog. Einlage (schwarze Bohnen, Schalen und Fremdkörper) enthält, ist im Verkehr unzulässig.

2. Der durchschnittliche Wassergehalt normaler Handelsware beträgt 9—13%, bei ungünstiger Lagerung kann der Wassergehalt erheblich steigen.

3. Der Gehalt an Mineralstoffen liegt gewöhnlich nicht über 5%; der Gehalt der Asche an Chlor beträgt selten mehr als 0,6%.

4. Kaffee, der ein Poliermittel (z. B. Sägespäne) mitführt, ist zu beanstanden.

5. Gefärbter, gequellter und angerösteter, Kaffee ist zu beanstanden, sofern durch diese Manipulation eine Täuschung hinsichtlich des Ursprungslandes oder der Qualität des Kaffees bezweckt worden ist.

6. Durch Havarie oder sonstwie verdorbener Kaffee ist zu beanstanden.

7. Künstliche Kaffeebohnen dürfen weder hergestellt noch in den Verkehr gebracht werden.

Gerösteter, ganzer Kaffee.

1. Gerösteter Kaffee soll in der Farbe gleichmäßig sein; richtig und ohne Zusätze geröstete Kaffeebohnen haben eine matte Oberfläche.

2. Eine stark glänzende Oberfläche der Bohnen läßt auf ein Überhitzen oder auf erfolgte Zusätze beim Rösten schließen.

3. Der Geruch des Kaffees sowie Geruch und Geschmack eines wässerigen Auszuges müssen normal sein.

4. Handelsware mit mehr als 5% verkohlten Bohnen ist zu beanstanden.

5. Der Wassergehalt beträgt bei richtig geröstetem und normal gelagertem Kaffee nicht über 4%.

6. Ein Glasieren des Kaffees sowie der Zusatz von pflanzlichen und tierischen Fetten beim Rösten sind nur unter der Voraussetzung der Deklaration zulässig. Mit Mineralfetten behandelter Kaffee ist zu beanstanden.

7. Der Gehalt an mit Äther abspaltbaren Bestandteilen darf bei Kaffee, der nicht als gefetteter Kaffee deklariert ist, 1,5% nicht übersteigen.

8. Die Menge der mit Alkohol und Wasser abwaschbaren löslichen Stoffe beträgt bei nicht glasiertem Kaffee nicht mehr als 1%.

9. Bei dem als glasiert oder gefettet deklarierten Kaffee darf die durch diese Behandlung stattgefundene Beschwerung nicht mehr als 1% betragen.

10. Zusatz von Soda-, Pottasche-, Kalk- oder Boraxlösung sowie Zusatz von Tannin und gerbsäurehaltigen Lösungen nach dem Rösten sind unzulässig.

Gerösteter, gemahlener Kaffee.

1. Bei der mikroskopischen Untersuchung sollen sich nur Gewebselemente der Kaffeebohnen vorfinden.

2. Die Aschenmenge darf 5,5% nicht übersteigen.

3. Der wässerige Extrakt beträgt 20—30%.

4. Der Zuckergehalt liegt nicht über 2%.

5. Der Gehalt an in Zucker überführbaren Stoffen beträgt etwa 20%.

6. Der Coffeingehalt beträgt durchschnittlich 1,2%, schwankt zwischen 0,7 und 2,5%.

Der Codex alim. austriacus stellt an Kaffee folgende Anforderungen:

1. Normaler Rohkaffee enthält nicht mehr als 14% Wasser, 5% Asche und 0,6% Chlor. Die regelrechte Handelsware ist nach Gestalt und Farbe der Bohnen mehr oder weniger gleichförmig. Der Gehalt an Steinen, Schalenresten, Holzsplittern und ähnlichen Verunreinigungen überschreitet in den für den unmittelbaren Konsum bestimmten Sorten reellerweise niemals 3 Gewichtsprozente. Auch „schwarze" oder sonstwie veränderte („alterierte") Bohnen sollen in guter Ware nicht in größerer Menge vorkommen.

2. Gut geröstete Kaffeebohnen zeigen eine gleichmäßig braune Farbe und matte Oberfläche; im Innern sind sie braunrot, nicht licht oder schwarz. Der Wassergehalt steigt bei ganzen Bohnen nicht über 5%, bei gemahlenen Bohnen nicht über 12%, der Gehalt an Steinen und sonstigen fremden Bestandteilen beträgt weniger als 1%, der Aschengehalt nicht mehr als 6,5%, wovon mindestens die Hälfte wasserlöslich ist, die Menge des wässerigen Extraktes fällt nicht unter 20% und jene der in Zucker überführbaren Stoffe beträgt rund 20%. Was den Gehalt an Coffein betrifft, so schwankt er mit der Sorte und Art der Röstung zwischen 1—2½%.

3. Insoweit Behandlungen mit Glasiermitteln (Zucker, Schellack) weder eine Auslaugung der Kaffeebohne bewirken, noch eine bessere Qualität vortäuschen, noch das Gewicht oder das Volumen vermehren, und die so erzeugte Ware als „caramelisiert", „glasiert" oder „geschönt" in den Verkehr gebracht wird, sind sie für zulässig zu erklären. Die Verwendung von Eiweiß, Gelatine, Fett, Öl, Mineralöl, Soda, Pottasche, Borax, Tannin und anderen gerbstoffhaltigen Materialien und das Spritzen des Kaffees mit Wasser nach dem Rösten gehören jedoch unter allen Umständen zu den unlauteren Verfahrensarten. Die Schönung beeinflußt sehr stark gewisse Eigenschaften des Kaffees. Wasser und Alkohol oder Äther lösen von vollkommen normalem, also ungeschöntem, geröstetem Kaffee beim Abwaschen höchstens 1% löslicher Stoffe ab, während bei gebranntem Kaffee, der innerhalb der zulässigen Grenzen glasiert, caramelisiert oder ähnlich behandelt worden ist, die Menge der abwaschbaren Stoffe bedeutend mehr, und zwar bis 4%, beträgt.

4. Weitere Anhaltspunkte für die Beurteilung des Kaffees lauten wie folgt:

a) Gesundheitsschädlich sind: gerösteter Kaffee, der mit Mineralöl geschönt wurde, und Kaffeepräparate, bei deren Herstellung hygienisch nicht einwandfreie Materialien, z. B. schlechtes Wasser u. dgl., Verwendung gefunden haben. b) Als verdorben wird durch Nässe beschädigter, stärker havarierter und verschimmelter Rohkaffee und ebensolcher gerösteter Kaffee anzusehen sein. c) Verfälscht ist: Rohkaffee mit mehr als 3% fremden Beimengungen, dann durch Behandlung mit Fett, Sirup u. dgl. beschwerter und „gequollener" Rohkaffee, gerösteter Kaffee, der mehr als 1% fremde Beimengungen, oder mehr als 6,5% Gesamtasche, oder weniger als die Hälfte der Gesamtasche in wasserlöslicher Form, oder weniger als 20% wasserlösliche Stoffe, oder mehr als 4% abwaschbare Stoffe enthält, oder in anderer unzulässiger Weise als mit Mineralöl geschönt ist. d) Eine falsche Bezeichnung liegt vor, wenn bei Rohkaffee ein unrichtiger Produktionsort genannt wird, wenn man gefärbten Rohkaffee ohne die ausdrückliche Angabe „gefärbt", also entweder ganz ohne Deklaration oder mit der ungenügenden Deklaration „gewaschen", „lavé" u. dgl. in den Handel bringt, wenn man caramelisierten, glasierten oder sonstwie in zulässiger Weise geschönten, gerösteten Kaffee als nicht geschönten Kaffee oder ohne Erwähnung der Tatsache der erfolgten Schönung feilhält usw., und wenn coffeinarmer Kaffee, „Kaffee" schlechtweg und ein surrogathaltiges Kaffeepräparat ohne Deklaration des Surrogatzusatzes „Kaffee-Extrakt", „Kaffee-Essenz", „Kaffeekonserve" u. dgl. schlechtweg genannt wird.

Auch in Amerika (U. S. Dep. Agric.; Board of Food and Drug Insp.) gelten scharfe Bestimmungen für den Kaffeehandel. So darf nach Food Insp. Dec. 80, 82 und 91 als „Mokka" nur solcher Kaffee bezeichnet werden, welcher in dem im Norden und Osten von Hodeida liegenden Teil Arabiens gewachsen ist. „Java-Kaffee" muß auf der Insel Java gewachsen sein, „Padang-Kaffee" aus Padang, „Celebes-Kaffee" aus Celebes stammen usw. Unter „Java-Kaffee" sind nur die Früchte von Coffea arabica, nicht diejenigen von Coffea liberica zu verstehen, selbst wenn diese von Java stammen.

Bezüglich der Glasierung heißt es: „Jeder Überzug ist verboten, welcher geeignet ist, eine Beschädigung oder Minderwertigkeit zu verdecken. Unter allen Umständen müssen alle zur Glasierung des Kaffees benutzten Stoffe in vorgeschriebener Weise auf den Etiketten deklariert werden; das gleiche gilt von allen zur Färbung des Kaffees verwendeten Stoffen."

Beurteilung des Kaffees nach der Rechtslage.

Nachgemachter oder verfälschter Kaffee als „Bruch-Kaffee-Mischung". Die Ware gelangte in Tüten zum Verkauf, die folgende Aufschrift trugen: 1. Auf der Vorderseite: „$^1/_2$ Pfund feinste Bruch-Kaffee-Mischung". 2. Auf der Rückseite: „Diese Mischung besteht zum Teil aus den edelsten Kaffeesorten und enthält wertvolle extraktreiche Kaffee-Ersatzstoffe, welche den Coffeingehalt erheblich verringern und das Getränk bekömmlicher und gesünder als reinen Bohnenkaffee machen." Nach dem Untersuchungsbefunde enthielt die Ware überhaupt keinen Bruchkaffee, sondern sie bestand aus etwa 17% ganzen Kaffeebohnen und etwa 83% kleingeschroteten Bestandteilen (der Hauptsache nach aus gerösteten Zichorienwurzeln, Eicheln und Malzgerste).

Nach der allgemeinen Verkehrsanschauung versteht man unter Bruchkaffeemischung eine solche Mischung, die nicht nur aus Stücken zerbrochener Kaffeebohnen, sondern auch aus Kaffee-Abfällen und Kaffeeresten besteht und daher auch eine Menge ganzer Kaffeebohnen enthält. Ersatzstoffe für Kaffee werden darin nicht vermutet ... Hieraus ergibt sich, daß durch die Beimischung von ganzen Kaffeebohnen zu den kleingeschroteten Ersatzstoffen der Ware das Aussehen von echtem Bruchkaffee gegeben werden sollte. Sie ist damit im Sinne des Gesetzes nachgemacht gewesen.

Die in kleinen Lettern gedruckte und zwischen anderen Bemerkungen stehende Deklaration auf der Rückseite der Tüten sowie die Anweisung an seine Angestellten, die Käufer auf die Zusammensetzung der Mischung entsprechend dem Inhalte der Deklaration besonders aufmerksam zu machen, sind nicht geeignet, den Angeklagten zu entlasten. Sie sprechen vielmehr gerade gegen ihn; denn sie beweisen, daß er sich der Täuschung, die die Aufschrift auf der Vorderseite hervorzurufen geeignet ist, bewußt war. Er hat damit gerechnet, daß in zahlreichen Fällen die Deklaration übersehen werden würde ... Offensichtlich ist der Zweck der Deklaration und der Zweck der Anweisung an die Verkäufer nur der gewesen, sich auf sie zur Entlastung berufen zu können. Bezeichnenderweise ist auch die Deklaration so gefaßt, daß der Glaube erweckt werden kann, die verkaufte Mischung, die zum weit überwiegenden Teile aus Surrogaten besteht, enthalte wenigstens zu einem erheblichen Teil Kaffee. Verurteilung wegen Vergehens gegen § 10² NMG.

LG. II Berlin, 29. März 1912. Die Revision wurde verworfen. Preuß. Kammerger., 18. Juni 1912.

(Zeitschr. f. Untersuchung d. Nahrungs- u. Genußmittel, Beilage 1913, 156.)

Nachgemachter Kaffee als „Neuer Kaffee". — Der „Neue Kaffee" bestand aus einer Mischung von 17 Pfund gemahlenem Kaffee, 14 Pfund geröstetem und gemälztem Korn, 6 Pfund gerösteter und gemälzter Gerste, 8 Pfund gerösteter Feige, $2^1/_2$ Pfund gerösteter Eichel, 5 Pfund Enrillo, 5 Pfund Nährsalzkaffee von Gebrüder H., 3 Pfund Nährsalzkaffee von J. H. und 3 Pfund Zichorie.

Dadurch, daß der Angeklagte die von ihm dann als „Der neue Kaffee" in den Handel gebrachte Ware aus Stoffen mischte, die nicht die gemahlenen Früchte des Kaffeebaumes waren und denen nur 26,7% reiner Bohnenkaffee zugesetzt war, und der Mischung außer dem Namen auch das Aussehen und Aroma wirklichen Kaffees gab, hat er dem Genußmittel den Schein einer besseren Beschaffenheit, als seiner wirklichen Beschaffenheit entspricht, gegeben. Denn darüber, daß die Mischung des Angeklagten längst nicht die anregende Würze und den Genußwert wirklichen Bohnenkaffees besaß, kann nach den Darlegungen des Sachverständigen H. keine Frage sein. Da der Hauptbestandteil des Fabrikats aus Surrogaten bestand, kann schon nicht mehr von einem Verfälschen echten Kaffees gesprochen werden. Die Tätigkeit des Angeklagten ist vielmehr als ein Nachmachen des Genußmittels anzusehen.

Der Angeklagte wußte genau und wollte sogar, daß sein Kaffee-Ersatzmittel im Handel und Verkehr als wirklicher Kaffee aufgenommen wurde. Die Plumpheit und Gröblichkeit der Unwahrheit, die in der fälschlichen Bezeichnung des Surrogats als echter Kaffee liegt, ist so stark, daß sie die Absicht des Angeklagten, die Abnehmer durch das Falsifikat zu täuschen, klar erkennen läßt. Dem steht nicht entgegen, daß der Angeklagte in den Beschreibungen des „neuen Kaffees" Andeutungen von Zusätzen anderer Stoffe und dann einen Hinweis auf die Natur des Genußmittels als eines Ersatzmittels gemacht hat, weil die damit versuchte Deklaration zu versteckt und nicht so offensichtlich bewirkt worden ist, daß sie von jedermann sofort ohne Irrtum verstanden und überhaupt wahrgenommen werden kann. Vergehen gegen § 10 Ziff. 1 und 2 NMG. und gegen § 4 Abs. 1 des Gesetzes gegen den unlauteren Wettbewerb vom 7. Juni 1909. LG. Leipzig, 26. April 1912.

(Zeitschr. f. Untersuchung d. Nahrungs- u. Genußmittel, Beilage 1913, 242.)

Gerösteter Kaffee mit geröstetem Lupinensamen und gerösteten Platterbsen. In einem ersten Falle[1]) hatte der P. in B. einen mit 30% gerösteten Lupinensamen vermischten gerösteten Kaffee zu 1,20 M. f. d. Pfd. verkauft, während für 1 Pfd. reinen gerösteten Kaffee 1,40—1,80 M. gefordert wurden. Der erste gemischte Kaffee befand sich in einem Glasgefäß, welches auf beiden Seiten mit einem Zettel beklebt war, welcher die Aufschrift trug: „120" und darüber und zu beiden Seiten „Edel-Kaffee" mit 30% Lupinen. Der Kaffee wurde in blauen Tüten verabfolgt, die unten schräg nach der Ecke zu die Worte „mit 30% Lupinen" aufwiesen. Außerdem waren die Angestellten laut mehrfacher Bekundung angewiesen, den Käufern beim Erfordern ausdrücklich von der Beimengung der 30% Lupinensamen Kenntnis zu geben. In einem Falle schien letzteres nicht geschehen zu sein. Indes sprach das Gericht den Angeklagten frei, weil er, obschon die Beimengung von 30% Lupinensamen eine Verfälschung sei, die Mischung nicht unter „Verschweigung" der Tatsache verkauft habe.

Amtsger. Berlin-Mitte vom 8. Mai 1912 (137. D. 376. 12).

Das Landger. I Berlin vom 18. Juli 1912 (23. N. 75. 12) hat dieses Urteil, gegen das der Staatsanwalt Berufung eingelegt hatte, bestätigt.

In einem zweiten Falle[2]) hatte das Amtsger. Berlin-Mitte vom 23. Oktober 1911 (131. D. 750. 11) einen Kolonialwarenhändler E., der gerösteten Kaffee mit 23% gerösteten Lupinen und gerösteten Platterbsen zu 1,15 M. f. d. Pfd. verkauft hatte, ebenfalls freigesprochen, weil es die Deklaration „Perlkaffee mit Lupinen" an der Dose, aus der dieser Kaffee verkauft wurde, für genügend erachtete und es nur als ein Versehen ansah, wenn der Käufer von der Mischung nicht unterrichtet worden war.

Das Landger. I in Berlin hob aber dieses Urteil unterm 22. Mai 1912 (7. N. 48. 12) auf und verurteilte den Angeklagten zu 30 M. Geldstrafe (bzw. zu 6 Tagen Gefängnis, für je 5 M. 1 Tag), weil die Aushängung eines Plakates im Schaufenster und die Anbringung eines Zettels mit der Aufschrift „Perlkaffeemischung mit Lupinen" nicht genügten, die Käufer vor Täuschungen zu schützen, indem sie solche Deklarationen übersähen, wie es in einem Falle bei dem Käufer Ge. aussagengemäß der Fall gewesen wäre.

In einem dritten Falle[3]) hatten 1. der Kaufmann Sto. in Ch., 2. der Kaufmann Sta.

---

[1]) Zeitschr. f. Untersuchung d. Nahrungs- u. Genußmittel. Gesetze u. Verordnungen. Beilage 1913, **5**, 159 u. f.

[2]) Ebendort, Beilage 1912, **4**, 431.

[3]) Ebendort 1912, **4**, 432 u. 434.

in Schw. (als Fabrikant der Ware) gerösteten Kaffee mit 12,5%, 32% bzw. 30% gerösteten Platterbsen zu 60 Pf. für 250 g unter der Bezeichnung „Prima Bohnenkaffee Menton mit Leguminose glasiert" verkauft, und hatte der Angeklagte zu 2 beim Verkauf an die Detaillisten Zettel mit der Aufschrift der Worte „Mit Zusatz von gerösteten Nährfrüchten" beigefügt. Das Amtsgericht in Charlottenburg hielt aber diese Ware für verfälscht und ihre Bezeichnung für irreführend, d. h. zur Täuschung geeignet, weil der Kaffee nicht „glasiert", sondern nur mit einem fremden, für Kaffee wertlosen Samen vermischt war. Vergehen gegen § 10, 15 und 16 d. NMG. vom 14. Mai 1879. Mit Rücksicht auf die bisherige Unbescholtenheit wurde der Kaufmann Sto. zu 30 M., der Kaufmann Sta. als Fabrikant zu 50 M. und beide Angeklagten zu den Kosten des Verfahrens verurteilt.

Amtsger. Charlottenburg vom 29. November 1911 (21. D. 421. 11).

Die Berufung der Angeklagten gegen dieses Urteil wurde vom Landgericht III Berlin vom 5. Februar 1912 (B. 5. N. 176. 11) verworfen und das Strafmaß für begründet erachtet, wenn auch bei Sta. nur eine Verfehlung gegen Ziff. 1, nicht auch gegen Ziff. 2 des § 10 leg. c. anzunehmen sei.

Verwertung des beanstandeten Kaffees.

Gesundheitsschädliche und verdorbene Waren sind nach dem Codex alim. austr., ebenso wie ev. Nachahmungen zu vernichten, gefälschte lediglich aus dem Verkehr zu ziehen. Falsch bezeichneter Kaffee usw. kann unter richtiger Bezeichnung wieder in den Handel gebracht werden. Als technische Verwendung kann die Gewinnung von Coffein in Betracht gezogen werden.

Kaffee-Ersatzstoffe. [1])

Allgemeines.

„Die Kaffee-Ersatzstoffe nehmen im Handel einen großen Umfang ein. Sie werden aus den verschiedensten Pflanzenstoffen und Pflanzenteilen gewonnen, deren Arten nach Hunderten zählen. Diese hier auch nur einigermaßen annähernd aufzuführen und womöglich zu beschreiben, ist nicht möglich. Deshalb mögen diejenigen Gesichtspunkte, welche für alle Ersatzstoffe gelten, vorerst angegeben werden und daran sich noch Ausführungen über einzelne, besonders wichtige Ersatzstoffe anschließen."

1. Begriffsbestimmungen. „Kaffee-Ersatzstoffe sind Zubereitungen, die durch Rösten von Pflanzenteilen, auch unter Zusatz anderer Stoffe, hergestellt sind, mit heißem Wasser ein kaffeeähnliches Getränk liefern und bestimmt sind, als Ersatz des Kaffees oder als Zusatz zu ihm zu dienen."

„Kaffee-Zusatzstoffe (Kaffee-Gewürze) sind Zubereitungen, die durch Rösten von Pflanzenteilen oder Pflanzenstoffen oder Zuckerarten oder Gemischen dieser Stoffe, auch unter Zusatz anderer Stoffe, hergestellt und bestimmt sind, als Zusatz zu Kaffee oder Kaffee-Ersatzstoffen zu dienen.

Im Handel werden zahlreiche Sorten von Kaffee-Ersatzstoffen und Kaffee-Gewürzen unterschieden, die meist nach den Rohstoffen, den Herstellern oder mit Phantasienamen bezeichnet sind."

Kaffee-Ersatzstoffe müssen als Hauptbestandteil geröstete Pflanzenteile enthalten; bei Zubereitungen, die nur als Kaffee-Zusatzstoffe oder Kaffee-Gewürze in den Verkehr gebracht werden, können auch Pflanzensäfte oder -auszüge oder Zuckerarten den Grundstoff bilden. Daß unter „anderen Stoffen", deren Zusatz vorgesehen ist, nicht etwa wertlose Stoffe verstanden werden dürfen, geht aus den Grundsätzen für die Beurteilung, III. Ziffer 3 (S. 201), hervor.

---

[1]) In diesem Abschnitt ist der im Kais. Gesundheitsamt bearbeitete „Entwurf zu Festsetzungen über Kaffee-Ersatzstoffe" 1915 (bei Julius Springer, Berlin) mit berücksichtigt.

Kaffee-Ersatzstoffe müssen für sich mit heißem Wasser ein kaffeeähnliches Getränk liefern, bei den nur als Zusatzstoffe bezeichneten Erzeugnissen ist dies nicht erforderlich. Kaffee-Ersatzstoffe werden daher im allgemeinen auch als Kaffee-Zusatzstoffe bezeichnet werden können, während das Umgekehrte häufig nicht der Fall ist.

Über die Begriffsbestimmung einiger besonderen Kaffee-Ersatzstoffe vergleiche weiter diese.

2. Normale Beschaffenheit und Zusammensetzung. „Als Rohstoffe für die Herstellung von Kaffee-Ersatzstoffen und Kaffee-Gewürzen kommen hauptsächlich die folgenden in Betracht:

1. Zuckerhaltige Wurzeln (z. B. Zichorien, Zuckerrüben, Möhren);
2. Zuckerreiche Früchte (z. B. Feigen, Johannisbrot);
3. Stärkereiche Früchte u. Samen (z. B. Gerste, Roggen, Eicheln);
4. Gemälztes Getreide (z. B. Gerstenmalz, Roggenmalz);
5. Fettreiche Früchte (z. B. Erdnüsse, Sojabohnen);
6. Zuckerarten.

Als Zusätze zu diesen Rohstoffen vor, bei oder nach dem Rösten finden unter anderem Anwendung: zucker-, gerbsäure- und coffeinhaltige Pflanzenauszüge, Colanüsse, Speisefette und Speiseöle, Kochsalz und Alkalicarbonate, Wasser.

Die Kaffee-Ersatzstoffe gelangen sowohl ungemahlen wie gemahlen in den Verkehr. Getreide- und Malzkaffee kommen meist unzerkleinert vor. Zichorien- und Feigenkaffee stellen in der Regel ein körniges bis feines Pulver oder eine schwach feuchte Masse dar, die sich häufig infolge von Austrocknung zu festen Stücken zusammengeballt hat. Bisweilen kommen Zichorien-, Feigenkaffee und andere Kaffee-Ersatzstoffe in bestimmt geformten Stücken vor.

Die Farbe der Kaffee-Ersatzstoffe schwankt zwischen hellbraun und braunschwarz. Infolge eines Überzuges mit Karamel od. dgl. zeigen viele ungemahlene Kaffee-Ersatzstoffe ein glänzendes Aussehen; bei anderen Kaffee-Ersatzstoffen bewirkt ein starker Karamelgehalt eine glasige Beschaffenheit auch im Innern der meist zusammenhängenden Masse.

Geruch und Geschmack hängen hauptsächlich von der Art der verwendeten Rohstoffe ab und sind den einzelnen Sorten von Kaffee-Ersatzstoffen eigentümlich; sie kommen dem des gerösteten Kaffees mehr oder weniger nahe.

Die äußeren Eigenschaften derjenigen Kaffee-Gewürze, die nicht zugleich Kaffee-Ersatzstoffe sind, hängen von den verwendeten Rohstoffen ab."

Über die chemische Zusammensetzung der einzelnen Ersatzstoffe, soweit sie bis jetzt untersucht sind, vergleiche bei diesen weiter unten.

3. Vorkommende Abweichungen, Veränderungen, Verfälschungen, Nachahmungen und irreführende Bezeichnungen. a) „Zur Herstellung von Kaffee-Ersatzstoffen werden bisweilen nicht oder mangelhaft gereinigte Rohstoffe, insbesondere von erdigen Bestandteilen nicht genügend befreite Wurzeln (Zichorien, Rüben u. dgl.) oder ungereinigtes Getreide verwendet. Mitunter kommen auch Kaffee-Ersatzstoffe vor, die aus verdorbenen Rohstoffen hergestellt sind.

b) Kaffee-Ersatzstoffe sind bisweilen durch zu scharfes Rösten verkohlt.

c) Infolge ungeeigneter Herstellungsweise oder Aufbewahrung können Kaffee-Ersatzstoffe verderben, indem sie sauer, schimmelig oder von Milben, Käfern od. dgl. befallen werden.

d) In Kaffee-Ersatzstoffen sind wiederholt wertlose Beimengungen, wie Kaffeesatz, Steinnußabfälle, ausgelaugte Rübenschnitzel, ausgelaugter Torf u. dgl., auch mineralische Beschwerungen beobachtet worden.

e) Kaffee-Ersatzstoffen, namentlich solchen aus Zichorienwurzeln, Rüben oder Feigen, werden bisweilen Glycerin, Mineralöle oder Melassesirup zugesetzt.

f) Einige Arten von meist unzerkleinert in den Handel kommenden Kaffee-Ersatzstoffen, namentlich solche aus Malz, Getreide, Lupinen und Sojabohnen, werden oft unter Zusatz von Zucker und anderen Überzugstoffen geröstet ('glasiert').

g) Aus Wurzeln und Feigen hergestellte Kaffee-Ersatzstoffe werden bisweilen durch Behandeln mit Wasserdampf oder durch unmittelbaren Zusatz von Wasser zur Erzielung einer sogenannten 'fetten' Ware über das notwendige Maß hinaus künstlich beschwert.

h) Nach einem bestimmten Rohstoff bezeichnete Kaffee-Ersatzstoffe entsprechen vielfach nicht ihrer Bezeichnung; namentlich finden sich als 'Malzkaffee' bezeichnete Erzeugnisse, die aus zum Teil ungemälztem Getreide hergestellt sind, und Zichorienkaffee, der gebrannte Rüben enthält oder unter Zusatz von Zuckersirup hergestellt ist, im Verkehr.

i) Vielfach werden Kaffee-Ersatzstoffe, besonders auch in Mischung mit Kaffee, unter irreführenden Bezeichnungen in den Verkehr gebracht, wie Kaffeemischung, Gesundheitskaffee, Nährsalzkaffee od. dgl.

k) Feuchter Zichorienkaffee und andere Kaffee-Ersatzstoffe können durch Verpackung in bleireichen Metallfolien bleihaltig werden".

4. Probeentnahme. „In der Regel sind etwa 250 g zu entnehmen. Befindet sich der Kaffee-Ersatzstoff oder das Kaffee-Gewürz in fertigen kleineren Packungen, so sind solche zu entnehmen, anderenfalls ist der Vorrat vor der Entnahme gut durchzumischen. Falls dies nicht angängig ist, sind mittels Stechbohrers oder auf andere geeignete Weise von verschiedenen Stellen des Vorrats zunächst eine Reihe von Einzelproben im Gesamtgewicht von mindestens 1 kg und hiervon nach guter Durchmischung etwa 250 g zu entnehmen.

Die Proben sind in dichtschließenden Gefäßen (Blechbüchsen, Glasflaschen od. dgl.) aufzubewahren."

5. Erforderliche Prüfungen und Bestimmungen. a) „Kaffee-Ersatzstoffe und Kaffee-Gewürze sind als solche und in ihrem wässerigen Auszug einer Sinnenprüfung zu unterziehen.

b) Bei solchen Kaffee-Ersatzstoffen, die nach einem bestimmten Rohstoff benannt sind, ist zu ermitteln, ob sie ihrer Bezeichnung entsprechen. Zu diesem Zweck genügt bei ungemahlenen Kaffee-Ersatzstoffen fast immer die Sinnenprüfung; in Zweifelsfällen ist diese durch eine mikroskopische Prüfung zu ergänzen.

c) Gemahlene Kaffee-Ersatzstoffe sind mikroskopisch zu prüfen, um zu ermitteln, ob sie wertlose Bestandteile oder giftige Samen enthalten und, falls sie nach einem bestimmten Rohstoff benannt sind, ob sie ihrer Bezeichnung entsprechen. Durch die mikroskopische Prüfung läßt sich nach dem Zählverfahren (vgl. III. Bd., 2. Teil, S. 561) auch annähernd die Menge etwa vorhandener fremder Bestandteile ermitteln.

d) Bei feuchten Kaffee-Ersatzstoffen ist der Wassergehalt zu bestimmen. Besteht nach der äußeren Beschaffenheit des getrockneten Rückstandes der Verdacht, daß Glycerin oder Mineralöl darin enthalten ist, so ist auf diese zu prüfen.

e) In den aus Wurzeln und Früchten hergestellten Kaffee-Ersatzstoffen ist stets die Aschenmenge und der Gehalt an Sand zu ermitteln.

f) Zur genaueren Bestimmung der Menge etwa vorhandener Fälschungsmittel als Ergänzung des mikroskopischen Befundes und zur Beantwortung bestimmter Einzelfragen können oft die Bestimmungen des Gehaltes an wasserlöslichen Stoffen, Zucker, in Zucker überführbaren Kohlenhydraten, Fett, Rohfaser, Proteinen, Coffein dienen. Die Auswahl dieser Bestimmungen ist je nach Lage des Falles zu treffen.

g) Kaffee-Ersatzstoffe, die in bleireichen Metallfolien verpackt sind, sind auf einen Gehalt an Blei zu prüfen."

6. Ausführung der Untersuchungsverfahren. a) „Sinnenprüfung. Bei der Prüfung des Aussehens eines Kaffee-Ersatzstoffes oder Kaffee-Gewürzes ist darauf zu achten, ob das Erzeugnis verkohlt, von Milben, Käfern od. dgl. befallen ist oder Schimmelpilz-

äden aufweist. Falls die Masse in Stücke gepreßt oder infolge von Austrocknung zu-
sammengebacken ist, ist sie zu zerbröckeln.

Die Probe selbst sowie ein daraus mit heißem Wasser hergestellter Aufguß sind auf
Geruch und Geschmack zu prüfen; dabei ist festzustellen, ob die Probe oder der wässerige
Aufguß einen dumpfen oder sonst fremdartigen oder gar ekelerregenden Geruch oder Geschmack
aufweist, ferner, ob der Aufguß des Kaffee-Ersatzstoffes kaffeeähnlich riecht und schmeckt,
derjenige des Kaffee-Ersatzstoffes geeignet ist, als Zusatz zu Kaffee oder Kaffee-Ersatzstoffen
zu dienen.

Bei der Prüfung ungemahlener, nach einem bestimmten Rohstoff bezeichneter Kaffee-
Ersatzstoffe ist tunlichst zu ermitteln, ob sie den Bezeichnungen entsprechen. Aus Getreide
hergestellte Kaffee-Ersatzstoffe können durch die eigenartige Gestalt der einzelnen Körner
leicht erkannt und unterschieden werden. Bei Malzkaffee weisen die einzelnen Körner im
Längsschnitt eine durch das Austreten des Würzelchens hervorgerufene Höhlung auf, die bei
den aus ungemälztem Getreide hergestellten Kaffee-Ersatzstoffen fehlt. Geröstete Lupinen
und Sojabohnen sowie nicht zu kleine Bruchstücke von gerösteten Eicheln und Erd-
nüssen können ebenfalls an der ihnen eigentümlichen Gestalt erkannt werden; die beiden
letzteren sind durch die größere Härte der gebrannten Eicheln leicht zu unterscheiden.

In Zweifelsfällen, ebenso wenn die Kaffee-Ersatzstoffe in gemahlenem Zustand vorliegen, ist eine mikroskopische Untersuchung vorzunehmen.''

**b) Prüfung der aus Getreide hergestellten Kaffee-Ersatzstoffe auf fremde Samen und
andere Verunreinigungen.** ,,Von ungemahlenen Kaffee-Ersatzstoffen aus Getreide oder Malz
werden 100 g ausgebreitet und die fremden Bestandteile ausgelesen. Diese werden gewogen,
von etwa vorhandenen Überzugsstoffen durch Abwaschen befreit und auf Kornraden- und
Taumellolchsamen sowie auf Mutterkorn geprüft, wobei in Zweifelsfällen Vergleichsproben
zu benutzen oder eine mikroskopische Prüfung vorzunehmen ist.

Bei gemahlenen Kaffee-Ersatzstoffen aus Getreide oder Malz ist gelegentlich der
mikroskopischen Untersuchung auf das Vorhandensein von Verunreinigungen Rücksicht
zu nehmen''.

c) Bestimmung des Zuckers. Je nach der zu erwartenden Menge Zucker sind
5—20 g des feingemahlenen Kaffee-Ersatzstoffes oder Kaffee-Gewürzes zu verwenden, die,
falls nennenswerte Mengen Fett vorhanden sind, zweckmäßig zunächst entfettet werden.
Zu diesem Zweck wird die Masse in einem Becherglase mit etwa der doppelten Menge Petroläther gemischt, das Gemisch wiederholt umgeschüttelt, die Lösung nach etwa einer Viertelstunde abgegossen und diese Behandlung bei stark fetthaltigen Erzeugnissen ein- oder zweimal
wiederholt. Die gegebenenfalls so vorbehandelte und wieder getrocknete Probe wird in
einem mit Rückflußkühler versehenen Kölbchen eine halbe Stunde mit 100 ccm 75 proz.
Alkohol in leichtem Sieden erhalten. Die Lösung wird abfiltriert und der Rückstand noch
zweimal mit je 50 ccm des Alkohols zehn Minuten lang auf die gleiche Weise behandelt. Die
vereinigten Auszüge werden sodann nach der in den ,,Festsetzungen über Kaffee'', S. 172, angegebenen Vorschrift weiterbehandelt.

d) Prüfung auf Mineralöle. ,,Aus 50 g der Probe werden durch einstündiges Behandeln
im Soxhletschen Apparate mit Petroläther die darin löslichen Stoffe ausgezogen. Das Lösungsmittel wird verdunstet, der Rückstand mit alkoholischer Kalilauge verseift und nach
dem Verdunsten des Alkohols das hinterbleibende Gemisch mit heißem Wasser aufgenommen.
Bei Gegenwart von Mineralöl findet sich dieses in Tröpfchen auf der Oberfläche der Lösung
oder als feine Emulsion. In Zweifelsfällen ist die Lösung mit etwa 10 ccm Petroläther auszu-
schütteln, die obere Schicht zu filtrieren und die Lösung in einem Glasschälchen zu verdunsten, wobei etwa vorhandenes Mineralöl in reinem Zustand zurückbleibt''.

e) Prüfung auf Glycerin. ,,50 g der Probe werden mit 100 ccm Wasser aufgekocht.
Die Lösung wird filtriert und der Rückstand nochmals in der gleichen Weise behandelt. Nach-

dem die vereinigten Filtrate auf dem Wasserbade möglichst weit eingedampft sind, wird die dabei hinterbliebene sirupartige Masse mit so viel entwässertem Natriumsulfat versetzt, daß sich beim Verreiben des Gemisches eine möglichst trockene Masse bildet. Diese wird mit etwa der doppelten Menge eines Äther-Alkohol-Gemisches, das aus anderthalb Raumteilen Äther und einem Raumteil Alkohol besteht, verrührt; das Lösungsmittel wird abgegossen und diese Behandlung noch zweimal wiederholt. Die vereinigten Auszüge werden eingedampft. Der Rückstand wird eine Stunde im Dampftrockenschrank erhitzt und mit etwa der doppelten Menge gepulvertem Borax zu einer gleichmäßigen Masse verrieben. Ein Teil hiervon wird mit einer Platinöse an den Rand einer Bunsenflamme gebracht, die bei Gegenwart von Glycerin eine Grünfärbung annimmt.

Falls die Menge des nach dem Eindunsten der äther-alkoholischen Lösung hinterbleibenden Rückstandes erheblich ist, ist das Verreiben mit Natriumsulfat und Ausziehen mit Äther-Alkohol zu wiederholen und der Rückstand, wie angegeben, weiterzubehandeln".

f) Sonstige Bestimmungen. Die Bestimmung des Wassers, der Asche, der wasserlöslichen Stoffe, der in Zucker überführbaren Kohlenhydrate, des Fettes, der Rohfaser, der Proteine und des Coffeins erfolgt nach den in den „Festsetzungen über Kaffee" angegebenen Vorschriften.

Zur Bestimmung des Sandes (der in Salzsäure unlöslichen Aschenbestandteile) wird die Asche mit 10%iger Salzsäure erwärmt, der ungelöste Rückstand auf ein kleines Filter gebracht, ausgewaschen, mit diesem verascht, geglüht und gewogen.

Über die Bestimmungen einiger besonderen Bestandteile und über die mikroskopische Untersuchung vergleiche die folgenden einzelnen Kaffee-Ersatzstoffe.

7. Grundsätze für die Beurteilung der Kaffee-Ersatzstoffe. I. Zum Schutze der Gesundheit. Zu Genußzwecken dürfen — auch in Mischungen oder Zubereitungen — nicht in den Verkehr gebracht werden:

1. Kaffee-Ersatzstoffe und Kaffee-Gewürze, die unter Verwendung von Pflanzenteilen oder anderen Stoffen hergestellt sind, deren Unschädlichkeit für den Menschen nicht feststeht;
2. Kaffee-Ersatzstoffe, die aus Getreide hergestellt sind, das nicht von giftigen Samen, insbesondere Kornraden- und Taumellolchsamen oder Mutterkorn, bis auf technisch nicht vermeidbare Spuren befreit worden ist.

Anmerkung zu 1. Die Verbote unter I sind zum Schutze der Gesundheit bestimmt. Damit ist indessen nicht gesagt, daß Erzeugnisse, deren Beschaffenheit diesen Vorschriften zuwiderläuft, unter allen Umständen gesundheitsschädlich sind. Andererseits sind nicht alle Behandlungsweisen und Eigenschaften aufgeführt, die die in Betracht kommenden Erzeugnisse gesundheitsgefährlich machen, sondern nur die wichtigsten.

Das erste Verbot bezieht sich insbesondere auf solche Arten von Pflanzenteilen oder Stoffen, die bisher zu Zwecken des menschlichen Genusses noch nicht verwendet worden sind. Ihre Unschädlichkeit für den Menschen wird erst dann als feststehend anzusehen sein, wenn sie durch eingehende wissenschaftliche Versuche oder ausgedehnte praktische Erfahrungen erwiesen ist. Für Lupinen kann dieser Beweis nicht als erbracht gelten.

II. Als verdorben sind anzusehen Kaffee-Ersatzstoffe und Kaffee-Zusatzstoffe,
1. die aus verdorbenen oder stark verunreinigten Rohstoffen hergestellt sind,
2. die beim Rösten verkohlt sind,
3. die verschimmelt oder sauer geworden sind, oder die als solche oder in dem daraus bereiteten Getränk einen ekelerregenden Geruch oder Geschmack aufweisen,
4. die Käfer, Milben od. dgl. enthalten oder sonst stark verunreinigt sind.

Anmerkung zu 4. Unter starker Verunreinigung ist auch eine ungenügende Reinigung der Rohstoffe, namentlich der Zichorienwurzeln und Zuckerrüben, zu verstehen, durch die der Kaffee-Ersatzstoff genußuntauglich wird und demgemäß als verdorben zu gelten hat.

III. **Als verfälscht, nachgemacht oder irreführend bezeichnet sind anzusehen:**

1. als Kaffee-Ersatzstoffe oder Kaffee-Zusatzstoffe in den Verkehr gebrachte Erzeugnisse, die den Begriffsbestimmungen nicht entsprechen;

    Anmerkung zu 1. Den Begriffsbestimmungen für Kaffee-Ersatzstoffe oder Kaffee-Zusatzstoffe müssen die Erzeugnisse auch dann entsprechen, wenn sie nicht ausdrücklich als solche bezeichnet, aber nach der Art, wie sie in den Verkehr gebracht werden, offenbar als solche bestimmt sind.

2. Kaffee-Ersatzstoffe und Kaffee-Zusatzstoffe, die aus ungenügend gereinigten Rohstoffen hergestellt sind;

    Anmerkung zu 2. Welcher Grad der Reinigung der Rohstoffe als genügend anzusehen ist, wird sich nach der technischen Möglichkeit und den gesundheitlichen Anforderungen zu richten haben. Für einige Fälle sind in Ziffer 7 bestimmte Reinheitsgrade vorgeschrieben. Bei ungenügender Reinigung kann außer Verfälschung unter Umständen auch Verdorbenheit oder sogar Gesundheitsschädlichkeit vorliegen.

3. als Kaffee-Ersatzstoffe oder Kaffee-Zusatzstoffe in den Verkehr gebrachte Erzeugnisse, die ausgelaugte Zuckerrübenschnitzel, Steinnußabfälle, ausgelaugten Kaffee (Kaffeesatz), Farbstoffe oder andere für den Genuß des daraus bereiteten Getränkes wertlose Stoffe enthalten;

    Anmerkung zu 3. Die beim Rösten der Kaffee-Ersatzstoffe entstehenden dunkel gefärbten Stoffe, namentlich Caramel, sind natürlich hier nicht als Farbstoffe anzusehen.

4. als Kaffee-Ersatzstoffe oder Kaffee-Zusatzstoffe in den Verkehr gebrachte Erzeugnisse, die unter Verwendung von Mineralölen, Glycerin oder Rückständen der Melasseentzuckerung hergestellt sind;

5. Kaffee-Ersatzstoffe, die mit anderen Überzugstoffen als Rohrzucker, Rübenzucker, Zuckersirup, Invertzucker, Stärkezucker, Stärkesirup oder Schellack versehen sind;

    Anmerkung zu 5. Eine Kennzeichnung der Überzugstoffe ist bei den Kaffee-Ersatzstoffen im Gegensatz zu Kaffee nicht vorgeschrieben. Es ist als selbstverständlich anzusehen, daß die verwendeten Zuckerarten usw. in ihrer Reinheit den für die Verwendung zu Genußzwecken zu stellenden Anforderungen entsprechen müssen. Der verwendete Schellack muß technisch rein und darf nicht gefärbt sein. Körnerlack oder andere Harze sind nicht zulässig.

6. Kaffee-Ersatzstoffe, die mehr Wasser enthalten, als einer handelsüblichen Ware entspricht; als handelsüblich ist anzusehen:

    bei Zichorienkaffee ein Wassergehalt bis höchstens 30%,

    bei Feigenkaffee ein Wassergehalt bis höchstens 20%,

    bei Kaffee-Ersatzstoffen aus gemälztem oder ungemälztem Getreide ein Wassergehalt bis höchstens 10%;

    Anmerkung zu 6. Eine zahlenmäßige Begrenzung des Wassergehaltes ist bei einigen Kaffee-Ersatzstoffen gegeben; der Wassergehalt der übrigen Kaffee-Ersatzstoffe hat sich nach den Handelsgebräuchen zu richten.

7. aus Zichorien oder anderen Wurzelarten, Feigen oder anderen zuckerreichen Früchten hergestellte Kaffee-Ersatzstoffe,

die mehr als 8% — bei Feigen mehr als 7%, bei anderen zuckerreichen Früchten mehr als 4% — Asche ergeben,

oder die mehr als 2,5% — bei Feigen und anderen zuckerreichen Früchten mehr als 1% — Sand (in Salzsäure unlösliche Aschenbestandteile) enthalten;

> Anmerkung zu 7. Durch Ziffer 7 wird für einige Kaffee-Ersatzstoffe ein bestimmter Reinheitsgrad und dadurch mittelbar ein bestimmter Grad der Reinigung der Rohstoffe vorgeschrieben.

8. Kaffee-Ersatzstoffe und Kaffee-Zusatzstoffe, auch in Mischung mit Kaffee, die als Kaffee oder mit Namen von Kaffeesorten oder als Kaffeemischung oder gleichsinnig bezeichnet sind;

> Anmerkung zu 8. Mischungen von Kaffee-Ersatzstoffen oder Kaffee-Zusatzstoffen dürfen hiernach auch nicht als „Mokka", „Mokkamischung" oder „Melange" bezeichnet werden.

9. Kaffee-Ersatzmischungen, die Kaffee enthalten und unter Hinweis auf den Gehalt an Kaffee in den Verkehr gebracht werden, sofern nicht der Anteil der Gesamtmenge der übrigen Stoffe in der Mischung zahlenmäßig angegeben ist;

> Anmerkung zu 9. Gewisse Mischungen von Kaffee-Ersatzstoffen mit Kaffee sind in den „Festsetzungen über Kaffee" durch Ziffer 19 der Beurteilungsgrundsätze (S. 190) verboten, nämlich solche von Kaffeebohnen mit Sojabohnen oder anderen Kaffee-Ersatzstoffen, die in der Mischung mit Kaffeebohnen verwechselbar sind. Im übrigen sind Kaffee-Ersatzmischungen mit einem Gehalte an Kaffee ohne weiteres zulässig, wenn auf diesen Gehalt an Kaffee in keiner Weise hingewiesen wird. Geschieht dies aber, so muß auch gleichzeitig der Anteil der übrigen Stoffe in der Mischung seiner Gesamtmenge nach angegeben werden, z. B. „Kaffeemischung mit Javakaffee; enthält 70% Kaffee-Ersatzstoffe".

10. mit Wortzusammensetzungen, die das Wort „Kaffee" enthalten, bezeichnete kaffeeartige Erzeugnisse, die nicht ausschließlich aus Kaffee bestehen, unbeschadet der Bezeichnungen „Zichorienkaffee", „Feigenkaffee", „Gerstenkaffee", „Roggenkaffee", „Kornkaffee", „Weizenkaffee", „Malzkaffee" sowie „Kaffee-Ersatz", „Kaffeezusatz", „Kaffeegewürz";

> Anmerkung zu 10. Die Beschränkung für das Wort „Kaffee" in Wortzusammensetzungen bezieht sich nur auf Erzeugnisse, die äußerlich oder nach der Art ihrer Bestimmung dem Kaffee ähnlich sind. Die zugelassenen Ausnahmen sind erschöpfend aufgeführt. Andere als die genannten Kaffee-Ersatzstoffe dürfen nicht mit Wortzusammensetzungen, die das Wort „Kaffee" enthalten, bezeichnet werden. Daher ist z. B. auch die Bezeichnung „Nährsalzkaffee" für Mischungen von Kaffee-Ersatzstoffen mit Salzen unzulässig.

11. nach einem bestimmten Rohstoff benannte Kaffee-Ersatzstoffe, die nicht ausschließlich aus diesem Rohstoff hergestellt sind, unbeschadet des Zusatzes von Zuckerrüben zu Zichorie bis zu einem Viertel des Gesamtgewichtes sowie geringer Mengen von Speisefetten oder Speiseölen, Kochsalz oder Alkalicarbonaten und der Verwendung der zulässigen Überzugstoffe;

> Anmerkung zu 11. „Malzkaffee" muß ausschließlich aus Malz, „Feigenkaffee" ausschließlich aus Feigen hergestellt sein, abgesehen von den oben (5) genannten Überzug- und Hilfsstoffen. Kaffee-Ersatzstoffe, die nicht nach einem bestimmten Rohstoffe, sondern mit Phantasie- oder Firmennamen benannt sind, werden durch diese Bestimmung nicht getroffen.

12. als „Kaffee-Extrakt" oder „Kaffee-Essenz" bezeichnete Erzeugnisse, die aus anderen Stoffen als Kaffee und Wasser bereitet sind, unbeschadet eines Zusatzes von Zucker und Milch, sofern diese Zusätze aus der Bezeichnung hervorgehen.

Das Schweizerische Lebensmittelbuch geht in seinen Forderungen an die Kaffee-Ersatzstoffe betreffend die Ersatzstoffe noch weiter, indem es verlangt:

Auf jedem Plakat sollen in deutlicher Schrift die Rohmaterialien angegeben sein, aus welchen das Surrogat oder die Surrogatmischung hergestellt ist. Phantasienamen entheben nicht von dieser Verpflichtung. Außerdem muß auf der Verpackung die Firma des Fabrikanten oder des Verkäufers angebracht sein.

Der Codex alim. austr. stellt ähnliche Anforderungen an die Kaffee-Ersatzmittel und macht besonders darauf aufmerksam, daß sie bei der leichten Verderblichkeit in genügend dauerhaften und für Feuchtigkeit möglichst undurchlässigen Packungen im Handel feilgehalten werden sollen.

Die Verwertung beanstandeter Kaffee-Ersatzmittel anlangend, so sollen nach dem Codex alim. austr. gesundheitsschädliche und verdorbene Ersatzmittel im allgemeinen vernichtet, verfälschte und falsch bezeichnete dagegen können unter Richtigstellung der Bezeichnung im Verkehr belassen werden. Bei Gersten- und Malzkaffee, wenn es sich um bedeutende Mengen handelt, kann eine landwirtschaftliche Verwertung, z. B. als Viehfutter, in Betracht kommen.

A. Kaffee-Ersatzstoffe aus Wurzelgewächsen.

Hierzu rechnet man die Rösterzeugnisse von: 1. Zichorien, 2. Rüben (Zuckerrübe und auch weißer Rübe), 3. Löwenzahnwurzel.

1. Zichorienkaffee.

„Zichorienkaffee (Zichorie) ist das aus den gereinigten Wurzeln der Zichorie (Cichorium Intybus), auch unter Zusatz von Zuckerrüben, geringen Mengen von Speisefetten und von kohlensauren Alkalien, durch Rösten, Zerkleinern und Behandlung mit Wasserdampf oder Wasser gewonnene Erzeugnis."

Es ist einer der wichtigsten und weitverbreitetsten Kaffee-Ersatzstoffe. Infolge des lebhaften Wettbewerbs auf dem Gebiet der Kaffee-Ersatzstoffe hat der Zichorienkaffee in den letzten Jahren eine mehrfache Besprechung erfahren.

F. Hueppe[1] untersuchte in Gemeinschaft mit Krzižan 14 verschiedene Zichorien-sorten im natürlichen und gerösteten Zustande mit folgendem Ergebnis:

Zichorien	Wasser %	In der Trockensubstanz							
		Extrakt %	Nh-Sub-stanz %	Fett %	Glykose %	Inulin %	Pento-sane %	Rohfaser %	Asche %
Natürl.	7,5—8,4	81,7—86,2	5,2—6,6	0,3—0,5	4,6—8,5	56,4—65,2	4,7—6,5	4,6—5,2	3,2—4,4
Geröstete	4,7—8,2	52,3—76,2	5,8—7,9	1,7—3,8	7,9—21,5	5,9—25,6	5,0—5,9	6,4—22,0	3,4—5,8

Hueppe bekämpft entschieden die von einigen Seiten vertretene Ansicht, daß der Zichorienkaffee gesundheitsschädlich sei. Er hält ihn für ein gutes Volkskaffee-Ersatzgetränk.

Dieselbe Ansicht teilt J. Paechtner[2] und behauptet auf Grund von Versuchen, daß die Zichorien deutliche, wenn auch nicht sehr starke anregende Wirkungen auf den Verdauungs-apparat wie auf den Blutkreislauf ausüben.

In gleichem Sinne äußert sich O. Schmiedeberg[3]; er nimmt nach seinen Untersuchungen im Zichorienkaffee zwei besondere Stoffe „Intybin", sowie ein „Röstbitter" an und faßt

---

[1] F. Hueppe, Untersuchungen über die Zichorie. Berlin 1908.

[2] Zeitschr. f. Untersuchung d. Nahrungs- u. Genußmittel 1912, **23**, 241.

[3] Archiv f. Hygiene 1912, **76**, 210.

die Ergebnisse in folgende Schlußfolgerung zusammen: „Der Zichorienkaffee eignet sich zum täglichen Gebrauch, weil er, in der natürlichen Weise genossen, unschädlich ist und in vielen Fällen seine appetiterregende, die Verdauung befördernde und gärungs- und fäulniswidrige Wirkung von großem Nutzen sein kann."

Über die Bestimmung einzelner Bestandteile der gerösteten Zichorienwurzeln sei folgendes bemerkt:

1. Bestimmung des Inulins.

Jul. Wolff[1]) bestimmt das Inulin in den Zichorien in der Weise, daß er die Wurzeln mit Wasser, dem behufs Neutralisation der Säure und behufs Vermeidung einer Inversion Kaliumcarbonat zugesetzt ist, auszieht, das Filtrat einengt und das Inulin mit Alkohol fällt. Der Niederschlag wird wieder in Wasser gelöst, mit Alkohol gefällt und so mehrmals gereinigt. Das so erhaltene Inulin reduziert Fehlingsche Lösung nicht und gibt nach der Inversion Fructose, die sich durch ihren Reduktions- und Polarisationswert bestimmen läßt. Für das aktive unvergärbare Inulin im Safte der Zichorien nimmt Jul. Wolff den Drehungswinkel $(\alpha)_D = -36,57$ an (1 g in 100 ccm dreht $-3,38°$). Die Drehungswerte fallen unter Umständen wegen Anwesenheit von Glykose etwas zu niedrig aus. Wolff trennt die verschiedenen Stoffe in der Zichorienwurzel durch Behandeln mit Alkohol von verschiedenem Gehalt, nämlich 80 prozentigem und 90 prozentigem.

Später hat Jul. Wolff[2]) das vorstehende Verfahren durch ein einfaches Verfahren sowohl für Saft als Mark ergänzt, indem er dazu die eingetrockneten Substanzen verwendet, da die Inuline im Saft und Mark durch Trocknen keine Änderung erleiden.

a) 20—25 g eingetrockneter Saft werden in 100 ccm Wasser gelöst, mit einigen Tropfen Schwefelsäure angesäuert, mit Bierhefe bei 24° vergoren, alsdann wird der Alkohol bestimmt, dessen Menge zu 8,6 Vol.-Proz. gefunden wurde. Der Destillationsrückstand enthält das nicht gärungsfähige Inulin bzw. die daraus entstandene Fructose. Zur Bestimmung derselben wird die Flüssigkeit angesäuert, auf 100 ccm aufgefüllt und zwecks vollständiger Invertierung des Inulins 15 Minuten auf dem Wasserbade erhitzt; nach dem Erkalten wird abermals mit Hefe vergoren und der Alkoholgehalt ermittelt (4,9 Vol.-Proz.). Die Menge des gebildeten Alkohols entspricht den vorhanden gewesenen Mengen Inulin und werden nach diesem Gärverfahren dieselben Ergebnisse erhalten wie bei der direkten Bestimmung des Inulins.

b) Zur Untersuchung des Markes wurden 16 g getrocknete Substanz mit 150 ccm Wasser zwei Stunden lang auf 80° erwärmt, nach dem Erkalten mit Hefe bei 27—29° vergoren, Kohlensäure und Alkohol vertrieben und endlich auf 200 ccm aufgefüllt.

Eine in derselben Weise hergestellte, aber nicht vergorene Lösung diente zur Untersuchung auf die Gesamtmenge der invertierbaren Kohlenhydrate, welche zu 66% gefunden wurde. Aus der Differenz zwischen Gesamtmenge und direkt gärungsfähigem Inulin (41,7) berechnet sich die Menge des gewöhnlichen, nicht direkt gärungsfähigen Inulins zu 24,3%, alle Zahlenwerte auf Fructose bezogen.

Auf diese Weise findet Jul. Wolff:

Zichorie	Wasser	In der Trockensubstanz							
		Gesamt-wasser-lösliche Stoffe	Wasser-lösliche Asche-Substanz	Fett (Äther-auszug)	Redu-zierender Zucker	Inulin	Caramel	Asche	Chlor-natrium
	%	%	%	%	%	%	%	%	%
Frisch . .	79,20	74,07	—	0,47	2,59	56,3—64,9	—	4,85	—-
Getrocknet	97,00	—	—	—	6,38	54,7—61,4	—	—	—
Geröstet .	9,1—16,0	69,9—76,6	2,6—4,8	1,9—3,1	8,2—19,0	4,7—11,4	10,7—18,5	3,3—9,5	0,21—0,33

---

[1]) Zeitschr. f. Untersuchung d. Nahrungs- u. Genußmittel 1900, **3**, 255 u. 593.
[2]) Ebendort 1902, **5**, 81.

Hiernach nimmt schon durch das Trocknen, noch mehr aber durch das Rösten der redu-zierende Zucker zu, das Inulin dagegen ab.

2. Bestimmung des Intybins. Dasselbe glaubt O. Schmiedeberg (l. c.) in folgender Weise nachgewiesen zu haben:

Die fein gemahlene Wurzel wird mit so viel Wasser angerührt, daß nach dem Aufquellen des Pulvers ein dünner Brei entsteht, den man dann mit einem Viertel seines Volumens Alkohol vermischt und unter wiederholtem Umrühren einen halben Tag stehen läßt. Hierauf wird die Flüssigkeit ab-gepreßt, der Preßrückstand nochmals in derselben Weise erst mit Wasser angerührt und dann mit Alkohol versetzt und wieder abgepreßt. Diese Flüssigkeiten, die das Intybin enthalten, werden vereinigt und mit Bleiessig versetzt, solange noch ein merklicher Niederschlag entsteht, den man nach dem Abfiltrieren der Flüssigkeit mit 20—25% Alkohol enthaltendem Wasser auswäscht. Die vereinigten, alkalisch reagierenden, bleihaltigen Filtrate werden mit Schwefelsäure neutralisiert, vom gebildeten Bleisulfat abfiltriert und in flachen Schalen im Luftstrom eines kräftigen Zentri-fugalventilators bei 20—25° von Alkohol befreit und eingeengt. Das Eindampfen auf dem Wasser-bade ist nicht tunlich, weil sich die Flüssigkeit dabei wegen ihres Gehaltes an Fructose tief braun färbt.

Aus der eingeengten Flüssigkeit wird das Intybin durch Ausschütteln mit Essigester erhalten. Nach dem Waschen des letzteren durch Schütteln mit Wasser und Verdunsten bei gelinder Wärme hinterbleibt das Intybin als eine leicht gelblich gefärbte, amorphe Masse, die einen stark aber rein bitteren Geschmack hat, keinen Stickstoff enthält und ohne vorheriges Erhitzen mit Mineralsäuren direkt Kupferoxyd in alkalischer Lösung (Fehlingsche Lösung) reduziert.

Es ist in Kali- und Natronlauge leicht, in Natriumcarbonat nicht löslich. Aus 650 g ge-darrter und gemahlener Zichorie hat Schmiedeberg 0,59 g oder 0,091% Intybin gewonnen. Auch geht es mit in die gerösteten Zichorien über, ist aber anscheinend darin in geringerer Menge vorhanden als in den gedarrten Zichorien.

3. Darstellung des Röstbitters. Zur Gewinnung des Röstbitters wurden 202 kg geröstete Zichorien fabrikmäßig mit Benzol ausgezogen; es wurden 2,27 kg Benzolextrakt gewonnen, die von O. Schmiedeberg zunächst mit reichlichen Mengen ungefähr 20% Alkohol enthal-tenden Wassers angerührt und behufs Entfernung des Fettes mit Petroläther durchgeschüttelt wurden. Der sich absetzende Petroläther wurde abgehebert und die Behandlung wiederholt, bis alles Fett entfernt war.

Die braun gefärbte Lösung wurde auf dem Wasserbade von Alkohol befreit, filtriert und das Filtrat viele Male bis zur Erschöpfung mit Essigester ausgeschüttelt, in welchem die bitter schmecken-den Stoffe leicht löslich sind. Die Lösung enthält auch gewöhnliche, saure Huminsubstanzen. Um diese, die keinerlei Bedeutung haben, von dem Röstbitter zu trennen, wurde die Essigesterlösung mit verdünnter Natronlauge gut durchgeschüttelt, der Essigester abgegossen, die alkalische Flüssig-keit wiederholt mit neuen Mengen Essigester geschüttelt, alle Anteile des letzteren wurden zu-sammen durch Umschütteln mit Wasser vom Natron befreit und bei gelinder Wärme verdunstet. Es hinterbleibt eine klare, braune, sirupartige Masse, die aus einem Gemenge des Assamars von Reichenbach (1844) und des in Äther löslichen Assamars von Wölckel (1853) besteht. Da das Intybin, wie oben erwähnt, in ätzenden Alkalien löslich ist, so wird es bei der Behandlung der Essig-esterlösung mit Natronlauge zusammen mit den Huminsubstanzen entfernt.

Das Röstbitter hat in möglichst wasserfreiem Zustande die Konsistenz eines dicken, braunen Sirups, in feuchtem Zustande ist es ölartig. Es reduziert sehr leicht Kupferoxyd in alkalischer Lösung und schmeckt nicht rein bitter wie das Intybin, sondern bitterlich-aromatisch und ein wenig teer-artig.

Eine Probe dieses Röstbitters wurde zur Entfernung der letzten Spuren von Fett mit Petroleum-äther behandelt und dann im Dampftrockenschrank getrocknet.

In dieser Weise wurden aus 220 g des Benzolextrakts, entsprechend 19,5 kg gerösteter Zichorie, 29,17 g = 0,149% fettfreies, trocken berechnetes Röstbitter erhalten.

Gleiche Mengen Röstbitter ergaben sich bei der direkten Bestimmung aus Zichorien-wurzeln.

Das Intybin wie Röstbitter erwiesen sich als nicht giftig.

4. Nachweis von Glasiermitteln. Die Zichorienwurzel wird auch, um ihr mehr Glanz zu verleihen, bei bzw. nach dem Rösten mit Fett, Mineralölen, Glycerin glasiert. Das Fett läßt sich durch Abspülen des Zichorienkaffees mit Petroläther feststellen. Natürlich geröstete Zichorien dürften kaum 1% Fett durch Petroläther-Abwaschung liefern; ein höherer Gehalt spricht für Fettglasur. Über den Nachweis von Mineralöl und Glycerin vergleiche S. 176 u. f.

5. Gemischte Zichorienkaffees. Der Zichorienkaffee kommt unter den verschiedensten Phantasienamen in den Handel (vgl. Bd. II, 1904, S. 1088).

Neue Bezeichnungen dieser Art sind: Julius Henkels Hämatinkaffee, der nur aus Zichorien besteht und nach A. Beythien bei 7,12% Gesamtasche nur 0,012% Eisen enthielt. — Jul. Wolff gibt (l. c.) für Zichorienkaffee des Handels 0,077—0,324% Eisenoxyd in der Trocken-substanz an, welcher hohe Gehalt aber von Verunreinigungen herrühren dürfte. Dr. Glettlers Fruchtkaffee ist ein Gemisch von Roggen und Zichorien mit wenig Elementen von Obstfrüchten (A. Mansfeld).

Nährsalzkaffee, aus Gerste, etwas Zichorie, Rübe und Obsttrestern bestehend, ergab nur die übliche Menge von 3,53% Mineralstoffen (A. Beythien). M. Winckel[1] fand, daß eine ganze Reihe von sog. Nährsalzkaffees nur aus einfachen Mischungen von Gerste und Zichorien, z. T. unter Zu-satz von Eicheln oder Feigen oder echtem Kaffee bestand.

Das Kaffee-Ersatzmittel „Enrico" besteht nach A. Beitter[2] aus einem Gemisch von gerösteten Cerealien und Zichorien; das Ersatzmittel und sein wässeriger Auszug hatten folgende Zusammensetzung:

Enriko	Wasser %	Stickstoff-Substanz N × 6,25 %	Fett (Äther-auszug) %	Zucker %	Sonstige N-freie Stoffe %	Rohfaser %	Asche %	Extrakt-ausbeute %
Substanz	9,10	7,61	3,12	18,40	50,52	7,72	3,53	—
Auszug	—	2,74	0,90	18,92	42,66	—	2,61	67,83

Triumphsparkaffee ist eine Mischung von gleichen Teilen Kaffee und Zichorien; Billigin desgleichen von Kaffee, Zichorien und Roggen.

Der Zichorienkaffee dient hiernach nicht nur zum Verfälschen von echtem geröstetem und gemahlenem Kaffee, sondern wird auch häufig selbst mit wertloseren anderen Kaffee-Ersatzmitteln (besonders mit Rübenkaffee) vermischt.

Außerdem kommen als Unzulässigkeiten häufig vor: ein zu hoher Gehalt an Erde, Sand und sonstigen Mineralstoffen, ein zu hoher Wassergehalt und Verschimmelung.

Der Nachweis dieser Verfälschungen auf chemischem Wege erfolgt nach den allgemein üblichen Verfahren (vgl. S. 3—6). In den meisten Fällen entscheidet aber über die Bei-mengung fremder organischer Stoffe die mikroskopische Untersuchung.

6. Mikroskopische Untersuchung des Zichorienkaffees. Das zu untersuchende Pulver wird, wie bei Kaffee angegeben, oder durch Kochen mit Kalilauge vorbereitet.

Der Zichorienkaffee wird hergestellt aus der Wurzel des Wegwart, der Zichorie (Cichorium Intybus L.). An einem Querschnitt durch dieselbe sind folgende Schichten zu er-kennen: 1. ein mehrschichtiger Kork aus in der Fläche vierseitigen, zartwandigen, braun

---

[1] Apotheker-Ztg. 1910, **25**, 541.
[2] Zeitschr. f. Untersuchung d. Nahrungs- u. Genußmittel 1908, **15**, 21.

gefärbten Zellen (Fig. 126); 2. die **Rinde** (Fig. 128), bestehend aus der primären Rinde, der sekundären Rinde mit Markstrahlen und den Baststrahlen. Die Zellen der Rinde sind ein dünnwandiges Parenchym, die Baststrahlen führen Siebröhrenbündel und Milchsaftgefäße; sklerenchymatische Elemente fehlen. Die Milchsaftgefäße (*sch*)

Fig. 126.

sind stark netzförmig verzweigt ohne Querscheidewände, mit dünner, farbloser, in Kalilauge stark quellender und durch Farbstoffe (z. B. Hämatoxylin-Safranin) färbbarer Wand und grobkörnigem Inhalte, welche untereinander durch spitz- oder rechtwinklig abzweigende Äste in Verbindung stehen; Weite 6—15 μ (Unterschied von Ficus). Siebröhren (*s*) mit oft callös verdickten Siebplatten, immer in Bündeln und unverzweigt. 3. Der **Holzkörper** mit eckigem Markzylinder. Zellen desselben (Fig. 127): spärlich getüpfelte Parenchymzellen, Holzfasern mit schiefen, spaltenförmigen Tüpfeln und kurze und weite **Gefäße**. Letztere, oft wurmförmig gekrümmt, kommen in Gruppen oder Bündeln, selten vereinzelt, vor. Längswand

Kork der Zichorienwurzel, von der Fläche gesehen, Vergr. 160. Nach J. Möller.

grob-netzförmig verdickt, die Querwände schief gestellt, nicht selten vollständig durchbrochen (Fig. 127 *qu*). Die Breite der Tüpfel beträgt selten mehr als $^1/_3$ des Zellendurchmessers (Unterschied von der Löwenzahnwurzel). Die Zellen der Markstrahlen sind auf dem Querschnitte rund.

Fig. 127.

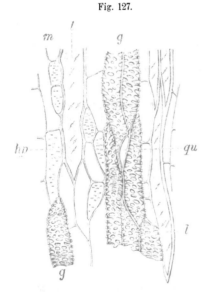

Fig. 128.

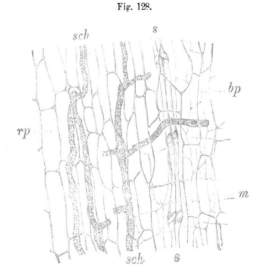

Holz der Zichorienwurzel. Tangentialschnitt. Vergr. 160.
g Gefäße mit der Perforation *qu*, *hp* Holzparenchym, *l* Holzfasern, *m* Markstrahl. Nach J. Möller.

Rinde der Zichorienwurzel. Radialschnitt. Vergr. 160.
rp Rindenparenchym, *sch* Milchschläuche, *s* Siebröhrenbündel, *bp* Bastparenchym, *m* Markstrahl.

Für den **mikroskopischen Nachweis** der Zichorienwurzel kommen in erster Linie die Milchsaftgefäße in Betracht, welche aber nur bei sorgfältiger Untersuchung zu erkennen sind. Außerdem enthalten sämtliche größeren Rindenfragmente Parenchym, während die Teile des Holzkörpers aus Parenchym, Fasern und Gefäßen bestehen.

Anhaltspunkte für die Beurteilung des Zichorienkaffees.

1. Zur Herstellung von Zichorienkaffee kommen sowohl die Wurzeln von kultivierten, als auch der wilden Zichorien in Betracht. Die nach der **Art der Zubereitung**

und besonders nach dem Wassergehalt unterschiedenen Zichoriensorten, z. B. Speckzichorie, fallen unter den Begriff des Zichorienkaffees.

2. Die Phantasienamen für Zichorienkaffee dürfen nicht die Annahme erwecken, als wenn echter Kaffee vorliegt; die vorgekommenen Bezeichnungen des Zichorienkaffees als Mokkakaffee, Javakaffee, Indischer Sibonny bedeuten solche Vortäuschungen.

3. Nach vorliegenden Analysen schwankt der Wassergehalt zwischen 7,0—17,0% (in einem Falle war er gar 21%); regelrecht gerösteter Zichorienkaffee pflegt nicht mehr als 12% Wasser zu enthalten. Nach den neuesten Festsetzungen im Kais. Gesundheitsamt soll Zichorienkaffee nicht mehr als 30% Wasser enthalten (vgl. Nr. 6 S. 201).

4. Die Extraktausbeute soll, auf Trockensubstanz berechnet, 70% (Schwankungen 53—77%), der Zuckergehalt etwa 15% (Schwankungen 8—30%) betragen.

5. Der Aschengehalt soll 8%, der Sandgehalt 2,5% nicht übersteigen (vgl. Nr. 7 S. 202).

6. Der „Zusatz" von Zuckerrüben ist erlaubt, nicht ihre Beimengung in beliebiger Menge. Von einem „Zusatz" wird nicht mehr gesprochen werden können, wenn die Zuckerrüben mehr als ein Viertel der Gesamtmenge ausmachen (vgl. Ziffer 11 der Beurteilungsgrundsätze, S. 202).

7. Der Zusatz sonstiger minderwertigen Kaffee-Ersatzstoffe oder der Zusatz wertloser Stoffe wie Diffusionsschnitzel, Torf, Lohe, Erde, Sand, Schwerspat sind als Verfälschungen zu beanstanden.

Ebenso ist der Zusatz von Mineralölen und Glycerin zu verwerfen (vgl. Nr. 4 S. 201).

8. Dagegen soll der Zusatz von Pflanzenölen, gerbsäurehaltigen Pflanzenstoffen oder Auszügen aus ihnen, von Kochsalz und Alkalicarbonaten in kleinen Mengen sowie von coffeinhaltigen Pflanzenstoffen oder Auszügen aus ihnen nicht beanstandet werden, sofern durch diese letzteren Zusätze nicht echter Kaffee vorgetäuscht werden soll.

Im Großherzogtum Baden ist seinerzeit für Zichorien ein Aschengehalt bis 8%, ein Sandgehalt bis 2% als Höchstgehalt gesetzlich festgelegt worden.

In Frankreich hat man den anfänglich zulässigen Grenzwert von 6% auf 12% für Zichorienkaffee erhöht. Nach dem Schweizerischen Lebensmittelbuch soll der Wassergehalt im Zichorienkaffee 15%, der Aschengehalt 8% und der Sandgehalt 2,5% nicht überschreiten.

Der Codex alim. austr. verlangt, für wasserhaltige Ware berechnet, 60% (bei besten Sorten bis 80%) in Wasser lösliche Stoffe, nicht mehr als 6% sandfreie Asche und nicht mehr als 2,5% Sand.

2. Rübenkaffee.

Der Rübenkaffee wird bei uns in der Regel aus Zuckerrüben (Beta vulgaris L. bzw. B. altissima) hergestellt; vereinzelt und in anderen Ländern dient auch die weiße Rübe (Brassica campestris L. var. rapifera Metzg.) zur Herstellung eines Kaffee-Ersatzmittels.

K. Kornauth findet (Bd. II, 1904, S. 1089) für Rübenkaffee mit 8,18% Wasser nach einer Probe in der Trockensubstanz 62,84% Wasserextrakt, 24,19% Zucker, 6,74% Gesamt- und 4,47% wasserlösliche Asche. Dieser Gehalt an Wasserextrakt ist für ein Rösterzeugnis aus Zuckerrüben verhältnismäßig niedrig, für ein solches aus weißen Rüben mag er gelten. Zuckerrübenkaffee muß in der Regel 70—85% Extraktausbeute und etwa 25—40% Zucker in der Trockensubstanz ergeben.

Der sogenannte Marskaffee besteht nach M. Mansfeld[1]) aus gerösteten Zuckerrüben und ergab in einer Probe 89% in Wasser lösliche Stoffe und 8,65% Asche — zweifellos für die Trockensubstanz berechnet.

Im übrigen sind an Rübenkaffee dieselben Anforderungen wie an Zichorienkaffee zu stellen.

---

[1]) Zeitschr. f. Untersuchung d. Nahrungs- u. Genußmittel 1904, 7, 245.

Mikroskopische Untersuchung.

Während die Hauptmenge des Rübenkaffees aus der zu den Chenopodiaceen gehörenden Runkelrübe (Beta vulgaris L.) bzw. aus der Zuckerrübe oder den bei der Rübenzuckergewinnung abfallenden Rübenschnitzeln hergestellt wird, werden seltener als Rohstoffe auch

Fig. 129.

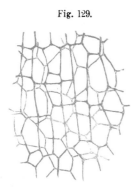

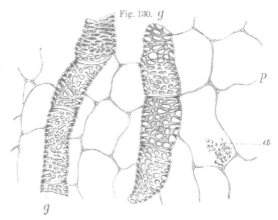

Kork der Runkelrübe. Flächenansicht. Vergr. 160. Nach J. Möller.

Weiße Rübe (Brassica Rapa). Längsschnitt. Vergr. 160. *g* Netzgefäße, *p* Parenchym, *a* Proteinkörner. Nach J. Möller.

die zu den Cruciferen gehörende weiße Rübe (Brassica Rapa L.) sowie die zu den Umbelliferen gehörende Möhre (Daucus Carota L.) verwendet. Ihrer Herkunft aus verschiedenen Pflanzenfamilien entsprechend ist der Bau der genannten Rüben etwas verschieden, ihre Unterscheidung im Gemenge ist aber schwierig. Zur Herstellung der Präparate genügt in der Regel Kochen mit Wasser und leichtes Zerdrücken. Die unterscheidenden Merkmale bilden das Korkgewebe, die Parenchymzellen und die Gefäße.

Die Korkzellen sind bei der Runkelrübe und der Möhre etwa so groß wie bei der Zichorie und derbwandig (Fig. 129), bei der weißen Rübe dagegen erheblich kleiner.

Das Parenchym besteht aus großen rundlichen oder stumpfeckig-isodiametrischen Zellen, die nur in der Nähe der Gefäßbündel gestreckter sind. Die Größe dieser Zellen ist verschieden nach ihrer Lage, am größten sind sie im allgemeinen bei der weißen Rübe (Fig. 130). Sie enthalten oft zahlreiche farblose, an kleinkörnige Stärke erinnernde Proteinkörner. Bei der Runkelrübe (Fig. 131) sind die Zellen ziemlich derbwandig, vereinzelte Zellen sind

Fig. 131.

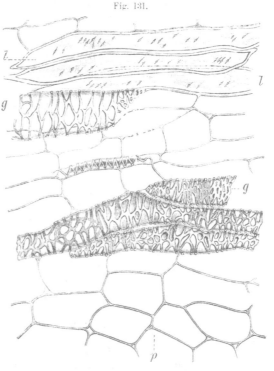

Runkelrübe (Beta vulgaris). Längsschnitt. Vergr. 160. *g* Netzgefäße, *p* Parenchym, *l* Holzfaser. Nach J. Möller.

mit Krystallsand (Calciumoxalat) erfüllt. Am kleinsten sind die Zellen bei der Möhre (Fig. 132), hier führen sie winzige, gelbe Farbstoffkörperchen, dagegen keinen Krystallsand.

Fig. 132.

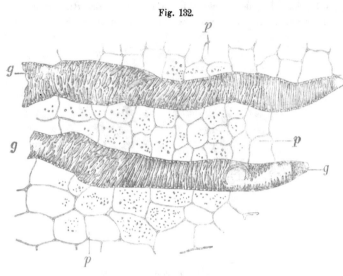

Möhre (Daucus Carota). Längsschnitt. Vergr. 160.
g Netzgefäße, *p* Parenchym. Nach J. Möller.

Die Gefäße bestehen aus Netzgefäßen mit vollkommen perforierten Querwänden oder Tracheiden, die Art der Verdickung ist aber etwas verschieden. Bei der Runkelrübe ist das Netz sehr weitmaschig, die Gefäße sind etwa 40 μ (vereinzelt bis 80 μ) weit. Bei der Möhre sind die Verdickungsleisten eng aneinandergedrängt, daher die Poren schmal, spaltenförmig, die Weite der Zellen ist selten über 50 μ; es finden sich Übergänge zu Spiral- und Treppengefäßen. Bei der weißen Rübe sind die Zellen kurz, das Verdickungsnetz ist kleinmaschig, ähnlich wie bei der Zichorie.

Als Unterscheidungsmerkmal von der Zichorienwurzel dient das Fehlen der Milchsaftschläuche bei allen Rübenarten; von der Löwenzahnwurzel sind sie dadurch zu unterscheiden, daß bei letzterer die Gefäße in großer Anzahl vorhanden sind, während bei den Rüben das Parenchym vorherrscht.

3. Löwenzahnkaffee.

Auch die Wurzel des Löwenzahnes (Leontodon taraxacum L.) liefert ein dem Zichorienkaffee ähnliches Rösterzeugnis und wird vereinzelt als Kaffee-Ersatzmittel benutzt. Nach K. Kornauth (Bd. II, 1904, S. 1090) ergab eine Probe Löwenzahnkaffee 8,46% Wasser und

Fig. 133.

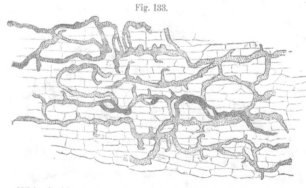

Milchsaftschläuche der Löwenzahnwurzel. Nach Tschirch.

in der Trockensubstanz 65,74% Wasserextrakt, 1,53% Zucker, 7,20% Gesamt- und 3,20% wasserlösliche Asche.

Für die mikroskopische Untersuchung ist folgendes zu merken:

Die Wurzel besitzt eine breite weiße Rinde, welche einen gelben Holzkörper einschließt. Die Rinde enthält ebenso wie die der Zichorie Milchsaftschläuche (Fig. 133) und Siebröhrenbündel. Der Holzkörper besteht nur aus Parenchym und Gefäßen, während Holzfasern im Gegensatz zur Zichorienwurzel fehlen. Die Gefäße sind etwas weiter als bei der Zichorie, namentlich aber unterscheiden sie sich von letzteren dadurch, daß die Tüpfel in die Länge gezogen und schmaler sind, so daß die Gefäße beinahe Treppengefäßen gleichen. Diese Eigenschaft bietet nach Möller das beste Unterscheidungsmerkmal zwischen Zichorien- und Löwenzahnwurzel. Da die Gefäße der letzteren denen der Möhre gleichen, so müssen diese beiden Rohstoffe durch das Vorhandensein bzw. Fehlen der Milchsaftschläuche unterschieden werden.

B. Kaffee-Ersatzmittel aus Zucker und zuckerreichen Rohstoffen.

Zu dieser Gruppe von Kaffee-Ersatzmitteln gehört 4. gerösteter Zucker selbst,

Holz der Löwenzahnwurzel (Leontodon Taraxacum). Vergr. 160. g Gefäße, qu Perforation, hp Holzparenchym, m Markstrahl. Nach J. Möller.

5. Feigenkaffee, 6. sog. Carobbekaffee, 7. Dattelnkaffee und Mischungen dieser unter sich und mit Rüben-, Zichorienkaffee u. dgl. in den verschiedensten Verhältnissen.

4. Gerösteter Zucker (Caramel).

Wie zum Färben von Nahrungsmitteln und alkoholhaltigen Getränken wird der geröstete bzw. caramelisierte Zucker (Stärkezucker) auch als Kaffee-Ersatzmittel benutzt, indem er beim Rösten einen größeren oder geringeren Zusatz von Salzen zu erhalten pflegt. So ergaben (Bd. II, 1904, S. 1090) zwei Proben:

Probe	Wasser %	In der Trockensubstanz			
		Extrakt %	Zucker %	Gesamtasche %	Wasserlösliche Asche %
Aus Köln a. Rh. . . .	3,97	93,16	34,19	4,16	3,16
Aus Offenbach	0,85	85,80	13,67	12,98	12,78

Ein sog. „Blitzkaffee" bestand nach M. Mansfeld aus gebranntem Zucker, der 0,05% Coffein und 27% Alkohol — beide selbstverständlich künstlich zugesetzt — enthielt.

Die Bezeichnung derartiger Erzeugnisse als „Kaffee-Essenz" oder „Holländischer Kaffee-Extrakt" ist unstatthaft, weil sie die Annahme von Auszügen aus echtem Kaffee erwecken können.

5. Feigenkaffee.

Feigenkaffee ist das aus Feigen, d. h. den Scheinfrüchten des Feigenbaumes (Ficus carica L.), durch Rösten, Zerkleinern u. Dämpfen gewonnene Erzeugnis. Beim Rösten wird unter Umständen (Karlsbader Kaffeegewürz) 1—2% Natriumbicarbonat zugesetzt. Man benutzt zur Darstellung des Feigenkaffees meistens die Sack- oder Kranzfeigen, die nach O. v. Czadek[1]) von sehr schwankender Zusammensetzung und Beschaffenheit sind, indem eine Reihe Analysen ergaben:

Feigen	Wasser %	In der Trockensubstanz				
		Extrakt %	Zucker %	Rohfaser %	Asche %	Sand %
Kranz- (vollentwickelt) .	7,30—10,58	84,4—89,9	36,9—49,5	8,0—12,3	2,4—3,6	0,1—0,2
Teils voll, teils mangelhaft entwickelt . . .	7,32—10,90	71,8—75,2	24,7—26,2	16,9—18,8	4,4	0,4
Taube, Stroh- (mangelhaft entwickelt) . . .	9,41	53,0	14,3	24,3	5,0	0,3

¹) Zeitschr. f. Untersuchung d. Nahrungs- u. Genußmittel 1904, 7, 244 u. 559.

In dieser verschiedenen Beschaffenheit der rohen Feigen mag der sehr unterschiedliche Gehalt des Rösterzeugnisses mitbedingt sein. Denn nach Bd. II, 1904, S. 1091, schwankte der Gehalt des Feigenkaffees an Gesamtextrakt zwischen 63,30—93,72%, an Zucker zwischen 24,83—60,80%, der an Asche zwischen 2,10—4,33% in der Trockensubstanz; H. Trillich fand im Mittel von 14 Proben 85,69%, K. Kornauth im Mittel von 6 Proben nur 67,25% Wasserextrakt in der Trockensubstanz. Der Wassergehalt schwankte in den Proben zwischen 3,61—23,56%.

O. v. Czadek (l. c.) fand unter 61 untersuchten Handelsproben Feigenkaffee 6 Proben, die nicht rein waren, sondern Rösterzeugnisse von Wurzeln enthielten; die übrigen Proben ergaben:

Wasser		In der Trockensubstanz									
		In Wasser lösl. Stoffe		Zucker		Rohfaser		Asche		Sand	
Schwankungen %	Mittel %	Schwankungen %	Mittel %	Schwankungen %	Mittel %	Schwankungen %	Mittel %	Schwankungen %	Mittel %	Schwankungen %	Mittel %
4,28—17,04	8,77	71,72—87,24	79,74	30,16—46,14	37,49	8,16—20,10	13,13	1,96—5,11	3,20	0,06—1,51	0,45

F. Ducháček[1]) fand in der Trockensubstanz eines Feigenkaffees 77,02% lösliche Stoffe mit 38,73% Zucker, also ähnliche Werte wie die vorstehenden. In Prozenten des Gesamtextraktes (77,02%) waren gelöst:

Stickstoff-Substanz	Zucker	Dextrin	Sonstige N-freie Stoffe	Mineralstoffe
6,25%	50,28%	3,24%	36,00%	4,23%

Der Feigenkaffee wird als eines der geschätztesten Kaffeegewürze nicht selten durch billigere Ersatzmittel[2]) verfälscht. Wenn, wie meistens, zuckerreiche Ersatzmittel als Zusatz gewählt werden, so läßt wegen der ähnlichen chemischen Zusammensetzung die chemische Analyse zur sicheren Beweisführung der Verfälschung meistens im Stich. Sichere Auskunft gibt dann nur die mikroskopische Untersuchung.

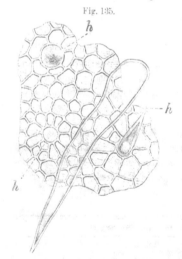

Fig. 135.

Oberhaut der Feige mit Haaren *h* und Haarspuren. Vergr. 160. Nach J. Möller.

Mikroskopische Untersuchung.

Die Feige, der Fruchtstand (Scheinfrucht) des Feigenbaumes, besteht in ihrer Hauptmasse aus dem birnförmigen Blütenboden, in dessen Innerem zahlreiche Früchtchen sitzen. Die Oberhaut des Fruchtfleisches (Fig. 135) ist kleinzellig, sie zeigt Spaltöffnungen und trägt spärliche Haare, welche einzellig, dickwandig, kegelförmig, gerade oder gekrümmt, am Grunde erweitert, an der Oberfläche glatt oder warzig, 20—300 *μ* lang sind. Die Oberhautzellen sind um die Ansatzstellen der Haare rosettenartig angeordnet, zuweilen ist der abgebrochene Fußteil des Haares als dicker Ring in der Rosette sichtbar. Solche Haare finden sich zahlreich auch im Innern des Fruchtbodens. Außerdem kommen gegliederte Haare mit einzelligem Stiel und ein- bis mehrzelligem, eiförmigem Köpfchen vor. Die Mittelschicht des Fruchtfleisches besteht aus dünnwandigem, nach innen zu

[1]) Zeitschr. f. Untersuchung d. Nahrungs- u. Genußmittel 1904, **8**, 139.

[2]) Es sind als Verfälschungsmittel beobachtet geröstete Rüben, Lupinen, Malz, gedörrte Birnen, Leindotter, Sirup u. a.

immer großzelliger werdendem Parenchym (**Fig.** 136), in welchem Milchsaftschläuche und Gefäßbündel verlaufen.
Die Parenchymzellen enthalten vereinzelt Oxalatdrusen. Die Milchsaftschläuche sind weit (20—50 μ), regellos verteilt, einfach dichotom verzweigt,
kein Netz bildend, ihr Inhalt ist grobkörnig, farblos, oft pfropfenartig zusammengeballt. Die Gefäßbündel
weisen enge (6—25 μ) Spiral- und Netzgefäße auf.

Die Steinfrüchtchen, welche
im Feigenkaffee meist noch unversehrt
enthalten sind, sind kurz spitz-eiförmig,
gerundet oder leicht zusammengedrückt.
Die Fruchtschale (Fig. 137) besteht aus
einer äußeren einfachen Schicht kleiner,
dickwandiger Zellen, auf welche mehrere
Reihen größerer, rundlich-eckiger, sehr
stark verdickter, grobgetüpfelter, zahlreiche Porenkanäle zeigender Sklerenchymzellen folgen. Unter den Steinzellen
liegt ein dünnwandiges Parenchym.

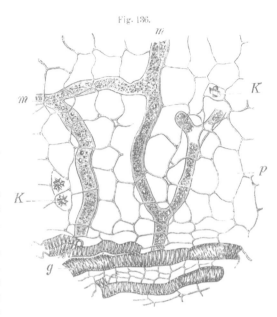

Fruchtfleisch der Feige. Längsschnitt. Vergr. 160.
m Milchsaftschläuche, *g* Spiral- und Netzgefäße, *K* Krystalle,
p Parenchym. Nach J. Möller.

Der Samen besitzt eine dünne, aus wenigen Lagen zusammengedrückter Zellen bestehende,
braune Schale, ein großzelliges, dickwandiges, Öltropfen enthaltendes Endosperm und einen
aus zartwandigem Parenchym bestehenden Embryo.

Die wichtigsten Erkennungsmerkmale für den Feigenkaffee sind demnach die Oberhaut, die Milchsaftschläuche und Spiralgefäße des Fruchtfleisches, sowie die Steinfrüchtchen.

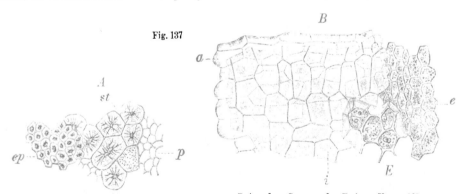

A Teile der Schale der sog. Feigenkerne.
ep Oberhaut, *st* Steinzellen, *p* Parenchym.

B Aus dem Samen der Feige. Vergr. 160.
a Farblose äußere, *i* braune innere Parenchymschicht der
Samenschale, *E* Endospermzellen, *e* Embryonalgewebe.
Nach J. Möller.

Der zur Verfälschung des Feigenkaffees verwendete Samen des Leindotters
(Camelina sativa) zeigt die Struktur der Cruciferensamen. Die Oberhaut wird gebildet von
in Wasser stark quellenden, einen langen, schlauchförmigen Schleimzapfen ausstoßenden
Schleimzellen. Darunter liegt eine Reihe niedriger brauner, in der Flächenansicht scharf-
kantig-polygonaler, rähmchenartiger Zellen (Fig. 139), der Stäbchenzellen, mit schön und

regelmäßig geschichteten Wänden. Sodann folgt ein dünnwandiges, tangential gestrecktes Parenchym und das aus polygonalen dickwandigen, mit körnigem Inhalt erfüllten Zellen gebildete Endosperm (Fig. 138), welches die besondere Kennzeichen nicht bietenden Kotyledonen umhüllt.

Fig. 139.

Fig. 138.

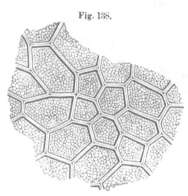

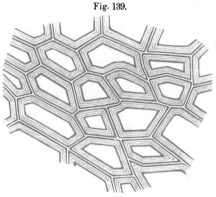

Endosperm des Leindottersamens.
Nach J. Nevinny.

Stäbchenzellen der Samenschale des Leindottersamens. Flächenansicht.
Nach J. Nevinny.

Als sonstige Verfälschungsmittel für Feigenkaffee werden erwähnt: Wurzelsurrogate, Cerealien, Eicheln, Hülsenfrüchte, Birnen, Traubenkerne u. a., über deren mikroskopische Erkennung man bei diesen vergleiche.

Anhaltspunkte für die Beurteilung des Feigenkaffees.

1. Der Wassergehalt ist nach den früheren Vereinbarungen deutscher Nahrungsmittelchemiker wie bei Zichorien für trockenen Feigenkaffee auf 12%, für angefeuchteten auf 25% festgesetzt. Nach den letzten Festsetzungen im Kais. Gesundheitsamt soll Feigenkaffee nicht mehr als 20% Wasser enthalten (vgl. Nr. 6 S. 201).

Das Schweizerische Lebensmittelbuch läßt ebenfalls 20% Wasser für Feigenkaffee zu, während O. v. Czadek auf Grund seiner Untersuchungen (l. c.) als Höchstgehalt 15% fordern zu können glaubt.

2. Die Extraktausbeute soll nicht unter 70% fallen, sie beträgt bei guten Feigenkaffees zwischen 75—80% in der Trockensubstanz.

3. Ein Rohfasergehalt von mehr als 15% in der Trockensubstanz spricht für eine minderwertige Ware bzw. für eine Ware aus minderwertigen Feigen.

4. Die früheren Vereinbarungen deutscher Nahrungsmittelchemiker und auch die letzten Festsetzungen im Kais. Gesundheitsamt lassen ebenso wie das Schweizerische Lebensmittelbuch 7% Gesamtasche und 1,0% in 10prozentiger Salzsäure unlösliche Asche (Sand) zu. Nach den neuen Untersuchungen würde man für mittelgute Ware einen Höchstgehalt von etwa 5% Gesamtasche und 1,5% Sand in der Trockensubstanz verlangen können.

5. Fremde Zusätze aller Art sind als Verfälschungen anzusehen. Der Codex alim. austriacus bezeichnet den absichtlichen Zusatz von tauben Feigen und auch einen höheren Gehalt als 5% von tauben Feigen ebenfalls als Fälschung.

6. Carobbekaffee.

Das Rösterzeugnis aus den Hülsen des Johannisbrotbaumes (Ceratonia siliqua L.) wird als Carobbekaffee bezeichnet. Das natürliche Johannisbrot enthält in der Trockensubstanz durchschnittlich 55,5% Zucker, 2,5% Gerbsäure, 1,9% Buttersäure, 1,0% Fett, 6,67% Protein und 7,48% Rohfaser.

Das Rösterzeugnis lieferte nach 2 Analysen in der Trockensubstanz 58,13% in Wasser lösliche Stoffe, wovon, wie bei den anderen zuckerreichen Rösterzeugnissen, etwa die Hälfte als Zucker anzunehmen ist.

Mikroskopische Untersuchung.

Die Frucht des zu den Leguminosen gehörenden Johannisbrotbaumes ist eine quergefächerte Hülse, welche in jedem Fache je einen Samen enthält.

Die lederartige Fruchtschale (Fig. 140) hat eine aus derbwandigen polygonalen Zellen bestehende Oberhaut mit Spaltöffnungen und zerstreuten, kleinen, einzelligen, dickwandigen Haaren; darunter liegt eine mehrreihige Schicht collenchymatischer Zellen mit braunem Inhalt, ferner eine kaum unterbrochene Gefäßbündelzone, deren Bastteil sehr kräftig entwickelt ist, während der Holzteil nur wenige Spiralgefäße aufweist. Der Bastteil besteht aus

Fig. 140.

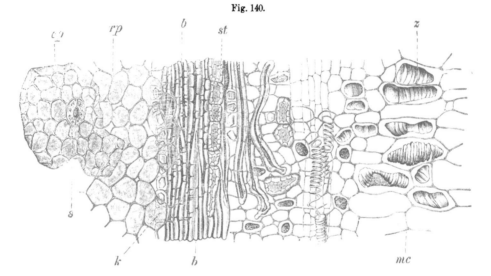

Fruchtfleisch des Johannisbrotes. Vergr. 160.
Die Epidermis *ep* mit einer Spaltöffnung *s* und das darunterliegende braune Parenchym in der Flächenansicht: die Bastfaserbündel *b*, von Krystallkammerfasern *k* und Steinzellengruppen *st* begleitet; in dem Parenchym des Gefäßbündels zerstreute sklerotische Elemente und kleine Spiroiden *rp*; in dem groß- und zartzelligen Parenchym der Mittelschicht *mc* die charakteristischen Inhaltskörper *z*. Nach J. Möller.

dicken Bündeln von langen Bastfasern mit engem Lumen und zahlreichen Porenkanälen, welche von Kammerfasern mit je einem großen Oxalatkrystall begleitet sind. Zwischen und einwärts der Bündel kleinzelliges Parenchym mit zerstreuten dickwandigen, getüpfelten Steinzellen.

Die Hauptmasse des Fruchtfleisches bildet großzelliges, dünnwandiges, radial gestrecktes Parenchym mit auffallendem Inhalt. Letzterer besteht außer aus Zucker und Gummi aus großschlolligen, rötlichgelben, glänzenden Massen, welche wie durch feine Falten schräg oder quer gestreifte Säcke aussehen und beim Druck auf das Deckglas leicht im ganzen aus der Zelle herausfallen. In nicht geröstetem Johannisbrotpulver färben sich diese Massen mit Eisenchlorid blau oder grün, mit Ammoniak braun, mit kalter verdünnter Lauge grün bis graublau, beim Erhitzen violett; ähnliche Farbenreaktionen treten auch mit Phenol, Cochenille usw. auf. Im gerösteten Pulver ist die Färbung mit Kalilauge schmutziggrau.

Das pergamentartige Samengehäuse weist ähnliche Gewebsformen auf wie die äußere Fruchtschale, nämlich Fasern, Steinzellen und Krystallkammerfasern.

Die Samen haben als Leguminosensamen in ihrer Schale Palisaden- und Trägerzellen, sowie eine Parenchymschicht, deren Zellen in Wasser stark quellen. Die Palisadenzellen

Fig. 141.

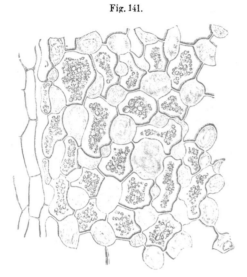

Endosperm des Carobbenkernes. Nach J. Möller.

sind 170—250 μ lang, im äußeren Teil ohne Lumen. Die Trägerzellen sind spindelförmig, und bis auf einen verschwindenden Lumenrest verdickt. Das Endosperm (Fig. 141) besteht aus unregelmäßig gestalteten, außerordentlich stark verdickten, grob getüpfelten Zellen mit plasmatischem und öligem Inhalt. Die Wände der Zellen quellen in Wasser stark auf, beim Kochen in Wasser lösen sich die Verdickungsschichten, so daß nur die innere Zellhaut übrigbleibt.

Erkennungsmerkmale des Carobbenkaffees: Massenhaft größere und kleinere, braune, schollige Massen, welche die oben angeführten Farbenreaktionen zeigen; Faserbündel und Steinzellen, begleitet von Gruppen brauner Parenchymzellen; Fruchthautepidermis mit Spaltöffnungen und Haarresten; Palisadenzellen und Trägerzellen der Samenschale; Samenendosperm.

7. Dattelnkaffee.

Vereinzelt sollen auch ganze Datteln — mehr aber die weiter unten S. 227 erwähnten Dattelkerne — zur Herstellung eines Kaffee-Ersatzmittels verwendet werden.

Die Datteln enthalten in der Trockensubstanz nach 3 Analysen: 2,32% Stickstoff-Substanz, 0,74% Fett, 1,55% freie Säure, 57,87% Zucker, 4,61% Rohfaser und 2,25% Asche. Sie haben daher einen ähnlichen Zuckergehalt wie Johannisbrot und werden sich daher auch beim Rösten ähnlich wie dieses verhalten. Das Rösterzeugnis selbst habe ich bis jetzt im Handel nicht gefunden.

Mikroskopische Untersuchung.

Das Fruchtfleisch der Datteln besitzt eine aus isodiametrischen farblosen Zellen bestehende Oberhaut, ein Mesokarp aus isodiametrischen oder gestreckten Zellen mit braungelbem Inhalt und häufig Zuckerkrystallen, sowie innerhalb des Mesokarps eine Schicht von meist gestreckten Steinzellen, und ein aus farblosen, zusammengefallenen Zellen gebildetes

Fig. 142.

A   B   C

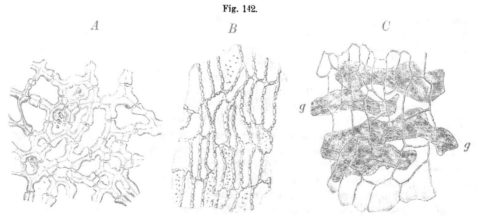

Gewebe des Dattelkernes. Vergr. 160.
A Endosperm, *B* Oberhaut, *C* Parenchym der Samenschale mit Gerbstoffschläuchen *g*. Nach J. Möller.

Endokarp. In dem Mesokarp finden sich auch Partien von teilweise schlauchförmig ausgebildeten Zellen, mit braungefärbtem Inhalt (Inklusenzellen). Der Samen (Kern) der Dattel wird von einer Samenschale (Fig. 142) umschlossen, deren Oberhaut (B) aus gestreckten, unregelmäßig geformten Zellen mit verdickten, stark getüpfelten Wänden (nicht unähnlich der Epidermis des Weizens) besteht. Die unter der Oberhaut liegenden Zellen sind in der Regel auseinandergerückt und schlauchartig ausgebildet. Ihr homogener, rotbrauner Inhalt färbt sich mit Eisensalzen meist dunkelgrün, die Reaktion tritt aber nach Hanausek nicht immer auf. Ferner mehrere Schichten von Parenchymzellen und eine innere Samenhaut. Charakteristisch ist das Endosperm (A): die Zellen sind dicht gefügt, die Wände farblos, stark verdickt, breit getüpfelt, die Porenkanäle gegen die meist sehr deutlich sichtbare gelbliche Mittellamelle trichterförmig erweitert, in der Fläche als kreisrunde Doppelringe auffallend. Die Zellen sind in der Nähe der Schale gestreckt, beinahe rechteckig, nach innen zu unregelmäßig rundlich. Die Dicke der doppelten Zellwände beträgt gewöhnlich etwa 15 μ (selten über 30 μ), sie bestehen aus fast reiner Cellulose und quellen in Kalilauge stark auf, dabei eine zarte Schichtung erkennen lassend.

C. Kaffee-Ersatzmittel aus Getreidefrüchten.

Zu dieser Gruppe gehören in erster Linie die Rösterzeugnisse von Getreidefrüchten, nämlich: 8. Gerste, ungekeimt und gekeimt (Malzkaffee), 9. Mais, ungekeimt und gekeimt, und 10. Roggen; auch Weizenmalz und Reis werden als Rohstoffe zur Herstellung eines Kaffee-Ersatzmittels angegeben. Über einige Gemische aus verschiedenen Getreidefrüchten und deren Abfällen vergleiche Bd. II, 1904, S. 1902. Das wichtigste unter ihnen ist zurzeit der Malz- d. h. Gerstenmalzkaffee.

8. Gersten- und Gerstenmalzkaffee.

Die Gerste wird im rohen (natürlichen) und gekeimten Zustande zur Herstellung eines Kaffee-Ersatzmittels verwendet. Beide Erzeugnisse müssen streng voneinander unterschieden werden, weil sie in ihrer Beschaffenheit wesentlich verschieden sind.

Dem aus natürlicher, nicht besonders vorbehandelter, aber gereinigter Gerste, auch nach Behandlung mit Wasserdampf oder Wasser, gewonnenen Rösterzeugnis kommt der Name „Gerstenkaffee" zu.

Unter Gerstenmalzkaffee oder einfach „Malzkaffee" (auch Kneippkaffee genannt) ist dagegen das aus gereinigter, gemälzter und von den Keimen befreiter Gerste durch Rösten, auch nach Behandlung mit Wasserdampf oder Wasser, gewonnene Erzeugnis zu verstehen.

Ein bestimmter Keimungsgrad ist nicht vorgeschrieben, es muß jedoch Malz im gewöhnlichen Sinne vorliegen.

Die Keimung bzw. der Mälzungsvorgang soll nach H. Trillich[1]) als genügend angesehen werden, wenn bei der Mehrzahl der Körner der Blattkeim mindestens die halbe Kornlänge, der Wurzelkeim wenigstens die ganze Kornlänge erreicht hat.

Wird das so erhaltene Malz feucht geröstet, so erzielt man einen Malzkaffee von nur 30—40% Extraktausbeute, aber von mildem Geschmack und kaffeebrauner Farbe bei Zusatz von Milch zum Extrakt. Das Korn hat einen glasig krystallinischen Bruch, der verkleisterte Inhalt bräunt sich bei verhältnismäßig niedriger Temperatur und enthält hellen Maltosecaramel.

Wird dagegen das Malz trocken geröstet, so erzielt man zwar eine Extraktausbeute von 60—65%, aber von bitterem, scharfem Geschmack und grauvioletter Farbe bei Zusatz von Milch zum Extrakt. Das Korn hat einen mehligen Bruch, enthält stark dextrinierte Stärke, das Röstbitter, der Zucker ist übercaramelisiert.

Die Beschaffenheit des Malzkaffees ist daher nicht, wie ich in Bd. II, 1904, S. 1093, gesagt habe, von der Dauer der Mälzung, sondern vorwiegend von der Art der Röstung,

---

[1]) Zeitschr. f. Untersuchung d. Nahrungs- u. Genußmittel 1905, **10**, 118.

ob feucht oder trocken geröstet, abhängig. Daher rühren auch wohl die großen Schwankungen, die für den Gehalt der Malzkaffees an wasserlöslichen Stoffen in der Literatur angegeben werden. Im Mittel einiger Analysen wurde für Gersten- und Gerstenmalzkaffee folgende Zusammensetzung gefunden:

Kaffee-Ersatz-mittel aus	Wasser	In der Trockensubstanz							Von der Trockensubstanz löslich		
		Stick-stoff-Substanz	Fett (Äther-auszug)	Zucker (Mal-tose)	Stärke und sonstige Stoffe	Roh-faser	Asche		Gesamt-(Extrakt)	Nh-Sub-stanz	Asche
	%	%	%	%	%	%	%		%	%	%
Gerste	1,96	14,19	2,21	2,61	66,86	11,13	3,00		52,47	5,04	1,79
Gerstenmalz .	5,83	15,10	2,15	7,44	60,73	12,14	2,44		61,23	2,95	1,53

Wenn das Gerstenmalz auch nicht aus derselben Gerste gewonnen ist, die zur Herstellung des Rösterzeugnisses aus dem natürlichen Korn gedient hat, so ersieht man doch, daß durch den Mälzvorgang Stärke in Zucker (Maltose) übergeführt wird, der beim Rösten des Malzes caramelisiert bzw. zum Teil zerstört wird und dadurch eine geringe prozentuale Erhöhung des Proteins und der Rohfaser zur Folge hat.

Der Gehalt an Extrakt in diesen Malzkaffees ist aber nach den Erläuterungen von H. Trillich verhältnismäßig hoch und läßt vermuten, daß die Proben, die zu diesen Untersuchungen gedient haben, trocken geröstet worden sind. Der Gesamtextrakt schwankte in der Trockensubstanz der untersuchten Proben zwischen 28,67—83,57%, eine bedeutende Schwankung, die zeigt, wie verschieden die Zusammensetzung des Malzkaffees, je nach Dauer der Keimung und Art der Röstung ausfallen kann. F. Ducháček fand (l. c.) in der Trockensubstanz eines Malzkaffees 42,82% in Wasser lösliche Stoffe und in Prozenten derselben:

Stickstoff-Substanz	Zucker	Dextrin	Sonstige N-freie Stoffe	Mineralstoffe·
5,39%	4,13%	37,72%	49,84%	2,92%

F. Doepmann[1]) fand in Malzkaffee mit 60—90% gekeimten Körnern direkt reduzierenden Zucker (= Maltose) in Wasser löslich 3,24—5,42%, in Alkohol löslich (nach Kornauth) 1,44—2,08%; er macht darauf aufmerksam, daß stark geröstete, ungekeimte Gerste ebensoviel löslichen Zucker und eine ebenso hohe Extraktausbeute liefern könne als Malzkaffee (d. h. gekeimte Gerste), daß also die chemische Untersuchung keinen sicheren Anhalt dafür liefern könne, ob geröstete ungekeimte Gerste oder geröstetes Malz vorliege.

Die chemische Untersuchung wird wie üblich ausgeführt; über die mikroskopische Untersuchung und Erkennung der Formelemente der Gerste bzw. des Malzes vgl. III. Bd., 2. Teil, S. 538 u. f. Der Malzkaffee hat zum Unterschiede von Gerstenkaffee einen süßen Geschmack und zeigt im Längsschnitt des ganzen Kornes in der Regel die von den fehlenden Keimen herrührenden Hohlräume; im gepulverten Zustande läßt er sich an den eigentümlich korrodierten Stärkemehlkörnern und den Resten der Würzelchen erkennen (vgl. S. 120, Fig. 96), da die Würzelchen durch Sieben niemals vollständig aus der Ware entfernt werden. Der an der Basis des Gerstenkorns liegende Keim wird nämlich beim Keimen in ein zartes Gewebe umgewandelt und wird auch ein Teil des Mehlkornes zu dem Aufbau des neuen Gewebes verwendet. Beim Rösten des Gerstenkornes wird das junge Gewebe zerstört und es hinterbleibt dort, wo der Keim liegen sollte, eine Höhle, die nach aufwärts am Rücken der Frucht eine Fortsetzung findet, indem daselbst auch der Mehlkern eingesunken ist. „Schneidet man daher", sagt T. F. Hanausek[2]), „ein Malzkaffeekorn auf, so findet man am Rücken eine relativ große Höhle, die in dem Gerstenkaffeekorn niemals zu finden ist."

---

[1]) Zeitschr. f. Untersuchung d. Nahrungs- u. Genußmittel 1914, 27, 453.
[2]) Wiener illustr. Garten-Ztg. 1900, 25, 67, und Zeitschr. f. Untersuchung d. Nahrungs- u. Genußmittel 1914, 28, 33.

F. Doepmann gibt (l. c. S. 460 und 461) einige Abbildungen, woran die entstandenen Höhlungen von gekeimter Gerste zu erkennen sind.

Die Beurteilung anlangend, so muß hier wie anderswo 1. in erster Linie die „Bezeichnung" der tatsächlichen Beschaffenheit der Ware entsprechen; es darf daher ein aus roher, d. h. nicht gekeimter Gerste hergestelltes Erzeugnis, ein Gerstenkaffee, nicht als Gerstenmalz- bzw. als Malzkaffee bezeichnet werden (vgl. „Begriffserklärung" S. 217 u. S. 202, Nr. 11). Auch wäre es wünschenswert, für den Malzkaffee einen bestimmten Grad der Keimung zu verlangen und kann die Forderung H. Trillichs, daß der Blattkeim mindestens die halbe Kornlänge, der Wurzelkeim mindestens die ganze Kornlänge erreicht haben muß, als berechtigt angesehen werden.

2. Falls dem Malz ungemälztes Getreide beigemischt wird, fällt das Erzeugnis nicht mehr unter den Begriff „Malzkaffee". Die Bezeichnung „Malzgerstenkaffee" für ein aus ungemälzter Malzgerste hergestelltes Erzeugnis wäre irreführend.

3. Unter „Keimen", von denen das Malz zu befreien ist, sind nur die aus dem Korn ausgetretenen Teile, also im allgemeinen nur die Würzelchen, nicht die Blattkeime, zu verstehen.

4. An den Wassergehalt können dieselben Anforderungen gestellt werden wie bei echtem Kaffee; jedenfalls soll er, auch bei Malzkaffee, niemals 10% überschreiten (vgl. Nr. 6, S. 201).

5. Wenn für die Extraktmenge des Gerstenkaffees mindestens 30% der Trockensubstanz zu verlangen sind, so muß die Extraktausbeute aus Malzkaffee mindestens 35% der Trockensubstanz betragen.

6. Der Aschengehalt soll 4%, der Sandgehalt (in 10 prozentiger Salzsäure Unlösliches) nicht 1% übersteigen.

7. Bezüglich der Überzugmittel und fremder Zusätze gilt dasselbe wie unter allgemeinen Vorschriften S. 201, Nr. 5.

9. Mais- und Maismalzkaffee.

Der Mais wird wie sonstige Getreidekörner geröstet und entweder als ganzes geröstetes Korn dem gerösteten Perlkaffee untergemischt oder auch für sich gemahlen und als Saladinkaffee oder Kaffeetin in den Handel gebracht. Auch wird ein Maismalzkaffee in den Handel gebracht, der nach A. Beythien[1]) und Mitarbeitern folgenden Gehalt ergab:

Wasser	Fett	Glykose	Asche	Extrakt
4,82%	5,15%	3,86%	1,62%	66,58%

Über den mikroskopischen Nachweis von Mais vergleiche III. Bd., 2. Teil, S. 538 u. f. Für die Beurteilung gelten dieselben Anhaltspunkte wie beim Gersten- und Malzkaffee. Die Bezeichnung „Kaffeetin" kann nicht als zulässig angesehen werden, da sie die Annahme erweckt, als wenn ein aus echtem Kaffee hergestelltes Erzeugnis vorliegt.

10. Roggen- und Roggenmalz- bzw. Weizenmalzkaffee.

Roggen- und Weizenkaffee sind aus den gereinigten Früchten der betreffenden Pflanzen durch Rösten, auch nach Behandlung mit Wasserdampf oder Wasser, gewonnene Erzeugnisse.

Der Roggen wird auch wohl unter dem Namen Gesundheits- oder Kornkaffee in den Handel gebracht. Einige Proben Roggenkaffee ergaben:

Wasser	In der Trockensubstanz		Fett	Zucker	Dextrin	Stärke usw.	Rohfaser	Asche	Wasser-auszug
	Stickstoff-Substanz								
	Gesamt-	löslich							
%	%	%	%	%	%	%	%	%	%
12,50	13,62	1,41	3,02	4,71	6,92	61,02	7,55	3,16	18,53

[1]) Zeitschr. f. Untersuchung d. Nahrungs- u. Genußmittel 1908, **16**, 420.

Bei Roggen- (und sonstigem Getreide-) Kaffee ist besonders auf Reinheit zu achten.

Ein Kornkaffee hatte nach Weißmann[1]) in einer Familie Vergiftungserscheinungen (Kopf-schmerz, Fieber, Schwindel usw.) hervorgerufen. Die Untersuchung ergab, daß der Kornkaffee eine große Menge Kornrade (Agrostemma Githago) enthielt. Diese mußte daher auch im gerösteten Zustande — entgegen den Angaben von Lehmann und Mori Bd. II, 1904, S. 818 — als giftig angesehen werden.

Der Nachweis von fremden Beimengungen kann nur mikroskopisch geführt werden (vgl. III. Bd., 2. Teil, S. 538 ff.).

Über die Beurteilung vgl. unter Gerstenkaffee S. 219. Die Bezeichnnng „Kornkaffee" ist gleichbedeutend mit Roggenkaffee.

Die Bezeichnung „Getreidekaffee" ist nicht vorgesehen und daher nach Nr. 10, S. 210 nicht zulässig.

Die Verwendung von Reis zur Herstellung eines Kaffee-Ersatzmittels ist in Deutsch-land bis jetzt nicht üblich.

Vereinzelt wird ein Weizenmalzkaffee genannt; eine Probe ergab 6,46% Wasser und in der Trockensubstanz 5,56% Zucker und 73,48% Gesamtextrakt.

Weizenmalz-, Roggenmalz- (Kornmalz-)Kaffee werden in derselben Weise wie Gerstenmalz- oder Malzkaffee gewonnen und sind wie dieser zu beurteilen.

D. Kaffee-Ersatzmittel aus Leguminosensamen.

Unter den Leguminosensamen dienen vorwiegend folgende zur Herstellung eines Kaffee-Ersatzmittels, nämlich:

11. Erdnuß (Arachis hypogaea L.); 12. Lupine (Lupinus luteus L. u. a.); 13. Soja-bohne (Soja hispida Moench u. a.); 14. Saatplatterbse (Lathyrus sativus L.); 15. Kicher-erbse (Cicer arietinum L.); 16. Sudankaffee von Parkia africana R. Br.; 17. Kaffeewicke (Astragalus baëticus L.); 18. Kongokaffee von einer Phaseolusart; 19. Mogdadkaffee von Cassia occidentalis L.; 20. Puffbohne (Canavalia incurva), sowie weiter die ein-heimischen Erbsen und Bohnen.

Die Leguminosenkaffees sind, entsprechend dem Gehalt der Samen, sämtlich verhältnis-mäßig reich an Protein; die Rösterzeugnisse von Erdnuß, Sojabohnen, Parkia africana und Lupinen enthalten gleichzeitig viel Fett. Der Gehalt an Extrakt ist bei den gerösteten Leguminosen im allgemeinen geringer als bei den gerösteten Getreidearten.

11. Erdnußkaffee.

Die Erdnüsse werden im natürlichen wie im entfetteten Zustande zur Herstellung eines Kaffee-Ersatzmittels verwendet und als „Afrikanischer Nußbohnen- oder Austria-kaffee" in den Handel gebracht. Die Samen der Erdnüsse zerfallen, wie die des echten Kaffees, leicht in zwei Hälften und werden als solche auch gern dem echten gerösteten Kaffee beigemengt. Nach je einer Analyse wurde folgende Zusammensetzung gefunden:

Geröstete und geschälte Erd-nüsse	Wasser %	In der Trockensubstanz					
		N-Sub-stanz %	Fett %	Sonstige N-freie Stoffe %	Rohfaser %	Asche %	in Wasser lösliche Stoffe %
Natürliche . . .	5,05	29,36	52,77	13,03	2,57	2,27	24,90
Entfettete . . .	6,43	51,64	12,04	26,37	5,42	4,53	27,10

Die Erdnuß kann außerdem chemisch durch die Arachinsäure nachgewiesen werden (vgl. III. Bd., 2. Teil, S. 460).

Für den mikroskopischen Nachweis sind die flachen, am Innenrande sägeartig ge-tüpfelten Zellen der Epidermis der Samenschale kennzeichnend (vgl. S. 58).

[1]) Zeitschr. f. Untersuchung d. Nahrungs- u. Genußmittel 1904, 8, 301.

12. Lupinenkaffee.

Die gerösteten Lupinen (von Lupinus luteus L. und anderen Arten) werden ebenso wie Erdnuß und Mais gern dem gerösteten echten Kaffee (Perlkaffee) beigemengt oder auch für sich allein unter Beilegung von Phantasienamen, wie „Deutscher Volkskaffee", „Perlkaffee" in den Handel gebracht. Eine Probe gerösteter Lupinen ergab:

Wasser	In der Trockensubstanz								
	Stickstoff-Substanz	Fett	Zucker	sonstige N-freie Stoffe	Rohfaser	Asche	in Wasser lösliche Stoffe		
							Gesamt-	Nh-Substanz	Asche
%	%	%	%	%	%	%	%	%	%
7,14	42,55	6,02	19,45	10,84	16,33	4,81	25,06	16,13	2,90

Über den Nachweis der Alkaloide, wodurch die Lupinen ausgezeichnet sind, vgl. III. Bd., 2. Teil, S. 638, über den mikroskopischen Nachweis III. Bd., 2. Teil, S. 606.

Der Lupinenkaffee wird häufig mit Zichorien-, Rüben- oder Getreidekaffee, wodurch die Extraktausbeute erhöht wird, vermischt und mit den verschiedensten Phantasienamen, wie außer den genannten noch als „Allerwelts-", „Kaiserschrotkaffee", in den Handel gebracht.

Die Phantasienamen dürfen indes keinen echten Kaffee vortäuschen, weshalb die Bezeichnung „Perlkaffee" nach Nr. 10, S. 202 unstatthaft ist.

13. Sojabohnenkaffee.

Das aus der Sojabohne (Soja hispida Moench) hergestellte Kaffee-Ersatzmittel ergab nach einer Analyse:

Wasser	In der Trockensubstanz							
	Stickstoff-Substanz	Fett	Zucker und Dextrin	sonstige N-freie Stoffe	Rohfaser	Asche	in Wasser löslich	
							Gesamt-	Asche
%	%	%	%	%	%	%	%	%
5,27	34,81	17,98	34,74	2,98	4,97	4,52	49,07	3,38

Über die mikroskopische Erkennung der Sojabohne vgl. III. Bd., 2. Teil, S. 610.

14. Saatplatterbsenkaffee.

Über das aus der Saatplatterbse (Lathyrus sativus L.) hergestellte Rösterzeugnis liegen bis jetzt m. W. chemische Untersuchungen nicht vor. Die Zusammensetzung kann aber gleich der des Kongokaffees (Nr. 18) angenommen werden. Für den rohen Samen werden 23,6—25,0% Protein, 1,9—2,2% Fett und 30—31% Stärke angegeben. Über den anatomischen Bau der Saatplatterbse (eßbare Platterbse) vgl. III. Bd., 2. Teil, S. 606 u. 608.

15. Kichererbsenkaffee.

Auch die Kichererbse (Cicer arietinum L.) wird als Rohstoff für die Herstellung eines Kaffee-Ersatzmittels angegeben. Nach Bd. I, 1903, S. 587, stellt sich die chemische Zusammensetzung der rohen Kichererbse wie folgt:

Wasser	In der Trockensubstanz						
	Stickstoff-Substanz	Fett	Zucker	Stärke	sonstige N-freie Stoffe	Rohfaser	Asche
%	%	%	%	%	%	%	%
14,81	21,63	6,16	3,65	52,50	6,99	5,25	3,82

Nach anderen Angaben enthält die Kichererbse 4—6% Fett, gehört also zu den fett-
reicheren Leguminosensamen.

Über den anatomischen Bau der Kichererbse vgl. III. Bd., 2. Teil, S. 608.

16. Sudankaffee.

Der sogenannte Sudankaffee wird durch Rösten des Samens von Parkia africana R. Br.,
der auch zur Herstellung des Daua-Daua-Käses dient, gewonnen. Für den rohen Samen erhielt
H. Fincke[1]) folgende Zusammensetzung:

Teile des Samens	Wasser %	In der Trockensubstanz							
		Gesamt-protein %	Rein-protein %	Fett %	Zucker %	Pento-sane %	Gerbstoff %	Rohfaser %	Asche %
Ganzer Samen .	8,00	31,56	28,25	17,24	2,74	11,39	—	11,28	3,93
Samenkern . .	6,31	44,19	39,25	23,64	—	—	—	3,57	4,08
Samenschale .	12,21	4,81	—	1,84	—	—	2,52	30,10	3,47

Die chemische Zusammensetzung des Samens von Parkia africana gleicht also der der
Sojabohne, die auch zur Herstellung ähnlicher Erzeugnisse (Bohnenkäse und Kaffee-Ersatzmittel) dient. Die Konstanten des Fettes waren folgende:

Säure-grad	Reichert-Meißl-Zahl	Versei-fungszahl	Jodzahl (Wijs)	Hehner-sche Zahl	Refraktometerzahl bei 25°	bei 40°
2,5	0,6	184,5	91,6	95,5	67,2	58,8

Fig. 143.

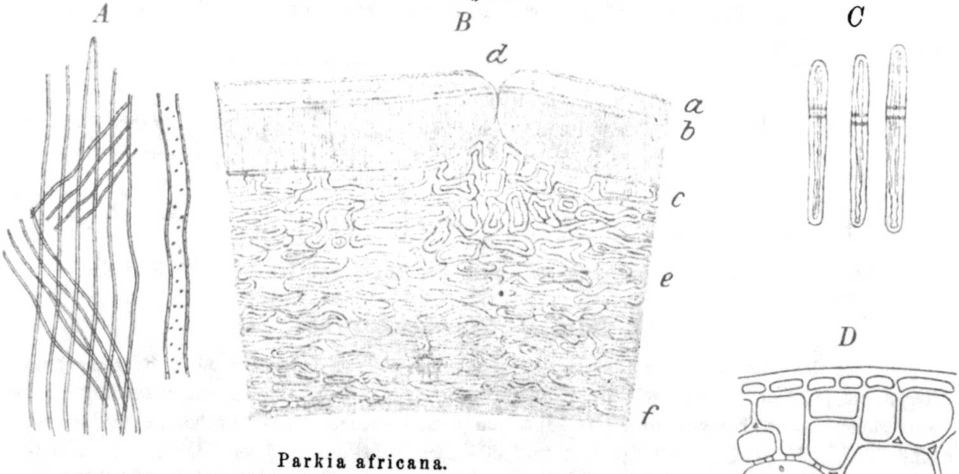

Parkia africana.

A Faserzellen der Fruchtwand, Vergr. 200. B Samenschale, Querschnitt,
Vergr. 80; a Cuticula, b Lichtlinie, c Trägerzellen, d Spalt in der Palisaden-
schicht, e Schwammparenchym, f obliteriertes Parenchym. C Palisadenzellen,
Vergr. 200. D Kotyledonargewebe, Vergr. 200. Nach H. Fincke.

Der anatomische Bau der Früchte von Parkia africana (Inga biglobosa Willd.) entspricht ganz dem der Leguminosen. Die Samen sind von den inneren Teilen der Fruchtwand
umhüllt, mit denen sie nach H. Fincke verwachsen sind, jedoch lassen sie sich davon nach
längerem Einweichen in Wasser ablösen. Der größte Durchmesser der Samen beträgt 9—12 mm,
die Dicke 4,5—6,5, meist 6 mm. Der Fruchtwandrest besteht im wesentlichen außen aus
Bündeln langer farbloser Fasern mit schiefen Tüpfeln (Fig. 143 A) und einem darunter liegenden
obliterierten Gewebe parenchymatischer Zellen.

[1]) Zeitschr. f. Untersuchung d. Nahrungs- u. Genußmittel 1907, 14, 511.

Die Epidermis der Samenschale (Fig. 143 B) besteht wie bei den sonstigen Leguminosen aus einer Schicht dicht aneinanderschließender prismatischer Sklereiden, Palisadenzellen, deren Lumen unregelmäßig, nach dem inneren Ende zu knorrig begrenzt erscheint, während die Membran in der Längsrichtung verlaufende Verdickungsleisten zeigt. Die Lichtlinie liegt, sehr deutlich sichtbar, unter dem ersten Drittel der Zellenlänge, nach außen und innen durch eine dunklere Linie begrenzt. Die Länge der Palisadenzellen ist nach Möller 150 μ, nach Fincke 100—135 μ. Die Trägerzellen haben etwa die Form von umgekehrten Hutpilzen, sie gehen in das lückige, derbwandige Parenchym über. In der Flächenansicht erscheinen die Trägerzellen als polygonale oder gerundete Zellen mit 2 konzentrischen Kreisen in der Mitte. Auf der Innenseite der Samenschale sind die Parenchymzellen dünnwandig und obliteriert.

Kotyledonargewebe: Oberhautzellen flach, tangential etwas gestreckt. Innenzellen schwach verdickt, getüpfelt, rundlich mit Intercellularen. Inhalt derselben Ölplasma und Proteinkörner, keine Stärke (vgl. auch III. Bd., 2. Teil, S. 613 u. 614.)

17. Kaffeewickenkaffee.

Nach D. Ottolenghi[1]) wird in Italien der geröstete Samen der Kaffeewicke (Astragalus baëticus L.) viel zur Verfälschung des echten Kaffees, aber auch für sich allein als Kaffee-Ersatzmittel verwendet. Eine Probe des letzteren ergab 8,09% Wasser und in der Trockensubstanz 44,63% in Wasser lösliche Stoffe und 4,58% lösliche Asche.

Anatomischer Bau der Samen von Astragalus baëticus: Die Samen der zu den Leguminosen gehörenden Pflanzen zeigen den typischen Bau der Leguminosensamen (vgl. III. Bd., 2. Teil, S. 604 u. f.) Die Palisadenzellen (Fig. 144 p, Fig. 145 A) sind nach

Fig. 145.

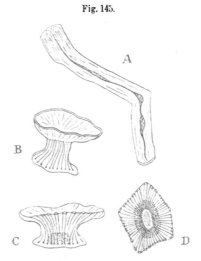

Fig. 144.

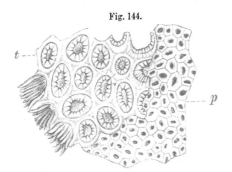

Samenschale des Stragels (Astragalus baëticus). Flächenansicht. Vergr. 160.
p Palisadenzellen, t Trägerzellen.
Nach J. Möller.

Elemente der Samenschale des Stragels (Astragalus baëticus). Vergr. 320.
A Palisadenzelle, B, C und D Trägerzellen; B und C von der Seite, D von der Fläche gesehen. Nach D. Ottolenghi.

Ottolenghi 120—135 μ lang, 11—15 μ breit, nach Möller 125—150 μ lang, 12—20 μ breit und wie bei der Lupine etwas gekniet. Die Trägerzellen sind sehr stark gerippt, daher in der Flächenansicht rosettenartig. Die Keimblätter sind zartzellig, mit Fett und Plasma erfüllt, frei von Stärke. Sie sind von einer dünnen Lage Endosperm umgeben, welches in trockenem Zustande hornig ist, in Wasser aber stark aufquillt.

¹) Nach Atti R. Accademia dei Fisiocritici 1903 (3), 15, 11. Zeitschr. f. Untersuchung d. Nahrungs- u. Genußmittel 1905, 10, 260.

18. Kongokaffee.

Der Kongokaffee wird durch Rösten von einem Leguminosensamen gewonnen, welcher im Äußeren der einheimischen Perlbohne (Phaseolus) gleicht, schwarz ist und einen weißen Nabelfleck hat. Das gemahlene Rösterzeugnis hat nach einer Analyse folgende Zusammensetzung:

| Wasser | In der Trockensubstanz | | | | | | In Wasser lösliche Stoffe | |
| | Stickstoff-Substanz | Fett | Zucker | Sonstige N-freie Stoffe | Roh-faser | Asche | Gesamt- | Asche |
%	%	%	%	%	%	%	%	%
4,22	28,25	1,24	3,34	42,21	20,13	4,83	22,49	3,43

19. Mogdadkaffee.

Der Mogdadkaffee wird durch Rösten des Samens von Cassia occidentalis L. gewonnen und hat nach einer Analyse folgende Zusammensetzung:

| Wasser | In der Trockensubstanz | | | | |
| | Stickstoff-Substanz | Fett | Sonstige N-freie Stoffe | Roh-faser | Asche |
%	%	%	%	%	%
11,09	17,00	2,87	51,42	23,84	4,87

Wegen des hohen Gehaltes an Rohfaser ist es nicht unwahrscheinlich, daß die Probe auch eine Beimengung von der Samenschale erfahren hat, die unter dem Namen „Tidagesi" von Holland aus in den Handel gebracht wird. Dafür spricht die Angabe, daß der Mogdadkaffee 5,23% Gerbsäure enthalten soll, die in dieser Höhe wohl nur in der Schale enthalten sein kann.

Fig. 146.

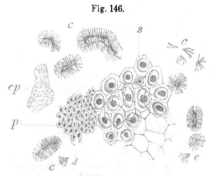

Elemente der Cassiasamen (in Wasser). Flächenansicht. Vergr. 160.

p Palisaden, *s* Trägerzellen, *c* Leisten der Palisadenzellen nach Quellung der Schleimzone, *cp* ein Stück der Cuticula. Nach J. Möller.

Fig. 147.

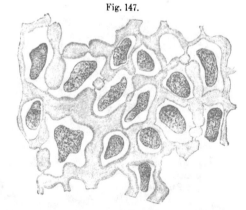

Endosperm von Cassia occidentalis. Vergr. 160. Nach J. Möller.

Die Samen der zu den Leguminosen gehörenden Cassia occidentalis zeigen bei mikroskopischer Untersuchung folgenden Bau:

Die Palisadenzellen (*p*, Fig. 146) sind 60—75 *μ* lang, besonders charakteristisch ist, daß die Außenteile in Schleim umgewandelt sind, wobei aber die nicht veränderte Grenzwand der Zellen in Form radialer Stäbchen in der schleimigen Masse erscheint. Die Cuticula (*cp*) bleibt ebenfalls unverändert, in der Flächenansicht zeigt sie die Abdrücke der Palisadenzellen. Die

Lichtlinie befindet sich innerhalb der Schleimschicht, während eine zweite, durch dunklen Zellinhalt verursachte Linie in dem unveränderten inneren Teil der Zellen zu sehen ist. Die Trägerzellen (*s*) sind gedrungen hantelförmig, 16—25 μ hoch und 25—40 μ breit, ziemlich dickwandig, auch das Parenchym besteht aus dickwandigen Zellen.

Mit der Samenschale verwachsen ist eine Endospermschicht (Fig. 147), welche ungemein dickwandige, mit klumpigem, braunem Inhalt erfüllte Zellen aufweist. Mit Chlorzinkjod färbt sich der Inhalt citronengelb, während die dicken Zellwände zu einer farblosen Gallerte aufquellen.

Die dünnen Kotyledonen haben sowohl unter der Außen-, wie auch der Innenepidermis je zwei Reihen radial gestreckter, palisadenartiger Zellen (ähnlich wie bei der Sojabohne), dazwischen liegen mehrere Reihen isodiametrischer Zellen. Sie enthalten Fett und Eiweiß.

20. Puffbohnenkaffee.

Wie bei uns „Vicia Faba L.", so wird auch in Japan und anderen Ländern die Canavalia incurva als Puffbohne bezeichnet und zur Herstellung eines Kaffee-Ersatzmittels benutzt. Über die Zusammensetzung der rohen Samen von Canavalia incurva L. gibt O. Kellner (Bd. I, 1903, S. 584) folgende Zahlen:

Wasser %	In der Trockensubstanz						
	Roh-protein %	Rein-protein %	Fett %	Stärke %	Sonstige N-freie Stoffe %	Rohfaser %	Asche %
15,28	25,55	19,06	1,75	44,84	10,09	13,53	4,24

Eine Probe Canavaliakaffee lieferte, auf Trockensubstanz berechnet, 22,20% wasserlöslichen Extrakt.

Der anatomische Bau von Canavalia incurva ist meines Wissens bis jetzt nicht beschrieben; dagegen ist der von Canavalia ensiformis D. C. eingehend durch M. Kondo[1] dargelegt (vgl. III. Bd., 2. Teil, S. 611).

E. Kaffee-Ersatzmittel aus sonstigen Samen und Rohstoffen.

Außer den aufgeführten gibt es noch eine große Anzahl Kaffee-Ersatzmittel, die aus den verschiedensten Rohstoffen bereitet werden. Unter ihnen sind noch besonders folgende hervorzuheben:

21. Eichelkaffee.

„Eichelkaffee ist das durch Rösten der von den Fruchtschalen und dem größten Teile der Samenschale befreiten Früchte der Eiche (Quercus robur) gewonnene Erzeugnis".

Die Eicheln, die Früchte von Quercus pedunculata und Quercus sessiliflora, mit 14—18% Schalen und 86—82% Kernen, sind durch den eigenartigen Eichelzucker „Quercit", durch hohen Gehalt an Gerbsäure und Stärke ausgezeichnet. So wurden in der Trockensubstanz gefunden:

	Ungeschält	Geschält		Ungeschält	Geschält		
Zucker . .	8,24%	10,26%	Stärke . .	39,29%	54,16%	Gerbsäure . .	6—9%.

Der Eichelkaffee ergab folgende Zusammensetzung:

Wasser %	In der Trockensubstanz						
	Stickstoff-Substanz %	Fett %	Zucker %	Sonstige N-freie Stoffe %	Roh-faser %	Asche %	In Wasser lösliche Stoffe %
10,51	6,50	4,49	4,21	77,44	5,05	2,31	28,88

---

[1] Zeitschr. f. Untersuchung d. Nahrungs- u. Genußmittel 1913, **25**, 20.

Fig. 148.

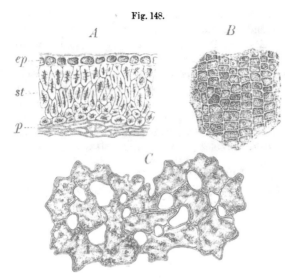

Fruchtschale der Eichel. Vergr. 160.
A Querschnitt mit der Oberhaut *ep*, der Steinzellenschicht *st*
und einem Teil der Parenchymschicht *p*, *B* Oberhaut in der
Flächenansicht, *C* das braune Schwammparenchym.
Nach J. Möller.

Fig. 149.

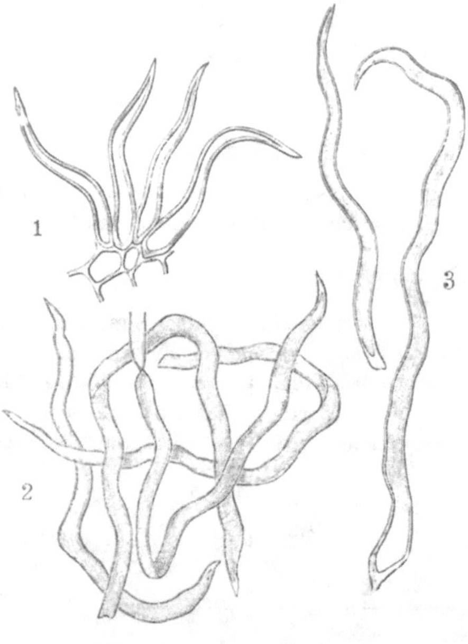

Haarformen der Eichel.
1 von der Schalenaußenseite, *2* von der Schaleninnen-
seite, *3* von der Samenhaut. Nach J. Möller.

Der Gehalt an Gerbsäure beträgt noch 5—6%. Der Eichelkaffee wird vorwiegend wegen seiner durch die Gerbsäure bedingten Wirkung vielfach als diätetisches Mittel angewendet und als „Gesundheitskaffee" bezeichnet; weil aber die Eicheln nicht regelmäßig und überall vorkommen, so wird er auch nicht selten mit anderen billigeren Kaffee-Ersatzmitteln versetzt. Selbstverständlich müssen diese Mischungen eine Bezeichnung führen, die keinen reinen Eichelkaffee vortäuschen.

Die mikroskopischen Kennzeichen des Eichelkaffees sind folgende: Da zur Herstellung des Eichelkaffees eigentlich nur die Samenlappen dienen sollen, so besteht der reine Eichelkaffee vorwiegend aus den dünnwandigen polygonalen Zellen des Kotyledonargewebes, welche mit der III. Bd., 2. Teil, S. 548 Tafel IV beschriebenen Stärke angefüllt sind. Infolge der Erhitzung ist die Stärke verkleistert, jedoch ist ihre Form in der Regel noch an zahlreichen Körnern zu erkennen. Diese sind innerhalb der Zellen eingeschlossen in ein kleinmaschiges Netz, welches durch Koagulation des Eiweißes aus dem Zellinhalt entstanden ist. Mit Eisenchlorid färben sich die Stärkekörner bzw. Klumpen derselben infolge des Gerbsäuregehaltes schmutzig blaugrün. In dem Eichelkaffee findet man auch die aus kleinen polygonalen Zellen bestehende Oberhaut der Kotyledonen, sowie enge Spiroiden aus den Leitbündeln derselben.

Statt der Samenlappen allein wird aber nicht selten die Fruchtschale zur Herstellung des Eichelkaffees mitverwendet. Dieselbe (Fig. 148) zeigt eine Oberhaut aus kubischen, in der Fläche reihenweise geordneten Zellen, welche einzeln oder in Büscheln stehende, einzellige, dickwandige, meist gekrümmte Haare tragen (Fig. 149). Unter der Oberhaut eine Steinschale aus gestreckten, spindelförmigen, sehr stark verdickten Zellen mit undeutlicher Schichtung und spärlichen Tüpfeln; nach innen zu werden die Zellen isodiametrisch und weniger verdickt. Die äußerste Reihe der Steinzellenschicht enthält Oxalatkrystalle. Unter den Steinzellen braunes Schwammparenchym aus derbwandigen Zellen mit Leitbündeln. Die

Innenepidermis trägt zahlreiche lange, dünnwandige, oft zusammengefallene, gekrümmte Haare (Fig. 149). Auch das Parenchym der Samenhaut enthält Calciumoxalat in Form von Einzelkrystallen, Drusen und Sand, ihre Oberhaut trägt ähnliche aber etwas derbere Haare wie die Innenseite der Fruchtschale.

22. Dattelkernkaffee

Nach einigen Angaben werden auch die Dattelkerne (von Phoenix dactylifera L.) mit anhängendem Fruchtfleisch zur Herstellung eines Kaffee-Ersatzmittels verwendet. Die Zusammensetzung der Kerne ist natürlich völlig verschieden von der der ganzen Datteln (S. 216), nämlich folgende:

Wasser %	In der Trockensubstanz						in Wasser lösliche Stoffe %
	Stickstoff-Substanz %	Fett %	Zucker %	sonstige N-freie Stoffe %	Roh-faser %	Asche %	
6,64	5,85	8,47	2,30	52,31	29,71	1,36	12,70

Die mikroskopische Erkennung der gebrannten Dattelkerne (vgl. S. 216) ist nicht leicht, weil die Unterschiede der Tüpfelung der Zellen beim Rösten verwischt werden[1]).

23. Birnenkernkaffee.

Aus den Kernen der wildwachsenden Holzbirnen wird ebenfalls ein Kaffee-Ersatzmittel hergestellt, das nach einer Probe 6,96% Wasser ergab und in der Trockensubstanz 37,26% in Wasser lösliche Stoffe und 3,86% lösliche Asche enthielt. Die Kerne der veredelten Birnen haben nach einer Analyse folgende Zusammensetzung:

Wasser %	In der Trockensubstanz				
	Stickstoff-Substanz %	Fett %	N-freie Extraktstoffe %	Roh-faser %	Asche %
45,30	31,09	29,32	25,43	11,41	2,65

Über die mikroskopische Erkennung vgl. unter Pfeffer S. 61 u. 62.

24. Weintraubenkernkaffee.

Die von der Mostbereitung zurückbleibenden Trester werden getrocknet, die Samen ausgeschüttelt, geröstet, gemahlen und als Kaffee-Ersatzmittel benutzt. Die Kerne haben im natürlichen Zustande nach einer Analyse folgende Zusammensetzung:

Wasser %	In der Trockensubstanz				
	Stickstoff-Substanz %	Fett %	N-freie Extraktstoffe %	Roh-faser %	Asche %
38,70	8,90	13,99	30,82	45,08	1,21

Über die mikroskopische Untersuchung ist folgendes zu bemerken:

Die Oberhaut der sehr harten Samenschale (Fig. 150 B, S. 238) wird gebildet von englumigen Zellen mit stark verdickter, in Wasser und Lauge stark quellender Außenwand. Darunter mehrere Reihen von Parenchymzellen (Bva), von denen viele Calciumoxalat in Form von Raphiden (Bra) enthalten. Darauf folgt eine starke Platte aus radial gereihten, fest aneinanderschließenden, stark verdickten Steinzellen (Bsc), deren Form je nach der Weinsorte, der der Samen angehört, entweder fast isodiametrisch mit ziemlich weitem Lumen, oder gestreckt

---

[1]) Vgl. J. Möller, Mikroskopie d. Nahr.- u. Genußmittel. Julius Springer, Berlin, 1905. S. 484.

mit engem Lumen ist. Die Zellwände sind von zahlreichen Porenkanälen durchsetzt, in der Flächenansicht erscheinen die Zellen polygonal, meist sechsseitig. Innerhalb der Steinzellen-platte liegen schmale, lange, netzartig verdickte Gitterzellen und die innere Oberhaut (*Biep*) der Samenschale, bestehend aus polygonalen Zellen mit gelben getüpfelten Wänden.

Das Endospermgewebe (*F*) besteht aus mäßig dickwandigen Zellen mit einem Inhalt von Proteinkörnern, Fett und je einem großen Aleuronkorn. Letzteres enthält entweder einen Calciumoxalatkrystall bzw. eine Druse, oder ein Globoid. Die Oxalatkrystalle und Globoide erkennt man am besten in Glycerinpräparaten.

Die charakteristischen Merkmale der Weintraubenkerne sind also die Raphiden-schläuche der Parenchymschicht und die Steinzellen der Samenschale sowie die Endospermzellen mit je einem Aleuronkorn.

Fig. 150.

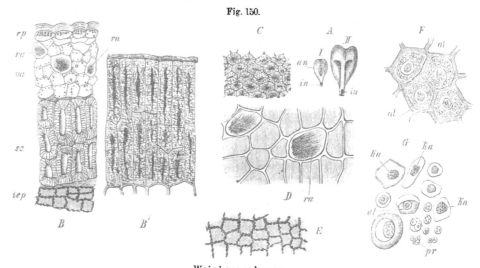

Weinbeerenkerne.

A Weinbeerenkerne, *I* Vorderansicht, natürl. Größe, *an* äußerer, *in* innerer Nabel; *II* Rückansicht mit Furchen und der Raphe, *in* Mikropyle (2 fache Vergr.). *B* Querschnitt durch die Samenschale. *ep* Oberhaut, *va* Par-enchym mit Raphiden (*ra*), *sc* Steinzellenschicht, *iep* innere Oberhaut. *B'* Steinzellenschicht vom Magdala-traubenkern. *C* Dieselbe in der Aufsicht. *D* Parenchymschicht mit Raphiden *ra*. *E* innere Oberhaut in der Aufsicht. *F* Endospermgewebe in Glycerin mit Aleuronkorn *al* und Krystall. *G* Inhaltskörper aus dem ge-rösteten und gemahlenen Kern, gequollene Aleuronkörner mit korrodierten Krystallen *ka*, Globoide (*al*), Proteinkörner (*pr*). Nach T. F. Hanausek.

25. Kaffee-Ersatzmittel aus Hibiscussamen.

In letzter Zeit wird auch der Samen von Hibiscus esculentus L. (Malvaceae) als Roh-stoff für die Herstellung eines Kaffee-Ersatzmittels von A. R. Chiapella[1] erwähnt, während die grünen Früchte nach A. Zega[2] unter dem Namen „Bamnje" als teueres Gemüse ver-wendet werden. Die grünen Früchte enthielten im Mittel von 4 Analysen:

Wasser	Stickstoff-Substanz	Fett	N-freie Extraktstoffe	Rohfaser	Asche
80,74%	4,15%	0,42%	12,12%	1,15%	1,41%

Über den anatomischen Bau der Samen von Hibiscus esculentus teilt Chiapella mit, daß die etwa wicken- bis erbsengroßen, in eine Kapsel eingeschlossenen Samen

---

[1] Bolletino della Società botanica Italiana, Sitzung in Florenz vom 12. Dez. 1905 und Zeitschr. f. Untersuchung d. Nahrungs- u. Genußmittel 1908, **15**, 424.

[2] Chemiker-Ztg. 1900, **24**, 871.

von rundlicher, etwas zusammengedrückter Form eine Samenhaut besitzen, welche folgende
Schichten (Fig. 151) aufweist: Die von einer Cuticula überzogenen dünnwandigen, unregelmäßig polygonalen Epidermiszellen (ea), zwischen welchen sich die Ansatzstellen von Haaren
(h) zeigen; darunter eine einfache Schicht von verkorkten „Gürtelzellen" (g). Die Haare
sind 350—750 μ, im Mittel 450—500 μ lang, in der Mitte 9—10 μ breit, einzellig, leicht gekrümmt
dünnwandig. Die Gürtelzellen sind in der Flächenansicht polygonal, ihre Innen- und Seitenwände sind stark verdickt, dagegen die Außenwand dünn, zwischen denselben in bestimmten
Abständen die stark verdickten, verkorkten, ringförmigen Zellen, aus welchen die Haare entspringen. Weiter folgt eine Schicht von Palisadenzellen (p), welche denen des nahe verwandten
Baumwollsamens ähnlich sind; Länge derselben 150—220 μ, Breite 15—20 μ am inneren

Fig. 151.

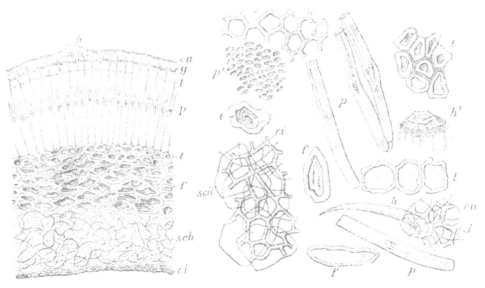

Hibiscus esculentus, Längsschnitt der Samenschale.	Hibiscus esculentus, Gewebselemente der Samenschale.
ea Äußere Epidermis, h Haaranlage, g Gürtelzellen, p Palisadenzellen, l Lichtlinie, t Trägerzellen, f Farbstoffzellen, sch Schwammparenchym, ei innere Epidermis. Nach A. R. Chiapella.	ea Äußere Epidermis, g Gürtelzellen, h Haar in Flächenansicht, h' Haaranlage im Schnitt, p Palisadenzellen, isoliert, p' dieselben in Flächenansicht, t Trägerzellen, Flächenansicht, f Farbstoffzellen, Flächenansicht, sch Schwammparenchym, ei innere Epidermis, Flächenansicht. Nach A. R. Chiapella.

rundlichen und 20—25 μ am äußeren prismatischen Ende. Das glattwandige äußere Drittel
der Zellen zeigt ein enges, flaschenförmiges Lumen mit körnigem, blaßgelbem Inhalt, während
in den beiden inneren Dritteln der Zelle ein Lumen nicht zu sehen ist, dagegen die Wand eine
feine schräge Netzstreifung zeigt. Die Zellen sind in der Regel gekniet, eine Lichtlinie verläuft
in einem Abstand von 15—20 μ vom äußeren Ende. In der Flächenansicht erscheinen die
Zellen unregelmäßig polygonal, mit welliger Lumengrenze und porigen, dicken Wänden. Unter
den Palisadenzellen folgt eine Schicht von dickwandigen, in der Fläche unregelmäßig polygonalen, von der Seite gesehen ausgebuchteten Säulenzellen (t), welche den Säulenzellen der
Leguminosen ähnlich sind, ferner eine mehrreihige Schicht von dickwandigen Pigmentzellen (f) sowie ein farbloses Schwammparenchym (sch) aus dünnwandigen Zellen und
endlich die innere Epidermis (ei), welche aus polygonalen Zellen mit verdickten, reich
getüpfelten Wänden besteht.

Die Zellen des Samenkernes bieten nichts Charakteristisches.

26. Sonstige Kaffee-Ersatzmittel.

Als sonstige Rohstoffe für die Herstellung von Kaffee-Ersatzmitteln werden genannt (II. Bd., 1904, S. 1095):

a) Spargelsamen, deren Röstprodukt indes einen unangenehmen, bitteren Geschmack haben soll.

b) Die Früchte der Wachspalme (Corypha cerifera L. oder Copernicia cerifera Mart.); die Früchte sind steinhart und werden in Brasilien für genannten Zweck verwendet.

Je eine Analyse dieser Kaffee-Ersatzmittel ergab:

Kaffee-Ersatzmittel aus	Wasser %	In der Trockensubstanz					
		Stickstoff-Substanz %	Fett %	Zucker %	Rohfaser %	Asche %	in Wasser lösliche Stoffe %
Wachspalmenfrüchten . .	3,76	7,27	14,61	1,29	39,95	2,32	14,03
Spargelsamen	6,22	22,12	11,14	—	—	5,71	8,87

c) Hagebutten, die Scheinfrüchte von Rosa canina L., die sowohl ganz, als nach Entfernung des Fruchtfleisches verwendet werden.

d) Samen von Gymnocladus canadensis, Kentuckykaffee genannt.

e) Samen von Mussaënda burbonica nach Lapeyère oder nach Dyer von Gaertnera vaginata, Mussaëndakaffee von Réunion genannt; die Angabe von Lapeyère, daß das Surrogat 0,3—0,5% Coffein enthalten soll, hat sich nach anderen Untersuchungen nicht bestätigt.

K. Kornauth gibt für diese Kaffee-Ersatzmittel folgenden Gehalt an:

Kaffee-Ersatzmittel	Wasser %	In der Trockensubstanz: in Wasser lösliche Stoffe	
		Gesamte %	Asche %
Hagebutten	7,04	36,19	3,92
Kentucky	4,67	33,42	4,90
Mussaënda	1,07	18,40	4,02

f) Steinnuß. Vielfach findet man in Lehrbüchern über Nahrungsmittel auch Steinnuß als Rohstoff für Bereitung eines Kaffee-Ersatzes angegeben. Ein englisches Patent Nr. 24 706 beansprucht für diesen Zweck das Rösten der Steinnüsse unter Einführung der Dämpfe von echtem Kaffee; nach einem D. R. P. 86 154 soll man Steinnüsse rösten, mit Wasser ausziehen, den Rückstand mahlen und dem Mahlerzeugnis den Wasserauszug wieder zusetzen; nach einem weiteren D. R. P. 234 240 sollen zerkleinerte und mit Zucker geröstete Steinnüsse zur Herstellung eines Kaffee-Ersatzmittels „Zipangu" benutzt werden, welches nach F. E. Nottbohm[1]) aus 40% Kaffee oder Cola, 15% Zichorien und 45% gerösteter Steinnuß besteht. Nottbohm weist aber darauf hin, daß Steinnuß bzw. Steinnußabfälle für diesen Zweck schon nach ihrer chemischen Zusammensetzung nichts weniger als geeignet seien; denn diese ist folgende:

Wasser %	Stickstoff-Substanz %	Fett %	Glykose (?) %	Stärke %	Sonstige N-freie Stoffe %	Zellmasse %	Asche	
							Gesamt- %	wasserlöslich %
10,02	4,18	1,32	1,60	0	5,63	75,65	1,60	0,85

[1]) Zeitschr. f. Untersuchung d. Nahrungs- u. Genußmittel 1913, **25**, 144.

Die Steinnuß kann daher durch Rösten nur sehr wenig in Wasser lösliche Stoffe liefern. Über den mikroskopischen Nachweis der Steinnuß vgl. III. Bd., 2. Teil, S. 599.

g) Unter den Fälschungsmitteln des Kaffeepulvers wird auch der Torf erwähnt. Derselbe ist mikroskopisch leicht zu erkennen. Sowohl die Stengel (Fig. 154) wie namentlich die Blättchen bestehen (Fig. 152 u. 153) aus einem lockeren Gewebe, welches namentlich in den letzteren sehr typisch ausgebildet ist (Fig. 152).

Fig. 152.

Fig. 153.

Fig. 154.

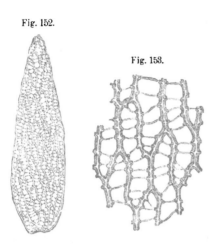

Blättchen eines Sphagnummooses.
Fig. 152 ganzes Blättchen (Vergr. 50),
Fig. 153 ein Teil des Blättchens, stärker vergrößert (Vergr. 200). Nach A. Bömer.

Stengel eines Sphagnummooses.
Bei a sind die Ansatzstellen der Blättchen sichtbar (Vergr. 50).
Nach A. Bömer.

27. Sakka- oder Sultankaffee.

Unter „Sakka- oder Sultankaffee" versteht man die gerösteten und gemahlenen Fruchtschalen und das geröstete Fruchtfleisch des Kaffees; er muß, trotzdem er coffeinhaltig ist und eine dem Kaffee ähnliche Zusammensetzung hat, doch zu den Kaffee-Ersatzmitteln gerechnet werden. Die Kaffeefruchtschalen und das Fruchtfleisch enthalten nämlich:

Kaffee	Wasser %	In der Trockensubstanz							
		Stickstoff-Substanz %	Coffein %	Fett %	Gerbsäure %	sonstige N-freie Stoffe %	Rohfaser %	Asche %	in Wasser lösliche Stoffe %
Fruchtschalen	14,43	10,09	0,50	1,89	5,61	36,39	36,41	9,11	20,77—37,09
Fruchtfleisch	3,64	8,88	—	2,46	17,13	—	—	8,09	32,09

Das Fruchtfleisch dient auch wegen seines Gehaltes an Glykose vereinzelt zur Herstellung eines schwach alkoholischen Getränkes.

Über die Formelemente der Fruchtschalen und des Fruchtfleisches vgl. S. 187.

Die Verwendung des wässerigen Auszuges aus dem Fruchtfleisch und den Fruchtschalen zum Glasieren ist selbst unter Deklaration nicht zulässig (S. 189, Ziff. 10), ebenso sind sie als solche oder die Auszüge aus ihnen als Zusätze zu anderen Kaffee-Ersatzmitteln nur gestattet, wenn dadurch kein echter Kaffee vorgetäuscht werden soll (S. 202, Ziff. 10).

Die Anhaltspunkte für die Beurteilung aller dieser Kaffee - Ersatzstoffe sind schon S. 200 u. f. angegeben.

Colanuß.

Colanuß ist der 2—4 cm lange Samen des im mittleren und westlichen Afrika einheimischen, der Roßkastanie ähnlichen, bis 20 m hohen Colabaumes (Cola acuminata R. Br. oder Sterculia acuminata Pal. de Beauv., einer Buttneriacee). Die Frucht hat die Größe einer Citrone und 5 Samen, die runzelig, rotbraun, zuweilen schwarz gefleckt sind (vgl. Bd. II, 1904, S. 1120).

Die Colanüsse haben einen bitteren, zusammenziehenden Geschmack und im Mittel von 20 Analysen folgende Zusammensetzung:

Wasser	Stick-stoff-Substanz	Coffein	Theo-bromin	Fett (Äther-auszug)	Cola-rot	Gerb-stoff	Zucker	Stärke	Sonstige stickstoff-freie Stoffe	Roh-faser	Asche
%	%	%	%	%	%	%	%	%	%	%	%
12,22	9,22 [1]	2,16	0,053	1,35	1,25	3,42	2,75	43,83	15,06	7,85	3,05

Die Colanuß ist in der Zusammensetzung dem Kaffeesamen ähnlich; nur ist der Gehalt an Coffein durchweg wesentlich höher, fast doppelt so hoch wie im Kaffee. Das Coffein ist nach Knox und Prescott (Bd. I, 1903, S. 1041) teils frei, teils gebunden in der Colanuß vorhanden; sie geben im Mittel von 5 Proben an:

	Gesamt-	frei	gebunden
Coffein . . .	3,17%	1,31%	1,86%

Die Gerbsäure wird als eisengrünende Gerbsäure bezeichnet.

Außer den angeführten Bestandteilen werden in der Colanuß auch noch ein Glykosid, das Colanin, und 1,01% harzartige Substanz (in Alkohol löslich) angegeben.

Statt der echten (auch weiblichen) Cola- oder Gurunüsse werden auch falsche Colanüsse (Samen von Garcinia Cola Heck) und als Ersatzmittel die Kamjasamen von Pentadesma butyraceum Don. in den Handel gebracht. Beide Samen aber sind coffeinfrei; die falsche Colanuß enthält sonst 5,43% Gerbsäure, 5,14% Harz und 3,75% Glykose; die Kamjanuß ist sehr fettreich und liefert die Kamjabutter.

C. Schweitzer[2]) ist der Ansicht, daß das Coffein der Colanuß als Glykosid (Colanin) vorhanden sei und in der Colanuß durch ein Ferment zersetzt werde. Er zog zerstampfte Colanüsse mit 20proz. Alkohol aus, goß die kolierte Lösung in absoluten Alkohol, worin sich ein flockiger Niederschlag abschied, der durch wiederholtes Lösen und Fällen gereinigt werden konnte und der ein Ferment enthielt, welches nicht nur Stärke zu verzuckern, sondern auch das Colanin in derselben Weise, wie Schwefelsäure es bewirkt, in Coffein und Zucker zu spalten vermochte.

C. Schweitzer nimmt in derselben Weise im Kakao ein Glykosid „Kakomin" an, das durch ein Ferment in 1 T. Theobromin, 6 T. Glykose und 1 T. Kakaorot gespalten werden soll.

Die chemische Untersuchung der Colanuß erfolgt im allgemeinen wie bei Kaffee.

K. Dieterich[3]) gibt für die Wertbestimmung der Colanuß und des Colaextraktes noch folgende Verfahren an:

1. Gesamtalkaloid: 10 g der fein geraspelten Droge werden mit Wasser befeuchtet, mit 10 g ungelöschtem Kalk gemischt (gekörnt) und dann mit Chloroform extrahiert: der vom Chloroform fast völlig befreite Extrakt wird in 20 ccm $^1/_{10}$ N.-Natronlauge gelöst, ammoniakalisch gemacht und unter öfterem Schütteln stehengelassen, sodann wird die in einen Scheidetrichter übergeführte

---

[1]) Gesamt-Stickstoff × 6,25.

[2]) Pharmaz. Ztg. 1898, **43**, 380 u. 389.

[3]) Zeitschr. f. Untersuchung d. Nahrungs- u. Genußmittel 1898. **1**, 709.

Flüssigkeit dreimal mit je 20 ccm Chloroform ausgeschüttelt; die vereinigten Chloroformlösungen hinterlassen nach dem Verdunsten ein weißes Alkaloid, welches getrocknet und gewogen wird.

2. Freies und gebundenes Alkaloid und Bestimmung des Fettes. 10 g der geraspelten, trockenen Droge werden mit 10 g grobem Sand gemischt und mit Chloroform extrahiert, das Chloroform wird verdunstet, der Extrakt getrocknet und gewogen (Fett + freies Coffein).

Aus der Mischung der beiden wird durch Kochen mit Wasser das Coffein ausgezogen, das Wasser verdampft, der Rückstand wie bei 1. mit Salzsäure aufgenommen, die Lösung ammoniakalisch gemacht, diese dann mit Chloroform ausgeschüttelt usw. (freies Coffein).

Zur Identifizierung von ungeröstetem Colapulver empfiehlt Verf. neben der mikroskopischen Untersuchung folgendes Verfahren: 20 g des fraglichen Pulvers werden mit 10 g Magnesia usta gemischt, mit Spiritus dilutus befeuchtet, und sodann wird das Ganze mit 100 ccm desselben Spiritus durch Digestion bei geringer Wärme ausgezogen. Nach 12 Stunden filtriert man in ein weißes Glas. Das klare Filtrat zeigt in 10 cm dicker Schicht eine blaugrüne, an Curcuma erinnernde Fluorescenz.

Bezüglich der Wertbestimmung von Colafluidextrakt und Colatinktur, welche sich auf die Feststellung der Trockensubstanz, des spez. Gewichtes, der Identität, ferner der Bestimmung des freien und gebundenen Coffeins beschränken kann, ist zu bemerken, daß die letzteren Bestimmungen in derselben Weise ausgeführt werden wie im Colapulver, unter der Voraussetzung selbstverständlich, daß die Flüssigkeiten vorher bis zur Sirupkonsistenz eingedickt worden sind.

Zur Identifizierung dient die Amalinsäurereaktion. Man oxydiert den Rückstand durch Erwärmen mit Chlorwasser und setzt nach Vertreiben des Chlors Alkalilauge zu; wenn Coffein vorlag, tritt dunkelviolette Färbung, mit Ferrosulfat und Ammoniak indigoblaue Lösung ein. Man kann die Oxydation des Coffeins bzw. Theobromins zu Amalinsäure auch in der Weise bewirken, daß man in eine 50° warme Lösung derselben (1,5 Teile) in 2,0 Teilen Salzsäure (von 1,19 spez. Gewicht) und 4,5 Teilen Wasser allmählich 0,7 Teile chlorsaures Kali einträgt. Die klare Lösung von Dimethylalloxan) wird mit dem gleichen Volumen Wasser verdünnt, das freie Chlor durch schweflige Säure zerstört und die Amalinsäure durch Schwefelwasserstoff ausgefällt.

Über die mikroskopische Untersuchung der Colanuß ist folgendes zu bemerken:

Die in den Handel gebrachten Colanüsse bestehen in der Regel aus den geschälten Samen, d. h. dem Embryo mit zwei oder mehr dicken, an der Berührungsfläche gekrümmten und an den Rändern wulstig aufgetriebenen Keimblättern (Kotyledonen). Die letzteren sind sehr einfach gebaut, sie sind beiderseits von einer Epidermis (Fig. 155) bedeckt, welche an der Außenseite der Kotyledonen aus derben, radial gestreckten Zellen besteht, deren Seitenwände in der Flächenansicht bei starker Vergrößerung eine deutliche Tüpfelung erkennen lassen, während die Epidermiszellen der Kotyledoneninnenseite quadratisch und zarter sind. Das dazwischen liegende Parenchym ist in den 2—3 äußersten Schichten noch kleinzellig und etwas gestreckt und collenchymatisch, während die Hauptmasse desselben aus großen, ziemlich isodiametrischen, gerundet-polyedrischen, nicht sehr derbwandigen Zellen besteht, zwischen welchen zarte Gefäßbündel mit Spiralgefäßen verlaufen. Das für die Erkennung entscheidende Merkmal bilden nach Mey die

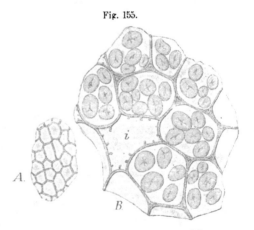

Fig. 155.

Gewebe der Colanuß. Vergr. 250.
A Epidermis, B Parenchym der Kotyledonen, i Intercellularraum mit den Auswüchsen der Zellwände.
Nach C. Mey.

großen Intercellularräume im Parenchym, in welchem die Zellwände zerstreute, knopfige oder leistenförmige Auswüchse zeigen. Ein weiteres Erkennungsmittel bieten die Stärkekörner, welche gestreckt-eiförmig, rundlich oder keulenförmig, birnenförmig, meist einfach, häufig mit zerklüftetem Spalt versehen und deutlich geschichtet sind. Größe derselben 15—30 μ, daneben auch kleinere (3—10 μ). Wenn das Präparat in Kalilauge untersucht wird, so sind häufig lange Coffeinnadeln, meist in Büscheln, zu beobachten.

Tee.

A. Vorbemerkungen.

1. Begriffserklärung. Unter der Bezeichnung „Tee" versteht man die auf verschiedene Weise zubereiteten Blattknospen und jungen Blätter der Teepflanze (Thea sinensis) und einer ihrer Varietäten (Thea sinensis var. Assamica Sims.).

Die besseren Teesorten enthalten ausschließlich unentfaltete Blattknospen und wenig entwickelte Blätter, während die stärker entwickelten Blätter zur Herstellung der gewöhnlichen Teesorten dienen. Der vorwiegend in Japan und China angebaute Tee (eine Abart des echten Tees) hat kleine und dicke Blätter, während die assamische Varietät, die vorwiegend auf Java, Ceylon und in Indien angebaut wird, groß- und dünnblätterig ist.

2. Der *Zubereitung* nach unterscheidet man grünen und schwarzen Tee, von denen ersterer im wesentlichen dadurch gewonnen wird, daß die Blätter gleich nach dem Pflücken und Welken gerollt, in der Sonne getrocknet[1]) und in Pfannen über Feuer schwach geröstet werden, während bei der Bereitung des schwarzen Tees die Blätter nach dem Pflücken erst einer 1—2tägigen Fermentation unterworfen werden (vgl. Bd. II, 1904, S. 1099).

3. Die *Bezeichnungen* der Teesorten entsprechen den Altersverhältnissen der Blätter und bedeuten weder Orts- noch Lagenamen. So bedeutet: Pecco = weißes Haar, Bai-chao = weißer Flaum (d. h. stark behaarte, also beste Sorte schwarzen Tees), Souchong = kleine Pflanze, Congu oder Congfu = gerollt, Oolong = schwarzer Drache, Haysan oder Hysan = Frühling (d. h. beste Sorte grünen Tees) usw. (vgl. Bd. II, 1904, S. 1101 und Vereinbarungen im Deutschen Reich 1902, III. Heft, S. 47). Die hauptsächlichsten Handelssorten von schwarzem chinesischen Tee sind: Pecco, Souchong, Congo, Oolong; von grünem Tee: Imperial (länglich gerollte) und Gunpowder und Joosges (kugelig gerollte Blätter).

„Bruchtee" wird durch Sieben der Abfälle aus den gröberen Anteilen gewonnen; im gepreßten Zustande heißt er „Würfeltee", in anderen Fällen auch „Ziegeltee".

„Lügentee" (Lietee) besteht aus dem Staub der Teekisten, aus Teebruch, gepulverten Stielen und Zweigspitzen, die mit Hilfe eines klebenden Stoffes zusammengepreßt werden.

4. Die *chemische Zusammensetzung* des Tees schwankt nach etwa 160 Analysen wie folgt:

Gehalt	Wasser %	\multicolumn{11}{c}{In der Trockensubstanz}
		Stick-stoff-Sub-stanz %	Tein %	Äthe-risches Öl %	Fett, Wachs, Chloro-phyll %	Dex-trine. Gummi %	Gerb-säure %	Pento-sane %	Roh-faser %	Asche %	In Wasser löslich Gesamt %	In Wasser löslich Asche %
Niedrigster .	4,0	20,0	1,2	0,5	4,0	0,5	5,0	—	9,5	4,5	30,0	1,7
Höchster . .	12,0	42,0	5,0	1,1	16,5	11,0	27,5	—	17,0	8,7	55,0[2])	5,5
Mittlerer . .	8,5	26,3	3,1	0,7	9,0	—	13,5	6,1	11,6	6,5	42,0	3,3

---

[1]) Der gelbe Tee wird im Schatten getrocknet.

[2]) In einzelnen Sorten sogar bis 60%.

Die vorstehenden Gehaltszahlen beziehen sich auf grünen und schwarzen Tee. Es ist aber in Bd. II, 1904, S. 1103 schon darauf hingewiesen, daß der schwarze Tee infolge der Fermentation, der er unterworfen wird, durchweg etwas weniger in Wasser lösliche Stoffe und weniger Gerbstoff enthält als der grüne Tee, welcher nach dem Pflücken sofort getrocknet zu werden pflegt. So fanden:

Tee	1. Romburg u. Lohmann			Tee	2. J. M. Eder (im Mittel zweier Untersuchungsreihen)			
	Wasser-extrakt	Alkohol-extrakt	Gerb-säure		Wasser-extrakt	Gerb-säure	Asche	
							Gesamt-	wasser-löslich
	%	%	%		%	%	%	%
Frische Blätter .	48,1	37,9	20,5	Grüner . .	41,6	17,4	5,7	2,9
Grüner Tee . .	44,8	34,7	16,8	Schwarzer	39,2	10,4	5,6	2,6
Schwarzer Tee .	38,2	27,7	15,2	Gelber . .	40,8	12,7	5,7	2,6

Für schwarzen Tee des Handels haben gefunden:

Untersucher	Wasserextrakt		Gesamtasche		Wasserlösliche Asche	
	Schwankungen %	Mittel %	Schwankungen %	Mittel %	Schwankungen %	Mittel %.
1. Beythien, Bohrisch u. Deiter[1]) (35 Proben)	29,53—44,75	35,03	5,32—6,40	5,78	2,08—3,99	3,13
2. A. Röhrig[2]) (26 Proben)	27,36—45,92	33,10	4,45—9,16	5,89	2,62—6,17	3,70

Der Wassergehalt der letzten Proben schwankte zwischen 5,98—11,86% und betrug im Mittel 8,64%. Nach Untersuchungen von Jam. Bell und G. W. Slater enthielten grüne (Gunpowder) Teesorten 41,50 und 46,56%, schwarze Teesorten dagegen 26,4—36,8% in Wasser lösliche Stoffe.

Die Art der Zubereitung scheint auf den Gehalt an Wasserextrakt und Gerbsäure einen größeren Einfluß zu haben als die Herkunft. So fanden R. Tatlock und T. Thomson[3]) im Mittel für Tee aus verschiedenen Ländern:

Tee:	Gesamte in Wasser lösliche Stoffe			Gerbsäure		
	indischer	Ceylon-	chinesischer	indischer	Ceylon-	chinesischer
	46,43%	44,10%	43,09%	14,33%	12,29%	9,50%

Die Gesamtasche (ohne Sand) schwankte zwischen 5,05—6,29%, die wasserlösliche Asche zwischen 2,76—3,91%. Der Coffeingehalt gibt nach den Untersuchern keinen Anhalt für die Beschaffenheit eines Tees.

C. Hartwich und P. A. Du Pasquier[4]) verfolgten den Tein- und Gerbsäuregehalt während der Zubereitung des Tees, indem sie das freie und gebundene Tein mit Chloroform vor und nach Zusatz von Ammoniak auszogen und dasselbe nicht im Wassertrockenschrank wegen der hierin eintretenden Verluste, sondern über Schwefelsäure trockneten, die Gerbsäure nach dem Verfahren von Fleck mit Kupferacetat bestimmten. Sie fanden auf diese Weise z. B. bei einem Tee aus Pavia:

---

[1]) Zeitschr. f. Untersuchung d. Nahrungs- u. Genußmittel 1900, **3**, 145.

[2]) Ebendort 1904, **8**, 732.

[3]) Nach The Analyst 1910, **35**, 103 in Zeitschr. f. Untersuchung d. Nahrungs- u. Genußmittel 1911, **22**, 531.

[4]) Apotheker-Ztg. 1909, **24**, 109, 119, 130 u. 136.

	Wasser	Gerbsäure	Tein		
			frei	gebunden	im ganzen
Sofort nach dem Pflücken	75,27%	29,70%	0,58%	3,66%	4,24%
Nach dem Welken und Rollen . . .	38,25	23,17	2,69	0,82	3,51
Nach 3½ stündiger Fermentation . . .	22,19	14,96	2,57	1,68	4,25
Nach dem Rösten	9,67	12,59	3,20	1,07	4,27

Gleich nach dem Pflücken ist das Tein fast ganz in gebundenem Zustande vorhanden und geht erst durch weitere Behandlung in den freien Zustand über.

Die Umsetzungen werden durch Fermente bewirkt und ist besonders für die Umsetzung der Gerbsäure der Sauerstoff der Luft erforderlich.

Es kommt aber in geringen Teesorten ein wesentlich niedrigerer Gehalt als bei den gangbaren Handelssorten (China, Japan, Ceylon) vor. So hat der russische Tschakawa-Tee aus der Gegend von Batum nach J. J. Kijanizyn[1]) folgende Zusammensetzung:

Wasser	Tein	Ätherisches Tecöl	Gerbsäure	Asche	Wasserextrakt
9,80%	1,05%	0,59%	10,33%	5,79%	34,00%

Der Tschakawa-Tee unterscheidet sich von dem Ceylon-Tee dadurch, daß der heiße wässerige Auszug beim Kühlen nicht wie bei diesem einen Niederschlag, sondern nur eine schwache Trübung zeigt.

5. Die *Verfälschungen und Verunreinigungen des Tees* sind schon eingehend in Bd. II, 1904, S. 1105 angegeben. In kurzer Wiederholung unter Zufügung einiger neuen Beobachtungen mögen hier nochmals folgende aufgeführt werden:

a) Die Untermischung geringwertiger Sorten unter bessere bzw. unrichtige Bezeichnung.

b) Beimengung wertloser Bestandteile der Teepflanze selbst.

So fand A. Besson[2]) in Teesorten bis 17,5% (in einem Falle bis 36,1%) Stengel, die weniger in Wasser lösliche Stoffe und auch weniger Tein (Coffein) als die Blätter enthalten und daher die Qualität des Tees herabsetzen.

Einer besonderen Erwähnung bedarf auch der Zusatz von Teeblüten. Unter Teeblumen bzw. Teeblüten versteht man bisher im Handel die fein behaarten Blattspitzen; neuerdings werden darunter aber auch die getrockneten wirklichen Blüten der Teepflanzen vor dem Öffnen, die getrockneten Blütenknospen verstanden; diese liefern auch einen Aufguß von Teegeschmack und -geruch, die aber von denen der Teeblätter abweichen.

Perrot und Goris[3]) fanden in zwei Proben Teeblüten 9,60% Wasser, 2,65% Asche und in der Trockensubstanz 2,14% Coffein. Die Asche enthielt beträchtliche Mengen Mangan und Eisen.

L. Winton[4]) beobachtete in einem Tee eine Verfälschung mit 11,5% getrockneten Teeblüten, an denen noch die Stiele und Kelche hingen. Wenn die Teeblüten auch zum Beduften des Tees verwendet werden, so sind doch die Früchte, die eine dreifächerige Beere bilden, ebenso die Samen, welche dem Tee mitunter ebenfalls beigemengt werden, wertlos. Rufi[5]) fordert daher mit Recht, daß die sog. Teeblumen, d. h. die Blattknospen, die im allgemeinen den wertvollsten Tee liefern, streng von den eigentlichen Teeblüten im Handel unterschieden werden müssen.

Anmerkung. Die Verwendung von wohlriechenden Pflanzen (wie den Blüten von Osmanthus fragans und Aglaia odorata Loun., Jasminum sambae Ait., Blättern von Rosen,

---

[1]) Zeitschr. f. Untersuchung d. Nahrungs- u. Genußmittel 1905, **10**, 261.

[2]) Chem.-Ztg. 1911, **35**, 813.

[3]) Zeitschr. f. Untersuchung d. Nahrungs- u. Genußmittel 1909, **18**, 439.

[4]) Ebendort 1902, **5**, 1171. A. Soltsien hat (ebendort 1903, **6**, 468) schon 1894 auf die Verfälschung des Tees mit Teeblüten aufmerksam gemacht.

[5]) Ebendort 1912, **24**, 478.

Kamelienarten, Viburnum phlebotrichum Sieb. et Zucc., Samen von Sternanis, den Achänen einer Komposite usw.) kann als zulässig angesehen werden, wenn sie nur zum Beduften zwischen oder auf den Boden der Versandkisten gelegt und wieder entfernt bzw. nicht mitverkauft werden.

c) Herstellung von Tee aus Teeabfällen mit Klebemitteln (Gummi, Stärke, Dextrin usw.). Die Teeabfälle haben zwar nach Bd. II, S. 1105 einen ähnlichen Gehalt an Tein, Gerbsäure, Wasserextrakt, aber sie enthalten naturgemäß auch Schmutz aller Art und sind aus dem Grunde, wenn nicht gar schädlich, so doch sehr minderwertig.

d) Zusatz oder gar alleiniger Verkauf von bereits gebrauchten Teeblättern.

e) Unterschiebung von Tee-Ersatzblättern, z. B. von Mate oder Paraguay-Tee, Kaffeebaumblättern, Faham- oder Fa-am oder bourbonischem Tee, böhmischem oder kroatischem Tee (Lithospermum officinale L.), Blättern von Weidenröschen (Epilobium angustifolium L. und E. hirsutum L), Preiselbeerblättern (Vaccinium Arctostaphylos L.), Heidelbeerblättern (Vaccinium Myrtillus L.), Weideblättern (Salix alba L., S. pentandra L., S. amygdalina L.) u. a.

f) Vermischung von gebrauchtem Tee mit Blättern vorstehender Arten; so pflegt der Koporische Tee (Koporka, Iwantee) aus einem Gemisch von gebrauchtem Tee mit Blättern von Epilobium, Spiraea ulmaria und dem jungen Laub von Sorbus aucuparia, der Kaukasische (Batum- oder Abchasischer) Tee aus einem Gemisch von erschöpftem Tee mit Preiselbeerblättern zu bestehen. Auch Perl-, Imperial-, Hyson-Tee sind Mischungen von etwas echtem Tee mit verschiedenen Blättern unbestimmter Abstammung.

g) Vermischung mit sonstigen indifferenten und wertlosen Blättern von z. B. Schlehe (Prunus spinosa L.), Kirsche (Prunus Cerasus L.), Holunder (Sambucus nigra L.), Esche (Fraxinus excelsior L.), Rose (Rosa canina L.), Erdbeere (Fragaria vesca L.), Rüster (Ulmus campestris L.), schwarzer Johannisbeere (Ribes nigrum L.) usw. (vgl. weiter S. 249 u. f. und Bd. II, 1904, S. 1106 und 1107).

h) Beschwerung mit Gips, Ton und Schwerspat.

i) Auffärbung mit Berlinerblau und Gips, Curcuma und Gips, Indigo und Bleichromat für grünen Tee, von Graphit, Kohle, Catechu, Kino- und Campecheholz für schwarzen Tee.

k) Einer besonderen Erwähnung bedarf noch der Bleigehalt in havariertem Tee.

Der Tee pflegt in Schilfmatten oder Holzkistchen, die innen mit Bleifolie belegt sind, oder in Bleipackung allein versandt zu werden, um ihn vor Verlusten an Aromastoffen zu schützen. Diese Versandweise ist unbedenklich, solange die Ware trocken bleibt, zumal wenn zwischen Tee und Blei eine Papierlage gewählt wird. Wenn aber der Tee auf irgendeine Weise feucht oder mit Meerwasser (bzw. Süßwasser) benetzt (havariert) wird, kann er, wie P. Buttenberg[1]) gezeigt hat, bleihaltig werden und auch sonst nachteilige Veränderungen erleiden. So fand P. Buttenberg im Mittel mehrerer nicht beschädigten und havarierten Proben:

Tee	Wasser %	Wässeriger Auszug %	Tein %	Mineralstoffe			Blei %
				im ganzen %	in Wasser löslich %	in Salzsäure unlöslich %	
Nicht beschädigt . . .	7,38	34,3	2,58	5,59	3,37	0,35	nicht nachweisbar
Havariert	9,05	26,8	2,47	4,20	1,74	0,46	0,0156—0,0258
Mit Wasser selbst ausgezogen	6,34	17,4	1,45	3,43	0,91	0,36	—

Die Teebleifolien enthielten 73,8—95,2% Blei und waren bei den (in diesem Falle mit Süßwasser) havarierten Proben stark angegriffen. Da nach Brouardel eine längere Zeit fortgesetzte Bleiaufnahme von täglich 1 mg Blei schon chronische Bleivergiftungen beim Menschen hervorrufen kann, so ist der Genuß von derartigem bleihaltigen Tee gesundheitlich nicht unbedenklich.

---

[1]) Zeitschr. f. Untersuchung d. Nahrungs- u. Genußmittel 1905, **10**, 110.

6. Probenahme für die Untersuchung. Die zu entnehmende Probe Tee muß einem guten Durchschnitt der Ware entsprechen und mindestens 100 g betragen. Von größeren Haufen bzw. Vorräten entnimmt man zunächst aus allen Schichten Teilproben von im ganzen etwa 1 kg und mehr, mischt diese gut durch und entnimmt hiervon die kleinere Durchschnittsprobe von mindestens 100 g, die in trockene und vor Feuchtigkeit zu schützende Gefäße eingefüllt werden. Kleinere Behälter (Büchsen, Pakete u. a.) können in der Originalumhüllung entnommen werden, wobei auf Metallfolien besonders zu achten ist.

7. Auszuführende Prüfungen und Bestimmungen. Für die Beurteilung der Reinheit des Tees sind besonders folgende Bestimmungen wichtig, nämlich: 1. Sinnenprüfung; 2. Bestimmung des Wassers; 3. des wässerigen Extraktes; 4. der Asche und des in Wasser löslichen Anteiles derselben; 5. Qualitative Prüfung auf Tein durch Sublimation; 6. Morphologische Untersuchung der aufgeweichten Blätter mittels der Lupe.

Hierzu treten gegebenenfalls noch folgende wünschenswerte Bestimmungen: 1. Quantitative Bestimmung des Teins; 2. der Gerbsäure; 3. der künstlichen Färbung; 4. von Klebemitteln; 5. eingehende mikroskopische Untersuchung der Blätter.

B. Ausführung der Untersuchung.

1. Sinnenprüfung. In der Praxis beurteilt man die Beschaffenheit des Tees meistens nach Aussehen und Geruch, ferner nach Farbe, Klarheit, Geruch und Geschmack des wässerigen Aufgusses.

Der Codex alim. austr. sagt darüber:

„Das Aroma tritt am besten hervor, wenn man den Tee anhaucht und rasch dazu riecht. Über die Feinheit des Geschmacks gibt die Aufgußprobe Auskunft. Zu ihrer Durchführung ist weiches Wasser zu verwenden; hartes Wasser muß mit kohlensaurem Natron weich gemacht werden. Man bringt den Tee in ein vorher erwärmtes Ton- oder Porzellangefäß und übergießt ihn mit kochendem Wasser. Nach 3—5 Minuten ist der Aufguß fertig. Ein längeres Stehenlassen mit dem heißen Wasser wäre zwecklos, weil die wertvollen Bestandteile des Tees, das Coffein und die aromatischen Extraktivstoffe, schon in den ersten Minuten in Lösung gehen; was sich später löst, sind lediglich Farb- und Gerbstoffe, die dem Aufguß nichts anderes als einen bitteren Geschmack und eine dunkle Färbung verleihen."

Bei einem **guten** Tee hat der wässerige Auszug eine goldgelbe Farbe, ist klar und weist den eigenartigen Teegeruch und -geschmack auf.

Nach der **Größe der ausgewachsenen Blätter** unterscheiden sich einzelne Sorten wie folgt:

	Länge der Blätter	Breite der Blätter
Chinesischer Tee	4,5—7,0 cm	2—3 cm
Ceylon- und indischer Tee	10—14 „	4—5 „
Assäm- bzw. Sana-Tee	bis 23 „	bis 8 „

Über die Bedeutung der **Behaarung** zur Beurteilung der Güte des Tees vgl. unter Nr. 10, S. 246.

2. Bestimmung des Wassers. 5—10 g fein gepulverter Tee werden bei 100° bis zur Gewichtsbeständigkeit getrocknet (vgl. III. Bd., 1. Teil, S. 14 u. f.).

Anmerkung. Diese von der Kommission deutscher Nahrungsmittelchemiker vereinbarte Vorschrift ist auch in der Codex alim. austr. aufgenommen. Das Schweizer. Lebensmittelbuch schreibt dagegen wie bei Gewürzen ein zweistündiges Trocknen im Wassertrockenschrank vor.

3. Menge der in Wasser löslichen Stoffe (Wasserextrakt). Die früheren Vereinbarungen Deutscher Nahrungsmittelchemiker empfehlen wie beim Kaffee (S. 169) die **indirekte** Bestimmung:

20 g Tee werden auf dem siedenden Wasserbade einen halben Tag lang mit 400 ccm Wasser stehengelassen, die Masse durch ein gewogenes Filter filtriert und so lange mit Wasser nachgewaschen, bis die Menge des Filtrats 1 l beträgt. Aus dem bei 100° getrockneten und gewogenen Filterrückstande wird die Extraktmenge unter Berücksichtigung des Wassergehaltes des Tees berechnet.

Auch das Schweizer. Lebensmittelbuch schlägt das indirekte Verfahren in folgender Ausführung vor:

5 g Tee werden in einem Becherglase von 1 l Inhalt mit 750 ccm Wasser übergossen, erhitzt und eine Viertelstunde lang im Sieden erhalten. Nach Verlauf dieser Zeit wird abfiltriert, indem man dafür Sorge trägt, daß womöglich keine Blätter auf das Filter gelangen.

Die Blätter werden von neuem mit 750 ccm Wasser gekocht und dieses Verfahren im ganzen viermal vorgenommen. Der letzte Auszug erscheint völlig farblos und enthält keine Extraktstoffe mehr. Die extrahierten Blätter werden in eine gewogene Porzellanschale gebracht, auf dem Wasserbade vorgetrocknet und darauf im Wassertrockenschrank bis zur Gewichtsbeständigkeit getrocknet.

Vom Gewichtsverlust muß der Wassergehalt des Tees in Abrechnung gebracht werden.

Dagegen empfiehlt der Codex alim. austr. das direkte Bestimmungsverfahren in folgender Weise:

10 g des gut gemischten Tees werden mit 300 ccm siedenden Wassers übergossen und zwei Stunden lang auf dem Wasserbade erhitzt. Sodann wird die Flüssigkeit möglichst klar abgegossen und in einen Literkolben filtriert. Den Rückstand behandelt man neuerdings mit 200 ccm siedendem Wasser und wiederholt das oben angegebene Verfahren, bis der Literkolben nahezu gefüllt ist. Man läßt dann abkühlen, eine eintretende leichte Trübung hat keine Bedeutung, füllt vollständig bis zur Marke auf, schüttelt gut durch und bestimmt den Gehalt an wasserlöslichen Stoffen durch Abdampfen von 100 ccm des Filtrates in einer gewogenen Schale und Trocknen des Rückstandes bei 100° C.

Mit Rücksicht auf die Verschiedenheit vorstehender Verfahren haben A. Beythien, P. Bohrisch und J. Deiter[1]) vergleichende Versuche nach verschiedenen Auskochungs- bzw. Ausziehungsverfahren angestellt. Als erstes Verfahren wendeten sie das vorstehende im Schweizer. Lebensmittelbuch beschriebene Auskoch-verfahren an. Wegen der Umständlichkeit dieses Verfahrens prüften sie dann weiter:

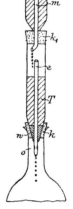

Fig. 156.

Das Extraktionsverfahren. Hierzu kann man sich zweckmäßig des zuerst von B. Fischer angegebenen Apparates bedienen (Fig. 156).

Man zieht eine Glasröhre von 30 mm lichter Weite an einer Seite derartig aus, daß der verjüngte Teil 15 mm weit ist und der weitere Teil der Röhre eine Länge von 15 cm besitzt. Durch den verjüngten Teil führt man ein engeres Glasrohr (e), welches unten in eine Spitze ausgezogen ist und in der Nähe dieser Spitze zwei seitliche Öffnungen (o) trägt. Durch Hineinpressen von Watte (w) in den Zwischenraum zwischen dem weiteren und engeren Glasrohr werden beide in eine feste Verbindung miteinander gebracht. Vermittels eines Korkstopfens (k) setzt man die verbundenen Glasröhren auf einen Kolben und verbindet das obere Ende des Extraktionsapparates durch einen Korkstopfen (k₁) mit dem Kühler (m).

Extraktionsapparat.

Zur Ausführung der Extraktbestimmung im Tee wird der Apparat mit einer abgewogenen Menge ausgekochter und wieder getrockneter Watte beschickt und darauf der fein gepulverte Tee (T) auf die Watte in den Zwischenraum zwischen beide Glasröhren gebracht. Man wählt als Untersatz einen Literkolben, den man nur zu einem Drittel oder Viertel mit Wasser füllt, weil bei dem bald eintretenden starken

1) Zeitschr. f. Untersuchung d. Nahrungs- u. Genußmittel 1900, 3, 145.

Schäumen sonst leicht ein Überschäumen der Flüssigkeit stattfinden kann. Auch empfiehlt es sich, das Wasser im Kolben nach einstündigem Sieden zu entleeren und durch neues zu ersetzen. Man erhitzt über freier Flamme so lange, bis das Wasser farblos abläuft, was nach 8—10 Stunden der Fall zu sein pflegt. Alsdann nimmt man den Apparat auseinander und bringt das ausgezogene Teepulver quantitativ in eine gewogene Platinschale. Das verlustlose Herausbringen kann durch Auswischen mit der Watte oder nötigenfalls durch Nachspülen mit der Spritzflasche bewirkt werden. Man trocknet das Ganze wie vorhin bis zur Gewichtsbeständigkeit und erfährt nach Abzug des Gewichtes der Watte die Menge des extraktfreien Rückstandes. Zur Ermittlung des wahren Extraktgehaltes muß natürlich der Wassergehalt des Tees berücksichtigt werden (vgl. III. Bd., 1. Teil, S. 422).

Ebenso einfach läßt sich aber nach Beythien und Mitarbeitern das Ausziehen des Tees in folgender Weise erreichen:

Einfaches Auskochverfahren in Säckchen:

3 g fein gepulverter Tee werden auf ein kreisförmig geschnittenes Stück Leinwand von 20 cm Durchmesser gelegt, das Leinen in Form eines Säckchens zusammengefaltet und fest zugebunden. Je 8—10 solcher Säckchen, von denen jedes durch ein Bleigewicht mit hineingekratzter Nummer beschwert wird, hängt man in einen mit Wasser gefüllten Emailletopf, der, auf einem Gaskocher stehend, in lebhaftem Sieden erhalten wird. Nach 2 Stunden hängt man sämtliche Säckchen in einen anderen mit frischem Wasser gefüllten Topf und wiederholt dieses Auskochen, bis das Wasser nach 2 Stunden völlig farblos bleibt. Noch einfacher gestaltet sich das Verfahren, wenn man die Säckchen nicht in frisches Wasser bringt, sondern für einen fortwährenden Zu- und Abfluß sorgt. Durch ein auf den Boden des Gefäßes führendes Heberrohr aus Zinn, welches mit einem Hahn versehen ist, läßt man die extrahierte Flüssigkeit abfließen, während mit gleicher Geschwindigkeit frisches Wasser aus der Leitung hinzuläuft. Auf diese Weise kommt der Inhalt der Säckchen fortwährend mit neuem Extraktionsmittel in Berührung, ohne daß das Sieden je aufhört. Sobald die Flüssigkeit farblos abläuft, hebt man die Säckchen heraus, öffnet sie, breitet sie auf einer Porzellanschale aus und trocknet sie vorläufig. Darauf bringt man ihren Inhalt, der sich jetzt sehr leicht quantitativ von ihnen entfernen läßt, in gewogene Wägegläschen und trocknet bis zum beständigen Gewicht. Von dem so erhaltenen Extrakte ist natürlich auch hier wieder der Wassergehalt des Tees in Abzug zu bringen.

Alle drei in vorstehender Weise ausgeführten Verfahren lieferten gut übereinstimmende Ergebnisse. So wurde gefunden:

Nach dem	Souchongtee	Sonnentee I	Staubtee	Kongotee	
Auskoch-Verfahren	33,82%	30,74%	32,38%	30,49%	Wasserextrakt
Extraktions- ,, ...	34,03	30,80	32,52	30,48	,,
Säckchen- ,, ...	33,94	29,94	33,00	30,58	,,

Die Verfasser empfehlen hiernach für Einzelbestimmungen das Auskochverfahren, für Massenbestimmungen dagegen das Extraktionsverfahren oder auch das Säckchenverfahren, welches genügend genaue Ergebnisse liefert.

Der Preis stand weder zu dem Gehalt an Gesamtextrakt, noch zu dem an Asche und wasserlöslicher Asche in irgendeiner Beziehung; er richtete sich vielmehr nach dem Geruch und Geschmack des heiß bereiteten wässerigen Aufgusses.

Beythien und Mitarbeiter halten einen Tee, der weniger als 25% wässerigen Extrakt liefert, der vorherigen Ausziehung für verdächtig.

M. Mansfeld[1]) schließt aus seinen Untersuchungen, daß der untere Grenzwert für die Gesamtmenge der in Wasser löslichen Stoffe bei den besseren Teesorten 30%, bei den minderwertigeren Qualitäten 24,3—25,8% (also rund 25%) betrage.

---

[1]) Zeitschr. f. Untersuchung d. Nahrungs- u. Genußmittel 1903, **6**, 468.

Tatlow und Thomson[1]) haben ein noch einfacheres als vorstehende Verfahren angegeben. Sie verfahren zur Bestimmung der gesamten in Wasser löslichen Stoffe (des Wasserextraktes) wie folgt:

1 g des gepulverten Tees bzw. Kaffees wird mit 400 ccm Wasser eine Stunde lang am Rückflußkühler gekocht. Der unlösliche Rückstand wird auf einem gewogenen Filter mit 80 ccm heißem Wasser gewaschen, bei 100° getrocknet und gewogen. Das so erhaltene Ergebnis wird auf Prozente berechnet und um den gefundenen Wassergehalt vermehrt; durch Subtraktion dieser Summe von 100 erhält man den Wasserextrakt.

Anmerkung. Das Verfahren hat aber den Nachteil, daß durch Anwendung von nur 1 g Tee kaum eine genügende Durchschnittsprobe erhalten werden kann.

Tatlow und Thomson unterscheiden zwischen Wasserauszug, der wie vorstehend bestimmt wird, und Wasseraufguß bzw. Teeaufguß, den sie in der Weise bestimmen, daß sie entsprechend dem Küchengebrauch 300 ccm Wasser zum Sieden erhitzen, 7,5 g unzerkleinerten Tee hinzugeben, umrühren, etwa 3—5 Minuten ziehen lassen, schnell durch feines Musselin oder Gaze gießen und von dem abgekühlten Filtrat aliquote Teile zu den einzelnen Bestimmungen verwenden.

4. Bestimmung des Teins. Das Tein bzw. Coffein im Tee wird ganz wie das Coffein im Kaffee S. 161—168 bestimmt. Einige der dort im Zusammenhange mitgeteilten Verfahren sind sogar zuerst für Tee ausgearbeitet worden.

Über die Bestimmung des freien und gebundenen Teins vgl. vorstehend unter Colanuß S. 232.

a) Über den qualitativen Nachweis von Tein bzw. Coffein behufs Nachweises von extrahiertem Tee vgl. unter Nr. 8.

b) Quantitative Bestimmung des Teins bzw. Coffeins. Der Codex alim. austr., der für die Coffeinbestimmung im Kaffee das Verfahren von J. Katz vorschreibt, wendet für den Tee das Kellersche Verfahren in nachstehender großen Ausführlichkeit an:

Man bringt in einen weithalsigen Scheidetrichter 6 g getrocknete, unzerkleinerte Teeblätter und übergießt sie mit 120 g Chloroform. Hat man keinen weithalsigen Scheidetrichter zur Verfügung, so kann der Tee, damit er sich nach der Extraktion leichter aus dem Trichter spülen läßt, etwas zerrieben werden; ihn zu pulverisieren ist aber nicht nur unnötig, sondern sogar schädlich, weil eine zu weitgehende Zerkleinerung die Extraktion des Coffeins nicht wesentlich fördert, wohl aber viel stärker gefärbte Lösungen liefert. Nach einigen Minuten, d. h. nachdem das Chloroform den Tee durchdrungen hat, gibt man 6 ccm 10 proz. Ammoniakflüssigkeit hinzu und schüttelt die Mischung während einer halben Stunde wiederholt kräftig durch. Unter der Einwirkung des Ammoniaks quellen die Teeblätter bald stark auf und der Gerbstoff wird gebunden, während das Coffein in das Chloroform übergeht. Man läßt nunmehr den Scheidetrichter ruhig stehen, bis die Lösung vollständig klar geworden ist und der Tee die wässerige Flüssigkeit völlig aufgesogen hat, was je nach der Teesorte 3—6 Stunden und länger dauert. Die Färbung der Lösung wechselt mit den verschiedenen Teesorten; bei feinen Schwarzteeproben, wie Flowery Pekoes, Souchongs und Congues, erhält man helle, blaßgrün bis gelblichgrün gefärbte, bei geringen Schwarzteesorten und bei grünem Tee dunklere, mehr bräunlichgrüne Lösungen. Sobald völlige Klärung eingetreten ist, läßt man 100 g des Chloroforms, entsprechend 5 g Tee, durch ein kleines, mit Chloroform benetztes Filter in ein tariertes Kölbchen abfließen, wäscht das Filter mit einer geringen Menge des Lösungsmittels aus und destilliert schließlich das Chloroform im Wasserbade ab. Den Rückstand übergießt man mit 3—4 ccm absolutem Alkohol, den man im Wasserbade wegkochen läßt, indem man die Alkoholdämpfe mit einem kleinen Handgebläse wegbläst; das Coffein ist dann in wenigen Minuten trocken. Durch diese Behandlung mit Alkohol werden die letzten Reste von Chloroform, die das Coffein hartnäckig zurückhält, beseitigt. Ferner findet, wie das Aussehen des Rohcoffeins erkennen läßt, eine gewisse Trennung statt, indem sich das Chlorophyll am Boden und an den Wandungen

[1]) Zeitschr. f. Untersuchung d. Nahrungs- u. Genußmittel 1911, **22**, 530 u. 531.

des Kölbchens festsetzt, während sich das Coffein in weißen Krusten darüber abscheidet und dadurch der Einwirkung von Lösungsmitteln zugänglicher wird. Dieses Rohcoffein ist nur ganz ausnahmsweise so rein, daß es direkt gewogen werden kann. Es enthält ätherisches Öl (das Teearoma kann am Rohcoffein sehr gut wahrgenommen und beurteilt werden), etwas Fett und Pflanzenwachs und nicht unerhebliche Mengen von Chlorophyll, weshalb es einer Reinigung unterzogen werden muß, die durch Lösen in verdünntem Alkohol bewerkstelligt wird. Auch hierbei empfiehlt es sich, um eine möglichst reine, wenig gefärbte Lösung zu erhalten, einen kleinen Kunstgriff anzuwenden. Man stellt nämlich das Kölbchen auf ein kochendes Wasserbad und übergießt das Rohcoffein, nachdem es heiß geworden ist, mit einer Mischung von 7 ccm Wasser und 3 ccm Alkohol, wodurch das Coffein beim Umschwenken des Kölbchens fast augenblicklich in Lösung geht. Längeres Erhitzen wirkt nachteilig. Man gibt nunmehr noch 20 ccm Wasser hinzu, verschließt das Kölbchen und schüttelt den Inhalt kräftig durch, worauf sich das Chlorophyll zusammenballt, so daß die Filtration anstandslos vonstatten geht. Man gießt nun die Lösung durch ein kleines, mit Wasser benetztes Filter, spült Kölbchen und Filter mit 10 ccm Wasser aus, verdampft das Filtrat in einem tarierten Glasschälchen zur Trockne und wägt den Rückstand. Das Trocknen des Coffeins darf nicht bei höherer Temperatur vorgenommen und auch im Wasserbade nicht allzu lange fortgesetzt werden, weil sonst Verlust durch Sublimation eintritt. Das Gewicht mit 20 multipliziert, ergibt den Prozentgehalt des Tees an Coffein.

5. Bestimmung des Theophyllins.
Die Teeblätter (vgl. auch II. Bd., 1904, S. 64) werden nach A. Kossel[1]) mit Alkohol ausgezogen und der Auszug wird verdunstet; hierbei scheidet sich der größte Teil des Coffeins aus. Das Filtrat bzw. die Mutterlauge wird zur Abscheidung einer harzigen, klebrigen Substanz mit Schwefelsäure versetzt, der Niederschlag nach längerem Stehen abfiltriert, das Filtrat mit Ammoniak bis zur stark alkalischen Reaktion versetzt und sodann mit ammoniakalischer Silberlösung gefällt. Der hierdurch erzeugte Niederschlag wird nach 24 Stunden abfiltriert und mit warmer Salpetersäure digeriert. Die beim Erkalten sich abscheidenden Silberdoppelsalze (des Adenins und des Hypoxanthins) werden durch Filtration abgetrennt und das Filtrat mit Ammoniak übersättigt. Es bildet sich ein dunkelbrauner flockiger Niederschlag, welcher aus den Silberverbindungen des Xanthins und des Theophyllins besteht. Diesen Niederschlag filtriert man nach einigem Stehen ab, schwemmt ihn in Wasser auf und zersetzt ihn mit Schwefelwasserstoff. Es ist vorteilhaft, die Flüssigkeit vor dem Hindurchleiten des Schwefelwasserstoffs mit Salpetersäure anzusäuern, da sich bei neutraler oder alkalischer Reaktion das Schwefelsilber häufig in so fein verteilter Form abscheidet, daß es durch Filtration nicht von der Flüssigkeit zu trennen ist. Das Filtrat wird eingedampft und bleibt mehrere Stunden stehen. Zunächst scheidet sich eine geringe Menge einer amorphen oder undeutlich krystallinischen braunen Materie ab, die den Reaktionen nach Xanthin ist. Nach weiterem Eindampfen krystallisieren braungefärbte Nadeln heraus, zuweilen auch säulenförmige Krystalle, die aus freiem Theophyllin bestehen. Die Mutterlauge enthält noch beträchtliche Mengen der neuen Base, die in folgender Weise gewonnen werden: Die Mutterlauge wird mit salpetersaurem Quecksilberoxyd versetzt. In saurer Lösung entsteht ein unbeträchtlicher, sehr dunkel gefärbter Niederschlag, welcher abfiltriert und verworfen wird. Das Filtrat wird nun mit kohlensaurem Natron versetzt, bis die Reaktion nur noch schwach sauer ist, und dann bei sehr schwach saurer Reaktion wird abwechselnd Quecksilberoxydnitrat und Natriumcarbonat hinzugefügt, solange noch ein weißer Niederschlag entsteht. Die hierdurch ausgefällte Quecksilberverbindung der neuen Base wird gut ausgewaschen, in Wasser zerteilt und mit Schwefelwasserstoff zersetzt; beim Eindampfen der vom Schwefelquecksilber befreiten Flüssigkeit scheidet sich eine zweite fast farblose krystallisierte Portion des Theophyllins aus. Ein dritter Teil des Theophyllins ist der Fällung mit Quecksilbernitrat entgangen und befindet sich noch in der Lösung. Derselbe kann durch Fällung mit Silbernitrat aus schwach ammoniakalischer Lösung gewonnen werden. Die Krystalle des Theophyllins werden durch mehrfaches Umkrystallisieren gereinigt.

---

[1]) Zeitschr. f. physiol. Chemie 1889, **13**, 298.

Das Theophyllin, 1, 3-Dimethylxanthin, krystallisiert aus wässeriger Lösung leicht in makroskopisch sichtbaren monoklinen Tafeln, die bei 264° schmelzen. Es ist in warmem Wasser leicht löslich, ebenso in verdünntem Ammoniak; in kaltem Alkohol ist es schwer, in heißem Alkohol leichter löslich. Es verbindet sich mit Säuren; aus konzentrierter salzsaurer Lösung scheidet sich auf Zusatz von Platinchlorid ein in vierseitigen Tafeln krystallisierendes Doppelsalz aus.

6. Bestimmung des Gerbstoffs.

Für die Bestimmung des Gerbstoffes ist von der Kommission deutscher Nahrungsmittelchemiker das Verfahren von E d e r empfohlen, das auch von dem Schweizer. Lebensmittelbuch und dem Codex alim. austr. aufgenommen ist:

2 g Tee werden dreimal mit je 100 ccm Wasser $1/2$—1 Stunde ausgekocht. Die vereinigten, heiß filtrierten Lösungen werden mit 20—30 ccm einer 4—5 proz. wässerigen Lösung von krystallisiertem Kupferacetat versetzt, der entstehende Niederschlag auf einem Filter gesammelt und mit heißem Wasser ausgewaschen. (Das Filtrat muß grün gefärbt sein, sonst ist zu wenig Kupferacetat angewendet worden.) Der Niederschlag wird getrocknet, geglüht und entweder nach dem Befeuchten mit Salpetersäure durch abermaliges Glühen in Kupferoxyd oder durch Glühen mit Schwefel im Wasserstoffstrom in Kupfersulfür übergeführt. 1 g CuO = 1,3061 Tannin.

T a t l o w und T h o m s o n (l. c.) schlagen für die Gerbstoffbestimmung im Tee folgendes Verfahren vor:

Das Filtrat von der Wasserextraktbestimmung wird auf etwa 15,5° gebracht und mit einer Lösung von 1 g basischem Chininsulfat, in einer Mischung von 25 ccm Wasser und 2,5 ccm N.-Schwefelsäure, versetzt. Man mischt ordentlich durch und läßt 10—15 Minuten stehen. Hierbei scheidet sich das Tannin in Form hellbrauner Flocken als Chinintannat aus. Dies wird auf ein gewogenes Filter gebracht; das Becherglas wird mit etwas von dem Filtrat, nicht mit Wasser, nachgespült. Man läßt abtropfen, bringt dann das Filter mit Inhalt in eine gewogene Schale und trocknet bei 100°. Durch Multiplikation der gefundenen Menge Chinintannat mit 0,75 erhält man die Menge des vorhandenen Gerbstoffes. Bei dieser Behandlung bleibt zwar ein wenig Chinintannat im Filtrat gelöst; dies wird aber durch die geringen Mengen anderer, im Niederschlag zurückbleibenden, löslichen Stoffe aufgewogen.

7. Bestimmung der gesamten und löslichen Asche.

Die Gesamtasche wird wie üblich (III. Bd., 1. Teil, S. 476) bestimmt.

Der lösliche Anteil der Asche, der mindestens 50% der Gesamtasche betragen soll, kann wie bei Gewürzen S. 6 bestimmt werden

Über die Bestimmung der einzelnen Bestandteile der Asche vgl. III. Bd., 1. Teil, S. 479 u. f., über die von B l e i, das außer aus Farbstoffen (Bleichromat) aus der Verpackung, besonders bei havariertem Tee (S. 237) herrühren kann, vgl. III. Bd., 1. Teil, S. 497.

8. Nachweis von bereits gebrauchtem (extrahiertem) Tee.

Für den Nachweis von extrahiertem Tee ist in erster Linie die Bestimmung des E x t r a k t e s, des T e i n s, der G e r b s ä u r e und der M i n e r a l s t o f f e entscheidend. Denn gegenüber dem durchschnittlichen Gehalt des natürlichen Tees müssen alle diese Bestandteile mehr oder weniger vermindert sein.

Man hat aber auch noch e i n f a c h e r e V e r f a h r e n zur Erkennung von e x t r a h i e r t e m Tee angegeben.

a) A. T i c h o m i r o w[1]) versetzt den Tee mit einer kalt gesättigten K u p f e r a c e t a t l ö s u n g; echter Tee soll am zweiten Tage eine grünblaue, später eine grüne Farbe annehmen, gebrauchter Tee dagegen sich gar nicht färben. A. E. V o g l[2]) spricht sich für, Ed. H a n a u s e k[3]) gegen dieses Verfahren aus.

---

[1]) Chem. Centralbl. 1890, II, 861.

[2]) A. E. Vogl, Die wichtigsten vegetabilischen Nahrungs- und Genußmittel.

[3]) Zeitschr. f. Nahrungsmitteluntersuchung, Hyg. u. Warenk. 1892, 6, 100.

b) H. Molisch[1]) verwendet für den Zweck ein mikrochemisches Verfahren; man legt ein Fragment des Teeblattes in einen Tropfen konzentrierte Salzsäure und setzt nach einer Minute ein Tröpfchen einer etwa 3proz. Goldchloridlösung — auch von Hartwich empfohlen — hinzu. Sobald ein Teil der Flüssigkeit verdampft ist, schießen bei nicht extrahiertem Tee am Rande des Tropfens mehr oder minder lange, gelbliche, zumeist büschelförmig ausstrahlende, spitz zulaufende Nadeln an. Bei extrahiertem Tee treten nach einer Stunde noch keine Krystalle auf und erst später am Rande des Tropfens kleinere oder größere, sehr dünne, scheinbar farblose Krystallstäbchen, ferner kürzere und längere dicke, stabförmige gelbe Prismen, niemals aber jene büschel- oder sternförmigen oder federartigen Gebilde wie bei natürlichem Tee.

c) H. Behrens[2]) schlägt folgendes Verfahren vor:

Etwa 50 mg der trockenen Blätter werden gröblich gepulvert und mit gebranntem Kalk unter Zusatz von so viel Wasser gemengt, daß eine krümlige Masse entsteht. Nach dem Trocknen wird dieselbe mit Alkohol ausgezogen, der Auszug tropfenweise auf einem Objektträger oder einem Glimmerblättchen verdampft und der Rückstand der Sublimation unterworfen. Man erhitzt bis zu beginnender Bräunung und kann bei geschickter Ausführung von einer Menge, die 1 mg Tee entspricht, drei brauchbare Anflüge erhalten. Dieselben sind weiß, oft in der Mitte pulverig, an den Rändern die kennzeichnenden Nadeln zeigend; sie bestehen aus fast reinem Coffein.

P. Kley hat dieses Verfahren noch etwas verschärft und ausgestaltet, so daß nur $1/_8$ eines Teeblattes für den Nachweis genügt.

d) Ein auf demselben Grundsatz beruhendes, aber in der Ausführung noch einfacheres Verfahren hat A. Nestler[3]) vorgeschlagen:

Ein gerolltes Blatteilchen von 1 cm Länge wird in einer Reibschale oder einfach zwischen den Fingern zerrieben; das Pulver wird in Form eines kleinen Häufchens (p) auf die Mitte eines Uhrglases von 8 cm Durchmesser und etwa 1,5 mm Dicke (Fig. 157 I, A) gelegt und mit einem zweiten

Fig. 157.

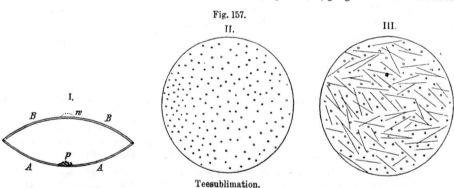

Teesublimation.

Uhrglase (B) gleicher Größe oder auch mit 1—3 Objektträgern zugedeckt[4]); das Ganze kommt auf ein Drahtnetz über die kleine Flamme eines Bunsenbrenners (Mikrobrenners). Die Spitze dieser kleinen Flamme muß durchschnittlich 7 cm von dem unteren Uhrglase entfernt sein, in welchem sich die Probe (p) befindet. Untersucht man nach 5 Minuten der Dauer des Versuches mikroskopisch die konkave Seite des oberen Uhrglases bzw. den Objektträger, so findet man zahlreiche, sehr kleine, tropfenartige Gebilde von 1—2 μ Durchmesser (Fig. 157 II); nach 10 Minuten der Einwirkung der Flamme zeigen sich außer jenen kleinen Punkten zahlreiche feine Krystallnadeln; nach einer Viertel-

---

[1]) H. Mohlisch, Grundriß einer Histologie der pflanzlichen Genußmittel 1891, 7 u. 15.

[2]) H. Behrens, Anleitung zur mikrochemischen Analyse der wichtigsten organischen Verbindungen 1897, 4, 15.

[3]) Zeitschr. f. Untersuchung d. Nahrungs- u. Genußmittel 1901, 4, 289; 1902, 5, 245 u. 476.

[4]) Ebendort 1901, 4, 289.

stunde sind diese Nadeln, welche makroskopisch als feiner Anflug bemerkbar sind, in bedeutender Menge vorhanden (Fig. 157 III). Bringt man auf die Außenseite des Uhrglases B einen kleinen Wassertropfen (Fig. 157 I, w), so genügen 5—10 Minuten zur Bildung überaus zahlreicher Nadeln. Diese Nadeln sind Tein, nach Zusatz von konzentrierter Salzsäure und 3 proz. Goldchloridlösung bilden sich sofort jene obenerwähnten Krystallformen.

Bei extrahiertem Tee bilden sich diese Krystallformen nicht oder erst nach längerem Erwärmen, und dann nur vereinzelt.

Das Verfahren eignet sich auch in gleicher Weise zur Prüfung von rohem und gebranntem Kaffee, Cola, Pasta Guarana und Mate.

A. Nestler[1]) hat weiter nachgewiesen, daß das Coffein auf diese Weise auch in coffein- bzw. teinhaltigen Getränken und Aufgüssen, in Colawein und Colacognac nachgewiesen werden kann. Man dampft einige Kubikzentimeter dieser Flüssigkeiten auf dem Uhrglase ein, schabt den krustenartigen Trockenrückstand zu einem Häufchen zusammen und verfährt wie bei Teeblatt angegeben ist.

Auch Salicylsäure läßt sich auf diese Weise feststellen. Man zieht z. B. Marmelade mit Äther aus, verdunstet den Ätherauszug auf dem Uhrglase und verfährt wie vorhin. In Colawein bzw. Flüssigkeiten, die Tein enthalten sollen, kann daher bei gleichzeitiger Anwesenheit von Salicylsäure Coffein vorgetäuscht werden. Die Salicylsäure läßt sich aber leicht an der Verschiedenheit der Krystalle und durch die Reaktion mit Eisenchlorid vom Coffein unterscheiden.

A. Nestler[2]) hat das Sublimationsverfahren weiter für den Nachweis von Cumarin verwendet; 0,005 g Tonkabohnen und sonstige cumarinhaltige Pflanzen lieferten, auf obige Weise erhitzt, in 3—5 Minuten zahlreiche Krystalle von Cumarin. Diese sind schwer löslich in kaltem, leicht löslich in heißem Wasser, leicht löslich in 90 proz. Alkohol, Äther, Essigsäure und Olivenöl, träge löslich in Glycerin.

Theobromin, Vanillin sollen ebenfalls auf diese Weise nachgewiesen werden können.

L. Frank[3]) hat die Angaben Nestlers erweitert und gibt mikroskopische Abbildungen von den verschiedenen Fraktionen. Er hat Coffein auf diese Weise auch in Kaffeeschalen nachweisen können, was Nestler nicht gelungen war. Aus Kneipp-(Malz-)Kaffee erhielt er garbenartige Krystallbündel, die sich aber leicht von den langen Coffeinnadeln unterscheiden ließen. Die Theobrominkrystalle der Kakaobohnen gleichen den Coffeinkrystallen der Colanuß. Selbst das Nicotin läßt sich im Tabak durch Sublimation nachweisen.

9. Nachweis von fremden Farbstoffen.

Der Nachweis fremder Farbstoffe im Tee kann in ähnlicher Weise wie bei Kaffee durch chemische wie mikroskopische Untersuchung der Asche und des natürlichen Blattes erfolgen. Als Vorproben werden in den Vereinbarungen deutscher Nahrungsmittelchemiker empfohlen:

1. Reiben der feuchten Teeblätter auf weißem Papier. 2. Reiben der einzelnen Teeblätter aneinander durch gelindes Schütteln in einem Sieb, wodurch es vielfach gelingt, die an der Oberfläche haftenden Färbungsmittel teilweise in das Absiebsel überzuführen. 3. Auch durch Behandeln der Blätter mit warmem Wasser können die oberflächlich haftenden Farbteilchen mitunter abgelöst werden. Man hängt zu diesem Zwecke den Tee in einem Gazebeutelchen in warmes Wasser und befördert die Ablösung des Farbstoffs durch leichtes Drücken des Beutelchens. Das auf eine oder andere dieser Arten erhaltene Absiebsel oder der Bodensatz ist näher zu untersuchen.

Campecheholz und Catechu werden nach Eder folgendermaßen nachgewiesen:

2 g Tee werden mit Wasser aufgekocht, das Filtrat mit 3 ccm Bleiacetatlösung versetzt und zu diesem Filtrat Silbernitrat gegeben. Bei Gegenwart von Catechu entsteht ein gelbbrauner, flockiger Niederschlag, während reiner Tee nur eine schwach braune Färbung gibt.

---

[1]) Zeitschr. f. Untersuchung d. Nahrungs- u. Genußmittel 1903, **6**, 408.

[2]) Ebendort 1902, **5**, 476.

[3]) Ebendort 1903, **6**, 880.

Wird Tee mit Wasser aufgeweicht, so löst sich ein Teil des Campechefarbstoffes auf; derselbe ist durch sein Verhalten gegen neutrales Kaliumchromat (durch die schwärzlichblaue Färbung) zu erkennen. Auch mikroskopisch ist er nachzuweisen.

10. Makro- und mikroskopische Untersuchung des Tees. Für die makro- wie mikroskopische Untersuchung werden die Blätter zuerst mehrere Stunden in kaltem, dann in heißem Wasser aufgeweicht; die aufgeweichten Blätter werden sorgfältig ausgebreitet, mit Fließpapier abgetrocknet und mit Hilfe der Lupe betrachtet. Hierbei ist das Augenmerk hauptsächlich zu richten auf die Nervatur, den Blattrand, die Behaarung, und wenn ein ganzes Blatt oder ein größeres Stück davon vorhanden ist, auf den Umriß bzw. die Form des Blattes und den Blattgrund. Läßt sich auf diese Weise die Form nicht sicher erkennen, so schreitet man zur mikroskopischen Untersuchung. Die Gestalt der Ober- und Unterhautzellen läßt sich am besten erkennen, wenn man dem erweichten Blatte die betreffende Haut mit einem Skalpell abzieht. Oder man macht das Blatt dadurch durchsichtig, daß man dasselbe in eine Lösung von Chloralhydrat (2 : 1 Wasser) legt, welches die nachteiligen Wirkungen des Ätzkalis nicht besitzt. Anzufertigende Querschnitte müssen auch den Mittelnerv treffen, in der Regel genügen aber zur Diagnose des Teeblattes Quetschpräparate des aufgehellten Materials.

Die feinen Teesorten sind gut gerollt und haben, weil sie aus den jüngsten Blättern gewonnen worden sind, ihre Form meistens vollständig erhalten; sie fühlen sich glatt an, sehen frisch aus und zerbrechen nicht leicht. Ein wesentliches Kennzeichen der Beschaffenheit bildet die Behaarung.

Die Blätter der Blattknospe sind an ihrer Außenseite von einem dichten Haarfilz bedeckt (daher der Name Pecco oder Peh-han, = Milchhaar). Diese Haare, bei Pecco noch dünnwandig und lang, sind mit einem kegelförmigen Fuß der Epidermis eingefügt und biegen sich kurz über derselben im rechten Winkel nach oben, so daß sie der Blattfläche dicht anliegen. Da die Haare sich nicht mehr vermehren, so rücken sie mit zunehmendem Wachstum der Blätter auseinander, sie stehen bei Blatt 1 schon locker; das ausgewachsene Blatt 4 erscheint dem freien Auge unbehaart, und erst mit der Lupe erkennt man die vereinzelt und weit voneinander abstehenden Haare. Da die längsten Haare späterhin abbrechen, so werden nur bei jungen Blättern Haare von 600—930 μ gefunden. Die Haare der jungen Blätter sind dünnwandig, während die Wand der Haare bei Blatt 4 (das besonders in der Sorte Kongo sich reichlich findet) bis fast zum Verschwinden des Lumens verdickt ist.

Fig. 158.

Die feinsten Teesorten bestehen nur aus Blattknospen und höchstens dem 1. Blatt, die mittleren aus 1. bis 3. Blatt und vereinzelten Knospen, die geringsten Sorten aus dem 2. bis 4. Blatt und enthalten keine Knospen.

Die Größe und Gestalt der Teeblätter ist ziemlich verschieden, namentlich der ausgewachsenen Blätter. Der Handelstee besteht jedoch meist aus jungen Blättern und diese haben wenigstens einige Merkmale gemeinsam, so daß sie daran erkannt werden können. Diese Merkmale sind: ein kurzer Stiel, in welchen der Blattgrund allmählich übergeht; die Derbheit des Blattes, das am Rande nach der Unterseite hin etwas umgebogen ist; die gesägte bzw. gezähnte Form des Randes, wozu als ein Hauptmerkmal die in weitem Winkel vom Hauptnerv abzweigenden Sekundärnerven kommen, die sich in der Nähe des Randes zu einem Bogen oder einer Schlinge umbiegen, sich so miteinander verbinden und von da aus noch zarte Nerven zum Blattrand aussenden.

Chinesischer Tee.
Autophotogramm.
Nach J. Möller.

Ein Querschnitt durch das Teeblatt (Fig. 159) zeigt uns derbwandige Ober- und Unterhautzellen. Zwischen den Parenchymzellen liegen zerstreut große farblose **Stein-zellen**, sog. Idioblasten, und Zellen mit **Krystalldrusen** von **Calcium-oxalat**. Die ersteren sind in ihrer Form sehr mannigfaltig, verästelt, ge-gabelt, in der Regel an den Enden verbreitert, so daß sie wie Strebe-pfeiler zur Stützung der beiderseitigen Epidermis im Blatte verteilt erschei-nen. Die Verdickung ist verschieden und geht bis zum Verschwinden des Lumens, die Wand ist geschichtet, von Tüpfeln durchsetzt, verholzt. Sie sind charakteristisch für Tee und werden leicht gefunden, wenn man das mit Kalilauge behandelte Teeblatt auf dem Objektträger quetscht.

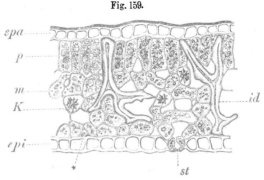

Fig. 159.

Querschnitt durch das **Teeblatt**. Vergr. 160.
epa äußere, *epi* innere Oberhaut, *st* eine Spaltöffnung, *p* Pali-sadenparenchymschicht, *m* Schwammparenchym mit Krystall-drusen *K*, *id* Idioblast, * der Zweig eines Idioblasten, quer durchschnitten. Nach J. **Möller**.

Die Form der **Epidermiszellen** der Ober- und Unterseite in der Flächenansicht ist aus Fig. 160 ersichtlich. Die Epidermis der Oberseite ist ohne Spaltöffnungen und ohne Haare. Zwischen den großen Epidermiszellen der Unterseite liegen zahlreiche zweizellige, von meist 3—4 Nebenzellen umgebene Spaltöffnungen und entspringen einzellige derbwandige, am Grunde umgebogene **Haare** von über 1 mm Länge und etwa 65 μ Breite. Diese für Tee eben-falls eigenartigen Haare sind bei jüngeren Blättern sehr zahlreich, bei älteren seltener.

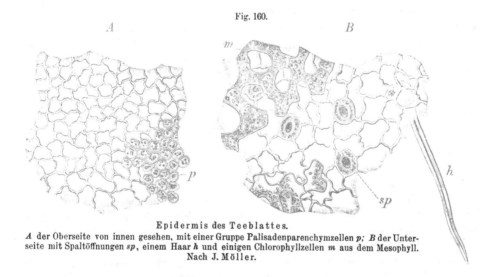

Fig. 160.

Epidermis des Teeblattes.
A der Oberseite von innen gesehen, mit einer Gruppe Palisadenparenchymzellen *p*; *B* der Unter-seite mit Spaltöffnungen *sp*, einem Haar *h* und einigen Chlorophyllzellen *m* aus dem Mesophyll. Nach J. **Möller**.

Anhaltspunkte für die Beurteilung des Tees.

Die bisherigen Vereinbarungen deutscher Nahrungsmittelchemiker haben folgenden Wortlaut:

„Handelsreine Teesorten müssen folgenden Ansprüchen genügen:

1. **Fremde pflanzliche Beimengungen** dürfen nicht vorhanden sein. Es ist aber selbstverständlich, daß man auf Grund einzelner fremden Bestandteile einen Tee nicht be-anstanden wird.

2. Der **Wassergehalt** soll 8—12% betragen.

· 3. Der Aschengehalt soll 8% nicht überschreiten; der in Wasser lösliche Teil der Asche muß mindestens 50% der Gesamtasche betragen.

4. Die Menge der in Wasser löslichen Bestandteile der Teeblätter schwankt für verschiedene Teesorten innerhalb sehr weiter Grenzen. Doch soll der wässerige Extrakt für grünen Tee mindestens 29%, für schwarzen Tee mindestens 24% betragen.

5. Der Coffeingehalt der Handelssorten soll wenigstens 1,0% betragen."

Hierzu ist zu bemerken, daß schimmeliger und havarierter Tee als verdorben und bleihaltiger Tee als gesundheitsnachteilig anzusehen ist.

Da der Tee einen schwankenden Gehalt an Wasser hat, so empfiehlt es sich, hier wie überall die Grenzzahlen, auf Trockensubstanz berechnet, anzugeben, etwa wie folgt für den bei 8,5% Wasser gefundenen mittleren Gehalt:

Wasser höchstens %	Tee	In der Trockensubstanz					Sand höchstens %
		Coffein mindestens %	Gerbsäure mindestens %	In Wasser lösliche Stoffe mindestens %	Asche		
					Gesamt- höchstens %	löslich in Wasser mindestens %	
12	grüner	1,25	11,0	33,0	} 8,5	4,3	2,0
	schwarzer	1,25	8,0	30,0			

Diese Gehaltsgrenzen dürften um so berechtigter erscheinen, als sie stets innegehalten werden können.

Ähnliche, aber im einzelnen noch etwas schärfere Anforderungen an den Tee stellt das Schweizer. Lebensmittelbuch, nämlich:

Der heiß bereitete wässerige Aufguß soll goldgelbe Farbe haben, klar sein und (mit Ausnahme parfümierter Sorten) den charakteristischen Teegeruch und -geschmack zeigen.

Der Wassergehalt soll 12% nicht übersteigen, er liegt meist zwischen 5 und 10%.

Die Asche beträgt in der Regel weniger als 8%, wovon mindestens die Hälfte in Wasser löslich sein muß. Sie darf kein Blei enthalten. Der wässerige Extrakt soll bei grünem Tee wenigstens 28%, bei schwarzem wenigstens 25% betragen.

Der Gehalt an Coffein schwankt von 1,3—4,7%, er soll bei Handelsware mindestens 1,5% betragen. Ein Tee mit weniger als 2% kann nicht als guter Tee betrachtet werden. Diese Zahlen beziehen sich ausschließlich auf das Kellersche Verfahren (S. 165).

Der Gehalt an Gerbstoff soll bei grünem Tee nicht weniger als 10%, bei schwarzem nicht weniger als 7% betragen. Für die Beurteilung eines Zusatzes von extrahiertem Tee ist der Gehalt der Asche an in Wasser löslichen Anteilen, die Menge des Extraktes und der Gehalt an Coffein und Gerbstoff maßgebend.

Unter Teegrus versteht man die durch Transport und Aufbewahrung entstandene Ab-bröckelung von Teeblättern. Solche ist, wenn richtig deklariert, als Handelsware nicht zu bean-standen, hingegen sind Produkte aus Teeabfall und Klebemitteln unzulässig. Künstlich gefärbter Tee ist zu beanstanden.

Der Codex alim. austr. verlangt ebenfalls höchstens 12,0% Wasser, höchstens 8% Asche und 2,0% Sand, mindestens 28% Wasserextrakt für grünen und 24% Wasserextrakt für schwarzen Tee, ferner mindestens 10% Gerbsäure für grünen und 7% für schwarzen Tee. Der „kunstgerecht" bereitete wässerige Auszug soll klar sein, eine goldgelbe Farbe sowie den charakteristischen Teegeruch und -geschmack besitzen. Weiter heißt es:

Gesundheitsschädlich ist Tee, der giftige Metallsalze (z. B. Bleiverbindungen aus der Metallfolie) enthält. Als verdorben wird schimmeliger und havarierter, als verfälscht ganz oder teilweise gefärbter oder extrahierter, dann mit mineralischen Stoffen versetzter, mehr als 2% Sand enthaltender oder mit getrockneten fremden Pflanzenteilen vermengter Tee zu bezeichnen sein. Als Kriterium einer erfolgten Extraktion haben die mitgeteilten Grenzzahlen für den Gehalt normaler Ware an löslicher Asche, wasserlöslichen Stoffen, Coffein und Gerbstoff zu gelten. Ein Zusatz von mineralischen Stoffen äußert sich in einer Erhöhung des Gehaltes an Gesamtasche. Das Inverkehrsetzen fremder Pflanzen als Tee schließt den Gebrauch einer falschen Bezeichnung in sich; ein 12% übersteigender Wassergehalt bedingt Minderwert.

Verwertung des beanstandeten Tees nach dem Codex alim. austr.:

Gesundheitsschädlicher, verdorbener, verfälschter und im Sinne der Ausführungen des Abschnittes „Beurteilung" (siehe oben) bezeichneter Tee ist zu vernichten. Feuchter Tee kann durch Trocknen wieder konsumfähig gemacht werden. Bei sehr großen Mengen beanstandeten Tees könnte fallweise und unter strengen Kautelen die technische Verarbeitung (z. B. auf Coffein) Platz greifen.

11. Tee-Ersatzmittel und Teeverfälschungen.
Unter den Tee-Ersatzmitteln bildet der Paraguay-Tee eine Handelsware für sich und ist insofern ein wirklicher Ersatz, als er coffeinhaltig ist. Die folgenden sog. Ersatzmittel dagegen sind sämtlich coffeinfrei.

a) Faham- oder Faam- oder bourbonischer Tee.
Der Faham-Tee, von einer zu den Orchideen gehörenden Pflanze (Angraecum fragrans Du Petit Thonars) stammend, verdankt seine Verwendung einem Gehalt an Cumarin, wodurch er einen vanille-waldmeister-artigen Geruch besitzt. H. Trillich[1]) fand für eine Probe aus Réunion folgenden Gehalt:

Wasser	Stickstoff-Substanz	Cumarin	Durch aufeinanderfolgende Behandlung gelöst durch			Alkoholauszug		Asche
			Äther (4 St.)	Essigäther (5 St.)	Essigäther (nochmals 5 St.)	in der Wärme löslich	in der Kälte löslich	
%	%	%	%	%	%	%	%	%
8,36	5,21	0,20	3,91	8,46	2,57	18,40	16,16	6,35

Von dem Alkoholauszug waren 9,64% in Wasser löslich.

Das Cumarin oder o-Oxyzimtsäureanhydrid ($C_6H_4 \genfrac{<}{>}{0pt}{}{O}{C_2H_2}$CO) pflegt in der Weise bestimmt zu werden, daß man die zerkleinerte Substanz mehrmals mit dem gleichen Volumen Alkohol (von 80%) auszieht, filtriert, den Alkohol größtenteils abdestilliert und den Rückstand mit dem gleichen Volumen Wasser versetzt. Aus der zum Sieden erhitzten und darauf filtrierten Lösung krystallisiert das Cumarin in rhombischen Krystallen aus, die bei 67° schmelzen und sich durch ihren Geruch zu erkennen geben.

H. Trillich[1]) bestimmte die vorstehend angegebene Menge Cumarin in der Weise, daß er 5 g zerkleinerte Faham - Teeblätter mit 1 g Magnesia versetzte, zweimal mit Wasser auskochte, die Lösung mit Chloroform aus-

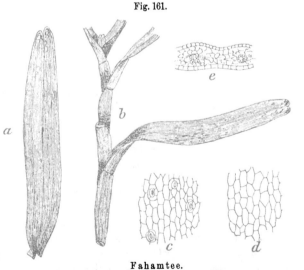

Fig. 161.

Fahamtee.
a Blatt und *b* Stengel in natürlicher Größe, *c* Blattunterseite. *d* Blattoberseite, *e* Querschnitt durch das Blatt. Nach H. Trillich.

---

[1]) Zeitschr. f. Untersuchung d. Nahrungs- u. Genußmittel 1899, **2**, 348.

schüttelte, letzteres verdunstete und aus dem fettigen Rückstand das Cumarin mit heißem Wasser auszog; 100 g Blätter lieferten 0,70 g Chloroformextrakt, von dem 0,20 g in heißem Wasser löslich waren.

Mikroskopische Untersuchung. Die teils grünen, teils gelbbraunen Blätter des Fahamtees (Fig. 161 a, S. 249) sind 7—10 cm lang, 10 bis 12 mm breit, oben stumpf, gegen die Mittelrippe gekerbt, länglich lanzettförmig und sitzen verstellt an einem etwa 4 mm dicken Stengel, aus dem sie sich wie Palmblätter entwickeln.

Die Oberhautzellen sind, der länglichen Blattform entsprechend, langgestreckt; an der Unterseite sitzen Spaltzellen (Fig. 161 c), an der Oberseite vereinzelte dünne Haare (Fig. 161 d). Der Querschnitt zeigt eine wechselnde Dichte; in den Verstärkungen liegen die sich in Faserbündel auflösenden Nebenrippen, der übrige Inhalt ist von einer sehr lockeren Zellmasse ausgefüllt.

b) Kaffeebaumblätter. Diese werden in den Ländern, in denen Kaffee angebaut wird, zur Verfälschung oder als selbständiges Surrogat des Tees verwendet. Da sie in geringer

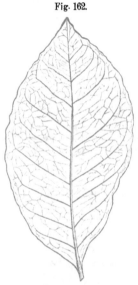

Fig. 162.

Menge Coffein enthalten, so würden sie ein Surrogat abgeben, das geeignet wäre, auch bei uns Einführung und Verwendung zu finden. Wir konnten in einer Probe Kaffeeblätter Coffein durch Sublimation in geringer Menge nachweisen. Die allgemeine Zusammensetzung war folgende: Wasser 73,45%, Stickstoff 0,750%, Ätherextrakt 0,82%, Rohfaser (nach J. König) 3,51%, Asche 2,17%.

Das Kaffeeblatt (Fig. 162) ist länglich elliptisch, bis 20 cm und mehr lang und bis 6 cm breit, scharf zugespitzt, am Grunde allmählich in den kurzen Stiel verlaufend, mit glattem oder gewelltem Rande und von lederiger Konsistenz, kahl und glänzend dunkelgrün. Die Sekundärnerven zweigen in spitzem Winkel ab und bilden am Rande stark gekrümmte Schlingen. Die Blätter werden nicht wie der Tee zusammengerollt, sondern geröstet und sind deshalb schon leicht von Teeblättern zu unterscheiden.

Die Oberhaut (Fig. 164 A) besteht aus ziemlich großen, polyedrischen, mehr oder weniger stark gewellten und starkwandigen, teilweise knotigen Zellen, zwischen welchen Spaltöffnungen nicht vorhanden sind.

Blatt von Coffea arabica.
Nach A. Scholl.

Die Zellen der Unterhaut (Fig. 164 B) sind im allgemeinen etwas stärker gewellt als die der Oberhaut. Zwischen ihnen liegen viele Spaltöffnungen von elliptischer Gestalt mit zwei an der Außenseite oft etwas welligen Nebenzellen, welche meist von zwei weiteren Epidermiszellen bogenförmig umschlossen sind.

Im Querschnitt (Fig. 163) sieht man unter der Oberhaut eine einreihige Schicht von dichtgereihten, schlanken Palisadenzellen, von denen in der Regel mehrere einer gemeinsamen Sammelzelle aufgesetzt sind; darunter ein stark durchlüftetes Schwammparenchym. Im Mesophyll beobachtet man zahlreiche Krystallsandzellen.

Der Hauptnerv führt ein kreisrundes oder quer elliptisches, konzentrisch gebautes Gefäßbündel mit zentralem, strahligem, ein Markparenchym einschließendem Holzteil und rings um letzteren gelagertem dünnwandigen Siebteil. In letzterem und an seiner Peripherie zahlreiche einzelne oder locker gehäufte Bastzellen mit polygonalem Querschnitt. In dem auf der Blattunterseite vorspringenden Teil des Nervs sieht man einen Collenchymstreifen in unmittelbarer Nähe der Unterhaut.

c) Böhmischer oder kroatischer Tee. Unter „böhmischem" oder „kroatischem" Tee versteht man die Blätter des in Böhmen wachsenden, dort unter dem

Fig. 163.

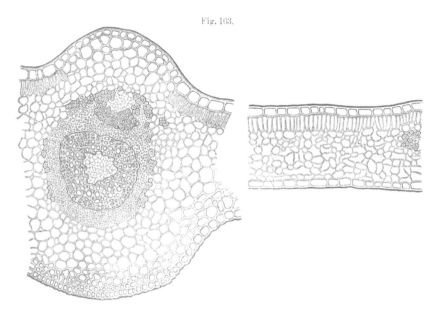

Blatt von Coffea arabica, Querschnitt durch den Mittelnerv und die Blattspreite (Vergr. 100).
Nach A. Scholl.

Fig. 164.

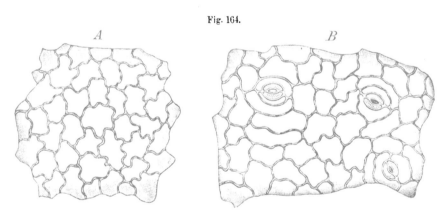

Oberhaut des Kaffeeblattes (Coffea arabica). Vergr. 160. *A* der Oberseite, *B* der Unterseite.
Nach J. Möller.

Namen Thea chinensis angebauten Strauches Lithospermum officinale, von dem sogar
eine grüne und schwarze Tee-Imitation hergestellt wird. Die chemische Zusammensetzung wurde wie folgt gefunden:

Wasser %	In der Trockensubstanz						
	Stickstoff-Substanz %	Fett (Äther-auszug) %	Gerbsäure %	Sonstige N-freie Stoffe %	Rohfaser %	Asche %	In Wasser lösliche Stoffe %
11,48	25,99	6,33	9,46	26,08	8,19	24,05	29,79

Mikroskopische Untersuchung.

1. **Steinsamenblätter** (Lithospermum officinale) kommen unvermischt als „Echter böhmischer Tee", oder als „Kroatischer Tee" in den Handel und sehen dem schwarzen Tee täuschend ähnlich. Der Steinsame oder die Steinhirse ist ein häufiges Unkraut, das neuerdings zur Teegewinnung förmlich angebaut wird.

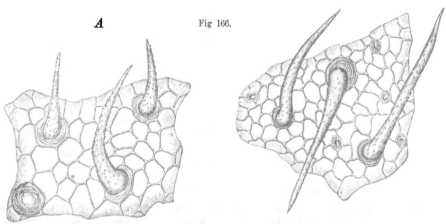

Fig. 165.

Die Blätter sind lanzettlich, ganzrandig, spitz, stiellos und rauhhaarig. Die beiden Blatthälften sind häufig nicht ganz symmetrisch. Die Nervatur ist eine einfache, die Sekundärnerven zweigen unter spitzem Winkel vom Hauptnerv ab und verlaufen dünn nahe am Blattrande, mit diesem parallel, oder einen flachen Bogen bildend (Fig. 165). Die Ober- und Unterseite sind rauhhaarig, die Haare sind mit freiem Auge schon zu sehen, mit der Lupe erkennt man, daß sie auf einem rundlichen Höcker sitzen.

Die **Oberhaut** (Fig. 166 *A*) besteht aus unregelmäßig polygonalen, die **Unterseite** (Fig. 166 *B*) aus ebensolchen, aber mehr oder minder wellig geformten Zellen. Zwischen diesen erheben sich auf beiden Seiten, d. h. auf der Ober- und Unterhaut, runde, starrwandige Höcker, auf denen die Haare sitzen. Diese sind meist umgebogen, scharfspitzig, durch mineralische Inkrustationen starrwandig und besitzen eine warzige Oberfläche. Die Unterseite besitzt ferner eine große Zahl kleiner zweizelliger Spaltöffnungen.

d) Kaukasischer Tee. Unter „kaukasischer" Tee scheinen verschiedene Ersatzmittel verstanden zu werden. Nach früheren Angaben von Batalin (II. Bd., 1904, S. 1107) wurde derselbe aus Blumen und Blättern der türkischen Melisse (Dracocephalum moldavica) durch Besprengen mit Zucker- oder Honigwasser und

Steinsamenblätter
(Lithospermum officinale).
a Jüngeres Blatt, *b* ausgewachsenes Blatt.
Nach T. F. Hanausek.

Oberhaut des Steinsamenblattes (Vergr. 160).
A der Oberseite, *B* der Unterseite mit Haaren und Spaltöffnungen. Nach J. Möller.

Rösten in einem Ofen gewonnen. Nach weiteren Angaben von J. Lorenz[1]) wird auch aus kaukasischen Preißelbeeren (Vaccinium Arctostaphylos) ein Tee-Ersatzmittel hergestellt, das auch unter der Bezeichnung „Blätter der kaukasischen Preißelbeere" in den Verkehr gebracht werden darf. Letzteres hat nach 2 Analysen folgende Zusammensetzung:

[1]) Apotheker-Ztg. 1902, **16**, 694.

| Wasser | In der Trockensubstanz | | | | | In Wasser lösliche Stoffe | | |
| | Stickstoff-Substanz | Fett | Gerbstoff | Rohfaser | Asche | Gesamt- | Asche | Stickstoff-Substanz |
%	%	%	%	%	%	%	%	%
6,83	22,43	3,82	22,34	6,86	5,37	38,80	3,16	0,57
4,09	—	—	8,64	—	4,11	40,77	1,68	—

Hiernach ist besonders der Gehalt an Gerbstoff sehr verschieden.

Der wässerige Aufguß von dunkler Farbe hat einen adstringierenden Geschmack, aber keinerlei oder einen schwachen aromatischen Geruch, wenn erschöpfte Teeblätter zugesetzt sind.

Bei der

mikroskopischen Untersuchung

erscheinen zwei Arten von Haaren (Fig. 167), welche am Blattrande sitzen, kennzeichnend, von denen die einen glatt, die anderen keulenförmig zusammengefaltet sind. Durch diese keulenartigen Haare unterscheiden sich die Blätter der Preißelbeere sehr scharf von den Blättern anderer Pflanzen.

Fig. 167.

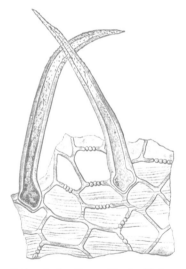 

Epidermis der Oberseite des Blattes von Vaccinium Arctostaphylos.   Epidermis der Unterseite des Blattes von Vaccinium Arctostaphylos. Nach J. Möller.

Die Epidermis der Oberseite besteht nach J. Möller aus polygonalen, derbwandigen Zellen mit gestreifter Cuticula (Fig. 167); die Oberhautzellen der Unterseite sind tief wellig-buchtig. Bei den unterseits befindlichen Spaltöffnungen ist jede Schließzelle von einer schmalen Oberhautzelle umsäumt und über jedem Pol lagert quer eine große Oberhautzelle. Das Meso-phyll enthält Krystalldrusen und als Belag der Faserbündel Einzelkrystalle.

e) Kaporischer Tee, Kaporka, Iwantee.[1]) Der Kaporische Tee besteht der Hauptsache nach aus den Blättern von Chamaenerium angustifolium Scop. (Epilobium angusti-

---

[1]) Nach W. A. Tichomirow stammt der Ausdruck „Kaporischer Tee", auch kurz Kaporka, von dem Namen des Dorfes Kaporje im Gouvernement St. Petersburg. Die Bauern einiger Kreise dieses Gouvernements, sowie des Klinschen Kreises im Gouvernement Moskau beschäftigen sich von altersher mit großem Erfolge mit dem Handel der Weidenröschenblätter an die Teehändler in Moskau und St. Petersburg.

Fig. 168.

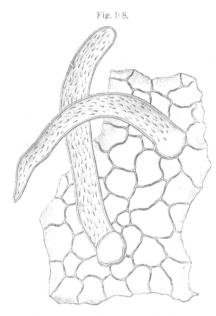

Haare von Epilobium angustifolium.
Nach J. Möller.

folium L.), von Spiraea ulmaria L.
und aus dem jungen Laub von
Sorbus aucuparia L. Die getrockneten Blätter werden mit heißem
Wasser aufgeweicht, mit Humus
durchgerieben, getrocknet, sodann mit schwacher Zuckerlösung
besprengt, abermals getrocknet
und schließlich etwas parfümiert.
Mitunter werden auch er-
schöpfte Teeblätter (Ro-
goschkischer Tee) zugesetzt.

α) Weidenröschen (Chamaenerium angustifolium Scop.).

Die Blätter (Fig. 169) sind
länglich-lanzettlich, zugespitzt,
am Grunde abgerundet, kurz und
dick gestielt, fest sitzend, am
Rande fast unmerklich ausge-
schweift, mit wenigen entfernten,
stumpfen, wagerecht abstehenden, kurzen Zähnen. Von dem
oberseits eingesunkenen, unter-
seits stark vorspringenden Pri-
märnerven gehen unter fast rechtem Winkel sehr zahlreiche, beinahe parallele
Sekundärnerven aus, welche nahe dem Blattrande in flachem Bogen zusammenlaufen. In jedem Blattzahn laufen die erweiterten Enden von 3—5
Nerven zusammen, unterhalb der Zahnspitze liegt eine Wasserspalte.

Die Zellen der Oberhaut Fig. (170 A) sind ziemlich groß mit schwach
welligen, derben, knotig verdickten Wänden, ohne Spaltöffnungen, aber mit
Wasserspalten in der Nähe der Blattspitze. Die Zellen der Unterseite (Fig.
170 B) sind dünnwandiger, tief wellig-buchtig, von einer faltigen, gestrichelt und
gerunzelt erscheinenden Cuticula und feinkörnigem Wachsüberzug bedeckt.

Fig. 169.

Weidenrös-
chenblatt
(Autophotogramm
von J. Möller).

Fig. 170.

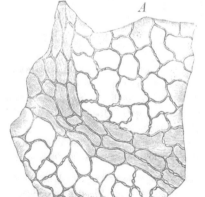

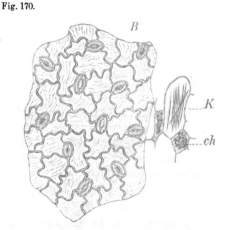

Oberseite des Weidenröschenblattes.
Nach J. Möller.

Unterseite des Weidenröschenblattes.
K Raphidenzelle, ch Chlorophyllenzelle.
Nach J. Möller.

Zwischen denselben zahlreiche spitz-elliptische Spaltöffnungen. Die Blatt-unterseite trägt längs der Nerven ein-zellige, stumpfe, halbkreis- oder huf-eisenförmig gebogene, dünnwandige, gestrichelte Haare (Fig. 168). Die Pali-sadenschicht besteht aus zwei Reihen schlanker Zellen, darunter liegt ein Schwammparenchym. Die Nerven wer-den von zahlreichen im Mesophyll lie-genden Raphidenschläuchen (Fig. 170 B, K) begleitet, welche über den stärkeren Nerven paarweise, über den feineren einzeln angeordnet sind. Diese die Bündel begleitenden Raphidenzellen sind sehr charakteristisch, sie können

Fig. 171.

Fig. 172.

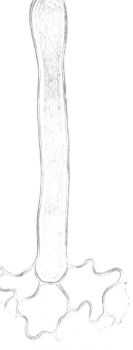

Blatt von Epilobium hirsutum L. Autophoto-gramm nach J. Möller.

Haar von Epilobium hirsutum. Nach J. Möller.

Fig. 173.

Blatt von Sumpfspierstaude. Autophotogramm nach J. Möller.

durch Einlegen eines Blattstückchens in Chloral-hydrat sichtbar gemacht werden und markieren scharf den Verlauf der Nerven.

β) Die Blätter von **Epilobium hirsutum** L. sind etwas breiter, ungestielt oder stengelumfassend, am Rande dicht gezähnt, gewimpert, oberseits kahl, unter-seits weichzottig, mit dickem Primärnerven und bogenförmig abzweigenden, am Rande undeutlich schlingläufigen Sekundärnerven (Fig. 172). Während die Oberhautzellen denen von Chamaenerium angustifolium gleichen, kommen die Haare in zwei verschiedenen Formen vor, nämlich lange, spitze, kegelförmige, besonders als Wimperhaare am Blatt-rande, und kurze zylindrische, am Ende etwas kol-benförmig verbreiterte Haare, mit den erstgenannten zerstreut in der Blattfläche.

γ) **Sumpfspierstaude** oder Wiesenkönigin (Spi-raea ulmaria L.).

Die Blätter (Fig. 173) sind unterbrochen fieder-schnittig, die seitlichen Abschnitte ungleich eiförmig,

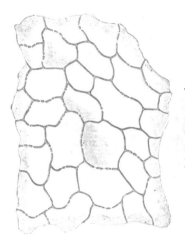

Epidermis der Oberseite des Sumpfspierstaudenblattes. Nach J. Möller.

spitz, der oberste Abschnitt 3—5lappig, mit doppelt ge-
zähntem Rand. Die Nerven sind unterseits stark her-
vortretend und steifhaarig, die Sekundärnerven anastomosieren entfernt vom Rande. Die Epidermis beider Blattseiten ist zartwandig, auf der Oberseite (Fig. 174)
schwachwellig, auf der Unterseite (Fig. 175A) tief
buchtig-gewellt mit Spaltöffnungen. Haare auf beiden
Blattseiten und zwar entweder einzellig, dolchförmig,
oft gekrümmt, mit tiefsitzender, gerundeteckiger Basis,
oder, namentlich auf den Nerven, kurzstielige Drüsenhaare (Fig. 175B) mit vielzelligen Köpfchen und
Drüsenzotten. Im Mesophyll spärlich Krystalldrusen.

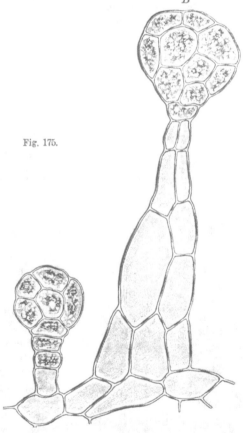

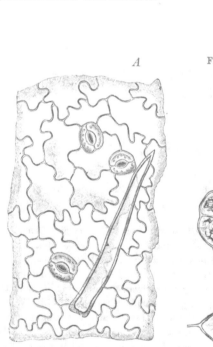

Fig. 175.

Epidermis der Unterseite des Sumpfspierstaudenblattes. Nach J. Möller.

Drüsenhaare des Sumpfspierstaudenblattes.
Nach J. Möller.

γ) Ebereschenblatt oder Vogelbeerblatt (Sorbus aucuparia L.).

Die Blätter (Fig. 176) sind unpaar gefiedert, die Teilblättchen länglich-eiförmig, spitz,
ungleich gesägt. Die Sekundärnerven verlaufen ohne Schlingenbildung in die Blattzähne.

Die Epidermis beider Blattseiten (Fig. 177) besteht aus teils polygonalen, teils gewellten, stellenweise buchtigen Zellen, welche von einer zartstreifigen Cuticula bedeckt sind.

Fig. 177.

Fig. 176.

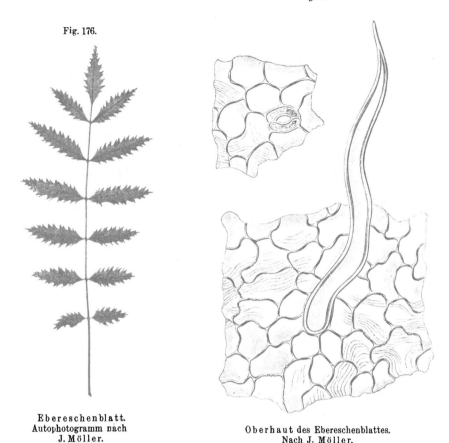

Ebereschenblatt.
Autophotogramm nach
J. Möller.

Oberhaut des Ebereschenblattes.
Nach J. Möller.

Auf der Blattunterseite Spaltöffnungen. Charakteristisch sind die langen einzelligen, wellig gebogenen Haare mit abgerundeter Basis.

f) Verschiedene sonstige Blätter. Über die chemische Zusammensetzung verschiedener Blätter, die in Japan dem Tee zugesetzt werden, vgl. II. Bd., 1904, S. 1107. Für den Imperial- und Hyson-Tee werden folgende Gehaltszahlen angegeben:

Imperial-Tee . . . 13,50% Gerbsäure, 3,25% lösliche und 3,30% unlösliche Asche
Hyson-Tee . . . . 16,80%   „   2,45%   „   „ 3,63%   „   „

Der Kaper-Tee wird viel im nördlichen England als Tee-Ersatzmittel verwendet; er ist meistens stark mit Sand verunreinigt. White[1]) fand z. B. für 8 Proben:

Gesamtasche	In Wasser lösliche Asche	In Salzsäure unlösliche Asche
8,80—13,47%	2,76—3,24%	3,10—6,26%

Von den zahlreichen sonstigen Blättern, die dem Tee untergemischt oder als Ersatzmittel bezeichnet werden, liegen meines Wissens bis jetzt chemische Untersuchungen nicht vor. Dagegen hat J. Möller von verschiedenen derselben folgende mikroskopische Abbildungen gegeben.

---

[1]) Zeitschr. f. Untersuchung d. Nahrungs- u. Genußmittel 1900, **3**, 257.

Fig. 178.

Kamelienblatt. Autophoto-
gramm nach J. Möller.

α) Kamelienblätter (Camelia japonica L.) werden angeblich viel in Japan zur Teeverfälschung verwendet; sie enthalten kein Coffein.

Die Blätter (Fig. 178) zeigen einen ähnlichen Rand und eine ähnliche Nervatur wie das Teeblatt, sie sind aber größer, breiter und derber. Auch die Blattknospen sind ungewöhnlich derb und nur am Blattrande behaart, auch fallen die Wimperhaare bald ab, so daß das entwickelte Blatt kahl und glänzend ist.

Die Oberhautzellen (Fig. 179) sind im Querschnitt an der Außenwand stark und eigentümlich wulstig verdickt und mit einer starken Cuticula bedeckt. In der Flächenansicht erscheinen sie breitporig und infolge der wulstigen Verdickung oft sehr unregelmäßig geformt. Auf der Blattunterseite (Fig. 180) fast kreisrunde Spaltöffnungen. Das Mesophyll ist wie im Teeblatt von Idioblasten durchsetzt und enthält in zerstreuten Zellen große Oxalatdrusen.

Fig. 180.

Fig. 179.

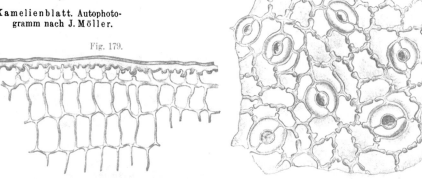

Oberhaut des Kamelienblattes im Querschnitt.
Nach J. Möller.

Epidermis der Unterseite des
Kamelienblattes. Nach J. Möller.

Fig. 181.

Weidenblätter.
a älteres, **b** junges Blatt von
Salix alba, **c** junges Blatt von
Salix amygdalina.
Nach T. F. Hanausek.

β) Weidenblätter (Salix). Diese sollen bereits in China in großen Massen gesammelt und nach einer Gärung wie echter Tee sortiert, geröstet, gerollt und bis zu 20% dem Tee beigemengt werden.

Da die Weidenblätter alle denselben Bau besitzen, so mögen in Ermangelung einer Charakteristik der chinesischen Weide einige einheimische Weidenblätter beschrieben werden.

Das Blatt der Salix alba (Fig. 181), der weißen Weide, ist lanzettlich oder eilanzettlich, zugespitzt, gesägt, oben dunkelgrün, auf der Unterseite weißgrau, meist auf beiden Seiten mit Seidenhaaren bedeckt (Fig. 181a). Die jüngeren Blätter sind zottig oder seidenartig und dicht behaart. Die Nebenrippen zweigen in dichter Reihe und unter ziemlich spitzem Winkel vom Hauptnerv ab und bilden am Rande keine Schlingen, die Blattzähne sind als abgerundete stumpfe Zotten entwickelt. Bei den jüngeren, dichtbehaarten Blättern ist die Nervatur nur mit der Lupe zu sehen.

Die Oberhaut (Fig. 182 A) besteht aus kleinen polygonalen, scharfkantigen Zellen, die Unterhaut (Fig. 182 B) aus

Fig. 182.

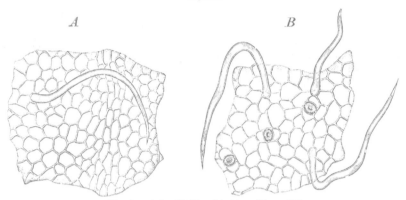

Oberhaut des Weidenblattes (Vergr. 160).
A der Oberseite, *B* der Unterseite mit Haaren und Spaltöffnungen. Nach J. Möller.

ebensolchen. Zwischen diesen befinden sich auf der Unterhaut viele kleine Spaltöffnungen, welche von zwei Nebenzellen begleitet sind. Auch in der Oberhaut sind wenige Spaltöffnungen.

Die Oberhaut wie die Unterhaut, letztere jedoch viel häufiger, tragen lange Haare, die sich von den Haaren auf der Unterseite der Teeblätter dadurch unterscheiden, daß sie sehr dünnwandig, bandartig und am Grunde nicht umgeknickt sind.

Das Schwammparenchym ist nicht deutlich ausgebildet, sondern weist beiderseits eine zweireihige Palisadenschicht auf.

γ) **Schlehenblätter** (Prunus spinosa). Die Blätter sind verkehrt-eiförmig oder elliptisch-lanzettlich, der Rand ist scharf, aber ungleich- und unregelmäßig, teilweise auch doppelt gesägt (Fig. 183).

Der Hauptnerv verläuft gebrochen, an den Bruchstellen entspringen die Seitennerven, welche am Rande keine Schlingen bilden, aber durch ein feines Netzwerk von zarten Nerven anastomosieren.

Die obere Epidermis (Fig. 184*A*) besteht aus ziemlich großen, derbwandigen polygonalen Zellen, deren Cuticula zart gestrichelt ist.

Fig. 183.

Schlehenblatt
(Prunus spinosa).
Nach T. F. Hanau-
sek.

Fig. 184.

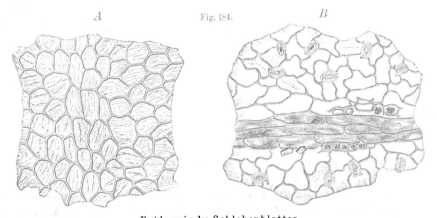

Epidermis des Schlehenblattes.
A der Oberseite. *B* der Unterseite von innen gesehen; die Krystalle liegen nicht in den Oberhautzellen, sondern in Kammerfasern, welche die Gefäßbündel (Nerven) begleiten. (Vergr. 160.) Nach J. Möller.

Die untere Epidermis des Schlehenblattes (Fig. 184 *B*, S. 259) besitzt viel zartere Zellen, deren Wandungen wellig gebogen sind und deren Cuticula nicht immer gestrichelt ist. Sie sind von zahlreichen kleinen Spaltöffnungen unterbrochen, die hie und da gehörnt erscheinen; das Blattparenchym enthält viele Zellen mit Krystalldrusen und Einzelkrystallen, namentlich sind die Gefäßbündel von sog. Krystallkammern begleitet. Nach J. Möller ist das gleichzeitige und massenhafte Vorkommen von Krystalldrusen und Einzelkrystallen besonders charakteristisch für das Schlehenblatt. Längs der Nerven und am Blattrande einzellige, ziemlich derbe, oft gekrümmte Haare.

Fig. 185.

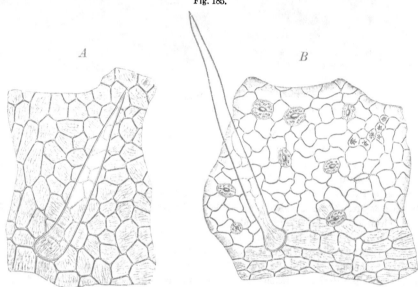

A der Oberseite, *B* der Unterseite.   Nach J. Möller.

Epidermis des Kirschblattes (Vergr. 160).

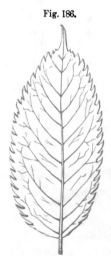

Fig. 186.

ð) **Kirschblätter** (Prunus Cerasus).   Die Kirschblätter, sowie die verwandten Sauerkirschen- oder Weichselblätter sind wie das Schlehenblatt eiförmig zugespitzt, am Rande dicht grobgesägt und gezähnt.

Die Epidermis der Oberseite (Fig. 185 *A*) besteht aus unregelmäßig polygonalen Zellen, deren Cuticula dicht und fein gestreift ist. In der Nähe der Nerven sitzen hie und da sehr große und breite, dünnwandige, konisch zugespitzte Haare. Die Unterhaut (Fig. 185 *B*) besitzt zarte, wellig geformte Zellen mit runden bis ovalen Spaltöffnungen. Die Haare der Unterseite sind häufiger vertreten, in der Form ähnlich denen der Oberseite, jedoch meist dünner und länger.

ε) **Holunderblätter** (Sambucus nigra).   Die unpaarig gefiederten Blätter des Holunders haben eiförmige, zugespitzte (die Spitze meist umgebogen [Fig. 186]), einfach aber tief gesägte Teilblätter (Fiederblättchen). Die Zähne der Teilblätter sind meist nach aufwärts umgebogen. Der Hauptnerv ist gerade und auch die Seitennerven verlaufen in gerader Richtung nach dem Rande.

Die Epidermiszellen der Oberseite sind polygonal, dickwandig, ohne Spaltöffnungen, die Cuticula ist grobwellig. Einzellige kegelförmige Haare am Rande und auf der Fläche. Die Zellen der Unterhaut sind schwach wellig und schwach rosenkranzartig ver-

Teilblatt eines Holunderblattes (Sambucus nigra). Nach T. F. Hanausek.

dickt. Grobe wellige Cuticulafalten, dickwandige **einzellige Haare**, zahlreiche große Spaltöffnungen.

Der Geschmack der Blätter soll ein scharfer und bitterer sein.

ζ) **Eschenblätter** (Fraxinus excelsior). Das ebenfalls unpaarig gefiederte Blatt der Esche besitzt sitzende Fiederblättchen von länglicher, lanzettlicher Gestalt, der Rand ist gesägt, stellenweise gezähnt, oben zugespitzt, ebenso am Grunde spitz zulaufend und frei von Sägezähnen. Die Hauptrippe ist kräftig, von ihr laufen zahlreiche Nebenrippen ab, die am Rande feine Schlingen bilden, von denen aus **kurze, in die Zahnausschnitte des Blattrandes verlaufende Nerven** entspringen (Fig. 187).

Die **Epidermis der Oberhaut** (Fig. 188 A) besteht aus großen, sehr stark gewellten, beinahe sternförmig aussehenden, dünnwandigen Zellen. Die Zellen der **unteren Epidermis** (Fig. 188 B) sind ebenfalls stark gewellt, groß und zartwandig. Zwischen ihnen liegen zahlreiche elliptische Spaltöffnungen, welche an beiden Enden Falten der Cuticula zeigen und dadurch wie **gehörnt** aussehen. Nicht sehr häufig trifft man kurzgestielte Drüsenhaare auf der Unterseite sitzend an, deren Köpfchen aus vielen radial gestellten Zellen zusammengesetzt sind, außerdem kurze ein- bis zweizellige Haare mit streifiger Cuticula.

η) **Rosenblätter.** Von diesen beschreibt die vier wichtigsten Typen T. F. Hanausek wie folgt:

Fig. 189 a, S. 262 stellt ein Blättchen (Fiederblättchen des bekanntlich unpaarig gefiederten Rosenblattes) der **Rosa canina** dar. Dasselbe ist eirund oder eirund-länglich, stets **einfach**, aber scharf gesägt, die Zähne sind ein wenig aufwärts gebogen, der Blattgrund ist abgerundet, die Spitzen ziemlich scharf. Die Nebenrippen sind vollkommen parallel und bilden höchst feine, nur mit der Lupe sicht-

Fig. 187.

Teilblatt der **Esche** (Fraxinus excelsior). Nach T. F. Hanausek.

Fig. 188.

A Oberseite, *B* Unterseite; *sp* Spaltöffnungen, *t* Drüsenhaar, * Hörnchen der Spaltöffnungen. Nach J. Möller.

Epidermis des Eschenblattes (Vergr. 160).

bare Schlingen; das Endblättchen ist langgestielt, die übrigen sind festsitzend. Stellenweise weit häufiger ist **Rosa dumalis** (Fig. 189 b, S. 262), die dann die Rosa canina vertritt. Der Umriß des Blattes ist von dem der echten R. canina wenig verschieden, doch ist die **Nervatur** niemals einfach, sondern immer **doppelt**, d. h. jeder Sägezahn ist wieder mit einem Sägezahn versehen; Behaarung der Blättchen fehlt oder ist nur sehr schwach ausgebildet. Bei den selteneren

Fig. 189.

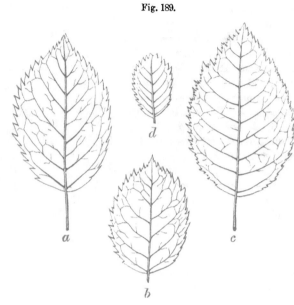

Blattabschnitte von 4 Rosentypen.
a Rosa canina (Hundsrose), *b* R. dumalis, *c* R. glauca var. complicata,
d R. spinosissima. Nach T. F. Hanausek.

Formen, wie bei R. glauca complicata (Fig. 189c) ist die Nervatur meist mehr kompliziert, die Zähnchen tragen wieder mehrere meist mit Drüsen versehene Einkerbungen und die Rippen oder selbst die Blattunterseite (R. dumalis, R. rubiginosa) sind mit Haaren oder Drüsen versehen. Die am meisten abweichende Form zeigen die Blättchen der in die Gruppe Pimpinelli foliae gehörigen Rosen. Bei der sehr gemeinen R. spinosissima (Fig. 189 d) sind die Blätter breit elliptisch oder breit eiförmig, sehr klein, einfach gezähnt, stumpf, die Nebennerven erscheinen als enggestellte parallele Linien, deren Anastomosen mit freiem Auge nicht sichtbar sind. Die Behaarung fehlt gänzlich.

Die Epidermis der Oberseite (Fig. 190 A) besteht ähnlich wie beim Schlehenblatt aus großen, derbwandigen polygonalen Zellen, deren Cuticula nicht gestrichelt, sondern glatt ist. Die Zellenwände mancher Zellen sind knotig verdickt. In der Nähe der Nerven enthalten manche Oberhautzellen

Fig. 190.

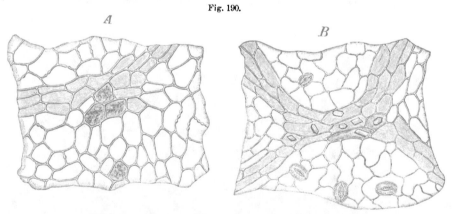

Epidermis des Rosenblattes (Rosa canina). (Vergr. 160.)
A Oberseite, *B* Unterseite, von innen gesehen. Nach J. Möller.

eine braune, homogene Masse. Die untere Epidermis (Fig. 190 B) besteht aus etwas zartwandigeren und gewellten Zellen, zwischen denen ziemlich große Spaltöffnungen ohne Nebenzellen liegen. In den Zellen längs der Gefäßbündel befinden sich häufig große Einzelkrystalle.

ϑ) **Erdbeerblätter** (Fragaria vesca). Die Blätter der Erdbeere sind dreizählig. Die einzelnen Blätter (Fig. 191, S. 263) sind nach Hanauseks Beschreibung eiförmig, stumpf, grob gesägt, mit geradlinigem, keilförmig zulaufendem Grunde, die Sägezähne des Scheitels gleich groß

oder der oberste kleiner, die Blattunterseite dicht seidenhaarig. Vom Hauptnerv zweigen
zahlreiche Nebennerven unter spitzem Winkel ab und verlaufen nahezu geradlinig oder wenig
gekrümmt direkt in die Blattsägezähne; unter sich selbst sind sie durch feine Äderchen verbunden.

Fig. 191.   Fig. 192.

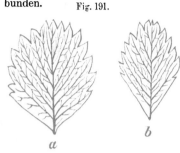

Abschnitte des Erdbeerblattes
(Fragaria vesca).
Nach T. F. Hanausek.

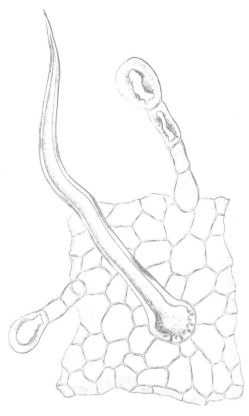

Die Epidermis beider Blattseiten zeigt polygonale, auf der Unterseite auch wellige, ziemlich dünnwandige Zellen, zwischen welchen auf
der Unterseite zahlreiche Spaltöffnungen sich befinden. Beiderseits tragen die Blätter (Fig. 192) zweierlei
Haarformen, nämlich sehr lange,
einzellige, gerade oder gekrümmte,
dick- oder dünnwandige, oft über der
Epidermis rechtwinklig abgebogene
Haare mit verdickter, getüpfelter Basis
und 2—4zellige Gliederhaare mit
zylindrischem, dünnwandigem Stiel
und kolbenförmiger Kopfzelle, deren
Wand in Lauge stark aufquillt.

Epidermis der Oberseite des Erdbeerblattes.
Nach J. Möller.

Paraguay-Tee (Mate).

Unter Paraguay-Tee — Mate ist das hieraus bereitete Getränk — versteht man die
gerösteten Blätter und jungen Zweige („Herva" oder „Yerba Mate") einer Aquifoliacee, Ilex
paraguayensis St. Hil., die besonders in Paraguay, Argentinien und Brasilien angebaut wird.
Über die Gewinnung und Zubereitung vgl. II. Bd., 1904, S. 1108. Außer Ilex paraguayensis St. Hil. werden noch etwa zwölf andere Ilex-Arten genannt, von denen die Blätter
für die Teebereitung gewonnen werden. Die Blätter der wild wachsenden Ilex-Arten sind im
allgemeinen ärmer an Coffein und an wasserlöslichen Stoffen; auch erfährt der Gehalt hieran
durch das Rösten eine Abnahme in ähnlicher Weise wie Gerbsäure und Wasserextrakt beim
schwarzen Tee (vgl. I. Bd., 1903, S. 1018 und II. Bd., 1904, S. 1109).
Die chemische Zusammensetzung stellt sich nach den bisherigen Analysen wie folgt:

Wasser %	In der Trockensubstanz						
	Stickstoff-Substanz %	Tein %	Fett (Äther-auszug) %	Gerbsäure %	Asche %	Wasser-extrakt %	Alkohol-extrakt %
6,92	12,03	0,95	4,50	7,40	5,99	33,90	33,51

Der Gehalt an Tein schwankt von 0,30—1,85%, der an Gerbsäure von 4,10—9,59%, der an Wasserextrakt von 24,00—42,75%.

Als zufällige Beimengungen kommen im Paraguay-Tee mitunter die pfefferkorngroßen Früchte von Ilex paraguayensis sowie die Blätter von anderen Ilex-Arten vor.

Als Verfälschung dagegen wird angesehen die Beimengung der Blätter von Villarezia Gongouha (DC.) Miers, einer Pflanze aus der Familie der Icacinaceen, die in Südamerika unter den Namen „Gongouha" oder „Congouha", „Yapon", „Mate" oder „Yerba da palos" bekannt ist, ferner von Blättern von Ilex dumosa, Symplocus-, Myrsine- und Canella-Arten, die sämtlich frei von Tein sind.

Die chemische Untersuchung wird ganz wie die des Tees ausgeführt; nur für die Gerbsäure muß ein anderes Bestimmungsverfahren angewendet werden, weil sie nicht wie Kaffee- oder Tee-Gerbsäure mit Kupfer- oder Bleisalzen eine einheitliche Verbindung, sondern ein Gemisch verschiedener Verbindungen liefert. Busse und Polenske[1]) empfehlen dafür das gewichtsanalytische Verfahren von v. Schroeder[2]).

Das Wesen dieses Verfahrens besteht darin, daß man in einer gerbstoffhaltigen Flüssigkeit die Menge der gelösten organischen Stoffe bestimmt, in einer gleichgroßen Menge Flüssigkeit die Gerbsäure durch gereinigtes Hautpulver entfernt, in der Lösung hiervon wiederum die organischen Stoffe bestimmt und unter Berücksichtigung der löslichen Stoffe im Hautpulver die Menge der Gerbsäure aus der Differenz berechnet. Vorher geht eine

Reinigung des Hautpulvers. Man wäscht allerbestes käufliches Hautpulver aus in einer weiten, unten mit durchbohrtem Korke geschlossenen Glasröhre, die etwa 100 g locker eingefülltes Hautpulver faßt, und in der dann noch ein Raum von etwa 200 ccm frei bleibt. Dieser nimmt das zum Auswaschen verwendete Wasser auf. Das Wasser wird nach Bedarf von oben aufgegossen, dringt durch das Hautpulver, löst dabei die leicht löslichen organischen Substanzen auf und fließt dann wieder ab durch die in dem durchbohrten Kork steckende Glasröhre. 2 l Wasser genügen für 100 g Hautpulver. Nach dem Abtropfen des Wassers preßt man den Rest desselben so gut als möglich durch Auswinden passender (kleinerer) Mengen Hautpulver in einem trocknen Leinentuch ab, zerkleinert die sich bildenden Ballen, läßt bei gewöhnlicher Temperatur an einem luftigen Orte trocknen und mahlt dann noch einmal durch.

Ausführung der Bestimmung. 15 g[3]) Paraguay-Tee werden mit Wasser 15 Stunden, tunlichst unter Druck, eingeweicht und dann bei 90—95° in üblicher Weise ausgezogen, was in 2½—3 Stunden erreicht werden kann. Man bringt die Lösung bei der Eichungstemperatur des Gefäßes auf 1 l, filtriert, dampft 100 ccm auf dem Wasserbade ein, trocknet bis zur Gewichtsbeständigkeit bei 100° und wägt. Man äschert den Rückstand ein und bestimmt das Gewicht der Asche, welches abgezogen wird; hierdurch erhält man das Gewicht der organischen Stoffe in 100 ccm Lösung (= $G + N$). Addiert man die Gesamtmenge der gelösten Stoffe und die Feuchtigkeitsmenge in Prozenten der zu untersuchenden Substanz und zieht die Summe von 100 ab, so ergibt sich indirekt das „Unlösliche" bzw. Ungelöste. Dann digeriert man 200 ccm der filtrierten Lösung zunächst mit 10 g gereinigtem Hautpulver ½—1 Stunde lang unter häufigem Umschütteln, filtriert durch ein Leinwandfilter, preßt ab und behandelt das Filtrat noch 20—24 Stunden mit 4 g Hautpulver. Hierauf wird zuerst durch ein kleines Leinwandfilter, sodann durch gutes Filtrierpapier filtriert. 100 ccm Filtrat werden eingedampft, bis zur Gewichtskonstanz getrocknet, gewogen und die Menge der Asche ermittelt, die dann abgezogen wird. So erhält man die organischen Nichtgerbstoffe N; von diesen muß immer die geringe Menge der aus dem Hautpulver gelösten organischen Stoffe, die bei einem gleichen Versuche mit destilliertem Wasser in Lösung geht, abgezogen werden.

---

[1]) Arbeiten a. d. Kaiserl. Gesundheitsamte 1898, **15**, 171.

[2]) Boeckmann-Lunge, Chem.-techn. Untersuchungsmethoden, 4. Aufl. 1900, Bd. 3, S. 572.

[3]) Man soll nur so viel Substanz anwenden, daß die Lösung höchstens 0,1—0,2 g Gerbsäure in 100 ccm enthält.

Zieht man vom Gesamtgewicht der gelösten organischen Stoffe (*G* + *N*) das Gewicht der „Nichtgerbstoffe" *N* ab, so erhält man das Gewicht (*G*) der gerbenden Stoffe.

Mikroskopische Untersuchung. Die in den Handel kommende Droge besteht gewöhnlich aus den gerösteten und grob gepulverten Blättern (und Zweigen) von Ilex paraguayensis und anderen brasilianischen und bolivianischen Ilex-Arten. Die Blätter (Fig. 193) sind bis 13 cm lang und gegen 4 cm breit, von ziemlich schwankender Form, eiförmig, länglich-elliptisch, spatelförmig, meist in den kurzen Stiel verschmälert. Die Spitze ist stumpf oder ausgerandet, der Rand mit größeren oder kleineren, meist entfernt stehenden Zähnen besetzt, kerbig-gesägt oder fast ganzrandig. Die Sekundärnerven bilden entfernt vom Rande stark gekrümmte Schlingen, auch die Nerven dritter Ordnung sind gut sichtbar.

Die **Epidermis der Oberseite** (Fig. 194) besteht aus großen, vieleckig-isodiametrischen, geradwandigen Zellen, deren Cuticula derbe, unregelmäßig verlaufende Falten zeigt. Über den größeren Nerven aber sind die Zellen in mehreren Reihen leiterförmig angeordnet, hier ist die Cuticularstreifung nicht unregelmäßig, sondern gerade in der Längsrichtung. Die **Epidermiszellen der Unterseite** (Fig. 195) sind ebenfalls polygonal, aber kleiner als die der Oberseite. **Spaltöffnungen** sind nur auf der Unterseite vorhanden, sie sind teilweise größer als die sie umgebenden Epidermiszellen. Die Leitbündel haben einen mächtigen Faserbelag.

Fig. 193.

Mateblatt.
Autophotogramm nach
J. Möller.

Fig. 194.

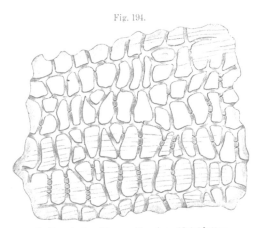

Epidermis der Oberseite eines Mateblattes
oberhalb eines Nerven. Nach J. Möller.

Fig. 195.

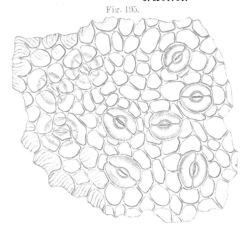

Epidermis der Unterseite des Mateblattes.
Nach J. Möller.

Kakao und Schokolade.[1]

A. Vorbemerkungen.

1. Begriffserklärungen. Unter „Kakao" versteht man, der Herkunft

nach, die gerotteten oder ungerotteten getrockneten Samen des Kakaobaumes (Theobroma Cacao L.); der Verarbeitung nach verstehen wir im Handel unter Kakao aber auch die

---

[1] Bearbeitet von Prof. Dr. A. Beythien in Dresden.

Kakaomasse und den entfetteten und sonstwie behandelten Puderkakao. Diese und andere Erzeugnisse der Kakaosamen werden nämlich auf folgende Weise erhalten (vgl. II. Bd., S. 1110):

a) Kakaomasse durch Mahlen und Formen der ausgelesenen, gerösteten und entschälten Kakaosamen (Bohnen). Diese Masse bildet die Grundlage für alle anderen Erzeugnisse.

b) Entölter Kakao ist Kakaomasse, welcher durch Pressen in der Wärme ein Teil ihres Fettes entzogen ist, wobei bisweilen Gewürze zugesetzt werden.

Wenn die entfettete Kakaomasse mit Carbonaten von Kalium, Natrium, Magnesium und Ammonium (bzw. mit Ammoniak) oder mit Wasserdampf unter Druck behandelt wird, so nennt man das Erzeugnis löslichen Kakao.

c) Schokolade ist ein Gemisch von Kakaomasse mit Rüben- oder Rohrzucker und würzenden Stoffen, nötigenfalls, um das Formen zu erleichtern, unter Zusatz von Kakaobutter. Die Menge des zuzumischenden Zuckers schwankt zwischen weiten Grenzen, soll aber 68% nicht überschreiten.

Wenn die Kakaomasse mit Milch, Sagomehl, Hafermehl, Haselnüssen, Peptonen, Somatose, Arzneimitteln usw., mit und ohne Zusatz von Zucker, vermischt wird, nennt man die Erzeugnisse Milch-, Sago-, Hafer-, Haselnuß-, Pepton-, Somatose- bzw. Medizinalkakao oder -schokolade.

d) Kuvertüre oder *Überzugsmasse* ist eine Mischung von Kakaomasse, Zucker, Gewürzen mit Mandeln, Haselnüssen u. dgl. (vgl. unter Zuckerwaren II. Bd., 1904, S. 888 u. III. Bd., 2. Teil, S. 712).

e) Fondants sind Kakaoerzeugnisse mit hohem Gehalt an Fett (vgl. ebendort).

Die Zusammensetzung dieser Erzeugnisse hängt einerseits von der Beschaffenheit der Grundmasse, der Kakaomasse, andererseits von der Art und Menge der genannten Zusätze ab.

2. Als Anhaltspunkte für die *Zusammensetzung* der drei wichtigsten Erzeugnisse, der Kakaomasse, des hieraus hergestellten entfetteten Kakaos und der Schokolade, können folgende Mittelwerte dienen:

Erzeugnis	Wasser %	Stickstoff-Substanz %	Theobromin %	Fett %	Glykose %	Stärke %	Pentosane %	Sonstige N-freie Stoffe %	Rohfaser %	Asche %
		In der sandfreien Trockensubstanz								
Kakaomasse	4,25	14,58	1,65	55,50	1,54	9,40	1,71	7,69	4,15	3,78
Puderkakao { 28% Fett	5,50	23,61	2,66	28,00	2,49	15,21	2,77	12,43	6,72	6,11
mit { 14% „	5,50	28,17	3,18	14,00	2,97	18,16	3,03	14,91	8,01	7,30
Schokolade mit 68% Zucker	1,50	4,45	0,49	16,93	Saccharose 68,00[1]	2,87	0,52	2,86	1,26	1,15
Kakaoschalen	9,50[2]	16,31	0,89	4,85	10,21[3]		11,09	30,63	18,97	7,05

Der Theobromingehalt in der Trockensubstanz der Kakaomasse schwankt zwischen 1,3—1,9%, der Fettgehalt zwischen 50—58%, der Stärkegehalt zwischen 8—11%.

Die Zusammensetzung der Asche von etwa 24 verschiedenen Kakaosorten wurde mit folgendem mittleren Ergebnis ermittelt [4]):

---

[1]) Außerdem 0,47% direkt reduzierender Zucker.

[2]) Hierzu 4,98% Sand (im Mittel).

[3]) D. h. in Zucker überführbare Stoffe.

[4]) Revue des Falsific. 1910, **3**, 61 und Zeitschr. f. Untersuchung d. Nahrungs- u. Genußmittel 1912, **24**, 705.

Gesamtasche in der Trockensubstanz %	In 100 Teilen Asche									
	Kali %	Natron %	Kalk %	Magnesia %	Eisenoxyd + Tonerde %	Phosphorsäure %	Schwefelsäure %	Chlor %	Kohlensäure %	Sand + Kieselsäure %
3,27	32,84	1,62	4,42	15,97	0,61	34,51	3,37	1,46	6,22	0,72

Die Gesamtasche schwankte von 2,97—4,17%, der Kaligehalt hierin zwischen 30,41—38,50%, Phosphorsäure zwischen 25,60—33,78%, Sand + Kieselsäure zwischen 0,60—7,34%.

Für 100 Teile entfetteten und getrockneten Kakao ergab sich im Vergleich zu holländischem Kakao (5 Proben):

	Wasser- und fettfreier Kakao	Holländischer Kakao
Kali	2,64% (2,46—3,04%)	5,37% (4,82—6,41%)
Entsprechend Kaliumcarbonat . . .	3,87% (3,61—4,47%)	7,88% (7,07—9,41%)

Von der Phosphorsäure sind nach Matthes und Müller[1]) rund 11,0% in Wasser löslich, 23,5% in Wasser unlöslich, während die Asche der Kakaoschalen gar keine wasserlösliche Phosphorsäure enthält.

Die Asche der Kakaoschalen ergab nach mehreren Analysen folgende prozentische Zusammensetzung:

Gesamtasche in der Trockensubstanz %	Kali %	Natron %	Kalk %	Magnesia %	Eisenoxyd %	Phosphorsäure %	Schwefelsäure %	Chlor %	Kieselsäure %	Sand und Ton (Rest) %
7,05	35,96	1,80	12,11	12,29	3,75	10,72	4,60	2,79	9,65	6,33

Die Zusammensetzung der Asche der Kakaoschalen ist wegen der anhängenden Erde, die sich nie ganz abtrennen läßt, äußerst großen Schwankungen unterworfen, so daß ihr unterschiedlicher Gehalt, z. B. an Eisenoxyd und Kieselsäure, nicht zur Feststellung von Schalen im Puderkakao usw. verwertet werden kann, zumal, wie Matthes und Rohdich[2]) nachgewiesen haben, der Gehalt hieran im Kakao großen Schwankungen unterliegt, nämlich zwischen 0,6—15,0% in Prozenten der Asche.

Kupfergehalt im Kakao. Während nach den meisten Untersuchungen im Samen wie in den Schalen von Kakao nur einige Milligramme Kupfer für 1 kg vorkommen, gibt Tisza bis 108 mg, Gautier in zwei Fällen 200 und 225 mg Kupfer in Kakaoschalen an. C. Formenti[3]) hat daher Veranlassung genommen, diese Frage erneut zu prüfen und hat folgende Kupfermengen in 1 kg Substanz gefunden[4]):

Entschälter Samen 3 Proben mg	Samenschalen 3 Proben mg	Schokolade	
		italienische 23 Proben mg	ausländische 14 Proben mg
20—34	14—40	0—20	4—17

[1]) Zeitschr. f. Untersuchung d. Nahrungs- u. Genußmittel 1906, **12**, 88.

[2]) Zeitschr. f. öffentl. Chemie 1908, **14**, 166.

[3]) Zeitschr. f. Untersuchung d. Nahrungs- u. Genußmittel 1913, **25**, 149.

[4]) Die Kupferbestimmung wurde in der Weise ausgeführt, daß die Substanz zunächst leicht verkohlt, dann mit einem Gemisch von Salpeter- und Schwefelsäure verbrannt und das Kupfer elektrolytisch bestimmt wurde. Falls das abgeschiedene Kupfer nicht rein und metallisch glänzend war, wurde es wieder in Salpetersäure gelöst und nochmals elektrolytisch abgeschieden.

3. Die *Verfälschungen* des Kakaos bzw. der Schokolade bestehen vorwiegend in der Mitverwendung von Kakaoschalen bzw. -abfällen, in dem Zusatz von Mehlen und Stärkemehlen ohne Deklaration, Wiederauffärben mit Ocker, Ton und Farben aller Art, in dem Zusatz von fremden Fetten und sog. Fettsparern (Dextrin, Gummi, Tragant, Gelatine).

4. *Probenahme.* Zur Untersuchung sollen in der Regel mindestens 200 g der Erzeugnisse entnommen werden, und zwar tunlichst in Originalpackung. Lose Waren müssen so verpackt werden, daß sie weder Feuchtigkeit abgeben noch aufnehmen können.

5. *Gesichtspunkte für die chemische Untersuchung.* Für die Beurteilung der Beschaffenheit und Reinheit der Kakaoerzeugnisse kommen in der Regel als wichtig folgende Bestimmungen in Betracht: Wasser, Asche, Fett (besonders bei Puderkakao), Stärke, Zucker (besonders bei Schokolade); wünschenswert ist in den meisten Fällen die Bestimmung von Theobromin, Rohfaser und die Prüfung auf Kakaoschalen; dazu gesellt sich unter Umständen die Feststellung von fremden Fetten, Fettsparern, von Aufschließungsmitteln für löslichen Kakao und von Färbungsmitteln.

Für die Feststellung von Kakaoschalen und fremden Mehlen oder Pflanzenstoffen muß die mikroskopische Untersuchung mit herangezogen werden.

Der chemischen Untersuchung kann die Sinnenprüfung, die sich auf Aussehen, Geruch und Geschmack erstreckt, voraufgehen; hierdurch treten, besonders bei etwaigem Kochen, Schadhaftigkeiten der Waren nicht selten schon genügend zutage.

Der Bruch läßt die Art der Verarbeitung (Gleichmäßigkeit der Masse und Farbe) erkennen. Auch die Prüfung auf Reaktion mittels empfindlichen Lackmuspapiers kann über die Art der Verarbeitung Aufschluß geben. Die ohne Zusätze verarbeitete Kakaomasse pflegt schwach sauer zu reagieren, die mit Alkali verarbeitete Masse reagiert dagegen alkalisch.

B. Chemische Untersuchung.

Zur chemischen Untersuchung kann man Kakaopulver und Schokoladenpulver nach sorgfältigem Durchmischen direkt verwenden. Kakaomasse und Schokolade schabt man mit einem Messer in feine Späne oder zerkleinert sie mit einem Reibeisen. Hingegen müssen die Samen nach P. Welmans[1]) zunächst in Kakaomasse übergeführt werden. Man entnimmt aus einer größeren Menge der geschälten und grob zerstoßenen Samen eine Durchschnittsprobe von 20—30 g, verreibt sie in einem auf 50° erwärmten unglasierten Mörser so lange, bis weder mit dem Auge noch beim Reiben zwischen zwei Fingern gröbere Teile bemerkbar sind, und gießt die nach einige Minuten langem Reiben dünnflüssig gewordene Masse in eine Blechform. Sobald sie hinreichend erstarrt ist, raspelt man sie auf einem kleinen Reibeisen und wiederholt noch einmal das Zerreiben im erwärmten Mörser, das Abkühlen und Raspeln.

Mit den Ausführungsbestimmungen zum Gesetze, betreffend die Vergütung des Kakaozolls bei der Ausfuhr von Kakaowaren, vom 22. April 1892 ist am 1. September 1903 eine „Anleitung zur chemischen Untersuchung von Kakaowaren"[2]) erlassen worden. Die dieser „Anleitung" entnommenen Verfahren sind nachstehend durch Anführungsstriche gekennzeichnet.

1. *Wasser.* „5 g der fein gepulverten Probe werden mit 20 g ausgeglühtem Seesande gemischt und bei 100—105° C getrocknet, bis keine Gewichtsabnahme mehr stattfindet. Der Gewichtsverlust wird als Wasser in Rechnung gesetzt."

Schokolade enthält in der Regel nur 1—2%, Puderkakao 2—5% Wasser; der mit Alkali aufgeschlossene Kakao pflegt 1—2% Wasser mehr zu enthalten als der nicht aufgeschlossene.

---

[1]) Zeitschr. f. öffentl. Chemie 1900, **6**, 304; Zeitschr. f. Untersuchung d. Nahrungs- u. Genußmittel 1901, **4**, 396.

[2]) Zentralbl. f. d. Deutsche Reich 1903, 429.

2. Asche. a) Gesamtasche. „5 g der Probe werden in einer ausgeglühten und gewogenen Platinschale durch eine mäßig starke Flamme verkohlt. Die Kohle wird mit heißem
Wasser ausgelaugt, das Ganze durch ein möglichst aschefreies Filter oder ein solches von bekanntem Aschengehalt in ein kleines Becherglas filtriert und mit möglichst wenig Wasser
nachgewaschen. Das Filter mit dem Rückstande wird alsdann in der Platinschale getrocknet
und vollständig verascht, bis keine Kohle mehr sichtbar ist. Zu diesem Rückstande gibt
man nach dem Erkalten der Schale das erste Filtrat hinzu, dampft auf dem Wasserbade unter
Zusatz von kohlensäurehaltigem Wasser ein, setzt gegen Ende des Eindampfens nochmals
mit Kohlensäure gesättigtes Wasser hinzu, dampft vollends zur Trockne, erhitzt bis zur Rotglut und wägt nach dem Erkalten."

b) Wasserlösliche Asche nach Farnsteiner[1]): 0,45 g der fein zerriebenen Asche
werden mit heißem Wasser zu einem feinen Brei angerührt und sodann nach weiterem Zusatz
von etwa 20 ccm heißem Wasser in bedeckter Schale eine halbe Stunde auf dem Wasserbade
unter häufigem Umrühren erhitzt. Der Rückstand wird dann durch ein kleines Filter in einen
100 ccm-Kolben abfiltriert. Man wäscht mit siedendheißem Wasser nach, bis das Filtrat nahezu
100 ccm beträgt, verascht den Rückstand ohne Zusatz von Ammoniumcarbonat und wägt.
Das nach dem Abkühlen zu 100 ccm aufgefüllte Filtrat dient zur Bestimmung der Alkalität.

Die Genauigkeit des Verfahrens wird von Farnsteiner zwar als gering, aber doch ausreichend bezeichnet.

3. Alkalität. a) Gesamtalkalität. Die Gesamtalkalität ist für die Beurteilung des
Kakaos von untergeordneter Bedeutung. Will man sie trotzdem ermitteln, so erwärmt man
eine abgewogene Menge der Gesamtasche mit überschüssiger ½ N.-Schwefelsäure eine halbe
Stunde auf dem Wasserbade und titriert darauf mit ¼ N.-Lauge (Phenolphthalein) zurück.

b) Alkalität des in Wasser löslichen Anteils. Die nach der amtlichen „Anleitung"
hergestellte Asche wird mit 100 ccm heißem Wasser ausgezogen und in dem filtrierten Auszuge die Alkalität durch Titrieren mit ¹/₁₀ N.-Säure ermittelt.

Zipperer[2]) spült die aus 5 g erhaltene Asche mit Wasser in ein Becherglas, erhitzt
hierin, filtriert nach dem Absitzen vom Ungelösten ab und wäscht aus. Das Filtrat wird mit
5 ccm N.-Schwefelsäure versetzt und mit ½ oder ¼ N.-Kalilauge zurücktitriert.

A. Froehner und H. Lührig[3]) weisen demgegenüber darauf hin, daß selbst ½ l Wasser
nicht zum Auswaschen genügt. Sie spritzen daher die Asche von 10 g Kakao mit etwa 50 ccm
heißem Wasser in ein 100 ccm-Kölbchen, kochen eine Viertelstunde und füllen nach dem
Erkalten zur Marke auf. 50 ccm der durch ein trockenes Filter filtrierten Lösung kochen sie
mit 5 ccm ½ N.-Schwefelsäure auf und titrieren mit ¼ N.-Lauge zurück.

4. Nachweis der sog. Aufschließungsverfahren nach Farnsteiner[4]).
Da die zollamtliche Bestimmung der Alkalität des wasserlöslichen Anteils für den Nachweis
der Aufschließungsverfahren von geringer Bedeutung ist, weil die wässerige Lösung der Asche
nicht das ganze zugesetzte Alkalicarbonat, sondern statt dessen wechselnde Mengen von
Phosphaten enthält, so hat Farnsteiner ein anderes Verfahren ausgearbeitet, für welches
neben der Reaktion, dem Ammoniakgehalt und der quantitativen Zusammensetzung
der Asche folgende Werte bestimmt werden müssen:

A die Alkalität der Gesamtasche aus 100 g Substanz;

R das Gewicht der in Wasser unlöslichen Asche;

L das Gewicht der in Wasser löslichen Asche;

a_r die Alkalität von R;

a_l die Alkalität von L.

Die Bestimmungen werden in folgender Weise ausgeführt:

---

[1]) Zeitschr. f. Untersuchung d. Nahrungs- u. Genußmittel 1908, **16**, 628.

[2]) Zipperer, Die Schokoladenfabrikation. 2. Aufl., Berlin, M. Krayn, 1901, S. 249.

[3]) Zeitschr. f. Untersuchung d. Nahrungs- u. Genußmittel 1905, **9**, 257.

[4]) Ebendort 1908, **16**, 625.

a) Reaktion. 2 g Kakaopulver werden mit 10 ccm heißem Wasser übergossen, verrührt und dann etwa $^1/_4$ Stunde auf dem Wasserbade erhitzt. Ein Tropfen der überstehenden Lösung wird nach dem Absitzen auf empfindliches violettes Lackmuspapier gebracht, nach etwa 5—10 Sekunden durch Abstreichen entfernt und eine etwaige Farbenveränderung des Papiers festgestellt. Während alle zwölf von Farnsteiner geprüften Rohkakaos sauer reagierten, zeigten die mit Alkalicarbonat oder Magnesia aufgeschlossenen Proben im allgemeinen eine alkalische Reaktion (S. 268).

b) Ammoniak. Zur Vorprüfung wird etwas Kakaopulver (2 g) mit 0,1 g Magnesiumoxyd und 10 ccm Wasser in einem Kölbchen zu einem dünnen Brei angerührt und das Kölbchen mit einem geschlitzten Stopfen verschlossen, in den ein angefeuchteter Streifen von violettem oder rotem Lackmuspapier eingeklemmt ist. Aus dem Ausbleiben oder aus dem Grade der auftretenden Blaufärbung kann man auf die Abwesenheit oder auf den Gehalt des Ammoniaks schließen.

Zur quantitativen Bestimmung vermischt man 10 g Kakao mit 0,5 g Magnesiumoxyd und 250 ccm Wasser in einem Literkolben und destilliert von dem stark schäumenden Gemische 100 ccm in titrierte Säure über doppeltem Drahtnetz mit Hilfe eines Pilzbrenners ab.

In ähnlicher Weise verfährt Stutzer[1]). Die Destillation im Wasserdampfstrome bietet keine Vorteile, und die von Zipperer[2]) vorgeschlagene Destillation ohne Zusatz von Magnesia ist nicht empfehlenswert.

R. Farnsteiner fand in 19 Handelskakaosorten 0,034—0,083%, in 5 Sorten dagegen 0,117%, 0,119%, 0,122%, 0,156% und 0,316% Ammoniak und ist der Ansicht, daß bei Ammoniakgehalten von weniger als 0,1% eine Behandlung mit Ammoniak ausgeschlossen erscheint, daß sie dagegen bei Überschreitung dieser Grenze als wahrscheinlich, bei erheblicher Überschreitung als sicher anzunehmen ist.

c) Fixe Alkalien und alkalische Erden. Zum Nachweise fixer Alkalien und alkalischer Erden können folgende Bestimmungen dienen:

α) Asche. Die Bestimmung der Gesamtasche und ihres löslichen Anteils erfolgt, wie unter 2a und b angegeben, mit 30—40 g Rohkakao oder mit 20—25 g Kakao des Handels. Wegen der Umsetzung zwischen Magnesiumkaliumphosphat und Kaliumcarbonat tritt nur langsam Gewichtsbeständigkeit ein. Die Genauigkeit bei Ermittlung des wasserlöslichen Anteils ist nicht besonders groß, aber ausreichend; sie könnte durch Anwendung der Modifikation von Froehner und Lührig unter 3b gesteigert werden.

Anmerkung. Für die Erkennung fixer Alkalien oder alkalischer Erden ist indes die Gesamtasche von geringer Bedeutung, da ihre Menge im natürlichen Kakao nach den Untersuchungen von Farnsteiner (l. c.), Welmans[3]), Froehner und Lührig (l. c.), Matthes und Müller[4]) u. a. zwischen 2,46 und 4,48% schwankt. Erst bei erheblicher Überschreitung der Zahl 4% würde also aus dem Aschengehalte ein Schluß zu ziehen sein.

β) Alkalität. Die Gesamtalkalität wird nach dem Bd. III, 1. Teil, S. 512 beschriebenen Verfahren unter Verwendung von 0,25 g der nochmals schwach geglühten Asche, 10 ccm $^1/_2$ N.-Salzsäure und 15 ccm Ammoniak bestimmt. Das benutzte Ammoniak enthält im Liter 75 g Chlorcalcium und 25 g Salmiak. Um einen besonderen Zusatz von Chlorcalcium überflüssig zu machen und Trübungen zu vermeiden, gibt man erst die ammoniakalische Chlorcalciumlösung in den Zylinder, verdünnt etwas und läßt dann die saure Aschenlösung hinzufließen.

---

[1]) Zeitschr. f. angew. Chemie 1892, **5**, 513.
[2]) Zipperer, Die Schokoladenfabrikation. 2. Aufl., S. 251.
[3]) Zeitschr. f. öffentl. Chemie 1903, **9**, 203.
[4]) Zeitschr. f. Untersuchung d. Nahrungs- u. Genußmittel 1906, **12**, 95.

Der von Roehrig[1]) gemachte Vorschlag, $1/10$ N.-Säure zu verwenden, der für Aschen von Fruchtsäften sehr zweckmäßig ist, kann bei der schwerlöslichen Kakaoasche nicht empfohlen werden. Das gleiche gilt von der Verwendung eines 100 ccm-Kölbchens statt des Erlenmeyer-Kolbens. Wie auch Farnsteiner bemerkt, stimmt die Gesamtalkalität mit der Summe der Alkalitäten des löslichen und des unlöslichen Anteils oft nicht überein. Die Ursache dieser Erscheinung ist noch nicht klargestellt.

Alle erlangten Befunde sind auf Kakaomasse mit einem Fettgehalte von 55% umzurechnen, nach der Formel $w = \dfrac{W \cdot 45}{100 - f}$, in welcher W den für einen Puderkakao mit f % Fett gefundenen Wert bedeutet.

Anmerkung. Nach Farnsteiner schwankt die Gesamtalkalität A bei Rohkakao zwischen —2,5 bis +12,7 und beträgt im Durchschnitt +5,0. Ein Zusatz von 1% Kaliumcarbonat erhöht den Wert von A theoretisch um 14,6, praktisch um 12—13, so daß sich diese Menge nur bei Kakao mit stark negativer Alkalität der Entdeckung entziehen könnte.

γ) **Der in Wasser lösliche und unlösliche Teil der Asche, ausgedrückt in Prozenten der Asche.** Nach den Untersuchungen Farnsteiners beträgt der unlösliche Teil der Asche von Rohkakao 60,9—72,8%, während er durch Zusätze von weniger als 1% Kaliumcarbonat auf unter 50% herabgedrückt wird. Zusätze von Magnesiumoxyd hingegen erhöhen ihn. Zu berücksichtigen ist allerdings, daß Welmans, sowie Matthes und Müller für den unlöslichen Anteil der Asche wesentlich niedrigere Werte, nämlich 47,3—62,4 und 44,4—71,2 fanden.

Die Alkalität des löslichen Anteils hat für diese Frage keine Bedeutung, und insbesondere muß das früher übliche Verfahren, von der auf Kaliumcarbonat umgerechneten Alkalität 1,2% (Welmans) zu subtrahieren, zu falschen Ergebnissen führen, da Lührig in natürlichen Bohnen eine 2,11% K_2CO_3 entsprechende wasserlösliche Alkalität fand.

Hiernach wird man auf einen Zusatz von Natriumcarbonat oder Kaliumcarbonat schließen können, wenn die Reaktion alkalisch ist und, auf 100 g Masse mit 55% Fett berechnet, der Wert von A über 15, derjenige von R unter 50 liegt. Welches von beiden Alkalien zugesetzt worden ist, ergibt sich aus der Aschenanalyse, weil Kakao-Asche normalerweise nur wenig Natrium enthält (nach Zipperer l. c. S. 81 0,515—4,173, im Mittel 2,169% Na_2O; nach Beythien[1]) 0,527%, d. h. in Proz. der Asche).

Liegt R über 60%, so ist auf Magnesiumcarbonat zu schließen, während bei gleichzeitiger Gegenwart von Magnesium- und von Alkalicarbonat R im Verhältnis zu A auffallend hoch ist.

Die Höhe des Zusatzes kann nur annähernd geschätzt werden, und zwar entweder auf Grund der Zahl A, welche man um den Mittelwert von reinem Kakao + 5,00 vermindert, oder indem man von R ausgeht. Farnsteiner fand, daß bei Zusatz

von	15%	20%	25%	31%	38%	46%	54%	64% K_2CO_3
$R =$	50	45	40	35	30	25	20	15 betrug.

Bezeichnet man also die auf Kakaomasse mit 55% Fett umgerechnete Gesamtasche mit a, so ist für $R = 25$ die Menge der zugesetzten Pottasche $= \dfrac{a \times 46\%}{100}$. Nach beiden Rechnungsarten kann der ermittelte Wert höchstens um 0,4% zu hoch ausfallen.

δ) **Aschenanalyse und Kohlensäuregehalt der Asche.** Auch kann zur Beurteilung eines etwaigen Aufschließungsverfahrens die quantitative Zusammensetzung und der Kohlensäuregehalt der Asche herangezogen werden, wie zuerst von Beythien[2]), später von Behre[3]) vorgeschlagen worden ist.

---

[1]) Zeitschr. f. Untersuchung d. Nahrungs- u. Genußmittel 1908, **15**, 151.

[2]) Pharm. Zentralhalle 1906, **47**, 453.

[3]) Jahresbericht des Chemischen Untersuchungsamtes der Stadt Chemnitz 1907, S. 72; Zeitschr. f. Untersuchung d. Nahrungs- u. Genußmittel 1908, **16**, 421.

Einerseits erscheint es berechtigt, den Kohlensäuregehalt, welcher in normalen Kakao-aschen etwa 3—10% beträgt, zugrunde zu legen, und die 10% überschreitende Menge auf Alkalicarbonat zu berechnen. Andererseits kann man den Gehalt an Kaliumoxyd heran-ziehen, welcher in den rohen Bohnen 30—35%, im Mittel 32% beträgt und durch Zusatz von 1% Pottasche von 35 auf 40,8% (in Prozenten der Asche) erhöht wird; noch deutlicher müßte sich ein Sodazusatz äußern, da der normale Gehalt an Natriumoxyd von durch-schnittlich 2% durch Zusatz von 1% Soda auf 11,4% erhöht wird, also selbst den höchsten bis jetzt beobachteten Natrongehalt der Asche von 4% erheblich übersteigt, und ein Zu-satz von 1% Magnesiumoxyd erhöht den Gehalt an Magnesia von durchschnittlich 10% auf 30%.

ε) **In Wasser lösliche Phosphorsäure.** Weiter ist zu berücksichtigen, daß durch die Be-handlung mit Alkalicarbonaten der lösliche Anteil der Phosphorsäure erhöht, durch Behand-lung mit Magnesiumcarbonat hingegen erniedrigt wird. Farnsteiner fand, daß bei un-aufgeschlossenen Kakaos 18,8—26,6% (vgl. auch S. 267) der Gesamtphosphorsäure in Wasser löslich waren. Nach der Behandlung mit 1—3% Kaliumcarbonat stieg der lösliche Anteil auf 42,5—58,9%; während er durch Aufschließen mit 0,2% Magnesiumoxyd auf 11,4% herab-gedrückt wurde.

Der wässerige Auszug aufgeschlossener Kakaopulver enthält weder Kohlensäure noch Phosphorsäure, ein Beweis, daß der Phosphor in organischer Bindung vorhanden sein muß.

Wie ersichtlich, wird man am ersten auf Grund des Farnsteinerschen Verfahrens ein Ur-teil über die Höhe der alkalischen Zusätze erlangen. Nach den Beschlüssen des Vereins deutscher Nahrungsmittelchemiker soll der Zusatz von Alkalien oder alkalischen Erden 3% des Rohmaterials nicht übersteigen. Um übermäßige Zusätze auf alle Fälle zu verhindern, ist der Aschengehalt für Kakaopulver, welches nur mit Ammoniak und Ammoniumsalzen bzw. starkem Dampfdruck behandelt worden ist, zu 3—5%, auf Kakaomasse mit 55% berechnet, festgesetzt worden. Die höchstzulässige Grenze für mit Alkalien und alkalischen Erden aufgeschlossenen Kakao beträgt unter den gleichen übrigen Voraussetzungen 8%.

5. Quantitative Aschenanalyse. Die Untersuchung der Gesamtasche sowie ihres löslichen und unlöslichen Anteils erfolgt nach III. Bd., 1. Teil, S. 479.

6. Gesamtfett. 5 g Kakaopulver bzw. 10 g Schokolade werden mit gleichen Teilen reinen Quarzsandes verrieben; das Gemenge wird in eine aus entfettetem Filtrierpapier her-gestellte Hülse gebracht und in einem geeigneten Extraktionsapparate bis zur Erschöpfung (18 Stunden) mit Äther ausgezogen. Nach Vollendung der Extraktion wird der Äther aus dem Extraktionskölbchen abdestilliert, der Rückstand eine Stunde im Wassertrockenschranke getrocknet und nach dem Erkalten im Exsiccator gewogen. Die geringen Mengen Theo-bromin, welche durch den Äther gelöst werden, bleiben unberücksichtigt. (Methode des Vereins deutscher Nahrungsmittelchemiker, vorgeschlagen von H. Beckurts[1].)

Nach Farnsteiner[2]) ist die Extraktion des Fettes mit Äther schon nach 3—4 Stunden be-endet. Durch längeres Extrahieren werden lediglich Nichtfette ausgezogen, besonders Theobromin, auf dessen Schwerlöslichkeit alle Angaben über die Schwierigkeit der Fettbestimmung beruhen. Am besten würde es nach seiner Ansicht sein, Fett und Theobromin zugleich mit Chloroform zu extrahieren und das aus dem Stickstoffgehalt berechnete Theobromin zu subtrahieren.

Die bisweilen empfohlene Verwendung[3]) von Petroläther an Stelle des Äthers ist zu vermeiden, weil auch der niedrigsiedende Petroläther nach P. Welmans[4]) immer Spuren schwer flüchtiger Bestandteile enthält.

---

[1]) Zeitschr. f. Untersuchung d. Nahrungs- u. Genußmittel 1906, **12**, 81.

[2]) Ebendort 1908, **16**, 627.

[3]) Zipperer l. c.

[4]) Zeitschr. f. öffentl. Chemie 1900, **6**, 304; Zeitschr. f. Untersuchung d. Nahrungs- u. Genuß-mittel 1901, **4**, 396.

Von den vielen anderen Verfahren der Fettbestimmung seien noch die folgenden kurz angeführt:

Verfahren von Tschaplowitz[1]). Mehrere Gramm Kakao werden mit 10—15 g Alkohol und darauf mit ebensoviel Äther in einem kleinen Kölbchen von etwa 80 ccm Inhalt, dessen Hals von 73—77 ccm in Fünftelkubikzentimeter eingeteilt ist, aufgekocht. Nach dem Erkalten füllt man mit Äther bis 77 ccm auf, schüttelt um und notiert nach völligem Absitzen des Ungelösten das Volumen. Darauf werden 50 ccm mit der Pipette abgemessen und auf dem Wasserbade eingedunstet. Den Rückstand nimmt man mit etwas Äther auf, filtriert durch Watte in ein Becherglas, trocknet nach dem Verjagen des Lösungsmittels zuerst vorsichtig bei 70—80°, dann kurze Zeit bei 100° und wägt. Für das Volumen des Bodensatzes bringt man auf je 3 g Kakao 1 ccm von dem Gesamtvolumen in Abzug und rechnet dann auf Prozente um.

Ausschüttelungsverfahren von P. Welmans[2]). 5 g Kakao oder 5—10 g Schokolade werden zunächst mehrere Minuten in einem Scheidetrichter mit 100 ccm wassergesättigtem Äther und darauf mit 100 ccm äthergesättigtem Wasser bis zur Emulsionsbildung kräftig geschüttelt. Sobald nach 6—24 stündigem Stehen völlige Schichtentrennung eingetreten ist, pipettiert man von der klaren ätherischen Lösung 50 oder mindestens 25 ccm ab, destilliert den Äther ab, trocknet eine Stunde im Dampftrockenschranke und wägt. Die Umrechnung auf Prozente erfolgt nach der Formel: $\dfrac{10\,000\,b}{a\,(50 - b)}$, in welcher a die Menge des angewendeten Kakaos, b die beim Eindunsten von 50 ccm der ätherischen Lösung hinterbleibende Fettmenge darstellt. Zum Abmessen der ätherischen Lösung kann man sich nach Beythiens Erfahrungen zweckmäßig der Apparate von Röhrig (s. unter Milch) oder von Simmich[3]) bedienen.

Das vorstehende Verfahren wird von Elsner[4]) als brauchbar empfohlen, nur empfiehlt dieser, um das Überkriechen der Fettlösung über den Rand der Gefäße zu vermeiden, die Anwendung niedriger Bechergläser oder Erlenmeyerscher Kölbchen zum Eindunsten der Flüssigkeit.

Die von Bonnema[5]) für Milch ausgearbeitete Tragantmethode gibt nach Welmans (l. c.) nur bei Fettgehalten unter 10% brauchbare, bei höheren Gehalten hingegen zu hohe Werte.

Verfahren von J. Hanus[6]). In genauer Nachbildung der Gottlieb-Röseschen Vorschrift wird 1 g Kakao in einem in halbe Kubikzentimeter eingeteilten Meßzylinder von 100 ccm Inhalt mit 10 ccm heißem Wasser, darauf mit 2 ccm konzentriertem Ammoniak und schließlich mit 10 ccm Alkohol versetzt und nach jedem Zusatze gut durchgeschüttelt. Alsdann schüttelt man noch 15 Minuten nach Zusatz von 25 ccm Äther und 15 Minuten nach Zusatz von 25 ccm Petroläther, pipettiert nach zweistündigem Absitzen 25 ccm der abgelesenen Ätherschicht in ein gewogenes Kölbchen, dampft ein und wägt.

Nach Reinsch[7]) ist das Verfahren, welches bei neutralen Fetten nur Abweichungen von 0,2% gegen die durch 18 stündige Extraktion erhaltenen Werte liefert, zur Orientierung brauchbar; es versagt aber bei stark ranzigen Fetten und gab z. B. bei 99,7 Säuregraden 4% zu wenig.

---

[1]) Zeitschr. f. analyt. Chemie 1906, **45**, 231; Zeitschr. f. Untersuchung d. Nahrungs- u. Genußmittel 1907, **13**, 51.

[2]) Zeitschr. f. öffentl. Chemie 1900, **6**, 304; Zeitschr. f. Untersuchung d. Nahrungs- u. Genußmittel 1901, **4**, 396.

[3]) Zeitschr. f. Untersuchung d. Nahrungs- u. Genußmittel 1911, **21**, 38.

[4]) Elsner, Die Praxis des Nahrungsmittelchemikers, 8. Aufl., S. 655.

[5]) Chem.-Ztg. 1899, **23**, 541; Zeitschr. f. Untersuchung d. Nahrungs- u. Genußmittel 1899, **2**, 861.

[6]) Zeitschr. f. Untersuchung d. Nahrungs- u. Genußmittel 1906, **11**, 738.

[7]) Jahresber. Altona 1906, S. 25; 1907, S. 32; 1908, S. 31; Zeitschr. f. Untersuchung d. Nahrungs- u. Genußmittel 1907, **14**, 236.

Verfahren von Aage Kirschner[1]). In einen Meßzylinder von 75 oder 100 ccm, welcher bis zum Teilstriche 75 mindestens 30 cm lang sein muß, bringt man 20 ccm Alkohol von 50 Volumprozent und 1,5 g Kakao, setzt darauf 25 ccm Äther hinzu und schüttelt während einer Viertelstunde ab und zu gut durch. Zum Schlusse wird nach Zusatz von 25 ccm unter 80° siedendem Petroläther unter Vermeidung von Emulsionsbildung gut durchgemischt und nach einstündigem Stehen ein Teil (genau 45 ccm) der klaren Lösung abgehoben. Nach dem Verdampfen des Lösungsmittels trocknet man und wägt. Da das Ablesen des Volumens durch den Kakao erschwert wird, ermittelt man zweckmäßig für jeden Zylinder das Volumen der Äthermischung ohne Kakao und addiert dann das gefundene Fettgewicht, in Kubikzentimeter ausgedrückt, hinzu.

Beispiel der Berechnung: Angewendet 1,5167 g Kakao; das Volumen der Äther-Petrolätherlösung betrage 52,4 ccm, die in 45 ccm enthaltene Fettmenge 0,2947 g. Das gesamte Volumen der Fettlösung beträgt dann 52,4 + 0,2947 = 52,7 ccm, der Fettgehalt des Kakaos also:

$$\frac{0.2947 \times 52,7 \times 100}{45 \times 1,5167} = 22,67\%.$$

Auch hier würde sich die Anwendung des Röhrigschen Apparates empfehlen.

Verfahren von A. Kreutz[2]). 1—1,5 g Kakao oder 2—3 g Schokolade werden in einem Erlenmeyer-Kolben von 100—150 ccm Inhalt mit 2—3 g festem Chloralhydrat auf dem Wasserbade zusammengeschmolzen. Der nach wenigen Minuten entstehende Brei wird nach sorgfältigem Verrühren noch heiß mit 10—15 ccm Äther vermischt, darauf nach Zusatz von weiteren 30—35 ccm Äther gründlich geschüttelt und filtriert. Der Filterrückstand wird dreimal mit wenig Äther nachgewaschen, das Filtrat auf dem Wasserbade eingedampft und das Fett bei 105 bis höchstens 110° bis zur Gewichtsbeständigkeit getrocknet. — Das Verfahren von O. Richter[3]), welches hauptsächlich für die Zwecke der Fabrikkontrolle bestimmt ist und auf dem Prinzip der Gerberschen Butyrometrie beruht, ist noch nicht näher erprobt worden.

Über ein während des Druckes dieses Bandes von W. Lange veröffentlichtes Verfahren zur Fettbestimmung in Kakaowaren vgl. Arbeiten a. d. Kaiserl. Gesundheitsamte 1915, **50**, 149.

Anmerkung. Der Fettgehalt der Kakaomasse beträgt 50—58, im Mittel ca. 55%. Das Fett ist gelblichweiß, nach längerem Liegen gelb, ziemlich hart und von angenehmem Geruch und Geschmack, welche ebenso wie die bisweilen ins Bräunliche spielende Färbung auf einen Gehalt an Pigmentstoffen und Röstprodukten zurückzuführen sein dürften. Das extrahierte Fett ist meist stärker gefärbt und besitzt den aromatischen Geruch nur in geringerem Grade oder gar nicht.

Das spezifische Gewicht des Kakaoöles nimmt nach White[4]) bis zum 4. Tage stetig zu, um von da an beständig zu bleiben. So wurde das spezifische Gewicht im Mittel von fünf Proben gefunden:

1. Tag	4. Tag	3 Wochen
0,9784	0,9932	0,9950

7. Nähere Untersuchung des Fettes. Die Bestimmung der Refraktion, Jodzahl, Reichert-Meißlschen Zahl und der Verseifungszahl, sowie des Säuregrades erfolgt nach den üblichen Verfahren. Die kalte Verseifung ist nach K. Dieterich[5]) nicht anwendbar.

Von den Konstanten sind besonders der Schmelzpunkt und die Jodzahl für den Nachweis fremder Fette von Bedeutung.

[1]) Zeitschr. f. Untersuchung d. Nahrungs- u. Genußmittel 1906, **11**, 450.
[2]) Ebendort 1908, **15**, 680; **16**, 584.
[3]) Ebendort 1912, **24**, 312.
[4]) Ebendort 1898, **1**, 424.
[5]) Helfenberger Annalen 1900, **13**, 104; Zeitschr. f. Untersuchung d. Nahrungs- u. Genußmittel 1902, **5**, 84.

Der Schmelzpunkt liegt im allgemeinen zwischen 32 und 34°, obwohl in vereinzelten Fällen auch Werte von 30, 28 und 26,5° gefunden worden sind[1]). Zusätze von Cocosfett und von flüssigen Ölen drücken den Schmelzpunkt herab, während er durch Stearine erhöht wird.

Bei der Bestimmung des Schmelzpunktes ist zu berücksichtigen, daß das Kakaofett erst nach langer Zeit seinen normalen Zustand annimmt. Es empfiehlt sich daher, bei der Untersuchung von Kakaobutter in Blöcken das Fett in fester Form mit der Capillare auszustechen. Extrahiertes Fett saugt man in eine beiderseits offene Capillare und läßt es dann mindestens 8 Tage lang im dunklen Eisschranke erstarren. Die Capillare wird so an dem Thermometer befestigt, daß das 4 mm hohe Fettsäulchen sich neben der Mitte der Quecksilberkugel befindet, und wird dann in den Apparat von Filsinger und Henking[2]) gebracht. Derselbe besteht aus einem 4 cm weiten, mit ausgekochtem Wasser gefüllten Gläschen, welches in einem leeren, mit Quecksilber beschwerten Becherglase hängt, das schließlich von einem mit Wasser gefüllten Glase umgeben ist. Man erhitzt, bis das Fett von dem Wasser nach oben gedrückt wird.

Die qualitative Prüfung auf Sesamöl mit Hilfe der Reaktionen von Baudouin und Soltsien führt bisweilen zu Irrtümern, weil auch notorisch reine Kakaofette unter Umständen Rotfärbung ergeben. Die Ursache dieser Erscheinung ist nach Farnsteiner[3]) darin zu erblicken, daß geringe Mengen Kakaorot durch das Filter gehen; man muß daher für sorgfältige Filtration sorgen oder das Fett mit heißem Wasser schütteln, wodurch nach G. Posetto[4]) die Pigmentstoffe entfernt werden.

Als Beimengungen, welche durch Filtration nicht beseitigt werden können und ebenfalls die Anwesenheit von Sesamöl vortäuschen können, erwähnt E. Gerber[5]) das zum Lackieren von Schokoladewaren benutzte Benzoeharz, sowie Vanillin, Nelkenöl und Zimtöl. Da sie jedoch stärker auf Zinnchlorür als auf Furfurol-Salzsäure einwirken, verdient letztere den Vorzug.

Von sonstigen qualitativen Prüfungen, welche bisweilen gute Dienste leisten können, seien noch die folgenden angeführt:

Halphens Probe[6]): Eine Lösung des Fettes in dem doppelten Volumen Tetrachlorkohlenstoff wird langsam mit einer stark konzentrierten Lösung von Brom in Tetrachlorkohlenstoff im Überschusse versetzt, dann durch ein Gemisch von gleichen Teilen Sand und Stärke filtriert und nach Zusatz von 4—5 Raumteilen Petroläther 2 Stunden lang auf 15° abgekühlt. Bei reinem Kakao bleibt die Lösung völlig klar, während bei Anwesenheit von 10% Cocosfett ein starker Niederschlag entsteht. Das aus Schokolade extrahierte Fett wird zunächst in Tetrachlorkohlenstoff gelöst, mit Tierkohle am Rückflußkühler gekocht und dann 1 ccm des klaren Filtrates wie oben weiter behandelt.

Björklunds Ätherprobe[7]): 3 g Kakaofett werden mit 6 g Äther in einem mit Korkstopfen verschlossenen Reagensglase bei 18° C behandelt. Falls Wachs vorhanden ist, entsteht eine trübe Flüssigkeit, welche sich beim Erwärmen nicht verändert. Bleibt die Lösung klar, so bringt man das Röhrchen in Wasser von 0° und beobachtet, nach welcher Zeit die Flüssig-

---

[1]) Benedict-Ulzer, Chemie der Fette u. Wachsarten 1908, 5. Aufl., S. 838.

[2]) Vierteljahrsschr. 1889, **4**, 292; vgl. Welmans Pharm. Ztg. 1900, **45**, 959; Zeitschr. f. Untersuchung d. Nahrungs- u. Genußmittel 1901, **4**, 318; Zipperer l. c.

[3]) Jahresbericht des Hygienischen Instituts Hamburg 1900—1902, S. 84.

[4]) Giorn. Farm. Chim. 1901, **51**, 241; Zeitschr. f. Untersuchung d. Nahrungs- u. Genußmittel 1902, **5**, 83; vgl. Utz, Chem.-Ztg. 1902, **26**, 309; Zeitschr. f. Untersuchung d. Nahrungs- u. Genußmittel 1903, **6**, 468.

[5]) Zeitschr. f. Untersuchung d. Nahrungs- u. Genußmittel 1907, **13**, 65; vgl. R. Reich, Zeitschr. f. Untersuchung d. Nahrungs- u. Genußmittel 1908, **16**, 452.

[6]) Chem. Revue der Fett- u. Harzindustrie 1909, 14; Journ. Pharm. Chim. 1908, [6], **28**, 345; Zeitschr. f. Untersuchung d. Nahrungs- u. Genußmittel 1908, **18**, 439.

[7]) Zeitschr. f. analyt. Chemie 1864, **3**, 233.

keit anfängt sich zu trüben oder weiße Flocken abzusetzen, und ferner bei welcher Temperatur sie danach wieder klar wird. Wenn schon vor 10 Minuten Trübung eintritt, so ist die Kakao-butter nicht rein. Reines Kakaofett wird erst nach 10—15 Minuten trübe und bei 19—20° wieder klar, während Zusätze von 5%, 10%, 15% und 20% Rindertalg schon einen Beginn der Trübung nach 8, 7, 5 und 4 Minuten bewirken. Die gleichen Lösungen werden erst beim Erwärmen auf 22, 25 und 28,5° C wieder klar.

Filsingers Probe[1]): 2 g des Kakaofettes werden in einem eingeteilten Gläschen ge-schmolzen und mit 6 ccm einer Mischung aus 4 Teilen Äther (0,725 spezifisches Gewicht) und 1 Teil Weingeist (0,810 spezifisches Gewicht) geschüttelt. Reines Kakaofett gibt eine klar bleibende Lösung.

Beide vorstehende Proben haben nach J. Lewkowitsch[2]) nur einen orientierenden Wert.

Hagers Probe[3]): Man gibt ca. 1 g Kakaoöl mit 2—3 g Anilin in einen Probierzylinder, erwärmt unter gelindem Schütteln, bis Lösung erfolgt ist, und läßt zunächst eine Stunde bei 15° und $1^1/_2$—2 Stunden bei 17—20° stehen. Nach dieser Zeit schwimmt reines Kakaofett als ein flüssiges Öl auf dem Anilin. Bei Gegenwart von Talg, Stearinsäure oder kleinen Mengen Paraffin haben sich in der Ölschicht körnige oder schollige Partikel abgeschieden, welche beim Umschwenken an der oberen Wandung des Zylinders hängen bleiben, oder die Öl-schicht ist erstarrt (Wachs, Paraffin), oder es hat sich gar keine Ölschicht abgeschieden (wenig Stearinsäure), oder die ganze Flüssigkeit ist zu einer krystallinischen Masse erstarrt (viel Stearin-säure). Das reine Öl erstarrt erst nach vielen Stunden. Durch Kochen von stearinhaltigem Kakaoöl mit einer verdünnten Natriumcarbonatlösung erhält man eine Flüssigkeit, welche nach dem Filtrieren auf Zusatz von verdünnter Schwefelsäure Stearinsäure abscheidet.

In allen Fällen ist ein Parallelversuch mit reinem Kakaofett anzustellen.

Prüfung auf Cocosfett nach R. Cohn[4]): 5—6 g des klar filtrierten Fettes werden mit 10 ccm alkoholischer Kalilauge von 70 Volumprozent genau wie bei der Bestimmung der Reichert - Meißlschen Zahl verseift. Der Alkohol wird durch Erwärmen im siedenden Wasserbade unter Einblasen von Luft vertrieben und die Seife in 100 ccm warmem Wasser gelöst. Die erkaltete Seifenlösung wird, ohne nachzuspülen, in ein Becherglas von 300 ccm Inhalt gegeben und unter Umrühren mit 100 ccm kalt gesättigter, klar filtrierter Kochsalz-lösung versetzt. Die ausgefällten dicken, krümeligen Seifenmassen werden nach 12—15 Minuten langem Stehen, wobei man öfters umrührt, an der Luftpumpe abgesaugt, bis 90 ccm Filtrat erhalten sind, und werden die letzteren, welche bei Kakaofett klar, bei Cocosfett hingegen schwach getrübt erscheinen, sofort mit 100 ccm der gleichen Kochsalzlösung versetzt. Hierdurch fällt bei Cocosfett sofort ein dicker, weißer, flockiger Seifenniederschlag aus, und die Flüssigkeit selbst wird milchig trübe, während die Lösung von Kakaobutter nur eine geringe flockige Abscheidung gibt und im übrigen klar bleibt. Nach 10 Minuten wird die Flüssigkeit durch ein Faltenfilter gegossen und das Filtrat mit 2 ccm Salzsäure vom spezifischen Gewicht 1,12 versetzt. Kakaobutter bleibt auch jetzt stundenlang völlig klar, während bei Anwesen-heit von Cocosfett eine Trübung entsteht, welche beständig zunimmt und am besten in einem auf weißes Papier gestellten schmalen Becherglase von 10 cm Höhe beobachtet wird. Bei reinem Cocosfett ist die Schicht bereits nach einigen Minuten undurchsichtig, während bei Anwesenheit von 15% Cocosfett untergelegte Schriftzüge etwa nach einer Stunde unleserlich werden. Die Trübung bleibt ungefähr einen Tag bestehen. Zum Vergleiche empfiehlt es sich, Kontrollversuche mit selbst hergestellten Mischungen von Kakaobutter und 15, 25 und 50% Cocosfett auszuführen.

---

[1]) Pharm. Zentralhalle 1878, **19**, 452; Zeitschr. f. analyt. Chemie 1880, **19**, 247.

[2]) Journ. Soc. Chem. 1899, **18**, 556.

[3]) Pharm. Zentralhalle 1878, **19**, 451; Zeitschr. f. analyt. Chemie 1880, **19**, 246.

[4]) Chem.-Ztg. 1907, **31**, 855; Zeitschr. f. Unters. d. Nahrungs- u. Genußmittel 1908, **16**, 407.

Prüfung auf den Geschmack: Stets muß das extrahierte Fett auf seinen Geruch und Geschmack geprüft werden, weil sich hierbei die Verarbeitung minderwertiger (havarierter oder verdorbener) Kakaosamen zu erkennen gibt.

Anmerkung. Bezüglich der Konstanten des Kakaofettes ist folgendes zu bemerken[1]):

a) Die Jodzahl schwankt, abgesehen von wenigen Ausnahmen, zwischen 34 und 38 und beträgt meist 35. Durch pflanzliche Öle (Sesamöl, Erdnußöl) wird sie erhöht, durch Cocosfett erniedrigt.

b) Für die übrigen Konstanten sind folgende Werte angegeben: Brechungsindex bei 40° 1,456—1,458, entsprechend einer Refraktometeranzeige von 46—47,8; Verseifungszahl 192—204, meist 194—195; Reichert-Meißlsche Zahl 0,3—1,6.

Mit Hilfe vorstehender Zahlen unter Heranziehung der vorsichtig zu verwertenden qualitativen Proben wird es in der Regel gelingen, Zusätze fremder Fette nachzuweisen.

Die Beurteilung der Butterfett enthaltenden Milch- und Sahneschokolade wird für sich besprochen werden (S. 290).

8. Stickstoff-Verbindungen.

Man bestimmt den Gesamt-Stickstoff in üblicher Weise nach III. Bd., 1. Teil, S. 240, zieht hiervon den im gefundenen Theobromin (Nr. 9) enthaltenen Stickstoff ab und multipliziert den Rest mit 6,25, um die außer dem Theobromin vorhandenen Stickstoff-Verbindungen zu erhalten (Theobromin × 0·3111 = Stickstoff). ·

9. Theobromin. *a) Verfahren von H. Beckurts und J. Fromme.*[2])

6 g gepulverter Kakao oder 12 g gepulverte Schokolade werden mit einer Mischung von 197 g Wasser und 3 g verdünnter Schwefelsäure in einem tarierten (1 l-) Kolben $\frac{1}{2}$ Stunde lang am Rückflußkühler gekocht. Hierauf fügt man weitere 400 g Wasser und 8 g damit verriebener Magnesia hinzu und kocht noch eine Stunde. Nach dem Erkalten wird das verdunstete Wasser genau ergänzt. Man läßt darauf kurze Zeit absitzen, filtriert 500 g, entsprechend 5 g Kakao bzw. 10 g Schokolade, ab und verdunstet das Filtrat für sich oder in einer Schale, deren Boden mit Quarzsand belegt ist, zur Trockne. Sofern das Filtrat ohne Quarzsand verdunstet wurde, wird der Rückstand mit einigen Tropfen Wasser verrieben, mit 10 ccm Wasser in einen Schüttelzylinder gebracht und achtmal mit je 50 ccm heißem Chloroform ausgeschüttelt. Das Chloroform wird durch ein trockenes Filter in ein tariertes Kölbchen filtriert, das Filtrat durch Destillation von Chloroform befreit, der Rückstand (Theobromin + Coffein) bei 100° bis zur Gewichtsbeständigkeit getrocknet und gewogen.

Man kann auch den Rückstand mit etwas Wasser verreiben und mit 25 ccm Wasser in einem geeigneten Perforator auf Chloroform schichten und mit letzterem 6—10 Stunden ausziehen.

Ist das Filtrat, über Quarzsand geschichtet, zur Verdunstung gebracht, so kann man den fein zerriebenen Rückstand in einem geeigneten Fettextraktionsapparate mit Chloroform bis zur Erschöpfung ausziehen.

Zur getrennten Bestimmung von Theobromin und Coffein übergießt man den Verdunstungsrückstand des Chloroforms mit 100 g Tetrachlorkohlenstoff, läßt eine Stunde bei Zimmertemperatur unter zeitweiligem Umschütteln stehen und filtriert. Die filtrierte Lösung wird durch Destillation von Tetrachlorkohlenstoff befreit, der Rückstand wiederholt mit Wasser ausgekocht, die wässerige Lösung in einer gewogenen Schale eingedampft und bei 100° bis zur Gewichtsbeständigkeit getrocknet (Coffein). Das im Kolben ungelöst gebliebene Theobromin, ferner das Filter werden mit Wasser ebenfalls wiederholt ausgekocht, dieses verdampft und der Rückstand bei 100° getrocknet und gewogen (Theobromin).

---

[1]) Benedict-Ulzer, Analyse der Fette, 1908, 5. Aufl., S. 838.

[2]) Apotheker-Ztg. 1903, S. 593; Zeitschr. f. Untersuchung d. Nahrungs- u. Genußmittel 1906, **12**, 83.

Das Verfahren ist zwar etwas umständlich, liefert aber reine Basen und ist von Dekker als brauchbar befunden worden.

b) Verfahren von A. Kreutz.[1]). 1,5—2 g Kakao werden in einen etwa 250 ccm fassenden Erlenmeyer-Kolben eingewogen, mit 3 g festem Chloralalkoholat vermischt und auf das siedende Wasserbad gebracht. Nachdem das Alkoholat geschmolzen ist, wird der Kakao möglichst gleichmäßig darin verteilt und dann die heiße Schmelze mit kleinen Mengen Äther ausgezogen. Zum Filtrieren benutzt man zweckmäßig gehärtete Filter von Schleicher und Schüll. Mit etwa 40—50 ccm Äther läßt sich das gesamte Fett und das im Alkoholate lösliche Theobromin quantitativ auszuziehen. Das ätherische Filtrat wird in einem gewogenen Fraktionskolben gesammelt. Äther und Alkoholat werden auf dem Wasserbade abdestilliert, das letztere unter vermindertem Drucke. Bei dieser Destillation benutzt man zweckmäßig ein hochwandiges Becherglas als Wasserbad und taucht den Kolben bis zum Destillationsrohr ein. An der Capillare sammelt sich stets etwas Fett und Theobromin, das durch Abspülen mit kleinen Mengen Äther in den Kolben zurückgebracht werden muß. Der Rückstand im Kolben stellt eine schwach rötlich gefärbte, trübe, schwerflüssige Masse dar. Der Kolben mit Inhalt wird im Trockenschranke bei 100—105° getrocknet. Nach dem Erkalten und Wägen wird das Fett mit kaltem Tetrachlorkohlenstoff in Lösung gebracht und von dem ungelöst bleibenden Theobromin abfiltriert. Das vom Lösungsmittel befreite Fett wird dann wieder gewogen. Die Differenz der beiden Wägungen ergibt die Menge des durch Chloralalkoholat aus dem Kakao gelösten Theobromins.

Der Kakaorückstand im Filter wird inzwischen getrocknet und restlos in den ursprünglichen Extraktionskolben zurückgebracht. Dazu gibt man etwa 50 ccm 4 proz. Schwefelsäure und erhitzt $^3/_4$ Stunden am Rückflußkühler. Die heiße Flüssigkeit wird in ein großes Becherglas gespült, heiß mit in Wasser aufgeschlämmtem Bariumcarbonat neutralisiert und in einem Hoffmeisterschen Schälchen zur Trockne eingedampft. Das Schälchen samt Inhalt wird in einem großen Mörser gepulvert, mit geglühtem und gewaschenem Sande gemischt und im Soxhletschen Extraktionsapparate 5 Stunden mit Chloroform ausgezogen. Nach dem Abdestillieren des Chloroforms hinterbleibt eine rein weiße Masse, die den ursprünglich in glykosidartiger Bindung vorhandenen Teil des Theobromins darstellt.

Bestimmung des freien und gebundenen Theobromins im Kakao von Ad. Kreutz[2]). Das vorstehende Verfahren ist zur Bestimmung des Theobromins im gerotteten Kakao und in den geschälten Samen nicht geeignet, weil außer dem Fett und Theobromin auch noch sonstige Stoffe in Lösung gehen, die sich vom Theobromin nicht trennen lassen. Um ferner **freies und gebundenes Theobromin** zu bestimmen, verreibt Ad. Kreutz 1,5—2 g geschälte Samen mit Seesand und zieht diese 8—10 Stunden im Soxhletschen Extraktionsapparat aus. Nach dem Verjagen des Chloroforms wird das mitgelöste Fett durch kalten Tetrachlorkohlenstoff gelöst und das ungelöst bleibende Theobromin auf einem gewogenen Filter gesammelt — da es aber unrein zu sein pflegt, liefert die Bestimmung des Stickstoffs und die Berechnung aus dem Stickstoffgehalt richtigere Werte. (N × 3,214 = Theobromin.)

Der mit Chloroform erschöpfte Rückstand in der Papierhülse wird verlustlos in ein Kölbchen übergeführt und mit 30—40 ccm 4 proz. Schwefelsäure $^3/_4$ Stunden am Rückflußkühler gekocht. Die saure Flüssigkeit wird heiß mit Bariumcarbonat neutralisiert, in Hoffmeisterschen Glasschälchen zur Trockne verdampft, gepulvert und von neuem 6 Stunden mit Chloroform ausgezogen. Der nach dem Verjagen des Chloroforms verbleibende Rückstand gibt die Menge des **gebundenen Theobromins**. Kreutz fand auf diese Weise z. B. für drei Sorten gerotteter und geschälter — aber noch nicht gerösteter — Kakaos:

[1]) Zeitschr. f. Untersuchung d. Nahrungs- u. Genußmittel 1908, **16**, 579.
[2]) Ebendort 1909, **17**, 526.

Theobromin	Samana	Venezuela St. Rosa	Bahia
Frei	2,38%	1,54%	1,54%
Gebunden	2,75%	1,29%	1,58%

c) Verfahren von Katz.[1]) 10 g Kakao oder Schokolade werden mit 100 ccm Wasser und 10 ccm verdünnter Schwefelsäure $1/2$ Stunde am Rückflußkühler gekocht; darauf setzt man portionsweise 8,0 g gebrannte, mit Wasser verriebene Magnesia hinzu und ergänzt die Flüssigkeit auf etwa 300 ccm. Es wird wieder eine Stunde lang am Rückflußkühler gekocht, darauf durch ein Saugfilter filtriert und der Rückstand noch dreimal mit je 100 ccm Wasser ausgekocht. Die vereinigten Filtrate werden auf ca. 10 ccm eingedampft, in der Wärme mit 2 g Phenol (oder 2,5 g flüssiger farbloser Carbolsäure) versetzt und mit lauwarmem Wasser in einen Katzschen Perforator[2]) gespült. Die Flüssigkeit wird alsdann 3 Stunden lang mit Chloroform perforiert, das Chloroform abdestilliert, der Rest des Phenols auf dem Wasserbade mit einem Handgebläse entfernt und das zurückbleibende Theobromin $1/2$ Stunde lang im Trockenschranke oder auf dem Wasserbade getrocknet und nach dem Erkalten gewogen. Eine eventuell gewünschte Trennung des Theobromins von Coffein ist nach Brunner und Leins[3]) mit Hilfe von ammoniakalischem Silbernitrat auszuführen.

Von weiteren Verfahren seien noch diejenigen von P. Süss[4]), A. Eminger[5]), J. Dekker[6]) (Über einige Bestandteile des Kakaos und ihre Bestimmung, Amsterdam 1902, Verlag von D. J. H. Bussy) und P. Welmans[7]) angeführt, die aber den vorstehend näher beschriebenen an Genauigkeit nachstehen. Im übrigen muß auf die nachfolgend mitgeteilte, überaus umfangreiche Literatur verwiesen werden.

Trojanowski, Beiträge zur pharmakologischen und chemischen Kenntnis des Kakaos, Inaug.-Diss., Dorpat 1875; G. Wolfram, Jahresber. d. Zentralstelle f. Gesundheitspflege, Dresden 1878, durch Zeitschr. f. analyt. Chemie 1879, **18**, 346; L. Legler, Jahresber. d. Zentralstelle f. Gesundheitspflege, Dresden 1882, S. 10—11; Zipperer, Preisschrift über Kakao und dessen Präparate, Berlin 1913; Diesing, Inaug.-Diss. Erlangen 1890; Brunner und Leins, Trennung von Theobromin und Coffein, Schweiz. Wochenschr. f. Chem. u. Pharm. 1893, **31**, 85; E. Kunze, Zeitschr. f. analyt. Chemie 1894, **33**, 1; A. Hilger und A. Eminger, Forschungsber. 1894, **1**, 292; J. Thiel, ebenda 1894, **1**, 108; Wefers Bettink, Pharm. Weekblad 1903, Nr. 1, Pharm. Ztg. 1903, **48**, 118.

10. Nachweis eines Zusatzes von stärkemehlhaltigen Stoffen und Bestimmung des Stärkemehls. Der Nachweis fremder Stärke im Kakao
und in Schokolade ist zunächst auf mikroskopischem Wege (s. unten S. 294) auszuführen.

Für den qualitativen Stärkenachweis kocht G. Posetto[8]) 2 g der zu untersuchenden Probe 2 Minuten lang mit 20 ccm Wasser, setzt dann ohne Umschütteln 20 ccm Wasser zu und weiter 1—2 ccm einer Lösung von 5 g Jod in 100 ccm einer 10 proz. Jodkaliumlösung. Bei Anwesenheit fremder Stärke tritt sofort starke Blaufärbung ein und hält auch stundenlang an, während bei reinem Kakao entweder keine Blaufärbung eintritt oder alsbald verschwinden soll. Soltsien hat indes schon 1886 angegeben, daß die Annahme, die Kakaostärke färbe weniger stark, irrig sei.

---

[1]) Pharm. Ztg. 1903, **48**, 785; vgl. L. Maupy, Journ. Pharm. Chim. 1897, **6**, 329.

[2]) Ebendort 1902, **47**, 937.

[3]) Schweiz. Wochenschr. Chem. Pharm. 1893, **31**, 85.

[4]) Zeitschr. f. analyt. Chemie 1893, **32**, 57.

[5]) Forschungsberichte 1896, **3**, 275.

[6]) Zeitschr. f. Untersuchung d. Nahrungs- u. Genußmittel 1903, **6**, 843.

[7]) Pharm. Ztg. 1902, **47**, 858; Zeitschr. f. Untersuchung d. Nahrungs- u. Genußmittel 1903, **6**, 844.

[8]) Zeitschr. f. Untersuchung d. Nahrungs- u. Genußmittel 1898, **1**, 425.

Zur Bestimmung des **Gesamtstärkegehalts** nach der zollamtlichen Vorschrift werden „5—10 g der fein gepulverten Probe, welche durch Äther von Fett und bei Schokolade durch verdünnten Branntwein (25%) von Zucker befreit ist, in einem bedeckten Fläschchen oder noch besser in einem bedeckten Zinnbecher von 150—200 ccm Raumgehalt mit 100 ccm Wasser gemengt und in einem **Soxhlet**schen Dampftopfe 3—4 Stunden lang bei 3 Atmosphären Druck erhitzt. In Ermangelung eines Dampftopfes kann man sich auch der **Reischauer**-**Lintner**schen Druckfläschchen bedienen, welche 8 Stunden bei 108—110° C im Glycerinbade erhitzt werden. Der Inhalt des Bechers oder Fläschchens wird sodann noch heiß durch einen mit Asbest gefüllten Trichter filtriert und mit siedendem Wasser ausgewaschen. Der Rückstand darf unter dem Mikroskope keine Stärkereaktion mehr geben. Das Filtrat wird auf etwa 200 ccm ergänzt und mit 20 ccm einer Salzsäure von 1,125 spezifischem Gewichte 3 Stunden lang am Rückflußkühler im kochenden Wasserbade erhitzt. Darauf wird rasch abgekühlt und mit so viel Natronlauge versetzt, daß die Flüssigkeit noch eben schwach sauer reagiert, dann auf 500 ccm aufgefüllt, und in dieser Lösung, wenn nötig nach dem Filtrieren, die entstandene Glykose nach dem Verfahren von **Allihn** bestimmt. Die gefundene Glykosemenge, mit 0,9 vervielfältigt, gibt die entsprechende Menge Stärke.

Will man die Glykose maßanalytisch nach **Soxhlet** bestimmen, so ist die Zuckerlösung auf eine geringe Raummenge einzuengen.“

Nach hiesigen Erfahrungen läßt sich die **Stärke** recht gut nach dem **polarimetrischen Verfahren** von C. J. **Lintner** (III. Bd., 1. Teil, S. 445) bestimmen[1]. Man bringt 2,5 g Kakao oder Schokolade in einen Goochtiegel mit Asbesteinlage, saugt mehrmals kaltes Wasser durch, um den Zucker zu entfernen, wäscht darauf behufs Entfernung des Fettes genügend mit Alkohol und Äther aus und bringt den Tiegelinhalt — also mit Asbest — in eine Porzellanschale. Hierin verreibt man die Masse mittels eines Glasstabes mit 25 ccm Wasser, fügt 20 ccm konzentrierte Salzsäure (1,19) hinzu, verrührt hiermit, läßt genau 30 Minuten unter öfterem Verrühren stehen und füllt dann die ganze Masse in ein 100 ccm-Kölbchen um, indem man die Schale mit verdünnter Salzsäure (1,125) ausspült, diese ebenfalls in das Kölbchen gibt, bis der Inhalt etwa 80 ccm beträgt. Darauf setzt man 5 ccm einer 4 proz. Natriumphosphorwolframatlösung zu, füllt mit Salzsäure (1,125) auf 100 ccm auf, filtriert durch ein zwei- bis dreifaches Papierfilter und verfährt wie sonst. Ist der Drehungswinkel (α) z. B. 3,30°, so ergeben sich, wenn man die spezifische Drehung der Stärke (III. Bd., 1. Teil, S. 445) zu 202° annimmt, $0,2475 \times 3,30 \times 40 = 32,67\%$ Stärke. Hat man mikroskopisch in dem Kakao **Reisstärke** (mit 84,36% Stärke) nachgewiesen und nimmt man den Durchschnittsgehalt des natürlichen Kakaos zu 8,75% an, so berechnet sich der Prozentgehalt an Kakaomasse und Reisstärke in folgender Weise:

Nennt man $k =$ Prozentgehalt Stärke im Kakao,

$\qquad s =$ Prozentgehalt Stärke z. B. in der Reisstärke (84,36%),

$\qquad p =$ Gesamtstärke und

$\qquad x =$ Prozent Kakao,

dann ist

$$\frac{(100 - x)\, s}{100} + \frac{k \cdot x}{100} = p$$

oder

$$\frac{(100 - x)\, 84,36}{100} + \frac{8,75\, x}{100} = 32,67$$

$$75,61\, x = 5169\,, \qquad x = \frac{5169}{75,61} = 68,36\% \text{ Kakao,}$$

und

$$100 - 68,36 = 31,64\% \text{ Reisstärke.}$$

---

[1] Vgl. W. **Greifenhagen**, J. **König** und A. **Scholl**, Biochem. Zeitschr. 1911, **35**, 194.

Annähernde Werte liefert auch, wenigstens bei mehlreicheren Mischungen, wie Suppen-
mehl, Haferkakao u. dgl., das Verfahren von Beythien und Hempel[1]), welches auf einer
Berechnung aus dem Fettgehalte und der Jodzahl des Fettes beruht und für das Kakaofett
eine mittlere Jodzahl von 34, für das Weizenfett eine solche von 115 zugrunde legt.

Angenommen, das Gemisch habe einen Gehalt von $F\%$ Fett mit einer Jodzahl J, und die
Menge des in F enthaltenen Weizenfettes sei x, diejenige des Kakaofettes y, so gelten die
Gleichungen:

$$x + y = F \; ; \quad \frac{115\,x + 34\,y}{x + y} = J$$

$$x = \frac{F}{81}\,(J - 34); \quad y = \frac{F}{81}\,(115 - J) \text{ bzw. } y = F - x.$$

Unter der weiteren Annahme, daß der mittlere Fettgehalt des Kakaopulvers 25% beträgt, ergibt sich dann der Kakaogehalt des Gemisches zu 4 g und der Mehlgehalt zu $(100 - 4\,g$
— Zucker).

Ein analoges Verfahren hat Beythien[2]) (Jodzahl des Haferfettes zu 103 angenommen),
sowie später R. Peters[3]) für Haferkakao empfohlen.

Das Verfahren von A. Goske[4]), welcher den Haferkakao mit Äthylenbromid-Chloroform
verreibt, danach in graduierten Zylindern zentrifugiert und das Volumen der getrennten Schichten
abliest, ist nach Versuchen von R. Peters[5]) unbrauchbar.

11. Zucker. Zur Bestimmung der geringen im Kakao enthaltenen Mengen von
Invertzucker oder Glykose extrahiert man die entfettete Substanz mit Alkohol und behandelt
die Lösung weiter gewichtsanalytisch nach Allihn.

Die Bestimmung der Saccharose in Schokolade kann entweder polarimetrisch
oder gewichtsanalytisch ausgeführt werden.

a) Zollvorschrift. Man feuchtet das halbe Normalgewicht der auf einem Reibeisen
zerkleinerten Probe je in einem 100 ccm- und 200 ccm-Kölbchen mit etwas Alkohol an und übergießt das Gemisch mit 75 ccm kaltem Wasser. Das Ganze bleibt unter öfterem Umschwenken
ungefähr $^3/_4$ Stunden bei Zimmerwärme stehen. Alsdann füllt man genau bis zur Marke auf,
schüttelt nochmals durch und filtriert. Die klaren Filtrate werden darauf im 200 mm-Rohre
polarisiert. Bedeutet x die Raummenge der unlöslichen Anteile, a die Polarisation der Lösung
im 100 ccm-Kölbchen, b diejenige im 200 ccm-Kölbchen, so ist

$$x = 100\,\frac{a - 2\,b}{a - b}$$

und die tatsächliche Polarisation des halben Normalgewichts Schokolade für 100 ccm Lösung:

$$P = \frac{(100 - x)\,a}{100}\,.$$

b) Verfahren von Woy.[6]) Woy hat hierfür folgendes Verfahren vorgeschlagen:
Das halbe Normalgewicht geraspelter Schokolade (13,024 g für den Polarisationsapparat von

[1]) Zeitschr. f. Untersuchung d. Nahrungs- u. Genußmittel 1901, **4**, 23.

[2]) Jahresbericht Dresden 1900, S. 10; Zeitschr. f. Untersuchung d. Nahrungs- u. Genußmittel 1902, **5**, 82.

[3]) Pharm. Zentralhalle 1901, **42**, 819; Zeitschr. f. Untersuchung d. Nahrungs- u. Genußmittel
1902, **5**, 1168.

[4]) Zeitschr. f. öffentl. Chemie 1902, **8**, 22; Zeitschr. f. Untersuchung d. Nahrungs- u. Genußmittel 1902, **5**, 1268.

[5]) Pharm. Zentralhalle 1902, **43**, 324.

[6]) Zeitschr. f. öffentl. Chemie 1898, **4**, 224; Zeitschr. f. Untersuchung d. Nahrungs- u. Genußmittel 1899, **2**, 892; vgl. auch F. Rathgen, Zeitschr. f. analyt. Chemie 1888, **27**, 444.

Soleil - Ventzke - Scheibler oder das Saccharimeter von Schmidt u. Haensch; 37,5 g für die Apparate von Mitscherlich, Laurent, Schmidt u. Haensch und von Wild mit Kreisteilung; 8,175 g für den Apparat von Soleil - Dubosq[1])) wird einmal in einem 100 ccm-, das andere Mal in einem 200 ccm-Kölbchen mit Alkohol befeuchtet und mit heißem Wasser bzw. bei mehlhaltiger Schokolade mit Wasser von 50° C übergossen, kräftig umgeschüttelt und mit 4 ccm Bleiessig versetzt. Nach dem Abkühlen füllt man bis zur Marke auf, filtriert nach tüchtigem Umschütteln und polarisiert im 200 mm-Rohr.

Zur Ausschaltung des Volumens der Bleiessigniederschläge führt man folgende Rechnung aus: Sei a die Polarisation der Lösung im 100 ccm-Kölbchen, b die derjenigen im 200 ccm-Kölbchen, x das Volumen des Niederschlages, dann ist die in dem halben Normalgewichte enthaltene Zuckermenge in dem 100 ccm-Kölbchen in $(100 - x)$ ccm, in dem 200 ccm-Kölbchen hingegen in $(200 - x)$ ccm gelöst. Zu vollen 100 ccm gelöst, würde demnach die erstere $\dfrac{a(100 - x)}{100}$, die letztere $\dfrac{b(200 - x)}{100}$ polarisieren, und beide Polarisationen müssen gleich sein.

Aus der Gleichung

$$\frac{a(100 - x)}{100} = \frac{b(200 - x)}{100}$$

ergibt sich das Volumen des Niederschlages

$$x = \frac{100(a - 2b)}{a - b}$$

und durch Einsetzen dieses Wertes in den Ausdruck $\dfrac{a(100 - x)}{100}$ und durch Verdoppelung (wegen Anwendung des halben Normalgewichts) der prozentuale Zuckergehalt der Schokolade zu

$$Z = \frac{2ab}{a - b}.$$

c) Gewichtsanalytisches Verfahren. Eine abgewogene Menge (5 g) Schokolade wird mit Äther entfettet, der Rückstand mit verdünntem Alkohol ausgezogen, der nach dem Eindampfen des alkoholischen Auszuges hinterbleibende Rückstand gewogen und in so viel Wasser aufgelöst, daß eine annähernd 1 proz. Zuckerlösung entsteht. Ein Teil derselben wird mit Bleiessig geklärt, mit Natriumsulfat entbleit und nach der Zollvorschrift invertiert. Die Bestimmung des entstandenen Invertzuckers erfolgt nach dem Verfahren von Meissl-Allihn.

Vergleiche auch die Ausführungsbestimmungen zum Zuckersteuergesetze vom 27. Mai 1896 und 18. Juni 1903. (Anlage E. Anleitung zur Ermittlung des Zuckergehaltes der zuckerhaltigen Fabrikate[2]).)

Die gewichtsanalytische Bestimmung des Zuckers ist wesentlich umständlicher als das Verfahren von Woy, ohne diesem an Genauigkeit überlegen zu sein. Ihre Anwendung wird sich daher im allgemeinen auf die Fälle beschränken, in denen neben Saccharose andere lösliche Kohlenhydrate, wie Invertzucker, Dextrin usw., zugegen sind. In solchen Fällen muß man nach L. Robin[3]) die Polarisation vor und nach der Inversion, sowie den Gesamtzucker nach Meissl-Allihn bestimmen (vgl. auch unter Zuckerwaren (III. Bd., 2. Teil, S. 721 u. f.).

Die übrigen Vorschläge zur polarimetrischen Bestimmung des Zuckers bieten vor dem Woyschen Verfahren keine Vorteile; es sei daher nur die bezügliche Literatur angeführt: de Koningh, Zeitschr. f. angew. Chemie 1897, **11**, 713; P. Carles, Journ. Pharm. Chim. 1898 [6], **8**, 245; Zeitschr. f. Untersuchung d. Nahrungs- u. Genußmittel 1899, **2**, 288; P. Welmans, Pharm. Ztg. 1898, **43**, 846; Zeitschr. f. Untersuchung d. Nahrungs- u. Genußmittel 1899, **2**, 590; A. Steinmann, Schweiz.

---

[1]) Vgl. III. Bd., 1. Teil, S. 434.

[2]) Zeitschr. f. Untersuchung d. Nahrungs- u. Genußmittel 1903, **6**, 1077.

[3]) Ann. Chim. analyt. 1906, **11**, 171; Zeitschr. f. Untersuchung d. Nahrungs- u. Genußmittel 1907, **13**, 493.

Wochenschr. Chem. Pharm. 1902, **40**, 581 u. 1903, **41**, 65; Woy, ebenda 1903, **41**, 27; A. Leys, Journ. Pharm. Chim. 1902 [6], **16**, 471; Woy, Annal. Chim. analyt. 1903, **8**, 131; Leys, ebenda S. 175; Welmans, Zeitschr. f. öffentl. Chemie 1903, **9**, 93 u. 115; Steinmann, ebenda S. 239 u. 261; Jeserich, ebenda S. 452; Lührig, Jahresber. Chemnitz 1905, S. 41; Zeitschr. f. Untersuchung d. Nahrungs- u. Genußmittel 1906, **11**, 745; Steinmann, Chem.-Ztg. 1905, **29**, 1074.

12. Pentosane. Die Bestimmung erfolgt nach dem im III. Bande, 1. Teil, S. 448 mitgeteilten Verfahren von Tollens und Krüger durch Destillation von 2,5 g Kakao mit 12 proz. Salzsäure und Fällung des Destillates mit Phloroglucin.

Zur Vereinfachung der Bestimmung haben Böddener und Tollens[1]) in Anlehnung an einen Vorschlag von Kröber[2]) später folgendes Verfahren ausgearbeitet: 300 ccm Salzsäure vom spezifischen Gewichte 1,06 werden mit den abgemessenen Mengen des frischen furfurolhaltigen Destillates und Phloroglucin, in der gleichen Salzsäure gelöst, vermischt und mit ebenderselben Salzsäure auf 400 ccm gebracht. Darauf erhitzt man die Mischung auf 80—85°, läßt abkühlen und filtriert nach 1½—2 Stunden ab. Der mit 150 ccm Wasser ausgewaschene Niederschlag wird 4 Stunden bei 95—98° getrocknet und gewogen. Er hat jetzt eine andere Zusammensetzung $C_{11}H_4O_2 + 3 H_2O$, und die Menge des Furfurols berechnet sich daher nach der Gleichung:

$$\text{Furfurol} = (\text{Phloroglucid} + 0,001) \cdot 0,571.$$

Das Verfahren ist jedoch nur bei Abwesenheit von Methylpentosanen anwendbar. Bei Gegenwart der letzteren muß kalt gefällt und das Phloroglucid nach Ellett, W. Mayer und Tollens (s. d.) mit Alkohol behandelt werden.

Nach R. Adan[3]) kann man an Stelle des Phloroglucins ebensogut das zuerst von Tollens benutzte, aber von Councler[4]) verworfene Phenylhydrazin verwenden, und hat dann den Vorteil, daß man das überschüssige Phenylhydrazin durch Zersetzung mit Cuprisulfat in freie Schwefelsäure, Benzol, Cuprisulfat und Stickstoff auch gasometrisch bestimmen kann. Das Verfahren ist aber bei Gegenwart von Salzsäure nicht anwendbar.

J. Th. Flohil[5]) empfiehlt folgendes titrimetrische Verfahren: 50 ccm des nach Tollens hergestellten Destillates werden unter Abkühlung mit Natronlauge bis zur schwach alkalischen Reaktion sowie mit 20 ccm Fehlingscher Lösung versetzt und mit Wasser auf 100 ccm aufgefüllt. Darauf kocht man 35 Minuten am Rückflußkühler, der mit Eis umgeben ist, kühlt schnell ab und bestimmt das nicht reduzierte Cuprisalz jodometrisch nach Schoorl. 1 ccm $^1/_{10}$ N.-Thiosulfat = 2,4 mg Furfurol. Auch durch Reduktion des abfiltrierten Kupferoxyduls und Wägen des Kupfers kann das Furfurol bestimmt werden. 1 mg Cu = 0,3775 mg Furfurol. (Die in einem blinden Versuche mit 50 ccm Salzsäure allein erhaltene Menge ist abzuziehen.)

Auf weitere Vorschläge zur titrimetrischen Bestimmung von Cross und Bevan[6]), sowie Jolles[7]) sei verwiesen.

13. Methylpentosane. Zur qualitativen Prüfung untersucht man das bei der Pentosanbestimmung erhaltene Destillat mit Hilfe der von Tollens und Widsoe abgeänderten Spektralreaktion von Maquenne. Bei Gegenwart von Methylpentosanen zeigen sich die von Widsoe beschriebenen dunklen Banden im blauen Teile des Spektrums.

---

[1]) Journ. f. Landw. 1910, **58**, 232; Zeitschr. f. Untersuchung d. Nahrungs- u. Genußmittel 1911, **21**, 225.

[2]) Journ. f. Landw. 1900, **48**, 357.

[3]) Bull. Soc. Chim. Belg. 1907, **21**, 211; Zeitschr. f. Untersuchung d. Nahrungs- u. Genußmittel 1908, **16**, 420.

[4]) Chem.-Ztg. 1894, **18**, 966.

[5]) Chem. Weekbl. 1910, **7**, 1057; Zeitschr. f. Untersuchung d. Nahrungs- u. Genußmittel 1911, **22**, 415.

[6]) Chem.-Ztg. 1907, **31**, 725.

[7]) Sitzungsber. d. Wiener Akademie 1905, **114**, IIb, 1191.

Die quantitative Bestimmung erfolgt nach dem im III. Bande, 1. Teil, S. 450 beschriebenen Verfahren von B. Tollens und W. B. Ellet.

14. Rohfaser. Die Rohfaser wird nach einem der im III. Bd., 1. Teil, S. 451 u. f. beschriebenen Verfahren bestimmt. Für beide Verfahren empfiehlt sich die Anwendung von 5—6 g an Stelle von 3 g und die vorherige Entfettung der Substanz. Bei dem Verfahren des Verf.'s (Dämpfen mit Glycerin-Schwefelsäure) ist das Auswaschen durch Dekantation usw. nach Anmerkung 5, S. 455, I. Teil zu empfehlen[1]).

W. Ludwig[2]) hat für die Bestimmung der Rohfaser im Kakao vorgeschlagen, die Stärke zunächst mit Natronlauge zu verkleistern, mit Salzsäure zu invertieren und danach den Rückstand mit Natriumcarbonat und schließlich mit Salzsäure zu kochen. Dieses Verfahren hat sich nicht eingebürgert, weil bei ihm nach Matthes und Rohdich[3]) die Cellulose zu stark angegriffen wird.

Bei diesen und anderen Vorschlägen zur Bestimmung der Rohfaser ist stets zu berücksichtigen, daß dieser Bestandteil der Nahrungsmittel eine nur relative Bedeutung hat, weil die Zusammensetzung und Beschaffenheit der Zellmembran bei den einzelnen Pflanzen und Pflanzenteilen gar sehr verschieden sind. Man kann daher hier wie bei anderen Gruppenbestandteilen der Nahrungsmittel nur ein bestimmtes Verfahren, welches in allen Fällen einen Rückstand von tunlichst einheitlicher Beschaffenheit liefert, womöglich international vereinbaren, um die Werte der einzelnen Analytiker wenigstens unter sich vergleichen zu können.

Die Rohfaserbestimmung dient ebenso wie die der Pentosane vorwiegend mit zur Entscheidung der Frage, ob ein Kakao einen Zusatz von Kakaoschalen erhalten hat; denn letztere sind nach S. 266 bedeutend reicher an beiden Bestandteilen als der Samen bzw. die Kakaomasse.

H. Fincke[4]) hat auch zu ermitteln gesucht, ob Schalen und Samen sich in derselben Weise durch einen verschiedenen Gehalt an Reincellulose, Lignin und Cutin (über ihre Bestimmung vgl. III. Bd., 1. Teil, S. 454) unterscheiden. Es hat sich hierin aber kein so wesentlicher Unterschied gezeigt, daß er zum Nachweise einer Verfälschung von Kakao mit Kakaoschalen dienen könnte.

15. Nachweis von Kakaoschalen. Zum Nachweise von Kakaoschalen sind sowohl chemische als mechanische Untersuchungsverfahren vorgeschlagen. Zu ersteren gehören die Bestimmungen der Asche und gewisser charakteristischer Stoffe derselben (Eisen, lösliche Kieselsäure, Phosphorsäure), ferner der Aschenalkalität, Rohfaser, Pentosane, Methylpentosane usw.

Wichtiger als die chemischen sind eine Reihe von Verfahren, welche als mechanische bezeichnet werden können, weil sie in einem Schlämmverfahren bestehen, durch welches die gröberen und schwereren Schalenteile von den feineren Kakaopartikelchen getrennt werden.

a) Abscheidung der Schalen durch Schlämmen mit Wasser. Auf dieses Verfahren hat zuerst F. Filsinger[5]) aufmerksam gemacht: „5 g Schokolade bzw. Kakao,

---

[1]) Vgl. hierzu H. Matthes und F. Müller, Zeitschr. f. Untersuchung d. Nahrungs- u. Genußmittel 1906, **12**, 159; H. Matthes und F. Streitberger, Berichte d. Deutsch. chem. Gesellschaft 1907, **40**, 4195; Zeitschr. f. Untersuchung d. Nahrungs- u. Genußmittel 1908, **15**, 426; F. Streitberger, Pharm. Zentralhalle 1906, **47**, 1028, 1045; ferner J. König, Zeitschr. f. Untersuchung d. Nahrungs- u. Genußmittel 1906, **12**, 160; Berichte d. Deutsch. chem. Gesellschaft 1908, **41**, 46, 400; Zeitschr. f. Untersuchung d. Nahrungs- u. Genußmittel 1908, **15**, 426.

[2]) Zeitschr. f. Untersuchung d. Nahrungs- u. Genußmittel 1906, **12**, 153; Pharm. Zentralhalle 1907, **48**, 21; Zeitschr. f. Untersuchung d. Nahrungs- u. Genußmittel 1908, **15**, 425.

[3]) Pharm. Zentralhalle 1906, **47**, 1025; Zeitschr. f. Untersuchung d. Nahrungs- u. Genußmittel 1908, **15**, 424.

[4]) Zeitschr. f. Untersuchung d. Nahrungs- u. Genußmittel 1907, **13**, 265.

[5]) Zeitschr. f. öffentl. Chemie 1899, **5**, 27; Zeitschr. f. Untersuchung d. Nahrungs- u. Genußmittel 1899, **2**, 891.

durch offizinellen Schwefeläther entfettet und getrocknet, werden mit Wasser angerieben, in ein großes Reagensglas gespült und zu einer völlig gleichmäßigen Flüssigkeit von ca. 40 bis 50 ccm Volumen aufgeschüttelt. Diese wird eine Zeitlang der Ruhe überlassen, das Suspendierte bis nahe zum Bodensatz abgegossen, der Rückstand mit neuem Wasser aufgeschüttelt, nach dem Absetzen wieder abgegossen usw. und die Manipulation so oft wiederholt, bis alles Abschlämmbare entfernt ist und das über dem Bodensatze stehende Wasser sich nicht mehr trübt, sondern nach Senkung des dichten, meist ziemlich grobpulverigen Rückstandes wieder klar erscheint. Man spült diesen nun auf ein tariertes Uhrglas, trocknet auf dem Wasserbade ein, läßt im Exsiccator erkalten und wägt. Der gewogene Rückstand wird durch Natronlauge und Glycerin erweicht und mikroskopisch eingehend besichtigt. Man hat dabei auf ungenügend zermahlene Kotyledonenteilchen, welche sich zufällig der Abschlämmung entzogen haben können, zu achten, und wird auch Aufschluß gewinnen, ob vorwiegend Hülsen oder Samenhäute vertreten sind. Ist der Schlämmprozeß richtig ausgeführt, so wird Kakaosubstanz, hier besonders an dem Gehalte von Kakaostärke kenntlich, nur spurenweise beobachtet. Man erhält auch den Sand, welcher vom Rotten her den Hülsen immer noch anhaftet, in gut erkennbarem Zustande, und kann schon durch einfache Lupenbesichtigung des ausgewaschenen Rückstandes im Reagierzylinder oder auf dem Uhrglase vor dem Trocknen wertvolle Fingerzeige über manche Eigenschaften des Objektes gewinnen.

Der Schalengehalt in sog. Kakaos aus ungeschälten Samen ergibt sich zu 6—8%."

Das Filsingersche Verfahren muß zur Erzielung richtiger Werte zwei Voraussetzungen erfüllen. Einerseits müssen durch das Schlämmverfahren sämtliche Teile der Samen (Kotyledonen) entfernt werden, da die Ergebnisse sonst zu hoch ausfallen. Anderseits dürfen keine Schalenteilchen abgeschlämmt werden, da sonst zu niedrige Werte entstehen.

Beide Voraussetzungen sind als unzutreffend bezeichnet worden, und man hat das Verfahren daher vielfach als unbrauchbar verworfen[1]). Eine ungerechtfertigte Beanstandung ist aber nur bei Begehung des ersten Fehlers zu befürchten, und gegen diesen kann man sich nach A. Beythien[2]) selbst schützen. Man muß sich nur, wie auch Filsinger vorschreibt, durch mikroskopische Untersuchung davon überzeugen, ob alle stärkehaltigen Teilchen völlig entfernt sind. Ist letzteres nicht der Fall, dann wird man bei einem nochmaligen Versuche etwas stärker abschlämmen usf., bis der Rückstand stärkefrei ist. Das Mittel aus drei Parallelbestimmungen wird der Wahrheit nahekommen. — Bei Kakaoproben mit gröberen Körnern, wie sie in letzter Zeit, anscheinend infolge der stärkeren Abpressung, häufiger vorkommen, bleibt der Rückstand immer stärkehaltig. In solchen Fällen muß man natürlich von der Anwendung des Schlämmverfahrens absehen.

Richtig ist es, daß das Filsingersche Verfahren neuerdings oft zu niedrige Werte ergibt. Wahrscheinlich liegt das daran, daß sich seit der ersten Veröffentlichung Filsingers wesentliche Veränderungen in der Fabrikation vollzogen haben. Die Trennung durch Abschlämmen beruht darauf, daß die mit dem Samen zusammen vermahlenen Schalen ein weniger feines Pulver bilden und, worauf P. Welmans[3]) aufmerksam macht, die Form größerer Blättchen behalten. Seitdem sie für sich allein zu einem feinen Pulver zermahlen werden, geraten sie mit dem abgeschlämmten Anteil in Verlust.

Man muß sich also damit abfinden, daß das Verfahren nur unter gewissen Voraussetzungen anwendbar ist und sehr oft versagt.

P. Drawe[4]) verrührt zur Verbesserung des Filsingerschen Verfahrens 2 g Kakaopulver mit 100 ccm Wasser, kocht unter beständigem Rühren so lange, bis der anfängliche Schaum verschwunden ist, läßt absitzen und gibt für die weitere Behandlung genaue Vorschriften,

[1]) Vgl. u. a. A. Ulex, Zeitschr. f. öffentl. Chemie 1899, **5**, 437.

[2]) Pharm. Zentralhalle 1906, **47**, 170.

[3]) Zeitschr. f. öffentl. Chemie 1899, **5**, 479; 1901, **7**, 491 u. Zeitschr. f. Untersuchung d. Nahrungs- u. Genußmittel 1902, **5**, 1165.

[4]) Zeitschr. f. öffentl. Chemie 1903, **9**, 161; Zeitschr. f. Untersuchung d. Nahrungs- u. Genußmittel 1904, **7**, 245.

um übereinstimmende Werte zu erhalten. Da die Schalen durch die Behandlung um etwa 30% an Gewicht abnehmen, so multipliziert er den gewogenen Rückstand mit 1,43.

H. Franke[1]) schlägt bei nicht alkalisiertem Kakao den Faktor 1,27 vor, der bei alkalisiertem Kakao entsprechend dem gefundenen Gehalt an Kaliumcarbonat erhöht werden muß.

J. H. Driessen[2]) hat für das Schlämmen des Kakaopulvers einen besonderen trichterförmigen Apparat angegeben, der gestattet, die obere Schlämmflüssigkeit ablassen zu können, ohne den in dem Spitzenende sich sammelnden Bodensatz mit aufzurühren.

Die erste Flüssigkeit fließt in eine zweite trichterförmige Vorrichtung, worin ein zweiter Bodensatz gebildet wird. Beide Bodensätze werden mehrmals, der erste mit frischem Wasser, der zweite mit der abfließenden Flüssigkeit des ersten Trichters von neuem geschlämmt, bis der Bodensatz genügend rein ist. Vor dem Schlämmen werden 5 g Kakaopulver mit einer Lösung von 0,2 g Kaliumcarbonat in 100 ccm Wasser bis zum Kochen erhitzt.

Durch die letzten Verbesserungsvorschläge scheint aber das Filsingersche Verfahren keine wesentlich größere Sicherheit erhalten zu haben.

b) Trennung der Schalen nach ihrem spezifischen Gewicht. α) Bordas und Touplain[3]) benutzen zur Trennung der Mischbestandteile in Kakao und Schokolade mehrere durch Mischen von Tetrachlorkohlenstoff und Benzol hergestellte Flüssigkeiten von verschiedenem spezifischem Gewicht (1,0340—1,600). Bei den geringen Unterschieden im spezifischen Gewicht von Kakaopulver und -schalen — ersteres sinkt in einer Flüssigkeit von 1,440, letztere erst in einer solchen von 1,540 spezifischem Gewicht unter — und bei der leichten Veränderlichkeit der Mischung von Tetrachlorkohlenstoff mit wechselnden Mengen Benzol dürfte indes dieses Verfahren ebensowenig zuverlässig sein als die vorstehenden.

β) A. Goske[4]) benutzt ebenso wie Bordas und Touplain das verschiedene spezifische Gewicht der Kakaokernmasse und der Schalen zur mechanischen Abscheidung der letzteren und verwendet für den Zweck eine Lösung von Chlorcalcium von genau 1,535 spezifischem Gewicht bei 30°. Man bringt in einen Maßkolben von 250 ccm nach und nach 267,75 g Chlorcalcium (Calcium chloratum purum siccum der Drogenhandlungen) unter jedesmaligem Wasserzusatz, füllt, wenn alles Chlorcalcium eingetragen ist, mit heißem Wasser bis etwa 230 ccm auf und erhitzt auf kleiner Flamme bis zum Sieden. Darauf wird der Kolben bis auf 50° abgekühlt und mit Wasser von 50° bis zur Marke aufgefüllt. Das spezifische Gewicht der Lösung wird bei 30° bestimmt, und werden bei dieser Temperatur auch die Bestimmungen des Schalengehalts von Kakao ausgeführt.

Auf eine nähere Beschreibung des Goskeschen Verfahrens möge hier verzichtet werden, weil Filsinger und Bötticher[5]) mit dem Verfahren keine befriedigenden Ergebnisse erzielt haben, besonders dann nicht, wenn verhältnismäßig viel Schalen zugesetzt waren. A. Goske[6]) entkräftet die Einwendungen und hebt hervor, daß man bei hohem Schalengehalt nicht 1 g, sondern nur 0,5 g bzw. 0,25 g Substanz anwenden dürfe. Aber auch so liefert das Goskesche Verfahren nach Filsinger und Bötticher unrichtige Ergebnisse. F. Schmidt und Görbing[7]) halten das Goskesche Verfahren ebenfalls für völlig ungeeignet zur Ermittlung eines Schalengehaltes im Kakaopulver.

γ) Louise Kalusky[8]) gibt das spezifische Gewicht der Kotyledonenmasse zwischen 1,1131—1,3501 (d. h. 60% unter 1,25), das der Schalen zwischen 1,4324—1,9337 (d. h. 60%

[1]) Pharm. Zentralhalle 1906, **47**, 415 und ebendort 1908, **15**, 47.
[2]) Zeitschr. f. Untersuchung d. Nahrungs- u. Genußmittel 1911, **21**, 122.
[3]) Ebendort 1907, **13**, 494.
[4]) Ebendort 1910, **19**, 154.
[5]) Zeitschr. f. öffentl. Chemie 1910, **16**, 311 u. 476.
[6]) Zeitschr. f. Untersuchung d. Nahrungs- u. Genußmittel 1910, **20**, 642.
[7]) Zeitschr. f. öffentl. Chemie 1912, **18**, 201.
[8]) Zeitschr. f. Untersuchung d. Nahrungs- u. Genußmittel 1912, **23**, 654.

über 1,50) an, befeuchtet 4—5 g, bevor sie die Trennung nach dem spezifischen Gewicht vornimmt, auch erst vollständig mit Wasser, kocht mit Wasser, behandelt nach dem Abkühlen auf 60—65° erst mit Diastase, kocht darauf noch mit Salzsäure, sammelt den Rückstand auf einem Papierfilter in einem Goochtiegel, trocknet und behandelt 0,2—0,3 g dieses Rückstandes mit der Flüssigkeit von genau 1,50 spezifischem Gewicht bei 17°. Diese Flüssigkeit wird durch Mischen von 210 g Chloralhydrat, 50 g Glycerin und 35 g Wasser hergestellt und das genaue spezifische Gewicht, je nachdem es zu hoch, durch Zusatz von Wasser oder, falls es zu niedrig ist, durch Zusatz von Chloralhydrat erreicht.

c) *Nachweis von Kakaoschalen nach dem Eisenchloridverfahren* von Chr. Ulrich[1]). Der Verfasser hält für den Nachweis von Kakaoschalen das Verfahren von Filsinger - Drawe für das geeignetste. Er selbst benutzt die Reaktion des Kakaorots, eines dem Gerbstoff nahestehenden, nur im schalenfreien Kakao vorkommenden Körpers, mit Eisenchlorid für den Nachweis von Schalen in folgender Ausführung:

1 g der von Fett und Wasser befreiten Substanz, welche auf das feinste gepulvert sein muß, wird in einem 300 ccm fassenden Erlenmeyer-Kolben mit 120 ccm reinster Essigsäure (50—51% der Säure haltend) versetzt und unter Verwendung eines Rückflußkühlers auf freiem Feuer zum Kochen gebracht und darin 3 Stunden erhalten. Nach dieser Zeit kühlt man ab, bringt den gesamten Kolbeninhalt mit kaltem Wasser in einen 150 ccm fassenden Maßkolben und füllt dort bei 15° C auf 150 ccm, schüttelt gut durch und läßt mindestens 12 Stunden (am besten bis zum nächsten Tage) stehen. Hierauf wird durch ein trockenes Filter in einen trockenen Kolben filtriert und vom Filtrat werden 135 ccm (gleich 0,9 g der angewendeten Substanz) in einen Erlenmeyer-Kolben gebracht und mit 5 ccm konzentrierter Salzsäure und 20 ccm einer 20 proz. Eisenchloridlösung versetzt. Man erhitzt nun die Flüssigkeit mit aufgesetztem Rückflußkühler bis zum Kochen und erhält sie darin 10 Minuten, worauf man rasch abkühlt und den beim Kochen körnig abgeschiedenen Niederschlag samt der Flüssigkeit in ein Becherglas quantitativ überführt, was sehr leicht vonstatten geht, da der Niederschlag nicht an der Wand haftet. Nach mindestens 6 Stunden filtriert man durch ein getrocknetes und gewogenes Filter, wäscht den Niederschlag mit heißem Wasser so lange aus, bis eine Probe des ablaufenden Filtrates keine Eisenreaktion mehr zeigt, trocknet hierauf das Filter bei 105° C 6 Stunden lang und wägt. Das erhaltene Gewicht wird auf Prozente fettfreier Trocken- und lufttrockener Substanz berechnet.

Die Menge des Niederschlages beträgt bei ungeröstetem Kakao 6,03—7,88%, im Mittel 6,80%, bei geröstetem Kakao 5,63—7,75%, im Mittel 6,12%, dagegen bei Schalen Null.

d) *Nachweis der Kakaoschalen durch die chemische Analyse.* Als Bestandteile, wodurch sich die Kotyledonenmasse und die Schalen des Kakaos unterscheiden und die Anwesenheit der letzteren in ersterer sollte erbracht werden können, sind angeführt worden:

α) **Der Gehalt an Asche und Aschenbestandteilen** (vgl. S. 267). Indes kann der Gehalt an Gesamtasche hierfür nicht in Frage kommen, weil der Aschengehalt der Schalen nur etwa 8% beträgt und daher innerhalb der für reine Kakaosamen beobachteten Grenzen von 4—8% liegt[2]). Auch die Heranziehung der Alkalität und einzelner Aschenbestandteile hat sich als wertlos erwiesen. Die ursprünglich von H. Matthes[3]) und seinen Mitarbeitern geäußerte Ansicht, daß die Samen nur minimale Spuren (0,26—1,04%), die Schalen[4]) hingegen erhebliche Mengen (2,58—39,05%) löslicher Kieselsäure in der Asche enthielten, und

---

[1]) Chr. Ulrich, Inaug.-Diss. Braunschweig 1911; Zeitschr. f. Untersuchung d. Nahrungs- u. Genußmittel 1911, **22**, 674.

[2]) H. Lührig, Zeitschr. f. Untersuchung d. Nahrungs- u. Genußmittel 1905, **9**, 263.

[3]) H. Matthes und F. Müller, Zeitschr. f. Untersuchung d. Nahrungs- u. Genußmittel 1906, **12**, 95; H. Matthes und O. Rohdich, Zeitschr. f. öffentl. Chemie 1908, **14**, 166.

[4]) G. Devin und H. Strunck (Veröffentl. a. d. Gebiete d. Militärsanitätswesens 1908, **38**, II, 18) fanden in Kakaoschalen 0,371—0,623%, in den Kotyledonen nur 0,013—0,040% lösliche Kieselsäure.

daß auf dieser Grundlage ein Schalennachweis erfolgen könne, ist später von H. Matthes widerrufen. Denn in Gemeinschaft mit O. Rohdich[1]) hat er auch in den Kakaosorten hohe Gehalte an löslicher Kieselsäure nachgewiesen, nämlich:

	In 27 Sorten mit geringem Gehalt %	In 3 Sorten mit hohem Gehalt		
		Ceylon, billig %	Trinidad %	Socosnusco %
Asche	2,95 —4,36	4,68	4,49	5,97
Sand	0,023—0,32	0,22	0,46	1,34
Kieselsäure . . .	0,020—0,079	0,118	0,223	0,880

Dasselbe gilt von dem Gehalte an Eisenoxyd und löslicher Phosphorsäure, welcher in hohem Grade von der Art des Rottens und der nachfolgenden Reinigung beeinflußt wird. Auf einen etwaigen Kupfergehalt aber kann man den Schalennachweis nicht begründen, weil der Kupfergehalt der Schalen meist zu gering ist, ja nach Ed. Tisza[2]) unter Umständen gänzlich fehlen kann (vgl. S. 267).

β) **Gehalt an Rohfaser.** Etwas wertvoller ist die Rohfaserbestimmung, weil die Schalen nach Devin und Strunck[3]) u. a. 15,5—18,2% Rohfaser, also mehr als den doppelten Gehalt der Bohnen (6,8—7,8% auf fettfreie Trockensubstanz berechnet) enthalten (vgl. auch S. 266). Immerhin sind auch hier die Schwankungen so groß, daß man erst bei erheblicher Überschreitung der normalen Werte auf einen Schalenzusatz schließen kann. Das Schweizerische Lebensmittelbuch gibt daher 11% Rohfaser für fettfreie Trockensubstanz als äußerste Grenze an, und mit Recht weist Lührig (l. c.) darauf hin, daß nach diesem Verfahren ganz erhebliche Mengen dem Nachweise entgehen können. W. Ludwig[4]) will nach seinem Verfahren (S. 284) Schalenzusätze von 5—10% nachgewiesen haben.

γ) **Gehalt an Pentosanen.** Gegen den Vorschlag von J. Dekker[5]), sowie von Jaeger und Unger[6]), die Pentosane heranzuziehen, haben Lührig und Segin[7]) das Bedenken erhoben, daß der Pentosangehalt der Schalen und der Bohnen zu wenig voneinander verschieden sei, dafür aber selbst beträchtlichen Schwankungen unterliege. Sie fanden in Schalen 7,59 bis 11,23% und in Bohnen 2,51—4,58%. Durchaus andere Werte teilen demgegenüber G. Devin und H. Strunck (l. c.) mit, nämlich 0,48—1,57% Pentosane in den Bohnen und 3,00—5,28% in den Schalen. Nach vorheriger Entfernung der Hexosen ergeben die Schalen durch Fällen mit Phloroglucin 3,7—6,0mal, durch Fällen mit Barbitursäure 6,3—8,4mal mehr Pentosane als die Kotyledonen. Hiernach erscheint daher eine Nachprüfung des Verfahrens wünschenswert.

Die von Dekker empfohlene Prüfung auf Methylpentosane hat sehr an Bedeutung verloren, seitdem G. Devin zeigte, daß die Annahme Dekkers, in den Bohnen kämen Methylpentosane überhaupt nicht vor, irrig ist. Man ist daher auch hier wieder auf die quantitative Bestimmung angewiesen. Für die Beurteilung auf dieser Grundlage fehlt es aber an analytischem Material.

---

[1]) Zeitschr. f. öffentl. Chemie 1908, **14**, 166.

[2]) Schweiz. Wochenschr. Chem. u. Pharm. 1907, **45**, 526; Zeitschr. f. Untersuchung d. Nahrungs- u. Genußmittel 1909, **17**, 62; vgl. auch Ducleaux, Bull. Soc. Chim. 1872, S. 33.

[3]) Veröff. a. d. Gebiete des Militärsanitätswesens 1908, **38**, II. 8; Zeitschr. f. Untersuchung d. Nahrungs- u. Genußmittel 1909, **17**, 62.

[4]) Zeitschr. f. Untersuchung d. Nahrungs- u. Genußmittel 1906, **12**, 153.

[5]) Pharm. Zentralhalle 1905, **46**, 863; Archiv f. Pharm. 1907, **245**, 153; Zeitschr. f. Untersuchung d. Nahrungs- u. Genußmittel 1908, **15**, 424.

[6]) Zeitschr. f. Untersuchung d. Nahrungs- u. Genußmittel 1905, **10**, 761.

[7]) Ebendort 1906, **12**, 161.

Dasselbe gilt von der Prüfung auf Furfuroide nach Brauns[1]), dessen Angabe, daß reines Kakaopulver 0,05—0,07% Furfuroide, Kakaoschalen hingegen 1,1—1,6% Furfuroide enthält, noch der Bestätigung bedarf.

Alles in allem läßt sich angeben, daß die chemische Analyse zwar einige Anhaltspunkte für die Gegenwart größerer Schalenmengen liefert, daß für den sicheren Beweis aber die mikroskopische Untersuchung (vgl. weiter S. 292 u. f.) ausschlaggebend ist. Die früher oft geäußerten Bedenken, daß mit einem gewissen Schalengehalte als unvermeidlicher Verunreinigung gerechnet werden müsse, treffen heute nicht mehr zu, weil die modernen Maschinen die Schalen so gut wie quantitativ entfernen. Ein irgendwie deutlicher Schalengehalt ist daher als absichtlicher Zusatz oder grobe Verunreinigung zu deuten und als Anzeichen der Verfälschung zu beanstanden.

16. Nachweis von Fettsparern. a) Dextrin.

Zur qualitativen Prüfung auf Dextrin versetzt man 10 ccm des wässerigen Auszuges mit 40 ccm 96 proz. Alkohols, wodurch bei Gegenwart von Dextrin eine milchige Trübung entsteht.

Die quantitative Bestimmung nach P. Welmans[2]) beruht auf der Tatsache, daß Dextrin nicht durch Bleiessig, sondern nur durch Bleiessig und Ammoniak gefällt wird. Er versetzt also aliquote Teile des wässerigen Auszuges einmal mit 1—1,5 ccm Bleiessig und 10 ccm Tonerdebrei, andererseits mit der gleichen Menge Bleiessig und Tonerdebrei und außerdem mit Ammoniak, filtriert und polarisiert die Lösung. Die erste Polarisation a wird durch die Summe von Saccharose und Dextrin, die zweite Polarisation b durch die Saccharose allein hervorgerufen, und die Differenz beider Werte $a — b$ ist sonach ein Maßstab für die Menge des vorhandenen Dextrins. Unter der Annahme, daß eine Drehung von einem Winkelgrad einem Gehalte von 0,3764 g Dextrin in 100 ccm entspricht, findet man die Menge des in 100 ccm enthaltenen Dextrins zu $(a — b) \cdot 0,3764$.

Bezüglich der Einzelheiten des Verfahrens, welches natürlich durch die schwankende Polarisation der Handelsdextrine beeinflußt wird, sei auf das Original verwiesen.

b) Gelatine. Ein Zusatz von Gelatine oder Leim in irgendwie beträchtlichen Mengen gibt sich nach Welmans[3]) durch die Erhöhung des Stickstoffgehaltes, welcher in den Kakaobohnen ziemlich konstant 4,8—5,0% der fettfreien Trockensubstanz beträgt, zu erkennen.

Außerdem kann man nach Welmans zu dem gleichen Zwecke das Verfahren von P. Onfroy[4]) heranziehen: Man löst 5 g der pulverisierten Schokolade mit 50 ccm siedendem Wasser, setzt 5 ccm 10 proz. Bleizuckerlösung hinzu und filtriert. Auf Zusatz weniger Tropfen konzentrierter wässeriger Pikrinsäurelösung entsteht bei Anwesenheit von Gelatine ein gelber Niederschlag. Um den störenden Einfluß der Kakaogerbsäure, welche einen Teil der Gelatine in der Bleiessigfällung zurückhält, zu beseitigen, kann man auch 10 g Schokolade mit 100 ccm heißem Wasser behandeln und darauf mit 5—10 ccm 10 proz. Kalilauge und 10 ccm 10 proz. Bleizuckerlösung versetzen. Das bräunliche Filtrat gibt nach der Neutralisation wie oben mit Pikrinsäurelösung einen gelben Niederschlag (vgl. auch III. Bd., 2. Teil, S. 127 u. f.).

c) Tragant. Nach dem Vorschlage von P. Welmans[5]) verreibt man 5 g der entfetteten Substanz längere Zeit mit so viel verdünnter Schwefelsäure, als zur Bildung eines dicken Breies erforderlich ist, setzt dann 10 Tropfen Jodjodkaliumlösung hinzu, mischt nochmals anhaltend und beobachtet nach Zusatz von etwas Glycerin in ganz dünner Schicht bei 160 facher Vergrößerung. Bei Gegenwart von 2% Tragant erscheint das ganze Gesichtsfeld

[1]) Pharm. Weekbl. 1909, **46**, 326.

[2]) Zeitschr. f. öffentl. Chemie 1900, **6**, 481; Zeitschr. f. Untersuchung d. Nahrungs- u. Genußmittel 1901, **4**, 402.

[3]) Zeitschr. f. Untersuchung d. Nahrungs- u. Genußmittel 1901, **4**, 401.

[4]) Journ. Pharm. Chim. 1898 [6], **8**, 7; Zeitschr. f. Untersuchung d. Nahrungs- u. Genußmittel 1899, **2**, 288.

[5]) Zeitschr. f. öffentl. Chemie 1900, **6**, 480; Zeitschr. f. Untersuchung d. Nahrungs- u. Genußmittel 1901, **4**, 401.

von zahlreichen, teils kugeligen, teils unregelmäßigen blauen Punkten erfüllt. Vielfach zeigen sich auch die großen, der Kartoffelstärke ähnlichen Zellen des Tragants, während in reinem Kakao nur die kleineren blauen Pünktchen der Kakaostärke auftreten. Die Unterscheidung der Tragantstärke von der ähnlich geformten Kartoffel- und Weizenstärke ist nur bei größerer Übung mit Hilfe selbst hergestellter Vergleichsmischungen möglich.

Nach Filsinger[1]) reibt man 10—20 g der völlig entfetteten Schokolade mit Wasser an, gießt die Flüssigkeit nach 24 Stunden vom Bodensatze ab und wäscht letzteren mehrere Male mit Wasser aus. Beim Durchmustern des Rückstandes mit der Lupe treten die Tragant-partikel als farblose, schwach getrübte, sagoähnliche Körnchen hervor, welche weder chemisch noch mikroskopisch bemerkenswerte Eigenschaften darbieten und an der Luft zu sehr kleinen gelblich gefärbten Schüppchen eintrocknen.

17. Nachweis einer künstlichen Färbung und eines Zusatzes von Mineralstoffen.
Zum Nachweise von Teerfarbstoffen bedient man sich der üblichen Verfahren (III. Bd., 1. Teil, S. 550). Da aber bei der Ausfärbung auf Wolle auch reiner Kakao, besonders wenn er längere Zeit gelagert hat, bisweilen Braunfärbungen liefert, so empfiehlt Schmitz-Dumont[2]), den Kakao mit 70 proz. Alkohol auszuziehen und die Lösung mit Bleiessig zu fällen. Reiner Kakao soll hierbei eine farblose Flüssigkeit ergeben.

Sandelholz, welches besonders zum Auffärben sog. Suppenmehle (Schokoladenmehle) benutzt wird, gibt unter dem Mikroskope folgende charakteristische Reaktionen: Auf Zusatz von Sodalösung dunkelviolett; Ferrosulfat violett; Schwefelsäure cochenillerot; Zink-vitriol rot; Zinnchlorür blutrot.

Außerdem kann man es nach dem Vorschlage von Riechelmann und Leuschner[3]) auf chemischem Wege daran erkennen, daß man 2—3 g Kakao- oder Schokoladenpulver mit 10 ccm absolutem Alkohol durchschüttelt. Die alkoholische Lösung ist bei reinem Kakao fast farblos, höchstens schwach gelb gefärbt und gibt mit verdünnter Natronlauge einen weißen Niederschlag, wird aber durch wässerige oder alkoholische Eisenchloridlösung nicht verändert. Bei Anwesenheit von Sandelholz wird der deutlich gefärbte Auszug durch Natronlauge und Eisenchlorid stark violett gefärbt. Wenn extrahiertes Sandelholz verwendet war, tritt die Reaktion naturgemäß in schwä-cherem Grade auf, aber immerhin erkennbar, wenn man das Reagens vorsichtig zusetzt. Über den mikroskopischen Nachweis von Sandelholz vgl. S. 75.

Der Zusatz von Ocker, Ton und anderen Mineralstoffen ergibt sich durch eine Be-stimmung der Asche und Untersuchung der Asche auf ihre Bestandteile (vgl. hierzu die Zu-sammensetzung der Kakaoasche S. 267). Unter Umständen kann auch ein Ausschütteln mit Chloroform Aufschluß geben (vgl. III. Bd., 2. Teil, S. 515).

18. Bestimmung des Milch- und Rahmgehaltes.
Die Untersuchung der Milch- und Rahmschokolade, welche ein Urteil über die Menge der vorhandenen Milch-trockensubstanz und ihre Zusammensetzung (Sahne-, Vollmilch-, Magermilchtrockensubstanz) gewähren soll, erfolgt nach dem Verfahren von E. Baier und P. Neumann[4]) in folgender Weise:

a) Bestimmung des Caseingehaltes. 20 g der fein zerriebenen Schokolade werden in eine Soxhletsche Extraktionshülse locker hineingegeben und 16 Stunden lang mit Äther extrahiert. Von dem extrahierten Rückstande werden nach dem Verdunsten des Äthers an der Luft 10 g zur Bestimmung des Caseins verwendet. Diese werden hierzu in einem Mörser unter allmählichem Zusatz einer 1 proz. Natriumoxalatlösung ohne Klumpenbildung gleich-mäßig verrührt und in einen mit Marke versehenen 250 ccm-Kolben gespült, bis hierzu 200 ccm der Natriumoxalatlösung verbraucht sind. Alsdann wird der Kolben auf ein Asbestdrahtnetz

---

[1]) Zeitschr. f. öffentl. Chemie 1903, **9**, 9.

[2]) Ebendort 1903, **9**, 12.

[3]) Ebendort 1902, 8, 203; Zeitschr. f. Untersuchung d. Nahrungs- u. Genußmittel 1903, **6**, 467.

[4]) Zeitschr. f. Untersuchung d. Nahrungs- u. Genußmittel 1909, **18**, 13.

gesetzt und mit einer Flamme, die das Drahtnetz berührt, unter öfterem Umrühren erhitzt, bis der Inhalt eben ins Kochen kommt. Die Öffnung des Kolbens wird während der Zeit mit einem unten zusammengeschmolzenen Trichterchen bedeckt. Hierauf füllt man nicht ganz bis zum Ansatze des Kolbenhalses siedendheiße Natriumoxalatlösung hinzu, läßt den Kolben, anfangs unter öfterem Umschütteln, bis zum anderen Tage stehen, füllt dann mit Natriumoxalatlösung bei 15° bis zur Marke auf, schüttelt ordentlich um und filtriert durch ein Faltenfilter. Zu 100 ccm des Filtrates werden 5 ccm einer 5 proz. Uranacetatlösung und tropfenweise unter Umrühren so lange 30 proz. Essigsäure hinzugegeben, bis ein Niederschlag entsteht (30—120 Tropfen, je nach der vorhandenen Caseinmenge). Es wird dann noch ein Überschuß von etwa 5 Tropfen Essigsäure hinzugefügt. Der Niederschlag setzt sich auf diese Weise sehr schnell aus der völlig klaren, darüberstehenden Flüssigkeit ab; er wird durch Zentrifugieren von der Flüssigkeit getrennt und mit einer Lösung, die in 100 ccm 5 g Uranacetat und 3 ccm 30 proz. Essigsäure enthält, so lange ausgewaschen, bis Natriumoxalat durch Calciumchlorid nicht mehr nachweisbar ist (etwa nach dreimaligem Zentrifugieren). Alsdann wird der Inhalt der Röhrchen mittels der Waschflüssigkeit auf das Filterchen gespült, letzteres in einem Kjeldahl - Kolben mit konzentrierter Schwefelsäure und Kupferoxyd zerstört und der gefundene Stickstoff durch Multiplikation mit 6,37 auf Casein umgerechnet. Unter Berücksichtigung des Fettes wird hierauf der Caseingehalt auf ursprüngliche Schokolade prozentisch umgerechnet.

b) Bestimmung des Gesamtfettgehaltes der Schokolade nach den Angaben S. 272 u. f.

c) Feststellung der Reichert - Meißl - Zahl des nach b gewonnenen wasserfreien Fettes.

Aus diesen drei Komponenten berechnet man mit Hilfe nachstehender Formeln die Menge des Milchfettes, die gesamte Milchtrockensubstanzmenge, das Verhältnis des Caseins zu Milchfett, den Fettgehalt der ursprünglich verwendeten Milch bzw. des Rahms und die fettfreie Milchtrockenmasse in Milch- oder Rahmschokolade.

α) Berechnung der Menge des vorhandenen Milchfettes.
Formel:

$$F = \frac{b(a-1)}{27} ,$$

$F =$ gesuchte Milchfettmenge,
$b =$ gefundener Gesamtfettgehalt,
$a =$ Reichert - Meißlsche Zahl des Gesamtfettes.

β) Berechnung der übrigen Milchbestandteile (Gesamteiweißstoffe, Milchzucker, Mineralstoffe) zum Zwecke der Feststellung der Gesamtmilchtrockensubstanzmenge (T).
Formel:

$$\text{Gesamteiweißstoffe } (E) = \text{gefundenes Casein} \times 1{,}111 ,$$

$$\text{Milchzucker} \quad (M) = \frac{\text{gefundenes Casein} \times 1{,}111 \times 13}{10} ,$$

$$\text{Mineralstoffe} \quad (A) = \frac{\text{gefundenes Casein} \times 1{,}111 \times 2{,}1}{10} .$$

γ) Berechnung der gesuchten Milchtrockensubstanzmenge (T).
Formel:

$$T = F + E + M + A .$$

(Zeichenerklärung wie bei den Berechnungen α und β.)

δ) Berechnung des Verhältnisses von Casein zu Milchfett und des sich daraus ergebenden Quotienten (Q).
Formel:

$$Q = \frac{\text{gefundene Fettmenge}}{\text{gefundene Caseinmenge}} .$$

ε) Berechnung des Fettgehaltes der ursprünglich verwendeten Milch oder des Rahmes. Diese geschieht durch Multiplikation des aus dem Verhältnis von Casein zu Fett gewonnenen Quotienten mit dem Caseingehalt (a) der betreffenden normalen Durchschnittsmilch-präparate (bei Milch 3,15, bei 10 proz. Rahm 3,06 usw.).

Formel:

$$X = Q \times a.$$

Q = Quotient der Formel d,

a = Faktor für Casein (3,15 bzw. 3,05 usw.),

X = Fettgehalt der ursprünglichen Milch.

ζ) Berechnung der fettfreien Milch- bzw. Rahmtrockenmasse. Diese findet man in der üblichen Weise durch Subtraktion des Fettgehaltes von der Trockenmasse; sie ist $= (T - F)$.

19. Nachweis von Saccharin. Das Saccharin kann man nach van den Driessen Mareeuw[1]) zweckmäßig in der Weise bestimmen, daß man 10 g des Pulvers mit 100 ccm 10 proz. Salzsäure während einer Stunde kocht, die Flüssigkeit mit Natrium-carbonat alkalisch macht, filtriert und den Rückstand bis zum Verschwinden der alkalischen Reaktion auswäscht. Das alkalische Filtrat wird mit Phosphorsäure angesäuert, bis auf einen kleinen Rest eingedampft, mit 5 g Calciumsulfat gemischt und getrocknet. Die getrocknete Masse wird gepulvert und mit Äther ausgezogen. Im Verdampfungsrückstand des Äthers kann das Saccharin durch Oxydation des Schwefels (vgl. III. Bd., 2. Teil, S. 730) quan-titativ bestimmt werden.

20. Bestimmung der Kornfeinheit nach Boll.[2]) Auf Grund der Be-obachtung, daß das Volumen des unter bestimmten Versuchsbedingungen aus einem Kakao-getränk abgeschiedenen Bodensatzes einen Maßstab für die Feinheit der Mahlung bildet, kocht Verfasser 5 g Kakao mit 100 ccm Wasser nach gründlichem Durchschütteln einmal auf und gießt die Flüssigkeit darauf in ein graduiertes Reagensglas um, welches sich seit einiger Zeit in einem auf 80—82° erhitzten Reagensglase befindet. Nunmehr läßt man die Temperatur des Wasserbades allmählich auf 75° sinken, nimmt den Zylinder heraus, schüttelt einmal gut durch und liest nach 15 Minuten langem Stehen das Volumen des Bodensatzes ab.

Bei fünf verschiedenen Kornfeinheiten desselben Kakaos fand Verfasser auf diese Weise nachstehende Werte: 57,5 — 66,0 — 73,0 — 75,0 — 79,0 ccm.

C. Mikroskopische Untersuchung[3]).

Die Samen der Kakaofrucht sind von einer dünnen, spröden, braunen Samenschale umgeben. An den Samen des Handels haften außen Reste des Fruchtfleisches, in das sie eingebettet waren, sowie Erde (vom Rotten). Die Kakaoschalen lassen sich leicht von den Samen trennen und müssen vor der Verarbeitung zu Kakaopulver und Schokolade vollständig entfernt werden. Unter der Samenschale befindet sich als Rest des Nähr-gewebes (Perisperm) ein feines Häutchen, die sog. Silberhaut, welche auch Falten in die Windungen und Zerklüftungen der Kotyledonen hineinsendet und an ihrer Innenseite bis-weilen mit Krystallen von Fett oder Theobromin bedeckt ist. Die beiden Kotyledonen sind an der inneren Fläche mit ineinandergreifenden Höckern und Vertiefungen versehen, zwischen ihnen liegt der sog. Keim der Kakaobohne.

Zum Nachweise eines Zusatzes von Schalen ist es aber, da geringe Mengen von Kakao-schalen als zufällige Verunreinigung zugegen sein können, notwendig, ein annäherndes Urteil über die Menge zu erlangen. Die hierfür in Vorschlag gebrachten chemischen· und mecha-nischen Methoden sind bereits S. 284 u. f. besprochen worden; es seien daher jetzt nur noch diejenigen angeführt, welche auf der Schätzung mikroskopischer Bilder beruhen.

---

[1]) Zeitschr. f. Untersuchung d. Nahrungs- u. Genußmittel 1911, **21**, 123.

[2]) Chem.-Ztg. 1912, **36**, 914.

[3]) Bearbeitet von Dr. A. Scholl, Abt.-Vorsteher d. Landw. Versuchsstation in Münster i. W.

α) **Verfahren von B. Fischer**[1]). 5 g des entfetteten Kakaopulvers oder 8 g der entfetteten Schokolade werden mit 250 ccm Wasser unter Zusatz von 5 ccm 25 proz. Salzsäure 10 Minuten in einem Porzellankasserol gekocht. Man läßt absitzen, dekantiert die überstehende Flüssigkeit, kocht nochmals mit 250 ccm Wasser und dekantiert wiederum. Den Rückstand kocht man etwa 5 Minuten mit 100 ccm 5 proz. Natronlauge, verdünnt mit 200 ccm heißem Wasser, läßt absitzen und dekantiert von neuem. Durch diese Behandlung werden die störenden sauren Bestandteile der Kakaobohnen (Kakaorot) weggeschafft, und man erhält ein klares Operationsfeld. Der hiernach verbleibende Rückstand wird mit Natriumhypochloritlösung nach B. Fischer (10 proz. Natronlauge in der Kälte mit Chlor gesättigt und dann mit dem gleichen Volumen 10 proz. Natronlauge versetzt) angeschüttelt, mit Wasser verdünnt und in ein Sedimentierglas gebracht. Nach dem Absitzen verteilt man den Bodensatz in einer Petrischen Kulturschale und fertigt nunmehr Präparate zur mikroskopischen Untersuchung an. Die anatomischen Details liegen jetzt völlig klar, denn sämtliche Gewebstrümmer sind durch die Behandlung mit der Natriumhypochloritlösung so durchsichtig und farblos geworden, daß es sich unter Umständen empfiehlt, sie zu färben. Findet man in jedem Präparate, ohne angestrengt suchen zu müssen, die charakteristischen Sklerenchymzellen der Kakaoschale, so sind Schalen in unzulässiger Menge vorhanden. Muß man erst sorgfältig ein Präparat durchmustern, um gelegentlich die Sklerenchymzellen zu finden, so ist die Anwesenheit von Schalen nur als zufällige und unvermeidliche Verunreinigung anzusehen.

β) **Verfahren von G. Lagerheim und von H. Huss**[2]). Wie G. Lagerheim[3]) beobachtet hatte, lassen sich die in Wasser aufquellenden Schleimzellen, welche nur im Keim und in den Schalen, aber nicht in den Kotyledonen vorkommen, sichtbar machen, wenn man die Formelemente färbt, weil sie selbst hierbei unverändert bleiben. Er verreibt daher die Substanz auf einem Objektträger mit Wasser und chinesischer Tusche und beobachtet dann bei schwacher Vergrößerung, wie die hellen ungefärbten Schleimzellen als stark lichtbrechende Flecken in dem übrigens schwarzen Gesichtsfelde hervortreten. Da dieses Verfahren bei Kakao und Schokolade, welche Stärke, Mehl, Trockenmilch und andere Zusätze enthalten, versagt, weil diese Stoffe ebenfalls ungefärbt bleiben, hat Huss eine kombinierte Färbungsmethode ausgearbeitet, für welche folgende Lösungen benutzt werden:

I. Kongorot: 1 g Kongorot in 100 g Wasser gelöst;

II. Brillantblau: 1 g Brillantblau, 20 g Glycerin, 80 g Wasser;

III. Sudanglycerin: 0,1 g Sudan III, 50 g Glycerin, 50 g Alkohol (95 proz.).

Die Farbstoffe können von der Firma Grübler & Co. in Dresden bezogen werden.

Man verreibt 0,01—0,05 g Kakao oder Schokolade auf einem Hebebrandschen Objektträger mit einem Tropfen Sudanglycerin zu einer feinen Salbe und erhitzt zur Verkleisterung der Stärke mit der Bunsenflamme. Bei hohem Stärkegehalt empfiehlt es sich bisweilen, die Verkleisterung vorher in einem Reagensglase auszuführen. Darauf setzt man einen Tropfen Kongorot und nach etwa 1 Minute noch einen oder zwei Tropfen Brillantblau hinzu, mischt gut durch und legt ein zur Vermeidung von Luftblasen erhitztes Deckglas auf. Unter dem Mikroskope zeigen sich jetzt die Öltröpfchen rötlichgelb und die Fragmente der Silberhaut ganz oder teilweise rot gefärbt, während die etwa vorhandene Stärke oder Trockenmilch blau bis violett erscheint. Nur die stark lichtbrechenden Schleimzellen der Kakaoschalen und der Radicula sind völlig ungefärbt geblieben und daher leicht zu erkennen.

Nach einer weiteren Mitteilung von Huss[4]) ist das Verfahren nicht, wie er anfangs hoffte, zu einer quantitativen Bestimmung, sondern nur zum qualitativen Nachweise der Schalen geeignet. Hierfür hat es sich uns aber ganz brauchbar erwiesen.

---

[1]) Jahresbericht des Chemischen Untersuchungsamtes der Stadt Breslau 1899/1900, S. 34.
[2]) Zeitschr. f. Untersuchung d. Nahrungs- u. Genußmittel 1911, **21**, 101.
[3]) Botanisk-tekniska notiser, Svensk Kemisk Tidskrift 1900.
[4]) Zeitschr. f. Untersuchung d. Nahrungs- u. Genußmittel 1911, **21**, 676.

Zur Herstellung der Kakaofabrikate sollen nur die Kotyledonen Verwendung finden. Am Querschnitt durch die Kotyledonen (Fig. 196, A) sieht man außen zunächst eine Schicht dünnwandiger flacher gelbbrauner Zellen der Epidermis (*Ep*); darunter folgt ein lückenlos gefügtes parenchymatisches Gewebe, dessen äußere Zellreihen meist gebräunte Wände, aber farblosen Inhalt besitzen. Der Inhalt der meisten Zellen besteht aus nadelförmigen Fettsäurekrystallen, rundlichen Eiweiß-(Aleuron-)Körperchen und Stärkekörnchen. Die letzteren sind außerordentlich klein, kugelig, meist einzeln, aber auch zu zwei oder drei zusammengesetzt und ohne Kern oder Spalt (Fig. A und F, *Am*). Sie färben sich mit Jodlösung etwas langsam, aber deutlich blau und können nur schwer zum Verkleistern gebracht werden. Die weiter im Inneren liegenden Zellen haben meist ungefärbte Wände; zwischen ihnen finden sich einzeln oder in kleinen Gruppen die sog. Pigmentzellen (Fig. A, *Pigm*) eingelagert, welche als einzigen Inhalt homogene, dunkelrote bis rotviolette oder auch rotbraune bis braungelbe Klumpen von Kakaorot führen. Durch Kalilauge werden sie grünlich, durch Schwefelsäure braunrot, durch Eisensalze blauschwarz und durch Chloralhydrat carminrot gefärbt. Das Parenchym ist — namentlich in den auf der Innenseite der Kotyledonen hervortretenden Leisten und Rippen — von einzelnen zarten Gefäßbündeln durchzogen, enthält aber keinerlei Sklerenchymzellen oder sonst stark verdickte Elemente.

In der Flächenansicht besteht die Epidermis (Fig. B) aus unregelmäßig polygonalen, 5—6eckigen Parenchymzellen, welche in der Längsrichtung gestreckt sind. Ihr Inhalt läßt eine Anzahl lebhaft gelbbraun gefärbter Kügelchen (Chromatophoren) unterscheiden, welche durch Chloral blutrot, Eisenchlorid olivenbraun, Ammoniak unter Quellung lebhaft gelb gefärbt werden, oder er ist auch wohl gänzlich braun gefärbt. Die Epidermis trägt merkwürdig geformte Haare (sog. Mitscherlichsche Körperchen), welche im unteren Teile stets aus einfachen Zellreihen aufgebaut sind, an der Spitze aber auch Längsteilung aufweisen (Fig. B, *Hr*). Sie lösen sich leicht von der Ursprungsstelle ab und haften der Silberhaut an. Als Inhalt führen sie eine feinkörnige braune Masse, gewöhnlich aber dieselben bräunlichgelben Pigmentkörper wie die Epidermis.

Die Radicula, der sog. Keim, besteht aus einem sehr kleinzelligen, ölreichen Parenchym und aus Spiralgefäßen mit zarter, von der Wand nicht ablösbarer Spirale (Fig. C, *Gf*). Der Keim wird bei der Kakaofabrikation soweit als möglich entfernt, Bruchstücke von ihm sollen sich daher in Kakaopräparaten nur vereinzelt zeigen. Auch die Oberhaut des Würzelchens trägt Haare von derselben Form wie derjenigen der Kotyledonenepidermis.

Das sog. Silberhäutchen (innere Samenhaut), welches in geringen Mengen meist in das Kakaopulver hineingelangt, besteht aus 2 Schichten, einer äußeren einfachen Epidermis, welche eine ähnliche Struktur wie die Epidermis der Kotyledonen hat, aber gar keine oder doch nur vereinzelte Chromatophoren enthält (Inhalt: Fett in Krystallen oder Krystallaggregaten und traubigen Formen), sowie einer inneren Schicht aus mehreren Lagen sehr dünnwandiger, stark tangential gestreckter Zellen. Nicht selten haften der Oberfläche nadelförmige oder fächerartige Krystalle (Fig. D) und Haare an.

Für die Untersuchung des Kakaopulvers bzw. der entfetteten und zuckerfreien Schokolade bedient man sich nach F. Rosen[1]) zweckmäßig der Hoyerschen Flüssigkeit (Gummi arabicum in einer schwachen Lösung von Chloralhydrat gelöst und mit etwas Glycerin versetzt) oder stellt zunächst ein Wasserpräparat her. Neben den zahlreichen Stärkekörnchen, welche sich durch ihre Kleinheit von allen fremden Stärkearten unterscheiden, zeigen sich größere oder kleinere Bruchstücke, welche infolge der Röstung meist gebräunt und strukturlos erscheinen. Besonders reichlich sind die violetten Farbstoffklumpen (Fig. F, *Pigm*) vorhanden, welche mit Hilfe der angegebenen Reaktionen leicht sichtbar gemacht werden können. Daneben zeigen sich in geringerer Menge Teile der Epidermis mit braunen Chromatophoren (Fig. F, *Ep*) und des Perisperms (Silberhäutchen) mit fächerförmigen Krystallen (Fig. F, D). Sehr selten treten Haare (*Hr*) und Gefäßfragmente der Radicula (*Gf*) auf. Abgerollte Spiralen fehlen fast gänzlich.

---

[1]) F. Rosen, Anatomische Wandtafeln. Breslau 1904. J. U. Kerns Verlag. Textband S. 91. Dieser Sammlung sind auch die nebenstehenden 2 Tafeln, durch Verkleinerung, entnommen.

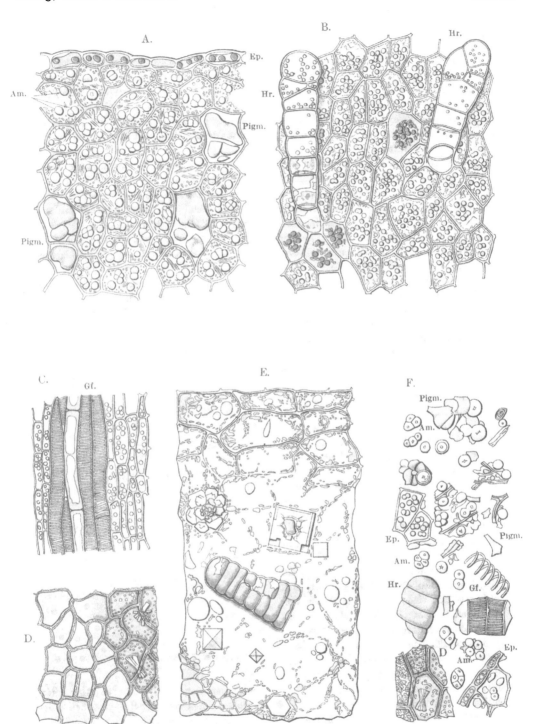

Fig. 196. Kakao (Theobroma Cacao L.) $\frac{100}{1}$. Nach F. Rosen.

A. Radialschnitt aus den Kotyledonen; Ep. Epidermis; Am. Stärke; Pigm. Pigment. B. Epidermis der Kotyledonen von der Fläche mit Haarbildungen (Hr.) C. Aus der Radicula; Gf. Gefäße. D. Außenschicht des Endosperms. E. Endospermhäutchen. F. Kakaopulver; Buchstaben wie oben.

Verlag von Julius Springer in Berlin.

Nachweis von Kakaoschalen. Für den Nachweis der Kakaoschalen sind folgende Merkmale zu berücksichtigen: In Querschnitten zeigt sich als äußerste Schicht der Kakaoschale ein lockeres Parenchym, welches Reste des Fruchtfleisches darstellt und meist weiße und schwarze Pilzfäden, sowie Haufen von Pilzsporen enthält (Fig. 197, A und B, a); am gerotteten Kakao sind die Zellen eingetrocknet, quellen aber im Wasser schleimig auf und erscheinen in der Fläche unregelmäßig, schlauchförmig. Darunter folgt die innere Epidermis des Fruchtfleisches, welche eine Reihe zartwandiger Zellen bildet.

Die äußere Epidermis der Samenschale wird von großen, hohen, derbwandigen, im Querschnitt quadratischen, aber meist verschobenen und verzogenen Zellen gebildet, welche nach außen zu von einer derben dunkleren Cuticula begrenzt werden. Darunter folgt eine vielfach unterbrochene Lage sehr großer Schleimzellen, deren innere Membranschichten sehr quellbar sind (Fig. A, d). Sie dienen bei dem Verfahren von Huss (vgl. S. 292) zum Schalennachweise. Das derbwandige, aus großen Zellen gebildete Schalenparenchym (Fig. A, e) erscheint im Querschnitt wenig charakteristisch, dient aber in der Flächenansicht als sog. Schwamm- oder Flockenschicht als wichtiges Leitelement. Es umschließt zahlreiche Gefäßbündel (Fig. A, f), welche beim Trocknen meist in die einzelnen Gefäße zerfallen, wobei sich die Spiralen, zum Unterschiede von den Gefäßen der Radicula, loslösen. Besonders wichtig für die Erkennung ist schließlich eine in die Schwammschicht eingelagerte Sklereidenschicht, welche aus kleinen rechteckigen Zellen mit nach innen und an den Seiten stark verdickter, braungefärbter und stark lichtbrechender Membran besteht und in ihrer Form, besonders in der Flächenansicht, an die Becherzellen einiger Cruciferen erinnert.

In der Flächenansicht erscheinen die Oberhautzellen als große dickwandige, braune, unregelmäßig polygonale Zellen (Fig. B, c). Über ihnen liegt das Parenchym des Fruchtfleisches mit den zahlreichen Pilzsporen (Fig. B, a) und die Epidermis des Fruchtfleisches als ein feines schräges Streifensystem (B, b). Die Schleimzellen treten in Flächenschnitten nur undeutlich hervor, können aber nach Huss durch eine geeignete Färbung sichtbar gemacht werden. Das Parenchym (Fig. B, e und h) der Samenschale bietet in Flächenschnitten oder in Bruchstücken ein charakteristisches Bild. Die sehr ungleich dicken Wände sind flockig miteinander verwebt und verklebt. Überdies finden sich zwischen ihnen luftführende Intercellularräume und zahlreiche Spiralgefäße, so daß das Ganze an einen Schwamm erinnert (Fig. 198). Die Sklereidenplatte (Fig. B, g) endlich besteht

Fig. 198.

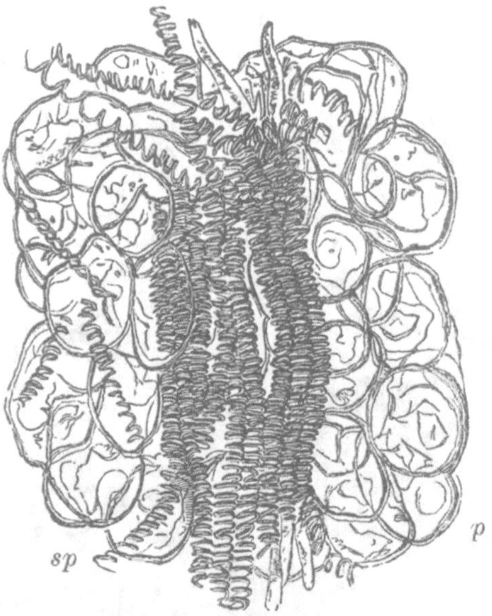

Schalenparenchymgewebe.
p Die kugeligen Parenchymzellen, sp Spiralgefäße.
Nach U. Klenke.

in der Aufsicht aus zahlreichen 4—6eckigen, spitzwinkligen Polyedern, welche im allgemeinen lückenlos aneinandergefügt sind und nur hin und wieder durch dünnwandige unverholzte, in der Fläche etwa isodiametrisch polygonale Zellen unterbrochen sind und so Gänge freilassen, als wären sie schollig auseinandergebrochen.

Mit Hilfe der angegebenen Merkmale wird es in der Regel gelingen, Schalenfragmente aufzufinden. Besonders beweisend ist die Epidermis sowie die Sklereidenplatte und das Vorkommen zahlreicher Spiralgefäße, besonders abgerollter Spiralen. Anhaltspunkte für die Anwesenheit von Schalen bietet auch die Auffindung von Pilzsporen und Teilen der Schwammschicht.

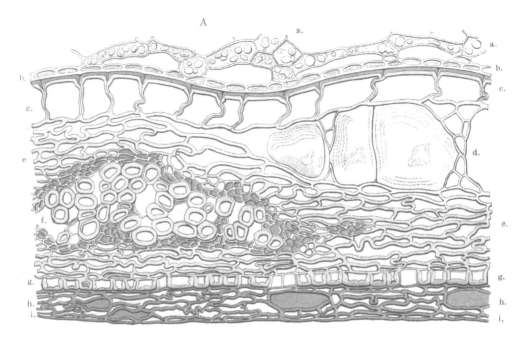

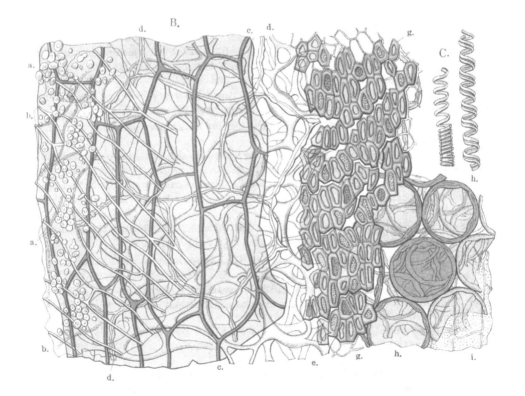

Fig. 197. Kakaoschalen (Samenschalen von Theobroma Cacao L.) $\frac{100}{1}$. Nach F. Rosen.

A. Querschnitt. B. Flächenansicht der Samenschale. a. Reste des Fruchtmuses mit Pilzzellen; b. innere Epidermis der Fruchtschale; c. Epidermis der Samenschale; d. Schleimzellen; e. äußere Schwammschicht; f. Gefäßbündel; g. Sklereidenschicht; h. innere Schwammschicht; i. innere Epidermis der Samenschale. C. Fragmente von Gefäßen der Samenschale.

Beurteilung des Kakaos und der Schokolade
1. auf Grund der chemischen und mikroskopischen Untersuchung.

Für den Verkehr mit Kakao und Schokolade sind in einigen Staaten besondere Bestimmungen, meist im Wege der Verordnung, erlassen, so in Belgien die Verordnung vom 18. November 1894 und 18. Mai 1896[1]), in Rumänien vom 11. September 1895[2]), in Portugal vom 18. September 1896[3]), in den Vereinigten Staaten von Nordamerika vom 21. November 1903[4]). Für Österreich-Ungarn stellt der Codex alim. austr. I. Bd., 1911, S. 287 u. f., für die Schweiz das Schweiz. Lebensmittelbuch bindende Vorschriften auf.

In Deutschland fehlt es zurzeit noch an einer gesetzlichen Regelung; zur Beurteilung der in Rede stehenden Erzeugnisse nach dem Nahrungsmittelgesetze muß daher auf den Begriff der normalen Beschaffenheit zurückgegriffen werden. Als Grundlage für die Ableitung dieses Begriffes dienten bislang die „Vereinbarungen". Da diese aber inzwischen veraltet sind, hat die Freie Vereinigung — jetzt Verein — Deutscher Nahrungsmittelchemiker nach dem Referate von H. Beckurts[5]) neue Leitsätze aufgestellt, welche die Anschauungen der an der amtlichen Nahrungsmittelkontrolle beteiligten Chemiker wiedergeben. Daneben bestehen noch die Beschlüsse des Verbandes Deutscher Schokoladefabrikanten[6]), welche im großen und ganzen mit den Leitsätzen des Vereins Deutscher Nahrungsmittelchemiker übereinstimmen. Etwaige Abweichungen werden besonders besprochen werden.

1. Kakaomasse ist das Erzeugnis, welches lediglich durch Mahlen und Formen der gerösteten und enthülsten Kakaobohnen gewonnen wird; aufgeschlossene Kakaomasse ist eine mit Alkalien, Carbonaten von Alkalien bzw. alkalischen Erden, Ammoniak oder dessen Salzen bzw. mit Dampfdruck behandelte Kakaomasse.

„Kakaomasse darf keinerlei fremde Beimengungen enthalten. Kakaoschalen dürfen nur in Spuren vorhanden sein. Die beim Reinigen der Kakaobohnen sich ergebenden Abfälle dürfen weder der Kakaomasse zugefügt, noch für sich auf Kakaomasse verarbeitet werden. Kakaomasse hinterläßt 2,5—5% Asche und enthält 52—58% Fett. Aufgeschlossene Kakaomasse ist eine mit Alkalien, Carbonaten von Alkalien bzw. alkalischen Erden, Ammoniak oder deren Salzen bzw. mit Dampfdruck behandelte Kakaomasse."

Anmerkung. Eine inhaltlich gleiche Definition für Kakaomasse gibt der Codex alim. austr., nämlich:

„Unter Kakaomasse versteht man im Sinne der vorhergehenden Darlegungen die gleichmäßig feine, in der Wärme flüssige Masse, die aus den gerösteten und möglichst vollständig enthülsten Kakaobohnen zumeist fabrikmäßig hergestellt und in Blockform gebracht wurde. Sie darf normalerweise keinerlei fremde Beimengungen enthalten. Ein absichtlicher Zusatz von Kakaoschalen ist unstatthaft."

Nach dem Schweiz. Lebensmittelbuch darf einer Kakaomasse, die für Konditoreizwecke besonders flüssig sein soll, bis 6% Kakaofett zugemischt werden.

2. „Kakaopulver, entölter Kakao, löslicher Kakao, aufgeschlossener Kakao sind gleichbedeutende Bezeichnungen für eine in Pulverform gebrachte Kakaomasse bzw. in Pulverform gebrachte, geröstete, enthülste Kakaobohnen, nachdem diese durch Auspressen in der Wärme von dem ursprünglichen Gehalte an Fett teilweise befreit

---

1) Moniteur belge 1894, S. 3880 u. 1896, S. 1907; Veröff. 1895, S. 124 u. 1896, S. 764.

2) Buletinul directiunei generale a serviciuliu sanitar. 1895, Nr. 18, S. 277; Veröff. 1896, S.127.

3) Diario di Governo 1903, Nr. 213; Veröff. 1904, S. 185.

4) H. W. Uiley, Die amtlichen Normen für die Reinheit der Nahrungsmittel; U. S. Department of Agriculture Bureau of Chemistry, Circular No. 18; Zeitschr. f. Untersuchung d. Nahrungsu. Genußmittel 1906, **11**, 362; 1907, **13**, 494.

5) Zeitschr. f. Untersuchung d. Nahrungs- u. Genußmittel 1909, **18**, 177.

6) Vom 16. September 1907.

und in der Regel einer Behandlung mit Alkalien bzw. alkalischen Erden, Ammoniak und deren Salzen bzw. einem starken Dampfdrucke ausgesetzt sind.

Unter 20% Fett enthaltende Kakaopulver sowie gewürzte (aromatisierte oder parfümierte) Kakaopulver müssen entsprechend gekennzeichnet sein.

Kakaopulver darf keine fremden Beimengungen enthalten. Kakaoschalen dürfen nur in Spuren vorhanden sein. Die beim Reinigen der Kakaobohnen sich ergebenden Abfälle dürfen weder dem Kakaopulver zugefügt, noch für sich auf Kakaopulver verarbeitet werden.

Der Zusatz von Alkalien oder alkalischen Erden darf 3% des Rohmaterials nicht übersteigen. Nur gepulverter Kakao und mit Ammoniak und dessen Salzen behandelter Kakao bzw. starkem Dampfdrucke ausgesetztes Kakaopulver hinterläßt, auf Kakaomasse mit einem Gehalte von 55% Fett umgerechnet, 3—5% Asche. Mit Alkalien und alkalischen Erden aufgeschlossene Kakaopulver dürfen, auf Kakaomasse mit 55% Fett umgerechnet, nicht mehr als 8% Asche hinterlassen. Der Gehalt an Wasser darf 9% nicht übersteigen."

Anmerkungen. a) Die Gehaltsgrenze an Fett für den Puderkakao anlangend. Durch die übermäßig starke **Entfettung** des Kakaopulvers wird nach Ansicht zahlreicher Autoren eine Wertsverminderung herbeigeführt, einerseits weil das Fett der Träger des Aromas ist und der stark entfettete Kakao einen faden, strohigen Geschmack besitzt, andererseits weil durch die starke Entfettung die Ausnutzung der Nährstoffe im menschlichen Organismus beeinträchtigt wird. Die Vertreter dieser Auffassung, als welche besonders A. Juckenack und C. Griebel[1], R. O. Neumann[2], Filsinger, F. Hueppe[3], Welmans[4], F. Tschaplowitz[5], R. Böhme[6] namhaft zu machen sind, haben daher vorgeschlagen, einen Mindestfettgehalt festzusetzen. Andere wieder, u. a. F. Schmidt[7], H. Lührig[8], L. Pinkussohn[9], Matthes und Müller[10], E. Harnack[11], V. Gerlach[12], L. Weyl[13], O. Rammstedt[14], H. Langbein[15] haben sich gegen eine derartige Festsetzung ausgesprochen.

Nach dem Beschlusse des Vereins Deutscher Nahrungsmittelchemiker sollen Kakaopulver mit weniger als 20% Fett gekennzeichnet werden. Auch die belgische Verordnung (l. c.) schreibt einen Mindestfettgehalt von 20% und die rumänische Verordnung sogar einen solchen von 22% vor. Aus dem Nahrungsmittelgesetze würde sich diese Forderung damit begründen lassen,

---

[1]) Zeitschr. f. Untersuchung d. Nahrungs- u. Genußmittel 1905, **10**, 41.

[2]) Ebendort 1906, **12**, 101 u. 599; Archiv f. Hygiene 1907, **60**, 175.

[3]) Untersuchungen über Kakao, A. Hirschwald, Berlin 1905; Zeitschr. f. Untersuchung d. Nahrungs- u. Genußmittel 1906, **11**, 170.

[4]) Pharm. Ztg. 1907, **52**, 891.

[5]) Zeitschr. f. angew. Chemie 1907, **20**, 829 u. 1908, **21**, 1070; Zeitschr. f. Untersuchung d. Nahrungs- u. Genußmittel 1909, **18**, 465 u. 1910, **19**, 207.

[6]) Chem.-Ztg. 1908, **32**, 97 u. 110; Zeitschr. f. Untersuchung d. Nahrungs- u. Genußmittel 1908, **17**, 61.

[7]) Zeitschr. f. öffentl. Chemie 1905, **11**, 291.

[8]) Jahresber. Chemnitz 1905, S. 44; Zeitschr. f. Untersuchung d. Nahrungs- u. Genußmittel 1906, **11**, 744.

[9]) Münch. med. Wochenschr. 1906, S. 1248; Zeitschr. f. Untersuchung d. Nahrungs- u. Genußmittel 1907, **14**, 659.

[10]) Zeitschr. f. Untersuchung d. Nahrungs- u. Genußmittel 1906, **12**, 89.

[11]) Deutsche med. Wochenschr. 1906, Nr. 26.

[12]) Zeitschr. f. öffentl. Chemie 1907, **13**, 284; Zeitschr. f. Untersuchung d. Nahrungs- u. Genußmittel 1908, **16**, 422.

[13]) Pharm. Ztg. 1907, **52**, 901.

[14]) Apotheker-Ztg. 1908, **23**, 123 u. 1909, **24**, 569; Pharm. Ztg. 1908, **53**, 349.

[15]) Zeitschr. f. angew. Chemie 1908, **21**, 241; Zeitschr. f. Untersuchung d. Nahrungs- u. Genußmittel 1909, **18**, 280.

daß der Kakao durch übermäßigen Entzug eines wertbestimmenden Bestandteils verschlechtert, d. h. verfälscht wird.

Die **Würzung** derartig stark entfetteter Kakaopulver, deren Kennzeichnung von dem Verein deutscher Nahrungsmittelchemiker für erforderlich erachtet wird, hätte demnach als die Vortäuschung einer besseren Beschaffenheit zu gelten.

Gerichtliche Entscheidungen über die starke Entfettung und die Würzung sind bis jetzt nicht bekannt geworden.

b) Die Aufschließungsmittel anlangend. α) Für den Gehalt des mit Ammoniak oder dessen Salzen aufgeschlossenen Kakaos an Ammoniak ist bis jetzt eine Grenze nicht festgesetzt. Nach S. 270 kann eine Aufschließung hiermit angenommen werden, wenn der Gehalt 0,1% übersteigt.

β) Durch die Verwendung zu großer Alkalimengen bei der **Aufschließung**, welche den Betrag von 3% des Rohmaterials überschreiten oder den Aschengehalt des Kakaopulvers über 8% erhöhen, wird ebenfalls eine Abweichung von der normalen Beschaffenheit, und zwar eine Verschlechterung, d. h. eine Verfälschung verursacht. Über den Nachweis der Aufschließung mit Alkalien vgl. S. 270.

Ähnliche Bestimmungen gelten in anderen Ländern. So erklärt der Codex alim. austr. als verfälscht:

unaufgeschlossene Kakaopulver, welche mehr als 10% Asche, bezogen auf fettfreie Kakaomasse, enthalten, einschließlich einem Höchstgehalt von 2% wasserlöslicher kohlensaurer Alkalien;

aufgeschlossene Kakaopulver mit mehr als 13% Asche, bezogen auf fettfreie Kakaomasse, einschließlich einem Höchstgehalt von 5% wasserlöslicher kohlensaurer Alkalien;

aufgeschlossene Kakaopulver, bei deren Aufschließung mehr als 3% kohlensaure Alkalien und kohlensaure Erden Verwendung gefunden haben.

Das Schweiz. Lebensmittelbuch gibt folgende Grenzwerte:

Kakaomasse, entölter Kakao, Schokolade ergeben höchstens 9,5% Asche, auf fettfreie Kakaosubstanz berechnet.

Bei mit kohlensauren Alkalien aufgeschlossenen Kakaopräparaten darf bei gleicher Umrechnung die Asche 13% nicht übersteigen. Die wasserlösliche Alkalinität (als K_2CO_3 berechnet), welche die Asche der nicht mit Alkalien behandelten Produkte zeigt, beträgt gewöhnlich weniger als 2% der fettfreien Kakaomasse. Die wasserlösliche Alkalinität (als K_2CO_3 berechnet), welche die Asche von mit Alkalien behandelten Produkten zeigt, betrage nicht mehr als 6,5% der fettfreien Kakaomasse.

Die Normativbestimmungen in den Vereinigten Staaten von Nordamerika verlangen sogar eine besondere Deklaration für aufgeschlossenen Kakao und lassen dafür die Bestimmung „löslicher Kakao" nicht zu. Die Vorschrift lautet[1]) nämlich:

Kakao, der bei seiner Herstellung zur Erhöhung seiner scheinbaren Löslichkeit mit Alkalien oder anderen Stoffen versetzt wurde, muß einen dementsprechenden Vermerk auf den Etiketten seiner Packungen tragen. Aufschriften wie „Präpariert mit Alkali" oder „Fabriziert mit Alkali" oder ähnliche werden dabei als genügend erachtet. Dagegen entspricht eine Bezeichnung wie „Löslicher Kakao" nicht dieser Anforderung, da der Ausdruck „löslich" in diesem Zusammenhange irrtümlich aufgefaßt werden kann, denn die scheinbare Zunahme der Löslichkeit eines so behandelten Kakaos beruht mehr auf der Eigenschaft seiner Bestandteile suspendiert zu bleiben, als in Lösung zu gehen. Inwieweit die zur sog. Aufschließung verwendeten Chemikalien, wie die Carbonate von Kalium, Natrium, Magnesium, Ammonium, dann Ammoniak und Weinsäure, gesundheitlich zuträglich sind, soll Gegenstand weiterer Nachforschungen sein.

c) Den Wassergehalt anlangend. Ein Kakao, dessen **Wassergehalt** die zu 9% festgesetzte Höchstgrenze überschreitet, kann als verdorben angesehen werden, wenngleich über diese Fragen gerichtliche Entscheidungen bislang nicht ergangen sind. Denn bei regelrechter Fabrikation enthält ein Puderkakao nur 4—5% Wasser; ein höherer Gehalt als 9% deutet zweifellos entweder auf eine fehlerhafte Herstellung oder auf eine schlechte Aufbewahrung.

---

[1]) Zeitschr. f. Untersuchung d. Nahrungs- u. Genußmittel 1907, **13**, 494.

Der Codex alim. austr. sagt, daß Kakaopräparate für gewöhnlich nur bis 6% und niemals mehr als 10% Wasser enthalten, während das Schweiz. Lebensmittelbuch darüber folgenden Anhaltspunkt für die Beurteilung gibt:

Der Wassergehalt einer normalen und richtig aufbewahrten Ware überschreitet nicht 7%. Bei Milchschokoladen soll der maximale Gehalt an Wasser 5% betragen. Bei Kakao oder Schokolade, welche außer Kakao und Zucker andere Substanzen enthalten, kann dieser Maximalgehalt an Wasser je nach der Natur des Zusatzes etwas höher sein.

d) Mehlzusatz anlangend. Kakaopulver, welche mit Mehl (z. B. Hafer-, Eichelmehl) oder Stärke (z. B. Sago) vermischt sind, müssen wie bei Schokolade mit einer diesen Zusatz anzeigenden, deutlich erkennbaren Bezeichnung versehen sein, also die Bezeichnungen Haferkakao, Eichelkakao, Sagokakao führen. In letzterem Falle muß die zugesetzte Stärke auch der echten Sagostärke, nicht aber der aus Kartoffelstärke künstlich bereiteten Sagostärke entstammen.

Nach dem Codex alim. austr. dürfen Kakao- und Schokoladeerzeugnisse nur 15% dieser Art Zusätze enthalten; Erzeugnisse, welche mehr als 15% erlaubte Zusätze enthalten, sind als verfälscht und nur als Kakaosurrogate anzusehen. Sie dürfen auch nicht mit Bezeichnungen belegt werden, welche die Worte „Kakao" oder „Schokolade" in einer zur Täuschung des Käufers geeigneten Form oder Verbindung, z. B. „Sparschokolade", „Reformkakao" od. dgl., enthalten.

3. Schokolade ist eine Mischung von Kakaomasse mit Rüben- oder Rohrzucker neben einem entsprechenden Zusatz von Gewürzen (Vanille, Vanillin, Zimt, Nelken u. dgl.). Manche Schokoladen enthalten außerdem einen Zusatz von Kakaobutter. Der Gehalt an Zucker in Schokolade darf nicht mehr als 68% betragen. Zusätze von Stoffen zu diätetischen und medizinischen Zwecken zu Schokolade sind zulässig, doch darf dann die Summe dieses Zusatzes und des Zuckers nicht mehr als 68% ausmachen.

Außer dem Zusatz von Gewürzen dürfen der Schokolade andere pflanzliche Zusätze nicht gemacht werden. Auch darf Schokolade kein fremdes Fett und keine fremden Mineralbestandteile enthalten. Kakaoschalen dürfen nur in Spuren vorhanden sein. Die beim Reinigen der Kakaobohnen sich ergebenden Abfälle dürfen weder der Schokolade zugesetzt, noch für sich auf Schokolade verarbeitet werden.

Schokoladen, welche Mehl, Mandeln, Wal- oder Haselnüsse sowie Milchstoffe enthalten, müssen mit einer diesen Zusatz anzeigenden, deutlich erkennbaren Bezeichnung versehen sein, doch darf auch dann die Summe dieses Zusatzes und des Zuckers nicht mehr als 68% betragen.

Der Gehalt an Asche darf 2,5% nicht übersteigen.

Anmerkungen. a) In anderen Ländern (in Österreich-Ungarn und in den Vereinigten Staaten von Nordamerika) unterscheidet man zwischen Schokolade schlechtweg und Speiseschokolade oder Fondantschokolade zum Rohessen. Letztere darf nach dem Codex alim. austr. eine Beimengung von Nüssen, Mandeln, Milch, Kaffee, Tee, Honig, Orangen, Citronen u. dgl. fremden Bestandteilen bis zu 5% ohne Deklaration enthalten. Größere Zusätze müssen auf der Ware oder ihrer Umhüllung ausdrücklich gekennzeichnet sein (vgl. Nr. 4).

b) Für Schokolade in fester oder pulveriger Form schlechtweg ist nur der Zusatz von Zucker (Rohr- und Rübenzucker) und Gewürzen gestattet, die Menge an Kakao und Kakaobutter in diesen Gemischen muß mindestens 30% betragen.

Den Bestimmungen im Schweiz. Lebensmittelbuch gemäß soll der Zuckergehalt ebenso wie nach den Vereinbarungen deutscher Nahrungsmittelchemiker 68% nicht übersteigen, während der Verband deutscher Schokoladefabrikanten 70% als zulässig bezeichnet hat.

c) Der Zusatz von Mehl zu Schokolade ist nur unter der Bedingung gestattet, daß er erstens genügend deutlich deklariert wird, und zweitens die Summe von Zucker + Mehl 68% nicht überschreitet (vgl. auch unter 2, d, oben.)

d) *Der Zusatz fremder Fette* wie Cocosfett, Rindertalg, Margarine, Sesamöl u. a. ist als Verfälschung anzusehen. Über ihren Nachweis und die Konstanten des Kakaofettes vgl. S. 274 u. f.

e) Die sog. **Fettsparer** (Tragant, Dextrin, Gelatine) sind typische Verfälschungsmittel, weil sie trotz Einverleibung höherer Wassermengen und trotz Erniedrigung des Fettgehaltes die Herstellung ganz ansehnlicher Schokolade ermöglichen. Sie verleihen der Schokolade also unter gleichzeitiger Verschlechterung den täuschenden Anschein besserer Beschaffenheit.

f) Für die Beurteilung der **Milch-** und **Rahmschokolade** hat der Verein deutscher Nahrungsmittelchemiker nach vorhergehender Beratung mit den Vertretern der Industrie und nach dem Referate von Baier[1]) folgende Grundsätze aufgestellt:

1. Rahm- (Sahne-), Milch- und Magermilchschokolade sind Erzeugnisse, welche unter Verwendung eines Zusatzes von Rahm (Sahne), Voll- bzw. Magermilch in natürlicher, eingedickter oder trockener Form hergestellt sind. Sie müssen als Rahm- (Sahne-), Milch- bzw. Magermilchschokolade eindeutig bezeichnet werden.

2. Der Fettgehalt der **Vollmilch** soll mindestens 3%, derjenige von **Rahm** (Sahne) mindestens 10% betragen. Wird Vollmilch- oder Rahmzusatz in eingedickter Form oder trockener Form gemacht, so muß die Zusammensetzung solcher Zusätze diesen Anforderungen entsprechen. Da jedoch ein Rahmpulver mit 55% Fettgehalt zurzeit nicht hergestellt werden kann, so ist bis auf weiteres als Normalware von Rahm- (Sahne-) Schokolade noch ein Erzeugnis anzusehen, das mindestens 5,5% Milchfett in Form von Rahm (Sahne) oder Rahm (Sahne) nebst Milch enthält.

3. **Milch-** und **Magermilchschokolade** sollen mindestens 12,5% Milch- bzw. Magermilchtrockenmasse, Rahmschokolade mindestens 10% Rahm- (Sahne-) Trockenmasse enthalten.

4. Milch- oder Rahm- (Sahne-) Bestandteile dürfen nur an Stelle von Zucker treten; der Gehalt an Kakaomasse muß demjenigen der Schokolade entsprechen.

Über den Nachweis der Milchmenge in Milchschokolade vgl. S. 290 u. f. über die Beurteilung nach der Rechtslage S. 304.

Anmerkung. Der Codex alim. austr. fordert für Milchschokolade einen Gehalt von mindestens 10% Milchtrockensubstanz aus Vollmilch und 20% Kakaomasse. Milchschokolade mit weniger als 10% Milchtrockensubstanz und mit weniger als 20% Kakaomasse soll als verfälscht beurteilt werden.

g) Die reellen Vertreter der Schokoladenindustrie stellen vielfach noch strengere Anforderungen an die Reinheit der Waren als die Nahrungsmittelchemiker. In der Fachzeitschrift „Kakao und Zucker"[2]) wird die völlig berechtigte Auffassung vertreten, daß die Bezeichnung „Abfallschokolade (Kakaoabfälle, Zucker und Vanille)" für ein schalenhaltiges Erzeugnis nicht zulässig sei, weil das Publikum den Begriff „Abfall" nicht im technischen Sinne (Samenhäutchen, Keime, Schale), sondern im landläufigen Sinne als Reste guter Schokolade auffasse und sonach getäuscht werde.

4. „Kuvertüre oder Überzugsmasse muß den an Schokolade gestellten Anforderungen genügen, auch wenn die damit überzogenen Waren Bezeichnungen tragen, in welchen die Worte Kakao oder Schokolade nicht vorkommen, jedoch dürfen diesen ohne Kennzeichnung Zusätze von Nüssen, Mandeln und Milchstoffen bis zu 5% gemacht werden" (vgl. unter 3).

Anmerkung. Als Nüsse gelten aber nur Wal- und Haselnuß, nicht etwa Cocosnuß, Erdnuß u. a. (vgl. unter „Beurteilung nach der Rechtslage" S. 304).

5. „Schokoladenpulver und -mehle dürfen nicht mehr als 68% Zucker enthalten."

Schokoladenpulver bzw. Schokoladenmehle sind als gepulverte Schokolade anzusehen und daher sind auch selbstredend die für Kakao und Schokolade verbotenen Zusätze unzulässig.

---

[1]) **Zeitschr. f. Untersuchung d. Nahrungs- u. Genußmittel** 1911, **22,** 122.
[2]) **Kakao u. Zucker** 1912, **1,** 502.

6. „Kakaobutter ist das aus enthülsten Kakaobohnen oder aus Kakaomasse gewonnene Fett."

Dem reellen Handelsgebrauche entspricht eigentlich nur das ausgepreßte, nicht das durch Extraktion gewonnene Fett.

7. Die Verwendung von Saccharin ist nach dem Gesetz vom 7. Juli 1902 selbstverständlich verboten.

8. Die Färbung der Kakaoerzeugnisse aller Art mit jedweden künstlichen organischen (Teerfarben oder Sandelholz) oder unorganischen Farbstoffen (Ocker, Ton) bzw. der Zusatz von Beschwerungsmitteln ist als Verfälschung anzusehen.

Die Färbung der Oberfläche von „figurierten" Schokoladen mit unschädlichen Farbstoffen ist zulässig, dagegen ist nach dem Codex alim. austr. die Verwendung von Zuckercouleur bei Kuvertüren und bei der Herstellung der Schokolademasse und des Schokoladenpulvers unzulässig.

Überhaupt sind alle Behandlungen und Zusätze, soweit sie nicht vorstehend als bis zu einer gewissen Grenze zulässig angegeben sind, unzulässig und als Verfälschung anzusehen, welche die normale Beschaffenheit der Ware verändern und ihr den Schein einer besseren Beschaffenheit geben.

2. Beurteilung nach der Rechtslage.

1. Gerichtsentscheidungen betreffend die richtige Bezeichnung.

Aus dem Begriffe der normalen Beschaffenheit folgt, daß Zusätze fremder pflanzlicher Beimengungen, wie Mehl, Stärke, Sago, Ölkuchen u. dgl., aber auch von Kakaoschalen eine Verfälschung darstellen, weil sie den Kakao verschlechtern. In gleicher Weise ist der Zusatz von Zucker zu beurteilen, also eines Stoffes, welcher dem Kakao an Geldwert, Nährwert und Genußwert erheblich nachsteht. Die künstliche Auffärbung mit Teerfarben, Sandelholz und roten Mineralpulvern endlich, welche besonders bei Gemischen von Kakao mit Mehl und Zucker vorkommt, bezweckt lediglich, dem Gemische den täuschenden Anschein einer besseren Beschaffenheit zu verleihen, und stellt daher ebenfalls eine Verfälschung dar.

In Übereinstimmung mit dieser unbestrittenen Auffassung hat das Landgericht Dresden[1]) die Bezeichnung „Dresdner Kakaomischung" für ein Erzeugnis aus Zucker, Mehl und Kakao, ferner die Bezeichnung „Pflanzennährsalzkakao"[2]) für ein Gemisch von Kakao mit Bohnenmehl und die Bezeichnung „Milch-Kakao-Trokka" für einen mit Zucker versetzten Kakao für unzulässig erklärt. Die fettgedruckte Inschrift Kakao mit dem kleingedruckten Zusatze „mit Zucker" ist nach dem Urteile des Landgerichts II Berlin vom 10. VI. 1911 und des Kammergerichts vom 19. IX. 1911[3]) für eine Mischung von Kakao mit 67% Zucker nicht zulässig. Sie ist vielmehr zur Täuschung geeignet, weil das Publikum unter „Zusatz" nur kleine Beimengungen versteht. Vom Landgericht I Berlin[4]) ist wegen des Verkaufs von sog. Hämatogen-Nährkakao, welcher neben 30% Kakao und etwas Hämoglobin 50% Zucker und 20% Kartoffelmehl enthielt, Verurteilung ausgesprochen worden.

Ein als „Haferkakao" bezeichnetes Gemisch von gleichen Teilen Kakao und Hafermehl gilt als reelles Handelsprodukt. Zusätze von Zucker und von Kakaoschalen sind auch bei ihm als Verfälschung anzusehen[5]).

2. Betreffend Zusatz von Kakaoschalen.

Wegen Zusatzes von Kakaoschalen und Kakaoabfällen zu Schokolade haben folgende Gerichte Verurteilung ausgesprochen:

---

1) Jahresbericht Dresden 1903, S. 29.

2) Ebendort 1907, S. 17; Pharm. Zentralhalle 1908, **49**, 282.

3) Gesetze und Verordnungen 1911, **3**, 566.

4) Auszüge aus gerichtlichen Entscheidungen. Beilage zu den Veröff. d. Kais. Gesundheitsamtes *1905*, **6**, 226.

5) Vgl. Urteil des Landgerichts Hamburg vom 14. April 1899. Auszüge 1902, **5**, 229.

Landgericht Dresden am 10. IX. 1897[1]);

Landgericht Hamburg am 21. V. 1901[2]) (Gemisch aus 20 Teilen Kakaomasse,
     5 Teilen Kakaoabfällen, 10 Teilen Kakaobutter, 65 Teilen Zucker ist verfälscht);

Landgericht Darmstadt am 15. III. 1902[3]);

Landgericht Leipzig am 26. V. 1908[4]) (Kakaogrus).

3. Zusatz von Mehl betreffend.

Daß für die Kennzeichnung eines Mehlgehaltes deutlicher Aufdruck in gemeinverständlicher Form gewählt werden muß, und daß in Perlschrift angebrachte Notizen wie „mit Zusatz", oder „m. M." u. a. zur Täuschung des Publikums geeignet sind, ist in Übereinstimmung mit den Beschlüssen des Verbandes Deutscher Schokoladefabrikanten von den Landgerichten in Düsseldorf[5]), Flensburg[6]) u. a. entschieden worden.

Schokoladenmehle und Schokoladenpulver sind normalerweise wie Schokolade anzusprechen und daher wie diese zu beurteilen. Ein Mehlzusatz stellt nach feststehender Rechtsprechung eine Verfälschung dar.

Bei der Auffindung von Mehlspuren in Cremeschokoladen, Pralinés und anderen sog. getunkten Waren ist eine gewisse Vorsicht geboten, weil nach Beobachtungen von Beythien[7]) an den Zuckerkernen geringe Mehlmengen als nicht entfernbare Verunreinigung haften bleiben.

4. Zusatz von fremden Fetten betreffend.

Der Zusatz fremder Fette, wie Cocosfett, Rindertalg, Margarine, Sesamöl, bedeutet eine Abweichung von der normalen Beschaffenheit und somit, weil die billigeren Ersatzfette auch den Geschmack und die Haltbarkeit der Schokolade verschlechtern, eine Verfälschung. Diese Auffassung ist durch die Rechtsprechung ausnahmslos als berechtigt anerkannt worden, wie aus nachstehenden Urteilen hervorgeht: Reichsgericht 27. April 1894 und Landgericht Breslau 24. Oktober 1894 (Cocosfett)[8]); Landgericht Dresden 10. September 1897 (Sesamöl)[9]); Landgericht Magdeburg 17. Oktober 1903 (Sesamöl)[10]); Landgericht Leipzig 8. März 1911 (Sesamöl)[11]); Landgericht Bielefeld 17. Februar 1897 (Margarine)[12]); Landgericht Dresden 16. November 1900 (Sebin, d. i. Rindertalg) usw. Mehrere dieser Urteile brachten auch zum Ausdruck, daß versteckte Deklarationen, wie „mit Zusatz", nicht zur Aufklärung der Käufer ausreichen.

5. Milch- und Rahmschokolade betreffend.

Nach obiger Begriffserklärung S. 302 sind Milch- oder Rahmschokolade, welche nicht den normalen Gehalt an Milch- oder Rahmtrockensubstanz, sondern statt dessen einen höheren Gehalt an Zucker haben, als verfälscht im Sinne des Nahrungsmittelgesetzes zu beurteilen, weil der Ersatz der Milchbestandteile durch den weniger wertvollen Zucker eine Verschlechterung bedeutet. Sie können aber auch, ebenso wie eine sog. Rahmschokolade, welche statt mit Rahm- mit gewöhnlichem Milchpulver, oder eine Milchschokolade, welche statt mit Voll-

---

[1]) Auszüge 1902, **5**, 228.

[2]) Ebendort 1905, **6**, 233.

[3]) Ebendort 1905, **6**, 232.

[4]) Ebendort 1912, 8, 638.

[5]) Urteil vom 28. XI. 1898; Auszüge 1902, **5**, 228.

[6]) Urteil vom 12. XII. 1902; Auszüge 1905, **6**, 229.

[7]) Jahresbericht Dresden 1906, S. 16; Pharm. Zentralhalle 1906, **47**, 749.

[8]) Auszüge 1899, **4**, 108.

[9]) Ebendort 1902, **5**, 227.

[10]) Ebendort 1905, **6**, 228.

[11]) Gesetze und Verordnungen, Beilage zur Zeitschr. f. Untersuchung d. Nahrungs- u. Genußmittel 1911, **3**, 276.

[12]) Auszüge 1899, **4**, 113.

milch- mit Magermilchpulver hergestellt worden ist, als nachgemacht angesehen werden, weil sie nicht den Gehalt, sondern nur den Schein der Normalware besitzen.

Gerichtliche Urteile im Sinne dieser Auffassung hat das Landgericht Potsdam am 28. Oktober 1908 (Kammergericht 12. Januar 1909)[1]) und das Landgericht Leipzig am 8. Mai 1911[2]) gefällt.

6. Nußschokolade (Kuvertüre oder Überzugsmasse) betreffend.

Schokoladen, die als Kuvertüre, Überzugsmasse dienen, dürfen nach obiger Vereinbarung S. 302 ohne Kennzeichnung Zusätze von Nüssen, Mandeln und Milchstoffen bis zu 5% enthalten.

Als zulässig gelten aber nur wirkliche Wal- und Haselnüsse, nicht sog. Nüsse wie Erdnüsse, Cocosnüsse u. dgl. Den Zusatz von Cocosnuß z. B. hat das Reichsgericht am 8. Oktober 1909[3]) als Verfälschung beurteilt, weil diese im botanischen Sinne gar keine Nuß, sondern eine Palmfrucht ist.

Tabak.

A. Vorbemerkungen.

1. Begriffserklärung. Unter „Tabak" versteht man die reifen, einer besonderen Zubereitung unterworfenen Blätter der Tabakpflanze, vorwiegend von den drei Arten Nicotiana Tabacum L. (Virgin. Tabak), N. macrophylla Spr. (Maryland-Tabak), N. rustica L. (Veilchen- oder Bauern-Tabak).

Die Zubereitung besteht in einem Trocknen, Fermentieren und Verarbeiten in eine rauchbare, schnupfbare und zum Kauen geeignete Form. (Hierüber wie über den Anbau des Tabaks vgl. II. Bd., 1904, S. 1121—1133.) Gerade durch die Zubereitung erfahren die Bestandteile des Tabakblattes sehr wesentliche Veränderungen, auf welche hier nicht näher eingegangen werden kann.

2. Dagegen möge *die chemische Zusammensetzung* des fertigen Tabakblattes hier nochmals mitgeteilt werden (siehe Tabelle nächste Seite).

Zucker und Stärke kommen in gut fermentierten Tabaken nicht oder nur mehr in Mengen von 0,5—1,5% vor.

Die Zusammensetzung des Tabaks ist, wie ersichtlich, großen Schwankungen unterworfen und durch die verschiedensten Umstände, wie Bodendüngung, Pflege und vor allem das Klima bedingt; hierzu treten die Verschiedenheiten, welche durch die Art der Trocknung und Fermentation hervorgerufen werden. Viele Qualitätsunterschiede finden durch die jetzige chemische Analyse noch keinen Ausdruck. So fand z. B. J. J. Pontag[4]) für russischen bzw. in Rußland verwendeten Tabak im Mittel mehrerer Sorten:

Sorte	Preis für ¼ Pfd.	Wasser	In der Trockensubstanz									Glimmdauer (0,5 g Zigarre)
			Gesamt-Stickstoff	Nicotin	Ammoniak	Salpetersäure	Ätherauszug	Wasserauszug	Asche	Chlor	Kali	
	Kopeken	%	%	%	%	%	%	%	%	%	%	Sekunden
Machorka (gewöhnlicher Rauchtabak)	7—8	4,96	3,44	1,91	0,35	1,07	4,19	47,90	26,91	1,18	3,90	106
Gelber Rauchtabak (Papyros) schlechteste	14	4,04	2,98	2,13	0,32	0,37	6,52	49,60	20,76	0,36	—	130
mittlere	27—38	4,76	2,81	2,04	0,25	0,31	6,43	53,31	18,09	0,28	2,85	138
beste Sorte	60—85	5,31	2,53	1,96	0,21	0,19	7,03	54,86	16,23	0,30	2,70	147

[1]) Gesetze und Verordnungen 1911, **3**, 231.

[2]) Ebendort 1911, **3**, 276.

[3]) Ebendort 1911, **3**, 226.

[4]) Zeitschr. f. Untersuchung d. Nahrungs- u. Genußmittel 1903, **6**, 673.

Bestandteile	Gehalt			Bestandteile	Gehalt		
	Niedrigst-%	Höchst-%	Mittel-%		Niedrigst-%	Höchst-%	Mittel-%
					in der Trockensubstanz		
Wasser	1,0	16,5	8,0	Harz löslich in (Petroläther	1,44	5,54	3,20
in der Trockensubstanz				Äthyläther	0,75	5,52	1,54
Gesamt-Stickstoff[1]	1,5	7,0	3,65	Alkohol	1,50	3,70	2,11
Stickstoff in Form von (Protein[1])	0,90	3,00	1,57	Äpfelsäure	3,49	13,73	8,83
Amiden	0,50	2,50	1,20	Citronensäure	0,55	8,70	3,65
Nicotin[1]	wenig[2]	0,78	0,32	Oxalsäure	0,95	3,75	2,35
Ammoniak[1]	0,07	1,23	0,34	Essigsäure	0,20	0,80	0,30
Salpetersäure[1]	0,03	0,65	0,22	Gerbsäure	0,30	2,35	1,05
Fett (ohne Harz)	0,29	3,38	1,21	Asche	12,00	29,50	20,85
Wachs	0,21	0,41	0,28	Kalk	2,40	7,55	5,30
Wasserlösliche Extraktivstoffe	35,0	54,0	45,0	Kali	1,10	6,25	3,50
Rohfaser	3,50	15,75	11,15	Alkalität (= Kaliumcarbonat i. d. Asche)	0,05	5,55	2,05
Pektinstoffe (?)	6,25	11,85	9,45	Phosphorsäure	0,20	1,25	1,00
Gesamt-Harz	3,85	15,75	7,80	Chlor	0,08	3,00	0,90
				Schwefelsäure	0,27	1,39	0,81

Hier nimmt der Gehalt an Gesamt-Stickstoff (bei den drei letzten Sorten, S. 305, auch an Nicotin), an Asche und Chlor mit dem Steigen der Preise ab, der Gehalt an äther- und wasserlöslichen Stoffen zu; aber diese Ab- und Zunahme steht nicht entfernt im Verhältnis zu den höheren Preisen. Es müssen daher für die Beurteilung der Güte des Tabaks noch andere Bestandteile maßgebend sein, als durch die übliche chemische Analyse bestimmt zu werden pflegen, z. B. Aroma, Art des Glimmens, wofür vielleicht ein harmonisches Verhältnis der einzelnen Bestandteile zueinander maßgebend ist.

3. Die *Verfälschungen* des Tabaks sind schon im II. Bd. 1904, S. 1140 aufgeführt. R. Kissling[3] gibt (für die Tabakblätter) folgende an: a) Belegung geringwertiger Tabaksorten mit dem Namen besserer; b) Verwendung von Blättern anderer Gewächse an Stelle von Tabakblättern; als Pflanzen, deren Blätter dem Tabak zu gesetzt werden, werden u. a. genannt: Runkelrübe, Ampfer, Kartoffel, Cichorie, Huflattich, Kirsche, Weichselkirsche und Rose, wovon die Blätter der drei letztgenannten Pflanzen im Gesetz betreffend die Besteuerung des Tabaks als erlaubte Zusätze aufgeführt werden; c) Sog. Verbesserung des Tabaks durch Zusatz fremder Stoffe oder durch teilweise Auslaugung desselben; hierher gehört besonders das viel geübte Saucieren des Tabaks, wozu besonders zuckerreiche Rohstoffe (Zucker, Honig, Cibeben, Süßweine usw.), Auszüge von

---

[1]) Man kann annehmen, daß von dem Gesamt-Stickstoff eines regelrecht fermentierten Tabaks vorhanden sind in Form von:

	Protein	Amiden	Nicotin	Ammoniak	Salpetersäure
In Proz. vom Gesamt-Stickstoff	43%	33%	9%	9%	6%

Den obigen mittleren Stickstoffmengen entsprechen Verbindungen 9,81% 9,89% 1,85% 0,41% 0,85%

Die Menge der amidartigen Verbindungen ist durch Multiplikation des Gesamt-Stickstoffs $3,65 \times 6,25$ (= 22,81) und Abziehung der sonstigen N-Verbindungen (Protein, Nicotin, Ammoniak und Salpetersäure = 12,92) von 22,81% berechnet.

[2]) Einige Tabaksorten, so der syrische, werden als nicotinfrei bezeichnet.

[3]) R. Kissling, Handbuch der Tabakkunde usw. Berlin, 2. Aufl. 1905, S. 322 u. f.

Gewürzen (Zimt, Cardamomen, Vanille, Rosenwasser, Storax usw.) mit und ohne Zusatz von Salpeter verwendet werden. d) Vermengen der Tabakfabrikate mit indifferenten Stoffen zur Vermehrung des Gewichtes.

Bezüglich der einzelnen Tabakfabrikate ist noch folgendes zu beachten:

a) Bei den Zigarren kommt die Verwendung von fremden Blättern wohl kaum in Betracht, weil sie sich zu leicht durch den Geruch erkennbar macht; auch ein Saucieren pflegt bei ihnen nicht vorgenommen zu werden; dagegen findet eine teilweise Auslaugung schwerer Tabake (Kentucky, Virginia, Pfälzer u. a.) ziemlich häufig Anwendung. Auch das Färben der Deckblätter zur Erzeugung dunkler Sorten, zur Erzielung einer gleichmäßigen Färbung oder zur Auffrischung verblaßter Zigarren ist nicht selten. Die Farbstofflösungen dieser Art werden unter dem Namen „Havannabraun", „Saftbraun", „kondensierte Saucen" in den Handel gebracht. Vereinzelt auch ist es vorgekommen, daß Deckblätter aus kunstgerecht gepreßtem und mit Tabaklaugen imprägniertem Papier angefertigt worden sind.

b) Bei Schneide-(Pfeifen-)Tabak pflegt die Untermischung fremder Blätter sowie das Saucieren öfter vorzukommen, weil sich hier die Geschmacksmängel weniger leicht geltend machen als bei den Zigarren. Weil die meisten Pfeifenraucher eine helle, goldgelbe Farbe der Tabaksorte wünschen, so sucht der Fabrikant diesen Wünschen wohl durch Schwefeln oder Auffärben mit Curcuma, Safransurrogat od. dgl. entgegenzukommen.

c) Im Schnupftabak sind angeblich als wertlose Stoffe geraspeltes Holz, Torfpulver, Kleie, gepulvertes geteertes Tauwerk, Lohe, Glaspulver, Sand usw. vorgekommen; auch Eisenvitriol, Bleichromat, Mennige u. dgl. werden teils als Beschwerungs-, teils als Farbmittel angegeben. Häufiger aber ist eine bedenkliche Verunreinigung mit Blei, herrührend aus der Verpackung in Blei- und Zinnfolie. R. Kissling fand in 9 von 16 Proben Schnupftabak von Spuren bis 1,252% metallisches Blei.

4. Probenahme. Wenn es sich um die Untersuchung ganzer Blätter in Haufen oder Ballen handelt, so entnimmt man den verschiedenen Schichten der gleichen Sorte mehrere Blätter, deren Anzahl in Dicke und Größe denen des ganzen Vorrats entsprechen. Aus dem zusammengelegten kleineren Haufen bildet man durch Auswahl verschieden dicker und großer Blätter eine entsprechend kleinere Durchschnittsprobe, deren Menge mindestens 250 g beträgt.

Bei fertigem, geschnittenem Rauchtabak oder Schnupftabak entnimmt man aus jedem 5. oder 10. Päckchen (je nach der vorrätigen Menge) kleinere Proben bis zum Gesamtgewicht von mindestens 100—200 g.

Dieselbe Menge wird von Zigarren oder Zigaretten entnommen, indem man einzelne Stück aus verschiedenen Lagen mehrerer Päckchen bis zu dem angegebenen Gewicht entnimmt.

Bei Kautabak schneidet man aus den Strängen der Länge nach quer einzelne Stückchen bis zu der angegebenen Gewichtsmenge heraus. Befindet sich der Kautabak in Päckchen, so verfährt man wie bei Rauchtabak.

Auch auf die Umhüllung, besonders auf Stanniol, wenn sich darin die Tabakfabrikate befinden, ist Rücksicht zu nehmen.

Die entnommenen Durchschnittsproben werden gemahlen oder zerrieben; sollten sie hierfür nicht trocken genug sein, so müssen sie, ohne sie vorher zu trocknen, sehr fein zerschnitten werden.

5. Auszuführende Bestimmungen und Prüfungen des Tabaks.
Für die Beurteilung der Güte und Reinheit des Tabaks haben die chemische und mikroskopische Untersuchung gleich hohe Bedeutung. Hierzu gesellen sich weiter die Bestimmung der Glimmdauer und unter Umständen auch die Untersuchung des Tabakrauches.

Für die chemische Untersuchung des Tabaks kommen vorwiegend in Betracht:

1. Die Bestimmung der einzelnen Stickstoffverbindungen, nämlich der Menge des Stickstoffs in Form von Proteinen, Nicotin, Amiden (unter Umständen auch Ammoniak), sowie von Salpetersäure.

2. Die Bestimmung der organischen Säuren (unter Umständen von noch vorhandenem Zucker bzw. Stärke).

3. Bestimmung des Gesamt-Harzes bzw. der Harze.

4. Die Bestimmung der Mineralstoffe sowie der Gesamtmenge des Kalis neben dem in Form von Kaliumcarbonat vorhandenen Kali (in Wasser löslicher Anteil der Asche), des Kalkes, des Chlors und der Schwefelsäure. Hierzu gesellt sich bei Schnupftabak die Prüfung auf Blei.

5. Die Bestimmung der in Wasser löslichen Stoffe.

6. Die Prüfung auf Farbstoffe.

B. Ausführung der Bestimmungen.

1. *Bestimmung des Wassers.* Man trocknet nach R. Kissling[1]) eine

größere gewogene Menge Tabak zunächst so lange über konzentrierter Schwefelsäure, bis sich derselbe durch Zerstampfen bzw. Zerreiben in Pulver überführen läßt. Man stellt alsdann das Gewicht fest, wägt von dem Pulver etwa 1 g ab und trocknet dieses über konzentrierter Schwefelsäure weiter, bis kein Gewichtsverlust mehr festzustellen ist. Über die Berechnung des ursprünglichen Wassergehaltes vgl. III. Bd., 1. Teil, S. 23.

Bei der Wasserbestimmung im Tabak ist zu berücksichtigen, daß derselbe im trockenen Zustande wieder außerordentlich schnell Wasser anzieht. Die Wägungen nach dem Trocknen müssen daher in gut schließenden Glaskölbchen vorgenommen werden. Das vorstehende Verfahren verdient nach R. Kissling vor allen anderen, auch vor dem mehrfach empfohlenen Trocknen im Wasserstoffstrome bei 100° den Vorzug.

2. *Gesamt-Stickstoff.* In üblicher Weise nach Kjeldahl (III. Bd., 1. Teil,

S. 240): bei vorhandenen größeren Mengen Salpetersäure nach einem der Verfahren unter B, III. Bd., 1. Teil, S. 245.

3. *Nicotin.* Für die Nicotinbestimmung ist eine große Anzahl von Verfahren in

Vorschlag gebracht. Schlösing zog seinerzeit den Tabak wiederholt mit ammoniakalischem Äther aus, verdunstete Äther und Ammoniak und titrierte im Rückstand die Menge des Nicotins mit Säure; Wittstein bewirkte die Ausziehung mit schwefelsäurehaltigem Alkohol, destillierte den Auszug unter Zusatz von Kalilauge und bestimmte das Nicotin im Destillat.

Die neuen Vorschläge beziehen sich einerseits auf feste Tabaksubstanz und Tabaklaugen.

A. Nicotinbestimmung in festen Tabaksubstanzen.

Hierfür ist im allgemeinen

a) das Verfahren von R. Kissling[2]) am meisten in Gebrauch:

10 g des nach dem unter c) angegebenen Verfahren vorgetrockneten Tabakpulvers werden mit 10 g Bimssteinpulver gemischt und dann in einer Porzellanschale unter Anwendung von Pistill und Spachtel mit 10 g einer wässerigen Ätznatronlösung imprägniert, die in 1 l etwa 50 g Natriumhydroxyd enthält. Man schüttet das schwach feuchte Pulver in eine aus Fließpapier gefertigte Hülse und extrahiert in dem für Extraktion der Säuren S. 316 angegebenen Apparate mit Äther. Wenn in der richtigen Weise gearbeitet wird, so daß also in der Minute 60—80 Äthertropfen auf die obere, etwas eingedrückte, die Form eines flachgewölbten Schälchens besitzende Stirnwand der Hülse fallen, dann ist nach einigen Stunden sämtliches Nicotin dem Tabak entzogen. Man destilliert hierauf den Äther langsam ab, nimmt den Rückstand unter Zusatz von etwas Kalilauge mit Wasser auf und unterwirft ihn der Destillation im Wasserdampfstrom unter Benutzung eines Aufsatzes wie bei den Stickstoffbestimmungen nach Kjeldahl oder wie bei der Bestimmung der Reichert-Meißlschen Zahl (III. Bd., 1. Teil, S. 371). Zweckmäßigerweise fängt man je 100 ccm des Destillates für sich auf und titriert dieselben mit Schwefelsäure unter Anwendung von (besonders gereinigtem)

---

[1]) Chem.-Ztg. 1898, **22**, 1.

[2]) R. Kissling, Handbuch der Tabakkunde usw. 2. Aufl., Berlin 1905, S. 85.

Luteol als Indicator. Das vierte oder fünfte Destillat ist meistens schon nicotinfrei. Zur Vermeidung störender Schaumbildung läßt man anfangs nur wenig Dampf in den Kolben eintreten. Ausdrücklich sei noch daran erinnert, daß 1 Molekül Schwefelsäure 2 Moleküle Nicotin sättigt (97,8 g $H_2SO_4 = 323,3$ g $C_{10}H_{14}N_2$), während 1 Molekül Nicotin 2 Moleküle Chlorwasserstoff zu binden vermag. Also 1 $H_2SO_4 = 3,306$ und 1 $SO_3 = 4,040$ Nicotin oder $1/10$ N.-Schwefelsäure $\left(\dfrac{SO_3}{2}\right) = 0,1617$ g Nicotin.

b) C. C. Keller[1]) hat das Verfahren von R. Kissling zur Bestimmung des Nicotins wie folgt abgeändert:

6 g des trockenen Tabaks werden in einem Medizinglase von 200 ccm Inhalt mit 60 g Äther und 60 g Petroläther übergossen, 10 ccm Kalilauge (20 proz.) hinzugefügt und die Mischung kräftig und anhaltend geschüttelt. Das Umschütteln wird während einer halben Stunde öfter wiederholt, worauf man die Mischung 3—4 Stunden ruhig stehen läßt und dann 100 g der ätherischen Lösung durch ein kleines Faltenfilter (von etwa 10 cm Durchmesser) in ein reines Medizinglas von 200 g Inhalt abfiltriert. Man leitet durch diese Äther-Petrolätherlösung mittels eines Handgebläses, das mit einer in eine nicht zu feine Spitze endigenden, auf den Boden des Glases reichenden Glasröhre (z. B. einer kleinen Pipette) verbunden ist, einen kräftigen Luftstrom, so daß die Flüssigkeit in lebhaftes Aufwallen gerät. Nach einer, höchstens $1\frac{1}{2}$ Minuten ist alles Ammoniak entfernt; dabei verdunsten 8—10 g Äther. Zum Zwecke der Titration gibt man zu der ammoniakfreien Lösung 10 ccm Alkohol, einen Tropfen 1 proz. Jodeosinlösung und 10 ccm Wasser, verschließt die Flasche und schüttelt kräftig um. Nicotin und Jodeosin gehen in das Wasser über, welches sich rotgefärbt abscheidet. Nun gibt man eine bestimmte Menge, z. B. 7 ccm, $1/10$ N.-Salzsäure hinzu und schüttelt wieder; bleibt die Rosafärbung bestehen, so fügt man 1 ccm der Säure hinzu und fährt in dieser Weise fort, bis Entfärbung eintritt. Nach jedem Säurezusatz muß kräftig und anhaltend geschüttelt werden. Angenommen, die Rotfärbung sei nach Zusatz von 8 ccm Säure noch beobachtet worden, bei Zusatz von 9 ccm aber die Entfärbung eingetreten, so liegt die Grenze zwischen 8 und 9 ccm. Man gibt nun 0,5 ccm $1/10$ N.-Ammoniak hinzu und schüttelt um, bleibt die wässerige Flüssigkeit farblos, so fährt man mit Zusätzen von $1/10$ ccm Ammoniak fort, bis eben leichte Rosafärbung eintritt, womit der Endpunkt erreicht ist. 1 ccm $1/10$ N.-Salzsäure entspricht 0,0162 g Nicotin. Durch Multiplikation der gefundenen Menge mit 20 erfährt man den Prozentgehalt des Tabaks an Nicotin.

c) Jul. Tóth[2]) hält die Nicotinbestimmung von Keller für fehlerhaft, weil die alkalische Lösung bei der Ausziehung mit Äther-Petroläther einerseits Nicotin zurückhält, andererseits beim Vertreiben des Ammoniaks durch Einblasen von Luft Nicotin verloren geht. Er bedient sich daher zur Bestimmung des Nicotins des folgenden Verfahrens:

Von dem an der Luft oder über Ätzkalk getrockneten, fein zermahlenen Tabak werden 6 g in einer etwa 300 ccm fassenden Porzellanschale mit 10 ccm 20 proz. Natronlauge zusammengerieben. Zu dem Gemisch wird nach und nach so viel Gips gegeben, bis die Masse fast pulverig geworden ist, worauf die letztere in einer Flasche mit 100 ccm eines Gemisches von Äther und Petroläther ausgeschüttelt wird. Nach einstündiger Einwirkung des Lösungsmittels ist alles Nicotin gelöst. Die quantitative Bestimmung desselben geschieht in einem mit Wasser versetzten aliquoten Teil der ätherischen Lösung durch Titration unter Anwendung des von Keller vorgeschlagenen Jodeosins. Die in der Ätherlösung vorhandenen geringen Mengen Ammoniak sind ohne Einfluß auf die Genauigkeit des Verfahrens.

J. J. Pontag[3]) hat nach dem Tóthschen Verfahren bedeutend weniger Nicotin gefunden als nach den Verfahren von Kissling und Keller; er gibt dem Kellerschen Verfahren den Vorzug. Jul. Tóth[4]) erhebt hiergegen Einspruch.

[1]) Berichte d. Deutsch. pharm. Gesellschaft 1898, 8, 145.
[2]) Chem.-Ztg. 1901, 25, 610.
[3]) Zeitschr. f. Untersuchung d. Nahrungs- u. Genußmittel 1903, 6, 637.
[4]) Ebendort 1904, 7, 151.

d) **Nicotinbestimmung in den staatlichen französischen Tabakfabriken**[1]):
Man behandelt den Tabak mit gesättigter Kochsalzlösung, setzt Kalilauge zu und schüttelt mit Äther aus. Der nach dem Abdestillieren des Äthers hinterbleibende Auszug wird mit Wasser aufgenommen, filtriert und mit Säure titriert.

Selbstverständlich gibt die Titrationszahl nicht allein die Menge von Nicotin, sondern auch noch von anderen vorhandenen Basen an.

e) **Nicotinbestimmung von Bertrand und Javillier**[2]). Die Verfasser schlagen, um manche Fehler bei der üblichen Bestimmung des Nicotins zu vermeiden, vor, das Nicotin zunächst mit Silicowolframsäure zu fällen und wie folgt zu verfahren:

10 g zerkleinerte Substanz werden in einem Kolben mit der zehnfachen Menge 5 proz. Salzsäure versetzt, unter Umrühren 15—20 Minuten auf dem Wasserbade erhitzt und zentrifugiert. Dann dekantiert man und behandelt den Rückstand wiederholt in der gleichen Weise. Nach der dritten Behandlung ist alles Nicotin in der Salzsäure gelöst. Hieraus wird das Nicotin mit einer 10—20 proz. Lösung von Silicowolframsäure oder deren Kaliumsalz abgeschieden, worauf man noch Salzsäure und etwas von dem Reagens hinzufügt und zentrifugiert. Der Niederschlag $(12 WO_3 \cdot SiO_2 \cdot 2 H_2O \cdot 2 C_{10}H_{14}N_2 + 5 H_2O)$ wird in einem langhalsigen Kolben von 225 ccm Inhalt unter Zusatz von Magnesia im Wasserdampfstrom abdestilliert und das Destillat mit einer Schwefelsäure titriert, die 3,024 g H_2SO_4 im Liter enthält. Als Indicator dient Alizarinsulfosäure. 1 ccm der Säure entspricht 10 mg Nicotin. Geringe Mengen Ammoniak werden durch Silicowolframsäure nicht mitgefällt, wohl aber Pyridin. Ist solches in nicht zu vernachlässigender Weise vorhanden, so fällt man nach der Titration bei Gegenwart von Salzsäure und wenig Ammoniumchlorid nochmals mit Silicowolframsäure, zerlegt den Niederschlag mit Natronlauge, schüttelt mit Chloroform aus und polarisiert diese Lösung. Pyridin dreht die Ebene des polarisierten Lichtes nicht, die spezifische Drehung des Nicotins in Chloroform (1—2 proz.) beträgt aber —161,55°.

f) **Polarimetrische Bestimmung des Nicotins.** A. Kossel und M. Popovici[3]) haben folgendes Verfahren vorgeschlagen:

20 g Tabakpulver werden mit 10 ccm einer verdünnten alkoholischen Natronlauge (6 g Natriumhydroxyd in 40 ccm Wasser gelöst und mit 95 proz. Alkohol zu 100 ccm aufgefüllt) durchfeuchtet und dann im Soxhletschen Extraktionsapparat mit Äther 3—4 Stunden ausgezogen. Der ätherische Auszug wird in demselben Kolben, welcher am Extraktionsapparat die ätherische Lösung aufgenommen hat, mit 10 ccm einer ziemlich konzentrierten, salpetersauren Lösung von Phosphormolybdänsäure[4]) geschüttelt, wodurch Nicotin, Ammoniak usw. als ein leicht zu Boden sinkender Niederschlag ausgefällt werden, und die überstehende Ätherschicht sorgfältig abgegossen. Der den Niederschlag enthaltende Schlamm wird durch Zusatz von destilliertem Wasser auf das

---

[1]) Zeitschr. f. Untersuchung d. Nahrungs- u. Genußmittel 1903, **6**, 766.

[2]) Ann. Chim. analyt. 1909, **14**, 165 u. Zeitschr. f. Untersuchung d. Nahrungs- u. Genußmittel 1910, **20**, 528 u. 1912, **24**, 525.

[3]) Popovici, Beiträge zur Chemie des Tabaks. Inaug.-Dissertation, Erlangen 1889, und Zeitschr. f. physiol. Chemie 1889, **13**, 445.

[4]) Die Phosphormolybdänsäure ist nach folgender Vorschrift zu bereiten: 20 g molybdänsaures Ammon werden in 200 ccm Wasser gelöst und mit 100 ccm Salpetersäure vom spezifischen Gewicht 1,185 auf dem Wasserbade längere Zeit bei etwa 50° behandelt. Die klare salpetersaure Lösung wird mit einer 25 proz. Lösung von Natriumphosphat versetzt, solange noch ein Niederschlag entsteht, und das Gemisch auf dem warmen Wasserbade stehen gelassen, bis sich der gelbe Niederschlag vollständig abgesetzt hat. Dann wird filtriert, der Niederschlag ausgewaschen und, wiederum auf dem warmen Wasserbade, mit möglichst wenig Natriumcarbonatflüssigkeit gelöst. Die klare Lösung wird zur Trockne eingedampft und durch schwaches Glühen das Ammoniak verjagt. Den Rückstand befeuchtet man mit etwas Salpetersäure, glüht ihn nochmals schwach, wägt ihn, löst ihn in der zehnfachen Menge destillierten Wassers und fügt so viel Salpetersäure hinzu, bis der hierdurch anfänglich entstandene Niederschlag sich soeben vollkommen gelöst hat.

Volumen von 50 ccm gebracht und alsdann das Nicotin durch Hinzufügen von 8 g feingepulvertem Bariumhydroxyd in Freiheit gesetzt. Die Zersetzung erfolgt langsam, und es empfiehlt sich, den Kolben einige Stunden unter zeitweiligem Umschütteln stehen zu lassen. Der anfänglich blaue Niederschlag ändert seine Farbe bald in blaugrün und wird schließlich gelb. Das alkalische Zersetzungserzeugnis, welches freies Nicotin enthält, wird filtriert, das etwa gelblich gefärbte Filtrat im 200 mm-Rohr polarisiert und der Drehungswinkel in Minuten abgelesen. Daraus wird der Nicotingehalt nach folgender empirisch gewonnenen Tabelle ermittelt, für deren Aufstellung man 15 Lösungen, deren Nicotingehalt zwischen 0,250 und 2,000 g in 50 ccm sich bewegte, im 200 mm-Rohr polarisierte.

Ordnungszahl	50 ccm Lösung enthalten Nicotin	Differenz in Gramm Nicotin	Beobachteter Drehungswinkel in Minuten	Differenz in Minuten	Einer Drehung von einer Minute im 200 mm-Rohr entspricht Nicotin g
1	2,000	—	337	—	—
2	1,875	0,125	318	19	0,00658
3	1,750	0,125	298	20	0,00625
4	1,625	0,125	278	20	0,00625
5	1,500	0,125	258	20	0,00625
6	1,375	0,125	238	20	0,00625
7	1,250	0,125	217	21	0,00595
8	1,125	0,125	196	21	0,00595
9	1,000	0,125	175	21	0,00595
10	0,875	0,125	154	21	0,00595
11	0,750	0,125	133	21	0,00595
12	0,625	0,125	111	22	0,00569
13	0,500	0,125	89	22	0,00569
14	0,375	0,125	67	22	0,00569
15	0,250	0,125	45	22	0,00569

Anmerkungen: 1. Von vorstehenden Verfahren zur Bestimmung des Nicotins wird allgemein das von R. Kissling (a) als das zuverlässigste angesehen; aber auch das Verfahren von C. C. Keller gilt, wenn auch nicht als so genau, doch schon wegen seiner leichteren Ausführung als empfehlenswert.

2. Das Nicotin ist nur zum geringsten Teile als freies Nicotin vorhanden. J. Toth[1]) fand in ungarischen Tabaken nur 0—0,76% freies Nicotin, während die Menge des Gesamt-Nicotins 0,16—5,11% betrug. Die schwersten Tabake (Kapaer) enthielten die größte Menge freies Nicotin.

3. Die Güte des Tabaks wird nicht durch seinen Nicotingehalt bedingt, da schlechte Tabake nicht selten mehr Nicotin enthalten als hochgeschätzte (vgl. S. 306). R. Kissling[2]) fand u. a. z. B. folgenden Gehalt an Nicotin in der Trockensubstanz:

	Brasiltabak		Brasiltabak		Havannatabak	
	sehr gut	sehr schlecht	mittelmäßig	schlecht	sehr gut	schlecht
Nicotin	2,15%	3,32%	3,70%	2,34%	1,37%	0,75%

B. Nicotinbestimmung in Tabaklaugen oder -extrakten.

Zur Bestimmung des Nicotins in gehaltreichen Tabaksäften sind mehrere Verfahren vorgeschlagen:

a) H. Ulex[3]) verfährt in folgender Weise:

10 g der gut durchgemischten Probe werden in einer Porzellanschale (etwa 12 cm Durchmesser) abgewogen und je nach der Dickflüssigkeit des Extraktes mit 1—3 ccm Wasser gleich-

---

[1]) Chem.-Ztg. 1910, **34**, 10.
[2]) Ebendort 1904, **28**, 776.
[3]) *Ebendort 1911, **35**, 121.*

mäßig verdünnt, dann mit so viel einer Natronkalk-Gipsmischung (1 Teil Natronkalk und 5 Teile gebrannter Gips) verrieben, bis sich ein mehr oder weniger grobes Pulver gebildet hat. Das grobe Pulver zerreibt man vorsichtig unter gelindem Druck in einem Porzellanmörser und siebt es durch ein Haarsieb (etwa 220 Maschen auf 1 qcm). Die auf dem Siebe verbleibenden gröberen Teile mischt man im Mörser mit einer neuen kleinen Menge der Kalkmischung, zerreibt sie vorsichtig und siebt dann wieder ab. Dies setzt man so lange fort, bis das Ganze durchs Sieb gegangen ist. Hierbei ist zu beachten, daß man zu Anfang die Kalkmischung nur in solchen Mengen zusetzt, daß keine Erwärmung eintritt. Sollte eine solche dennoch auftreten, so kühlt man die Porzellanschale durch Einstellen in kaltes Wasser. Durch das Vermischen des Extraktes mit Natronkalk und Gips wird das Wasser des Extraktes vom Gips gebunden, die Ammoniakverbindungen werden zersetzt und verflüchtigt, das gleichzeitig aber freigewordene Nicotin verbleibt in dem Pulver. Dieses, dessen Menge etwa 50 g beträgt, wird nun in eine flache Schale (etwa 15 cm Durchmesser) gegeben und etwa 1 Stunde in einen mit konzentrierter Schwefelsäure beschickten Exsiccator gestellt, um den Rest des freigewordenen Ammoniaks zu entfernen. Hierauf wird das Nicotin mit Wasserdämpfen abdestilliert. Zur Destillation benutzt Verf. statt Glaskolben, die hierbei leicht springen, Blechflaschen von etwa 3 l Inhalt (Höhe von 30 cm, Breite 15 cm) und verbindet diese mit einem Schlangenrohrkühler. Um beim Destillieren starkes Stoßen zu vermeiden, erhitzt man zunächst in der Blechflasche 1½ l Wasser fast zum Sieden und gibt dann erst schnell das trockene Pulver sowie etwa 3—4 g Kali- oder Natronhydrat und, um das Überschäumen zu verhindern, etwa 4 g Paraffin hinzu. Dann verbindet man mit dem Kühler und destilliert schnell 1 l ab, unterbricht darauf die Destillation, füllt wieder 1 l kochendes Wasser in die Blechflasche und destilliert, nachdem man eine neue Vorlage vorgelegt hat, ein zweites Liter ab. Die Destillate werden nach Zugabe von Lackmustinktur mit ½ N.-Salzsäure titriert (1 ccm ½ N.-Salzsäure = 0,081 g Nicotin).

b) J. v. Degrazia[1]) versetzt 30 g Tabakextrakt mit 3,5 g Kalk (CaO) und 10 ccm Wasser und destilliert rasch im Wasserdampfstrom. Wenn das Destillat die sechsfache Gewichtsmenge des angewendeten Extraktes beträgt, ist alles Nicotin übergegangen. Das Destillat wird dann polarisiert und der Nicotingehalt nach der Formel $P = \dfrac{\alpha \cdot G \cdot f}{g}$ berechnet, worin G das Gewicht des Destillats, g das des Tabakextraktes und f eine bestimmte Drehungskonstante bedeutet (vgl. die Quelle).

Essner[2]) wendet zur Nicotinbestimmung in Tabakextrakten ein dem Ulexschen ähnliches Verfahren an.

Anmerkungen zu diesen Verfahren: J. Leister[3]) hat bei genauer vorschriftsmäßiger Ausführung nach dem Ulexschen Verfahren gute Ergebnisse erhalten. Nach R. Kissling[4]) und J. Tóth[5]) liefert das Ulexsche Verfahren wegen Bildung von Ammoniak aus stickstoffhaltigen Verbindungen zu hohe Werte.

J. Tóth konnte nach dem Verfahren von W. Koenig und Degrazia keine klaren polarisierbaren Lösungen erhalten; er schlägt als Lösungsmittel Xylol an Stelle von Toluol vor, indem er im übrigen sein früheres Verfahren beibehält. W. Koenig[6]) kann den Einwurf Tóths nicht teilen und macht darauf aufmerksam, daß, wenn man Xylol statt Toluol anwenden wolle, man den spezifischen Drehungswinkel des Nicotins $[\alpha]_D^{20} = -173°$ setzen müsse.

W. Koenig[7]) bestimmt das Nicotin in Tabakextrakten auch polarimetrisch und verfährt wie folgt:

----

[1]) Zeitschr. f. Untersuchung d. Nahrungs- u. Genußmittel 1912, **23**, 630.

[2]) Ebendort 1912, **24**, 525.

[3]) Chem.-Ztg. 1911, **35**, 239.

[4]) Ebendort 1911, **35**, 200.

[5]) Ebendort 1911, **35**, 926.

[6]) Ebendort 1911, **35**, 1047.

[7]) Ebendort 1911, **35**, 521.

20 g Extrakt werden in einer etwa 300—400 ccm fassenden glasierten Porzellanschale mit ausgeglühtem Seesande und 4 ccm Natronlauge (1 + 1) zu einer halbtrockenen Masse verrieben, dann allmählich so viel gebrannter Gips zugemischt, daß ein fast trockenes Pulver entsteht. Dieses wird in einem Mörser verrieben und in eine etwa 200—250 ccm fassende Glasstöpselflasche gebracht unter Nachreiben von Schale und Mörser mit etwas Sand und Gips. Zu dem Pulver bringt man dann mittels Pipette 100 ccm Toluol, verschließt die Flasche gut (nötigenfalls durch Zubinden mit Pergamentpapier) und läßt das Toluol unter häufigem Umschütteln 2—3 Stunden einwirken oder bewegt die Flasche 1 Stunde im Schüttelapparat. Nach dem Absetzen werden etwa 30—40 ccm durch ein dichtes Filter unter Bedecken des Trichters mit einem Uhrglase abfiltriert und im 2 dcm-Rohr polarisiert. Die abgelesene Drehung, dividiert durch 3,36, ergibt den Gehalt an Nicotin in 100 ccm der Nicotin-Toluollösung. Da sich Nicotin in Toluol ohne wesentliche Volumenverminderung löst, also z. B. 1 ccm Nicotin + 100 ccm Toluol zu 101 ccm, so ist noch eine Korrektur nach der Formel $x = g \times \dfrac{100 + g}{100}$ anzubringen; $g =$ gefundene Gramme Nicotin in 100 ccm Nicotin-Toluollösung; $x \times 5 = \%$ Nicotin im Extrakt. Die Zahl 3,36 berechnet sich aus der spezifischen Drehung des Nicotins. Nach den Versuchen des Verfassers beträgt die spezifische Drehung des Nicotins in Toluol, bei den in Frage kommenden Konzentrationen im Halbschattenapparat nach Lippich (von Schmidt und Haensch) im Durchschnitt $[\alpha]_D^{20} = -168°$ oder 1 g Nicotin, in Toluol zu 100 ccm gelöst, zeigt im 2 dcm-Rohr bei 20° C eine Drehung von 3,36°. — Zur titrimetrischen Nicotinbestimmung werden 25 ccm der filtrierten Nicotin-Toluollösung in einen etwa 300 ccm fassenden, mit Glasstopfen gut verschließbaren Kolben (Jodkolben) gebracht, in dem sich 25 oder 50 ccm $^1/_{10}$ N.-Salzsäure (Überschuß) und etwa 50—75 ccm Wasser befinden. Nach Zugabe von etwa 25 ccm Äther und 4 Tropfen Jodeosinlösung (1 Teil Jodeosin in 500 Teilen Alkohol) schüttelt man kräftig durch und titriert unter Schütteln mit $^1/_{10}$ N.-Natronlauge bis zur blassen Rotfärbung zurück. 1 ccm $^1/_{10}$ N.-Salzsäure = 0,0162 g Nicotin. Die so gefundene Nicotinmenge $\times$ 4 = Gramm in 100 ccm Lösung; diese, wie oben korrigiert und mit 5 multipliziert, ergeben den Nicotingehalt des Extraktes in Prozenten. Zur direkten Ausschüttelung wägt man 10 g Extrakt in eine 100 ccm fassende Glasstöpselflasche, gibt etwa 50 Glasperlen, 2 ccm Natronlauge (1 + 1) und bei Extrakten mit über etwa 50% Trockensubstanz 5 ccm Wasser hinzu. Dann versetzt man mit 50 ccm Toluol und schüttelt während 3—4 Stunden häufig oder etwa 1$^1/_2$ Stunden im Schüttelapparat. Nach dem Absetzen filtriert man, verfährt und berechnet wie oben.

4. Die *Alkaloide des Tabaks neben Nicotin*. A. Pictet und A. Rotschy[1]) haben neben Nicotin noch drei andere Basen im Tabak nachgewiesen (vgl. II. Bd., 1904, S. 1127). Sie unterwarfen 11,4 kg Tabakextrakt (von 100 kg Tabak) nach Zusatz von starker Natronlauge der Destillation mit Wasserdämpfen und untersuchten das Destillat wie den Destillationsrückstand auf Basen.

I. Der Destillationsrückstand wurde, um die mit den Wasserdämpfen nicht flüchtigen Basen zu gewinnen, mit Äther ausgeschüttelt, der ätherischen Lösung wurden die basischen Bestandteile durch Schütteln mit Salzsäure entzogen und in dieser Lösung durch Natron wieder in Freiheit gesetzt. Die so gewonnene ölige Ausscheidung destillierte bei 240° bis wenig über 300° und enthielt noch viel Nicotin. Die ölige Ausscheidung bzw. das Destillat hiervon wurde daher nochmals und so lange mit Wasserdämpfen destilliert, bis das übergehende Wasser mit Pikrinsäure keine Trübung mehr gab. Der Destillationsrückstand wurde alsdann mit Salzsäure neutralisiert, stark eingeengt, und aus diesem wurden die Basen durch Kali wieder abgeschieden. Diese Ausscheidung wurde der fraktionierten Destillation unterworfen, wobei ein bei 266—268° übergehender Körper überging, der bei gewöhnlicher Temperatur flüssig blieb und von den Verfassern Nicotin genannt wird. Ein anderer Körper ging erst bei 300—310° über, erstarrte zum Teil und lieferte nach dem Waschen mit Äther und verdünntem Alkohol durch Umkrystallisation aus einem Gemisch von Chloroform und Petroläther feine weiße Nadeln, die bei 147—148° glatt schmolzen. Diesem Körper

---

[1]) Berichte d. Deutsch. chem. Gesellschaft 1901, **34**, 696.

haben die Verfasser den Namen Nicotellin beigelegt. Für spätere Untersuchungen empfehlen sie zur Gewinnung dieses Alkaloids, den ursprünglichen Destillationsrückstand nicht mit Äther, sondern mit Chloroform auszuziehen.

II. Zur Untersuchung des ersten Destillats mit Wasserdämpfen, welches das Nicotin (Rohnicotin) enthielt, wurde das Destillat in Salzsäure gelöst, mit Natriumnitrit versetzt und dann wurden die Basen durch Kali wieder abgeschieden. Die Basen gaben die Liebermannsche Reaktion (starke Blaufärbung), ein Beweis, daß eine sekundäre Base vorhanden war. Um diese, das Nitrosamin, von dem unangegriffenen Nicotin zu trennen, wurde das wieder abgeschiedene Basengemisch der Destillation unter vermindertem Druck unterworfen. Nachdem das Nicotin bei 10 mm Druck und bei einer 113° nicht übersteigenden Temperatur entfernt war, blieb ein gelber, syrupöser Rückstand von etwa 5 g. Hiervon wurde behufs Reinigung nach dem Verfahren von Scholten-Baumann (Erwärmen mit Benzoylchlorid und Natronlauge) die Benzoylverbindung hergestellt. Es entstand ein öliges, dickflüssiges Produkt, welches, unter gewöhnlichem Druck destilliert, bei 240—250° noch einige Tropfen Nicotin, und bei über 350° die benzoylierte Base als ein dickflüssiges, hellgelbes Öl lieferte, welches beim Erkalten nicht erstarrte. Dasselbe wurde durch Kochen mit konzentrierter Salzsäure zerlegt, die sekundäre Base aus der alkalisch gemachten Lösung durch Wasserdampf abgetrieben und mit festem Kali abgeschieden. Sie bildete eine farblose Flüssigkeit, die bei ungefähr 250°, also mehrere Grade über dem Siedepunkt des Nicotins, unzersetzt destillierte. Die Verfasser geben dieser Base den Namen „Nicotimin" (vgl. weiteres II. Bd., 1904, S. 1127).

Die Mengen dieser Basen im Tabak sind im Verhältnis zum Nicotin nur gering; A. Pictet[1]) fand auf 100 g Nicotin: 2 g Nicotein, 0,5 g Nicotimin, 0,1 g Nicotellin und 0,2 g der Base C_4H_9N (Pyrrolidin). Pictet hat an letzterer auch die Konstitution des Nicotins dargelegt.

5. Tabakaroma. S. Fränkel und A. Wogrinz[2]) erhielten durch Destillation von Tabakblättern mit Wasserdampf ein milchig getrübtes Destillat von feinstem Tabakaroma, welches mit Quecksilberchlorid, Silbernitrat, Phosphorwolframsäure, Bleiacetat und Pikrinsäure Fällungen gab. Das Pikrat bildete nach mehrfachem Umkrystallisieren kleine gelbe, seidenartig glänzende Nadeln vom Schmelzpunkt 214°, die in Wasser und Alkohol schwer löslich waren. Die Verfasser halten das Tabakaroma für ein flüchtiges Alkaloid, welches mit dem Nicotin nicht identisch ist.

6. Reinprotein, Ammoniak, Amide. a) Zur Bestimmung des Reinproteins verfährt man nach III. Bd., 1. Teil, S. 253.

b) Nach den Vereinbarungen deutscher Nahrungsmittelchemiker bestimmt man das Ammoniak indirekt, indem man Ammoniak und Nicotin zusammen titriert und von dem ermittelten Alkalitätswert den auf das Nicotin allein entfallenden Wert (vgl. vorstehend) abzieht.

Man behandelt 20 g Tabak mit etwa 350 g schwefelsäurehaltigem Wasser [0,5% Schwefelsäure (SO_3) enthaltend] in der Wärme, gibt so viel Wasser zu, daß die Gesamtflüssigkeit mit Einrechnung der in dem Tabak enthaltenen Feuchtigkeit 400 ccm beträgt, filtriert 200 ccm Tabaklösung ab, setzt Magnesiumoxyd zu, destilliert mit Wasserdämpfen und treibt mit dem Wasserdampfstrom — bis zu 400 ccm Destillat —, unter Vorlage von 5 ccm N.-Schwefelsäure, Ammoniak und Nicotin über. Die überschüssige Säure wird mit $^1/_4$ N.-Alkali zurücktitriert. — Sind $n\%$ Nicotin vorhanden und werden zum Zurücktitrieren s ccm $^1/_4$ N.-Alkali gebraucht, so entsprechen $20 - s$ ccm $^1/_4$ N.-Alkali der Alkalität von Nicotin und Ammoniak zusammen in 10 g Tabak; $\dfrac{n}{0,405}$ ccm $^1/_4$ N.-Alkali werden durch das in 10 g Tabak vorhandene Nicotin beansprucht, folglich $\left[20 - s - \dfrac{n}{0,405}\right]$ ccm $^1/_4$ N.-Alkali durch

---

[1]) Arch. d. Pharm. 1906, **242**, 375.

[2]) Zeitschr. f. Untersuchung d. Nahrungs- u. Genußmittel 1903, **6**, 765.

das in 10 g Tabak vorhandene Ammoniak. Nennt man den Ausdruck in der Klammer *a*, so sind in dem Tabak 0,0425 *a*% Ammoniak und 0,035 *a*% Stickstoff in Ammoniakform vorhanden.

Nach J. Nessler soll man den gepulverten Tabak mit Wasser und gebrannter Magnesia destillieren, das Destillat in überschüssiger Schwefelsäure auffangen und die Destillation so lange fortsetzen, bis kein Ammoniak (nachweisbar durch das Nesslersche Reagens) mehr übergeht. Die überschüssige Schwefelsäure wird im Destillat genau mit Natriumcarbonat neutralisiert, alsdann so lange eine Lösung von Jodquecksilber in Jodkalium zugesetzt, als ein Niederschlag entsteht, von diesem abfiltriert, die Flüssigkeit unter Zusatz von Schwefelnatrium der Destillation unterworfen, das übergehende Ammoniak in titrierter Schwefelsäure aufgefangen und die nicht gesättigte Schwefelsäure durch Alkalilauge zurücktitriert.

M. Fesca[1]) ist jedoch der Ansicht, daß diese Art der Ammoniakbestimmung zu hohe Resultate liefert, indem sie zum Teil den Amidstickstoff mit einschließt. Er glaubt, daß im Tabak verhältnismäßig nur wenig Ammoniak gegenüber den Amiden vorkommt und bestimmt

c) den Amidstickstoff wie folgt:

10 g lufttrockenes Tabakpulver werden mit 40 proz. Alkohol 1 Stunde lang bei 100° C digeriert, erkalten gelassen, das Ganze gewogen, filtriert, von dem Filtrat wird eine aliquote Menge abgewogen und zum Sirup eingedampft; der Sirup wird wieder mit heißem Wasser aufgenommen, filtriert, ausgewaschen, das eingeengte Filtrat mit Schwefelsäure angesäuert und zur Ausfällung von Eiweiß, Pepton, Nicotin und Ammoniak mit möglichst wenig phosphorwolframsaurem Natrium ausgefällt. Man bringt die Flüssigkeit mit Niederschlag auf ein bestimmtes Volumen (etwa 100 ccm), filtriert hiervon durch ein trockenes Filter einen aliquoten Teil (etwa 75 ccm) ab, dampft diese unter Zusatz eines Chlorbariumkrystalls im Hoffmeisterschen Glasschälchen zur Trockne und bestimmt darin den Gesamtstickstoff in Form von Amiden und Salpetersäure nach Jodlbauer u. a. (III. Bd., 1. Teil, S. 245).

In einer zweiten, genau so behandelten Probe bestimmt man nach Nr. 6 die Salpetersäure und bringt den Stickstoff hierfür in Abzug.

Zur direkten Bestimmung des Amidstickstoffs vgl. III. Bd., 1. Teil, S. 273 u. f.

7. Salpetersäure. Man extrahiert wie vorstehend zur Bestimmung der Amide mit 40 proz. Alkohol, verdampft aber den filtrierten Auszug unter Zusatz von Natronlauge bis zur alkalischen Reaktion auf dem Wasserbade zur Trockne, nimmt wieder mit Wasser auf, filtriert und bestimmt die Salpetersäure als Stickstoffoxyd nach dem von Wagner u. a. verbesserten Schlösingschen Verfahren (vgl. III. Bd., 1. Teil, S. 265).

8. Fett, Wachs und Harz. Nach den Vereinbarungen deutscher Nahrungsmittelchemiker ist die Bestimmung des Fettes und Harzes nur ein Extraktionsverfahren.

5 g des fein gepulverten und bei 50° getrockneten Tabaks werden im Soxhletschen Extraktionsapparat mit Äther erschöpft, der ätherische Auszug wird eingedunstet, gewogen und dann mit Wasser ausgelaugt. Der in Wasser unlösliche Rückstand verbleibt zum größten Teil im Extraktionskölbchen; die wässerige Lösung wird warm abfiltriert und das Filter mit warmem Wasser ausgewaschen. Der Rückstand im Extraktionskölbchen wird mit heißem 95 proz. Alkohol aufgenommen, durch dasselbe Filter in ein Wägegläschen mit senkrechten Wänden filtriert, Kölbchen und Filter ausgewaschen, die Lösung eingedunstet und das zurückbleibende Harz getrocknet und gewogen. Die Bestimmung des Harzgehaltes ist für die Beurteilung des Tabaks insofern von Wert, als übermäßig harzreiche Tabake leicht flammen und schlecht glimmen.

9. Bestimmung der verschiedenen Harze nach R. Kissling (l. c. S. 90):

a) 30 g Tabakpulver werden in dem oben angegebenen Extraktionsapparate mit einem zwischen 40—60° siedenden Petroläther behandelt, bis dieser nichts mehr aufnimmt. Man

---

[1]) Landw. Jahrbücher 1888, S. 344.

destilliert dann den Petroläther ab, trocknet den Rückstand bei etwa 80° im Trockenschrank 2 Stunden lang und wägt. Das so erhaltene **petrolätherlösliche Rohharz** wird folgendermaßen in Reinharz übergeführt: Man löst es in starkem (99 proz.) Alkohol, kühlt die Lösung auf 0° ab und filtriert das ausgeschiedene Tabakwachs unter Anwendung eines gekühlten Filters ab, mit gekühltem Alkohol nachwaschend, bis dieser farblos abläuft. Durch mehrmalige Wiederholung dieser Operation (Lösung des Rohwachses in heißem Alkohol und Filtration der auf 0° abgekühlten Lösung) erzielt man dann eine völlige oder nahezu völlige Trennung der noch im Wachs verbliebenen und von diesem hartnäckig festgehaltenen Harzanteile vom ersteren. Die gesamte alkoholische Lösung wird dann zur Gewinnung des Harzes der Destillation unterworfen: man versetzt den Rückstand mit verdünnter Schwefelsäure und beseitigt die abtreibbaren flüchtigen Fettsäuren durch Destillation im Wasserdampfstrome. Man trennt nun durch Abgießen bzw. Filtrieren das so gewonnene Reinharz von der sauren wässerigen Lösung, trocknet und wägt es. Die Lösung enthält das dem Tabak durch Petroläther entzogene Nicotin, dessen Menge nach Zusatz überschüssiger Kalilösung durch Destillation im Wasserdampfstrome und Titration des Destillates ermittelt werden kann.

b) Nachdem aus der Fließpapierhülse bzw. aus dem in ihr enthaltenen, vom Weichharze befreiten Tabak durch Erhitzen im Wasserbade der Petroläther ausgetrieben ist, folgt zur Isolierung der stets nur kleinen Menge **ätherlöslichen Hartharzes** die Extraktion mit Äther. Es genügt, da weder Tabakwachs noch flüchtige Säuren in irgendwie zu berücksichtigenden Mengen darin enthalten sind, das Harz, nachdem es zur Abtrennung der ätherlöslichen Nicotinsalze mit heißem Wasser behandelt ist, bei etwa 90° zu trocknen und dann zu wägen.

Fig. 199.

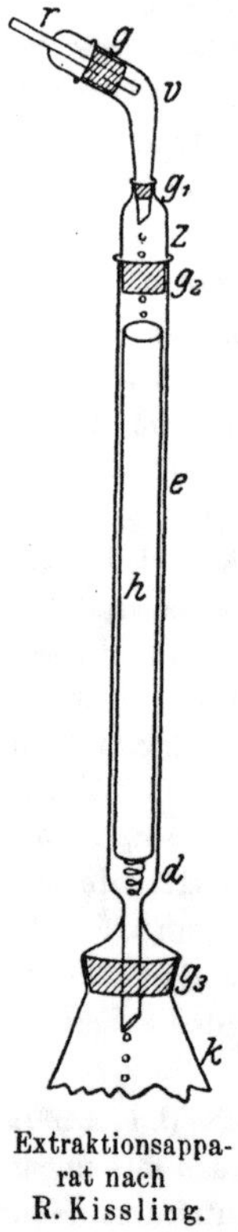

c) Die vom Äther befreite Hülse wird hierauf der Extraktion mit etwa 99 proz. Alkohol unterworfen. Das **alkohollösliche Harz**, das vorwiegend aus **Harzsäure** besteht, wird zunächst vom Alkohol befreit und dann zur Abtrennung der durch den Alkohol dem Tabak entzogenen, verhältnismäßig großen Mengen wasserlöslicher Stoffe wiederholt mit heißem Wasser behandelt. Letzteres enthält — von einzelnen Ausnahmefällen abgesehen — die weitaus größte Menge der im Tabak vorhandenen Nicotinsalze.

Die weitere Untersuchung der so gewonnenen Tabakharze, des petrolätherlöslichen Weichharzes, des ätherlöslichen Hartharzes und der alkohollöslichen Harzsäuren muß der Zukunft vorbehalten bleiben.

10. Citronensäure, Äpfelsäure, Oxalsäure. R. Kissling[1]) bringt das ursprüngliche Verfahren von Schlösing in folgender Weise zur Ausführung:

Ein Gemenge von 10 g Tabakpulver und 10 g gepulvertem Bimsstein wird mit 10 g einer 2 g Monohydrat enthaltenden wässerigen Schwefelsäurelösung in einer Porzellanschale unter Anwendung von Pistill und Spachtel imprägniert. Das so erhaltene, mäßig feuchte, aber nicht backende Pulver füllt man in bekannter Weise (vgl. oben) in eine Fließpapierhülse und unterwirft diese einer 24stündigen Extraktion mit Äther in einem vom Verfasser angegebenen, nur Glasschliffverbindungen enthaltenden Apparate, wie er auch bei der Bestimmung des Nicotins und der Tabakharze zur Anwendung kommt (vgl. Fig. 199: r ist das untere Ende des Rückflußkühlers, v der Vorstoß, z ein Zwischenstück, e die Extraktionsröhre, k der Erlenmeyer-Kolben; mit g, g_1, g_2 und g_3 sind die vier Glasschliffverbindungen bezeichnet). Geringe Mengen organischer Säuren lassen sich bei länger als 24 Stunden fortgesetzter Extraktion noch in Lösung bringen, doch kann man diese unbedenklich vernachlässigen. Nach beendigter Extraktion gibt man etwas Wasser in den Kolben und destilliert dann den

Extraktionsapparat nach R. Kissling.

---

1) Chem.-Ztg. 1904, **28**, 775 u. Handbuch der Tabakkunde 1905, S. 80.

Äther ab. Die hinterbleibende wässerige Lösung der organischen Säuren filtriert man und verdünnt sie auf 100 ccm. 50 ccm dienen zur Bestimmung der Äpfel- und Citronensäure, 50 ccm zur Ermittlung des Gehaltes an Oxalsäure.

Die ersteren 50 ccm neutralisiert man unter stetem Umrühren genau mit titrierter Barytlösung und setzt dann, gleichfalls unter beständiger mischender Bewegung, so viel hochprozentigen Alkohol hinzu, daß der Alkoholgehalt des Gemisches 20 Volumprozente beträgt. Man filtriert rasch das ausgefällte Bariumcitrat ab und versetzt einen abgemessenen, möglichst großen Anteil des Filtrates mit so viel Alkohol, daß der Gehalt an letzterem 70 Volumprozente beträgt. Während sich auf dem Filter nach dem Auswaschen mit 20 proz. Alkohol fast reines, nur sehr wenig Malat enthaltendes Bariumcitrat befindet, besteht der zweite Niederschlag nach dem Auswaschen mit 70 proz. Alkohol aus fast reinem, nur wenig Citrat enthaltendem Bariummalat (vgl. Chem.-Ztg. 1899, 23, Nr. 1). Folgendes Beispiel gibt über die Arbeitsweise noch deutlichere Auskunft: Gesetzt, es seien zur Neutralisierung der 50 ccm Lösung 50 ccm Barytlösung verbraucht, so hat man 25 ccm absoluten Alkohol zuzusetzen. Man filtriert sofort und gibt zu 100 ccm des Filtrats 166,7 ccm absoluten Alkohol behufs Ausfällung des Bariummalates. Diese filtriert man erst 12—15 Stunden nach der Ausfällung; man läßt es, wie es gemeinhin heißt, über Nacht stehen, damit einerseits eine vollständige Ausfällung, andererseits eine glatte Filtrierbarkeit erzielt wird. Die Niederschläge werden getrocknet und vorsichtig geglüht; etwa entstandenes Bariumoxyd führt man durch Zusatz von Ammoniumcarbonat und vorsichtiges Erhitzen wieder in Carbonat über. 1 g Bariumcarbonat entspricht 0,65 g wasserfreier Citronensäure und 0,68 g wasserfreier Äpfelsäure.

Zur Bestimmung der Oxalsäure neutralisiert man die zweiten 50 ccm des betreffenden auf 100 ccm verdünnten Tabakauszuges mit Ammoniak, gibt einen Tropfen Essigsäure hinzu und fällt die Oxalsäure mit essigsaurem Calcium. Das Calciumoxalat führt man durch starkes Glühen in Ätzkalk über und wägt diesen. 1 g Ätzkalk entspricht 1,607 g wasserfreier Oxalsäure.

Anmerkung. Die Berücksichtigung des Harz- wie Säuregehaltes ist für die Beurteilung der Güte eines Tabaks besonders wichtig, weil ein harzreicher Tabak schlecht, ein an Äpfel- und Citronensäure reicher Tabak gut brennt. So fand R. Kissling (l. c.) in der Trockensubstanz:

Gehalt	Brasiltabak		Brasiltabak		Havanna	
	sehr gut %	sehr schlecht brennend %	mittelmäßig %	schlecht %	sehr gut %	schlecht brennend %
Gesamtharz	15,53	17,63	14,87	20,35	10,93	13,18
Äpfel- und Citronensäure .	10,11	8,71	7,34	6,60	10,27	5,31

(Vgl. auch unter Nr. 18.)

Jul. Tóth[1]) berechnet die organischen, nicht flüchtigen Gesamtsäuren als wasserfreie Oxalsäure und verfährt in folgender Weise:

2 g Tabak werden mit verdünnter Schwefelsäure und Gips, wie zur Bestimmung der Gesamtsäure, zu einem trockenen Pulver vermengt und mit Äther ausgezogen. Die Hälfte der ätherischen Lösung wird verdunstet und der Rückstand mit lauwarmem Wasser aufgenommen. Aus der Lösung wird die Oxalsäure nach dem Ansäuern mit Essigsäure direkt abgeschieden und die Citronen- und Äpfelsäure nach dem Verfahren von Schlösing getrennt bestimmt. In einer größeren Zahl von Tabaksorten fand Verf. Oxalsäure 0,42—2,57%, Citronensäure 0,92—2,49% und Äpfelsäure 1,56 bis 7,81%. Wenn die gefundenen Einzelsäuren auf Oxalsäure umgerechnet wurden, so ergaben sich Abweichungen von der direkt ermittelten Gesamtmenge der Säuren (ausgedrückt als Oxalsäure) von —1,14 bis +2,91%. Diese erheblichen Differenzen sind nach Verf. auf die Unzuverlässigkeit des Trennungsverfahrens der organischen Säuren zurückzuführen.

---

[1]) Chem.-Ztg. 1906, 30, 57 u. 1907, 31, 374.

11. *Flüchtige Säuren.* J. Tóth[1]) hat gefunden, daß sich durch Destillation der Tabakauszüge mit und ohne Zusatz von Weinsäure oder Schwefelsäure die flüchtigen Säuren nicht quantitativ bestimmen lassen, weil bei Zusatz von Weinsäure auch Basen mit überdestillieren und bei Zusatz von Schwefelsäure die nicht flüchtigen organischen Säuren zersetzt werden. Weiter hat Tóth festgestellt, daß beim Eindampfen der nicht flüchtigen Säuren auf dem Wasserbade die Oxalsäure fast ganz zersetzt wird, die anderen Säuren dagegen nicht. Diese Eigenschaft der Oxalsäure hat zu folgender indirekten Bestimmung der flüchtigen Säuren im Tabak geführt:

3 g feingepulverter trockener Tabak werden mit 3 ccm verdünnter Schwefelsäure (1 : 5) befeuchtet und mit gebranntem Gips zu einer trockenen Masse vermengt, letztere wird in einem Zylinder mit 150 ccm trockenem Äther durchgeschüttelt und 48 Stunden stehen gelassen. 50 ccm der ätherischen Lösung werden nach Zusatz von 20—30 ccm Wasser und einigen Tropfen Phenolphthalein mit $^1/_2$ N.-Lauge titriert und die Oxalsäure darin wie vorstehend besonders bestimmt. Andere 50 ccm des Ätherauszuges werden vom Äther befreit und nach Zugabe von 50 ccm destilliertem Wasser im Wasserbade zur Trockne verdampft; der Rückstand wird mit wenig Wasser aufgenommen und die Lösung wiederum wie zuerst titriert. Die Differenz der beiden Titrationen gibt die Menge flüchtiger Säuren + Oxalsäure und nach Abzug der für sich bestimmten Oxalsäure die Menge der ersteren, die auf Essigsäure umgerechnet werden.

R. Kissling[2]) kann diese Ergebnisse aber nicht bestätigen; er fand, daß von der Oxalsäure nach viermaligem Eindampfen auf dem Wasserbade nur 36%, nach einmaligem Abdampfen und dreistündigem Nacherhitzen nur 30% der angewendeten Menge verflüchtigt waren. Auch sollen sich nach ihm Äpfelsäure, Citronensäure und Oxalsäure, ohne oder mit Zusatz von Schwefelsäure, bei der Destillation im Wasserdampfstrome nicht zersetzen.

12. *Die wasserlöslichen Stoffe (Extraktivstoffe).* Nach den Vereinbarungen deutscher Nahrungsmittelchemiker werden 5 g Tabakpulver mit 100 ccm Wasser $^1/_2$ Stunde lang stark gekocht; die wässerige Lösung wird mit Hilfe einer Saugpumpe durch einen mit trockener Asbestfiltermasse gewogenen Goochschen Tiegel filtriert und das Unlösliche mit kochend heißem Wasser so lange ausgewaschen, bis das Filtrat farblos abläuft. Der Rückstand wird im Goochschen Tiegel bis zur Gewichtsbeständigkeit bei 100° getrocknet und gewogen.

R. Kissling (l. c. S. 330) empfiehlt ein gröberes Verfahren, das aber für praktische Zwecke ausreichen soll. Man übergießt in einem zylindrischen Blechgefäß 50—100 g Tabak mit der 5 bis 6-fachen Menge Wasser und setzt einen gut passenden Siebboden auf, dessen Löcher nicht mehr als 0,5 mm Durchmesser haben und der in der Mitte mit einem lotrecht aufgelöteten Stiele versehen ist. Man erhitzt alsdann, hält 5 Minuten im Kochen, läßt weitere 10 Minuten stehen, drückt den Siebboden nach unten und gießt die überstehende Flüssigkeit ab. Nach viermaliger Wiederholung der Wasserbehandlung kann man den Tabak als extraktfrei betrachten; man trocknet den Rückstand dann und wägt.

Die Extraktmenge kann einen Anhalt dafür liefern, ob ein Tabak ausgelaugt, unter Umständen auch dafür, ob er sauciert ist; hierfür ist aber die Bestimmung des Zuckers von größerem Belang.

13. *Zucker.* Nach den Vereinbarungen deutscher Nahrungsmittelchemiker soll man wie folgt verfahren:

30 g Tabak werden mit 200 ccm Wasser ausgekocht, und nach dem Erkalten wird die gesamte Flüssigkeit auf 300 ccm gebracht. Man gießt den Auszug durch ein Seihtuch, preßt ab und filtriert die Lösung klar. 200 ccm Filtrat werden mit Bleiessig bis zur vollkommenen Abscheidung alles Fällbaren versetzt und mit Wasser auf 250 ccm aufgefüllt und filtriert. Vom Filtrat werden 150 ccm, entsprechend 12 g Tabakpulver, durch Einleiten von Schwefel-

---

[1]) Chem.-Ztg. 1908, **32**, 242.
[2]) Ebendort 1909, **33**, 719.

wasserstoffgas von überschüssigem Blei befreit und der Bleiniederschlag abfiltriert. Aus 125 ccm Filtrat wird der Schwefelwasserstoff durch Kochen verjagt und die etwas eingeengte Lösung auf 100 ccm aufgefüllt; sie entspricht 10 g Tabakpulver.

1. 50 ccm davon werden mit 1 g Oxalsäure im Wasserbade 20 Minuten lang auf 70° erhitzt und dadurch der Inversion unterzogen, nach dem Erkalten neutralisiert und auf 100 ccm aufgefüllt (Lösung A).

2. 40 ccm werden mit 40 ccm Wasser versetzt (Lösung B).

Jede der beiden Lösungen enthält in 100 ccm den Zucker aus 5 g Tabak, und zwar Lösung A: Glykose und etwaigen aus der Saccharose entstandenen Invertzucker; Lösung B: Glykose und etwaige Saccharose. In beiden Flüssigkeiten wird der Zucker nach III. Bd., 1. Teil, S. 430 der Allgemeinen Untersuchungsverfahren bestimmt. Das bei B erhaltene metallische Kupfer wird auf Glykose, die Differenz A — B an metallischem Kupfer wird zunächst auf Invertzucker und dann durch Multiplikation mit 0,95 auf Saccharose berechnet.

R. Kissling (l. c. S. 328) verfährt in gleicher Weise; nur verwendet er 50 g, die er nach dem Kochen mit 250 ccm Wasser auf ein Gewicht von 300 g bringt; 200 ccm des Filtrats fällt er mit Bleiessig, entfernt das Blei durch Schwefelwasserstoff und bestimmt nach Entfernung des letzteren die Glykose nicht gravimetrisch, sondern titrimetrisch; zur Bestimmung der Saccharose invertiert er einen Teil der Lösung mit einem gleichen Volumen einer 45 proz. Essigsäure.

14. Stärke. Ein gut zubereiteter Tabak pflegt ebensowenig wie Zucker auch keine nennenswerten Mengen Stärke zu enthalten. Sollte indes eine Bestimmung wünschenswert erscheinen, so zieht man 5 g Tabakpulver in einem Goochtiegel mit Asbestlage vollständig mit kaltem Wasser, darauf mit heißem Alkohol, zuletzt mit Äther aus, läßt letzteren aus dem Tiegelinhalt an der Luft verdunsten und kocht den Rückstand samt Asbest nach III. Bd., 1. Teil, S. 441 mit 2 proz. Salzsäure usw.

15. Rohfaser. 3 oder 5 g Tabakpulver werden erst mit heißem Alkohol und Äther im Goochtiegel mit Asbestlage vollständig ausgezogen und der Rückstand nach einem der Verfahren III. Bd., 1. Teil, S. 451 weiter behandelt.

16. Mineralstoffe. Die Asche wird in 5 g wie bei Gewürzen S. 6 bzw. nach III. Bd., 1. Teil, S. 476 bestimmt. Für die anderen Bestimmungen in der Asche verfährt man nach den Vereinbarungen deutscher Nahrungsmittelchemiker wie folgt:

1. Wasserlösliche Alkalität der Asche. Man übergießt die Asche mit etwa 40 ccm heißem Wasser, erwärmt sie damit unter Ergänzung des verdampfenden Wassers $1/4$ Stunde lang auf dem Wasserbade, spült Glasstab und Trichter mit Wasser ab und füllt in ein 100 ccm-Meßkölbchen, läßt auf 15° erkalten, stellt genau auf die Marke ein, mischt gut durch und filtriert die wässerige Lösung. Zu 40 ccm des Filtrats, entsprechend 2 g Tabak, werden einige Tropfen Lackmustinktur und 2 ccm Normalschwefelsäure gegeben; die Flüssigkeit wird in dem mit Uhrschälchen bedeckten Becherglase aufgekocht und der Schwefelsäureüberschuß mit $1/3$ N.-Natronlauge zurücktitriert. Werden hierzu a ccm $1/3$ N.-Natronlauge verbraucht, so ist die wasserlösliche Alkalität, ausgedrückt als g Kali (K_2O), in 100 g Tabak = 0,7865 (6 — a).

2. Bestimmung des Chlors. Dieselbe wird gewichtsanalytisch oder titrimetrisch nach Volhard[1] ausgeführt.

3. Bestimmung des Gesamtkalis. Dieselbe geschieht in einer nach dem im III. Bd., 1. Teil, S. 486 angegebenen Verfahren neu hergestellten Asche, und zwar aus deren bis zur eben deutlich saueren Reaktion mit Salzsäure versetzten Lösung. Es werden in einer einzigen Fällung die Schwefelsäure durch Zusatz von Bariumchlorid, die Phosphorsäure durch Eisenchlorid und Ammoniak, die alkalischen Erden durch Ammoniumcarbonat abgeschieden. Die Flüssigkeit wird auf das Doppelte des Volumens der ursprünglichen Lösung gebracht, filtriert und mit heißem Wasser ausgewaschen. Das Filtrat wird in einer Platinschale zur Trockne verdampft. Nach Abrauchen der Ammonsalze wird der Rückstand mit wenig Wasser auf-

---

[1]) Liebigs Annalen 1878, **190**, 23.

genommen, durch Zusatz von Oxalsäure, Eindampfen zur Trockne und vorsichtiges Glühen das vorhandene Magnesium in Magnesiumoxyd übergeführt und schließlich in der abfiltrierten wässerigen Lösung das Kali in bekannter Weise bestimmt.

Die übrigen Mineralbestandteile werden in der vorschriftsmäßig gewonnenen Asche nach den in der Mineralanalyse üblichen Verfahren (III. Bd., 1. Teil, S. 479) bestimmt. Bei der Fällung des Kalkes ist auf die Gegenwart von Phosphorsäure Rücksicht zu nehmen; die Abscheidung mit oxalsaurem Ammon muß daher aus essigsaurer Lösung stattfinden.

Bei Tabaken in Stanniolpackungen ist u. a. auf das etwaige Vorhandensein von Blei Rücksicht zu nehmen (vgl. III. Bd., 1. Teil, S. 497).

17. Farbstoff. Zum Nachweise einer künstlichen Auffärbung soll man nach R. Kissling (l. c. S. 331) mit einem Stückchen Fließpapier, das mit Wasser oder verdünntem Alkohol befeuchtet ist, über den Tabak bzw. die Zigarre hinwischen; wird das Papier deutlich braun gefärbt, so hat eine Färbung des Tabaks (vgl. S. 307) stattgefunden. Bei Schneidetabak soll man die größeren Teile desselben auf eine Glasplatte festkleben und mit einem durch Wasser oder verdünnten Alkohol befeuchteten Stückchen Fließpapier betupfen. Ein etwaiges Schwefeln wird sich bei letzterem kaum nachweisen lassen, versuchsweise kann man das III. Bd., 1. Teil, S. 600 oder 2. Teil, S. 764 angegebene Verfahren anwenden.

18. Glimmdauer und Brennbarkeit. Diese Bestimmung soll nach den Vereinbarungen deutscher Nahrungsmittelchemiker wie folgt ausgeführt werden:

Bei Rauchtabaken und Rauchtabakfabrikaten wird die Glimmdauer bestimmt, indem man das Tabakblatt, oder einen Teil der aufgerollten Zigarre, oder die Füllung eines breiten Porzellantiegels mit Tabakpulver durch kurze Einwirkung der Lötrohrstichflamme anglimmt und die Sekunden zählt, während deren der Tabak von der entzündeten kreisrunden Stelle aus freiwillig fortglimmt. Um einen einigermaßen zuverlässigen Anhalt zur Beurteilung der Brennbarkeit zu gewinnen, muß man bei jedem Tabak mindestens 8—10 einzelne Glimmversuche mit jeweils frischem, völlig unangesengtem Tabak ausführen. Man kann mit dieser Bestimmung eine Prüfung des Aromas der Raucherzeugnisse verbinden.

Anmerkung. Die Glimmdauer und Brennbarkeit ist wesentlich von dem Gehalt an organischen Säuren mitbedingt. J. Tóth[1] berechnete die organischen Säuren als Oxalsäure, verglich den Gehalt hieran mit der Glimmdauer in Sekunden und fand unter anderem:

Organ. Säuren = Oxalsäure . .	3,60	4,61	4,50	5,25	6,22	7,67	8,43%
Glimmdauer	695	857	798	562	477	413	301 Sek.

Im allgemeinen war die Gesamtmenge der organischen Säuren umgekehrt proportional der Brennzahl (Glimmdauer).

19. Untersuchung des Tabakrauches. Die Bestandteile des Tabakrauches und ihre physiologische Wirkung sind schon im II. Bd., 1904, S. 1138 u. f. mitgeteilt. R. Kissling[2] gibt für die bis jetzt im Tabakrauch nachgewiesenen Bestandteile folgende Übersicht:

Bei gewöhnlicher Temperatur		
fest	flüssig	gasförmig
Paraffin bzw. Pflanzenwachs, indifferentes Tabakharz, Tabakharzsäure, Brenzcatechin, Fuscin und andere nicht näher charakterisierte kohlenstoffreiche Stoffe	Nicotin, Pyridinbasen, die niederen Säuren der aliphatischen Reihe, besonders Buttersäure und Valeriansäure, stickstofffreie Brenzöle	Kohlenoxyd, Schwefelwasserstoff, Cyanwasserstoff, Ammoniak

[1] Chem.-Ztg. 1906, **30**, 57.

[2] R. Kissling, Handbuch der Tabakkunde 2. Aufl., 1905, S. 349.

Von diesen Bestandteilen sind als besonders giftig anzusehen: Nicotin, Pyridinbasen, Cyanwasserstoff (Blausäure) und Kohlenoxyd. Auf ihre quantitative Bestimmung muß daher im Tabakrauch besonderer Wert gelegt werden.

a) Die älteren Untersuchungen beschränken sich meistens nur auf die Bestimmung einzelner Bestandteile oder die Erzeugnisse der trockenen Destillation. Erst R. Kissling[1]) suchte dagegen sämtliche Bestandteile des Rauches quantitativ zu ermitteln und den natürlichen Rauchungsvorgang nachzuahmen. Der von ihm verwendete Apparat bestand aus einem längeren Kühlrohr, welches mit einem System von 5 Flaschen und einem Aspirator so verbunden war, daß das Kühlrohr das eine, der Aspirator das andere Ende des Systems bildete. Von den 5 Flaschen waren die erste und dritte leer, während die zweite mit Alkohol, die vierte mit verdünnter Schwefelsäure und die fünfte mit mäßig verdünnter Natronlauge beschickt war. Der Rauch der brennenden Zigarre, welche an dem einen Ende des Kühlrohres befestigt war, wurde mit Hilfe des Aspirators ununterbrochen durch das Kühlrohr und das Flaschensystem gesaugt. Die Saugvorrichtung wurde so geregelt, daß eine Zigarre etwa 1 Stunde vorhielt.

Behufs Untersuchung der Rauchbestandteile wurde das Kühlrohr und die erste Flasche mit Äther-Alkohol ausgespült, der Äther größtenteils abdestilliert und der hierbei erzielte Rückstand nach Zusatz von Natronlauge im Wasserdampfstrome so lange destilliert, bis das Übergehende nur noch schwach alkalisch reagierte. Im Destillat schied sich ein grünliches Öl ab, das durch wiederholte Ätherausschüttelung gelöst und nach Verdunsten des Äthers der fraktionierten Destillation unterworfen wurde. Die Natur dieses Öles konnte nicht näher ermittelt werden; Kissling hielt es für einen mit stickstoffhaltigen Basen verunreinigten Kohlenwasserstoff. — Der von dem grünlichen Öl befreite wässerige Anteil des Destillates wurde mit Schwefelsäure angesäuert, bis zum Sirup eingedampft, unter Kühlung mit Natronkalk und Seesand verrieben, das Pulver mit Äther ausgezogen, der Äther verdunstet und der Rückstand im Wasserstoffstrome der fraktionierten Destillation unterworfen. Das Destillat unter 230° hinterließ nur wenig Rückstand, aus der Fraktion zwischen 230—245° dagegen konnte er größere Mengen Nicotin als Platindoppelsalz gewinnen.

Der verbleibende alkalische Rückstand nach Entfernung der Basen diente weiter zur Bestimmung der flüchtigen Fettsäuren, indem der Rückstand wieder mit Schwefelsäure angesäuert und destilliert wurde.

Der Inhalt der zweiten, dritten und vierten Vorlageflaschen wurde in ähnlicher Weise untersucht.

Die fünfte Flasche mit verdünnter Natronlauge prüfte Kissling dadurch auf Schwefelwasserstoff und Cyanwasserstoff, daß er mit Schwefelsäure ansäuerte und die durch Erhitzen ausgetriebenen Gase durch Lösungen von Bleiacetat und Silbernitrat leitete. Weil beide Absorptionsflüssigkeiten klar blieben, schließt R. Kissling, daß Schwefelwasserstoff und Cyanwasserstoff schon im ersten Kolben zurückgehalten waren.

b) G. Thoms[2]) verfuhr bei der Untersuchung des Tabakrauches in ähnlicher Weise wie R. Kissling. Er verrauchte die Zigarren ebenfalls ununterbrochen mit Hilfe einer Wasserstrahlpumpe, indem die Zigarre in einem Glasrohr befestigt war, welches mit einem System von 7 Woulfschen, je etwa 1 l fassenden Flaschen in Verbindung stand, an deren anderem Ende der Aspirator wirkte. Die ersten zwei Flaschen enthielten bis etwa 1/3 oder 1/4 10 proz. Natronlauge, die drei folgenden ebensoviel 10 proz. Schwefelsäure; an die letzte Schwefelsäureflasche schloß sich behufs Absorption von Kohlenoxyd eine Flasche mit Blutlösung, und hieran zuletzt eine noch größere, siebente, mit trockener Watte gefüllte Woulfsche Flasche, in der etwa noch vorhandene brenzliche Öle zurückgehalten werden sollten. Die siebente letzte Woulfsche Flasche war mit der Wasserstrahlpumpe verbunden, welche

---

[1]) Dinglers polytechn. Journ. 1882, **244**, 64 u. 234.
[2]) Berichte d. Deutsch. pharm. Gesellschaft 1900, **10**, 19 u. Chem.-Ztg. 1899, **23**, 852.

ununterbrochen so wirkte, daß die Zigarren in 20—41, durchschnittlich in 27,7 Minuten verrauchten. In einer am Ende des Glasrohres mit der zu verrauchenden Zigarre aufgestellten
Porzellanschale konnte die Asche quantitativ gesammelt werden, während der nicht verrauchte Teil (der Stummel) in der Glasröhre sitzen blieb und ebenfalls zur Untersuchung
verwendet werden konnte[1]. Die Untersuchung der Raucherzeugnisse wurde wie folgt vorgenommen:

α) Der Inhalt der ersten zwei Flaschen mit Natronlauge wurde, nachdem er vorher mit Äther ausgeschüttelt war, auf flüchtige Säuren, unter denen neben Kohlensäure
und Buttersäure auch Blausäure (0,00295 g HCN aus 100 g verrauchten Zigarren, als
Berlinerblau bestimmt) nachgewiesen werden konnte.

β) Die schwefelsäurehaltige Flüssigkeit in den folgenden drei Woulfschen Flaschen
wurde in der Weise auf Basen untersucht, daß die Flüssigkeit erst mit Äther ausgeschüttelt,
dann alkalisch gemacht und die Basen mit Wasserdämpfen übergetrieben wurden. Das
Destillat wurde angesäuert und mit Kaliumwismutjodid versetzt, wodurch Nicotin und
Pyridin gefällt werden, Ammoniak aber in Lösung bleibt. Letzteres läßt sich daher aus
dem Filtrat durch Destillation nach Alkalisierung mit überschüssiger gebrannter Magnesia
bzw. Natriumcarbonat quantitativ bestimmen, indem man es z. B. in Salzsäure auffängt und
als Platinammoniumchlorid abscheidet und wägt, oder auch indem man es in titrierter
Schwefelsäure auffängt und den Überschuß wie üblich zurücktitriert.

Den Kaliumwismutjodidniederschlag zerlegte H. Thoms mit Silbercarbonat, fällte im
Filtrat das überschüssige Silber mit Salzsäure und setzte Natriumacetat zu, um die Basen
an Essigsäure zu binden. Die noch mit etwas Essigsäure versetzte Lösung wurde mit Wasserdämpfen behandelt. Hierbei geht das Pyridin als eine sehr schwache Base über; denn es
entweicht schon beim Kochen der essigsauren Lösung. Sowohl im Destillat wie im Destillationsrückstand wurden die Basen als Platindoppelsalze charakterisiert und bestimmt, also
im Destillat das Pyridinplatinchlorid $(C_5H_5N \cdot HCl)_2 \cdot PtCl_4$ und im Destillationsrückstand das Nicotinplatinchlorid $C_{10}H_{14}N_2 \cdot 2 HCl \cdot PtCl_4$; ersteres schmilzt bei 240—244°,
letzteres zersetzt sich bei höherer Temperatur, ohne zu schmelzen. Das Pyridin entsteht
wahrscheinlich aus dem Nicotin; das Verhältnis ist wie 1 : 6.

Anmerkung. Pyridin und Ammoniak lassen sich nach A. Bayer[2] dadurch annähernd
quantitativ bestimmen, daß man mit Barytlauge unter Anwendung 1. von Phenolphthalein oder
Lackmus, 2. von Methylorange als Indicator titriert. Da Pyridin gegen Phenolphthalein
und Lackmus nicht alkalisch reagiert, läßt es sich aus dem Unterschiede von 2 und 1 berechnen.
Ein noch besserer Indicator für Pyridin ist Ferrirhodanid. Zunächst wird Ammoniak unter
Prüfung mit Lackmus neutralisiert, darauf die Lösung mit titrierter Säure angesäuert und der
Überschuß durch Zusatz von $^1/_{10}$ N.-Natronlauge bis zur Entfärbung von Ferrirhodanid zurück-
titriert. Auch durch Ausfällen des Ammoniaks mit Dinatriumphosphat und Magnesiumchlorid als
Magnesiumammoniumphosphat soll eine scharfe Trennung von Ammoniak und Pyridin möglich sein.

γ) Das Kohlenoxyd wurde nach Durchgang der Rauchgase durch Natronlauge und
Schwefelsäure in einer sechsten Woulfschen Flasche mit verdünnter Blutlösung aufgefangen,
die nur einmal im Tage erneuert wurde. Nach Beendigung des Versuches wurde durch die
Blutlösung ein warmer Luftstrom geleitet, der vor dem Eintritt in die Blutlösung eine Lösung
von Palladiumchlorür durchlaufen mußte, um die eintretende Luft von etwaigem Kohlenoxyd
zu befreien. Die austretende Luft wurde erst durch eine Bleiacetatlösung, um etwaigen
Schwefelwasserstoff zu binden, dann durch Palladiumchlorür geleitet, um aus der Menge
des reduzierten Palladiums die Menge Kohlenoxyd zu ermitteln. Behufs qualitativen Nachweises des Kohlenoxyds wird das Blut in bekannter Weise spektroskopisch untersucht.

---

[1] Das Nicotin in den Zigarren wie Stummeln bestimmte Thoms nach dem Verfahren von
Kissling.

[2] Chem.-Ztg. 1912, **36**, Repert. 692.

δ) Die Ätherlösungen, die durch vorheriges Ausschütteln der vorgelegten Natronlauge und Schwefelsäure erhalten wurden, wurden zusammen von Äther befreit, wobei eine
bedeutende Menge eines harzigen, betäubend riechenden Rückstandes — 70 g aus 20 kg
Tabak — verblieb. Aus dem mit Äther verdünnten Öl konnte durch verdünnte Schwefelsäure noch eine kleine Menge Pyridin ausgeschüttelt werden, während 2 proz. Kalilauge
aus der ätherischen Lösung des Öles ein Phenol, das zwischen 190—200° siedet und nach
Phenol riecht, aufnimmt. Beim Schütteln des Öles mit Natriumbisulfitlösung wurde von
dieser eine kleine Menge eines Körpers aufgenommen, welcher Anilinlösung lebhaft rot färbte
und wahrscheinlich Furfurol war. Das von Phenol befreite ätherische Öl ließ sich durch
fraktionierte Destillation in mehrere Körper zerlegen; es bewirkt Brechreiz und Schwindel,
heftige Kopfschmerzen und Zittern in den Beinen, ist also giftiger als irgendein anderes Rauch-
erzeugnis (vgl. auch II. Bd., 1904, S. 1140).

Ein besonderes im Tabak vorgebildetes ätherisches Öl konnte Thoms durch Destillation von rohem Tabak mit Wasserdampf nicht nachweisen.

J. J. Pontag[1] hat ebenfalls das vorstehende Verfahren zur Untersuchung des Tabakrauches angewendet, nur mit dem Unterschiede, daß er die Bestimmung des Nicotins nach
C. C. Keller ausführte und für die Bestimmung des Kohlenoxyds eine besondere Menge
Tabak verrauchte, den gebildeten Rauch in
einem besonderen Glaskolben auffing und ihn
direkt mit Palladiumchlorür auf Kohlenoxyd
untersuchte. Pontag hält diese beiden Abweichungen für richtiger.

c) Während die vorstehenden Untersuchungen bei ununterbrochenem Verrauchen
stattfanden, hat J. Habermann[2] die Untersuchungen des Tabakrauches bei unterbroche-
nem Verrauchen durchgeführt, um die Verhältnisse des natürlichen Rauchens nachzuahmen.
Er bediente sich hierbei der nebenstehenden
Saugvorrichtung (Fig. 200), die nach der Zeichnung ohne weiteres verständlich ist:

Fließt aus der Flasche A Wasser nach B, so
wird die Luft aus dem Gefäße B in die Flasche A
übertreten, und es wird ein Ansaugen durch die
Röhrchenverbindung a zunächst nicht stattfinden.
Gleichzeitig füllt sich nicht allein das Gefäß B,
sondern auch der aufwärts gerichtete Teil des Röhrchens e mit Wasser. Ist das Gefäß B ganz mit
Wasser gefüllt, dann füllt sich auch der längere
Schenkel des Röhrchens e, dieses wirkt nun als
Winkelheber, das Wasser fließt aus B nach C sehr
rasch und jedenfalls viel schneller ab, als Wasser
aus der Flasche A nach B nachfließt. Infolgedessen macht der Aspirator durch die Verbindungen
b und a seine saugende Wirkung nunmehr geltend.
Das Saugen währt so lange, bis der Winkelheber
das Gefäß B völlig entleert hat, worauf das frühere
Spiel von neuem beginnt, d. h. die saugende Wir-

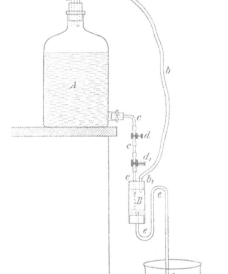

Fig. 200.

Saugvorrichtung für unterbrochenes Verrauchen
von Tabak.

---

[1] Zeitschr. f. Untersuchung d. Nahrungs- u. Genußmittel 1903, **6**, 673.
[2] Zeitschr. f. physiol. Chemie 1901, **33**, 55; 1902, **37**, 1; 1903, **40**, 148.

kung des Aspirators macht sich erst wieder geltend, bis B sich aus A mit Wasser neuerlich vollständig gefüllt hat, und es findet somit ein intermittierendes Ansaugen, also im gegebenen Falle
ein intermittierendes Rauchen statt. Durch entsprechende Stellung des Hahnes d_1, durch entsprechende Dimensionierung des Gefäßes B, welches bei den von Verf. bisher benutzten Apparaten
eine Kapazität von 25—45 ccm besitzt, und teilweise auch durch das entsprechend weit gewählte
Heberrohr e hat man es in der Hand, die Aufeinanderfolge der einzelnen Saugwirkungen des
Apparates innerhalb ziemlich weiter Grenzen regeln zu können. Hierzu bietet aber auch noch das
Heberrohr e insofern Gelegenheit, als man durch Hineinschieben des nach aufwärts gebogenen,
in dem unteren Pfropfen des Gefäßes B befestigten Endes des Heberrohres e in das Innere von
B den wirksamen Raum des Gefäßes B und damit wieder, bei unveränderter Stellung des
Hahnes d_1, die zwischen zwei Saugwirkungen verlaufende Zeit innerhalb gewisser Grenzen
regeln kann.

Bei Untersuchungen des Tabakrauches aus einer Pfeife, die eine stärkere Saugwirkung erforderte, wurde das untere Ende des Abflußrohres e des Aspirators mit einem dünnwandigen
Kautschukschlauch versehen, welcher durch Heben seines freiliegenden Endes eingeknickt werden
konnte und auf diese Weise einen Verschluß des Ausflußrohres und eine beliebige Unterbrechung
der Saugwirkung gestattete.

Die vorstehende Saugvorrichtung wurde mit nachstehendem Apparat verbunden, der
im allgemeinen folgende Einrichtung hatte:

Fig. 201.

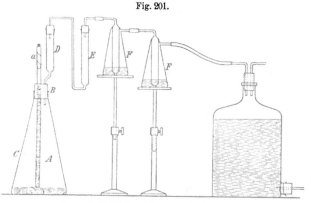

Apparat für Untersuchung von Tabakrauch.

A Erlenmeyer-Kolben von etwa $1/3$—$1/2$ l Inhalt,
am Boden mit einer 2 cm hohen Schicht entfetteter Baumwolle bedeckt;

C Glasrohr, welches durch eine Öffnung des
Korkes B bis auf die untere Baumwolle geht,
selbst bis oben hin mit entfetteter Baumwolle angefüllt ist und eine Weite wie das
weitere Ende einer Zigarrenspitze hat;

a die zu verrauchende Zigarre, die fest in das
Rohr C eingesetzt wird. — Das Ende dieses
Rohres kann auch mit einem Pfeifenkopf bzw.
Pfeife durch Kautschukschlauch verbunden
werden;

D das zweite durch den Pfropfen B mit dem
Kolben A verbunden Rohr ist ebenfalls mit
entfetteter Baumwolle gefüllt;

E Peligotsche Röhre, gefüllt mit Bleibaumwolle
zum Nachweise von Schwefelwasserstoff. —
Entfettete Baumwolle wird mit mäßig konzentrierter Bleiacetatlösung getränkt, zwischen Fließpapier gepreßt, dann mit einer
Lösung von Natriumcarbonat getränkt, getrocknet, zerzupft und eingefüllt;

FF zwei mit Kalilauge gefüllte Absorptionskölbchen.

Bei der Bestimmung der **Blausäure** wird Kolben A 1 cm hoch mit alkoholischer Kalilauge,
das in diese tauchende Rohr C mit Glasperlen
gefüllt. Auch die Peligotsche Röhre E und
die Kölbchen F enthalten dann alkoholische
Kalilauge — alle vier Gefäße etwa 130 bis

140 ccm —; 100 g reines Kaliumhydroxyd werden in 1 l 96 proz. Alkohol und 1 l Wasser gelöst.

Bei der Bestimmung von **Kohlenoxyd** werden der Kolben *A* durch einen 300 ccm Rund-kolben, die beiden Absorptionskölbchen *F* durch eine Buntesche Gasbürette ersetzt. Zur qualitativen Prüfung auf Kohlen-oxyd wird zwischen das zweite Kölbchen *F* und den Aspirator ein Kölbchen mit ammo-niakalischer Silberlösung eingeschaltet.

Die Untersuchung der Raucherzeugnisse selbst wurde wie folgt ausgeführt:

α) Nicotinbestimmung. Diese wurde im Tabak und den unverbrannten Stummeln mit wenigen Abänderungen[1]) nach dem Verfahren von Kissling ausgeführt. Für die Be-stimmung der Menge des beim Rauchen verflüchtigten Nicotins wurden die leer gebliebenen oder mit verdünnter Schwefelsäure beschickten Gefäße mit Alkohol von 95 Volumprozent sorgfältig und wiederholt ausgespült, die Gesamtmenge der hierbei erhaltenen sauren oder mit Schwefelsäure angesäuerten Lösungen wurde in einer Porzellanschale vereinigt, auf dem Wasserbade bei einer 40—60° nicht übersteigenden Temperatur von Alkohol befreit, die saure Flüssigkeit wiederholt und so lange geschüttelt, bis der Äther klar blieb. Dann wurde die Flüssigkeit mit Natronlauge alkalisch gemacht, abermals wiederholt (11 mal) mit Äther aus-geschüttelt, der Äther verdunstet, der Rückstand mit sehr verdünnter Natronlauge über-sättigt und im Wasserdampfstrom der Destillation unterworfen, bis kein Nicotin mehr über-ging. Letzteres wurde dann durch Titration mit Schwefelsäure bestimmt.

Bei den mit entfetteter Baumwolle beschickten Gefäßen (*C*, *A*, *D*, Fig. 201) verfuhr J. Habermann in der Weise, daß er nach beendetem Versuch die Baumwolle aus sämt-lichen Gefäßen herauszog und unmittelbar in einen Soxhletschen Extraktionsapparat brachte, die Gefäße, wenn nötig unter Zuhilfenahme eines an dem Ende eines genügend langen Glas-stabes befestigten, nicht gefärbten Baumwollbäuschchens, mit alkoholischer Natronlauge — nach Kossel-Popovicis Vorschrift S. 310 bereitet — ausspülte, die Baumwolle in dem Extraktionsapparate mit der alkoholischen Natronlauge durchtränkte, einen Kolben mit etwa 100 ccm Äther, der noch vorher zum Nachspülen der genannten Gefäße verwendet worden war, mit dem Extraktionsapparat verband und in üblicher Weise auszog. Im übrigen wurde mit dem Ätherauszug, wie vorstehend angegeben, verfahren.

Über die Verteilung des Nicotins auf die einzelnen Raucherzeugnisse bei Zigarren und Zigaretten vgl. II. Bd., 1904, S. 1139 und 1140. Von 1290—3990 mg Nicotin (bzw. Stickstoff-basen) in 100 g Zigarren gingen 390—1250 mg (oder 17—33%, in einem Falle 67%) in den angesaugten Rauch über.

J. Tóth[2]) findet die im Rauche von 300 Zigarren vorhandene Menge Nicotin zu 9,447 g; hiervon waren 8,786 g oder 93% in Form von freiem Nicotin (bzw. Basen) und nur 0,661 g als gebundenes Nicotin vorhanden.

β) Der Schwefelwasserstoff kann an der Schwärzung der Bleibaumwolle, die mehr oder weniger beim Verrauchen von jeder Zigarre auftritt, erkannt und nötigenfalls in be-kannter Weise bestimmt werden.

J. Habermann fand für 100 g verrauchten Tabak 0,007—0,03% Schwefel und 0,006 bis 0,72% Ammoniak.

γ) Kohlensäure, Kohlenoxyd, Sauerstoff. Zur Bestimmung dieser Gase wurden die Kolben *F* (Fig. 201), wie schon gesagt, durch eine Buntesche Gasbürette ersetzt, die Gase wurden nach den bekannten Verfahren der Gasanalyse bestimmt. Die Verhältnisse schwankten bei den einzelnen Zigarren- und Tabaksorten zwischen weiten Grenzen, nämlich u. a. für je 1 g verrauchter Substanz:

---

[1]) Die Änderungen bestanden darin, daß das Nicotin im Soxhletschen Extraktionsgefäß ausgezogen und Methylorange statt Sulfolsäure als Indicator verwendet wurde.

[2]) Chem.-Ztg. 1909, **33**, 866.

Sauerstoff	Kohlensäure	Kohlenoxyd
9,8—233,7 ccm	19,8—77,2 ccm	5,2—19,3 ccm

Auf rund 4 Teile Kohlensäure kommt daher etwa 1 Teil Kohlenoxyd.

Jeder Tabakrauch enthält neben diesen Gasen und Stickstoff auch noch stets freien Sauerstoff.

δ) Cyanwasserstoffsäure (Blausäure). Für ihre quantitative Bestimmung wurden, wie schon angegeben, die Vorlagen E und F in Fig. 201 mit alkoholischer Kalilauge gefüllt, wodurch Blausäure, Kohlensäure, Fettsäuren usw. gebunden wurden. Hieraus ließ sich die Blausäure durch alleinige Destillation im Wasserdampfstrome in der Regel vollständig übertreiben. Dem wässerigen Destillat wurde die Blausäure durch 5—6maliges Schütteln mit Äther, der ätherischen Lösung wiederum durch 3—4maliges Schütteln mit je 10—20 ccm einer 5proz. Kalilösung entzogen, und der alkalischen Lösung etwas Ferrosulfat bzw. Ferrohydroxyd behufs Bildung von Ferrocyankalium zugesetzt. Nach schwacher Ansäuerung mit Salzsäure wurde das Cyan durch Zusatz von Ferrichlorid als Berlinerblau gefällt und bestimmt, indem es auf einem vorher getrockneten und gewogenen Filter gesammelt wurde. Für die quantitative Filtration und Sammlung des Berlinerblaus aber gibt J. Habermann eine sehr umständliche Vorschrift, so daß die Fällung des Cyans in der letzten kalihaltigen Flüssigkeit nach Ansäuerung mit Salpetersäure durch Silbernitrat als Cyansilber und die Bestimmung des letzteren einfacher und sicherer sein dürfte.

J. Habermann fand im Rauch von 100 g verrauchten Tabaks 1,9—17,4 mg, Le Bon 3,0—8,0 mg, R. Kissling 15,0—57,0 mg, H. Thoms 29,5 mg und Vogel sogar 69,0—96,0 mg Cyanwasserstoffsäure. Im Zigarettenrauch beträgt der Blausäuregehalt durchweg 1,9 mg, im Pfeifenrauch ist er meistens gleich Null.

J. Tóth[1]) hat ebenfalls einen Apparat zum Verrauchen des Tabaks und zur Untersuchung des Tabakrauches angegeben, worauf hier verwiesen werden möge.

Derselbe[2]) leitet behufs Bestimmung des Kohlenoxyds den Tabakrauch erst durch mehrere Flaschen, die Schwefelsäure, Kalilauge, Barytwasser und gebrannten Kalk enthalten, dann über Jodsäureanhydrid, das sich in einem längeren, mehrfach gebogenen Rohr befindet und im Glycerinbade auf 60 bis 70° — nach anderen Angaben sind 160° erforderlich — erwärmt wird. Das frei gewordene Jod wird in Jodkalium geleitet und darin durch Thiosulfatlösung titriert (1 ccm $^1/_{10}$ N.-$Na_2S_2O_3$ entspricht 5,6 ccm CO bei 0° und 760 mm Druck). Tóth fand auf diese Weise ebenfalls nur sehr geringe Mengen Kohlenoxyd im Zigarettenrauch, nämlich nur 0,1—0,3 ccm auf 1 g Tabak berechnet.

Auch C. Fleig[3]) fand die Menge des beim Rauchen gebildeten Kohlenoxyds so gering, daß ihm eine gesundheitsschädliche Wirkung nicht zugeschrieben werden kann.

Zur alleinigen Bestimmung von Rhodanverbindungen verfährt J. Tóth[4]) wie folgt: Der Rauch wird durch zwei je ungefähr 100 ccm fassende Gefäße geleitet, die mit Kalkmilch gefüllt sind. Die vereinigten Flüssigkeiten werden filtriert, eingedampft und mit Kupfersulfat sowie überschüssiger schwefliger Säure versetzt. Der entstandene Niederschlag von Kupferrhodanür wird filtriert, verascht und als Kupferoxyd gewogen. (1 Teil Kupferoxyd CuO = 0,755 Teile Schwefelcyan SCN.) Tóth fand auf diese Weise im Rauch von 12 Zigaretten 0,0143 g oder 0,026% Schwefelcyan.

Um alle Cyanverbindungen zu bestimmen, muß nach J. Tóth[5]) eine große Menge Kali vorgelegt werden, damit die gleichzeitig vorhandene große Menge Kohlensäure die Absorption der Cyanverbindungen nicht hindert. Er rechnet auf 12 Stück Zigarren = 60—62 g

---

[1]) Zeitschr. f. angew. Chemie 1904, **17**, 1818.
[2]) Chem.-Ztg. 1907, **31**, 98.
[3]) Compt. rend. 1908, **148**, 776.
[4]) Chem.-Ztg. 1909, **33**, 1301.
[5]) Ebendort 1910, **34**, 298 u. 1357; 1911, **35**, 1262.

Tabak 125 g Kali, das er auf drei Absorptionsflaschen verteilt, so daß in die letzte Flasche keine Kohlensäure mehr gelangt.

Die Menge der gebildeten Cyanverbindungen steht in keinem Zusammenhange mit dem Nicotingehalt; es bilden sich stets in Prozenten des verrauchten Tabaks 0,05—0,10% Cyan.

Von den vorstehend beschriebenen Verfahren zur Untersuchung des Tabakrauches ist keines geeignet, alle Bestandteile des Rauches gleichzeitig nebeneinander durch einen einzigen Versuch quantitativ zu bestimmen. Das Verfahren von J. Habermann trägt den wirklichen Verhältnissen beim Rauchen am meisten Rechnung. Aber auch es muß zur quantitativen Bestimmung der Bestandteile je nach der Fragestellung verschieden ausgeführt werden.

Im übrigen sind die absoluten Mengen der an sich sehr giftigen Bestandteile des Rauches, nämlich Kohlenoxyd und Cyanwasserstoffsäure — zweifellos auch Schwefelwasserstoff, der aber meines Wissens quantitativ bis jetzt noch nicht bestimmt ist — so gering, daß sie bei mäßigem Rauchen wohl keine schädlichen Wirkungen äußern können. Auch die giftigen Pyridinbasen[1]) sind im Tabakrauch wohl nur in relativ geringer Menge vorhanden und ist die Menge des von H. Thoms in demselben aufgefundenen giftigen ätherischen Öles bis jetzt noch nicht genügend festgestellt, so daß die giftigen Eigenschaften des Tabakrauches fast ausschließlich seinem Nicotingehalte zugeschrieben werden müssen.

K. B. Lehmann[2]) bestimmte die vom Raucher festgehaltenen Mengen Basen entweder dadurch, daß er nach einem oder mehreren Zügen den Mund mit Wasser ausspülen ließ und das Spülwasser untersuchte, oder dadurch, daß er den eingesogenen Rauch des Hauptstromes durch die Absorptionsgefäße ausblasen ließ, nachdem vorher mit Hilfe eines besonderen Saugapparates bestimmt worden war, wieviel Nicotin sich in dem Haupt- und Nebenstrom + Stummel befand. Hiernach wurden durch den Raucher von je einer Zigarre und Zigarette absorbiert bzw. aufgenommen:

	Nicotin	Pyridin	Ammoniak
Zigarre	1,7—2,5 mg	0,3—0,8 mg	5,9—8,7 mg
Zigarette . . .	0,8—1,5 „	0,4—0,5 „	1,6—2,4 „

Die geringen Mengen Pyridin kommen wohl nicht in Betracht; das Ammoniak wird nur an den Reizsymptomen an Stimmbändern, Rachen und Zunge beteiligt sein. Dagegen wird das Nicotin in einer Menge aufgenommen, die nach K. B. Lehmann genügend ist, alle Symptome der akuten Tabakvergiftung zu erklären.

Anmerkungen. H. Thoms[3]) empfiehlt zur Verminderung der schädlichen Wirkung des Tabakrauches die Filtration desselben durch Asbest, Holzkohle oder Watte. Besonders hat die Filtration des Rauches durch eine mit Eisenchlorid bzw. Eisenammoniumcitrat getränkte Watte den Gehalt an Basen um 77,8% vermindert, den Schwefelwasserstoff und das Brenzöl ganz absorbiert[4]).

Zur Beseitigung von Kohlenoxyd hat man in derselben Weise empfohlen, den Tabakrauch durch ein Filter aus Watte oder dgl. gehen zu lassen, die mit Palladiumoxydulsalzen durchtränkt ist. R. Liebig[5]) schlägt für den Zweck Tränkung der Filter mit Hämoglobinlösung vor.

Auch fehlt es nicht an Vorschlägen, die Tabakblätter vor der Verarbeitung zu Tabak zu entnicotinisieren. Einer der ersten Vorschläge dieser Art ging (vgl. R. Kissling, l. c. S. 260) dahin, die Tabakblätter mit oder ohne Zusatz von Alkali bzw. Ammoniak mit Rhigolen, Äthyläther,

---

[1]) Nach Fr. Kutscher und Al. Lohmann (Zeitschr. f. Untersuchung d. Nahrungs- u. Genußmittel 1907, **13**, 177) rührt das von ihnen im Harn von tabakrauchenden Herren oder kaffeetrinkenden Frauen aufgefundene Pyridinmethylchlorid von Tabakrauch bzw. gebranntem Kaffee her.

[2]) Münchener mediz. Wochenschr. 1908, **55**, 723.

[3]) Chem.-Ztg. 1904, **28**, 1.

[4]) Vgl. Schmidt u. Varges, Zeitschr. f. Untersuchung d. Nahrungs- u. Genußmittel 1907, **13**, 202.

[5]) Chem.-Ztg. 1904, **28**, 776.

Benzol usw. auszuziehen (Pat. 4293 u. 4875). Um die wichtigen organischen Säuren (Citronen-, Äpfel-, Oxalsäure) nicht mit zu entfernen, soll man eine alkoholische Chlorcalciumlösung anwenden (Pat. 25 747).

Durch Erhitzen mit schwach gespannten Wasserdämpfen soll sowohl eine Nachfermentation und Entziehung von Nicotin bewirkt werden (Pat. 2651, 8227, 10 321). Nach D. R. P. 116 941 soll man den Tabak mit Alkalilösung behandeln und den gelockerten Tabak der Einwirkung eines erwärmten, mit Feuchtigkeit gesättigten Luftstromes aussetzen. Um das Nicotin, Harze usw. durch künstliche und beschleunigte Oxydation zu vermindern, sind vorgeschlagen: Durchtränkung mit Alkali bzw. Salzen und Behandlung mit dem elektrischen Strom (Pat. 116 939), oder Macerierung mit Wasserstoffsuperoxyd (Pat. 117 744), oder mit wasserstoffsuperoxyd- und ammoniakhaltigem Äther (Pat. 136 150), oder die Behandlung mit Ozonluft und sehr schwachem Ammoniakgasstrom (Pat. 68 881, Siemens & Halske). Letzteres Verfahren hat sich aber nach R. Kissling[1] ebensowenig als die übrigen Verfahren bewährt. Andere Vorschläge, wie Behandlung mit Kaliumpermanganatlösung (Pat. 11 337), Ammoniumpermanganatlösung (Amerikan. Pat. 771 355), mit einer heißen Lösung von Alaun, Borax sowie Kalisalpeter und Auspressen (Pat. 42 394), die Erhöhung der Brennbarkeit durch Zwischenlegung von Asbestfasern (Pat. 56 245), die Erhitzung auf 150 bis 195° C (Pat. 148 914), die Nicotinbindung durch molybdänsaures Ammon, erscheinen von vornherein aussichtslos. Hierher gehören auch die Geroldschen (Wendtschen) Patentzigarren, welche dadurch hergestellt werden, daß der Tabak (Dänisches Pat. 6481) mit einer (alkoholischen oder methylalkoholischen) Gerbstofflösung von einem Auszug aus Origanum vulgare behandelt wird, wodurch das Nicotin gebunden und unschädlich gemacht werden soll. R. Kissling, ferner E. Ludwig[1] weisen aber nach, daß von dem an sich vorhandenen Nicotin ein ebenso großer Prozentsatz in den Rauch übergeht als von dem Nicotin anderer Zigarren.

Das natürlichste Mittel zur Verminderung des Nicotins, ohne die Wesensbeschaffenheit des Tabaks ganz zu ändern, besteht in einer regelrecht geleiteten Fermentation der Blätter und in der richtigen wie genügend langen Lagerung der fertigen Fabrikate.

Anmerkung. Teezigaretten: Zigaretten aus grünem Tee sind nach Fr. Netolitzky[2] in England geraucht worden. Sie bewirkten nervöse Störungen, Zittern, Unruhe, Herzklopfen. Der Rauch einer brennenden Zigarette (von 1 g Gewicht) wurde ohne Unterbrechung mittels einer Wasserstrahlpumpe durch Watte in eine lange Röhre gesaugt, die Watte mit Wasser ausgekocht, das letztere verdampft und der Rückstand mit Kalk zu einer krümeligen Masse verrieben. Letzterer wurde das Coffein durch Chloroform entzogen; durch nochmalige Reinigung des Abdampfrückstandes gelang es, reines Coffein zu erhalten, ein Beweis, daß letzteres mit dem Rauch flüchtig ist.

C. Mikroskopische Untersuchung.

Bei der Prüfung von Blattstücken auf ihre Echtheit weicht man das Blatt gut auf und schabt entweder zur Besichtigung der Epidermis diese bzw. die begleitenden Gewebe ab oder macht, nach Einklemmung zwischen Holundermark, einen Querschnitt. Für gewöhnlich genügt es, die Stücke in Glycerin zu legen und darin zu betrachten; ist das Blatt aber dunkel gefärbt (wie bei Schnupftabak), so kocht man die Teile oder eine Probe vorher mit verdünnter Kalilauge.

a) Echter Tabak. Die Tabakblätter sind sehr große — etwa $1/2$ m und länger — lanzettliche oder eiförmige, ganzrandige und drüsig behaarte Blätter. Da sie für die Fabrikate teils geschnitten, teils vermahlen werden, so lassen sie sich durch die äußere Form der Teile nicht mehr erkennen, es kann deshalb nur die mikroskopische Prüfung entscheiden, ob ein echtes Tabakblatt oder ein anderes vorliegt.

---

[1] Zeitschr. f. Untersuchung d. Nahrungs- u. Genußmittel 1903, **6**, 765 u. 766.
[2] Ebendort 1903, **6**, 982.

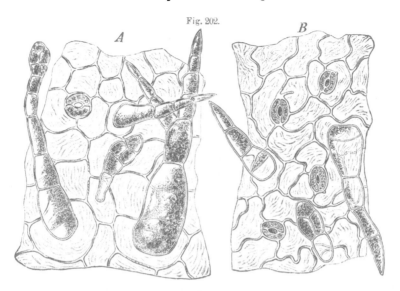

Oberhaut des Tabakblattes (100:1).
A Oberseite, B Unterseite mit Glieder- und Drüsenhaaren. Nach J. Möller.

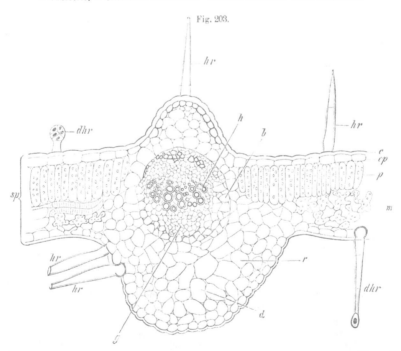

Nicotiana virginia, badischer Tabak. Querschnitt durch eine Blattrippe (Vergr. 100).
Nach L. Wittmack.
sp Blattspreite, hr Haar, dhr Drüsenhaar, c Cuticula, ep Epidermis, p Palisadenzellen, m Schwammparenchym, h Markstrahlen, b Bast, g Gefäßbündel, r innere Rindenschicht, d Collenchym.

Die Epidermis der beiden Blattseiten (Fig. 202) besteht aus großen Zellen und ist besetzt mit Haaren und Spaltöffnungen. Die Oberhaut der oberen Blattseite hat polygonale, nur ganz schwach gewellte Zellen, zwischen denen ziemlich häufig große Spaltöffnungen liegen.

Sie ist ferner stark besetzt mit Haaren, von denen zwei verschiedene Formen auftreten. Die Mehrzahl derselben ist sehr lang, mehrzellig, spitz zulaufend, einfach, seltener verzweigt. Die Basalzellen sind meist sehr groß und entspringen aus noch größeren Zellen der Epidermis. Eine zweite Haarform sind die Drüsenhaare, welche in Größe und Form teils dem vorhergehenden Typus gleichen, indem sie sehr lang sind und eine große Basalzelle besitzen, teils eine andere, eigentümliche Form haben und sich durch eine kurze und kleine Basalzelle und ein aus mehreren Zellen bestehendes, im Verhältnis zur Basalzelle sehr großes Köpfchen auszeichnen.

Die Zellen der Epidermis der Blattunterseite sind ziemlich stark wellig gebuchtet und ebenfalls groß. Zwischen ihnen liegen ungemein viele Spaltöffnungen, dagegen ist die Behaarung auf der Unterseite etwas schwächer.

Fig. 203 stellt einen Querschnitt durch das Tabakblatt bzw. einen Sekundärnerv desselben dar. Derselbe läßt erkennen, daß das Blattgewebe (das Mesophyll) aus einer einfachen oder undeutlich doppelten Reihe Palisadenzellen und aus mehreren Schichten Schwammparenchym besteht. Der Querschnitt der ersteren ist rundlich, der der letzteren sternförmig verästelt. (Die Reste dieser beiden Zellformen sind ein unterscheidendes Merkmal für die nicht leicht zu unterscheidenden Oberhäute der Blattober- und -unterseite.) Die Gefäßbündel enthalten deutlich radial gestellte Gefäße und sind von einem breiten und starken Collenchymstrang eingeschlossen. In diesem und dem Mesophyll liegen zerstreut einzelne runde Zellen mit schwarzem, feinkörnigem Inhalt; es sind dies die für das Tabakblatt sehr charakteristischen Krystallsandschläuche.

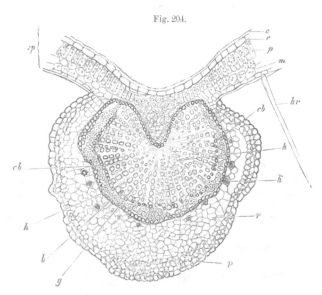

Fig. 204.

Kirschblatt, Prunus avium L. Querschnitt durch den Hauptnerv des Blattes (Vergr. 100). Nach L. Wittmack.

b Bast (collenchymatisch), c Cuticula, ep Epidermis, g Gefäßbündel, hr Haar, m Schwammparenchym, p Palisadenzellen, r innere Rindenschicht, sp Blattspreite, cb Cambium, k Krystallschläuche.

b) Surrogatblätter. In Anbetracht der seltenen Verwendung von Surrogatblättern, deren Erkennung durch die mikroskopische Untersuchung zu erfolgen hätte, und angesichts der großen Zahl der möglicherweise angewendeten oder anwendbaren Surrogate wird es im allgemeinen genügen, festzustellen, ob überhaupt ein teilweiser Ersatz des Tabakblattes durch andere Blätter stattgefunden hat.

Als Zusätze zum Tabak werden angegeben: Kirschblätter, Weichselkirschblätter, Steinkleeblüten, Rosenblätter, Huflattichblätter, Wegerichblätter, Eibischblätter, Veilchenwurzelpulver, sowie bei der Herstellung von Schnupftabak getrocknete Brennesseln und Baldrianwurzeln. Die Blätter der Kirsche, Weichselkirsche und Rose sind in dem Tabaksteuergesetz als erlaubte Zusätze aufgeführt. Für ihren Nachweis können außer Flächenpräparaten der Epidermis der Ober- und Unterseite (vgl. S. 231) auch Querschnitte durch die Blattmittelrippe dienen.

Fig. 205.

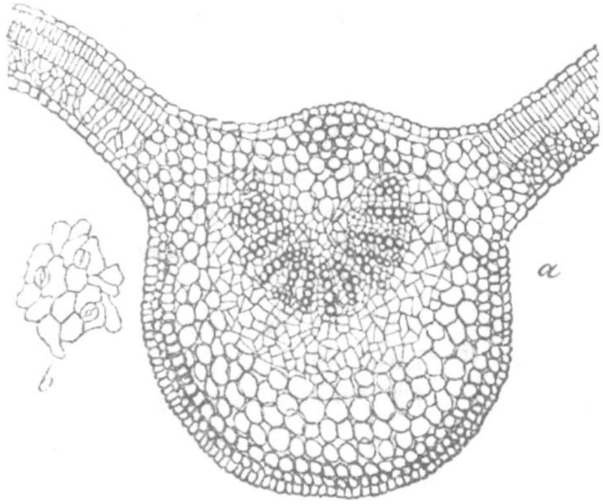

Fig. 206.

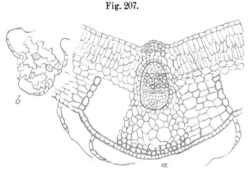

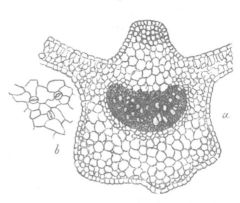

Rosenblatt.
a Querschnitt durch die Blattmittelrippe,
b Oberhaut der Unterseite. Flächenansicht.
Nach R. Kissling.

Runkelrübenblatt.
a Querschnitt durch die Blattmittelrippe,
b Oberhaut der Unterseite, Flächenansicht.
Nach R. Kissling.

Fig. 207.

Fig. 208.

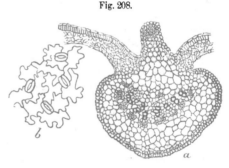

Huflattichblatt.
a Querschnitt durch die Blattmittelrippe,
b Oberhaut der Unterseite, Flächenansicht.
Nach R. Kissling.

Kartoffelblatt.
a Querschnitt durch die Blattmittelrippe,
b Oberhaut der Unterseite, Flächenansicht.
Nach R. Kissling.

Anhaltspunkte für die Beurteilung des Tabaks.

Die gute Beschaffenheit eines Tabaks hängt wesentlich von dem Aroma und der Verglimmbarkeit (Brennbarkeit) ab; da uns aber das Aroma und sein Ursprung bis jetzt noch nicht bekannt sind, so können wir die Geringwertigkeit eines Tabaks eher beurteilen als seine gute Beschaffenheit. Auf letztere sind vorwiegend von Einfluß:

1. Die Struktur des Blattes; je dünner und feiner ein Blatt ist, um so besser ist im allgemeinen die Verbrennlichkeit.

2. Der Gehalt an Amiden gegenüber den Proteinen. Die Fermentation soll so geleitet werden, daß sich aus den Proteinen tunlichst viel Amide gleichzeitig neben Ammoniak und Salpetersäure bilden. Bei einem gut fermentierten Tabak sollen im allgemeinen vom Gesamt-Stickstoff nur gut $4/10$ aus Proteinen, reichlich $3/10$ aus Amiden bestehen, während die übrigen nicht ganz $3/10$ Stickstoff sich auf Ammoniak, Salpetersäure und Nicotin verteilen (vgl. S. 306).

3. Der Gehalt an Nicotin. Der Gehalt an Nicotin steht in keiner direkten Beziehung zur Güte eines Tabaks.

4. Der Gehalt an Zucker und Stärke. Zucker und Stärke sollen in einem guten Rauchtabak nicht mehr oder bis höchstens 1,5% vorkommen.

5. Der Gehalt an Harz und organischen Säuren. Hoher Gehalt an Harz beeinträchtigt, hoher Gehalt an Äpfel- und Citronensäure begünstigt die Brennbarkeit des Tabaks (vgl. S. 317 und S. 320).

6. Der Gehalt an Asche bzw. an Basen und Säuren. Verhältnismäßig hoher Gehalt an Basen, besonders an Kali bzw. Kaliumcarbonat, begünstigt, ein hoher Gehalt an Säuren, besonders an Chlor, beeinträchtigt die Brennbarkeit. Mag auch die Behauptung J. Nesslers, daß kein Tabak gut brennt, der mehr als 0,4% Chlor oder weniger als 2,5% Kali enthält, nicht für alle Fälle zutreffen, so können diese Werte doch im allgemeinen als Anhaltspunkte dienen.

7. Was die Forderungen für die Tabakfabrikation und den Tabakhandel anbelangt, so müssen vor allem die Bezeichnungen der Herkunft und dem Wesen des Tabaks entsprechen; die Belegung geringwertiger Tabaksorten mit den Namen besserer sowie die Verwendung von Blättern anderer Gewächse an Stelle von Tabakblättern verstößt gegen § 10 des NMG. Ausgenommen sind bei den geringwertigen Tabaksorten bis zu einer gewissen Menge die Blätter von Kirsche, Weichselkirsche und Rose.

8. Die Zusätze fremder Stoffe, das Saucieren, ferner die Entziehung von Stoffen durch Auslaugen können, sofern die Zusätze — selbstverständlich unschädliche — nur dazu dienen, die Tabakerzeugnisse (Schneide-, Kau- und Schnupftabak) dem Geschmack der Verbraucher anzupassen, oder sofern das Auslaugen nur bezweckt, schwere Tabake leichter verbrennlich zu machen, als erlaubt angesehen werden. Wenn die Zusätze bzw. das Auslaugen aber einen anderen Tabak von höherer Qualitätsstufe vortäuschen sollen, so verstößt das ebenfalls gegen § 10 des NMG., es sei denn, daß die Behandlung deklariert wird.

Tabaksorten, welche, auf Trockensubstanz berechnet, weniger als 38% in Wasser lösliche Stoffe enthalten, können als ausgelaugt angesehen werden. Gleichzeitig wird bei solchen Tabaken auch der in Wasser lösliche Teil der Asche, auch der Gehalt an organischen Säuren und an den sonstigen organischen Stoffen mehr oder weniger erniedrigt sein.

Tabaksorten, die, auf Trockensubstanz berechnet, mehr als 59% in Wasser lösliche Stoffe enthalten, können als des Saucierens verdächtig angesehen werden. Mehr aber, als die Gesamtmenge Wasserextrakt, kann, da die Saucen durchweg reich an Zucker sind, eine Bestimmung des Zuckers, der in natürlichem Tabak 1,5% nicht zu überschreiten pflegt, den Beweis erbringen.

9. Ein als nicotinfrei bzw. -arm bezeichneter Tabak (bzw. Zigarre) muß auch wirklich, wenn er nicht von Natur aus nicotinfrei oder -arm ist, eine Entnicotinisierung erfahren haben. Tabake oder Zigarren, bei denen durch irgendwelche Zusätze eine angebliche Bindung des Nicotins stattgefunden haben soll, dürfen nicht als nicotinfrei bzw. -arm bezeichnet werden.

10. Zusätze fremder indifferenter Stoffe, die eine Gewichtsvermehrung des Tabaks bedingen, sind, ebenso die künstliche Färbung von Tabak, als Verfälschungen anzusehen. Zusatz von Kirschen-, Weichselkirschen- und Rosenblättern zu geringwertigen Tabaken ist nach dem Gesetz, betreffend die Besteuerung des Tabaks, erlaubt.

11. Blei in Rauch-, Kau- oder Schnupftabak muß als gesundheitsschädlich angesehen werden.

Alkoholische Getränke.

Zu den alkoholischen Getränken werden Branntweine und Liköre, Biere und Weine gerechnet. Diesen mögen auch Essig und Essigessenz angeschlossen werden, weil ersterer wenigstens noch vielfach aus alkoholhaltigen Flüssigkeiten gewonnen wird.

Branntweine und Liköre[1]).

A. Vorbemerkungen.

I. Begriffserklärung und Einteilung der Trinkbranntweine.

Die Branntweine sind alkoholische Getränke, die durch Destillation vergorener alkoholhaltiger Flüssigkeiten gewonnen werden.

Zur Gewinnung der alkoholhaltigen Flüssigkeiten durch Vergärung dienen die verschiedensten zuckerhaltigen bzw. verzuckerten Rohstoffe. Viele Branntweine enthalten außer dem Alkohol verschiedenster Herkunft noch künstliche Zusätze, Geruch- und Geschmackstoffe der mannigfachsten Art. Wenn diese Zusätze vorwiegend aus Zucker bestehen, erhält man die süßen Branntweine (die Liköre); durch Auszüge, die aus bitteren und aromatischen Pflanzenteilen gewonnen werden, ergeben sich die bitteren Branntweine (die Bittere). Folgende Branntweine spielen im Handel vornehmlich eine Rolle:

1. Kognak. Kognak ist ein aus reinem Weindestillat hergestellter Branntwein, der den Vorschriften des Weingesetzes vom 7. April 1909 genügen, also u. a. mindestens 38 Volumprozent Alkohol enthalten muß. Er ist von hellbrauner Farbe und enthält meist etwas Zucker.

2. Rum. Rum ist ein Branntwein, der in Westindien (Jamaika, Demerara, Kuba usw.) aus dem Saft, dem Ablauf, dem Abschaum und sonstigen Rückständen der Rohrzuckerbereitung aus Zuckerrohr durch Gärung und Destillation gewonnen wird. Der Originalrum enthält meist 74—77 Raumprozent Alkohol und kleine Mengen Zucker und ist meist mit Zuckerfarbe braun gefärbt; Kuba-Rum ist farblos (hell) und enthält nur Spuren von Extrakt.

3. Arrak. Arrak ist ein Branntwein, der in Ostindien usw. nach dem dort üblichen und anerkannten Verfahren aus Reis oder dem Saft der Blütenkolben der Kokospalme durch Gärung und Destillation gewonnen wird. Er enthält im Originalzustand meist 54—56 Raumprozent Alkohol und ist farblos.

4. Obstbranntweine. Obstbranntweine sind Trinkbranntweine, die durch Gärung und Destillation zuckerhaltiger Früchte gewonnen werden. Die wichtigsten Obstbranntweine sind: Kirschbranntwein, Zwetschenbranntwein, Mirabellenbranntwein, Heidelbeerbranntwein, Äpfel- und Birnenbranntwein usw. Sie werden auch vielfach als Kirschwasser usw. oder als Kirschgeist usw. oder auch einfach als Kirsch, Zwetsch (Quetsch), Heidelbeer usw. bezeichnet. Sie kommen durchweg farblos und ohne jeden künstlichen Zusatz in den Handel.

5. Tresterbranntweine. Tresterbranntweine sind Trinkbranntweine, die aus den beim Abpressen der gemahlenen Trauben und Obstarten zum Zweck der Wein- und Obstweinbereitung zurückbleibenden Trestern (Trebern, Troß) durch Gärung und Destillation gewonnen werden.

---

[1]) Bearbeitet von Prof. Dr. K. Windisch in Hohenheim.

6. Hefenbranntweine. Hefenbranntweine sind Trinkbranntweine, die aus der Hefe (dem Geläger) der Trauben- und Obstweine durch Destillation gewonnen werden.

7. Kornbranntwein. Kornbranntwein ist ein ausschließlich aus Roggen, Weizen, Buchweizen, Hafer oder Gerste gewonnener, aber nicht im Würzeverfahren hergestellter Trinkbranntwein. Der süddeutsche Dinkel (Spelzweizen), im entspelzten Zustand Kernen genannt, ist dem nackten Weizen gleichzuachten. Hierher gehört auch der ursprünglich in Irland und Schottland hergestellte Whisky, zu dessen Herstellung ein besonders gedarrtes Gerstenmalz (Rauchmalz) und Gerste, Hafer, Weizen und Roggen verwendet werden.

8. Sonstige Trinkbranntweine. Hierher gehören alle nicht unter 1—7 genannten Branntweine, soweit sie nicht Bittere und Liköre sind; sie bilden die Hauptkonsumware. Sie sind teilweise, namentlich in Süddeutschland, unversetzte Kartoffel- und Maisbranntweine in ungereinigtem oder gereinigtem Zustand, bisweilen auch gereinigte Melassen- und Lufthefenbranntweine; mitunter bestehen diese Branntweine aus verdünntem rektifiziertem Branntwein (Feinsprit). In Norddeutschland sind mehr die künstlich durch Zusatz sog. Würzen oder Essenzen aromatisierten Branntweine verbreitet. Die Branntweinwürzen sind aromatische Flüssigkeiten, die mit Hilfe von alkoholischen Auszügen aus aromatischen Pflanzenteilen, ätherischen Ölen, künstlichen Essenzen und Estern, sowie auch von Fuselöl hergestellt werden. Vor Inkrafttreten des Weingesetzes vom 7. April 1909 und des Branntweinsteuergesetzes vom 15. Juli 1909 wurden diese Branntweine meist unter für Kornbranntwein üblichen Namen, sowie als Fasson-Kognak, Fasson-Rum usw. vertrieben. Jetzt werden sie im allgemeinen mit Phantasienamen belegt.

9. Bittere. Die hierher gehörenden Branntweine werden aus Alkohol, Wasser, Auszügen aus bitteren und aromatischen Pflanzenteilen, auch unter Zusatz von aromatischen Destillaten, ätherischen Ölen, natürlichen Essenzen und Zucker hergestellt.

10. Liköre. Liköre sind durch aromatische Stoffe und gleichzeitig durch einen höheren Zuckergehalt gekennzeichnet, neben dem der Alkoholgehalt bisweilen mehr zurücktritt. Zu ihrer Herstellung wird meist gereinigter Branntwein (Feinsprit) verwendet. Man kann unterscheiden:

a) Fruchtsaftliköre (Himbeer-, Kirsch-, Johannisbeerlikör usw.) sind Zubereitungen aus den Säften der Früchte, nach denen sie benannt sind, Alkohol, Zucker und Wasser.

b) Cherry - Brandy ist eine gewürzte Zubereitung aus Kirschwasser oder Kirschwasserverschnitt und Kirschsirup.

c) Eierkognak ist eine gewürzte Zubereitung aus Kognak, frischem Eigelb und Zucker. Eierlikör, auch Eicreme genannt, kann an Stelle von Kognak Alkohol anderer Art enthalten.

d) Die übrigen Liköre sind mehr oder weniger Phantasieerzeugnisse, die zum Teil nach erprobten, feststehenden Vorschriften hergestellt werden. Sie werden im allgemeinen aus Alkohol, Wasser, Zucker oder Stärkesirup, aromatischen Stoffen verschiedenster Art sowie von natürlichen und künstlichen Farbstoffen hergestellt.

11. Punsch-, Glühwein-, Grog-Essenzen und -Extrakte. Hierher gehören alkoholhaltige Flüssigkeiten, die dazu bestimmt sind, mit heißem Wasser vermischt die als Punsch, Glühwein, Grog bezeichneten heißen Getränke zu liefern.

II. Die Bestandteile der Trinkbranntweine.

Die Hauptbestandteile der Branntweine sind Äthylalkohol und Wasser. Daneben wurden folgende Nebenerzeugnisse der Gärung und Destillation sowie der flüchtigen Bestandteile der Rohstoffe nachgewiesen:

1. Höhere Alkohole: Hauptsächlich Amylalkohol, dann Isobutylalkohol, Normalbutylalkohol, normaler Propylalkohol, ferner kleine Mengen Hexylalkohol, Heptylalkohol, Oktylalkohol und noch höhere Alkohole.

2. Säuren: Kohlensäure und Fettsäuren, darunter hauptsächlich Essigsäure, dann Buttersäure, Ameisensäure, Propionsäure, Baldriansäure, Capronsäure (Hexylsäure), Önanth-

säure (Heptylsäure), Caprylsäure (Octylsäure), Pelargonsäure (Nonylsäure), Caprinsäure, Palmitinsäure.

3. **Fettsäureester:** Die Ester der genannten Fettsäuren mit Äthylalkohol und höheren Alkoholen, hauptsächlich Essigäther (Äthylacetat).

4. **Aldehyde:** Hauptsächlich Acetaldehyd, dessen Polymere Paraldehyd und Metaldehyd sowie Acetal, ferner Butyraldehyd, Valeraldehyd, Acrolein, Crotonaldehyd und Furfurol.

5. **Basen in sehr geringer Menge:** Ammoniak, Amine (Trimethylamin), Pyridin, Kollidin und andere Pyridinbasen sowie andere höhere organische Basen.

6. **Sonstige Bestandteile:** Kleine Mengen Glycerin, Isobutylenglykol, Riechstoffe, die aus den Rohstoffen stammen oder bei der Gärung gebildet werden (Terpene, Terpenhydrate, Kampferarten, Eugenol, Coniferylalkohol, Vanillin, Riechstoffe unbekannter Zusammensetzung). Im Kirsch- und Zwetschenbranntwein sowie in den anderen Steinobstbranntweinen sind Blausäure, Benzaldehyd, die Verbindung beider, Benzaldehydcyanhydrin, Benzoesäure und Benzoesäureester enthalten.

III. Nachmachungen, Verunreinigungen und Verfälschungen.

Durch **künstliche Zusätze** können in die ̄ Branntweine gelangen: Ätherische Öle (Kümmel-, Pfefferminz-, Wacholderbeeröl usw.), künstliche Esterarten und Essenzen, Methylalkohol und höhere Alkohole (Fuselöl), Bestandteile von Gewürzen, Rohrzucker, Invertzucker, Stärkesirup, Glycerin, Zuckerfarbe (Caramel), Pflanzenfarbstoffe, Teerfarbstoffe, Bitterstoffe, Bestandteile von Pflanzenauszügen, Gerbstoffe, Farbstoffe und sonstige Extraktivstoffe aus Eichenholz, Bestandteile von Wein (Süßwein, Rotwein) und Fruchtsäften, Eigelb, Verdickungsmittel bei dickflüssigen Likören, wie Rahm, Eiweißstoffe, Gelatine, Tragant, ferner Mineralsäuren, scharf schmeckende Pflanzenstoffe (Pfeffer, Paprika usw.), künstliche Süßstoffe, Bestandteile des allgemeinen Vergällungsmittels (Methylalkohol, Aceton usw., Pyridinbasen) und der besonderen Vergällungsmittel, schließlich die Bestandteile natürlicher Wässer, die zur Herabsetzung der Alkoholstärke verwendet werden.

Vielfach finden sich in den Branntweinen kleine Mengen **Kupfer**, die aus den kupfernen Kühlschlangen herrühren. Aus verzinkten Eisengefäßen wird **Zink**, aus Holzfässern werden **Gerbstoff**, Farbstoffe und sonstige Extraktivstoffe aufgenommen.

Inwieweit diese künstlichen Zusätze **Nachmachungen** oder **Verfälschungen** oder **verboten** sind, wird weiter unten S. 374 auseinandergesetzt werden.

Als **hauptsächlichste Verfälschungen** kommen in Betracht:

1. Vergären von Zucker oder zuckerhaltigen Stoffen mit den wertvolleren Rohstoffen der gesuchteren Branntweine (der sog. Edelbranntweine).

2. Übermäßiges Strecken der gewöhnlichen Branntweine mit Wasser ohne oder mit gleichzeitigem Zusatz von Extrakten und Schärfen.

3. Vermischen der wertvolleren Branntweine mit minderwertigeren bzw. mit reinem Alkohol und Wasser.

4. Herstellung von Kunsterzeugnissen aus Alkohol, Wasser, Extrakten und Essenzen[1]), die als echte Erzeugnisse in den Handel kommen sollen.

5. Verwendung von vergälltem (denaturiertem) Branntwein zur Herstellung von Trinkbranntweinen.

6. Zusatz von Äthyläther und Methylalkohol zu Trinkbranntweinen und von künstlichen Süßstoffen zu Likören.

---

[1]) Über die Zusammensetzung von Branntweinessenzen und -schärfen vgl. I. Bd., 1903, S. 1442—1446 und Bd. II, S. 904, 1341, 1351 und 1355; ferner A. Beythien u. Bohrisch, Zeitschr. f. Untersuchung d. Nahrungs- u. Genußmittel 1901, **4**, 109; desgl. über Arrakessenz ebendort 1911, **21**, 62; Lévy, Ann. des falsific. 1912, **5**, 76.

IV. Probenentnahme.

Zu einer Untersuchung ist, je nach ihrem Umfang, $1/4$—1 l und noch mehr Branntwein erforderlich. Zur Aufnahme der Proben dienen reine, trockene Glasflaschen, die mit reinen neuen Korken zu verschließen sind. Ein etwaiges Siegel soll nicht auf dem Kork selbst, sondern nach dem Zubinden des Korks mit Schnüren durch Aufsiegeln der Schnurenden auf ein Stück Pappe angebracht werden.

B. Untersuchungsverfahren.

Vorbemerkungen. Die Menge der Bestandteile wird nach Gramm in 100 ccm der Flüssigkeit ausgedrückt; daraus kann man, wenn nötig, die Gewichtsprozente mit Hilfe des spezifischen Gewichts berechnen. Im Handel ist die Angabe des Alkoholgehaltes nach Raumprozenten allgemein üblich; die Steuerbehörde ermittelt dagegen die Gewichtsprozente Alkohol. Alle Abmessungen werden bei 15° C in für diese Temperatur geeichten Meßgefäßen vorgenommen. Die auszuführenden Bestimmungen richten sich nach der Fragestellung und der Art des Branntweins; jedoch sind spezifisches Gewicht, Alkohol, Extrakt und Asche fast regelmäßig zu bestimmen.

1. Bestimmung des spezifischen Gewichts. Die Bestimmung des spezifischen Gewichts erfolgt in der Regel mit dem Pyknometer mit engem Hals oder mit Hilfe einer größeren Westphalschen Wage bei 15° C (III. Bd., 1. Teil, S. 43 und den Abschnitt „Wein"). Für gröbere Untersuchungen extraktfreier Branntweine, auch von Rohspiritus und Feinsprit, genügt vielfach die Feststellung des Alkoholgehalts mit einem Alkoholometer; aus der Alkoholtafel kann man das zu dem ermittelten Alkoholgehalt gehörige spezifische Gewicht entnehmen.

2. Bestimmung des Alkohols. a) Der Alkoholgehalt von Branntweinen, die nur sehr geringe Mengen Extrakt (unter 0,1%) enthalten und frei sind von größeren Mengen von Estern, ätherischen Ölen, Essenzen u. dgl., kann aus dem spezifischen Gewicht mit Hilfe der Alkoholtafel von K. Windisch (III. Bd., 1. Teil, Tab. XI, S. 749) ermittelt werden. Dieses Verfahren ist insbesondere zulässig bei vielen gewöhnlichen Trinkbranntweinen, bei Kirsch- und Zwetschenbranntweinen, sonstigen Obstbranntweinen, Arrak, Rohspiritus und Feinsprit.

b) In extraktreicheren Branntweinen wird der Alkoholgehalt durch Destillation in gleicher Weise wie im Wein bestimmt. Branntweine mit mehr als 50% Alkohol (z. B. Originalrum) verdünnt man vor der Destillation mit dem gleichen Raumteil Wasser und unterwirft die verdünnte Flüssigkeit der Destillation. Ebenso verfährt man mit sehr zuckerreichen Likören. Ist der Branntwein reich an flüchtigen Säuren oder an Estern, so ist er mit einem kleinen Überschuß von Alkali zu destillieren. Wird eine Fuselölbestimmung ausgeführt, so kann man die Alkoholbestimmung damit verbinden. Da die Branntweine mehr Alkohol enthalten als der Wein, muß man ziemlich viel Flüssigkeit abdestillieren und darf in den Destillierkolben nicht zu viel Wasser geben. Am besten spült man das Pyknometer mit möglichst wenig Wasser nach und destilliert, bis das Pyknometer bis fast zum Hals mit dem Destillat gefüllt ist.

c) Bei Branntweinen, die größere Mengen ätherischer Öle und Ester enthalten, sowie bei Essenzen müssen die genannten Stoffe vor der Alkoholbestimmung beseitigt werden. Dies geschieht nach den Ausführungsbestimmungen zum Branntweinsteuergesetz (Anlage 2 zu § 16 der Alkoholermittelungsordnung) durch Aussalzen mit Chlornatrium in einer großen Glashahnbürette, die eine mit 10 ccm beginnende, bis zu 300 ccm gehende Einteilung hat und mit einem eingeschliffenen Glasstopfen versehen ist. Man gibt in die Bürette gewöhnliches, körniges Kochsalz bis zum Teilstrich 30 ccm und 100 ccm Branntwein bzw. Essenz, die bei 15° C in einem Meßkölbchen abgemessen wurden. Man spült das Meßkölbchen mit Wasser aus, gibt auch das Waschwasser in die Bürette und füllt die Bürette bis zum Teilstrich 270 ccm mit Wasser. Dann verschließt man die Bürette mit dem Glasstopfen, schüttelt sie kräftig und gibt unter fortwährendem kräftigen Schütteln kleine Mengen Salz hinzu, bis sich das Salz nicht mehr löst und die Flüssigkeit mit Salz gesättigt ist. Die Bürette wird senkrecht in einen Halter eingespannt und 1 Stunde der Ruhe überlassen. Die ätherischen Öle usw. sammeln sich als ölige Schicht an der Oberfläche; durch Anklopfen an die Bürette bringt man die an der Wandung haftenden Tröpfchen zum Aufsteigen. Nach Ablauf von 1 Stunde liest man an der Teilung der Bürette die Menge der Salzlösung ab, läßt genau die Hälfte in einen Destillierkolben abfließen, gibt 50 ccm Wasser hinzu und destilliert 100 ccm ab, wobei als Vorlage das 100 ccm-Kölbchen dient, in dem der Branntwein abgemessen wurde. Man destilliert nahezu 100 ccm ab, füllt das Destillat bei 15° C auf 100 ccm auf und bestimmt darin den Alkohol nach a). Da nur die Hälfte der ursprünglich angewendeten 100 ccm Branntwein zur Destillation kam, ist das Ergebnis der Alkoholbestimmung zu verdoppeln.

Von R. Hefelmann[1]) ist das Ausschütteln der ätherischen Öle u. dgl. mit Petroleumäther vom spezifischen Gewicht 0,69—0,71% empfohlen worden. Dieses Verfahren wird amtlich zur Bestimmung des Alkohols in alkoholhaltigen Parfümerien, Kopf-, Zahn- und Mundwässern angewendet (vgl. Anlage 21 zu § 65 der Branntweinsteuerbefreiungsordnung). Franz Zetzsche[2]) schüttelt die auf den doppelten Raum mit Wasser verdünnten Branntweine oder ihre Destillate direkt mit Petroleumäther aus, schüttelt die abgehobene Petroleumätherschicht mit Wasser aus, vereinigt das Waschwasser mit der Branntweinschicht, sättigt diese mit Kochsalz, schüttelt mit Petroleumäther aus und destilliert die Kochsalzlösung. Statt Petroleumäther kann auch Tetrachlorkohlenstoff genommen werden. Die Einzelheiten sind im Original oder in dem ausführlichen Referat[3]) nachzulesen.

Das bei diesen Verfahren gewonnene Öl kann zu einer näheren Untersuchung dienen.

Die übrigen physikalischen und chemischen Verfahren zur Bestimmung des Alkohols (vgl. III. Bd., 1. Teil, S. 526) haben sich nirgends eingebürgert. Über die Verwendung des Refraktometers zur Bestimmung des Alkohols und Extrakts vgl. S. 412.

Anm. Die Trinkbranntweine pflegen zwischen 25—50 Raumprozent (in der Regel zwischen 30—40 Raumprozent) Alkohol zu enthalten.

3. Bestimmung des Extrakts. a) Direktes Verfahren, anzuwenden bei zuckerfreien und nur wenig Zucker enthaltenden Branntweinen. Man mißt 50 ccm Branntwein in einer Pipette ab, läßt sie in eine Weinextraktschale fließen und dampft sie auf dem Wasserbade ab, wobei wallendes Sieden des Branntweins zu vermeiden ist. Nach dem Verdampfen von Alkohol und Wasser trocknet man den Rückstand in einem sog. Wassertrockenschrank 2½ Stunden.

b) Indirektes Verfahren, anzuwenden bei zuckerreichen Branntweinen. Die indirekte Bestimmung des Extrakts erfolgt in gleicher Weise wie beim Wein aus dem spezifischen Gewicht der entgeisteten Extraktlösung (vgl. III. Bd., 1. Teil, S. 472). Die Weinextrakttabelle (Tabelle XII, III. Bd., 1. Teil, S. 757) ist auch für Branntweine anzuwenden.

Die durch direkte Destillation und einfache Lagerung gewonnenen Branntweine, wie Kartoffel-, Korn-, Kirschen-, Zwetschen- und Obstbranntwein, ferner Arrak, enthalten nur ganz wenig bis etwa 0,1 g Trockenrückstand (Extrakt) in 100 ccm; größere und schwankende Mengen findet man bei Tresterbranntwein (0,01—0,25 g), Rum (0,01—1,00 g), Kognak (0,05—2,50 g) und mehr in 100 ccm, je nachdem bei letzteren beiden wenig oder viel Caramel bzw. Zucker zugesetzt ist. Bei den Likören erreicht der Extraktgehalt je nach dem Zuckerzusatz bis 50 g in 100 ccm (vgl. I. Bd., 1903, S. 1455 und II. Bd., 1904, S. 1360).

4. Bestimmung der Mineralbestandteile und der Alkalität der Asche. Sie erfolgt wie beim Wein. Viele Branntweine enthalten nur ganz kleine Mengen von Mineralbestandteilen und Extrakt; bei diesen erübrigt sich das Auslaugen der Kohle.

---

[1]) Pharm. Zentralh. 1896, **37**, 683.
[2]) Ebendort 1903, **44**, 163, 183.
[3]) Zeitschr. f. Untersuchung d. Nahrungs- u. Genußmittel 1904, **7**, 567.

Liköre enthalten häufig neben viel Zucker nur ganz wenig Aschenbestandteile. Hier kann man sich die Arbeit des Veraschens durch Vergären des Zuckers wesentlich vereinfachen. Man verjagt aus 50 ccm Likör in einem Becherglas den Alkohol durch Erwärmen auf dem Wasserbade, setzt soviel Wasser hinzu, daß die Flüssigkeit nicht mehr als 10% Zucker enthält, impft eine Spur Preßhefe, Bierhefe oder Weinhefe ein und läßt den Zucker bei etwa 25° C vergären; hierzu genügen 2—3 Tage. Dann spült man die gegorene Flüssigkeit mit dem gesamten Bodensatz in eine Platinschale und verascht sie in der bekannten Weise.

Die Alkalität der Asche wird in gleicher Weise wie im Essig oder im Wein bestimmt.

5. Bestimmung des Zuckers.
Die Mehrzahl der Liköre enthält fast ausschließlich Saccharose; daneben ist auch auf Invertzucker Rücksicht zu nehmen, der entweder als solcher zugesetzt oder in sauren Likören (z. B. Fruchtsaftlikören) durch nachträgliche Inversion der Saccharose entstanden sein kann. Bisweilen findet man in Likören auch unreinen Stärkezucker oder Stärkesirup.

Die Bestimmung des Invertzuckers und der Saccharose erfolgt wie im Wein. Falls nur Saccharose vorhanden ist, kann deren Bestimmung auch auf polarimetrischem Wege erfolgen[1]). Zur Klärung dient Tonerdebrei, zur Entfärbung Tier- oder Blutkohle.

6. Nachweis und Bestimmung von Stärkesirup.
Sie geschieht wie in Fruchtsirupen (III. Bd., 2. Teil, S. 918) und im Wein.

7. Bestimmung der Gesamtsäure.
Von farblosen oder schwach gefärbten Branntweinen werden 50 ccm nach Zusatz einiger Tropfen alkoholischer Phenolphthaleinlösung mit $^1/_{10}$ N.-Natronlauge titriert. Bei stärker gefärbten Branntweinen wird auf empfindlichem Lackmuspapier titriert (wie beim Wein). Branntweine mit hohem Alkoholgehalt verdünnt man zuvor mit Wasser. Manche Branntweine enthalten größere Mengen Kohlensäure, auf die man mit Barytwasser prüft. Solche Branntweine müssen vor der Säurebestimmung von der Kohlensäure befreit werden; dies geschieht durch Kochen am Rückflußkühler. Die Gesamtsäure wird auf Essigsäure berechnet. 1 ccm $^1/_{10}$ N.-Natronlauge = 0,006 g Essigsäure.

8. Bestimmung der flüchtigen und nichtflüchtigen Säuren und Trennung der flüchtigen Fettsäuren.
Manche Branntweine enthalten neben flüchtigen Säuren auch nichtflüchtige. Man bestimmt deren Gehalt an flüchtigen und nichtflüchtigen Säuren in ähnlicher Weise wie im Wein durch Destillation im Wasserdampfstrom und Titration des Destillats mit Phenolphthalein als Indikator. Die nichtflüchtigen Säuren werden aus der Gesamtsäure und den flüchtigen Säuren durch Differenz berechnet.

Eine annähernde Trennung der flüchtigen Fettsäuren (Ameisensäure, Essigsäure, Buttersäure, höheren Fettsäuren) kann nach dem im III. Bd., 1. Teil, S. 459 beschriebenen Verfahren von E. Sell[2]) und K. Windisch[3]) durchgeführt werden. Man verwendet dazu $^1/_2$ oder 1 l Branntwein. Über den Nachweis und die Bestimmung der Ameisensäure vgl. auch unter „Essig" und „Wein".

Die freien Säuren, die sich meistens in der Maische und nur zum geringen Teil beim Lagern der Branntweine durch Oxydation von Alkohol und Aldehyd bilden, schwanken bei den einzelnen Branntweinen in ziemlich weiten Grenzen. So wurden in einer größeren Anzahl von Analysen in 100 ccm Branntwein folgende Mengen freier Säure gefunden:

Kartoffel-branntwein	Korn-branntwein (Whisky)	Kirsch-branntwein	Zwetschen-branntwein	Obst-branntwein	Trester-branntwein	Arrak	Rum	Kognak
mg	mg	mg	mg	mg	mg	mg	mg	mg
2,4—59,0	3,3—72,6	18,0—218,0	19,0—240,0	7,0—189,0	8,0—144,0	60,0—193,0	12,0—161,0	12,0—202,0

Von diesen freien Säuren sind meistens nur 5—20% nicht flüchtig.

[1]) F. Rathgen, Zeitschr. f. analyt. Chem. 1888, 27, 433.

[2]) Arbeiten a. d. Kaiserl. Gesundheitsamte 1891, 7, 235.

[3]) Ebendort 1892, 8, 1; Zeitschr. f. Untersuchung d. Nahrungs- u. Genußmittel 1904, 8, 468.

Die flüchtigen freien Säuren bestehen ebenso wie die gebundenen Säuren der Ester vorwiegend aus Essigsäure. So fand K. Windisch[1]) in 13 echten farblosen Rumsorten (mit 45,5—93,3 Gewichtsprozent Alkohol) für 100 ccm Rum:

Gehalt	Freie Säuren				Äthylester der			
	Ameisen-säure mg	Essigsäure mg	Buttersäure mg	Caprinsäure mg	Ameisen-säure mg	Essigsäure mg	Buttersäure mg	Caprinsäure mg
Schwank.	0—7,0	4,0—147,0	Spur bis 8,0	Spur bis 9,0	0—9,0	5,0—1847,0	Sp. bis 56,0	Sp. bis 23,0
Mittel	1,0	56,1	2,6	2,5	2,6	213,5	9,5	5,8

Hierzu gesellen sich bei Kirsch- und Zwetschenbranntwein noch geringe Mengen freier und gebundener Blausäure.

Bei anderen Branntweinen fand K. Windisch[2]) folgende prozentuale Verteilung der freien und gebundenen Ester-Säuren:

Branntwein	Die gesamten Säuren bestanden aus				Mittleres Molekular-gewicht der höheren Fettsäuren
	Ameisen-säure %	Essigsäure %	Buttersäure %	höher·n Fettsäuren %	
Kirschbranntweine	2,9	70,1	15,7	11,3	168
Zwetschenbranntweine (einschließlich Mirabellen- und Schlehenbranntwein)	3,8	76,9	10,5	8,8	174
Obst- und Beerenbranntweine	2,3	72,3	8,4	17,0	160
Rotwein-, Quitten- und Johannisbeer-branntwein	2,3	74,7	14,8	8,2	156
Tresterbranntweine	3,3	74,5	12,3	9,9	144

Hiernach ist es gerechtfertigt, die freien Säuren auf Essigsäure und die gebundenen Ester-säuren auf Äthylacetat umzurechnen, um einen genügend genauen Ausdruck für die Gesamtmenge beider Bestandteile zu finden.

9. Bestimmung der Ester. Von farblosen Branntweinen, die frei von Extrakt, insbesondere auch von Zucker sind, werden 100 ccm in einen Kochkolben aus Jenaer Glas gebracht und nach Zusatz einer kleinen Menge festen Phenolphthaleins genau neutralisiert. Dann gibt man eine, je nach dem Estergehalt sich richtende, überschüssige Menge $^1/_{10}$ N.-Natronlauge hinzu und erhitzt zur Verseifung der Ester $^1/_2$ Stunde am Rückflußkühler; nach Verlauf dieser Zeit muß die Flüssigkeit noch alkalisch (vom Phenolphthalein rot gefärbt) sein. Nach dem Erkalten setzt man eine gemessene, überschüssige Menge $^1/_{10}$ N.-Schwefelsäure hinzu und titriert den Säureüberschuß mit $^1/_{10}$-N.-Natronlauge zurück. Die zur Verseifung der Ester in 100 ccm Branntwein erforderliche Menge $^1/_{10}$ N.-Alkali wird als Esterzahl bezeichnet. Man kann die Ester auch als Äthylacetat (Essigäther) berechnen. 1 ccm $^1/_{10}$ N.-Alkali = 0,0088 g Äthylacetat.

Stark gefärbte oder merkliche Mengen von Extrakt, insbesondere auch Zucker enthaltende Branntweine müssen zuerst neutral gemacht und destilliert werden. Man neutralisiert 100 ccm der Branntweine genau mit $^1/_{10}$ N.-Natronlauge, destilliert von der neutralisierten Flüssigkeit nahezu 100 ccm ab und bestimmt in dem Destillat, das man gleich in einem Kochkolben aus Jenaer Glas auffängt, die Ester durch Verseifen.

Die Bestimmung der Gesamtsäure und der Gesamtester werden zweckmäßig miteinander verbunden. Das durch Destillation der neutralen Flüssigkeit gewonnene, auf den ursprünglichen Raum mit Wasser aufgefüllte esterfreie Destillat kann zur Bestimmung des Fuselöls dienen.

---

[1]) Arbeiten a. d. Kaiserl. Gesundheitsamte 1893, **8**, 278.
[2]) Zeitschr. f. Untersuchung d. Nahrungs- u. Genußmittel 1904, **8**, 465.

Handelt es sich um die Trennung der freien und der in den Estern enthaltenen einzelnen Fettsäuren, so ist folgendes Vorgehen zu empfehlen: $^1/_2$ oder 1 l des Branntweins wird mit $^1/_{10}$ N.-Natronlauge titriert und damit der Gesamtsäuregehalt des Branntweins festgestellt. Von der neutralen Flüssigkeit destilliert man den Alkohol, der auch die Ester enthält, vollständig ab. Zu dem Destillationsrückstand gibt man einen kleinen Überschuß von Schwefelsäure oder Phosphorsäure und destilliert die flüchtigen Fettsäuren durch Einleiten von Wasserdampf vollständig über. Dem Destillat entzieht man die höheren, in Wasser unlöslichen oder schwer löslichen Fettsäuren, die zum Teil in der Form von Öltröpfchen oder Fetteilchen an der Oberfläche schwimmen, durch Ausschütteln mit Äther und verfährt weiter nach III. Bd., 1. Teil, S. 459. Das alkoholische, die Ester enthaltende Destillat wird in einem Kolben aus Jenaer Glas mit einem Überschuß von $^1/_{10}$ N.-Natronlauge (bei esterreichen Branntweinen auch eventuell mit $^1/_2$ N.-Natronlauge) verseift und der Alkaliüberschuß mit $^1/_{10}$ N.-Schwefelsäure zurücktitriert (Ermittelung des Gesamtgehalts an Estern). Die neutrale Flüssigkeit wird destilliert, das Destillat auf den ursprünglichen Raum wieder aufgefällt und zur Fuselölbestimmung benutzt. Der Destillationsrückstand, der die in den Estern gebunden gewesenen Fettsäuren als Natriumsalze enthält, wird mit einem kleinen Überschuß von Schwefelsäure oder Phosphorsäure versetzt; man destilliert die freigemachten Fettsäuren mit Wasserdampf über und verfährt weiter wie mit den freien Fettsäuren.

Der Gehalt der Branntweine an Estern schwankt nach einer Reihe von Analysen in ebenso weiten Grenzen wie der an freien Säuren; so ergaben je 100 ccm Branntwein an Gesamtestern, als Äthylacetat berechnet, in Milligramm:

Kartoffelbranntwein	Kornbranntwein (Whisky)	Kirschbranntwein	Zwetschenbranntwein	Obstbranntwein	Tresterbranntwein	Arrak	Rum	Kognak
mg	mg	mg	mg	mg	mg	mg	mg	mg
1,6—21,1	47,6—112,7	35,2—470,0	98,0—113,8	73,5 (eine Best.)	33,2—356,0	57—(2390 ?)	6,0—1916,0	18,0—415,0

Die Ester bilden sich teils bereits in den Maischen, teils beim Lagern der Branntweine. Aber auch bei ihnen bestehen nur etwa 5—20% aus Estern nichtflüchtiger Säuren und ihre Hauptmenge entfällt auf Essigsäureäthylester; aus dem Grunde können die Ester zweckmäßig auf Äthylacetat umgerechnet werden.

10. Nachweis und Bestimmung des Fuselöls (der höheren Alkohole). a) Qualitativer Nachweis des Fuselöls.

Neben den Geruchsproben (vgl. Band III, Teil I, S. 529) ist in neuerer Zeit das Verfahren von A. Komarowsky[1]) zum Nachweis von Fuselöl angewendet worden. Wenn der Branntwein extraktfrei und ungefärbt ist, kann man ihn ohne weitere Vorbereitung verwenden; anderenfalls nimmt man das Destillat in Arbeit. Man gibt zu 10 ccm des Branntweins bzw. des Destillats 25—30 Tropfen einer 1 proz. alkoholischen Lösung von Salicylaldehyd und 20 ccm konzentrierte Schwefelsäure, schüttelt ordentlich um und beobachtet die Farbe nach dem Erkalten; man bedient sich dabei am besten würfelförmiger Gläser mit Glasstopfen. Die Reaktion ist sehr empfindlich; schon bei Gegenwart von 0,01% Amylalkohol ist die Flüssigkeit granatrot. Isobutylalkohol ruft eine stärkere, Propylalkohol eine bedeutend schwächere Farbenreaktion hervor. Acetaldehyd verstärkt die Färbung. Das Verfahren ist ursprünglich von Komarowsky zur Prüfung von hochprozentigem Spiritus auf den Fuselölgehalt ausgearbeitet worden. Bei Trinkbranntweinen, die Ester usw. enthalten, müssen die Ester zuvor durch Kochen mit Natronlauge (auf 100 ccm Branntwein 5 ccm 40 proz.

---

[1]) Chem.-Ztg. 1903, **27**, 807, 1086. Vgl. auch J. Takahashi, Zeitschr. f. Untersuchung d. Nahrungs- u. Genußmittel 1906, **11**, 353; H. Kreis, Chem.-Ztg. 1907, **31**, 999; 1908, **32**, 149; 1910, **34**, 470; Th. von Fellenberg, Chem.-Ztg. 1910, **34**, 791; Mitteil. a. d. Gebiet d. Lebensmittelunters. u. Hygiene 1910, **1**, 311.

Natronlauge) am Rückflußkühler verseift werden[1]). Der Alkoholgehalt der zur Prüfung dienenden Flüssigkeit soll annähernd 30 Volumprozent betragen[2]). J. Takahashi[3]) verwendet zum Nachweise des Fuselöles eine Lösung von 1 g Vanillin in 200 ccm Schwefelsäure vom spez. Gew. 1,84.

Vielfach wurde früher auch das Verfahren von L. v. Udránsky[4]) zum Nachweis von Fuselöl angewendet. Darnach werden 5 ccm des Branntweins bzw. des Destillats mit 2 Tropfen 0,5proz. Furfurolwassers versetzt. Man schichtet dann 5 ccm konzentrierte Schwefelsäure unter die Flüssigkeit und sorgt durch Abkühlen dafür, daß die Temperatur nicht über 60° C steigt. Bei Gegenwart von Fuselöl entsteht an der Berührungsfläche der Flüssigkeiten ein roter, allmählich in Violett übergehender Farbenring. Nach $1/_2$ Stunde vermischt man durch vorsichtiges Schwenken unter Abkühlen die Flüssigkeiten; das rotviolett gefärbte Flüssigkeitsgemisch wird spektroskopisch geprüft. Als charakteristisch für das Vorhandensein von Fuselöl im Branntwein gilt nur die in Violett übergehende Rotfärbung und ein kräftiges, zwischen *E* und *b* beginnendes und etwas über *F* reichendes Bandspektrum.

Alle Verfahren zum qualitativen Nachweis von Fuselöl, die mit konzentrierter Schwefelsäure arbeiten, versagen vielfach, wenn der Branntwein ätherische Öle oder dgl. enthält, da diese ebenfalls mit der Schwefelsäure starke Farbenreaktionen geben.

Eine neuerdings von H. Holländer[5]) beschriebene Fuselölprobe (Kochen mit Eisessig und Phenylhydrazin und Schichten der Mischung mit konzentrierter Salzsäure; Auftreten eines grünen Rings) erwies sich bei der Nachprüfung durch Ed. Herzog[6]) als eine nicht gerade empfindliche Reaktion auf Fuselöl, ganz ähnlich, wie seinerzeit auch die Furfurolprobe mit Anilin und Salzsäure von A. Jorissen[7]) ursprünglich für eine Reaktion der höheren Alkohole gehalten wurde, bis K. Förster[8]) den Sachverhalt aufklärte.

b) Quantitative Bestimmung des Fuselöls. α) **Verfahren von B. Röse.**[9]) Dieses Verfahren ist für die Untersuchung der zur Vergällung bestimmten Branntweine auf ihren Fuselölgehalt (Gehalt an Nebenerzeugnissen der Gärung und Destillation) amtlich vorgeschrieben. Anlage 1 zu § 5 der Alkohlermittelungsordnung enthält eine genaue Anweisung zur Ausführung des Verfahrens[10]). Zu der Beschreibung des Verfahrens in Bd. III, Teil I, S. 529 ist folgendes zu bemerken:

Bei esterreichen Branntweinen, insbesondere bei vielen Edelbranntweinen, genügt das einfache Destillieren mit einem Überschuß von Alkali nicht, um die Ester zu verseifen, es besteht vielmehr die Gefahr, daß ein Teil der Ester unverändert in das Destillat gelangt, sich später in dem Chloroform löst und Fuselöl vortäuscht. Solche Branntweine müssen mit einem Überschuß von Alkali $1/_2$ Stunde am Rückflußkühler gekocht werden. Wenn man auch den Säure- und Estergehalt des Branntweins bestimmt, benutzt man zur Fuselölbestimmung zweckmäßig

---

[1]) H. Kreis, Chem.-Ztg. 1907, **31**, 999.

[2]) Th. von Fellenberg, Chem.-Ztg. 1910, **34**, 791. Vgl. auch R. Ofner, Zeitschr. f. angew. Chemie 1913, **26**, 608.

[3]) Journ. Agric. Tokio 1913, **5**, 167; Zeitschr. f. Untersuchung d. Nahrungs- u. Genußmittel 1914, **27**, 820.

[4]) Zeitschr. f. physiol. Chemie 1888, **13**, 260; vgl. auch G. Guérin, Journ. pharm. chim. [6], 1905, **21**, 14.

[5]) Münch. med. Wochenschr. 1910, **57**, 82.

[6]) Zeitschr. f. Untersuchung d. Nahrungs- u. Genußmittel 1911, **21**, 280.

[7]) Berichte d. Deutsch. chem. Gesellschaft 1880, **13**, 2439; 1882, **15**, 574.

[8]) Ebendort 1882, **15**, 322.

[9]) B. Röse, Bericht über die 4. Vers. bayer. Vertreter d. angew. Chemie, Nürnberg 1885, 27; A. Stutzer u. A. Reitmair, Repert. analyt. Chemie 1886, **6**, 305; Zeitschr. f. angew. Chemie 1890, 522; Eugen Sell, Arbeiten a. d. Kaiserl. Gesundheitsamte 1888, **4**, 109.

[10]) Vgl. Zeitschr. f. Untersuchung d. Nahrungs- u. Genußmittel 1901, **4**, 186.

das Destillat von der Esterbestimmung. Da man stets eine Doppelbestimmung ausführen muß, nimmt man 200 ccm Branntwein in Arbeit; nur bei hochprozentigen Branntweinen mit über 60 Volumprozent Alkohol kann man 100 ccm und bei Branntweinen mit über 45 Volumprozent Alkohol 150 ccm verwenden, weil man dann doch über 200 ccm auf 30 Volumprozent Alkohol verdünnten Branntwein erhält. Hochprozentige Branntweine, z. B. Rohspiritus und Originalrum, vermischt man mit dem gleichen Raumteil Wasser und destilliert sie auf das doppelte Volumen ab, z. B. 100 ccm auf 200 ccm; anderenfalls geht nicht der ganze Alkoholgehalt in das Destillat über.

Fig. 209.

14 Gr.

Schüttelapparat für Fuselölbestimmung nach K. Windisch.

Die Branntweine sind heute vielfach erheblich alkoholärmer als früher, sie enthalten oft nicht einmal 25 Volumprozent Alkohol. Da es genauer ist, einen höherprozentigen Branntwein durch Wasserzusatz auf 30 Volumprozent zu verdünnen, als durch Alkoholzusatz den Alkoholgehalt auf 30 Volumprozent heraufzusetzen, kann man Branntweine unter 25 Volumprozent Alkohol durch Destillation konzentrieren, indem man 400 ccm Branntwein auf 200 ccm destilliert. Die Konzentration des Branntweins ist natürlich bei der Berechnung zu berücksichtigen.

Die Einstellung des Branntweins auf 30 Volumprozent oder 24,7 Gewichtsprozent muß sehr genau erfolgen.

Als Schüttelbürette ist die von K. Windisch[1]) angegebene (Fig. 209) zu verwenden, die eine Einteilung von 20—22,5 ccm, um je 0,02 ccm fortschreitend, hat; sie ist öfter mit konzentrierter Schwefelsäure zu reinigen. Alle Flüssigkeiten sind genau bei 15° C abzumessen und dauernd auf dieser Temperatur zu halten. Das Chloroformvolumen liest man erst ab, nachdem das durchgeschüttelte Gemisch von Chloroform und Branntwein eine Stunde in dem Kühlzylinder bei 15° C war, das Chloroform sich vollständig gesammelt hat und beide Flüssigkeiten klar geworden sind.

M. Glasenapp[2]) hat Schüttelbüretten empfohlen, die ganz in das Wasser eintauchen und auch unter Wasser geschüttelt werden können; mit diesen Apparaten kann die Temperatur von 15° C dauernd, auch während des Schüttelns, eingehalten werden.

Unzweckmäßig ist es, nur 50 ccm des auf 30 Volumprozent verdünnten Branntweins zu verwenden und mit 50 ccm reinem Weingeist auf 100 ccm zu ergänzen; genauer ist es, 100 ccm des verdünnten Branntweins zu nehmen.

Zur Feststellung der Volumvermehrung des Chloroforms durch reinen 30 volumproz. Weingeist verwendet man feinsten Weinsprit des Handels, z. B. die als vortrefflich anerkannte Marke C. A. F. Kahlbaum.

Der Berechnung des Fuselölgehalts liegt der Unterschied der Volumvermehrung des Chloroforms beim Schütteln einerseits mit dem zu untersuchenden Branntwein, andererseits mit reinem Weingeist, beide genau auf 30 Volumprozent eingestellt, zugrunde. Ist dieser Unterschied gleich a ccm, so enthält der auf 30 Volumprozent verdünnte Branntwein $^2/_3\,a$ Volumprozent Fuselöl. Hat der ursprüngliche Branntwein v Volumprozent Alkohol, so enthält der Branntwein

$$x = {}^2/_3 a \cdot \frac{v}{30} = 0{,}022 \cdot a \cdot v \text{ Volumprozent Fuselöl,}$$

auf 100 Raumteile des Branntweins berechnet, und

$$y = 2{,}22 \cdot a \text{ Volumprozent Fuselöl,}$$

auf wasserfreien Alkohol berechnet.

[1]) Arbeiten a. d. Kaiserl. Gesundheitsamte 1889, **5**, 391.
[2]) Zeitschr. f. Spiritusind. 1894, **17**, 169; Zeitschr. f. angew. Chemie 1895, 657.

Bei der steueramtlichen Untersuchung von Spiritus, der zur Vergällung bestimmt ist, ist der Fuselölgehalt in Gewichtsprozenten, bezogen auf wasserfreien Alkohol, anzugeben. Man erhält die Gewichtsprozente Fuselöl aus den Volumprozenten Fuselöl, beide auf wasserfreien Alkohol bezogen, durch Multiplikation mit 1,025. Daraus ergibt sich die Formel:

$$z = 1,025 \cdot 2,22 \cdot a = 2,28 \, a \text{ Gewichtsprozent Fuselöl,}$$

auf wasserfreien Alkohol berechnet.

Bei der Untersuchung von Branntwein (Spiritus) auf den Gesamtgehalt an Nebenerzeugnissen der Gärung und Destillation nach der steueramtlichen Vorschrift darf der Branntwein nicht mit Kalilauge destilliert werden, weil dabei Ester und Aldehyde mitbestimmt werden müssen.

Branntweine, die bereits mit dem allgemeinen Vergällungsmittel (2 l rohem Holzgeist und $1/2$ l Pyridinbasen auf 100 l Alkohol) vergällt sind, werden mit Schwefelsäure stark angesäuert, mit Wasser verdünnt und auf den doppelten Raum destilliert; die Pyridinbasen bleiben im Rückstand. Das Destillat wird in der vorher beschriebenen Weise untersucht. Bei der Berechnung des Gehalts an Nebenerzeugnissen ist zu berücksichtigen, daß der rohe Holzgeist das Volumen des Chloroforms vermehrt, und zwar in dem auf 30 Raumprozent Alkohol verdünnten Branntwein um 0,12 ccm. Von dem in der Schüttelbürette abgelesenen Chloroformvolumen sind daher 0,12 ccm in Abzug zu bringen, ehe man die weitere Rechnung vornimmt[1].

Von J. Graftiau[2] wurde eine Änderung der Schüttelbürette angegeben. Bei der Untersuchung fuselölarmer Spiritusarten empfehlen A. Stutzer und R. Maul[3] eine Anreicherung des Fuselöls durch geeignete Destillation und Ausschütteln von 250 ccm des auf 30 Volumprozent eingestellten Branntweins in einer größeren Schüttelbürette. Nach Ph. Schidrowitz[4] ist das Rösesche Verfahren für die Untersuchung von Whisky nicht geeignet. Im übrigen hat man meist recht gute Ergebnisse damit erhalten[5]. Insbesondere wirken ätherische Öle in den Mengen, wie sie sich in der Regel in den gewöhnlichen Trinkbranntweinen finden, nur wenig störend.

β) **Verfahren von E. Beckmann.** Das III. Bd., I. Teil, S. 535 beschriebene Verfahren von E. Beckmann[6] hat bisher, wie es scheint, bei der Nachprüfung noch nirgends die Probe bestanden; wenigstens war in der Literatur keine dem Verfahren günstige Veröffentlichung zu finden. Dagegen wird mehrfach angegeben, das Verfahren sei nicht ausführbar oder es ergebe einen viel zu niedrigen Fuselölgehalt[7]. Diesem Urteil schließt sich der Verf. dieses Abschnitts auf Grund eigener Untersuchungen an. L. J. Bedford und R. L. Jenks[8] haben das Verfahren in der Weise abgeändert, daß sie die Alkylnitrite unter Luftabschluß auf eine saure Jodkaliumlösung einwirken lassen und das freigemachte Jod mit Thiosulfat zurücktitrieren.

---

[1] K. Windisch, Arbeiten a. d. Kaiserl. Gesundheitsamte 1888, **6**, 471.

[2] Bull. soc. chim. Belg. 1905, **19**, 21.

[3] Zeitschr. f. analyt. Chemie 1896, **35**, 159.

[4] Journ. Soc. Chem. Ind. 1902, **21**, 814; 1905, **24**, 176; Journ. Amer. Chem. Soc. 1907, **29**, 561; Ph. Schidrowitz u. Fr. Kaye, Analyst 1905, **30**, 190; W. L. Dudley, Journ. Amer. Chem. Soc. 1908, **30**, 1271.

[5] J. Bell, Analyst 1891, **16**, 171; B. Jürgens, Pharm. Zeitschr. f. Rußland 1897, **36**, 225, 241, 257; A. Lasche, Zeitschr. f. Untersuchung d. Nahrungs- u. Genußmittel 1907, **13**, 716, nach Lasches Magazine for the Practical Destiller 1906, **4**, 107; V. J. Veley, Journ. Soc. Chem. Ind. 1906, **25**, 398.

[6] Zeitschr. f. Untersuchung d. Nahrungs- u. Genußmittel 1899, **2**, 709; 1901, **4**, 1059; 1905, **10**, 143.

[7] Ph. Schidrowitz u. Fr. Kaye, Analyst 1905, **30**, 190; C. A. Neufeld, Zeitschr. f. Untersuchung d. Nahrungs- u. Genußmittel 1906, **11**, 354; A. Lasche, ebendort 1907, **13**, 716.

[8] *Journ. Soc. Chem. Ind.* 1907, **26**, 364.

γ) **Verfahren von L. Marquardt.** Das III. Bd., I. Teil, S. 536 beschriebene Verfahren von L. Marquardt[1]) erfreut sich in einer von A. H. Allen abgeänderten Form in den englischen Laboratorien teilweise großer Beliebtheit. K. Windisch[2]) fand von reinem Amylalkohol, der in Feinsprit aufgelöst wurde, nur $^4/_5$—$^2/_3$, bei größeren Mengen nur $^1/_3$ der zugesetzten Menge nach dem ursprünglichen Verfahren von Marquardt wieder. A. H. Allen[3]) verfährt wie folgt: Man versetzt 100 ccm Branntwein mit 20 ccm $^1/_{10}$ N.-Natronlauge und kocht das Gemisch 1 Stunde am Rückflußkühler. Dann destilliert man 90 ccm der Flüssigkeit ab, läßt erkalten, gibt 30 ccm Wasser in den Destillierkolben und destilliert weitere 20 ccm über. Man kühlt den Kolben ab, gibt 10 g Natriumsulfat und 20 ccm Wasser hinzu und destilliert nochmals 20 ccm über. Das Destillat (130 ccm) enthält das gesamte Fuselöl des Branntweins. Zu dem gut durchgemischten Destillat gibt man so viel mit Schwefelsäure deutlich sauer gemachte, konzentrierte Kochsalzlösung, daß das spezifische Gewicht der Mischung 1,10 beträgt, und schüttelt die Flüssigkeit viermal mit Tetrachlorkohlenstoff aus, nacheinander mit 40, 30, 20 und 10 ccm. Der Tetrachlorkohlenstoff nimmt neben dem Fuselöl etwas Äthylalkohol auf, den man durch Ausschütteln erst mit 50 ccm konzentrierter Kochsalzlösung und dann mit konzentrierter Natriumsulfatlösung entfernt; die Tetrachlorkohlenstofflösung wird filtriert und mit 5 g Kaliumbichromat, 2 g konzentrierter Schwefelsäure und 10 g Wasser oxydiert. Die Oxydation erfolgt am Rückflußkühler auf dem Wasserbad während 8 Stunden. Alsdann gibt man 30 ccm Wasser hinzu und destilliert den Kolbeninhalt bis auf 20 ccm ab, gibt nochmals 80 ccm Wasser zu und destilliert bis auf 5 ccm ab. Das Destillat enthält die durch Oxydation des Amylalkohols entstandene Baldriansäure und etwas Salzsäure, die durch Oxydation des Tetrachlorkohlenstoffs entstanden ist; die Säuren sind teils im Wasser, teils im Tetrachlorkohlenstoff gelöst. Man titriert nunmehr mit $^1/_{10}$ N.-Barytlösung, zuerst mit Methylorange als Indikator und findet auf diese Weise die Salzsäure; nach jedem Barytzusatz muß man tüchtig schütteln. Dann titriert man weiter mit Phenolphthalein als Indikator und findet so die Baldriansäure. Man kann natürlich zur Ermittelung der Baldriansäure auch das ursprüngliche gewichtsanalytische Verfahren von Marquardt anwenden. Der Tetrachlorkohlenstoff muß mit dem Chromsäuregemisch gereinigt, über Bariumcarbonat destilliert werden und frei von Chloroform sein. Die Korke des Destillierapparats sollen mit Zinnfolie umwickelt werden. Auch Aldehyd und Furfurol gehen in den Tetrachlorkohlenstoff über und geben bei der Oxydation Säuren. Nach Phil. Schidrowitz und Fr. Kaye[4]) muß man Branntweine, die mehr als 0,15% Fuselöl enthalten, mit reinem 50 proz. Weingeist verdünnen.

Mit dem abgeänderten Verfahren Marquardt-Allen erhielten Ph. Schidrowitz[5]), E. A. Mann und C. E. Stacey[6]) und W. L. Dudley[7]) gute, A. Lasche[8]) und C. H. Bedford und R. L. Jenks[9]) weniger befriedigende Ergebnisse.

δ) **Verfahren von Ch. Girard.** Das Verfahren von Girard (die Beschreibung siehe im III. Bd., I. Teil, S. 536) rührt ursprünglich von Savalle her, ist aber mehrfach abgeändert worden. Das Verfahren wird von den französischen Chemikern auch heute noch fast allgemein

---

[1]) Berichte d. Deutsch. chem. Gesellschaft 1882, **15**, 1370 u. 1661.

[2]) Arbeiten a. d. Kaiserl. Gesundheitsamte 1889, **5**, 385.

[3]) Journ. Soc. Chem. Ind. 1891, **10**, 305 u. 519; A. H. Allen u. W. Chattaway, Analyst 1891, **16**, 102.

[4]) Analyst 1906, **31**, 181.

[5]) Journ. Soc. Chem. Ind. 1902, **21**, 814; Journ. Amer. Chem. Soc. 1907, **29**, 561; Ph. Schidrowitz u. Fr. Kaye, Analyst 1905, **30**, 190; 1906, **31**, 181.

[6]) Journ. Soc. Chem. Ind. 1906, **25**, 1125; 1907, **26**, 287.

[7]) Journ. Amer. Chem. Soc. 1908, **30**, 1271.

[8]) Zeitschrift f. Untersuchung d. Nahrungs- u. Genußmittel 1907, **13**, 716.

[9]) Journ. Soc. Chem. Ind. 1907, **26**, 123.

angewendet; die in der französischen (sehr umfangreichen) Literatur sich findenden Werte für den Gehalt der Branntweine an höheren Alkoholen sind durchweg nach dem S c h w e f e l - s ä u r e v e r f a h r e n gewonnen worden, was wohl zu beachten ist. Besondere Sorgfalt ist bei diesem Verfahren der B e s e i t i g u n g der A l d e h y d e zuzuwenden, die mit konzentrierter Schwefelsäure ebenfalls starke Färbungen ergeben. An Stelle von m-Phenylendiaminchlor-hydrat[1]) wird zu diesem Zwecke auch Anilinphosphat[2]) und phenylhydrazinsulfonsaures Natrium benutzt. Die Art der Ausführung des Verfahrens ist von größtem Einfluß auf das Ergebnis; insbesondere spielt die Temperatur des Branntwein-Schwefelsäuregemisches eine wichtige Rolle[3]). Bei der Nachprüfung des französischen Verfahrens hat man vielfach schlechte Erfahrungen gemacht[4]).

Das F u s e l ö l bildet sich nach neueren Untersuchungen (vgl. weiter unten S. 366e) teils aus A m i n o s ä u r e n bei der Vergärung (Zerlegung) durch Hefe, teils bei der Vergärung (Zersetzung) von Z u c k e r durch B a k t e r i e n. K. W i n d i s c h[5]) gibt nach einer Reihe von Analysen über den Gehalt der Branntweine an F u s e l ö l, berechnet auf je 100 ccm a b s o l u t e n A l k o h o l als Einheitsmaß, folgende Übersicht:

Branntwein aus	Schwankungen Vol.-Proz.	Mittel Vol.-Proz.	Branntwein aus	Schwankungen Vol.-Proz.	Mittel Vol.-Proz.
Kartoffeln (34)	0,12—0,42	0,28	Äpfeln (25)	0,07—1,07	0,53
Roggen (Korn) (10) . .	0,34—0,86	0,50	Weintrestern (12) . .	0,38—(2,63)	0,95
Mais (8)	0,19—0,85	0,58	Arrak (7)	0—0,46	—
Kirschen (36)	0,03—(2,48)	0,46	Rum (33)	0,05—0,52	0,23
Zwetschen (31)	0,04—0,67	0,31	Kognak (103)	0—1,08	0,34

Diese vor 14—27 Jahren ausgeführten Untersuchungen sind aber, wie K. W i n d i s c h bemerkt, für die jetzige Zeit nicht mehr maßgebend, weil inzwischen die Einrichtungen zum Reinigen und Entfuseln wesentlich vervollkommnet sind. Obige Zahlen sollen daher nur zeigen, bis zu welcher Höhe das Fuselöl unter Umständen in stark verunreinigten Branntweinen vorkommen kann.

11. Nachweis und Bestimmung des Aldehyds. Branntweine, die keine nennenswerten Mengen Extrakt, insbesondere keinen Zucker, enthalten, können direkt auf Aldehyd geprüft werden. Extrakt- und zuckerhaltige Branntweine werden vorher destilliert und das Destillat wird geprüft. Da der Acetaldehyd bereits bei 21° C siedet, kann man ihn anreichern, indem man von dem Branntwein nur die Hälfte abdestilliert und das Destillat prüft.

a) Qualitativer Nachweis des Aldehyds. *α) Mit Kalilauge.* Beim Kochen einer aldehydhaltigen Flüssigkeit mit Kalilauge entsteht sog. Aldehydharz, das eine gelbe Farbe und einen eigentümlichen Geruch hat[6]).

β) Mit ammoniakalischer Silberlösung. Nach B. T o l l e n s[7]) ist die von J. v. L i e - b i g[6]) angegebene Reaktion empfindlicher bei Gegenwart von Kalium- oder Natriumhydrat.

---

[1]) Ch. Girard u. X. R o c q u e s, Compt. rend. 1888, **107**, 1158; X. R o c q u e s, Annal. chim. analyt. 1897, **2**, 141.

[2]) Ed. M o h l e r, Compt. rend. 1891, **112**, 53; Rev. internat. fals. 1892, **5**, 116, 139, 152; A. B o n i s, Annal. fals. 1908, **1**, 86; X. R o c q u e s, Ann. chim. anal. 1912, **17**, 86.

[3]) X. R o c q u e s, Annal. chim. analyt. 1905, **10**, 63, 101; E. B a r b e t, Bull. assoc. chim. sucre et distill. 1906, **23**, 1286.

[4]) Ph. S c h i d r o w i t z, Journ. Soc. Chem. Ind. 1902, **21**, 814; V. H. V e l e y, ebendort 1906, **25**, 398; Ph. S c h i d r o w i t z u. Fr. K a y e, Analyst 1906, **31**, 181; E. A. M a n n u. C. E. S t a c e y, Journ. Soc. Chem. Ind. 1907, **26**, 287.

[5]) Zeitschr. f. Untersuchung d. Nahrungs- u. Genußmittel 1909, **8**, 465.

[6]) Liebigs Ann. Chem. Pharm. 1835, **14**, 133.

[7]) *Berichte d. Deutsch. chem. Gesellschaft* 1881, **14**, 1950; 1882, **15**, 1635, 1828.

Zur Herstellung der Reagensflüssigkeit mischt man nach Tollens gleiche Teile 10 proz. Silbernitratlösung und 10 proz. Natriumhydroxydlösung und setzt tropfenweise Ammoniak hinzu, bis der Niederschlag von Silberoxyd eben gelöst wird. Die Reduktion des Silberoxyds zu metallischem Silber tritt schon in der Kälte, rascher beim Erwärmen im Wasserbad, ein (Silberspiegel).

γ) *Mit einer durch schweflige Säure entfärbten Fuchsinlösung (Rosanilin-bisulfit) nach H. Schiff*[1]) *und U. Gayon.*[2]) Man löst 1 g Fuchsin in 1 l Wasser und gibt 20 ccm Natriumbisulfitlösung von 30° Bé (spezifisches Gewicht = 1,257) hinzu; wenn die Entfärbung vollständig ist, setzt man noch 10 ccm konzentrierte Salzsäure hinzu. Man versetzt 2 ccm Branntwein mit 1 ccm der entfärbten Lösung, schüttelt um und läßt stehen. Bei Gegenwart von Aldehyd im Branntwein entsteht eine violettrote Färbung, deren Stärke dem Aldehydgehalt proportional ist.

δ) *Mit Diazobenzolsulfosäure nach F. Penzoldt und E. Fischer.*[3]). Man löst krystallisierte Diazobenzolsulfosäure in 60 Teilen Wasser, gibt etwas Natronlauge, die mit sehr verdünnter Natronlauge schwach alkalisch gemachte Aldehydlösung und ein Körnchen Natriumamalgam hinzu; nach 10—20 Minuten entsteht eine rotviolette, fuchsinähnliche Färbung.

ε) *Mit m-Phenylendiaminchlorhydrat nach W. Windisch.*[4]) Man versetzt etwa 10 ccm des Branntweins mit einer kleinen Messerspitze m-Phenylendiaminchlorhydrat. Bei Gegenwart von Aldehyd färbt sich die Flüssigkeit gelb bis braun, und nach einigem Stehen entwickelt sich eine beständige grüne Fluorescenz, die für Aldehyde charakteristisch ist.

ζ) *Mit alkalischer Kalium-Quecksilberjodidlösung (Neßlers Reagens) nach W. Windisch.*[5]) Man versetzt etwa 10 ccm Branntwein mit einigen Tropfen Neßlers Reagens; es entsteht sofort ein Niederschlag, der je nach der Menge des vorhandenen Aldehyds hellgelb, rotgelb, orange oder grau wird. Der graue Niederschlag besteht aus metallischem Quecksilber.

Weiter werden zum Nachweise des Aldehyds im Branntwein empfohlen: Phenylhydrazin von E. Fischer[6]), Nitroprussidnatrium und aromatische Nitroverbindungen von Béla von Bittó[7]), Phenylhydrazinoxalat und Kalilauge von E. Riegler[8]).

b) Quantitative Bestimmung des Aldehyds. α) *Colorimetrisch mit Rosanilinbisulfit.* Fast allgemein wird der Aldehyd im Branntwein colorimetrisch mit einer durch schweflige Säure entfärbten Fuchsinlösung (vgl. das Verfahren unter α γ) bestimmt[9]). Hierzu bedarf man eines völlig aldehydfreien Alkohols, der von X. Rocques[10]) und N. Passerini[11]) durch Destillation von Alkohol mit m-Phenylendiaminchlorhydrat, von L. M. Tolman und T. C. Trescot[12]) durch Destillation des Alkohols mit Ätzkali und darauf mit m-Phenylendiaminchlorhydrat, von E. A. Mann und C. E. Stacey[13]) durch Destillation des Alkohols mit hydrazinsulfosaurem

---

[1]) Compt. rend. 1867, **64**, 482.

[2]) Ebendort 1887, **105**, 1182.

[3]) Berichte d. Deutsch. chem. Gesellschaft 1883, **16**, 657.

[4]) Zeitschr. f. Spiritusind. 1886, **9**, 515.

[5]) Ebendort 1887, **10**, 88.

[6]) Berichte d. Deutsch. chem. Gesellschaft 1884, **17**, 572.

[7]) Annal. Chem. Pharm. 1892, **267**, 372; 1892, **269**, 377.

[8]) Zeitschr. f. analyt. Chemie 1903, **42**, 168.

[9]) Ed. Mohler, Rev. internat. fals. 1892, **5**, 116, 139, 152; P. Woltering, Chem. Zentralbl. 1892, II, 60.

[10]) Ann. chim. analyt. 1901, **6**, 96.

[11]) Staz. speriment. agr. ital. 1906, **39**, 221.

[12]) Journ. Amer. Chem. Soc. 1906, **28**, 1619.

[13]) Journ. Soc. Chem. Ind. 1907, **26**, 287.

Natrium, von L. Medicus[1]) durch fraktionierte Destillation von absolutem Alkohol gewonnen wird. Zur Herstellung der Vergleichslösung von bestimmtem Aldehydgehalt wird von Tolman und Trescot[2]) und A. Bonis[3]) Aldehydammoniak benutzt, von L. Medicus und L. Ronnet[4]) reiner Acetaldehyd. L. Medicus und andere verwenden eine Fuchsinlösung, die durch wässerige schweflige Säure entfärbt ist, z. B. eine Lösung von 0,5 g Fuchsin und 0,5 g H_2SO_3 in 100 ccm Wasser; X. Rocques empfiehlt eine alkoholische fuchsinschweflige Säurelösung.

Bei der Ausführung der colorimetrischen Bestimmung müssen die Versuchsbedingungen bei beiden Flüssigkeiten (Branntwein und Vergleichsflüssigkeit von bekanntem Aldehydgehalt) genau gleich sein; dies gilt namentlich vom Alkoholgehalt, der Temperatur, der Menge der Reagensflüssigkeit und der Einwirkungsdauer der letzteren. Die Verwendung eines geeigneten Colorimeters, z. B. des von Duboscq, ist notwendig. Die Gegenwart von Furfurol im Branntwein schadet nicht, da es mit Rosanilinbisulfit erst in Mengen reagiert, die sich im Branntwein nicht finden.

β) Mit schwefliger Säure. Das Verfahren beruht auf der Feststellung, daß der Aldehyd durch einen Überschuß von schwefliger Säure (quantitativ) gebunden wird. Nach E. Rieter[5]) verfährt man folgendermaßen: Man gibt 5 ccm einer wässerigen Lösung von schwefliger Säure (etwa 500 mg SO_2 im Liter enthaltend) in ein 100-ccm-Kölbchen, läßt 20 ccm Branntwein oder Branntweindestillat zufließen, füllt mit destilliertem Wasser zur Marke auf, schüttelt um und läßt die Mischung gut verschlossen 4 Stunden stehen. Dann schüttelt man nochmals um und nimmt mit einer Pipette 50 ccm heraus, die man in ein Kölbchen, das 25 ccm Normal-Kalilauge enthält, in der Weise fließen läßt, daß die Ausflußspitze der Pipette in die Lauge taucht. In den 50 ccm Flüssigkeit, die in dem 100-ccm-Kölbchen zurückgeblieben sind, bestimmt man dann tunlichst rasch die freie schweflige Säure, indem man sie nach Zugabe von Stärkelösung und 5 ccm Schwefelsäure (1 + 3) mit $1/100$ N.-Jodlösung titriert. Nach 10—15 Minuten gibt man in das zweite Kölbchen 10 ccm der verdünnten Schwefelsäure und Stärkelösung und titriert rasch die gesamte schweflige Säure mit der $1/100$ N.-Jodlösung. Der Unterschied im Jodverbrauch bei beiden Titrationen entspricht der an Aldehyd gebundenen schwefligen Säure. 1 ccm $1/100$ N.-Jodlösung = 0,00032 g SO_2. Jedes Molekül SO_2 = 64 g bindet ein Molekül Acetaldehyd C_2H_4O = 44 g, woraus die Aldehydmenge zu berechnen ist.

M. Ripper[6]) verwendet zum gleichen Zweck nicht wässerige Schwefligsäurelösung, sondern einen Überschuß von Kaliumbisulfitlösung. L. Mathieu[7]) verfährt ebenso, gibt aber noch 2 g Weinsäure hinzu.

Der Acetaldehyd wird (vgl. weiter unten S. 366 c) vorwiegend nach beendigter Gärung, aber auch beim Lagern des Branntweines (durch Oxydation von Alkohol) gebildet. Seine Menge tritt gegen die sonstigen Nebenerzeugnisse bei der Gärung in der Regel zurück. Der Gehalt an Acetaldehyd ist für je 100 ccm verschiedener Branntweine wie folgt gefunden worden:

Kartoffel-branntwein mg	Korn-branntwein (Whisky) mg	Kirsch-branntwein mg	Zwetschen-branntwein mg	Obst-branntwein mg	Trester-branntwein mg	Rum mg	Kognak mg
0 bis starke Reaktion	3,0—35,2	0,3—40,0	8,0—9,2	0,3—28,0	5,7—13,9	8,0—20,1	1,0—48,1

[1]) Forschungsber. über Lebensmittel 1895, **2**, 299.

[2]) Journ. Amer. Chem. Soc. 1906, **28**, 1619.

[3]) Ann. fals. 1908, **1**, 90.

[4]) Ebendort 1910, **3**, 205.

[5]) Schweizer. Wochenschr. f. Chemie u. Pharm. 1896, **34**, 237.

[6]) Zeitschr. f. landw. Versuchswesen in Österreich 1900, **3**, 26; Monatshefte f. Chemie 1900, **21**, 1079.

[7]) Rev. internat. fals. 1904, **17**, 43.

12. Nachweis und Bestimmung des Furfurols.

Zum Nachweis des Furfurols dient ganz allgemein die rote Farbenreaktion, die es mit Anilin und Salzsäure gibt [1]). Man setzt zu 10 ccm Branntwein oder Branntweindestillat 3 Tropfen farbloses Anilin und 1 Tropfen konzentrierte Salzsäure. Enthält der Branntwein Furfurol, so entsteht eine rote Färbung, die durch salzsaures Furfuranilin hervorgerufen wird. H. Schiff [2]) verwendet Xylidin und Essigsäure, wobei ebenfalls eine Rotfärbung auftritt.

L. von Udranszky [3]) empfiehlt folgende zwei Verfahren zum Nachweis des Furfurols im Branntwein: 1. Man gibt zu 10 ccm Branntwein 1 Tropfen reinen Amylalkohol und schichtet konzentrierte Schwefelsäure darunter; ist Furfurol vorhanden, so entsteht an der Berührungsfläche der beiden Schichten ein violetter Ring. 2. Man gibt zu 10 ccm Branntwein einige Tropfen einer alkoholischen Lösung von α-Naphthol und schichtet konzentrierte Schwefelsäure darunter; ein roter Ring an der Berührungsfläche zeigt Furfurol an. Schüttelt man um, so ist die ganze Flüssigkeit rot gefärbt und zeigt ein im grünen Teil des Spektrums liegendes, scharf begrenztes Absorptionsband.

Zur Bestimmung des Furfurols im Branntwein können die bei der Bestimmung der Pentosane üblichen Fällungsverfahren mit Phloroglucin, Pyrogallol und Barbitursäure (vgl. III. Bd., 1. Teil, S. 448) nicht angewendet werden, weil der Gehalt der Branntweine an Furfurol viel zu klein ist. Man bestimmt das Furfurol colorimetrisch mit Hilfe der Farbenreaktion mit Anilin und Salzsäure. Als Vergleichslösung dient eine Lösung von frisch destilliertem Furfurol in furfurolfreiem Alkohol; auch das Anilin muß frisch destilliert und farblos sein. Temperatur und Alkoholgehalt der Vergleichsflüssigkeiten müssen gleich sein [4]).

Das Furfurol, welches wohl ausschließlich bei der Destillation der Maische aus Pentosanen durch Überhitzen gebildet wird, pflegt in noch geringerer Menge als der Acetaldehyd im Branntwein vorhanden zu sein. Verschiedene Analysen ergaben z. B. für je 100 ccm Branntwein:

Kartoffel-branntwein	Korn-branntwein (Whisky)	Kirsch-branntwein	Zwetschen-branntwein	Obst-branntwein	Trester-branntwein	Rum	Kognak
mg	mg	mg	mg	mg	mg	mg	mg
0—0,5	0—6,2	0—5,0	Spur bis 2,3	0—0,8	0,4—2,8	0,7—2,9	0—7,9

13. Nachweis und Bestimmung des Methylalkohols [5]). a) Qualitativer Nachweis des Methylalkohols.

Methylalkohol kann durch Zusatz von reinem Methylalkohol oder von vollständig oder unvollständig (nur mit rohem Holzgeist) vergälltem Spiritus in den Branntwein gelangen.

α) Die Mehrzahl der Verfahren zum Nachweise des Methylalkohols beruht auf der **Oxydation desselben zu Formaldehyd** und Nachweis des letzteren durch geeignete Reaktionen. Die Oxydation des Methylalkohols wird durchgeführt: von S. P. Mulliken und H. Scudder [6]), E. Jandrier [7]), A. B. Prescott [8]), L. D. Haigh [9]) und H. Scudder [10]) durch Eintauchen einer glühenden Kupferspirale in den zu untersuchenden Branntwein, von Sanglé-

---

[1]) Ann. Chem. Pharm. 1850, **74**, 282; 1870, **156**, 197.

[2]) Berichte d. Deutsch. chem. Gesellschaft 1887, **20**, 540.

[3]) Zeitschr. f. physiol. Chemie 1888, **12**, 355, 375; 1889, **13**, 248.

[4]) L. M. Tolman u. J. C. Trescot, Journ. Amer. Chem. Soc. 1906, **28**, 1619.

[5]) Hugo Bauer, Analytische Chemie des Methylalkohols. Stuttgart 1914, F. Enke.

[6]) Amer. Chem. Journ. 1897, **21**, 266; 1900, **24**, 244.

[7]) Ann. chim. analyt. 1899, **4**, 156.

[8]) Chem. Zentralbl. 1901, II, 562.

[9]) Pharm. Review 1903, **21**, 404; Zeitschr. f. Untersuchung d. Nahrungs- u. Genußmittel 1904, **8**, 640.

[10]) Journ. Amer. Chem. Soc. 1905, **27**, 892.

Ferrière und Cuniasse[1]), G. Fendler und C. Mannich[2]), H. Scudder und R. B. Riggs[3]), M. Vuk[4]), G. Denigès[5]), F. Wirthle[6]), F. Aweng[7]), C. Simmonds[8]) mit Kaliumpermanganat und Schwefelsäure, von E. Voisenet[9]) und A. Bono[10]) mit Kaliumbichromat und Schwefelsäure, von A. Vorisek[11]) mit Chromsäure und von L. E. Hinke[12]) mit Ammoniumpersulfat und Schwefelsäure.

Da in Mischungen von Methylalkohol und Äthylalkohol bei der Oxydation neben Formaldehyd stets Acetaldehyd gebildet wird, kommen für den Nachweis des Formaldehyds nur solche Reaktionen in Betracht, die nur der Formaldehyd, nicht aber der Acetaldehyd gibt. Für diesen Zweck werden folgende Reaktionen empfohlen: mit Resorcin und Schwefelsäure, mit Phloroglucin, mit Phenylhydrazin und Nitroprussidnatrium[13]), mit salzsaurem Morphin, mit Eiweiß und nitrithaltiger Salzsäure, mit Eisenchlorid, Eiweiß und Schwefelsäure, mit Rosanilinbisulfit und die Hexamethylentetraminreaktion.

Für die Ausführung der am meisten verwendeten Reaktion von Denigès gibt letzterer folgende Vorschrift:

„Man gibt in ein Reagensglas 0,1 ccm des zu prüfenden Alkohols, 5 ccm 1proz. Kaliumpermanganatlösung, 0,2 ccm Schwefelsäure, mischt, entfärbt nach 2—3 Min. durch 1 ccm 8proz. Oxalsäurelösung, setzt, nachdem die Flüssigkeit madeiragelb geworden ist, 1 ccm Schwefelsäure hinzu und schüttelt. Sobald die Flüssigkeit farblos geworden ist, gibt man 5 ccm Rosanilinbisulfitlösung hinzu, worauf nach einigen Minuten eine kennzeichnende violette Färbung auftritt, die um so stärker ausfällt, je mehr Methylalkohol zugegen ist."

H. Grosse-Bohle[14]) hat die Vorschrift insofern geändert, als er vor dem Zusatz von fuchsinschwefliger Säure 2 ccm Salzsäure (1,124 spez. Gew.) zusetzt und weiter nur 1 ccm fuchsinschweflige Säure zufügt. Letztere bereitet er in der Weise, daß er 1 g essigsaures oder salzsaures Rosanilin in 500 ccm Wasser löst, hierzu eine wässerige Lösung von 25 g krystallisiertem Natriumsulfit sowie 15 ccm Salzsäure (1,124 spez. Gew.) setzt und dann auf 1 l verdünnt. H. Fincke[14]), der mit diesem Verfahren gute Erfolge erzielt hat, empfiehlt unter den verschiedenen Fuchsinsorten das Fuchsin (C_{20}), Rosanilinsalz der Höchster Farbwerke. Infolge des hohen Säuregehaltes sollen Störungen durch andere Aldehyde (Acetaldehyd usw.), die sonst allgemein mit fuchsinschwefliger Säure reagieren,

---

[1]) Ann. chim. analyt. 1903, 8, 83.

[2]) Zeitschr. f. Unters. d. Nahrungs- u. Genußmittel 1906, 11, 354.

[3]) Journ. Amer. Chem. Soc. 1906, 28, 1202.

[4]) Zeitschr. f. Untersuchung d. Nahrungs- u. Genußmittel 1910, 19, 412.

[5]) Compt. rend. 1910, 150, 832; Chem. Zentralbl. 1910, I, 1992.

[6]) Zeitschr. f. Untersuchung d. Nahrungs- u. Genußmittel 1912, 24, 14.

[7]) Apoth.-Ztg. 1912, 27, 159.

[8]) Analyst 1912, 37, 16.

[9]) Bull. Soc. chim. Paris [3], 1906, 35, 748; Journ. pharm. chim. [7], 1912, 5, 240.

[10]) Chem.-Ztg. 1912, 36, 1171.

[11]) Journ. Soc. Chem. Ind. 1909, 28, 823.

[12]) Analyst 1908, 33, 417.

[13]) Bono verwendet als Zusatz eine wässerige Phenylhydrazinchlorhydratlösung (1 Tropfen 0,5proz. Nitroprussidnatriumlösung und 10 Tropfen 10proz. Natronlauge), wodurch bei Anwesenheit von Formaldehyd Blaufärbung entsteht.

Rimini setzt zu: Phenylhydrazinchlorhydratlösung, einige Tropfen verdünnter Eisenchloridlösung und rauchende Salzsäure, wodurch bei Anwesenheit von Formaldehyd Rotfärbung auftritt.

[14]) Zeitschr. f. Untersuchung d. Nahrungs- u. Genußmittel 1914, 27, 246.

nicht vorkommen. E. Salkowski[1]) weist nach, daß durch Oxydation zuckerhaltiger alkoholischer Getränke Stoffe entstehen, welche die Denigèssche Reaktion auch nach letzterer Abänderung schwach geben, und daß auch ein Glyceringehalt der Destillate eine schwache Reaktion hervorrufen kann. Er empfiehlt daher, das erste Destillat alkoholischer Getränke nochmals zu destillieren und erst mit dem zweiten Destillat die Reaktion anzustellen.

Wenn auch das vorstehende Verfahren zum Nachweise des durch Oxydation des Methylalkohols entstandenen Formaldehyds mit Rosanilinbisulfit vielfach angewendet und empfohlen wird, dürfte doch in erster Linie für die analytische Praxis das Verfahren von Fendler und Mannich in Betracht kommen, das in der folgenden, von der Kais. Technischen Prüfungsstelle in Berlin ausgearbeiteten Form von dem Reichsschatzamt zur Untersuchung der zur Ausfuhr gegen Steuervergütung bestimmten Branntweine empfohlen worden ist[2]).

Bevor an die Ausführung der Prüfung unter 5 gegangen werden kann, sind die Proben in der unter 1—4 angegebenen Weise vorzubereiten.

1. *Trinkbranntweine (einschließlich der Liköre und der versetzten Branntweine), Essenzen und Fruchtsäfte.* Enthält die zu untersuchende Probe aromatische Bestandteile (Ester, ätherische Öle u. dgl.), so sind diese zunächst aus 100 ccm der Probe durch Aussalzen zu entfernen (vgl. Anlage 2 c zur Alkoholermittelungsordnung, S. 336). Alsdann ist die Gesamtmenge der entstandenen Salzlösung zu destillieren, bis 10 ccm übergegangen sind. Von Proben, die frei von aromatischen Bestandteilen sind, aber Extraktstoffe enthalten, werden 100 ccm ohne weiteres destilliert, bis ebenfalls 10 ccm übergegangen sind. Diese Destillate werden nach Ziffer 5 weiter behandelt. Von Proben, die weder aromatische Bestandteile noch Extraktstoffe enthalten, können 10 ccm ohne weitere Vorbehandlung nach Ziffer 5 behandelt werden.

Bei der Beurteilung des Ergebnisses der Prüfung ist zu beachten, daß in den Destillaten verschiedener vergorenen Obst- und Beerensäfte (z. B. der Säfte von schwarzen Johannisbeeren, Pflaumen, Zwetschen, Mirabellen, Kirschen, Äpfeln, Weintrauben), auch in gewissen Trinkbranntweinen, z. B. in Rum, sowie in Essenzen bisweilen eine geringe Menge Methylalkohol von Natur aus vorkommen kann.

2. *Heilmittel, Tinkturen und Fluidextrakte.* Auf Grund der vom Hersteller über die Zusammensetzung der Probe gemachten Angaben, nötigenfalls auf Grund von Vorversuchen, ist zunächst festzustellen, ob und gegebenenfalls in welcher Weise die Probe vor der Anreicherung des Methylalkohols (Ziffer 5 $\alpha\alpha$) zu behandeln ist, damit bei der nachfolgenden Destillation solche Stoffe nicht mit übergehen, welche die Prüfung auf Methylalkohol beeinträchtigen können. Im übrigen ist nach Ziffer 5 zu verfahren.

Bei der Beurteilung des Ergebnisses der Prüfung ist zu beachten, daß insbesondere bei der Bereitung der Heilmittel aus pflanzlichen Stoffen bisweilen eine geringe Menge Methylalkohol auf natürlichem Wege in die Erzeugnisse gelangen kann.

3. *Parfümerien, Kopf-, Zahn- und Mundwässer.* Stoffe, welche die Prüfung auf Methylalkohol beeinträchtigen können, sind nach den in Anlage 21 der Branntweinsteuer-Befreiungsordnung angegebenen Verfahren oder in einer sonst geeigneten Weise zu entfernen. Die den Alkohol enthaltende Flüssigkeit ist alsdann nach Ziffer 5 zu untersuchen.

Bei der Beurteilung des Ergebnisses der Prüfung ist auch das in Ziffer 5 Gesagte zu beachten.

4. *Äther (Ester).* Die Probe ist nach der in der Anlage 24 der Branntweinsteuer-Befreiungsordnung angegebenen Vorschrift zu behandeln. Das den Alkohol enthaltende Destillat ist alsdann nach Ziffer 5 zu untersuchen.

5. *Ausführung der Prüfung.* $\alpha\alpha$) Anreicherung des Methylalkohols. 10 ccm der nach Ziffer 1—4 erhaltenen Flüssigkeit werden in ein etwa 50 ccm fassendes Kölbchen gegeben.

---

[1]) Zeitschr. f. Untersuchung d. Nahrungs- u. Genußmittel 1914, **28**, 225.

[2]) Gesetze, Verordnungen, Gerichtsentscheidungen betr. Nahrungs- u. Genußmittel 1911, **3**, 360.

Auf dieses wird alsdann ein etwa 75 cm langes, in gleichen Abständen zweimal rechtwinkelig gebogenes Glasrohr aufgesetzt, welches als Kühler dient und zu einem in halbe Kubikzentimeter geteilten Meßzylinder von 10 ccm Inhalt als Vorlage führt. Die Flüssigkeit im Kölbchen wird mit einer kleinen Flamme vorsichtig erhitzt, bis 1 ccm Destillat übergegangen ist. Das untere Ende des absteigenden Schenkels des Glasrohrs darf hierbei nicht warm werden. Alsdann ist nach $\beta\beta$ weiter zu verfahren.

$\beta\beta$) Prüfung auf Methylalkohol. Das nach $\alpha\alpha$ erhaltene Destillat wird mit 4 ccm 20 proz. Schwefelsäure vermischt und in ein weites Probierglas übergeführt. Alsdann wird 1 g fein zerriebenes Kaliumpermanganat in kleinen Teilmengen in das Gemisch unter Kühlung in Eiswasser und unter lebhaftem Umschütteln eingetragen. Sobald die Violettfärbung verschwunden ist, wird die Flüssigkeit durch ein kleines, trockenes Filter in ein Probierglas filtriert und das meist schwach rötlich gefärbte Filtrat einige Stunden lang gelinde erwärmt, bis es farblos geworden ist. Von dieser Flüssigkeit wird alsdann 1 ccm abgemessen und in einem nicht zu dünnwandigen Probierglas vorsichtig und unter Kühlung mit Eiswasser mit 5 ccm konzentrierter Schwefelsäure vermischt. Zu dem abgekühlten Gemenge werden 2,5 ccm einer frisch bereiteten Lösung von 0,2 g Morphinhydrochlorid in 10 ccm konzentrierter Schwefelsäure hinzugefügt, worauf die Flüssigkeit mit einem Glasstabe vorsichtig durchgerührt wird.

$\gamma\gamma$) Beurteilung der Ergebnisse. Enthält die zu prüfende Flüssigkeit Methylalkohol, so tritt bald, spätestens innerhalb 20 Minuten, eine violette bis dunkelviolettrote Färbung ein. Methylalkoholfreie Erzeugnisse liefern nur eine schmutzige Trübung.

Tritt die Färbung fast sofort und sehr stark ein, so kann ohne weiteres angenommen werden, daß der Gehalt der Probe an Methylalkohol auf einem Zusatze bei ihrer Herstellung beruht. Im Zweifelsfalle sind Gegenversuche mit Lösungen von bekanntem Gehalte an Methylalkohol und möglichst gleicher Zusammensetzung, wie sie die zu untersuchende Probe besitzt, unter denselben Bedingungen anzustellen, die bei der Untersuchung der Probe innegehalten wurden. Tritt die Färbung nur ganz schwach oder erst nach Ablauf der angegebenen Zeit auf, so ist die Anwesenheit von Methylalkohol in der Probe nicht als erwiesen anzunehmen.

β) Andere Verfahren zum Nachweise des Methylalkohols beruhen auf der Überführung des Methylalkohols in stark gefärbte Abkömmlinge. A. Riche und Ch. Bardy[1]) benutzen die Tatsache, daß Dimethylanilin bei der Oxydation Methylviolett, Diäthylanilin aber keinen ähnlichen Farbstoff gibt. Man führt den Alkohol mit Jod und Phosphor in das Alkyljodid über und dieses durch Einwirkung von Anilin in jodwasserstoffsaures Dimethylanilin. Daraus macht man mit Kali die Base frei und oxydiert diese in geeigneter Weise, zweckmäßig mit einer Mischung von Kupfernitrat, Chlornatrium und Quarzsand nach A. W. Hofmann[2]). Der Farbstoff wird in Alkohol aufgelöst. Das Verfahren ist brauchbar, aber sehr umständlich[3]).

Auf ähnlicher Grundlage beruht das Verfahren von A. Trillat[4]). Bei der Oxydation von Methylalkohol mit Kaliumbichromat und verdünnter Schwefelsäure entsteht Methylal, das bei der Kondensation mit Dimethylanilin Tetramethyldiamidodiphenylmethan liefert. Bei der Oxydation dieser Base mit Bleisuperoxyd entsteht ein blauer Farbstoff; Acetaldehyd und Acetal geben einen solchen Farbstoff nicht. Nach Trillat verfährt man folgendermaßen: Man gibt zu 50 ccm des Branntweins 50 ccm Wasser und 8 g Kalk und destilliert unter Anwendung eines Kugelrohres 15 ccm ab. Man verdünnt das Destillat mit Wasser auf 150 ccm, gibt 15 g Kaliumbichromat und 70 ccm 20 proz. Schwefelsäure hinzu und destilliert nach einer Stunde. Der erste Anteil des Destillats, der nur Acetaldehyd enthält, wird verworfen, das weitere

[1]) Compt. rend. 1875, **80**, 1076.

[2]) Berichte d. Deutsch. chem. Gesellschaft 1873, **6**, 357.

[3]) Karl Windisch, Arbeiten a. d. Kaiserl. Gesundheitsamte 1892, 8, 293; H. C. Prinsen - Geerligs, Chem.-Ztg. 1898, **22**, 70, 79 u. 99.

[4]) Compt. rend. 1898, **127**, 232; 1899, **128**, 438; Bull. soc. chim. Paris [3], 1899, **21**, 439.

Destillat mit Natronlauge genau gesättigt und nochmals destilliert. Man erhitzt 100 ccm dieses Destillats in einer Druckflasche mit 2 g sorgfältig rektifiziertem Dimethylanilin und 1 ccm 10 proz. Schwefelsäure 5 Stunden auf 65—70° C, macht die Flüssigkeit alsdann alkalisch und destilliert das überschüssige Dimethylanilin mit Wasserdampf ab. Man säuert einen Teil des Destillationsrückstandes mit Essigsäure an und gibt eine wässerige Aufschwemmung von Bleisuperoxyd hinzu. Enthielt der Branntwein Methylalkohol, so tritt Blaufärbung auf.

　　　Das Trillatsche Verfahren wurde von J. Wolff[1]) abgeändert, von H. Scudder[2]) empfohlen und von R. Robine[3]) auf die Untersuchung von Essig angewendet. Das Dimethylanilin muß vollständig rein sein; Robine gibt genaue Anweisung zur Reinigung des Dimethylanilins. Auch das Bleisuperoxyd muß ganz rein sein. Wichtig ist es, den Acetaldehyd vollständig zu entfernen und das überschüssige Dimethylanilin zu beseitigen. Branntweine, die Saccharose, Invertzucker oder Caramel enthalten, müssen vorher destilliert werden, da nach Beobachtungen von J. Wolff[4]) diese Stoffe bei der Oxydation mit Kaliumbichromat und Schwefelsäure aldehydartige Körper liefern, die mit Dimethylanilin ähnlich wie die Oxydationsprodukte des Methylalkohols reagieren.

　　　Christo D. Manzoff[5]) führt die Alkohole in bekannter Weise mit Jod und amorphem Phosphor in die Jodide und diese durch Destillation mit Silbernitrit in die Nitrokörper über. Gibt man zu Nitromethan Ammoniak und etwas Vanillin, so bleibt die Mischung in der Kälte farblos, färbt sich aber beim Erwärmen rot und wird beim Erkalten wieder farblos. Die farblose Mischung von Nitroäthan, Ammoniak und Vanillin färbt sich beim Erwärmen nur schwach gelblich.

　　　γ) Auf den Nachweis des Methylalkohols durch Überführung in den Oxalsäuredimethylester sei verwiesen[6]).

　　　b) Quantitative Bestimmung des Methylalkohols.　Handelt es sich um die Bestimmung kleiner Mengen Methylalkohol neben viel Äthylalkohol, so kann durch fraktionierte Destillation der prozentische Gehalt der Flüssigkeit an Methylalkohol erhöht werden.

　　　α) **Bestimmung des Methylalkohols durch Überführung in Methyljodid mit Hilfe von Jod und Phosphor.** Bei Gegenwart von Äthylalkohol entsteht gleichzeitig Äthyljodid. Zur Feststellung des Gehaltes des Gemisches der beiden Jodide an Methyljodid sind folgende Verfahren vorgeschlagen worden:

　　　αα) Bestimmung des Jodgehaltes des Jodidgemisches als Silberjodid [von L. Prunier[7]) angegeben]. Dieses Verfahren ist wenig genau, da der Jodgehalt des Methyl- und Äthyljodids nicht sehr verschieden ist; Methyljodid erfordert etwa 89,4%, Äthyljodid etwa 81,4% Jod.

　　　ββ) Bestimmung des Siedepunktes bzw. Fraktionieren des Jodidgemisches. Der Siedepunkt des Methyljodids liegt bei etwa 41°, der des Äthyljodids bei etwa 71°. Der Unterschied der Siedepunkte der Jodide ist viel größer als der der Alkohole selbst (Methylalkohol Siedep. 66°, Äthylalkohol Siedep. 78,4°). Die Jodide lassen sich daher nach H. C. Prin-

---

　　　[1]) Ann. chim. analyt. 1899, **4**, 183; Compt. rend. 1900, **131**, 1323; Zeitschr. f. Untersuchung d. Nahrungs- u. Genußmittel 1901, **4**, 391.

　　　[2]) Journ. Amer. Chem. Soc. 1905, **27**, 892.

　　　[3]) Ann. chim. analyt. 1901, **6**, 127 u. 171.

　　　[4]) Bull. assoc. chim. sucr. et distill. 1907, **24**, 1623; Zeitschr. f. Untersuchung d. Nahrungs- u. Genußmittel 1908, **14**, 544.

　　　[5]) Zeitschr. f. Untersuchung d. Nahrungs- u. Genußmittel 1914, **27**, 469.

　　　[6]) Caillot de Poncy, Pharm. Journ. and Transact. [2], 1865, **6**, 641; A. Hellriegel, Pharm. Ztg. 1912, **57**, 7.

　　　[7]) Journ. de Pharm. et de Chim. [5] 1894, **29**, 407.

sen - Geerligs[1]) und F. Wirthle[2]) leichter und genauer fraktionieren als die Alkohole; der Beginn des Siedens der Jodide bei niedriger Temperatur zeigt bereits Methylalkohol an.

$\gamma\gamma$) Bestimmung des spezifischen Gewichtes des Jodidgemisches. Nach F. Wirthle[2]) hat Methyljodid das spezifische Gewicht $d\left(\dfrac{15°}{15°}\right) = 2,295$, Äthyljodid $d\left(\dfrac{15°}{15°}\right)$ $= 1,943$. Aus dem spezifischen Gewicht des Jodidgemisches kann man den Gehalt an Methyl- und Äthyljodid berechnen. A. Lam[3]) und J. Wolff[4]) haben dieses Verfahren bereits benutzt.

$\delta\delta$) Bestimmung der Verseifungszahl des Jodidgemisches. Nach F. Wirthle[2]) ist die Verseifungszahl des Methyljodids 394,3, die des Äthyljodids 358,9. Aus der Verseifungszahl des Jodidgemisches kann man den Gehalt an beiden Jodiden berechnen.

$\varepsilon\iota$) Gleiche Mengen Methyl- und Äthylalkohol geben verschiedene Gewichtsmengen Jodid. 1 g Methylalkohol liefert 4,44 g Methyljodid, 1 g Äthylalkohol 3,39 g Äthyljodid. F. Wirthle[2]) benutzt diese Tatsache, indem er die Menge Jodid feststellt, die aus 10 ccm Alkohol mit Jod und amorphem Phosphor gebildet wird.

Alle die vorstehenden Verfahren sind nur Vorschläge, es liegt aber noch keine bis in die Einzelheiten ausgearbeitete Arbeitsvorschrift vor. Das wird aber nach den Versuchen von Wirthle durchaus notwendig sein; insbesondere müssen die Alkohole tunlichst quantitativ in Jodide übergeführt werden.

β) **Bestimmung des Methylalkohols durch Elementaranalyse (Kohlenstoffbestimmung).** Der Methylalkohol enthält 37,50%, der Äthylalkohol 52,18% Kohlenstoff, der Unterschied ist also sehr erheblich. Nach A. Juckenack[5]) und seinen Mitarbeitern verfährt man wie folgt: Zur Feststellung des Gesamtalkoholgehalts (Äthylalkohol + Methylalkohol) bringt man den Branntwein durch Destillation und schließlich durch Entwässerung mit wasserfreiem Kupfersulfat od. dgl. auf einen Alkoholgehalt von etwa 90 Gewichtsprozent nach der Alkoholtafel von K. Windisch, entsprechend etwa dem spezifischen Gewicht 0,82 bei 15° C. Bei dieser Konzentration sind nämlich die spezifischen Gewichte gleich starker Lösungen von Methyl- und Äthylalkohol sehr nahe gleich. Man bestimmt das spezifische Gewicht des konzentrierten Branntweins und führt die Bestimmung des Kohlenstoffs durch die Elementaranalyse aus.

Bedeutet

a den Alkoholgehalt des auf etwa 90 Gewichtsprozent gebrachten Branntweines in Gewichtsprozent,

b den Kohlenstoffgehalt des Alkoholgemisches in Prozent,

so ist der Gehalt des Alkoholgemisches an Äthylalkohol:

$$x = \frac{681,2\, b}{a} - 255,4\,\%.$$

Daraus kann man den Äthyl- und Methylalkoholgehalt des ursprünglichen Branntweines berechnen.

γ) **Oxydationsverfahren.** Nach Th. E. Thorpe und J. Holmes[6]) wird unter geeigneten Umständen durch Kaliumbichromat und Schwefelsäure der Methylalkohol glatt zu Kohlendioxyd und Wasser, der Äthylalkohol aber nur zu Essigsäure oxydiert. W. Koenig[7]) empfiehlt zur Ausführung des Verfahrens den III. Bd., I. Teil, S. 480 beschriebenen Apparat zur Bestimmung des organischen Kohlenstoffs. Die zu prüfende Substanz soll nicht mehr als 3 g Gesamtalkohol und nicht mehr als 1 g Methylalkohol enthalten. Nach vollendeter Oxydation

---

[1]) Chem.-Ztg. 1898, **22**, 70, 79, 99.

[2]) Zeitschrift f. Untersuchung d. Nahrungs- u. Genußmittel 1912, **24**, 14.

[3]) Zeitschr. f. angew. Chemie 1898, 126.

[4]) Zeitschr. f. Untersuchung d. Nahrungs- u. Genußmittel 1901, **4**, 391.

[5]) Ebendort 1912, **24**, 7.

[6]) Journ. Chem. Soc. London 1904, **85**, 1.

[7]) Chem.-Ztg. 1912, **36**, 1025.

wird die Essigsäure durch einen Rückflußkühler zurückgehalten und das Kohlendioxyd in Natronkalkröhren gebunden. Aus Äthylalkohol sollen bei der Oxydation nur ganz geringe Mengen Kohlendioxyd (0,01 g aus 1 g Äthylalkohol) entstehen. Eines ähnlichen Verfahrens bedient sich auch A. Schlicht[1]). Julius Meyerfeld[2]) verbindet das Oxydationsverfahren mit der Dichtebestimmung.

　　　J. Hetper[3]) gibt das folgende, auf den gleichen Grundsätzen beruhende Titrierverfahren an: Man destilliert den Branntwein, falls er ätherische Öle, Ester, Essenzen usw. enthält, mit Natronlauge und das Destillat nach dem Ansäuern mit Phosphorsäure nochmals und richtet die Destillation so ein, daß das letzte Destillat etwa 50 Gewichtsprozent Alkohol enthält. Branntweine, die nur aus Alkohol und Wasser bestehen, stellt man ohne weitere Vorbereitung durch Verdünnen mit Wasser oder durch Konzentrieren mittels Destillation auf 50 Gewichtsprozent Alkohol ein. Man bestimmt das spezifische Gewicht des auf etwa 50 Gewichtsprozent Alkohol eingestellten Branntweins und entnimmt den entsprechenden, für die Berechnung notwendigen Gesamtalkohol aus einer Tabelle, die aus der Äthylalkoholtabelle von K. Windisch und aus der Methylalkoholtabelle von D. Dittmar und C. Fawsitt zusammengestellt wurde. Zur Oxydation des Alkoholgemisches dient eine phosphorsäurehaltige $1/_2$ N.-Kaliumpermanganatlösung, die mit $1/_2$ N.-Oxalsäurelösung eingestellt wird. Von dem vorbereiteten Branntwein werden 1,5—2 ccm in 200 ccm Wasser gelöst und von dieser Lösung 10 ccm oxydiert; die Oxydation erfolgt am Rückflußkühler auf dem Wasserbad. Das überschüssige Kaliumpermanganat wird mit Oxalsäure zurücktitriert. Ätherische Öle, Essenzen und höhere Alkohole beeinträchtigen in den Mengen, in denen sie in den Branntweinen vorkommen, die Methylalkoholbestimmung nicht; nur größere Mengen Furfurol und Äther (Diäthyläther) würden schädlich wirken.

　　　δ) Refraktometrisches Verfahren. Nach A. E. Leach und H. C. Lythgoe[4]) ist das Brechungsvermögen von Methyl- und Äthylalkohol sehr verschieden. Man bestimmt das spezifische Gewicht und die Ablenkung des Branntweins bzw. des Branntweindestillats mit Hilfe des Eintauch-Refraktometers und ermittelt aus beiden Werten den Alkoholgehalt (d. h. den Gehalt an Äthylalkohol). Erhält man nach beiden Verfahren den gleichen Alkoholgehalt, so ist Methylalkohol nicht zugegen; ist Methylalkohol anwesend, so bekommt man Werte, die stark voneinander abweichen. An der Hand der im Original mitgeteilten Tabellen kann man den Gehalt an Methylalkohol aus dem spezifischen Gewicht und der Refraktionszahl des Branntweines ermitteln. Ätherische Öle müssen zuvor entfernt werden. Zu dem Zweck verdünnt man den Branntwein mit der vierfachen Menge Wasser, behandelt die Flüssigkeit mit Magnesia, filtriert und destilliert[5]).

　　　ε) Bestimmung des Methylalkohols im rohen Holzgeist. H. Oldekop[6]) bestimmt den Methylalkohol im rohen Holzgeist nach einem von A. Verlay und Fr. Bölsing[7]) angegebenen Verfahren durch Veresterung des Alkohols mit Essigsäureanhydrid und Pyridin.

　　　14. Nachweis von Vergällungsmitteln. Branntwein, der zu technischen Zwecken verwendet werden soll und dementsprechend nicht der Verbrauchsabgabe unterliegt, wird vergällt (denaturiert), d. h. mit Stoffen versetzt, die ihn zum Genuß untauglich machen. Der vollständig vergällte Branntwein, der ohne jede steuerliche Kontrolle in den freien Verkehr

---

　　　[1]) Zeitschr. f. öffentl. Chemie 1912, **18**, 337.

　　　[2]) Chem.-Ztg. 1913, **37**, 649.

　　　[3]) Zeitschr. f. Untersuchung d. Nahrungs- u. Genußmittel 1912, **24**, 731; 1913, **26**, 342. Vgl. auch Zeitschr. f. anal. Chemie 1911, **50**, 343; 1912, **51**, 409.

　　　[4]) Journ. Amer. Chem. Soc. 1905, **27**, 964.

　　　[5]) Vgl. auch B. Wagner und E. Evers, Zeitschr. f. Untersuchung d. Nahrungs- u. Genußmittel 1913, **26**, 310.

　　　[6]) Zeitschr. f. Untersuchung d. Nahrungs- u. Genußmittel 1913, **26**, 129.

　　　[7]) Berichte d. Deutsch. chem. Ges. 1901, **34**, 3354.

gelangt, wird mit rohem Holzgeist und Pyridinbasen vergällt, die ganz bestimmte Eigenschaften haben müssen; der rohe Holzgeist muß insbesondere eine bestimmte Menge Aceton enthalten. Auf 100 l Alkohol werden 2,5 l einer Mischung von 4 Raumteilen rohem Holzgeist und 1 Raumteil Pyridinbasen verwendet.

a) Nachweis und Bestimmung des Methylalkohols. Vgl. Nr. 13.

b) Der Nachweis von Aceton und Pyridinbasen erfolgt am besten nach der amtlichen „Anweisung für die Untersuchung von Trinkbranntweinen auf einen Gehalt an Vergällungsmitteln"[1]).

α) **Nachweis von Aceton.** Für den Nachweis des Acetons werden 500 ccm der zu untersuchenden Probe in einem etwa 750 ccm fassenden Glaskolben mit 10 ccm N.-Schwefelsäure versetzt und nach Zugabe von Siedesteinchen unter Verwendung eines einfachen Destillationsaufsatzes von etwa 20 cm Länge und eines absteigenden Kühlers von etwa 25 cm Länge auf dem Wasserbade destilliert. Für die Verbindung der Glasteile des Destillationsgerätes sind Glasschliffe anzuwenden. Als Vorlage dient ein in Kubikzentimeter geteilter Meßzylinder. Die Destillation ist zu unterbrechen, wenn die Raummenge des Destillats etwa zwei Dritteile der in den 500 ccm des betreffenden Trinkbranntweines enthaltenen Alkoholmenge beträgt. Der Rückstand im Kolben wird zum Nachweise von Pyridinbasen verwendet.

Das etwa 100—150 ccm betragende Destillat wird samt einigen Siedesteinchen in einen kleineren Kolben gegeben und mit Hilfe eines wirksamen, keine flüchtigen Bestandteile zurückhaltenden Fraktionieraufsatzes (z. B. des von Vigreux erfundenen) am absteigenden Kühler mit Vorstoß auf dem Wasserbade nochmals sorgfältig einer fraktionierten Destillation unterworfen. Auch hierbei sind für die Verbindung der Glasteile des Destillationsgerätes Glasschliffe zu verwenden. Die Fraktionierung wird in der Weise vorgenommen, daß von der langsam in Tropfen übergehenden Flüssigkeit jedesmal etwa so viel, wie die Hälfte des Kolbeninhaltes beträgt, aufgefangen und sodann aus einem anderen Kölbchen erneut mit dem gleichen Fraktionieraufsatz fraktioniert wird. Hiermit wird fortgefahren, bis man ein Destillat von etwa 25 ccm erhalten hat. Dieses wird schließlich nochmals fraktioniert und nun der erste übergehende Kubikzentimeter in einem mit Glasstopfen verschließbaren Probiergläschen gesondert aufgefangen, ebenso auch der zweite in einem anderen Probiergläschen. Dann destilliert man noch 10 ccm ab und verwahrt diese unter Verschluß. Zu dem Inhalt der beiden Probiergläschen wird je 1 ccm Ammoniakflüssigkeit von der Dichte 0,96 unter Umschütteln gegeben. Dann werden die Röhrchen verschlossen und 3 Stunden beiseite gestellt. Nach Verlauf dieser Zeit wird in jedes Probiergläschen je 1 ccm einer 15 proz. Natronlauge sowie je 1 ccm einer frisch bereiteten 2$^1/_2$ proz. Nitroprussidnatriumlösung gegeben. Bei Gegenwart von Aceton entsteht in beiden oder mindestens in dem Probiergläschen, das den zuerst übergegangenen Kubikzentimeter des Destillats enthält, eine deutliche Rotfärbung, die auf tropfenweisen und unter äußerer Kühlung erfolgenden vorsichtigen Zusatz von 50 proz. Essigsäure in Violett übergeht. Ist Aceton nicht vorhanden, so tritt, selbst bei Anwesenheit von Aldehyd, höchstens eine goldgelbe Färbung auf, die auf Essigsäurezusatz verschwindet oder in ein mißfarbenes Gelb umschlägt.

β) **Nachweis von Pyridinbasen.** Die bei der Prüfung auf Aceton erhaltenen entgeisteten sauren Rückstände eines Liters Trinkbranntwein werden in einer Porzellanschale auf dem Wasserbade bis auf etwa 10 ccm oder bei hohem Extraktgehalt bis zur Dickflüssigkeit eingeengt. Der Schaleninhalt wird mittels destillierten Wassers in ein etwa 100—150 ccm fassendes Rundkölbchen übergespült, auf dieses ein Kugelaufsatz, wie er bei der Kjeldahl-Bestimmung üblich ist, aufgesetzt und an einen absteigenden Kühler angeschlossen. Das Ende des Kühlers trägt einen Vorstoß, der in ein 10 ccm N.-Schwefelsäure enthaltendes Porzellanschälchen hineinragt. In das Destillationskölbchen werden einige Siedesteinchen gegeben, und sein Inhalt wird durch Zusatz von 20 ccm 15 proz. Natronlauge alkalisch gemacht. Man destilliert dann unter

---

[1]) Zeitschr. f. Untersuchung d. Nahrungs- u. Genußmittel 1906, **12**, 765.

Verwendung eines Baboschen Siedebleches mittels freier Flamme etwa die Hälfte der im Kölbchen enthaltenen Flüssigkeit ab. Nach beendeter Destillation wird der Inhalt des Porzellanschälchens auf dem Wasserbade bis auf etwa 5 ccm eingeengt. Nach dem Erkalten wird dieser Rückstand mit neutral reagierendem Calciumcarbonat übersättigt, wobei die Gegenwart von Pyridinbasen sich oft schon durch den Geruch bemerkbar macht. Der Schälcheninhalt wird, nötigenfalls unter Zugabe von wenig destilliertem Wasser, auf eine in einem Trichter befindliche und mit Filtrierpapier belegte kleine Wittsche Saugplatte gebracht und nach dem Aufsetzen des Trichters auf ein mit seitlichem Sauganzatz versehenes Probiergläschen mit Hilfe einer Wasserstrahlpumpe kräftig abgesaugt. Das etwa 3 ccm betragende klare Filtrat wird in ein gewöhnliches Probiergläschen übergeführt, zunächst mit 5—6 Tropfen einer 5proz. Bariumchloridlösung versetzt und der entstandene Niederschlag durch ein gehärtetes Filter abfiltriert. Das völlig klare Filtrat, welches durch Zusatz eines weiteren Tropfens Bariumchlorid nicht getrübt werden darf, wird alsdann mit 1—2 Tropfen einer heiß gesättigten und wieder erkalteten wässerigen Cadmiumchloridlösung versetzt. Bei Gegenwart von Pyridinbasen entsteht sehr bald — oft aber auch erst nach zwei- bis dreitägigem Stehen — eine weiße krystallinische Fällung. Zur Unterscheidung von zuweilen eintretenden, durch die Gegenwart anderer basischen Stoffe in Trinkbranntweinen verursachten Fällungen bringt man eine geringe Menge des erhaltenen Niederschlages mit Hilfe eines Glasstabes aus dem Probiergläschen auf einen Objektträger unter das Mikroskop. Bei etwa 100—150facher Vergrößerung betrachtet, erscheinen die Krystalle des Pyridin-Cadmiumchlorids als spießige, oft sternförmig gruppierte Nadeln. Als weiteres Erkennungsmerkmal dient der Geruch nach Pyridinbasen, der auftritt, wenn man eine kleine Probe des abfiltrierten Niederschlags mit einem Tropfen Natronlauge in einem verschlossenen Probiergläschen erwärmt und dann den Stopfen entfernt.

Der Nachweis der Verwendung von vergälltem Branntwein gilt als erbracht, wenn in dem untersuchten Trinkbranntwein von den drei wichtigsten Bestandteilen des allgemeinen Vergällungsmittels (Aceton, Methylalkohol, Pyridinbasen) mindestens zwei unzweifelhaft festgestellt worden sind.

15. Nachweis und Bestimmung von ätherischen Ölen und Essenzen.
Man salzt die ätherischen Öle in der vorher (S. 336 unter 2c) beschriebenen Weise aus oder schüttelt sie aus dem stark verdünnten Branntwein mit Petroleumäther oder Äther aus und prüft die abgeschiedenen Öle durch den Geruch und gegebenenfalls auf chemischem Wege. Weitere Verfahren sind von Bruylants[1]) und L. Vandam[2]) angegeben worden.

16. Nachweis und Bestimmung der Blausäure in Steinobstbranntweinen.[3])
Die Blausäure der Steinobstbranntweine (Kirschen-, Zwetschen-, Mirabellenbranntwein usw.) entstammt dem Amygdalin der Samen, das in Glykose, Benzaldehyd und Blausäure zerfällt. Nur ein Teil der Blausäure ist in den Branntweinen im freien Zustand vorhanden, ein Teil dagegen an Benzaldehyd (unter Umständen auch an Acetaldehyd) gebunden.

a) Qualitativer Nachweis der freien Blausäure. Man gibt zu 5 ccm Branntwein in einem Probierröhrchen einige Tropfen eines frisch bereiteten alkoholischen Auszugs von Guajacholzspänen und 2 Tropfen stark verdünnter Kupfersulfatlösung und mischt die Flüssigkeiten. Bei Gegenwart von Blausäure färbt sich die Flüssigkeit blau.

b) Qualitativer Nachweis der gebundenen Blausäure. Man macht 5 ccm Branntwein mit Alkalilauge deutlich alkalisch und läßt das Alkali 2—3 Minuten einwirken. Darauf macht man die Flüssigkeit mit Essigsäure ganz schwach sauer und weist die nunmehr in freiem Zustand vorhandene Blausäure mit Guajacharzlösung und Kupfersulfat wie unter a nach. Enthält der Branntwein gleichzeitig freie und gebundene Blausäure, so

---

[1]) Ann. chim. analyt. 1906, **11**, 406; Revue internat. falsific. 1907, **20**, 37.
[2]) Bull. soc. chim. Belge 1908, **22**, 295; Annal. chim. analyt. 1909, **14**, 174.
[3]) Vgl. K. Windisch, Arbeiten a. d. Kaiserl. Gesundheitsamte 1895, **11**, 336, 364.

führt man die Guajac-Kupferprobe mit und ohne Behandlung der gleichen Menge Branntwein mit Alkali aus und vergleicht die Stärken der Blaufärbungen. Um die Unterschiede der letzteren besser zutage treten zu lassen, muß man unter Umständen den Branntwein mit Wasser verdünnen.

c) *Quantitative Bestimmung der freien Blausäure.* α) **Gewichtsanalytisches Verfahren.** $^1/_2$ l Branntwein wird mit einem geringen Überschuß von Silbernitratlösung versetzt, wodurch die freie Blausäure als Silbercyanid ausfällt. Das zuerst als Trübung entstehende Silbercyanid ballt sich nach einigem Stehen zu weißen Flocken zusammen. Man filtriert die Flüssigkeit durch ein kleines sog. aschefreies Filter, wäscht den Niederschlag mit kaltem Wasser aus, bis das Waschwasser kein Silber mehr gelöst enthält, trocknet Filter und Niederschlag, bringt sie in einen gewogenen Porzellantiegel, verbrennt das Filter und glüht den Rückstand. Das hinterbliebene metallische Silber wird gewogen. a Gramm metallischem Silber entsprechen $0{,}2506 \cdot a$ Gramm Blausäure.

β) **Titrierverfahren nach J. Volhard.**[1]) Man versetzt 400 ccm Branntwein in einem 500-ccm-Kolben mit einer gemessenen, überschüssigen Menge $^1/_{10}$ N.-Silbernitratlösung, füllt die Mischung mit Wasser zu 500 ccm auf, läßt den Niederschlag von Silbercyanid sich absetzen und filtriert die Flüssigkeit durch ein trockenes Filter. Zu einem gemessenen Teil des Filtrats gibt man 5 ccm kalt gesättigter Eisen-Ammoniakalaunlösung als Indikator und etwas von salpetriger Säure freie Salpetersäure und titriert das überschüssige Silbernitrat mit $^1/_{10}$ N.-Rhodanammoniumlösung zurück.

K. Amthor und J. Zink[2]) verwenden eine Silbernitratlösung, die 3,1496 g AgNO₃ im Liter enthält; 1 ccm dieser Silberlösung entsprechen 0,5 mg Blausäure.

d) *Quantitative Bestimmung der gesamten Blausäure.* Man zerlegt durch Zusatz von Ammoniak die Aldehydverbindungen der Blausäure und bestimmt alsdann die gesamte Blausäure in gleicher Weise wie die freie Blausäure (s. unter c).

α) **Gewichtsanalytisches Verfahren.** Zu $^1/_4$—$^1/_2$ l Branntwein gibt man Ammoniak bis zur stark alkalischen Reaktion, schüttelt um, setzt **sofort** einen Überschuß von Silbernitrat und nach abermaligem Umschütteln **sofort** Salpetersäure bis zur sauren Reaktion hinzu. Weiter verfährt man wie unter c α. Da das Ammoniak rasch zersetzend auf die Blausäure einwirkt, muß man mit den Zusätzen von Ammoniak, Silbernitrat und Salpetersäure sich möglichst beeilen; in Gegenwart von Silbernitrat zerlegt das Ammoniak das Benzaldehydcyanhydrin augenblicklich.

β) **Titrierverfahren.** Zu 400 ccm Branntwein gibt man in einem 500-ccm-Kolben Ammoniak bis zur stark alkalischen Reaktion, schüttelt um, läßt **sofort** eine gemessene, überschüssige Menge $^1/_{10}$ N.-Silbernitratlösung hinzufließen, schüttelt wieder um und säuert **sofort** mit Salpetersäure an. Weiter verfährt man nach c β.

Der Unterschied zwischen der gesamten und der freien Blausäure ergibt die Menge der gebundenen Blausäure. Diese ist meist an Benzaldehyd gebunden, mit dem es leicht das Additionsprodukt Benzaldehydcyanhydrin oder Mandelsäurenitril $C_6H_5 — CH{<}^{OH}_{CN}$ bildet. Jedem Gramm gebundener Blausäure entsprechen 4,92 g Benzaldehydcyanhydrin.

Wenn ein Branntwein Chloride enthält (z. B. aus dem zur Herabsetzung des Alkoholgehaltes verwendeten Wasser), so sind die beschriebenen Verfahren nicht ohne weiteres anwendbar, da zugleich mit dem Silbercyanid auch Silberchlorid ausfällt. In diesem Fall müßte noch eine Trennung dieser beiden Salze vorgenommen werden. Besser bestimmt man in solchen Fällen die freie Blausäure colorimetrisch mittels der Guajac-Kupferprobe nach J. Neßler und M. Barth[3]) und die gesamte Blausäure durch Destillation des Branntweines. Beim

[1]) Ann. d. Chemie u. Pharmazie 1878, **190**, 49; vgl. G. Gregor, Zeitschr. f. analyt. Chemie 1894, **33**, 30.

[2]) Forschungsber. über Lebensmittel usw. 1897, **4**, 632.

[3]) Zeitschr. f. analyt. Chemie 1883, **22**, 33.

Destillieren bleiben die Chloride im Rückstand, während die Blausäure überdestilliert, nicht nur die freie, sondern auch die gebundene, da beim Erhitzen das Benzaldehydcyanhydrin in Benzaldehyd und Blausäure gespalten wird. Trotz ihres niedrigen Siedepunktes destilliert die Blausäure nur langsam über; man destilliert daher reichlich $^3/_4$ des Branntweines über. Das Destillat leitet man unmittelbar in verdünnte Silberlösung, wobei sich das Silbercyanid sehr voluminös abscheidet. Legt man eine gemessene Menge einer titrierten Silbernitratlösung vor, so kann man die Blausäure im Destillat auch titrieren. In beiden Fällen kann sich in dem abgekühlten Destillat ein Teil der freien Blausäure wieder mit Benzaldehyd verbinden und der Fällung mit Silbernitrat entgehen. Man macht daher das Destillat mit Ammoniak stark alkalisch, schüttelt um und säuert hierauf sofort mit Salpetersäure an. Dann ist man sicher, daß die gesamte Blausäure als Silbercyanid gefällt wird.

Über weitere Verfahren zum Nachweise und zur Bestimmung der Blausäure vgl. K. Windisch, Arbeiten aus dem Kaiserl. Gesundheitsamte 1895, **11**, 336 und 364.

Der Gehalt an freier und gebundener Blausäure ist nach verschiedenen Analysen für je 100 ccm Steinobstbranntweine wie folgt gefunden worden.

Kirschbranntwein		Zwetschenbranntwein	
freie Blausäure	gebundene Blausäure	freie Blausäure	gebundene Blausäure
0,2—7,5 mg	0—7,3 mg	0—1,3 mg	0—3,2 mg

X. Rocques[1]) gibt für 10 Proben Kirschbranntwein 25—110 mg Gesamtblausäure in 100 ccm an, eine gegenüber den sonstigen Bestimmungen erhebliche Menge.

In sonstigen Steinobstbranntweinen (wie von Mirabellen, Aprikosen) wurden ebenfalls freie und gebundene Blausäure gefunden.

17. Bestimmung des Benzaldehyds in Steinobstbranntweinen.

Sie geschieht durch Überführung des Benzaldehyds in Benzylidenphenylhydrazon mit Hilfe von Phenylhydrazin. Nach L. Cuniasse und S. v. Raczkowski[2]) bringt man 200 ccm Branntwein (bzw. Branntweindestillat) in einen Kolben von 500 ccm Inhalt, setzt 3—4 ccm einer Lösung von 2 g Phenylhydrazinchlorhydrat, 3 g krystallisiertem Natriumacetat und 20 g Wasser[3]) hinzu, schüttelt um, verdünnt mit der doppelten Raummenge Wasser, filtriert und wäscht den Niederschlag durch schwach mit Alkohol versetztes Wasser aus. Dann löst man den Niederschlag auf dem Filter in wenig Alkohol, sammelt die alkoholische Lösung in einer gewogenen Glasschale und dampft den Alkohol im Vakuum ab. Das Benzylidenphenylhydrazon hinterbleibt in schönen Krystallnadeln, die man wägt. Jedem Gramm Benzylidenphenylhydrazon entsprechen 0,541 g Benzaldehyd. Die Phenylhydrazinlösung muß jedesmal frisch bereitet werden.

Man kann auch den Alkohol aus 200 ccm Branntwein unter Anwendung eines gut wirkenden Rektifikationsaufsatzes abdestillieren, den sauer reagierenden Destillationsrückstand genau mit Sodalösung neutralisieren und mit Äther ausschütteln. Man destilliert den Äther aus dem Wasserbad größtenteils ab, läßt die letzten Anteile Äther bei gewöhnlicher Temperatur verdunsten, löst den Verdunstungsrückstand in möglichst wenig Alkohol und gibt nach dem Anwärmen die oben angegebene Phenylhydrazinlösung hinzu. Nach dem Erkalten treten die charakteristischen Krystallnadeln des Benzylidenphenylhydrazons auf. Nach 12 stündigem Stehen bei niederer Temperatur kühlt man die Mischung möglichst stark ab, filtriert die Flüssigkeit durch ein kleines gewogenes Filter, wäscht den Niederschlag mit wenig eiskaltem, stark verdünntem Alkohol und zuletzt mit wenig kaltem Äther aus, trocknet Filter und Niederschlag

---

[1]) Bull. Soc. Chim. Paris [2], 1887, **47**, 303.
[2]) Monit. scientif. [4], 1894, **8**, II, 915.
[3]) Vgl. Emil Fischer, Berichte d. Deutsch. chem. Gesellschaft 1884, **17**, 572.

zuerst an der Luft, dann bei 100° und wägt[1]). H. Herissey[2]) sammelt den Niederschlag von Benzylidenphenylhydrazon in einem Goochtiegel. Ein ähnliches Verfahren wurde von A. G. Woodmann und Lewis Davis[3]) beschrieben.

Das Verfahren ist nicht sehr genau; es genügt aber für die praktischen Untersuchungen; bei vergleichenden Versuchen fand man statt 0,05 g im Durchschnitt 0,045—0,048 g Benzaldehyd.

18. Nachweis von Branntweinschärfen. Als Branntweinschärfen werden hauptsächlich alkoholische Auszüge von Paprika, Pfeffer, Paradieskörnern und Ingwerwurzeln verwendet. Nach Ed. Polenske[4]) verfährt man zum Nachweis dieser Schärfen wie folgt: Man dampft 200—500 ccm Branntwein auf dem Wasserbade ab und prüft den Rückstand auf seinen Geschmack, wobei die scharfen Stoffe sich zu erkennen geben. Dem kalten Rückstand entzieht man die scharf schmeckenden Harze durch eine ganz schwache Natronlauge; Piperin (aus dem Pfeffer) bleibt im Rückstand. Das alkalische Filtrat wird durch Ausschütteln mit Petroleumäther gereinigt, mit Schwefelsäure angesäuert und mit 50 ccm Petroleumäther einmal ausgeschüttelt. Man filtriert den Auszug, dampft den Petroleumäther ab und macht mit dem Rückstand, der sehr scharf schmeckt, folgende Reaktionen:

1. Das Harz ist rötlichgelb und färbt sich mit Schwefelsäure vorübergehend blau. Die anfangs bräunliche Lösung in Schwefelsäure färbt sich vom Rand her hellrosa unter Abscheidung eines violetten Belags. Schwefelsäure und ein Körnchen Zucker geben die gleiche Lösung, die sich bald vom Rand aus kirschrot färbt: Harz des spanischen Pfeffers.

2. Das hellgelbe Harz löst sich in Schwefelsäure citronengelb; nach einiger Zeit entsteht ein grüner Rand, der nach und nach blau wird. Schwefelsäure und Zucker geben eine gelbe Lösung; in einer Minute färbt sich der Rand der Lösung grün, später blau und nach mehreren Stunden scheidet sich ein blauer Belag ab: Harz der Paradieskörner und des Ingwers.

Zur Unterscheidung dieser beiden Schärfemittel betupft man das Harz mit einem Tropfen stark verdünnter Eisenchloridlösung und mit einigen Tropfen Alkohol:

a) Es tritt eine vorübergehende rötlich-violette Färbung auf: Harz der Paradieskörner.

b) Es tritt eine grünlichgelbe Färbung auf, und das Harz riecht und schmeckt nach Ingwer: Harz des Ingwers.

Zum Nachweis des Piperins wird der Abdampfrückstand des Branntweines mit schwefelsäurehaltigem Wasser zerrieben und mit Chloroform ausgeschüttelt. Der Chloroformauszug wird mit Kalkhydrat eingetrocknet und dem Rückstand das Piperin mit Chloroform oder Petroleumäther entzogen.

Die Reaktionen sind nicht ganz sicher; Gewürznelken- und Piment-Auszüge geben ähnliche Farbreaktionen. Die Hauptsache ist die Feststellung scharf schmeckender Stoffe; welcher Abstammung sie sind, ist für die Beurteilung im allgemeinen gleichgültig[5]).

19. Nachweis von Bitterstoffen. Wie im Bier. Vgl. S. 427 und III. Bd., 1. Teil, S. 302.

20. Bestimmung der Basen. Zur Bestimmung der Gesamtmenge der Basen in Form von Ammoniak gibt man nach L. Lindet[6]) zu ¹/₂—1 l Branntwein 20 ccm konzentrierte Schwefelsäure, schüttelt kräftig um und destilliert den Alkohol und die Hauptmenge

[1]) K. Windisch, Arbeiten a. d. Kaiserl. Gesundheitsamte 1895, **11**, 379.

[2]) Journ. pharm. chim. [6], 1904, **23**, 60.

[3]) Journ. Ind. and Engin. Chem. 1912, **14**, 588; Zeitschr. f. Unters. d. Nahrungs- u. Genußmittel 1913, **26**, 312.

[4]) Arbeiten a. d. Kaiserl. Gesundheitsamte 1898, **14**, 684.

[5]) Vgl. A. Beythien u. P. Bohrisch, Zeitschr. f. Untersuchung d. Nahrungs- u. Genußmittel 1901, **4**, 107; A. Kickton, ebendort 1904, **8**, 678.

[6]) Compt. rend. 1888, **106**, 280; vgl. auch X. Rocques, ebendort 1895, **120**, 372.

des Wassers ab. Den Destillationsrückstand spült man in einen Kjeldahl-Kolben, gibt einen Tropfen Quecksilber hinzu und verfährt weiter wie bei der Stickstoffbestimmung nach Kjeldahl.

Zur Trennung des Ammoniaks, der Aminbasen und Amide von den Pyridinbasen und Alkaloiden verfährt man nach Ed. Mohler[1]) folgendermaßen: Man gibt zu 500 ccm Branntwein 2 ccm Phosphorsäurelösung von 45° Bé, verdampft den Alkohol, verdünnt den Rückstand stark mit Wasser, gibt 10 g Natriumcarbonat hinzu und destilliert. Das Ammoniak, die Aminbasen und das aus den Amiden freigemachte Ammoniak destillieren über; sie werden in verdünnter Schwefelsäure aufgefangen und mit $^1/_{10}$ N.-Natronlauge titriert oder mit Neßlers Reagens colorimetrisch bestimmt. Nachdem diese Basen übergegangen sind, setzt man zu dem Rückstand Kaliumpermanganat und Kali und destilliert aufs neue. Das aus den Alkaloiden und Pyridinbasen entstandene Ammoniak wird in der vorher angegebenen Weise bestimmt.

Zweckmäßiger dürfte es sein, zuerst den Gesamtstickstoffgehalt des Branntweins nach Kjeldahl zu bestimmen und dann den Ammoniak-, Aminbasen und Amidstickstoff durch Destillation einer zweiten, nach Zusatz von Schwefel- oder Phosphorsäure entgeisteten Branntweinmenge mit Natriumcarbonat. Der Unterschied zwischen dem Gesamtstickstoff und dem Ammoniak- usw. -Stickstoff entspricht dem Stickstoff aus Alkaloiden usw.

21. Nachweis von Farbstoffen. Als solche kommen in Betracht: Farbstoffe aus den Lagerfässern, Caramel, Pflanzenfarbstoffe, Teerfarbstoffe. Ihr Nachweis erfolgt in gleicher Weise wie im Wein. Vgl. auch III. Bd., 1. Teil, S. 548, 562, 569 und 570.

22. Nachweis und Bestimmung künstlicher Süßstoffe. Sie erfolgen wie bei Zuckerwaren (III. Bd., 2. Teil, S. 728) und bei Wein.

23. Bestimmung des Glycerins. Sie geschieht nach III. Bd., 1. Teil, S. 538 u. f. oder wie im Wein.

24. Nachweis freier Mineralsäuren. Sie erfolgt wie im Essig.

25. Nachweis und Bestimmung von Schwermetallen. Von Schwermetallen finden sich in Branntweinen bisweilen Kupfer (insbesondere in Obstbranntweinen aus kleinen Brennereien), ferner Zink, Zinn und Blei. Zum Nachweise und zur Bestimmung dieser Metalle verfährt man nach III. Bd., 1. Teil, S. 497.

Kleine Mengen Kupfer bestimmt man colorimetrisch. Man dampft eine größere Menge Branntwein auf dem Wasserbade ein, verascht den Rückstand, löst die Asche in verdünnter Salzsäure und fällt das Kupfer elektrolytisch oder mit Schwefelwasserstoff. Das metallische Kupfer bzw. das Kupfersulfid löst man in verdünnter heißer Salpetersäure, macht die Lösung mit Ammoniak alkalisch, filtriert, wenn nötig, und füllt die Flüssigkeit auf ein bestimmtes Volumen auf. Damit vergleicht man Lösungen von bestimmtem Kupfergehalt, die man mit Ammoniumnitrat und Ammoniak versetzt hat; zweckmäßig ist die Verwendung einer wässerigen Lösung von 0,395 g krystallisiertem Kupfersulfat ($CuSO_4 + 5 H_2O$) in 1 l, von der 1 ccm 0,1 mg Kupfer enthält. Bei sehr kleinen Kupfermengen verwendet man statt Ammoniak Ferrocyankalium in essigsaurer Lösung oder Guajactinktur und eine Spur Cyankalium; die Guajactinktur muß jedesmal frisch aus Guajacholzspänen und Alkohol hergestellt werden. Nach J. Neßler und M. Barth[2]) kann man die Ferrocyankalium- und die Guajacprobe bei farblosen Kirsch- und Zwetschenbranntweinen auch direkt in den Branntweinen ausführen.

Zum Nachweise kleiner Mengen Zink im Branntwein verwenden Th. Roman und G. Deluc[3]), ebenso auch G. Guérin[4]) Urobilin. Zu 2—3 ccm einer Lösung von Urobilin in Chloroform setzt man 25—50 ccm des Branntweins, die halbe Raummenge Wasser und 3—4 Tropfen Ammoniak. Bei Gegenwart von Zink entsteht eine grüne Fluorescenz; in der Durchsicht

---

[1]) Compt. rend. 1891, **112**, 53.
[2]) Zeitschr. f. analyt. Chemie 1883, **22**, 37.
[3]) Journ. pharm. chim. [6], 1900, **12**, 265; 1907, **25**, 243.
[4]) Ebendort [6], 1907, **25**, 97.

erscheint die Flüssigkeit rötlich. Noch 0,05 mg Zink sollen durch diese Reaktion nachweisbar sein. Eine Lösung von Urobilin erhält man durch Ausschütteln des mit Salzsäure angesäuerten, urobilinhaltigen Harns von Leber- oder Fieberkranken mit Chloroform; die Chloroformlösung wird durch Waschen mit salzsäurehaltigem Wasser gereinigt.

26. Fraktionierte Destillation der Edelbranntweine und Abscheidung der typischen Geruchstoffe. Nachdem früher schon von verschiedenen Seiten, z. B. von M. Petrowitsch[1]), X. Rocques[2]) und W. Fresenius[3]) die fraktionierte Destillation der Edelbranntweine und Prüfung der einzelnen Teildestillate empfohlen worden war (auch der Verfasser bedient sich dieses Verfahrens seit vielen Jahren), ist das Verfahren von K. Micko[4]) in ein System gebracht und genauer ausgearbeitet worden.

Nach Micko verfährt man wie folgt: 200 ccm Branntwein werden mit 30 ccm Wasser versetzt und dann unter Verwendung eines gewöhnlichen Kugelrohraufsatzes 8 Fraktionen zu je 25 ccm abdestilliert, die gesondert aufgefangen werden. Die einzelnen Teildestillate werden auf ihren Geruch geprüft, indem man kleine Bechergläschen mit ihnen ausspült. Die letzten, alkoholarmen oder alkoholfreien Teildestillate, die bei Rum und Arrak die typischen Geruchstoffe enthalten, werden mit Chloroform oder Äther ausgeschüttelt, das Lösungsmittel wird verdunstet und auf diese Weise werden die Geruchstoffe isoliert.

Noch schärfer und charakteristischer fällt die Probe aus, wenn man die stark riechenden Ester der Branntweine verseift und dann fraktioniert. Zu dem Zweck verseift man die Ester auf kaltem Weg, indem man dem neutralisierten Branntwein eine überschüssige Menge $^1/_{10}$ N.-Natronlauge zusetzt, die Mischung mindestens 24 Stunden stehen läßt, dann den Überschuß an Natron zurücktitriert und den neutralen Branntwein der fraktionierten Destillation unterwirft; vor· der Destillation gibt man dem neutralen Branntwein ein wenig Weinsäure zu, um das Alkalischwerden der Flüssigkeit beim Destillieren zu verhindern. Die typischen Geruchstoffe der Edelbranntweine. sind, wie Micko feststellte, weder Säuren, noch Ester, noch Aldehyde und werden durch Alkalien in der Kälte nur langsam angegriffen.

27. Untersuchung von Eierkognak und Eierlikör. Bei der Untersuchung von Eierkognak ist je nach den Umständen die Untersuchung auf folgende Stoffe auszudehnen: Alkohol, Extrakt, Zucker, Mineralstoffe; auf die Bestandteile des Eigelbs: Gesamteiweiß, Fett, Mineralstoffe, Gesamtphosphorsäure und Lecithinphosphorsäure, Lutein (Farbstoff des Eigelbs); ferner auf Verdickungsmittel, wie Stärke, Stärkesirup, Dextrin, Tragant, fremde Farbstoffe und Borsäure (aus konserviertem Eigelb herrührend). Ferner kann eine Untersuchung des Fettes notwendig werden, z. B. zum Nachweise eines Milch- oder Rahmzusatzes.

a) Zur *Bestimmung des Alkohols* im Eierkognak verdünnt man 50 g Eierkognak mit 100 ccm Wasser, gibt einige Bimssteinstücke und einen kleinen Löffel voll Tannin hinzu, um das Schäumen hintanzuhalten, und destilliert 100 g ab (ähnlich wie beim Bier). Man bestimmt das spezifische Gewicht des Destillats und entnimmt aus der Alkoholtafel den entsprechenden Gehalt des Destillats an Gewichtsprozenten Alkohol. Das Ergebnis ist zu verdoppeln; aus den Gewichtsprozenten kann man die Raumprozente Alkohol in bekannter Weise berechnen.

b) Für die *Bestimmung des Extraktes (der Trockensubstanz)* empfiehlt E. Feder[5]) das Eintrocknen im Vakuumtrockenschrank, weil bei 100° bedeutende Zersetzungen im Eigelb vor sich gehen. Man breitet eine Schicht fettfreier Watte in einem Zinnschälchen flach aus, trocknet die Watte, wägt etwa 5 g Eierkognak darauf, verteilt den

---

[1]) Zeitschr. f. analyt. Chemie 1886, **25**, 195.

[2]) Bull. Soc. chim. Paris [2], 1888, **50**, 157.

[3]) Zeitschr. f. analyt. Chemie 1890, **29**, 283.

[4]) Zeitschr. f. Untersuchung d. Nahrungs- u. Genußmittel 1908, **16**, 433; 1910, **19**, 305.

[5]) Ebendort 1913, **25**, 283.

Eierkognak mit wenig destilliertem Wasser möglichst gleichmäßig in der Watte, trocknet zunächst auf dem Wasserbade und dann 5—6 Stunden im Vakuumtrockenschrank bei etwa 55° C.

c) Zur Klärung der Flüssigkeit für die *Polarisation und Zuckerbestimmung* wird der Alkohol aus einer gewogenen Menge Eierkognak auf dem Wasserbade verdampft und das ursprüngliche Gewicht mit destilliertem Wasser wiederhergestellt. Mitunter wird die Flüssigkeit durch Filtrieren genügend klar. Anderenfalls wird sie durch Fällen mit Bleiessig geklärt. Es wird auch empfohlen, die Eiweißstoffe usw. mit 5 ccm 10 proz. Gerbsäurelösung, 5 ccm Bleiessig und 10 ccm einer 10 proz. Natriumbiphosphatlösung zu fällen; die genannten Lösungen werden hintereinander nach jedesmaligem Umschwenken zugesetzt. Bei der Zuckerbestimmung muß auf Invertzucker und Rohrzucker, unter Umständen auch auf Glykose (aus zugesetztem Stärkesirup) Rücksicht genommen werden; es ist daher die Bestimmung des Zuckers vor und nach der Inversion nötig.

d) Das *Fett* wird durch Extraktion mit Äther bestimmt. Für die Untersuchung des Fettes wird es in größerer Menge gewonnen und in üblicher Weise geprüft (vgl. den Abschnitt „Speisefette und Öle"); insbesondere sind die Refraktion, die Reichert-Meißlsche Zahl, die Verseifungszahl und die Jodzahl zu bestimmen (vgl. III. Bd., 1. Teil, S. 420—2i).

Die Bestimmung der Lecithinphosphorsäure erfolgt nach dem Verfahren von A. Juckenack[1]) (vgl. den Abschnitt „Eierteigwaren" III. Bd., 2. Teil, S. 665, wo auch der Nachweis des Luteins beschrieben ist).

e) Der Nachweis von *Stärkesirup*[2]) erfolgt wie in Fruchtsirupen (III. Bd., 2. Teil, S. 918) und Wein, der von Tragant wie in Schokolade. Über den Nachweis und die Bestimmung von Borsäure vgl. III. Bd., 1. Teil, S. 591 und den Abschnitt „Wein", über den Nachweis fremder Farbstoffe III. Bd., 1. Teil, S. 548 und 570 und die Abschnitte „Eierteigwaren" und „Wein".

f) Den *Gehalt des Eierkognaks an Eigelb* kann man nach A. Juckenack[3]) aus dem Gehalt an Lecithinphosphorsäure, Eiweiß (Stickstoffsubstanz) und Fett berechnen. Es entsprechen: 1 Teil Lecithinphosphorsäure (P_2O_5) 122 Teilen Eigelb, 1 Teil Stickstoffsubstanz 6 Teilen Eigelb, 1 Teil Fett 3 Teilen Eigelb. Wenn der Eierkognak außer Kognak, Zucker, Eigelb und Gewürzstoffen keine anderen Bestandteile enthält, stimmt der auf diese drei Weisen berechnete Eigelbgehalt recht gut überein; etwa sich ergebende Unterschiede weisen auf einen Zusatz von Verdickungsmitteln hin[4]).

g) Nichtzuckergehalt. Von Extraktbestandteilen enthält der aus Kognak, Zucker und Eigelb hergestellte Eierkognak neben denen des Kognaks nur Zucker und die Trockensubstanz des Eigelbs. Das Eigelb besteht etwa je zur Hälfte aus Wasser und Trockensubstanz. Zieht man von dem Extraktgehalt des Eierkognaks den Zuckergehalt ab, so muß der so berechnete „Nichtzucker" ungefähr mit der Eigelb-Trockensubstanz, also ungefähr mit der Hälfte des berechneten Eigelbs übereinstimmen. Nach E. Feder[5]) beträgt das Doppelte des berechneten „Nichtzuckers" höchstens etwa 3% mehr als das aus der Lecithinphosphorsäure berechnete Eigelb; eine größere Differenz weist auf den Zusatz von Verdickungsmitteln (Ersatzstoffen für Eigelb) hin.

---

[1]) Zeitschr. f. Untersuchung d. Nahrungs- u. Genußmittel 1899, **2**, 905; 1900, **3**, 1.

[2]) H. Witte (Zeitschr. f. Untersuchung d. Nahrungs- u. Genußmittel 1911, **21**, 706) empfiehlt Fällung der Eiweißstoffe mit konzentrierter Tanninlösung in der Wärme und Prüfung des Filtrates auf Stärkesirup nach J. Fiehe (ebendort 1909, **18**, 30).

[3]) Zeitschr. f. Untersuchung d. Nahrungs- u. Genußmittel 1903, **6**, 827.

[4]) Vgl. R. Frühling, Zeitschr. f. öffentl. Chemie 1900, **6**, 62; A. Kickton, Zeitschr. f. Untersuchung d. Nahrungs- u. Genußmittel 1902, **5**, 554; J. Boes, Pharm. Ztg. 1902, **47**, 482; G. Heuser, Zeitschr. f. Untersuchung d. Nahrungs- u. Genußmittel 1908, **16**, 290; Kappeller u. Theopold, ebendort 1909, **17**, 711.

[5]) Zeitschr. f. Untersuchung d. Nahrungs- u. Genußmittel 1913, **25**, 283.

h) E. Feder[1]) berechnet den *Alkoholgehalt des verwendeten Kognaks* (bzw. Kognakverschnitts) nach folgender Formel:

$$x = \frac{100\,a}{100 - 2\,b + c}\,,$$

worin bedeutet:

x = Gewichtsprozente Alkohol im verwendeten Kognak,

a = g Alkohol in 100 g Eierkognak,

b = g Extrakt „ „ „

c = g Zucker ., „ „

Zur Prüfung der Frage, ob ein Eierkognak mit Hilfe von reinem Kognak hergestellt ist, destilliert man den Alkohol und die anderen flüchtigen Bestandteile ab und untersucht sie nach den vorher beschriebenen Verfahren.

Wegen der Dickflüssigkeit des Eierkognaks werden die für die einzelnen Bestimmungen notwendigen Mengen zweckmäßig abgewogen, nicht abgemessen und die Bestandteile in Gewichtsprozenten ausgedrückt. Daraus kann man die Gramme der Bestandteile in 100 ccm Eierkognak mit Hilfe des spezifischen Gewichts berechnen.

A. Juckenack[2]), Kappeller und Theopold[3]), G. Heuser[4]) und E. Feder[1]) untersuchten 14 Proben echte Eierkognaks mit folgendem Ergebnis für 100 ccm des Getränkes.

Gehalt	Polarisation in Lösung 1:10 vor der Inversion	nach	Trockensubstanz g	Saccharose g	Rohfett g	Stickstoff-Substanz g	Asche g	Phosphorsäure Gesamt- g	Lecithin- g	Alkohol g	Eidotter[5]) g
Niedrigster .	+0,83	−0,80	27,71	14,25	4,43	2,42	0,34	0,144	0,085	11,14	16,05
Höchster . .	+4,10	−1,30	45,60	31,30	10,40	4,79	0,67	0,370	0,245	18,56	25,61
Mittlerer . .	+2,41	−1,10	34,89	20,61	7,43	3,81	0,43	0,274	0,177	13,41	22,80

Die Proben waren z. T. selbst hergestellt, z. T. als zuverlässige Eierkognakproben aus dem Handel bezogen. Der sog. „Holländische Advokaat" ist ein Eierkognak von gleicher Zusammensetzung.

Über die Zusammensetzung sonstiger Liköre und von Bitteren vgl. II. Bd., 1904, S. 1360.

C. Erkennung der Echtheit der Edelbranntweine[6]).

1. Der Verunreinigungs- und Oxydationskoeffizient. Mit der Beurteilung der Edelbranntweine auf Grund der Ergebnisse der chemischen Untersuchung haben sich besonders französische Chemiker befaßt: Ch. Girard[7]) und seine Mitarbeiter im Städtischen Laboratorium zu Paris X. Rocques, E. Mohler, L. Cuniasse und Saglier,

---

[1]) Zeitschr. f. Untersuchung d. Nahrungs- u. Genußmittel 1913, **25**, 277.

[2]) Ebendort 1903, **6**, 828.

[3]) Ebendort 1909, **17**, 711.

[4]) Ebendort 1903, **6**, 827.

[5]) Berechnet aus Lecithin-Phosphorsäure.

[6]) Auf früher hier und da herangezogene, später als unrichtig erkannte Merkmale für die Echtheit der Edelbranntweine, z. B. den Furfurolgehalt (Loock, Zeitschr. f. öffentl. Chemie 1900, **6**, 397; W. Lenz, ebendort 1899, **5**, 258; 1900, **6**, 399; Th. Wetzke, ebendort 1901, **7**, 11) und den Cholingehalt des Kognaks (H. Struve, Zeitschr. f. analyt. Chemie 1902, **41**, 284; M. Mansfeld, 14. Jahresbericht der Untersuchungsanstalt des allgem. österr. Apotheker-Vereins für 1910. S. 4) kann hier nur hingewiesen werden.

[7]) Ch. Girard und L. Cuniasse, Manuel pratique de l'analyse des alcools et des spiritueux. Paris 1899. Masson et Cie.

ferner F. Lusson[1]). Nach deren Verfahren werden folgende Gruppen von Nebenbestandteilen bestimmt: Die Säuren durch Titration, als Essigsäure berechnet; die Ester durch
Verseifung, als Äthylacetat berechnet; die höheren Alkohole nach dem Schwefelsäure-
verfahren (S. 344), als Isobutylalkohol berechnet; die Aldehyde colorimetrisch mit Rosanilinbisulfit, als Acetaldehyd berechnet; das Furfurol colorimetrisch mit Anilin und Salzsäure. Die Summe dieser Nebenbestandteile: Säuren + Ester + höhere Alkohole + Aldehyde
+ Furfurol, ausgedrückt in Milligramm in 100 ccm wasserfreiem Alkohol, wird als Verunreinigungskoeffizient bezeichnet. Nach Girard und seinen Mitarbeitern beträgt der
Verunreinigungskoeffizient bei reinen Weindestillaten der Charente mindestens 300 mg, nach
F. Lusson mindestens 340 mg.

Beim Altern der Branntweine nehmen vornehmlich die Erzeugnisse der unmittelbaren
Oxydation, die Säuren und Aldehyde zu, während die höheren Alkohole und Ester weniger
stark verändert werden; das Furfurol ist stets nur in so kleinen Mengen in den Branntweinen
vorhanden, daß es außer Betracht bleiben kann[2]). Das Verhältnis der genannten Oxydations-
erzeugnisse zu der Gesamtmenge der Verunreinigungen, dem Verunreinigungskoeffizienten,
muß daher mit dem Alter (der Lagerzeit) des Branntweines steigen. F. Lusson bezeichnet die
Summe von Säuren und Aldehyden, die in 100 Gewichtsteilen der gesamten Verunreinigungen
enthalten sind, als Oxydationskoeffizient. Man erhält hiernach den Oxydationskoeffizienten, indem man die Summe von Säuren und Aldehyden, ausgedrückt in Milligramm in
100 ccm wasserfreiem Alkohol, mit 100 multipliziert und durch den Verunreinigungskoeffizienten dividiert. Lusson fand den Oxydationskoeffizienten bei 4 jungen Charentekognaks
zu 11—16; beim Lagern der Branntweine steigt der Oxydationskoeffizient zuerst rasch, dann
langsamer und stieg bei ganz altem (46jährigem) Charentekognak bis auf 36, aber nicht höher.
Der Oxydationskoeffizient soll bei echten Edelbranntweinen einen Schluß auf das Alter und
damit die Güte der Branntweine zulassen, aber neben dem Verunreinigungskoeffizienten auch
bei dem Nachweise von Verfälschungen eine gute Handhabe bieten.

X. Rocques und F. Lusson[3]) stellten später fest, daß beim Lagern von Charentekognak sowohl die nichtflüchtigen, als auch die flüchtigen Säuren zunehmen, und zwar nehmen
die nichtflüchtigen Säuren im Verhältnis zu den Gesamtsäuren stärker zu als die flüchtigen
Säuren. Sie unterscheiden daher einen Gesamtoxydationskoeffizienten und einen
wirklichen Oxydationskoeffizienten. Der Gesamtoxydationskoeffizient ist die Summe
von Aldehyden und Gesamtsäuren, der wirkliche Oxydationskoeffizient die Summe von
Aldehyden und flüchtigen Säuren, die in 100 Gewichtsteilen der gesamten Verunreinigungen
enthalten sind.

Beim Lagern der Branntweine nimmt ihr Gehalt an Säuren und Aldehyden und damit
der Verunreinigungskoeffizient zu. Lusson[4]) zieht daher zur Beurteilung der Edelbranntweine
auch noch die Summe von höheren Alkoholen und Estern zur Beurteilung heran; er bezeichnet
die Summe der höheren Alkohole und Ester, ausgedrückt in Milligramm in 100 ccm wasserfreiem
Alkohol, als Alkohol-Estersumme. Er fand die Alkohol-Estersumme bei allen von ihm
untersuchten Charentekognaks gleich 300 mg und mehr und schlägt als unterste Grenze
250 mg vor.

Schließlich stellten X. Rocques[5]) und andere fest, daß junge Charentekognaks ungefähr gleich viel höhere Alkohole und Ester enthalten; beim Lagern ändert sich dieses
Verhältnis.

---

[1]) Monit. scientif. [4] 1896, 10, 785.
[2]) H. Mastbaum, Zeitschr. f. Untersuchung d. Nahrungs- u. Genußmittel 1903, 6, 49;
Fr. Freyer, Zeitschr. f. landw. Versuchswesen in Österreich 1902, 5, 1266.
[3]) Annal. chim. analyt. appl. 1897, 2, 308; Journ. pharm. chim. [6], 1897, 5, 55.
[4]) Monit. scientif. [4], 1896, 10, 785.
[5]) Journ. pharm. chim. [6], 1897, 5, 55.

Diese für Charentekognak festgestellten Grenzzahlen treffen für Kognak anderer Herkunft nicht zu. H. Mastbaum[1]) untersuchte 20 reine spanische Weindestillate, die 1—2 Jahre alt waren, mit folgendem Ergebnis: Der Verunreinigungskoeffizient schwankte von 148,4—977,2 mg; bei 9 von 20 Proben war er kleiner als 300 mg. Der Gesamtoxydationskoeffizient nach Lusson betrug 5,1—52,9; da alle Branntweine jung (1—2 Jahr alt) waren, läßt sich irgendein Zusammenhang zwischen dem Alter der Branntweine und der Höhe des Oxydationskoeffizienten nicht erkennen. Das Verhältnis der Ester zu den höheren Alkoholen schwankte von 9 : 1 bis zu $^1/_3$: 1.

M. Mansfeld[2]) fand bei 4 Kognakproben das Verhältnis der höheren Alkohole (nach dem Röseschen Verfahren bestimmt) zu den Estern wie 1,28 : 1 bis 2,3 : 1.

Z. Kaliandjieff[3]) ermittelte bei 8 bulgarischen Kognakproben den Verunreinigungskoeffizienten zu 312,3—643,2 mg, den Gesamtoxydationskoeffizienten nach Lusson zu 29,9 bis 55,1, trotzdem die Branntweine sämtlich jung waren, die Alkohol-Estersumme nach Lusson zu 167,8—406,2 mg (in der Hälfte der Branntweine kleiner als 250 mg); der Gehalt an höheren Alkoholen war stets, teilweise erheblich höher als der der Ester.

A. Cardoso Pereira[4]) fand bei 9 von 27 reinen portugiesischen Weindestillaten den Verunreinigungskoeffizienten kleiner als 300 mg, nämlich 148,3—282,2 mg. N. Ricciardelli[5]) kam bei der Untersuchung italienischer Weindestillate zu dem Ergebnis, daß für viele die Girardsche Grenzzahl nicht zutrifft. Fr. Freyer[6]) konnte die Angaben von Girard über den Verunreinigungskoeffizienten, von Lusson über die Alkohol-Estersumme und den Oxydationskoeffizienten bei 4 französischen Rohkognaks und einem Destillat aus spanischem Wein bestätigen. Nach A. Jonscher[7]) genügten 3 französische Kognaks den Girardschen Forderungen, Destillate von griechischen und italienischen Weinen dagegen nicht.

Vergleicht man die sonstigen, in der Literatur vorliegenden Untersuchungen von Weinbranntweinen, so findet man einerseits einige, die die Grenzzahlen der französischen Chemiker nicht erreichen, also eines Zusatzes von Sprit verdächtig wären, andererseits zahlreiche Branntweine, deren Gehalt an Verunreinigungen weit über den Grenzzahlen liegt; diese Branntweine würden einen erheblichen Zusatz von Sprit vertragen, ohne daß sie unter die Grenzzahlen kämen. Auch das Verhältnis der höheren Alkohole zu den Estern schwankt innerhalb weiter Grenzen.

Nach den vorliegenden Untersuchungsergebnissen scheint es, als wenn die Grenzzahlen von Girard und Lusson bei französischen, in der Charente hergestellten Weinbranntweinen in der Regel zutreffen. Sie überschreiten die Grenzen von 340 mg Gesamtverunreinigungen und von 250 mg Säuren + Ester häufig so bedeutend, daß solche Weinbranntweine mit großen Mengen Sprit verschnitten werden könnten, ohne daß die Grenzzahlen der französischen Chemiker unterschritten würden. Schon aus diesem Grund haben die Grenzzahlen nur einen beschränkten Wert.

Ganz unzulässig ist es aber, die für die Weinbranntweine des Bezirks Cognac geltenden Grenzzahlen für die alkoholischen Verunreinigungen auf Weinbranntweine anderen Ursprungs zu übertragen. Wie schon Mastbaum richtig bemerkte, stellen die Weinbranntweine der Charente einen ziemlich einheitlichen Typus dar, weil sie aus gleichartigen Weinen nach ähnlichen Verfahren auf gleichartigen Apparaten destilliert werden. Es ist leicht verständlich, daß aus ganz anders gearteten Weinen mit Hilfe anderer Destillier-

---

[1]) Zeitschr. f. Untersuchung d. Nahrungs- u. Genußmittel 1903, **6**, 49.

[2]) Österreich. Chem.-Ztg. 1898, **1**, 166.

[3]) Ebendort 1901, **4**, 57.

[4]) Bull. soc. chim. Paris [3], 1902, **27**, 555.

[5]) Staz. sperim. agr. ital. 1909, **42**, 69.

[6]) Zeitschr. f. landw. Versuchswesen in Österreich 1902, **5**, 1266.

[7]) Zeitschr. f. öffentl. Chemie 1912, **18**, 421.

apparate und Destillationsverfahren gewonnene Branntweine ganz anders zusammengesetzt sein können. Noch weniger ist es natürlich zulässig, die für Charentekognak vielleicht geltenden Grenzzahlen auf andere Edelbranntweine zu übertragen.

2. Unsicherheit des Verunreinigungskoeffizienten.

Gegen die Aufstellung solcher Grenzzahlen für die Beurteilung der Branntweine müssen erhebliche Bedenken geltend gemacht werden. Der Verunreinigungskoeffizient der französischen Chemiker ist eine Summe von fünf Faktoren, die selbst wieder nicht je einen Einzelkörper, sondern eine Körpergruppe darstellen. Die einzelnen Glieder dieser Körpergruppen sind in technischer Hinsicht und bezüglich der analytischen Berechnung nicht gleichwertig; man denke nur an die Essigsäure und die Buttersäure, oder an den Essigäther und den Önanthäther (Ester der Fettsäuren der sechsten bis zehnten Kohlenstoffreihe). Insbesondere aber sind die fünf Faktoren, die den Verunreinigungskoeffizient bilden, unter sich durchaus ungleichartig und in analytischer, technischer und hygienischer Hinsicht von ganz verschiedener Bedeutung.

a) Die *Säuren* der Branntweine bestehen hauptsächlich aus Essigsäure, die größtenteils bereits in der Maische durch Oxydation des Alkohols entsteht. In den Branntweinen selbst bilden sich durch Oxydation des Alkohols und des Aldehyds nur bei längerem Lagern allmählich größere Mengen Essigsäure. Auch durch Vergärung der Aminosäuren können nach J. Efront[1]) flüchtige Fettsäuren entstehen.

b) Je mehr flüchtige Säuren eine Fruchtmaische enthält, um so mehr Gelegenheit zur Bildung von *Estern* ist gegeben; die Esterbildung setzt sich auch im Branntwein beim Lagern fort. Eine gesetzmäßige Beziehung zwischen dem Säure- und Estergehalt der Branntweine läßt sich jedoch nicht feststellen. Es ist nicht richtig, daß säurereiche Branntweine immer auch große Mengen Ester, und säurearme Branntweine kleine Mengen Ester enthalten. Es scheint, als ob die Esterbildung vorwiegend bereits in der Maische vor sich geht und daß das Verhältnis zwischen Säuren und Estern in erster Linie von der Art der Destillation abhängt.

c) Der *Acetaldehyd* wird hauptsächlich aus dem Alkohol durch Oxydation gebildet. Es wird bestritten, daß der Aldehyd ein normales Gärungserzeugnis sei, doch werden nach Beendigung der Gärung durch die Hefe beträchtliche Mengen von Aldehyd gebildet; dabei muß aber Sauerstoff anwesend sein. Die Hauptmenge des Aldehyds entsteht in den Maischen, doch kann auch bei der Destillation durch Oxydation des dampfförmigen Alkohols an der Luft Aldehyd entstehen[2]).

d) Von dem *Furfurol* steht fest, daß es kein Gärungserzeugnis ist, sondern erst bei der Destillation durch Überhitzen gewisser nichtflüchtiger Maischebestandteile (der Pentosane) entsteht. Die Bildung von Furfurol ist daher in hohem Maß von der Art der Destillation abhängig.

e) Die Bildung der *höheren Alkohole* (des Fuselöls) ist durch die Untersuchungen von F. Ehrlich und anderen in weitgehendem Maß aufgeklärt worden. Wir wissen heute, daß die höheren Alkohole z. T. durch eine alkoholische Gärung der Aminosäuren entstehen, wobei Kohlendioxyd und Ammoniak, das der Hefe als Nahrung dient, abgespalten werden. Aus dem Leucin (α-Amino-Isocapronsäure) entsteht auf diese Weise der Isoamylalkohol, aus dem Isoleucin der aktive Amylalkohol:

$$\begin{array}{c}CH_3\\CH_3\end{array}\!\!>\!CH-CH_2-CH\!\!<\!\!\begin{array}{c}NH_2\\COOH\end{array}+H_2O=\begin{array}{c}CH_3\\CH_3\end{array}\!\!>\!CH-CH_2-CH_2OH+NH_3+CO_2\,.$$

---

[1]) Monit. scientif. [4], 1909, **23**, 145. Vgl. auch F. Ehrlich, Landw. Jahrb. 1905, Ergänzungsband **5**, 316.

[2]) Vgl. Roeser, Annal. de l'Inst. Pasteur 1893, **7**, 1; A. Trillat, Compt. rend. 1903, **136**, 171; 1908, **146**, 645; Bull. assoc. chim. sucr. et distill. 1909, **26**, 654; Bull. soc. chim. France 1910, **7**, 71; E. Kayser und A. Demolon, Compt. rend. 1907, **145**, 205; 1908, **146**, 783; 1909, **149**, 152; A. Trillat und Sauton, Ann. de l'Inst. Pasteur 1910, **24**, 296, 302, 309; Ch. Girard und Chauvin, Monit. scientif. [4], 1909, **23**, 73; O. E. Ashdown und I. T. Hewitt, Journ. Chem. Soc. 1910. **97**, 1636; S. Kostytschew, Berichte d. Deutsch. chem. Gesellschaft 1912, **45**, 1289.

Es entstehen aber auch höhere Alkohole (Butylalkohol, Isopropylalkohol) bei der Vergärung von Zucker durch Bakterien[1]).

3. Ursachen des schwankenden Gehaltes an Verunreinigungen (Nebenbestandteilen).

Die chemische Zusammensetzung der Edelbranntweine, insbesondere ihr Gehalt an Nebenbestandteilen (Verunreinigungen) ist hauptsächlich von folgenden Umständen abhängig:

a) Zusammensetzung und Beschaffenheit der Rohstoffe. Die Güte der Rohstoffe ist für die Güte der Edelbranntweine von größter Bedeutung, aber weniger für die Nebenbestandteile, die erst bei der Gärung und später entstehen, als vielmehr für die die einzelnen Edelbranntweine kennzeichnenden, von den Nebenbestandteilen durchaus verschiedenen Geruchs- und Geschmacksstoffe, die entweder in den Rohstoffen bereits enthalten sind oder aus Bestandteilen der Rohstoffe bei der Gärung gebildet werden. Nur die Art und Menge der höheren Alkohole der Edelbranntweine kann erheblich durch die Beschaffenheit der Rohstoffe, nämlich ihren Gehalt an Eiweißstoffen und Aminosäuren, beeinflußt werden. Bei Steinobstbranntweinen kann der Gehalt an Benzaldehyd und Blausäure unter Umständen durch den Reifezustand des Steinobstes bedingt sein.

b) Art der Gärung. Die Art der Gärung ist von größtem Einfluß auf die chemische Zusammensetzung der Edelbranntweine. Je nachdem man die Maischen in einem offenen oder nur lose bedeckten Bottich oder in einem mit einem Gärverschluß versehenen Faß vergären läßt, wird der Gehalt der Maischen an Nebenerzeugnissen der Gärung sehr verschieden sein; bei offener Gärung entstehen viel mehr flüchtige Säuren, Ester und Aldehyd.

Von kaum geringerer Bedeutung ist die Art der Gärungserreger, durch die die Gärung bewirkt wird. In der Regel werden die Edelbranntweine der spontanen Gärung unterworfen, es wird ein Gärungserreger nicht zugesetzt. Dabei treten nicht nur die verschiedenen, auf der Oberfläche der Obstarten sitzenden Hefearten und -rassen, sondern auch andere Mikroorganismen in Tätigkeit, insbesondere Bakterien, die große Umsetzungen zu bewirken vermögen. Es wird durchaus nicht gleichgültig sein, ob die Gärung spontan verläuft oder ob man Reinhefe zusetzt oder ob man die Maischen zuerst sterilisiert, also die darin natürlich vorkommenden Organismen abtötet und dann die Gärung durch Reinhefe einleitet. Im Falle der Spontangärung werden die Nebenbestandteile, Säuren, Ester, Aldehyd und auch höhere Alkohole, in weitaus größerer Menge gebildet; die kleinste Menge der Nebenbestandteile entsteht bei der mit Reinhefe durchgeführten Gärung der sterilisierten Maischen. Hierüber liegen einige Versuche von E. Kayser und F. Dienert[2]) in bezug auf Kirschbranntwein vor.

Weiter spielt auch die Dauer des Stehenlassens der Maischen eine erhebliche Rolle. Je länger man die Maischen nach Vollendung der Gärung stehen läßt, um so mehr ist Gelegenheit zur Bildung von Nebenbestandteilen, insbesondere von Oxydationserzeugnissen, gegeben[3]). Hier ist daran zu erinnern, daß man namentlich Obstmaischen oft absichtlich längere Zeit nach Beendigung der Gärung stehen läßt, um sog. Spätbrand daraus herzustellen; auch vergorene

---

[1]) Vgl. über die Entstehung der höheren Alkohole bei der Gärung: L. Lindet, Compt. rend. 1891, **112**, 102, 662; B. Rayman u. K. Kruis, Zeitschr. f. Spiritusind. 1904, **27**, 311; A. Bau, ebendort 1904, **27**, 317; O. Emmerling, Berichte d. Deutsch. chem. Gesellschaft 1904, **37**, 3535; F. Ehrlich, Zeitschr. d. Ver. deutsch. Zuckerind., N. F. 1905, **42**, 539; 1906, **43**, 840; 1907, **44**, 461; Berichte d. Deutsch. chem. Gesellschaft 1906, **39**, 4072; 1907, **40**, 1027; 1912, **45**, 883, 1006; Biochem. Zeitschr. 1906, **2**, 52; Wochenschr. f. Brauerei 1907, **24**, 343, 357, 369; H. Pringsheim, Zentralbl. f. Bakteriol. u. Parasitenkunde, II. Abt., 1905, **15**, 300; Berichte d. Deutsch. chem. Gesellschaft 1906, **39**, 3713; Biochem. Zeitschr. 1907, **3**, 121; 1908, **8**, 128; 1908, **10**, 490; 1909, **16**, 243; O. Neuberg u. K. Fromherz, Zeitschr. f. physiol. Chemie 1910/11, **70**, 326; L. Zamkoff, Wochenschr. f. Brauerei 1911, **28**, 194.

[2]) Ann. de la Science agronomique [2], 1905, **10**, 209.

[3]) Vgl. H. Kreis, Zeitschr. f. Untersuchung d. Nahrungs- u. Genußmittel 1911, **22**, 685.

Trester werden oft recht alt, ehe sie destilliert werden. Welchen Einfluß schon längeres Belassen des Weines auf der Hefe auf die Zusammensetzung des Weinbranntweins hat, ergibt sich aus Versuchen von E. Kayser und A. Demolon[1]).

Sehr stark wird die Zusammensetzung der Steinobstbranntweine bezüglich ihres Gehaltes an Benzaldehyd und Blausäure durch die Art der Bearbeitung der Rohstoffe beeinflußt. Ob man das Obst ungemahlen zur Gärung bringt oder es so mahlt, daß die Steine unverletzt bleiben oder daß die Steine zerbrochen werden oder schließlich daß die Kerne (Samen) mit zermahlen werden, alle·diese Umstände bedingen einen höheren oder geringeren Gehalt der Steinobstbranntweine an Benzaldehyd und Blausäure.

Es sei noch darauf hingewiesen, daß man die Menge der höheren Alkohole, die bei der Gärung entstehen, durch Zusatz von Ammoniaksalzen zur Maische vor der Gärung bedeutend herabsetzen kann. Die Hefe bedient sich des Ammoniaks als Nährstoff und läßt eine entsprechende Menge der Aminosäuren der Maische unzersetzt, so daß weniger höhere Alkohole entstehen[2]).

c) Art der Destillation. Wohl den stärksten Einfluß auf die Zusammensetzung der Edelbranntweine hat die Art der Destillation. Es ist durchaus nicht gleichgültig, ob man die Maischen über freiem Feuer oder aus dem Wasserbade oder aus einem Paraffinbade oder mit Dampf destilliert; bei der Dampfdestillation ist es nicht gleichgültig, ob man die Maischen mit direktem Dampf, indem man den Dampf in die Maische selbst einleitet, oder mit indirektem Dampf destilliert. Ganz anders sind die Ergebnisse, ob man zuerst einen alkoholarmen sog. Rauhbrand herstellt und daraus erst durch eine zweite Destillation, das Wienen, den trinkfertigen Branntwein, den sog. Feinbrand gewinnt, oder ob man mit einer einzigen Destillation gleich fertigen Trinkbranntwein erzeugt. Von großem Einfluß ist der Umstand, ob man bei der Destillation die Dämpfe gar nicht oder schwach oder stark dephlegmiert; es gibt Apparate (und sie werden bei der Herstellung von Edelbranntweinen tatsächlich verwendet), mit denen man ein Destillat von noch nicht 20 Raumprozent, und solche, mit denen man Destillate mit 80—90 Raumprozent Alkohol gewinnt.

Von ausschlaggebender Bedeutung für die chemische Zusammensetzung der Edelbranntweine ist es, ob man das gesamte Destillat zusammen beläßt oder ob man kleinere oder größere Mengen Vor- und Nachlauf abtrennt und den Branntwein nur aus den mittleren Anteilen des Destillats herstellt. In den kleineren Obstbrennereien, in denen die Maischen meist über freiem Feuer abgebrannt werden, wird so lange destilliert, bis das Destillat trüb (blau) läuft; den „blauen Nachlauf" fängt man für sich auf, setzt ihn der nächsten Blasenfüllung mit Maische hinzu und destilliert ihn nochmals mit. Eine Abtrennung von Vorlauf ist dort nicht üblich. In größeren Wein- und Obstbrennereien ist stärkere Dephlegmation der alkoholischen Dämpfe und die Abtrennung von Vor- und Nachlauf üblich. Es ist klar, daß diese verschiedenen Arbeitsweisen ganz verschiedene Erzeugnisse liefern müssen. Welche Unterschiede die gesondert aufgefangenen Fraktionen der Branntweindestillate zeigen, ergibt sich aus den Versuchen des Laboratoriums der Schweizerischen Alkoholverwaltung[3]), von A. Baudouin[4]) und A. Jonscher[5]) über die Fraktionierung von Weindestillaten und von F. Roncali[6]) über die fraktionierte Destillation von Tresterbranntwein; über die einschlägigen Verhältnisse beim Kirschbranntwein liegen einige Untersuchungen von H. Kreis[7]) vor. Je nach der Art der Destillationsapparate und der De-

---

[1]) Compt. rend. 1907, **145**, 205.

[2]) H. Pringsheim, Biochem. Zeitschr. 1907, **3**, 121; 1908, **10**, 490.

[3]) Schweiz. Wochenschr. f. Chemie u. Pharmazie 1901, **39**, 479.

[4]) Journ. de pharm. et de chim. 1905, **21**, 449.

[5]) Zeitschr. f. öffentl. Chemie 1912, **18**, 421.

[6]) Staz. speriment. agr. ital. 1903, **36**, 931.

[7]) Zeitschr. f. Untersuchung d. Nahrungs- u. Genußmittel 1911, **22**, 685.

stillation können dabei die einzelnen Fraktionen ganz verschieden zusammengesetzt sein; wehn nicht dephlegmiert wird, können z. B. die höheren Alkohole trotz ihres höheren Siedepunktes hauptsächlich im Vorlauf enthalten sein. Der große Einfluß der Art der Destillation ergibt sich auch aus den Versuchen von A. Girard[1]) und seinen Mitarbeitern über die Destillation des Weines im luftleeren bzw. luftverdünnten Raum.

d) Das Lagern und Altern der Branntweine. Beim Lagern der Branntweine in Fässern, wobei die Luft Zutritt zu dem Branntwein hat, treten noch merkliche Änderungen in der Zusammensetzung ein. Es sind meist Oxydationserscheinungen (Oxydation von Alkohol zu Aldehyd und Essigsäure), es kommen aber auch Veresterungen der Säuren und Polymerisationen vor, z. B. Bildung nichtflüchtiger Säuren[2]). Auch beim Aufbewahren der Branntweine in geschlossenen Flaschen bleiben sie nicht unverändert, wenn auch die Änderungen nicht so weitgehend sind wie im Faß unter Zutritt immerhin beträchtlicher Mengen von Luft.

e) Sonstige Veränderungen. Im vorstehenden sind nur die wichtigsten Faktoren, die eine Veränderung der chemischen Zusammensetzung der Edelbranntweine bewirken, berücksichtigt. Daneben können auch andere Umstände, an die man zuerst nicht denkt, hierbei mitwirken. So stellten Ph. Schidrowitz und Fr. Kaye[3]) fest, daß durch Verdünnen der Branntweine mit gewöhnlichem, Calcium- und Magnesiumcarbonat enthaltendem Wasser die Säuren teilweise neutralisiert und die Ester vermindert werden; in gleicher Weise wirkt Flaschenglas von alkalischer Reaktion. Auch beim Mischen zweier Edelbranntweine treten ganz eigentümliche Veränderungen der Ester und Säuren auf.

Aus diesen Darlegungen ist ersichtlich, daß man bei der Aufstellung von Grenzzahlen für den Gehalt der Edelbranntweine an alkoholischen Verunreinigungen außerordentlich vorsichtig sein muß, daß es insbesondere nicht angängig ist, die von den französischen Chemikern für Weinbranntweine der Charente aufgestellten Grenzzahlen ohne weiteres auf Weinbranntweine anderer Abstammung oder gar auf Edelbranntweine anderer Art zu übertragen. Dementsprechend nahm auch der VI. Internationale Kongreß für angewandte Chemie in Rom[4]), nachdem sich schon mehrere frühere Kongresse eingehend mit dieser Frage befaßt hatten[5]), folgenden Beschluß an: „Es empfiehlt sich nicht, obere oder untere Grenzen für die Gesamtmenge der Nebenbestandteile der Branntweine festzulegen." Diesem Beschluß kann man auch heute noch unumwunden zustimmen.

Unter den Edelbranntweinen nehmen die Steinobstbranntweine (Kirsch-, Zwetschen-, Mirabellen-, Pfirsichbranntwein usw.) dadurch eine Sonderstellung ein, daß sie Benzaldehyd und Blausäure enthalten, die aus dem in den Samen enthaltenen Amygdalin entstanden sind. Unmittelbar nach der Destillation ist die Blausäure ihrer Gesamtmenge nach in freiem Zustande vorhanden, beim Lagern verbindet sie sich teilweise, bald mehr, bald weniger mit dem Benzaldehyd zu Benzaldehydcyanhydrin, vielleicht auch mit anderen Aldehyden zu entsprechenden Verbindungen. Dies gilt in gleicher Weise für alle Steinobst-

---

[1]) Ch. Girard u. Truchon, Monit. scientif. [4], 1907, **21**, II, 441, 531; Ch. Girard, Bull. soc. chim. France [4], 1907, **1**, 742; Ch. Girard u. Chauvin, Monit. scientif. [4], 1909, **23**, 73.

[2]) X. Rocques u. F. Lusson, Ann. chim. analyt. 1897, **2**, 308; Journ. pharm. chim. [6], 1897, **5**, 55; F. Lusson, Monit. scientif. [4], 1896, **10**, 785; Ph. Schidrowitz, Journ. Soc. Chem. Ind. 1902, **21**, 814; L. Mathieu, Bull. assoc. chim. sucr. et distill. 1907, **24**, 1687; 1912, **29**, 479; C. A. Crampton und L. M. Tolman, Journ. Amer. Chem. Soc. 1908, **30**, 98.

[3]) Analyst 1905, **30**, 149.

[4]) Vgl. H. Mastbaum, Revista de Chimica pura e applicada 1906, **2**, 97, 241; Zeitschr. f. Untersuchung d. Nahrungs- u. Genußmittel 1907, **14**, 240, 722; Zeitschr. f. angew. Chemie 1907, I, 1197.

[5]) Vgl. z. B. den Bericht über den V. Internationalen Kongreß für angewandte Chemie 1904, **7**, 1007.

branntweine. Der Gehalt der Steinobstbranntweine an Benzaldehyd und Blausäure ist abhängig von der Beschaffenheit der Früchte, z. B. von dem Jahrgang, von dem Reifezustand,
von dem Verhältnis des Gewichts der Samen zu dem des Fruchtfleisches, von dem Zuckergehalt der Früchte, von dem Amygdalingehalt der Samen usw., ferner von der Art des
Mahlens der Obstarten (Zermahlen der Steine und Samen), von der Dauer des Stehenlassens
der Maische vor dem Abbrennen, von der Art der Destillation und von anderen Umständen.
Der Benzaldehyd wird beim Lagern der Steinobstbranntweine zum Teil zu Benzoesäure oxydiert, die sich wieder teilweise mit Alkohol zu Äthylbenzoat verbindet. Auch
die Blausäure, die ja sehr wenig beständig ist, bleibt nicht unverändert, sondern verschwindet zum Teil bei längerem Lagern; sie wird wohl zu Ammoniumformiat verseift.
Daß die Blausäure im Laufe der Zeit nicht ganz aus den Steinobstbranntweinen verschwindet,
ist wohl dem Umstande zu verdanken, daß sie mit dem Benzaldehyd zu dem beständigeren
Benzaldehydcyanhydrin verbunden ist. Ein sicher echter Steinobstbranntwein, der
ganz frei von Blausäure gewesen wäre, ist bisher, wie es scheint, noch nicht beobachtet worden.

Selbstverständlich ist der Gehalt eines Branntweines an Blausäure und Benzaldehyd
kein Beweis dafür, daß in dem Branntwein ein Steinobstbranntwein enthalten sei oder daß
gar ein reiner Steinobstbranntwein vorliege. Diese Bestandteile können auch künstlich zugesetzt sein, z. B. in der Form von natürlichem blausäurehaltigem Bittermandelöl oder von
Bittermandelwasser oder Kirschlorbeerwasser.

Auch für Steinobstbranntweine sind bereits mehrfach Grenzzahlen aufgestellt
worden. K. Amthor und J. Zink[1] fanden z. B., daß Kirsch- und Zwetschenbranntweine mindestens 0,01 g Säure, als Essigsäure berechnet, und 0,07 g Ester, als Äthylacetat berechnet, enthalten. Milan Bajic[2] fordert für Zwetschenbranntwein mindestens 3 mg Furfurol, 14 mg Aldehyd und 200 mg Ester auf 100 Teile wasserfreien Alkohol. Das Schweizerische Lebensmittelbuch[3] setzt den Gehalt des Kirschbranntweines an gesamter Blausäure auf 8—50 mg im Liter
Branntwein fest. Wenn auch die untersten Grenzzahlen, die hier angenommen werden, recht
niedrig und vorsichtig gewählt sind, so können doch echte Destillate vorkommen, die weniger
Ester enthalten. Bei Kirsch- und Zwetschenbranntweinen ist besondere Vorsicht geboten, da diese Branntweine teils in kleinsten Zwergbrennereien in primitivster Weise,
teils in großen gewerblichen Betrieben nach den Regeln der wissenschaftlich begründeten
Technik hergestellt werden. Die letzteren werden häufig durch einen besonders geringen
Gehalt an Nebenerzeugnissen der Gärung gekennzeichnet sein.

4. Bedeutung der chemischen Analyse für die Beurteilung der Edelbranntweine.
Die vorstehenden Darlegungen dürfen nicht in dem Sinn aufgefaßt
werden, daß die chemische Untersuchung der Edelbranntweine wertlos sei. Gerade das
Gegenteil ist richtig. Ohne die chemische Untersuchung würde man bei der Beurteilung der
Edelbranntweine nicht auskommen, sie ist dafür durchaus notwendig. Nur vor der schemati-
schen Anwendung von Grenzzahlen bei Erzeugnissen von so schwankender Zusammensetzung mußte gewarnt werden. Die bisherigen Untersuchungen von zuverlässig echten Edelbranntweinen bieten für die Beurteilung der Handelserzeugnisse eine recht gute Unterlage, die
um so sicherer wird, je größer die Zahl der Untersuchungen der echten Branntweine ist.

Als Verfälschungsmittel für Edelbranntweine kommen in Betracht (vgl. S. 335):

a) Versetzen der süßen Maischen mit Zucker, der mitvergärt.

b) Zusatz von Alkohol anderer Abstammung zur vergorenen Maische vor der Destillation.

---

[1] Forschungsber. über Lebensmittel 1897, **4**, 362.

[2] Bericht über den V. Internat. Kongreß f. angew. Chemie, Berlin, 2.—8. Juni 1903. Berlin
1904, **3**, 1012.

[3] Schweizerisches Lebensmittelbuch. Erster Abschnitt: Die alkoholischen Getränke. 2. Aufl.
Bern 1904. S. 58.

c) Vermischen der Edelbranntweine mit Feinsprit.

d) Vermischen der Edelbranntweine mit Rohspiritus.

e) Zusatz von künstlichen Essenzen und Nachahmung der Edelbranntweine durch Mischen von Essenzen und Feinsprit.

Die unter d genannte Verfälschungsart mit Rohspiritus aus mehligen Stoffen (Kartoffeln, Mais, Getreide) oder Melasse dürfte nur selten vorkommen, weil diese rohen Branntweine meist ausgesprochen fuselig sind, und zwar je nach der Art der Branntweine charakteristisch riechen wie schmecken und infolgedessen im Gemisch mit dem Edelbranntwein durch die Kostprobe erkannt werden könnten. Durch den Rohspiritus würde der Gehalt der Branntweine an höheren Alkoholen (Fuselöl), je nach den Umständen, erhöht oder etwas herabgesetzt, der Gehalt an Säuren und Estern in jedem Fall herabgesetzt. Die Rohbranntweine enthalten durchweg nur ganz wenig Säuren und Ester. Der Fuselölgehalt der Rohbranntweine richtet sich namentlich nach der Art der Destillation; der hochprozentige, auf modernen Destillierapparaten (Kolonnenapparaten) mit starker Dephlegmation und Rektifikation gewonnene Rohspiritus ist viel ärmer an höheren Alkoholen als der in kleinen Brennereien auf einfachen Apparaten (Blasenapparaten mit Pistoriusbecken u. dgl.) destillierte Rohbranntwein.

Am häufigsten werden die Edelbranntweine mit Feinsprit verschnitten, der fast reiner Alkohol ist und meist nur sehr geringe Mengen von Aldehyd, Säuren und Estern enthält oder auch ganz frei von Nebenbestandteilen ist. Durch den Zusatz von Feinsprit werden alle Nebenbestandteile der Edelbranntweine in ihrer Menge herabgedrückt.

Der Zusatz von Feinsprit oder Rohbranntwein zur Maische vor der Destillation wird die chemische Zusammensetzung der Edelbranntweine in ähnlicher Weise ändern wie der Zusatz der genannten Branntweine zu den Edelbranntweinen, die Mischung wird aber durch den Geschmack schwieriger zu erkennen sein, weil durch die gemeinsame Destillation eine besonders innige Mischung (Amalgamierung) des Edelbranntweins mit dem fremden Alkohol stattfindet, wie sie beim Verschnitt des fertigen Edelbranntweins mit Alkohol anderer Art erst nach längerem Lagern eintritt.

Künstliche Essenzen können die chemische Zusammensetzung der Edelbranntweine, je nach ihrer Art, sehr verschieden beeinflussen. Viele Branntweinessenzen enthalten nicht sehr erhebliche Mengen von Säuren und Estern[1]), die um so weniger ins Gewicht fallen, da in der Regel nur 1—2 l Essenz auf 100 l fertigen Branntwein verwendet werden; es gibt aber auch Branntweinessenzen mit großen Mengen von Estern[2]). Größere Mengen Fuselöl finden sich meist nur in den Essenzen, die früher zur Herstellung künstlicher Kornbranntweine (Nordhäuser Kornessenz, Kornbasis) verwendet wurden. Demgemäß sind die meisten künstlichen Nachahmungen der Edelbranntweine arm an Nebenbestandteilen (Aldehyden, Säuren, Estern, Fuselöl) und im chemischen Sinne reiner als die echten Edelbranntweine selbst[3]).

Die größten Schwierigkeiten werden die Branntweine der Beurteilung bieten, die durch Zusatz von Zucker zur süßen Maische und Mitvergären dieses Zuckers gewonnen werden. Die Schwierigkeiten treten sowohl bei der chemischen Untersuchung, als auch bei der Kostprobe auf. Denn bei der Gärung des künstlich zugesetzten Zuckers entstehen ebenfalls Nebenbestandteile, wie bei der Gärung des Zuckers der Früchte, und hier findet ganz besonders eine innige Mischung der aus beiden Zuckerarten entstandenen Gärungserzeugnisse statt, so daß

---

[1]) Ed. Polenske, Arbeiten a. d. Kaiserl. Gesundheitsamte 1890, **6**, 294, 518; 1894, **9**, 135; 1895, **11**, 505; 1897, **13**, 301.

[2]) Alberto Scala, Il Rhum e le sue falsificazioni. Roma 1890.

[3]) Vgl. Ed. Mohler, Compt. rend. 1891, **112**, 53; M. Mansfeld, Zeitschr. f. Nahrungsmitteluntersuchung, Hyg. u. Warenkunde 1894, **8**, 306; 1895, **9**, 318; 1896, **10**, 331; Österreich. Chem.-Ztg. 1898, **1**, 166; Jahresberichte der Untersuchungs-Anstalt des allgem. österreich. Apotheker-Vereins 1897—1901.

es sehr schwer, wenn nicht ganz unmöglich sein wird, durch die Kostprobe festzustellen, daß ein Zusatz von Zucker vor der Gärung stattgefunden hat.

Für die Beurteilung der Edelbranntweine auf Grund der chemischen Untersuchung ist es unerläßlich, die chemische Zusammensetzung zuverlässig reiner Erzeugnisse zu Rate zu ziehen. Im I. Bande dieses Werkes 1903 (S. 1409 und 1511) ist bereits eine große Anzahl solcher Untersuchungen mitgeteilt. Im folgenden sind die wichtigsten, seit dem Erscheinen des ersten Bandes (1903) veröffentlichten Ergebnisse der Untersuchung von Edelbranntweinen aufgeführt[1]):

1. Kognak.

A. Scala, Bolletino della R. Accademia Medica di Roma 1891, **17**, 205.

A. Cardoso Pereira, Bull. Soc. chim. Paris [3], 1902, **27**, 555.

K. Windisch, Zeitschr. f. Untersuchung d. Nahrungs- u. Genußmittel 1904, **8**, 465.

X. Rocques, Rev. gén. chim. pure et appl. 1905, **8**, 141.

E. Kayser u. A. Demolon, Compt. rend. 1907, **145**, 205.

Ch. Girard u. Truchon, Monit. scientif. [4], 1907, **21**, II, 441, 531.

Ch. Girard, Bull. Soc. chim. France [4], 1907, **1**, 742.

P. Trübsbach, Zeitschr. f. öffentl. Chemie 1908, **14**, 209.

Ch. Girard u. Chauvin, Monit. scientif. [4], 1909, **23**, 73.

N. Ricciardelli, Staz. speriment. agr. ital. 1909, **42**, 69.

A. Jonscher, Zeitschr. f. öffentl. Chemie 1912, **18**, 421.

2. Rum.

W. C. Williams, Journ. Soc. Chem. Ind. 1907, **26**, 498.

K. Micko, Zeitschr. f. Untersuchung d. Nahrungs- u. Genußmittel 1908, **16**, 433; 1910, **19**, 305.

Th. von Fellenberg, Mitteil. a. d. Gebiete d. Lebensmitteluntersuchung u. Hyg., veröffentl. vom Schweizer. Gesundheitsamte 1910, **1**, 352.

G. Kappeller u. R. Schulze, Pharm. Zentralhalle 1910, **51**, 165.

J. Sanarens, Ann. des falsifications 1911, **4**, 642.

X. Rocques, Ebendort 1910, **3**, 266.

H. Strunk, Veröffentl. a. d. Gebiete d. Militärsanitätswesens 1912, **52**, 26.

H. Fincke, Zeitschr. f. Untersuchung d. Nahrungs- u. Genußmittel 1913, **25**, 589.

H. Kreis, Ebendort 1914, **27**, 479.

3. Arrak.

K. Micko, Zeitschr. f. Untersuchung d. Nahrungs- u. Genußmittel 1900, **19**, 305.

4. Kirsch- und Zwetschenbranntwein.

P. Behrend, Zeitschr. f. Spiritusind. 1890, **13**, 273.

A. Zega, Chem.-Ztg. 1901, **25**, 793.

K. Windisch, Zeitschr. f. Untersuchung d. Nahrungs- u. Genußmittel 1904, **8**, 465.

E. Kayser u. F. Dienert, Ann. science agron. [2], 1905, **10**, 209.

H. Kreis, Zeitschr. f. Untersuchung d. Nahrungs- u. Genußmittel 1911, **22**, 685.

G. Benz, Ebendort 1914, **27**, 479.

5. Sonstige Obst- und Beerenbranntweine.

K. Windisch, Zeitschr. f. Untersuchung d. Nahrungs- u. Genußmittel 1904, **8**, 465.

G. Mocellier u. B. Moal, Ann. des falsifications 1910, **3**, 530.

---

[1]) Diese Analysen werden mit den von anderen Nahrungs- und Genußmitteln in einem Nachtrage zu Bd. I (1903) veröffentlicht werden. Für die hauptsächlichsten Gärungsnebenerzeugnisse sind die Ergebnisse schon vorstehend bei den einzelnen Bestandteilen berücksichtigt.

6. Hefe- und Tresterbranntwein.

P. Behrend, Zeitschr. f. Spiritusind. 1890, **13**, 273.

A. Zega, Chem.-Ztg. 1901, **25**, 793.

F. Roncali, Staz. speriment. agr. ital. 1903, **36**, 931.

K. Windisch, Zeitschr. f. Untersuchung d. Nahrungs- u. Genußmittel 1904, **8**, 465.

K. Micko, Ebendort 1910, **19**, 305.

7. Whisky.

C. A. Crampton u. L. M. Tolman, Journ. Amer. Chem. Soc. 1908, **30**, 98.

W. C. Holmes, Zeitschr. f. Untersuchung d. Nahrungs- u. Genußmittel 1911, **21**, 634, nach Philippine Journ. of Science 1910, **5**, 23.

A. B. Adams, Journ. Ind. and Engin. Chem. 1911, **3**, 647; Zeitschr. f. Unters. d. Nahrungs- u. Genußmittel 1913, **25**, 511.

5. Erkennung durch die typischen Riechstoffe bei der fraktionierten Destillation (S. 361). In vortrefflicher Weise ergänzt wird die chemische Analyse der Edelbranntweine durch die fraktionierte Destillation und die Prüfung der Teildestillate auf die typischen Riechstoffe nach K. Micko[1]. Jeder Edelbranntwein enthält einen oder mehrere typische Riechstoffe, die bisher nicht künstlich dargestellt werden konnten und daher in reinen Kunsterzeugnissen fehlen. Letztere enthalten neben Säuren und Estern oft Gewürzstoffe und ätherische Öle, wie Vanillin, Cassiaöl (Zimtöl), Nelkenöl, die man bisher in echten Edelbranntweinen nicht gefunden hat; bei der Zerlegung der Kunsterzeugnisse finden sich diese Stoffe in den letzten Teildestillaten. Zweckmäßig ist es, die Branntweine einmal ohne jede Vorbereitung und dann nach der Verseifung der Ester (auf kaltem Weg) zu fraktionieren.

Am besten gekennzeichnet ist der Jamaika-Rum, der einen überaus charakteristischen und stark riechenden Riechstoff enthält; er findet sich in dem 3. und 4. Teildestillat. Daneben tritt ein schwächerer, terpenartiger Geruch und in den letzten Teildestillaten ein Geruch nach Juchtenleder auf. Bei manchen Rumsorten, besonders bei den besonders konzentrierten Ananasrums, geht dem typischen Geruchstoff ein ananasähnlicher voraus. Diese Geruchstoffe entstehen wohl erst bei der Gärung des Rums.

Kuba- und Demerara-Rum hatten einen ähnlichen (oder den gleichen) typischen Geruchstoff wie der Jamaika-Rum, aber in viel geringerer Menge; auch der juchtenlederartige Geruch macht sich in den letzten Teildestillaten bemerkbar. Bei dem Kuba-Rum tritt daneben noch ein pfirsichartiger Geruch auf.

Der Arrak verhält sich ganz ähnlich dem Rum. Er zeigt einen ganz ähnlichen typischen Geruchstoff und auch den Geruch nach Juchtenleder, daneben einen obstartigen nach Pfirsich.

Der Kognak ist ebenfalls durch einen typischen Geruchstoff gekennzeichnet, der aber bereits in den mittleren Teildestillaten auftritt; bei der Destillation des Kognaks ohne vorausgehende Verseifung der Ester geht dem typischen Geruchstoff der sog. Önanthäther vorauf, der aus den Estern der Fettsäuren der sechsten bis zehnten Kohlenstoffreihe gebildet wird. Ein Muskatellerweindestillat wies in dem zweiten und dritten Teildestillat das typische Muskatellerbukett auf, das aus der Traube stammt und die Gärung übersteht; erst später folgte der allgemeine Weinriechstoff, der wohl ein Gärungserzeugnis ist.

Der Weinhefebranntwein (Weingelägerbranntwein) ist in jeder Hinsicht ein vergröberter Kognak. Er enthält alle Nebenbestandteile in weit größerer Menge, insbesondere auch den Önanthäther und den typischen Weinriechstoff. Infolgedessen ist es besonders schwer, einen aus Weinhefebranntwein künstlich hergestellten kognakähnlichen Branntwein von echtem Kognak zu unterscheiden. Daß dies doch möglich ist, lehren die Beobachtungen von Micko; es gehören aber größere Erfahrungen dazu. Das sog. Weinöl oder Kognaköl, auch Hefenöl

---

[1] Zeitschr. f. Untersuchung d. Nahrungs- u. Genußmittel 1908, **16**, 433; 1910, **19**, 305.

genannt, das als Nebenerzeugnis der Hefenbranntweindestillation gewonnen wird, enthält große Mengen Ester (Önanthäther), aber nur wenig von dem typischen Riechstoff des Weines. Ein mit Hilfe von Hefenöl hergestelltes kognakartiges Getränk läßt sich daher leichter von echtem Kognak unterscheiden. Das künstlich aus Kokosnußöl hergestellte Kognaköl wird wohl überhaupt keinen typischen Weinriechstoff enthalten.

Der Zwetschenbranntwein enthält ebenfalls einen typischen Riechstoff, der schon in den beiden ersten Teildestillaten auftritt; es ist der Geruch frischer, reifer Zwetschen und sehr kennzeichnend.

Auf Grund eigener Erfahrungen möchte der Verfasser[1]) das Mickosche Verfahren zur Untersuchung der Edelbranntweine warm empfehlen. Reine Kunsterzeugnisse geben sich dabei mit aller Sicherheit zu erkennen, aber auch Verschnitte kann man häufig als solche feststellen. Insbesondere bei der Rum- und Arrakuntersuchung leistet das Verfahren die besten Dienste[2]).

Eine weitere, sehr wichtige Ergänzung der chemischen Untersuchung bildet bei der Beurteilung der Edelbranntweine die Kostprobe durch erfahrene Sachverständige; sie ist sogar in vielen Fällen ausschlaggebend. Alle Analytiker, die sich mit der Untersuchung der Edelbranntweine befaßten, sind darin einig, daß hier die sachverständige Kostprobe unerläßlich ist.

D. Beurteilung der Branntweine und Liköre.

I. Beurteilung nach der chemischen Untersuchung und nach den gesetzlichen Bestimmungen.

a) Für alle Branntweine geltende Verbote usw.

1. Schärfen. Nach § 107 Abs. 1 des Branntweinsteuergesetzes vom 15. Juli 1909 ist die Verwendung von Branntweinschärfen untersagt. Der Bundesrat hat von der ihm erteilten Ermächtigung, Ausführungsbestimmungen zu dieser Vorschrift zu erlassen, bisher noch keinen Gebrauch gemacht, doch sind solche in Bälde zu erwarten. Was als Branntweinschärfe im Sinne des § 107 Abs. 1 des Branntweinsteuergesetzes vom 15. Juli 1909 anzusehen ist, steht somit noch nicht fest. Sicher sind Auszüge von Paprika, Pfeffer, Paradieskörnern, Kokkelskörnern u. dgl., ferner Mineralsäuren, wie Schwefelsäure, Branntweinschärfen; ob ein Zusatz von Fuselöl als Schärfe zu beanstanden ist, ist zweifelhaft.

Es gibt Bittere (Magenbitter), die scharf schmeckende Bestandteile des Pfeffers oder anderer Drogen enthalten. Bei solchen Bitterbranntweinen dienen die scharf schmeckenden Stoffe nicht zur Vortäuschung eines höheren Alkoholgehalts, sondern zur Erzielung einer physiologischen Wirkung; sie sind daher nicht als „Schärfen" im Sinne des § 107 Abs. 2 anzusehen.

2. Künstliche Süßstoffe. § 2 des Süßstoffgesetzes vom 7. Juli 1902 verbietet, Nahrungs- oder Genußmitteln bei der gewerblichen Herstellung künstliche Süßstoffe zuzusetzen und süßstoffhaltige Nahrungs- und Genußmittel feilzuhalten oder zu verkaufen.

3. Methylalkohol. Nach § 21 des Gesetzes, betreffend Beseitigung des Branntweinkontingents, vom 14. Juni 1912, dürfen Nahrungs- und Genußmittel, insbesondere Trinkbranntweine und sonstige alkoholische Getränke, nicht so hergestellt werden, daß sie Methylalkohol enthalten. Trinkbranntweine und sonstige alkoholische Getränke, die Methylalkohol enthalten, dürfen nicht in den Verkehr gebracht oder aus dem Ausland eingeführt werden.

Hierzu ist zu bemerken, daß manche Branntweinarten kleine Mengen Methylalkohol enthalten können. V. Marcano[3]) gibt an, der Vorlauf des Rums enthalte beträcht-

---

[1]) Nämlich K. Windisch. Wir können diese Erfahrungen durch die Nachprüfungen im Laboratorium d. Landw. Versuchsstation in Münster i. W. vollständig bestätigen; wir konnten in Rumverschnitten 5% echten Rum noch deutlich nachweisen.

[2]) G. Kappeller u. R. Schulze, Pharm. Zentralhalle 1910, **51**, 165; H. Strunk, Veröffentl. a. d. Gebiete des Militärsanitätswesens 1912, **56**, 22; Zeitschr. f. Untersuchung d. Nahrungs- u. Genußmittel 1912, **24**, 356.

[3]) Compt. rend. 1889, **108**, 955.

liche Mengen Methylalkohol. K. Windisch[1]) wies in einem unzweifelhaft echten Rum Spuren von Methylalkohol nach dem Verfahren von Riche und Bardy (S. 351) nach; bei einer zweiten Rumprobe konnte die Methylalkoholreaktion nicht erhalten werden. H. C. Prinsen - Geerligs[2]) bestreitet das Vorkommen von Methylalkohol in Rum und Arrak, H. Quantin[3]) bestätigt dieses Ergebnis für den Rum. A. Trillat[4]) fand in Rum, Arrak, Kirschbranntwein und Absinth keinen Methylalkohol, wohl aber in Tresterbranntweinen bis zu 0,25%. J. Wolff[5]) stellte in den Destillaten von vergorenen schwarzen Johannisbeeren, Pflaumen, Zwetschen, Mirabellen, süßen und sauren Kirschen, Äpfeln, weißen und blauen Trauben Methylalkohol fest. Die schwarzen Johannisbeeren enthielten schon vor der Gärung Methylalkohol, aber weniger als nach der Gärung, die anderen Obstarten nicht. Die Destillate von vergorenem Traubensaft hatten weniger Methylalkohol als die Destillate von mit den Kämmen vergorener Traubenmaische; dementsprechend waren Tresterbranntweine erheblich reicher an Methylalkohol als der Kognak. Auch in fertigem Kognak, Kirsch-, Zwetschen- und Mirabellenbranntwein fand Wolff Methylalkohol, nicht aber in Rum, Kornbranntwein, Kartoffelbranntwein und anderen Industriebranntweinen; auch im Destillat vergorener Rohrzuckerlösungen fehlte der Methylalkohol. Th. v. Fellenberg[6]) fand in Obst- und Hefenbranntweinen wenig, in Tresterbranntweinen sehr viel Methylalkohol. T. Takahashi[7]) will in Whisky und Sakedestillat Methyllactat gefunden haben.

Nach Th. von Fellenberg[8]) entsteht der Methylalkohol bei der Gärung aus dem Pektin, das als ein Methylester der Pektinsäure aufzufassen ist; die Spaltung des Pektins in Pektinsäure und Methylalkohol wird durch ein Enzym, die Pektase, bewirkt. Der so entstehende Methylalkohol beträgt nicht mehr als 0,1% des Gesamtalkohols, in Tresterbranntweinen kann dagegen der Methylalkoholgehalt bis zu 4% des Gesamtalkohols betragen.

Wenn auch die vorstehenden Ergebnisse sich mehrfach widersprechen, so sind sie doch beim Auffinden kleiner Mengen Methylalkohol in Trinkbranntweinen, besonders in Edelbranntweinen, zu beachten.

4. Vergällungsmittel. Branntwein, der für technische und gewerbliche Zwecke bestimmt ist, ist von der Verbrauchsabgabe befreit. Um ihn für Genußzwecke unbrauchbar zu machen, wird er vergällt (denaturiert). Der Branntwein, der in den freien Verkehr kommt und keiner steuerlichen Verkehrskontrolle unterliegt, wird „vollständig" vergällt, d. h. mit dem allgemeinen Vergällungsmittel, 2 l rohem Holzgeist und ½ l Pyridinbasen auf 100 l Alkohol, versetzt. Für besondere technische Zwecke gibt es noch eine größere Anzahl besonderer Vergällungsmittel, die den Branntwein nicht in dem Maße ungenießbar machen wie das allgemeine Vergällungsmittel; diese „unvollständig" vergällten Branntweine unterliegen einer steuerlichen Verbrauchskontrolle.

Es ist nach dem Branntweinsteuergesetz verboten, vollständig oder unvollständig vergällten, von der Verbrauchsabgabe befreiten Branntwein zu Genußzwecken zu verwenden; weiter ist es verboten, dem vergällten Branntwein die Vergällungsmittel ganz oder teilweise zu entziehen oder sie durch Zusätze geruchlich und geschmacklich zu verdecken. Für die Praxis kommt hauptsächlich die „Renaturierung" des vollständig (mit rohem Holzgeist und Pyridinbasen) vergällten Branntweins in Betracht. Wegen des etwaigen Vorkommens kleiner Mengen Methylalkohol in Trinkbranntweinen vergleiche man den vorhergehenden Abschnitt.

---

[1]) Arbeiten a. d. Kaiserl. Gesundheitsamte 1892, **8**, 113.

[2]) Chem.-Ztg. 1898, **22**, 70, 79, 99.

[3]) Journ. pharm. chim. [6], 1900, **12**, 505.

[4]) Compt. rend. 1899, **128**, 438.

[5]) Zeitschr. f. Untersuchung d. Nahrungs- u. Genußmittel 1901, **4**, 391.

[6]) Mitteil. Lebensm.-Unters. u. Hyg. Schweizer. Gesundheitsamt 1913, **4**, 146.

[7]) Zeitschr. f. Untersuchung d. Nahrungs- u. Genußmittel 1909, **17**, 714.

[8]) Mitteil. Lebensm.-Unters. u. Hyg. Schweizer. Gesundheitsamt 1914, **5**, 172.

Spuren basischer Bestandteile finden sich wohl in der Mehrzahl der ungereinigten Branntweine, insbesondere in den Edelbranntweinen[1]). Darunter sollen sich auch Pyridinbasen in
kleinsten Mengen finden[2]). Hierauf wäre bei der Feststellung kleiner Mengen basischer Stoffe
in Trinkbranntweinen Rücksicht zu nehmen.

5. Gesundheitsschädliche Stoffe. Als solche kämen (außer Methylalkohol) in
Betracht: Gesundheitsschädliche Bitterstoffe und Farbstoffe, große Mengen von Fuselöl und
anderen Nebenerzeugnissen der Gärung und Destillation, z. B. Aldehyde, und gesundheitsschädliche Schwermetalle, von denen insbesondere Kupfer und Zink zu erwähnen sind.

Kupfer findet sich vorzugsweise in Obstbranntweinen, die vielfach in kleinsten
Zwergbetrieben hergestellt werden. Durch Vergären der Maischen in offenen, meist nur lose
zugedeckten Bütten entstehen oft beträchtliche Mengen Essigsäure, die zum Teil mit überdestillieren. In den kupfernen Kühlschlangen oder Kühlröhren bildet sich nach Beendigung
des Destillierens Grünspan, der bei Beginn des nächstjährigen Destillierens durch die Säuren
des Obstbranntweins aufgelöst wird. Der erste Branntwein, der nach einer längeren Unterbrechung der Destillation gewonnen wird, insbesondere der erste Branntwein jedes Jahres ist
oft durch Kupfersalze ganz grün gefärbt; die später destillierten Branntweine enthalten weniger
Kupfer, weil dann der größte Teil des Grünspans bereits aus den Kühlröhren aufgelöst ist.
Aus diesem Grund enthalten auch die Kirschbranntweine meist mehr Kupfer als die Zwetschenbranntweine; erstere kommen eher zum Abbrennen.

Der Kupfergehalt der Obstbranntweine ist meist sehr gering; oft finden sich nicht mehr
als 5—6 mg metallisches Kupfer im Liter. Nicht selten ist er aber auch größer. So stellten
fest: J. Neßler und M. Barth[3]) bis zu 19 mg Kupfer im Liter Kirschbranntwein, K. Windisch[4]) im Kirschbranntwein 16,3 und 19,5 mg, im Kirschbranntwein-Spätbrand 27,4 mg, im
Zwetschenbranntwein-Spätbrand 10,6 mg Kupfer im Liter, C. Amthor und J. Zink[5]) bis zu
16,7 mg Kupfer im Liter Zwetschenbranntwein, das Laboratorium der Schweizer Alkoholverwaltung[6]) in Schweizer Kirschbranntweinen bis zu 15 mg, P. Behrend[7]) in Tresterbranntweinen bis zu 10 mg Kupfer im Liter. Daneben gibt es auch viele Obstbranntweine, die
nur Spuren von Kupfer enthalten oder ganz frei davon sind. Andererseits ist zu beachten, daß
sich das Vorkommen kleiner Mengen Kupfer nicht auf die Obstbranntweine beschränkt, sondern
daß auch Branntweine aus mehligen Stoffen kupferhaltig sein können. P. Behrend[7]) fand
z. B. in Kartoffel- und Dinkelbranntweinen bis zu 10 mg, in Mais- und Daribranntweinen bis
zu 6 mg Kupfer im Liter; alle diese Branntweine stammten aus Kleinbetrieben.

Der Zinkgehalt der Branntweine stammt aus den verzinkten Eisengefäßen, die häufig
zur Beförderung von Branntwein benutzt werden. Auch hier sind es wohl hauptsächlich die Säuren
im Branntwein, die das Zink auflösen. Th. Roman und G. Deluc[8]) fanden bis zu 6,4 mg
Zink im Liter Branntwein. Meist werden nicht Trinkbranntweine, sondern hochprozentiger
Rohspiritus und Feinsprit in verzinkten Eisengefäßen (Fässern und Kesselwagen) befördert.

---

[1]) Vgl. H. Schroetter, Berichte d. Deutsch. chem. Gesellschaft 1879, **12**, 1431; Ch. Or-
donneau, Compt. rend. 1886, **102**, 217; E. Ch. Morin, ebendort 1888, **106**, 360; L. Lindet,
ebendort 1888, **106**, 280; K. Windisch, Arbeiten a. d. Kaiserl. Gesundheitsamte 1892, **8**, 140
u. 257; 1895, **11**, 304, 325, 332, 336; 1898, **14**, 309.

[2]) L. Haitinger, Ber. d. Wiener Akad. 1883, **86** (2. Abt.), 608; A. von Asboth, Chem.-Ztg.
1889, **13**, 871; Ed. Mohler, Compt. rend. 1891, **112**, 53; E. Bamberger u. A. Einhorn, Berichte
d. Deutsch. chem. Gesellschaft 1897, **30**, 224.

[3]) Zeitschr. f. analyt. Chemie 1883, **22**, 33.

[4]) Arbeiten a. d. Kaiserl. Gesundheitsamte 1895, **9**, 330; 1898, **14**, 309.

[5]) Forschungsber. über Lebensmittel 1897, **4**, 362.

[6]) Schweiz. Wochenschr. f. Chemie u. Pharmazie 1901, **39**, 479.

[7]) Zeitschr. f. Spiritusind. 1890, **13**, 272.

[8]) Journ. Pharm. chim. [6], 1900, **12**, 40, 265; vgl. auch G. Guérin, ebendort [6], 1907, **25**, 97.

b) Einzelne Branntweinarten.

1. **Kognak** und **Kognak-Verschnitt.** *a)* Kognak. Der Verkehr mit Kognak ist durch das Weingesetz vom 7. April 1909 geregelt. Nach § 18 des Weingesetzes darf Trinkbranntwein, dessen Alkohol nicht ausschließlich aus Wein gewonnen ist, im geschäftlichen Verkehr nicht als Kognak bezeichnet werden. Der gesamte Alkohol des Kognaks muß also dem Wein entstammen. Der Begriff „Kognak" ist nach dem deutschen Gesetz ein Gattungsbegriff, während er in Frankreich als Herkunftsbezeichnung in strengster Form dient und nur für den in der Charente hergestellten Weinbrand zugelassen werden soll.

α) Nicht jeder Trinkbranntwein indes, dessen Alkohol ausschließlich aus Wein gewonnen ist, darf als Kognak bezeichnet werden. Diese Bezeichnung ist für solche Weinbranntweine vorbehalten, die nach Art der Herstellung und der Beschaffenheit den Erzeugnissen der Weindestillation in Cognac bzw. in den beiden Charentes entsprechen. Kognak ist nicht identisch mit Weindestillat. Wenn Wein z. B. auf einer Brennvorrichtung mit starker Dephlegmation abgebrannt wird, so erhält man ein hochprozentiges Destillat, dem die Bukettstoffe, die für den Kognak charakteristisch sind, zum großen Teil fehlen; ein solches Destillat darf zur Herstellung von Kognak nicht verwendet werden. Bei einem patentierten Verfahren zur Herstellung von alkoholfreiem Wein werden die Weine im luftverdünnten Raum destilliert und die Bukettstoffe des Weines (angeblich) vom Alkohol getrennt und dem entgeisteten Wein (der Weinschlempe) wieder zugesetzt; der bei diesem Verfahren gewonnene Alkohol darf, trotzdem er ausschließlich dem Wein entstammt, nicht zur Kognakbereitung verwendet werden, weil ihm die Bukettstoffe des Weines fehlen. Kognak und Weindestillat sind schon deshalb nicht identische Begriffe, weil der Kognak beim Lagern auf Eichenfässern gewisse Stoffe aufnimmt, auch erhält der Kognak häufig noch Zusätze, wie kleine Mengen Zucker, Süßwein, Eichenholz- und gewisse Pflanzenauszüge, Zuckerfarbe, die ihn vom Weindestillat unterscheiden.

β) Zur Kognakbereitung darf Wein beliebiger Herkunft verwendet werden, der Gebrauch des Namens Kognak ist nicht auf Branntwein aus Charentewein beschränkt; der zur Kognakbereitung verwendete Wein muß jedoch nach § 15 des Weingesetzes in jeder Hinsicht den Vorschriften des Weingesetzes entsprechen. Destillate von Weinen, die gesetzwidrig gezuckert sind, die andere Zusätze erhalten haben, als nach § 4 des Weingesetzes für die Kellerbehandlung zugelassen sind, sowie Destillate von nachgemachten Weinen im Sinne des § 9 des Weingesetzes dürfen zur Herstellung von Kognak nicht verwendet werden; sie sind Branntweine, die keinen Anspruch auf die Bezeichnung „Kognak" haben. Auch das Destillat eines Süßweins, der einen (an sich zulässigen) Spritzusatz erhalten hat, darf nicht zur Herstellung von Kognak dienen, wohl aber Weine, denen nur reines Weindestillat zugesetzt worden ist, wie dies z. B. bei den in Deutschland zum Zweck der Destillation eingeführten Charenteweinen üblich ist.

γ) Über die Bezeichnung des in Flaschen in den Handel gebrachten Kognaks geben § 28 des Weingesetzes und die dazu erlassenen Ausführungsbestimmungen des Bundesrats vom 9. Juli 1909 genaue Vorschriften. Danach muß jeder Flaschenkognak eine Herkunftsbezeichnung nach dem Land tragen, in dem er für den Verbrauch fertiggestellt ist. „Für den Verbrauch fertiggestellt" wird der Inhalt einer Flasche dort, wo die letzte, die Zusammensetzung des Getränks beeinflussende Handlung vorgenommen wird. Zu diesen Handlungen gehört sowohl der Verschnitt mit anderem Kognak, als die Herabsetzung des Alkoholgehalts durch Zusatz von Wasser. Wenn z. B. ein französischer Kognak im Faß aus Frankreich bezogen und in Deutschland ohne jeden weiteren Zusatz auf Flaschen gefüllt wird, so ist es „Französischer Kognak". Setzt man aber dem aus Frankreich bezogenen Kognak in Deutschland destilliertes Wasser zu, um den Alkoholgehalt auf die übliche Trinkstärke (jedoch nicht unter 38 Raumprozent) herabzusetzen, so ist er als „Französischer Kognak, in Deutschland fertiggestellt" zu bezeichnen. Setzt man den Alkoholgehalt durch gewöhnliches Wasser, nicht durch destilliertes Wasser herab, oder gibt man dem aus Frankreich bezogenen Kognak noch irgendeinen, an sich zulässigen Zusatz, so verliert er die Bezeichnung als „Französischer Kognak" und muß „Deutscher Kognak" genannt werden, weil er in Deutschland „fertiggestellt" ist. Vermischt man in Deutschland zwei französische Kognaks, so muß der Verschnitt als „Deutscher Kognak" bezeichnet werden, denn er ist in Deutschland „fertiggestellt". Die Herkunft des Weines, aus dem der Kognak hergestellt wurde, ist ohne Einfluß auf die Bezeichnung. Ein aus Charentewein in Deutschland gebrannter Kognak ist „Deutscher Kognak"; er darf aber auf der Etikette den Zusatz „aus Charentewein hergestellt" erhalten. Deutscher Kognak braucht somit nicht aus deutschem Wein hergestellt zu sein, er braucht nicht einmal in Deutschland gebrannt zu sein; maßgebend ist nur das Land, wo er „fertiggestellt" wurde. Sonstige Zusätze in der Bezeichnung, wie „Weinbrand", „garantiert rein aus Wein gebrannt" und ähnliche auf der Etikette sind zulässig, aber zwecklos, da der Name „Kognak" alles Nötige bereits besagt. Die Bezeichnung des Landes muß in schwarzer Farbe auf weißem Grund deutlich und nicht verwischbar auf einem bandförmigen Streifen in lateinischer Schrift aufgedruckt sein. Die Schriftzeichen müssen eine bestimmte Höhe und Breite haben. Der Streifen darf eine weitere Inschrift nicht tragen. Auf der Etikette braucht die Bezeichnung des Landes nicht zu stehen. Es ist nicht zulässig, statt „Deutscher Kognak" zu schreiben: „Deutsches Erzeugnis" oder „In Deutschland hergestellt". Französische Bezeichnungen, z. B. Firmen, auch das Wort „vieux" sind nur für französischen Kognak gestattet. Bezeichnungen, wie Fine Champagne, Grande Champagne, Borderies, Fins Bois, Bon Bois, Eau-de-vie de Cognac und Charentekognak sind Herkunftsbezeichnungen und dürfen nur für die betreffenden französischen Originalwaren gebraucht werden.

Die Bezeichnung Medizinalkognak ist gestattet; er muß Kognak im Sinne des § 18 des Weingesetzes sein und den Vorschriften des Deutschen Arzneibuches entsprechen. Moselkognak ist ein Kognak, dessen gesamter Alkohol aus Moselweinen herrührt. Die Schreibweisen Kognak und Cognac sind beide ohne Unterschied gestattet.

δ) Der Kognak des Handels muß nach der Vorschrift des Weingesetzes mindestens 38 Raumprozent Alkohol haben.

ε) Nach den Ausführungsbestimmungen zu § 16 des Weingesetzes ist die Verwendung einer ganzen Anzahl von Stoffen verboten, nämlich aller derer, die auch bei der Herstellung von weinähnlichen Getränken und von Schaumwein nicht benutzt werden dürfen (vgl. weiter unten). Von diesen kommen praktisch nur folgende in Betracht, die also bei der Kognakbereitung nicht verwendet werden dürfen: Farbstoffe, mit Ausnahme von kleinen Mengen gebrannten Zuckers (Zuckercouleur), Glycerin, unreiner Stärkezucker und Stärkesirup. Früher traf man diese Stoffe bisweilen im Kognak an.

ζ) Dem Bundesrat ist bezüglich der Herstellung des Kognaks noch eine weitergehende Ermächtigung erteilt: Er darf bestimmen, welche Stoffe bei der Herstellung von Kognak Verwendung finden dürfen und darf Vorschriften über die Verwendung erlassen. Diese Frage ist für die Kognakindustrie von Bedeutung. Ursprünglich gab man dem Kognak keine künstlichen Zusätze, er erhielt vielmehr seinen milden Geschmack, die gelbe Farbe und einen geringen Extraktgehalt durch langes Lagern auf Fässern aus Steineichenholz (Limousinholz). Später wurden gewisse Zusätze üblich, die wohl in erster Linie einen Ersatz für langes Lagern bei den billigeren Getränken bilden sollten. In Frankreich ist (angeblich) nur der Zusatz von Wasser (zur Herabsetzung des Alkoholgehalts auf Trinkstärke), Zuckersirup und Zuckerfarbe gestattet.

Der Bundesrat hat auf Grund der Ermächtigung des Weingesetzes durch Bekanntmachung vom 27. Juni 1914 (Reichs-Gesetzblatt 1914, S. 235) folgendes bestimmt:

I. Bei der Herstellung von Kognak dürfen nur die nachbezeichneten Stoffe verwendet werden:

1. Weindestillate, denen die den Kognak kennzeichnenden Bestandteile des Weines nicht entzogen worden sind und die in 100 Raumteilen nicht mehr als 86 Raumteile Alkohol enthalten.

2. Reines destilliertes Wasser.

3. Technisch reiner Rüben- oder Rohrzucker in solcher Menge, daß der Gesamtgehalt an Zucker, einschließlich des durch sonstige Zusätze hineingelangenden (als Invertzucker berechnet), in 100 ccm des gebrauchsfertigen Kognaks bei 15° C nicht mehr als 2 g beträgt.

4. Gebrannter Zucker (Zuckercouleur), hergestellt aus technisch reinem Rüben- oder Rohrzucker.

5. Im eigenen Betrieb durch Lagerung von Weindestillat (Nr. 1) auf Eichenholz oder Eichenholzspänen auf kaltem Weg hergestellte Auszüge.

6. Im eigenen Betrieb durch Lagerung von Weindestillat (Nr. 1) auf Pflaumen, grünen (unreifen) Walnüssen oder getrockneten Mandelschalen auf kaltem Weg hergestellte Auszüge, jedoch nur in so geringer Menge, daß die Eigenart des verwendeten Weindestillats dadurch nicht wesentlich beeinflußt wird.

7. Dessertwein (Süd-, Süßwein), der keinen Zusatz von anderem als ausschließlich aus Wein gewonnenem Alkohol enthält, jedoch nur in solcher Menge, daß in 100 Raumteilen des gebrauchsfertigen Kognaks nicht mehr als 1 Raumteil Dessertwein enthalten ist.

8. Mechanisch wirkende Filterdichtungsstoffe (Asbest, Zellulose oder dgl.).

9. Gereinigte Knochenkohle, technisch reine Gelatine oder Hausenblase.

10. Sauerstoff.

II. Die Verwendung eines Vorrats von außerhalb des eigenen Betriebes oder auf warmem Wege hergestellten Auszügen der unter I Nr. 5 und 6 bezeichneten Art ist bis zum 1. Juli 1915 gestattet.

η) Eine künstliche Aromatisierung des Kognaks mit Bukettstoffen, Essenzen, ätherischen Ölen usw. zu dem Zweck, die Verwendung ungeeigneten oder unzulässigen Rohmaterials oder eine sachwidrige Behandlungsweise zu verschleiern, gilt als Verfälschung oder Nachmachung im Sinne des Nahrungsmittelgesetzes. Über die Reinheit des in Deutschland hergestellten Kognaks werden auf Antrag zollamtliche Ursprungsatteste (entsprechend den schon länger eingeführten französischen „acquits blancs") ausgestellt.

b) Kognak-Verschnitt. Trinkbranntwein, der neben Kognak Alkohol anderer Art enthält, darf als Kognakverschnitt bezeichnet werden, wenn mindestens $^1/_{10}$ des Alkohols aus Wein gewonnen ist. Der Verschnitt muß Kognak, nicht ein beliebiges Weindestillat enthalten. Unter „Alkohol anderer Art" ist nur reiner Alkohol, sog. Feinsprit oder Weinsprit zu verstehen, nicht aber Rohspiritus oder andere Branntweine mit eigenartigen Geruch- und Geschmackstoffen, z. B. Zwetschenbranntwein. Der Kognak soll in dem Gemisch zur Geltung kommen, der Verschnitt soll den Charakter des Kognaks haben. Kognakverschnitt muß einen Alkoholgehalt von mindestens 38 Raumprozent haben.

α) Die beim Kognak gestatteten Zusätze sind auch beim Kognakverschnitt zulässig, über die Menge dieser Zusätze besteht aber zur Zeit keine Einstimmigkeit: Die Kognakinteressenten fordern für Kognak-Verschnitte die gleiche Menge der Zusätze wie für den Kognak, während einzelne Nahrungsmittelchemiker die Menge nach dem Kognakgehalt des Verschnitts bemessen wollen; wenn der Verschnitt z. B. nur $^1/_{10}$ Kognak enthält, sollen auch die Zusätze nur $^1/_{10}$ der beim Kognak zulässigen Menge betragen. Der Verfasser steht auf dem an erster Stelle genannten Standpunkt, da erst durch die Zusätze in unverkürzter Menge der Kognak-Verschnitt recht eigentlich kognakähnlich wird.

β) Die Bezeichnung Kognak-Verschnitt bildet einen einheitlichen Begriff; sie muß daher auf der Etikette in unmittelbarem Zusammenhang, nicht räumlich getrennt, durch einen Bindestrich verbunden in einer Zeile oder unmittelbar untereinander in gleicher Schriftart und gleich großen Buchstaben auf dem gleichen Untergrund gedruckt sein. Die Herkunft des Kognaks braucht bei Verschnitten nicht gekennzeichnet zu werden; die Kennzeichnung ist zulässig, sie muß aber der Wahrheit entsprechen. Die Bezeichnung „Kognak-Verschnitt" braucht nicht auf einem besonderen Papierstreifen zu stehen.

γ) Trinkbranntweine, deren Alkoholgehalt nicht mindestens zu $^1/_{10}$ aus Kognak herrührt, und Kunsterzeugnisse, künstlich aus Essenzen hergestellte Ersatzbranntweine mit und ohne Kognakzusatz dürfen keine Bezeichnung tragen, die das Wort Kognak enthält. Die Bezeichnungen Kunstkognak, Fassonkognak und solche, die ähnlich wie Kognak klingen, z. B. Konak, Konjak, Kornjak u. dgl. sind nicht zulässig.

.*2.* **Rum und Arrak.** Über den Verkehr mit Rum und Arrak bestehen keine besonderen gesetzlichen Vorschriften; die folgenden Darlegungen lehnen sich hauptsächlich an die Beschlüsse[1]) des Vereins deutscher Nahrungsmittelchemiker vom Jahre 1912, betreffend die Beurteilung der Branntweine, an.

Als Rum bzw. Arrak sind zur Zeit solche Trinkbranntweine anzusehen, die in den Erzeugungsländern nach den dort üblichen und anerkannten Verfahren durch Gärung der üblichen Rohstoffe und Destillation gewonnen werden (vgl. S. 333).

Rum und Arrak, die unter Bezeichnungen in den Handel gebracht werden, die eine Originalware erwarten lassen, z. B. Original-Jamaika-Rum oder Arrak de Goa, müssen sich in dem Zustande befinden, in dem sie in dem Erzeugungslande, nach dem sie benannt sind, gewonnen sind. Insbesondere darf die Originalware nicht durch Wasserzusatz im Alkoholgehalt herabgesetzt sein.

Trinkbranntweine, die neben Rum bzw. Arrak Alkohol anderer Art enthalten, dürfen als Rum-Verschnitt bzw. Arrak-Verschnitt bezeichnet werden, wenn mindestens $^1/_{10}$ des Alkohols[2]) aus Rum bzw. Arrak stammt und das Getränk im Geruch und Geschmack noch ohne weiteres den Charakter des Rums bzw. Arraks erkennen läßt. Unter „Alkohol anderer Art" ist nur Feinsprit zu verstehen, nicht aber Rohspiritus oder ein anderer Edelbranntwein; der Zusatz von Bukettstoffen, künstlichen Essenzen, ätherischen Ölen u. dgl. ist bei Rum, Arrak und ihren Verschnitten nicht zulässig.

Gemische von Rum bzw. Arrak, Alkohol anderer Art und Wasser, die den an Rumverschnitt zu stellenden Anforderungen nicht genügen, sowie Trinkbranntweine, die neben Rum bzw. Arrak oder an Stelle von Rum bzw. Arrak aromatische Stoffe anderen Ursprungs enthalten, dürfen, sofern gegen den Genuß der verwendeten Stoffe gesundheitliche Bedenken nicht bestehen, nur unter Bezeichnungen in den Verkehr gebracht werden, die das Wort „Rum" bzw. „Arrak" nicht enthalten.

Die Beschlüsse des Vereins deutscher Nahrungsmittelchemiker lassen für solche künstlich hergestellten Branntweine die Bezeichnung „Kunstrum" bzw. „Kunstarrak" zu, sagen aber in einer Anmerkung: „Da die im Handel befindlichen Kunstrums bzw. Kunstarraks streng genommen auch diese Bezeichnung nicht verdienen, erscheint es erforderlich, den Verkehr mit Kunstrum bzw. Kunstarrak (ähnlich wie den mit Kunstkognak) unter diesem Namen gesetzlich zu untersagen, also Kunstrum bzw. Kunstarrak nur noch unter anderen Namen als gewöhnlichen Trinkbranntwein nach Maßgabe der für diese geltenden Bestimmungen im Verkehr zuzulassen." Der in vorstehender Anmerkung eingenommene Standpunkt scheint mir der richtige zu sein, einmal wegen des Vorgangs bei der gesetzlichen Regelung der Kognakfrage, dann aber vor allem, weil es einen wirklichen „Kunstrum" bzw. „Kunstarrak" nicht gibt; es ist nicht möglich, die typischen Aromastoffe des echten Rums und Arraks nachzumachen.

Auf Trinkbranntweinstärke herabgesetzter Rum (Trinkrum), Rumverschnitt, Arrak und Arrakverschnitt müssen in 100 Raumteilen mindestens 45 Raumteile Alkohol enthalten. (In den „Beschlüssen" wird auch für Kunstrum und Kunstarrak ein Alkoholgehalt von 45 Raumprozent gefordert; wenn diese Bezeichnungen verschwinden und keinerlei Beziehung zwischen diesen Kunsterzeugnissen und echtem Rum und Arrak besteht, kann diese Forderung nicht aufrechterhalten werden; diese Branntweine fallen dann unter die „sonstigen Branntweine" [Nr. 6, S. 382], die nicht mehr als 25 Raumprozent Alkohol zu enthalten brauchen.)

---

[1]) **Zeitschr.** f. Untersuchung d. Nahrungs- u. Genußmittel 1912, **24**, 84.

[2]) Nach den Vereinbarungen des Bundes der Lebensmittel-Fabrikanten und -Händler, die auch in die zu erwartende Neuauflage des „Deutschen Lebensmittelbuches" aufgenommen werden sollen, soll für Rumverschnitte $^1/_{20}$ (5%) Rum genügen.

Zum Färben von Rum darf nur gebrannter Zucker (Zuckerfarbe) Verwendung finden. Es ist anzustreben, daß auch Rumverschnitt nur mit gebranntem Zucker gefärbt wird.

3. Obst- und Beerenbranntweine. *a)* Kirsch- und Zwetschenbranntwein. Nach § 19 des Gesetzes, betreffend Beseitigung des Branntweinkontingents, vom 14. Juni 1912, darf unter der Bezeichnung Kirschwasser oder Zwetschenwasser oder ähnlichen Bezeichnungen, die auf die Herstellung aus Kirschen oder Zwetschen hinweisen (Kirschbranntwein, Kirsch, Zwetschenbranntwein u. dgl.) nur Branntwein in den Verkehr gebracht werden, der ausschließlich aus Kirschen oder Zwetschen hergestellt ist. Der Bundesrat trifft die näheren Bestimmungen; dies ist aber bis jetzt noch nicht geschehen.

Weitere gesetzliche Vorschriften über Kirsch- und Zwetschenbranntweine bestehen nicht. Die Beschlüsse des Vereins deutscher Nahrungsmittelchemiker stellen noch folgende, in jeder Hinsicht zu billigenden Forderungen auf: Kirsch- und Zwetschenbranntweine, die neben dem aus dem natürlichen Zuckergehalt der Frucht entstandenen Alkohol auch Alkohol anderer Art enthalten (durch Zusatz von Zucker oder Alkohol zur Maische oder durch Verschnitt der Destillate mit Branntwein anderer Art), dürfen als Verschnitte (Kirschwasser-Verschnitt, Zwetschenbranntwein-Verschnitt) bezeichnet werden, wenn mindestens $^{1}/_{10}$ des Alkoholgehaltes dem Gehalt an echtem Kirsch- bzw. Zwetschenbranntwein entstammt und diese Branntweine im Geruch und Geschmack noch den Charakter des Kirsch- bzw. Zwetschenbranntweines ohne weiteres erkennen lassen.

Kirsch- und Zwetschenbranntweine und deren Verschnitte müssen in 100 Raumteilen mindestens 45 Raumteile Alkohol enthalten.

Kirsch- und Zwetschenbranntweine und deren Verschnitte dürfen keinerlei Zusätze irgendwelcher Art erhalten, unbeschadet eines Zusatzes von reinem Wasser zur Herabsetzung hochprozentiger Destillate auf Trinkstärke (45 Raumprozent Alkohol); insbesondere dürfen blausäure-, benzaldehyd- und nitrobenzolhaltige Zubereitungen nicht zur Herstellung künstlicher Kirsch- und Zwetschenbranntweine verwendet werden.

b) Andere Obst- und Beerenbranntweine. Für die anderen Obst- und Beerenbranntweine bestehen zwar keine besonderen gesetzlichen Bestimmungen, man ist aber berechtigt, an sie die gleichen Forderungen zu stellen wie an Kirsch- und Zwetschenbranntwein. Auch sie müssen rein aus den betreffenden Obstmaischen gebrannt sein und dürfen keinen Alkohol anderer Abstammung enthalten; Aromastoffe dürfen ihnen nicht zugesetzt werden. Nachmachung der Obstbranntweine mit künstlichen Essenzen u. dgl. ist nicht möglich; Kunst-Heidelbeergeist u. dgl. gibt es daher nicht. Bei Obstbranntwein-Verschnitten muß mindestens $^{1}/_{10}$ des Alkohols dem betreffenden Obstbranntwein entstammen und die Verschnitte müssen den Charakter der Obstbranntweine ohne weiteres erkennen lassen.

4. Trester- und Hefenbranntweine. Für den Verkehr mit Trester- und Hefenbranntweinen gibt es keine besonderen gesetzlichen Vorschriften. Sie sind aber in gleicher Weise zu beurteilen wie die Obstbranntweine, auch bezüglich der Verschnitte. Unter „Tresterbranntwein" schlechthin versteht man Weintresterbranntwein, unter „Hefenbranntwein" schlechthin Weinhefenbranntwein; Obsttrester- und Obsthefenbranntweine sollten als solche oder als Apfeltresterbranntwein usw. zu bezeichnen sein.

5. Kornbranntwein. Nach § 19 des Gesetzes, betreffend Beseitigung des Branntweinkontingents, vom 14. Juni 1912, der an Stelle des § 107 Abs. 2 des Branntweinsteuergesetzes vom 15. Juli 1909 getreten ist, darf unter der Bezeichnung Kornbranntwein nur Branntwein in den Verkehr gebracht werden, der ausschließlich aus Roggen, Weizen, Buchweizen, Hafer oder Gerste hergestellt und nicht im Würzeverfahren erzeugt ist. Als Kornbranntweinverschnitt darf nur Branntwein in den Verkehr gebracht werden, der aus mindestens 25 Hundertteilen Kornbranntwein neben Branntweinen anderer Art besteht.

Hiernach ist der Branntwein aus Preßhefefabriken, die nach dem Würzeverfahren arbeiten, nicht Kornbranntwein, auch wenn er ausschließlich aus den obengenannten Getreidearten hergestellt ist. Der in Süddeutschland vielfach für Brennereizwecke benutzte Dinkel (Spelzweizen) ist dem (nackten) Weizen gleichzuachten.

In den Beschlüssen des Vereins deutscher Nahrungsmittelchemiker heißt es: „Als Kornbranntwein spielen im Handel eine besondere Rolle: Nordhäuser, Münsterländer, Breslauer, Steinhäger, Fruchtbranntwein, Westfälischer Korn, Whisky und andere." Ob alle diese Bezeichnungen auf Grund des § 19 des Gesetzes über die Beseitigung des Branntweinkontingents vom 14. Juni 1912 mit der Bezeichnung „Kornbranntwein" identisch und für wirklichen Kornbranntwein vorbehalten sind, ist zweifelhaft. Tatsache ist, daß bisher sog. Nordhäuser vielfach aus Kartoffel-Feinsprit und Nordhäuser Essenz und sog. Steinhäger aus Kartoffel-Feinsprit und Wacholderbeeren oder Wacholderbeeressenz hergestellt wurde, und daß man in Süddeutschland unter dem Namen „Fruchtbranntwein" alle Branntweine aus mehligen Stoffen, auch aus Mais und Kartoffeln, zusammenfaßt; der „Fruchtbranntwein" bildet hier den Gegensatz zu den Obstbranntweinen oder allgemeiner zu den Edelbranntweinen. Die zu erwartenden Ausführungsbestimmungen des Bundesrats werden auch hierüber Klarheit schaffen.

Ein bestimmter Alkoholgehalt ist für den Kornbranntwein gesetzlich nicht vorgeschrieben, so daß die Mindestgrenze im Sinne des Nahrungsmittelgesetzes unter Berücksichtigung der normalen Verhältnisse im reellen Handel und Verkehr sowie der berechtigten Erwartungen der Konsumenten festgelegt werden muß. Unter Berücksichtigung dieser Verhältnisse soll nach den Beschlüssen des Vereins deutscher Nahrungsmittelchemiker der Kornbranntwein in 100 Raumteilen mindestens 30 Raumteile Alkohol enthalten. Der Whisky[1]) pflegt 40—50 Volumprozent Alkohol zu enthalten.

6. Sonstige Trinkbranntweine. Die gewöhnlichen Trinkbranntweine sollen nach den Beschlüssen des Vereins deutscher Nahrungsmittelchemiker mindestens 25 Raumprozent Alkohol enthalten; ihr Gehalt an alkoholischen Verunreinigungen (Fuselöl) darf 0,6 Raumteile auf 100 Raumteile wasserfreien Alkohol nicht überschreiten.

7. Bittere. Die Bitterbranntweine sollen mindestens 27 Raumprozent Alkohol enthalten. Sie müssen von Branntweinschärfen, abgesehen von solchen scharf schmeckenden Bestandteilen von Drogen, die einen unerläßlichen Bestandteil bestimmter Branntweinsorten bilden, sowie von gesundheitschädlichen Stoffen frei sein. Falls sie eine Bezeichnung tragen, die die Verwendung von Wein andeutet, greifen die Bestimmungen des Weingesetzes und die dazu erlassenen Ausführungsbestimmungen Platz; sie sind weinhaltige Getränke im Sinne der §§ 15, 16 des Weingesetzes vom 7. April 1909. Danach dürfen gesetzwidrig hergestellte, nach § 13 des Weingesetzes vom Verkehr ausgeschlossene Weine zu ihrer Herstellung nicht verwendet und die in den Ausführungsbestimmungen zu § 16 des Weingesetzes genannten Stoffe ihnen nicht zugesetzt werden.

Wenn die Bitteren nach einer bestimmten Pflanze benannt sind, so muß diese auch zu ihrer Darstellung verwendet werden. In Österreich wird der allerdings selten gewordene Enzianbitter durch Vergären der Wurzelstöcke von Enzian (vorwiegend Gentiana lutea L.), die 12—15% Zucker (Gentianose) enthalten, gewonnen. Ein Enzianbranntwein, der durch einfaches Ausziehen der Wurzelstöcke mit Alkohol hergestellt wird, gilt nicht als echter Enzian.

8. Liköre. Nach dem Warenverzeichnis zum Zolltarif vom 1. März 1906 sind nach S. 78 unter „Branntwein" als Liköre alle etwa zum Genuß oder zur Verwendung bei der Herstellung von Genußmitteln geeignete Branntweine zu verzollen, welche 3 oder mehr vom

---

[1]) W. Bremer führt in Abschnitt „Trinkbranntweine und Liköre" (aus v. Buchkas „Lebensmittelgewerbe", 1914, S. 809) für 100 Teile Whisky-Alkohol folgende Nebenbestandteile auf:

Flüchtige Säure mg	Aldehyd mg	Ester (Äthylacetat) mg	Höhere Alkohole mg	Furfurol mg	Gesamt-Nebenbestandteile mg
24,3—41,0	9,6—12,1	87,9—124,0	175,5—877,1	2,7—3,5	303,0—1009,9

Hundert Extrakt enthalten; nach dem Entwurf von Ausführungsbestimmungen zu § 107 Abs. 1 des Branntweinsteuergesetzes werden im Schlußsatze unter III C alle Trinkbranntweine als Liköre bezeichnet, die in 100 Raumteilen mindestens 10 Gewichtsteile Zucker, berechnet als Invertzucker, enthalten. In beiden Fällen ist hiernach von einer Festsetzung des Alkoholgehaltes abgesehen worden.

Bezüglich des Extraktgehaltes wird man in der Nahrungsmittelkontrolle weitergehen müssen, als diese beiden Vorschriften verlangen, indem man auch Branntweine, die weniger als 3% Extrakt enthalten, aber ausgeprägte aromatische — zum Teil flüchtige — Stoffe enthalten, zu den Likören rechnet. So pflegen die Branntweine „Absynth", Hundertkräuter-Likör (Centerba) nur 0,2—0,3%, „Bonekamp of Maagbitter" nur rund 2% Extrakt zu enthalten, und doch rechnet man sie allgemein zu den Likören. Andererseits ist bei den Likören der Gehalt an Extrakt (Zucker) oft viel höher; so ergeben außer den im II. Bd., 1904, S. 1360 aufgeführten Analysen neuere Untersuchungen von französischen (vorwiegend Chartreuse, Benediktiner, Curaçao, Anisette) und holländischen (vorwiegend Bols, Focking, Cherry-Brandy) Likören von E. Duntze (vgl. W. Bremer, Anm. 1, S. 382) folgende Werte:

Liköre	Alkohol Vol.-Proz.	Extrakt Gew.-Proz.	Saccharose Gew.-Proz.	Glykose Gew.-Proz.	Invert-zucker Gew.-Proz.	Stärke-sirup Gew.-Proz.	Mineralstoffe
Französische	28,84—56,16	16,60—47,89	0,17—47,70	—	Spur bis 16,36	0	0,008—0,199
Holländische	27,56—37,09	19,74—46,31	Spur bis 42,56	0,69—19,24	0,53—25,16	0—9,65	0,012—0,197

Der Verein deutscher Nahrungsmittelchemiker hat für die verschiedenen Arten Liköre die S. 334 angegebenen Begriffserklärungen aufgestellt und hierfür folgende Anforderungen verlangt:

a) Fruchtsaftliköre sollen mindestens 20 Raumprozent Alkohol enthalten. Der Zusatz von künstlichen Farbstoffen ist schlechthin unzulässig. Die Färbung von Fruchtsaftlikören mit Fruchtsäften oder Fruchtsaftlikören anderer Art ist zulässig, falls der stattgehabte Zusatz einwandfrei, insbesondere ohne weiteres sichtbar und verständlich, gekennzeichnet wird.

Die eigentlichen Fruchtsaftliköre dürfen neben Fruchtsaft, Zucker und Alkohol auch Wasser enthalten. Dies gilt aber nach den Beschlüssen des Vereins deutscher Nahrungsmittelchemiker nicht von den nur sog. Fruchtsaftlikören, z. B. von den sog. Himbeerlikören, die nicht zum unmittelbaren Genuß als Likör, sondern als Zusatz zu Weißbier, kohlensäurehaltigem Wasser usw. an Stelle von Fruchtsirupen Verwendung finden. Die zu diesem Zweck hergestellten sog. Fruchtliköre (Himbeerlikör usw.) müssen ausschließlich aus Fruchtmuttersaft, Alkohol und Zucker bestehen. Die Verwendung eines alkoholischen Destillats aus Himbeeren usw. oder aus Bestandteilen von Himbeeren an Stelle von Alkohol ist nur zulässig, sofern der Alkoholgehalt des Destillats ein derartiger ist, daß durch ihn praktisch eine Wässerung nicht stattfindet.

b) Cherry-Brandy ist im wesentlichen eine Zubereitung aus Kirschwasser oder Kirschwasserverschnitt und Kirschsirup. Mithin sind an ihn im allgemeinen dieselben Anforderungen zu stellen, die für seine Bestandteile gelten. Sein Alkoholgehalt soll mindestens 27 Raumprozent betragen.

c) Eierkognak und Eierlikör. Eierkognak soll neben Gewürzstoffen nur Kognak, frisches Eigelb und Zucker enthalten; Eierlikör, auch Eicreme genannt, kann an Stelle von Kognak Alkohol anderer Art enthalten. Andere Stoffe als die vorgenannten, insbesondere Farbstoffe, Verdickungsmittel aller Art, Ersatzstoffe für Eigelb oder Zucker und chemisch konserviertes Eigelb dürfen bei der Herstellung von Eierkognak und Eierlikör nicht Verwendung finden. Der Eigelbgehalt guten Eierkognaks und Eierlikörs beträgt im allgemeinen nicht weniger als 240 g im Liter. Eierkognak und Eierlikör sollen mindestens 18 Raumprozent Alkohol enthalten (vgl. S. 363).

E. Feder[1]) wies darauf hin, daß die Forderung von nur 18 Raumprozent Alkohol im Eierkognak mit den sonstigen Anforderungen, die an dieses Getränk gestellt werden, nicht übereinstimmt. Ein Eierkognak, der 240 g Eigelb im Liter und, wie das meist annähernd zutrifft, 20% Zucker enthält, hat einen Alkoholgehalt von mehr als 18 Raumprozent unter der Voraussetzung, daß zu seiner Herstellung dem Gesetz entsprechender Kognak von mindestens 38 Raumprozent Alkohol verwendet wurde. Ein Alkoholgehalt von nur 18 Raumprozent weist auf einen Wasserzusatz oder, was auf das gleiche hinauskommt, auf die Verwendung eines mit Wasser verdünnten Kognaks hin. Einen Wasserzusatz wollen aber die Beschlüsse der Nahrungsmittelchemiker nicht zulassen. Die Anforderung bezüglich des Alkoholgehalts des Eierkognaks muß daher erhöht werden. Dasselbe gilt von dem Eierkognak-Verschnitt.

d) Die übrigen Liköre dürfen keine gesundheitsschädlichen Stoffe enthalten. Ihr Alkoholgehalt soll mindestens 20 Raumprozent betragen, doch müssen Liköre, die als Ersatz für bekannte geschützte Likörmarken angepriesen und vertrieben werden, einen der echten Ware entsprechenden Alkoholgehalt haben.

9. Punsch-, Glühwein-, Grog-Essenzen und **Extrakte.** Für die wesentlichen Bestandteile dieser gelegentlich auch unmittelbar als Trinkbranntwein Verwendung findenden Getränke gelten die für sie aufgestellten besonderen Anforderungen. Gegebenenfalls greifen die Bestimmungen des Weingesetzes und die dazu erlassenen Ausführungsbestimmungen Platz. Soweit es sich um Phantasieerzeugnisse handelt, die als solche in den Verkehr gelangen, gelten die unter 8 d aufgestellten Grundsätze. Alle hier einschlägigen Erzeugnisse sollen mindestens 33 Raumprozent Alkohol enthalten.

10. Vergällter Branntwein. Vergällter Branntwein bzw. der zur Vergällung bestimmte Branntwein darf nicht mehr als 1 Gewichtsprozent Nebenerzeugnisse der Gärung und Destillation, nach dem Röseschen Verfahren ohne vorangehende Destillation mit Kalilauge bestimmt, in 100 Gewichtsteilen Alkohol enthalten.

2. Beurteilung der Branntweine und Liköre nach der Rechtsprechung.

1. Kognak und Kognakverschnitt. Wasserzusatz zum Kognak. Zu Kognak wurde Wasser zugesetzt, um seine Menge zu vermehren; die Höhe des Wasserzusatzes bzw. die Herabsetzung des Alkoholgehalts ist nicht angegeben. Bestrafung wegen Nahrungsmittelfälschung.

LG. Breslau, 1. Juli 1895. (Auszüge aus gerichtl. Entscheid. 1900, **12,** 94.)

Falsche Bezeichnung von Kognak. In Flaschen, die in ihrer ganzen Form und Aufmachung (Etikette, Kapsel, Korkbrand) den von der Firma Jas. Hennessy & Co. gebrauchten täuschend ähnlich waren, wurde ein minderwertiger deutscher Kognakverschnitt (Wert höchstens 1,20—1,50 Mk.) zum Preise von 4,75 Mk. für die Flasche verkauft. Bestrafung wegen Betrugs und wegen eines Vergehens gegen das Gesetz zum Schutze der Warenbezeichnungen vom 12. Mai 1894.

LG. I Berlin, 1. April 1901. (Auszüge aus gerichtl. Entscheid. 1905, **6,** 216.)

Dasselbe. Kognak, der von der Firma Hennessy & Co. bezogen worden war, wurde mit Wasser verdünnt, um den hohen Alkoholgehalt herabzusetzen, und zur Auffärbung anderer Kognak und Malagawein zugesetzt. Das Gemisch wurde als „Cognac de la maison Jas. Hennessy & Co. à Cognac, Soutirage d'un fût" verkauft. Bestrafung aus § 11 NMG. vom 14. Mai 1879.

AG. Düsseldorf, 18. Februar 1903. (Auszüge aus gerichtl. Entscheid. 1905, **6,** 220.)

Verkauf eines aus Essenzen hergestellten Branntweins als Kognak. Bestrafung aus § 10[1] NMG.

LG. Hamburg, 4. April 1910. (Auszüge aus gerichtl. Entscheid. 1912, **8,** 578.)

---

[1]) Zeitschr. f. Untersuchung d. Nahrungs- u. Genußmittel 1913, **25,** 277.

Dasselbe. Ein aus Kognakgrundstoff (5 l auf 110 l Branntwein) hergestellter Branntwein, der 36,46 Volumprozent Alkohol enthielt und mit einem Teerfarbstoff gefärbt war,
wurde zwei Monate nach dem Zusammenmischen als „Cognac vieux" verkauft; er enthielt
gar kein Weindestillat oder nur verschwindende Mengen davon. Verurteilung aus § 10¹ NMG.
Das Weingesetz schied aus, da der Verkauf vor dem 1. September 1909 erfolgte.

LG. Posen, 24. Januar 1911; RG., 9. Mai 1911. (Gesetze, Verordn., Gerichtsentscheid.
1911, **3**, 454.)

Übergangsbestimmung des Weingesetzes vom 7. April 1909 (§ 34 Abs. 3).
In einem Urteil des LG. Posen vom 8. November 1910 hieß es, das Weingesetz vom 7. April
1909 finde keine Anwendung, weil der Kognak bereits am 31. Juli 1909 hergestellt gewesen
sei. Das ist rechtsirrtümlich, da § 34 Abs. 3 des Weingesetzes nur bestimmt, daß der Verkehr mit Getränken, die bei der Verkündung des Gesetzes (16. April 1909) nachweislich
bereits hergestellt waren, nach den früheren Bestimmungen zu beurteilen ist.

RG., 9. Mai 1911. (Gesetze, Verordn., Gerichtsentscheid. 1911, **3**, 456.)

Kognakverschnitt. Kognakverschnitt wurde aus folgenden Bestandteilen hergestellt:
126 l Sprit, 23 l Weindestillat (½ Jahr alt, wasserhell), 6 l Zwetschenwasser, 2 l Kandis-
lösung, 203 l Wasser. Das Gemisch wurde als „Feiner alter Kognakverschnitt" verkauft.
Es hatte nur einen äußerst geringen Geruch und Geschmack nach Kognak und nur 37,20
Volumprozent Alkohol. Vor dem AG. erfolgte Freispruch, vor dem LG. Verurteilung aus
folgenden Gründen: Im Kognakverschnitt müssen 10% des Alkohols aus genußfertigem
Kognak, nicht aus einem beliebigen frischen Weindestillat stammen. Der Zwetschenwasser-
zusatz erfolgte, um den Branntwein als Kognakverschnitt erscheinen zu lassen, also zum
Nachmachen von Kognakverschnitt. Verurteilung auf Grund § 10 NMG. in Verbindung mit
§ 18 Abs. 2 des Weingesetzes vom 7. April 1909. Nach der Feststellung des Kammergerichts
ergeben sich für Kognakverschnitt folgende Erfordernisse: 1. Kognak, 2. mindestens 38 Raumteile Alkohol auf 100 Raumteile, 3. mindestens 3,8 Raumteile aus Wein gewonnenen Alkohols
auf 38 Raumteile Alkohol. Weindestillat und Kognak sind nicht gleichbedeutend. Daß der
Kognakverschnitt fertigen Kognak enthalten muß, steht fest. Ob aber die gesamten geforderten 3,8 Raumteile aus Wein gewonnenen Alkohols fertigem Kognak entstammen müssen,
ist zweifelhaft und wird, weil im vorliegenden Fall nicht von Bedeutung, unentschieden gelassen. Nach dem Wortlaut würde eine sehr kleine Menge Kognak neben genügenden Mengen
Weindestillat genügen; diese Auslegung würde aber zu sehr unbefriedigenden Ergebnissen
führen. Die Auslegung, daß die 3,8 Raumprozent Weinalkohol aus fertigem Kognak stammen
müssen, hat nach der Entstehungsgeschichte manches für sich. Über den Zwetschenwasser-
zusatz äußert sich das Kammergericht nicht.

AG. Berlin-Mitte, 17. September 1910; LG. I Berlin, 4. März 1911; Kammergericht,
28. September 1911.

LG. I Berlin, 16. Dezember 1911. (Gesetze, Verordn., Gerichtsentscheid. 1912, 4, 273.)

Dasselbe. Ein aus etwas Kognak, Sprit und Wasser hergestellter Branntwein, der
mit einem Teerfarbstoff „Basch's Zuckercouleur-Ersatz in Pulverform" gefärbt und mit
Kakaolikör versetzt war, wurde im Freihafengebiet Hamburgs als französischer Kognak verkauft. Verurteilung durch das Landgericht aus § 10¹ u. ² NMG., § 26¹, § 28¹ und § 28³ des
Weingesetzes vom 7. April 1909. Für die Herstellung und den Vertrieb von Kognakverschnitt
sind Strafandrohungen im Weingesetz nicht enthalten, das Gericht nimmt aber an, daß die
für Kognak gegebenen Bestimmungen (§ 26¹) auch auf Kognakverschnitt Anwendung zu
finden haben. In gleicher Weise verfuhr das Gericht bezüglich § 28³ des Weingesetzes (Herkunftsbezeichnung). Ob der Kakaolikörzusatz einen Verstoß gegen das Nahrungsmittelgesetz
darstellt, wird nicht entschieden. — Das Reichsgericht stellte fest, daß die §§ 15 und 16 des
Weingesetzes auch für Kognakverschnitt Geltung haben, daß daher dem Kognakverschnitt
Teerfarbstoffe nicht zugesetzt werden dürfen. Dagegen wird die Übertragung des § 28³ des
Weingesetzes auf Kognakverschnitt als rechtsirrtümlich bezeichnet; § 18 Abs. 4 des Wein-

gesetzes bezieht sich nur auf Kognak, Kognakverschnitt braucht daher keine Herkunftsbezeichnung zu tragen.

LG. Hamburg, 22. März 1913; RG., 3. Juli 1913. (Gesetze, Verordn., Gerichtsentscheid. 1913, 5, 464.)

Zusatz von Typagen zu Kognakverschnitt. Ein als Kognaklikorin bezeichnetes Gemisch, das zur Herstellung von Kognakverschnitt dienen sollte, wurde folgendermaßen bereitet:

a) Aus 10 kg Limousin-Eichenholzspänen, 10 kg Pflaumen und anderen Drogen werden mit Hilfe von 96 proz. Kartoffelspiritus und Wasser 62 l Auszug hergestellt, dessen Alkoholgehalt etwa 43% beträgt.

b) Aus 16,5 kg Zucker, 1,5 kg Zuckercouleur und 25 kg Wasser werden unter Aufkochen 37 l brauner Sirup zubereitet.

c) Durch Vermischen der 62 l Auszug zu a) und 37 l Sirup zu b) werden 99 l Kognaksirup mit einem von Kartoffelsprit herrührenden Alkoholgehalt von 27% gewonnen.

Kognaklikorin I wird zusammengemischt aus 6,0 l sog. Kognaksirup zu c), 15,4 l Weindestillat mit 50—52% Alkohol und 2,6 l Wasser; es hatte etwa 7 g Extrakt in 100 ccm. Als Weindestillat wurde trinkfertiger Kognak verwendet. Zur Herstellung des Kognakverschnitts wurden 1,2 l Kognaklikorin I, 3,8 l Spiritus und 5 l Wasser gemischt.

Das Schöffengericht stellt sich auf den Standpunkt, der Kognakverschnitt sei eine Mischung von Kognak im Sinne des Gesetzes mit Alkohol anderer Art und Wasser. Es sei höchstens üblich, den spritigen Geschmack des frisch hergestellten Verschnitts mit etwas Zuckersirup oder Süßwein abzurunden und die Farbe mit etwas Zuckerlösung zu verstärken; dagegen widerspreche es den Anschauungen der reellen Händler und Fabrikanten, sowie den berechtigten Erwartungen der Konsumenten, wenn bei der Herstellung von Kognakverschnitt aus Kognak überhaupt weitere Pflanzenstoffe verwendet werden. Verurteilung aus § 10¹ NMG.

Die Strafkammer kam zu der Ansicht, daß die Typage, die bei der Herstellung von Kognak zulässig sei, in gleichem Umfang auch bei der Herstellung von Kognakverschnitt Anwendung finden dürfe; die Kognakverschnitte der angesehensten und reellsten Fabrikanten würden in gleicher Weise wie Kognak mit Typage versehen. Die Strafkammer kam zu einem Freispruch, der vom Kammergericht bestätigt wurde.

AG. Charlottenburg, 7. November 1912; LG. III Berlin, 21. Januar 1913; Kammergericht, 11. April 1913. (Gesetze, Verordn., Gerichtsentscheid. 1914, 6, 165.)

Kognak - Grundstoffe. Aus Limousineichenholzspänen, Mandelschalen und Walnußblättern wurde durch Auskochen mit Wasser ein Auszug hergestellt und mit Weindestillat und Sprit versetzt (Extrait de limousin). Ferner wurde aus Zucker, Samoswein und anderen Zutaten ein „Caramel charentais" genanntes Erzeugnis bereitet. Beide Erzeugnisse wurden als echt französischen Ursprungs, vielfach ab Hamburg und mit dem Vermerk „verzollt" oder „zollfrei" verkauft. Verurteilung wegen Betrugs und aus § 4 des Gesetzes zur Bekämpfung des unlauteren Wettbewerbs vom 27. Mai 1896.

LG. Königsberg, 9. Februar 1905; RG., 21. Februar 1906. (Auszüge aus gerichtl. Entscheid. 1912, 8, 544.)

Kognak - Extrakt. Ein aus Weindestillat und den beim Kognak üblichen Zusätzen hergestellter sog. „Kognakextrakt", der durch Verdünnen mit Wasser und Sprit (im Haushalt) einen kognakähnlichen Branntwein geben soll, wurde als „Echter Kognakextrakt Fine Champagne" und als „Kognakextrakt Fine Champagne Méthode de Charente" bezeichnet. Diese Bezeichnungen verstoßen gegen §§ 1 und 3 des Wettbewerbsgesetzes und wurden daher untersagt.

LG. I Berlin, 17. Januar 1910; Kammergericht, 15. Februar 1911. (Gesetze, Verordn., Gerichtsentscheid. 1911, 3, 290.)

Kognak - Essenz. Eine Mischung von echtem französischen Kognak, flüssiger Raffinade, destilliertem Wasser, Spiritus, Kognaköl und Farbstoff wurde als „Kognak-Essenz" verkauft; durch Zusatz von Sprit und Wasser soll daraus Kognak hergestellt werden. Das Schöffengericht kam zu einem Freispruch, weil die Essenz kein Branntwein, sondern ein sog. Halbfabrikat sei, die Strafkammer aber zur Verurteilung aus §§ 18, 28 des Weingesetzes mit der Begründung, es sei für den Begriff des Trinkbranntweins unerheblich, ob eine als Branntwein anzusehende Mischung zum sofortigen Genuß geeignet sei oder erst noch Zusätze irgendwelcher Art erhalten müsse. Das Oberlandesgericht hob das Urteil der Strafkammer auf und trat der Begründung des Schöffengerichts bei; ein halbfertiges Getränk sei kein Trinkbranntwein im Sinne des § 18 des Weingesetzes.

AG. Cöln, 16. August 1911; LG. Cöln, 2. November 1911; OLG. Cöln, 13. Januar 1912. (Gesetze, Verordn., Gerichtsentscheid. 1914, 6, 241.)

2. Rum und Rumverschnitt. Verkauf von mit Sprit und Wasser verschnittenem Rum als „Rum". Ein aus ¹/₃ Rum (von den Lewards-Inseln bezogen), ¹/₃ Sprit und ¹/₃ Wasser hergestellter Branntwein war als „alter Lewards-Rum" verkauft worden. Verurteilung auf Grund des NMG.

LG. Kiel, 29. November 1889; RG., 3. März 1890. (Auszüge aus gerichtl. Entscheid. 1891, 1, 66.)

Dasselbe. Rumverschnitte mit Rumgehalten bis herab zu 23% wurden als „Jamaica-Rum" verkauft. Nach Angabe der Sachverständigen muß der echte Jamaicarum wegen seines herben Geschmacks mit Sprit und Wasser verdünnt werden, um trinkbar zu werden. Dieses Verfahren sei allgemein üblich. Eine Verdünnung des echten Jamaicarums bis auf 23% sei zulässig, da hierbei der Charakter des Jamaicarums noch gewahrt bleibe, und ein solcher Rum dürfe noch als Jamaicarum bezeichnet und verkauft werden. Freisprechung.

LG. Cöln, 18. September 1899. (Auszüge aus gerichtl. Entscheid. 1902, 5, 213.)

Dasselbe. Eine Täuschung des Publikums liegt nicht vor, da es weiß, daß die billigen Rumsorten Verschnittware sind; das ist seit vielen Jahren im reellen Spirituosenhandel üblich. Freisprechung.

LG. II Berlin, 29. August 1901. (Auszüge aus gerichtl. Entscheid. 1905, 6, 217.)

Dasselbe. Ein ähnlicher Fall wie der vorhergehende. Der Rumverschnitt hatte nur 29,4 Volumprozent Alkohol. Nach Ansicht des Gerichts erwartet das Publikum in Geschäften wie dem des Angeklagten beim Fordern von „Rum" oder „Rum fein" nur ein alkoholhaltiges, den bekannten Rumgeschmack enthaltendes Destillat. Freisprechung.

LG. II Berlin, 20. Dezember 1901. (Auszüge aus gerichtl. Entscheid. 1905, 6, 217.)

Dasselbe. Freisprechung aus gleichen Gründen. Gegen das Färben des Rumverschnitts mit Zuckercouleur wurde, weil allgemein üblich, nichts eingewendet.

LG. Hamburg, 6. Juni 1903. (Auszüge aus gerichtl. Entscheid. 1905, 6, 221.)

Dasselbe. Der als „Rum" verkaufte Verschnitt hatte 20% Rum. Der Preis war nach Ansicht des Gerichts angemessen, die Ware normal, die Bezeichnung dem reellen Handel entsprechend. Freisprechung.

LG. Würzburg, 9. Oktober 1905. (Auszüge aus gerichtl. Entscheid. 1908, 7, 319.)

Dasselbe. Freisprechung aus ähnlichen Gründen.

LG. Kassel, 23. Februar 1910. (Auszüge aus gerichtl. Entscheid. 1912, 8, 556.)

Dasselbe. Das Gericht stellte folgende Grundsätze auf: Wird der Bezeichnung ein Zusatz beigefügt, der auf das Land hinweist, aus dem der Rum stammt, dann muß er so beschaffen sein, wie er regelmäßig aus dem Ursprungsland eingeführt wird; Jamaicarum muß also mindestens 70% Alkohol haben. Wird der Alkoholgehalt durch Wasserzusatz auf 35 bis 50% herabgesetzt, so ist für die Mischung die Bezeichnung „Rum" berechtigt. Verschnitte von Rum mit Sprit müssen als „Rumverschnitt" bezeichnet werden. Verurteilung aus § 11 NMG.

LG. Dresden, 2. Juni 1909. (Auszüge aus gerichtl. Entscheid. 1912, 8, 565.)

Rum bzw. Rumverschnitt mit Essenzzusatz. Mischungen von echtem Jamaicarum, Sprit, Wasser und Rumessenz wurden neben Jamaicarum als Rum I und Rum II verkauft. Nach Ansicht des Gerichts entspricht diese Mischung nicht dem Normalprodukt Rum, sondern stellt sich als eine Verschlechterung des echten Rums durch Zusatz von Bestandteilen, die dem Normalprodukt fehlen, dar, vorgenommen in der Absicht der Quantitätsvermehrung, mithin als eine Verfälschung des Rums. Die Fälschung hätte jedem Käufer mitgeteilt werden müssen. Verurteilung aus § 10² NMG.

LG. Berlin, 25. Februar 1893. (Auszüge aus gerichtl. Entscheid. 1896, 3, 46.)

Dasselbe. Eine Mischung von Weingeist, Wasser, Zucker, Zuckercouleur, Rumessenz und wenig Rum war als „Jamaica-Rum" verkauft worden. Bestrafung aus § 10² NMG. und § 49 StGB.

Dasselbe. Ein aus Sprit, Wasser, Rumessenz und echtem Rum hergestellter Branntwein war als „Rum" verkauft worden. Freisprechung, weil der Nachweis fehlte, daß die Nachmachung zum Zweck der Täuschung stattgefunden habe. In dem für den Rum geforderten Preis sei jede Möglichkeit einer Täuschung der Abnehmer ausgeschlossen.

LG. Elberfeld, 19. April 1900. (Auszüge aus gerichtl. Entscheid. 1902, 5, 212.)

Verkauf von Kunstrum (Essenzrum) als Rum. Das Erzeugnis enthielt keinen Rum. Verurteilung aus § 10² NMG.

LG. II Berlin, 2. März 1896. (Auszüge aus gerichtl. Entscheid. 1900, 4, 94). LG. Düsseldorf, 14. Februar 1898. (Ebenda 1902, 5, 211.)

Durch Wasser auf Trinkstärke herabgesetzter Rum. Ein mit einem Alkoholgehalt von 72—73% aus London bezogener Jamaicarum wurde durch Wasserzusatz auf 45% Alkohol herabgesetzt und unter der Bezeichnung „The Star of Jamaica, English very fine Royal Tea Rum" verkauft. Das Publikum durfte erwarten, daß der Rum mit der englischen Etikette in Jamaica hergestellt, aus England bezogen und in jeder Hinsicht unverändert geblieben sei, insbesondere einen Alkoholgehalt von 72—75% habe. Der Rum wird durch den Wasserzusatz verschlechtert, verfälscht, namentlich bei der Verwendung zu Zwecken, bei denen ohnehin eine Verdünnung des Rums stattfindet, wie Zusatz zum Tee, Grog, zu Speisen usw. Verurteilung aus § 10¹ u. ² NMG.

LG. I Berlin, 2. November 1906. (Auszüge aus gerichtl. Entscheid. 1912, 8, 550.)

Dasselbe. Ein durch Wasserzusatz auf einen Alkoholgehalt von 45% herabgesetzter Jamaicarum wurde als „Jamaica-Rum, Marke Kingston, Prima Qualität" verkauft. Nach Ansicht des Gerichts ist Originalrum von 70—80 Volumprozent Alkohol kein direktes Genußmittel, sondern bedarf, um zu einem solchen zu werden, der Verdünnung, die üblicherweise durch Wasserzusatz erfolgt. Das Maß des Wasserzusatzes überstieg im vorliegenden Fall nicht das nach Lage der Sache Gebotene. Einer Deklaration des Wasserzusatzes hätte es vorsichtigerweise nur unter der Voraussetzung bedurft, daß das kaufende Publikum hätte des Glaubens sein können, bei dem in Flaschen verkäuflichen Rum ohne nähere Bezeichnung das hochprozentige Originaldestillat zu erhalten, während nach den vorgelegten Preislisten beim Verkauf in Fässern für diese teurere hochprozentige Ware auch der Alkoholgehalt besonders angegeben worden ist. Freisprechung.

LG. Cöln, 22. September 1908. (Auszüge aus gerichtl. Entscheid. 1912, 8, 558.)

Dasselbe. Ein durch Wasserzusatz auf 54,2 Volumprozent Alkohol herabgesetzter Rum wurde als „Feinster Jamaica-Rum" verkauft. Das Gericht ist der Ansicht, daß der Rum nicht einen natürlichen Alkoholgehalt von 72—80 Volumprozent habe, sondern daß in Jamaica der Rum mit verschieden hohem Alkoholgehalt hergestellt wird, insbesondere für den heimischen Gebrauch bis herab zu 50%. Jamaicarum ist also ein Destillat aus Zuckerrohr und Wasser, dessen Alkoholgehalt zwischen 50 und 80% schwankt. In Jamaica mit 50% Alkohol hergestellter Rum darf in Deutschland unbedenklich als echter oder feinster Jamaicarum verkauft werden. Es kann keinen Unterschied machen, wenn an Stelle importierten Wassers dem hochprozentigen Jamaicarum im Inland die Menge Wasser wieder beigesetzt wird, die in Jamaica zum Zweck der Zollersparnis ausgeschieden worden ist. In diesem Zusatz von Wasser liegt objektiv keine Verfälschung. Freisprechung.

LG. Düsseldorf, 8. März 1909. (Auszüge aus gerichtl. Entscheid. 1912, 8, 560.)

Färbung von Rum und Rumverschnitt mit Teerfarbstoffen. Teerfarbstoff (Zuckercouleurersatz) ist ein dem Rum wesensfremder Bestandteil, ein Zusatz, der vom Verbraucher nicht erwartet wird. Darin ist eine Fälschung des Rums zu erblicken. Dem Konsumenten ist es nicht gleichgültig, welches Mittel zum Nachfärben von Rum angewandt wird. Der mit Teerfarbstoff gefärbte Rum ist ein anderes, weniger begehrenswertes Genußmittel als der Konsument erwartet. Einen Unterschied in der Beurteilung des Farbstoffzusatzes bei Rum und Rumverschnitt zu machen, ist nicht angängig; auch bei Rumverschnitt erwartet das Publikum eine Färbung nur mit Zuckercouleur, dem üblichen Färbemittel. Verurteilung aus § 10 NMG., vom Reichsgericht bestätigt.

LG. Hamburg, 22. März 1913; RG., 3. Juli 1913. (Gesetze, Verordn., Gerichtsentscheid. 1913, **5**, 464.)

Rumgehalt des Rumverschnitts. Ein aus 52 Raumteilen Wasser, 48 Raumteilen Sprit und 6—7 Raumteilen Rum hergestellter Branntwein wurde als „Rum-Verschnitt" verkauft. Verurteilung aus § 11 NMG.

LG. Kiel, 25. Oktober 1889; RG. 17. Februar 1890. (Veröff. Kaiserl. Gesundheitsamtes 1891, S. 192.)

Dasselbe. Rumverschnitte hatten nur 0,69 und 1,22% Rum. Die erste Instanz kam zu einem Freispruch, weil sie dem Gutachten der Sachverständigen folgte, wonach von einem Verschnittrum nur verlangt werde, daß er den dem Rum eigentümlichen Geruch und Geschmack besitze. Das Reichsgericht hob das Urteil auf und verwies die Sache an ein anderes Landgericht. Dieses kam wieder zu einer Freisprechung, indem es den Sachverständigengutachten folgte, wonach schon ein halbprozentiger Zusatz eines fetten, ergiebigen, guten Originalrums der Mischung einen Rumgeruch und -geschmack verleihen könne, und diese sei dann noch als Rumverschnitt zu bezeichnen.

LG. Görlitz, 4. März 1908; RG., 6. Oktober 1908; LG. Hirschberg, 8. Juni 1909. (Auszüge aus gerichtl. Entscheid. 1912, **8**, 541, die Reichsgerichtsentscheidung auch Gesetze, Verordn., Gerichtsentscheid. 1910, **2**, 428.)

Rumgehalt des Rumverschnitts und Zusatz von Rumessenz und Johannisbrot. Ein aus 10 l Sprit, 12 l Wasser, 250 g Johannisbrot, 250 g Rumessenz, 1 l Rum, $^1/_2$ l Arrak hergestellter Branntwein wurde als Rumverschnitt verkauft. Nach den berechtigten Erwartungen des konsumierenden Publikums ist als Rumverschnitt in normaler Beschaffenheit nur ein solches Getränk anzusehen, bei dem mindestens 10% des darin enthaltenen Alkohols aus reinem Rum stammen, und das außer Wasser und Spritzusatz keinerlei andere Stoffe, Essenzen, Johannisbrot usw. enthält, es sei denn, daß letztere besonders deklariert seien. Das oben genannte Gemisch ist verfälschter Rumverschnitt und höchstens als Kunstrum zu bezeichnen.

AG. Trier, 7. Dezember 1911; LG. Trier, 26. Februar 1912; OLG. Cöln, 17. Mai 1912. (Gesetze, Verordn., Gerichtsentscheid. 1913, **5**, 46.)

Rumverschnitt mit Rumessenz. Ein Rumverschnitt war aus 50 Teilen Sprit, 42 Teilen Wasser, 8 Teilen echtem Rum und ganz geringen Mengen flüssiger Raffinade und Zuckercouleur hergestellt und auf 100 l der Mischung $^1/_2$ kg Rumessenz zugesetzt worden. Eine Verfälschung des Rumverschnitts durch die Rumessenz liegt hier nicht vor. Die 8 Teile Rum genügten vollkommen zur Herstellung eines einwandfreien Rumverschnitts. Es ist nicht nachgewiesen, daß die geringe Menge Essenz überhaupt eine Geschmacks- oder Geruchsbeeinflussung herbeigeführt hat. Es ist auch nicht anzunehmen, daß das kaufende Publikum sich getäuscht fühlen würde, wenn es Rumverschnitt fordert und auch solchen, allerdings mit einem geringen Zusatz von gesundheitsunschädlicher Essenz verabfolgt bekommt. Freisprechung.

AG. Frankfurt a. O., 22. Oktober 1907; LG. Frankfurt a. O., 21. Januar 1908. (Auszüge aus gerichtl. Entscheid. 1912, **8**, 552.)

Verkauf von Kunstrum als Rumverschnitt. Ein aus Sprit, Wasser und $1/2$ kg Antillen-Rumessenz auf 100 l hergestellter Branntwein, der keinen echten Rum enthielt, war als „Antillen-Rum-Verschnitt" verkauft worden. Verurteilung aus § 10[1 u. 2] NMG.

AG. Neuß, 25. Februar 1905; LG. Düsseldorf, 14. Juni 1905; OLG. Cöln, 23. September 1905. (Auszüge aus gerichtl. Entscheid. 1908, 7, 314.)

Färben von Rumverschnitt mit Zuckercouleur. Ein aus echtem Rum, Sprit, Wasser und Zuckercouleur hergestellter Branntwein wurde als „Alter Rum", „Jamaica-Rum" oder als „Jamaica-Rum-Verschnitt" verkauft. Gegen den Zusatz von Sprit und Wasser hat das Gericht nichts einzuwenden, denn der zum menschlichen Genuß dienende Rum muß, um trinkbar zu werden, nicht allein einen Zusatz von reinem Wasser, sondern auch von einer anderen Flüssigkeit, wie z. B. reinem Sprit, haben. In dem Auffärben des Verschnitts mit Zuckercouleur wird aber eine Verfälschung gesehen, da dies nur zu dem Zweck erfolge, dem durch die Beimengung von Wasser sich heller färbenden reinen Rum eine dunklere Farbe und so das Aussehen von echtem Rum zu geben. Werde der Rum auch durch den Zuckercouleurzusatz nicht verschlechtert, so werde ihm dadurch doch der Schein einer besseren Beschaffenheit verliehen. Verurteilung aus § 10[2] NMG.

AG. Kiel, 26. Mai 1902; LG. Kiel, 15. Juli 1902; OLG. Kiel, 26. August 1902; LG. Kiel, 17. Januar 1903 (Ablehnung des Wiederaufnahmeverfahrens); OLG. Kiel, 18. Februar 1903 (Ablehnung des Wiederaufnahmeverfahrens). (Auszüge aus gerichtl. Entscheid. 1905, 6, 218.)

Färbung von Rumverschnitt mit Teerfarbstoffen. Verfälscht ist eine Ware nicht nur dann, wenn der betreffende Stoff durch Entnahme oder Zusatz von irgendwelchen Bestandteilen verschlechtert wird, sondern auch schon dann, wenn ihr dadurch der Schein einer besseren Beschaffenheit gegeben wird. Bei Beurteilung der Frage, ob dies im einzelnen Fall zutrifft, sind neben der für die Fabrikation bestehenden Norm vor allem die Anforderungen und berechtigten Erwartungen maßgebend, die das kaufende Publikum (der Konsument) an das betreffende Nahrungs- oder Genußmittel stellt. Bei der Färbung von Rum hat ausschließlich der Zusatz von Zuckercouleur als Norm zu gelten. Der Zusatz von Teerfarbstoff ist eine Abweichung von der Norm und bewirkt an der normalen stofflichen Zusammensetzung des Rumverschnitts eine Veränderung, durch die der Rumverschnitt einen seinem wahren Wesen nicht entsprechenden Schein erhält. Die Zuckercouleur ist dem Rum wesensgleich, die Teerfarbe wesensfremd. Verurteilung aus § 367[7] StGB.

AG. Düsseldorf, 3. März 1911; LG. Düsseldorf, 27. Mai 1911. (Gesetze, Verordn., Gerichtsentscheid. 1911, 3, 472.)

Dasselbe. Begründung wie zuvor. Verurteilung aus § 10[1 u. 2] NMG.

AG. Düsseldorf, 10. Oktober 1911; LG. Düsseldorf, 28. Februar 1912; OLG. Düsseldorf, 29. April 1912. (Gesetze, Verordn., Gerichtsentscheid. 1913, 5, 201.)

3. Obstbranntweine. Verkauf von Kirschwasserverschnitt als echtes Kirschwasser. Der Verschnitt wurde als echtes Kaiserstuhler Kirschwasser verkauft. Verurteilung aus § 10[1 u. 2] NMG. und § 263 StGB.

LG. Freiburg, 28. Juni 1887. (Veröff. Kaiserl. Gesundheitsamts 1890, S. 208.)

Dasselbe. Der Verschnitt wurde als „Fst. Kirschwasser, garantiert rein, prämiiert" und als „Echtes Schwarzwälder Kirschwasser" verkauft. Das Gericht sieht in dem Sprit- und Wasserzusatz eine Verfälschung des Kirschwassers; eine allgemeine, auch beim kaufenden Publikum bekannte „Handelsübung", daß billiges Kirschwasser mit Sprit verschnitten sein und ohne Kennzeichnung in den Verkehr gebracht werden dürfe, wird nicht anerkannt. Verurteilung aus § 10[1 u. 2] NMG.

LG. Karlsruhe, 7. Februar 1896. (Auszüge aus gerichtl. Entscheid. 1900, 4, 98.)

Dasselbe. Verurteilung aus § 10[2] NMG.

LG. Freiburg, 6. Februar 1909. (Auszüge aus gerichtl. Entscheid. 1912, 8, 569.)

Dasselbe. Als Kirschwasser wird im Handel und Verkehr nur das auf 48—50% Alkohol mit reinem Wasser verdünnte Destillat der Kirschmaische bezeichnet. Ein mit Sprit und Wasser versetztes Kirschwasser ist verfälscht. Verurteilung.

LG. Offenburg, 9. März 1910; RG., 19. September 1910. (Auszüge aus gerichtl. Entscheid. 1912, **8**, 543.)

4. Tresterbranntwein. Verkauf von Tresterbranntweinverschnitt als echter Tresterbranntwein. Der Verschnitt war als selbstgebrannter reiner Tresterbranntwein bezeichnet worden. Verurteilung aus § 10$^{1 u. 2}$ NMG. und § 263 StGB.

LG. Freiburg, 28. Juni 1887. (Veröff. Kaiserl. Gesundheitsamts 1890, S. 208.)

5. Kornbranntwein. Zusätze von Bierneigen und Branntweinresten zur Kornmaische und von Branntweinresten zum Branntwein. Ein Brenner hatte der Kornmaische Branntwein- und Bierreste aus den von Gästen stehengelassenen Gläsern zugesetzt und mitdestilliert. Das Destillat war kein reiner Kornbranntwein, sondern vermischt mit den flüchtigen Bestandteilen der Bier- und Branntweinneigen. Das unter dem Namen Kornbranntwein verkaufte Erzeugnis war durch Zusätze, die nicht zu den normalen Bestandteilen des Kornbranntweins gehören, verschlechtert, in seinem Wert verringert, verfälscht. Besonders streng zu beurteilen ist der direkte Zusatz von Branntweinneigen und Überlaufbranntwein zum Kornbranntwein. Verurteilung aus § 10$^{1 u. 2}$ NMG.

AG. Cöln, 19. September 1908; LG. Cöln, 10. Dezember 1908. (Auszüge aus gerichtl. Entscheid. 1912, **8**, 559.)

Inverkehrbringen von verdünntem Kartoffelspiritus als Korn. Von einem Schankwirt in der Provinz Posen war verdünnter Kartoffelspiritus abgegeben worden, auch wenn die Gäste Korn oder Kornus verlangten. Hierin ist ein Inverkehrbringen als „Korn" zu sehen, selbst wenn die Gäste gar keinen eigentlichen Kornbranntwein erwarten und allgemeinüblich in den Kreisen der Konsumenten jeder Branntwein „Korn" genannt wird. Verurteilung aus § 107 Abs. 2 des Branntweinsteuergesetzes vom 15. Juli 1909 in der Fassung des § 19 des Gesetzes, betr. die Beseitigung des Branntweinkontingents, vom 14. Juni 1912, §§ 26, 27 des letztgenannten Gesetzes.

LG. Posen, 23. September 1913; RG., 17. Februar 1914. (Gesetze, Verordn., Gerichtsentscheid. 1914, **6**, 218.)

Die Bezeichnung „echter Steinhäger" ist Herkunftsbezeichnung. Ob die Bezeichnung „Steinhäger" schlechthin ein Gattungsnamen ist, mag auf sich beruhen. Durch den Zusatz „echt" wird angedeutet, daß der so bezeichnete Schnaps in der feilgehaltenen fertigen Form in Steinhagen hergestellt ist. Ob die verwendete Essenz in Steinhagen hergestellt ist und ob die Herstellungsweise dem der Brennereien in Steinhagen entspricht, ist unerheblich.

OLG. Celle, 6. Mai 1911. (Gesetze, Verordn., Gerichtsentscheid. 1911, **3**, 329.)

6. Liköre. a) Fruchtliköre. Himbeerlikör mit Essenzzusatz. Zusatz von 50 g Himbeeressenz (künstlichem Fruchtäther) zu 4 l Himbeerlikör ist eine Verfälschung des letzteren; der Likör wird dadurch mit dem seinem Wesen nicht entsprechenden Schein einer besseren Beschaffenheit versehen. Verurteilung aus § 11 NMG.

AG. Berlin, 28. Februar 1889; LG. I Berlin, 26. Juni 1889. (Veröff. Kaiserl. Gesundheitsamts 1890, S. 209.)

Himbeerlikör aus Essenz mit Teerfarbstoff. Ein aus Sprit, Wasser, Zucker, Himbeeressenz und Amarantrot hergestellter Likör wurde als „Himbeer einfach gefärbt" verkauft. Der Farbstoffzusatz ist in objektiver Hinsicht eine Fälschung des Likörs, die zur Täuschung des kaufenden Publikums führte, das dadurch in den Irrtum versetzt wurde, die schöne rote Farbe des Likörs rühre von der Beimischung von Himbeersaft her. Freisprechung aus subjektiven Gründen.

AG. Freiberg, 7. Juni 1907; LG. Freiberg, 20. Juli 1907. (Auszüge aus gerichtl. Entscheid. 1912, **8**, 567.)

Himbeerlikör mit Wasser-, Kirschsaft- und Teerfarbstoffzusatz. Himbeerlikör war mit Kirschsaft, einem Teerfarbstoff und beträchtlichen Mengen (zugegeben wurden
26%) Wasser versetzt. Bei der Herstellung von Himbeerlikör darf nur so viel Wasser angewendet werden, als zur Lösung des Zuckers erforderlich ist. Der Zusatz von Teerfarbstoffen
ist unstatthaft. Der Kirschsaft, wie auch der Teerfarbstoff, sind dem stark verdünnten Himbeerlikör zugesetzt worden, um die aus der Verdünnung folgende wässerige Farbe des Getränks zu verdecken. Durch die drei Zusätze Wasser, Teerfarbstoff und Kirschsaft ist Himbeerlikör nachgemacht worden. Verurteilung aus § 10 NMG.
      AG. Frankfurt a. O., 25. Januar 1910; LG. Frankfurt a. O., 18. März 1910. (Auszüge
aus gerichtl. Entscheid. 1912, 8, 553.)
      Dasselbe. Das kaufende Publikum erwartet, daß die rote Farbe des Himbeerlikörs
einem Himbeersaftgehalt entstamme, und bevorzugt schön rot gefärbte Liköre in der Annahme, dies sei ein Zeichen besonders hohen Fruchtgehalts. Durch die Farbzusätze wurde
dem Likör der Anschein eines höheren Fruchtgehalts und somit einer besseren Beschaffenheit gegeben, also der Likör verfälscht. Verurteilung aus § 10 $^{1\ u.\ 2}$ NMG.
      AG. Freiberg, 1. und 15. März 1907; LG. Freiberg, 7. Mai 1907. (Auszüge aus gerichtl.
Entscheid. 1912, 8, 566.)
      Himbeerlikör mit Wasser- und Kirschsaftzusatz. Die chemischen Sachver-
ständigen beanstanden den Wasser- und Kirschsaftzusatz und verlangen, daß Himbeerlikör
aus Himbeersaft, Sprit und Zucker ohne jeden weiteren Zusatz hergestellt werde; die Sachverständigen aus den Kreisen der Destillateure und Händler halten die Verwendung von
Kirschsaft und Wasser für zulässig, um einen bestimmten Geschmack, eine bestimmte Farbe
oder einen für den Vertrieb geeigneten Preis zu erzielen. Freisprechung, weil eine feste Norm
für echten Himbeerlikör fehlt.
      AG. Frankfurt a. O., 25. Januar 1910; LG. Frankfurt a. O., 2. September 1910. (Aus-
züge aus gerichtl. Entscheid. 1912, 8, 553.)
      Kirschlikör ohne Kirschsaft. Der beanstandete „Kirschschnaps" bestand aus
Spiritus, Wasser, Zucker, Teerfarbstoff und mehreren ätherischen Ölen, darunter Bittermandelöl, ohne eine Spur Kirschsaft. Verurteilung aus § 10 $^{1\ u.\ 2}$ NMG und § 73 StGB.
      . AG. Dresden, 31. März 1910; LG. Dresden, 28. Juni 1910. (Auszüge aus gerichtl. Ent-
scheid. 1912, 8, 566.)
      Erdbeerlikör mit Teerfarbstoff. Ein „Erdbeerlikör" diente zugleich mit einem
„Sahnenlikör" zur Herstellung einer Mischung „Erdbeer mit Sahne". Der Erdbeerlikör bestand aus Sprit, Zucker, Stärkesirup, Fruchtsäure, Erdbeerdestillat, Teerfarbstoff (50 g auf
600 l) und 12% Erdbeersaft. Der Likör war wie folgt bezeichnet: Erdbeerlikör ist aus
Erdbeersaft, Erdbeer-Extrakt, Fruchtsäure, Weingeist, mit Wasser eingekochter
Raffinade hergestellt, leicht gefärbt; später wurde das Wort „leicht" weggelassen. Dieses
Erzeugnis ist nachgemachter Erdbeerlikör. Geschmack und Farbe eines Frucht- oder Frucht-
saftlikörs sollen der betreffenden Frucht entstammen. Durch den künstlichen Farbstoff und
das durch Destillation gewonnene Erdbeerextrakt, das den Erdbeersaft nicht ersetzen kann,
wird dem Erzeugnis der Schein einer besseren Beschaffenheit gegeben. Die Kennzeichnung
der künstlichen Färbung genügt nicht; es hätte angegeben werden müssen, daß der Likör
seine ganze Farbe einem Zusatz von Teerfarbstoff verdankt. Verurteilung aus § 10 ^{1}, 16 NMG.
      AG. Berlin Mitte, 21. Februar 1910; LG. I Berlin, 11. Mai 1910; Kammergericht, 16. Juli
1910; LG. II Berlin, 28. September 1910; Kammergericht, 25. November 1910. (Gesetze,
Verordn., Gerichtsentsch. 1911, 3, 242.)
      Doppelter Rosenlikör mit geringem Alkoholgehalt und erheblichem
Stärkesirupzusatz. Über den Alkoholgehalt der Liköre und den Stärkesirupzusatz bestehen keine gesetzlichen oder polizeilichen Vorschriften und auch keine festen Handels-
gebräuche. Der Alkoholgehalt der Liköre ist in den einzelnen Landesteilen sehr verschieden.
Ein Alkoholgehalt von 26,25% ist für einen doppelten Rosenlikör genügend. Die Anwendung

von Stärkesirup ist in ganz Deutschland gebräuchlich und zulässig. Schon objektiv liegt eine Verfälschung oder ein Nachahmen nicht vor. Freisprechung.

AG. Breslau, 13. Dezember 1909; LG. Breslau, 10. Februar 1910. (Auszüge aus gerichtl. Entscheid. 1912, 8, 555.)

Kakaolikör mit Teerfarbstoffzusatz. Nach der Angabe eines Sachverständigen ist brauner Kakaolikör besser als weißer, dem Likör sei daher durch die künstliche Färbung der Schein einer besseren Beschaffenheit gegeben worden. Freisprechung, weil bei Likören auffallende Färbungen üblich, ohne daß hieraus Schlüsse auf die Qualität gezogen werden.

LG. Hamburg, 22. März 1913; RG. 3. Juli 1913. (Gesetze, Verordn., Gerichtsentscheid. 1913, 5, 464.)

Nachgemachter „Mampes Halb und Halb". Aus einer Originalflasche wurde an Stelle des echten „Mampes Halb und Halb", der gefordert wurde, eine Nachahmung ausgeschenkt, die ganz anders zusammengesetzt war, Teerfarbstoff enthielt und anders aussah, roch und schmeckte. Infolge gleichartiger Herstellung, die seit Jahrzehnten betrieben wird, besteht eine bestimmte Norm für das Genußmittel „Mampes Halb und Halb", die vom Publikum erwartet wird. Verurteilung aus § 10 NMG.

LG. I Berlin, 29. Juli 1911; RG. 15. Dezember 1911; LG. I Berlin, 11. April 1912. (Gesetze, Verordn., Gerichtsentscheid. 1912, 4, 264.)

7. *Eierkognak und Eierlikör (Eiercreme)*. Eierkognak mit Borsäure. Das Publikum erwartet beim Einkauf von Eierkognak, der Benennung entsprechend, eine Mischung von Kognak, Eigelb und wenig Zucker. Das dazu verwendete Eigelb darf keine fremde Beimischung enthalten. Der Zusatz von Borsäure wird als Verfälschung angesehen. Verurteilung aus § 10^2 NMG.

LG. I Berlin, 8. Mai 1907; RG., 4. Oktober 1907; LG. I Berlin, 18. Dezember 1907; RG., 27. März 1908; LG. III Berlin, 24. Juli 1908. (Auszüge aus gerichtl. Entscheid. 1912, 8, 539; Gesetze, Verordn., Gerichtsentscheid. 1909, 1, 43.)

Eiercreme (Eierlikör) mit Borsäure und Capillärsirup. Eiercreme enthielt etwa 30% Capillärsirup und 0,21% Borsäure, aus konserviertem Eigelb herrührend. Borsäure ist ein bedenkliches Konservierungsmittel, weil es die Fäulnis und Zersetzung nicht völlig hindert, sondern nur verlangsamt, dabei aber die Merkmale beginnender Zersetzung beseitigt, so daß sich nicht erkennen läßt, ob alte oder bereits verdorbene Ware vorliegt. Die Borsäure ist geeignet, die menschliche Gesundheit zu schädigen. Ein Stärkesirupzusatz ist nicht notwendig, weil der Eierlikör schon durch das Eigelb genügend verdickt wird; er kann einen reicheren Eigehalt vortäuschen und entspricht nicht den Erwartungen des Publikums. Verurteilung aus §§ 12, 14 NMG.

AG. Berlin Mitte, 20. Oktober 1911; LG. I Berlin, 10. Mai 1912. (Gesetze, Verordn., Gerichtsentscheid. 1913, 5, 186.)

Eierkognak mit Teerfarbstoff und Borsäure. Der Eierkognak war mit einem gelben Teerfarbstoff gefärbt und enthielt 3,26 g Borsäure im Liter. Teerfarbstoff ist kein normaler Bestandteil des Eierkognaks, er gibt dem Eierkognak den Anschein eines höheren Werts und verdeckt die zu geringe Verwendung von Eigelb. Borsäure ist gesundheitsschädlich. Verurteilung aus § $10^{1\,u.\,2}$, 12, 14 NMG.

AG. Leipzig, 25. November 1905; LG. Leipzig, 20. März 1906. (Auszüge aus gerichtl. Entscheid. 1908, 7, 325.)

Eierkognak mit Teerfarbstoff, Safran und Borsäure. Der Borsäuregehalt des Eierkognaks betrug 0,55%. Safran und Teerfarbstoff dienen dazu, um dem Eierkognak den Anschein eines höheren Eigehalts zu verleihen, die Borsäure, um ihm ein frisches Aussehen zu geben. Diese Stoffe gehören nicht zu den normalen Bestandteilen des Eierkognaks, und das Publikum erwartet sie nicht. Verurteilung aus § $10^{1\,u.\,2}$ NMG.

AG. Leipzig, 19. Juli 1904; LG. Leipzig, 30. September 1904. (Auszüge aus gerichtl. Entscheid. 1908, 7, 325.)

Eierkognak mit 0,11% Borsäure, gelbem Farbstoff und wenig Eigelb. Der Eierkognak hatte nur 4—7 Eigelb auf das Liter und nur 11% Alkohol. Der gelbe Farbstoff wurde zugesetzt, nicht um dem Getränk lediglich ein schöneres Aussehen zu geben, sondern um die Minderwertigkeit (wenig, zudem altes konserviertes Eigelb) zu verdecken. Verurteilung aus § 10$^{1\,\text{u.}\,2}$ NMG.

LG. I Berlin, 9. September 1907. (Auszüge aus gerichtl. Entscheid. 1912, **8**, 551.)

Eierkognak mit Teerfarbstoff. Freispruch aus subjektiven Gründen.

LG. Leipzig, 26. Juli 1909. (Auszüge aus gerichtl. Entscheid. 1912, **8**, 569.)

Kognak - Ei - Creme mit Teerfarbstoff und Sahne. Durch den Teerfarbstoff kann dem Eierlikör das Aussehen verliehen werden, wie durch reichliche Verwendung von Eidottern erzeugt wird. Das Publikum ist berechtigt anzunehmen, daß die gelbe Farbe ausschließlich durch Eidotter bewirkt sei. Wenn der Teerfarbstoffzusatz nach der Angabe des Beschuldigten die Erhaltung der gelben Farbe bezweckt, so liegt auch darin eine Täuschung des Publikums, weil es dadurch zur Annahme gelangt, es erhalte einen frischen Eierkognak. Verurteilung aus § 10^1 NMG.

AG. Dresden, 5. Oktober 1905; LG. Dresden, 15. Dezember 1905. (Auszüge aus gerichtl. Entscheid. 1908, **7**, 523.)

Eiercreme mit wenig Eigelb, Teerfarbstoff und Tragant. Der chemische Sachverständige stellte zwei Eidotter auf das Liter des Getränks fest. Auf Grund der Gutachten der Sachverständigen kam das Gericht zu der Überzeugung, daß das Getränk trotz der geringen Menge Eigelb und trotz des Zusatzes von Tragant zur Verdickung und von Farbstoff dem entspreche, was das Publikum unter Eiercreme, auch „feinster" oder „prima" Eiercreme erwarte. Wenn das deutsche Nahrungsmittelbuch den Tragant und das Färbemittel nicht zulasse, so sei das lediglich ein Ideal, nach dem man künftig reichsgesetzliche Bestimmungen zu erlassen wünsche, das aber bis heute die Erwartungen des Publikums und dessen Anschauungen von dem, was normale (auch „feinste" und „prima") Eiercreme sei, noch in keiner Weise beeinflußt habe. Freisprechung.

AG. Hamburg, 1. Dezember 1906; LG. Hamburg, 11. April 1907. (Auszüge aus gerichtl. Entscheid. 1912, **8**, 574.)

Eierkognak mit wenig Eigelb, Eiweiß, Capillärsirup und Stärkekleister. Der Eierkognak enthielt nur 2—2$^1\!/_2$ Eidotter im Liter und viel Stärkekleister. Letzterer sollte dem Getränk die dicke Beschaffenheit geben, die ihm in Ermanglung der nötigen Menge Eidotter fehlte. Bestrafung aus § 10^2 NMG.

LG. Halberstadt, 20. Dezember 1899; RG., 2. April 1900; LG. Halberstadt, 30. Mai 1900; RG., 12. November 1900. (Auszüge aus gerichtl. Entscheid. 1902, **5**, 207.)

8. *Punschessenzen* (*Punschextrakte*). Rotwein - Punschessenz mit Teerfarbstoff. Ob jede Beimischung von Wein, auch eine solche der geringsten Menge, dem Getränk schon den Charakter eines „weinhaltigen" verleiht, kann dahingestellt bleiben. Ein Gemisch, das sich als Rotweinpunschessenz ankündigt und zum dritten Teil tatsächlich aus Wein besteht, als weinhaltig zu betrachten, ist jedenfalls wohl berechtigt. Auch wenn die Punschessenz stets mit Wasser verdünnt getrunken würde, müßte sie doch als ein Getränk, das bestimmt ist, anderen als Genußmittel zu dienen, angesehen werden, denn die Essenz bleibt ein wesentlicher Bestandteil dieses Getränks. Freisprechung aus subjektiven Gründen. (Der Farbstoff war als „ein nach Reichsgesetz hergestellter und gesundheitsunschädlicher, zu allem, was überhaupt gefärbt werden darf, verwendbarer Farbstoff" dem Beschuldigten verkauft worden. Der Beschuldigte hatte sein Geschäft unter die Aufsicht eines Gerichtschemikers gestellt, dem zu beachten oblag, daß in dem Betrieb allen gesetzlichen Vorschriften Genüge geleistet werde.)

LG. Cöln, 11. April 1905; RG., 2. Oktober 1905. (Auszüge aus gerichtl. Entscheid. 1908, **7**, 258; Gesetze, Verordn., Gerichtsentscheid. 1911, **3**, 10.)

Dasselbe. Ein „Burgunderpunschextrakt" bestand aus folgenden Stoffen: 15 l Rum, 9 l Arrak, 9 l Weinsprit, 8—9 l französischem Burgunderwein, 60 Pfund flüssigem Zucker,

50 g Citronensäure und 50 g Bordeauxrot, einem roten Teerfarbstoff. Der Burgunderpunsch-extrakt ist ein weinhaltiges Getränk, weil man nach seinem Aussehen und seiner Farbe darauf schließen muß, daß Burgunderwein seinen Hauptbestandteil bildet, und weil nach seiner Zu-sammensetzung der Burgunderwein einen wesentlichen Bestandteil des Getränks ausmacht. Verurteilung aus § 7, 8, 13 und Einziehung gemäß § 18 des Weingesetzes vom 24. Mai 1901.

LG. Chemnitz, 31. März 1905. (Auszüge aus gerichtl. Entscheid. 1908, 7, 263.)

Dasselbe. Als weinhaltig im Sinne des Weingesetzes muß ein Getränk dann erscheinen, wenn es Wein als wesentlichen Bestandteil enthält; wesentlich ist ein Bestandteil, wenn ohne ihn das Getränk in seinem Wesen verändert würde. Ein Prozentsatz von mehr als $1/5$ hat unter allen Umständen als ein wesentlicher Bestandteil zu gelten. Verurteilung aus § 7, 8, 13[1] und Einziehung gemäß § 18 des Weingesetzes vom 24. Mai 1901.

LG. Chemnitz, 11. April 1905. (Auszüge aus gerichtl. Entscheid. 1908, 7, 290.)

Dasselbe. Die mit 5 g Teerfarbstoff auf 100 l versetzte Rotweinpunschessenz wurde als weinhaltiges Getränk erachtet, aus subjektiven Gründen erfolgte aber Freisprechung.

LG. Leipzig, 30. März 1906. (Auszüge aus gerichtl. Entscheid. 1908, 7, 292.)

Rotweinpunschextrakt mit Teerfarbstoff und Capillärsirup. Freisprechung aus subjektiven Gründen.

LG. Leipzig, 11. April 1906. (Auszüge aus gerichtl. Entscheid. 1908, 7, 292.)

Rotweinpunschextrakt mit Kirschsaft, Teerfarbstoff und Stärkesirup. Verurteilung aus § 7, 8, des Weingesetzes vom 24. Mai 1901 und aus § 10[1 u. 2] NMG.

LG. Leipzig, 5. Februar 1906. (Auszüge aus gerichtl. Entscheid. 1908, 7, 291.)

Rotweinpunschextrakt mit künstlichen Äthern, Stärkesirup und Teer-farbstoff. Der Rotweinpunschextrakt enthielt 22% Stärkesirup und nur 5% Rotwein. Bestandteile, die in der Zusammensetzung des Punschextrakts erwartet werden durften, fehlen, solche die nicht erwartet wurden, sind verwendet. Es liegt Nachmachen und Ver-fälschen von Punschextrakt vor. Verurteilung aus § 10[1 u. 2] NMG.

LG. Bochum, 12. Juni 1896. (Auszüge aus gerichtl. Entscheid. 1900, 4, 95.)

Rotweinpunschessenz mit Rumessenz, Citronensprit, Citronensäure und Stärkesirup, aber ohne Weinzusatz. Das Gemisch wurde in den Preislisten als „Punsch II" geführt, aber auf Verlangen der Abnehmer (nur Wiederverkäufer) mit einer Etikette „Rotweinpunsch" versehen. Verurteilung aus § 10[1] NMG.

LG. Leipzig, 5. Februar 1906. (Auszüge aus gerichtl. Entscheid. 1908, 7, 291.)

Burgunderpunschsirup mit Stärkesirup. Der Punschsirup war vor Verkün-digung des Weingesetzes vom 7. April 1909 hergestellt, aber nach dessen Inkrafttreten in den Verkehr gebracht worden. Verurteilung aus § 34[3] des Weingesetzes vom 7. April 1909, § 7, 8, 13 des Weingesetzes vom 24. Mai 1901. Die Begründungen sind von juristischem Interesse.

LG. Düsseldorf, 11. Oktober 1911; RG., 8. März 1912. (Gesetze, Verordn., Gerichts-entscheid. 1914, 6, 139.)

Citronenpunschessenz. Aus 40 l Sprit, 30 kg Krystallzucker, gelöst in 25 l Wasser, 14 kg Stärkesirup, gelöst in 18 l Wasser, 15 l Arrakverschnitt, 5 l echtem Arrak, 1 kg „Rum-punschextrakt mit Citronengeschmack", einer Lösung von Citronensäure und einer nicht festgestellten Menge „Safrantinktur", die aus Teerfarbstoffen bestand, wurden 125 l Citronen-punschessenz hergestellt. Citronenpunschessenz ist ein Kunstprodukt, nicht ein Fruchtsaft-getränk. Welche Bestandteile zu einer normalen Punschessenz gehören, darüber sind sich Wissenschaft und Praxis nicht einig. Die Essenz enthielt nach Angabe des Herstellers Citronen-saft. Über die Zulässigkeit von Teerfarbstoffen, Stärkesirup und Kartoffelsprit bei der Her-stellung von Punschessenzen sind die Sachverständigen nicht einig. Freisprechung.

AG. Kitzingen, 3. Oktober 1908; LG. Würzburg, 5. Dezember 1908; Oberstes Lan-desgericht München, 30 Januar 1909; LG. Würzburg, 10. Juli 1909. (Auszüge aus gerichtl. Entscheid. 1902, 8, 560.)

9. Saccharinzusatz. 100 l Kümmel enthielten 2 g Saccharin. Verurteilung aus § 1, 2 des Süßstoffgesetzes vom 6. Juli 1898 und aus § 10² NMG.

AG. Hamburg, 12. März 1900; LG. Hamburg, 28. April 1900. (Auszüge aus gerichtl. Entscheid. 1902, **5**, 215.)

Pfefferminzlikör enthielt 10 g Saccharin in 100 l. Verurteilung aus § 10² NMG. LG. Hannover, 20. November 1902. (Auszüge aus gerichtl. Entscheid. 1905. **6**, 219).

Pfefferminzlikör enthielt im Liter 0,19 g Saccharin. Verurteilung aus § 1—4 des Süß-stoffgesetzes vom 6. Juli 1898 und § 2, 7 des Gesetzes vom 7. Juli 1902. § 10 NMG. schied aus, weil nicht festgestellt wurde, daß der Beschuldigte den Pfefferminzlikör wissentlich verfälschte.

LG. Hannover, 25. April 1904. (Auszüge aus gerichtl. Entscheid. 1908, **7**, 312.)

Kümmel enthielt Spuren von Saccharin. Normaler Kümmel hat nur einen so geringen Zuckergehalt, daß Kümmel als Nahrungsmittel überhaupt nicht in Betracht kommt; die Verwendung von Saccharin stellt keine Verschlechterung und demnach auch keine Verfälschung des Kümmels dar. Verurteilung aus § 1—5, 7 des Süßstoffgesetzes vom 7. Juli 1902.

AG. Hamburg, 17. Juli 1907; LG. Hamburg, 10. September 1907. (Auszüge aus gerichtl. Entscheid. 1912, **8**, 576.)

10. Branntweinschärfen. Auf 1700 l Nordhäuser war 1 l Pfefferessenz zugesetzt worden. Der Tatbestand der Verfälschung liegt auch dann vor, wenn einem Stoff durch Entnahme oder Zusatz von Bestandteilen zum Zweck der Täuschung der Schein einer besseren Beschaffenheit gegeben wird. Die Pfefferessenz ist dem Nordhäuser zu dem Zweck zugesetzt worden, um das konsumierende Publikum über den Alkoholgehalt zu täuschen und den so versetzten Nordhäuser, der wegen seines normalen Alkoholgehalts und bei dem geringfügigen Pfefferzusatz nicht gerade als verschlechtert bezeichnet werden kann, den Anschein einer besseren Beschaffenheit zu geben. Verurteilung aus § 11 NMG.

AG. I Berlin, 17. Juni 1897; LG. I Berlin, 12. August 1897. (Auszüge aus gerichtl. Entscheid. 1902, **5**, 206.)

„Korn mit Starken" war Kartoffelbranntwein von 26,7—27,5 Volumprozent Alkohol und enthielt Piperin. Bei einem Beschuldigten war der Zusatz von Schärfe so gering, daß sie nicht geeignet war, einen höheren Alkoholgehalt vorzutäuschen; das Gericht kam daher zur Freisprechung. Bei dem zweiten Beschuldigten war der Schärfezusatz so stark, daß er einen höheren Alkoholgehalt vortäuschte; der „Korn" war somit verfälscht. Freisprechung aus subjektiven Gründen.

LG. Frankfurt a. O., 21. Januar 1902; Kammergericht, 7. April 1902; LG. Frankfurt a. O., 9. Mai 1902. (Auszüge aus gerichtl. Entscheid. 1905, **6**, 215.)

Branntwein von 18,13% Alkohol enthielt eine Branntweinschärfe. Verurteilung aus § 10 NMG.

AG. Rathenow, 3. Mai 1901; LG. Potsdam, 3. Juli 1901. (Auszüge aus gerichtl. Entscheid. 1905, **6**, 218.)

„Weißer Korn" war mit Paprikaessenz versetzt. Verurteilung aus § 10¹ ᵘ. ² NMG. AG. Dresden, 4. März 1901; LG. Dresden, 14. Mai 1901. (Auszüge aus gerichtl. Entscheid. 1905, **6**, 221.)

Auf 100 l „Kornbranntwein" wurde 0,1 l Kornschärfe zugesetzt, die durch Ausziehen von 1 kg Pfeffer und Paprika mit 150 l Spiritus gewonnen war. Der Kornbranntwein enthielt nur 15% Alkohol. Verurteilung aus § 10¹ NMG.

LG. II Berlin, 29. Juli 1904. (Auszüge aus gerichtl. Entscheid. 1908, **7**, 310.)

Kümmelbranntwein von 21,5% Alkohol war auf 100 l mit 0,25 l Branntweinschärfe „Feuergeist" versetzt worden. Der Kümmel wurde unter Mitteilung des Schärfezusatzes verkauft. Verurteilung aus § 367⁷ StGB. § 10 NMG. schied aus, da der Beweis für die Täuschungsabsicht fehlte.

AG. Hamburg, 27. Oktober 1904; LG. Hamburg, 22. Oktober 1905; OLG. Hamburg, 22. Dezember 1905. (Auszüge aus gerichtl. Entscheid. 1908, **7**, 326.)

Kümmelbranntwein mit 20,0—20,5 g Alkohol in 100 ccm war mit Branntweinschärfe versetzt worden. Verurteilung aus § 10¹ ᵘ. ² NMG.

AG. Hamburg, 14. Juni 1905; LG. Hamburg, 12. Dezember 1905. (Auszüge aus gerichtl. Entscheid. 1908, 7, 328.)

Ein ähnlicher Fall wie zuvor; der Kümmel hatte 20,6—22,2 g Alkohol in 100 ccm und einen Zusatz von 0,25 l Schärfe auf 100 l. Verurteilung aus § 10 NMG.

AG. Hamburg, 5. Oktober 1905; LG. Hamburg, 30. Januar 1906. (Auszüge aus gerichtl. Entscheid. 1908, 7, 328.)

„Korn" und Nordhäuser hatten bei 25 bzw. 26 Volumprozent Alkohol 150 g einer Branntweinschärfe „Feuergeist" erhalten. Verurteilung aus § 10¹ ᵘ. ² NMG.

AG. I Berlin, 19. Januar 1906; LG. I Berlin, 28. Mai 1906; Kammergericht, 2. November 1906; LG. I Berlin, 8. Februar 1907. (Auszüge aus gerichtl. Entscheid. 1912, 8, 549.)

Branntwein enthielt bei 19,24 Volumprozent Alkohol einen Schärfezusatz. Verurteilung aus § 10¹ ᵘ. ² NMG.

LG. Breslau, 24. Mai 1907. (Auszüge aus gerichtl. Entscheid. 1912, 8, 554.)

Zu 600 l Kümmelbranntwein waren 10 oder 20 g Schärfe (Paprikaauszug) zugesetzt worden; der Alkoholgehalt betrug 31,5 Volumprozent. Bestrafung aus § 367⁷ StGB.

AG. Hamburg, 14. Februar 1907; LG. Hamburg, 29. Mai 1907. (Auszüge aus gerichtl. Entscheid. 1912, 8, 575.)

Kümmel mit Schärfe (Paprikaauszug). Verurteilung aus § 10 NMG.

AG. Hamburg, 19. Juli 1907; LG. Hamburg, 10. September 1907. (Auszüge aus gerichtl. Entscheid. 1912, 8, 576.)

Kümmel mit Branntweinschärfe „Feuergeist". Der Zusatz war so gering, angeblich 1 zu 1000, daß er dem Branntwein nicht den Anschein einer besseren Beschaffenheit, insbesondere nicht den Anschein eines höheren Alkoholgehalts geben konnte. Der Kümmel ist auch dadurch nicht verschlechtert worden; er darf geschmackverändernde Zusätze aller Art erhalten. Freisprechung.

AG. Hamburg, 11. März 1907; LG. Hamburg, 17. Februar 1908. (Auszüge aus gerichtl. Entscheid. 1912, 8, 576.)

Die aus Meerrettich, Pomeranzen, Ingwer und Paprika hergestellte Branntweinschärfe (Verstärkungsessenz) „Universum" wurde von einem Destillateur seinem Kümmel zugesetzt. Der Hersteller der Schärfe wurde wegen Beihilfe zu einem Vergehen gegen § 10¹ NMG. verurteilt.

AG. Charlottenburg, 27. Oktober 1904; LG. II Berlin, 29. Dezember 1904. (Auszüge aus gerichtl. Entscheid. 1908, 7, 311.) Ferner LG. III Berlin, 19. Oktober 1910; RG., 31. Januar 1911. (Gesetze, Verordn., Gerichtsentscheid. 1911, 3, 307.)

Ein ähnlicher Fall der Beihilfe zur Nahrungsmittelfälschung durch den Hersteller einer Branntweinschärfe. Verurteilung aus § 10 NMG.

AG. Müncheberg, 13. Juli 1911; LG. Frankfurt a. O., 27. Oktober 1911. (Gesetze, Verordn., Gerichtsentscheid. 1912, 4, 282.)

11. Methylalkoholzusatz. Ersatz des Äthylalkohols durch Methylalkohol bei der Herstellung von Branntweinen; zahlreiche Todesfälle. (Der aufsehenerregende Berliner Prozeß.) Verurteilung aus §§ 10, 12, 14 NMG.

LG. I Berlin, 4. Mai 1912; RG., 15. Oktober 1912. (Gesetze, Verordn., Gerichtsentscheid. 1913, 5, 429.)

12. Verwendung von vergälltem (denaturiertem) Branntwein. Auf 15 l Branntwein war 1 l vergällter Spiritus zugesetzt und das Gemisch als Kornbranntwein verkauft worden. Das Gemisch wurde als verdorbener Branntwein angesehen. Verurteilung aus § 10² NMG.

LG. Dessau, 29. Mai 1888. (Veröff. Kais. Gesundheitsamts 1890, S. 209.)

Verkauf großer Mengen Branntwein, der mit vergälltem Spiritus vermischt war. Durch die Vergällungsmittel wird der Branntwein verschlechtert, verfälscht. Verurteilung aus

§ 10¹ u. ² NMG., § 18, 20, 21 des Branntweinsteuergesetzes vom 24. Juni 1887 (Steuerhinter-
ziehung), § 73, 263 StGB. (versuchter und vollendeter Betrug).

LG. Zweibrücken, 12. Oktober 1904. (Auszüge aus gerichtl. Entscheid. 1908, **7**, 315.)

Anisbranntwein enthielt beträchtliche Mengen vergällten Spiritus. Der Branntwein
wurde von dem Gerichtsarzt als gesundheitsschädlich bezeichnet. Verurteilung aus § 10¹ u. ²,
12, Abs. 1, Nr. 1 NMG., § 1, 17, 18, Nr. 5, 21 des Branntweinsteuergesetzes vom 24. Juni
1887, § 73, 263 StGB. (versuchter und vollendeter Betrug).

LG. Memmingen, 11. Januar 1904. (Auszüge aus gerichtl. Entscheid. 1908, **7**, 320.)

13. Wasserzusatz zum Branntwein. Von Nordhausen bezogener Branntwein mit 32 Volumprozent Alkohol wurde durch Zusatz von 65 l Wasser auf 100 l Branntwein auf einen Alkoholgehalt von 18—19 Volumprozent herabgesetzt und der verdünnte Branntwein zu dem Preise
des normalen 30 proz. Branntweins verkauft. Verurteilung aus § 10² NMG.

AG. Halle a. S., 6. Januar 1912. (Gesetze, Verordn., Gerichtsentscheid. 1912, **4**, 284.)

Mit Wasser verdünnter Steinhäger wurde in einer Wirtschaft Gästen vorgesetzt.
Freisprechung, weil das Wasser durch einen Zufall in den Branntwein gelangt sein konnte.

AG. Berlin-Mitte, 4. Januar 1912; LG. I Berlin, 12. März 1912. (Gesetze, Verordn.,
Gerichtsentscheid. 1913, **5**, 40.)

Bier[1]).

A. Vorbemerkungen.

I. Begriffserklärungen.

Bier ist ein durch Gärung aus Gerstenmalz — oder zum geringen Teil
für bestimmte Sorten aus Weizenmalz —, Hopfen, Hefe und Wasser hergestelltes, meist noch in schwacher Nachgärung befindliches Getränk,
welches neben unvergorenen, aber meist zum Teil noch vergärbaren Extraktstoffen als wesentliche Bestandteile Alkohol und Kohlensäure enthält.

Man unterscheidet:

1. Je nach Art des verwendeten, bei niedrigen oder höheren Temperaturen gedarrten
Malzes *helle* und *dunkle* Biere. Tiefdunkle Färbungen werden durch gebranntes
Malz (Farbmalz) oder durch Farbbier oder (bei obergärigen Bieren im norddeutschen
Brausteuergebiet) durch gebrannten Zucker (Zuckercouleur) erzielt.

2. Je nach der Art der Gärung *obergärige* Biere, bei denen die Gärung bei höheren
Temperaturen in kürzerer Zeit verläuft und die Hefe oben abgeschieden wird, und *untergärige* Biere, bei denen die Gärung bei niedrigeren Temperaturen und längerer Gärdauer
vorgenommen wird und die Hefe sich unten absetzt.

Zu den obergärigen Bieren gehören eine Reihe einheimischer und ausländischer
Biere, die auch durch die sonstige Bereitungsweise von den untergärigen Bieren sich unterscheiden und hier daher besonders aufgeführt werden mögen, wenn sie meistens auch nur
eine örtliche Bedeutung haben:

a) Deutsche obergärige Biere. α) **Berliner Weißbier.** Es wird aus Gerstenmalz und
Weizenmalz (1 : 2 oder 1 : 3) hergestellt; die Würze wird nicht gekocht, enthält daher noch die wirksamen Enzyme: Peptase, Tryptase, Maltase und Oxydase. Als Stellhefe dient eine eigenartige
Mischung von Hefe und Milchsäurebakterien. Der Säuregehalt beträgt 0,2 % und mehr. Das Bier
wird nur in Flaschen, in denen es einer Nachgärung unterliegt, in den Verkehr gebracht.

β) **Grätzer Bier.** Als Rohstoff dient Weizenmalz, das einer starken Räucherung durch Eichenholz unterworfen wird (daher der Rauchgeschmack). Zur Entfernung der Eiweiß- und Harzaus-
scheidungen verwendet man vorwiegend Hausenblase. Durch Nachgären auf Flaschen wird es
völlig klar.

---

[1]) Bearbeitet von Prof. Dr. K. Windisch, Hohenheim.

γ) **Hannoverscher Broyhan,** ein dunkles obergäriges Bier, das vorwiegend in Hannover aus Gersten- und Weizenmalz unter geringer Hopfung durch schwache Gärung gewonnen wird.

δ) **Leipziger** (Haller) **Gose.** Während man früher zur Herstellung der Gose Luftmalz aus Gerste und Weizen unter Zusatz von Kochsalz (daher der salzige Geschmack) und gewissen Gewürzkräutern verwendete, verwendet man jetzt auch regelrecht abgedarrtes Gerstenmalz, bringt die warme Würze durch Einsaat von Milchsäure-Reinkulturen zur gewünschten Säuerung und vergärt dann mit reiner Hefe. Beim Nachreifen der Gose in mit Patentverschluß versehenen Flaschen bildet sich oben im engen Hals ein Verschluß bzw. Pfropfen von Hefe, infolgedessen diese Gose S t ö p s e l g o s e genannt wird, im Gegensatz zu o f f e n e r G o s e, die in Boxbeutelflaschen verabreicht wird. Sie enthält nach A. R ö h r i g bei 1,95—3,30% Alkohol und 2,81—4,65% Extrakt zwischen 0,172—0,82% Milchsäure.

ε) **Rheinisches Bitterbier** und **westfälisches Altbier.** Diese Biere werden nach Art der untergärigen Biere aus schwachen Stammwürzen durch eine Bottich- und Faßgärung (unter starkem Hopfenzusatz bei den Bitterbieren) gewonnen. Sie enthalten 3,64—5,50% Extrakt, 3,00 bis 4,80 Volumprozent Alkohol und 0,165—0,515% Milchsäure.

Zu den deutschen obergärigen Bieren gehören auch das L i c h t e n h a i n e r Bier, M ü n c h e n e r Weißbier, Kehlheimer, Werdersche Bier u. a., ferner die Malz-, Süß-, Caramelbiere und viele sogen. Einfachbiere.

b) *Ausländische obergärige Biere.* α) **Belgische Biere,** Lambic, Mars, Faro, Petermann und Löwenbier (Weißbier), von denen die drei ersten von dunkler Farbe, säuerlichem, bitterem Geschmack und von weinigem Geruche sind, die zwei letzten eine helle Farbe besitzen und dem Berliner Weißbier gleichen. Sie werden aus Gerstenluftmalz unter Zusatz von 40—50% ungemälztem Weizen, etwas Hafer und Buchweizen gewonnen, indem bei den drei ersten Bieren die Würze zum Teil lange mit Hopfen gekocht und der Selbstgärung überlassen wird, welche durch Hefenorganismen und Bakterien, die sich in den Gärgefäßen angesiedelt haben, hervorgerufen wird. Infolgedessen reift das Bier erst in 1½ bis 2 Jahren (vgl. auch II. Bd., 1904, S. 1224). L a m b i c wird aus gehaltreichen, M a r s aus geringhaltigeren Würzen hergestellt, F a r o ist eine Mischung von beiden. Zu P e t e r m a n n- und L ö w e n b i e r werden dieselben Rohstoffe verwendet; die Würze wird aber wie bei anderen Bieren mit Stellhefe angesetzt, weshalb sie bei höherer Temperatur schon in wenigen Tagen vergären und genußreif werden.

β) **Englische Biere.** Hiervon unterscheidet man P o r t e r und S t o u t als dunkle Biere und A l e als helles Bier, je nachdem das Malz stärker oder schwächer gedarrt bzw. Farbmalz angewendet wurde. Neben Gerstenmalz werden aber noch Reis, Mais, Rohr- bzw. Rüben- und Stärkezucker zur Würzebereitung verwendet. Die Biere pflegen stark gehopft zu werden. Dunkle Biere mit 14 bis 16% Stammwürze heißen P o r t e r, die mit 20—21% und mehr Stammwürze, die ausgeführt werden, heißen S t o u t. Auch beim A l e, das aus 14—25%iger Stammwürze gewonnen wird, unterscheidet man zwei Sorten, das Mild Ale, das nur wenig gehopft wird, und das stark gehopfte Pale Ale, zu dessen Herstellung 5 kg Hopfen auf 100 kg Malz verwendet werden. Die viel gerühmten Eigenschaften des Pale Ale von Burton on Trent werden dem gipsreichen Brauwasser zugeschrieben (vgl. II. Bd., 1904, S. 1224).

Die o b e r g ä r i g e n Biere werden mehr und mehr durch die u n t e r g ä r i g e n Biere verdrängt. Zugunsten der letzteren hat man vielfach ihre größere Haltbarkeit angeführt; das ist insofern zutreffend, als die Gärung des untergärigen Bieres bei niedrigen Temperaturen einen größeren Schutz gegen die Infektion mit Bakterien gewährt, als bei der wärmeren Gärung des obergärigen Bieres, und eine gleichmäßigere Beschaffenheit des Bieres erzielt werden kann. Im übrigen werden die u n t e r g ä r i g e n Biere nach O r t s t y p e n unterschieden, deren Unterschiede vorwiegend durch die v e r s c h i e d e n e Beschaffenheit der zu ihrer Herstellung verwendeten M a l z e bedingt werden. In dieser Hinsicht unterscheidet man bei den untergärigen Bieren:

a) M ü n c h e n e r oder B a y r i s c h e s Bier, meistens d u n k l e s Bier. Die Gersten werden auf weitgehende „Auflösung" und starke Entwicklung des Blattkeims bei der Grünmalzdarstellung bearbeitet. Aus dem Grunde wird die Gerste stärker geweicht und die Keimung auf der Tenne wärmer geführt. Die dunkle Farbe und das Aroma des Münchener Malzes wird auf der Darre dadurch erzielt, daß das langgewachsene Grünmalz mit höherem Wassergehalt (25—30%) von der oberen Horde auf die untere Horde, also in höhere Temperatur verbracht wird. Diastase und Peptase sind alsdann noch wirksam und bauen Stärke und Eiweiß ab. Durch die Einwirkung der dabei entstehenden Aminosäuren auf die Zuckerarten entstehen schon bei verhältnismäßig niedrigen Temperaturen die braungefärbten, aromatischen Stoffe, die für dunkle Malze kennzeichnend sind. Beim Abdarren geht man auf 100° und darüber. Die noch fehlende dunkle Farbe des Malzes wird durch Farbmalz ergänzt. Die Exportbiere sind meistens stärker eingebraut und auch stärker vergoren als die Ortsbiere. Der Geschmack ist süß-vollmundig und malzig, schwach hopfig.

Von den hellen untergärigen Bieren kennt man in Deutschland vorwiegend zwei Typen, nämlich das Pilsener bzw. böhmische und das Dortmunder Bier.

b) Böhmisches und Pilsener Bier. Bei der Herstellung von Pilsener Malz wird die Gerste knapper geweicht und auf der Tenne kälter und in dünnerer Schicht geführt. Das Malz soll nicht zu lang wachsen und nicht zu gut gelöst sein. Beim Darren wird das Wasser möglichst vollständig (bis auf 7—8%) bereits auf der oberen Horde bei starkem Luftzug entfernt. Auf möglichst hohe Abdarrtemperatur wird großer Wert gelegt. Es ist die Kunst des Mälzers, trotz hoher Abdarrtemperatur ein lichtes Malz zu erzielen. Das Pilsener Bier wird mit mehr Hopfen (2 kg auf 100 kg Malz) gekocht; aus dem Hopfenbitter — nicht aus dem Hopfenöl — bildet sich das eigenartige Hopfenaroma des Pilsener Bieres.

c) Dortmunder Bier. Die Behandlung des Malzes auf der Tenne ist der des Münchener Malzes mehr oder weniger gleich, nur der Darrvorgang ist verschieden, indem das Malz auf der Darre während 2 × 24 Stunden getrocknet und schließlich bei verhältnismäßig niedrigen Temperaturen abgedarrt wird. Auf diese Weise pflegt das Dortmunder Bier von noch lichterer Farbe als das Pilsener Bier zu sein. Infolge der geringeren Hopfengabe tritt der Hopfengeschmack zurück; dagegen wird es mit stärkerer Stammwürze eingebraut und ist höher vergoren als das Pilsener Bier.

Die sonstigen Typen untergäriger Biere gliedern sich diesen drei Typen an; so ist das Wiener Bier ein Mittelerzeugnis zwischen böhmischem (Pilsener) und Münchener Bier.

3. Je nach der *Stärke* der *Stammwürze* Dünnbiere oder Abzugbiere mit niedriger Stammwürze und solche mit mehr Stammwürze (10—20%). Erstere pflegen nach kürzerer Lagerung (als Winter- oder Hefenbiere), letztere nach längerer Lagerung (als Lager- oder Sommerbiere) in den Handel gebracht zu werden. Dieser Unterschied verschwindet aber immer mehr, da die meisten Brauereien jetzt, im Gegensatz zu früher, das ganze Jahr über brauen.

4. Je nach dem *Vergärungsgrad* und der Stärke der Stammwürze weinige, d. h. hochvergorene, alkoholreiche und vollmundige extraktreiche, weniger vergorene Biere. Doppelbier nennt man ein im Vergleich zu dem ortsüblichen Bier stärker eingebrautes Bier (Spezialbier).

5. Besondere Biere. Zu den besonderen Bieren gehören:

a) Malzbier. Unter Malzbier versteht man im allgemeinen dunkle Biere von süßem, von Hopfenbitter freiem Geschmack (daher auch der Name Süßbier). Sie werden durch Obergärung gewonnen und sind meistens nur schwach vergoren. Der Stammwürzegehalt schwankt zwischen 10—25%. Das Malzbier soll vorwiegend diätetischen Zwecken dienen; die diätetische Wirkung hängt wesentlich von der Menge des verwendeten Malzes ab. Vielfach wird bei diesen Bieren auch Zucker verwendet. Den Namen „Malzbier" dürfen sie nach dem norddeutschen Brausteuergesetz nur führen, wenn mindestens 15 kg Malz auf das hl Bier verwendet wurden.

b) Danziger Jopenbier. Die auf übliche Weise gewonnene Würze wird unter Zusatz von 1 kg Hopfen zu 100 kg Malz auf 40% Balling eingedampft und durch Verdunstenlassen auf 50—55% Balling gebracht. Darauf wird die Würze in Bottichen der Selbstgärung überlassen, die infolge der geringen Wirkung der Lufthefen und der hohen Konzentration der Würze meistens spät (häufig erst nach Wochen) einsetzt, dann aber häufig so plötzlich und stürmisch verläuft, daß die Bottiche zum Überschäumen kommen. Bei der Gärung wirken auch Kahmhefen und Schimmelpilze mit, welche die Oberfläche der dicken Würze schon vor der Vergärung überziehen. Vor dem Versand wird das Jopenbier durch Beutel filtriert; es pflegt nur 0,2—0,5% Alkohol zu enthalten, ist von jahrelanger Haltbarkeit und wird vor dem Genuß mit Wasser verdünnt.

c) Braunschweiger Mumme. Sie wurde früher in ähnlicher Weise wie Jopenbier gewonnen; jetzt besteht sie nur aus einem unvergorenen, sehr gehaltreichen, haltbar gemachten Malzauszug von 50—65% Extraktgehalt. Man unterscheidet einfache oder Stadtmumme und doppelte oder Schiffsmumme.

d) Kwaß. Der Kwaß ist ein durch alkoholische und saure Gärung aus Mehl oder Brot oder Malz oder aus einem Gemisch von diesen unter Zusatz von etwas Hopfen, vorwiegend in Rußland zubereitetes, noch in Nachgärung befindliches Getränk, zu dem gewürzige Zusätze wie Pfefferminze, Citronensaft usw. zugesetzt werden können. Er enthält bei 2,4—6,9% Extrakt und 0,5—1,2% Alkohol zwischen 0,015—0,045% Essigsäure und 0,21—0,40% Milchsäure.

e) Bosa. Bosa ist ein durch alkoholische und saure Gärung aus Mais- oder Hirsemehl mit und ohne Zusatz von etwas Weizenmehl oder Weizenkleie unter Zuhilfenahme von Wasser und Hefe hergestelltes, noch in Nachgärung befindliches, trübes, gewöhnlich noch mit Zucker oder Honig versüßtes Getränk, dessen Zubereitung nur 20—24 Stunden in Anspruch nimmt; sie ist vorwiegend auf der Balkanhalbinsel, in Kleinasien und Rußland gebräuchlich. Die Bosa enthält nur etwa 0,5—0,7 Volumprozent Alkohol bei etwa 5,0—8,0% Extrakt, 0,02—0,05% Essigsäure und 0,45 bis 0,68% Milchsäure.

In ähnlicher Weise wird in Rumänien aus Hirsemehl die Braga, von den Negern Ostafrikas die Pombe hergestellt, während in Japan aus Reis und Koji mit Hilfe von Pilzenzymen ein Bier, Yebisu, Asahi oder Kiriu[1) usw., gewonnen wird. Letztere haben eine den hiesigen Lagerbieren gleiche Zusammensetzung, nämlich: 3,46—4,60% Alkohol, 5,06—5,85% Extrakt, 0,181—0,240% Asche und 0,077—0,161% Säure.

Über die sog. alkoholfreien Biere vgl. III. Bd., 2. Teil, S. 945.

II. Art und Menge der Bestandteile des Bieres.

Die Bestandteile des Bieres rühren teils von den verwendeten Rohstoffen her, teils sind sie durch die Gärung gebildet. Zu den wichtigsten Bestandteilen der Biere gehören:

1. Die Säuren. Unter diesen nimmt die Kohlensäure den ersten Platz ein, weil von ihrer Menge die Schaumbildung im Bier abhängt, während die beliebte Schaumhaltigkeit, d. h. die Eigenschaft, daß sich der Schaum längere Zeit im Glase hält, durch Proteosen und gummiartige Stoffe, sowie Hopfenharze, d. h. Stoffe, welche als Kolloide im Bier vorhanden sind, bedingt wird. Untergärige Biere enthalten 0,35—0,4 g Kohlensäure in 100 g Bier, stark schäumende obergärige Biere bis 0,6 g.

Wesentlich ist auch die Milchsäure, deren Menge in den untergärigen Bieren nur gering ist, in obergärigen Bieren bis 0,5% und mehr erreicht.

Neben der Milchsäure tritt regelmäßig Essigsäure auf; ihre Menge beträgt durchweg $^1/_{10}$—$^1/_{12}$ der Gesamtsäure (0,1—0,2%), kann aber bei obergärigen Bieren auf $^1/_3$—$^1/_5$ der Gesamtsäure hinaufgehen.

Die Menge der regelmäßig bei der Gärung sich bildenden Bernsteinsäure wird zu 0,0015—0,0125% angegeben. Sie bildet sich nach F. Ehrlich[2) wahrscheinlich bei der Zersetzung der Glutaminsäure während der Gärung, wobei auch geringe Mengen Ameisensäure auftreten können.

---

1) Das sog. Sake-(Reis-)Bier der Japaner enthält:

Alkohol	Extrakt	Glycerin	Säure
13,5—17,9 Vol.-Proz.	2,45—3,97%	0,95—1,17%	0,17—0,27%

gleicht daher in seiner Zusammensetzung eher einem alkoholreichen Süßwein als Bier.

2) Zeitschr. d. Vereins f. deutsche Zuckerind. 1909 (N. F.), **46**, 645.

Ein großer Teil der Gesamtsäure im Bier entfällt auf saure Phosphate (saures Kalium-phosphat KH_2PO_4), nämlich bei den untergärigen Bieren etwa $^1/_2$, bei den obergärigen etwa $^1/_4$ der Gesamtsäure.

Hierzu gesellen sich noch sauer reagierende Eiweißstoffe und in sehr geringer Menge die Hopfenbittersäuren und andere Säuren aus dem Hopfen (Gerbstoff, Äpfelsäure)[1].

2. Alkohole. Die einwertigen Alkohole bestehen fast ausschließlich aus Äthyl-alkohol, wie in den sonstigen alkoholischen Gärungserzeugnissen. Seine Menge schwankt bei den untergärigen (Lager-) Bieren durchweg zwischen 2,5—4,5 Gewichtsprozent, bei leichteren Schank- und den obergärigen Bieren zwischen 1,7—3,0 Gewichtsprozent. Bei einigen beson-deren Bieren wie Märzen-, Doppelbier, Porter, Ale kann er bis 6 Gewichtsprozent hinaufgehen.

Neben Äthylalkohol finden sich auch höhere einwertige Alkohole (Fuselöl, Amyl-, Isobutyl-, Propylalkohol) im Bier. Nach F. Ehrlich (vgl. unter Branntweinen S. 366) werden die höheren Alkohole bei der Zersetzung der Aminosäuren (vorwiegend Leucin und Isoleucin) durch Hefe gebildet. Da die Bierwürze solche Aminosäuren enthält, so kann die Bildung von höheren Alkoholen von vornherein vorausgesetzt werden. Tatsächlich haben T. Takahashi und T. Yamamoto[2] bei der Vergärung von Koji-Extrakt (mit einem natürlichen Gehalt von 0,176% Aminosäuren) durch verschiedene Hefen (auch obergärige und untergärige Hefe) Fuselöl nachweisen können. Auch K. Kurono[3] stellte fest, daß bei der Gärung von Zucker durch Sakehefe bei Gegenwart von Leucin Fuselöl entstand.

Das Glycerin pflegt in den Bieren in Mengen von 0,2—0,3 Gewichtsprozent oder in einem Verhältnis von 3,0—5,5 Tln. auf 100 Teile Äthylalkohol vorzukommen (vgl. auch II. Bd., 1904, S. 1227).

3. Aldehyde. Ebenso wie in Branntweinen ist auch in Bier ein spurweises Vor-kommen von Acetaldehyd anzunehmen, wenngleich es noch nicht direkt nachgewiesen ist.

Der Furanaldehyd $C_3H_4(CHO)O$, das Furfurol, das sich beim Maische- und Würzekochen bildet, verschwindet zwar bei der Gärung, tritt aber bei der Destillation des Bieres unter Einfluß seiner Säuren auf die vorhandenen Pentosen wieder auf.

4. Extrakt und Kohlenhydrate. Die Biere enthalten an Extrakt:

Leichte (Schank-) und obergärige Biere	Untergärige Lagerbiere	Starke Biere (Bock-, Salvator, Porter, Ale u. a.)
3,0—4,0%	4,5—7,0%	7,0—10,0%

Hiervon entfallen auf:

Zucker (Maltose u. a.)	Dextrine (Achroo- und Maltodextrin)	Sonstige Stoffe (N-haltige, Mineralstoffe usw.)
20—30%	55—50%	25—20%

Der nicht vergorene Zucker des Bieres wurde früher (von Lintner u. a.) für Iso-maltose, die von E. Fischer durch Reversion von Glykose gewonnene, nicht vergärbare Zuckerart, gehalten; H. Ost[4] wies aber nach, daß beide Zuckerarten nach ihrem Drehungs-winkel und Reduktionsvermögen nicht gleich sind, daß der Zucker des Bieres ein Gemisch von Maltose mit leicht löslichen Dextrinen und Nichtzucker ist. Der Gehalt an Zucker (Maltose) schwankt in der Regel zwischen 0,8—2,8%.

---

[1] Über die sauren Bestandteile der Würze und des Bieres, ihre Entstehung und Ver-änderungen vgl. W. Windisch und K. ten Doornkaat-Koolman. Wochenschr. f. Brauerei 1914, **31**, 225, 235, 252, 275, 295, 303, 311; H. Lüers und L. Adler, Zeitschr. f. Untersuchung d. Nahrungs- u. Genußmittel 1915, **29**, 281.

[2] Journ. Agric. Tokio 1911, **1**, 275 u. Zeitschr. f. Untersuchung d. Nahrungs- u. Genuß-mittel 1913, **26**, 307.

[3] Journ. Agric. Tokio 1911, **1**, 283 u. Zeitschr. f. Untersuchung d. Nahrungs- u. Gehuß-mittel 1913, **26**, 308.

[4] Zeitschr. f. angew. Chemie 1904, **17**, 1663.

Die Pentosen pflegen im Biere mit 0,15—0,40% oder zu 4—7% des Extraktes vertreten zu sein.

Rund die Hälfte des Extraktes pflegt aus Dextrinen, den Anhydriden der Hexosen, zu bestehen.

Hierzu gesellen sich noch gummiartige Stoffe (Hefengummi?), Pectinstoffe, Hopfenharz in nicht zu bestimmenden Mengen.

5. Stickstoff-Verbindungen. Da die Proteine der Maische durch Kochen und Zusatz von Hopfen zum großen Teil ausgefällt werden, so kommen im Bier vorwiegend ihre Spaltungserzeugnisse, Proteosen oder Albumosen, Peptone und verschiedene Amide vor. Zu den bis jetzt im Bier nachgewiesenen Stickstoff-Verbindungen gehören Hypoxanthin, Guanin, Vernin und Cholin (II. Bd., 1904, S. 1227); O. Miskowski[1]) zerlegte die Stickstoff-Verbindungen in 100 g Trockensubstanz des Pilsener Bieres wie folgt:

Gesamt-Stickstoff	Vom Gesamt-Stickstoff waren								
	fällbar mit Kupferhydroxyd (nach Stutzer)	koagulierbar durch MgO	Amidstickstoff	Aminosäurestickstoff nach Stanek	Xanthinstickstoff	Cholinstickstoff	Betainstickstoff	Histidinstickstoff	Ammoniakstickstoff
	mg	mg	mg	mg	mg	mg	mg	mg	mg
833	303	122	41	97	35	24	5	3	27

Der Stickstoffgehalt des Bieres schwankt zwischen 0,07—0,20%, oder wenn man diese Zahlen wie üblich mit 6,25 multipliziert, so schwankt die Stickstoff-Substanz des Bieres zwischen 0,44—1,25%; selten geht sie über 1,0% hinaus.

6. Mineralstoffe. Die gesamten Mineralstoffe (die Asche) betragen rund $^1/_{60}$ der berechneten Stammwürze; hiervon sind $^1/_3$ Kali und $^1/_3$ Phosphorsäure, während $^1/_3$ auf die übrigen Mineralstoffe (Kalk, Magnesia, Schwefelsäure, Chlor, Kieselsäure) entfallen.

III. Bierfehler und Bierkrankheiten.

Die Bierfehler und Bierkrankheiten beziehen sich vorwiegend auf Geschmacksabweichungen und Trübungen. Fehlerhafter Geschmack bedingt auch häufig fehlerhaften Geruch. Als Geschmacksfehler sind u. a. zu nennen:

1. Bitterer und Hefengeschmack. Bitterer Geschmack kann bedingt sein durch zu viel oder schlechte Beschaffenheit des Hopfens, desgleichen des Farbmalzes, durch zu langes Verweilen auf dem Kühlschiff, mangelhafte Vergärung im Bottich und träge Nachgärung auf dem Fasse; auch manche Hefen haben die Eigenschaft, Biere bitter zu machen. Andere Hefen erteilen, besonders bei beschleunigter Gärung, d. h. Gärung bei verhältnismäßig hohen Temperaturen und starker Bewegung des Bieres, aber auch bei träger Gärung, namentlich bei schleppender Nachgärung, dem Bier einen Hefengeschmack.

2. Leerer und schaler Geschmack. Sowohl zu kurz gewachsene und wenig gelöste, im Sudhaus falsch behandelte Malze, als auch überwachsene Malze aus proteinarmer Gerste, ferner schwach eingebraute Biere bedingen diesen Fehler. Fehlerhafte Hefenrassen, besonders wilde Hefen, und zu scharfe Filtration, wodurch die Kolloide entfernt werden, beeinträchtigen die Vollmundigkeit des Bieres.

Der schale Geschmack wird durch Mangel des Bieres an Kohlensäure hervorgerufen.

3. Pechgeschmack. Schlechtes Pech, fehlerhaftes Pichen, Nichtlüften oder Nichtwässern der frisch gepichten Fässer bedingen den Pechgeschmack.

4. Sonstige Geschmacksfehler. Saurer Geschmack rührt von übermäßigem Gehalt an Essigsäure und Milchsäure her, Keller- und Haus- (muffiger) Geschmack von unreiner Kellerluft und unreinen oder undichten Lager- und Versand-

---

1) Zeitschr. f. d. gesamte Brauwesen 1906, **29**, 309 u. Zeitschr. f. Untersuchung d. Nahrungs- u. Genußmittel 1907, **14**, 376.

fässern, Parfümgeschmack von eigenartigen Hefen oder Hopfenöl, das durch zu kurzes Kochen der Würze nicht genügend entfernt wurde, Brotgeschmack vom Pasteurisieren; platter Geschmack kann durch Schwefelwasserstoff, der sich durch die Zersetzung von schwefelhaltigen Stickstoffverbindungen oder Sulfaten bildet, adstringierender (tintenartiger) Geschmack durch gerbsaures Eisen, das beim Berühren von Eisenteilen mit dem gerbsäurehaltigen Biere entsteht, bedingt sein.

Von größerem Belang sind die im Bier auftretenden Trübungen. Als solche sind zu unterscheiden:

5. Die *Kleistertrübung.* Sie wird durch fehlerhafte Malzbereitung, ungenügende Umwandlung der Stärke beim Maischen oder durch Anschwänzen mit Wasser von zu hoher Temperatur (über 80°) verursacht. Die Trübung besteht aus Stärke oder deren ersten Umwandlungsstoffen Amylo- und Erythrodextrinen.

6. Eiweiß- und Glutintrübung. Beide Arten Trübung werden durch Ausscheidung von Proteinen bedingt. Die Eiweißtrübung besteht jedoch in großflockigen Ausscheidungen, während eine Ausscheidung in Form eines sehr feinen Schleiers, ohne daß die einzelnen trübenden Bestandteile unterschieden werden können, Glutintrübung genannt wird. Außer Proteinen kann die Trübung auch sonstige kolloide Stoffe (Gummi usw.) einschließen. Glutintrübes Bier wird beim Erwärmen und beim Zusatz von Natronlauge wieder klar; eine besondere Art der Glutintrübung ist die Kältetrübung.

7. Hopfenharztrübung. Sie tritt meistens in schwach vergorenen und bitter schmeckenden Bieren auf und soll dadurch bedingt sein, daß die Hefe nicht genügend lange eingewirkt hat, um ihre Hopfenharz ausscheidende Wirkung entfalten zu können.

8. Metalleiweißtrübung. Die Trübung, welche sich zeigt, wenn Bier längere Zeit mit Metall, besonders mit Zinn in Berührung gewesen ist, nennt man Metalleiweißtrübung. Es handelt sich dabei anscheinend, bei Anwendung von Zinn- oder verzinnten Rohren, um Bildung einer Zinneiweißverbindung, die beim Erwärmen nicht verschwindet.

9. Bakterien- und Hefentrübung. Bei unrichtiger Handhabung und bei Unsauberkeit des Betriebes können sich im Biere eine Reihe von Bakterien entwickeln, die nicht nur Trübungen im Biere, sondern auch fehlerhaften Geschmack verursachen; als solche kommen in Betracht:

Bacterium termo, wenn die Würze zu lange auf dem Kühlschiff oder in abgekühltem Zustande zu lange ohne Hefe steht;

Milchsäurebakterien, Saccharobacillus Pastorianus und Sarcinabakterien (Pediococcus cerevisiae und Ped. acidi lactici) vorwiegend in zu schwach gehopften Bieren;

Buttersäurebakterien, bei sehr langem Stehen der Maische bei 30—40° C;

Essigsäurebakterien, bei reichlichem Luftzutritt; die essigsauren oder stichigen Biere können hierbei auch blank sein;

Pediococcus viscosus und Bacillus viscosus, welche das Bier schleimig und fadenziehend (lang) machen (vgl. über schleimbildende Bakterien II. Bd., 1904, S. 869, III. Bd., 2. Teil, S. 622, 682 u. 697).

Am häufigsten ist die Hefentrübung des Bieres. Die Trübung kann durch normale Bierhefe verursacht werden, nämlich dann, wenn die stets im Bier noch vorhandene Hefe infolge unvollkommener Vergärung noch genügend Stoffe zur Neubildung findet oder das Bier zu wenig Kohlensäure enthält; hoher Kohlensäuregehalt (etwa 0,4%) verhindert die Neubildung der Hefe.

Die Hefentrübung kann infolge Infektion auch von wilden Hefen herrühren; sie entwickeln sich in Form eines Schleiers durch das ganze Bier hindurch, setzen sich viel langsamer und unvollkommener zu Boden als normale Hefen und lassen das Bier nicht wieder ganz blank werden. Die wilden Hefen haben oft auch eine Geschmacksverschlechterung des Bieres zur Folge.

IV. Ersatzstoffe für Malz und Hopfen und Verfälschungen des Bieres.

Die Anwendung von Ersatzstoffen für Malz und Hopfen, sowie Zusätze zum Bier müssen im Deutschen Reiche je nach dem hergestellten Biere (ob untergärig oder obergärig) und je nach den einzelnen Landesgesetzen verschieden beurteilt werden, wie weiter unten S. 432 auseinandergesetzt wird. Es mögen daher hier nur die Stoffe aufgeführt werden, die hierfür in Betracht kommen, nämlich:

1. Als Ersatzstoffe für Malz: Reis, Mais, Hirse und andere stärkehaltige Früchte; ferner Zucker (Rübenzucker, Stärkezucker, Maltose) und die entsprechenden Sirupe, die in Norddeutschland für obergärige Biere erlaubt, für untergärige verboten sind.

Als unerlaubte Ersatzstoffe für Malz gelten Süßholz und Süßholzextrakt und selbstverständlich die künstlichen Süßstoffe (Saccharin, Dulcin u. a.).

2. Als Ersatzstoffe für Hopfen andere Bitterstoffe, Gerbsäure und Hopfenextrakt, welcher letzterer in einigen Ländern erlaubt ist.

3. Als Färbungsmittel Zuckercouleur, Farbbier und Teerfarbstoffe, welche letztere selbstverständlich verboten sind.

4. Als unerlaubte Bierverbesserungsmittel Zusätze von Alkohol, Glycerin, künstlichen Schaummitteln (Saponin), von Kohlensäure (durch künstliches Einpressen), Neutralisationsmitteln oder Säuren.

5. Zusatz von Frischhaltungsmitteln aller Art.

6. Die Verwendung von Tröpfelbier und Bierresten aller Art, sowie die Wiederauffrischung eines fehlerhaften Bieres.

7. Das Feilhalten und Verkaufen der Biere unter einer falschen, eine bessere Qualitätsbeschaffenheit vortäuschenden Benennung.

V. Die vorzunehmenden Bestimmungen im Bier.

Die vorzunehmenden Bestimmungen im Biere richten sich in erster Linie nach der Fragestellung. Im allgemeinen gelten:

1. Als wesentliche Bestimmungen:
   a) Sinnenprüfung;
   b) Spezifisches Gewicht und Extraktgehalt;
   c) Alkohol;
   d) Berechnung der Stammwürze und des Vergärungsgrades;
   e) Rohmaltose (bzw. vergärbare Stoffe) und Dextrin;
   f) Stickstoff ($\times$ 6,25 = Stickstoff-Substanz);
   g) Mineralstoffe;
   h) Phosphorsäure;
   i) Gesamtsäure und flüchtige Säure;
   k) Kohlensäure;
   l) Salicylsäure.

2. Im Einzelfalle notwendige Untersuchungen:
   a) Künstliche Süßstoffe (eventuell Süßholz, Saccharose);
   b) Glycerin;
   c) Chlor, Schwefelsäure, Kalk;
   d) Schweflige Säure und ihre Salze;
   e) Borsäure und ihre Salze;
   f) Flußsäure und ihre Salze;
   g) Benzoesäure;
   h) Formaldehyd;
   i) Neutralisationsmittel;
   k) Teerfarbstoffe;
   l) Hopfenersatzstoffe (Bitterstoffe).

VI. Probenentnahme und allgemeine Bemerkungen.

In den Brauereien erfolgt die Entnahme von Bierproben in der Regel aus den Lagerfässern. Diese sind vielfach mit sog. Zwickeln aus Metall versehen oder angebohrt und die Bohröffnungen mit Faßtalg verklebt oder durch einen kleinen Holzkeil verschlossen. In solchen Fällen verfährt man in der Weise, daß man den Zwickel aufschraubt bzw. den Faßtalg mit einem sauberen Holzstäbchen in das Faß stößt oder den Holzkeil aus der Öffnung herauszieht und das bei gespundeten Fässern in starkem Strahl herausspritzende Bier in einer reinen Flasche auffängt; zuvor läßt man aber mindestens 1 l Bier „vorschießen", d. h. man fängt 1 l in einem anderen Gefäß auf und nimmt dann erst die Probe zur Untersuchung.

Lagerfässer ohne Zwickel oder Bohröffnungen bohrt man am besten etwa in der Mitte der Stirnseite des Fasses an, nachdem man die Stelle des Faßbodens äußerlich sorgfältig und gründlich gereinigt hat. Auch hier läßt man zunächst mindestens 1 l vorschießen und nimmt dann erst die Probe zur Untersuchung.

Wo es nicht angängig ist, das Lagerfaß anzubohren, entnimmt man die Bierprobe mit einem als Heber dienenden Gummischlauch durch das Spundloch. Dies ist aber nur bei ungespundeten Fässern zulässig. Namentlich bei Lagerfässern, die bald abgefüllt werden sollen, ist die Entspundung nicht rätlich, weil dadurch der Trieb des Bieres (infolge von Kohlensäureverlusten) leiden und der Verkauf erschwert werden könnte. Der Schlauch soll rein und durch heißes Wasser sterilisiert sein. Den Schlauch durch Desinfektionsmittel keimfrei zu machen, ist nicht rätlich; die Desinfektionsmittel müßten mindestens restlos durch gründliches Nachspülen aus dem Schlauch entfernt werden. Man läßt das Schlauchende bis etwa in die Mitte des Fasses eintauchen, saugt das Bier dann mit dem Munde an und entnimmt erst die Probe zur Untersuchung, wenn mindestens 1 l Bier durch den Gummischlauch gelaufen ist.

Aus Schankfässern beim Wirt kann die Probe für die chemische Untersuchung aus dem Zapfhahn entnommen werden, nachdem man diesen äußerlich gründlich gereinigt hat. Auch hier läßt man zur Reinigung des Hahnauslaufs mindestens 1 l Bier abfließen, ehe man die Probe für die Untersuchung entnimmt.

Bei der Entnahme von Bierproben zum Zwecke der biologischen Untersuchung (auf seinen Gehalt an Mikroorganismen, auf seine Haltbarkeit usw.) muß man besonders peinlich zu Werke gehen, um jede Verunreinigung des Bieres durch Mikroorganismen von außen her zu vermeiden; die Probenahme muß tunlichst aseptisch erfolgen. Am besten bohrt man das Lagerfaß an der Stirnseite an einer Stelle, die man durch Abwaschen mit hochprozentigem Alkohol (Feinsprit) keimfrei gemacht hat, mit einem keimfreien Bohrer an, läßt eine größere Menge Bier vorschießen und fängt dann das Bier unmittelbar in einem keimfreien Fläschchen, das man erst kurz zuvor geöffnet hat, auf. Alsdann verschließt man das Fläschchen sofort mit dem zugehörigen, abnehmbaren, keimfreien Verschluß.

Bei Flaschenbier entnimmt man einige Flaschen des abgefüllten Bieres.

Zur Aufnahme der Bierproben verwendet man reine Flaschen aus dunklem Glas (Bier- oder Schaumweinflaschen, nicht Weinflaschen). Neue, noch nicht gebrauchte Flaschen verwendet man besser nicht, da sie Alkalien an das Bier abgeben können. Man reinigt die Flasche mit warmem Wasser und sterilisiert sie möglichst durch trockene Hitze oder mit Wasserdampf. Wenn die Flaschen nicht vollständig trocken sind, spült man sie wiederholt mit dem zu untersuchenden Bier aus. Flaschen aus hellem Glas sind wenig empfehlenswert; Steinkrüge und sonstige undurchsichtige Gefäße dürfen nicht verwendet werden. Man sorge dafür, daß die Flaschen möglichst vollständig mit Bier gefüllt sind.

Als Verschluß dienen in der Regel die bekannten Patentverschlüsse (meist Bügel, seltener Hebelverschlüsse). Die Patentverschlüsse sind gut zu reinigen und mit neuen Gummischeiben zu versehen. Statt mit Patentverschlüssen können die Flaschen auch mit Korkstopfen verschlossen werden; wenn es sich um Kostproben handelt, verdient der Korkverschluß im allgemeinen den Vorzug. Die Korke sind vor der Verwendung in Wasser zu kochen, zu dämpfen oder trocken zu erhitzen, um sie weich und keimfrei zu machen; man preßt sie dann aus, spült sie mit reinem Wasser ab und läßt sie genügend abtrocknen. Noch besser geeignet sind gute, mit heißem Paraffin getränkte Korke. Auch Kronkorke und ähnliche Verschlüsse sind zulässig, wenn nur Kork oder ein ähnlicher indifferenter Stoff mit dem Bier in Berührung kommt und der Verschluß dicht ist.

Beim Eintreiben der Korke in die Flaschen mit einer Korkmaschine ist diese an den Stellen, wo sie mit dem Kork und der Flasche in Berührung kommt, sorgfältig zu reinigen. Der Korkstopfen wird nicht vollständig in den Flaschenhals hineingetrieben, aber dicht über dem Rand des Flaschenhalses glatt abgeschnitten. Sollte, was häufig vorkommt, der Kork zu tief in den Flaschenhals hineingetrieben werden, so daß seine obere Fläche in den Flaschenhals zu liegen kommt und eine Mulde entsteht, so ist diese mit heißem Pech oder Siegellack auszufüllen.

Von jedem zu untersuchenden Bier sind Mengen von mindestens $1^1/_2$ l zu entnehmen, am besten zwei Flaschen von $^3/_4$ oder drei Flaschen von $^1/_2$ l Inhalt; sollen besondere Prüfungen ausgeführt werden, z. B. auf Konservierungsmittel oder künstliche Süßstoffe, so bedarf man unter Umständen noch größerer Mengen Bier.

Bei Verwendung des Korkverschlusses werden zur Sicherung des Inhaltes die Flaschen mit Schnur oder Draht zugebunden und versiegelt. Auch bei sonstigen Verschlüssen werden die Flaschen versiegelt. Die verschlossenen und versiegelten Flaschen werden äußerlich abgewaschen, um etwa anhaftende Bierreste zu entfernen, abgetrocknet und gehörig bezeichnet. Findet der Versand in Eispackung statt, so verwendet man zur Bezeichnung keine Anklebezettel (diese würden abfallen), sondern Pappstreifen, die man an den Hals der Flaschen anbindet.

Da das Bier eine leicht veränderliche, noch in der Nachgärung begriffene Flüssigkeit ist, müssen die für die Untersuchung bestimmten Proben tunlichst rasch, womöglich unverzüglich, an die Untersuchungsanstalt gesandt werden. Zweckmäßig ist es, die Proben, um sie vor der Wärme zu schützen, in Eis und Sägemehl zu verpacken; das Sägemehl schützt das Eis etwas vor der Wirkung der Wärme und saugt das Schmelzwasser auf, so daß es nicht aus der Kiste fließt.

Im Laboratorium sollen Bierproben tunlichst sofort nach dem Eingang untersucht werden. Ist dies nicht angängig, so sind die Bierproben in einem dunklen kalten Raum in Eis, etwa in einem Eiskeller oder Eisschrank, stehend (nicht liegend) aufzubewahren; die Lagerung in hellen warmen Räumen ist unzulässig. Die Aufbewahrung soll im allgemeinen nicht länger als 8 Tage dauern, namentlich wenn es auf die Feststellung des Vergärungsgrades usw. ankommt.

Die Flaschen mit Bierproben sollten vor der Einsendung an die Untersuchungsanstalt, etwa durch Polizeibeamte zum Zwecke einer Kostprobe, nicht geöffnet und dann wieder verschlossen werden. Die Kostprobe soll vielmehr erst im Laboratorium vorgenommen werden, nachdem zuvor die Unverletztheit der Verschlüsse festgestellt ist. Empfehlenswert ist auch eine Kostprobe bei der Probenahme.

B. Die Untersuchung des Bieres.

Vorbemerkungen. 1. Da das Bier eine in Nachgärung befindliche Flüssigkeit ist und sich beim Aufbewahren, besonders in der Wärme und bei Lichtzutritt, schnell verändert, so muß die chemische Untersuchung so schnell wie möglich nach der Probenahme in Angriff genommen werden.

2. Für alle Bestimmungen mit Ausnahme der Kohlensäure und der schwefligen Säure ist das Bier zuvor möglichst von Kohlensäure zu befreien. Zu dem Zweck bringt man das Bier annähernd auf eine Temperatur von 15° C, schüttelt es in einem halb gefüllten Glaskolben, bis man bei weiterem Schütteln des mit der Hand verschlossenen Kolbens keinen Kohlensäuredruck mehr verspürt, und filtriert es dann dreimal durch ein Faltenfilter, das man mit einer Glasplatte bedeckt.

Die Bestandteile werden in Gewichtsprozenten ausgedrückt. Alle Abmessungen werden bei 15° C in für diese Temperatur geeichten Meßgefäßen vorgenommen.

1. Sinnenprüfung. Die Sinnenprüfung erstreckt sich auf Geruch, Geschmack, Farbe und Klarheit.

2. Bestimmung des spezifischen Gewichts. Die Bestimmung des spezifischen Gewichts des entkohlensäuerten Bieres geschieht in der Regel mit Hilfe des

Pyknometers mit engem Hals, an dem eine Marke angebracht ist, bei 15°C. Bisweilen trägt der Hals statt einer Marke eine Skala. Das Pyknometer ist entweder mit einem eingeriebenen Stopfen verschlossen oder hat oben eine becherförmige Erweiterung, die als Trichter dient und durch einen Kork- oder Gummistopfen verschlossen werden kann. Über weitere Einzelheiten vgl. III. Bd., 1. Teil, S. 43 und den gleichen Abschnitt unter „Wein".

Statt des Pyknometers kann auch eine größere Westphalsche Wage benutzt werden, die für die Feststellung von vier Dezimalstellen des spezifischen Gewichts eingerichtet ist. Vgl. III. Bd., 1. Teil, S. 46.

Das spezifische Gewicht dient hauptsächlich zur Umrechnung gemessener Biermengen in Gewichtsmengen, wenn man z. B. bei der Untersuchung das Bier nicht abwägt, sondern abmißt. Man erhält die Gramme Bier, wenn man die Kubikzentimeter durch das spezifische Gewicht dividiert. In den Kreisen der praktischen Brauer spricht man auch von dem „scheinbaren Extraktgehalt" des Bieres und versteht darunter den Extraktgehalt, der dem spezifischen Gewicht des Bieres entspricht. Man entnimmt den zu dem spezifischen Gewicht bei 15°C gehörigen „scheinbaren Extraktgehalt" aus der Gewichtsprozentspalte der Zucker- und Extrakttafel von K. Windisch.

In der Brauereipraxis wird das spezifische Gewicht oder vielmehr der „scheinbare Extraktgehalt" bei 17,5°C mit dem Saccharometer nach Balling bestimmt. Näheres hierüber siehe in dem Abschnitt „Bestimmung des Extraktes" S. 441.

3. Bestimmung des Alkohols. a) Direkte Bestimmung des Alkohols.

75 ccm Bier werden mit einer Pipette abgemessen, in ein gewogenes Destillierkölbchen gebracht und gewogen. Man destilliert nach Zugabe von etwa 10 ccm Wasser von dem Bier etwa 50 ccm ab, indem man ein Pyknometer von 50 ccm Inhalt als Destilliervorlage verwendet. Man destilliert, bis das Pyknometer bis nahe an den Hals mit Destillat gefüllt ist, mischt den Inhalt des Pyknometers tüchtig durch und füllt ihn bei 15°C mit Wasser bis zur Marke auf. Durch Wägen des gefüllten Pyknometers ermittelt man das absolute und das spezifische Gewicht des Destillats und entnimmt aus der Alkoholtafel von K. Windisch den zu diesem spezifischen Gewicht gehörigen Alkoholgehalt des Destillats in Gewichtsprozenten.

Bezeichnet man mit

g die angewendete Gewichtsmenge Bier (in g),

d das Gewicht des alkoholischen Destillats (in g),

a den Alkoholgehalt des Destillats in Gewichtsprozenten,

so ist der Alkoholgehalt des Bieres, ausgedrückt in Gewichtsprozenten:

$$x = \frac{d \cdot a}{g} \text{ Gewichtsprozent.}$$

Man kann auch in folgender Weise verfahren: Man verwendet etwa 100 g Bier, destilliert nach Zugabe von etwas Wasser etwa 90 ccm ab, sammelt das Destillat in einem gewogenen Kölbchen, füllt das Destillat auf einer guten Tarierwage genau auf das Gewicht des angewendeten Bieres mit destilliertem Wasser auf, wobei man das Wasser zuletzt in kleinen Tröpfchen zufließen läßt, und bestimmt das spezifische Gewicht des Destillats mit Hilfe des Pyknometers. Den dem spezifischen Gewicht des Destillats entsprechenden Alkoholgehalt des Bieres in Gewichtsprozenten entnimmt man aus der Alkoholtafel von K. Windisch.

Will man das Wägen des Bieres und des Destillats umgehen, so kann man auch von Volumen zu Volumen destillieren, wie es beim Wein üblich ist. Man füllt ein Pyknometer bei 15°C bis zur Marke mit dem Bier, führt den Inhalt in einen Destillierkolben über, spült das Pyknometer dreimal mit wenig Wasser aus und destilliert den Alkohol in das als Vorlage dienende Pyknometer, bis dieses bis nahe an den Hals gefüllt ist. Man mischt den Pyknometerinhalt, füllt ihn bei 15°C mit destilliertem Wasser bis zur Marke auf und ermittelt das spezifische Gewicht des Destillats. Den Alkoholgehalt des Destillats, ausgedrückt nach Gramm in 100 ccm, entnimmt man der betreffenden Spalte der Alkoholtafel von K. Windisch. Man findet so die Gramme Alkohol in 100 ccm Bier. Daraus erhält man die Gewichtsprozente Alkohol im Bier, also die Gramme Alkohol in 100 g Bier, durch Division durch das spezifische Gewicht des Bieres.

Über Einzelheiten der Destillation, des Einstellens des Pyknometers usw. vgl. den gleichen Abschnitt unter „Wein".

Im allgemeinen kann das entkohlensäuerte Bier ohne weiteres zur Alkoholbestimmung verwendet werden. Handelt es sich um sauer gewordenes Bier, das beträchtliche Mengen von flüchtigen Säuren enthält, so ist es zweckmäßig, die gesamte Säure des Bieres vor der Destillation zu sättigen. Ein Überschuß von Alkali ist dabei zu vermeiden, weil dadurch flüchtige Basen (Ammoniak, Aminbasen usw.) freigemacht werden, die in das Destillat übergehen.

Junge Biere schäumen bisweilen beim Destillieren stark. Behufs Vermeidung des Schäumens gibt man eine Messerspitze voll Tannin zur Fällung der Eiweißkörper in das Bier; der Zweck wird aber dadurch nicht immer erreicht. Wenn man dem Bier Tannin zugesetzt hat, kann man den Destillationsrückstand nicht zur Extraktbestimmung heranziehen. Meist ist es zweckmäßiger, schäumende Biere ohne Zusatz langsam und vorsichtig unter ständiger Aufsicht zu destillieren.

Die sonstigen physikalischen Verfahren zur Bestimmung des Alkohols, z. B. mit dem Vaporimeter von Geißler u. a., dem Ebullioskop, dem Dilatometer von Silbermann, dem Liquometer von Musculus, dem Capillarimeter von Traube, dem Tropfenzähler von Salleron, dem Stalagmometer von Traube usw., sowie die vorgeschlagenen Verfahren, die auf chemischen Vorgängen (Oxydation des Alkohols usw.) beruhen, sind meist auf das Bier nicht unmittelbar anwendbar und nirgends gebräuchlich. Vgl. über diese Verfahren III. Bd., 1. Teil, S. 526.

Die aräometrisch-refraktometrische Bestimmung des Extrakts und Alkohols im Bier ist S. 412 behandelt.

b) *Indirekte Bestimmung des Alkohols*. Bei der Extraktbestimmung im Bier ermittelt man in der Regel das spezifische Gewicht des entgeisteten und mit destilliertem Wasser auf das ursprüngliche Gewicht gebrachten Bieres. Aus dieser Größe in Verbindung mit dem spezifischen Gewicht des entkohlensäuerten ursprünglichen Bieres kann man den Alkoholgehalt des Bieres durch Rechnung finden. Es sei:

d das spezifische Gewicht des ursprünglichen entkohlensäuerten Bieres bei 15° C,

d_e das spezifische Gewicht des entgeisteten, mit destilliertem Wasser auf das Anfangsgewicht gebrachten Bieres bei 15° C,

d_a das spezifische Gewicht des mit destilliertem Wasser auf das Anfangsgewicht gebrachten alkoholischen Bierdestillats bei 15° C.

α) Nach C. Reischauer[1]) verfährt man wie folgt: Man berechnet den Quotienten $\frac{d}{d_e}$, der stets kleiner ist als 1, und sucht die zu dieser, das spezifische Gewicht einer verdünnten Alkohol-Wassermischung darstellenden Zahl gehörigen Alkohol-Gewichtsprozente in der Alkoholtafel von K. Windisch auf. Diese abgelesenen Alkohol-Gewichtsprozente dividiert man durch d_e und erhält alsdann die Gewichtsprozente Alkohol im Bier.

Ein Beispiel möge die Rechnungsweise erläutern. Es sei das spezifische Gewicht des ursprünglichen, entkohlensäuerten Bieres bei 15° C $d = 1,0243$, das spezifische Gewicht des entgeisteten, mit destilliertem Wasser auf das Anfangsgewicht gebrachten Bieres bei 15° C $d_e = 1,0306$. Dann ist $\frac{d}{d_e} = \frac{1,0243}{1,0306} = 0,9939$. Diesem spezifischen Gewicht entsprechen nach der Alkoholtafel 3,36 Gewichtsprozente Alkohol. Diese Gewichtsprozente Alkohol sind noch durch d_e zu dividieren: $\frac{3,36}{1,0306} = 3,26$; das Bier hat 3,26 Gewichtsprozente Alkohol.

---

1) C. Reischauer, Die Chemie des Bieres 1879, S. 317; N. von Lorenz, Zeitschr. f. d. gesamte Brauwesen 1891, **14**, 511.

β) Von W. Fresenius und L. Grünhut[1]) ist eine unmittelbare Beziehung zwischen den Größen d, d_e und d_a abgeleitet worden, also zwischen den spezifischen Gewichten des ursprünglichen Bieres, des entgeisteten Bieres und des Destillats, wobei sowohl das entgeistete Bier als auch das Destillat auf das Anfangsgewicht gebracht worden sind. Sie lautet:

$$\frac{1}{d_a} = 1 + \frac{1}{d} - \frac{1}{d_e}.$$

Diese Formel entspricht genau der bekannten Tabariéschen, nur enthält sie statt der spezifischen Gewichte deren reziproke Werte. Man berechnet nach dieser Formel aus d und d_e den Wert von d_a, entnimmt aus der Alkoholtafel den diesem Wert entsprechenden Alkoholgehalt in Gewichtsprozenten und hat damit die Gewichtsprozente Alkohol im Bier.

Die beiden vorstehenden Verfahren zur indirekten Bestimmung, d. h. Berechnung des Alkohols im Bier sind die einzigen, die theoretisch richtig sind; alle anderen entbehren der theoretischen Grundlage. Insbesondere kann die Formel von Tabarié bei der Bieruntersuchung keine Anwendung finden, weil sie nur für den Fall zutrifft, daß die entgeistete Flüssigkeit und das Destillat mit destilliertem Wasser auf das Anfangsvolumen gebracht werden. Dies trifft für die Weinuntersuchung zu und deshalb wird die Formel von Tabarié dort mit gutem Erfolg benutzt, nicht aber bei der Bieruntersuchung, wo das entgeistete Bier und das Destillat auf das Anfangsgewicht gebracht werden. Bei den niederen Alkoholgehalten, mit denen man es beim Bier in der Regel zu tun hat, ist allerdings der Fehler, der bei der Benutzung der Tabariéschen Formel gemacht wird, meist nicht sehr beträchtlich, es sollten aber doch grundsätzlich nur die theoretisch begründeten Formeln benutzt werden.

Die Berechnung (indirekte Bestimmung) des Alkoholgehalts dient stets nur zur Kontrolle der direkten Bestimmung nach dem Destillationsverfahren, die dadurch keinesfalls ersetzt werden kann.

4. Bestimmung des Extrakts. *a) Indirekte Bestimmung aus dem spezifischen Gewicht des entgeisteten Bieres.* Etwa 75 ccm Bier werden in einem Kölbchen auf einer guten Tarierwage genau abgewogen, verlustlos unter wiederholtem Nachspülen mit Wasser in eine Porzellanschale oder ein Becherglas gebracht und auf dem Wasserbad oder auf einer Asbestplatte unter Vermeiden des Kochens auf etwa 25 ccm abgedampft. Nach dem Erkalten gießt man das entgeistete Bier in das Kölbchen zurück, spült die Schale oder das Becherglas wiederholt mit destilliertem Wasser nach und stellt durch Zufügen von Wasser, zuletzt in kleinen Tröpfchen, auf der Wage das Anfangsgewicht wieder her. Nach gründlichem Durchmischen der Flüssigkeit bestimmt man ihr spezifisches Gewicht bei 15° C und entnimmt den zugehörigen Extraktgehalt in Gewichtsprozenten aus der betreffenden Spalte der Zucker- und Extrakttafel von K. Windisch. Das entgeistete Bier ist immer trüb, bisweilen scheiden sich auch Flöckchen von Eiweiß ab; Filtrieren ist in solchen Fällen nicht zulässig, es muß vielmehr die trübe Flüssigkeit zur Bestimmung des spezifischen Gewichts verwendet werden. Um die Abscheidung fester Bestandteile tunlichst zu verhüten, soll das Bier beim Abdampfen nicht zu hoch erhitzt werden und überhaupt nicht zum Kochen kommen; aus diesem Grunde ist es auch nicht zulässig, den Rückstand von der Alkoholdestillation zur Extraktbestimmung zu verwenden.

Zur Ermittlung des Extraktgehalts aus dem spezifischen Gewicht des entgeisteten Bieres steht eine ganze Anzahl von Extrakttafeln zur Verfügung, die teilweise nicht unerheblich voneinander abweichen; man muß daher eine Entscheidung darüber treffen, welche Extrakttafel zur Anwendung kommen soll. Die bekanntesten Extrakttafeln sind: die von C. J. N.

---

[1]) Zeitschr. f. analyt. Chemie 1912, **51**, 554.

Balling[1]), K. Windisch[2]), W. Schultze[3]), L. Ostermann[4]), H. Elion[5]) und C. N. Riiber[6]). Die beiden ersten sind Rohrzuckertafeln; die Tafel von Windisch beruht auf den sehr genauen und sorgfältigen Untersuchungsergebnissen der Kaiserlichen Normal-Eichungskommission in Berlin. Die anderen Extrakttafeln sind aus direkten Extraktbestimmungen von Bierwürzen abgeleitet worden. Den Extrakttafeln von Schultze und Ostermann liegen die Untersuchungen von W. Schultze zugrunde, sie sind nur in verschiedener Weise aus den Untersuchungsergebnissen abgeleitet worden; Schultze interpolierte die zwischen den Fundamentalwerten liegenden Werte linear, während Ostermann sich der Methode der kleinsten Quadrate bediente.

Von den genannten Extrakttafeln sollte die Ballingsche von vornherein ausscheiden. Die ihr zugrunde liegenden Untersuchungen über die spezifischen Gewichte von Rohrzuckerlösungen sind teilweise ungenau und die Werte der Tafel nicht frei von Rechenfehlern. Zum mindesten müßte man sie für die Normaltemperatur von 15° C umrechnen, da die Normaltemperatur von 17,5° C, wie sie Balling wählte, heute in der ganzen Nahrungsmittelchemie nicht mehr üblich ist; bei Benutzung der Ballingschen Extrakttafel müßte man eigens für die Extraktbestimmung im Bier die Pyknometer für eine Temperatur von 17,5° C eichen. Die Tafel der Normal-Eichungskommission bzw. von Windisch ist ein vollwertiger, in jeder Hinsicht einwandfreier Ersatz für die alte Ballingsche Extrakttafel.

Von den auf Bierwürzeuntersuchungen aufgebauten Extrakttafeln haben sich die von Schultze-Ostermann und Elion als nicht richtig erwiesen; erstere gibt zu hohe, letztere zu niedrige Werte. Dagegen ist von Anfang an und von allen Seiten der Riiberschen Extrakttafel eine größere Bedeutung beigemessen worden; sie dürfte von den genannten Extrakttafeln, wenigstens für unvergorene Bierwürze, der Wahrheit am nächsten kommen.

Zurzeit erscheint es am zweckmäßigsten, der Extraktbestimmung im Bier die Rohrzuckertafel der Kaiserlichen Normal-Eichungskommission bzw. von Windisch zugrunde zu legen. Sie ist auch in die Vereinbarungen deutscher Nahrungsmittelchemiker[7]), die Vereinbarungen der bayerischen Chemiker[8]) und in das Schweizerische Lebensmittelbuch[9]) aufgenommen und von dem III. Internationalen Kongreß für angewandte Chemie in Wien 1898[10]) angenommen worden. Der V. Internationale Kongreß für angewandte Chemie in Berlin 1903[11])

---

[1]) C. J. N. Balling, Anleitung zur saccharometrischen Bierprobe, Prag 1843. Derselbe, Gärungschemie, Prag 1845, **1**, 225; **2**, 426.

[2]) Karl Windisch, Tafel zur Ermittlung des Zuckergehaltes wässeriger Zuckerlösungen aus der Dichte bei 15° C. Zugleich Extrakttafel für die Untersuchung von Bier, Süßweinen, Likören, Fruchtsäften usw. Nach der amtlichen Tafel der Kaiserl. Normal-Eichungskommission berechnet. Berlin 1896.

[3]) Zeitschr. f. d. gesamte Brauwesen 1878 (N. F.) **1**, 248 u. 265.

[4]) Ebendort 1883, **6**, 10 u. 31.

[5]) Zeitschr. f. angew. Chemie 1890, S. 291.

[6]) Videnskabsselskabets Skrifter I, Mathematisk-naturv. Klasse 1897, Nr. 5; Zeitschr. f. d. ges. Brauwesen 1897, **20**, 617.

[7]) Vereinbarungen zur einheitlichen Untersuchung und Beurteilung von Nahrungs- und Genußmitteln, sowie Gebrauchsgegenständen für das Deutsche Reich. Berlin 1902, Heft III, S. 7

[8]) Vereinbarungen der Freien Vereinigung bayerischer Vertreter der angewandten Chemie betreffs der Untersuchung und Beurteilung des Bieres. Bearbeitet von Eugen Prior. München 1898, S. 6.

[9]) Schweizerisches Lebensmittelbuch. Erster Abschnitt: Die alkoholischen Getränke. 2. Aufl. Bern 1904, S. 28. Von den Schweizerischen Chemikern werden die Bierbestandteile in Gramm in 100 ccm Bier angegeben.

[10]) Bericht über den III. Internat. Kongreß für angew. Chemie in Wien 1899, **1**, 55; **2**, 546.

[11]) Bericht über den V. Internat. Kongreß für angew. Chemie in Berlin 1904, **3**, 547.

gab aber wieder der (als unrichtig anerkannten) Balling-Tabelle den Vorzug, um die Untersuchungen der Chemiker mit denen der Brauereipraxis in Einklang zu bringen. Der Codex alimentarius austriacus[1]) schreibt die Tafel der K. K. österreichischen Normal-Eichungskommission vor, die für diesen Zweck von Bruno Haas umgerechnet wurde; sie ist eine für 17,5° C geltende Rohrzuckertafel, die mit der amtlichen deutschen Tafel fast genau übereinstimmt.

In neuester Zeit haben sich W. Fresenius und L. Grünhut[2]) mit der Frage der Extrakttafel für brautechnische Untersuchungen befaßt, wobei sie die spezifischen Gewichte der einzelnen Würze- und Bierbestandteile berücksichtigten. Sie kamen zu dem Ergebnis, daß für unvergorene Würzen die Tafel von Riiber, für vergorene Biere die Tafel der Normal-Eichungskommission bzw. von Windisch die richtigsten Werte gibt; sie empfehlen demgemäß für Würze und Bier diese beiden, voneinander abweichenden Tafeln[3]).

In der Brauereipraxis bedient man sich zur Bestimmung des Extraktgehalts von Würze und Bier ganz allgemein des Saccharometers nach Balling, dem die (unrichtige) Extrakttafel von Balling zugrunde liegt. Die Normaltemperatur für diese Senkwage ist 17,5° C. Regelmäßig hat das Saccharometer gleichzeitig ein Thermometer (sog. Thermosaccharometer). In neuerer Zeit sind von O. Mohr[4]) einige Änderungen an dem bisherigen Saccharometer in Vorschlag gebracht worden. Das neue „Reformsaccharometer" unterscheidet sich von dem gewöhnlichen Saccharometer in folgenden Punkten:

1. Den Anzeigen des „Reformsaccharometers" liegt nicht die Ballingtafel, sondern die Tafel der Normal-Eichungskommission zugrunde.

2. Das „Reformsaccharometer" wird durch Eintauchen in Würzen geprüft, nicht durch Eintauchen in Rohrzucker- oder Kochsalzlösungen oder Mischungen von Schwefelsäure und Alkohol; die Oberflächenspannung dieser Flüssigkeiten ist eine andere als die der Bierwürzen.

3. Die Thermometer der Reformsaccharometer tragen eine richtige Temperatur-Korrektionsskala oder vielmehr mehrere, die für verschiedene Konzentrationen der Würzen gelten.

Die Unstimmigkeit der Würze- und Bierextraktbestimmungen der Chemiker und der Brauereipraxis führt oft zu Unzuträglichkeiten und Schwierigkeiten; es wäre dringend erwünscht, daß eine volle Übereinstimmung erzielt würde. Diese kann aber nur erreicht werden, wenn sich die Praxis der Wissenschaft anpaßt, denn letztere hat die richtige Grundlage für die Extraktbestimmung. Der umgekehrte Weg, daß die wissenschaftliche Chemie zu der als unrichtig erkannten Extrakttafel der Praxis zurückkehrt, wie ihn z. B. der V. Internationale Kongreß für angewandte Chemie in Berlin 1903 gegangen ist, muß abgelehnt werden.

b) Bestimmung des Alkohol- und Extraktgehalts mit Hilfe des Zeiß-schen Eintauchrefraktometers. Schon Steinheil hatte bei seiner optisch-aräometrischen Bicranalyse neben dem spezifischen Gewicht das Brechungsvermögen zur Bestimmung des Extrakt- und Alkoholgehalts im Bier herangezogen und später hatte Hercules Tornöe[5]) das Verfahren unter Verwendung des Differentialprismas von W. Hallwachs

---

[1]) Codex alimentarius austriacus, Wien 1911, **1**, 348.

[2]) Zeitschr. f. analyt. Chemie 1912, **51**, 643.

[3]) Zur Kritik der für die Extraktbestimmung in Würze und Bier vorgeschlagenen Extrakttafeln vgl. außer den bereits genannten Verfassern insbesondere C. Reischauer, Der bayer. Bierbrauer 1875, **10**, 97; V. Grießmayer, ebendort 1871, **6**, 177; 1877, **12**, 34; Lermer, ebendort 1875, **10**, 161; J. Kjeldahl, Meddelser fra Carlsborg Laboratoriet **1**, 8; Karl Windisch, Arbeiten aus dem Kaiserl. Gesundheitsamte 1897, **13**, 89; O. Mohr, Wochenschr. f. Brauerei 1905, **22**, 297; 1906, **23**, 90; H. van Laer, Wochenschr. f. Brauerei 1906, **23**, 90.

[4]) Wochenschr. f. Brauerei 1911, **28**, 161 u. 308; 1910, **27**, 401.

[5]) Hercules Tornöe, Zeitschr. f. d. gesamte Brauwesen 1893, **16**, 298; 1897, **20**, 373; E. Prior, Forschungsber. über Lebensm. 1897, **4**, 304; M. Buisson, Rev. chim. analyt. 1898, **6**, 157; R. Schweitzer, Zeitschr. f. d. ges. Brauwesen 1898, **21**, 427; C. J. Olsen, Bayer. Brauer-Journ. 1898, **8**, 14; Doemens, Wochenschr. f. Brauerei 1899, **16**, 593.

weiter ausgearbeitet. Zu allgemeinerer Anwendung gelangte das Verfahren erst, als den Chemikern in dem Zeißschen Eintauchrefraktometer ein leicht handliches, einfaches Instrument zur Bestimmung des Brechungsvermögens (Refraktionsgrades) in die Hand gegeben wurde. Das Zeißsche Eintauchrefraktometer wurde von Edwin Ackermann[1]) in die Nahrungsmitteluntersuchung mit bestem Erfolg eingeführt.

Über die optische Einrichtung des Zeißschen Eintauchrefraktometers und seine Handhabung ist im ersten Teil dieses Bandes (S. 113) alles Nötige gesagt. Zur Bestimmung des Extrakt- und Alkoholgehalts im Bier bestimmt man sein spezifisches Gewicht bei 15° C und seinen Refraktionsgrad bei 17,5° C. Aus diesen beiden Größen kann man den Extrakt- und Alkoholgehalt des Bieres berechnen[2]). Letzteres ist aber nicht einmal notwendig, weil Ackermann eine Rechenscheibe konstruiert hat, mit Hilfe deren man den Alkohol- und Extraktgehalt des Bieres ohne Rechnung rein mechanisch feststellen kann. Da die Rechenscheibe von Ackermann sowohl nach oben, wie nach unten nicht für alle Fälle ausreicht, hat Fr. Danzer[3]) Ergänzungstabellen zur Rechenscheibe berechnet. Bei der Bestimmung des Refraktionsgrades des Bieres muß die Temperatur von 17,5° C genau innegehalten werden, was aber mit Hilfe der im ersten Teil dieses Bandes (S. 116) beschriebenen Temperiervorrichtungen leicht möglich ist. Man kann auch die Refraktion des Bieres bei einer beliebigen Temperatur zwischen 15 und 25° C bestimmen und an der Hand von Tabellen, die W. Stanek und O. Miskowsky[4]) berechnet haben, auf die Normaltemperatur von 17,5° C reduzieren, bevor man die Rechenscheibe benutzt.

Man kann auch auf rein optischem Wege ohne Zuhilfenahme des spezifischen Gewichts den Extrakt- und Alkoholgehalt des Bieres bestimmen, indem man den Refraktionsgrad des Bieres und des alkoholischen, auf das Anfangsgewicht gebrachten Bierdestillats bestimmt[5]). Die Feststellung des Refraktionsgrades des Destillats ermöglicht beim Bier die Bestimmung des Alkohols mit ziemlicher Genauigkeit[6]).

P. Lehmann und F. Gerum[7]) halten die refraktometrische Untersuchung des Bieres ebenfalls für sehr empfehlenswert, nur müßte das spez. Gewicht bis in die 4. Dezimale genau, die Refraktion bei genau 17,5° bestimmt werden. Der Alkohol- und Extraktgehalt kann dann durch folgende zwei Formeln:

$$1.\ \text{Alkohol} = \frac{(R_o - L)\,2}{7} \quad \text{und} \quad 2.\ \text{Extrakt} = \frac{(R_o + L)\,0{,}9}{7}$$

berechnet werden, worin bedeutet: R_o = abgelesene Skalenteile — 15 und L = um Eins verringertes spezifisches Gewicht des Bieres (bei 15°) × 1000.

Diese Formeln, die bis auf 0,02% genaue Ergebnisse liefern, also für den praktischen Gebrauch völlig ausreichend sind, lassen sich folgendermaßen ausdrücken:

1. Werden von den um 15 verminderten abgelesenen Skalenteilen die Laktodensimetergrade des Bieres abgezogen, und wird diese Differenz mit $\frac{2}{7}$ multipliziert, so erhält man die in 100 ccm Bier enthaltenen Gramme Alkohol.

[1]) Edwin Ackermann u. O. von Spindler, Zeitschr. f. d. gesamte Brauwesen 1903, **26**, 441; Edwin Ackermann, Zeitschr. f. Untersuchung d. Nahrungs- u. Genußmittel 1904, **8**, 92; Zeitschr. f. d. gesamte Brauwesen 1905, **28**, 33 u. 441.

[2]) Georg Barth, Zeitschr. f. d. gesamte Brauwesen 1905, **28**, 303; J. Race, Journ. Soc. Chem. Ind. 1908, **27**, 544; P. Lehmann und F. Gerum, Zeitschr. f. Untersuchung d. Nahrungs- u. Genußmittel 1914, **28**, 392.

[3]) Zeitschr. f. d. gesamte Brauwesen 1910, **33**, 10 u. 18.

[4]) Ebendort 1910, **33**, 145.

[5]) E. Ackermann u. F. Toggenburg, Zeitschr. f. d. gesamte Brauwesen 1906, **29**, 145.

[6]) E. Ackermann u. A. Steinmann, Ebendort 1905, **28**, 259.

[7]) Zeitschr. f. Untersuchung d. Nahrungs- u. Genußmittel 1914, **28**, 392.

2. Werden zu den um 15 verminderten abgelesenen Skalenteilen die Laktodensimetergrade hinzuaddiert, wird diese Summe mit $\frac{0,9}{7}$ multipliziert und ein bestimmter Faktor (0,07 — 0,08) hinzuaddiert, so erhält man die in 100 ccm Bier enthaltenen Gramme Extrakt.

Das refraktometrische Verfahren der Bierprüfung ist in zahlreichen Laboratorien eingeführt und hat sich gut bewährt[1]); die Ackermannsche Rechenscheibe bedeutet dabei eine große Erleichterung. Die Genauigkeit des Verfahrens ist recht gut; sie ist bei dunklen Bieren etwas geringer als bei hellen Bieren, weil bei ersteren die Ablesung erschwert ist. Für die laufenden Kontrolluntersuchungen im praktischen Brauereibetrieb ist das Zeißsche Eintauchrefraktometer von hohem Wert; auch in den chemischen Laboratorien leistet es, mindestens zur Kontrolle der densimetrischen, mit dem Pyknometer ausgeführten Untersuchungen, die besten Dienste.

c) Direkte Bestimmung des Extrakts. Es ist vielfach der Versuch gemacht worden, den Extraktgehalt des Bieres direkt durch Eindampfen einer gewogenen Biermenge und Trocknen des Abdampfrückstandes zu bestimmen. E. Ackermann und A. Steinmann[2]) sowie E. Ackermann und O. von Spindler[3]) schlugen z. B. das bei der Extraktbestimmung im Wein übliche Verfahren mit kleinen Änderungen vor. Aus den umfangreichen, schon vorher (S. 411) erwähnten Versuchen von W. Schultze, H. Elion, C. N. Riiber, C. Reischauer, W. Grießmayer, J. Kjeldahl u. a. weiß man aber, daß es überaus schwierig ist, den Abdampfrückstand des Bieres vollständig zu trocknen, ohne daß Zersetzungen vor sich gehen. Die Trocknung muß im luftverdünnten Raum oder im Wasserstoffstrom bei niederer Temperatur vorgenommen werden, was sehr umständlich ist. Das direkte Verfahren der Extraktbestimmung im Bier hat sich daher nirgends eingebürgert.

5. Berechnung des ursprünglichen Extraktgehalts der Würze (Stammwürze). Aus dem Alkohol- und Extraktgehalt des Bieres kann man annähernd den Extraktgehalt der ursprünglichen Würze berechnen, aus der das Bier durch die Gärung entstanden ist. Hierfür sind zwei Formeln im Gebrauch.

a) Von Balling wurde auf Grund von Versuchen, wobei neben dem Alkoholgehalt und dem noch im Bier enthaltenen Extraktgehalt auch die Extraktmengen berücksichtigt wurden, die durch die Bildung von Nebenerzeugnissen umgeändert und zur Neubildung von Hefe verwendet werden, folgende Formel aufgestellt:

$$E_{St} = \frac{100\,(2,0665\,a + e)}{100 + 1,0665\,a}.$$

Darin bedeutet a den Alkoholgehalt, e der Extraktgehalt des Bieres, beide in Gewichtsprozenten ausgedrückt[4]).

Zur Vereinfachung der Rechnungen sind von Paul Lehmann und Hermann Stadlinger[5]) Hilfstafeln berechnet worden. F. Löwe[6]) entwarf ein Diagramm, das den Extraktgehalt der Stammwürze aus dem Alkohol- und Extraktgehalt des Bieres ohne jede Rechnung abzulesen gestattet. In den Laboratorien und in der Praxis wird vielfach eine in dem Tabellen-

[1]) O. Mohr, Wochenschr. f. Brauerei 1905, **22**, 616; 1906, **23**, 136; 1907, **24**, 300; 1908, **25**, 465 u. 554.

[2]) Schweizer. Wochenschr. f. Chemie u. Pharmazie 1902, **40**, 434.

[3]) Zeitschr. f. d. gesamte Brauwesen 1903, **26**, 441.

[4]) Die mathematische Ableitung der Formel findet man in den Vereinbarungen der Freien Vereinigung bayerischer Vertreter der angewandten Chemie betreffs der Untersuchung und Beurteilung des Bieres. Bearbeitet von E. Prior. München bei Dr. E. Wolff 1898, S. 8.

[5]) Zeitschr. f. analyt. Chemie 1904, **43**, 679.

[6]) Zeitschr. f. d. gesamte Brauwesen 1906, **29**, 449.

werk von G. Holzner[1]) enthaltene ausführliche Tafel benutzt, die von Fr. Wiedmann und G. Kappeller berechnet worden ist.

J. Brand[2]) und W. Windisch[3]) fanden eine gute, mindestens aber recht befriedigende Übereinstimmung zwischen dem direkt ermittelten Extraktgehalt der Würze und dem nach der Ballingschen Formel berechneten Extraktgehalt der Stammwürze. F. Schönfeld[4]) und A. Dömens[5]) stellten dagegen fest, daß die Ballingsche Formel zu hohe Werte für die Stammwürze ergibt, und zwar beträgt der Unterschied etwa 0,1—0,2%. Bei der Obergärung mit warmer Gärführung werden infolge der stärkeren Alkoholverdunstung und viel stärkeren Hefevermehrung eher etwas zu niedrige Werte erhalten. Schönfeld schlägt vor, die Faktoren 2,0665 und 1,0665 durch die kleineren Werte 2,0195 und 1,0195 zu ersetzen.

b) In der Praxis wird vielfach folgende einfache Formel benutzt:

$$E_{St} = e + 2\,a\,.$$

Man verdoppelt die Gewichtsprozente Alkohol und zählt die Gewichtsprozente Extrakt hinzu. Bei dieser Formel geht man von der Annahme aus, daß aus 2 Gewichtsteilen Extrakt, die bei der Gärung verschwinden, 1 Gewichtsteil Alkohol entstehe. Dies ist nur annähernd richtig und deshalb gibt die einfache Formel auch nur annähernde Werte, die aber für die Praxis meist ausreichen. Nach der einfachen Formel findet man den Extraktgehalt der Stammwürze zu hoch, noch etwas höher als nach der verwickelteren Ballingschen Formel. Nach Holzner soll man von dem Ergebnis der Rechnung bei 13 prozentigen Bieren 0,3%, bei 12 prozentigen Bieren 0,2% und bei 10 prozentigen Bieren 0,1% abziehen. W. Windisch[6]) empfiehlt für Stammwürzen von 11—13% die Formel:

$$E_{St} = e + 1,93\,a\,.$$

Man kann den Extraktgehalt der Stammwürze E_{St} annähernd auch ohne Zuhilfenahme des Alkoholgehalts aus dem wirklichen Extraktgehalt des Bieres e und dem „scheinbaren" Extraktgehalt e_s (vgl. S. 408) nach folgender Formel berechnen:

$$E_{St} = 4,3(e - e_s) + e\,.$$

6. Berechnung des Vergärungsgrades. *a) Wirklicher Vergärungsgrad.*

Als „wirklichen Vergärungsgrad" bezeichnet man die Extraktmenge, die von 100 Gewichtsteilen des in der Würze ursprünglich vorhanden gewesenen Extraktes durch die Hefe vergoren worden ist. Hiernach berechnet man den wirklichen Vergärungsgrad des Bieres v_w aus dem Extraktgehalt der Stammwürze E_{St} (nach Nr. 5 ermittelt) und dem noch vorhandenen Extraktgehalt des vergorenen Bieres e nach der Gleichung:

$$v_w = 100\left(1 - \frac{e}{E_{St}}\right)\%\,.$$

b) Scheinbarer Vergärungsgrad. In der Brauereipraxis spricht man auch von einem „scheinbaren Vergärungsgrad". Man verbindet damit einen Begriff, der dem „wirklichen" Vergärungsgrad analog ist, man setzt aber dabei den Extraktgehalt der Stammwürze nicht in Beziehung zu dem wirklichen Extraktgehalt des vergorenen Bieres, sondern zu dem sog. „scheinbaren Extraktgehalt" (vgl. S. 408), d. h. zu dem Extraktgehalt, der nach

---

[1]) Georg Holzner, Tabellen zur Berechnung der Ausbeute aus dem Malz und zur saccharometrischen Bieranalyse. 4. Aufl. München bei R. Oldenbourg 1904, S. 186.

[2]) Zeitschr. f. d. ges. Brauwesen 1904, **27**, 165.

[3]) Wochenschr. f. Brauerei 1904, **21**, 226.

[4]) Ebendort 1910, **27**, 57; 1911, **27**, 209 u. 221.

[5]) Zeitschr. f. d. ges. Brauwesen 1910, **33**, 417 u. 428; 1911, **34**, 369 u. 385.

[6]) W. Windisch, Das chemische Laboratorium des Brauers. 6. Aufl. Berlin bei Paul Parey 1907, S. 346.

der Extrakttafel zu dem spezifischen Gewicht des (alkoholhaltigen) Bieres gehört. Es sei z. B. das spezifische Gewicht des Bieres gleich 1,0154. Diesem spezifischen Gewicht entsprechen nach der Extrakttafel von K. Windisch 3,92 Gewichtsprozent Extrakt; dann sagt der Brauer, das Bier hat 3,92% scheinbaren Extrakt. Diesen scheinbaren Extrakt e_s setzt man in Beziehung zu dem Extraktgehalt der Stammwürze E_{St} und berechnet den scheinbaren Vergärungsgrad v_s nach folgender Formel, die der unter a) angegebenen ganz analog ist, nämlich:

$$v_s = 100\left(1 - \frac{e_s}{E_{St}}\right)\%.$$

Beispiel. Es sei das spezifische Gewicht des Bieres gleich 1,0181 und dementsprechend nach der Extrakttafel der „scheinbare Extraktgehalt" des Bieres $e_s = 4,60\%$. Ferner sei der wirkliche Extraktgehalt des Bieres $e = 6,02\%$, die Stammwürze $E_{St} = 12,10\%$. Dann ist

der wirkliche Vergärungsgrad $\quad v_w = 100\left(1 - \frac{6,02}{12,10}\right) = 50,3\%$,

der scheinbare Vergärungsgrad $\quad v_s = 100\left(1 - \frac{4,60}{12,10}\right) = 62,0\%$.

7. Bestimmung des Endvergärungsgrades.

Biere, die keinen durch Bierhefe vergärbaren Zucker mehr enthalten, nennt man endvergoren. Viele zum Konsum gelangenden Biere sind nicht endvergoren, bei ihnen sind die durch Bierhefe vergärbaren Zuckerarten bei der Bottich- und Faßgärung nicht vollständig vergoren worden. Solche Biere mit einem größeren Zuckergehalt sind weniger haltbar und neigen zu Hefetrübungen.

Zur Feststellung des Endvergärungsgrades setzt man das Bier nochmals unter möglichst günstigen Bedingungen zur Gärung an; man wählt eine höhere Temperatur und eine starke Hefengabe, damit der vergärbare Zucker rasch und vollständig vergoren wird. Man verfährt wie folgt: Frische gesunde Bottichhefe (Zeug oder Samenhefe des Brauers) vom Typus Frohberg (stark vergärend) wird zwischen Filtrierpapier trocken gepreßt. 20 g der trockenen Hefe werden mit einigen Kubikzentimetern des Bieres in einer Schale zu einer dicken, gleichmäßigen Salbe verrieben, die weiter mit dem Biere verdünnt und schließlich mit im ganzen 200 ccm Bier in eine sterile Gärflasche mit Schwefelsäureverschluß gebracht wird. Die Gärflasche stellt man in einen Thermostaten oder in ein Wasserbad von 25° C und beläßt sie darin 48 Stunden; die genannte Temperatur muß dauernd ziemlich genau eingehalten werden. Nach Ablauf von 48 Stunden ist die Gärung vollendet. Man kühlt die Flüssigkeit ab, filtriert sie durch ein bedecktes Faltenfilter und bestimmt ihr spezifisches Gewicht bei 15° C mit dem Pyknometer. Den diesem spezifischen Gewicht entsprechenden „scheinbaren Extraktgehalt" des nunmehr endvergorenen Bieres vergleicht man mit dem Extraktgehalt der Stammwürze und berechnet den scheinbaren Vergärungsgrad nach der unter Nr. 6 angegebenen Formel. Dies ist der Endvergärungsgrad, der hiernach auch ein „scheinbarer" Vergärungsgrad ist.

Beispiel. Das in Nr. 6 als Beispiel gewählte Bier habe nach der Endvergärung das spezifische Gewicht 1,0164 gehabt, dem nach der Extrakttafel ein Extraktgehalt von 4,10% entspricht. Dann ist der Endvergärungsgrad des Bieres gleich $100\left(1 - \frac{4,10}{12,10}\right) = 66,6\%$.

8. Bestimmung der Rohmaltose.

In der Bierwürze sind an Kohlenhydraten enthalten: Maltose (in größter Menge), Glykose, Fructose, Saccharose, Maltodextrin, Achroodextrin und Pentosen. Im Bier finden sich von den vergärbaren Zuckerarten (wohl Hexosen, da die Saccharose durch die Invertase, die Maltose durch die Maltase der Hefe hydrolysiert werden) noch mehr oder weniger große Reste, hauptsächlich aber Dextrine, von denen ein Teil die Fehlingsche Lösung reduziert. Man ist übereingekommen, die Gesamtmenge der Fehlingsche Lösung reduzierenden Stoffe im Bier als Maltose zu bestimmen und als Rohmaltose anzugeben.

Die Rohmaltose wird in der Regel gewichtsanalytisch bestimmt. Das entkohlensäuerte Bier wird mit destilliertem Wasser auf den vierfachen, Bierwürze auf den zehnfachen Raum verdünnt; Würzen von Starkbieren werden zwanzigfach verdünnt. 50 ccm Fehlingsche Lösung und 25 ccm des verdünnten Bieres werden kalt gemischt, die Mischung zum Kochen erhitzt und vom Beginn des Aufwallens genau 4 Minuten gekocht. Alles Nähere ist im ersten Teil dieses Bandes (S. 429), sowie im Kapitel „Wein" unter „Bestimmung des Zuckers" beschrieben. Den dem gewogenen (oder aus dem Kupferoxyd berechneten) Kupfer entsprechenden Maltosegehalt entnimmt man aus der Maltosetabelle von E. Wein, berechnet zunächst die Gramme „Rohmaltose" in 100 ccm Bier und daraus durch Division durch das spezifische Gewicht des Bieres die Gewichtsprozente „Rohmaltose".

Die Bestimmung der Rohmaltose nach dem Reduktionsverfahren hat nur geringen Wert für die Beurteilung des Bieres, weil dieser Sammelbegriff zu viele Stoffe von sehr verschiedenen Eigenschaften umfaßt; sie wird deshalb auch nicht mehr oft ausgeführt. Von viel größerer Bedeutung für die Praxis ist die Bestimmung der vergärbaren Stoffe, d. h. des Endvergärungsgrades.

9. Bestimmung der Dextrine. Auch die Bestimmung der Dextrine ist ein rein konventionelles Verfahren, das keinen Anspruch auf Genauigkeit erheben kann. Man invertiert die Dextrine durch Erhitzen mit Salzsäure und bestimmt die entstandene Glykose gewichtsanalytisch nach Meißl-Allihn. Dabei wird die Maltose ebenfalls hydrolysiert und in Glykose übergeführt. Man rechnet daher die nach Nr. 8 bestimmte Rohmaltose in Glykose um, zieht diese Glykosemenge von der Gesamtglykose nach der Inversion ab und rechnet den verbleibenden Rest von Glykose auf Dextrin um.

Im einzelnen verfährt man wie folgt: 100 ccm des vierfach verdünnten Bieres werden in einem Kölbchen mit 10 ccm Salzsäure vom spezifischen Gewicht 1,125 versetzt und 3 Stunden im siedenden Wasserbade am Rückflußkühler erhitzt. Nach dem Erkalten neutralisiert man die Flüssigkeit annähernd mit Natronlauge, füllt sie mit Wasser auf 200 ccm auf und bestimmt die Glykose nach Meißl-Allihn. Dabei mischt man 60 ccm Fehlingsche Lösung mit 60 ccm Wasser, erhitzt die Mischung zum Sieden, läßt in die siedende Flüssigkeit 25 ccm der Glykoselösung fließen und erhitzt nach dem Wiederbeginn des Siedens noch genau 2 Minuten. Die auf diese Weise gefundene Glykose wird auf 100 g Bier umgerechnet. Davon hat man die Glykosemenge abzuziehen, die aus der Maltose beim Erhitzen mit Salzsäure entstanden ist. Man erhält sie, indem man die nach Nr. 8 ermittelte Rohmaltose mit 20/19 oder 1,052 multipliziert. Der verbleibende Glykoserest wird durch Multiplikation mit 0,9 (nach Ost mit 0,925) auf Dextrine umgerechnet.

10. Nachweis von Saccharose. Die sonst übliche Bestimmung der Saccharose neben anderen Zuckerarten durch Feststellung der Reduktion oder Polarisation vor und nach der Inversion ist bei Würze und Bier nicht anwendbar, da diese Flüssigkeiten Kohlenhydrate enthalten, die sich bei der Saccharoseinversion im Reduktionswert und im Drehungsvermögen ebenfalls verändern und dadurch das Ergebnis hinfällig machen. Auch die für Saccharose angegebenen Farbenreaktionen sind hier nicht brauchbar, weil sie in der Regel auch mit anderen Kohlenhydraten eintreten. Aussicht auf Erfolg ist nur dann vorhanden, wenn es gelingt, die außer der Saccharose vorhandenen Kohlenhydrate zu fällen oder unter Schonung der Saccharose zu zersetzen. S. Rothenfußer[1] hat Versuche in dieser Richtung ausgeführt und zwei Verfahren zur Entfernung der neben der Saccharose im Bier vorhandenen Kohlenhydrate angegeben.

a) Die Kohlenhydrate werden durch ammoniakalische Bleizuckerlösung und eine Caseinaufquellung ausgefällt[2]. Man braucht hierzu eine 10 proz. Auf-

---

[1] Zeitschr. f. Untersuchung d. Nahrungs- u. Genußmittel 1909, **18**, 135; 1911, **21**, 554; 1912, **24**, 93 u. 588.

[2] Ebendort 1910, **19**, 261.

quellung von technischem Casein in einer Mischung von 10 ccm Ammoniakflüssigkeit vom spezifischen Gewicht 0,965 und 90 ccm Wasser, ferner eine Lösung von 500 g neutralem Bleiacetat in 1200 ccm Wasser. 20 ccm mit dem gleichen Raumteil Wasser verdünnten Bieres werden mit 10 ccm der 10 proz. ammoniakalischen Caseinaufquellung, 6 ccm der Bleiacetatlösung und 3 ccm Ammoniakflüssigkeit vom spezifischen Gewicht 0,944 gemischt und sofort tüchtig durchgeschüttelt. Nach 10 Minuten wird der Brei auf das Filter gebracht. Das klare und farblose Filtrat wird im Probierrohr mit dem gleichen Raumteil einer Diphenylaminlösung die aus 10 ccm einer 10 proz. alkoholischen Diphenylaminlösung, 25 ccm Eisessig und 65 ccm Salzsäure vom spezifischen Gewicht 1,19 besteht, versetzt, und 10 Minuten im kochenden Wasserbade erhitzt. Eine auftretende Blaufärbung zeigt die Gegenwart von Saccharose an. Rothenfußer hat dieses Verfahren zugunsten des nachstehenden verlassen.

b) Die Kohlenhydrate werden in alkalischer Lösung durch Wasserstoffsuperoxyd zerstört.[1]) Zur Ausfällung der Dextrine werden 10 ccm Bier mit 90 ccm Aceton 1 Minute tüchtig geschüttelt, dann mit Infusorienerde versetzt und nochmals 1 Minute geschüttelt. Man filtriert und erwärmt das Filtrat nach Zusatz von 20 ccm Wasser bis zur Entfernung des Acetons auf dem Wasserbade. Zu dem flüssigen Rückstand gibt man in einer Schale eine Lösung von 10 g Bariumhydroxyd in 20 ccm Wasser und 20 ccm einer 3 proz. Wasserstoffsuperoxydlösung, rührt um, setzt die Schale auf ein kochendes Wasserbad und rührt den Niederschlag von Bariumsuperoxyd öfter auf. Tritt eine Gelbfärbung auf, so setzt man noch etwas Wasserstoffsuperoxyd hinzu. Nach 20 Minuten filtriert man die Flüssigkeit ab, versetzt das Filtrat in einem Probierröhrchen mit dem gleichen Raumteil verdünnter Schwefelsäure (1 + 3) und dem gleichen Raumteil des unter a) angegebenen Diphenylaminreagenzes und erhitzt die Mischung 10 Minuten im siedenden Wasserbade. Eine auftretende Blaufärbung zeigt die Gegenwart von Saccharose an.

Auch dieses Verfahren ist nach Rothenfußers eigener Angabe nicht als endgültig zu betrachten.

11. Bestimmung des Stickstoffs (Eiweißes). Die Stickstoffbestimmung erfolgt in 25 ccm Bier nach dem Verfahren von Kjeldahl. Das mit einer Pipette abgemessene Bier wird in den Zersetzungskolben gebracht, mit 4—5 ccm konzentrierter Schwefelsäure versetzt und über freier Flamme abgedampft[2]). Der Verdampfungsrückstand wird dann in üblicher Weise mit 25 ccm konzentrierter Schwefelsäure unter Zusatz von 5 bis 10 g Kaliumsulfat und 1 Tropfen Quecksilber oxydiert. Vgl. III. Bd., 1. Teil, S. 239.

Über die Trennung und Bestimmung einzelner Stickstoffbestandteile in Würze und Bier (Albumosen, Peptone, Amide usw.) vgl. A. Hilger und F. von der Becke, Archiv f. Hygiene 1890, **10**, 477; H. Schjerning, Zeitschr. f. analyt. Chemie 1895, **34**, 135; 1896, **36**, 285; 1898, **37**, 73 u. 413; 1900, **39**, 545; B. de Verbno Laszczynski, Zeitschr. f. d. gesamte Brauwesen 1899, **22**, 71, 83, 123, 140; A. Zeidler und M. Nauck, Wochenschr. f. Brauerei 1901, **18**, 101; O. Miskowsky, Zeitschr. f. d. gesamte Brauwesen 1906, **29**, 309; ferner III. Bd., 1. Teil, S. 258—295.

12. Bestimmung der Gesamtsäure (ausschließlich der Kohlensäure). Die Acidität der Bierwürze wird hauptsächlich durch saure Phosphate neben organischen Säuren bedingt. Im vergorenen Bier finden sich kleine Mengen flüchtiger Säuren, Milchsäure und Bernsteinsäure.

Bei der Bestimmung der Gesamtsäure im Bier verwendet man nach E. Prior[3]) rote Phenolphthaleinlösung als Indicator. Zu ihrer Bereitung löst man 1 Teil Phenolphthalein in 30 Teilen Alkohol von 90 Raumprozent auf. 12 Tropfen dieser Lösung werden in 20 ccm ausgekochtes Wasser gebracht und mit genau 0,2 ccm $^1/_{10}$ N.-Natronlauge rot gefärbt. Die

---

[1]) Zeitschr. f. Untersuchung d. Nahrungs- u. Genußmittel 1912, **24**, 558.

[2]) Wochenschr. f. Brauerei 1911, **23**, 416.

[3]) Bayer. Brauer-Journ. 1892, **2**, 387.

rote Phenolphthaleinlösung ist jedesmal frisch zu bereiten. Andere Indicatoren können nicht angewendet werden; das Tüpfeln auf neutralem Lackmuspapier gibt erheblich niedrigere Werte[1]).

Man erwärmt 25 oder 50 ccm entkohlensäuertes Bier im bedeckten Becherglas $^1/_2$ Stunde auf 40° C, um die Kohlensäure vollständig zu entfernen; dunkle Biere verdünnt man mit der doppelten Menge ausgekochten, kohlensäurefreien Wassers. Man titriert dann die Säuren mit kohlensäurefreier $^1/_{10}$ N.-Natronlauge. Zur Feststellung des Endpunktes der Sättigung bringt man je einen großen Tropfen der roten Phenolphthaleinlösung in die napfförmigen Vertiefungen einer weißen Porzellanplatte. Die Sättigung der Säuren ist vollendet, wenn 6 Tropfen der Flüssigkeit, zu einem Tropfen der Indicatorlösung gegeben und damit vermischt, die Rotfärbung nicht mehr zum Verschwinden bringen. Man gibt die Gesamtsäure des Bieres in Kubikzentimetern Normallauge auf 100 g Bier oder in Gewichtsprozenten Milchsäure an. 1 ccm $^1/_{10}$ N.-Lauge = 0,009 g Milchsäure.

Ed. Moufang[2]) empfiehlt, zur vollständigen Beseitigung der Kohlensäure, das Bier mit der 5—10fachen Menge Wasser zu verdünnen, unter Anwendung eines Luftkühlrohrs 3 Minuten aufzukochen und als Indicator farbloses Phenolphthalein zu nehmen.

Über die elektrometrische Bestimmung der Säuren im Bier durch Ermittelung der Wasserstoffionenkonzentration vgl. unter Nr. 14 bzw. F. Emslander[3]), J. Leberle und J. Lüers[4]) und J. Lüers[5]).

13. Trennung und Bestimmung der einzelnen Säuregruppen und Säuren.

a) Bestimmung der flüchtigen Säuren. Die Bestimmung der flüchtigen Säuren erfolgt am einfachsten und bequemsten in gleicher Weise wie im Wein (vgl. daselbst).

E. Prior[6]) destilliert die flüchtigen Säuren aus 100 ccm Bier im luftverdünnten Raum bei 50° C ab, um das Mitübergehen von Milchsäure zu verhindern. Wenn etwa 75 ccm Destillat übergegangen sind, läßt man 75 ccm Wasser in den Destillierkolben fließen und destilliert weiter im luftverdünnten Raum, bis zusammen 150 ccm Destillat übergegangen sind. Der Destillationsrückstand soll nicht weniger als 20 ccm betragen; bei weiterer Konzentration geht Milchsäure in das Destillat über. Die flüchtigen Säuren werden in 20 ccm $^1/_{10}$ N.-Natronlauge aufgefangen und mit $^1/_{10}$ N.-Schwefelsäure unter Verwendung von Phenolphthalein als Indicator zurücktitriert.

Die flüchtigen Säuren werden als Gewichtsprozente Essigsäure berechnet. 1 ccm $^1/_{10}$ N.-Natronlauge = 0,006 g Essigsäure.

b) Trennung der nichtflüchtigen organischen Säuren und der sauren Phosphate nach E. Prior[7]). Die nichtflüchtigen sauren Bierbestandteile finden sich in dem Destillationsrückstand von der Bestimmung der flüchtigen Säuren, die man in diesem Fall nach dem Priorschen Verfahren im luftverdünnten Raum ausführt (vgl. unter a). Zu dem etwa 20 ccm betragenden Destillationsrückstand gibt man in den Destillierkolben nach und nach unter kräftigem Umschütteln 75 ccm säurefreien wasserfreien Alkohol und alsdann, ebenfalls allmählich und unter Umschütteln, 425 ccm säurefreien Äther. Der mit Kork verschlossene Kolben bleibt 12 Stunden stehen. Man gießt dann die alkoholisch-ätherische Flüssigkeit, die die nichtflüchtigen organischen Säuren enthält, in einen geräumigen

1) A. Ott, Zeitschr. f. d. gesamte Brauwesen 1897, **20**, 540; E. Prior, Bayer. Brauer-Journ. 1898, **8**, 361; Zeitschr. f. Untersuchung d. Nahrungs- u. Genußmittel 1899, **2**, 67.

2) Wochenschr. f. Brauerei 1911, **28**, 329.

3) Zeitschr. f. d. gesamte Brauwesen 1914, **37**, 164.

4) Ebendort 1914, **37**, 177.

5) Ebendort 1914, **37**, 210, 227.

6) E. Prior, Chemie und Physiologie des Malzes und des Bieres. Leipzig 1896, S. 81.

7) Bayer. Brauer-Journ. 1892, **2**, 362.

Destillierkolben, wäscht den Rückstand dreimal mit kleinen Mengen Äther nach, vereinigt die Waschflüssigkeiten mit der Hauptflüssigkeit, destilliert Alkohol und Äther ab und titriert im Rückstand die nichtflüchtigen organischen Säuren mit $1/_{10}$ N.-Natronlauge unter Verwendung von farblosem Phenolphthalein als Indicator.

Den im Fällungskolben zurückgebliebenen, der Wandung fest anhaftenden Niederschlag, der die sauren Phosphate enthält, löst man in wenig Wasser und titriert die Lösung mit roter Phenolphthaleinlösung als Indicator wie bei der Bestimmung der Gesamtsäure im Bier.

c) *Bestimmung der Milchsäure und der Bernsteinsäure.* Diese beiden Säuren bestimmt man wie im Wein (vgl. daselbst). Für die Milchsäurebestimmung kommt in erster Linie das Verfahren von R. Kunz[1]) in Frage (vgl. III. Bd., 1. Teil, S. 460—470). Von W. Windisch und K. ten Doornkaat Koolman[2]) wurde dieses Verfahren so geändert, daß es für die Bieruntersuchung geeignet wurde. E. Moufang[3]) paßte das Möslingersche Verfahren der Milchsäurebestimmung der besonderen Beschaffenheit des Bieres an.

14. Bestimmung der Wasserstoffionenkonzentration. Bei der Untersuchung des Bieres war es, wie unter Nr. 12 angegeben, üblich, neben anderen Bestimmungen auch die Gesamtacidität festzustellen, indem man unter Verwendung von Phenolphthalein mit $1/_{10}$ N.-Lauge bis zum Umschlag nach rot titrierte. Mit der gefundenen Acidität, die in Kubikzentimeter Normalalkali für 100 g Bier ausgedrückt wurde, konnte man jedoch wenig anfangen, da sie infolge der beträchtlichen Mengen primären Phosphats, die stets vorhanden sind, weder Aufschluß über die wirklich anwesende Säure gab, noch in irgendeinem ausgesprochenen Verhältnis zu den bevorzugten Eigenschaften des Bieres, wie Vollmundigkeit, Haltbarkeit und Geschmack, stand. Außerdem haben neuere Untersuchungen von Freundlich und Emslander gezeigt, daß die einfache Titration des Bieres infolge der Anwesenheit kolloidaler Eiweißkörper erhebliche Ungenauigkeiten und Versuchsfehler mit sich bringt. Die kolloidalen Eiweißverbindungen vermögen nämlich größere Mengen von Säure zu binden, die sie bei der Titration mit Lauge allmählich an diese abgeben. — Aus Erfahrung war seit langem bekannt, daß die Säure beim Biere eine bedeutende Rolle spielt, jedoch ließ sich bisher keine eindeutige Beziehung herstellen. In einer neueren Arbeit geht nun Fr. Emslander[4]) von der Annahme aus, daß der Einfluß der Säure nicht durch die im ganzen vorhandene molekulare Säure, sondern nur durch die dissoziierte Säure bewirkt wird; mit anderen Worten, daß nicht die gefundene „Titrationsacidität", sondern die Konzentration der vorhandenen H-Ionen, d. h. die „H-Ionenacidität", für die obengenannten Eigenschaften des Bieres maßgebend ist. — Emslander wird zu dieser Annahme gezwungen u. a. durch die Beobachtungen von V. Griesmayer, der schon früher festgestellt hat, daß die Säure allein nicht ausschlaggebend für den Geschmack ist, sondern erst in Verbindung mit dem Extrakt. So kann z. B. ein säurearmes Bier weit saurer schmecken als ein säurereiches, wenn dieses einen höheren Extrakt aufweist und somit durch die im höheren Extrakt auch reichlicher vertretenen kolloidalen Eiweißkörper ein größeres Säurebindungsvermögen besitzt. Die gebundene Säure vermag aber keine H-Ionen abzuspalten. Hiernach wird also das säurearme Bier mehr freie, nicht an Eiweiß gebundene Säure, mithin auch größere Ionenacidität besitzen. Um diese Annahme zu prüfen, hat Emslander die Wasserstoffionenkonzentration des Bieres einer Bestimmung unterworfen, die auf dem Grundsatze beruht, daß eine mit Platinmohr überzogene Platinelektrode mit Wasserstoff beladen und dann in die Flüssigkeit getaucht wird, deren H-Ionenkonzentration bestimmt werden soll. An der Platinelektrode sind die H-Ionen in höchster Konzentration, in der Flüssigkeit in weit geringerer Anzahl vorhanden, so daß ein Stromgefälle von der Platinoberfläche (mit höchster elektrischer Ladung) nach der Flüssigkeit

---

[1]) Zeitschr. f. Untersuchung d. Nahrungs- u. Genußmittel 1901, **4**, 673.

[2]) Wochenschr. f. Brauerei 1914, **31**, 225, 235, 252, 275, 295, 303, 311.

[3]) Zeitschr. f. d. gesamte Brauwesen 1913, **36**, 241.

[4]) Ebendort 1914, **37**, 2, 16, 27, **37**.

(mit niedrigerer elektrischer Ladung) hin statthat, das gemessen werden kann und aus dem sich dann die H-Ionenkonzentration berechnen läßt. Je größer das gemessene Potentialgefälle ist, um so geringer ist die Konzentration der H-Ionen und umgekehrt.

Für die Messung ist folgende Apparatur (Fig. 210) erforderlich:

1. Gaselektrode GE, bestehend aus einem Zylinderglas von 13 cm Höhe und 5 cm Durchmesser, das mit einem fünffach durchbohrten Gummistopfen versehen ist; die Öffnungen dienen zur Aufnahme der Rohre für Zu- und Ableitung von Wasserstoff, des Thermometers, des Zwischengefäßes und der Platinelektrode, ferner noch Löcher zur evtl. Aufnahme eines Viscosimeters, zur Einführung von Titerflüssigkeiten. Das Zwischengefäß, zur Aufnahme der 3,5 N.-, für die Zwecke der Praxis konzentrierten Chlorkaliumlösung, besitzt unten ein kleines Loch und wird an dieser Stelle in Kollodiumlösung getaucht, wodurch ein etwa 5 cm langer, feiner Häutchenüberzug geschaffen wird, der als Membranabschluß dient.

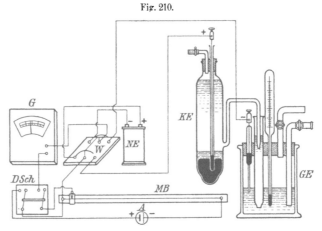

Fig. 210.

Apparat zur Bestimmung der Wasserstoffionenkonzentration im Bier.

2. Kalomelelektrode KE, welche nach Anleitung von Ostwald-Luther, Physiko-chemische Messungen, hergestellt und neben den anderen Chemikalien mit einer 0,1 N.-Chlorkaliumlösung gefüllt ist.

3. Normalelement NE mit elektromotorischer Kraft $= 1,0187$ Volt.

4. Wippe W zur Einschaltung der Gaselektrode einerseits und des Weston-Normalelements andererseits.

5. Galvanometer G. Es besitzt eine Empfindlichkeit von 1×10^{-8} und kann von Dr. Th. Horn in Leipzig bezogen werden.

6. Akkumulator A von etwa 4 Volt Spannung.

7. Meßbrücke MB von 100 cm Länge.

8. Momentdoppelschalter $DSch$ zur momentanen Aus- und Einschaltung der beiden Stromkreise. Hier muß darauf geachtet werden, daß die Anordnung den Akkumulatorstromkreis stets zuerst einschaltet[1]).

Ausführung des Verfahrens. Die Gaselektrode wird zuerst mit der zu messenden Flüssigkeit (Würze oder Bier) durchgespült und dann mit etwa 50 ccm hiervon gefüllt. Man leitet hierauf eine halbe Stunde Wasserstoff derart durch, daß in der Sekunde mindestens eine Gasblase aufsteigt. Der Wasserstoff durchstreicht vor Eintritt in die Gaselektrode zwei Waschflaschen, von denen die eine 5proz. Pyrogallollösung, die andere konz. Kaliumpermanganatlösung enthält. Die Platinelektrode wird erst über der Flüssigkeit gehalten und nach Verlauf von etwa 30 Minuten 1 mm in die Flüssigkeit getaucht. Beim Niederdrücken des Doppelschalters $DSch$ wird das Galvanometer ausschlagen, weshalb an der Brücke so lange kompensiert wird, bis es sich auf Null einstellt. Diese gefundene Zahl (GE) wird vermerkt. Durch Umlegen der Wippe W wird das Normalelement (NE) in den Meßbereich gebracht und auch dieses auf Nullpunkt kompensiert; die gefundene Zahl A, welche die elektromotorische Kraft (EMK) des Akkumulators darstellt, wird ebenfalls vermerkt.

---

[1]) Die Apparatur kann von der Firma Fritz Köhler in Leipzig bezogen werden.

Die elektromotorische Kraft der Flüssigkeit ist dann:

$$\text{EMK} = \frac{GE \times 1{,}0187}{A}.$$

Hieraus berechnet sich nach Sörensen die H - Ionenkonzentration als $p\mathrm{H}$, d. h. der negative Exponent der als 10er Potenz geschriebenen H - Ionenkonzentration (z. B. H-Ionenkonzentration $= 0{,}00001 = 1 \times 10^{-5}$; $p\mathrm{H} = 5$) nach folgender Gleichung:

$$p\mathrm{H} = \frac{\text{EMK} - 0{,}3377}{0{,}0577} \quad \text{bei } 18^\circ \text{ C.}$$

Sind die Messungen bei anderen Temperaturen gemacht worden, so ändert sich die Zahl 0,3377 wie folgt:

bei	13°	14°	15°	16°	17° C
	0,3382	0,3381	0,3380	0,3379	0,3378 usw.

Statt des Faktors 0,0577 wird bei anderen Temperaturen eingesetzt: $0{,}0577 + 0{,}0002 \times (18 - t^\circ)$.

Aus $p\mathrm{H}$ läßt sich die H-Ionenkonzentration $c\mathrm{H}$ folgendermaßen berechnen:

$$c\mathrm{H} = 10^{-p\mathrm{H}} = \frac{1}{10\,p\mathrm{H}}.$$

Ist der negative Exponent z. B. 4,0 und 4,5, so gilt für $p\mathrm{H} = 4{,}5$ die Gleichung:

$$c\mathrm{H} = 10^{-4{,}5} = X \times 10^{-5}; \quad X = \frac{10^{-4{,}5}}{10^{-5}} = 10^{0{,}5}.$$

$10^{0{,}5}$ ist nach der (Briggschen) Logarithmentafel $=$ etwa 3, also $X = 3$.

Stellt man die $p\mathrm{H}$ und die zugehörigen $c\mathrm{H}$ einander gegenüber, so findet man, daß die H-Ionenkonzentration mit steigendem $p\mathrm{H}$ sinkt und umgekehrt, z. B.:

$p\mathrm{H}$	$c\mathrm{H}$
4,0	10×10^{-5}
4,5	3×10^{-5}.

Fr. Emslander fand auf diese Weise sehr wichtige Aufklärungen über den Verlauf der chemischen Vorgänge in Würze und Bier und z. B. für vier verschiedene Biertypen folgende Werte:

Bayrische Biere	Pilsener Biere	Amerikanische Biere	Auslandsbiere
$p\mathrm{H} = 4{,}42 - 4{,}66$	4,45—4,48	4,27—4,36	3,85—4,32

Nach Emslander war das Bier mit der größten H˙-Konzentration (3,85) geschmacklich das beste und übertraf auch an Haltbarkeit die anderen Sorten. Bei den Untersuchungen ergab sich stets, daß die Biere, die für den Export bestimmt waren und vielfach dabei den Äquator passieren mußten, die größte H˙-Konzentration besaßen. Es handelt sich dabei vornehmlich um ausländische Biere, die durch Anwendung besonderer Verfahren, vor allem durch Behandeln mit Eiweißfällungsmitteln und durch Zusatz von den Eiweißabbau beschleunigenden Enzymen, hergestellt waren. Die Empirie hatte in dieser Beziehung also schon früh den richtigen Weg eingeschlagen, indem sie durch Zusätze die Körper zu beseitigen suchte, die die vorhandene freie Säure binden und somit die H˙-Konzentration indirekt herabsetzen konnten. Als schlecht haltbar wird meist auch ein Bier bezeichnet, das beim Aufbewahren Trübungen zeigt, die von koaguliertem, nicht abgebautem Eiweiß herrühren. Meist werden solche Biere eine verhältnismäßig geringe H˙-Konzentration besitzen, ausnahmsweise kann jedoch das noch vorhandene, nicht abgebaute Eiweiß durch ein Übermaß von Säure kompensiert werden. Emslander hat nun gefunden, daß ein Bier, das noch abbaufähiges Eiweiß besitzt, nach dem Erhitzen unter Druck eine stark anwachsende H˙-Konzentration zeigt, hervorgerufen durch die bei Koagulation freiwerdende Säure. Zeigt daher ein Bier nach dem Erhitzen unter Druck (2 Atmosphären) keine wesentliche Änderung der H˙-Konzentration, so kann ein solches als durchaus haltbar angesehen werden. Interessant ist es, daß das Optimum der H˙-Konzentration für die meisten normalen Biere, bei denen Fällungsmittel und Zusätze ausgeschlossen sind, bei $pH = 4,4$ liegt, dem Punkte, der gleichzeitig das Optimum der enzymatischen Abbauvorgänge darstellt und der andererseits mit der H˙-Konzentration einer Lösung von primärem Phosphat zusammenfällt. In einem solchen normalen Bier muß also alles sekundäre Phosphat vollkommen in primäres Phosphat verwandelt worden sein, was tatsächlich bei einer vorschriftsmäßigen Gärung der Fall ist. Aus der Abwesenheit von sekundären Phosphaten folgt dann weiter, daß alles Eiweiß peptisiert ist, da nicht abgebautes Eiweiß stets sekundäre Phosphate enthält. Aus diesen Betrachtungen hat sich die Wichtigkeit der Bestimmung der H˙-Konzentration für die Haltbarkeit eines Bieres ergeben. Was den Geschmack angeht, so hat Emslander allerdings auch festgestellt, daß das Bier mit der größeren H˙-Konzentration meist das geschmacklich beste ist. Jedoch läßt sich dieser Satz nicht verallgemeinern, da bei der Geschmacksbeeinflussung noch viele andere Faktoren eine Rolle spielen. Wie das Salz die Suppe, sagt Emslander, erst schmackhaft macht, so ist es mit den H˙-Ionen beim Biere.

15. Bestimmung der Kohlensäure.[1] a) Im Faßbier.

Zur Entnahme der Bierprobe aus dem Faß dient ein Kolben aus dickwandigem Glas oder aus Kupferblech von mindestens $1/2$ l Inhalt. Der Kolben wird mit einem doppelt durchlochten Gummistopfen verschlossen, durch dessen Öffnungen zwei Glasröhren gehen, eine kurze und eine lange, die bis auf den Boden des Kolbens reicht. Die Glasröhren tragen Gummischläuche mit Quetschhähnen. Man wägt den Kolben genau auf einer Tarierwage und pumpt die Luft heraus. Man verbindet dann den Gummischlauch des längeren Glasrohres mit einem in den Boden des Lagerfasses eingeschraubten Hahn oder einem sog. Zwickel und saugt durch Lockern des Quetschhahnes etwa 300 ccm Bier aus dem Lagerfaß in den luftleeren Kolben. Nach dem Schließen des Quetschhahnes läßt man den mit Bier gefüllten Kolben stehen, bis er Zimmertemperatur angenommen hat, trocknet ihn ab und stellt sein Gewicht fest; man erhält so das Gewicht des angewendeten Bieres.

Man treibt die Kohlensäure aus dem Bier aus und fängt sie in Kalilauge auf. Zu dem Zweck stellt man den Kolben auf ein Stativ mit Drahtnetz, verbindet den Gummischlauch an dem kürzeren Glasrohr mit einem schräg nach oben stehenden Liebigkühler, an den sich ein Chlorcalciumrohr, ein mit konzentrierter Schwefelsäure gefüllter Kugelapparat (z. B. ein Kaliapparat, wie er bei der Elementaranalyse verwendet wird), ein mit Kalilauge gefüllter zuvor gewogener Kugelapparat, ein Kaliröhrchen und schließlich ein als Schutz gegen Wasseraufnahme von außen dienendes Chlorcalciumrohr anschließen. Man öffnet vorsichtig den Quetschhahn auf dem Schlauch, der den Kolben mit dem Liebigkühler verbindet und läßt den Kohlensäureüberdruck allmählich in den Kühler ausströmen. Dann erhitzt man das Bier langsam zum Sieden. Die Hauptmenge des verdampften Wassers und Alkohols wird in dem Kühler verdichtet und fließt in den Kolben zurück. Die letzten Reste von Wasserdampf werden in dem Chlorcalcium und in der konzentrierten Schwefelsäure zurückgehalten; die Kohlensäure wird in dem Kaliapparat aufgefangen. Zum Schluß saugt oder drückt man kohlensäurefreie Luft durch das Bier und den ganzen Apparat, um die gesamte Kohlensäure in der Kalilauge zu sammeln; dabei läßt man das Bier fortwährend schwach sieden. Wenn etwa $1^1/2$ l Luft hindurchgeleitet sind, wägt man den mit Kalilauge gefüllten Kugelapparat wieder; die Gewichtszunahme ergibt die Menge der Kohlensäure in der angewendeten Menge Bier.

b) Im Flaschenbier.

Zur Bestimmung der Kohlensäure im Flaschenbier kann man sich, sofern die Flasche durch einen Kork verschlossen ist, eines hohlen, im Gewindeteil mit Öffnungen und oben mit einem Hahn versehenen Korkziehers bedienen. Man wägt die

---

[1] Th. Langer u. W. Schultze, Ebendort 1879, **34**, 369.

verschlossene Flasche mit Bier auf einer Tarierwage, schraubt den Korkzieher so weit in den Stopfen der Flasche, bis die Öffnungen am Schraubengewinde des Korkziehers unterhalb des Korkes angelangt sind. Dann stellt man die Flasche mit dem Bier in ein Wasserbad von 75°C und verbindet das Schlauchstück des Korkziehers mit der Apparatur, die auch zur Bestimmung der Kohlensäure im Faßbier dient (siehe unter a). Um den letzten Rest der Kohlensäure zu gewinnen, läßt man das Bier in der Flasche erkalten, zieht den Korken mit dem Korkenzieher heraus, gießt das Bier vorsichtig in einen Kochkolben, spült die Flasche mit Wasser nach und verfährt weiter wie unter a. Die entleerte Bierflasche wird zur Feststellung des Bierinhaltes nochmals mit destilliertem Wasser ausgespült, getrocknet und mit dem Stopfen gewogen.

Ist die Flasche mit einem sog. Patentverschluß oder einem Kronenkorken verschlossen, so kühlt man sie nach dem Wägen stark ab, öffnet sie und setzt sofort einen Gummistopfen mit einer Röhre mit drei Kugeln auf. Die Kugelröhre verbindet man mit der unter a) beschriebenen Apparatur und verfährt weiter, wie zuvor angegeben.

Ein einfaches und rasch ausführbares, aber weniger genaues Verfahren zur Bestimmung der Kohlensäure im Flaschenbier ist von G. Bode[1]) mitgeteilt worden. Auf die gekühlte und getrocknete, vorsichtig geöffnete Flasche mit Bier wird mittels eines Gummistopfens eine Röhre mit drei Kugeln gesetzt, die oben einen Meißlschen Schwefelsäure-Gärverschluß trägt; in die Röhre bringt man vorher ein erbsengroßes Stückchen Rinds- oder Schweinefett (zur Verhinderung des Schäumens). Man wägt die Flasche samt Aufsatz auf einer guten Tarierwage bis auf 0,01 g genau, nachdem man zuvor drei erbsengroße Stückchen Bimsstein neben die Flasche auf die Wagschale gelegt hat. Man öffnet dann die Flasche, gibt die mitgewogenen Bimssteinstückchen hinein und verschließt die Flasche sofort wieder mit dem Kugelaufsatz. Alsbald beginnt in dem Bier eine lebhafte Kohlensäureentwicklung, wobei sich die unterste Kugel teilweise mit Bier füllt, ohne aber wesentlich zu schäumen. Wenn die Kohlensäure schwächer entweicht, wird die Flasche in ein Wasserbad gesetzt, das langsam zum Sieden erhitzt und 15 Minuten lang im Sieden erhalten wird. Dann läßt man das Bier abkühlen, wobei auf den Gärverschluß ein Chlorcalciumröhrchen aufgesetzt wird. Ist die Flasche auf Zimmertemperatur abgekühlt, so wägt man sie wieder auf 0,01 g genau. Der Gewichtsverlust ergibt die Kohlensäure in dem verarbeiteten Bier. Durch Entleeren, Ausspülen, Trocknen und Wägen der Flasche stellt man den Bierinhalt fest. Der Kohlensäuregehalt wird nach diesem Verfahren um 0,033—0,041% zu niedrig gefunden; man berichtigt das Ergebnis durch Hinzurechnen von 0,04%.

Otto Reinke und A. Wiebold[2]) bestimmen die Kohlensäure im Bier auf gasvolumetrischem Wege. Das Bier enthält etwa 0,3—0,4 Gewichtsprozent Kohlensäure[3]) (vgl. S. 401).

16. Bestimmung des Glycerins.[4]) Man versetzt 50 ccm Bier mit 2—3 g Ätzkalk, dampft vorsichtig zum Sirup ein, setzt 10 g Seesand zu und bringt die Masse unter Umrühren zur Trockne. Der Trockenrückstand wird fein zerrieben, in eine Extraktionshülse gebracht und 8 Stunden im Extraktionsapparat mit hochprozentigem Alkohol ausgezogen. Man vermischt den alkoholischen Auszug mit dem 1½ fachen Raumteil wasserfreien Äthers und filtriert die Flüssigkeit nach dem Absetzen des Niederschlages durch ein kleines Filter in ein gewogenes Kölbchen; der Bodensatz wird mit etwas Alkohol-Äther nachgewaschen. Nach dem Abdunsten des Alkohols und des Äthers wird der Rückstand 1 Stunde im Dampftrockenschrank getrocknet und gewogen. In dem erhaltenen Rohglycerin ist bei extraktreichen Bieren der Zucker- und Aschengehalt zu bestimmen und abzuziehen.

---

[1]) Wochenschr. f. Brauerei 1904, **21**, 510.

[2]) Chem.-Ztg. 1906, **30**, 1261.

[3]) O. Mohr, Wochenschr. f. Brauerei 1903, **20**, 153; Th. Langer, Zeitschr. f. d. gesamte Brauwesen 1904, **27**, 307.

[4]) Deutsche Vereinbarungen, Heft III, Berlin 1902, S. 10.

Statt des beschriebenen Verfahrens wird auch das von E. Prior[1]) abgeänderte Verfahren von E. Borgmann für die Bestimmung des Glycerins im Bier angewendet.

Die vorstehenden Verfahren sind noch mit größeren Ungenauigkeiten behaftet als das entsprechende amtliche Verfahren zur Glycerinbestimmung im Wein. Die für Wein vorgeschlagenen genaueren Verfahren, insbesondere das Jodidverfahren von Zeisel und Fanto, werden sich auch leicht auf das Bier übertragen lassen. Vgl. den Abschnitt „Bestimmung des Glycerins im Wein".

17. Bestimmung der Farbentiefe. *a)* Mit $^1/_{10}$ N.-Jodlösung. Die

erforderliche $^1/_{10}$ N.-Jodlösung erhält man durch Auflösung von 12,7 g Jod und 40 g Jodkalium in 1 l Wasser. Die Farbentiefe wird in Kubikzentimetern der $^1/_{10}$ N.-Jodlösung ausgedrückt, die erforderlich sind, um 100 ccm Wasser auf die Farbentiefe des Bieres oder der Würze zu bringen. Zur Ausführung des Verfahrens bedient man sich des sog. Verdünnungs-Colorimeters. Es besteht aus zwei ganz gleichen flachen Glaströgen, die nebeneinander in einem Gehäuse aus schwarzlackiertem Blech untergebracht sind; das Gehäuse hat für die Beobachtung der Farben auf der Vorderseite zwei horizontale Ausschnitte, denen auf der Rückseite ein mit Milchglas bedeckter Spalt gegenübersteht.

Man bringt in den einen Glastrog das auf seine Farbentiefe zu prüfende, möglichst klare Bier in solcher Menge, daß der Spalt in dem Gehäuse bedeckt ist. In den zweiten Glastrog gibt man 100 ccm destilliertes Wasser und läßt dann aus einer in Hundertstelkubikzentimeter eingeteilten Bürette so lange von der $^1/_{10}$ N.-Jodlösung zufließen, bis das Wasser den Farbenton des Bieres angenommen hat. Die hierzu verbrauchten Kubikzentimeter $^1/_{10}$ N.-Jodlösung geben die Farbentiefe des Bieres an. Dunkle Biere sind vor der Bestimmung soweit mit Wasser zu verdünnen, daß die Farbentiefe nur noch 1 bis höchstens 2 beträgt.

b) Wesentlich vereinfacht wird die Bestimmung der Farbentiefe des Bieres durch Benutzung der *Farbstofflösungen* von J. Brand[2]). Nach Brand gibt eine Mischung von 10 Teilen Viktoriagelb, 1 Teil Patentblau, 2,5 Teilen Echtbraun und 4 Teilen Bordeaux eine Farbe, von der 1,15 g, im Liter Wasser gelöst, den Farbenton der $^1/_{10}$ N.-Jodlösung ergeben. Von der Wissenschaftlichen Station für Brauerei in München können viereckige Fläschchen bezogen werden, die mit Farbstofflösungen von verschiedener Farbentiefe gefüllt sind, z. B. solchen, die im Farbenton 0,15, 0,2, 0,25 usw. bis zu 2 ccm $^1/_{10}$ N.-Jodlösung entsprechen. Zur Farbenvergleichung dienen stereoskopartige Kästchen (Coloriskope), die für 3 Fläschchen Platz haben. Man füllt ein gleiches viereckiges Fläschchen mit dem zu prüfenden Bier, das, wenn nötig, vorher mit Wasser verdünnt worden ist, und stellt nun durch Vergleich fest, welche Farbentiefe das Bier hat. Zu dem Zwecke stellt man das Fläschchen mit dem Bier zwischen zwei Farbstofffläschchen mit nahe zusammenliegenden Farbentönen in das Coloriskop und vergleicht die Farben durch Betrachten gegen das Licht.

c) Mit Eisen-Ammoniakalaun und Schwefelsäure nach C. J. Lintner.
Als Normallösung dient eine Auflösung von 4 g Eisenammoniakalaun und 2 ccm N.-Schwefelsäure in destilliertem Wasser zu 100 ccm. In den einen Glastrog des Verdünnungscolorimeters gibt man diese Normallösung, in den anderen eine abgemessene Menge Bier, und zwar von dunklen Bieren·5 ccm, von mittelfarbigen 10 ccm, von hellen 20 ccm. Darauf läßt man unter Umrühren mit dem Glasstab aus einer Bürette so lange Wasser zu dem Bier fließen, bis es den gleichen Farbenton wie die Normallösung erreicht hat. Die verbrauchten Kubikzentimeter Wasser werden abgelesen. Die Farbentiefe des Bieres berechnet man nach der Gleichung

$$F = \frac{b + w}{b},$$

[1]) Chem.-Ztg. 1884, **8**, 877; Bayer. Vereinbarungen betreffs der Untersuchung und Beurteilung des Bieres. München 1898, S. 16.

[2]) Zeitschr. f. d. gesamte Brauwesen 1899, **22**, 251.

worin b die angewendeten Kubikzentimeter Bier, w die verbrauchten Kubikzentimeter Wasser bedeutet.

Die unter a), b) und c) beschriebenen Verfahren geben nicht die gleichen Werte für die Farbentiefe des Bieres; es muß daher stets angegeben werden, ob die Farbentiefe mit $^1/_{10}$ N.-Jodlösung oder nach Brand oder nach Lintner bestimmt worden ist.

18. Bestimmung der Mineralbestandteile und der Alkalität der Asche. 25 oder 50 ccm Bier werden in einer geräumigen Platinschale eingedampft, der Verdampfungsrückstand mit kleiner Flamme verkohlt, die Kohle zerdrückt, mit heißem Wasser ausgezogen, die ausgezogene Kohle für sich vollständig verascht, zu der Asche der wässerige Auszug gegeben, eingedampft und schwach geglüht. Vgl. III. Bd., 1. Teil, S. 474 und den Abschnitt „Wein".

Nach W. Windisch[1]) entstehen beim Veraschen aus den Sulfaten des Bieres unter dem reduzierenden Einfluß der Kohle Metallsulfide, die sich mit den sauren Phosphaten unter Abspaltung von Schwefelwasserstoff umsetzen, der entweicht. Deshalb sollte die Asche von Würze und Bier unter Zusatz einer Base (Soda oder Ätzbaryt) hergestellt werden.

Zur Bestimmung der Alkalität gibt man zur Bierasche in der Platinschale 10 ccm $^1/_{10}$ N.-Schwefelsäure, spült den ganzen Schaleninhalt in ein Becherglas, erhitzt 20 Minuten schwach auf dem Drahtnetz und titriert den Säureüberschuß unter Tüpfeln auf neutralem Lackmuspapier mit $^1/_{10}$ N.-Natronlauge zurück. Die Alkalität der Asche wird in Kubikzentimetern Normallauge auf 100 g Bier ausgedrückt.

Unter Umständen kann auch die Bestimmung der wahren (Carbonat-) Alkalität der Bierasche nach K. Farnsteiner[2]) in Frage kommen. Vgl. hierüber III. Bd., 1. Teil, S. 511.

19. Bestimmung der Phosphorsäure. 50 ccm Bier werden unter Zusatz von etwa 0,2 g Ätzbaryt eingedampft und, wie unter Nr. 17 beschrieben, verascht. Die Asche wird in Salpetersäure gelöst, die Lösung filtriert und im Filtrat die Phosphorsäure nach dem Molybdänverfahren (vgl. III. Bd., 1. Teil, S. 489) bestimmt[3]).

20. Bestimmung der Schwefelsäure. 50 ccm Bier werden unter Zusatz von Soda und Salpeter[4]) eingedampft und in bekannter Weise verascht. Die Asche wird in Salzsäure gelöst, die Lösung filtriert und im Filtrat die Schwefelsäure heiß mit Chlorbarium gefällt. Vgl. III. Bd., 1. Teil, S. 489.

21. Bestimmung des Chlors. 50 ccm Bier werden mit 3 g Soda[5]) eingedampft und nach Nr. 18 verascht. Die Asche wird in Salpetersäure gelöst, die Lösung filtriert und im Filtrat das Chlor mit Silbernitrat gefällt. Vgl. III. Bd., 1. Teil, S. 489.

22. Bestimmung der Basen in der Bierasche. Die Bestimmung der Alkalien, der Erdalkalien, des Eisens, der Tonerde wird nach den allgemeinen Untersuchungsverfahren in der Bierasche ausgeführt. Vgl. III. Bd., 1. Teil, S. 481.

23. Bestimmung der schwefligen Säure. 200 ccm Bier werden mit Phosphorsäure versetzt, im Kohlensäurestrom destilliert, das Destillat wird in Jod-Jodkaliumlösung aufgefangen und die entstandene Schwefelsäure mit Chlorbarium gefällt. Näheres siehe III. Bd., 1. Teil, S. 602 und im Abschnitt „Wein".

24. Nachweis und Bestimmung der Salicylsäure. 100 ccm Bier werden mit etwas Schwefelsäure angesäuert und in einem Scheidetrichter mit dem gleichen Raumteil einer Mischung von gleichen Teilen Äther und Petroleumäther ausgeschüttelt. Eine etwa entstehende Emulsion wird durch Zusatz von etwas Alkohol beseitigt. Die ab-

---

1) Wochenschr. f. Brauerei 1905, **22**, 17.

2) Zeitschr. f. Untersuchung d. Nahrungs- u. Genußmittel 1907, **13**, 305.

3) Vgl. L. Adler, Zeitschr. f. d. gesamte Brauwesen 1912, **35**, 181, 193, 210, 246, 277, 293 u. 325.

4) Nach J. Race (Journ. Soc. Chem. Ind. 1908, **27**, 544) genügt der Zusatz von Alkali.

5) J. Race (ebendort) empfiehlt den Zusatz von Bariumcarbonat statt von Soda.

geschiedene Ätherschicht wird abgehoben, durch ein kleines Filter filtriert, die Äthermischung abdestilliert oder verdunstet und der Rückstand mit einigen Kubikzentimetern heißen Wassers aufgenommen. Zu einem Teil der Lösung setzt man einige Tropfen ganz verdünnter Eisenchloridlösung und filtriert zur Entfernung der Eisenoxyd-Hopfenharzverbindung durch ein kleines angefeuchtetes Filter. Eine violette Färbung des Filtrats ist kein sicherer Beweis für die Anwesenheit von Salicylsäure im Bier, sie kann vielmehr auch durch das von J. Brand[1]) in gewissen Farbmalzen festgestellte Maltol hervorgerufen sein. Zur Unterscheidung der Salicylsäure und des Maltols prüft man einen weiteren Teil des Abdampfrückstandes mit Millons Reagens. Entsteht eine rote Färbung, so ist damit die Anwesenheit von Salicylsäure im Bier nachgewiesen; beim Ausbleiben dieser Farbenreaktion war die violette Eisenchloridreaktion durch Maltol verursacht. Bereitung des Millonschen Reagenzes nach C. J. Lintner[2]): Man löst 1 Teil Quecksilber in 2 Teilen rauchender Salpetersäure vom spezifischen Gewicht 1,42 zuerst in der Kälte, dann unter Erwärmen; nach der Auflösung des Quecksilbers gibt man den doppelten Raumteil Wasser hinzu und läßt absitzen.

Schmitz-Dumont[3]) empfiehlt zum Ausschütteln der Salicylsäure Chloroform, das Gerbstoff nicht löst; um die Aufnahme von Bitterstoffen zu verhindern, versetzt man das Bier mit etwas Kupfersulfat oder Kupferacetat. F. T. Harry und W. R. Mummery[4]) scheiden den Gerbstoff durch Bleiessig ab. 100 ccm Bier werden mit 5 ccm N.-Natronlauge alkalisch gemacht, und der Alkohol wird auf dem Wasserbade verdampft. Man gibt 5 ccm N.-Salzsäure und 20 ccm Bleiessig hinzu, verdünnt etwas mit Wasser, kocht einmal auf, filtriert und schüttelt das Filtrat mit Äther aus. Die Emulsionsbildung soll dadurch vollständig vermieden werden.

Die quantitative Bestimmung der Salicylsäure erfolgt meist auf colorimetrischem Wege mit Hilfe der Eisenchloridreaktion. Hierüber sowie über andere Verfahren vgl. III. Bd., 1. Teil, S. 607 und den Abschnitt „Wein".

25. Nachweis der Benzoesäure. 500 ccm Bier werden mit einem geringen Überschuß von Barytwasser zum Sirup eingedampft und mit 50 g Seesand oder Gips unter Umrühren vermischt und zur Trockne gebracht. Der Trockenrückstand wird mit Alkohol und etwas verdünnter Schwefelsäure zerrieben, die alkoholische Lösung abgegossen und dieses mehrmals wiederholt. Zu den vereinigten Auszügen gibt man Barytwasser bis zur alkalischen Reaktion, destilliert den Alkohol ab, säuert den sirupartigen Rückstand mit Schwefelsäure an und zieht ihn mit Äther aus. Der Verdunstungsrückstand enthält die Benzoesäure, die durch die Eisenchloridreaktion oder durch Überführung in charakteristische Abkömmlinge identifiziert wird. Vgl. hierüber III. Bd., 1. Teil, S. 610 und den Abschnitt „Wein".

26. Nachweis von Formaldehyd. Man destilliert von 100 ccm Bier 25 ccm ab und prüft das Destillat nach einem der im III. Bd., 1. Teil, S. 594 beschriebenen Verfahren auf Formaldehyd. Vgl. auch den Abschnitt „Wein".

27. Nachweis und Bestimmung der Borsäure. Zum Nachweis der Borsäure[5]) werden 100 ccm Bier (oder mehr) mit Kalilauge alkalisch gemacht, eingedampft und in bekannter Weise verascht. Die Asche wird mit heißem Wasser aufgenommen, die Lösung filtriert, in einer Platinschale auf etwa 1 ccm eingeengt, mit verdünnter Salzsäure übersättigt und mit Curcumapapier geprüft; außerdem führt man die Flammenreaktion aus.

Die quantitative Bestimmung der Borsäure erfolgt am einfachsten nach dem Verfahren von G. Jörgensen[6]), bei kleinen Mengen nach dem colorimetrischen Verfahren von A. Hebe-

1) Zeitschr. f. d. gesamte Brauwesen 1893, **16**, 303.
2) Zeitschr. f. angew. Chemie 1900, S. 707.
3) Zeitschr. f. öffentl. Chemie 1903, **9**, 21.
4) Analyst 1905, **30**, 124.
5) Zeitschr. f. d. gesamte Brauwesen 1892, **15**, 426.
6) Zeitschr. f. analyt. Chemie 1882, **21**, 531; Zeitschr. f. angew. Chemie 1897, S. 5.

brand[1]). Hierüber sowie über andere Verfahren zur Bestimmung der Borsäure vgl. III. Bd., 1. Teil, S. 592 und den Abschnitt „Wein".

28. Nachweis und Bestimmung von Fluorverbindungen.

200—500 ccm Bier werden nach dem Entkohlensäuern mit Kalkmilch alkalisch gemacht, eingedampft und verascht. Da das Veraschen größerer Mengen Bier umständlich ist, fällt W. Windisch[2]) die Flußsäure und die Kieselfluorwasserstoffsäure aus dem heißen Bier durch Zusatz von Kalkwasser bis zur stark alkalischen Reaktion, hebert die klare, über dem grobflockigen Niederschlag befindliche Flüssigkeit ab, filtriert den Rückstand heiß durch ein feines Leinenläppchen und preßt den Rückstand zwischen Filtrierpapier möglichst trocken. Der Rückstand wird mit einem Messer von der Leinwand in einen Platintiegel gebracht, getrocknet und geglüht. J. Brand[3]) fällt die Flußsäure aus dem mit Ammoniumcarbonat schwach alkalisch gemachten Bier in der Hitze mit Chlorcalcium (3 ccm einer 10 proz. Lösung auf 100 ccm Bier), R. Hefelmann[4]) mit Chlorcalcium- und Chlorbariumlösung in essigsaurer Lösung unter Zusatz von Alkohol. In allen Fällen wird der getrocknete Niederschlag in einem Platintiegel verascht. Der Nachweis der Fluorverbindungen erfolgt durch die Ätzprobe. Die Asche bzw. der geglühte, die Fluorverbindungen enthaltende Niederschlag wird in einem Platintiegel mit einigen Tropfen Wasser durchfeuchtet und mit 1 ccm konzentrierter Schwefelsäure versetzt. Man stellt den Platintiegel auf eine Asbestplatte, bedeckt ihn mit einem Uhrglase, das an der Unterseite mit Wachs überzogen ist und eine eingegrabene Inschrift trägt. Um das Schmelzen der Wachsschicht zu verhüten, legt man auf das (recht groß zu wählende) Uhrglas einige Eisstückchen, die man unter Entfernung des Schmelzwassers öfters erneuert. Zweckmäßig verwendet man nach einem Vorschlag von P. Kulisch nicht ein Uhrglas, sondern ein am Boden mit Wachs überzogenes und beschriebenes Rundkölbchen, durch das man dauernd kaltes Wasser strömen läßt.

Über die quantitative Bestimmung der Fluorverbindungen vgl. III. Bd., 1. Teil, S. 604 und den Abschnitt „Wein".

29. Nachweis künstlicher Süßstoffe. a) Saccharin.

Das Saccharin ist in reinem Zustande Anhydro-o-Sulfaminbenzoesäure oder Benzoesäuresulfimid: $C_6H_4\!<^{CO}_{SO_2}\!\!>\!NH$, das meist in der Form seines löslichen Natriumsalzes (Krystallose oder leicht lösliches Saccharin) angewendet wird. Es ist der am meisten zum betrügerischen Süßen von Lebensmitteln angewendete künstliche Süßstoff.

Der Nachweis des Saccharins im Bier wird dadurch erschwert, daß es meistens vermischt mit Hopfenbitterstoffen aus dem Bier gewonnen wird, die infolge ihres intensiv bitteren Geschmackes den süßen Geschmack des etwa vorhandenen Saccharins trotz seiner großen Stärke verdecken. Zur Beseitigung der Hopfenbitterstoffe empfahl E. Spaeth[5]) einen Zusatz von Kupfernitrat, das aber seinen Zweck nicht ganz erfüllt. Dagegen gelingt dies vollständig nach dem Verfahren von G. Jörgensen[6]), der die Bitterstoffe, ebenso andere organische Stoffe, wie z. B. Gerbstoff, durch Oxydation entfernt.

Das Verfahren von Jörgensen, das sich vortrefflich bewährt hat, wird folgendermaßen ausgeführt: $^1/_2$—1 l Bier wird auf dem Wasserbad bis zur Sirupdicke eingedampft. Man zieht den Rückstand unter Zerreiben mit einem Pistill mit 96 proz. Alkohol wiederholt aus, löst den Sirup dann in wenig heißem Wasser, zieht ihn wieder mit Alkohol aus und wiederholt dies noch zweimal. Die alkoholischen Auszüge werden vereinigt und nach Zugabe einiger

[1]) Zeitschr. f. Untersuchung d. Nahrungs- u. Genußmittel 1902, 5, 55, 721, 1044.

[2]) Wochenschr. f. Brauerei 1896, 13, 449.

[3]) Zeitschr. f. d. gesamte Brauwesen 1895, 18, 317; 1896, 19, 396.

[4]) Pharm. Centralhalle 1895, 36, 249.

[5]) Zeitschr. f. angew. Chemie 1893, S. 576.

[6]) Annal. Falsific. 1909, 2, 58.

Stückchen Bimsstein wird der Alkohol abdestilliert; der Destillationsrückstand wird in einer Schale unter Zusatz von Wasser vollständig entgeistet. Nach dem Erkalten gibt man zu der wässerigen Lösung einige Tropfen verdünnter Schwefelsäure, filtriert erforderlichenfalls und schüttelt die wässerige Lösung im Scheidetrichter mehrmals mit Äther aus. Die ätherische, das Saccharin enthaltende Lösung destilliert man bis auf einige Kubikzentimeter ab, gibt etwas Wasser und verdünnte Schwefelsäure hinzu, verjagt den Äther vollständig und fügt alsdann portionsweise gesättigte Kaliumpermanganatlösung bis zur bleibenden Rotfärbung hinzu. Das Permanganat oxydiert die meisten organischen Stoffe, die in der wässerigen Lösung vorhanden sind, besonders vollständig die Hopfenbitterstoffe, den Gerbstoff und auch Salicylsäure, falls solche in dem Bier vorhanden war; das Saccharin ist gegen Kaliumpermanganat in der Kälte beständig. Den kleinen Überschuß an Kaliumpermanganat zersetzt man durch tropfenweisen Zusatz einer konzentrierten Oxalsäurelösung, von der ein Überschuß zu vermeiden ist. Man filtriert die farblose Flüssigkeit und schüttelt sie mehrmals mit einer Äther-Petroleumäthermischung aus. Die vereinigten Auszüge hinterlassen beim Abdestillieren, sofern Saccharin im Bier vorhanden war, dieses in weißen Krystallen von rein süßem Geschmack. Durch den Geschmack ist das Saccharin bereits genügend gekennzeichnet, denn etwaige Spuren von Zucker, die mit ausgezogen worden sein sollten, sind durch das Kaliumpermanganat zerstört worden. Zur Sicherheit führt man das Saccharin durch Erhitzen mit Natronhydrat in Salicylsäure über und weist diese durch Eisenchlorid nach; auf diese Weise kann man sogar zu einer Schätzung der Saccharinmenge kommen. Oder man oxydiert das Saccharin und weist die dabei entstandene Schwefelsäure nach. Hierüber sowie über die quantitative Bestimmung des Saccharins und die Literatur vgl. III. Bd., 2. Teil, S. 728. Über den Nachweis von Saccharin in Caramelbier vgl. E. Vollhase[1]).

b) Dulcin. Das Dulcin ist Para-Phenetolcarbamid $CO\begin{smallmatrix} NH-C_6H_4-O-C_2H_5 \\ NH_2 \end{smallmatrix}$.

Zu seinem Nachweis versetzt man nach G. Morpurgo[2]) $^1/_2$ l Bier mit 25 g Bleicarbonat, verdampft die Mischung auf dem Wasserbade zum Sirup und zieht diesen unter Verreiben mit einem Pistill mehrmals mit Alkohol aus. Die Auszüge trocknet man vollständig ein, zieht den Rückstand mit Äther aus und verdunstet den Äther. Der Rückstand besteht größtenteils aus Dulcin, das man an seinem süßen Geschmack erkennt. Außerdem führt man damit die im Abschnitt „Wein" beschriebenen Reaktionen von J. Berlinerblau[3]) und A. Jorissen[4]) aus (vgl. auch III. Bd., 2. Teil, S. 732 und 814).

30. Nachweis von Süßholz. Das Süßholz enthält das Ammoniumsalz der glykosidischen Glycyrrhizinsäure $C_{44}H_{63}NO_{18} \cdot NH_4$. Zum Nachweis dieses Süßstoffes dampft man nach R. Kayser[5]) 1 l Bier auf dem Wasserbade auf die Hälfte ein, gibt nach dem Erkalten konzentrierte Bleizuckerlösung hinzu, bis kein Niederschlag mehr entsteht, läßt 12 bis 24 Stunden stehen, filtriert durch ein Faltenfilter, wäscht den Niederschlag gut mit Wasser aus, spült ihn dann in einen Kochkolben, so daß das Ganze etwa 300—400 ccm beträgt, erhitzt 1 Stunde auf dem Wasserbade und leitet in die heiße Flüssigkeit Schwefelwasserstoff bis zur vollständigen Zerlegung der Bleiverbindungen ein. Nach mehrmaligem tüchtigem Umschütteln bringt man die völlig erkaltete Flüssigkeit auf ein Faltenfilter und wäscht den Niederschlag bis zum Verschwinden des Schwefelwasserstoffs aus. Das auf dem Filter verbliebene Schwefelblei, das die Glycyrrhizinsäure enthält, spült man mit 150—200 ccm Alkohol von 50 Raumprozent in einen Kochkolben, erhitzt zum Sieden und filtriert. Das Filtrat wird

---

[1]) Chem.-Ztg. 1913, **37**, 425.

[2]) Selni 1893, **3**, 87; Vierteljahrsschr. f. Nahrungs- u. Genußmittel 1893, **8**, 120.

[3]) Journ. f. prakt. Chemie 1884, **30**, 97; vgl. auch Th. Thoms und Berlinerblau, Chem.-Ztg. 1893, **17**, 1341; Corresp. 1459, 1487 u. 1794.

[4]) Journ. pharm. de Liège 1896, **3**, Nr. 2; Vierteljahrsschr. f. Nahrungs- u. Genußmittel 1896, **11**, 221.

[5]) Zeitschr. f. d. gesamte Brauwesen 1885, **7**, 166.

auf einige Kubikzentimeter eingedunstet und mit einigen Tropfen verdünnten Ammoniaks versetzt, wodurch die blaßgelbe Flüssigkeit braungelb wird. Dann dunstet man die Flüssigkeit zur Trockne ein, nimmt den Rückstand mit 2—3 ccm Wasser auf und filtriert. Das Filtrat hat den charakteristischen Süßholzgeschmack und scheidet auf Zusatz von einem Tropfen Salzsäure beim Erwärmen im Wasserbad eine braune, flockig-harzige Masse (Glycyrrhetin) aus, während das Filtrat Fehlingsche Lösung beim Erwärmen reduziert (aus der glykosidischen Glycyrrhizinsäure ist ein reduzierender Zucker abgespalten worden). Der Rückstand von süßholzfreiem Bier hat keinen oder einen schwach bitterlichen Geschmack und gibt, mit Salzsäure behandelt, keine oder eine nur schwache weißliche Trübung.

31. Nachweis von Caramel (Zuckerfarbe). Nach V. Grießmayer

und L. Aubry schüttelt man 20 ccm Bier in einem Glaszylinder mit dem doppelten Raumteil festen Ammoniumsulfats und dem dreifachen Raumteil Alkohol von 95 Raumprozent. Nicht mit Zuckerfarbe gefärbtes Bier wird hierbei heller und auf dem Boden des Glaszylinders sammelt sich ein grauer Niederschlag an. Bier, das seine Farbe der Verwendung von Farbmalz verdankt, wird entfärbt und der Niederschlag ist dunkelbraun bis dunkelschwarz. Mit Zuckerfarbe gefärbtes Bier wird nicht entfärbt, sondern bleibt braun und bildet auch einen grauen bis braunen Niederschlag.

Das im III. Bd., 1. Teil, S. 569 beschriebene Verfahren von P. Carles[1]) ist auf Bier nicht anwendbar. Dagegen soll nach F. Zetsche[2]) das Verfahren von C. Amthor[3]) (III. Bd., 1. Teil, S. 569) die Unterscheidung von Bieren, die mit Farbmalz und mit Zuckerfarbe gefärbt sind, gestatten. Mit dem oben mitgeteilten Verfahren von Grießmayer und Aubry erhielt Zetsche keine befriedigenden Ergebnisse.

Von A. Jägerschmid[4]) wird folgendes Verfahren zum Nachweis von Caramel im Bier empfohlen: 100 ccm Bier werden mit einer aus gleichen Teilen Hühnereiweiß und Wasser bestehenden Eiweißlösung in einem hohen Becherglas gründlich durchgemischt und auf dem Drahtnetz unter stetigem Umrühren bis zur vollständigen Eiweißabscheidung erhitzt. Das Filtrat wird auf dem Wasserbade zum Sirup eingedampft und ein Teil des Sirups mit Äther, der andere Teil mit Aceton in einer Porzellanschale verrieben. Die ätherische Lösung wird nach und nach in zwei Vertiefungen einer Porzellantüpfelplatte abgegossen. Nach dem Verdunsten des Äthers gibt man 1—2 Tropfen einer frisch bereiteten Resorcin-Salzsäurelösung (1 g Resorcin auf 100 ccm konzentrierte Salzsäure) hinzu. Beim Vorhandensein von Caramel tritt sofort eine kirschrote Färbung auf, die dauernd anhält.

Der nötigenfalls filtrierte Acetonauszug gibt, in einem Probierröhrchen mit einem gleichen Raumteil konzentrierter Salzsäure übergossen, bei Gegenwart von Caramel eine karmoisinrote Färbung.

Es ist fraglich, ob es gelingen wird, den Zusatz von Zuckerfarbe zum Bier mit Sicherheit nachzuweisen. Denn die normalen Farbstoffe des Bieres, die beim Darren des Malzes entstehen oder dem zugesetzten (gebrannten) Farbmalz entstammen, sind dem Caramel ähnliche Stoffe, die sich von den durch Brennen von Rübenzucker, Melasse, Stärkezucker, oft unter Zusatz stickstoffhaltiger Stoffe, gewonnenen Zuckerfarben nicht allzuviel unterscheiden werden.

32. Nachweis von Teerfarbstoffen. Der Nachweis von Teerfarbstoffen

im Bier erfolgt in gleicher Weise wie beim Weißwein. Man vergleiche den Abschnitt „Wein" und III. Bd., 1. Teil, S. 550.

33. Nachweis von Hopfenersatzstoffen. Ein Ersatz des Hopfens

durch andere Bitterstoffe oder Alkaloide dürfte, wenn überhaupt, nur äußerst selten vorkommen; es gibt keinen Ersatzstoff für den Hopfen mit seinen verschiedenen eigenartigen

---

[1]) Journ. pharm. chim. [3], 1875, **22**, 127.
[2]) Pharm. Centralhalle 1908, **49**, 180.
[3]) Zeitschr. f. analyt. Chemie 1885, **24**, 30.
[4]) Zeitschr. f. Untersuchung d. Nahrungs- u. Genußmittel 1909, **17**, 269.

Bestandteilen. Eine etwa notwendig werdende Prüfung auf fremde Bitterstoffe erfolgt im wesentlichen nach G. Dragendorff (III. Bd., 1. Teil, S. 302). Zu beachten ist, daß auch im Hopfen Stoffe vorhanden sind, die Alkaloidreaktionen geben; sofern die Prüfung auf Bitterstoffe und Alkaloide irgendeinen positiven Befund ergibt, darf daher in keinem Fall versäumt werden, einen Vergleichsversuch mit reinem Bier und Hopfenauszügen zu machen.

34. *Nachweis von Furfurol.* Von 100 ccm Würze oder Bier werden 10 ccm abdestilliert und das Destillat in gleicher Weise wie Branntwein auf Furfurol geprüft (vgl. S. 348).

Das Furfurol ist kein Gärungserzeugnis, sondern findet sich schon in den dunklen Malzen und entsteht beim Kochen der Maischen und Würzen unter dem Einfluß der sauren Bestandteile aus Pentosanen bzw. Pentosen. Bei der Gärung der Bierwürze verschwindet das Furfurol ganz oder größtenteils, so daß das fertige Bier meist kein unverändertes Furfurol mehr enthält[1]). Nach C. J. Lintner[2]) bildet das Furfurol mit Schwefelwasserstoff, der bei der alkoholischen Gärung entstehen kann, geschwefelte Verbindungen, die selbst in sehr starker Verdünnung einen durchdringenden, brotartigen Geruch haben.

35. *Prüfung des Bieres auf sein Verhalten gegen Jodlösung.* Normales Bier soll so weit verzuckert sein, daß es Stärke und Dextrine, die mit Jod eine Färbung geben, nicht mehr enthält. Oft genügt die Prüfung des Bieres mit Jodlösung ohne jede Vorbereitung. Man gibt in ein Porzellanschälchen oder besser in die Vertiefungen einer Porzellantüpfelplatte etwas Bier und einen Überschuß an Jodlösung (0,1 g Jod und 0,2 g Jodkalium in 100 ccm Wasser). Blaufärbung zeigt verkleisterte Stärke oder Amylodextrin, Rotfärbung Erythrodextrin und Violettfärbung eine Mischung dieser Stoffe an. In zweifelhaften Fällen, ferner bei dunklen und trüben Bieren versetzt man 5 ccm Bier in einem Probierröhrchen mit 25 ccm wasserfreiem Alkohol und schüttelt kräftig durch. Die flockig abgeschiedenen Dextrine setzen sich bald ab. Man gießt den Alkohol ab, löst die Dextrine in wenig Wasser und prüft die Lösung mit Jodlösung.

Jodunnormale Biere neigen erfahrungsgemäß zu Bakterientrübungen. Biere, die verkleisterte Stärke enthalten, sind trüb (kleistertrüb) und lassen sich nicht blank filtrieren.

36. *Prüfung des Bieres auf Neutralisationsmittel.* Mit Neutralisationsmitteln behandelte Biere zeigen oft einen niedrigen Säuregehalt, doch läßt sich hieraus kein sicherer Schluß ziehen, da der Säuregehalt der Biere je nach der Beschaffenheit (Gehalt an Erdalkalicarbonaten) des Brauwassers, der Art des Maischverfahrens und der Lagerung sehr verschieden sein kann; auch Art und Beschaffenheit des Malzes haben einen bedeutenden Einfluß darauf. Wenn man die einzelnen Säuregruppen (flüchtige und nichtflüchtige organische Säuren und saure Phosphate) nach Prior getrennt bestimmt, so weist ein geringer Gehalt an sauren Phosphaten und das geänderte Mengenverhältnis der drei Säuregruppen zueinander auf eine stattgehabte Neutralisation hin.

Aus einem höheren Aschengehalt des Bieres kann nicht auf den Zusatz von Neutralisationsmitteln geschlossen werden, denn der Mineralstoffgehalt der Biere unterliegt großen Schwankungen. Dagegen kann die Zusammensetzung der Bierasche in dieser Richtung Anhaltspunkte geben. Die Alkalität der Asche normaler Biere entspricht in der Regel 0,2—0,3, höchstens 0,4 ccm Normalsäure für die Asche von 100 ccm Bier. Eine höhere Alkalität der Bierasche weist auf eine stattgehabte Neutralisation hin[3]). Dasselbe gilt von einem merk-

---

[1]) N. van Laer, Journ. of the Feder. Inst. of Brewing 1898, **4**, 2; C. Heim, Zeitschr. f. d. gesamte Brauwesen 1898, **21**, 155; W. Windisch, Wochenschr. f. Brauerei 1898, **15**, 54, 189; 1899, **16**, 653; J. Brand, Zeitschr. f. d. gesamte Brauwesen 1898, **21**, 255; C. Nagel, Wochenschr. f. Brauerei 1913, **30**, 395.

[2]) C. J. Lintner, Zeitschr. f. d. gesamte Brauwesen 1910, **33**, 361.

[3]) E. Spaeth, Zeitschr. f. Untersuchung d. Nahrungs- u. Genußmittel 1899, **2**, 721; August Grohmann, Beitrag zur Frage des Nachweises von Neutralisationsmitteln im Bier, Inaug.-Dissert. Würzburg 1908; Zeitschr. f. Untersuchung d. Nahrungs- u. Genußmittel 1909, **17**, 222.

lichen Kohlensäuregehalt der Bierasche[1]); die Asche von normalem Bier ist fast frei von Kohlensäure. Da die Neutralisation des Bieres meist mit Natriumbicarbonat erfolgt, wird dadurch der Natrongehalt der Bierasche einseitig erhöht; normale Bierasche enthält auf 1 Teil Natron mindestens 3 Teile, meist aber mehr Kali.

Zur annähernden Bestimmung einer stattgehabten Neutralisation des Bieres dient das folgende Verfahren von E. Spaeth[2]): 500 ccm entkohlensäuertes Bier werden mit 100 ccm 10proz. Ammoniak versetzt und 4—5 Stunden stehen gelassen, worauf man den Niederschlag, der die Phosphate des Kalkes und der Magnesia enthält, abfiltriert.

a) 120 ccm des ammoniakalischen Filtrats (entsprechend 100 ccm Bier) werden eingedampft, verascht und in der Asche wird die an Alkalien gebundene Phosphorsäure nach dem Molybdänverfahren bestimmt.

b) 250 ccm Filtrat werden ohne Verjagen des Ammoniaks zur Ausfällung der an Alkalien gebundenen Phosphorsäure mit 25 ccm Bleiessig versetzt, tüchtig geschüttelt und nach 5—6stündiger Ruhe filtriert. 200 ccm des Filtrats dampft man zur Entfernung des Ammoniaks auf etwa 30—40 ccm ein, verdünnt den Rückstand mit Wasser, kocht einmal auf und ergänzt die Flüssigkeit nach dem Erkalten wieder auf 200 ccm. 175 ccm der Flüssigkeit werden abpipettiert, mit einigen Tropfen Essigsäure versetzt und dann wird Schwefelwasserstoff eingeleitet. Der überschüssige Schwefelwasserstoff wird durch einen Luft- oder Kohlensäurestrom entfernt und das Schwefelblei abfiltriert. 150 ccm des Filtrats (entsprechend 113 ccm Bier) werden in einer Platinschale eingedampft und sorgfältig verascht. Man nimmt die völlig weiße Asche in Wasser auf, leitet 15—20 Minuten lang Kohlensäure hindurch, erhitzt kurz zum Kochen, gibt 30 ccm $1/_{10}$ N.-Schwefelsäure hinzu und kocht $1/_2$ Stunde nach Einlegen einer Platinspirale. Alsdann wird die Alkalität der Asche durch Zurücktitrieren mit $1/_{10}$ N.-Natronlauge festgestellt[3]).

Aus der nach a) gefundenen, an Alkalien gebundenen Phosphorsäure, die nach E. Prior in der Form primärer Phosphate im Bier enthalten ist, und dem nach b) bestimmten Alkaligehalt der Asche läßt sich die Größe der stattgehabten Neutralisation des Bieres berechnen. Bei normalem Bier entspricht die Acidität der nach a) gefundenen Phosphorsäure in der Form primärer Alkaliphosphate ungefähr der nach b) festgestellten Alkalität der Asche. Ist letztere größer, so ist damit die stattgehabte Neutralisation erwiesen, und man kann ihren Grad aus der Differenz berechnen. 0,01 g der nach a) gefundenen Phosphorsäure (P_2O_5) entsprechen 0,0191 g KH_2PO_4 und diesen wieder 1,4 ccm $1/_{10}$ N.-Säure. Multipliziert man daher die nach a) gefundene Phosphorsäure mit 140, so erhält man die zur Neutralisation der Bierasche nach b) bei normalem Bier erforderliche Menge $1/_{10}$ N.-Säure. Wird bei der Neutralisation der Bierasche nach b) mehr Säure verbraucht, so ist der Mehrverbrauch an $1/_{10}$ N.-Säure auf Rechnung des zugesetzten Neutralisationsmittels zu setzen. Fast immer wird Natriumbicarbonat zu diesem Zweck verwendet, man berechnet daher den Mehrverbrauch an $1/_{10}$ N.-Säure auf Natriumbicarbonat. 1 ccm Mehrverbrauch an $1/_{10}$ N.-Säure bei der Alkalitätsbestimmung unter b) entspricht 0,0084 g Natriumbicarbonat. Zur Berechnung der zu 100 ccm Bier zugesetzten Menge Natriumbicarbonat kann folgende Formel dienen:

$$x = 0,0084(b - 140\,a),$$

worin a die nach a) bestimmte Phosphorsäure in Grammen und b die nach b) zur Neutralisation der Asche erforderlichen Kubikzentimeter $1/_{10}$ N.-Schwefelsäure bedeutet.

Bei normalem Bier ist die Acidität der Alkaliphosphate in der Regel etwas größer als die Alkalität der Asche nach b), weil beim Ausfällen der Erdalkaliphosphate durch Ammoniak

---

[1]) August Grohmann, a. a. O.

[2]) Forschungsber. über Lebensmittel 1895, **2**, 303; Zeitschr. f. angew. Chemie 1898, S. 4.

[3]) Der Bleiessig setzt sich in ammoniakalischer Lösung mit den Alkaliphosphaten zu Bleiphosphat und essigsauren Alkalien um; diese werden beim Veraschen in Carbonate umgewandelt und in der Asche als solche titriert.

kleine Mengen löslicher Ammoniumphosphate gebildet werden. Man findet daher etwas zu wenig Natriumbicarbonat. Der Fehler ist aber nur klein.

A. Ott[1]) schlug zum Nachweis von Neutralisationsmitteln im Bier die Bestimmung der flüchtigen Säuren direkt und nach Zusatz von Phosphorsäure vor. E. Spaeth[2]) wies aber nach, daß dieses Verfahren zu keinem Ergebnis führen kann, weil die Säuerung der Biere, die durch den Zusatz von Neutralisationsmitteln verdeckt werden soll, in der Regel nicht durch Essigsäurebakterien, sondern durch Milchsäurebakterien bewirkt wird; dabei entsteht also nicht Essigsäure, sondern Milchsäure. Außerdem sättigt das zugesetzte Neutralisationsmittel zuerst die sauren Phosphate und die nichtflüchtigen Säuren des Bieres und erst zuletzt die flüchtigen Säuren.

37. Nachweis und Bestimmung von Schwermetallen und Arsen. Von Schwermetallen können Kupfer, Zinn, Zink und Blei, letzteres aus den Blei- röhren der Ausschankapparate, im Bier vorkommen. Arsenhaltiges Bier wurde in Eng- land beobachtet; das Arsen rührte aus einem unreinen, zur Bierbereitung verwendeten Zucker her.

Der Nachweis und die Bestimmung der genannten Schwermetalle und des Arsens erfolgt nach III. Bd., 1. Teil, S. 497 und 499. Bezüglich des Nachweises und der Bestimmung von Zink vgl. auch J. Brand[3]), von Blei A. W. Knapp[4]), von Arsen J. Riider und A. Green- wood[5]), den Bericht der englischen Kommission, die zur Prüfung der Frage des Arsens im Bier eingesetzt war[6]), ferner T. E. Thorpe[7]) und A. Lam[8]).

38. Nachweis einer stattgehabten Pasteurisierung des Bieres. Das Verfahren beruht auf der Gegenwart von Invertase im Bier, die durch das Pasteurisieren (Erwärmen auf Temperaturen über 55° C) zerstört wird. Nach Arminius Bau[9]) werden nebeneinander 20 ccm des Bieres direkt und 20 ccm Bier nach dem Aufkochen mit je 20 ccm einer 20 proz. Saccharoselösung versetzt und 24 Stunden bei gewöhnlicher Temperatur stehen gelassen. Dann gibt man zu jeder Probe $1/2$ ccm Bleiessig, schüttelt um, füllt mit destilliertem Wasser auf 50 ccm auf, filtriert und polarisiert. Findet man beim Vergleich beider Proben erhebliche Unterschiede im Drehungsvermögen, so ist ein Teil der Saccharose in der nicht aufgekochten Probe invertiert worden, das Enzym Invertase ist also noch vorhanden, und das Bier war nicht pasteurisiert. Ist das Drehungsvermögen beider Proben gleich oder doch annähernd gleich, so war das Bier pasteurisiert.

Ein von Birger Bugge[10]) angegebenes Verfahren beruht auf den gleichen Grundsätzen, er ermittelt aber die durch die Invertase des Bieres bewirkte Inversion der Saccharose nicht durch Polarisation, sondern durch Feststellung des Kupferreduktionsvermögens.

39. Mikroskopische und mykologische Untersuchung des Bieres. Trübungen des filtrierten, trinkfertigen Bieres können hervorgerufen sein durch unorganisierte Stoffe und durch Mikroorganismen. Von Trübungen durch nicht organisierte Stoffe kommen am häufigsten

[1]) Zeitschr. f. d. gesamte Brauwesen 1897, **20**, 668.

[2]) Zeitschr. f. Untersuchung d. Nahrungs- u. Genußmittel 1899, **2**, 719; Zeitschr. f. analyt. Chemie 1899, **38**, 746.

[3]) Zeitschr. f. d. gesamte Brauwesen 1905, **28**, 438.

[4]) Journ. Soc. Chem. Ind. 1911, **30**, 165.

[5]) Chem. News 1901, **83**, 61.

[6]) Analyst 1901, **26**, 13.

[7]) Proced. Chem. Soc. 1903, **19**, 183; Zeitschr. f. Untersuchung d. Nahrungs- u. Genußmittel 1904, **7**, 155.

[8]) Zeitschr. f. Untersuchung d. Nahrungs- u. Genußmittel 1904, **7**, 676.

[9]) Wochenschr. f. Brauerei 1902, **19**, 44.

[10]) Zeitschr. f. Untersuchung d. Nahrungs- u. Genußmittel 1911, **24**, 704.

a) Eiweißtrübungen (Glutintrübungen) vor; häufig sind sie durch starkes Abkühlen (Kältetrübung) oder durch Metalle (Metalltrübung) bewirkt[1]). Kältetrübe Biere werden beim Erwärmen wieder klar. Die Metalltrübungen[2]) werden meist durch das Zinn der Rahmen der Filtrierapparate hervorgerufen, solange das Metall noch nicht mit „Bierstein" bedeckt ist. Metalltrübe Biere werden beim Erwärmen nicht klar. Das Eiweiß erkennt man durch die Löslichkeit in Alkalien und durch die Eiweißreaktionen.

b) Hier und da trifft man auch kleistertrübe Biere, bei denen die Trübung durch aufgequollene Stärke und Amylodextrin hervorgerufen ist. Kleistertrübe Biere sind nicht haltbar und sehr empfänglich für Infektionen durch Mikroorganismen. Über die Erkennung der Kleistertrübung vgl. S. 431 unter 35.

c) Ganz selten kommen Harztrübungen vor; das in der Form feiner Tröpfchen im Bier verteilte Harz stammt nicht aus dem Hopfen, sondern aus dem Pech, mit dem die Fässer gepicht sind[3]). Auch oxalsaurer Kalk ist als Ursache einer Biertrübung beobachtet worden[4]).

d) Von Trübungen des Bieres durch Mikroorganismen kommen am häufigsten solche durch Hefen vor, sowohl durch Kulturhefen, als auch durch wilde Hefen.

Hefetrübungen treten besonders leicht bei schlecht vergorenen Bieren auf, d. h. bei solchen, die noch größere Mengen vergärbaren Zuckers enthalten. Ein Maß hierfür ist der Unterschied zwischen dem Endvergärungsgrad und dem scheinbaren Vergärungsgrad. Bei gut vergorenen hellen Bieren soll der scheinbare Vergärungsgrad dem Endvergärungsgrad nahekommen; bei dunklen Bieren kann der Unterschied etwas größer sein. Schlechte Vergärung findet sich namentlich bei zu kurzer Lagerzeit des Bieres, sie kann aber auch verschiedene andere Ursachen haben. Je wärmer das Bier aufbewahrt wird, um so leichter und rascher treten Mikroorganismentrübungen auf.

e) Von Bakterien findet man als Erreger von Biertrübungen am meisten Kokken, oft Diplokokken oder die besonders gefürchteten Sarcinen, die zum Teil den Geschmack des Bieres ungünstig beeinflussen. Auch Stäbchenbakterien, meist Milchsäurestäbchen, seltener Essigsäure-, Buttersäure- und andere Bakterien, treten als Erreger von Biertrübungen auf.

f) Für das Fadenziehendwerden sind eine Reihe von Bakterien verantwortlich gemacht, so z. B. Pediococcus viscosus (im Berliner Weißbier) von P. Lindner[5]), der Bacillus I und II von H. van Laer[6]) (in belgischen Bieren), gleichzeitig mit Bac. bruxellensis in Bieren, die gleichzeitig die Erscheinung der „double face" zeigten, der Pediococcus cerevisiae von Brown und Morris[7]), der Bacillus viscosus III von L. van Dam[8]) (in englischen Bieren).

Day und Baker[9]) konnten in schleimigen englischen Bieren weder Bac. viscosus III noch Pediococcus cerevisiae als Erreger der Schleimkrankheit nachweisen, dagegen fanden sie als Erreger eine Bakterie, die zu den Essigbakterien gehört und welche sie daher Bacterium aceti viscosum nannten. Mit Hilfe des Plattenkulturverfahrens (III. Bd., 1. Teil, S. 654)

---

[1]) F. Schönfeld, Wochenschr. f. Brauerei 1912, **29**, 557.

[2]) Vgl. C. Bergsten, Wochenschr. f. Brauerei 1903, **20**, 646; W. Windisch, ebendort 1904, **21**, 92, 197; F. Schönfeld, ebendort 1904, **21**, 124, 133, 209; H. Seyffert, ebendort 1904, **21**, 398; J. Brand, Zeitschr. f. d. gesamte Brauwesen 1904, **27**, 713; 1905, **28**, 237; K. Dinklage, ebendort 1904, **27**, 209; P. Regensburger, ebendort 1904, **27**, 411.

[3]) H. Will, Zeitschr. f. d. gesamte Brauwesen 1904, **27**, 29.

[4]) H. Will, Ebendort 1910, **33**, 129, 141.

[5]) Wochenschr. f. Brauerei 1889, **6**, 181.

[6]) Extrait des memoires couronnés et autres memoires publiés par l'Acad. royale de Belgique 1889, 3.

[7]) Journ. of the Federat. Inst. of Brewing 1895, **14**, 1; 1912, **18**, 652.

[8]) Bull. de l'Assoc. Belg. des Chim. 1896, 9.

[9]) Centralbl. f. Bakteriologie, II. Abt. 1912, **36**, 433.

züchteten **Day** und **Baker** aus verschiedenen Bieren und Würzen von drei Brauereien 160 Organismen und teilten sie nach ihrem Verhalten in verschiedenen Nährlösungen in zwei Gruppen. Die eine Gruppe, die meistens zu zwei verbundene Kurzstäbchen bildet, oxydiert Alkohol zu Essigsäure, Glykose zu Glykonsäure und entwickelt bei Gegenwart von Kohlenhydraten in der Nährlösung kein Gas. Die zweite Gruppe oxydiert Alkohol nicht, entwickelt aber Gase bei Gegenwart von Kohlenhydraten. Unter der ersten Gruppe, die noch wieder in zwei Untergruppen zerfällt, befinden sich vorwiegend die Schleimbildner und unter diesen in erster Linie das Bacterium aceti viscosum. Es verursacht die Schleimkrankheit im Bier, wenn die Infektion bereits vor der Gärung stattgefunden hat, aber nur dann, wenn **Luft zum Bier zutreten** kann; es entwickelt sich dann schnell, bildet eine Haut und ruft Säuerung wie Schleimigwerden hervor. Aus dem Grunde treten letztere Krankheiten meistens, wenn das Bier in Abfüllereien zeitweise in Fässern oder Rohrleitungen gestanden hat, in **Flaschenbier** auf, und zwar in den zuerst abgefüllten Flaschen mehr als in den zuletzt abgefüllten. Diese wie das rückständige Bier im Faß können dabei gesund bleiben.

g) Über die Untersuchung der **Hefen** vgl. III. Bd., 2. Teil, S. 698 und 1. Teil, S. 656 u. f. Zur eingehenden **mykologischen** Untersuchung des Bieres sind größere Erfahrungen nötig; sie bleibt am besten den besonderen brautechnischen Untersuchungsanstalten vorbehalten. Außer auf III. Bd., 1. Teil, S. 654 ff. sei auf folgende Sonderwerke verwiesen:

A. **Lafar**, Handbuch der technischen Mykologie. Jena 1904—1914. 5 Bände.

A. **Jörgensen**, Die Mikroorganismen der Gärungsindustrie. 4. Auflage. Berlin 1898.

Klöcker, Die Gärungsorganismen. Stuttgart 1906.

P. **Lindner**, Mikroskopische Betriebskontrolle in den Gärungsgewerben. 5. Aufl. Berlin 1909.

P. **Lindner**, Atlas der mikroskopischen Grundlagen der Gärungskunde. Berlin 1910.

H. **Will**, Anleitung zur biologischen Untersuchung und Begutachtung von Bierwürze, Bierhefe, Bier und Brauwasser, zur Betriebskontrolle sowie zur Hefenreinzucht. München und Berlin 1909.

W. **Henneberg**, Gärungsbakteriologisches Praktikum, Betriebsuntersuchungen und Pilzkunde. Berlin 1909.

C. Die Beurteilung des Bieres.

I. Beurteilung nach den Brausteuergesetzen.

Bei der Beurteilung des Bieres ist nicht nur das Nahrungsmittelgesetz vom 14. Mai 1879 maßgebend, sondern sind neben anderen Gesetzen auch die Brausteuergesetze, die in den einzelnen Teilen des Reiches gelten, von Wichtigkeit. Die in den **Brausteuergesetzen** gegebenen Begriffserklärungen für Bier gelten auch für die Beurteilung des Bieres vom Standpunkt des **Nahrungsmittelgesetzes**. Die Herstellung von Bier entgegen den Bestimmungen der Brausteuergesetze stellt sich auch regelmäßig als ein Verstoß gegen das Nahrungsmittelgesetz dar.

1. Das norddeutsche Brausteuergesetz vom 15. Juli 1909, das für das innerhalb der Zollinie liegende Gebiet des Deutschen Reiches mit Ausschluß von Bayern, Württemberg, Baden, Elsaß-Lothringen, des sachsen-weimarischen Vordergerichts Ostheim und sachsenkoburg- und gothaischen Amtes Königsberg gilt, bestimmt u. a. folgendes:

Zur Bereitung von **untergärigem** Bier darf nur Gerstenmalz, Hopfen, Hefe und Wasser verwendet werden; bei der Herstellung von **obergärigem** Bier dürfen auch Malz aus anderen Getreidearten, auch aus Buchweizen, nicht aber aus Reis, Mais und Dari, technisch reiner Rohr-, Rüben- oder Invertzucker, Stärkezucker und aus diesen Zuckerarten hergestellte Farbmittel verwendet werden. Für die Bereitung besonderer Biere und von Bier, das nachweislich zur Ausfuhr bestimmt ist, können von der obersten Finanzbehörde Ausnahmen von diesen Vorschriften gestattet werden.

Der Zusatz von Wasser zum Bier durch Brauer, Bierhändler oder Wirte nach Abschluß des Brauverfahrens außerhalb der Brauereien ist untersagt.

Die Verwendung aller Malz- und Hopfenersatzstoffe sowie von Zutaten irgendwelcher Art, auch wenn sie nicht unter den Begriff der Hopfen- oder Malzersatzstoffe fallen, ist bei der Bierbereitung verboten.

Färbebier, das ausschließlich aus Gerstenmalz, Hopfen, Hefe und Wasser im Gebiet des Geltungsbereichs des Gesetzes unter Steuerkontrolle hergestellt ist, darf auch zum Färben von untergärigem Bier verwendet werden.

Die Verwendung von Bierklärmitteln, die rein mechanisch wirken und vollständig oder doch nahezu vollständig wieder ausgeschieden werden, wie Holzspäne, Holzkohle und Hausenblase, ist erlaubt.

Das zur Bierbereitung dienende Wasser darf enteisent werden; das Hinzufügen von Mineralsalzen, z. B. kohlensaurem und schwefelsaurem Kalk, kann von der Direktivbehörde bei nachgewiesenem Bedürfnis insoweit gestattet werden, als dadurch das Wasser keine andere Zusammensetzung erhält, als sie für Brauzwecke geeignete natürliche Wasser besitzen. Die Beifügung der Mineralsalze muß vor Beginn des Brauens erfolgen. Ein Zusatz von Säuren zum Brauwasser ist verboten.

Unter der Bezeichnung ‚Malzbier‘ oder einer sonstigen Bezeichnung, die das Wort ‚Malz‘ enthält, darf ein (obergäriges) Bier, das unter Mitverwendung von Zucker hergestellt worden ist, nur dann in den Verkehr gebracht werden, wenn neben dem Zucker noch mindestens 15 kg Malz zur Bereitung von 1 hl Bier verwendet worden sind. Die Verwendung von Zucker bei der Herstellung von Malzbier ist auf den Etiketten, Plakaten und sonstigen Anpreisungen in deutlich lesbarer Schrift an augenfälliger Stelle anzugeben.

In Bayern, Württemberg, Baden und Elsaß-Lothringen darf Bier nur aus Malz, Hopfen, Hefe und Wasser hergestellt werden. Für untergäriges Bier ist nur Gerstenmalz zulässig, für obergäriges Bier auch anderes Malz, aber nicht Zucker. Die Verwendung von Färbebier, das innerhalb des Landes unter Steueraufsicht ausschließlich aus Gerstenmalz, Hopfen, Hefe und Wasser hergestellt ist, ist zulässig. Auch wird der Zusatz von schwefelsaurem Kalk zum Brauwasser in gleicher Weise wie in Norddeutschland gestattet.

2. Verbotene Zusätze bzw. Behandlungen nach dem Brausteuergesetz.

Nach Maßgabe der Brausteuergesetze ist es u. a. verboten, bei der Herstellung des Bieres folgende Stoffe zu verwenden bzw. zuzusetzen:

Anderes Malz als Gerstenmalz bei untergärigen Bieren.

Rohfrucht, also ungekeimte Getreide, Reis, Mais; nur angekeimte Gerste (Spitzmalz) gilt als Rohfrucht.

Zucker aller Art; zur Herstellung obergäriger Biere dürfen in dem Bereich der norddeutschen Brausteuergemeinschaft gewisse Zuckerarten verwendet werden.

Süßholz und Süßholzauszüge, die als Malzersatzstoffe anzusehen sind.

Künstliche Süßstoffe, z. B. Saccharin und Dulcin; der Zusatz dieser Stoffe zum Bier und der Verkauf süßstoffhaltiger Biere ist bereits durch das Süßstoffgesetz vom 7. Juli 1902 verboten.

Zuckerfarbe, die aus Zuckerarten hergestellt ist, als Zusatz zu untergärigen Bieren; zur Verwendung von Färbebier, das aus Farbmalz hergestellt ist, kann unter bestimmten Voraussetzungen die Erlaubnis erteilt werden.

Hopfenersatzstoffe aller Art; in Süddeutschland dürfen fertige Hopfenauszüge nicht verwendet werden.

Konservierungsmittel aller Art, wie schweflige Säure und deren Salze, Fluorwasserstoffsäure und deren Verbindungen, auch Kieselfluorwasserstoffsäure, Wasserstoffsuperoxyd, Borsäure und deren Verbindungen, Benzoesäure und deren Salze, Salicylsäure und deren Salze, Zimtsäure und deren Salze, Ameisensäure, Formaldehyd usw.

Teerfarbstoffe zum Färben des Bieres.
Künstliche Schaummittel (Saponin u. dgl.).
Glycerin.
Alkohol.
Neutralisationsmittel, z. B. Natriumbicarbonat, zur scheinbaren Verbesserung sauer
gewordener Biere.

3. Anhaltspunkte für den Nachweis der verbotenen Zusätze.

a) Die Mitverwendung von Malz anderer Art als Gerstenmalz und von Rohfrucht
und Spitzmalz bei der Bierbereitung ist an dem fertigen Bier nicht nachweisbar. Die Rohfrucht gibt beim Maischen mit Malz, wenn sie zuvor gekocht ist, ungefähr die gleiche Menge
Extrakt wie das Malz und der Extrakt ist auch ungefähr gleich zusammengesetzt.

b) Auch der Nachweis der Mitverwendung von Zucker ist oft, wenn überhaupt
möglich, nur schwer zu erbringen. Falls es sich um Saccharose handelt und diese teilweise noch unverändert in dem Bier enthalten ist, kann unter Umständen das Verfahren
von S. Rothenfußer (S. 417) zum Ziele führen. Wenn die Saccharose bereits der Würze
vor der Gärung zugesetzt wurde, ist es nicht wahrscheinlich, daß sich in dem fertigen Bier
noch unveränderte Saccharose findet; sie wird durch die Hefe invertiert. Das Verfahren von
Rothenfußer ist auch noch nicht als einwandfrei bestätigt; Schlüsse aus dem Ergebnis
dieses Verfahrens sind daher bis auf weiteres mit größter Vorsicht zu ziehen.

Da die Zuckerarten stickstofffrei sind, hat man zum Nachweis der Mitverwendung von Zucker bei der Bierbereitung auch den Stickstoffgehalt des Bieres herangezogen.
In den bayerischen Vereinbarungen (S. 33) heißt es, der Stickstoffgehalt der aus Gerstenmalz hergestellten Biere sinke niemals unter 1% des Extrakts; liege er unter 0,9% des Extrakts,
so lasse dies auf die Mitverwendung von stickstofffreien oder stickstoffarmen Malzersatzstoffen
schließen. Besser ist es zweifellos, den Stickstoffgehalt des Bieres nicht zu dem noch vorhandenen Extraktgehalt des Bieres, sondern zu der Stammwürze, dem Extrakt der Bierwürze vor der Gärung, in Beziehung zu setzen. Die deutschen Vereinbarungen sagen, der
Stickstoffgehalt des Bieres betrage meist 0,4—0,5% der Stammwürze. Auch in dieser Frage
ist größte Vorsicht anzuraten. Der Stickstoffgehalt des Bieres ist abhängig von dem Proteingehalt der Gerste, der zwischen 8 und 17% der Trockensubstanz schwanken kann, von der
Art des Mälzens und des Maischens und vom Verlauf der Gärung. Es ist zu beachten, daß
die Landwirtschaft heute allgemein auf die Erzeugung proteinarmer Gersten für Brauzwecke hinarbeitet und daß auch der Brauer bestrebt ist, möglichst proteinarme Würzen und
Biere herzustellen, z. B. durch kürzeres Wachsenlassen des Malzes für helle Biere, weil
proteinarme Biere unter sonst gleichen Umständen haltbarer sind und länger klar bleiben
als proteinreiche Biere. Der Verfasser der bayerischen Vereinbarungen, E. Prior, wies selbst
mit Nachdruck auf die Unsicherheit des Nachweises der Mitverwendung von stickstofffreien
Stoffen bei der Bierbereitung hin[1]) und seitdem (1898) haben sich die Verhältnisse noch
wesentlich zuungunsten dieses Nachweises geändert.

Ähnliches gilt auch von dem Phosphorsäuregehalt des Bieres, der zu dem gleichen
Zweck herangezogen worden ist. Der Phosphorsäuregehalt (P_2O_5) des Bieres beträgt meist
0,4—0,5% der Stammwürze, also etwa soviel wie der Stickstoffgehalt. Er ist, abgesehen
von dem Phosphorsäuregehalt des Malzes bzw. der Gerste, in hohem Maße abhängig von
dem Gehalt des Brauwassers an Erdalkalicarbonaten, durch die bedeutende Mengen von
Phosphaten unlöslich abgeschieden werden.

c) Bezüglich der Konservierungsmittel ist zu beachten, daß die schweflige
Säure in kleinen Mengen ein natürlicher Bestandteil vieler Biere ist. Bei der Gärung von

---

[1]) Zeitschr. f. Untersuchung d. Nahrungs- u. Genußmittel 1899, **2**, 697.

zuckerhaltigen Flüssigkeiten, die gelöste Sulfate enthalten, entsteht häufig schweflige Säure durch Reduktion der Sulfate. Die Bildung von schwefliger Säure aus Sulfaten bei der Gärung ist ein physiologischer Vorgang, der in der Individualität der Heferasse begründet und von den Lebensbedingungen der Hefe abhängig ist. G. Graf[1]) fand in Bieren, die weder mit schwefliger Säure, noch mit Sulfiten behandelt waren, bis zu 14 mg schweflige Säure (SO_2) im Liter. Bei Gärversuchen mit verschiedenen Heferassen stieg die Menge der entstandenen schwefligen Säure bis zu 54 mg im Liter. Bonn[2]) fand in nordfranzösischen Bieren, die nicht mit schwefliger Säure oder Sulfiten behandelt waren, 12,8—25,6 mg schweflige Säure (SO_2) im Liter. Vielfach pflegt man in Brauereien die Fässer mit Schwefel einzubrennen, um sie keimfrei zu machen und zu erhalten, wie dies in der Weinbehandlung allgemein üblich ist. Nachdem man im Wein einen recht beträchtlichen Gehalt an schwefliger Säure zuläßt, erscheint es nicht gerechtfertigt, den Brauern die Desinfektion der Fässer durch Einbrennen mit Schwefel zu verbieten. Daß aus geschwefeltem Hopfen merkliche Mengen von schwefliger Säure in das Bier gelangen sollten, ist nicht wahrscheinlich, sofern die Bierwürze längere Zeit mit dem Hopfen gekocht wird.

In den deutschen Vereinbarungen heißt es: „Im Bier gefundene größere Mengen von schwefliger Säure, welche durch mehr als 20 mg schwefelsaures Barium aus 200 ccm Bier angezeigt werden, können als zum Zwecke der Haltbarmachung zugesetzt angesehen werden." Dieser Menge Bariumsulfat entsprechen 13,74 mg schweflige Säure im Liter Bier. Nach dem Codex alim. austr. (I. Bd., 1911, S. 359) ist ein Bier, das mehr als 16 mg schweflige Säure enthält, als gesundheitsschädlich anzusehen; nach dem Schweizerischen Lebensmittelbuch (2. Aufl., S. 38) darf ein im Verkehr befindliches Bier nicht mehr als 20 mg gesamte schweflige Säure im Liter enthalten. Diese Grenzzahlen dürften wohl etwas höher anzusetzen sein.

d) Borsäure ist ein normaler Bestandteil des Hopfens und geht nach J. Brand[3]) daraus in kleinen Mengen in das Bier über. Aus dem Nachweis von Spuren von Borsäure im Bier darf man daher nicht auf einen absichtlichen Zusatz von Borsäure oder Boraten schließen.

e) Das gleiche gilt auch von Fluorverbindungen, wenn sich die Angaben von A. G. Woodman und H. P. Talbot[4]) bestätigen. Diese fanden nämlich kleine Mengen von Fluorverbindungen in der Gerste, im Malz, in dem (in Amerika verwendeten) Brauzucker, im Wasser, das mit fluorhaltigem Gips versetzt worden war, in der Hefe und im Bier. Letzteres enthielt meist nur 0,2 mg Fluor im Liter, 10 mg im Liter werden aber noch als zulässig bezeichnet.

f) Bei der Prüfung der Biere auf Salicylsäure ist zu beachten, daß das im Caramelmalz und im caramelisierten Farbmalz vorkommende Maltol nach J. Brand[5]) mit Eisenchlorid ebenfalls eine violette Färbung ergibt. Durch Prüfung mit Millons Reagens können Salicylsäure und Maltol unterschieden werden (vgl. S. 426). Wenn irgend möglich, sollte man die Salicylsäure in krystallisiertem Zustand aus dem Bier gewinnen.

g) Der Glyceringehalt des Bieres geht in der Regel nicht über 0,25—0,3% hinaus. Auf 100 g Alkohol kommen im Bier 3,8—5,5 g Glycerin; das Alkohol-Glycerin-Verhältnis ist also beim Bier niedriger als beim Wein; dies ist der Eigenart der Bierhefe und dem Umstand zuzuschreiben, daß die Biergärung bei niederer Temperatur verläuft. Ein Glyceringehalt von über 0,4% weist auf einen Glycerinzusatz hin.

h) Ein kleiner Alkoholzusatz zum Bier ist chemisch nicht nachweisbar.

---

[1]) Zeitschr. f. d. gesamte Brauwesen 1904, **27**, 617.

[2]) Annal. falsific. 1909, **2**, 44.

[3]) Zeitschr. f. d. gesamte Brauwesen 1892, **14**, 426.

[4]) Journ. Amer. Chem. Soc. 1907, **29**, 1362.

[5]) Zeitschr. f. d. gesamte Brauwesen 1893, **16**, 303.

II. Beurteilung des Bieres nach dem Sinnen- und dem analytischen Befunde.

1. Normales, trinkfertiges Bier soll in der Regel klar sein, sofern es sich nicht um besondere Biersorten (Lichtenhainer, Berliner Weißbier u. dgl.) handelt; beim Eingießen des Bieres soll eine rahmartige, nicht großblasige Schaumdecke entstehen. Der Kohlensäuregehalt des Bieres beträgt meist 0,3—0,4%, bei obergärigen Bieren ist er höher; Bier mit weniger als 0,3% Kohlensäure schmeckt schal. Der Geschmack des Bieres soll rein sein.

2. Biere, die einen widerwärtigen, ekelerregenden Geschmack und Geruch haben, sind zu beanstanden; Pechgeschmack ist nicht hierherzuzählen.

3. Saure Biere sind als verdorben anzusehen.

Man erkennt sie am Geruch und Geschmack, auch sind sie in der Regel bakterientrüb. Der Säuregehalt des normalen Bieres hängt ab von der Art des Malzes (lang gewachsenes Malz ist saurer), der Art des Maischvorgangs und vor allem von der Beschaffenheit des Brauwassers; durch einen hohen Gehalt des Brauwassers an Erdalkalicarbonaten wird die Säure der Würze teilweise neutralisiert. Der Gehalt an Gesamtsäure steigt bei normalen untergärigen Bieren meist nicht über 3 ccm Normalalkali auf 100 g Bier oder 0,27%, als Milchsäure berechnet. Ein höherer Säuregehalt allein genügt jedoch nicht zur Beanstandung eines Bieres. Viele sauer gewordenen Biere sind reich an flüchtigen Säuren. Meist enthalten gesunde Biere nur wenig flüchtige Säuren, 0,01—0,02%, als Essigsäure berechnet, gelegentlich auch mehr, bis zu 0,05%. Ein höherer Gehalt an flüchtigen Säuren ist bedenklich. Einige obergärige Biere, z. B. Berliner Weißbier, haben normalerweise einen viel höheren Säuregehalt.

4. Stark trübe Biere, die einen erheblichen Bodensatz bilden, namentlich wenn sie auch im Geschmack unnormal sind und die Trübung durch Bakterien und wilde Hefen hervorgerufen ist, sind zu beanstanden.

Trübungen durch Kulturhefen finden sich nur in schlecht vergorenen Bieren, die noch gärfähigen Zucker enthalten. Leichte, schwache Trübungen, die das Bier nur schleierig oder staubig machen, sind, soweit sie durch Kulturhefen, wilde Hefen, Eiweiß (Glutin), Stärke, Amylodextrin, Erythrodextrin, Harz u. dgl. bewirkt sind und den Geschmack des Bieres nicht beeinflussen, nicht zu beanstanden.

Nach den bayerischen Vereinbarungen sollen Biere mit einem leichten Hefeschleier nur dann zugelassen werden, wenn ihr (wirklicher) Vergärungsgrad 48% oder mehr beträgt. Biere, die die Nachgärung auf der Flasche durchmachen (z. B. Berliner Weißbier u. a.), sind stets mehr oder weniger hefentrüb.

5. Bier, das mit Tropfbier und Bierneigen (Hansel) oder mit lange an der Luft gestandenen Faßresten vermischt ist, ist als verfälscht und verdorben zu bezeichnen. Dasselbe gilt von wieder aufgefrischtem Bier, wenn etwa, was vorkommen soll, fehlerhaftes, ungenießbar gewordenes untergäriges Bier durch Zusatz von Wasser, Malzwürze oder Zucker und durch Zusatz von obergäriger Bierhefe in obergäriges Bier verwandelt, oder schal gewordenes Bier durch Einpressen von Kohlensäure wieder aufgebessert wird. Ein solches Bier ist wie „wieder aufgefrischte Butter" (III. Bd., 2. Teil, S. 406) zu beurteilen.

6. Der Vergärungsgrad des Bieres ist je nach den Verhältnissen sehr verschieden. Nach den bayerischen Vereinbarungen haben bayerische Biere in der Regel einen wirklichen Vergärungsgrad von 48%, mindestens aber von 44%. Das Schweizerische Lebensmittelbuch verlangt einen Vergärungsgrad von mindestens 46%. Der Codex alimentarius austriacus hält ein Bier mit weniger als 45% Vergärungsgrad wegen Reifemangels für minderwertig. Allgemeingültige Vorschriften über den Vergärungsgrad gibt es nicht.

Bei der Beurteilung des Vergärungsgrades des Bieres sollte auch der Endvergärungsgrad herangezogen werden; der Vergärungsgrad sollte bei hellen Bieren dem Endvergärungsgrad recht nahe kommen, d. h. der vergärbare Zucker sollte bei der Bottich- und Faßgärung möglichst vollständig wirklich vergoren sein. Nur nahezu endvergorene Biere sind gut haltbar; wenn noch vergärbarer Zucker im Bier vorhanden ist, treten die in keinem filtrierten Bier fehlenden Hefezellen in Tätigkeit und trüben das Bier. Es liegt daher auch im Interesse des Bierbrauers, nur gut vergorene Biere hinauszugeben. Das Alter des Bieres ist naturgemäß von größtem Einfluß auf den Vergärungsgrad; zu jung zum Ausstoß gebrachte Biere sind meist schlecht vergoren und demgemäß nicht haltbar. Eine Lagerzeit von 3—4 Wochen sollte man jedem Bier gönnen.

7. Der Stammwürzegehalt der Biere ist sehr verschieden; feste Grenzen lassen sich hierfür nicht aufstellen.

In neuerer Zeit ist die Stärke der Biere infolge der hohen Belastung des Braugewerbes durch Steuern, Erhöhung der Rohstoffpreise und Löhne, die durch eine entsprechende Erhöhung der Bierpreise nicht ausgeglichen wurden, in vielen Gegenden geringer geworden. Gewöhnliche „einfache" untergärige Biere haben jetzt vielfach einen Stammwürzegehalt von etwa 10%, er geht aber auch auf 9% und selbst unter 9% herunter. Spezialbiere (Doppelbier, Bockbier, Pilsner-Ersatz) haben meist 12—13% Stammwürze, Starkbiere nach Art des Salvators, Märzenbiere usw. bis zu 18% Stammwürze. Manche obergärigen Biere, Erntebiere, Scheps usw. sind sehr dünn. Eine bestimmte Vorschrift bezüglich der Höhe der Stammwürze besteht nicht. Unter Umständen ist die Möglichkeit gegeben, gegen untergärige Biere mit sehr niedriger Stammwürze (unter 8%) vorzugehen, ebenso wenn Biere mit 10—11% Stammwürze als Doppelbier, Spezialbier, Bockbier u. dgl. bezeichnet werden.

8. Der Mineralstoffgehalt der Biere beträgt in der Regel 0,3%. Er richtet sich aber nach der Stammwürze; je höher diese, um so höher ist unter sonst gleichen Umständen auch der Mineralstoffgehalt. Ferner ist er abhängig von dem Mineralstoffgehalt des Brauwassers, der erheblich schwanken kann, und von dem Mineralstoffgehalt des Malzes. Dies gilt namentlich auch vom Schwefelsäuregehalt, unter Umständen auch vom Chlorgehalt (kochsalzhaltiges Brauwasser).

9. Die Anwendung von Färbebier betreffend. Wie schon erwähnt, ist in allen Brausteuergebieten die Verwendung von Färbebier, das in dem Geltungsbereich des betreffenden Gebietes ausschließlich aus Gerstenmalz, Hopfen, Hefe und Wasser hergestellt worden ist, von den Finanzverwaltungen ausdrücklich zugelassen worden. Ganz unabhängig davon ist die Frage zu entscheiden, ob es auch gestattet sein soll, helles Bier durch Färben mit steuerlich zulässigem Färbebier in dunkles Bier zu verwandeln. Die Ansichten hierüber sind geteilt. Es wird die Ansicht vertreten, helles und dunkles Bier seien voneinander verschieden, wie etwa Weißwein und Rotwein; dunkel gefärbtes helles Bier sei kein dunkles Bier. In diesem Sinne wurde ein badischer Brauer, der aus hellem Bier durch Zusatz von steuerlich zulässigem Färbebier dunkles Bier herstellte, durch Urteil des badischen Oberlandesgerichts Karlsruhe bestraft. Andere vertreten die Meinung, helle und dunkle Biere seien wesentlich nur durch die Farbe unterschieden, und es könne daher helles Bier durch nachträglichen Zusatz des erlaubten Färbemittels in wirkliches dunkles Bier umgewandelt werden. Wenn man bedenkt, daß das Färbebier ursprünglich nur dazu dienen soll, ein an sich dunkel gefärbtes Bier in der Farbe aufzubessern, so dürfte die erste Ansicht die richtigere sein. Denn sonst könnte jeder Bierwirt aus einem und demselben hellen Bier verschieden gefärbte dunkle Biere, wie sie die jeweiligen Biertrinker wünschen, herstellen und mit den von ihnen gewünschten Namen belegen, was gewiß nicht dem Sinne des Biersteuergesetzes entspricht.

10. Die Bezeichnung eines Bieres muß der Art und dem Ursprung desselben entsprechen. Die Belegung des Bieres mit einer irreführenden Bezeichnung, z. B. die Belegung eines leichten Bieres mit einem Namen, der für stark eingebrautes Bier ortsüblich ist, die Bezeichnung eines Bieres als Malzbier, das vorwiegend nur aus Malzersatzstoffen hergestellt ist, ist unzulässig. Ebenso dürfen Biere, die nach Pilsener oder Münchener Art hergestellt sind, nicht als Pilsener ohne kennzeichnenden Zusatz oder gar echt Pilsener (Pilsener Ur-

quell) bzw. als echt Münchener Bier oder mit dem Namen bedeutender Marken dieser Art feilgehalten und verkauft werden.

11. Da es „alkoholfreie Biere" nicht gibt, so dürfen Getränke, welche durch Einpressen von Kohlensäure in Würze oder gehopfte Würze hergestellt sind, nur als „Trinkwürze" oder „Malzwürze" bezeichnet werden. Erzeugnisse dieser Art, welche nur aus Zucker, etwas Würze, Biercouleur oder Teerfarbstoffen unter Einpressen von Kohlensäure gewonnen sind, dürfen nur unter Bezeichnungen feilgehalten und verkauft werden, welche die Art der Herstellung als Kunsterzeugnis erkennen läßt (vgl. III. Bd., 2. Teil, S. 945).

Beurteilung des Bieres nach der Rechtsprechung.

1. Allgemeines. Die Frage, ob ein zum Verkauf hergestelltes und in Verkehr gebrachtes Bier als echtes und normales anzusehen ist, ist nach der ständigen Rechtsprechung auf Grund der Landesgesetzgebung zu beurteilen. In Bayern z. B. ist Bier nach den älteren Vorschriften, wie nach dem Malzaufschlaggesetz nur das aus Malz, Hopfen und Wasser hergestellte Getränk. Eine Nachmachung oder Verfälschung eines Nahrungsmittels hat aber nur der fremde Zusatz zur Folge, der dem Bier durch Veränderung der vorgeschriebenen stofflichen Beschaffenheit einen seinem wahren Wesen nicht entsprechenden Schein verleiht, es mittels Entnehmens oder Zusetzens von Stoffen verschlechtert oder ihm den Schein einer besseren als seiner wirklichen Beschaffenheit verleiht. Dagegen würde der Zusatz eines fremden Stoffes, der etwa nur zur Konservierung der guten Beschaffenheit des Bieres erfolgte, wohl gegen das bayerische Malzaufschlaggesetz verstoßen, nicht aber Nachmachung oder Verfälschung im Sinne des § 10 des Nahrungsmittelgesetzes begründen, mindestens dann nicht, wenn er sich wieder verflüchtigt hat. (Veröff. Kais. Gesundheitsamts 1886, S. 97, 178; Rechtspr. des Reichsgerichts in Strafsachen **7**, 314, 705, 707; **11**, 297; **12**, 98.)

Nachdem in den süddeutschen Staaten Württemberg, Baden, Elsaß-Lothringen das Surrogatverbot bei der Bierbereitung vollständig und in der norddeutschen Brausteuergemeinschaft für untergärige Biere durchgeführt ist, gelten für die Gebiete die gleichen Gesichtspunkte, wie sie für bayerische Biere vom Reichsgericht aufgestellt sind.

2. Vermischen verschiedener Biersorten. Wenn ein gehaltreiches oder von den Konsumenten als besonders gut erachtetes Bier mit geringerwertigem Bier vermischt wird, so ist das eine Verfälschung des besseren Bieres. Dies gilt insbesondere, wenn Original-Münchener-, -Pilsener-, -Kulmbacher- u. dgl. Bier mit anderem Bier vermischt und als Münchener usw. Bier verschänkt wird. Das gleiche gilt beim Vermischen von Lagerbier mit geringwertigem Nachbier (in Bayern Scheps genannt) oder von Doppelbier mit gewöhnlichem, einfachem Bier. Herstellung einer Biersorte durch Vermischen von zwei anderen kann unter Umständen ein Nachmachen von Bier sein. In dieser Hinsicht sind zwei Reichsgerichtsurteile von Interesse. Im ersten Fall war Bockbier mit hellem Bier vermischt und die Mischung als Gambrinusbier verkauft worden. Das Reichsgericht führt dazu aus, es sei nicht abzusehen, weshalb bei Herstellung verschiedener Genußmittel in derselben Fabrik das eine nicht zur Verfälschung des anderen dienen könne. Der geforderte Preis sei für den Tatbestand der Verfälschung von Nahrungs- und Genußmitteln ohne Belang, weil dieses Vergehen im Gegensatz zum Betrug nicht erheische, daß ein rechtswidriger Vermögensvorteil erstrebt werde. (RG., 29. November 1889; Auszüge aus gerichtl. Entscheid. 1893, **2**, 43.)

In einem zweiten Fall waren $^3/_4$ Lagerbier und $^1/_4$ Einfachbier gemischt und die Mischung als böhmisches Schankbier verkauft worden. Als nachgemacht gilt nach dem Urteil des Reichsgerichts die Sache, die in der Weise und zu dem Zweck hergestellt ist, daß sie nach Form oder Stoff eine andere Sache zu sein scheint, als sie wirklich ist (vgl. III. Bd., 2. Teil, S. 9). Das durch die Mischung hergestellte Getränk sei ein anderes als das bestellte gewesen. Die Nachahmung erfordere nicht eine Beimischung fremdartiger Stoffe, auch sei kein Gewicht darauf zu legen, daß das hergestellte Gemisch vielleicht teurer zu stehen gekommen sei als das böhmische Schankbier, ebensowenig darauf, ob das Mischprodukt das böhmische Bier noch an Stärke übertroffen habe. (RG., 20. Mai 1889; Veröff. Kais. Gesundheitsamts 1890, S. 162.)

In einem anderen Fall wurde das Auffüllen der Lagerfässer vor dem Spunden mit Wasser oder dünnem Nachbier als eine betriebstechnisch notwendige Maßnahme anerkannt. Der Zusatz von Wasser oder Nachbier ist hierbei auch sehr gering (5—12 l auf 13—20 hl Bier). Der Zusatz von Nachbier zum normalen Schankbier im Schankfaß vor dem Ausschänken ist eine Verfälschung des Schankbieres, das dadurch minderwertig wird. Die Konsumenten waren zu der Erwartung berechtigt, daß sie Bier bekamen, wie es im Lagerfaß war. Das Verteidigungsvorbringen, der Brauer könne sein Bier beliebig stark oder leicht machen, trifft nicht den Kern der Sache; es handelt sich hier nicht um die ursprüngliche Herstellung des Bieres, sondern um eine nachträgliche Veränderung an dem bereits hergestellten und zum Ausschank reifen Bier. Verurteilung aus § 10[1 u. 2] NMG. (LG. Landshut, 1. Oktober 1907; Auszüge aus gerichtl. Entscheid. 1912, 8, 168.)

Über die Einzelurteile vgl. Veröff. Kais. Gesundheitsamts 1890, S. 150, 151, 162, 335; Auszüge aus gerichtl. Entscheid. 1893, 2, 43; 1896, 3, 25; 1900, 4, 52; 1902, 5, 114—116; 1905, 6, 118, 119; 1908, 7, 105; 1912, 8, 167—169.

3. *Wasserzusatz zum Bier.* Jeder Wasserzusatz zum Bier, der nach Beendigung des Brauprozesses erfolgt, also zum fertigen Bier, ist eine Verfälschung, sofern er überhaupt die Beschaffenheit des Bieres beeinflußt. Das Reichsgericht führt in seiner Entscheidung vom 10. Januar 1893 (Auszüge aus gerichtl. Entscheid. 1896, 3, 25) dazu aus: Das Naturprodukt Wasser ist ein anderer Gegenstand als das Kunstprodukt Bier, wenngleich es einen Bestandteil des Bieres ausmacht und insofern diesem im allgemeinen nicht „fremd" ist. Aber imbesondere, d. h. in Beziehung auf ein bestimmtes Bier, ist jedes Wasser, das nicht zu seiner Erzeugung gedient hat und hierdurch ein Bestandteil desselben geworden ist, in jedem Sinn des Wortes ein fremder Körper. Es ist, da es sich hier um Zusatz zu fertigem Bier handelt, gleichgültig, ob vorher ein solcher Zusatz nach den Regeln der Brautechnik geboten ist. Die Bezeichnung der Wässerung fertigen Bieres schlechthin als Fälschung, Bierverdünnung, Bierpanscherei ist nicht rechtsirrtümlich, da die Qualität des Bieres auf dem Verhältnis seiner einzelnen Bestandteile zueinander beruht. Dieses Verhältnis wird durch den Wasserzusatz zuungunsten der Bestandteile, die das Bier vom Wasser unterscheiden und darum in der Schätzung der Biertrinker wertvoller machen, verändert, also verschlechtert.

Insbesondere sei noch hervorgehoben, daß auch der Wasserzusatz zu Weißbier, Braunbier, Potsdamer Stangenbier, Leipziger Gose und ähnlichen obergärigen Bieren durch Wirte und Wiederverkäufer als Verfälschung des Bieres angesehen wurde. (AG. Berlin, 27. Juli und 9. November 1889; LG. I Berlin, 6. Januar 1890: Auszüge aus gerichtl. Entscheid. 1900, 4, 53. LG. Freiburg i. Br., 1. Februar 1904: Auszüge aus gerichtl. Entscheid. 1908, 7, 109.)

Ein Brauer hatte, um seinen durch Verwendung von zuviel Hopfen zu bitter gewordenen Scheps (dünnes Nachbier) genießbarer zu machen und um seinen Vorrat an Scheps zu vergrößern, auf 100 l Scheps 50 l gutes Schänkbier und 50 l frisches Quellwasser gesetzt und das Gemisch als Scheps zum Preise von 0,12 M. für das Liter verkauft. Verurteilung aus § 10[1 u. 2] NMG. (LG. II München, 5. April 1900: Auszüge aus gerichtl. Entscheid. 1902, 5, 119.)

Über die Einzelurteile vgl. Veröff. Kais. Gesundheitsamts 1890, S. 163; Auszüge aus gerichtl. Entscheid. 1896, 3, 25; 1900, 4, 53; 1902, 5, 114, 119, 120; 1905, 6, 123, 124; 1908, 7, 105, 108, 109; 1912, 8, 167, 172; Gesetze, Verordn., Gerichtsentscheid. 1913, 5, 256.

4. *Verwendung von Zucker, auch Stärkezucker.* Verwendung von Zucker (und anderen Stoffen) bei der Herstellung von obergärigem Weißbier in Bayern. Vergehen gegen Artikel 7 des bayerischen Malzaufschlaggesetzes in der Fassung der Bekanntmachung vom 10. Dezember 1889.

LG. Passau, 29. Juli 1889. (Auszüge aus gerichtl. Entscheid. 1902, 5, 144.)

Zusatz von Zucker und Biercouleur zu untergärigem Bier. Verurteilung aus § 37 Abs. 1 des Brausteuergesetzes vom 3. Juni 1906.

LG. Lüneburg; RG., 4. Mai 1908. (Gesetze, Verordn., Gerichtsentscheid. 1911, **3**, 78.)

Stärkezuckerzusatz zum Bier ist eine Verfälschung im Sinne des NMG.

RG., 30. November 1885. (Veröff. Kais. Gesundheitsamts 1886, S. 178.) LG. Hof, 5. April 1886. (Ebenda 1886, S. 445.)

5. Verwendung von Reis. Verwendung von Reis zur Herstellung von Bier (in Bayern) verstößt nicht nur gegen Artikel 7 und 73 des bayerischen Malzaufschlaggesetzes vom 10. Dezember 1889, sondern auch gegen § 10 NMG.

LG. Bamberg, 31. Januar 1901. (Auszüge aus gerichtl. Entscheid. 1905, **6**, 145.)

6. Biercouleur (Zuckercouleur). In Bayern, das schon seit Jahrhunderten das Malzsurrogatverbot hat, wurde der Zusatz von Biercouleur (Zuckercouleur) von jeher nicht nur als ein Verstoß gegen das bayerische Malzaufschlaggesetz, sondern auch als Verfälschung (Verstoß gegen § 10 NMG.) angesehen. Jedes derartige Bier gilt als verfälscht. Die gleiche Beurteilung erfährt das untergärige Bier jetzt im ganzen Deutschen Reich, nachdem jetzt für das untergärige Bier das Malzsurrogatverbot allgemein eingeführt ist.

Über die zahlreichen Einzelurteile vgl. Veröff. Kais. Gesundheitsamts 1886, S. 59, 160, 178, 238, 445; 1890, S. 193, 194; Auszüge aus gerichtl. Entscheid. 1902, **5**, 145, 146; 1905, **6**, 149, 155; 1908, **7**, 108, 109, 134, 137—139; 1912, **8**, 187, 189, 190; Gesetze, Verordn., Gerichtsentscheid. 1911, **3**, 75, 77, 78.

7. Doppeltkohlensaures Natron (Moussierpulver). Der Zusatz von Natriumbicarbonat erfolgt entweder, um in schal gewordenem Bier die verloren gegangene Kohlensäure zu ersetzen oder um einen abnorm hohen Säuregehalt sauer gewordenen Bieres zu verdecken. Mit Natriumbicarbonat versetztes Bier ist von den Gerichten regelmäßig als verfälscht im Sinne des § 10 NMG. angesehen worden; soweit sauer gewordenes Bier vorlag, fanden auch Verurteilungen aus § 12 und 14 NMG. (Gesundheitsgefährlichkeit) statt. In Bayern galt der Natriumbicarbonatzusatz stets auch als Verstoß gegen das Malzaufschlaggesetz.

Die zahlreichen Einzelurteile sind abgedruckt in Veröff. Kais. Gesundheitsamts 1886, S. 178, 211, 271, 348, 445; 1890, S. 192, 183; Auszüge aus gerichtl. Entscheid. 1900, **4**, 80—82; 1902, **5**, 115, 144—146; 1905, **6**, 145, 147, 148; 1908, **7**, 107, 108, 127, 136, 137; 1912, **8**, 171, 188.

8. Süßholz. Verurteilung aus § 10 NMG.

RG., 30. November 1885. (Veröff. Kaiserl. Gesundheitsamts 1886, S. 348.)

Verurteilung aus § 10[1 u. 2] NMG. und Art. 7, 71 des bayerischen Malzaufschlaggesetzes vom 10. Dezember 1889.

LG. Augsburg, 29. Oktober 1896. (Auszüge aus gerichtl. Entscheid. 1900, **4**, 82.

20 hl Weißbier waren $\frac{1}{2}$ Pfund Koriander, $\frac{1}{4}$ Pfund Fenchel, $\frac{1}{2}$ Pfund weißer Zimt und 1 Pfund Süßholz zugesetzt worden. Freisprechung mit folgender Begründung: Das Bier ist durch die genannten Zusätze weder substantiell verschlechtert, noch mit dem Schein einer besseren Beschaffenheit versehen worden. Es ist in der Hauptsache aus den vier Grundstoffen des Bieres, Malz, Hopfen, Hefe und Wasser, bereitet und daher mit Recht unter der Bezeichnung Weißbier verkauft worden. Die sämtlichen Zusätze wirken nur auf den Geschmack ein, in jeder anderen Beziehung sind sie indifferent. In der Einwirkung auf den Geschmack kann man aber eine Verschlechterung des Bieres nicht erblicken. Für Mitteldeutschland besteht keine Vorschrift, daß Bier, also auch Weißbier, nur aus Malz, Hopfen, Hefe und Wasser herzustellen ist und Zusätze überhaupt nicht erlaubt sind. (Nach dem Brausteuergesetz vom 3. Juni 1906 trifft dies nicht mehr zu. Das vorstehende Urteil dient zur Beleuchtung der Verhältnisse, die vor 1906 im Gebiet der norddeutschen Brausteuergemeinschaft bestanden.)

LG. Altenburg (S.-A.), 4. Oktober 1904. (Auszüge aus gerichtl. Entscheid. 1908, **7**, 138.)

Der Zusatz von gemahlenem Süßholz zum Bier verstößt gegen § 1, 37 des Brausteuergesetzes vom 3. Juni 1906, ferner aber auch gegen § 10$^{1\text{ u. }2}$ NMG., das Bier wird durch das Süßholz verfälscht. Die im § 1 des Brausteuergesetzes aufgeführten, allein bei der Bierbereitung zulässigen Stoffe stellen die Normalbestandteile des Bieres dar. Durch die Mitverwendung des gesetzlich unzulässigen Süßholzes wurde dem Bier, indem die löslichen Stoffe des Süßholzes sich dem Getränk unausscheidbar mitteilten und dadurch eine substantielle Veränderung desselben bewirkten, eine anormale Zusammensetzung verliehen, die geeignet war, dem Bier den Schein einer besseren Beschaffenheit (Verwendung einer größeren Malzmenge) zu geben. — Die Verurteilung erfolgte nur aus § 10$^{1\text{ u. }2}$ NMG.; eine Idealkonkurrenz mit § 37 des Brausteuergesetzes vom 3. Juni 1906 liegt nicht vor. Die in dem letztgenannten Paragraphen angedrohte Geldstrafe soll nur eintreten, soweit nicht nach anderen Gesetzen eine höhere Strafe verwirkt ist. Damit wird vom Gesetzgeber die Subsidiarität des Brausteuergesetzes ausdrücklich festgesetzt. Seine Anwendbarkeit soll für den Fall, daß auf den von ihm umfaßten Tatbestand ein anderes Strafgesetz mit schwererer Strafandrohung Anwendung findet, ausgeschlossen sein, so daß es hinter das andere Strafgesetz zurücktritt und durch den von diesem unter Strafe gestellten Tatbestand nicht verletzt wird, weil es eben diesen Tatbestand mit seiner Strafandrohung nicht treffen will. Das Reichsgericht hat diese Entscheidung bestätigt.

LG. Leipzig, 8. Juli 1909; RG., 21. Dezember 1909. (Gesetze, Verordn., Gerichtsentscheid. 1910, **2**, 329.)

9. Künstliche Süßstoffe. Der Zusatz künstlicher Süßstoffe zum Bier wurde bereits vor Erlaß der beiden Süßstoffgesetze vom 6. Juli 1898 und 7. Juli 1902 als Verfälschung des Bieres angesehen, sofern der Zusatz nicht richtig gekennzeichnet war. Unter der Herrschaft des Süßstoffgesetzes vom 7. Juli 1902 ist jeder Zusatz von Saccharin zum Bier strafbar, aber er stellt nur dann einen Verstoß gegen § 10 NMG. dar, wenn er zum Zweck der Täuschung erfolgt und beim Verkauf verschwiegen wird. In einem Fall, wo „recht süßes Malzbier" verlangt wurde und der Verkäufer dem Bier eine Saccharintablette zugesetzt hatte, erblickte das Landgericht III Berlin keinen Verstoß gegen § 10 NMG. (Urteil vom 21. Mai 1912; Gesetze, Verordn., Gerichtsentscheid. 1912, **4**, 272.)

Wird durch dieselbe Handlung das Brausteuer-, Süßstoff- und Nahrungsmittelgesetz verletzt, so hat nach einem Urteil des Landgerichts I Berlin vom 18. April 1912 die Bestrafung aus dem Nahrungsmittelgesetz zu erfolgen, weil dieses die höchste Strafandrohung (neben der Strafe auch Veröffentlichung des Urteils) enthält. Das Brausteuergesetz scheidet für die Bestrafung aus; wegen der Gründe vgl. das Urteil am Ende des vorhergehenden Absatzes. (Gesetze, Verordn., Gerichtsentscheid. 1913, **5**, 44.)

Die Gratisbeigabe von Süßstofftäfelchen beim Verkauf von Bier zur Umgehung des im Süßstoffgesetz enthaltenen Verbots ist als Verkauf von Süßstoff anzusehen. Die Beigabe von Süßstofftäfelchen ist kein selbständiger Schenkungsakt, der, losgelöst von den eigentlichen Kaufgeschäften, so nebenher läuft, sondern ein Faktor, der die Ware erst gangbar und verkaufsfähig macht und auch rechnungsmäßig bei dem Massenverkauf ins Gewicht fällt. Bier und Süßstoff hatten aus rein wirtschaftlichen Gründen zusammen einen Preis, für den der Konsument das Bier mit der angeblichen Gratiszugabe käuflich erwarb.

LG. I Berlin, 7. Dezember 1903; RG., 2. Dezember 1904; LG. I Berlin, 10. Mai 1905. (Auszüge aus gerichtl. Entscheid. 1908, **7**, 131, 128.) LG. Halberstadt, 20. Februar 1904; RG., 11. Juli 1904; LG. Halberstadt, 17. September 1904. (Auszüge aus gerichtl. Entscheid. 1908, **7**, 133.) LG. I Berlin, 30. Mai 1904; RG., 23. Mai 1905; LG. I Berlin 29. September 1905; RG., 9. Januar 1906. (Auszüge aus gerichtl. Entscheid. 1908, **7**, 443.)

Die zahlreichen Einzelurteile finden sich in Auszügen aus gerichtl. Entscheid. 1896, **3**, 30—32; 1900, 4, 70—78; 1902, **5**, 137—142; 1905, **6**, 123, 142—145, 155, 156; 1908, **7**, 108, 126, 128—136, 443; 1912, 8, 172, 185—187. Gesetze, Verordn., Gerichtsentscheid. 1912, **4**, 58, 272; 1913, **5**, 44, 200.

10. Glycerin. Glycerin ist Malzsurrogat. Sein Zusatz zum Bier verstößt gegen die Brau-steuergesetze und gegen § 10 NMG.

RG., 30. November 1885; LG. Neuburg a. D., 15. April 1889 und 5. Juni 1889. (Veröff. Kais. Gesundheitsamts 1886, S. 348; 1890, S. 193.)

11. Salicylsäure. In einer älteren Entscheidung (vom 30. November 1885) erkennt das Reichsgericht den Zusatz von Salicylsäure in solchen Mengen zum Bier, daß dadurch wohl eine konservierende Wirkung ausgeübt, nicht aber eine Veränderung in der stofflichen Zu-sammensetzung des Bieres bedingt wird, zwar als eine Übertretung des bayerischen Malz-aufschlaggesetzes, nicht aber als eine Verfälschung im Sinne des § 10 NMG. an. (Veröff. Kais. Gesundheitsamts 1886, S. 97, 212, 238.)

Wenn Salicylsäure dem bereits auf den Lager- oder Schänkfässern befindlichen Bier hinzugefügt wird, um dieses haltbarer zu machen, so verbleibt die Salicylsäure im Bier, gibt ihm eine andere stoffliche Zusammensetzung und ist daher ein Fälschungsmittel.

LG. Hof, 5. April 1886. (Veröff. Kais. Gesundheitsamts 1886, S. 445.)

In einer neueren Entscheidung des Reichsgerichts heißt es: Wenn in früheren Ent-scheidungen des Reichsgerichts die Verwendung von Salicylsäure als Konservierungsmittel auch beim Bier nicht unbedingt als Verfälschungsmittel angesehen worden ist, so ist daran zu erinnern, daß schon damals das Reichsgericht auf die zu jener Zeit noch widersprechenden Ansichten fachmännischer Kreise über die mehr oder minder große Gesundheitsschädlichkeit der Salicylsäure hingewiesen hat (Entscheid. in Strafsachen **13**, 97). Inzwischen hat in der medizinischen Wissenschaft und bei den für diese Fragen maßgebenden behördlichen In-stanzen die Ansicht immer mehr an Boden gewonnen, daß auch die Einführung kleiner und kleinster Dosen von Salicylsäure in den menschlichen Körper nicht unbedenklich für die Gesundheit sei und diesem veränderten Stand der Wissenschaft wird auch die Recht-sprechung Rechnung zu tragen haben. (RG., 3. Juli 1906: Auszüge aus gerichtl. Entscheid. 1912, **8**, 184.)

Über die Einzelurteile vgl. Veröff. Kais. Gesundheitsamts 1886, S. 97, 178, 212, 238, 445; Auszüge aus gerichtl. Entscheid. 1902, **5**, 149; 1905, **6**, 152—154; 1908, **7**, 126; 1912, **8**, 184, 190.

12. Zusatz von Kochsalz und Weinsprit. Auf je 100 l Weißbier waren 125 g Kochsalz und ¼ l Weinsprit zugesetzt worden. Verurteilung aus § 10² NMG.

LG. Bonn, 1. Juli 1905. (Auszüge aus gerichtl. Entscheid. 1908, **7**, 139.)

13. Zuführung von Kohlensäure. Nach dem bayerischen Malzaufschlaggesetz ist jeder Stoff als ein unzulässiges Surrogat anzusehen, der im Zeitpunkt seiner Verwendung oder Beimengung zum Bier mit den für die Bierbereitung als allein zulässig erklärten Stoffen nicht identisch ist. Hierbei braucht es sich nicht um einen Stoff zu handeln, der geeignet ist, das Malz zu ersetzen. Es darf keinerlei anderer Stoff, gleichviel ob er das Malz zu ersetzen ver-mag oder nicht, zur Bierbereitung verwendet werden. Einen solchen Zusatz bildet zweifellos die eingepumpte Kohlensäure; sie ist kein Erzeugnis aus dem zum Bier verwendeten Hopfen und Malz, sondern wird durch ein vollständig verschiedenes Verfahren aus ganz anderen Stoffen gewonnen. Auf den Zeitpunkt der Verwendung des Surrogats oder des Zusatzes bei der Bierbereitung kommt es nicht an, es genügt, daß dem Bier zu irgendeinem Zeitpunkt vor dem Genuß eine andere als die gesetzlich allein zulässige Beschaffenheit verliehen wurde. Unter den wesentlichen Bestandteilen des in zulässiger Weise bereiteten Bieres findet sich auch Kohlensäure, die sich bei der Gärung entwickelt. Allein durch die Gärung entwickelte Kohlensäure steht hier nicht in Frage, denn die in das Bier nachträglich eingepumpte Kohlen-säure ist kein Erzeugnis aus dem zur Bereitung dieses Bieres verwendeten Malz. Verurteilung aus Art. 7 und 71 des bayerischen Malzaufschlaggesetzes vom 16. Mai 1868.

AG. Amberg, 10. Mai 1894; LG. Amberg, 10. Juli 1894; OLG. München, 20. November 1894. (Auszüge aus gerichtl. Entscheid. 1900, **4**, 79.)

14. Zusatz von Muskatnußmehl. Das Muskatnußmehl wurde der Hefe zugesetzt, angeblich um ihre Gärkraft zu erhöhen. Verurteilung aus Art. 7, 71 des bayerischen Malzaufschlaggesetzes vom 10. Dezember 1889.

AG. Bamberg, 17. September 1901; LG. Bamberg, 26. Oktober 1901. (Auszüge aus gerichtl. Entscheid. 1905, **6**, 152.)

15. Zusatz von Rum oder Arrak zur Hefe. Zur Hefe wurde eine kleine Menge (ein Schnapsgläschen voll) Rum oder Arrak gegeben, damit sie sich besser halte, mehr Schneid bekomme und eine bessere Gärung bewirke. Die so behandelte Hefe wurde ohne Waschen oder Abwässern der Bierwürze zugegeben, wodurch der Rum oder Arrak in die Würze gelangte und auch im Bier verblieb. Verurteilung aus Art. 7 des bayerischen Malzaufschlaggesetzes vom 8. Dezember 1889.

LG. Landshut, 6. März 1906. (Auszüge aus gerichtl. Entscheid. 1912, **8**, 172.) Weitere Urteile siehe Veröff. Kais. Gesundheitsamts 1890, S. 194; 1891, S. 83.

16. Gelatine und Hausenblase als Klärmittel. In Wasser aufgelöst bzw. aufgequollen, sind die genannten Klärmittel auch nach dem bayerischen Malzaufschlaggesetz zum Klären von Bier zulässig, weil sie sich vollständig aus dem Bier wieder ausscheiden.

LG. Fürth, 23. Februar 1887; LG. Neuburg a. D., 15. April und 15. Juni 1889. (Veröff. Kais. Gesundheitsamts 1888, S. 10; 1890, S. 193.)

17. Zusatz von Bierneigen, Überlaufbier, abgestrichenem Bier, Restbier aus Fässern. Bierneigen, von Gästen stehen gelassene Bierreste aus angetrunkenen Gläsern werden regelmäßig als ekelerregend und verdorben angesehen, ebenso das Bier, dem solche Bierneigen zugesetzt worden sind. Die Verurteilungen erfolgen aus § 10[1] NMG.

Bezüglich des Tropfbieres und des Überlaufbieres kommt es auf die näheren Umstände an. In einem Fall war das beim Abzapfen des Bieres in ein Porzellanbecken übergelaufene, das abgestrichene und abgetropfte, sowie das in den Rohren des Bierdruckapparates übriggebliebene Bier stets alsbald wieder in verschiedene Gläser verteilt und nach dem Zufüllen von frisch abgezapftem Bier an Gäste verabreicht worden. Die Strafkammer erkannte auf Freisprechung, weil das frische Bier hierdurch nicht verschlechtert oder ungenießbar geworden sei; auch die verkaufte Mischung sei weder minderwertig, noch verdorben, vielmehr ganz ordnungsmäßig gewesen. Dieses Urteil wurde vom Reichsgericht bestätigt, weil das Tropf- und Überlaufbier keine Einbuße an seiner ursprünglichen Güte erlitten habe; allein daraus, daß dieses Verfahren den Erwartungen der Gäste nicht entsprochen und sie vielleicht das Bier nicht getrunken haben würden, wenn sie davon in Kenntnis gesetzt worden wären, könne eine Verfälschung durch Verschlechterung oder ein Verdorbensein des Bieres nicht hergeleitet werden. Ohne eine erkennbare substantielle Veränderung der Sache erscheine eine Verfälschung oder ein Verderben derselben ausgeschlossen. (LG. Köln, 28. September 1894; RG., 10. Januar 1895: Auszüge aus gerichtl. Entscheid. 1900, **4**, 53.)

In einem anderen Fall war Bier, das bei dem mit starkem Schäumen verbundenen Anstechen als Schaum in ein unter den Hahn gestelltes, sauber gehaltenes, emailliertes Becken übergelaufen war, entweder sofort oder nach höchstens 5 Minuten langem Stehen zur Nachfüllung der ersten, infolge der lebhaften Schaumbildung nicht voll gewordenen Gläser verwendet worden. Über Nacht wurde das Becken entfernt, so daß eine Verwendung des vom geschlossenen Hahn abgetropften Bieres nicht stattfand; auch lief das Bier nicht über die Hände des Ausschänkers (sämtliche Gläser hatten Henkel). Die Strafkammer schloß sich den Gutachten an, wonach das als Schaum übergelaufene Bier durch den Fall in das Auffangbecken und infolge des Stehens in dem eine große Verdunstungsfläche bietenden Becken die Kohlensäure, einen wesentlichen Bestandteil des Bieres, in erheblichem Maße eingebüßt habe und minderwertig geworden sei. Ein Verdorbensein oder eine Gesundheitsschädlichkeit dieses Bieres wurde nicht angenommen. Die Gäste des feinen Restaurants (Zoologischer Garten) mußten, namentlich auch im Hinblick auf den höheren Preis des Bieres, erwarten, ein reines, unmittelbar vom Faß verzapftes Bier zu erhalten. Verurteilung aus § 10[1 u. 2] NMG., die vom Reichsgericht bestätigt wurde. (LG. Breslau, 21. November 1895; RG., 6. März 1896: Auszüge aus gerichtl. Entscheid. 1900, **4**, 54.)

Bezüglich des im Faß bei nicht völligem Leerwerden verbleibenden **Restbieres** ist folgende Entscheidung von Interesse. Ein Wirt füllte die Bierreste (2—3 l), die am Abend beim Schluß des Ausschanks im Faß verblieben, am anderen Morgen in Maßkrüge und verteilte dieses abgestandene Bier (sog. Nachtwächter) in Gläser, die zu zwei Drittel mit frisch angezapftem Bier gefüllt waren. Die Bierreste hatten durch das Stehen in dem fast leeren Faß große Mengen Kohlensäure verloren, das Bier wurde schal, verlor erheblich an Geschmack und Bekömmlichkeit und wurde minderwertig. Durch Vermischen dieses minderwertigen Bieres mit frischem Bier wurde letzteres verfälscht. Verurteilung aus § 10$^{1\ u.\ 2}$ NMG., die von dem Obersten Landesgericht München bestätigt wurde. (AG. Augsburg, 16. Juni 1908; LG. Augsburg, 18. August 1908; Oberstes Landesgericht München, 29. Oktober 1908: Auszüge aus gerichtl. Entscheid. 1912, **8**, 172.)

Bier, das durch **Umfallen der Gläser** in ein **Tablett** aus **Papiermaché** geflossen war, wurde in die Gläser zurückgegossen und mit frischem Bier aufgefüllt. Durch das Verschütten ist das Bier in seiner Beschaffenheit verschlechtert worden, gleichviel, ob das Tablett unsauber war oder nicht. Durch den Zusatz des verschütteten Bieres ist das frische Bier verfälscht worden. Verurteilung aus § 10^1 NMG. (AG. Berlin-Mitte, 4. Januar 1912; LG. I Berlin, 12. März 1912; Kammergericht, 14. Mai 1912: Gesetze, Verordn., Gerichtsentscheid. 1913, **5**, 42.)

Im Keller war ein größeres **Lagerfaß geplatzt** und das Bier in den Keller **ausgelaufen**; die Brauer liefen mit ihren Stiefeln in dem Bier herum, um den Kellerablauf zu verstopfen. Das im Keller stehende Bier wurde in ein Faß gepumpt und nach dem Absitzen des groben Schmutzes in ein anderes Faß umgepumpt. Dort wurde das Bier zweimal aufgekräust, d. h. mit gärender Bierwürze einer erneuten Gärung unterworfen. Durch das Auslaufen in den Keller hat das Bier eine Veränderung seines normalen Zustands erlitten und ist seine Tauglichkeit und Verwertbarkeit als Nahrungs- oder Genußmittel mindestens stark beeinträchtigt worden. Diese Beeinträchtigung konnte auch durch das nachfolgende Klärungsverfahren nicht behoben werden. Selbst wenn alle Schmutzbestandteile dadurch aus dem Bier entfernt worden wären, so haftete dem geklärten Bier immer noch der Mangel an, daß mit ihm nach dem Auslaufen aus dem Lagerfaß in höchst unreinlicher und unzulässiger Weise verfahren worden ist. Das Bier wird dadurch ekelerregend, und was Ekel erregt, ist zum menschlichen Genuß ungeeignet und, wenn auch nicht immer gesundheitsschädlich, so doch verdorben im Sinne des Nahrungsmittelgesetzes. Verurteilung aus § 10^2 NMG. (LG. Ansbach, 22. August 1901: Auszüge aus gerichtl. Entscheid. 1905, **6**, 158.)

In einem ähnlichen Fall wurde das in den Keller **ausgelaufene** Bier nur **filtriert**. Verurteilung aus § 10^2 NMG. Das Gericht vertritt in der Begründung die Rechtsauffassung, daß auch dann, wenn eine nochmalige Gärung des Bieres durchgeführt und alle unreinen Stoffe auf chemischem oder mechanischem Wege ausgeschieden worden wären, der Begriff eines „verdorbenen" Nahrungsmittels vorläge. Denn das Publikum erwartet und kann erwarten, daß ein Nahrungsmittel auf dem normalen, sauberen Wege hergestellt und ihm nicht ein verunreinigtes und dann wieder gereinigtes Nahrungsmittel geboten werde. Das objektive Moment, das die Ekelempfindung auslöst, kann nicht nur in einer noch vorhandenen abnormen Beschaffenheit des Nahrungsmittels selbst, sondern auch in einer abnormen Herstellungsweise liegen. (LG. Eichstätt, 27./30. November 1906: Auszüge aus gerichtl. Entscheid. 1912, **8**, 188.)

Die zahlreichen Einzelurteile finden sich in Veröff. Kais. Gesundheitsamts 1886, S. 271; 1888, S. 658, 681; 1890, S. 163, 177, 178, 179; Auszüge aus gerichtl. Entscheid. 1896, **3**, 25, 27, 29; 1900, **4**, 52, 53—68; 1902, **5**, 114, 120—133; 1905, **6**, 118, 120, 124—139, 158; 1908, **7**, 110—125; 1912, **8**, 165, 167, 172—181, 188; Gesetze, Verordn., Gerichtsentscheid. 1911, **3**, 87, 471; 1913, **5**, 40, 43.

18. Ekelerregende Stoffe im Bier. Wenn eine Katze oder Ratte in die Würze oder in das Bier fällt und das Bier nach Beseitigung des Kadavers in den Verkehr gebracht wird, so wird das Bier als ekelerregend und somit als verdorben angesehen. Ein Nahrungs- oder Genußmittel kann verdorben sein, ohne daß ein chemischer Zersetzungsprozeß nachgewiesen ist. Der Begriff des Verdorbenseins wird dadurch nicht ausgeschlossen, daß das Publikum von der Verunreinigung nichts weiß, sie nicht schmeckt, riecht oder sonst wahrnimmt. Die Schätzung ist entscheidend, die dem Nahrungs- oder Genußmittel zugestanden würde, wenn seine wahre Beschaffenheit bekannt wäre. Verurteilung aus § 10² NMG.

RG., 30. Januar 1893; LG. Nürnberg, 4. Mai 1893. (Auszüge aus gerichtl. Entscheid. 1896, **3**, 32.)

LG. München I, 23. Oktober 1899. (Auszüge aus gerichtl. Entscheid. 1902, **5**, 143.)

Wiederholt wurden Fälle verhandelt, in denen Bier mit Urin vermischt und das Gemisch Dritten zum Trinken gegeben wurde, worauf Übelkeit, Erbrechen, sogar längeres Unwohlsein eintrat. Verurteilung aus § 12¹ NMG., auch aus § 223 StrGB. (Körperverletzung).

LG. Chemnitz, 28. März 1889 (Veröff. Kais. Gesundheitsamts 1890, S. 194); LG. Danzig, 3. Juli 1894 (Auszüge aus gerichtl. Entscheid. 1900, **4**, 79); LG. Chemnitz, 16. November 1897 (Auszüge aus gerichtl. Entscheid. 1902, **5**, 144).

19. Hefetrübes, bakterientrübes, fehlerhaft vergorenes Bier. Stark durch Hefe oder Bakterien getrübtes und fehlerhaft vergorenes Bier, insbesondere auch bayerisches Bier mit zu niedrigem Vergärungsgrad wird regelmäßig als verdorben oder auch als gesundheitsschädlich angesehen. Verurteilungen aus § 10, 11 bzw. 12, 14 NMG.

Veröff. Kais. Gesundheitsamts 1888, S. 11; 1890, S. 178, 179; Auszüge aus gerichtl. Entscheid. 1896, **3**, 25, 30; 1900, **4**, 80; 1902, **5**, 117—119, 135, 136; 1905, **6**, 120—123; 1908, **7**, 105, 106—108; 1912, 8, 170—171.

20. Sauer gewordenes Bier. Bier, das durch übermäßige Bildung von Milchsäure oder Essigsäure sauer geworden ist, wird regelmäßig als verdorben, je nach den Umständen auch als gesundheitsschädlich angesehen. Verurteilungen aus § 10, 11 bzw. 12, 14 NMG.

Veröff. Kais. Gesundheitsamts 1890, S. 178, 179; Auszüge aus gerichtl. Entscheid. 1896, **3**, 29, 30; 1900, **4**, 68, 80; 1902, **5**, 115, 117, 118, 119, 133—137; 1905, **6**, 122, 123, 131, 133, 139—142; 1908, **7**, 42, 105, 107, 112, 125—128; 1912, 8, 170.

21. Weizenmalzbier, Doppelmalzbier u. dgl. Aus 1 Zentner Malz, darunter nur 1—2 Pfund Weizenmalz, wurden 4—4,5 hl „Weizenmalzbier" hergestellt; beim Abfüllen auf Fässer oder Flaschen wurden dem Getränk 4—5% Raffinade zugesetzt. Der geringe Weizenmalzzusatz ist für die Güte und den Geschmack des Bieres ohne Bedeutung; erst der Zucker gibt dem Bier den süßen Geschmack und den hohen Kohlensäuregehalt. Unter der Bezeichnung Weizenmalzbier ist nach den berechtigten Erwartungen der Konsumenten ein stärker eingebrautes Bier zu verstehen, das seinen süßen Geschmack ausschließß einem erhöhten Zusatz von Weizenmalz verdankt. Verurteilung aus § 11 NMG.

LG. Dresden, 30. November 1899. (Auszüge aus gerichtl. Entscheid. 1902, **5**, 148.)

„Echtes Weizenmalzbier" oder „ff. Weizenmalzbier" war mit weniger Malz (²/₃ Weizen-, ¹/₃ Gerstenmalz) als einfaches Bier hergestellt und mit 4—5% Zucker versetzt worden. Ein als „Gesundheits-Kraftbier" oder „Malz-Kraftbier, gezuckert mit feinster Raffinade", später als „Alkoholschwaches Malz-Süßbier, gezuckert mit feinster Raffinade" bezeichnetes Getränk wurde durch Zusatz von 5 kg Zucker auf 1 hl einfaches Bier gewonnen. Verurteilung aus § 11 NMG. (Auszüge aus gerichtl. Entscheid. 1905, **6**, 151.)

Ein als „Doppelmalzbier" bezeichnetes, in Porterflaschen abgezogenes Bier hatte nur 6,94% Stammwürze und 40 mg Salicylsäure im Liter; auf den Etiketten fand sich ein Vermerk: „Als Stärkungsmittel für Schwache und Rekonvaleszenten von ärztlichen Autoritäten empfohlen." Malzbier muß einen erheblich höheren, vom Malz herrührenden Stammwürzegehalt haben; auch im Publikum wird unter Doppelmalzbier ein besonders gutes, kräftiges Bier verstanden. Verurteilung aus § 10 NMG.

LG. Altona, 9. Februar 1906. (Auszüge aus gerichtl. Entscheid. 1902, **5**, 149.)

22. *Champagnerweiße.* Die durch Auflösen eines Extrakts in kohlensaurem Wasser und Zusatz von Zucker hergestellte „Champagnerweiße" stellte eine kohlensäurehaltige, schwach weinsaure, mit Ätheressenz parfümierte und mit schaumbildenden Stoffen versetzte wässerige Lösung von Stärkesirup dar. Diese Limonade ist eine Nachmachung von Weißbier. Nach ihrer ganzen Beschaffenheit ist die „Champagnerweiße" zu dem Zweck hergestellt, daß sie dem Stoff nach etwas anderes zu sein scheint, als sie in Wirklichkeit ist, daß sie, ohne das Wesen von Weißbier zu besitzen, doch den äußeren Schein desselben an sich trägt. Verurteilung aus § 10[1 u. 2] bzw. 11 NMG.

AG. Frankfurt a. O., 20. September 1900; LG. Frankfurt a. O., 7. Juni 1901; Kammergericht, 19. September 1901. Ferner LG. Frankfurt a. O., 4. März 1902; Kammergericht, 15. Mai 1902. (Auszüge aus gerichtl. Entscheid. 1905, **6**, 157.)

23. *Alkoholfreies Bier.* Es handelt sich um den Ausschank von sog. alkoholfreiem Bier in Wirtschaften, die nur die Erlaubnis zum Ausschank von alkoholfreien Getränken haben. Bei einem Wirt, der nur die Erlaubnis zum Ausschank alkoholfreier Getränke hatte, wurde ein „Reformbier" mit 0,91 g Alkohol in 100 ccm gefunden. Er wurde freigesprochen, weil er annehmen konnte, daß unter „alkoholfreien" Getränken solche zu verstehen seien, die nach der allgemeinen Verkehrsauffassung als solche gelten, d. h. die alkoholschwachen Getränke mit einem Alkoholgehalt bis zu 1%. — Einem anderen Wirt war der Ausschank einer Anzahl besonders aufgeführter Getränke gestattet, aber mit der Maßgabe, daß auch nicht eine Spur Alkohol darin enthalten sei. Er schänkte Bier mit 0,75 g und 1,70 g Alkohol in 100 ccm aus und wurde aus § 33, 147[1] der Reichsgewerbe-Ordnung verurteilt, nicht nur deshalb, weil ein Bier über 1% Alkohol enthielt, sondern weil das alkoholfreie Bier überhaupt Alkohol enthielt.

AG. Barmen, 8. April 1905; LG. Elberfeld, 30. Mai 1905. (Auszüge aus gerichtl. Entscheid. 1908, **7**, 144.)

In einem ähnlichen Fall war in einer Abstinenzwirtschaft ein Getränk „Malzgold" mit mindestens 0,93%, bisweilen auch etwas über 1% Alkohol ausgeschänkt worden. Die Strafkammer kam zu einer Verurteilung, der sich das Oberlandesgericht mit folgender Begründung anschloß: Es komme in erster Linie auf die Auslegung des in der Konzessionsurkunde gebrauchten Ausdrucks „alkoholfreie Getränke" an. Unter geistigen Getränken sind alle zum Trinken bestimmten alkoholhaltigen Flüssigkeiten zu verstehen, ohne Rücksicht auf die größere oder geringere Menge des in ihnen enthaltenen Alkohols. Das alkoholschwache Getränk bildet keinen Gegensatz zum geistigen Getränk, sondern nur das alkoholfreie; allein entscheidend ist das Vorhandensein von Alkohol.

LG. Flensburg, 5. Juni 1905; OLG. Kiel, 1. August 1905. (Auszüge aus gerichtl. Entscheid. 1908, **7**, 143.) Vgl. auch das Urteil des LG. Flensburg vom 17. März 1905 (ebendort).

In einer früheren, hinsichtlich des Tatbestands genau gleichartigen Sache (Verkauf von „Malzgold" mit 0,93% Alkohol in einer Abstinenzwirtschaft) hatte die Strafkammer Kiel auf Freisprechung erkannt mit der Begründung, daß im Sinne der Konzessionsurkunde nicht nur solche Getränke als „alkoholfrei" anzusehen seien, in denen chemisch kein Alkohol nachweisbar sei, sondern auch solche an sich alkoholhaltigen Getränke, die nach dem allgemeinen Sprachgebrauch als alkoholfrei gelten. Malzgold gehöre zu den im Sinne des allgemeinen Sprachgebrauchs alkoholfreien Getränken. Die Freisprechung wurde von dem OLG. Kiel gutgeheißen, da in den Feststellungen des Vorderrichters eine Verletzung des Gesetzes, d. h. die nicht oder nicht richtig erfolgte Anwendung einer Rechtsnorm (§ 367 StPO.) nicht gefunden werden konnte. In dem vorher mitgeteilten Urteil vom 1. August 1905 wird auseinandergesetzt, daß die beiden Entscheidungen vom 11. Mai 1905 und 1. August 1905 nicht in Widerspruch miteinander stehen.

LG. Kiel, 15. März 1905; OLG. Kiel, 11. Mai 1905. (Auszüge aus gerichtl. Entscheid. 1908, **7**, 142.)

24. Bierextrakt und ähnliche Erzeugnisse zur Herstellung bierähnlicher Getränke. Ein aus 20 kg Malzextrakt, 90 kg Kandissirup, 10 kg Zuckercouleur, 6 g Hopfenöl und Hopfenblütenabkochung hergestelltes Erzeugnis wurde als „Malzbierextrakt zur Herstellung eines angenehm schmeckenden, gesunden Hausbieres" verkauft. Die Untersuchung des Extrakts ergab viel Rohrzucker neben wenig aus Malz stammender Maltose und Dextrose und etwas Süßholzextrakt. Die Vorinstanzen kamen zu einer Verurteilung aus § 10¹ u. 2 NMG. mit der Begründung, das Erzeugnis sei nachgemachtes Malzbierextrakt. Die Revisionsinstanz hob das Urteil mit folgender Begründung auf: Von einem „nachgemachten" Nahrungs- oder Genußmittel im Sinne des § 10 NMG. kann nach der Reichsgerichtsentscheidung vom 20. März 1902 begrifflich nur dann die Rede sein, wenn im Verkehrsleben schon ein als Nahrungs- oder Genußmittel benutzbarer und benutzter Gegenstand vorhanden ist, der den Namen trägt, den der aus § 10 NMG. Beschuldigte seinem Fabrikat beilegte, und der regelmäßig aus ganz bestimmten Stoffen besteht und deshalb ganz bestimmte Eigenschaften hat. Wenn dagegen jemand ein dem Verkehr bis dahin fremdes Erzeugnis herstellt und unter einem neu geschaffenen Namen in den Verkehr bringt, der auf das Vorhandensein gewisser Bestandteile und Eigenschaften hinweist, und wenn diese Bestandteile und Eigenschaften in Wahrheit fehlen, so würde die Handlung des Herstellers je nach Umständen den Tatbestand des Betrugs erfüllen, sie lasse sich aber nicht den Vorschriften des § 10 NMG. unterstellen. Eine Feststellung, daß vor der Fabrikation und Verbreitung des Malzbierextrakts des Angeklagten im Verkehrsleben unter dem Namen „Malzbierextrakt" schon ein Nahrungs- oder Genußmittel vorhanden gewesen sei, das bestimmte Bestandteile und Eigenschaften hatte, ist nicht erfolgt. Dieser Mangel der Urteilsgründe läßt die Verurteilung des Angeklagten aus § 10 NMG. hinfällig erscheinen.

AG. Erding, 8. Mai 1896; LG. München II, 11. August 1896; OLG. München, 12. November 1896. (Auszüge aus gerichtl. Entscheid. 1902, **5**, 147.)

Mit der gleichen Begründung kam die Strafkammer Hannover zu einem Freispruch bei einem „Bierextrakt", das nur höchstens 5% Malzextrakt und ganz geringe Mengen Hopfenbestandteile enthielt und hauptsächlich aus Zuckercouleur bestand.

LG. Hannover, 2. Januar 1904. (Auszüge aus gerichtl. Entscheid. 1908, **7**, 144.)

Zwei weitere Urteile über Bierextrakt sind hier ohne Interesse, weil es sich dabei nur um die Beurteilung eines Saccharinzusatzes auf Grund des (inzwischen erfolgten) Süßstoffgesetzes vom 6. Juli 1898 handelt.

LG. Dresden, 19. Dezember 1899. (Auszüge aus gerichtl. Entscheid. 1902, **5**, 140.)

LG. Plauen, 28. Juni 1901. (Ebenda 1905, **6**, 147.)

Von einem Beschuldigten wurden feilgehalten: 1. Stoffe zur Herstellung brausteuerfreien Haustrunks, die zusammen in eine Hülle verpackt waren, und zwar eine Mischung von Hopfen und Malz, sowie ein Fläschchen mit einem Farbmittel, bezeichnet Braunbiercaramel; 2. ein Brausepulver in Tüten, bezeichnet „Ingwerbierextrakt" und mit dem Abdruck eines Bierseidels versehen. Die Strafkammer sah darin einen Verstoß gegen die §§ 3 und 37 des Brausteuergesetzes vom 3. Juni 1906, das Reichsgericht hob aber das Urteil mit folgender Begründung auf. § 3 des Brausteuergesetzes wollte nur solche Zubereitungen treffen, die wirklich zur Herstellung von Bier oder bierähnlichen Getränken dienen sollen und zu diesem Zweck bestimmt sind; es bildet allerdings kein wesentliches Tatbestandsmerkmal, daß die Zubereitungen zu dem gegebenen Verwendungszweck ihrer Beschaffenheit nach auch geeignet sind. Es lag außerhalb des Gesetzeszwecks, auch solche Zubereitungen zu treffen, die für die Herstellung von Bier oder bierähnlichen Getränken gar nicht in Frage kommen, weil sie trotz ihrer sachwidrigen, irreleitenden Bezeichnung für ganz andere Zwecke bestimmt sind. Die fälschliche Bezeichnung einer Zubereitung als Bierextrakt oder Biersurrogat ist in dem Brausteuergesetz nicht unter Strafe gestellt. Ein Stoff, der fälschlich die Bezeichnung eines Biersurrogats trägt, dagegen als Ersatzmittel bei der Bierbereitung nicht dienen soll und auch nicht kann, hat überhaupt nicht die Eigenschaft eines Biersurrogats. Eine nach § 3² des Brausteuergesetzes strafbare Handlung liege nur vor, wenn „Zubereitungen" feilgehalten worden wären, deren Inverkehrbringen durch das Gesetz verboten ist. Die oben zu 1 genannten, in einer Hülle verpackten Stoffe sind keine „Zubereitung", ebensowenig die mechanische Mischung von Malz und Hopfen; wenn letztere noch eine weitere Zutat enthielte, etwa Wasser, und durch Abkochung der ganzen Mischung ein Extrakt gewonnen worden wäre, dann läge eine „Zubereitung" vor. Das als „Braunbiercaramel" bezeichnete Farbmittel ist eine „Zubereitung" im Sinne des Brausteuergesetzes, aber eine zulässige, sofern sie aus technisch reinem Rohr- usw. Zucker hergestellt ist. — Das „Ingwerbierextrakt" wird in dem Strafkammerurteil als „Brausepulver" bezeichnet. Falls das richtig ist, so kann das Brausteuergesetz keine Anwendung finden, denn eine Brauselimonade ist nicht einmal bierähnlich.

RG., 13. April 1908. (Auszüge aus gerichtl. Entscheid. 1912, **8**, 194.)

Ein Erzeugnis, das durch Kochen von 3 hl obergärigem Bier, 2 Zentner Raffinadezucker und 40 kg Zuckercouleur zu einem dicken Sirup hergestellt war, wurde als „Extrakt" verkauft; durch Vermischen des Extrakts mit kohlensaurem Wasser oder Braunbier sollte ein Getränk „Doppel-Malz-Bräu" hergestellt werden. Dieses Getränk kann sehr wohl ein Bier sein, jedenfalls ist es bierähnlich im Sinne des Brausteuergesetzes. Der Extrakt ist keine der am Schluß des § 1 Abs. 1 bezeichneten Zubereitungen, d. h. Zucker der näher bezeichneten Art oder ein aus solchem Zucker hergestelltes Farbmittel. Durch § 3 Abs. 2 des Brausteuergesetzes sind die im § 1 Abs. 1 bezeichneten Stoffe, Malz, Zucker bestimmter Art und aus solchem Zucker hergestellte Farbmittel ausdrücklich für den Verkehr freigegeben; im übrigen ist aber an dem Verbot, zur Herstellung von Bier und bierähnlichen Getränken bestimmte Zubereitungen in den Verkehr zu bringen, nichts geändert. Dieses Verbot betrifft die nicht ausdrücklich ausgenommenen Zubereitungen, ohne Rücksicht darauf, ob ihre Bestandteile der Brausteuer unterliegen oder nicht.

RG., 21. Mai 1909. (Gesetze, Verordn., Gerichtsentscheid. 1911, **3**, 80.)

Zusatz eines aus sog. Bierextrakt hergestellten Getränks zum Bier im Verhältnis 1 : 4. Verurteilung aus § 10¹ u. ² NMG.

LG. München II, 15. Februar 1904. (Auszüge aus gerichtl. Entscheid. 1908, **7**, 105.)

Um Weißbier, das beim Transport in Fässern schal und ungenießbar geworden war, wieder verkaufsfähig zu machen, wurden zu 100 l Weißbier 40 l Wasser, 4 l Extrakt oder Würze, 1 Pfund Zucker und 1 Eßlöffel Salz zugesetzt. Der Extrakt enthielt nach der vorgenommenen Untersuchung die Stoffe einer aus Malz hergestellten Bierwürze. Die Stammwürze war durch den Wasser- und Extraktzusatz unter die des Originalbieres erheblich herabgesetzt worden. Durch den beschriebenen Zusatz wurde das ursprüngliche Weißbier verschlechtert, verfälscht. Die Nachbehandlung des Weißbieres zur Fertigstellung zum Genuß gehört noch zur Bierbereitung. Es liegt auch ein Verstoß gegen das badische Biersteuergesetz vor, da die Bierwürze und der Zucker als Ersatzmittel bzw. als Zusatzmittel bei der Bierbereitung verwendet worden sind. Verurteilung wegen Vergehens gegen § 10¹ u. ² NMG., im rechtlichen Zusammentreffen mit einem Vergehen gegen Art. 6, 42 des badischen Biersteuergesetzes vom 6. Juli 1896.

LG. Freiburg i. Br., 1. Februar 1904. (Auszüge aus gerichtl. Entscheid. 1908, **7**, 109.)

Wein

(hierüber vergleiche am Schluß).

Essig und Essigessenz.

A. Vorbemerkungen.

Die essigsäurehaltigen, im Haushalte gebräuchlichen Flüssigkeiten werden teils durch Gärung (eigentlicher Essig), teils durch trockene Destillation von Holz (aus Essigessenz) bzw. durch Zersetzung von essigsauren Salzen gewonnen. Vielfach wird der Essig, der meistens zum Würzen der Speisen dient, zu den Gewürzen gerechnet. Weil er aber als Gärungserzeugnis aus alkoholhaltigen Flüssigkeiten hergestellt wird, so möge er hier im Anschluß an die alkoholischen Getränke seinen Platz finden.

I. Begriffserklärungen.

Das Kaiserliche Gesundheitsamt hat in „Entwürfe zu Festsetzungen über Lebensmittel"[1] Heft 3 (Berlin bei Julius Springer 1912) folgende Begriffsbestimmungen für die einzelnen Essigsorten aufgestellt:

1. „*Essig* (Gärungsessig) ist das durch die sogenannte Essiggärung aus alkoholhaltigen Flüssigkeiten gewonnene Erzeugnis mit einem Gehalt von mindestens 3,5 g Essigsäure in 100 ccm."

Anm. „Unter ‚Essig' ist nach der Begriffsbestimmung nur Gärungsessig zu verstehen. Als Essiggärung bezeichnet man die durch die Lebenstätigkeit verschiedener Bakterien (Bacterium aceti, B. acetigenum, B. ascendens, B. rancens, B. Pasteurianum u. a.) mittels des Sauerstoffes der Luft bewirkte Oxydation von Alkohol zu Essigsäure. Als alkoholhaltige Flüssigkeiten kommen im wesentlichen in Betracht: verdünnter Sprit und Branntwein, Wein, Obstwein, Bier; ferner die Erzeugnisse der alkoholischen Gärung von Malzwürze, Stärkezuckerlösung, Honiglösung.

Der Gehalt des Essigs wird aus praktischen Gründen auf das Volumen der Flüssigkeit bezogen und in Gramm reiner Essigsäure $C_2H_4O_2$ (früher auch „Essigsäurehydrat" genannt) ausgedrückt. Ein Erzeugnis der Essiggärung, das in 100 ccm weniger als 3,5 g Essigsäure enthält, ist kein Essig, kann jedoch durch Verschnitt mit einem stärkeren Gärungsessig zu Essig werden. Die obere Grenze für den Essigsäuregehalt ist durch das Unvermögen der Essigbakterien gegeben, mehr als höchstens 15 g Essigsäure in 100 ccm Flüssigkeit zu erzeugen."

2. „*Essigessenz* ist gereinigte wässerige, auch mit Aromastoffen versetzte Essigsäure mit einem Gehalt von etwa 60—80 g Essigsäure in 100 g."

Anm. „Als ‚Essigessenz' ist gereinigte wässerige Essigsäure (im Gegensatz zu roher) bezeichnet; welche Anforderungen an den Grad der Reinheit zu stellen sind, ist in den Grundsätzen für die Beurteilung unter Nr. 16 näher bestimmt (vgl. S. 475).

Über die Herkunft der Essigsäure enthält die Begriffsbestimmung für Essigessenz nichts. Es ist daher gleichgültig, ob die Essigsäure aus der Holzdestillation stammt oder aus Gärungsessig durch ein Konzentrationsverfahren (z. B. auf dem Wege über ein essigsaures Salz) oder etwa durch chemische Synthese gewonnen ist.

Unter Aromastoffen sind sowohl pflanzliche als auch künstliche zu verstehen, ebenso auch solche Stoffe, die erst nach Zusatz zu der Essigsäure aromabildend wirken, wie z. B. Alkohol. Auch eine mit Aromastoffen nicht versetzte, im übrigen der Begriffsbestimmung entsprechende Essigsäure ist, soweit es sich um den Lebensmittelverkehr handelt, als Essigessenz anzusehen.

Der Gehalt der Essigessenz wird aus praktischen Gründen auf das Gewicht der Flüssigkeit bezogen und in Gramm reiner Essigsäure $C_2H_4O_2$ in 100 g, d. i. in Gewichtsprozenten, ausgedrückt. Eine genaue Abgrenzung des Essigsäuregehaltes der Essigessenz nach oben und unten ist nicht gegeben, indessen muß auf Grund der Kaiserlichen Verordnung, betreffend den Verkehr mit Essigsäure (vgl. unter 3, S. 470 u. 471), im Kleinverkauf von Essigessenz der Gehalt an reiner Essigsäure auf den Flaschen angegeben sein. Der Begriff der Essigessenz ist sowohl in bezug auf die Rein-

---

[1] Der Wortlaut dieser Festsetzungen ist in nachstehenden Ausführungen mit dem Zeichen „—" versehen.

heit („gereinigte') als auf die Stärke der Essigsäure („etwa 60—80 g') wesentlich enger als derjenige der Flüssigkeiten, die unter die genannte Verordnung fallen („rohe und gereinigte', „mehr als 15 Gewichtsteile')."

3. „*Essenzessig* ist verdünnte Essigessenz mit einem Gehalt von mindestens 3,5 g und höchstens 15 g Essigsäure in 100 ccm."

Anm. „Während die Essigessenz unverdünnt weder zum Genusse noch zur Zubereitung oder Konservierung von Lebensmitteln dienen kann, ist der durch Verdünnen daraus hergestellte ‚Essenzessig' zu den gleichen Zwecken wie Essig bestimmt. Ob der etwaige Zusatz von Aromastoffen vor oder nach der Verdünnung der Essigsäure vorgenommen ist, wird als belanglos anzusehen sein. Die untere Grenze für den Gehalt des Essenzessigs stimmt mit der für Essig festgesetzten, die obere mit dem natürlichen Höchstgehalt von Essig überein. Da 100 ccm Essenzessig mehr als 100 g wiegen, so enthält auch der stärkste Essenzessig in 100 g weniger als 15 g reine Essigsäure und ist daher den Beschränkungen der Kaiserlichen Verordnung, betreffend den Verkehr mit Essigsäure, nicht unterworfen."

4. „*Kunstessig* ist mit künstlichen Aromastoffen versetzter oder mit gereinigter Essigsäure (auch Essenzessig oder Essigessenz) vermischter Essig mit einem Gehalt von mindestens 3,5 g und höchstens 15 g Essigsäure in 100 ccm."

Anm. „Als ‚Kunstessig' sind durch die Begriffsbestimmung solche Erzeugnisse aus Gärungsessig bezeichnet, bei denen der Gärungsessig Zusätze erhalten hat, die für Essig nicht zulässig sind, nämlich entweder künstliche Aromastoffe oder aber gereinigte Essigsäure in irgendeiner Form. Zusätze natürlicher Aromastoffe, wie z. B. solche von Wein oder von aromatischen Pflanzenteilen, bedingen nicht die Bezeichnung des Erzeugnisses als Kunstessig; derartiger Essig kann unter den Begriff des Kräuteressigs, Fruchtessigs, Gewürzessigs (vgl. S. 454) fallen, es steht jedoch nichts im Wege, ihn auch einfach als Essig, Tafelessig oder dergleichen zu bezeichnen. Dagegen sind Auszüge aromatischer Pflanzenteile, die mit anderen Lösungsmitteln als Essig hergestellt sind, oder Destillate aromatischer Pflanzenteile nicht als natürliche Aromastoffe anzusehen; ein Zusatz solcher Stoffe würde den Essig zu Kunstessig machen.

An die als Bestandteil des Kunstessigs zugelassene gereinigte Essigsäure sind in bezug auf den Reinheitsgrad die gleichen Anforderungen zu stellen wie bei Essigessenz; ihr Gehalt an Essigsäure kann beliebig sein. Die Grenzen für den Gehalt von Kunstessig an Essigsäure sind in der gleichen Weise wie für Essenzessig festgesetzt."

5. „Als *Essigsorten* werden unterschieden:

a) nach den Rohstoffen des Essigs oder der Essigmaische: Branntweinessig (Spritessig, Essigsprit), Weinessig (Traubenessig), Obstweinessig, Bieressig, Malzessig, Stärkezuckeressig, Honigessig und andere;

b) nach dem Gehalte an Essigsäure: Speise- oder Tafelessig mit mindestens 3,5 g Essigsäure, Einmacheessig mit mindestens 5 g Essigsäure, Doppelessig mit mindestens 7 g Essigsäure und Essigsprit sowie dreifacher Essig mit mindestens 10,5 g Essigsäure in 100 ccm."

Anm. „Die Aufzählung der Essigsorten ist nicht erschöpfend. Die Bezeichnungen Weinessig und Traubenessig sind gleichbedeutend, ebenso die Bezeichnungen Branntweinessig und Spritessig. Dagegen ist in der Bezeichnung Essigsprit nicht nur eine Angabe des Rohstoffes, sondern auch der Stärke des Essigs enthalten: Spritessig mit mindestens 10,5 g Essigsäure in 100 ccm kann als Essigsprit bezeichnet werden. Wegen der Anforderungen an den Essigsäuregehalt der verschiedenen Sorten vgl. auch die Grundsätze für die Beurteilung, Nr. 2 bis 6 (S. 472).

Die nach den Rohstoffen unterschiedenen Sorten beziehen sich nur auf Essig (Gärungsessig), und nur für solche werden die genannten Sortenbezeichnungen als zulässig anzusehen sein. Bei Essenzessig und Kunstessig werden für die Unterscheidung nach dem Gehalte an Essigsäure Bezeichnungen, die den unter 5 b angegebenen entsprechen, nur dann zulässig sein, wenn sie das Wort Essenzessig oder Kunstessig enthalten, z. B. ‚Essenzessig für Einmachezwecke', ‚dreifach starker Kunstessig' usw."

6. „*Kräuteressig* (z. B. Estragonessig), Fruchtessig (z. B. Himbeeressig), Gewürzessig und ähnlich bezeichnete Essigsorten sind durch Ausziehen von aromatischen Pflanzenteilen mit Essig hergestellte Erzeugnisse."

Anm. „Kräuteressig usw. sind Sorten von Essig (Gärungsessig). Für Erzeugnisse, die aus Essenzessig oder Kunstessig durch Ausziehen aromatischer Pflanzenteile hergestellt sind, werden entsprechende Bezeichnungen nur dann zulässig sein, wenn sie das Wort Essenzessig oder Kunstessig enthalten, z. B. „Essenzessig mit Estragon".

II. Chemische Bestandteile des Essigs.

Unter den chemischen Bestandteilen sämtlicher Essigsorten nimmt natürlich die Essigsäure den ersten Platz ein. Hierzu gesellen sich aber je nach dem zu ihrer Herstellung verwendeten Rohstoff verschiedene Bestandteile, die für die einzelnen Sorten zum Teil kennzeichnend sind.

1. *Gärungsessig* pflegt neben Essigsäure zu enthalten: Noch nicht zersetzten Alkohol, Acetaldehyd, einen ketonartigen Körper (Farnsteiner)[1], der Zucker vortäuschen kann und bukettartige Stoffe (Ester); dazu kommen:

a) bei Branntweinessigen: Pyridin und Ameisensäure (bzw. Methylalkohol), wenn der Spiritus mit Pyridin und Holzgeist vergällt war. Im übrigen enthalten die Branntweinessige nur sehr geringe Mengen nichtflüssiger Stoffe (Extrakt- und Mineralstoffe).

b) bei Weinessig: Weinsäure, Glycerin, bisweilen auch Milchsäure und Äpfelsäure; mit mehr Asche (Kali und Phosphorsäure) als bei Branntweinessigen und Asche von alkalischer Reaktion.

c) bei Obstweinessig: Äpfelsäure und Milchsäure, Asche wie bei Weinessig.

d) bei Bier-, Malz- und Stärkezuckeressig: Milchsäure, Dextrin, in der Regel auch Proteine und Amide sowie Asche wie bei Weinessig.

2. *Essigessenz und Essenzessig.* Die Essigessenz enthält nach ihrer Gewinnung ebenso wie der daraus durch Verdünnung hergestellte Essenzessig neben Essigsäure in der Regel Ameisensäure in nennenswerten Mengen und empyreumatische Stoffe (Phenole und Kreosot usw.), während diese Bestandteile dem Gärungsessig bis auf Spuren von Ameisensäure bei Weinessig oder Branntweinessigen, wenn zur Herstellung der letzteren mit Holzgeist vergällter Spiritus verwendet wurde, fehlen. Bezüglich des Gehaltes an Asche verhält sich der Essenzessig wie der Branntweinessig; er enthält davon nur geringe Mengen.

3. *Kräuteressig, Fruchtessig, Gewürzessig.* Hier kommen zu den natürlichen Bestandteilen des verwendeten Essigs die besonderen Gewürz- und eventuell Extraktstoffe der verwendeten Kräuter, Früchte oder Gewürze.

III. Vorkommende Abweichungen, Veränderungen, Verfälschungen und Nachmachungen.

„1. Als Veränderungen des Essigs kommen vorwiegend in Betracht das Auftreten von Essigälchen (Anguillula aceti Müll.), die Entstehung von gallertartigen Trübungen und Wucherungen durch gewisse Bakterien, das Kahmigwerden sowie namentlich bei extraktreicheren Essigsorten das Schalwerden oder Umschlagen, das sich durch einen fremdartigen Geruch, einen schwächer sauren Geschmack und faden Nachgeschmack zu erkennen gibt.

2. Essig ist bisweilen mit geringen Mengen von Schwermetallen (Blei, Eisen, Kupfer, Zink und Zinn) verunreinigt, die meist aus den bei der Herstellung und beim Abfüllen verwendeten Metallgeräten stammen. Auch die zu Leitungen für Essig verwendeten Kautschukschläuche vermögen, wenn sie Verbindungen des Bleis oder Zinks enthalten, solche an den Essig abzugeben.

---

[1] Zeitschr. f. Untersuchung d. Nahrungs- u. Genußmittel 1899, **2**, 224; 1908, **15**, 321.

3. Zur Vortäuschung eines höheren Essigsäuregehalts wird Essig mitunter durch Zusatz von Mineralsäuren (Schwefelsäure, Salzsäure) oder scharf schmeckenden Pflanzenstoffen (Pfeffer, spanischer Pfeffer) verfälscht.

4. Essig wird zuweilen außer mit gebranntem Zucker auch mit Teerfarbstoffen künstlich gefärbt.

5. Um das Verderben des Essigs zu verhindern oder um seine konservierende Kraft zu erhöhen, werden ihm bisweilen Frischhaltungsmittel, z. B. Salicylsäure, Benzoesäure, Borsäure, schweflige Säure, auch Kochsalz, zugegeben.

6. Essig, der unzulässigerweise unter Verwendung vollständig vergällten Branntweins hergestellt ist, kann Pyridin enthalten.

Die genannten Abweichungen, Veränderungen und Verfälschungen von Essig kommen zum Teil auch bei Kunstessig, Essenzessig und Essigessenz vor.

7. Essigessenz, Essenzessig und Kunstessig werden mitunter mit ungenügend gereinigter Essigsäure hergestellt und enthalten dann mehr als die zulässige Menge Ameisensäure sowie zuweilen kleine Mengen von schwefliger Säure, Methylalkohol, Aceton und Phenolen.

8. Gärungsessig wird mitunter ohne Kennzeichnung mit Essenzessig oder Essigessenz verschnitten.

9. Bei Essigsorten, die nach bestimmten Rohstoffen bezeichnet sind, kann eine Nachmachung aus anderen Essigsorten oder aus Essigsäure in Betracht kommen."

IV. Erforderliche Prüfungen und Bestimmungen.

„a) Sofern es sich nicht um die Beantwortung bestimmter Einzelfragen handelt, sind im allgemeinen solche Essigsorten, die schlechthin als Essig oder in einer nur auf den Essigsäuregehalt hindeutenden Weise (z. B. Tafelessig, Doppelessig) bezeichnet sind, 1. auf Verdorbenheit, 2. den Gehalt an Essigsäure, 3. auf freie Mineralsäuren, 4. scharf schmeckende Stoffe, 5. Schwermetalle, 6. Frischhaltungsmittel, insbesondere Salicylsäure und Benzoesäure, sowie 7. auf Pyridin zu prüfen.

b) Bei solchen Essigsorten, die eine auf die Rohstoffe hindeutende Bezeichnung tragen (z. B. Weinessig) ist außerdem zu prüfen, ob sie ihrer Bezeichnung entsprechen. Hierfür dienen insbesondere folgende Untersuchungen, deren Auswahl in jedem einzelnen Falle dem Ermessen des Chemikers anheimgestellt werden muß:
1. Bestimmung des Trockenrückstandes, 2. Bestimmung und Untersuchung der Asche, 3. Bestimmung der Weinsäure, 4. des Glycerins, 5. Prüfung auf Proteinstoffe und Dextrine (bei Bier- bzw. Malzessig).

Zur Unterscheidung zwischen Gärungsessig und Essenzessig dient besonders die Prüfung auf Ameisensäure und deren Bestimmung[1]).

c) Essigessenz, Essenzessig und Kunstessig sind im allgemeinen auf:
1. Verdorbenheit, 2. den Gehalt an Essigsäure, 3. freie Mineralsäuren, 4. Schwermetalle, 5. Frischhaltungsmittel und 6. ungenügende Reinigung
zu prüfen; zu letzterem Zwecke dienen besonders die Bestimmung der Ameisensäure und die Prüfungen auf Methylalkohol, Aceton und Phenole. Kunstessig ist auch auf Pyridin zu prüfen."

V. Vorschriften für die Probenentnahme.

„Im allgemeinen sind von Essig, Essenzessig und Kunstessig Proben von $^3/_4$—$1^1/_2$ l zu entnehmen und bis zur Untersuchung in möglichst gefüllten, mit Korkstopfen verschlossenen Flaschen (Weinflaschen) aufzubewahren.

Von Essigessenz ist etwa $^1/_4$ l, gegebenenfalls in Originalflasche, zu entnehmen."

---

[1]) Auch die Bestimmung der Fehlingsche Lösung reduzierenden Stoffe kann unter Umständen die Beweisführung unterstützen.

B. Untersuchungsverfahren.

„Bei der Untersuchung von Essenzessig und Kunstessig ist, soweit nichts anderes bemerkt ist, in gleicher Weise wie bei der Untersuchung von Essig zu verfahren.

Die Mengen der gefundenen Bestandteile sind, soweit nichts anderes bemerkt ist, bei Essig, Essenzessig und Kunstessig in Gramm, bezogen auf 100 ccm, bei Essigessenz in Gramm, bezogen auf 100 g anzugeben."

1. Sinnenprüfung. „Bei Essig ist eine Probe von etwa 50 ccm in ein weites Becherglas auszugießen. Bei der Prüfung ist außer auf die Farbe des Essigs darauf zu achten, ob er klar ist, Kahm oder Bodensatz zeigt oder schleimigzähe Flocken enthält. Essigälchen können mit bloßem Auge erkannt werden. Ferner ist festzustellen, ob der Essig für sich oder nach der Neutralisation mit Alkalilauge einen fremdartigen Geruch oder — nötigenfalls nach dem Verdünnen — einen dem normalen Essig nicht eigenen, scharfen oder beißenden Geschmack oder faden Nachgeschmack aufweist.

Essigessenz ist auf ihre Farbe und nach dem Verdünnen auf Geruch und Geschmack zu prüfen."

2. Spezifisches Gewicht. Das spezifische Gewicht wird wie üblich mittels des Pyknometers (III. Bd., 1. Teil, S. 43) oder mittels der Westphalschen Wage (III. Bd., 1. Teil, S. 46) bestimmt. Es hat für die Beurteilung des Essigs keine Bedeutung, sondern nur zur Umrechnung der Volumprozente auf Gewichtsprozente.

3. Bestimmung des gesamten Säuregehalts. „10—20 ccm Essig bzw. 10—20 g der mit kohlensäurefreiem Wasser auf das zehnfache Gewicht verdünnten Essigessenz werden unter Verwendung von Phenolphthalein als Indikator mit Normalalkalilauge titriert. Wenn ein deutlicher Farbenumschlag wegen der Färbung des Essigs nicht zu beobachten ist, so ist der Essig mit kohlensäurefreiem Wasser zu verdünnen. Der Säuregehalt ist als Essigsäure ($CH_3 \cdot COOH$) zu berechnen."

1 ccm N.-Alkali = 0,060 g Essigsäure. Oder 1 Gewichtsteil Schwefelsäure = 1,5 Gewichtsteile Essigsäure.

Zur Umrechnung der auf solche Weise gefundenen g Essigsäure in 100 ccm auf Gewichtsprozente muß man das spezifische Gewicht des Essigs kennen; ist dasselbe = s und die Anzahl der verbrauchten Kubikzentimeter N.-Alkali = n, so findet man bei Anwendung von 10 ccm Essig die Gewichtsprozente = p nach der Formel:

$$p = 0,6 \cdot \frac{n}{s},$$

oder man dividiert die für 100 ccm Essig gefundene Menge Essigsäure durch das spezifische Gewicht des Essigs.

Anm. 1. Bei stark gefärbten Essigen muß man die Titration nach dem Tüpfelverfahren mit Lackmus- (oder auch Kongorot-)[1] Papier ausführen. Auch kann man nach R. Fresenius, zumal wenn gleichzeitig empyreumatische Stoffe und freie Mineralsäuren vorhanden sind, abgemessene Mengen Essig, dessen spezifisches Gewicht bekannt ist, mit Kalium- oder Natriumcarbonat oder Barytwasser neutralisieren, im Wasserbade unter Zusatz von Phosphorsäure und unter Einleiten von Wasserdampf destillieren, das Destillat in einer genügend abgemessenen Menge Normalalkali auffangen und den Überschuß des letzteren zurücktitrieren.

2. Alex. Müller hat vorgeschlagen, bei stark gefärbten Essigen eine abgewogene Menge in einen Glaskolben mit doppelt durchbohrtem Pfropfen — durch dessen eine Öffnung eine Trichterröhre bis auf den Boden und durch dessen andere Öffnung ein knieförmiges, gebogenes Ableitungsrohr zu einem vorgelegten Kühler führt — zu bringen, reinste Chlorammoniumlösung zuzugeben, alsdann zu erwärmen, indem man durch das Trichterrohr eine abgemessene Menge N.-Alalkali einfließen läßt. Es wird eine dem von der vorhandenen Menge Essigsäure nicht gebundenen N.-Alkali äquivalente Menge Ammoniak frei, welche durch Titration des Destillats bestimmt werden kann.

---

[1] Das Kongorot wird von der Aktien-Gesellschaft für Anilin-Fabrikation in Berlin hergestellt.

3. Fernere Verfahren zur Bestimmung der Essigsäure bestehen darin, daß man in einem Kohlensäure-Bestimmungsapparat die Menge der von einer gewogenen Menge Essig aus Alkalicarbonaten ausgetriebenen Kohlensäure quantitativ feststellt und hieraus den Gehalt an Essigsäure berechnet (1 g Kohlensäure = 2,778 g Essigsäure).

Oder man bringt eine abgewogene Menge von Calciumcarbonat mit einer gewogenen Menge Essig zusammen, erwärmt, filtriert und wägt den ungelöst gebliebenen Teil des Calciumcarbonats zurück (1 g gelöstes Calciumcarbonat = 1,200 g Essigsäure).

4. Das Ottosche Acetometer ist eine kalibrierte Röhre, in welche man bis zu einem gewissen Teilstrich Lackmuslösung, sowie ein bestimmtes Volumen des zu prüfenden Essigs gibt, alsdann unter öfterem Umschütteln so viel N.-Alkali zufließen läßt, bis die rote Farbe eben in Blau übergeht. Dieses Verfahren hat aber kaum Vorzüge vor der gewöhnlichen Titrationsweise.

4. *Gesamtweinsäure.*[1]

„Man setzt zu 100 ccm Essig in einem Becherglase 1 ccm N.-Alkalilauge, 15 g gepulvertes reines Chlorkalium, das durch Umrühren in Lösung gebracht wird, und 20 ccm Alkohol von 95 Maßprozent. Nachdem durch starkes, etwa 1 Minute anhaltendes Reiben der Gefäßwand mit einem Glasstabe die Abscheidung des Weinsteins eingeleitet ist, bleibt die Mischung wenigstens 15 Stunden bei Zimmertemperatur stehen und wird dann mit Hilfe einer Saugpumpe, am besten durch einen Filtertiegel, filtriert. Als Waschflüssigkeit dient eine Lösung von 15 g Chlorkalium und 20 ccm Alkohol von 95 Maßprozent in 100 ccm Wasser. Das Becherglas wird dreimal mit wenigen Kubikzentimetern dieser Lösung ausgespült, wobei man jedesmal gut abtropfen läßt. Sodann wird der Niederschlag dreimal mit derselben Lösung ausgewaschen. Insgesamt sind nicht mehr als 20 ccm der Waschflüssigkeit zu verwenden. Der Weinstein wird dann mit siedendem Wasser in das Becherglas zurückgespült und nach Auflösung heiß mit $^1/_{10}$ N.-Alkalilauge unter Verwendung von empfindlichem violettem Lackmuspapier titriert. Der hierbei verbrauchten Anzahl von Kubikzentimetern $^1/_{10}$ N.-Alkalilauge sind für den in Lösung gebliebenen Weinstein 1,5 ccm hinzuzuzählen."

5. *Ameisensäure.*

H. Fincke[2] hat zuerst die Bedeutung der Bestimmung der Ameisensäure und die Ausführungsweise dieser Bestimmung angegeben. Nach den Entwürfen zu Festsetzungen über Lebensmittel, Heft 3, soll das Verfahren (vgl. auch III. Bd., 2. Teil, S. 786) wie folgt ausgeführt werden:

a) Qualitative Prüfung. „Der Rest des für die Prüfung auf Formaldehyd benutzten Destillates (etwa 70 ccm) wird mit 10 ccm N.-Alkalilauge auf dem Wasserbad zur Trockne verdampft. Der Rückstand wird, wenn die Prüfung auf Formaldehyd positiv ausgefallen war, nach einstündigem Erhitzen auf 130°, im anderen Falle ohne weiteres mit 10 ccm Wasser und 5 ccm Salzsäure vom spezifischen Gewicht 1,124 aufgenommen und die Lösung in einem kleinen, mit einem Uhrglase zu bedeckenden Kölbchen nach und nach mit 0,5 g Magnesiumspänen versetzt. Nach zweistündiger Einwirkung des Magnesiums werden 5 ccm der Lösung in ein geräumiges Probierglas abgegossen und in der angegebenen Weise mit Milch und eisenhaltiger Salzsäure auf Formaldehyd geprüft. Färbt sich hierbei die Flüssigkeit oder wenigstens das unmittelbar nach Beendigung des Kochens sich abscheidende Eiweiß deutlich violett, so ist der Nachweis von Ameisensäure erbracht."

b) Quantitative Bestimmung. „100 ccm Essig bzw. 100 g der auf das zehnfache Gewicht verdünnten Essigessenz werden in einem langhalsigen Destillierkolben von etwa 500 ccm Inhalt mit 0,5 g Weinsäure versetzt. Durch den Gummistopfen des Kolbens führt ein unten verengtes Dampfeinleitungsrohr sowie ein gut wirkender Destillationsaufsatz, der durch zweimal gebogene Glasröhren in einen zweiten, gleich großen und gleich geformten Kolben überleitet. Dieser enthält, in 100 ccm Wasser aufgeschwemmt, so viel reines Calciumcarbonat,

---

[1] In Weinessig kann unter Umständen auch freie Weinsäure als natürlicher Bestandteil aus dem verwendeten Weine herrühren.

[2] Zeitschr. f. Untersuchung d. Nahrungs- u. Genußmittel 1911, **21**, 1; 1911, 22, 88; 1912, **23**, 264; 1913 **25**, 386.

daß es die zur Bindung der gesamten angewendeten Essigsäure erforderliche Menge um etwa 2 g überschreitet. Das in den zweiten Kolben führende Einleitungsrohr ist für eine wirksame Aufrührung zweckmäßig unten zugeschmolzen und dicht darüber mit vier horizontalen, etwas gebogenen Auspuffröhrchen von enger Öffnung versehen. Der Kolben trägt ebenfalls einen gut wirkenden Destillationsaufsatz, der durch einen absteigenden Kühler zu einer geräumigen Vorlage führt.

Nachdem die Calciumcarbonat-Aufschwemmung zum schwachen Sieden erhitzt ist, wird durch den Essig ein Wasserdampfstrom geleitet und so geregelt, daß die Aufschwemmung nicht zu heftig schäumt; gleichzeitig wird der Essig erhitzt, so daß sein Volumen allmählich auf etwa ein Drittel verringert wird. Wenn etwa 750 ccm Destillat vorliegen, unterbricht man die Destillation und filtriert die noch heiße Aufschwemmung, wäscht das Calciumcarbonat mit heißem Wasser aus und dampft das Filtrat auf dem Wasserbade zur Trockne ein. Der Rückstand wird im Lufttrockenschrank eine Stunde lang auf 125—130° erhitzt, in etwa 100 ccm Wasser gelöst und die Lösung zweimal mit je 25 ccm reinem Äther ausgeschüttelt. Nachdem man durch vorsichtiges Erwärmen der wässerigen Lösung auf dem Wasserbade den gelösten Äther entfernt hat, bringt man die klare Lösung in einen Erlenmeyer-Kolben, gibt 2 g reines krystallisiertes Natriumacetat, einige Tropfen Salzsäure bis zur schwach sauren Reaktion sowie 40 ccm 5proz. Quecksilberchloridlösung hinzu und erhitzt die Lösung zwei Stunden lang im siedenden Wasserbade, in das der mit einem Kühlrohr versehene Kolben bis an den Hals eintauchen muß. Das ausgeschiedene Kalomel wird unter wiederholtem Dekantieren mit warmem Wasser auf einen Platinfiltertiegel gebracht, gut ausgewaschen, mit Alkohol und Äther nachgewaschen, im Dampftrockenschrank bis zur Gewichtsbeständigkeit — etwa 1 Stunde — getrocknet und gewogen.

Durch Erhitzen des wässerigen Filtrates mit weiteren 5 ccm Quecksilberchloridlösung überzeugt man sich, daß ein hinreichender Quecksilberüberschuß vorhanden war.

Die gefundene Menge Kalomel, mit 0,0975 multipliziert, ergibt die in 100 ccm Essig bzw. in 10 g Essigessenz enthaltene Menge Ameisensäure.

Enthielt der Essig schweflige Säure, so wird das auf etwa 100 ccm eingeengte Filtrat von der Calciumcarbonat-Aufschwemmung mit 1 ccm N.-Alkalilauge und 5 ccm 3proz. Wasserstoffsuperoxydlösung versetzt. Nach vierstündiger Einwirkung bei Zimmertemperatur wird das überschüssige Wasserstoffsuperoxyd durch eine kleine Menge frisch gefällten oder feucht aufbewahrten Quecksilberoxyds[1]) zerstört. Die angewendete Menge Quecksilberoxyd war ausreichend, wenn nach Beendigung der Gasentwicklung der Bodensatz noch stellenweise rot erscheint. Nach einer halben Stunde wird vom Quecksilber und Quecksilberoxyd durch ein kleines Filter abgegossen, gut ausgewaschen und das Filtrat in der oben angegebenen Weise weiterbehandelt.

Enthielt der Essig Salicylsäure, so werden der mit Quecksilberchlorid zu erhitzenden Lösung 2 g Natriumchlorid hinzugefügt."

H. Fincke bemerkt hierzu, daß diese Vorschrift im wesentlichen seinen Vorschlägen zur Bestimmung der Ameisensäure (vgl. unter Honig, III. Bd., 2. Teil, S. 786) folge, empfiehlt aber folgende Abänderung:

Das Eindampfen des Filtrates der Calciumcarbonat-Aufschwemmung, das Erhitzen des Trockenrückstandes und das Ausäthern seiner Lösung wird fallen gelassen. Statt dessen werden der mit Quecksilberchlorid zu erhitzenden Lösung 2 g Natriumchlorid zugesetzt. Um das Flüssigkeitsvolumen nicht unnötig zu vergrößern, setzt man das Quecksilberchlorid — 2,5 g — in Form einer mit Natriumchlorid hergestellten 10- oder 20proz. Lösung zu. Bei der Ameisensäurebestimmung in Essig und Essigessenz ist der sonst notwendige Natriumacetatzusatz zu

---

[1]) Das Quecksilberoxyd ist in der Siedehitze durch Eingießen von Quecksilberchloridlösung in überschüssige reine Natronlauge zu bereiten, durch Dekantieren mit heißem Wasser gut auszuwaschen, auf einem Filter zu sammeln und als feuchte Paste aufzubewahren und zu verwenden.

unterlassen, da die Lösung bereits ein Übermaß von Acetat enthält. Zum Wägen des Niederschlages ist ein gewogenes Filter oder ein Filtertiegel freizustellen.

Das Gesundheitsamt läßt das Filtrat nochmals mit Quecksilberchlorid erhitzen, um festzustellen, ob genügender Überschuß vorhanden war. Dieser nur selten vorkommende Fall
läßt sich einfacher aus dem Gewichte des Quecksilberchlorürniederschlages ermitteln. Fincke
empfiehlt daher folgende Fassung: „Übersteigt die gewogene Menge Quecksilberchlorür 1,2 g,
so ist die Bestimmung mit größerer Quecksilberchloridmenge zu wiederholen."

Die Gegenwart von Salicylsäure braucht nach Fincke in der Vorschrift nicht berücksichtigt zu werden, wenn stets Natriumchlorid zugesetzt wird.

H. Fincke fand in einer Anzahl Proben Essigessenz 33—986 mg Ameisensäure für 100 ccm
oder auf 1000 Teile Gesamtsäure 0,39—12,04 Teile Ameisensäure, während letztere Menge 0,51
auf 1000 Gesamtsäure in Weinessigen nicht überstieg und für andere Essige noch geringer oder
= Null war.

6. Oxalsäure. Die Oxalsäure dürfte wegen ihrer bekannten giftigen Eigenschaft
wohl kaum zur Erhöhung des Säuregehalts im Essig verwendet werden. Falls ihr Nachweis
erforderlich ist, kann man den Essig mit Gipslösung versetzen und den nach einiger Zeit in
der Wärme sich bildenden Niederschlag abfiltrieren, glühen und als Calciumoxyd wägen
(1 g CaO = 1,605 g Oxalsäure $C_2H_2O_4$). Falls nur geringe Mengen Mineralstoffe und keine
Phosphorsäure und Schwefelsäure im Essig vorhanden sind, kann man auch mit ammoniakalischer Chlorcalciumlösung fällen.

7. Freie Mineralsäuren. a) Qualitativer Nachweis. „10 ccm Essig bzw.
eine entsprechende Menge Essigessenz werden so weit verdünnt, daß der Säuregehalt etwa 2%
beträgt und mit 2 Tropfen einer 0,1 proz. Lösung von Methylviolett versetzt. Bei Gegenwart
freier Mineralsäuren wird die Farbe der Lösung je nach der Menge der Mineralsäure blau bis
grün. Die Färbung ist gegen einen weißen Hintergrund zu beobachten und mit der durch die
gleiche Menge Methylviolett in 10 ccm reiner 2 proz. Essigsäure hervorgerufenen Färbung zu
vergleichen.

Stark gefärbter Essig wird vor der Prüfung durch Kochen mit Knochenkohle entfärbt
und nach dem Filtrieren wie angegeben behandelt. Die Knochenkohle ist vor ihrer Verwendung
darauf zu prüfen, ob eine mit ihr behandelte 2 proz. Essigsäure, die etwa 0,03% Salzsäure
enthält, einen Farbenumschlag des Methylvioletts hervorruft."

Anm. Außerdem sind noch mehrere Verfahren zum qualitativen Nachweise von freien
Mineralsäuren angegeben, nämlich:

α) Einige Tropfen einer Lösung von Tropäolin 00 erzeugen sofort rote Wolken. Man soll
auf diese Weise noch 0,1—0,05% freie Mineralsäure erkennen können; nötigenfalls ist der Essig
vorher zu konzentrieren.

β) Die gelbe Farbe einer 50% Alkohol enthaltenden Lösung von Methylorange wird,
wie Schidrowitz zuerst angegeben hat, nach Brode und Lange[1]) durch Essigsäure infolge ihrer
geringen Ionisation nicht verändert, wohl aber durch Spuren starker Säuren wie Schwefelsäure
in Rotgelb umgewandelt.

γ) Oder man behandelt nach Föhring den Essig mit einem Stückchen hydratischen
Schwefelzinks; bei Anwesenheit von freien Mineralsäuren tritt Schwefelwasserstoffentwicklung
auf. Dieses Verfahren soll sich auch zur quantitativen Bestimmung eignen.

δ) Wenn man 50—100 ccm Essig unter Zusatz von etwas Stärke (0,01 g) auf $^1/_5$ eindunstet und dann Jodlösung zusetzt, so tritt bei Gegenwart von freier Mineralsäure (Schwefelsäure) keine Blaufärbung ein, weil die Stärke in Zucker übergeführt ist; tritt dagegen Blaufärbung ein, so ist keine freie Mineralsäure anzunehmen.

---

[1]) Arbeiten a. d. Kaiserl. Gesundheitsamte 1909, **30**, 1.

ε) A. Vogel verwendet für den Zweck Kaliumjodidstärkelösung[1]), welche sich durch geringe Mengen freier Schwefelsäure nicht bläut, wohl aber nach Hinzufügen von etwas Kaliumchlorat (Bildung von HClO). Man übergießt daher etwas Kaliumchlorat mit dem zu prüfenden Essig, erwärmt und setzt obige Kaliumjodidstärkelösung zu; bei Anwesenheit von 0,2% Schwefelsäure tritt Blau- oder Violettfärbung ein.

ζ) Wenn man ferner Essig unter Zusatz von einigen Körnchen Zucker in einer weißen Porzellanschale auf dem Wasserbade zur Trockne verdampft, so hinterbleibt bei Gegenwart von freier Schwefelsäure ein dunkelbrauner bis schwarzer Fleck. J. Neßler wendet mit Zuckerlösung getränkte Papierstreifen an, welche 24 Stunden in dem Essig hängen bleiben, und welche bei Gegenwart von freier Schwefelsäure gebräunte Streifen nach dem Trocknen zeigen.

η) Von verschiedenen Seiten, so von Utz[2]), ist vorgeschlagen, die Anwesenheit von freien Mineralsäuren durch Einwirkung des Essigs auf Saccharose festzustellen, die wohl durch Mineralsäuren, nicht aber durch Essigsäure invertiert wird.

Man erwärmt 10 ccm Essig mit etwa 4—5 g Saccharose im Wasserbade, schüttelt mit Äther aus, verdampft diesen in einer Porzellanschale und prüft den Rückstand mit Resorcin und Salzsäure wie bei Honig, III. Bd., 2. Teil, S. 791.

b) Quantitative Bestimmung der freien Mineralsäuren. „20 ccm Essig bzw. 20 g der auf das zehnfache Gewicht verdünnten Essigessenz werden mit 5 ccm $1/2$ N.-Alkalilauge zur Trockne verdampft. Der Rückstand wird mit einem Gemisch von 2 ccm Wasser und 2 ccm absolutem Alkohol aufgenommen und mit einer $1/2$ N.-Schwefelsäure, die durch Auffüllen von 500 ccm Normalsäure mit absolutem Alkohol auf ein Liter hergestellt worden ist, unter Verwendung von Methylorangepapier[3]) titriert. Der Sättigungspunkt ist erreicht, wenn ein Tropfen der Flüssigkeit auf dem Papier sofort einen braunroten Fleck hervorbringt; eine nach dem Verdunsten des Alkohols entstehende Färbung ist außer acht zu lassen. Wenn schon nach Zusatz der ersten Tropfen $1/2$ N.-Säure eine Braunrotfärbung entsteht, so ist der Versuch unter Anwendung einer größeren Menge $1/2$ N.-Lauge zu wiederholen. Die angewendete Menge $1/2$ N.-Alkalilauge, vermindert um die Menge der verbrauchten $1/2$ N.-Schwefelsäure, entspricht der in 20 ccm Essig bzw. 2 g Essigessenz enthaltenen freien Mineralsäure.

Die Menge der freien Mineralsäure ist in Milligramm-Äquivalenten (= Kubikzentimeter Normallauge) auf 100 ccm Essig bzw. 100 g Essigessenz anzugeben."

Außerdem sind folgende Verfahren zur quantitativen Bestimmung der freien Mineralsäuren vorgeschlagen, nämlich:

α) B. Kohnstein[4]) schüttelt 100 ccm des fraglichen Essigs mit frisch ausgeglühtem Magnesiumoxyd, bis die Flüssigkeit nicht mehr sauer reagiert, und filtriert. Vom Filtrat werden 25—50 ccm in einer Platinschale zur Trockne verdampft und der Rückstand bei nicht zu hoher Temperatur geglüht. Essigsaures Magnesium geht hierbei in unlösliches kohlensaures Magnesium über, während schwefelsaures bzw. Chlormagnesium (herrührend von freier Schwefelsäure bzw. Salzsäure) bestehen und löslich bleiben. Man löst daher in Wasser, filtriert und bestimmt im Filtrat nach Entfernung von etwa vorhandenem Kalk die Magnesia als Pyrophosphat, zieht von dieser Menge die ursprünglich im Essig vorhandene Magnesia ab und berechnet nach dem Rest die dieser Magnesia entsprechende Menge freie Schwefel- oder Salzsäure.

---

[1]) Zur Bereitung derselben kocht man 3 g Kartoffelstärke mit 250 ccm Wasser, versetzt mit 1 g Kaliumjodid und 0,5 g Natriumcarbonat, verdünnt auf $1/2$ l, läßt absitzen, hebt vom Bodensatz ab und verwendet die klare Lösung.

[2]) Zeitschr. f. Untersuchung d. Nahrungs- u. Genußmittel 1909, **18**, 192.

[3]) Das Methylorangepapier wird durch Eintauchen von Filtrierpapier in eine 0,1 proz. Lösung des Farbstoffes und darauffolgendes Trocknen bereitet.

[4]) Dinglers polytechn. Journal 1885, **256**, 128.

β) M. Vizern[1]) macht gegen dieses Verfahren geltend, daß das kohlensaure Magnesium in Wasser nicht unlöslich ist, und schlägt folgendes, allerdings sicherere Verfahren vor:

In etwa 50 ccm des fraglichen Essigs wird die Gesamtmenge Mineralsäure, also Schwefelsäure, durch Fällen mit einer salzsauren Chlorbariumlösung, Salzsäure nach Neutralisieren mit Alkali und Wiederansäuern mit Salpetersäure durch Silberlösung wie üblich bestimmt. Wenn keine freien Säuren dieser Art vorhanden sind, so entstehen auf diese Weise nur schwache Trübungen. Darauf werden 50 ccm Essig in einer Platinschale zur Trockne verdampft, der Rückstand geglüht und im Glührückstande ebenfalls wie oben die vorhandene Menge Schwefel- oder Salzsäure bestimmt. Die Differenz zwischen der ersten und letzten Bestimmung gibt die Menge freie Säure, da diese durch Glühen des Rückstandes verflüchtigt werden.

γ) F. Repiton titriert zunächst die Gesamtsäuren, darauf wird eine größere Menge des Essigs mit Natronlauge im Überschuß versetzt, mit Phosphorsäure wieder angesäuert und im Wasserdampfstrom destilliert. Wenn das Destillat weniger Alkali als der ursprüngliche Essig verbraucht, so sind freie Säuren vorhanden. Die Mineralsäuren können dann im Destillationsrückstand bestimmt werden.

δ) Am einfachsten ist nach Brode und Lange (l. c.) das vorstehend unter b erwähnte Schidrowitzsche Verfahren; man titriert unter Anwendung einer alkoholischen Lösung von Methylorange bis zum Farbenumschlag in Rotgelb, wodurch die Bindung aller starken Mineralsäuren angezeigt wird, deren Menge von der Gesamtsäure unter Nr. 3 abgezogen werden kann.

ε) Zur Bestimmung der Schwefelsäure werden nach A. Hilger[2]) 20 ccm des fraglichen Essigs nach dem Tüpfelverfahren auf neutralem Lackmuspapier mit Normalalkali genau neutralisiert, die neutrale Flüssigkeit bis auf etwa den 10. Teil eingedampft, mit einigen Tropfen der obigen Methylviolettlösung versetzt, bis auf etwa 3—4 ccm mit Wasser verdünnt und heiß mit Normalschwefelsäure bis zum Farbenübergange, der sehr scharf eintritt, zersetzt. Die verbrauchte Menge Normalschwefelsäure wird vom verbrauchten Normalalkali abgezogen und der bleibende Rest an Normalalkali auf Schwefelsäure umgerechnet. Es kann auch in der Siedehitze, am besten in einer Porzellanschale, gearbeitet werden.

Das Verfahren beruht darauf, daß das Natriumacetat bei 60—70° bzw. bei Siedehitze durch Schwefelsäure vollkommen zersetzt wird. 1 ccm Normalalkali = 0,049 g Schwefelsäure (H_2SO_4).

ζ) Zur Bestimmung der freien Salzsäure kann man 300—500 ccm Essig mit vorgelegtem Kühler destillieren und im Destillat die etwa vorhandene Salzsäure mit Silberlösung wie üblich quantitativ bestimmen.

η) Freie Salpetersäure kann nach Devarda oder Ulsch (III. Bd., 1. Teil, S. 270) durch Bestimmung derselben im natürlichen Essig und im eingedampften und stark getrockneten Rückstande ermittelt werden.

8. Prüfung auf scharf schmeckende Stoffe. „Der mit Alkalilauge gegen Phenolphthalein genau neutralisierte Essig wird auf dem Wasserbade soweit eingeengt, daß die Ausscheidung von Krystallen beginnt, und der Rückstand nach dem Erkalten auf seinen Geschmack geprüft. Die Masse wird alsdann mit Äther ausgezogen und der beim Verdunsten des Äthers hinterbleibende Rückstand ebenfalls auf seinen Geschmack geprüft. Ein scharfer Geschmack des einen oder anderen Rückstandes zeigt einen Zusatz scharf schmeckender Stoffe an."

9. Bestimmung des Trockenrückstandes. „50 ccm Essig werden in einer Platinschale auf dem Wasserbade bis zur Sirupdicke eingedampft. Der Rückstand wird in 50 ccm Wasser gelöst und die Lösung erneut eingedampft; das Auflösen in 50 ccm Wasser und Eindampfen wird noch zweimal wiederholt, der Rückstand 2½ Stunden im Wasserdampftrockenschranke erhitzt und nach dem Erkalten im Exsiccator gewogen. Ist der beim

---

1) Chem.-Ztg. 1886, **10**, Repertorium S. 83.
2) Archiv f. Hygiene **8**, 448.

ersten Eindampfen erhaltene Rückstand sehr gering, so ist das wiederholte Eindampfen entbehrlich."

Nach K. Windisch und Ph. Schmidt[1]) werden zweckmäßig 250 ccm Essig in einer Weinextraktschale auf dem Wasserbade eingedampft, der Rückstand wird wieder in 50 ccm Wasser gelöst, die Lösung nochmals eingedampft und dieser Rückstand $2^1/_2$ Stunden im Zellentrockenschrank getrocknet.

Nur Obst-, Bier- und Weinessig enthalten nennenswerte Mengen Extrakt und Mineralstoffe; der Branntweinessig ist fast frei davon[2]).

10. Bestimmung und Untersuchung der Asche.
„Der aus 50 ccm Essig erhaltene Trockenrückstand wird entweder für sich oder, falls er sehr erheblich ist, nach Zusatz von etwa 2 ccm aschefreiem Glycerin in der Platinschale mit kleiner Flamme verkohlt. Die Kohle wird wiederholt mit kleinen Mengen heißen Wassers ausgezogen, der wässerige Auszug durch ein kleines Filter von bekanntem Aschengehalt filtriert und das Filter samt der Kohle in der Schale mit möglichst kleiner Flamme verascht. Alsdann wird das Filtrat in die Schale zurückgebracht, zur Trockne verdampft, der Rückstand ganz schwach geglüht und nach dem Erkalten im Exsiccator gewogen.

Die Asche wird mit überschüssiger $^1/_{10}$ N.-Salzsäure und Wasser in ein Kölbchen aus Jenaer Geräteglas gespült, das mit einem Uhrglase bedeckte Kölbchen eine Stunde lang auf dem siedenden Wasserbad erwärmt und die erkaltete Lösung nach Zusatz von einem Tropfen Methylorange- und wenigen Tropfen Phenolphthaleinlösung mit $^1/_{10}$ N.-Alkalilauge bis zum Umschlag des Methylorange titriert. Darauf setzt man 10 ccm etwa 40 proz. neutrale Chlorcalciumlösung hinzu und titriert weiter bis zur Rötung des Phenolphthaleins.

Die zur Neutralisation gegen Methylorange verbrauchten mg-Äquivalente Säure (= ccm Normalsäure) ergeben die Alkalität der Asche; die vom Umschlag des Methylorange bis zum Umschlag des Phenolphthaleins verbrauchten mg-Äquivalente Alkali (= ccm Normallauge) ergeben, mit 47,52 multipliziert, die in der Asche enthaltenen mg Phosphatrest (PO_4)."

11. Prüfung auf Schwermetalle (Blei, Kupfer, Zink, Zinn).
„250 ccm Essig bzw. 25 g Essigessenz werden auf etwa 50 ccm eingedampft bzw. verdünnt. Die Flüssigkeit wird mit 10 ccm konzentrierter Salzsäure und unter gelindem Kochen von Zeit zu Zeit mit kleinen Mengen von Kaliumchlorat versetzt, bis sie farblos oder hellgelb geworden ist. Nachdem noch solange erhitzt worden ist, bis der Chlorgeruch verschwunden ist, werden 10 g Natriumacetat und so viel Wasser hinzugegeben, daß die Gesamtmenge etwa 100 ccm beträgt. In die Lösung wird sodann Schwefelwasserstoffgas eingeleitet und ein etwa entstehender Niederschlag nach den üblichen Verfahren auf Blei, Kupfer, Zink und Zinn untersucht."

12. Bestimmung des Glycerins.
„Das Glycerin wird mit Jodwasserstoffsäure in Isopropyljodid übergeführt, dieses durch Silbernitratlösung zersetzt und das entstandene Silberjodid bestimmt."

Ein zweckmäßiger Apparat ist hierneben (Fig. 211) abgebildet. Er besteht aus dem etwa 40 ccm fassenden Siedekölbchen A mit dem eingeschliffenen Kühlrohr B; in dieses ist ein Gaseinleitungsrohr eingeschmolzen, das bis auf den Boden von A reicht. Das obere Ende des Kühlrohrs ist durch das lose aufzusetzende, oben geschlossene Röhrchen C als Waschgefäß ausgebildet und trägt mittels eines Glasschliffs das aus den Teilen D und E bestehende Zersetzungsgefäß. F zeigt den zusammengesetzten Apparat.

---

[1]) Zeitschr. f. Untersuchung d. Nahrungs- u. Genußmittel 1908, **15**, 269.

[2]) Unter Umständen kann der Essig durch Klären mit Klärerde, die Calciumcarbonat enthält, einen höheren Aschengehalt annehmen, indem gleichzeitig der Gehalt an freier Essigsäure herabgemindert wird.

Erforderliche Reagenzien:

1. Jodwasserstoffsäure vom spezifischen Gewicht 1,96;
2. Aufschwemmung von rotem Phosphor[1]) in der zehnfachen Menge Wasser;
3. alkoholische Silbernitratlösung, durch Auflösen von 40 g Silbernitrat in 100 ccm Wasser und Auffüllen mit reinem absoluten Alkohol auf 1 l hergestellt.

Ausführung der Bestimmung. 100 ccm Essig werden bis zur Sirupdicke oder bis auf etwa $1/2$ ccm eingedampft; der Rückstand wird mit wenig Wasser in ein 50 ccm-Meßkölbchen gespült, die Flüssigkeit so lange mit kleinen Mengen Tanninlösung versetzt, als noch eine Fällung entsteht, mit Barytwasser neutralisiert, bis zur Marke aufgefüllt und durch ein trockenes Filter filtriert.

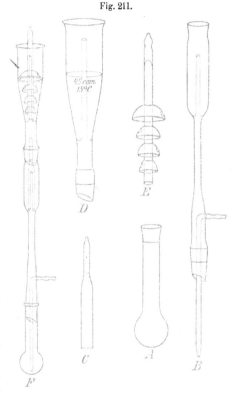

Fig. 211.

5 ccm des Filtrates und 15 ccm der Jodwasserstoffsäure werden in das Siedekölbchen gebracht, nachdem das Waschgefäß mit 5 ccm der durchgeschüttelten Phosphoraufschwemmung beschickt und das Zersetzungsgefäß mit etwa 50 ccm alkoholischer Silbernitratlösung gefüllt worden ist, und der Apparat zusammengefügt. Sodann wird in das Rohr des Siedekölbchens gewaschenes und getrocknetes Kohlendioxyd — etwa 3 Blasen in der Sekunde — eingeleitet und der Inhalt des Kölbchens, zweckmäßig mittels eines Ölbades oder dergleichen, zum langsamen Sieden gebracht. Durch Erwärmung des Waschgefäßes von außen oder durch Regelung des Siedens ist dafür zu sorgen, daß die Phosphoraufschwemmung dauernd handwarm ist. Nach etwa zweistündigem Sieden wird festgestellt, ob noch eine Bildung von Jodsilber erfolgt. Ist dies der Fall, so wird das Erhitzen fortgesetzt, anderenfalls wird die Menge des gebildeten Jodsilbers in üblicher Weise ermittelt.

Das Gewicht des Jodsilbers, mit 3,921 multipliziert, ergibt die in 100 ccm Essig enthaltene Menge Glycerin.

---

[1]) Die Brauchbarkeit des Phosphors ist durch einen blinden Versuch festzustellen. Bildet sich hierbei in der Zersetzungsvorrichtung ein schwarzer Beschlag — ein leichter brauner Anflug kann vernachlässigt werden —, so ist der Phosphor nach einem der folgenden Verfahren zu reinigen:

a) 10 g roter Phosphor werden in einer Flasche mit 500 ccm Wasser übergossen und nach dem Absetzen mit 10 ccm einer wässerigen Jod-Jodkaliumlösung, die 5% Jod enthält, versetzt, worauf sofort kräftig umgeschüttelt wird. Das Zusetzen der Jodlösung und Umschütteln des Gemisches wird etwa 10 mal wiederholt. Nach dem Abgießen der überstehenden Lösung und dreimaligem Auswaschen mit Wasser ist der Phosphor gebrauchsfertig.

b) 20 g roter Phosphor werden unter dem Abzuge so lange mit 10 proz. Kalilauge gekocht, bis der Geruch nach Phosphorwasserstoff fast verschwunden ist. Dann läßt man erkalten und filtriert. Zeigt der Phosphor beim Erwärmen mit frischer Kalilauge eine nennenswerte Gasentwicklung, so ist das Kochen zu wiederholen; anderenfalls wäscht man ihn mit Wasser, bis dieses vollkommen neutral abläuft.

Der nach diesem Verfahren gereinigte Phosphor ist unter Wasser aufzubewahren.

13. Prüfung auf Proteinstoffe. „2 ccm Essig werden mit 0,2 ccm einer 5 proz. Gerbsäurelösung versetzt. Bei Gegenwart von Proteinstoffen entsteht eine feine Trübung, die sich bald als flockiger Niederschlag absetzt."

14. Prüfung auf Dextrine. „Die zur Prüfung auf Proteinstoffe benutzte, wenn nötig filtrierte, klare Flüssigkeit wird mit vier Tropfen Salzsäure vom spezifischen Gewicht 1,19 und dem zehnfachen Volumen absoluten Alkohols versetzt. Bei Gegenwart von Dextrinen entsteht eine Trübung, die sich nach einiger Zeit zusammenballt oder an den Gefäßwänden festsetzt."

15. Prüfung auf Pyridin. „Von 50 ccm Essig, die bis zur stark alkalischen Reaktion mit Alkalilauge versetzt worden sind, werden 20 ccm abdestilliert. Das Destillat wird mit je 5 Tropfen verdünnter (etwa 16 proz.) Schwefelsäure und Wismutjodid-Jodkaliumlösung[1]) versetzt. Bei Gegenwart von Pyridin tritt eine rote Ausscheidung ein."

16. Prüfung auf Formaldehyd. „Von 100 ccm Essig bzw. zehnfach verdünnter Essigessenz werden nach Zusatz von 10 g Kochsalz und 0,5 g Weinsäure etwa 75 ccm abdestilliert. 5 ccm des durch Umschütteln gemischten Destillates werden sodann mit 2 ccm frischer Milch und 7 ccm Salzsäure vom spezifischen Gewichte 1,124, die auf 100 ccm 0,2 ccm einer 10 proz. Eisenchloridlösung enthält, in einem geräumigen Probierglase erhitzt und eine Minute lang in lebhaftem Sieden erhalten. Die Gegenwart von Formaldehyd bewirkt Violettfärbung."

17. Prüfung auf aldehyd- und ketonhaltige Stoffe. K. Farnsteiner[2]) hat gefunden, daß Weinessige, überhaupt Gärungsessige, nach völliger Vergärung flüchtige, neutrale Stoffe enthalten, welche Fehlingsche Lösung schon in der Kälte reduzieren und daher, wenn die Reduktion des Essigs direkt mit Fehlingscher Lösung bestimmt wird, Zucker vortäuschen können. Der Körper ist kein Acetaldehyd, hat vielmehr nach seinem Verhalten gegen Fehlingsche Lösung und schweflige Säure — von welcher er nur langsam gebunden wird — große Ähnlichkeit mit Acetol oder Acetonalkohol ($CH_3 \cdot CO \cdot CH_2OH$), liefert indes mit Phenylhydrazin ein Osazon, das erst bei 243° schmilzt, während der Schmelzpunkt des Osazons aus Acetol bei 145° liegt. Die Natur des ketonartigen Stoffes konnte Farnsteiner nicht feststellen. Zur Bestimmung desselben verfährt er wie folgt:

25 ccm Essig werden mit Natronlauge neutralisiert, zu 37,5 ccm aufgefüllt und hiervon 25 ccm abdestilliert, die in üblicher Weise mit Fehlingscher Lösung gefällt werden. Zu dem Destillationsrückstande gibt man 25 ccm Wasser, destilliert diese abermals ab und verfährt damit wie mit den ersten 25 ccm Destillat. Ein drittes Destillat ergibt meistens nur so geringe Mengen des reduzierenden Körpers, daß sie vernachlässigt werden können.

K. Farnsteiner fand auf diese Weise, daß die Destillate von selbst hergestellten Weinessigen aus 100 ccm Essig 0,327—0,466 g, von drei fabrikmäßig hergestellten Weinessigen 0,368—0,794 g Kupferoxyd lieferten. Auch veränderter Kirsch- und Citronensaft gab Destillate mit reduzierenden Stoffen; dagegen waren normale Weine und Fruchtsäfte sowie ebenso industriell (d. h. nicht durch Gärung) gewonnene Essige frei hiervon.

Um daher in Gärungsessigen eine richtige Zuckerbestimmung auszuführen, muß man die neutralisierten Essige vorher durch Kochen oder Eindunsten erst von flüchtigen Stoffen befreien.

---

[1]) Zur Darstellung der Wismutjodid-Jodkaliumlösung löst man 8 g basisches Wismutnitrat in 20 ccm Salpetersäure vom spezifischen Gewicht 1,18 sowie 27,2 g Jodkalium in möglichst wenig Wasser und gießt die Wismutlösung langsam unter Umschütteln in die Jodkaliumlösung, wobei sich der anfangs entstehende braune Niederschlag wieder auflöst. Durch starkes Abkühlen läßt man möglichst viel Kaliumnitrat auskrystallisieren, trennt die Lösung davon und verdünnt sie mit Wasser zu 100 ccm. Die Lösung ist vor Licht geschützt aufzubewahren.

[2]) Zeitschr. f. Untersuchung d. Nahrungs- u. Genußmittel 1899, **2**, 198; 1908, **15**, 321.

18. Prüfung auf Aceton. „Von 10 ccm Essenzessig oder Kunstessig bzw. zehnfach verdünnter Essigessenz, die bis zur schwach alkalischen Reaktion mit Alkalilauge versetzt
sind, werden 5 ccm abdestilliert. Das Destillat wird mit 1 ccm einer frisch bereiteten, etwa
1 proz. wässerigen Lösung von Nitroprussidnatrium vermischt, durch Zusatz von Natronlauge
alkalisch gemacht und dann mit Essigsäure angesäuert.

Bei Abwesenheit von Aceton verursacht die Natronlauge eine helle citronengelbe Färbung,
die beim Ansäuern mit Essigsäure verschwindet. Bei Gegenwart von Aceton ergibt Natronlauge
eine rötlichbraune Färbung, die beim Ansäuern mit Essigsäure in Violett übergeht. Der Farbenumschlag ist gegen einen weißen Hintergrund zu beobachten."

19. Prüfung auf Methylalkohol. „Von 10 ccm Essig bzw. zehnfach verdünnter Essigessenz, die mit Alkalilauge nahezu neutralisiert worden sind, werden 2 ccm langsam abdestilliert. Das Destillat wird mit $1/2$ ccm verdünnter (etwa 16 proz.) Schwefelsäure und
tropfenweise mit 3 proz. Kaliumpermanganatlösung versetzt, bis es auch nach etwa 2 Minuten
langem Schütteln noch stark violett oder — bei Abscheidung von Manganoxyden — rot gefärbt
erscheint. Die Flüssigkeit wird sodann durch wenige Tropfen gesättigter Oxalsäurelösung und
Erwärmen auf etwa 40° entfärbt und geklärt und nunmehr mit Milch und eisenhaltiger Salzsäure in der oben angegebenen Weise auf Formaldehyd geprüft. Waren mehr als Spuren von
Methylalkohol vorhanden, so färbt sich die Flüssigkeit während des Kochens tiefviolett.

War von vornherein Formaldehyd vorhanden, so ist das Prüfungsverfahren nicht anwendbar."

20. Prüfung auf Phenole. „20 ccm Essenzessig oder Kunstessig bzw. zehnfach
verdünnte Essigessenz werden mit 20 ccm Äther ausgeschüttelt. Der Äther wird auf dem
Wasserbade verdampft, der Rückstand in 5 ccm Wasser gelöst und die Lösung in einem Probierglase mit 2 ccm gesättigtem Bromwasser versetzt. Eine bei geringen Mengen erst nach
einigen Stunden eintretende Trübung oder ein Niederschlag zeigt die Anwesenheit von Phenolen an."

Andere Verfahren zum Nachweise von empyreumatischen Stoffen dürften noch un-
sicherer sein, wie z. B.:

1. Das Verfahren von F. Rothenbach[1]). Er schüttelt den fraglichen Essig mit Chloroform aus, reinigt letzteres durch Wasser, filtriert, versetzt mit 2—3 ccm Nitriersäure (11 Teile
rauchender Salpetersäure und 10 Teile konzentrierter Schwefelsäure unter Kühlung) und schüttelt,
wodurch, wenn Holzgeist vorliegt, das Chloroform eine rote Färbung annehmen soll. Auch die
Angabe, daß eine Lösung von Azonitrobenzolchlorid (von Casella) und Alkali mit Holzessigen
eine mehr oder weniger rote Färbung geben soll, wird als unsicher bezeichnet, weil Weinessig sich
ähnlich verhalten soll.

2. M. Malavarne[2]) hält die Prüfung auf empyreumatische Stoffe mittels Kaliumpermanganat für am sichersten; durch 100 ccm Gärungsessig wird nach ihm höchstens 1 ccm
einer $1^0/_{00}$igen Lösung von Kaliumpermanganat in 5 Minuten entfärbt, während hierzu von Holz-
essig[3]) nur 2 ccm erforderlich sein sollen.

E. Schmidt[4]) schreibt dem Verfahren von M. Krazewski einige Bedeutung zu. Der Essig
wird mit Natronlauge alkalisch gemacht und mit Amylalkohol ausgeschüttelt; nach dem Verdampfen
des letzteren wird der Rückstand mit Wasser verdünnt, mit Schwefelsäure angesäuert und mit
Jodjodkalium versetzt. Wenn Gärungsessig vorliegt, so tritt nach der Abkühlung eine Änderung
bzw. Trübung — herrührend von durch Bakterien gebildeten basischen Stoffen — ein, während
Essig aus Essigessenz keine Änderung zeigt.

[1]) Zeitschr. f. Untersuchung d. Nahrungs- u. Genußmittel 1902, **5**, 817.

[2]) Ebendort 1910, **19**, 412.

[3]) Zurzeit werden aber die Holzessige so rein hergestellt, daß auch diese Reaktion unsicher ist.

[4]) Zeitschr. f. Untersuchung d. Nahrungs- u. Genußmittel 1906, **11**, 386.

21. Prüfung auf Salicylsäure. „50 ccm Essig bzw. zehnfach verdünnte Essigessenz werden mit einigen Tropfen Schwefelsäure versetzt und mit 50 ccm Äther ausgeschüttelt. Der ätherische Auszug wird zweimal mit der gleichen Menge Wasser gewaschen und unter Zusatz von 1 ccm Wasser abgedunstet. Der Rückstand wird mit einigen Tropfen einer 0,05 proz. Eisenchloridlösung versetzt; eine hierbei auftretende Rotviolettfärbung zeigt die Gegenwart von Salicylsäure an."

22. Prüfung auf Benzoesäure. „50 ccm Essig bzw. zehnfach verdünnte Essigessenz werden zunächst wie bei der Prüfung auf Salicylsäure behandelt; der ätherische, mit Wasser gewaschene Auszug wird in einer Schale bis auf etwa 5 ccm und dann auf einem Uhrglase von etwa 6 cm Durchmesser vorsichtig zur Trockne verdunstet. Das Uhrglas wird sodann mit einem zweiten Uhrglase von gleicher Größe bedeckt und zwischen beide ein Stück Filtrierpapier, das die Ränder der Uhrgläser allseitig überragt, gelegt. Das untere Glas wird ziemlich schnell, aber vorsichtig mit einer sehr kleinen Flamme erhitzt; bei Gegenwart von Benzoesäure setzt sich diese in feinen weißen Kryställchen an dem oberen Glase ab. Das Sublimat wird mit einigen Tropfen Ammoniaklösung aufgenommen, die Lösung in dem Uhrglase auf dem Wasserbade zur Trockne verdampft, der Rückstand in wenigen Tropfen Wasser gelöst und tropfenweise mit einer 0,5 proz. Eisenchloridlösung versetzt. Bei Gegenwart von Benzoesäure entsteht ein fleischfarbener Niederschlag."

23. Prüfung auf Borsäure. „50 ccm Essig bzw. zehnfach verdünnte Essigessenz werden mit 5 ccm Normal-Alkalilauge auf dem Wasserbade eingedampft und verascht. Der Rückstand wird in möglichst wenig Wasser gelöst, die Flüssigkeit tropfenweise mit Salzsäure vom spezifischen Gewichte 1,124 bis zur neutralen oder schwach sauren Reaktion versetzt auf etwa 5 ccm gebracht, mit weiteren 0,5 ccm der Salzsäure versetzt und mit Curcuminpapier[1] folgendermaßen geprüft: Ein etwa 8 cm langer und 1 cm breiter Streifen des geglätteten Papiers wird bis zur halben Länge mit der Flüssigkeit durchfeuchtet und auf einem Uhrglase bei 60 bis 70° getrocknet. Zeigt das Papier dann keine Veränderung der ursprünglichen Farbe, so ist keine Borsäure vorhanden. Ist dagegen eine rötliche oder orangerote Färbung entstanden, so betupft man das in der Farbe veränderte Papier mit einer 2 proz. Lösung von wasserfreiem Natriumcarbonat. Entsteht hierbei ein rotbrauner Fleck, der sich nicht von dem rotbraunen Fleck unterscheidet, der durch die Natriumcarbonatlösung auf reinem Curcuminpapier erzeugt wird, oder eine rotviolette Färbung, so ist keine Borsäure vorhanden. Bildet sich dagegen ein blauer Fleck, so ist Borsäure nachgewiesen. Bei blauvioletten Färbungen und in Zweifelsfällen ist der Ausfall der Flammenreaktion ausschlaggebend.

Hierfür wird die salzsaure Flüssigkeit mit Natronlauge schwach alkalisch gemacht und auf dem Wasserbade abgedunstet. Nachdem der Rückstand bei etwa 120° vollständig getrocknet worden ist, wird er mit einem erkalteten Gemisch von 5 ccm Methylalkohol und 0,5 ccm konzentrierter Schwefelsäure sorgfältig zerrieben und unter Benutzung weiterer 5 ccm Methylalkohol in ein Erlenmeyer-Kölbchen von 100 ccm Inhalt gebracht. Man läßt das verschlossene Kölbchen unter mehrmaligem Umschütteln 1/2 Stunde lang stehen und destilliert dann den Methylalkohol aus einem Wasserbade von 80—85° vollständig ab. Das Destillat wird in ein

---

[1] Das Curcuminpapier wird durch einmaliges Tränken von weißem Filtrierpapier mit einer Lösung von 0,1 g Curcumin in 100 ccm 90 proz. Alkohol hergestellt. Das getrocknete Curcuminpapier ist in gut verschlossenen Gefäßen, vor Licht geschützt, aufzubewahren. Das Curcumin wird in folgender Weise hergestellt: 30 g feines, bei 100° getrocknetes Curcumawurzelpulver (Curcuma longa) werden im Soxhletschen Extraktionsapparat zunächst 4 Stunden lang mit Petroläther ausgezogen. Das so entfettete und getrocknete Pulver wird alsdann in demselben Apparat mit heißem Benzol 8—10 Stunden lang, unter Anwendung von 100 ccm Benzol, erschöpft. Zum Erhitzen des Benzols kann ein Glycerinbad von 115—120° verwendet werden. Beim Erkalten der Benzollösung scheidet sich innerhalb 12 Stunden das für die Herstellung des Curcuminpapiers zu verwendende Curcumin ab.

Gläschen von 40 ccm Inhalt und etwa 6 cm Höhe gebracht, durch dessen Stopfen zwei Glasröhren in das Innere führen, die eine bis auf den Boden des Gläschens, die andere nur bis in den Hals. Das verjüngte äußere Ende der letzteren Röhre wird mit einer durchlochten Platinspitze, die aus Platinblech hergestellt werden kann, versehen. Durch die Flüssigkeit wird hierauf ein getrockneter Wasserstoffstrom derart geleitet, daß die angezündete Flamme 2—3 cm lang ist. Ist die bei zerstreutem Tageslichte zu beobachtende Flamme grün gefärbt, so ist der Nachweis von Borsäure erbracht."

24. Prüfung auf schweflige Säure.

"Nachdem der Essig bzw. die Essigessenz so weit mit Wasser verdünnt worden ist, daß die Flüssigkeit etwa 3% Essigsäure enthält, werden 20 ccm hiervon sowie 2 ccm 25 proz. Phosphorsäure in ein Erlenmeyer-Kölbchen von 100 ccm gebracht und dieses mit einem Korke lose verschlossen. In einem Spalt des Korkes ist ein Streifen Kaliumjodatstärkepapier[1]) so befestigt, daß sein unteres, etwa 1 cm lang mit Wasser befeuchtetes Ende ungefähr 1 cm über der Mitte der Flüssigkeitsoberfläche sich befindet. Wenn sich beim Erwärmen des Kölbchens auf dem Wasserbade innerhalb von 5 Minuten keine vorübergehende oder bleibende Bläuung des Papierstreifens zeigt, so ist der Essig bzw. die Essigessenz als frei von schwefliger Säure zu betrachten. Tritt dagegen eine Bläuung ein, so ist der entscheidende Nachweis der schwefligen Säure durch nachstehendes Verfahren zu erbringen:

Ein Destillierkolben von etwa 400 ccm Inhalt wird mit einem Stopfen verschlossen, durch den zwei Glasröhren in das Innere führen, die eine bis auf den Boden, die andere nur bis in den Hals. Die letztere Röhre ist durch einen Kühler mit einer Absorptionsvorlage verbunden. Man leitet durch die bis auf den Boden des Kolbens führende Röhre reines (von Schwefelverbindungen freies) Kohlendioxyd, bis alle Luft aus dem Apparate verdrängt ist, bringt dann in die Vorlage 50 ccm Jod-Jodkaliumlösung[2]), lüftet den Stopfen des Destillierkolbens und läßt 100 ccm Essig bzw. verdünnte Essigessenz aus einer Pipette in den Kolben fließen, ohne das Einströmen des Kohlendioxyds zu unterbrechen. Nachdem noch 5 g Phosphorsäure vom spezifischen Gewichte 1,70 zugegeben worden sind, erhitzt man den Kolbeninhalt vorsichtig und destilliert ihn unter stetigem Durchleiten von Kohlendioxyd bis zur Hälfte ab. Nunmehr bringt man die Jodlösung, die noch braun gefärbt sein muß, in ein Becherglas, spült die Vorlage mit Wasser aus, setzt etwas Salzsäure zu und fällt die durch Oxydation der schwefligen Säure entstandene Schwefelsäure in der Siedehitze mit Bariumchloridlösung. Der Niederschlag kann auf die übliche Weise zur Wägung gebracht werden."

25. Prüfung auf Teerfarbstoffe.

"10 ccm Essig werden nach Zusatz einiger Tropfen Kaliumbisulfatlösung mit einem entfetteten weißen Wollfaden 10 Minuten lang im siedenden Wasserbade erhitzt. Bei Gegenwart von Teerfarbstoffen ist der Faden nach dem Auswaschen mit Wasser in der Regel deutlich gefärbt. Sein Verhalten gegen Mineralsäuren, Ammoniaklösung, Alkalilauge und andere Reagenzien erlaubt meist eine nähere Kennzeichnung des Farbstoffes.

Einzelne Essigsorten sowie mit gebranntem Zucker gefärbter Essig vermögen an sich den Wollfaden gelblich bis schwach bräunlich zu färben. Der natürliche Rotweinfarbstoff gibt dem Faden eine bräunlichrote Färbung, die durch Ammoniak schmutziggrünlich wird und beim Auswaschen mit Wasser nicht wieder erscheint.

Bisweilen gibt auch das Verhalten des Essigs beim Behandeln mit Bleiessig oder beim Ausschütteln mit Amylalkohol über die Art des Farbstoffes Aufschluß.

In zweifelhaften Fällen kann der Nachweis von Teerfarbstoffen auf spektroskopischem Wege erbracht werden."

---

[1]) Die Lösung zur Herstellung des Jodatstärkepapiers besteht aus 0,1 g Kaliumjodat und 1 g löslicher Stärke in 100 ccm Wasser.

[2]) Erhalten durch Auflösen von 2 g reinem Jod und 7,5 g Jodkalium in Wasser zu 1 l; die Lösung muß sulfatfrei sein.

26. Unterscheidung der einzelnen Essigsorten. Die einzelnen Essigsorten lassen sich nur im unvermischten Zustande einigermaßen sicher unterscheiden.

a) Branntweinessig hat einen rein sauren Geschmack und hinterläßt nur wenig,
meistens 0,1—0,3 g in 100 ccm nicht überschreitenden Abdampf- und Glührückstand — letzterer ist von neutraler oder schwach alkalischer Reaktion.

b) Wein-, Bier- und Obstessig liefern dagegen mehr oder weniger Abdampfrückstand
(0,50—1,50%) und eine alkalisch reagierende Asche mit mehr oder weniger Kali und Phosphorsäure. Die Asche beträgt selten weniger als 0,25%.

Der Obst- und Weinessig kann ferner an dem Gehalt von Glycerin, besonders aber
an dem von Äpfelsäure bzw. Weinstein[1]) erkannt werden. Über die Bestimmung von
Weinsäure vgl. Nr. 4, S. 457. Weinessig besonders gibt sich unter den Gärungsessigen in der
Regel durch eine verhältnismäßig hohe Reduktionszahl des Destillates (vgl. Nr. 17, S. 464)
zu erkennen.

c) Die Obst- (Äpfel- und Birnen-) Essige (Ci6ressig) lassen sich an ihrem Gehalt an
freier Äpfelsäure erkennen. Man dampft eine größere Menge des Essigs ein und fällt mit
Bleiacetat, welches bei Gegenwart von Äpfelsäure einen weißen voluminösen Niederschlag
bewirkt. Man kann denselben abfiltrieren, durch Schwefelwasserstoff zerlegen, das Filtrat
von Schwefelblei zur Trockne verdampfen, mit Wasser aufnehmen, titrieren, um die Menge
Äpfelsäure annähernd quantitativ zu erfahren, oder man erwärmt das von Schwefelwasserstoff
befreite Filtrat mit Calciumcarbonat, filtriert und weist das äpfelsaure Calcium mikroskopisch
an seiner Krystallform nach.

Auch die Bestimmung der Alkalität der Asche (vgl. unter „Fruchtsäften", III. Bd.,
2. Teil, S. 881ff.) kann zur Feststellung der Reinheit eines Obstweinessigs dienen.
H. C. Lythgoe[2]) fand die Alkalität der Asche von reinen Äpfelweinessigen zwischen 24,2
bis 29,2, die von verfälschten Proben zu 0—6,80.

d) Bier-, Malz- und Stärkezucker-Essig enthalten durchweg so viel Dextrin,
daß es durch Vermischen mit gleichviel starkem Spiritus ausgeschieden werden kann.

O. Hehner[3]) will an dem Phosphorsäure-Gehalt der Asche erkennen können, ob
Bier- bzw. Malzessig vorliegt. Zunächst läßt sich annähernd der ursprüngliche Trockengehalt
der Würze berechnen, indem man zu dem Trockensubstanzgehalt des Essigs die 1,5fache Menge
der gefundenen Essigsäure hinzurechnet — denn 120 Teile Essigsäure entsprechen annähernd
180 Teilen Glykose; diese Menge ist natürlich zu gering, da bei der Essigbereitung sowohl
Alkohol als Essigsäure verflüchtigt wird. Wenn man aber auf 100% Trockensubstanz der
ursprünglichen Malzwürze 0,7—0,8% Phosphorsäure rechnen kann, so müssen 100% berechnete Trockensubstanz des Essigs (also Extraktgehalt des Essigs + die 1,5fache Menge Essigsäure desselben) mehr als 0,7—0,8% oder mindestens diese Menge Phosphorsäure enthalten,
was auch durch Untersuchung von 5 Sorten echter Malzessige bestätigt wurde. Essige, welche
auf die vorstehend berechnete Menge Trockensubstanz weniger als 0,7% Phosphorsäure enthalten, können nach Hehner nicht mehr als reine Bier- bzw. Malzessige angesehen werden.

e) Essigessenz und Essenzessige sind ebenso wie die Branntweinessige durch
einen sehr niedrigen Extrakt- wie Mineralstoffgehalt ausgezeichnet und geben sich meistens
durch die Anwesenheit von empyreumatischen Stoffen (Phenol, Kresol usw.), durch größere
Mengen Ameisensäure (mehr als 0,25 g für 100 g Essigsäure) sowie durch die Abwesenheit von
flüchtigen, reduzierenden Stoffen im Destillat des vorher neutralisierten Essigs um so mehr
zu erkennen, je mehr diese Eigenschaften zusammen auftreten.

---

[1]) Glycerin wie Weinstein pflegen bei der Essigbereitung aus Wein abzunehmen und unter,
wenn auch seltenen Umständen ganz zu verschwinden. Das Fehlen von Glycerin und Weinstein
ist daher noch nicht immer ein Zeichen, daß kein Obst- oder Weinessig vorliegt.

[2]) Zeitschr. f. Untersuchung d. Nahrungs- u. Genußmittel 1905, **9**, 236.

[3]) The Analyst 1891, **16**, 81.

C. Biologische Untersuchung des Essigs.

1. Entstehung von Lebewesen im Essig.

Normaler Essig enthält keine nennenswerten Mengen von Bakterien, Pilzen oder Tieren. Wo solche vorhanden sind, spricht dies entweder für fehlerhafte Vorgänge bei der Essigbildung oder bei der Aufbewahrung. Beim Lagern in Fässern oder nicht luft-dicht schließenden Flaschen entwickeln sich besonders in Essigen mit geringer Acidität Pilze, Bakterien und Nematoden (Essigälchen), die entweder Kahmhäute erzeugen, oder den Essig trübe oder schleimig machen. Manche dieser Organismen zerstören die Essigsäure und rufen dadurch mittelbar faulige Zersetzungen im Essig hervor.

2. Untersuchungsverfahren auf Bakterien und Pilze.

Für die Untersuchung von Trübungen kommt das mikroskopische Präparat im hängenden Tropfen (III. Bd., 1. Teil, S. 198) und das gefärbte Präparat (III. Bd., 1. Teil, S. 199) in Betracht, ferner die Plattenkultur auf Bier- oder Würzeagar (III. Bd., 1. Teil, S. 626 u. 645), wobei letzterem zweckmäßig einige Tropfen Alkohol zugesetzt werden. Ferner kann auch die Tröpfchenkultur (III. Bd., 1. Teil, S. 625) in Bier und Würze oft mit Vorteil benutzt werden. Handelt es sich um den Nachweis geringerer Pilzmengen, so wird das Anreicherungsverfahren (III. Bd., 1. Teil, S. 633) benutzt, für das als Nährböden neben Bier und Alkohol mit versetzter Würze auch sehr verdünnte Essigmaische, d. h. eine aus Essig, Alkohol, Wasser, Zucker und Nähr-salzen hergestellte Flüssigkeit, oder ein Gemisch dieser mit Bier oder Würze verwendet werden.

3. Die in verdorbenem Essig vorkommenden Lebewesen.

1. Trüber Essig. Trübungen erzeugen größere Mengen Essigälchen, fein verteilte Essig-bakterien oder Milchsäurebakterien, ferner auch nicht organisierte Ausscheidungen, wie Proteinstoffe.

Der Nachweis der 1—2 mm langen Essigälchen erfolgt am besten mittels einer schwa-chen Lupe, wenn man den zu prüfenden Essig einige Zeit in einem Reagensglase stehen läßt. Die Tiere kommen an die Oberfläche der Flüssigkeit und sind an ihren Bewegungen, oder sofern sie schon abgestorben sind, an der gekrümmten oder langgestreckten Form leicht zu erkennen.

Milchsäurebakterien werden meist aus dem verwendeten Material stammen und ent-weder tot oder doch nicht mehr entwickelungsfähig sein.

Auch Essigbakterien können Anlaß zu Trübungen geben, entweder sog. wilde Essigbakterien, d. h. Arten mit zu geringer Fähigkeit zur Hautbildung, oder auch Kultur-essigbakterien, deren Hautbildung gestört oder die von den Trägern abgespült worden sind. Über die zahlreichen bisher bekannten Arten und ihre Unterscheidung vergleiche man die Spezialwerke von Henneberg[1] und Rothenbach[2].

2. Kahmiger Essig. Kahmhäute werden entweder durch Kahmhefen (Mycoderma) (III. Bd., 1. Teil, S. 710) oder durch Essigbakterien erzeugt. Sie entstehen nur bei Luftzutritt. Kahmhefen entwickeln sich nur in schwachen, nach Henneberg höchstens 3 proz. Essigen, zerstören unter Umständen die gesamte Essigsäure schnell. Viel widerstandsfähiger sind Essigbakterien, da selbst noch mehr als 11% Essigsäure nach demselben Beobachter die Entwicklung mancher Arten nicht hemmen.

3. Schleimiger Essig. Schleimmassen, unter Umständen so starke, daß je nach Form des Gefäßes dicke Scheiben und Pfropfen entstehen, bildet das Schleimessigbacterium, Bacterium xylinum, ferner gelegentlich auch einige Weinessigbakterienarten. Beim Schleimig-werden nimmt der Säuregrad des Essigs zuweilen ab, ferner treten nachteilige Geschmacks- und Geruchsveränderungen auf.

---

[1] Henneberg, Gärungsbakteriologisches Praktikum. Berlin 1909.
[2] Rothenbach, Die Untersuchungsmethoden und Organismen des Gärungsessigs. Berlin 1907.

D. Verbote zum Schutze der Gesundheit.

Vorbemerkung: „Die Verbote unter 1 u. 2 sind zum Schutze der Gesundheit bestimmt. Damit ist indessen nicht gesagt, daß Erzeugnisse, deren Beschaffenheit diesen Vorschriften zuwiderläuft, unter allen Umständen gesundheitsschädlich sind. Anderseits sind nicht alle Behandlungsweisen und Eigenschaften aufgeführt, welche die in Betracht kommenden Erzeugnisse gesundheitsgefährlich machen, sondern nur die wichtigsten.

Die Verbote unter 1 und 2 beziehen sich nur auf solche Erzeugnisse, die für Genußzwecke in den Verkehr gebracht werden; zu gewerblichen, wissenschaftlichen oder Heilzwecken bestimmter Essig usw. wird davon nicht getroffen. Das Verbot unter 3 gilt, soweit nicht die angezogene Verordnung anderes bestimmt, unabhängig vom Verwendungszweck.“

Für Essig zu Genußzwecken sind verboten:

„1. Essig, Essigessenz, Essenzessig oder Kunstessig, die unter Zusatz der nachbezeichneten Stoffe hergestellt sind, dürfen für Genußzwecke nicht in den Verkehr gebracht werden:

Ameisensäure, Benzoesäure, Borsäure, Eisencyanverbindungen, Flußsäure, Formaldehyd und solche Stoffe, die bei ihrer Verwendung Formaldehyd abgeben, Methylalkohol, Salicylsäure schweflige Säure (abgesehen von sachgemäßem Schwefeln der Fässer), Salze und Verbindungen der vorgenannten Säuren.“

Anm. Unter 1 sind nur diejenigen Stoffe aufgeführt, deren Zusatz zu Essig, Essigessenz, Essenzessig und Kunstessig zum Schutze der Gesundheit unter allen Umständen verboten ist. Damit ist nicht ausgeschlossen, auch andere Zusätze als gesundheitsschädlich im Sinne der §§ 12, 13, 14 oder als Verfälschung im Sinne der §§ 10, 11 des Nahrungsmittelgesetzes anzusehen. Nur der Zusatz der genannten Stoffe ist verboten; diejenigen kleinen Mengen, die etwa der Natur der Erzeugnisse nach darin enthalten sind, z. B. kleine Mengen von Ameisensäure in Essigessenz, werden dadurch nicht getroffen. Dagegen ist es belanglos, auf welcher Stufe der Herstellung der Zusatz erfolgt; als ein Zusatz von Formaldehyd wird es auch anzusehen sein, wenn Wein, dem Formaldehyd zugesetzt worden ist, zur Bereitung von Essig verwendet wird.

Unter „solchen Stoffen, die bei ihrer Verwendung Formaldehyd abgeben“, ist z. B. Hexamethylentetramin, unter „Salzen und Verbindungen der vorgenannten Säuren“ z. B. Borax, Fluorammonium, Benzoesäureester zu verstehen. Auch der Zusatz von Salicylsäure ist verboten; der früher mitunter verwendete „Salicylessig“ darf danach nicht mehr in den Verkehr gebracht werden. Als ein „sachgemäßes Schwefeln der Fässer“ wird es anzusehen sein, wenn nach beendeter Wirkung des Schwefeldioxyds die Fässer mit Wasser ausgespült werden. Die dann noch etwa in den Essig gelangenden Mengen von schwefliger Säure sind äußerst gering.

Werden die sonstigen, als Zusatz verbotenen Konservierungsmittel zur Sterilisierung von Gefäßen oder Apparaten in der Essigfabrikation benutzt, so ist durch gründliches Ausspülen oder Ausdämpfen dafür zu sorgen, daß keine Reste davon in den Essig gelangen.

2. „Essig, Essigessenz, Essenzessig oder Kunstessig, die Blei oder mehr als Spuren von Kupfer, Zink oder Zinn enthalten, dürfen für Genußzwecke nicht in den Verkehr gebracht werden.“

Anm. zu 2. Was als „Spuren“ von Kupfer, Zink oder Zinn anzusehen ist, läßt sich nicht allgemein abgrenzen, sondern bleibt dem sachverständigen Ermessen des untersuchenden Chemikers überlassen; Blei darf dagegen überhaupt nicht nachweisbar sein.

3. „Essigessenz darf nur gemäß den Vorschriften der Kaiserlichen Verordnung, betreffend den Verkehr mit Essigsäure, vom 14. Juli 1908 in den Verkehr gebracht werden.“

Anm. zu 3. Die Kaiserliche Verordnung, betreffend den Verkehr mit Essigsäure, vom 14. Juli 1908 bestimmt:

§ 1. Rohe und gereinigte Essigsäure (auch Essigessenz), die in 100 Gewichtsteilen mehr als 15 Gewichtsteile reine Säure enthält, darf in Mengen unter 2 l nur in Flaschen nachstehender Art und Bezeichnung gewerbsmäßig feilgehalten oder verkauft werden:

1. Die Flaschen müssen aus weißem oder halbweißem Glase gefertigt, länglichrund geformt und an einer Breitseite in der Längsrichtung gerippt sein.
2. Die Flaschen müssen mit einem Sicherheitsstopfen versehen sein, der bei wagerechter Haltung der gefüllten Flasche innerhalb einer Minute nicht mehr als 50 ccm des Flascheninhaltes ausfließen läßt. Der Sicherheitsstopfen muß derart im Flaschenhalse befestigt sein, daß er ohne Zerbrechen der Flasche nicht entfernt werden kann.
3. An der nicht gerippten Seite der Flasche muß eine Aufschrift vorhanden sein, die in deutlich lesbarer Weise
   a) die Art des Inhalts einschließlich seiner Stärke an reiner Essigsäure angibt,
   b) die Firma des Fabrikanten des Inhalts bezeichnet,
   c) in besonderer, für die sonstige Aufschrift nicht verwendeter Farbe die Warnung
      „Vorsicht! Unverdünnt lebensgefährlich"
      getrennt von der sonstigen Aufschrift enthält,
   d) eine Anweisung für den Gebrauch des Inhalts der Flasche bei der Verwendung zu Speisezwecken erteilt.
   Weitere Aufschriften dürfen auf der Flasche nicht vorhanden sein.

§ 2. Die Vorschriften des § 1 finden keine Anwendung auf das Feilhalten und den Verkauf von Essigsäure in Apotheken, soweit es zu Heil- oder wissenschaftlichen Zwecken erfolgt.

§ 3. Das Feilhalten und der Verkauf von Essigsäure der im § 1 bezeichneten Art unter der Bezeichnung „Essig" ist verboten.

§ 4. Diese Verordnung tritt am 1. Januar 1909 in Kraft."

E. Anhaltspunkte für die Beurteilung.

I. „Als verdorben anzusehen sind Essig, Essigessenz, Essenzessig und Kunstessig,
   die Essigälchen oder gallertartige oder andere durch Kleinlebewesen gebildete Wucherungen oder Trübungen in erheblichem Maße enthalten oder kahmig sind,
   die unmittelbar oder nach dem Verdünnen fade oder fremdartig riechen oder schmecken,
   die sonst stark verunreinigt sind,
   die aus den vorbezeichneten verdorbenen Erzeugnissen zubereitet sind."

Anm. zu I. „Unter den Kennzeichen für Verdorbenheit von Essig usw. ist zuerst die Anwesenheit von Essigälchen (Anguillula aceti) in erheblicher Menge angeführt; vereinzelte Älchen sind noch kein Grund für Verdorbenheit von Essig usw., ebensowenig unerhebliche Trübungen oder Wucherungen oder sonstige geringe Verunreinigungen. In den letztgenannten Fällen ist auch eine Klärung, Filtration oder dergleichen des Essigs zulässig. Bei verdorbenem Essig dagegen, in dem durch eine große Menge von Essigälchen oder sonstigen Lebewesen oder durch starke Verunreinigung eine Beeinträchtigung des Geruchs und Geschmacks oder eine Veränderung des Gehalts an Extraktivstoffen anzunehmen ist, wird durch Klärung, Filtration oder sonstige Zubereitung der Charakter der Verdorbenheit nicht beseitigt."

II. Als verfälscht, nachgemacht oder irreführend bezeichnet[1]) sind anzusehen:
1. „als Essig, Essigessenz, Essenzessig oder Kunstessig bezeichnete Flüssigkeiten, die den Begriffsbestimmungen (S. 452) nicht entsprechen" (also auch die S. 452 und 453 angegebenen Mindestgehalte an Essigsäure, nämlich 3,5 g in 100 ccm Speiseessig nicht enthalten)[2]).

---

[1]) Die Abgrenzung zwischen Verfälschung, Nachahmung und irreführender Bezeichnung ist nicht allgemein, sondern vielfach nur nach den Umständen des Einzelfalles durchführbar (vgl. III. Bd., 2. Teil, S. 9).

[2]) Das Schweizerische Lebensmittelbuch verlangt 4% Essigsäure ($C_2H_4O_2$) als Mindestgehalt für Speiseessig. Wenn geringere Gehalte als 3,5 g Essigsäure in 100 ccm Essig den Gebrauchszwecken im Haushalte genügen, so empfiehlt es sich doch nicht, unter diese Grenze herunterzugehen, weil geringhaltiger Essig leicht verdirbt (kahmig wird).

Anm. zu 1.] Den Begriffsbestimmungen für Essig usw. müssen naturgemäß auch solche Erzeugnisse entsprechen, die mit den Namen von Essigsorten, Essigessenzsorten usw. bezeichnet sind; so darf verdünnte Essigsäure nicht als „Tafelessig", ein Verschnitt von Gärungsessig mit Essigessenz nicht als „Einmacheessig" oder „Essigsprit" bezeichnet werden (vgl. auch die Erläuterungen zu den Sortenbezeichnungen S. 453).

2. „als Einmacheessig oder gleichsinnig bezeichneter Essig sowie entsprechend bezeichneter Essenzessig und Kunstessig, die weniger als 5 g Essigsäure in 100 ccm enthalten;"

3. „als Doppelessig oder gleichsinnig bezeichneter Essig sowie entsprechend bezeichneter Essenzessig und Kunstessig, die weniger als 7 g Essigsäure in 100 ccm enthalten;"

4. „als dreifach oder gleichsinnig bezeichneter Essig, Essenzessig und Kunstessig, die weniger als 10,5 g Essigsäure in 100 ccm enthalten;"

Anm. zu 2 bis 4. Diese Anforderungen an den Essigsäuregehalt beziehen sich auf Essig, Essenzessig und Kunstessig gemeinsam. Als „gleichsinnige" Bezeichnungen von Essig werden z. B. anzusehen sein: „Essig für Einmachezwecke", „doppelt starker Essig", „Tripelessig" usw.; als „entsprechende" Bezeichnungen von Essenzessig und Kunstessig: „Essenzessig zum Früchteeinlegen", „doppelt starker Kunstessig" usw.

5. „als Weinessig (Traubenessig) oder Weinessigverschnitt (Traubenessigverschnitt) bezeichneter Essig, der weniger als 5 g Essigsäure in 100 ccm enthält;"

Anm. zu 5. An Weinessig und Weinessigverschnitt werden in bezug auf den Essigsäuregehalt die gleichen Anforderungen gestellt wie an Einmacheessig.

6. „als Essigsprit bezeichneter Essig, der weniger als 10,5 g Essigsäure in 100 ccm enthält;"

Anm. zu 6. An Essigsprit werden in bezug auf den Essigsäuregehalt die gleichen Anforderungen gestellt, wie an dreifachen Essig.

7. „Essig, der nach einem bestimmten Rohstoffe benannt ist, sofern er nicht ausschließlich aus diesem Rohstoffe, gegebenenfalls unter Verdünnung mit Wasser, hergestellt ist, unbeschadet des Zusatzes kleiner Mengen von Nährstoffen für die Essigbakterien zu Branntwein;"

Anm. zu 7. Erzeugnisse der Essiggärung aus einem Gemische verschiedener Rohstoffe oder Verschnitte von Gärungsessigen aus verschiedenen Rohstoffen dürfen wohl als Speiseessig, Einmacheessig usw. bezeichnet, nicht aber nach einem einzelnen Rohstoffe benannt werden; so darf ein aus Malz und Stärkezucker hergestellter Essig nicht „Malzessig", ein aus Wein und Branntwein hergestellter nicht „Weinessig", ein aus Honig und Sprit hergestellter nicht „Honigessig" genannt werden. Ein Verschnitt von Weinessig mit verdünnter Essigsäure oder mit Essigessenz ist Kunstessig.

Wird ausländischer, zur Essigbereitung bestimmter Wein bei der Einfuhr in das deutsche Zollgebiet zur Erlangung des niedrigeren Zollsatzes für stichigen Wein auf den in dem Warenverzeichnis zum Zolltarif (Stichwort Wein, Ziffer 1, Allgemeine Anmerkung) vorgesehenen Gehalt von mindestens 2% Essigsäure gebracht, so darf der daraus gewonnene Essig nur dann als Weinessig bezeichnet werden, wenn die Erhöhung des Säuregehaltes mittels Weinessig vorgenommen worden ist; wurde hierzu anderer Gärungsessig, z. B. Essigsprit, benutzt, so kann das fertige Erzeugnis gegebenenfalls unter den Begriff Weinessigverschnitt fallen (vgl. Nr. 9); ist jedoch der Wein durch Zusatz von Essigsäure oder Essigessenz auf den verlangten Essigsäuregehalt gebracht worden, so kann das dann vergorene Erzeugnis nur noch als Kunstessig bezeichnet werden.

Die angezogene Verzollungsvorschrift (Änderungen und Ergänzungen des Warenverzeichnisses zum Zolltarif, Bekanntmachung des Reichskanzlers vom 29. April 1910, Zentralbl. f. d. Deutsche Reich, S. 137, unter Nr. 396) lautet:

„Stichig gewordener Wein ist wie Essig zu verzollen, wenn sein Gehalt an Essigsäure (flüchtiger Säure) 2 Gewichtsteile oder darüber in 100 beträgt und sein Weingeistgehalt, vermehrt um den Gehalt an Essigsäure, 14 Gewichtsteile in 100 nicht übersteigt. Bei stichigem Wein mit einem geringeren Essigsäuregehalt ist die Verzollung wie Essig nur dann zulässig, wenn dieser Gehalt durch Zusatz von Essigsäure, Essigessenz, Gärungssessig, Weinessig, Bieressig, Obstessig oder anderem Essig auf mindestens 2 Gewichtsteile in 100 erhöht wird."

Eine Verdünnung der alkoholischen Flüssigkeit mit Wasser kommt besonders bei Sprit und Branntwein, aber auch bei alkoholreichem Wein in Betracht; nur darf in letzterem Falle durch die Verdünnung der Essigsäuregehalt des fertigen Essigs nicht unter 5 g in 100 ccm heruntergesetzt werden, wenn das Erzeugnis als Weinessig oder Weinessigverschnitt bezeichnet werden soll.

Als Nährstoffe für die Essigbakterien kommen besonders Malzauszug, Stärkesirup, Phosphate, Ammoniumsalze und ähnliche Stoffe in Betracht. Ein Zusatz derartiger Nährstoffe ist nur bei dem extraktärmsten Rohstoffe, Branntwein oder Sprit, erforderlich; wird er bei einem anderen Rohstoffe, z. B. bei Bier, angewendet, so darf der so bereitete Essig nicht nach diesem Rohstoffe benannt werden.

8. „als Weinessig (Traubenessig) bezeichneter Essig, dessen Rohstoff (Wein, Trauben-most, Traubenmaische) nicht verkehrsfähig im Sinne von § 13 des Weingesetzes vom 7. April 1909 gewesen ist;"

Anm. zu 8. Der Rohstoff für Weinessig muß Wein, Traubenmost oder Traubenmaische im Sinne des Weingesetzes sein; er darf den Bestimmungen dieses Gesetzes höchstens insoweit nicht entsprechen, als er dadurch nicht vom Verkehr ausgeschlossen ist. Noch verkehrsfähig sind ins-besondere solche Erzeugnisse, bei denen nur die Bezeichnung oder Benennung den gesetzlichen Bestimmungen nicht entsprochen hat. Dagegen sind nicht verkehrsfähig: Traubenmaische, Traubenmost und Wein, die den Vorschriften über die Zuckerung zuwider hergestellt oder behandelt oder denen andere als die bei der Kellerbehandlung ausdrücklich zugelassenen Stoffe zugesetzt sind, ferner nachgemachter Wein usw. Derartige Erzeugnisse dürfen — und zwar nach § 15 des Weingesetzes nur mit Genehmigung der zuständigen Behörde — unter Umständen zur Essigbereitung verwendet werden, der daraus gewonnene Essig darf jedoch keinesfalls als „Weinessig" be-zeichnet sein.

In Preußen ist durch eine Verfügung des Justizministers vom 30. November 1909 (Justiz-Ministerialbl. S. 367) bestimmt worden, daß eingezogene Weine usw. der letztgenannten Art zu vergällen und sodann zugunsten der Staatskasse zu verkaufen sind. Die Vergällung hat, wenn die Flüssigkeit zur Essigbereitung verkauft wird, zu erfolgen durch Zusatz von Essigsäure (auch in Form von Essigsprit oder Essigessenz) in solcher Menge, daß die Flüssigkeit auf 100 l etwa 4 l Essig-säure enthält. Entsprechende Vorschriften bestehen in anderen Bundesstaaten. Nach den obigen Festsetzungen dürfen Erzeugnisse der Essiggärung aus derartigen verkehrsunfähigen und ver-gällten Weinen usw. nur dann noch als „Essig" bezeichnet werden, wenn die Vergällung mittels Essigsprit oder sonstigem Gärungssessig vorgenommen worden ist, müssen aber als „Kunstessig" bezeichnet werden, wenn Essigsäure oder Essigessenz zur Vergällung gedient hat.

(Das Schweizerische Lebensmittelbuch verlangt für Weinessig 8 g zuckerfreien Extrakt, 1 g Mineralstoffe für 1 l und läßt nicht mehr als 1 Volumprozent Alkohol zu. Anm. des Verf.s.)

9. „als Weinessigverschnitt (Traubenessigverschnitt) bezeichneter Essig, dessen Essigsäure nicht mindestens zum fünften Teile den in Nr. 8 bezeichneten Roh-stoffen für Weinessig entstammt;"

Anm. zu 9. Für die Bereitung von Weinessigverschnitt ist die Verwendung einer ge-wissen Mindestmenge an Wein, Traubenmost oder Traubenmaische vorgeschrieben: der fünfte Teil der im fertigen Erzeugnis vorhandenen Essigsäure muß dem Wein usw. entstammen. Von einem alkoholreichen Wein wird also unter Umständen weniger als $1/_5$ der ganzen Maische genügen, um das Erzeugnis als Weinessigverschnitt gelten zu lassen.

Dieser Anteil der Maische muß, ebenso wie der Rohstoff für Weinessig selbst, verkehrs-fähig sein (vgl. die Erläuterung zu Nr. 8). Für den übrigen Anteil der Essigmaische besteht nur die Beschränkung, daß Weinschlempe nicht darin enthalten sein darf (vgl. Nr. 10). Auch Essigessenz oder Essigsäure dürfen zur Herstellung von „Weinessigverschnitt" nicht verwendet werden; ein solcher Verschnitt würde unter den Begriff Kunstessig fallen.

An Stelle der Mischung in der Essigmaische können der Wein und die übrigen Rohstoffe auch einzeln der Essiggärung unterworfen und der fertige Weinessig mit dem übrigen Gärungsessig verschnitten werden. Dagegen wird durch Zusatz von Wein ein fertiger Spritessig oder sonstiger Essig nicht zu Weinessigverschnitt oder gar zu Weinessig.

10. „als Weinessigverschnitt (Traubenessigverschnitt) bezeichneter Essig, der unter Verwendung von Weinschlempe hergestellt ist;"

Anm. zu 10. Daß Weinschlempe (der beim Brennen von Wein verbleibende Rückstand) nicht zur Herstellung von Weinessig verwendet werden darf, ergibt sich aus Nr. 7. Durch Nr. 10 wird aber auch ihre Verwendung zur Bereitung von Weinessigverschnitt untersagt. Essig, der unter Benutzung von Weinschlempe hergestellt ist, darf also nur unter anderen Bezeichnungen (Essig, Speiseessig usw.) in den Verkehr gebracht werden.

11. „Weinessig (Traubenessig) und Weinessigverschnitt (Traubenessigverschnitt), deren Bezeichnung auf die Art oder die Herkunft der verwendeten Traubenerzeugnisse hindeutet, sofern sie diesen Angaben nicht entsprechen;"

Anm. zu 11. „Rheinweinessig", der nicht ausschließlich aus Rheinwein hergestellt ist, ist als irreführend bezeichnet anzusehen.

12. „ganz oder zum Teil durch Zerlegung essigsaurer Salze gewonnene, dem Essig oder der Essigessenz ähnliche, zu Genußzwecken bestimmte Flüssigkeiten, sofern sie nicht als Essenzessig, Kunstessig oder Essigessenz bezeichnet sind;"

Anm. zu 12. Essigsaure Salze sind kein Rohstoff für „Essig", auch wenn sie ihrerseits aus Gärungsessig gewonnen sind. Bei ihrer Zerlegung entsteht Essigsäure. Die daraus hergestellten, zu Genußzwecken bestimmten Flüssigkeiten sind also ebenso zu bezeichnen wie die sonst aus Essigsäure bereiteten. Wird z. B. aus Weinessig ein essigsaures Salz hergestellt, aus diesem mittels Säure Essigsäure abdestilliert und die letztere mit oder ohne Aromazusatz als Genußmittel in den Verkehr gebracht, so muß dieses Erzeugnis je nach der Stärke der Essigsäure als Essigessenz oder Essenzessig (oder, falls es noch mit Gärungsessig verschnitten ist, als Kunstessig) bezeichnet werden; die bloße Bezeichnung mit einem Phantasienamen oder als „Weinessigextrakt" oder dergleichen wäre als irreführend anzusehen.

13. „Essig, der unter Zusatz von fremden Säuren, scharf schmeckenden Stoffen, Konservierungsmitteln oder künstlichen Aromastoffen hergestellt oder künstlich gefärbt ist, jedoch unbeschadet des Zusatzes von Kohlensäure, des sachgemäßen Schwefelns der Fässer, der Verwendung von aromatischen Pflanzenteilen, des Zusatzes von Wein und der Färbung mit kleinen Mengen gebrannten Zuckers;"

Anm. zu 13. Bei der Bereitung von Essig (Gärungsessig) jeder Art sind folgende Zusätze und Behandlungsweisen verboten:

a) fremde Säuren, z. B. Weinsäure, Schwefelsäure
(erlaubt jedoch: Wein, Kohlensäure, sachgemäßes Schwefeln der Fässer, vgl. die Erläuterungen zu D, 1, S. 470);

b) scharf schmeckende Stoffe, z. B. Pfeffer;

c) Konservierungsmittel jeder Art, nicht nur die unter D, 1 genannten
(erlaubt jedoch: Kohlensäure, Schwefeln, s. bei a);

d) künstliche Aromastoffe, z. B. Alkohole (abgesehen von der Essigmaische), Ester, alkoholische Auszüge von aromatischen Pflanzenteilen, Destillate von aromatischen Pflanzenteilen; durch einen derartigen Zusatz würde das Erzeugnis zu Kunstessig;
(erlaubt jedoch: Zusatz von Wein; Ausziehen von aromatischen Pflanzenteilen, z. B. von Estragonstengeln, Himbeeren, Kirschen, unmittelbar mit Essig, ohne daß der Zwang besteht, das Erzeugnis entsprechend zu benennen; selbstverständlich sind auch die aus den

Alkoholen der Essigmaische mit der Essigsäure von selbst entstehenden Ester nicht als künstliche Aromastoffe anzusehen);

e) künstliche Färbung, z. B. mit Teerfarbstoffen, Malvenblüten (erlaubt jedoch: Färbung mit kleinen Mengen gebrannten Zuckers, ferner die durch Ausziehen von aromatischen Pflanzenteilen mit dem Essig entstehende Färbung).

14. „Essig und Kunstessig, die unter Verwendung von vergälltem Branntwein hergestellt sind, sofern zur Vergällung andere Stoffe als Essig verwendet sind;"

Anm. zu 14. Die Vergällung von Branntwein zur Herstellung von Essig für Genußzwecke ist durch die Branntweinsteuer-Befreiungsordnung vom 9. September 1909 (Zentralbl. f. d. Deutsche Reich S. 1091) geregelt. In § 4 dieser Ordnung heißt es:

„Zur unvollständigen Vergällung dürfen folgende Stoffe (besondere Vergällungsmittel) verwendet werden, die dem zu vergällenden Branntwein in den dabei bezeichneten Mengen auf je 100 l Alkohol zuzusetzen sind: ......

Zur Herstellung von Essig:

200 l Essig von 3% Gehalt an Essigsäure oder
150 l   „   „   4%   „   oder
100 l   „   „   6%   „   und 100 Liter Wasser oder
 75 l   „   „   8%   „   „ 100   „   „   „
 60 l   „   „ 10%   „   „ 100   „   „   „
 50 l   „   „ 12%   „   „ 100   „   „   „
 30 l   „   „   6%   „   , neben welchen 70 l Wasser und 100 l Bier zuzusetzen sind.

Die über das vorgeschriebene Maß hinaus zugesetzte Essigmenge und die in dem Branntwein enthaltene Wassermenge sind auf Antrag auf den Wasserzusatz in Anrechnung zu bringen. Das Wasser darf ganz oder zum Teil durch eine gleiche Menge Bier, Glattwasser, Hefenwasser oder Naturwein ersetzt werden. Dieser Ersatz darf nur mit besonderer Erlaubnis § 76a Abs. 4) stattfinden in Essigfabriken, in denen Speiseessig zum Zwecke der Ausfuhr unter Inanspruchnahme der Vergütung des § 49 Abs. 1 unter 5 hergestellt wird."

Die Verwendung von in anderer Weise vergälltem Branntwein zur Herstellung von Essig für Genußzwecke ist durch §§ 14, 16, 17 der Branntweinsteuer-Befreiungsordnung untersagt.

15. „Essigessenz, Essenzessig und Kunstessig, die unter Zusatz von fremden Säuren, scharf schmeckenden Stoffen oder Konservierungsmitteln hergestellt sind, jedoch unbeschadet des Zusatzes von Kohlensäure und des sachgemäßen Schwefelns der Fässer;"

Anm. zu 15. Bei Essigessenz, Essenzessig und Kunstessig sind dieselben Zusätze und Behandlungsweisen verboten wie bei Gärungssessig, mit Ausnahme jedoch der hier erlaubten Anwendung von künstlichen Aromastoffen und künstlicher Färbung.

16. „Essigessenz, Essenzessig und Kunstessig, die mehr als 0,5 g Ameisensäure[1]) auf 100 g Essigsäure oder andere Verunreinigungen in größeren als den technisch nicht vermeidbaren Mengen enthalten."

Anm. zu 16. Diese Vorschrift enthält die nähere Bestimmung der Anforderungen an den Reinheitsgrad der für Genußzwecke dienenden Essigsäure. Welche Mengen von Verunreinigungen technisch nicht vermeidbar sind, wird mit dem jeweiligen Stande der Technik sich ändern und der Beurteilung im einzelnen Falle überlassen bleiben müssen. Nur für den Gehalt an Ameisensäure ist eine Grenzzahl festgesetzt.

[1]) Diese in Heft 3 der Entwürfe zu Festsetzungen über Lebensmittel festgesetzte Grenze erscheint reichlich hoch. Denn nach den Untersuchungen von H. Fincke muß man schon einen Essenzessig als sehr unrein beanstanden, der über 0,25—0,30 g Ameisensäure auf 100 g Essigsäure enthält.

F. Beurteilung des Essigs nach der Rechtsprechung.

1. Niedriger Essigsäuregehalt. Ein aus Essigessenz durch Verdünnen mit Wasser im Verhältnis 1 : 3 gewonnener Essig enthielt nur 1,88% Essigsäure. Verurteilung wegen Fahrlässigkeit aus § 11 NMG.

LG. Saarbrücken, 4. Mai 1903. (Auszüge aus gerichtl. Entscheid. 1905, **6**, 291.)

Ein aus $^1/_3$ Essigsprit und $^2/_3$ Wasser hergestellter Essig hatte 2,87% Essigsäure. Verurteilung aus § 11 NMG.

LG. Saarbrücken, 14. Mai 1913. (Auszüge aus gerichtl. Entscheid. 1905, **6**, 291.)

Ein aus 1 Teil Essigsprit und 3 Teilen Wasser hergestellter Essig hatte 2,82% Essigsäure. Es kann nicht festgestellt werden, daß eine Verfälschung im Sinne des NMG. vorliegt. Zwar haben das Kaiserliche Gesundheitsamt und der Bund deutscher Nahrungsmittelfabrikanten festgesetzt, daß Speiseessig nicht weniger als 3% Essigsäure enthalten solle. Diese Festsetzung kann aber so lange nicht als maßgebend erachtet werden, als das Publikum sie sich nicht zu eigen gemacht hat, d. h. so lange nicht, als nicht feststeht, daß das Publikum beim Kauf des Essigs bei ihm einen höheren Verkaufs- und Gebrauchswert voraussetzt, als er wirklich hat. Sollte aber selbst das Erfordernis der Verfälschung vorliegen, so trifft die Angeklagte in diesem Punkt keine Fahrlässigkeit, auch kommt die Angeklagte als Täterin nicht in Betracht (die Einzelheiten interessieren hier nicht). Die Freisprechung wurde von der Revisionsinstanz mit folgender Begründung bestätigt: Es kann dahingestellt bleiben, ob die Rüge, daß die Strafkammer den Rechtsbegriff der Verfälschung verkannt hat, begründet ist. Ohne Rechtsirrtum hat die Strafkammer die Fahrlässigkeit der Angeklagten verneint. Die allgemeine Forderung, daß jeder Verkäufer sich von Zeit zu Zeit über den Zustand seiner Waren und ihre, den berechtigten Erwartungen des Publikums entsprechende Normalbeschaffenheit vergewissern müsse, ist mit den Lebensverhältnissen unvereinbar (Entscheid. des Reichsgerichts vom 26. Februar 1906).

AG. Stromberg, 4. Februar 1910; LG. Coblenz, 18. April 1910; OLG. Cöln, 20. Juli 1910. (Auszüge aus gerichtl. Entscheid. 1912, **8**, 794.)

Doppelessig enthielt 5,4% Essigsäure. Doppelessig soll 6% Essigsäure haben und durch Verdünnen mit der gleichen Menge Wasser einen normalen einfachen Essig von 3% Essigsäure liefern. Verurteilung aus § 10 NMG.

LG. Schweinfurt, 29. Februar 1904. (Auszüge aus gerichtl. Entscheid. 1908, **7**, 466.)

2. Pyridinhaltiger Essig. In zwei Speiseessigen wurde Pyridin (0,2 g im Liter) festgestellt. Sie stammten aus einer Essigfabrik, in der in getrennten Räumen reiner Alkohol zu Speiseessig und vergällter Spiritus zu Essigsäure für technische Zwecke verarbeitet wurde. Freisprechung aus subjektiven Gründen.

LG. Coblenz, 5. Oktober 1905. (Auszüge aus gerichtl. Entscheid. 1908, **7**, 465.)

3. Verunreinigter Essig. Essig, der letzte Rest aus einem Faß, hatte einen starken schlammigen Bodensatz aus Pilzen und Schmutz, auch fanden sich Fliegen darin. Der Essig wurde als verdorben befunden. Verurteilung aus § 11 NMG.

LG. Elberfeld, 30. Mai 1905. (Auszüge aus gerichtl. Entscheid. 1908, **7**, 466.)

4. Essigälchen. Essig, der größere Mengen von Essigälchen enthält, so daß er dadurch getrübt erscheint, wird regelmäßig als verdorben im Sinne des § 11 NMG. angesehen.

Vgl. Auszüge aus gerichtl. Entscheid. 1905, **6**, 291, 292; 1908, **7**, 469; 1912, **8**, 794.

5. Traubenessig. Ein aus 80 l Wasser, 15 l Wein und 5 l 80 proz. Essigessenz hergestellter Essig war als Delikateß-Traubenessig verkauft worden. Das Publikum in seiner Allgemeinheit kennt nur zwei Sorten Essig, einen billigeren, der keinen Wein enthält, und Weinessig, der zum Teil aus Wein besteht und teurer ist. Wird dem Publikum Traubenessig angeboten, so muß es der Ansicht sein, das sei nur eine andere Bezeichnung für Weinessig und unter Delikateß-Traubenessig wird es einen Essig verstehen, der noch besser ist als der gewöhnliche Weinessig. Verurteilung aus § 10² NMG.

LG. Chemnitz, 10. Januar 1907. (Auszüge aus gerichtl. Entscheid. 1908, **7**, 467.)

Ein 10% Wein enthaltender Essig wurde im Königreich Sachsen, in der Provinz Sachsen, in Anhalt und den Thüringischen Staaten bis zum Jahre 1904 von sämtlichen Essigfabrikanten als „Traubenessig" in den Verkehr gebracht; von Anfang Juni 1904 ab wurde zufolge behördlicher Beanstandung zwischen Weinessig und Traubenessig nicht mehr unterschieden und unter beiden Bezeichnungen das gleiche, 20% Wein enthaltende Erzeugnis verstanden. AG. Leipzig, 21. September 1905; LG. Leipzig, 2./5. Dezember 1905. (Auszüge aus gerichtl. Entscheid. 1908, **7**, 468.)

6. Weinessig. Nach ständiger Rechtsprechung muß Weinessig aus einer Maische mit mindestens 20% Weinzusatz hergestellt sein und 5% Essigsäure enthalten. Diesen Standpunkt vertritt insbesondere auch das Reichsgericht in seinen Entscheidungen vom 9. Juni 1902 (Auszüge aus gerichtl. Entscheid. 1905, **6**, 290) und vom 3. Juli 1907 (ebenda 1912, **8**, 798). Weitere Entscheidungen s. Auszüge aus gerichtl. Entscheid. 1900, **4**, 153; 1902, **5**, 297; 1905, **6**, 290; 1908, **7**, 464, 467, 468; 1912, **8**, 793, 795—797; Gesetze, Verordn., Gerichtsentscheid. 1911, **3**, 21. In einem Fall erfolgte Freisprechung trotz des Nachweises eines geringeren Weingehalts im Weinessig, weil festgestellt wurde, daß eine einheitliche Gesamtanschauung der Produzenten und Konsumenten von dem Begriff des Weinessigs nicht vorhanden sei. (AG. Wiesbaden, 23. März 1909; LG. Wiesbaden, 16. November 1909; OLG. Frankfurt a. M., 20. Januar 1910; LG. Wiesbaden, 24. September 1910: Gesetze, Verordn., Gerichtsentscheid. 1911, **3**, 37.)

Mit Orseille rot gefärbter Weinessig. Das Gericht sah den Weinessig als weinhaltiges Getränk an; § 7, 13 des Weingesetzes vom 14. Mai 1901 kamen aber nicht in Betracht, da der Weinessig nicht mit einem Teerfarbstoff gefärbt war. Auch ein Vergehen gegen das Nahrungsmittelgesetz wurde aus subjektiven Gründen nicht angenommen; die Frage, ob objektiv eine Verfälschung vorliege, wurde nicht erörtert.

LG. Glogau, 5. November 1908. (Auszüge aus gerichtl. Entscheid. 1912, **8**, 793.)

7. Weinessigessenz, Weinessigextrakt. Eine Mischung von 100proz. Essigsäure mit 20% Weinessig wurde destilliert, das Destillat mit giftfreien Farben gelb oder rot gefärbt und als „Rheinische Weinessig-Essenz" verkauft. Die Anwendung des § 10 NMG. setzt voraus, daß ein Nahrungs- oder Genußmittel nachgemacht oder verfälscht ist. Die Nachmachung oder Verfälschung eines Nahrungs- oder Genußmittels ist nur dann möglich, wenn dieses in Wirklichkeit vorkommt. Nach dem Sachverständigengutachten kann eine wirkliche Weinessenz nicht hergestellt werden, sie kann aber auch nicht nachgemacht oder verfälscht werden. Das Vergehen des Angeklagten ist nicht zu billigen, muß aber straffrei bleiben. Freisprechung. AG. Cöln, 15. Oktober 1900; LG. Cöln, 3. Januar 1901. (Auszüge aus gerichtl. Entscheid. 1902, **5**, 297.)

Ein „Weinessig-Extrakt" mit 60% Säure war angeblich durch Essiggärung einer 20% Malaga und Lacrimae Christi enthaltenden Maische gewonnen. Das Erzeugnis enthielt aber nur 0,3—0,5% Extrakt, der Zusatz der genannten, extraktreichen Weine mußte also viel geringer gewesen sein. Außerdem ist es nicht möglich, durch Essiggärung 60% Essigsäure zu erzeugen, diesen hohen Säuregehalt kann man nur durch Beimischung von hochprozentiger Essigsäure erzielen. Durch Mischen von 1 Teil des „Weinessig-Extrakts" mit 11 Teilen Wasser sollte Weinessig hergestellt werden. Unter Weinessigextrakt versteht man einen Essig, der durch Vergärung einer 20% Wein enthaltenden Maische gewonnen worden ist, dem aber nachträglich Wasser entzogen wurde, so daß der Säuregehalt wesentlich erhöht wird und man daraus durch Verdünnen mit Wasser wieder einen gebrauchsfertigen, vorschriftsmäßigen Weinessig gewinnt. Der von dem Angeklagten hergestellte „Weinessig-Extrakt" war verfälscht. Verurteilung aus § 10[1 u. 2] NMG.

LG. Leipzig, 10. Oktober 1910. (Auszüge aus gerichtl. Entscheid. 1912, **8**, 798.) Vgl. hierzu auch das Urteil des OLG. Breslau vom 12. Mai 1910 in einer Sache wegen unlauteren Wettbewerbs. (Gesetze, Verordn., Gerichtsentscheid. 1911, **3**, 21.)

Untersuchung des Trink- und häuslichen Gebrauchswassers.[1]

Die Art der Untersuchung des Trink- und häuslichen Gebrauchswassers richtet sich nach dem Zwecke, welchem die Untersuchung dienen soll.

In der Regel handelt es sich um die Frage, ob ein Wasser in gesundheitlicher Beziehung als Trinkwasser einwandfrei und brauchbar ist. Diese Frage kehrt regelmäßig bei der Untersuchung nicht nur von Einzelbrunnen, sondern auch bei zentralen Wasserversorgungen wieder; denn auch bei letzteren tritt die Frage nach der Reinheit in hygienischer Hinsicht in den Vordergrund.

Bei dem Wasser zentraler Wasserversorgungen treten aber noch andere Fragen an den Sachverständigen heran, welche stets für die betreffenden Gemeinden von großer wirtschaftlicher Bedeutung sind. Viele Trinkwässer, die hygienisch durchaus einwandfrei sind, besitzen die Eigenschaft, die zur Leitung und Aufbewahrung des Wassers dienenden Materialien mehr oder weniger anzugreifen, ein Umstand, der im übrigen auch, wenn es sich um den Angriff von Blei handelt, große hygienische Bedeutung besitzt. Viele Wässer enthalten ferner Eisen- und Manganverbindungen, Stoffe, welche das Wasser unansehnlich und trübe erscheinen lassen und die Verwendung im Haushalt und in vielen Industrien unmöglich machen. Wieder andere Wässer stören in der Technik durch ihre hohe Härte.

Bei derartigen Wässern muß durch die Untersuchung entschieden werden, ob das Wasser aggressiv wirkt, ob es Stoffe enthält, die bei der Verwendung stören, wie ihm derartige Eigenschaften genommen werden können, ob ein verbessertes Wasser genügend von aggressiven oder störenden Stoffen befreit ist usw.

Bei der nachfolgenden Darlegung der Trinkwasseruntersuchung soll daher zwischen der Untersuchung des Wassers auf seine hygienische Beschaffenheit und der Untersuchung auf aggressive und störende Bestandteile unterschieden werden.

Erster Teil.

Untersuchung des Wassers auf seine hygienische Beschaffenheit.

Für die Beantwortung der Frage, ob ein Wasser hygienisch einwandfrei ist oder nicht, arbeiten am besten Vertreter aller hier in Frage kommenden Wissenschaften zusammen. In Betracht kommen sowohl die Chemie als auch die Bakteriologie und die Mikrobiologie. Von großer Bedeutung ist ferner die Ortsbesichtigung, welche möglichst immer vorgenommen werden sollte.

I. Die Ortsbesichtigung.

Bei der Ortsbesichtigung ist im einzelnen auf folgendes zu achten:

1. Oberflächenwasser. Darunter versteht man ein Wasser, das einem Teiche, See, Aufstaubehälter (Zisterne), Flusse, einem nicht eingedeckten Brunnen (Ziehbrunnen) oder einer nicht eingedeckten Quelle oder einer Talsperre entstammt.

---

[1] Der chemisch-technische Teil ist von Dr. J. Tillmans-Frankfurt a. M., der bakteriologische Teil von Prof. Dr. A. Spieckermann-Münster in W., der mikrobiologische Teil von Prof. Dr. A. Thienemann, Direktor der hydrobiologischen Anstalt in Plön (Holstein), bearbeitet worden.

Solche Wässer sind meistens nicht ganz klar, im Sommer mehr oder weniger warm und aus dem Grunde weder angenehm noch appetitlich als Trinkwasser. Auch können sie aus der Luft oder durch Abgänge aus menschlichen Wohnungen leicht Krankheitskeime aller Art aufnehmen. Mitunter findet man in solchen offenen Wasserbehältern oder unbedeckten Brunnen sogar tierische Kadaver aller Art.

Derartige Verunreinigungen können in erhöhtem Maße bei Talsperrenwasser, welches Oberflächenwasser aus weiter Umgebung erhalten wird, auftreten. Es muß daher bei Beurteilung gerade dieses Wassers die Beschaffenheit des Geländes im ganzen Regensammelgebiet berücksichtigt werden. Als vorteilhaft wird angesehen, wenn das die Becken speisende Oberflächenwasser in größerer Entfernung vom Einlauf in das Sammelbecken Wiesenflächen, die vor Verunreinigungen geschützt werden, durchrieselt und die Umgebungen dieser Wiesen an höher gelegenen Talhängen bewaldet sind. Auch auf die Beschaffenheit des Bodens der Sammelbecken ist zu achten; er darf nicht moorig oder sumpfig, sondern muß tunlichst frei von organischen Stoffen sein. Die Stauhöhe über der Talsohle soll tunlichst nicht unter 10—12 m sinken.

2. Grundwasser. Es ist ein auf einer undurchlassenden Bodenschicht (Ton oder festem Gestein) sich ansammelndes, alle Bodenschichten ausfüllendes, versickertes Regen- oder Oberflächenwasser, welches bei sackartiger Ausdehnung der undurchlässigen Schicht entweder ruht, d. h. stillsteht oder bei mehr oder weniger horizontaler oder geneigter Lage der undurchlässigen Schicht sich langsam im Boden fortbewegt. Dieses Wasser pflegt entweder durch gedeckte Kesselbrunnen (Schachtbrunnen) oder Röhrenbrunnen (Abessinierbrunnen) gehoben zu werden. Die sog. Ziehbrunnen gehören auch zu den Schachtbrunnen; sie sind nur weniger tief und sehr häufig Verunreinigungen von außen ausgesetzt, daher, wie oben angegeben, zu den Oberflächenwässern zu rechnen. Bei artesischen Brunnen ist diese Möglichkeit ausgeschlossen.

Bei Grundwasser in genügender Tiefe und einem reinen Boden ist eine Verunreinigung nicht zu befürchten, wenn die Brunnen den weiter unten gestellten hygienischen Anforderungen entsprechen, d. h. wenn sie so eingerichtet sind, daß weder von oben noch von den Seiten offene, unfiltrierte Tagewässer irgendwelcher Art zufließen können.

Aus dem Grunde sind zu beachten:

Fig. 212.

v. Pettenkoferscher Schalenapparat.

α) Die Tiefe des Brunnens, d. h. die Tiefe der Wasserschicht unter der Erdoberfläche, aus welcher das Wasser geschöpft wird, ferner der gewöhnliche Stand des Grundwassers, seine Schwankungen und seine Stromrichtung.

Für die Feststellung der Tiefe muß der Brunnen entweder aufgedeckt oder es muß ein neues Bohrloch angelegt werden.

Die Tiefe kann dann zweckmäßig, wenn das Wasser nicht sehr flach steht und mit einer Meßstange erreicht werden kann, mit dem nebenstehenden v. Pettenkoferschen Schalenapparat (Fig. 212) gemessen werden. Derselbe besteht aus mehreren kleinen Schälchen, die in einer Entfernung von 0,5 cm an einem Stabe angebracht sind; letzterer hängt an einem Meßbande; das oberste Schälchen bildet den Nullpunkt des Meßbandes. Bei der Messung wird der Apparat in den Brunnen gelassen, bis er ins Wasser eintaucht, dann das Meßband an der Bodenoberfläche — bzw. einem festen Punkt für längere Zeit fortgesetzte Messungen — abgelesen. Darauf wird der Meßapparat herausgezogen und nachgesehen, wieviel Schälchen nicht in das Wasser eingetaucht haben; diese Zahl muß mit 0,5 multipliziert und das Produkt zu der abgelesenen Bandstrecke hinzugezählt werden, um die gesamte Tiefe des Wasserspiegels unter der Bodenoberfläche bzw. dem festen Punkt zu erhalten.

Rang hat statt des einfachen Schalenapparates eine Vorrichtung[1]) angegeben, die beim Eintauchen in Wasser ein deutliches Signal (Pfeifen) abgibt und den Anfang des Eintauchens des Apparates in das Wasser deutlich anzeigt.

β) Die Beschaffenheit des Bodens, und zwar sowohl der unteren Bodenschichten, in welchen der Wasserspiegel des Brunnens sich befindet, als auch der Bodenschichten oberhalb des Wasserspiegels, durch welche unter Umständen das Regen- und Tagewasser zum Brunnen filtriert; ob das Gelände aus Acker, Wiesen oder Wald besteht.

Für geringere Tiefen bis zu 3 m kann man sich des amerikanischen Tellerbohrers bedienen, für größere Tiefen sind kräftigere Bohrvorrichtungen erforderlich; in anderen Fällen können neue Brunnenanlagen oder sonstige Bohrungen in der Nähe des fraglichen Brunnens Aufschluß geben. Die Bohrungen selbst werden in unmittelbarer Nähe des Brunnens tunlichst an zwei Seiten vorgenommen.

γ) Die Art der Wandung des Brunnens, also ob Röhrenbrunnen oder Kesselbrunnen vorliegen, und bei letzteren, ob die Wandung aus Bruch- oder Backsteinen, mit Kalk- oder Zementmörtel gemauert ist, ob der Wasserbehälter aus Steinmauerung besteht oder mit Holz und mit welchem Holz gefaßt ist.

δ) Die Lage und Bedeckung des Brunnens, ob die Bedeckung bzw. die Wölbung des Brunnens sicher wasserdicht ist, so daß von oben kein Wasser eindringen kann, ob dieselbe höher, wie notwendig, oder tiefer liegt als die umliegende Bodenoberfläche, ob der Brunnen an einem Abhange oder in einer Vertiefung liegt.

ε) Die Umgebung des Brunnens, ob und in welcher Entfernung vom Brunnen sich Aborte, Jauchebehälter, Düngergruben oder Stallungen, ob und in welcher Entfernung sich Rinnsale, Abzugsgräben oder Bäche, die Schmutzwasser aus einem Hause oder aus bewohnten Ortschaften oder von Fabriken bzw. industriellen Anlagen und von welchen mit sich führen, befinden. Hierbei kann aber nicht genug betont werden, daß man bezüglich der Beurteilung über die etwaigen Beziehungen einer Brunnenverunreinigung zu den unreinen Abläufen sehr vorsichtig sein muß. Wenn sich z. B. ein Brunnen durch Abort- oder Jauchestoffe verunreinigt zeigt, so darf man nicht ohne weiteres die nächstgelegene Abort- oder Jauchegrube hierfür verantwortlich machen; es sei denn, daß der Zufluß zum Brunnen äußerlich sichtbar ist. Wenn das nicht der Fall ist, so ist zu berücksichtigen, daß auch entfernt liegende Abort- oder Jauchegruben an der Verunreinigung beteiligt sein oder diese allein verursachen können, nämlich dann, wenn auf oder in die wasserführende Schicht für den betreffenden Brunnen auch der Inhalt dieser Abort- oder Jauchegruben gelangt oder die nächstgelegenen Gruben dieser Art völlig wasserdicht sind und nichts in den Boden gelangen lassen.

3. Quellwasser.

Das Quellwasser unterscheidet sich dadurch vom Grundwasser daß es sich im Boden auf undurchlässigen Schichten im allgemeinen schneller fortbewegt, als Grundwasser und an einer niedriger gelegenen Stelle offen zutage tritt. Für die Zusammensetzung und Beschaffenheit eines Quellwassers kommen daher dieselben Umstände in Betracht, wie für das Grundwasser. Die Zusammensetzung und Beschaffenheit sind ganz von den Bodenschichten abhängig, welche es durchfließt. Vielfach wird das Quellwasser für besonders rein gehalten. Dies trifft aber nur bedingungsweise zu. Wenn die Bodenschichten, die es durchrieselt, genügend dicht, tief und frei von Verunreinigungen sind, so kann ein Quellwasser sehr rein sein. Wenn es gleichzeitig in den Bodenschichten einen genügend langen Weg zurückgelegt hat, so ist es auch stets gleichmäßig kühl. Wenn das Regenwasser aber in offenen Spalten und Rissen versickert, so kann es auch recht häufig verunreinigt sein, und zwar um so mehr, je mehr die oberen Schichten Verunreinigungen ausgesetzt sind. Solche Quellwässer zeigen dann häufig, besonders nach starken Regengüssen, sogar eine trübe Beschaffenheit, sowie eine schwankende Temperatur und bedürfen vor ihrer Verwendung als Trinkwasser geradeso gut einer Reinigung wie Oberflächenwasser.

---

[1]) Der Apparat kann von Paul Altmann, Berlin NW, Luisenstraße 47, bezogen werden.

Im allgemeinen gebührt einwandfreiem Grundwasser vor dem behandelten Oberflächenwasser bei weitem der Vorzug.

4. Filtriertes oder sterilisiertes Wasser.

Oberflächenwässer aus Flüssen und Seen usw. müssen vor ihrer Verwendung zu Trinkzwecken einer Behandlung zum Zwecke der Klärung und Entfernung der Bakterien unterworfen werden. Die Klärung geschieht stets in Filtern (Sandfilter, Schnellfilter). Die Entfernung der Bakterien kann ebenfalls in diesen Anlagen erfolgen. Heute geschieht letztere aber auch vielfach durch die modernen Sterilisationsverfahren. Für derartige Anlagen spielt die chemische Untersuchung eine verhältnismäßig untergeordnete Rolle; die Kontrolle erfolgt hier durch fortlaufende Bestimmung der Keimzahl (vgl. weiter unten).

II. Die Probeentnahme.

Bei der Untersuchung des Wassers ist eine richtige Probeentnahme von größter und ausschlaggebender Bedeutung. Wird das Wasser nicht in der richtigen Weise entnommen, oder in nicht genügend gereinigte Gefäße gefüllt, oder werden die Gefäße mit schon gebrauchten, schmutzigen Korkstopfen verschlossen, so werden die Ergebnisse vielfach so beeinflußt, daß die ganze Untersuchung mehr oder weniger wertlos ist.

Aus dem Grunde muß der oberste Grundsatz einer richtigen Probeentnahme sein, daß die Proben tunlichst von Sachverständigen selbst entnommen werden. Ist das nicht möglich, so muß mindestens der betreffenden, mit der Entnahme betrauten Person eine genaue Anweisung gegeben werden. Wasserproben, von denen man nicht weiß, wer sie entnommen hat, und wie sie entnommen sind, sollten am besten gar nicht untersucht werden, da in vielen Fällen die Untersuchung nicht nur wertlos ist, sondern unter Umständen auch zu direkt falschen Schlüssen führen kann.

Das erste Erfordernis für eine richtige Probeentnahme ist die vollständige Reinheit der Gefäße, sowohl derjenigen, welche zum Schöpfen als auch derjenigen, welche zum Versenden bzw. Aufbewahren dienen. Für letztere Zwecke empfehlen sich Flaschen von weißem Glase mit Glasstöpselverschluß. Flaschen aus gefärbtem Glase werden am besten nicht verwendet, da man an ihnen etwaige im Innern vorhandene verschmutzte Stellen nicht immer mit Sicherheit erkennt. Im Notfalle kann man sich statt der Glasstöpsel auch der Korkstopfen bedienen, doch dürfen diese nicht gebraucht, sondern müssen neu sein und sollen ferner wiederholt mit dem zu entnehmenden Wasser gewaschen werden. Die Flaschen selbst werden vorher gründlich mit Salzsäure und darauf mit heißem Wasser gereinigt; dann werden sie mit kaltem, destilliertem und zuletzt mit dem zu entnehmenden Wasser mehrfach gespült.

Handelt es sich um Brunnenwasser, so wird die Pumpe erst einige Minuten in Betrieb gesetzt. Man läßt dann das Wasser so lange fortlaufen, bis sicher alles Wasser, welches in den Leitungsrohren gestanden hat, entfernt ist, darauf hält man die Flasche unter, läßt 2—3 mal vollaufen, schüttet jedesmal wieder aus und füllt endlich die Flasche ganz an. Man läßt dann einige Kubikzentimeter wieder ausfließen und setzt den Stopfen fest auf.

Bei einem Leitungswasser öffnet man den Hahn, läßt erst einige Minuten das in der Rohrleitung stehende Wasser austreten und verfährt dann wie beim Brunnenwasser. Als ausreichend kann die Zeit des Ausfließens betrachtet werden, wenn ein untergehaltenes Thermometer seinen Stand nicht mehr ändert.

Bei einem offenen, zugänglichen Wasser hält man die Flasche einfach einige Zentimeter unter die Oberfläche des Wassers, wobei darauf zu achten ist, daß weder die etwas staubige obere Schicht in die Flasche treten kann, noch auch etwa vorhandener Schlamm aus den Bodenschichten aufgerührt wird. Wenn man das Wasser mit dem Arm nicht erreichen kann, so kann man sich des Kolkwitzschen Ausziehstockes (vgl. III. Bd., 1. Teil, S. 7) bedienen, an welchem ein Schöpfbecher oder mit Hilfe eines Flaschenhalters auch die Flasche selbst befestigt werden kann. Soll ein Oberflächenwasser aus größeren Tiefen entnommen werden, so muß man sich stets besonderer Apparate bedienen. Derartige Apparate sind angegeben von R. Fresenius[1]), v. Esmarch[2]), Ohlmüller[3]), Bujard[4]) u. a. (vgl. auch III. Bd., 1. Teil, S. 7 u. f.). Im allgemeinen kommen aber derartige Tiefenentnahmen weniger für die Untersuchung von Trinkwasser zu Wasserversorgungszwecken als vielmehr für die Untersuchung von Flüssen und Seen zum Zwecke der Beurteilung des Reinheitszustandes des betreffenden Gewässers in Frage.

Für die Zwecke einer vollständigen physikalischen und chemischen Untersuchung des Wassers auf seine sämtlichen Bestandteile sind etwa 10 l zu entnehmen; für die einer beschränkten Untersuchung müssen wenigstens 2—3 l vorhanden sein.

Für die Unterbringung und den Versand der Flaschen bedient man sich zweckmäßig mit aufklappbarem Deckel versehener Kisten von starkem Holz, die an den Ecken mit Eisenwänden beschlagen und innen in passende gut mit Filz oder sonstwie ausgepolsterte Fächer geteilt sind, in welche die Flaschen gut hineinpassen. Für eine geringere Anzahl von Flaschen und nur kurze Versandstrecken eignen sich auch ungepolsterte Kisten von Metall[5]).

III. Direkter Nachweis von verunreinigenden Zuflüssen.

Wenn es sich um Beantwortung der Frage handelt, ob ein Brunnen oder eine Quelle durch irgendeinen bestimmten Zufluß aus der Umgebung verunreinigt wird, so richtet sich die Beweisführung ganz nach der Art des vermuteten verunreinigenden Zuflusses.

Wenn das verunreinigende Wasser seitlich direkt dem Brunnen bzw. der Quelle usw. zufließt und beobachtet werden kann, so entnimmt man Proben von dem zufließenden Wasser und aus dem Behälter oder der Rinne, welche das vermutliche verunreinigende Wasser führen, untersucht beide, um festzustellen, ob sie die gleichen Bestandteile enthalten.

Läßt sich ein solcher offener seitlicher Zufluß nicht beobachten, enthält aber der vermutliche verunreinigende Zufluß irgendeinen seltenen kennzeichnenden Bestandteil, z. B. Rhodan-Verbindungen aus Gaswasser oder größere Mengen von Chloriden oder Zink-, Kupfersalze oder Kaliseifen usw., so kann man den Nachweis dadurch führen, daß man das betreffende Brunnen- oder Quell- oder Flußwasser auf diese Bestandteile bzw. deren Umsetzungserzeugnisse untersucht.

Auch Abortstoffe lassen sich zuweilen nach dem Verfahren von P. Grieß direkt in einem Brunnenwasser nachweisen (vgl. weiter unten S. 509).

Andere kennzeichnende Verunreinigungen geben sich durch den Geruch zu erkennen, z. B. Leuchtgasbestandteile aus undichten Röhren, Petroleum von Ausflüssen aus Petroleumlagern usw.

Unter Umständen erleiden die Bestandteile der verunreinigenden Zuflüsse beim Durchfiltrieren durch den Boden eine Umsetzung, z. B. die Sulfate von Zink, Kupfer, Eisen, die Kaliseifen mit Kalk- und Magnesia-Verbindungen des Bodens, indem sich die Sulfate oder fettsauren Salze der letzteren Basen bilden und das Wasser eine außergewöhnlich erhöhte Menge von Calcium- und Magnesiumsulfat oder von Kaliumsulfat und Kaliumcarbonat annimmt, während die ersteren Basen vom Boden absorbiert werden. Es kann dann indirekt

---

[1]) R. Fresenius, Anleitung zur quantitativen chemischen Analyse, 6. Aufl. Braunschweig, Vieweg u. Sohn 1875.

[2]) Weyl, Handbuch der Hygiene 1, 572.

[3]) Ohlmüller-Spitta, Die Untersuchung des Wassers, Berlin, Julius Springer 1910, 328.

[4]) Zeitschr. f. Untersuchung d. Nahrungs- u. Genußmittel 1904, 7, 221.

[5]) Von der Firma Paul Altmann, Berlin NW, Luisenstr. 47, können derartige zum Versand geeignete Kisten und zweckmäßige viereckige Flaschen (vgl. III. Bd., 1. Teil, S. 7), die ein großes mattes Schild tragen, auf welchem mit Bleistift Notizen gemacht werden können, bezogen werden. Diese und andere Firmen liefern solche Kisten in der verschiedensten Anordnung und auch alle sonstigen, im nachfolgenden beschriebenen Spezialapparate für Wasser.

der Nachweis der Verunreinigung durch die quantitative Bestimmung dieser Bestandteile in dem Wasser erbracht werden.

Der **Ammoniak-** und **organische Stickstoff** aus Abort- und Jauchegruben wird im Boden zu **Salpetersäure** oxydiert und gibt sich im Wasser durch einen erhöhten Gehalt an letzterer zu erkennen.

In anderen Fällen bleibt nichts anderes übrig, als die **Bodenschichten** zwischen dem Brunnen und dem vermutlichen verunreinigenden Zufluß aufzugraben oder diese durch Bohrungen auf die fraglichen verunreinigenden Bestandteile zu untersuchen. Verunreinigungen aus **Abortgruben** z. B. geben sich durch einen hohen Gehalt des Bodens an Stickstoff und Kohlenstoff, **Leuchtgasbestandteile** durch den Gehalt an Naphthalin zu erkennen.

Wiederum in anderen Fällen kann man den Zusammenhang zwischen dem verunreinigenden Zufluß und dem Brunnen dadurch nachweisen, daß man ersterem einen stark **färbenden, schmeckenden** oder **riechenden** Stoff zufügt, der durch die Bestandteile des verunreinigenden Zuflusses selbst in starker Verdünnung nicht verändert wird, und der sich alsdann, wenn ein solcher Zusammenhang besteht, nach einiger Zeit in dem Brunnen- oder Quellwasser ebenfalls nachweisen lassen muß.

H. Nördlinger[1]) empfiehlt für den Zweck **Saprol,** welches sich noch in einer Verdünnung von $1:1\,000\,000$ durch seinen leuchtgas- und naphthalinartigen Geschmack zu erkennen gibt und daher nach kürzerer oder längerer Zeit im Brunnenwasser durch den Geschmack ebenfalls nachgewiesen werden kann.

J. Mayrhofer hat sich mit bestem Erfolge des Kaliumsalzes des Fluorescins, des **Uraninkalis,** bedient, welches sich noch in einer Verdünnung von $1:4$ Milliarden Wasser in der Weise nachweisen läßt, daß man 2—4 l Wasser mit 1—2 Messerspitzen voll feinster Tierkohle $1/4$ Stunde schüttelt, die Kohle nach dem Absitzen auf einem kleinen Filter sammelt, trocknet und mit 10 ccm Alkohol auszieht, welcher durch einige Tropfen Alkali alkalisch gemacht ist. Mittels der konvergierenden Lichtstrahlen — eine größere Lupe genügt schon — läßt sich der Farbstoff durch sein **prächtiges Schillern** leicht nachweisen. Andere Färbungsmittel, wie Auramin, Safranin, Kongorot, Neutralfuchsin, Pariser Violett, Methylenblau, sind weniger empfindlich. Unter Umständen können auch **gefärbte Bakterien,** wie Bacterium violaceum, B. prodigiosum und B. rubrum, gute Dienste leisten.

Ebenso wie die Verunreinigungen selbst sehr zahlreich sind, so gestaltet sich auch der Nachweis derselben sehr mannigfaltig und verschieden. Es ist daher kaum möglich, hierüber für jeden Fall gültige Anweisungen zu geben. Der erfahrene Sachverständige wird aber, wenn er unter Berücksichtigung aller örtlichen Verhältnisse mit Umsicht und Vorsicht zu Werke geht, schon den richtigen Weg für derartige Nachweise finden.

Es sei ferner noch hervorgehoben, daß ein Quell-, Fluß- und Brunnen- bzw. Grundwasser je nach den **Niederschlägen** nicht unerheblichen Schwankungen in der Zusammensetzung unterworfen sein kann.

Um daher ein völlig zutreffendes, sicheres Urteil über die Beschaffenheit einer Wasserversorgungs-Quelle zu erhalten, ist es notwendig, das Wasser öfters und zu verschiedenen Jahreszeiten zu untersuchen.

IV. Die Untersuchung an Ort und Stelle[2]).

Es ist stets notwendig bzw. ratsam, gelegentlich der Probeentnahme eine Anzahl von Untersuchungen an Ort und Stelle vorzunehmen, weil diese sich im Laboratorium entweder überhaupt nicht mehr oder nur mehr ungenau ausführen lassen.

---

[1]) Pharm. Centralhalle 1894, **35,** 109.

[2]) In seiner kleinen empfehlenswerten Schrift: Die Untersuchung des Wassers an Ort und Stelle, 2. Aufl. 1912, Berlin, Julius Springer, behandelt Klut diese Frage ausführlicher.

A. Physikalische Untersuchungen.

1. Prüfung auf Geruch. Der Geruch tritt stets am deutlichsten hervor, wenn man das Wasser in einem mit reinem Korkstopfen bedeckten Kolben auf 40—60° erwärmt. Tiemann-Gärtner[1]) empfehlen, nicht zu wenig, mindestens 200 ccm, Wasser bei der Geruchsprüfung anzuwenden. Man füllt das Wasser nach Klut am besten in einen Glaskolben mit weitem Hals, der höchstens bis zur Hälfte gefüllt wird. Während der Prüfung ist zweckmäßig umzuschütteln. Um festzustellen, ob ein etwa vorhandener fauler Geruch auf das Vorhandensein von Schwefelwasserstoff zurückzuführen ist, gibt man ein Körnchen festes Kupfersulfat in das Wasser. Der Schwefelwasserstoff wird dann gebunden und der Geruch verschwindet. Zum direkten Nachweis von Schwefelwasserstoff hängt man einen mit alkalischer Bleilösung getränkten Papierstreifen in die Flasche, bedeckt diese mit dem Stopfen und wartet einige Zeit, ob der Papierstreifen geschwärzt wird. Ein fischiger Geruch eines Oberflächenwassers kann auf das massenhafte Vorhandensein einer Diatomee, Asterionella formosa, zurückzuführen sein[2])[3]).

2. Prüfung auf Geschmack. Der Geschmack eines Wassers wird zweckmäßig bei 10—12° geprüft. Wärmeres Wasser als 10—12° schmeckt nämlich an sich schon fade. Höhere Temperaturen werden am besten nur dann angewendet, wenn bei dieser Temperatur ein auffallender Geschmack in die Erscheinung tritt. Ein an Eisenverbindungen reiches Wasser ist durch einen herben, ein an Carbonaten armes Wasser durch einen faden Geschmack ausgezeichnet. Die Geschmacksprobe fällt aber bei verschiedenen Personen sehr verschieden aus. Ein Wasser, welches nur entfernt infektionsverdächtig ist, darf natürlich der Geschmacksprüfung überhaupt nicht unterworfen werden.

3. Prüfung auf Klarheit und Durchsichtigkeit. Trübungen in einem Wasser können nicht selten Aufschluß über seinen Ursprung und seine Verwendbarkeit geben. Trübungen in einem Grund- oder Quellwasser von Erdteilchen, Bakterien, Wasserpflanzen oder Tieren herrührend, zeigen an, daß es entweder keine genügende Filtration durch den Boden, oder direkte Zuflüsse von unreinem Wasser erfahren hat. Mögen diese Verunreinigungen auch nicht schädlicher Natur sein, so machen sie doch ein Wasser häufig für häusliche und sonstige Gebrauchszwecke unbrauchbar. Ein Grundwasser, welches ursprünglich klar ist, beim Stehen aber einen braunen Niederschlag abscheidet, enthält Ferro- oder Mangano-Verbindungen. Eine Abscheidung von weißen Krystallen, von kohlensaurem Kalk deutet auf eine hohe Carbonathärte hin.

Die Bestimmung der Klarheit und Durchsichtigkeit eines Wassers an Ort und Stelle kann also schon manche wichtige Anhaltspunkte liefern. In der Regel begnügt man sich mit allgemeinen Kennzeichnungen, wie hell und klar, opalescierend, schwach trübe, trübe, stark trübe. Eine derartige Kennzeichnung ist aber naturgemäß stets mehr oder weniger subjektiv. Es gibt daher auch Apparate, welche die Klarheit bzw. den Trübungsgrad objektiv angeben. Am einfachsten bedient man sich der Durchsichtigkeitszylinder[4]) (vgl. III. Bd., 1. Teil, S. 129 u. f.). Diese Zylinder sind etwa 30 cm hoch und aus farblosem Glase gefertigt. Sie haben Zentimeterteilung und am Boden einen Abflußhahn. Man füllt den Zylinder mit Wasser und legt unter ihn eine bestimmte Snellensche Schriftprobe. Aus dem seitlichen Hahn läßt man so lange Wasser ausfließen, bis man alle einzelnen Buchstaben und Zahlen der unterliegenden Leseprobe deutlich zu erkennen vermag. Die Höhe der in den Zylindern zurückgebliebenen Wassermenge in Zentimetern aus-

---

[1]) Tiemann-Gärtner, Handbuch der Untersuchung der Wässer, 4. Aufl., S. 45.

[2]) R. Kolkwitz und F. Ehrlich, Chemisch-biologische Untersuchungen der Elbe und Saale, Mitteilungen aus der Königl. Prüfungsanstalt f. Wasserversorgung, 1907, Heft 9, 1.

[3]) Thiesing, Physikalische und chemische Untersuchungen an Talsperren. Mitteilungen aus der Königl. Prüfungsanstalt 1911, Heft 15, S. 1.

[4]) Zu beziehen von Paul Altmann, Berlin NW, Luisenstraße 47.

gedrückt, wird als der Durchsichtigkeitsgrad des Wassers bezeichnet. Die Prüfung muß um so schneller ausgeführt werden, je leichter die Schwebestoffe sich absetzen. Ferner ist, wenn man den Apparat für verschiedene Wässer hintereinander benutzt, darauf zu achten, daß sich nicht Schwebestoffe des vorher untersuchten Wassers an der Gefäßwand festgesetzt haben. Bei Trübungen nur leichten Grades ist der Zylinder oft nicht lang genug.

Ein genauerer Apparat, der einheitlichere Werte liefert, ist das Diaphanometer von J. König, welches aber am besten im Laboratorium benutzt wird (vgl. III. Bd., 1. Teil, S. 131).

4. Prüfung auf Farbe. Läßt sich eine Färbung des Wassers nicht ohne weiteres schon in dem Schöpfgefäß erkennen, so prüft man nach Klut (l. c.) am einfachsten in der Weise, daß man einen farblosen Glaszylinder von 20—25 cm lichter Weite, plattem Boden und nicht unter 40 cm Länge mit dem zu untersuchenden Wasser füllt — auch kann der Zylinder zweckmäßig mit schwarzem Papier, schwarzem Lack oder einer Metallhülse überzogen werden —. Man sieht dann von oben durch die Flüssigkeitssäule und hält einige Zentimeter unter das Gefäß eine weiße Porzellanplatte oder ein weißes Stück Papier. Als Vergleichsflüssigkeit kann man sich eines derartigen Zylinders bedienen, der mit destilliertem Wasser beschickt ist. Durch Sand, Ton und Lehmpartikelchen getrübtes Wasser muß vor der Prüfung auf seine Farbe filtriert werden. Derartige Trübungen sind nicht selten bei frischen Bohrbrunnen zu beobachten.

Da die Farbe der meisten gefärbten Wässer gelbbraun ist, so bedient man sich, um die Farbe zahlenmäßig anzugeben, als Vergleichsflüssigkeit einer Caramellösung von bestimmtem Gehalt. Nach Ohlmüller[1] wird diese Lösung in folgender Weise hergestellt: 1 g Saccharose wird in 40—50 ccm Wasser gelöst. Nach Zusatz von 1 ccm verdünnter Schwefelsäure (1 + 2) kocht man 10 Minuten lang und füllt, nachdem man 1 ccm 33 proz. Natronlauge zugegeben hat, auf 1 l auf. 1 ccm dieser Lösung entspricht 1 mg Caramel. Der Vergleich wird am besten in dem oben erwähnten Zylinder vorgenommen.

Fig. 213.

In Amerika bedient man sich allgemein einer anderen Vergleichslösung für die Bestimmung des Färbungsgrades. 1,246 g Kalium-Platinchlorid = 0,5 g Pt, und 1,01 g Kobalt-Chlorid (CoCl₂ · 6 H₂O) = 0,25 g Co werden mit 100 ccm konzentrierter Salzsäure (1,19) und destilliertem Wasser zu 1 l gelöst. Man verdünnt diese Lösung auf die Farbengrade 5—70, welche Milligramm Platin in 1 l entsprechen, und vergleicht mit dem zu untersuchenden Wasser. Nach Klut haben neuere Beobachtungen ergeben, daß dieses Verfahren besser ist als das Caramelverfahren.

Mit Hilfe des oben schon erwähnten Königschen Diaphanometers kann man im übrigen auch die Farbe der Wässer feststellen (vgl. III. Bd., 1. Teil, S. 131 u. f.).

5. Prüfung der Temperatur. Zum Messen der Temperatur sollen nur genaue, in ¹/₅ Grade geteilte Thermometer verwendet werden. Wenn das Wasser zugänglich ist, so senkt man das Thermometer in das Wasser und beobachtet seinen Stand so lange, bis keine Änderung mehr eintritt. Bei einem nicht zugänglichen Brunnen oder dann, wenn das Wasser aus einer Leitung ausströmt, verfährt man am besten in der Weise, daß man das Wasser mittels Schlauches bis auf den Boden einer großen 5 l-Flasche oder eines anderen großen Gefäßes leitet, und es dauernd über den Rand wegfließen läßt. Man taucht dann das Thermometer vollständig in das Wasser ein und beobachtet wiederum seinen Stand so lange, bis er sich nicht mehr ändert. Für genauere Temperaturbestimmungen in größeren Tiefen bedient man sich am besten des Gefäß-Thermometers (Fig. 213) oder des Kipp-Thermometers

Gefäßthermometer.

[1] Ohlmüller-Spitta, Die Untersuchung des Wassers, Berlin. Julius Springer, 1910, 13.

von Negretti und Zamba (Fig. 214), welches mittels einer Kette in die gewünschte

Fig. 214.
Tiefe eingesenkt wird. Alsdann wird durch ein Fallgewicht eine Feder ausgelöst, wodurch das Thermometer eine Umdrehung von 180° macht. Hierdurch reißt das Quecksilber ab und bleibt dann in seiner Stellung stehen, so daß beim Heraufziehen der Quecksilberstand fixiert ist und anders temperiertes Wasser oder Luft auf ihn keinen Einfluß mehr ausübt.

6. Prüfung auf elektrolytische Leitfähigkeit. Die Bestimmung der elektrolytischen Leitfähigkeit kann bei wiederholter Ausführung verhältnismäßig rasch darüber Aufschluß geben, ob ein Wasser sich in seinem Gehalt an gelösten Stoffen geändert hat oder nicht. In Betracht kommen schnelle Feststellungen von Veränderungen des Grundwassers oder Quellwassers einer zentralen Wasserversorgung, Verunreinigung von Oberflächenwasser durch Abwässer, die vor allem anorganische Salze enthalten (Abwässer der Kaliindustrie). C. Pleißner[1]) hat einen leicht versandfähigen Apparat angegeben, der von der Firma Richard Bosse & Co., Berlin SO 36, geliefert wird. Nach Wagner u. Prütz[2]) scheint aber dieser Apparat noch an technischen Mängeln zu leiden. Über die Ausführung der Bestimmung der elektrolytischen Leitfähigkeit vgl. III. Bd., 1. Teil, S. 66.

7. Prüfung auf Radioaktivität. Die Radioaktivität bzw. Radioemanation kommt für Trink- und Gebrauchswasser kaum in Betracht. Dagegen zeigen viele Mineralwässer Radioaktivität. Ihr wird die Heilwirkung, die den Mineralwässern innewohnt, vielfach zugeschrieben. Über die Bestimmung der Radioaktivität vgl. daher dritten Abschnitt „Mineralwasser".

B. Chemische Untersuchungen.

Kippthermometer nach
Negretti u. Zamba.

Verschiedene Bestandteile können sich während des Versandes des Wassers verflüchtigen oder durch Bakterientätigkeit verändern. Verflüchtigen können sich z. B. Kohlensäure und Schwefelwasserstoff. Ein sauerstofffreies Wasser oder ein Wasser, welches mit Sauerstoff nicht gesättigt ist, nimmt, wenn es mit Luft in Berührung ist, sehr schnell Sauerstoff bis zur Sättigungsgrenze auf. Ammoniak und salpetrige Säure verschwinden unter Umständen schnell aus dem Wasser. Die Reaktion des Wassers kann sich, wenn Kohlensäure abdunstet, verändern. Auf alle diese Stoffe prüft man daher zweckmäßig am Orte der Entnahme; wo die quantitative Bestimmung notwendig ist, führt man diese ebenfalls am Orte der Entnahme aus, oder bereitet die Bestimmung doch so weit vor, daß sie, ohne daß die Stoffe sich weiter verändern können, im Laboratorium zu Ende geführt werden kann.

1. Prüfung der Reaktion. Die Prüfung der Reaktion wird mit verschiedenen Indicatoren ausgeführt. Am meisten finden sich in der Literatur für diesen Zweck Lackmus, Rosolsäure und Phenolphthalein angegeben. So einfach die Prüfung zunächst aussieht, ist sie jedoch entschieden nicht, da man mit den drei oben genannten Indicatoren, zu denen noch eine Reihe anderer kommen, die für den Zweck vor-

---

[1]) Wasser und Abwasser, 1909/10, **2**, 249.
[2]) Ebendort 1911, **4**, 553.

geschlagen sind[1]), auf deren Angabe hier aber verzichtet wird, stets verschiedene Ergebnisse erhält. Das leuchtet ein, wenn man sich vergegenwärtigt, daß das Umschlagsgebiet für diese drei Indicatoren bei durchaus verschiedener Höhe der Wasserstoffionen-Konzentration liegt[2]). Die im Wasser vorrhandenen Neutralsalze reagieren sämtlich gegen alle Indicatoren neutral. Von Salzen, welche Hydroxylionen infolge hydrolytischer Spaltung an das Wasser abgeben, kommen nur Bicarbonate im Wasser in Frage. Von Säuren kommt in allen natürlichen Wässern Kohlensäure vor. Nach den neuesten Arbeiten[3])[4])[5]) läßt sich die Kohlensäure am genauesten mit Phenolphthalein als Indicator bestimmen. Man prüft daher ein Wasser am zweckmäßigsten mit diesem Indicator auf die Reaktion und vereinigt die Prüfung am besten direkt mit der Bestimmung der freien Kohlensäure (vgl. 2. Teil, S. 525). Bei Anwesenheit freier Mineralsäuren, wie sie in kalkarmen Heidesandböden unter Umständen vorkommen, und wie sie im Wasser, welches durch industrielle Abwässer verschmutzt ist, unter Umständen vorkommen können, sind natürlich auch alle anderen Indicatoren der Alkalimetrie und Acidimetrie brauchbar. Für die weitaus meisten Fälle der Trinkwasseranalyse ist aber von den genannten Indicatoren nur Phenolphthalein zu gebrauchen, wobei auch auf die Konzentration des Phenolphthaleins geachtet werden muß[6]).

Zur Prüfung werden etwa 50 ccm Wasser mit 1—2 Tropfen Phenolphthaleinlösung (1 g Phenolphthalein in 99 g Alkohol von 60 Gew.-Proz.) versetzt. Von Rosolsäure — 1 g reine Rosolsäure in 500 ccm 80 proz. Alkohol gelöst und mit Barytwasser bis zur deutlichen Rotfärbung neutralisiert — werden zu 50 ccm Wasser 4—5 Tropfen verwendet.

Zur Prüfung mit Lackmus wird nach H. Klut (l. c.) ein kleines, etwa 10 ccm fassendes Porzellanschälchen, das zweckmäßig mit dem zu prüfenden Wasser vorher mehrmals ausgespült wird, mit dem frisch entnommenen Wasser angefüllt. Ein roter und ein blauer Lackmusstreifen werden

---

[1]) Außer den drei genannten Indicatoren werden z. B. behufs Prüfung auf Mineralsäuren auch noch Kongorot und Methylorange vorgeschlagen. Diese Indicatoren zeigen (vgl. H. Klut, Wasser und Abwasser 1915, **9**, 337) folgende Farbentöne:

Indicator		Bei neutraler Reaktion	Bei alkalischer Reaktion	Bei saurer Reaktion
Lackmus		violett	blau	rot
Rosolsäure		schwach gelb	deutlich rot	gelb
Kongorot	bei Mineralsäuren	violett	scharlachrot	blau
Methylorange		orangerot	gelb	rosarot
Phenolphthalein		farblos	stark rot	farblos

[2]) Vgl. A. Thiel, Der Stand der Indicatorfrage. Stuttgart, Ferd. Encke. 1911.

[3]) Blacher, Neues aus der Chemie des Wassers, eine kritische Studie. Chemiker-Zeitung 1911, **35**, 353.

[4]) Tillmans und Heublein, Zeitschr. f. Untersuchung d. Nahrungs- u. Genußmittel 1912, **24**, 429.

[5]) A. Thiel, Die Anwendung neuerer Ergebnisse der Indicatorenforschung zu quantitativen Studien. Sitzungsberichte d. Gesellsch. z. Beförderung d. ges. Naturwissenschaften zu Marburg, Nr. 6, 13. November 1912.

[6]) Vgl. Tillmans und Heublein im 2. Teil „Untersuchung auf aggressive Bestandteile", S. 528.

etwa bis zur Hälfte in der Weise hineingelegt, daß beide Streifen sich nicht berühren. Nach etwa 5—10 Minuten beobachtet man, ob eine Verschiedenheit der Färbungen an den Streifen eingetreten ist. Man muß diese Zeit genau innehalten, weil die meisten Wässer gegen Lackmus anfangs neutral reagieren; erst nach und nach wirken die im Wasser gelösten Stoffe auf den Indicator ein. Calcium- und Magnesiumbicarbonat bewirken, trotzdem beide Verbindungen als sog. saure Carbonate bezeichnet werden, je nach vorhandenem Gehalt eine schwache bis deutlich alkalische Reaktion, d. h. bläuen rotes Lackmuspapier; organische Säuren, wie Humussäuren, in Moorwässern röten blaues Lackmuspapier.

2. Prüfung auf Ammoniak.

Auf Ammoniak prüft man am besten in der Weise, daß man einige Tropfen Neßlers Reagens zu dem in einem Probierröhrchen abgemessenen Wasser hinzufügt. Gelbfärbung zeigt das Vorhandensein von Ammoniak an. Bei kalk- und magnesiareichen Wässern erfolgt auf Zusatz von Neßlers Reagens eine Trübung bzw. ein Niederschlag, welcher die Reaktion stark verdecken kann. Man muß deshalb vor der Prüfung durch Zusatz von einigen Tropfen Soda- und Natronlauge die Kalk- und Magnesiasalze ausscheiden und dann erst entweder das Filtrat oder die abgesetzte Flüssigkeit mit Neßlers Reagens prüfen. Einfacher ist es aber, einen Seignettesalzzusatz zu machen, welcher die Ausfällung verhindert. L. W. Winkler verfährt für die Herstellung eines derartigen Neßlerschen Reagenzes wie folgt:

10 g Mercurijodid werden in einen kleinen Porzellanmörser mit Wasser verrieben, dann in eine Flasche gespült und 5 g Kaliumjodid, ebenfalls in Wasser gelöst, zugesetzt. Die bisher benutzten Wassermengen sind gemessen worden, man nimmt zur Lösung von 20 g Natriumhydroxyd jetzt noch so viel Wasser, daß die gesamte verwendete Wassermenge 100 ccm beträgt. Die erkaltete Lauge wird mit der übrigen Flüssigkeit vermengt. Das fertige Reagens wird in dunklen Flaschen aufbewahrt. Zur Verwendung kommt es erst nach einigen Tagen, nachdem es sich durch Sedimentation vollständig geklärt und auch die Auskrystallisierung des überschüssigen Mercurijodids sich nahezu vollzogen hat. Ferner bereitet man eine Seignettesalzlösung wie folgt: 50 g krystallisiertes Seignettesalz werden in 100 ccm warmen Wassers gelöst, und die filtrierte Lösung, um sie vor Schimmel zu schützen, mit 5 ccm Nesslers Reagens versetzt. Auch diese Lösung ist im Dunkeln aufzubewahren. Die Lösungen dürfen nicht zusammengegossen werden, weil sie dann nicht haltbar sind, sondern müssen getrennt aufbewahrt werden. Von den beiden Reagenzien werden für die Prüfung auf Ammoniak stets gleiche Teile verwendet. Man setzt die Seignettesalzlösung zuerst zu und dann das Nesslersche Reagens. Verfährt man so, so tritt eine Ausfällung der Kalk- und Magnesiasalze bei der Prüfung nicht ein.

3. Prüfung auf salpetrige Säure.

Die salpetrige Säure wird durch Jodzinkstärkelösung oder Diphenylamin-Schwefelsäure in der auf S. 495 angegebenen Weise nachgewiesen.

4. Prüfung auf Schwefelwasserstoff.

Schwefelwasserstoff ist am Geruch mit vollster Schärfe zu erkennen. Nach Klut sollen manche Personen mit empfindlichem Geruchsinn noch $^1/_{5000}$ mg Schwefelwasserstoff riechen können. Auf chemischem Wege kann man den Schwefelwasserstoff ebenfalls sehr scharf durch die Probe mit Bleipapier oder Carosschem Reagens, wie sie unten auf S. 505 beschrieben ist, erkennen. Die quantitative Bestimmung des Schwefelwasserstoffes wird zweckmäßig am Orte der Entnahme ausgeführt in der ebenfalls unten noch näher beschriebenen Weise. Man kann indessen auch so verfahren, daß man am Orte der Entnahme das Wasser mit etwas Cadmiumnitrat versetzt. Der Schwefelwasserstoff wird dann als Schwefelcadmium abgeschieden und kann sich in dieser Form nicht verändern. Man kann dann im Laboratorium die Bestimmung zu Ende führen.

Anm.: Die qualitative Prüfung und quantitative Bestimmung auf freie Kohlensäure, Sauerstoff, Mangan, Eisen, Marmorlösungsvermögen, Bleilösungsvermögen müssen ebenfalls am Orte der Entnahme ausgeführt werden, bzw. sie erfordern am Orte der Entnahme eine vorbereitende Tätigkeit, da alle diese Stoffe oder Eigenschaften des

Wassers während des Versandes erhebliche Veränderungen erleiden können. Hierüber werden im 2. Teil nähere Angaben gemacht.

V. Die Untersuchung des Wassers im Laboratorium.

A. Physikalische Untersuchungen.

Die physikalischen Untersuchungsverfahren sind größtenteils schon im Abschnitt „Physikalische Untersuchung des Wassers an Ort und Stelle" erwähnt worden. Es erübrigt indessen, auf die Ermittlung des spezifischen Gewichtes und der elektrolytischen Leitfähigkeit noch kurz einzugehen.

1. Die Bestimmung des spezifischen Gewichtes. Beim Trinkwasser wird das spezifische Gewicht des Wassers nur selten bestimmt. Da das Wasser nur Bruchteile eines Gramms im Liter gelöst enthält, so können nur in der 4. Dezimale hinter dem Komma Abweichungen von 1 erhalten werden. Sollte die Ermittlung des spezifischen Gewichtes dennoch wünschenswert erscheinen, so wird es in bekannter Weise in Pyknometern ausgeführt.

2. Die Bestimmung der elektrolytischen Leitfähigkeit. Dieses Verfahren ist ebenfalls schon unter den Untersuchungsverfahren an Ort und Stelle erwähnt worden. Es gibt bekanntlich den Gehalt des Wassers an Ionen an, bei Trinkwässern ist die Verdünnung stets eine so beträchtliche, daß man praktisch mit vollständiger Dissoziation rechnen kann. Das Wesen dieser Bestimmung ist schon im III. Bd., 1. Teil, S. 66 erläutert worden. Man füllt das Wasser in ein Widerstandsgefäß[1]) oder in eine Pleißnersche[2]) Tauchelektrode und verfährt im übrigen, wie dort beschrieben ist.

Die Widerstandskapazität wird auch hier mit $^1/_{10}$ N.- oder $^1/_{100}$ N.-Chlorkaliumlösung bestimmt. Spitta und Pleißner[3]) haben auch einen selbstregistrierenden Apparat für die fortlaufende Bestimmung der Leitfähigkeit angegeben. Für welche Zwecke die Leitfähigkeitsbestimmung hauptsächlich in Frage kommt, ist schon S. 486 angegeben worden.

3. Klarheit und Durchsichtigkeit. Die Prüfung hierauf erfolgt im Laboratorium entweder mit dem Durchsichtigkeitszylinder oder dem Diaphanometer (vgl. III. Bd., 1. Teil, S. 131 und vorstehend S. 484).

B. Chemische Untersuchungen.

Für die Zwecke der schnellen Unterrichtung über die hygienische Beschaffenheit eines Wassers genügt es, neben der Ortsbesichtigung folgende Bestimmungen auszuführen: Qualitative Prüfung auf Ammoniak und salpetrige Säure, quantitative Bestimmung der Salpetersäure, des Chlors, des Kaliumpermanganatverbrauches, der Gesamthärte und der Carbonathärte. Bei Wasser einer zentralen Wasserversorgung sollte man sich jedoch auf diese kurze Analyse nicht beschränken. Hier sollte vielmehr jedesmal auch für die Zwecke der hygienischen Beurteilung eine Gesamtanalyse auf alle im Wasser vorhandenen Stoffe ausgeführt werden.

1. Bestimmung der Schwebestoffe. Bei Vorhandensein von viel Schwebestoffen kann man diese in der Weise ermitteln, daß man, wie unten angegeben ist, den Abdampfrückstand des gut durchgeschüttelten unfiltrierten Wassers und daneben in derselben Weise den Abdampfrückstand des klar filtrierten Wassers bestimmt. Die Differenz dieser Abdampfrückstände ergibt die gesamten Schwebestoffe. Man bestimmt dann den Glührückstand und den Glühverlust. Der Unterschied zwischen dem Glührückstand des unfiltrierten Wassers und dem Glührückstand des filtrierten Wassers zeigt die mine-

---

[1]) Apparate dieser Art liefern u. a. die Firma Hartmann & Braun, A.-G., Frankfurt a. M., sowie Bleckmann & Burger, Berlin N 24.

[2]) Arbeiten a. d. Kaiserl. Gesundheitsamte 1908, **28**, 444.

[3]) Ebendort 1909, **30**, 483.

ralischen suspendierten Stoffe an, während die Unterschiede in den beiden Glühverlusten die organischen suspendierten Stoffe darstellen. Wie alle indirekten Bestimmungsverfahren ist dieses Verfahren verhältnismäßig ungenau, was sich besonders dann unangenehm bemerkbar macht, wenn wenig Schwebestoffe vorhanden sind. Bei vorhandenen großen Mengen Schwebestoffen, wie sie beispielsweise in stark verschmutzten Abwässern, aber wohl kaum in Trinkwässern vorkommen, ist das Verfahren gut zu gebrauchen. Sind nur wenig Schwebestoffe vorhanden, wie das bei Trinkwässern die Regel sein dürfte, so verfährt man besser in folgender Weise: 0,5 bis 1 l Wasser, je nach dem Gehalte an suspendierten Stoffen, werden durch einen mit Asbest beschickten, vorher getrockneten und gewogenen Goochtiegel filtriert. Man trocknet bei 100° und wägt. Der gewogene Tiegel wird dann verascht und wieder gewogen.

2. Abdampfrückstand, Glührückstand, Glühverlust.

200 ccm bis 1 l des zu untersuchenden Wassers werden in einer frisch ausgeglühten und gewogenen Platin-, Quarz- oder Porzellanschale auf dem Wasserbade eingedampft. Der Rückstand wird dann 3 Stunden bei 110° getrocknet und gewogen. Darauf trocknet man 1 Stunde bei 180° und wägt wiederum. Der bei 180° getrocknete Gesamtrückstand stimmt nach den Beobachtungen von J. Tillmans immer ausgezeichnet überein mit der Summe aller Einzelbestandteile. Er eignet sich also bei der Gesamtanalyse gut zur Kontrolle, ob die Einzelbestimmungen richtig sind.

Die Bestimmung des Glührückstandes und Glühverlustes hat bei Trinkwasser mit Spuren von organischer Substanz in der Regel nicht viel Wert, da letzterer, zum mindesten in der Art, wie er gewöhnlich erhalten wird, auch nicht annähernd durch die organischen Stoffe veranlaßt wird. Magnesiumcarbonat gibt auch bei sehr schwachem Glühen einen Teil seiner Kohlensäure ab; Nitrate werden ferner beim Glühen stets zum größten Teil zersetzt. Wichtig ist es dagegen, auf die beim Glühen auftretenden Erscheinungen zu achten; es muß beobachtet werden, ob eine starke oder nur eine schwache oder endlich nur eine kaum sichtbare Schwärzung beim Glühen eintritt. Viel vorhandene Salpetersäure verrät sich an dem Auftreten von braunen Dämpfen. Hieraus ergeben sich dem Beobachter wertvolle Anhaltspunkte über die vorhandene organische Substanz. Wenn man die quantitative Bestimmung des Glührückstandes und des Glühverlustes gleichwohl ausführen will, so verfährt man, um die unvermeidlichen Fehler auf ein Mindestmaß zu beschränken, am besten in folgender Weise:

Man glüht zunächst ganz vorsichtig über der Flamme, bis die anfangs entstandene Schwärzung wieder verschwunden ist. Ist soviel organische Substanz vorhanden, daß die entstehende Schwarzfärbung sich nicht durch ganz leichtes und vorsichtiges Glühen entfernen läßt, so kann man in der Weise vorgehen, daß man den leicht geglühten schwarzen Rückstand mit geringen Mengen Wasser anfeuchtet, mit einem Glaspistill verreibt, trocknet, und nun abermals schwach glüht. Sollte der Rückstand immer noch schwarz sein, so wiederholt man das Verfahren noch ein drittes und unter Umständen auch ein viertes Mal. Dann befeuchtet man den Rückstand mit Ammoniumcarbonat und dampft auf dem Wasserbade bis zur Trockne. Man stellt darauf 1 Stunde bei 180° in den Trockenschrank und wägt. Nochmaliges Glühen nach der Behandlung mit Ammoncarbonat wird also zweckmäßig vermieden, weil das Magnesiumcarbonat dabei gewöhnlich wiederum Kohlensäure abgibt.

Immerhin besteht auch noch der so erhaltene Glühverlust bei unverschmutzten Trinkwässern größtenteils aus mineralischer Substanz. Nur wenn erhebliche Mengen organischer Stoffe im Wasser vorhanden sind, gibt der Glühverlust einen ungefähren Aufschluß über die vorhandene organische Substanz.

3. Oxydierbarkeit.

Da die Werte für den Glühverlust, wie oben auseinandergesetzt, nicht genau den Gehalt an organischen Stoffen angeben, da ferner das Wasser auch unter Umständen flüchtige organische Stoffe enthalten kann, so hat man noch ein anderes Maß für den Gehalt an organischen Substanzen eingeführt, nämlich die Oxydierbarkeit. Das Verfahren beruht auf der Messung der Oxydation, welche eine saure oder alkalische Permanganatlösung auf die im Wasser gelösten organischen Stoffe aus-übt. 5 Gew.-Mol. $KMnO_4$ geben 5 Gew.-Mol. Sauerstoff ab. Der unverbrauchte Teil des Permanganates wird mit Oxalsäurelösung zurückgemessen. Durch den aus dem Permanganat entwickelten Sauerstoff wird die Oxalsäure zu Kohlensäure oxydiert, während das Permanganat selbst zu Mangansalz reduziert wird.

Es gibt eine ganze Reihe von verschiedenen Ausführungsarten für dieses Verfahren, so die von Kubel und die von Schulze (die 4-Stunden-Probe, die 3-Minuten-Probe, die Bebrütungsprobe), das Verfahren von Tidy usw.[1]). Die bei uns in Deutschland einzig ge-bräuchlichen sind die Verfahren von Kubel und Schulze. Die anderen Verfahren werden in England bzw. in Amerika angewendet. Das Kubelsche Verfahren nimmt die Oxydation mit Permanganat in saurer Lösung vor, während das Schulzesche Verfahren in alkalischer Lösung oxydiert. Das Verfahren von Kubel ist einfacher und gibt übereinstimmendere Zahlen[2]), dagegen ist bei Schulzes Verfahren die Oxydation eine vollkommenere.

a) Das Verfahren von Kubel. 100 ccm Wasser, bei Vorhandensein von viel orga-nischer Substanz weniger mit destilliertem Wasser auf 100 ccm verdünnt, werden mit 5 ccm verdünnter Schwefelsäure (1 + 3) und dann mit 10 ccm $^1/_{100}$ N.- Kaliumpermanganatlösung versetzt. Darauf wird zum Kochen erhitzt. Vom beginnenden Sieden an hält man noch 10 Minuten lang im Kochen[3]). Entfärbt sich die Lösung während des Kochens, so müssen noch einmal 10 ccm $^1/_{100}$-N.-Permanganatlösung, unter Umständen auch noch mehr, zugesetzt werden. Jedenfalls muß die Flüssigkeit nach 10 Minuten noch gut rot sein. Danach gibt man sofort dieselbe Menge $^1/_{100}$ N.-Oxalsäure zu, welche man vorher an Permanganat zu-gesetzt hat, und schüttelt gut durch. Ist Oxalsäure im Überschuß vorhanden, so wird die Flüssigkeit nach wenigen Sekunden wasserklar. Man titriert nun mit $^1/_{100}$ N.-Permanganat-lösung die heiße Flüssigkeit zurück. Eine eben sichtbare Rosafärbung, die bestehen bleibt, zeigt das Ende der Reaktion an.

Anmerkungen. 1. Nach Segin[4]) bewirkt die Erhöhung des Permanganatzusatzes während des Siedens bei verschmutzten Wässern, insbesondere bei Abwässern, einen erhöhten Permanganat-verbrauch, während bei wenig verschmutzten normalen Trinkwässern ein nachträglicher Zusatz keinen erhöhten Permanganatverbrauch bedingt. Es dürfte sich danach empfehlen, bei Wasserproben, welche sich während des Kochens entfärben und bei denen man also noch nachträglich Permanganat zugeben muß, die Bestimmung noch einmal mit von vornherein zugegebenem höherem Permanganat-gehalt zu wiederholen.

2. Eine Überschreitung der Siedezeit um 5 Minuten macht nach Segin ebenso wie ein längeres Stehenlassen des Permanganatwassergemisches in der Kälte fast nichts aus.

3. Cavel[5]) hat eine große Anzahl von Stoffen auf ihr Verhalten gegen Permanganat geprüft und gefunden, daß die Stoffe sich bei der Oxydation fast alle außerordentlich verschieden verhalten in bezug auf ihr Reduktionsvermögen. Nicht ohne Einfluß ist die Gegenwart von Nitriten, Eisen-salzen und Schwefelwasserstoff.

4. Die Titerstellung führt man am einfachsten in der Weise aus, daß man zu dem fertig titrierten heißen Wasser, das also durch den geringen Permanganatüberschuß eben rosa

---

[1]) Vgl. Farnsteiner, Buttenberg und Korn, Leitfaden für die chemische Untersuchung von Abwasser. München, Oldenbourg, 1902.

[2]) Bei stark kochsalzhaltigem Wasser liefert das Kubelsche Verfahren infolge der Chlor-entwicklung meist zu hohe Werte.

[3]) Verschiedene Firmen liefern Sanduhren, welche genau 10 Minuten zum Auslaufen brau-chen. Diese Uhren sind für die Beobachtung der Zeit unter Umständen brauchbar. Sie werden beim beginnenden Sieden einfach umgedreht.

[4]) Pharm. Centralhalle 1906, **47**, 291.

[5]) Chem.-Zeitung 1912, **36**, Rep., S. 490.

gefärbt ist, 10 ccm Oxalsäure zufügt und nun mit $1/_{100}$ N.-Permanganatlösung bis auf Rosa zurücktitriert[1]).

Die für 10 ccm $1/_{100}$ N.-Oxalsäure verbrauchten Kubikzentimeter $1/_{100}$ N.-Permanganat werden von dem für die Oxydation des Wassers erhaltenen Gesamt-Permanganatverbrauch abgezogen. Ist bei der Titerstellung, wie das meistens der Fall ist, 10 ccm Oxalsäure nicht = 10 ccm Permanganat gefunden worden, so multipliziert man diese Differenz mit 10 und dividiert durch die Anzahl Kubikzentimeter Permanganatlösung, welche für 10 ccm Oxalsäure verbraucht sind.

Die $1/_{100}$ N.-Lösungen bereitet man am besten aus vorrätig gehaltenen $1/_{10}$ N.-Lösungen. Indessen muß die $1/_{10}$ N.-Oxalsäurelösung trotzdem öfters erneuert werden, da sie sich auch in dieser Konzentration noch verhältnismäßig schnell zersetzt. Dagegen ist die $1/_{10}$ N.-Permanganatlösung beständig.

5. Das Ergebnis der Oxydierbarkeitsbestimmung kann man auf verschiedene Weise zum Ausdruck bringen. Man gibt entweder einfach die auf 1 l umgerechnete Menge Kubikzentimeter Permanganat an oder man berechnet durch Multiplikation mit 0,316 die Milligramm $KMnO_4$, welche verbraucht worden sind; oder aber man berechnet die für 1 l zur Oxydation erforderliche Sauerstoffmenge, welche das verbrauchte Permanganat abgegeben hat, indem man die verbrauchte Anzahl Kubikzentimeter Permanganat mit 0,08 multipliziert. Die Berechnung auf Milligramm $KMnO_4$ für 1 l ist heute diejenige, welche am meisten angewendet wird. Man pflegte früher auch aus der Menge des Permanganatverbrauches direkt auf die Gewichtsmenge an organischer Substanz zu schließen. Diese Berechnung ist aber noch unbestimmter als erstere, weil der eine Körper viel Permanganat, der andere beträchtlich weniger verbraucht. So kann man sich durch vergleichende Untersuchungen des Permanganatverbrauches mit dem Glühverlust leicht überzeugen, daß der Faktor 5, den man für diesen Zweck früher wohl angewendet hat, meistens auch nicht annähernd stimmt. Er kann oft bis zu einem Vielfachen dieser Zahl ergeben, und kann bei anderen gelösten organischen Substanzen wiederum nur ein ganz geringer Bruchteil von 5 sein.

Im übrigen ist zu bedenken, daß es sich bei allen Berechnungen nur um relative Werte handelt. Aus dem Grunde ist es zweckmäßig, eine einheitliche Berechnungsweise anzuwenden.

b) **Das Verfahren von Schulze.** Das Verfahren wird in derselben Weise ausgeführt, wie das erstere, nur wird nicht mit Schwefelsäure angesäuert, sondern mit 0,5 ccm 33 proz. Natronlauge alkalisch gemacht. Vor der Titration des unverbrauchten Permanganates wird aber mit 5 ccm verdünnter Schwefelsäure (1 + 3) angesäuert. Im übrigen wird die Bestimmung genau wie bei Kubel zu Ende geführt.

Anmerkungen. 1. Grünhut[2]) macht auf eine Fehlerquelle des Schulzeschen Verfahrens bei manganhaltigem Wasser aufmerksam. Durch das Kochen mit Natronlauge bilden sich mit dem Luftsauerstoff höher oxydierte Manganoxyde, welche beim Ansäuern zerfallen und die Oxydation der zugegebenen Oxalsäure bewirken, wodurch eine zu hohe Oxydierbarkeit vorgetäuscht wird.

2. Im allgemeinen wird heute meistens das Kubelsche Verfahren angewendet, während das Schulzesche wenig mehr benutzt wird.

---

[1]) Bei sehr reinen Trinkwässern, welche nur Spuren von organischer Substanz enthalten, ist es besser, die Titerstellung so vorzunehmen, daß man einen vollständigen blinden Versuch ausführt. Man kocht zu dem Zwecke zunächst mit Schwefelsäure angesäuertes destilliertes Wasser so lange mit geringen Mengen von Permanganat, bis es sich nicht mehr entfärbt. 100 ccm dieses so vorbereiteten Wassers werden dann genau wie das zu untersuchende Wasser behandelt, mit dem Unterschiede, daß man nur 8 ccm Kaliumpermanganatlösung vorlegt. Der Gesamt-Kaliumpermanganatverbrauch für die nach dem Kochen zugefügten 10 ccm Oxalsäure ergibt dann den Titer. Diese Art der Titerstellung ergibt bei Wässern mit sehr geringem Gehalt an organischer Substanz stets beträchtlich geringere Zahlen für die Oxydierbarkeit als die oben genannte Art der Titerstellung.

[2]) Zeitschr. f. analyt. Chemie 1913, **52**, 36.

Von der allergrößten Bedeutung ist es für die Bestimmung der Oxydierbarkeit, daß man ganz reine Gläser verwendet. Man benutzt am besten Jenaer Erlenmeyer-Kolben von 500 ccm Inhalt, die vorher mit starker Permanganatlösung ausgekocht, am besten ein für allemal für die Zwecke der Oxydierbarkeitsbestimmung aufgehoben und nur für diesen Zweck verwendet werden.

4. Ammoniak. Ammoniak wird gewöhnlich im Trinkwasser nur qualitativ nachgewiesen. Im allgemeinen genügt eine Schätzung des Gehaltes. Etwa 100 ccm des zu untersuchenden Wassers werden mit 1 ccm Seignettesalzlösung und 1 ccm Neßlers Reagens (nach Winklers Vorschrift bereitet, vgl. S. 488) versetzt. Je nachdem eine schwache Gelb- oder eine rotbraune Färbung oder mehr ein rotbrauner Niederschlag auftritt, enthält das Wasser wenig oder viel Ammoniak. Ein Gehalt von 0,05 mg NH_3 im Liter ergibt noch eben eine Gelbfärbung.

Für die **quantitative Bestimmung** kommt bei den geringen Gehalten, wie sie im Trinkwasser in Betracht kommen, im allgemeinen nur das colorimetrische Verfahren mit Neßlers Reagens in Betracht. Da bei diesem Verfahren nach den Beobachtungen von Tillmans ein Ablassen einer stärker gefärbten Flüssigkeit aus Hehner-Zylindern, welche bei vielen andern colorimetrischen Verfahren gute Dienste leisten, hier zu ungenaue Ergebnisse liefert, so bedient man sich am einfachsten der von L. W. Winkler[1]) angegebenen Vorschrift. Erforderlich sind 2 Flaschen mit Glasstöpsel und einem Inhalt von etwa 150 cm; am zweckdienlichsten ist es, wenn man geschliffene Flaschen benutzt, da sich die Färbung in solchen am schärfsten beobachten läßt. Man kann auch Glaszylinder von etwa 4 ccm Durchmesser und 20 cm Höhe verwenden. In die eine Flasche gibt man 100 ccm des zu untersuchenden Wassers, in die andere ebensoviel ammoniakfreies gewöhnliches oder destilliertes Wasser. Hierauf wird diesen Wasserproben je 2—3 ccm Seignettesalzlösung[2]) und tropfenweise ebensoviel Neßlers Reagens[2]) beigemengt. In die Flasche mit dem ammoniakfreien Wasser läßt man nun aus einer engen Bürette langsam eine Ammonchloridlösung fließen, von welcher jeder Kubikzentimeter die 0,1 mg Ammoniak entsprechende Menge Ammoniumchlorid enthält (0,315 g reines, trockenes Ammoniumchlorid im Liter). Von dieser Lösung wird unter öfterem Umschwenken soviel zugesetzt, bis die Vergleichslösung die Farbe des zu untersuchenden Wassers angenommen hat. Die verbrauchten Kubikzentimeter Ammoniumchloridlösung ergeben dann das in 1 l vorhandene Ammoniak in Milligramm. Bei trübem Wasser muß man zunächst filtrieren. Da die Filter oft ammoniakhaltig sind, empfiehlt es sich, die ersten 100 ccm filtrierten Wassers weglaufen zu lassen. Bei sehr hartem Wasser verursacht das Winklersche Reagens unter Umständen einen aus den Tartraten der Erdalkalimetalle bestehenden Niederschlag. In diesem Falle sind die zu untersuchenden 100 ccm Wasser vorerst mit 5 ccm Seignettesalz zu vermengen und dann erst mit dem gemischten Reagens zu versetzen.

Um die jedesmalige Herstellung von Vergleichslösungen zu ersparen, hat J. König[3]) Colorimeter mit fester Farbenskala herstellen lassen, indem der durch die vorgeschriebenen Reagenzien in Lösungen von bekanntem Gehalt hervorgerufene Farbenton in 6 Abstufungen von einem Maler fixiert und hiernach nachgebildet worden ist[4]). Über die Einrichtung und Handhabung des Colorimeters vgl. III. Bd., 1. Teil, S. 136. Trink- bzw. Brunnenwässer enthalten selten über 1 mg Ammoniak im Liter.

---

[1]) Lunge - Berl, Chemisch-technische Untersuchungsmethoden. Berlin, Julius Springer 1910, **2**, 264.

[2]) Nach Winklers Vorschrift bereitet (vgl. S. 494).

[3]) Chemiker-Zeitung 1897, **21**, 559.

[4]) Die Colorimeter sind von unberufener Seite vielfach nachgebildet. Deshalb sei bemerkt, daß die nach den Originalplatten unter hiesiger Kontrolle angefertigten Colorimeter von der Firma Franz Hugershoff in Leipzig (Karolinenstr. 13) geführt werden.

5. *Proteidammoniak nach L. W. Winkler*[1]).

Ist ein Wasser durch menschliche oder tierische Abgänge verunreinigt, so enthält es stets stickstoffhaltige Körper, aus welchen sich durch eine bestimmte Behandlungsweise Ammoniak abspalten läßt. Dieses abspaltbare Ammoniak kann einen wichtigen Gradmesser für die Verunreinigung eines Wassers abgeben. Bei der Abwasseranalyse führt man die Bestimmung in Form der Ermittlung des sog. Albuminoidstickstoffes aus. Für die geringen Mengen Spaltammoniak, welche in Trinkwässern vorkommen, bedient man sich aber besser des Verfahrens von L. W. Winkler, weil dieses weit schärfer ist und genauere Ergebnisse liefert. Es wird nach einer letzteren Vorschrift[2]) in folgender Weise zur Ausführung gebracht:

Fig. 215.

Kochflasche nach Winkler.

Man gibt in eine 200 ccm fassende Kochflasche (Fig. 215) 100 ccm des zu untersuchenden Wassers, säuert mit einem Tropfen konzentrierter Schwefelsäure an und streut in die Flüssigkeit nach Augenmaß 0,05 g reines (ammoniakfreies)[3]), zu feinem Pulver zerriebenes Kaliumpersulfat; sollte die Flüssigkeit nicht sauer sein, so wird noch ein Tropfen Schwefelsäure zugefügt. Die Flasche wird darauf so in ein Wasserbad gesetzt, daß der ganze Boden direkt vom Wasserdampf bestrichen wird. Während des Siedens wird die Flasche mit einem kleinen Becherglas bedeckt. Nach 15 Minuten wird sie vom Wasserbade genommen und unter der Wasserleitung abgekühlt. Darauf setzt man tropfenweise 5 ccm nach Winkler bereitetem Neßlerschen Reagens (2,5 ccm Seignettesalz, 2,5 ccm Neßlers Reagens kurz vor dem Gebrauch zusammengemischt) hinzu. Zu einer zweiten Probe von 100 ccm des zu untersuchenden Wassers werden 1 bzw. 2 Tropfen konzentrierte Schwefelsäure und 5 ccm gemischtes Reagens hinzugefügt, aber ohne die Flüssigkeit vorher erwärmt zu haben. Sind beide Flüssigkeiten gleich stark gefärbt, so ist Proteidammoniak nicht vorhanden. Ist das gekochte Wasser stärker gefärbt, als die zweite Kontrollprobe, so gibt man, um die Menge des Proteidammoniaks zu erfahren, von einer Chlorammonlösung (1 ccm = 0,1 mg NH_3) aus einer Bürette tropfenweise so viel zu, bis die Stärke der Färbung in beiden Flaschen die gleiche ist. Die Anzahl Kubikzentimeter Chlorammonlösung, welche man zugegeben hat, um Farbengleichheit zu erhalten, gibt die Menge des Proteidammoniaks in Milligramm im Liter an.

Anmerkungen. 1. 10 ccm Harn in 1 cbm Wasser sollen noch einen Gehalt von 0,1 mg Proteidammoniak im Liter ergeben.

2. Reines, natürliches Wasser enthält kein Proteidammoniak; die Grenze, über die hinaus ein Trinkwasser vom hygienischen Standpunkte aus zu beanstanden wäre, dürfte nach L. W. Winkler, auf 1000 ccm Wasser bezogen, 0,1 mg Proteidammoniak betragen.

6. *Salpetrige Säure.* a) *Qualitativer Nachweis.*

Ein farbloses, klares Wasser kann ohne weiteres zur Prüfung verwendet werden. Gefärbte oder unklare Wässer klärt man, indem man auf 100 ccm 2 ccm Sodanatronlauge (enthaltend 100 g Krystallsoda, 300 g Ätznatron in 300 ccm Wasser) zugibt. Bei schwefelwasserstoffhaltigen Wässern setzt man noch einige Tropfen Zinkacetat zu. Für die Prüfung wird das filtrierte Wasser verwendet.

---

[1]) Zeitschr. f. analyt. Chemie 1902, **41**, 295.

[2]) Zeitschr. f. angew. Chemie 1914, **27**, Bd. I, 440.

[3]) Das käufliche Kaliumpersulfat ist meist durch beträchtliche Mengen Ammoniumpersulfat verunreinigt; es muß daher stets vor der Verwendung gereinigt werden. 15 g des gepulverten käuflichen Produktes werden mit 1,5 g Natronhydrat in 100 ccm Wasser von 50—60° gelöst. Die durch Wattebausch filtrierte Lösung wird einige Stunden an einen kühlen Ort gestellt. Die nach einiger Zeit ausgeschiedenen Krystalle werden in einem Glastrichter gesammelt, mit kaltem Wasser gewaschen und bei gewöhnlicher Temperatur getrocknet. Wenn das Salz noch nicht ammoniakfrei sein sollte, so muß die Reinigung nochmals wiederholt werden.

α) **Mit Jodzinkstärke oder Jodkaliumstärke.** 50 ccm Wasser werden mit etwa 0,5 ccm Zinkjodstärkelösung, darauf nach dem Mischen mit einigen Tropfen verdünnter Schwefelsäure versetzt und wieder gemischt oder man löst in 50—100 ccm Wasser einige Körnchen festes Jodkalium, fügt etwa 1 ccm frisch bereitete Stärkelösung und dann 1—2 ccm verdünnte Schwefelsäure zu. Die salpetrige Säure oxydiert die Jodwasserstoffsäure zu freiem Jod, welches die Stärke blau färbt. Entsteht sogleich eine starke Blaufärbung, so ist sehr viel, tritt die Färbung erst langsam und nach einiger Zeit auf, so ist wenig salpetrige Säure vorhanden. Da die Zersetzung der Jodwasserstoffsäure auch ohne die Anwesenheit von salpetriger Säure allmählich von selbst vor sich geht, so darf die Prüfung nicht im offenen Sonnenlicht vorgenommen werden. Ferner ist eine nach länger als 3 Minuten auftretende Reaktion nicht mehr als positive Reaktion anzusehen.

L. W. Winkler[1]) empfiehlt, dem Wasser erst 3—5 Tropfen 25% Phosphorsäurelösung und darauf 10—12 Tropfen Jodzinkstärkelösung zuzusetzen (vgl. S. 498).

Da die Reaktion auch von anderen Oxydationsmitteln hervorgerufen wird, so haben Farnsteiner, Buttenberg und Korn[2]) vorgeschlagen, die Prüfung mit Hilfe eines übergehaltenen, mit Jodzinkstärkelösung befeuchteten Papierstreifens vorzunehmen, nachdem vorher das Wasser mit Ferrosulfat (gepulvert) gemischt ist. Bei dieser Ausführung können als Träger der Reaktion nur Körper in Frage kommen, welche auf Ferrosalze keine oxydierende Wirkung ausüben. Die Reaktion eignet sich aber weniger für Trinkwasserzwecke als vielmehr für Schmutzwasser.

β) **Mit Diphenylaminschwefelsäure.** Nach Tillmans und Sutthoff[3]) kann zum Nachweis von salpetriger Säure auch mit Vorteil Diphenylaminschwefelsäure Verwendung finden. 500 ccm des unten noch zu beschreibenden Salpetersäurereagenzes werden mit 200 ccm Wasser verdünnt. Das Reagens reagiert dann nicht mehr auf Salpetersäure; mit dem gleichen Volumen des zu prüfenden Wassers versetzt, tritt aber bei Anwesenheit von salpetriger Säure eine starke Blaufärbung auf, noch 0,1 mg im Liter werden deutlich angezeigt. Die Reaktion ist ebenso wie die Reaktion mit Jodkaliumstärke oder Jodzinkstärke eine allgemeine Oxydationsreaktion, welche auch von anderen Oxydationsmitteln (Ferrisalze, Superoxyde, Chromate usw.) hervorgerufen wird.

Die beiden folgenden Reaktionen sind dagegen eigenartig für die salpetrige Säure, weil sie auf der Bildung eines Azofarbstoffes beruhen.

γ) **Mit Metaphenylendiamin.** Etwa 100 ccm Wasser werden in einem hohen Glaszylinder mit 1—2 ccm verdünnter Schwefelsäure (1 : 3) und dann mit 1 ccm einer farblosen Lösung von schwefelsaurem Metaphenylendiamin (5 g Metaphenylendiamin mit verdünnter Schwefelsäure bis zur sauren Reaktion gelöst und auf 1 l aufgefüllt) versetzt. Je nachdem wenig oder viel salpetrige Säure vorhanden ist, entsteht eine gelbe, gelbbraune oder braune Färbung eines Azofarbstoffes (Triamidoazobenzol, Bismarckbraun).

δ) **Die Rieglersche Reaktion.** Riegler[4]) weist die salpetrige Säure durch naphthionsaures Natrium und β-Naphthol nach. 200 g chemisch reines Natriumnaphthionat und 1 g β-Naphthol pur. werden in 200 ccm Wasser gebracht, mit diesem kräftig durchgeschüttelt und die Mischung wird filtriert. Die Lösung ist farblos und soll sich im Dunkeln ohne Veränderung aufbewahren lassen. Zur Prüfung des Wassers mit diesem Reagens auf salpetrige Säure fügt man 10 Tropfen des Reagenzes zu 10 ccm Wasser, gibt dann 2 Tropfen konzentrierte Salzsäure zu und schüttelt die Mischung einige Male gut durch. Läßt man dann in das schief gehaltene Probierröhrchen 20 Tropfen Ammoniak einfließen, so tritt bei Gegenwart von salpetriger Säure ein mehr oder weniger rot gefärbter Ring auf. Schüttelt man dann gut durch, so

---

[1]) Zeitschr. f. Untersuchung d. Nahrungs- u. Genußmittel 1915, **29**, 10.

[2]) Farnsteiner, B. u. K., Leitfaden für die chemische Untersuchung von Abwasser München, R. Oldenbourg, 1902.

[3]) Zeitschr. f. analyt. Chemie 1911, **50**, 473.

[4]) Ebendort 1896, **35**, 677; 1897, **36**, 377.

erscheint die ganze Flüssigkeit je nach der Menge der vorhandenen salpetrigen Säure mehr oder weniger rot oder rosa gefärbt. Da verdünnte Lösungen des Reagenzes veilchenblau fluorescieren, so muß das Röhrchen im auffallenden Licht betrachtet werden. Die Reaktion beruht darauf, daß die Naphthionsäure durch die salpetrige Säure in die Azonaphthalinsulfosäure verwandelt wird. Diese bildet mit β-Naphthol und Ammoniak einen roten Azofarbstoff. Mit dem Reagens soll sich die salpetrige Säure noch in Mengen von 0,01 mg im Liter nachweisen lassen.

b) Quantitative Bestimmung. Die Bestimmung der salpetrigen Säure kann mit den obengenannten Reagenzien colorimetrisch erfolgen. Derartige Verfahren sind für Jod-zinkstärke, Metaphenylendiamin und Diphenylaminschwefelsäure ausgearbeitet worden. Bei Vorhandensein von größeren Gehalten an salpetriger Säure bedient man sich am besten des maßanalytischen Verfahrens der Oxydation mit Kaliumpermanganat.

α) **Die colorimetrischen Verfahren.** 1. Das Jodzinkstärkeverfahren. Für die colori-metrische Bestimmung mit Jodzinkstärke hat J. König ebenfalls ein Colorimeter hergestellt, welches in ähnlicher Weise konstruiert ist, wie das für Ammoniak beschriebene. Das Colori-meter enthält wieder 6 Farbenstreifen, welche bei Innehaltung der unten angegebenen Vorschrift 0,15, 0,25, 0,5, 1,0 und 2,0 salpetriger Säure im Liter entsprechen. Die Stärke der Farbentöne hängt ganz von der Zeit der Beobachtung ab. Bei den Farbentönen 2—6 wird der Ton um so dunkler, je länger man stehen läßt. Es empfiehlt sich daher, daß jeder Beobachter durch einen einmaligen Kontrollversuch mit Nitritlösung von bekanntem Gehalt feststellt, wieviel Zeit der Beobachtung in Minuten notwendig ist, damit sich der Farbenton der Nitritlösungen mit den Tönen der Farbenstreifen für sein Auge deckt. Diese Zeit muß dann auch der Beobachter bei der Prüfung eines zu untersuchenden Wassers inne-halten (vgl. III. Bd., 1. Teil, S. 137).

Für die Bestimmung bringt man dann 100 ccm des wie oben (S. 494) geklärten Wassers in den Zylinder, setzt 3 ccm Jodzinkstärkelösung sowie 1 ccm verdünnter Schwefelsäure (1 : 3) zu und beobachtet die Färbung in der angegebenen Weise. Tritt sofort starke Blau-färbung ein, die einem der höchsten Farbentöne oder mehr entspricht, so gießt man 50 ccm aus und beobachtet abermals, nachdem man mit Wasser auf 100 verdünnt hat. Die Bestim-mung wird dann aber mit entsprechend geringeren Wassermengen, welche mit destilliertem Wasser auf 100 verdünnt werden, wiederholt. Die Prüfung muß natürlich ebenso wie die qualitative Probe bei Abschluß des direkten Sonnenlichtes vorgenommen werden.

Statt in dem Colorimeter kann man diese Bestimmung auch mit Vergleichslösungen von Kaliumnitrit, von denen jeder Kubikzentimeter 0,01 mg N_2O_3 entspricht, in Hehner-Zylindern ausführen. In der Nitritlösung stellt man nach dem Verfahren von Feldhaus - Kubel den Ge-halt an salpetriger Säure fest und verdünnt dann. Man bringt 100 ccm des zu untersuchenden Wassers in einen Hehner-Zylinder, fügt 3 ccm Zinkjodidstärkelösung, 1 ccm verdünnte Schwefelsäure zu und schüttelt durch. In einen zweiten Hehner-Zylinder gibt man 100 ccm destilliertes Wasser, dieselben Reagenzien und fügt nun aus einer Bürette so lange Nitritlösung zu, bis die Färbung in beiden Zylindern die gleiche ist. Jedes bis zur Farbengleichheit verbrauchte Kubikzentimeter Nitritlösung entspricht 0,1 mg N_2O_3 im Liter.

2. Das Verfahren mit Diphenylaminschwefelsäure. Nach Tillmans und Sutthoff (a. a. O.) verfährt man in folgender Weise:

5 ccm Wasser werden mit 5 ccm Nitritreagens (vgl. S. 495) im Reagensrohr versetzt; dann wird gut durchgemischt und unter der Wasserleitung abgekühlt. Gleichzeitig werden auf dieselbe Weise in anderen Reagensrohren Vergleichslösungen mit Natriumnitrit von be-kanntem Gehalt angesetzt. Nach 1 Stunde vergleicht man die Stärke der Färbung bei den Vergleichslösungen mit der des Wassers. Für die Herstellung der Vergleichslösungen geht man von einer Lösung aus, welche durch Auflösen von 0,1816 g Natriumnitrit in 1 l Wasser hergestellt wird. Diese Lösung entspricht 100 mg N_2O_3 im Liter; man braucht also nur 0,5, 1,0, 2,0, 3,0 ccm dieser Lösung auf 100 zu verdünnen, um Lösungen von 0,5, 1,0, 2,0, 3,0 mg

im Liter zu erhalten. Über 3,0 mg kann man nicht hinausgehen, weil sonst die Farbentöne so stark werden, daß sie nicht mehr unterschieden werden können. Vorhandene Salpetersäure stört in keiner Weise. Größere Mengen von organischen Stoffen wirken jedoch störend, indem sie die Stärke der Blaufärbung abschwächen.

β) **Titration mit Kaliumpermanganat.** Bei sehr hohen Gehalten von salpetriger Säure bestimmt man sie nach Feldhaus-Kubel am besten durch Oxydation mit Permanganat: Man bereitet zu dem Zweck eine $^1/_{100}$ N.-Kaliumpermanganatlösung (0,315 g Kaliumpermanganat in 1 l), ferner eine $^1/_{100}$ N.-Ferroammonsulfatlösung (3,9208 in 1 l Wasser), von welcher bei genauer Einstellung 10 ccm = 10 ccm $^1/_{100}$ N.-Kaliumpermanganatlösung entsprechen; 1 ccm der letzteren entspricht 0,19 mg salpetriger Säure.

100 ccm des zu prüfenden nitrithaltigen Wassers werden mit einem Überschuß von $^1/_{100}$ N.-Kaliumpermanganatlösung (5, 10 ccm usw.) versetzt und mit 5 ccm verdünnter Schwefelsäure (1 : 3) angesäuert. Darauf setzt man ebensoviel oder die der Anzahl Kubikzentimeter der zugesetzten Kaliumpermanganatlösung entsprechende Anzahl der Kubikzentimeter Eisenammonsulfatlösung zu und titriert mit Kaliumpermanganat zurück bis zu eben eintretender Rotfärbung.

Zieht man von der Gesamtmenge der verbrauchten Kubikzentimeter Kaliumpermanganatlösung die zur Oxydation der hinzugesetzten Eisenammonsulfatlösung erforderlichen Kubikzentimeter dieser Lösung ab und multipliziert die Differenz in Kubikzentimeter mit 0,19, so erhält man die in 100 ccm Wasser enthaltenen Milligramm salpetriger Säure.

Sind von der Kaliumpermanganatlösung z. B. im ganzen verbraucht 10 + 2,4 ccm und entsprechen 10 ccm der Eisenammonsulfatlösung = 9,9 ccm Kaliumpermanganatlösung, so sind:

$$(10 + 2,4) - 9,9 = 2,5 \text{ ccm } ^1/_{100} \text{ N.-Kaliumpermanganatlösung}$$

zur Oxydation der salpetrigen Säure verwendet, also in 100 ccm Wasser 2,5 · 0,19 = 0,475 mg, oder in 1 l Wasser 0,475 · 10 = 4,75 mg N_2O_3 vorhanden.

Wenn die Titration in der Kälte bei 15° vorgenommen wird, so wirken die organischen Stoffe nicht oder kaum schädlich.

δ) **Bestimmung der salpetrigen Säure durch Titration des ausgeschiedenen Jods.** L. W. Winkler[1]) bestimmt die Menge der salpetrigen Säure durch Titration des ausgeschiedenen Jods mit einer sehr verdünnten Natriumthiosulfatlösung entweder nach dem Zeitverfahren (bei weniger als $^1/_3$ mg N_2O_3 in 1 l Wasser) oder nach dem Bicarbonatverfahren (bei mehr als $^1/_2$ mg N_2O_3 in 1 l Wasser). Die verdünnte Thiosulfatlösung wird dadurch hergestellt, daß man 26,3 mg $^1/_{10}$ N.-Natriumthiosulfatlösung auf 1 l verdünnt; von dieser Lösung zeigt jedes für 100 ccm verbrauchte Kubikzentimeter 0,1 mg oder, auf 1 l Wasser bezogen, 1 mg N_2O_3 an.

1. **Das Zeitverfahren.** Das Untersuchungswasser wird auf 20° erwärmt, dann mit erneuerter Luft einigemal kräftig zusammengeschüttelt. Ist das Wasser nicht ganz klar, so wird es filtriert; der erste Anteil des Filtrates wird verworfen. Von dem so vorbereiteten Untersuchungswasser werden 100 ccm in eine Glasstöpselflasche von etwa 125 ccm Inhalt gemessen, 1 ccm Stärkelösung und 0,2 g reinstes Kaliumjodid zugefügt; dann wird mit 5 ccm einer 25 proz. Phosphorsäure angesäuert. Die Flasche wird sofort ins Dunkle gebracht und bei annähernd 20° 24 Stunden stehen gelassen. Nach dieser Zeit wird das ausgeschiedene Jod durch Titration mit der verdünnten Thiosulfatlösung ($^1/_{200}$ N.-Lösung) ermittelt.

2. **Bicarbonatverfahren** (bei mehr als 0,3 mg N_2O_3 in 1 l Wasser). Vom klaren, nötigenfalls filtrierten Untersuchungswasser werden 100 ccm in einen gewöhnlichen langhalsigen Kolben von etwa 250 ccm Inhalt gegeben; man fügt 1 ccm Stärkelösung hinzu und säuert mit 25 ccm einer 25 proz. Phosphorsäure an. Alsdann gibt man 5 g aus nicht zu kleinen

---

1) Zeitschr. f. Untersuchung d. Nahrungs- u. Genußmittel 1915, **29**, 10.

Krystallen Kaliumbicarbonat auf einmal in die Flüssigkeit. Wenn die stürmische Kohlensäureentwicklung etwa $1/2$ Minute lang gewährt hat, werden 0,2 g reinstes Kaliumjodid in die Flasche gegeben. Man schwenkt die Flüssigkeit gelegentlich um und bestimmt dann, nach 10 Minuten langem Stehen, das ausgeschiedene Jod mit obiger Thiosulfatlösung.

NB. Man kann dieses Verfahren auch zu einer annähernden colorimetrischen Bestimmung der salpetrigen Säure benutzen. Man versetzt zu dem Zweck 100 ccm des Wassers mit etwas Stärkelösung, weiter mit einer Messerspitze voll reinstem Kaliumjodid und mit 1 ccm 25 proz. Phosphorsäure:

Die Flüssigkeit bläut sich:	1 l enthält N_2O_3:		Die Flüssigkeit bläut sich:	1 l enthält N_2O_3:
sofort	0,5 mg und mehr		nach 1 Minute	etwa 0,15 mg
nach 10 Sekunden etwa	0,30 ,,		,, 3 Minuten	,, 0,10 ,,
, 30 ,, ,,	0,20 ,,		,, 10 ,, ...	,, 0,05 ,,

Geringe Mengen Ferri- oder Ferroeisen stören die Reaktion nicht; größere Mengen Ferroeisen und organische Stoffe wirken verzögernd.

7. Salpetersäure. a) Qualitativer Nachweis. α) Mit Diphenylamin.

Der qualitative Nachweis der Salpetersäure pflegt meistens mit Diphenylaminschwefelsäure vorgenommen zu werden. Dieses Reagens wird durch Salpetersäure zu einem prachtvoll blauen Farbstoff oxydiert. Die bisherigen Vorschriften für die Herstellung der Diphenylaminschwefelsäure und die Ausführung der Reaktion liefern nach Tillmans[1]) alle sehr verschiedene Ergebnisse, da die Schärfe der Reaktion dabei sehr schwankend ist. Der Grund dafür liegt hauptsächlich in zwei Umständen. Der entstehende blaue Farbstoff ist einmal nur beständig in einer Schwefelsäure von ganz bestimmter Konzentration; ferner ist die Reaktion nur scharf bei Gegenwart von Chloriden. Unter Berücksichtigung dieser Umstände bereitet man das Reagens nach Tillmans in folgender Weise: 0,085 g Diphenylamin werden in einem 500er Kolben mit 190 ccm verdünnter Schwefelsäure (1 : 3) übergossen. Dann gibt man konzentrierte Schwefelsäure vom spez. Gew. 1,84 zu. Dabei erwärmt sich die Flüssigkeit so stark, daß das Diphenylamin schmilzt und sich löst. Nach dem Erkalten füllt man mit weiterer konzentrierter Schwefelsäure auf 500 auf und mischt gut durch. Das Reagens ist unbegrenzt haltbar[2]). Die Prüfung auf Salpetersäure mit dem Reagens gestaltet sich folgendermaßen: Man setzt zu 100 ccm des zu prüfenden Wassers 2 ccm kalt gesättigte Kochsalzlösung zu. Im Reagensrohr oder Mischzylinder werden dann 1 Volumenteil des so vorbereiteten Wassers mit 4 Volumenteilen Diphenylaminreagens versetzt und gemischt. Je nachdem die Reaktion sofort tiefblau, blau, oder erst nach einiger Zeit auftritt, ist mehr oder weniger Salpetersäure zugegen. 0,1 mg N_2O_5 im Liter zeigt nach 1 Stunde noch eine eben sichtbare Blaufärbung. Salpetrige Säure reagiert in genau derselben Weise auf das Reagens. Ist salpetrige Säure vorhanden, so kann man so verfahren, daß man zu 100 ccm des zu prüfenden Wassers 5 Tropfen verdünnter Schwefelsäure und 200 mg Harnstoff zugibt. Die salpetrige Säure wird dann in elementaren Stickstoff zerlegt (Lehmann)[3]). Tillmans und Sutthoff[4]) haben das Lehmannsche Verfahren nachgeprüft und gefunden, daß nach 24 Stunden sämtliche salpetrige Säure verschwunden ist, während die Salpetersäure nicht angegriffen war. Andere Oxydationsmittel

---

[1]) Zeitschr. f. Untersuchung d. Nahrungs- u. Genußmittel 1910, **20**, 676.

[2]) Die meisten Schwefelsäuren des Handels enthalten Salpetersäure. In diesem Falle wird das Reagens bei der Bereitung ohne weiteres blau. Man muß daher nach dem Kontaktverfahren hergestellte Schwefelsäure verwenden, wobei das SO_3 in destilliertes Wasser eingeleitet ist. Derartige Säure kann zum Preise von 60 Pfg. für 1 kg von der Firma Dr. Bachfeld & Co., Frankfurt a. M., Kaiserstr. 3, bezogen werden.

[3]) K. B. Lehmann, Die Methoden der praktischen Hygiene. Wiesbaden, Bergmann, 1901.

[4]) Zeitschr. f. anal. Chem. 1911, **50**, 473.

wie Chromisalze, Ferrisalze, Wasserstoffsuperoxyd usw. geben die Reaktion ebenfalls; da diese in Trinkwässern normalerweise nicht vorkommen, so hat diese Tatsache für die Trinkwasseruntersuchung weniger Bedeutung.

β) **Mit Brucin.** Brucin gibt, wenn es in Schwefelsäure gelöst wird, mit Salpetersäure eine prachtvolle Rotfärbung, die schnell in Gelb umschlägt. Salpetrige Säure wird unter gewöhnlichen Verhältnissen von dem Reagens ebenfalls angezeigt. Winkler[1]) hat aber gezeigt, daß bei Innehaltung einer bestimmten Prüfungsvorschrift die salpetrige Säure in Nitrosulfonsäure übergeführt wird, welche mit dem Reagens nicht reagiert. Klut[2]) hat diese Befunde nachgeprüft und bestätigt gefunden; er empfiehlt das Winklersche Verfahren genau innezuhalten. Man verfährt deshalb wie folgt: Nach Augenmaß mischt man 3 ccm konzentrierte Schwefelsäure in einem Reagensglas tropfenweise mit 1 ccm des zu untersuchenden Wassers. Die hierbei sich stark erwärmende Flüssigkeit kühlt man sorgfältig auf die ursprüngliche Wassertemperatur wieder ab, da die Reaktion nur in der Kälte in der angegebenen Weise verläuft. Jetzt gibt man unter Umschütteln einige Milligramm Brucin hinzu, wobei, wenn das Wasser Nitrat enthält, sogleich oder nach kurzer Zeit Rotfärbung des Gemisches auftritt.

Nach Klut kann man aus der Stärke der entstehenden Farbe auch schon Schlüsse auf die Höhe des Salpetersäuregehaltes ziehen. Beträgt die Salpetersäuremenge 100 mg im Liter, so entsteht kirschrote Farbe, die ziemlich schnell in Orange und schließlich in Gelb umschlägt. Bei 10 mg N_2O_5 im Liter färbt sich die Flüssigkeit schön rosenrot und wird nach längerem Stehen blaßgelb. Bei 1 mg im Liter wird sie nach einigen Augenblicken schwach rosenrot. Sind Eisenverbindungen vorhanden, so entfernt man diese zweckmäßig vor der Prüfung, sowohl bei Verwendung von Brucin als auch von Diphenylamin, am einfachsten durch Fällung mit Ammoniak. Ebenso wie die Diphenylaminreaktion wird auch die Brucinreaktion von anderen Oxydationsmitteln hervorgerufen. Zu beachten ist noch, daß Filterpapiere oft nitrathaltig sind.

b) *Quantitative Bestimmung.* Für die quantitative Bestimmung der Salpetersäure im Wasser sind eine Reihe von Verfahren vorhanden, die man in folgende Gruppen unterscheiden kann: Gasvolumetrische, maßanalytische, colorimetrische und neuerdings auch gewichtsanalytische Verfahren.

Die gasvolumetrischen Verfahren zeichnen sich durch besondere Genauigkeit aus, sind aber umständlich in der Ausführung, erfordern eine komplizierte Apparatur, mit der richtig zu arbeiten man erst lernen muß. Die maßanalytischen Verfahren beruhen auf der Überführung der Salpetersäure in Ammoniak. Sie sind genau und einfach ausführbar, können aber nicht angewendet werden, wenn außer Salpetersäure noch andere Stickstoff-Verbindungen im Wasser vorhanden sind. Die colorimetrischen Verfahren eignen sich besonders dann, wenn nur sehr geringe Gehalte an Salpetersäure vorliegen. Sie haben in den Fällen vor den übrigen Verfahren den Vorzug, daß man mit wenigen Kubikzentimetern Wasser auskommt, während man für alle anderen Verfahren bei sehr geringen Gehalten große Wassermengen einzudampfen haben würde. Ein gravimetrisches Verfahren hat Busch[3]) angegeben, indem er eine Base, das Diphenylenanilodihydrotriazol, der Kürze halber von Busch Nitron genannt, auffand, deren salpetersaures Salz in Wasser unlöslich ist.

α) **Gasvolumetrische Verfahren durch Überführung in Stickoxyd.** Die Verfahren beruhen auf der Überführung der Salpetersäure in Stickoxyd, welches gemessen wird. Das Ver-

---

[1]) Lunge-Berl, Chemisch-technische Untersuchungsmethoden. Berlin, Julius Springer, 1910, **2**, 246.

[2]) Mitteilungen a. d. Königl. Prüfungsanstalt f. Wasserversorgung u. Abwässerbeseitigung. 1908, Heft 10, 86.

[3]) Zeitschr. f. Untersuchung d. Nahrungs- u. Genußmittel 1905, **9**, 464.

fahren führt man am besten nach Schulze-Tiemann[1]) in der von Stüber[2]) angegebenen Modifikation (vgl. III. Bd., 1. Teil, S. 265) aus.

Vielfach ist auch folgende ebenso einfache Ausführungsweise gleichzeitig für mehrere Bestimmungen in Gebrauch:

100—300 ccm des zu prüfenden Wassers werden in einer Schale vorsichtig bis zu etwa 50 ccm eingedampft und diese zusammen mit den etwa durch Kochen abgeschiedenen Erdalkalimetallcarbonaten in das Kölbchen a (Fig. 238, III. Bd., 1. Teil, S. 265) gespült. Nitrate gehen in den beim Kochen sich bildenden Niederschlag nicht über; es genügt also, wenn man die Schale einige Male mit wenig heißem, destilliertem Wasser auswäscht.

Man verschließt das Kölbchen mit dem doppelt durchbohrten, mit Trichter und Gasableitungsröhre versehenen Stöpsel, läßt durch die Trichterröhre etwas destilliertes Wasser laufen und schließt den Hahn der Trichterröhre in der Weise, daß der untere Teil der letzteren bis zum Hahn vollständig mit Wasser gefüllt ist. Alsdann kocht man bei offener Gasableitungsröhre das zu prüfende Wasser in dem Kochkölbchen noch weiter ein und bringt in die Glaswanne d verdünnte Natronlauge, so daß die aus dem Rohre entweichenden Wasserdämpfe durch die alkalische Flüssigkeit streichen. Nach einigen Minuten drückt man den Kautschukschlauch bei c mit den Fingern zusammen. Sobald durch Kochen die Luft vollständig entfernt worden ist, steigt die Natronlauge schnell in das Vakuum zurück, und man fühlt einen gelinden Schlag am Finger. Man kocht noch weiter das Wasser bis auf etwa 10 ccm ein, bringt sodann eine der Meßröhren über das Ende des Entwicklungsrohres und läßt durch den Scheidetrichter etwa 20 ccm einer nahezu gesättigten Eisenchlorürlösung, sodann zweimal etwas Salzsäure einfließen, jedoch stets mit der Vorsicht, daß das Trichterrohr nicht vollständig leer läuft. Man kocht so lange weiter, bis sich das Gasvolumen in der Meßröhre nicht mehr vermehrt.

Es kommt zuweilen vor, daß im Verlauf des Versuchs die Entwicklung von Stickoxyd nachläßt, obschon die Farbe der Eisenchlorürlösung auf die Anwesenheit noch erheblicher Mengen dieses Gases in dem Zersetzungskolben hindeutet. Durch einen kleinen Kunstgriff ist die vollständige Austreibung des Stickoxyds unter allen Umständen ohne Schwierigkeit zu erreichen. Der Kunstgriff besteht darin, daß man die Operation unterbricht, wenn noch spärlich Gas entwickelt wird, indem man bei c einen Quetschhahn anlegt, die Flamme beseitigt und den Kolben kurze Zeit erkalten läßt. Durch Verringerung des Druckes im Innern des Kolbens wird das in der Flüssigkeit noch gelöste Stickoxydgas frei und läßt sich dann durch erneutes Kochen leicht in die Meßröhre überführen.

Nach dem vollständigen Übertreiben des Stickoxyds wird die Meßröhre in den hohen Glaszylinder (III. Bd., 1. Teil, Fig. 239, S. 266) gebracht, welche so weit mit kaltem Wasser, am besten von 15—18°, gefüllt ist, daß die Röhre darin vollständig untergetaucht werden kann.

Nach 15—20 Minuten prüft man die Temperatur des in dem Zylinder befindlichen Wassers mittels eines empfindlichen Thermometers und notiert den Barometerstand. Darauf ergreift man die graduierte Röhre am oberen Ende mit einem Papier- oder Zeugstreifen, um jede Erwärmung derselben durch direkte Berührung mit der Hand zu vermeiden, zieht sie senkrecht so weit aus dem Wasser, daß die Flüssigkeit innerhalb und außerhalb der Röhre genau dasselbe Niveau hat, und liest das Volumen des Gases ab.

Dasselbe wird nach folgender Formel auf 0° und 760 mm Barometerstand reduziert:

$$V_1 = \frac{V \cdot (B - f) \cdot 273}{760 \cdot (273 + t)},$$

wobei V_1 das Volumen bei 0° und 760 mm Barometerstand, V das abgelesene Volumen, B den beobachteten Barometerstand in Millimetern, t die Temperatur des Wassers in Graden der

---

[1]) Tiemann-Gärtner, Handbuch d. Unters. und Beurteilung d. Wassers, Braunschweig, Friedrich Vieweg & Sohn, 1895, 4. Aufl., S. 154.

[2]) Zeitschr. f. Untersuchung d. Nahrungs- u. Genußmittel 1905, **10**, 329.

Zentesimalskala und f die von der letzteren abhängige Tension des Wasserdampfes in Millimetern bezeichnet.

Die folgende Tabelle gibt die Tensionen des Wasserdampfes an, welche den in Frage kommenden Temperaturen entsprechen:

Temperatur $= t$ Grad	Tension $= f$ mm	Temperatur $= t$ Grad	Tension $= f$ mm
10	9,2	17	14,4
11	9,8	18	15,3
12	10,5	19	16,3
13	11,2	20	17,4
14	11,9	21	18,5
15	12,7	22	19,7
16	13,5	23	20,9

Multipliziert man die durch V_1 ausgedrückten Kubikzentimeter Stickoxyd mit 2,413, so erhält man die denselben entsprechenden Milligramme Salpetersäure (N_2O_5) für die angewendete Menge Wasser.

Bei diesem Verfahren ist es für das Gelingen des Versuches durchaus notwendig, daß jede Spur von Luft durch Kochen der Flüssigkeit aus dem Apparat verdrängt ist; auch darf die zur Zersetzung angewendete Flüssigkeitsmenge keine zu große sein, da wenig Stickoxyd sonst nur schwer vollständig auszutreiben ist.

Um die Salzsäure luftfrei zu machen, erhitzt man dieselbe vor dem Versuch einige Zeit zum Sieden.

Über das Verfahren von B. Pfyl[1]), welcher das erhaltene Stickoxyd durch Kaliumpermanganat in einem besonderen Apparat[2]) in Salpetersäure überführt und über das Verfahren von C. Böhmer[3]), der die Überführung des Stickoxyds in Salpetersäure durch Chromsäure bewirkt, vgl. III. Bd., 1. Teil, S. 267 u. 268.

β) Maßanalytische Verfahren durch Überführen in Ammoniak. Die Reduktion der Salpetersäure zu Ammoniak wird in saurer oder alkalischer Lösung vollzogen. Am besten verfährt man in saurer Lösung nach Ulsch: 500 ccm bis 1 l Wasser, bei niedrigen Gehalten auch noch mehr, werden bis auf etwa 30—50 ccm eingedampft, dann wird in einen Kjeldahl-Kolben übergespült, mit einem kleinen Löffel metallischen, pulverisierten Eisens versetzt und werden 5 ccm verdünnte Schwefelsäure (1 : 3) zugegeben. Man verschließt den Hals des Kolbens mit einer Glasbirne und erwärmt etwas auf kleiner Flamme. Schon nach wenigen Minuten ist die Reaktion beendet. Man erwärmt dann noch einige Minuten etwas stärker und läßt abkühlen. Darauf wird mit etwas Wasser verdünnt, 30 ccm 32,5 proz. Natronlauge (1,35 spez. Gew.) zugegeben und das Ammoniak in vorgelegte Säure abdestilliert, wobei man genau wie bei der Stickstoffbestimmung verfährt (vgl. III. Bd., 1. Teil, S. 270)[4]).

Das Ulsche Verfahren wird ungenau bei niedrigen Salpetersäuregehalten. In solchen Fällen verwendet man, wie schon angegeben, besser die colorimetrischen Verfahren. Will man gleichwohl

---

[1]) Zeitschr. f. Untersuchung d. Nahrungs- u. Genußmittel 1905, **10**, 101.

[2]) Der Apparat kann von der Firma Dr. Bender & Dr. Hobein in München, Gabelsbergerstraße 76a, bezogen werden.

[3]) Landw. Versuchsstationen 1883, **29**, 247.

[4]) In einer während der Korrektur erschienenen Arbeit von Winkler (Zeitschr. f. angew. Chemie 1913, **26**, Aufsatzteil, 231) wird empfohlen, bei Stickstoffbestimmungen Borsäurelösung im Überschuß vorzulegen. Das Ammoniak wird vollkommen gebunden; da die überschüssige Borsäure wegen ihres schwachen Säurecharakters Kongorot oder Methylorange nicht verändert, so kann man das gebildete Ammonborat direkt mit eingestellter Mineralsäure zurücktitrieren. Man spart auf diese Weise sowohl das Abmessen, als auch die Einstellung der vorgelegten Säure. Die Nachprüfung des Verfahrens von Schulze (Mittel. a. d. Kgl. Landesanstalt f. Wasserhygiene 1914, Heft 18, 87) lieferte sehr günstige Ergebnisse.

die Salpetersäure nach Ulsch bestimmen, so ist nach Tillmans und Sutthoff[1]) die Anstellung eines blinden Versuchs mit allen Reagenzien unerläßlich, da die Reagenzien immer etwas Stickstoff enthalten, welcher bei der Reduktion in Ammoniak übergeführt wird.

γ) **Colorimetrische Verfahren.** 1. Das Verfahren von Noll[2]) mit Brucinschwefelsäure. Nach dem Vorgange Lunges und Winklers hat Noll die Brucinschwefelsäure zur Bestimmung der Salpetersäure herangezogen und ein empfehlenswertes Verfahren ausgearbeitet: 10 ccm Wasser, welche nicht mehr als 0,5 mg Salpetersäure enthalten dürfen — anderenfalls ist weniger Wasser mit destilliertem Wasser auf 10 ccm verdünnt anzuwenden —, werden in eine etwa 100 ccm fassende Porzellanschale gebracht, 20 ccm Brucinschwefelsäure zugegeben, und die Mischung wird nach einer Viertelminute, während welcher Zeit umzurühren ist, in einen Hehnerschen Zylinder (vgl. III. Bd., 1. Teil, S. 135, Fig. 199), welcher 170 ccm Wasser enthält, gegossen. Den in der Schale verbliebenen Rest bringt man in der Weise zu, daß man die Flüssigkeit nochmals in die Schale zurückgießt und dann wieder in den Hehnerschen Zylinder befördert. Dabei tritt auch eine genügende Mischung der Flüssigkeit ein. Gleichzeitig wird derselbe Versuch mit einer passenden Menge einer Kaliumnitratlösung, von welcher jeder Kubikzentimeter 0,1 mg N_2O_5 enthält (0,1871 g KNO_3 im Liter) ausgeführt. 1—5 ccm dieser Lösung werden in das Schälchen gebracht, mit destilliertem Wasser auf 10 ccm verdünnt und wie oben weiter behandelt. Die Lösungen werden dann nach Durchsehen von oben gegen eine weiße Unterlage verglichen. Von der stärker gefärbten Flüssigkeit wird durch den Hahn unten so viel abgelassen, bis die Stärke der Färbung in beiden Zylindern die gleiche ist. Die Brucinschwefelsäure bereitet man, indem man 0,5 g krystallisiertes Brucin in 200 ccm konzentrierter Schwefelsäure auflöst. Die Auflösung des Brucins wird sehr beschleunigt, wenn man den Zylinder, in welchem man die Auflösung vornimmt, zuerst mit Wasser anfeuchtet, dann das Brucin zugibt und zuletzt die Schwefelsäure zufügt und durchmischt. Wenn zur Erzeugung der Farbengleichheit mehr als 50 ccm aus einem der Zylinder abgelassen werden mußten, so ist die Bestimmung unter entsprechender Verdünnung zu wiederholen. Es ist ferner darauf zu achten, daß die Einwirkungszeit der Brucinschwefelsäure beim Wasser und der Vergleichslösung genau die gleiche ist. Angenommen, man habe als Vergleichsflüssigkeit 2 ccm Nitratlösung angewendet, und man habe von dem zu prüfenden Wasser 20 ccm abgelassen, um Farbengleichheit zu erhalten, so enthalten diese 80 ccm Verdünnung, gleich 8 ccm des ursprünglichen Wassers, 0,2 mg N_2O_5, oder 1 l 25 mg N_2O_5. ·

Das Verfahren ist nicht anwendbar, wenn das Wasser eine Verfärbung mit Schwefelsäure gibt, oder andere oxydierende Stoffe im Wasser vorhanden sind. Beide Fälle spielen aber beim Trinkwasser keine Rolle, wohl aber beim Abwasser. Das Verfahren liefert sehr gute Werte, es eignet sich besonders gut bei niedrigen Salpetersäuregehalten (etwa bis 20 mg im Liter). Bei höheren Gehalten wird das Verfahren wegen der notwendigen starken Verdünnung und der damit sich ergebenden starken Vergrößerung des Analysenfehlers ungenau.

2. Das Verfahren von Tillmans und Sutthoff mit Diphenylaminschwefelsäure[1]). Die Bereitung des Reagenzes ist schon S. 498 angegeben worden (vgl. auch III. Bd. 2. Teil, S. 247). Die notwendigen Vergleichslösungen bereitet man aus derselben Nitratlösung, welche schon beim Brucinverfahren angegeben wurde. 0,5, 1,0, 1,5, 2,0, 2,5 ccm dieser Lösung werden mit je 2 ccm kalt gesättigter Kochsalzlösung versetzt und auf 100 ccm aufgefüllt. Mit diesen Lösungen, welche 0,5, 1,0, 1,5, 2,0, 2,5 ccm N_2O_5 im Liter entsprechen, wird zugleich das Wasser untersucht. Dieses selbst muß ebenfalls zuvor mit 2 ccm gesättigter Kochsalzlösung auf 100 versetzt werden, weil die Chloride für die Reaktion von der größten Bedeutung sind.

Man mißt in Reagensröhrchen 1 ccm des zu untersuchenden Wassers und der Lösungen ab, läßt dann 4 ccm Reagens zulaufen, mischt durch kräftiges Schütteln und kühlt unter

---

[1]) Zeitschr. f. analyt. Chemie 1911, **50**, 473.
[2]) Zeitschr. f. angew. Chemie 1901, **14**, 1317.

der Wasserleitung ab. Dann läßt man 1 Stunde ruhig stehen und beobachtet nach dieser Zeit die im Wasser und den Vergleichslösungen entstandene Färbung. Sind über 2,5 mg N_2O_5 im Liter vorhanden, so muß man mit destilliertem Wasser verdünnen, weil sonst die Färbungen so stark werden, daß sie nicht mehr unterschieden werden können. Es ist darauf zu achten, daß der Kochsalzzusatz nicht vergessen wird. Das Verfahren eignet sich vor allen Dingen in Fällen, in denen der Nitratgehalt nur wenige Milligramm im Liter beträgt. Die meisten Oberflächenwässer kommen also für das Verfahren in Frage. Noch Bruchteile von 1 mg in 1 l lassen sich bequem bestimmen, wobei man für die Bestimmung nur wenige Kubikzentimeter Wasser gebraucht. Bei den sonstigen Verfahren muß man, um den Salpetersäuregehalt ermitteln zu können, große Wassermengen eindampfen. Organische Stoffe in größerer Menge stören die Bestimmung. Man findet dann zu wenig. Ebenso wie beim Brucinverfahren ist ferner die Abwesenheit anderer, oxydierend wirkender Stoffe Voraussetzung für die Anwendbarkeit des Verfahrens. Im Trinkwasser kommen derartige Stoffe meistens nicht vor. Eisenoxyde müssen vorher durch Ammoniakfällung entfernt werden. Die Prüfung wird dann im Filtrat vorgenommen.

Das Verfahren von Grandval und Lajoux[1]) beruht auf der Gelbfärbung, welche ein salpetersäurehaltiges Wasser mit Phenolschwefelsäure ergibt. Bei diesem Verfahren wirken aber nach zahlreichen Arbeiten die Chloride sehr störend[2]).

ð) Das gravimetrische Verfahren von Busch mit Nitron. 100 ccm Wasser werden erhitzt und bevor die Siedetemperatur des Wassers erreicht ist, gibt man 10 Tropfen verdünnter Schwefelsäure 1 : 3 und 10—12 ccm einer 10 proz. Lösung von Nitron in 5 proz. Essigsäure zu, worauf man das Gefäß 1½—2 Stunden in Eiswasser stehen läßt.

Der Niederschlag aus glänzenden Nädelchen wird in einem Filtrierröhrchen abgesaugt, indem man mit dem Filtrat nachspült und schließlich mit im ganzen 10 ccm Eiswasser derartig nachwäscht, daß man das Waschwasser in 4—5 Portionen aufgießt und jedesmal wartet, bis die Flüssigkeit vollkommen durchgesaugt ist. Der Niederschlag wird bei 100—105° getrocknet (1 Stunde) und gewogen. Das Molekulargewicht des salpetersauren Nitrons $C_{20}H_{16}N_4$ · HNO_3 ist 375. Durch Multiplikation der gewogenen Nitronnitratmenge mit 54 : 375 oder 0,144 erhält man die vorhandene Menge in N_2O_5 (vgl. auch III. Bd., 1. Teil, S. 272).

Das Verfahren ist besonders deshalb interessant, weil es das einzige gewichtsanalytische Verfahren ist, welches es für die Bestimmung der Salpetersäure gibt. Nur aus diesem Grunde ist es auch hier angeführt worden. Es leidet noch an einer Anzahl von Mängeln; so ist das Nitronnitrat doch in immerhin nennenswerter Menge löslich, vor allen Dingen aber bilden noch eine Anzahl anderer Anionen, so vor allem das Chlor[3]) mit Nitron ebenfalls unlösliche Verbindungen. Für die Wasseranalyse dürften daher mehr die Verfahren der ersteren drei Gruppen empfehlenswert sein.

8. Chlor. Für die Bestimmung von Chlor in Trinkwässern wird allgemein das Verfahren der Titration des Wassers mit Silberlösung unter Verwendung von neutralem Kaliumchromat als Indicator nach Mohr angewendet. Es ist schon von verschiedenen Seiten darauf aufmerksam gemacht worden, daß das Verfahren bei niederen Gehalten an Chlor im Wasser ungenau wird[4])[5]). Winkler[6]) hat diese Störungen näher ermittelt und hat für alle Gehalte

---

[1]) Vorgetragen Pariser Akademie d. Wissenschaften 1885.

[2]) J. Silber hat das Verfahren nachgeprüft (Zeitschr. f. Untersuchung d. Nahrungs- u. Genußmittel 1913, **26**, 282) und hierfür ein Colorimeter eingerichtet, welches von der Firma Paul Altmann - Berlin N. geliefert wird.

[3]) Polenske und Köpke, Arbeiten a. d. Kaiserl. Gesundheitsamte 1911, **36**, 291.

[4]) Sell, Arbeiten a. d. Kaiserl. Gesundheitsamte **1**, 370.

[5]) Schulze - Tiemann, Handbuch der Untersuchung und Beurteilung der Wässer, 4. Aufl., Braunschweig 1895, Vieweg & Sohn.

[6]) Zeitschr. f. analyt. Chemie 1901, **40**, 596.

an Chlor im Wasser bis zu 100 mg im Liter Korrektionswerte angegeben, welche von der verbrauchten Silberlösung in Abzug zu bringen sind. Nach Tillmans und Heublein[1]) ergibt das Winklersche Korrektionsverfahren mit den wirklichen Gehalten gut übereinstimmende Werte. Nach denselben Autoren kann man aber, auch ohne Korrektionswerte anzubringen, bis herunter zu etwa 7,5 mg im Liter das Chlor mit ausreichender Genauigkeit titrieren, wenn man auf 100 ccm Wasser 1 ccm 10 proz. Kaliumchromatlösung anwendet und auf die erste bemerkbare Dunklerfärbung titriert. Tillmans und Heublein haben gezeigt, daß, wenn man weniger Indicator benutzt, man stets zu hohe Werte erhält, nicht nur bei niedrigen, sondern auch bei hohen Chlorgehalten. Danach muß die Chlortitration in folgender Weise vorgenommen werden:

100 ccm des zu untersuchenden Wassers werden mit 1 ccm 10 proz. Kaliumchromatlösung versetzt. Dann wird mit einer Silberlösung, von welcher jeder Kubikzentimeter 1 mg Chlor entspricht (4,791 $AgNO_3$ im Liter), titriert bis die Flüssigkeit deutlich dunkler gefärbt ist. Man mißt nun ein zweites Mal 100 ccm ab, und setzt zu der fertig titrierten Flüssigkeit eine Spur festes Kochsalz. Die Flüssigkeit nimmt dadurch wieder eine gelbe Farbe an. Man titriert nun die zweite Portion Wasser so lange, bis die Flüssigkeit eben dunkler erscheint als die erste Lösung. Diese Dunklerfärbung muß bestehen bleiben. Bei nicht zu geringen Gehalten an Chlor (über etwa 25 mg im Liter) kann man die Vergleichslösung sparen, da man die Dunklerfärbung auch ohne diese sehr deutlich bemerken kann. Für niedrige Gehalte empfiehlt sich aber die Anwendung der Vergleichslösung. Bei Gehalten unter 7,5 mg Chlor im Liter werden aber die Ergebnisse auch bei obigem Verfahren ungenau. In solchen Fällen muß also das Wasser vor der Titration bis auf mindestens diesen Gehalt konzentriert werden[2]).

Bei eisenhaltigen Wässern, die ja bekanntlich leicht Eisenoxyd ausscheiden, stört der rote Niederschlag. Man titriert eisenhaltige Wässer deshalb am besten in der Weise, daß man einen Löffel voll festen Zinkoxydes zu einer Portion Wasser gibt. Das mit Zinkoxyd durchgeschüttelte und durch ein Filter gegossene Wasser ist eisenfrei und kann in gewöhnlicher Weise titriert werden. Kohlensäure und Bicarbonate sind ohne Einfluß auf die Titration. Dagegen müssen etwa vorhandene Mineralsäuren vorher neutralisiert werden. Das kann geschehen durch Zusatz von irgendeiner Base unter Verwendung von Methylorange als Indicator oder aber dadurch, daß man einfach einen Überschuß von Natriumbicarbonat, kohlensaurem Kalk oder Magnesia zufügt. Indes kommen Mineralsäuren im Trinkwasser wohl nur in sehr seltenen Fällen vor.

9. Schwefelsäure. 200 ccm Wasser werden mit etwas Salzsäure angesäuert und auf dem Drahtnetz auf etwa das halbe Volumen eingedunstet. Man tröpfelt dann während des Siedens aus einer Pipette Chlorbariumlösung zu, wobei man darauf achtet, daß die Zugabe so erfolgt, daß die Flüssigkeit nicht aus dem Sieden kommt. Nach beendeter Fällung setzt man das Kochen noch einige Minuten fort, läßt dann den Niederschlag an einem warmen Orte auf dem Wasserbade absitzen und filtriert durch ein aschefreies Filter. Der mit heißem Wasser ausgewaschene Niederschlag wird getrocknet, in einem gewogenen Platintiegel verascht, geglüht und gewogen. Aus dem Gewicht des schwefelsauren Bariums wird durch Multiplikation mit 0,3429 die Menge der Schwefelsäure (SO_3) gefunden.

10. Kohlensäure (s. 2. Teil. S. 521).

11. Schwefelwasserstoff. Schwefelwasserstoff kommt in Trinkwässern nur selten vor. Er stammt dann entweder aus Sulfat (gipshaltigen Schichten) oder rührt von verunreinigenden Stoffen, wie Abwässern, Fäkalien usw. her. In manchen eisenhaltigen Grundwässern findet sich in geringen Mengen Schwefelwasserstoff.

---

[1]) Chemiker-Zeitung 1913, **37**, 901.

[2]) Winckler (Zeitschr. f. analyt. Chemie 1914, **53**, 359) bestätigt die Befunde von Tillmans und Heublein, nur vermochte er noch unter 7,5 mg und weniger das Chlor ohne Einengung des Wassers genau zu bestimmen.

a) Qualitativer Nachweis. Ein sehr empfindliches Reagens auf Schwefelwasserstoff ist die Nase (vgl. S. 488).

Eine viel angewendete Reaktion ist die mit Bleipapier. Man säuert eine Wasserprobe an, die sich in einem Erlenmeyer-Kolben befindet, verschließt den Hals des Kolbens lose mit einem Stopfen, an dem ein mit Bleinitrat oder Bleiacetat getränktes Stück Filterpapier befestigt ist, und kocht auf. Das Bleipapier wird von den Dämpfen bestrichen. Enthalten diese Schwefelwasserstoff, so wird das Papier geschwärzt.

Das Carosche Reagens (p-Amidimethylanilin) bewirkt in schwefelwasserstoffhaltigen Wässern, wenn diese mit $^1/_{10}$ des Volumens konzentrierter Salzsäure, ferner mit einigen Körnchen obiger Verbindung und 4—5 Tropfen einer 5 proz. Eisenlösung versetzt werden, eine Blaufärbung.

b) Quantitative Bestimmung. Quantitativ kann man Schwefelwasserstoff mit Jodlösung in folgender Weise bestimmen: Man gibt zu 200 ccm Wasser 10 ccm $^1/_{100}$ N.-Jodlösung, läßt 10 Minuten, vor direktem Sonnenlicht geschützt, stehen und titriert nach dieser Zeit das nicht verbrauchte Jod mit $^1/_{100}$ N.-Thiosulfatlösung zurück. 1 ccm $^1/_{100}$ N.-Jod = 0,17 mg H_2S.

Bei Gegenwart von organischer Substanz wird das Verfahren ungenau, weil in diesem Falle auch Jod von der organischen Substanz verbraucht wird. Man kann dann so verfahren, daß man eine größere Menge Wasser zunächst mit einem Überschuß von Cadmiumnitrat versetzt. Nach 24 Stunden filtriert man das gebildete Schwefelcadmium ab, schwemmt es in reinem destilliertem Wasser auf, säuert mit verdünnter Schwefelsäure an und verfährt wie oben.

Daß man diese Bestimmungen am besten am Orte der Entnahme ansetzt bzw. vorbereitet, ist schon oben gesagt.

L. W. Winkler[1]) gibt auch ein colorimetrisches Verfahren für die quantitative Bestimmung von Schwefelwasserstoff im Wasser an, welche darauf beruht, daß mit Bleilösung durch vorhandenen Schwefelwasserstoff eine Färbung erzeugt wird, und diese verglichen wird mit einer Färbung, welche durch bestimmte Mengen von Arsentrisulfid in ammoniakalischer Lösung und Blei erhalten wird.

12. Phosphorsäure. Phosphorsäure kommt im Trinkwasser nicht oder höchst selten vor. Ist sie vorhanden, so deutet das entweder auf eine Verschmutzung des Wassers durch Abfallstoffe oder darauf hin, daß das Wasser organische Stoffe enthaltende Bodenschichten durchrieselt hat. Für die Bestimmung dampft man eine größere Menge Wasser (2 l und mehr) nach dem Ansäuern mit Salpetersäure ab, um die Chloride zu entfernen. Der Rückstand wird noch einige Male aus demselben Grunde mit Salpetersäure abgeraucht, dann mit salpeterhaltigem Wasser aufgenommen und mit Ammoniummolybdat gefällt. Nach 24 stündigem Stehen wird der Niederschlag filtriert, mit Ammonnitrat ausgewaschen, in Ammoniak gelöst und mit Magnesiamixtur die Phosphorsäure als Ammoniummagnesiumphosphat gefällt. Nach 24 stündigem Stehen in der Kälte wird filtriert, mit ammoniakhaltigem Wasser ausgewaschen, im Platintiegel verascht und als Magnesiumpyrophosphat gewogen (vgl. III. Bd., 1. Teil, S. 489 u. f.).

13. Kieselsäure. Kieselsäure kommt in fast allen natürlichen Wässern in mehr oder weniger größerer Menge vor. Gehalte von 20—30 mg im Liter sind gar nichts Seltenes. Die Kieselsäure ist fast immer in freier Form vorhanden, reagiert aber nicht auf Phenolphthalein und entfaltet auch in der Praxis keine aggressive Säurewirkung.

Man bestimmt die Kieselsäure am besten in folgender Weise: 1 l und mehr Wasser wird mit Salzsäure angesäuert und in einer Platinschale auf dem Wasserbade zur Trockne verdampft. Der Rückstand wird noch 3—4 mal mit Salzsäure abgeraucht, dann wird der trockene Rückstand 4 Stunden bei 100° im Trockenschrank getrocknet. Trocknen bei höheren

---

[1]). Lunge-Berl, Chemisch-technische Untersuchungsmethoden, Berlin, Julius Springer, 1910, **2**, 284.

Temperaturen etwa im Luftbade, wie das früher üblich war, ist zu vermeiden, weil Tread-well[1]) nachgewiesen hat, daß die Kieselsäure dabei wieder löslicher wird. Man bringt dann auf den Rückstand einige Kubikzentimeter gewöhnlicher Salzsäure, gibt 50 ccm Wasser zu, spült in ein Jenaer Becherglas, kocht auf, läßt absitzen und filtriert den flockigen Nieder-schlag. Dann wird mit heißem Wasser gut ausgewaschen, nach dem Trocknen verascht und gewogen. Zur Identifizierung der gewogenen Kieselsäure empfiehlt es sich, den Rückstand in der Platinschale 1—2 mal mit 5 ccm Flußsäure abzurauchen. Die geglühte Schale muß ungefähr dasselbe Gewicht zeigen wie die leere Schale; sonst bestand der gewogene Nieder-schlag nicht oder nicht allein aus Kieselsäure. (Hierbei muß die Flußsäure auf Reinheit geprüft werden.)

L. W. Winkler[2]) benutzt die Eigenschaft der Kieselsäure, sich mit Molybdän-säurelösung und Salzsäure gelb zu färben, und zwar je nach dem Gehalt mehr oder weniger gelb, zur colorimetrischen Bestimmung der Kieselsäure in folgender ein-facher Weise:

Man setzt zu 100 ccm des zu untersuchenden Wassers in einem Becherglase 1 g pulver-förmiges käufliches Ammoniummolybdat und 5 ccm 10 proz. Salzsäure. In ein zweites gleich großes Becherglas bringt man 105 ccm desselben Untersuchungswassers und läßt hierzu aus einer Bürette so viel Kaliumchromatlösung (in 100 ccm 0,530 g K_2CrO_4 enthaltend) zu-tropfen, bis die Farbe der Flüssigkeit gleich ist. Die hierzu verbrauchten Kubikzentimeter der Chromatlösung, mit 10 multipliziert, zeigen die in 1000 ccm Wasser enthaltene Menge SiO_2 in Milligrammen an.

14. Eisenoxyd und Tonerde.
Spuren von Tonerde kommen fast in jedem Wasser vor, Eisen enthalten sehr viele Grundwässer, meist in Form von Bicarbonat, doch kommt auch Eisensulfat und Eisen in organischer Bindung vor. Die Bestimmung des Eisens wird im 2. Teil, S. 538 eingehend auseinandergesetzt werden.

Um Eisenoxyd und Tonerde zusammen zu bestimmen, verfährt man folgendermaßen: Das Filtrat der Kieselsäureabscheidung wird mit etwas Salpetersäure versetzt und kurze Zeit aufgekocht. Man gibt dann einige Kubikzentimeter Ammonchlorid zu und fällt siedend heiß mit Ammoniak unter Vermeidung eines Überschusses. Der Niederschlag wird sofort filtriert und mit kochend heißem Wasser 3—4 mal ausgewaschen. Das getrocknete Filter wird verascht und der Rückstand als $Al_2O_3 + Fe_2O_3$ gewogen. Enthält das Wasser Eisen, so wird dieses nach S. 539 für sich bestimmt; der gefundene Eisengehalt wird auf Eisenoxyd (Faktor 1,43) umgerechnet und vom Gesamtgewicht in Abzug gebracht. Der verbleibende Rest ist Tonerde.

15. Mangan (siehe 2. Teil, S. 540 u. f.).

16. Kalk. a) Gewichtsanalytisches Verfahren.
Das Filtrat von der Eisen- und Tonerdefällung wird zum Sieden erhitzt und mit Ammoniak und Ammonchlorid ver-setzt. Dann tröpfelt man aus einer Pipette in die kochende Flüssigkeit Ammoniumoxalat-lösung ein, so daß die Flüssigkeit nicht aus dem Sieden kommt. Man hält nach der Fällung noch kurze Zeit im Sieden und läßt auf dem Wasserbade in mäßiger Wärme etwa 3 Stunden stehen (nicht länger!). Darauf wird filtriert und mit heißem Wasser ausgewaschen. Ist viel Magnesia vorhanden, so schließt der Niederschlag meist Magnesia ein; man löst ihn in diesem Falle wieder auf und fällt in derselben Weise noch einmal. Das Filtrat vereinigt man mit dem der ersten Fällung. Es dient zur Fällung der Magnesia. Der abfiltrierte Niederschlag wird nach dem Trocknen verascht und ¼ Stunde auf dem Gebläse oder auf gutem Teclu-brenner bis zur Gewichtsbeständigkeit erhitzt. Der Rückstand wird als CaO gewogen.

b) Maßanalytisches Verfahren. Ein einfaches maßanalytisches Verfahren zur Bestimmung des Kalkes ist folgendes:

---

[1]) Treadwell, Lehrbuch der analytischen Chemie, Leipzig u. Wien, Deuticke, 1908.
[2]) Zeitschr. f. angew. Chemie 1914, **27**, 511.

100 ccm Wasser werden mit 25 ccm (bei sehr harten Wässern mit 50 ccm) $^1/_{10}$ N.-Oxalsäurelösung (6,3 g krystallisierte Oxalsäure in 1 l) und mit etwas Ammoniak versetzt, darauf zum Kochen erhitzt. Nach vollständigem Erkalten spült man das Ganze in ein 200 ccm-Meßkölbchen (der Niederschlag braucht nicht ganz mit überspült zu werden), füllt genau auf 200 ccm auf und filtriert durch ein trockenes Filter in ein trockenes Glas, indem man das anfangs trüb durchlaufende Filtrat zurückgibt. 100 ccm des Filtrates werden sodann wieder erwärmt und mit $^1/_{10}$ N.-Chamäleonlösung titriert, bis die Flüssigkeit schwach rot erscheint. Man zieht die verbrauchten Kubikzentimeter Chamäleonlösung von 25 oder 50 ab, multipliziert den Rest mit 2 und sodann diese Zahl mit 0,028 und 10, um so die in 1 l Wasser enthaltene Menge Kalk (CaO) zu erfahren.

17. Magnesia. Das Filtrat von der Kalkfällung wird durch Einengen auf dem Drahtnetz auf ein Volumen von 150—200 ccm gebracht. Man versetzt dann die erkaltete Lösung mit Ammoniak bis zur kräftig alkalischen Reaktion, fügt etwas Ammonchlorid und Ammoniumphosphat hinzu. Nach dem Umrühren mit einem Glasstab läßt man das bedeckte Glas in der Kälte 12 Stunden stehen und verfährt im übrigen für die Bestimmung genau wie auf S. 505 bei der Bestimmung der Phosphorsäure angegeben ist. Das gewogene Magnesiumpyrophosphat wird durch Multiplikation mit 0,362 auf MgO umgerechnet.

18. Gesamtalkalien. Alkalien kommen in jedem Wasser, allerdings meist in geringer Menge, vor. Das Wesen der Bestimmung beruht darauf, daß man die Schwefelsäure und alle anderen Basen ausfällt, und die Alkalien dann als Chloride zur Wägung bringt. 1 l Wasser (bei sehr geringen Gehalten auch mehr) wird mit einigen Tropfen Salzsäure angesäuert und in einem Jenaer Becherglase auf dem Drahtnetz auf ein Volumen von etwa 100 ccm eingedampft. Man füllt die Flüssigkeit dann in eine reine Platin-, Porzellan- oder Quarzschale über (Platin kann bei Vorhandensein von viel Nitraten etwas angegriffen werden) und dampft zur Trockne. Den Rückstand glüht man schwach zur Zerstörung der organischen Substanz und scheidet nach S. 505 die Kieselsäure ab. Man fällt dann in der salzsauren Lösung nach S. 504 die Schwefelsäure aus. Die im Filtrat verbleibenden Barium-, Eisen-, Aluminium-, Kalk- und Magnesiasalze fällt man alle zusammen mit Ammoniak und Ammoncarbonat aus als Carbonate bzw. Hydroxyde. Nach 12stündigem Stehen des Niederschlages wird filtriert und in einer Platinschale eingedampft. Die Ammonsalze haben die unangenehme Eigenschaft, über den Rand zu kriechen, man darf daher die Schale nie zu hoch füllen. Der Trockenrückstand wird zur Verjagung der Ammonsalze über der Flamme erhitzt; der Boden der Schale darf dabei nicht glühend werden. Am besten eignet sich für den Zweck ein Pilzbrenner. Den Rückstand nimmt man mit 10 ccm Wasser auf, fügt ein Körnchen festes Ammoniumoxalat zu und dampft von neuem ab. Der Rückstand wird mit ausgekochtem destilliertem Wasser aufgenommen und wieder filtriert. Das Filtrat darf jetzt beim Aufkochen mit einigen Tropfen Ammoncarbonat keine Trübung mehr ergeben. Zweckmäßig wird stets diese Prüfung angestellt. Dann wird wieder abgedampft und nach dem Verjagen der Ammonsalze, wie oben, schwach über der Flamme geglüht, bis die Oxalsäure vollständig zersetzt ist. Dabei wird die noch vorhandene Magnesia in MgO übergeführt. Der Rückstand wird nun wiederum mit ausgekochtem destilliertem Wasser ausgezogen, MgO bleibt unlöslich zurück, während die Alkalien in Lösung gehen. Von besonderer Wichtigkeit ist es, daß zum Ausziehen des Rückstandes nur ausgekochtes, destilliertes Wasser verwendet wird. Fast alle destillierten Wässer enthalten freie Kohlensäure, welche bei der Destillation aus den Bicarbonaten des Wassers sich gebildet hat und in das Destillat übergeht. Zieht man den magnesiahaltigen Rückstand aber mit derartigem Wasser aus, so ist das Filtrat stets magnesiahaltig, weil die Kohlensäure es als Bicarbonat in Lösung bringt. Das Filtrat wird unter Zusatz einiger Tropfen Salzsäure abgedampft, der Rückstand einige Stunden bei 110° getrocknet, dann über der Flamme ganz schwach geglüht, und der Abdampfrückstand als KCl + NaCl gewogen.

19. Kali. *a) Mit Platinchlorid.* Die im Wasser gelösten Alkalichloride versetzt man in der Schale mit einigen Tropfen Salzsäure, fügt einige Kubikzentimeter Platinchlorid zu und dampft auf dem Wasserbade bis fast zur Trockne. Man gibt dann 15 ccm Alkohol (96 proz.) und 5 ccm Äther zu, rührt mit Gummiwischer gut um und läßt in der bedeckten Schale etwa 1 Stunde lang stehen. Es muß Platin im Überschuß vorhanden sein, was sich an einer Gelbfärbung der Lösung zu erkennen gibt. Darauf filtriert man das ausgeschiedene Kaliumplatinchlorid über ein gewogenes Filter oder über einen mit Asbest beschickten gewogenen Goochtiegel. Der Niederschlag wird mit Alkohol, zuletzt mit Äther ausgewaschen, bei 110° bis zur Gewichtsbeständigkeit getrocknet und gewogen. Die Berechnung gestaltet sich folgendermaßen:

Bezeichnet man das Gewicht der Gesamtalkalien als Chloride mit a, das des Kaliumplatinchlorids mit b, so ist $b \times 0{,}1931 = K_2O$; $b \times 0{,}3056 = KCl$. Dieser Wert, von a abgezogen, ergibt die Menge des vorhandenen NaCl, welches durch Multiplikation mit 0,5303 auf Na_2O umgerechnet wird.

Statt der Trennung der Alkalien mit Platinchlorid, kann man die Trennung auch nach III. Bd., 1. Teil, S. 488 mit Überchlorsäure als Kaliumperchlorat in der dort angegebenen Weise ausführen.

b) Kalibestimmung nach Winkler.[1]) Da das im Wasser vorhandene Kalium meistens von Verunreinigungen herrührt, so kann die Kaliumbestimmung von besonderem Interesse sein[2]). L. W. Winkler hat daher eine besondere Kaliumbestimmung im Trinkwasser ausgearbeitet, welche die Bestimmung der Gesamtalkalien umgeht.

Man gebraucht 2 Lösungen: 1. Alkoholische Lithiumhydrotartratlösung: 0,5 g Lithiumcarbonat, 2 g Weinsäure gelöst in 100 Wasser + 50 ccm Alkohol (95 proz.). In die Lösung wird 1 g Weinsteinpulver eingestreut. 2. Verdünnter Alkohol mit Weinstein gesättigt (wie bei Lösung 1 auf je 50 ccm Alkohol 1 g Weinstein). Man verdampft 100 ccm Wasser in einer Platinschale zur Trockne und laugt den Trockenrückstand mit 5 ccm der Lösung 2 aus. Das Filtrat versetzt man im Reagensglase mit dem gleichen Volumen der Lösung 1. Bei Vorhandensein von einigen Zentigramm Kali im Liter entsteht schon nach wenigen Minuten ein krystallinischer Niederschlag von Kaliumhydrotartrat. Bei geringerem Gehalt bildet sich der Niederschlag erst nach längerem Stehen. Ist nach 1 Stunde noch kein Niederschlag entstanden, so enthält das Wasser nur wenige Milligramm Kali im Liter. Je nach dem Ausfall dieser qualitativen Probe verdampft man für die quantitative Bestimmung 100 bis 1000 ccm Wasser in einer Platinschale mit etwas reinem gefälltem Bariumcarbonat[3]) zur Trockne unter wiederholtem Umrühren mit einem kleinen Glasstäbchen, um die Sulfate des Calciums und Magnesiums zu zersetzen. Den trockenen Rückstand zieht man 3 mal mit je 10 ccm heißem Wasser aus und verdampft das mit etwas Salzsäure angesäuerte Filtrat in einer gewogenen Glasschale zur Trockne. In den meisten Fällen beträgt das Gewicht nicht mehr als 0,1 g. In diesem Falle löst man den Rückstand in 10 ccm von Lösung 1, im anderen Falle (bei mehr Rückstand) in entsprechend mehr. Man läßt dann 1 Stunde stehen. Die Schale muß während der Zeit bedeckt und bei gleichmäßiger Temperatur gehalten werden. Auch kann der Niederschlag gelegentlich mit einem kleinen Glasstabe umgerührt werden. Dann wird durch einen Glasrichter, der mit einem Wattebausch von etwa 0,2 g Gewicht versehen ist, filtriert. Schale und Niederschlag werden mit 10 ccm von Lösung 2 gewaschen, dann wird der Niederschlag in 10 ccm heißem Wasser aufgelöst und die Lösung mit $^1/_{10}$ N.-Natronlauge unter Verwendung von Phenolphthalein als Indicator titriert. Am besten stellt

---

[1]) Lunge - Berl, Chemisch-technische Untersuchungsmethoden, 1910, **2**, 261.

[2]) Vgl. J. König, Zeitschr. f. Untersuchung d. Nahrungs- u. Genußmittel 1904, 8, 64.

[3]) Das Bariumcarbonat bereitet man durch Fällen von Chlorbarium mit überschüssigem Natriumcarbonat. Den ausgewaschenen Niederschlag hält man unter Wasser vorrätig. Für die Bestimmung werden jedesmal 10 Tropfen verwendet.

man die Lauge gegen reines Kaliumhydrotartrat ein. Die verbrauchten Kubikzentimeter $1/10$ N.-Natronlauge, mit 4,71 multipliziert, geben den Gehalt an K_2O in Milligramm an.

Da die Bestimmung der Alkalien umständlich und zeitraubend ist, so kann man auch, wenn man die vorhandenen anderen Basen und Säuren bestimmt hat, die Alkalien mit annähernder Genauigkeit in folgender Weise berechnen[1]): Man dividiert die gefundenen Gehalte an CaO, MgO, Cl, SO_3, N_2O_5 und gebundener Kohlensäure (vgl. 2. Teil, S. 545) durch die Äquivalentgewichte, also durch 28, 20,2, 35,5, 40, 54 und 22. Man addiert dann die für den Kalk und die Magnesia erhaltenen Quotienten und die für die Anionen erhaltenen Quotienten. Die Summe der Anionenquotienten ist größer als die Summe der für Kalk und Magnesia erhaltenen Quotienten. Multipliziert man die Differenz dieser beiden Werte mit dem Äquivalentgewicht des Natrons (31), so erhält man annähernd die vorhandenen Alkalien als Na_2O im Liter.

20. Die Härte. Unter der Härte des Wassers versteht man die gelösten Salze des Calciums und Magnesiums. Man unterscheidet zwischen vorübergehender, temporärer oder Carbonathärte und bleibender, permanenter oder Mineralsäurehärte (Nichtcarbonathärte). Die Carbonathärte wird veranlaßt durch die doppelkohlensauren Salze des Calciums und Magnesiums, die im Gegensatz zu den neutralen Carbonaten in Wasser löslich sind. Beim Kochen des Wassers geben diese doppelkohlensauren Salze die Hälfte ihrer Kohlensäure ab und gehen in neutrale Salze über, werden also unlöslich. Diese Tatsache, daß ein Teil der Härte des Wassers durch Kochen ausfällt (vorübergeht), hat der Härte den Namen vorübergehende Härte eingetragen. Die bleibende Härte sind die Salze des Calciums und Magnesiums mit den sonstigen Säuren, also Calcium- und Magnesiumsulfat, -chlorid, -nitrat. Man mißt die Härte nach deutschen und französischen Härtegraden. Ein Grad deutscher Härte ist gleich 10 mg CaO im Liter oder 7,13 mg MgO im Liter, 1° französische Härte gibt 10 mg $CaCO_3$ oder 8,4 mg $MgCO_3$ in 1 l Wasser an.

Die Bestimmung der Gesamthärte eines Wassers erfolgt am genauesten durch Berechnung aus dem gefundenen Kalk- und Magnesiagehalt. Man multipliziert die für 1 l gefundenen Milligramm Magnesia zur Umrechnung auf Kalk mit 1,4 und addiert zu dieser Zahl den im Liter gefundenen Kalk in Milligrammen. Diese Zahl, durch 10 dividiert, ergibt die Gesamthärte in deutschen Graden[2]).

Da Alkalibicarbonate in den meisten Trinkwässern nicht oder nur in Spuren vorkommen, so berechnet man die Carbonathärte am einfachsten aus der Bestimmung der Bicarbonatkohlensäure (vgl. 2. Teil, S. 524).

Man multipliziert die gefundenen Milligramm gebundener Kohlensäure im Liter mit $1,27 \cdot \left(\dfrac{56}{44}\right)$. Diese Zahl durch 10 dividiert, ergibt die Carbonathärte in deutschen Graden.

Die bleibende Härte ist die Differenz von Gesamt- und Carbonathärte.

21. Nachweis von Auswurfstoffen im Wasser. Unter Umständen lassen sich tierische Auswurfstoffe (sowie Verwesungserzeugnisse von Tier- und Pflanzenteilen) direkt in einem Wasser nachweisen. Der Nachweis beruht darauf, daß sie stets in geringer Menge Phenol, Kresol, Skatol, Indol und andere Stoffe enthalten, welche mit Diazokörpern, wie Diazobenzolsulfosäure, intensiv gelb gefärbte Verbindungen liefern.

100 ccm des zu prüfenden Wassers werden nach Gries in einen hohen Glaszylinder aus farblosem Glase mit etwas Natronlauge und einigen Tropfen einer frisch bereiteten Lösung oder etwas fester Diazobenzolsulfosäure versetzt. Bei Anwesenheit von tierischen oder menschlichen Auswurf- bzw. Verwesungsstoffen tritt eine Gelbfärbung ein. Die Griessche

---

[1]) Vgl. L. W. Winkler in Lunge-Berl: Chemisch-technische Untersuchungsmethoden, 1910, **2**, 260.

[2]) Die Schnellverfahren zur Bestimmung der Gesamthärte werden im 2. Teil beschrieben (vgl. S. 543).

Reaktion ist außerordentlich scharf. Deshalb ist bei Ausführung der Reaktion, wenn man keine Täuschungen erleben will, besondere Vorsicht geboten. Die Gefäße müssen vollkommen rein sein. Ferner muß man sich hüten, mit den Händen an die Flüssigkeit zu kommen, weil nach den Beobachtungen von Tillmans der Handschweiß die Reaktion schon veranlassen kann. Insbesondere ist das übliche Mischen mit aufgesetztem Daumen unbedingt zu vermeiden.

Etwaige Anwesenheit von Kotbestandteilen in einem Wasser gibt sich durch die mikroskopische Untersuchung des Bodensatzes zu erkennen, worin sich unter Umständen Stärkekörnchen im ganzen oder gequollenen Zustande, ferner aber Überreste der Fleischnahrung (Muskelfaser mit und ohne Querstreifen) vorfinden.

Inwieweit der Bakterienbefund eine Verunreinigung des Wassers durch Fäkalien anzeigen kann, wird weiter unten unter „Bakteriologische Untersuchung des Wassers" S. 582 u. f. besprochen.

In den seltensten Fällen wird aber der direkte Nachweis von menschlichen oder tierischen Auswurf- bzw. Verwesungsstoffen gelingen, sondern derselbe wird meistens indirekt geliefert werden müssen. Da diese Auswurf- und Verwesungsstoffe reich an stickstoffhaltigen, organischen Verbindungen sind, so werden sie diese, wenn sie nicht direkt in den Brunnen fließen, sondern im Boden wie in den meisten Fällen versickern, an den Boden abgeben und letzterer wird nach und nach mit immer größeren Mengen Stickstoff, Kohlenstoff bzw. Ammoniak und Kohlensäure ferner Schwefelverbindungen angereichert.

Man wird daher, abgesehen davon, daß sich Reste von Kotbestandteilen im Boden werden erkennen lassen, durch eine Bestimmung des Kohlenstoffs — durchschnittlich enthält Ackerboden 1,0—2,5% Kohlenstoff — oder durch eine Bestimmung der gasförmigen und gebundenen Kohlensäure, durch Bestimmung des Stickstoffs und Ammoniaks, der Schwefelsäure und des Schwefels im Boden der näheren Umgebung des Brunnens Anhaltspunkte für solche Verunreinigungen gewinnen.

Da der Stickstoff der organischen Stoffe im Boden mehr oder weniger rasch in Salpetersäure, der Schwefel in Schwefelsäure, der Kohlenstoff in Kohlensäure übergeführt wird, diese Säuren aber aus dem Boden Basen — vorwiegend Kalk, Magnesia usw. — aufnehmen, so wird man in solcher Weise verunreinigtem Wasser eine erhöhte Menge von Nitraten, Sulfaten und Carbonaten gegenüber nicht verunreinigtem Quell- oder Grundwasser derselben Gegend und Lage finden. Gleichzeitig zeigen derartig verunreinigte Wässer, weil die menschlichen und tierischen Abfallstoffe reich an Chlornatrium sind und dieses bzw. das Chlor vom Boden nicht absorbiert wird, eine erhöhte Menge an Chloriden. Wenn die Verunreinigung des Bodens stark um sich gegriffen hat, oder der Boden nicht die genügende Oxydationskraft besitzt, so ist auch eine erhöhte Menge an organischen Stoffen neben Ammoniak und salpetriger Säure oder gar Schwefelverbindungen vorhanden. Die Anwesenheit dieser Verbindungen erklärt sich aus dem mangelnden Luftzutritt, infolgedessen die organischen Stoffe und der Stickstoff nicht vollständig oxydiert werden, oder der Sauerstoff durch Bakterien den Stickstoff-Verbindungen in Nitraten oder Sulfaten entnommen wird. Durchweg zeigen derartig verunreinigte Wässer auch einen erhöhten Gehalt an Kali.

Während ein einseitiger hoher Gehalt eines Wassers an organischen Stoffen oder Chloriden oder Nitraten oder Sulfaten aus natürlichen Bodenschichten (z. B. für organische Stoffe aus Schiefergebirgen, für Chloride und Sulfate aus mergel- und gipshaltigen Böden, für Nitrate aus Salpetererden)[1] herrühren kann, so läßt ein gleichzeitiger hoher

---

[1] Letztere kommen nur für die regenfreien oder regenarmen tropischen Länder, für hiesige Gegenden nur dann in Betracht, wenn Regenwasser, durch reine Sandschichten filtriert, sich auf undurchlassenden Schichten ansammelt und dort durch Verdunstung immer konzentrierter wird (vgl. Zeitschr. f. Untersuchung d. Nahrungs- u. Genußmittel 1905, **10**, 139).

Gehalt an allen diesen Bestandteilen bei gleichzeitiger Anwesenheit von Ammoniak[1]) einen sicheren Schluß auf die Verunreinigung zu, besonders dann, wenn benachbarte Quell- und Brunnenwässer in derselben Lage und unter denselben natürlichen Bodenverhältnissen keinen so hohen Gehalt an den genannten Bestandteilen aufweisen.

Für die Beurteilung der Beschaffenheit eines fraglichen Wassers muß daher die Beschaffenheit und Zusammensetzung des natürlichen Quell- oder Grundwassers einer Gegend oder Ortschaft mit in Betracht gezogen werden, weil dieselben je nach der Beschaffenheit der Bodenschichten, welche sie durchfließen oder in welchen sie sich sammeln, Bestandteile in verschiedener Menge aufnehmen und eine verschiedene Zusammensetzung zeigen.

Sind aber diese Verhältnisse bekannt, dann hält es nicht schwer, auf Grund der vorstehenden Ausführungen durch die chemische Untersuchung zu ermitteln, ob und in welchem Grade ein fragliches Wasser in besagter Weise verunreinigt ist.

22. Nachweis von Leuchtgasbestandteilen im Wasser.

Infolge Undichtigkeit von Gasröhren in der Nähe von Brunnen können auch mitunter Leuchtgas-Bestandteile in ein Brunnenwasser gelangen.

Dieselben geben sich bei größerer vorhandener Menge schon durch den Geruch zu erkennen.

C. Himly[2]) versetzt zum Nachweise dieser Bestandteile eine größere Menge solchen Wassers mit Chlorwasser, setzt die Mischung dem Sonnenlichte aus und schüttelt mit Quecksilberoxyd, um überschüssiges Chlor zu entfernen. Bei Gegenwart von Leuchtgas tritt alsdann ein unverkennbarer Geruch nach Elaylchlorür oder ähnlichen gechlorten Kohlenwasserstoffen auf.

Eine Verunreinigung durch Gas- und Teerwasser gibt sich nach H. Vohl[3]) unter Umständen auch durch einen Gehalt an Schwefelammonium kund oder durch die Gegenwart von kohlensaurem, schwefelsaurem und besonders von unterschwefligsaurem Ammonium bzw. durch den erhöhten Gehalt von Kalk- und Magnesiasalzen dieser Säuren infolge von Umsetzungen im Boden oder auch, weil dieselben bei der Reinigung des Leuchtgases Verwendung finden.

Von Wichtigkeit ist es weiterhin, solche Wässer auch auf Rhodan mittels Eisenchlorids zu prüfen.

Auf Phenol kann man entweder durch Zusatz von Eisenchlorid prüfen, wodurch eine violette Färbung entsteht, oder durch Zusatz von Brom, welches einen gelblichweißen Niederschlag von Tribromphenol liefert.

Kossler und Penny[4]) haben das Phenol aus dem Wasser abzudestillieren und durch überschüssiges Jod als Trijodphenol zu fällen versucht. O. Korn[5]) führt das Verfahren in folgender Weise aus:

200 ccm Wasser bzw. Abwasser werden, um etwa vorhandenen Schwefelwasserstoff zu entfernen, mit 5 ccm Zinkacetat versetzt. Nach 12stündigem Stehen der umgeschüttelten Mischung im geschlossenen Zylinder wird mit Natronlauge stark alkalisch gemacht und die Flüssigkeit auf etwa 50 ccm eingedampft; letztere werden in einen Erlenmeyer-Kolben gegeben, mit 100 ccm destilliertem Wasser verdünnt, mit Schwefelsäure angesäuert und unter Beigabe einiger Bimsteinstückchen bis auf 20 ccm abdestilliert; hierzu setzt man nochmals

---

[1]) Das im Regenwasser vorkommende Ammoniak ist für diese Frage belanglos, weil es nur in geringer Menge im Regenwasser vorhanden ist und im Boden alsbald in Salpetersäure übergeführt wird.

[2]) Untersuchungen d. Univ.-Labor. Kiel 1878.

[3]) Berichte d. Deutsch. chem. Gesellschaft Berlin 1877, 10, 1815.

[4]) Zeitschr. f. physiol. Chemie 1892, 17, 117.

[5]) Zeitschr. f. analyt. Chemie 1906, 45, 552.

100 ccm destilliertes Wasser und destilliert wieder ab; nötigenfalls wiederholt man die Destillation zum dritten Male. Das Destillat, welches sämtliches Phenol enthält, versetzt man,
um die störenden Säuren zu entfernen, mit Kaliumcarbonat bis zum Verschwinden der sauren
Reaktion und unterwirft die neutrale Flüssigkeit der nochmaligen Destillation. Bei den
erhaltenen (3) Destillaten, von denen das erste die bei weitem größte Menge Phenol enthält,
setzt man 15 ccm $^1/_{10}$ N.-Natronlauge zu (bzw. so viel, daß die Flüssigkeit deutlich alkalisch
ist) und erwärmt im Wasserbade auf 60° C. Dann setzt man 30 ccm $^1/_{10}$ N.-Jodlösung (bzw.
entsprechend mehr oder weniger) hinzu, verschließt sofort dicht mit dem Glasstöpsel, schüttelt
um und läßt abkühlen. Danach fügt man 10 ccm verdünnte Schwefelsäure (1—3 Vol. Wasser)
bzw. so viel bis zur sauren Reaktion und etwas Stärkelösung hinzu und titriert mit $^1/_{10}$ N.-
Natriumthiosulfatlösung. Der Endpunkt wird durch den Übergang der dunkelblauvioletten
Färbung in helles Rosa markiert. Der Farbenumschlag ist deutlich.

Nachweis von Leuchtgasbestandteilen im Boden. Auch nimmt der umliegende
Boden durch die Leuchtgas-Ausströmungen Naphthalin auf, welches nach G. Königs[1])
dadurch nachgewiesen werden kann, daß man den Boden in großen Steinbehältern unter
Zuführung eines Dampfstromes der Destillation unterwirft. Das auf dem abgekühlten Destillat
schwimmende Naphthalin wird abgehoben, durch mehrmalige Destillation mit Kalilauge
gereinigt und in alkoholischer Lösung durch Pikrinsäure nachgewiesen, womit es eine in
langen Nadeln anschießende Verbindung gibt.

Stehen in der Nähe der Gasausströmungsstelle auch krankhafte Bäume, so zeigen die
Wurzeln solcher Bäume, wenn Leuchtgaswirkung vorliegt, mitunter im Innern bläuliche
Verfärbungen.

C. Angabe der Analysen-Ergebnisse und Prüfung der Analysen auf ihre Genauigkeit.

Die in der oben geschilderten Weise bestimmten Einzelbestandteile des Wassers werden
altem Gebrauche gemäß als Oxyde bzw. Anhydride berechnet und in Milligrammen für ein
Liter angegeben.

Richtiger und den modernen Anschauungen entsprechender wäre es, die gefundenen
Werte als Anionen und Kationen anzugeben, also anstatt CaO und SO₃ Ca und SO₄ (vgl.
unter „Mineralwasser"). Es ist indessen schwierig, diese neue Berechnungsart allgemein durchzuführen, weil die weitaus meisten Angaben in der Wasseranalyse sich auf die alte Ausdrucks-
weise beziehen, und deshalb ein Vergleich ohne jedesmaliges Umrechnen nicht möglich wäre.

Hat man eine Gesamtanalyse ausgeführt, so kann man die Einzelbestimmungen in der
Weise auf ihre Richtigkeit kontrollieren, daß man alle Basen und alle Säuren (bei Kohlensäure die Hälfte der Bicarbonatkohlensäure, die sog. gebundene Kohlensäure) addiert und
mit dem bei 180° getrockneten Abdampfrückstand vergleicht. Dieser ist gewöhnlich etwas
niedriger. Ist er höher, so deutet das auf einen Gehalt an organischer Substanz hin. Stimmt
die Summe der Einzelbestandteile mit dem Abdampfrückstand auf etwa 10 mg überein, so
waren die Einzelbestimmungen genügend genau.

VI. Beurteilung der Befunde bei der physikalischen und chemischen Untersuchung.

1. Ein Trinkwasser darf keinen fremdartigen oder gar faulen Geruch besitzen. Jedes
derartige Wasser ist ohne weiteres als Trinkwasser zu beanstanden.

2. Ebenso soll es keinen Beigeschmack besitzen, sondern es soll wohlschmeckend und
erfrischend sein. Der Geschmack des Wassers ist sehr durch die gelösten Salze beeinflußt.
Nach M. Rubner[2]) soll der Geschmack sehr leiden, wenn das Wasser im Liter enthält: Koch-

---

[1]) Repertorium f. analyt. Chemie 1881, **1**, 59.

[2]) M. Rubner, Lehrbuch der Hygiene, Leipzig u. Wien, Franz Deuticke, 7. Aufl., 1903.

salz 300—400 mg, Gips 500—600, Magnesiumsulfat 500—1000 mg, Chlormagnesium 60 bis 100 mg, Mischungen dieser Salze 300—400 mg. Weiches Wasser schmeckt im allgemeinen fade. Nach Klut soll es aber sehr schwer sein, die Härte im Geschmack festzustellen, indem verschiedene Personen weiches Wasser mit Hilfe der Geschmacksprobe für hart und hartes Wasser für weich erklären sollen. Überhaupt ist der Geschmack sehr individuell und in hohem Grade abhängig von der Temperatur des Wassers (vgl. Nr. 5). Infektionsverdächtiges Wasser darf natürlich der Geschmacksprobe nicht unterworfen werden.

3. Gutes Trinkwasser soll ferner keine Schwebestoffe enthalten. Wasser mit Schwebestoffen ist im allgemeinen in seinem Genußwert erheblich herabgesetzt, selbst wenn es sich bei den Schwebestoffen um Ton, Lehm und ähnliche Stoffe handelt, die nicht gesundheitsschädlich sind. Indessen kann man an dieser Forderung nicht unter allen Umständen festhalten. Geringes Opalescieren des Wassers, ja auch geringe Trübungen eines Grundwassers, wie solche unter Umständen durch Ton und Eisenoxyd in der Schwebe bedingt sind, geben bei sonst guter Beschaffenheit und wenn anderes Wasser nicht zu haben ist, zu einer Beanstandung keine Veranlassung.

4. Unbedingte Farblosigkeit kann nicht immer beansprucht werden, denn bei Tiefbrunnen (artesischen Brunnen), welche Wasser aus einer Braunkohlenformation zuführen oder bei Brunnen in Moorgegenden kann gelbe Farbe bei sonst einwandfreier Beschaffenheit vorkommen.

5. Die Temperatur liegt am besten zwischen 7 und 11°. Ein Wasser mit höherer Temperatur schmeckt fade und wirkt nicht mehr erfrischend. Temperaturen unter 5° sollen bei manchen Personen gesundheitsschädlich wirken können. Am Orte der Entnahme entspricht das Wasser zentraler Wasserversorgungen von Grund- oder Quellwasser gewöhnlich diesen Anforderungen, doch kann das Wasser im Hochbehälter oder infolge langer Leitungen bisweilen sich nennenswert erwärmt haben, besonders aber zeigt das Wasser der einzelnen Hausleitungen häufig bedeutend höhere Temperaturgrade. Bei Oberflächenwasserversorgung ist es natürlich unmöglich, die genannten Temperaturen einzuhalten da es im Winter beträchtlich kälter, im Sommer beträchtlich wärmer sein wird, ganz entsprechend der Temperatur des Rohwassers.

6. Was die verschiedenen gelösten Stoffe angeht, so sei zunächst hervorgehoben, daß Grenzzahlen für die einzelnen Gehalte, wie man sie früher benutzt hat, heute überwundener Standpunkt sind. Zwar kann man für normal beschaffene Trinkwässer im allgemeinen ungefähre Grenzen für die einzelnen Bestandteile angeben, doch darf aus diesen nicht geschlossen werden, daß bestimmte Stoffe sich nicht gelegentlich beträchtlich über diese Grenzen erheben können. Wenn also im nachfolgenden für die normalen Gehalte eines Trinkwassers an den verschiedenen Stoffen Zahlen angegeben werden, so gelten diese Zahlen ausdrücklich mit dieser Einschränkung.

7. Der Abdampfrückstand ist natürlich abhängig von den Bodenverhältnissen, aus denen das betreffende Wasser stammt. Im allgemeinen beträgt seine Menge nicht über 500 mg im Liter. Von Bedeutung ist das Aussehen des Abdampfrückstandes. An organischen Stoffen reiches Wasser hat meistens einen dunkel gefärbten Abdampfrückstand.

Der Glühverlust hat, wie schon auf S. 490 auseinandergesetzt ist, für die Beurteilung deshalb sehr wenig Bedeutung, weil er meistens nur zu einem kleinen Teil aus organischen Stoffen besteht. Wichtig ist es dagegen, auf die beim Glühen des Abdampfrückstandes auftretenden Erscheinungen zu achten, entsprechend den auf S. 490 gemachten Ausführungen. Im allgemeinen ist bei gleich guter hygienischer Beschaffenheit das Wasser mit dem geringeren Abdampfrückstand dem mit höherem vorzuziehen.

8. Der Kaliumpermanganatverbrauch, auf die übliche Weise nach Kubel bestimmt, erhebt sich im allgemeinen nicht über 12 mg $KMnO_4$ für 1 l. Humushaltige Wässer haben jedoch nicht selten einen beträchtlich höheren Permanganatverbrauch.

In hygienischer Hinsicht sind die Humusstoffe nicht zu beanstanden. Ist aber der Gehalt erheblich, so kann das Wasser ein gefärbtes Aussehen erhalten, was einen Schönheitsfehler bedeutet. Durch Fällung mit anorganischen Kolloiden, wie Tonerdehydrat, Eisenhydrat usw. (schwefelsaure Tonerde und Kalk, Eisenvitriol und Kalk) kann dem Wasser meistens ein großer Teil der färbenden Huminsubstanz entzogen werden. Für manche gewerbliche Betriebe, wie Färbereien, Bleichereien, sind humushaltige Wässer unbrauchbar.

9. Ammoniak ist in der Regel ein Produkt der Fäulnis. Es kommt daher in Wasser, welches aus einwandfreien Bodenschichten stammt, nicht vor. Eine Ausnahme bilden aber bisweilen Tiefbrunnen, welche geringe Mengen von Eisen- und Humusstoffen besitzen. Das hier bisweilen vorgefundene Ammoniak rührt her von einer Reduktion der Salpetersäure und ist deshalb in hygienischer Richtung ohne Belang. In allen andern Fällen ist aber das Vorkommen von Ammoniak stets ein Zeichen von Verschmutzung. Ein sicheres Zeichen einer vorhandenen Verschmutzung durch tierische oder menschliche Abfallstoffe ist insbesondere auch das Vorkommen von Proteidammoniak (nach Winkler bestimmt, S. 494). Wässer, welche mehr als Spuren von Ammoniak enthalten, sind unbrauchbar für Brauereien, sonstige Gärungsindustrie und Stärkefabrikation. Ein höherer Ammoniakgehalt kann auf Verunreinigung durch industrielle Abwässer (Gaswässer) hindeuten.

10. Salpetrige Säure entsteht entweder durch Reduktion der Salpetersäure oder durch unvollständige Oxydation des Ammoniaks. Das Vorhandensein von salpetriger Säure zeigt also an, daß es dem Boden an genügendem Sauerstoffzutritt fehlt und daß er mithin etwaige Verunreinigungen nicht mit Sicherheit unschädlich machen kann. An sich wirkt salpetrige Säure in den Mengen, in denen sie im Wasser vorkommt, nicht gesundheitsschädlich. Nach Klut (a. a. O.) kommen in stark eisenhaltigen, enteisenten und Moorwässern aus tiefen Schichten bisweilen Spuren von salpetriger Säure vor. In diesen Fällen ist die salpetrige Säure nicht als Indicator für Verschmutzung zu deuten. Bei übersandten Wässern kann sich unter Umständen salpetrige Säure während des Versandes bilden. Sie ist dann wie die in gewöhnlichen Wässern vorkommende salpetrige Säure zu beurteilen.

11. Die Salpetersäure ist das Endprodukt der Oxydation der organischen Stickstoff-Verbindungen. Im allgemeinen weisen gute Trinkwässer nicht über 30 mg N_2O_5 im Liter auf. Wenn nur Salpetersäure vorhanden ist, so ist die Oxydation der Stickstoff-Verbindungen eine vollständige. Wird der Gehalt aber sehr beträchtlich und paart er sich mit einem hohen Gehalt an Chloriden, Sulfaten und Kalisalzen, so ist eine starke Verunreinigung der betreffenden Bodenschichten wahrscheinlich. In solchen Fällen erscheint es dann nicht ausgeschlossen, daß die Oxydationskraft des Bodens eines Tages nachläßt, und damit die Verunreinigungen nicht mehr einwandfrei beseitigt werden. Abgesehen übrigens von diesen hygienischen Bedenken, muß ein Wasser mit hohem Salpetersäuregehalt als unappetitlich angesehen werden, weil die Salpetersäure Abfallstoffen unappetitlicher Herkunft entstammt.

An sich wirken geringe Mengen Nitrate nicht gesundheitsschädlich. Größere, 100 mg und mehr für 1 l übersteigende Mengen Nitrate können, wenn letztere von sonstigen verunreinigenden Stoffen (von Abfallstoffen herrührend) begleitet sind, auch gesundheitlich schädigend wirken, z. B. sollen größere Mengen Nitrate im Wasser abführend wirken. Jedenfalls sind nitratreiche Wässer auch für manche gewerbliche Zwecke (z. B. für Brauereien, Zuckerfabriken u. a.) von schädigendem Einfluß. Vorhandensein von viel Salpetersäure im Wasser ist noch insofern von Bedeutung, als dadurch das Bleilösungsvermögen des Wassers erhöht wird. Dieses ist selbstverständlich besonders der Fall, wenn die Salpetersäure im freien Zustande im Wasser vorhanden ist, wie das z. B. bei Grundwasser in rein sandig-kiesigen, basenarmen Böden der Fall sein kann, worin sie sich anscheinend durch fortwährendes Verdunsten des salpetersäurehaltigen Regenwassers nach und nach angesammelt hat.

12. Stammt das Chlor aus natürlichen, unverschmutzten Bodenschichten, so ist ein hoher Chlorgehalt ohne Belang. Oft ist er aber auf Verschmutzungen mit tierischen oder menschlichen Abfallstoffen zurückzuführen, da diese Stoffe einen hohen Kochsalzgehalt besitzen.

Gute Trinkwässer enthalten im allgemeinen nicht über 35 mg Cl im Liter. Ist der hohe Chlorgehalt auf eine Verunreinigung zurückzuführen, so werden gleichzeitig die anderen Indicatoren der Verschmutzung, hoher Gehalt an organischen Stoffen, hoher Salpetersäuregehalt, Vorhandensein von Ammoniak und salpetriger Säure gegeben sein. Bei hohem Chlorgehalt ist die Ortsbesichtigung von besonderer Wichtigkeit; diese wird in vielen Fällen die Verschmutzung schon ergeben. In Oberflächenwässern kommen oft hohe Gehalte an Chloriden vor. So hat z. B. das Wasserleitungswasser von Magdeburg, welches aus filtriertem Elbwasser besteht, meist einen Chlorgehalt von über 100 mg im Liter, welcher auf Zuflüsse von Kaliabwässern zum Elbewasser zurückzuführen ist. Auch Abwässer aus Kohlenbergwerken enthalten in der Regel viel Chloride.

13. Die Schwefelsäure ist meist als Gips vorhanden und gibt so wichtige Aufschlüsse über die geologische Beschaffenheit der betreffenden Bodenschichten. In den Braunkohlen- und ähnlichen Formationen ist sie oft das Oxydationserzeugnis schwefelhaltiger Verbindungen. Unter Umständen kann auch Schwefelsäure ein Oxydationserzeugnis von schwefelhaltigen Abfallstoffen sein; auf diese Weise entstandene Schwefelsäure ist natürlich hygienisch bedenklich.

14. Kohlensäure in gebundener wie freier Form ist hygienisch unbedenklich, dagegen technisch von großer Bedeutung. Durch freie Kohlensäure kann ferner ein an sich hygienisch einwandfreies Wasser dadurch bedenklich werden, daß es Blei aus den Leitungsröhren aufnimmt. Die Frage der Kohlensäure und des Bleilösungsvermögens wird im 2. Teil, S. 533, behandelt werden.

15. Phosphorsäure ist gewöhnlich in Trinkwässern nicht enthalten, ihr Vorkommen deutet immer auf eine Verschmutzung hin, da sie durch Verwesung phosphorhaltiger organischer Stoffe entsteht.

16. Schwefelwasserstoff darf in einem Trink- sowie häuslichen Gebrauchswasser nicht vorkommen. Abgesehen von dem schlechten Geruch und Geschmack, den ein schwefelwasserstoffhaltiges Wasser zeigt, ist dieser Körper schon deshalb in einem Trinkwasser zu beanstanden, weil er ein starkes Gift ist. Gewöhnlich deutet die Gegenwart von Schwefelwasserstoff auf vorhandene fäulnisfähige Stoffe hin. In eisenhaltigen Tiefwässern kann Schwefelwasserstoff in Spuren vorkommen. Bei der Lüftung des Wassers, die zum Zwecke der Enteisenung doch vorgenommen werden muß, kann er leicht aus dem Wasser entfernt werden.

17. Kieselsäure ist in den meisten Wässern vorhanden, was in technischer Richtung, aber nicht in hygienischer, von Bedeutung ist. Kieselsäure ist nämlich gefürchtet als Kesselsteinbildner.

18. Eisen und Mangan kommen in vielen Grundwässern, meist als doppelkohlensaures Salz vor, doch sind die Stoffe auch nicht selten als Sulfat und in organischer Bindung vorhanden. In gesundheitlicher Hinsicht ist das Vorkommen dieser Mineralstoffe im Wasser belanglos, doch macht ein Eisengehalt das Wasser mißfarbig und unansehnlich. Auch für die meisten gewerblichen Zwecke ist ein eisenhaltiges Wasser unbrauchbar. Derartige Wässer müssen daher stets enteisent bzw. entmangant werden. (Näheres im 2. Teil, S. 542.)

19. Was die Härte des Wassers anlangt, so ist ein weiches Wasser im allgemeinen einem harten Wasser vorzuziehen. In gesundheitlicher Beziehung ist zwar die Härte von keinem großen Belang; von dem, der daran gewöhnt ist, werden 50° Härte vertragen; tatsächlich gibt es denn auch zentrale Wasserversorgungen, deren Wasser solche Härten aufweist. Dagegen ist ein hartes Wasser für häusliche Gebrauchszwecke weniger geeignet als ein weiches. 20 deutsche Härtegrade vernichten 2,4 g Seife für 1 l. Beim Kochen setzen harte Wässer den lästigen Kesselstein ab; aus diesem Grunde sind sie auch für technische Zwecke wenig geeignet. Für Brauereizwecke soll ferner die Härte des Wassers eine gewisse Bedeutung haben; nach Seyffert erfordert Pilsener Bier ein sehr weiches Wasser, Münchener ein ziemlich hartes, wobei die Carbonathärte die Hauptrolle spielt, während beim Dortmunder Bier, welches ebenfalls ein hartes Wasser braucht, die Gipshärte von entscheidendem Einfluß ist.

20. Geringe Mengen von Tonerde finden sich fast in jedem Wasser. Sie sind hygie-

nisch ganz unbedenklich. Liegt ein höherer Gehalt vor, so sind entweder Aluminiumalkali-
silicate vorhanden oder das Aluminium ist zur Klärung zugesetzt und nicht gut ausgefällt
worden. (Oberflächenwasser durch Schnellfilter gereinigt.)

21. Alkalien sind in einem guten Trinkwasser meist nur in geringen Mengen vorhanden. Natrium ist meistens in größerer Menge vorhanden als Kalium. Gewöhnlich liegt
Chlornatrium vor, welches, wenn es in größerer Menge auftritt, gewöhnlich aus Verunreinigungen mit menschlichen und tierischen Abfallstoffen stammt. Ein hoher Natriumgehalt ist also ebenso wie ein hoher Chlorgehalt zu beurteilen. Es kommt aber auch vor,
daß ein hoher Gehalt an Chlornatrium auf die geologische Beschaffenheit der betreffenden
Erdschichten zurückzuführen ist. Ein derartiger Chlornatriumgehalt ist natürlich, wenn er
1—2 g in 1 l nicht übersteigt, nicht zu beanstanden.

Ob die eine oder die andere Ursache vorliegt, ersieht man unschwer an den übrigen
Anzeichen für die Verschmutzung, die, wenn ein hoher Chlornatriumgehalt einem Salzgehalt
des Bodens entstammt, sämtlich eine normale Höhe zeigen werden.

Der Kaligehalt beträgt im allgemeinen nur einen geringen Bruchteil vom Natriumgehalt. Meistens beträgt er nur wenige Milligramm im Liter. Ein hoher Kaligehalt macht
das Wasser stets verdächtig. Kaliverbindungen sind nämlich in allen menschlichen und
tierischen Abfallstoffen reichlich vorhanden, andererseits hat auch der Boden in hohem Maße
die Fähigkeit, Kalisalze festzuhalten. Sind also Kalisalze in größeren Mengen vorhanden, so
deutet das auf eine abgeschwächte Absorptionskraft des Bodens hin, weil ihm zuviel dieser
Salze zugeführt sind. Durch Eindringen von Waschlaugen können Grundwässer ebenfalls
einen hohen Kaligehalt annehmen. Das Wasser hat ebenso wie alkalicarbonathaltige Wässer,
die man nicht als Mineralwässer ansehen kann, einen laugigen Geschmack. Auch für manche
technische Zwecke ist ein derartiges Wasser nicht oder nur wenig geeignet (Kesselspeisung,
Zuckerfabrikation).

22. Der freie Sauerstoff hat insofern eine gewisse Bedeutung, als stark verschmutzte Wässer oft wenig Sauerstoff enthalten. Indessen kann ein reines Wasser, welches
aus großen Tiefen kommt, ebenfalls sauerstofffrei bzw. -arm sein. Ebenso sind alle eisen-
und manganhaltigen Wässer sauerstofffrei. Wichtiger als der Sauerstoffgehalt ist für
die Beurteilung des Wassers auf seine Reinheit die Bestimmung der Sauerstoffzehrung
(vgl. S. 520). Indessen wird diese Probe mehr bei der Untersuchung des Fluß- und Ab-
wassers als bei der Trinkwasseruntersuchung ausgeführt. Über die Bedeutung des Sauerstoffes für den Angriff von Eisen- und Bleileitungen vgl. folgenden Abschnitt (S. 534 u. f.).

Zweiter Teil.

Untersuchung des Wassers auf aggressive und störende Bestandteile.

Während, wie oben auseinandergesetzt, für die Untersuchung eines Wassers auf seine hygienische Beschaffenheit verschiedene Wissenschaftszweige zusammenarbeiten müssen, kommt
für die Untersuchung des Wassers auf aggressive und störende Bestandteile nur die Chemie[1])
in Frage. Die Untersuchungen müssen fast alle am Orte der Entnahme ausgeführt oder
wenigstens vorbereitet werden. Auch ist die Art der Probeentnahme von ganz besonderer
Wichtigkeit. Da aber bei jedem einzelnen Untersuchungsverfahren sich besondere Verhältnisse
ergeben, so ist im nachfolgenden nicht wie im Ersten Teil ein besonderer Abschnitt: „Probeentnahme und Untersuchung an Ort und Stelle", gegeben, sondern die bei der Probeentnahme
und Untersuchung bzw. Ansetzung an Ort und Stelle zu beachtenden Punkte sind jedesmal
bei der Beschreibung der einzelnen Untersuchungsverfahren aufgeführt.

---

[1]) Für die Untersuchung auf Eisenbakterien kann unter Umständen die Biologie bzw.
Botanik herangezogen werden.

I. Untersuchung auf aggressive Beschaffenheit.

Für die Beurteilung eines Wassers auf sein Verhalten gegenüber kalkhaltigen Bauwerken, Eisen- und Bleirohren spielen in erster Linie die gelösten Gase, Sauerstoff und Kohlensäure eine Rolle.

Fig. 218

1. Die Bestimmung des gelösten Sauerstoffes.

a) Die Bestimmung des vom Wasser gelösten Sauerstoffes geschieht heute

α) für **gewöhnliches Wasser** wohl ausschließlich nach L. W. Winklers Verfahren:

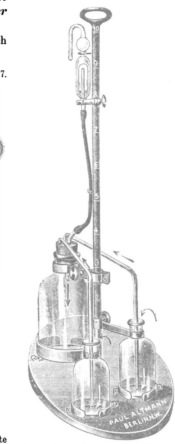

Eine Flasche von etwa 250—300 ccm Inhalt mit eingeschliffenem und abgeschrägtem Glasstopfen, auf welchem der Inhalt in Kubikzentimetern verzeichnet ist (vgl. Fig. 216), wird mit dem zu untersuchenden Wasser gefüllt. Dabei ist es notwendig, das zuerst in die Flasche eingetretene Wasser, welches die Luft verdrängt hat, durch anderes Wasser zu ersetzen, das nicht mit der Luft in Berührung gekommen ist, weil nach verschiedenen Untersuchungen sonst ein zu hoher Sauerstoffgehalt gefunden werden kann[1][2). Man hat für diesen Zweck besondere Apparate konstruiert, welche darauf beruhen, daß das Wasser, sei es durch eine Pumpe, sei es durch freies Gefälle, fortgesetzt nachströmt und das vorher in der Flasche vorhanden gewesene Wasser verdrängt. Der zweckmäßigste Apparat dieser Art ist wohl der von Behre und Thimme[3), der in Fig. 218 dargestellt ist. Diese Apparate sind aber nur bei Wasser anwendbar, in welches man den Apparat eintauchen kann. In erster Linie kommen sie daher für die Untersuchung von Flußwasser in Betracht. Bei Brunnenanlagen oder Wasserleitungen kann man einfach in der Weise vorgehen, daß man einen Schlauch an den Wasserleitungshahn

Fig. 217.

Fig. 216.

Flasche für die Sauerstoffbestimmungen. Pipette

Apparat zur Entnahme von Wasser nach Behre-Thimme.

oder das Pumpenrohr setzt und diesen Schlauch bis auf den Boden der Sauerstoffflasche führt. Man läßt nun das Wasser in langsamem Strahl fortgesetzt ausfließen, so daß es

[1) Spitta und Imhoff, Apparate zur Entnahme von Wasserproben. Mitteilungen a. d. Königl. Prüfungsanst. usw. 1906, Heft 6, S. 75.

[2) Tillmans, Über den Gehalt des Mainwassers an freiem gelösten Sauerstoff. Mitteilungen a. d. Königl. Prüfungsanstalt f. Wasserversorgung u. Abwässerbeseitigung 1909, Heft 12.

[3) Behre und Thimme, Apparat zur Entnahme von Wasserproben. Mitteilungen a. d. Königl. Prüfungsanst. usw. 1907, Heft 9, S. 145; bei Paul Altmann, Berlin, zu erhalten.

Die zwei kleineren zum Apparat gehörenden Flaschen zwecks Bestimmung des Sauerstoffgehalts und der Sauerstoffzehrung werden gleichzeitig unter Abschluß der äußeren Luft mit dem zu untersuchenden Wasser ausgespült, wobei gleichfalls eine große, $1\frac{1}{2}$ l enthaltende Flasche mit einer Probe für die allgemeine chemische Untersuchung gefüllt wird. Die Stange des Apparates ist von 10 zu

eine Zeitlang dauernd oben übertritt. Die Flasche ist dann sicherlich mehrfach mit frischem Wasser, welches noch nicht mit der Luft in Berührung gekommen ist, durchspült worden. Man zieht dann den Schlauch vorsichtig heraus, so daß die Flasche bis zum Überlaufen gefüllt ist. Darauf gibt man mit besonderer 1 ccm-Pipette (Fig. 217, S. 517) je 1 ccm Manganchlorürlösung (ca. 80%) und Natronlauge (33%) zu. Man setzt darauf, ohne daß eine Luftblase bleibt, sofort den Stopfen luftdicht ein und schüttelt um. Soweit Sauerstoff im Wasser vorhanden ist, oxydiert sich das ausfallende Manganohydroxyd sofort zu Manganihydroxyd bzw. Manganoxyd bzw. -superoxyd[1]). Man läßt nun mehrere Stunden absitzen, bis der Niederschlag sich vollkommen gesetzt hat, öffnet alsdann den Stopfen der Flasche, gibt 5 ccm rauchende Salzsäure und einige Körnchen festes Jodkalium zu, setzt wieder den Stopfen auf und mischt durch. Manganhydroxydul wird dabei zu Manganchlorür gelöst. Soweit jedoch durch den im Wasser vorhandenen Sauerstoff eine Oxydation des Hydroxyduls zu Hydroxyd bzw. Oxyden erfolgt war, bildet sich mit der Salzsäure Mangantetrachlorid, welches sofort in Manganchlorür und freies Chlor zerfällt. Das freie Chlor setzt sich mit dem Jodkalium um in freies Jod, welches mit $1/10$ oder $1/100$ N.-Natriumthiosulfatlösung titriert wird. Man spült also die Flüssigkeit, nachdem sich alles gelöst hat, um und bemerkt schon an der mehr oder minder erheblichen Gelbfärbung, d. h. Jodausscheidung der Lösung, ob viel oder wenig Sauerstoff vorhanden ist. Die Lösung titriert man dann unter Anwendung von Stärkelösung in bekannter Weise mit eingestellter Thiosulfatlösung zurück. 1 ccm $1/10$ N.-Thiosulfat entspricht 0,8 mg Sauerstoff. Bezeichnet man die für die Titration verbrauchten Kubikzentimeter $1/10$ N.-Thiosulfatlösung mit n, den Inhalt der Flasche abzüglich der 2 ccm für die zugesetzten Reagenzien mit v, so ist der Sauerstoffgehalt ausgedrückt in Milligramm im Liter des betreffenden Wassers $= \dfrac{n \cdot 0{,}8 \cdot 1000}{v}$.

Bei Gehalten an N_2O_3, wie sie normalerweise im Wasser vorkommen, ist die Beeinflussung des Ergebnisses so gering, daß sie vernachlässigt werden kann. Bei höheren Gehalten bringt man folgende Korrektur an. Man versetzt destilliertes Wasser mit 1 ccm Natronlauge und einigen Tropfen $MnCl_2$, läßt einige Minuten unter öfterem Umschütteln stehen, gibt ein Körnchen festes Jodkalium und Salzsäure im Überschuß zu und füllt auf 500 auf. Von der Mischung werden 100 ccm allein und nach Zusatz von 100 ccm des nitrithaltigen Wassers mit Thiosulfat titriert. Der Unterschied in den Titrationsergebnissen stellt den für 100 ccm Wasser in Abzug zu bringenden Thiosulfatwert dar.

β) Kohlensäureverfahren. Für die Bestimmung des Sauerstoffs neben salpetriger Säure und viel organischer Substanz hat L. W. Winkler[2]) jetzt unter Benutzung derselben Reagenzien:

1. 1 Tl. reinstes, besonders eisenfreies Manganochlorid ($MnCl_2 \cdot 4\,H_2O$) und 2 Tle. dest. Wasser,
2. 1 Tl. reinstes nitritfreies Natriumhydroxyd und 2 Tle. Wasser
3. Klare kaliumjodidhaltige Natronlauge (20 g jodatfreies Kaliumjodid in 100 ccm 33,3 proz. Natronlauge).

folgendes Verfahren angegeben:

Man füllt Glasstöpselflaschen von 100—150 ccm an, setzt von vorstehenden Reagenzien wegen der geringeren angewendeten Menge Wasser je 0,5 ccm statt 1,0 ccm zu, schüttelt um

---

10 cm bis auf 1 m eingeteilt, so daß jede gewünschte Tiefe deutlich abgelesen werden kann. Die Einströmungsgeschwindigkeit kann am oberen Luftausströmungshahn geregelt werden, ebenso wie das Aufhören der Luftblasenentwicklung die Füllung der Flaschen äußerlich wahrnehmbar macht. Die einzelnen Flaschen sind durch federnde Klemmen sicher fixiert.

[1]) Es können sich außer 2 Mn(OH)₃ auch dessen Oxyd bzw. Manganomanganit MnMnO₃ (MnO, MnO₂) oder nach Herios-Tóth (Mn)₂MnO₄ bilden; unter Umständen verläuft die Reaktion nach L. Grünhut (Zeitschr. f. analyt. Chemie 1913, **52**, 36) bis zu reinem MnO₂.

[2]) Zeitschr. f. analyt. Chemie 1914, **53**, 665.

und läßt stehen, bis sich der Niederschlag abgesetzt hat. Dann öffnet man die Flasche, setzt auf den glattgeschliffenen Rand einen kleinen Glaszylinder (Fig. 219) auf und leitet mit Hilfe eines ausgezogenen Glasrohres so lange Kohlensäure ein, bis das aus dem überschüssigen Manganhydroxyd sich bildende Manganocarbonat und -hydrocarbonat körnig geworden ist und eine bräunlich-graue Farbe angenommen hat, was durchweg nach 10—15 Minuten einzutreten pflegt und durch Zusatz von alkoholischer Phenolphthaleinlösung verfolgt werden kann. Nach halbwegs erfolgter Klärung wird die Flüssigkeit durch einen Wattebausch (0,2 g) filtriert, den man in einen Glastrichter gedrückt und mit Wasser befeuchtet hat. Der Wattebausch wird mit 2 proz. Kaliumhydrocarbonatlösung, der man so viel Salpetersäure zugesetzt hat, daß etwa die Hälfte des Hydrocarbonats zersetzt werde, ausgewaschen, darauf mit einer Flüssigkeit, die in 50 ccm Wasser 0,5 g Kaliumjodid und einige Kubikzentimeter verdünnte Salzsäure enthält, übergossen und so lange mit Wasser nachgewaschen, bis die Watte rein weiß geworden ist. Das in der Flüssigkeit ausgeschiedene Jod wird dann wie oben mit der Natriumthiosulfatlösung titriert.

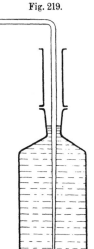

Fig. 219.

Flasche für Sauerstoff-
bestimmung.

Das Verfahren beruht darauf, daß das Manganocarbonat beim Zutritt von Luft keinen Sauerstoff mehr aufnimmt.

γ) **Chlorkalkverfahren.** Bei gleichzeitiger Anwesenheit von viel salpetriger Säure und organischen Stoffen empfiehlt L. W. Winkler[1] folgendes einfache Verfahren, welches sich unter allen Verhältnissen anwenden läßt. Erforderlich sind folgende Lösungen:

1. **Manganosulfatlösung.** 1 Tl. krystallisiertes Manganosulfat ($MnSO_4 \cdot 4 H_2O$) in 2 Tln. destilliertem Wasser unter gelindem Erwärmen.

2. **Kaliumjodidhaltige Natronlauge.** 2 Tle. reinstes Natriumhydroxyd und 1 Tl. reinstes Kaliumjodid in 4 Tln. destilliertem Wasser.

3. **Chlorkalklösung.** 1 g guter Chlorkalk von etwa 30% wirksamem Chlorgehalt wird mit 100 ccm starker Glaubersalzlösung (25 g krystallisiertes Natriumsulfat in destilliertem Wasser zu 100 ccm gelöst) behufs Erhöhung des spez. Gewichtes innigst verrieben, dann die durch Gips usw. getrübte Flüssigkeit durch einen Wattebausch filtriert.

4. **Rhodanidlösung.** 1 g reines weißes Kaliumrhodanid in 200 ccm starker Glaubersalzlösung (siehe oben).

5. **Verdünnte Schwefelsäure.** 3 Vol. destilliertes Wasser mit 2 Vol. konzentrierter Schwefelsäure; diese annähernd 50 proz. Säure wird natürlich nur nach dem Erkalten benutzt.

Die Untersuchung wird in folgender Weise vorgenommen:

a) **Vorbehandlung mit Chlorkalklösung.** Diese wird an der Entnahmestelle ausgeführt. Zu den in den fast ganz vollen Flaschen befindlichen Wasserproben von etwa 250 ccm werden 0,5 ccm bzw. aus Tropfgläsern je 10 Tropfen Chlorkalklösung und ebensoviel verdünnte (50 proz.) Schwefelsäure gegeben. Die Flaschen werden verschlossen und der Inhalt durch kräftiges Schütteln gemengt. Die mit Stöpselklammern versehenen Flaschen werden ins Laboratorium gebracht oder bleiben, wenn die Vorbehandlung im Laboratorium vorgenommen wird, 10 Minuten oder länger stehen[2].

---

[1] Zeitschr. f. Untersuchung d. Nahrungs- u. Genußmittel 1915, **29**, 121.

[2] Ein besonderer Vorteil der in Vorschlag gebrachten Vorbehandlung ist, daß der ursprüngliche Sauerstoffgehalt des Wassers — wie Versuche zeigten — sich auch nach 24 Stunden kaum meßbar verändert. Durch Versetzen des Wassers mit der Chlorkalklösung und Schwefelsäure werden nämlich alle Kleinwesen rasch abgetötet, auch werden die leicht oxydierbaren organischen Stoffe zerstört; die Sauerstoffzehrung des Untersuchungswassers wird also zum Stillstand gebracht.

b) **Vorbehandlung mit Rhodanidlösung.** Diese wird für gewöhnlich im Laboratorium vorgenommen. Bevor nämlich die Sauerstoffbestimmung zur Ausführung gelangen kann, muß der Überschuß der vorhandenen unterchlorigen Säure reduziert werden. Zu diesem Zweck gibt man in die Flaschen 2 ccm der Rhodanidlösung, verschließt wieder und mengt den Inhalt der Flaschen durch kräftiges Schwenken. Man wartet nun 10 Minuten, nach welcher Zeit schon ganz sicher nicht die geringste Menge unterchloriger Säure mehr vorhanden ist.

c) **Sauerstoffbestimmung.** Diese gelangt nach der unter a und b beschriebenen Vorbehandlung wesentlich in der alten Form zur Ausführung. Man gibt in jede Flasche 1 ccm **Manganosulfatlösung** und 2 ccm **kaliumjodidhaltige Natronlauge** und säuert dann mit 5 ccm (bzw. bei sehr kaltem Wasser mit 10 ccm) 50 proz. **Schwefelsäure** an; bei eisenreichen Wässern nimmt man 5 ccm 50 proz. **Phosphorsäure.** Vom Flascheninhalt wird im ganzen ein **Abzug** von rund 6 ccm gemacht.

Die **Löslichkeit des Sauerstoffes** im Wasser ist stark abhängig von der **Temperatur.** Nach **Winkler** ergeben sich für die Temperaturen von 0—30° folgende Sättigungswerte für Wasser mit Sauerstoff:

Tabelle.

Sättigungswert für Sauerstoff mg für 1 l	Wassertemperatur Grad C	Sättigungswert für Sauerstoff mg für 1 l	Wassertemperatur Grad C	Sättigungswert für Sauerstoff mg für 1 l	Wassertemperatur Grad C	Sättigungswert für Sauerstoff mg für 1 l	Wassertemperatur Grad C
14,57	0	11,81	8	9,85	16	8,42	24
14,17	1	11,53	9	9,65	17	8,27	25
13,79	2	11,25	10	9,45	18	8,11	26
13,43	3	11,00	11	9,27	19	7,95	27
13,07	4	10,75	12	9,10	20	7,81	28
12,74	5	10,51	13	8,91	21	7,67	29
12,41	6	10,28	14	8,74	22	7,52	30
12,11	7	10,07	15	8,58	23		

Die Löslichkeit des Sauerstoffes ist auch in geringem Maße abhängig vom **Barometerstand.** Die obigen Sättigungswerte gelten für 760 mm Druck; um einen gefundenen Sauerstoffgehalt mit diesen Werten vergleichen zu können, rechnet man ihn am besten nach der vereinfachten Formel $x = \dfrac{n \times 760}{b}$ auf den normalen Luftdruck um. In dieser Formel bedeutet x den Sauerstoffgehalt bei normalem Luftdruck, n den gefundenen Sauerstoffgehalt und b den abgelesenen Barometerstand. Die durch den Luftdruck hervorgerufenen Abweichungen in den Sättigungszahlen betragen aber gewöhnlich nur einige Zehntel Milligramm im Liter.

b). Sauerstoffzehrung. Außer dem gelösten Sauerstoff bestimmt man bei vielen Wässern auch die sog. **Sauerstoffzehrung.** Indessen kommt die Bestimmung der Sauerstoffzehrung hauptsächlich für die Beurteilung von **Oberflächenwasser,** insbesondere Flußwasser, als eine der schärfsten Verfahren zum Nachweis von Verunreinigung in Frage. Beim Trinkwasser wird sie verhältnismäßig selten angewendet. Unter der **Sauerstoffzehrung** nach **Spitta** versteht man denjenigen Betrag an Sauerstoff, den das Wasser, wenn es in **geschlossener** Flasche 24 Stunden lang bei 23° steht, verliert. Der Sauerstoff wird dabei von den im Wasser vorhandenen Mikroorganismen aufgezehrt und kann, da die Flasche geschlossen ist, sich aus der Luft nicht wieder ersetzen. Man verfährt für die Bestimmung der Sauerstoffzehrung in folgender Weise: Eine Sauerstoffflasche wird wie oben mit dem

Wasser gefüllt und dann 24 Stunden lang bei 23° stehen gelassen. Nach dieser Zeit wird mit Manganchlorür und Natronlauge gefällt und die Bestimmung in der oben geschilderten Weise zu Ende geführt. Die Differenz des Sauerstoffgehaltes, den man bei der sofortigen Bestimmung gefunden hat, gegenüber dem Sauerstoffgehalt, der nach 24 Stunden noch vorhanden ist, ergibt die Sauerstoffzehrung.

Außer der Winklerschen Sauerstoffbestimmung gibt es noch eine Anzahl anderer meist älterer Verfahren, welche auf gasvolumetrischem Wege den Sauerstoff bestimmen. Zu nennen wäre das Verfahren von Preusse - Tiemann[1]) und das Verfahren von K. B. Lehmann[2]). Die Verfahren sind jedoch sämtlich umständlicher und ungenauer als das Winklersche Verfahren.

Andere Autoren, unter anderen auch L. W. Winkler[3]) selbst, haben ferner Verfahren angegeben zur schnell ausführbaren annähernden Schätzung des Sauerstoffgehaltes. Da indessen diese Verfahren mehr für Flußwasser als für Trinkwasser von Bedeutung sind, so wird hier von ihrer Mitteilung abgesehen.

2. Die Bestimmung der Kohlensäure.[4])
Die Kohlensäure ist im Wasser in gebundener und freier Form vorhanden. Von kohlensauren Salzen kommen in natürlichen Wässern praktisch nur die sauren Salze oder Bicarbonate vor, da so gut wie immer freie Kohlensäure vorhanden ist und bei Gegenwart von freier Kohlensäure neutrale Carbonate nicht in Lösung sein können (abgesehen von den Spuren Carbonat-Ionen, welche durch hydrolytische Spaltung der Hydrocarbonat-Ionen entstehen). Man unterscheidet bei der Bestimmung der Kohlensäure daher zweckmäßig die Bestimmung der Bicarbonat-Kohlensäure und die Bestimmung der freien Kohlensäure. Zur Kontrolle, ob die Bestimmungen richtig sind, führt man auch die Bestimmung der gesamten Kohlensäure, d. h. aller im Wasser in Form von freier oder Bicarbonat-Kohlensäure vorhandenen Kohlensäure aus. Tillmans und Heublein haben ferner den Begriff der aggressiven Kohlensäure hinzugefügt.

a) Die Gesamt-Kohlensäure. Für die Bestimmung der gesamten Kohlensäure sind eine große Reihe von Verfahren vorgeschlagen worden. Fast alle Verfahren der Bestimmung beruhen darauf, daß das Wasser mit Kalk- oder Barythydrat gefällt wird. Dann wird auf verschiedene Weise verfahren:

α) Der Niederschlag wird abfiltriert, ausgewaschen, das Filter mit dem ausgefallenen kohlensauren Kalk in einen Zersetzungsapparat gebracht, hier mit Salzsäure behandelt und die durch Kochen ausgetriebene Kohlensäure in Kaliapparate geleitet und gewogen. Diese Verfahren sind wenig empfehlenswert und liefern nach unseren Beobachtungen recht ungünstige und ungenaue Ergebnisse. Die vorliegenden Fehlerquellen sind recht beträchtlich und beruhen darin, daß einmal der kohlensaure Kalk in Wasser nicht unlöslich ist, sondern sich bis zu etwa 20 mg in 1 l löst. Verwendet man Barythydrat zur Fällung, so ist der Fehler beträchtlich geringer, da das Bariumcarbonat weniger löslich ist. Weitere Fehler können dadurch entstehen, daß man zum Auswaschen des Niederschlages gewöhnliches, destilliertes Wasser verwendet,

---

[1]) Berichte d. Deutsch. chem. Gesellschaft 1879, **12**, 1768.

[2]) K. B. Lehmann, Die Methoden der praktischen Hygiene, 2. Aufl., Wiesbaden 1901, S. 228.

[3]) Sauerstoffschätzung mit Adurol-Boraxgemisch. Zeitschr. f. angew. Chemie 1911, **24**, 341 u. 841; 1913, **26**, Bd. 1, 134. Nach einer weiteren Angabe von L. W. Winkler (Zeitschr. f. analyt. Chemie 1914, **53**, 665) soll man 1 Tl. trockenes Adurol mit 6 Tln. bei 100° getrocknetem Borax und 3 Tln. bei 100° getrocknetem Seignettesalz mischen und in verschlossenem Medizinfläschchen aufbewahren. Mit diesem Salzgemisch färbt sich ein Wasser um so stärker rötlichbraun, je mehr Sauerstoff es enthält.

[4]) Vgl. J. Tillmans, Journ. f. Gasbel. u. Wasserversorgung 1913, **56**, Nr. 15 u. 16.

welches fast immer reich an freier Kohlensäure ist. Verfährt man in dieser Weise, so löst sich natürlich von dem ausgeschiedenen $CaCO_3$ oder $BaCO_3$ ein sehr beträchtlicher Teil in Form von Bicarbonat auf. Abgesehen von diesen Fehlern wird aber das ganze Verfahren dadurch unhandlich und umständlich, daß man eine große und umfangreiche Apparatur notwendig hat, und daß es nicht immer ganz leicht ist, die durch das Kochen des Wassers entwickelten Wassermengen einwandfrei wegzunehmen und vom Kaliapparat fernzuhalten.

β) Der abfiltrierte Niederschlag wird in Essigsäure gelöst, und es wird der Kalk- gehalt bestimmt, aus dem dann die Kohlensäure zu berechnen ist (König). Dieses Verfahren hat den Nachteil, daß die Filter häufig freie Erdalkalien hartnäckig zurückhalten. Da in der Flüssigkeit überschüssiges Kalkhydrat vorhanden ist, so kann also leicht zuviel Kalk gefunden werden. Ferner sind auch hier zu beachten der Gehalt des destillierten Wassers an freier Kohlensäure, sowie die Löslichkeit des kohlensauren Kalkes in Wasser. Endlich werden die Ergebnisse unrichtig, wenn Kieselsäure im Wasser vorhanden ist, da diese ebenfalls als Calciumsilicat gefällt werden würde. Ist ferner Eisen oder Mangan vorhanden, so werden diese Körper mit ausgefällt und müssen vor der Kalkfällung ausgeschieden werden.

γ) Von dem klar abgesetzten Wasser wird ein aliquoter Teil abgehoben und durch Rücktitrieren mit Phenolphthalein oder Methylorange als Indicator das nicht verbrauchte Kalk- oder Barythydrat zurücktitriert. Letzteres wendet Trillich zur Bestimmung der freien und halbgebundenen Kohlensäure an. Das Verfahren ermittelt also eigentlich nicht die Gesamt-Kohlensäure, sondern nur die freie und die Hälfte der Bicarbonat-Kohlensäure, die man früher als halbgebundene bezeichnete. Da aber bei Vorhandensein von freier Kohlensäure praktisch im Wasser nur Bicarbonate vorhanden sein können, so hat man, wenn man gleichzeitig die Bicarbonat-Kohlensäure bestimmt, mit diesem Verfahren ebenfalls die Gesamt-Kohlensäure. Nach den Formeln:

$$Ca(HCO_3)_2 + Ba(OH)_2 = CaCO_3 + BaCO_3 + 2\,H_2O$$

und

$$H_2CO_3 + Ba(OH)_2 = BaCO_3 + 2\,H_2O$$

wird für jedes Mol. freier und halbgebundener Kohlensäure 1 Mol. Baryt verbraucht. Die Ausführung des Verfahrens gestaltet sich folgendermaßen: Man gibt mit einer Pipette 150 ccm Wasser in eine Medizinflasche von etwa 200 ccm Inhalt, fügt dann mit einer Pipette 50 ccm einer $^1/_{10}$ N.-Barythydratlösung zu, welcher auf 1 l 10 g reinstes Chlorbarium zugesetzt sind. Man schüttelt durch und läßt 24 Stunden lang den Niederschlag absitzen. Dann hebert man mit einer Pipette 50 ccm der klaren, überstehenden Flüssigkeit ab und titriert mit Phenolphthalein als Indicator und $^1/_{10}$ N.-Salzsäure auf farblos. Dieser Wert wird mit 4 multipliziert und von der für die Einstellung der 50 ccm Barythydrat verbrauchten Salzsäuremenge abgezogen. Die so erhaltenen, für die Fällung der freien und halbgebundenen Kohlensäure aus 150 ccm Wasser verbrauchten Kubikzentimeter $^1/_{10}$ N.-Säure ergeben mit 2,2 multipliziert, den Gehalt an freier und halbgebundener Kohlensäure in Milligramm (für 150 ccm).

Gegen dieses sehr verbreitete und vielfach angewendete Verfahren sind schon von verschiedenen Seiten Einwände erhoben worden. Im allgemeinen findet man nämlich nach ihm stets zuviel freie und halbgebundene Kohlensäure. Das rührt daher, daß Barythydrat durch Absorption am Niederschlage haftet und so der überstehenden klaren Flüssigkeit entzogen wird. Außerdem sind die Fehlerquellen des Verfahrens außerordentlich groß, da der bei der Titration gemachte Analysenfehler sich bei der Umrechnung auf 1 l schon etwa 60fach multipliziert. Ein Fehler von 0,1 ccm $^1/_{10}$ N.-Salzsäure bei der Titration entspricht also schon 6 mg Kohlensäure im Liter.

Ist Magnesia im Wasser enthalten, so wird diese vollständig als $Mg(OH)_2$ ausgefällt, gleichviel in welcher Form sie vorliegt. Es wird also für jedes Mol. MgO, welches im Wasser vorhanden ist, 1 Mol. Ba(OH)$_2$ zuviel verbraucht. Da nun die allermeisten Wässer Magnesia enthalten, so muß man eine Korrektur anbringen. Die Magnesia wird bestimmt, die für 1 l gefundene Menge in Milligramm zur Umrechnung auf Kohlensäure mit 1,1 multipliziert und vom Ergebnis in Abzug gebracht.

Eine ähnliche Korrektur muß bei Vorhandensein von Eisen und Mangan angebracht werden, da diese Körper sich genau ebenso wie Magnesia verhalten.

Man hat ferner noch eine Reihe anderer Arten der Ermittlung der Gesamtkohlensäure vorgeschlagen, so Auflösen des Kalkniederschlages in Salzsäure, Abdampfen der Salzsäure und Titration des gebundenen Chlors nach Mohr u. a. Alle diese Verfahren filtrieren aber den Kalk und damit haften ihnen die aus der Löslichkeit des CaCO$_3$ sich ergebenden oben erwähnten Fehlerquellen an.

δ) Die Bestimmung der gesamten Kohlensäure nach L. W. Winkler[1])[2]) (vgl. Fig. 220). Das weitaus beste, genaueste und nicht zu umständliche Verfahren zur Bestimmung der Gesamt-Kohlensäure im Wasser ist die nach L. W. Winkler. Man mißt in einen etwa 500 ccm Wasser fassenden Erlenmeyer-Kolben a (vgl. Fig. 220) 2 ccm Zink (granuliert) in der Weise ab, daß man einen Meßzylinder von 20 ccm Inhalt bis zur Marke 10 ccm mit Wasser füllt und so lange Zinkstückchen zugibt, bis das Wasser auf 12 ccm gestiegen ist. Auf dem Erlenmeyer-Kolben befindet sich ein Aufsatz b und auf diesem ein Tropftrichter c, der mit Salzsäure gefüllt wird. Der Aufsatz hat einen seitlichen Röhrenansatz, der mit einer kleinen, mit Wasser gefüllten Waschflasche d verbunden ist; hinter die Waschflasche ist ein Chlor-calciumrohr e und hinter dieses ein Kali-apparat f geschaltet. Die Ausführung der Bestimmung gestaltet sich außerordentlich einfach. Das Aufnahmegefäß trägt dort, bis wohin der Gummistopfen reicht, eine Marke. Der Inhalt der Flasche ist bis zu dieser Marke genau ausgemessen. Man füllt das Wasser am besten durch Überhebern in den Kolben a. Man setzt dann sofort den Aufsatz b und den mit 100 ccm Salzsäure vom spezifischen Gewicht 1,09 gefüllten Scheide-trichter b auf. Nachdem der Kaliapparat gewogen und verbunden ist, läßt man die Hälfte der Salzsäure zum Wasser zutreten. Die Salzsäure zersetzt die Bicarbonate, und die so frei gewordene Kohlensäure wird ebenso wie die von vornherein frei gewesene Kohlensäure von dem gleichzeitig aus dem Zink und der Säure sich entwickelnden Wasserstoff aus dem Wasser ausgetrieben. Nach

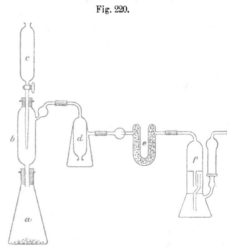

Fig. 220.

Apparat zur Bestimmung der Kohlensäure in Wasser nach Winkler.

1¹/₂ Stunden gibt man den Rest der Salzsäure zu. Nach weiteren 1¹/₂ Stunden also insgesamt 3 Stunden, ist bestimmt alle Kohlensäure in den Kaliapparat übergeführt. Man schaltet nun die Gefäße a, b, c ab, setzt statt dessen eine mit Kalilauge beschickte Waschflasche vor und saugt vom Kaliapparat aus mit Hilfe der Wasserstrahlpumpe ¹/₂ Stunde Luft durch. Der Wasserstoff muß aus dem Kaliapparat vollständig entfernt werden, weil sonst erhebliche Fehler entstehen. Die Gewichtszunahme des Kaliapparates ergibt die in dem abgemessenen Wasservolumen vorhandene gesamte Kohlensäure. Das Verfahren ist von Tillmans und

---

1) Zeitschr. f. analyt. Chemie 1903, **42**, 735.

2) Vgl. J. Tillmans und Heublein, Zeitschr. f. Untersuchung d. Nahrungs- u. Genußmittel 1910, **20**, 617.

Heublein an sehr zahlreichen Wasserproben sowohl natürlicher Herkunft, als auch künstlich hergestellter Bicarbonatlösungen geprüft und als zuverlässig befunden. Das lästige Kochen fällt weg; der Apparat arbeitet, ohne daß man sich darum zu kümmern braucht. Vor den Kalk- und Barytfällungsverfahren hat das Winklersche vor allem den Vorzug, daß es einmal eine gewichtsanalytische ist, und zweitens nur Kohlensäure bestimmt. Korrekturen irgendwelcher Art, wie sie für die Magnesia, Kieselsäure, Eisen, Humussäure usw. sonst anzubringen sind, fallen hier fort.

b) Die Bicarbonat-Kohlensäure (gebundene Kohlensäure, halbgebundene Kohlensäure, Alkalität). Altem Brauche gemäß drückt man die Bicarbonat-Kohlensäure meist als gebundene Kohlensäure aus. Man unterschied früher zwischen gebundener und halbgebundener Kohlensäure, Bezeichnungen, welche auf unsere heutige Anschauungen nicht mehr passen. In der praktischen Wasseranalyse ist aber diese Unterscheidung in halbgebundene und gebundene Kohlensäure sehr eingebürgert. Sie hat auch zweifellos eine Reihe von praktischen Vorzügen. Deshalb ist sie auch hier noch beibehalten worden. Unter gebundener, sowie halbgebundener Kohlensäure ist also stets die Hälfte der Bicarbonat-Kohlensäure zu verstehen.

Die Bestimmung der Bicarbonat-Kohlensäure erfolgt im allgemeinen in der Weise, daß man das Wasser unter Zusatz von Methylorange bis zum ersten Umschlag auf Rotbraun mit $^1/_{10}$ N.-Salz- oder Schwefelsäure titriert: Man mißt 250 ccm ab, am besten in einen Erlenmeyer-Kolben aus Jenaer Glas und gibt 2 Tropfen einer Methylorangelösung 1 : 1000 zu. Unter keinen Umständen darf mehr Indicator verwendet werden, weil dann der Umschlag sehr viel schlechter wird. Man fügt dann aus einer Bürette so lange $^1/_{10}$ N.-Salz- oder Schwefelsäure zu, bis die gelbe Farbe des Indicators eben anfängt, in Gelbbraun überzugehen. Nach der Gleichung $Ca(HCO_3)_2 + 2 HCl = CaCl_2 + 2 CO_2 + 2 H_2O$ entspricht jedes Kubikzentimeter $^1/_{10}$ N.-Salzsäure, welches bis zum Umschlag des Indicators verbraucht wurde, 4,4 mg Bicarbonat-Kohlensäure bzw. 2,2 mg gebundener Kohlensäure oder halbgebundener Kohlensäure.

Das Verfahren beruht bekanntlich darauf, daß Kohlensäure in den Mengen, wie sie bei der Titration frei gemacht wird, auf Methylorange so gut wie nicht einwirkt. Man nennt das Verfahren daher auch die Bestimmung der Alkalinität oder auch einfach Alkalität. Es ist indessen zu bemerken, daß bei Wässern mit hoher Carbonathärte die frei gemachte Kohlensäure doch den Indicator etwas beeinflussen kann. Bei solchen Wässern empfiehlt es sich daher, in der Kälte zunächst bis zum Umschlag zu titrieren, dann aufzukochen (im Jenaer Glasgefäß) und nach dem Abkühlen nochmals bis zum Umschlag weiter zu titrieren.

Für einen weniger Geübten ist der Umschlag von Gelb auf Gelbbraun unter Umständen schwer zu sehen. Personen mit normalen Augen prägen sich jedoch den Umschlag sehr schnell ein. Wer den Umschlag nicht zu sehen vermag, kann sich in der Weise helfen, daß er eine zweite Probe des Wassers mit Methylorange versetzt und diese als Vergleichslösung bei der Titration benutzt. Im übrigen ist Methylorange ein Indicator, mit dem man außerordentlich gern arbeitet, sobald man sich an ihn gewöhnt hat.

Man kann die Alkalität in umständlicherer Weise auch mit Phenolphthalein bestimmen: 250 ccm des Wassers werden mit überschüssiger $^1/_{10}$ N.-Schwefelsäure versetzt, dann im Jenaer Becherglas die Flüssigkeit zur Vertreibung der Kohlensäure auf etwa die Hälfte eingedampft. Man titriert hierauf die verbleibende Säure unter Anwendung von Phenolphthalein mit $^1/_{10}$ N.-Natronlauge zurück. Das Verfahren ist jedoch umständlicher und ungenauer als das mit Methylorange.

Es empfiehlt sich, die Bestimmung der Bicarbonat-Kohlensäure bei Wässern mit hoher Carbonathärte schon am Orte der Entnahme auszuführen. Solche Wässer scheiden nämlich beim Versand oft schon einen Teil ihrer Carbonathärte in Form von fest an der Wand sitzendem Caliumcarbonat ab, so daß eine Entmischung des Wassers in bezug auf die Carbonathärte die Folge ist.

Ebenso ist es bei eisenhaltigen Wässern notwendig, die Bicarbonat-Kohlensäure am Orte der Entnahme zu bestimmen. Ferrosalze setzen sich nämlich bekanntlich bei Berührung mit Luft sehr schnell in Form von Hydroxyd ab, wobei ein äquivalenter Teil der Bicarbonat-Kohlensäure entbunden wird. Man würde also in diesem Falle zu wenig Bicarbonat-Kohlensäure finden. Ist bei sehr viel Carbonathärte, in eisenhaltigen Wässern, die Bestimmung am Orte der Entnahme nicht ausführbar, so muß das Wasser in vollständig dicht verschlossener Flasche, ohne daß das Wasser mit Luft in Berührung ist, zum Versand gelangen.

Sind kiesel- oder humussaure Salze im Wasser vorhanden, so ergibt die Titration mit Methylorange natürlich nicht genau die Bicarbonat-Kohlensäure. Man bestimmt die Bicarbonat-Kohlensäure in diesen Fällen am besten als Differenz von Gesamt-Kohlensäure nach Winkler und der in der unten noch zu schildernden Weise am Orte der Entnahme zu titrierenden freien Kohlensäure. Sind Alkalicarbonate neben Bicarbonaten im Wasser vorhanden, so würde natürlich die Titration nach Lunge nicht auf Bicarbonat-Kohlensäure zu berechnen sein; für Trinkwasser kommt aber dieser Fall kaum vor. Bei Kesselspeisewasser ist er dagegen sehr häufig (vgl. weiter unten S. 547).

c) Die freie Kohlensäure. Für die Bestimmung der freien Kohlensäure bedient man sich allgemein des Verfahrens von Seyler-Trillich, indem man das Wasser mit Alkalien unter Verwendung von Phenolphthalein titriert. Über dieses Verfahren hat sich im Laufe der Jahre eine ziemlich erhebliche Literatur angesammelt. Während bis vor kurzem die Meinungen über die Genauigkeit und den Wert des Verfahrens geteilt waren, haben die Arbeiten der letzten Jahre, insbesondere die von Noll[1]), sowie von Tillmans und Heublein[2]), volle Aufklärung gebracht. Nach der Gleichung $H_2CO_3 + NaOH = NaHCO_3 + H_2O$ wird bei der Titration die Kohlensäure zu Bicarbonat gebunden. Das Verfahren setzt also voraus, daß Bicarbonate gegen Phenolphthalein neutral reagieren. Nach den genauen Untersuchungen von Auerbach und Pick[3]) ist die Hydroxylionenkonzentration, die infolge von Hydrolyse in Bicarbonaten vorhanden ist, äußerst gering. Diese geringe Hydroxylionen-Konzentration würde die Bestimmung nicht stören können, wenn nicht dadurch Schwierigkeiten auftreten, daß die Kohlensäure in außerordentlich geringem Maße dissoziiert ist. Die von Noll gefundene Tatsache, daß die Menge des angewendeten Phenolphthaleins bei der Titration von großem Einfluß ist, haben Tillmans und Heublein bei chemisch-physikalischer Betrachtungsweise vollständig zu erklären vermocht und haben gleichzeitig gezeigt, daß, wenn man bestimmte Mengen Phenolphthalein anwendet und eine bestimmte Bicarbonatkonzentration nicht überschreitet, die Titration ausreichend genaue Werte liefert.

α) Verfahren von Tillmans und Heublein. Zur Ausführung der Titration läßt man das zu untersuchende Wasser aus einem Schlauch am Orte der Entnahme in langsamem, stetigem Strahl eine Zeitlang ausfließen, und dann vorsichtig in einem 200er Kölbchen mit bauchiger Erweiterung des Halses (vgl. Fig. 221) bis zur Marke aufsteigen. Man setzt dann 1 ccm einer Phenolphthaleinlösung hinzu, die durch Auflösen von 0,375 mg reinem Phenolphthalein in 1 l Alkohol (95 proz.) hergestellt ist. Weiter läßt man aus einer kleinen Bürette $1/20$ N.-Natronlauge in das Kölbchen fließen. Nach jedem Zusatz verschließt man mit einem reinen Korkstopfen und schüttelt um.

Eine bestehen bleibende Rosafärbung zeigt das Ende der Reaktion an. Diese muß 5 Min., bei unter 9° kalten Wässern 10 Min. anhalten. Es empfiehlt sich, die Titration dann

Fig. 221.

200 ccm

Kölbchen für Kohlensäuretitration.

---

[1]) Noll, Zeitschr. f. angew. Chemie 1912, **25**, 998.

[2]) Tillmans und Heublein, Zeitschr. f. Untersuchung d. Nahrungs- u. Genußmittel 1912, **24**, 429; 1917, **33**, 289.

[3]) Auerbach und Pick, Arbeiten a. d. Kaiserl. Gesundheitsamte 1912, **38**, 243

nochmals zu wiederholen, indem man die bei der ersten Titration verbrauchte Menge Alkali auf einmal zugibt und einen etwaigen Rest von Kohlensäure bis zur eben auftretenden Rosafärbung austitriert.

1 ccm $^1/_{20}$-N.-Natronlauge entspricht 2,2 mg CO_2. Um auf 1 Liter zu berechnen, hat man also die verbrauchten Kubikzentimeter Natronlauge mit der Zahl 11 zu multiplizieren. Man kann an Stelle von $^1/_{20}$-N.-Lauge auch $^1/_{22}$-N.-Lauge verwenden. Das hat den Vorzug, daß man das Ergebnis der Titration nur mit 10 zu multiplizieren braucht, um sofort Milligramm Kohlensäure für 1 Liter zu erhalten.

Hat das Wasser am Schlusse der Titration mehr als 440 mg Bicarbonatkohlensäure (220 mg geb. CO_2; 27° Carbonathärte) oder tritt während der Titration eine Trübung unter Entfärbung des Phenolphthaleins auf, so muß vorher verdünnt werden. Man verfährt dann folgendermaßen:

In das Titrationskölbchen werden 100 ccm kohlensäurefreies destilliertes Wasser aus einem genauen Meßkölbchen eingefüllt. Das kohlensäurefreie destillierte Wasser bereitet man, indem man gewöhnliches destilliertes Wasser in einem großen Jenaer Becherglas auf dem Drahtnetz $^1/_4$ Stunde lang auskocht. Man kühlt sofort ab und bestimmt nach dem obigen Verfahren in einer Probe die noch vorhandene Kohlensäuremenge. Zum gemessenen Rest gibt man die nach der Bestimmung zur Bindung der noch vorhandenen Kohlensäure erforderliche Laugemenge hinzu. Das erkaltete Wasser bewahrt man in einer Jenaer Flasche auf. Derartiges Wasser hält man am besten stets vorrätig. Man füllt nun aus dem Schlauch das Kölbchen mit dem zu untersuchenden Wasser gerade bis zur Marke an, setzt Phenolphthalein hinzu und verfährt im übrigen wie oben.

Eine weitere Verdünnung wie 1 : 1 vorzunehmen, dürfte wohl in der Praxis kaum erforderlich werden.

Freie Kieselsäure stört die Bestimmung nicht, da diese Säure nicht auf Phenolphthalein reagiert. Dagegen ist etwa vorhandene freie Humussäure von Einfluß. Man kann in diesem Falle den nötigen Aufschluß meist durch die gleichzeitige Bestimmung der gesamten Kohlensäure nach Winkler erhalten. Ferner kann man auch durch das von Tillmans und Heublein[1]) angegebene Regnen des Wassers mit Hilfe einer Porzellannutsche aus etwa 1 m Höhe sich Aufklärung verschaffen.

Bei eisenhaltigen Wässern versagt indessen das Verfahren, weil auch Alkali zur Fällung dieser Verbindungen verbraucht wird. Man kann zur Bestimmung der freien Kohlensäure in solchen Fällen folgendermaßen vorgehen: In einem geschlossenen Gefäß ohne großen Luftraum wird eine größere Portion des Wassers gut durchgeschüttelt. Das Eisen setzt sich mit dem Sauerstoff und den Bicarbonaten des Wassers in Oxyhydrat unter Entbindung einer äquivalenten Menge von Bicarbonat-Kohlensäure gemäß folgender Gleichung um:

$$2\,FeSO_4 + 2\,Ca\,(HCO_3)_2 + O + H_2O = 2\,CaSO_4 + 2\,Fe(OH)_3 + 4\,CO_2\,.$$

Man titriert dann die vom Oxyhydrat durch Absitzenlassen befreite klare Flüssigkeit, die man abhebert wie oben, und bringt für jedes Molekül Fe 2 Mol. CO_2 am Ergebnis in Abzug. Für 1 mg Fe sind also 1,57 mg CO_2 in Abzug zu bringen. Man kann bei eisenhaltigen Wässern aber vielleicht in noch genauerer Weise so vorgehen, daß man die freie Kohlensäure aus der nach Winkler ermittelten gesamten Kohlensäure und der am Orte der Entnahme bestimmten Bicarbonatkohlensäure als Differenz berechnet.

β) Verfahren von L. W. Winkler. L. W. Winkler[2]) hat zur Bestimmung der freien Kohlensäure vorgeschlagen, eine konzentriertere Phenolphthaleinlösung anzuwenden und, weil Alkalihydrocarbonatlösungen sich hiergegen alkalisch verhalten,

---

[1]) Zeitschr. f. Untersuchung d. Nahrungs- u. Genußmittel 1910, **20**, 617.

[2]) Zeitschr. f. analyt. Chemie 1914, **53**, 746; Zeitschr. f. angew. Chemie 1916, **29**, I, 335; Zeitschr. f. Untersuchung d. Nahrungs- n. Genußmittel 1917, **33**, 443.

einen **Korrektionswert** einzuführen, der auch seine Richtigkeit behält, wenn man mit Calcium- oder Magnesiumhydrocarbonat enthaltender Lösung arbeitet. **Winkler** verwendet:

1. 4,818 g bei 180° getrocknetes reines **Natriumcarbonat** in 1000 ccm ausgekochtem destilliertem Wasser; hiervon entspricht 1 ccm $= 2,00$ ccm CO_2 bei 0° und 760 mm Druck. Die Richtigkeit der Lösung wird durch $^1/_{10}$ N.-Salzsäure festgestellt.

2. 1 g reinstes Phenolphthalein in 50 ccm 90 proz. Weingeist $+$ 50 ccm Glycerin und dazu so viel verdünnte Natronlauge, daß die Lösung eben rosarot erscheint.

3. 3,571 g in Kohlendioxyd getrocknetes reinstes Kaliumhydrocarbonat in 1 l kohlensäurefreiem Wasser gelöst; gleich 100° Carbonathärte.

4. 35,66 ccm N.-Salzsäure mit destilliertem, CO_2-freiem Wasser auf 1000 ccm verdünnt; gleich 100° Carbonathärte.[1])

Man füllt bzw. leitet das Wasser in passender Weise in bzw. durch einen glattwandigen Meßkolben von 100 ccm, dessen Marke sich möglichst tief unten am Halse befindet. Am Kolbenhals befinden sich weitere Marken für 1—5 ccm, deren Zwischenraum in $^1/_{10}$ ccm eingeteilt ist. Das über der 100 ccm-Marke stehende Wasser wird mit Hilfe eines dünnstieligen eigenartigen Stechhebers entfernt und zu dem Inhalt 1 ccm Phenolphthaleinlösung zugetröpfelt, deren Raummenge am Kolbenhalse abgelesen wird. Man hält nach dem Eintröpfeln der Lösung den Kolben etwas schief und versetzt den Inhalt ruckweise in drehende Bewegung, indem man den Kolben, den Hals zwischen den Handflächen haltend, quirlartig bewegt.

Die **Meßflüssigkeit** von Natriumcarbonat wird ebenfalls aus einem Tropfgläschen in den Kolben geträufelt, durch Schiefhalten des Kolbens zum Untersinken gebracht und wie vorhin durch Quirlen eine Vermischung bewirkt. Man titriert bis zu deutlich sichtbarer rosaroten, 5 Minuten andauernden Färbung. Die Menge der verbrauchten Meßflüssigkeit wird am Kolbenhals abgelesen. Zu der so gefundenen Menge Kohlensäure (1 ccm Natriumcarbonatlösung $\times$ 2) muß noch die hinzugezählt werden, die bei beendeter Titration als freie Kohlensäure zurückbleibt.

Die bei vorstehender Ausführungsweise hinzuzuzählenden Verbesserungswerte sind folgende:

Verbrauchte Natriumcar-bonatlösung ccm	Carbonathärte und Verbesserungswerte								
	0° ccm	5° ccm	10° ccm	15° ccm	20° ccm	25° ccm	30° ccm	35° ccm	40° ccm
0	—0,05	0,05	0,15	0,30	0,45	0,55	0,70	0,80	0,95
1	0	0,10	0,20	0,35	0,50	0,60	0,75	0,85	1,00
2	0,05	0,15	0,25	0,40	0,55	0,65	0,80	0,90	1,05
3	0,10	0,20	0,30	0,45	0,60	0,70	0,85	0,95	1,10
4	0,15	0,25	0,35	0,50	0,65	0,75	0,90	1,00	1,15
5	0,20	0,30	0,40	0,55	0,70	0,80	0,95	1,05	1,20
6	0,25	0,35	0,45	0,60	0,75	0,85	0,95	1,05	1,20
7	0,30	0,40	0,50	0,65	0,80	0,90	1,00	1,10	1,25
8	0,35	0,45	0,55	0,70	0,85	0,95	1,05	1,15	1,30
9	0,40	0,50	0,60	0,75	0,90	1,00	1,10	1,20	1,35
10	0,50	0,60	0,70	0,80	0,95	1,05	1,15	1,25	1,40

Den **annähernden Verbesserungswert** erhält man durch Multiplikation der Carbonathärte mit 0,03.

---

[1]) Die Lösungen Nr. 3 und 4 dienen zur Ermittelung der Korrektionswerte.

Wenn ein Wasser beim Hinzufügen der Phenolphthaleinlösung sich rosenrot färbt, so setzt man etwa 1 ccm der obigen Salzsäure bis zum völligen Entfärben zu und titriert mit der Natriumcarbonatlösung auf beständig blaß-rosenrot.

Fig. 222.

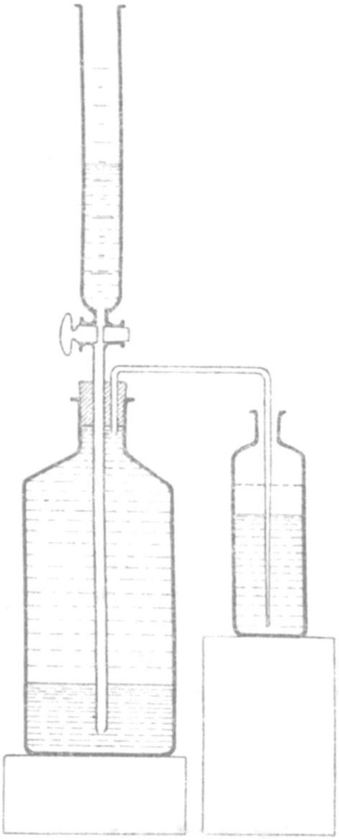

Vorrichtung zum Verdünnen des Wassers.

Die auf 100 ccm Untersuchungswasser verbrauchte Salzsäure wird als negativ verbrauchte Natriumcarbonatlösung betrachtet, welcher Wert dann der Korrektionstabelle entsprechend verbessert wird. Sollte das Endergebnis negativ sein, so enthält das Untersuchungswasser auch normale Carbonate.

Wenn ein Wasser über 40 deutsche Härtegrade hat, so muß es entsprechend (etwa um die Hälfte) verdünnt werden. Das geschieht zweckmäßig mit nebenstehender Vorrichtung Fig. 222): Man füllt die große, etwa 500 ccm fassende Flasche mit dem zu untersuchenden Wasser, setzt eine Bürette auf, die mit gesättigter und gefärbter Salzlösung gefüllt ist und dessen Ausflußspitze bis auf den Boden der Flasche mündet. Dadurch, daß man Salzlösung einfließen läßt, tritt durch das unter dem Pfropfen mündende Heberrohr Untersuchungswasser, von dem man die ersten austretenden 50—100 ccm weggibt und die weiteren ausfließenden 50 ccm zu der mit 50 ccm kohlensäurefreiem destilliertem Wasser gefüllten kleinen Flasche treten läßt und nun wie vorstehend untersucht. Die gefundenen Werte müssen natürlich verdoppelt werden, um sie auf 100 ccm umzurechnen.

Diese Vorrichtung kann auch benutzt werden, wenn das zu untersuchende Wasser trübe ist; man setzt dann noch das mit Wattebausch versehene Heberrohr (Fig. 223) auf.

Bei Untersuchung eisenhaltiger Wässer gibt man zu der in der „Kohlensäureflasche" enthaltenen Wasserprobe von 100 ccm 1—2 ccm gesättigte Seignettesalzlösung, bevor man die Bestimmung vornimmt. Mangansalze in Mengen, wie sie in natürlichen Wässern vorkommen, haben keinen Einfluß auf die Bestimmung.

Fig. 223.

Heberrohr mit Wattebausch.

Um bei gefärbten Wässern den Endpunkt besser zu treffen, benutzt man eine zweite, in einer „Kohlensäureflasche" befindliche Wasserprobe als Vergleichsflüssigkeit.

d) Aggressive Kohlensäure. Es ist eine bekannte Tatsache, daß manche Wässer trotz des Vorhandenseins reichlicher Mengen von freier Kohlensäure dann auf Materialien nicht aggressiv wirken, wenn gleichzeitig größere Mengen von Bicarbonat-Kohlensäure vorhanden sind. Tillmans und Heublein[1] haben die Gründe für diese Tatsache ermittelt und stellen den Begriff der aggressiven Kohlensäure auf, der wissenschaftlich nur für den Angriff auf kohlensauren Kalk begründet ist.

Die Löslichkeit von Calcium- und Magnesiumcarbonat in kohlensäurehaltigem Wasser ist abhängig von der Tension der Kohlensäureatmosphäre der darüberstehenden Luft oder, was dasselbe besagt, von der im Wasser gleichzeitig vorhandenen

---

[1] Tillmans und Heublein, Gesundheits-Ingenieur 1912, **35**, 669.

freien Kohlensäure. Soll also Calciumbicarbonat im Wasser beständig sein, so muß gleichzeitig eine mit dem Bicarbonatgehalte rasch ansteigende Menge von freier Kohlensäure vorhanden sein. Wird diese Kohlensäure dem Wasser genommen, so ist das Bicarbonat nicht mehr existenzfähig und zersetzt sich unter Entbindung von freier Kohlensäure und unter Ausfallen von neutralem kohlensaurem Kalk. Die zum jedesmaligen Bicarbonatgehalte gehörige Kohlensäuremenge vermag demnach calciumcarbonathaltige Mauerwerke nicht anzugreifen. In einer Reihe von Versuchen haben Tillmans und Heublein diese zu jedem Gehalt an Calciumbicarbonat dem bei natürlichem Wasser in erster Linie in Betracht kommenden Bicarbonat zugehörige Menge freier Kohlensäure ermittelt. Auerbach[1]) hat kurz darauf auf Grund des Versuchsmaterials von Tillmans und Heublein aus dem Gesetze des chemischen Gleichgewichtes eine Konstante berechnet; mit Hilfe dieser Konstante kann man die zu jedem Gehalt an gebundener Kohlensäure gehörige freie berechnen. Die Werte sind die folgenden:

Tabelle.

Gebundene CO_2 (die Hälfte der Bicarbonat-CO_2) und zugehörige freie CO_2.

	mg im Liter								
Gebundene CO_2	freie CO_2		gebundene CO_2	freie CO_2		gebundene CO_2	freie CO_2		
	gefunden (Tillmans-Heublein)	berechnet (Auerbach)		gefunden (Tillmans-Heublein)	berechnet (Auerbach)		gefunden (Tillmans-Heublein)	berechnet (Auerbach)	
5	0	0,003	75	9,25	10,7	140	76,4	70	
			77,5	10,4	—	142,5	80,5	—	
15	0,25	0,08	80	11,5	13,0	145	85	77	
17,5	0,4	—	82,5	12,8	—	147,5	89,1	—	
20	0,5	0,2	85	14,1	15,6	150	93,5	86	
22,5	0,6	—	87,5	15,6	—	152,5	98	—	
25	0,75	0,4	90	17,2	18,5	155	103	95	
27,5	0,9	—	92,5	19	—	157,5	107,5	—	
30	1,0	0,7	95	20,8	21,7	160	112,5	104	
32,5	1,2	—	97,5	22,75	—	162,5	117,5	—	
35	1,4	1,1	100	25	25,4	165	122,5	114	
37,5	1,6	—	102,5	27,3	—	167,5	127,6	—	
40	1,75	1,6	105	29,5	29,5	170	132,9	125	
42,5	2,1	—	107,5	32,3	—	172,5	138	—	
45	2,4	2,3	110	35	34	175	143,8	136	
47,5	2,7	—	112,5	37,8	—	177,5	149,1	—	
50	3,0	3,2	115	40,8	39	180	154,5	148	
52,5	3,5	—	117,5	54,38	—	182,5	160	—	
55	3,9	4,2	120	47	44	185	165,5	161	
57,5	4,25	—	122,5	50,2	—	187,5	171	—	
60	4,8	5,5	125	54	50	190	176,6	175	
62,5	5,25	—	127,5	57,4	—	192,5	182,3	—	
65	6,0	7,0	130	61	56	195	188	189	
67,5	6,75	—	132,5	64,7	—	197,5	194	—	
70	7,5	8,7	135	68,5	63	200	199,5	203	
72,5	8,3	—	137,5	72,3	—				

Hat man in einem Wasser in der oben genannten Weise den Gehalt an Bicarbonat-Kohlensäure und freier Kohlensäure ermittelt, so kann man auf folgende Weise mit Hilfe der

---

[1]) Auerbach, Gesundheits-Ingenieur 1912, **35**, 869.

Zahlen der obigen Tabelle denjenigen Teil der freien Kohlensäure ausrechnen, welcher angreifend auf kohlensauren Kalk zu wirken vermag.

Man darf dabei nicht so vorgehen, daß man einfach die zu der ermittelten gebundenen Kohlensäure zugehörige freie von der ermittelten freien abzieht und nun den Rest als angriffsfähig betrachtet. Das ist deshalb nicht richtig, weil ja bei einem Angriff von freier Kohlensäure auf kohlensauren Kalk die gebundene Kohlensäure eine Erhöhung erfährt. Man muß sich also vergegenwärtigen, daß beim Angriff auf $CaCO_3$ die gebundene Kohlensäure um so viel zunimmt, wie die freie abnimmt. Das Gleichgewicht ist erreicht, sobald die Zunahme der gebundenen Kohlensäure, vermehrt um die zu dieser gebundenen gehörigen freien, wieder dem Gesamtgehalte an ursprünglich vorhandener freier Kohlensäure entspricht. Die Zunahme an gebundener Kohlensäure gibt dann die aggressive Kohlensäure des betreffenden Wassers an.

Gesetzt, es wären in einem Wasser 80 mg gebundene und 50 mg freie Kohlensäure analytisch ermittelt worden. Wir haben dann, um die aggressive Kohlensäure zu finden, in der Reihe für gebundene Kohlensäure so viel weiter zu gehen, bis wir an einen Punkt gelangen, bei dem die Zunahme der gebundenen Kohlensäure von 80 an gerechnet, vermehrt um die zu dieser gebundenen gehörige freie Kohlensäure, die Zahl 50 ergibt. Man hätte also in diesem Beispiel bis zu 102,5 in der Reihe für gebundene Kohlensäure vorzurücken; die Zunahme von 80 an beträgt hier 22,5; die zugehörige freie Kohlensäure bei 102,5 ist 27,3; 22,5 + 27,3 ergibt 49,8, also praktisch 50. Die aggressive Kohlensäure dieses Wassers, welches 80 mg gebundene und 50 mg freie Kohlensäure enthält, betrüge also 22,5 mg im Liter.

Die Zahlen der obigen Tabelle können auch für die Praxis ungefähr als richtig angenommen werden, wenn das Wasser, wie das meistens der Fall ist, nur wenig Magnesia enthält. Sind aber erhebliche Mengen Magnesia vorhanden oder erhebliche Mengen von anderen Neutralsalzen, so empfiehlt es sich, die Ablesung aus der obigen Tabelle durch den praktischen Versuch zu kontrollieren.

e) Marmorlösungsvermögen. Nach dem Vorgange Heyers (vgl. Tillmans und Heublein, Gesundheits-Ingenieur 1912) verfährt man für die Bestimmung des Marmorlösungsvermögens in folgender Weise:

Man läßt an Ort und Stelle das Wasser in eine 500er Medizinflasche mit aller Vorsicht gegen das Entweichen der freien Kohlensäure (vgl. S. 525) einfließen, so daß die Flasche bis zum Hals gefüllt ist. In der Flasche befinden sich einige Gramm fein verriebenen und gut ausgewaschenen Marmorpulvers. Man setzt dann einen Korkstopfen auf, schüttelt kräftig durch und läßt 1—3 Tage absitzen. Dann pipettiert man 100 ccm des klar abgesetzten Wassers in einen Erlenmeyer-Kolben und titriert die Bicarbonat-Kohlensäure. Der dabei erhaltene Wert wird von demjenigen, der für die Titration der Bicarbonat-Kohlensäure im unbehandelten Wasser direkt erhalten wurde, abgezogen. Diese Differenz, ausgedrückt als gebundene Kohlensäure (also $1/_{10}$ N.-Salzsäureverbrauch = 2,2), gibt den Teil der freien Kohlensäure an, der Marmor gelöst hat.

3. Nachweis von Blei, Kupfer und Zink.
Manche Wässer zeigen die Eigentümlichkeit, wie schon erwähnt, geringe Mengen von Metallen aufzulösen. In Betracht kommen hauptsächlich Blei, Kupfer und Zink. Von besonderer Bedeutung ist die Bleilösung, da dieses Metall schon in geringen Mengen durch allmähliche Anhäufung im Körper Gesundheitsstörungen hervorrufen kann.

a) Qualitativer Nachweis von Blei und Kupfer. Zur qualitativen Prüfung auf das Vorhandensein von Schwermetallen im Wasser säuert man eine Wasserprobe mit verdünnter Essigsäure an und fügt dann gesättigtes Schwefelwasserstoffwasser zu. Eine auftretende Dunkelfärbung deutet auf das Vorhandensein von Blei oder Kupfer. Klut[1]

---

[1] Klut, Untersuchung des Wassers an Ort und Stelle. Berlin, Julius Springer. 1912, 2. Aufl., S. 67.

empfiehlt statt des Schwefelwasserstoffes eine 10 proz. Natriumsulfidlösung zu verwenden, die vor dem Schwefelwasserstoff den Vorzug der Haltbarkeit hat. Nach L. W. Winkler soll die Reaktion noch erheblich schärfer werden, wenn man Ammonchlorid zugibt.

L. W. Winkler[1]) hat vor kurzem die in Frage kommenden Reaktionen geprüft und empfiehlt folgendermaßen vorzugehen: 100 ccm frisch entnommenen Wassers werden mit 2 ccm Essigsäure (10 proz.) angesäuert. Nach Zufügen von 2 g reinem Ammoniumchlorid tröpfelt man 2—3 Tropfen 10 proz. Natriumsulfidlösung hinzu. Größere Mengen Natriumsulfidlösung müssen vermieden werden, da sonst Schwefelausscheidung stattfindet.

Eine andere frisch entnommene, vollständig klare Wasserprobe von 100 ccm wird mit 2—3 Tropfen einer 10 proz. Cyankaliumlösung versetzt. Bei Gegenwart von Eisen tritt eine vorübergehende bräunliche Färbung auf, die aber schon nach $^{1}/_{2}$ Minute verschwindet. Man wartet daher 2—3 Minuten, löst in der Flüssigkeit 2 g Ammoniumchlorid auf, fügt 5 ccm 10 proz. Ammoniak und endlich 2—3 Tropfen Natriumsulfidlösung hinzu. Ist die Flüssigkeit in beiden Fällen bräunlich, so ist Blei sicher zugegen. Ist Kupfer nicht vorhanden, so sind die beiden braunen Färbungen gleich, ist dagegen Kupfer vorhanden, so ist die erste Probe stärker braun gefärbt. Ist endlich nur Kupfer vorhanden und kein Blei, so ist nur die erste Probe braun, die zweite dagegen farblos. Bei Probe 1 entsteht nur in Gegenwart von größeren Mengen Zink (10 mg im Liter) eine weißliche Trübung. Bei Probe 2 stören auch größere Mengen Zink nicht. 0,2 mg Blei sollen sich bei einiger Übung im Liter noch sicher nachweisen lassen.

b) *Quantitative colorimetrische Bestimmung von Blei und Kupfer.* Für die quantitative Bestimmung des Bleies empfiehlt Winkler folgende Lösungen vorrätig zu halten:

α) 100 g Ammoniumchlorid werden unter Hinzufügen von 10 ccm reiner konzentrierter Essigsäure in Wasser auf 500 ccm gelöst.

β) 100 g Ammoniumchlorid werden in so viel 5 proz. Ammoniak gelöst, daß die Lösung 500 ccm beträgt.

γ) Als Meßflüssigkeiten benutzt man eine Bleinitratlösung, von der jeder Kubikzentimeter 0,1 mg Pb enthält (0,160 g zu Pulver zerriebenes und bei 100° getrocknetes Bleinitrat wird in destilliertem Wasser zu 1 l gelöst).

Die Bestimmung gestaltet sich sehr einfach: Man versetzt in zwei gleichen, 200 ccm fassenden Bechergläsern 100 ccm klares Untersuchungswasser und 100 ccm destilliertes Wasser mit je 10 ccm der Lösung a, gibt 2 Tropfen Schwefelnatrium zu und tröpfelt zu letzterer Flüssigkeit aus einer engen Bürette so viel von der Bleinitratlösung, bis die Farbe der Flüssigkeiten dieselbe ist. 1 ccm verbrauchte Bleilösung = 1 mg Pb auf 1 l Wasser bezogen.

Die abgemessene Wasserprobe (100 ccm), die ganz klar sein muß, und ebensoviel destilliertes Wasser werden mit 2—3 Tropfen Kaliumcyanidlösung gemischt. Nach 2—3 Minuten werden zu beiden Flüssigkeiten von der Lösung β je 10 ccm hinzugefügt und die Bestimmung wie bei α ausgeführt. Sollte in diesem Falle weniger Bleilösung verbraucht worden sein als bei 1, so ist auch Kupfer zugegen. Der richtige Wert für Blei ist der kleinere.

Bei einer eingesandten Wasserprobe kann das Blei in unlöslicher Form schon ausgeschieden sein. Man seiht dann das Untersuchungswasser durch einen kleinen Wattebausch, welchen man in einen Glastrichter hineingedrückt hat und mit Wasser benetzt. Der auf dem Wattebausch zurückgebliebene und an der Flaschenwand haftende Rückstand wird mit verdünnter heißer Salzsäure gelöst und die Lösung mit einigen Tropfen Salpetersäure in einer kleinen Glasschale auf dem Dampfbade zur Trockne eingedampft. Der Rückstand wird mit Weinsäure gelöst und die Lösung wie oben untersucht. Wenn in der eingesandten Wasserprobe auch ein noch so geringer Niederschlag besonders von Rostflocken war, so ist das geseihte Wasser, auch wenn es im frischen Zustande Blei enthält, fast stets bleifrei.

---

[1]) Zeitschr. f. angew. Chemie 1913, **20**, Bd. I, 38.

Ist im Wasser neben Kupfer nur Eisen, aber kein Blei vorhanden, so kann der direkte Nachweis von Kupfer mit den angegebenen Reaktionen erfolgen. Ist neben Kupfer auch Blei zugegen, so kommt als untrüglich für Kupfer nur die Reaktion mit Ferrocyankalium in Betracht. Um also Kupfer in Gegenwart von Eisen und Blei nachzuweisen, versetzt man 100 ccm in einem Becherglase befindlichen Untersuchungswassers, ohne es anzusäuern, mit 1—2 Tropfen 1 proz. Ferrocyankaliumlösung und vergleicht die entstehende Rotfärbung mit ebensoviel reinem Wasser. Enthält das Wasser keine Hydrocarbonate, so löst man vorher darin 0,2% Kalium- oder Natriumbicarbonat auf. In Gegenwart von 1 mg Kupfer ist die Reaktion schon recht schön sichtbar. Es lassen sich aber auch noch 0,5 mg nachweisen. Die Kaliumferrocyanidlösung muß stets frisch bereitet werden. Eine alte, gelb gewordene Lösung wirkt beim Farbenvergleich störend. Sind Blei und Kupfer zugegen, so können beide colorimetrisch nacheinander in folgender Weise bestimmt werden: 100 ccm des Wassers werden mit 2—3 Tropfen 1 proz. Kaliumferrocyanidlösung versetzt. Ebenso wird ein destilliertes Wasser behandelt, dem 0,2% Kalium- oder Natriumbicarbonat zugesetzt ist. Zu dieser letzteren Flüssigkeit wird so viel Kupferlösung (1 ccm = 0,1 mg im Liter) hinzugetröpfelt, bis die rote Farbe bei beiden Flüssigkeiten dieselbe ist. Die Anzahl der verbrauchten Kubikzentimeter gibt gleich die Milligramm Kupfer im Liter an. Um dann das Blei zu bestimmen, mengt man zu den roten Flüssigkeiten 2—3 Tropfen 10 proz. Cyankaliumlösung, wodurch die rötliche Färbung ins Grünlichgelbe überschlägt. Wenn die Kupferbestimmung richtig war, so sind beide Flüssigkeiten gleich stark gefärbt. Man mengt nun zu den beiden Flüssigkeiten auf je 100 ccm 10 ccm der Lösung β hinzu und dann 2—3 Tropfen Natriumsulfid. Die nur Kupfer enthaltende Flüssigkeit wird rasch entfärbt, die Blei enthaltende dagegen bräunt sich. Zu der farblosen Flüssigkeit gibt man nun von der obigen Bleinitratlösung so lange hinzu, bis die braune Farbe bei beiden Proben dieselbe ist.

c) *Quantitative jodometrische Bestimmung von Blei.* Eine jodometrische Bestimmung des Bleies hat Kühn[1]) nach dem Vorgang von Diehl und Topf ausgearbeitet. 5 l des betreffenden Wassers werden in essigsaurer Lösung mit Schwefelnatrium und festem Natriumnitrat und Asbest geschüttelt, wobei das niederfallende Schwefelblei ganz von Asbest absorbiert wird. Der abgesaugte und ausgewaschene Asbest wird mit Bromwasser behandelt, wobei aus dem Schwefelblei Bleisuperoxyd gebildet wird, welches in saurer Lösung mit Jodkalium umgesetzt und mit Thiosulfat titriert wird. Das Verfahren ist ziemlich umständlich. Es kann daher hier auch nicht näher beschrieben werden. Für alle weiteren Einzelheiten muß auf die Originalarbeit verwiesen werden. Für die meisten Zwecke genügen auch die oben angegebenen colorimetrischen Verfahren nach L. W. Winkler.

H. Pick[2]) hat an Stelle des Verfahrens von Kühn folgendes Verfahren zur Bestimmung kleiner Mengen Blei im Wasser angegeben:

5 l Wasser werden mit 100 g Natriumnitrat angereichert und mit einer frisch bereiteten Mischung von 250 ccm 10 proz. Essigsäure und 100 ccm 8 proz. Natriumsulfidlösung — aus krystallisiertem Natriumsulfid hergestellt — versetzt. Nach kurzem Umschwenken werden 2 g feingeschliffener ausgewaschener Asbest zugesetzt, in der Flüssigkeit verteilt und wenn sich der Niederschlag abgesetzt hat, wird die Flüssigkeit durch eine aus 2 g Asbest auf einer Porzellansiebplatte befindliche Schicht filtriert, der Filterrückstand zur Entfernung des Schwefels erst mit Natriumsulfidlösung und zuletzt mit Wasser ausgewaschen. Man gießt dann auf das Filter 20 ccm siedendes 3 proz. Wasserstoffsuperoxyd, läßt damit behufs Oxydation des Bleisulfids einige Minuten in Berührung, läßt langsam abfließen, wäscht mit 20 ccm 8 proz. siedender Natronlauge, dem einige Tropfen Wasserstoffsuperoxyd zugesetzt sind, aus und fällt im Filtrat das gelöste Bleisulfat nochmals mit einigen Tropfen Schwefelnatriumlösung. Das gefällte Bleisulfid wird durch Lösen in Salpetersäure wie üblich in Bleisulfat übergeführt, die Lösung zur

---

[1]) Arbeiten a. d. Kaiserl. Gesundheitsamte 1906, **23**, 389.
[2]) Ebendort 1914, **48**, 155.

Trockne verdampft, der Rückstand mit etwas Natronlauge gelöst, die Lösung mit Essigsäure versetzt und mit einigen Tropfen einer 5 proz. Kaliumchromatlösung gefällt. Das ausgefällte Bleichromat kann in Salzsäure gelöst, mit jodatfreiem Jodkalium versetzt und in üblicher Weise mit Thiosulfatlösung (etwa 3,6 g in 1 l) titrimetrisch bestimmt werden.

d) Zink. Um im Wasser Zink neben Blei, Kupfer, Eisen, Mangan nachzuweisen oder zu bestimmen, gibt Winkler[1]) ebenfalls ein Verfahren an, welches aber ziemlich umständlich ist.

Es wird 1 l des Untersuchungswassers wie bei der Bestimmung sehr geringer Mengen Blei und Kupfer mit Ammoniumchlorid, einigen Tropfen Natriumsulfidlösung oder frischem Schwefelammonium, dann mit 0,2 g Alaun versetzt und auf dem Dampfbade bis zum Flockigwerden des Niederschlages erhitzt. Bei sehr weichem Wasser löst man vorher etwa 0,5 g Kaliumbicarbonat in demselben. Der Niederschlag wird durch Wattebausch (von 0,2 g) geseiht, der Niederschlag durch Bromwasser und Salzsäure gelöst, die Lösung mit einigen Tropfen Salpetersäure versetzt und in einer kleinen Porzellanschale auf dem Wasserbade zur Trockne verdampft. Der Rückstand wird nochmals mit etwas Salzsäure versetzt, die Lösung zurTrockne verdampft und der Rückstand auf dem Wasserbade so lange erwärmt, bis er nicht mehr im geringsten nach Säure riecht. Diesen Rückstand nimmt man mit 1 ccm N.-Salzsäure auf, gießt die Lösung in ein kleines (25 ccm-) Erlenmeyer-Kölbchen, spült die erkaltete Schale mit 10 ccm starkem Schwefelwasserstoffwasser nach, verkorkt das Kölbchen und läßt über Nacht stehen. Hierdurch werden Blei und Kupfer quantitativ gefällt; sie werden abfiltriert und mit 10 ccm frischem Schwefelwasserstoffwasser ausgewaschen; das in einem 50 ccm-Erlenmeyer-Kölbchen gesammelte Filtrat wird mit 2 ccm konzentrierter Essigsäure angesäuert und weiter mit 2—3 ccm 15 proz. Ammoniumacetat versetzt. Falls auch nur 1 mg Zink zugegen, wird die Flüssigkeit stark weiß trübe. — Die Grenze der Empfindlichkeit liegt bei 0,1 mg Zink. — Nach mehrstündigem Stehen im verkorkten Fläschchen wird durch ein kleines dichtes Filter von 4 cm Durchmesser filtriert und der Niederschlag mit 20 ccm einer mit etwas Schwefelwasserstoffwasser versetzten 1 proz. Ammoniumchloridlösung ausgewaschen. Der Niederschlag wird mit verdünnter (15 proz.) reiner[2]) Salzsäure vom Filter gelöst, die Lösung in einer kleinen Quarz- oder Glasschale verdampft und der Rückstand mit 1—2 ccm reiner[2]) konzentrierter Salpetersäure völlig eingetrocknet. Das im Schälchen befindliche Zink- und Ammoniumnitrat wird mit 1—2 Tropfen Salpetersäure in möglichst wenig Wasser gelöst, die Lösung in einem genau gewogenen[3]) Platintiegel eingetrocknet, der Rückstand durch behutsames Glühen in Zinkoxyd verwandelt und als solches gewogen[3]). Zinkoxyd × 0,803 = Zink.

Um zu prüfen, ob es auch wirklich Zinkoxyd ist, verwandelt man es in Zinkchlorid und titriert das Chlor durch Silbernitratlösung.

4. Bestimmung des Bleilösungsvermögens. Um das Lösungsvermögen eines Wassers gegenüber Blei festzustellen, sind verschiedene Verfahren angegeben worden. Man kann sich z. B. der in Fig. 224, S. 534, abgebildeten Vorrichtung bedienen.[4]) Man gibt in einen verschließbaren Standzylinder von ungefähr 1 l Inhalt ein der Höhe des Zylinders entsprechendes Stück Bleirohr, welches in der Mitte durchgeschnitten ist, nachdem man vorher die Oberfläche durch Abspülen mit Essigsäure und durch nachfolgendes Abwaschen gründlich gereinigt hat. Das zu untersuchende Wasser läßt man dann durch einen Schlauch, der bis auf den Boden des Gefäßes geführt wird, unter denselben Vorsichts-

---

1) Zeitschr. f. angew. Chemie 1913, **26**, Bd. I, 38.

2) Die Säuren dürfen beim Eindunsten keinerlei Rückstand hinterlassen.

3) Genaue Wägungen erzielt man in der Weise, daß man den eben erkalteten bedeckten Tiegel, ohne einen Exsiccator anzuwenden, jedesmal 10 Minuten auf der Wagschale stehen läßt und dann dessen Gewicht bestimmt.

4) Ministerialerlaß vom 23. April 1907 betreffend die Gesichtspunkte für Beschaffung eines brauchbaren, hygienisch einwandfreien Wassers (Ministerialblatt f. Medizinal- usw. Angelegenheiten 1907, 158).

maßregeln, wie sie bei der Entnahme der Sauerstoffproben (S. 517) geschildert wurden, einfließen, und verdrängt auf die gleiche Weise, wie dort angegeben, das zuerst eingetretene Wasser, welches mit der Luft in Berührung gewesen ist, mehrfach durch anderes. Dann wird der Stopfen luftdicht aufgesetzt, wie bei der Sauerstoffbestimmung, und stehen gelassen. Nach etwa 24 Stunden oder auch längerer Zeit wird das Wasser nach den obigen Verfahren auf etwaigen Bleigehalt untersucht.

Fig. 224.

Vorrichtung zur Prüfung auf bleilösende Wirkung.

Hat man das Wasser einer zentralen Wasserversorgungsanlage auf Bleilösungsvermögen zu prüfen, so führt man das bei der Wichtigkeit des Gegenstandes am besten in der Weise aus, wie es für die Praxis in Frage kommt. Insbesondere sollte auch bei Vorarbeiten für zentrale Wasserversorgung die Prüfung in etwas größerem Stile ausgeführt werden: Man läßt ein ganz neues, ungeschwefeltes Bleirohr von 10 m Länge an das betreffende Wasser anschließen und mit Messinghahn versehen. Das Wasser strömt zunächst eine Zeitlang durch und bleibt dann längere Zeit (mindestens 24 Stunden) in dem Rohr stehen, nach dieser Zeit wird colorimetrisch Blei bestimmt, wobei darauf zu achten ist, daß man das mit dem Messinghahn in Berührung gewesene Wasser zunächst ablaufen läßt und erst dasjenige Wasser prüft, welches nur mit dem Blei in Berührung gewesen ist. Manche Wässer, die im Anfang Bleilösungsvermögen zeigen, haben die Eigenschaft, sich nach einer gewissen Zeit zu schützen, indem sie das Rohr mit einer schützenden Carbonat- und Oxydschicht überkleiden, die dem Wasser den Zutritt zum metallischen Blei versperrt. Bei einer derartigen Anordnung der Prüfung auf Bleilösung, wie sie oben geschildert wurde, vermag man auch festzustellen, ob das Wasser diese Eigenschaft besitzt, das Rohr nach und nach mit einer Schutzschicht auszukleiden. Man geht dann so vor, daß man das Wasser dauernd ausströmen läßt, von Zeit zu Zeit (24 Stunden) im Rohr stehen läßt und danach den Bleigehalt untersucht. Nimmt der Bleigehalt ab bzw. verschwindet er nach einiger Zeit, so hat das Wasser die Eigenschaft, eine Schutzschicht zu bilden, die man im übrigen auch durch Zerschneiden des Rohres nach beendetem Versuch festzustellen vermag.

Paul, Heyse, Ohlmüller und Auerbach[1]) haben ein anderes Verfahren der Prüfung auf Bleilösungsfähigkeit angegeben, die nach den Beobachtungen des Verfassers dieses Abschnittes aber fast zu scharf erscheint. Wegen der Einzelheiten muß auf die Originalarbeit verwiesen werden.

5. Beurteilung der Befunde. a) Am einfachsten gestalten sich zunächst die Verhältnisse, wenn ein Angriff des Wassers auf calciumcarbonathaltiges Material, also Hochbehälter, Kanäle, Fundamente und ähnliches in Frage kommt. Man bestimmt die freie und die Bicarbonat-Kohlensäure und liest dann die aggressive Kohlensäure in der angegebenen Weise aus den mitgeteilten Zahlen ab[2]).

Wie schon bemerkt, treten in den Zahlen für aggressive Kohlensäure nennenswerte Unrichtigkeiten nicht ein, wenn der Gehalt an Magnesiumbicarbonat nur einen geringen

---

[1]) Arbeiten a. d. Kaiserl. Gesundheitsamte 1906, **23**, 333.

[2]) Tillmans und Heublein haben ihre Befunde auch in Form einer Kurve mitgeteilt, die hier nicht wiedergegeben werden kann. Interessenten können aber eine große zum Ablesen geeignete Kurve, die auf Millimeterpapier hergestellt ist, für 1 M. vom Städtischen Hygienischen Institut in Frankfurt a. M. beziehen. Über den Gebrauch dieser Kurve vgl. Tillmans und Heublein, Gesundheits-Ingenieur 1912, **35**, 669.

Auerbach (Gesundheits-Ingenieur 1912, **35**, 869) hat gezeigt, daß man mit Hilfe dieser Kurve durch eine sehr einfache Konstruktion ohne Ausprobieren die aggressive Kohlensäure ablesen kann.

Bruchteil des Calciumbicarbonates beträgt. Sind aber erhebliche Bicarbonatmengen vorhanden, so empfiehlt es sich, die nach Tillmans und Heublein abgelesenen Zahlen durch den Marmorversuch nach Heyer zu kontrollieren. Hat ein Wasser vor der Anstellung des Marmorversuchs längere Zeit in der Flasche gestanden oder ist es in fehlerhafter Weise entnommen worden, so daß Kohlensäure entweichen konnte, so können oft Wässer erhalten werden, welche geringere Mengen Kohlensäure enthalten, als der zum Bicarbonat gehörigen Kohlensäure entspricht. Das Wasser ist gewissermaßen mit Bicarbonat übersättigt[1].

Bestimmt man in einem solchen Falle das Marmorlösungsvermögen, so wird nicht nur nicht Marmor aufgenommen, sondern die Alkalität nach dem Versuch wird geringer gefunden. Es wird also kohlensaurer Kalk aus dem Bicarbonat unter Entbindung von freier Kohlensäure ausgefällt. Das Wasser stellt sich wieder genau auf das richtige Gleichgewicht von gebundener und freier Kohlensäure entsprechend den obigen Zahlen ein. Ein derartiger Befund deutet also auf ein Entweichen von Kohlensäure bei der Probeentnahme hin.

Zu der Beurteilung der aggressiven Kohlensäure ist noch der Umstand von Bedeutung, daß gleiche Mengen von aggressiver Kohlensäure bei verschieden harten Wässern mit verschiedener Geschwindigkeit auf kohlensauren Kalk einwirken in dem Sinne, daß die Reaktionsgeschwindigkeiten um so geringer werden, je größer die Carbonathärte wird. Es könnte also vorkommen, daß ein Wasser seine aggressive Kohlensäure nur so langsam an kohlensauren Kalk abgibt, daß das Wasser trotz seines Gehaltes an aggressiver Kohlensäure dennoch gegen kohlensauren Kalk verhältnismaäßig ungefährlich ist. Ist man im Zweifel, so stellt man am besten den Marmorversuch an und läßt das Wasser zweimal 24 Stunden auf Marmor einwirken. Ein Wasser, welches in dieser Zeit noch keine nennenswerten Mengen von kohlensaurem Kalk gelöst hat, kann man für die Praxis als verhältnismäßig ungefährlich betrachten, auch wenn es — bei längerer Versuchsdauer — auf Marmor lösend einwirkt.

Aus den Zahlen in der Tabelle ist es ferner möglich anzugeben, wieweit sich ein Wasser durch Rieselung über Marmor entsäuern läßt. Allerdings kann, um bei etwas hartem Wasser die Entsäuerung bis auf den theoretischen Wert zu bringen, die Filtrationsgeschwindigkeit so verlangsamt werden müssen, daß übergroße Räume erforderlich werden, wodurch ein solches Verfahren unrationell werden würde.

b) Verwickelter als beim kohlensauren Kalk liegen die Verhältnisse beim Angriff auf Metalle. In Frage kommt vor allem der Angriff auf Eisen und Blei. Hierbei spielt nicht nur die Kohlensäure, sondern auch vor allen Dingen der Sauerstoff eine Rolle. Durch die Arbeiten der letzten Jahre ist einigermaßen Klarheit über die Frage der Rostung geschaffen worden, wenn auch noch manches zu klären bleibt. Ist Eisen mit Wasser in Berührung, so schickt es so lange Eisenionen in Lösung unter Verdrängung von Wasserstoffionen, bis der osmotische Druck dem Lösungsbestreben des Eisens das Gleichgewicht hält. Enthält das Wasser keinen Sauerstoff, so kommt dieser Prozeß in kurzer Zeit zum Stillstand. Ist aber Sauerstoff vorhanden, so wird das gebildete Eisenhydroxydul als Eisenhydroxyd aus der Lösung ausgefällt. Das Wasser vermag dann von neuem bis zur Sättigung Eisenionen aufzunehmen, der Sauerstoff fällt abermals Rost aus usw. Sind nun keine Säuren im Wasser

---

[1] Derartige übersättigte Lösungen spielen in der Praxis überhaupt eine nicht unbeträchtliche Rolle. Bei hohen Bicarbonatgehalten sind sie außerordentlich unbeständig, bei niederen Bicarbonatgehalten sind sie längere Zeit beständig. Auch beim Titrieren der freien Kohlensäure mit Alkalien in der oben angegebenen Weise werden natürlich übersättigte Bicarbonatlösungen erhalten. Geht man im Bicarbonatgehalte nicht über 14° deutsche Härtegrade zum Schluß der Titration hinaus, so sind diese übersättigten Bicarbonatlösungen genügende Zeit beständig, um mit ihnen bequem arbeiten zu können. Geht man aber über diesen Gehalt hinaus, so kann es vorkommen, daß während der Titration Ausscheidung von $CaCO_3$ unter Entbindung von freier Kohlensäure (der halbgebundenen) einsetzt, daher die Vorschrift, bei mehr als 10° Härte besser vor der Titration mit neutralisiertem Wasser zu verdünnen.

anwesend, so ist die Wasserstoffionenkonzentration nur sehr gering, die Folge davon ist, daß auch die Verdrängung der Wasserstoffionen durch Eisenionen nur sehr langsam vor sich gehen kann. Viel schlimmer wird die Sache, wenn gleichzeitig freie Kohlensäure vorliegt, da diese die Wasserstoffionenkonzentration erheblich vermehrt. Es können also auch sehr viel mehr Eisenionen in das Wasser eintreten und Wasserstoffionen verdrängen. Die Anwesenheit von freier Kohlensäure im Wasser bewirkt danach also, daß der geschilderte Primärvorgang der Eisenlösung erheblich schneller erfolgt. Erschwerend kommt noch hinzu, daß bei dem Sekundärvorgang, der Rostbildung, die freie Kohlensäure aus dem in Lösung gegangenen Ferrobicarbonat wieder frei wird und von neuem wirken kann. Das Rosten des Eisens ist danach also ein Vorgang, der auch ohne jede freie Kohlensäure sich abspielt; das Übel hält sich aber in diesem Falle gewöhnlich in erträglichen Grenzen. Erst bei gleichzeitiger Anwesenheit von freier Kohlensäure wird der Verlauf der Eisenlösung und Rostausfällung so beträchtlich, daß Übelstände entstehen. Nur verläuft die Rostbildung in der Praxis erheblich verwickelter, als sie hier geschildert wurde. Es kommen noch eine Reihe Umstände hinzu; zunächst elektrolytische Vorgänge. Bekanntlich sind die in der Praxis verwendeten Eisenrohre niemals chemisch reines Eisen, sondern sie enthalten noch eine Reihe von sonstigen Stoffen. Insbesondere liegen Kohlesplitterchen überall in der Eisenmasse verstreut umher, wodurch sich in Berührung mit Wasser ein Potentialgefälle zwischen Eisen und Kohle ergibt. Das Eisenrohr wird also gewissermaßen aufgelöst in eine Anzahl von kleinen galvanischen Elementen, deren einer Pol die Kohle, deren anderer Pol das Eisen ist. Mit diesen Vorgängen muß natürlich wieder Eisenlösung verbunden sein, welche weiterwächst mit der Wasserstoffionenkonzentration. Da Gußeisenrohre mehr Kohle enthalten als Schmiedeeisenrohre, so müßte angenommen werden, daß die Gußeisenrohre schneller der Verrostung anheimfallen als die Flußeisen- und Schmiedeeisenrohre. Das ist aber in der Praxis nicht der Fall. Man hat das so zu erklären versucht, daß die bei allen Rohren vorliegende Guß- bzw. Flußhaut, die aus einer dünnen Oxydschicht besteht, das Potentialgefälle zwischen Kohle und Eisen verschleiert. Ist aber die Oxydhaut an einer Stelle verletzt, so beginnt hier sofort die Eisenlösung. Die kleine Verletzung der Haut ist also die Eintrittspforte, von wo aus die Eisenlösung und -rostung vor sich gehen kann. Der Rost häuft sich an diesen Stellen besonders an, und somit entstehen die eigentümlichen knolligen Rostknoten, die man in der Praxis sehr häufig beobachtet. Die Haltbarkeit von Eisenrohren hängt also danach weniger von der Art des Metalles, als insbesondere davon ab, ob die Oxydhaut unverletzt ist. Da, wo sie verletzt ist, können durch jedes Wasser, welches Sauerstoff enthält, Rostungen einsetzen, welche um so schneller und verheerender verlaufen, wenn das Wasser gleichzeitig Kohlensäure enthält.

Nun haben die Frankfurter Wasserfachmänner[1]) beobachtet, daß ein Wasser, wenn es auch noch so kohlensäurereich ist, aber keine für kohlensauren Kalk aggressive Kohlensäure in obigem Sinne enthält, in der Praxis keine Rohrzerstörungen und größere Eisenrostungen bewirkt. Diese Beobachtung glaubt Scheelhaase daraus erklären zu sollen, daß die Rohre ja niemals ungeschützt verwendet, sondern stets mit einem Anstrich versehen werden.

Die Kohlensäure soll aber besonders befähigt sein, den Anstrich zu zersetzen, wohingegen der Sauerstoff dazu nicht befähigt ist. In einem kohlensäurehaltigen Wasser ist also bald Gelegenheit geboten, daß das Wasser zum ungeschützten Metall zutritt. Weshalb nur die gegen kohlensauren Kalk aggressive Kohlensäure in diesem Sinne als Kohlensäure wirken soll, erklärt Scheelhaase nicht. Tillmans[2]) hält folgenden Zusammenhang für wahrscheinlich: Kohlensäurehaltiges Wasser, welches keine aggressive Kohlensäure gegen Marmor enthält, wirkt auf den Anstrich und auf etwa vorhandenes ungeschütztes Eisen mit seiner

---

[1]) Scheelhaase, Die Entsäuerung des Frankfurter Stadtwaldwassers. Journ. f. Gasbel. u. Wasserversorgung 1909, **52**.

[2]) Journ. f. Gasbel. u. Wasserversorgung 1913, **56**, Nr. 15 u. 16.

freien Kohlensäure ein. Da dabei der Gehalt an zu Bicarbonat gehöriger Kohlensäure unterschritten werden muß, so ist die notwendige Folge ein Ausfallen von kohlensaurem Kalk. Dieser kohlensaure Kalk setzt sich nun zusammen mit dem gebildeten Rost ab, indem er einen festen Überzug auf dem Anstrich und den etwa im Anstrich vorhandenen Lücken bildet. Der so nach und nach sich bildende Überzug schützt alsdann das Rohr vor weiterem Angriff. Ein derartiger Schutz würde sich selbstverständlich ebensowohl auf den Angriff von Kohlensäure als auch auf den von Sauerstoff erstrecken. Enthält hingegen ein Wasser aggressive Kohlensäure, so wird bei dem Angriff die zugehörige Kohlensäure nicht oder nicht soweit unterschritten. Es kommt also nicht zur Ablagerung von kohlensaurem Kalk und damit auch nicht zur Ausbildung der Schutzschicht. Diese Erklärung erhält durch folgende Beobachtung der Frankfurter Wasserwerksleiter eine gewisse Bestätigung: Das durch Marmorrieselung entsäuerte Stadtwaldwasser, welches also auf etwa Null aggressive Kohlensäure gebracht ist, setzt nach und nach bei Berührung mit blankem Metall (Schmiedeeisen und Blei) eine feste Schicht von kohlensaurem Kalk in Form von kleinen Krystallen ab; bei unentsäuertem Wasser konnten hingegen derartige Abscheidungen nicht beobachtet werden. Im übrigen verdient vielleicht noch ein Umstand hier Beachtung. Es ist das der Umstand, auf den schon Paul, Heyse, Ohlmüller und Auerbach[1]) hingewiesen haben, nämlich daß allein die Gegenwart von Bicarbonaten dadurch schützend wirkt, daß die Kohlensäure in ihrem Säurecharakter abgeschwächt ist, wie das ja überhaupt bei schwachen Säuren durch die Gegenwart ihrer Neutralsalze geschieht.

Für die Beurteilung, ob ein Wasser eisenzerstörend wirkt oder nicht, kann man sich also merken, daß jedes Wasser, welches mit Sauerstoff gesättigt ist, Rostungen auslösen muß. Beträgt der Sauerstoffgehalt unter 5 ccm bzw. 7 mg im Liter, so kann das Wasser nach Klut als für die Praxis unbedenklich angesehen werden. Sind neben Sauerstoff größere Mengen von freier Kohlensäure vorhanden, so muß das Wasser als ganz besonders aggressiv für Eisenrohre betrachtet werden, insbesondere dann, wenn das Wasser sehr weich ist. Bei carbonathartem Wasser braucht nur die gegen kohlensauren Kalk aggressive Kohlensäure als freie Kohlensäure in obigem Sinne aufgefaßt zu werden.

c) Für den Angriff eines Wassers auf Bleirohre gelten im allgemeinen die für Eisen in bezug auf Sauerstoff und Kohlensäure gemachten Ausführungen ebenfalls. Im einzelnen ist nach Klut[2]) folgendes zu beachten: Sauerstoff verwandelt Blei in Bleioxyd, welches sich im Wasser mit alkalischer Reaktion als Hydroxyd löst. Ein hoher Gehalt an Chloriden und Nitraten sowie Nitriten begünstigt die Bleiaufnahme. Durch elektrolytische Vorgänge kann die Bleiauflösung unter Umständen wesentlich erhöht werden, legiertes Blei z. B. mit einem Gehalt an Kupfer, Zink, Zinn wird in viel erheblicherem Maße vom Wasser gelöst als reines Blei. Daher werden Korrosionen besonders an Lötstellen beobachtet. Die Kohlensäure bildet sowohl Bicarbonat wie Carbonat als auch basische Carbonate mit dem Blei, welche letztere im Leitungswasser meist in feinen Suspensionen enthalten sind. Auf Grund der Untersuchungen, die das Kaiserliche Gesundheitsamt[3]) mit dem Dessauer Leitungswasser angestellt hat, kommt es zu dem Ergebnis, daß bei gleichzeitiger Anwesenheit von Sauerstoff und freier Kohlensäure mit sinkendem Kohlensäuregehalt das Bleilösungsvermögen geringer wird, und daß durch die vor sich gehende Bindung der Kohlensäure die Bleilöslichkeit abnimmt. Bei Bleirohren bildet sich nach und nach ein Schutzbelag im Innern der Rohre, in welchen er in ähnlicher Weise zustande kommen dürfte, wie es oben für die Erklärung der Tatsache, daß nur Wasser mit aggressiver Kohlensäure auf Eisen einwirkt, vermutet wurde. Ist aber ein Wasser sehr weich, und enthält es viel aggressive Kohlensäure, so dürfte die Ausbildung dieser Schutzschicht

---

[1]) A. a. O.
[2]) Bleiröhren und Trinkwasser. Journ. f. Gasbel. u. Wasserversorgung 1911, **54**, Nr. 17.
[3]) Paul, Heyse, Ohlmüller, Auerbach, l. c.

nur sehr langsam und unvollständig vor sich gehen. Sauerstoff und kohlensäurehaltige
Wässer, insbesondere solche mit viel aggressiver Kohlensäure, müssen also ebenfalls als
besonders zur Bleilösung neigend betrachtet werden.

Als Ersatz für Bleirohre werden vielfach sog. galvanisierte Eisenrohre verwendet, d. h. Eisenrohre, welche innen mit Zink überzogen sind. Ist bei derartigen Rohren
die Zinkschicht nicht ganz unverletzt, so ergibt sich wiederum in Berührung mit Wasser ein
Potentialgefälle zwischen diesen Metallen, womit Zinklösung verbunden sein muß. In der
Tat ist auch in vielen Leitungswässern ein erheblicher Zinkgehalt beobachtet worden[1][2].
Nach Ansicht der verschiedensten Hygieniker sind aber Zinksalze in den hier in Frage kommenden Mengen gesundheitlich ziemlich ungefährlich[3].

II. Untersuchung von eisen- und manganhaltigem Wasser.

Eisensalze sind in vielen Grundwässern vorhanden. Das Eisen ist, meist an Kohlensäure gebunden, als Ferrobicarbonat vorhanden, kommt aber auch als schwefelsaures oder
humussaures Eisenoxydul vor. Vielfach wird das Eisen auch von Mangan begleitet, dessen
Menge allerdings meistens sehr viel geringer ist. Doch gibt es auch Wässer mit ganz erheblichen Mangangehalten, auch ohne daß gleichzeitig Eisen vorhanden ist. Bekannt ist, daß
das Breslauer Grundwasser, welches mit hohen Kosten vor einer Reihe von Jahren beschafft
wurde, durch den Einbruch von Mangansalzen vollständig unverwendbar gemacht worden
ist. Da diese Eisen- und Manganverbindungen Störungen beim Gebrauch des Wassers verursachen, auf die noch unter der Beurteilung der Befunde näher eingegangen wird, so müssen
sie vor dem Gebrauch entfernt werden. Die Verfahren zur Enteisenung des Wassers beruhen alle darauf, daß das Wasser durch Rieseln oder Regnen innig mit Luft in Berührung
gebracht wird; dabei scheidet sich das Eisen als Eisenhydroxyd aus, welches letztere durch
Sand- oder Kiesfilter abfiltriert wird. Während die Enteisenungsverfahren heute so ausgebildet sind, daß es technisch sehr einfach ist, ein Wasser von Eisensalzen zu befreien, sind
die Entmanganungsverfahren im Großbetriebe noch nicht derartig durchgeprüft, daß
es immer mit einfachen Mitteln gelingt, das Mangan aus dem Wasser abzuscheiden. In Betracht kommen hauptsächlich folgende Verfahren[4]: Filtration über Braunstein, Mangan-
permutit[5] und über Sand mit oder ohne Ausnutzung der Tätigkeit manganspeichernden
Mikroorganismen. Der Nachweis und die Bestimmung von Eisen- und Mangansalzen
in geringster Menge im Wasser ist also von erheblicher Bedeutung für die Praxis.

1. Eisen. a) Qualitativer Nachweis. α) Nach Klut kann man sich zum Nachweise der Eisenoxydulverbindungen im Wasser einer 10 proz. Natriumsulfidlösung[6] bedienen: Man füllt einen Glaszylinder aus farblosem Glase, von 2—2,5 cm lichter Weite, etwa
30 cm Höhe und ebenem Boden, der durch Lacküberzug oder noch besser eine abnehmbare
schwarze Metallhülse gegen seitlich einfallendes Licht geschützt ist, mit dem zu untersuchenden

---

[1] Schwarz, Über ein zinkhaltiges Leitungswasser. Zeitschr. f. Untersuchung d. Nahrungs-
u. Genußmittel 1907, **14**, 482.

[2] Weinland, Über einen beträchtlichen Zinkgehalt eines Leitungswassers. Zeitschr. f.
Untersuchung d. Nahrungs- u. Genußmittel 1910, **19**, 362.

[3] Klut, Journ. f. Gasbel. u. Wasserversorgung 1911, **54**, 409. K. B. Lehmann, Journ.
f. Gasbel. u. Wasserversorgung 1913, **56**, 799.

[4] Vgl. J. Tillmans, Über Entmanganung von Trinkwasser. Journ. f. Gasbel. u. Wasserversorgung 1914, **57**, Nr. 29.

[5] Über Permutit vgl. unter Enthärtung des Wassers S. 547.

[6] Das Natriumsulfid ist oft durch störende Polysulfide verunreinigt. Zu empfehlen ist das
von der Firma Kahlbaum in Berlin zu erhaltende Schwefelnatrium. Die 10 proz. Lösung ist in
braunen Flaschen gut haltbar. Es ist zweckmäßig, den Stopfen mit Paraffinsalbe gut einzufetten,
um ein Verkitten des Glasstopfens zu verhüten.

Wasser, setzt etwa 1 ccm Natriumsulfidlösung hinzu, mischt und blickt von oben durch die Wassersäule auf eine in einer Entfernung von einigen Zentimetern befindliche weiße Unterlage. Ist Eisen vorhanden, so tritt nach spätestens 2—3 Minuten eine Dunkelfärbung des Wassers auf, welche von kolloidalem Eisensulfid herrührt. Etwa vorhandenes Kupfer oder Blei geben dieselbe Reaktion. Man kann aber in diesen Fällen, um zu entscheiden, ob die Dunkelfärbung nur von Eisen herrührt, einige Kubikzentimeter konzentrierte Salzsäure hinzusetzen. Eisensulfid ist bekanntlich in Salzsäure löslich, während Kupfer- und Bleisulfide nicht löslich sind. Verschwindet also die Färbung auf Zusatz von Salzsäure, so ist der Nachweis von Eisen erbracht. Im anderen Falle rührt die Färbung von Kupfer oder Blei her. Auf diese Weise lassen sich noch 0,15 g Fe in 1 l Wasser erkennen. Unter 0,5 mg Fe im Liter ist der Farbenton meist grünlich, darüber hinaus mehr grüngelb, bei viel Eisen dunkelgrün, braun bis braunschwarz. Die Reaktion gibt natürlich nur Ferrosalze an, die Färbung tritt zwar auch mit Ferrisalzen auf, doch scheidet sich dabei Schwefel ab.

β) **Nachweis mit Rhodankalium.** Man gibt zu 50 ccm des Wassers einige Kubikzentimeter 10proz. Natronlauge — durch blinden Versuch auf Eisenfreiheit zu prüfen — bis zur deutlichen alkalischen Reaktion und schüttelt 2 bis 3 Minuten kräftig durch. Das ausfallende Eisenhydroxydul oxydiert sich beim Schütteln mit Luft zum allergrößten Teil zu Hydroxyd. Jetzt säuert man mit einigen Kubikzentimetern (eisenfreier) Salzsäure an, bis der Niederschlag gelöst ist, und setzt dann 5 ccm 10proz. Rhodankaliumlösung zu. Bei Anwesenheit von Eisen entsteht eine Rotfärbung der Flüssigkeit, die je nach dem Gehalte mehr oder weniger stark ist. 0,05 mg Ferrieisen im Liter Wasser wird durch die Reaktion noch eben angezeigt. Ferrosalze geben keine Reaktion mit dem Reagens, man muß daher die Ferrosalze zunächst oxydieren. Am einfachsten geschieht das für die qualitative Prüfung auf die oben angegebene Weise, selbstverständlich können auch andere Oxydationsmittel angewendet werden.

b) *Quantitative Bestimmung des Eisens.* Bei den Eisenmengen, wie sie gewöhnlich im Grundwasser vorkommen, ist von vornherein das geeignetste Verfahren ein colorimetrisches. Sind größere Mengen vorhanden, so können diese auch maßanalytisch in der weiter unten angegebenen Weise bestimmt werden.

α) Colorimetrische Bestimmung. Die colorimetrische Bestimmung geringer Eisenmengen im Wasser geschieht ausschließlich durch Rhodankalium. Es sind zwar noch eine Reihe anderer Verfahren bekannt, doch zeichnet sich das Rhodanverfahren vor allen anderen Verfahren insbesondere durch seine Schärfe, dann aber auch durch die Einfachheit der Ausführung aus.

100 ccm des zu untersuchenden Wassers werden in einen Mischzylinder gebracht und mit 5 ccm gewöhnlicher 20proz. Salzsäure versetzt. Alsdann gibt man etwa 2 ccm 3proz. Wasserstoffsuperoxyd hinzu und schüttelt kräftig durch. Das Wasserstoffsuperoxyd oxydiert in wenigen Augenblicken das Ferrosalz zu Ferrisalz. Man fügt dann 5 ccm 10proz. Rhodankaliumlösung zu und mischt durch. Von dem Reagens darf nicht zu wenig genommen werden, da dann die Farbe deutlich schwächer ist. Ein Überschuß an Rhodan schadet hingegen nichts. Gleichzeitig führt man dieselbe Bestimmung mit Vergleichslösungen aus, die aus einer Standardlösung von 0,8987 g reinem, zwischen Fließpapier abgepreßtem hellviolettem Kalialaun im Liter Wasser unter Zusatz von 1 ccm Salzsäure hergestellt werden. Von dieser Lösung entspricht jedes Kubikzentimeter 0,1 mg Fe. Je nach dem zu erwartenden Eisengehalt verdünnt man 1 bis mehr Kubikzentimeter mit destilliertem Wasser auf 100 und verfährt im übrigen wie bei der Untersuchung des Wassers. Diejenige der Vergleichslösungen, welche in der Farbe dem zu untersuchenden Wasser am nächsten kommt, wird wie auch das zu untersuchende Wasser in einen Hehner-Zylinder umgefüllt und nun in der schon mehrfach beschriebenen Weise die Stärke der Färbungen verglichen, wobei durch den Hahn unten von der stärker gefärbten Flüssigkeit so viel Wasser abgelassen wird, bis Farbengleichheit in beiden Zylindern vorhanden ist. Aus der noch vorhandenen Menge

kann dann in bekannter Weise leicht der Eisengehalt des zu untersuchenden Wassers berechnet werden.

J. König hat auch für die Eisenbestimmung, um die jedesmalige Herstellung von Vergleichslösungen zu umgehen, ein Colorimeter von einem Maler herstellen lassen, ähnlich wie für die Bestimmung der salpetrigen Säure und des Ammoniaks. Das Colorimeter hat 6 Farbenstreifen, welche 1, 2, 4, 6, 9 und 15 mg Fe im Liter entsprechen. Zur Ausführung der Bestimmung nach J. König füllt man 200—500 ccm des zu untersuchenden Wassers in eine Porzellanschale, setzt einige Körnchen chlorsaures Kalium, 1 ccm konzentrierter Salzsäure (1,19) zu, und kocht so lange, bis alles Eisen sicher in Oxyd übergeführt ist. Bei der hier vorgenommenen Oxydation mit chlorsaurem Kalium in Salzsäurelösung muß jedoch unbedingt darauf geachtet werden, daß alles freie Chlor aus der Lösung entfernt wird, da dieses den Farbstoff erheblich abschwächen kann. Dann wird auf ursprüngliches Volumen oder auf die Hälfte des ursprünglichen Volumens wieder aufgefüllt, 2—3 ccm Rhodankalium oder Rhodanammonium zugesetzt und nun mit der Farbe der Skalen verglichen. Durch Multiplikation mit 9/7 oder 10/7 erhält man aus den Skalenwerten, die Fe im Liter anzeigen, FeO bzw. Fe_2O_3 im Liter.

Ist Eisen in organischer Bindung zugegen, so erhält man mit diesen Verfahren meist zu geringe Ergebnisse. Um sicher zu gehen, verfährt man dann am besten in der Weise, daß man das Wasser in einer Platinschale vollständig zur Trockne verdampft. Man gibt dann eine Messerspitze voll Kaliumpersulfat auf den Rückstand und schmilzt ihn eine geraume Zeit bei klein gestellter Flamme, bis keine Schwefelsäuredämpfe mehr entweichen. Der Rückstand wird in destilliertem Wasser, dem auf 100 ccm 3 ccm verdünnte Schwefelsäure zugesetzt sind, aufgenommen und mit dieser Lösung nun die colorimetrische Bestimmung nach einem der beiden obigen Verfahren ausgeführt.

β) Maßanalytische Bestimmung. Es ist zweckmäßig, dieses Verfahren nur bei Vorhandensein von größeren Eisenmengen anzuwenden. Ist organisch gebundenes Eisen vorhanden, so muß auch hier zunächst die organische Substanz durch die Persulfatbehandlung des Trockenrückstandes, wie sie oben geschildert wurde, zerstört werden. Ferner ist es für dieses Verfahren notwendig, die Chloride aus dem Wasser zu entfernen. Man kann das auf verschiedene Weise erreichen. Entweder man dampft das mit Schwefelsäure angesäuerte Wasser zur Trockne, glüht dann die Schwefelsäure fort und verfährt für die Reduktion und Titration wie oben angegeben. Oder man geht in folgender Weise vor: 250 ccm bis 1 l Wasser werden mit Schwefelsäure angesäuert, zwecks Oxydation des Eisens etwas Salpetersäure zugegeben und dann stark eingeengt. Darauf wird Ammoniak im geringen Überschuß zugegeben, noch eine Zeitlang gekocht, bis das Wasser nur noch schwach nach Ammoniak riecht. Der Niederschlag wird heiß durch einen mit Asbest beschickten und vorher ausgeglühten Goochtiegel filtriert und ausgewaschen, das Filtrat muß vollständig klar und farblos sein. Man löst dann den Niederschlag in verdünnter Schwefelsäure, wäscht mehrfach mit heißem Wasser nach und führt die Eisenlösung mit dem Waschwasser in einen Erlenmeyer-Kolben von etwa 100 ccm Inhalt über. Dieser wird mit einem Bunsen-Ventil verschlossen, nachdem man vorher ein kleines Stückchen einer Zinkstange zugegeben hat. Man erwärmt dann bis zur reichlichen Wasserstoffentwicklung und gießt nach 1 Stunde die Flüssigkeit aus dem geöffneten Kolben quantitativ vom Zink ab, wobei der Erlenmeyer-Kolben zweimal mit ausgekochtem destilliertem Wasser ausgespült wird. Alsdann wird mit $^1/_{10}$ N.-Chamäleonlösung so lange titriert, bis eben eine Rotfärbung bestehen bleibt. 1 ccm $^1/_{10}$ N.-Chamäleon entspricht 5,6 mg Fe.

2. Mangan. J. Tillmans und H. Mildner[1] haben sich neuerdings mit dem Nachweis und der Bestimmung kleiner Mengen von Mangan befaßt, die bisherigen Verfahren kritisch

---

[1] Journ. f. Gasbel. u. Wasserversorgung 1914, Nr. 23; vgl. auch die Inaug.-Dissertation von H. Mildner, Erlangen 1913.

durchgearbeitet und eine bequem auszuführende neue Reaktion auf Mangan angegeben. Sie empfehlen, für die qualitative und die quantitative Bestimmung folgende Verfahren anzuwenden:

a) Qualitativer Nachweis: In einem Schüttelzylinder von 25 ccm Inhalt versetzt man 10 ccm des zu untersuchenden Wassers mit einigen Krystallen festen Kaliumperjodats und schüttelt etwa 1 Minute lang kräftig durch. Beträgt der Mangangehalt über 0,5 mg in 1 l, so zeigt schon nach dieser Zeit eine Braunfärbung des Wassers die Gegenwart von Mangan an. Das Perjodat führt nämlich das vorhandene Mangan in Mangansuperoxyd über. Wässer von hoher Carbonathärte und gleichzeitig eisenhaltige Wässer geben bei dieser Probe eine Trübung, die die braune Farbe verdeckt. Zusatz von 3 Tropfen Eisessig genügt aber, um diese Trübung in Lösung zu bringen. In den meisten Fällen ist dann die Braunfärbung sichtbar. Um geringere Mengen als etwa 0,5 mg in 1 l nachzuweisen, was ja in den meisten Fällen erforderlich ist, führt man mit dem geschüttelten Wasser nun folgende weitere Reaktion aus: Die mit 3 Tropfen angesäuerte Wasser-Perjodatmischung wird mit einer Lösung von einigen Krystallen Tetramethyldiamidodiphenylmethan in einigen Kubikzentimetern Chloroform versetzt und umgeschüttelt. Ist auch nur 0,05 mg Mn in 1 l Wasser vorhanden, so tritt jetzt eine kräftige Blaufärbung auf, die um so schneller in eine braune Mißfarbe umschlägt, je höher der Mangangehalt war. Die Reaktion beruht darauf, daß durch gelinde Oxydation, wie sie Mangansuperoxyd entfaltet, die organische Base in einen Farbstoff verwandelt wird. Es ist darauf zu achten, daß nicht mehr Essigsäure als 3 Tropfen verwendet werden. Die Lösung der Tetrabase in Chloroform muß stets frisch bereitet werden, da sie nicht haltbar ist, sondern sich allmählich an der Luft bläut. Es macht das aber keinerlei Schwierigkeiten, da die Tetrabase sich in der Kälte in Chloroform spielend löst, und es für die Reaktion gleichgültig ist, wieviel man verwendet. Eisen gibt die Reaktion nicht, ebensowenig alle anderen Bestandteile des Wassers.

b) Quantitative Bestimmung: Die vorgenannte Reaktion konnte wegen der Unbeständigkeit der Blaufärbung noch nicht quantitativ gestaltet werden. Tillmans und Mildner benutzen daher das Marshallsche Verfahren, welches auf der Überführung des Mangans in Übermangansäure beruht, und haben folgende Modifikation ausgearbeitet: 10 ccm des zu untersuchenden Wassers werden in ein Röhrchen mit flachem Boden von etwa 30 ccm gebracht. Man gibt dann einige Tropfen Silbernitrat[1]), 0,5 ccm verdünnte Schwefelsäure (1 : 3) und einen Löffel voll festes, umkrystallisiertes Kaliumpersulfat zu. Die Öffnung des Röhrchens wird darauf mit einer Kjeldahl-Birne verschlossen und das Röhrchen in ein siedendes Wasserbad gesetzt, in dem es 20 Minuten lang belassen wird. Nach dieser Zeit ist alles Mangan in Übermangansäure übergeführt. Die bisher ausgearbeiteten Modifikationen des Marshallschen Verfahrens benutzen meistens dünne Kaliumpermanganatlösungen als Vergleich. Im Frankfurter Hygienischen Institut hat sich aber gezeigt, daß damit sichere Bestimmungen sehr schwer ausgeführt werden können, weil die Übermangansäure in dieser Verdünnung außerordentlich schnell reduziert wird, sei es durch die Spuren von organischer Substanz, welche sich in destilliertem Wasser befinden, sei es, daß organische Substanz an den Gefäßwandungen sich befindet. Tillmans und Mildner fanden nun, daß alkalisch gemachte dünne Phenolphthaleinlösungen in der Art des Farbentones genau mit der Übermangansäure übereinstimmen. Sie verwenden daher zum Vergleich eine Phenolphthaleinlösung, welche 5 mg umkrystallisiertes Phenolphthalein auf 1 l 50 proz. Alkohols enthält[2]). Mit dieser Lösung wird nun der Farbenvergleich in folgender Weise angestellt: Man füllt in ein zweites gleichartiges Röhrchen ebenfalls etwa 10 ccm destilliertes Wasser, fügt einige

---

[1]) Es soll alles Chlor abgeschieden werden und noch etwas, aber nicht viel, Silber überschüssig vorhanden sein. Bei normalen Wässern genügen 2—3 Tropfen 5 proz. Silberlösung, bei sehr hohen Chlorgehalten die doppelte Menge. Größerer Silberüberschuß ist zu vermeiden.

[2]) Vorrätig gehalten wird eine 100 fach stärkere alkoholische Lösung, die mit 50 proz. Alkohol entsprechend verdünnt wird. Auch die verdünnte Lösung ist nach den bisherigen Beobachtungen unbeschränkt haltbar.

Tropfen $\frac{1}{10}$ Alkali hinzu und gibt nun aus einer genauen in $\frac{1}{100}$ geteilten 1 ccm-Pipette von der Phenolphthaleinlösung in das Gläschen und vergleicht dann die Färbung mit der des mit den obigen Zusätzen gekochten Wassers. Jeder bis zur Farbengleichheit verbrauchte Kubikzentimeter der Phenolphthaleinlösung zeigt 1 mg Mangan in 1 l an. Eisensalze stören die Bestimmung durch die Eigenfärbung des gebildeten Eisenoxydsalzes nur bei ganz hohen Gehalten. Bei Gehalten von 0,1—0,2 Mn in 1 l wendet man besser 20 ccm Wasser statt 10 an und verwendet auch beim Vergleich mit Phenolphthalein 20 ccm destilliertes Wasser. Natürlich muß man dann die verbrauchte Anzahl Kubikzentimeter, um Milligramm in 1 l zu erhalten, durch 2 dividieren.

Tillmans und Mildner haben für ganz geringe Mangangehalte von wenigen $\frac{1}{10}$ mg auch ein Verstärkungsreagens aufgefunden, mit Hilfe dessen es möglich ist, die minimalen Permanganatfärbungen in kräftige Blaufärbungen zu verwandeln und so noch schärfer die geringsten Mengen von Mangan zu bestimmen. Das Reagens ist eine Diphenylamin-schwefelsäure, welche mit verdünnter Schwefelsäure in bestimmter Weise bereitet ist. Salpetersäure und salpetrige Säure reagieren auf dieses Reagens nicht. Wegen der Einzelheiten der Ausführung dieser Bestimmung muß auf die Originalarbeit verwiesen werden.

Klut[1]) oxydiert für die Manganbestimmung das Wasser mit Bleisuperoxyd in salpetersaurer Lösung und vergleicht mit $\frac{1}{100}$ N.-Chamäleonlösung.

Die gewichtsanalytischen und maßanalytischen Verfahren, die für die Bestimmung kleiner Mengen von Mangan im Wasser vorgeschlagen sind, leiden an dem Nachteil, daß man sehr große Wassermengen in Arbeit nehmen muß, 10 l und mehr, die nicht immer zu haben sind und ein außerordentlich zeitraubendes Eindampfen bedingen, womit auch durch hineinfallenden Staub und andere Fehlerquellen beträchtliche Fehler verbunden sein können.

Ist der Mangangehalt beträchtlich, so können diese Verfahren empfohlen werden. Das beste ist das Verfahren von Knorre[2]), welches auch von Lührig sowie Beythien, Hempel und Kraft[3]) empfohlen wird.

5—10 l Wasser werden unter Zusatz von etwa 5 ccm Schwefelsäure eingedampft, der Rückstand mit einigen Körnchen Kaliumbisulfat geglüht, mit Wasser aufgenommen und filtriert. Das Filtrat wird auf etwa 150 ccm verdünnt, mit 5 ccm Schwefelsäure (1 + 3) und 10 ccm Ammoniumpersulfatlösung 20 Minuten gekocht, das ausgeschiedene Mangansuperoxyd nach dem Abkühlen durch Zusatz von 10 ccm Wasserstoffsuperoxyd, dessen Titer zu einer Kaliumpermanganatlösung vorher festgestellt ist, gelöst und der Überschuß an zugesetztem Wasserstoffsuperoxyd durch die Permanganatlösung zurücktitriert. Letztere wird auf Eisen eingestellt; entspricht 1 ccm derselben 5,61 mg Eisen (Fe), so ist nach dem Ansatz:

$$\text{Eisen-Titer} \times \frac{55}{112} = 5,61 \times 0,491 \text{ der Mangan-Titer} = 2,7545 \text{ mg Mangan.}$$

Die Stärke des Wasserstoffsuperoxyds soll so gewählt werden, daß der Titer annähernd mit dem der Permanganatlösung übereinstimmt.

3. Beurteilung der Befunde.

Der Eisengehalt eines Wassers ist zwar nicht gesundheitsgefährlich. Er bedeutet aber einen erheblichen Schönheitsfehler, beeinträchtigt den Geruch und Geschmack des Wassers und bewirkt außerdem beim Gebrauch im Haushalt und in der Industrie mancherlei Störungen. Ferrobicarbonat setzt sich, sobald es mit Luft in Berührung kommt, unter Entbindung von freier Kohlensäure um zu Eisenoxydhydrat, einem Körper, der unlöslich ausfällt und die unangenehmen und lästigen Trübungen bewirkt. Außer diesen Trübungen chemischer Natur kann aber ein eisenhaltiges Wasser noch dadurch sehr unangenehm wirken, daß es eisenspeichernden Pilzen Gelegenheit zum Wachstum gibt. In Betracht kommen vor allen Dingen Crenothrix, Galio-

---

[1]) Mitteilungen a. d. Königl. Prüfungsamt f. Wasserversorgung usw. 1909, Heft 12, 183.
[2]) Zeitschr. f. angew. Chemie 1903, **16**, 905.
[3]) Zeitschr. f. Untersuchung d. Nahrungs- u. Genußmittel 1904, **7**, 215

nella u. a. Die Wucherungen können so stark werden, daß Verstopfungen der Rohre die Folge sind. Nach Klut[1]) ist für folgende Wirtschaftsbetriebe eisenhaltiges Wasser unverwendbar: Bleichereien, Gerbereien, Färbereien, Zeugdruckereien, Wäschereien, Leim- und Stärkefabriken, Papierfabriken, Molkereien, Glas- und Tonwarenindustrie usw.

Der Eisengehalt der Wässer ist sehr verschieden. Man beobachtet Eisengehalte von 10 mg und darüber für 1 l, doch bewegt sich der Eisengehalt der Grundwässer der Norddeutschen Tiefebene durchweg zwischen 0,2—1,5 mg im Liter, Gehalte über 3 mg sind nach Klut (l. c.) schon als hoher Eisengehalt zu betrachten.

Eisengehalte über 0,2 mg im Liter geben in Berührung mit Luft schon Trübungen. Die Enteisenungsanlagen entfernen im allgemeinen das Eisen bis auf 0,1 mg im Liter. Die Beseitigung bis auf diesen Gehalt dürfte auch für alle Wirtschaftszwecke ausreichend sein.

Das Mangan bereitet ähnliche Störungen wie das Eisen. Es bewirkt ebenfalls Trübungen im Wasser und gibt manganspeichernden Algen, die ebenfalls sehr häufig sind, zum Wachstum Gelegenheit. Meistens ist der Mangangehalt der Wässer beträchtlich geringer als der des Eisens. Es begleitet gewöhnlich das Eisen und macht nur einen Bruchteil vom Eisengehalte aus. Doch kommen auch Wässer vor, die nur Mangan, jedoch kein Eisen enthalten. Gehalte über 0,3 mg im Liter können ebenfalls schon Trübungen des Wassers veranlassen. Von einer Entmanganungsanlage muß daher ebenfalls erwartet werden, daß sie bis auf etwa 0,1 mg im Liter das Mangan beseitigt.

III. Untersuchung von hartem Wasser.

Das Wesen der Härte und die Nachteile, welche harte Wässer mit sich bringen, sind schon S. 515 angegeben worden. Von den größten wirtschaftlichen Nachteilen ist die Verwendung von hartem Wasser zur Kesselspeisung. Es erübrigt daher, hier auf die Enthärtung des Wassers für diesen Zweck noch näher einzugehen. In der Praxis der Kesselwasseruntersuchung spielen die Schnellverfahren der Härtebestimmung eine große Rolle, von denen daher zunächst die wichtigsten angeführt seien.

1. Die Schnellverfahren zur Bestimmung der Gesamthärte.

a) Nach Clark mit Seifenlösung. Das Verfahren ist schon sehr alt, es ist zunächst viel angewendet worden, dann als unwissenschaftlich in Mißachtung gekommen, wird aber neuerdings wieder viel angewendet, nachdem Klut[2]) u. a. gezeigt haben, daß das Verfahren, unter gleichen Versuchsbedingungen angewendet, recht gute Werte liefert.

100 ccm des zu untersuchenden Wassers, unter Umständen weniger, mit destilliertem Wasser auf 100 verdünnt, bringt man in eine mit einem Glasstöpsel verschlossene Flasche von etwa 200 ccm Inhalt. Man tropft dann aus einer Bürette Clarksche Seifenlösung[3]) zu und schüttelt nach jedesmaligem Zusatz kräftig durch. Die Kalk- und Magnesiasalze des Wassers werden als unlösliche Calcium- und Magnesiumseifen ausgefällt. Ein Überschuß von Seife zeigt sich beim Schütteln durch einen sich bildenden dichten Schaum an. Der Schaum muß mindestens 5 Minuten lang wesentlich unverändert auf der Oberfläche der Flüssigkeit sich halten. Im allgemeinen soll man so viel Wasser anwenden, daß etwa 45 ccm Seifenlösung verbraucht werden. Man multipliziert dann mit dem Verdünnungsfaktor und entnimmt die Härtegrade aus der nachstehenden Tabelle (S. 544).

b) Das Verfahren von Blacher mit Kaliumpalmitat und Phenolphthalein. Bei dem Seifenschüttelverfahren ist der entstehende Schaum der Indicator. Man kann nun

---

[1]) Berichte d. Deutsch. Pharm. Gesellschaft 1909, **19**, Heft 3.

[2]) Mitteilungen a. d. Königl. Prüfungsanstalt f. Wasserversorgung u. Abwässerbeseitigung 1908, Heft 10, S. 75.

[3]) Hergestellt aus 150 g Bleipflaster und 40 g Kaliumcarbonat und eingestellt gegen Gipslösung (142 ccm mit Gips bei 20° gesättigtes Wasser auf 1 l verdünnt; 100 ccm hiervon = 0,012 g CaO = 12 Härtegraden).

ccm Seifen-lösung	Härtegrade	Differenz	ccm Seifen-lösung	Härtegrade	Differenz
1,4	—	—	24	5,87	0,27
2	0,15	0,15	25	6,15	0,28
3	0,40	0,25	26	6,43	0,28
4	0,65	0,25	27	6,71	0,28
5	0,90	0,25	28	6,99	0,28
6	1,15	0,25	29	7,27	0,28
7	1,40	0,25	30	7,55	0,28
8	1,65	0,25	31	7,83	0,28
9	1,90	0,26	32	8,12	0,29
10	2,16	0,26	33	8,41	0,29
11	2,42	0,26	34	8,70	0,29
12	2,68	0,26	35	8,99	0,29
13	2,94	0,26	36	9,28	0,29
14	3,20	0,26	37	9,57	0,29
15	3,46	0,26	38	9,87	0,30
16	3,72	0,26	39	10,17	0,30
17	3,98	0,27	40	10,47	0,30
18	4,25	0,27	41	10,77	0,30
19	4,52	0,27	42	11,07	0,30
20	4,79	0,27	43	11,38	0,31
21	5,06	0,27	44	11,69	0,31
22	5,33	0,27	45	12,00	0,31
23·	5,60	0,27			

auch die Härtebestimmung auf folgendem Grundsatz aufbauen: Fettsaure Alkalien sind in wässeriger Lösung hydrolytisch gespalten, reagieren also rötend auf Phenolphthalein. Tropft man also in das zu untersuchende, mit Phenolphthalein versetzte Wasser eine derartige alkoholische Lösung von fettsaurem Alkali, so erzeugt jeder einfallende Tropfen eine Rotfärbung, die aber solange wieder verschwindet, als noch Kalk- und Magnesiasalze vorhanden sind, mit denen sich das fettsaure Alkali in fettsauren Kalk und fettsaure Magnesia, die unlöslich sind, umsetzt. Ist aller Kalk und alle Magnesia gefällt, so gibt jeder weiter zugefügte Tropfen der Seifenlösung eine bleibende Rotfärbung.

Es sind Kaliumoleat, Kaliumstearat, Seifenlösung und neuerdings Kaliumpalmitat für die Ausführung dieser Bestimmung vorgeschlagen worden. Nach den neuesten Untersuchungen von Blacher, Grünberg und Kissal[1]) ist das Kaliumpalmitat am geeignetsten. Die Autoren geben folgende Ausführung des Verfahrens an:

100 ccm Wasser werden mit 1 Tropfen 1 proz. alkoholischer Methylorangelösung versetzt, und mit $^1/_{10}$ N.-Salzsäure zunächst bis zum Umschlag auf deutlich Rot titriert. Die Entfernung der freien Kohlensäure unterstützt man am besten, indem man durch die Flüssigkeit mit Hilfe eines Luftgebläses Luft durchbläst. Man gibt nun Phenolphthalein zu und stumpft den geringen Säureüberschuß durch Zufügen von einigen Tropfen $^1/_{10}$ N.-alkoholischem Kali ab, indem man davon so viel zugibt, daß zuerst die rote Farbe des Methyloranges verschwindet, und dann eine ganz schwach alkalische Reaktion des Phenolphthaleins eben auftritt. Darauf läßt man Kaliumpalmitatlösung aus der Bürette unter Umschwenken hinzufließen bis eine deutliche Rotfärbung erscheint. Die erhaltenen Kubikzentimeter $^1/_{10}$ N.-Kaliumpalmitat geben mit 2,8 multipliziert die Gesamthärte des Wassers in deutschen Graden an.

[1]) Chem.-Ztg. 1913, **37**, 56.

Die Kaliumpalmitatlösung bereitet man in folgender Weise:

Man löst 25,6 g reiner Palmitinsäure in 250 g Glycerin und 400 ccm Alkohol unter Erwärmen, neutralisiert mit alkoholischem Kali und füllt auf 1 l auf.

Man gießt behufs Titerstellung 10—20 ccm gesättigtes Kalkwasser in 100 ccm neutrales kohlensäurefreies Wasser und titriert zunächst mit Phenolphthalein und $^1/_{10}$ N.-Salzsäure auf farblos. Die so gegen Phenolphthalein neutralisierte Lösung wird dann mit Kaliumpalmitatlösung titriert. Ist die Kaliumpalmitatlösung genau $^1/_{10}$ Normal, so müssen ebensoviel Kubikzentimeter Kaliumpalmitat verbraucht werden, als $^1/_{10}$ N.-Salzsäure verbraucht wurden. Ist die Lösung nicht genau $^1/_{10}$ Normal, so rechnet man den Faktor zur Umrechnung auf $^1/_{10}$ Normal aus.

Die oben genannten Autoren haben gefunden, daß bei Verwendung von Kaliumstearat sich zwar Kalksalze ebenso wie Magnesiasalze allein titrieren ließen, daß aber bei Mischungen von beiden, wie sie ja meist in den Wässern vorliegen, gewöhnlich falsche Werte erhalten werden. Es stellte sich heraus, daß die als ganz rein bezogene Stearinsäure nicht rein, sondern ein Gemisch von Stearin- und Palmitinsäure war; als wirklich reine Palmitinsäure verwendet wurde (auf Reinheit ist also besonders Gewicht zu legen), ergaben sich in allen Fällen mit Hilfe des Verfahrens ausgezeichnete Werte[1]).

c) Bestimmung der Gesamthärte nach Wartha-Pfeiffer. In der Modifikation von Lunge wird das Verfahren folgendermaßen ausgeführt: Man übersättigt 200 ccm des zu untersuchenden Wassers schwach mit Salzsäure und kocht auf 40—50 ccm ein, spült dann in einen 100 ccm-Kolben, neutralisiert nach Zusatz von Methylorange genau mit Natronlauge, setzt 40 ccm eines Gemisches aus gleichem Volumen $^1/_{10}$ N.-Natronlauge und $^1/_{10}$ N.-Sodalösung zu, kocht auf, läßt abkühlen, füllt mit kohlensäurefreiem destilliertem Wasser bis zur Marke, gießt durch ein trockenes Faltenfilter und titriert in 50 ccm des Filtrats das unverbrauchte Alkali mit $^1/_{10}$ N.-Salzsäure und Methylorange zurück. Die bei der Rücktitration verbrauchten Kubikzentimeter $^1/_{10}$ N.-Salzsäure werden mit 2 multipliziert und dann von 40 abgezogen. Diese Differenz ergibt das zur Fällung der Erdalkalien in 200 ccm Wasser verbrauchte Alkali. Durch Multiplikation dieser Zahlen mit 1,4 erhält man die Härte in deutschen Graden.

Von mehreren Autoren ist schon darauf aufmerksam gemacht worden, daß das Verfahren nicht genaue Werte liefern kann, da Calcium- und Magnesiumcarbonat im Wasser in nicht unbeträchtlichen Mengen löslich sind. In der Tat findet man nach dem Verfahren stets Werte, die um etwa 1° unrichtig sind. Nach Klut[2]) ist das Clarksche Seifenverfahren besser als das Wartha-Pfeiffersche Verfahren.[3])

2. Die Carbonathärte. Die Carbonathärte wird am einfachsten stets aus der Bestimmung der Alkalität mit Methylorange berechnet. Es ist das für die meisten Fälle ohne Zweifel das genaueste Verfahren. Es wird jedoch unrichtig, wenn Alkalicarbonate oder Bicarbonate im Wasser vorhanden sind, ein Fall, auf den wir weiter unten bei der Besprechung des enthärteten und Kesselwassers noch zurückkommen. Auch bei Vorhandensein von Alkalibicarbonaten ist es ratsam, wenn die vorhandenen Erdalkalien zur Bindung der Bicarbonatkohlensäure ausreichen, die Carbonathärte aus dem Gesamtbicarbonatkohlensäuregehalte zu berechnen. Beim Kochen des Wassers würde in diesem Falle doch alle gebundene Kohlensäure, auch solche, die an Alkali gebunden, aus dem Boden aufgenommen

---

[1]) Mit dem Verfahren sind im Frankfurter Hygienischen Institut die besten Erfahrungen gemacht worden. Mittlerweile ist auch von anderen Autoren sehr Günstiges über das Verfahren berichtet worden (Walter Pflanz, Mitteil. a. d. Kgl. Landesanstalt f. Wasserhygiene 1913, Heft 17, 141.

[2]) Mitteilungen a. d. Königl. Prüfungsamt usw. 1908, Heft 10, S. 75.

[3]) Letzteres wird in einer während der Drucklegung erschienenen Arbeit von Zink und Hollandt (Zeitschr. f. angew. Chemie 1914, Aufsatzteil Nr. 34, S. 235) bestritten. Wenn ein erheblicher Überschuß von Sodanatronlauge verwendet wird, soll das Verfahren recht genaue Werte liefern.

war, als Carbonat an Calcium oder Magnesium gebunden werden. Wenn Eisen - oder Mangan-
bicarbonate vorhanden sind, wird die Berechnung der Carbonathärte aus der Alkalität
ebenfalls ungenau. Man berechnet dann die Carbonathärte aus der korrigierten Bicarbonat-
kohlensäure. Diese erhält man, indem man für jedes Molekül Fe oder Mn 2 Moleküle Bicarbonat - Kohlensäure (CO_2) abzieht. Bei Abwesenheit der Alkalicarbonate zeigt jedes
Kubikzentimeter $1/10$ N.-Salzsäure, welches für die Titration von 200 ccm Wasser verbraucht wurde, 1,4 deutsche Härtegrade an.

3. Die bleibende Härte. Die bleibende Härte wird am besten als Differenz
der gesamten Härte und der Carbonathärte berechnet.

Höchst ungenau ist das Verfahren, die bleibende Härte in der Weise zu bestimmen,
daß man das Wasser aufkocht und die im Wasser verbleibende Härte durch eines der obigen
Verfahren bestimmt. Wie schon oben erwähnt, sind nämlich die Erdalkalicarbonate im
Wasser in beträchtlichen Mengen löslich, ganz besonders ist das beim Magnesiumcarbonat
der Fall, welches sich nur sehr schwer und unvollständig ausscheidet. Nach Noll[1]) kommt
man aber zu zwar approximativen, aber praktisch brauchbaren Werten für die permanente
Härte, wenn man 1000 ccm auf 250 einkocht, weil dann die Carbonathärte, auch das $MgCO_3$,
zum größten Teil sich abscheidet.

4. Enthärtung des Wassers. Für die Wasserenthärtung sind heute hauptsächlich 3 Verfahren in Gebrauch. Das erste und älteste, welches wohl auch heute noch am
meisten angewendet wird, ist das Kalksodaverfahren. Es besteht darin, daß man Kalk
und Soda dem Wasser zusetzt. Dabei gehen folgende Umsetzungen vor sich:

$$Ca(HCO_3)_2 + Ca(OH)_2 = 2\,CaCO_3 + 2\,H_2O\,,$$
$$Mg(HCO_3)_2 + Ca(OH)_2 = CaCO_3 + MgCO_3 + 2\,H_2O\,.$$
$$MgCO_3 + Ca(OH)_2 = Mg(OH)_2 + CaCO_3\,.$$
$$CaSO_4 + Na_2CO_3 = CaCO_3 + Na_2SO_4\,,$$
$$MgCl_2 + Na_2CO_3 = MgCO_3 + 2\,NaCl\,.$$
$$MgCO_3 + Ca(OH)_2 = CaCO_3 + Mg(OH)_2 \text{ (Pfeiffer).}$$

Die Carbonathärte wird also durch Kalk, die bleibende Härte durch Soda ausgeschieden. Alle Kalksalze des Wassers werden in Form des Carbonats ausgeschieden, alle
Magnesiasalze, gleichviel in welcher Form sie vorhanden sind, fallen als unlösliches Hydroxyd
aus. Die Carbonathärte wird also vollständig aus dem Wasser abgeschieden, statt der
ausgeschiedenen bleibenden Härte tritt aber eine dem Calcium- und Magnesium äquivalente
Menge Natrium in Form von Glaubersalz, Kochsalz usw. in das Wasser über.

Statt Kalkhydrat kann man auch Natronhydrat anwenden. Es bildet sich dabei
aus den Bicarbonaten Soda, die ihrerseits zum Fällen der bleibenden Härte dient.

$$Ca(HCO_3)_2 + 2\,NaOH = CaCO_3 + Na_2CO_3 + 2\,H_2O\,,$$
$$Mg(HCO_3)_2 + 4\,NaOH = Mg(OH)_2 + 2\,Na_2CO_3 + 2\,H_2O\,.$$

Das verwendete Ätznatron wird meistens hergestellt durch Vermischen von Sodalösung mit Kalk und Absitzenlassen des ausgeschiedenen Calciumcarbonats.

Das zweite in der Praxis verwendete Verfahren ist das Reisertsche Barytverfahren.
Es scheidet die Carbonathärte in derselben Weise aus wie das Kalksodaverfahren, durch Zusatz von Kalk. Von der bleibenden Härte ist stets für ein Kesselwasser die Gipshärte am
unangenehmsten, da diese einen außerordentlich fest auf dem Kesselblech haftenden Stein
ergibt. Das Barytverfahren beschränkt sich deshalb darauf, von der bleibenden Härte nur
die Gipshärte mit Hilfe von Bariumcarbonat abzuscheiden. Das Bariumcarbonat ist bekanntlich ein in Wasser fast unlöslicher Körper. Es wird im Wasser aufgeschwemmt, man

---

[1]) Chem.-Ztg. 1912, Nr. 106.

sorgt dafür, daß es eine Zeitlang im Wasser in der Schwebe bleibt. Dann tritt folgende Umsetzung mit den Sulfaten ein:

$$CaSO_4 + BaCO_3 = CaCO_3 + BaSO_4 .$$

Die Gipshärte wird also in Form des unlöslichen Bariumsulfats ausgeschieden.

Das dritte der in der Praxis verwendeten Verfahren ist das Permutitverfahren. Das Permutit ist ein durch Zusammenschmelzen von Ton, Soda und Quarz hergestelltes Material, welches die Eigenschaft hat, in Berührung mit calcium- und magnesiumhaltigen Flüssigkeiten diese Basen gegen Natrium auszutauschen. Man filtriert also das zu enthärtende Wasser mit auszuprüfender Geschwindigkeit durch eine genügend große Schicht von Permutit, wobei das Wasser enthärtet wird. Hat nach einiger Zeit das Permutit so viel Calcium und Magnesium aufgenommen, daß die Wirkung der Enthärtung nachläßt, so wäscht man das Material mit Kochsalzlösung aus, wobei der umgekehrte Austausch vor sich geht, das Permutit also in der ursprünglichen Form als Natriumpermutit wieder regeneriert wird. Während die beiden ersten Verfahren die Enthärtung bis etwa 3—4° bringen, gestattet das Permutitverfahren eine Enthärtung bis auf glatt 0.

5. Kontrolle von Enthärtungsanlagen. *a) Untersuchung des Rohwassers.* Man führt folgende Bestimmungen aus:

Carbonathärte durch Bestimmung der Bicarbonatkohlensäure vgl. S. 524. Bei Anwendung von 200 ccm Flüssigkeit gibt jedes bis zum Methylorangeumschlag verbrauchte Kubikzentimeter $^1/_{10}$ N.-Salzsäure 1,4° deutsche Härte an.

b) Gesamthärte nach Clark oder besser Blacher, S. 543.

c) Freie Kohlensäure nach S. 525.

d) Magnesia nach S. 507.

Für die Bestimmung der Carbonathärte und der gesamten Härte ist folgendes kombinierte Verfahren (Blacher) empfehlenswert: 200 ccm Wasser werden mit 2 Tropfen Methylorangelösung (1 : 1000) versetzt und mit $^1/_{10}$ N.-Salzsäure bis zum Umschlag des Methyloranges titriert. Sind a ccm $^1/_{10}$ N.-Salzsäure verbraucht, so ist die Carbonathärte $a \cdot 1{,}4$. Dann wird durch Kochen oder durch längeres Durchblasen mit einem Gummigebläse die freie Kohlensäure entfernt. Man setzt dann Phenolphthalein zu und titriert mit Kaliumpalmitat, bis die Flüssigkeit sich rot färbt. Sind b ccm $^1/_{10}$ N.-Kaliumpalmitat verbraucht, so ist die Gesamthärte $b \cdot 1{,}4$, die bleibende Härte ist dann $(b - a) \cdot 1{,}4$.

Für die Bestimmung der Magnesia können natürlich die oben erwähnten gewichts- oder maßanalytischen Verfahren angewendet werden. Für eine schnellere Bestimmung empfiehlt sich folgendes Verfahren: Man versetzt 200 ccm des zu untersuchenden Wassers mit 5 ccm einer 10 proz. Chlorbariumlösung und dampft auf freier Flamme bis ungefähr auf die Hälfte ein. Dabei entweicht die freie und halbgebundene Kohlensäure, während die gebundene Kohlensäure in Form des sehr wenig löslichen Bariumcarbonats abgeschieden wird. Man spült dann in ein 200er Kölbchen über, gibt 25—50 ccm, je nach der vorhandenen Magnesiamenge, klares Barythydrat zu, dessen Titer vorher durch Titration mit $^1/_{10}$ N.-Salzsäure und Methylorange festgestellt ist, füllt mit kohlensäurefreiem destilliertem Wasser bis zur Marke auf, mischt und läßt absitzen. Von der klar abgesetzten Flüssigkeit hebt man einen aliquoten Teil ab und titriert das nicht zur Magnesiafällung gebrauchte Barythydrat zurück. War der Titer der angewendeten Barythydratlösung = a ccm $^1/_{10}$ N.-Salzsäure und hat man für die Titration von 50 ccm der klar abgesetzten Flüssigkeit b ccm $^1/_{10}$ N.-Salzsäure verbraucht, so ist die in 1 l vorhandene MgO-Menge in Milligramm = $5 \times (a - 4b) \times 2$. Dem Verfahren haften natürlich gewisse Fehlerquellen an, die in der Löslichkeit von $Mg(OH)_2$ und in der Absorption von $Ba(OH)_2$ am Niederschlage begründet liegen. Doch dürfte es für die schnelle Orientierung über die Höhe des Magnesiagehaltes einen genügend genauen Überblick geben.

b) Ermittlung der Zusatzmenge. Beim Kalksodaverfahren muß auf 1 cbm Wasser zur Enthärtung für jeden Grad Carbonathärte 10 g Kalk (CaO, 100 proz.) zugesetzt werden. Für jedes Milligramm Magnesia, welches im Wasser vorhanden ist, muß der Kalkzusatz um 1,4 g CaO (100 proz.) auf 1 cbm erhöht werden. Jedes Milligramm freier Kohlensäure, welches im Liter vorhanden ist, verlangt ferner eine Erhöhung der Kalkmenge für Kubikmeter zu enthärtenden Wassers um 1,27 g CaO (100 proz.). Für jeden Grad bleibender Härte endlich muß auf 1 cbm Wasser 19 g Soda (Na_2CO_3, 100 proz.) oder 51 g Krystallsoda (Na_2CO_3 10 H_2O) zugesetzt werden.

Der so berechnete Kalkzusatz soll nach verschiedenen Arbeiten etwas zu hoch sein. Man hat daher auch direkte Verfahren zur Ermittelung der Menge des Zusatzes angegeben[1]). Die meisten dieser Verfahren dürften aber weniger genau sein als die Berechnung.

Mehrfach sind ferner Formeln zur Berechnung des Zusatzes angegeben worden. Von Cochenhausen[2]) gibt folgende einfache Berechnungsformel an: Wenn a die Anzahl Milligramm gebundene Kohlensäure im Liter, b die Anzahl Milligramm MgO im Liter und H die Gesamthärte in deutschen Graden bedeuten, so beträgt die Menge des erforderlichen Kalkes $\dfrac{a + 1,1 - b}{0,786}$ und der Soda $18,9\,H - 2,41\,a$ Milligramm im Liter.

c) Untersuchung des enthärteten Wassers und des Kesselspeisewassers. Zur Ermittlung, ob die Zusätze an Kalk und Soda richtig waren, empfiehlt es sich, das gereinigte Wasser dauernd zu kontrollieren. Sehr empfehlenswert ist es aber auch, diese Kontrolle nicht nur auf das enthärtete Wasser zu beschränken, sondern auch auf das Kesselwasser auszudehnen, da nach Blacher geringe Überschüsse an Zusatzmitteln sich im Kessel derartig anreichern können, daß Schwierigkeiten entstehen. Überschüssige Soda geht nämlich im Kessel unter Abgabe von Kohlensäure in Natronhydrat über, welches das Kesselblech und die Armaturen angreifen und Veranlassung für das Spucken (Siedeverzug) sein kann.

Im gereinigten Wasser können außer unausgeschiedenen Bicarbonaten und unausgeschiedener bleibender Härte vorhanden sein gelöstes Calcium- und Magnesiumcarbonat, ferner überschüssige Soda und überschüssiger Kalk. Im Kesselwasser können dieselben Stoffe vorhanden sein, außerdem jedoch auch noch durch Abspaltung von Kohlensäure aus der Soda entstandene Natronlauge.

Zur Bestimmung aller dieser Stoffe auf einfache Weise haben Blacher[3]) und seine Schüler ein sehr zweckmäßiges Verfahren angegeben. Es besteht darin, daß das Wasser zunächst mit Phenolphthalein und $^1/_{10}$ N.-Salzsäure bis auf farblos titriert, dann die Methylorangealkalität bestimmt, darauf die Kohlensäure entfernt und mit Kaliumpalmitat die Härte bestimmt wird. Lösliche Hydrate werden mit Phenolphthalein und Salzsäure glatt bis auf Neutralsalz titriert, können also nicht mehr auf Methylorange einwirken. Die Soda hingegen wird mit Phenolphthalein bis zum Bicarbonat titriert, mit Methylorange dagegen vollständig zersetzt. Der Methylorangewert ist also bei Soda der doppelte vom Phenolphthaleinwert. Durch Vergleich des Phenolphthaleinwertes, des Methylorangewertes und der Härtegrade, Werte, welche man alle in Härteäquivalenten ausdrückt, ergeben sich dann auf verhältnismäßig einfache Weise die vorhandenen Gehalte an den einzelnen Stoffen, wie das unten gezeigt werden wird.

Das Verfahren führt man in folgender Weise aus: 200 ccm Wasser werden mit 1 ccm einer Phenolphthaleinlösung, welche 350 mg Phenolphthalein im Liter Alkohol enthält[4]), versetzt. Dann wird bis zur Entfärbung titriert. Die verbrauchten Kubikzentimeter $^1/_{10}$ N.-

---

[1]) Vgl. Lunge-Berl, Chemisch-technische Untersuchungsmethoden, 1910, 2. Teil, S. 306 ff.
[2]) Zeitschr. f. angew. Chemie 1906, **19**, 2025.
[3]) Rigaische Industriezeitung 1908.
[4]) Nach Tillmans und Heublein muß diese Phenolphthaleinstärke gewählt werden.

Salzsäure mit 1,4 multipliziert, ergeben den Wert P, d. h. Phenolphthaleinwert in deutschen Graden. Darauf setzt man 2 Tropfen Methylorange 1 : 1000 zu und titriert bis zum Umschlag des Indicators auf Rotbraun. Der Gesamtsäureverbrauch (also einschließlich der bei der Phenolphthaleintitration verbrauchten Säure), multipliziert mit 1,4, ergibt den Wert M, d. h. Methylorangewert in deutschen Graden. Man jagt nun durch Aufkochen oder durch ein Gummigebläse die Kohlensäure aus der Lösung fort und titriert dann mit Kaliumpalmitat auf Phenolphthaleinrot[1]) zurück. Die dabei verbrauchten Kubikzentimeter $^1/_{10}$ N.-Kaliumpalmitat ergeben, mit 1,4 multipliziert, den Wert H, d. h. die Gesamthärte in deutschen Graden.

Für die Deutung dieser Zahlen P, H und M hat J. Tillmans folgendes Schema aufgestellt:

I. $M = H$.

Keine Alkalien und keine bleibende Härte vorhanden. M besteht ausschließlich aus überschüssigem Kalkhydrat oder gelöstem Calcium-Magnesiumcarbonat oder Bicarbonaten.

1. $M = P$.

M besteht nur aus überschüssigem Kalkhydrat.   Zu viel Kalk.

2. $M = 2P$.

M besteht nur aus gelöstem Calcium-Magnesiumcarbonat.   Zusatz richtig.

3. $P = O$.

M besteht nur aus Bicarbonaten.   Zu wenig Kalk.

4. $2P$ größer als M.

M besteht aus Mischungen von überschüssigem Kalkhydrat und gelöstem Calcium-Magnesiumcarbonat.

Calcium-Magnesiumcarbonat $= (M - P) \times 2$.

Überschüssiges Kalkhydrat $= M - (M - P) \times 2$.   Zu viel Kalk.

5. $2P$ kleiner als M.

M besteht aus Mischungen von Calcium-Magnesiumcarbonat und Bicarbonaten.

Bicarbonat $= M - 2P$.

Calcium-Magnesiumcarbonat $= 2P$.   Zu wenig Kalk.

II. M kleiner als H.

Bleibende Härte vorhanden.

$H - M =$ bleibende Härte.   Zu wenig Soda.

Die sonstigen Deutungen wie unter I.

III. M größer als H.

Dann ist M außer durch alkalisch reagierende Kalk- und Magnesiaverbindungen durch Alkalien (Natronlauge, Soda) veranlaßt. Keine bleibende Härte.

1. $M = P$.

M besteht aus Natronlauge und Kalkhydrat.

Kalkhydrat $= H$.

Natronlauge $= M - H$.   Zu viel Kalk und zu viel Soda.
Natronlauge, entstanden aus Soda.

2. $M = 2P$.

M besteht aus Soda und Calcium-Magnesiumcarbonat.

Calcium-Magnesiumcarbonat $= H$.

Soda $= M - H$.   Zu viel Soda.

---

[1]) Vor dieser Titration fügt man zweckmäßig stärkeres Phenolphthalein zu.

3. $2P$ größer als M.

     M kann bestehen aus Natriumhydroxyd und Calcium-Magnesiumcarbonat.

     Carbonate (Kalk-Magnesia oder Soda) $= (M - P) \times 2$.

     Natronlauge $= M - (M - P) \times 2$.

     Natronlauge, auch Soda $= M - H$.   **Zu viel Soda und zu viel Kalk.**

4. $2P$ kleiner als M.

     Dann ist Natriumbicarbonat vorhanden neben gelöstem Calcium-Magnesiumcarbonat.

     Natriumbicarbonat $= M - 2P$.

     Calcium-Magnesiumcarbonat $= H$.   **Zu wenig Kalk.**

IV. $H = 0$.

     Dann ist M nur durch Alkalisalze veranlaßt. **Keine Härte.**

1. $M = P$.

     M besteht nur aus Natronlauge.   **Zu viel Soda.**

2. $M = 2P$.

     M besteht nur aus Soda.   **Zu viel Soda.**

3. $2P$ größer als M.

     M besteht aus Mischung von Natronlauge und Soda.

     Soda $= (M - P) \times 2$.

     Natronlauge $= M - (M - P) \times 2$.   **Zu viel Soda.**

4. $2P$ kleiner als M.

     M besteht aus Mischung von Natriumbicarbonat und Soda.

     Natriumbicarbonat $= M - 2P$.

     Soda $= 2P$.   **Zu wenig Kalk und zu viel Soda.**

Für Kesselspeisewässer hält Blacher eine bleibende Härte bis zu 3°, einen Sodaüberschuß bis zu 3° und einen Laugeüberschuß bis zu 4° für zulässig. Um die Grade auf die betreffenden Substanzen auszudrücken, braucht man natürlich nur mit dem betreffenden Äquivalentgewicht zu multiplizieren und durch das Äquivalentgewicht des Kalkes zu dividieren. 1° Soda ist also $= 1{,}89$ mg, 1° Krystallsoda $= 5{,}11$ mg, 1° Natron $= 1{,}43$ mg im Liter oder Gramm im Kubikmeter.

Blacher hat auch einen Apparat angegeben, der von den Vereinigten Chemischen Fabriken in Berlin, bezogen werden kann, der alle nötigen Reagenzien und Apparate enthält, um diese Untersuchungen am Kessel selbst durch einen unterrichteten Arbeiter vornehmen zu lassen. Die $^{1}/_{10}$ N.-Säure und das Kaliumpalmitat befinden sich in Tropfflaschen, die so eingestellt sind, daß jedesmal 1 Tropfen bei der Salzsäure bzw. 2 Tropfen bei der alkoholischen Palmitatlösung 1° entsprechen. Der Apparat ist von J. Tillmans eingehend geprüft worden im Vergleich mit den im Laboratorium ausgeführten genaueren Untersuchungen; es hat sich gezeigt, daß die Ergebnisse der Untersuchung im Laboratorium und an Ort und Stelle mit dem Apparat durchaus übereinstimmten. Er kann also nur bestens empfohlen werden.

II. Biologische Untersuchung.[1)]

Tierische Organismen im Trinkwasser.

Bei der Besprechung der im Trinkwasser auftretenden tierischen Organismen beschränken wir uns streng auf solches Wasser, das im Sinne der modernen Hygiene als wirkliches „Trink"-wasser bezeichnet werden kann. Denn gelegentlich wird ja wohl aus allen möglichen Arten von Gewässern vom Menschen Wasser für Trinkzwecke entnommen, und wollte man die

---

[1)] Bearbeitet von Prof. Dr. A. Thienemann, Direktor der hydrobiol. Anstalt in Plön (Holst.).

tierische Bewohnerschaft solcher „Trinkwässer im weiteren Sinne" hier darstellen, so bedeutete das nicht mehr und nicht weniger, als eine Übersicht über die Gesamtheit der im Süßwasser vorkommenden Tiere überhaupt! Eine solche Übersicht zu geben, kann aber nicht Aufgabe der folgenden Zusammenstellung sein. Wir verstehen hier vielmehr unter Trinkwasser nur das Wasser, wie wir es aus unseren Brunnen entnehmen und aus den Kränen unserer Wasserleitungen abzapfen. Welche Tiere etwa in den Quellfassungen, den Hochbehältern, den Filteranlagen usw. einer Wasserleitung auftreten können, sei hier nicht untersucht; denn „Trinkwasser" im strengen Sinne wird das Wasser auch der Wasserleitungen (wenigstens, soweit es nicht Quell- oder Grundwasserleitungen sind) erst dann, wenn es durch Sedimentation und Filtration von seinen Schwebeteilchen anorganischer oder organischer Natur befreit ist und normalerweise nur noch Bakterien — und auch diese nur in einer, eine bestimmte Größe nicht überschreitenden Zahl — enthält. Als echtes „Trinkwasser" könnte allerdings auch das in den ungefaßten Quellen vor allem unserer Bergländer austretende Wasser bezeichnet werden und so könnte man bei einer Darstellung der tierischen Organismen des Trinkwassers neben der Fauna der Brunnen und Wasserleitungen auch die Quellfauna vielleicht berücksichtigt sehen wollen. Indessen würde die Berücksichtigung der Organismen der Quellen zu weit führen und augenscheinlich — da sie für die Praxis im allgemeinen ohne jede Bedeutung sind — ganz aus dem Rahmen dieses Buches herausfallen. Wer sich für Quellfauna interessiert, sei auf die beiden neuesten zusammenfassenden Darstellungen dieses Gegenstandes verwiesen[1]).

Fig. 225.

Brunnennetz.

Über die Technik der Untersuchung des Trinkwassers auf seine tierische Bewohnerschaft hin ist nicht viel zu sagen. Treten in dem einer Wasserleitung entnommenen Wasser gelegentlich Tiere auf, so empfiehlt es sich, unter dem Kran ein Netzchen aus feinster Seidengaze (sog. Müllergaze Nr. 25) aufzuhängen und das Wasser geraume Zeit hindurch laufen zu lassen, bis sich eine genügende Anzahl der betreffenden Tiere in dem Netze gesammelt hat. Als Netz kann z. B. eines der kleinen jetzt vielerorts käuflichen Planktonnetze verwendet werden; ein solches Netz ist abgebildet z. B. in dem Werk J. König: Untersuchung landwirtschaftlich und gewerblich wichtiger Stoffe. 4. neubearbeitete Auflage (Berlin, Paul Parey 1911) auf Seite 1036; es kann von der Firma Paul Altmann, Berlin NW, Luisenstraße 47, bezogen werden. Das gleiche Netz ist für die Untersuchung von Pumpbrunnen zu benutzen. Für die Untersuchung von offenen Schachtbrunnen hat sich ein Netz nach Art der sog. Scharrnetze oder Dredgen als zweckmäßig erwiesen (Fig. 225). Wie die Abbildung zeigt, besteht es aus einem dreieckigen eisernen Rahmen; die Länge der Rahmenseiten beträgt etwa 15 cm, ihre Höhe 3 cm. Zwei Seiten sind schwach konvex, die dritte gerade. Die Oberkanten des Rahmens sind nach außen über die Unterkanten vorgebogen und etwas angeschärft, so daß beim Heraufziehen aus dem Brunnen die Schachtwände mit dem Netze abgekratzt werden. Dicht über dem Unterrande des Rahmens ist dieser mit einer Reihe von Löchern versehen zur Befestigung des aus Seidengaze Nr. 25 angefertigten Netzbeutels. Im Innern des Rahmens befindet sich in jeder Ecke eine Öse zur Befestigung der 3 Halteleinen des Netzes. Vor dem Hinablassen des Netzes in den Brunnenschacht legt man zur Beschwerung einen Stein, eine

---

[1]) Bornhauser, Die Tierwelt der Quellen in der Umgebung Basels. Internationale Revue der gesamten Hydrobiologie und Hydrographie. Biologische Supplemente V. Serie 1912, S. 1—90. — Thienemann, Der Bergbach des Sauerlandes. Ebenda. IV. Serie 1912, S. 1—125.

Bleikugel od. dgl. in das Netz; man wühlt mit dem Netze nach Kräften den Bodenschlamm des zu untersuchenden Brunnens auf und kratzt ebenso die unter Wasser befindlichen Schacht- wände ab. Der auf diese Weise durch wiederholtes Hinablassen des Netzes in den Brunnen gewonnene Schlammrückstand wird mit Wasser begossen und in einer weithalsigen Flasche zum Laboratorium gebracht. Nach mehrstündigem ev. mehrtägigem ruhigen Stehen in kühlem Raume zeigen sich die Brunnentiere auf dem Schlamme und in dem darüber stehenden Wasser; sie können nunmehr vermittels einer Pipette gefangen und der genaueren Untersuchung unterworfen werden.

Die Bestimmung der in Brunnenwässern auftretenden Tiere ist im allgemeinen keine leichte; sie ist Sache des geschulten Zoologen und soll möglichst am lebenden Material vor- genommen werden, da sich nur so z. B. viele Würmer der Brunnenfauna mit Sicherheit iden- tifizieren lassen. Nur ein Notbehelf ist daher die Untersuchung konservierten Materials. Muß aber das Material auf größere Entfernungen verschickt werden, so übergießt man zur Kon- servierung die aus dem Schlamm herausgefangenen Tiere mit Formalin (so daß eine etwa 4 proz. Lösung entsteht; d. h. 1 Teil des käuflichen Formalins auf 10 Teile Wasser). Viele Orga- nismen der Brunnenfauna schrumpfen allerdings so zu unförmlichen Klumpen zusammen; doch lassen sich wenigstens die Krebstiere und Borstenwürmer auch noch in konserviertem Zustande meist mit Sicherheit bestimmen.

Leider sind unsere Kenntnisse von der Zusammensetzung der Brunnenfauna noch recht dürftig. Wohl gibt es eine große Anzahl von Notizen über vereinzelt in Brunnen gefundene Tiere; eine zusammenfassende, erschöpfende Behandlung hat jedoch bis jetzt nur die Brunnen- fauna Prags — durch Vejdovsky im Jahre 1882 — sowie die Fauna der Brunnen und Wasser- leitung von Lille durch Moniez 1888 gefunden[1]). Ausgedehntere und eingehende Unter- suchungen der tierischen Bewohner der Brunnen dürften indessen nicht nur theoretisch- wissenschaftlich bedeutsame Ergebnisse versprechen, sondern auch für die Praxis wären der- artige Studien sehr erwünscht, da sich nur auf Grund solcher größeren Untersuchungen Ge- wißheit darüber wird erlangen lassen, welche Organismen aus dem Grundwasser stammen und somit unvermeidbare und unvertreibbare Brunnenbewohner darstellen und welche Tiere, ur- sprünglich in Oberflächenwässern beheimatet, nur zufällige Gäste, ja evtl. vielleicht sogar hygienisch nicht unbedeutsame Glieder der Brunnentierwelt sind.

Wir beschränken uns im folgenden auf die Tierwelt der Wasserleitungen und Brunnen Mitteleuropas, da nur für dieses Gebiet das schon vorliegende Material eine wenigstens skizzen- hafte Behandlung zuläßt.

A) Über die Tierwelt der alten Hamburger und der Rotterdamer Wasserleitungen.

Eine gewisse historische Bedeutung haben zwei biologische Untersuchungen über die Tierwelt von Wasserleitungen erlangt, die hier gleichsam als „Gegenbeispiel" an den Beginn unserer Darstellung treten mögen und zeigen sollen, welcher Organismenreichtum in Wasser- leitungen sich entwickeln kann, die Flußwasser ohne vorhergehende Filtration ihrem Röhren- system zuführen.

Es handelt sich um die Untersuchung der Fauna der Hamburger Wasserleitung durch Kraepelin und die Untersuchung der Tiere und Pflanzen in den dunklen Räumen der Rotter- damer Wasserleitung durch Hugo de Vries[2]).

---

[1]) Vejdovsky, Thierische Organismen der Brunnenwässer von Prag. Mit 8 Tafeln. Prag. Selbst- verlag. In Kommission von Franz Řivnáč. 1882. — Moniez, Faune des eaux souterraines du dé partement du Nord et en particulier de la ville de Lille. Revue Biologique du Nord de la France. I. 1889.

[2]) Kraepelin, Die Fauna der Hamburger Wasserleitung. Abhandl. Naturw. Ver. Hamburg. **9**, Heft I, 1886, S. 13—25. — de Vries, Die Pflanzen und Tiere in den dunklen Räumen der Rotter- damer Wasserleitung. Jena, Gustav Fischer. 1890. (S. 1—73.)

Wie Kraepelin berichtet, hatte die Hamburger Wasserleitung, die ihr Wasser direkt aus der Elbe oberhalb Hamburgs entnimmt, zur Zeit seiner Untersuchung keine Zentralfilteranlage. Die im Flusse vorkommenden Lebewesen können daher ebenso wie die im Wasser suspendierten Mineralteilchen und organischen Detrituspartikelchen in das Röhrensystem der Leitung eintreten. Daß ein Teil der auf diese Weise in das unterirdische Kanalnetz gelangenden Organismen trotz der völlig veränderten Lebensbedingungen nicht zugrunde geht, ist den Bewohnern Hamburgs allgemein bekannt, da vereinzelte Wasserasseln und Flohkrebse in den Küchen und Haushaltungen keine Seltenheit sind und namentlich die Zu- und Abflußöffnungen der Reservoirkästen auf den Hausböden häufig genug durch Aale, „Leitungsmoos" u. dgl. verstopft werden. Welche Fülle von Tierarten aber in den Röhren der alten Hamburger Wasserleitung lebte, haben erst Kraepelins eingehende Untersuchungen gezeigt; diese Fauna bestand aus den folgenden Arten (die typischen, den Charakter der Fauna bedingenden und häufigen Arten sind von den selteneren und nur vereinzelt auftretenden durch Kursivdruck hervorgehoben):

I. Pisces, Fische.
Anguilla vulgaris Flem. Aal.
Gasterosteus aculeatus L. Stichling.
Lota vulgaris Cuv. Quappe.
Pleuronectes flesus L. Flunder.

II. Mollusca, Weichtiere.
a) Gastropoda, Schnecken.
Bithynia tentaculata (L.)
Viviparus fasciatus (O. F. Müll.).
Physa fontinalis (L.).
Ancylus (Acroloxus) lacustris (L.).
Ancylus fluviatilis (O. F. Müll.).
Limnaea auricularia (L.).
Limnaea ovata Drap.
Planorbis crista (L.).
b) Bivalva, Muscheln.
Dreissena polymorpha (Pall.).
Sphaerium spec. div.
Unio sp.
Anodonta mutabilis Cless.

III. Arthropoda, Gliedertiere.
a) Diptera, Fliegen.
Bezzia (Ceratopogon) sp. (?) Larve.
b) Hydracarina, Wassermilben.
Atax sp.
c) Crustacea, Krebse.
Asellus aquaticus (L.). Wasserassel.
Gammarus pulex (L.). Flohkrebs.
Daphnia sp.
Cyclops sp.
Calaniden.
Cypris sp.
Palaemon squilla.
Mysis chamaeleon Thomps.

IV. Bryozoa, Moostierchen (sog. „Leitungsmoos").
Fredericella sultana Blumenbach.
Paludicella Ehrenbergi Bened.
Plumatella (Alcyonella) fungosa (Pall).
Plumatella (Alcyonella) Benedeni.
Plumatella sp.

V. Vermes, Würmer.
a) Oligochaeta, Borstenwürmer[1].
Limnodrilus sp.
Saenuris sp.
Stylaria lacustris (L.).
Nais elinguis Müll. Örst.
Pristina longiseta (Ehrbg).
Chaetogaster diaphanus (Gruith).
Chaetogaster diastrophus (Gruith).
Dero obtusa Udek.
Aeolosoma quaternarium Ehrbg. (?)
Tubifex barbatus Grube.
b) Hirudinea, Egel.
Herbopdella octooculata (L.).
Hemiclepsis marginata (O. F. Müll.).
c) Nematodes, Rundwürmer.
Anguillula sp.
d) Acanthocephali, Kratzer.
Echinorrhynchus angustatus (Parasit der Wasserassel [als Larve] und des Aales [als geschlechtsreifer Wurm]).
e) Nemertini, Schnurwürmer.
Prostoma clepsinoides Ant. Dug.

---

[1] Michaelsen gibt für die Hamburger Wasserleitung von Oligochäten noch Ripistes parasita O. Schm. an.

f) Tricladida.

Dendrocoelum lacteum (Müll.)
Planaria torva?
Planaria sp.

g) Rotatoria, Rädertiere.

Conochilus sp.

VI. Hydrozoa.

Hydra fusca.
Cordylophora lacustris Allm. (sog. „Leitungsmoos").

VII. Spongillidae, Süßwasserschwämme.

Spongilla lacustris (L.).
Ephydatia fluviatilis (L.).

VIII. Protozoa, Einzeller.

Vorticella sp.
Epistylis sp.
Stentor coeruleus.
Stentor sp.
Paramaecium sp.
Enchelinen.
Acineta sp.

Die sämtlichen hier aufgezählten Tierformen entstammen der Elbe, sie sind von ihr direkt in die Röhren der Wasserleitung eingedrungen und haben sich hier zum Teil so stark vermehrt, daß der Individuenreichtum in der Röhrenleitung den des Elbstromes um das Vielfache überstieg. Die überaus günstige Gelegenheit zur Festheftung, das Fehlen räuberischer Insekten und Insektenlarven, der Reichtum an Nahrungsstoffen, alles dies liefert für viele Mitglieder der Wasserleitungsfauna Lebensbedingungen, wie sie in der freien Natur wohl nirgends so günstig zusammentreffen.

Während Kraepelin nur die durch Spülung des Rohrnetzes aus diesem herausbeförderten Organismen studieren konnte, war es de Vries bei seiner Untersuchung der Rotterdamer Wasserleitung möglich, in die überwölbten dunklen Kanäle, durch die das unfiltrierte Wasser zu den Filteranlagen strömt, nachdem diese teilweise leergepumpt waren, einzudringen und so die Fauna dieser Kanäle an Ort und Stelle zu beobachten. Seine Untersuchungen bilden so eine wertvolle Ergänzung der Arbeit Kraepelins.

Die Wasserwerke zu Rotterdam entnehmen ihr Wasser der Maas. Es besteht also die Möglichkeit, daß sich in den Kanälen vor der Filteranlage Glieder der Maasfauna ansiedeln. Die wichtigsten und häufigsten von de Vries in diesen Kanälen beobachteten Formen sind folgende:

I. Mollusken.

Dreissena polymorpha (Pall.).
Sphaerium corneum (L.).
Bithynia tentaculata (L.).
Limnaea auricularia (L.).

II. Crustaceen.

Gammarus pulex (L.).
Asellus aquaticus (L.).

III. Bryozoen.

Paludicella Ehrenbergi Bened.
Plumatella fruticosa Allm.
Plumatella repens L.

IV. Hydrozoa.

Cordylophora lacustris Allm.

V. Spongillidae.

Ephydatia fluviatilis (L.).

Ferner fanden sich vereinzelt kleine Aale, allerlei Würmer (Naiden, Anguillula, Rotatorien) Acineten, Vorticellen und andere Infusorien, Amöbenarten, von Heliozoen Actinosphaerium Eichhorni.

Man sieht ohne weiteres, daß das faunistische Bild der Bewohnerschaft der Rotterdamer Wasserleitung bis in die Einzelheiten dem gleicht, was Kraepelin für Hamburg gezeichnet hat. Das wird nicht auffallend erscheinen, wenn man bedenkt, daß beide Leitungen ihr Wasser von ähnlichen Stellen — nämlich aus dem Unterlaufe großer Flüsse kurz vor deren Mündung — entnehmen[1]).

---

[1]) Große Ähnlichkeit mit diesen beiden Faunen bietet auch die von Potts kurz charakterisierte Tierwelt eines Hochreservoirs der Wasserleitung von Philadelphia. — Vgl. E. Potts, On the minute Fauna of Fairmont-Reservoir. Proceed. Acad. Nat. Sc. Philadelphia. 1884. S. 217—219.

Interessant ist die Schilderung, die de Vries von dem Organismenleben in den großen, dunklen Kanälen der Rotterdamer Leitung entwirft: „Fast überall waren die Wände, soweit sie während des normalen Betriebes von Wasser bedeckt sind, reichlich mit lebenden Organismen bedeckt... Soweit das Wasser reichte, sahen wir überall auf der Wand große, prachtvoll weiße Rasen von Süßwasserschwämmen (Ephydatia fluviatilis [L.]), welche die Wand als eine dünne Schicht bekleideten und sich fast nirgendwo in einzelnen Zweigen von dieser abhoben. Viele erreichten einen Diameter von 30—40 cm, die meisten waren kleiner, einige offenbar noch ganz jung. Die grüne Farbe, welche diese Schwämme am Lichte anzunehmen pflegen, fehlte hier völlig; der Symbiose mit grünen Algen können die Schwämme also im Dunkeln ohne irgendwelchen Nachteil entbehren. Zwischen den Schwämmen saßen Süßwassermuscheln (Dreyssena polymorpha) in unzählbaren Mengen mit ihren Byssusfäden der Mauer angeheftet. Junge und alte Individuen, bisweilen zu kleinen Kolonien vereinigt, und nicht selten von den Schwämmen überzogen. Daneben auch tote Schalen.

Was aber am meisten unser Auge fesselte, war eine so üppige Vegetation von Hornpolypen (Cordylophora lacustris), wie sie wohl selten beobachtet wird. Sie bedeckten hauptsächlich die Schalen der Muscheln, saßen aber auch auf weiten Strecken der Mauer selbst, stellenweise sogar den Schwämmen auf, indem sie sozusagen überall die Lücken der Bekleidung ausfüllten. Die Polypenstöcke erreichten eine Länge von 2—2,5 cm und waren überall von den schönen weißen Tierchen mit ihren zahlreichen Tentakeln bedeckt... Diese Hornpolypen ernähren sich von den frei schwimmenden Tierchen und Pflänzchen, welche der unaufhörliche Wasserstrom ihnen in reichlichster Menge zuführt...

Auf und zwischen diesen Cordylophoren wimmelte die mikroskopische Fauna in zahllosen Formen von Vorticellen, Acineten, Infusorien, Rotatorien usw. Aber auch Naiden und andere Würmer, Wasserasseln und Flohkrebse, Wasserschnecken (Bithynia tentaculata) und eine kleine Muschelart (Sphaerium corneum) waren in Menge aufzufinden. Mangel an Nahrung hatten diese Tiere hier offenbar nie zu befürchten und die Abwesenheit des Lichtes schützte sie vor den vielen Feinden, die im freien Flusse ihre Reihen so energisch zu dünnen pflegen...“

An anderen Plätzen in den Kanälen treten an die Stelle der Cordylophora „andere in ihrem Wachstum und ihrer Lebensart ähnliche Organismen. Diese gehörten aber nicht den Polypen an, sondern den Bryozoen oder Moostierchen, und waren nicht in einer, sondern in mehreren Arten vertreten. Alle aber sahen wie verzweigte braune, von weißen Blumentierchen besetzte Röhren aus, welche je nach der Art in dichtem Filze ihr Substrat überzogen, oder wie kleine Bäumchen frei ins Wasser hervorragten. Mit den Cordylophoren zusammen sind sie von den Wasserfachmännern als ‚Leitungsmoos‘ benannt worden... Überall waren die braunen Röhrchen der Plumatellen und Paludicellen mehr oder weniger dicht von Crenothrix überzogen, welche auch die Schalen der Muscheln und stellenweise sogar die Mauer selbst auskleidete“.

Aber nicht nur die Kanäle der Rotterdamer Wasserleitung, in denen das unfiltrierte Wasser strömt, enthalten tierische Organismen, sondern auch ihre Reinwasserräume. Hier handelt es sich aber ausschließlich um den Flohkrebs (Gammarus pulex) und die Wasserassel (Asellus aquaticus), die sich zu einer wahren Plage entwickeln können. Die Asseln kriechen vorzugsweise am Boden und an den Wänden herum, die Flohkrebse aber schwimmen frei im Wasser umher. Die Flohkrebse ernähren sich hier von den Eisenbakterien (Crenothrix), während die Asseln daneben auch die in den Reinwasserräumen befindlichen Balken abnagen und sich so von dem Holz mit allen darauf lebenden kleineren und größeren Bakterien und Pilzen ernähren. Andere tierische Organismen finden sich hier nicht.

Das Beispiel der Hamburger und Rotterdamer Wasserleitung zeigt, daß sich Tierleben in Wasserleitungen nur dann in reicher Fülle entwickeln kann, wenn nicht nur tierische Keime eingeschleppt werden, sondern auch Nährstoffe in großer Menge und stetem Flusse die Röhren und Kanäle durchströmen. Da aber beides bei modernen Wasserleitungsanlagen normalerweise *nicht* vorkommt, so wird man in ihnen ein reiches Tierleben nicht erwarten können.

Und das gleiche gilt für hygienisch einwandfrei angelegte Brunnen. Auch in ihnen wird bei der Armut an Nährstoffen gewöhnlich das tierische Leben schwach entwickelt sein. Wenigstens, was die Individuenzahl der vorkommenden Tiere anlangt. Ihre Artenzahl kann dagegen nicht unbeträchtlich sein.

B. Tierische Organismen in reinem Trinkwasser.

Während in dem einer gut angelegten modernen Wasserleitung abgezapften Wasser tierische Organismen im allgemeinen zu den größten Seltenheiten gehören, trifft man in den best gebauten Brunnen, selbst wenn sie dauernd abgeschlossen sind, stets Tiere an. Wir werden im folgenden daher im wesentlichen eine Darstellung der Brunnenfauna zu geben haben und dabei die wenigen, in modernen Wasserleitungen beobachteten tierischen Organismen gelegentlich erwähnen.

Nach Herkunft und Häufigkeit des Auftretens kann man die als Glieder der Brunnenfauna bisher bekanntgewordenen Tiere auf drei ökologische Gruppen verteilen:

1. Die echten Grundwassertiere oder typischen Brunnentiere (Phreatobionten[1])).
2. Brunnenliebende Tiere (Phreatophile).
3. Zufällige Glieder der Brunnenfauna, „Gäste" aus den Oberflächengewässern (Phreatoxene).

Von dieser dritten Gruppe der Brunnenbewohner haben für die Praxis eine ganz besondere Bedeutung die Organismen, deren Vorhandensein in einem Brunnen ein Anzeichen für dessen Verunreinigung durch faulende organische Stoffe ist. Wir werden sie unter C, S. 566, besonderes behandeln.

I. Die typischen, aus dem Grundwasser stammenden Brunnentiere (Phreatobionten).
Wie auf der Erdoberfläche eigentlich ein jeder Platz von Organismen besiedelt ist und selbst die Stätten extremster Milieubedingungen meist noch Lebensmöglichkeiten bieten, so ist auch das Grundwasser von einer besonderen Fauna bevölkert. Es ist daher natürlich, daß sich in den Brunnen diese Grundwassertiere in erster Linie vorfinden. Sie stellen die typische Brunnenfauna dar; wir nennen sie daher Phreatobionten. Es sind Formen, die wir auch an anderen Stellen, an denen das Grundwasser unserer Beobachtung zugänglich ist, vorfinden, so in manchen Höhlengewässern und zum Teil auch in Quellen. Kennzeichnend für fast alle diese Tiere ist ihre Blindheit; wo — in einigen wenigen Fällen — bei Tieren, die nach ihrem sonstigen Verhalten zu dieser Gruppe gezählt werden müssen, Augen vorhanden sind, erscheint die Annahme berechtigt, daß diese Tiere erst seit relativ kurzer Zeit zum Leben in den Gewässern der Tiefe übergegangen sind und daher in ihrer Organisation sich nur wenig von ihren oberirdisch lebenden Gattungsgenossen entfernt haben. (Nebenbei sei hier bemerkt, daß die gesamte Fauna der Gewässer des Erdinneren sich ursprünglich von der Oberflächentierwelt ableitet.) Da das Grundwasser überall von gewissen tierischen Organismen bewohnt ist, so ist es einleuchtend, daß die Phreatobionten unvermeidbare Brunnenbewohner darstellen; sie werden in einem jeden Brunnen auftreten, wenn auch in örtlich verschiedener Arten- und Individuenzahl. Wenn sie trotzdem in dem aus den Brunnen normal geschöpften oder gepumpten Wasser nicht regelmäßig zur Beobachtung kommen, so liegt das daran, daß sie sich meistens teils in dem Schlamm des Brunnenbodens, teils dicht über ihm und an den Brunnenwandungen aufhalten. Nur wenn der Schlamm durch die Entnahmegefäße stark aufgewühlt wird, oder der Brunnen stark, fast bis zum Erschöpfen, ausgepumpt wird, kann man ihrer in größerer Menge habhaft werden.

In hygienischer Beziehung sind sie durchaus unbedenklich, ja man kann vielleicht sogar sagen, daß ein Brunnen, in dem sich nur diese Organismen in größerer Anzahl finden, während andere Tiere wenig oder gar nicht auftreten, sicher hygienisch einwandfrei sein

---

[1]) τὸ φρέαρ (φρέατος), der Ziehbrunnen.

wird. Denn nur dann werden diese Tiere in einem Brunnen sich reichlich entwickeln können, wenn die ursprünglichen Lebensverhältnisse des Grundwassers — biologische Reinheit, d. h. Abwesenheit fäulnisfähiger organischer Substanz, Lichtabschluß, Temperaturkonstanz —- in ihm erhalten geblieben und nicht durch äußere Einflüsse gestört worden sind. Ein derartiges Wasser aber wird im allgemeinen auch für die Verwendung als Trinkwasser geeignet sein.

In Flußwasserleitungen können die Tiere dieser Gruppe natürlich nicht auftreten, wohl aber in Grund- und Quellwasserleitungen, bei denen das Wasser dem Röhrennetz ohne oder doch ohne genügende Filtration zugeführt wird. Doch wird man sie hier gewöhnlich nur in einzelnen verschlagenen Exemplaren finden, da ihnen die Wasserleitungsröhren normalerweise keine günstigen Lebensbedingungen bieten, vor allem wegen des Mangels an Nahrung. Werden sie in einer Wasserleitung einmal in größeren Mengen angetroffen, so sind gewöhnlich Fehler in der Anlage der Leitungen (unzweckmäßige Quellfassungen, Senkungen und Bäuche in den Rohrleitungen od. dgl.) daran schuld.

Die typischen Brunnentiere Mitteleuropas gehören nur einigen wenigen Ordnungen des Tierreichs an. Völlig vermissen wir bei uns unter den Phreatobionten die Wirbeltiere, während anderorts aus den Gewässern des Erdinnern blinde Fische, ja sogar blinde Molche bekannt geworden sind. Wir sehen in der „Enge" der Räume, die im Lebensgebiete des Grundwassers bei uns im allgemeinen den einzelnen Tieren zu Gebote stehen, einen Hauptgrund für das Fehlen aller größeren Organismen in unserer Brunnentierwelt. Neben den Wirbeltieren vermissen wir bei uns auch die Insekten völlig in der Grundwasserfauna. Der Grund dafür ist unschwer zu finden. Müssen doch die Insekten im ausgebildeten Zustande die Möglichkeit haben, für ihre Atmung an die atmosphärische Luft zu gelangen. Das Grundwasser aber ist ja, außer an seinen wenigen „Ausfallspforten", von der Luft der Atmosphäre abgeschlossen.

Auch Protozoen, Einzeller, sind bisher unter den Phreatobionten nicht bekanntgeworden.

Alle echten Phreatobionten unserer Fauna gehören zu den Crustaceen, den Krebsen, und den Vermes, den Würmern.

1. Phreatobionten unter den Krebsen. Die Unterordnung der *Amphipoda*, der Flohkrebse, stellt in der Art **Niphargus puteanus (Koch)**, den typischsten aller Brunnenbewohner. Das Tierchen führt daher schon seit langem auch den Namen „Brunnenkrebs" oder Brunnenflohkrebs.

Wie Fig. 1 auf Tafel IV zeigt, ist der Brunnenkrebs Niphargus im allgemeinen dem Flohkrebs unserer Bäche, Gammarus pulex, im Habitus sehr ähnlich. Doch ist er zarter, im Verhältnis schmäler, d. h. seitlich stärker zusammengedrückt, seine Farbe ist ein oft ins Gelbliche spielendes Weiß, das in vielen Fällen die inneren Organe des Krebses durchscheinen läßt. Augen fehlen entweder ganz oder sind am lebenden Tiere äußerlich als gelbliche Punkte zu erkennen. Die Länge ausgewachsener Tiere schwankt zwischen 10 und 20 mm.

Niphargus ist der verbreitetste aller Brunnenbewohner. Man wird kaum irgendeinen Brunnen einer genaueren Untersuchung unterziehen können, ohne ihn — meist in zahlreichen Exemplaren — anzutreffen. Aber auch in Höhlen, in Bergwerken, in den Quellen unserer Mittelgebirge sowie in der Tiefe mancher Alpenseen ist er häufig.

Niphargus ist ein in den Einzelheiten seiner äußeren Körperform sehr variables Tier. Wir stellen alle bei uns im Grundwasser bisher angetroffenen Formen zu der als Niphargus puteanus (Koch) zu bezeichnenden Art; der Brunnenkrebs ist nach unserer Fig. 1 sicher zuerkennen.

In europäischen Brunnen wurden ferner noch 3 blinde Amphipoden gefunden, nämlich:

Crangonyx subterraneus Bate (in Hampshire, England),

Eucrangonyx vejdovskyi Stebb. (in der Nähe von Prag),

Boruta tenebrarum Wrzésn. (in der Nordtatra).

Für ihre Unterscheidung vergleiche man Stebbing, Amphipoda Gammaridea. (Das Tierreich, Lieferung 21. Berlin 1906.)

Blinde Amphipoden verschiedener Gattungen sind ferner im Grundwasser von Südeuropa, Asien, Amerika, Neuseeland usw. vielfach nachgewiesen.

Auch die Crustaceenunterordnung der *Isopoda*, der Wasserasseln, entsendet eine Art in unsere Brunnengewässer,

Asellus cavaticus Schiödte, die sog. Höhlenassel. (Tafel IV, Fig. 2.)

Wie Niphargus im großen und ganzen dem Bachflohkrebs unserer Oberflächengewässer ähnelt, so ist die Höhlenassel mit der weitverbreiteten und in Gewässern aller Art gemeinen Wasserassel (Asellus aquaticus [L.]) nächst verwandt. Nur ist sie kleiner (5—8 mm lang) als die Wasserassel; ihre Farbe ist ein durchsichtiges Weiß; Augen fehlen bei ihr vollständig. Außerdem bestehen noch Unterschiede im Bau der Füße des Hinterleibes und der Fühler.

Die Höhlenassel ist bei weitem seltener als der Brunnenflohkrebs. Immerhin ist auch sie aus Brunnen, Quellen und Höhlen vieler Gegenden Europas bekannt geworden und bei genaueren Nachforschungen dürfte sich die Zahl der Fundorte noch stark vermehren. In Brunnen wurde sie gefunden in Elberfeld, Bonn, Hameln, Tübingen, Biberach, München, in der Schweiz, ferner in Quellen der Schweiz, in Höhlen der Alpen sowie der deutschen Mittelgebirge, in der Tiefe mancher Schweizer Seen usw.

Während bei Niphargus das Schwimmvermögen wohl ausgeprägt ist, läuft Asellus cavaticus auf dem Grunde der von ihm bewohnten Gewässer umher.

Ein durch seine systematische Stellung und anscheinend sporadische Verbreitung besonders merkwürdiger Brunnenbewohner ist der zu der schon im Palaeozoicum auftretenden Krebsordnung der *Anomostraca* gehörige Krebs **Bathynella natans Vejd.** (Tafel IV, Fig. 3.)

Vejdovsky fand das Tierchen in zwei Exemplaren im Jahre 1880 in einem etwa 20 m tiefen Brunnen Prags mit 4 m Wasserstand. Erst 23 Jahre später kam dieser Krebs wiederum zur Beobachtung, und zwar fand ihn P. A. Chappuis in zahlreichen Exemplaren in einem lichtlosen Brunnenschacht der Umgebung Basels (vgl. Zool. Anzeiger **44**, 1914, 45—47.)

Das weißliche, blinde Krebschen ist ungefähr 1,5—2 mm lang, langgestreckt, halbflach, beide Fühlerpaare sind nach vorn, die Füße nach beiden Körperseiten hin gestreckt. In der Seitenansicht erscheint Bathynella etwas zusammengedrückt.

Untersuchungen über die Lebensweise von Bathynella sind noch nicht veröffentlicht[1]).

Unsere Fig. 3a und b auf Tafel IV nach Vejdovsky und Chappuis geben ein klares Bild von dem Aussehen des eigenartigen Tieres. Die Feststellung weiterer Fundorte dieses Krebses wird nicht ohne wissenschaftlichen Wert sein.

Aus der in den kleineren und größeren Gewässern der Erdoberfläche so stark vertretenen Ordnung der *Ostracoda* oder Muschelkrebse ist nur eine Art als echter Phreatobiont bekannt, nämlich **Candona (Typhlocypris) eremita (Vejd.).** (Fig. 4 auf Tafel IV.)

Vejdovsky entdeckte das Tier in Prager Brunnen, später wurde es auch in Brunnen Agrams gefunden. *Candona eremita* ist ein keineswegs seltener Bewohner der Brunnen Prags; sie wurde zu allen Jahreszeiten in wenigstens 50 verschiedenen Brunnen, und zwar immer in größerer Menge angetroffen. Sie kriecht im Schlamme des Brunnenbodens herum, wo sie sich von organischen Abfällen ernährt.

Der 0,9 mm große Krebs — der übrigens nur im weiblichen Geschlecht bekannt ist — ist, wie alle Muschelkrebse, von einer zweiklappigen Schale umgeben. Die Schalen sind schneeweiß, selten zeigen sie einen Stich ins Gelbliche. Die Schalen entbehren einer besonderen Skulptur, sind aber mit zahlreichen und starken Borsten besetzt. Die Schalen jüngerer Tiere sind durchsichtig genug, um sie durch die allgemeine Organisation des Tieres beobachten zu können. (Vgl. Fig. 4b.)

Während jugendliche Tiere Augenrudimente in Gestalt einer Anhäufung eines graulichen Pigmentes zu besitzen scheinen, ist der Krebs im erwachsenen Zustande völlig blind.

Die letzte Krebsordnung, die echte Phreatobionten aufweist, ist die Ordnung der *Copepoda* oder Ruderfüßler.

[1]) Während des Druckes erschien die zusammenfassende Arbeit von Chappuis „Bathynella natans und ihre Stellung im System" (Zool. Jahrbücher Abt. f. Syst. **40**, S. 147—176).

Fig. 1.
Niphargus puteanus (Koch).
(Nach Viré.)

Fig. 4a.
Candona (Typhlocypris) eremita (Vejd.).
(Erwachsenes Tier mit Antennen und
Hinterfüßen.)

Fig. 2.
Asellus cavaticus Schiödte.
(Nach Miethe.)

Fig. 4b.
Candona (Typhlocypris) eremita (Vejd.).
(Junges Tier; innere Anatomie.)
(Beide nach Vejdovsky.)

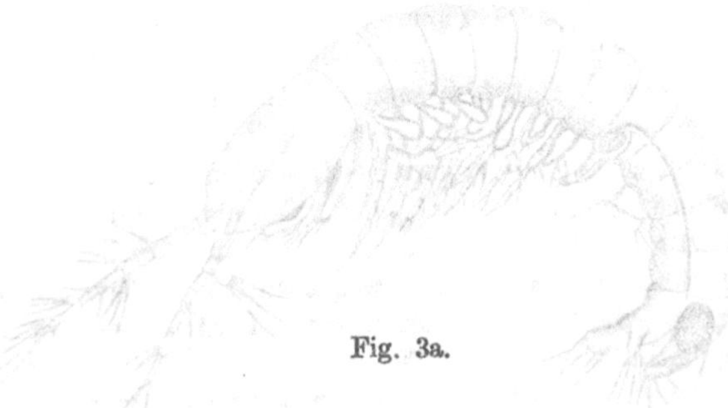

Fig. 3a.

Fig. 3b.

Fig. 3a und b. Bathynella natans Vejd.
(a von der Seite, nach Vejdovsky; b von oben, nach Chappuis.)

Verlag von Julius Springer in Berlin.

Drei typisch subterrane Arten der Gattung Cyclops wurden von P. A. Chappuis bei seinen Untersuchungen in Brunnen der Umgebung Basels gefunden. Der Verf. dieses Abschnittes verdankt diese Angaben zum Teil brieflicher Mitteilung, die ihm Herr Chappuis freundlichst zugehen ließ.

Cyclops sensitivus A. Graeter und P. A. Chappuis. (Tafel V, Fig. 5.)

Gefunden in 3 Brunnen im Oberelsaß, je einem Brunnen in Basel (Stadt), St. Jakob und Rheinfelden. Das Tier wurde immer nur in wenigen Exemplaren angetroffen; in der kalten Jahreszeit scheint es sich mehr in dem am Grunde der Brunnen angesammelten Detritus aufzuhalten, während es im Sommer anscheinend den Brunnenwänden entlang aufwärts steigt und mehr Planktontier wird.

Sämtliche Exemplare, die zur Beobachtung kamen, waren hyalin und farblos. Das kleine dunkle Auge erscheint bei auffallendem Lichte weiß.

Für die genaue Unterscheidung unserer Art von den übrigen, im Habitus einander so überaus ähnlichen Cyclopsarten vgl. Zoolog. Anzeiger 1914, 43, S. 507—510.

Cyclops crinitus E. Graeter. (Tafel V, Fig. 6.)

Nach brieflicher Mitteilung Chappuis' in Brunnengewässern Basels. Auch im Höll-Loch, der größten Schweizer Höhle (Kanton Schwyz) gefunden.

Der Krebs ist 2,1—2,3 mm lang, farblos, hyalin, jedoch nicht blind. Genaue Artbeschreibung im Zoolog. Anzeiger 1908, 33, S. 46—49, sowie im Archiv f. Hydrobiologie u. Planktonkunde 1911, 6, S. 36—38.

Cyclops unisetiger E. Graeter. (Tafel V, Fig. 7.)

Nach brieflicher Mitteilung Chappuis' in Baseler Brunnengewässern. Auch in einer Höhle des Schweizer Juras.

Die Tiere sind äußerst schlank, die Weibchen 0,8 mm, die Männchen 0,6 mm lang. Sie sind farblos, aber nicht so durchsichtig wie die übrigen Copepoden der subterranen Fauna. Ein Auge ist vorhanden, wenn auch nicht immer auf den ersten Blick sichtbar; bei einigen männlichen Tieren konnte es E. Graeter nicht finden.

Die Tiere führen eine kriechende Lebensweise.

Genaue Artbeschreibung im Archiv f. Hydrobiologie u. Planktonkunde 1911, 6, S. 44—48.

Ob der kürzlich von Schnitter und Chappuis (Zoolog. Anzeiger 1915, 45, S. 290—302) beschriebene Harpacticide *Parastenocaris fontinalis* wirklich zu den echten Phreatobionten zu rechnen ist, müssen erst weitere Untersuchungen ergeben.

2. *Phreatobionten unter den Würmern.* Phreatobionten sind nach dem jetzigen

Stande unserer Kenntnisse nur bei zwei Gruppen der Würmer vorhanden, bei den rhabdocölen Turbellarien und den Oligochäten.

Zu den *Turbellaria rhabdocoelida* gehört

Bothrioplana Semperi M. Braun. (Tafel V, Fig. 8.)

Dieser Wurm ist 3 mm lang, farblos. Sein Vorderende — vgl. die Figur —, das durch eine seichte Einschnürung vom übrigen Körper abgesetzt ist, zeigt einen verbreiterten, einen flachen Bogen bildenden Vorderrand, hinter dem unmittelbar am Beginn der Seitenränder die tiefen Wimpergrübchen stehen. Nach hinten zu verbreitert sich der Körper allmählich und endet stumpf zugerundet. Der Kopfteil ist ganz platt, erst hinter der Einschnürung beginnt sich der Rücken zu wölben. Der Wurm erscheint durch seine über die Hautoberfläche hervorragenden Rhabdoide bei mikroskopischer Untersuchung fein stachelig.

Das Tier kriecht sehr lebhaft mit tastenden Bewegungen des Vorderendes. Es wurde von Max Braun im Schlamme eines 16 m tiefen Brunnens in Dorpat entdeckt und seitdem nicht wieder gefunden. Sollte sich aber die Identität unserer Art mit der von Zacharias im kleinen Koppenteich des Riesengebirges gefundenen *Bothrioplana silesiaca Zach.* bestätigen, so wäre *Bothrioplana Semperi* nicht zu den Phreatobionten, sondern wohl zu den phreatophilen Brunnenbewohnern zu stellen.

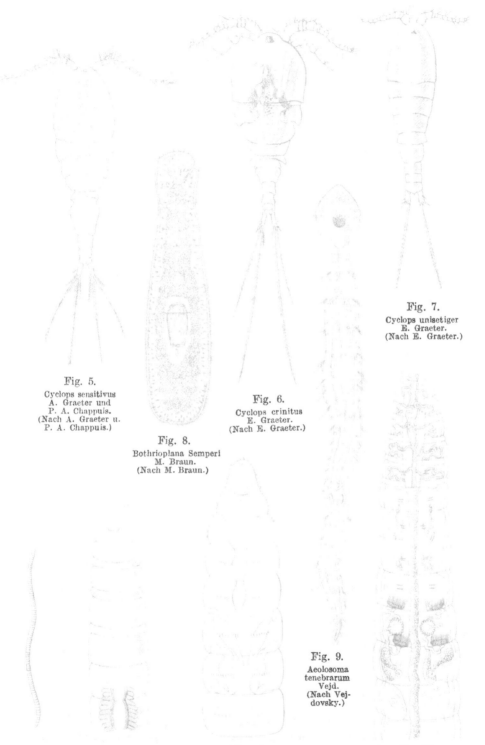

Fig. 7.
Cyclops unisetiger
E. Graeter.
(Nach E. Graeter.)

Fig. 5.
Cyclops sensitivus
A. Graeter und
P. A. Chappuis.
(Nach A. Graeter u.
P. A. Chappuis.)

Fig. 6.
Cyclops crinitus
E. Graeter.
(Nach E. Graeter.)

Fig. 8.
Bothrioplana Semperi
M. Braun.
(Nach M. Braun.)

Fig. 9.
Aeolosoma
tenebrarum
Vejd.
(Nach Vej-
dovsky.)

Fig. 11a.   Fig. 11b.
Bythonomus (Claparedilla) Lankesteri (Vejd.)
(a Wurm in natürlicher Größe,
b Vorderkörper, vergrößert.)
(Nach Vejdovsky.)

Fig. 12.
Lumbricillus (Pachy-
drilus) subterraneus
(Vejd.).
(Vorderende, ver-
größert. Nach Vej-
dovsky.)

Fig. 10.
Trichodrillus (Phrea-
tothrix) pragensis
Vejd.
(Vorderkörper von der
Bauchseite. Nach
Vejdovsky.)

Verlag von Julius Springer in Berlin.

Eine Anzahl Phreatobionten wird von der Wurmgruppe der *Oligochaeta* gestellt. Wir nennen aus der Brunnenfauna Mitteleuropas die folgenden 6 Arten (genauere Artbeschreibungen und Literaturangaben in W. Michaelsens Bearbeitung der Oligochaeta im „Tierreich", 10. Lieferung, Berlin 1900).

Aeolosoma tenebrarum Vejd. (Tafel V, Fig. 9.)

Ein schmutzigweißes, hyalines Würmchen von 5—10 mm Länge mit zugespitztem Kopflappen, der breiter als die folgenden Segmente ist.

Aus tiefen Brunnen Prags, Englands und Nordamerikas, sowie der Wasserleitung von Lille bekannt. Über den Prager Fund berichtet Vejdovsky: „Dieser Wurm wurde nur in einem einzigen Brunnen, am Karlsplatz Nr. 557, im Monate September 1879 entdeckt, und zwar besonders in den letzten Tagen in erstaunlicher Menge, da er sich durch Teilung in Hunderte von Individuen vermehrt hatte. In einem anderen Brunnen gelang es uns nicht, ihn aufzufinden. Der angeführte Brunnen ist jedoch in ganz abweichenden Verhältnissen angelegt, indem er seit langem bis an die Pumpstange vermauert ist, so daß nicht der geringste Lichtstrahl bis zur Wasserfläche eindringen kann. Schwesterliche Arten der Gattung *Aeolosoma*, als da sind *Ae. Ehrenbergii* und *quaternarium*, beleben in nicht geringerer Menge einige benachbarte Brunnen am Karlsplatz, weisen jedoch durchaus dieselben Eigenschaften auf, wie die in der Moldau und anderen gewöhnlichen Wässern lebenden. Mikroskopisch klein und mit lebhaft roten Öltropfen in der Oberhaut geziert, unterscheiden sie sich schon durch diese äußerlichen Merkmale von der nahezu 10 mm langen, aufgedunsenen und mit lichtgelben Öltröpfchen versehenen Aeolosoma tenebrarum. Nur dieses letzterwähnte Merkmal führt uns auf die Vermutung, daß vielleicht die Vorfahren dieses merkwürdigen Wurmes ebenfalls lebhaft rot geziert waren und daß nur ein hundertjähriger Aufenthalt der ursprünglichen Vorfahren im Dunkel der Brunnen jene merkwürdige Farblosigkeit der Öltröpfchen hervorbringen konnte."

Trichodrilus (Phreatothrix) pragensis Vejd. (Tafel V, Fig. 10.)

Ein in den Prager Brunnen sehr verbreiteter Wurm; auch aus Brunnen in Lille bekannt. Länge 30—40 mm, Dicke 0,6—0,7 mm, Segmentzahl 60—80. Färbung im Leben weiß bis rot.

Bythonomus (Claparèdilla) Lankesteri Vejd. (Tafel V, Fig. 11.)

Im Leben blutrot, durchsichtig, Länge 50 mm, Durchmesser 1,3 mm. In tiefen Brunnen bisher nur in Böhmen, bei Podebrad an der Elbe, beobachtet.

Henlea (Euchytraeus) puteana (Vejd.).

Länge 15 mm, Segmentzahl 19—20. In Brunnen Mährens (Bedihost).

Lumbricillus (Pachydrilus) subterraneus Vejd. (Tafel V, Fig. 12.)

Lebhaft rot. Länge 20 mm, Segmentzahl 50—53. Bisher nur in Frankreich — in der Wasserleitung von Lille — und in Böhmen — in Prager Brunnen — gefunden.

Haplotaxis gordioides (G. L. Hartm.) (= Phreoryctes menkeanus Hoffmstr.). „Brunnendrahtwurm". (Tafel VI, Fig. 13.)

Dieser stattliche Wurm kommt von allen Oligochaeten in Trinkwässern am häufigsten zur Beobachtung.

Das auffallende Tier erreicht eine Länge von 30 cm bei einer maximalen Dicke von 1,1 mm; seine Farbe ist rosarot, seine Oberfläche schillert dabei perlmutterartig. Meist trifft man den Wurm zu einem Knäuel zusammengeknotet an. Das Tier weist eine drahtig-starre Konsistenz auf. Schon durch seine Länge unterscheidet sich dieser Wurm von allen übrigen bei uns vorkommenden Arten.

In Europa ist Haplotaxis weit verbreitet, auch aus Nordamerika bekannt. Er wird angegeben für Sümpfe, Gräben, Quellen, Brunnen, Höhlen, den Grundschlamm der Flüsse usw. Meist trifft man ihn aber an diesen Stellen nur in vereinzelten Exemplaren an; denn diese Stellen sind nicht seine primäre Heimat, er wird nach ihnen hin immer nur sekundär verschlagen. Es sei gestattet, hier die Beobachtungen anzuführen, die A. Thienemann im September 1909 an einer für Wasserleitungszwecke gefaßten Quelle des westfälischen Sauerlandes anstellen konnte. Diese überzeugten ihn davon, daß nicht das freie Wasser, sondern die Boden-

schichten dicht über dem Grundwasserspiegel die eigentliche Heimat des Tieres sind. ·
„Die Haplotaxiswürmer traten in dieser Wasserleitung so häufig auf, daß die Einwohner
des Dorfes sich scheuten, Wasser im Dunkeln abzuzapfen und zu trinken, aus Furcht, Würmer
mit zu verschlucken. Das gab Veranlassung zu einer gründlichen Untersuchung der Quellfassungen. Dabei wurden denn die Würmer in großer Zahl aus dem durch das Grundwasser
naß gehaltenen Erdreich ausgegraben; frei im Wasser, das zwischen den Steinen und dem
Kies der Quellfassung strömt, fanden sie sich nicht. Daß die Bodenschichten dicht über dem
Grundwasserspiegel wirklich die echte Heimat dieser Würmer sind, geht daraus hervor, daß
die Tiere hier auch zur Fortpflanzung schreiten. In einem festen, durchnäßten Lehmblock,
der beim Herausnehmen aus der Arbeitsgrube in zwei Teile zerbrach, lag ein starker Wurm
und neben ihm einer seiner bräunlichen, durchsichtigen, ungefähr 6 mm langen, 2—3 mm
breiten, etwa citronenförmigen Kokons, der drei Embryonen enthielt." Kolkwitz bemerkt,
man könne da, wo in Röhrenleitungen größere Wassermesser eingeschaltet sind, die Würmer
nach dem Aufschrauben der Apparate oft in ziemlicher Menge zusammengeknäult finden und
leicht entfernen. Es sei betont, daß der Wurm natürlich nicht pathogen und sein Auftreten hygienisch durchaus unbedenklich ist.

II. Brunnenliebende, phreatophile Tiere.

Als „brunnenliebend"
oder „phreatophil" bezeichnen wir solche Tiere, die in den Oberflächengewässern weit
verbreitet sind, aber auch mit Vorliebe in normalen, nicht verunreinigten Brunnen (und anderen
Gewässern der Tiefe) auftreten und hier eine Massenentwicklung erlangen können. Im Gegensatz
zu den Phreatobionten sind es also Oberflächentiere, die mit allen Merkmalen solcher, d. h. also
vor allem fast immer mit Lichtsinnesorganen, versehen sind. Doch weichen die im Grundwasser
sich vorfindenden Exemplare von ihren in den Wässern der Erdoberfläche angetroffenen Art-
genossen häufig durch schwächere Ausbildung der Pigmente, ja oft völliges Fehlen derselben und
daher große Durchsichtigkeit ab. Sie teilen ihre Herkunft und Verbreitung mit den im folgenden Abschnitt zu besprechenden Phreatoxenen, unterscheiden sich aber von ihnen durch
die Regelmäßigkeit, mit der man ihnen in Brunnen begegnet, und durch die Massenentwicklung, die die einzelnen Arten auch in normalem, reinem Brunnenwasser erlangen. Phreatoxene
Tiere dagegen trifft man immer nur in einzelnen Individuen in den Brunnen an; wo sie einmal
in Mengen auftreten, handelt es sich dabei um fäulnisliebende Formen, die eine Verunreinigung
des betreffenden Brunnens durch faulende Stoffe anzeigen. — Da die bisher als phreatophil
bekanntgewordenen Tiere sich durchweg durch leichte Verschleppbarkeit auszeichnen, und
anscheinend auch im Grundwasser weit verbreitet sind, so sind sie als unvermeidbare Bewohner
auch normal angelegter Brunnen (und kleiner Wasserleitungen) zu bezeichnen; ihr Auftreten
gibt zu hygienischen Bedenken keinen Anlaß.

Nach dem jetzigen Stande unserer Kenntnisse können aus der Ordnung der Würmer
wahrscheinlich folgende drei Arten der *Turbellaria rhabdocoelida* zu den Phreatophilen gestellt werden:

Euporobothria dorpatensis (M. Braun). (Tafel VI, Fig. 14.)

„Gestalt ähnlich jener von Bothrioplana Semperi, aber etwas schlanker, auch bildet der
Vorderrand bei der Kontraktion eine mediane Einbuchtung und ist jederseits von zwei hintereinander gelegenen Wimpergrübchen (vgl. die Abbildung), von denen auch das vordere ein
gutes Stück hinter der Ecke des Vorderrandes liegt, begrenzt. Rhabdoitenpakete fehlen. Länge
bis 2,5 mm. Im übrigen ganz der Botrioplana Semperi gleichend und mit dieser in demselben
16 m tiefen Brunnen in Dorpat (Rußland), von Dr. Plessis überdies am Ufer des Genfer Sees
gefunden." (von Graff.)

Gyratrix hermaphroditus Ehrbg. coeca (Vejd). (Tafel VI, Fig. 15.)

Ohne Augen und ohne Körperpigment. Länge bis 12 mm.

„Lebt allein oder zusammen mit der ·augentragenden Unterart (G. hermaphroditus)
in Seetiefen (Genfer See), lichtlosen Brunnen (Böhmen), aber auch in Flüssen (Moskau)."
(von Graff.)

Stenostomum unicolor O. Schm. (Tafel VI, Fig. 16.)

Ein rasch bewegliches, durchsichtiges Würmchen, das oft einen Stich ins Bläuliche oder Grünliche zeigt. Länge 0,25 mm, Ketten aus zwei Tieren 0,4—2 mm, aus vier Tieren bis 4 mm lang.

„In Pfützen und Seen, namentlich häufig aber in lichtlosen Brunnen, gelegentlich auch in feuchtem Boden ausgetrockneter Tümpel, in Seen bis in die oberen Schichten der Tiefenregion."

Für die genauere Bestimmung der rhabdocölen Turbellarien vgl. von Graff, Turbellaria II. Rhabdocoelida. Das Tierreich, 35. Lieferung. Berlin 1913; sowie von Graff, Turbellaria rhabdocoelida, in Brauers Süßwasserfauna Deutschlands. Heft 19. Jena 1909.

Die typischsten phreatophilen Tiere enthält die Krebsordnung der *Copepoden*, insbesondere die Gattung *Cyclops*. Vejdovsky fand „von den Crustaceen in den Brunnenwässern Prags am zahlreichsten die Cyclopen"; ihm ist kein Brunnen bekannt, „in dem diese Krustentiere nicht vertreten wären. Vornehmlich in der Sommerzeit kann man hier manchmal eine ungeheure Menge von zwei Cyclopsarten vorfinden, nämlich *Cyclops fimbriatus Fischer* und *Cyclops nanus Sars.*, während *Cyclops bicuspidatus Claus* hauptsächlich in den Herbst- und Wintermonaten in größeren Mengen in den Brunnen erscheint." Zu Tausenden leben Cyclopsarten in den Pariser Wasserleitungen, und wo man Brunnen untersucht hat, hat man auch diese Krebse gefunden; eine Art, *Cyclops bicuspidatus*, ist direkt als „Brunnenhüpferling" bezeichnet worden.

Die folgenden Arten sind bisher als phreatophil bekannt geworden (ich gebe sie wieder nach der Tabelle E. Graeters in seiner Arbeit über „Die Copepoden der unterirdischen Gewässer" [Archiv f. Hydrobiologie u. Planktonkunde **6**, 1910]; wertvolle Mitteilungen über Baseler Vorkommnisse verdanken wir Herrn P. A. Chappuis.

Cyclops albidus Jur. Brunnen in München, im Karst, in Nordamerika. Mammuthöhle.

Cyclops fuscus Jur. Brunnen in München, Quellen in Böhmen, Karsthöhlen (?).

Cyclops serrulatus Fischer. (Tafel VI, Fig. 17a.) Brunnen in Basel, München, Prag, im Karst, in England. Wasserleitung von Lille. Quellen in Böhmen und der Schweiz. Karsthöhle, Mammuthöhle, Nebelhöhle (Württemberg). Höhlen von Frankreich, der Schweiz und Westfalen.

Cyclops fimbriatus Fischer. (Tafel VI, Fig. 17b.) Brunnen in München, in Prag und im übrigen Böhmen, Karst, Basel, England. Wasserleitung von Lille. Sächsische Bergwerke, Höhlen in Frankreich, der Schweiz und Westfalen.

Cyclops strenuus Fischer. Brunnen in München. Quellen in Böhmen. Wasserleitung von Lille. Karsthöhle, Höhle in Bayern. Wasserreservoir von Basel.

Cyclops viridis Jur. (Tafel VI, Fig. 17d.) Brunnen in München, Basel, bei Biel, in England. Wasserleitung von Lille. Höhlen im Karst, der Schweiz, in Frankreich, Bayern, Westfalen, Nordamerika.

Cyclops bicuspidatus Claus. (Tafel VI, Fig. 17c.) Brunnen in München, in Prag und im übrigen Böhmen, auf Helgoland, in Frankreich. Wasserleitung von Lille. Karsthöhlen, Höhle der Schweiz, Höhlen in Nordamerika.

Cyclops languidus Sars. var. nanus Sars. Brunnen in Prag und im Radotinertal, sowie in Basel.

Cyclops prasinus Fischer. Baseler Brunnen, Adelsberger Grotte.

Cyclops bisetosus Rehberg. Westfälische Brunnen (Th.), Beatenhöhle im Berner Oberland.

Die Cyclopsarten sind sich im Habitus sehr ähnlich. Eine Anzahl der in Brunnen auftretenden Formen ist in Fig. 17 zusammengestellt. Für die genaue Unterscheidung der einzelnen Arten ist Präparation derselben unter der Lupe unerläßlich. Bestimmung nach: C. van Douwe, Copepoda I, in Brauers Süßwasserfauna Deutschlands. Heft 11. 1909.

III. Phreatoxene Arten.

Als dritte Gruppe der Brunnenbewohner bezeichneten wir oben „zufällige Glieder der Brunnenfauna, ‚Gäste‘ aus den Oberflächengewässern

Fig. 13.
Haplotaxis gordioides (G. L. Hartm.).
(Aus Brehms Tierleben.)

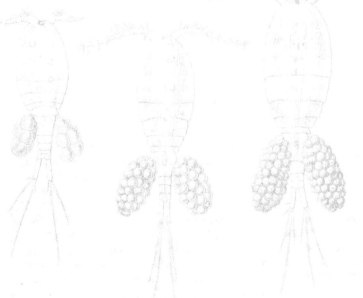

Fig. 14.
Euporobothria
dorpatensis
(M. Braun.)
(Nach M.
Braun.)

Fig. 17a.
Phreatophile Cyclopsarten (n. Schmeil).
(C. serrulatus Fischer. Weibchen.)

Fig. 15.
Gyratrix hermaphroditus
Ehrbg. coeca Vejd.
(Jung. Tier, n. Vejdovsky.)

Fig. 16.
Stenostomum unico-
lor O. Schm.
(Kette sich teilender
Individuen, nach
Vejdovsky.)

Fig. 17b.   **Fig. 17c.**   **Fig. 17d.**
Phreatophile Cyclopsarten (nach Schmeil).
(b C. fimbriatus Fischer. Weibchen. c C. bicuspidatus Claus. Weibchen.
d C. viridis Jur. Weibchen.)

(Phreatoxene)". Ihre Herkunft teilen die Phreatoxenen also mit den Phreatophilen, doch zeigen sie nicht, wie diese, eine besondere Vorliebe für Brunnenwässer, weisen also in ihnen, soweit es normale, reine Brunnenwässer sind, keine Massenentwicklungen auf. Ihre Artenzahl ist groß, ihre Individuenzahl normalerweise gering. In neuzeitlichen Wasserleitungen wird man diese Arten kaum je einmal antreffen; treten sie in Brunnen — besonders in unbedeckten Brunnen begegnet man ihnen — in einzelnen Exemplaren auf, so liegt Anlaß zu hygienischen Bedenken nicht vor. Wird aber die Individuenzahl solcher Arten groß, so ist der Verdacht nicht von der Hand zu weisen, daß die Anlage des betreffenden Brunnens Fehler zeigt. Solche phreatoxene Formen, die sich gelegentlich in Mengen entwickeln, werden dann meist auch zugleich saprophile Arten sein und daher auf eine Verunreinigung des Wassers durch faulende Stoffe hinweisen.

Die Artenzahl der phreatoxenen und nichtsaprophilen Brunnenbewohner wird sich bei weiteren, ausgedehnteren Brunnenuntersuchungen noch bedeutend vermehren. Wir zählen — ohne Vollständigkeit erreichen zu wollen — im folgenden die Arten auf, die uns vor allem durch Vejdovsky (und anderer) Untersuchungen als phreatoxen — und dabei nicht saprophil — bekanntgeworden sind. Auf eine morphologische Kennzeichnung der einzelnen Arten und Angabe ihrer Verbreitung kann bei der geringen praktischen — wie theoretischen — Bedeutung, die diese Arten haben, verzichtet werden.

Protozoa: Amoeba proteus L., Dactylosphaerium phalera Vejd., Nuclearia simplex Cienk., Cyphoderia ampulla Ehrbg., Diflugia Leidyana Vejd., Centropyxis ecornis Ehrbg., Heliophrynella pappus Vejd., verschiedene ciliate Infusorien u. a.

Vermes: Stenostomum leucops (Ant. Dug.), Stenostomum ignavum (Vejd.), Olisthanella halleziana (Vejd.). — Aeolosoma Hemprichii Ehrbg., Chaetogaster diastrophus (Gruith), Chaetogaster diaphanus (Gruith.), Buchholzia appendiculata (Buchh.), Euchytraeus Buchholzi Vejd., Henlea ventriculosa (Udek.), Eisenia foetida (Sav.), Eisenia carnea (Sav.). — Gordius sp. — Rhabditis sp., Dorylaimus sp. — Monura sp., Dinocharis sp., Euchlanis sp., Colurus sp., Anuraea aculeata u. a.

Crustacea: Canthocamptus minutus Cls., staphylinus Jur., pygmaeus Sars., Viguirella coeca Maupas, Diaptomus castor Jur. — Candona candida O. F. Müll. — Chydorus sphaericus, Daphnia sp. sp. Ceriodaphnia sp. u. a.

C. Tierische Organismen im Trinkwasser als Anzeichen für dessen Verunreinigung durch faulende Stoffe.

Der erste, der die Organismenwelt von Brunnen genauer untersucht hat, um aus ihr Schlüsse auf den Reinheitsgrad des Wassers zu ziehen, war Ferdinand Cohn. Seine Untersuchungen stammen aus den Jahren der Breslauer Choleraepidemien 1852 und 1866; eine Zusammenfassung derselben gab er im Jahre 1875 (Cohns Beiträge zur Biologie der Pflanzen I, S. 113), die — im Anschluß an Metz, Mikroskopische Wasseranalyse, S. 311 u. 312 — hier wörtlich angeführt sei:

„Wir können diese (im Wasser gefundenen) Organismen in drei Kategorien teilen, welche einem verschiedenen Grad der Reinheit des Wassers entsprechen. Diatomeen und grüne Algen (Conferven, Protococcus, Scenedesmus usw.) setzen ein an organischen Stoffen armes Wasser, sowie Zutritt des Lichtes voraus, unter dessen Einfluß sie die Kohlensäure des Wassers zerlegen und zu ihrer Ernährung verwerten. In faulem Wasser gehen diese Algen bald zugrunde; von ihnen ernähren sich gewisse größere und schönere Arten der Infusorien, insbesondere viele Ciliaten (Nassula, Loxodes, Urostyla usw.), von letzteren oder direkt von den Algen wieder Entomostraceen (Daphnia, Cyclops, Cypris) und die meisten Rädertiere, sowie Borstenwürmer (Naiden) und Mückenlarven. Ihre Gegenwart in geringer Zahl ist daher innerhalb gewisser Grenzen mit der Reinheit des Wassers durchaus nicht unvereinbar.

Brunnenwasser, das viel organische Reste in fester Form suspendiert enthält, ist der Boden für Wasserpilze, welche sich von jenen Überresten ernähren. Von organischen Resten leben auch die carnivoren Infusorien (gewisse **Amöben, Paramaecium Aurelia, Amphileptus Lamella, Oxytricha pellionella, Epistylis sp., Chilodon cucullulus, Euplotes Charon** usw.), ferner **Anguillulae** und das Rädertierchen **Rotifer vulgaris** sowie gewisse **Tardigraden** und **Milben.**

Brunnenwasser endlich, das organische Stoffe in großer Menge gelöst enthält, befindet sich im Zustande der Fäulnis oder Gärung, der sich oft durch üblen Geruch und Entwicklung von Gasen bemerkbar macht, und wimmelt infolgedessen von **Gärungspilzen** und den eigentlichen **Fäulnisinfusorien**, die, mundlos, sich ausschließlich von gelösten organischen Verbindungen ernähren und mit dem Aufhören des Fäulnisprozesses verschwinden. Es sind dies **Schizomyceten** aller Art und die meisten **Bakterien (Zoogloea), Vibrionen, Spirillen, Monaden, Chilomonaden, Cryptomonaden, Infusoria flagellata** usw., gewisse **Amoeben, Peranema trichophorum,** auch wenige größere bewimperte Infusorien (**Glaucoma scintillans, Vorticella infusionum, Colpoda cucullus, Enchelys Paramaecium putrinum, Cyclidium Glaucoma, Leucophrys pyriformis**), welche sich unter solchen Bedingungen am reichlichsten, und zwar so massenhaft entwickeln, daß das Wasser von ihnen oft undurchsichtig milchähnlich getrübt, opalisierend aussieht. Solches Wasser ist offenbar zum Getränk nicht geeignet; gleichwohl habe ich gefunden, daß einige Breslauer Brunnen diesen Charakter an sich getragen haben."

[Nebenbei sei hier die Bemerkung eingeschaltet, daß schon der „Vater der Naturgeschichte", Aristoteles, an einer für die Geschichte der biologischen Wasseranalyse bedeutungsvollen Stelle über gewisse tierische Organismen aus dem Schlamme von Brunnen berichtet hat. (Tiergeschichte, Ausgabe von Aubert und Wimmer, Buch 5, Kapitel 19.)]

Auch Vejdovsky hat bei seinen Untersuchungen der Prager Brunnen (1882) der Frage seine Aufmerksamkeit gewidmet, wie sich die Verunreinigung der Brunnen durch Fäulnisstoffe in der Zusammensetzung ihrer Tierwelt ausprägt. Gelegenheit genug bot sich bei dem geradezu trostlosen Zustande, in dem sich viele der Prager Brunnen befanden. Einige spezielle Beispiele mögen nach Vejdovsky hier angeführt sein:

„Karlsplatz Nr. 290. Der Brunnen im Keller, mit etlichen Brettern notdürftig zugedeckt, 6 m vom Kanal entfernt. Der Grund besteht aus mehr als 1 Fuß tiefem, grobem Schlamme, welcher aus lauter zersetzten organischen Stoffen besteht. Darin befindet sich auch die größte Menge Organismen, wie sie kaum in einem anderen Brunnen vorkommt, nämlich: fast sämtliche Vertreter derjenigen Infusorien, welche in faulenden Gewässern erscheinen; von Rhizopoden: *Trinema, Euglypha, Centropyxis, Actinosphaerium,* auf Pilzbüscheln *Corycia stercorea Stenostoma unicolor, Mesostoma Hallezianum,* mehrere Cyclopsarten usw., von Algen am zahlreichsten *Scenedesmus.*"

„Karlsplatz Nr. 555/556. Der Brunnen im Hofe, gut zugedeckt, 2 m vom Kanal entfernt; zu beiden Seiten befinden sich Aborte. Die Ausmauerung ist ungenügend, die Tiefe beträgt 9,35 m. In der großen Menge Schlammes befinden sich zahlreiche Mäusehaare, Flügel und Füße von Fliegen; am Boden erscheinen viele *Euglypha alveolata.* Die Gefäßwände bedeckten sich bald mit einem weißlichen, punktierten Anfluge, in welchem sich eine ungeheure Menge von *Cercomonas termo* und *Carchesium polypinum* entwickelte. Am Boden lebt auch *Phreatothrix.*"

„Karlsplatz Nr. 315. Der Brunnen liegt knapp bei den Marställen, 3 m vom Kanal entfernt, hat eine so klägliche äußerliche Herrichtung, und eine derart ungenügende Ausmauerung, daß sich durch die Mauerspalten förmliche Bäche Mistjauche ins Brunnenwasser ergießen. Zugleich fällt von der Oberfläche schwarzer Humus hinein, so daß der Boden mit einer hohen Schlammschicht bedeckt war, und weil auch das Pumpwerk in Fäulnis geraten ist, läßt sich die ungeheure Menge Pilze, welche in allen Teilen des Brunnens vorkamen, leicht erklären. Am Boden und im Wasser erschien eine Menge Infusorien und große Würmer (*Euchytraeus humicultor, ventriculosus, Buchholzii*) auf den Pilzen, besonders *Corycia stercorea.*"

„Belvedergasse Nr. 123. Dieser Brunnen bietet ein Beispiel von dem höchst traurigen Umstande, daß manche Trinkwässer in Prag in direkter Verbindung mit den Kanälen stehen.

Der Kanalschmutz fließt nämlich direkt ins Wasser dieses Brunnens, infolge dessen alle übel-
riechenden Stoffe und Fäulnisorganismen wie in den Prager Kanälen darin aufgefunden wurden.
Der Boden dieses Brunnens besteht aus schwarzer, schmieriger, stinkender Masse, in welcher
Milliarden stabartiger großer Bakterien wimmeln, und zwar in allen Stadien der Entwicklung.
Darunter erschienen braune Algeninselchen (*Chroococcus*) und Palmellaceen zugleich mit zahl-
reichen Wurzelfüßern, Infusorien und großen Rädertieren."

Weiter sei von den allgemeinen Auseinandersetzungen Vejdovskys noch folgendes
angeführt: „Die unzureichende äußerliche Herrichtung der Prager Brunnen zeigt, wie leicht
und in welch hohem Maße das Eindringen dieser organischen Abfälle und mit ihnen auch der
tierischen (und pflanzlichen) Keime in die Trinkwässer geschehen kann. Größtenteils in Höfen,
Kellern oder unreinen Winkeln sich befindend, außerdem mit spaltigen und elenden Deckeln
versehen, vermögen die Prager Brunnen in ihr Inneres leicht allen Unrat von der Erdoberfläche
aufzunehmen. Die organischen Stoffe, welche überall auf den Höfen unserer Häuser namentlich in früheren Zeiten massenhaft vorhanden waren, und die am meisten organische Keime
enthaltenden Kehrichthaufen und Mistgruben steuern zur Reichhaltigkeit des Lebens in den
Brunnenwässern am meisten bei. Regengüsse schwemmen diese Stoffe leicht in das Innere
der Brunnen, wohin dieselben entwicklungsfähige Keime mitbringen. Auf diese Weise mögen
alle Wurzelfüßer, Infusorien und überhaupt Urtiere in die Brunnen gelangt sein. Mit dem
Dünger kommt ins Wasser *Corycia stercorea*, welche im Brunnenschlamme, wo auch Schimmelpilze gut gedeihen, die allergewöhnlichste Erscheinung sind. Allein nicht nur Urtierchen,
Pilze und Algen, sondern auch höher entwickelte Organismen werden auf ähnlichem Wege in
die Brunnenwässer eingeschleppt. Anders ist nämlich die oft große Menge Würmer aus der
Gattung *Euchytraeus*, welche am Boden unserer Brunnen ihr Leben fristen, nicht zu erklären;
denn gewöhnlich halten sich dieselben nur im feuchten Erdreich in der Nähe von Brunnen
auf, in deren Wasser sie auf angedeutetem Wege gelangen. Befindet sich irgendwo in der Nach-
barschaft eines Brunnens ein Düngerhaufen, wird man gewiß im Wasser am Boden den Wurm
Pachydrilus Pagenstecheri und *Lumbricus foetidus* vorfinden, obwohl deren eigentliche Wohn-
stätte eben der Dünger ist, mit welchem die genannten Würmer oder deren Eier ins Brunnenwasser eindrangen ... Je mehr organische Stoffe am Grunde unserer Brunnen vorkommen,
desto mehr tierische Organismen erscheinen in diesen Stoffen und im Wasser selbst."

Vejdovsky erkannte auch mit voller Klarheit, daß man nun umgekehrt aus dem Vorkommen und der reichlichen Entwicklung gewisser Organismen im Brunnen einen Rückschluß
auf den Grad seiner Verunreinigung durch faulende organische Substanzen ziehen könne.
Sagt er doch z. B. bei Besprechung der Infusorien der Prager Brunnen: „Die Infusorien sind
auch der beste Anzeiger dessen, in welchem Grade zersetzte organische Stoffe am Boden unserer
Brunnen vorhanden sind. Charakteristisch in dieser Hinsicht sind besonders die Flagellaten,
welche vornehmlich zur Sommerzeit in vielen Brunnen in erstaunlicher Menge erscheinen."

Es dauerte aber fast zwei Jahrzehnte, bis die von Ferdinand Cohn und Franz Vejdovsky klar vorgezeichnete „biologische Beurteilung des Wassers nach seiner Flora und
Fauna" zu einer praktisch verwertbaren „Wissenschaft von der biologischen Wasseranalyse"
ausgebaut wurde. Gestützt vor allem auf die wertvollen Arbeiten ihrer Vorgänger, insbesondere von Cohn, Metz, König, Schiemenz, Hofer, Lauterborn und anderen, veröffentlichten Kolkwitz und Marsson 1902 ihre „Grundsätze für die biologische Beurteilung des
Wassers nach seiner Flora und Fauna" (Heft 1 der Mitteilungen d. kgl. Prüfungsanstalt f.
Wasserversorgung und Abwässerbeseitigung Berlin), und in der Folgezeit wurde der neue
hydrobiologische Wissenszweig durch zahlreiche Forscher auch der jüngeren Generation weiter
ausgebaut. Immer mehr stellte sich die Brauchbarkeit des neuen Verfahrens besonders
bei Verunreinigung eines Wassers durch faulende organische Stoffe heraus. Und gerade in
dieser Richtung wird die biologische Wasseranalyse auch für die Untersuchung von
Brunnenverunreinigungen bedeutungsvoll, worauf auch Mez schon in seinem bekannten,
oben bereits erwähnten Buche hinwies.

Organismen, die eine besondere Vorliebe für Wässer zeigen, die faulende Substanz enthalten, nennen wir Saprobien oder Saprobionten; und nach dem Grade der Fäulnis, den die einzelnen Tiere und Pflanzen bevorzugen bzw. vertragen, haben Kolkwitz und Marsson die pflanzlichen und tierischen Saprobien in ein ökologisches System gebracht. Die folgenden Darlegungen schließen sich eng, zum Teil wörtlich, an die beiden grundlegenden Arbeiten[1]) der beiden Biologen an.

Je nach dem Grade der Anpassungsfähigkeit an organische, faulende Stoffe kann man die Organismen auf drei ökologische Gruppen verteilen, die als Polysaprobien, α- und β-Mesosaprobien und Oligosaprobien unterschieden werden.

Denken wir uns drei hintereinander geschaltete, genügend große Teiche, von denen der erste stark fäulnisfähiges Abwasser aufnimmt, so würde er von polysaproben Organismen besiedelt werden. Tritt das Wasser in den zweiten Teich ein, so würde es mesosaproben Charakter angenommen haben, d. h. die Selbstreinigung, die Mineralisation würde bis zu einem mittleren Grade gediehen sein, und dieser Teich demgemäß den Organismen der mesosaproben Zone günstige Lebensbedingungen bieten. Dieses Wasser wieder würde nach Einfließen in den dritten Teich den Mineralisationsprozeß weitgehend oder vollkommen beendet haben, d. h. oligosaproben Charakter aufweisen und somit auch von Oligosaprobien bewohnt sein. — In gleicher Weise kann man naturgemäß auch in Flüssen, denen zersetzungsfähige Nährstoffe (Produkte des Eiweißzerfalles und Kohlehydrate) zugeleitet werden, abgestufte Zonen bis zu der Stelle unterscheiden, an der das ursprüngliche Bild wiederhergestellt ist.

Die drei Zonen lassen sich nach Kolkwitz und Marsson, wie folgt, kennzeichnen:

I. Die Zone der Polysaprobien ist in chemischer Beziehung gekennzeichnet durch einen gewissen Reichtum an hochmolekularen, zersetzungsfähigen organischen Nährstoffen (Eiweißsubstanzen und Kohlehydraten). Abnahme im Gehalt des Wassers an Sauerstoff, verbunden mit Reduktionserscheinungen, Bildung von Schwefelwasserstoff und Schwefeleisen im Schlamm und Zunahme an Kohlensäure pflegen oft die chemischen Begleit- bzw. Folgeerscheinungen hierbei zu sein.

Organismen treten meist in großer Zahl, aber in relativer Einförmigkeit auf; Schizomyceten sind nach Zahl der Individuen, Arten und Gattungen reich vertreten, daneben sind (meist bakterienfressende) farblose Flagellaten häufig. Die Zahl der in gewöhnlicher Nährgelatine entwicklungsfähigen Bakterienkeime kann 1 Million für 1 ccm Wasser oft übersteigen.

Polysaprobe Organismen können wohl in die mesosaprobe Zone abklingend übergreifen, aber niemals in der oligosaproben Zone bestandbildend auftreten, höchstens vereinzelt und dann meist erratisch.

Stark sauerstoffbedürftige Organismen treten naturgemäß meist vollkommen zurück. Fische pflegen diese Zone für längeren Aufenthalt zu meiden.

II. Die Zone der Mesosaprobien zerfällt in zwei Abschnitte mit α- bzw. β-mesosaprobem Charakter.

In dem der polysaproben Zone zugekehrten α-Teil verläuft die Selbstreinigung noch verhältnismäßig stürmisch, aber, im Gegensatz zu Zone I, unter gleichzeitigem Auftreten von Oxydationserscheinungen, die zum Teil durch die Sauerstoffproduktion seitens chlorophyllführender Pflanzen bedingt werden. Die im Wasser enthaltenen Proteinstoffe sind hier wahrscheinlich bis zum Asparagin, Leucin, Glykokoll usw. abgebaut, woraus sich ein qualitativer Unterschied gegenüber der Zone I ergibt. Der zahlenmäßige Gehalt an bakteriellen Keimen in 1 ccm ist noch bedeutend, er kann sich nach Hunderttausenden beziffern.

In biologischer Beziehung ist der erste Teil dieser Zone gekennzeichnet durch das Hervortreten von Schizophyceen und — besonders wenn es sich um bewegtes Wasser handelt —

---

[1]) Ökologie der pflanzlichen Saprobien. Berichte d. Deutsch. Bot. Gesellschaft 1908, **26a**, 505—519. — Ökologie der tierischen Saprobien. Internat. Revue d. gesamt. Hydrobiologie und Hydrographie 1909, **2**, 126—152.

durch einen mehr oder weniger ausgesprochenen Reichtum von Eumyceten. Peridiniales fehlen hier noch so gut wie vollständig. Das Tierleben kann ziemlich reich entwickelt sein und deshalb Tiere zum Aufsuchen von Nahrung anlocken. Erstickungsgefahr besteht dabei für sie nur selten.

Im β-mesosaproben Teil nähern sich die Abbauprodukte schon der Mineralisation. Die Zahl der auf gewöhnlicher Nährgelatine sich entwickelnden Bakterienkeime beträgt normalerweise in 1 ccm unter 100 000. Die Vegetation ist reich gegliedert, zwar sind Bacillariaceen und Chlorophyceen sehr häufig, doch brauchen im großen und ganzen bestimmte Typen nicht zu überwiegen. Unter den Tieren finden sich niedrig- und hochorganisierte in großer Arten- und Individuenzahl.

III. Die Zone der Oligosaprobien ist die Region des (praktisch gesprochen) reinen Wassers. Sie schließt sich, wenn ein Selbstreinigungsvorgang örtlich oder zeitlich voraufging, an die mesosaprobe Zone an und bezeichnet dann die Beendigung der Mineralisation. Doch rechnen wir auch reinere Seen, deren Wasser keinen eigentlichen Mineralisationsvorgang durchmacht, hieher. Der Gehalt des Wassers an Sauerstoff kann oft dauernd der Sättigungsgrenze (bezogen auf die im Wasser gelöste Luft) nahe sein, sie gelegentlich sogar überschreiten. Der Gehalt an organischem Stickstoff pflegt 1 mg für 1 l nicht zu übersteigen. Die Zahl der auf gewöhnlicher Nährgelatine entwicklungsfähigen Bakterienkeime ist meist gering, sie pflegt für 1 ccm wenige oder Hunderte, selten Tausend zu betragen.

Ein Eingehen auf die Organismen der Reinwasserzone kann an dieser Stelle unterbleiben.

In verunreinigten Brunnen werden wir hauptsächlich Mesosaprobien antreffen, seltener auch Polysaprobien, da ja die Verunreinigung der Brunnen in der Gegenwart wohl nur in Ausnahmefällen so weit gehen wird, daß diese polysaproben Zustand annehmen. Gewiß können fast alle Saprobionten des Kolkwitz-Marssonschen Systems — wenigstens soweit sie nicht an fließendes Wasser gebunden sind — gelegentlich in Brunnen auftreten. Es kann jedoch nicht unsere Aufgabe sein, die Listen dieser Organismen hier vollständig anzuführen; wir verweisen auf die beiden oben angeführten Originalarbeiten der beiden Autoren. Eine Aufzählung der für die Beurteilung der verunreinigten Gewässer wichtigsten Arten findet sich fernerhin bei König, „Die Untersuchung landwirtschaftlich und gewerblich wichtiger Stoffe", 4. neubearbeitete Auflage, Berlin, Paul Parey 1911, S. 1040—1050.

Indessen mögen doch die durch die Untersuchung von Vejdovsky, Mez und anderen bisher gerade in Brunnen gefundenen Tierarten hier kurz erwähnt werden[1]).

I. Protozoa.

a) *Rhizopoda.*

„In der Fauna der Trinkwässer spielen die Wurzelfüßler eine keineswegs bedeutungslose Rolle; denn viele von ihnen gehören deren konstanten und charakteristischen Bewohnern an. Der Hauptsitz der Wurzelfüßler ist allerdings der Brunnenboden, allein auch im freien Wasser schwimmen einige Gattungen und andere halten sich auf Algen und Schimmelfäden auf. Am Boden der Brunnen bewegen sich die Wurzelfüßler mit ihrem zarten Körper schleichend hin und sammeln sich oft in ungeheurer Menge an auf sich zersetzenden pflanzlichen und tierischen Abfällen, als da sind Holzsplitter, Stroh- und Heuhalme, Bakterienhaufen usw. Besonders in Brunnen, die Jahrzehnte hindurch nicht gereinigt wurden, kann man jederzeit eine bedeutende Menge Wurzelfüßler vorfinden ... Um ein Bild der Menge zu geben, in der Wurzelfüßler am Boden der Brunnen vorkommen können, führe ich die Anzahl der Rhizopodenhülsen an, welche auf einem in Canadabalsam eingeschlossenen Präparate zu erhalten mir gelang. Dasselbe ist aus einem etwa 5 qmm großen Stückchen abgestorbener, aus dem ... Brunnen in der Ferdinandstraße Nr. 973-I. (Prag) stammender organischer Stoffe angefertigt. Ich finde darin mehr als 100 Schalen von Wurzelfüßlern; darunter etwa 50 Exemplare *Difflugia Leydiana*,

---

[1]) Abbildungen dieser Tiere finden sich bei Mez (l. c.) und bei Eyferth, Einfachste Lebensformen des Tier- und Pflanzenreiches (Braunschweig).

31 Hülsen von *Euglypha alveolata*, etwa ebensoviel von *Trinema enchelys*, zahlreiche Exemplare von *Corycia stercorea*, einige Schalen und deren Bruchstücke von *Cyphoderia ampulla* und *Arcella.*" (Vejdovsky.)

Folgende saprobiontische Rhizopoden fand Vejdovsky in den Prager Brunnen (die Oligosaprobien sind nicht mitangeführt):

Hyalodiscus (Amoeba) limax (Dujardin), polysaprob, wenn vereinzelt, auch mesosaprob.

Amoeba verrucosa Ehrbg., β-mesosaprob.

Dactylosphaerium (Astramoeba) radiosum Ehrbg. β-mesosaprob.

Platoum (Corycia) stercoreum (Cienk.), β-mesosaprob. (Beinahe in jedem Brunnen, dessen Boden mit organischen Stoffen reichlich bedeckt ist, besonders aber, wo Schimmelpilze verbreitet sind.)

Euglypha alveolata Duj., β-mesosaprob.

Trinema euchelys (Ehrbg.) Leidy. α-mesosaprob.

Cyphoderia ampulla (Ehrbg.) Leidy. β-mesosaprob (?).

Difflugia Leidyana Vejd., β-mesosaprob.

Difflugia globulosa Duj., β-mesosaprob.

Centropyxis aculeata (Ehrbg.) Stein, β-mesosaprob.

Centropyxis ecornis (Ehrbg.), β-mesosaprob.

·Arcella vulgaris Ehrbg., α-β-mesosaprob.

b) *Heliozoa.*

Actinophrys sol Ehrbg., α-β-mesosaprob.

Actinosphaerium Eichhorni (Ehrbg.), α-β-mesosaprob.

c) *Flagellata und Infusoria.*

„Von allen tierischen Organismen ist die Klasse der Infusorien in den Prager Trink-wässern am zahlreichsten vertreten, und zwar was die Anzahl der Arten als auch die Menge der Individuen anbelangt. Die Infusorien sind auch der beste Anzeiger dessen, in welchem Grade zersetzte organische Stoffe am Boden unserer Brunnen vorhanden sind. Charakteristisch in dieser Hinsicht sind besonders die Flagellaten, welche vornehmlich zur Sommerzeit in vielen Brunnen in erstaunlicher Menge erscheinen. *Cercomonas termo Stein* bedeckt oft vollkommen die Wände der Gefäße, welche Wasser und Schlamm aus Brunnen enthalten, in denen eine bedeutendere Menge organischer Reste vorgefunden wurde. Bald nach Anfüllung des Gefäßes mit Wasser und dem Gehalt des Brunnenbodens erscheinen an den Wänden, nicht weit unter der Ober-fläche schon mit bloßem Auge deutliche Vorticellidenstöckchen (*Carchesium*) manchmal in ungeheurer Zahl. Andere Vorticelliden (*Vorticella microstoma* usw. und *Cothurnia*) setzen sich an organischen Abfällen am Boden an. *Spirostoma teres* und *ambiguum* schwimmen im freien Wasser und sind mit unbewaffnetem Auge wie dünne weiße Strichelchen zu sehen. In Brunnen, wo viele Algen und Pilze vegetieren, erscheint in größerer Menge *Urocentrum turbo*, am Boden mancher Brunnen schleicht in überaus mächtiger Anzahl *Oxytricha pelionella* usw. Ein kosmo-politischer Bewohner der sämtlichen Brunnenwässer scheint *Chilodon cucullus* Ehrbg. zu sein, welchen ich in jedem Wasser vorfand." (Vejdovsky.)

Flagellata.

Oicomonas (Cercomonas) termo (Ehrbg.) Kent., α-mesosaprob.

Monas guttula Ehrbg., α-mesosaprob.

Bodo ovatus (Duj.) Stein, α-mesosaprob.

Bodo saltans Ehrbg., α-mesosaprob, auch polysaprob.

Anthophysa vegetans (O. F. Müll.) Bütschli, α-mesosaprob.

Entosiphon (Anisonema) sulcatum (Duj.) Stein, β-mesosaprob.

Peronema trichophorum (Ehrbg.) Stein, α-mesosaprob.

Heteronema acus (Ehrbg.) Stein, α-mesosaprob.

(Euglena viridis Ehrbg.), α-mesosaprob bis polysaprob, und andere.

Infusoria.

Trachelius ovum Ehrbg., β-mesosaprob.

Loxophyllum sp., β-mesosaprob.

Coleps. hirtus Ehrbg., β-mesosaprob, gelegentlich auch α-mesosaprob.

Paramaecium aurelia (O. F. Müll.), β-mesosaprob, neigt zu α-mesosaprober Lebensweise.

Colpoda cucullus Ehrbg., α-mesosaprob, vielleicht auch β-mesosaprob.

Glaucoma scintillans Ehrbg., α-mesosaprob, neigt auch zu β-mesosaprober Lebensweise.

Cyclidium glaucoma Ehrbg., α-mesosaprob.

Stentor polymorphus O. F. Müll., β-mesosaprob, auch oligosaprob.

Stentor coeruleus Ehrbg., α-mesosaprob.

Spirostomum ambiguum Ehrbg., α-mesosaprob, scheint auch zu β-mesosaprober Lebensweise zu neigen.

Spirostomum teres Cl. u. L., β-mesosaprob.

Chilodon cucullulus Ehrbg., β-mesosaprob, neigt auch zu α-mesosaprober Lebensweise.

Aspidisca lynceus Ehrbg., β-mesosaprob, auch zu α-mesosaprober Lebensweise neigend.

Euplotes charon Ehrbg., wie vorige Art.

Stylonichia mytilus Ehrbg., wie vorige Art.

Oxytricha pellionella Ehrbg., α-mesosaprob.

Urocentrum turbo Ehrbg., β-mesosaprob.

Vorticella microstoma Ehrbg., polysaprob.

Vorticella putrina Ehrbg., polysaprob.

Vorticella campanula Ehrbg., β-mesosaprob.

Carchesium polypium Ehrbg., oligo- bis β-mesosaprob, und andere.

II. Metazoa.

Von Saprobionten unter den **Würmern** wurde in Brunnen ein *rhabdocöles Turbellar Dalyellia (Vortex) picta (O. Schmidt)* beobachtet. („In Wasser lebhaft an der Oberfläche schwimmend. Als Mesosaprobiont im fließenden und stehenden Süßwasser, auch in Brunnen. Westküste von Grönland, Europa, und zwar Dänemark, Frankreich, Holland, Deutschland, Schweiz, Österreich, Ungarn, Rußland — von Solowetsk bis Kasan und Charkow, — Asien — Gouv. Tomsk in Sibirien." [v. Graff.])

Von *Oligochäten* fanden sich in Brunnen folgende α-mesosaprobe Arten:

Aeolosoma quaternarium Ehrbg. (Im Schlamm an Steinen sowie an Bryozoenstöcken. Südrußland, Böhmen [3 Brunnen Prags), England, Deutschland.)

Nais elinguis Müll. Örst. (Auch β-mesosaprob. Böhmen, Deutschland, Dänemark, Belgien, Schweiz, Italien [Lombardei], Nordamerika.)

Lumbricillus Pagenstecheri (Ratz.). (In Brunnen sowie an jauche- und düngerhaltigen Örtlichkeiten, sowie in Soolen [?], Deutschland, Böhmen usw.)

Enchytraeus albidus Henle. („Im Detritus und unter Steinen am Meeresstrande, in Gartenerde, an düngerhaltigen Örtlichkeiten und in Blumentöpfen. Nowaja Semlja, Solowetskinsel im Weißen Meer, Dänemark, Deutschland, Böhmen, Schweiz, Grönland, Massachusetts, Uruguay, Südpatagonien, Feuerland." [Michaelsen].)

Von *Rotatorien* fand Vejdovsky den α-mesoproben *Rotifer vulgaris Schrk.* in vielen Brunnen Prags.

Weitere Untersuchungen verschmutzter Brunnen werden die Liste der saprobiontischen Brunnenbewohner noch wesentlich vergrößern.

Es mag zum Schluß darauf hingewiesen werden, daß Mez in seinem Buche allerlei praktische Hinweise für die Ausführung biologischer Brunnenuntersuchungen gibt. So bringt er S. 359—365 eine Anweisung für die „Lokalinspektion bei Brunnenuntersuchungen", S. 504 eine Liste „typischer Fäkalorganismen", S. 505—506 eine solche von Organismen, die „Zeichen für eine Wasserverunreinigung mit Hausabwässern" sind, S. 513—514 stellt er solche zusammen, die nach seinen Erfahrungen „im Brunnenwasser häufig auftreten und auf Geschmacksfehler desselben schließen lassen".

Endlich findet sich auf S. 592—596 ein „Probegutachten über eine Trinkwasseruntersuchung".

Kolkwitz gibt in einem Vortrage über die „Biologie der Sickerwasserhöhlen, Quellen und Brunnen" (Journal für Gasbeleuchtung und Wasserversorgung. Jahrgang 1907, Nr. 37) „einige typische Beispiele für den Zustand guter und schlechter Kesselbrunnen nach den in den Entnahmflaschen sich findenden Bodensätzen."

Schließlich sei erwähnt, daß sich für den Menschen pathogene tierische Organismen im Trinkwasser unserer Breiten bisher nicht haben nachweisen lassen.

Bakteriologische Untersuchung.[1])

I. Allgemeine Grundlagen der bakteriologischen Wasseruntersuchung

Oberflächenwasser ist, da die oberen Bodenschichten stets große Mengen von Bakterien enthalten, die auch im reinsten Wasser zur Vermehrung geeignete Verhältnisse finden, stets bakterienreich. Grundwasser ist, da der Boden im allgemeinen eine erhebliche Filtrierkraft besitzt und in seinen tieferen Schichten der Bakterienvermehrung wenig günstige Verhältnisse bietet, im allgemeinen bakterienfrei bzw. -arm. Liegt die undurchlässige Schicht flach, ist die filtrierende Schicht durch Erdbewegungen durchbrochen worden oder besitzt die Formation Spalten mit ungenügender Bodendecke — Kalk- und Schiefergebirge — so kann auch das Grundwasser Bakterien von der Oberfläche her in größerer Zahl enthalten. Ferner kann ein bakteriologisch reines Grundwasser durch fehlerhafte Anlage von Wasserentnahmestellen, bis zum Verbrauch, mit Oberflächenwasser vermischt werden.

Da gewisse weitverbreitete bakterielle ansteckende Krankheiten (besonders Typhus), deren Erreger in den Faeces ausgeschieden werden und sich einige Zeit im Wasser lebend erhalten, zweifellos gelegentlich auch durch Trinkwasser verbreitet werden, so ist überall da, wo Oberflächenwasser nicht oder nicht genügend filtriert für sich oder im Grundwasser zum Trinken benutzt wird, die Gefahr einer Ansteckung gegeben.

Aufgabe der bakteriologischen Wasseruntersuchung ist es daher, eine erfolgte Infektion oder die Infektionsmöglichkeit einer Trinkwasseranlage nachzuweisen. Der Nachweis der Krankheitserreger selbst gelingt in den seltensten Fällen, da ihre Inkubationszeit eine erhebliche ist und sie sich im Wasser nicht vermehren. Bis zur Probenahme nach dem Eintritte einer Infektion vergehen infolgedessen stets mehrere Wochen. Die bakteriologische Untersuchung muß sich daher meist auf den Nachweis der Infektionsmöglichkeit beschränken, der je nach der Art der Wasserversorgung bei der Anlage, durch dauernde Überwachung oder beim Eintritt verdächtiger Erkrankungen erfolgen muß.

Die bakteriologische Wasseruntersuchung stützt sich zurzeit auf die Tatsachen, daß Oberflächenwasser im allgemeinen stets keimreicher als regelrecht filtriertes Grundwasser ist und daß es meist, besonders wenn es aus Ortschaften oder Gegenden mit menschlichen Niederlassungen stammt, Bakterienarten enthält, die zu der Flora der Wasserbakterien im engeren Sinne nicht gehören und daher in einwandfreiem Grundwasser nicht vorkommen. Die bakteriologischen Verfahren sind daher quantitative und qualitative, je nachdem sie das Gewicht auf die allgemeine Keimzahl oder auf den Nachweis gewisser Leitbakterien[2]) legen, die ihren Herd im Darm — wie die hauptsächlich in Betracht kommenden Krankheitserreger — haben.

---

[1]) Bearbeitet von Prof. Dr. A. Spieckermann-Münster i. W.

[2]) Die von Migula, Centralbl. f. Bakt., 1. Abt., 8, 353, Schillings Journ. 1893, S. 625, Kümmel das. 1893, S. 612, Kurth, Arbeiten a. d. Kaiserl. Gesundheitsamt 1894, 9, 427, vorgeschlagene

Die allgemeine Verbreitung der Bakterien und ihre schnelle Vermehrung im Wasser bedingen, daß der Wert einer bakteriologischen Wasseruntersuchung in viel höherem Grade als der einer chemischen von der Art der Probenahme und der Behandlung der Probe bis zur Verarbeitung abhängt. Man kann ohne Übertreibung sagen, daß die noch immer viel geübte Untersuchung von Proben, die ohne Sachkenntnis entnommen und 24 Stunden und länger ohne Vorsichtsmaßregeln unterwegs waren, zwecklose Zeitvergeudung und alle Schlüsse aus ihnen frommer Selbstbetrug sind. Aber auch wo diese Mängel vermieden werden, darf man nie vergessen, daß die bakteriologische Untersuchung nur ein Bild der augenblicklichen Beschaffenheit eines Wassers gibt, nicht aber einen Schluß auf den allgemeinen Zustand einer Wasseranlage gestattet. Wirklichen Wert erlangen die bakteriologischen Befunde meist erst in Verbindung mit den chemischen und denen der Besichtigung der Anlage.

Eine besondere Aufgabe ist der Nachweis der Eisenbakterien. Der Nachweis von Krankheitserregern fällt den hygienischen Anstalten zu und wird daher im folgenden nicht berücksichtigt werden. Die übrigen bakteriologischen Untersuchungen werden an Anstalten verschiedener Art ausgeführt. Die ordnungsmäßige Untersuchung von Wasserproben erfordert ein erhebliches bakteriologisches Können, das nur in geeigneten Anstalten durch praktische Übung erlangt werden kann.

II. Die Probenahme.

Aus den unter I. angegebenen Gründen muß bei der Probenahme nach Möglichkeit vermieden werden, daß Keime fremder Herkunft in die Wasserprobe gelangen oder daß sich die in ihr enthaltenen Keime bis zur Verarbeitung vermehren. Die Gefäße, die zur Entnahme des Wassers dienen, müssen daher entweder sorgfältig sterilisiert sein oder mit dem zu untersuchenden Wasser mehrere Male gründlich ausgespült werden. In den Fällen, in denen es sich um den Nachweis weniger Keime handelt, sind sterilisierte Gefäße angebracht. Wenn größere Proben entnommen werden sollen, kann man sterilisierte Flaschen mit eingeschliffenem Stopfen von 250 ccm Inhalt verwenden. Die Sterilisierung erfolgt durch vorsichtiges einstündiges Erhitzen im Luftschrank auf 160° oder halbstündiges in strömendem Wasserdampf. Die Stopfen werden nach dem Erkalten aufgesetzt und durch eine Kappe aus trockener sterilisierter Watte, die mit einer Schicht glatten weißen Papiers überbunden wird, festgehalten. Man kann auch, wenn die Probe nicht verschickt oder weiter versandt zu werden braucht, sterilisierte Reagensgläser mit Wattestopfen verwenden. Die Entnahme der Proben mittels solcher Gefäße ist überall da angebracht, wo man bequem an die Entnahmestelle heran kann, also bei den Zapfhähnen von Wasserleitungen, Ausflußröhren von Brunnen und von Quellen. Bei Wasserleitungen muß der Hahn vor der Probenahme etwa eine halbe Stunde geöffnet bleiben, um die Wassermengen, die etwa längere Zeit in den Röhren gestanden haben, zu entfernen. Auch bei Brunnen ist ein längeres Abpumpen erforderlich, besonders andauernd, wenn der Brunnen längere Zeit außer Betrieb war. Bei Quellen darf während der Probenahme keine Verunreinigung durch Berührung der umliegenden Erdmassen und des Grundes hervorgerufen werden. Kommt es darauf an, Wasser aus größerer Tiefe zu entnehmen, so bedient man sich entweder sterilisierbarer Pumpen mit langem Schlauchansatz [vgl. Ishiwara[1])] oder des „Abschlagapparates" von Sclavo-Czaplewski[2]) (Fig. 226).

Beurteilung der Trinkwässer nach der Zahl der Bakterienarten bzw. der Gelatine verflüssigenden Kolonien hat sich als nicht haltbar erwiesen. Der Vorschlag von Spät, Archiv f. Hyg. 1911, **74**, 237, die ammoniakbildende Kraft der Wässer in Peptonlösungen, die anscheinend parallel ihrem Gehalt an Bakterien der Bodenoberfläche verläuft, zum Nachweis von oberirdischen Zuflüssen zu benutzen bedarf weiterer Prüfung.

[1]) Archiv f. Hyg. 1913, **81**, 58.
[2]) Vgl. Schumacher, Ges.-Ing. 1904, S. 418, wo mehrere solcher Apparate beschrieben sind.

Dieser besteht aus einem durchlochten, konkav vertieften metallischen Amboß, der mit einem darunterhängenden Gewicht beschwert ist. Durch den Amboß läuft eine mehrere Meter lange Schnur, auf der ein Fallgewicht bequem gleiten kann. Als Gefäß dienen ausgezogene, halb eva-kuierte und bei 160° sterilisierte Reagensgläser, die durch eine Klammer am Amboß befestigt werden, so daß das gebogene ausgezogene Ende mit einer ösenartigen Biegung um die Schnur greifend auf dem Amboß ruht. Man läßt den Apparat bis zur gewünschten Tiefe herab und läßt nun das Fallgewicht los, das von der Schnur zwangläufig geführt, die Spitze des Röhrchens zer-trümmert, worauf in das evakuierte Gefäß Wasser einströmt. Um nach dem Heraufziehen aus dem Röhrchen die Wasserprobe entnehmen zu können, erwärmt man es oberhalb des Wassers an einer Stelle mit einer Flamme und befeuchtet dieselbe darauf mit einem Tropfen Wasser. Hierdurch entsteht ein Sprung, von dem aus das Röhrchen durch einen Schlag geöffnet werden kann. Die Probe wird dann wie üblich mit einer Pipette entnommen.

Fig. 226.

Soll bei Einrichtung eines Wasserwerkes festgestellt werden, ob das be-treffende Grundwasser keimfrei ist, so wird die Untersuchung am besten gelegentlich des Pumpversuches, der zur Feststellung der Ergiebigkeit dient, ausgeführt. Da hierbei meist mehrere Tage lang mittels Dampfkraft ohne Unterbrechung gepumpt wird, so kann es gelingen, auch ohne besondere Maßnahmen die Keimfreiheit des Wassers festzustellen. Gelingt es auf diese Weise nicht, Röhrensystem und Pumpe genügend zu spülen, so muß das Bohrrohr desinfiziert und das Wasser mittels desinfizierter Handpumpe ge-hoben werden. Von den für diesen Zweck vorgeschlagenen Desinfektions-verfahren (Dampf, Phenol oder Kresolseife, Chlorkalk) hat sich das mit Chlor-kalk am besten bewährt. Man reinigt das Bohrrohr zunächst durch eine an einem mit einer Kugel beschwerten Seil befestigte Schornsteinfegerbürste aufs gründlichste, pumpt längere Zeit und gießt nun soviel 50 proz. Chlorkalkauf-schwemmung hinein, daß eine etwa 1,5 proz. Lösung entsteht. Gleichzeitig wird die Pumpe auseinander geschraubt, gründlich mit Wasser, dann mit 5 proz. Kresolseifenlösung abgebürstet, auf das Bohrrohr gesetzt, angepumpt und bis zum nächsten Tag stehen gelassen. Bei Verwendung einer Flügel-pumpe kann zur Desinfektion auch 1,5 proz. Chlorkalklösung benutzt werden.

Am nächsten Tage wird abgepumpt, bis das Wasser weder mit Kalium-jodid und Stärkekleister reagiert, noch nach Chlor riecht, und dann eine Probe entnommen.

Abschlagapparat nach Sclavo-Czaplewski.

Können die Proben nicht sofort weiterverarbeitet werden, so müssen sie, um die Ver-mehrung der Keime zu verhüten, konserviert werden. Sollen direkte Keimzählungen mittels des Mikroskopes vorgenommen werden, so genügt die Konservierung mit For-maldehyd (5 ccm Formalin auf 100 ccm Wasser). Sollen die Proben mittels eines Kultur-verfahrens weiterverarbeitet werden, so muß man sie in Eis verpacken. Entsprechende handliche Transportkästen liefern alle Firmen für bakteriologischen Bedarf. Im allgemeinen ist es empfehlenswerter, die Probe in Eis gekühlt, einige Stunden zu versenden, als sie unter ungünstigen Verhältnissen an Ort und Stelle anzusetzen.

III. Die Bestimmung der Bakterienzahl im Wasser.

Die Zahl der in einem Wasser enthaltenen Bakterien kann durch unmittelbare Auszählung derselben mittels des Mikroskopes in einem gefärbten Präparate oder durch Kulturverfahren ermittelt werden. Die unmittelbare Zählung ergibt erheblich höhere Werte als die Kulturverfahren, da in den üblichen Nährböden nicht alle im Wasser vorkommen-den Bakterienarten sich vermehren. Andererseits fehlt dem direkten Zählverfahren die elek-tive Wirkung der Kulturverfahren.

Für die Keimzahlbestimmung mittels Kulturverfahren dient meist das Platten-verfahren, seltener das Verdünnungsverfahren mit flüssigen Nährböden. Über die

Grundlagen des Plattenkulturverfahrens vergleiche man Bd. III, Teil 1, S. 626. Dem Verdünnungsverfahren liegt der Gedanke zugrunde, die geringste Wassermenge zu bestimmen, die in Nährlösungen noch Bakterienentwicklung hervorruft.

A. Unmittelbare Keimzählung mittels des Mikroskopes.

Die für die Zählung der Keime mittels des Mikroskopes von Klein, Winslow und Willcomb, Breed u. a. (Bd. III, Teil 1, S. 176; Teil 2, S. 261) vorgeschlagenen Verfahren liefern nur mit keimreichen Flüssigkeiten brauchbare Ergebnisse, sind aber für die verhältnismäßig keimarmen Trinkwässer nicht zu gebrauchen. Auch die Zählung mittels des Ultramikroskopes[1]) kommt für Trinkwässer nicht in Betracht. P. Th. Müller[2]) hat deshalb vorgeschlagen, aus einer größeren Menge Wasser die Bakterien durch anorganische Fällungen niederzuschlagen und diese Niederschläge mikroskopisch zu verarbeiten. Er bedient sich dabei des von O. Müller (vgl. S. 586) vorgeschlagenen Liquor ferri oxychlorati und verfährt in folgender Weise:

1. Herstellung des Präparates. 25 ccm des zu untersuchenden Wassers, das vorher mit Formalin (5 ccm auf 100 ccm) konserviert worden ist, werden in einem Meßzylinder mit einem Tropfen Liquor ferri oxychlorati versetzt und sofort durch Einblasen von Luft mittels einer Pipette gründlich durchgemischt. Bei Unterlassung dieser Vorsicht bleiben leicht Bakterien ungefällt. Die Mischung wird dann schnell in ein Zentrifugierröhrchen entleert und dort sich selbst überlassen, bis der Niederschlag sich abgesetzt hat. Dies Röhrchen ist 15 cm lang, hat eine lichte Weite von 2,5 cm und am unteren verjüngten Ende eine solche von 6—7 mm. Über das untere Ende ist ein Stück Gummischlauch gezogen, in dessen Lumen ein kleines zur Aufnahme des Niederschlages bestimmtes Gläschen von 8 bis 9 mm Weite hineingesteckt wird, das bei $^1/_4$, $^1/_2$, $^3/_4$ und 1 ccm eine Marke trägt. Nach dem Absetzen des Niederschlages werden 4 Tropfen konzentrierter alkoholischer Gentianaviolettlösung zugesetzt, das Ganze wird im kochenden Wasserbade 1—2 Minuten erhitzt und zentrifugiert. Nach Abgießen des größten Teils der überstehenden Flüssigkeit wird das eingeteilte Röhrchen aus dem Gummischlauch herausgezogen und sein Inhalt bis zur Marke $^1/_2$ mit einer Capillarpipette abgesaugt. Der im Gläschen verbleibende Flüssigkeitsrest wird mit dem Niederschlag mittels einer Pipette durch häufiges Umrühren aufs beste gemischt. Darauf entnimmt man mit einer Pipette für serologische Untersuchungen (Gesamtinhalt derselben 0,1 ccm, Länge 15 cm, so daß also auf 0,01 ccm mehr als 1 cm der Skala entfällt) 0,057 ccm, läßt diese auf einen 1 qcm großen quadratischen Ausschnitt eines Objektträgers laufen und verteilt sie mittels eines Platindrahtes genau innerhalb der Grenzlinien. Man stellt sich einen solchen Ausschnitt her, indem man eine 1 qcm große Fläche mit einer entsprechenden Kartonscheibe bedeckt und die Konturen mit Flußsäure tief einätzt. Das Präparat wird nach sorgfältiger Verteilung durch langsames, vorsichtiges Erhitzen fixiert, ohne Deckglas mit Cedernöl versehen und ausgezählt. Die Bakterien erscheinen violett auf gelblichem Grunde.

2. Auszählung und Berechnung. Die Auszählung wird mit Zeiß $^1/_{12}$ homog. Ölimmersion, Okular Nr. IV, vorgenommen. Die Tubuslänge wird so gewählt, daß der Durchmesser des Gesichtsfeldes 0,15 mm beträgt. Das Gesichtsfeld hat daher eine Größe von 0,000176 qcm, und 1 qcm enthält etwa 5700 Gesichtsfelder. Ist a die Zahl der im Gesichtsfeld enthaltenen Keime, so ist $5700\,a$ die Gesamtzahl der auf dem Objektträger vorhandenen Bakterien, die in 0,057 ccm des Niederschlages enthalten waren. Die Gesamtmenge des letzteren — 0,5 ccm — enthält $\dfrac{5700\,a}{0,057} \cdot 0,5 = 50\,000\,a$ Keime, und da dieser Niederschlag aus 25 ccm Wasser stammt, so ist die in 1 ccm Wasser enthaltene Bakterienzahl $2000\,a$.

---

[1]) Aumann, Centralbl. f. Bakt., II. Abt., 1911, **29**, 381. — Aumann, das. 1912, **33**, 624.
[2]) Archiv f. Hyg. 1912, **75**, 189; 1914, **82**, 57.

Bei der Auszählung ist folgendes zu beachten: Bakterienfäden werden als eine Bakterie gezählt. Nicht mehr gefärbte und so weit deformierte Bakterien, daß ihre Sicherstellung als solche fraglich ist, werden nicht gezählt. Es müssen durch andauerndes Arbeiten mit der Mikrometerschraube alle Ebenen des Präparates durchsucht werden. Nötigenfalls muß ein Okularnetz zur Hilfe genommen werden; sobald die Zahl der Bakterien im Gesichtsfeld mehr als 20 beträgt, ist dies dringend erforderlich.

3. Die Herstellung keimfreier Apparate und Reagenzien.
Da nicht nur die in dem zu untersuchenden Wasser vorhandenen, sondern auch die an und in den verwendeten Apparaten und Reagenzien befindlichen Bakterien im Präparat erscheinen, so müssen diese möglichst keimfrei — in diesem Falle auch von toten Keimen frei — verwendet werden. Pipetten und Objektträger werden in 10 proz. Salzsäure gereinigt, dann in „keimarmem" Wasser (s. unten) mehrmals gespült und im Trockenschrank getrocknet. Meßzylinder werden mit dem zu untersuchenden Wasser öfter ausgespült. Die Zentrifugiergläser werden nach Entfernung des Gummischlauches mit Salzsäure gereinigt und mit keimarmem Wasser gespült. Die verwendeten Reagenzien Formalin, Liquor ferri oxychlorati und Gentianaviolettlösung können praktisch als keimfrei betrachtet werden. „Keimarmes" Wasser wird in der Weise hergestellt, daß von destilliertem Wasser die erste Fraktion von 2 l verworfen, die zweite in einer sorgfältig gereinigten Flasche mit soviel Formalin aufgefangen wird, daß eine 2 proz. Lösung entsteht.

Um die Größe des etwaigen Fehlers zu kennen, wird ein blinder Versuch mit 25 ccm keimarmen Wassers, dem ein Tropfen einer 10 proz. Lösung von Natriumbicarbonat zugesetzt wird, ausgeführt.

4. Leistungsfähigkeit des Verfahrens.
P. Th. Müller hat mit seinem Verfahren durchschnittlich 96,3% der Wasserkeime im Präparat erhalten, Hesse[1]) nur 90%; nach letzterem soll der Fällungseffekt bedeutend schwanken. Sehr keimreiche Wässer müssen mit „keimarmem" soweit verdünnt werden, daß ihre Keimzahl zwischen 5000 und 50 000 in 1 ccm liegt. Besonders ist dies der Fall bei stark verunreinigten, an organischen Stoffen reichen Wässern, da sonst aus diesen Niederschläge fallen, die sich nicht verteilen und weiterverarbeiten lassen.

Ein Vorzug des Verfahrens besteht darin, daß es infolge der Konservierung mit Formalin nicht nötig ist, das Wasser sofort zu verarbeiten. Der bedeutendste aber liegt in seiner Schnelligkeit; die Gesamtuntersuchung eines Wassers nimmt nur 1—2 Stunden in Anspruch. Es wird sich daher besonders bei der ständigen Kontrolle von Sandfiltern als nützlich erweisen, ohne die Züchtungsverfahren ganz ersetzen zu können.

5. Vergleich der Ergebnisse mit denen der Züchtungsverfahren.
Bei der Beurteilung der aus Trinkwässern erhaltenen Keimzahlen ist zu berücksichtigen, daß bei dem Färbeverfahren sämtliche Keime zur Zählung gelangen, während auf den meisten der verwendeten Nährböden eine größere Zahl von Bakterien, besonders die eigentlichen Wasserbakterien, nicht wächst. Die Keimzahlen fallen daher bei dem Verfahren von P. Th. Müller erheblich höher als bei den Züchtungsverfahren aus. Müller hat folgende, allerdings erst durch weitere Untersuchungen zu prüfende Grundsätze aufgestellt:

1. Keimzahlen unter 500 in 1 ccm entsprechen niedrigen Keimzahlen auf Gelatineplatten. Wasser dieser Art kann als keimarm wie ein Wasser beurteilt werden, das bei dem üblichen Plattenverfahren weniger als 100 Kolonien in 1 ccm gibt.

2. Keimzahlen zwischen 500 und 2500 entsprechen im allgemeinen auch höheren Keimzahlen auf Platten. Das Wasser ist als ein solches zu betrachten, das weniger als 200 Kolonien ergibt.

3. Sind die Keimzahlen höhere, so kann es sich um Wasserbakterien handeln, die sich bei längerer Nichtbenutzung angesammelt haben. In diesem Falle kann vielleicht die Keimzahl

---

[1]) Arbeiten a. d. Kaiserl. Gesundheitsamt 1913, **44**, 286.

durch längeres Abpumpen so weit erniedrigt werden, daß der Fall unter 1 und 2 eintrifft. Ist dies nicht möglich, so vermag das Verfahren keinen Aufschluß über Natur und Herkunft der Keime zu geben.

4. Das Verfahren vermag also beim keimreichen Wasser nicht wie das Gelatineplattenverfahren eine gewisse Auswahl zwischen den Bakterien zu treffen, da es die Wasserbakterien im eigentlichen Sinne mitbestimmt; andererseits aber läßt es keimarmes Wasser im strengsten Sinne des Wortes, also bakteriologisch einwandfreies, rasch als solches erkennen.

Das Verfahren verdient weitere Prüfung; ein Ersatz für die Züchtungsverfahren soll es auch nach Ansicht seines Erfinders nicht sein.

B. Keimzählung mittels des Plattenverfahrens.

Das Plattenverfahren wird meist in Form der Gußplatten und der Rollkultur (Bd. III, Teil I, S. 630), seltener in Form der Oberflächenkultur (ebenda) angewendet. Die Nährböden sind für alle Verfahren die gleichen, nur werden für Roll- und Oberflächenkulturen im allgemeinen nur solche aus Gelatine benutzt.

1. Die wichtigsten Nährböden für die Wasseruntersuchung.

Der häufigst benutzte Nährboden ist Fleischwasserpeptongelatine (Bd. III, Teil 1, S. 643 und 644). Da die Zahl der Kolonien nach Zusammensetzung und Alkalität des Nährbodens sehr schwankt, so empfiehlt es sich, für die laufenden Untersuchungen eine Gelatine nach folgender vom Kaiserlichen Gesundheitsamt[1]) gegebenen Vorschrift zu verwenden:

2 Teile Fleischextrakt Liebig, 2 Teile trockenes Pepton Witte, 1 Teil Kochsalz werden in 200 Teilen Wasser gelöst. Die Lösung wird ungefähr eine halbe Stunde im Dampfe erhitzt und nach dem Erkalten und Absetzen filtriert. Auf 900 Teile dieser Flüssigkeit werden 100 Teile feinste weiße Speisegelatine zugefügt und nach dem Quellen und Erweichen der Gelatine wird die Auflösung durch höchstens halbstündiges Erhitzen im Dampfe bewirkt. Darauf werden der siedendheißen Flüssigkeit 30 Teile Normalnatronlauge zugefügt. Dann wird tropfenweise so lange von der Normalnatronlauge zugegeben, bis eine herausgenommene Probe auf glattem, blauviolettem Lackmuspapier neutrale Reaktion zeigt, d. h. die Farbe des Papiers nicht verändert. Nach viertelstündigem Erhitzen im Dampfe muß die Gelatinelösung nochmals auf ihre Reaktion geprüft und wenn nötig, die ursprüngliche Reaktion durch einige Tropfen der Normalnatronlauge wiederhergestellt werden. Alsdann werden der so auf den Lackmusblauneutralpunkt eingestellten Gelatine 1½ Teile krystallisierte, glasblanke Soda zugegeben. Darauf wird die Gelatinelösung durch weiteres halb- bis höchstens dreiviertelstündiges Erhitzen im Dampfe geklärt und durch ein mit heißem Wasser angefeuchtetes feinporiges Filtrierpapier filtriert. Unmittelbar nach dem Filtrieren wird die noch warme Gelatine zweckmäßig mit Hilfe einer Abfüllvorrichtung in durch einstündiges Erhitzen auf 130—150° sterilisierte Reagensgläschen in Mengen von 10 ccm eingefüllt und in diesen Röhrchen durch einmaliges, 15—20 Minuten langes Erhitzen im Dampfe sterilisiert. Die Nährgelatine sei klar und von gelblicher Farbe. Sie darf bei Temperaturen unter 26° nicht weich und unter 30° nicht flüssig werden. Blauviolettes Lackmuspapier werde durch die verflüssigte Nährgelatine deutlich stärker gebläut. Auf Phenolphthalein reagiert sie noch schwach sauer.

Zu dieser Vorschrift ist zu bemerken, daß die käufliche Speisegelatine einen verschiedenen Säuregrad besitzt. Es ist daher besser, die Natronlauge von Anfang an in kleinen Mengen hinzuzufügen und stets mit violettem Lackmuspapier zu prüfen.

Auf den mit Fleischwasser oder -extrakt hergestellten Gelatinenährböden wächst eine große Zahl Wasserbakterien nicht. Auch werden sie bei Anwesenheit vieler verflüssigenden Kolonien bald unbrauchbar und können nur bei niedrigen Temperaturen aufbewahrt werden. Es sind daher vielfach andere Gelatine- und Agarnährböden vorgeschlagen worden, ohne aber die oben beschriebenen Nährgelatinen verdrängen zu können. Nur der Albumosenagar von

---

[1]) Veröffentl. a. d. Kaiserl. Gesundheitsamt 1899, S. 108, Anlage zu § 4 der Grundsätze für die Reinigung von Oberflächenwasser durch Sandfiltration.

Hesse und Niedner[1]) (Bd. III, Teil 1, S. 646) wird zuweilen benutzt. Auf ihm wachsen im allgemeinen bei 18—25° erheblich mehr Kolonien als auf Fleischwassergelatine. Indessen begünstigt er die harmlosen Wasserbakterien gegenüber den Arten verunreinigender Zuflüsse, verschleiert also den hygienischen Charakter eines Wassers geradezu [P. Th. Müller[2]), Prall[3])].

2. Die Anlage von Gußplatten und Rollkulturen. Betreffs der Anlage von Gußplatten und Rollkulturen sei auf die Angaben in Bd. III, Teil 1, S. 651, 626 und 630 verwiesen. Rollkulturen kommen im allgemeinen nur unter Verhältnissen in Betracht, wo die Anlage von Gußplatten nicht möglich oder wo — wie bei Prüfungen von Grundwässern — jegliche spätere äußere Verunreinigung vermieden werden soll. In letzterem Falle ist auch die Anlage von Platten in den Plattengefäßen von Roszahegyi und Schumburg (Bd. III, Teil 1, S. 653) statt in Petrischalen zu empfehlen. Rollröhrchen lassen sich zur Not, besonders während der kalten Jahreszeit, auch ohne Wasserkühlung an der Luft zum Erstarren bringen.

Kästen mit Einrichtungen für bequemen Versand von Nährböden, Kulturgefäßen, Anlage von Plattenkulturen, Wasserbädern und sonstigem Bedarf liefern in verschiedenen praktischen Zusammenstellungen alle größeren Firmen für bakteriologischen Bedarf (u. a. Altmann, Muencke, Lautenschläger, Leitz in Berlin).

3. Anlage von Oberflächenplatten. Für die Anlage von Oberflächenplatten haben Droßbach[4]), Burri[5]), Kruse[6]), v. Freudenreich[7]) und van't Hoff[8]) die Verteilung des Wassers auf der Oberfläche des erstarrten Nährbodens mittels Zerstäubern oder Tuschepinseln empfohlen. Doch mangelt diesen Verfahren meist die genügende quantitative Genauigkeit. Für diese einfachere Form der Besäung dürfte es am besten sein, das Wasser mit der Pipette auf den Nährboden tropfenweis zu bringen und es sodann mit einem rechtwinklig gebogenen Glasstab gleichmäßig zu verteilen.

Ein Verfahren, das gleichmäßigere Platten ergibt, haben Spitta und A. Müller[9]) angegeben.

In einen Porzellantrichter mit eingelassener poröser Filterplatte, wie er zur Erzielung keimfreier Filtrate benutzt wird (Firma P. Altmann, Berlin), werden 100 ccm des zu untersuchenden Wassers gegeben. Der Hals des Trichters wird mittels dickwandigen Gummischlauches mit dem Schlauchansatz des Reduzierventils eines Stahlzylinders mit komprimierter Luft verbunden und nun ein Druck von etwa 1½ Atmosphären gegeben, den man nach einigen Minuten auf 1,25 bis 1 Atmosphäre ermäßigt. Das Gas drängt sich in feinsten Bläschen durch die poröse Filterplatte nach oben und reißt eine gleichmäßige Wolke von Wassertröpfchen mit sich, die sich auf einer darübergehaltenen Glasplatte als feiner Tau niederschlagen. Der Porzellantrichter hat einen lichten Durchmesser von durchschnittlich 10 cm und eine innere Tiefe von etwa 5 cm. Auf den oberen Rand des Trichters wird ein Metallring von 8,9 cm lichtem Durchmesser gelegt und auf diesen eine Petrischale von 9 cm lichtem Durchmesser mit 10 ccm erstarrter Nährgelatine, der Nährboden nach unten, gestellt. Gibt man nun Druckluft, so wird die Gelatineplatte mit feinsten Wassertröpfchen gleichmäßig besät. War das Wasser bakterienhaltig, so ist die Oberfläche der Platte nach verhältnismäßig kurzer Aufbewahrung mit Bakterienkolonien übersät. Die jeweilige Menge des Wassers, die beim Besprühen auf den Nährboden gelangt, wird durch Wägungen an zwei leeren Petrischalen

---

[1]) Zeitschr. f. Hyg. 1898, **29**, 460.

[2]) Archiv f. Hyg. 1900, **38**, 350.

[3]) Arbeiten a. d. Kaiserl. Gesundheitsamt 1902, **18**, 436.

[4]) Centralbl. f. Bakt., I. Abt., **12**, 653.

[5]) Ebendort **15**, 89; Archiv f. Hyg. 1893, **19**, 1.

[6]) Ebendort **15**, 419.

[7]) Ebendort **15**, 643.

[8]) Ebendort **21**, 731.

[9]) Arbeiten a. d. Kaiserl. Gesundheitsamt 1910, **33**, 144.

vor und nach der Beschickung der Kulturplatten bestimmt. Am besten fängt man, nachdem der Apparat 10 Minuten in Tätigkeit ist, die Sprühwassermenge während einer Minute in einer Schale mit eingezogenem Rand und Gummiverschluß auf, führt dann den Versuch aus und besprüht wieder zwei leere Schalen. Durch Abkürzung der Besprühzeit kann man nötigenfalls Verdünnungen herstellen. Tonplatte und Trichter werden vor dem Versuch sterilisiert. Für das Arbeiten mit pathogenen Keimen haben die Erfinder eine besondere Vorrichtung herstellen lassen.

Die Vorzüge dieses Verfahrens bestehen nach Angaben seiner Erfinder darin, daß auch von sehr keimreichen Wässern Platten ohne vorherige Verdünnung mit sterilisiertem Wasser angelegt werden können, daß die Kolonien, weil sie oberflächlich liegen, alle in der ihnen eigenartigen Form auswachsen, auch schneller Farbstoff bilden, und daß die Entwicklung auf ihnen so schnell ist, daß dieselbe schon nach 24 Stunden im wesentlichen abgeschlossen ist, so daß die Auszählung wesentlich früher vorgenommen werden kann als an Gußplatten.

4. Die Auszählung der Guß-, Oberflächen- und Rollkulturen.

Betreffs der Auszählung mittels der Lupe und des Mikroskopes sei auf die Angaben in Bd. III, Teil 1, S. 651 verwiesen. Ergänzend sei bemerkt, daß für Laboratorien, wo sehr viele mikroskopische Plattenzählungen vorgenommen werden, ein Schlittenmikroskop mit beweglichem Objekttisch (Leitz) zu empfehlen ist.

Zählplatten, die nicht sofort ausgezählt werden können, kann man dadurch retten, daß man sie in eine Glasglocke mit einigen Kubikzentimetern Formalin stellt

5. Untersuchung der Arten.

Sollen die auf den Zählplatten gewachsenen Arten genauer gekennzeichnet werden, so impft man von gut isolierten Kolonien ab und verfährt im übrigen, wie in III. Bd., 1. Teil, S. 629 und 662 beschrieben ist.

C. Keimzählung mittels des Verdünnungsverfahrens.

Für diese Art der Keimzählung sind absolut klare Nährlösungen erforderlich. In erster Linie kommt Fleischwasserpeptonbouillon oder Peptonwasser in Betracht. An Apparaten gebraucht man eine größere Zahl Reagensgläser mit genau 9 ccm steriler Nährlösung und sterile Pipetten von 1 ccm Inhalt. Man mischt 1 ccm des zu untersuchenden Wassers mit der Nährlösung des ersten Röhrchens, gibt von dieser Mischung mit einer neuen Pipette 1 ccm in das zweite Röhrchen, nach gründlicher Mischung aus diesem 1 ccm in das dritte Röhrchen usw. Es enthält dann das erste Röhrchen 1, das zweite 0,1, das dritte 0,01, das vierte 0,001 ccm Wasser usw. Läßt man die Röhrchen stehen, so trüben sich nach 6 bis 48 Stunden einige derselben.

Da das Verfahren mit Sprüngen um das Zehnfache arbeitet, ist natürlich nur eine schätzungsweise Zählung innerhalb weiter Grenzen möglich. Es findet daher bei der allgemeinen Wasseruntersuchung selten Anwendung, häufiger bei der Bestimmung des Bacterium coli vgl. S. 587).

IV. Der Nachweis der Fäkalbakterien, insbesondere des Bacterium coli[1]).

A. Allgemeine Grundlagen.

Von den zahlreichen in den Fäkalien vorkommenden Bakterienarten dienen als Leitorganismen nur wenige. Mez[2]) schlägt u. a. vor Bacterium coli, B. alcaligenes, B. cloacae, B. aerogenes, Harnstoffbakterien, Vibrio aureus, V. flavus, V. flavescens, V. albensis, V. terri-

---

[1]) Die außerordentlich zahlreichen Veröffentlichungen über die Bacterium-coli-Frage können hier im einzelnen nicht berücksichtigt werden. Als eine kritische Einführung kann die Arbeit von Gärtner, Zeitschr. f. Hyg. 1910, **67**, 55, empfohlen werden. Neuere Literaturzusammenstellungen gaben Konrich, Klin. Jahrbuch 1910, **23**, 1; Fromme, Zeitschr. f. Hyg. 1910, **65**, 251; 1913, **74**, 74.

[2]) Mez, Mikroskop. Wasseranalyse 1898.

genus. In England werden neben Bacterium coli noch Streptokokken und Bacillus enteritidis sporogenes herangezogen. Meist aber beschränkt man sich auf den Nachweis der häufigsten und verhältnismäßig leicht zu erkennenden Darmbakterie, des Bacterium coli.

Die Mehrzahl der Wasserhygieniker steht zurzeit auf dem Standpunkt, daß die Anwesenheit des Bacterium coli im Trinkwasser als wertvoller Indicator für eine Verunreinigung des Grundwassers mit Oberflächenwasser oder bei Anlagen mit Oberflächenwasserversorgung für Fäkalzuflüsse angesehen werden darf, wenn man den Begriff des Bacterium coli etwas enger umgrenzt und die Bestimmung quantitativ ausführt.

Die unter dem Namen Bacterium coli in der Literatur gehende Art umfaßt eine größere Gruppe im Darm lebender ähnlicher Formen. Escherich, der als erster ein Bacterium coli commune aus dem Kot der Brustkinder und Erwachsenen beschrieben hat, legt ihm folgende Eigenschaften bei: Plumpes, nicht selten der Kokkenform sich näherndes, sporenloses, bewegliches, gramnegatives Stäbchen, das auf Gelatine in Weinblattform wächst, dieselbe nicht verflüssigt, auf Kartoffeln bei 37° einen saftigen, gelblichen Kulturrasen bildet, Milch nach 24—48 Stunden zum Gerinnen bringt, in Peptonwasser Indol bildet, Milch- und Traubenzucker zu Gas und Säuren vergärt. Spätere Untersuchungen haben gezeigt, daß neben diesem Haupttypus im Darm noch eine große Zahl nahe verwandter, auch durch die Agglutination nicht unterscheidbarer Formen vorkommt, denen eine oder mehrere obengenannter Eigenschaften fehlen. Man unterscheidet daher heute eine typische und mehrere atypische Formen des Bacterium coli, von denen die erstere am häufigsten im Darm vertreten zu sein scheint. Die Mehrheit der Wasserhygieniker steht auf dem Standpunkt, daß für die Trinkwasseruntersuchung nur die typische Form zu berücksichtigen sei, da diese leichter zu fassen ist. Es scheint aber festzustehen, daß auf diese Weise etwa 30% von tatsächlichen Verunreinigungen übersehen werden.

Für die Beurteilung des Bacterium-coli-Befundes in den verschiedenen Trinkwasserarten ist die Frage von großer Bedeutung, ob es auf den menschlichen Darm beschränkt ist, oder auch im Tierdarm und in der Außenwelt vorkommt, und ob es außerhalb des Darmes seine Eigenschaften verändert. Bacterium coli kommt in typischer und atypischer Form nicht nur im menschlichen, sondern auch im tierischen Darm vor, in dem der Kaltblüter allerdings nicht so allgemein, wie in dem der Warmblüter. Wir kennen zurzeit kein Mittel, diese Stämme nach ihrer Herkunft zu unterscheiden. Selbst die zeitweilig für die Warmblüterform als spezifisch betrachtete Fähigkeit zur Gärung bei 46° kommt auch bei Formen aus dem Kaltblüterdarm vor (Fromme).

Auch außerhalb des Darmes ist Bacterium coli in der Natur weit verbreitet; am häufigsten ist es allerdings in der Nähe menschlichen Verkehrs und an Orten mit ständiger Bodenkultur. Es fehlt aber ganz auch nicht weit entfernt von beiden (Wald, Ödland). Eine nennenswerte Vermehrung desselben scheint in Wasser und Boden nicht stattzufinden. Im Gegenteil tritt eine anfangs schnell, dann langsam fortschreitende Abnahme der Keimzahl ein; doch sind auch nach längeren Zeiträumen (bis zu einem Jahre) noch einzelne lebensfähige Keime vorhanden. Es scheint dabei die typische Form schneller zu verschwinden als die atypischen, vielleicht auch tritt eine Umbildung der ersteren in letztere ein [Henningson[1])]. Doch bedürfen alle diese Fragen noch einer weiteren eingehenden Prüfung.

Aus der weiteren (im obigen beschränkten Sinn) Verbreitung des Bacterium coli und seinem Verhalten in der Außenwelt ergibt sich, daß sein qualitativer Nachweis in beliebigen Mengen Wasser keinen diagnostischen Wert hat, sondern daß das Hauptgewicht auf die quantitative Keimbestimmung zu legen ist. Die atypischen Formen dabei zu vernachlässigen, liegt vorläufig kein Grund vor. Aus dem Verhalten des Bacterium coli im Wasser läßt sich auch eine Berechtigung für die Untersuchung eingesandter Proben herleiten.

Die praktischen Erfahrungen haben gezeigt, daß das Grundwasser einwandfreier Leitungen und Brunnen tatsächlich Bacterium coli nicht enthält, daß aber andererseits die An-

---

[1]) Zeitschr. f. Hyg. 1913, 74, 253.

wesenheit desselben wohl auf Zuflüsse von Oberflächenwasser, nicht aber ohne weiteres von Fäkalien, hinweist. Durch die Zahl[1]) der gefundenen Bacterium-coli-Keime wird sich in manchen Fällen die Diagnose etwas sicherer stellen lassen. In den meisten Fällen aber wird man den Befund von Bacterium coli in Grundwasser nur als Verdachtsgrund betrachten dürfen, der erst durch eine Prüfung der ganzen Anlage richtig bewertet werden kann. Auf der anderen Seite gibt ein negativer Befund, falls die Untersuchungen nicht öfter bei verschiedenen Niederschlagsverhältnissen vorgenommen werden können, keine Sicherheit dafür, daß nicht doch eine Verunreinigung durch Oberflächenwasser gelegentlich erfolgt. Die Bacterium-coli-Probe ist daher zweifellos wie die allgemeine Keimzählung und die chemische und physikalische Untersuchung ein wesentliches Hilfsmittel für die Beurteilung des Grundwassers, kann aber die örtliche Untersuchung der Wasserversorgungsanlage so wenig ersetzen wie diese.

Auch für die Beurteilung von Quellen kann die Bacterium-coli-Probe herangezogen werden, wenn eine einwandfreie Probenahme möglich ist. Wie weit aber mit dem Eintreten des Bacterium coli in den Wasserstrom der Quelle auch eine Verschleppung von Krankheitserregern möglich ist, läßt sich auch in diesem Fall nur aus der Begehung des Niederschlaggebietes erschließen.

Auch bei der Kontrolle von Filteranlagen wird dem Nachweis des Bacterium coli im Reinwasser zurzeit von verschiedener Seite eine gewisse Bedeutung beigelegt.

B. Der Begriff von Bacterium coli.

Von der typischen Form des Bacterium coli werden zurzeit nach vorstehenden Erläuterungen meist folgende Eigenschaften verlangt: Kurzes bis sehr kurzes, sporenloses, bewegliches, gramnegatives Stäbchen, das Gelatine nicht verflüssigt, Glykose und Lactose zu Säure und Gas vergärt, Milch zum Gerinnen bringt, auf Drigalski- und Endoagar in roten Kolonien, auf letzterem mit metallischem Glanz wächst, Neutralrotagar (III. Bd., 2. Teil, S. 51) entfärbt und fluorescierend macht. Einige Bakteriologen fordern ferner die Bildung von Indol in Peptonwasser und Wachstum bei 46° [2]).

Wegen der Anlage der für die obige Differentialdiagnose nötigen Kulturen vgl. man III. Bd., 1. Teil, S. 663. Der Neutralrotagar wird zu Stichkulturen benutzt.

C. Der Nachweis des Bacterium coli in Trinkwässern.

Zum Nachweis des Bacterium coli in Wässern bedient man sich fester oder flüssiger Nährböden. Auf ersteren entspricht im allgemeinen jede Kolonie einem Keim. Die Verfahren, die mit flüssigen Nährböden arbeiten, sind Anhäufungsverfahren (vgl. III. Bd., 1. Teil, S. 633), bei denen die Anhäufung des Bacterium coli entweder durch bestimmte höhere Temperaturen oder durch anaerobe Verhältnisse bei Gegenwart von Glykose oder Lactose, oder durch Zusatz von Stoffen, die die Entwicklung der Wasserbakterien hemmen, oder auch durch mehrere dieser Faktoren gleichzeitig begünstigt wird. Diese Verfahren arbeiten stets mit abgestuften Wassermengen („Titerverfahren"), und je nach dem Grad der Abstufung (der „Austitrierung") werden auch auf diese Weise quantitative Bestimmungen in weiteren oder engeren Grenzen möglich. Immerhin zwingen die praktischen Verhältnisse meist dazu, sich mit einer geringeren Zahl von Verdünnungen zu begnügen. Dadurch werden die Grenzen sehr weite, und zwar um so mehr, je geringer die Wassermengen sind, in denen noch Bacterium coli gefunden wird.

---

[1]) Nach Quantz (Zeitschr. f. Hyg. 1914, **78**, 193) scheinen auch die seit längerer Zeit außerhalb des Darmes lebenden Bacterium-coli-Keime weniger Säure bei der Vergärung von Lactose zu bilden als die frisch aus dem Darm kommenden.

[2]) Nach Hehewerth, Centralbl. f. Bakt., 1. Abt., Orig., 1912, **65**, 213, ist das Gärvermögen bei 46° keine obligate Eigenschaft des aus dem Menschendarm stammenden Bacterium coli.

Gibt z. B. 1 ccm noch positiven, 0,1 ccm aber negativen Befund, so kann 1 ccm 1—9 Bacterium-coli-Keime enthalten. Setzt man aber diese Betrachtung bis zu 0,0001 ccm fort, so ergeben sich für 1 ccm Werte, die zwischen 10 000 und 90 000 liegen. Die größere quantitative Genauigkeit liegt zweifellos bei den Verfahren mit festen Nährböden. Als solche kommen nur gefärbte Agarnährböden mit gewissen, die Entwicklung der Wasserbakterien hemmenden Stoffen in Betracht, auf denen die Kolonien des Bacterium coli Farbenveränderungen hervorrufen, die allerdings zuweilen nicht für dieses allein kennzeichnend sind. Es müssen daher möglichst viele der verdächtigen Kolonien abgeimpft und auf die oben beschriebenen Merkmale weiter geprüft werden.

Auch die in flüssigen Nährböden erzielten Anhäufungen sind durch Plattenkultur mit elektiven Nährböden und durch weitere Kultur auf Bacterium coli zu prüfen. Gasentwicklung in anaerob gehaltenen Kulturen allein genügt nicht für die Diagnose. Der Vorzug der Verfahren mit flüssigen Nährböden, der in der Verwendbarkeit größerer Wassermengen liegt, wird dadurch beschränkt, daß dabei anscheinend leicht eine Überwucherung des Bacterium coli stattfindet, so daß gelegentlich kleinere Mengen positive, größere dagegen negative Ergebnisse liefern, und daß die bei manchen dieser Verfahren angewendeten hohen Temperaturen schwächere Keime nicht mehr zur Entwicklung kommen lassen. Auf der anderen Seite ist es durch geeignete Konzentrationsverfahren möglich, auch mit festen Nährböden größere Wassermengen zu verarbeiten.

Aus allen diesen Gründen ist zurzeit für die quantitative Bestimmung des Bacterium coli im Wasser die Verwendung fester elektiver Nährböden zu empfehlen.

1. Verfahren mit festen Nährböden. a) Die Nährböden und die Herstellung der Wasserplatten.
Man kann für die Untersuchung gewöhnlichen mit Lackmus blau gefärbten Agar, ev. unter Zusatz von 1% Lactose, Lackmusmilchzuckeragar nach Drigalski und Conradi, Endoagar, Neutralrotmilchzuckergallensalzagar nach McConkey verwenden. Die Herstellung erstgenannter Nährböden ist in III. Bd., 2. Teil, S. 51 bereits beschrieben worden. Der McConkey-Agar wird in folgender Weise hergestellt:

20 g Agar werden in 1 l Wasser durch Erhitzen im Autoklaven gelöst. Zur Lösung setzt man 20 g Pepton und 5 g taurocholsaures Natrium, klärt durch Zugabe von Hühnereiweiß und filtriert. Zum filtrierten Agar werden 10 g Lactose und 5 ccm einer 1 proz. wässerigen, frisch bereiteten Neutralrotlösung gesetzt; danach wird an zwei folgenden Tagen 15 Minuten lang im Dampf sterilisiert.

Von den zu diesen elektiven Nährböden verwendeten hemmenden Stoffen scheint das taurocholsaure Natrium das für die Entwicklung schwächerer Bacterium-coli-Keime wenigst schädliche Mittel zu sein; hinderlich ist seiner Anwendung der äußerst hohe Preis.

Bacterium-coli-Kolonien erzeugen auf Lackmus- und Drigalski-Agar rote Höfe. Auf Endoagar werden die Kolonien typischer Bacterium-coli-Keime rot und grünlich metallisch glänzend, atypische nur rot; manche bleiben auch weiß oder sind nur in der Mitte rosa gefärbt. Auf McConkey-Agar wächst Bacterium coli in rötlichen Kolonien.

Die Herstellung der Wasserplatten geschieht in der Weise, daß man mit dem rechtwinklig gebogenen Glasspatel (III. Bd., 1. Teil, S. 630) 0,1—1 ccm auf den in großen Schalen (Drigalski-Schalen) angelegten Agarplatten verteilt. Damit der Agar möglichst viel Wasser aufnimmt, läßt man die geöffnete Schale mit der Agarplatte 2 Stunden vor der Einsaat und ebenso 1 Stunde nach dieser im Brutapparat stehen. Um noch größere Wassermengen zu verarbeiten, was bei reineren Wässern nötig ist, sind verschiedene Verfahren vorgeschlagen worden, die in Abschnitt b) ausführlich besprochen werden. Die mit Wasser beschickten Platten werden bei 37° oder nach einigen Angaben besser bei 41°, um andere Bakterien möglichst auszuschalten, aufbewahrt.

Nach 18—24 Stunden zählt man die verdächtigen Kolonien, sticht einige derselben ab und prüft sie auf die für Bacterium coli eigenartigen Merkmale. Nach 48 Stunden nimmt man vorteilhaft eine zweite Zählung vor. Auf den mit entwicklungshemmenden Stoffen versetzten Agarnährböden ist ein Überwuchern der Platten durch andere Arten weniger zu befürchten; andererseits wird auf ihnen mancher geschwächte Bacterium-coli-Keim nicht zur Entwicklung gelangen. Auf den Lackmuslactoseagarplatten ist letzteres weniger zu befürchten; doch empfiehlt es sich, hier mit mehreren Verdünnungen zu arbeiten.

Galli - Valerio und Bornaud[1]) haben die Anlage von Wasserkulturen in Neutralrotagar (Schüttelkulturen) empfohlen. Entfärbung und Fluorescenz sowie etwaige Gasbildung sollen einen Schluß auf die Anwesenheit von Bacterium coli zulassen. An Sicherheit kann sich dies Verfahren mit den Plattenverfahren zweifellos nicht messen, zumal es die Prüfung auf die sonstigen Merkmale der Bakterie nicht gestattet.

b) Die Verarbeitung größerer Wassermengen. α) Das Verdunstungsverfahren von Marmann[2]). Bei diesem Verfahren wird eine größere Menge Wasser unmittelbar auf dem in einer Drigalski-Schale befindlichen Nährboden eingedunstet.

Marmann benutzt einen Kasten von $^1/_4$ qm Bodenfläche und 1 m Höhe, in dessen Mitte ein kräftiger, elektrisch betriebener Ventilator Luft senkrecht von unten nach oben treibt. Im Boden des Kastens befindet sich ein Loch und unmittelbar darüber ein Bunsenbrenner, der die Luft auf 30° erwärmt. Oberhalb des Ventilators stehen die mit Wasser beschickten Agarplatten auf einer luftdurchlässigen Unterlage, genau horizontal. Die erwärmte Luft entweicht durch Löcher im Kastendeckel. In diesem Apparat soll man 5 ccm in 30—40 Minuten verdunsten können.

Oettinger[3]) hat noch bessere Erfolge erzielt, indem er die durch einen Ventilator angesaugte Luft horizontal durch ein von zwei kräftigen Bunsenbrennern erhitztes Röhrensystem treibt, an das sich ein schmaler Blechkasten von 34 cm Länge, 9,5 cm Höhe und 13 cm Tiefe schließt, auf dessen Boden drei Kulturschalen hintereinander stehen. Die Temperatur der eintretenden Luft beträgt 50°, die der austretenden 45°, die des Wassers 35—40°. Bei dieser Anordnung sollen 10 ccm in 35—55 Minuten verdunsten. Eine Vermehrung von Bacterium coli findet in dieser Zeit nicht statt. Über günstige Erfahrungen mit dem Verfahren berichtet auch Gins[4]).

β) Das Gipsplattenverfahren von A. Müller[5]). Müller hat dieses Verfahren zum Nachweis von Bacterium prodigiosum bei Versuchen über die Filtrierkraft des Bodens und von Bacterium coli angewendet. Er stellt die Gipsplatten in folgender Weise her:

100 g Alabastergips, durch Seidegaze Nr. 16 gesiebt, werden mit 1 g ebenso gesiebten Magnesiumcarbonates in einer Porzellankasserolle gemischt und mit 100 ccm kochend heißem, destilliertem Wasser, dem 0,8 ccm 5 proz. Tischlerleimlösung zugesetzt sind, zu einem dünnen Brei verrührt. Den Tischlerleim weicht man in kaltem, destilliertem Wasser zweckmäßig zuvor ein. Er läßt sich dann unmittelbar vor dem Gebrauch durch Eintauchen des Kölbchens in heißes Wasser schnell lösen. Die Konzentration der Leimlösung ist genau einzuhalten. Die erforderliche Leimmenge wird in einen durch Eingießen kochenden destillierten Wassers vorgewärmten Meßzylinder gegeben und mit kochendem, destilliertem Wasser auf 100 ccm aufgefüllt. Mit 60—70 ccm dieses Gemisches wird die Gipsmasse zunächst zu einem dicklichen Brei angerührt, der dann nach Zugabe des Wasserrestes unter vorsichtigem Umrühren, um Blasenbildung möglichst zu vermeiden, gleichmäßig verdünnt wird. Die heiße, dünnflüssige Masse wird nun langsam in die Mitte der Form gegossen, so daß der Brei von hier aus nach den Rändern fließt. Nachdem die letzten Gipsreste am bequemsten mit dem Zeigefinger aus der Kasserolle herausgestrichen sind, wird die Masse mittels eines Glasstabes in der Form gleichmäßig verteilt. Als Formen können Streifen von Aktendeckeln benutzt werden, die mit einem Gemisch gleicher Teile Petroläther und flüssigem Paraffin eingefettet, kreisförmig

[1]) Centralbl. f. Bakt., II. Abt., 1912, **36**, 567.

[2]) Hyg. Rundschau 1908, **18**, 1013; Centralbl. f. Bakt., I. Abt., 1909, **50**, 267.

[3]) Zeitschr. f. Hyg. 1912, **71**, 1.

[4]) Veröffentl. a. d. Gebiet d. Mediz. Verwaltg. 1913, **3**, Heft 6; Hyg. Rundschau 1914, **24**, 509.

[5]) Arbeiten a. d. Kaiserl. Gesundheitsamte 1914, **47**, 512.

zusammengebogen und durch einen Stift, wie er zum Verschließen von Drucksachen benutzt wird, zusammengeklammert werden. Oder man verwendet Formen aus 4 mm dicken Messingstreifen, deren Enden durch einen Stift zusammengehalten werden. Die Formen werden auf eine Spiegelglasplatte gelegt.

Die Größe und Dicke der Gipsplatten muß der aufzusaugenden Wassermenge entsprechen, der Durchmesser aber stets $^1/_2$—1 cm kleiner als der der Doppelschale sein, in der die Gipsplatte aufbewahrt werden soll. Zur Herstellung von zwei Platten für je 20—25 ccm Wasser von 8 cm Durchmesser und 1,2 cm Dicke werden 100 g Gips gebraucht, für zwei Platten von 16 cm Durchmesser, 1,2 cm Dicke mit einer Aufsaugefähigkeit von 100 ccm 200 g Gips.

Die Gipsplatten sind in etwa $^3/_4$ Stunden fest. Sie müssen dann bei 95° mehrere Stunden getrocknet werden, dürfen aber nicht ganz austrocknen, da sonst der Gips brüchig wird. 100 g Gips geben Platten von 112 g Gewicht. Man bewahrt sie in Doppelschalen auf. Fertige Gipsplatten liefert P. Altmann, Berlin, Luisenstraße 47.

Die Impfung der Platten geschieht zum Nachweis von *Bacterium prodigiosum* in folgender Weise:

Das zu untersuchende Wasser wird gleichmäßig auf die Platte gegossen und noch ehe es ganz aufgesogen ist, so viel von einer vierfachen neutralen Bouillon (3 kg Rindfleisch, 40 g Pepton, 20 g Kochsalz, 1 l Wasser) hinzugefügt, daß eine normale Bouillon entsteht (zu 25 ccm Wasser 8, zu 100 ccm Wasser 30 ccm Bouillon). Die roten Kolonien des Bacterium prodigiosum erscheinen auf diesen Platten nach 48 Stunden. Die Kolonien werden größer, wenn die fertige Platte mit einer dünnen Schicht von 1 proz. Agar übergossen wird.

Für den Nachweis von *Bacterium coli* verfährt man folgendermaßen:

Zu 100 ccm der vierfachen Bouillon werden 3 ccm 10 proz. Sodalösung (krystallisierter), 3 g Lactose, 1,5 ccm filtrierter alkoholischer Fuchsinlösung, 7,5 ccm frisch bereiteter 10 proz. Natriumsulfitlösung gesetzt; dann wird 10 Minuten bei 100° sterilisiert. 1 Teil dieser dreifachen Endobouillon wird mit 2 Teilen des zu untersuchenden Wassers gemischt und das Gemisch auf die Gipsplatten gebracht. Für solche Platten wird das Magnesiumcarbonat besser fortgelassen. Dann übergießt man die Gipsplatte mit einer nicht zu dicken Schicht eines 1,5 proz. Endoagars (Zusammensetzung wie gewöhnlich, aber mit nur 1,5% Agar). Nach 20stündigem Wachstum bei 37° hat Bacterium coli große rote Kolonien gebildet, während andere rötende Arten erst im Anfang der Entwicklung sind.

Um noch größere Wassermengen auf Bacterium prodigiosum zu untersuchen, kann man sie durch die Gipsplatte filtrieren. Um ein Auslaugen der Platte zu verhindern, schüttelt man das zu untersuchende Wasser 5 Minuten mit 2°/$_{00}$ Gips. Man läßt einen Teil des Wassers von der Gipsplatte aufsaugen, filtriert den Rest bei 10 cm Unterdruck und fügt zum Schluß eine entsprechende Menge der vierfachen Bouillon hinzu. Auf eine Gipsplatte von 16 cm kann man so in 17 Minuten 1 l Wasser bringen.

Das Verfahren ist bisher nicht nachgeprüft worden.

γ) Fällung der Bakterien durch anorganische Niederschläge. Zur Konzentration der Bakterien aus größeren Wassermengen ist bisher die Fällung mit Bleinitrat und Natriumhyposulfit (Vallet-Schüder), Aluminiumhydroxyd (Feistmantel und Wilson) und mit Ferrihydroxyd empfohlen worden. Nur die auf die Verwendung von Ferrisalzen aufgebauten Verfahren haben sich bewährt und sollen daher im folgenden besprochen werden. Ursprünglich für die Konzentration von Typhusbakterien aus größeren Wassermengen (2,3 l) bestimmt, sind sie auch für die Fällung des Bacterium coli aus kleineren Wassermengen umgearbeitet worden.

Verfahren von Ficker[1]. 2 l des zu untersuchenden Wassers werden mit 8 ccm einer 10 proz. Sodalösung, darauf mit 7 ccm einer 10 proz. Ferrisulfatlösung versetzt, 2—3 Stunden im Eisschrank stehen gelassen. Das überstehende Wasser wird abgegossen, der Niederschlag in sterilen Reagens-

---

[1] Hyg. Rundschau 1904, **14**, 7.

gläsern gesammelt, durch Zugabe seines Volumens einer 25 proz. Lösung von neutralem Kalium-tartrat gelöst, die Lösung auf Platten ausgestrichen. Für Bacterium coli empfiehlt Federolf[1]), 25 ccm des Wassers mit 0,1 ccm 10 proz. sterilisierter Soda- und 0,1 ccm 10 proz. Ferrisulfatlösung zu versetzen, sofort in zwei Zentrifugierröhrchen auszuschleudern, den Niederschlag in 25 proz. neutraler Kaliumtartratlösung zu lösen und die Lösung auf Endoagar zu verstreichen.

Verfahren von O. Müller[2]). Müller hat statt Ferrisulfat Liquor ferri oxychlorati ange-wendet. Auf 3 l Wasser werden 5 ccm verwendet. Bei kalkhaltigen Wässern ist kein weiterer Zusatz nötig, kalkarme Wässer müssen mit Soda schwach alkalisch gemacht werden. Für Bac-terium coli werden kleinere Wassermengen in ähnlicher Weise wie oben angegeben verarbeitet, nötigenfalls unter Verwendung der Zentrifuge (vgl. auch S. 576).

Partis[3]) gibt in sterilisierte, in 5, 10, 20, 40 ccm geteilte Zentrifugiergläser von reineren Wässern 20 oder 40 ccm, von Oberflächenwässern 5 oder 10 ccm, setzt bei weichen Wässern auf 40 ccm 20 Tropfen einer 10 proz. sterilen Sodalösung und 10 Tropfen einer 10 proz. sterilen Ferrisulfatlösung hinzu, bei harten Wässern entsprechend 16 bzw. 8 Tropfen. Dann wird 10 Minuten zentrifugiert, die klare Flüssigkeit abgegossen, der Niederschlag in 1 ccm 20 proz. neutraler Kaliumtartratlösung gelöst und diese Lösung mit steriler Pipette quantitativ auf 6—12 Drigalski-Agarschalen verteilt. Das Röhrchen wird mit Kaliumtartratlösung nachgespült und diese Spülflüssigkeit ebenfalls noch verarbeitet. Die Schalen bleiben 30—45 Minuten bei 43—45° offen stehen, werden dann zugedeckt und bei 30° aufbewahrt.

Was die Leistungsfähigkeit beider Verfahren betrifft, so gehen die Ansichten ausein-ander[4]). Bei genügender Übung scheint sich mit beiden ein befriedigender Erfolg erzielen zu lassen, indem über 90% der Bakterien gefällt werden. Ein Nachteil ist, daß für die Ver-arbeitung des gesamten Niederschlages eine große Zahl Platten nötig sind, bei der Verarbeitung nur eines Teiles derselben aber der Vorteil der Fällung größerer Mengen wieder aufgehoben wird. Eine Schädigung des Bacterium coli durch die Eisensalze scheint nicht stattzufinden.

δ) Die Filtration durch Berkefeldkerzen nach Hesse[5]). Das Verfahren beruht auf den Beobachtungen von Schmidt[6]), daß sich bei der Filtration durch Berkefeldkerzen die Bakterien nur auf der Oberfläche der Kerze ablagern und durch sog. Rückspülung, d. h. Durchpressung von Wasser mittels einer Druckpumpe von der anderen Seite der Kerze, vollständig entfernt werden können. Die Schwierigkeit, die darin liegt, daß weniger gute Kerzen mit Hohlräumen vorkommen, in die Bakterien tief hineingesaugt werden können, hat Hesse dadurch überwunden, daß er die Kerze vor der Filtration mit einer dünnen Schicht von Kieselgur oder Schlämmkreide überzieht, indem er 0,1 g Kieselgur oder 0,2 g Schlämm-kreide in 100 ccm Wasser aufkocht und diese nach dem Erkalten durch die Kerze absaugen läßt. Bei Anwendung der Kieselgur ist eine vorherige Prüfung der Kerzen nicht nötig. Ferner sind dann nur schwache und wenige Rückstöße mit der Druckpumpe erforderlich, um die Bakterien zu entfernen. Bei der Kerze 10$\frac{1}{2}$ genügen drei bis vier Stöße mit je 1 ccm Wasser, um 97% der Keime von der Kerze zu entfernen; schon der erste Rückstoß ergibt 95—96%. Die Gesamtmenge kann auf eine bis zwei Drigalski-Platten verteilt werden. Die Kieselgur und Schlämmkreide beeinträchtigen die Zählungen nicht.

[1]) Archiv f. Hyg. 1909, 70, 311. Auch Dold, Zeitschr. f. Hyg. 1910, 66, 308, hat mit diesem Verfahren gute Ergebnisse erzielt.

[2]) Zeitschr. f. Hyg. 1905, 51, 1.

[3]) Archiv f. Hyg. 1913, 79, 301.

[4]) Nieter, Hyg. Rundschau 1906, 16, 57. — Hilgermann, Archiv f. Hyg. 1906, 59, 355. — Ditthorn u. Gildemeister, Hyg. Rundschau 1906, 16, 1376. — Hesse, Zeitschr. f. Hyg. 1912, 70, 311.

[5]) Zeitschr. f. Hyg. 1911, 69, 522; 1912, 70, 311; 1914, 76, 185; Archiv f. Hyg. 1913, 80, 11; Centralbl. f. Bakt., I. Abt., Orig., 1913, 70, 331; 1914, 74, 515.

[6]) Archiv f. Hyg. 1908, 65, 423; 1912, 76, 284.

Ein großer Vorzug des Verfahrens liegt darin, daß sehr große Wassermengen (10 l und mehr) ohne Schwierigkeiten verarbeitet werden können und die gesamte Bakterienmenge auf die festen Nährböden gelangt.

Bei Verwendung von Kieselgur kann Wasserleitungswasser auch unter seinem eigenen Druck filtriert und unter schwierigen Verhältnissen beim Fehlen von Saugvorrichtungen Wasser auch mittels der Druckpumpe durch die Kerze getrieben werden.

Das Verfahren eignet sich für Keimzählungen überhaupt sowie für den Nachweis besonderer Arten (Bacterium coli, pathogene Keime) mittels elektiver Nährböden.

Weniger gute Erfolge hat Ficker[1]) gehabt. Er hat nur etwas über 70% der Bakterien zurückerhalten und hält die Fällungsverfahren (vgl. γ) für praktischer. Es scheint, daß, wie auch Hesse zugibt, das erfolgreiche Arbeiten mit der Berkefeldkerze eine längere Übung erfordert.

2. Die Verfahren mit flüssigen Nährböden. a) Gärverfahren bei 37°.

Das älteste dieser Verfahren ist das von Petruschky und Pusch, bei dem Röhrchen mit Bouillon mit abfallenden Mengen Wasser 24 Stunden lang bei 37° bebrütet werden. Die Probe ist in dieser Form eine Prüfung auf bei 37° wachsende Bakterienarten und dient zur Bestimmung des „Thermophilentiters" (vgl. III C, S. 580). Ist z. B. das mit 0,01 ccm beschickte Röhrchen getrübt, das mit 0,1 ccm nicht mehr, so hat das Wasser den Thermophilentiter 0,01. Durch Prüfung der getrübten Röhrchen auf Bacterium coli auf festen Nährböden und mittels der früher genannten differentialdiagnostischen Verfahren ergibt das Verfahren auch den „Colititer", der oft mit dem Thermophilentiter zusammenfällt. Noch geeigneter ist (Fromme, Konrich) eine Bouillon mit 1% Glykose. Auch das in Amerika vorwiegend verwendete Verfahren sieht eine Vorkultur in Glykosebouillon mit nachfolgendem Ausstrich auf Lackmusglykoseagar vor. Das in England vorwiegend angewendete Verfahren von Houston schlägt zur gleichzeitigen Unterdrückung der Wasserbakterien eine mit taurocholsaurem Natrium versetzte Glykosebouillon (20 g Pepton, 5 g Glykose, 5 g taurocholsaures Natrium, 1000 Wasser, mit Lackmus gefärbt) vor. Mit dieser Lösung werden in Gärröhrchen 0,1—100 ccm Wasser, von Flußwasser 0,01—0,0001 ccm, 24 Stunden bei 37° belassen. Aus den Röhrchen, in denen Gas auftritt, wird eine Öse auf Platten von „Rebipelagar" (20 g Agar, 4 ccm 1 proz. Neutralrotlösung, 5 g taurocholsaures Natrium, 20 g Pepton, 10 g Lactose auf 1 l Leitungswasser) ausgestrichen. Von hellrot wachsenden Kolonien werden Schüttelkulturen (III. Bd., 1. Teil, S. 669) in Glykosegelatine angelegt. Von diesen wird, wenn Gasbildung eintritt, in Neutralrotbouillon, Lactosepeptonwasser, mit Lackmus gefärbter Milch oder in Glykose-, Saccharose-Lactosegelatine und Peptonwasser geimpft.

b) Gärverfahren bei 46°.

Dieses Verfahren ist von Eijkmann[2]) als Ersatz der Bacterium-coli-Probe vorgeschlagen worden. In großen Gärkolben von 150—200 ccm Inhalt (Firma Paul Altmann, Berlin) werden je nach der Reinheit des Wassers kleinere oder größere Mengen mit so viel einer sterilisierten Peptonkochsalzglykoselösung versetzt, daß eine etwa 1 proz. Glykoselösung entsteht, und bei 46° aufgestellt. Die Stammlösung enthält 10 g Pepton, 10 g Glykose, 5 g Kochsalz in 100 g Wasser. Bei Anwesenheit von Bacterium coli sammelt sich nach 24—48 Stunden im geschlossenen Schenkel Gas. Eijkmann hat allerdings verschiedentlich betont, daß sein Verfahren keine Bacterium-coli-Probe im strengen Sinne ist, sondern nur auf der empirischen Feststellung beruht, daß bei 46° reine Wässer eine Gärung in der 1 proz. Peptonglykoselösung nicht hervorrufen, wohl aber solche, die mit Fäkalien verunreinigt sind. In der Tat läßt sich zuweilen aus gärenden Röhrchen Bacterium coli nicht züchten, wenn andererseits in den meisten Fällen auch diese Art der Urheber der Gärung ist. Indessen tritt auch bei zweifelloser Fäkalverunreinigung nicht immer Gärung ein. Nach Nowack[3]) scheint der Eintritt der Gärung an eine gewisse Mindestmenge von Bacterium-

---

[1]) Zeitschr. f. Hyg. 1913, 75, 146.
[2]) Centralbl. f. Bakt., I. Abt., Orig., 1904, 37, 742; II. Abt., 1914, 39, 75.
[3]) Mitteilg. a. d. Kgl. Prüfungsanstalt f. Wasserversorgung 1907, 9. Heft, S. 197.

coli-Keimen gebunden zu sein. Auch scheint nach Bornaud[1]) längerer Aufenthalt in Wasser die Gärkraft des Bacterium coli bei 46° zu vermindern. Zuweilen trübt sich die Lösung nur. Impft man dann auf Peptonglykoselösung über, läßt bei 37° wachsen und setzt mit dieser Kultur nochmals die Eijkmannsche Probe an („sekundärer Eijkmann"), so erhält man zuweilen noch positive Ergebnisse. Eijkmann führt die Mißerfolge auf Überschreiten der Temperatur von 46° und auf eine durch zu starkes Sterilisieren leicht eintretende saure Zersetzung der Nährlösung zurück. Für den sicheren Nachweis des Bacterium coli genügt natürlich auch der Eintritt der Gasentwicklung nicht; es muß wieder der Pilz auf elektiven festen Nährböden isoliert und auf seine Identität in der bekannten Weise geprüft werden. Auch mit diesem Verfahren können durch Verarbeitung abgestufter Wassermengen quantitative Bestimmungen innerhalb der schon gekennzeichneten Grenzen ausgeführt werden.

Eine Abänderung des Eijkmannschen Verfahrens, das seinen Wert als spezielle Bacterium-coli-Probe erhöhen soll, hat Bulir[2]) angegeben. Er verwendet eine neutrale Fleischbrühe mit 2,5% Pepton und 3% Mannit und mischt einen Teil dieser mit zwei Teilen des zu prüfenden Wassers. Dazu setzt er 2% einer sterilen wässerigen 0,1proz. Neutralrotlösung (z. B. auf 150 ccm der Mischung 3 ccm). Bei Anwesenheit von Bacterium coli soll außer Gasentwicklung und Trübung ein Umschlag der roten Färbung in eine gelbfluorescierende eintreten. Es sollen dann weiter 10 ccm der vergorenen Flüssigkeit mit 1 ccm alkalischer Lackmuslösung gemischt werden (100 ccm Lackmustinktur Kahlbaum + 2 ccm Normalnatronlauge); war Bacterium coli vorhanden, so soll die Blaufärbung in Rot umschlagen. Eijkmann verwirft diese Abänderung, während andere sie empfehlen; einen Ersatz für eine ordnungsmäßige Prüfung auf festen Nährböden bietet auch dieses Verfahren zweifellos nicht.

Im ganzen kommt dem Eijkmannschen Verfahren nach der Ansicht verschiedener Beobachter, besonders aus den auf S. 583 schon erörterten Gründen, die Bedeutung nicht zu, die man ihm anfangs beigemessen hatte. Es ist in seiner ursprünglichen Form weder als Probe auf Fäkalverunreinigung noch als solche auf Bacterium coli im besonderen sicher genug. Als bloße Vorkultur aber leistet es weniger als andere Gärungsverfahren.

c) Züchtung in Gegenwart von entwicklungshemmenden Stoffen. Von diesen Verfahren ist das bekannteste, besonders in Frankreich angewendete, das von Vincent[3]). Als entwicklungshemmender Stoff dient Phenol, als Nährmittel Peptonkochsalzlösung (III. Bd., 1. Teil, S. 643).

Zu je 5 Röhrchen mit je 10 ccm dieser Lösung setzt man 1, 2, 5, 10 und 20 Tropfen des zu untersuchenden Wassers (20 Tropfen = 1 ccm), zu zwei Röhrchen mit je 20 ccm Peptonwasser 2 und 5 ccm. In 5 sterilisierte Glaskolben füllt man 10, 20, 50, 100 und 200 ccm des Wassers und setzt so viel konzentriertes sterilisiertes Peptonwasser (50 g Pepton Witte, 25 g Kochsalz, 100 g destilliertes Wasser) hinzu, daß die entstehende Konzentration der der übrigen Mischungen entspricht. Diesen Mischungen fügt man aus einer sterilisierten Pipette auf je 2 ccm einen Tropfen einer 5proz. Phenollösung (30 Tropfen = 1 ccm) hinzu. Die Kulturen werden etwa 14 Stunden bei 41,5 gehalten. Innerhalb dieser Zeit trübt Bacterium coli die Lösungen deutlich. Sind sie klar geblieben, so deutet dies auf sein Fehlen. Da auch andere Bakterien (Heu- und Kartoffelbacillen) in diesen Lösungen bei 41,5° wachsen, so müssen die getrübten Lösungen auf elektive Nährböden ausgestrichen und verdächtige Kolonien auf die Merkmale des Bacterium coli geprüft werden.

Ähnliche Verfahren unter Anwendung anderer Hemmungsstoffe (saures Fleischwasser, Heuabkochung) sind u. a. von Kaiser und Venema[4]) angegeben worden. Allgemein eingeführt haben sie sich nicht.

---

[1]) Centralbl. f. Bakt., II. Abt., 1913, **38**, 516.

[2]) Archiv f. Hyg. 1907, **62**, 1.

[3]) Vincent, L'hygiene générale et appliquée 1909, S. 74.

[4]) Archiv f. Hyg. 1905, **52**, 121; hier auch ältere Literatur; Centralbl. f. Bakt., I. Abt., Orig., 1906, **40**, 600; Ann. de l'Inst. Pasteur 1905, **19**, 233.

D. Nachweis anderer Fäkalbakterien.

Hier ist nur kurz auf den Nachweis des Bacillus enteritidis sporogenes Klein und der Streptokokken hinzuweisen. In Deutschland hat sich die Prüfung auf diese nicht eingebürgert, und sie scheinen auch neben dem Bacterium coli für die Schmutzwasserdiagnose entbehrlich zu sein.

Bacillus enteritidis sporogenes ist ein in Faeces, Jauche, Straßenschmutz weitverbreitetes sporenbildendes Stäbchen, das nur bei Luftabschluß wächst. Milch bringt es bei 37° unter starker Gasentwicklung durch Buttersäuregärung zum Gerinnen, wobei das Casein, mit Gasblasen durchsetzt, an der Oberfläche der schwach trüben oder klaren Molke sich abscheidet. Man legt mehrere Milchröhrchen mit abfallenden Wassermengen an, hält sie 10 Minuten bei 80° und dann bei 37° unter anaerobem Verhältnisse (vgl. III. Bd., 1. Teil, S. 634). Die Prüfung hat wohl nur für Rohwasser Zweck. Auf Streptokokken prüft man, indem man Glykosebouillonröhrchen mit abfallenden Wassermengen impft, bei 37° aufbewahrt und die getrübten Röhrchen im hängenden Tropfen (III. Bd., 1. Teil, S. 198) auf Streptokokken prüft.

V. Bakteriologische Prüfung von Filtern.

Die Durchlässigkeit von künstlichen und natürlichen Filtern für Bakterien prüft man durch Zusatz farbstoffbildender Bakterien zum Rohwasser. Auf geeigneten Nährböden wachsen diese Arten in lebhaft gefärbten Kolonien und sind dadurch schnell zu erkennen. Auch gewisse Leuchtvibrionen lassen sich dazu verwenden. Von Farbstoffbildnern benutzt man Bacterium violaceum und am häufigsten Bacterium prodigiosum. Diese Art wächst besonders auf Kartoffeln in leuchtend roten Kolonien. Bei der Prüfung natürlicher Bodenfilter stellt man, um Schnelligkeit und Richtung des Wasserstroms zu erkennen, Vorversuche mit löslichen Stoffen an. Außer Lithiumsalzen und Farbstoffen, die spektroskopisch oder durch die Färbung des Wassers (allerdings meist erst nach Konzentration) nachgewiesen werden können, benutzt man dazu meist Kochsalz (25—50 kg), dessen Einwanderung durch Titration oder durch die Veränderung des elektrischen Leitungsvermögens im Reinwasser leicht festgestellt werden kann. Nach der durch diesen Vorversuch festgestellten Filtriergeschwindigkeit richtet man sich mit der Entnahme der auf Bacterium prodigiosum zu prüfenden Wasserproben ein. Zur Infektion der Filterschicht benutzt man 24stündige Bouillonkulturen der Bakterie, und zwar größere Mengen, unter Umständen mehrere Liter. Von dem betreffenden Wasser müssen schon vor dem zu erwartenden Durchtritt des Bacterium prodigiosum durch die Filtrierschicht wiederholt Proben entnommen und auf entsprechende Nährböden ausgesät werden.

Als Nährboden eignet sich Agar, auf dem am besten Oberflächenkulturen angelegt werden, oder Kartoffeln. Große Mengen Flüssigkeit kann man auf in Drigalski-Schalen sterilisierten Kartoffelbrei bringen. Betreffs der Verwendung von Gipsschalen vgl. S. 584.

Es ist natürlich, wenn nicht Fehlschlüsse erzielt werden sollen, peinlichste Sauberkeit (in bakteriologischem Sinne) erforderlich. Infektion und Probenahme muß von zwei getrennten Personen, ebenso Herstellung der Impfkulturen und Verarbeitung der Wasserproben in getrennten Räumen erfolgen.

Nach Hilgermann[1]) scheint Bacterium prodigiosum nach mehrstündigem Aufenthalt in bakterienreichem Flußwasser die Fähigkeit, Farbstoff zu bilden, zu verlieren. Auch andere Erfahrungen sprechen dafür, daß mittels Bacterium prodigiosum nur qualitative, nicht quantitative Feststellungen möglich sind.

---

[1]) Archiv f. Hyg. 1906, **59**, 150.

VI. Nachweis der Eisenbakterien[1]).

In Wässern, die reich an organischen Stoffen sind, wird durch einige Fadenbakterien (vgl. III. Bd., 1. Teil, S. 676 und 678) in deren Scheiden gelöstes Eisen und Mangan als Ferri- und Manganhydroxyd niedergeschlagen. In allen vom Licht abgeschlossenen Räumen (Hauptwasserbehältern, Brunnen) bilden dieselben graubraun bis schwarz gefärbte zottige Vegetationen. In Wasserröhren können an den Wänden so erhebliche Krusten entstehen, daß das Lumen vollständig verstopft wird. Schwebende Pilzflocken geben solchem Wasser eine braune Farbe. Indessen sind Rostablagerungen in Wasserleitungen auch oft rein chemischen Ursprunges. Hierüber gibt die miskroskopische Untersuchung der Ablagerungen Aufschluß. Wirken Eisenbakterien bei ihrer Entstehung mit, so findet man in den jüngeren Teilen der Rostmassen deren Fäden und Scheiden. Empfehlenswert ist dabei die vorsichtige Behandlung der Präparate mit verdünnter Salzsäure, da ältere Scheiden unter krystallinischen Ferrihydratbrocken leicht ganz verschwinden.

Eisenbakterien finden sich im allgemeinen nur in Grundwasseranlagen mit höherem Gehalt an organischen Stoffen, kaum dagegen in Quellwasseranlagen. Doch hat Beythien[2]) sie auch in eisenfreien Quellwasserleitungen beobachtet. Zur Entnahme von Proben aus Brunnen ist der von Schorler[3]) angegebene Schlammschöpfer (hergestellt von E. Thum, Leipzig, Johannisallee 3) zu empfehlen.

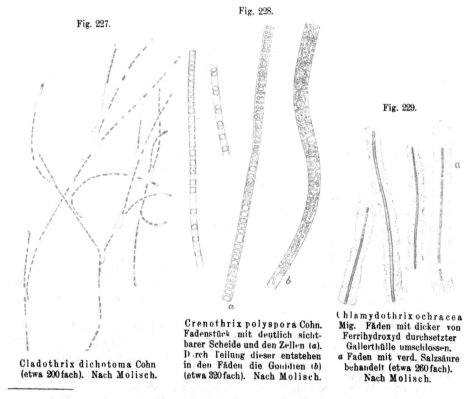

Fig. 227.

Fig. 228.

Fig. 229.

Cladothrix dichotoma Cohn (etwa 200 fach). Nach Molisch.

Crenothrix polyspora Cohn. Fadenstück mit deutlich sichtbarer Scheide und den Zellen (a). Durch Teilung dieser entstehen in den Fäden die Gonidien (b) (etwa 320 fach). Nach Molisch.

Chlamydothrix ochracea Mig. Fäden mit dicker von Ferrihydroxyd durchsetzter Gallerthülle umschlossen. a Faden mit verd. Salzsäure behandelt (etwa 260 fach). Nach Molisch.

---

[1]) Zusammenfassende Übersichten über die Eisenbakterien geben Molisch, Die Eisenbakterien, Jena 1910, Verlag G. Fischer; und Rullmann in Lafars Handbuch der Techn. Mykologie, Bd. III.

[2]) Zeitschr. f. Untersuchung d. Nahrungs- u. Genußmittel 1905, **9**, 530.

[3]) Centralbl. f. Bakt., II. Abt., 1904, **12**, 681.

An Eisenbakterien sind bisher von gut beschriebenen Arten Cladothrix dichotoma Cohn, Crenothrix polyspora Cohn, Chamydothrix ochracea (Kütz.) Mig., Gallionella ferruginea Ehrenberg, Clonothrix fusca Schorler in Trinkwasseranlagen gefunden worden. Sie gehören sämtlich zu den Fadenbakterien. Als weitere Arten, die vielleicht auch einmal an diesen Orten vorkommen könnten, sind die von Molisch an Wasserpflanzen beobachteten Arten Chlamydothrix sideropous, Siderocapsa Treubii und S. major zu nennen, von denen die beiden letzteren einen einzelligen Vegetationskörper haben.

Die Kennzeichnung der einzelnen Arten richtet sich im folgenden nach den Angaben von Molisch.

1. Cladothrix dichotoma Cohn (Sphaerotilus dichotomus Mig.). Meist farblose, festsitzende Flöckchen. Fäden aus stabförmigen, ovalen oder länglichen Zellen zusammengesetzt, die von einer dünnen, festen Scheide umgeben sind. Fäden durchschnittlich 2 μ dick, mit Gegensatz von Spitze und Basis. Unechte dichotome Verzweigung. Vermehrung durch unbewegliche und durch schwärmende Gonidien (Fig. 227).

2. Crenothrix polyspora Cohn (Crenothrix Kütziana Zopf). Fäden ohne Verzweigung, mit Gegensatz von Basis und Spitze, festsitzend, nach der Spitze zu gewöhnlich dicker werdend. Scheide bei entleerten Fäden deutlich sichtbar, gewöhnlich farblos, nur bei alten Fäden von eingelagertem Ferrihydroxyd bräunlich. Zellen zylindrisch bis kugelig-scheibenförmig. Vermehrung durch unbewegliche Gonidien, häufig in Brunnen (Fig. 228).

3. Chlamydothrix ochracea (Kütz.) Mig. (Leptothrix ochracea Kützing). Fäden mit Basis und Spitze aus zylindrischen

Fig. 230.

Clonothrix fusca Schorler. *a* Fadenstück mit Scheide und zylindrischen Zellen, *b* pseudodichotom verzweigt, *c* unregelmäßig verzweigt, *d* mit beginnender Gonidienbildung (etwa 580fach). Nach Molisch.

farblosen Zellen, mit anfangs farbloser dünner, später dicker, gelb und braun werdender Scheide (Fig. 229). Junge Fäden 0,9 μ dick. Ältere Fäden infolge Einlagerung von Ferrihydroxyd doppelt bis mehrfach so dick wie die Zellen. Scheiden dann gelb bis rostbraun. Durch Behandlung mit 2—5 proz. Salzsäure wird die Gallerthülle undeutlich, und die Zellen treten deutlich hervor. Vermehrung durch Teilung und Abgliederung der Zellen und durch bewegliche zylindrische Schwärmer. Pseudodichotome Verzweigung kommt vor, aber selten und nie so regelmäßig wie bei Cladothrix. Häufig in Brunnen.

4. **Chlamydothrix sideropous** Molisch. Diese Art besitzt eine rostrot gefärbte Haftscheibe, von der ein farbloser unverzweigter Faden aus zylindrischen Zellen innerhalb einer dünnen Scheide ausgeht. Haftscheibe 6—30 μ Durchmesser, Länge des Fadens 600 μ und mehr, Dicke 0,6 μ.

5. **Clonothrix fusca** Schorler. Fäden und Äste von wechselnder Dicke, an der Basis mit der Scheide durchschnittlich 5—7 μ dick und an der Spitze sich auf 2 μ verschmälernd, alte Scheiden mit Manganeinlagerung bis zu 24 μ dick. Farbe der Fäden nach Alter und Nährstoffen farblos bis dunkelbraun. Zellen gewöhnlich 2 μ dick, 6—8 μ, gelegentlich auch bis 20 μ lang. Scheibenförmige Zellen, gewöhnlich dicker als 2 μ. Die verzweigten Fäden bilden Rasen bis zu 2,5 mm Länge (Fig. 230, S. 591). Häufig in Brunnen.

6. **Gallionella ferruginea** Ehrenberg (Chlamydothrix ferruginea Mig., vielleicht auch Spirophyllum ferrugineum Ellis und Nodofolium ferrugineum Ellis). Fäden geschlängelt, einfach oder je zwei schraubenförmig umeinander gewunden (Fig. 231); in der Jugend farblos, später durch Eiseneinlagerung gelbbraun bis rostrot. Fäden nicht in Zellen gegliedert (auch nicht nach Behandlung mit Salzsäure oder Farbstoffen), Scheide nicht nachweisbar. Durch starke Inkrustation mit Ferrihydroxyd Fäden zuweilen ganz versteckt. Fäden bzw. Zöpfe 1—6 μ dick, 270 μ und mehr lang.

Fig. 231.

Fig. 232.

Gallionella ferruginea Ehrenberg. *a* Einzelfäden, *b* Doppelfäden, einen Zopf bildend, *c* breitere Fäden, *d* ein mit Ferrihydroxyd stark inkrustierter Faden (etwa 830fach). Nach Molisch.

Gallionella ferruginea. Breitere Fadenstücke, die bandförmigen (*a*) von Ellis als Spirophyllum, die knotigen (*b*) als Nodofolium beschrieben (etwa 580fach). Nach Molisch.

Die von Ellis[1]) als Spirophyllum ferrugineum und Nodofolium ferrugineum beschriebenen Formen mit bandförmigen gewundenen Fäden gehören vielleicht auch in den Kreis der Gallionella (Fig. 232). Gallionella kommt bei der Verstopfung von Leitungsröhren in erster Linie in Frage[2]).

7. **Siderocapsa Treubii** und **S. major** Molisch. Beide Arten treten an Wasserpflanzen in Form von Ockerrasen auf, in denen Kokken von 0,4—0,6 bzw. 0,7—1,8 μ Dicke in Zooglöen innerhalb eines Ferrihydrathofes liegen.

---

[1]) Centralbl. f. Bakt., II. Abt., 1907, **19**, 516; 1910, **26**, 321.

[2]) Schorler, Centralbl. f. Bakt., II. Abt., 1905, **15**, 564. — Beythien, Zeitschr. f. Untersuchung d. Nahrungs- u. Genußmittel 1905, **9**. 530.

Bestimmungsschlüssel nach Molisch.

Fadenbakterien 1

Kapselbakterien 6

1. Fäden immer unverzweigt 2

 Fäden unverzweigt oder pseudodichotomisch verzweigt 4

2. Fäden mit brauner Haftscheibe . . . . Chlamydothrix sideropoi s

 Fäden ohne Haftscheibe 3

3. Fäden mit deutlicher Scheide, gegen die Spitze oft breiter werdend.

 Zellen teilen sich bei der Gonidienbildung nach den drei Richtungen

 des Raumes . . . . Crenothrix polyspora

 Fäden mit nicht nachweisbarer Scheide. Schraubig gewunden.

 Zwei Fäden häufig zu einem Zopfe schraubenförmig gedreht . . . Gallionella ferruginea.

4. Fäden entwickeln auch Schwärmer 5

 Fäden entwickeln nur unbewegliche kugelige Gonidien . . . . . . Clonothrix fusca

5. Fäden regelmäßig pseudodichotom verzweigt, gewöhnlich farblos. . Cladothrix dichotoma

 Fäden gewöhnlich unverzweigt, die Scheide älterer Fäden stark

 mit Eisen- und Manganoxyd inkrustiert und daher rotbraun . . . . Chlamydothrix ochracea

6. Kapsel enthält nur wenige (1—8) Zellen . . . . Siderocapsa Treubii

 Kapsel enthält 1—100 Zellen . . . . Siderocapsa major.

VII. Die Beurteilung nach dem bakteriologischen Befunde.

A. Beurteilung der Keimzahl.

Von wenigen besonderen Fällen abgesehen, haben gelegentliche einmalige Bestimmungen der Keimzahl eines Wassers keinen Wert. Rechtzeitig wiederholte oder regelmäßige Untersuchungen können dagegen wertvolle Anhaltspunkte für die Beurteilung liefern. Allgemeingültige Grenzzahlen gibt es nicht. Die richtige Beurteilung der Keimzahl ist meist nur bei gleichzeitiger Kenntnis der chemischen Zusammensetzung des Wassers und der örtlichen Verhältnisse der Wasserquelle möglich.

Im besonderen läßt sich folgendes sagen:

1. Grundwasser. Bei der Anlage von Wasserwerken mit Grundwasserversorgung ist die Bestimmung der Keimzahl von großem Wert. Ein einwandfreies Grundwasser soll bei einwandfreier Probeentnahme (Sterilisierung des Bohrrohres, vgl. S. 575) keimfrei sein. Wo letztere nicht möglich ist, wird allerdings ein geringer Keimgehalt nicht zu vermeiden sein, doch muß er sich innerhalb enger Grenzen halten. In solchen Fällen wird dann die Betrachtung der örtlichen Verhältnisse, insbesondere der Zusammensetzung der Filterschicht. der geologischen Formation den Ausschlag geben.

Eine dauernde bakteriologische Überwachung von zentralen Wasserversorgungen, deren einwandfreie Lage bei der Anlage festgestellt worden ist, dürfte sich in den meisten Fällen erübrigen. Wo aber nach Lage der Dinge Gefahr für einen zeitweiligen Zutritt von Oberflächenwasser zu den Brunnen besteht, kann die dauernde Keimzählung wesentliche Dienste leisten, indem sie Störungen durch Sprünge in der Keimzahl anzeigt und auch ermöglicht, den Herd der Verunreinigung festzustellen.

2. Filtrieranlagen. Für die ständige Überwachung von Filtrierwerken (künstlichen und natürlichen) leistet die Keimzählung hervorragende Dienste, besonders wenn sie die Filter bzw. die aus Staugräben gespeisten Brunnen auch im einzelnen berücksichtigt. Als Grenzzahl führen die „Grundsätze für die Reinigung der Oberflächenwässer durch Sandfiltration" des R. G. A. 100 Keime in 1 ccm an. Im allgemeinen hat sich diese Zahl als praktisch bewährt, ohne daß sie als allgemeingültig zu betrachten wäre. Dauernde wesentliche Überschreitung derselben deutet auf eine Störung oder Überanstrengung des Filters. Oettinger hat darauf aufmerksam gemacht, daß die Sprünge in der Keimzahl nicht notgedrungen auf Durchtritt unfiltrierten Rohwassers hindeuten, sondern auch durch stärkere Ausspülung von Filterkeimen bedingt sein können. In diesem Falle sind Sprünge in der Keimzahl natürlich anders zu beurteilen. Über die Natur solcher Störungen kann nur die Feststellung der Bakterienarten Aufschluß geben (vgl. S. 595).

3. Quellen. Für die dauernde Überwachung der Quellen ist die Keimzählung, wenn sie die Niederschlagsverhältnisse berücksichtigt, sehr wertvoll. Anschwellen der Keimzahl nach starken Niederschlägen macht den Zutritt ungenügend filtrierten Oberflächenwassers wahrscheinlich. Auch bei der Anlage von Wasserversorgungswerken, die aus Quellen gespeist werden sollen, ist eine mehrmalige Keimzählung bei verschiedenen Witterungslagen, insbesondere nach starken Niederschlägen, im tributären Quellgebiet auszuführen.

4. Brunnen. Bei in Betrieb befindlichen Hausbrunnen ist im allgemeinen die Keimzählung, zumal die gelegentliche einmalige, ohne Wert. Der Keimgehalt hängt hier in hohem Grade von der Benutzung ab und wird, da diese bei den meisten Brunnen dieser Art sehr wechselt, stark schwanken, auch ohne daß äußere Einflüsse vorliegen. Auch spielt bei der Keimzahl die Beschaffenheit des Brunnenschachtes eine bedeutsame Rolle. Nur in den seltenen Fällen, in denen solche Brunnen regelmäßiger untersucht werden, kann die Keimzählung einigen Wert haben. Dabei soll die Keimzahl möglichst niedrig und gleichbleibend sein.

5. Oberflächenwässer. Über die Selbstreinigung von Oberflächenwasser gibt die Keimzählung den klarsten Aufschluß.

6. Wasserreinigungsverfahren. Für die Prüfung von bakterienzurückhaltenden oder -vernichtenden Wasserreinigungsverfahren kommt lediglich die Keimzählung in Betracht. Hier gelten dieselben Bemerkungen wie unter 2.

B. Beurteilung nach dem Befunde von Bacterium coli.

Der Befund von Bacterium coli in Trinkwässern wird zurzeit sehr verschieden bewertet. Völlig ablehnend gegenüber der Bacterium-coli-Probe steht keiner der bekannteren Wasserhygieniker.

Für die Bewertung des Bacterium coli sind folgende Tatsachen stets im Auge zu halten (vgl. auch S. 582):

1. Es ist keine Wasserbakterie im eigentlichen Sinne, vermehrt sich im Wasser nicht, sondern geht darin allmählich zugrunde.

2. Es ist zwar nicht „ubiquitär", aber doch weit verbreitet, besonders in der Nähe menschlicher Wohnstätten.

3. Es lebt im Warmblüterdarm anscheinend ebenso allgemein wie im menschlichen, ist aber im Kaltblüterdarm seltener.

4. Menschliches und tierisches Bacterium coli können zurzeit nicht unterschieden werden.

5. Das frisch aus dem Darm entleerte Bacterium coli läßt sich bisher nicht mit Sicherheit von dem schon längere Zeit außerhalb desselben lebenden unterscheiden.

Daraus ergeben sich folgende allgemeine Schlüsse:

1. Anwesenheit von Bacterium coli spricht stets für das Vorhandensein von oberirdischen Zuflüssen, aber nicht ohne weiteres für Verunreinigung mit Fäkalien. Nur wenn die Zahl der Bacterium-coli-Keime eine höhere ist, kann auf eine Zuführung erheblicher Mengen von Oberflächenwasser geschlossen werden. Nur quantitative Bestimmungen haben deshalb Wert.

2. Die Anwesenheit von Bacterium coli gibt nur Anhaltspunkte für den augenblicklichen Zustand des Wassers. Sie stellt daher neben den anderen Verfahren der Untersuchung ein unter Umständen wertvolles Kennzeichen dar, gibt aber keinen Aufschluß über den allgemeinen Zustand — insbesondere über eine Infektionsmöglichkeit — der Wasseranlage und kann daher auch nicht die Untersuchung der örtlichen Verhältnisse ersetzen.

Unter Berücksichtigung dieser allgemeinen Grundsätze kann man über den Wert des Bacterium-coli-Befundes im besonderen folgendes sagen:.

1. Grundwasser. Bei der Anlage von Wasserleitungen, die aus Grundwasser gespeist werden sollen, ist die Prüfung auf Bacterium coli überflüssig; hier genügt vollständig die Bestimmung der Gesamtkeimzahl. Dasselbe gilt betreffs der Überwachung solcher Anlagen. Auch wo Gefahr vorliegt, daß einzelne der Brunnen gelegentlich Oberflächenwasser erhalten, leistet die Bacterium-coli-Probe nicht mehr als die allgemeine Keimzählung.

Bei Hausbrunnen deutet ein höherer Gehalt an Bacterium-coli-Keimen (Quantz gibt als Grenze 20 Keime in 10 ccm an) auf eine Verunreinigung von der Oberfläche. Für die Untersuchung solcher Brunnenwässer, bei denen eine Besichtigung der Anlage meist aus finanziellen Gründen ausgeschlossen ist, kann die Prüfung auf Bacterium coli, da ihr Ergebnis von der Behandlung der Probe weniger abhängig ist als die — im übrigen meist zwecklose — Bestimmung der Keimzahl, den chemischen Befund und die Angaben über Lage und Beschaffenheit des Brunnens unter Umständen wertvoll ergänzen. Man vergesse aber nie die Einschränkungen S. 594, Ziffer 1 und 2.

2. Quellen. Der Nachweis des Bacterium coli hat bei Quellen mit großen Quellgebieten Zweck, wo man in der Wasserprobe eine Art Durchschnittsprobe erhält, in der kleinere örtliche Verhältnisse (Düngung, Regen, Art der Bebauung) verschwinden. Werden in solchen Fällen besonders bei ständigen Untersuchungen höhere Zahlen an Bacterium coli gefunden, so spricht das für den Übertritt von Bakterien aus gedüngtem Boden oder sonstigen Orten mit Ablagerungen der menschlichen Wirtschaft. Durch weitere planmäßige Untersuchungen kann man dann die verunreinigende Stelle finden.

Bei kleineren Quellen, deren Gebiet nicht landwirtschaftlich bebaut wird, ist die Prüfung auf Bacterium coli zwecklos. Wo der Boden in Ackerkultur steht, sind solche Prüfungen von Wert, aber nur dann, wenn sie alle äußeren Verhältnisse (Regen, Düngung, Jahreszeit) berücksichtigen.

3. Filteranlagen. Die Bestimmung des Gehaltes an Bacterium-coli-Keimen im Reinwasser gibt bei Verwendung von Rohwasser mit einer nicht zu kleinen Keimzahl dieser Bakterie einen Aufschluß darüber, ob Keimerhöhungen auf Ausspülen von Filterkeimen oder auf ungenügende Filtration des Rohwassers zurückzuführen sind. Nach Oettinger[1] enthält zwar der Filtersand stets Keime, die auf Endoagar rote Kolonien bilden, aber kein Bacterium coli.

4. Oberflächenwasser (Flüsse, Seen, Talsperren). In Oberflächenwasser gibt die Zahl der Bacterium-coli-Keime Aufschluß über den Grad der Verunreinigung mit Wässern, die von Orten menschlicher Bebauung kommen. Die Bewertung der Zahlen muß sich danach richten, ob diese Wässer Abwässer von Ortschaften oder Zuflüsse aus landwirtschaftlich bebauten Ländereien sind. Auch läßt sich durch die Bacterium-coli-Probe feststellen, an welchen Stellen wenig oder viel Abwasser fließt, was für die Anlage von Schöpfstellen von Bedeutung sein kann.

---

[1] Zeitschr. f. Hyg. 1912, **71**, 1. Auch Gins, Veröffentl. a. d. Gebiet d. Mediz. Verwaltg. 1913, **3**, Heft 6; Hyg. Rundschau 1914, **24**, 509 u. Kabrhel, Arch. f. Hyg. 1912, **76**, 256, empfehlen für Sandfilter die Bacterium-coli-Probe,. während Gärtner sich ablehnend verhält.

Untersuchung von Mineralwasser.[1]

Die Untersuchung eines Mineralwassers kann zweierlei Zwecke verfolgen, nämlich einmal den, eine möglichst genaue Kenntnis der Beschaffenheit der Mineralquelle in einem bestimmten Zeitpunkt zu vermitteln, um damit Grundlagen für die pharmakologische Bewertung zu erlangen; zum anderen den Zweck, ein Bild von der mehr oder minder großen Beständigkeit bzw. von den Veränderungen, denen die Zusammensetzung eines zuströmenden Wassers unterworfen ist, zu gewinnen. Im ersten Falle handelt es sich um eine einmalige, dafür aber möglichst vollständige Analyse, unter Anwendung der genauesten, den höchsten wissenschaftlichen Anforderungen entsprechenden Verfahren. Demgegenüber werden im zweiten Falle im wesentlichen technische Untersuchungen erfordert, die z. B. der Betriebsaufsicht bei einer niederzubringenden Bohrung auf Mineralwasser oder bei der Fassung einer Quelle, und endlich auch der Kontrolle des Ausmaßes der Schwankungen in der Zusammensetzung einer fertig gefaßten Mineralquelle und der Abhängigkeit dieser Schwankungen von äußeren Einflüssen, als da sind Luftdruck, Grundwasserstand, Beanspruchung der Quelle durch mehr oder minder reichliche Wasserentnahme, dienen sollen. Die Bearbeitung von Aufgaben dieser zweiten Art verlangt eine möglichst häufige, am besten eine tägliche Wiederholung der Analyse, die sich freilich nur auf einzelne Hauptbestandteile zu erstrecken braucht und für deren Ausführung Schnellverfahren herangezogen werden müssen, die — auch wenn ihnen das höchste Ausmaß an Genauigkeit nicht mehr zukommt — doch immer noch brauchbare, unter sich vergleichbare Ergebnisse liefern.

Der geschilderten zweifachen Art der Mineralwasseruntersuchung entsprechend, gliedert sich die folgende Darstellung zunächst in zwei selbständige Teile, deren einer die vollständige Analyse nach wissenschaftlich exakten Verfahren, deren anderer die technische Analyse unter Zuhilfenahme von Schnellverfahren behandelt. In einem dritten Teil werden sodann die Rechtsgrundlagen der nahrungsmittelchemischen Beurteilung besprochen.

Erster Teil.

Vollständige Untersuchung nach wissenschaftlich genauen Verfahren.

A. Arbeiten an Ort und Stelle.

Bei allen Arbeiten an Ort und Stelle muß man sich stets zu allererst davon überzeugen, daß keine Gefahr einer Kohlendioxydvergiftung besteht. Sie ist bei Säuerlingen, die auf dem Grunde einer tieferen Bodensenke entspringen, oft nicht zu unterschätzen. Man prüfe in bekannter Weise mittels einer brennenden Kerze und sorge gegebenenfalls durch Aufstellung eines Ventilators für die nötige Lufterneuerung während der Dauer der Arbeiten.

I. Ortsbesichtigung.

Jede vollständige Mineralwasseruntersuchung fordert gebieterisch eine analytische Tätigkeit an Ort und Stelle, weil eine Reihe physikalischer und chemischer Arbeiten unmittel-

[1] Bearbeitet von Dr. L. Grünhut, Wiesbaden.

bar im Anschluß an die Probenahme ausgeführt werden müssen. So wird ganz selbstverständlich die Probenahme durch den Analytiker persönlich vorgenommen, und er wird ferner die Gelegenheit zu eindringlicher Ortbesichtigung nicht ungenutzt lassen dürfen.

Diese hat sich zunächst auf dieselben gesundheitlichen Gesichtspunkte zu erstrecken, die bei der Trinkwasseruntersuchung beachtet werden müssen und auf S. 478 bereits auseinandergesetzt sind. Daneben sind aber noch eine Reihe technischer Erhebungen erforderlich. Der Sachverständige muß Kenntnis von den geologischen Bedingungen nehmen, unter denen die Quelle entspringt, und muß vor allem bei gebohrten Quellen die Bohrregister einsehen. Er muß sich an der Hand der vorliegenden aktenmäßigen Aufzeichnungen über die Beziehungen der zu untersuchenden Quelle zu den sonstigen Mineralquellen, zu den Süßwasserquellen, zum Grundwasser und Oberflächenwasser der Gegend sowie über etwaige Ergiebigkeitsschwankungen zu unterrichten suchen. Die Fassung soll er, soweit sie zugänglich ist, besichtigen und insbesondere deren Material und dasjenige etwaiger Fortleitungsrohre feststellen. Da, wo das Wasser gepumpt wird, ist die Art des Einbaus der Pumpe, die Saughöhe derselben und ihre besondere Konstruktion zu beachten.

Die selbsttätig ausfließenden Quellen unterscheidet man in gleichförmige, periodische und intermittierende. Die ersten fließen allzeit ununterbrochen in gleicher Menge und gleicher Beschaffenheit aus. Die periodischen fließen gleichfalls ununterbrochen aus, aber ihre Ergiebigkeit, ihr Überlaufniveau und zuweilen auch ihre Beschaffenheit ist nicht zu allen Zeiten gleich, wechselt vielmehr in ziemlich regelmäßigen Zwischenräumen. Die intermittierenden Quellen endlich zeichnen sich dadurch aus, daß sie in mehr oder minder regelmäßigen Zwischenräumen völlig aussetzen und nur in den zwischenliegenden Zeiten zutage überfließen, was dann teils in gleichförmiger, teils in periodischer Weise geschieht. Eines der berühmtesten Beispiele solcher intermittierenden Quellen ist der Namedysprudel bei Andernach, der nur in mehrstündigen Zwischenräumen, dann aber mit größter Heftigkeit, hervorbricht und jedesmal binnen weniger Minuten 30—40 cbm Mineralwasser auswirft. Auch bei künstlich gehobenen Quellen kommen periodische und sogar Intermittenzerscheinungen vor; letztere zeigen sich z. B. beim Runden Brunnen zu Kissingen. Alle diese Beziehungen sind bei der Probenahme in der sogleich zu beschreibenden Art zu berücksichtigen. Endlich muß die Ortsbesichtigung auch den frei mit der Quelle aufsteigenden Gasblasen oder Gassprudeln Beachtung schenken.

Das Ergebnis aller dieser Feststellungen ist vollständig in dem Untersuchungsbericht wiederzugeben.

II. Probenahme.

1. Allgemeines. Für eine vollständige Mineralwasseranalyse bedarf man viel größerer Wassermengen als für die Analyse eines Trinkwassers. Ferner setzen Mineralwässer auch bei kurzer Aufbewahrung Ausscheidungen viel häufiger und reichlicher ab als gemeine Trinkwässer, so daß viel öfter als bei diesen bei ihrer Untersuchung der Inhalt einer ganzen, nachträglich auszumessenden Flasche als Ausgangsmenge für je eine Reihe zusammenhängender analytischer Bestimmungen dienen muß. Deshalb genügt es nicht nur, mehr Wasser zu entnehmen, sondern dasselbe muß überdies auf eine große Anzahl einzelner Gefäße verschiedener Abmessungen verteilt werden. Man bedarf sowohl Ballons von etwa 40—60 l Inhalt, ferner Flaschen von 5 l, 2 l, 1 l und 0,5 l Inhalt, ja bei mineralstoffreichen Wässern wird man auch noch Flaschen von 0,25 l Inhalt und bei besonders hochprozentigen Solquellen sogar solche von 0,1 l Inhalt heranziehen müssen. Bei Wässern von geringerer, höchstens bis zu 5 g in 1 kg reichender Konzentration wird man 3 Ballons, vier 5 Liter-Flaschen, acht 2 Liter-Flaschen, acht 1 Liter-Flaschen und sechs 0,5 Liter-Flaschen abfüllen. Bei konzentrierteren Wässern bleibt die Zahl der Ballons und der 5 Liter-Flaschen dieselbe; die Zahl der 2 Liter-Flaschen läßt sich auf 6 beschränken; die kleineren Gefäße sind in um so höherem Maße heranzuziehen, je gehaltreicher das Mineralwasser ist.

Alle zur Probenahme dienenden Gefäße, also auch die Ballons, müssen mit gut passenden eingeschliffenen Glasstopfen, am besten Plattstopfen, versehen sein. Die Ballons sind die gewöhnlichen aus grünem Glase; sie sind wie üblich, mit Strohseilen umschnürt, in geflochtene Weidenkörbe eingesetzt und mit aus Weide geflochtenen Deckeln zugedeckt. Die Flaschen sind zweckmäßig aus farblosem Glase. Ihre Hin- und Rückbeförderung erfolgt in Verschlußkisten, die durch feste Zwischenwände in passende Gefache abgeteilt sind. Der Raum zwischen der eingesetzten Flasche und den Gefachwänden wird mit Holzwolle fest ausgestopft. — Alle Gefäße sind zu Hause gründlich mit Säure und dann mit Wasser zu reinigen; bei der Probenahme werden sie zunächst noch zweimal mit dem zu untersuchenden Wasser gespült und dann gefüllt.

Das zur Untersuchung bestimmte Wasser ist möglichst nahe der Vorbruchstelle zu entnehmen, also bei selbsttätig ausfließenden Quellen unmittelbar an deren Überlauf bzw. im Quellenschacht oder Quellenbecken, bei gepumpten unmittelbar am Abfluß der Pumpe. Dort, wo das Wasser durch die Pumpe in eine Druckleitung eingespeist wird, zapfe man diese dicht unterhalb der Pumpe mittels eines Zapfhahnes an und entnehme dort die Probe. Auf eine Entnahme aus größeren oder kleineren Vorratsbehältern, in die das Mineralwasser geleitet wird, um darin bis zum Verbrauche aufgespeichert zu werden, lasse man sich keinesfalls ein. Wo das Wasser aus Zapflöchern oder Zapfhähnen ausfließt, kann man es unmittelbar in die Probegefäße einlaufen lassen, aus Quellenbecken oder Quellenschächten muß es geschöpft werden. Das ist ohne weiteres nur da möglich, wo der Wasserspiegel noch innerhalb Handbereich zugänglich ist. Liegt er tiefer, so bediene man sich zum Schöpfen eines peinlich gesäuberten Eimers, der an einer langen senkrechten Stange gut befestigt ist und aus dem man das Wasser sodann umfüllt. Bei so tiefer Lage des Quellenspiegels, daß er auch mittels eines solchen gestielten Eimers nicht mehr erreicht werden kann, müssen schließlich die bekannten Hilfsvorrichtungen für Probenahme in größeren Tiefen benutzt werden, von denen insbesondere der Apparat von Heyroth (Vgl. III. Bd., 1. Teil, S. 7) zu empfehlen ist.

Grundsätzlich sollen die Proben bei einem Betriebszustande der Quelle entnommen werden, der mit dem bei ihrer Benutzung obwaltenden übereinstimmt. Wenn also z. B. an einer Quelle an jedem Morgen zunächst eine gewisse Zeit gepumpt wird, um das während der nächtlichen Betriebspause in den Quellenschacht eingedrungene Grundwasser zu entfernen, so muß vor der Probenahme die Quelle natürlich in gleicher Weise in normalen Betriebszustand gebracht werden. Andererseits hüte man sich vor jedem ungewöhnlichen Eingriff in die Verfassung der Quelle. Man vermeide einerseits ein Absenken oder Höheraufstauen des Wasserspiegels durch Verlegen oder Drosseln des Quellenüberlaufs und andererseits jede ungewöhnliche Beanspruchung der Förderpumpe, lasse diese also in keinem anderen Rhythmus als dem gewohnten gehen. Auch sonst ist alles zu unterlassen, was den Zustand der Quelle irgend beeinflussen könnte. Dazu gehört jedes unnötige Aufrühren und vor allem der Einbau der Vorrichtungen, deren man für die gasanalytischen Untersuchungen bedarf. Die Probenahme für die chemische Analyse ist deshalb stets vor diesen zu bewerkstelligen.

Bei periodischen und intermittierenden Quellen muß man mittels geeigneter maßanalytischer Schnellverfahren, wie sie im zweiten Teil beschrieben werden, erst einmal feststellen, ob die Beschaffenheit des Wassers während der ganzen Dauer des Ausflusses praktisch ein und dieselbe ist. Ist das nicht der Fall, so ist die Probenahme in das Intervall der Periode zu verlegen, innerhalb dessen die Zusammensetzung gleichmäßig bleibt und in der man den Normalzustand des Wassers voraussetzen darf. Zur sicheren Herbeiführung der vollen Gleichartigkeit des Inhalts der einzelnen Probegefäße kann man dann überdies das ausfließende Wasser zunächst in einem Bottich mischen, so wie es weiter unten bei der Beschreibung der Probenahme für die Gesamt-Kohlendioxydbestimmung angegeben ist.

Bringt die Quelle Trübstoffe irgendwelcher Art mit empor, so muß das Wasser unmittelbar an Ort und Stelle filtriert werden. Man versehe sich deshalb stets mit einer gehörigen Zahl größerer Glastrichter und mit Faltenfiltern aus dichtem Papier. Beim Filtrieren muß die Bildung irgend wesentlicher Ausscheidungen verhütet werden, sowohl solcher von

Ferrihydroxyd und anderen Stoffen, die infolge oxydierender Einwirkungen des Luftsauerstoffes auftreten können, als auch von Calciumcarbonat infolge des Entweichens von Kohlendioxyd. Ist man in dieser Beziehung nicht vorsichtig genug, so filtriert man in Gestalt dieser Ausscheidungen Stoffe mit ab, die von Rechts wegen zu den im Mineralwasser gelösten gehören. Um diesen Fehler zu vermeiden, fülle man zunächst eine 2 Liter-Flasche oder 5 Liter-Flasche an der Quelle und filtriere von deren Inhalt nur so lange, als sichtlich noch keine Neuausscheidungen erfolgen; beginnen sich solche zu zeigen, so fülle man eine neue Flasche und setze die Filtration mit deren Inhalt fort. Natürlich kann man zur Abkürzung der Arbeit gleichzeitig mehrere Filter in Betrieb halten. Die Trichter sind mit großen Uhrgläsern oder Glasplatten zu bedecken, die Flaschen mit dem geschöpften Wasser in den Zwischenpausen zwischen dem Aufgießen auf die Filter stets zu verstopfen.

Ist das Wasser nicht wirklich getrübt, sondern enthält es nur vereinzelte Flocken, z. B. Ockerflöckchen oder losgespülte Flitter der Verrohrung, so genügt es, die Filtration auf die wenigen Gefäße zu beschränken, deren Inhalt für die Ermittlung des Eisen- und Manganions sowie sonstiger Schwermetallionen, ferner der Arsenionen bestimmt ist. Man fülle etwa 2 Ballons, zwei 5 Liter-Flaschen und einige 2 und 1 Liter-Flaschen mit filtriertem Wasser und sorge im übrigen durch genaue Bezeichnung dafür, daß ihr Inhalt jederzeit als filtriertes Wasser wiedererkannt werden kann.

Bei heißen oder bei gasreichen Mineralwässern darf man die gefüllten Probegefäße nicht sogleich nach ihrer Beschickung zustopfen, weil sonst eine Zertrümmerung infolge nachträglich eintretenden Überdrucks von außen bzw. von innen zu befürchten ist. Man lasse deshalb warmes Wasser zunächst auf Außentemperatur abkühlen und befördere bei gasreichen Wässern den Austritt der Hauptmenge der gelösten Gase durch häufigeres Umschwenken, ehe man die Glasstopfen aufsetzt. Letztere sind schließlich mittels Hauben von angefeuchtetem Pergamentpapier fest auf den Flaschenhals zu binden oder — bei Plattstopfen — mittels der von H. Klut[1]) angegebenen, sehr zweckmäßigen federnden Verschlußklemmen[2]) (vgl. Fig. 233) zu sichern.

Fig. 233.

Sicherheitsverschluß.

Die Beförderung der entnommenen Proben in das Laboratorium darf im Winter nicht während einer ausgesprochenen Frostperiode erfolgen; andernfalls läuft man Gefahr, die ganze Probe oder doch erhebliche Teile derselben infolge Springens der Gefäße (sog. Frostschaden) zu verlieren. Man lasse gegebenenfalls die mittels Sicherheitsschloß verschlossenen Kisten mit den Flaschen und die unter Siegel gelegten Ballons in frostsicheren Räumen bis zum Eintritt geeigneter Witterung lagern.

2. *Probenahme für die Bestimmung der Gesamtkohlensäure.*

Die Gesamtkohlensäure muß entweder an Ort und Stelle bestimmt werden (S. 613) oder — was zweckmäßiger ist — sie wird später im Laboratorium an besonderen Wasserproben ermittelt, bei deren Entnahme jeder Verlust durch geeignete Maßnahmen ausgeschlossen wurde. Verluste sind als Folge des Entweichens von Kohlendioxyd zu befürchten, und zwar zunächst desjenigen, das von Haus aus als freies Gas zugegen war, und ferner von solchem, das alsdann durch Spaltung von Hydrocarbonation

$$2\ HCO_3' \rightleftarrows CO_3'' + CO_2 + H_2O$$

frei wird. Sie werden durch Zugabe einer überschüssigen Menge Hydroxylion zur Probe sicher vermieden, weil dadurch alles freie Kohlendioxyd und alles Hydrocarbonation in Carbonation umgewandelt wird.

Dieser Zusatz von Hydroxylion erfolgte von alters her in Gestalt von gebranntem Kalk, den man in das Entnahmegefäß brachte. Die immer wieder gemachte Erfahrung, daß Kalk in einigermaßen größeren Mengen auch beim schärfsten Brennen nicht völlig car-

[1]) H. Klut, Untersuchung des Wassers an Ort und Stelle. 2. Aufl. 1911. S. 4.

[2]) Zu beziehen von Paul Altmann, Berlin NW 6, Luisenstraße 47.

bonatfrei erhalten wird, so daß man zur Einführung einer, durch blinden Versuch zu ermittelnden Korrektur genötigt ist, hat L. Grünhut dazu veranlaßt, an seiner Stelle Natronlauge zu benutzen.

Man nimmt an die Quelle 6 Stehkolben mit, deren jeder etwa 550—600 ccm Rauminhalt hat, und deren Halsweite so nahe übereinstimmt, daß auf sie alle derselbe Anschlußstopfen des unten (S. 680) zu beschreibenden Kohlensäurebestimmungsapparates paßt. In jeden dieser Kolben bringt man 50—60 ccm einer etwa 5 proz. Natronlauge, der man bei ihrer Bereitung eine Menge Bariumchlorid hinzugefügt hatte, die ausreicht, einen etwaigen Carbonationgehalt vollständig zu binden. Man bewahrt solche Lauge in Vorratsflaschen auf, die nach Art der zum Nachfüllen von Büretten dienenden mit einem doppelt durchbohrten Kautschukstopfen verschlossen sind, dessen eine Bohrung ein Natronkalkrohr a, dessen andere eine Heberleitung b aufnimmt (Fig. 234). Letztere ist nur so tief in die Flasche eingeführt, daß beim Abhebern von Flüssigkeit der aus Bariumcarbonat bestehende Bodensatz nicht aufgerührt wird. Vor dem Beschicken der Stehkolben reinigt man das äußerste Ansatzstück der Heberleitung, läßt dann zunächst einige Kubikzentimeter Lauge fortfließen und schließlich die erforderliche Menge in den Kolben einlaufen, wobei man sich besonders davon überzeugt, daß die Flüssigkeit völlig klar und frei von Bariumcarbonat ist. Dann fügt man noch etwas Phenolphthaleinlösung hinzu und verschließt den Kolben sofort mit einem gut passenden, weichen Kautschukstopfen. Kolben und Stopfen werden, um Verwechslungen auszuschließen, mit einer kennzeichnenden Nummer oder sonstigen Bezeichnung versehen und hierauf gewogen. Dann bindet man, zur Sicherung des Verschlusses während des Versandes, den Kautschukstopfen mittels einer Haube aus angefeuchtetem Pergamentpapier auf dem Kolbenhalse fest.

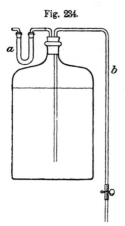

Fig. 234.

Abheberflasche.

Die Beschickung der so vorbereiteten 6 Kolben mit dem zu untersuchenden Mineralwasser sollte, wenn irgend möglich, nicht so geschehen, daß man das Wasser im offenen Strahle in sie einfließen läßt. Man läuft dabei Gefahr, daß Kohlendioxyd entweicht, und daß man infolgedessen unrichtige und, bei Ausführung von Parallelversuchen, ungenügend übereinstimmende Ergebnisse erhält. Diese Fehlerquelle wird vermieden, wenn man die Füllung der Kolben unterhalb der Oberfläche des aufgestauten Mineralwassers vornimmt. Dazu bedient man sich eines Abfüllstopfens (Fig. 235).

Das ist ein auf die Kolben passender, doppelt durchbohrter Kautschukstopfen, durch dessen Bohrungen 2 Glasröhren geschoben sind: eine $a\,b$, die kurz oberhalb des Stopfens aufhört und mit ihrem unteren Ende bis zum obersten Drittel des Kolbeninnern hinabreicht, die andere $c\,d$, die unten mit der Unterseite des Stopfens abschneidet, nach oben aber so lang ist, daß sie beim Eintauchen der Vorrichtung unter Wasser noch über den Wasserspiegel herausragt.

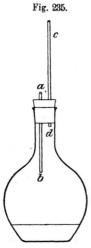

Fig. 235.

Flasche mit sog. Abfüllstopfen.

Am einfachsten gestaltet sich die Probenahme bei Quellen, die derart in einem Quellenbecken oder Schacht austreten, daß der Wasserspiegel vom Rande aus noch erreicht werden kann. Man vertauscht den Stopfen des vorbereiteten Kolbens mit dem Abfüllstopfen, verschließt die Öffnung a desselben fest mit dem Daumen der rechten Hand und benutzt Zeigefinger und Mittelfinger dazu, den Kolben unterhalb der umgelegten Krempe seines Halses festzuhalten. Nun taucht man die Vorrichtung bis etwa 20 cm unter den Spiegel der Quelle unter und lüftet den Daumen von a so lange, bis durch $a\,b$ etwa 200—250 ccm Wasser eingelaufen sind, während gleichzeitig Luft durch $c\,d$ entweicht. Dann wird a wieder mit dem

Daumen verschlossen, der Kolben aus dem Wasser gehoben und nach Entfernung des Abfüll-stopfens mit dem ihm zugehörenden Kautschukstopfen verschlossen; schließlich wird letzterer mittels einer Pergamentpapierhaube festgebunden, so daß der Kolben wieder versandfähig ist. Er soll am Ende nicht wesentlich mehr als zur Hälfte angefüllt sein, und der Inhalt muß noch alkalische Reaktion zeigen, was an der Rotfärbung des Phenolphthaleins erkannt wird.

Ist der Wasserspiegel nicht mehr mit den Händen zu erreichen, so schöpft man das Wasser mittels eines tiefen gestielten Eimers und füllt sodann die Kohlensäurekolben durch Untertauchen in den Eimer in der eben beschriebenen Weise. Läuft das Mineralwasser, sei es freiwillig, sei es unter dem Druck einer Pumpe, aus einer Leitung oder einem Zapfhahn, so schließt man an die Ausflußöffnung einen Gummischlauch an, den man auf dem Boden eines etwa 50—60 cm hohen Behälters, dessen Querschnitt nicht groß zu sein braucht, endigen läßt. Mittels dieses Schlauches läßt man das Mineralwasser von unten her in dem Behälter aufsteigen, bis er überfließt, und wartet dann noch so lange, bis sich der ge-samte Inhalt durch weiteres Nachströmen erneuert hat; dann beschickt man die Kolben durch Untertauchen unter fortgesetztem Durchfluß des Wassers durch den Behälter[1]).

Tritt das Mineralwasser in einem Brunnenschacht in solcher Tiefe aus, daß eine Entnahme mittels gestielten Eimers nicht mehr möglich ist, so schöpft man es möglichst nahe seiner Oberfläche in einer Flasche mittels des zuvor erwähnten Apparates von Heyroth oder eines ähnlichen anderen. Unmittelbar nach dem Emporbringen setzt man auf den Flaschen-hals eine zuvor verpaßte Vorrichtung, die aus einem gut schließenden, doppelt durchbohrten Gummistopfen besteht, durch dessen eine Bohrung ein kurzes, mit der Stopfenunterfläche abschneidendes Glasrohr, und durch dessen andere Bohrung ein bis fast auf den Flaschen-boden reichender Glasheber von weitem Querschnitt hindurchgesteckt ist. Bläst man in das kurze Rohr, so tritt der Heber in Tätigkeit; man läßt erst etwas Wasser weglaufen und dann die erforderliche Menge in den Kolben einfließen, den man dabei so hält, daß das untere Heber-ende immer möglichst nahe über der Flüssigkeitsoberfläche bleibt.

Eine hin und wieder erwünschte Entnahme von Proben zur Gesamtkohlensäurebestim-mung aus verschiedener Tiefe eines Brunnenschachtes läßt sich natürlich gleichfalls in der zuletzt beschriebenen Weise oder auch mit Hilfe eines von R. Fresenius[2]) empfohlenen besonderen Apparates vornehmen.

3. Probenahme für die Bestimmung der Dichte.
Zur Dichtebestim-mung bei gasreichen Mineralwässern bedient man sich nicht der gewöhnlichen Dichtefläsch-chen von bauchiger Form, sondern solcher, die, wie die Pyknometer nach Reischauer-Auberg (vgl. III. Bd., 1. Teil, S. 44), gerade Wände haben und deren Hals mit einer Millimeter-teilung versehen ist. Sie fassen etwa 250—300 ccm; der Hals ist auf eine Erstreckung von etwa 50 mm auf 5—6 mm lichte Weite verengt und trägt längs dieser Strecke die erwähnte Teilung[3]). Bei der Füllung der Dichteflaschen sind Gasverluste nach Möglichkeit auszuschließen; sie erfolgt in gleicher Art, wie sie bei der Probenahme für die Kohlensäurebestimmung beschrieben ist, d. h. möglichst unter der Wasseroberfläche und unter Benutzung eines Füllstopfens. Dabei ist so viel Wasser in die Flasche zu bringen, daß nach späterer Einstellung ihres In-haltes auf eine Temperatur von 15° der Flüssigkeitsspiegel etwa in der Mitte der Millimeter-teilung sich befindet. Man muß also bei Quellen, deren Wärme unter 15° bleibt, bei der Füllung für jeden Grad Celsius um rund 1 mm unter dieser Mitte bleiben und wird bei wär-meren Quellen für je 1° über 15° um etwa 2 mm über diese Mitte hinaus füllen müssen. Bei

---

[1]) Wesentliche Kohlendioxydverluste durch Abdunsten von der Oberfläche des Behälters entstehen nicht, falls er die angegebene Tiefe besitzt. Man vergleiche hierzu die Betrachtungen von E. Hintz und L. Grünhut über „Evasion" des Kohlendioxyds in dem Handbuche der Bal-neologie von Dietrich und Kaminer, Leipzig 1916, Bd. I, S. 316.

[2]) Zeitschr. f. analyt. Chemie 1862, 1, 175.

[3]) Ebendort 1862, 1, 178.

heißen Quellen muß man demnach weit über das obere Ende der Teilung hinausgehen; man probiert bei ihnen am besten erst einmal aus, um wieviel der Flüssigkeitsspiegel der Dichteflasche bei der Abkühlung auf 15° sinkt, und bewirkt auf Grund der dabei gemachten Erfahrungen die Füllung. Man gebraucht in solchen Fällen Dichteflaschen, die oberhalb der Teilung noch einen erheblichen toten Raum aufweisen. Unmittelbar nach beendigter Füllung sind die Dichteflaschen mittels eines gut verpaßten Gummistopfens zu verschließen; der Stopfen wird mittels eines Champagnerknotens gasdicht festgebunden und schließlich noch durch eine Pergamentpapierhaube gesichert.

4. Probenahme für die Bestimmung der Schwefelverbindungen in Schwefelwässern. Schwefelwässer können unter Umständen nebeneinander Sulfation, Thiosulfation, Hydrosulfidion und freien Schwefelwasserstoff enthalten. Da die beiden zuletzt genannten Bestandteile rasch durch Oxydation in Sulfation übergehen können, muß schon bei der Probenahme durch ihre Überführung in unlösliche Verbindungen dafür gesorgt werden, daß sie bei den späteren analytischen Trennungen keine Störung bedingen. Um auf alle Fälle gerüstet zu sein, treffe man folgende Vorbereitungen.

a) 3 Flaschen von je 2 l Fassungsraum werden leer gewogen, hierauf jede mit etwa 100 ccm einer Lösung beschickt, die in 1 l 35 g krystallisiertes Cadmiumacetat und 40 ccm Eisessig enthält, und alsdann wieder gewogen. Die Cadmiumsalzlösung kann auch bereitet werden, indem man 21 g Cadmiumcarbonat mit Hilfe von Wasser und 50 ccm Eisessig in Lösung bringt und schließlich auf 1 l auffüllt. Gleichgültig wie sie hergestellt sein mag, muß sie vor Gebrauch auf einen etwaigen Gehalt an Sulfation geprüft werden; sie darf kein solches enthalten, was nicht auf alle im Handel befindlichen Präparate zutrifft.

b) 3 Flaschen von je 2 l Fassungsraum werden leer gewogen, hierauf jede mit etwa 100 ccm einer Auflösung von 300 g Zinkvitriol ($ZnSO_4 \cdot 7 H_2O$) in 1 l beschickt und wieder gewogen.

c) 3 Flaschen von je 2 l Fassungsraum werden leer gewogen, hierauf jede mit 150 ccm Bromwasser beschickt und wieder gewogen. Das Bromwasser muß frei von Sulfation sein.

Alle diese vorbereiteten Flaschen müssen besonders genau schließende Glasstopfen besitzen, die überdies in der mehrfach angegebenen Weise mit federnden Klammern oder Pergamentpapierhauben zu sichern sind, so daß während des Versandes sicher keine Flüssigkeit austritt. Die Flaschen werden in der Art, wie es bei der Vorbereitung der Kohlendioxydbestimmung beschrieben ist, mit Mineralwasser nicht ganz angefüllt. Kann die Füllung nicht mittels Füllstopfen unter der Wasseroberfläche erfolgen, so läßt man das Mineralwasser mit Hilfe eines Hebers in die Flaschen einlaufen.

Der Inhalt der Flaschen *a* dient der Bestimmung des Sulfations, der Flaschen *b* der des Thiosulfations, der Flaschen *c* der des Gesamtschwefels (zur Kontrolle).

Enthält das Schwefelwasser kein Thiosulfation, wovon man sich in der auf S. 613 angegebenen Weise überzeugt, so kann die Beschickung der zu *b* und *c* erwähnten Flaschen unterbleiben.

III. Physikalische Untersuchungen an Ort und Stelle.

1. Prüfung auf Geruch und Geschmack. Die Prüfung einer frisch entnommenen Mineralwasserprobe auf riechende Beimengungen geschieht am besten, indem man das Wasser in der mit einem Glasstopfen verstopften, nur halb gefüllten Flasche einige Male kräftig umschüttelt und dann unmittelbar nach Öffnen des Stopfens daran riecht. Der Geruch nach Kohlendioxyd zeigt sich auf diese Weise unverkennbar; zu Irrtümern kann aber zuweilen die Anwesenheit von Kohlenwasserstoffen Anlaß geben, die durch Einwirkung des Mineralwassers auf die Eisencarbide der eisernen Verrohrung auftreten und in der starken Verdünnung den Geruch des Schwefelwasserstoffs vortäuschen können. Man prüfe demnach im Zweifelsfalle qualitativ, ob wirklich Schwefelwasserstoff vorliegt.

Da es sich hierbei um den Nachweis von Spuren Schwefelwasserstoff handelt — bei größeren Mengen läßt ja der Geruch keinen Zweifel —, so muß man das empfindliche Verfahren von E. Fischer wählen. Man versetzt etwa 20 ccm des annähernd mit Salzsäure neutralisierten Wassers mit 1 ccm Salzsäure vom spez. Gewicht 1,12 und mit 0,3 ccm 1 proz. p-Amidodimethylanilinsulfatlösung, mischt und gibt 0,3 ccm 1 proz. Ferrichloridlösung zu. Die beiden letztgenannten Lösungen sind frisch zu bereiten. Bei Anwesenheit kleiner Mengen Schwefelwasserstoff tritt zunächst Rot- bis Violettfärbung ein, die schnell in Blau übergeht; größere Mengen rufen fast sofort Blaufärbung hervor[1]).

Auf den Geschmack prüfe man das Mineralwasser sowohl in der Gestalt, in der es der Erde entquillt, als auch im entgasten Zustande, den man durch wiederholtes kräftiges Schütteln in verstopfter, halbgefüllter Flasche und durch zwischenliegendes Öffnen derselben herbeiführt. Man beachte den säuerlichen Geschmack nach Kohlendioxyd, den tintenartigen nach Eisenionen, den zusammenziehenden der sauren Vitriolquellen usw.

2. *Temperatur*. Bei Quellen, die wärmer sind als die Luft ihrer Umgebung, mißt man die Temperatur am besten mittels Maximumthermometer mit abreißendem Quecksilberfaden (nach Art der Fieberthermometer). Das Thermometer wird in das Quellenbecken bzw. den Quellenschacht eingesenkt oder, bei laufenden Quellen, in ein Gefäß gebracht, durch das man das Wasser beständig hindurchfließen läßt. Ist das Wasser kühl, so daß sich die Verwendung des Maximumthermometers verbietet, so kann man bei laufenden Quellen sich auch eines gewöhnlichen Thermometers in der gleichen Weise bedienen. Aus Quellenschächten, deren Wasserspiegel nicht mit der Hand erreicht werden kann, ist dann Wasser mittels eines möglichst großen Gefäßes zu schöpfen; in dieses senkt man ein Thermometer ein, das die Eigenschaft besitzt, sich sehr schnell einzustellen, und liest ab, sobald die Anzeige nicht mehr weiter herabgeht (vgl. auch S. 4?5).

Zugleich mit der Temperatur der Quelle beobachte man die Lufttemperatur und den Barometerstand. Während des Aufenthaltes an Ort und Stelle wiederhole man alle diese Beobachtungen mehrmals zu möglichst verschiedenen Tageszeiten, um ein Bild über den Grad der Unveränderlichkeit der Temperatur des Quellwassers zu erhalten. Besonders an periodischen und intermittierenden Quellen müssen derartige Messungen so oft angestellt werden, daß sie ein vollständiges Bild des Ganges der Temperatur während eines ganzen Intervalles gewähren.

3. *Ergiebigkeit*. Die Ergiebigkeit einer Quelle bestimmt man, indem man das Wasser — sei es am selbsttätigen Überlauf, sei es am Ablauf der Pumpe — in ein hinreichend großes Gefäß einlaufen läßt und mittels einer Stechuhr die Zeit ermittelt, die erforderlich ist, um das Gefäß bis zum Überlaufen zu füllen. Der Inhalt des Gefäßes wird am besten durch Auswiegen, minder gut durch Bestimmung seiner Abmessungen und Raumberechnung, festgestellt. Man drückt die Ergiebigkeit in Hektolitern für je 24 Stunden aus. Ist also der Rauminhalt des Meßgefäßes v Liter und sind zu seiner Füllung durchschnittlich t Sekunden erforderlich, so

ist die 24stündige Ergiebigkeit $= \dfrac{864\,v}{t}$ Hektoliter.

Bei periodischen und intermittierenden Quellen ist besonders darauf zu achten, ob die Ergiebigkeit während der ganzen Dauer eines Intervalls unveränderlich dieselbe ist.

Die Bestimmung der Ergiebigkeit besitzt besondere praktische Bedeutung. Sie allein gewährt ausreichende Unterlagen für alle Erwägungen darüber, ob an einer Quelle die Abgabe von Bädern oder die Einrichtung eines Wasserversandes in wirtschaftlich nutzbringendem Umfange möglich ist.

4. *Elektrische Leitfähigkeit*. Die Ausführung der Leitfähigkeitsbestimmung im allgemeinen ist im III. Bd., 1. Teil, S. 62 dieses Buches bereits beschrieben. Hier mögen deshalb nur die Besonderheiten, die bei der Untersuchung von Mineralwässern in Betracht kommen, aufgeführt werden.

---

[1]) E. Fischer, Berichte d. Deutschen chem. Gesellschaft 1883, **16**, 2234. — G. Fendler u. W. Stüber, Zeitschr. f. analyt. Chemie 1914, **53**, 399.

Als Apparatur empfiehlt sich in erster Linie die von F. Zörkendörfer[1]) herrührende[2]), zu der nur Veränderungen mit Beziehung auf die gesondert beigegebenen Widerstandsgefäße vorzuschlagen sind. Diese Apparatur[3]), deren Schaltungsskizze Fig. 236 wiedergibt, vereinigt alle Teile, fest eingebaut, in einem versandfähigen Kasten, der an einem Gurtband über die Schulter gehängt werden kann. Sie besteht aus folgenden Stücken:

M = Meßdraht, 1 m lang, Meßbereich von 20 bis 80 cm.

W = Präzisions - Widerstandssatz. Hierfür seien, da der Verfertiger die Wahl läßt, die Widerstände 10, 20, 30, 40, 100, 200, 300, 400, 1000, 10 000 Ohm empfohlen. Ohne solche ausdrückliche Bestellung werden nur Widerstände bis zu 500 Ohm geliefert, die nicht für alle vorkommenden Fälle ausreichen.

J = Induktorium für sogenannten Mückenton, in schallisoliertem Kasten.

VW = Vorschaltwiderstand für das Induktorium zum Einstellen des Mückentones.

T = Hörtelephon samt Antiphon.

A = Ausschalter.

Sf = Trockenelement.

C = Steckkontakt zur Verbindung mit dem Leitfähigkeitsgefäß X.

Fig. 236.

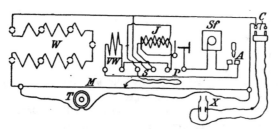

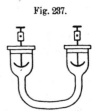

Fig. 237.

Schaltungsskizze des Apparates für die Messung der elektrischen
Leitfähigkeit.					Widerstandsgefäß.

Das Trockenelement (Sf) hat nur beschränkte Lebensdauer, indem es häufig nach dem Überführen versagt. Statt ihrer führt man zweckmäßig zwei kleine Chromsäure-Flaschenelemente mit sich, deren Flüssigkeitsfüllung gesondert in einer Glasstöpselflasche mitgenommen und nach Gebrauch wieder in dieselbe zurückgegossen wird. Die Flüssigkeit wird bereitet, indem man zu 100 ccm konz. Schwefelsäure unter Zusammenreiben allmählich 98,4 g gepulvertes Kaliumpyrochromat und schließlich unter Umrühren 962 ccm Wasser zusetzt, bis alles gelöst ist.

Als Leitfähigkeitsgefäße (Widerstandsgefäße) erweisen sich die von Köhler seinen Apparaten in der Regel beigegebenen von der Gestalt kleiner Stöpselflaschen mit eingeschmolzenen Elektroden (nach Henry) bei Mineralwasseruntersuchungen minder zweckmäßig als die bekannten Gefäße von U-Gestalt[4]) (Fig. 237). Man nimmt drei solche Gefäße von verschiedener Weite des Mittelteiles mit sich, deren Kapazitäten von den Größenordnungen 2,5 bzw. 7,5 bzw. 30 sind. Ein Paar Elektroden, für alle drei Gefäße passend, besteht aus kugelhaubenförmigen, mit der konvexen Seite nach unten gerichteten Platinblechen; an jedes ist stielartig ein Platindraht angelötet, mittels dessen die Elektroden in den auf die beiden Gefäßerweiterungen passenden Hartgummideckeln sicher festgeklemmt werden. Als Gefäßhalter ist den weitverbreiteten Drahtgestellen ein Universalgestell[5]) vorzuziehen. Dasselbe besteht aus zwei in eine Fußplatte eingelassenen säulen-

[1]) Deutsche Medizinalztg. 1904.

[2]) Der oben (S. 486) für die Trinkwasseruntersuchung empfohlene Apparat von Pleißner reicht in seinen Abmessungen nicht für Mineralwasseruntersuchungen aus.

[3]) Zu beziehen von Fritz Köhler, Leipzig-R. 1.

[4]) Zu beziehen von Hartmann & Braun, Frankfurt a. M.-Bockenheim.

[5]) Ebenfalls von Hartmann & Braun, Frankfurt a. M.-Bockenheim, zu beziehen.

förmigen Trägern, deren jeder je ein oberes und ein unteres Paar scharnierartig zusammenklapp-barer Seitenarme trägt. Das Gefäß wird so eingesetzt, daß die beiden oberen Scharnierpaare es unterhalb seiner erweiterten oberen Mündungen umfassen und festhalten.

Bei sonstigen Arbeiten wählt man nach dem Vorgange von Kohlrausch die Temperatur von 18° als ein für allemal gleiche Normaltemperatur. Demgegenüber werden Leitfähigkeitsbestim-mungen an Mineralwässern bei der Eigentemperatur der betreffenden Quelle oder — so-fern das praktischen Schwierigkeiten begegnet — doch wenigstens bei einer derselben möglichst nahe liegenden Temperatur ausgeführt. In letzterem Falle ist es dann immer noch möglich, ohne wesentlichen Fehler mittels eines Korrekturfaktors von Beobachtungstemperatur auf Quellen-temperatur umzurechnen (S. 607 u. f.).

Zur Herstellung und dauernden Erhaltung der ausreichend gleichbleibenden Versuchstemperatur bedarf es nicht des im wissenschaftlichen Laboratorium üblichen Thermo-staten; vielmehr hat stets folgende einfachere Vorrichtung (Fig. 238) genügt, nämlich ein topfförmiges Gefäß aus starkem Zink-blech von 36 cm lichtem Durchmesser und 24 cm lichter Höhe, das außen mit einer dicken Filzlage (als schlechtem Wärmeleiter) umkleidet ist. 15 cm über dem Boden ist die Wand an zwei ein-ander gegenüberliegenden Stellen von zwei Zinkrohrstutzen von 3 cm Durch-messer durchbrochen, in die, gut passend, durchbohrte Stopfen eingesetzt sind, durch deren Bohrungen weite Glasrohre hindurchgehen. Beide Rohre sind innen im Gefäß im rechten Winkel abgebogen; das Stück jenseits des Knickes ist etwa

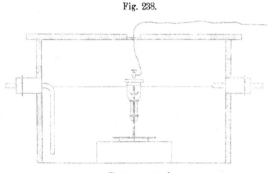

Fig. 238.

Temperaturbad.

noch 14 cm lang. Der Gefäßdeckel besteht aus zwei Zinkblech-Halbkreisstücken von je 20 cm Halbmesser, die gleichfalls außen mit Filz überzogen sind und in deren gerade Kante je ein etwa 2 cm breiter Längsstreifen Fensterglas eingefalzt ist.

Dieses Temperaturbad wird in zweifach verschiedener Weise benutzt. Ist die Tem-peratur der Quelle nur wenig verschieden von der des Arbeitsraumes, so genügt eine einmalige Füllung des Gefäßes mit frisch entnommenem Wasser der Quelle, um hinreichend gleich-bleibende Wärme zu erzielen. Bei wesentlich niedrigerer oder wesentlich höherer Quellen-temperatur ist es dagegen erforderlich, ununterbrochen erneutes Wasser aus der Quelle durch das Temperaturbad hindurchfließen zu lassen. Im ersten Falle richtet man die umgebogenen Enden der durch die seitlichen Stutzen eintretenden Glasrohre senkrecht nach oben und füllt dann das Gefäß kurz vor Versuchsbeginn bis zu etwa 15 cm Höhe mit frisch entnommenem Quellwasser. Bei der zweitgenannten Versuchsanordnung dreht man das eine Rohr so, daß der absteigende Schenkel senkrecht nach unten weist, das andere so, daß der innere Schenkel horizontal steht. Durch das erste Rohr läßt man Wasser von der Mineralquelle her, mittels Heberleitung bzw. vom Zapfrohr aus, ständig einströmen; es fließt durch das zweite Rohr ab, das zugleich die Höhe des Wasserspiegels im Gefäß bestimmt. Ist die Geschwindigkeit des von der Quelle zugeführten Wassers zu groß, so bringt man vor dem Eintritt in das Gefäß mittels T-Rohrs eine Abzweigung an der Zuleitung an und kann dann durch entsprechende Drosselung der Leitungszweige auf passende Strömungsgeschwindigkeit im Gefäß abgleichen.

Bei der nunmehr folgenden näheren Beschreibung der Arbeitsweise ist ausdrücklich auf die bereits im III. Bd., 1. Teil, S. 66 gegebenen Darlegungen Bezug genommen. Man spüle vor Beginn des Versuches die Elektroden, deren Platinierung in gutem Zustande zu erhalten ist und die nach jedem neuen Platinieren 24 Stunden in öfter gewechseltem destilliertem Wasser gewässert worden sein müssen, nacheinander mit Alkohol, Äther, wiederum Alkohol

und zuletzt mit mehrfach zu erneuerndem Mineralwasser ab. Hierzu dienen am besten flache
Krystallisierschälchen von solchem Durchmesser, daß die Elektroden-Hartgummideckel gerade
darauf passen. Mittlerweile hat man das Leitfähigkeitsgefäß von mittlerer. Größe (Kapazität
etwa = 7,5) mit dem zu untersuchenden Mineralwasser[1]) gefüllt und so in das beschriebene
Temperaturbad eingesetzt, daß sein oberer Rand nur wenig über den Wasserspiegel hervorragt.
Man erzielt das durch Unterlegen eines Holzklotzes, der zur Beschwerung mit einem Blei-
blech benagelt ist. In das Leitfähigkeitsgefäß wird ein kurzes, in $1/10$ Grade geteiltes Thermometer eingesenkt; dann wird das Temperaturbad mit den beiden Halbdeckeln bedeckt. Nach
10 Minuten schiebt man die Deckelhälften auseinander, liest die Temperatur am Thermometer
ab, entfernt dieses und setzt die Elektroden ein, in deren Klemmschrauben zuvor die Zuleitungen zum Meßinstrument festgeklemmt wurden. Als Zuleitungen darf man nicht starre
Drähte benutzen, sondern muß schmiegsame Litze verwenden, an deren Enden durch einen
Schuh geschützte Kupferdrähte angelötet sind. Das Einsetzen der Elektroden geschieht
mit raschem Ruck, um ein Festsetzen von Gasblasen zu vermeiden; von dem Erfolge in dieser
Beziehung überzeuge man sich ausdrücklich nochmals durch den Augenschein. Bereiten gas-
reiche Wässer in dieser Beziehung einmal besondere Schwierigkeiten, so kann man sie vor
Versuchsbeginn durch Schütteln in halbgefüllter Flasche ruhig vom größten Teil der gelösten
Gase befreien, da diese ja auf die Leitfähigkeit ohne Einfluß sind.

Ist alles in der beschriebenen Weise zugerüstet, so schiebt man die Deckelhälften des
Temperaturbades wieder zusammen, so daß zwischen den Glasstreifen nur der enge Raum
für den Durchtritt der Zuleitungen bleibt. Dann beginnt man mit der Messung, indem, man
zunächst am Vergleichswiderstand 1000 Ohm stöpselt. Aus dem Stand des Schiebers am
Brückendraht bei erreichtem Tonminimum des Telephons berechnet man den Widerstand
des Mineralwassers im Gefäß und stöpselt alsdann für die nächste Messung die gefundene
Größe am Vergleichswiderstand. So fällt nunmehr die Ablesung am Brückendraht in die
Gegend von 500 mm, was bekanntlich eine wesentliche Verkleinerung des Einflusses der unvermeidlichen Versuchsfehler mit sich bringt. Etwa 12—14 weitere Ablesungen werden vorgenommen, für die man den Vergleichswiderstand für jede folgende um je 10 Ohm nach oben
und später auch wieder nach unten variiert, und bei denen zwischen je zwei aufeinander folgenden eine kurze Pause unter Ausschaltung des Stromes (mittels des Ausschalters A) zu
machen ist, um Erwärmung durch Stromdurchgang zu vermeiden. Am Schluß prüft man
nochmals die Temperatur im Leitfähigkeitsgefäß nach, während man die Elektroden inzwischen
in Krystallisierschälchen mit Mineralwasser einsetzt. Anfangs- und Schlußtemperatur bei
einer Messungsreihe dürfen nicht mehr als 0,3° voneinander abweichen; das Mittel beider
Werte gilt als mittlere Versuchstemperatur.

Zur Sicherheit macht man noch eine zweite Messung in einem anderen Leitfähigkeitsgefäß, und zwar benutzt man, wenn beim ersten Versuch der Widerstand im mittleren Gefäße etwa gleich oder größer als 600 Ohm gefunden wurde, für diesen zweiten Versuch das
weiteste Gefäß (Kapazität etwa = 2,5), wenn er kleiner als 600 Ohm gefunden wurde, das
engste (Kapazität etwa = 30).

Schließlich bedarf es noch der Kapazitätsbestimmung an beiden benutzten Gefäßen. Sie erfolgt mittels $1/50$- und $1/10$ N.-Kaliumchloridlösung, und zwar unmittelbar im Anschluß an die Messungen am Mineralwasser. Für das weitere der benutzten beiden Gefäße
verwendet man die $1/50$ N.-Lösung, für das engere die $1/10$ N. Die Elektroden müssen vorher gründlich in destilliertem Wasser und dann in der mehrmals zu wechselnden betreffenden
Kaliumchloridlösung gewässert werden. Viel Sorgfalt ist darauf zu verwenden, daß sie sich
nicht inzwischen in den Deckelklemmen verschieben, und daß sie bei allen Einzelversuchen
gleich gut auf die Leitfähigkeitsgefäße aufgesetzt werden.

---

[1]) Die Probe hierzu muß gleichzeitig mit der für die chemische Untersuchung und unter denselben Bedingungen wie diese entnommen sein.

Zur Auswertung der Kapazitätsbestimmung diene folgende Tafel der Leitfähigkeit reiner $^1/_{10}$- und $^1/_{50}$ N.-Kaliumchloridlösungen[1]):

Temperatur	Spezifische Leitfähigkeit			
	$^1/_{10}$ N.-KCl.		$^1/_{50}$ N.-KCl.	
		$\Lambda_1{}^0$		$\Lambda_1{}^0$
0°	0,00 715	21,4	0,001 521	46 2
5	0 822	22,2	1 752	48 4
10	0 933	23,0	1 994	49,8
15	1 048	23,8	2 243	51,6
20	1 167	24,2	2 501	52,8
25	1 288	24,8	2 765	54,2
30	1 412		3 036	

Als Beispiel gebe ich schließlich das vollständige Protokoll einer einzelnen Versuchsreihe wieder, die am Kissinger Luitpoldsprudel angestellt wurde.

a) Bestimmung der Leitfähigkeit des Mineralwassers.

Temperatur: +13,3°.

Widerstand R im Rheostat der Meßbrücke	Ablesung a auf dem Brückendraht	Gesuchter Widerstand $x = \dfrac{aR}{1000 - a}$
Ω	mm	Ω
1300	508,5	1345,0
1310	507	1347,2
1320	502	1330,6
1340	498,5	1332,0
1350	497	1333,9
1360	495,5	1335,8
1370	495	1342,9
1350	499	1344,6
1320	504,5	1344,0
1300	508	1342,2
		1339,8 Ω

Spezifische Leitfähigkeit $\varkappa_{13,3°} = \dfrac{C}{1339,8}$

$= \mathbf{0{,}005581 \; reziproke \; Ohm.}$

b) Bestimmung der Kapazität des Widerstandsgefäßes.

Inhalt: $^1/_{10}$ N.-Kaliumchloridlösung.
Temperatur: +12,9°.

Widerstand R im Rheostat der Meßbrücke	Ablesung a auf dem Brückendraht	Gesuchter Widerstand $x = \dfrac{aR}{1000 - a}$
Ω	mm	Ω
700	517	749,27
710	512	744,92
720	510	749,38
730	507	750,72
740	502,5	747,43
750	500	750,00
760	495	744,95
770	493	748,73
780	491	752,40
760	494	741,98
740	501,5	744,46
720	510	749,38
		747,80 Ω

Spezifische Leitfähigkeit $\varkappa_{12,9°} = 0{,}01000$
(vgl. die Tafel).

Kapazität des Gefäßes $C = 0{,}01000 \times 747{,}80$
$= \mathbf{7{,}478.}$

Das Ergebnis zweier derartigen, unter Benutzung verschiedener Leitfähigkeitsgefäße durchgeführten Bestimmungen soll innerhalb eines Prozentes übereinstimmen.

Ist die Bestimmung nicht genau bei Quellentemperatur erfolgt, so kann man, falls die Beobachtungstemperatur nur unerheblich von ihr abweicht, mittels folgender Formel auf sie umrechnen:

$$\varkappa_{t_2} = \varkappa_{t_1} \frac{1 + c(t_2 - 18)}{1 + c(t_1 - 18)}.$$

---

[1]) F. Kohlrausch u. L. Holborn, Das Leitvermögen der Elektrolyte. 1898. S. 204.

Hierin bedeutet $\varkappa_{t_1}$ die gefundene spezifische Leitfähigkeit bei der Temperatur t_1, und $\varkappa_{t_2}$ den gesuchten Wert bei der Quellentemperatur t_2. c ist der sog. Temperaturkoeffizient, dessen Wert je nach Art und Konzentration des Mineralwassers schwankt und von Fall zu Fall der folgenden Tafel zu entnehmen ist.

Tafel der Temperaturkoeffizienten.

Millival-Konzentration der Elektrolyte in 1 kg	Temperaturkoeffizient c für			
	alkalische und erdige Quellen	Kochsalz-quellen	salinische und sulfatische Bitterquellen	echte Bitterquellen
10	0,028	0,024	0,025	0,024
50	0,027	0,024	0,025	0,023
100	0,026	0,024	0,025	0,022
250	0,025	0,024	0,025	0,021
500	0,024	0,024	0,025	0,020
1000	0,023	0,024	0,025	0,019

Die Umrechnung gestaltet sich für das oben angeführte Beispiel des Kissinger Luitpold-sprudels demnach wie folgt: Die Beobachtungstemperatur (t_1) war 13,3°, die Quellentemperatur (t_2) 13,7°. Das Mineralwasser gehört zu den erdig-salinisch-sulfatischen Kochsalz-säuerlingen; die Millivalkonzentration[1]) der Elektrolyte (= der Millivalsumme der Anionen bzw. Kationen, vgl. S. 709) ist = 82,6 in 1 kg. Demnach ist für c gemäß vorstehender Tafel etwa der Wert 0,025 einzusetzen, und es ergibt sich aus dem oben angegebenen Wert $\varkappa_{13,3°}$ = 0,005581 mittels der mitgeteilten Formel als spezifische Leitfähigkeit bei Quellen-temperatur:

$$\varkappa_{13,7°} = 0,005581 \cdot \frac{1-0,025 \cdot 4,3}{1-0,025 \cdot 4,7} = \mathbf{0,005644 \ reziproke \ Ohm.}$$

Bei sehr heißen Wässern oder bei solchen von ungewöhnlich hoher Konzentration wird man den Temperaturkoeffizienten besser durch besondere Versuche ermitteln, als ihn der obigen Tafel entnehmen. Das geschieht durch Bestimmung der Leitfähigkeit bei zwei verschiedenen Temperaturen t_a und t_b. Aus den gefundenen Werten für die Leitfähigkeit $\varkappa_{t_a}$ und $\varkappa_{t_b}$ ergibt sich

$$c = \frac{1}{18 - \dfrac{\varkappa_{t_a} t_b - \varkappa_{t_b} t_a}{\varkappa_{t_a} - \varkappa_{t_b}}} .$$

Hier ist die Bestimmung der elektrischen Leitfähigkeit unter die an der Quelle vor-zunehmenden Arbeiten eingereiht. Zur Not wird man sie bei solchen Wässern, die keine erheblichen Eisenausscheidungen bilden, auch bis zur Rückkehr ins Laboratorium aufschieben können, begibt sich aber dann des Vorteils, den die Benutzung des Wassers der Quelle für die Herstellung der Versuchstemperatur bietet.

5. Wasserstoffionenkonzentration. Von ärztlicher Seite wird neuerdings mehrfach Wert auf die Ermittlung der Wasserstoffionenkonzentration der Mineralwässer ge-legt[2]). Es handelt sich dabei natürlich nicht um die durch acidimetrische oder alkalimetrische Maßanalyse festzustellende Größe, vielmehr fragt man nach dem wahren Gehalt an Wasser-

---

[1]) Es bedeutet hier und in der Folge der von F. Fichter, Chem.-Ztg. 1913, **37**, 1299, ein-geführte Ausdruck Millival = Milligramm-Äquivalent.

[2]) H. J. Hamburger, Osmotischer Druck und Ionenlehre in den medizinischen Wissen-schaften. Wiesbaden 1904, **3**, 311. — L. Michaelis, Veröffentl. d. Zentralstelle f. Balneologie 1914/15, **2**, 78, 243. — Derselbe, Die Wasserstoffionenkonzentration. Berlin 1914.

stoffion, wie er als Folge von Dissoziation und Hydrolyse sich herausbildet. Die Bestimmung ist unmittelbar an der Quelle und am Wasser auszuführen, das in analoger Weise, wie die bei der Probenahme für die Gesamtkohlensäurebestimmung beschriebene, unter Vermeidung von Kohlendioxydverlusten entnommen wurde. Jeder derartige Verlust würde ja zu merklicher Verschiebung der Wasserstoffionenkonzentration führen.

Als Meßverfahren kann das sonst in der Nahrungsmittelchemie benutzte, insbesondere zur Bestimmung des „Säuregrades" des Weines empfohlene, das auf Feststellung der Geschwindigkeit der Rohrzuckerinversion oder auf Beobachtung der Esterkatalyse beruht, nicht verwertet werden. Vielmehr führen bei Mineralwässern nur die elektrometrischen Verfahren zum Ziel, die auf die Messung der Potentialdifferenz einer geeigneten Gaskette zurückgreifen. Noch steht man erst vor den Anfängen eines eben erschlossenen, allerdings viel versprechenden Gebietes, und einschlägige Untersuchungen dürften zunächst wohl nur selten vom Chemiker ausgeführt werden. Deshalb sei auf die ausführliche Beschreibung der Arbeitsweise verzichtet und darauf verwiesen, daß man Näheres darüber in den in der letzten Anmerkung aufgeführten Schriften findet.

6. Gefrierpunkt. Die Bestimmung des Gefrierpunktes ist im allgemeinen im Laboratorium an mitgenommenen Wasserproben auszuführen; nur an eisenreichen Vitriolquellen empfiehlt es sich, sie an Ort und Stelle vorzunehmen, weil die während des Versandes eintretenden Eisenausscheidungen bei ihnen bereits störende Beträge erreichen können. Das geschieht dann in der gleichen Weise, wie sie auf S. 654 u. f. beschrieben wird.

IV. Chemische Untersuchungen an Ort und Stelle.

Früher war es vielfach gebräuchlich, ein großes Rüstzeug an Reagenzien mit an die Quelle zu nehmen und das Wasser an Ort und Stelle einer vollständigen qualitativen Untersuchung zu unterziehen. Das ist aber durchaus überflüssig; die meisten qualitativen Prüfungen lassen sich auch im Laboratorium in den Gang der vorzunehmenden quantitativen Bestimmungen eingliedern, und es genügt vollauf, die Arbeiten an der Quelle auf die folgenden zu beschränken:

1. Reaktion. Das Wasser wird auf sein Verhalten gegen Methylorange und gegen Phenolphthalein geprüft (vgl. unter Trinkwasser S. 486 u. f.). Wässer, die gegen beide Indikatoren alkalisch reagieren, enthalten Hydroxylion in merklichen Mengen; solche, die gegen Methylorange alkalisch, gegen Phenolphthalein aber sauer reagieren, enthalten schwache Säuren im freien Zustande (nahezu immer freies Kohlendioxyd neben Hydrocarbonation); solche, die gegen Methylorange neutral und gegen Phenolphthalein sauer reagieren, enthalten kein Hydrocarbonation, aber freie schwache Säuren (Borsäure, Kohlendioxyd); solche, die gegen beide Indikatoren sauer reagieren, enthalten kein Hydrocarbonation, jedoch stärkere freie Säuren (saure Vitriolquellen). — Die früher üblichen Prüfungen mittels Lackmus und Curcuma sind zu entbehren, weil sie nicht in dem Maße, wie die hier empfohlenen, Schlüsse auf die chemische Beschaffenheit des Mineralwassers gestatten.

2. Bestimmung des Ferroions. In Wässern, die gegen Methylorange alkalisch reagieren, kann Eisen nur in Gestalt des zweiwertigen Ferroions vorkommen, weil das dreiwertige Ferriion neben Hydrocarbonation oder Carbonation praktisch nicht in Lösung beständig ist. Bei solchen Wässern — und sie bilden die überwiegende Mehrzahl der Mineralquellen — genügt es demnach, die Bestimmung des Eisenions später im Laboratorium vorzunehmen und das Gesamtergebnis auf Ferroion (Fe·) zu berechnen.

Anders liegt es bei den gegen Methylorange neutral oder sauer reagierenden Wässern. Sie können Ferro- und Ferriion nebeneinander enthalten, und es bedarf um so mehr einer analytischen Trennung der beiden, als deren Ergebnis dann weiter die Berechnung des Gehaltes an Gesamt-Wasserstoffion (der titrierbaren Acidität) wesentlich beeinflußt. Bei solchen Wässern ist deshalb an Ort und Stelle eine Bestimmung des Ferroions vorzunehmen, und zwar erfolgt dieselbe maßanalytisch mittels Kaliumpermanganatlösung. Der Ferriiongehalt ergibt sich dann aus der Differenz zwischen dem später im Laboratorium zu ermittelnden Gesamteisengehalt und dem Ferroiongehalt.

Zum Titrieren bedient man sich, je nach dem zu erwartenden Ferroiongehalt, einer $^1/_{10}$- oder $^1/_{20}$ N.-Kaliumpermanganatlösung, deren Titer durch Stellen auf eine entsprechende Oxalsäurelösung ermittelt wird[1]). Die Menge des anzuwendenden Mineralwassers bemißt man gleichfalls je nach dem Ferroiongehalt; in der Regel versucht man es erst einmal mit etwa 500 ccm. Zum Ansäuern setzt man auf etwa 500 ccm Mineralwasser 10 ccm verdünnte Schwefelsäure vom spez. Gewichte 1,11 zu und versetzt überdies, behufs Ausschaltung schädlicher Wirkungen etwa vorhandenen Chlorions, mit je 15 ccm Manganosulfatlösung[2]) auf je 500 ccm. Diese wird bereitet, indem man eine Lösung von 50 g krystallisiertem Manganosulfat in 250 ccm Wasser in ein Gemisch von 250 ccm Phosphorsäurelösung (spez. Gewicht 1,30), 150 ccm Wasser und 100 ccm konz. Schwefelsäure einträgt.

Besondere Maßnahmen sind erforderlich, um eine vorzeitige Oxydation des Ferroions zu verhindern[3]). Die Probenahme, Abmessung und schließlich auch die Titrierung der zur Analyse dienenden Wassermenge muß deshalb unter vollständigem Ausschluß der Luft erfolgen. Hierzu empfiehlt sich folgendes Verfahren:

Als Titriergefäße dienen Erlenmeyer-Kolben von passender Größe, deren Rauminhalt bis zu einer am Halse angebrachten Marke man zuvor durch Auswiegen festgestellt hat. In diesen Kolben leitet man zunächst in Wasser gewaschenes Kohlendioxyd ein[4]), dann beschickt man ihn mit der zunächst noch nicht zu messenden Menge Mineralwasser, die zur Analyse dienen soll. Das geschieht, indem man das Wasser mittels eines Hebers aus der Tiefe des Quellenbeckens bzw. aus dem Bohrrohr in den Kolben hinüberlaufen läßt oder nach einer der sonstigen Arten, die bei der Probenahme für die Gesamtkohlendioxydbestimmung beschrieben sind oder schließlich, im Notfalle, indem man es mittels eines Stechhebers entnimmt und aus diesem wieder auslaufen läßt. Man fügt alsdann sogleich die nach den vorhin gemachten Angaben sich ergebenden Mengen an verdünnter Schwefelsäure und Manganosulfatlösung zu und verschließt den Kolben mittels eines doppelt durchbohrten Stopfens. Durch die eine Bohrung desselben, die hierfür einen leichten Spielraum lassen muß, schiebt man die Spitze der mit der Kaliumpermanganatlösung beschickten Bürette und führt die Titrierung unter leichtem Umschwenken zu Ende.

Nach beendigter Titrierung füllt man aus einem mit möglichst feiner Teilung versehenen Meßzylinder den Kolben bis zur Marke an. Zieht man die hierbei verbrauchte Wassermenge, die Menge der zugesetzten verdünnten Schwefelsäure, der Manganosulfatlösung und der verbrauchten Permanganatlösung von der bekannten Raumerfüllung des Kolbens ab, so entspricht die Differenz der zur Analyse verwendeten Menge Mineralwasser, die mit Hilfe des später im Laboratorium festzustellenden spezifischen Gewichtes von Volum auf Gewicht umgerechnet wird.

Neben der eigentlichen Bestimmung ist stets ein blinder Versuch an einer etwa gleichgroßen Menge destillierten Wassers vorzunehmen und die Menge der hierbei zur Erzielung einer sichtbaren Färbung verbrauchten Kaliumpermanganatlösung von der bei der Ferroionbestimmung verbrauchten abzuziehen.

Für die Berechnung des Ergebnisses beachte man, daß 1 ccm $^1/_{10}$ N.-Kaliumpermanganatlösung 0,2 Millival Ferroion entspricht. Dabei ist aber weiter noch zu berücksichtigen, daß nach den Erfahrungen Eblers die im Mineralwasser sich findende arsenige Säure unter

---

[1]) Die Titerstellung auf reines Ferrioxyd, wie sie jetzt bei der Eisentitrierung nach Reinhardt erfolgt, ist für die Zwecke der Mineralwasseranalyse zu entbehren.

[2]) Vgl. Zeitschr. f. analyt. Chemie 1914, **53**, 446.

[3]) E. Ebler, Verhandl. d. naturhistor.-medizin. Vereins zu Heidelberg 1907, N. F. **8**, 450.

[4]) Falls keine Flasche mit flüssigem Kohlendioxyd (etwa von einer Bierdruckanlage) zur Verfügung steht, muß man demnach einen Kippschen Apparat mit an die Quelle nehmen.

den Versuchsbedingungen mittitriert wird. In den allermeisten Fällen ist freilich deren Menge so klein, daß der durch sie bedingte Fehler noch innerhalb der unvermeidlichen Versuchsfehler liegt und deshalb praktisch vernachlässigt werden kann. Erst bei den verhältnismäßig selten vorkommenden arsenreicheren Quellen, deren Arsengehalt 0,5 mg in 1 kg überschreitet, wird eine Korrektur des Ferroionwertes auf Grund des Ergebnisses der gesonderten Arsenigsäurebestimmung nötig, und zwar derart, daß für jedes Millimol gefundener meta-arseniger Säure (HAsO₂) je 4 Millival von der zunächst errechneten Ferroionmenge abzuziehen sind. Dabei ist aber zu beachten, daß diese Korrektur nur auf die Arsenmenge bezogen werden darf, die wirklich in dreiwertiger Form zugegen ist, und daß, wie im nächsten Absatz gezeigt wird, über die analytische Unterscheidung zwischen dreiwertigem und fünfwertigem Arsen, und gar erst über deren quantitative Trennung, bei gleichzeitiger Gegenwart dreiwertigen Eisens keine ausreichenden Erfahrungen vorliegen. Nun kommt es aber, wie vorhin ausgeführt ist, in der Mineralwasseranalyse auf die quantitative Ermittlung des Ferroions nur dann an, wenn gleichzeitig Ferriion zugegen ist; gerade dann aber muß man demnach, wenigstens für den Fall größeren Arsengehaltes, eine gewisse Unsicherheit des Ergebnisses in Kauf nehmen.

3. Bestimmung der arsenigen Säure. Arsen ist bereits vor etwa 75 Jahren mit Sicherheit als ein, wenn auch nur in kleinen Mengen, aber dafür verhältnismäßig häufig vorkommender Bestandteil der Mineralquellen erkannt worden[1]). Auf Grund der Tatsache, daß in den Sintern derartiger Quellen das Arsen im fünfwertigen Zustande zugegen ist, nahm man bis vor kurzem allgemein an, daß es auch im Mineralwasser in der gleichen Form auftritt, und erst E. Ebler[2]) führte im Gegensatz hierzu neuerdings den scharfen Beweis, daß es wenigstens im Wasser der Dürkheimer Maxquelle als arsenige Säure sich findet. Es muß aber dahingestellt bleiben, wie weit sich dieses Ergebnis verallgemeinern läßt, und man wird bis auf weiteres nur in solchen Quellen die Arsenbestimmung auf arsenige Säure beziehen dürfen, für die die Berechtigung mittels der sogleich zu beschreibenden Arbeitsweise erwiesen ist.

Da arsenige Säure in verdünnten wässerigen Lösungen durch den Sauerstoff der Luft sehr rasch zu Arsenation oxydiert wird und da dieser Vorgang überdies durch Eisenionen katalytisch beschleunigt wird, so muß die quantitative Bestimmung unmittelbar an der Quelle und unter Ausschluß des Luftsauerstoffs erfolgen. Sie geschieht nach Eblers Vorgang auf jodometrischem Wege bei hydrocarbonatalkalischer Reaktion; die hier beschriebene, von E. Hintz u. H. Weber[3]) herrührende, aber erst kürzlich veröffentlichte Ausführungsform des Verfahrens liefert schärfere Ergebnisse als die ursprünglich von Ebler beschriebene. Es lassen sich Mengen von etwa 1 mg metaarseniger Säure (HAsO₂) aufwärts in 1 kg Mineralwasser auf diese Weise auffinden und quantitativ ermitteln; bei geringeren Gehalten — also bei den allermeisten Quellen — muß man auf die Feststellung der Verbindungsform verzichten und lediglich die Bestimmung des Gesamtarsens nach dem auf S. 677 zu beschreibenden Verfahren vornehmen.

Zur Analyse bedarf man, je nach dem Gehalt, 500 ccm bis 3 l Mineralwasser. Man benutzt Erlenmeyer-Kolben bzw. Flaschen von entsprechend größerem Inhalt, die am Halse eine Marke tragen und deren Raumerfüllung bis zur Marke durch Auswiegen ermittelt ist. In ein solches Gefäß mißt man von einer kaltgesättigten Natriumhydrocarbonatlösung so viel ein, als etwa dem zehnten Teil der Mineralwassermenge entspricht, die man verwenden will, setzt auf je 50 ccm derselben noch 1 ccm verdünnte Salzsäure (spez. Gewicht 1,12) hinzu und verdrängt schließlich die Luft im Gefäße durch Einleiten von gewaschenem Kohlendioxyd. Hierauf beschickt man das Gefäß mit der erforderlichen Menge Mineralwasser und verfährt dabei in gleicher Weise, wie es bei der Bestimmung des Ferroions beschrieben wurde. Auch hier verschließt man dann, wie dort, mit einem doppelt durchbohrten Stopfen, durch dessen

[1]) H. Will, Ann. d. Chemie u. Pharmazie 1847, **61**, 192. — F. A. Walchner, ebendas. S. 205.

[2]) Verhandl. d. naturhist.-medizin. Vereins zu Heidelberg 1907, N. F. **8**, 435.

[3]) E. Hintz, Chemische Analyse der Maxquelle zu Bad Dürkheim. Wiesbaden 1915, S. 15.

eine Bohrung die Bürettenspitze durchgesteckt ist und titriert nunmehr, nach vorheriger Zugabe von Stärkekleister, mittels einer Jodlösung, die 1 g elementares Jod in 1 l enthält, bis zur eben bleibenden Blaufärbung. Das Ergebnis eines mit gleichen Mengen der Reagenzien an destilliertem Wasser angestellten blinden Versuches wird von der verbrauchten Menge Jodlösung abgezogen.

Die Menge des angewendeten Mineralwassers wird in gleicher Weise wie bei der Ferroionbestimmung durch Differenzbestimmung ermittelt, indem man am Schluß der Titrierung den leeren Raum im Versuchsgefäß bis zur Marke durch Eingießen von Wasser ausmißt und das festgestellte Volum unter Heranziehung der Dichte des Mineralwassers auf Gewicht umrechnet. Der Arsentiter der Jodlösung wird in bekannter Weise (bei Gegenwart von Natriumhydrocarbonat) auf eine frisch bereitete Lösung von Arsentrioxyd gestellt, die etwa 0,4 g As_2O_3 in 1 l enthält. Das Ergebnis ist auf metaarsenige Säure ($HAsO_2$) zu berechnen.

Wenn man saure Vitriolquellen nach diesem Verfahren zu analysieren versucht, so wird, sofern das Mineralwasser Ferriion enthält, beim Zusammentreffen mit der Natriumhydrocarbonatlösung Ferrihydroxyd ausfallen. Bei dem bekannten Verhalten dieser Verbindung ist aber zu befürchten, daß der Niederschlag etwa vorhandene arsenige Säure durch Adsorption mit niederreißt, daß also eine anschließende jodometrische Titrierung kein richtiges Bild über Anwesenheit oder Abwesenheit der dreiwertigen Stufe des Arsens liefert. Experimentelle Erfahrungen darüber, bis zu welchem Maße diese Erwartungen Wirklichkeit gewinnen, liegen noch nicht vor.

Neben Schwefelwasserstoff kann arsenige Säure keinesfalls in der beschriebenen Weise ermittelt werden, da er in gleicher Weise Jod verbraucht wie diese.

4. Bestimmung des Gesamtschwefelwasserstoffs.

Diese Bestimmung, die natürlich nur an Schwefelwässern ausgeführt wird, ist unmittelbar an der Quelle vorzunehmen. Sie geschieht auf jodometrischem Wege, wobei zu beachten ist, daß das Ergebnis auch das etwa vorhandene Thiosulfation mit einbegreift. Beachtet man die betreffenden Reaktionsgleichungen:

$$1.\ H_2S + J_2 = S + 2\,J' + 2\,H^{\cdot}, \qquad 2.\ 2\,S_2O_3'' + J_2 = S_4O_6'' + 2\,J',$$

so ergibt sich, daß bei Berechnung des Jodverbrauchs auf Schwefelwasserstoff von dem als Thiosulfation vorhandenen Schwefel der vierte Teil mit in Erscheinung tritt. Auch etwa vorhandene arsenige Säure wird als Schwefelwasserstoff mittitriert.

Als Maßflüssigkeit dient eine Jodlösung, die etwa 1 g Jod in 1 l enthält und deren Wirkungswert in bekannter Weise gegen eine Lösung gestellt ist, die $1/1200$ Mol Kaliumpyrochromat ($K_2Cr_2O_7$) in 1 l enthält.

Die Titrierung selbst ist in der Weise auszuführen, daß man zunächst in einem Vorversuch eine gemessene Menge (vgl. unten) des Mineralwassers in einem Kolben bei Gegenwart von Stärkekleister bis zur eben bleibenden Bläuung austitriert. Hierauf bringt man für den maßgebenden Versuch die im Vorversuch verbrauchte Menge Jodlösung in den Kolben, fügt dann möglichst dieselbe Menge Mineralwasser wie zuvor hinzu und setzt nun Stärkekleister und noch weitere Jodlösung bis zur Bläuung hinzu. Von dem so festgestellten Verbrauch an Jodlösung zieht man die Menge ab, die bei einem blinden Versuch mit einer gleichen Mengen schwefelwasserstofffreien Wassers von derselben Temperatur verbraucht wurde. Ist das zu titrierende Schwefelwasser ein sog. alkalisches, so setzt man bei diesem blinden Versuche zweckmäßig eine der „engeren Alkalität" (vgl. S. 686) entsprechende Menge freies Kohlendioxyd enthaltende Natriumhydrocarbonatlösung zu.

Die Menge des zur Analyse benutzten Mineralwassers wird in derselben Weise ermittelt wie bei der Bestimmung des Ferroions und der arsenigen Säure, d. h. man führt die Titrierung in einem ausgemessenen Kolben aus und zieht von dessen Rauminhalt die Menge der verbrauchten Jodlösung, des Stärkekleisters und des zum Auffüllen des Kolbens erforderlichen Wassers ab.

Die meisten Mineralwässer enthalten Hydrocarbonation; sie sind aber andererseits auch meistens so reich an freiem Kohlendioxyd, daß eine weitgehende Zurückdrängung der Hydrolyse des Hydrocarbonations und damit die Zulässigkeit der beschriebenen Arbeitsweise gewährleistet ist. Anders liegt das bei jenen Schwefelwässern, die sehr arm an freiem Kohlendioxyd sind, oder bei jenen, die gar kein solches enthalten und gegen Phenolphthalein alkalisch reagieren. Bei ihnen würde nicht nur der Schwefelwasserstoff, sondern auch das Hydroxylion Jod verbrauchen und mithin das Ergebnis der jodometrischen Titrierung zu hoch ausfallen. Um diesen Fehler zu vermeiden, muß man gegebenenfalls dem Mineralwasser vor dem Titrieren Natriumhydrocarbonatlösung und überdies etwas Salzsäure, die eine entsprechende Menge Kohlendioxyd in Freiheit setzt, hinzufügen.

Bei der maßgebenden Titrierung, bei der sich von Anfang an Jodlösung im Reaktionskolben befindet, setzt man dieser zunächst eine gemessene Menge (50 ccm) gesättigter Natriumhydrocarbonatlösung und hierauf 1,5 ccm Salzsäure vom spez. Gewicht 1,12 zu, schwenkt um und gibt dann sogleich das Mineralwasser nach.

Das Ergebnis der Gesamt-Schwefelwasserstoffbestimmung berechnet man zunächst auf der Grundlage, daß 1 ccm $^1/_{100}$ N.-Jodlösung 0,005 Millimol Gesamt-Schwefelwasserstoff entspricht. Für je ein Millival vorhandenen Thiosulfations ist 0,25 Millimol von dem errechneten Wert abzuziehen. Weiteres vgl. S. 704 u. 708.

5. Qualitative Prüfung auf Thiosulfation.

Man versetze eine größere Menge des Schwefelwassers mit einer zur Fällung des Gesamtschwefelwasserstoffs ausreichenden Menge der auf S. 602 angegebenen Zinkvitriollösung[1] und lasse in verstopfter Flasche stehen, bis der Niederschlag sich zusammengeballt hat[2]. Dann filtriere man und erhitze das Filtrat mit Silbernitratlösung zum Kochen. Nach dem Erkalten versetze man mit reichlich überschüssiger Ammoniakflüssigkeit, wobei Silberchlorid und etwaiges Silbercarbonat in Lösung gehen. Ein hierbei bleibender schwarzer Rückstand von Silbersulfid erweist die Gegenwart von Thiosulfation. — Es empfiehlt sich deshalb die Prüfung an Ort und Stelle auszuführen, weil bei einem negativen Befund die Probenahme in den auf S. 602 mit *b* und *c* bezeichneten Flaschen erspart werden kann.

6. Bestimmung des Gesamtkohlendioxyds.

Persönlich zieht der Verf. dieses Abschnittes die Bestimmung im Laboratorium in der auf S. 680 zu beschreibenden Weise der Ermittlung an Ort und Stelle vor. Letztere ist jedoch so vielfach in Gebrauch, daß ihre Ausführung, wie sie F. P. Treadwell[3] beschrieb, hier kurz wiedergegeben werden möge:

Das kleine Kölbchen *A* (Fig. 239, S. 614) ist durch Auswägen bis zu einer am Halse befindlichen Marke geeicht. Es kann mittels eines bis genau zur Marke einzudrehenden Gummistopfens verschlossen werden, durch den eine unten zugeschmolzene Röhre *R* geht, die etwas oberhalb des zugeschmolzenen Endes eine seitliche Öffnung *o* besitzt. In den Kolben bringt man zuerst etwa 0,18 g feinen Aluminiumdraht und entnimmt in ihm, ihn bis zum Rande füllend, in der auf S. 599 angegebenen Weise die erforderliche Wasserprobe. Dann verschließt man sofort mit dem Pfropfen wie in Fig. 239 und zieht das Rohr *R* in die Höhe, so daß die Öffnung *o* innerhalb des Pfropfens zu stehen kommt (Fig. 240); auf diese Weise wird völliger Abschluß von der äußeren Luft bewirkt. Nun spült man das Rohr *R* mit destilliertem Wasser gehörig aus, verbindet, wie in Fig. 239 angegeben ist, das obere Ende des Rohres *R* mit der mit einem Wassermantel umgebenen, mit Quecksilber gefüllten Gasbürette *B* unter Einschaltung der Kugelröhre *K*, deren Kugel etwa 35 mm Durchmesser hat, und der Capillare *C*. Überdies verbindet man den Seitenarm *P* des Rohres *R* mit dem Salzsäure-

---

[1] Hierbei entsteht natürlich auch eine Fällung von Zinkcarbonat.

[2] Schwefelwässer mit stark mineralsaurer Reaktion kommen praktisch nicht vor. Eine Neutralisation ist deshalb kaum erforderlich.

[3] F. P. Treadwell, Die chemische Untersuchung der Heilquellen von Passug bei Chur. Zürich 1898. S. 5.

behälter *S*, der durch den Quetschhahn *h* verschlossen ist. Zur Füllung von *S* dient Salzsäure vom spez. Gewicht 1,12, die mit der gleichen Raummenge Wasser verdünnt ist.

Nachdem man alle Schlauchverbindungen durch Überbinden mit Draht gesichert hat, evakuiert man die Kugel *K* durch Senken des Quecksilbergefäßes *D* und Schließen des Hahnes *L*. Die Luft, die hierbei nach *B* gelangt, treibt man durch passende Drehung des Hahnes *L* und Heben des Quecksilbergefäßes *D* aus dem Apparat aus, der noch nicht, wie in der Figur, mit der Orsatröhre *O* verbunden ist.

Durch dreimalige Wiederholung dieser Maßnahmen ist die Kugel *K* hinreichend luftleer. Man drückt nun die Röhre *R* sorgfältig so weit in den Stopfen hinein, daß die Öffnung *o* eben unter der unteren Fläche zum Vorschein kommt; es beginnt bei Säuerlingen alsbald eine lebhafte Gasentwicklung, und das Quecksilber in der Gasbürette *B* fällt rasch. (Man sorge stets dafür, daß Minderdruck vorhanden ist.) Ist die Bürette

Fig. 239.

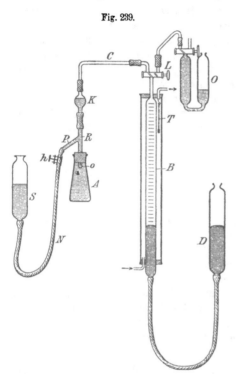

Apparat zur Bestimmung der Gesamtkohlensäure.

Fig. 240.

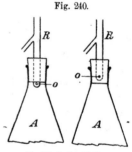

Abschluß des Kolbens.

zu etwa drei Vierteln mit Gas gefüllt, so senkt man rasch das Quecksilbergefäß *D* und schließt den Hahn *L*. Unterdessen ist die mit Kalilauge vom spez. Gewicht 1,20—1,28 beschickte Orsatröhre *O* mit der Gasbürette verbunden worden, und man treibt das Gas — nach Ablesung seiner Raummenge, der Temperatur und des Barometerstandes — bei geeigneter Hahnstellung von *L* durch Heben von *D* nach *O* hinüber, beläßt es darin und stellt durch Drehen von *L* die Verbindung von *B* mit *A* wieder her, wobei von neuem Gas nach *B* übertritt. Ist der Gasaustritt in *A* langsam, so unterstützt man ihn durch Erwärmen. Das erhaltene Gas wird von neuem — nach Ablesen des Raumgehaltes, der Temperatur und des Druckes — in die Orsatröhre *O* gebracht. Man wiederholt das Austreiben des Gases durch Auskochen, bis nur noch wenig Gas entwickelt wird; dann läßt man Salzsäure aus *S* in den Kolben einlaufen. Man erzeugt Minderdruck, läßt durch vorsichtiges Öffnen des Quetschhahnes *h* einige Kubikzentimeter Salzsäure in den Kolben *A* einströmen und schließt sofort den Quetschhahn. Es beginnt von neuem lebhafte Gasentwicklung; das Gas wird wiederum, wie beschrieben, abgemessen und in die Orsatröhre getrieben. Zum Schluß läßt man noch mehr Salzsäure einlaufen und erhitzt zum starken Sieden, doch so, daß kein Wasser in die Gasbürette gelangt. Das Aluminium löst sich und die letzten Spuren des Kohlendioxyds werden durch den entwickelten Wasserstoff in die Gasbürette getrieben. Nachdem alles ausgekochte Gas genügend lange in der Orsatröhre mit Kalilauge bis zur völligen Absorption des Kohlendioxyds behandelt worden ist, nimmt man es in die Bürette zurück, zieht seine Raummenge von der Summe sämtlicher Ablesungen ab und erhält so die Raummenge des Gesamtkohlendioxyds.

War der Fassungsraum des Kolbens $A = e$ ccm und die Dichte des Mineralwassers $= d$; war ferner die gefundene Raummenge Kohlendioxyd $= v$ ccm bei einer Temperatur von $t°$ und einem Barometerstande von b mm, so ist die Menge der Gesamtkohlensäure, ausgedrückt in Millimol, in 1 kg Mineralwasser:

$$\frac{269,8\ vb \cdot 1,9763 \cdot 1000}{(269,8 + t) \cdot 760 \cdot ed \cdot 44} = \frac{15,947\ vb}{(269,8 + t)\ ed}.$$

Bei der Ableitung dieser Berechnungsformel ist der absolute Nullpunkt für Kohlendioxyd, gemäß dem von Ph. Jolly[1]) gefundenen Werte für den Ausdehnungskoeffizienten, zu —269,8°, der Wert für das Gewicht eines Kubikzentimeters bei 0° und 760 mm zu 1,9763 mg eingesetzt.

Die Größe des Kolbens A richtet sich selbstverständlich nach dem Gesamtkohlensäuregehalt des Wassers. Für sehr kohlensäurereiche Säuerlinge wählt man einen solchen von etwa 75 ccm Inhalt, für kohlensäurearme Wässer einen solchen von 200 ccm und mehr. Eine Bestimmung läßt sich bequem in $^3/_4$—1 Stunde durchführen.

7. Nachweis und Bemessung katalytischer Wirkungen des Mineralwassers.

R. Glénard[2]) hat gezeigt, daß gewisse natürliche Mineralwässer im frischen Zustande den Zerfall des Wasserstoffperoxyds katalytisch beschleunigen, daß diese katalytische Wirkung sich bei ihrer Aufbewahrung verändert und schließlich, daß sie wahrscheinlich auf einen Gehalt des frisch geschöpften Wassers an kolloidalem Ferrihydroxyd zurückzuführen ist. L. Grünhut hat, gemeinschaftlich mit R. Fresenius[3]), an einigen Kissinger Quellen entsprechende Untersuchungen angestellt, und schlägt — auf Grund der hierbei gewonnenen Erfahrungen — folgende Arbeitsweise, die die Gewinnung vergleichbarer Ergebnisse erlaubt, als ein für allemal gleiche vor.

Die Beobachtungen zielen auf die Feststellung des zeitlichen Verlaufes des Zerfalls von Wasserstoffperoxyd bei Gegenwart des Mineralwassers. Sie müssen bei einer ein für allemal gleichen Normaltemperatur angestellt werden. Als solche hat Glénard bereits 37° vorgeschlagen. Zu ihrer Herstellung bedarf man eines Brutschrankes; man nehme ein billiges Modell, das mit einer Petroleumlampe beheizt wird[4]), mit an die Quelle. Seine Abmessungen entsprechen etwa einem Würfel von 35 cm Kantenlänge; er ruht auf 4 Füßen. Vor Beginn der Versuchsreihe wird die Temperatur auf 37° eingestellt, man beschickt den Brutschrank währenddessen mit einer Anzahl Kölbchen, die 250 ccm Wasser enthalten, die dann später gegen die Kölbchen mit der Versuchsflüssigkeit vertauscht werden.

Das frisch entnommene Mineralwasser wird in einem angeheizten Wasserbade möglichst rasch auf 37° temperiert, zugleich wird eine wässerige Wasserstoffperoxydlösung, die in 1 l 0,45 Mol H_2O_2 enthält, auf 37° angewärmt. Genau 10 Minuten nach der Entnahme mischt man 200 ccm des angewärmten Mineralwassers mit 25 ccm der Wasserstoffperoxydlösung und setzt im Augenblick der Vermischung eine Sekundenstechuhr in Gang. Man bringt die Mischung in den Brutschrank, entnimmt ihr nach etwa 2, 15, 30, 45, 60 und 120 Minuten mittels im Brutschrank vorgewärmter Pipette Proben von je 25 ccm, säuert diese mit der auf S. 610 angegebenen schwefelsauren Manganosulfatlösung an und titriert mittels $^1/_{10}$ N.-Kaliumpermanganatlösung bis zur bleibenden Rotfärbung. Als genauen Zeitpunkt jeder Einzelbestimmung sieht man den auf der Sekundenuhr abgelesenen Augenblick an, in dem das Ansäuern der

---

[1]) Poggendorffs Annalen der Physik 1874, Jubelband, S. 94.

[2]) Sur les propriétés physico-chimiques des eaux de Vichy (Pouvoir catalytique). Paris 1911. S. 59.

[3]) R. Fresenius u. L. Grünhut, Chemische und physikalisch-chemische Untersuchung des Luitpoldsprudels zu Bad Kissingen. Wiesbaden 1913. S. 33.

[4]) Zu beziehen von Paul Altmann, Berlin NW 6, Luisenstraße 47.

herausgenommenen Probe erfolgte. Im übrigen führt man eine vollständige Parallelversuchs-
reihe an einer Mischung von 200 ccm auf 37° angewärmtem destillierten Wasser mit 25 ccm
der auf 37° angewärmten Wasserstoffperoxydlösung durch. Der an dieser Lösung zuerst
gefundene Permanganatverbrauch gilt auch als Anfangswert ($t = 0$) für den Mineralwasser-
versuch, nur daß an ihm, wie an allen weiteren Mineralwasserwerten, der dem Ferroiongehalt
entsprechende Wasserstoffperoxydverbrauch bzw. dessen Permanganatäquivalent abgezogen
werden muß. Diesen Korrekturwert ermittelt man durch direkte Titrierung einer größeren
Menge angesäuerten Mineralwassers mit der Permanganatlösung.

Bezüglich der Darstellung der Ergebnisse begnüge man sich mit der unmittelbaren
Anführung der gefundenen Titrierwerte, etwa in folgender Art, die L. Grünhuts und R. Fresenius' Ermittlungen an der Bockleter Stahlquelle wiedergibt.

Bockleter Stahlquelle		Destilliertes Wasser	
Zeit nach Herstellung der Mischung Minuten	25 ccm Mischung brauchten $^1/_{10}$ N.-KMnO$_4$ ccm	Zeit nach Herstellung der Mischung Minuten	25 ccm Mischung brauchten $^1/_{10}$ N.-KMnO$_4$ ccm
0	27,56	0	27,70
1,8	26,57	11,4	27,69
15,7	23,33	14,9	27,74
32,5	20,73	30,0	27,69
45,6	19,45	45,5	27,71
60,7	17,56	60,9	27,65
120,5	12,80	120,2	27,69

Im allgemeinen kann man sagen, daß je größer der Rückgang des Permanganatverbrauches bei der Mineralwassermischung ist, um so größer muß auch die katalytische Be-
schleunigung sein, die das Mineralwasser ausübt. Weiterer theoretischer Deutungen
enthält man sich am besten bis zu weiterer Durchforschung des Gebietes.

Zur Ergänzung der gefundenen quantitativen Ergebnisse ist noch das gleichfalls von
R. Glénard[1] benutzte qualitative Verhalten gegen Phenolphthaleinlösung,
d. i. reduzierte Phenolphthaleinlösung, heranzuziehen. Das erforderliche Reagens
bereitet man, indem man 100 ccm destilliertes Wasser mit 2 g Phenolphthalein, 20 g Ätzkali
und 10 g Zinkstaub zum Kochen erhitzt, bis Entfärbung eingetreten ist. Die erkaltete, klar
filtrierte Flüssigkeit bewahrt man in einer dunklen Flasche über reinen Zinkschnitzeln auf.

Zur Ausführung der Reaktion versetzt man 10 ccm Mineralwasser bei 37° mit einigen
Tropfen des Reagenzes und einigen Tropfen Essigsäure. Tritt Rotfärbung ein, so enthält das
Wasser eine direkte Oxydase. Bleibt die Reaktion aus, so versetzt man mit einigen Tropfen
Wasserstoffperoxydlösung; zeigt sich nunmehr binnen weniger Minuten Rotfärbung, so ist
eine Peroxydase (oder indirekte Oxydase) zugegen. Bleiben beide Reaktionen aus, hat das
Wasser aber dennoch bei der zuvor beschriebenen quantitativen Versuchsanordnung den
Wasserstoffperoxydzerfall beschleunigt, so sagt man, es enthalte Katalasen. Die Ergebnisse
dieser Versuche mit Phenolphthalein können vergleichbar ausgedrückt werden, wenn man
die nach genau 3 Minuten erzielte Stärke des roten Farbentons an der Hand einer ein für
allemal zu vereinbarenden Vergleichsfarbenskala[2] bestimmt.

---

[1] De l'action peroxydasiques des eaux de Vichy sur certaines matières colorantes. Commu-
nication faite à la société d'hydrologie médicale de Paris. Séance du 4 novembre 1912. (Gazette
des eaux 1912.)

[2] Glénard benutzte für seine Versuche den Code des couleurs von Klincksieck und
Valette.

V. Gasanalytische Untersuchungen an Ort und Stelle.

Bei den gasanalytischen Untersuchungen ist zu unterscheiden zwischen den im Wasser frei aufsteigenden Gasen einer- und den gelösten Gasen andererseits. In Beziehung auf die analytische Arbeitsweise sei erwähnt, daß man im Lauf der Zeit mehr und mehr erkannt hat, daß die früher benutzten, von R. B u n s e n [1]) begründeten Verfahren durch die einfacheren Arbeitsweisen der technischen Gasanalyse ersetzt werden können, wie sie W. H e m p e l [2]) und andere ausgearbeitet haben.

a) Frei aufsteigende Gase.

Die Ergebnisse der Analyse der frei aufsteigenden Gase bezieht man auf R a u m - t a u s e n d s t e l. Diese r e l a t i v e n Zahlenwerte sind — wegen der Gleichheit der Ausdehnungskoeffizienten aller Gase [3]) — unabhängig von Temperatur und barometrischem Druck; deshalb sind darauf bezügliche Angaben zu entbehren.

1. Probenahme. Die frei aufsteigenden Gase sammelt man unter einem Trichter, den man verkehrt — mit der weiten Öffnung nach unten — in den Quellenschacht oder das Quellenbecken einsenkt, so daß sie aus einer an das Schwanzende angeschlossenen Schlauchleitung entweichen können. Die Größe des Trichters richtet sich je nach der Menge der Gase; je mehr Gas in der Zeiteinheit aufsteigt, um so größer kann er sein; doch empfiehlt es sich kaum, über 35 cm Länge der Mantellinie hinauszugehen. Am besten wird er aus Zinkblech angefertigt und durch auf den unteren Außenrand angelötete Bleiringe beschwert. Das Gewicht muß bei einer Mantellinie von s cm hierdurch auf mindestens $\left(\dfrac{s}{15}\right)^3$ kg gebracht werden, um den Auftrieb im Wasser aufzuheben. An dem nach unten gewendeten Trichterrand sind überdies noch zwei diametral einander gegenüberliegende Ösen angelötet, an die — behufs noch stärkerer Beschwerung in lebhaft bewegtem Wasser — Gewichte angehängt werden können. Der Trichterschwanz ist nur kurz und sehr genau von kreisförmigem Querschnitt, so daß ein einzusetzender Kautschukstopfen dicht schließt. Außen trägt der Trichterschwanz gleichfalls zwei angelötete Ösen.

In den Trichterschwanz (Fig. 241) setzt man einen durchbohrten Stopfen ein, durch dessen Bohrung ein Glasrohr hindurchgeführt ist, das unten genau mit der Unterfläche des Stopfens abschneidet und an das oben ein Leitungsschlauch angefügt ist. Der Stopfen wird mittels eines zuvor durch die Ösen des Trichterschwanzes gezogenen Bindfadens sicher befestigt, der Schlauch durch Ligaturen vor dem Abgleiten geschützt. Der Schlauch reicht bis an die Arbeitstelle des Analytikers am Rande der Quellenfassung; an seinem letzten Ende ist an ihn ein gläsernes T-Rohr angeschlossen, auf dessen beide Gabelverzweigungen wieder kurze Stücke Kautschukschlauch gezogen sind, die mit Schraubenquetschhähnen verschlossen werden.

Die ganze Vorrichtung läßt man an zwei kräftigen Leinen, die in die beiden Ösen am Trichterschwanz eingeknüpft sind, bis zu geeigneter Tiefe in die Quellenfassung hinab, und zwar an der Stelle, an der die Hauptmenge der frei aufsteigenden Gasblasen sich zeigt.

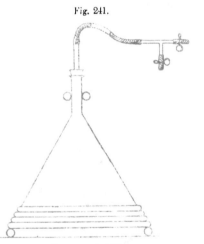

Fig. 241.

Gassammeltrichter.

---

[1]) R. B u n s e n, Gasometrische Methoden. 2. Aufl. Braunschweig 1877.

[2]) W. H e m p e l, Gasanalytische Methoden. 4. Aufl. Braunschweig 1913.

[3]) Die geringe Abweichung desjenigen des Kohlendioxyds ist für diese Angelegenheit unerheblich.

Dann bindet man die Enden der beiden Leinen am Rande der Quellenfassung oder an einer quer darüber gelegten Stange fest und sorgt auch für eine Befestigung der Schlauchendigung, um ein Abgleiten derselben in das Wasser zu verhüten. Die weitere Vorbereitung ist verschieden je nach der Geschwindigkeit und Menge, mit der das Gas entweicht.

Bei großen Mengen rasch entweichenden Gases läßt man den einen der beiden Quetschhähne an dem vergabelten Ende der Schlauchleitung dauernd offen. Nach einiger Zeit hat dann das ausströmende Gas alle Luft verdrängt. Treten geringere Gasmengen langsam aus der Quelle aus, so füllt man die ganze Apparatur bei geöffnetem Quetschhahn durch Ansaugen mit Wasser, schließt den Hahn und läßt das Gas alsdann im Trichter sich sammeln. Gleichgültig, ob man auf die eine oder andere Weise arbeitet, empfiehlt es sich, die Einrichtung am Abend des Arbeitstages, an dem man die Probenahme des Mineralwassers beendigte, in die Quelle einzubauen; man kann dann am folgenden Morgen zur Gasanalyse schreiten.

Wenn aus einer und derselben Quelle an verschiedenen Stellen Gasblasen oder Gassprudel aufsteigen, so können dieselben ungleiche Zusammensetzung besitzen. Dem ist gegebenenfalls durch gesonderte Probenahme und gesonderte Analyse Rechnung zu tragen.

Bei engen Bohrlöchern, in die man um ihres zu geringen Durchmessers willen den Trichter nicht einsenken kann, benutzt man statt seiner eine glockenförmige Vorrichtung etwa von der Gestalt eines Spitzgeschosses. Die Abmessungen dieser Vorrichtung dürfen natürlich nicht so groß sein, daß nach ihrem Verbringen in das Bohrloch eine merkliche Drosselung des aufsteigenden Mineralwassers veranlaßt wird. Das gilt übrigens auch von den Abmessungen des zuvor beschriebenen Trichters.

Handelt es sich um Quellen, die durch eine Pumpe gefördert werden und deren Bohrloch oder Quellenschacht unzugänglich ist, so bleibt nichts anderes übrig, als die Gasproben dem Windkessel der Förderpumpe zu entnehmen.

2. Bestimmung des Kohlendioxyds und des Sauerstoffs.

Hierfür bedarf man einer Hempelschen Gasbürette und Hempelscher Absorptionspipetten. Als Bürette genügt fast immer die einfache, in Fig. 242 dargestellte Form, und nur, wo es sich um die Untersuchung von aus besonders heißen Quellen austretenden Gasen handelt, empfiehlt sich die Benutzung einer Gasbürette mit Wassermantel, um die Temperatur während der Versuchsdauer unverändert zu erhalten. Im übrigen empfiehlt es sich nicht, die Meßröhre und die Niveauröhre, wie meist üblich — und wie es auch die Figur anzeigt —, in eiserne Fußgestelle einzukitten, weil sie in solcher Zurüstung bei der Versendung leicht zerbrechen. L. Grünhut zieht es vor, die beiden Röhren bei Gebrauch in die beweglichen Stativklemmen eines eisernen Stativs zu befestigen.

Von Absorptionspipetten braucht man eine sog. „einfache" (in Fig. 242 mit abgebildet), mit Kalilauge zu beschickende zur Kohlendioxydbestimmung und eine „zusammengesetzte" (Fig. 243) mit Pyrogallollösung zu füllende für die Sauerstoffbestimmung. Die Kalilauge wird aus 1 Teil Ätzkali und 2 Teilen Wasser bereitet; sie vermag das 40fache ihrer Raumerfüllung an Kohlendioxyd aufzunehmen. Die Pyrogallollösung bereitet man durch Mischen einer Lösung von 25 g Pyrogallol in 75 ccm Wasser mit 750 ccm Kalilauge

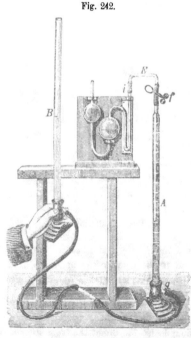

Fig. 242.

Gasbürette nach Hempel.

der eben angegebenen Zusammensetzung; sie kann bis zur Absorption des Zweifachen ihrer
Raumerfüllung an Sauerstoff ausgenutzt werden. Diese Lösung
bringt man in das Kugelpaar *a b*
der zusammengesetzten Absorptionspipette, während *c d* etwas
Wasser enthält, das als hydrau-
lischer Verschluß dient und die
Pyrogallollösung gegen den Einfluß der Luft schützt. Man beachte
schließlich die Regel, nur solche
Absorptionsflüssigkeiten zu verwenden, die bereits mehrmals gebraucht und infolgedessen mit
schwach chemisch bzw. mechanisch absorbierbaren Fremdgasen
gesättigt sind.

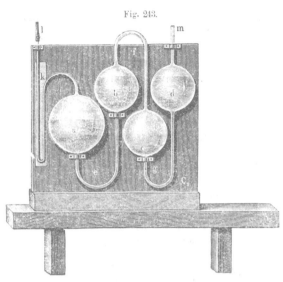

Fig. 243.

Zusammengesetzte Absorptionspipette.

Die Absorptionspipetten lassen sich nicht gut in gefülltem
Zustande an den Quellenort befördern; man nimmt die Lösungen deshalb besser in Flaschen
mit und füllt sie an Ort und Stelle in die Pipette über. Die Pyrogallollösung ist hierbei im
Interesse ihrer Haltbarkeit möglichst vor der Einwirkung des Luftsauerstoffs zu bewahren.

Behufs Ausführung der Bestimmung füllt man das mit dem capillaren Verbindungsstück *E* (Fig. 242) verbundene Meßrohr *A* der Gasbürette bei geöffnetem Quetschhahn *f* durch
Hochheben des mit Wasser beschickten Niveaurohres *B* völlig mit Wasser. Dann schiebt
man die Verbindungscapillare *E* in das mit zwei Fingern gefaßte und durch Breitdrücken
von etwaigem Luftinhalt entleerte, hinter dem T-Stück befindliche letzte Ende der vom Gassammeltrichter kommenden Schlauchleitung. Der Quetschhahn dieses Astes der T-Verzweigung ist hierbei auf alle Fälle geschlossen zu halten. Man öffnet nunmehr den Quetschhahn *f* und stellt die Quetschhähne an der T-Verzweigung so, daß für das Gas der Weg zur
Bürette *A* offen ist, in welche letztere man es hierauf durch Senken von *B* einsaugt. Dann
schließt man *f*, stellt den Gaszufluß an der T-Verzweigung ab und nimmt die gefüllte Gasbürette ab. Durch mehrfach wiederholtes abwechselndes Heben und Senken von *B* bei geschlossenem Quetschhahn *f* bringt man ihren Inhalt unter wechselnden Druckverhältnissen
mit dem Sperrwasser in Berührung und sättigt letzteres derart einigermaßen mit dem zu
untersuchenden Gase.

Nachdem das geschehen ist, entläßt man die zuerst entnommene, lediglich für diesen
Zweck bestimmte Gasprobe und entnimmt in der beschriebenen Weise eine zweite, zur
Analyse bestimmte Gasprobe. Zunächst saugt man etwas mehr als 100 ccm Gas in die
Bürette ein, nimmt sie dann nach Schließen von *f* ab und läßt 3 Minuten verstreichen (zum
Ablaufen des Wassers von den Bürettenwänden). Hierauf preßt man das Gas durch Heben
der Niveauröhre *B* so weit zusammen, daß das Wasser in *A* etwas über die 100-Marke zu
stehen kommt, kneift den Verbindungsschlauch bei *g* mit zwei Fingern der linken Hand fest
zusammen, senkt das Niveaurohr und läßt nunmehr durch vorsichtiges Lösen der Finger
so viel Wasser abfließen, daß der Wasserspiegel genau auf 100 einstellt. Öffnet man jetzt,
bei wieder fest geschlossenen Fingern, einen Augenblick den Quetschhahn *f*, so entweicht
der Überdruck, und man hat genau 100 ccm Gas in der Bürette; wovon man sich durch eine
Kontrollablesung nach Gleichstellung der Flüssigkeitsoberflächen in *A* und *B* nochmals
überzeugt.

Zur **Kohlendioxydbestimmung** verbindet man die Bürette mittels der Verbindungs-capillare E mit der Kalilauge enthaltenden Gaspipette, derart, wie es Fig. 242 darstellt, nur daß auch auf den Schlauch i ein Quetschhahn aufgesetzt ist. Dieser Schlauch i muß vor dem Einschieben von E durch Breitdrücken mit zwei Fingern völlig von seinem Luftinhalt befreit sein; das Niveau der Kalilauge in der Pipette reicht bis zu einer bestimmten Marke, die sich dicht unterhalb i an ihrem capillaren Teile befindet. Man hebt hierauf das Niveaurohr hoch, öffnet zuerst den Quetschhahn der Bürette, dann der Pipette und drückt das Gas langsam in letztere hinüber, indem man das Wasser in A so hoch steigen läßt, daß es bis zur Mitte der Verbindungscapillare gelangt. Hierauf werden beide Quetschhähne geschlossen, dann wird die Verbindung der Pipette mit der Bürette gelöst und das Kohlendioxyd durch 2 Minuten langes, gelindes Schwenken der Pipette zur Absorption gebracht. Dann verbindet man Bürette und Pipette wieder und läßt, indem man das Niveaurohr tief stellt, das Gas in die Bürette zurückströmen, wobei man Obacht hat, daß das Absorptionsmittel nur bis zu seinem ursprünglichen Stand im capillaren Teil der Pipette angesaugt wird; darauf schließt man den Quetschhahn f. Nach 3 Minuten liest man schließlich, nach Gleichstellung der Flüssig-keitsoberflächen in A und B, die Gasmenge in der Bürette ab. Der Minderbetrag gegen-über den angewendeten 100 ccm entspricht dem **Kohlendioxydgehalt**.

Enthält das zu analysierende Gasgemisch außer Kohlendioxyd noch andere in Lauge absorbierbare Gase, wie **Schwefelwasserstoff** oder **Kohlenoxysulfid**, so ist der Gehalt an diesen in das Ergebnis mit einbegriffen; der zunächst gefundene Betrag ist also auf Grund gesonderter Bestimmungen der genannten Gase (vgl. S. 620 u. 621) zu korrigieren.

Fig. 244.

Nach beendigter Kohlendioxydbestimmung wird der Rest des Gases aus der Bürette in die **Pyrogallol**-Gaspipette hinübergedrückt und, nach erfolgter Absorption des Sauerstoffs, wieder in die Bürette zurückgesaugt. Eine neuerlich eingetretene Volumverminderung ent-spricht dem **Sauerstoffgehalt**. Bei kleinen Mengen sind die Ergeb-nisse der Nachprüfung gemäß S. 625 genauer als die hier direkt ge-fundenen.

Der Gehalt an Kohlendioxyd und an Sauerstoff ist in **Raum-Tausendteilen** auszudrücken. Eine Korrektur mit Beziehung auf Temperatur und Druck ist nicht erforderlich, weil sich ja das Raum-verhältnis der Gase bei Veränderung dieser Bedingungen nicht ver-schiebt.

3. Bestimmung des Schwefelwasserstoffs. Diese

erfolgt auf maßanalytischem Wege mittels Jodlösung unter Benutzung einer von W. Hesse angegebenen Apparatur [1]).

Eine konische, starkwandige Absorptionsflasche aus weißem Glas (Fig. 244) von ungefähr 600 ccm Inhalt wird am Halse mit einer umlaufenden Marke versehen; ihr sich bis zu dieser erstreckender Fassungsraum ist ein für allemal genau ausgemessen und durch Einätzung auf der äußeren Wandung verzeichnet. Bis zu dieser Marke läßt sich ein doppelt durchbohrter Kaut-schukstopfen dichtschließend einschieben, dessen Bohrungen nicht zu nahe aneinander stehen dürfen. Die Bohrungen dienen ebensowohl zur Auf-nahme von oben knopfartig verdickten oder rechtwinklig abgebogenen Glasstabverschlüssen wie zu derjenigen von Zu- und Ableitungsröhren, Pipetten- und Bürettenspitzen. Letzteren gibt man zweckmäßig eine Länge von 8—10 cm.

Apparat zur Bestim-mung des Schwefelwasserstoffs.

Man füllt die Absorptionsflasche mit dem Quellengas, indem man durch die eine Bohrung des Stopfens mittels eines bis auf den Boden reichenden und an die vom Gassammeltrichter (S. 617)

---

[1]) Cl. **Winkler**, Lehrbuch der technischen Gasanalyse. 2. Aufl. 1892. S. 106.

kommende Leitung angeschlossenen Glasrohres stetig Gas einströmen und durch ein mit der Unterfläche des Stopfens abschneidendes, die zweite Bohrung durchsetzendes Rohr ausströmen läßt.
Das ausströmende Gas läßt man dann noch eine kleine Flasche passieren, deren dreifach durchbohrten Stopfen außer Gaseintritts- und -austrittsrohr noch ein Thermometer durchsetzt, das
die Temperatur des Gases abzulesen gestattet.

Ist die Füllung der Absorptionsflasche beendigt — d. h. ist man sicher, daß alle Luft verdrängt und durch Quellengas ersetzt ist —, so zieht man das Ende des Einströmungsrohres bis zum
Pfropfen empor, ersetzt es rasch durch einen Glasstabverschluß und wechselt hierauf einen solchen
auch gegen das kürzere Ausströmungsrohr ein. Hierauf läßt man mittels einer Vollpipette 50 ccm
einer kalt gesättigten Lösung von Natriumhydrocarbonat, der man unmittelbar vorher — damit
sie sicher freies Kohlendioxyd enthält — $1/_{50}$ Raumteil Salzsäure vom spez. Gewicht 1,12 zugesetzt
hat, in die Flasche einlaufen. Zu dem Zweck führt man die Pipettenspitze nach Entfernung des
Glasstabverschlusses in die eine Durchbohrung des Stopfens ein und lüftet den zweiten Glasstabverschluß nach Erfordern. Sodann nimmt man die Pipette wieder ab und setzt an ihre Stelle
behende den früheren Glasstabverschluß. Während der beschriebenen Maßnahmen entweicht ein
dem Rauminhalt der Pipette (50 ccm) gleiches Volumen Gas, das von der ursprünglich abgemessen
Gasmenge, also vom Inhalt der Absorptionsflasche, in Abzug zu bringen ist.

Man läßt nun Gas und Natriumhydrocarbonatlösung unter häufigem sanften Umschwenken
der Flasche so lange in Berührung, bis man der völligen Absorption des Schwefelwasserstoffs sicher
sein kann. Dann zieht man einen Glasstabverschluß heraus, gibt durch die Öffnung mittels Pipette
etwas Stärkekleister zu, führt hierauf die schon zuvor mit $1/_{100}$ N.-Jodlösung gefüllte Glashahnbürette ein und titriert unter stetigem tropfenweisen Ausfluß bis zur bleibenden Blaufärbung.
Von dem gemessenen Verbrauch an Jodlösung ist der in einem blinden Versuch sich ergebende
abzuziehen.

Die Berechnung des Ergebnisses gründet sich darauf, daß 1 ccm $1/_{100}$ N.-Jodlösung
0,11085 ccm Schwefelwasserstoff von 0° bei 760 mm Druck entspricht. Bezeichnet man mit
v den Fassungsraum der Absorptionsflasche in Kubikzentimetern, mit a den Verbrauch an
$1/_{100}$ N.-Jodlösung in Kubikzentimetern (nach Abzug des blinden Versuchs), mit $t°$ die Temperatur, bei welcher das Gas abgemessen wurde, mit B den während des Versuchs herrschenden
Barometerstand in Millimetern und mit p die Tension des Wasserdampfes in Millimetern
bei der Temperatur $t°$, so ist der Gehalt x des Gasgemisches an Schwefelwasserstoff

$$x = 110,85 \, a : \frac{273 \, (v - 50) \, (B - p)}{760 \, (273 + t)} = \frac{308,58 \, a \, (273 + t)}{(v - 50) \, (B - p)} \text{ Raum-Tausendteile.}$$

4. Nachweis und Bestimmung des Kohlenoxysulfids. Der quali-
tative Nachweis geschieht nach Y. Schwartz[1] derart, daß man das vom Gassammeltrichter
kommende Quellengas mittels eines Aspirators zunächst durch eine Waschflasche und dann
durch eine v. Pettenkofersche Röhre, die beide mit essigsaurer Bleiacetatlösung beschickt
sind, und daran anschließend durch eine Waschflasche mit alkalischer Bleilösung hindurchsaugt. Zeigt sich in letzterer eine Ausscheidung von Bleisulfid, so ist Kohlenoxysulfid zugegen

$$COS + 4 \, OH' + Pb'' = PbS + CO_3'' + 2 \, H_2O.$$

Bleisulfidausscheidungen in den Gefäßen mit der sauren Bleiacetatlösung sind nicht
beweisend; sie rühren von Schwefelwasserstoff her.

Die quantitative Bestimmung kann man in Anlehnung an Versuche von L. Dede[2]
erforderlichenfalls auf das Verhalten zu einer salzsauren Lösung von Palladochlorid gründen.
Das in solchen Lösungen vorhandene Anion der Palladochlorwasserstoffsäure ($PdCl_4''$) reagiert
schon in der Kälte, leichter noch bei 40—50°, mit dem Kohlenoxysulfid gemäß der Gleichung

$$COS + PdCl_4'' + H_2O = PdS + CO_2 + 2 \, H' + 4 \, Cl'.$$

---

[1] Archiv der Pharmazie 1888, **226**, 765.
[2] Chem.-Ztg. 1914, **38**, 1074.

Bei Benutzung der Reaktion muß man natürlich darauf bedacht sein, die Einwirkung
etwa in dem Gase vorhandenen Schwefelwasserstoffs auf die Palladosalzlösung auszuschließen, was derart geschehen kann, daß man das Gas zuvor durch eine neutrale oder
saure Lösung eines Bleisalzes hindurchstreichen läßt, die ihrerseits mit Kohlenoxysulfid
nicht reagiert. Damit ergibt sich folgende Versuchsanordnung:

An die vom Gassammeltrichter (S. 617) kommende Leitung schließt man zunächst eine mit
15 proz. Bleiacetatlösung beschickte Lungesche Zehnkugelröhre an und schaltet bei sehr schwefel-
wasserstoffreichen Gasen vorsichtshalber noch eine zweite Röhre mit Bleiacetatlösung an. Auf
diese läßt man eine weitere Zehnkugelröhre folgen, die eine Palladochloridlösung 1 : 1000 enthält[1]),
der auf je 100 ccm 1 ccm Normalsalzsäure zugesetzt ist und die während des Versuches in einem
Wasserbade auf etwa 50° gehalten wird. Die Kugelröhren sind durch Schliffe miteinander verbunden; am besten läßt man an der Ableitungsröhre einer jeden einen Tropfenfänger, etwa in der
Art der Stutzer - Reitmaierschen Destillationsaufsätze, anbringen, um ein Überspritzen sicher
zu verhindern. Das Ableitungsende der letzten Kugelröhre, das nach oben umgebogen ist und
über den Rand des Wasserbades hinausragt, führt mittels Gummistopfens in den Hals einer ausgemessenen, je nach dem zu
erwartenden Gehalt etwa
5—25 l fassenden Flasche W_1
(vgl. Fig. 245), die zur Aufnahme und Messung des Gases
dient. Mit dem Rohransatz
am Boden der Flasche W_1 ist
eine zweite Flasche W_2 verbunden, durch deren Heben
und Senken der Druck in W_1
und damit die Geschwindigkeit des Gasstromes geregelt
wird. Durch den Stopfen der
Flasche W_1 ist noch ein
Thermometer hindurchge-
steckt (in der Figur nicht
gezeichnet), an dem am
Schluß des Versuches die

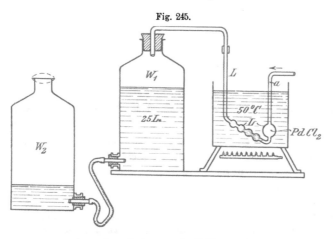

Fig. 245.

Apparat zur Bestimmung des Kohlenoxysulfids.

Temperatur der abgemessenen Gasmenge festgestellt wird. Das Sperrwasser in W_1 ist mit einer
ausreichend hohen Schicht Paraffinöl bedeckt.

Saugt man das Quellengas mittels der Aspiratorflaschen W_1 und W_2 durch die zusammen-
gestellte Apparatur hindurch, so scheidet sich bei Gegenwart von Kohlenoxysulfid in der Palladochloridlösung ein schwarzer Niederschlag aus. Derselbe entspricht aber nach Dedes Erfahrungen
nicht der Zusammensetzung des reinen Palladosulfids PdS, sondern ist, vermutlich infolge der
reduzierenden Wirkung von Kohlenwasserstoffen, palladiumreicher; es bedarf deshalb der Ermittlung seines Schwefelgehaltes. Man bringt den Inhalt der Kugelröhre zunächst, unter Nachwaschen mit Wasser, in ein Becherglas, filtriert den Niederschlag ab, wäscht ihn aus und löst ihn
auf dem Filter in heißer, kaliumchlorathaltiger Salzsäure. Auch die Kugelröhre, in der gern kleine
Anteile des Niederschlages haften bleiben, wird mit Chloratsalzsäure nachgewaschen. Die vereinigten Lösungen, die allen Palladosulfidschwefel als Sulfation enthalten, werden mit Wasser verdünnt; dann wird das Sulfation in bekannter Weise als Bariumsulfat gefällt und gewogen.

Je 1 g gewogenes Bariumsulfat entspricht 95,928 ccm Kohlenoxysulfid von 0° bei 760 mm
Druck. Bezeichnet man mit V die Menge des zur Analyse benutzten Gases in Litern, mit a

---

[1]) Bei höheren Kohlenoxysulfidgehalten ist eine doppelt bis viermal so starke Lösung zu
verwenden.

die gewogene Menge Bariumsulfat in Grammen, mit $t°$ die Temperatur des Gases, gemessen in der Flasche W_1, mit B den während des Versuches herrschenden Barometerstand in Millimetern und mit p die Tension des Wasserdampfes in Millimetern bei der Temperatur $t°$, so ist der Gehalt x der Quellengase an Kohlenoxysulfid

$$x = 95{,}928\, a : \frac{273\, V\, (B-p)}{760\, (273+t)} = \frac{267{,}05\, a\, (273+t)}{V\, (B-p)} \quad \text{Raum-Tausendteile.}$$

Bei der Abmessung des Volums V ist folgendes zu berücksichtigen: Bei Beendigung des Durchsaugens muß der Wasserstand in W_2 sich in gleichem Niveau mit dem in W_1 befinden. Dann entspricht die verwendete Gasmenge V dem Fassungsvermögen von W_1, falls diese Flasche zu Beginn des Versuches völlig mit Wasser gefüllt war und falls folgende Korrekturen angebracht werden: Abzuziehen ist das Volum der in den Kugelröhren enthaltenen Luft, hinzuzuzählen dagegen das Volum des von der Bleiacetatlösung zurückgehaltenen Schwefelwasserstoffes, das sich auf Grund der Schwefelwasserstoffbestimmung ergibt. Eine weitere Korrektur für das Volum des absorbierten Kohlenoxysulfids ist meistens entbehrlich; will man sie dennoch berücksichtigen, so bringt man sie nicht an dem Werte von V an, sondern an dem gesuchten Schlußergebnis x; es ist nämlich:

$$x_{\text{korr.}} = \frac{x}{1 + 0{,}001\, x} \quad \text{Raum-Tausendteile.}$$

5. Vorbereitende Maßnahmen für die übrigen gasanalytischen Untersuchungen.

Die Bestimmung der sonst noch in Betracht kommenden Gase, insbesondere der Kohlenwasserstoffe und der Edelgase, nimmt man zweckmäßig nicht an Ort und Stelle, sondern später daheim im Laboratorium an hierfür besonders entnommenen Gasproben vor, die man bei der Probenahme gleich von Kohlendioxyd und sonstigen in Lauge löslichen Gasen befreit. Zur Lösung dieser Aufgabe bediente sich F. Henrich[1]) für Gasmengen bis zu etwa 500 ccm eines azotometerähnlichen Instrumentes. Eine andere Apparatur beschrieben E. Hintz und L. Grünhut[2]); ihre seitdem vielfach erprobte Handhabung sei an dieser Stelle wiedergegeben.

Fig. 246.

Gassammelflasche.

Zum Sammeln des Gases dient eine etwa 2 bis 5 l — je nach Menge und Kohlendioxydgehalt[3]) der ausströmenden Gase — fassende Glasflasche (Fig. 246), die durch einen sehr gut schließenden, fest eingedrehten, doppelt durchbohrten Kautschukstopfen geschlossen ist. Um diesem auch in der mit starker Kalilauge beschickten Flasche den nötigen Halt zu verleihen, kann man ihn vor dem Eindrehen mit etwas Talkum bestäuben; jedenfalls aber empfiehlt es sich, ihn mittels einer starken Schnur auf dem Flaschenhalse festzubinden. Durch die eine Bohrung des Stopfens ist das Glasrohr a, das „Wasserrohr", bis fast auf den Boden der Flasche geführt, durch die andere geht ein kürzeres Rohr b, das „Gasrohr", hindurch, das genau mit der Stopfenunterfläche abschneidet. Beide Rohre sind oben zur Seite abgebogen; sie tragen an ihren Enden kurze Stücke Kautschukschlauch, die durch die Schraubenquetschhähne c und d und außerdem durch eingesteckte Stückchen Glasstab verschlossen werden können[4]). Um auch hier bei Füllung mit Kalilauge einen sicheren Schluß zu gewährleisten bzw. ein Abgleiten der Schläuche zu verhindern, muß man die Rohrenden krempenartig aufbiegen und die Schläuche mittels Ligatur festbinden.

[1]) Berichte d. Deutschen chem. Gesellschaft 1908, **41**, 4198.

[2]) Zeitschr. f. analyt. Chemie 1910, **49**, 25.

[3]) Bei sehr kohlendioxydreichen (975 und mehr Raumtausendstel enthaltenden) Gasen kann man nur kleine Flaschen füllen.

[4]) Diese doppelte Sicherung des Verschlusses ist mit Rücksicht auf einen etwaigen weiteren Versand der mit Gas gefüllten Flasche empfehlenswert.

Diese Sammelflasche wird vollständig mit etwa 12 Proz. Kaliumhydroxyd enthaltender Kalilauge (spez. Gewicht 1,11) gefüllt. Hierbei ist besonders zu beachten, daß keine Luftblasen unter dem Stopfen zurückbleiben, und daß auch die freien Enden von a und b vollständig, bis zu den Quetschhähnen c und d, mit Lauge gefüllt sind. Das geschieht, indem man die Lauge — oder zum mindesten ihren letzten Anteil — durch den besonders anzusetzenden Scheidetrichter g (Fig. 247) einfließen läßt. Ist die Flasche derart beschickt, so wird — nach Entfernung des Scheidetrichters — in den am Rohr a angesetzten Kautschukschlauch ein mit Kalilauge gefülltes Glasrohr von etwa 1 m Länge mit seinem aufgekrempten Ende eingeführt und fest darin eingebunden. Mit dem unteren Ende taucht dieses als Heber dienende Rohr in eine etwa 2—3 l Kalilauge enthaltende Flasche (von entsprechend größerem Rauminhalt als die Sammelflasche), bis auf deren Boden reichend, ein.

Fig. 247.

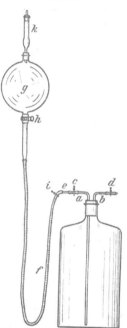

Nunmehr bindet man das eine Ende des T-Stückes der Quellengaszuleitung (S. 617) bei b in den Kautschukschlauch ein, während man gleichzeitig dem Quellengase durch das andere T-Ende freien Ausfluß läßt. Bei Herstellung aller Verbindungen muß man durch Zusammenpressen der betreffenden Kautschukschläuche vor dem Einschieben der Rohre dafür sorgen, daß keine Luftblasen zurückbleiben.

Ist alles vorbereitet, so öffnet man zunächst den Quetschhahn c, darauf d und stellt, damit gleichzeitig, die Verschlüsse des T-Stückes der Quellengasleitung so um, daß das Gas nicht mehr zur Außenluft abströmt, sondern seinen Weg durch das Rohr b in die Flasche nimmt. Durch

Fig. 248.

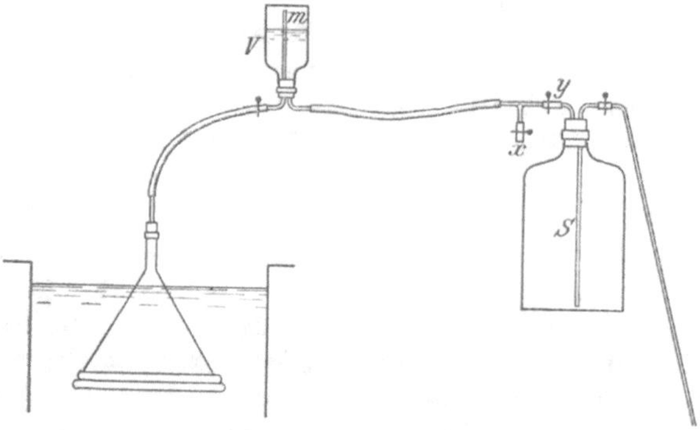

Gassammelflasche und   Sammeln von Gas unter Verwendung einer Vorschaltflasche.
Niveaugefäß.

seinen eigenen Druck sowie durch die Saugwirkung des zum Heber verlängerten Rohres a strömt es rasch ein. Ist die Flasche nahezu gefüllt, so schließt man den Quetschhahn d und läßt — falls das erforderlich ist — das weiterhin von der Quelle kommende Gas durch die zweite T-Mündung inzwischen ins Freie austreten. Durch sanftes Schwenken der Flasche, besonders durch Ausbreiten des Restes der Lauge an ihren Wänden, befördert man nunmehr die Absorption der löslichen Gasbestandteile, wobei ein entsprechender Anteil der anfangs in die untergestellte Flasche abgehobenen Kalilauge wieder in die Gassammelflasche zurücksteigt. Nachdem das geschehen, läßt man durch Öffnen von d und Schließen des zweiten T-Rohr-Mundstücks wiederum Quellengas eintreten und wiederholt das Zurücksteigenlassen der Lauge und die erneute Gaszufuhr so oft, bis die Flasche fast vollständig mit Gas gefüllt ist und auch bei längerem Stehen und wiederholtem Schütteln keine Kalilauge mehr ansaugt. Dann ist die Füllung beendigt.

Zuweilen, wenn auch selten, wird der Gasstrom mit solcher Lebhaftigkeit aus der Quelle entbunden, daß er große Spritzer Mineralwasser mechanisch mit sich fortreißt, die dann — in die Sammelflasche gelangend — die Kalilauge verdünnen und dadurch das Gelingen der Arbeit in Frage stellen. In solchen Fällen empfiehlt es sich, in die Gaszuleitung vor deren T - Verzweigung eine kleinere, etwa 1 l fassende Flasche von der gleichen Einrichtung wie die Sammelflasche selbst einzuschalten, in der man jene Wasserspritzer zurückhält.

Diese Vorschaltflasche V wird völlig mit Mineralwasser gefüllt; dann wird die vom Gassammeltrichter kommende Schlauchleitung an das lange Rohr und die T-Verzweigung an das kurze Rohr angeschlossen. Sodann dreht man die Vorschaltflasche um, so daß ihr Hals nach unten, ihr Boden nach oben gerichtet ist (Fig. 248), und öffnet das T-Rohr bei x, worauf an dieser Stelle Wasser ausfließt, in dem Maße, als es durch das bei m eintretende Gas verdrängt wird. Nachdem sie derart etwa zu $^5/_6$ leer gelaufen ist, dreht man die Vorschaltflasche wieder in ihre normale Lage, öffnet die Verbindung y nach der Sammelflasche S und schließt gleichzeitig x, so daß Gas, nach Durchströmung von y, in S eintreten kann. Es läßt dabei die Wasserspritzer in V zurück. Sobald die Wassermenge in V zu groß wird, schließt man y, dreht die Vorschaltflasche wieder um, öffnet x und läßt das störende Wasser durch das nachströmende Gas bei x herausdrücken; dann stellt man den früheren Zustand wieder her.

Nachdem die Gassammelflasche — sei es mit, sei es ohne Vorschaltflasche — fertig gefüllt ist, prüft man ihren Inhalt darauf, ob er praktisch vollständig von den in Lauge löslichen Gasen befreit ist. Man verbindet b mit der Verbindungscapillare einer Gasbürette und saugt in diese eine zur Analyse ausreichende Menge Gas über, wobei auch c offen sein und die Heberfortsetzung von a noch in die Kalilauge eintauchen muß. Das übergesaugte Gas prüft man mittels der Kalilauge-Gaspipette auf absorbierbare Anteile. Sind solche noch zugegen, so müssen sie aus der Hauptmenge in S durch Fortsetzung der beschriebenen Arbeit entfernt werden; sind keine mehr nachzuweisen, so schließt man nächst d auch Quetschhahn c, nimmt die Quellengasleitung sowie das Heberrohr ab und verstopft die Gummischläuche durch die zugehörigen Glasstäbe. Hierauf bringt man die Vorrichtung, die auch ohne besondere Vorsichtsmaßregeln bei der Verpackung einen weiteren Bahnversand verträgt, in das Laboratorium, um sie dort gemäß S. 687 weiter zu verwenden.

Die zuletzt in die Gasbürette übergesaugte, von Kohlendioxyd usw. völlig freie Gasprobe kann man zu einer Nachprüfung des Sauerstoffgehaltes verwenden. Man ermittelt ihren Gehalt an Sauerstoff mittels einer Pyrogallol-Gaspipette. Findet man hierbei b Raumtausendstel des über der Lauge gesammelten Gases, und hatte man gemäß S. 620 den Gehalt des ursprünglichen Quellengases an in Lauge löslichen Gasen zu a Raumtausendsteln gefunden, so beträgt der Sauerstoffgehalt x des ursprünglichen Gases

$$x = (b - 0{,}001\, a\, b)\ \text{Raum-Tausendteile.}$$

b) In Wasser gelöste Gase.

1. Gelöstes Kohlendioxyd und gelöster Schwefelwasserstoff.

Diese werden nicht durch besondere analytische Verfahren ermittelt; man berechnet vielmehr (S. 702) den Gehalt an ihnen auf Grund der Ergebnisse der Bestimmung von Gesamtkohlensäure und Gesamtschwefelwasserstoff unter Berücksichtigung des gesamten Analysenbildes. Hingegen sind für die Feststellung des gelösten Kohlenoxysulfids und der in Lauge nicht absorbierbaren Gase gesonderte Maßnahmen an Ort und Stelle erforderlich.

2. Gelöstes Kohlenoxysulfid kann in Wässern, die · gegen Phenolphthalein

alkalisch reagieren, nicht vorkommen, weil es bei der in ihnen vorhandenen Hydroxylionkonzentration nicht beständig ist. Solche Wässer brauchen also gar nicht näher darauf geprüft zu werden, und auch bei den anderen, gegen Phenolphthalein sauer reagierenden, kann man die Prüfung auf diejenigen beschränken, bei denen Kohlenoxysulfid in den frei aufsteigenden Gasen nachgewiesen wurde.

Die Bestimmung erfolgt dann nach Y. Schwartz[1] derart, daß man das Wasser erst alkalisch macht, dann wieder ansäuert und schließlich jodometrisch titriert. Findet man

---

[1] Archiv der Pharmazie 1888, **226**, 764.

hierbei einen höheren Jodverbrauch als bei der Bestimmung des Gesamtschwefelwasserstoffs, so ist der Unterschied ein Maß für den Gehalt an Kohlenoxysulfid.

$$COS + 2\,OH' = CO_3'' + H_2S.$$

Man bringt eine passende Menge Mineralwasser in einen Kolben, wie er bei der Bestimmung des Gesamtschwefelwasserstoffs (S. 612) beschrieben ist, und fügt aus einer Pipette oder Bürette so viel Normalnatronlauge zu, daß sicher alles Hydrocarbonation und alles freie Kohlendioxyd in Carbonation übergeführt wird:

$$x\,HCO_3' + y\,CO_2 + (x + 2\,y)\,OH' = (x + y)\,CO_3'' + (x + y)\,H_2O.$$

Man stopft den Kolben zu, läßt 5 Minuten stehen und gibt dann genau so viel Kubikzentimeter Normalsalzsäure zu, als man zuvor Normallauge verwendet hatte. Dann fügt man noch 50 ccm kalt gesättigte Natriumhydrocarbonatlösung hinzu, die man unmittelbar zuvor mit $^1/_{50}$ Raumteil Salzsäure vom spez. Gewicht 1,12 versetzt hatte, und titriert mittels $^1/_{100}$ N.-Jodlösung unter Verwendung von Stärkekleister als Indikator. Für die Durchführung des Versuches im einzelnen, insbesondere für die nachträgliche Ermittlung der zur Analyse verwendeten Mineralwassermenge, gilt alles auf S. 620 Gesagte.

Hatte die Gesamtschwefelwasserstoff-Bestimmung (einschl. Thiosulfation) a Millimol in 1 kg Mineralwasser ergeben und waren jetzt b ccm $^1/_{100}$ N.-Jodlösung für 1 kg Wasser verbraucht worden, so ist der Gehalt x an gelöstem Kohlenxysulfid:

$$x = (0{,}005\,b - a)\ \text{Millimol in 1 kg}$$
$$= 0{,}06007\,(0{,}005\,b - a)\ \text{Gramm in 1 kg}.$$

Die Raumerfüllung y des gelösten Kohlenoxysulfids bei Quellentemperatur $t°$ und 760 mm Druck ergibt sich auf Grund der Tatsache, daß 1 Millimol bei 0° und 760 mm Druck 22,39 ccm mißt, zu

$$y = 22{,}39\,(0{,}005\,b - a) \cdot \frac{273 + t}{273} = 0{,}08203\,(0{,}005\,b - a)\,(273 + t)\ \text{ccm in 1 kg}.$$

3. Gesamtmenge der übrigen gelösten Gase.

Man ermittelt diese, indem man die durch Auskochen aus dem Mineralwasser entbundenen Gase über Lauge auffängt. Hierbei werden Kohlendioxyd (einschließlich des aus Hydrocarbonation abgespaltenen), Schwefelwasserstoff und Kohlenoxysulfid — letzteres unter Zersetzung — vollständig absorbiert. Die Raumerfüllung der nicht absorbierbaren Gase wird festgestellt; dann schließt man Proben des Gasgemisches in abzuschmelzenden Glasröhren ein, um sie später im Laboratorium näher zu analysieren.

Zum Auskochen und Auffangen der Gase dient folgende, von F. Tiemann und C. Preuße[1] herrührende Vorrichtung (Fig. 249):

Zwei auf Dreifüßen stehende Kochflaschen A und B, deren jede ungefähr 1 l faßt, sind mit dem Gassammler C verbunden. Die Kochflasche A ist durch einen einfach durchbohrten Kautschukstopfen verschlossen, in dessen Durchbohrung, mit der unteren Fläche des Stopfens abschneidend, die Glasröhre $a\,b\,c$ steckt. Ein Kautschukschlauch verbindet diese mit der gebogenen Röhre $d\,e\,f\,g$, die ihrerseits die Verbindung mit dem Gassammler C vermittelt. Dieser hat einen Durchmesser von 35 mm, ist etwa 300 mm hoch und am oberen Ende zu einer kurzen, seitlich gebogenen Capillare ausgezogen, welche durch den mit Quetschhahn versehenen Kautschukschlauch y verschlossen werden kann. Seine untere Öffnung wird durch einen doppelt durchbohrten Kautschukstopfen verschlossen, in dessen einer Bohrung die gebogene Röhre $h\,i\,k$ steckt, die etwa 80 mm in den Gassammler hineinragt und bei h mit der Röhre $d\,e\,f\,g$ verbunden ist; durch die zweite Bohrung tritt die Röhre $l\,m\,n$ ein, die nur wenig über die obere Fläche des Stopfens emporragt. Die mit ihr verbundene gebogene Röhre $o\,p\,q\,r$ ist anderseits mit dem Rohre $s\,t\,u$ verbunden, das durch den

[1] G. Walter u. A. Gärtner, Tiemann-Gärtners Handbuch der Untersuchung und Beurteilung der Wässer. 4. Aufl. 1895, S. 299.

Stopfen der Kochflasche B hindurchtritt und 10 mm über deren Boden endigt. Das durch eine zweite Bohrung des Stopfens von B hindurchgeführte Rohr $v\,w$ braucht nicht über die untere Stopfenfläche hinauszuragen. Mit ihm verbindet man bei w einen dünnen Kautschukschlauch x von etwa 1 m Länge und versieht ihn mit einem gläsernen Mundstück. Mittels eines Quetschhahnes kann man nach Belieben die Schlauchverbindung zwischen c und d schließen.

Es ist besonders deshalb praktisch, den Gassammler C unten mit einem Kautschukstopfen zu verschließen, weil bei solcher Anordnung jede Undichtigkeit des Apparates sich durch eintretende und in der hohen, heißen Flüssigkeitssäule aufsteigende Luftblasen zu erkennen gibt.

Soll der Apparat zu einem Versuch vorbereitet werden, so füllt man den Kolben B bis über die Hälfte mit verdünnter, etwa 5 proz., möglichst kurz vorher ausgekochter Natronlauge, entfernt die Kochflasche A durch Abstreifen der Kautschukverbindung bei c und treibt durch Einblasen in den Kautschukschlauch x Natronlauge aus der Kochflasche B in den Gassammler C und die damit in Verbindung stehenden Röhren über, bis die Luft daraus vollständig verdrängt ist, worauf man die Quetschhähne bei y und d schließt. Man füllt hierauf die Kochflasche A bis zum Rande

Fig. 249.

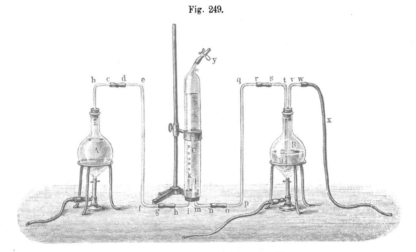

Apparat zum Auskochen der Gase aus Wasser

mit destilliertem Wasser, setzt den Stopfen auf, wobei Wasser in das Ableitungsrohr $a\,b\,c$ tritt, und stellt die Verbindung zwischen der Kochflasche A und dem Gassammler C her, indem man das freie Ende des bei d befindlichen Kautschukschlauches über $b\,c$ streift und den Quetschhahn d öffnet.

Die Lauge im Kolben B wird nunmehr zu gelindem, das Wasser in der Kochflasche A zu etwas stärkerem Sieden erhitzt. Die absorbierte Luft bzw. gelöste sonstige Gase werden dadurch ausgetrieben und sammeln sich in dem oberen Teile von C an, woraus man sie von Zeit zu Zeit durch Lüftung des Quetschhahns bei y unter Einblasen in den Kautschukschlauch x entfernt. Sobald keine Ansammlung von bei gelindem Abkühlen beständig bleibenden Gasen mehr stattfindet, hört man auf, die Kochflasche A zu erhitzen, schließt den Quetschhahn zwischen c und d, löst die Verbindung mit der Kochflasche A und entleert dieselbe. Die in dem Gassammler C sowie die im Kolben B vorhandene Natronlauge ist dann vollständig frei von gelösten Gasen; Luft von außen kann nicht hinzutreten, da die Flüssigkeit in B dauernd im Sieden erhalten wird. In diesem Zustande ist der Apparat zur Ausführung eines Versuches bereit.

Man füllt die erkaltete Kochflasche A, deren Fassungsraum ein für allemal ermittelt worden ist, mit dem zu untersuchenden Wasser. Das muß natürlich so geschehen, daß jeder Verlust an gelösten Gasen vermieden wird, erfolgt also am besten unter Berücksichtigung derselben Vorsichtsmaßregeln, die weiter unten (S. 635) für die Entnahme der zur Radioaktivitätsmessung bestimmten Wasserproben empfohlen sind. In den bis zum Rande gefüllten Kolben drückt man den Stopfen so tief ein, daß die Luft vollständig aus dem Rohre abc verdrängt wird, und verbindet dieses mit $defg$, wobei man sorgfältig vermeiden muß, Luftbläschen mit einzuschließen. Nach Öffnung des Quetschhahnes zwischen c und d, erhitzt man das Wasser zu gelindem Sieden und treibt dadurch die gelösten Gase in den Gassammler C über. Hierbei entwickeln sich auch Wasserdämpfe, und man muß das Erhitzen des Kolbens A so regeln, daß durch das Gemisch von Gasen und Dämpfen die Flüssigkeit aus C nie weiter als bis etwa zur Hälfte verdrängt wird, da man sonst Gefahr läuft, daß Gasbläschen durch die Verbindung $lmnopqr$ in den Kolben B übertreten und so verloren gehen.

Bei der beschriebenen Versuchsanordnung kann ein geringer Fehler nur dadurch entstehen, daß zu Beginn eine kleine Menge des Wassers aus A in den Gassammler C und von diesem in die Kochflasche B gelangt. Dieser Fehler ist gleich Null, wenn die Flüssigkeit im Gassammler C nahezu 100° warm ist und die Röhre $h i k$ genügend weit in C hineinragt, weil dann in C eintretendes gashaltiges Wasser sofort die gelösten Gase entbindet.

Nachdem man etwa 20 Minuten erhitzt hat, löscht man die Flamme unter dem Kolben A. Die in ihm sowie im Gassammler C vorhandenen Wasserdämpfe verdichten sich nach einigen Minuten, und die Flüssigkeit steigt infolgedessen aus B nach C und A zurück. Man beobachtet, ob dabei in A eine beständige Gasblase zurückbleibt. Ist das der Fall, so erhitzt man den Kolben A von neuem und wiederholt nach einiger Zeit die eben erwähnte Beobachtung. Die Arbeit ist beendigt, sobald die zurücksteigende heiße Flüssigkeit den Kolben A vollständig ausfüllt.

Ist die in C aufgesammelte Gasmenge nur gering, so steht nichts im Wege, die Gase einer zweiten Füllung des Kolbens A auszukochen und zu den zunächst gewonnenen hinzuzusammeln bzw. die Maßnahmen noch öfter zu wiederholen.

Hat man schließlich eine ausreichende Menge der in Lauge unlöslichen Gase aus dem Wasser abgeschieden, so muß nunmehr noch ihr Betrag quantitativ festgestellt werden. Hierzu verbindet man den Gassammler C nach einigem Abkühlen seines Inhalts mit einer Gasbürette, indem man deren Verbindungscapillare in das Schlauchstück bei y einführt, und saugt durch Senken des Bürettenniveaurohres das Gas in die Bürette über, in der man dann — nach vollständigem Temperaturausgleich — seine Raumerfüllung abliest. Mit Rücksicht darauf, daß das Gas ursprünglich bis etwa 100° erhitzt gewesen ist, muß für diese Arbeiten die Gasbürette mit Wassermantel versehen sein.

Die Zurückführung des bei der Temperatur t_1 und unter dem Barometerstande B (in Millimetern) gemessenen Gasvolums v_{t_1} (in Kubikzentimetern) auf die in 1 kg Mineralwasser enthaltene Raummenge v bei Quellentemperatur t und unter 760 mm Druck geschieht mittels folgender Formel:

$$v = \frac{v_{t_1}(273 + t)(B - p)}{760(273 + t_1)} \cdot \frac{1000}{d\,n\,R} = \frac{1,3158\, v_{t_1}(273 + t)(B - p)}{d\,n\,R\,(273 + t_1)} \quad \text{ccm/kg bei } t° \text{ und } 760 \text{ mm.}$$

Hierin bedeuten noch p die Tension des Wasserdampfes in Millimetern bei $t_1°$, d das spez. Gewicht des Mineralwassers, n die Anzahl Füllungen des Kolbens A, aus denen die Gase ausgekocht worden waren, und R den Rauminhalt dieses Kolbens A in Kubikzentimetern.

Durch Hinüberdrücken des gemessenen Gases in eine Pyrogallol-Gaspipette und Zurücksaugen in die Gasbürette ermittelt man seinen Sauerstoffgehalt. Beträgt derselbe a Raumtausendstel, so war der Gehalt x von 1 kg Mineralwasser an gelöstem Sauerstoff bei Quellentemperatur $t°$ und 760 mm

$$x = 0,001\, av \text{ ccm/kg bei } t° \text{ und } 760 \text{ mm.}$$

Hierin bedeutet v den mittels der vorhergehenden Formel errechneten Wert. In Grammen ausgedrückt ergibt sich hieraus der Sauerstoffgehalt zu

$$0,001\, av \cdot \frac{273}{273 + t} \cdot 0,0014290 = \frac{0,00039011\, av}{273 + t} \text{ g/kg.}$$

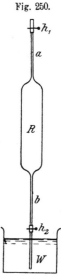

Fig. 250.

Gasabfüllrohr.

Als letzte Aufgabe bleibt schließlich nur noch übrig, ausreichende Anteile des sauerstofffreien Gasgemenges in Röhren zu verbringen, in
denen es für eine nachfolgende nähere Untersuchung aufbewahrt werden
kann. Hierzu bedarf man Glasröhren R, die oben und unten in starkwandige, lange, capillare Fortsätze a und b (Fig. 250) ausgezogen sind, also
etwa die Gestalt einer Pipette haben. Man nimmt zweckmäßig mehrere
derartige Röhren von verschiedenem Rauminhalt — zwischen 40 und
100 ccm — mit an Ort und Stelle, um für alle vorkommenden Fälle gerüstet zu sein, und benutzt schließlich diejenige, die mittels des verfügbaren
Gases völlig gefüllt werden kann.

An die betreffende Röhre R fügt man oben und unten Kautschukschläuche
mit Quetschhähnen h_1 und h_2 an. Darauf taucht man sie in ein Gefäß W mit
Wasser ein, saugt Wasser in ihr auf, so daß sie ganz damit angefüllt ist, und
schließt h_1 und h_2. Dann führt man in den Schlauch über h_1 die Verbindungscapillare der Gasbürette ein, in der man das ausgekochte Gas erst gemessen und
dann vom Sauerstoff befreit hatte. Öffnet man jetzt h_1 und h_2, so kann man
durch Heben des Niveaurohres der Gasbürette so viel Gas nach R hinüberdrücken, daß alles Wasser aus ihm nach W verdrängt wird. Nach einigen
Minuten Wartens, während deren das Wasser von den Wänden von R gut ablaufen kann, schließt man zunächst h_2 und senkt dann das Niveaurohr der Gasbürette so weit, daß ein kleiner Unterdruck in R entsteht. Das bringt den Vorteil, daß bei dem
späteren Abschmelzen des Rohres ein Aufblasen sicher vermieden wird. Danach schließt man auch
h_1 und schmilzt schließlich die capillaren Teile der Röhre unterhalb h_1 und oberhalb h_2 mit der
Stichflamme ab. Über die weitere Verwendung der Probe vgl. S. 698.

VI. Bestimmung der Radioaktivität.

1. Grundlagen der Messung.

Hat ein Mineralwasser während seiner geo-
logischen Entstehungsgeschichte ein beliebiges radioaktives Element X seinem Bestande ein-
verleibt, so muß es zu jedem späteren Zeitpunkt, also auch in dem Augenblick, in dem es zur
Untersuchung gelangt, neben jenem ersten Element überdies noch sämtliche radioaktiven
Umwandlungsprodukte desselben enthalten, und zwar in Mengen, die abhängig sind von der
Zeit, die seit der Aufnahme des primären Bestandteils X verflossen ist. Hat diese Zeit bis
zur Herausbildung des radioaktiven Gleichgewichtes ausgereicht, dann stehen die relativen
Mengen der einzelnen Elemente jeder radioaktiven Reihe im umgekehrten Verhältnis zur Ge-
schwindigkeit ihres radioaktiven Zerfalls.

Die Prüfung der Mineralwässer auf Radioaktivität erstreckt sich zurzeit nicht auf
sämtliche Glieder derartiger Reihen, sondern man begnügt sich allgemein damit, je das am
leichtesten nachweisbare Glied, die gasförmige Emanation, zum Gegenstand der Messung
zu machen. Ja, man hat den Kreis der in Betracht zu ziehenden Stoffe anfangs — und vielfach auch heute noch — aus sogleich anzugebenden Gründen noch enger gezogen und ausschließlich die verhältnismäßig langlebige Radiumemanation berücksichtigt, die kurz-
lebigen Emanationen des Thoriums und Aktiniums hingegen außer acht gelassen.
Hat man eine radioaktive Emanation nachgewiesen, so ist es nach dem Vorausgeschickten
selbstverständlich, daß auch die folgenden Glieder der betreffenden radioaktiven Um-
wandlungsreihe zugegen sind, und es bedarf keiner besonderen Prüfung nach dieser Richtung.
Hingegen muß man feststellen, ob die Emanation primärer Mineralwasserbestandteil im
Sinne der hier gegebenen Auseinandersetzungen ist, oder ob auch noch ihr vorangehende
Glieder der betreffenden Reihe im Wasser enthalten sind, aus denen sie sich ständig erneut
und somit den Zerfallsverlust mehr oder minder ausgleicht. Man sagt im letzteren Falle, das
Mineralwasser enthalte „Restaktivität", während man im ersteren zu sagen pflegt, daß
es „Emanation als selbständigen Bestandteil" enthalte.

Der Nachweis und die Messung der im Wasser gelösten Emanationen erfolgt derart, daß man sie zunächst durch geeignete Maßnahmen aus dem Wasser austreibt und sie alsdann nach Vermischung mit einer bekannten Raummenge Luft in einen metallischen Behälter, die „Ionisierungskammer" oder „Zerstreuungskammer", einschließt. Die Luft wird durch die von den zerfallenden Emanationen ausgesandten α-Strahlen ionisiert, d. h. sie vermag Elektrizität durch Konvektion abzuleiten. Der Betrag dieser Ableitung ist ein Maß für die Menge der entstandenen Gasionen, mithin indirekt auch für die Menge der sie hervorbringenden Emanationen. Dabei sei bereits an dieser Stelle darauf hingewiesen, daß alle Messungen, die später als 6—8 Minuten nach Versuchsbeginn einsetzen, die Aktinium- und Thoriumemanation nicht mehr zu erfassen vermögen, weil sie wegen ihrer kurzen Lebensdauer dann bereits völlig verschwunden sind. Man wird deshalb bei allen seitherigen Veröffentlichungen, sofern sie nicht ausdrücklich das Gegenteil hervorheben, unterstellen dürfen, daß die darin mitgeteilten quantitativen Ergebnisse sich lediglich auf den Gehalt an Radiumemanation beziehen.

Bringt man in die die ionisierte Luft enthaltende Ionisierungskammer eine isolierte Elektrode — gewöhnlich ist sie von zylindrischer Gestalt (Zerstreuungszylinder) —, die auf ein bestimmtes Potential aufgeladen ist, so wird deren Ladung nach der geerdeten Außenwand des Behälters abgeleitet. Das Potential der Elektrode fällt demnach, und der Betrag dieses Abfalles in der Zeiteinheit, die sog. „Zerstreuung", die mittels eines Elektroskops gemessen wird, steht in direkter Beziehung zur vorhandenen Emanationsmenge.

Hierbei ist vor allem eines zu beachten. In einem elektrischen Felde, wie man es im Meßraum der angedeuteten Vorrichtung vor sich hat, können die wandernden Gasionen unter Umständen noch durch eine andere Ursache als durch Eintreffen an den Elektroden entladen werden, nämlich durch Vereinigung entgegengesetzt geladener Ionen beim Zusammentreffen während ihrer Wanderung. Je größer die Potentialdifferenz der Elektroden ist, um so beträchtlicher ist der erste Vorgang und um so mehr verschwindet der zweite. Infolgedessen nimmt in einem gegebenen System mit wachsender Größe des aufgeladenen Potentials zunächst die Entladestromstärke zu, um schließlich einen Maximalwert zu erreichen, sobald die Intensität des elektrischen Feldes so groß ist, daß alle in der Zeiteinheit durch die radioaktive Strahlung entstehenden Ionen in eben dieser Zeiteinheit die Elektroden erreichen. Ihre vorherige Wiedervereinigung ist dann praktisch ausgeschlossen. Bei noch weiterer Steigerung der Spannung kann sodann die Stromstärke nicht noch weiter anwachsen, weil ja nicht mehr Ionen überführt werden können, als das bei dem bereits erreichten Zustande geschah. Jener Maximalstrom wird als Sättigungsstrom bezeichnet.

Es ist klar, daß bei der Messung der Radioaktivität auf der bezeichneten Grundlage nur solche Ergebnisse brauchbar sind, bei denen man sicher ist, Sättigungsstromstärke erreicht zu haben, weil nur dann der ganze Betrag der durch Strahlung entstandenen Gasionen erfaßt ist. Bei den zurzeit üblichen Meßinstrumenten ist die Gewähr hierfür gegeben, wenn man die Anfangsladung des Zerstreuungszylinders nicht kleiner als 200 Volt wählt.

Die Sättigungsstromstärke wird bei Radioaktivitätsmessungen nicht in elektrodynamischen Maßen, also nicht in der geläufigen Maßeinheit der Technik, in „Ampère", angegeben, sondern in elektrostatischen Einheiten. Beträgt bei erreichtem Sättigungsstrom die Zerstreuung, d. i. der Spannungsabfall des Elektroskops in 1 Sekunde, V Volt und ist die „Kapazität" des Elektroskops und der mit ihm verbundenen Apparatenteile $= C$, so ist die Stromstärke i

$$i = \frac{VC}{300} \text{ elektrostatische Einheiten.}$$

Da bei Mineralwässern meist nur sehr kleine Werte erhalten werden, drückt man diese zur Vermeidung unnötig langer Dezimalbrüche, nach einem Vorschlage von H. Mache, jetzt ganz allgemein in einer 1000mal kleineren Einheit aus. Eine solche sog. Mache-Einheit ist also $= 0{,}001$ elektrostatischen Einheiten, und es ergibt sich folglich, unter Anwendung der zuvor benutzten Bezeichnungen, für die Sättigungsstromstärke i_1 in Mache-Einheiten

$$i_1 = \frac{V\,C}{0{,}3}\ \text{Mache-Einheiten.}$$

Es bedarf also nur der Kenntnis der ein für allemal durch Eichung festgestellten Kapazität C des benutzten Instrumentes, um aus dem bei der Messung beobachteten Spannungsabfall V die Sättigungsstromstärke in Mache-Einheiten und somit die übliche Maßzahl für den Emanationsgehalt des Mineralwassers abzuleiten. Alle Werte sind auf 1 l Wasser zu beziehen bzw. bei Ausführung der Messung an anderen Wassermengen durch einfachen Proportionssatz auf 1 l umzurechnen.

Ein so gefundenes Ergebnis ist jedoch noch nicht als endgültig richtig anzusehen; es sind vielmehr sowohl an den unmittelbaren Versuchswerten als auch an dem errechneten Wert noch eine Anzahl Korrekturen anzubringen, die zunächst besprochen werden sollen.

1. Korrektur für die Löslichkeit der Emanation in Wasser. Die Austreibung der Emanation aus dem Wasser bzw. deren Überführung in die Luft der Ionisierungskammer erfolgt entweder durch Schütteln des Mineralwassers mit einer gegebenen Raummenge Luft (Prinzip des Fontaktoskops) oder durch stets erneutes Durchblasen einer gegebenen Luftmenge durch das Mineralwasser („Zirkulationsmethode"). Es ist selbstverständlich, daß hierbei nicht die ganze Menge der Emanation in die Luft übergeht, daß sie sich vielmehr, wie jedes andere Gas, gemäß dem Henry-Daltonschen Gesetz über Luft und Wasser verteilt. R. Hofmann[1]) hat den Verteilungskoeffizienten α der Radiumemanation zwischen Wasser und Luft in seiner Abhängigkeit von der Temperatur ermittelt und dafür folgende Werte gefunden:

Temperatur	α
3°	0,245
20°	0,23
40°	0,17
60°	0,135
70°	0,12
80°	0,12

Wird also bei dem Versuch die benutzte Wassermenge mit der m-fachen Raummenge Luft ausgeschüttelt oder durchgeblasen, so bleiben $\dfrac{\alpha}{m}$ der Emanation im Wasser zurück und entziehen sich der Messung. Um diesen Betrag ist folglich der beobachtete Spannungsabfall V zu erhöhen und demnach zu korrigieren in

$$\frac{V\,(m + \alpha)}{m}.$$

Bei der Benutzung der angegebenen Werte für α muß man dessen eingedenk sein, daß sie sich streng genommen nur auf die Löslichkeit in reinem Wasser beziehen, und daß die Löslichkeit in Salzlösungen geringer ist. Doch sind die Abweichungen nicht so groß, daß sie — namentlich bei großen Werten von m, d. h. bei Anwendung verhältnismäßig großer Luftmengen beim Ausschütteln — praktisch erhebliche Fehler im Versuchsergebnis bedingten.

Ferner sei erwähnt, daß bei Messungen der Thoriumemanation eigentlich die Einführung von deren spezifischen α-Werten erforderlich ist. Da diese aber unbekannt sind, müßte man ganz auf die Löslichkeitskorrektur verzichten, wenn man sie nicht mittels der hier mitgeteilten Werte für Radiumemanation vornimmt. Es läßt sich nicht übersehen, welche dieser beiden Möglichkeiten der Wahrheit am nächsten kommt; um der Übereinstimmung willen sollte man sich bis auf weiteres auf eine bestimmte festlegen, und zwar wird empfohlen

---

[1]) Vgl. Curie, Die Radioaktivität. Deutsch von B. Finkelstein. 1911. **1**, 252.

die zweitgenannte, d. h. die Anbringung der Korrektur bei Thoriumemanationsmessungen mittels der für Radiumemanation gültigen Verteilungskoeffizienten α.

2. **Korrektur für den Normalverlust.** Die atmosphärische Luft ist stets schwach radioaktiv und bewirkt demnach bereits, ohne daß ihr die Emanation des Mineralwassers zugeführt würde, einen meßbaren Spannungsabfall am Elektroskop. Dieser sog. „Normalverlust" V_n (ausgedrückt in Volt/Sekunden) muß in einem blinden Versuche für jede Beobachtungsreihe ermittelt und von dem gemäß Ziffer 1 korrigierten Spannungsabfall abgezogen werden. Der wirkliche, durch die Emanation bedingte Spannungsverlust beträgt demnach

$$\frac{V\,(m + \alpha)}{m} - V_n \;\text{Volt/Sekunden.}$$

3. **Korrektur für die induzierte Aktivität.** Die Emanation bleibt während der Dauer der Messung nicht unverändert; sie erleidet vielmehr von Anfang an radioaktiven Zerfall und geht in sog. „induzierte Aktivität" über, die sich auf den Wänden der Ionisierungskammer niederschlägt und ihrerseits eine weitere Ionisierung der Luft bedingt. Der gemessene Spannungsabfall ist also nicht durch die Emanation allein, sondern auch durch die induzierte Aktivität bedingt. Der Einfluß dieser Tatsache ist verschieden, je nachdem es sich um Thorium- oder Radiumemanation handelt. Bei der ersteren, rasch — d. h. in 6—8 Minuten praktisch vollständig — verschwindenden ist der Einfluß der induzierten Aktivität so gering, daß er innerhalb des kurzen Zeitintervalls, in dem überhaupt die Messung ausführbar ist, vernachlässigt werden kann. Wenn die durch Thoriumemanation bedingte Zerstreuung von Minute zu Minute fällt, so tritt also lediglich die Folge des Verschwindens durch schnellen Zerfall zutage.

Anders bei der Radiumemanation. Hier gesellt sich zu der anfangs nur sehr langsam (in der ersten Stunde nur um 0,75% der Gesamtmenge) zerfallenden Emanation die induzierte Aktivität in ihrer Wirkung auf den Spannungsabfall hinzu, und der Anteil beider Größen ist in jedem gegebenen Augenblick ein anderer, von der seit Anbeginn verflossenen Zeit abhängiger. In den ersten Phasen des Versuchs nimmt die Komponente der induzierten Aktivität sehr stark zu, und diese Zunahme übertrifft die Abnahme der Komponente der Emanation erheblich: der gesamte, zur Beobachtung gelangende Spannungsabfall steigt demnach von Minute zu Minute merklich an. Je länger der Versuch dauert, um so mehr verschiebt sich aber dieses Verhältnis zugunsten eines Ausgleichs beider Komponenten. Trägt man demnach die Momentanwerte des Gesamtspannungsabfalls als Ordinaten in ein Koordinatennetz ein, so wird man eine anfangs steiler ansteigende, dann immer flacher werdende und schließlich, nach Erreichung des Gleichgewichtes beider Komponenten, der Abscissenachse bis auf weiteres parallel laufende Kurve erhalten (vgl. die gestrichelte Kurve in Fig. 258 S. 648). Der zu beobachtende Spannungsabfall wird also schließlich vorübergehend konstant, und diese Konstanz ist drei Stunden nach Versuchsbeginn erreicht; der Spannungsabfall ist dann in der Zeiteinheit 2,175 mal größer als zu Versuchsbeginn.

Läßt man demnach die Apparatur nach Überführung der Emanation in den Luftraum der Ionisierungskammer drei Stunden stehen, ehe man den Spannungsabfall ermittelt, so liefert die Messung jenen Gleichgewichtswert, der natürlich — da er in dem eben angegebenen konstanten Verhältnis zum Anfangswert steht — ein brauchbares empirisches Maß für den Gehalt des Wassers an Radiumemanation gibt. In einer etwas zurückliegenden Zeit sind, wie es scheint, vereinzelt solche 3 Stunden-Werte als endgültige mitgeteilt worden. Die meisten Autoren haben es jedoch seit jeher für richtig gehalten — und heute teilen zweifellos alle diesen Standpunkt —, statt eines derartigen, die induzierte Aktivität mit einschließenden Wertes, einen solchen anzugeben, der durch Korrektur von deren Einfluß gereinigt und demnach ein wirklicher Ausdruck für den Emanationsgehalt ist. Diese Korrektur kann in zweifacher Weise vorgenommen werden.

Einmal kann man nach Feststellung der Gesamtzerstreuung die Emanation aus der Ionisierungskammer ausblasen und nun die Zerstreuung der auf den Kammerwänden zurückbleibenden induzierten Aktivität gesondert bestimmen, um daraus durch Extrapolation auf die Anfangszeit die Korrekturgröße zu ermitteln, die von der Gesamtzerstreuung abgezogen werden muß, um die durch Emanation allein bedingte Zerstreuung zu erfassen. Dieser viel beschrittene Weg läßt sich aber durch den folgenden einfacheren und zu genaueren Ergebnissen führenden ersetzen.

Da man über die Kenntnis der durch Zusammenwirken beider Ursachen bedingten Zerstreuungskurve verfügt, kann man aus der zu einer beliebigen Zeit t' beobachteten Gesamtzerstreuung auf Grund des Kurvenverlaufs den Wert der Zerstreuung zur Zeit $t = 0$, d. h. zu Beginn des Versuches, ermitteln, mithin zu einer Zeit, zu der die Emanation in ihrem ungeschmälerten Betrage wirkte, aber induzierte Aktivität noch gar nicht vorhanden war. Die derart extrapolierte Zahl ist folglich die gesuchte Maßzahl für die reine Wirkung der Radiumemanation. Um die Extrapolation zu erleichtern, stellten C. Engler, H. Sieveking und A. Koenig[1]) auf Grund der Beobachtungen von H. W. Schmidt und von Berndt eine Tafel zusammen, aus der man für jeden Zeitpunkt t' den Faktor f entnehmen kann, mit dem der Momentanwert zur Zeit t' Minuten zu multiplizieren ist, um den gesuchten Anfangswert zu finden. Der an dieser Stelle notwendige Teil der Tafel sei, teilweise in erweiterter Gestalt, wiedergegeben.

Beobachtungszeit t'	Faktor f zur Zurückberechnung auf die Zeit		Beobachtungszeit t'	Faktor f zur Zurückberechnung auf die Zeit	
Minuten	$t = 0$ Minuten	$t = 2$ Minuten	Minuten	$t = 0$ Minuten	$t = 2$ Minuten
0	1,000	1,235	8	0,662	0,817
1	0,883	1,090	9	0,653	0,806
1,5	0,845	1,044	10	0,647	0,799
2	0,810	1,000	11	0,640	0,790
3	0,761	0,940	12	0,635	0,784
4	0,727	0,897	13	0,632	0,780
5	0,703	0,868	14	0,628	0,776
6	0,686	0,847	15	0,625	0,771
7	0,671	0,828	180	0,460	0,568

Engler, Sieveking und Koenig haben neuerdings vorgeschlagen, die beobachteten Werte nicht auf die Zeit $t = 0$, sondern auf die Zeit $t = 2$ Minuten zu reduzieren; daher sind die hierzu erforderlichen Faktoren in die vorstehende Tafel mit aufgenommen. Zweifellos können auch diese 2 Minuten-Werte zu empirischen Vergleichungen des Gehaltes verschiedener Wässer an Radiumemanation dienen, aber es kommt ihnen keine bestimmte physikalische Bedeutung zu. Sie sind der Ausdruck eines willkürlich herausgegriffenen Ausgleichzustandes zwischen Emanation und induzierter Aktivität, während der Anfangswert ($t = 0$) den gesuchten Stoff (die Emanation) rein und vollständig zu ermessen gestattet. Dieser dürfte deshalb den Vorzug verdienen.

4. Duane-Effekt. Wenn man ein und dieselbe radioaktive Lösung in Meßinstrumenten verschiedener Bauart untersucht, erhält man — auch nach Anbringung der bisher erwähnten Korrekturen — keine übereinstimmenden Werte für die Sättigungsstromstärke. Das rührt davon her, daß ein Teil der von der Emanation erzeugten Gasionen von den Wandungen der Ionisierungskammer absorbiert und für die Elektrizitätsleitung außer Wirkung gesetzt wird, d. h. für die Stromleitung nicht in Betracht kommt. Dieser absorbierte Anteil

[1]) Chem.-Ztg. 1914, **38**, 426.

muß um so größer sein, je größer die Oberfläche der Kammer im Verhältnis zu deren Rauminhalt ist; er ist also von den Abmessungen der Kammer abhängig.

W. Duane[1]), der diese Beziehungen für Radiumemanation quantitativ verfolgte und
nach dem man die Erscheinung als Duane-Effekt zu bezeichnen pflegt, hat die Korrekturgröße gefunden, mittels deren man die gemessene, auf die Zeit $t = 0$ reduzierte Sättigungsstromstärke i, multiplizieren muß, um den Sättigungsstrom J zu finden, den man mit derselben Menge Emanation erhalten würde, wenn alle Strahlen vollkommen ausgenutzt würden.
Bezeichnet man mit s die Oberfläche der Kammerwandung in Quadratzentimetern und mit
v den Rauminhalt der Kammer in Kubikzentimetern, so ist

$$ J = \frac{i}{1 - 0{,}517\,\dfrac{s}{v}} . $$

Mittels dieser Korrektur kann man demnach in beliebigen Instrumenten ausgeführte
Messungen der Radiumemanation auf absolute, allgemein vergleichbare Werte zurückführen. Unterbleibt das, so sind die Werte nur dann vergleichbar, wenn sie mittels gleichartiger Instrumente bestimmt sind. Bei Thoriumemanationsmessungen muß man sich stets
mit solchen relativen Werten begnügen, weil die Größe des Duane-Effekts für Thoriumemanation noch nicht ermittelt ist.

Faßt man alles in diesem Abschnitt Gesagte zusammen, so ergibt sich — unter Beibehaltung der bisher gebrauchten Bezeichnungsweisen — bei Messung der Radiumemanation
folgende endgültige Formel für die Sättigungsstromstärke, bezogen auf 1 l Wasser, wenn bei
der Messung w ccm Mineralwasser benutzt wurden:

$$ J = \frac{1000}{w} \cdot \frac{C}{0{,}3} \cdot \frac{f}{1 - 0{,}517\,\dfrac{s}{v}} \left(\frac{V\,(m + \alpha)}{m} - V_n \right) \text{ Mache-Einheiten.} $$

5. Eine weitere Korrektur ist schließlich noch bei Anwendung solcher Instrumente
erforderlich, bei denen nicht die Gesamtmenge der ionisierten Luft in die Zerstreuungskammer
eingeht. Vgl. hierüber unten auf S. 644.

6. Eine weitere Beeinflussung des Ergebnisses der Emanationsmessungen erblicken
Hammer und Vohsen darin, daß im Wasser neben den Emanationen auch eine gewisse Menge
von deren Zerfallsprodukten enthalten sind, die — obwohl sie gelöste feste Stoffe sind —
teilweise mit ausgeschüttelt werden und Gasionen bilden. Dazu mag sich noch eine weitere
Erhöhung der Leitfähigkeit der Luft gesellen, die durch den als mechanische Folge des Aus-
schüttelns eintretenden Lenardschen Wasserfalleffekt bedingt ist. Nach Versuchen von
C. Engler, H. Sieveking und A. Koenig[2]) sind diese, das Ergebnis etwas erhöhenden
Fehlerquellen nur geringfügig; eine Korrektur läßt sich für sie nicht einführen.

Da nicht an allen veröffentlichten Messungen alle hier angeführten erforderlichen Korrekturen angebracht sind und insbesondere bei den meisten der Duane-Effekt nicht berücksichtigt wurde, ist die Vergleichbarkeit des zurzeit vorliegenden Materials stark in Frage
gestellt. Um so mehr ist es erforderlich, in Zukunft bei jeder veröffentlichten Zahl
anzugeben, wie sie gewonnen wurde, also ausdrücklich hinzuzufügen, welche
Korrekturen beachtet wurden: die für Löslichkeit in Wasser, Normalverlust, induzierte
Aktivität und Duane-Effekt, bzw. anzugeben, auf welche Zeit ($t = 0$, oder $= 2$ Minuten, oder
$=$ Beobachtungszeit) sich der Wert bezieht. Ist der Duane-Effekt nicht herangezogen, so darf
die — übrigens auch sonst wünschenswerte Angabe — keinesfalls fehlen, mit welchem Instrument gearbeitet wurde und wie groß bei demselben das Verhältnis $\dfrac{s}{v}$ war. Daß alle diese

---

[1]) Comptes rendus 1905, **140**, 581.
[2]) Chem.-Ztg. 1914, **38**, 448.

Mitteilungen bei Thoriumemanationsmessungen doppelt wichtig sind, geht aus dem, was über die geringere Vollständigkeit von deren Grundlagen gesagt ist, von selbst hervor.

2. Umrechnung der Untersuchungsergebnisse aus elektrostatischem Maß auf Radiumeinheiten. Die Ergebnisse der Radioaktivitätsmessungen sind, dem bisherigen Verlaufe der hier gegebenen Darstellung folgend, als Sättigungsstromstärken in Mache-Einheiten ausgedrückt und in dieser Gestalt auch im deutschen Schrifttum vorläufig als endgültige Werte angegeben worden. Nachdem wir jetzt, wenigstens für Radiumemanation, über hinreichend sichere Grundlagen für die Auswertung derartiger Zahlenwerte verfügen, die ein Bild über die nach Gewichtsgrößen zu messende, wirklich vorhandene Menge radioaktiver Stoffe gewähren, statt nur ihre ionisierende Wirkung in elektrostatischem Maß erkennen zu lassen, ist es Zeit, die Messungsergebnisse an Mineralwässern in diesem Sinne umzurechnen.

Nach Versuchen von Frau Curie[1]) sowie von W. Duane und A. Laborde[2]) entspricht eine Sättigungsstromstärke von 5190 Mache-Einheiten — bezogen auf die Zeit $t = 0$, unter Anbringung aller Korrekturen, insbesondere des Duane-Effektes — einer sog. „Grammsekunde" Radium oder „Emanationseinheit". Darunter versteht man diejenige Emanationsmenge, die von 1 g Radium in 1 Sekunde entwickelt wird. Man braucht also nur die durch Radiumemanation hervorgebrachte, auf 1 l bezogene, in Mache-Einheiten ausgedrückte, vollständig korrigierte Sättigungsstromstärke durch 5190 zu dividieren bzw. mit **1,93 · 10⁻⁴** zu multiplizieren, um die Angabe in „Grammsekunden Radium" bzw. „Emanationseinheiten" für 1 l zu übersetzen. Angaben in dieser Form findet man seither namentlich in französischen Schriften.

Andererseits ist die von 1 g Radium in 1 Sekunde entwickelte Emanationsmenge derjenigen gleich, die mit $2{,}09 \cdot 10^{-6}$ g Radium im radioaktiven Gleichgewicht steht. Die Menge Emanation, die mit 1 g Radium im radioaktiven Gleichgewicht steht, bezeichnet man neuerdings als „1 Curie"[3]). Will man die auf 1 l bezogene, in vollständig korrigierten Mache-Einheiten ausgedrückte, durch Radiumemanation hervorgebrachte Sättigungsstromstärke in „Curie" für 1 l umwerten, so muß man also nicht nur mit $1{,}93 \cdot 10^{-4}$, sondern überdies mit $2{,}09 \cdot 10^{-6}$, d. i. insgesamt mit **4,0 · 10⁻¹⁰** multiplizieren. Soll die 1000 mal kleinere Einheit des „Milli-Curie" zugrunde gelegt werden, so hat die Multiplikation mit **4,0 · 10⁻⁷** zu erfolgen. Eine noch kleinere Einheit ist das „Mikro-Curie", d. i. der millionste Teil eines Curie; der zugehörige Umrechnungsfaktor ist natürlich $= 4{,}0 \cdot 10^{-4}$.

Eine Umrechnung der Thoriumemanationsmessungen auf Gewichtsnormalmaße ist zurzeit noch nicht möglich.

3. Entnahme des Wassers für die Messung. Um dem freiwilligen radioaktiven Zerfall der Emanationen möglichst zuvorzukommen, müssen die für Radioaktivitätsbestimmungen bestimmten Wasserproben im letzten Augenblick vor der Untersuchung entnommen und sofort weiter verarbeitet werden[4]). Die Probenahme hat weiter der Tatsache Rechnung zu tragen, daß Emanationen, die ja Gase sind, überdies auch rein mechanisch aus dem Wasser entweichen können; die Maßregeln, die für die Entnahme zur Gesamtkohlensäurebestimmung oder zur Ermittlung der gelösten Gase beschrieben sind, fordern hier doppelte eindringliche Berücksichtigung. Besonders wichtig ist es auch, das Wasser so nahe wie möglich an der Vorbruchsstelle zu entnehmen, weil in offenen und geschlossenen Rohrleitungen sowie in Sammelbecken bereits sehr erhebliche Emanationsverluste sich ein-

---

[1]) Le Radium 1910, **7**, 65.

[2]) Ebendort 1910, **7**, 162.

[3]) E. Rutherford, Radiumnormalmaße und deren Verwendung bei radioaktiven Messungen. Leipzig 1911.

[4]) Falls das nicht möglich ist, bleibt im Notfalle nur der auf S. 641 beschriebene Ausweg.

zustellen pflegen. Da mit wechselndem Luftdruck Schwankungen im Emanationsgehalt einhergehen können, so sollte man, wenigstens bei stark radioaktiven Wässern, die Bestimmung mehrmals, sowohl bei tiefem als auch bei hohem Barometerstand, wiederholen und stets den Luftdruck — und daneben auch die Lufttemperatur — im Analysenbericht mitteilen. Brunnenstuben, die längere Zeit nicht geöffnet waren, sind vor der Entnahme des Wassers erst gründlich zu lüften; man erhält sonst leicht einmal zu hohe Ergebnisse.

Am besten läßt man das Wasser aus einer Zapfstelle, deren Ausflußrohr man durch einen kurzen Gummischlauch verlängert hat, oder durch eine in die Quellenspalte bzw. das Bohrrohr eingesenkte, nicht zu lange Heberleitung auf den Boden einer sorgfältig gespülten 2 Liter-Flasche ausfließen, darin aufsteigen und zuletzt noch so lange überfließen, bis sich der ganze Inhalt erneuert hat. Dann führt man die Flasche langsam nach unten weg, so daß sie sich bis zum Rande füllt; hierauf verstopft man sie, wobei keine Luftblasen unter dem Stopfen bleiben dürfen. Ist das Wasser merklich heißer als etwa 20°, so kühlt man es möglichst rasch durch Einstellen der Flaschen in kaltes Wasser oder Eiswasser ab und füllt danach — zum Ausgleich des entstandenen Schwundes — die Flaschen, die man möglichst wenig bewegt haben darf, mittels eines Stechhebers voll, wozu man den Inhalt einer Flasche opfert.

Ein Schöpfen aus stagnierenden Quellenbecken oder -teichen, aus Brunnen, Schächten usw. ist nicht zu empfehlen und, wenn irgend möglich, zu vermeiden; denn das Verweilen des Wassers in solchen Behältern bedingt nicht selten erhebliche Emanationsverluste. Am besten entnimmt man es in solchen Fällen an seiner Eintrittsstelle in den Behälter und bedient sich hierzu, sofern das nicht durch Heraushebern geschehen kann, einer von C. Engler, H. Sieveking und A. Koenig[1]) empfohlenen Vorrichtung.

Sie besteht aus einem umgekehrten, mehr als 1 l fassenden Scheidetrichter mit verlängertem Rohr (Fig. 251). Die Stöpselöffnung a wird durch einen Kork lose verschlossen, der an einer Schnur

Fig. 251.

befestigt ist. Indem man dann mit der Mündung a bis an die meist bekannte oder doch erkennbare Zulaufsstelle des Quellwassers fährt, den Kork durch Zug an der Schnur lüftet und den Hahn b öffnet, füllt sich das Gefäß von unten mit Wasser an, worauf der Hahn b geschlossen, die Öffnung a mit dem Daumen oder dem Stopfen verschlossen und das Ganze vorsichtig herausgehoben wird. Man kann dann die erforderliche Wassermenge, z. B. 1 l, unmittelbar in den Apparat zur Messung der Radioaktivität ausfließen lassen, zu welchem Zweck Marken an dem Instrument angebracht sind.

Außer den zur unmittelbaren Untersuchung an Ort und Stelle dienenden Proben füllt man noch mehrere Flaschen mit Wasser völlig an und hebt sie, gut verstopft und unter peinlicher Vermeidung des Zutritts von Luftblasen, auf bzw. befördert sie in das Laboratorium. Sie dienen zu den auf S. 649 angegebenen Prüfungen auf Restaktivität.

Apparat zur
Entnahme von
Wasserproben.

4. Das Fontaktoskop.
Das für Mineralwasseruntersuchungen meist benutzte Instrument, das Fontaktoskop von C. Engler und H. Sieveking[2]), ist nicht als Präzisionsinstrument gedacht, liefert aber Ergebnisse von recht erheblicher, für den vorliegenden Zweck sicher ausreichender Genauigkeit[3]). Sein wesentliches Merkmal ist, daß die Ausschüttlung des Mineralwassers mit Luft direkt in der Zerstreuungskammer, hier die „Meßkanne" genannt, vorgenommen wird.

---

[1]) Chem.-Ztg. 1914, **38**, 426.

[2]) Zeitschr. f. anorgan. Chemie 1907, **53**, 1. — Das Instrument ist zu beziehen von Günther & Tegetmeyer, Braunschweig.

[3]) Nach W. Hammer u. Fr. Vohsen (Physikal. Zeitschr. 1913, **14**, 451) läßt das Fontaktoskop eine Messungsgenauigkeit von 3—4% zu.

In Fig. 252 stellt A diese Meßkanne dar. Sie besteht aus vernickeltem Messingblech, ihr Durchmesser ist 22 cm, die Höhe ihres zylindrischen Teiles ist 26 cm. Der kegelstumpfförmige Oberteil ist 3 cm hoch und trägt den 6 cm weiten, 1,6 cm hohen Hals, auf dem der Deckel d sitzt, der ein zentrales, 10 mm weites Loch hat. Er ist massiv gehalten und dient zugleich als Fuß des aufgesetzten Elektroskops E Exnerscher Konstruktion in der von Elster und Geitel abgeänderten Form mit Natriumtrocknung und Spiegelablesung.

Das Elektroskop besteht aus einem in einem Gehäuse mit Glaswand montierten, lotrechten Stiel, der oben in einen isolierenden Bernsteinstopfen eingesetzt ist und rechts und links je ein Aluminiumblättchen trägt. Die Blättchen werden durch seitlich herangeschobene Schutzbacken geschützt, solange der Apparat nicht benutzt wird. Beim Aufladen des Elektroskops spreizen die von diesen Schutzbacken befreiten Blättchen auseinander und fallen bei Rückgang des Potentials wieder zusammen. Es kommt bei der Radioaktivitätsmessung darauf an, den zeitlichen Ablauf dieses Zusammenfallens zu verfolgen. Hierzu ist vor den Blättchen ein Spiegel angebracht, in dem sich eine Skala spiegelt, die ihren Nullpunkt in der Mitte hat und von da aus nach rechts und links je 20 Teilstriche aufweist. Blättchen und Skalenspiegelbild werden durch eine Lupe betrachtet, die an einem lotrechten Arm verstellbar ist und so eingestellt wird, daß die Spiegelbilder der Skalenteilstriche genau mit dem Bilde der Oberkante des Spiegels abschneiden. Beim Ablesen zählt man die rechts und links des Nullpunktes abgelesenen, der Stellung beider Blättchen entsprechenden Skalenteile zusammen. Zehntel-Skalenteile lassen sich leicht schätzen; man achte nur darauf, daß man stets denselben Blättchenrand beobachtet und daß man parallaktische Fehler vermeidet. Eine Eichtafel ist beigegeben; sie ist nach Art einer Logarithmentafel angeordnet und lehrt, wieviel Volt der jeweils abgelesenen Blättchendivergenz entsprechen.

Es empfiehlt sich nicht, die Glaswand des Elektroskops vor der Benutzung, etwa zum Zweck der Säuberung, mit einem Tuche abzureiben. Ist das aber doch einmal nötig, so muß man sie danach vorsichtig mit einer Spiritusflamme bestreichen, um die entstandene Reibungselektrizität fortzunehmen.

Für den allerdings äußerst seltenen Fall, daß bei hohem Feuchtigkeitsgehalte der Luft die Isolation des Elektroskops etwas nachläßt, führe man durch den an ihm angebrachten seitlichen Metalltubus, der

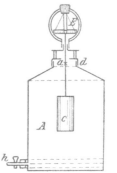

Fig. 252.

Fontaktoskop.

für gewöhnlich durch einen Kautschukstopfen verschlossen ist, ein erbsengroßes Stückchen metallisches Natrium ein, das man an eine durch den Gummistopfen geführte Nadel aufspießt. Man beachte, daß diese Maßnahme nur ganz ausnahmsweise anzuwenden ist und versäume nie, das Natrium zu entfernen, ehe man das Elektroskop in den zugehörigen Behälter zurücklegt[1]).

Der lotrechte Stiel des Elektroskops setzt sich nach unten in einen 2 mm dicken Verbindungsdraht fort, an den man bei a durch Bajonettverbindung den Zerstreuungszylinder c anhängen kann. An der Meßkanne ist noch der Hahn h angebracht, um für den Fall, daß infolge Kohlendioxydgehaltes beim Schütteln Überdruck in der Kanne entsteht, eine entsprechende Wassermenge ablassen zu können. Der Gesamtinhalt der Kanne, einschließlich ihres konischen Teils, ist 10,6 l; vermindert um die Raumerfüllung des Zerstreuungszylinders ist der Inhalt = 10,4 l. $\frac{s}{v}$ im Sinne der Korrektur für den Duane-Effekt ist = 0,265, der Korrekturfaktor $\dfrac{1}{1-0{,}517\cdot\frac{s}{v}}$ folglich = 1,16. Die

Kapazität C eines jeden Instrumentes (Größenordnung 13—14 cm) wird vom Verfertiger beim Bezug mitgeteilt; man kann sie auch mit Hilfe eines geeichten Kondensators selbst ermitteln[2]).

---

[1]) Vgl. J. Elster u. H. Geitel, Zeitschr. f. Instrumentenkunde 1904, **24**, 195.

[2]) Vgl. S. Harms, Physikal. Zeitschr. 1904, **5**, 47.

Die Aufladung des Elektroskops und des mit ihm leitend verbundenen Zerstreuungszylinders geschieht durch Berührung des Verbindungsdrahtes *a* oberhalb des Kannendeckels
mit einer geeigneten Elektrizitätsquelle. Als solche kann man, mit Elster und Geitel, eine
Trockensäule[1]) benutzen, die man durch Einstechen einer Nadel an jeder beliebigen Stelle
erden kann, so daß man, je nachdem, mit ihrer Hilfe jede beliebige Spannung von wenigen
Volt bis zur vollen Spannung des nicht abgeleiteten Poles mitteilen kann. Die Säule ist hängend
in dem zugehörigen Schränkchen aufzubewahren, und zwar möglichst an einem trockenen,
warmen Orte. Auch vermeide man durchaus, sie während der Arbeit oder nach derselben
auf leitender Unterlage, wie etwa der Platte des Tisches, liegen zu lassen. Hierdurch wird
sie kurz geschlossen und kann dauernd in ihrer Höchstspannung zurückgehen. Säulen, bei
denen das eingetreten ist, lassen sich meistens dadurch wieder aufbessern, daß man sie einige
Stunden lang der strahlenden Wärme eines Ofens oder noch besser im Freien den Strahlen
der Sonne aussetzt. In die Klemmschraube des Ladepoles führt man einen Draht
ein, mit dem man den Elektroskopverbindungsdraht berührt, während man die
Säule in der Mitte umfaßt und durch Versetzen der Einstechnadel die passende
Spannung freigibt.

Fig. 253.

Lade-
stab.

Statt dessen kann man die Ladung auch mit einfacheren Hilfsmitteln vornehmen, z. B. durch Berühren des Verbindungsdrahtes mit einem geriebenen Hart-
gummi- oder Celluloidstab. Besonders vorteilhaft ist die Benutzung des sog. Lade-
stabes[2]) (Fig. 253), dessen Ladungen durch die Bewegung eines Reibzeuges an
einem Celluloidstab erzielt werden. Das Ganze wird von einer Messinghülse umschlossen, in der das bewegliche Reibzeug seine Führung hat.

Für Durchführung einer Messung wird zunächst der Normalverlust bestimmt.
Dazu beschickt man die Meßkanne mit reiner Außenluft, indem man sie zuerst mit
inaktivem Wasser[3]) füllt und dasselbe im Freien wieder auslaufen läßt. Nun gibt
man 1 l inaktives Wasser hinein, verschließt mit einem großen Kautschukstopfen
und schüttelt kräftig etwa $1/_2$ Minute lang. Dann stellt man die Flasche ruhig hin,
läßt das Wasser durch *h* ablaufen, nimmt den Stopfen ab, setzt das Elektroskop samt
Zerstreuungszylinder auf und lädt dasselbe auf mehr als 200 Volt. Man notiert die Zeit
und den Stand der Blättchen und beobachtet letzteren, während der Dauer von insgesamt einer Stunde, genau alle 15 Minuten. Der Spannungsabfall — d. i. die Differenz der Ablesungen des Blättchenstandes — muß in den einzelnen Viertelstunden
praktisch derselbe sein; er beträgt unter normalen Verhältnissen etwa 15—30 Volt
in der Stunde. Bei wesentlich höheren Werten besteht der Verdacht, daß entweder
die Isolierung des Elektroskops ungenügend oder daß die Apparatur durch radioaktive Stoffe infiziert ist.

Nachdem so der Normalverlust festgestellt ist, der natürlich auf 1 Sekunde umgerechnet
wird, schreitet man zur eigentlichen Messung. Man entnimmt zunächst die Wasserprobe
in der im vorigen Abschnitt beschriebenen Weise, setzt auf die Entnahmeflasche einen Stopfen
mit Glasrohren von der Art, wie man sie auf Spritzflaschen hat, d. h. mit einem kurzen Rohr
zum Anblasen und einem auf den Boden der Flasche reichenden langen Rohre, dessen zweiter,
äußerer Schenkel so weit verlängert ist, daß er nach dem Füllen als Heber wirkt. Man bläst
an und fängt das vom Heber ablaufende Wasser in einem 1 Liter-Meßkolben auf, indem man
es vom Boden desselben bis zur Marke aufsteigen läßt. Das so abgemessene Liter-Wasser
hebert man mittels einer ebensolchen Vorrichtung in die Meßkanne über, bringt also die zur
Untersuchung bestimmte Wassermenge unter Ausschluß starker Bewegung in die Kanne.

---

[1]) Gleichfalls zu beziehen von Günther & Tegetmeyer, Braunschweig.

[2]) Zu beziehen von Spindler & Hoyer, Göttingen.

[3]) Wasserleitungswasser, das eine längere Leitung durchflossen hat, ist in der Regel inaktiv,
ebenso destilliertes Wasser.

Bei schwach aktiven Wässern nimmt man statt eines Liters deren zwei, bei stark aktiven 0,5 oder nur 0,25 l.

Wiederum setzt man den Stopfen auf die Kanne auf, schüttelt $1/2$ Minute kräftig durch und setzt nach Beendigung des Schüttelns zunächst eine Sekundenstechuhr in Gang. Dann erst läßt man durch Öffnen des Hahnes h Wasser ablaufen, bis sich der Überdruck ausgeglichen hat, wobei man darauf achten muß, daß nicht auch Gas- oder Luftblasen mit entweichen. Schließlich nimmt man den Stopfen ab, setzt das Elektroskop mit dem Zerstreuungszylinder wieder auf und beginnt, sofern es sich lediglich um Feststellung der Radiumaktivität — d. h. unter Vernachlässigung etwaiger Thoriumaktivität — handelt, etwa 5 Minuten nach beendigtem Schütteln mit der Ablesung des Elektroskops, die man in geeigneten Zwischenräumen wiederholt und etwa bis zur 15. Minute fortsetzt. Häufig genügt es, alle 3—5 Minuten in stets gleichen Intervallen zu beobachten. Bei sehr stark radioaktiven Wässern, bei denen die Blättchen sehr schnell zusammenfallen, tut man besser, statt zu einer vorher festgesetzten Zeit abzulesen, mehrfach wiederholt mittels der Sekundenstechuhr zu ermitteln, wie lange es dauert, bis die Blättchen einen willkürlich vorherbestimmten, stets gleichen Abstand zweier geeigneter Skalenteile durcheilen. Man bedarf in solchem Falle z w e i e r Stechuhren, der einen zur Feststellung der seit Beginn des Schüttelns abgelaufenen Zeit, der zweiten zur Ermittlung des Zeitverbrauchs für den Blättchenzusammenfall. Sobald die Spannung weit herabgegangen ist, muß das Elektroskop neu aufgeladen werden; bei Beobachtungen in der Art der zuletzt erwähnten ist das nach jeder einzelnen Ablesung erforderlich.

Aus den Beobachtungen der einzelnen Zeitintervalle berechnet man jedesmal den Spannungsabfall in 1 Sekunde und legt der weiteren Umrechnung auf Anfangszeit $t = 0$ die Mittelzeit des betreffenden Intervalls zugrunde.

Es mögen folgende zwei Beispiele vollständiger Messungsreihen gegeben werden:

I. Messung eines geringeren Aktivitätswertes.

K o n s t a n t e n d e s I n s t r u m e n t e s : Kapazität $C = 13,4$ cm; Korrektur für Duane-Effekt 1,16. A n g e w e n d e t : 1 l Wasser; $m = 9,6$; B e o b a c h t u n g s t e m p e r a t u r : 18°; $\alpha = 0,23$. N o r m a l v e r l u s t : 20,3 Volt in 1 Stunde, entspr. 0,0056 Volt/Sekunden.

Zeit t seit dem Ausschütteln	Abgelesene Spannung Volt	Gesamter Spannungsabfall Volt	Spannungsabfall in 1 Sekunde Volt	Mittlere Zeit
5′	207,8			
8′	164,2	43,6	0,2422	6′ 30″
11′	119,2	45,0	0,2500	9′ 30″
11′ 52″	214,8[1])			
14′ 52″	167,5	47,3	0,2624	13′ 22″
17′ 52″	120,7	46,8	0,2599	16′ 22″

Aus den vier Werten der vorletzten Säule berechnen sich unter Anbringung aller Korrekturen, einschließlich des Duane-Effektes, mittels der Formel auf S. 634 folgende Einzelwerte für die Sättigungsstromstärke zur Zeit $t = 0$, bedingt durch die in 1 l Wasser enthaltene Emanation:

8,51 Mache-Einheiten
8,43   „
8,42   „
8,38   „

Mittel **8,44 Mache-Einheiten, entspr. 3,38 · 10^{-6} Milli-Curie.**

[1]) Neu aufgeladen.

II. Messung eines höheren Aktivitätswertes.

Konstanten des Instrumentes: wie zuvor. Angewendet: 250 ccm Wasser; $m = 41,4$.
Beobachtungstemperatur: $13°$; $\alpha = 0,24$. Normalverlust: 18,2 Volt in 1 Stunde,
entspr. 0,0051 Volt/Sekunden.

Zeit t_1 seit dem Ausschütteln	Zur Durchmessung eines Spannungs- abfalls von 82,3 Volt brauchten die Blättchen Sekunden	Spannungs- abfall in 1 Sekunde Volt	Mittlere Zeit	Vollständig korrigierte Mache-Einheiten zur Zeit $t = 0$, entspr. 1 Liter Wasser
6′ 3″	56,8	1,4489	5′ 35″	208,6
8′ 37″	54,4	1,5129	8′ 10″	207,4
11′ 4″	52,5	1,5676	10′ 38″	209,4
13′ 14″	51,2	1,6074	12′ 48″	211,4
15′ 26″	51,2	1,6074	15′ 00″	208,8

209,1 entspr. $8,36 \cdot 10^{-5}$
Milli-Curie.

Nach Beendigung einer Versuchsreihe füllt man die Meßkanne mit inaktivem Wasser,
das man alsbald wieder auslaufen läßt. Nachdem so die ionisierte Luft verdrängt ist, bedarf
es nur noch des ausreichend vollständigen Abklingens der induzierten Aktivität — also bei
Radiumemanation etwa 3—4 Stunden, bei Thoriumemanation 4—5 Tage —, dann ist das
Instrument zu neuen Messungen bereit. Nach sehr häufig wiederholter Benutzung — insbesondere, wenn hochradioaktive Wässer untersucht worden sind— reichern sich aber schließlich auf der Innenwand der Meßkanne und auf dem Zerstreuungszylinder langlebige Zerfalls-
produkte der induzierten Aktivität in solchem Betrage an, daß sie sich in ihrer ionisierenden
Wirkung merklich geltend zu machen beginnen. Das offenbart sich z. B. an einer Erhöhung
des Normalverlustes über das gewohnte Maß hinaus. Wenn derartige Erscheinungen in einem
unerwünschten Betrage sich zu zeigen beginnen, kann man die Kanne mit warmem, mit Salzsäure angesäuertem Wasser ausspülen oder mit einer ammoniakalisch gemachten Aufschwemmung von Seesand in warmem Wasser gründlich ausschwenken und wiederholt mit reinem
Wasser nachwaschen. Der Zerstreuungszylinder ist nach jedesmaligem Gebrauche gründlich
mit einem trockenen Tuche abzureiben.

5. Die Fontaktometer.
Die Besonderheit des Baues des Fontaktoskops be-
dingt einen unvermeidlichen Versuchsfehler, der in der Richtung einer Verkleinerung des
Messungsergebnisses liegt. Öffnet man nämlich nach beendigtem Schütteln die Meßkanne
und führt in die Öffnung den Zerstreuungszylinder ein, so verdrängt dieser eine ihm gleiche
Raummenge ionisierter Luft und schaltet ihre Einwirkung auf den Sättigungsstrom aus.
Ferner kann während der Messung durch die im Kannendeckel befindliche 10 mm weite Öffnung ionisierte Luft herausdiffundieren. Der auf unmittelbarer Verdrängung beruhende
Fehler läßt sich zu etwa —2% veranschlagen, den auf Diffusion zurückzuführenden haben
C. Engler, H. Sieveking und A. Koenig[1]) experimentell ermittelt. Sie fanden dabei,
daß er bei kurzer Messungsdauer sehr klein bleibt, bei längerer, bis zu 3 Stunden ausgedehnter,
aber erhebliche Beträge erreichen kann. Bei gewöhnlichen, über etwa $1/4$ Stunde sich erstreckenden Messungen, können also die geschilderten Einflüsse ruhig praktisch vernachlässigt werden.

Nicht so bei solchen Messungen der Radiumemanation, bei denen man die nach 3 Stunden
erreichte Höchstzerstreuung ermitteln will. Das kann wünschenswert sein bei Wässern von
sehr geringer Radioaktivität, bei denen vielleicht nur der absolut soviel höhere 3 Stunden-Wert
deutlich hervortritt, der viel kleinere Wert in den ersten Zeitintervallen nach der Ausschüttlung aber kaum über die Grenzen der Feststellbarkeit herausragt, und bei denen dann aus dem

---

[1]) Chem.-Ztg. 1914, **38**, 447.

3 Stunden-Wert auf den Anfangswert zurückgerechnet werden kann. Um das Fontaktoskop auch für solche Messungen brauchbar zu machen, dann aber auch, um es mehr zu einem Präzisionsinstrument zu gestalten, sind besondere Abarten von ihm angegeben worden.

In diesem Sinne beschrieben Engler, Sieveking und Koenig ein sog. „verbessertes Fontaktoskop", bei dem auf dem Elektroskopleitungsdraht ein verschiebbarer Kautschukstopfen angeordnet ist, der vor und während der Messung in das Loch des Kannendeckels herabgeschoben wird. Überdies ist bei diesem Apparat das Elster- und Geitelsche Elektroskop durch ein Wulfsches Quarzfadenelektrometer ersetzt, das eine wesentlich schärfere Ablesung zuläßt und nicht so oft nachgeeicht zu werden braucht.

Dieses „verbesserte Fontaktoskop" schließt nur den Diffusionsfehler aus, nicht aber den durch Luftverdrängung bedingten. Um auch diesen zu beseitigen, hat man Abarten, sog. „Fontaktometer", angegeben, bei denen der Zerstreuungszylinder nicht erst nach dem Schütteln eingesenkt wird, sondern ein für allemal fest in das Innere des allseitig geschlossenen, nur mittels einiger Hähne nach außen kommunizierenden Ionisierungsraums eingebaut ist. Nach beendigtem Ausschütteln des durch einen dieser Hähne eingefüllten Mineralwassers und nach Entlastung des Kohlendioxydüberdrucks montiert man mittels geeigneter Verbindungsstücke das Elektroskop auf den Zerstreuungszylinder und führt nach beliebiger Zeit die Messung aus. Derartige Fontaktometer haben H. Mache und St. Meyer[1]), ferner J. von Weszelszky[2]) sowie W. Hammer[3]) angegeben. Sie haben noch den weiteren Vorzug, daß bei ihnen der Gebrauch von Kautschukstopfen vermieden ist, die sonst beim Ausschütteln als Verschluß dienen. Diese besitzen unter Umständen die Eigenschaft, Emanation zu adsorbieren.

Die Fontaktometer-Meßkannen entsprechen in ihren Abmessungen denen des gewöhnlich benutzten Fontaktoskops insofern, als der durch den Duane-Effekt bedingte Fehler für Instrumente beider Art etwa gleich groß ist. Die mit ihnen am selben Wasser erhaltenen direkten Messungsergebnisse stimmen praktisch demnach überein, wie F. Henrich und F. Glaser[4]) durch vergleichende Versuche erwiesen haben. Im allgemeinen wird ein Bedürfnis für die Anwendung von Fontaktometern bei der Mineralwasseruntersuchung nicht bestehen, mit Ausnahme des im Eingang dieses Absatzes erwähnten Falles und eines weiteren, der jetzt besprochen werden möge.

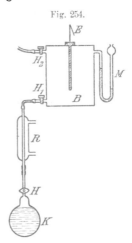

Fig. 254.

Apparat zur Radioaktivitäts-messung mittels Auskochens der Emanation.

Zuweilen wird es nämlich nicht möglich sein, die Prüfung des Wassers auf Radiumemanation an Ort und Stelle selbst auszuführen. Um in solchen Fällen die Entnahme des Wassers von ungeübten Personen zuverlässig vornehmen zu lassen, hat H. Greinacher[5]) — und ähnlich J. von Weszelszky[6]) — folgenden Weg eingeschlagen: Man evakuiert im Laboratorium einen Glaskolben K (Fig. 254) von 750 ccm Inhalt mittels der Wasserstrahlpumpe soweit als möglich und schließt den Glashahn H. Dieser Kolben wird in einem passenden Kistchen an Ort und Stelle gesandt und dadurch gefüllt, daß man die Mündung unter Wasser hält, den Hahn öffnet und endlich wieder schließt[7]). Aus der im Laboratorium festgestellten Gewichtszunahme des zurückgesandten Kolbens ergibt sich die Menge des Mineralwassers.

[1]) Zeitschr. f. Instrumentenkunde 1909, 29, 65.

[2]) Physikal. Zeitschr. 1912, 13, 240.

[3]) Ebendort 1912, 13, 943.

[4]) Zeitschr. f. angew. Chemie 1912, 25, 16, 1224.

[5]) Physikal. Zeitschr. 1912, 13, 434.

[6]) Ebendort 1912, 13, 243.

[7]) Selbstverständlich ist eine solche Art der Probenahme aus Quellenbecken usw. nur dann zulässig, wenn die auf S. 635 geäußerten allgemeinen Bedenken nicht zutreffen; für aus Zapflöchern fließendes Mineralwasser ist sie in dieser Form unausführbar.

Während der Rücksendung des Kolbens verschwindet nicht nur ein Teil der selbständig vorhandenen Emanation infolge radioaktiven Zerfalls, sondern ein anderer Teil tritt überdies aus dem Wasser in den Leerraum des Kolbens aus. Man würde den letzteren Anteil nicht mit erfassen, wollte man den flüssigen Kolbeninhalt in gewohnter Weise in eine Fontaktoskop-Meßkanne überhebern; es ist vielmehr erforderlich, seinen gesamten freien und gelösten Gasinhalt durch Auskochen in eine geschlossene Ionisierungskammer überzuführen, also in diejenige eines Fontaktometers. Das geschieht in folgender Weise:

Man verbindet den Kolben unter Zwischenschaltung eines Rückflußkühlers R mit der Fontaktometerkanne B, die aus doppelt starkem Blech hergestellt und an der ein Quecksilbermanometer M angebracht sein muß (Fig. 254). Man öffnet die Hähne H_1 und H_2 — H bleibt zunächst noch geschlossen — und pumpt mittels der an H_2 angeschlossenen Wasserstrahlpumpe auf etwa 200 mm Unterdruck aus. Man schließt nun H_2 und öffnet H, bringt in K das Wasser zum Sieden und setzt den Rückflußkühler in Tätigkeit. Nach $1/4$—$1/2$ stündigem Kochen wird der Kühler entleert, worauf der sich entwickelnde Wasserdampf die ausgekochte Emanation in die Kanne B hinübertreibt. Das Eindringen des Wasserdampfes durch den Hahn H_1 ist leicht am Heißwerden der Stelle zu erkennen. Im geeigneten Augenblick nimmt man den Brenner weg und schließt H_1. Während des ganzen Vorganges achte man darauf, daß das Manometer Unterdruck zeigt. Man nimmt nun die Schlauchverbindung von H_1 ab und öffnet diesen Hahn, damit noch so viel Außenluft eindringen kann, bis Druckausgleich hergestellt ist. Dann geht man zur Messung der Zerstreuung über.

An dem für die Sättigungsstromstärke gefundenen Wert ist mit Beziehung auf jenen Anteil[1]), der durch selbständige Emanation bedingt ist, eine Korrektur für den Betrag vorzunehmen, der in der Zeit zwischen Probenahme und Messung zerfallen ist. Betrug diese Zeit T Tage und war die anteilige Sättigungsstromstärke J, so ist der im angegebenen Sinne korrigierte Wert $J_{korr.}$ mit Hilfe der Formel

$$\log J_{korr.} = \log J + 0,078246\ T$$

zu berechnen.

6. Der Apparat von H. W. Schmidt.

Nächst dem Fontaktoskop und dem Fontaktometer wird auch ein von H. W. Schmidt[2]) herrührender Apparat viel benutzt. Er unterscheidet sich grundsätzlich vom Fontaktoskoptypus dadurch, daß die Ausschüttlung des Mineralwassers nicht unmittelbar in der Ionisierungskammer vorgenommen wird; ferner wird bei ihm die Ablesung des Elektroskops mittels eines Mikroskops vorgenommen. Sie läßt sich infolgedessen und infolge einer eigenen Ausgestaltung des Elektroskopblättchens mit besonderer Schärfe vornehmen; der Apparat eignet sich daher in hervorragendem Maße zur Feststellung des schnell sich ändernden Abfalls in den allerersten Versuchsphasen. Auch ist er besser als die anderen zur Prüfung auf Thoriumemanation und zur quantitativen Bestimmung derselben geeignet, weshalb zunächst seine Handhabung und dann weiter (S. 645) die Deutung der mit seiner Hilfe gewonnenen Ergebnisse beschrieben werden möge[3]):

Der Untersuchungsapparat U (vgl. Fig. 255) besteht aus zwei Teilen: dem eigentlichen Elektrometer E und dem Zerstreuungsgefäß (der Ionisierungskammer) Z. Der Mantel m des Zerstreuungsgefäßes Z ist ein Messingzylinder, der auf die obere Wand i des Elektrometergehäuses aufgeschraubt werden kann, wobei sowohl am Boden als auch am Deckel d durch Eingießen eines Kittes aus gleichen Teilen Kolophonium und Bienenwachs in eine umlaufende Rinne für

---

[1]) Derselbe wird ermittelt durch Abziehen des der Radiumrestaktivität entsprechenden Wertes (S. 649) von der Gesamtradiumaktivität.

[2]) Physikal. Zeitschr. 1905, **6**, 761. — Vgl. auch H. W. Schmidt u. K. Kurz, ebendas. 1906, **7**, 209.

[3]) Der Apparat ist in zweierlei Ausführung — als Reiseapparat und als Standapparat — von Spindler & Hoyer, Göttingen, zu beziehen.

luftdichten Abschluß gesorgt ist. Beim Auseinandernehmen des Apparates genügt ein gelindes Erwärmen mit dem Bunsenbrenner, um den Kitt zu erweichen und zu entfernen. Die innere Elektrode ist ein Metallstab k, der mit seinem unteren Ende in einen Messingstift e hineinpaßt. Dieser Stift ragt durch den isolierenden Bernstein b hindurch von oben in das Innere des Elektrometergehäuses hinein und stellt die Verbindung zwischen der inneren Elektrode k und dem Aluminiumblättchen a her. a ist an dem Blättchenträger s angeklebt; der Blättchenträger selbst wird an den durch den Bernstein b hindurchgehenden Metallstift e angeschraubt. Das Blättchen kann beim Transport des Instrumentes durch eine verschiebbare Backe o geschützt werden. Die Ablesung der Blättchenstellung wird durch einen am Blättchen befestigten Quarzfaden

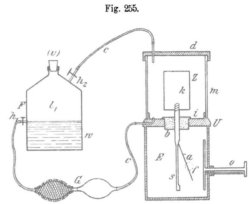

Fig. 255.

Apparat von H. W. Schmidt.

erleichtert[1]) und geschieht mit Hilfe eines Ablesemikroskops durch zwei sich gegenüberstehende Glasfenster f hindurch, welche in die Vorder- und Rückwand des metallenen Elektrometergehäuses eingekittet sind. Beobachtet wird der Schnittpunkt des Quarzfadens (bzw. dessen einer Kante) mit einer durch die Okularskala laufenden horizontalen Linie. Der Faden soll am Anfang (0) und Ende (10) der Skala scharf im Gesichtsfeld erscheinen. Ist das nicht der Fall, so muß das Mikroskop verstellt oder der Blättchenträger s etwas gedreht werden (nach Abschrauben des rückseitigen Gehäusedeckels).

Ablesemikroskop M (vgl. Fig. 256) und Untersuchungsgefäß sind fest miteinander verbunden und auf einem Dreifuß D montiert. Der ganze Apparat wird auf einem dreibeinigen Stativ aufgestellt und mit Hilfe einer auf dem Deckel des Zerstreuungsgefäßes Z aufgeschraubten Libelle L und durch die Stellschrauben am Dreifuß justiert.

Die Ladung der inneren Elektrode wird mit einem durch die Wand des Elektrometergehäuses isoliert hindurchgehenden, geeignet gebogenen Messingdraht ausgeführt. Beim Laden liegt der Draht am Streifen a, beim Gebrauch am Gehäuse an. Das Laden geschieht am einfachsten in der Weise, daß man in das Mikroskop hineinsieht, mit der linken Hand den Ladehebel umlegt, mit der rechten Hand dem Metalldraht eine der auf S. 638 erwähnten Ladevorrichtungen nähert und den Ladehebel dann zurückdreht, wenn das Blättchen am Anfang der Skala (0) oder noch etwas weiter links (im Gesichtsfelde) steht.

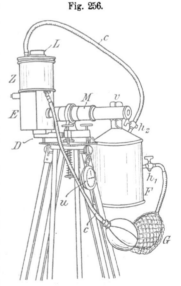

Fig. 256.

Apparat von H. W. Schmidt.

Von dem Verfertiger werden dem Instrument Tafeln beigegeben, die die Eichung der Skala in Volt und ferner den Wert für die Kapazität C des Instrumentes, deren Größenordnung = 4 cm ist, enthalten.

Die Emanationsmessung wird in folgender Weise ausgeführt: Man füllt zunächst das Zerstreuungsgefäß durch Einblasen mit reiner Außenluft. Hierzu füllt man die Flasche

---

[1]) Vgl. K. Kurz, Physikal. Zeitschr. 1906, 7, 375.

F bei geschlossenem Hahn h_1 bis obenhin mit inaktivem Wasser und läßt dieses im Freien durch den geöffneten Hahn h_1 so weit auslaufen, daß sein Spiegel zuletzt mit dem Hahnausfluß abschneidet. Dann schließt man alle Hähne sowie den Hals der Flasche, schüttelt $^1/_2$ Minute kräftig durch, verbindet in der aus der Figur zu ersehenden Weise unter Zwischenschaltung des Kautschukgebläses G mit der Zerstreuungskammer und sorgt, nach Öffnung der Hähne, durch etwa 30 malige Betätigung des Gebläses für ausreichende Mischung der gesamten eingeschlossenen Luftmenge. Man läßt den Apparat in diesem Zustande am besten erst etwa $^1/_2$ Stunde stehen und ermittelt alsdann durch Laden des Elektrometers und etwa einstündiges Beobachten des Spannungsabfalls den „Normalverlust".

Hierauf läßt man die zu untersuchende Wassermenge — meistens etwa $^1/_4$ l, und jedenfalls nicht so viel, daß die Ansatzstelle des Hahnes h_1 unter den Wasserspiegel zu liegen kommt — vorsichtig, in der bereits beim Fontaktoskop beschriebenen Weise, durch Überhebern in die im Freien geleerte Schüttelflasche F einfließen. Dann schließt man diese Flasche, schüttelt sie $^1/_2$ Minute kräftig durch, verbindet wieder schnell mit der Zerstreuungskammer, setzt eine Sekundenstechuhr in Gang und beginnt gleichzeitig das Zirkulationsgebläse G zu bedienen. Nach etwa 30 Zügen desselben, wozu etwa $^1/_2$ Minute erfordert wird, lädt man sofort das Elektrometer und beginnt von der ersten Minute an mit den Ablesungen des Spannungsabfalls, die man in der beim Fontaktoskop beschriebenen Weise vornimmt und etwa 15 Minuten lang fortsetzt. Die Zeit wird vom Schluß des Ausschüttelns an gezählt und an der Stechuhr abgelesen. Ein Beispiel für eine Beobachtungsreihe wird auf S. 646 gegeben.

Bei der Berechnung des Ergebnisses ist zu beachten, daß, anders als beim Fontaktoskop, hier nicht sämtliche Gasionen in den Zerstreuungsraum verbracht, sondern auf den Luftraum des ganzen Systems verteilt sind. Der beobachtete Spannungsabfall muß demnach im anteiligen Verhältnis auf den ganzen Luftraum umgerechnet werden. Diese Korrektur sowie die auf S. 631 u. f. unter 1 und 2 erwähnten Korrekturen und die Umrechnung auf 1 l Wasser sind in folgender Formel berücksichtigt:

$$V_{\text{korr.}} = \frac{1000}{w} \cdot \frac{l_1 - w + l_2 + l_3}{l_3} \cdot \left[\left(1 + \frac{\alpha w}{l_1 - w} \right) V - V_n \right] \text{ Volt/Sekunde.}$$

Hierin bedeuten w die angewendete Wassermenge in Kubikzentimetern und l_1, l_2, l_3 den ebenfalls in Kubikzentimetern ausgedrückten Rauminhalt der Schüttelflasche, der Gebläseteile und des Zerstreuungsgefäßes. α ist der Verteilungskoeffizient der Emanation, V die abgelesene Sekundenzerstreuung (nach Ablauf der Zeit t von Versuchsbeginn) und V_n der Sekundennormalverlust. Die weitere Verwertung von $V_{\text{korr.}}$ ist verschieden, je nachdem die Messung nur Radiumemanation berücksichtigt, d. h. die Ablesungen der ersten 6 bis 8 Minuten ausschaltet, oder auch die anwesende Thoriumemanation berücksichtigt. Im ersteren Fall bringt man sogleich die weiteren Korrekturen für induzierte Aktivität und Duane-Effekt[1]) an und rechnet auf Mache-Einheiten bzw. Milli-Curie um. Wie man bei Gegenwart von Thoriumemanation die Anfangszerstreuung für beide Emanationsarten ermittelt, das werden die folgenden Ausführungen noch lehren.

Nach Beendigung eines Versuches entfernt man die Emanation durch mehrmaliges Auspumpen mit der Wasserstrahlpumpe und durch Einströmenlassen von getrockneter Luft. Auch die Leitungsschläuche und das Gebläse müssen durch Durchpumpen reiner Luft, die Schüttelflasche durch Füllen mit Wasser und Leerlaufenlassen emanationsfrei gemacht werden. Der Apparat ist dann, nachdem noch die auf seiner Innenfläche niedergeschlagene

---

[1]) An dem hier benutzten Instrument ist $\frac{s}{v}$ (im Sinne der Duane-Effekt-Korrektur) = 1,33 und der Korrekturfaktor $\dfrac{1}{1 - 0{,}517\,\dfrac{s}{v}}$ folglich = 3,20, während Schmidt für das seinige $\frac{s}{v} = 1{,}17$, entsprechend einem Faktor = 2,53 angab. Die in den Handel gebrachten Apparate scheinen demnach zu verschiedenen Zeiten nicht ganz gleiche Abmessungen gehabt zu haben.

induzierte Aktivität ausreichend abgeklungen ist (S. 640), zu neuen Messungen bereit. Den Apparat nach Entfernung der Kittdichtung auseinanderzuschrauben, empfiehlt sich nur bei Isolationsstörungen. Sollte in den Apparat versehentlich Wasser gekommen sein, so genügt es vielfach, das Wasser aus den Hähnen herauslaufen zu lassen und trockene Luft einzublasen.

7. Nachweis und Bestimmung von Thoriumemanation[1]).

Die Thoriumemanation ist von außerordentlich kurzer Lebensdauer; ihre Halbwertzeit beträgt nur 53 Sekunden. Dagegen ist die induzierte Thoriumaktivität von erheblich längerer Lebensdauer (Halbwertzeit = 10,6 Stunden) als die induzierte Radiumaktivität. Damit hängt es zusammen, daß die Kurve der Veränderlichkeit des Spannungsabfalles mit der Zeit bei Gegenwart von Thoriumemanation einen ganz anderen Charakter hat als die oben (S. 632) beschriebene, wie sie sich bei reiner Radiumemanation ergibt. Statt, wie bei jener, anzusteigen und schließlich nach 3 Stunden ein Maximum zu erreichen, sinkt sie von Anfang an ab und erreicht binnen 7—8 Minuten praktisch den Wert 0 (vgl. Fig. 257, S. 648). Sie ist praktisch unbeeinflußt durch die induzierte Aktivität, wird also durch die Zerfallsgleichung der Thoriumemanation

$$\log V_0 = 0{,}3408\, t + \log V_t$$

ausgedrückt. In dieser Gleichung bedeutet V_0 den Spannungsabfall in 1 Sekunde im Anfangszustande, V_t denjenigen nach der in Minuten ausgedrückten Zeit t.

Nach vorstehendem kann man demnach auf Grund der mittels des Apparates von H. W. Schmidt unter besonderer Berücksichtigung der ersten Minuten aufgenommenen Kurve des Spannungsabfalls einen Schluß auf die Natur der vorhandenen Emanation ziehen. Steigt diese Kurve von Anfang an an, so ist wahrscheinlich nur Radiumemanation zugegen. Fällt sie von Anbeginn und erreicht binnen etwa 7—8 Minuten praktisch den Wert Null, so ist nur Thoriumemanation zugegen. Fällt sie nur zuerst bis zu einem gewissen Punkt, um von diesem aus wieder anzusteigen (Fig. 257, S. 648), so ist Thoriumemanation und Radiumemanation nebeneinander vorhanden. Die erforderlichen Ablesungen müssen in der ersten Minute nach dem Ausschütteln begonnen und etwa 15—20 Minuten lang fortgesetzt werden. Die Zeit des Blättchendurchgangs durch die einzelnen Skalenteile wird verfolgt, was mittels zweier abwechselnd bei den aufeinanderfolgenden Durchgängen in Gang gesetzten und wieder gestoppten Stechuhren nach einiger Einübung unschwer gelingt. Die folgende, der Arbeit von Schmidt und Kurz entnommene Tafel (S. 646 oben) diene zur Erläuterung eines Beobachtungssatzes und seiner Ausrechnung. Sie stellt den Fall dar, daß ausschließlich Radiumemanation zugegen ist.

In der ersten Säule der Tafel steht der Teilstrich der Okularskala; in der zweiten die Zeit des Blättchendurchgangs durch diesen Teilstrich, gerechnet vom Beginn der Luftzirkulation an; in der dritten die Zeitdifferenz zum Durchwandern eines Skalenteils. Auf den ersten Blick scheint in den Zahlen der dritten Säule gar keine Gesetzmäßigkeit zu liegen. Faßt man jedoch — zur Ausgleichung der einzelnen unvermeidlichen Ablesungsfehler — je 5 Skalenteile zusammen (Säule 4) und bildet den Quotienten aus Spannungsdifferenz (Säule 5) und Zeit (Säule 6), so kommt man zu einer Zahlenreihe (Säule 7), die trotz kleiner Schwankungen ein deutliches Ansteigen verrät. Noch deutlicher tritt das zutage, wenn man einerseits die mittlere Zeit (Säule 8) berechnet, die der über den betreffenden Zeitraum sich erstreckenden Einzelbeobachtung entspricht und andererseits mittels der für reine Radiumemanation geltenden Faktoren (vgl. S. 633) die Werte der Säule 7 von dieser mittleren Beobachtungszeit auf die Zeit $t = 0$ umrechnet. Hierbei ist zuvor von den Werten der Säule 7 der Betrag für den Normalverlust — im vorliegenden Beispiel 0,31 Millivolt pro Sekunde — abgezogen[2]).

1) Vgl. H. W. Schmidt u. K. Kurz, Physikal. Zeitschr. 1906, 7, 210.

2) Das Beispiel ist nach der Originalarbeit wiedergegeben, worin die Korrekturen für den Verteilungskoeffizienten a und für die Raumfüllung l_1 und l_2 (S. 644) fehlen. Diese wären also an den Werten der Säule 7 nach dem heutigen Stande des Wissens noch vorzunehmen.

Beobachtung			Berechnung					
1.	2.	3.	4.	5.	6.	7.	8.	9.
Teilstrich der Okular- skala	Zeit vom Beginn des Versuchs	Zeit zum Durch- wandern eines Skalen- teils (in Sek.)	Zusammen- fassung von je 5 Skalen- teilen	Spannungs- differenz für 5 Skalen- teile (Eichung der Skala) (in Volt)	Zeit zum Durchwan- dern von 5 Skalen- teilen (in Sek.)	Zerstreu- ung in Millivolt pro Sekunde	Mittlere Zeit	Zerstreuungs- zurückberechnung auf die Zeit $t = 0$ mittels der Fak- toren für reine Radiumemanation (Millivolt/Sek.)
5,4	45"		5,4—5,9	1,61	275	5,86	3'03"	4,20
5,5	2'05"	80	5,5—6,0	1,61	260	6,20	4'15"	4,25
5,6	3'00"	55	5,6—6,1	1,61	255	6,32	5'08"	4,21
5,7	3'55"	55	5,7—6 2	1,61	250	6,45	6'00"	4,21
5,8	4'40"	45	5,8—6,3	1,61	250	6,45	6'45"	4,15
5,9	5'20"	40	5,9—6,4	1,61	265	6,08	7'37"	3,84
6,0	6'25"	65	6,0—6,5	1,62	250	6,49	8'30"	4,06
6,1	7'15"	50	6,1—6,6	1,62	250	6,49	9'20"	4,03
6,2	8'05"	50	6,2—6,7	1,62	245	6,61	10'08"	4,06
6,3	8'50"	45	6,3—6,8	1,62	245	6,61	10'53"	4,04
6,4	9'45"	55	6,4—6,9	1,62	230	7,03	11'40"	4,27
6,5	10'35"	50	6,5—7,0	1,62	225	7,20	12'28"	4,37
6,6	11'25"	50	6,6—7,1	1,62	235	6,89	13'22"	4,16
6,7	12'10"	45	6,7—7,2	1,63	230	7,10	14'05"	4,26
6,8	12'55"	45	6,8—7,3	1,63	225	7,26	14'48"	4,35
6,9	13'35"	40	6,9—7,4	1,63	235	6,93	15'32"	4,14
7,0	14'20"	45	7,0—7,5	1,64	240	6,83	16'20"	4,06
7,1	15'20"	60	7,1—7,6	1,64	230	7,12	17'15"	4,21
7,2	16'00"	40	7,2—7,7	1,64	235	6,98	17'57"	4,10
7,3	16'40"	40						
7,4	17'30"	50						Mittel **4,16**
7,5	18'20"	50						
7,6 .	19'10"	50						
7,7	19'55"	45						

Das Ergebnis dieser Berechnungen enthält Säule 9; sämtliche dort stehenden Einzel- werte stimmen praktisch nahe miteinander überein und lassen, soweit kleine Abweichungen da sind, keinerlei Gang erkennen. Diese Übereinstimmung beweist, daß die aus dem Mineral- wasser ausgeschüttelte Emanation tatsächlich reine Radiumemanation war. Der Mittel- wert der Säule 9 entspricht dem Anfangswert der Zerstreuung; aus ihm ist folglich — evtl. unter Berücksichtigung des Duane-Effektes — nach den zuvor gegebenen Anweisungen der entsprechende Wert für die Sättigungsstromstärke und damit die Maßzahl für den Emanations- gehalt zu berechnen.

Zeigen hingegen die Werte der Säule 7 nicht, wie hier, eine geringe Zunahme, sondern fallen sie deutlich ab, um etwa in der 7.—8. Minute der mittleren Beobachtungszeit (Säule 8) bis auf den Betrag des Normalverlustes abzusinken, dann kann es sich nicht um reine Radiumemanation handeln. Noch deutlicher zeigt sich die Abnahme in Spalte 9, die — unter Zuhilfenahme der für Radiumemanation geltenden Gesetzmäßigkeiten berechnet — im Gegensatz zum vorigen Beispiel alles andere als untereinander übereinstimmende Werte für die Anfangszerstreuung bietet. Die folgende Tafel (S. 647) diene als Beispiel.

Hier beweisen also die fallenden Werte in Säule 1 und Säule 3, daß keinesfalls reine Radiumemanation vorhanden sein kann. Berechnet man dagegen mittels der für Thorium- emanation geltenden Formel auf S. 645, wie hier in Spalte 4 geschehen, die den einzelnen

1.	2.	3.	4.
Zerstreuung in Millivolt (pro Sekunde, nach Abzug des Normalverlustes)	Mittlere Zeit in Minuten	Zerstreuung, zurückberechnet auf die Zeit $t = 0$ mittels der Faktoren für reine Radiumemanation Millivolt/Sekunden	Zerstreuung, zurückberechnet auf die Zeit $t = 0$ mittels der Formel für reine Thoriumemanation Millivolt/Sekunden
21,33	0,9	19,00	43,2
6,74	2,3	5,36	41,0
1,66	4,3	1,20	48,5
			42,1

mittleren Zeiten entsprechenden Anfangswerte, so findet man so gute Übereinstimmung, wie sie irgend erwartet werden kann. Das Wasser enthält demnach ausschließlich Thoriumemanation; die ihrer Menge entsprechende Sättigungsstromstärke ist aus dem der Säule 4 zu entnehmenden Mittelwerte gemäß der Formel

$$i = \frac{VC}{0,3}$$

(S. 631) zu berechnen. Die Anbringung einer Korrektur für den Duane-Effekt ist nicht möglich; die Messungsergebnisse sind demnach nur dann vergleichbar, wenn sie an Instrumenten gleicher Art angestellt sind.

Ein drittes Zahlenbeispiel erläutere endlich die letzte Möglichkeit: das Nebeneinandervorkommen von Radium- und Thoriumemanation.

1.	2.	3.	4.	5.	6.
Zerstreuung in Millivolt (pro Sekunde, nach Abzug des Normalverlustes)	Mittlere Zeit in Minuten	Zerstreuung, zurückberechnet auf die Zeit $t=0$ mittels der Faktoren für reine Radiumemanation Millivolt/Sekunden	Momentanwerte der durch die vorhandene Radiumemanation bedingten Zerstreuung in der Versuchszeit Millivolt/Sekunden	Differenz der Werte in Säule 1 u. 4 Millivolt/Sekunden	Zerstreuung, zurückberechnet auf die Zeit $t = 0$ aus den Werten der Säule 5 mittels der Formel für Thoriumemanation Millivolt/Sekunden
16,91	2,5	13,27	14,41	2,50	17,8
16,31	3,4	12,18	15,15	1,16	16,7
16,34	5,0	11,49	16,09	0,25	12,6
16,77	6,1	11,48			**17,3**
17,02	8,2	11,23			
17,60	9,9	11,40			
17,64	10,8	11,31			
17,81	12,1	11,31			
		11,31			

Hier ist in Säule 1 nichts von der regelmäßigen Zunahme der Werte zu bemerken, die dem Verhalten der reinen Radiumemanation entsprechen würde, und ebensowenig ist in Säule 3 die bei ihrem alleinigen Vorkommen zu erwartende Konstanz der Werte zu erkennen. Sie nehmen vielmehr zunächst deutlich ab, und erst etwa von der 6.—8. Minute an tritt Konstanz auf. Von dieser Zeit an folgt also die Zerstreuung dem für Radiumemanation gültigen Gesetz; bis dahin muß den Spannungsabfall noch ein anderer, schneller zerfallender, seine Wirkung binnen 8 Minuten verlierender Stoff beeinflußt haben, der nur Thoriumemanation sein kann. Ein derartiger Gang der Werte in Säule 3 ist also das Kennzeichen des Nebeneinandervorkommens beider Emanationen.

Will man den Anteil einer jeden der beiden Emanationen an der Zerstreuung quantitativ gesondert ermitteln, so kann das auf Grund folgender Überlegungen geschehen: Die in Säule 3 nach Ablauf der 8. Minute sich einstellenden, praktisch untereinander übereinstimmenden Werte können nicht mehr durch Thoriumemanation beeinträchtigt sein, da diese ja zu dieser Zeit bereits praktisch vollständig zerfallen und damit wirkungslos geworden ist. Ihr Mittelwert (in unserem Beispiel 11,31 Millivolt/Sekunden) entspricht demnach dem Anfangswert der durch die vorhandene Radiumemanation bedingten Sekundenzerstreuung. Aus diesem Anfangswert berechnet man nun — durch Division mit den entsprechenden Faktoren der Tafel auf S. 633 — die den einzelnen mittleren Zeiten entsprechenden Werte für Radiumemanation (Säule 4) und zieht diese von den experimentell gefundenen Werten für die Gesamtzerstreuung (Säule 1) ab. Die verbleibenden Differenzen (Säule 5) entsprechen den Momentanwerten für die durch Thoriumemanation hervorgebrachte Zerstreuung. Aus ihnen berechnet man rückwärts mittels der Formel auf S. 645 den Anfangswert und gelangt so zu wenigstens für die ersten Zeitintervalle praktisch übereinstimmenden Werten, deren Mittel (in unserem Beispiele 17,3 Millivolt/Sekunden) das Maß für die durch die Thoriumemanation bedingte Anfangszerstreuung ist. Aus den Anfangszerstreuungen berechnet man in der oben besprochenen Weise (S. 629) die Werte für die, beiden Emanationen entsprechenden Sättigungsstromstärken bzw. für Radiumemanation den ihr entsprechenden Gehalt an Milli-Curie.

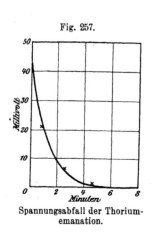

Fig. 257.

Spannungsabfall der Thoriumemanation.

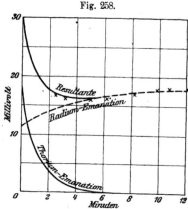

Fig. 258.

Spannungsabfall einer Mischung von
Thorium- und Radiumemanation.

Eine anschauliche Bestätigung der Richtigkeit aller der zuletzt gegebenen Darlegungen erhält man an der Hand einer graphischen Darstellung. Eine solche gebe ich zunächst in Fig. 257 für die in der vorletzten Tafel niedergelegten Beobachtungen, die zu der Deutung geführt hatten, daß nur reine Thoriumemanation in einem, einer Anfangszerstreuung von 42,1 Millivolt/Sekunden entsprechenden Betrage vorliege. Man berechnet mit Hilfe der auf S. 645 mitgeteilten Formel, die man zu diesem Zwecke umformt in

$$\log V_t = \log V_0 - 0{,}3408\,t,$$

die Zerstreuungen, die zu den Zeiten $t = 1, 2, 3, 4, 5, 6$ usw. Minuten der ermittelten Anfangszerstreuung V_0 entsprechen. Trägt man diese Einzelwerte graphisch auf, so erhält man die theoretische Zerstreuungskurve der Thoriumemanation und kann sich nun, wie die Fig. 257 lehrt, durch Eintragen der gemessenen Momentanwerte der Zerstreuung in dasselbe Koordinatennetz leicht überzeugen, wie sehr sich diese der theoretischen Kurve anschmiegen.

In gleicher Weise ergänzt Fig. 258 unser letztes Beispiel, bei dem beide Emanationen nebeneinander vorkamen. In der eben beschriebenen Weise ist auch hier die theoretische Kurve für Thoriumemanation und überdies diejenige für Radiumemanation gezeichnet worden. Letztere wird gewonnen, indem man den ermittelten Wert der Anfangszerstreuung durch die auf S. 633 angegebenen, für Radiumemanation gültigen Umrechnungsfaktoren für 1, 2, 3, 4 usw. Minuten dividiert. Auf Grund beider Kurven konstruiert man nun eine dritte: die Resultante, die den Einfluß beider Emanationen auf die Gesamtzerstreuung darstellt. Man erhält sie, indem man jedesmal die Summe der zu demselben Zeitpunkt gehörenden Ordinaten der beiden Einzelkurven als neue Ordinate aufträgt. Auch hier schmiegen sich die beobachteten Zerstreuungswerte gut dieser Resultante an, deren Verlauf — anfangs starker Fall und dann (jenseits 8 Minuten) ein völliges Aufgehen in die schwach steigende Radiumemanationskurve — die Merkmale für das Nebeneinandervorkommen beider Emanationen besonders deutlich vor Augen führt. Gleichzeitig vermittelt der eben charakterisierte Verlauf der Resultante noch weit besser als die Zahlentafel die Eigenart des Spannungsabfalls bei gleichzeitiger Gegenwart beider Emanationen.

8. Prüfung auf Restaktivität durch Untersuchung des Mineralwassers selbst.
Unter „Restaktivität" versteht man, wie schon oben auseinandergesetzt, den Gehalt des Mineralwassers an den Vorläufern der Emanationen in den betreffenden radioaktiven Umwandlungsreihen. Ist in einem Mineralwasser Thoriumemanation aufgefunden, so kann man eigentlich schon ohne weitere Prüfung als gewiß annehmen, daß es auch Thoriumrestaktivität enthält. Denn bei der kurzen Lebensdauer jener Emanation ist es nahezu unmöglich, daß sie, falls sie als selbständiger gasförmiger Bestandteil dem Wasser während seiner geologischen Entstehungsgeschichte einverleibt worden ist, noch beim Vorbruch im Wasser enthalten sein könne, sie müßte denn geradezu in den letzten Augenblicken vor seinem Zutagetreten aufgenommen worden sein. Ist das nicht der Fall, so ist ihr Dasein nur möglich, wenn sie sich ständig durch Zerfall ihrer Vorläufer aus diesen erneuert, d. h. mit ihnen im „radioaktiven Gleichgewicht" steht.

Will man sich im gegebenen Fall, über diese Überlegungen hinausgehend, durch den Versuch von dem tatsächlichen Vorhandensein von Thoriumrestaktivität überzeugen, so braucht man bloß den Inhalt einer der zu diesem Zweck abgefüllten (S. 636) und in das Laboratorium mitgenommenen Flaschen nach mehr als 30 tägiger Aufbewahrung in genau der gleichen Weise, wie sie im vorangehenden Abschnitt beschrieben ist, im Schmidtschen Apparat zu untersuchen. Selbständige Radiumemanation muß während dieser Aufbewahrungszeit praktisch vollständig zerfallen sein, selbständige Thoriumemanation erst recht. Findet man auch jetzt noch radioaktive Emanationen, so müssen sie von Restaktivität herrühren, und der Versuch gestattet — je nachdem nur Thoriumemanation oder beide Emanationen gefunden werden — einen Schluß darauf, ob nur Thoriumrestaktivität oder beide Restaktivitäten zugegen sind. Diese nach mehr als 30 tägiger Aufbewahrung ausgeführten Messungen schließen zugleich auch die quantitative Bestimmung der Restaktivitäten ein, da deren Menge zu der durch die Emanationen hervorgebrachten Sättigungsstromstärke in unmittelbarer Beziehung steht und für Radiumrestaktivität mittels Anwendung der Formel von Duane (S. 634) geradezu auf die entsprechende Menge elementares Radium (in „Milli-Curie") umgerechnet werden kann.

Vielfach begnügt man sich mit einer viel einfacheren Art der Prüfung, die dann aber der Natur der Sache nach nur auf Radiumrestaktivität gerichtet ist und zunächst auch nur qualitativen Wert hat. Man bestimmt in einer Probe aus den für diesen Zweck mitgenommenen voll gefüllten Flaschen (S. 636) 3—5 Tage nach der Entnahme des Wassers — die verstrichene Zeit ist auf $1/4$ Stunde genau festzustellen — mittels des Fontaktoskops den Gehalt an noch vorhandener Radiumemanation in der oben (S. 637) beschriebenen Weise und rechnet das Ergebnis auf die Anfangszerstreuung zurück. Enthielt das Wasser die Radiumemanation nur als selbständigen Bestandteil, so muß der Gehalt daran um genau die Menge abgenommen haben, die dem Zeitgesetz ihres Zerfalles entspricht, ist ein größerer oder kleinerer Betrag von ihr im radioaktiven Gleichgewicht zugegen, so erneuert sich dieser Anteil ständig, und der auf die Gesamtmenge bezogene Zerfall geht scheinbar langsamer von statten, als es das Zeitgesetz verlangt.

Die zu lösende Aufgabe verengt sich also dahin, daß der zeitliche Ablauf des freiwilligen Zerfalls näher zu verfolgen ist, und das geschieht am einfachsten dadurch, daß man die betreffende „Halbwertzeit" ermittelt, d. h. aus den Versuchsergebnissen die Zeit berechnet, in der die ursprünglich im Wasser vorhanden gewesene Emanation auf die Hälfte zurückgegangen ist. Das geschieht in folgender Weise: War die am Mineralwasser unmittelbar nach der Entnahme an Ort und Stelle bestimmte Sättigungsstromstärke $= J_A$ und betrug letztere bei der nach T Tagen (T ist hierbei mit 2 Dezimalen in die Rechnung einzusetzen) an der mitgenommenen Probe ausgeführten Bestimmung J_T, so ist die

$$\text{Halbwertzeit} = \frac{0,30103\,T}{\log J_A - \log J_T}\,\text{Tage.}$$

Ist die so ermittelte Halbwertzeit innerhalb der Fehlergrenzen gleich der der Radiumemanation (3,85 Tage), so ist im Wasser Radiumemanation nur als selbständiger Bestandteil vorhanden; ist sie größer als der theoretische Wert, so läßt das auf die Gegenwart von Radiumrestaktivität neben selbständiger Emanation schließen, und zwar muß erstere einen um so größeren Anteil ausmachen, je größer die Halbwertzeit ist. Beträgt deren Wert gar ∞, d. h. ist $J_T = J_A$, dann ist gar keine selbständige Radiumemanation zugegen; die ganze Menge steht vielmehr im radioaktiven Gleichgewicht mit Radiumrestaktivität.

Es empfiehlt sich, einen auf diesem Wege erbrachten Nachweis von Radiumrestaktivität durch den direkten Versuch nachzuprüfen, indem man länger als 30 Tage in vollständig verschlossenen Flaschen aufbewahrtes Wasser im Fontaktoskop auf Radiumemanation prüft. Findet sich dann noch solche, so kann sie nur von Radium-Restaktivität herrühren, und die ihr entsprechende Sättigungsstromstärke gewährt die Grundlage zur Berechnung des Gehalts an Radiumrestaktivität in „Milli-Curie".

9. Prüfung auf Restaktivität durch Untersuchung des Quellensediments.
Enthält eine Mineralquelle Restaktivität, d. h. gelöste Salze jener Elemente, die die radioaktiven Vorläufer der Emanationen sind, so werden Anteile dieser Stoffe durch Fällung oder Adsorption in die Sedimente (Ocker, Sinter) der betreffenden Quelle niedergerissen. Die Prüfung der Quellensedimente ermöglicht also gleichfalls den Nachweis vorhandener Restaktivität, und zwar am einfachsten durch Untersuchung des Abklingens der induzierten Aktivität, die durch die von den Sedimenten ausgesandte (ihrerseits erst aus der Restaktivität entstehende) Emanation hervorgebracht wird.

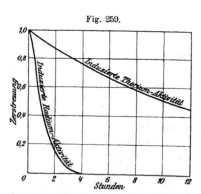

Fig. 259.

Spannungsabfall der induzierten Aktivitäten.

Man bringt eine nicht zu kleine Menge des feingepulverten lufttrockenen Quellensediments in ein Pulverglas, das mit einem eingeriebenen Glasstopfen verschlossen ist, von dem ein Streifen Blattaluminium frei in das Innere des Glases herabhängt, und überläßt diese Zusammenstellung mehrere Tage sich selbst. Während dieser Zeit schlägt sich induzierte Aktivität auf dem Blattaluminium nieder; bringt man dasselbe nunmehr auf den Boden der Zerstreuungskammer des Schmidtschen Apparates, so kann man die von ihm hervorgebrachte Zerstreuung über ein längeres, bis zwei und mehr Stunden betragendes Zeitintervall messend verfolgen und die Momentanwerte graphisch auftragen. Eine Vergleichung der erhaltenen Kurve mit den in Fig. 259 abgebildeten theoretischen Kurven der induzierten Radium- und Thoriumaktivität ermöglicht den Schluß, welche von beiden auf dem Blattaluminium, mithin auch welche Restaktivität im Quellensediment vorhanden war. Induzierte Radiumaktivität bedingt einen steilen Abfall der Kurve, sie sinkt binnen etwa 1 Stunde auf die Hälfte;

induzierte Thoriumaktivität fällt viel langsamer und erreicht erst nach 10,6 Stunden ihren Halbwert. Sind beide induzierte Aktivitäten auf dem Blattaluminium vorhanden, so wird die Kurve anfangs durch den steileren Abfall der induzierten Radiumaktivität deutlich beeinflußt; sie wird aber allmählich in die sanfter fallende der induzierten Thoriumaktivität übergehen.

Die Ergebnisse der nach diesem Verfahren angestellten Ermittlungen besitzen nur qualitative Bedeutung; quantitative Schlüsse lassen sich nicht darauf gründen.

Die Empfindlichkeit des Nachweises läßt sich gegebenenfalls noch wesentlich steigern, wenn man, statt die induzierte Aktivität in der beschriebenen Art ohne weiteres auf Blattaluminium sich niederschlagen zu lassen, nach J. Elster und H. Geitel[1]) die Aktivierung in einem geschlossenen Gefäße vornimmt, in dem man den zu aktivierenden Körper — die Verfasser verwenden Bleidrähte von 30—40 cm Länge und 1 mm Stärke — einige Stunden lang auf einem negativen Potential von 2000—3000 Volt hält. Für die meisten praktischen Zwecke dürfte eine derartige verschärfte Arbeitsweise entbehrlich sein.

Schließlich sei erwähnt, daß man in dem in diesem Abschnitt beschriebenen Sinne mehrfach auch jene induzierte Aktivität zur Prüfung auf ihren Charakter herangezogen hat, die sich während der Emanationsmessungen auf der Innenwand des Fontaktoskops niederschlägt. Man blies die emanationshaltige Luft am Schluß der Emanationsmessung aus dem Instrument aus und beobachtete während längerer Zeit den durch den induzierten Niederschlag bedingten Spannungsabfall. Das Verfahren ist nicht zu empfehlen, weil, nach Erfahrungen von Frau Curie, die bei so kurzer Exposition, wie sie einer Fontaktoskopmessung entspricht, entstandene induzierte Aktivität Kurven für den Spannungsabfall aufweist, die namentlich in den ersten Stadien sehr wesentlich von den normalen abweichen.

10. Aktiniumemanation. K. Kurz[2]) hat mitgeteilt, daß Beobachtungen am Wiesseer Mineralwasser ihm den Schluß nahelegten, daß darin sowohl Aktiniumemanation als auch Aktiniumrestaktivität enthalten sei. Sicheres vermochte er nicht zu erweisen wegen der Schwierigkeiten, die sich daraus ergaben, daß Aktiniumemanation außerordentlich rasch vergänglich ist — ihre Halbwertzeit beträgt nur 3,9 Sekunden — und daß auch die Zerstreuungskurve der induzierten Aktiniumaktivität wenig kennzeichnend ist. Sie ist zwar merklich steiler als die der induzierten Radiumaktivität, aber die Unterschiede sind nicht groß genug, um bei Mischungen mit induzierter Radium- und induzierter Thoriumaktivität sich scharf ausprägen zu können. So wird man wohl notgedrungen bis auf weiteres auf eine Verfolgung der von Kurz gegebenen Anregung verzichten müssen.

11. Radioaktivitätsmessungen an künstlichen Emanationslösungen. Zu Heilzwecken werden von verschiedener Seite künstliche Emanationslösungen in den Handel gebracht, die zum Teil sehr hohe Gehalte besitzen. Der Inhalt kleiner Fläschchen von 75—100 ccm soll teilweise bis zu 3000 Mache-Einheiten entsprechen. Bei der Untersuchung derartiger Erzeugnisse sind um jener hohen Konzentrationen willen besondere Maßregeln nötig.

Jene künstlichen Lösungen werden in zweifacher Weise bereitet: die einen, indem man Wasser in geschlossenen Apparaten die aus unlöslichen Radiumpräparaten sich abspaltende Emanation aufnehmen läßt (Kreuznacher System), die anderen durch direkte Auflösung von Radiumbromid oder anderen Radiumsalzen in Wasser. Erstere sind also Lösungen von (selbständiger) Radiumemanation, letztere wirkliche Radiumlösungen; erstere verlieren demnach bei der Aufbewahrung ihren Gehalt, letztere erreichen 30 Tage nach ihrer Herstellung den maximalen Emanationsgehalt, der ihnen dann praktisch unverändert erhalten bleibt, wenn sie in Flaschen von guter Beschaffenheit des Glases aufgehoben werden. Die Lösungen der ersten Art sollen bestimmungsgemäß erst unmittelbar vor der Verwendung aus dem Her-

---

1) Zeitschr. f. Instrumentenkunde 1904, **24**, 198.

2) Zeitschr. f. Balneologie 1912/13, **5**, 140.

stellungsapparat abgezapft werden, und derart hätte folglich auch die Entnahme von Proben für die Untersuchung zu geschehen.

Die Untersuchung der Lösungen der ersten Art, der Emanationslösungen, erfolgt in gewohnter Art im Fontaktoskop. Nur darf man meistens nicht den Inhalt eines ganzen Fläschchens verwenden, sondern hebert, je nach dem zu erwartenden Gehalt, 10—25 ccm — die angewendete Menge bestimmt man durch Zurückwiegen — vorsichtig in die Fontaktoskopkanne über, in die man zuvor 1 l inaktives Wasser gebracht hat. Das Ergebnis der Messung ist von der angewendeten Menge in aliquotem Verhältnis auf den Inhalt der ganzen Flasche umzurechnen.

Bei den Lösungen der zweiten Art, Radiumsalzlösungen, pflegt man die in der zu untersuchenden Probe vorhandene Emanation zunächst durch Auskochen zu entfernen, sodann die nach Ablauf einer gemessenen Zeit wiederum neu gebildete Emanation zu bestimmen und schließlich aus dem Ergebnis zu berechnen, wie groß der Emanationsgehalt nach vollständiger Wiedererreichung des radioaktiven Gleichgewichts sein muß. Dieser Gehalt ist ja gleich demjenigen, auf den sich die hinreichend (d. h. mehr als 30 Tage) gelagerte Lösung vor dem Auskochen eingestellt hatte. Man bringt den ganzen Inhalt des Fläschchens in einen 250 ccm-Meßkolben von Jenaer Geräteglas, verdünnt mit inaktivem Wasser auf etwa 150 ccm, erhitzt und hält $1/_4$—$1/_2$ Stunde in gelindem Sieden. Dann läßt man schnell erkalten, füllt mit inaktivem Wasser zur Marke auf, schüttelt um und notiert die Zeit genau. Sofort füllt man mit der Mischung zwei 100 ccm-Meßkolben an, und zwar nicht nur bis zur Marke, sondern darüber hinaus, bis dicht unter den Stopfen. Diese Kolben werden gut verstopft aufbewahrt.

Nach 4—6 Tagen (die Zeit ist bis auf die zweite Dezimale festzustellen) nimmt man die über der Marke stehende Flüssigkeit heraus, hebert die verbleibenden 100 ccm in die Fontaktoskopkanne über und verdünnt mit dem Nachspülwasser des Meßkolbens, das gleichfalls in die Fontaktoskopkanne übergehebert wird, den Inhalt der letzteren auf 500 ccm oder auf 1 l. Dann schüttelt man aus, bestimmt die Zerstreuung und berechnet die dem Emanationsgehalt entsprechende Sättigungsstromstärke. Der Wert wird zunächst mit 2,5 multipliziert und damit die Umrechnung auf den ganzen Flascheninhalt vorgenommen. Aber noch fehlt die weitere Umrechnung auf den zu erreichenden Gleichgewichtszustand, die in folgender Weise geschieht:

Man dividiert den nach der Zeit T (in Tagen) gefundenen Emanationsgehalt durch eine Größe $(1 — x)$, in der x von der Zeit T abhängig ist, und zwar in einer Weise, die durch folgende logarithmische Funktion[1]) festgelegt ist:

$$\log x = 0 - 0{,}078\,246\ T.$$

Tafeln zur Erleichterung derartiger Berechnungen hat L. Kolowrat[2]) mitgeteilt; dieselben sind auch im zweiten Teile des bekannten Chemikerkalenders abgedruckt.

---

[1]) Die Formel beruht auf folgenden Überlegungen: In der Zeit, in der der Gehalt einer gegebenen Menge Radiumemanation 1 auf den Bruchteil x absinkt, in derselben Zeit entsteht aus einer gegebenen Radiummenge 1 der Bruchteil $(1—x)$ der mit ihr im radioaktiven Gleichgewicht stehenden Emanationsmenge. Diese Gleichgewichtsmenge ist folglich $\dfrac{1}{1-x}$. Andererseits ist aber nach dem bekannten Exponentialgesetz, nach dem sich der radioaktive Zerfall regelt,

$$x = e^{-\lambda T},$$

worin e die Basis des natürlichen Logarithmensystems, λ die Radioaktivitätskonstante und T die abgelaufene Zeit bedeutet. Bezieht man die Zeitangaben auf Tage, so ist $\lambda = 0{,}18\,017$, und es ergibt sich mithin

$$\log x = -0{,}18\,017\ T \cdot \log 2{,}71828 = -0{,}078\,246\ T.$$

[2]) Curie, Die Radioaktivität. Deutsch von B. Finkelstein. Leipzig 1911. **1**, 414.

12. Bestimmung der Radioaktivität in Gasen.

Das Bedürfnis nach Radioaktivitätsmessungen an Gasen tritt vor allem da auf, wo es sich um die Kontrolle der Beschaffenheit der Luft in den sog. „Emanatorien" handelt. Das sind Inhalationsräume, deren Luft durch besondere Vorrichtungen ein bestimmter Gehalt an Radiumemanation mitgeteilt wird und für die Feststellungen erwünscht sind, ob dieser Gehalt wirklich vorhanden ist. Die Messungen werden mittels des Fontaktoskops ausgeführt und das Ergebnis in Mache-Einheiten, bezogen auf 1 l Luft, ausgedrückt; die üblichen Emanatorien sollen etwa 2 Mache-Einheiten in 1 l ergeben.

Da es sich nicht um die Ermittlung des der Luft hinzugefügten, vielmehr um die ihres ganzen Emanationsgehaltes handelt, ist die Bestimmung des Normalverlustes nicht erforderlich, sobald das Instrument nicht durch radioaktive Stoffe merklich infiziert ist. Man füllt die Meßkanne des Fontaktoskops bis zum Rande mit inaktivem Wasser und läßt sie dann im Emanatorium leer laufen und dadurch mit Emanatoriumsluft sich füllen. Dann ermittelt man in der gewohnten Weise die Zerstreuung, bringt die Korrekturen für induzierte Aktivität und Duane-Effekt an [1]) und berechnet die Sättigungsstromstärke in Mache-Einheiten, die man schließlich noch vom Gesamtinhalt der Meßkanne auf 1 l Luft proportional umrechnet.

Für derartige Messungen wird in der Praxis vielfach ein sog. Löwenthalsches Fontaktoskop benutzt, das von den die Emanatorien bauenden Firmen geliefert wird. Es unterscheidet sich von dem Fontaktoskop von Engler und Sieveking dadurch, daß die Meßkanne rechteckigen Querschnitt hat und nur 2 l faßt. Ihre Abmessungen bringen einen sehr starken Einfluß des Duane-Effektes mit sich; deshalb ist die Verwendung des Apparates von Löwenthal minder empfehlenswert [2]).

Bei Untersuchungen frei aufsteigender Quellengase auf Emanationen gestaltet sich die qualitative Prüfung verhältnismäßig einfach. Nach Ermittlung des Normalverlustes stülpt man eine Fontaktoskopkanne verkehrt — d. h. mit der Mündung nach unten — über die Ausströmungsöffnung der an den Gasentnahmetrichter (S. 617) angeschlossenen Leitung, die man im Innern der Kanne bis an deren Boden heranführt. Nach ein- bis mehrstündigem Durchströmen der Kanne mit dem Quellengas nimmt man sie ab, füllt sie sofort mit inaktivem Wasser, entleert sie wieder und prüft durch Aufnahme der Abklingungskurve — wie S. 650 beschrieben —, ob sich induzierte Aktivität aus den Quellengasen auf der Kannenwand niedergeschlagen hat bzw. von welcher Emanation sie herrührt.

Für eine quantitative Bestimmung saugt man die Quellengase in die evakuierte Meßkanne eines Fontaktometers ein, bestimmt die Sekundenzerstreuung und rechnet das Ergebnis auf Sättigungsstromstärke bzw. auf 1 l um. Zu beachten ist, daß sich die Kanne in möglichst kurzer Zeit mit dem Gase füllen, daß man also bei schwachen Gasausströmungen sehr kleine Kannen nehmen muß, und daß auch ein Beschicken der Kanne mit dem Gas durch andauerndes Durchströmen mit demselben unzulässig ist. Sobald nämlich die Füllung der Kanne eine irgend erhebliche Zeit beansprucht, hat sich am Schluß aus den in den vorhergehenden Zeitintervallen zugeführten Emanationsmengen induzierte Aktivität gebildet, deren Betrag sich zu der erst während der Messung entstehenden hinzugesellt. Das gibt so verwickelte Verhältnisse, daß die Anbringung der erforderlichen Korrekturen nur sehr schwer, ja teilweise gar nicht möglich ist.

---

1) Bei Angaben über Messungen in Emanatorien sind leider öfter die unkorrigierten 3 Stunden-Werte als maßgebende veröffentlicht worden, also Werte, die, ohne weiteren Kommentar, viel zu hohe Emanationsgehalte vortäuschen.

2) Vgl. hierzu F. Henrich u. F. Glaser, Zeitschr. f. angew. Chemie 1912, **25**, 16, 1224. — C. Engler, H. Sieveking u. A. Koenig, Chem.-Ztg. 1914, **38**, 448.

B. Arbeiten im Laboratorium.

I. Physikalische Untersuchungen im Laboratorium.

1. Bestimmung der-Dichte. Die Dichte ist ein für allemal bei 15° zu bestimmen und auf Wasser von 4° als Einheit zu beziehen. Bei sehr mineralstoffarmen Wässern (Akratothermen) kann dieser Wert kleiner als 1 sein, meistens ist er aber größer als 1. Zur Bestimmung dienen die gemäß S. 601 entnommenen Proben; sie ist möglichst bald nach dem Eintreffen im Laboratorium vorzunehmen.

Man bringt das gefüllte Dichtefläschchen in ein Temperaturbad von 15° und läßt es so lange darin verweilen, bis sein Inhalt sicher diese Temperatur angenommen hat. Hierzu ist bei den ansehnlichen Abmessungen des Fläschchens meist ziemlich lange Zeit, unter Umständen bis zu einer Stunde, erforderlich. Dann liest man den Stand des Flüssigkeitsmeniskus an der Millimeterteilung am Halse ab, trocknet das Fläschchen sorgfältig ab und läßt es die Temperatur des Wägezimmers annehmen. Ist das geschehen, so entfernt man die Bindfadenverschnürung des Kautschukstopfens, wobei man sich natürlich hüten muß, den Stopfen selbst zu lösen, und wägt. Danach entleert man das Fläschchen[1]), reinigt es, wenn erforderlich, mit etwas Säure, spült es gut aus und füllt es mit destilliertem Wasser. Wiederum bringt man auf 15°, stellt danach den Flüssigkeitsspiegel auf dieselbe Stelle der Millimeterteilung am Halse ein, die zuvor erreicht war, stopft mit dem zugehörigen Kautschukstopfen zu, trocknet ab und wägt, nachdem die Temperatur auf die des Wägezimmers ausgeglichen ist. Endlich ist noch das Gewicht des leeren, mit Alkohol und Äther getrockneten Fläschchens samt Stopfen festzustellen.

Betrug das Gewicht des Fläschchens mit Mineralwasser G_1 g, mit destilliertem Wasser G_2 g, und war das Leergewicht $= L$ g, so ist die gesuchte Dichte

$$d_{15°/4°} = \frac{0,999126\,(G_1 - L)}{(G_2 - L)}.$$

2. Bestimmung des Gefrierpunktes. Bei der Bestimmung des Gefrierpunktes, die auf Grund der von E. Beckmann geschaffenen Methodik (vgl. Bd. III, 1. Teil, S. 59 dieses Buches) vorzunehmen ist, ergaben sich bei gasreichen Wässern, insbesondere also bei Säuerlingen, eigenartige Schwierigkeiten, über die bereits H. Koeppe[2]), der sich zuerst näher mit solchen Ermittlungen beschäftigte, berichtet. Infolge des fortgesetzten Auf- und Niederbewegens des Platinrührers in dem in der Gefrierröhre befindlichen Mineralwasser und sonstiger mechanischen Einflüsse entweichen dauernd Anteile des gelösten Kohlendioxyds, so daß im Augenblick des Gefrierens nicht mehr der ursprüngliche volle Gehalt an diesem Bestandteil, sondern ein verminderter, von den Zufällen des Versuches abhängiger zugegen ist. Taut man das gefrorene Wasser auf und wiederholt die Bestimmung, so ändert sich der Gehalt aufs neue, und man findet wegen der Verminderung der Konzentration einen niedrigeren Gefrierpunkt als zuvor. Stellt man einen weiteren Versuch, vielleicht an einer neuen Probe an, so findet man wiederum einen anderen Wert. Kurz, das Ergebnis derartig ausgeführter Ermittlungen ist **Produkt des blinden Zufalls**; es entspricht nicht dem Gefrierpunkt, der dem Wasser auf Grund seiner ursprünglichen Zusammensetzung zukommt, sondern der veränderten, von Versuch zu Versuch wechselnden Zusammensetzung, die es zufällig bei Durchführung der Bestimmung angenommen hatte.

Erst wenn der Gehalt des Mineralwassers an freiem Kohlendioxyd auf einen verhältnismäßig kleinen, von seiner sonstigen Zusammensetzung abhängigen Betrag — er schwankt nach Grünhuts Erfahrungen etwa zwischen 1,7 und 9,3 Millimol in 1 kg — herabgegangen ist, erweist sich der Gefrierpunkt bei wiederholtem Auftauen und Wiedergefrieren als konstant.

---

[1]) Das Mineralwasser kann selbstverständlich noch zur Analyse dienen.

[2]) H. Koeppe, Die physikalisch-chemische Analyse der Mineralwässer. Halle a. S. 1898. S. 12. — Die physikalisch-chemische Analyse des Liebensteiner Stahlwassers. Halle a. S. 1900. S. 6.

Nach dem Vorschlag von E. Hintz und L. Grünhut[1]) bezeichnet man diesen Gefrierpunkt als „stationären Gefrierpunkt", denjenigen hingegen, der dem Wasser bei ungeschmälertem ursprünglichen Kohlendioxydgehalt zukommt, als „Initialgefrierpunkt". Will man in Zukunft rein deutsche Ausdrücke brauchen, so kann man füglich von „Standgefrierpunkt" und „Urgefrierpunkt" sprechen.

H. J. Hamburger[2]) unternahm es, die Schwierigkeiten einer experimentellen Ermittlung des Urgefrierpunktes derart zu überwinden, daß er die Bestimmung in einem allseitig geschlossenen, mit mechanischem Rührwerk versehenen Gefrierapparat[3]) ausführte, aus dem kein Gas entweichen konnte; er hat hierin aber keine Nachfolge gefunden. Tatsächlich ist es auch mit solcher Apparatur sehr schwer, zu völlig sicheren Ergebnissen zu gelangen. Der Verf. dieses Abschnittes hat es deshalb bei allen von ihm ausgeführten Untersuchungen vorgezogen, zunächst nur den Standgefrierpunkt experimentell festzulegen, der ja scharf definiert und jederzeit reproduzierbar ist, und den Urgefrierpunkt aus den Ergebnissen rechnerisch zu ermitteln, und möchte das auch an dieser Stelle befürworten. Dann ist es aber unumgänglich nötig, nebenher den Gehalt an freiem Kohlendioxyd zu bestimmen, der dem Wasser bei Erreichung des Standgefrierpunktes noch innewohnt, und das Ergebnis im Analysenbericht mitzuteilen. Dieser Forderung kommt, außer den unter des Verf.'s Mitwirkung durchgeführten Analysen, fast keine einzige der bisher veröffentlichten nach, was um so mehr zu bedauern ist, als Gefrierpunktbestimmungen, bei denen der Versuchsansteller nicht bewußt auf den Standzustand hingearbeitet und diesen analytisch festgelegt hat, von denen man also nicht weiß, auf welche, vielleicht zufällige Beschaffenheit des Wassers sie sich beziehen, geradezu wertlos sind.

Im Sinne dieser Ausführungen sei zunächst die Bestimmung des Standgefrierpunktes unter Übergehung aller der experimentellen Einzelheiten beschrieben, die bereits auf S. 59, Teil 1 dieses Bandes angegeben sind. Man ermittelt durch einen Versuch mit destilliertem Wasser die Lage des Nullpunktes am Beckmann-Thermometer und geht dann zur Prüfung des Mineralwassers über. Eine möglichst frische Probe desselben — die Untersuchung ist alsbald nach Eintreffen der Sendung im Laboratorium vorzunehmen — wird in einer halbgefüllten Flasche längere Zeit geschüttelt, wobei man zwischendurch mehrfach den Stopfen öffnet; das Wasser wird auf diese Weise von der Hauptmenge des freien Kohlendioxyds befreit. Geringe hierbei erfolgende oder auch schon während des Versandes erfolgte Ferrihydroxydausscheidungen sind praktisch bedeutungslos, dagegen muß man sich sorgfältig davon überzeugen daß nicht etwa auch Calciumcarbonat sich ausgeschieden hat, das dann gewöhnlich in beträchtlicheren Mengen als krystallinischer Überzug auf Flaschenwand und boden zu finden ist. Das so vorbereitete Wasser wird im Beckmannschen Apparat zum Gefrieren gebracht.

Nach Ablesung des Thermometerstandes hebt man die Gefrierröhre samt Thermometer und Rührer heraus, umfaßt sie mit der Hand, so daß ihr Inhalt auftaut, rührt und bringt das aufgetaute Wasser erneut zum Gefrieren. Tritt das bei demselben Thermometerstand ein wie zuvor, so ist der Versuch beendigt; anderenfalls ist Auftauen und Gefrieren so lange zu wiederholen, bis Beständigkeit erreicht ist. Die Schlußablesung, vermindert um die beim Vorversuch mit destilliertem Wasser festgestellte, entspricht dem Standgefrierpunkt. Ist man derart zu einem abschließenden Ergebnis gelangt, so taut man das Wasser in der Gefrierröhre nochmals auf und gießt es in einen mit carbonatfreier Natronlauge beschickten, zugestopften und gewogenen Kolben ab, gleich denen, die für die Probenahme zur Gesamtkohlensäurebestimmung (S. 599) benutzt werden.

---

[1]) E. Hintz u. L. Grünhut, Chemische und physikalisch-chemische Untersuchung der Salztrinkquelle zu Bad Pyrmont. Wiesbaden 1905. S. 27; Zeitschr. f. analyt. Chemie 1910, **49**, 243.

[2]) H. J. Hamburger, Osmotischer Druck und Ionenlehre in den medizinischen Wissenschaften. Wiesbaden 1904, **3**, 304.

[3]) Vgl. III. Bd., 1. Teil, S. 61.

Der Versuch ist mehrmals mit neuen Mineralwassermengen zu wiederholen, die schließlich je zu mehreren in denselben Kolben übergeführt werden, um für die vorzunehmenden
Kohlensäurebestimmungen ausreichend große Einwagen zu gewinnen. Aus dem gleichen
Grunde beschickt man die Gefrierröhre bei jedem Einzelversuch mit nicht zu geringen Wassermengen. Endlich sei noch ausdrücklich erwähnt, daß das übliche Impfen des unterkühlten
Wassers mit einem Eissplitter hier unzulässig ist, weil das Mineralwasser nach dem Auftauen
dadurch verdünnt werden würde. Der Kolben dient schließlich zu einer Kohlensäurebestimmung nach S. 680.

Findet man hierbei C_1 Millimol Gesamtkohlensäure in 1 kg, und beträgt der Gehalt
an Hydrocarbonation (gemäß S. 704) c Milligrammion in 1 kg, so enthielt das Wasser bei
Erreichung des Standgefrierpunktes noch

$$(C_1 - c) \text{ Millimol freies Kohlendioxyd in 1 kg.}$$

Für jedes Millimol Kohlendioxyd, das aus 1 l Mineralwasser entwichen ist, hat sich
der Gefrierpunkt um 0,00185° geändert. Auf dieser Grundlage kann man den Urgefrierpunkt berechnen. Bezeichnet man mit C den Gesamtkohlensäuregehalt des ursprünglichen Mineralwassers (S. 680) in Millimol/kg, hat C_1 die eben angegebene Bedeutung, ist d
die Dichte des Mineralwassers und $-\varDelta_S$ der Standgefrierpunkt, so ist der

$$\text{Urgefrierpunkt } \varDelta_U = -[\varDelta_S + 0,00185\, d\, (C - C_1)].$$

Bei den zuletzt angegebenen Berechnungen sind einmal die Veränderung der Dichte
infolge des Kohlendioxydverlustes und ferner der Unterschied zwischen Arrheniusscher
und Raoultscher Konzentration vernachlässigt. Beide Fehler sind so gut wie immer praktisch bedeutungslos.

II. Chemische Untersuchungen im Laboratorium.

1. Allgemeines. Bei der Mineralwasseranalyse geht man, im Gegensatz zur Trinkwasseranalyse, für die einzelnen Bestimmungen nicht von einer abgemessenen, sondern von
einer abgewogenen Menge Wasser aus. Auch verwendet man aus den auf S. 597 angegebenen Gründen jedesmal den Inhalt einer ganzen Flasche; nur dann, wenn das
Wasser vollständig klar geblieben ist und keinerlei Absatz abgesetzt hat, darf man von
dieser Regel abweichen und Bruchteile des Flascheninhalts verwenden. In der Flasche
bleibende Teile des Absatzes sind — wie hier ein für allemal gesagt sei — in Salpetersäure
oder Salzsäure, je nach Zweckmäßigkeit, zu lösen, und die Lösung ist mit für die Analyse
zu benutzen.

Die Größe der Einwage ermittelt man durch Wägung der vollen und der entleerten,
mit destilliertem Wasser nachgespülten und danach getrockneten Flasche. Für Wägungen
bis zu etwa 1000 g empfiehlt es sich, eine besondere für solche Belastung geeignete Analysen-
wage mit einer Empfindlichkeit von 1 mg zu benutzen. Für darüber hinausgehende, bis zur
Größenordnung von 5—6 kg reichende Wägungen bedient man sich einer Präzisionstarierwage
von 0,1 g Empfindlichkeit. Wo es sich um noch größere Einwagen, etwa den Inhalt eines
ganzen Ballons, handelt, benutzt man eine Dezimalbrückenwage, die beim Auflegen eines
Grammes auf die Wagschale noch einen merklichen Ausschlag gibt, also eine Genauigkeit
der Wägung auf 10 g gestattet.

Wenn es erforderlich wird, von einem bestimmten Punkte des Analysenganges aus
fürder nicht mehr die ganze Flüssigkeit, sondern nur einen aliquoten Teil derselben zu
benutzen (vgl. z. B. Nr. 2 auf S. 658 oder Nr. 11 auf S. 673), so wird die Teilung nicht durch
Raummessung, sondern gleichfalls durch Wägung vorgenommen. Dazu diente früher ein
jetzt ziemlich außer Gebrauch gekommenes Instrument, eine sog. Wägebürette. Wo sie nicht
zur Verfügung steht, wird man zunächst die Gesamtmenge der Flüssigkeit in einem verstopften Kolben wägen und den Anteil, den man weiter benutzen will, in einen tarierten Kolben
abgießen und in diesem wägen, nachdem man ihn zuvor mit seinem Stopfen verschlossen hat.

Muß das Mineralwasser eingedampft werden, so ist zu beachten, daß dabei das freie oder das durch Spaltung des Hydrocarbonations frei werdende Kohlendioxyd in Blasen entweichen und damit Anlaß zu Verlusten durch Verspritzen geben kann. Deshalb ist die Schale jedesmal, nachdem man einen Anteil des Wassers in sie gebracht hat, zunächst so lange mit einem Uhrglase bedeckt zu halten, bis keine Gasentwickelung mehr zu beobachten ist.

2. Bestimmung der Kieselsäure, des Calcium- und Magnesiumions.

Zur Ausführung genügen meistens 1—2 kg Mineralwasser; vereinzelt wird man die Menge bis auf 5 kg oder mehr erhöhen müssen. War das Wasser von Haus aus nicht völlig klar, so muß man von dem an Ort und Stelle bei der Probenahme filtrierten nehmen. Man übersättigt zunächst in einem Kolben, in dessen Hals ein Trichter eingehängt ist, schwach mit Salzsäure und treibt soviel als möglich das frei werdende Kohlendioxyd durch Schütteln aus. Dann erwärmt man, anfangs unter Bedecken, in einer möglichst großen Platinschale[1]), etwa von 1 l Fassungsvermögen, auf dem Wasserbade und verdampft schließlich zur Trockne. Ein verlängertes Erhitzen des Eindampfungsrückstandes auf dem Wasserbade bringt keinen Vorteil, ebensowenig ein Zerreiben desselben zu Pulver. Die Trockenmasse wird mit starker Salzsäure vollständig durchtränkt; nach 10—15 Minuten setzt man die gleiche Menge Wasser zu und stellt die Schale hierauf bedeckt 10—30 Minuten auf das Wasserbad, wobei man ihren Inhalt gelegentlich umrührt. Dann fügt man mehr Wasser hinzu und filtriert möglichst unter Abgießen, so daß das unlöslich abgeschiedene Siliciumdioxyd in der Hauptsache auf dem Boden der Schale verbleibt. Dasselbe kann jetzt, falls das erforderlich erscheint, mittels eines Pistills verrieben werden. Ist viel Eisen zugegen, so kann der Rückstand nochmals mit auf die Hälfte verdünnter Salzsäure erwärmt werden; dann bringt man auf das Filter und wäscht — anfangs mit kaltem, zuletzt mit heißem Wasser, bei viel Eisen mit heißer verdünnter Salzsäure — aus.

Das Filtrat wird in derselben Platinschale auf dem Wasserbad zur Trockne verdampft und der Rückstand in gleicher Weise wie zuvor behandelt. Zur Erzielung größter Genauigkeit kann man schließlich noch ein drittes Mal eindampfen und filtrieren. Diese späteren Siliciumdioxydabscheidungen sind öfter etwas stärker gefärbt als die erste. Die ausgewaschenen Abscheidungen werden nach dem Einäschern im bedeckten Platintiegel 20—30 Minuten vor dem Gebläse geglüht; dann wird gewogen. Von dem Gewicht ist dasjenige des Fluorierungsrückstandes abzuziehen, den man erhält, indem man die geglühte Masse mit etwas Wasser durchfeuchtet, ihm dann reine Flußsäure und wenige Tropfen Schwefelsäure zusetzt, eindampft und schließlich 1 Minute vor dem Gebläse glüht[2]). Die meist sehr geringen, bei dieser Arbeitsweise nicht mit zur Abscheidung gelangenden Kieselsäuremengen, sind später beim Eisen-Aluminium-Niederschlag zu suchen (S. 660); sie bedürfen häufig keiner weiteren Berücksichtigung.

Hat man E g Mineralwasser eingewogen und a g Siliciumdioxyd gewogen, so enthält das Wasser

$$x = \frac{1000\,a}{0,0603\,E} = 16\,584\,\frac{a}{E} \text{ Millimol/kg meta-Kieselsäure } (H_2SiO_3).$$

Die endgültige Feststellung der Verbindungsform der Kieselsäure erfolgt später gemäß den Angaben unter C (S. 703).

Das Filtrat vom Siliciumdioxyd wird mit Ammoniumchlorid versetzt und mit carbonatfreier Ammoniakflüssigkeit unter möglichster Vermeidung eines Überschusses in einer Platinschale doppelt gefällt. Die weitere Verarbeitung des Niederschlages erfolgt nach Nr. 3 (S. 659). Bei Gegenwart beträchtlicherer Mengen von Manganoion muß dann zunächst dieses aus dem

---

[1]) In Ermanglung solch großer Platinschale kann als Notbehelf eine Porzellanschale dienen; doch ist dann eine Ermittlung des Gehaltes an Aluminiumion nicht mehr möglich.

[2]) Die Vorschrift zur Bestimmung der Kieselsäure stammt von W. F. Hillebrand, The analysis of silicate and carbonate rocks. United States geological survey. Bulletin 422, 1910, S. 91.

Filtrat von der Ammoniakfällung mittels frisch bereiteter[1]) Ammoniumsulfidlösung ausgefällt werden (vgl. S. 672); meistens ist das aber wegen der Geringfügigkeit seiner Menge
nicht nötig.

Das zuletzt erhaltene Filtrat wird mit Salzsäure schwach angesäuert; hat man die Ammoniumsulfidfällung vorgenommen, so sorgt man durch Aufkochen für Zusammenballung
des ausgeschiedenen Schwefels und filtriert. Die Lösung dient zur Bestimmung des Calcium -
und Magnesiumions. Ist viel von beiden zu erwarten, so benutzt man für die weitere
Arbeit nur die Hälfte oder ein Viertel der Flüssigkeit.

Dieselbe wird, wenn erforderlich, zunächst eingeengt, mit Ammoniumacetat versetzt,
mit Ammoniakflüssigkeit schwach übersättigt und mit Essigsäure eben merklich wieder angesäuert. Dann wird in der Kälte Calciumion mittels Ammoniumoxalat ausgefällt. Nach
mehrstündigem Stehen wird die über dem Niederschlag stehende Flüssigkeit durch ein doppeltes
Filter möglichst vollständig abgegossen, der Niederschlag im Becherglase mit etwas Wasser
versetzt und unter Zusatz einer möglichst geringen Salzsäuremenge in der Wärme gelöst.
Nach Zusatz von mehr Wasser und von Ammoniumacetat wird die Fällung in der beschriebenen
Weise wiederholt, der Niederschlag durch das zuvor benutzte Filter abfiltriert und mit kaltem,
etwas Ammoniumoxalat enthaltendem Wasser ausgewaschen.

Als Wägungsform kommt bei den hohen Anforderungen an Genauigkeit, die an
Mineralwasseranalysen gestellt werden, nur die als Calciumcarbonat in Betracht[2]). Man löst
den Niederschlag nach dem Trocknen möglichst vollständig vom Filter, äschert das Filter bei
möglichst niedriger Temperatur im Platintiegel ein und raucht den Rückstand mit Ammoniumcarbonat ab. Dann bringt man die Hauptmenge des Niederschlags in den Tiegel und erhitzt
anfangs ganz gelinde, dann etwas stärker, bis der Tiegelboden ganz schwach rot glüht. Hierbei
erhält man 5—10 Minuten, während deren man den Deckel zuweilen lüftet. Nach dem Wägen
befeuchtet man den Tiegelinhalt etwas und prüft mit einem Streifchen Curcumapapier. Wird
dasselbe braun, so muß man noch mit Ammoniumcarbonat abrauchen, doch ist das meistens
nicht erforderlich (R. Fresenius). Mit dem Hauptniederschlag ist eine etwa bei der Magne-
siumionbestimmung erhaltene Nachfällung in demselben Tiegel zu vereinigen.

Der gewogene Niederschlag enthält unter allen Umständen die Gesamtmenge des im
Mineralwasser enthaltenen Strontiumions (als Carbonat), was bei der Berechnung des
Ergebnisses berücksichtigt werden muß. Hat man nach Nr. 11 (S. 674) b Millival Strontium-
ion in 1 kg Wasser gefunden und hat man hier aus E g Mineralwasser a g Niederschlag zur
Wägung gebracht, so enthält das Mineralwasser

$$x = \frac{1000}{0{,}05035\,E} \cdot \left[a - \frac{0{,}073815\,b\,E}{1000} \right] = \left(19986\,\frac{a}{E} - 1{,}4753\,b \right) \text{ Millival/kg Calciumion (Ca}\cdot\cdot\text{)}.$$

In Mineralwässern, die fast oder völlig frei von Sulfation sind, namentlich in gewissen
Solen, findet sich manchmal Bariumion in größeren Mengen. In solchem Falle wird der
gewogene Niederschlag auch Bariumcarbonat enthalten[3]); man muß ihn dann in Salpetersäure lösen und aus den erhaltenen Nitraten in der auf S. 674 zu beschreibenden Weise
— jedoch ohne vorgängige Abscheidung des Bariumions als Chromat — das Calciumnitrat mittels Alkoholäther isolieren. Aus dessen Lösung kann man alsdann eine barium -
und strontiumfreies Calciumoxalat ausfällen; in der Berechnungsformel wird in
solchem Falle natürlich der Faktor $b = 0$.

---

[1]) Länger aufbewahrte Ammoniumsulfidlösung enthält leicht Thiosulfat- oder Sulfation;
kann also unter Umständen Erdalkaliionen mitfällen. O. Brunck, Zeitschr. f. angew. Chemie
1907, **20**, 1847.

[2]) R. Fresenius, Zeitschr. f. analyt. Chemie 1871, **10**, 326.

[3]) In allen anderen Fällen ist das Barium ion als Sulfat in den Fluorierungsrückstand bei
der Kieselsäurebestimmung eingegangen.

Die vereinigten Filtrate und Waschwässer vom Oxalatniederschlag werden in einer bauchigen Schale, zuletzt unter ständigem Rühren, zur Trockne gedampft. Aus dem Rückstand entfernt man die Ammonsalze durch vorsichtiges Abrauchen; dann nimmt man ihn mit einigen Tropfen Salzsäure und heißem Wasser auf. Die durch ein kleines Filter abfiltrierte Lösung prüft man nach Zugabe von Ammoniumacetat, Ammoniakflüssigkeit und Essigsäure bei schwach saurer Reaktion mittels Ammoniumoxalat nochmals auf Calciumion. Eine entstehende Fällung wird dem Hauptniederschlag zugeführt; im Filtrat wird Magnesium als Ammoniummagnesiumphosphat gefällt. Die Fällung muß heiß erfolgen[1]). Man bringt die Flüssigkeit auf ein Volum von etwa 75 ccm, gibt 15 ccm 10 proz. Ammoniumchloridlösung zu und erhitzt zum Kochen. Dann versetzt man tropfenweise mit 15 ccm Ammoniakflüssigkeit vom spez. Gewicht 0,925, erhitzt wieder zum beginnenden Kochen und fügt unter Umschwenken tropfenweise 10 proz. Natriumhydrophosphatlösung hinzu, bis die Fällung sicher beendigt ist. Man läßt unter zeitweiligem Umschütteln erkalten, filtriert nach 4 Stunden ab, wäscht mit kalter, 2,5 proz. Ammoniakflüssigkeit, äschert ein und glüht — erforderlichenfalls über dem Gebläse —, bis der Niederschlag weiß geworden ist und gleichbleibendes Gewicht erreicht hat. Hat man aus E g Wasser a g geglühten Niederschlag erhalten, so enthält das Mineralwasser

$$x = \frac{1000\,a}{0{,}05568\,E} = 17960\,\frac{a}{E} \text{ Millival/kg Magnesium (Mg}^{..}).$$

3. Bestimmung des Eisen- und Aluminiumions[2]).

Ist der unter Nr. 2 nach Abscheidung des Siliciumdioxyds durch doppelte Ammoniakfällung erhaltene Niederschlag nicht zu gering, so dient er zu der in Rede stehenden Bestimmung; ist seine Menge sehr klein, so verarbeitet man eine weitere, entsprechend größere Wassermenge nochmals in der beschriebenen Weise. Die gut ausgewaschene Ammoniakfällung wird in Salzsäure gelöst und mit dieser Lösung diejenige des mit Kaliumpyrosulfat aufgeschlossenen Fluorierungsrückstandes von der Kieselsäurebestimmung vereinigt; dann wird verdünnt, mit Ammoniumchlorid und hierauf mit Ammoniumcarbonat, zuletzt tropfenweise und in sehr verdünnter Lösung, versetzt, bis die Flüssigkeit ihre Durchsichtigkeit verloren hat, ohne daß schon ein bleibender Niederschlag in ihr entstanden wäre. Man erhitzt dann langsam zum Kochen und setzt das Erhitzen nach beendigtem Entweichen des Kohlendioxyds noch kurze Zeit fort. Der entstehende Niederschlag wird abfiltriert und kochend heiß ausgewaschen. Das Filtrat wird mit Ammoniakflüssigkeit nachgefällt; ein etwaiger Niederschlag in Salzsäure gelöst und nochmals mit Ammoniakflüssigkeit gefällt.

Die vereinigten Niederschläge enthalten alles Eisen- und Aluminiumion, ferner Phosphation und Arsenation des Mineralwassers; sie bedürfen also auch in den Fällen, in denen nicht mit der Anwesenheit von Aluminiumion gerechnet zu werden braucht, noch einer weiteren Behandlung. Man löst sie in Salzsäure auf und versetzt die Lösung mit so viel Weinsäure, daß auf Zusatz von Ammoniakflüssigkeit die Fällung nicht wieder entsteht, dann fällt man mit Ammoniumsulfid. Der mit ammoniumsulfid- und ammoniumchloridhaltigem Wasser sehr gut ausgewaschene Niederschlag wird in Salzsäure gelöst, die Lösung wird mit Chlorwasser in der Wärme oxydiert, darauf aus ihr mit Ammoniakflüssigkeit das Ferrihydroxyd ausgefällt, das schließlich abfiltriert[3]), vor dem Gebläse geglüht und dann gewogen wird. Nach der Wägung schließt man im Platintiegel durch Schmelzen mit Natriumhydrosulfat auf, weicht die Schmelze in einer Platinschale mit Wasser auf, fügt verdünnte Schwefelsäure zu, dampft auf dem Wasser-

---

[1]) G. Jörgensen, Zeitschr. f. analyt. Chemie 1906, **45**, 273.

[2]) R. Fresenius, Anleitung zur quantitativen chemischen Analyse. 6. Aufl. 1875, **1**, 575; 1878, **2**, 208.

[3]) Das Filtrat prüft man vorsichtshalber mittels Ammoniumsulfid auf die Vollständigkeit der Fällung, die übrigens nur bei vorherigem ungenügenden Auswaschen der Weinsäure aus dem Sulfidniederschlage in Frage gestellt ist.

bade ein und erhitzt schließlich vorsichtig auf dem Sandbade, bis Schwefelsäuredämpfe fortzugehen beginnen. Nach dem Erkalten nimmt man mit Wasser auf, filtriert das etwa zurückbleibende Siliciumdioxyd ab und rechnet sein Gewicht (nach Abzug des Fluorierungsrückstandes) dem aus derselben Wassermenge erhaltenen sonstigen Siliciumdioxydniederschlage hinzu. Andererseits zieht man es von dem Gewicht des geglühten Eisenniederschlages ab.

Enthält das Mineralwasser Hydrocarbonation und freies Kohlendioxyd — reagiert es also gegen Methylorange alkalisch, gegen Phenolphthalein sauer (S. 609) —, so kann es Eisen nur in Form des zweiwertigen Ferroions enthalten; die ganze gefundene Menge ist folglich auf diese Wertigkeitsstufe zu berechnen. Hat man aus E g Wasser a g geglühten Eisenniederschlag erhalten, so enthält das Mineralwasser

$$x = \frac{1000\,a}{0{,}03\,992\,E} = 25\,050\,\frac{a}{E} \text{ Millival/kg Ferroion (Fe}^{\cdot\cdot}\text{)}$$

Reagiert hingegen das Wasser sauer gegen Methylorange, so kann in ihm auch Ferriion zugegen sein. In diesem Falle würde eine Berechnung nach der letzten Formel der Ausdruck für den Gesamtgehalt an Eisenionen, zweiwertigen wie dreiwertigen, sein. Der wirkliche Ferroiongehalt ist dann aber der maßanalytisch an Ort und Stelle festgestellte (S. 609). Betrug derselbe b Millival in 1 kg, und hat man jetzt aus E g Mineralwasser für das Gesamteisen a g Ferrioxyd zur Wägung gebracht, so sind neben jener Ferroionmenge noch zugegen

$$x = \tfrac{3}{2} \left(25\,050\,\frac{a}{E} - b\right) = \left(37\,575\,\frac{a}{E} - 1{,}5\,b\right) \text{ Millival/kg Ferriion (Fe}^{\cdot\cdot\cdot}\text{).}$$

Während methylorange-alkalische phenolphthalein-saure Mineralwässer praktisch in Betracht kommende Mengen Aluminiumion nicht enthalten können, ist andererseits deren Vorkommen im zuletzt erwähnten Falle, d. h. bei saurer Reaktion gegen Methylorange oder bei alkalischer Reaktion gegen Phenolphthalein, möglich und deshalb vom Analytiker in Betracht zu ziehen. Die Bestimmung erfolgt in dem tartrathaltigen Filtrate von der Ammoniumsulfidfällung nach vorheriger Zerstörung des Tartratrestes durch Einäschern. Als Fällungsform ist, da das Vorkommen von Phosphation in den meisten Mineralwässern die Fällung als reines Hydroxyd ausschließt, Aluminiumphosphat zu wählen.

Man säuert das eben benannte Filtrat mit Schwefelsäure an, wobei etwas mehr als die äquivalente Menge der bisher zugegen befindlichen Salzsäure zu verwenden ist. Dann ballt man den ausgeschiedenen Schwefel durch Aufkochen zusammen und filtriert. Das Filtrat wird in einer Platinschale zur Trockne eingedampft, der Rückstand unter gleichzeitigem Abrauchen der Ammonsalze verkohlt und unter schwachem Glühen möglichst weiß gebrannt. Die noch immer kohlehaltige Asche durchfeuchtet man mit starker Salzsäure; nach einigem Stehen in der Wärme gibt man Wasser zu, filtriert und wäscht gut aus. Das Filtrat wird mit Natriumhydrophosphatlösung, sodann mit einigen Tropfen Methylorangelösung, hierauf mit Ammoniakflüssigkeit bis zur noch eben merklich sauren Reaktion und schließlich mit Ammoniumacetatlösung versetzt. Erhitzt man jetzt langsam auf 70—80°, so fällt das Aluminium als Aluminiumorthophosphat AlPO$_4$ aus[1]), das abfiltriert, vor dem Gebläse geglüht und gewogen wird.

Hat man aus E g Mineralwasser c g Niederschlag erhalten, so enthält das Wasser

$$x = \frac{1000\,c}{0{,}0407\,E} = 24\,570\,\frac{c}{E} \text{ Millival/kg Aluminiumion (Al}^{\cdot\cdot}\text{)}$$

Nochmals sei daran erinnert, daß quantitative Aluminiumionbestimmungen nur dann richtig ausfallen, wenn bei der Arbeit da, wo erhitzt werden muß, ausschließlich Platingeräte benutzt werden.

---

[1]) Vgl. C. Glaser, Zeitschr. f. analyt. Chemie 1892, **31**, 383.

4. Bestimmung des Natrium- und Kaliumions.

Für dieselbe ist unter sinngemäßen Abänderungen das Verfahren von H. Neubauer[1]) heranzuziehen. Die einzuwägende Menge Mineralwasser ist sehr verschieden; bei alkaliarmen Wässern — also bei solchen, die weder zu den Kochsalzquellen noch zu den stärkeren unter den sog. alkalischen Quellen gehören — wird man bis zu 2000 g gehen müssen, bei Solquellen wird man oft nur etwa 100 g oder 50 g benutzen können, bei sehr konzentrierten Solen noch weniger. Der salzige Geschmack und die Dichte des Mineralwassers geben bei der in dieser Beziehung zu treffenden Wahl oft einen wertvollen Anhalt. Am besten richtet man sich so ein, daß am Schluß 1—2 g, und jedenfalls nicht mehr als 3 g Alkalisulfat zur Wägung gelangen.

Das abgewogene Mineralwasser wird mit Salzsäure übersättigt und in einer Platinschale auf dem Wasserbade zur Trockne verdampft. Der Rückstand wird, nachdem das abgeschiedene Siliciumdioxyd hinreichend unlöslich geworden ist, schwach geglüht, mit 1 ccm starker Salzsäure vom spez. Gewicht 1,19 durchtränkt und nach weiteren 10—15 Minuten mit Wasser aufgenommen. Nach einigem Stehenlassen auf dem Wasserbade filtriert man und sammelt Filtrat und Waschwässer in einem Meßkolben aus Jenaer Glas von 250 ccm Inhalt. Mittlerweile hat man reines, durch Auskochen mit Wasser von Alkalisalzen befreites Calciumcarbonat[2]) — und zwar etwa 2 g mehr als die dem Eisen-, Aluminium- und Magnesiumiongehalt der angewendeten Wassermenge äquivalente Menge — in einem Platintiegel kaustisch gebrannt. Man erhitzt es zunächst kurze Zeit zur Rotglut, drückt es dann mit einem Glaspistill fest an den Tiegelboden an und glüht noch 5 Minuten vor dem Gebläse.

Dieser frisch gebrannte Kalk wird nach Anreiben mit Wasser der Flüssigkeit im Meßkolben zugegeben. Dann füllt man mit kaltem Wasser zur Marke auf und fügt für jedes Gramm Calciumcarbonat, das man mehr als 1,25 g soeben angewendet hatte, noch weitere 0,25 ccm Wasser hinzu, um die Raumerfüllung des entstandenen Niederschlages auszugleichen. Man schüttelt hierauf eine Viertelstunde lang gut um, läßt 2 Stunden unter zeitweiligem Umschütteln verstopft stehen und filtriert dann durch ein trockenes Filter.

Von dem Filtrat, das sich — namentlich bei einigem Stehen — mit einer Calciumcarbonathaut überzieht, entnimmt man 200 ccm[3]). Diese versetzt man mit Phenolphthalein und titriert mittels Normaloxalsäurelösung aus. Dabei sollen etwa 9 ccm verbraucht werden, ein Zeichen, daß die Flüssigkeit mit Calciumhydroxyd gesättigt, also die Bedingung zur praktisch ausreichenden Ausfällung des Magnesiumions erfüllt war. Braucht man wesentlich weniger, so verwirft man die Bestimmung und beginnt eine neue.

Aus der austitrierten Flüssigkeit fällt man, nachdem sie mit Ammoniakflüssigkeit alkalisch gemacht ist, alles in ihr enthaltene Calciumion mittels Ammoniumoxalat aus, wobei ein erheblicherer Überschuß des Fällungsmittels zu vermeiden ist. Nach einiger Zeit filtriert man und wäscht mit schwach ammoniumoxalathaltigem kalten Wasser aus. Das Filtrat wird auf eine kleine Raummenge eingedampft und dann nochmals mit etwas Ammoniak und Ammoniumoxalat versetzt, um letzte Spuren von Calciumion auszufällen.

Das letzte Filtrat versetzt man mit so viel Schwefelsäure, daß sie sicher zur Bindung der ganzen Alkaliionen ausreicht; dann dampft man es in einer gewogenen Platinschale auf dem Wasserbad ein. Schließlich stellt man die Schale auf ein großes Drahtdreieck und erhitzt sie über einem mit kleiner Flamme brennenden Pilzbrenner. Ist die in schweren Dämpfen entweichende Schwefelsäure verdampft, so erhitzt man allmählich stärker und sorgt dafür, daß alle Teile des Schaleninhaltes durchglüht werden. Nach Beendigung des Glühens läßt man

---

[1]) Zeitschr. f. analyt. Chemie 1900, **39**, 481; 1904, **43**, 15; 1907, **46**, 311. — Vgl. auch M. Kling u. O. Engels, ebd. 1906, **45**, 315.

[2]) Dasselbe ist am besten mittels Ammoniumcarbonatfällung aus Calciumchloridlösung zu bereiten.

[3]) In diesem besonderen Falle erfolgt die Teilung durch Messung und nicht durch Wägung; letzteres verbietet sich mit Rücksicht auf den vorhandenen Niederschlag.

die Schale bedeckt erkalten und löst dann den Rückstand in etwas heißem Wasser. Die Lösung muß klar sein und gegen Lackmus sauer reagieren (Hydrosulfate!). Sie wird, wenn nötig nach nochmaligem Filtrieren, mit Ammoniak schwach übersättigt, wieder eingedampft, und der getrocknete Rückstand wird schwach geglüht. Schließlich raucht man noch mit festem Ammoniumcarbonat ab, läßt die Schale bedeckt im Exsiccator erkalten, wägt und wiederholt das Glühen mit Ammoniumcarbonat, bis gleichbleibendes Gewicht erreicht ist. Man muß stets in einer bedeckten Schale oder sehr rasch wägen, da Natriumsulfat stark hygroskopisch ist.

Von dem Endgewicht zieht man 0,0010 g als Korrektur für beigemengtes Magnesiumsulfat und ferner den Betrag des Calciumsulfats ab, das nach Beendigung der Kaliumbestimmung noch ermittelt wird (S. 663). Der so korrigierte Wert entspricht dem Gewicht der Sulfate sämtlicher Alkaliionen. Hat man von vornherein E g Mineralwasser eingewogen und zuletzt a g Sulfate erhalten, und haben ferner die nachfolgend zu beschreibenden Ermittlungen einen Gehalt des Mineralwassers an b Millival Kaliumion, c Millival Lithiumion, d Millival Cäsiumion und e Millival Rubidiumion in 1 kg ergeben, so enthält das Wasser

$$x = \frac{1000}{0,071\,035\,E}\left(1,25\,a - \frac{0,087\,135\,b\,E}{1000} - \frac{0,054\,975\,c\,E}{1000} - \frac{0,18085\,d\,E}{1000} - \frac{0,13348\,e\,E}{1000}\right)$$

$$= \left(17597\,\frac{a}{E} - 1,2267\,b - 0,77393\,c - 2,5459\,d - 1,8791\,e\right) \text{ Millival/kg Natriumion (Na·)}.$$

Die gewogene Mischung der Sulfate wird in Wasser gelöst, die klare Lösung nochmals geprüft, ob sie neutral reagiert, und dann in einer gut glasierten Porzellanschale mit einigen Tropfen Salzsäure und mit einer zur Fällung des gesamten Kaliumions ausreichenden Menge einer Lösung von Platinchlorwasserstoffsäure versetzt. Man dampft auf dem Wasserbade so weit ein, bis eine merkliche Verflüchtigung nicht mehr stattfindet. Unnötig langes Erhitzen ist zu vermeiden. Man läßt erkalten, durchfeuchtet die Masse mit etwa 1 ccm Wasser und zerreibt sie sehr sorgfältig mit einem am Ende breitgedrückten Glasstab; dann setzt man mindestens 30 ccm 96grädigen Alkohol in Anteilen von je 10 ccm zu und verreibt nach jedem Zusatz gründlich mit dem Glasstab. Schließlich läßt man noch ½ Stunde unter zeitweiligem Verreiben stehen. Dann filtriert man, indem man zunächst dekantiert und mit 96grädigem Alkohol unter gehörigem Verreiben mit dem Glasstab auswäscht. Schließlich spült man die gesamte Salzmasse auf das Filter und wäscht dieses noch einmal mit Äther.

Nach völligem Trocknen löst man den Niederschlag möglichst vollständig vom Filter, verascht dieses für sich in einem Porzellantiegel und fügt dann der Asche den Niederschlag hinzu, der nunmehr in einer reduzierenden Leuchtgasatmosphäre zu glühen ist. Man leitet Leuchtgas durch ein Porzellanrohr, zündet das ausströmende Gas zunächst an und stellt den Gashahn so ein, daß die Flamme etwa 2 cm lang wird. Dann bringt man sie durch kurzes Zusammenkneifen des Schlauches zum Verlöschen und führt das Rohr durch eine Öffnung im Tiegeldeckel in den Tiegel ein. Man erwärmt nun zunächst 5 Minuten lang mit ganz kleiner Flamme und erhitzt hierauf weitere 20 Minuten mit vergrößerter Flamme, so daß der Boden des Tiegels in der Mitte nur eben sichtbare, ganz dunkle Rotglut zeigt. Danach stellt man den Leuchtgasstrom ab, läßt erkalten, wäscht den reduzierten Rückstand erst gut mit heißem Wasser aus, kocht ihn dann mit 15 proz. Salpetersäure mehrmals aus und wäscht ihn schließlich wieder säurefrei. Das zurückbleibende Platin wird geglüht und gewogen.

Die Arbeit läßt sich noch vereinfachen, wenn man für die Filtration statt der Papierfilter sich eines Neubauertiegels bedient. Während der Reduktion ist dessen Siebboden durch den zugehörigen Platinschuh zu verschließen.

Bei der Berechnung der Analysenergebnisse ist zu beachten, daß das ausgefällte Kaliumplatinchlorid erfahrungsgemäß nicht genau der stöchiometrischen Zusammensetzung entspricht; man darf sich deshalb nicht der auf Grund der Atomgewichte sich ergebenden Umrechnungsfaktoren bedienen, muß sich vielmehr auf H. Neubauers empirische Feststellung stützen, nach der unter den beschriebenen Arbeitsbedingungen 1 g Platin aus 0,76116 g

Kaliumchlorid erhalten wird. Hat man von vornherein E g Mineralwasser eingewogen und zuletzt a g Platin erhalten, so enthält demnach das Mineralwasser

$$x = \frac{1250 \cdot 0{,}76116a}{0{,}07456E} = 12761\,\frac{a}{E}\ \text{Milival/kg Kaliumion}\ (K^{\cdot})$$

Die Waschwässer und die Salpetersäureauskochungen werden eingedampft; der Verdampfungsrückstand wird mit Wasser aufgenommen und die Lösung mit Ammoniumoxalat auf Calciumion geprüft. Entsteht ein Niederschlag, so wird er gewogen; die ihm äquivalente Menge Calciumsulfat ist dann noch von dem früher ermittelten Gewichte der Gesamtalkalisulfate abzuziehen.

5. Nachweis und Bestimmung des Cäsium- und Rubidiumions. Für den qualitativen Nachweis werden 10—20 kg Mineralwasser in Arbeit genommen, deren Gehalt an Erdalkaliionen und Magnesiumion zunächst möglichst vollständig zu entfernen ist. Das geschieht, indem man nach Austreibung des freien Kohlendioxyds das Wasser mit Kalk und Ätznatron bzw. Ätznatron und Natriumcarbonat versetzt und damit zum Kochen erhitzt. Die erforderlichen Mengen der genannten Reagenzien berechnet man in gleicher Weise wie die Enthärtungszusätze beim Kesselspeisewasser[1]). Die von dem entstandenen Niederschlage abgesaugte Flüssigkeit wird mit Salzsäure neutralisiert und weitgehend zur Krystallisation eingedampft, die man durch Umrühren stört. Nach dem Erkalten saugt man die Mutterlauge auf einer Nutsche von dem Krystallmehl ab, deckt letzteres mehrmals mit wenig kaltem Wasser aus und vereinigt die Decklaugen mit der Mutterlauge, die man durch weiteres Eindampfen abermals zur Krystallisation bringt. Die Endmutterlauge samt den Deckmutterlaugen der zweiten Krystallisation enthalten praktisch die ganze Menge des Cäsium- und Rubidiumions. Man fällt aus ihnen — falls erforderlich — die vorhandenen Arsenverbindungen mittels Schwefelwasserstoff, unter allen Umständen aber Sulfation mittels Bariumchlorid unter Vermeidung eines Überschusses des Fällungsmittels aus.

In dem möglichst weit eingeengten Filtrat vom Bariumsulfatniederschlag kann der gewünschte Nachweis nunmehr auf Grund der Tatsache geführt werden, daß Cäsium- und Rubidiumplatinchlorid weit schwerer in Wasser löslich sind als Kaliumplatinchlorid[2]). Fällt man die Lösung in der Kälte mit einer salzsauren Lösung von Platinchlorid, so entsteht ein Niederschlag, der, im Spektralapparat geprüft, zunächst meistens nur die Kaliumlinien erkennen lassen würde. Wird dieser Niederschlag aber nach 24 Stunden abfiltriert und dann wiederholt mit wenig kochendem Wasser — etwa mit einer Menge, die ihn jedesmal nur gerade bedeckt — ausgezogen und zwischendurch immer wieder im Spektralapparat geprüft, so gelangen schließlich bei Anwesenheit von Cäsium und Rubidium deren kennzeichnende Linien zur Beobachtung.

Ist Thallium vorhanden — über sein Vorkommen in Mutterlaugen wird vereinzelt berichtet — so zeigt es sich nach Bunsen bei ein oder der anderen Probe während der fortgeschrittenen Auswaschungen durch seine eigenartige Spektrallinie. In Rückständen der ersten und letzten Auskochungen beobachtet man die Thalliumlinie gewöhnlich nicht.

Fast immer begnügt man sich in der Mineralwasseranalyse mit diesen qualitativen Prüfungen; will man die quantitative Bestimmung des Cäsium- und Rubidiumions, die aber — um der Löslichkeitseigenschaften der betreffenden Verbindungen willen — nicht den ganzen Betrag zu erfassen und deshalb nur Annäherungswerte zu geben vermag, durch-

---

[1]) Vgl. diesen Band, S. 546. — Ferner L. Grünhut bei W. Kerp, Nahrungsmittelchemie in Vorträgen. 1914. S. 503.

[2]) G. Kirchhoff u. R. Bunsen, Poggendorffs Annalen der Physik 1861, **113**, 338, 361, 373. — R. Bunsen, Ann. d. Chem. u. Pharm. 1862, **122**, 351; Zeitschr. f. analyt. Chemie 1871, **10**, 411.

führen, so kann das auf derselben Grundlage geschehen. Nur muß man von wenigstens 500 bis 1000 kg Mineralwasser ausgehen, die in gleicher Weise verarbeitet werden, wie es vorstehend beschrieben ist. Die letzte von Erdalkaliionen, Sulfation usw. freie Endlauge wird mit einer zur völligen Ausfällung des Kaliumions nicht ausreichenden Menge Platinchloridlösung versetzt; der Platinniederschlag wird dann etwa 12—20 mal jedesmal mit einer kleinen, ihn eben nur bedeckenden Raummenge Wasser ausgekocht. Die Auskochungen werden der ursprünglichen, vom Niederschlag abfiltrierten Lösung wieder hinzugefügt, wobei abermals ein Niederschlag entsteht, der ganz wie der erste ausgekocht wird. Im Verlaufe der Auskochungen werden die anfangs dunkelbraun gefärbten Lösungen immer heller, so daß man leicht dahin gelangt, an der hellen und gleichbleibenden Farbe der Lösung den Zeitpunkt zu erkennen, an dem man mit dem Auskochen aufhören kann. Sobald bei Wiederholung dieser Maßnahmen die im ersten Filtrat hervorgerufenen Nachfällungen sich bei mehrmaligem Auskochen völlig lösen, kann man die Extraktion als beendet ansehen.

Nachdem sämtliche ausgekochten Platinniederschläge vereinigt und noch einige Male gemeinschaftlich mit kochendem Wasser behandelt sind, werden sie bei 100° getrocknet, in eine Glasröhre gebracht und durch einen Wasserstoffstrom bei einer die Glühhitze nicht erreichenden, unter dem Schmelzpunkt des Cäsium- und Rubidiumchlorids liegenden Temperatur reduziert. Aus der schwarzen, im Glasrohr zurückbleibenden Masse lassen sich die meist noch nicht ganz reinen Chloride mit heißem Wasser leicht unter Zurücklassung des Platins ausziehen. Diese wässerige Lösung wird etwas verdünnt und kochend heiß mit einer kochenden Platinchloridlösung vermischt. Beim Abkühlen scheidet sich ein schwerer sandiger gelber Niederschlag ab, der — falls das erforderlich ist — durch wiederholtes Auskochen mit wenig Wasser in der zuvor beschriebenen Art gereinigt wird, bis eine spektralanalytische Prüfung die rote α-Linie des Kaliums (die aber nicht mit der γ-Linie des Rubidiums verwechselt werden darf) nicht mehr erkennen läßt. Dann wird der aus Rb_2PtCl_6 und Cs_2PtCl_6 bestehende Niederschlag getrocknet und gewogen.

Zur Trennung des Cäsiumions vom Rubidiumion kann folgendes von R. Godeffroy[1] herrührende Verfahren dienen. Die gewogenen Chloroplatinate werden in der beschriebenen Weise im Wasserstoffstrom reduziert; der die Chloride enthaltende wässerige Auszug wird dann zur Trockne verdampft und in konz. Salzsäure gelöst. Vermischt man diese Lösung mit einer Lösung von Antimontrichlorid in konz. Salzsäure, so entsteht ein Niederschlag von reinem Cäsiumantimonchlorid, der auf einem gehärteten Filter gesammelt und mehrmals mit konz. Salzsäure gewaschen wird. Wird dieser Niederschlag mit Wasser behandelt, so zersetzt er sich unter Ausscheidung von Antimonoxychlorid, während Cäsiumchlorid mit geringen Mengen von Cäsiumantimonchlorid in Lösung geht. Um letzteres ganz zu entfernen, dampft man die filtrierte Flüssigkeit zur Trockne ein und glüht den Rückstand vorsichtig mit Salmiak. Dadurch wird alles Antimon als Chlorid verflüchtigt, und reines Cäsiumchlorid CsCl bleibt zurück, das gewogen werden kann. Dabei ist zu beachten, daß dasselbe ziemlich zerfließlich ist.

Die Ergebnisse dieser Bestimmungen sind wegen der immerhin noch recht merklichen Löslichkeit der Chloroplatinate in Wasser, wie bereits gesagt, nicht streng quantitativ, geben aber trotzdem ein ausreichendes Bild über die Größenordnung, in der Cäsium- und Rubidiumion zugegen sind. Nur muß man natürlich immer die Flüssigkeitsvolume so klein wie irgend möglich halten. Wer derartige Bestimmungen unternehmen will, wird gut tun, sich zuvor an geeigneten Lösungen von bekanntem Gehalt besonders einzuüben.

6. Bestimmung des Lithiumions. Diese Bestimmung wurde in Mineralwässern bisher nahezu ausschließlich nach dem von W. Mayer[2] herrührenden, von R. Fresenius[3] weiter durchgearbeiteten Verfahren ausgeführt, das auf der Schwerlöslichkeit

---

[1] Ann. d. Chemie u. Pharmazie 1876, **181**, 176.

[2] Ebendort 1856; **98**, 193.

[3] Zeitschr. f. analyt. Chemie 1862 **1**, 42.

des Lithiumorthophosphats beruht. Das Verfahren vermag, wie wiederholte Untersuchungen selbstbereiteter Mischungen von bekanntem Gehalt lehrten, in der Hand des auf sie eingeübten Analytikers richtige Ergebnisse zu liefern, in minder geübter Hand führt es aber meistens zu merklich zu hohen Werten. Und da überdies, wie neue, noch unveröffentlichte Versuchsreihen gezeigt haben, auch die richtigen Ergebnisse nur einem Ausgleich der vorhandenen Fehlerquellen zu danken sind, so sollte man diese Arbeitsweise verlassen und sie durch die von F. A. Gooch[1]) angegebene ersetzen, von deren Brauchbarkeit der Verf. dieses Abschnitts sich nochmals überzeugt hat. Sie beruht auf der leichten Löslichkeit des Lithiumchlorids in Gärungsamylalkohol; der mit Hilfe dieser Eigenschaft durchzuführenden endgültigen Trennung muß aber bei Mineralwässern erst eine Anreicherung vorausgehen, für die man von der Löslichkeit des Lithiumchlorids in Äthylalkohol Gebrauch macht. Für diesen einleitenden Teil der Arbeit bleibt die von E. Hintz und L. Grünhut[2]) veröffentlichte, von H. Weber herrührende Vorschrift in Kraft.

Zur Bestimmung des Lithiumions soll man eine Mineralwassermenge verwenden, die nicht mehr als 0,03 g davon enthält. Für lithiumreichere Wässer genügen also schon etwa 5 kg, von ärmeren sind bis zu 20 kg, unter Umständen auch 30 kg, zu verwenden. Aus dem mit Salzsäure bis zur schwach sauren Reaktion versetzten und weitgehend eingedampften Wasser fällt man Sulfation mittels Bariumchlorid aus, wobei man zur Vermeidung eines Überschusses des Fällungsmittels dessen Menge nach dem zuvor ermittelten Gehalt des Mineralwassers an Sulfation bemißt. Hatte sich beim Einengen des Wassers Gips ausgeschieden. so ist dieser zuvor abzufiltrieren und entsprechend weniger von dem Fällungsmittel zu nehmen, Nach Zusatz des Bariumchlorids gibt man, ohne das Bariumsulfat abzufiltrieren, zu der kochend heißen Flüssigkeit, behufs Ausfällung des Magnesiums, reine Kalkmilch, die aus frisch geglühtem Calciumcarbonat bereitet ist, und erhitzt nochmals zum Kochen. Hierauf wird filtriert; der Niederschlag wird mit kochendem Wasser ausgewaschen und aus dem Filtrat das Calciumion mittels Ammoniumoxalat gefällt. Wiederum filtriert man ab, wäscht mit ammoniumoxalathaltigem Wasser aus und verdampft schließlich Filtrat und Waschwässer in einer Porzellanschale unter Zusatz von Salzsäure bis zur feuchten Salzmasse.

Den erhaltenen Salzrückstand zieht man unter Zerreiben und Erwärmen so oft mit immer neuen Anteilen absoluten Alkohols aus, bis sowohl der Rückstand als auch der Abdampfungsrückstand des letzten alkoholischen Auszuges keine Spektralreaktion auf Lithium mehr geben. Dann wird der Alkohol aus den vereinigten Auszügen abdestilliert, der Destillationsrückstand in Wasser gelöst, die Lösung in einer Platinschale eingedampft und der Schaleninhalt schließlich zur Vertreibung der Ammoniumsalze erhitzt. Danach behandelt man mit Salzsäure, verdampft und löst wieder in möglichst wenig Wasser und gießt die konz. Lösung in absoluten Alkohol ein. Die sich abscheidenden Salze werden abfiltriert und mit Alkohol lithiumfrei gewaschen (Spektralreaktion!); das Filtrat destilliert man ab und bringt es schließlich in einer Schale zur Trockne. Erscheint der verbleibende Rückstand noch zu groß, so wird die Anreicherung durch Eingießen seiner Lösung in Alkohol in der zuletzt beschriebenen Weise nochmals wiederholt.

Den zuletzt erhaltenen Eindampfungsrückstand der alkoholischen Lösung nimmt man mit Wasser auf, setzt einen Tropfen Ferrichloridlösung zu, erhitzt mit ein wenig Kalkmilch zum Sieden, filtriert den Niederschlag ab und wäscht ihn mit heißem Wasser aus. Das Filtrat wird dann nochmals mit Ammoniumoxalat gefällt, der entstehende Niederschlag abfiltriert und ausgewaschen[3]), das neue Filtrat in einer Platinschale eingedampft und der Rückstand

---

[1]) Zeitschr. f. analyt. Chemie 1887, **26**, 354.

[2]) Chemische und physikalisch-chemische Untersuchung der Martinusquelle zu Orb. 1907. S. 10.

[3]) Falls die stark eingeengte salzsaure Lösung des geglühten Niederschlages noch eine Spektralreaktion auf Lithium erkennen läßt, so ist die Fällung mit Ammoniumoxalat nochmals zu wiederholen.

vorsichtig geglüht, bis die Ammoniumsalze verjagt und die Oxalate zerstört sind. Nach dem Befeuchten mit Salzsäure bringt man wieder zur Trockne, nimmt mit Wasser auf, filtriert und bringt die möglichst konz. Lösung in einen 40—50 ccm fassenden Erlenmeyer-Kolben.

Der Lösung fügt man einige Kubikzentimeter Amylalkohol (Siedepunkt 132°) hinzu und erhitzt, anfangs besonders vorsichtig, auf einer Asbestplatte von 30 cm im Quadrat so lange, bis das Wasser verdampft ist und der Siedepunkt der Flüssigkeit etwa den des Amylalkohols erreicht hat. Dann haben sich Kaliumchlorid und Natriumchlorid unlöslich ausgeschieden, während Lithiumchlorid im zurückgebliebenen Amylalkohol enthalten ist. Um ein Stoßen der Flüssigkeit, das Verluste mit sich bringt, zu vermeiden, empfiehlt Treadwell, den Kolben mit einem doppelt durchbohrten Kork zu versehen, durch den zwei Röhren gehen. Leitet man durch diese während des Erhitzens Luft durch, so verdampft das Wasser sehr viel schneller und ohne jedes Stoßen.

Nach Beendigung des Eindampfens läßt man abkühlen und fügt einen oder zwei Tropfen starke Salzsäure hinzu, um etwaiges durch Hydrolyse entstandenes Lithiumhydroxyd in Lösung zu bringen; dann erneuert man das Erhitzen, bis der Alkohol wieder wasserfrei geworden ist. Ist die Menge des zu erwartenden Lithiumchlorids kleiner als 0,01—0,02 g, so kann man nunmehr in einem Zuge abfiltrieren und auswaschen; ist sie jedoch größer, so empfiehlt es sich, die Flüssigkeit zunächst von den unlöslichen Ausscheidungen abzudekantieren, letztere mit etwas wasserfreiem Amylalkohol nachzuwaschen, sie wieder in einigen Tropfen Wasser zu lösen und die Trennung durch abermaliges Kochen mit Amylalkohol zu wiederholen. Zum Abfiltrieren bedient man sich am besten eines Goochtiegels bei nur geringer Luftleere; zum Auswaschen verwendet man Amylalkohol, der zuvor durch Aufkochen entwässert wurde. Die Raummenge der Filtrate ohne Waschflüssigkeit ist festzustellen, behufs Ermittlung der Korrekturen für die Löslichkeit von Natrium- und Kaliumchlorid.

Filtrat und Waschflüssigkeiten werden zur Trockne verdampft, ihr so erhaltener Eindampfungsrückstand wird mit Schwefelsäure behandelt, deren Überschuß man abraucht. Dann erhitzt man bis zum Schmelzen, und schließlich wird gewogen. Von dem Gewichte des erhaltenen Lithiumsulfates sind für je 10 ccm Filtrat (ohne Einrechnung der Waschflüssigkeiten) abzuziehen: 0,0005 g, falls der in Amylalkohol unlösliche Anteil ausschließlich aus Natriumchlorid, 0,00059 g, falls er aus Kaliumchlorid, und 0,00109 g, falls er aus beiderlei Chloriden bestand. Bescheidet man sich in Beziehung auf die Menge des Amylalkohols — 15 ccm reichen fast immer aus[1]) —, so bleibt der Betrag dieser Korrektur in erträglich niedrigen Grenzen.

Hat man aus E g Mineralwasser a g reines Lithiumsulfat erhalten, so enthält das Wasser:

$$x = \frac{1000\,a}{0{,}054975\,E} = 18\,190\,\frac{a}{E} \text{ Millival/kg Lithiumion (Li}^{\cdot}).$$

7. Bestimmung des Ammoniumions.
2 kg Mineralwasser werden nach dem Ansäuern mit Schwefelsäure auf eine kleine Raummenge eingedampft und alsdann unter Zusatz von frisch ausgeglühter Magnesia destilliert. Das Destillat fängt man in 20—50 ccm $^1/_{10}$ N.-Schwefelsäure auf; schließlich bestimmt man den Überschuß der vorgelegten Säure mittels $^1/_{10}$ N.-Natronlauge, unter Verwendung von Methylorange als Indikator, zurück. Waren zur Neutralisation des aus E g Mineralwasser übergegangenen Ammoniaks a ccm $^1/_{10}$ N.-Säure erforderlich, so enthält das Wasser

$$x = 100\,\frac{a}{E} \text{ Millival/kg Ammoniumion (NH}_4^{\cdot}).$$

8. Bestimmung des Sulfations.
Diese erfolgt in üblicher Weise durch Fällung mittels Bariumchlorid. Man verwendet in der Regel 1 kg Mineralwasser, zuweilen ist auch mehr erforderlich; nur bei Bitterquellen wird man weniger nehmen müssen. Man

---

[1]) 15 ccm Amylalkohol vermögen etwa 1 g Lithiumchlorid aufzulösen.

säuert das Wasser mit Salzsäure an, dampft in einer Platinschale zur Trockne und filtriert in der oben (S. 657) beschriebenen Weise vom ausgeschiedenen Siliciumdioxyd ab. Das Filtrat wird kochend heiß mit kochender Bariumchloridlösung gefällt. Der geglühte Niederschlag wird noch mit Salzsäure ausgekocht, die erhaltene Auskochung mit einigen Tropfen Bariumchloridlösung fast bis zur Trockne verdampft, der Rückstand mit Wasser aufgenommen und die hierbei erhaltene geringe Menge Bariumsulfat mit der ausgekochten Hauptmenge vereinigt und mit dieser zur Wägung gebracht.

Bei sehr eisenreichen Wässern, also bei Vitriolquellen, ist es nötig, vor der Ausfällung des Bariumsulfats die Eisenionen zu entfernen. Man oxydiert das Filtrat vom Siliciumdioxyd durch Erhitzen mit etwas Chlorwasser und fällt dann nach Zusatz von Ammoniumchlorid mit Ammoniakflüssigkeit unter Anwendung eines nicht zu großen, aber deutlich wahrnehmbaren Überschusses in der Wärme das Ferrihydroxyd aus. Den Niederschlag filtriert man ab und wäscht ihn gut mit kochendem Wasser aus, wobei man ihn möglichst immer wieder vom Filter losspritzt, ihn gründlich bis zum Boden des Filters aufrührend[1]. Im Filtrat ist alsdann die Bariumchloridfällung nach dem Ansäuern in der beschriebenen Weise vorzunehmen. Der ausgewaschene Ferrihydroxydniederschlag wird in möglichst wenig Salzsäure gelöst und aus dieser Lösung nochmals ausgefällt; das Filtrat der erhaltenen zweiten Fällung prüfe man nach dem Wegkochen des Ammoniaküberschusses und Ansäuern mit Salzsäure mittels Bariumchlorid. Ein etwaiger Niederschlag wird mit der Hauptmenge vereinigt; vor dem Wägen erfolgt auch hier die zuvor beschriebene Reinigung des ausgefällten Bariumsulfates.

Hat man aus E g Mineralwasser a g reines Bariumsulfat erhalten, so enthält das Wasser

$$x = \frac{1000\,a}{0,11672\,E} = 8567,4\,\frac{a}{E}\ \text{Millival/kg Sulfation (SO}_4''\text{)}.$$

9. Bestimmung des Sulfations, des Thiosulfations und des Gesamtschwefels in Schwefelwässern.

Zur Bestimmung des Sulfations in Schwefelwässern dienen jene Proben, die man in Cadmiumacetatlösung enthaltende Flaschen abgefüllt hatte (S. 602). Die betreffende Flasche wird in vollem Zustande gewogen und so das Verhältnis des Gewichtes der Gesamtfüllung G zum zuvor festgestellten Gewichte der Cadmiumacetatlösung C ermittelt. Dann filtriert man und wägt eine passende Menge des klaren Filtrats für die Analyse ein.

Enthält das Wasser kein Thiosulfation, so verfährt man mit dem Filtrat unmittelbar in der im vorherigen Abschnitt beschriebenen Weise. Bei Gegenwart von Thiosulfation muß man die Probe in einem Kolben mit Salzsäure ansäuern und unter Durchleiten von reinem Kohlendioxyd einen größeren Teil der Flüssigkeit fortkochen, um das beim Zerfall des Thiosulfats entstehende Schwefeldioxyd zu entfernen. Die weitere Behandlung des verbleibenden Rückstandes erfolgt in der üblichen Weise (vgl. Nr. 8).

Hatte man F g von dem Filtrate eingewogen, so entsprechen sie $\dfrac{F(G-C)}{G}$ g ursprünglichem Mineralwasser[2]. Bei der Berechnung des Ergebnisses ist folglich dieser Wert an Stelle von E in die letzte Formel einzusetzen.

Zur Bestimmung des Thiosulfations dient der Inhalt einer der mit Zinksulfatlösung beschickten Flaschen, für die man gleichfalls durch Wägung das Verhältnis vom Gesamtgewicht G des Inhaltes zum Gewicht Z der Zinksulfatlösung feststellt. Man benutzt auch hier das vom gebildeten Niederschlag abfiltrierte Wasser, das man erwärmt, mit einer Lösung von Silbernitrat versetzt und sodann noch weiter erhitzt. Der entstehende Niederschlag,

---

[1] G. Lunge, Zeitschr. f. angew. Chemie 1895, 8, 70.

[2] Die Änderungen in der Dichte, die mit dem Ausfallen von Cadmiumsulfid einhergehen, sind hierbei als praktisch unerheblich vernachlässigt.

der außer Silbersulfid meistens auch Silberchlorid enthält, wird abfiltriert, mit verdünnter Ammoniakflüssigkeit vom Silberchlorid befreit und schließlich ausgewaschen. Dann löst man ihn in Salpetersäure, fällt in der Lösung das Silberion als Silberchlorid aus und bringt dieses in bekannter Weise zur Wägung.

Hat man F g von dem Filtrate eingewogen und a g Silberchlorid erhalten, so enthält das Mineralwasser

$$x = \frac{1000\,a\,G}{0,14334\,F\,(G-Z)} = \frac{6976,3\,a\,G}{F\,(G-Z)} \text{ Milliväl/kg Thiosulfation } (S_2O_3'').$$

Endlich wird zur Kontrolle an dem Inhalt einer der mit 150 ccm Bromwasser beschickten Flaschen oder an einem ausgewogenen Anteile der Gesamtschwefelgehalt ermittelt, nachdem auch hier zuvor durch Wägung der vollen Flasche das Verhältnis des Gewichtes der Gesamtfüllung G zu dem vorher festgestellten Gewicht B des ihr beigemengten Bromwassers bestimmt worden ist. Vor der in der beschriebenen Weise vorzunehmenden Fällung des Sulfations kocht man das überschüssige Brom möglichst weg. Hat man jetzt aus F g eingewogener Flüssigkeit a g Bariumsulfat zur Wägung gebracht, so enthält das Mineralwasser

$$x = \frac{1000\,a\,G}{0,23344\,F\,(G-B)} = \frac{4283,7\,a\,G}{F\,(G-B)} \text{ Milligrammion/kg Gesamtschwefel } (S).$$

Hatte man bei den Einzelbestimmungen in 1 kg Mineralwasser u Millival Sulfation, v Millival Thiosulfation und w Millimol Gesamtschwefelwasserstoff (nach S. 612) gefunden, so muß für den zuletzt errechneten Wert x für den Gesamtschwefelgehalt gelten:

$$x = 0,5\,u + v + \dot{w}.$$

10. Bestimmung des Chlorions.
Diese erfolgt in bekannter Weise durch Fällung mittels Silbernitrat aus salpetersaurer Lösung. Je nach dem Chloriongehalt benutzt man Mengen zwischen 2000 und 100 g Mineralwasser, bei Solen, deren Dichte 1,01 überschreitet, entsprechend noch weniger. Man kann von den konzentrierteren Wässern aber ruhig so viel nehmen, daß schließlich bis zu 20 g Silberhalogenid zur Wägung gelangen. Gehaltarme Wässer sind vor dem Ansäuern und Fällen auf dem Wasserbade einzuengen, Schwefelwässer mit Wasserstoffperoxyd zu oxydieren.

Der Niederschlag begreift nicht nur das Chlorion, sondern auch das gesamte Bromion und Jodion in sich ein. Dennoch ist es gestattet, nach dem Einäschern die Filterasche in bekannter Weise mit Salpetersäure und Salzsäure abzurauchen, wenn man nur dafür besorgt ist, vor dem Verbrennen des Filters den Niederschlag so weit wie irgend möglich vom Papier zu trennen und die abgetrennte Hauptmenge erst nach dem Abrauchen in den Tiegel zu bringen. Der Fehler bleibt dann praktisch unerheblich.

Hat man E g Mineralwasser eingewogen und a Silberhalogenid erhalten und haben ferner die nachfolgend zu beschreibenden Ermittlungen einen Gehalt des Mineralwassers an b Millival Bromion und c Millival Jodion in 1 kg ergeben, so enthält das Wasser

$$x = \frac{1000}{0,14334\,E} \left(a - \frac{0,18780\,b\,E}{1000} - \frac{0,23480\,c\,E}{1000} \right)$$

$$= \left(6976,3\,\frac{a}{E} - 1,3102\,b - 1,6381\,c \right) \text{ Millival/kg Chlorion } (Cl').$$

11. Bestimmung des Jod-, Brom-, Barium-, Strontiumions, des Manganoions und anderer Schwermetallionen sowie der Titansäure.
Der Arbeitsplan dieses Abschnittes stammt in seinen Grundzügen von R. Fresenius[1]); er ist aber, den seither gemachten Fortschritten entsprechend, teilweise umgestaltet und erweitert.

Der Inhalt eines Ballons (etwa 40—60 kg) wird in einer großen, gut glasierten Porzellanschale — am besten auf einem sog. Apelschen Gasofen mit kreisförmigem Brenner und eisernem,

---

[1]) R. Fresenius, Anleitung zur quantitativen chem. Analyse. 6. Aufl. 1878. 2, 212.

oben gezacktem Mantel — auf etwa 4—5 l eingedampft. Man führt in den das Wasser enthaltenden gewogenen Ballon einen Heber ein, dessen Ausflußöffnung mit Gummischlauch
und Quetschhahn versehen ist, so daß man das Wasser anteilweise in die Schale abfließen lassen
kann. Schließlich wird der leere Ballon zurückgewogen.

Ist das Mineralwasser ein sog. „alkalisches", d. h. übertrifft die Millivalkonzentration
des Hydrocarbonations diejenige der Erdalkali-, Ferro-, Manganoionen usw., so kann man
das Wasser so wie es ist eindampfen, weil man dann sicher sein kann, daß beim Eindampfen
bis zur Trockne Calcium- und Magnesiumion praktisch vollständig unlöslich abgeschieden
werden. Ist das Wasser jedoch nicht „alkalisch", so ist ihm beim Eindampfen so viel Natriumcarbonat zuzusetzen, daß bis zum Schluß überschüssiges Carbonation in ihm verbleibt, da
sonst erhebliche Verluste an Jodion und teilweise auch an Bromion zu befürchten sind[1]).
Auch muß die salzsaure Lösung der etwa im Ballon abgesetzten Ausscheidungen mit Natriumcarbonat alkalisch gemacht werden, ehe man sie zur Hauptmenge in die Eindampfschale bringt.

Das in der beschriebenen Weise eingedampfte Wasser wird schließlich von den entstandenen Ausscheidungen abfiltriert; letztere werden gut mit kochendem Wasser ausgewaschen, bis dieses nicht mehr alkalisch reagiert. Die erhaltene Wasserlösung (A) dient
vor allem zur Bestimmung des Jod- und Bromions, der Rückstand (B) vorwiegend zur
Bestimmung des Mangano-, Barium- und Strontiumions.

A. Die Wasserlösung wird eingedampft, bis sie eine noch feuchte Salzmasse darstellt; dann fügt man unter Zerreiben eine reichliche Menge 96grädigen Alkohols zu. Man filtriert und kocht den Rückstand noch dreimal mit Alkohol aus. Die vereinigten alkoholischen
Auszüge werden nach Zusatz von 2 Tropfen starker Kalilauge abdestilliert und der Destillationsrückstand wieder in Wasser gelöst. Seine Lösung verdampft man wieder zur feuchten
Salzmasse, die man erneut in der beschriebenen Weise mit Alkohol behandelt. Wiederum
wird der Alkohol nach Zusatz zweier Tropfen Kalilauge abdestilliert und der Rückstand einer
abermaligen Behandlung unterzogen.

Man erhält so schließlich eine alkoholische, alles Jod- und Brom-, aber nur einen
mäßigen Anteil des Chlorions enthaltende Lösung. Sie wird nach Zusatz von 2 Tropfen Kalilauge in einer Platinschale zur Trockne verdampft; der Rückstand wird gelinde geglüht und
dann mit kochendem Wasser vollständig ausgezogen. Ist die erhaltene Lösung noch gefärbt,
so wird sie nochmals unter Zusatz von 2 Tropfen Kalilauge und einer ganz geringen Menge
Kaliumnitrat eingedampft und der Rückstand wiederum gelinde geglüht. Dann erhält man
sicher eine wasserhelle Lösung.

Man bringt diese in einen Scheidetrichter, versetzt sie darin mit Schwefelkohlenstoff, säuert mit verdünnter Schwefelsäure an, setzt vorsichtig eine geringe Menge einer
Auflösung von Natriumnitrit in Schwefelsäure hinzu und schüttelt um. Jodion geht
hierbei in elementares Jod über, das vom Schwefelkohlenstoff aufgenommen wird. Die violett
gefärbte Schwefelkohlenstoffphase wird abgelassen und die wässerige Flüssigkeit so oft mit
erneuten Mengen Schwefelkohlenstoff durchgeschüttelt, bis dieser nicht mehr gefärbt wird.
Auch prüft man durch Zusatz einer weiteren geringen Menge der Nitritschwefelsäure, ob
die Umsetzung des Jodions vollständig war.

---

[1]) Auf diese Fehlerquelle wurde zuerst H. Fresenius (Zeitschr. f. angew. Chemie 1912,
25, 1991) gelegentlich seiner Analyse des Wassers des Toten Meeres aufmerksam; nähere Versuche
hat dann P. Kaschinsky (Zeitschr. f. angew. Chemie 1913, **26**, I, 492) angestellt. Die Ursache
der Halogen-, insbesondere der Jodverluste erblicken diese Verfasser in einer hydrolytischen Spaltung während des Eindampfens und einer damit einhergehenden Verflüchtigung von Halogenwasser-
stoffsäure. Nach Grünhuts Dafürhalten dürfte es sich weit mehr um Oxydations- als um hydrolytische Vorgänge handeln. Magnesiumjodid zerfällt beim Erhitzen, sowohl im festen Zustande
als auch in seiner wässerigen Lösung, unter dem Einfluß des Luftsauerstoffes in Magnesiumoxyd
und elementares Jod.

Die vereinigten jodhaltigen Schwefelkohlenstoffmengen sind noch durch wiederholtes Durchschütteln mit Wasser säurefrei zu waschen. Am besten kann das mit Hilfe der bekannten, in der Eisenerzanalyse gebräuchlichen Vorrichtung von Rothe (Fig. 260) geschehen; doch kann man sich auch eines Scheidetrichters bedienen.

Die ausgewaschene Schwefelkohlenstofflösung bringt man in eine Stöpselflasche, gibt 30 ccm 0,5 proz. Natriumhydrocarbonatlösung hinzu, die man zuvor mit einer sehr geringen Menge Salzsäure versetzt hat, so daß sie sicher freies Kohlendioxyd enthält, und titriert das freie Jod mittels Natriumthiosulfatlösung, deren Normalität, je nach dem zu erwartenden Jodgehalt, $^1/_{100}$—$^1/_{20}$ betragen soll.

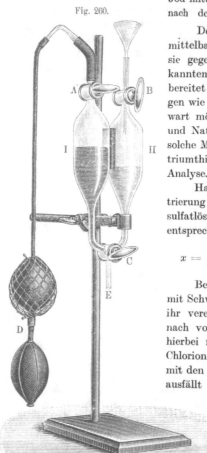

Fig. 260.

Der Wirkungswert der Thiosulfatlösung ist unmittelbar bei ihrem Gebrauch nachzuprüfen, indem man sie gegen eine gemessene Menge einer Jodlösung von bekanntem Gehalt stellt, die durch Einwägen von reinem Jod bereitet ist. Die Stellung ist unter den gleichen Bedingungen wie der eigentliche Versuch auszuführen, d. h. bei Gegenwart möglichst der gleichen Mengen an Schwefelkohlenstoff und Natriumhydrocarbonatlösung. Auch lege man ihr eine solche Menge Jodlösung zugrunde, daß etwa ebensoviel Natriumthiosulfatlösung verbraucht wird wie zuvor bei der Analyse. Dann ist man aller weiteren Korrekturen überhoben.

Hat man E g Mineralwasser eingewogen und zur Titrierung des abgeschiedenen Jods a ccm einer Natriumthiosulfatlösung verbraucht, von der ihrerseits b ccm c g Jod entsprechen, so enthält das Wasser

$$x = \frac{1000\,ac}{0,12692\,bE} = 7879,0\,\frac{ac}{bE}\ \text{Millival/kg Jodion (J')}.$$

Behufs Bestimmung des Bromions fällt man die mit Schwefelkohlenstoff ausgeschüttelte Lösung und die mit ihr vereinigten Schwefelkohlenstoffwaschwässer, falls nötig nach vorherigem Einengen, mit Silbernitrat. Man braucht hierbei nicht so viel Fällungsmittel zuzusetzen, daß alles Chlorion in den Niederschlag eingeht, weil das Silberbromid mit den ersten Anteilen des Silberchlorids bereits vollständig ausfällt (s. S. 676); etwa 50 ccm 10 proz. Silbernitratlösung reichen für die zumeist vorkommenden Gehalte an Bromion fast immer aus. Nur ist Bedingung, daß die Fällung in der Kälte vorgenommen wird. Der Niederschlag wird abfiltriert, ausgewaschen und dann samt dem Filter getrocknet. Hierauf trennt man ihn so vollständig als möglich vom Filter und zieht das letztere sodann noch mit heißer ver-

Schüttelapparat nach Rothe.

dünnter Ammoniakflüssigkeit aus. Die ammoniakalische Lösung verdampft man in einem gewogenen Porzellantiegel, in den man danach auch die Hauptmenge des Niederschlags bringt; dann wird bis zum beginnenden Schmelzen erhitzt und gewogen.

[Die eigentliche Brombestimmung wird auf indirektem Wege zu Ende geführt, indem man den Gewichtsverlust ermittelt, den aliquote Teile des Niederschlags beim Erhitzen im Chlorstrom infolge Überführung des in ihm enthaltenen Silberbromids in Silberchlorid erfahren. Man schmilzt den gewogenen Niederschlag nochmals im Tiegel und gießt ihn in eine trockene, gut glasierte Porzellanschale aus, wo er in Gestalt dünner Blättchen oder kleiner Kügelchen erstarrt. Die erhaltene Menge teilt man in zwei Teile, die zu zwei gesonderten, einander kontrollierenden Versuchen dienen.

Den für jeden dieser Versuche bestimmten Anteil wägt man in ein etwa 100 mm langes Kugelrohr von schwer schmelzbarem Glase ein, dessen Kugel etwa 30 mm, dessen Röhrenteil etwa 9 mm lichten Durchmesser hat und das nicht mehr als 15 g wiegt. Durch das Rohr leitet man einen langsamen Strom trockenes reines Chlor; zugleich erhitzt man den Inhalt der Kugel zum Schmelzen und schwenkt die geschmolzene Masse von Zeit zu Zeit ein wenig in der Kugel um. Nach etwa 20 Minuten nimmt man das Kugelrohr ab, läßt es erkalten, hält es schief, damit das Chlor durch Luft verdrängt wird, und wägt. Die Behandlung im Chlorstrom wird so oft wiederholt, bis gleichbleibendes Gewicht erreicht ist; gewöhnlich ist das schon nach dem ersten Male der Fall.

Hat man aus E g Mineralwasser a g Halogen-Silberniederschlag erhalten, und erlitten b g dieses letzteren im Chlorstrome einen Gewichtsverlust von c g, so enthält das Wasser

$$x = \frac{1000\,a\,c}{(0{,}07992 - 0{,}03546)\,b\,E} = 22492\,\frac{a\,c}{b\,E}\;\text{Millival/kg Bromion (Br}').$$

B. Der **unlösliche Rückstand** wird in Wasser aufgeschlämmt und mit Salzsäure in Lösung gebracht. Darauf scheidet man durch Eindampfen zur Trockne Siliciumdioxyd ab, das gegebenenfalls Titandioxyd und Bariumsulfat enthalten kann. Es wird nach dem Aufnehmen mit Salzsäure und Wasser abfiltriert, ausgewaschen und unter Zugabe von Schwefelsäure **fluoriert**; der Fluorierungsrückstand wird zur sicheren Austreibung aller Flußsäure die sonst bei der **colorimetrischen Titansäurebestimmung** stören könnte, noch mehrfach mit Schwefelsäure abgeraucht und schließlich mit Kaliumpyrosulfat geschmolzen. Die Schmelze nimmt man mit Schwefelsäure und Wasser auf, filtriert vom Unlöslichen, wäscht aus und hebt das schwefelsaure Filtrat (es heiße m) für die Titansäurebestimmung auf. Den auf dem Filter bleibenden Anteil schmilzt man mit Natriumcarbonat; man weicht danach die Schmelze mit Wasser auf, filtriert das unlöslich Bleibende (n) ab und wäscht es mit natriumcarbonathaltigem Wasser aus; es ist später bei der Bestimmung des **Bariumions** mit zu verwenden.

In das meist zuvor noch mit Wasser zu verdünnende **salzsaure Filtrat** vom Siliciumdioxyd wird unter Erwärmen **Schwefelwasserstoff** eingeleitet. Ein etwa ausfallender Niederschlag ist vor allem auf **Blei** und **Kupfer** zu verarbeiten, die freilich nur selten angetroffen werden. Man filtriert ihn ab, wäscht ihn mit Schwefelwasserstoff aus und entzieht ihm schließlich durch Digerieren mit warmer Ammoniumsulfidlösung etwa dabei befindliches **Arsenosulfid**[1]. Dann löst man in Salpetersäure, scheidet durch Eindampfen mit Schwefelsäure etwaiges **Bleisulfat** ab, das man abfiltriert, mit schwefelsäurehaltigem Wasser und zuletzt mit Weingeist auswäscht. Im Filtrat davon wird **Kupferion** als Cuprisulfid gefällt. Die erhaltenen Blei- und Kupferniederschläge werden, letzterer nach Glühen mit Schwefel im Wasserstoffstrom als Cuprosulfid, zur Wägung gebracht. Erscheint ihre Menge hierzu zu gering, so kann man sie wieder auflösen und nach bekannten **colorimetrischen Verfahren** weiter untersuchen.

Das **Filtrat von der Schwefelwasserstofffällung** ist zunächst durch Kochen von seinem Schwefelwasserstoffgehalt zu befreien und dann mit **Chlorwasser** zu erhitzen, um alle **Eisenionen** in Ferriion zu überführen. Diese Lösung versetzt man reichlich mit Ammoniumchlorid, ruft sodann in der auf S. 659 beschriebenen Art zunächst mittels Ammoniumcarbonatzusatz und Aufkochen eine sog. basische Fällung hervor und fällt das Filtrat von dieser mit carbonatfreier Ammoniakflüssigkeit nach. Die Nachfällung wird in Salzsäure gelöst und abermals mit Ammoniak ausgefällt. Sowohl der basische Niederschlag (o) als auch die endgültige Ammoniaknachfällung (p) sind in Salzsäure zu lösen; die Lösungen werden aufbewahrt und dienen später zur **Titansäurebestimmung**.

---

[1] Die quantitative Bestimmung der Arsenverbindungen erfolgt in einer gesonderten Wassermenge (vgl. Nr. 14, S. 677).

Die Filtrate von der Ferrihydroxydfällung engt man ein, versetzt sie in einem lose verstopften Kolben mit frisch bereiteter[1]) Ammoniumsulfidlösung und läßt in der Wärme stehen. Ein etwaiger Niederschlag wird abfiltriert, in Salzsäure gelöst und nochmals mit Ammoniumsulfid ausgefällt, abfiltriert und mit ammoniumsulfidhaltigem Wasser ausgewaschen. Sämtliche Filtrate (q) werden für die Bestimmung des Barium- und Strontiumions aufgehoben.

Ist der Ammoniumsulfidniederschlag schwärzlich gefärbt, so ist auch auf die Gegenwart von Kobalt und Nickel Rücksicht zu nehmen, anderenfalls braucht man nur auf Zink und Mangan zu achten. In jedem Falle wird zunächst das Zink in folgender Weise abgeschieden: Man löst den Niederschlag in möglichst wenig Salpetersäure, dampft mehrmals mit Salzsäure ein, nimmt mit salzsäurehaltigem Wasser auf und versetzt hierauf nach dem Erkalten vorsichtig mit Ammoniumcarbonat, bis eben eine Spur eines bleibenden Niederschlages entsteht. Sogleich säuert man wieder mit Hilfe von Normalschwefelsäure an; der Überschuß an letzterer darf höchstens 0,5 ccm auf je 50 ccm Flüssigkeit betragen. Nach Zugabe von Ammoniumsulfat leitet man in der Kälte etwa 1 Stunde lang in raschem Strome (etwa 8 Blasen in der Sekunde) Schwefelwasserstoff ein[2]). Das ausfallende Zinksulfid wird abfiltriert, mit kaltem, schwefelwasserstoffhaltigem Wasser ausgewaschen und dann in heißem, salzsäurehaltigem Wasser gelöst. Diese Lösung dampft man in einer gewogenen Schale ein und versetzt den mit Wasser aufgenommenen Rückstand mit einer Aufschwemmung von reinem, alkalifreiem, gelbem Quecksilberoxyd. Man bringt wiederum zur Trockne, befeuchtet nochmals, dampft abermals ein, glüht schließlich und wägt das zurückbleibende reine Zinkoxyd.

Hat man hierbei aus E g Mineralwasser a g Zinkoxyd erhalten, so enthält das Wasser

$$x = \frac{1000\,a}{0,040\,685\,E} = 24\,579\,\frac{a}{E} \text{ Millival/kg Zinkion (Zn}^{\cdot\cdot}).$$

Kommt die Ermittlung von Kobalt- und Nickelion in Betracht, so koche man aus dem Filtrat vom Zinksulfid zunächst den Schwefelwasserstoff fort, mache mit Natriumcarbonat oder Natronlauge alkalisch, säure stark mit Essigsäure an und gebe verhältnismäßig reichlich Ammoniumacetat hinzu. Erwärmt man jetzt auf 70° und leitet Schwefelwasserstoff bis zur Sättigung ein, so fallen Kobalt- und Nickelsulfid aus, während Manganoion in Lösung bleibt. Engt man das Filtrat von diesem Niederschlag stark ein, versetzt es mit Ammoniumsulfid und bringt das ausgefallene Manganosulfid mit Essigsäure wieder in Lösung, so verbleibt öfter noch eine Nachfällung von Kobalt und Nickelsulfid. Mit Rücksicht darauf, daß Kobalt- und Nickelion nur sehr selten in Mineralwässern vorkommen, sei an dieser Stelle auf die Beschreibung der weiteren Trennung beider voneinander verzichtet und auf die ausführlichen Angaben von O. Brunck[3]) verwiesen.

Das Filtrat vom Kobalt- und Nickelsulfid bzw. — wenn Kobalt und Nickel nicht zugegen sind — das direkte Filtrat vom Zinksulfid wird zur Austreibung des Schwefelwasserstoffes gekocht und nach dem Erkalten mit Ammoniak neutralisiert. Dann setzt man einige Tropfen Wasserstoffperoxydlösung und hierauf $^1/_{10}$ der Raummenge der Flüssigkeit an 25 proz. Ammoniakflüssigkeit zu. Gibt man hierauf unter Umrühren bei 60—80° Ammoniumsulfidlösung zu, so fällt Manganosulfid aus. Man kocht so lange, bis sich der Niederschlag zusammengeballt hat, läßt absitzen und filtriert[4]). Den mit schwach ammoniumsulfidhaltigem Wasser ausgewaschenen Niederschlag glüht man im offenen oder doch nicht völlig bedeckten Tiegel bis zum gleichbleibenden Gewicht, wobei er in Manganomanganioxyd (Mn_3O_4) übergeht.

---

[1]) Vgl. die Anmerkung auf S. 658.

[2]) Vgl. H. Nissenson, Die Untersuchungsmethoden des Zinks unter besonderer Berücksichtigung der technisch wichtigen Zinkerze. 1907. S. 76.

[3]) Zeitschr. f. angew. Chemie 1907, **20**, 1847.

[4]) F. Seeligmann, Zeitschr. f. analyt. Chemie 1914, **53**, 594; 1915, **54**, 104.

Hat man so aus E g Mineralwasser a g Manganomanganioxyd erhalten, so enthält das Wasser

$$x = \frac{1000\,a}{0,038\,132\,E} = 26\,225\,\frac{a}{E}\ \text{Millival/kg Manganoion (Mn}\cdot\cdot).$$

Zur Bestimmung des Barium- und Strontiumions dient das oben (S. 672) mit q bezeichnete Filtrat, das man mit Salzsäure ansäuert, worauf man den ausgeschiedenen Schwefel durch Kochen zusammenballt und abfiltriert. Mit dem Filtrat vereinigt man die salzsaure Lösung des oben (S. 671) mit n bezeichneten Rückstandes. Diese Lösung[1] wird mit Ammoniakflüssigkeit neutralisiert und mit Ammoniumcarbonat gefällt; der abfiltrierte, mit ammoniumcarbonathaltigem Wasser ausgewaschene, aus Barium-, Strontium- und Calciumcarbonat bestehende Niederschlag wird wiederum in Salzsäure gelöst und die Lösung zur Trockne verdampft. Den Rückstand löst man in Wasser und versetzt die neutrale Lösung mit Ammoniumacetat (etwa 3 g) im Überschuß, kocht auf und fällt unter Umschwenken tropfenweise mit 10proz. sulfatfreier Lösung von Ammoniumpyrochromat. Dann läßt man absitzen und erkalten und dekantiert mit einer kalten, etwa 0,6proz. Ammoniumacetatlösung durch ein Filter den Niederschlag so lange, bis das ablaufende Filtrat gerade nicht mehr gelb gefärbt ist. Die Ammoniumacetatlösung muß eher ammoniakalisch als sauer reagieren; sie ist also erforderlichenfalls mit Ammoniak abzustumpfen.

Der am Filter haften gebliebene geringe Teil des Niederschlags wird nun in wenig warmer verdünnter Salpetersäure gelöst und in das Becherglas mit der Hauptmenge nachgewaschen. Man setzt noch verdünnte Salpetersäure zu, bis alles gelöst ist, und bringt zur klaren Lösung tropfenweise so viel Ammoniakflüssigkeit, bis gerade ein bleibender Niederschlag entsteht. Hierauf wird wieder Ammoniumacetat im Überschuß zugesetzt, unter Umschwenken aufgekocht und langsam erkalten und absitzen gelassen. Dann wird durch ein Filter abgegossen, mit der kalten 0,6proz. Ammoniumacetatlösung auf das Filter gebracht und ausgewaschen, bis das zuletzt Ablaufende mit Silbernitrat sich kaum mehr rötlichbraun färbt. Das Auswaschen dieses zweiten Niederschlages ist verhältnismäßig rasch beendet. Das Filter wird getrocknet und bei möglichst niedriger Temperatur im Platintiegel verkohlt. Hierauf läßt man die Kohle bei möglichst niedriger Temperatur verglimmen und glüht dann etwas stärker, aber immer noch gelinde, bei aufgelegtem Deckel, bis der Tiegelinhalt wieder rein gelb geworden ist. Dann wird gewogen[2].

Hat man so aus E g Mineralwasser a g Bariumchromat erhalten, so enthält das Wasser

$$x = \frac{1000\,a}{0,1267\,E} = 7892,6\,\frac{a}{E}\ \text{Millival/kg Bariumion (Ba}\cdot\cdot).$$

Das Filtrat vom ersten und vom zweiten Bariumchromatniederschlag dient noch zur Bestimmung des Strontiumions. Die Menge dieses Bestandteiles ist in der Regel eine solche, daß man mit einem aliquoten Teile der genannten Lösung auskommt; die Trennung läßt sich an der verringerten Menge überdies leichter vollziehen. Man benutzt deshalb in der Regel nur die Hälfte, bei strontiumreicheren Quellen sogar nur ein Viertel bis ein Fünftel der vereinigten Filtrate.

---

[1] Vereinzelt sind Solwässer, die dann aber kein Sulfation enthalten, ungewöhnlich reich an Barium- und Strontiumion (0,5—1 g in 1 kg). In solchen Fällen, deren Vorliegen durch eine qualitative Vorprüfung des Wassers mittels Sulfatlösung erkannt wird, kann man natürlich nicht diese dem Inhalt eines Ballons entsprechende Lösung benutzen. Man geht dann lieber von einer besonderen kleineren, passenden Menge Mineralwasser aus, aus der man Siliciumdioxyd abscheidet und das Filtrat nach den Anweisungen des vorliegenden Abschnittes verarbeitet.

[2] R. Fresenius, Zeitschr. f. analyt. Chemie 1890, **29**, 413; 1893, **32**, 316. — A. Skrabal u. L. Neustadtl, ebd. 1905, **44**, 742.

Der zur Weiterverarbeitung bestimmte Teil der Lösung wird unter Zusatz einer geringen Menge Salpetersäure eingeengt und dann mit Ammoniakflüssigkeit und Ammoniumcarbonat gefällt. Die erhaltenen Carbonate von Strontium und Calcium führt man in Nitrate über, dampft deren Lösung in einer Porzellanschale ein und trocknet den Rückstand im Trockenschranke andauernd bei 130°. Die Nitrate werden dann unter Zerreiben dreimal je mit etwa der 3—4fachen Menge ihres Gewichtes einer Mischung gleicher Raumteile vollkommen absoluten Alkohols und Äthers und hierauf zweimal mit geringeren Mengen dieser Mischung behandelt. Die erhaltenen Lösungen gießt man in einen Erlenmeyer-Kolben ab; der in der Schale zurückgebliebene Rückstand aber wird nach dem Verdunsten des noch anhaftenden Äther-Alkohols in Wasser gelöst, die Lösung eingedampft, der Rückstand wieder bei 130° getrocknet, zerrieben, so vollständig als möglich in den die Äther-Alkohollösung enthaltenden Kolben gebracht und die Schale dreimal mit kleineren Mengen Äther-Alkohol nachgespült. Den verstopften Kolben läßt man unter öfterem Umschütteln 24 Stunden stehen, dann wird die Lösung des Calciumnitrats von dem ungelöst gebliebenen Strontiumnitrat durch ein kleines Filter abfiltriert und, im wesentlichen durch Abgießen, wiederholt mit Äther-Alkohol in kleinen Anteilen ausgewaschen[1]).

Das im Kolben, auf dem Filter und in der Schale sich befindende ausgewaschene Strontiumnitrat löst man in Wasser und versetzt die Lösung mit verdünnter Schwefelsäure und einer der vorhandenen Flüssigkeit wenigstens gleichen Menge Alkohol. Nach 12 Stunden wird das ausgeschiedene Strontiumsulfat abfiltriert, mit verdünntem Alkohol ausgewaschen, gelinde geglüht und gewogen. Den Niederschlag darf man erst nach sehr gutem Austrocknen glühen, sonst werden leicht feine Teilchen emporgerissen. Man trägt ferner Sorge, möglichst wenig von ihm an dem gesondert zu verbrennenden Filter zu lassen (R. Fresenius).

Entsprach der zur Strontiumionbestimmung benutzte Anteil der betreffenden Lösung F g ursprünglichem Mineralwasser, und hatte man a g Strontiumsulfat zur Wägung gebracht, so enthält das Wasser

$$x = \frac{1000\,a}{0,09185\,F} = 10887\,\frac{a}{F}\ \text{Millival/kg Strontiumion (Sr\"{}).}$$

Bestimmung der Titansäure. Die salzsaure Lösung der Niederschläge o und p (S. 671) wird mit dem Filtrate m (S. 671) vereinigt. Man versetzt die Mischung mit Weinsäure, leitet Schwefelwasserstoff ein, bis alles Ferriion reduziert ist, und fällt dann durch Zugabe von Ammoniakflüssigkeit und weiteres Einleiten von Schwefelwasserstoff. Wird das Ferriion nicht in dieser Weise schon vor der Fällung reduziert, so geht Titan mit in diese ein [Cathrein[2])]. Der Niederschlag wird abfiltriert und einigemal ausgewaschen; dann dampft man das Filtrat zur Trockne ein und schmilzt den Verdampfungsrückstand zur Zerstörung der Weinsäure mit etwas Kalium- und Natriumnitrat. Die Schmelze wird unter Abrauchen, aber nicht bis zur Trockne, in Schwefelsäure gelöst; der Lösung Wasser und darauf Ammoniakflüssigkeit in schwachem Überschuß zugesetzt, und danach wird durch einige Minuten währendes Kochen ein Niederschlag hervorgerufen. Derselbe wird abfiltriert, ausgewaschen, schwach geglüht und durch Erhitzen mit wenig konz. Schwefelsäure in Lösung gebracht. Hierauf verdünnt man mit wenig 5proz. Schwefelsäure, bringt die Lösung — unter Nachspülen mit 5proz. Schwefelsäure — in einen engen Zylinder und setzt 1 ccm 3proz. fluoridfreie[3]) Wasserstoffperoxydlösung zu. Eine auftretende Gelbfärbung erweist die Gegenwart von Titansäure.

---

[1]) R. Fresenius, Zeitschr. f. analyt. Chemie 1891, **32**, 193, 316.

[2]) Zeitschr. f. analyt. Chemie 1901, **40**, 803.

[3]) Gegenwart von Fluor-, ebenso auch von Phosphation stört die Farbenreaktion der Titansäure. Man prüft die Wasserstoffperoxydlösung nach W. F. Hillebrand, indem man 50 ccm mit Natriumcarbonat eben alkalisch macht und in der Wärme mit Calciumchlorid fällt.

Bei positivem Ausfall der Reaktion geht man zur Schätzung der Menge auf colorimetrischem Wege über. Man bereitet die erforderliche Vergleichslösung nach W. F. Hillebrand[1]) am besten, indem man von Kaliumtitanfluorid (K_2TiF_6) ausgeht. Etwa 4 g des mehrfach umkrystallisierten trockenen Salzes werden in einer Platinschale mehrmals mit konz. Schwefelsäure abgeraucht, ohne daß man dabei völlig zur Trockne verdampft, bis alles Fluor völlig ausgetrieben ist. Dann nimmt man mit 5 proz. Schwefelsäure auf und verdünnt mit Säure von eben dieser Stärke auf etwa 1 l. Zwei Anteile von je 100 ccm dieser Lösung werden weiter verdünnt, gekocht und mit Ammoniakflüssigkeit gefällt. Die Niederschläge filtriert man ab, wäscht sie mit heißem Wasser alkalifrei, äschert feucht ein, glüht vor dem Gebläse und wägt das erhaltene Titandioxyd. Auf Grund des gefundenen Ergebnisses verdünnt man den Rest der Lösung mit 5 proz. Schwefelsäure derart, daß 1 l 0,4005 g Titandioxyd (TiO_2) entspricht. Diese $1/200$ N.-Lösung bewahre man in einer Flasche auf, deren Stopfen mit Vaseline überzogen ist, und aus der man die erforderlichen Mengen bei Bedarf mittels einer Pipette herausnimmt, niemals aber ausgießt.

Zur Ausführung der Bestimmung versetzt man in einem 100 ccm-Meßkolben 10 ccm dieser Lösung mit 2 ccm fluoridfreier 3 proz. Wasserstoffperoxydlösung und füllt danach mit 5 proz. Schwefelsäure zur Marke auf. Hiervon läßt man in einen Zylinder von gleicher lichter Weite, wie der, in dem sich die aus dem Mineralwasser stammende Lösung befindet, aus einer Bürette so viel einlaufen, bis die Schicht, bei Durchsicht von oben, dieselbe Farbenstärke zeigt wie jene.

· Braucht man hierzu a ccm und hatte man E g Mineralwasser angewendet, so enthält das Wasser

$$x = 0,5 \frac{a}{E} \text{ Millimol/kg meta-Titansäure } (H_2TiO_3).$$

12. Bestimmung des Jod- und Bromions in jod- und bromreicheren Wässern.

In jodreicheren Wässern (mit mehr als 0,01 g Jodion in 1 kg) kann man das Jodion unter Anwendung verhältnismäßig kleiner Mineralwassermengen und unter Fortlassen der umständlichen Anreicherungsarbeiten unmittelbar neben Brom- und Chlorion bestimmen, wenn man sich des Verfahrens von M. Gröger[2]) bedient, welches darauf beruht, daß Jodion durch Kaliumpermanganat zu Jodation oxydiert wird, während Brom- und Chlorion unverändert bleiben. Die Reaktion verläuft hauptsächlich nach der Gleichung:

$$J' + 2 MnO_4' + 5 H_2O = JO_3' + 2 OH' + 2 Mn(OH)_4.$$

Das gebildete Jodation wird dann durch Umsetzung mit hinzuzufügendem Jodion in elementares Jod übergeführt, das mit Thiosulfat titriert wird:

$$JO_3' + 5 J' + 6 H^{\cdot} = 3 J_2 + 3 H_2O.$$

Man verwendet etwa 500 g Mineralwasser, jedenfalls eine Menge, die nicht mehr als 0,05 g Jodion enthält. Man kocht das erforderlichenfalls mit Natriumcarbonat versetzte (S. 669) Wasser auf eine kleinere Raumerfüllung ein, filtriert, erhitzt bei alkalischer Reaktion zum Sieden und tropft von einer 4 proz. Kaliumpermanganatlösung so lange zu, bis die Flüssigkeit über dem sich ausscheidenden braunen Manganitniederschlag, auch nach einige Minuten andauerndem Erhitzen, stark gerötet bleibt. Zur Zerstörung des Permanganatüberschusses fügt man einige Tropfen Alkohol zu, wartet, bis der Niederschlag sich gut abgesetzt hat, filtriert dann durch ein dichtes, genäßtes Filter und wäscht mit heißem Wasser aus. Das Filtrat

---

Der entstehende Niederschlag wird abfiltriert, eingeäschert, mit Essigsäure ausgezogen und der Ätzprobe unterworfen. Perhydrol Merck ist in der Regel fluoridfrei.

[1]) W. F. Hillebrand, The analysis of silicate and carbonate rocks. United States geological survey. Bulletin 422. 1910. S. 128.

[2]) Zeitschr. f. angew. Chemie 1894, 7, 52.

versetzt man nach völligem Erkalten mit etwa 0,5 g jodatfreiem Kaliumjodid, säuert mit Salzsäure an und mißt das ausgeschiedene freie Jod mit $^1/_{20}$ N.-Thiosulfatlösung unter Verwendung
von Stärkelösung als Indikator.

Hat man E g Mineralwasser eingewogen und a ccm $^1/_{20}$ N.-Thiosulfatlösung verbraucht, so enthält das Wasser

$$x = \frac{1000\,a}{120\,E} = 8{,}3333\,\frac{a}{E}\ \text{Millival/kg Jodion (J').}$$

Enthält das Mineralwasser mehr als 0,04 g Bromion in 1 kg, so kann man auch bei
der Bestimmung dieses Bestandteiles von der Anreicherung mittels Alkoholextraktion absehen. 2 kg Mineralwasser oder — je nach dem Gehalt — eine entsprechend geringere Menge
werden, falls erforderlich unter Zusatz von Natriumcarbonat (S. 669), eingeengt, filtriert,
mit Schwefelsäure angesäuert und nach Zusatz von nitrithaltiger Schwefelsäure in der oben
beschriebenen Weise (S. 669) durch Ausschütteln mit Schwefelkohlenstoff vom Jod befreit[1]).
Danach kann unmittelbar mit Silbernitrat gefällt und der Niederschlag im Chlorstrom erhitzt
werden (S. 670 u. f.). Gerade für derartige Analysen, bei denen die ganze, oft sehr erhebliche
Menge des Chlorions in der zu fällenden Flüssigkeit noch mit zugegen ist, ist die bereits erwähnte
von H. von Fehling[2]) aufgefundene Tatsache von Bedeutung, daß das Bromion vollständig
als Silberbromid ausgefällt werden kann, ohne daß man zugleich die Gesamtmenge des
Chlorions mit ausfällen müßte, falls nur die Fällung in der Kälte vorgenommen wird. Der
Bruchteil von der zur vollständigen Fällung aller Halogenionen erforderlichen Silbernitrat-
menge, der zur Abscheidung des Bromions ausreicht, hängt von dem Verhältnis des letzteren
zum Chlorion ab. Nach von Fehling braucht man, wenn sich die Gewichtsmenge des
Bromions zu der des Chlorions verhält:

wie 1 : 160	$^1/_5$—$^1/_6$ der ganzen Silbernitratmenge,	
„ 1 : 1600	$^1/_{10}$ „ „ „	
„ 1 : 8000	$^1/_{30}$ „ „ „	
„ 1 : 16000	$^1/_{60}$ „ „ „	

Die Berechnung des Gehaltes an Bromion aus der Gewichtsabnahme des im Chlorstrom
erhitzten Halogensilbers erfolgt nach der bereits auf S. 671 mitgeteilten Formel.

13. Bestimmung des Fluorions.
E. Ludwig und J. Mauthner[3]) machten
die überraschende Wahrnehmung, daß das Fluorion beim Eindampfen eines alkalischen Mineralwassers sich nicht praktisch unlöslich — wie man zunächst erwarten sollte als Calciumfluorid — im Abdampfrückstand findet, sondern demselben leicht nahezu vollständig mit
Wasser entzogen werden kann. J. Casares[4]) fand später das gleiche. Die Erscheinung beruht
offenbar darauf, daß, wenn Carbonation und Fluorion um Calciumion konkurrieren, dieses
sich beim Eindampfen als Carbonat ausscheiden muß, dessen Löslichkeitsprodukt kleiner ist als
das des Fluorids[5]). Demnach ist folgender Weg für die Bestimmung des Fluorions einzuschlagen[6]):

10 kg Mineralwasser werden zur Trockne eingedampft, wobei dem Wasser, wenn es
nicht zu den „alkalischen" gehören sollte, eine entsprechende Menge Natriumcarbonat hinzu-

---

[1]) Diese Ausschüttelungen aus kleineren Wassermengen zur quantitativen Jodbestimmung
zu benutzen, ist nicht ratsam; dafür ist die in ihnen enthaltene Jodmenge meistens zu klein.

[2]) Journ. f. prakt. Chemie 1848, **45**, 269.

[3]) Tschermaks Mineralogische und petrographische Mitteilungen 1879 (N. F.) **2**, S. 8 des
Sonderabdrucks.

[4]) Zeitschr. f. analyt. Chemie 1905, **44**, 731.

[5]) 1 l Wasser vermag 0,27 Millimol Calciumfluorid, aber nur 0,13 Millimol Calciumcarbonat
aufzulösen.

[6]) Hierbei sind auch die Erfahrungen von F. P. Treadwell u. A. A. Koch, Zeitschr. f.
analyt. Chemie 1904, **43**, 469, benutzt.

zufügen ist. Den Abdampfrückstand zieht man mit kochendem Wasser aus. Den Auszug engt man ein, fügt ihm nach dem Erkalten vorsichtig Salzsäure hinzu und entfernt das in Freiheit gesetzte Kohlendioxyd,soweit möglich, durch Ausschütteln. Das muß geschehen, ehe ein Salzsäureüberschuß in der Flüssigkeit ist, weil sonst auch Fluorwasserstoff mit dem Kohlendioxyd fortgehen könnte. Dann erst macht man durch weitere Zugabe von Salzsäure die Lösung schwach mineralsauer. Hierauf fügt man wieder Natriumcarbonatlösung hinzu, und zwar so viel, daß schließlich ein Überschuß davon zugegen ist, der etwa 5 ccm Normallösung entspricht. Man erhitzt zum Sieden, setzt Phenolphthalein hinzu und läßt, unter beständigem Umrühren, Calciumchloridlösung bis zur Entfärbung des Indikators zufließen und gibt weiter noch das Doppelte der bis dahin verbrauchten Menge von der gleichen Lösung zu. Das Ganze erhält man noch etwa 5 Minuten im Sieden. Dann wird abfiltriert, der Niederschlag mit heißem Wasser bis zum Verschwinden der Chlorionreaktion ausgewaschen und getrocknet. Schließlich wird er möglichst vom Filter gelöst; letzteres wird in einem Platintiegel eingeäschert, dann wird die Hauptmenge zur Asche in denselben Tiegel gebracht und der Tiegel 10 Minuten über dem Bunsenbrenner geglüht.

Nach dem Erkalten übergießt man die Masse im Tiegel mit etwa 2—3 ccm verdünnter Essigsäure und verdampft auf dem Wasserbade zur Trockne. Die Trockenmasse zieht man mit Wasser aus, filtriert den Rückstand ab und wäscht ihn so lange mit heißem Wasser, bis das Filtrat auf Zusatz von Ammoniumoxalat keine Fällung mehr gibt. Nun wird der Niederschlag getrocknet und nach dem gesonderten Einäschern des Filters geglüht und gewogen.

Hierauf behandelt man ihn wieder mit 1 ccm etwa 10 proz. Essigsäure, verdampft, behandelt wieder mit Wasser, filtriert, wäscht bis zum Verschwinden der Calciumreaktion, trocknet, glüht und wägt. Diese Maßnahmen wiederholt man, bis zwei aufeinanderfolgende Wägungen eine Abnahme von nicht mehr als 0,0005 g ergeben; dann benutzt man die vorletzte Wägung zur Berechnung des Ergebnisses. Nach der Schlußwägung wird das Calciumfluorid zur Kontrolle durch Abrauchen mit konz. Schwefelsäure in Calciumsulfat übergeführt und nochmals als solches gewogen.

Der mit Wasser ausgezogene Abdampfungsrückstand des Mineralwassers wird schließlich vorsichtig mit salzsäurehaltigem Wasser völlig ausgezogen und der abfiltrierte salzsaure Auszug in gleicher Weise behandelt, wie es eben für den wässerigen Auszug beschrieben wurde. Man erhält so zuweilen noch 1—3 mg Calciumfluorid, die der zuvor gewogenen Menge zugerechnet werden. — Das nach der Behandlung mit Wasser und Salzsäure ungelöst Bleibende ist stets fluorfrei.

Hat man aus E g Mineralwasser a g Calciumfluorid erhalten, so enthält das Wasser

$$x = \frac{1000\,a}{0,03\,905\,E} = 25\,608\,\frac{a}{E} \text{ Millival/kg Fluorion (F`).}$$

14. Bestimmung des Hydroarsenat- und des Hydrophosphations.

40—60 kg Wasser, der Inhalt eines großen Ballons, werden auf etwa 4 l eingedampft und filtriert. Das Filtrat wird mit Salzsäure bis zur schwach sauren Reaktion und mit etwas reinem Ferrichlorid versetzt und alsdann die abfiltrierte, zum größten Teil aus Calciumcarbonat bestehende Abscheidung nach und nach wieder in die Lösung eingetragen. Bei Vitriolquellen oder anderen Wässern, die beim Eindampfen kein Calciumcarbonat abscheiden, muß man käufliches reines Calciumcarbonat zusetzen. Nach wiederholtem Mischen der so neutralisierten Lösung läßt man den entstandenen Niederschlag, der alles Hydroarsenat- und Hydrophosphation in Form tertiärer Salze enthalten muß, sich absetzen, filtriert ihn ab und löst ihn nach dem Auswaschen in Salzsäure. Bei merklich eisenhaltigen Wässern, die zugleich Hydrocarbonation enthalten, genügt es, statt der beschriebenen Maßnahmen, den Inhalt eines Ballons bei Luftzutritt stehen zu lassen, bis sich das Eisen vollständig ausgeschieden hat, und diesen Niederschlag abzufiltrieren, auszuwaschen und in Salzsäure zu lösen.

Die in der einen oder anderen Weise erhaltene salzsaure Lösung wird heiß mit Schwefelwasserstoff gefällt und in der Kälte mit Schwefelwasserstoff gesättigt. Nach längerem Stehen wird filtriert, der Niederschlag mit Ammoniakflüssigkeit ausgezogen, die ammoniakalische Lösung zur Trockne verdampft, der Rückstand mit Salpetersäure oxydiert und die letztere durch Abdampfen mit Schwefelsäure verjagt. Alsdann wird der Rückstand mit arsenfreier Salzsäure von der Dichte 1,19 in einen Destillationsapparat mit Glasschliffverbindungen — z. B. den von Ledebur[1]) — gebracht und unter Zusatz von etwas arsenfreiem Ferrochlorid destilliert. Das Destillat fängt man in einem Erlenmeyer-Kolben auf, verdünnt es mit Wasser und fällt daraus mit Schwefelwasserstoff Arsenosulfid (As_2S_3) aus, das man über ein gewogenes Filter filtriert, mit kaltem Wasser auswäscht, trocknet und zur Wägung bringt.

Hat man aus E g Mineralwasser a g Arsenosulfid erhalten, so enthält das Wasser

$$x = \frac{1000\,a}{0,06\,153\,E} = 16\,252\,\frac{a}{E}\ \text{Millival/kg Hydroarsenation (HAsO}_4''\text{)}.$$

Muß die Berechnung nicht auf Hydroarsenation, sondern auf Dihydroarsenation erfolgen (vgl. S. 708), so gilt die Formel

$$x = \frac{1000\,a}{0,12\,306\,E} = 8125,9\,\frac{a}{E}\ \text{Millival/kg Dihydroarsenation (H}_2\text{AsO}_4'\text{)}.$$

Hat man endlich auf Grund der maßanalytischen Versuche an Ort und Stelle (S. 611) Veranlassung, das Ergebnis auf freie arsenige Säure zu berechnen, so geschieht das nach der Gleichung:

$$x = \frac{1000\,a}{0,12\,306\,E} = 8125,9\,\frac{a}{E}\ \text{Millimol/kg meta-arsenige Säure (HAsO}_2\text{)}.$$

Das Filtrat von dem in der ursprünglichen salzsauren Lösung erzeugten ersten Schwefelwasserstoffniederschlag wird zur Abscheidung des Siliciumdioxyds eingedampft. Man verfährt, wie auf S. 657 beschrieben, nimmt zuletzt mit Salzsäure und Wasser auf und filtriert ab. Das Filtrat dient zur Bestimmung des Hydrophosphations; sie erfolgt am besten nach G. Jörgensen[2]), d. h. durch kalte Molybdänfällung und Wägung als Phosphordodekamolybdänoxyd ($P_2Mo_{24}O_{77}$).

Man dampft das salzsaure Filtrat vom Siliciumdioxyd in einer Porzellanschale mehrfach mit Salpetersäure zur Trockne, nimmt zuletzt mit 2,5 ccm Salpetersäure von der Dichte 1,40 auf und bringt mit Wasser auf eine Raummenge von 50 ccm. Dann gibt man bei gewöhnlicher Temperatur 75 ccm Molybdatlösung[3]) zu, mischt gut durch Umschwenken und läßt unter wiederholtem Umschwenken 24 Stunden bei Zimmertemperatur stehen. Nach dieser Zeit bringt man den Niederschlag, anfangs dekantierend, auf ein Filter und wäscht ihn mit Ammoniumnitratlösung[4]) aus, bis das Filtrat mit Kaliumferrocyanidlösung keine Braunfärbung mehr zeigt.

Das Filter samt dem Niederschlage wird in einem gewogenen Porzellantiegel über einem sehr klein brennenden Argandbrenner[5]) mit Tonschornstein zunächst getrocknet, dann bei etwas gesteigerter Temperatur verkohlt. Schließlich erhitzt man bei noch etwas vergrößerter Flamme unter wiederholtem Umrühren mit einem dicken Platindraht, bis die Filterkohle

---

[1]) Zu beziehen von Greiner & Friedrichs, Stützerbach.

[2]) Zeitschr. f. analyt. Chemie 1907, **46**, 370. — Vgl. auch W. Fresenius u. L. Grünhut, ebd. 1911, **50**, 99.

[3]) 195 g krystallisiertes Ammoniummolybdat werden in einer Mischung von 400 ccm 10 proz. Ammoniakflüssigkeit und 145 ccm Wasser gelöst. Die Lösung wird unter Umrühren in 1400 ccm Salpetersäure von der Dichte 1,21 eingegossen.

[4]) 100 g Ammoniumnitrat werden in Wasser gelöst, mit 50 ccm Salpetersäure von der Dichte 1,21 versetzt und mit Wasser auf 2 l gebracht.

[5]) Zu beziehen von H. Struers Chemiske Laboratorium in Kopenhagen, Skindergade 38.

völlig verbrannt ist und die anfangs schwarzen Glührückstände mehr oder minder gelblichweiß geworden sind. Dann wird gewogen.

Hat man aus E Gramm Mineralwasser a g Phosphordodekamolybdänoxyd erhalten, so enthält das Wasser

$$x = \frac{1000\,a}{0.8995\,E} = 1111{,}7\,\frac{a}{E}\ \text{Millival/kg Hydrophosphation (HPO}_4''\text{)}.$$

Muß die Berechnung nicht auf Hydrophosphation, sondern auf Dihydrophosphation erfolgen (vgl. S. 708), so gilt die Formel

$$x = \frac{1000\,a}{1{,}799\,E} = 555{,}86\,\frac{a}{E}\ \text{Millival/kg Dihydrophosphation (H}_2\text{PO}_4'\text{)}.$$

15. Bestimmung des Nitrations[1]. 2 kg Mineralwasser werden mit Natronlauge alkalisch gemacht, eingedampft und dann in einen Destillationskolben gebracht, in dem ihre Raummenge auf etwa 150 ccm ergänzt wird. Man gibt etwa 2 g der Devardaschen gepulverten Aluminium-Kupfer-Zink-Legierung, ferner 5 ccm Alkohol und 50 ccm Natronlauge von der Dichte 1,2 hinzu und verbindet den Kolben mittels eines zwischengeschalteten Reitmairschen Tropfenfängers mit einem Kühler, dem bereits zuvor 20—50 ccm $^1/_{10}$ N.-Schwefelsäure vorgelegt wurden.

Der Kolben wird gelinde angewärmt, eine halbe Stunde sich selbst überlassen, dann 10 Minuten mit kleiner Flamme erhitzt, und schließlich destilliert man mit voller Bunsenflamme etwa 150 ccm über. Danach bestimmt man den Überschuß der vorgelegten Säure mittels $^1/_{10}$ N.-Natronlauge unter Verwendung von Methylorange als Indikator zurück.

Waren zur Neutralisation des aus E g Mineralwasser übergegangenen, durch Reduktion des Nitrations entstandenen Ammoniaks a ccm $^1/_{10}$ N.-Säure erforderlich, so enthält das Wasser

$$x = 100\,\frac{a}{E}\ \text{Millival/kg Nitration (NO}_3'\text{)}.$$

16. Bestimmung der Borsäure. 5 kg werden, erforderlichenfalls (d. h. wenn das Wasser nicht ein „alkalisches" ist) nach Zusatz von Natriumcarbonat, auf eine kleine Raummenge eingeengt. Nach dem Abfiltrieren und Auswaschen der abgeschiedenen Carbonate wird das Filtrat noch weiter eingedampft, die konz. Lösung mit Salzsäure angesäuert und in absoluten Alkohol eingegossen. Die ausgeschiedene Salzmasse wird abfiltriert und mit Alkohol nachgewaschen. Die alkoholische Lösung wird mit Natronlauge alkalisch gemacht, der Alkohol abdestilliert, die zurückbleibende Lösung in einer Platinschale zur Trockne gebracht und der Rückstand zur Zerstörung der organischen Stoffe geglüht. Die bei dem Aufnehmen mit Wasser sich ergebende Lösung wird unter Zusatz von Ammoniumcarbonat erwärmt, der entstandene Niederschlag abfiltriert und aus dem Filtrat der letzte Rest von Siliciumdioxyd durch Eindampfen mit einer ammoniakalischen Zinkoxydlösung abgeschieden. Sämtliche im Gange der Analyse erhaltenen Niederschläge werden mittels Curcumareaktion auf einen etwaigen Gehalt an Borsäure geprüft; sie werden erforderlichenfalls gelöst und durch nochmalige Abscheidung von Borsäure befreit.

Das nach dem Abfiltrieren des Zinksilicatniederschlages erhaltene Filtrat wird auf eine kleine Raummenge gebracht, nach Zusatz von Methylorange mit $^1/_{10}$ N.-Säure genau neutralisiert und von Kohlendioxyd durch Kochen am Rückflußkühler befreit. Nach dem Erkalten wird die Lösung mit einer reichlichen Menge Mannit versetzt und die Borsäure unter Verwendung von Phenolphthalein als Indikator mit $^1/_{10}$ N.-Natronlauge titriert.

Hat man E g Mineralwasser eingewogen und am Schluß a ccm $^1/_{10}$ N.-Lauge verbraucht, so enthält das Wasser

$$x = 100\,\frac{a}{E}\ \text{Millimol/kg meta-Borsäure (HBO}_2\text{) bzw. Millival/kg meta-Boration (BO}_2''\text{)}.$$

---

[1] R. Woy, Zeitschr. f. öffentl. Chemie 1902, **8**, 301.

17. Bestimmung des Quecksilberions. Quecksilberion ist — nachdem sich ältere entsprechende Angaben nicht bestätigt hatten[1]) — neuerdings dennoch mit Sicherheit in äußerst geringen Mengen in einem Mineralwasser nachgewiesen worden[2]). Seine Bestimmung ist wohl nur sehr selten erforderlich, so daß hier auf die Beschreibung der geeigneten, von P. E. Raaschou[3]) herrührenden Verfahren verzichtet und auf die betreffende Arbeit selbst verwiesen werden kann.

18. Bestimmung der Gesamtkohlensäure. Für diese bedient man sich des von H. Kolbe[4]) begründeten, von R. Fresenius[5]) durchgearbeiteten Verfahrens, bei dem Carbonation als Kohlendioxyd ausgetrieben und, nach der Absorption in Natronkalkröhren, zur Wägung gebracht wird. Etwa mitentweichender Schwefelwasserstoff wird zuvor durch Kupfervitriolbimsstein absorbiert. Den erforderlichen Apparat stellt Fig. 261 dar.

Der Apparat besteht aus einem Rückflußkühler B, von dessen Rohr das untere Ende ein kurzes Stück durch die Bohrung eines Kautschukstopfens hindurchgesteckt ist. Das Rohr besitzt außer seiner unteren, schräg geschnittenen, unterhalb des Stopfens noch eine zweite seitliche Öffnung. Durch eine andere Bohrung desselben Stopfens geht ein kleiner Scheidetrichter a mit langem Schwanze

Fig. 261.

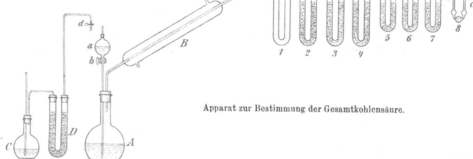

Apparat zur Bestimmung der Gesamtkohlensäure.

hindurch. Die Abmessungen des Stopfens sind so zu wählen, daß er genau auf jene S. 600 erwähnten Kölbchen paßt, deren man sich bei der Probenahme bedient hat. An das obere Ende des Kühlerrohres wird ein System von 7 U-Röhren, vier größeren 1, 2, 3, 4 und drei kleineren 5, 6, 7, angeschlossen. Die Röhre 1 läßt man leer; 2 ist zur vorderen Hälfte mit geschmolzenem Calciumchlorid, zur hinteren Hälfte mit Kupfervitriolbimsstein[6]) gefüllt; 3 enthält Kupfervitriolbimsstein, 4 geschmolzenes Calciumchlorid. Die Röhren 5 und 6 werden beide zu $^5/_6$ mit je etwa 20 g körnigem Natronkalk und in ihrem letzten Sechstel mit geschmolzenem Calciumchlorid beschickt; sie dienen zur Absorption des Kohlendioxyds. Röhre 7 ist zum Schutze von 5 und 6 vor atmosphärischer Luft (bei einem etwaigen Zurücksteigen) bestimmt; sie enthält in der 6 zugewendeten Hälfte ge-

[1]) J. Lefort, Bull. de l'acad. de méd. 1880.

[2]) E. Hintz, Chem. und physikalisch-chem. Untersuchung der San-Anton-Quelle zu Orihuela 1910. S. 14.

[3]) Zeitschr. f. analyt. Chemie 1910, 49, 172; Zeitschr. f. Balneol. 1910/11, 3, 240.

[4]) Ann. d. Chemie u. Pharmazie 1861, 119, 129.

[5]) Zeitschr. f. analyt. Chemie 1863, 2, 49, 341; 1871, 10, 75; 1875, 14, 174.

[6]) 60 g Bimsstein werden mit einer gesättigten Lösung von 30—35 g Kupfervitriol unter stetem Umrühren auf dem Wasserbade zur Trockne gebracht und danach noch mehrere Stunden bei 150—160° (nicht höher!) getrocknet. Fr. Stolba, Zeitschr. f. analyt. Chemie 1862, 1, 368. — R. Fresenius, ebd. 1871, 10, 76.

schmolzenes Calciumchlorid, in der anderen Hälfte Natronkalk. Endlich folgt auf *7* noch die kleine, mit ein wenig Wasser beschickte Vorrichtung *8* von der Gestalt einer engen Peligoröhre, die zur Kontrolle der Geschwindigkeit des durch die ganze Apparatur durchgehenden Gasstromes dient.

Die an Ort und Stelle mit Mineralwasser beschickten, Natronlauge enthaltenden Kölbchen (S. 600) werden im Laboratorium zurückgewogen; die Gewichtszunahme gegen das vor der Probenahme festgestellte Gewicht ergibt die Menge des zur Analyse gelangenden Wassers. Man nimmt den Verschlußstopfen des Kölbchens ab, wirft einige Siedesteinchen ein und gibt bei thiosulfathaltigen Wässern überdies etwas Wasserstoffperoxydlösung hinzu. Dann fügt man es alsbald an den Stopfen des Apparates an, so daß es die Stelle von *A* (Fig. 261) einnimmt. Der Scheidetrichter *a*, dessen Schwanz bis nahe auf den Boden von *A* reicht und dessen Hahn *b* zunächst geschlossen bleibt, wird mit etwa 35 ccm Salzsäure von der Dichte 1,10 beschickt. Die gewogenen Natronkalkröhren *5* und *6* hat man schon vorher an ihren Platz gebracht; nun überzeugt man sich noch von dem dichten Schluß des Apparats, indem man bei *c* (hinter dem Rohr *8*) mittels eines Aspirators saugt: Das Durchstreichen der Gasblasen durch *8* muß dann nach kurzer Zeit aufhören. Ist alles in Ordnung, so entfernt man den Aspirator und läßt nun durch Öffnen und Wiederschließen von *b* die Salzsäure anteilweise nach *A* gelangen, derart, daß die Kohlendioxydentwicklung langsam vor sich geht, was an der Aufeinanderfolge der durch *8* hindurchtretenden Luftblasen erkannt werden kann. Ist alle Salzsäure, deren Menge so bemessen ist, daß sie zur vollständigen Zersetzung ausreicht, von *a* nach *A* eingeflossen, so spült man *a* noch mit etwas Wasser nach. Dann verbindet man *a* mit dem Natronkalkrohr *D* und der mit Kalilauge beschickten Waschflasche *C* und saugt nunmehr, bei geöffnetem Hahn *b*, mittels eines Aspirators bei *c* einen langsamen Luftstrom, dessen Geschwindigkeit mittels des Quetschhahnes *d* geregelt wird, durch den Apparat. Gleichzeitig erhitzt man den Inhalt von *A* zum eben beginnenden Sieden.

Haben sich die Natronkalkröhren, von denen namentlich *5* anfangs ziemlich heiß wird, wieder abgekühlt, so ist die Absorption des Kohlendioxyds im wesentlichen beendet. Man läßt den Luftstrom vorsichtshalber noch etwa 20—30 Minuten weitergehen; dann stellt man den Aspirator ab und ermittelt nach dem völligen Erkalten die Gewichtszunahme der Natronkalkröhren. Röhre *5* ist nach dem Gebrauch für den nächsten Versuch völlig neu zu beschicken, Röhre *6* kann in der Regel mehrmals benutzt werden.

Hat man *E* g Mineralwasser angewendet und betrug die Gewichtszunahme der Natronkalkröhren zusammen *a* g, so enthält das Wasser

$$x = \frac{1000\,a}{0{,}04400\,E} = 22727\,\frac{a}{E}\ \text{Millimol/kg Gesamtkohlensäure.}$$

Die nähere Verteilung der Gesamtkohlensäure auf die einzelnen Verbindungsstufen ergibt sich bei der Berechnung der gesamten analytischen Ergebnisse (S. 702).

19. Bestimmung der organischen Stoffe. Im älteren balneologischen Schrifttum spielen schleimige, froschlaichartige organische Stoffe eine erhebliche Rolle, die man zuerst in französisch-pyrenäischen, dann auch in anderen Schwefelquellen auffand, und mit Namen wie Barègin, Glairin, Thiothermin u. a. m. belegte, von denen sich aber bald herausstellte[1]), daß es sich bei ihnen um nichts anderes als um organische Lebewesen der niedrigsten Entwicklungsstufe handelte, die im Wasser leben und sich vermehren, also etwa um das, was man lange als Zoogloea bezeichnete. Für den analytischen Chemiker haben diese Gebilde heute keinerlei Interesse mehr, wennschon vor kurzem wieder einmal Hinweise auf eine geheimnisumwobene Bedeutung für die pharmakologische Wirkung des Wassers versucht wurden.

Organische Stoffe, die zu den ursprünglichen Bestandteilen der Mineralquellen gehören — also nicht, wie die erwähnten, nur Ausscheidungsprodukte der Mikroflora des Wassers

---

[1]) Vgl. z. B. J. P. J. Monheim, Die Heilquellen von Aachen, Burtscheid, Spa, Malmedy und Heilstein. 1829. S. 238.

sind — sind verhältnismäßig selten, so daß man bei der Analyse, wenn es sich nicht gerade um Moorstichquellen handelt, meistens an ihnen vorbeigehen kann. Ein summarischer Ausdruck für ihre Menge, etwa ein Heranziehen des Permanganatverbrauchs bei der Oxydation — wie in der Trinkwasseranalyse —, ist nicht üblich. Die quantitative Ermittlung aus dem Glühverlust des Eindampfungsrückstandes ist unmöglich, weil der Rückstand Magnesiumsalze enthält, die nicht glühbeständig sind. Enthält ein Wasser organische Stoffe in praktisch beachtenswerter Menge — und das ist qualitativ kenntlich an dem Verhalten des Eindampfrückstandes beim Glühen, an seiner Braun- oder Schwarzfärbung hierbei (vgl. S. 490) —, dann verfügen wir zu näherer Erforschung und Bestimmung über die folgenden Verfahren, die sich nur in einer Richtung auf chemisch scharf gekennzeichnete Stoffe, nämlich auf Fettsäuren beziehen, im übrigen auf unbestimmte Komplexe zielen, die man seit langem unter Namen wie Quellsäure, Quellsatzsäure, Humusstoffe usw. zusammenfaßt.

A. Fettsäuren, und zwar Ameisensäure, Essigsäure, Propionsäure und Buttersäure, hat zuerst J. J. Scherer[1]) in den Säuerlingen von Bad Brückenau aufgefunden; ihr Vorkommen wurde dann von anderen in manchen anderen Quellen bestätigt. Für ihren Nachweis ergibt sich auf Grund aller bisherigen Erfahrungen folgender Weg: Eine größere Menge Wasser, wenigstens 100—150 kg, wird auf eine wesentlich kleinere Raumerfüllung eingedampft, wobei man, falls das Wasser nicht von Haus aus ein ,,alkalisches" ist, zuvor Natriumcarbonat in entsprechender Menge zusetzen muß. Die beim Eindampfen sich abscheidenden Erdalkalicarbonate werden durch Filtration entfernt, das erkaltete Filtrat wird vorsichtig mit Schwefelsäure angesäuert und mit Silbersulfatlösung unter Anwendung eines möglichst geringen Überschusses zur völligen Ausfällung der Halogenionen versetzt. Das Filtrat und die Waschwässer vom Silberhalogenid macht man mit Natronlauge eben wieder alkalisch und säuert hierauf kräftig mittels Phosphorsäurelösung an. Jetzt destilliert man die so angesäuerte Flüssigkeit bis auf eine kleinere Raummenge — jedoch nicht so weit, daß etwa vorhandene Salpetersäure mit überdestillieren könnte — ab und setzt die Destillation alsdann im Wasserdampfstrom so lange fort, als das Destillat noch eine praktisch in Betracht kommende saure Reaktion zeigt. Die vereinigten Destillate, welche die Fettsäuren enthalten müssen, werden schließlich, unter Verwendung von Phenolphthalein als Indikator, mit $^1/_{10}$ N.-Barytwasser austitriert und nach der Neutralisation in einer Platinschale eingedampft. Der verbleibende Rückstand wird nach dem Trocknen bei 100° gewogen.

Hatte man E g Mineralwasser eingewogen und zur Titrierung des Destillates a ccm $^1/_{10}$ N.-Barytwasser verbraucht, so enthält das Wasser

$$x = 100 \, \frac{a}{E} \text{ Millival/kg Fettsäureionen.}$$

War das Gewicht der bei 100° getrockneten Bariumsalze (bzw. des Eindampfungsrückstandes) b g, so ergibt sich für die Gewichtsmenge der Fettsäureionen[2]):

$$y = \frac{1000}{E}(b - 0,0068685\,a) = \frac{1000\,b - 6,8685\,a}{E} \text{ g/kg Fettsäureionen.}$$

Endlich ergibt sich sinngemäß für das mittlere Äquivalentgewicht des Komplexes der Fettsäuren

$$z = 1000 \left[\frac{1000\,b - 6,8685\,a}{E} : \frac{100\,a}{E} \right] + 1,008 = 10000\,\frac{b}{a} - 67,677.$$

[1]) Ann. d. Chemie u. Pharmazie 1856, **99**, 257.

[2]) Ist die absolute Menge der Bariumsalze sehr gering, so muß man eine Korrektur für das mitgewogene Phenolphthalein anbringen, deren Betrag durch Wägung des Rückstandes einer entsprechenden Menge der Phenolphthaleinlösung ermittelt wird.

Dieser Wert für das mittlere Äquivalentgewicht läßt bereits gewisse Schlüsse über die nähere Art der betreffenden Fettsäuren zu. Bestimmtere Aufklärung liefern die folgenden Behandlungen:

Die gewogenen Bariumsalze werden gelöst; die Lösung wird auf eine bestimmte Raummenge, z. B. 100 ccm, aufgefüllt. Einen kleinen Teil der Lösung prüft man auf Nitration. Bei positivem Ausfall ermittelt man seine Menge quantitativ, etwa colorimetrisch nach Tillmans und Sutthoff[1]), und korrigiert auf Grund des Ergebnisses die Werte a und b in den vorstehenden Berechnungsformeln.

Ein anderer Teil der Lösung, etwa ein Sechstel, wird zum Nachweis und zur Bestimmung der Ameisensäure verwendet. Die betreffende Flüssigkeitsmenge versetzt man mit Natriumacetat und mit 10 proz. Mercurichloridlösung, kocht 2 Stunden am Rückflußkühler und filtriert nach dem Erkalten etwa ausgeschiedenes Mercurochlorid auf ein gewogenes Filter ab, wäscht mit kaltem Wasser aus, trocknet und wägt[2]). Entsprach die benutzte Menge der Bariumsalzlösung F g ursprünglichem Mineralwasser und waren c g Mercurochlorid gewogen worden, so enthält das Wasser

$$x = \frac{1000\,c}{0{,}4722\,F} = 2117{,}7\,\frac{c}{F}\ \text{Millival/kg entspr. } 95{,}315\,\frac{c}{F}\ \text{g/kg Formiation (H} \cdot \text{COO}').$$

Ist Formiation gefunden worden, so zerstört man dasselbe in dem Rest der Lösung durch Oxydation, indem man sie — nach Ausfällung des Bariumions mittels Schwefelsäure — mit einer Auflösung von 12 Teilen Kaliumpyrochromat in 30 Teilen Schwefelsäure und 100 Teilen Wasser am Rückflußkühler erhitzt[3]). Dann destilliert man im Wasserdampfstrom die unverändert gebliebenen flüchtigen Säuren wieder ab und titriert das Destillat wiederum genau mit Barytwasser aus. Die eingeengte Lösung versetzt man dann mit der dem verbrauchten Barytwasser genau äquivalenten Menge Silbersulfatlösung und filtriert schließlich vom ausgefallenen Bariumsulfat ab. Bei Abwesenheit von Ameisensäure fällt natürlich Oxydation und nochmalige Destillation fort, und man kann die Umsetzung mit Silbersulfat direkt vornehmen.

Die in der einen oder anderen Weise erhaltene Lösung der Silbersalze stellt man im Exsiccator zur gebrochenen Krystallisation auf. Sobald soviel Krystalle angeschossen sind, daß sie zu einer Silberbestimmung ausreichen, filtriert man sie ab und läßt das Filtrat jedesmal weiter krystallisieren. Die letzte Mutterlauge dampft man zur Trockne ein. An den einzelnen Krystallfraktionen und am Mutterlaugenrückstand nimmt man, nachdem sie erforderlichenfalls nochmals umkrystallisiert und bei 100° getrocknet sind, Silberbestimmungen (durch Glühen im Porzellantiegel) vor. Die Silbergehalte erlauben qualitative Schlüsse auf die Art der vorhandenen Fettsäurereste.

Silbergehalt der Silbersalze der Fettsäuren.

Silberacetat (CH$_3$ · COOAg) 64,64%
Silberpropionat (C$_2$H$_5$ · COOAg) 59,63%
Silberbutyrat (C$_3$H$_7$ · COOAg) 55,34%

Schlüsse auf die Menge der einzelnen dieser Fettsäuren sind nicht ohne weiteres zulässig; die Menge aller zusammen ergibt sich aus der Differenz der Werte für Gesamtfettsäureionen und Formiation.

Die Prüfung auf flüchtige Fettsäuren und deren quantitative Bestimmung muß sobald als möglich nach der Probenahme erfolgen, weil — wie C. Kraut[4]) fand — ihre

[1]) Vgl. diesen Band, S. 498.

[2]) Vgl. H. Fincke, Zeitschr. f. Unters. d. Nahr.- u. Genußm. 1911, **21**, 1; **22**, 88.

[3]) Vgl. Macnair, Zeitschr. f. analyt. Chemie 1888, **27**, 398. — Ferner F. Schwarz und O. Weber, Zeitschr. f. Unters. d. Nahr.- u. Genußm. 1909, **17**, 194.

[4]) Ann. d. Chemie u. Pharmazie 1857, **103**, 29.

Menge während des Aufbewahrens der Wasserproben infolge Zersetzung anderer im Wasser enthaltenen Stoffe wesentlich zunehmen kann.

B. Nächst den flüchtigen Fettsäuren pflegen unter den organischen Bestandteilen der Mineralwässer die sog. Quellsäure (Krensäure) und Quellsatzsäure (Apokrensäure) auch heute noch Gegenstand der analytischen Ermittlung zu sein. Es sind das Stoffe, die J. J. Berzelius[1]) gelegentlich seiner Untersuchung der Porlaquelle auffand und auf Grund des Verhaltens ihrer Kupfersalze unterschied. Sind sie auch sicher keine wohlcharakterisierten chemischen Individuen, so sind sie doch Sammelbegriffe für organische Stoffe mit ganz bestimmten Eigenschaften, und in diesem Sinne darf man, in Ermangelung eines Besseren, immerhin noch auf sie zurückgehen. Ihre Bestimmung erfolgt auf Grund der Erfahrungen von Berzelius und von G. J. Mulder[2]) in folgender Weise:

Mehrere Kilogramm Wasser werden zur Trockne eingedampft; bei saurer Reaktion gegen Methylorange ist zuvor mit Natriumcarbonat zu neutralisieren. Der feinzerriebene Trockenrückstand wird 1—2 Stunden lang mit Kalilauge ausgekocht, der filtrierte alkalische Auszug mit Essigsäure angesäuert, wieder mit Ammoniak alkalisch gemacht und etwa ausgeschiedenes Siliciumdioxyd und Aluminiumhydroxyd abfiltriert. Das Filtrat übersättigt man abermals mit Essigsäure bis zur deutlich sauren Reaktion und versetzt danach mit Kupferacetatlösung. Geht die Farbe des entstehenden Niederschlages ins Grüne, so muß noch mehr Essigsäure zugesetzt werden. Man setzt nun so lange Kupferacetat zu, als noch ein brauner Niederschlag entsteht. Dieser, das Kupfersalz der „Quellsatzsäure", wird schließlich durch einen Goochtiegel abfiltriert und einige Male, unter jedesmaligem scharfen Absaugen, mit wenig kaltem Wasser ausgedeckt. Nur die beiden ersten Waschwässer vereinigt man mit dem Filtrat, das man sodann möglichst genau mit Ammoniumcarbonat sättigt. Erhitzt man es danach gelinde, etwa auf 50°, so fällt das Kupfersalz der „Quellsäure" nieder, das gleichfalls durch einen Goochtiegel mit Einlage abfiltriert und vorsichtig mit kaltem Wasser ausgewaschen wird. Solange die Farbe der Flüssigkeit grünlich, nicht rein blau ist, ist die Fällung unvollständig; sie muß dann durch vorsichtigen Zusatz von Ammoniumcarbonat oder durch Erwärmung befördert werden. Das quellsaure Salz hat eine lichtgraugrüne Farbe; zieht es sich ins Braune, so enthält es noch Quellsatzsäure.

Die Tiegel mit den ausgewaschenen Fällungen werden zunächst im Vakuumexsiccator über Schwefelsäure und zuletzt möglichst kurze Zeit bei 100° getrocknet, dann gewogen, geglüht und wieder gewogen. Der Glühverlust entspricht der Quellsatzsäure bzw. Quellsäure, oder vielmehr dem, was man früher die „Anhydride" der Säuren nannte. Nach Berzelius' Ermittlungen ihres äquivalenten Sättigungsvermögens ergibt sich aus der Menge der Anhydride bei Quellsatzsäure durch Multiplikation mit 1,08, bei der Quellsäure durch Multiplikation mit 1,07 das Gewicht der entsprechenden „Säuren".

C. Noch andere Gruppen organischer Stoffe ermittelt man in Anlehnung an R. Fresenius[3]) in folgender Weise: 1 bis mehrere Kilogramm Mineralwasser werden zur Trockne verdampft; Wasser, das gegen Methylorange sauer reagiert, ist zuvor mit Natriumcarbonat zu neutralisieren. Der vollkommen trockene und zerriebene Rückstand wird mit völlig reinem, eigens umdestilliertem Alkohol ausgezogen. Man erhält eine Lösung a und einen Rückstand b. Die Lösung a wird abdestilliert und schließlich völlig zur Trockne verdampft, der Rückstand mit Wasser aufgenommen und etwa unlöslich zurückbleibendes „Harz" durch einen Goochtiegel abfiltriert und mit kaltem Wasser gewaschen. Dann löst man es in Alkohol, dunstet letzteren in einer gewogenen Platinschale ab und wägt den Rückstand nach dem Trocknen.

---

[1]) Poggendorffs Annalen der Physik 1833, **29**, 1 u. 238.

[2]) Journ. f. prakt. Chemie 1844, **32**, 321.

[3]) Zeitschr. f. analyt. Chemie 1875, **14**, 323.

Der mit Alkohol erschöpfte Rückstand *b* wird nach völliger Entfernung des Alkohols durch Trocknen bei 100° mit Wasser ausgezogen und die Lösung mit der vom „Harze" abfiltrierten vereinigt. Sie enthält „Humusstoffe", deren Betrag durch quantitative Kohlenstoffbestimmung ermittelt wird. Zuvor muß jedoch durch sehr vorsichtiges Übersättigen mit Schwefelsäure und Erhitzen das aus den gelösten Carbonaten frei werdende Kohlendioxyd ausgetrieben werden. Die Kohlenstoffbestimmung kann man dann in vielen Fällen unmittelbar durch sog. nasse Verbrennung mittels Kaliumpermanganat nach J. König[1]) vornehmen, muß aber hierbei mit Rücksicht darauf, daß das hier meist viel reichlicher vorhandene Chlorion mit Permanganation freies Chlor geben kann, den von A. Herzfeld[2]) angegebenen Kunstgriff anwenden, d. h. frei werdendes Chlor an Antimon binden.

Man benutze denselben Apparat (Fig. 261, S. 680), der auch zur Bestimmung der Gesamtkohlensäure dient. Nur wählt man den Kolben *A* wesentlich größer (etwa von 1 l Fassungsraum), und ferner beschickt man das U-Rohr 1 mit geschmolzenem Calciumchlorid, die U-Röhren 2 und 3 mit grobkörnig gepulvertem, metallischem Antimon. Es empfiehlt sich, das Antimon vor dem Einfüllen in die Röhren mit Königswasser anzuätzen, mit Salzsäure und danach mit absolutem Alkohol zu waschen und schließlich rasch zu trocknen. Ferner ist es zweckmäßig, U-Röhren mit Glasstopfenverschluß zu verwenden, da Korkstopfen von etwaigem Chlor angegriffen werden. Die Rohre 4, 5, 6 und 7 erhalten dieselbe Füllung wie bei der Gesamtkohlensäurebestimmung.

Die zu analysierende, in der angegebenen Weise vorbereitete Lösung, deren Raummenge bis zu 500 ccm betragen kann, bringt man in den Kolben *A*, fügt ihr nach dem Erkalten einige Gramm Kaliumpermanganat, 10 ccm einer 20 proz. Mercurisulfatlösung und schließlich 40 ccm verdünnte Schwefelsäure hinzu. Nach Verbindung mit dem Kühler und den auf ihn folgenden Apparaten erwärmt man mit kleiner Flamme, so daß nur langsam und gleichmäßig Gasblasen sich entwickeln. Wenn nach einigem Kochen der Flüssigkeit die Gasentwicklung aufhört, saugt man nach Anschalten von *C* und *D* und Öffnen von *b* einen schwachen Luftstrom von *c* aus durch die Apparatur, während man zugleich die Flüssigkeit noch im schwachen Sieden erhält. Nach einer halben Stunde kann dann meistens der Versuch unterbrochen werden. Die Gewichtszunahme der Natronkalkröhren 5 und 6 läßt den Kohlenstoffgehalt finden, aus dem man unter Berücksichtigung der Tatsache, daß Humusstoffe nach Fr. Schulze[3]) im Mittel 60% Kohlenstoff enthalten[4]), den Humusgehalt berechnet.

Bei Gegenwart sehr erheblicher Mengen Chlorion ist es fraglich, ob das Vorlegen von Antimon ausreicht, richtige Ergebnisse zu verbürgen. Es lohnt, zu versuchen, ob die schädlichen Wirkungen des Chlorions nicht durch Zugabe einer ausreichenden Menge Silbersulfatlösung in den Kolben aufgehoben werden können. Besondere Erfahrungen hierüber sind bis jetzt nicht bekannt geworden. Versagt dieser Kunstgriff, so muß man in solchen Fällen auf die nasse Verbrennung verzichten, muß also, mit R. Fresenius, die von Kohlendioxyd befreite Lösung mit frisch geglühtem carbonatfreien Bleioxyd eindampfen, den getrockneten Rückstand mit Bleichromat mengen und das Gemenge in üblicher Weise im Rohr verbrennen.

Die Ergebnisse der Bestimmungen nach *B* und *C* sind vorsichtig zu bewerten; das Nötigste zu ihrer Kritik ist bereits angedeutet. Hervorgehoben sei nur noch, daß die nach

---

1) Zeitschr. f. Unters. d. Nahr.- u. Genußm. 1901, **4**, 193.

2) Berichte d. Deutsch. chem. Gesellschaft 1886, **19**, 2618. — Vgl. ferner G. Walter u. A. Gärtner, Tiemann-Gärtners Handbuch der Untersuchung und Beurteilung der Wässer. 4. Aufl. 1875. S. 258.

3) Journ. f. prakt. Chemie 1849, **47**, 286.

4) Der von R. Fresenius — gleichfalls unter Berufung auf Schulze — benutzte Mittelwert von 58% bezieht sich nicht auf Humusstoffe, sondern auf deren Gemenge mit unvollständig verwester Pflanzenfaser, wie es sich in der Ackererde findet.

den einzelnen Verfahren gefundenen organischen Stoffe einander teilweise überdecken, daß die Werte also nicht etwa addiert werden dürfen, um die Gesamtmenge der organischen Stoffe zu finden. Niemals sollten Ermittlungen über organische Stoffe in Mineralwässern veröffentlicht werden, ohne daß man zugleich Rechenschaft über das angewendete Verfahren und die Berechnungsart gäbe.

20. Kontrollbestimmungen. Eine Kontrolle der analytischen Einzelfeststellungen durch Bestimmung des Trockenrückstandes hat sich wegen der Schwierigkeit einer einwandfreien Ermittlung des letzteren in der Mineralwasseranalyse nicht bewährt. Wohl aber eignet sich hierzu die sogenannte „Sulfatkontrolle", ferner die Ermittlung der „Gesamtalkalität" und der „engeren Alkalität".

A. Sulfatkontrolle. Eine solche Menge Mineralwasser, die etwa 1—1,5 g gelöste feste Stoffe enthält, wird unter Zusatz von überschüssiger Schwefelsäure in einer Platinschale eingedampft, der Rückstand abgeraucht, schwach geglüht, mit festem Ammoniumcarbonat abgeraucht und gewogen. Enthielt das Wasser Ausscheidungen, so werden diese zuvor abfiltriert, in Salpetersäure gelöst, für sich mit Schwefelsäure behandelt, schließlich stark geglüht und mit Ammoniumcarbonat abgeraucht. Es gelingt so, alles Ferrisulfat in Ferrioxyd überzuführen, ohne eine Zersetzung von Magnesiumsulfat befürchten zu müssen (R. Fresenius), das seinerseits bei der Hauptmenge der Sulfate sich findet. Über die Auswertung des Ergebnisses vgl. S. 711.

B. Gesamtalkalität ist die Alkalität des Wassers gegen Methylorange. Man bestimmt sie, indem man 250 oder 500 g Mineralwasser unter Verwendung des eben genannten Indicators mit Salzsäure von passender Normalität ($^1/_{10}$, $^1/_4$, $^1/_2$ oder 1) titriert und das Ergebnis auf Millival (= Kubikzentimeter Normalsäure) in 1 kg umrechnet. Der gefundene Wert muß mit demjenigen übereinstimmen, der sich rechnerisch aus dem Ergebnis der Gesamtanalyse ableiten läßt.

Dieser Wert beträgt bei Wässern, die gegen Phenolphthalein sauer reagieren,

$$HCO_3' + HS' + ^1/_2 HPO_4'' + ^1/_2 HAsO_4'',$$

hingegen bei Wässern, die gegen Phenolphthalein nicht sauer sind,

$$HCO_3' + CO_3'' + OH' + HS' + HSiO_3' + SiO_3'' + BO_2' + ^1/_2 HPO_4'' + ^1/_2 HAsO_4''.$$

Für jedes der in diesen Formeln enthaltenen Ionensymbole ist der in Millival/kg ausgedrückte Gehalt an dem betreffenden Ion einzusetzen.

Bei Wässern, die gegen Methylorange sauer reagieren (S. 609), kann man in entsprechender Weise durch Titrieren mit Lauge die Gesamtacidität als Kontrollwert ermitteln und mit dem theoretischen Wert vergleichen. Letzterer beträgt: $H^{\cdot} + HSO_4'$.

Bei eisen- und aluminiumreicheren sauren Vitriol- bzw. Alaunquellen erschweren die ausfallenden Niederschläge von Ferro-, Ferri- und Aluminiumhydroxyd die Erkennung des Umschlags und stellen unter Umständen das ganze Ergebnis in Frage.

C. Engere Alkalität. Wird ein Mineralwasser zur Trockne eingedampft, so geht in ihm enthaltenes Hydrocarbonation in Carbonation über, und letzteres tritt zunächst mit Erdalkaliionen und Schwermetallionen nach Maßgabe ihrer Menge zu mehr oder minder schwer löslichen Carbonaten zusammen. Bei vielen Wässern — man nennt sie bekanntlich „alkalische" — bleibt hierbei noch ein Überschuß von Carbonation, der dann im Abdampfungsrückstand als Alkalicarbonat zugegen ist; man bezeichnet den ihm entsprechenden Alkalitätswert als „engere Alkalität"[1]. Ihr Betrag entspricht dem vermeintlichen Gehalt an Natriumhydrocarbonat, den man bei der bis vor kurzem üblichen Berechnung der Mineralwasseranalysen auf Salze herauszurechnen pflegt.

Zur direkten Bestimmung der engeren Alkalität dampft man 500 g Mineralwasser zur Trockne ein, kocht den Rückstand mit wenig Wasser, filtriert und wäscht mit möglichst

---

[1] L. Grünhut, Zeitschr. f. Balneol. 1911/12, **4**, 471.

wenig kaltem Wasser aus. Das Filtrat wird mit $^1/_2$ N.-Salzsäure, unter Verwendung von Methylorange als Indicator, titriert. Dann ermittelt man in der austitrierten Flüssigkeit die geringen Mengen in Lösung gegangenen Calcium- und Magnesiumions auf gewicht-analytischem Wege.

Hat man E g Mineralwasser eingewogen und am Schluß a ccm $^1/_2$ N.-Salzsäure verbraucht, sowie b g Calciumoxyd[1]) und c g Magnesiumpyrophosphat gewogen, so beträgt die engere Alkalität:

$$x = \frac{1000}{E}\left(\frac{a}{2} - \frac{b}{0{,}028\,035} - \frac{c}{0{,}05\,568}\right) = \frac{500\,a - 35\,670\,b - 17\,960\,c}{E} \ \text{Millival/kg}.$$

Dieser experimentell ermittelte Wert muß mit dem theoretischen übereinstimmen, der sich ergibt, wenn man von der in oben beschriebener Weise berechneten Gesamtalkalität die in Millival/kg ausgedrückte Summe folgender Bestandteile abzieht:

$$Ca^{\cdot\cdot} + Sr^{\cdot\cdot} + Ba^{\cdot\cdot} + Mg^{\cdot\cdot} + Zn^{\cdot\cdot} + Fe^{\cdot\cdot} + Mn^{\cdot\cdot} + \text{sonstige Schwermetallionen.}$$

III. Gasanalytische Untersuchungen im Laboratorium.

a) Frei aufsteigende Gase.

Zur Durchführung der betreffenden Untersuchungen dienen die in den Gassammelflaschen (S. 623 u. 624) über Lauge aufgefangenen Proben. Die Flaschen werden durch Anfügen weiterer Apparatenteile zu Gasometern umgestaltet, in denen man das Gas bis zu seiner Verwendung unter schwachem Überdruck stehen läßt, um ein Hinzudiffundieren von Luft sicher zu verhindern.

Nach der Ankunft im Laboratorium fügt man an die Gassammelflasche mittels des Röhrchens e den Kautschukschlauch f und den etwa $^3/_4$ l fassenden Scheidetrichter g an (Fig. 247, S. 624), die beide mit Kalilauge vom spez. Gewicht 1,11 gefüllt werden. Um das Auftreten von Luftblasen in den Verbindungsstücken e und f zu verhüten, saugt man in sie, bevor man e mit a verbindet, durch Ansaugen am oberen Ende des Scheidetrichters, Lauge bis oberhalb h ein, schließt dann den Schraubenquetschhahn i und ferner h und führt nun erst e in a ein. Dann füllt man g völlig mit Kalilauge an und schützt diese durch ein auf die obere Öffnung des Scheidetrichters aufgesetztes Natronkalkrohr k vor der Einwirkung des atmosphärischen Kohlendioxyds[2]). Nunmehr öffnet man die Quetschhähne i und c sowie den Hahn h des Scheidetrichters und läßt das Gas bis zur Ausführung der Analyse — die übrigens möglichst bald in Angriff zu nehmen ist — unter schwachem Druck stehen.

1. Bestimmung der Kohlenwasserstoffe[3]). Diese erfolgt am genauesten unter Zugrundelegung des der organischen Elementaranalyse nachgebildeten Verfahrens von R. Fresenius[4]) durch Verbrennung mittels glühenden Kupferoxyds. Das Gas wird dabei aus der Sammelflasche in die Verbrennungsröhre gedrückt; die Maßbestimmung der angewendeten Menge erfolgt durch Wägung der zugeflossenen Sperr- bzw. Druckflüssigkeit.

Will man zur Analyse schreiten, so liest man zunächst den Barometerstand und ferner, an einem neben der Sammelflasche aufgehängten Thermometer, die Temperatur ab. Hierauf schließt man c, dann i und h und nimmt alsdann e, f und g ab, worauf der Schlauch bei c noch durch ein Glasstäbchen verstopft wird. Nunmehr nimmt man den Glasstab bei d heraus und öffnet den Quetschhahn d einen Augenblick, um den herrschenden Überdruck zu ent-

---

1) Bei Bestimmung solch kleiner Mengen Calciumion wie die hier in Betracht kommenden kann man Calciumoxyd als Wägungsform benutzen.

2) Dies ist erforderlich, um Veränderungen der Dichte der Lauge während der Dauer der Arbeit zu verhindern.

3) Vgl. E. Hintz u. L. Grünhut, Zeitschr. f. analyt. Chemie 1910, **49**, 32.

4) Zeitschr. f. analyt. Chemie 1864, **3**, 339.

lasten, schließt d wieder und steckt auch das Glasstäbchen wieder ein. Man hat jetzt in der Sammelflasche Gas von atmosphärischem Druck und von bekannter Temperatur. Sie wird sorgfältig abgetrocknet und ge wo gen, wobei eine Genauigkeit auf Decigramme mehr als ausreichend ist.

Nach erfolgter Wägung werden die — luftblasenfrei mit Lauge gefüllten — Stücke e, f und g wieder angefügt und die nunmehr als Gasometer dienende Vorrichtung mit der zur eigentlichen Verbrennungsanalyse dienenden Apparatur verbunden. Diese besteht aus drei Teilen: den Reinigungsapparaten, dem Verbrennungsrohr und den Absorptionsapparaten.

Die Reinigungsapparate werden unmittelbar an das Rohr b angeschlossen. Sie bestehen aus einer Vorrichtung zur Kontrolle der Geschwindigkeit des Gasstromes — also etwa einem kleinen Waschfläschchen mit konz. Schwefelsäure —, ferner aus Calciumchloridturm und Natronkalkröhre. Die Verbindung zwischen Gassammelflasche und Geschwindigkeitszähler muß eine T-Abzweigung besitzen, so daß man durch angebrachte Quetschhähne die Gaszufuhr abstellen und statt dessen atmosphärische Luft ansaugen kann. Letztere dient zu Beginn und am Schluß des Versuches zur Durchspülung des Verbrennungsrohres.

Das Verbrennungsrohr folgt in der Reihe der Apparate auf die erwähnte Natronkalkröhre. Die Kupferoxydschicht muß — worauf schon F. Henrich[1]) hinwies — wenigstens 75 cm lang sein. Das Rohr wird in einen Verbrennungsofen eingelegt; Erhitzen mit einigen einzelnen Bunsenbrennern ist unzureichend.

Ist alles in der beschriebenen Weise zusammengestellt, so saugt man von vorne aus mittels eines Aspirators Luft durch die Trockenapparate und das Verbrennungsrohr und bringt dieses in die erforderliche Glut. Dann nimmt man den Aspirator ab und setzt die üblichen gewogenen Absorptionsapparate — z. B. ein Calciumchloridrohr und zwei Natronkalkrohre — vor das Verbrennungsrohr. Jetzt wird an dem T-Stück der Quetschhahn, der zur Außenluft führt, geschlossen. Nachdem man zuvor das Gas durch Öffnen von c, i und h unter Druck gesetzt hat, wird auch d geöffnet, und man läßt alsdann in langsamem Strome das Gas in das glühende Rohr eintreten. Durch passende Hochstellung von g sorgt man für den geeigneten Druck; selbstverständlich ist auf rechtzeitige Nachfüllung des Scheidetrichters mit frischer Lauge zu achten.

Nachdem man etwa 1—1,5 l Gas der Verbrennung zugeführt hat[2]), was ungefähr 2 bis 3 Stunden erfordern soll, wird der Versuch beendigt. Hierbei muß in der Flasche, in welcher während der Arbeit Überdruck herrscht, wieder atmosphärischer Druck hergestellt werden. Man setzt vor die Absorptionsapparate bzw. das ihnen vorgelegte Schutzrohr einen Aspirator an, schließt die Hähne c, i und h, setzt den Aspirator in Gang und saugt auf diese Weise noch etwas Gas aus der Flasche heraus. Dann schließt man auch d und schaltet die Quetschhähne am T-Stück derart um, daß nunmehr (trockene und kohlendioxydfreie) Luft durch das Verbrennungsrohr gesaugt wird. Sie dient zunächst dazu, die noch in den Reinigungsapparaten sich befindenden Gasanteile in das Verbrennungsrohr überzuführen. Nach einiger Zeit löscht man die Flammen des Verbrennungsofens, läßt unter Durchleiten von Luft erkalten, nimmt schließlich die Absorptionsapparate ab und wägt sie in bekannter Weise.

Die Gasflasche bringt man unmittelbar nach ihrer Abschaltung — selbstverständlich mit verschlossenen Hähnen — in einen gleichmäßig temperierten Raum. Man fügt in den Kautschukschlauch von b das zugehörige Glasstäbchen ein. Dann stellt man den Scheidetrichter in eine solche Höhenlage, daß der Flüssigkeitsspiegel in ihm und in der Flasche gleich ist, öffnet die Hähne c, i und h und läßt die Vorrichtung in dieser Weise einige Stunden stehen, bis Temperatur- und Druckausgleich erfolgt ist. Für letzteren sorgt man durch ständiges Nachregeln der Höhenlage des Scheidetrichters. Endlich schließt man die Hähne c, i und h, nimmt Scheidetrichter, Schlauch und Verbindungsstück e von der Flasche ab, fügt bei c das

---

[1]) Zeitschr. f. angew. Chemie 1910, **23**, 441.

[2]) Bei kohlenwasserstofffreien Gasen kommt man mit erheblich geringeren Mengen aus.

zugehörige Glasstäbchen in den Schlauch ein, wägt die Flasche und stellt zugleich wieder Temperatur und Barometerstand fest. Die Gewichtszunahme der Flasche gegen das Anfangsgewicht entspricht dem Gewicht der zur Verdrängung der analysierten Gasmenge erforderlichen Kalilauge. Von der benutzten Kalilauge bestimmt man noch die Dichte bei der mittleren Versuchstemperatur, d. h. bei der Mitteltemperatur zwischen der bei Versuchsanfang und Versuchsende abgelesenen.

Die Ergebnisse müssen nun in zweifacher Richtung verwertet werden: sie sollen q u a l i t a t i v erkennen lassen, welche Gase zugegen sind, und überdies noch q u a n t i t a t i v über deren Menge Aufschluß geben. In ersterer Beziehung unterrichtet das M e n g e n v e r h ä l t n i s, in letzterer die a b s o l u t e Menge des bei der Verbrennung entstandenen Kohlendioxyds und Wasserdampfes. Jenes Verhältnis drückt man am besten in Gestalt des A t o m v e r h ä l t n i s s e s von Kohlenstoff zu Wasserstoff aus, das man nach folgender Formel berechnet:

$$C : H = \frac{1 \times \text{gewogenes Kohlendioxyd}}{44,00} : \frac{2 \times \text{gewogenes Wasser}}{18,016}$$

$$= 1 : 4,8846 \cdot \frac{\text{gewogenes Wasser}}{\text{gewogenes Kohlendioxyd}} .$$

Ist dieses Atomverhältnis $= 1 : 4$, so nimmt man gewöhnlich an, daß der verbrennliche Anteil des Gases r e i n e s M e t h a n (CH$_4$) war, ist es größer als $1 : 4$, so pflegt man auf eine M i s c h u n g v o n M e t h a n (CH$_4$) m i t Ä t h a n (C$_2$H$_6$), ist es kleiner, auf eine M i s c h u n g v o n M e t h a n m i t W a s s e r s t o f f zu schließen. Das muß aber nicht notwendig richtig sein; leicht erkennt man, daß z. B. eine Mischung gleicher Raumteile Äthan und Wasserstoff, und ferner ein ternäres Gemenge einer solchen Mischung mit Methan, bei der Elementaranalyse ebensogut ein Atomverhältnis $C : H = 1 : 4$ ergeben muß wie reines Methan, oder daß z. B. eine Mischung von 2 Raumteilen Äthan mit 1 Raumteil Wasserstoff das gleiche Atomverhältnis $C : H = 1 : 3,5$ aufweist wie eine Mischung eines Raumteils Äthan und zweier Raumteile Methan. Eine endgültige Entscheidung über die Natur der vorhandenen Gase kann also erst getroffen werden, wenn man die Ergebnisse der Elementaranalyse durch selbständige Feststellungen nach der Richtung ergänzt, ob bzw. in welcher Menge Wasserstoff zugegen ist.

Bis zur Herbeiführung einer Entscheidung in dieser Richtung drückt man das q u a n t i t a t i v e Ergebnis der Analyse vorläufig derart aus, daß man berechnet, wie viel Raum-Tausendteilen des Quellengases das durch Verbrennung bei der Elementaranalyse entstandene K o h l e n d i o x y d entspricht. Es ist klar, daß dessen Raumerfüllung zu derjenigen der in Wirklichkeit vorhandenen Kohlenwasserstoffe in direkter Beziehung stehen muß (Gesetz von Avogadro!), daß also der vorläufig abgeleitete Wert als Grundlage für die endgültige Berechnung dienen kann. Der Ermittlung dieses „K o h l e n d i o x y d w e r t e s" K dient folgende Formel, deren Ableitung der Abhandlung von H i n t z und G r ü n h u t entnommen werden kann:

$$K = (1 - 0,001\,a) \cdot \frac{1000\,\gamma}{0,0019763} \cdot \frac{760(t + 273)(d - 0,0011)}{273\,(B - p)\,G}$$

$$= \frac{1\,408\,600\,\gamma\,(1 - 0,001\,a)(t + 273)(d - 0,0011)}{G(B - p)} \quad \text{Raum-Tausendteile des ursprünglichen Quellengases.}$$

Hierin bedeutet a den in Raumtausendsteln ausgedrückten Gehalt des ursprünglichen Quellengases an in Lauge absorbierbaren Gasen (S. 620), γ die bei der Elementaranalyse ausgewogene Menge Kohlendioxyd in Gramm, G das Gewicht der zur Gasverdrängung erforderlichen Kalilauge in Gramm, t die mittlere Versuchstemperatur, B den während der Analyse herrschenden mittleren Barometerstand in Millimetern, p die Tension der Kalilauge bei Versuchstemperatur in Millimetern und d die Dichte der Kalilauge bei der Temperatur $t°$.

Die Tension der Kalilauge kann für Temperaturen zwischen $6°$ und $25°$ und für Konzentrationen, die einer Dichte $d_{15°/4°}$ von $1,09$—$1,13$ entsprechen, aus der folgenden Tafel entnommen werden, die auf Grund der Versuche von A. W ü l l n e r [1]) berechnet ist:

---

[1]) P o g g e n d o r f f s Annalen der Physik 1860, **110**, 564.

Tension der Kalilauge (in Millimetern Quecksilbersäule).

Temperatur °C	Dichte d_{15}°/₄° der Lauge					Temperatur °C	Dichte d_{15}°/₄° der Lauge				
	1,09	1,10	1,11	1,12	1,13		1,09	1,10	1,11	1,12	1,13
6	6,6	6,5	6,4	6,4	6,3	16	12,7	12,6	12,5	12,4	12,2
7	7,0	7,0	6,9	6,8	6,8	17	13,6	13,4	13,3	13,2	13,0
8	7,5	7,5	7,4	7,3	7,2	18	14,5	14,3	14,2	14,0	13,9
9	8,0	8,0	7,9	7,8	7,7	19	15,4	15,2	15,1	14,9	14,8
10	8,6	8,5	8,4	8,4	8,3	20	16,3	16,2	16,0	15,9	15,7
11	9,2	9,1	9,0	8,9	8,8	21	17,4	17,2	17,0	16,9	16,7
12	9,8	9,7	9,6	9,6	9,5	22	18,5	18,3	18,1	17,9	17,8
13	10,5	10,4	10,3	10,2	10,1	23	19,6	19,4	19,2	19,1	18,9
14	11,2	11,1	11,0	10,9	10,8	24	20,8	20,6	20,4	20,2	20,0
15	11,9	11,8	11,7	11,6	11,5	25	22,1	21,9	21,7	21,5	21,3

Folgendes Beispiel möge die Berechnung erläutern:

Gehalt des ursprünglichen Quellengases an absorbierbarten Gasen (a) . . . . 856 Raum-Tausendteile.

Gewicht der zur Verdrängung erforderlichen Kalilauge (G) . . . . 1872,7 g

Anfangstemperatur . . . . 18,0°
Schlußtemperatur . . . . 19,5° } Mittel = 18,8° (t)

Anfangs-Barometerstand . . . . 749 mm
Schluß-Barometerstand . . . . 749 „ } Mittel = 749 mm (B)

Dichte der Kalilauge $(d_{18,8°/4°})$ 1,1052

Tension der Kalilauge bei 18,8° (p) . . . . . 15,0 mm

Gewogenes Kohlendioxyd (γ) . . . . 0,1117 g

Gewogenes Wasser . . . . 0,0903 „

Atomverhältnis: Kohlenstoff zu Wasserstoff **1 : 3,95**

Kohlendioxydwert der Kohlenwasserstoffe
(K) . . . . **5,3** Raum-Tausendteile.

2. Bestimmung des Wasserstoffs.
Man muß nunmehr zur Prüfung auf Wasserstoff und zur quantitativen Bestimmung desselben schreiten. Dazu bedient man sich eines von Cl. Winkler[1]) angegebenen Verfahrens, welches darauf beruht, daß Wasserstoff zur Verbrennung gelangt, wenn man ihn im Gemenge mit einer ausreichenden Luftmenge über schwach erhitztes, feinverteiltes **Palladium** führt, während Methan und Äthan unter diesen Bedingungen unverändert bleiben.

Man bedarf hierzu einer einfachen Absorptionspipette C (Fig. 262), die mit Wasser gefüllt ist und an der Rückwand ihres Holzgestells ein in einen Specksteinbrenner auslaufendes Gasrohr G trägt, das zur Unterhaltung der kleinen Flamme F dient. Ferner ist eine sog. **Verbrennungs**capillare E erforderlich, die man herstellt, indem man in eine der gewöhnlichen, bei der Gasanalyse gebräuchlichen Verbindungscapillaren einen **Asbestfaden** einzieht, auf dem metallisches **Palladium** niedergeschlagen ist[2]).

Zur Ausführung saugt man von dem über Kalilauge aufgefangenen Gase aus der Sammelflasche in eine Gasbürette über und liest in dieser die Raummenge, die nicht mehr als 25 ccm betragen darf, ab. Dann saugt man durch Senken der Niveauröhre so viel Luft in die Bürette nach,

---

[1]) Cl. Winkler, Lehrbuch der technischen Gasanalyse. 2. Aufl. 1892. S. 144.

[2]) Die Verbrennungscapillaren können fertig bezogen werden; will man sie selbst herstellen, so beachte man die von Winkler, a. a. O., gegebene nähere Anweisung.

daß die Gesamtmenge des abgesperrten Gasgemisches nahezu, aber nicht ganz, 100 ccm beträgt. Nach dem Zusammenlaufen des Sperrwassers liest man die Raummenge ab. Hierauf schaltet man zwischen die Meßröhre *A* und die Pipette *C* die Verbrennungscapillare *E* ein und erhitzt diese 1—2 Minuten gelinde mittels der Gasflamme *F*. Ein sicht-

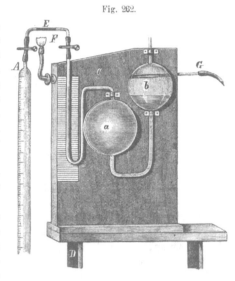

Fig. 262.

bares Glühen oder gar ein Erweichen des Glasrohres ist unbedingt zu vermeiden. Nun drückt
man das Gasgemenge in langsamem Strome
durch den erhitzten Palladiumasbest in die
Pipette *C* hinüber und saugt es ebenso langsam
wieder in die Gasbürette zurück, wobei das dem
Gasstrom entgegengerichtete Ende des Asbest-
schnürchens in deutliches Glühen gerät. Während
der ganzen Maßnahme wird das Gasflämmchen
unter der Capillare belassen. Die Verbrennung
ist in der Regel nach zweimaligem Hin- und Her-
gange der Gasprobe beendet; jedenfalls muß man
sich aber davon überzeugen, daß bei nochmaliger
Überführung keine Volumabnahme mehr eintritt.
Der zuletzt verbliebene Gasrest wird, nach er-
folgtem Temperaturausgleich, gemessen; die Abnahme gegen das vorher festgestellte Gesamtvolum
ist durch 1,5 zu teilen, und dieser Quotient entspricht dem Wasserstoffgehalt in der angewendeten Gasmenge.

Gaspipette mit Verbrennungscapillare.

Hat man so in dem Gas der Sammel-
flasche *b* Raumtausendstel Wasserstoff gefunden, und war der Gehalt der ursprünglichen Quellengase an in Lauge absorbierbaren Bestandteilen = *a* Raumtausendsteln gewesen, so ergibt sich der Wasserstoffgehalt *W* der ursprünglichen Gase

$$W = (1 - 0{,}001\,a)\,b.$$

Beispiel.

Gehalt der ursprünglichen Quellengase an absorbierbaren Gasen (*a*) .   963 Raum-Tausendteile
Zur Wasserstoffbestimmung benutzte Gasmenge . . . .   22,8 ccm
Raumerfüllung nach Zugabe von Luft . . . .   98,7 „
Raumerfüllung nach beendigter Verbrennung . . . .   98,4 „
Volumabnahme infolge Verbrennung . . . .   0,3 „
Wasserstoffgehalt (*b*) des analysierten Gasgemisches . . . $\dfrac{0{,}3}{1{,}5} \cdot \dfrac{1000}{22{,}8} = 8{,}77$ Raum-Tausendteile
Wasserstoffgehalt des ursprünglichen Quellengases (*W*) . . . . = **0,3**   „

3. Endgültige Berechnung des Gehaltes an Kohlenwasserstoffen.

Bezeichnet man das bei der Elementaranalyse (S. 687) gefundene Atomverhältnis des Kohlenstoffs zum Wasserstoff mit 1 : *m* und ferner mit *K* bzw. *W* den „Kohlendioxyd-wert" (S. 689) und den Wasserstoffgehalt der ursprünglichen Quellengase (in Raumtausend-steln), so gelten folgende Formeln[1]):

Methangehalt des ursprünglichen Quellengases = [*K*(*m* — 3) — 2 *W*] Raum-Tausendteile.
Äthangehalt des ursprünglichen Quellengases = $\frac{1}{2}$ [*K* (4 — *m*) + 2 *W*] Raum-Tausendteile.

---

[1]) Ihre Ableitung beruht darauf, daß in einem Gemenge von *x* Raumteilen Methan, *y* Raumteilen Äthan und *z* Raumteilen Wasserstoff das Atomverhältnis *C* : *H* = (*x* + 2 *y*) : (4 *x* + 6 *y* + 2 *z*),
mithin 1 : *m* = 1 : $\dfrac{4\,x + 6\,y + 2\,z}{x + 2\,y}$ ist. Beachtet man nun weiter, daß im Sinne unserer obigen

Ist das Gas frei von Wasserstoff, so ist in vorstehenden Formeln $W = 0$ zu setzen. Man wird in diesem Falle, wenn m nur innerhalb der gewöhnlichen analytischen Fehlergrenzen von 4 abweicht, von der rechnerischen Verteilung auf Methan und Äthan abstehen und alle Kohlenwasserstoffe auf Methan-berechnen dürfen. In dem Beispiel auf S. 690, bei welchem $m = 3,95$ und $K = 5,3$ sich ergeben hatte, würde man also nicht nach vorstehenden Formeln

$$\text{Methan} = 5,0 \quad \text{Raum-Tausendteile,}$$
$$\text{Äthan} = 0,13 \quad \quad \text{,,}$$

herausrechnen dürfen, sondern einfach setzen müssen:

$$\text{Methan} = 5,3 \ \text{Raum-Tausendteile.}$$

Hat man aber z. B. andererseits $m = 3,79$, $K = 1072$ und $W = 0$ gefunden, so ist man berechtigt zu setzen:

$$\text{Methan: } 847 \ \text{Raum-Tausendteile.}$$
$$\text{Äthan: } \quad 113 \quad \quad \text{,,}$$

Man sieht schon aus diesen Beispielen, wie sehr das Ergebnis von all den bekannten Fehlerquellen indirekter analytischer Verfahren beeinträchtigt wird, wie sehr vor allem kleine Abweichungen im Werte von m das Verhältnis der beiden Kohlenwasserstoffe sowie den absoluten Betrag ihrer Summe beeinflussen. Dazu kommt noch als weiteres Moment der Unsicherheit, daß doch die Annahme, von Kohlenwasserstoffen seien nur Methan und Äthan zugegen, willkürlich ist, daß aber mit dieser Annahme die aufgestellten Formeln stehen und fallen. Sie sind z. B. von dem Augenblick an unrichtig, in dem mit der Gegenwart etwa von Propan oder Butan gerechnet werden müßte. Feststellungen in dieser Richtung zu treffen, sind wir nicht in der Lage, und wir müssen uns demnach mit der Tatsache abfinden, daß die Bestimmungen des Gehaltes an Kohlenwasserstoffen in qualitativer und quantitativer Hinsicht mit einer wesentlich größeren Ungenauigkeit behaftet sein können als unsere sonstigen Ermittlungen.

4. Edelgase. Nimmt man durch Absorption in geeigneten Lösungsmitteln und durch Verbrennung aus einem Quellengase Kohlendioxyd, Schwefelwasserstoff, Kohlenoxysulfid, Sauerstoff, Kohlenwasserstoffe und Wasserstoff heraus, so bleibt ein Rest, der nach den bisherigen Erfahrungen nur noch aus Stickstoff und Edelgasen besteht. Nimmt man aus ihm auch den Stickstoff fort, so hat man in dem noch verbleibenden Rückstand die Edelgase vor sich. Für die Entfernung des Stickstoffs stehen zwei Hilfsmittel zu Gebote: einmal ein Überleiten des Gases über eine glühende Mischung von Magnesiumpulver und wasserfreiem Kalk[1]), zum anderen die Einwirkung einer Hochspannungsfunkenstrecke auf das mit Sauerstoff vermischte Gas und die Fortnahme der entstehenden Oxydationsprodukte des Stickstoffs durch Absorption in Natronlauge[2]). Das erste Prinzip legte F. Henrich[3]) einer von ihm erdachten Apparatur zur qualitativen Prüfung zugrunde, für die Anwendung des zweiten gaben F. Henrich und W. Eichhorn[4]) einen zweckmäßigen, für quantitative Ermittlungen geeigneten Apparat an, der zunächst — unter Benutzung freundlicher ergänzender Privatmitteilungen des Herrn Professor Henrich — beschrieben sein möge.

Die bei den früheren Versuchsanordnungen auftretenden Mängel einer starken Erhitzung des Reaktionsgefäßes sowie einer sehr langsamen Absorption der als Oxydations-

---

Bezeichnungen $x + 2y = K$ und ferner $z = W$ ist, so kann man durch Auflösung der drei letzten Gleichungen nach x und y die gesuchten Werte für den Methan- und Äthangehalt finden.

[1]) W. Ramsay u. M. W. Travers, Zeitschr. f. physikal. Chemie 1899, **28**, 241.

[2]) Lord Rayleigh, Journ. of the chem. Soc. 1897, **71**, 181.

[3]) Zeitschr. f. angew. Chemie 1904, **17**, 1754; Monatshefte f. Chemie 1905, **26**, 170.

[4]) Zeitschr. f. angew. Chemie 1915, **22**, 468. — Der Apparat wird von dem Universitätsglasbläser Hildebrandt in Erlangen angefertigt.

produkte entstehenden nitrosen Gase beseitigten Henrich und Eichhorn durch folgende
Kunstgriffe. Die nötige Kühlung erreichten sie, indem sie mittels eines Wasserstrahlgebläses
dauernd einen Luftstrom auf die Stelle des Gefäßes leiteten, wo die Funken übersprangen,
und um eine raschere Aufnahme der nitrosen Gase zu bewerkstelligen, ließen sie die Natronlauge an der Innenwand des Gefäßes herabfließen, in dem gefunkt wird.

Das birnenförmige Glasgefäß A des Apparates (Fig. 263) faßt etwa 200 ccm. Oben ist eine
Capillare C von Gestalt und Größe wie bei den Hempelschen Gaspipetten angesetzt; nur besitzt sie am Ende noch ein T-Stück C' zum Ein- und Auslassen von Gas. Das Ende ist mit einem
Tropftrichter verbunden, der 5 proz. Na-
tronlauge enthält. Am unteren Ende der
Birne ist seitlich ein Glasrohr von 2 bis
2,5 cm lichter Weite angeschmolzen, das
mit dem Niveaugefäß B verbunden ist.
Von unten ist A durch einen Kautschukstopfen verschlossen, durch den mittels
Bohrungen die Elektroden D und E hindurchgehen. Sie bestehen aus starkwandigen, 3,5 mm weiten U-förmig gebogenen
Glasröhren, die oben mit einer kurzen
Röhre aus Einschmelzglas versehen sind,
in die dann dreifach gefaltete Platin-
drähte von 0,35 mm Dicke eingeschmolzen sind. Im übrigen sind die Glasröhren mit Quecksilber gefüllt, in das die
Drähte der Sekundärspule eines Funken-
induktors eintauchen. Die Funkenstrecke
ist 0,5—1 cm lang. Der elastische Kautschukstopfen ermöglicht es, zu Beginn
des Versuchs die Elektroden einander zu
nähern, um das Überspringen der Funken einzuleiten [1]). Dann läßt man die
Elektroden allmählich wieder auseinandergehen, bis die normale Entfernung erreicht
ist. Das Funken muß unterbrochen werden, sobald die Flüssigkeit bis an die Ein-
schmelzstelle steigt.

Vor Beginn des Versuchs füllt man
den ganzen Apparat durch Heben des
Niveaugefäßes mit 5 proz. Natronlauge, bis dieselbe aus dem oberen T-Rohr C' austritt, welches
man alsdann mittels des Quetschhahnes 1 schließt. Man füllt auch das Rohr des mittels Schlauch
angesetzten Tropftrichters, schließt seinen Hahn 2 und füllt ihn darauf von oben ebenfalls mit
der Lauge an. Nun senkt man das Niveaugefäß B und läßt, bei geschlossenen Hähnen 1 und 2,
durch ein (in der Figur nicht mitgezeichnetes) durch den Stopfen bis zu zwei Drittel der Höhe
von A hindurchgehendes und unterhalb des Stopfens horizontal abgebogenes Rohr, das gleichfalls bis an das dasselbe an seinem äußersten Ende abschließenden Quetschhahn mit Lauge
gefüllt war, zunächst etwa 80—100 ccm des zu untersuchenden, bereits mit Sauerstoff gemischten Gases eintreten. Öffnet man hierauf für kurze Zeit den Hahn 2, so bildet die Natronlauge, an den Wänden herablaufend, einen Hohlkegel in der Spitze von A. Mittels eines

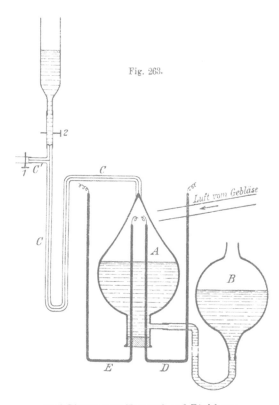

Fig. 263.

Luft vom Gebläse

Funk-Pipette nach Henrich und Eichhorn.

---

[1]) Die Beanspruchung des Stopfens ist hierbei so gering, daß ein Eindringen von Luft nicht
zu befürchten ist.

Wasserstrahlgebläses bläst man nun einen ununterbrochenen Luftstrom auf die Stelle des Gefäßes A, an der sich die Elektroden befinden. Wird jetzt der Funkeninduktor in Gang gesetzt, so springen sogleich oder nach vorherigem Nähern die Funken über, die man mittels eines in den Primärstromkreis eingeschalteten Regulierwiderstandes so einstellt, daß sie intensiv gelb sind. Darauf ist ganz besonders zu achten, denn nur bei völliger Gelbfärbung der Funken ist die Entladung wirksam. Der Stromunterbrecher ist auf so schnelle Folge der Stromwechsel einzustellen, daß der entstehende Lichtbogen fast kontinuierlich zu sein scheint.

Sogleich tritt die Absorption der gebildeten nitrosen Gase ein, und die Natronlauge in A steigt ziemlich rasch. Alle paar Minuten wird für einen Augenblick der Hahn 2 geöffnet, wodurch sich die Hohlkuppe von Natronlauge erneuert, mit der die aufsteigenden nitrosen Dämpfe zuerst in Berührung kommen. Ist die Flüssigkeit in A bis an die Elektroden gestiegen, so läßt man durch das Gaseinführungsrohr neue Gasmengen eintreten und fährt so fort, bis die ganze zur Untersuchung abgemessene Gasmenge verarbeitet ist. Die Absorption geht rasch vor sich. Bei einem mittelgroßen Induktionsapparat werden in einer Stunde gut 50 ccm der Stickstoff-Sauerstoff-Mischung absorbiert, und erst gegen Ende, wenn sich die Edelgase anreichern, geht die Oxydation bzw. Absorption langsamer vonstatten. Ein Verschwinden der gelben Farbe der Funkenstrecke deutet auf eine Beendigung der Oxydation; der Versuch ist dann zu unterbrechen bzw. abzubrechen. Bei jeder Unterbrechung sorgt man für schnelle Abkühlung, indem man den Luftstrom noch kurze Zeit weiter gehen läßt.

Die Abmessung und Vorbereitung des Quellengases für derartige Versuche kann man in Sammelflaschen von derselben Einrichtung wie die zur Probenahme benutzten (S. 623) vornehmen. Nur müssen sie viel kleiner sein; sie sollen nur etwa 1 l fassen und ziemlich schlank sein (B in Fig. 264), damit die Einstellung des als Niveaugefäß dienenden Scheidetrichters b hinreichend genau ausfällt. Als Sperrflüssigkeit dient Wasser. Dem Gase, das bereits an der Quelle von den in Kalilauge löslichen Anteilen befreit war, müssen vor Überführung in die kleine Sammelflasche auch noch die verbrennlichen Bestandteile entzogen werden. Das geschieht durch Überleiten über glühendes Kupferoxyd mit Hilfe folgender Anordnung:

An die Sammelflasche A (Fig. 264) mit dem gemäß S. 623 an Ort und Stelle über Kalilauge aufgesammelten Gas schließt man den kleinen, mit konz. Schwefelsäure beschickten Gasgeschwindigkeitszähler C an. Auf diesen folgt das mit Kupferoxyd beschickte, wenigstens 75 cm lange Verbrennungsrohr D, das in einem passenden Ofen zum Glühen erhitzt wird, hierauf das Rohr E, welches geschmolzenes Calciumchlorid und Natronkalk enthält. Dann ist ein T-Stück F eingeschaltet, und an dieses ist die völlig mit Wasser angefüllte und — nach Abnahme von b — gewogene, kleine Sammelflasche B angeschlossen. Alle Quetschhähne sind zunächst geschlossen.

Zu Versuchsbeginn schließt man an Quetschhahn 4 eine gut ziehende Wasserstrahlpumpe an, öffnet 4, evakuiert die zwischen 3 und 4 liegenden Apparatenteile und schließt sodann 4 wieder. Dann öffnet man, nachdem man a hochgestellt hat, so daß Gas aus A herausgedrückt werden kann, erst 1, 2 und 3 und nach kurzer Zeit auch wieder 4. Das Gas muß jetzt in langsamem Strom, was an C kontrolliert werden kann, D und E durchströmen. Sobald man gewiß ist, daß die ersten bis nach E vorgedrungenen Gasanteile, die sich teilweise noch der Einwirkung des glühenden Kupferoxyds entzogen haben können, verdrängt sind, daß also bei 4 nur solches Gas entweicht, das alle verbrennlichen Bestandteile in Gestalt ihrer Verbrennungsprodukte in E zurückgelassen hat, schließt man 4 und öffnet 5, 6 und 7, nachdem man zuvor b auf Saugwirkung, d. h. tief, gestellt hat. In B sammelt sich dann ein Gasgemenge an, das von den Bestandteilen des ursprünglichen Quellengases nur noch den gesamten Stickstoff, die gesamten Edelgase und einen mehr oder minder großen Anteil des Sauerstoffs enthält. Ein Teil des Sauerstoffs kann bei den Vorgängen im Verbrennungsrohre verbraucht worden sein.

Man unterbricht den Versuch, wenn man sicher ist, in der kleinen Sammelflasche etwa 350 ccm Stickstoff (einschließlich Edelgase) zu haben; welche Gesamtmenge hierzu etwa erforderlich ist, ergibt sich auf Grund der bereits bekannten sonstigen Zusammensetzung der Quellengase. Enthalten diese nämlich:

in Kalilauge absorbierbare Gase. . . . . *a* Raum-Tausendteile

Kohlenwasserstoffe und Wasserstoff . . . . *b* ,,

Sauerstoff . . . . *c* ,,

so muß man — vorbehaltlich der später erfolgenden genauen Messung — schätzungsweise

$$\frac{350\,(1000 - a - b)}{1000 - a - b - c} \text{ ccm Gas}$$

in *B* sammeln. Glaubt man annehmen zu dürfen, daß soviel da ist, so schließt man erst *5*, *6* und *7*, dann *3*, *2* und *1*, und bringt die Sammelflasche *B* in einen gleichmäßig temperierten Raum. Danach wird die zur Analyse zu verwendende Menge genau abgemessen, worauf zur Herstellung der richtigen Mischung eine bestimmte Sauerstoffmenge zugesetzt und deshalb zunächst der Sauerstoffgehalt bestimmt werden muß.

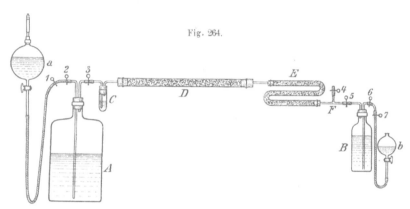

Fig. 264.

Vorbereitungsapparat zur Bestimmung der Edelgase.

Letzteres geschieht durch Übersaugen eines Anteiles des Gases aus der Gassammelflasche *B* in eine Gasbürette und durch nachfolgende Absorption in einer Pyrogallolpipette. Der hierbei gefundene Sauerstoffgehalt in Raum-Tausendteilen sei mit *d* bezeichnet; dann ergibt sich — da man zur Analyse so viel Gas aus *B* gebraucht, daß darin etwa 200 ccm Nichtsauerstoff vorhanden sind — die endgültig abzumessende Menge zu etwa $\frac{200}{1 - 0{,}001\,d}$ ccm. Die Abmessung geschieht folgendermaßen:

Man öffnet die Hähne *6* und *7*, bringt durch Heben des Scheidetrichters *b* einen geringen Überdruck in *B* hervor, schließt *6* und *7* wieder und läßt durch kurzes Öffnen von *5* den Überdruck entweichen, so daß schließlich der Inhalt von *B* unter atmosphärischem Druck steht. Dann wird *b* samt dem zugehörigen Schlauch abgenommen und die Sammelflasche gewogen; ihr Mindergewicht gegenüber dem Gewicht zu Anfang des Versuches gibt das Raummaß für die jetzt in ihr vorhandene Gasmenge. Diese ist noch größer als die eben bezeichnete, endgültig erforderliche. Man fügt deshalb den Scheidetrichter *b* wieder (luftblasenfrei) an, merkt den Stand des Wassers in ihm an und gießt nun ebensoviel Kubikzentimeter Wasser in den Scheidetrichter ein, als man noch Kubikzentimeter Gas zu viel hatte. Öffnet man nunmehr die Quetschhähne *6* und *7* und dann vorsichtig *5* so lange, bis der Flüssigkeitsspiegel in *b* wieder bis zum angemerkten Wasserstand gesunken ist, so ist nur noch die gewünschte Gasmenge in *B* übrig. Man bringt sie mittels des als Niveaugefäß dienenden Scheidetrichters *b* auf atmosphärischen Druck und bestimmt ihre genaue Raumerfüllung — die mit *s* ccm bezeichnet sei — durch abermalige Wägung der Flasche, von der natürlich hierfür b abzunehmen ist. Zugleich werden die Temperatur t_1 und der Barometerstand B_1 (in Millimetern) abgelesen.

Dieser Gasmenge von s ccm ist nun noch so viel reiner, elektrolytisch dargestellter Sauerstoff hinzuzufügen, daß schließlich auf je 1 Raumteil Nichtsauerstoff insgesamt etwa 2 Raumteile Sauerstoff kommen. Hierzu sind, wenn d im vorhin angenommenen Sinne den Sauerstoffgehalt des Gases in B (ausgedrückt in Raumtausendsteln) bedeutet, noch $s\,(2-0{,}003\,d)$ ccm Sauerstoff erforderlich. Man mißt sie in gleicher Weise in einer kleinen Gassammelflasche ab, wie es soeben für das zur Analyse bestimmte Gas beschrieben wurde; auf einige Kubikzentimeter mehr oder weniger kommt es dabei nicht an, so daß die genaue Feststellung des Schlußvolums wegfallen kann. Den Sauerstoff saugt man schließlich verlustlos in die Sammelflasche über, die das Analysengas enthält, indem man dabei deren Scheidetrichter tief, denjenigen der Sauerstoffflasche hoch stellt.

Ist alles vorbereitet, so verbindet man die die Gasmischung enthaltende Flasche unter Ausschluß von Luftblasen mit dem unteren Gaszuleitungsrohr der Henrichschen Funkenpipette und führt in diese — durch Tiefstellung des Niveaugefäßes der Pipette und Hochstellung des Scheidetrichters der Sammelflasche — zunächst 80 bis 100 ccm des Mischgases über. Dann beginnt man mit dem Funken und setzt dieses unter zeitweiligem Nachgeben von Mischgas so lange fort, bis die ganze abgemessene Menge zur Reaktion gebracht ist und das Gasvolum in der Funkpipette nicht mehr sichtlich abnimmt bzw. bis die gelbe Farbe des Lichtbogens verschwindet. Ist dieser Zustand erreicht, so stellt man den Funkeninduktor ab, läßt die Pipette unter dem Luftstrom erkalten, saugt ihren Inhalt in eine bei C' angesetzte Gasbürette mit Wassermantel über und stellt die Raummenge fest. Hierauf führt man das Gas wieder in die Funkpipette zurück, stellt den Funkeninduktor wieder an, um nach einiger Zeit abermals die Raummenge zu messen und damit so lange fortzufahren, bis diese nicht mehr abnimmt. Was jetzt zurückgeblieben ist, besteht nur noch aus Edelgasen und überschüssigem Sauerstoff, welchen letzteren man mit Hilfe einer Pyrogallolpipette[1]) fortnimmt. Der zurückbleibende, aus den Edelgasen bestehende Rest wird schließlich in eine in $^1/_{20}$ ccm geteilte Mikrogasbürette von wenigen Kubizentimetern Fassungsvermögen übergesaugt und darin gemessen. Zugleich wird die Temperatur t_2 und der Barometerstand B_2 (in Millimetern) abgelesen.

Zur Berechnung der Ergebnisse ist folgendes zu bemerken: Beläßt man a, b, c und d die zuvor gegebene Bedeutung, so entsprechen die in der Sammelflasche abgemessenen

$$s \text{ ccm Gas} \quad \frac{s\,(1000-d)}{1000-a-b-c} \quad \text{ccm ursprünglichem Quellengas.}$$

Hat man am Schluß des Versuches e ccm Edelgase gemessen, so enthält das ursprüngliche Quellengas demnach

$$\frac{1000\,e\,(1000-a-b-c)\,(B_2-p_2)\,(273+t_1)}{s\,(1000-d)\,(B_1-p_1)\,(273+t_2)} \quad \text{Raum-Tausendteile Edelgase.}$$

Hierin bedeuten B_1, B_2, t_1, t_2 die Barometerstände (in Millimetern) und die Temperaturen im zuvor erläuterten Sinne und schließlich p_1 und p_2 die Tensionen des Wasserdampfes (in Millimetern) bei den Temperaturen t_1 und t_2 .

Man gewinnt so einen Wert für den Gesamtgehalt der Mineralquellengase an Edelgasen, unter denen erfahrungsgemäß Argon den stark vorwaltenden Anteil auszumachen pflegt. Eine weitergehende analytische Trennung in die einzelnen, der Gruppe zuzurechnenden Gasarten läßt sich durch fraktionierte Vakuumdestillation im Temperaturgebiete der flüssigen Luft vornehmen. Neon, Xenon und Krypton sind nur in so geringer Menge in den Quellengasen zugegen, daß sie bisher kaum bei quantitativen Ermittlungen

---

[1]) Anstatt einer mit Pyrogallolkalilauge beschickten Pipette kann man sich nach F. Henrich (Berichte d. Deutsch. chem. Gesellschaft 1915, **48**, 484; Zeitschr. f. angew. Chemie 1916, **29**, I, 149), wie auch sonst bei gasanalytischen Arbeiten, zur Absorption des Sauerstoffs einer mit einer Auflösung von Natriumhydrosulfit in Kalilauge beschickten Pipette bedienen.

einzeln berücksichtigt werden konnten. Eher schon hat man das Gemisch der Edelgase in den Mineralquellengasen insofern weiter zerlegt, als man aus dem Gesamtkomplex derselben das Helium ausschied; den übrigen Anteil kann man dann — mit Rücksicht auf den verschwindend kleinen Gehalt an den anderen Edelgasen — als dem Argongehalt entsprechend ansehen. Aber auch eine solche Trennung stellt bereits ungewöhnliche Anforderungen an Apparatur und experimentelles Geschick; sie kann kaum den regelmäßig auszuführenden Arbeiten bei Mineralquellenuntersuchungen eingereiht werden, weshalb hier Andeutungen des Untersuchungsganges genügen, indem wegen der Einzelheiten auf das angeführte Schrifttum verwiesen sei.

Die Trennungsverfahren beruhen auf der adsorbierenden Wirkung der Cocosnußkohle bei der Temperatur der flüssigen Luft. Argon und die selteneren Edelgase werden vor dem Helium adsorbiert, so daß in einem bestimmten Stadium des Versuches erstere bereits entfernt sind, letzteres aber noch vorhanden ist und gemessen werden kann. Bevor man das Gasgemenge dieser Einwirkung aussetzt, muß man aber natürlich die anderen Bestandteile aus ihm entfernen, was mit Beziehung auf die in Kalilauge löslichen durch einfache Absorption geschieht, in Beziehung auf Sauerstoff, Kohlenwasserstoffe und Stickstoff in verschiedener Weise erfolgt.

H. Sieveking und L. Lautenschläger[1] befreiten das Gas zunächst durch Überleiten über glühendes, blankes Kupfer von seinem Sauerstoffgehalt; bei kohlenwasserstoffreichen Erdgasen erfolgte statt dessen eine Verbrennung durch Überleiten über glühendes Kupferoxyd. Die aus dem Rohre austretenden Gase wurden im einen wie im anderen Falle völlig getrocknet und von Kohlendioxyd befreit, dann mittels eines mit Aceton-Kohlensäure-Mischung beschickten Weinholdschen Gefäßes gekühlt und durch Überleiten über eine glühende Mischung von Magnesium, Natrium und Kalk vom Stickstoff befreit. Dann folgte in der Hauptsache noch eine Behandlung mit Cocosnußkohle bei der Temperatur der flüssigen Luft. Das von dieser Behandlung kommende Gas wurde in einer Plückerschen Röhre gesammelt und darin spektroskopisch geprüft und die Behandlung mit der Cocosnußkohle so lange fortgesetzt, bis die Argonlinien verschwunden waren und das reine Heliumspektrum sich zeigte. Dann erst wurde das Gas aus dem Plücker-Rohr in ein in Kubikmillimeter eingeteiltes Skalenröhrchen übergepumpt, in dem seine Raumerfüllung unter gewöhnlichem Druck gemessen werden konnte.

Etwas einfacher ist die Arbeitsweise von E. Czako[2]. Er scheidet die Fremdgase nur durch Kühlung mittels flüssiger Luft und darauf folgende Behandlung mit gekühlter Cocosnußkohle ab und prüft die Rückstände gleichfalls spektralanalytisch, bis das reine Heliumspektrum festgestellt wird. Die volumetrische Messung des zuletzt abgepumpten Heliums geschah in einer Meßbürette, in der die geringen Gasmengen bei konstantem Volumen — 0,25 bis 3 ccm — durch Messung des Druckes bestimmt wurden.

Es ist selbstverständlich, daß diese wie auch die von anderen Verfassern benutzten Apparate vor Beginn des Versuches sorgfältig mittels der Quecksilberluftpumpe bis zum Vakuum des Kathodenlichtes leergepumpt werden müssen.

5. **Stickstoff.** Der Stickstoffgehalt wird in den Mineralquellengasen nicht wirklich analytisch bestimmt, sondern aus der Differenz berechnet. Nachdem der Gehalt der Quellengase an den einzeln ermittelten Bestandteilen in Raumtausendsteln ausgedrückt ist, setzt man den Betrag, der nun noch an dem vollen Tausend fehlt, als Stickstoffgehalt ein. Streng genommen ist das natürlich nur dann richtig, wenn keine anderen Gase zugegen sind als die in dem bisherigen Analysengang (S. 617 u. 687) berücksichtigten, und diese Voraussetzung trifft erfahrungsgemäß so gut wie immer zu. Will man im besonderen Falle die Gewißheit hierüber

---

[1] Physikal. Zeitschr. 1912, **13**, 1043.

[2] Zeitschr. f. anorgan. Chemie 1913, **82**, 249. — Ferner: Derselbe, Beiträge zur Kenntnis natürlicher Gasausströmungen. Karlsruhe 1913. S. 43.

noch verstärken, so kann man eine ergänzende Prüfung auf Kohlenoxydgas und auf „schwere" Kohlenwasserstoffe vornehmen. Erstere erfolgt mittels Durchleitens der Gase durch Blut und mittels spektroskopischer Untersuchung desselben, letztere durch einen Absorptionsversuch in einer mit konz. Schwefelsäure beschickten Gaspipette.

Bei Angabe des Stickstoffgehaltes ist hervorzuheben, ob sie sich auf „reinen" oder auf „atmosphärischen" Stickstoff bezieht, d. h. ob die Edelgase für sich bestimmt und abgezogen oder ob sie — wie es bei sehr vielen Analysen geschieht — nicht ermittelt und demnach in dem Betrage für Stickstoff mit einbegriffen sind. Im letzten Fall muß man den betreffenden Wert im Analysenbericht ausdrücklich als „Stickstoff, einschließlich etwa vorhandener Edelgase" aufführen.

b) Im Mineralwasser gelöste Gase.

1. Vorbereitung und Ausführung der Analyse. Für die noch fehlenden
Bestimmungen im Wasser gelöster gasförmiger Bestandteile waren an Ort und Stelle Proben durch Auskochen und Auffangen über Lauge entnommen und auch schon von ihrem Sauerstoffgehalt befreit worden (S. 626). Jene in Röhren eingeschmolzenen Gase werden nunmehr im Laboratorium nach denselben Verfahren näher analysiert, die im vorhergehenden Abschnitt B, III, a für die frei aufsteigenden Gase empfohlen sind. Nur erfolgt die Abmessung der für jede Einzelbestimmung zu verwendenden Menge diesmal nicht in einer Gassammelflasche, sondern in einer Gasbürette, in die demnach zunächst die Gasprobe aus der Einschmelzröhre übergeführt werden muß. Das geschieht in folgender Weise:

Man feilt die zugeschmolzene Röhre (Fig. 250, S. 629) am Ende sowohl ihres oberen wie ihres unteren capillaren Fortsatzes mittels einer scharfen Feile an und zieht überdies über das obere Ende einen mit Quetschhahn verschlossenen Gummischlauch derart, daß der Feilstrich von dem Schlauch bedeckt ist. Mit dem unteren Fortsatz stellt man die Röhre in ein Gefäß mit Wasser W (ähnlich also wie in Fig. 250) und verbindet den am oberen Ende sitzenden Schlauch durch eine eingeschaltete Verbindungscapillare mit einer Gasbürette, ohne daß hierbei im Schlauch Luft zurückbliebe. Bricht man nunmehr das untere angefeilte Ende unterhalb des Wasserspiegels, das obere innerhalb des Gummischlauchs ab, so kann man durch Senken des Niveaugefäßes das Gas leicht in die Bürette übersaugen, während zugleich Wasser an seiner Stelle aus W in die Röhre aufsteigt.

Über die Durchführung der Analyse selbst ist dem früher Gesagten kaum etwas hinzuzufügen. Man drückt die erforderliche Menge aus der Bürette heraus, wie man sie bei den anderen Bestimmungen aus der Gassammelflasche herausdrückte; ihre Raumerfüllung braucht man dann natürlich nicht erst durch Wägung festzustellen, sondern liest sie an der Bürettenteilung ab. Nur damit muß man sich abfinden, daß meistens viel geringere Gasmengen zur Verfügung stehen, als für die Analyse der frei aufsteigenden Gase gewonnen werden konnten, daß man also z. B. für die Bestimmung der Kohlenwasserstoffe nicht daran denken kann, 1—1,5 l zu verarbeiten. Bei sorgfältiger Leitung und Überwachung der Verbrennung kommt man aber auch, wie F. Henrich[1]) in besonderen Versuchen erwies, mit 100 ccm aus und muß oft mit noch weniger sich bescheiden.

Dieser Mangel an Untersuchungsmaterial ist auch die Ursache, weshalb sich der Analytiker häufig auf die Ermittlung der Kohlenwasserstoffe beschränken und sodann den „Stickstoff" aus der Differenz bestimmen muß. In der Tat, will man, darüber hinausgehend, auch den gelösten Wasserstoff und die gelösten Edelgase ermitteln, so muß man schon mehrere 100 ccm Gas zu gewinnen versuchen, was ein Auskochen sehr großer Mineralwassermengen verlangt, denn 1 l Mineralwasser enthält selten mehr als 25—30 ccm durch Kalilauge nicht absorbierbare Gase gelöst.

----

[1]) Zeitschr. f. angew. Chemie 1910, **23**, 441.

Bei der Analyse findet man den Gehalt an Methan bzw. Äthan, Wasserstoff, Edelgasen und Stickstoff zunächst in Raum-Tausendteilen b_1, b_2, b_3 ... des von Kohlendioxyd, Schwefelwasserstoff, Kohlenoxysulfid und Sauerstoff befreiten Gases. Diese Werte sind auf den Gehalt eines Kilogramms Wasser, ausgedrückt in Kubikzentimetern bei Quellentemperatur und 760 mm Druck, umzurechnen. Hatte man nach S. 628 den Gehalt von 1 kg Wasser an in Lauge unlöslichen Gasen zu V ccm (bei Quellentemperatur und 760 mm) und ferner den Gehalt dieser Gase an Sauerstoff zu a Raum-Tausenteilen ermittelt, so entsprechen den jetzt gefundenen einzelnen b-Werten je $0{,}001\, b\, V\, (1 - 0{,}001\, a)$ ccm bei Quellentemperatur und 760 mm Druck in 1 kg Wasser.

2. Umrechnung der Raumteile auf Millimol und Gramm.

Im Verlauf der hier gegebenen Darstellung sind von den im Mineralwasser gelösten Gasen Kohlendioxyd und Schwefelwasserstoff zunächst auf Millimol (S. 704), alle übrigen auf Kubikzentimeter in 1 kg berechnet worden. Im endgültigen Analysenbericht werden für alle gelösten Gase beiderlei Werte und überdies noch der Gehalt in Grammen in 1 kg mitgeteilt; es bedarf also noch der Umrechnung in diesem Sinne. Theoretisch wäre sie auf Grund der dem Gesetz von Ávogadro entsprechenden Beziehung vorzunehmen, nach der 1 Millimol jeden beliebigen Gases bei $t°$ und 760 mm Druck denselben Raum von

$$\frac{22{,}412\,(273 + t)}{273} = 0{,}082\,096\,(273 + t) \text{ ccm}$$

einnimmt. Praktisch ergeben sich jedoch Abweichungen von dieser Formel, weil das Millimolvolum der einzelnen Gase in Wahrheit nicht konstant = 22,412 ccm, sondern um ein Merkliches von diesem Betrag verschieden ist. Es hängt das bekanntlich mit der Tatsache zusammen, daß das Boyle-Mariottesche Gesetz nicht strenge gilt, sondern nur ein Grenzgesetz ist. Für das Kohlendioxyd kommt hinzu, daß sein absoluter Nullpunkt nicht bei $-273°$, sondern — entsprechend dem von Ph. Jolly[1]) ermittelten Ausdehnungskoeffizienten ($\alpha = 0{,}0037060$) — bei $-269{,}8°$ liegt.

So ergeben sich statt der allgemeinen theoretischen Umrechnungsformel eine Reihe einzelner, für die betreffenden Gase spezifischer Werte, die in folgender Tafel zusammengestellt sind.

	1 ccm bei $0°$ und 760 mm Druck wiegt mg	Raumerfüllung eines Millimols in ccm	
		bei $0°$ und 760 mm Druck	bei $t°$ und 760 mm Druck
Sauerstoff	1,42900	22,394	$0{,}082028\,(273 + t)$
Atmosphärischer Stickstoff	1,2572	22,399	$0{,}082046\,(273 + t)$
Reiner Stickstoff	1,2509	22,400	$0{,}082050\,(273 + t)$
Argon	1,7828	22,370	$0{,}081940\,(273 + t)$
Helium	0,1787	22,33	$0{,}08179\,(273 + t)$
Kohlendioxyd	1,9763	22,236	$0{,}082518\,(269{,}8 + t)$
Schwefelwasserstoff	1,5374	22,169	$0{,}083098\,(273 + t)$
Kohlenoxysulfid	2,6825	22,394	$0{,}082028\,(273 + t)$
Methan	0,7208	22,24	$0{,}08146\,(273 + t)$
Äthan	1,3421	22,390	$0{,}082016\,(273 + t)$
Wasserstoff	0,089873	22,432	$0{,}082168\,(273 + t)$

Die Benutzung der Tafel vereinfacht alle erforderlichen Rechnungen wesentlich. Ist der Gasgehalt in Millimol ermittelt worden, so ergibt sich der Gehalt in Kubikzentimetern durch Multiplikation mit dem Wert der letzten Spalte; liegt umgekehrt zunächst der

---

[1]) Poggendorffs Annalen der Physik 1874. Jubelband, S. 94.

Kubikzentimeterwert vor, so geht er durch Division durch den Wert der letzten Spalte in den Millimolwert über.

Den Grammwert endlich erhält man, indem man den Millimolwert mit dem tausendsten Teil des Molekelgewichtes des betreffenden Gases multipliziert. Dabei darf natürlich nicht vergessen werden, daß Argon und Helium einatomige Gase sind, daß ihr Molekelgewicht also gleich ihrem Atomgewicht ist, und ferner, daß dem „atmosphärischen" Stickstoff wegen seines 1,14 Raumprozent betragenden Argongehaltes ein scheinbares Molekelgewicht von 28,16 zukommt. Reiner Stickstoff hat natürlich das Molekelgewicht 28,02.

3. Gesetzmäßige Beziehungen zwischen frei aufsteigenden und gelösten Gasen. Annähernde Ermittlung der letzteren durch Berechnung.

Zwischen den aus einer Mineralquelle frei aufsteigendem und den in ihrem Wasser gelösten Gasen besteht — sofern Sättigungsgleichgewicht vorliegt — eine zahlenmäßige, durch das Gesetz von Dalton gegebene Beziehung, die schon von R. Bunsen[1]) entwickelt und von ihm und anderen in früherer Zeit auch bei Mineralwasseranalysen herangezogen wurde[2]). Der folgende einfache Ausdruck dieser Gesetzmäßigkeit rührt von E. Hintz und L. Grünhut[3]) her; wegen seiner Ableitung sei auf deren Arbeit verwiesen.

Enthalten die frei aufsteigenden Gase p_1, p_2, p_3 ... Raumtausendstel an ihren Einzelbestandteilen, so findet man die Raummengen c_1, c_2, c_3 ... derselben Bestandteile (gemessen in ccm bei Quellentemperatur und 760 mm Druck), die in 1 kg Mineralwasser gelöst enthalten sind, mittels der Formeln:

$$c_1 = \alpha_1 \, p_1 \, k$$
$$c_2 = \alpha_2 \, p_2 \, k$$
$$c_3 = \alpha_3 \, p_3 \, k$$
$$\dots\dots\dots\dots$$

Hierin bedeuten α_1, α_2, α_3 ... die Absorptionskoeffizienten der einzelnen Gase bei Quellentemperatur, während k eine für jede Mineralquelle spezifische, von ihrem Sättigungsdruck abhängige Konstante ist.

Hat man den Gehalt der frei aufsteigenden Gase und des Wassers an einem Bestandteile (also beispielsweise p_1 und c_1) analytisch ermittelt, so kann man daraus die Konstante

$$k = \frac{c_1}{\alpha_1 p_1}$$

für die betreffende Quelle und mit ihrer Hilfe aus den gleichfalls ermittelten Werten p_2, p_3 ... die Werte c_2, c_3 ... berechnen. Das ermöglicht in den Fällen, in denen man aus Mangel an Material auf die vollständige Analyse der gelösten Gase verzichten mußte (S. 698), auf Grund der Analyse der frei aufsteigenden, wenigstens annähernd ein Bild von ihrer Menge zu gewinnen.

Beispiel: R. Fresenius und L. Grünhut fanden für die Zusammensetzung der frei aufsteigenden Gase des Kissinger Luitpoldsprudels:

Kohlendioxyd	915	Raumtausendstel
Stickstoff und Edelgase	80	„
Sauerstoff	5	„
Methan	0,4	„

---

[1]) Gasometrische Methoden. 2. Aufl. 1877. S. 195.

[2]) Vgl. R. Bunsen, Zeitschr. f. analyt. Chemie 1871, **10**, 425.

[3]) Vgl. Handbuch der Balneologie von Dietrich und Kaminer, Leipzig 1916, Bd. I, S. 300.

Absorptionskoeffizienten
der in Mineralwässern vorkommenden Gase.

Temperatur °C	Sauerstoff	Atmosphärischer Stickstoff	Argon	Helium	Kohlendioxyd	Schwefelwasserstoff	Kohlenoxysulfid	Methan	Äthan	Wasserstoff
0	0,04 890	0,02 348	0,05 780	0,01 500	1,713	4,686	1,333	0,05 563	0,09 874	0,02 148
1	0,04 759	0,02 291	0,05 612	—	1,646	4,555	1,273	0,05 401	0,09 476	0,02 126
2	0,04 633	0,02 236	—	—	1,584	4,428	1,215	0,05 244	0,09 093	0,02 105
3	0,04 512	0,02 182	—	—	1,527	4,303	1,160	0,05 093	0,08 725	0,02 084
4	0,04 397	0,02 130	—	—	1,473	4,182	1,107	0,04 946	0,08 372	0,02 064
5	0,04 286	0,02 081	0,05 080	0,01 460	1,424	4,063	1,056	0,04 805	0,08 033	0,02 044
6	0,04 181	0,02 032	—	—	1,377	3,948	1,007	0,04 669	0,07 709	0,02 025
7	0,04 080	0,01 986	—	—	1,331	3,836	0,961	0,04 539	0,07 400	0,02 007
8	0,03 983	0,01 941	—	—	1,282	3,728	0,917	0,04 413	0,07 106	0,01 989
9	0,03 891	0,01 898	—	—	1,237	3,622	0,875	0,04 292	0,06 826	0,01 972
10	0,03 802	0,01 857	0,04 525	0,01 442	1,194	3,520	0,835	0,04 177	0,06 561	0,01 955
11	0,03 718	0,01 819	—	—	1,154	3,421	0,800	0,04 072	0,06 328	0,01 940
12	0,03 637	0,01 782	—	—	1,117	3,325	0,767	0,03 970	0,06 106	0,01 925
13	0,03 560	0,01 747	—	—	1,083	3,232	0,736	0,03 872	0,05 894	0,01 911 .
. 14	0,03 486	0,01 714	—	—	1,050	3,142	0,706	0,03 779	0,05 694	0,01 897
15	0,03 415	0,01 682	0,04 099	0,01 396	1,019	3,056	0,677	0,03 690	0,05 504	0,01 883
16	0,03 347	0,01 651	—	—	0,985	2,973	0,651	0,03 606	0,05 326	0,01 869
17	0,03 283	0,01 622	—	—	0,956	2,893	0,626	0,03 525	0,05 159	0,01 856
18	0,03 220	0,01 594	—	—	0,928	2,816	0,603	0,03 448	0,05 003	0,01 844
19	0,03 161	0,01 567	—	—	0,902	2,742	0,581	0,03 376	0,04 858	0,01 831
20	0,03 102	0,01 542	0,03 790	0,01 386	0,878	2,672	0,561	0,03 308	0,04 724	0,01 819
21	0,03 044	0,01 519	—	—	0,854	—	0,540	0,03 243	0,04 589	0,01 805
22	0,02 988	0,01 496	—	—	0,829	—	0,520	0,03 180	0,04 459	0,01 792
23	0,02 934	0,01 473	—	—	0,804	—	0,502	0,03 119	0,04 335	0,01 779
24	0,02 881	0,01 452	—	—	0,781	—	0,484	0,03 061	0,04 217	0,01 766
25	0,02 831	0,01 431	0,03 470	0,01 371	0,759	—	0,468	0,03 006	0,04 104	0,01 754
26	0,02 783	0,01 411	—	—	0,738	—	0,452	0,02 952	0,03 997	0,01 742
27	0,02 736	0,01 392	—	—	0,718	—	0,438	0,02 901	0,03 895	0,01 731
28	0,02 691	0,01 374	—	—	0,699	—	0,425	0,02 852	0,03 799	0,01 720
29	0,02 649	0,01 356	—	—	0,682	—	0,413	0,02 806	0,03 709	0,01 709
30	0,02 608	0,01 340	0,03 256	0,01 382	0,665	—	0,403	0,02 762	0,03 624	0,01 699
35	0,02 440	0,01 254	0,03 053	0,01 380	0,592	—	—	0,02 546	0,03 230	0,01 666
40	0,02 306	0,01 183	0,02 865	0,01 387	0,530	—	• —	0,02 369	0,02 915	0,01 644
45	0,02 187	0,01 129	0,02 731	0,01 403	0,479	—	—	0,02 238	0,02 660	0,01 624
50	0,02 090	0,01 087	0,02 567	0,01 404	0,436	—	—	0,02 134	0,02 459	0,01 608
60	0,01 946	0,01 022	—	—	0,359	—	—	0,01 954	0,02 177	0,01 600
70	0,01 833	0,00 976	—	—	—	—	—	0,01 825	0,01 984	0,01 600
80	0,01 761	0,00 957	—	—	—	—	—	0,01 770	0,01 826	0,01 600
90	0,01 723	0,00 952	—	—	—	—	—	0,01 735	0,01 759	0,01 600
100	0,01 700	0,00 947	—	—	—	—	—	0,01 700	0,01 720	0,01 600

Die Absorptionskoeffizienten (α) bei Quellentemperatur (13,7°) sind:

Kohlendioxyd 1,060
Atmosphärischer Stickstoff 0,01724
Sauerstoff 0,03508
Methan 0,03807

Von gelösten Gasen wurde nur das freie Kohlendioxyd bestimmt; 1 kg Wasser enthielt 1400 ccm bei Quellentemperatur und 760 mm Druck. Aus den beiden Kohlendioxyd-bestimmungen findet man die Konstante $k = \dfrac{1400}{1,060 \cdot 915} = 1,44$ und aus dieser ergibt sich als annähernder Gehalt von 1 kg Mineralwasser an den übrigen gelösten Gasen:

Gelöster Stickstoff (einschl. Edelgase) 0,01724 × 80 × 1,44 = **2** ccm bei 13,7° u. 760 mm Druck
Gelöster Sauerstoff. . . . . 0,03508 × 5 × 1,44 = **0,3** ,,   ,, 13,7° ,, 760 ,,   ,,
Gelöstes Methan . . . . 0,03807 × 0,4 × 1,44 = **0,02** ,,   ,, 13,7° ,, 760 ,,   ,,

Derartige berechnete Werte sind freilich nur unter Vorbehalt zu gebrauchen, weil die Voraussetzung, unter der allein die Berechnung zulässig ist (Erreichung eines Sättigungsgleichgewichts zwischen frei aufsteigenden und gelösten Gasen aus geologischen Gründen nicht immer erfüllt ist. Namentlich bei flach gefaßten Quellen ist in dieser Beziehung doppelte Vorsicht geboten.

Die für die Berechnung notwendigen Werte der Absorptionskoeffizienten sind nach Ch. Bohr, Th. Estreicher, Fauser sowie L. W. Winkler in der Tafel auf S. 701 zusammengestellt, zu der nur noch zu bemerken ist, daß die für „atmosphärischen" Stickstoff angegebenen für den vorliegenden Zweck auch für „reinen" Stickstoff benutzt werden können.

C. Berechnung der endgültigen Analysenergebnisse.

1. Allgemeines. Die Anweisungen zur Berechnung der Ergebnisse, die den vorstehenden Beschreibungen der analytischen Verfahren hinzugefügt sind, liefern für die gelösten und freien Gase die endgültigen Werte, die in den Analysenbericht einzusetzen sind. Dasselbe gilt auch für die meisten Ionen; einer weiteren Umrechnung bedürfen nur in einem besonderen Falle die. Zahlen für SO_4'', HPO_4'' und $HAsO_4''$, nämlich dann, wenn das Mineralwasser gegen Methylorange sauer reagiert (vgl. unten Nr. 6, S. 708). Alle diese Werte sind zunächst in Millival angegeben.

Unter einem Millival versteht man so viel Milligramme des betreffenden Stoffes, als sein Äquivalentgewicht Einheiten anzeigt[1]). Neben ihm kommt weiter noch das Millimol als Konzentrationseinheit in Betracht, d. h. eine Menge von so viel Milligrammen, als das Molekelgewicht Einheiten zeigt. Das Millimol war aber nur als Einheit für nicht dissoziierte Molekel gedacht; gegen ihre Übertragung auch auf Ionen bestehen an sich keine Bedenken, doch hat Th. Paul[2]) in solchem Falle berechtigte Einwände gegen den Gebrauch desselben Namens (Millimol) erhoben und empfohlen, bei Ionen lieber von „Milligrammion" zu sprechen. Ein Milligrammion entspricht demnach so viel Milligrammen, als das Ionengewicht Einheiten anzeigt.

Für die schwachen Säuren Kohlensäure, Schwefelwasserstoff, Kieselsäure, Titansäure, Borsäure und auch die seltenere arsenige Säure läßt sich der Zustand, in dem sie wirklich im Mineralwasser zugegen sind, erst nach Abschluß der gesamten Analyse übersehen. Sie sind deshalb vorläufig auf Millimol berechnet worden. Die Bestimmung ihres wahren Bindungszustandes — freie Säure oder Ion — erfolgt auf Grund der von ihrer

---

[1]) F. Fichter, Chem.-Ztg. 1913, **37**, 1299.
[2]) Bei W. Kerp, Nahrungsmittelchemie in Vorträgen. 1914. S. 107.

Stärke abhängigen Reaktionsgleichgewichte. An dieser Stelle mögen nur die Regeln für die Berechnung mitgeteilt, bezüglich ihrer Begründung aber möge auf das vorliegende Schrifttum verwiesen werden, insbesondere auf die allgemeinen Auseinandersetzungen von E. Hintz und L. Grünhut[1]) im Deutschen Bäderbuche, und auf die Experimentaluntersuchungen von F. Auerbach über Kohlensäure[2]) und über Schwefelwasserstoff[3]), von L. Grünhut über Borsäure[4]) und über Kieselsäure[5]).

Die Grundlage für alle folgenden Berechnungen gewinnt man, indem man einerseits die gefundenen Millivalwerte aller Kationen, andererseits die Millivalwerte aller Anionen addiert und die letztere Summe von der ersteren abzieht. Die erhaltene Differenz heiße ein für allemal d.

Beispiel: Kochbrunnen zu Wiesbaden.

Kationen.		Anionen.	
	Millival/kg		Millival/kg
Kaliumion	2,4667	Nitration	0,02940
Natriumion	116,77	Chlorion	131,33
Lithiumion	0,53455	Bromion	0,04220
Ammoniumion.	0,34883	Jodion	0,00014
Calciumion	17,269	Sulfation	1,2997
Strontiumion	0,28495	Hydrophosphation	0,00054
Bariumion	0,00973	Hydroarsenation	0,00240
Magnesiumion	4,0919		132,70438
Ferroion	0,11866		
Manganoion	0,02117		
	141,91549		

$$d = 141,915 - 132,704 = 9,211 \text{ Millival/kg.}$$

Alles weitere hängt von den Beziehungen des Wertes d zu der in Millimol/kg ausgedrückten Menge der Gesamtkohlensäure (S. 615 u. 681) ab, die ein für allemal mit C bezeichnet sei. Im einzelnen ergeben sich dann folgende Möglichkeiten:

I. d ist positiv.

α) $d < C$

β) $d \gtreqless C$

II. d ist negativ.

Weitere Besonderheiten ergeben sich dann noch für jeden Fall, je nachdem Schwefelwasserstoff analytisch nachweisbar ist oder nicht. Dieser Gliederung entsprechend seien nunmehr die einzelnen Untergruppen behandelt. Zuvor sei nur noch bemerkt, daß die Wässer der Gruppe I die gegen Methylorange alkalischen, die Wässer der Gruppe II die gegen Methylorange sauren, sind und daß ferner die Gruppe I, α die gegen Phenolphthalein sauren, die Gruppe I, β die gegen diesen Indikator neutralen oder alkalischen umfaßt. Die Reaktion eines Mineralwassers gewährt also bereits einen Anhalt für seine Einreihung.

---

[1]) Deutsches Bäderbuch. 1907. S. LVII; Zeitschr. f. analyt. Chemie 1910, **49**, 240.

[2]) Arbeiten aus dem Kaiserl. Gesundheitsamte 1912, **38**, 562; Zeitschr. f. analyt. Chemie 1912, **51**, 585.

[3]) Zeitschr. f. physikal. Chemie 1904, **49**, 217; Balneol. Ztg. 1904, **15**, Nr. 29.

[4]) Zeitschr. f. physikal. Chemie 1904, **48**, 569.

[5]) Zeitschr. f. Balneol. 1914/15, **7**, 81 u. 127; Zeitschr. f. analyt. Chemie 1914, **53**, 641.

2. d ist positiv und kleiner als C; Schwefelwasserstoff ist nicht gefunden.

In solchem Falle bedarf es nur der Verteilung der Gesamtkohlensäure auf Hydrocarbonation und freies Kohlendioxyd. Sie ist sehr einfach; es ist

$$\text{Hydrocarbonation } \{HCO_3'\} = d \text{ Millival/kg}[1].$$
$$\text{Freies Kohlendioxyd } [CO_2] = (C - d) \text{ Millimol/kg.}$$

Beispiel. Beim Wiesbadener Kochbrunnen war eben ermittelt $d = 9,21_1$; der Gesamtkohlensäuregehalt C ist $= 16,23_1$ Millimol/kg; demnach enthält das Wasser:

$$9,21 \text{ Millival/kg Hydrocarbonation } HCO_3'$$
und $7,02$ Millimol/kg freies Kohlendioxyd CO_2.

In Wässern dieser Art ist sämtliche Kieselsäure, Titansäure, Borsäure und arsenige Säure im freien, nicht dissoziierten Zustande zugegen; die bei Ausführung der Analyse für sie errechneten vorläufigen Werte sind demnach als endgültige einzusetzen.

3. d ist positiv und kleiner als C; Schwefelwasserstoff ist gefunden.

In diesem Fall muß nicht nur die Gesamtkohlensäure C auf Hydrocarbonation und freies Kohlendioxyd, sondern auch der Gesamtschwefelwasserstoff auf Hydrosulfidion und freien Schwefelwasserstoff verteilt werden. Bezeichnet man den Gehalt an Gesamtschwefelwasserstoff, bezogen auf Millimol/kg (S. 612), mit S, so gelten folgende Formeln:

$$\text{Freier Schwefelwasserstoff } [H_2S] = \frac{1,7\,S + C - 0,7\,d}{1,4}$$
$$- \sqrt{\left(\frac{1,7\,S + C - 0,7\,d}{1,4}\right)^2 - \frac{S(S + C - d)}{0,7}} \text{ Millimol/kg} \quad (1)$$

$$\text{Hydrosulfidion } \{HS'\} \quad = S - [H_2S] \text{ Millival/kg} \quad (2)$$
$$\text{Hydrocarbonation } \{HCO_3'\} = d - \{HS'\} \text{ Millival/kg} \quad (3)$$
$$\text{Freies Kohlendioxyd } [CO_2] = C - d + \{HS'\} \text{ Millimol/kg} \quad (4)$$

Beispiel. Bei der Nenndorfer Trinkquelle ergab die Analyse:

$$d = 8,931_9 \text{ Millival/kg}$$
$$C = 10,406 \text{ Millimol/kg}$$
$$S = 1,7762 \text{ Millimol/kg.}$$

Daraus 'ergibt sich mit Hilfe vorstehender Formeln:

Freier Schwefelwasserstoff $[H_2S]$ . . . . . $0,880$ Millimol/kg
Hydrosulfidion $\{HS'\}$ . . . . $0,896$ Millival/kg
Hydrocarbonation $\{HCO_3'\}$ . . . . $8,036$ Millival/kg
Freies Kohlendioxyd $[CO_2]$ . . . . $2,370$ Millimol/kg.

Für Kieselsäure, Titansäure, Borsäure und arsenige Säure gilt dasselbe wie unter Nr. 2; sie sind in freiem, nicht dissoziiertem Zustande zugegen.

4. d ist positiv und gleich C oder größer als C; Schwefelwasserstoff ist nicht gefunden.

Derartige Wässer enthalten kein freies Kohlendioxyd, dafür aber neben Hydrocarbonation (HCO_3') in Betracht kommende Mengen Carbonation (CO_3'') und ferner, infolge Hydrolyse des letzteren, Hydroxylion (OH'). Überdies können in solchen wirklich alkalisch reagierenden Wässern Kieselsäure, Titansäure, Borsäure und arsenige Säure nicht ohne weiteres im freien Zustande angenommen werden; sie werden vielmehr mehr oder minder in Gestalt von Salzen bzw. deren Ionen zugegen sein. Eine den Tatsachen völlig entsprechende Verteilung aller dieser schwachen Säuren ist praktisch rechnerisch nicht durchzuführen; man muß sich vielmehr mit einer exakten Berück-

---

[1] Hier und in der Folge ist die Formel für die in Millival ausgedrückte Konzentration in Klammern von der Gestalt { }, für die in Millimol ausgedrückte in eckige Klammern [ ] eingeschlossen.

sichtigung der quantitativ überwiegenden, das ist der Kieselsäure, begnügen und für die übrigen eine mehr schematische Behandlung Platz greifen lassen.

Das geschieht für die meta-Titansäure, indem man sie ein für allemal als freie Säure anführt, es also bei dem Ergebnis der vorläufigen Berechnung endgültig bewenden läßt; meta-Borsäure (HBO_2) und meta-Arsenige Säure ($HAsO_2$) rechnet man hingegen auf meta-Boration (BO_2') und meta-Arsenition (AsO_2') um, da sie in den meisten hieher gehörigen Wässern zu ihrem allergrößten Anteil in dieser Form zugegen sein müssen[1]). Die Umrechnung ist insofern einfach, als die Millimolwerte der freien Säuren mit den Millivalwerten der entsprechenden Ionen identisch sind. Ihre Millivalbeträge zieht man hierauf von d ab und erhält so einen neuen Wert, der mit d' bezeichnet sei, also

$$d' = d - \{BO_2'\} - \{AsO_2'\}.$$

In der Regel bleibt dann (wie zuvor d) auch $d' \lessgtr C$. Sollte in einzelnen Grenzfällen das nicht mehr der Fall sein, so rechne man nur so viel Borsäure auf Boration um, daß $d' = C$ wird, und behalte den Rest als freie Borsäure bei. In solch seltenem Falle wäre dann

meta-Boration $\{BO_2'\}$ $= d - C - [AsO_2']$ Millival/kg.

Freie m-Borsäure $[HBO_2] =$ Gesamtborsäure $- \{BO_2'\}$ Millimol/kg.

$$d' = C.$$

Nach Durchführung dieser vorbereitenden Rechenoperationen geht man zur vorläufigen Berechnung des Verteilungszustandes der Kohlensäure über, der sich aus folgenden Formeln ergibt:

Freies Kohlendioxyd $[CO_2]$	$= 0$ Millimol/kg	(5)
Carbonation $\{CO_3''\}$	$= (d' + K) - \sqrt{(d' + K)^2 - 4\,C\,(d' - C)}$ Millival/kg	(6)
Hydrocarbonation $\{HCO_3'\}$	$= C - 0{,}5\,\{CO_3''\}$ Millival/kg	(7)
Hydroxylion $\{OH'\}$	$= d' - C - 0{,}5\,\{CO_3''\}$ Millival/kg	(8)

In diesen Formeln haben d' und C die bereits erläuterte Bedeutung, K hingegen bedeutet die Hydrolysenkonstante der Kohlensäure. Sie ist mit der Temperatur veränderlich; nach F. Auerbach beträgt sie:

Temperatur	Hydrolysenkonstante K
10°	0,05
18°	0,1
25°	0,2
35°	0,4
50°	1,0

Aus dieser Tafel ist jeweils der Wert für K zu entnehmen und in Formel 6 einzusetzen, welcher der Temperatur entspricht, die der Quellentemperatur des Mineralwassers am nächsten liegt; man wird also z. B. für ein Wasser von 12,5° $K = 0{,}05$, für ein solches von 22,1° $K = 0{,}2$ wählen.

Die Berechnung erfolgte bisher noch ohne Rücksichtnahme auf die Kieselsäure. Deren Zustand in carbonathaltigen Lösungen läßt sich, wie L. Grünhut zeigte, an Hand des sog. Kohlensäurequotienten, d. h. des Bruches $\dfrac{\{CO_3''\}}{2\,C}$, beurteilen. Je mehr sich derselbe dem Wert 1 nähert, um so geringere Anteile der Kieselsäure sind im freien Zustande,

---

[1]) In Wahrheit ist Borsäure und arsenige Säure nur dann praktisch noch als vollständig frei anzunehmen, wenn der Kohlensäurequotient (s. unten) kleiner ist als 0,01. Bei Kohlensäurequotienten zwischen 0,01 und 0,47 sind die beiden Säuren je zu einem Teil frei, zum anderen Teil als Ion zugegen. Überschreitet der Kohlensäurequotient den Wert 0,47, so können beide Säuren praktisch vollständig als Ion angenommen werden.

um so größere, als ionisierte Salze — und zwar zunächst als $HSiO_3'$, später auch als SiO_3'' — zugegen. Diese Tatsache ist in folgender Weise zu berücksichtigen, die, wie das weiter unten vorgeführte Beispiel lehren wird, in ihrer Durchführung viel einfacher sich gestaltet, als man vielleicht zunächst vermutet:

A. Man bildet, nachdem man mittels Formel (6) $\{CO_3''\}$ ermittelt hat, den Kohlensäurequotienten $\dfrac{\{CO_3''\}}{2\,C}$. Fällt dessen Wert kleiner als 0,24 aus, so ist alle Kieselsäure noch als freie H_2SiO_3 zugegen, und die bisherigen Ergebnisse sind endgültig richtig.

B. Ist jedoch der Kohlensäurequotient größer als 0,24 ausgefallen, so bedarf es nicht nur einer Verteilung des meta-Kieselsäurewertes auf die einzelnen Verbindungsformen, sondern auch die zuvor bei der Verteilung der Kohlensäure erhaltenen Ergebnisse müssen verworfen und in folgender Weise neu berechnet werden:

Man versucht zunächst die Gesamtkieselsäure in folgender Weise auf freie Kieselsäure H_2SiO_3 und Hydrosilication $HSiO_3'$ zu verteilen. Die analytisch gefundene Gesamtmenge der Kieselsäure sei, ausgedrückt in Millimol/kg, = Si. Bezeichnet man die Menge der freien Kieselsäure mit x Si Millimol/kg, so ist diejenige der als Hydrosilication vorhandenen = $(1 - x)$ Si Milligrammion/kg. Bei Berechnung des $\{CO_3''\}$-Gehaltes ist dann in Formel (6) überall da, wo d' steht $[d' - (1 - x)\,Si]$ einzusetzen.

Berücksichtigt man, daß $\dfrac{\{CO_3''\}}{2\,C}$ = dem Kohlensäurequotienten, so ergibt sich vor jeder weiteren Rechnung:

Kohlensäurequotient =

$$\frac{[d' - (1 - x)\,Si + K] - \sqrt{[d' - (1 - x)\,Si + K]^2 - 4\,C\,[d' - (1 - x)\,Si - C]}}{2\,C}. \qquad (9)$$

Zu jedem Wert von x gehört theoretisch ein bestimmter Kohlensäurequotient; diese Beziehungen sind in folgender Tafel niedergelegt:

x	Zugehöriger Kohlensäurequotient	x	Zugehöriger Kohlensäurequotient
0,9	0,26	0,4	0,82
0,8	0,44	0,3	0,88
0,7	0,57	0,2	0,93
0,6	0,68	0,1	0,966
0,5	0,76		

Man setze in Formel (9) systematisch probierend die vorstehenden Werte für x ein; derjenige, für den hierbei der zugehörige Kohlensäurequotient oder ein demselben hinreichend nahestehender Wert gefunden wird, ist endgültig richtig. Mit diesem x ergibt sich dann

$$\text{meta-Kieselsäure } [H_2SiO_3] = x\,Si \text{ Millimol/kg}$$
$$\text{und Hydrosilication} \quad \{HSiO_3'\} = (1 - x)\,Si \text{ Millival/kg,}$$

und hierauf zunächst $[CO_2]$ und $\{CO_3''\}$, und weiter $\{HCO_3'\}$ und $\{OH'\}$ nach Formel (5), (6), (7) und (8) unter Ersatz von d' durch $[d' - (1 - x)\,Si]$.

C. Ist der Kohlensäurequotient auch bei Einsetzung von $x = 0,1$ größer geblieben als der zugehörige Wert, so ist auf die Verteilung der Kieselsäure auf $HSiO_3'$ und SiO_3'' Bedacht zu nehmen. Man setze vorläufig $[HSiO_3'] = y$ Si Milligrammion/kg, dann bleibt für $[SiO_3''] = (1 - y)$ Si Milligrammion/kg. Zur Berechnung des $\{CO_3''\}$-Gehaltes ist in Formel (6) dann d' überall durch $[d' - (2 - y)\,Si]$ zu ersetzen, und für den Kohlensäurequotienten ergibt sich:

$$\frac{[d' - (2 - y)\,Si + K] - \sqrt{[d' - (2 - y)\,Si + K]^2 - 4\,C\,[d' - (2 - y)\,Si - C]}}{2\,C}. \qquad (10)$$

Wiederum gehört zu jedem Werte von y theoretisch ein bestimmter Kohlensäure-quotient; die Beziehungen sind in folgender Tafel niedergelegt.

y	Zugehöriger Kohlensäurequotient	y	Zugehöriger Kohlensäurequotient
0,9	0,938	0,4	0,9952
0,8	0,972	0,3	0,9969
0,7	0,983	0,2	0,9982
0,6	0,989	0,1	0,9992
0,5	0,9927		

Man setze in Formel (10) systematisch probierend die vorstehenden Werte von y ein; derjenige, für welchen hierbei der zugehörige Kohlensäurequotient oder ein demselben hinreichend nahestehender Wert gefunden wird, ist endgültig richtig. Mit diesem y ergibt sich dann:

$$\text{Hydrosilication } \{HSiO_3'\} = y \text{ Si Millival/kg}$$
$$\text{und Silication } \{SiO_3''\} = 2\,(1-y) \text{ Si Millival/kg,}$$

und hierauf zunächst $[CO_2]$ und $\{CO_3''\}$, und dann $\{HCO_3'\}$ und $\{OH'\}$ nach Formel (5), (6), (7) und (8) unter Ersatz von d' durch $[d' - (2-y)\,Si]$.

D. Ist der Kohlensäurequotient auch bei Einsetzung von $y = 0{,}1$ noch zu groß — d. h. größer als der zugehörige Quotient 0,9992 — geblieben, so ist alle Kieselsäure als $\{SiO_3''\}$ und alle Kohlensäure als $\{CO_3''\}$ in Rechnung zu stellen. Das kann praktisch nur vorkommen, wenn $d' = 2\,(C + Si)$, und es ist dann:

$$\text{Silication } \quad \{SiO_3''\} = 2 \text{ Si Millival/kg,}$$
$$\text{Carbonation } \{CO_3''\} = 2 \text{ C Millival/kg.}$$

Hydrosilication, freie Kieselsäure, Carbonation und Hydroxylion sind in solchen Wässern in beachtlicher Menge nicht zugegen. Ein derartiger Zustand ist demnach nur möglich unter Konzentrationsverhältnissen, unter denen die Hydrolyse praktisch vollständig zurückgedrängt ist, was bei Mineralwässern kaum je zutreffen kann.

Beispiel. Bei der Analyse der Kainzenquelle in Kainzenbad-Partenkirchen war gefunden worden:

$$d' = 9{,}783 \text{ Millival/kg,}$$
$$C = 4{,}97 \text{ Millimol/kg,}$$
$$Si = 0{,}1654 \text{ Millimol/kg.}$$

Die Temperatur des Mineralwassers ist $= 8°$; als Hydrolysenkonstante der Kohlensäure ist demnach $K = 0{,}05$ zu wählen. Zunächst ermittelt man, gemäß Absatz A, nach Formel (6) den vorläufigen Wert:

$$\{CO_3''\} = 8{,}84 \text{ Millival/kg}$$

und hieraus den Kohlensäurequotienten:

$$\frac{\{CO_3''\}}{2\,C} = \frac{8{,}84}{9{,}94} = 0{,}89\,.$$

Dieser Kohlensäurequotient ist größer als 0,24; die Rechnung muß also im Sinne von Abschnitt B fortgesetzt werden. Da gemäß der Tafel jenes Absatzes dem vorläufigen Kohlensäurequotienten 0,89 der Wert $x = 0{,}3$ am nächsten steht, werden versuchsweise für x die drei Werte 0,4 bzw. 0,3 bzw. 0,2 herangezogen. Man findet mit ihnen nach Formel (9) den Kohlensäurequotienten:

$$\text{für } x = 0{,}4 \quad \text{zu } 0{,}877$$
$$\text{,, } x = 0{,}3 \quad \text{,, } 0{,}875$$
$$\text{,, } x = 0.2 \quad \text{,, } 0{,}873\,.$$

Ein abermaliger Vergleich mit der Tafel ergibt, daß für $x = 0,3$ der „zugehörige" Kohlensäurequotient (0,875 statt 0,88) mit guter Übereinstimmung bestätigt, für $x = 0,4$ hingegen ein zu hoher (0,877 statt 0,82), für $x = 0,2$ ein zu niedriger (0,873 statt 0,93) gefunden wurde. Die Rechnung ist folglich mit diesem Werte $x = 0,3$ endgültig durchzuführen. Man erhält dann:

$$\text{Freie m-Kieselsäure } [H_2SiO_3] = 0,3 \times 0,1654 = 0,050 \text{ Millimol/kg},$$
$$\text{Hydrosilication } \{HSiO_3'\} \quad = (1 - 0,3) \times 0,1654 = 0,116 \text{ Millival/kg}$$

und weiter nach Formel (5), (6), (7) und (8), indem man jedesmal für d' einsetzt: $[d' - (1-x)Si]$, d. h. $9,783 - 0,116 = 9,667$.

$$\begin{aligned}
\text{Freies Kohlendioxyd } [CO_2] &= 0 \text{ Millimol/kg} \\
\text{Carbonation } \{CO_3''\} &= 8,70 \text{ Millival/kg} \\
\text{Hydrocarbonation } \{HCO_3'\} &= 0,62 \quad „ \\
\text{Hydroxylion } \{OH'\} &= 0,35 \quad „
\end{aligned}$$

5. d ist positiv und gleich oder größer als C; Schwefelwasserstoff ist gefunden. Man ermittelt in derselben Weise wie unter Nr. 4 unter Berücksichtigung der gefundenen Mengen Borsäure und arseniger Säure zunächst einen Hilfswert d'. Die weitere Behandlung der Aufgabe ist verschieden, je nachdem d' kleiner ist als $C + S$ oder ob es gleich oder größer ist als $C + S$. Hierbei bedeutet S, wie unter Nr. 3, die analytisch ermittelte Menge Gesamtschwefelwasserstoff (S. 612), ausgedrückt in Millimol/kg.

A. d' ist kleiner als $C + S$. Solche Wässer enthalten noch etwas freies Kohlendioxyd; Kieselsäure ist also als freie Säure in ihnen zugegen, und der für sie ursprünglich errechnete Wert bedarf keiner Umrechnung. Dagegen ist eine Verteilung von S auf Schwefelwasserstoff und Hydrosulfidion, von C auf Kohlendioxyd und Hydrocarbonation erforderlich. Sie erfolgt nach den Formeln (1), (2), (3) und (4), und zwar:

α) Wenn nicht nur d', sondern auch noch der ursprüngliche Wert d kleiner als $C + S$ ist, mittels der Formeln, so wie sie oben stehen. Dann sind auch Borsäure und arsenige Säure als freie Säure anzugeben.

β) Wenn hingegen $d \gtreqless C + S$ und nur $d' < C + S$ ist, muß in den angegebenen Formeln überall, wo d steht, statt seiner d' eingesetzt werden. Borsäure und arsenige Säure werden als m-Boration und m-Arsenition angegeben.

B. d' ist gleich oder größer als $C + S$. Solche Wässer enthalten keinen freien Schwefelwasserstoff; der Gesamtbetrag von S ist auf Hydrosulfidion zu verrechnen, dessen Menge dann also beträgt:

$$\text{Hydrosulfidion } \{HS'\} = S \text{ Millival/kg}.$$

Im übrigen gilt alles das, was für den unter Nr. 4 erörterten Fall zutrifft: Hydrocarbonation, Carbonation und Hydroxylion sind zugegen, freies Kohlendioxyd fehlt, und der Zustand der Kieselsäure ist durch den Kohlensäurequotienten bedingt. Die Berechnung erfolgt demnach mit Beziehung auf diese Bestandteile nach den unter Nr. 4, A, B, C und D mitgeteilten Regeln mit dem einzigen Unterschiede, daß in den Formeln (6), (9) und (10) die Größe d' von vornherein durch die Größe $d' - S$ ersetzt wird.

6. d ist negativ. Wässer dieser Art reagieren sauer gegen Methylorange. Sie können demnach Phosphate und Arsenate nicht in Gestalt der Ionen HPO_4'' und $HAsO_4''$ enthalten; statt ihrer muß vielmehr die Gegenwart von Dihydrophosphation H_2PO_4' und Dihydroarsenation H_2AsO_4' angenommen werden. Auf diese Bestandteile sind demnach die ursprünglichen errechneten Werte umzurechnen (S. 678 und 679).

Überdies enthalten diese Wässer auch noch freie starke Säuren, also Wasserstoffion (H˙). Da in der Natur als Wässer dieser Klasse so gut wie ausschließlich Vitriolquellen vorkommen, wird man in der Regel annehmen müssen, daß eine der Wasserstoffionenmenge äquivalente Menge Hydrosulfation (HSO$_4'$) zugegen ist, wird also den ursprünglich auf SO$_4''$ berechneten Wert für die Gesamtschwefelsäure entsprechend umrechnen müssen. Hierzu ist es nötig, die Differenz d, die ja zunächst unter Benutzung der unzutreffenden HPO$_4''$- und HAsO$_4''$-Werte ermittelt war, mittels der berichtigten Werte für H$_2$PO$_4'$ und H$_2$AsO$_4'$ (aber unter Beibehaltung des bisherigen SO$_4''$-Wertes für Gesamtschwefelsäure) neu zu berechnen. Diese berichtigte Differenz sei mit d'' bezeichnet. Auch ihr Vorzeichen ist natürlich negativ.

Es ist dann:

Wasserstoffion {H$^\cdot$} $= -0,5 \, d''$ Millival/kg

Hydrosulfation {HSO$_4'$} $= -0,5 \, d''$ „

Sulfation {SO$_4''$} $= $ (Gesamtschwefelsäurewert $+ \, d''$) Millival/kg.

Man beachte, daß in diesen Formeln d'' nicht den absoluten Wert der Differenz, sondern den Wert einschließlich des Vorzeichens bedeutet.

Kohlendioxyd, Schwefelwasserstoff, Borsäure, arsenige Säure, Kieselsäure, Titansäure sind in Mineralwässern dieser Art ausschließlich im freien Zustande zugegen.

Beispiel. Bei der Analyse der Starkquelle von Levico war gefunden:

d (ursprünglicher Wert) $= -27,56$ Millival/kg

d'' (korrigierter Wert) $= -27,50$ „

Gesamtschwefelsäurewert als SO$_4''$ $= 118,20$ „

Hieraus ergibt sich:

Wasserstoffion {H$^\cdot$} $= 0,5 \times 27,50 = 13,75$ Millival/kg

Hydrosulfation {HSO$_4'$} $= 0,5 \times 27,50 = 13,75$ „

Sulfation {SO$_4''$} $= 118,20 - 27,50 = 90,70$ „

7. Aufstellung der Analysentafel. Nach Durchführung der Berechnung in der hier angegebenen Art besitzt man für alle Ionen die Millivalwerte, für alle Nichtelektrolyte die Millimolwerte. Neben diesen sind im Analysenbericht noch die Milligrammionwerte für die Ionen anzugeben; man erhält sie aus den Millivalwerten durch Division derselben durch die zugehörigen Wertigkeitsziffern. Endlich berechnet man noch aus Milligrammionen bzw. Millimol die Gramm/kg-Konzentration der einzelnen Bestandteile durch Multiplikation mit dem tausendsten Teile des Ionengewichts bzw. Molekelgewichts. Das Deutsche Bäderbuch und seine Nachfolger begnügten sich mit der Angabe dieser Größen. Seitdem ließen Veröffentlichungen von ärztlicher Seite den Wunsch entstehen, der Analysentafel noch eine vierte Spalte hinzufügen, die die sog. Millivalprozente enthält[1]), die übrigens bereits K. von Than seiner Aufstellung der Mineralwasseranalysen zugrunde gelegt hatte. Unter Millivalprozent versteht man den Prozentsatz, welchen die in Millival ausgedrückte Menge jedes einzelnen Ions von der Millivalsumme aller Kationen bzw. der mit ihr gleichen aller Anionen[2]) ausmacht.

Bei den Zahlenangaben unterläßt man mit Recht jetzt die früher übliche Anführung unberechtigt vieler Dezimalstellen. Im allgemeinen soll man keinesfalls mehr als 4 gültige Ziffern anführen; nur die Dichte darf mit 5 Dezimalstellen angegeben werden. Vereinzelt werden nicht einmal 4 gültige Ziffern berechtigt sein. Es ist klar, daß wenn man z. B. bei einer Bestimmung des Ferroions 0,0101 g Ferrioxyd zur Wägung gebracht oder bei einer maßanalytischen Bestimmung des Ammoniumions 6,98 ccm $^1/_{10}$ N.-Säure verbraucht hat,

---

1) Vgl. E. Hintz u. L. Grünhut in dem Handbuch der Balneologie von Dietrich u. Kaminer, Leipzig 1916, Bd. I, S. 199—202.

2) Diese Summe entspricht der Millivalkonzentration der Elektrolyte, die oben (S. 702) erwähnt war.

auch die Ergebnisse nur auf 3 gültige Ziffern berechnet werden dürfen, weil die analytischen Ermittlungen nur bis zur Feststellung der dritten Ziffer ausgedehnt werden konnten. Neben allem diesem ergibt sich eine Verminderung der mitzuteilenden Ziffernzahl auch dadurch, daß im allgemeinen kein Bedürfnis vorliegt, für die Gramm/kg über die sechste, für die Milligrammion/kg, Millimol/kg und Millival/kg über die vierte Dezimalstelle hinauszugehen. Unabhängig von der Anzahl der im Schlußergebnis anzuführenden Stellen sind alle Zwischenrechnungen in der Regel bis zur fünften Ziffer auszudehnen.

Als Reihenfolge, in der die Einzelbestandteile in der Analysentafel aufgeführt werden, hat sich die folgende eingebürgert.

Kationen: H·, K·, Na·, Li·, Rb·, Cs·, NH₄·, Ca··, Sr··, Ba··, Mg··, Zn··, Fe··, Fe···, Mn··, Co··, Ni··, Cu··, Pb··, Hg··, Al···.

Anionen: NO_3', Cl', Br', J', F',-HSO_4', SO_4'', S_2O_3'', H_2PO_4', HPO_4'', H_2AsO_4', $HAsO_4''$, AsO_2', HCO_3', CO_3'', BO_2', $HSiO_3'$, SiO_3'', HS', OH', Fettsäureionen.

Nichtelektrolyte: $HAsO_2$, HBO_2, H_2SiO_3, H_2TiO_3, organische Stoffe.

Gelöste Gase: CO_2, H_2S, COS, N_2, Edelgase, O_2, H_2, Kohlenwasserstoffe.

Als Beispiel sei die nach diesen Grundsätzen aufgestellte Analyse des Wiesbadener Kochbrunnens mitgeteilt.

Analyse des Wiesbadener Kochbrunnens.

Analytiker: E. Hintz und L. Grünhut (1904). Dichte: 1,00554 bei 15°, bezogen auf Wasser von 4°. Temperatur: 65,7°.

Im Mineralwasser sind enthalten:

In 1 kg

Kationen.	Gramm	Milligrammion bzw. Millimol	Millival	Millivalprozente
Kaliumion (K·)	0,09657	2,467	2,467	1,7
Natriumion (Na·)	2,691	116,8	116,8	82,3
Lithiumion (Li·).	0,003758	0,5346	0,5346	0,38
Ammoniumion (NH₄·)	0,00630	0,349	0,349	0,25
Calciumion (Ca··)	0,3462	8,635	17,27	12,2
Strontiumion (Sr··).	0,01248	0,1425	0,2850	0,20
Bariumion (Ba··).	0,000669	0,0049	0,0097	0,007
Magnesiumion (Mg··)	0,04984	2,046	4,092	2,9
Ferroion (Fe··)	0,000332	0,0593	0,119	0,084
Manganoion (Mn··)	0,000582	0,0106	0,0212	0,015
			141,9	100,0

Anionen.				
Nitration (NO_3')	0,0018	0,029	0,029	0,021
Chlorion (Cl')	4,656	131,3	131,3	92,5
Bromion (Br')	0,00338	0,0422	0,0422	0,03
Jodion (J')	0,000017	0,0001	0,0001	0,0001
Sulfation (SO_4'')	0,0624	0,650	1,30	0,92
Hydrophosphation (HPO_4'')	0,000026	0,0003	0,0005	0,0004
Hydroarsenation ($HAsO_4''$)	0,00017	0,0012	0,0024	0,0017
Hydrocarbonation (HCO_3')	0,562	9,21	9,21	6,5
	8,497	272,3	141,9	100,0

m-Borsäure (HBO_2)	0,00420	0,0955		
m-Kieselsäure (H_2SiO_3).	0,08568	1,093		
m-Titansäure (H_2TiO_3)	0,000008	0,0001		
	8,586	273,5		

In 1 kg Mineralwasser sind enthalten:

	Gramm	Milligrammion bzw. Millimol	
Übertrag	8,586	273,5	
Gelöstes Kohlendioxyd (CO_2) . . .	0,309	7,02 entspr. 194 ccm	⎫
Gelöster Stickstoff (N_2) (einschl.			⎬ bei 65,7°
Edelgase)	0,00582	0,207 entspr. 5,8 ccm	⎪ u. 760 mm
Gelöster Sauerstoff (O_2)	0,00140	0,0437 entspr. 1,2 ccm	⎭
	8,903	280,7	

Daneben Spuren von Rubidium- und Cäsiumion, Schwefelwasserstoff und Methan. Die der Quelle frei entströmenden Gase enthalten in 1000 ccm:

Kohlendioxyd (CO_2)	853,5 ccm
Stickstoff (N_2) einschl. Edelgase	141,3 „
Sauerstoff (O_2)	2,4 „
Methan (CH_4)	2,8 „
	1000,0 ccm

8. Auswertung der Sulfatkontrolle.

Zur Kontrolle der Analysenergebnisse war auf S. 686 empfohlen, den Sulfatrückstand des Wassers zu bestimmen und den gefunden Betrag mit dem berechneten Wert zu vergleichen, der nach dem Gesamtergebnis der Analyse zu erwarten ist. Für die Ermittlung dieses berechneten Wertes gelten folgende Gesichtspunkte:

Die Kationen des Mineralwassers finden sich im Sulfatrückstand, an Sulfatrest gebunden, quantitativ wieder; nur Wasserstoffion und Ammoniumion sind verflüchtigt — ersteres in Gestalt freier Säure, letzteres als Ammoniumsulfat —, und Ferro- und Ferriion sind in Ferrioxyd, Aluminiumion ist in Aluminiumoxyd übergegangen.

Von den Anionen ist HSO_4' mit H· verflüchtigt; die Summe aller übrigen wird durch die äquivalente Menge Sulfatrest (SO_4) ersetzt. Von diesem ist aber beim Glühen eine den Ionen NH_4·, Fe··, Fe··· und Al··· äquivalente Menge wieder fortgegangen.

Phosphat- und Arsenationen gehen zunächst in freie Säuren über, von denen kaum angenommen werden kann, daß sie bei dem nur schwachen Glühen des Rückstandes Sulfatrest austreiben werden. So dürften sie wohl schließlich zu Ferriphosphaten und Ferriarsenaten mit dem Ferrioxyd zusammentreten; sie sind demnach neben Fe_2O_3 als P_2O_5 bzw. As_2O_5 in Rechnung zu stellen.

Arsenition und m-Arsenige Säure verflüchtigen sich aus dem sauren Rückstand; Boration und m-Borsäure finden sich als Bortrioxyd B_2O_3, Silicationen und m-Kieselsäure als Siliciumdioxyd SiO_2, m-Titansäure als Titandioxyd TiO_2.

Organische Stoffe und gelöste Gase sind verflüchtigt.

Als Beispiel gebe ich die Berechnung der eben mitgeteilten Analyse des Wiesbadener Kochbrunnens.

Im Sulfatrückstand von 1 kg Mineralwasser müssen enthalten sein:

		Gramm	
Für	Kaliumion	0,09657	Kalium
„	Natriumion . . . . : .	2,691	Natrium
„	Lithiumion	0,003758	Lithium
„	Calciumion	0,3462	Calcium
„	Strontiumion	0,01248	Strontium
„	Bariumion . . . . . . :	0,000669	Barium
„	Magnesiumion	0,04984	Magnesium
„	Ferroion (0,11866 Millival)	0,00474	Ferrioxyd
„	Manganoion	0,000582	Mangan.

3,205839

Übertrag: 3,205839

141,91549 Millival Anionensumme

ab   0,34883   „   Ammoniumion

„   0,11866   „   Ferroion

für 141,45   Millival Anionen   6,795   Sulfatrest.

Für 0,00054 Millival HPO_4'' . . . .   0,000019 Phosphorpentoxyd

„   0,00240   „ $HAsO_4''$ . . . .   0,000138 Arsenpentoxyd

„   0,009545 Millimol HBO_2   0,00334   Bortrioxyd

„   1,0926   „ H_2SiO_3   0,06599   Siliciumdioxyd

„   0,00008   „ H_2TiO_3 . . . .   0.000006 Titandioxyd

Summe 10,070 g

Bei der Sulfatkontrolle wurden gefunden . . 10,07 g.

Die Übereinstimmung zwischen dem berechneten und dem gefundenen Wert war hier eine absolute. Natürlich zeigen sich, wenn die unvermeidlichen analytischen Fehlerquellen sich nicht, wie in diesem Falle, zufällig ausgleichen, gelegentlich auch Unterschiede. Nach des Verf.'s Erfahrungen darf man verlangen, daß sie nicht wesentlich größer sind als $\pm 0,5\%$ vom Gewichte des Sulfatrückstandes.

9. Berechnung der Analysenergebnisse auf Salze.

Eine Darstellung der Analysenergebnisse, bei der man die gefundenen Kationen- und Anionenmengen zu Salzen kombiniert, entbehrt, vom Standpunkt der neueren Chemie, insbesondere der Lösungstheorie, jedweder Berechtigung. Mit solcher, bis vor kurzem fast allein üblicher Berechnungsart hat das Deutsche Bäderbuch gebrochen und an ihre Stelle die Berechnung auf Ionen gesetzt, wie sie seitdem allgemeine Verbreitung gefunden hat und auch hier wiedergegeben ist. In wissenschaftlichen Veröffentlichungen soll man sich ausschließlich ihrer in Gestalt des unter Nr. 7 auseinandergesetzten Schemas bedienen; sie ist so weit eingedrungen, daß das Zugeständnis einer daneben noch mitzuteilenden Salzberechnung seine Berechtigung verloren hat. Leider wird sie aber für gewisse praktische Zwecke (Brunnenschriften usw.), die außerhalb des unmittelbaren Einflußbereiches des Chemikers liegen, immer noch herangezogen und vom Analytiker gefordert. Er muß also zuweilen seine Ergebnisse außer auf Ionen, doch auch noch auf Salze berechnen; dann soll das aber wenigstens stets in jener einheitlichen Weise geschehen, die das Deutsche Bäderbuch für seine Salzberechnungen anwendete, die es zur Erleichterung des Überganges vom Alten zum Neuen noch einmal mitgeteilt hatte. Man behält so wenigstens die Möglichkeit, Analysen untereinander auch in Gestalt der Salztabelle zu vergleichen, was früher, wo jede Schule ihre eigenen Berechnungsgrundsätze anwendete, völlig in Frage gestellt war.

Keinesfalls darf man vergessen, daß die Salztabelle nicht der Ausdruck der wahren Zusammensetzung des Wassers ist, daß sie vielmehr auf willkürlichen Annahmen beruht, die nur Zweckmäßigkeitsgründe besitzen. Unter Berücksichtigung der letzteren wurden folgende Regeln aufgestellt:

In kleineren Mengen vorkommende Bestandteile sind stets in dieselben Salze hineinzunehmen. Man beginnt damit, alles Br', J', F', S_2O_3'', AsO_2', BO_2', $HSiO_3'$, SiO_3'', HS' und alle Fettsäureionen auf Natriumsalze zu berechnen. Wo sich HSO_4' findet, wird es mit $H^{\cdot}$ zu Schwefelsäure (H_2SO_4) vereinigt. $Sr^{\cdot\cdot}$ und $Ba^{\cdot\cdot}$ sind immer als Hydrocarbonate[1]), $NH_4^{\cdot}$, $Rb^{\cdot}$ und $Cs^{\cdot}$ immer als Chloride zu berechnen. $Li^{\cdot}$ ist in „alkalischen" Wässern als Hydrocarbonat, in allen anderen als Chlorid aufzuführen. Wo $Fe^{\cdot\cdot\cdot}$ vorkommt, wird es

---

[1]) In manchen Solquellen, die Hydrocarbonation überhaupt nicht oder doch nicht in ausreichender Menge enthalten, müssen $Sr^{\cdot\cdot}$ und $Ba^{\cdot\cdot}$ als Sulfate, teilweise auch noch als Chloride berechnet werden.

als Sulfat $Fe_2(SO_4)_3$ in Rechnung gestellt. Ist $Al^{\cdots}$ zugegen, so wird es zunächst als **Phosphat** gebunden gedacht, und zwar je nach Maßgabe des vorhandenen Phosphations — HPO_4'' oder H_2PO_4' — als $Al_2(HPO_4)_3$ oder als $Al(H_2PO_4)_3$. Reichen die Phosphationen hierzu nicht aus, so wird der Rest des $Al^{\cdots}$ als Sulfat $Al_2(SO_4)_3$ verrechnet. Bleiben jedoch noch Phosphationen übrig bzw. ist $Al^{\cdots}$ gar nicht vorhanden, so wird der Rest (bzw. die ganze Menge), ebenso wie die Arsenationen, an $Ca^{\cdot\cdot}$ gebunden zu $CaHPO_4$ bzw. $Ca(H_2PO_4)_2$ und $CaHAsO_4$ bzw. $Ca(H_2AsO_4)_2$.

Nachdem man alle diese Berechnungen, soweit sie im gegebenen Fall in Betracht kommen, im voraus erledigt hat, kombiniert man die noch nicht versorgten Ionen bzw. die noch verfügbaren Reste der teilweise vergebenen nach folgender einheitlichen Reihenfolge zu Salzen.

$$\begin{array}{ll} NO_3' & K^{\cdot} \\ Cl' & Na^{\cdot} \\ SO_4'' & Ca^{\cdot\cdot} \\ HCO_3' & Mg^{\cdot\cdot} \\ CO_3'' & Zn^{\cdot\cdot} \\ OH' & Fe^{\cdot\cdot} \\ & Mn^{\cdot\cdot} \end{array}$$

Sonstige Schwermetallionen.

Bei Gegenwart von Carbonat- und Hydroxylion sind außerhalb dieser Reihenfolge $Zn^{\cdot\cdot}$, $Fe^{\cdot\cdot}$ und $Mn^{\cdot\cdot}$ sowie sonstige Schwermetallionen **im voraus** an HCO_3' zu binden.

Nichtelektrolyte und gelöste Gase bedürfen keiner weiteren Umrechnung.

Beispiel. Berechnung der oben (S. 710) mitgeteilten **Analyse des Wiesbadener Kochbrunnens** auf Salze.

a) Natriumbromid (NaBr).

0,04220 Millival/kg Bromion entspr. Natriumbromid . . . . . 0,00435 g in 1 kg

b) Natriumjodid (NaJ).

0,00014 Millival/kg Jodion entspr. Natriumjodid . . . . 0,000021 g in 1 kg

c) Strontiumhydrocarbonat [Sr(HCO₃)₂].

0,28495 Millival/kg Strontiumion entspr. Strontiumhydrocarbonat 0,02986 g in 1 kg

d) Bariumhydrocarbonat [Ba(HCO₃)₂].

0,00973 Millival/kg Bariumion entspr. Bariumhydrocarbonat . . 0,00126 g in 1 kg

e) Ammoniumchlorid (NH₄Cl).

0,34883 Millival/kg Ammoniumion entspr. Ammoniumchlorid. . 0,0187 g in 1 kg

f) Lithiumchlorid (LiCl).

0,53455 Millival/kg Lithiumion entspr. Lithiumchlorid . . . . 0,02271 g in 1 kg

g) Calciumhydrophosphat (CaHPO₄).

0,00054 Millival/kg Hydrophosphation entspr. Calciumhydrophosphat. . . . . 0,000037 g in 1 kg

h) Calciumhydroarsenat (CaHAsO₄).

0,00240 Millival/kg Hydroarsenation entspr. Calciumhydroarsenat 0,00022 g in 1 kg

i) Kaliumnitrat (KNO₃).

0,02940 Millival/kg Nitration entspr. Kaliumnitrat . . . . . . 0,0030 g in 1 kg

***k*) Kaliumchlorid (KCl).**

Kaliumion ist vorhanden . . . . 2,4667 Millival/kg

Davon ist bereits gebunden an Nitration (i) 0,02940   „

Rest 2,43730 Millival/kg

entspr. Kaliumchlorid 0,1818 g in 1 kg

l) Natriumchlorid (NaCl).

Natriumion ist vorhanden 116,77   Millival/kg

Davon ist bereits gebunden an

Bromion (a) 0,04220 Millival/kg

Jodion (b)   0,00014   „

Summe   0,04234   „

Rest . . 116,72766 Millival/kg

entspr. Natriumchlorid   6,829 g in 1 kg

m) Calciumchlorid (CaCl$_2$).

Chlorion ist vorhanden 131,33   Millival/kg

Davon ist bereits gebunden an

Ammoniumion (e)   0,34883 Millival/kg

Lithiumion (f) . . 0,53455   „

Kaliumion (k) . . 2,43730   „

Natriumion (l) . . 116,72766   „

Summe . 120,04834   „

Rest . . . 11,28166 Millival/kg

entspr. Calciumchlorid . . . . . 0,6260 g in 1 kg

n) Calciumsulfat (CaSO$_4$).

1,2997 Millival/kg Sulfation entspr. Calciumsulfat . . . . . . 0,0885 g in 1 kg

o) Calciumhydrocarbonat [Ca(HCO$_3$)$_2$].

Calciumion ist vorhanden . . . . 17,269 Millival/kg

Davon ist bereits gebunden an

Hydrophosphation (g) 0,00054 Millival/kg

Hydroarsenation (h)   0,00240   „

Chlorion (m) . . . 11,28166   „

Sulfation (n) . . . 1,2997   „

Summe . 12,58430   „

Rest . . 4,68470 Millival/kg

entspr. Calciumhydrocarbonat   0,379 g in 1 kg

p) Magnesiumhydrocarbonat [Mg(HCO$_3$)$_2$].

4,0919 Millival/kg Magnesiumion entspr. Magnesiumhydrocarbonat 0,2995 g in 1 kg

q) Ferrohydrocarbonat [Fe(HCO$_3$)$_2$].

0,011866 Millival/kg Ferroion entspr. Ferrohydrocarbonat . . . 0,0106 g in 1 kg

r) Manganohydrocarbonat [Mn(HCO$_3$)$_2$].

0,02117 Millival/kg Manganoion entspr. Manganohydrocarbonat . 0,001874 g in 1 kg

s) Kontrolle der vorstehenden Berechnung.

Hydrocarbonation ist gebunden an

Strontiumion (c)	0,28495	Millival/kg
Bariumion (d)	0,00973	„
Calciumion (o)	4,68470	„
Magnesiumion (ρ)	4,0919	„
Ferroion (q)	0,11866	„
Manganoion (r)	0,02117	„
Summe	9,21111	Millival/kg
Gefunden wurde für $C-d$ (S. 703)	9,21111	„

t) m - Borsäure, m - Kieselsäure, m - Titansäure und gelöste Gase werden unverändert aus der Ionentafel (S. 710) in die Salztafel übertragen.

Die Salztafel ist so zu ordnen, daß alle Salze des gleichen Kations aufeinander folgen
und zwar in derselben Reihenfolge der Kationen und Anionen (S. 710), die für die Ionentafel gewählt ist, also z. B. KNO_3, KCl, NaCl, NaBr, NaJ, LiCl usw.

10. Berechnung des mittleren Dissoziationsgrades der Elektrolyte aus der elektrischen Leitfähigkeit.

Hierfür haben E Hintz und
L. Grünhut[1]) folgende Formel abgeleitet:

$$\alpha = \frac{10^6 \cdot \varkappa_t}{d \cdot \Sigma \, i l_J \cdot [1 - \mathfrak{c}(18 - t)]}.$$

Hierin bedeutet

$$\Sigma \, i l_J = i_1 l_{J_1} + i_2 l_{J_2} + i_3 l_{J_3} + \cdots$$

und es sind i_1, i_2, i_3 ... die Konzentrationen der einzelnen Ionen in Millival/kg und l_{J_1}, l_{J_2}
l_{J_3} ... die zugehörigen Äquivalentleitfähigkeiten bei unendlicher Verdünnung bei 18°. Ferner
ist $\varkappa_t$ die gemessene spezifische Leitfähigkeit, bezogen auf reziproke Ohm und Zentimeter-
würfel, t die Temperatur, bei der die Messung ausgeführt wurde, $\mathfrak{c}$ der Temperaturkoeffizient[2])
und d die Dichte des Mineralwassers.

Die zur Ausführung der Berechnung nötigen Werte für l_J sind, vorwiegend auf Grund
der Ermittlungen von F. Kohlrausch[3]), in folgender Tafel zusammengestellt.

**Tafel der Äquivalentleitfähigkeit l_J einiger Ionen bei 18° für unendliche Ver-
dünnung.**

K·	64,6	NO_3'	61,7
Na·	43,5	Cl'	65,5
Li·	33,4	Br'	67,0
NH_4·	64,2	J'	66,5
Ca··	51	SO_4''	68
Sr··	51	HPO_4''	53
Ba··	55	$HAsO_4''$	53
Mg··	45	HCO_3'	38
Zn··	46	CO_3''	74
Fe··	47	OH'	174
Mn··	46		

[1]) Zeitschr. f. angew. Chemie 1902, **15**, 647; 1908, **21**, 2362.

[2]) Derselbe wird, falls er nicht direkt ermittelt ist, der Tafel auf S. 608 entnommen.

[3]) F. Kohlrausch u. L. Holborn, Das Leitvermögen der Elektrolyte 1898, S. 195. —
F. Kohlrausch, Zeitschr. f. Elektrochemie 1907, **13**, 133.

Auch hier sei wieder die Analyse des Wiesbadener Kochbrunnens als Beispiel benutzt. Durch den Versuch war gefunden:

$$d_{15^0/4^0} = 1,00554$$
$$\varkappa_{65,7^0} = 0,02724 \text{ reziproke Ohm}$$
$$c = 0,0244$$

Die Berechnung von $\Sigma \, i \, l_J$ gestaltet sich folgendermaßen:

	Millival/kg $= i$		l_J
Kaliumion	2,4667	× 64,6 =	159,45
Natriumion	116,77	× 43,5 =	5079,5
Lithiumion	0,53455	× 33,4 =	17,854
Ammoniumion.	0,34883	× 64,2 =	22,396
Calciumion	17,269	× 51 =	880,72
Strontiumion	0,28495	× 51 =	14,532
Bariumion	0,00973	× 55 =	0,535
Magnesiumion	4,0919	× 45 =	184,13
Ferroion	0,11866	× 47 =	5,577
Manganoion	0,02117	× 46 =	0,974
Nitration	0,02940	× 61,7 =	1,814
Chlorion	131,33	× 65,5 =	8602,0
Bromion	0,04220	× 67,0 =	2,827
Jodion	0,00014	× 66,5 =	0,0093
Sulfation	1,2997	× 68 =	88,380
Hydrophosphation.	0,00054	× 53 =	0,029
Hyddroarsenation	0,00240	× 53 =	0,127
Hydrocarbonation	9,211	× 38 =	350,02

$$\Sigma \, i \, l_J = 15410,9$$

Auf diesen Grundlagen findet man mittels der oben mitgeteilten Formel für den mittleren Dissoziationsgrad der Elektrolyte im Wiesbadener Kochbrunnenwasser:

$$\alpha = \frac{10^6 \cdot 0,02724}{1,00554 \cdot 15410,9 \cdot [1 - 0,0244(18 - 65,7)]} = 0,812 \, .$$

11. Berechnung des mittleren Dissoziationsgrades der Elektrolyte aus dem Gefrierpunkt.
Diese Berechnung kann nach E. Hintz und
L. Grünhut[1]) mit Hilfe eines Näherungsverfahrens erfolgen, das gleichfalls an der Ana-
lyse des Wiesbadener Kochbrunnens als Beispiel erläutert werden möge.

Versteht man mit van 't Hoff unter dem Dissoziationskoeffizienten i die
Summe der ungespaltenen Molekeln + Ionen, welche infolge der Dissoziation aus 1 Molekel
Salz hervorgehen, bezeichnet man ferner mit k die Anzahl der Ionen, in welche die Molekel
sich zu spalten vermag, und schließlich mit α den Dissoziationsgrad, so ist

$$i = 1 + (k - 1) \, \alpha.$$

Multipliziert man i mit der molaren (bzw. Millimol-) Konzentration, so erhält man
offenbar die osmotische Konzentration[2]) der in Lösung befindlichen Elektrolyte. Bezeichnet man die molare Konzentration mit C_m, die osmotische mit C_o, so ist

$$C_o = C_m \, [1 + (k - 1) \, \alpha] \quad \text{und folglich} \quad \alpha = \frac{C_o - C_m}{C_m (k - 1)} \, .$$

---

[1]) Zeitschr. f. angew. Chemie 1908, **21**, 2366; Zeitschr. f. analyt. Chemie 1910, **49**, 246.
[2]) Über den Begriff „osmotische" Konzentration vgl. Zeitschr. f. analyt. Chemie 1903, **42**, 745.

Der **Standgefrierpunkt** (S. 654 u. f.) des Wiesbadener Kochbrunnenwassers wurde durch den Versuch zu $-0,491°$ ermittelt; er entspricht einer osmotischen Konzentration von $\dfrac{-0,491}{-0,00185} = 265,41$ Millimol/l. Bei Erreichung des Standgefrierpunktes enthielt das Wasser noch, wie der Versuch lehrte, seinen vollen Kohlendioxydgehalt und außerdem noch folgende Nichtelektrolyte: Borsäure, Kieselsäure, Titansäure, Stickstoff, Sauerstoff. Die Summe aller dieser beträgt 8,46 Millimol/kg bzw. — unter Berücksichtigung der Dichte des Mineralwassers — 8,51 Millimol/l. Durch Subtraktion ergibt sich somit die osmotische Konzentration der **Elektrolyte** $= 265,41 - 8,51 = $ **256,9** Millimol/l.

Dieser Wert entspricht C_0 der obigen Formel; es handelt sich also nur noch darum, C_m und k zu ermitteln, dann ist die Aufgabe, α zu berechnen, gelöst.

Aus der chemischen Analyse (S. 710) ergibt sich, nachdem man die Milligrammion-Werte mittels der Dichte von 1 kg auf 1 l umgerechnet hat[1]), folgende summarische Zusammensetzung des Mineralwassers:

Einwertige Kationen (Ka˙) .	120,8	Milligrammion/l
Zweiwertige Kationen) Ka˙˙)	10,96	,,
Einwertige Anionen (An´) .	141,4	,,
Zweiwertige Anionen (An´´)	0,6549	. ,,
	273,8	Milligrammion/l

Nimmt man an, daß **vor der Dissoziation** alle zweiwertigen Anionen mit einwertigen Kationen zu Salzen vom Typus Na_2SO_4 verbunden waren, während die einwertigen Anionen mit dem Rest der einwertigen und mit den zweiwertigen Kationen vereinigt waren, so ergibt sich folgende Gruppierung:

$$
\begin{array}{lll}
0,6549\ \text{An}´´ + 2 \times\ 0,6549\ \text{Ka}˙ = & 0,6549\ \text{Millimol Salze in 1 l} \\
119,5\ \text{An}´ + \quad 119,5\quad \text{Ka}˙ = 119,5 & ,, \quad ,, \quad ,, 1 l \\
2 \times\ 10,96\ \text{An}´ + \quad 10,96\quad \text{Ka}˙˙ = 10,96 & ,, \quad ,, \quad ,, 1 l \\
\hline
& 131,1 \quad \text{Millimol Salze in 1 l}
\end{array}
$$

Hiernach enthielte 1 l Mineralwasser 131,1 Millimol Elektrolyte (C_m). Aus diesen würden aber, wie der vorhergehende summarische Auszug aus der Analyse lehrt, bei vollständiger Dissoziation 273,8 Millimol Ionen hervorgehen. Folglich ist im Mittel:

$$
k = \frac{273,8}{131,1} = 2,088. \quad \text{Mithin ergibt sich } \alpha = \frac{256,9 - 131,1}{131,1(2,088 - 1)} = 0,882.
$$

Macht man an Stelle der eben benutzten Voraussetzung die entgegengesetzte, es seien die zweiwertigen Anionen ursprünglich mit zweiwertigen Kationen zu Salzen vom Typus $CaSO_4$ verbunden gewesen, so findet man folgende Gruppierung:

$$
\begin{array}{lll}
0,6549\ \text{An}´´ + \quad 0,6549\ \text{Ka}˙˙ = & 0,6549\ \text{Millimol Salze in 1 l} \\
2 \times\ 10,31\ \text{An}´ + \ 10,31\quad \text{Ka}˙˙ = 10,31 & ,, \quad ,, \quad ,, 1 l \\
120,8\ \text{An}´ + 120,8\quad \text{Ka}˙ = 120,8 & ,, \quad ,, \quad ,, 1 l \\
\hline
& 131,8 \quad \text{Millimol Salze in 1 l}
\end{array}
$$

In diesem Falle ist also $C_m = 131,8$, und es ergibt sich in gleicher Weise wie oben

$$
k = \frac{273,8}{131,8} = 2,077 \quad \text{und} \quad \alpha = \frac{256,9 - 131,8}{131,8(2,077 - 1)} = 0,881.
$$

Die beiden Werte für α, die so gewonnen wurden, differieren kaum; die gemachten Annahmen über die ursprünglich vorhanden gewesenen Salze beeinflussen demnach das Er-

---

[1]) Diese Umrechnung ist nötig, weil sich die Gefrierpunktswerte auf sog. Raoultsche Konzentration, d. h. auf 1 l, beziehen.

gebnis nicht erheblich. Da die zweierlei Voraussetzungen, welche den beiden Berechnungen
zugrunde gelegt wurden, offenbar die extremen Möglichkeiten darstellen, so wird man
den Mittelwert $\alpha = 0,882$ als hinreichenden Näherungswert für den aus der Gefrier-
punktbestimmung sich ergebenden Dissoziationsgrad ansehen dürfen.

Dieser Wert weicht bedeutend von jenem ab der soeben unter Nummer 10 (S. 716) aus
der elektrischen Leitfähigkeit berechnet wurde, und der nur 0,812 betrug. Die absolute Differenz ist $= 0,070$ oder beträgt 8,6% des Wertes, der sich aus der Leitfähigkeit ergab.

Die Erfahrungen[1]) haben gelehrt, daß derartige Unterschiede zwischen den Ergebnissen der beiden Verfahren regelmäßig auftreten, und daß der aus dem Gefrierpunkt abgeleitete Wert nahezu immer um etwa 10—20% höher ist als der aus der Leitfähigkeit
berechnete. Die gleichen Wahrnehmungen sind auch an einfachen Salzlösungen, namentlich
an solchen von Magnesiumsalzen, sowie an Lösungen von Salzgemischen bekannt geworden.
Für die Deutung dieser Unterschiede ist Hydratbildung sowie Bildung komplexer Ionen
heranzuziehen.

Zweiter Teil.

Technische Analyse unter Zuhilfenahme von Schnellverfahren.

1. Allgemeines. Die in diesem Abschnitt zu beschreibenden Verfahren sollen der
laufenden Kontrolle bei Bohr- und Fassungsarbeiten an Mineralquellen, ferner auch
der fortlaufenden Prüfung fertig gefaßter Quellen auf ihre gleichbleibende oder wechselnde Beschaffenheit dienen[2]). Sie sind überdies geeignet, innerhalb des Rahmens der
Nahrungsmittelaufsicht herangezogen zu werden, wenn es sich darum handelt, in
einem gegebenen Falle zu entscheiden, ob nicht etwa für ein bestimmt bezeichnetes
Mineralwasser im Verkehr ein anderes untergeschoben ist[3]). Die Verfahren haben
größtenteils nicht den hohen Genauigkeitsgrad der im ersten Teil beschriebenen, sind aber
natürlich für ihr besonderes Anwendungsgebiet sämtlich noch ausreichend genau oder gestatten zum mindesten die Gewinnung untereinander vergleichbarer Ergebnisse.

Untersuchungen wie die, von denen hier die Rede ist, werden häufig unter Verhältnissen
angestellt werden müssen, unter denen keine analytische Wage zur Verfügung steht; für sie
kommen deshalb im wesentlichen maßanalytische Verfahren in Betracht, und man wird
aus dem gleichen Grunde nicht von einer gewogenen, sondern von einer abgemessenen
Menge Mineralwasser ausgehen, die Ergebnisse demnach auf 1 Liter statt, wie sonst, auf
1 kg beziehen müssen. Die Abmessung erfolgt mittels Pipette, bei größeren Mengen mittels
Meßkolben. Im übrigen hat man im Einzelfalle meistens von vornherein eine Vorstellung
über die etwa zu erwartende Menge des zu bestimmenden Bestandteils, was die Festsetzung
der zur Analyse zu verwendenden Ausgangsmenge wesentlich erleichtert.

Es braucht kaum hervorgehoben zu werden, daß nicht jedesmal alle hier beschriebenen Untersuchungen auszuführen sind, daß man vielmehr eine den besonderen Verhältnissen angepaßte Auswahl unter den Verfahren treffen und die Bestimmung nicht gerade
auf in kleinerer Menge auftretende Nebenbestandteile erstrecken wird.

2. Prüfung auf gleichbleibende Gesamtkonzentration. Die Ermitt-
lung des Trockenrückstandes ist hierzu ungeeignet; weit vorteilhafter ist die Bestimmung einer
physikalischen Größe, deren Gleichbleiben einen Schluß auf beständige Zusammensetzung des

---

[1]) Vgl. auch E. Hintz u. L. Grünhut, Zeitschr. f. angew. Chemie 1908, **21**, 2367.

[2]) Vgl. B. Wagner, Zeitschr. f. Balneol. 1909/10, **2**, 538. — C. Zörkendörfer, ebd. 1910/11,
3, 592.

[3]) Vgl. O. Mezger u. K. Grieb, Zeitschr. f. Untersuchung d. Nahrungs- u. Genußmittel
1908, **16**, 281.

Mineralwassers zuläßt. In diesem Sinne ist sowohl die spezifische elektrische Leitfähigkeit[1]) als auch der Brechungsexponent[2]) heranzuziehen.

Die elektrische Leitfähigkeit wird auch für diesen Zweck mittels der Wheatstoneschen Brücke in der oben (S. 604) beschriebenen Gestalt bestimmt, doch läßt sich die Arbeit wesentlich vereinfachen. Wenn man bei Untersuchungen an derselben Quelle stets mit einem und demselben Leitfähigkeitsgefäß von unveränderlicher Kapazität arbeitet, stets denselben Vergleichswiderstand stöpselt und stets dieselbe Versuchstemperatur wählt, so genügt es, einfach das Verhältnis $\frac{a}{b}$ auf dem Brückendraht festzustellen; jede weitere Ausrechnung — etwa der spezifischen Leitfähigkeit auf Grund der zuvor ermittelten Kapazität des Versuchsgefäßes — ist entbehrlich. Ist jenes Verhältnis in einer Versuchsreihe innerhalb eines Prozentes gleichgeblieben, so darf man sicher sein, daß auch die allgemeine Zusammensetzung des Mineralwassers in Beziehung auf die Elektrolyte praktisch unverändert geblieben ist; sind Änderungen von mehr als 1% wahrzunehmen, so weist das auf merkliche Schwankungen in der Zusammensetzung hin. Ein Umrechnen der gemessenen Größe auf den Gehalt an Trockenrückstand — etwa mit Hilfe eines empirischen Faktors — ist unnötig und auch nicht zu empfehlen.

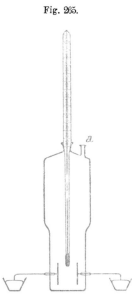

Fig. 265.

Die soeben umschriebenen Arbeitsbedingungen, von denen die Innehaltung der stets gleichen Temperatur besonders wichtig ist[3]), lassen sich am besten erfüllen unter Benutzung eines Kunstgriffes, den P. Dutoit und M. Duboux[4]), allerdings für einen anderen Zweck, angeben.

Als Leitfähigkeitsgefäß dient ein zylindrisches Gefäß (Fig. 265), das oben etwas weiter ist als unten, von 13 cm Höhe, 4,5 cm oberem und 3,5 cm unterem Durchmesser. Von oben ist mittels Schliffes ein Thermometer eingeführt, das in $\frac{1}{5}$ Grade eingeteilt ist. Sonst trägt die Oberseite nur noch einen kleinen offenen Stutzen a, durch den man 50 ccm Mineralwasser für die Messung einbringt. Im untersten Teil sind, einander gerade gegenüberstehend, in 1,8 cm Abstand die beiden lotrechten Platinelektroden angebracht. Ihre Abmessungen betragen 2,5 × 2,2 cm; sie werden in üblicher Weise platiniert. Ihre Zuführungsdrähte sind in die Wand

Leitfähigkeitsgefäß
nach Dutoit und Duboux.

des Gläschens eingeschmolzen und außerhalb derselben nach unten gebogen. Durch Eintauchen dieser nach unten gebogenen Platindrahtenden in zwei Quecksilberkontaktnäpfe wird die leitende Verbindung mit der Wheatstoneschen Brücke hergestellt.

Die Einhaltung der stets gleichbleibenden Versuchstemperatur läßt sich am einfachsten erreichen, wenn man eine die Zimmertemperatur um etwa 4—5° übersteigende Temperatur wählt. Man kann sie jederzeit leicht wiederherstellen, wenn man das samt seinem Inhalt auf Zimmertemperatur abgekühlte Gefäß durch Umfassen mit der Hand erwärmt. Die Geschicklichkeit spielt dabei eine wesentliche Rolle, doch gelingt dem Geübten leicht die Herstellung einer weitgehenden Temperaturgleichheit; die Abweichung darf bei zusammengehörigen Bestimmungen nicht mehr als 0,1° betragen. Im übrigen ist dem hier und

[1]) C. Zörkendörfer, Balneol. Ztg. 1904, 15, Wissenschaftl.-techn. Teil, S. 58.

[2]) E. Riegler, Chem.-Ztg. 1900, 24, Repertorium, S. 228. — H. Kionka, Balneol. Ztg. 1903, 14, 231 u. 237.

[3]) Eine Abweichung um 1° bedingt eine Änderung der Leitfähigkeit von mehr als 2%.

[4]) P. Dutoit und M. Duboux, L'analyse des vins par volumétrie physico-chimique 1912, S. 30; Zeitschr. f. analyt. Chemie 1913, 52, 243.

auf S. 604 Gesagten nichts weiter in Beziehung auf die Ausführung der Messung hinzuzufügen.

Die Refraktometrie eignet sich wie schon angeführt, gleichfalls zur Beständigkeitsprüfung eines Mineralwassers. Solche Untersuchungen wurden bisher mittels des Eintauchrefraktometers[1]) ausgeführt; auch hier ist genaueste Einhaltung einer stets gleichen Versuchstemperatur Vorbedingung. Bei sorgfältigem Arbeiten deuten dann Abweichungen von mehr als $\pm 0{,}2$ Skalenteilen auf Schwankungen in der Zusammensetzung des Mineralwassers. Berücksichtigt man freilich, daß 0,2 Teilstriche am Eintauchrefraktometer bei Natriumhydrocarbonatlösungen einem Konzentrationsunterschiede von etwa 0,6 g in 1 kg, bei Natriumchloridlösungen von etwa 0,45 g in 1 kg entsprechen, so ergibt sich, daß auf dem beschrittenen Wege bei alkalischen Quellen der gewöhnlichen Zusammensetzung erst Schwankungen von 10—15%, bei Kochsalzquellen mit 5—15 g gelösten festen Stoffen in 1 kg solche von etwa 10—3% der Gesamtkonzentration erkannt werden können. Erst bei Solquellen mit mehr als 45 g in 1 kg ist die Wahrnehmung von Unterschieden im Betrage eines Prozentes möglich.

Das Eintauchrefraktometer ist demnach in der Mehrzahl der Fälle für den vorliegenden Zweck nicht empfindlich genug; vielleicht lassen sich mit Hilfe des viel empfindlicheren Interferometers[2]) bessere Ergebnisse erzielen.

Fig. 266.

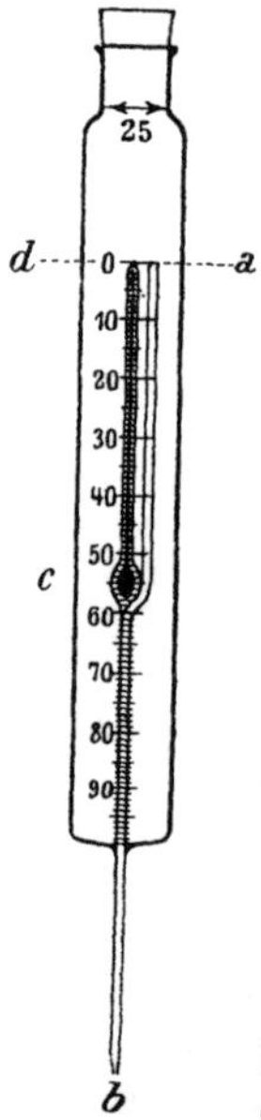

Schüttelrohr.

3. Gasvolumetrische Bestimmung des freien Kohlendioxyds. R. Fresenius und L. Grünhut[3]) gestalteten ein älteres, angeblich von Reichardt herrührendes Verfahren derart aus, daß es Ergebnisse liefert, die für viele Fälle ausreichen. Wegen seiner besonderen Einfachheit und wegen der Schnelligkeit der Durchführung verdient es dann immer den Vorzug vor dem folgenden maßanalytischen Verfahren, wo sein Genauigkeitsgrad, der etwa $\pm 5\%$ beträgt, noch ausreicht. Vor allem eignet es sich auch zur Bestimmung des Gehaltes fertig eingelassener Kohlensäurebäder.

Man bedarf eines besonderen Instrumentes, eines Schüttelrohres[4]) (Fig. 266).

Dasselbe besteht aus einem 24 cm langen Rohr von 30 mm lichter Weite, das unten geschlossen und oben zu einem Halse verengt ist, der durch einen weichen Kautschukstopfen dicht verstopft werden kann. Am unteren Ende des Halses ist eine Marke angebracht, bis zu der das Rohr genau 125 ccm faßt. In den Boden des Rohres ist ein oben und unten offenes enges Glasrohr (a b) eingeschmolzen, das bei c bajonettartig zur Seite geführt und an das bei c, in gerader Fortführung des unteren Teiles, ein Thermometer (c d) angeschmolzen ist. Die untere Öffnung (b) ist zu einer nicht zu feinen Spitze ausgezogen, die obere (a) hat solche Höhenlage, daß das äußere Rohr, bis zu ihr gefüllt, genau 100 ccm faßt. Dementsprechend ist dieses bürettenartig, mit dem Nullpunkt oben und dem Hundertpunkt unten, in 100 einzelne Kubikzentimeter geteilt.

Man beschickt das Schüttelrohr mit Mineralwasser, indem man es bei abgenommenem Stopfen mit nach unten gerichteter Spitze b in das Quellbecken oder in ein sonstiges, das Mineralwasser enthaltendes Schöpf- oder Überlaufgefäß (S. 629) eintaucht. Nachdem es bis über seinen Nullpunkt gefüllt ist, zieht man es aus dem Wasser heraus und läßt so viel Mineralwasser wieder abfließen, als bei senkrechter Stellung freiwillig durch das Rohr a b herausfließt. Das Schüttelrohr, das dann genau 100 ccm Wasser von Quellentemperatur ent-

---

[1]) Vgl. Bd. III, Teil 1 dieses Buches, S. 113.

[2]) Vgl. Zeitschr. f. analyt. Chemie 1915, **54**, 179.

[3]) Zeitschr. f. analyt. Chemie 1914, **53**, 265.

[4]) Zu beziehen von J. & H. Lieberg, Kassel.

hält, wird nunmehr, immer noch in senkrechter Haltung, mit einem Gummistopfen verstopft, der so weit einzudrehen ist, daß seine Unterfläche mit der am Halse des Schüttelrohres angebrachten Marke genau abschneidet.

Nach einigen Augenblicken, während welcher der durch Eindrehen des Stopfens entstandene Überdruck sich durch das Rohr $a\,b$ ausgeglichen hat, geht man zum Ausschütteln des gelösten Kohlendioxyds über.

Man ergreift das Rohr derart, daß der Zeigefinger der rechten Hand fest auf dem Stopfen aufliegt, während Daumen und Mittelfinger das Rohr unterhalb des Halses festhalten. Zugleich verschließt der Zeigefinger der linken Hand die Spitze b, und Daumen und Mittelfinger derselben Hand halten das untere Rohrende fest. Zuletzt dreht man, unter Belassung der Hände in der beschriebenen Lage, die ganze Vorrichtung um, so daß die Spitze b schräg nach oben zeigt (vgl. Fig. 267) und schüttelt mit etwa 20 kräftigen Stößen um.

Wenn sich nach beendigtem Schütteln das Wasser unten im Hals des Apparates gesammelt hat, lüftet man den Finger von der Spitze b, aus der nunmehr — infolge des durch das ausgeschüttelte Kohlendioxyd bedingten Überdruckes — Wasser in großem Bogen herausgeschleudert wird. Tritt kein Wasser mehr aus, so schließt man b wieder mit dem Finger und wiederholt Schütteln und Druckausgleich so oft, bis bei erneutem Schütteln kein Wasser mehr bei b austritt. Das ist gewöhnlich nach dreimaliger Wiederholung erreicht. Am Ende wird b noch einmal verschlossen und das Rohr, mit der Spitze nach unten, in senkrechte Lage zurückgebracht. Nachdem das Wasser zusammengelaufen ist, öffnet man b, liest die Kubikzentimeter der durch das ausgeschüttelte Gas verdrängten Wassermenge an der Einteilung ab und stellt zugleich die Thermometeranzeige fest.

Fig. 267.

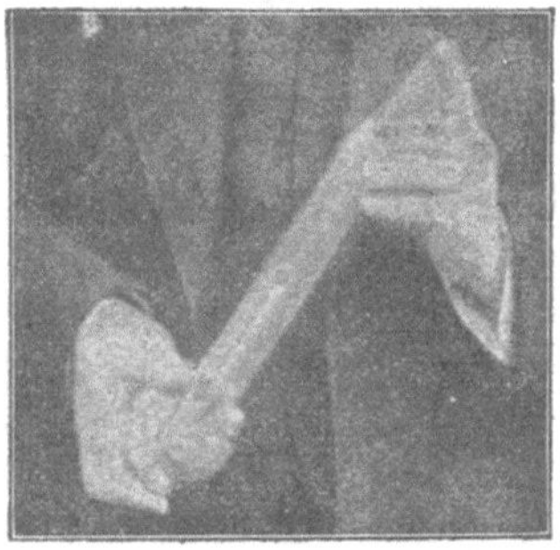

Handhabung des Schüttelrohres.

Tafel zur Ermittlung des Kohlendioxydgehaltes aus den Ablesungen am Schüttelrohr.

(Kubikzentimeter freies Kohlendioxyd bei Quellentemperatur und 760 mm Druck in 1 l Wasser.)

Abgelesenes Gasvolum	Temperatur								
ccm	5°	10°	15°	20°	25°	30°	35°	40°	45°
5	320	280	250	220	200	180	170	160	150
10	560	490	440	400	360	330	310	290	280
15	750	660	590	540	490	460	430	400	380
20	910	810	730	660	610	560	530	500	470
25	1050	930	840	770	710	660	620	580	560
30	1170	1040	950	870	800	740	700	660	640
35	1280	1140	1040	960	880	820	780	740	710
40	1380	1240	1130	1040	960	900	850	810	780
45	1480	1330	1210	1120	1040	970	920	880	850
50	1570	1410	1290	1190	1110	1040	990	950	910
55	1650	1490	1360	1260	1180	1110	1060	1010	970
60	1730	1560	1430	1330	1250	1180	1120	1070	1030
65	1800	1630	1500	1400	1310	1240	1180	1130	1090
70	1880	1700	1570	1460	1370	1300	1240	1190	1150

Das abgelesene Volum ist kein unmittelbares Maß für den Kohlendioxydgehalt des Mineralwassers, sondern stellt nur einen Bruchteil desselben dar. Ein anderer, meist erheblich größerer Anteil ist gelöst geblieben; doch läßt sich die Gesamtmenge unschwer mit Hilfe des Henryschen Gesetzes berechnen. Zur Ersparung der Rechnung dient die vorstehende Tafel, die von 5 zu 5 ccm und für Temperaturen von 5 zu 5° steigend unmittelbar den Gehalt eines Liters Wassers an freiem Kohlendioxyd angibt. Für zwischenliegende Werte und Temperaturen kann man leicht interpolieren.

Die Tafel gilt nur für solche Schüttelrohre, die entsprechend dem hier beschriebenen einerseits 100 ccm Wasser und andererseits oberhalb des Nullpunktes bis zur Halsmarke genau 25 ccm fassen. Man überzeuge sich vor dem Gebrauch in dieser Beziehung ausdrücklich von der Richtigkeit.

4. Maßanalytische Bestimmung des freien Kohlendioxyds und der Gesamtkohlensäure.

Versetzt man Mineralwasser mit überschüssiger Natronlauge, so geht alles freie Kohlendioxyd und alles Hydrocarbonation in Carbonation über; titriert man danach mit Salzsäure zurück, so ist bei Erreichung des Phenolphthaleinumschlagpunktes das entstandene Carbonation eben wieder in Hydrocarbonation übergegangen. Mit Beziehung auf das ursprünglich vorhanden gewesene Hydrocarbonation ist der Vorgang also völlig rückläufig; mit Beziehung auf das freie Kohlendioxyd ergibt sich folgendes Schema:

$$1.\ CO_2 + 2\ OH' = CO_3'' + H_2O. \qquad 2.\ CO_3'' + H^{\cdot} = HCO_3'.$$

Jeder Kubikzentimeter nicht zurückgefundener Normallauge entspricht demnach 1 Millimol freiem Kohlendioxyd.

Eine solche Titrierung wird erschwert, weil sich auf Zusatz der Natronlauge die praktisch unlöslichen Carbonate der Erdalkalien und ferner Hydroxyde von Eisen, Mangan und Magnesium ausscheiden. Die Schwierigkeit läßt sich, wie R. von der Heide[1]) und A. Dietl[2]) unabhängig voneinander fanden, beheben, indem man durch Zusatz von Seignettesalz, oder meist noch besser von Natriumcitrat, die betreffenden Carbonate und Hydroxyde in Komplexverbindungen umwandelt, die in Lösung verbleiben.

Man bringe in einen Kolben eine reichlich überschüssige, gemessene Menge titrierter carbonatfreier Natronlauge und füge völlig neutral reagierende Natriumcitratlösung — bzw. bei eisenreichen Wässern Seignettesalzlösung — hinzu. In diese Mischung läßt man das mit einem Stechheber von bekannter Raumerfüllung oder mittels der von Dietl angegebenen Ventilpipette[3]) aus dem Quellbecken oder aus einem Schöpfgefäß oder Überlaufgefäß (vgl. S. 601) herausgehobene Mineralwasser einfließen. Dann gibt man Phenolphthaleinlösung zu und titriert mit Salzsäure in der Kälte bis zum Verschwinden der Rotfärbung zurück. Hat man E ccm Mineralwasser und a ccm Normallauge angewendet und sodann b ccm Normalsalzsäure verbraucht, so enthält das Wasser

$$x = \frac{1000\,(a - b)}{E} \ \text{Millimol/l freies Kohlendioxyd } (CO_2).$$

Wie weit auch bei dieser Ausführungsform die Menge des zugesetzten Phenolphthaleins, in ähnlicher Weise wie bei der direkten Titrierung nach Seyler-Trillich, das Ergebnis beeinflußt[4]), darüber liegen systematische Versuche noch nicht vor.

Versetzt man die austitrierte Flüssigkeit mit Methylorange und titriert mit Salzsäure bis zum abermaligen Farbenumschlag weiter, so mißt man damit die Menge des noch vorhandenen Hydrocarbonations. Dieses entspricht aber nicht nur dem ursprünglich im Mineral-

---

[1]) Zeitschr. f. Balneol. 1911/12, **4**, 345.
[2]) Ebendort 1910/11, **3**, 676; 1912/13, **5**, 191 u. 701.
[3]) Zu beziehen von Dr. H. Göckel-Berlin, Luisenstraße 21.
[4]) Vgl. diesen Band, S. 525.

wasser vorhanden gewesenen, sondern überdies ist auch für jedes Millimol CO_2 aus der vorhergehenden Titrierung 1 Millimol HCO_3 zurückgeblieben, das mit gemessen wird. Hat man also in diesem Versuch c ccm N.-Salzsäure verbraucht, so enthält das Wasser

$$y = \frac{1000\,c}{E} \text{ Millimol/l Gesamtkohlensäure.}$$

Der Gehalt an Hydrocarbonation ergibt sich demnach zu

$$y - x = \frac{1000\,(c + b - a)}{E} \text{ Millival/l Hydrocarbonation } (HCO_3').$$

Es ist in diesem Falle die Arbeitsvorschrift absichtlich ganz allgemein gehalten und nähere Angaben über Menge des anzuwendenden Mineralwassers und der Citratlösung sowie über die Normalität der Maßflüssigkeiten unterlassen. Die Versuchsbedingungen hängen, mehr noch als in anderen Fällen, von den eben vorliegenden Konzentrationsverhältnissen ab; man muß sie für das Wasser, auf das das Verfahren in regelmäßigen Untersuchungen angewendet werden soll, durch passende Vorversuche ein für allemal ausfindig machen.

5. Bestimmung des titrierbaren Gesamtschwefels. Die auf S. 612 beschriebene Arbeitsweise eignet sich auch für regelmäßige betriebstechnische Untersuchungen. Das Wasser wird in diesem Falle mittels Stechhebers von bekannter Raumerfüllung für die Analyse abgemessen. Das Ergebnis umschließt $S_2O_3'' + HS' + H_2S$.

6. Bestimmung des Chlorions. Mit Rücksicht darauf, daß Mineralwässer fast niemals neutral reagieren, ist das Verfahren von Volhard weit mehr geeignet als das von Mohr. Eine Wassermenge, die nicht mehr als 40 Millival Chlorion enthält und deren Raummenge andererseits etwa 350 ccm nicht überschreiten soll, wird in einen 500 ccm-Meßkolben eingemessen, wenn erforderlich, mit destilliertem Wasser auf etwa 350 ccm verdünnt und alsdann mit nitritfreier Salpetersäure angesäuert. Hierauf setzt man genau 50 ccm N.-Silbernitratlösung zu, schwenkt um, bis der Niederschlag zusammengeballt ist, läßt einige Zeit stehen und füllt dann zur Marke auf. Man schüttelt um, filtriert und titriert in 250 ccm des Filtrates den Silberionüberschuß mittels $^1/_2$ N.-Ammoniumrhodanidlösung, unter Verwendung von Eisenammoniakalaunlösung als Indicator, zurück.

Hat man E ccm Mineralwasser eingemessen und am Schluß a ccm Ammoniumrhodanid verbraucht, so enthält das Wasser:

$$x = \frac{1000\,(50 - a)}{E} \text{ Millival/l Chlorion } (Cl').$$

Der Wert für Chlorion umschließt natürlich die Menge des daneben vorhandenen Brom- und Jodions. Die angegebenen Konzentrationen eignen sich für Wässer mit mehr als 30 Millival in 1 l; bei ärmeren Wässern muß man Silbernitrat- und Ammoniumrhodanidlösung von entsprechend geringerer Normalität benutzen.

7. Bestimmung des Sulfations. Das bestgeeignete Verfahren ist das Benzidinverfahren in der ihm von F. Raschig[1] verliehenen Form. Die erforderliche Benzidinlösung bereitet man durch Zusammenreiben von 40 g Benzidin mit 40 ccm Wasser. Den Brei bringt man mit etwa $^3/_4$ l Wasser in einen Literkolben und fügt 50 ccm Salzsäure von der Dichte 1,19 hinzu, füllt bis zur Marke mit Wasser auf und schüttelt um. In kurzer Zeit löst sich alles zu einer braunen Flüssigkeit, die, wenn nötig, filtriert wird.

Zur Analyse verwende man eine Menge Mineralwasser, die nicht mehr als 4 Millival Sulfation enthält und deren Raummenge 1 l nicht überschreitet. Man mißt sie in ein großes Becherglas ein, säuert mit Salzsäure vorsichtig an, verdünnt — falls das noch erforderlich ist — auf 1 l und versetzt in der Kälte mit 50 ccm Benzidinlösung, die im Meßzylinder abge-

---

[1] Zeitschr. f. angew. Chemie 1903, **16**, 818; 1906, **19**, 331, 334. — Vgl. auch C. Zörkendörfer, Zeitschr. f. Balneol. 1910/11, **3**, 593. — A. Dietl, ebd. 1911/12, **4**, 413.

messen werden kann. Nach Umrühren mit einem Glasstabe fällt der Niederschlag aus, der nach 15 Minuten abfiltriert und titriert werden kann.

Auf eine Saugflasche setzt man mittels Gummistopfens einen Trichter von etwa 200 ccm Fassungsraum ein, bringt in diesen eine gelochte Wittsche Filterplatte von 40 mm oberen Durchmesser und legt zwei angefeuchtete Papierfilter von 46 mm Durchmesser darauf. Während man das Papier mit Hilfe der Wasserstrahlpumpe sich glatt ansaugen läßt, drückt man ringsherum den vorstehenden Rand mittels eines scharfkantigen Glasstabes zu einem dicht-schließenden Wulst zusammen. Über dieses Filter filtriert man mittels Saugpumpe die Fällung ab, wobei man anfangs möglichst klar abgießt und zuletzt den Niederschlag mittels der abfiltrierten Mutterlauge auf das Filter bringt. Dabei muß man darauf bedacht sein, den Trichter niemals völlig leer laufen zu lassen. Ist zuletzt fast alle Lauge durch das Filter gesogen, so muß man dafür sorgen, daß der Niederschlag keine Risse bekommt. Daher benetzt man in dem Augenblick, in dem der letzte Flüssigkeitstropfen in ihm verschwindet, die Trichter-wandungen aus der Spritzflasche mit 5—10 ccm Waschwasser. Ist auch dieses Wasser im Niederschlag verschwunden, so gibt man erneut 5—10 ccm Wasser zu. Sind auch diese ab-gesogen, so entferne man sofort den Vakuumschlauch von der Saugpumpe und dulde ja nicht, daß sich der Niederschlag zu einer halbtrockenen, silberglänzenden Haut zusammenzieht, weil dann später beim Titrieren Schwierigkeiten entstehen würden. Man lasse ihn vielmehr so feucht wie nur möglich, indem man im richtigen Augenblick, den die Übung sehr leicht kennen lehrt, das Saugen unterbricht.

Alsdann hebt man den Trichter heraus, hält ihn unter etwa 45° geneigt, fährt von unten mit einem Glasstab in den Hals und stößt die Filterplatte um, so daß sie sich samt Nieder-schlag und Filter auf die Trichterwand legt. Man nimmt hiernach die zu oberst liegende Filter-platte vorsichtig fort; dann kommt das Filter; man packt es an der niederschlagfreien Fläche mit zwei Fingern, knickt es zusammen und wirft es in einen Erlenmeyer-Kolben von etwa 250 ccm Inhalt. Auf diesen setzt man schließlich den Trichter auf und spritzt die letzten Reste des noch dem Trichter anhaftenden Benzidinsulfats mit etwa 25 ccm Wasser in den Kolben ab. Wollen geringe Reste hierbei nicht abschwimmen, so wischt man sie mit kleinen Filtrierpapierfetzchen fort.

Nachdem so alles Benzidinsulfa in den Kolben gebracht ist, verschließt man ihn mit einem Gummistopfen und schüttelt eine halbe Minute lang — bis zur Zerfaserung des Filters — kräftig um. Dann nimmt man den Stopfen ab, spült, was an ihm haftet, mit wenigen Tropfen Wasser herunter und fügt annähernd die Menge $1/_{10}$ N.-Natronlauge hinzu, die der zu erwar-tenden Menge Sulfation entspricht, und gibt schließlich Phenolphthaleinlösung in nicht zu geringer Menge zu. Die Flüssigkeit färbt sich lebhaft rot; man erhitzt sie jetzt über der Flamme, bis die Färbung verschwunden ist, setzt tropfenweise weiter von der Lauge zu, bis wieder schwache Rotfärbung eintritt, erhitzt erneut, schließlich bis zum Sieden und nimmt zum Schluß die Rotfärbung durch 1 oder 2 Tropfen $1/_{10}$ N.-Salzsäure wieder fort. Sie darf dann nach 2 Minuten langem Kochen nicht wieder erscheinen.

Bei Vitriolquellen kann der Gehalt an Ferriion Störungen bewirken; man beseitigt sie, indem man das zur Analyse abgemessene Mineralwasser zunächst mit 20 ccm 1proz. Hydrazinchlorhydratlösung aufkocht. Nach dem Erkalten verdünnt man auf 1 l und fällt in der beschriebenen Weise.

Hat man E ccm Mineralwasser eingemessen und beim Titrieren a ccm $1/_{10}$ N.-Natronlauge verbraucht, so enthält das Wasser:

$$x = \frac{100a + 38}{E} \text{ Millival/l Sulfation (SO}_4''\text{)}.$$

8. Direkte Bestimmung des Hydrocarbonations.

Die Gesamtalkalität (S. 524 u. 686) entspricht praktisch in den meisten Fällen dem Gehalt an Hydrocarbonation. Stellt man ihre Ermittlung in den Dienst der in diesem Abschnitt besprochenen Arbeiten, so bleibt es natürlich je nach der Lage des Falles vorbehalten, das Ergebnis als „Hydrocarbonation" oder als „Gesamtalkalität" in die Analysenbücher einzutragen. Die Bestimmung verknüpft man zweckmäßig mit der folgenden unter Nr. 9 zu beschreibenden.

Zur Analyse verwendet man eine Menge des Mineralwassers, die nicht mehr als 10 Millival Erdalkaliionen und nicht mehr als 15 Millival Hydrocarbonation enthält, und deren Raummenge andererseits 250 ccm nicht überschreitet. Die betreffende Wassermenge wird in einen 500 ccm-Meßkolben gebracht und in diesem mit $^1/_5$ N.-Salzsäure in der Kälte gegen Methylorange austitriert[1]).

Hat man E ccm Mineralwasser eingemessen und a ccm $^1/_5$ N.-Lauge verbraucht, so enthält das Wasser:

$$x = \frac{200\,a}{E} \text{ Millival/l Hydrocarbonation (HCO}_3').$$

9. Bestimmung der Gesamtmenge der Erdalkaliionen. Als Grundlage dient das Verfahren der Härtebestimmung nach Wartha und Pfeifer[2]) (S. 545). Nach Beendigung der gemäß Nr. 8 ausgeführten Titrierung wird der Inhalt des Kolbens zur Austreibung des freigemachten Kohlendioxyds aufgekocht; dann setzt man mittels Pipette 100 ccm einer Mischung gleicher Raumteile $^1/_5$ N.-Natronlauge und $^1/_5$ N.-Sodalösung zu und kocht noch etwa 10 Minuten lang weiter. Man läßt erkalten, füllt mit destilliertem Wasser zur Marke auf, schüttelt kräftig um und filtriert durch ein dichtes Papierfilter von etwa 70 mm Halbmesser. Die ersten 200 ccm Filtrat läßt man fortlaufen, dann fängt man 250 ccm auf und titriert sie — nach Zugabe von noch etwas Methylorange — in der Kälte mit $^1/_5$ N.-Salzsäure zurück.

Hat man E ccm Mineralwasser eingemessen und bei der Schlußtitrierung a ccm $^1/_5$ N.-Salzsäure verbraucht, so enthält das Wasser:

$$x = \frac{400\,(50 - a + k)}{E} \text{ Millival/l Erdalkaliionen (Ca}^{\cdot\cdot} + \text{Mg}^{\cdot\cdot}).$$

Hierin bedeutet k eine durch die Löslichkeit des ausgefällten Niederschlages bedingte Korrekturgröße, die von dem Betrage von a abhängt und der folgenden Tafel entnommen werden kann.

a	Entsprechender Wert von k
49,0 ccm und mehr	0,15 ccm
48,5 „	0,13 „
48,0 „	0,12 „
47,5 „	0,10 „
47,0 „	0,08 „
46,5 „ und weniger	0,07 „

Streng genommen umschließt die Bestimmung nicht nur Calcium- und Magnesiumion, sondern auch Strontium-, Barium-, Ferro-, Ferri-, Manganoion usw. Bei eisenreicheren Wässern muß man diesem Umstande bei der Deutung des Ergebnisses Rechnung tragen.

10. Bestimmung des Calciumions[3]). Eine Mineralwassermenge, deren Gehalt an Calciumion einerseits 20 Millival nicht überschreiten soll und deren Raummenge andererseits nicht größer als 400 ccm sein darf, wird in einen 500 ccm-Meßkolben eingemessen. Das Wasser wird mit verdünnter Schwefelsäure eben angesäuert, wobei man die Reaktion durch ein eingeworfenes kleines Streifchen Lackmuspapier kontrollieren kann und hierauf mit 50 ccm

---

[1]) Bei methylorangesauren Wässern kann man natürlich die Acidität sbestimmung (S. 686) für Kontrolluntersuchungen heranziehen.

[2]) Vgl. L. Grünhut bei W. Kerp, Nahrungsmittelchemie in Vorträgen 1914, S. 479.

[3]) Vgl. dieselben ebendort 1914, S. 484.

$^1/_2$ N.-Oxalsäurelösung versetzt. Dann macht man mit Ammoniakflüssigkeit eben alkalisch, füllt mit destilliertem Wasser bis nahezu an die Marke, mischt den Kolbeninhalt durch Schwenken und stellt verstopft beiseite. Nach mehreren Stunden füllt man völlig zur Marke auf; schüttelt gut um und filtriert durch ein dichtes, doppeltes Papierfilter von etwa 70 mm Halbmesser. Die ersten 200 ccm Filtrat läßt man fortlaufen, dann fängt man 250 ccm auf, erwärmt diese auf etwa 60°, versetzt mit Schwefelsäure und mit Manganosulfat und titriert den Überschuß mittels $^1/_2$ N.-Kaliumpermanganatlösung zurück.

Hat man E ccm Mineralwasser eingemessen und bei der Schlußtitrierung a ccm $^1/_2$ N.-Kaliumpermanganatlösung verbraucht, so enthält das Wasser:

$$x = \frac{1000\,(25 - a)}{E} \text{ Millival/l Calciumion (Ca\"\").}$$

Bei Wässern, die Ferroion in merklicheren Mengen enthalten, beeinflußt dieses die Schlußtitrierung mit Permanganat. Man muß in solchen Fällen von dem Werte a die dem Ferroiongehalte von $\frac{E}{2}$ ccm Mineralwasser entsprechende Permanganatmenge abziehen.

11. Bestimmung des Ferroions und Ferriions.
Bei Eisencarbonatwässern kann man die maßanalytische Bestimmung des Ferroions in der Weise, wie sie S. 609 beschrieben ist, für die laufenden Kontrolluntersuchungen heranziehen. Demgegenüber wird man bei Vitriolquellen, die Ferriion enthalten, die Ermittlung des Gesamteisengehaltes nach Reduktion des Ferriions zu Ferroion ins Auge fassen müssen und hierzu eine Arbeitsweise wählen, die dem Reinhardtschen Verfahren zur Bestimmung des Eisens in Eisenerzen[1]) nachzubilden ist.

12. Colorimetrische Bestimmung des Blei- und Kupferions.
Bestimmungen des Blei- und Kupferions mit Hilfe eines Schnellverfahrens sind kein Bedürfnis der technischen Kontrolle von Mineralwasserunternehmungen; sie sind vielmehr in der Nahrungsmittelaufsicht über den Verkehr mit künstlichen Mineralwässern erforderlich. Das folgende Verfahren ist von C. Reese und J. Drost[2]) hierfür ausgearbeitet worden:

Der ganze Inhalt einer 1 Liter-Flasche wird in eine 1,5 Liter-Stöpselflasche eingegossen und die Flasche mit 2 ccm konz. Salzsäure und heißem Wasser nachgewaschen. Man erwärmt die Flüssigkeit gegebenenfalls bis zur vollständigen Lösung etwaiger Eisenabsätze, fügt nach dem Erkalten 20—25 ccm 25 proz. Natriumacetatlösung, 5 ccm Eisessig, ein wenig gereinigten Asbest und einige Natriumsulfidkrystalle hinzu und läßt nach kräftigem Umschütteln mehrere Stunden, am besten über Nacht, stehen. Dann saugt man den Asbest mit den etwa ausgefallenen und dann auf ihm adsorbierten Sulfiden über ein Asbestfilter ab, wäscht dreimal mit Schwefelwasserstoffwasser nach und löst die Sulfide mittels 20 ccm heißer Salpetersäure von der Dichte 1,17, die man in einzelnen Anteilen von je 5 ccm auf das Filter bringt, nachdem sie zuvor zum Nachspülen der Flasche gedient haben. Schließlich wäscht man mit genügend heißem Wasser nach, so daß das Filtrat 90—100 ccm beträgt. Dieses dampft man sodann unter Zusatz von 3 Tropfen konz. Schwefelsäure bis zum Verschwinden des Salpetersäuregeruchs ein, filtriert das ausgeschiedene Bleisulfat ab und wäscht es mit 40 ccm einer Mischung von 2 ccm konz. Schwefelsäure und 98 ccm Wasser aus. Das Filtrat, das alles Kupferion enthält, wird mit 3 ccm konz. Ammoniakflüssigkeit versetzt, zum Sieden erhitzt, filtriert, auf 200 ccm aufgefüllt und für die sogleich zu beschreibende Bestimmung des Kupferions aufbewahrt.

Das Bleisulfat wird mittels 40 ccm heißer 25 proz. Natriumacetatlösung auf dem Filter in Lösung gebracht, das Filter mit kochendem Wasser nachgewaschen und die Lösung schließlich mit Wasser auf 200 ccm aufgefüllt. Diese Lösung dient zur colorimetrischen Bestimmung,

---

[1]) Zeitschr. f. analyt. Chemie 1914, **53**, 445.
[2]) Zeitschr. f. angew. Chemie 1914, **27**, I, 307; Zeitschr. f. Unters. d. Nahr.- u. Genußm. 1914, **28**, 427; Zeitschr. f. analyt. Chemie 1915, **54**, 279.

für die man am besten Colorimeterrohre mit eingeschliffenen Glasstopfen benutzt, die über der Marke noch 25 ccm Schüttelraum besitzen. In einer Anzahl solcher Rohre stellt man sich eine Vergleichsskala her, indem man in jedem derselben 20 ccm 5 proz. Natriumacetatlösung mit entsprechenden Mengen einer Lösung, die 0,16 g trockenes Bleinitrat in 1 l (1 ccm = 0,1 mg Bleiion) enthält, bringt, mit Wasser auf 100 ccm auffüllt, je 2 ccm 10 proz. Kaliumcyanidlösung zugibt, kräftig umschüttelt, nach 2—3 Minuten 10 ccm frisch bereitetes Schwefelwasserstoffwasser hinzufügt und wiederum kräftig umschüttelt. In gleicher Weise verfährt man mit 20 ccm der Bleisulfatlösung und führt dann die Farbenvergleichung durch. Bei hohem Bleiongehalt stelle man auch noch Vergleiche an mit weniger als 20 ccm der Bleisulfatlösung, bei geringem Bleigehalt auch noch mit 40 ccm. Man mache es sich zur Regel, zum Schluß nur gleichzeitig hergestellte Lösungen zu vergleichen.

Behufs Bestimmung des Kupferions verfährt man in entsprechender Weise. Zur Herstellung der Skala dient eine Lösung von 0,3928 g Kupfervitriol in 1 l (1 ccm = 0,1 mg Kupferion). Man bringt zunächst, außer den wechselnden Mengen dieser Lösung, in jeden Colorimeterzylinder 20 ccm einer Lösung, die 3 Tropfen konz. Schwefelsäure, 40 ccm verdünnte Schwefelsäure (2 ccm konzentrierte: 100 ccm) und 3 ccm konz. Ammoniakflüssigkeit in 200 ccm enthält. In einen weiteren Zylinder bringt man 20 ccm der oben gewonnenen, das Kupferion aus der Wasserprobe enthaltenden Lösung. Nach Auffüllen auf 100 ccm setzt man zu jedem Rohre 5 ccm 10 proz. Ammoniumchloridlösung zu, schüttelt kräftig um und gibt dazu 10 ccm Schwefelwasserstoffwasser, worauf wiederum gut geschüttelt wird. Dann erfolgt Farbenvergleichung. Auch hier stellt man zweckmäßig Kontrollversuche mit weniger als 20 ccm Lösung bzw. mit 40 ccm an.

Für die Ausführung dieser Bestimmungen ist es meistens erforderlich, die Lösungen der angewendeten Reagenzien von den in ihnen als Verunreinigung vorkommenden Spuren Schwermetallionen zu reinigen. Das geschieht durch Einleiten von Schwefelwasserstoff und Zugabe von etwas gereinigtem Asbest. Nach Stehen über Nacht wird filtriert und — wenigstens bei der Natriumacetatlösung — aus der filtrierten Lösung der Schwefelwasserstoff vollständig weggekocht, so daß auf Zusatz von Bleinitratlösung keine Trübung mehr erfolgt.

Anhaltspunkte für die Beurteilung der Mineralwässer.

1. Was ist ein Mineralwasser? Bei Gelegenheit eines Rechtsfalles[1]) hat L. Grünhut[2]) gezeigt, daß der Begriff Mineralwasser ein wohl definierter und durch Grenzzahlen mit praktisch genügender Bestimmtheit eingeengter ist. Im Einzelfalle wird man unter Berücksichtigung der Temperatur des Wassers und seiner chemischen Zusammensetzung auf Grund ausreichend vollständiger Analyse kaum jemals im Zweifel bleiben können, ob ein Vorkommen als Mineralwasser bezeichnet werden kann oder nicht. Des näheren sind Grünhuts seither unwidersprochen gebliebenen Ergebnisse die folgenden:

Unter Mineralwasser im Sinne der Balneologie sowie im Sinne von Handel und Verkehr versteht man solche Wässer, deren Gehalt an gelösten festen Stoffen mehr als 1 g in 1 kg Wasser beträgt, oder die sich durch ihren Gehalt an gelöstem Kohlendioxyd oder an gewissen seltener vorkommenden Stoffen von den gewöhnlichen Wässern unterscheiden, und endlich auch solche Wässer, deren Temperatur dauernd höher liegt als 20°.

Die seltener vorkommenden Stoffe, die ein Merkmal für den Mineralwasser-

---

[1]) Vor mehreren Jahren brachten nämlich in Süddeutschland einige Leute das Wasser einer gewöhnlichen Süßwasserquelle nach Zusatz von Kohlensäure und 1 °/₀₀ Kochsalz als „feinstes kohlensaures Mineralwasser, altberühmte Heilquelle" in Verkehr. Sie wurden aus § 10 des Nahrungsmittelgesetzes verurteilt. Bei den betreffenden Landgerichtsverhandlungen vertraten einzelne der vernommenen Sachverständigen die Meinung, der Begriff „Mineralwasser" sei nicht sicher festgestellt und die Entscheidung, daß ein Wasser kein solches wäre, im Einzelfall nicht bestimmt zu treffen.

[2]) Zeitschr. f. Balneol. 1911/12, **4**, 433 u. 470.

charakter bilden können, umfassen vor allem jene — wie z. B. Lithium-, Ferro-, Brom-, Jod-, Hydroarsenation u. a. —, zu denen man mit Recht die besondere Wirkung von Mineralwässern in Beziehung bringt. Mit dem Fortschreiten unseres analytisch-chemischen Könnens haben wir erfahren, daß diese sog. seltenen Bestandteile auch in gewöhnlichen Wässern vorkommen können, daß also eine gewisse Grenze überschritten sein muß, ehe es erlaubt ist, um ihretwillen ein Wasser als Mineralwasser zu bezeichnen. Alle Grenzwerte sind in der folgenden Tafel zusammengestellt:

Grenzwerte:

Gesamtmenge der gelösten festen Stoffe	1 g in 1 kg Wasser
Freies Kohlendioxyd	0,25 g ,, 1 ,, ,,
Lithiumion (Li·)	1 mg ,, 1 ,, ,,
Strontiumion (Sr··)	10 ,, ,, 1 ,, ,,
Bariumion (Ba··)	5 ,, ,, 1 ,, ,,
Ferro- oder Ferriion (Fe·· bzw. Fe···)	10 ,, ,, 1 ,, ,,
Bromion (Br′)	5 ,, ,, 1 ,, ,,
Jodion (J′)	1 ,, ,, 1 ,, ,,
Fluorion (F′)	2 ,, ,, 1 ,, ,
Hydroarsenation (HAsO$_4''$)	1,3 ,, ,, 1 ,, ,,
meta-Arsenige Säure (HAsO$_2$)	1 ,, ,, 1 ,, ,,
Titrierbarer Gesamtschwefel (S), entspr. Thiosulfation (S$_2$O$_3''$) + Hydrosulfidion + Schwefelwasserstoff	1 ,, ,, 1 ,, ,,
meta-Borsäure (HBO$_2$)	5 ,, ,, 1 ,, ,,
Engere Alkalität (S. 686)	4 Millival in 1 kg
Radiumemanation	3,5 Macheeinheiten in 1 l
Temperatur	+20° C.

Nur wenn einer dieser Werte überschritten ist, kann das betreffende Wasser als Mineralwasser angesehen werden.

Die von der Balneologie seither als „einfache kalte Quellen" oder „Akratopegen" bezeichneten Wässer sind im Sinne dieser Begriffsbestimmungen kein Mineralwasser.

2. Korrigierte Mineralwässer.
Eine Anzahl Mineralwässer wird nicht im Naturzustand in Verkehr gebracht, sondern nach Enteisenung, Zusatz von Kohlensäure und teilweise auch von Salzen. Die Frage, ob diesen „korrigierten" oder „manipulierten" Wässern das für sie teilweise beanspruchte Prädikat „natürlicher" Wässer zusteht, ist seinerzeit in dem vielgenannten Apollinarisprozeß geklärt worden, in dem der Apollinarisgesellschaft das Recht abgesprochen wurde, ihr enteisentes, mit Kohlensäure — und damals auch mit Kochsalz — versetztes Wasser als „natürlich kohlensaures Mineralwasser" zu bezeichnen. Das Oberlandesgericht Köln[1]) entschied hierzu unter dem 9. Juni 1900, „daß man im gewerblichen Verkehr unter natürlichem Mineralwasser ein solches versteht, das im wesentlichen unverändert so in den Handel kommt, wie es der Quelle entspringt", und dieser Auffassung hat sich das Reichsgericht[2]) unter dem 7. Dezember 1900 in der Revisionsinstanz angeschlossen. Die gleiche Rechtsauffassung betätigte das Oberlandesgericht Köln[3]) nochmals unter dem 19. September 1912 gegenüber dem Schloßbrunnen Gerolstein. Noch weiter ging schließlich das Reichsgericht[4]) in einem

[1]) Zeitschr. f. öffentl. Chemie 1900, **6**, 298.

[2]) Ebendort 1901, **7**, 246.

[3]) Gesetze und Verordnungen sowie Gerichtsentscheidungen betr. Nahrungs- und Genußmittel 1915, **7**, 282.

[4]) Gesetze und Verordnungen sowie Gerichtsentscheidungen betr. Nahrungs- und Genußmittel 1915, **7**, 239.

Urteil vom 26. Mai 1914 betr. Brambacher Sprudel, in dem es Wasser der in Rede stehenden Art geradezu als „nachgemacht" im Sinne des § 10 NMG. bezeichnet. In einigen dieser Urteile wird noch besonders hervorgehoben, daß es rechtlich keinen Unterschied mache, ob die betreffenden Wässer als „natürliche kohlensaure" oder „natürlich kohlensaure" bezeichnet sind.

Die höchste Rechtsprechung läßt sonach keinen Zweifel darüber, daß korrigierte Mineralwässer nicht schlechthin als „natürliche" in Verkehr gebracht werden dürfen, und das Interesse der beteiligten Kreise gilt seitdem nur noch der Frage, wieweit es zulässig sei, neben einer gehörigen Deklaration der vorgenommenen Veränderungen noch auf die natürliche Herkunft des die Grundlage bildenden Wassers in seiner Bezeichnung hinzuweisen. Äußerungen hierüber lagen zunächst in den sog. Geraer Beschlüssen vom 7. Januar 1901 und in den Frankfurter Abmachungen vom 21. November 1905[1]) vor, die J. König im zweiten Bande dieses Werkes 1904, S. 1421 besprochen hat. An ihre Stelle sind seitdem die sog. Nauheimer Beschlüsse vom 25. September 1911 getreten, welche der Verein der Kurorte und Mineralquelleninteressenten Deutschlands, Österreich-Ungarns und der Schweiz im Anschluß an ein Referat von L. Grünhut[2]) angenommen hat. In diesen Beschlüssen ist unbedingte Deklaration gefordert und im übrigen der Grundsatz in den Vordergrund gestellt, daß auch unter Deklaration die Bezeichnung „natürlich" nur gebraucht werden dürfe, wenn durch den Eingriff die besondere Natur des betreffenden Wassers nicht dem Wesen nach verändert worden ist. Wie das im einzelnen gedacht ist, das lassen die „Beschlüsse" am besten selbst erkennen. Es sei deshalb ihr Hauptteil, jedoch unter Fortlassung der Begriffsbestimmung für „Mineralwasser", die mit der soeben unter Nr. 1 gegebenen übereinstimmt, hier wiedergegeben.

Vereinbarungen des Vereins der Kurorte und Mineralquellen-Interessenten
vom 25. September 1911.

I.

„Als rein natürliches Mineralwasser (Heil- oder Tafelwasser) darf nur solches Mineralwasser bezeichnet werden, welches keiner willkürlichen Veränderung unterzogen wurde. Das abgefüllte Wasser darf also in seiner Zusammensetzung gegenüber dem Wasser der Quelle nur insofern Abweichungen zeigen, als dies durch die Natur ihrer Bestandteile bedingt ist."

„Die Benutzung von reiner Kohlensäure beim Abfüllen soll dann nicht beanstandet werden, wenn dies lediglich zur Verdrängung der Luft aus den Füllgefäßen dient."

„Wird abgefülltes rein natürliches Mineralwasser als Wasser einer bestimmten benannten Quelle in den Handel gebracht, so muß es in seiner Zusammensetzung derjenigen der benannten Quelle entsprechen; es sind ihm aber auch die Schwankungen zugute zu halten, welche die natürliche Quelle aufweist."

II.

„Mineralwasser, welches Kohlensäurezusatz oder Enteisenung erfahren hat, darf nicht mehr kurzweg als natürliches Mineralwasser bezeichnet werden; die Bezeichnung hat vielmehr gemäß den Absätzen II 1 und II 2 zu geschehen. Diese Deklaration muß unbedingt in allen das Wasser betreffenden ausführlicheren Veröffentlichungen und auf der Etikette eines jeden Gefäßes enthalten sein und darf nur in kürzeren Veröffentlichungen[3]) fehlen, in denen ausschließlich der Name des Brunnens genannt wird,

---

[1]) Beide abgedruckt in Balneol. Ztg. 1911, **22**, Nr. 26, S. 112.

[2]) Balneol. Ztg. 1912, **23**, 70.

[3]) Gemeint sind Plakate, die in Gasthäusern ausgehängt werden und nur andeuten sollen, daß dort das Wasser der „X-Quelle aus Y" erhältlich sei, ferner gleichartige Hinweise auf Speise folgen und Speisekarten sowie in Zeitungsanzeigen ähnlichen knappen Inhaltes.

jedoch ohne Beifügung der Worte ‚Natürliches Mineralwasser' und ohne Heilanzeigen."

„1. Wird einem natürlichen Mineralwasser, welches mehr als 1 g freies Kohlendioxyd in 1 kg enthält, also im Sinne der Definitionen des ‚Deutschen Bäderbuches' ein Säuerling ist, Kohlensäure zugesetzt, so ist das abgefüllte Wasser zu bezeichnen als ‚natürliches Mineralwasser mit Kohlensäure versetzt'. Stammt die Kohlensäure aus der Quelle selbst, so darf dies besonders hervorgehoben werden."

‚Wird Mineralwasser, welches von Natur aus weniger als 1 g freies Kohlendioxyd in 1 kg enthält, mit Kohlensäure übersättigt, so ist dasselbe zu bezeichnen ‚Tafelwasser aus natürlichem Mineralwasser — evtl. der Quelle X — unter Zusatz von Kohlensäure bereitet'."

„2. Natürliches Mineralwasser, welches im Sinne der Definitionen des ‚Deutschen Bäderbuches' den einfachen, erdigen oder alkalischen Säuerlingen zuzurechnen ist oder als Zwischenglied zwischen diesen Gruppen gelten kann, darf auch nach dem Enteisenen und Versetzen mit Kohlensäure bezeichnet werden: ‚Natürliches Mineralwasser, enteisent und mit Kohlensäure versetzt'. Stammt die Kohlensäure aus der Quelle selbst, so kann dies besonders hervorgehoben werden."

„Die Enteisenung hat in hygienisch einwandfreier Weise zu geschehen."

III.

„Die aus destilliertem Wasser, aus Trinkwasser, aus Gemischen von süßem Wasser und Mineralwasser sowie aus verändertem Mineralwasser hergestellten Erzeugnisse sind, unbeschadet der im Absatz II erwähnten Ausnahmen, künstliche Mineralwässer."

„Jeder Zusatz von Salz oder Salzlösungen und jeder andere Eingriff als Kohlensäurezusatz und Enteisenung, beispielsweise auch jede sonstige Entziehung von Bestandteilen und jede Verdünnung mit Süßwasser sowie jede künstliche Aktivierung mit radioaktiven Stoffen macht also ein natürliches Mineralwasser zu einem künstlichen, und es muß ein jedes derartige Produkt ausdrücklich und für den Konsumenten deutlich erkennbar auf den Etiketten und allen sonstigen Ankündigungen als künstliches Mineralwasser bezeichnet werden."

Diese Gesichtspunkte sind wiederholt in neueren Gerichtsentscheidungen berücksichtigt worden[1]). Nur in einer Beziehung war es seither nötig, sie durch sinngemäße Auslegung zu ergänzen. Von beteiligter Seite war für ein Erzeugnis, das durch Einpressen von Kohlensäure in Wasser von der chemischen Zusammensetzung gewöhnlichen Trinkwassers hergestellt wird, Einreihung „in die Kategorie der Mineralbrunnen" verlangt worden, nur weil das Wasser, aus dem es bereitet war, eine Radioaktivität von mehr als 3,5 Macheeinheiten (vgl. S. 728) aufweist, also — wie der Verfertiger betonte — ein Mineralwasser ist. L. Grünhut[2]) hat auf das Sinnlose dieser Begründung hingewiesen; denn ein aus solchem Wasser bereitetes Fabrikat hat von dem Augenblick an, in dem ihm sein Emanationsgehalt infolge des unabänderlichen radioaktiven Zerfalls entschwunden ist, auch nicht das geringste mehr mit einem natürlichen Mineralwasser gemeinsam. Die gleichen Überlegungen gelten selbstverständlich auch für die Akratothermen, die ihren Mineralwassercharakter lediglich ihrer hohen Temperatur verdanken.

In Österreich und in der Schweiz ist die in diesem Abschnitt besprochene Materie regierungsseitig mit Gesetzeskraft geregelt. In Österreich setzt ein Ministerialerlaß vom 23. Mai 1881 fest, daß jede Veränderung, die an einem natürlichen Mineralwasser vorgenommen wird, also schon Kohlensäurezusatz oder Enteisenung, das Produkt zu einem künstlichen Mineralwasser macht, auf das alle Bestimmungen anzuwenden sind, die für solches gelten,

---

[1]) Vgl. das oben erwähnte Urteil des OLG. Köln vom 19. September 1912; ferner Urteil des LG. Gießen betr. Vilbeler Sprudel (Balneol. Ztg. 1912, **23**, 58) und ein von A. Beythien und H. Hempel (Pharmaz. Zentralhalle 1914, **55**, 463) erwähntes Urteil.

[2]) Balneol. Ztg. 1914, **25**.

dessen Herstellung demnach u. a. konzessionspflichtig ist. Auch die Schweizer Verordnungen (Art. 134—137 der Verordnung betr. den Verkehr mit Lebensmitteln usw. vom 8. Mai 1914[1]) sind ausgesprochen puristisch.

3. Künstliche Mineralwässer. Soweit künstliche Mineralwässer im Verkehr als Nachbildungen bestimmter, ausdrücklich benannter natürlicher auftreten, ist selbstverständlich zu verlangen, daß sie diesen weitgehend in ihrer Zusammensetzung gleichen. Das ist gegebenenfalls durch eine ausführliche, sich auch auf die seltenen Bestandteile erstreckende Analyse nachzuprüfen.

Für jene anderen zahlreich vorkommenden Kunsterzeugnisse, die lediglich Genußzwecken dienen sollen, die künstlichen „kohlensauren Getränke", sind Verkehrsbestimmungen in dem Normalentwurf einer Polizeiverordnung[2]) niedergelegt, um deren übereinstimmenden Erlaß der Bundesrat unter dem 9. November 1911 die Bundesregierungen ersucht hat.

Danach muß zur Herstellung solcher Getränke destilliertes Wasser oder Wasser aus öffentlichen Wasserleitungen verwendet werden. Doch kann durch die zuständige Behörde auch undestilliertes Wasser anderer Herkunft zur Verwendung zugelassen werden, wenn der Unternehmer auf Grund örtlicher Besichtigung der Entnahmestelle und chemischer und bakteriologischer Untersuchungen die einwandfreie Beschaffenheit des Wassers nachweisen kann. Ebenso müssen die benutzte Kohlensäure und die benutzten Säuren, Salze usw. rein sein. Weiter wird festgesetzt, daß die Apparatenteile, die bei Herstellung oder Ausschank mit dem kohlensauren Getränk in Berührung kommen, sofern sie aus Kupfer oder dessen Legierungen bestehen, gut verzinnt sein müssen.

Ein preußischer Ministerialerlaß vom 30. März 1914[3]) hatte anfänglich im Anschluß hieran festgestellt, daß jeder qualitative Nachweis von Kupfer oder Blei in einem künstlichen Wasser als Beweis dafür gelten solle, daß der Forderung einer guten Verzinnung nicht entsprochen sei. Ein weiterer Erlaß vom 13. August 1914[4]) schränkt das dahin ein, daß die Beanstandung wegen Milligrammbruchteilen Blei und Kupfer in 1 l Getränk nicht beabsichtigt sei, daß es also genüge, für die Prüfung des Wassers Verfahren anzuwenden, die erst den Nachweis von 1 mg Blei oder Kupfer in 1 l bedenkenfrei gestatten. Bei der Prüfung auf Blei muß ein etwaiger Bleigehalt des zur Füllung der Apparate benutzten Wassers in Betracht gezogen werden. — Zink wird nach dem ersten Erlaß nur äußerst selten beobachtet.

Ein Bericht von C. Reese und J. Drost[5]) über ihre Erfahrungen bei der praktischen Kontrolle bestätigt, daß Blei und Kupfer in der Tat fast immer in Mengen von weniger als 1 mg in 1 l beobachtet wurden, und daß Zink nur in praktisch bedeutungslosen, äußerst geringen Mengen angetroffen wurde. In betreff der Untersuchungsverfahren vgl. S. 530 u. 726.

4. Unterschiebung anderer Mineralwässer für bestimmte, vom Käufer verlangte, z. B. Abfüllen anderer, teilweise offenbar künstlicher, in irgendwie beschaffte, noch mit Originaletiketten versehene Originalflaschen ist mehrfach[6]) festgestellt worden. Zur Entdeckung dienen, wie schon oben (S. 718) gesagt, vergleichende Untersuchungen, die zunächst mittels maßanalytischer Verfahren angestellt werden. Die Beurteilung derartiger Machenschaften ist verschieden; je nach Lage des Falls kommt neben dem Nahrungsmittelgesetz noch der Betrugsparagraph in Betracht.

[1]) Vgl. Gesetze und Verordnungen sowie Gerichtsentscheidungen betr. Nahrungs- und Genußmittel 1914, **6**, 342.

[2]) Gesetze und Verordnungen sowie Gerichtsentscheidungen betr. Nahrungs- und Genußmittel 1912, **4**, 446.

[3]) Gesetze und Verordnungen usw. 1914, **6**, 214.

[4]) Ebendort 1914, **6**, 331.

[5]) Zeitschr. f. Unters. d. Nahr.- u. Genußm. 1914, **28**, 427.

[6]) Vgl. O. Mezger u. K. Grieb, Zeitschr. f. Unters. d. Nahr.- u. Genußm. 1908, **16**, 281.

Die Untersuchung der Luft.[1]

Die Zusammensetzung der uns umgebenden Luft und deren Verunreinigung durch andere Gase ist schon im II. Band 1904, S. 1424, besprochen worden. Es sei hier nur kurz wiederholt, daß die normal zusammengesetzte Luft aus rund 79 Volumprozenten Stickstoff und 21 Volumprozenten Sauerstoff besteht. Die normal zusammengesetzte Luft enthält ferner stets geringe Mengen von Wasserdampf (durchweg 1,30 Volumprozent), Kohlensäure (durchweg 0,03 Volumprozent) und von seltenen Elementen wie Argon (etwa 0,63 Volumprozent), Helium, Krypton, Neon u. a. in Spuren. Endlich sollen geringe Mengen Wasserstoff, Ozon und Wasserstoffsuperoxyd stets in der Luft vorhanden sein.

Außer diesen normalen Bestandteilen kann die Luft durch andere Stoffe verunreinigt sein. In Betracht kommen vor allen Dingen Staub, Ruß und industrielle Gase, wie Kohlenoxyd, Schwefelwasserstoff, Schwefelsäure, schweflige Säure, Ammoniak, salpetrige Säure, Salpetersäure, Chlor, Salzsäure u. a. Die Luft bewohnter Räume ist ferner oft durch die Ausatmungsluft und Ausdünstungen der Menschen, sowie durch gasige Produkte, welche von Lichtquellen oder Vergasungen des Staubes auf Heizkörpern und Öfen stammen, verunreinigt.

Außer der chemischen Zusammensetzung kommen noch verschiedene Eigenschaften der Luft in Betracht, die auf die Witterung und in hygienischer Hinsicht von Belang sind. Man kann die Untersuchungsverfahren für Luft in physikalische, chemische und mykologische einteilen; die zu wählenden Untersuchungen richten sich ganz nach der jedesmaligen Fragestellung und haben je nach der letzteren eine größere oder geringere Bedeutung. Als Untersuchungen kommen in Betracht:

A. Physikalische Untersuchungsverfahren. Bestimmung von:

1. Temperatur.
2. Feuchtigkeit.
3. Bewölkung.
4. Niederschläge.
5. Luftdruck.
6. Wind.

(Nr. 1—6 die sog. sechs meteorologischen Elemente.)

7. Sonnenintensität.
8. Sonnenscheindauer.
9. Helligkeit.
10. Radioaktivität.

B. Chemische Untersuchungsverfahren. Bestimmung von:

1. Sauerstoff.
2. Stickstoff.
3. Wasserdampf. (Vgl. A, Nr. 2.)
4. Ozon.
5. Wasserstoffsuperoxyd.

6. Kohlensäure.
7. Kohlenoxyd.
8. Schwefelwasserstoff.
9. Schweflige Säure und Schwefelsäure.
10. Mercaptan.
11. Schwefelkohlenstoff.
12. Phosphorwasserstoff.
13. Arsenwasserstoff.
14. Salzsäure.
15. Chlor, Brom, Jod.
16. Stickstoffoxyde, salpetrige Säure, Salpetersäure.
17. Ammoniak.
18. Anilin.
19. Cyan und Blausäure.
20. Formaldehyd.
21. Quecksilberdampf.
22. Flüchtige organische Stoffe und Kohlenwasserstoffe.
23. Ausatmungsluft.
24. Staub.
25. Rauch und Ruß.

C. Mykologische Untersuchung der Luft.

---

[1] Bearbeitet von Prof. Dr. J. Tillmans-Frankfurt a. M.

A. Physikalische Verfahren zur Untersuchung der Luft.

Die physikalische Untersuchung der Luft erstreckt sich in der Regel auf die sog. sechs meteorologischen Elemente, nämlich: 1. die Temperatur, 2. die Feuchtigkeit, 3. die Bewölkung (Sonnenscheindauer, Sonnenintensität), 4. die Niederschläge (Regen und Schnee), 5. den Luftdruck, 6. den Wind (Richtung und Stärke), wovon vorwiegend Witterung und Klima abhängig sind. Unter Witterung versteht man die Gesamtheit dieser Elemente für irgendeinen Ort oder Zeitpunkt, unter Klima die durchschnittlichen Werte dieser Elemente für einen Ort oder Landstrich auf Grund langjähriger Beobachtungen.

Die Ermittlung dieser Werte ist Aufgabe der meteorologischen Stationen, und finden sich die Verfahren zu ihrer Ermittlung ausführlich in den Lehrbüchern[1]) über Meteorologie, worauf verwiesen sei. Nur einige allgemeine Bemerkungen mögen hierzu gegeben werden.

1. Temperatur. Zur Feststellung der Temperatur dienen genau justierte Thermometer mit einer Einteilung zwischen — 30 bis + 40°, weil zwischen diesen Graden (im allgemeinen nur zwischen — 25 bis + 35°) die Temperatur in Deutschland schwanken kann. Das Thermometer muß mit der Kugel frei in der beschatteten Luft hängen und wird allgemein neben einem feucht gehaltenen (in dem Psychrometer) aufgestellt (vgl. S. 740). Am zweckmäßigsten werden die Thermometer an freien Geländestellen in 2—3 m über dem Erdboden befindlichen Lattengehäusen aufgestellt, so daß sie beschattet sind, aber von allen Seiten von Wind bzw. Luftzug bestrichen werden können. Jedenfalls dürfen die Thermometer nicht an der Außenwand, selbst wenn diese nach Norden gelegen ist, aufgestellt oder aufgehängt werden, weil die Luftbewegung beschränkt wird und die von der Wand abstrahlende Wärme den Stand des Thermometers beeinflussen kann. Für genaue Ermittlungen der Lufttemperatur werden empfohlen und angewendet: das Schleuderthermometer, welches an einer Schnur oder drehbar an einem Stabe befestigt und jedesmal vor der Ablesung rasch herumgeschwungen wird, und das Aßmannsche Aspirationspsychrometer, bei welchem mittels einer besonderen Vorrichtung ein Luftstrom von 2—3 m Geschwindigkeit durchgesogen wird.

2. Feuchtigkeit. Vgl. unter Nr. 3 der chemischen Untersuchungsverfahren (S. 738).

3. Die Bewölkung. Die Bewölkung wird nach der Art und der Anzahl der Wolken angegeben. Die Art der Wolken teilt man wie folgt ein:

Höhe		Bezeichnung	Aussehen
I. Obere Wolken	9000 m	1. Cirrus (Ci.)	Vereinzelte, zarte Wolken, von faserigem, federartigem Gebilde, meistens weiß.
		2. Cirrostratus (Ci.-S.)	Feiner, weißlicher Schleier.
Mittelhohe Wolken	7000 m bis 3000 m	3. Cirro-Cumulus (Ci.-Cu.)	Schäfchenwolken; kleine, zusammengeballte oder flockenförmige Massen.
		4. Altocumulus (A.-Cu.)	Dickere Ballen, weiß oder blaßgrau.
		5. Altostratus (A.-S.)	Dichter Schleier von grauer oder bläulicher Farbe.
II. Untere Wolken	unterhalb 2000 m	6. Stratocumulus (S.-Cu.)	Dicke Balken und dunkle Wolkenwülste.
		7. Nimbus (Ni.)	Regenwolke; dichte Schicht dunkler, formloser Wolken.

---

[1]) Als solche Lehrbücher seien genannt:

W. J. van Bebber, Lehrbuch der Meteorologie. Stuttgart, Ferdinand Enke.

Desgl., Die Wettervorhersage.

W. v. Bezold, Gesammelte Abhandlungen aus dem Gebiete der Meteorologie usw.

R. Börnstein, Leitfaden der Meteorologie. Braunschweig, Vieweg & Sohn.

O. Freybe, Praktische Wetterkunde.

R. Hornberger, Grundriß der Meteorologie und Klimatologie. Berlin, Paul Parey.

H. Mohn, Grundzüge der Meteorologie. Berlin, Dietrich Reimer.

Höhe	Bezeichnung	Aussehen
III. Untertags aufsteigende Wolken	8. Cumulus (Cu.)	Haufenwolke; Gipfel 1800 m, Grundfläche 1400 m; Gipfel in Form einer Kuppel.
	9. Cumulonimbus (Cu.-N.)	Gewitterwolke; Gipfel 3000—8000 m, Grundfläche 1400 m; gewaltige turm- und bergartige Wolkenmassen.
IV. Gehobener Nebel	10. Stratus (S.)	Unter 1000 m, wagerechte Schichtung.

Die Höhenangaben sind nur als Durchschnittswerte anzusehen; die Höhen sind in der warmen Jahreszeit größer als in der kalten.

Die Anzahl bzw. den Grad der Bewölkung drückt man in Zahlen 1, 2, 3 und 4 aus, und bedeutet die Zahl 1, daß der Himmel zu $1/4$, die Zahl 2, daß er zu $2/4$, die Zahl 3, daß er zu $3/4$, und die Zahl 4, daß er ganz mit Wolken bedeckt ist.

Aus der Art und dem Zuge, besonders der I. und II. Gruppe, kann man Schlüsse auf das kommende Wetter ziehen.

4. Niederschläge. Unter „Niederschläge" versteht man diejenigen Wassermengen, welche in flüssigem oder festem Zustande aus der Luft an den Erdboden gelangen. Sie werden mit Hilfe des Regenmessers, eines zylindrischen Blechgefäßes mit durchweg 200 qcm großer Öffnung, ermittelt. Der Regen bzw. Schnee sammelt sich in dem oberen Blechtrichter und fließt — der Schnee nach langsamem Auftauen — in eine Sammelflasche, aus der er in der Regel jeden Morgen in ein Meßglas gefüllt und seine Höhe (in Millimetern) gemessen wird.

Der Regenmesser soll an freien, nicht durch nahestehende Gebäude, Bäume oder sonstige Gegenstände eingeengten Stellen so aufgestellt werden, daß sich die Auffangfläche in 1 m Höhe über dem Boden befindet; in schneereichen Gegenden indes höher, damit kein „Stöberschnee" vom Boden hineinweht.

5. Luftdruck. Der Luftdruck wird in bekannter Weise durch die Quecksilber- oder Aneroidbarometer gemessen. Er wird auf Meeresniveau und Null-Grad reduziert.

6. Wind. Unter „Wind" verstehen wir die horizontale Bewegung der Luft. Die auf- und absteigenden Luftbewegungen pflegen wir, wenigstens am Boden ebener Gegenden, nicht zu empfinden. Die horizontalen Bewegungen der Luft empfinden wir erst deutlich bei einer Geschwindigkeit von 1 m in der Sekunde.

Als Windrichtung bezeichnet man diejenige, aus welcher der Wind weht, und bedient man sich zum Bezeichnen der Himmelsrichtung Nord, Ost, Süd, West der Buchstaben N, E, S, W; E ist von East abgeleitet, weil O im Französischen West (Ouest) bedeuten würde. Diese Hauptrichtungen werden noch wieder in $1/8$ und $1/{16}$ Kreisabschnitte eingeteilt, z. B. zwischen W und N: NW, WNW und NNW.

Die Windstärke richtet sich nach dem Unterschied des Luftdruckes zweier Orte und dient als Maßstab für diese Verschiedenheit der barometrische Gradient, d. h. der Unterschied des Luftdruckes zweier Orte, deren Verbindungslinie zu den Isobaren senkrecht steht und deren Abstand 111 km (einen Äquatorgrad) beträgt. Indem man die Orte mit gleichem Barometerstande durch Linien (Isobaren) verbindet und solche Linien für Orte mit je 5 mm Luftdruckunterschied herstellt, erhält man die jetzigen Gradienten der Wetterkarten. Je näher diese Linien zusammenliegen, um so schneller ist die Luftbewegung von den Gegenden mit höherem zu den Gegenden mit niedrigerem Barometerstand. Ohne auf die sonstigen Ursachen, welche, wie besonders die gleichzeitige Umdrehung der Erde, die verschiedenen Gelände- und Temperaturverhältnisse, auf die Richtung und Stärke der Winde Einfluß haben, hier näher einzugehen, sei nur bemerkt, daß die Windstärke nach der Beaufortschen Skala mit Hilfe der Wildschen Windfahne mit Stärketafel gemessen wird. Mit der in genügender Höhe aufgestellten Windfahne ist eine Pla᷑e verbunden, welche sich mit ersterer dreht und stets senkrecht gegen die Windrichtung stellt. Seitlich ist ein kreisförmiger Reif mit Eisenstäben angebracht, an welchem die Tafel sich vorbeibewegt. Je höher die Tafel gehoben wird, um so stärker ist die Luftbewegung und umgekehrt. Jedem Eisenstab, den die bewegliche Platte anzeigt, entspricht eine bestimmte Windstärke.

Bei der Beaufort-Skala bedeuten:

Windstärke nach Beaufort-Skala	Bezeichnung	Gradient mm	Geschwindigkeit m Sek.	Kennzeichen
0	Windstille	—	—	Vollkommene Windstille.
1	Leiser Zug	—	1,5	Der Rauch steigt fast gerade hervor.
2	Leicht	1,19	3,7	Für das Gefühl gut bemerkbar.
3	Schwach	1,44	6,2	Bewegt einen leichten Wimpel, auch die Blätter der Bäume.
4	Mäßig	1,81	8,8	Streckt einen Wimpel, bewegt kleine Zweige der Bäume.
5	Frisch	2,14	11,8	Bewegt größere Zweige der Bäume, wird für das Gefühl schon unangenehm.
6	Stark	2,61	15,0	Wird an Häusern und anderen festen Gegenständen hörbar, bewegt große Zweige der Bäume.
7	Steif	—	18,8	Bewegt schwächere Baumstämme, wirft auf stehendem Wasser Wellen auf, welche oben überstürzen.
8	Stürmisch	—	24,0	Ganze Bäume werden bewegt; ein gegen den Wind schreitender Mensch wird merklich aufgehalten.
9	Sturm	—	32,8	Leichtere Gegenstände, wie Dachziegel usw. werden aus ihrer Lage gebracht.
10	Voller Sturm	—	50,0	Bäume werden umgeworfen.
11	Schwerer Sturm	—	—	Zerstörende Wirkungen schwerer Art.
12	Orkan	—	—	Verwüstende Wirkungen.

Zur Messung der Windstärke wird auch das Robinsonsche Schalenkreuz, welches die Anzahl der Umdrehungen bzw. die Windstärke selbsttätig anzeigt, angewendet, wie denn überhaupt für die Ermittlung der Temperatur, der Niederschläge, des Luftdruckes selbsttätige Apparate in Gebrauch sind, die den Gang dieser meteorologischen Elemente ohne Unterbrechung graphisch auftragen. Hierauf kann an dieser Stelle nur verwiesen werden.

Ferner sind für denselben Zweck sog. Druckplatten, Neigungsplatten sowie Eigenmanometrische Anemometer vorgeschlagen.

Außer den eigentlichen meteorologischen Elementen kommen für die physikalische Untersuchung der Luft noch folgende auch in hygienischer Hinsicht wichtigen Eigenschaften bzw. Werte in Betracht, nämlich:

7. *Sonnenintensität* bzw. *strahlende Sonnenwärme.* Diese wird durch das Pyrheliometer von Pouillet oder durch das Vakuumthermometer gemessen. Letzteres ist ein Quecksilberthermometer, dessen Kugel mit Ruß überzogen ist und sich in einem von einer zweiten Glaskugel umgebenen luftleeren Raum befindet. Die berußte Kugel absorbiert die abgestrahlte Wärme, während das Vakuum die Wärmeverluste durch Strahlung verhindert. Indem man die Anzeige dieses Thermometers mit der eines gewöhnlichen Thermometers vergleicht, erhält man aus der Differenz die Höhe der Wärmestrahlung.

R. Fuess in Steglitz-Berlin liefert für diesen Zweck das Arago-Davysche Aktino-
meter, während Jules Richard in Paris in seinem Actinomètre enregistreur einen selbsttätigen Apparat eingerichtet hat.

8. Sonnenscheindauer. Zur Messung der Sonnenscheindauer dient der Camp-
bellsche Sonnenautograph, welcher aus einer Glas- oder einer mit Wasser gefüllten Kugel
besteht, die vor einem dem Gange der Sonne entsprechend gekrümmten, mit Tagesstunden
versehenen Papierstreifen derart angeordnet ist, daß der Brennpunkt auf den Streifen fällt
und hier das Papier, wenn die Sonne scheint, versengt bzw. angebrannt wird. Aus der Brand-
linie läßt sich die Sonnenscheindauer an dem betreffenden Tage ermessen.

9. Helligkeit. Die Helligkeit wird in der Außen- und in der Wohnungsluft gemessen. Zur Ermittlung der Helligkeit der Außenluft bedient man sich meistens des
Heliographen. Er besteht aus einer lichtempfindlichen Scheibe, die in eine größere
Anzahl Kreisausschnitte (Sektoren) geteilt ist. Hiervon wird jedesmal nur ein Sektor für
eine bestimmte Zeit dem Licht ausgesetzt, wonach der ausgesetzte Sektor automatisch verschwindet und ein neuer an seine Stelle tritt. Nach 24 Stunden wird die ganze Scheibe entwickelt, und indem man sie dann um eine durch ihren Mittelpunkt gehende Achse sich
drehen läßt, erhält man einen Farbenton, welcher der mittleren Lichtstärke von 24 Stunden
entspricht.

Ebenso wie die Wirkung des Lichtes auf lichtempfindliches Papier wird auch
seine Eigenschaft, aus Jodkalium und verdünnter Schwefelsäure bei Gegenwart von Sauerstoff Jod freizumachen, zur Feststellung seiner Helligkeit benutzt, indem man die Menge
des freigemachten Jods mit $1/100$ N.-Thiosulfatlösung ermittelt.

M. Samec in Wien hat ein selbsttätiges Photometer dieser Art eingerichtet.

Für denselben Zweck kann auch das Spektralphotometer von König-Martens (vgl.
III. Bd., 1. Teil, S. 127), sowie das Webersche Photometer verwendet werden. Diese Apparate
dienen aber auch zur Ermittlung der Lichtstärke von Innenluft in Räumen, indem man sie
auf Normallichtquellen (Normalkerze oder Hefnersche Normallampe)[1] zurückführt.

Für die Feststellung der Helligkeit in Räumen oder für die Straßenbeleuchtung
sind außerdem noch eine Reihe von kleineren, weniger empfindlichen Apparaten in Gebrauch,
z. B. Webers Raumwinkelmesser, Straßenphotometer nach Brodhuhn, Photometer nach
Classen, Wingens Helligkeitsprüfer, Flächenhellprüfer nach Krüss, Beleuchtungsprüfer
nach Thorner, Rosenthaler u. a.

Auf eine Beschreibung dieser Apparate muß hier verzichtet werden, weil sie den Zwecken
dieses Buches zu fern liegen. Auch pflegt diesen Apparaten eine Beschreibung ihrer Handhabung beigegeben zu werden.

10. Radioaktivität. Falls eine Bestimmung der Radioaktivität der Luft notwendig werden sollte, wird sie wie bei Mineralwasser S. 629 u. f. ausgeführt, nur mit dem Unterschiede, daß man statt Wasser die betreffende Luft in die Glasglocke überführt.

B. Chemische Untersuchungsverfahren für die einzelnen Bestand-
teile der Luft.

Bevor auf die Verfahren der Untersuchung der einzelnen Bestandteile der Luft ein-
gegangen wird, sei zunächst kurz die Reduktion eines Gasvolumens auf 0° und 760 mm
Druck dargelegt, eine Rechnung, welche öfters auszuführen ist. Bekanntlich ist das Volumen der
Gase von dem Druck und der Temperatur abhängig. Für Vergleichszwecke ist es daher not-

---

[1] Unter Normalkerze versteht man eine 50 g schwere Paraffinkerze von 2 cm Durchmesser, die bei 50 mm Flammenhöhe 7,7 g Paraffin in einer Stunde verbraucht; unter Meterkerze die Helligkeit, welche eine Meterkerze in 1 m Entfernung liefert. Hefnersches Normal-
licht ist = 0,833 Normalkerze.

wendig, beim Messen der Gase einen bestimmten Druck und eine bestimmte Temperatur als normal anzunehmen und das bei einer anderen Temperatur und einem anderen Druck gefundene Volumen eines Gases hierauf zu berechnen. Allgemein wird als Normaltemperatur 0° C und als Normaldruck ein Barometerstand von 760 mm angenommen. Die Berechnung erfolgt nach der Gleichung:

$$Vo = \frac{V \times b}{b\,o(1 + \alpha \times t)},$$

welche in folgender Weise entwickelt wird:

Nach genauen Untersuchungen ist der Ausdehnungskoeffizient der Gase 0,003665 ($= \alpha$). Ist das Volumen bei 0° $= Vo$, so nimmt dasselbe für jeden Grad um α zu, wenn der Druck derselbe bleibt; bei $t°$ beträgt daher die Zunahme $Vo \times \alpha \times t$, also ist bei gleichem Druck das Volumen bei $t°$:

$$V_t = Vo + Vo \times \alpha \times t$$
$$= Vo(1 + \alpha \times t) .$$

Dehnt sich nun das Volumen V_t bis zum Volumen V bei unveränderter Temperatur aus, so muß der Druck bo in b übergehen. Bei den Gasen verhalten sich aber nach dem Mariotteschen Gesetz bei gleichbleibender Temperatur Volumen und Druck umgekehrt proportional, es ist also:

$$V_t : V = b : bo$$

oder

$$V \times b = V_t \times bo .$$

Setzt man statt V_t den oben gefundenen Wert ein, so ist

$$V \times b = bo \times Vo(1 + \alpha \times t) ,$$
$$Vo = \frac{V \times b}{b\,o(1 + \alpha \times t)} .$$

1. Sauerstoff. Die Bestimmung des Sauerstoffgehalts der Luft ist für hygienische Zwecke von untergeordneter Bedeutung. Wo sie gewünscht wird, kann die Bestimmung nach den Verfahren der Gasanalyse geschehen, wie sie in zahlreichen Lehrbüchern beschrieben ist[1] [2].

Ein Verfahren, welches speziell für die Untersuchung des Sauerstoffgehalts der Luft für hygienische Zwecke ausgearbeitet ist, ist das von Chlopin[3]. Das Verfahren, welches nach K. B. Lehmann (Lunge-Berl)[1] ausgezeichnete Werte gibt, benutzt das Wesen des Winklerschen Sauerstoffbestimmungsverfahrens für Wasser (vgl. S. 517) und geht in folgender Weise vor: Der benutzte Apparat[4] besteht aus einer Art Woulffschen Flasche mit drei Öffnungen (Fig. 268 S. 738). Durch die erste Öffnung geht eine Glasröhre bis zum Boden der 150 bis 180 ccm fassenden Flasche. Die Röhre ist am oberen geschliffenen Ende mit einem Glashahn und dieser mit einer Bürette verbunden. In die zweite Öffnung paßt ein eingeschliffenes Thermometer, und die dritte Öffnung trägt einen kurzen Glashahn. Die Bestimmung des Sauerstoffes vermittels dieses Apparates geschieht folgendermaßen: Man füllt den in ein Gefäß mit Wasser gestellten Apparat, dessen Fassungsvermögen man vorher bestimmt hat, mit dem zu untersuchenden Gasgemenge, läßt 15 ccm einer Lösung von 40 g wasserhaltigem

---

[1] Vgl. z. B. Lunge-Berl, Chemisch-technische Untersuchungsmethoden, 2. Bd., 1910 Berlin, Verlag von Julius Springer.

[2] Post, Chemisch-technische Analyse, 2. Bd., 1909. Braunschweig, Verlag von Friedrich Vieweg & Sohn.

[3] Archiv f. Hygiene 1900, **37**, 323; Zeitschr. f. Untersuchung d. Nahrungs- u. Genußmittel 1901, **4**, 475.

[4] Zu beziehen von der Firma Paul Altmann, Berlin NW, Luisenstraße.

Manganchlorür in 60 ccm Wasser zufließen und notiert nach einiger Zeit den Temperaturgrad und den Barometerstand. Darauf läßt man aus der Bürette 15 ccm einer Lösung von 30 g Jodkalium und 32 g Natriumhydroxyd zu 100 ccm Flüssigkeit in die Flasche fließen und schüttelt die letztere bis zur völligen Absorption des Sauerstoffes; dieser Zeitpunkt wird an dem Übergang der anfänglich schwarzbraunen Färbung des Gemisches in eine gelbbraune erkannt. Nun gibt man konzentrierte Salzsäure in die Flasche und titriert das ausgeschiedene Jod mit $1/10$ N.-Natriumthiosulfatlösung. Die Berechnung des Volumens v_0 des untersuchten Gasgemenges geschieht nach folgender Formel:

$$v_0 = \frac{(v_t - 30)\,(B - h \times 0{,}857)}{(1 + \alpha t)\,760}.$$

In dieser Formel bedeuten v_t das Volumen des zu untersuchenden Gasgemenges bei der Temperatur t und dem Barometerstand B, h die Spannung des Wasserdampfes bei der Temperatur t, die Zahl 0,857 den Koeffizienten zur Umrechnung der Spannung der Wasserdämpfe in die Spannung der Dämpfe der Manganchlorürlösung, α den Ausdehnungskoeffizienten der Gase.

Fig. 268.

Apparat zur Sauerstoffbestimmung in der Luft nach Chlopin.

Der Prozentgehalt des in dem untersuchten Gasgemenge enthaltenen Sauerstoffes (x) wird aus der folgenden Formel berechnet:

$$x = \frac{0{,}5592 \times n \times 100}{v_0},$$

in welcher die Zahl 0,5592 die Menge des Sauerstoffes in ccm ausdrückt, die 1 ccm der Natriumthiosulfatlösung entspricht, und n die Zahl der verbrauchten ccm der letzteren angibt. Die nach diesem Verfahren erhaltenen Ergebnisse stimmen mit den nach dem Bunsenschen Verfahren ermittelten fast vollständig überein.

Anmerkung. Der Gehalt der Außenluft an Sauerstoff ist nur geringen Schwankungen unterworfen, weil die Mengen des Luftmeeres an Sauerstoff trotz des örtlich wie zeitlich verschiedenen Verbrauches an der Erdoberfläche verhältnismäßig groß ist und wie bei allen Gasen der Luft eine schnelle, gleichmäßige Verteilung statthat. U. Kreusler[1] fand für Bonn nur Schwankungen von 20,85—20.99 Volumprozent, in Genf[2] wurden Schwankungen von 20,945—21,040 Volumprozent gefunden. Der Sauerstoffgehalt der Außenluft beträgt daher durchschnittlich rund 21 Volumprozent. In Bergwerken kann er bis auf 13 Volumprozent und in Grüften bzw. Räumen mit Verwesungsvorgängen noch tiefer heruntergehen.

2. Stickstoff. Eine direkte Bestimmung des Stickstoffes in der Luft ist meistens überflüssig. Man ermittelt den Stickstoffgehalt, wo es nötig erscheint, aus der Differenz, welche sich ergibt, wenn man sämtliche bestimmbaren Bestandteile von 100 abzieht.

3. Wasserdampf. Die Luft kann für jede Temperatur nur einen bestimmten, größtmöglichen Wasserdampfgehalt aufnehmen. Der Feuchtigkeitsgehalt der Luft wird entweder als absolute oder als relative Feuchtigkeit angegeben. Unter absoluter Feuchtigkeit versteht man denjenigen Gehalt der Luft an Wasserdampf, ausgedrückt in Gramm im Kubikmeter, welchen die Luft wirklich besitzt. Unter relativer Feuchtigkeit versteht man das Verhältnis des wirklich vorhandenen Wassergehalts der Luft zu dem für die betreffende Temperatur größtmöglichen Wassergehalt, ausgedrückt in Prozenten

---

[1] Landw. Jahrbücher 1885, **14.** 305.

[2] Chem. Centralbl. 1912, II, 318.

des letzteren. Sättigungsdefizit ist die Differenz zwischen der größtmöglichen und der absoluten im Einzelfalle vorhandenen Wassermenge. Man drückt den Wasserdampfgehalt statt in Gewicht auch in Dampfspannung (Tension) in mm Quecksilber aus, wobei dann auch maximale und relative Dampfspannung und Spannungsdefizit unterschieden werden.

Höchstmögliche Wasserdampfspannung der Luft in mm Quecksilber bei verschiedener Temperatur.

Höchstmöglicher Wassergehalt in 1 cbm Luft in Gramm.

Temperatur Grad	Spannung mm	Wasser g in 1 cbm Luft	Temperatur Grad	Spannung mm	Wasser g in 1 cbm Luft	Temperatur Grad	Spannung mm	Wasser g in 1 cbm Luft
—10	2,0	2,1	+ 8	8,0	8,1	+21	18,5	18,2
— 8	2,4	2,7	+ 9	8,5	8,8	+22	19,7	19,3
— 6	2,8	3,2	+10	9,1	9,4	+23	20,9	20,4
— 4	3,3	3,8	+11	9,8	10,0	+24	22,2	21,5
— 2	3,9	4,4	+12	10,4	10,6	+25	23,6	22,9
0	4,6	4,9	+13	11,1	11,3	+26	25,0	24,5
+ 1	4,9	5,2	+14	11,9	12,0	+27	26,5	25,6
+ 2	5,3	5,6	+15	12,7	12,8	+28	28,1	27,0
+ 3	5,7	.6,0	+16	13,5	13,6	+29	29,8	28,6
+ 4	6,1	6,4	+17	14,4	14,5	+30	31,6	30,1
+ 5	6,5	6,8	+18	15,2	15,1	+50	92,2	83,4
+ 6	7,0	7,3	+19	16,3	16,2	+70	233,8	199,3
+ 7	7,5	7,7	+20	17,4	17,2			

Die Tabelle zeigt, daß für die Temperaturen bis +30° der Wert der Spannung etwa derselbe ist wie der Wert für Gramm Wasser im Kubikmeter.

Das Sättigungsdefizit ist bei derselben relativen Feuchtigkeit, aber bei verschiedenen Temperaturen nicht gleich, sondern steigt mit der Temperatur schnell an, wie folgende Zahlen zeigen:

Tempe-ratur Grad C	Relative Feuchtigkeit					
	40 %	50 %	60 %	70 %	80 %	100 %
	Sättigungsdefizit für 1 cbm Luft in Gramm					
5	4,06	3,27	2,56	1,85	1,14	0
10	5,50	4,81	3,67	2,68	1,83	0
15	7,52	6,32	5,04	3,77	2,49	0
20	10,45	8,71	6,96	5,37	3,48	0
30	18,93	15,73	12,61	9,98	6,31	0
40	32,94	26,35	21,98	18,84	10,98	0

In hygienischer Hinsicht interessiert in erster Linie die relative Feuchtigkeit und das Sättigungsdefizit. Die relative Feuchtigkeit beeinflußt vorwiegend die Wasserdampfabgabe von der Haut, das Sättigungsdefizit bzw. der absolute Feuchtigkeitsgehalt die Wasserdampfabgabe von den Lungen.

Die absolute Feuchtigkeit läßt sich mit für die Praxis genügender Genauigkeit berechnen aus der relativen Feuchtigkeit und aus der in obiger Tabelle angegebenen absoluten Menge Wassers, welche die Luft bei der betreffenden Temperatur bis zur vollen Sättigung enthält.

Das genaueste Verfahren zur Bestimmung der absoluten Feuchtigkeit ist jedoch das gewichtsanalytische, für das man in folgender Weise verfahren kann: Ein bestimmtes

Volumen Luft, für dessen Ansaugung man entweder Aspiratoren, die gleichzeitig das durchgesaugte Volumen angeben, benutzt, oder eine Wasserstrahlpumpe, wobei dann das durchgesaugte Volumen mit einer guten Gasuhr gemessen wird, wird durch zwei hintereinandergeschaltete U-förmige Röhren geleitet. Die Röhren sind gefüllt mit Bimssteinstückchen, welche mit konzentrierter Schwefelsäure getränkt sind. Vor die Röhren schaltet man eine mit Watte gefüllte Röhre ein, um Staub, Ruß und andere Stoffteilchen von den schwefelsäuregetränkten Bimssteinstückchen fernzuhalten. Der Wasserdampf wird durch die Schwefelsäure absorbiert, und so ergibt die Gewichtszunahme direkt die in dem durchgesaugten Luftvolumen vorhandene Menge Wasserdampf.

Armand Gautier[1] verwendet für die Wasserbestimmung statt des mit Schwefelsäure getränkten Bimssteins, auch schwefelsäuregetränkten Asbest. Seine Versuche ergaben, daß man Schwefelsäure unbedenklich anwenden kann, und daß die hindurchgehende Luft aus den Rohren keine Schwefelsäure mitreißt. Einen Nachteil hat allerdings die Schwefelsäure, der darin besteht, daß sie auch imstande ist, Kohlensäure zu absorbieren. Gautier empfiehlt deshalb als noch besseres Mittel für die Wasserbestimmung Phosphorsäureanhydrid, welches vorher bis zur Gewichtsbeständigkeit getrocknet ist, weil dieses die besagte, unangenehme Eigenschaft nicht aufweist.

Aus der gefundenen absoluten Feuchtigkeit ist mit Hilfe der obigen Angaben über den höchstmöglichen Wassergehalt für die verschiedenen Temperaturen die relative Feuchtigkeit leicht zu berechnen. Dieses Verfahren der Bestimmung der relativen Feuchtigkeit ist das genaueste.

Nicht so genau, aber einfacher in der Ausführung sind die physikalischen Apparate zur Bestimmung der Feuchtigkeit der Luft. Diese Apparate heißen Hygrometer oder Psychrometer. Die Hygrometer beruhen zum Teil auf der Bestimmung des Taupunktes. Der Taupunkt ist diejenige Temperatur, für welche die Luft bei der vorhandenen absoluten Feuchtigkeit mit Wasserdampf gesättigt sein würde. Erniedrigt man also die Temperatur einer Luft, welche mit Feuchtigkeit nicht gesättigt ist, so kommt man bei einer bestimmten Temperatur an den Punkt, wo die Luft mit Wasserdampf gesättigt ist. Geht man dann mit der Temperatur nur noch eine Kleinigkeit weiter herunter, so kann der Wasserdampf nicht mehr als solcher in der Luft vorhanden bleiben, er scheidet sich also als Tau aus. Zur Bestimmung des Taupunktes bedient man sich der Apparate von Daniell, Regnault, Morgenstern u. a.

Für praktische Zwecke sind aber mehr die Haarhygrometer in Gebrauch; sie beruhen auf der Eigenschaft tierischer oder pflanzlicher Fasern, sich bei steigender Feuchtigkeit zu verlängern, bei abnehmender Feuchtigkeit sich zu verkürzen und lassen daraus auf den Gehalt der Luft an relativer Feuchtigkeit schließen, nachdem man die Stellung eines mit der Faser verbundenen Zeigers bei vollständig gesättigter und trockener Luft an einer Skala vorher festgelegt hat.

Ein weit verbreiteter Apparat dieser Art ist das Polymeter von Lamprecht in Göttingen (Fig. 269). Es zeigt neben der Temperatur den Dunstdruck bzw. den größtmöglichen Feuchtigkeitsgehalt der Luft bei der betreffenden Temperatur an; hieraus und aus der am Haarhygrometer angezeigten relativen Feuchtigkeit läßt sich der zurzeit vorhandene absolute Feuchtigkeitsgehalt der Luft berechnen und daraus der Taupunkt bzw. das Sättigungsdefizit ermitteln.

Andere Psychrometer, die vorwiegend an den meteorologischen Stationen verwendet werden, beruhen auf der Messung der Verdunstungskälte, welche um so größer ist, je weniger Wasserdampf die Luft enthält. Zwei völlig gleiche und empfindliche Thermometer werden nebeneinander in freier Luft aufgestellt oder aufgehängt, das eine hängt frei und trocken in der Luft, die Kugel des anderen Thermometers wird durch einen in ein kleines Ge-

---

[1] Compt. rend. 1898, **126**, 1387; Zeitschr. f. Untersuchung d. Nahrungs- u. Genußmittel 1899, **2**, 322.

!äß mit Wasser tauchenden Baumwolledocht oder Musselinstreifen beständig feucht gehalten. Bekannte und viel verwendete Apparate dieser Art sind das Augustsche Verdunstungspsychrometer, das Schleuderpsychrometer und das Assmannsche Aspirationspsychrometer.

Mit dem Schleuderpsychrometer geht man nach Flügge[1]) zur Bestimmung der absoluten Feuchtigkeit in folgender Weise vor: Der Apparat besteht aus zwei genau gleichzeigenden Thermometern. Das erste Thermometer schwingt man in der Luft an einer 1 m langen Schnur so lange, bis sein Stand sich nicht mehr ändert. Die Kugel des zweiten Thermometers ist mit einem feuchten Musselinlappen umwickelt. Man schleudert hiermit in derselben Weise. Ist die Temperatur des trockenen Thermometers t, die des feuchten t_1, F_1 die maximale Feuchtigkeit bei der Temperatur t_1 (in Spannung ausgedrückt) und F_0 die gesuchte absolute Feuchtigkeit, so ist: $F_0 = F_1 - K \times B (t - t_1)$, worin K eine Konstante ist, die den Wert 0,0007 hat, und B der Barometerstand, der aber nur von geringem Einfluß ist und innerhalb einer Schwankung von 15 mm als konstant betrachtet werden darf.

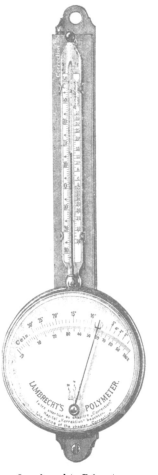

Fig. 269.

Das Assmannsche Aspirationspsychrometer besteht aus zwei Thermometern, welche in ein Metallgehäuse gefaßt sind. Durch einen oben angebrachten Ventilator, der durch eine Metallfeder betrieben wird, wird bei beiden Thermometern ein beständiger Luftstrom an beiden Thermometern, von denen wieder das eine unten mit einem nassen Läppchen umgeben ist, vorbeigesogen. Man liest den Stand der beiden Thermometer ab und berechnet daraus die absolute Feuchtigkeit wie oben.

Nach K. B. Lehmann (Lunge-Berl) rechnet man die absolute Feuchtigkeit in folgender Weise in Spannung um und umgekehrt:

$$\text{Spannung} = \frac{1 + 0{,}00366\, t}{1{,}06}$$

$$\text{und absolute Feuchtigkeit} = \frac{\text{Spannung} \times 1{,}06}{1 + 0{,}00366\, t}\,.$$

Beide Größen weichen nicht viel voneinander ab, so daß man für praktische Zwecke, wie schon oben gesagt, Spannung bzw. Dunstdruck = absoluter Feuchtigkeit (d. h. Gramm Wasserdampf in 1 cbm Luft) setzen kann.

4. Ozon. Das älteste Reagens auf Ozon ist das Schönbeinsche Jodkaliumstärkekleisterpapier, welches durch Tränken von Filtrierpapier mit einer Lösung von

Lambrechts Polymeter.

10 Teilen Stärke und 1 Teil Jodkalium in 200 Teilen Wasser und durch Trocknen in dunklem Raum erhalten wird. Aus dem Grade dieser Färbungen pflegt man an meteorologischen Stationen den Gehalt der Luft an Ozon zu beurteilen.

Das angefeuchtete Papier färbt sich um so dunkler, je mehr Ozon vorhanden ist. Die Reaktion ist jedoch wenig eindeutig, da auch das direkte Sonnenlicht, Wasserstoffsuperoxyd,

---

[1]) Flügge, Grundriß der Hygiene, 6. Aufl. Leipzig 1908, Veit & Co. Hier sind auch Tabellen angegeben, aus denen ohne Rechnung der Wert der gesuchten absoluten Feuchtigkeit abgelesen werden kann.

freie und gebundene salpetrige Säure, flüchtige organische Säuren und einige sonstige in der Luft vorkommende Verbindungen das Jodkalium zu bläuen imstande sind.

C. Arnold und C. Mentzel[1]) haben die Reaktionen des Ozons in einer ausführlichen Arbeit geprüft. Sie finden, daß Jodzinkstärkelösung, Jodkaliumstärkelösung, Guajactinktur, Thalliumhydroxyd, Tetramethylparaphenylendiamin, Silberblech, Ortho- und Metaphenylendiamin zum Nachweise von Ozon wenig geeignet oder direkt unbrauchbar sind. Die Houzeausche Reaktion, welche als beste Unterscheidung des Ozons von Chlor, Brom, Stickstoffdioxyd und Wasserstoffsuperoxyd angeführt wird, beruht auf der Bläuung von rotem, mit Jodkaliumlösung getränktem Lackmuspapier durch das aus dem Jodkalium freiwerdende Kali. In dieser Form soll nach Arnold und Mentzel die Reaktion gänzlich unbrauchbar sein, da alle im Handel vorkommenden Papiere infolge ihres Gehalts an Amyloid schon durch verdünnte Jodlösung gebläut werden, so daß also das mit Jodkaliumlösung getränkte Papier in allen Jod freimachenden Gasen gebläut wird. Die Reaktion ist aber nach Arnold und Mentzel brauchbar, wenn man statt Lackmus Phenolphthalein, Rosolsäure oder Fluorescein verwendet. Sie geben der Rosolsäure den Vorzug und verfahren für die Ausführung der Houzeauschen Reaktion in folgender Weise:

„1 ccm Rosolsäurelösung (hergestellt aus einer 1 proz. alkalischen gelben Rosolsäurelösung und 19 ccm Wasser) wird mit 1 Tropfen 15 proz. Jodkaliumlösung gemischt und Filtrierpapier mit dieser Flüssigkeit befeuchtet. Bei Gegenwart von Ozon beobachtet man eine lebhafte Rötung des Papiers."

Zum Nachweis des Ozons haben sich nach den Untersuchungen von Arnold und Mentzel ferner Benzidin und vor allem auch Tetramethylparadiamidodiphenylmethan sehr brauchbar erwiesen. Papierstreifen, getränkt mit der alkoholischen Lösung dieser letzteren Substanz, färben sich mit Ozon violett, mit Stickstoffdioxyd strohgelb, mit Brom und Chlor tiefblau. Mit Wasserstoffsuperoxyd tritt keine Reaktion ein, auch nicht auf Zusatz von Kupfersulfat. Dagegen färbt sich das zuvor mit einer verdünnten Kupfersulfatlösung getränkte Papier mit Blausäure schön blau. Ammoniak, Schwefelwasserstoff und Schwefelammonium sind ohne Einwirkung.

Während das mit Hilfe von Phosphor oder aus reinem Sauerstoff durch dunkle Entladung oder durch Elektrolyse von Wasser gebildete Ozon die letztgenannten Reaktionen gibt, verhält sich das aus Bariumsuperoxyd, mit Schwefelsäure, oder das aus Persulfaten, Percarbonaten, Natriumsuperoxyd und Wasserstoffsuperoxyd darstellbare anders, indem mit der Tetramethylbase keine Violettfärbung, sondern eine grünliche Färbung eintritt. Die Ursache dieser Erscheinung ist in der Verunreinigung der zuletzt genannten Präparate mit Nitraten zu suchen. Für die Luftuntersuchung spielen diese Störungen also keine Rolle. Die Reaktion ist, wie Arnold und Mentzel[2]) in einer späteren Arbeit darlegen, bei Anwendung von Methylalkohol statt Äthylalkohol als Lösungsmittel noch besser, indem die Intensität der Reaktion erhöht wird und auch reinere Farbentöne erhalten werden. Arnold und Mentzel empfehlen für den Nachweis von Ozon in Luft demnach folgendes Verfahren: Man leitet eine Zeitlang Luft durch Wasser und prüft darauf diese Lösung in folgender Weise:

„Zu 1—2 ccm einer 2 proz. Silbernitrat- oder einer 10 proz. Manganosulfatlösung setzt man 1—2 Tropfen der gesättigten Lösung der Tetrabase in Methylalkohol und gibt hierauf 25—35 ccm der zu prüfenden Flüssigkeit zu. Bei Gegenwart von Ozon tritt schöne Bläuung auf, die nach einiger Zeit verblaßt. Diese Reaktionen geben weder Wasserstoffsuperoxyd noch Nitrite noch Chlor und Brom; nur wenn die beiden letzteren Körper in so geringer Menge vorhanden sind, daß sie durch Silbernitrat nicht mehr zu erkennen sind, tritt

¹) Berichte d. Deutsch. chem. Gesellschaft, Berlin 1902, **35**, 1324; Zeitschr. f. Untersuchung d. Nahrungs- u. Genußmittel 1903, **6**, 501.

²) Berichte d. Deutsch. chem. Gesellschaft 1902, **35**, 2902; Zeitschr. f. Untersuchung d. Nahrungs- u. Genußmittel 1903, **6**, 1144.

Bläuung auf. Mit dieser Reaktion kann also Ozon neben Wasserstoffsuperoxyd nachgewiesen werden."

Eine quantitative Bestimmung des Ozons, die ebenso sicher nur Ozon bestimmt, wie es eindeutig mit Tetramethylbase nachgowiesen werden kann, ist bisher nicht vorhanden. Wahrscheinlich dürfte sie sich aber auf colorimetrischem Wege auf Grund der Versuche von Arnold und Mentzel mit der Tetramethylbase ausarbeiten lassen.

Zur quantitativen Bestimmung wird heute meistens die Jodkalimethode verwendet. Ein bestimmtes Luftquantum leitet man durch Jodkalilösung. Das ausgeschiedene Jod wird mit Natriumthiosulfat titriert und aus diesem Wert der Ozongehalt berechnet. 1 ccm $^1/_{100}$ N.-Thiosulfat = 0,24 mg Ozon. Für die nähere Ausführung des Verfahrens gibt es sehr zahlreiche Vorschriften[1]).

Anmerkung. Hatcher und Arny[2]) fanden im Februar einen Gehalt von 0,015—0,12 mg Ozon in 100 l Luft, im März einen solchen von 0,08—15,81 mg Ozon in 100 l Luft. de Thierry gibt den Ozongehalt in der Ebene von Paris zu 2,3—2,4 mg, in 1050 m Höhe (Montblanc) zu 3,5 bis 3,9 mg und in 3020 m Höhe (auf den Grands Mulets) zu 9,4 mg für 100 cbm Luft an.

5. Wasserstoffsuperoxyd.
Wasserstoffsuperoxyd soll ebenfalls in Spuren in der Luft vorhanden sein.

Man leitet eine gemessene Menge Luft durch Wasser und untersucht dieses oder man untersucht den Schnee oder den Regen. Das älteste Reagens auf Wasserstoffsuperoxyd ist Jodkaliumstärkekleister[3]). 25 ccm Wasser werden mit 1 ccm Jodkaliumlösung (5 proz.) und dann mit 2—3 ccm Stärkelösung (1 g auf etwa 500 ccm Wasser) versetzt. Man fügt 1 Tropfen, unter Umständen auch mehrere, einer 0,5 proz. Eisenvitriollösung zu. Bei Anwesenheit von Wasserstoffsuperoxyd tritt Blaufärbung ein. Die Reaktion soll äußerst empfindlich sein.

Ein anderes Verfahren zum Nachweis von Wasserstoffsuperoxyd ist das von Schönbein mit Guajacharz-Malzauszug oder Diastase. Die Guajacharzlösung wird hergestellt, indem man 1 g Guajacharz, welches nicht am Licht gelegen haben darf (man nimmt am besten Stücke aus dem Innern), in 50 ccm frisch destilliertem Alkohol löst. 100 ccm der zu prüfenden Flüssigkeit, welche eben alkalisch sein muß, werden mit 1 ccm Guajaclösung und mit $^1/_2$—1 ccm einer frisch bereiteten wässerigen Diastaselösung oder eines frisch bereiteten Malzauszuges versetzt. Tritt nach einigen Minuten eine hellblaue Färbung auf, so ist Wasserstoffsuperoxyd vorhanden.

Eine weitere Reaktion ist folgende: Man versetzt eine möglichst neutrale Lösung von sehr verdünntem Eisenchlorid mit einer Spur Ferricyankalium, so daß die Lösung deutlich gelb erscheint; fügt man dann die zu untersuchende Lösung zu, so färbt sich die Flüssigkeit bald grün und scheidet nach einigem Stehen Berlinerblau aus. Ferricyankalium wird daher durch Wasserstoffsuperoxyd reduziert zu Ferrocyankalium, welches mit Eisenchlorid Berlinerblau gibt. Nach Schöne sollen mit dieser Reaktion noch $^1/_{200}$ mg Wasserstoffsuperoxyd im Liter nachweisbar sein. Zu beachten ist aber, daß auch andere Substanzen, wie schweflige Säure, eine Reduktion des Ferricyankaliums bewirken.

Nach Arnold und Mentzel (l. c.) geben wasserstoffsuperoxydhaltige Lösungen mit Benzidin und Cuprisulfat einen blauen Niederschlag. Ozon gibt mit denselben Reagenzien höchstens eine rötliche Färbung. Von denselben Autoren[4]) wird eine andere für Wasserstoffsuperoxyd spezifische Reaktion angegeben, die ebenfalls von Ozon nicht geliefert wird: 1 g präcipitierte Vanadinsäure wird in 100 ccm verdünnter Schwefelsäure

---

[1]) Vgl. Czaplewski, Gesundheits-Ingenieur 1913, **36**, 582.

[2]) Americ. Journ. Pharm. 1900, **72**, 423; Zeitschr. f. Untersuchung d. Nahrungs- u. Genußmittel 1901, **4**, 475.

[3]) Schöne, Zeitschr. f. analyt. Chemie 1879, **18**, 133.

[4]) Zeitschr. f. Untersuchung d. Nahrungs- u. Genußmittel 1903, **6**, 305.

gelöst. Zu 10 ccm der zu prüfenden Flüssigkeit gibt man 3 Tropfen dieses Reagenzes und 10 Tropfen konzentrierte Salz- oder verdünnte Schwefelsäure. Noch bei einem Gehalt der Flüssigkeit von 0,0006% H_2O_2 tritt Rotfärbung auf.

Die Reaktion mit Chromsäure auf Wasserstoffsuperoxyd, welche bekanntlich darin beruht, daß man die zu prüfende, mit Schwefelsäure angesäuerte Lösung mit alkoholfreiem Äther schüttelt, dann eine Spur Kaliumbichromat zufügt und wieder schüttelt, wobei, wenn Wasserstoffsuperoxyd vorhanden ist, der Äther durch gebildete Überchromsäure prächtig blau gefärbt wird, ist zu unscharf, als daß sie für die meisten Fälle der Luftuntersuchung in Betracht käme. Aus denselben Gründen haben die Reaktionen mit Titansäure, Übermangansäure für die Luftuntersuchung keine Bedeutung.

Für die quantitative Bestimmung des Wasserstoffsuperoxyds benutzt man die Reaktion von Schöne, welche mit entsprechenden Vergleichslösungen colorimetrisch gestaltet werden kann. Bei Vorhandensein von größeren Mengen Wasserstoffsuperoxyd kann man auch mit Natriumthiosulfat titrieren, wobei 1 ccm $^1/_{100}$ Thiosulfat 0,17 mg Wasserstoffsuperoxyd entspricht.

Anmerkung. Schöne hat seinerzeit den Gehalt der Luft an Wasserstoffsuperoxyd zu 0,00047 mg für 1 cbm Luft angegeben.

6. Kohlensäure.
Die Kohlensäure der Luft spielt für hygienische Fragen eine wichtige Rolle, besonders bei Verunreinigungen der Luft in Wohnungen. Ein genaues Bestimmungsverfahren ist daher von größter Wichtigkeit. Es ist durch Gewichts- und Maßanalyse gegeben.

a) Gewichtsanalytisch bestimmt man die Kohlensäure der Luft in der Weise, daß man, wie bei der gewichtsanalytischen Bestimmung des Wasserdampfes, ein bestimmtes Volumen Luft langsam erst durch zwei U-förmige, mit in Schwefelsäure getränkten Bimssteinstückchen gefüllte Röhrchen und dann durch zwei weitere vorher gewogene Röhrchen streichen läßt, welche mit konzentrierter Kalilauge getränkte Bimssteinstückchen enthalten. Die Gewichtszunahme dieser Röhrchen gibt die Menge Kohlensäure in dem betreffenden Volumen Luft. Letzteres ermittelt man wie unter 1. Um die etwaige Wasserverdunstung aus der Kalilauge zu kontrollieren, schaltet man hinter den zwei Kaliröhrchen noch ein solches mit Chlorcalcium ein, welches ebenfalls wie bei der Elementaranalyse vor und nach dem Versuch gewogen wird. Auch kann man Natronkalk zur Absorption der Kohlensäure verwenden und den Apparat in der verschiedensten Weise umgestalten.

$$1\ \text{g}\ CO_2 = 508,4\ \text{ccm}\ CO_2 \quad \text{oder} \quad 0,00197\ \text{g} = 1\ \text{ccm}\ CO_2.$$

b) Selten aber dürfte die gewichtsanalytische Bestimmung der Kohlensäure zur Anwendung gelangen, da wir in dem maßanalytischen Verfahren von v. Pettenkofer ein viel einfacheres und ebenso sicheres Verfahren besitzen.

Zu dem Pettenkoferschen Verfahren gehören:

1. Eine Oxalsäurelösung, von welcher 1 ccm = 0,25 ccm Kohlensäure entspricht; man löst 1,405 g reinste Oxalsäure zu 1 l.

   Denn 126 Gewichtsteile Oxalsäure sind = 44 Gewichtsteilen Kohlensäure; da 1 mg Kohlensäure = 0,5084 ccm Kohlensäure (bei 0° und 760 mm Druck gemessen), also 44 mg Kohlensäure = 44 · 0,5084 = 22,3696 ccm sind, so müssen, damit 1 ccm Oxalsäurelösung = 0,25 ccm Kohlensäure, nach der Gleichung

$$22,3696 : 126 = 0,25 : x\ (= 1,405)$$

   1,405 mg zu 1 ccm oder 1,405 g Oxalsäure zu 1 l abgewogen werden.

2. Barytwasser, von der 25 ccm ungefähr 25 ccm der vorstehenden Oxalsäure gleich sind.

Man löst 3,5 g reinstes alkalifreies Barythydrat in 1 l Wasser und läßt das etwa vorhandene Bariumsulfat absetzen.

Das Barythydrat soll kein Ätzkali oder Ätznatron enthalten; man prüft hierauf in der Weise, daß man die vollständig klare Barytlauge mit Oxalsäure titriert, dann etwas gefälltes reines Bariumcarbonat zusetzt und wieder titriert. Erfordert die zweite Probe mehr Oxalsäure als die erste, so ist ätzendes Alkali vorhanden.

Um die Alkalien zu beseitigen, setzt man von Anfang an 0,2 g reinstes neutrales Bariumchlorid für 1 l zu, wodurch etwa vorhandene Alkalien in Chlorid umgewandelt werden, während das Chlorbarium als solches indifferent ist.

Das Barytwasser muß sorgfältigst vor Kohlensäurezutritt aufbewahrt werden.

3. Eine Indicatorlösung; entweder 1 g Rosolsäure in 500 ccm Spiritus von 80 Volumprozent oder 0,864 spezifischem Gewicht (die saure Lösung wird mit etwas Barytwasser versetzt, bis die Farbe gerade an die Grenze von Rot kommt); oder eine alkoholische Lösung von Phenolphthalein (1 : 30).

Bei Ausführung einer Bestimmung ermittelt man zunächst genau den Inhalt einer Flasche von etwa 5—6 l, indem man dieselbe — entweder mit Glasstopfen oder Kautschukkappe verschließbar — ganz mit destilliertem Wasser füllt, wägt, dann entleert, vollständig austrocknet und nach dem Erkalten wieder wägt. Die Differenz in den Gewichten der vollen und leeren Flasche gibt den Inhalt in ccm an.

Die geeichte und trockene, verschlossene Flasche bringt man an den Ort, wo die Kohlensäure bestimmt werden soll, und bläst mittels eines Blasebalges, dessen mit Kautschukschlauch versehene Ausströmungsöffnung durch ein langes spitzes Glasrohr bis auf den Boden der Flasche reicht, die Luft des Raumes — mit etwa 100 Stößen — in die Flasche, indem man die Ausatmungsluft tunlichst fernhält und die Flasche gleich verschließt.

Gleichzeitig notiert man die Temperatur des Raumes und den Barometerstand nach einem in der Nähe befindlichen Barometer, sowie die Temperatur.

Alsdann entnimmt man der Barytlauge mit einer Vollpipette 100 ccm, gibt diese nach Lüften des Glasstopfens oder der Kautschukkappe rasch tief in die Flasche, verschließt und schüttelt 15 Minuten lang das Barytwasser in der Flasche langsam hin und her, so daß es sich an den Wandungen ausbreitet.

Das von gebildetem Bariumcarbonat weißlich trübe Barytwasser gießt man in einen 100—200 ccm-Zylinder mit Glasstöpsel um und läßt absetzen. Darauf hebt man von der klaren Flüssigkeit mit einer Pipette vorsichtig 25 ccm ab, ohne den Bodensatz aufzurühren, setzt 5 ccm der Rosolsäure- oder Phenolphthalinlösung zu und läßt zu der rotgefärbten Flüssigkeit so lange von der obigen Oxalsäurelösung aus einer Bürette zutropfen, bis die rote Farbe verschwunden und in eine rein gelbe bzw. rote Farbe übergegangen ist.

Mittlerweile, zweckmäßig während der Zeit des Absetzens des trüben Barytwassers, ermittelt man den Wert der ursprünglichen Barytlauge, indem man von derselben ebenfalls 25 ccm abhebt, mit 5 ccm Rosolsäure- bzw. Phenolphthalinlösung versetzt und von der Oxalsäurelösung aus der Bürette so lange zusetzt, bis die rote Farbe eben in Gelb bzw. Rot übergeht.

Die Differenz im Verbrauch an Oxalsäurelösung für die ursprüngliche Barytlauge und für die nach dem Schütteln mit Luft zeigt die Menge Kohlensäure an, die in der abgemessenen Luft enthalten ist. Angenommen, es seien verbraucht zu 25 ccm Barytlauge:

Vor dem Schütteln mit Luft . . . 24,7 ccm Oxalsäurelösung
Nach dem Schütteln mit Luft . . 23,1 ccm   „
so sind . . . . 1,6 ccm Oxalsäurelösung

durch Kohlensäure ersetzt.

Da 1 ccm Oxalsäurelösung 0,25 ccm Kohlensäure entsprechen, so sind $\dfrac{1,6 \cdot 0,25}{1}$ = 0,4 ccm Kohlensäure für 25 ccm der Barytlauge vorhanden oder, weil von 100 ccm Barytlauge nur 25 ccm abgemessen wurden, so sind in dem abgemessenen Luftvolumen (z. B. 4554 ccm — die zugesetzten 100 ccm Barythydrat sind am Gesamtvolumen in Abzug zu bringen — 0,4 × 4 = 1,6 ccm Kohlensäure enthalten.

Diese Zahl muß aber noch auf 0° und 760 mm Barometerstand umgerechnet werden, weil ja auch die Angabe des Titers der Oxalsäure sich auf diese Werte bezieht.

a) Bei der Reduktion des Barometerstandes auf 0° ist zunächst zu berücksichtigen, daß 1 mm Barometersäule durch Temperaturerhöhung von 1° C um 0,00018 mm erhöht wird und um diese Größe reduziert werden muß; sind also z. B. 750 mm Bar. abgelesen und ist die Temperatur am Barometer = 15° C, so ist der Barometerstand bei

$$0° = 750 - (750 \times 15 \times 0,00018)$$
$$= 750 - 2,0 = 748 \text{ mm},$$

d. h. 748 mm ist der auf 0° reduzierte Barometerstand.

Man hat aber meteorologische Hilfstabellen, in denen man diese Reduktion direkt ablesen kann.

b) Der Barometerstand ist also in die vorzunehmende Umrechnung einzusetzen. Die abgelesene Temperatur sei 17°. Nach S. 738 ist

$$v_0 = \frac{v \times b}{b_0(1 + \alpha\, t)} \quad \text{also} \quad = \frac{4554 \times 748}{760\,(1 + 0,003665 \times 17)} = 4219,6,$$

d. h. die angewendete Menge Luft nimmt bei 760 mm Bar. und 0° C 4219,6 ccm ein.

Hierin sind 1,6 ccm Kohlensäure gefunden, also in 1000 ccm Luft nach der Gleichung:

$$4219,6 : 1000 = 1,6 : x\,(= 0,379)$$

0,379 ccm Kohlensäure auf 760 mm Bar. und 0° C berechnet.

c) James Walker[1] hat beobachtet, daß bei dem Pettenkoferschen Verfahren leicht zuviel Kohlensäure gefunden wird. Er führt das auf ein Anziehen von Kohlensäure zurück, und hat einen Apparat konstruiert, der es gestattet, die Barytlösung nach der Absorption unter Luftabschluß in Salzsäure von bekanntem Gehalt zu filtrieren, die dann mit titrierter Barytlauge gesättigt wird.

Für die Luftuntersuchung von geschlossenen Räumen auf Kohlensäure verwendet man am besten das Pettenkofersche Röhrenverfahren: Zwei nach unten durchgebogene Röhren werden mit Barytlösungen beschickt, und es wird mittels eines Aspirators eine gemessene Menge Luft langsam durch diese Lösung hindurchgesogen. Bei niedrigem Kohlensäuregehalt müssen mindestens 4 l Luft durchgesogen werden, bei hohem Gehalt genügt im allgemeinen schon 1 l Luft. Die weitere Verarbeitung der Bestimmung erfolgt dann genau so, wie oben für das Flaschenverfahren geschildert ist.

d) Armand Gautier[2] findet, daß beim Durchleiten von kohlensäurehaltiger Luft durch Kaliapparate stets Kohlensäure verloren geht. Er schaltet eine 12—15 cm lange Röhre hinter den Kaliapparat, welche mit feuchten Barythydratstückchen gefüllt ist.

e) In neuerer Zeit sind verschiedene Schnellverfahren ausgearbeitet, welche es gestatten, den Kohlensäuregehalt der Luft in kurzer Zeit annähernd zu bestimmen. Alle beruhen darauf, daß ein bestimmtes Luftvolumen mit Alkali in Berührung gebracht wird, wobei die Kohlensäure absorbiert wird.

Die nachstehend angeführten Apparate messen die Luft nach der Absorption der Kohlensäure zurück, so die Apparate von Petterson und Palmquist[3] und von John Hal-

---

[1] Journ. Chem. Soc. London 1900. **77**, 1110; Zeitschr. f. Untersuchung d. Nahrungs- u. Genußmittel 1901, **4**, 476.

[2] Compt. rend. 1898, **126**, 1387; Zeitschr. f. Untersuchung d. Nahrungs- u. Genußmittel 1899, **2**, 322.

[3] Berichte d. Deutsch. chem. Gesellschaft 1887, **20**, 2129.

dane[1]). Der Haldanesche Apparat wird auf Grund einer Nachprüfung von B. Swaab[2]) empfohlen. Der Apparat von Petterson und Palmquist ist modifiziert von Gerda-Troili-Petterson[3]) und anderen.

f) Ein anderer Grundsatz für die Ausarbeitung von Schnellverfahren der Kohlensäurebestimmung in der Luft besteht darin, Luft so lange durch Lauge, die mit Phenolphthalein angefärbt ist, zu leiten, bis Entfärbung auftritt. Nach der Formel $NaOH + CO_2 = NaHCO_3$ tritt in dem Augenblick, wo alle Natronlauge in Natriumbicarbonat übergeführt ist, Entfärbung ein. Das gebräuchlichste Verfahren dieser Art ist das von Lunge und Zeckendorf[4]): 2 ccm einer $1/10$ N.-Sodalösung, welcher durch Zusatz von 0,1 g Phenolphthalein eine dunkelrote Farbe erteilt ist, wird zu 100 ccm destilliertem, ausgekochtem Wasser gelöst. Die Bestimmung erfolgt in einem kleinen Fläschchen von 110 ccm Inhalt (vgl. Fig. 270). Dieses Fläschchen hat einen weiten Hals, der durch einen Gummistopfen mit doppelter Durchbohrung verschlossen ist. Durch die Löcher des Stopfens sind zwei Glasröhren geführt, die eine, welche rechtwinklig umgebogen ist, endet direkt unter dem Stopfen, die zweite führt bis in die Flüssigkeit. Das freie Ende dieser Rohre ist mit einem Gummischlauch verschlossen, an welchem sich ein genau justierter Gummiball befindet. Dieser letztere hat 70 ccm Inhalt und ist mit Klappen versehen, so daß die Luft nur in einer Richtung hindurchtreten kann. Zunächst füllt man das Fläschchen durch mehrfaches Zusammendrücken des Kautschukballons mit der zu untersuchenden Luft, öffnet dann den Stopfen und läßt schnell 10 ccm der obigen zehnfach verdünnten $1/10$ N.-Sodalösung zufließen. Darauf drückt man die Luft, welche sich in dem Ballon befindet, durch die Flüssigkeit und schüttelt 1 Minute lang den Inhalt des Fläschchens um. Der Ballon füllt sich langsam von neuem mit Luft, und es wird nun das Zusammendrücken des Gummiballs, wobei die Luft durch die Flüssigkeit tritt, und das Umschütteln so lange wiederholt, bis der rote Ton der Flüssigkeit in einen leicht gelblichen übergegangen ist. Aus der nachstehenden Tabelle (S. 748) von Lunge und Zeckendorf kann man für die hier gegebenen Verhältnisse aus der Anzahl der notwendigen Füllungen den Kohlensäuregehalt der Luft ablesen.

Fig. 270.

Lunges minimetrischer Apparat zur Bestimmung der Kohlensäure in der Luft.

Bei niederen Gehalten an Kohlensäure ist danach das Verfahren etwas umständlich, da man sehr oft die Füllungen wiederholen und schütteln muß.

K. B. Lehmann und Fuchs[5]) fanden, daß bei unreiner Luft eine doppelt so konzentrierte Natriumcarbonatlösung (4 ccm $1/10$ N.-Natriumcarbonatlösung auf 100) zweckmäßiger ist. Mit der schwachen Lösung wurden nämlich die Ergebnisse zu ungenau. Es bedeuten dann:

16 Füllungen = 1,2%			5 Füllungen = 3,0%	
8 „ = 2,0%			4 „ = 3,6%	
7 „ = 2,2%			3 „ = 4,2%	
6 „ = 2,5%			2 „ = 4,9%	

[1]) Journ. of Hyg. 1901, 1, 109; Zeitschr. f. Untersuchung d. Nahrungs- u. Genußmittel 1903, 6, 502.

[2]) Chem. Weekblad 1, 177, 189; Zeitschr. f. Untersuchung d. Nahrungs- u. Genußmittel 1904, 8, 524.

[3]) Zeitschr. f. Hygiene 1897, 26, 57.

[4]) Zeitschr. f. angew. Chemie 1888, 1, 395; 2, 12.

[5]) K. B. Lehmann, Die Methoden der praktischen Hygiene, Wiesbaden 1901, 2. Aufl. S. 139.

Tabelle.

Zahl der Füllungen	Kohlensäure-gehalt der Luft Promille	Zahl der Füllungen	Kohlensäure-gehalt der Luft Promille	Zahl der Füllungen	Kohlensäure-gehalt der Luft Promille
2	3,00	11	0,86	20	0,62
3	2,50	12	0,83	22	0,58
4	2,10	13	0,80	24	0,54
5	1,80	14	0,77	26	0,51
6	1,55	15	0,74	28	0,49
7	1,35	16	0,71	30	0,48
8	1,15	17	0,69	35	0,42
9	1,00	18	0,66	40	0,38
10	0,90	19	0,64		

Davies und Lellan[1]) haben das Verfahren von Lunge und Zeckendorf etwas abgeändert.

Auf demselben Grundsatz beruhen der Apparat von H. Wolpert[2]) und der von Ohlmüller verbesserte Rosenthalsche Apparat.

Nach K. B. Lehmann[3]) hat der Wolpertsche Apparat, der vom Mechaniker des Hygienischen Instituts zu Berlin zu beziehen ist, den Vorteil, daß man mit ihm bequem und rasch eine Untersuchung ausführen kann, dafür aber den Nachteil, daß höchstens 50 ccm Luft untersucht werden, und nur 2 ccm einer sehr schwachen Natriumcarbonatlösung verwendet werden können.

g) Andere auf demselben Grundsatz beruhende Apparate haben H. Henriet und N. Bonyssy[4]) angegeben. Sie verfahren ähnlich wie Lunge und Zeckendorf. Sie lassen Luft durch Kali- oder Natronlauge streichen und titrieren dann die nicht verbrauchte Lauge mit Essigsäure und Phenolphthalein als Indicator zurück. Die Differenz gegenüber einem blinden Versuch entspricht der absorbierten Kohlensäure.

Abgesehen von den Fehlerquellen, welche in der nicht quantitativen Absorption der Kohlensäure beruhen, können die auf diesem Grundsatz beruhenden Verfahren nach den Arbeiten von Noll, sowie Tillmans und Heublein (vgl. Wasser, S. 525) auch deshalb nicht genau sein, weil zuviel Phenolphthalein verwendet wird. Es ist daher empfehlenswert, nicht mehr als 5 Tropfen einer alkoholischen Phenolphthaleinlösung 1 : 750 zu verwenden.

h) Brown und Escombe[5]) haben ein etwas anderes Schnellverfahren ausgearbeitet. Läßt man Luft vom konstanten Kohlensäuregehalt mit einer bestimmten optimalen Geschwindigkeit über alkalische Flächen streichen, so ist die Absorption der Kohlensäure dem Partialdruck proportional. Die Autoren gründen darauf ein Verfahren der Kohlensäurebestimmung, für dessen nähere Beschreibung auf die angegebene Literatur verwiesen werden muß.

A. F. Lauenstein[6]) hat verschiedene der Schnellverfahren einer vergleichenden

[1]) Journ. Soc. Chem. Ind. 1909, **28**, 232; Zeitschr. f. Untersuchung d. Nahrungs- u. Genußmittel 1910, **19**, 350.

[2]) Archiv f. Hygiene **27**, 291.

[3]) Lunge - Berl, Chemisch-technische Untersuchungsmethoden, Berlin 1910, **2**, 387.

[4]) Compt. rend. 1908, **146**, 977; Zeitschr. f. Untersuchung d. Nahrungs- u. Genußmittel 1910, **19**, 514.

[5]) Proc. Roy. Soc. London 1905, **76**, 112; Zeitschr. f. Untersuchung d. Nahrungs- u. Genußmittel 1906, **12**, 700.

[6]) Lauenstein, Einige vereinfachte Methoden der Kohlensäurebestimmung, Dissert. Petersburg 1905; Zeitschr. f. Untersuchung d. Nahrungs- u. Genußmittel 1906, **11**, 691.

Prüfung unterzogen. Er findet, daß viele dieser Apparate erhebliche Mängel besitzen und ungenaue Werte liefern. Die Hauptfehlerquellen sieht er in folgenden:

a) Unvollständigkeit der Absorption der Kohlensäure;

b) ungenaues Abmessen der zu untersuchenden Luft;

c) Unbestimmtheit und individuelle Willkür bei der Bestimmung des Endes der Reaktion.

Anmerkung. Der Kohlensäuregehalt der Außenluft ist, trotzdem die Quellen (wie Pflanzenwachstum, Verbrennungen, Atmungen der Tiere, Oxydationsvorgänge an und in der Erde usw.), denen sie entstammt, stark wechseln können, außerordentlich beständig, weil sie sich infolge der Luftbewegung und wenn sie wärmer als Luft ist, sehr schnell in der Luft verteilt; der Gehalt schwankt in der Regel zwischen 0,022—0,040 Volumprozent und beträgt im Mittel 0,029 oder rund 0,03 Volumprozent. An Nebeltagen und in Städten kann der Kohlensäuregehalt über 0,04 Volumprozent hinausgehen.

7. Kohlenoxyd. Kohlenoxyd kommt in der Luft nicht selten in geringer Menge vor.

a) Qualitativer Nachweis. Für den qualitativen Nachweis sind verschiedene Verfahren in Gebrauch. Zunächst kann man sich des Palladiumchlorürs bedienen, welches durch Kohlenoxyd zu schwarzem metallischem Palladium reduziert wird.

α) Nach K. B. Lehmann geht man für die Ausführung der Reaktion zweckmäßig in folgender Weise vor: Man tränkt schmale Streifen von Filtrierpapier mit einer Lösung des Palladiumchlorürs, welche 0,2 mg $PdCl_2$ in 1 ccm Wasser enthält. Einen getrockneten derartigen Streifen hängt man, nachdem man ihn wieder mit Wasser befeuchtet hat, in eine Flasche, welche etwas Wasser enthält, und in die man gleichzeitig 10 l der zu untersuchenden Luft eingeblasen hat. Man verschließt mit einem Korken und läßt einige Zeit stehen. $0,5^0/_{00}$ Kohlenoxyd in der Luft bewirken schon nach wenigen Minuten die Bildung eines schwarzen glänzenden Häutchens an der Oberfläche des Papiers. Bei $0,1^0/_{00}$ Kohlenoxyd entsteht die Färbung erst nach 2—4 Stunden, bei noch geringerem Gehalt nach noch längerer Zeit. Schwefelwasserstoff und Ammoniak dürfen nicht vorhanden sein, Acetylen und Kohlenwasserstoff reagieren ähnlich.

Statt Papierstreifen zu verwenden, kann man auch die zu untersuchende Luft durch die Palladiumchlorürlösung langsam durchströmen lassen, nachdem man sie vorher durch Waschen mit verdünnter Schwefelsäure und einer Lösung von basisch-essigsaurem Blei von Ammoniak und Schwefelwasserstoff befreit hat (v. Fodor).

β) Ferd. Jean[1]) schlägt vor, die verdächtige Luft mit Hilfe eines Kautschukgebläses durch eine Lösung von Kupferchlorür zu treiben, ein Reagens, welches mit Kohlenoxyd einen roten Niederschlag liefert.

γ) Das gebräuchlichste Verfahren des Nachweises von Kohlenoxyd ist aber das, das Kohlenoxyd durch Blut absorbieren zu lassen. Leitet man Kohlenoxyd in Blut ein, so bildet sich Kohlenoxyd-Hämoglobin. Dieses Kohlenoxyd-Hämoglobin kann sowohl spektroskopisch wie auch chemisch nachgewiesen werden.

Sämtliche Vorschriften für den spektroskopischen Nachweis sind Abänderungen der zuerst von Hoppe-Seyler[2]) gegebenen Vorschrift.

Nach K. B. Lehmann führt man die spektroskopische Prüfung auf Grund des von Vogel[3]) ausgearbeiteten Verfahrens am zweckmäßigsten in folgender Weise aus:

10 ccm frisches, defibriniertes Blut werden mit etwa 50 ccm Wasser verdünnt und in eine Flasche von 6—10 l Inhalt gegossen, welche man mittels eines Blasebalges mit der zu untersuchenden Luft gefüllt hat. Man verschließt dann die Flasche mit einer Kautschukkappe und schüttelt vorsichtig während $1/_2$ Stunde von Zeit zu Zeit um. Bei Vorhandensein

---

1) Ann. Chim. Analyt. 1898, **3**, 260; Zeitschr. f. Untersuchung d. Nahrungs- u. Genußmittel 1899, **2**, 324.

2) Zeitschr. f. analyt. Chemie 1864, **3**, 439.

3) Berichte d. Deutsch. chem. Gesellschaft 1877, **10**, 794 u. 1878, **11**, 235.

von reichlichen Mengen Kohlenoxyd bekommt das Blut eine Himbeerfarbennuance; insbesondere beim Vergleich mit dem ursprünglichen Blut ist die Farbenänderung sofort zu erkennen. Zur spektroskopischen Untersuchung verdünnt man 10 Tropfen sowohl von normalem als auch mit Kohlenoxyd geschütteltem Blut auf etwa 20 ccm. Normales Blut zeigt bei der spektroskopischen Prüfung in Gelb und Grün zwischen den Fraunhoferschen Linien D und G zwei Absorptionsstreifen mit scharfen Rändern. Kohlenoxyd-Hämoglobin zeigt ebenfalls zwei scharfe Streifen, sie liegen jedoch näher beisammen (vgl. III. Bd., 1. Teil, S. 589). Der Unterschied wird sehr deutlich, wenn man das Blut mit einigen Tropfen Schwefelammonium oder Stokescher Flüssigkeit versetzt[1]).

Während das Oxyhämoglobin des normalen Blutes sofort zu Hämoglobin reduziert wird, ist das Kohlenoxyd-Hämoglobin beständig. Bei der spektroskopischen Prüfung zeigt nun das Hämoglobin ein Absorptionsband, welches jedoch die Fraunhoferschen Linien D und E frei läßt, und welches das Intervall zwischen den beiden Streifen des unveränderten Oxyhämoglobins einnimmt. Beim Kohlenoxyd-Hämoglobin dagegen sind die ursprünglich vorhandenen Absorptionsstreifen ganz unverändert. Nach Vogel läßt sich auf diese Weise noch ein Kohlenoxydgehalt der Luft von $2,5^0/_{00}$ nachweisen.

Anmerkungen. 1. Nach verschiedenen Arbeiten ist die gleichzeitige Gegenwart von Sauerstoff für die spektroskopische Untersuchung sehr störend, da die Absorptionsstreifen sich vielfach übereinanderlegen und die für Kohlenoxyd eigenartigen Streifen unter Umständen nicht mit genügender Sicherheit zu erkennen sind. Um den störenden Einfluß des Luftsauerstoffes beim Nachweise des Kohlenoxyds aufzuheben, saugen Zuntz und Kostin[2]) einige Liter der zu untersuchenden Luft zunächst in eine Flüssigkeit, die mit Eisendrahtnetzen beschickt ist. Letztere sind mit verdünntem Ammoniak befeuchtet und absorbieren nach $1/_2$ Stunde den Sauerstoff vollständig. Wird dann die sauerstofffreie Luft durch eine auf das 100—200fache verdünnte Blutlösung geleitet, so gelingt der Kohlenoxydnachweis noch, wenn die Luft davon $1/_{40000}$ enthielt.

2. J. Ogier und E. Kohn-Abrest[3]) entfernen den Sauerstoff durch Hydrosulfitlösung. Sie bedienen sich dazu eines Apparates, der im wesentlichen aus einer mit doppelt durchbohrtem Stopfen versehenen Flasche besteht, welche seitlich einen Abflußhahn besitzt. Die eine durch die Bohrung gehende Glasröhre führt das zu untersuchende Gas sowie Natriumhydrosulfitlösung hinzu, die andere leitet das Gas in einen mit 15 ccm 1 proz. Barytflüssigkeit gefüllten Schlangenrohr, welches einen Hahn besitzt, aus dem von Zeit zu Zeit Proben entnommen werden können. Bei einem Kohlenoxydgehalt in der Verdünnung von 1 : 2000 gelingt der Nachweis in 3,2 l sauerstofffreier Luft nach 4 Stunden. Bei Anwendung noch größerer Luftmengen können auch noch geringere Kohlenoxydmengen nachgewiesen werden.

δ) Statt des spektroskopischen Nachweises des Kohlenoxyd-Hämoglobins kann man auch chemische Reaktionen verwenden, welche das vom Blut absorbierte Kohlenoxyd nachweisen.

Das beste der vorgeschlagenen Verfahren ist nach K. B. Lehmann das von Welzel. Man absorbiert in einem Luftvolumen von etwa 10 l durch 20 ccm einer 20 proz. Blutlösung das Kohlenoxyd ebenso wie es oben angegeben wurde, und versetzt nun dieses Blut sowohl wie eine normale Blutlösung mit verschiedenen Eiweißfällungsreagenzien. Dabei entstehen verschieden gefärbte Niederschläge u. a. die beiden folgenden:

---

[1]) Diese Lösung stellt man her, indem man etwas Ferrosulfat in Wasser auflöst, feste Weinsäure bis zum Entstehen eines starken Niederschlages hinzusetzt und dann den Niederschlag durch Zusatz von überschüssigem Ammoniak löst. Die schwarzgrüne Flüssigkeit ist wohlverschlossen aufzubewahren.

[2]) Archiv f. Anat. u. Physiol. 1900, Suppl., 315; Zeitschr. f. Untersuchung d. Nahrungs- u. Genußmittel 1904, **4**, 476.

[3]) Annal. Chim. Analyt. 1908, **13**, 218; Zeitschr. f. Untersuchung d. Nahrungs- u. Genußmittel 1909, **17**, 432.

1. Zu 5 ccm der Blutlösung setzt man 15 ccm 1proz. Tanninlösung zu und schüttelt um. Der Niederschlag setzt sich langsam ab. Nach 1—2 Stunden, besser noch nach 24—48 Stunden, sind die Farbenunterschiede zwischen dem gewöhnlichen Blut und dem Kohlenoxydblut sehr deutlich. Bei kohlenoxydhaltigem Blut ist nach dieser Zeit ein bräunlichroter, in gewöhnlichem Blut ein graubrauner Niederschlag vorhanden. Die Färbungen sollen sich 9 Monate lang halten, so daß sie unter Umständen vor Gericht vorgezeigt werden können.

2. Zu 10 ccm der Blutlösung gibt man 5 ccm 20proz. Ferrocyankaliumlösung und 1 ccm verdünnter Essigsäure (1 : 2). Im kohlenoxydhaltigen Blut wird der Niederschlag rotbraun, im gewöhnlichen Blut wieder graubraun. Im Gegensatz zu dem vorgenannten Reagens verschwindet hier der Farbenunterschied schon nach wenigen Tagen. Die Verwischung der Unterschiede beginnt schon nach $1/2$ Stunde. Welzel hat nach beiden Verfahren noch 0,023$^0/_{00}$ Kohlenoxyd in der Luft nachweisen können.

3. M. Rubner[1] empfiehlt Bleiessig als Fällungsmittel, welches nach Franzen und von Mayer[2] zweckmäßig wie folgt angewendet wird:

2 ccm Blut werden in einem Reagensglase mit 10 ccm Bleiessig versetzt, 1 Minute durchgeschüttelt und darauf 6 Stunden der Ruhe überlassen. In gleicher Weise wird die Reaktion mit kohlenoxydfreiem Blut derselben Tierart angestellt. Normales Blut färbt sich bräunlich, kohlenoxydhaltiges Blut schön rot, d. h. zu unterst bildet sich eine trübe, hellrote Flüssigkeitsschicht, auf dieser schwimmt eine viel kleinere, dunkelrot gefärbte Gerinnselschicht und auf letzterer eine hellrot gefärbte Schaumschicht. Man soll auf diese Weise 5% Kohlenoxyd im Blut deutlich erkennen können; auch soll sich die Reaktion in verschlossenen Gläsern längere Zeit — nach Rubner bis zu 3 Wochen — halten.

4. Die zuerst von Hoppe-Seyler[3] angegebene, von E. Salkowski[4] abgeänderte Reaktion mit Natronlauge kann nach Franzen und von Mayer[2] zweckmäßig wie folgt ausgeführt werden:

5 ccm Blut werden mit destilliertem Wasser auf 100 ccm verdünnt, 5 ccm dieser Flüssigkeit in einem Reagensglase mit dem gleichen Volumen Natronlauge von 1,3 spezifischem Gewicht versetzt und durchgeschüttelt. Die hierdurch entstehende, fast geronnene Masse besitzt bei kohlenoxydhaltigem Blut eine rote Farbe, die, in dünnen Schichten auf Porzellan ausgebreitet, mennige- bis zinnoberrot erscheint. Normales Blut gibt bei gleicher Behandlung eine grünbraune, in dicken Schichten schwärzliche und schleimige Masse. Bei geringem Gehalt des Blutes an Kohlenoxyd (2,5—1,0%) tritt die Reaktion erst nach 5 Minuten scharf, bei höherem Gehalt sofort auf.

Statt das Kohlenoxyd, wie oben geschildert, durch Blutlösung absorbieren zu lassen, kann man natürlich auch, worauf K. B. Lehmann hinweist, Tiere, Kaninchen oder Mäuse in die verdächtige Luft einsetzen und dann das Blut dieser Versuchstiere auf Kohlenoxyd entweder spektroskopisch oder mit Hilfe der Welzelschen Reaktion prüfen.

b) Quantitative Bestimmung. Für die quantitative Bestimmung des Kohlenoxyds in der Luft sind eine Reihe von Verfahren vorgeschlagen. Die wichtigsten kann man wie folgt unterscheiden:

α) Verfahren, welche auf der Palladiumreaktion beruhen.

β) Verfahren, welche auf der Zersetzung von Jodsäure unter Bildung von freiem Jod und Kohlensäure beruhen. Einige Autoren bestimmen das ausgeschiedene Jod, andere messen oder bestimmen die gebildete Kohlensäure.

γ) Verbrennen des Kohlenoxyds mit Palladium-Asbest oder Platindraht und Bestimmen der gebildeten Kohlensäure.

δ) Quantitative Ausgestaltung des spektroskopischen Nachweises.

---

[1] Archiv f. Hygiene 1890, **10**, 397.

[2] Zeitschr. f. analyt. Chemie 1911, **50**, 669.

[3] Virchows Archiv 1858, **13**, 104.

[4] Zeitschr. f. physiol. Chemie 1888, **12**, 227.

α) Das Palladiumreduktionsverfahren. Man kann die quantitative Bestimmung mit Hilfe des Palladiumchlorürs in der Weise ausführen, daß man bestimmte Mengen kohlenoxydhaltiger Luft mit mäßig verdünntem Blut, wie oben angegeben, schüttelt. Das gebildete Kohlenoxyd-Hämoglobin wird dann durch Erwärmen zerlegt, darauf das Kohlenoxyd in eine Palladiumchlorürlösung 1 : 500 geleitet. Die Umsetzung erfolgt nach der Gleichung:

$$PdCl_2 + CO + H_2O = Pd + 2\,HCl + CO_2\,.$$

Da die Reaktion auch durch andere Gase (wie Acetylen, Schwefelwasserstoff, Ammoniak) hervorgerufen bzw. vorgetäuscht werden kann, verfährt man nach v. Fodor[1]) zweckmäßig wie folgt:

Fig. 271.

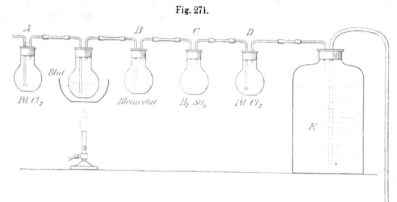

Kohlenoxydbestimmung nach v. Fodor.

Die mittels des Aspirators durchzusaugende Luft geht, bevor sie in die Blutflüssigkeit tritt, erst durch eine 2 proz. Lösung von Palladiumchlorür (A, Fig. 271), um alle die Reaktion beeinträchtigenden Gase der durchgesaugten Luft zu entfernen; aus der erwärmten Blutlösung tritt die vorgereinigte Luft erst in eine Lösung von Bleiacetat (B), wodurch Schwefelwasserstoff, dann in verdünnte Schwefelsäure (C), wodurch etwa entwickeltes Ammoniak zurückgehalten wird, und zuletzt in die 2 proz. Palladiumchlorürlösung.

Das sich ausscheidende Palladium wird in Königswasser gelöst und die Lösung mit titrierter Jodkaliumlösung (1,486 g Jodkalium in 1 l) vollständig ausgefällt. 1 ccm dieser Jodkaliumlösung entspricht 0,1 ccm Kohlenoxyd = 0,1249 mg CO bei 0° und 760 mm Barometerstand. Hierbei verläuft die Reaktion: $PdCl_2 + 2\,KJ = PdJ_2 + 2\,KCl.$

O. Brunck verwendet eine Lösung von Natriumpalladiumchlorür (4,762 g Palladium im Liter) und setzt hierzu die Hälfte der angewendeten Menge — für 1% Kohlenoxyd genügen 20 ccm — einer 5 proz. Natriumacetatlösung, filtriert das reduzierte Palladium ab, wäscht aus, verascht im Wasserstoffstrom, glüht und wägt. 1 mg Palladium = 0,262 mg Kohlenoxyd.

J. J. Pontag[2]) hat für die Untersuchung des Tabakrauches auf Kohlenoxyd ein Verfahren, welches ebenfalls auf der Verwendung des Palladiumchlorürs beruht, ausgearbeitet (vgl. unter Tabak S. 323).

Nowicki[3]) gibt einen Apparat an, den er Kohlenoxyddetektor nennt. Mit Hilfe dieses Apparates können nach dem Palladiumchlorürverfahren geringe Mengen von Kohlenoxyd in

---

[1]) Vgl. K. B. Lehmann, Die Methoden der praktischen Hygiene. Wiesbaden 1901, S. 142.

[2]) Compt. rend. 1898, **126**, 446; Zeitschr. f. Untersuchung d. Nahrungs- u. Genußmittel 1898, **1**, 656.

[3]) Chem.-Ztg. 1911, **35**, 1120. — Der Apparat kann von der Firma Carl Glatzel, Mährisch-Ostrau, bezogen werden.

der Luft nachgewiesen und annähernd quantitativ bestimmt werden. Durch einen Gummiball wird die zu untersuchende Luft über einen mit Palladiumchlorür getränkten Papierstreifen geblasen. Aus der bis zur Schwärzung des Papiers verstrichenen Zeit schließt Nowicki auf den Gehalt an CO.

β) Die Jodsäuremethoden. Jodsäure wird durch Kohlenoxyd nach folgender Gleichung zersetzt:

$$J_2O_5 + 5\,CO = J_2 + 5\,CO_2\,.$$

Unabhängig voneinander haben Maurice Nicloux und Armand Gautier diese Umsetzung gefunden. Nicloux[1] verfährt folgendermaßen: Die Luft wird durch Kalihydrat geleitet, um Kohlensäure, schweflige Säure und Schwefelwasserstoff zu entfernen. Zur Entfernung des Wassers leitet man dann die Luft durch konzentrierte Schwefelsäure und darauf durch die in einer U-Röhre befindliche Jodsäure. Die U-Röhre befindet sich in einem Ölbade, welches auf 70–100° erwärmt ist. An das U-Rohr schließt sich eine Willsche Röhre mit Natronlauge an, welche das entweichende Jod festhält. Diese letztere das Jod enthaltende Röhre wird nach Beendigung des Versuches mit Schwefelsäure, etwas Natriumnitrit und zur Lösung des freiwerdenden Jods mit Chloroform oder Schwefelkohlenstoff versetzt. In den rosa gefärbten Lösungen wird das Jod colorimetrisch bestimmt.

Armand Gautier[2] gibt an, daß die Reaktion mit Jodsäure schon bei 30° eintritt und bei 60–65° selbst in der stärksten Verdünnung quantitativ verläuft.

Gautier saugt die zu untersuchende Luft durch ein System von folgenden Röhren: 1. Kalilauge, 2. Schwefelsäure, 3. eine Schlangenröhre, die sich auf einem 60–70° temperierten Bade befindet und jodsäurehaltigen Asbest enthält, 4. eine Flasche mit pulverförmigem Kupfer zur Absorption des Jods, 5. durch eine von Müntz und Aubin[3] angegebene Röhre zur Messung der gebildeten Kohlensäure. Es ist das eine ausgezogene Röhre, welche mit Glasperlen gefüllt ist, die mit Kalilauge befeuchtet sind. Die Kalilauge wird am besten durch Baryt gereinigt. Die von der Kalilauge aufgenommene Kohlensäure wird dann in Freiheit gesetzt und als Gas gemessen. Kohlenwasserstoff und Acetylen wirken ungünstig ein.

Von diesen ursprünglichen Vorschriften liegen eine Reihe von Abänderungsvorschlägen vor.

1. Levy und Pécoul[4] haben das Verfahren von Gautier in der Weise abgeändert, daß sie das Jod unmittelbar in 3–4 ccm Chloroform auffangen, dessen Verdunstung durch eine Schicht von destilliertem Wasser gehindert ist. Das Jod wird colorimetrisch mit Hilfe einer Vergleichsfarbenskala bestimmt. Die Verfasser haben einen einfachen tragbaren Apparat hergestellt, mit dem sie durch einfaches Öffnen eines Hahnes in 4 l Luft der zu untersuchenden Räume noch $^1/_{200000}$ Kohlenoxyd nachweisen konnten. Leuchtgasausströmung, welche sich durch den Geruch nicht bemerkbar machte, war nachweisbar.

In einer späteren Arbeit geben dieselben Verfasser an[5], daß, wenn der Apparat für technische Zwecke dienen soll, man nicht nur Acetylen, sondern auch andere Gase wie Schwefelwasserstoff, nitrose Dämpfe und anderes mehr ausschalten muß. Für sehr genaue Bestimmungen fängt man das freigemachte Jod nicht in Chloroform, sondern in Kalilauge auf.

2. Leonard P. Kinnicut und Georg R. Sanford[6] konnten weder nach Nicloux', noch

[1] Compt. rend. 1898, **126**, 746; Zeitschr. f. Untersuchung d. Nahrungs- u. Genußmittel 1898, **1**, 656.

[2] Ebendort 1898, **126**, 931; ebendort 1898, **1**, 657 u. 658.

[3] Annal. de l'Institute Agronomique 1881/82.

[4] Compt. rend. 1905, **140**, 98; Zeitschr. f. Untersuchung d. Nahrungs- u. Genußmittel 1906, **11**, 691.

[5] Compt. rend. 1906, **142**, 162; Zeitschr. f. Untersuchung d. Nahrungs- u. Genußmittel 1907, **13**, 435.

[6] Journ. Amer. Chem. Soc. 1900, **22**, 14; Zeitschr. f. Untersuchung d. Nahrungs- u. Genußmittel 1900, **3**, 866.

nach Gautiers Vorschrift gut übereinstimmende Ergebnisse erhalten. Dagegen gelang ihnen das, wenn sie das bei der Oxydation freigewordene Jod nach Absorption in Jodkaliumlösung mit $^1/_{1000}$ N.-Thiosulfatlösung titrierten. 1 ccm $^1/_{1000}$ N.-Thiosulfat $= 0,056$ ccm CO. Die Oxydation soll ferner nur bei 150° und höheren Temperaturen quantitativ verlaufen. Um die zu untersuchende Luft vor der Berührung mit Jodsäure von reduzierenden Verbindungen (H_2S, SO_2), zu befreien, wurden vor die Jodsäure zwei Röhren vorgelegt, von denen die eine mit Schwefelsäure, die andere mit Kalilauge gefüllt war. Wasserstoff und Methan erwiesen sich ohne Einfluß. 0,025 ccm Kohlenoxyd in 1000 ccm Luft konnten nicht genau bestimmt werden.

3. J. Livingston, R. Morgan und John E. Mc. Whorter[1]) änderten wieder das Kinnicut - Saufordsche Verfahren ab; das aus dem Jodkaliumrohr austretende jodfreie Gas wird durch ein Glasgefäß geleitet, welches mit 50 ccm Barythydratlösung beschickt ist. Die absorbierte Menge Kohlensäure wird durch Titrieren mit Oxalsäurelösung (1,1265 g krystallisierte Oxalsäure im Liter) gegen Phenolphthaleinlösung bestimmt. Durch Titrieren des in der Jodkaliumlösung absorbierten Jods mit Thiosulfatlösung erhält man eine Kontrolle. Jedes Kubikzentimeter Kohlenoxyd macht bei 0° und normalem Druck 0,00227 g Jod frei, und 1 ccm Kohlensäure neutralisiert soviel von der Barytlösung, wie 5 ccm der angegebenen Oxalsäure entspricht. Wenn man vor dem Jodsäurerohre noch ein Barytrohr anbringt, so kann man sowohl Kohlensäure als auch Kohlenoxyd in einem Versuch durch zwei Titrationen mit demselben Reagens bestimmen.

4. Nesmelow[2]) empfiehlt das Jodverfahren, das die Titration des freigewordenen Jods mit Thiosulfat vorsieht. Die Bestimmung von Kohlenoxyd in Gemischen mit Wasserstoff. Kohlensäure und Methan gelang dem Verfasser nicht.

5. Nach V. Froboese[3]) liefert die Titration des ausgeschiedenen Jods nur bei der Bestimmung des Kohlenoxyds in der Luft (bis 0,5%) annähernd richtige Werte; in allen anderen Fällen ist, da auch Wasserstoff von Jodpentoxyd unter Ausscheidung von Jod oxydiert werden kann, die indirekte Bestimmung durch Ermittlung der gebildeten Kohlensäure, sei es gasvolumetrisch oder durch Titration des überschüssigen Bariumoxyds oder durch Überführen des gebildeten kohlensauren Bariums in Bariumsulfat und Wägen des letzteren, bei weitem genauer. Es müssen für diese Art der Bestimmung des Kohlenoxyds vorher nur vorhandene Kohlensäure, evtl. auch Acetylen und Äthylen, entfernt werden. Als zweckmäßige Temperatur empfiehlt sich 100° (also Erwärmung in einem Wasserbade).

γ) Andere Verfahren, welche durch Oxydationsmittel oder Verbrennen das Kohlenoxyd in Kohlensäure überführen. Schlagdenhauffen und Pagel[4]) haben, angeregt durch das Verfahren von Nicloux - Gautier, eine Reihe von Oxydationsmitteln auf ihre Anwendbarkeit für die Kohlenoxydbestimmung geprüft. Bei Anwendung von Oxyden einiger Schwermetalle erhielten sie gute Ergebnisse. Silberoxyd wird schon bei 60° in einem Kohlenoxydstrom vollständig reduziert, Cuprooxyd bei 300°. Die gebildete Menge Kohlensäure entspricht genau der Menge des abgegebenen Sauerstoffs (z. B. $Ag_2O + CO$ $= Ag_2 + CO_2$).

Die Reduktion von Silberoxyd geht auch in einer ammoniakalischen Silberlösung vor sich und kann die in einem bestimmten Volumen Luft enthaltene Menge Kohlenoxyd an dem Grad der Dunkelfärbung unter Vergleich mit einer solchen in einer Luft von bekanntem Gehalt an Kohlenoxyd annähernd quantitativ bestimmt werden.

[1]) Journ. Amer. Chem. Soc. 1907, **29**, 1589; Zeitschr. f. Untersuchung d. Nahrungs- u. Genußmittel 1908, **15**, 764.

[2]) Chem.-Ztg. 1907, **31**, Rep. 545; Zeitschr. f. Untersuchung d. Nahrungs- u. Genußmittel 1909, **17**, 432.

[3]) Zeitschr. f. analyt. Chemie 1915, **54**, 1.

[4]) Journ. Pharm. Chim. 1899, **9**, 161; Zeitschr. f. Untersuchung d. Nahrungs- u. Genußmittel 1899, **2**, 955.

Spitta[1]) hat für die quantitative Bestimmung von Kohlenoxyd in der Luft ein Verfahren ausgearbeitet, welches ähnlich wie ein schon früher von Winkler angegebenes Verfahren auf der Verbrennung mit Palladiumasbest beruht: Man füllt zwei etwa 10 l fassende, genau geeichte Flaschen mit der zu untersuchenden Luft. Die eine der Flaschen dient zur Bestimmung der in der Luft enthaltenen Kohlensäure, die andere, die sog. Oxydationsflasche, zur Bestimmung des Kohlenoxyds und der Kohlensäure. Diese Flasche trägt einen eingeschliffenen, zweifach durchbohrten Glasaufsatz, in dem zwei mit Glashähnen versehene Glasröhren eingeschmolzen sind, von denen die eine seitlich bis zum Boden des Gefäßes reicht. Der Glasaufsatz ist ferner von zwei Kupferdrähten durchbohrt, welche den Oxydationskörper tragen und ihm den elektrischen Strom zuführen. Der Oxydationskörper besteht aus einem zylindrischen Glasgefäß, dem ein Thermometer eingeschmolzen ist und welches einen überschiebbaren Mantel aus Silberblech trägt, der auf galvanischem Wege mit einer Schicht metallischen Palladiums überzogen ist; der eingeschmolzene Teil des Thermometers ist von einer Spirale aus Nickeldraht umgeben, welcher oben und unten mit der in das Glas eingeschmolzenen Platinöse verbunden ist. Leitet man den elektrischen Strom durch den Oxydationskörper, dann erwärmt sich die Nickelspirale je nach der Stromspannung mehr oder minder stark und dementsprechend auch der Glasmantel und das Silberblech. Es entsteht eine andauernde Luftbewegung im Innern der Flasche, welche nach und nach alle verbrennlichen Bestandteile der Luft mit dem fein verteilten Palladium in Berührung bringt. Da die in verunreinigter Luft enthaltenen brennbaren Stoffe bei verschiedenen Temperaturgraden oxydiert werden, so ist es möglich, das Kohlenoxyd durch fraktionierte Verbrennung zu bestimmen. Spitta hat diesbezügliche Versuche angestellt und gefunden, daß Kohlenoxyd von 125° an, Benzol zwischen 210 und 220°, Alkohol zwischen 220 und 230°, Äthyläther zwischen 180 und 200°, Petroläther zwischen 190 und 210°, Acetylen zwischen 250 und 300° verbrannt werden.

Danach wählte Spitta eine Temperatur von 150—160° zur Verbrennung des Kohlenoxyds. Mit Hilfe eines Rheostaten läßt sich die Temperatur bis auf 5° genau regeln. Es ist ferner notwendig, der zu untersuchenden Luft etwa 20 ccm Wasserstoff beizumischen, da ohne diesen das Kohlenoxyd nur unvollständig und äußerst langsam verbrennt. Nach Beendigung der $1^{1}/_{2}$—2 Stunden dauernden Verbrennung wird die in den beiden Flaschen vorhandene Kohlensäure an Baryt gebunden und der Überschuß des Barytwassers durch Titrieren mit Oxalsäure ermittelt. Die Absorption der Kohlensäure durch das in die Flaschen gegebene Barytwasser (150 ccm) ist in etwa 15 Minuten beendet.

Die angestellten Kontrollversuche hatten ein gutes Ergebnis. Nach dem Verfahren lassen sich Kohlenoxydmengen in einer Verdünnung bis 1 : 79 000 nachweisen und bestimmen.

J. Ogier und E. Kohn-Abrest[2]) bringen in einem abgemessenen Volumen Luft einen Platindraht elektrisch zum Glühen. Das abgesperrte Volumen wird vorher und nachher gemessen: $2 CO + O_2 = 2 CO_2$. Es findet also eine Volumenverminderung von 3 auf 2 Volumen statt. Bringt man dann Kalilauge in das abgesperrte Volumen, so kann man auch die gebildete Kohlensäure direkt messen. Die Empfindlichkeit wird durch Kohlenwasserstoffe sehr vermindert. Die Verfasser haben einen Apparat eingerichtet, mit dessen Hilfe sich diese Bestimmungen ausführen lassen.

δ) N. de Saint Martin[3]) hat versucht, den spektroskopischen Nachweis von Kohlenoxyd in der Luft dadurch quantitativ auszubilden, daß er Luft mit einem Gehalt

[1]) Archiv f. Hygiene 1903, **46**, 284; Zeitschr. f. Untersuchung d. Nahrungs- u. Genußmittel 1903, **6**, 1142.

[2]) Annal. Chim. Analyt. **13**, 169; Zeitschr. f. Untersuchung d. Nahrungs- u. Genußmittel 1909, **18**, 345.

[3]) Compt. rend. 1904, **139**, 46; Zeitschr. f. Untersuchung d. Nahrungs- u. Genußmittel 1906, **11**, 691.

von 0,2—1°/₀₀ Kohlenoxyd mit $^{1}/_{10}$ ihres Volumens frischem Hundeblut, das bis zu einem Gehalt von 0,15% Oxyhämoglobin mit Wasser verdünnt ist, 30 Minuten kräftig schüttelt. Dann wird in der Blutflüssigkeit das Verhältnis von Kohlenoxyd-Hämoglobin zum Oxyhämoglobin bestimmt und mit Hilfe einer von dem Verfasser hergestellten Kurve der diesem Verhältnis entsprechende Wert für Kohlenoxyd abgelesen.

Anmerkung. Die Außenluft ist in der Regel frei von Kohlenoxyd; Gautier will allerdings 0,002 Vol. Kohlenoxyd in 1000 Vol. Außenluft gefunden haben; indes kann dieses nur vereinzelt zutreffen. Dagegen kann in Wohnungsluft aus mangelhaften Heizungen und Lichtquellen oder aus Leuchtgas öfters und mehr Kohlenoxyd auftreten.

8. Schwefelwasserstoff.

Beimengungen von Schwefelwasserstoff zur Luft sind schon in den minimalsten Spuren am Geruch zu erkennen. Qualitativ kann man auch in der Weise auf Schwefelwasserstoff prüfen, daß man ein mit alkoholischer Bleiacetatlösung getränktes Papier in den Luftraum hängt bzw. in eine Röhre bringt, durch die man Luft streichen läßt. Ist Schwefelwasserstoff vorhanden, so färbt sich das Papier je nach dem Gehalte von Schwefelwasserstoff dunkel bis schwarz.

K. B. Lehmann[1] hat sich mit der quantitativen Bestimmung des Schwefelwasserstoffs in der Luft beschäftigt. Er hat zwei Verfahren für die Bestimmung von geringen Mengen Schwefelwasserstoff in der Luft durchgeprüft. Bei dem ersten Verfahren geht er folgendermaßen vor: Ein frisch mit Bleinitrat getränktes Fließpapierstreifchen von 5 cm Länge und 2 cm Breite wird in den Anfang einer Glasröhre von 30 cm Länge und 12 mm Weite geschoben, durch die Glasröhre streicht dann die zu untersuchende Luft mit einer Geschwindigkeit von 6 l in 30 Minuten. Die Verfärbung des Papiers wurde nach Durchsaugen von 2, 4, 6 und 8 l durch Nachmalen festgehalten. Eine Luft, die in 8 l genügend Schwefelwasserstoff enthält, um Bleipapier beim Überleiten blaßgelblich braun zu färben, enthält etwa 1,4—2 Milliontel Volumenteile Schwefelwasserstoff. Dieser Gehalt belästigt kaum, ist aber schon durch den Geruch wahrnehmbar. Bei stark gelbbrauner Farbe enthält die Luft etwa 3, bei dunkelbrauner Farbe etwa 5, bei schwarzbrauner Farbe 8 und mehr Milliontel Volumenteile Schwefelwasserstoff. 5—8 Milliontel Teile werden auch vom Chemiker schon recht unangenehm empfunden, und von 14 Milliontel an treten bei empfindlichen Menschen schon leichte Symptome von Reizen der Augen und Nasenschleimhäute auf.

Das zweite Verfahren, welches K. B. Lehmann durchgearbeitet und geprüft hat, bestimmt den Schwefelwasserstoff mit Jod. Mit derselben Geschwindigkeit wie bei dem Verfahren 1 wird mittels eines Aspirators Luft durch 10 ccm einer $^{1}/_{100}$ N.-Jodlösung geleitet. Hinter die Jodlösung schaltet man ein Gefäß, welches 10 ccm $^{1}/_{100}$ N.-Natriumhyposulfitlösung enthält und welches zum Auffangen von etwa durch den Luftstrom mitgerissenen Jods dient. Als Absorptionsgefäße dienen die langen Schulzeschen Absorptionsröhren, in welche die Luft nur in kleinen Bläschen eintritt. Die Abnahme des Jods wird dann durch Titration mit $^{1}/_{100}$ N.-Thiosulfat bestimmt; nach der Gleichung:

$$H_2S + 2 J = 2 HJ + S$$

entspricht jedes ccm $^{1}/_{100}$ N.-Jodlösung, die verbraucht worden ist, 0,17 mg H_2S.

Nach Kulka und Homma[2] liefert das erste Verfahren zu hohe Werte; sie bedienen sich des zweiten Verfahrens, indem sie 9—10 ccm Luft in einer Stunde durch 20 ccm der Jodlösung und weiter durch 15 ccm obiger Natriumthiosulfatlösung leiten.

Die Reaktion auf Schwefelwasserstoff mit Nitroprussidnatrium ist für die Zwecke der Luftuntersuchung nach K. B. Lehmann unbrauchbar.

Soll Schwefelwasserstoff neben schwefliger Säure bestimmt werden, so leitet

[1] Archiv f. Hygiene 1897, **30**, 262; Zeitschr. f. Untersuchung d. Nahrungs- u. Genußmittel 1898, **1**, 69.

[2] Zeitschr. f. analyt. Chemie 1911, **50**, 1.

man die Luft durch ammoniakalische Silberlösung, filtriert das ausgeschiedene Schwefelsilber ab, behandelt den Rückstand mit Salzsäure, welche die Verunreinigungen in Chlorsilber verwandelt, und wäscht mit Ammoniak aus. Auf dem Filter verbleibt das Schwefelsilber, welches in üblicher Weise bestimmt wird.

9. Schweflige Säure und Schwefelsäure. Die schweflige Säure

bildet einen steten Bestandteil aller Rauchgase. In Hüttenrauch aus Schwermetallen richtet sie nicht selten großen Schaden für die Vegetation an.

Nach verschiedenen Arbeiten erhöht der Aufenthalt in Luft, welche schweflige Säure enthält, durch die anhaltende Wirkung des Gases die Disposition zu chronisch entzündlichen Prozessen der Lungen.

a) Qualitativer Nachweis. Qualitativ erkennt man sie an dem eigenartig

stechenden Geruch und daran, daß ein mit einer Lösung von salpetersaurem Quecksilberoxyd getränktes Papier in Luft, welche schweflige Säure enthält, schwarz wird durch Abscheiden von Quecksilber, eine Färbung, welche durch Betupfen mit Salzsäure nicht verschwindet. Ein weiterer Nachweis der schwefligen Säure besteht darin, daß man die zu untersuchende Luft durch Wasser streichen läßt und zu letzterem behufs Entwicklung von Wasserstoff reines Zink und Salzsäure setzt. Bei Vorhandensein von schwefliger Säure entsteht durch Reduktion Schwefelwasserstoff, welcher am Geruch und an den oben erwähnten Reaktionen erkennbar ist.

Eine weitere qualitative Prüfung auf schweflige Säure kann mit Kaliumjodatstärkepapier vorgenommen werden. Die Bereitung dieses Papiers ist III. Bd., 1. Teil, S. 600 angegeben worden. Man bringt ein angefeuchtetes Papierstückchen in eine Röhre, durch die man Luft hindurchstreichen läßt. Bei Vorhandensein von schwefliger Säure tritt Bläuung auf; ist sehr viel schweflige Säure vorhanden, so verschwindet die Bläuung nachträglich wieder.

b) Quantitative Bestimmung. α) Mit Jodlösung. Zur quantitativen Bestim-

mung der schwefligen Säure kann man sich ebenso wie bei der Bestimmung des Schwefelwasserstoffs der Jodlösung bedienen. Schweflige Säure reagiert mit Jod in folgender Weise:

$$2 J + 2 H_2O + SO_2 = H_2SO_4 + 2 HJ .$$

Man läßt also wiederum ähnlich wie vorstehend beim Schwefelwasserstoff beschrieben, die zu untersuchende Luft durch 10 ccm einer $1/100$ N.-Jodlösung streichen, wobei man ebenfalls wieder, um Jodverluste zu verhüten, hinter die Flasche mit Jod eine Absorptionsflasche mit Natriumthiosulfat legt. Dann wird mit Thiosulfat das nicht verbrauchte Jod zurücktitriert. 1 ccm $1/100$ N.-Jodlösung entspricht 0,32 mg SO_2.

Anstatt mit Thiosulfat zurückzutitrieren, kann man natürlich auch mit Chlorbarium die gebildete Schwefelsäure fällen und aus dem gewogenen Bariumsulfat die schweflige Säure berechnen, indem man mit dem Faktor 0,2744 multipliziert.

Hurdelbrink[1]) wendet zur Bestimmung der schwefligen Säure in der Luft mit Hilfe von Jod ein Verfahren an, welches folgendermaßen ausgeführt wird:

Die Luft wird zunächst durch ein Röhrchen mit Watte geführt, um Staub und andere Stoffteilchen abzufangen. Dann streicht die Luft durch eine Lösung von Jod und Jodsäure, welche sich in einem hohen Glasrohr, das mit Glasperlen angefüllt ist, befindet. Hinter dieses Gefäß ist eine Gasuhr zum Zwecke der Messung der durchgesaugten Luft geschaltet. Das Durchsaugen geschieht mit Hilfe der Wasserstrahlpumpe. Nach einer bestimmten Zeit wird durch einen in der Jodröhre unten angebrachten Hahn die Jodlösung abgelassen, die gebildete Schwefelsäure mit Chlorbarium gefällt und das gewogene Bariumsulfat wie oben auf schweflige Säure umgerechnet.

Nach Durchleiten einer bestimmten Luftmenge läßt man die Absorptionsflüssigkeit ausfließen, wäscht mit Wasser nach und kann das Absorptionsrohr nach Einfüllung neuer Jodlösung zu einem weiteren Versuch benutzen.

---

1) Deutsche Vierteljahrsschr. f. öffentl. Gesundheitspflege **41**, Heft 3.

Um größere Mengen Luft durchleiten zu können, verwendet man auch Absorptions-
türme, die mit Glasperlen gefüllt und oben mit einem Wattefilter versehen sind; man gibt
in diese bis zur Hälfte $1/2$ l Wasser, setzt 1 g Jodkalium und 3—4 g reines Jod zu. Die austretende Luft geht erst durch eine etwa 5 l fassende Flasche, die mit Eisendrehspänen gefüllt
ist, um das mitgerissene Jod zu binden, dann in den Gasmesser und von diesem zur Wasserstrahlpumpe. Man leitet in langsamem Strom etwa 100 l Luft durch. Durch die Messung der
Luftmenge mittels des Gasmessers auf vorstehende Weise können Fehler bis zu 5% entstehen.
Genauere Ergebnisse soll man erhalten, wenn man die Luft durch ein Trommelgebläse ansaugt und die aus dem Gebläse austretende Luft mit dem Gasmesser mißt.

Auf einen von E. Argyriadès[1]) für das Jodverfahren eingerichteten Apparat sei verwiesen.

C. Gerlach[2]), Forstrat in Waldenburg in Sachsen, hat einen besonders fahrbaren
Apparat (D. R.-G.-M. Nr. 347 384 und 373 396) eingerichtet, der gestattet, die Säurebestim-
mungen in der Luft zu jeder Zeit und an ver-

Fig. 272.

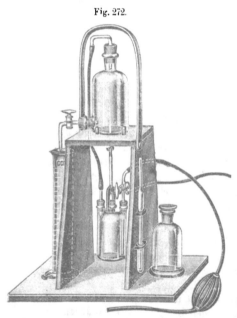

Reichscher Apparat, verbessert von H. Rabe.

schiedenen Stellen auszuführen. Er bedient sich
zur Oxydation der schwefligen Säure einer Bromitlauge, die durch Auflösen von Brom in
5proz. Kaliumcarbonatlösung erhalten wird.

H. Rabe[3]) hat dem ursprünglich Reichschen
Apparat[4]) nebenstehende verbesserte Einrichtung
(Fig. 272) gegeben, nämlich bestehend aus einer An-
saugevorrichtung, einem Absorptionsgefäß, Wasser-
ablaufgefäß und Meßzylinder. Doch sind diese Teile
sämtlich oberhalb des Analysentisches aufgebaut
und mit Hähnen so verbunden, daß die einfache
Umstellung derselben zur Handhabung des Apparates
genügt. Zu diesem Zwecke ist das Wasserablauf-
gefäß auf der oberen Platte eines brettartigen Ge-
rüstes aufgestellt und das Absorptionsgefäß an
einer daran aufgehängten Stange befestigt, damit
es ohne Berührung mit der Hand während der Absorption geschüttelt werden kann. Durch einen
Zweiweghahn wird das zu untersuchende Gas
mittels einer Gummisaugpumpe bis an das Absorptionsgefäß herangeführt. Während des An-
saugens wird durch Öffnung des Wasserablaufhahnes der Ausgleich der Luft des Absorptionsgefäßes mit der Atmosphäre hergestellt, so daß

unmittelbar nach der Auswechslung des Meßzylinders die Absorption durch Umschaltung eingeleitet und durch Schütteln mittels der Aufhängestange beschleunigt wird. Da bei dem Schütteln
das Absorptionsgefäß mit der Hand nicht berührt wird, bleibt die Temperatur seines Luftraumes
unverändert, und man hat daher tatsächlich in der Menge des abgeflossenen Wassers das genaue

---

[1]) Bull. Assoc. Chim. Sucre et Distill. 1906, **24**, 511; Zeitschr. f. Untersuchung d. Nahrungs-
u. Genußmittel 1908, **15**, 764.

[2]) C. Gerlach, Die Ermittlung des Säuregehaltes der Luft in der Umgebung von Rauch-
quellen und der Nachweis seines Ursprungs, Heft 3 aus Sammlung „Abgase und Rauchschäden"
von H. Wislicenus, Berlin 1909.

[3]) Zeitschr. f. chem. Apparatur 1914. **1**. 20.

[4]) Der Apparat ist durch Gebrauchsmuster geschützt und wird von der Firma Dr. Heinrich
Göckel, Berlin NW 6, vertrieben.

Maß für das bei der Absorption verbleibende Restgas. Nach Schließung des Wasserablaufhahnes, Umstellung des Zweiweghahnes und Lüftung des Stutzens des Absorptionsgefäßes kann frische Jodlösung in letzteres eingeführt werden und nach Wiederherstellung des Luftausgleichs mittels des Wasserablaufhahnes und nach Auswechslung des Meßzylinders die neue Analyse beginnen. Mittels des angegebenen Apparates ist es möglich, eine Analyse in etwa 2 Minuten auszuführen, was für die Kontrolle oder für die Bestimmung der Gase an verschiedenen Stellen des fraglichen Gebietes äußerst wichtig ist. Der bequemeren Handhabung wegen ist das Gestell mittels eines Tragriemens versetzbar und mit Vorratsgefäß für die Jodlösung und Haltevorrichtung für die Pipette versehen. Der Meßzylinder kann durch drehbare Klötzchen leicht befestigt oder ausgewechselt werden. Selbstverständlich kann der Apparat auch für andere Zwecke dienen, wo es sich um die Restgasbestimmung handelt, z. B. für Salzsäure, Kohlensäure usw.

β) **Bestimmung der schwefligen Säure durch Entfärben einer blauen Jodlösung.** In der Technik — für die Untersuchung eines Schornsteingases — wird vielfach das von M. Hahn[1] empfohlene Reichsche Verfahren angewendet. Man gibt in eine Gaswaschflasche oder auch eine gewöhnliche, mit dreimal durchbohrtem Pfropfen versehene Flasche 10 ccm $^1/_{10}$ N.-Jodlösung, verdünnt diese bis zu $^1/_4$ der Flasche mit Wasser und setzt so viel Stärkekleister zu, daß die Flüssigkeit tiefblau erscheint. Man verbindet die Flasche auf der einen Seite durch ein Glasrohr und einen Kautschukschlauch mit der zu untersuchenden Luft, z. B. dem Schornstein, und saugt auf der anderen Seite mittels eines Aspirators so lange Schornsteinluft durch, bis wieder Entfärbung der Jodlösung eingetreten ist. Das Volumen der durchgesaugten Luft ist gleich dem des ausgeflossenen Wassers, welches in dem untergestellten Meßzylinder gemessen wird.

Nach obiger Umsetzungsgleichung sind 10 ccm der $^1/_{10}$ N.-Jodlösung (0,127 g J oder richtiger 0,12692 g J enthaltend) gleich 0,032 g (bzw. richtiger 0,03207 g) SO_2.

Da 1000 ccm SO_2 bei 760 mm Atmosphärendruck und 0° Temperatur gleich ist $^1/_2$ SO_2 × Krith, also 32 × 0,089578 = 2,8665 g, so sind die gefundenen 0,031 g SO_2 = 11,16 ccm SO_2.

Durch Division dieser Zahl durch die Kubikzentimeter durchgesaugter Luft + der gefundenen Kubikzentimeter SO_2 erhält man den Prozentgehalt an schwefliger Säure in der Schornsteinluft.

Angenommen, es sollen 10 ccm $^1/_{10}$ N.-Jodlösung durch ein Volumen Schornsteinluft gleich dem von 134 ccm Wasser entfärbt worden sein, so beträgt mit Einschluß der schwefligen Säure das Volumen Schornsteinluft im ganzen 134 + 11,16 = 145,16 ccm und der Gehalt derselben an

$$\text{schwefliger Säure} = \frac{11,16 \times 100}{145,16} = 7,69 \text{ Volumprozent.}$$

Für genaue Bestimmungen indes empfiehlt es sich, die aus dem gemessenen Volumen Luft gebildete Menge schwefliger Säure in der noch nicht entfärbten Jodlösung quantitativ als Bariumsulfat zu bestimmen.

γ) **Bestimmung der schwefligen Säure durch Oxydation mit Wasserstoffsuperoxyd.** Balló und Rözsényi[2] leiten die Luft, nachdem sie behufs Entfernung von Rußteilchen durch Baumwollfilter filtriert ist, 1$^1/_2$—2 Stunden lang durch Absorptionsröhren, die mit einer titrierten Wasserstoffsuperoxydlösung gefüllt sind. Der Überschuß an Wasserstoffsuperoxyd wird durch $^1/_{100}$ N.-Permanganatlösung zurücktitriert.

In England wendet man nach Ascher[3] ebenfalls Wasserstoffsuperoxyd zur Oxydation, sowie einen automatisch wirkenden Apparat an. Letzterer besteht aus einem mit Glaskugeln gefüllten Turm und einem feuchten Gasmesser, der durch ein Uhrwerk getrieben wird. In den Turm tropfen 250 ccm einer Wasserstoffsuperoxydlösung, die etwa 1 ccm aktiven Sauerstoff in 1 ccm enthält. Die gebildete Schwefelsäure wird gewichtsanalytisch bestimmt.

---

[1] Gesundheits-Ingenieur 1908, **31**, 695.

[2] Chem.-Ztg. 1905, **29**, 424.

[3] Vierteljahrsschr. f. öffentl. Gesundheitspflege 1907, **39**, 652.

δ) Sonstige Oxydations- und Bindungsmittel. Statt Jod ist auch Jodsäure oder, wie schon erwähnt, Bromitlauge (Gerlach) zur Oxydation der schwefligen Säure vorgeschlagen. M. Rubner[1]) empfiehlt eine titrierte Lösung von Kaliumpermanganat. Hierdurch werden aber auch Stickstoffoxyde und sonstige Bestandteile der Luft oxydiert.

Wendet man zur Bindung titrierte Natronlauge oder Sodalösung — A. Wieler[2]) empfiehlt Kaliumbichromat — an, so findet man den gesamten Säuregehalt der Luft und kann, wenn man in der Lösung die schweflige Säure und Schwefelsäure bestimmt, annähernd das Verhältnis zwischen schwefliger Säure und Schwefelsäure ermitteln.

Anmerkung. An schwefliger Säure wurden in 1 cbm Luft gefunden:

Von Rubner in Berlin mg	Nach hiesigen Untersuchungen					
	Münster i. W. (industriearm) mg	Gelsenkirchen (industriereich)		Umgebung von Kokereien in Entfernung von		
		Land mg	Stadt mg	25 m mg	150 m mg	200—300 m mg
1,0—1,5	0,42—0,52	0,64—2,48	0,82—5,47	28,6	19,8	6,46—6,67

Der Gehalt an Schwefelsäure (wohl einschließlich schwefliger Säure) wird von Kister[3]) wie folgt für 1 cbm Luft angegeben:

Berlin	Königsberg	Manchester	London
0,25—1,87 mg	0,013—0,625 mg	0,60—3,40 mg	1,90—14,10 mg

ε) Untersuchung von Schnee und Regenwasser. Zur Beurteilung des Gehaltes der Luft an schwefliger Säure wird vielfach auch Schnee oder Regen untersucht. Das Verfahren hat den Nachteil, daß man den Gehalt der schwefligen Säure natürlich nicht auf ein bestimmtes Volumen Luft beziehen kann; man verfährt dann am besten so, daß man ihn auf 1 qm Fläche angibt. Regelmäßige Schnee- und Regenwasseruntersuchungen auf schweflige Säure, sowie auch auf andere Gase dürften ein ausgezeichnetes Mittel sein, über die Beschaffenheit der Luft einer bestimmten Stadt Auskunft zu erhalten. Wenngleich sie keine absoluten Zahlen liefern, so geben doch die zu den einzelnen Gegenden und Jahreszeiten erhaltenen Werte gut vergleichbare Zahlen und wertvolle Anhaltspunkte über die Zusammensetzung der Luft.

Wir fanden z. B. durch Untersuchung des Regenwassers in zwei industriereichen und in zwei industriearmen Gegenden während der Zeit März, Mai und Juni, Juni und Juli und November und Dezember folgende Mengen Schwefelsäure und sonstige Bestandteile für 1 qkm in kg:

Bestandteile	Industriereiche Gegenden		Industriearme Gegenden	
	Dortmund kg	Gelsenkirchen kg	Dülmen kg	Münster i. W. kg
Gelöste { organische . .	54,5—122,0	48,0— 82,0	8,0—42,0	18,0—30,0
Stoffe { unorganische .	206,0—446,0	172,0—314,0	54,0—96,0	36,0—60,0
Schwefelsäure	100,4—234,0	85,8—155,6	18,0—34,8	20,0—28,8
Chlor	7,8— 13,3	8,9— 17,7	2,7— 8,8	3,6— 6,2
Ammoniak	3,7— 6,4	1,8— 5,0	0,5— 5,0	1,0— 7,5

Schweflige Säure ließ sich in dem Regenwasser nicht mehr nachweisen.

---

[1]) Archiv f. Hygiene 1906, **59**, 123.

[2]) A. Wieler, Untersuchungen über die Einwirkung der schwefligen Säure auf die Pflanzen. 1905, S. 356.

[3]) Gesundheits-Ingenieur 1910, **33**, 38.

10. Mercaptan. Dieses Gas, welches in der Kanalluft meist zugegen ist, kann man nach Rubner[1] nachweisen, indem man Luft durch eine Röhre leitet, welche poröse Tonstücke enthält, die mit Isatin-Schwefelsäure getränkt sind. Bei Anwesenheit von Mercaptan färben sich die Tonstücke grasgrün.

11. Schwefelkohlenstoff. Dieses Gas ist schon in den geringsten Mengen am Geruch zu erkennen. K. B. Lehmann[2] hat sich mit der quantitativen Bestimmung dieses Gases in der Luft beschäftigt, indem er das Gastinsche Verfahren nachprüfte. Es beruht darauf, den Schwefelkohlenstoff durch eine Lösung von Kali in 96 proz. Alkohol in xanthogensaures Kalium überzuführen.

$$CS_2 + C_2H_5OH + KOH = CS{<}^{OC_2H_5}_{SK} + H_2O$$

Für die Ausführung der Bestimmung leitet man ein bestimmtes Volumen der zu untersuchenden Luft durch ein Absorptionsgefäß, in welchem sich starke alkoholische Kalilauge befindet. Dann wird der Inhalt des Absorptionsgefäßes mit einem Gemisch von gleichen Teilen Wasser und Alkohol ausgewaschen, mit Essigsäure angesäuert, der Überschuß der Essigsäure mit Calciumcarbonat zur Herbeiführung der neutralen Reaktion abgestumpft. Darauf wird Stärkelösung und so viel Wasser zugefügt, als man alkoholische Kalilauge verwendete. Man titriert mit Jodlösung (1,667 g Jod im Liter), bis eben eine schwache Blaufärbung auftritt. Durch die Jodlösung wird die gebildete Xanthogensäure in Xanthogenpersulfid und Jodwasserstoff umgesetzt; 1 ccm Jodlösung entspricht 1 mg CS_2.

12. Phosphorwasserstoff. Der Phosphorwasserstoff kann in der Nähe von gewerblichen Betrieben, welche Phosphor herstellen bzw. in der Laboratoriumsluft in Spuren vorhanden sein. Er ist ein äußerst giftiges Gas.

Jokote hat im Institut von K. B. Lehmann[3] Untersuchungen über den Nachweis dieses Gases angestellt. Er findet, daß man am zweckmäßigsten die zu untersuchenden Luftmengen durch Salpetersäure oder durch Bromwasser leitet und dann die gebildete Phosphorsäure, bei Anwendung von Brom als Oxydationsmittel nach vorherigem Entfernen des Broms, in gewöhnlicher Weise nach dem Molybdänverfahren fällt und bestimmt. 1 mg $P_2O_5 = 0{,}48$ mg PH_3.

13. Arsenwasserstoff. Dieses Gas zeichnet sich durch einen knoblauchartigen Geruch aus, der schon bei Vorhandensein von nur ganz geringen Mengen zu bemerken ist. Wenn Schwefelwasserstoff und Phosphorwasserstoff nicht zugegen sind, kann man Arsenwasserstoff daran erkennen, daß beim Durchleiten der verdächtigen Luft durch Silbernitratlösung eine Schwärzung entsteht.

Diese Reaktion kann man auch quantitativ gestalten. Sie verläuft nach der Gleichung:

$$12\,AgNO_3 + 2\,AsH_3 + 3\,H_2O = As_2O_3 + 12\,HNO_3 + 12\,Ag\,.$$

Man fällt das überschüssige Silbernitrat und das Silber mit Hilfe von Salzsäure aus und bestimmt das Arsen im Filtrat als $Mg_2As_2O_7$. 1 mg $Mg_2As_2O_7 = 0{,}4474$ mg AsH_3.

14. Salzsäure. Salzsäurehaltige Luft durch Silbernitratlösung geleitet, gibt einen weißen Niederschlag von Chlorsilber.

Zur quantitativen Bestimmung kann man bei größeren Mengen von Salzsäure so verfahren, daß man überschüssige titrierte Natronlauge vorlegt und nach Durchleiten eines bestimmten Luftvolumens die nicht verbrauchte Natronlauge mit Methylorange als Indicator zurücktitriert. Jedes ccm $^1/_{10}$ N.-Natronlauge, welches verbraucht ist, zeigt dabei 3,65 mg Salzsäure an.

Bei geringeren Mengen verfährt man besser so, daß man das Chlor, welches die Natronlauge beim Durchleiten aufgenommen hat, entweder nach Volhards oder nach Mohrs

---

[1] Archiv f. Hygiene 1893, **19**, 136.

[2] Ebendort 1894, **20**, 26.

[3] Ebendort 1904, **49**, 275.

Verfahren bestimmt. Im ersteren Falle säuert man die Natronlauge mit Salpetersäure an, gibt überschüssige Silberlösung zu und titriert das überschüssige Silber mit Rhodanammonium unter Verwendung von Ferriammoniumsulfat als Indicator zurück.

Will man nach Mohrs Verfahren, das bequemer ist, titrieren, so hat man nur nötig, die Natronlauge vorher bis zum Methylorangeumschlag zu neutralisieren. Die Versuche von Tillmans und Heublein[1]) ergaben, daß man in diesem Falle mit vollster Genauigkeit auch nach Mohr titrieren kann.

Bei geringeren Salzsäuremengen in der Luft kann man das Wasser nach dem Erwärmen und Ansäuern mit Salpetersäure mit Silbernitrat versetzen, das gefällte Chlorsilber sammeln und wägen. Da 1 Teil $AgCl = 0,254$ Teilen HCl und 1 l $HCl = 18,25 \times 0,089\,578 = 1,634\,79$ g wiegt, so ist 1 Teil $AgCl = 155,37$ ccm HCl. Die Umrechnung auf Prozentgehalt der Rauchluft erfolgt wie bei schwefliger Säure.

15. Chlor, Brom und Jod.
Um geringe Mengen dieser Halogene, welche bisweilen in Fabrikluft vorkommen können, nachzuweisen, leitet man die zu untersuchende Luft durch eine Jodkaliumlösung. Die Jodkaliumlösung muß gegen die Einwirkung von Licht geschützt sein, da sie sich bei längerem Stehen in hellem Licht schon unter Jodabscheidung zersetzt. Tritt auf Zusatz von Stärkelösung Blaufärbung auf, so sind Halogene in der Luft vorhanden. Chlor und Brom zersetzen die Jodkaliumlösung unter Jodabscheidung, Jod wird nur von Jodkalium gelöst, ohne daß das Jodkalium selbst verändert wird.

Zur quantitativen Bestimmung saugt man ein bestimmtes Luftvolumen durch die Jodkaliumlösung, fügt Stärkekleister hinzu und titriert mit $^1/_{10}$ oder $^1/_{100}$ N.-Thiosulfatlösung bis auf farblos. 1 ccm $^1/_{100}$ N.-Thiosulfat = 0,355 mg Chlor, 0,8 mg Brom und 1,27 mg Jod.

16. Stickstoffoxyde, salpetrige Säure und Salpetersäure.
Nach K. B. Lehmann haben alle Untersucher, welche sich mit der Bestimmung der salpetrigen Säure und Salpetersäure in der Luft beschäftigt haben, übereinstimmend gefunden, daß eine Absorption dieser Säuren beim Durchleiten der Luft durch Kalilauge nur unvollkommen erfolgt. Außerdem fand M. Rubner, daß die salpetrige Säure beim Durchleiten durch Kalilauge eine Zersetzung erfährt, indem sie zum Teil in Salpetersäure übergeht unter Entwicklung von Stickoxyd.

K. B. Lehmann schlägt daher vor, die salpetrige Säure in der Weise zu bestimmen, daß man Luft durch Wasser leitet, hierauf durch ein System sehr gut gekühlter Röhren (Kohlensäureschnee), und dann die salpetrige Säure mit dem Griesschen Reagens colometrisch bestimmt, wobei schweflige Säure nicht stören soll[2]).

Für die Bestimmung von nitrosen Gasen in der Fabrikluft gibt K. B. Lehmann folgendes Verfahren an: Man saugt die Luft durch festgepfropfte Baumwolle (10 cm lang, 1 cm dick) und titriert die Auskochung der letzteren unter Verwendung von Kongorot als Indicator, um Kohlensäure nicht mit zu titrieren. Bei diesem Verfahren werden natürlich gleichzeitig vorhandene andere Mineralsäuren mittitriert.

F. Heim und A. Hébert[3]) saugen behufs Bestimmung der Stickstoffoxyde bzw. der nitrosen Gase etwa 1 l der Luft durch ein mit 10 ccm 5proz. Kalilauge beschicktes

---

[1]) Chem.-Ztg 1913, **37**, 901.

[2]) Nach Ansicht des Verfassers dieses Abschnittes müßte die Bestimmung von Salpetersäure und salpetriger Säure zusammen in der Weise vorgenommen werden können, daß man durch mehrere hintereinandergeschaltete Flaschen mit Natron- oder Kalilauge ein bestimmtes Luftvolumen langsam hindurchsaugt, danach die Natronlauge mit Salzsäure eben ansäuert und nun in der Flüssigkeit die Salpetersäure quantitativ colorimetrisch nach dem Verfahren von Tillmans und Sutthoff, welches noch die Bestimmung von 0,1 mg im Liter mit guter Genauigkeit gestattet, durchführt (vgl. S. 496 unter Wasser).

[3]) Bull. des Sciences Pharmacol. 1909, **16**, 209; Chem. Zentralbl. 1909, I, 2015.

Absorptionsgefäß, verdünnen den Inhalt desselben auf 500 ccm, mischen 1 ccm der Lösung in einem Reagensrohr mit 5 ccm Diphenylaminreagens (0,2 g Diphenylamin auf 1 l konzentrierte Schwefelsäure) und vergleichen die Färbung mit einer solchen von Kaliumnitratlösung von bekanntem Gehalt. 1 g KNO_3 = 0,455 g oder 0,220 ccm Untersalpetersäure. Andere oxydierend wirkende Gase wie die Halogene usw. dürfen aber bei dieser Prüfung nicht zugegen sein.

Bei den Schwierigkeiten, die man bei der direkten Absorption der salpetrigen Säure und Salpetersäure durch Lösungen hat, dürfte auch hier das Verfahren zweckmäßig sein, das Regenwasser auf diese Stoffe zu prüfen. Dabei ist es allerdings dann ebenfalls nicht möglich, die erhaltenen Mengen auf ein bestimmtes Luftvolumen zu beziehen (vgl. S. 760). Der Gehalt eines Liters Regenwasser an Salpetersäure schwankte nach verschiedenen Untersuchungen zwischen 0,6 bis 16,2 mg.

17. Ammoniak. Das Ammoniak ist durch seinen Geruch in sehr geringer Menge zu erkennen. Qualitativ kann man auf Vorhandensein von Ammoniak in der Luft so prüfen, daß man die zu untersuchende Luft durch eine Röhre leitet, in welche man Fließpapierstreifen, die mit Nesslers Reagens getränkt sind, hereingelegt hat. Ist Ammoniak vorhanden, so werden die Papierstreifen gelb gefärbt. Hämatoxylinpapier (alkoholische Blauholzlösung) wird durch Ammoniak rotviolett bis veilchenblau.

Quantitativ bestimmt man das Ammoniak, indem man ein bestimmtes Luftvolumen durch Wasser leitet, welches mit Schwefelsäure angesäuert ist. Man bestimmt dann nach der Vorschrift, die auf S. 493 für die colorimetrische Bestimmung des Ammoniaks gegeben ist, das aufgenommene Ammoniak colorimetrisch mit Nesslers Reagens.

Bei hohen Ammoniakgehalten kann man titrierte Säure vorlegen, eine bestimmte Menge Luft durchsaugen und dann mit Methylorange als Indicator und titrierter Natronlauge die nicht gebundene Säuremenge zurückmessen (Phenolphthalein als Indicator bei Ammonsalzen unbrauchbar).

Nach verschiedenen Untersuchungen sind in 1 Million Gewichtsteilen Luft 0,17 bis 3,68 Gewichtsteile, in 1 l Regenwasser Spuren bis 15,67 mg Ammoniak gefunden worden. Es rührt vorwiegend von Verwesungsvorgängen an der Erdoberfläche und aus dem Meerwasser her.

18. Anilin. Qualitativ kann man auf Vorhandensein dieses Körpers, der in der Luft chemischer Fabriken vorhanden sein kann, in der Weise prüfen, daß man die zu untersuchende Luft durch 10 proz. Schwefelsäure leitet. Man taucht dann einen Fichtenspan in die Schwefelsäure ein und erwärmt ihn hoch über der Flamme gelinde. Bei Vorhandensein von Anilin tritt eine kräftige Gelbfärbung auf. Die Reaktion ist sehr empfindlich.

Eine quantitative Bestimmung hat K. B. Lehmann[1]) ausgearbeitet. Man saugt zunächst ein bestimmtes Luftvolumen durch zwei hintereinandergeschaltete Gefäße mit 10 proz. Schwefelsäure (nicht Salzsäure), darauf wird der größte Teil der Säure neutralisiert und dann mit Bromlauge, deren Stärke man nach Zusatz von Jodkalium mit Thiosulfat vorher ermittelt hat, titriert. Die Bromlauge wird dargestellt, indem man 3—4 g Brom in 1 l Wasser löst, und zu der Lösung so lange Natronlauge hinzugesetzt, bis die gelbe Farbe unter Bildung von unterbromigsaurem Natrium und Bromnatrium verschwindet. Durch Zusatz von Säure zu dieser Lauge wird wieder alles Brom in Freiheit gesetzt. Die Reaktion des Anilins mit dem Brom geht nach folgender Gleichung vor sich:

$$3 \, Br_2 + C_6H_5NH_2 = C_6H_2Br_3NH_2 + 3 \, HBr \, .$$

Demnach entspricht 1 ccm $^1/_{10}$ N.-Bromlösung 1,55 mg Anilin.

19. Cyan und Blausäure. Der Nachweis dieser sehr giftigen Stoffe, die, ohne daß Schädigungen zu befürchten sind, nur in den geringsten Spuren in der Luft vorhanden sein dürfen, geschieht, indem man die verdächtige Luft durch Kalilauge leitet, wobei aus Blausäure Cyankalium und aus Cyan Cyankalium und cyansaures Kalium gebildet wird.

---

1) Lunge-Berl, Chemisch-technische Untersuchungsmethoden, Berlin 1910, **2**, 395.

Das Cyankalium kann dann mit Silberlösung nachgewiesen werden, nachdem man vorher die Lauge bis zum Methylorangeumschlag mit Schwefelsäure oder Salpetersäure versetzt hat. Man kann dann auch genau wie für die Bestimmung des Chlors angegeben, in dieser neutralen Lösung das Cyan quantitativ bestimmen. 1 ccm $^1/_{10}$ N.-AgNO$_3$ = 2,705 mg HCN. Hat man Grund zu der Annahme, daß nicht alles gebildete unlösliche Cyansilber wirklich Cyansilber ist, sondern daß Salzsäure oder Chlor in der Luft vorhanden sein können, welche Cyansilber vortäuschen, so verfährt man mit der erhaltenen Lösung am besten nach der von Rubner und v. Buchka[1]) gegebenen Vorschrift zur Bestimmung des giftigen Cyans in Abwässern.

Die Flüssigkeit wird zunächst gegen Methylorange neutralisiert. Man gibt dann einige Gramm Natriumcarbonat zu und destilliert aus einem Kolben mit einfachem Aufsatz in 10 ccm $^1/_{10}$ N.-Silberlösung, die mit 10 ccm verdünnter Salpetersäure versetzt sind, bis etwa $^1/_5$ der gesamten Flüssigkeitsmenge übergegangen ist. Entsteht dabei in der Silberlösung ebenfalls ein Niederschlag, so ist Cyansilber vorhanden. Quantitativ kann man diese Cyanmenge noch in der Weise bestimmen, daß man den entstandenen Niederschlag abfiltriert und in einem aliquoten Teil die nicht verbrauchte Silberlösung nach Volhard zurücktitriert. 1 ccm $^1/_{10}$ N.-Silberlösung entspricht 2,705 mg HCN. Solche durch Titration bestimmbare Cyanmengen dürften aber wohl kaum in der Luft vorkommen.

Nach Arnold und Mentzel (vgl. S. 742) kann man Blausäure auch mit Filtrierpapier nachweisen, welches mit einer alkoholischen Lösung von Tetramethyldiamidodiphenylmethan und Kupfersulfat getränkt ist. Bei Gegenwart von Blausäure erfolgt Blaufärbung.

20. Formaldehyd.
Formaldehyd soll nach verschiedenen Angaben stets in der Luft vorhanden sein. Trillat[2]) gibt für die Pariser Luft 17—55 mg in 100 cbm Luft an.

Nach Romijn und Voorthuis[3]) soll Nesslers Reagens mit Formaldehyd unter Bildung von ameisensaurem Kalium und Abscheidung von metallischem Quecksilber reagieren, eine Reaktion, die zum Nachweis des Formaldehyds in der Luft benutzt werden kann. Die Umsetzung verläuft nach folgender Gleichung:

$$\mathrm{HgJ_2 \cdot 2\,KJ + H \cdot CHO + 3\,KOH = Hg + 4\,KJ + H \cdot COO \cdot K + 2\,H_2O.}$$

Zum Zwecke der quantitativen Bestimmung leitet man die zu untersuchende Luft durch alkalische Jodquecksilber-Jodkaliumlösung, fügt eine Lösung von $^1/_{10}$ N.-Jod in Jodkalium zu und schüttelt; dann löst sich der gebildete Niederschlag wieder auf. Nach dem Ansäuern titriert man das noch überschüssige Jod und berechnet der obigen Umsetzung entsprechend die Formaldehydmenge. 1 ccm $^1/_{10}$ N.-Jodlösung entspricht 1,5 mg H · CHO.

H. Henriet[4]) hat ein Verfahren ausgearbeitet, welches die zu untersuchende Luft durch ein U-Rohr, das mit auf 250° erhitztem Quecksilberoxyd gefüllt ist, leitet, nachdem die Luft vorher durch Glaswolle filtriert ist. Die so gebildete Kohlensäure wird in Kalilauge absorbiert und auf Formaldehyd umgerechnet. Benzol soll nicht zu Kohlensäure oxydiert werden. Ameisensäure soll zwar auch oxydiert werden, doch soll ihre Menge so gering sein, daß sie zu vernachlässigen ist. Verfasser erhielt indessen nach diesem Verfahren so hohe Formaldehydmengen, 2—3 g in 100 cbm Luft, daß die Vermutung naheliegt, daß bei dieser Art der Bestimmung auch noch andere organische Stoffe mit zu Kohlensäure verbrannt und irrtümlicherweise auf Formaldehyd zurückgeführt werden.

---

[1]) Arbeiten a. d. Kaiserl. Gesundheitsamt 1908, **28**, 338.

[2]) Bull. Soc. Chim. Paris 1905, **33**, 393; Zeitschr. f. Untersuchung d. Nahrungs- u. Genußmittel 1906, **11**, 691.

[3]) Pharm. Weekblad 1903, **40**, 149; Zeitschr. f. Untersuchung d. Nahrungs- u. Genußmittel 1904, **7**, 380; Chem. Centralbl. 1903, I, 937.

[4]) Compt. rend. 1904, **138**, 1272; Zeitschr. f. Untersuchung d. Nahrungs- u. Genußmittel 1906, **11**, 690.

21. Quecksilberdampf. Legt man Goldblättchen in die auf Quecksilber zu untersuchende Luft, so nehmen diese, wenn Quecksilber vorhanden ist, einen grauen Ton an. Für den qualitativen Nachweis und die Bestimmung des Quecksilberdampfes in der Luft bringen Kunkel und Fessel[1]) einige Blättchen Jod in ein Röhrchen von 2—3 cm lichter Weite und leiten 50—500 l trockene Luft durch. Man muß den Luftstrom so regeln, daß 1 l Luft in 8—10 Minuten durch das Absorptionsröhrchen streicht, dann wird Quecksilberjodid zurückgehalten. Bei Vorhandensein von Quecksilber scheidet sich hinter dem Jod rotes Quecksilberjodid ab.

Für die quantitative Bestimmung lösen Kunkel und Fessel das gebildete Quecksilberjodid und das Jod in Jodkalium und behandeln die alkalisch gemachte Flüssigkeit mit Schwefelwasserstoff. Die dabei auftretende Färbung wird mit der einer entsprechend behandelten Sublimatlösung von bekanntem Gehalt verglichen.

22. Flüchtige organische Stoffe und Kohlenwasserstoffe. Geringe Mengen von flüchtigen organischen Stoffen und Kohlenwasserstoffen gelangen mit dem Rauch, von brennenden Gas- oder Petroleumlampen, sowie von Fäulnis- und Zersetzungsvorgängen an der Erdoberfläche in die Luft. Man bestimmt diese Körper meist zusammen, indem man zunächst die Luft durch Alkalien (Natronhydrat, Barythydrat) von Kohlensäure befreit, und dann ermittelt, wieviel Kohlensäure die in der Luft noch vorhandene organische Substanz bilden kann. Für die Ausführung der Bestimmung saugt man wie bei der Elementaranalyse die von Kohlensäure befreite Luft durch ein mit Kupferoxyd gefülltes, hoch erhitztes Rohr und bestimmt die gebildete Kohlensäure durch Absorption in Kaliapparaten.

Wolpert fand auf diese Weise bei Luft im Freien 0,015% verbrennliche, gasförmige Kohlenstoffverbindungen (als CO_2).

Gautier fand für die Pariser Luft fast zehnmal so hohe Werte.

In England saugt man nach einem Bericht Aschers[2]) zur Bestimmung der oxydierbaren Bestandteile der Luft eine größere Menge Luft durch eine mit Glaswolle in nicht zu dicker Packung gefüllte Röhre, wodurch die festen organischen Stoffe und ein Teil der schwefligen Säure zurückgehalten werden. Die Glaswolle wird darauf in eine titrierte angesäuerte Permanganatlösung, die sich in einem mit Glasstopfen versehenen Glaszylinder befindet, gebracht und von der Lösung sofort ein aliquoter Teil (etwa 10 ccm) mit Ferroammoniumsulfat titriert. Die gleiche Menge der Lösung wird nach 1, 6 und 24 Stunden in derselben Weise titriert, schließlich der Rest der Flüssigkeit oder ein aliquoter Teil 1 Stunde bei 50° erhitzt und abermals der Rückgang im Permanganatverbrauch festgestellt. Die Titrationsflüssigkeiten werden in der Weise hergestellt, daß man 0,395 g Kaliumpermanganat mit Wasser unter Ansäuerung mit Schwefelsäure zu 1 l löst und die Konzentration der Ferroammoniumsulfatlösung so wählt, daß 10 ccm derselben genau 10 ccm der Permanganatlösung entsprechen. Da auch etwa vorhandene schweflige Säure reduzierend auf die Permanganatlösung wirkt und unter Umständen sie sogar sofort ganz entfärbt, so kann das Verfahren keinen richtigen Ausdruck für den Gehalt der Luft an oxydierbaren organischen Stoffen liefern.

Dasselbe ist nach Schwarz und Münchmeyer[3]) von dem von Henriet und Bonyssy[4]) vorgeschlagenem Verfahren zu halten. Nach diesem soll man die in einem bestimmten Volumen Luft vorhandenen organischen Stoffe durch Wasserdampf niederschlagen und von der Flüssigkeit das Reduktionsvermögen gegen Kaliumpermanganat feststellen.

Früher hat man die organische Substanz in Luft in der Weise zu bestimmen versucht, daß man die zu untersuchende Luft durch Permanganat leitete und aus der Zersetzung

---

[1]) Chem.-Ztg. 1899, **23**, Repert. 189; Zeitschr. f. Untersuchung d. Nahrungs- u. Genußmittel 1899, **2**, 957.

[2]) Vierteljahrsschr. f. öffentl. Gesundheitspflege 1907, **39**, 660.

[3]) Zeitschr. f. Hygiene u. Infektionskrankheiten 1912, **72**, 371.

[4]) Gesundheits-Ingenieur 1912, **35**, 117.

des Permanganats einen Maßstab für die vorhandene organische Substanz zu haben glaubte (Uffelmann). Dieses Verfahren liefert jedoch, wie bereits bei Besprechung des Engl. Verfahrens erwähnt, unbrauchbare Ergebnisse, da der größte Teil des Permanganats durch schweflige Säure und Stickstoffoxyde verbraucht wird. W. Weichert und C. Keller[1]) glauben durch kolloidales Osmium unter Zuhilfenahme eines besonderen Apparates die Verunreinigungen der Luft mit oxydablen organischen Stoffen in der Luft bestimmen zu können. Auch ammoniakalische Silberlösung ist ohne Erfolg vorgeschlagen. Dagegen können zur Prüfung auf einige bestimmte Kohlenwasserstoffe nach K. B. Lehmann[2]) folgende Verfahren zum Ziele führen: Man prüft nach L. Ilosvay in der Weise z. B. auf Acetylen, daß man 1 g krystallisierten Kupfervitriol in wenig Wasser auflöst, 4 ccm 20 proz. Ammoniak und 3 g Hydroxylaminchlorhydrat zugibt und dann auf 50 ccm auffüllt. Diese das Kupfer als Cuproverbindung enthaltende Lösung hält sich einige Tage. Man verwendet sie, indem man über einen mit dem Reagens getränkten Baumwoll- oder Glaswollpfropfen das Gas leitet oder auch das Gas mit einigen ccm Reagens schüttelt. Bei Anwesenheit von Acetylen tritt Rosafärbung bzw. ein roter Niederschlag auf.

Benzol kann qualitativ und bei größeren Mengen auch quantitativ nach Harbeck und Lunge[3]) bestimmt werden. Man absorbiert das Benzol in zwei Zehnkugelröhren mit einem Gemisch von konzentrierter Schwefel- und Salpetersäure. Nach einigen Stunden neutralisiert man unter Kühlen und extrahiert mit Äther. Der Ätherrückstand enthält fast absolut reines Dinitrobenzol, das nach dem Trocknen gewogen wird. 1 g Benzol = 1,93 g Dinitrobenzol.

Unter den zu bestimmenden Kohlenwasserstoffen spielt das Methan eine besondere Rolle bei der Untersuchung von Steinkohlengrubenluft. Hierfür sind bei den Fachchemikern besondere Apparate in Gebrauch, z. B. die sog. Grisoumeter[4]), welche durch eine elektrisch zum Glühen zu bringende Platinspirale das Methan-Luftgemisch verbrennen, wobei unter Zuführung von Sauerstoff folgende Umsetzung stattfindet:

$$CH_4 + 2\,O_2 = CO_2 + 2\,H_2O \ .$$

1 Vol.   2 Vol.   1 Vol.   0 Vol.

Es entsteht also aus 3 Vol. Gasgemisch 1 Vol. Kohlensäure, d. h. die Kontraktion ist doppelt so groß als das ursprüngliche Methanvolumen; die gebildete Kohlensäure nimmt das gleiche Volumen wie das Methan ein, zu dessen Verbrennung das zweifache Sauerstoffvolumen erforderlich ist. Man kann daher die Bestimmung des Methans durch Messung der Kontraktion oder der gebildeten Kohlensäure oder des verbrauchten Sauerstoffs vornehmen.

Ein anderer Apparat ist der von Jeller[5]), der auch von Wendriner[6]) empfohlen ist.

Wir müssen uns, weil die Grubengasuntersuchung nur dem Fachchemiker zufällt, mit diesem Hinweise begnügen. Des näheren sei auf die Schrift von O. Brunck, Chemische Untersuchung der Grubenwetter, Freiberg 1900, verwiesen.

Anmerkung. Die in der Außenluft vorhandenen Kohlenwasserstoffe rühren von der unvollständigen Verbrennung der Heizstoffe her; Wolpert gibt davon für Berlin 0,015 Vol. in 1000 Vol. Luft an.

23. Ausatmungsluft.

Bekanntlich ist ein langer Streit darum geführt worden, ob die schlechte Bekömmlichkeit der Ausatmungsluft nur auf den Gehalt an Kohlensäure, Wasserdampf und Spuren von ekelerregenden Stoffwechselprodukten, sowie die erhöhte

---

[1]) Münch. med. Wochenschr. 1912, 1899.

[2]) Lunge-Berl, Chemisch-technische Untersuchungsmethoden. Berlin, Julius Springer, 1910, 2, 411.

[3]) Zeitschr. f. anorg. Chemie 1898, 16, 26.

[4]) Zu beziehen von E. Heinz in Aachen oder G. A. Schultze in Charlottenburg.

[5]) Zeitschr. f. angew. Chemie 1896, 9, 692.

[6]) Ebendort 1904, 17, 1062.

Temperatur zurückzuführen ist, oder ob in der Ausatmungsluft noch **direkte Gifte** vorhanden sind. Nach **Flügge** sind die Beschwerden, welche sich in überfüllten Räumen bemerkbar machen, nur durch die erhöhte Temperatur und die Erhöhung des Wasserdampfgehaltes der Luft bedingt, indem dadurch Wärmestauung entsteht, welche die beobachteten Krankheitssymptome auslöst. Neuerdings will indessen **Wolfgang Weichardt**[1]) im Ermüdungsmuskelpreßsaft ein hoch molekulares Eiweißspaltungsprodukt von **Toxin**charakter, das **Kenotoxin**, gefunden haben. In einer späteren Arbeit gibt **Weichardt**[2]) ein Verfahren zur Prüfung der Ausatmungsluft auf Vorhandensein **dieses Toxins** an: Bläst man durch physiologische Kochsalzlösung stundenlang Ausatmungsluft, gibt dann je 1 ccm in Gläser, dazu wechselnde Mengen verdünnten Blutes, läßt beides im Wasserbade bei 37° aufeinander wirken und gibt zuletzt 0,1 ccm Guajactinktur zu, so tritt bei einigen der Röhrchen Blaufärbung auf, bei anderen nicht. Im letzteren Falle ist die Menge der Eiweißspaltungsprodukte eine genügende zur Vergiftung des Katalysators. Mit Hilfe dieser Reaktion sind auch in Räumen, in denen sich viele Personen aufhalten, die Eiweißspaltungsprodukte von Kenotoxincharakter nachzuweisen. Man stellt Petrischalen auf, welche 0,25 g fein zerriebenes Chlorcalcium enthalten, überdeckt sie mit Fließpapier, um den Staub fernzuhalten. Am nächsten Morgen ist das Chlorcalcium zerflossen. In der flüssigen Chlorcalciumlösung führt man dann die oben genannte Guajacprüfung aus.

Anmerkung. Zum Nachweise von **Kloakengasen** soll man nach O. Rebuffat[3]) die Luft durch reines flüssiges Paraffin leiten; dieses bindet nur die Riechstoffe der Kloakengase, welche nach Ansäuern des Paraffins mit Schwefelsäure durch Titration mit $1/100$ N.-Permanganat bestimmt werden können.

24. Staub. Die corpusculären Bestandteile der Luft können aus toter Substanz oder lebenden Organismen bestehen. Die erstere kann man unterscheiden in **Staub** und **Ruß**.

Staub sind alle mehr oder weniger feinen Teile von mineralischer oder organischer Substanz, deren Oberfläche im Vergleich zu ihrem Gewicht so groß ist, daß sie in bewegter Luft schweben und deshalb auch in ruhender Luft nur langsam sich absetzen. Die Luft im Freien enthält im allgemeinen verhältnismäßig wenig Staub; die Luft der Städte und Wohnräume dagegen infolge des lebhaften Verkehrs stets mehr oder weniger erhebliche Mengen. **Aitken** fand nach der Tröpfchenbildung die Stäubchenzahl auf hohen Bergen und bei günstiger Windrichtung zu 200, in der Nähe von Städten dagegen zu Tausenden und im Innern der Städte zu Hunderttausenden in einem Kubikzentimeter Luft.

Dem Gewichte nach schwankt die Staubmenge von Spuren bis 150 mg in 1 cbm Luft. Unter der **Mikroflora** überwiegen die **Schimmelpilze**. Die **Bakterienkeime** schwanken von Null bis zu mehreren Hunderttausenden.

Durch **Regen** wird der Staubgehalt der Luft naturgemäß wesentlich **vermindert**. Der **Staub** besteht aus **organischen Stoffen** (Sporen, Bakterien, Cysten, Protisten, Infusorien, Haaren, Wolle, Fasern, Pollenkörnern, Samen von Gefäßpflanzen, Blütenteilen von Pflanzen, Ruß bzw. Kohleteilchen usw.) und **unorganischen Stoffen** (Ton, Sand, Calciumcarbonat, Asche, Kochsalz usw.). Der Staubgehalt der Luft ist von größter **hygienischer Bedeutung**. Er **mildert** die **Sonnenbestrahlung** und **vermindert** die **Wärmeabstrahlung** von der **Erde**. Aus dem Grunde ist die Sonnenbestrahlung auf staubfreien Bergen unerträglich heiß, während die Luft kalt ist. Auch ist der Staub die **Ursache der Nebel- und Wolkenbildung**, weil er gleichsam die Kerne bildet, um welche sich der Wasserdampf der Luft kondensiert. Man kann den Staub nach verschiedenen Verfahren bestimmen.

---

[1]) Archiv f. Hygiene 1908, **65**, 252; Zeitschr. f. Untersuchung d. Nahrungs- u. Genußmittel 1908, **16**, 551.

[2]) Archiv f. Hygiene 1911, **74**, 185; Zeitschr. f. Untersuchung d. Nahrungs- u. Genußmittel 1912, **24**, 404.

[3]) Zeitschr. f. Untersuchung d. Nahrungs- u. Genußmittel 1904, **7**, 380.

a) Im allgemeinen nimmt man die Staubbestimmungen so vor, daß man ein bestimmtes Volumen Luft filtriert und den zurückgehaltenen Staub in irgendeiner Weise zur Wägung bringt. Man kann z. B. so verfahren, daß man Luft durch vorher getrocknete und gewogene Röhrchen, die mit Watte beschickt sind, saugt, wobei man sich am einfachsten einer Wasserstrahlpumpe bedient. Bei den geringen Mengen Staub, die nachher zur Wägung gelangen, ist es notwendig, größere Luftmengen für diesen Zweck zu filtrieren. Man verwendet daher nicht unter 100 l. Nachdem die gewünschte Luftmenge durchgesaugt ist, wird das Röhrchen wiederum getrocknet und zurückgewogen.

b) K. B. Lehmann hat durch Arens[1]) ein Verfahren folgendermaßen ausbilden lassen: Becherglaser von 400 qm Mantelfläche wurden über ein Brettchen gestülpt, das in Kopfhöhe auf einem Stabe befestigt ist. Die Becherglaser werden mit Schweinefett bestrichen. Infolgedessen kleben alle Staubteilchen, die in der Versuchszeit auf das Becherglas fallen, an der Oberfläche fest. Die Gläser werden bestimmte Zeit exponiert ($^{1}/_{4}$—3 Stunden) je nach dem Staubgehalt und der Bewegung der Luft. Dann wird das Schweinefett in Äther gelöst und die ätherische Lösung durch ein gewogenes Filter filtriert. Der angeklebte Staub, der auf dem Filter zurückbleibt, wird nach dem Trocknen und gutem Auswaschen des Filters mit Äther wieder gewogen. Natürlich kann die Menge Staub, die so gefunden wird, nicht auf ein bestimmtes Volumen bezogen werden, sie gibt aber diejenige Menge an, welche einem Menschen während der Versuchszeit ins Gesicht geflogen wäre.

c) M. Hahn[2]) bestimmt den Staubgehalt der Luft mit Hilfe des Sedlmeyerschen Apparates, der aus einer zweizylindrischen Pumpe mit Zählwerk besteht, die durch einen Elektromotor getrieben wird. Das Zählwerk wird vorher durch eine Gasuhr geeicht. Der Apparat kann sowohl für die Bestimmung des Staub- und Rußgehaltes als auch für die bakteriologische Untersuchung der Luft verwendet werden. Für die Bestimmung des Staubgehaltes dienen 10 cm lange, 1,8—2,0 cm weite Filterröhren, deren unterer Teil mit 0,3 g fest zusammengeballter Collodiumwatte beschickt ist, und durch die ein bestimmtes Volumen Luft hindurchgesaugt wird. Die Collodiumwatte wird in Alkohol (1 Teil) und Äther (2 Teile) gelöst und die dann vorhandenen Trübungen mit Standardproben von bekanntem Gehalt an ähnlichem Material verglichen. Auf diese Weise können in einer Stunde 3—4 Bestimmungen ausgeführt werden. Man kann auch auf einem gewogenen Filter oder im Goochtiegel sammeln, gut auswaschen und den gelösten Staub zur Wägung bringen.

d) Ein weiteres Verfahren zur Bestimmung des Staubgehaltes in der Luft ist das von Aitkens[3]). Der Aitkensche, leicht transportable Staubzähler besteht aus der mit feuchtem Löschpapier ausgekleideten Luftkammer, welche durch eine Glasplatte hermetisch geschlossen ist. Am Boden der Kammer befindet sich ein in qmm geteiltes Glasplättchen, die Bühne genannt, welches durch einen Spiegel beleuchtet wird. Durch eine Luftpumpe kann, wenn alle Hähne vertikal gestellt sind, die Kammer mit Luft gefüllt werden, die staubfrei durch ein Wattefilter filtriert ist. Man schließt nun das Reservoir durch entsprechende Hahndrehung ab und führt den Mischfächer mehrmals auf und ab, wodurch die Luft mit den nassen Innenflächen der Kammer in Berührung gebracht und mit Wasserdampf gesättigt wird. Zieht man nun den Stempel der Luftpumpe plötzlich nieder, so wird die Luft in der Kammer verdünnt und dadurch abgekühlt, sowie mit Wasserdampf übersättigt. Da aber die Kammer mit staubfreier Luft gefüllt wurde, so fallen keine Tropfen auf das Zählplättchen nieder. Bringt man nun aber eine bestimmte Menge staubhaltiger Luft in die Kammer, z. B. so viel, als ein Kolbenzug fördert, und verfährt man genau so, wie eben beschrieben, dann fallen beim Ver-

---

[1]) Archiv f. Hygiene 1894, **21**, 325.

[2]) Gesundheits-Ingenieur 1908, **31**, 165; Zeitschr. f. Untersuchung d. Nahrungs- u. Genußmittel 1911, **21**, 72.

[3]) Emmerich u. Trillich, Anleitung zu hygienischen Untersuchungen. 3. Aufl. München 1902, S. 74.

dünnen der Luft Regentropfen nieder, welche mittels der Lupe gezählt werden können. Da jeder Tropfen ein Staubteilchen zum Kern hat, so ermittelt man direkt die Zahl der in der Luft enthaltenen Staubteilchen. Die verwendete Luftmenge kann am Luftpumpenstempel abgelesen werden.

e) Ein Verfahren, welches ebenfalls die Anzahl der Staubteilchen ermittelt, ist das von K. Stich[1]. Es beruht darauf, daß auf schwarzen Platten Staub deutlich wahrgenommen werden kann. Da aber alle Platten feine Sprünge und Unebenheiten haben, so gießt Verfasser eine Platte aus 10 Teilen schwarzem Asphaltlack und 8,5 Teilen Kolophonium, welches frei von mikroskopischen Unebenheiten ist. Bei seitlicher Beleuchtung mit Hilfe eines Auerlichtes läßt sich mit einer großen Linse jedes auf die Platte gefallene Stäubchen als leuchtender Punkt erkennen. Um die Lackplatte nach ihrer Herstellung staubfrei zu halten, benutzt Verfasser kleine Glasklötze mit Höhlung, in die der Lack eingegossen wird. Danach wird sogleich mit Glasdeckel verschlossen. Für die Bestimmung wird dann die Glasplatte entfernt und die Platte 10 Minuten lang der zu untersuchenden Luft ausgesetzt.

f) Für vergleichende Untersuchungen über den Staubgehalt der Luft an bestimmten Stellen empfiehlt es sich, das Regenwasser oder den gefallenen Schnee zu untersuchen, indem man durch gewogene Filter oder gewogene, mit Asbest beschickte Goochtiegel filtriert. Man kann für diesen Zweck auch so verfahren, daß man große mit destilliertem Wasser gefüllte Gefäße aufstellt, sie eine bestimmte Zeit stehen läßt und nun durch Filter oder Goochtiegel die in die Gefäße hereingefallenen suspendierten Stoffe abfiltriert und nach dem Trocknen zur Wägung bringt. Durch Veraschen der angefallenen Stoffe kann man dann noch bestimmen, wieviel organische und wieviel mineralische Stoffe der in einer bestimmten Zeit in die Gefäße gefallene Staub enthalten hat. Bei allen diesen Verfahren kann man natürlich nur wiederum nicht angeben, aus wieviel Luft die zur Wägung gelangten Substanzen stammen. Man bezieht dann zweckmäßig die gewogene Menge auf die Oberfläche, indem man angibt, daß a g organische und b g mineralische Stoffe auf 1 qm Fläche in der Zeit c heruntergefallen sind.

Wir fanden z. B. in zwei industriereichen und zwei industriearmen Gegenden bzw. Städten während der Zeit März, Mai-Juni, Juni-Juli, November-Dezember durch Untersuchung des Regenwassers folgende Mengen Staub, d. h. Schwebestoffe für 1 qkm in kg:

Schwebestoffe (Staub)	Industriereiche Gegenden		Industriearme Gegenden	
	Dortmund kg	Gelsenkirchen kg	Dülmen kg	Münster i. W. kg
Organische	84,5—131,0	28,0— 98,0	21,0—·36,5	5,5—22,0
Unorganische	104,5—227,0	53,0—343,0	20,0—124,0	1,0—29,3

K. B. Lehmann[2] gibt Anhaltspunkte über den Staubgehalt in 1 cbm Luft von verschiedenen Wohn- bzw. Arbeitsräumen: Studierzimmer 0 mg; Wohn- und Kinderzimmer 1,6 mg; Laboratorium 1,4 mg; Bildhauerei (Werkstätte halb im Freien) 8,7 mg; Kunstwollfabrik (Reißraum) 7,0 mg; Kunstwollfabrik (Schneideraum) 20,0 mg; Sägewerk 15,0—17,0 mg; Mühlen 4,4, 22, 28, 47 mg; Eisengießerei 1. Versuch, Arbeit beginnt erst 1,5 mg, 2. Versuch, wenig Arbeiter 12,0 mg, 3. Versuch, Putzraum 71,7 mg; Schnupftabakfabrik 16—72 mg; Filzschuhfabrik 175 mg; Cementfabrik a) während der Arbeit 224 mg, b) Arbeitspause 130 mg. (Vgl. auch II. Bd. 1904, S. 1430.)

25. Rauch und Ruß. Außer dem Staub im allgemeinen kommen noch die besonderen Mengen Rauch und Staub in Betracht, die aus den Schornsteinen der Fabriken und

---

[1] Deutsche Vierteljahrsschr. f. öffentl. Gesundheitspflege 1904, **36**, 655; Zeitschr. f. Untersuchung d. Nahrungs- u. Genußmittel 1905, **9**, 741.

[2] Nach den Versuchen von Hesse, Dinglers Polytechn. Journ. 1881. — Arens, Archiv f. Hygiene 1894, **21**, 325.

den Hausfeuerungen örtlich und dauernd in die Luft entsendet werden. Rauch und Ruß sind Erzeugnisse der trockenen Destillation der Brennstoffe.

Rauch besteht im allgemeinen aus unverbrannten Kohlenwasserstoffen bzw. Kohle. Bei bestimmten gewerblichen Betrieben können dem Rauch auch saure Gase, insbesondere schweflige Säure, Schwefelsäure, Salzsäure, Chlor usw. beigemengt sein, die Ermittlung solcher sauren Stoffe in der Luft erfolgt nach den schon angegebenen Verfahren.

a) Bestimmung der Stärke des Rauches. Für die Bestimmung der Rauchstärke sind verschiedene Verfahren vorgeschlagen.

α) Silbermann[1]) benutzt die Eigenschaft des Selens, seinen elektrischen Widerstand je nach dem Grade der Belichtung zu ändern, zur Bestimmung der Rauchstärke eines Schornsteins. Eine Lichtquelle, deren Licht durch eine Linse gesammelt wird, sendet ihre Strahlen durch den zu untersuchenden Schornsteinrauch und trifft dann auf eine Selenzelle, deren elektrischer Widerstand sich entsprechend der Schwärze des Rauches ändert. Diese Widerstandsänderung wird durch einen Milliampereschreiber auf einem nach Rauchstärken eingeteilten Diagrammpapier registriert. Weitere Einrichtungen an dem Apparat ermöglichen, Zahl und Dauer der Rauchstärkeüberschreitungen objektiv festzustellen.

β) Owens[2]) verwendet zur Bestimmung der Durchsichtigkeit des Rauches kalibrierte Rauchgläser, von denen jedes einem bestimmten Grade von Rauchdichte in einer Skala entspricht. Die Rauchdichte, dividiert durch den Schornsteindurchmesser, liefert das Endergebnis.

γ) Zur Untersuchung der Rauch- und sonstiger Gase ist von F. Haber und F. Löwe[3]) auch das Interferometer bzw. Gasrefraktometer empfohlen, welches auf der verschiedenen Lichtbrechung der Gase beruht. Da Nachprüfungen mit dem Apparat bis jetzt fehlen, sei nur auf denselben verwiesen.

δ) Ringelmann[4]) hat zur Bestimmung der Rauchstärke eine Farbenskala eingerichtet, welche auf folgendem Grundsatz beruht: Der Farbenton wird durch ein Netz aus senkrecht aufeinanderstehenden, mit schwarzer Tusche gezogenen Strichen von bekannter Stärke erzeugt. Dieses Strichnetz, welches aus kleinen, mit mehr oder minder starken schwarzen Linien umrahmten weißen Vierecken besteht, wird vor dem Beobachter in solcher Entfernung befestigt, daß die weißen Vierecke nicht mehr erkennbar sind, sondern das Ganze als eine graue bzw. grauschwarze Fläche erscheint. Mit diesen Skalen wird nun der zu beobachtende Rauch in seiner Färbung verglichen.

b) Bestimmung des Rußes. Stets dem Rauch beigemengt ist der Ruß, der aus fein verteilter, unverbrannt gebliebener Kohle besteht.

α) M. Rubner[5]) bestimmt den Rußgehalt in der Luft dadurch, daß er ein rundes Filter so zwischen zwei Metallringe spannt, daß der innere Teil des Filters frei bleibt, während ein breiter Rand durch die Metallringe bedeckt ist. Mit Hilfe einer Pumpe wird Luft so angesaugt, daß sie gezwungen ist, durch den freien Teil des Filters hindurchzugehen. Die in der Luft vorhandenen Rußteilchen schlagen sich auf dem Filter nieder und bewirken eine Schwärzung, die sofort zu bemerken ist, wenn man das Filter nach beendigtem Versuch aus den Metallringen aussperrt und die innere frei gebliebene Fläche mit dem während des Versuchs bedeckt gewesenen Rand des Filters vergleicht. Auf diese Weise läßt sich der Rußgehalt colorimetrisch bestimmen. Man erhält allerdings nur Relativzahlen, da man ja nicht

---

[1]) Zeitschr. f. chem. Apparatenkunde 1907, **11**, 109.
[2]) Zeitschr. f. Rauch u. Staub 1911, **1**, 3; Gesundheits-Ingenieur 1912, **35**, 374.
[3]) Zeitschr. f. angew. Chemie 1910, **23**, 1393.
[4]) Zeitschr. f. Rauch u. Staub 1910, **1**, 212.
[5]) Hygien. Rundschau 1906, 252; Archiv f. Hygiene 1908. **3?**.

weiß, welchem Rußgehalt in Milligramm eine bestimmte Schwärzung entspricht. Bei vergleichenden Untersuchungen leistet aber das Verfahren gute Dienste.

β) L. Ascher[1]) hat unter Verwendung des Rubnerschen Prinzips einen tragbaren Apparat eingerichtet, welcher geeignet ist, in kürzester Zeit an einer bestimmten Stelle Rußuntersuchungen auszuführen. Der Apparat (Vestaapparat) besteht aus einem großen Eisenzylinder, der ein Pumpwerk enthält, welches durch Handkurbel gedreht wird, und mit Hilfe dessen die Luft durch das Rubnersche Filter (Nr. 604 von Schleicher & Schüll) hindurchgesaugt wird. An einem Zählwerk kann man sofort die Menge der durchgesaugten Luft ablesen. Für jeden Versuch saugt man am besten 500—1000 l Luft durch ein Filter. Mit Hilfe dieses Apparates ist auf Veranlassung von v. Esmarch eine Zeitlang in verschiedenen deutschen Städten der Rußgehalt der Luft bestimmt worden. Die Ergebnisse dieser Untersuchungen sind auf der Internationalen Hygieneausstellung im Jahre 1911 in Dresden zur Darstellung gebracht.

γ) Renk[2]) bedient sich einer Handluftpumpe, die durch einen Kolbenhub 4,95 l Luft fördert und durch ein rundes Filter saugt, das sich in einer Dose befindet. Man saugt durch etwa 100 Kolbenhübe rund 500 l durch. Auch dieser Apparat ist versetzbar und gestattet Rußbestimmungen an beliebigen Stellen. Die Bestimmungen nehmen indes viel Zeit in Anspruch und erfordern viel Kraftaufwand.

δ) Um bei einer derartigen colorimetrischen Bestimmung auch den Rußgehalt in absoluten Zahlen angeben zu können, hat G. Orsi[3]) ein Colorimeter hergestellt. Ruß einer rußenden Petroleumlampe wurde gewogen und mit Alkohol aufgeschwemmt. Von dieser Aufschwemmung wurden aliquote Teile auf Papier von bestimmter Größe gebracht. Die so hergestellten Standardmuster können nun in der Stärke ihrer Schwärzung verglichen werden mit der bei einem Versuch erhaltenen Dunkelfärbung des Filterpapiers.

ε) Außer diesen Verfahren, die den Rußgehalt der Luft für ein bestimmtes Luftvolumen angeben, gibt es auch noch andere Verfahren, die wiederum darauf verzichten, den Rußgehalt in einer bestimmten Luftmenge zu bestimmen, vielmehr diejenige Rußmenge ermitteln, welche in einer bestimmten Zeit auf eine bestimmte Fläche fällt. Ein sehr einfaches Verfahren besteht darin, Schnee eine bestimmte Zeit, nachdem er niedergefallen ist, an verschiedenen Stellen in der Färbung zu vergleichen.

ζ) Liefmann[4]) verfährt in der Weise, daß er zwei mit Öl bestrichene, sehr flache Trichterschalen zum Sammeln des Rußes aufstellt, von denen die eine wagerecht, die andere senkrecht mit einer Windfahne verbunden ist, so daß sie der Windrichtung stets entgegengerichtet ist. Zur Bestimmung der aufgefangenen Rußmengen wird nach einer bestimmten Zeit die Rußölschicht mit Äther in einen Mörser gespült, der Äther verjagt, 0,5 ccm Öl zugesetzt und durch Verreiben eine möglichst feine Suspension hergestellt, der noch eine bestimmte Menge Öl zugesetzt wird. Zum colorimetrischen Vergleich wird eine Verreibung von gewogenen Mengen reinsten Naphthalinrußes mit Öl benutzt, aus welcher man durch Verdünnung in 1 cm weiten Röhrchen eine Skala von 0,1—0,5 mg (oder 0,01—0,05 mg) Ruß bildet. Die Röhrchen werden hinter einer matten Glasscheibe oder bei gewöhnlichem Tageslicht am Fenster betrachtet. Man kann so Mengen von 0,04 mg Ruß nachweisen und bei Betrachtung von oben nach einiger Übung noch 0,01 mg unterscheiden. Die Ergebnisse des Verfahrens werden ungünstig beeinflußt durch das Vorhandensein von viel Staub und von Flugasche,

[1]) Gesundheits-Ingenieur 1909, **32**, 633.

[2]) Renk, Arbeiten a. d. Kgl. Hyg. Inst. Dresden. Bd. 2, Heft 1, S. 1.

[3]) Archiv f. Hygiene 1909, **68**, 10; Zeitschr. f. Untersuchung d. Nahrungs- u. Genußmittel 1911, **21**, 73.

[4]) Deutsche Vierteljahrsschr. f. öffentl. Gesundheitspflege 1908, **40**, 282; Zeitschr. f. Untersuchung d. Nahrungs- u. Genußmittel 1909, **18**, 343.

die eine graue Trübung erzeugen und die Erkennung der durch Ruß bewirkten Schwärzung erschweren.

Anmerkung. M. Rubner fand in der Außenluft Berlins 1,4 mg, Orsi (l. c.) nach dem abgeänderten Rubnerschen Verfahren 0,01—0,31 mg, Friese desgl. für Dresden 0,10—2,7 mg Ruß in 1 cbm Luft.

Gewöhnliche Steinkohlen liefern nach Hurdelbrinck in der Regel 1—2%, schlechte bis 4%, dagegen Anthracit und Koks nur 0,05—0,20% Ruß.

Anhaltspunkte für die Beurteilung der Luft.

Die Hygiene stellt an die Luft, soweit sie für das Leben des Menschen in Betracht kommt, eine Reihe Forderungen, von denen hier nur die wichtigsten aufgeführt werden können:

1. Die Temperatur der Luft kann in Deutschland zwischen —30 bis +34° C schwanken und beträgt im Durchschnitt 8—10° C. Wir suchen uns den verschiedenen Temperaturen der Außenluft in erster Linie durch mehr oder weniger Kleidung, sowie durch Regelung der Wärme in den Wohnungen anzupassen. Als zweckmäßige Temperaturen für die einzelnen geschlossenen Aufenthaltsräume hält man für:

Schul- und Wohnzimmer	Schlafzimmer	Arbeitsräume und Werkstätten
17—19° C	12—15° C	10—17° C
		(je nach der Beschäftigung)

2. Eine relative Feuchtigkeit von 40—70% sagt dem Menschen am meisten zu; der Taupunkt soll 10° nicht übersteigen, das Sättigungsdefizit nicht über 5—6 g für 1 cbm Luft liegen. Je niedriger die Temperatur ist, um so gleichgültiger ist man gegen den Wassergehalt der Luft, je höher die Temperatur ist, um so mehr wird man von einer wasserdampffreien Luft belästigt.

3. Die Helligkeit (Beleuchtung durch Sonnen- bzw. Tageslicht) an Plätzen bzw. Tischen in Schul-, Wohn- oder Arbeitsräumen soll an trüben Tagen, um längere Zeit unbeschadet lesen und schreiben zu können, 10 Meterkerzen betragen, d. h. gleich 10 Normalkerzen in 1 m Entfernung sein.

4. Die gewöhnlichen Schwankungen im Luftdruck an einem und demselben Orte und bis zu 1000 m über oder unter der Erdoberfläche haben keinen Einfluß auf das Befinden des Menschen. Über 3000 m Höhe kann indes in Gebirgen schon die Bergkrankheit infolge von zu geringer absoluter Sauerstoffmenge, zumal bei Anstrengungen, eintreten. Bei Ruhe läßt die Krankheit nach, und durch allmähliche Anpassung kann der Mensch auch in größeren Höhen leben. Umgekehrt kann ein sehr hoher Luftdruck, z. B. bei Taucher- und Brückenarbeiten in 10 m und größerer Tiefe unter Wasser, gefährlich werden, wenn die Menschen nicht allmählich dem hohen Druck ausgesetzt und wieder allmählich von ihm befreit werden.

5. Ein Gehalt von nur 11—12% Sauerstoff in der Luft bringt Gefahren, ein solcher von nur 7,2% den Tod mit sich. Sauerstoffarme Luft findet sich häufig in Bergwerken, Grüften und Verwesungsräumen.

6. Luft mit 30% Kohlensäure wirkt tödlich; bei 6—8% Kohlensäure in der Luft kann der Mensch noch einige Zeit atmen, wenn genügend Sauerstoff vorhanden ist. In Wohnungen, Schulen und sonstigen Aufenthaltsräumen für Menschen ist ein Gehalt von 5—7 Teilen Kohlensäure in 1000 Teilen Luft schon unerträglich; hier soll der Gehalt 1‰ (1 Vol. für 1000 Vol. Luft) nicht überschreiten.

7. Ob der Mensch durch Lungen oder Haut einen spezifischen Giftstoff, der den Aufenthalt in menschlichen Aufenthaltsräumen schon bei niedrigen Kohlensäuregehalten unerträglich macht, ausscheidet, ist noch nicht erwiesen. Jedenfalls ist der Gehalt an Kohlensäure in solchen Räumen der sicherste Maßstab für die Beurteilung der Luft.

8. In Luft mit 0,02% Kohlenoxyd kann der Mensch noch längere Zeit ungestört atmen, bei 0,05% beginnt die Schädlichkeit und 0,4% Kohlenoxyd in der Luft bewirkt den Tod in $1/2$—1 Stunde.

9. Für schweflige Säure sind die Pflanzen empfindlicher als die Menschen; bei Pflanzen wirken dauernde Einwirkungen von 0,0001—0,0002 Volumprozent oder 1 Vol. schwefliger Säure in 500 000—1 000 000 Vol. Luft schädigend auf Pflanzen, während die Schädlichkeit für Menschen erst bei 0,02—0,03°/₀₀ beginnt.

10. Über die Schädlichkeitsgrenze für sonstige verunreinigenden Gase in der Luft gibt K. B. Lehmann auf Grund langjähriger Versuche folgende Zahlen:

Tabelle.

Angegeben teils in Volumpromille, teils in mg für 1 Liter	Rasch tötend	Konzentrationen, die in $1/2$—1 Stunde lebensgefährliche Erkrankungen oder hilflose Lähmung bedingen	Konzentrationen, die noch $1/2$—1 Stunde ohne schwere Störungen zu ertragen sind	Konzentrationen, die bei mehrstündiger Einwirkung nur minimale Symptome bedingen
	1	2	3	4
Salzsäuregas	—	1,5—2°/₀₀	{ 0,05 bis höchstens 0,1°/₀₀ }	0,01°/₀₀
Schweflige Säure	—	0,4—0,5°/₀₀	0,05°/₀₀	0,02—0,03°/₀₀
Salpetrige Säure ⎫ . . . Salpetersäure ⎭	—	0,4—0,6 mg	0,2—0,3 mg	0,1—0,2 mg in 1 l
Blausäure	ca. 0,3°/₀₀	0,12—0,15°/₀₀	0,05—0,06°/₀₀	0,02—0,04°/₀₀
Kohlensäure	30%	ca. 60—80°/₀₀	40—60°/₀₀	20—30°/₀₀
Ammoniak	—	2,5—4,5°/₀₀	0,3°/₀₀	0,1°/₀₀
Chlor und Brom	ca. 1°/₀₀	0,04—0,06°/₀₀	0,004°/₀₀	0,001°/₀₀
Jod	—	—	0,003°/₀₀	0,0005—0,001°/₀₀
Phosphorwasserstoff . . .	—	0,4—0,6°/₀₀	0,1—0,2°/₀₀	[1])
Arsenwasserstoff	—	0,04°/₀₀	0,02°/₀₀	0,01—0,02°/₀₀
Schwefelwasserstoff . . .	1—2°/₀₀	0,5—0,7°/₀₀	0,2—0,3°/₀₀	0,1—0,15°/₀₀
Benzol	—	25—35 mg	10—15 mg	5—10 mg in 1 l
Schwefelkohlenstoff . . .	—	10—12 mg	2—3 mg	1—1,2 mg in 1 l
Kohlenoxyd	—	2—3°/₀₀	0,5—1,0°/₀₀	0,2°/₀₀
Anilin und Toluidin . . .	—	—	0,4—0,6 mg[2])	0,1—0,25 mg in 1 l

Bei dauerndem Aufenthalt können ohne Zweifel noch geringere als die vorstehenden Mengen schädlich wirken; auch verhalten sich die Menschen individuell sehr verschieden empfindlich gegen derartige Gase.

11. Die Luft in Aufenthaltsräumen für Menschen soll ebenso wie von schädlichen oder giftigen Gasen, so auch von metallischen Dämpfen (wie Quecksilber, Blei u. a.) frei sein.

12. Die Luft soll tunlichst frei von Staub und Ruß sein[3]).

13. Desgl. von Bakterien.

---

[1]) Schon der Aufenthalt bei 0,025°/₀₀ einige Tage nacheinander täglich für etwa 6 Stunden genügte, um Tiere zu töten.

[2]) Gehalte über 0,8 mg für 1 l töten Katzen meist, wenn die Versuchsdauer über 5 Stunden beträgt, Toluidin ist etwas weniger giftig.

[3]) Menschen, welche sich berufsmäßig dauernd in staubhaltiger Luft aufhalten, neigen, wie beispielsweise die Steinmetzen, Schleifer, Grubenarbeiter, zu Lungenerkrankungen. Ruß ist im allgemeinen gesundheitlich als harmlos zu betrachten. Man hat nicht nachweisen können, daß

C. Mykologische Untersuchung der Luft.

Die mykologische Luftanalyse erstreckt sich je nach dem Zweck auf die Feststellung
der Keimzahl oder den Nachweis bestimmter Pilzarten. Für letzteren Zweck kann sie sich
geeigneter, angepaßter, flüssiger Nährböden bedienen, die die Vermehrung der betreffenden
Keime begünstigen. Für die Bestimmung der Keimzahl wendet man nur noch feste Nährböden an. Für eine annähernde Bestimmung der Keimzahl eignen sich große Standzylinder, die mit Watte verschlossen, etwa eine Stunde bei 160° sterilisiert werden. Zum
Gebrauch wird der Wattestopfen entfernt und das geöffnete Gefäß je nach dem Keimreichtum
kürzere oder längere Zeit stehengelassen. Dann gießt man eine genügende Menge einer geeigneten, bei 25° verflüssigten Nährgelatine hinein und stellt eine Rollkultur (vgl. III. Bd.,
1. Teil, S. 630) her. Der Wattestopfen muß während des Öffnens des Gefäßes keimfrei aufbewahrt werden. Die Zahl der in der Rollkultur gewachsenen Kolonien kann, wie III. Bd.,
1. Teil, S. 653, beschrieben ist, gezählt werden. Wie die Standgefäße können natürlich auch
Petrischalen verwendet werden. In diesen wird der Nährboden vor der Benutzung erstarren
gelassen. Man kann daher auch Agar anwenden und später die Platten bei höheren Temperaturen aufbewahren. Die Auszählung wird mit Zählplatten (III. Bd., 1. Teil, S. 652) vorgenommen.

Die genaue quantitative Keimbestimmung wird in der Weise ausgeführt, daß
die Keime aus einem bestimmten Luftraum sedimentiert oder filtriert und auf entsprechende
Nährböden gebracht werden.

Von den Sedimentierungsverfahren werden am häufigsten die von Hesse, Winslow und Ficker benutzt.

Hesse[1]) leitet eine bestimmte Luftmenge langsam (1 l in etwa 2 Minuten) durch eine
horizontal befestigte Glasröhre von 70 cm Länge und 3,5 cm Weite, die sterilisiert und dann
mit 50 ccm Nährgelatine nach Art der Rollkulturen beschickt worden ist. Die Eintritts-
öffnung der Röhre ist mit einer durchlöcherten Kautschukmembran, die Austrittsöffnung mit
einem Kautschukstopfen verschlossen, der von einem nach innen mit einem Wattebausch versehenen Glasrohr durchbohrt ist (Fig. 274). Die Luft soll so langsam durch die Röhre gesaugt
werden, daß sich alle Keime auf der Gelatine niederschlagen; der Wattebausch am Aus-
strömungsröhrchen soll am Schluß des Versuches keimfrei sein. Es können daher nur geringe
Mengen Luft verarbeitet werden. Ein Nachteil des Verfahrens ist ferner, daß die Gelatinenährböden höhere Kulturtemperaturen ausschließen und durch peptonisierende Kolonien zu schnell
unbrauchbar werden. Um die nutzbare Kulturfläche zu vergrößern, hat Winslow[2]) vorgeschlagen, statt der Röhre zwei $2^1/_2$-Liter-Flaschen zu verwenden, auf deren Boden Gelatine
gegossen wird.

Einfacher als das Verfahren von Hesse-Winslow, aber nur für kleinere Luftmengen
brauchbar, ist das von Ficker[3]). 40—100 ccm fassende starkwandige, sterilisierte Reagensgläser oder entsprechende größere Flaschen mit langem Hals, die mit Nährgelatine beschickt
sind, werden mit der Wasserstrahlpumpe so weit wie möglich ausgepumpt. Dann wird das
an einer Stelle etwas verjüngte Rohr bzw. der Flaschenhals über der Gebläselampe zu einer
Spitze ausgezogen und zugeschmolzen (vgl. auch III. Bd., 1. Teil, S. 638, Fig. 275). Darauf wird
die Gelatine verflüssigt und zu einer Rollkultur ausgerollt. Soll an einem Orte die Luft unter-

---

Berufsklassen, welche durch ihre Tätigkeit viel mit Ruß in Berührung kommen, wie beispielsweise
die Schornsteinfeger, eine höhere Sterblichkeit zeigen als andere Berufsklassen. Dennoch soll auch
die Luft möglichst rußfrei sein, einmal aus ästhetischen Gründen, andererseits auch weil stark
verrußte Luft wirtschaftlichen Schaden anrichtet, indem sie Häuser, Kleider usw. verunreinigt.

[1]) Mitteil. a. d. Kaiserl. Gesundheitsamt 1884, **2**, 185; Zeitschr. f. Hyg. 1888, **4**, 19.
[2]) Hyg. Rundschau 1910, **20**, 298.
[3]) Archiv f. Hyg. 1909, **69**, 48.

Fig. 274.

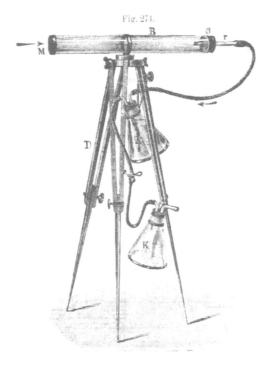

Sedimentierapparat nach Hesse.

Fig. 275.

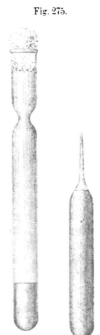

Sedimentierröhren
nach Ficker.

Fig. 277.

Filterrohr
nach Petri.
S Sandschicht,
d Drahtnetz,
W Wattestopfen.

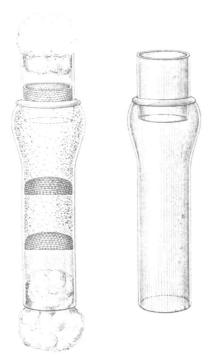

Filterröhren nach Ficker.

sucht werden, so bricht man die Spitze des Röhrchens oder der Flasche ab. Die einströmenden Keime setzen sich an den Wandungen ab. Die Röhrchen lassen sich in passenden Blechröhren bequem überallhin befördern.

Die Filtrierverfahren benutzen als Filtermasse Glaskörner, Sand und lösliche Stoffe. Letztere, von denen besonders Zucker und Natriumsulfat empfohlen worden sind, besitzen wegen der leichten Verteilbarkeit der aufgefangenen Keime in den Nährböden vor den anderen Stoffen erhebliche Vorzüge, lassen sich aber andererseits schwer sterilisieren, da sie dabei zusammenbacken, und beeinflussen zum Teil das Wachstum der Bakterien ungünstig. Man ist daher von ihnen wieder abgekommen [Frankland[1]), Sedgwick und Tucker[2]), Möller[3]), Miquel[4])].

Petri[5]) hat ein Verfahren für Sandfiltration ausgearbeitet, das vielfach angewendet worden ist. Mittels einer geeichten Luftpumpe oder, wo dies möglich, einer Wasserstrahl- pumpe und Gasuhr werden gemessene Raumteile Luft durch mit geglühtem Sand gefüllte Röhren von 9 cm Länge und 1,6 cm Weite gesaugt. Der Sand befindet sich innerhalb zweier aus feinem Drahtnetz angefertigten Näpfe, so daß also die Luft zwei getrennte Filtrierschichten durchstreifen muß (Fig. 276). Die der Einleitungsöffnung benachbarte Schicht soll die Keime schon zurückhalten, die zweite nur als Kontrolle dienen. Der Sand wird nach Beendigung der Filtration, je nach dem Zweck, mit geeigneten Nährböden gemischt und zu entsprechenden Kulturen verarbeitet.

Ficker[6]) hat dies Verfahren durch eine Rohrkonstruktion verbessert, die ein besseres Abfangen der Keime gestattet. Er benutzt ausgebauchte Röhren, in deren erweiterten Teil das engere Zuführungsrohr etwas hineinragt, so daß die Luft durch die Mitte der Filtermasse hindurch muß (Fig. 277). An Stelle des undurchsichtigen und daher für Plattenzählungen wenig geeigneten Sandes empfiehlt er Glaskörnchen, die durch Zerstoßen von Glasperlen hergestellt werden. Diese sind der Glaswolle und dem Glaspulver (Frankland a. a. O.) überlegen. An die Stelle der Luftpumpe kann für Untersuchungen im Freien ein kräftig saugender Gummi- ballon von bekanntem Inhalt treten.

----

[1]) Philos. Transact. of the R. Soc. of London 1887, **178**

[2]) Proc. of the Soc. of Arts Boston 1888.

[3]) Gesundheits-Ingenieur 1894, **17**, 373.

[4]) Ann. micrographie 1889; Zeitschr. f. Hyg. **15**, 166.

[5]) Zeitschr. f. Hyg. 1888, **3**, 1.

[6]) Zeitschr. f. Hyg. 1896, **22**, 333.

Gebrauchsgegenstände [1].

Als Gebrauchsgegenstände, auf welche sich das Nahrungsmittelgesetz vom 14. Mai 1879 bezieht, werden in seinem ersten Paragraphen die folgenden namhaft gemacht: Spielwaren, Tapeten, Farben, Eß-, Trink- und Kochgeschirr, sowie Petroleum. Dazu treten nach § 5 Ziff. 4 und nach § 12 Ziff. 2 noch die Bekleidungsgegenstände. Die genannten Gegenstände und die Bestimmungen im Gesetz vom 14. Mai 1879 haben dann später durch eine Reihe von Sondergesetzen eine wesentliche Erweiterung erfahren, so durch das Gesetz, betreffend den Verkehr mit blei- und zinkhaltigen Gegenständen vom 25. Juni 1887; Gesetz, betreffend die Verwendung gesundheitsschädlicher Farben bei der Herstellung von Nahrungsmitteln, Genußmitteln und Gebrauchsgegenständen vom 5. Juli 1887; Gesetz, betreffend Phosphorzündwaren vom 10. Mai 1903; Kaiserliche Verordnung über das gewerbsmäßige Verkaufen und Feilhalten von Petroleum vom 24. Februar 1882; Kaiserliche Verordnung, betreffend den Verkehr mit Arzneimitteln vom 22. Oktober 1901.

Auf Grund dieser Gesetze und Verordnungen mögen die zahlreichen Gebrauchsgegenstände in folgender Anordnung besprochen werden:

I. Metallene Gebrauchsgegenstände: Eß-, Trink- und Kochgeschirr, Flüssigkeitsmaße, Druckvorrichtungen zum Ausschank für Bier, Siphons für kohlensäurehaltige Getränke, Metallteile für Kindersaugflaschen, Geschirre und Gefäße zur Verfertigung von Getränken und Fruchtsäften, Konservenbüchsen, Schrote zur Reinigung von Flaschen, Metallfolien zur Verpackung von Schnupf- und Kautabak, sowie Käse.

Hierzu gehören ferner metallene Spielwaren, Metall- (Brokat-) Farben für verschiedene Gebrauchsgegenstände.

II. Eß-, Trink- und Kochgeschirr aus glasiertem Ton, Steingut, Porzellan usw. und aus emailliertem Metall.

III. Gebrauchsgegenstände aus Kautschuk: Gummischläuche, Mundstücke für Saugflaschen, Saugringe, Warzenhütchen, Trinkbecher, Spielwaren.

IV. Farben, Farbzubereitungen und gefärbte Gegenstände.

    A. Farben für Nahrungs- und Genußmittel.

    B. Farben für Gefäße, Umhüllungen oder Schutzbedeckungen zur Aufbewahrung von Nahrungs- und Genußmitteln.

    C. Farben für kosmetische Mittel.

    D. Farben für Spielwaren (einschließlich Bilderbogen, Bilderbücher und Tuschfarben für Kinder), Blumentopfgitter und künstliche Christbäume.

    E. Farben für Buch- und Steindruck.

    F. Tuschfarben.

    G. Farben für Tapeten, Möbelstoffe, Teppiche, Stoffe zu Vorhängen oder Bekleidungsgegenständen, Masken, Kerzen, künstliche Blätter, Blumen, Früchte, ferner für Schreibmaterialien, Lampen und Lichtschirme sowie Lichtmanschetten.

    H. Farben für Oblaten.

    I. Farben für Anstrich von Fußböden, Decken, Wände, Türen, Fenstern der Wohn- und Geschäftsräume, von Roll-, Zug- oder Klappläden oder Vorhängen, von Möbeln und sonstigen Gegenständen.

    K. Einschränkung der Bestimmungen des Farbengesetzes vom 5. Juli 1887.

---

[1] Bearbeitet von Prof. Dr. A. Beythien-Dresden und Herausgeber.

V. Seifen.
VI. Papier.
VII. Gespinste und Gewebe.
VIII. Petroleum.
IX. Zündhölzer.

I. Metallene Gebrauchsgegenstände.

A. Vorbemerkungen. Gesetzliche Vorschriften als Anhaltspunkte für
die Untersuchung.

Der Verkehr mit metallenen und metallhaltigen Gebrauchsgegenständen ist
durch die Gesetze vom 25. Juni 1887 und vom 5. Juli 1887 geregelt. Das I. Gesetz bezieht sich
vorwiegend auf blei- und zinkhaltige Gegenstände. Hiernach gelten folgende Bestimmungen:

a) Es dürfen 100 Gewichtsteile einer Legierung nicht mehr als 10 Gewichtsteile
Blei enthalten:

1. Eß-, Trink- und Kochgeschirr, sowie Flüssigkeitsmaße, sei es ganz oder
teilweise;
2. die zur Herstellung von Getränken und Fruchtsäften dienenden Geschirre
und Gefäße in denjenigen Teilen, welche bei dem bestimmungsmäßigen oder vor-
auszusehenden Gebrauch mit dem Inhalt in unmittelbare Berührung kommen;
3. Innenlötungen aller vorgenannten Gefäße;
4. alle Trinkgefäßbeschläge, wie z. B. Bierkrugdeckel, bei denen sowohl der Deckel
als der Anguß (Scharnier, Krücke, Gewinde) aus einer Legierung von nicht mehr als
10% Bleigehalt hergestellt sein muß.
5. Konservenbüchsen auf der Innenseite.

Anmerkung. Auf Geschirre und Flüssigkeiten aus bleifreiem Britanniametall
findet die Vorschrift a 3 keine Anwendung.

Ob Kinderspielwaren und Signalpfeifen auch zu den unter a 1 genannten Geschirren zu rechnen sind, ist noch eine streitige Frage (vgl. weiter unten unter Spielwaren).
Nach einem Runderlaß des Kgl. Preußischen Ministers für Handel und Gewerbe
vom 6. November 1891 (Min. Bl. S. 229) ist sinngemäß an Faßhähne dieselbe Anforderung zu stellen wie an die unter Nr. 1 genannten Gegenstände. Dasselbe dürfte
nach F. M. Litterscheid[1] für Herdwasserschiffe gefordert werden müssen, wie
sinngemäß überhaupt zu den Eß-, Trink- und Kochgeschirren auch alle diejenigen Werkzeuge und Einrichtungen gehören, mit welchen die zum Essen oder Trinken bestimmten
Gegenstände bei deren Zubereitung, Aufbewahrung oder Zuführung zum Zwecke des
Verzehrens in Berührung gebracht werden.

b) Es dürfen 100 Gewichtsteile einer Legierung nicht mehr als 1 Gewichtsteil
Blei enthalten:

1. Legierungen, welche zur Herstellung von Druckvorrichtungen zum Ausschank
von Bier sowie von Siphons für kohlensäurehaltige Getränke bestimmt sind;
2. Metallteile für Kindersaugflaschen;
3. Metallfolien zur Packung von z. B. Schnupf- und Kautabak, Käse usw.;
4. Innenverzinnungen der unter a, 1 und 2 genannten Geräte;
5. Backtröge; auch diese müssen sinngemäß dem § 1 Abs. 1 und 2 des Gesetzes vom
25. Juni 1887, d. h. den vorstehenden Anforderungen unter a und b genügen;

---

[1] Zeitschr. f. Untersuchung d. Nahrungs- u. Genußmittel 1912, **23**, 440. Litterscheid
fand, daß ein Wasserschiff, dessen Verzinnung und Lot 28—48 % Blei enthielt, beim Kochen mit
Wasser, besonders mit kochsalzhaltigem, stets Blei an das Wasser abgab.

6. dasselbe gilt nach einem Runderlaß des Kgl. Preuß. Ministeriums vom 14. Januar 1895 von Zinnlöffeln, ferner von Metallkapseln zum Verschließen von Gefäßen[1]).

Anmerkung. Für den Gehalt eines bleihaltigen Schrotes zum Reinigen von Flaschen sind im Gesetze vom 25. Juni 1887 keine festen Grenzen angegeben. Es heißt nur, daß zur Aufbewahrung von Getränken Gefäße nicht verwendet werden dürfen, in welchen sich Rückstände von bleihaltigem Schrot befinden. Letzteres kann aber beim Reinigen von Flaschen mit Bleischrot sehr leicht eintreten. Aus dem Grunde empfiehlt es sich, für letzteren Zweck ein Schrot zu verwenden, welches in 100 Gewichtsteilen höchstens 10 Gewichtsteile Blei enthält.

c) Es dürfen gar kein Blei[2]) enthalten:
1. Kautschuk, der zur Herstellung von Trinkbechern und Spielwaren — ausgenommen massive Bälle — dient;
2. Kautschukschläuche, welche zu Leitungen für Bier, Wein, Essig verwendet werden;
3. Mühlsteine, d. h. nach einem Runderlaß der Preuß. Ministerien für Medizinalangelegenheiten und für Handel und Gewerbe vom 31. Juli 1897 darf zur Befestigung der Hauen in Mühlsteinen in Mühlen, die Getreide zum Genuß für Menschen oder Tiere verarbeiten, kein Blei[3]) verwendet werden.

d) Weder Blei noch Zink[4]) dürfen enthalten:
Kautschuk, welcher zur Herstellung von Mundstücken für Saugflaschen, Saugringen und Warzenhütchen verwendet wird.

Anmerkung. Sinngemäß dürfte diese Anforderung auch an Kautschukkappen bzw. Kautschukringe zu stellen sein, welche zum Dichten von Konservenbüchsen verwendet werden, weil sie leicht Zink und Blei an den Inhalt der Büchsen abgeben können.

e) Email und Glasuren[5]) dürfen bei halbstündigem Kochen mit Essig, der in 100 Gewichtsteilen 4 Gewichtsteile Essigsäure enthält, kein Blei abgeben (vgl. auch weiter unten).

f) Für Metallfarben (Brokatfarben) sind Kupfer, Zinn, und deren Legierungen erlaubt (vgl. auch weiter unten).

Anmerkung. Das deutsche Gesetz vom 25. Juni 1887 ist dadurch vielfach beengt, daß es meistens auf bestimmte Gegenstände Bezug nimmt und deshalb vielfach Zweifel darüber aufkommen läßt, ob andere metallene Gebrauchsgegenstände, obschon sie denselben Zwecken dienen, von dem Gesetz getroffen werden.

Das Schweizerische Lebensmittelgesetz vom 8. Dezember 1905, in Wirkung seit 1. Juli 1909, gewährt in der Auslegung behufs Verhütung der Gefährdung der Gesundheit durch Benutzung bleihaltiger Gefäße eine viel größere Bewegungsfreiheit; die diesbezüglichen Paragraphen dieses Gesetzes lauten:

§ 237. „Ganz oder teilweise aus Metall bestehende Koch-, Eß- und Trinkgeschirre, sowie andere bei der Zubereitung oder bei dem Genusse von Lebensmitteln zur Verwendung gelangende Werkzeuge und Einrichtungen und zur Aufbewahrung von Lebensmitteln bestimmte Gefäße dürfen nicht aus Blei oder Zink oder aus einer mehr als 10% Blei enthaltenden Metallegierung hergestellt sein und dürfen kein Arsen enthalten."

---

[1]) R. Krzizan (Zeitschr. f. Untersuchung d. Nahrungs- u. Genußmittel 1910, **20**, 764) hat z. B. gefunden, daß Senf aus Metallkapseln für Speisesenfgläser mit 68,29—94,7% Blei 0,01—0,05% Blei und Preiselbeerkompott aus ähnlichen Deckeln 5,3—75,2 mg Blei für 1 kg aufgenommen hatten.

[2]) In den Kautschukgegenständen sind Blei und Zink natürlich als Oxyde vorhanden.

[3]) Es wird darauf hingewiesen, daß die Hauen ohne technische Schwierigkeiten auch durch Alaun, Zement, Schwefel, Holzkeile und Gips befestigt werden können.

[4]) Vgl. vorstehende Anm. 2.

[5]) Auch die Emails und Glasuren enthalten die Metalle als Oxyde.

§ 238. „Zur Verzinnung der in Art. 237 genannten Gegenstände darf nur Zinn verwendet werden, das nicht mehr als 1% Blei enthält."

§ 239. „Die in § 237 bezeichneten Gegenstände dürfen an der Innenseite nicht mit einem Lot gelötet sein, das mehr als 10% Blei enthält."

B. Untersuchung.

Außer Blei und Zink, welche in den vorstehenden gesetzlichen Vorschriften nur genannt sind, werden zur Anfertigung von Eß-, Trink- und Kochgeschirren verwendet, Gold, Silber, Eisen, Zinn, Nickel, Aluminium, worauf also auch sowohl für sich als auch als Legierungen untersucht werden muß. Gefäße aus Gold und Silber bedürfen keiner besonderen Untersuchung, weil sie für alle Speisen und Getränke als unangreifbar bezeichnet werden können. Gefäße aus Eisen ohne Schutzschicht werden nur für Wasserleitungen, als Wasserbehälter und Dämpf- bzw. Kochgefäße für Vieh verwendet; diese geben nicht selten an Wasser und an sonstigen das Eisen berührenden Inhalt Eisen ab, das aber gesundheitlich nicht schädlich ist. Für menschliche Ernährungszwecke werden die eisernen Gefäße allgemein entweder emailliert oder verzinnt (Weißblech) oder mit einer sonstigen Schutzschicht versehen. Für die Untersuchung der Eisengeschirre kommt daher nur die Schutzschicht in Betracht, hierüber vgl. weiter unten.

1. Zink.

a) Vorbemerkungen. Über die Verwendung des Zinkmetalles zu Eß-, Trink- und Kochgeschirren enthält das Gesetz vom 25. Juni 1887 keinerlei Vorschriften; daß es in Saughütchen, Saugringen und Warzenhütchen nicht vorkommen darf, bezieht sich auf Zinkoxyd, das zur Herstellung dieser Gegenstände benutzt wird.

Aber schon in einem Runderlaß des Kgl. Preußischen Ministeriums vom 29. Oktober 1833 wird das Zink zur Anwendung von Saugpumpen bei Pumpbrunnen verboten, weil nach dem Gutachten der Wissenschaftlichen Deputation für das Medizinalwesen Zink, wenn es mit Wasser und Luft in Berührung kommt, sich noch leichter löse als Blei. In einem Runderlaß der Kgl. Preußischen Verwaltung für Handel usw. vom 3. Juni 1836 wird auf Grund eines Gutachtens derselben Deputation festgesetzt, daß

1. es allgemein verboten ist, in Zuckerraffinerien bei den Gerätschaften sich des Zinks, wie es auch immer sei, zu bedienen, daß dagegen

2. kupfernes Gerät in Zuckersiedereien nach wie vor gebraucht werden kann, jedoch mit unbedingter Ausnahme kupferner Brotformen (Rotten), deren Gebrauch untersagt wird usw.

Ein weiteres Gutachten der Preußischen wissenschaftlichen Deputation für das Medizinalwesen vom 28. November 1860 spricht sich gegen jegliche Art Anwendung von Zinkgeschirren zur Zubereitung und Aufbewahrung von Speisen[1]) und Getränken aus, weil, wenn letztere einmal täglich aus zinkenen Näpfen genossen würden, so viel Zinksalz genossen werde, daß mit der Zeit schädliche Folgen für die Gesundheit eintreten könnten.

Nach § 237 des Schweizer. Lebensmittelgesetzes (vgl. S. 779) ist Zink zur Verwendung für Gebrauchsgegenstände dieser Art ebenfalls verboten.

Wenn nun K. B. Lehmann[2]) auch gefunden hat, daß Gaben von 44 mg Zinkcarbonat täglich während 335 Tagen an einen 10,5 kg schweren Hund nicht geschadet haben, und wenn auch von Brandl, Scherpe und Jacoby[3]), nachgewiesen ist, daß im Futter verabreichte Gaben von 0,3—1,0 g Zink in Form von äpfelsauren und sonstigen Zinksalzen bei Kaninchen

---

[1]) Forster hat u. a. (Zeitschr. f. öffentl. Chemie 1902, 412) gefunden, daß auch Brot, dessen Teig in mit Zinkblech bekleideten Backtrögen zubereitet wird, zinkhaltig ist.

[2]) Archiv f. Hygiene 1897, **28**, 292.

[3]) Arbeiten a. d. Kaiserl. Gesundheitsamte 1899, **15**, 185.

und Hunden fast ganz im Kot ausgeschieden werden, und von Jacobi[1]), daß auch das einem Hunde intravenös, in Form eines Salzes einverleibte Zink wie andere Metallsalze sich gleicherweise verhält und der Harn nur Spuren davon aufnimmt, so haben die letzten Untersucher doch auch gefunden, daß das Zink ähnlich wie Blei in großen Mengen im Körper, in der Leber, aufgespeichert werden kann und nicht ausgeschlossen ist, daß es auf die Dauer auch die Magen- und Darmtätigkeit zu schädigen imstande ist.

Jedenfalls ist die allgemeine Abneigung gegen die Verwendung von Zink zu Eß-, Trink- und Kochgeschirren sowie zu Flüssigkeitsmaßen nicht unbegründet.

b) Untersuchung. Das Handelszink (raffiniertes Zink) bzw. Zinkblech enthält in der Regel geringe Mengen Blei, Eisen, Cadmium, etwas Kohle und Spuren von Schwefel, Zinn, Kupfer, Silber und Arsen.

ᴀ) **Qualitativer Nachweis.** Als einfaches Mittel, um bei der ambulanten Nahrungsmittelkontrolle ein Urteil darüber zu gewinnen, ob Gegenstände aus Zink bzw. Zinkblech (galvanisiertem Eisenblech) oder aus Weißblech (verzinntem Eisenblech) bestehen, empfiehlt Th. Merl[2]) eine blanke Stelle des Metalles mit Silbernitratlösung zu betupfen. Zinkblech gibt hierbei einen schwarzen Flecken von metallischem Silber, während Zinnblech bzw. Weißblech unverändert bleibt.

W. Neumann[3]) empfiehlt zum qualitativen Nachweise kleiner Mengen Zink das elektrolytische Verfahren. Die Lösung von Zink wird durch Zusatz von Kalilauge auf etwa $^1/_{10}$-normal gebracht. Als Anode dient ein in eine Glaskapillare eingeschmolzener Platindraht, als Kathode ein blank gescheuerter Kupferdraht von $^1/_{10}$ mm Durchmesser; durch Anwendung eines elektrischen Stromes von 10 Volt Spannung schlägt sich das Zink auf dem Kupferdraht nieder und kann dort durch ein schwach vergrößerndes Mikroskop sowie durch seine Löslichkeit in etwa zweifach-normaler Kalilauge nachgewiesen werden.

β) **Quantitative Untersuchung.** Quantitativ werden meistens nur Blei, Cadmium und Eisen bestimmt, während der Zinkgehalt aus der Differenz angenommen werden kann. Zur Bestimmung des Bleis und Cadmiums kann man je nach der Reinheit 5—10 g und mehr in einer bedeckten Porzellanschale mit 50—100 ccm verdünnter Schwefelsäure (1 : 4) erwärmen, 1 ccm Salpetersäure (1,2 spez. Gew.) zusetzen, abdampfen, auf dem Sandbade bis zum beginnenden Fortrauchen der Schwefelsäure erhitzen, den erkalteten Rückstand längere Zeit auf dem kochenden Wasserbade mit 50 ccm Wasser erwärmen, die Lösung abkühlen, das ausgeschiedene Blei nach Zusatz von $^1/_3$ des Volumens an Alkohol auf einem kleinen Filter sammeln und in bekannter Weise bestimmen ($PbSO_4 \times 0,6831 =$ Blei). Zu dem Filtrat (etwa 100 ccm) setzt man 5 ccm 25 proz. Salzsäure und leitet Schwefelwasserstoff ein. Hierdurch werden Kupfer und Cadmium als Sulfide gefällt und können in üblicher Weise getrennt werden. Sieht der Schwefelwasserstoffniederschlag fast rein gelb aus und können Spuren von Kupfer vernachlässigt werden, so löst man ihn in heißer Salpetersäure (1,2 spez. Gew.), dampft die Lösung in einem gewogenen Porzellantiegel mit einem kleinen Überschuß von Schwefelsäure ab, verjagt die freie Schwefelsäure, glüht den Rückstand mäßig und wägt ihn als Cadmium-sulfat; $CdSO_4 \times 0,5392 =$ Cadmium.

Zur Bestimmung des Eisens kann man in einer zweiten Probe der schwefelsauren Lösung von 5—10 g Metall, nachdem man vom ungelösten Blei abdekantiert und die Lösung abgekühlt hat, das Eisen direkt mit Kaliumpermanganat titrieren. Soll auch das Zink für sich und neben sonstigen Metallen bestimmt werden, so folgt man zweckmäßig dem bekannten Gange der chemischen Analyse.

[1]) Arbeiten a. d. Kaiserl. Gesundheitsamte 1899, **15**, 204.
[2]) Pharmaz. Zentralhalle 1909, **50**, 456.
[3]) Zeitschr. f. Elektrochemie 1907, **13**, 751.

2. Zinn.

a) Vorbemerkung. Das Zinnmetall ist als solches in dem Gesetz vom 25. Juni 1897 nicht erwähnt; da seine Anwendung aber in Legierungen mit dem schädlichen Blei in Verhältnissen von Zinn zu Blei wie 90 : 10 und 99 : 1 erlaubt ist, so muß das Metall Zinn zur Anfertigung von Gebrauchsgegenständen jeglicher Art von selbst erlaubt sein. Das Zinn ist auch ein gegen Lösungsmittel sehr widerstandsfähiges Metall und wird deshalb allgemein als unbedenklich gehalten.

In Wirklichkeit aber zeigt das Zinn der Dauerwarenbehälter im Innern für den Inhalt aller Art eine deutliche Löslichkeit. Schon im II. Bande 1904, S. 518 und 936 sind verschiedene Angaben über den Gehalt der Dauerwaren an Zinn gemacht. K. B. Lehmann[1]) fand in 1 l pflanzlicher Dauerwaren in verzinnten Eisenbüchsen 100—150 mg, in solchen von tierischen Dauerwaren in der Regel 50—100 mg Zinn, ausnahmsweise auch größere Mengen. Wir erhielten 1913 in Büchsenspargeln, die nach allen Regeln der Technik hergestellt waren, folgende Ergebnisse:

Gegenstand	Inhalt der Büchsen g	Im Büchseninhalt			
		Trocken-substanz %	Asche %	Säure = ccm $^{1}/_{10}$ N.-Lauge für 100 ccm	Zinn in je 1 kg mg
Spargel	528—1424	4,16—5,62	0,294—0,788	—	10—170
		In 100 ccm			
Brühe	198—651	2,23—3,76	0,260—0,760	4,0—9,0	13—105

Eine bestimmte Beziehung zwischen Säuregehalt und aufgelöstem Zinn ließ sich nicht mit Regelmäßigkeit erkennen; nur bei der Brühe fiel der höchste Zinngehalt auch mit dem höchsten Säuregehalt zusammen.

Die Frage betr., ob das in den Dauerwaren aufgelöste Zinn auch gesundheitsschädlich wirken könne, teilt T. Günther[2]) einen Fall mit, wonach der Genuß von Delikateßheringen in Weinbrühe, die in den Heringschnitten 103,0 mg, in der Brühe 31,6 mg für je 100 g ergaben, bei ihm selbst Metallgeschmack, heftige Leibschmerzen, Beklemmung in der Brust und hartnäckige Verstopfung hervorgerufen hatten, und schreibt Günther diese Wirkung dem Zinngehalt zu. In dem Bericht über die Lebensmittelkontrolle in Preußen für das Jahr 1908 wird ebenfalls ein Fall mitgeteilt, in welchem nach Genuß von zinnhaltigen Dauerwaren neben anderen Krankheitssymptomen Durchfall aufgetreten sein soll. K. B. Lehmann (l. c.) konnte indes nach jahrelanger Fütterung von Zinnmengen, wie sie in Dauerwaren auftreten, bei Tieren keine Gesundheitsstörungen beobachten und H. Strunk[3]) hat im Gegensatz zu einer durch die Chemische Untersuchungsanstalt der Stadt Leipzig mitgeteilten Beobachtung festgestellt, daß Kaffeeaufguß auf verzinntes Eisenblech (Weißblech), dessen Verzinnung sogar 10% Blei enthielt, nicht lösend einwirkte; wohl aber sei es bei Rostbildung auf dem Eisenblech möglich, daß Zinnteilchen sich mechanisch mit abtrennten, diese aber zu Bedenken keine Veranlassung gäben.

b) Untersuchung. Das Handelszinn enthält neben 98—99% Zinn in der Regel als Verunreinigungen Blei, Kupfer, Wismut, Eisen, Antimon u. a.

α) **Qualitative Prüfung.** Wie Zinnmetall neben Zinkmetall qualitativ voneinander unterschieden werden kann, ist unter Zink S. 781 bereits gesagt worden. Die empfindlichste Reaktion auf Zinn ist die Goldprobe. Man löst etwas Metall in Salzsäure und setzt davon

---

[1]) Deutsche med. Wochenschrift 1905, **31**, 1861.

[2]) Zeitschr. f. Untersuchung d. Nahrungs- u. Genußmittel 1899, **2**, 915.

[3]) Veröffentlichungen a. d. Gebiet des Militärsanitätswesens; Arbeiten a. d. Untersuchungsstellen 1912, **5**, 1.

eine Spur zu verdünnter Goldchloridlösung. Falls Stannochlorid vorliegt, so erscheint die Flüssigkeit bei auffallendem Licht braun, bei durchgehendem Licht blaugrün gefärbt.

β) **Quantitative Untersuchung.** Wenn es sich um Zinnmetall bzw. um eine Zinnlegierung handelt und wenn nur zu vernachlässigende Mengen Wismut vorhanden sind, so verfährt man am besten in der Weise, daß man 0,5—1,0 g zerkleinertes Metall vorsichtig in einer bedeckten Schale mit reiner Salpetersäure (spez. Gew. 1,3) erwärmt, bis alles Metall gelöst ist, die Lösung im Wasserbade zur Trockne verdampft, den Rückstand mit reiner Salpetersäure ansäuert, nach Zufügung von etwas Wasser in bedeckter Schale etwa eine Stunde erwärmt, dann mit mehr Wasser verdünnt, die ausgeschiedene Zinnsäure filtriert, mit ammonnitrathaltigem Wasser auswäscht, trocknet, glüht und wägt; hierbei wird der Niederschlag tunlichst vollständig vom Filter getrennt, letzteres für sich verbrannt, die Asche mit etwas Salpetersäure auf dem Wasserbade behandelt, letztere verdampft und der Rückstand der Hauptmenge zugefügt, wonach bei heller Rotglut anhaltend erhitzt wird. $SnO_2 \times 0,7881 = Sn$.

Oder man bringt ebenso zweckmäßig 0,5—1,0 g feines Metallpulver bzw. -späne in ein Becherglas von etwa 1 l Inhalt so, daß das Metall an den höheren Stellen des Bodens haften bleibt, gießt einige Kubikzentimeter rauchender Salpetersäure von 1,5 spez. Gew. auf die tieferen Stellen des Becherglases und taucht das letztere in schräger Stellung unter Bedecken und mit der Vorsicht, daß nach und nach nur geringe Teile des Metalles mit der Säure in Berührung kommen, in recht kaltes Wasser. Wenn alles Metall gelöst ist — was unter heftiger Reaktion vor sich geht —, so gibt man 600 bis 700 ccm heißen Wassers zu, kocht das Ganze im bedeckten Becherglase etwa 1 Stunde, filtriert die Zinnsäure nach dem Absetzen ab und behandelt sie wie vorhin.

Das Filtrat von der Zinnsäure wird durch Eindunsten von Salpetersäure befreit, mit Schwefelsäure versetzt und das Blei in bekannter Weise als Sulfat gefällt (vgl. auch weiter unten) und bestimmt. Im Filtrat hiervon kann das Kupfer durch Schwefelwasserstoff gefällt und bestimmt werden.

Da die auf vorstehende Weise ausgeschiedene Zinnsäure stets etwas Kupfer und Blei enthält, muß man für ganz genaue Bestimmungen den Niederschlag mit Natriumcarbonat und Schwefel zusammenschmelzen, die Schmelze in Wasser lösen, die unlöslich bleibenden Sulfide von Blei und Kupfer abfiltrieren, für sich in bekannter Weise bestimmen und von dem gefundenen Zinngehalt abziehen.

Wenn das Zinn bzw. die Legierung gleichzeitig größere Mengen Wismut enthält, so ist das vorstehende Verfahren noch weniger genau, weil dieses Metall als Wismutoxynitrat mit der Zinnsäure ausgefällt wird. Man verfährt dann zweckmäßig in der Weise, daß man die vorstehend in erster Weise[1]) mit Salpetersäure hergestellte Aufschließung von 5—10 g Metall, nachdem die heftige Reaktion nachgelassen hat, in der Wärme tropfenweise so lange mit Salzsäure (spez. Gew. 1,19) versetzt, bis alles in Lösung gegangen ist. Die erkaltete Lösung wird mit Ammoniak neutralisiert, abgekühlt, die Lösung unter stetigem Kühlen mit Weinsäure, der 1,75fachen Menge des angewendeten Metalls, und weiter mit Ammoniak bis zur alkalischen Reaktion versetzt. Darauf fügt man unter mehrmaligem Schütteln genügend 2 proz. Na_2S-Lösung zu, erwärmt auf 40—50°, filtriert und wäscht den Niederschlag (Sulfide von Cu, Pb und Bi) mit einer heißen und konzentrierten Lösung von Na_2S — der man einige Krystalle Na_2SO_3 zugesetzt hat — aus.

Aus dem Filtrat kann durch Zusatz von Salzsäure das Zinn als Stannisulfid gefällt, dieses durch Salpetersäure in SnO_2 übergeführt und als solches gewogen werden.

Die ungelöst gebliebenen Sulfide werden in heißer verdünnter Salpetersäure gelöst, die Lösung wird mit einigen Kubikzentimetern Schwefelsäure versetzt und bis zum beginnenden Abrauchen derselben erhitzt. Nach dem Erkalten wird mit kaltem Wasser verdünnt, das abgeschiedene Bleisulfat abfiltriert und als solches gewogen.

---

[1]) Vgl. Lunge-Berl, Chemisch-technische Untersuchungsmethoden 1910, II. Bd., S. 701.

Das Filtrat übersättigt man mit Ammoniak und kohlensaurem Ammon; das abgeschiedene Wismutcarbonat wird als Bi_2O_3 gewogen.

Im bläulichen Filtrat kann man das Kupfer nach dem Verfahren von Parkes[1]) mit Cyankalium titrieren oder nach einem der sonstigen bekannten Verfahren bestimmen.

3. Blei.

a) Vorbemerkungen. Gefäße aus schierem Blei dürfen als Koch-, Eß-, Trinkgeschirre und sonstige Gebrauchsgegenstände nicht verwendet werden. Über die zulässigen Mengen in Blei-Zinn-Legierungen vgl. S. 778. Nur zur Herstellung von Wasserleitungen sind Röhren von Blei allein gestattet, weil, wie es schon in einem kgl. preußischen Ministerialerlaß vom 29. Juni 1861 heißt, die Schädlichkeit der zu dem gedachten Zweck verwendeten Bleiröhren mehr oder weniger durch die verschiedene chemische Beschaffenheit des durch dieselben zu leitenden Wassers bedingt ist, nämlich durch den gleichzeitigen Gehalt des Wassers an freier Kohlensäure und Sauerstoff (vgl. S. 535). Um daher die bleilösende Wirkung des Wassers aufzuheben, entfernt man die freie Kohlensäure. Ersatzrohre für Bleirohre lassen sich entweder nicht immer anbringen oder sie sind zu teuer oder haben sonstige Überstände im Gefolge.

An der Giftigkeit gelöster Bleisalze, selbst in geringen Mengen, wird von keiner Seite mehr gezweifelt. Es hat die Eigenschaft, sich in den Organen des Körpers (Leber, Gehirn, Knochen) anzusammeln und akkumulativ zu wirken. Man hat auch vielfach unterste Grenzen für die Schädlichkeit des Bleis angenommen, z. B. 0,3—0,5 mg (Ohlmüller und Spitta), 1,0 mg (Gärtner) für 1 l Wasser; indes ist die Empfindlichkeit der Menschen gegen Blei individuell sehr verschieden; erst eine Menge von 0,3 mg Blei für 1 l Wasser dürfte als unschädlich zu betrachten sein (vgl. S. 778 u. f. und weiter unter Kinderspielwaren S. 798).

b) Untersuchung. Das Handelsblei (Weichblei, raffiniertes Blei) pflegt nur 0,05—0,15%, Werkblei dagegen 1—4% sonstige Metalle (Ag, Cu, Bi, Cd, As, Sb u. a.) zu enthalten. Wird eine Analyse des Handelsbleis notwendig, so löst man dasselbe (10—50 g, je nach der Menge der Verunreinigungen) in Salpetersäure von 1,2 spez. Gewicht, die man mit etwas Wasser verdünnt, oder auf je 10 g Metallpulver bzw. -späne in 16 ccm Salpetersäure (1,4 spez. Gewicht) + 60 ccm Wasser und setzt 5—10 g Weinsäure zu, die ausreichen, um das Antimon aus 50 g Werkblei in Lösung zu bringen. — Bei Vorhandensein größerer Mengen Antimon, wie im Hartblei, würde man mehr Weinsäure anwenden müssen. — Zu der salpetersauren Lösung setzt man konzentrierte Schwefelsäure (3 ccm auf je 10 g angewendete Substanz), setzt Alkohol zu, kühlt ab und filtriert das Bleisulfat ab, das als solches in üblicher Weise gewogen werden kann. Das Filtrat macht man durch Natronlauge stark alkalisch, setzt eine kalt gesättigte Lösung von reinem Schwefelnatrium (Na_2S) zu, kocht auf und filtriert. In Lösung befinden sich Arsen, Antimon und Zinn, im Rückstande dagegen die Sulfide von Cu, Ag, Bi, Cd, Zn, Fe und Ni. Diese wie die gelösten Sulfoverbindungen werden für sich nach bekannten Verfahren weiter getrennt und bestimmt.

4. Kupfer.

a) Vorbemerkungen. Das Kupfer ist seit alters her ein geschätztes Metall für Anfertigung von Küchengerätschaften gewesen, obschon es von sauren Speisen und von Wasser bei Zutritt von Luft ebenso stark angegriffen wird wie die genannten anderen Metalle.

Bei Prüfung der Frage, ob die beim Gebrauch der kupfernen Geschirre für die Zubereitung von Speisen und Getränken gelösten Kupfersalze schädlich wirken können, ist zunächst zu berücksichtigen, daß das Kupfer in pflanzlichen wie tierischen Nahrungsmitteln sehr weit verbreitet ist (vgl. II. Bd. 1904, S. 875). In diesen aber ist das Kupfer im allgemeinen in unlöslicher

---

[1]) Lunge-Berl, Chemisch-technische Untersuchungsmethoden 1910, II. Bd.; S. 620.

Form vorhanden und läßt sich mit dem Kupfer, welches bei der Zubereitung von Speisen und Getränken als lösliches Salz abgetrennt und dem Körper zugeführt wird, nicht vergleichen.

K. B. Lehmann[1]) hat für eine Reihe Speisen und Getränke teils nach eigenen, teils nach anderen Untersuchungen die Mengen Kupfer angegeben, die beim Gebrauch von kupfernen Gerätschaften gelöst worden sind bzw. gelöst werden können, und unter anderem gefunden:

		In 1 l
1.	Leitungswasser[2])	0,6—10,0 mg
2.	Salzwasser	16 ,,
3.	Künstliches Mineralwasser	0,5—1,5 ,,
4.	Bier	0,9—1,7 ,,
5.	Wein	2,3—39,0 ,,
6.	Branntwein[3])	1,0—12,1 ,,
7.	Essig[4]), 4,36 proz., nach 24 stündigem Stehen bei 15—18°.	26—100 ,,

		In 1 kg
8.	Sauerkraut[5]) nach 2¼ stündigem Kochen und 24 stündigem Stehen in kupferner Messingpfanne	2,9 mg
9.	Eingemachte Früchte und Fruchtsäfte	1,0—27,0 ,,
10.	Schmelzende Butter[6]), selten mehr als	50 ,,
11.	Käse (Parmesan-)	72—96 ,,
12.	Bouillon[7]) durch Kochen und 24 stündiges Stehenlassen in Messinggefäßen	18,3—39,4 ,,
13.	Kalbsragout[8]) in Messinggefäßen gekocht, nach 24 stündigem Stehen	6,3 ,,
14.	Desgl. nach 48 stündigem Stehen	10,9 ,,

K. B. Lehmann hat dann weiter berechnet, daß durch die Nahrungsmittel als solche, wenn man ihren höchsten Kupfergehalt zugrunde legt, dem Menschen etwa 53,0 mg — meistens nicht über 10 bis 20 mg — zugeführt werden, und daß, wenn man dazu die höchsten Mengen Kupfer, welche durch nachlässige Zubereitung aller Speisen in Kupfergeschirren gelöst werden können, hinzurechnet, die zugeführte tägliche Menge 304 mg Kupfer betragen würde. Solche Kupfermengen würden sich aber unbedingt durch den Geschmack verraten. Denn es lassen sich höchstens 200 mg Kupfer in Form von Salzen in den Speisen unterbringen, ohne daß sie sofort oder bald nachher gemerkt werden. Mengen von 120 mg Kupfer = 0,5 g Kupfersulfat sind nach K. B. Lehmann[9]) oft ganz wirkungslos, höchstens erzeugen sie einmal Erbrechen, mitunter werden wohl 100—200 mg wochenlang und 30 mg und mehr Kupfer monatelang wirkungslos ertragen. Mengen von 250—500 mg Kupfer = 1—2 g Kupfersalz haben keine anderen Störungen als Erbrechen und ev. etwas Durchfall zur Folge gehabt. Eine chronische Kupfervergiftung ist nach K. B. Lehmann beim Menschen niemals beobachtet worden.

---

[1]) Archiv f. Hygiene 1895, **24**, 1.

[2]) Roux will in 1 l Leitungswasser in Rochefort sogar 159 mg Kupfer in 1 l gefunden haben.

[3]) In anderen Fällen sind 62 mg, 89 mg und 400 mg Cu gefunden worden.

[4]) Aus Messing wurde weniger Kupfer gelöst; die Menge gelöstes Kupfer nahm bei längerem Stehen und beim Kochen zu; bei gleichzeitiger Anwesenheit von Zucker nahm die Löslichkeit ab.

[5]) Daletzki hat beim Kochen von Sauerkraut in einem Kupfergefäß 430 mg Kupfer für 1 kg Sauerkraut gefunden.

[6]) Kupfer- und Messinggefäße verhielten sich mehr oder weniger gleich.

[7]) Aus Ochsenfleisch unter Zusatz von Kochsalz.

[8]) Aus Kalbfleisch unter Zusatz von etwas Mehl, Essig und Zwiebeln.

[9]) Archiv f. Hygiene 1897, **31**, 279.

Im Gegensatz hierzu behauptet J. Brandl[1]) (vgl. II. Bd.. 1904, S. 876), daß eine längere Aufnahme von Kupferverbindungen durch den Mund in nicht Brechen erregenden Gaben eine subchronische, wahrscheinlich auch eine chronische Vergiftung herbeiführen könne. Organveränderungen der Leber und Niere, sowie eine große Anämie sämtlicher Organe, die von Filehne beschrieben seien, träten zwar nur bei großen Mengen von eingenommenen löslichen Kupfersalzen, aber nicht bei den in Nahrungs- und Genußmitteln aufgenommenen Mengen auf, weil diese sich schon durch den unangenehmen Geschmack verraten würden. Aber es könnte durch die Leber ab und zu Kupfer aufgespeichert werden, das für gewöhnlich durch die Galle ausgeschieden würde.

Auch Baum und Seeliger[2]) sind auf Grund dreijähriger Versuche bei 28 Tieren der Ansicht, daß durch längere Zeit hindurch fortgesetzte Verabreichung kleiner, nicht akut wirkender Kupfermengen eine wirkliche chronische Kupfervergiftung in wissenschaftlichem Sinne erzeugt werden kann. Die Ausscheidung des Kupfers durch Galle, Pankreassaft und Darmsäfte kann nach beendigter Kupfereinfuhr bis 5 Monate andauern, kann aber auch schon nach 4—5 Wochen beendet sein. Am schädlichsten wirkt Cuprumoleat, dann folgt das Acetat, das Sulfat und zuletzt das Cuprohämol. Letzteres entfaltet nach Baum und Seeliger selbst bei Einverleibung sehr großer Mengen kaum einen nachweisbaren gesundheitsschädlichen Einfluß.

C. A. Neufeld[3]) bemerkt über die Verwendung von Kupfer zur Herstellung von Eß-, Trink- und Kochgeschirren sehr richtig folgendes:

„Besondere Erwähnung verdienen davon die Kupfergeschirre. Deren Verwendung ist ganz unbedenklich, wenn sie immer sofort nach dem Gebrauch gut gereinigt und trocken aufbewahrt werden. Gefährlich ist es aber, in solchen Geschirren Speisen, namentlich solche mit saurer Reaktion, stehen zu lassen, da hierbei leicht gesundheitsschädliche Kupfermengen in jene übergehen können. Es ist daher rätlich, Kupfergefäße zu verwenden, die auf der Innenseite gut verzinnt sind; allerdings darf die Verzinnung nicht schadhaft sein, weil bei gleichzeitiger Berührung von Kupfer und Zinn die Auflösung des ersteren durch saure Flüssigkeiten beschleunigt wird.

Für den Verkehr mit Kupfergeschirren sind in einzelnen Verwaltungsbezirken eigene Vorschriften ergangen. So heißt es z. B. in der Oberpolizeilichen Vorschrift für den Regierungsbezirk Schwaben und Neuberg vom 29. Juni 1892: Kupferne und messingene Geschirre müssen, wenn sie zur Zubereitung von Eßwaren oder Getränken bestimmt sind, innen vollkommen blank und, wenn sie zur Aufbewahrung derselben dienen, gut verzinnt sein."

b) Untersuchung. Das Handelskupfer (Kupferraffinat) enthält 0,7—1,0% Verunreinigungen (As, Sb, Sn, Pb, Bi, Ni, Co, Fe, S), von denen Wismut die schädlichste ist, weil schon 0,05—0,10% Wismut kalt- und rotbrüchig machen. Auch enthält das Handelskupfer noch 0,05—0,20% Sauerstoff (meist als Kupferoxydul).

α) **Gesamtanalyse** nach dem Jodürverfahren von P. Jungfer[4]). Um auch die Verunreinigungen in wägbaren Mengen zu gewinnen, löst man 10 g saubere Kupferspäne in einer bedeckten Porzellanschale mit 40 ccm reiner Salpetersäure vom spezifischen Gewicht 1,4, die in mehreren Anteilen zugefügt wird, setzt 10 ccm mit ebensoviel Wasser verdünnter Schwefelsäure zu, dampft auf dem Wasserbade zur Trockne und erhitzt im Sandbade bis zum beginnenden Entweichen von Schwefelsäuredämpfen. Die erkaltete Masse wird in 150 ccm Wasser durch Erwärmen gelöst, abgekühlt und das nach einigem Stehen abgeschiedene Bleisulfat — unter Umständen mit Antimonsäure und Bleiantimonat — abfiltriert.

[1]) Arbeiten aus dem Kais. Gesundheitsamte 1897, **13**, 104.

[2]) Zeitschr. f. öffentl. Chemie 1898, **4**, 181.

[3]) C. A. Neufeld, Der Nahrungsmittelchemiker als Sachverständiger. Berlin bei Julius Springer 1907, S. 458.

[4]) Berg- u. Hüttenm.-Ztg. 1887, 490; Lunge - Berl, Chemisch-technische Untersuchungsmethoden 1910. II. Bd., S. 631.

1. Dieser Niederschlag samt der Filterasche, die man durch Eindampfen des Filters mit starker Salpetersäure und Einäschern unter Zusatz von etwas Ammoniumnitrat erhalten hat, wird mit dem 3—6fachen Gewicht der Mischung von gleichen Teilen Schwefel und Soda (oder bei 200° entwässertem Natriumthiosulfat) bei mäßiger Temperatur geschmolzen. Die Schmelze wird mit heißem Wasser ausgelaugt, das (etwas Wismut und Kupfer) enthaltende Bleisulfid abfiltriert, zuerst mit verdünnter Schwefelkaliumlösung und zuletzt mit verdünntem Schwefelwasserstoffwasser ausgewaschen. Das unreine Bleisulfid wird durch Behandeln mit Salpetersäure und Abdampfen mit Schwefelsäure in Bleisulfat übergeführt und als solches gewogen. Aus dem schwefelsauren Filtrat kann die etwa vorhandene kleine Menge Wismut durch Neutralisieren mit Ammoniak unter Zusatz von wenig Ammoniumcarbonat sowie durch längeres Erwärmen gefällt und bestimmt werden.

Aus der Sulfosalzlösung nach Behandlung mit Schwefelkaliumlösung fällt man Antimon und Schwefel durch Übersättigen mit Schwefelsäure und vereinigt das ausgeschiedene Schwefelantimon mit dem unter Nr. 2 erhaltenen Schwefelantimon und Schwefelarsen.

2. Das Filtrat der ersten von unreinem Bleisulfat befreiten Lösung wird in einem geräumigen Becherglase auf etwa 300 ccm verdünnt, mit 0,15 g reinem (arsenfreiem) Fluorkalium, darauf mit 50 ccm reiner und gesättigter wässeriger schwefliger Säure und dann mit 26 g Jodkalium versetzt. Etwa freiwerdendes Jod wird durch kleine Zusätze von wässeriger schwefliger Säure beseitigt. Die Flüssigkeit mit der Fällung wird dann in einem kochenden Becherglase so lange (etwa 20 Minuten) erwärmt, bis sich der dichtgewordene, grauweiße Niederschlag abgesetzt hat. Die überstehende, meist farblose Flüssigkeit wird möglichst vollständig abgegossen, der Niederschlag 3—4 mal mit je 100 ccm heißem und schwach schwefelsaurem Wasser durch Dekantation ausgewaschen und in die vereinigten, mäßig erwärmten Filtrate wird, nachdem man die freie schweflige Säure durch Jodlösung entfernt hat, längere Zeit Schwefelwasserstoff geleitet.

Den entstehenden Niederschlag, der die Sulfide von Antimon, Arsen und auch etwas Kupfer und Wismut enthält, bringt man auf ein Filter, wäscht ihn mit schwach schwefelsaurem und mit Schwefelwasserstoff versetztem Wasser aus, löst ihn auf dem Filter mit Salzsäure und wenig Kaliumchlorat, setzt zu der Lösung einige Dezigramm Weinsäure, verdünnt zu 50 ccm und macht stark ammoniakalisch. Aus der Lösung werden durch Zusatz kleiner Portionen von Schwefelwasserstoffwasser und gelindes Erwärmen Kupfer und Wismut als CuS und Bi$_2$S$_3$ gefällt, schnell abfiltriert und mit Wasser, dem 1 Tropfen Schwefelammonium zugesetzt ist, ausgewaschen. Diese Sulfide können dann für sich getrennt und bestimmt werden. Das Filtrat hiervon wird mit verdünnter Schwefelsäure angesäuert, erwärmt und hierin werden Antimon und Arsen durch Schwefelwasserstoff gefällt. Diese Sulfide können mit den unter Nr. 1 erhaltenen vereinigt und die Gesamtmenge kann wie üblich getrennt und bestimmt werden.

3. Nickel, Kobalt und Eisen und ev. auch Mangan finden sich im Filtrat vom Schwefelwasserstoff-Niederschlage unter Nr. 2 und können nach dem bekannten Gange der chemischen Analyse weiter getrennt und bestimmt werden (vgl. auch unter Nickel).

Man kann die Trennung des Kupfers von den anderen Metallen auch durch Fällen desselben als Rhodanür nach dem Vorschlage von Hampe[1]) bewirken. Die Lösung darf alsdann aber keine Salpetersäure enthalten. Man dampft daher die salpetersaure Lösung der Metalle mit Schwefelsäure ein, erhitzt, bis Schwefelsäuredämpfe sich verflüchtigen, leitet in die erwärmte Lösung schweflige Säure, bis keine roten Dämpfe mehr entweichen, filtriert das nach dem Erkalten abgeschiedene Bleisulfat ab, leitet in das Filtrat weiter SO$_2$ und fällt mit Rhodankalium usw.

Das erstere Verfahren wird indes als zweckmäßiger bezeichnet.

---

1) Chemiker-Zeitung 1893, 17, 1678.

β) **Bestimmung einzelner Bestandteile.** Sollen in einem Handelskupfer einzelne Bestandteile z. B. Kupfer- oder Wismut oder Antimon usw. bestimmt werden, so verfährt man wie folgt:

1. **Kupfer.** Wenn nur der Gehalt an Kupfer im Metall bestimmt werden soll, so löst man etwa 10 g Metall in 40 ccm Salpetersäure (1,4 spezifisches Gewicht), verdünnt auf 250 ccm, filtriert, wenn sich Zinnsäure abgeschieden hat, nimmt von dem Filtrat 50 ccm = 2 g Substanz entsprechend, dampft mit Schwefelsäure ein, filtriert das ausgefällte Bleisulfat ab, setzt wieder etwas Salpetersäure zu, so daß die Lösung etwa 3—5% Schwefelsäure und 0,5% Salpetersäure enthält und unterwirft diese Lösung der Elektrolyse, indem man einen Strom von 0,5—1 Ampere (für 100 qcm Kathodenfläche) und 2,2—2,7 Volt anwendet. Hierbei scheidet sich 1 g Kupfer in 6—7 Stunden ab, weshalb man bei Anwendung von 2 g Substanz den Strom 12—14 Stunden lang einwirken lassen muß. Mit dem Kupfer werden Arsen, Antimon und Wismut[1]) ausgefällt. Man löst daher das abgeschiedene Kupfer in Salpetersäure, verdampft diese, so daß nur eine schwach salpetersaure Lösung verbleibt und leitet Schwefelwasserstoff ein. Der Schwefelwasserstoffniederschlag wird mit Schwefelammonium behandelt, in der Lösung werden Arsen und Antimon wie üblich getrennt und bestimmt, während das unlöslich gebliebene Gemisch von CuS und Bi_2S_3 mit Cyankalium behandelt, im Filtrat das Kupfer und im Rückstand das Wismut bestimmt wird. Man kann das Metallgemisch auch mit der sechsfachen Menge eines Gemisches aus gleichen Teilen Soda und Schwefel zusammenschmelzen und die Schmelze wie vorstehend S. 787 weiter behandeln.

2. **Wismut.** Man löst 10 g Handelskupfer wie oben in Salpetersäure, verdünnt die klare Lösung mit 100 ccm kaltem Wasser und läßt unter starkem Umrühren so lange verdünnte Sodalösung einfließen, als noch ein geringer, bleibender Niederschlag entsteht; alles Wismut befindet sich nach 1—2stündigem Stehen im Niederschlage. Man löst in wenig Salzsäure auf, verdampft die meiste freie Salzsäure, verdünnt mit Wasser auf etwa 1 l, läßt 2—3 Tage stehen, sammelt das ausgeschiedene Wismutoxychlorid auf einem vorher getrockneten und gewogenen Filter, trocknet und wägt wieder.

3. **Arsen.** Man verfährt zunächst wie vorstehend bei Wismut, neutralisiert die salpetersaure Lösung vollends mit Natriumcarbonat und setzt davon noch so viel zu, daß deutliche, etwa 0,2—0,3 g betragende Mengen Kupfer mit niedergeschlagen werden. Der Niederschlag enthält allen Phosphor und alles Arsen in Form von Phosphorsäure und Arsensäure. Zur Bestimmung des Arsens wird der Niederschlag in wenig Salzsäure gelöst[2]), die Lösung unter Nachspülen mit starker Salzsäure in einen Kolben oder eine Retorte gebracht und werden dazu etwa 30 g reines arsenfreies Eisenchlorür und 100 ccm starke Salzsäure gegeben. Das Arsen wird dann in bekannter Weise als Arsentrichlorid abdestilliert (vgl. III. Bd., 1. Teil, S. 509).

4. **Oxyde.** Vorhandene Oxyde werden in der Weise bestimmt, daß man 10 g blanke Kupferspäne in einem Verbrennungsrohre oder in einem Kugelrohr, dessen engere Röhre etwa 20 cm lang ist, gibt und darin eine Stunde bei dunkler Rotglut in einem Strome reinen und trockenen Wasserstoffs erhitzt. Nach dem Erkalten leitet man Luft durch und wägt das Metall zurück; der Gewichtsverlust (bei Kupferraffinade in der Regel 0,03—0,20%) wird als Sauerstoff angesehen. In Wirklichkeit können sich auch kleine Mengen von Arsen und Antimon, die sich in dem engen Rohre als Metallspiegel absetzen, und von Schwefel mit ver-

---

[1]) Auch Silber wird mit dem Kupfer ausgeschieden. Man wird dieses dann zweckmäßig aus der ursprünglichen salpetersauren Lösung wie üblich als Chlorsilber ausfällen.

[2]) Will man auch die Phosphorsäure bestimmen, so kocht man die Lösung mit 20 ccm wässeriger, schwefliger Säure, bis alle schweflige Säure verschwunden ist, und leit Schwefelwasserstoff ein; hierdurch werden Cu, Bi, Pb und As als Sulfide gefällt, die für sich bestimmt werden können, während das Filtrat nach dem Eindampfen und Lösen des Rückstandes in Salpetersäure zur Bestimmung der Phosphorsäure nach dem Molybdänverfahren dient (vgl. III. Bd., 1. Teil, S. 490).

flüchtigen; letzterer als Schwefelwasserstoff. Wenn man den Gasstrom beim Austritt aus dem Rohr in Bromsalzsäure leitet, kann man verflüchtigten Schwefel als Bariumsulfat bestimmen.

5. Nickel.

a) Vorbemerkungen. In den letzten 20 Jahren hat auch Nickel vielfach zur Herstellung von Eß-, Koch- und Trinkgeschirren gedient. Das Gesetz vom 25. Juni 1887 enthält hierfür keine besonderen Bestimmungen. Da aber Reinnickel gegen Säuren wie Alkalien ziemlich widerstandsfähig ist, so konnte von vornherein gegen seine Verwendung nichts eingewendet werden. Zwar werden bei der Zubereitung und Aufbewahrung von Speisen und Getränken geringe Mengen Nickel gelöst, aber diese sind als unbedenklich anzusehen. E. Ludwig[1]) hat z. B. sämtliche Speisen in seinem Haushalte in Nickelgefäßen gekocht und folgende gelöste Nickelmenge gefunden für 100 g der untersuchten Speisen: Fleisch- und Mehlspeisen, Gemüse, Milch, Tee 0—2,6 mg; Sauerkraut, Essigkraut, Pflaumenmus 3,5—12,9 mg, bei sauren Speisen also naturgemäß etwas mehr. K. Farnsteiner und Mitarbeiter[2]) fanden ebenfalls, daß beim Kochen von Weißkohl und Fleisch ebenso beim 1 stündigen Kochen einer 5 proz. Kochsalzlösung im Reinnickeltopf keine wägbaren Spuren Nickel gelöst wurden, dagegen gingen beim 1 stündigen Kochen eines Gemisches einer 5 proz. Kochsalzlösung und einer 4 proz. Essigsäure 0,057 g Nickel für 1 l in Lösung. G. Benz[3]) gibt allerdings größere Mengen an, nämlich beim Kochen einer 4 proz. Essigsäure im Nickeltopf 0,349 g gelöstes Nickel für 1 l und beim Kochen von Meerrettich hatte letzterer 0,187% Nickel aufgenommen. Diese sehr hohen gelösten Mengen Nickel müssen jedoch wohl durch die Beschaffenheit des Nickeltopfes oder durch sonstige Ursachen bedingt gewesen sein. Denn K. B. Lehmann[4]) fand durch Kochen der verschiedensten Speisen in Nickelgeschirren für je 1 kg der Speisen nur 3,5—64,0 mg Nickel; Sauerkraut und Pflaumenmus hatten nicht mehr gelöst als andere Nahrungsmittel. K. B. Lehmann berechnete weiter, daß ein Mensch, wenn die Speisen sämtlich in Nickelgeschirren gekocht würden, täglich etwa 117 mg Nickel als Höchstmenge zu sich nehmen würde. Diese Menge würde aber nicht schädlich wirken. Lehmann fütterte nämlich an Hunde und Katzen 100—200 Tage Nickelsalze (Nickelchlorür, -acetat und -sulfat) und fand, daß 6—10 mg Nickel für 1 Körperkilo in dieser Zeit keine Störungen im Befinden oder Sektionsbefunde hervorgerufen hatten, die auf Nickel hätten bezogen werden können. In natürlicher Rindsleber fand Lehmann 0,2 mg, im Ochsenfleisch 0,8—1,6 mg und im Spinat 0,66 mg Nickel.

Zu gleichen Ergebnissen sind W. S. und S. K. Dzerzgowsky und Schumoch-Sieben[5]) gelangt. Die in Nickelgeschirren gekochten Speisen nahmen je nach dem Säuregrade 0,02—0,32% Nickel auf. Bei Verfütterung von täglich 50—100 mg Nickelsalzen (organischer Säuren) an 12 Hunde während 7 Monate konnten sie keinerlei schädliche Wirkungen feststellen; weder in den Organen noch Säften noch im Harn konnte Nickel nachgewiesen werden, ebensowenig wie Reizwirkung im Darm nach Genuß von Nickelmengen, wie sie bei Zubereitung der Speisen in den Darmkanal gelangen können. Als jedoch 10,6—21,6 mg Nickelsalz für 1 Körperkilo subcutan injiziert wurden, traten Erbrechen und Durchfall ein.

b) Untersuchung. Handelsnickel pflegt 0,5—1,0% Verunreinigungen (Co, Fe, Mn, Sn, As, Si und C) zu enthalten.

α) **Qualitative Prüfung auf Nickel.** Das empfindlichste Reagens auf Nickel ist das α-Dimethylglyoxim Tschugaeffs, welches von O. Brunck auch zur quantitativen Bestimmung des Nickels empfohlen ist. Nach Bianchi und Di Nola befeuchtet man der

---

[1]) Österr. Chem.-Ztg. 1898, **1**, 3.

[2]) 5. Bericht über die Nahrungsmittelkontrolle in Hamburg 1903/4.

[3]) 23. Bericht des Untersuchungsamtes Heilbronn 1907.

[4]) Archiv f. Hygiene 1909, **68**, 421.

[5]) Biochem. Zeitschr. 1906, **2**, 190, und Chem. Zentralbl. 1907, I, 361.

zu untersuchenden Gegenstand mit 1—2 Tropfen konzentrierter Salzsäure oder Salpetersäure[1]). Die Lösung wird entweder in ein Porzellanschälchen gebracht oder mit Fließpapier
aufgenommen, mit einigen Tropfen Ammoniak (bei Fließpapier mit Ammoniakdampf) ammoniakalisch gemacht, mit Essigsäure angesäuert und mit einer gesättigten alkoholischen
Lösung von α-Dimethylglyoxim versetzt. Bei Anwesenheit von Nickel entsteht sofort eine
rote Färbung, die bei längerem Stehen immer stärker wird.

Auf kleine Mengen Kobalt kann man in der Weise prüfen, daß man eine salzsaure (von
Salpetersäure freie) Lösung des Metalles mit dem gleichen Volumen Alkohol erwärmt, frisch
bereitete Nitroso-β-Naphthollösung zusetzt und kocht. Bei Anwesenheit von Kobalt
entsteht eine schön purpurrote Abscheidung von Cobalti-Nitroso-β-Naphthol, die bei geringen Spuren erst nach einigem Stehen sich bildet.

β) **Quantitative Bestimmung.** Man löst etwa 10 g zerkleinertes Metall in 70 ccm
Salpetersäure (1,4 spezifisches Gewicht) in einer bedeckten Porzellanschale, stellt so lange
auf ein kochendes Wasserbad, bis alle nitrosen Dämpfe verschwunden sind, setzt 100 ccm
kochendes Wasser zu, kocht 5 Minuten über freiem Feuer, filtriert die etwa ausgeschiedene
Zinnsäure durch ein dichtes Filter ab, wäscht aus, trocknet, glüht stark im Porzellantiegel
und wägt.

Das Filtrat, oder, wenn keine Zinnsäure sich abgeschieden hat, die ursprüngliche Lösung
wird mit 40 ccm 50 proz. Schwefelsäure versetzt, abgedampft und der Rückstand behufs
Abscheidung der Kieselsäure auf dem Sandbade bis zum beginnenden Entweichen von Schwefelsäuredämpfen erhitzt. Die etwa ausgeschiedene Kieselsäure wird abfiltriert, gewogen,
mit Flußsäure usw. (S. 792a) auf Reinheit geprüft, und in das Filtrat (die Sulfatlösung) wird
Schwefelwasserstoff geleitet. Das ausgeschiedene Schwefelkupfer (CuS) kann durch
Rösten in CuO übergeführt und als solches gewogen oder sonstwie bestimmt werden. Ist
in der Schwefelwasserstofffällung auch Arsen vorhanden, so kann man es durch Behandeln
des Schwefelwasserstoffniederschlages mit Schwefelammonium vom Kupfer trennen und
in bekannter Weise oder auch in einer besonderen Portion für sich bestimmen (vgl. auch
weiter unten).

Das Filtrat von der Schwefelwasserstofffällung wird durch Eindampfen vom Schwefelwasserstoff befreit und auf ein bestimmtes Volumen (500 ccm) gefüllt; $^1/_5$ dieser Lösung (100 ccm)
verwendet man zur elektrolytischen Bestimmung von Nickel und Kobalt, indem man die
Lösung mit Ammoniak stark übersättigt, mit 30 ccm einer kaltgesättigten Lösung von Ammonsulfat versetzt und in bekannter Anordnung durch einen Strom von 2,8—3,3 Volt Spannung
und 0,5—1,5 Ampere für 100 qcm Kathodenfläche zersetzt. Mäßige Mengen Mangan
schaden hierbei nicht; sie schwimmen in Flocken als wasserhaltiges Mangansuperoxyd in
der Flüssigkeit.

Das Kobalt neben dem Nickel bestimmt man am besten nach dem Verfahren von
Ilinski und von Knorre[2]), indem man die elektrolytisch abgeschiedenen Metalle in verdünnter Salpetersäure (1 Volum von 1,2 spezifischem Gewicht : 3 Volumen Wasser) löst, die
Lösung mit einem kleinen Überschusse von Schwefelsäure eindampft, die Salpetersäure vollständig austreibt, den Rückstand in Wasser löst und mit 5 ccm gewöhnlicher Salzsäure versetzt. Die Lösung wird erwärmt und mit einer frisch bereiteten, heißen Lösung von Nitroso-
β-Naphthol in 50 proz. Essigsäure gefällt, bis nach Absetzen des Niederschlages durch erneuten Zusatz des Reagenzes kein Niederschlag mehr entsteht. Der aus $[C_{10}H_6O(NO)]_3Co$
und viel Nitroso-β-Naphthol bestehende Niederschlag wird zunächst mit kalter, dann mit
heißer 12 proz. Salzsäure und zuletzt mit heißem Wasser ausgewaschen. Den Niederschlag
mit Filter gibt man in einen gewogenen Tiegel, glüht erst bei bedecktem Tiegel, bis keine
brennbaren Dämpfe mehr entweichen, dann bei offenem Tiegel, bis alle verbrennliche, koks-

---

[1]) Bianchi und Di Nola, Zeitschr. f. Untersuchung d. Nahrungs- u. Genußmittel 1912, **23**, 606.

[2]) Zeitschr. f. angew. Chemie 1893, **6**, 264.

artige Kohle verbrannt ist. Das gewogene $Co_3O_4 \times 0,7343 =$ Kobalt. Dieses von der gewogenen Menge Ni + Co abgezogen, gibt die Menge Nickel[1]).

Eisen und Mangan in Nickelmetall bestimmt man in der Weise, daß man in dem Rest ($^4/_5$ der Lösung) das Eisen durch Natriumacetat fällt und in dem Filtrat von der Eisenfällung in bekannter Weise das Mangan durch Brom bzw. Bromwasser als Mangansuperoxyd.

6. Aluminium.

a) Vorbemerkungen. Auch das Aluminium ist vielfach als Koch- und Trinkgeschirr und für sonstige Gebrauchsgegenstände in Gebrauch und hierzu geeignet, weil von ihm nach den Untersuchungen von Plagge und Lebbin[2]) sowie von Fr. v. Fillinger[3]) durch gewöhnliche Getränke und Flüssigkeiten, durch neutrale Salze, selbst durch saure Milch wie auch Wein nur Spuren gelöst werden und geringe Mengen gelöster Aluminiumsalze nicht schädlich sind. C. Bleisch[4]), J. Wild[5]), Ch. Chapmann[6]) sowie F. Schönfeld und G. Himmelfarb[7]) haben weiter nachgewiesen, daß das Aluminium auch gegen gärende Würze, gärendes Weißbier, gegen Bier überhaupt und gegen Hefe widerstandsfähig ist. Auch Aluminiumpapier wird nach Riche[8]) beim Einwickeln von festen Nahrungsmitteln (wie Schokolade) nicht angegriffen, dagegen bilden sich beim Aufbewahren oder Kochen in oder mit Wasser nach C. Formenti[9]), E. Heyn und O. Bauer[10]) braune Ablagerungen bzw. Ausblühungen oder Auflagerungen, die nach den Untersuchungen letzterer Verfasser aus 65,2—82,9% Aluminiumhydroxyd, 5,6% Kalk und 0,16—0,24% Kieselsäure bestanden, also nicht schädlich sind. Durch einen geringeren Grad der Kaltstreckung wird diese Art des Angriffes durch Leitungswasser sehr vermindert werden können. H. Strunck[11]) hat gefunden, daß solche Ausscheidungen und Flecken sich auch auf geschwärztem Aluminiumgeschirr in feuchter Luft (hier Kellerluft) bilden. Der schwarze Überzug wird wie folgt hervorgerufen: 1. Vorbeizung mit 80 proz. Schwefelsäure, 2. Behandeln mit einer Mischung von 1 l Spiritus, 100 g Ammoniumchlorid, 200 g Salzsäure und 50 g Manganoxydul, 3. Schwärzung mit einer Beize aus Spiritus, einer Anilinfarbe und Schellack. Die Schwärzungsschicht enthielt in diesem Falle 1,7% wasserlösliche Stoffe, in denen deutlich Chlor und Salzsäure nachgewiesen werden konnten. Letztere waren die Ursachen der Erscheinungen. Denn als zur Entfernung der angewendeten Säuren besondere Sorgfalt verwendet wurde, traten keine Ausblühungen und Abblätterungen mehr auf.

Essigsaure und alkalische Flüssigkeiten greifen Aluminium naturgemäß stark an. Zum Aufbewahren von Essig und alkalisch beschaffenen Mineralwässern sind daher Alu-

---

[1]) Man kann das Kobalt auch als Kobaltikaliumnitrit fällen oder umgekehrt das Nickel entweder nach O. Brunck (Zeitschr. f. angew. Chemie 1907, **20**, 1844) durch α-Dimethylglyoxim oder nach H. Großmann und B. Schück durch Dicyandiamidin fällen und bestimmen; indes werden letztere Verfahren als weniger genau bezeichnet.

[2]) Plagge und Lebbin, Über Feldflaschen und Kochgeschirre aus Aluminium. Berlin bei Aug. Hirschwald 1893 und Deutsche Militärärztliche Ztg. 1892.

[3]) Zeitschr. f. Untersuchung d. Nahrungs- u. Genußmittel 1908. **16**, 232.

[4]) Wochenschr. f. d. ges. Brauwesen 1912. **35**, 49.

[5]) Ebendort 1912. **35**, 61.

[6]) Wochenschr. f. Brauerei 1912. **29**, 231.

[7]) Ebendort 1912. **29**, 409.

[8]) Rev. intern. falsific. 1904. **17**, 45, und Zeitschr. f. Untersuchung d. Nahrungs- u. Genußmittel 1905, **10**, 446.

[9]) Chem.-Ztg. 1905. **29**, 746.

[10]) Mitteil. d. Kgl. Materialprüfungsamtes 1911, **29**, 2.

[11]) Veröffentlichungen auf dem Gebiete des Militärsanitätswesens. Herausgegeben von der Medizinischen Abteilung im Preußischen Kriegsministerium 1912. **52**. V. 14.

miniumgefäße nicht geeignet[1]). Für andere Getränke und Nahrungsmittel bzw. Speisen aller Art lassen sie sich indes recht wohl verwenden und haben den Vorzug, daß sie sehr leicht sind.

b) Untersuchung. Das Handelsaluminium enthält durchweg 98,0—99,5% Aluminium und als ständige Verunreinigungen Silicium, Eisen sowie etwas Kupfer. Dazu kommen unter Umständen noch geringe Mengen Natrium[1]), Kohlenstoff, Stickstoff, Blei, Antimon, Phosphor und Schwefel.

α) **Bestimmung des Siliciums.** Man löst nach Begelsberger[2]) in einer geräumigen bedeckten Platinschale 1—3 g Aluminium in der 5—6fachen Menge chemisch reinem Ätznatron (aus metallischem Natrium hergestellt) und 25—75 ccm Wasser, erwärmt nach der ersten stürmischen Einwirkung gelinde, spritzt den Platindeckel ab, übersättigt mit Salzsäure, verdampft, macht die Kieselsäure in üblicher Weise unlöslich, behandelt den Rückstand in der Wärme mit verdünnter Salzsäure, filtriert die Kieselsäure ab, glüht und wägt sie. Darauf behandelt man den gewogenen Rückstand behufs Prüfung auf Reinheit mit einigen Kubikzentimetern reiner Flußsäure und 1 Tropfen Schwefelsäure auf dem Wasserbade, verraucht letztere vorsichtig, glüht den Rückstand stark und wägt abermals. Die Differenz beider Wägungen gibt die Menge Kieselsäure; $SiO_2 \times 0,4693 = Silicium$.

Nach einem anderen Vorschlage von Otis-Handy[3]) kann man 1 g der Aluminiumspäne mit 20—30 ccm eines Säuregemisches lösen, welches aus 100 ccm konzentrierter Salpetersäure (spezifisches Gewicht 1,42), 300 ccm Salzsäure (spezifisches Gewicht 1,20) und 600 ccm 25 proz. Schwefelsäure besteht — durch dieses Säuregemisch entwickelt sich aus dem Si kein SiH_4 —. Man erwärmt also das Metall mit diesem Säuregemisch gelinde bis zur vollständigen Zersetzung des Metalles, dampft ab und erhitzt den Rückstand bis zur Entwickelung von Schwefelsäuredämpfen; der erkaltete Rückstand wird zunächst einige Zeit mit 100 ccm 25 proz. Schwefelsäure, darauf mit 100 ccm kochendem Wasser versetzt und das Gemisch bis zur vollständigen Lösung der Sulfate gerührt. Ungelöst bleiben SiO_2 und Si; das Ungelöste wird abfiltriert, mit dem Filter im Platintiegel verascht und darauf mit 1 g Na_2CO_3 geschmolzen. Die Kieselsäure wird aus der Schmelze mit Salzsäure oder Schwefelsäure abgeschieden und wie üblich geglüht, gewogen und kann wie vorstehend auf Reinheit geprüft werden.

β) **Aluminium, Kupfer und Eisen.** Zur Bestimmung des Aluminiums löst man am besten 1—5 g Aluminiumspäne in verdünnter Salzsäure (1 : 5) durch Erwärmen in einem großen Kolben und leitet Schwefelwasserstoff ein. Der etwa entstehende Niederschlag (CuS, PbS usw.) wird abfiltriert und mit Schwefelwasserstoffwasser ausgewaschen. Das Kupfersulfid wird in bekannter Weise als Cuprosulfid oder Kupferoxyd usw. bestimmt und, falls noch andere, durch Schwefelwasserstoff gefällte Metalle vorhanden sind, von diesen nach bekannten Verfahren getrennt.

Das Filtrat vom Schwefelwasserstoff-Niederschlage wird auf ein bestimmtes Volumen gebrerht, und von diesem werden aliquote Teile zur Bestimmung des Aluminiums und Eisens verwendet, und zwar zur Bestimmung des Aluminiums ein der Menge von etwa 0,2 g der angewendeten Substanz entsprechendes Volumen, zur Bestimmung des Eisens das doppelte Volumen.

In der ersten Probe vertreibt man den Schwefelwasserstoff durch Erhitzen, oxydiert das Eisen durch einige Tropfen Bromwasser, übersättigt mit Ammoniak, kocht bis zur vollständigen Verflüchtigung des Ammoniaks, filtriert, wäscht mit kochendem Wasser bis zum Verschwinden der Chlorreaktion aus, trocknet, glüht und wägt Aluminium- und Eisenoxyd zusammen.

Die zweite, doppelt so große Probe wird in derselben Weise behandelt, der frische, vollständig ausgewaschene Niederschlag aber in verdünnter Schwefelsäure gelöst, mit 1 g che-

---

[1]) Besonders schädlich für die Verwendung des Aluminiums zu Schiffsblechen, Kochgefäßen, Feldflaschen u. dgl. ist ein höherer Natriumgehalt im Aluminium selbst; der Natriumgehalt schwankt in der Regel zwischen 0,1—0,4%, kann aber auch bis angeblich 4% hinaufgehen.

[2]) Zeitschr. f. angew. Chemie 1891, **4**, 360.

[3]) Berg- u. Hüttenm. Ztg. 1897, 54.

misch reinem Zink reduziert und in der abgekühlten Lösung, wie bekannt, das Eisenoxydul mit Kaliumpermanganat von bekanntem Gehalt titriert. Die Hälfte des dem letzteren entsprechenden Eisenoxyds von dem gewogenen Niederschlage $Al_2O_3 + Fe_2O_3$ abgezogen, gibt die Menge Aluminiumoxyd und $Al_2O_3 \times 0,5303 = Aluminium$; $Fe_2O_3 \times 0,6994$ (oder rund 0,7) = Eisen.

Anmerkung. Otis-Handy (l. c.) benutzt, nachdem die für die Bestimmung der Kieselsäure 'erhaltene Säurelösung bis zur reichlichen Entwicklung von Schwefelsäuredämpfen eingedampft ist, die verdünnte schwefelsaure Lösung des Eindampfrückstandes nach Reduktion mit Zink zur Bestimmung des Eisens, was empfehlenswert sein kann, wenn man die Kieselsäure nach dem Verfahren und nur diese und das Eisen bestimmen will.

Siliciumreiches Aluminium pflegt auch viel Eisen zu enthalten.

γ) Natrium. Moissan[1] hat vorgeschlagen, das Natrium, welches das Aluminium, wie schon gesagt, leichter angreifbar macht, dadurch zu bestimmen, daß man 5 g Metall in heißer verdünnter Salpetersäure löst, die Lösung in einer Platinschale eindampft, den Rückstand trocknet und längere Zeit bei einer unter der Schmelztemperatur des Natriumnitrats liegenden Temperatur erhitzt, wodurch das Aluminiumnitrat zersetzt wird. Man soll dann aus dem Glührückstande das Natriumnitrat mit heißem Wasser auslaugen, die Lösung eindampfen, das Natriumnitrat durch wiederholtes Eindampfen mit Salzsäure in Chlorid überführen, den Chlorgehalt mit Silbernitrat ermitteln und daraus den Natriumgehalt berechnen.

Das Verfahren dürfte aber kaum genaue Ergebnisse liefern; zweifellos richtiger ist es, das unter β) erhaltene Filtrat von der Fällung des Aluminium- und Eisenoxydhydrates nach dem allgemein üblichen Gange der quantitativen chemischen Analyse (vgl. III. Bd., 1. Teil, S. 486 unter β) zur Bestimmung der Alkalien bzw. des Natriums zu verwenden. Hierbei würde sich auch noch nötigenfalls das Calcium bestimmen lassen, indem man das Filtrat vom $Al(OH)_3 + Fe(OH)_3$-Niederschlag erst mit Ammoniumcarbonat fällt usw.

7. Blei-Zinn-Legierung (Schnellot).

Vorbemerkungen.

Auf die Blei-Zinn-Legierungen bezieht sich vorwiegend das Gesetz vom 25. Juni 1887; hiernach kommen von der Legierung viererlei Formen der Anwendung in Betracht, nämlich:

a) Metallegierung, frei für sich, im dickausgewalzten Zustande (zu Gefäßen, Deckeln usw.) oder im dünnausgewalzten Zustande (zu Folie, z. B. Zinnfolie für die Einwickelung von Nahrungs- und Genußmitteln);

b) Lot zur Verbindung zweier Metallteile behufs wasser- und luftdichten Abschlusses;

c) dünner Belag bzw. Überzug auf andere Metalle als Verzinnung, z. B. von Eisen (Weißblech);

d) metallene Spielwaren.

Die chemische Untersuchung dieser verschiedenen Legierungsformen auf Blei- und Zinngehalt ist gleich, nur die Vorbereitung für die chemische Untersuchung und Vorprüfung der ersten drei Anwendungsformen muß verschieden gehandhabt werden.

a) Zinngefäße und Zinnfolie.

Von kompakten Metallgefäßen oder Stücken schabt man an vielen Stellen mit einem reinen Messer feine Späne ab oder man bearbeitet sie auf der Drehbank, Metallfolie zerschneidet man mit einer reinen Schere, um eine gute Mittelprobe zu erhalten.

Mit kompakten Metallteilen kann man einige Vorprüfungen vornehmen, nämlich:

α) Bestimmung des spezifischen Gewichtes. An Stelle des von Clemens Winckler[2] konstruierten Apparates, bei welchem das verdrängte Wasser gemessen wird, wird nach

[1] Chem.-Ztg. 1906, **30**, 6.
[2] Ebendort 1888. **12**. 1229.

H. Schlegel[1]) zweckmäßig eine hydrostatische Wage benutzt, weil im ersteren Falle erhebliche Fehler unvermeidlich sind. Schlegel benutzt eine Balkenwage, welche noch 0,01 g abzuwägen gestattet, und ersetzt die eine Wagschale durch ein gleichschweres, mit Haken versehenes Metallstück. An dem letzteren wird der zu untersuchende Gegenstand mit Hilfe eines feinen Drahtes so aufgehängt, daß er völlig in Wasser eintaucht, und dann gewogen. Die Differenz zwischen dem Gewichte in Luft und in Wasser ergibt das Volumen des Gegenstandes, und durch Division des Gewichtes in Luft durch das Volumen erfährt man das spezifische Gewicht meist in der 2. Dezimale genau. Den entsprechenden Bleigehalt berechnet man aus dem spezifischen Gewichte des reinen Bleis von 11,370 und des reinen Zinns von 7,290.

β) **Vorprüfung auf Bleigehalt nach Merl.** [2]) Auf chemischem Wege erhält man nach dem Vorschlage von Merl [2]) ein vorläufiges Urteil darüber, ob eine Legierung bleifrei ist, oder ob sie 0,5—1% oder endlich mehr als 1% Blei enthält, wenn man 0,5 g Substanz in einem Reagensröhrchen aus Schottschem Glase mit etwas Jod bis zum beginnenden Schmelzen erhitzt, darauf die erkaltete Schmelze mit 10 ccm Wasser kocht, bis das überschüssige Jod verdampft ist und nur noch 4—5 ccm Flüssigkeit vorhanden sind. Nach dem Erkalten der heiß filtrierten Lösung scheiden sich bei Anwesenheit von mindestens 0,5% Blei goldschimmernde Blättchen von Jodblei ab, während bei geringeren Gehalten keine Ausscheidung stattfindet. Bei Gegenwart von mehr als 1% Blei stellt man den Versuch mit weniger Substanz an. (Über die Untersuchung auf Zusammensetzung vgl. S. 799.)

b) Lot.

Von dem Lot erhält man, je nach der Verlötung, entweder dadurch eine Probe für die Untersuchung, daß man die Lötstellen vor dem Gebläse so erhitzt, daß tunlichst nur die im Innern befindlichen Teile abgeschmolzen werden, oder dadurch, daß man das Lot nur bis zur Erweichung erwärmt und mit einem stumpfen Messer Teile von den erweichten Stellen abschabt. Auf diese Weise kann man die Probe eisenfrei erhalten.

Anmerkung. Das Verschließen der Konservendosen im Fabrikbetriebe ist jetzt mehr ein Schweißen als Löten, so daß bei den fabrikmäßig verlöteten Dosen keine Metallteile in den Inhalt gelangen; bei der durch Handwerker bewerkstelligten Lötung dringt dagegen Lot ziemlich leicht in das Innere des gelöteten Gefäßes.

H. Serger[3]) fand in 6 Proben Lot von Konservendosen 30,2—48,7% Blei, während nur 10% erlaubt waren, ein Ergebnis, welches zeigt, daß eine Untersuchung auch des Lotes nicht unwichtig ist.

c) Verzinnung.

α) **Probenahme.** Eine richtige Probenahme der Verzinnung bereitet einige Schwierigkeiten. Durch kaltes Abschaben mit dem Messer werden zu leicht Eisenteile mit abgetrennt. H. Serger (l. c.) empfiehlt daher, das verzinnte Blech (Weißblech) wie beim Lot über einem gewöhnlichen Bunsenbrenner bis zur Erweichung der Verzinnung zu erwärmen und letztere mit einem stumpfen Messer abzuschaben. Auf diese Weise soll die Probe frei von Eisen zu erhalten sein.

Sollte dieses indes nicht gelingen, so bestimmt man in der angewendeten Mittelprobe das Eisen bzw. sonstiges Metall, zieht diese Mengen von der angewendeten Menge ab und berechnet für den Rest oder auch aus der gefundenen Menge von Blei und Zinn das Verhältnis von Blei zu Zinn, das wie 1 : 99 sein muß.

Für die Bestimmung der Dicke der Verzinnung und wenn es sich nur um Bestimmung der Summe oder des Bleies für eine bestimmte Fläche des Metallgefäßes handelt, be-

[1]) Bericht über die 8. Jahresversammlung der freien Vereinigung bayrischer Vertreter der angewandten Chemie. Würzburg 1889, S. 48.

[2]) Pharm. Zentralh. 1909, **50**, 457.

[3]) Zeitschr. f. Untersuchung d. Nahrungs- u. Genußmittel 1913, **25**, 465.

dient man sich auch verschiedener Lösungsmittel zur Abtrennung der Schicht, und wenn die Verzinnung nur auf einer Seite untersucht werden soll, so überzieht man die nicht zu untersuchende Seite des Bleches mit einer Schutzdecke von Lack und wendet dann das Lösungsmittel an.

Bei den verzinnten Gefäßen kommen, besonders wenn sie zur Aufnahme von Dauerwaren bestimmt sind, außer der chemischen Zusammensetzung noch verschiedene Umstände in Betracht, nämlich: die Dicke der Bleche, die Dicke der Verzinnung, die Vernierung und die fehlerhaften Beschädigungen an Gefäßwandungen, die hier erst besprochen werden mögen.

β) **Dicke der Blechwandung.** Die Dicke der Blechwandung kann mit einem Deckglastaster gemessen werden. Sie soll der Größe der Gefäße (Dosen) angepaßt werden, nämlich für große Dosen 0,34—0,35 mm, für kleine 0,24—0,25 mm betragen, d. h. so stark sein, daß sie von dem Gewicht des Inhaltes nicht beeinflußt wird und auch einen gewissen Druck und Stoß von außen aushalten kann.

γ) **Die Dicke der Verzinnung.** Nach den Ermittelungen von H. Serger (l. c.) pflegen gutverzinnte Bleche für 100 qcm Blech einseitig einen Zinnbelag von 0,15 g oder, wenn 100 qcm Blech 20 g wiegen, einen Zinngehalt von 1,5% doppelseitig zu enthalten. Zur Bestimmung der Dicke der Verzinnung sind verschiedene Vorschläge gemacht.

1. Die Vorschrift in den früheren, im Kais. Gesundheitsamte festgesetzten Vereinbarungen (1902, Heft III, S. 119) lautet wie folgt:

Man löst 30—50 g desselben in Salzsäure und chlorsaurem Kalium unter Erwärmen auf, verdampft bis zur Verjagung des Chlors, verdünnt mit schwach salzsäurehaltigem Wasser, leitet in die heiße Lösung Schwefeldioxyd zur Reduktion des Ferrichlorides ein und vertreibt den Überschuß der schwefligen Säure durch Erwärmen, worauf man mit Schwefelwasserstoff fällt.

Der Niederschlag wird abfiltriert und mit Natriumpolysulfidlösung erwärmt. In dem Rückstande, welcher gewöhnlich aus Schwefelblei mit etwas Schwefelkupfer besteht, wird das Blei durch Überführen in Bleisulfat bestimmt; die Lösung von Natriumthiostannat wird auf ein bestimmtes Volumen verdünnt und in einem abgemessenen Teil das Zinn bestimmt. Aus der Gesamtmenge des gefundenen Bleis und Zinns ergibt sich das Verhältnis von Blei zum Zinn.

Aus dem Verhältnis der Gesamtmenge des Bleies nebst Zinn zum Eisen läßt sich die Stärke der Verzinnung, deren Kenntnis gleichfalls vielfach gewünscht wird, berechnen.

Soll der Zinngehalt eines Weißbleches ohne Rücksicht auf den Bleigehalt ermittelt werden, so kann man diesen nach Lunge und Marmier[1]) durch Erhitzen bei niederer Temperatur im Chlorstrome bestimmen.

2. K. Meyer[2]) hat ein Verfahren vorgeschlagen, welches H. Serger (l. c.) in folgender Abänderung ausführt:

5×5 cm gut gereinigtes Weißblech werden in kleine Schnitzel geschnitten, diese auf einem Uhrglase getrocknet und nach dem Erkalten im Exsiccator genau gewogen. Die Schnitzel werden dann in einer geräumigen Porzellanschale mit 30 ccm Wasser übergossen, auf 80° erwärmt und bei andauerndem Rühren mit einem Glasstabe mit etwa 1 g Natriumsuperoxyd versetzt. Nach zwei Minuten langem Kochen unter andauerndem Rühren werden die Schnitzel wieder mit 1 g Natriumsuperoxyd versetzt und nach zwei Minuten langem Kochen abermals. Die mit destilliertem Wasser und dann mit Alkohol gewaschenen und bei 100° getrockneten Schnitzel werden auf dem zuerst benutzten Uhrglase gewogen. Die Gewichtsdifferenz, mit 4 vervielfältigt, gibt die Menge des Zinn- und Bleiüberzuges auf 100 qcm Blech.

H. Angenot[3]) wendet ebenfalls Natriumsuperoxyd zum Lösen des Zinnbelages an, aber in der Weise, daß er 3—4 g Blechstückchen mit der doppelten Gewichtsmenge Natrium-

---

[1]) Zeitschr. f. angew. Chemie 1895, 8, 429.
[2]) Ebendort 1909, 22, 68.   [3]) Ebendort 1904, 17, 521.

superoxyd mischt, vorsichtig schmilzt, die Schmelze mit Wasser auszieht und in der Lösung Zinn und Blei bestimmt.

3. Da der Bleigehalt der Verzinnung nur höchstens 1% betragen soll, so kann nach H. Serger (l. c.) auch folgendes Verfahren zur Bestimmung des Gesamtüberzuges angewendet werden.

5 × 2 cm gut gereinigtes Weißblech (etwa 1 g) werden in kleine Stückchen zerschnitten, getrocknet und gewogen. Darauf übergießt man die Schnitzel in einem Becherglase mit 20 ccm 12,5 proz. Salzsäure, kocht 5 Minuten ohne Ersatz des verdampfenden Wassers lebhaft und filtriert durch ein kleines Filter. Das Filter und die Schnitzel wäscht man mit so viel Wasser nach, daß die Gesamtmenge vom Filtrat und Waschwasser 100 ccm beträgt. In die etwas erwärmten 100 ccm Flüssigkeit leitet man so lange Schwefelwasserstoff ein, bis der Niederschlag sich abzusetzen beginnt, und filtriert durch ein quantitatives Filter. Das Filter wird genügend ausgewaschen, in einem gewogenen Porzellan-, Quarz- oder Zirkontiegel getrocknet, verascht und geglüht. Den Rückstand betrachtet man als reines Zinnoxyd (SnO_2) und erhält durch Multiplikation mit 0,788 die Menge des Zinns auf den in Angriff genommenen 10 qcm Blech. Wenn im Durchschnitt auf 10 qcm Blech 0,02 g Zinn erhalten wird, ist in diesen 0,0002 g Blei vorhanden; der Fehler, den man durch Vernachlässigung des Bleigehaltes in diesem Falle begeht, ist also unbedeutend.

4. H. Mastbaum[1] gibt folgendes Verfahren an:

25 g Weißblech werden drei- bis viermal mit je 50 ccm 10 proz. Salzsäure einige Minuten zum Sieden erhitzt, die Lösungen jedesmal ohne Filtration in einen Meßkolben von 250 ccm Inhalt abgegossen und zur Marke aufgefüllt. 50 ccm des Filtrates versetzt man in einem 100 ccm-Kölbchen bis zur beginnenden Abscheidung des Zinns mit Ammoniak und darauf mit 10 ccm Schwefelammonium, füllt bis zur Marke auf und filtriert. 50 ccm werden mit Wasser verdünnt und zur Abscheidung des Zinnsulfids mit Essigsäure angesäuert. Nach dem Absitzen filtriert man den Niederschlag ab, wäscht ihn mit 10 proz. Ammoniumacetatlösung, trocknet und glüht mit Ammoniumcarbonat.

M. Wintgen[2] bemerkt zu diesem Verfahren, daß man das Erhitzen mit Salzsäure am Rückflußkühler vornehmen und 20 ccm statt 10 ccm Schwefelammonium zusetzen soll. H. Serger[3] findet, daß die Verfahren von Meyer, Mastbaum und Angenot im wesentlichen übereinstimmende Ergebnisse liefern, daß aber das H. Meyersche Verfahren in vorstehender Ausführung wegen seiner Einfachheit den Vorzug verdiene.

δ) **Die Vernierung der Dosenbleche.** Man pflegt die Dauerwarendosen auch zu vernieren, d. h. äußerlich mit einem Lack zu überziehen, der für gewöhnlich ein Kopal-Leinölfirnis ist. Die Weißbleche werden entfettet, mit dem durch Benzin oder Terpentinöl oder durch ein anderes geeignetes Mittel verdünnten Lack, sei es mittels der Hand, sei es mittels Maschinen, bestrichen und dann bei einer über 100° C liegenden Temperatur erhitzt. Von der Höhe und Dauer der Erhitzung neben der Art wie Dicke des aufgetragenen Lackes hängt wesentlich die Farbe der Vernierung ab. Nach H. Serger (l. c.) soll der Dosenlack folgende Eigenschaften[4] haben:

1. Der Lack muß nach dem Bestreichen, Trocknen, Aufbrennen auf Weißblech während 1 Stunde bei 130° fest haften, muß eine durchlässig blanke Schicht bilden und darf weder mechanisch leicht zu entfernen sein, noch beim Biegen des Bleches leicht abblättern.

2. Beim 2stündigen Erhitzen des vernierten Bleches sollen an Wasser und an eine Lösung, die 4% Weinsäure und 20% Zucker enthält, keine durch Geruch und Geschmack wahrnehmbaren

[1] Zeitschr. f. angew. Chemie 1897, **10**, 329.

[2] Zeitschr. f. Untersuchung d. Nahrungs- u. Genußmittel 1904, **8**, 411.

[3] Ebendort 1913, **25**, 465.

[4] Th. Gruber gibt (Zeitschr. f. öffentl. Chemie 1909, **15**, 107) Verfahren zur Prüfung der Güte des Lackes an, worauf hier verwiesen sei.

Stoffe abgegeben werden; auch soll die Lösung nicht wesentlich gefärbt sein. Die **Vernierung** muß nach dieser Behandlung intakt sein.

3. Der Lack darf keine Schwermetalle und keine gesundheitsschädlichen Farben enthalten. Das letztere gilt auch von der äußeren Lackierung und Bedruckung der Dauerwarendosen. Anmerkung. Die vernierten Weißblechdosen werden jetzt auf dem Wege des Steindruckverfahrens noch vielfach bunt verziert. Die hierbei angewendeten Farben müssen nicht allein arsenfrei sein, d. h. dem § 5 des Farbengesetzes vom 5. Juli 1887, sondern auch dem § 4 dieses Gesetzes entsprechen (vgl. weiter unten unter IV, D, S. 836 u. 838).

Die Dicke der Vernierungsschicht bestimmt H. Serger wie folgt:

5 × 5 cm verniertes Blech werden mit Wasser sauber, jedoch ohne Anwendung scharfer Bürsten gereinigt, mit destilliertem Wasser abgespült, bei 100° C kurze Zeit getrocknet und nach dem Erkalten gewogen. Danach bringt man sie in eine flache Schale und bedeckt sie vollständig mit einer 7,5 proz. Natronlauge. Man erwärmt langsam auf 50—60°, hält hierbei 10—15 Minuten, spült die Bleche zunächst unter der Wasserleitung und dann mit destilliertem Wasser gründlich ab. Nach dem Trocknen bei 100° werden die Bleche abermals gewogen. Der Gewichtsunterschied gibt die Menge für 25 qcm und, mit 4 vervielfältigt, die Menge Lack für 100 qcm. Die Menge wird in Milligramm ausgedrückt.

H. Serger fand auf diese Weise Schwankungen im Lackgehalt von 40,0—322,8 mg für 100 qcm Blech. Nach der Kochprobe waren Bleche von 288,0 und 322,8 mg Lacküberzug am besten, aber auch ein solcher von 165,2, 128,0 und sogar von 89,2 mg zeigte gute Eigenschaften, so daß die Menge bzw. die Dicke des aufgetragenen Lackes nicht allein für die Güte entscheidet. Eine schlechte Vernierung schadet nach H. Serger mehr, als sie nützt.

Zur Prüfung auf Schwermetalle kann man die Lösung mit verdünnter Natronlauge benutzen, indem man diese mit Salzsäure ansäuert und in gewohnter Weise auf Schwermetalle untersucht.

ε) Fehlerhafte Erscheinungen an Dauerwarendosen. Im Innern der Blechdosen treten nicht selten eigenartige Veränderungen (Marmorierungen, Perforationen usw.) auf, die aber mehr durch die Art der Dauerwaren als durch die Beschaffenheit der Verzinnung hervorgerufen werden und schon im III. Bd., 2. Teil, S. 85 u. 846 erwähnt sind.

δ) Metallene Kinderspielwaren.

Vorbemerkungen. Die Kinderspielwaren werden aus verschiedenen Grundstoffen, nämlich Metall, Porzellan, Glas, Holz, Gewebe, Papier, Wachs und Mineralstoffen (Malfarben und Farbstifte) hergestellt. Sie werden daher bei den Gebrauchsgegenständen aus diesen Grundstoffen besprochen werden und mögen hier nur die metallenen Kinderspielwaren ihren Platz finden, weil sie durchweg aus Legierungen von Blei und Zinn bzw. Blei und Antimon (bzw. Zink usw.) zu bestehen pflegen und nach H. Stockmeyer[1] in 3 Gruppen geteilt werden können, nämlich:

α) in solche, die bestimmungsgemäß in den Mund genommen werden, wie Trillerpfeifchen, Schreihähne u. dgl. aus Blei-Zinn-Legierungen, sowie Kindertrompeten aus Zink;

β) in Puppengeschirre, die zur Herstellung von Kochspielereien dienen und aus Blei-Zinn-Legierungen sowie aus verzinntem Kupfer- und Eisenblech angefertigt werden;

γ) in Bleisoldaten und Zinnkompositionsfiguren, die dem bestimmungsgemäßen Gebrauch zufolge nicht in den Mund genommen werden, sondern nur zufällig und vorübergehend mit dem Munde in Berührung kommen.

H. Stockmeyer behandelte Legierungen von 10, 40 und 80% Bleigehalt mit 25 g Speichel 2 Stunden bei 37°, konnte aber in den Auszügen kein Blei nachweisen; bei der gleichen

---

[1] Bericht über die 18. Jahresversammlung der Freien Vereinigung bayrischer Vertreter der angewandten Chemie. Berlin bei Julius Springer 1899, 35.

Behandlung einer Legierung von 80% Blei und 20% Antimon rief Schwefelwasserstoff eine geringe Gelbfärbung hervor. Die durch Anfassen oder Reiben mechanisch abtrennbaren Mengen Blei hält Stockmeyer nicht für nennenswert und glaubt, daß Puppengeschirre aus einer Blei-Zinn-Legierung bis zu 40% Bleigehalt nicht zu beanstanden seien und gegen blei-, zinn- und antimonhaltige Legierungen bis zu 80% Bleigehalt nichts eingewendet werden könne, wenn sie entweder vernickelt oder mit einem Mundstück, das nicht mehr als 10% Blei enthalte, versehen seien. Gegen die Anwendung von Zinkblech oder vernickeltem Zinkblech zu Kindertrompeten oder Puppengeschirren sei nichts zu erinnern. Die Verzinnung solle aber nur 1% Blei enthalten.

A. Beythien[1] fand ebenfalls, daß beim Kauen von Trillerpfeifen mit 70—80% Bleigehalt im Munde durch den Speichel kein Blei gelöst wurde, auch nicht bei gleichzeitiger Einnahme von Obst oder Wein, daß dagegen gleichzeitig 1—2 mg Blei mechanisch losgetrennt wurden, die nach der Filtration des Speichels ungelöst auf dem Filter zurückblieben und von denen nach Versuchen mit fein abgeschabter Bleilegierung angenommen werden kann, daß sie durch Magensaft unter Vorhandensein von verdünnten Säuren gelöst werden können.

O. Mezger und K. Fuchs[2] konnten dagegen in 35 g Speichel, nachdem ein Tellerchen mit 83,9% Bleigehalt gekaut worden war, 0,9 mg, und nachdem der Speichel 4 Tage eingewirkt hatte, 2,8 mg aufgenommenes Blei nachweisen; auch durch mehrtägige Aufbewahrung von Apfelmus und Milch in Kinderkochgeschirr mit 33,2—99% Bleigehalt gingen 0,4—1,6 mg Blei in Lösung. C. Fraenkel[3] findet ebenfalls, daß aus Puppengeschirr mit 35—40% Blei, wenn darin Fruchtmuse, Milch, Wein und 4 proz. Essig bei 20° bzw. 60—70° während 24 Stunden aufbewahrt wurden, 0,34—1,7 mg Blei in Lösung gingen. Da solche, unter den ungünstigsten Umständen gelösten geringen Mengen Blei bei einmaliger Aufnahme nicht schädlich seien und ein fortgesetzter Genuß niemals stattfinde, auch nur einmal eine Vergiftung durch den Gebrauch von Blei-Zinn-Legierungen bei Kindern vorgekommen sei, so hält C. Fraenkel Kinderspielwaren mit einem Bleigehalt von 35—40% nicht für bedenklich. Diesem Gutachten schließt sich ganz das von A. Gärtner[4] an, welcher anführt, daß in den Jahren 1889—1899 nur 5 Bleivergiftungen bekannt geworden seien, die auf den Genuß von in Eß-, Trink- und Kochgeschirren aus Blei-Zinn-Legierung zubereiteten Speisen zurückgeführt werden konnten.

Infolge ähnlicher ärztlicher Gutachten hat das Hanseatische Oberlandesgericht in Hamburg vom 15. März 1900 ein gerichtliches Erkenntnis dahin gefällt[5], daß das Gesetz vom 25. Juni 1887, weil Spielwaren in § 1 nicht, dagegen nur in § 2 neben Trinkbecher (für bleihaltigen Kautschuk) erwähnt seien und weil durch ihren Gebrauch bis jetzt kein einziger Fall von Bleivergiftung vorgekommen sei, auf Spielwaren (aus Blei-Zinn-Legierung) keine Anwendung finde.

C. Fraenkel führt allerdings solchen Fall an, und wenn auch nur ein einziger Fall sicher erwiesen würde, so wäre das Grund genug, das Gesetz vom 25. Juni 1887 auch auf Spielwaren auszudehnen, weil sie dann, wenn auch nicht dem Worte, so doch dem Sinne nach, unter das Gesetz fallen würden.

In der Tat stellt das Schweiz. Lebensmittelbuch 1909, 2. Aufl., S. 301 an metallene Pfeifchen folgende Forderung: ,,Metallene Pfeifchen dürfen nicht aus Blei oder aus Zink oder aus einer mehr als 10% Blei enthaltenden Metallegierung hergestellt sein und dürfen kein Arsen enthalten."

In der Novelle zum Österreichischen Gesetz über die Erzeugung oder Zurichtung von Eß- und Trinkgeschirren usw. (Verordnung vom 29. Juni 1906) heißt es in Übereinstimmung

---

[1]) **Zeitschr. f.** Untersuchung d. Nahrungs- u. Genußmittel 1900, **3**, 221.

[2]) Zeitschrift f. angew. Chemie 1908, **21**, 1556.

[3]) Vierteljahresschr. f. gerichtl. Med. u. öffentl. Sanitätswesen 1900 [3], **19**, 319.

[4]) Ebendort 1899 [3], **18**, 340.

[5]) Veröffentl. d. Kais. Gesundheitsamtes, Beil. 1901, **5**, 318.

mit dieser Auffassung, wie folgt: § 1 Koch-, Eß- und Trinkgeschirre, Flüssigkeitsmaße, als Kinderspielzeug dienende Eßgeräte dürfen nicht ganz oder teilweise aus Blei oder aus einer in 100 Gewichtsteilen mehr als 10 Gewichtsteile Blei enthaltenden Legierung hergestellt ... sein.

Bei nachgewiesener Schädlichkeit kommt im Deutschen Reich zurzeit der § 12, Ziff. 2 des NMG. vom 14. Mai 1879 in Betracht.

Anmerkung. Die Blechspielwaren werden auch vielfach nach Überziehen mit einer Firnisschicht auf dem Wege des Steindruckverfahrens mehrfarbig verziert. Die hierzu verwendeten Farben müssen nicht allein arsenfrei sein, d. h. dem § 5 des Farbengesetzes vom 5. Juli 1887, sondern sinngemäß auch dem § 4 dieses Gesetzes entsprechen (vgl. weiter unten unter IV D, S. 836 u. 838).

Quantitative chemische Untersuchung der Legierung.

Die quantitative chemische Analyse wird wie beim Zinn, S. 783, bzw. Blei, S. 784, ausgeführt. A. Beythien empfiehlt folgendes Verfahren:

a) Zinn. 1 g Substanz wird mit rauchender Salpetersäure in einem kleinen Erlenmeyer-Kolben übergossen und unter allmählichem Zusatz kleiner Wassermengen so lange auf dem Wasserbade erhitzt, bis keine Einwirkung mehr stattfindet. Dann spült man den Kolbeninhalt in eine Porzellanschale und dampft ihn dreimal zur Trockne, indem man jedesmal die Kruste von Metazinnsäure sorgfältig mit dem Glasstabe unter Zusatz von konzentrierter Salpetersäure zerreibt. Der Rückstand wird mit Wasser und etwas Salpetersäure aufgenommen, das Unlösliche auf dem Filter gesammelt, mit heißem Wasser gewaschen und getrocknet. Das Zinndioxyd wird, soweit als möglich, vom Filter getrennt, auf ein Uhrglas gebracht, das mit Ammoniumnitrat getränkte Filter für sich im Porzellantiegel verbrannt und mit Salpetersäure oxydiert. Nach Hinzufügung der Hauptmenge des Niederschlages glüht man vor dem Gebläse bis zur Beständigkeit und wägt als SnO_2.

b) Blei. Das Filtrat von der Metazinnsäure wird eingedampft und mit Schwefelsäure und dem doppelten Volumen absolutem Alkohol versetzt. Nach 24 Stunden filtriert man das Bleisulfat ab, wäscht es zunächst mit schwefelsäurehaltigem Wasser und darauf bis zum Aufhören der Schwefelsäurereaktion mit Alkohol aus, trocknet und entfernt es soweit als möglich vom Filter. Das letztere wird für sich im Porzellantiegel verbrannt, die Asche mit Salpetersäure oxydiert und mit einem Tropfen Schwefelsäure abgeraucht und danach mit dem Niederschlage vereinigt. Nach kurzem Glühen auf dem Bunsenbrenner wägt man als $PbSO_4$. Zur Prüfung des Bleisulfats auf Reinheit löst man es in Natronlauge und fällt von neuem mit Schwefelsäure, oder man schmilzt mit Cyankalium und wägt das metallische Korn.

c) Kupfer. Das Filtrat vom Bleisulfat wird völlig zur Trockne gebracht und nach dem Abrauchen der Schwefelsäure zur Zerstörung organischer Stoffe verascht. Den Rückstand nimmt man mit verdünnter Salpetersäure und heißem Wasser auf, fällt die filtrierte Lösung in einer Porzellanschale heiß mit Natronlauge, wäscht das abfiltrierte Kupferoxyd mit viel heißem Wasser aus, glüht und wägt als CuO.

Für die meisten Fälle der Praxis liefert dieses Verfahren hinreichend genaue Werte, bei feineren Analysen ist hingegen eine Aufschließung des Zinndioxydes, welches bisweilen geringe Mengen Blei und Kupfer enthält, erforderlich. Man schmilzt einen abgewogenen Teil der Metazinnsäure mit dem dreifachen Gewichte eines Gemisches von 2 Teilen Schwefel, einem Teile Natriumcarbonat und einem Teile Kaliumcarbonat im Porzellantiegel, legt den letzteren nach dem Erkalten in ein Becherglas, gießt Wasser hinzu und erhitzt. Die ungelösten Sulfide des Bleis und Kupfers werden von der Lösung des sulfozinnsauren Natriums abfiltriert, mit heißem Wasser gewaschen und noch feucht in heißer, verdünnter Salpetersäure gelöst. Die Bestimmung des Bleis und Kupfers erfolgt wie oben.

d) Antimon, Arsen neben Zinn, Blei, Kupfer. Wenn in vorstehender Legierung und in anderen Legierungen neben Zinn, Blei, Kupfer auch Antimon und Arsen bestimmt werden müssen, kann man wie folgt verfahren:

Man behandelt 1,5 g der zerkleinerten Masse, wie vorhin beschrieben, mit Salpeter-säure und filtriert (Lösung I).

Der gewogene und geglühte Rückstand I, welcher neben dem Zinn fast alles Antimon, sowie Spuren der übrigen Metalle enthält, wird der Schwefelschmelze unterworfen und die salpetersaure Lösung der abfiltrierten Sulfide von Blei und Kupfer mit der Lösung I ver-einigt, welche nunmehr das gesamte Blei und Kupfer neben Arsen und Spuren Antimon ent-hält. Zur Bestimmung des Bleis wird mit Schwefelsäure eingedampft und das Bleisulfat abfiltriert. Das Filtrat hiervon wird mit 12 proz. Salzsäure (spezifisches Gewicht 1,1) versetzt und bei 70° mit Schwefelwasserstoff behandelt. Die Sulfide werden abfiltriert, durch Behand-lung mit Schwefelnatrium vom Kupfer getrennt und dann mit der Hauptlösung der Sulfo-schmelze vereinigt. Man säuert die letztere mit Schwefelsäure an, läßt absitzen und oxydiert den abfiltrierten Niederschlag mit rauchender Salpetersäure. Nach Neutralisation der Säure wird mit der achtfachen Menge festen Ätznatrons im Silbertiegel geschmolzen, die Schmelze längere Zeit mit Wasser behandelt, bis das Ungelöste feinpulverig erscheint, dann mit Wasser verdünnt und mit $1/3$ Volumen Alkohol (spezifisches Gewicht 0,83) versetzt. Unter öfterem Umrühren läßt man 24 Stunden stehen, filtriert dann ab und wäscht zunächst mit Alkohol $1 + 3$, darauf mit Alkohol $1 + 2$, danach mit Alkohol $1 + 1$ und schließlich mit Alkohol $3 + 1$ aus, bis das Filtrat sich nach Zusatz von Salzsäure und Schwefelwasserstoff nicht mehr färbt. Den Waschflüssigkeiten hat man vorher jedesmal einige Tropfen Natriumcarbonatlösung zugesetzt.

Das ungelöste Antimon spült man vom Filter herunter, löst es in einer Mischung von Salzsäure und Weinsäure und fällt durch Einleiten von Schwefelwasserstoff in die siedende Lösung. Der bei 100° getrocknete Niederschlag wird mit konzentrierter Salzsäure geprüft, ob er sich klar löst, darauf im Kohlensäurestrom geglüht und als Sb_2S_3 gewogen.

Das Zinn und Arsen enthaltende Filtrat wird mit Salzsäure angesäuert und, ohne vorher zu filtrieren, mit Schwefelwasserstoff gesättigt. Danach läßt man einige Zeit stehen, filtriert durch ein gewogenes Filter, trocknet bei 100° und wägt. Ein aliquoter Teil des Nieder-schlages wird in einer Kugelröhre mit Schwefel geglüht, wobei das Zinn zurückbleibt, und das übergehende Arsen in Ammoniak aufgefangen wird. Die Flüssigkeit wird mit Salzsäure an-gesäuert und mit chlorsaurem Kalium bis zur Lösung erwärmt, danach filtriert und das Arsen mit Ammoniak und Magnesiamixtur als arsensaures Ammoniummagnesium gefällt.

Das Schwefelzinn wägt man direkt oder nach der Überführung in Zinndioxyd.

Auf die weiteren Vorschläge kann an dieser Stelle nur kurz verwiesen werden.

A. Rössing[1] löst die Legierung in Königswasser und fällt Blei und Kupfer durch Natrium-sulfid, während in der Lösung der übrigen Sulfide das Antimon durch Einleiten von Schwefelwasser-stoff in die mit viel Oxalsäure versetzte Flüssigkeit niedergeschlagen wird.

V. Mainsbrecq[2] behandelt mit konzentrierter Salzsäure in der Kälte, wobei Arsen, Antimon und das meiste Kupfer ungelöst zurückbleiben. In dem Rückstande wird das Antimon durch Oxy-dation mit konzentrierter Salpetersäure als antimonige Säure bestimmt und aus der salzsauren Lö-sung in gleicher Weise die Metazinnsäure abgeschieden.

A. Berg[3] unterwirft die zerkleinerte Substanz direkt der Schmelze mit wasserfreier Soda und Schwefel und trennt die ungelösten Sulfide des Cadmiums, Bleis, Kupfers und Eisens, sowie die löslichen Sulfosalze des Zinns, Arsens und Antimons in bekannter Weise von einander.

---

[1] Zeitschr. f. analyt. Chemie 1902, **41**, 1.

[2] Bull. assoc. Belge Chim. 1900, **14**, 140; Zeitschr. f. Untersuchung d. Nahrungs- u. Ge-nußmittel 1900, **3**, 794.

[3] Bull. soc. Chim. France 1907 [4] **1**, 905; Zeitschr. f. Untersuchung d. Nahrungs- u. Ge-nußmittel 1909, **17**, 652.

e) Blei allein. Für den praktischen Nahrungsmittelchemiker wird in der Mehrzahl der Fälle die quantitative Bestimmung des Bleis allein genügen, und es seien daher einige hierfür geeignete Verfahren noch besonders angeführt:

Aufschließung mit Salpetersäure. Die Bestimmung erfolgt genau so, wie bei der vollständigen Analyse einer Legierung angegeben ist. Nur bei Gegenwart von viel Eisen[1]), welches als Ferrinitrat einen Teil der Metazinnsäure in Lösung hält, empfiehlt es sich, nach dem Verfahren von F. Knöpfle[2]) in folgender Weise zu verfahren: Zu 0,5—1,0 g der zerkleinerten Substanz läßt man aus einer Glashahnbürette so viel konzentrierte Salpetersäure (spezifisches Gewicht 1,50—1,52) hinzufließen, daß auf je 0,1 g Substanz etwa 1 ccm Säure kommt, bedeckt alsdann die Porzellanschale mit einem Uhrglase und tropft aus einer Pipette allmählich Wasser hinzu, bis keine roten Dämpfe mehr entweichen. Nach beendeter Einwirkung wird auf dem Wasserbade die Salpetersäure verdampft und der noch feuchte Rückstand unter Umrühren mit der berechneten Menge einer heißen Dinatriumphosphatlösung sowie 50 ccm heißem Wasser versetzt. Man filtriert von dem rasch in krystallinischer Form ausfallenden Stanniphosphat ab und bestimmt in dem Filtrate das Blei als Sulfat.

Aufschließung mit Königswasser nach E. Spaeth[3]): Man löst 0,5—1,0 g der Legierung in Königswasser, setzt darauf Ammoniak im Überschusse hinzu und leitet Schwefelwasserstoff ein. Die ausgefallenen Sulfide werden abfiltriert, danach mit Schwefelammonium erwärmt und nach dem Auswaschen in verdünnter Salpetersäure gelöst. Die Lösung wird mit Schwefelsäure eingedampft, mit Wasser und Alkohol versetzt und das Bleisulfat in üblicher Weise bestimmt. Dieses Verfahren ist auch bei Gegenwart von Eisen anwendbar.

H. Serger (l. c.) wendet die von H. W. Wondstra[4]) vorgeschlagene colorimetrische Bleibestimmung wie folgt an:

0,1 g der vorsichtig vom erhitzten Blech abgeschabten eisenfreien Verzinnung — nur für diese gilt vorwiegend der Vorschlag — wird auf einem größeren Uhrglase auf einem siedenden Wasserbade mit 3 ccm konzentrierter Salpetersäure übergossen und zur Trockne verdampft; dies wird dreimal wiederholt. Nach dem letzten Abdampfen gibt man 10 ccm Wasser auf das Uhrglas, rührt mit einem Glasstabe vorsichtig durch und läßt 10 Minuten auf einem mäßig erwärmten Wasserbade stehen. Danach filtriert man in ein 100 ccm-Kölbchen und wäscht Uhrglas sowie Filter mit so viel Wasser aus, daß das Filtrat 100 ccm beträgt. Die Lösung muß nach dem Umschütteln im Kölbchen vollständig klar sein. 10 ccm dieser Bleinitratlösung werden in ein Reagensglas von 15 cm Höhe und 1,5 cm Weite eingefüllt und hierzu 10 ccm frisch bereitetes Schwefelwasserstoffwasser gegeben. Die entstandene Färbung wird mit einer bekannten Lösung von 2, 5, 10 und 20 Tropfen einer Bleinitratlösung (0,16 : 100) zu 10 ccm Wasser und 10 ccm Schwefelwasserstoffwasser verglichen. Es muß natürlich gleichzeitig festgestellt werden, wieviel Tropfen der verwendeten Pipette 1 ccm ergeben.

H. Serger hält dieses Verfahren für genügend genau zur Bestimmung des Bleis in Verzinnungen.

Von den zahlreichen übrigen Verfahren sei nur noch das einfache titrimetrische Verfahren von v. Della Crose[5]) angeführt.

Titration des Bleis mit Kaliumdichromat: 0,5 g der Legierung werden in einem Kölbchen mit 1,5 ccm konzentrierter Salpetersäure (spez. Gewicht 1,30) auf einer kleinen Flamme erwärmt und nach beendeter Reaktion zur Trockne gebracht. Den Rückstand erwärmt man zur Lösung

---

[1]) Auch das Verfahren von Busse (Zeitschr. f. anal. Chemie 1898, **37**, 53) ist bei Anwesenheit von viel Eisen nicht anwendbar.

[2]) Zeitschr. f. Untersuchung d. Nahrungs- u. Genußmittel 1909, **17**, 670.

[3]) Pharmaz. Zentralhalle 1909, **50**, 865.

[4]) Zeitschr. f. anorgan. Chemie 1908, **58**, 168.

[5]) Ann. Chim. analyt. 1909, **14**, 245; Zeitschr. f. Untersuchung d. Nahrungs- u. Genußmittel 1910, **20**, 188.

des Bleinitrats mit 2—3 Tropfen Salpetersäure und 10 ccm Wasser, gibt dann 5 g Sand in den Kolben, um durch Reibung die an den Wandungen haftende Metazinnsäure loszulösen, und dekantiert unter allmählichem Zusatz kleiner Mengen von heißem Wasser so lange in ein 100 ccm-Meßkölbchen, bis das Waschwasser durch Schwefelammonium nicht mehr geschwärzt wird. Dann kühlt man die Lösung ab, füllt zur Marke auf und filtriert. 50 ccm des Filtrates werden in einem 100 ccm-Kölbchen mit soviel Kaliumdichromatlösung, etwa 5 ccm (1 ccm = 0,01 g Pb), versetzt, daß die Flüssigkeit nach dem Absitzen des Niederschlages noch gelb erscheint, danach aufgefüllt und in 50 ccm des Filtrates der Überschuß an Kaliumdichromat mit Ferrosulfatlösung (Ferricyankalium als Indikator) zurücktitriert.

Bei Gegenwart von viel Eisen erwärmt man die Substanz mit Salzsäure, fällt das Blei aus der mit Ammoniak genau neutralisierten Lösung durch Schwefelwasserstoff, behandelt den Sulfidniederschlag mit Schwefelammonium und verfährt im übrigen wie oben.

Auf das Verfahren von W. Elborne und C. M. Warren[1]), welches auf der Beobachtung beruht, daß Bleichlorid im Gegensatz zu den Chloriden von Arsen, Antimon, Zinn, Wismut, Eisen, Nickel, Kobalt, Kupfer usw. in absolutem Alkohol unlöslich ist, sowie auf die elektrolytische Bestimmung des Bleis nach A. Westerkamp[2]) und auf die Bestimmung als Bleichlorid nach Crato[3]) sei nur verwiesen.

8. Legierungen von Zinn und Antimon, gleichzeitig mit Blei, Kupfer, Eisen und Zink (Britanniametall, Weißguß, Antifriktionsmetall).

Diese Art Legierungen enthalten neben Zinn und Antimon wechselnde Beimengungen von den anderen angegebenen Metallen. Das eigentliche Britanniametall besteht aus 9 Tln. Zinn und 1 Tl. Antimon. Wenn es kein Blei enthält, so findet darauf der § 1, Abs. 2 des Gesetzes vom 25. Juni 1887, wonach das zum Dichten von Gefäßen dienende Lot nicht mehr als 10 Gewichtsteile Blei in 100 Gewichtsteilen Legierung enthalten darf, keine Anwendung.

a) Lösung der Legierung.[4]) Etwa 1 g der feinzerkleinerten, in einem geräumigen Porzellantiegel abgewogenen Legierung wird unter einem durchlochten Uhrglase durch tropfenweisen Zusatz von Salpetersäure (zuerst solcher vom spezifischen Gewicht 1,4, sodann von roter, rauchender Säure) oxydiert, bis keine metallischen Teile mehr bemerkbar sind. Alsdann wird die Salpetersäure auf dem Wasserbade vertrieben, der Rückstand im Sandbade (oder Finkener-Turme) bis zum Auftreten roter Dämpfe und zuletzt auf gewöhnlichem Einbrenner bis zur vollständigen Zerstörung der Nitrate erhitzt. Nach dem Erkalten vermischt man den Rückstand mit der 6fachen Menge eines Gemenges von gleichen Mengen wasserfreiem Natriumcarbonat und Schwefel und schmilzt das Ganze — anfangs gelinde — in dem Porzellantiegel, bis aller Schwefel verbrannt ist, löst die erkaltete Schmelze unter Erwärmen in Wasser, filtriert und wäscht die Sulfide von Pb, Cu, Zn usw. mit natriumsulfidhaltigem Wasser vollständig zinn- und antimonfrei aus.

Das Filter mit den unlöslichen Sulfiden wird in den Schmelztiegel zurückgebracht, getrocknet, verbrannt, der Rückstand nochmals wie vorher mit Salpetersäure oxydiert und nach Entfernung der letzteren nochmals mit Natriumcarbonat und Schwefel zusammengeschmolzen und ausgelaugt. Das Filtrat wird mit dem ersten, die Sulfosalze des Zinns und Antimons enthaltenden Filtrat vereinigt und zur Bestimmung dieser beiden Metalle benutzt.

b) Bestimmung von Zinn und Antimon. Aus den vereinigten Filtraten werden durch anfänglichen Zusatz von Essigsäure — bis sich noch hellgefärbter Schwefel abscheidet —

---

[1]) Chem. News 1908, **98**, 1; Zeitschr. f. Untersuchung d. Nahrungs- u. Genußmittel 1910, **19**, 188.

[2]) Archiv d. Pharmaz. 1907, **245**, 132; Zeitschr. f. Untersuchung d. Nahrungs- u. Genußmittel 1907, **14**, 245.

[3]) Veröffentl. a. d. Gebiete d. Militärsanitätswesens 1912, **17**, 72; ebendort 1912, **23**, 489.

[4]) Vgl. C. Friedheim, Rammelsbergs Leitfaden für die chemische quantitative Analyse 1897, S. 179.

und dann durch verdünnte Schwefelsäure bis zur sauren Reaktion Zinn und Antimon als Sulfide gefällt, der in der Flüssigkeit gelöste Schwefelwasserstoff wird durch Kohlensäure ausgetrieben, der gut abgesetzte Niederschlag abfiltriert und mit Wasser, dem man etwas Ammoniumacetat und freie Essigsäure zugesetzt hat, ausgewaschen. Die Sulfide werden durch heiße Salzsäure (spezifisches Gewicht 1,12) gelöst, die Lösung wird, um der Verflüchtigung des Zinns vorzubeugen, mit 2 g Chlorkalium versetzt und auf dem Wasserbade bis auf etwa 20 ccm eingedampft. Man filtriert vom ausgeschiedenen Schwefel in einen Erlenmeyer-Kolben, wäscht mit salzsäurehaltigem Wasser aus und setzt zur Lösung einen Überschuß von reinem metallischem Eisen, verschließt den Kolben mit einem doppelt durchbohrten Kork und leitet durch denselben einen langsamen Strom luftfreier Kohlensäure durch. Das Antimon wird auf diese Weise metallisch gefällt, während das Zinn als Stannochlorid in Lösung bleibt. Man filtriert das Antimon neben überschüssigem Eisen ab, wäscht erst mit salzsäurehaltigem Wasser, sodann mit reinem Wasser aus, löst den Rückstand in Königswasser, entfernt die Salpetersäure durch Eindampfen, verdünnt mit Wasser, fällt das Antimon mit Schwefelwasserstoff und bestimmt letzteres entweder als Antimontrisulfid (Sb_2S_3) oder Antimontetroxyd (Sb_2O_4).

Das stannochloridhaltige Filtrat wird mit Salzsäure angesäuert, in der Wärme mit Schwefelwasserstoff behandelt, das gefällte Zinnsulfid in Zinndioxyd übergeführt und als solches gewogen.

c) Trennung und Bestimmung von Blei und Kupfer. Die unlöslich gebliebenen Sulfide der Schmelze werden in Salpetersäure gelöst, die Lösung wird eingedampft, mit etwas überschüssiger Schwefelsäure versetzt, bis zum Entweichen von Schwefelsäuredämpfen erhitzt, der erkaltete Rückstand mit wenig Wasser behandelt, die Lösung mit etwas Alkohol versetzt, das nach 12—24 stündigem Stehen ausgeschiedene Bleisulfat abfiltriert, mit alkoholhaltigem Wasser ausgewaschen und als solches bestimmt.

Das Filtrat wird auf dem Wasserbade von Alkohol befreit, in dasselbe Schwefelwasserstoff geleitet und das Kupfer in bekannter Weise als Cu_2S gewogen.

d) Trennung und Bestimmung von Eisen und Zink. Das Filtrat von Kupfersulfid wird auf etwa 100 ccm eingedampft, in der Siedhitze, um das Ferrosalz in Ferrisalz überzuführen, tropfenweise mit Salpetersäure versetzt, letztere durch mehrmaliges Eindampfen unter Zusatz von Wasser und Salzsäure entfernt und darauf mit Natriumcarbonat gefällt. Der Niederschlag von Ferrihydroxyd und basischem Zinkcarbonat wird nach dem Auswaschen mit Wasser in heißer, verdünnter Schwefelsäure gelöst, die Lösung zum Sieden erhitzt und mit einem starken Überschuß von Ammoniak versetzt. Da das Ferrihydroxyd noch zinkhaltig ist, löst man es nochmals in verdünnter Schwefelsäure, fällt es abermals mit überschüssigem Ammoniak und wägt es jetzt als Ferrioxyd.

Die vereinigten zinkhaltigen Filtrate werden, nachdem das überschüssige Ammoniak durch Eindampfen auf dem Wasserbade vertrieben ist, mit 2 ccm Normalschwefelsäure versetzt, mit Schwefelwasserstoff behandelt und das ausgeschiedene Zinksulfid wird in üblicher Weise zur Wägung gebracht.

9. Legierung von Kupfer und Zinn (Bronze, Glockengut, Geschützmetall, Geräte usw.).

Die Auflösung der Metallegierung erfolgt wie bei reinem Zinn, S. 783 oder auch wie S. 799. Die abgeschiedene Zinnsäure wird wie dort bestimmt.

Enthält die Legierung außer Kupfer und Zinn auch Blei, so verdampft man das Filtrat mit Schwefelsäure und verfährt nach S. 799. Ist die Legierung frei von Blei, so entfernt man die Salpetersäure aus dem Filtrat durch mehrmaliges Eindampfen mit Salzsäure, nimmt den schließlichen Rückstand von Cuprioxychlorid mit wenig Salzsäure (spezifisches Gewicht 1,12), auf, verdünnt stark mit Wasser, erwärmt auf 80° und leitet Schwefelwasserstoff ein. Das gefällte Kupfersulfid wird wie üblich bestimmt.

10. Legierung von Kupfer und Zink (Messing, Tombak, Bronzefarben, Brokatfarben).

Man löst etwa 1 g der Legierung unter Erwärmen in verdünnter Salpetersäure und scheidet etwa vorhandenes Zinn als Zinnsäure ab. Aus dem Filtrat hiervon würde man das Blei, wenn solches vorhanden ist, als Sulfat abscheiden, wie schon des öfteren angegeben ist.

Sind weder Zinn noch Blei vorhanden, so entfernt man die Salpetersäure entweder durch wiederholtes Eindampfen mit Salzsäure vollständig und fällt das Kupfer in stark salzsaurer Lösung und bei Siedetemperatur mit Schwefelwasserstoff als Kupfersulfid, oder man entfernt die Salpetersäure durch Eindunsten mit überschüssiger Schwefelsäure und die letzten Spuren der Salpetersäure durch Erwärmen mit einer gesättigten Lösung von schwefliger Säure und fällt dann mit Kaliumrhodanid, bis noch ein Niederschlag entsteht. Das gefällte Cuprorhodanid wird nach 5—6stündigem Stehen abfiltriert, mit kaltem Wasser ausgewaschen, nach dem Trocknen samt dem Filter in einem Roseschen Tiegel geglüht, bis keine schweflige Säure mehr wahrnehmbar ist, dann wird erkalten gelassen, Schwefel übergestreut, das Kupfer im Wasserstoffstrom in Cuprosulfid übergeführt und als solches gewogen.

Das Zink enthaltende Filtrat wird eingedampft und in der rückständigen Lösung, wenn man das Kupfer mit Schwefelwasserstoff als Sulfid abgeschieden hat, entweder mit Natriumcarbonat gefällt und als Zinkoxyd gewogen, oder wenn man das Kupfer als Rhodanür bestimmt hat, nach Neutralisation der überschüssigen Schwefelsäure mit Natriumcarbonat und Wiederzusatz von 2 ccm N.-Schwefelsäure in starker Verdünnung mit Schwefelwasserstoff gefällt und in bekannter Weise als Zinksulfid bestimmt.

11. Legierungen von Kupfer, Zink und Nickel (Neusilber, Argentan, Packfong, Weißkupfer).

Man löst die Legierung wie vorstehend die von Kupfer und Zink, fällt das Kupfer als Rhodanür und das Zink als Zinksulfid, wie vorstehend angegeben ist und bestimmt das Nickel im Filtrat der Zinksulfidfällung wie folgt: Man verdampft das nickelhaltige Filtrat zur Trockne, löst den Rückstand unter Zusatz von 10—15 g Natriumacetat mit Wasser und setzt zu der auf dem siedenden Wasserbade befindlichen Lösung unter Umrühren so viel reinstes Natriumhydroxyd, daß die über dem ausgefällten Nickelihydroxyd stehende Flüssigkeit auf Lackmus alkalisch reagiert. Dann fügt man Bromwasser hinzu, bis der Niederschlag tiefschwarz gefärbt ist — hierbei muß die Flüssigkeit die alkalische Reaktion beibehalten —, erwärmt, bis sich der Niederschlag gut abgesetzt hat, filtriert, wäscht mit Wasser bis zum Verschwinden der alkalischen Reaktion, löst den auf dem Filter befindlichen und den an den Gefäßwandungen haftenden Niederschlag mit warmer schwefliger Säure unter Zusatz von Schwefelsäure, verdampft die Lösung in einer Porzellanschale auf dem Wasserbade, vertreibt die überschüssige Schwefelsäure durch Erhitzen im Sandbade oder auf dem Finkener - Turme, löst den erkalteten Rückstand unter Zusatz von einigen Tropfen Schwefelsäure mit möglichst wenig heißem Wasser, neutralisiert mit Ammoniak und bringt die Lösung in eine Elektrolysierschale, in welcher man gleichzeitig 8 g Ammoniumoxalat in möglichst wenig siedendem Wasser gelöst hat. Die gesamte, etwa 80 ccm betragende Lösung wird auf 50° erwärmt, wie eine Kupferlösung (S. 788) genügend lange elektrolysiert und das Nickel als solches gewogen.

12. Legierung von Blei, Kupfer und Zink (Chrysochalk, Manillagold).

Die Legierung (etwa 1 g) wird in verdünnter Salpetersäure (spezifisches Gewicht 1,2 und ev. noch stärker verdünnt) gelöst und in der Lösung durch Zusatz von Schwefelsäure, Eindampfen usw. (vgl. S. 799) das Blei als Bleisulfat gefällt und bestimmt.

Das vom Bleisulfat erhaltene Filtrat wird durch Eindampfen auf dem Wasserbade von Alkohol befreit und in der rückständigen Lösung werden Kupfer und Zink wie bei Messing

(Legierung Nr. 10) bestimmt, d. h. in diesem Falle das Kupfer zweckmäßig als Rhodanür, das Zink im Filtrat hiervon als Sulfid gefällt (vgl. S. 804).

II. Eß-, Trink- und Kochgeschirre aus glasiertem Ton, Steingut, Porzellan usw. und aus emailliertem Metall.

A. Vorbemerkungen.

1. Zusammensetzung und Beurteilung. Zum Schutze von leicht angreifbarem Metall, z. B. von Eisen, wendet man die Verzinnung an; über ihre Beurteilung und Untersuchung vgl. S. 778 u. 794. Die Verzinnung ist vorwiegend bei Einmachgefäßen in Gebrauch. Für Trink- und Kochgeschirre wie Flüssigkeitsmaße aus leicht angreifbarem Metall bedient man sich mehr der Emaillierung, während bei Gefäßen aus Ton, Steingut, Porzellan Glasuren angewendet werden. Email und Glasur sind im wesentlichen Glasmassen mit den Grundbestandteilen (Kieselsäure, Tonerde, Kalk, Magnesia, Alkalien) und unterscheiden sich dadurch, daß das Email, wenigstens das Eisenemail, meistens aus bleifreien, aber borsäure- und oft auch fluorhaltigen glasigen Massen besteht, während die Glasuren reichlich Bleioxyd enthalten und den Bleigläsern gleichen.

Der Emailüberzug auf Eisenblech- oder Eisengußwaren besteht fast immer aus zwei Schichten, dem unteren, bläulichgrauen Grundemail und dem darüberliegenden, durch Zinnoxyd (auch Arsentrioxyd) getrübten weißen oder farbigen eigentlichen Email.

Bei den Glasuren kommen außerdem noch färbende Metalle (Kupfer, Kobalt, Nickel, Chrom, Antimon u. a.) in Betracht.

Die gesetzliche Vorschrift für Email und Glasur ist gleich, denn nach § 1, Ziffer 3 des Gesetzes vom 25. Juni 1887 dürfen im Deutschen Reiche Eß-, Trink- und Kochgeschirre wie Flüssigkeitsmaße „nicht mit Email oder Glasur versehen sein, welche bei halbstündigem Kochen mit einem in 100 Gewichtsteilen 4 Gewichtsteile Essigsäure enthaltenden Essig an den letzteren Blei abgeben".

Die schweizerische Gesetzgebung und eine österreichische Ministerialverfügung vom 13. Oktober 1897 stellen dieselbe Anforderung an Email und Glasuren und verlangen ferner, daß sie bei vorstehender Behandlung auch an den 4proz. Essig kein Zink[1]) abgeben dürfen. In England sind Bleiglasuren verboten, welche an die 1000 fache Menge einer wässerigen 0,25% HCl enthaltenden Salzsäure mehr als 5% Blei — als Bleimonoxyd berechnet — abgeben.

K. B. Lehmann[2]) untersuchte 30 glasierte Tongeschirre und fand folgende, durch 4proz. Essig aus der Glasur lösliche Bleimengen:

	10 Stück	7 Stück	6 Stück	2 Stück	5 Stück
Blei . . .	0 mg	1—5 mg	5—10 mg .	29 u. 42 mg	180—300 mg

Die größten Mengen Blei lösen sich bei der ersten Behandlung mit 4proz. Essig; bei späterer Behandlung läßt die Menge nach. Außer Blei fanden sich auch Zinn und Antimon in einigen Lösungen. Auch konnte K. B. Lehmann in einem Falle durch den Gebrauch eines schlecht glasierten irdenen Geschirres eine akute Vergiftung feststellen.

2. Vorbereitung der Probe für die Untersuchung. Für die Untersuchung des Emails und der Glasur auf Löslichkeit von Blei in 4proz. Essig bietet die Zubereitung der Probe keine Schwierigkeit; man verwendet hierzu die ganzen Geschirre oder auch Stücke davon. Schwierig jedoch ist die Gewinnung und Zubereitung des Emails bzw. der Glasur,

---

[1]) Loscoeur und Vermesch glauben (Ann. chim. anal. 1902, 7, 64) einen beobachteten Vergiftungsfall nach Genuß von Speisen, die in einem außen blau und innen weiß emaillierten Eisentopf zubereitet worden waren, auf reichlich aus dem Email gelöstes Zink zurückführen zu müssen.

[2]) Münch. med. Wochenschr. 1902, 49, 340.

wenn diese für sich, getrennt von den Gefäßwandungen, auf gesamte chemische Zusammensetzung untersucht werden sollen.

Bei emaillierten Gefäßen verfährt man, wenn das innere Email auf besondere Bestandteile untersucht werden soll, in der Weise, daß man das Gefäß oben mit reiner glatter
Pappe schließt, umkehrt und dann das Email durch Hammerschläge abtrennt. Man kann
sie auch mit einem Meißel abmeißeln, was besonders dann angewendet werden kann, wenn
das äußere Email untersucht werden soll. Die so abgetrennten Teile Email enthalten noch
Teile der Gefäßwandungen, auf die es aufgetragen war. Besteht die Wandung aus Ton bzw.
Porzellan, so kann man die durch Hammer oder Meißel abgetrennten Emailstückchen durch
Abschleifen von den Scherbenteilen befreien; ist das Email auf Eisen aufgetragen gewesen
so kann man die Emailstückchen im Mörser erst gröblich zerstoßen, die Eisenteilchen mit
dem Magneten herausholen, dann immer feiner zerkleinern, das Pulver jedesmal mittels des
Magneten vom Eisen befreien und das übrigbleibende Pulver zur Untersuchung verwenden.
Aber vollständig eisenfrei bekommt man auf solche Weise das Pulver nicht. Es bleibt dann
nichts anderes übrig, als das Eisen in dem Pulver ebenfalls zu bestimmen und die Berechnung
der Bestandteile auf Prozente einerseits für das eisenhaltige, andererseits für das eisenfreie
Emailpulver vorzunehmen, da das Email selbst durchweg nur wenig Eisen enthält.

Noch größere Schwierigkeit bereitet die Gewinnung der Glasur für sich, weil sie meistens in dünner Schicht aufgetragen ist und den Gegenständen bei guter Beschaffenheit sehr
fest anhaftet. Man kann, wie bei dem Email, die mit Hammer und Meißel vorsichtig ab-
geschlagenen Glasurstückchen durch Abschleifen tunlichst von Scherbenteilchen befreien
und die rückständige Masse pulvern und zur Untersuchung verwenden. V. de Luynes[1])
empfiehlt, die Oberfläche der zu untersuchenden Gefäße mit Feile oder Meißel rauh zu machen
und dann mittels eines Pinsels mit Leim oder Gelatine zu überziehen. Nach dem Trocknen
im Trockenschrank soll man den Leim durch Behandeln mit Wasser entfernen und die sich
gleichzeitig ablösenden Glasurstückchen auf einem Filter sammeln. Wenn Bleiglasuren
vorliegen, so kann man, nach einem anderen Vorschlage, entweder die Gefäße selbst oder auch
das gewonnene Glasurpulver mit starker, kochender Salzsäure behandeln; hierdurch werden
Bleiglasuren vollständig aufgeschlossen, ohne daß die Scherben merklich angegriffen werden.

B. Chemische Untersuchung.

1. Qualitativer Nachweis von Blei. Zum qualitativen Nachweise von Blei in Email bzw.
Glasur eines Kochgeschirres usw. empfiehlt R. D. Landrum[2]), ein Stückchen Fließpapier
mit reiner Flußsäure zu befeuchten und dieses einige Minuten auf das Email bzw. die Glasur
zu legen. Hierauf soll man das Papier und die auf dem Email haftenbleibende breiartige
Masse in ein Platinschälchen spülen und die Flüssigkeit mit Schwefelwasserstoff prüfen.

2. Bestimmung des löslichen Bleis in Emails und Glasuren. Die Vorschrift der
Kommission im Kais. Gesundheitsamte für diese Prüfung lautet wie folgt:

„Die zu untersuchenden Gefäße müssen zunächst durch zweimaliges Ausbrühen mit
heißem Wasser gut gereinigt werden.

Die durch halbstündiges Auskochen mit 4 proz. Essigsäure erhaltene Flüssigkeit wird
mit Salzsäure angesäuert und mit Schwefelwasserstoff behandelt; eine schwarze Fällung
deutet die Anwesenheit von Blei oder Kupfer an.

Entsteht lediglich eine Gelb- oder Braunfärbung, so ist die Untersuchung zu wiederholen und bei zweifellosem Ausfall der zweiten Probe ein weiterer Nachweis des Bleisulfids
durch Überführung in Bleisulfat oder Bleichromat zu erbringen.

---

[1]) Compt. rendus 1902. **134**, 480; und Zeitschr. f. Untersuchung d. Nahrungs- u. Genußmittel
1902, **5**, 822.

[2]) Chem. News 1911, **103**, 28, und Zeitschrift f. Untersuchung d. Nahrungs- u. Genußmittel
1912, **24**, 425.

Die Essigauskochung ist, wenn nötig, auf Kupfer, Zinn, Nickel. Zink, Arsen und Borsäure zu prüfen. Für den Fall einer Beanstandung ist eine quantitative Bestimmung des in Lösung gegangenen Metalles zu empfehlen."

In dieser Vorschrift ist schon genügend betont, daß außer Blei auch noch andere Metalle (Kupfer, Zinn, Nickel) in Lösung gehen können, welche Blei vortäuschen können. Es ist daher von verschiedenen Seiten hervorgehoben, daß die Braunfärbung der essigsauren Lösung nicht immer für die Beurteilung genügt, daß andererseits auch eine quantitative Bestimmung des Bleis erwünscht ist.

R. Hefelmann[1]) schlägt für diesen Zweck vor, die Fällung samt der Flüssigkeit mit konzentrierter Salpetersäure mehrmals zur Trockne einzudampfen, den Rückstand zunächst mit Wasser, darauf mit neutralem Ammoniumsulfid auszuziehen und das Filtrat von der ungelösten Kieselsäure nochmals einzudampfen. Die mit verdünnter Salzsäure erhaltene Lösung wird mit Schwefelwasserstoff gefällt, der Niederschlag durch Digerieren mit neutralem Ammoniumsulfid völlig vom Zinn befreit und der auf dem Filter verbleibende Rückstand mit siedender Salpetersäure gelöst. Ein beim Abrauchen der Lösung mit Schwefelsäure und bei nachfolgendem Zusatz von Schwefelsäure und Alkohol entstehender Niederschlag wird zunächst abfiltriert, geglüht und gewogen, darauf aber nochmals in Salpetersäure gelöst und die nach dem Verjagen der Säure erhaltene wässerige Lösung mit Schwefelwasserstoff und Kaliumchromat auf Blei geprüft.

W. Funk[2]) empfiehlt, um die Braunfärbung sicherer auf Blei zurückführen zu können, der Flüssigkeit nach Herausnahme des Gegenstandes eine bestimmte, prozentual nicht zu große Menge Salzsäure zuzusetzen, hebt aber hervor, daß auch so das colorimetrische Verfahren zur Bestimmung des Bleis mit Hilfe von Schwefelwasserstoff unsicher sei.

Aus diesem Grunde dürfte der Vorschlag von N. Schoorl[3]), die Vorschrift des Niederländ. Zentralen Gesundheitsamtes anzuwenden, Beachtung verdienen. Die Vorschrift lautet:

„Der Gegenstand, der nach Inhalt, Form und Bestimmung (Topf, Pfanne, Kanne, Farbe, Schutzmarke u. a. m.) so genau wie möglich beschrieben werden muß, wird zweimal hintereinander mit kochendem Wasser gefüllt und jedesmal eine Viertelstunde mit dem heißen Wasser in Berührung gelassen. Dann wird er zu $^3/_4$ gefüllt mit einer Flüssigkeit, welche in einem Liter 40 g wasserfreie Essigsäure, 10 g Kochsalz und sonst Wasser enthält. Die Flüssigkeit heißt A.

Der Gegenstand wird nun, während er geschlossen ist, mit der Flüssigkeit A während einer Stunde ausgekocht.

Eignet der Gegenstand sich nicht, ausgekocht zu werden (zum Beispiel eine Milchkanne), so wird er mit der Flüssigkeit A gefüllt, nachdem diese zuvor bis zur Siedetemperatur erhitzt worden ist, zugedeckt und mit der heißen Flüssigkeit eine Stunde in Berührung gelassen.

Die Untersuchung auf Blei geschieht dann folgendermaßen: Die Flüssigkeit wird abgedampft, der trockene Rückstand in 50 ccm warmem Wasser aufgelöst und mit kaltem Wasser bis zu demselben Volumen, von dem man ausgegangen war, aufgefüllt. Diese Flüssigkeit heißt B.

Zu 100 ccm dieser Flüssigkeit B, welche vollständig klar sein und deshalb, wenn nötig, durch Asbest filtriert werden muß, fügt man einen Tropfen einer Lösung von Kaliumchromat (1 : 10) hinzu.

Eine mehr oder weniger starke Trübung gibt Blei zu erkennen. Um Blei quantitativ zu bestimmen, vergleiche man die Intensität der Trübung, welche Kaliumchromat in dieser Flüssigkeit verursacht mit derjenigen, welche durch Kaliumchromat in einer Bleilösung bekannten Gehalts entsteht. Diese Bleilösung wird bereitet, indem man 94,5 mg Bleiacetat unter Hinzufügung eines Tropfens Eisessig in Wasser löst und zu einem Liter auffüllt; 1 ccm dieser Flüssigkeit, die C

---

[1]) Zeitschrift f. öffentl. Chem. 1901, **7**, 201; Zeitschr. f. Untersuchung d. Nahrungs- u. Genußmittel 1902, **5**, 279.

[2]) Zeitschr. f. anal. Chemie 1910, **49**, 137.

[3]) Ebendort 1910, **49**, 741.

genannt wird, enthält 0,05 mg Blei. Um jetzt in der Flüssigkeit B das Blei zu bestimmen, verdünnt man 2 ccm der Flüssigkeit C in einem Zylinderglas (so wie man es für colorimetrische Bestimmungen gebraucht) mit Wasser bis auf 100 ccm, fügt einen Tropfen Eisessig und einen Tropfen Kaliumchromat hinzu; nach einigen Augenblicken entsteht eine schwache Trübung.

Man untersucht jetzt, wieviel von der Flüssigkeit, die mit Wasser auf 100 ccm verdünnt ist, man braucht, um in einem Zylinderglas von demselben Durchmesser, mit einem Tropfen Eisessig und einem Tropfen Kaliumchromat denselben Grad der Trübung entstehen zu lassen. Die beiden Gläser sind hierbei auf einen schwarzen Untergrund zu stellen.

Gesetzt, man braucht hierzu 20 ccm der Flüssigkeit B, dann enthalten diese 20 ccm 0,1 mg Blei, übereinstimmend mit 5 mg für 1 Liter. Diese Berechnung für andere Mengen folgt leicht aus dem Vorhergehenden.

3. Ermittelung der Zusammensetzung der Emails und Glasuren. Da in den Emails und Glasuren unter Umständen noch andere giftige bzw. nichtindifferente Metalle wie Arsen und Zink vorhanden sein können, ferner auch die Ermittelung des Gehaltes an Gesamtblei darin von Belang sein kann, so ist mitunter eine quantitative Analyse der Emails wie Glasuren erforderlich.

Nach den Untersuchungen von L. Barthe[1]), O. Emmerling[2]) und Granger[3]) muß besonders auf Arsen, Blei, Zinn, Aluminium, Zink, Calcium und Kalium sowie auf Kieselsäure und Phosphorsäure Rücksicht genommen werden. Eisen, Chrom und Mangan wurde nur in Spuren, Borsäure gar nicht angetroffen. Hefelmann (l. c.) fand in grünlichen Emails Spuren Nickel. Bei Anwesenheit von Antimon muß nach Rickmann[4]) mit Hilfe von Kaliumpermanganat geprüft werden, ob Antimonoxyd oder Antimoniate zugegen sind, da nur das erstere eine schädliche Wirkung ausübt.

Zum Aufschließen der Emails und Glasuren empfiehlt A. Beythien Kaliumbisulfat oder Bariumhydroxyd. Durchweg wird Kaliumnatriumcarbonat + Kaliumnitrat einerseits und Flußsäure + Schwefelsäure oder Flußsäure + Salpetersäure andererseits angewendet.

a) Aufschließung mit wasserfreiem Kaliumnatriumcarbonat + Kaliumsalpeter zur Bestimmung vorwiegend der Kieselsäure. Man vermischt 1,0—1,5 g Email- oder Glasurpulver mit der 6—8fachen Menge eines Gemisches von gleichen Teilen wasserfreiem Kalium- und Natriumcarbonat, dem man etwa 1 g Kaliumsalpeter zusetzt. Die Mischung wird in einem Platintiegel erst schwach, dann stärker und so lange erhitzt, bis die Masse in ruhigen Fluß gekommen ist. Man läßt die Schmelze erkalten, löst sie in warmem Wasser, setzt nach und nach unter Bedecken Salzsäure zu, bis keine Kohlensäure mehr entweicht und verdampft die Flüssigkeit — am besten in einer Platinschale — mit überschüssiger Salzsäure zur Trockne. Dieses wird zweckmäßig wiederholt. Wenn keine Salzsäure mehr entweicht, so wird die Trockenmasse einige Stunden im Luftbade bei 120—130° erwärmt, mit salzsäurehaltigem Wasser aufgenommen und die unlöslich gebliebene Kieselsäure in bekannter Weise bestimmt.

In dem Filtrat von der Kieselsäure können dann Tonerde und Eisenoxyd, ferner Kalk und Magnesia bestimmt werden. Das geht aber nur dann, wenn kein Blei oder keine sonstigen Schwermetalle vorhanden sind.

Ist Blei vorhanden, so würde mit der Kieselsäure sich schwerlösliches Bleichlorid abscheiden und könnte dieses nur durch wiederholtes und anhaltendes Kochen von der Kieselsäure getrennt werden. Man pflegt dann die Schmelze mit Salpetersäure statt mit Salzsäure einzudampfen und die ausgeschiedene Kieselsäure mit salpetersäurehaltigem Wasser

[1]) Journ. Pharm. Chim. 1898, **89**, 105; Zeitschr. f. Untersuchung d. Nahrungs- u. Genußmittel 1899, **2**, 541.

[2]) Berichte d. Deutsch. chem. Gesellschaft 1896, **29**, 1540.

[3]) Mon. scientif. 1898 [4], **12**, II, 385.

[4]) Zeitschr. f. angew. Chemie 1912, **25**, 1518.

auszuziehen. Aber für die Bestimmung der Schwermetalle schließt man die Emails und Glasuren zweckmäßig mit Flußsäure und Salpetersäure auf (vgl. unter c).

Antimon würde bei antimonhaltigen Emails und Glasuren aber auch hierdurch nicht von der Kieselsäure zu trennen sein. Man verfährt dann in der Weise[1]), daß man die erste abgeschiedene, noch feuchte Kieselsäure durch heiße 8 proz. Natriumcarbonatlösung — auf 0,1 g Kieselsäure 18—20 ccm derselben — löst und die Lösung noch zweimal mit Salzsäure eindampft und den Rückstand mit salzsäurehaltigem Wasser behandelt. Die noch vorhandenen Mengen Antimon und Blei werden auf diese Weise gelöst und entfernt.

b) **Aufschließung mit Flußsäure und Schwefelsäure.** Die Bestimmung der **Alkalien** wird in bekannter Weise durch Aufschließen mit Flußsäure und Schwefelsäurı vorgenommen, indem man die Sulfate durch Fällen mit Chlorbarium in Chloride umwandelt und sämtliche anderen Basen — bis auf Magnesia — durch Ammoniak und Ammoniumcarbonat fällt usw. (Vgl. III. Bd., 1. Teil, S. 486.)

c) **Aufschließung mit Flußsäure und Salpetersäure** behufs Bestimmung der **Schwermetalle** und aller anderen Basen mit Ausnahme von Alkalien. 1—2 g des Email- oder Glasurpulvers werden in einer Platinschale längere Zeit mit Flußsäure — unter Erneuerung derselben — behandelt und nach völligem Aufschließen auf dem Wasserbade zur Trockne verdampft. Den Rückstand übergießt man mit konzentrierter Salpetersäure, verdampft abermals zur Trockne, wiederholt dieses 2—3 mal, nimmt mit Salpetersäure und heißem Wasser auf und erhält so, wenn die Aufschließung vollständig war, eine klare Lösung. Nötigenfalls filtriert man den unlöslichen Rückstand ab und behandelt ihn nochmals mit Flußsäure usw. Aus der salpetersauren Lösung kann man das **Blei** durch Zusatz von Schwefelsäure in üblicher Weise fällen. Zweckmäßiger aber ist es, die salpetersaure Lösung zur Trockne zu verdampfen, den Rückstand behufs Zersetzung der Nitrate zu erhitzen, diesen Rückstand nach S. 802 8a mit wasserfreiem Natriumcarbonat + Schwefel zusammenzuschmelzen und die erkaltete Schmelze mit Wasser zu behandeln.

In der Lösung (Filtrat) hat man **Zinn** und **Antimon**, die nach S. 802 8b getrennt werden können.

In dem unlöslichen Rückstand befinden sich die Sulfide von **Blei, Kupfer, Nickel** und **Zink**, die Oxyde von **Aluminium** und **Eisen** sowie die Carbonate von **Calcium** und **Magnesium**.

Durch Behandeln des Rückstandes mit Salzsäure bleiben Blei- und Kupfersulfid ungelöst und können für sich getrennt und bestimmt werden, während die Trennung und Bestimmung der sonstigen Basen in der salzsauren Lösung nach bekannten Verfahren vorgenommen werden kann.

Falls das Email bzw. die Glasur **phosphorsäurehaltig** ist, so kann letztere in der Aufschließung mit Flußsäure + Schwefelsäure[2]) bestimmt werden, indem man den Rückstand nur so weit erwärmt, bis aller Fluorwasserstoff und alles Siliciumfluorid — aber keine Schwefelsäure — verflüchtigt sind. Man nimmt dann den Rückstand mit Salpetersäure auf und bestimmt die Phosphorsäure nach dem Molybdänverfahren. Oder man löst den schwefelsäurehaltigen Rückstand mit Wasser, fällt mit Chlorbarium, darauf, ohne zu filtrieren, mit Ammoniak und Ammoniumcarbonat und filtriert, wenn sich der Niederschlag klar abgesetzt hat. Er enthält sämtliche Phosphorsäure als Phosphate; man behandelt ihn mit heißer Salpetersäure und bestimmt in dieser Lösung die Phosphorsäure nach dem Molybdänverfahren.

---

[1]) Vgl. Lunge-Berl, Chem.-techn. Untersuchungsmethoden, Berlin 1910, II. Bd., S. 129.

[2]) Hat man mit Flußsäure und Salpetersäure aufgeschlossen, so kann man diese Salpetersäurelösung ebenfalls zur Bestimmung der Phosphorsäure verwenden. Hat man den Nitratrückstand mit Natriumcarbonat und Schwefel aufgeschlossen, so findet sich die Phosphorsäure mit dem Antimon und Zinn in der Lösung und kann nach Ausfällung von Antimon und Zinn als Sulfiden im Filtrat hier nach Verjagung des Schwefelwasserstoffs und Eindampfen mit Salpetersäure bestimmt werden.

d) **Bestimmung der Borsäure.** Man schließt das Email- usw. -Pulver nach Hönig und Spitta[1]) mit Kaliumnatriumcarbonat auf, löst die Schmelze in Wasser, setzt eine dem Alkalicarbonat mindestens äquivalente Menge eines Ammonsalzes zu und kocht längere Zeit. Hierdurch wird die Kieselsäure gefällt; die letzten Reste derselben fällt man durch Zusatz von ammoniakalischer Zinkoxydlösung, erwärmt nochmals bis zum Verschwinden des Ammoniaks, filtriert und wäscht aus. Die Lösung wird auf ein möglichst geringes Volumen eingedampft, in ein Kölbchen gespült und nach Zusatz von Methylorange mit einem kleinen Überschuß von 0,5 N.-Salzsäure 10—15 Min. am Rückflußkühler gekocht. Nach dem Erkalten wird der Kühler mit Wasser in das Kölbchen ausgespült und nach erneutem Zusatz von Methylorange der Überschuß der Salzsäure durch Lauge zurücktitriert. In der neutralen Lösung bestimmt man dann die Borsäure nach dem Titrationsverfahren von Jörgensen (vgl. III. Bd., 1. Teil, S. 592).

e) **Bestimmung des Fluors.** Die Bestimmung des Fluors in fluorhaltigen Emails bzw. Glasuren kann unter Umständen deshalb von Belang sein, um festzustellen, ob ein etwaiger Gehalt von Dauerwaren an Fluorwasserstoff oder Fluoriden als Frischhaltungsmitteln aus den Emails bzw. Glasuren herrühren kann. Leider ist eine genaue Bestimmung des Fluors neben Kieselsäure bis jetzt mit großen Schwierigkeiten verbunden[2]). R. D. Landrum[3]) verfährt zu dem Zweck wie folgt:

Es wird 1 g der Probe mit 2 g Kaliumnatriumcarbonat geschmolzen und über möglichst kleiner Flamme eine Stunde lang im Schmelzen erhalten. Die Schmelze läßt man unter Umschwenken an den Wandungen des Tiegels in dünner Schicht erkalten, behandelt sie dann mit 100 ccm siedendem Wasser und filtriert die Lösung ab. Diese wird auf dem Wasserbade mit einigen Gramm Ammoniumcarbonat digeriert, beim Abkühlen wird noch etwas Ammoniumcarbonat zugesetzt und die Flüssigkeit 12 Stunden der Ruhe überlassen. Der entstandene Niederschlag wird gesammelt und mit ammoniumcarbonathaltigem Wasser ausgewaschen. Die Lösung wird zur Trockne gedampft, mit Wasser verdünnt, nach dem Hinzufügen von Phenolphthalein mit Salpetersäure tropfenweise bis zur Farblosigkeit versetzt und unter wiederholtem Kochen mit Salpetersäure vollständig neutralisiert. Dann werden 20 ccm Schaffgotscher Lösung (250 g Ammoniumcarbonat in 180 ccm Ammoniak [0,92] gelöst, auf 1 l gefüllt) und 20 g frischgefälltes Quecksilberoxyd zugesetzt und kräftig geschüttelt, bis das Quecksilberoxyd gelöst ist. Der Niederschlag wird gesammelt und ausgewaschen, aus der Lösung Phosphorsäure und Chromsäure mit Silbernitrat ausgefällt, der Überschuß von Silbernitrat mit Kochsalzlösung entfernt, dann 1 ccm $^2/_1$ N.-Natriumcarbonatlösung zugesetzt und das Fluor mit überschüssigem Calciumchlorid gefällt. Der Niederschlag wird bei gelinder Rotglut erhitzt und mit verdünnter Essigsäure behandelt, zur Trockne gebracht, mit schwach essigsaurem Wasser aufgenommen, abfiltriert, getrocknet, schwach geglüht und als Calciumfluorid gewogen. Zur Bestimmung der Kieselsäure wird zunächst der bei der Fällung mit Schaffgotscher Lösung erhaltene Niederschlag erhitzt, bis das Quecksilberoxyd ausgetrieben ist, und die zurückbleibende Kieselsäure gewogen; sodann wird der beim Auflösen der Schmelze gebliebene Rückstand nebst dem bei der Fällung mit Ammoniumcarbonat erhaltenen Niederschlage mit Salzsäure behandelt und daraus auf bekannte Weise die Kieselsäure abgeschieden und gewogen.

Anforderungen an Eß- usw. -Geschirre aus Ton usw. Außer der S. 805 erwähnten gesetzlichen Forderung, nach der emaillierte oder glasierte Gefäße an 4 proz. Essig kein Blei abgeben dürfen, ist zu fordern, daß das Email bzw. die Glasur keine Risse zeigen und nicht abblättern darf. Auch dürfen die Gefäße nicht mit Blei oder irgendeinem schädlichen Stoff ausgegossen oder ausgeschlagen sein.

---

[1]) Zeitschr. f. angew. Chemie 1896, **9**, 100.

[2]) Vgl. Seemann, Zeitschr. f. anal. Chemie 1905, **44**, 343.

[3]) Chem. News 1911, **103**, 28; Zeitschr. f. Untersuchung der Nahrungs- und Genußmittel 1912, **24**, 425.

III. Gebrauchsgegenstände aus Kautschuk.

Vorbemerkungen.

Der Kautschuk kommt in der verschiedensten Verarbeitung und Form, z. B. als Trinkbecher, Schlauch, Umhüllungs- und Verschlußmittel, mit menschlichen Nahrungs- und Genußmitteln in Berührung oder dient zur Herstellung von Bekleidungsstücken, von Spielwaren
und sonstigen Gebrauchsgegenständen, an welche je nach dem Verwendungszweck verschiedene
gesetzliche Anforderungen gestellt werden. Aus dem Grunde mögen hier vorab die Verarbeitung
des Kautschuks, die gesetzlichen Bestimmungen für die einzelnen Kautschukwaren zum Schutze
vor menschlichen Gesundheitsstörungen kurz angegeben werden.

1. Herstellung der Kautschukwaren. Der Kautschuk wird aus dem
Milchsaft mehrerer zu den Familien der Euphorbiaceen, Asclepiadeen und Apocynaceen gehörenden Pflanzen gewonnen; die Grundsubstanz ist ein Kohlenwasserstoff $n(C_{10}H_{16})$, ein
Dimethylcyclooctadien, von Harries „Jsopren" genannt. Der Milchsaft, der 30—50% Kautschuk enthält, wird entweder durch direktes Eintrocknen unter gleichzeitiger Räucherung
(Parakautschuk), oder durch Ruhenlassen des Saftes, wobei sich der Kautschuk wie Rahm
auf der Milch abscheidet, oder durch Gerinnenlassen unter Zugabe von Salzen, Säuren in verunreinigter Beschaffenheit abgeschieden. Die Verunreinigungen (wasserlösliche Stoffe, Albumin neben mechanisch beigemengten organischen und unorganischen Stoffen) werden dem
Kautschuk durch eine weitere Verarbeitung entzogen. Der Rohkautschuk ist in der Wärme
klebrig, in der Kälte spröde. Um diese Eigenschaften auszugleichen, wird er zunächst in heißem
Wasser erweicht, zwischen Walzen zerrissen und längere Zeit mit Wasser gewaschen, darauf
vulkanisiert, d. h. mit Schwefel verknetet, der mit dem Kautschuk leicht eine additionelle
Verbindung eingeht, wodurch er die Klebrigkeit in der Wärme und die Sprödigkeit in der
Kälte verliert. Man unterscheidet zwischen Heiß- und Kaltvulkanisation.

Bei der Heißvulkanisation unterscheidet man wiederum zwei Verfahren; entweder
man vermengt den Kautschuk zwischen Walzen nur kurze Zeit mit wenig Schwefel bei
120—130° bzw. bei 170—180° und bekommt auf diese Weise das Weichgummi, das nur
1—10% Schwefel in chemischer Bindung enthält, oder man behandelt längere Zeit mit
viel überschüssigem Schwefel bei niederer (120—135°) oder höherer (150—160°) Temperatur
und erhält so das Hartgummi (Ebonit) mit 25—34% Schwefel.

Bei der Kaltvulkanisation wird der zu vulkanisierende Kautschuk in der Kälte
durch eine dünne Lösung von Schwefelchlorür (S_2Cl_2) hindurchgeführt oder damit gebürstet
oder auch den Dämpfen von S_2Cl_2 ausgesetzt. Hierbei tritt Schwefel und Chlor mit dem Kautschuk in Verbindung und liefert das sog. Patentgummi.

Neben dem Schwefel werden beim Vulkanisieren auch Schwefelantimon, Schwefelblei,
unterschwefligsaures Blei, Schwefelwismut, Schwefelzink und unterschwefligsaures Zink
verwendet; sie können den Schwefel nur ersetzen, wenn sie freien Schwefel enthalten. Denn
dieser ist die Grundbedingung für das Vulkanisieren.

Sonst dienen sie nur als Füllmittel oder um den Kautschuk zu färben (wie z. B. beim
Zusatz von Schwefelantimon oder Goldschwefel). Als Füllmittel werden nämlich die verschiedenartigsten, unorganischen Stoffe (wie außer den Sulfiden auch die Oxyde der genannten Metalle, Eisenoxyd, Zinnober, Kreide, Gips, Schwerspat, Talkerde, Kaolin, Ton
usw.) und organischen Stoffe (wie Kautschukharze, sonstige Harze, Mineralöle, Asphalt,
Stärke, Dextrin, Gummi usw., besonders auch die Faktise) angewendet. Von letzteren unterscheidet man weißen und braunen Faktis.

Weißer Faktis ist eine krümelige, elastische, weißlichgelbe Kautschukersatzmasse,
die durch Behandeln fetter Öle (Rüböl, Cottonöl, Ricinusöl) mit Schwefelchlorür erhalten wird,
während die braune Faktis durch Verkochen der Öle mit Schwefel (bzw. Oxydieren und
Verkochen mit Schwefel) sowie durch nachfolgendes Behandeln mit kleiner Menge Schwefel-

chlorür gewonnen zu werden pflegt. Sogenanntes Radiergummi besteht vielfach nur aus Faktisen mit mineralischen Füllmitteln.

Guttapercha ist ein dem Kautschuk ähnlicher Stoff, der aus dem geronnenen Milchsaft von Pflanzen aus der Familie der Sapotaceen gewonnen und in ähnlicher Weise wie Kautschuk verarbeitet wird. Sie unterscheidet sich nur dadurch von Kautschuk, daß sie sich leichter oxydiert und viel träger mit Schwefel verbindet als Kautschuk. Die Guttapercha, ebenfalls aus isomeren Kohlenwasserstoffen $n(C_{10}H_{16})$ bestehend, wird bei mäßiger Wärme (unter 70°) weich und plastisch, ist weniger elastisch, besitzt aber eine größere Isolationsfähigkeit als Kautschuk. Sie löst sich in Chloroform und wird bei vielen Sorten durch Äther gefällt, was beim Kautschuk meistens nicht der Fall ist.

Balata wird aus dem Saft des ebenfalls zu den Sapotaceen gehörigen großen Baumes Mimusops Balata oder Sapota Mülleri gewonnen. Die wertvolle Substanz der Balata unterscheidet sich von der Guttapercha nur durch einen höheren Harzgehalt. Die Balata dient vorwiegend zur Herstellung von Treibriemen als Zusatz zu Kautschukwaren, um diesen eine größere mechanische Widerstandsfähigkeit zu erteilen.

2. Gesetzliche Bestimmungen für Kautschukwaren. Nach den Ausführungen S. 779 dürfen:

a) **Kein Blei enthalten**: Trinkbecher und Spielwaren aus Kautschuk — mit Ausnahme von massiven Bällen;

Kautschukschläuche zu Leitungen für Bier, Wein oder Essig;

b) **Weder Blei noch Zink enthalten**:

Kautschuk zur Herstellung von Mundstücken für Saugflaschen, Saugringen, Warzenhütchen.

Sinngemäß dürften, wie schon S. 779 gesagt ist, hierher auch Kautschukringe bzw. Kautschukkappen zu rechnen sein, welche zum Dichten von Konservenbüchsen usw. verwendet werden.

c) Nach § 4 des Farbengesetzes dürfen zu Spielwaren, also auch zu solchen aus Kautschuk, **keine Farbstoffe** oder **keine Farbzubereitungen** verwendet werden, die enthalten: Antimon, Arsen, Barium, Blei, Cadmium, Chrom, Kupfer, Quecksilber, Uran, Zink, Zinn, Gummigutti, Korallin und Pikrinsäure.

Ausgenommen sind, d. h. auf die Anwendung von: Schwefelsaurem Barium (Schwerspat, Blanc fix), Barytfarblacken, welche von kohlensaurem Barium frei sind, Chromoxyd, Kupfer, Zinn, Zink und deren Legierungen als Metallfarben, Zinnober, Zinnoxyd, Schwefelzinn als Musivgold, Schwefelantimon und Schwefelcadmium als Färbemittel der Gummimasse, nicht aber als Färbemittel der Oberfläche, findet diese Bestimmung keine Anwendung und auf die in Wasser unlöslichen Zinkverbindungen nur, soweit sie als Färbemittel der Gummimasse, als Öl- oder Lackfarben oder mit Lack oder Firnisüberzug versehen werden.

d) Falls Kautschuk (Gummi) zu Möbelstoffen, Teppichen, Bekleidungsgegenständen (Regenmäntel, Strümpfe usw.) benutzt wird, darf er nach § 7, Abs. 2 des Gesetzes vom 5. Juli 1887 **kein Arsen** in wasserlöslicher Form oder nicht in solcher Menge enthalten, daß sich in 100 qcm des fertigen Gegenstandes mehr als 2 mg in Wasser unlösliches Arsen vorfinden.

3. Herstellung einer Durchschnittsprobe. Durch die rein mechanische Verarbeitung der zähen Kautschukmasse mit anderen Stoffen läßt sich kaum eine gleichartige Verteilung der Bestandteile erreichen und zeigen die einzelnen Teile der Kautschukwaren durchweg nicht unwesentliche Unterschiede in der Zusammensetzung. Aus dem Grunde muß auf die Herstellung einer guten Durchschnittsprobe besondere Sorgfalt verwendet werden, die hier um so schwieriger ist, als es sich in der Regel um elastische, zähe, schwer zu pulvernde Gegenstände handelt. Hartgummi- und kompakte Weichgummiwaren zerkleinert

man am zweckmäßigsten mit Hilfe einer Eisen- bzw. Holzraspel. Dünnere Weichgummi-platten, Röhren usw. bindet man durch Umwicklung fest zu dickeren Röhren zusammen und verarbeitet diese in derselben Weise. Aus unvulkanisierten, sehr weichen und dünnen Kaut-schukwaren (Patentgummi) läßt sich nur in der Weise eine Durchschnittsprobe für die che-mische Untersuchung gewinnen, daß man sie mit einer Schere in kleine Würfel von 0,5—1,0 mm Kantenlänge zerschneidet.

Chemische Untersuchung auf gesundheitsschädliche Bestandteile.

1. Bestimmung von Blei und Zink. In einem Porzellantiegel werden 4—6 g eines Gemisches gleicher Teile Soda und Salpeter geschmolzen. Unter ständigem Erhitzen des Tiegels trägt man nach und nach etwa 2 g des feingeschnittenen Gummis in die Schmelze ein. Bei Gegenwart großer Mengen Zink ist die Schmelze in der Hitze schön gelb gefärbt. Man löst sie jetzt in heißem, destilliertem Wasser, läßt absitzen, kocht den Rückstand mit etwa 100 ccm Wasser zweimal aus und bringt ihn dann auf ein glattes Filter. Blei und Zink sind neben Bleisulfat als Carbonate vorhanden, die durch Behandeln des Rückstandes mit konzentrierter Essigsäure oder verdünnter Salzsäure (1 + 1) in Lösung gehen und dann in bekannter Weise durch Schwefelwasserstoff getrennt und bestimmt werden können. Hier-bei ist indes zu berücksichtigen, daß beim Aufschließen von vulkanisiertem Kautschuk mit oxydierenden Mitteln stets mehr oder weniger Bleisulfat, sei es in der Schmelze, sei es beim Auflösen derselben sich bildet, und daher für quantitative Bestimmungen berücksichtigt werden muß. Unter Umständen kann sich sogar, wenn man nur die essigsaure oder schwach salzsäurehaltige (etwa 2 proz.) Lösung auf Blei prüft, dieses sich ganz dem Nachweise ent-ziehen, selbst wenn es vorhanden ist. Aus dem Grunde ist es auch nicht ratsam, die Schmelze erst mit kaltem und heißem Wasser, dann zur Bestimmung des Bleis und Zinks mit ver-dünnter Salz- oder Salpetersäure zu behandeln, weil durch die Vorbehandlung mit Wasser, besonders mit heißem Wasser, Bleisulfat gelöst wird.

Für eine quantitative Bestimmung des Bleis muß man daher die Schmelze direkt mit verdünnter Salz- oder Salpetersäure ausziehen und hierin durch Fällen mit Schwefel-wasserstoff usw. Blei und Zink fällen. Den unlöslichen Rückstand behandelt man mit Ammoniumacetatlösung, fällt in dieser Lösung das Blei mit Schwefelammonium oder Schwefel-wasserstoff als Bleisulfid, um es mit dem aus saurer Lösung erhaltenen Bleisulfid zu vereinigen, oder man fällt das Blei aus der Lösung in Ammoniumacetat nach Ansäuern mit Essigsäure und Kaliumchromat, sammelt das Bleichromat auf einem vorher gewogenen Filter, trocknet nach dem Auswaschen mit essigsäurehaltigem Wasser bei 100° und berechnet daraus durch Multiplikation mit 0,641 den Gehalt an Blei oder durch Multiplikation mit 0,690 den an Bleioxyd; die Bestimmung des Bleis als Bleichromat ist aber nicht genau. J. Boes[1]) ver-fährt zur Bestimmung von Blei und Zink wie folgt:

1—2 g der Durchschnittsprobe der Kautschukware wird in einem geräumigen bedeckten Porzellantiegel mit konzentrierter Salpetersäure eingedampft, der Rückstand mit Soda und Salpeter geschmolzen, die erkaltete Schmelze mit verdünnter Salpetersäure ausgezogen, das Filtrat zur Trockne verdampft, der Rückstand unter Zusatz einiger Tropfen Salpetersäure mit wenig Wasser gelöst und das Blei mit verdünnter Schwefelsäure in bekannter Weise als Bleisulfat gefällt (vgl. auch S. 784 u. 799). Den in verdünnter Salpetersäure unlöslichen Rückstand behandelt man mit Ammoniumacetatlösung, filtriert, fällt im Filtrat durch Zusatz von Schwefel-ammonium oder durch Einleiten von Schwefelwasserstoff das Blei als Bleisulfid, führt dieses nach Lösen durch Salpetersäure in Sulfat über und vereinigt es mit dem aus der Lösung gefällten Bleisulfat. Das erste salpetersaure Filtrat vom Bleisulfat wird nach Entfernen des Alkohols zur Fällung des gelösten Zinks mit Natriumcarbonat neutralisiert, mit Essigsäure

---

[1]) Apoth.-Ztg. 1907, **22**, 1105; Zeitschr. f. Untersuchung d. Nahrungs- u. Genußmittel 1908, **16**, *371*.

angesäuert, mit Rhodanammonium versetzt und mit Schwefelwasserstoff gesättigt. Man läßt im verschlossenen Kolben absitzen und wäscht den Niederschlag mit 5% Rhodanammonium enthaltendem Schwefelwasserstoffwasser unter Bedecken des Trichters aus. Das noch feuchte Zinksulfid löst man in Salzsäure, wäscht das Filter erst mit Salzsäure, dann mit heißem Wasser nach, verjagt den Schwefelwasserstoff durch Erhitzen, fällt das Zink durch Natriumcarbonat und wägt es als Oxyd. Falls das Zinkcarbonat nicht rein erscheint, löst man es in verdünnter Salzsäure, macht die Lösung stark ammoniakalisch, filtriert, verdampft den größten Teil des Filtrats, säuert mit Essigsäure an und wiederholt die Fällung wie angegeben.

2. Bestimmung von Antimon- und Quecksilbersulfid.

Nach dem Vorschlage von Frank und Birkner[1]) behandelt man 0,5 g der zerkleinerten Probe zunächst mit 10 g Ammoniumpersulfat und 10 ccm rauchender Salpetersäure vom spezifischen Gewicht 1,5 in der Kälte und erhitzt dann bis zum Aufhören der lebhaften Gasentwicklung auf dem Sandbade. Falls noch rote oder schwarze Teilchen unzersetzter Substanz vorhanden sein sollten, trägt man nach und nach noch einzelne Krystalle von Persulfat, im ganzen 2—3 g, ein und erhitzt, bis keine roten Dämpfe mehr entweichen und die Flüssigkeit farblos geworden ist. Sobald sich aus der abgekühlten Lösung Krystalle abzuscheiden beginnen, gibt man 10 ccm Salzsäure (spezifisches Gewicht 1,124) sowie warmes Wasser hinzu und filtriert. Aus der Lösung werden Antimon und Quecksilber durch Einleiten von Schwefelwasserstoff gefällt und die abfiltrierten Sulfide nach Befreiung von dem mitausgeschiedenen Schwefel als $HgS + Sb_2S_3$ zusammen gewogen, indem man sie mit schwefligsaurem Natrium zur Entfernung des Schwefels kocht, dann auf einem vorher getrockneten und gewogenen Filter sammelt, bei 100° bis zur Gewichtsbeständigkeit trocknet und wägt. Die gewogenen Sulfide werden mit Schwefelammonium behandelt, das unlöslich gebliebene Quecksilbersulfid wird von ausgeschiedenem Schwefel befreit, getrocknet und gewogen. Die Menge von Schwefelantimon ergibt sich aus der Differenz. Dieses läßt sich auch aus der Lösung in Schwefelammonium durch Salzsäure wieder ausfällen und durch Überführen in Antimontetroxyd (Sb_2O_4) bestimmen, zur Kontrolle der Bestimmung als Sulfid. Vorstehendes Verfahren zur Bestimmung von Antimon- und Quecksilbersulfid ist für praktische Zwecke ausreichend; für genaue Bestimmungen sind die in den Lehrbüchern über quantitative Analyse, z. B. von Miller und Kiliani, von Treadwell u. a., beschriebenen Verfahren anzuwenden.

3. Bestimmung sonstiger Mineralstoffe.

Die Bestimmung sonstiger (nach dem Farbengesetz vom 5. Juli 1887 verbotener) Stoffe wird weiter unten unter Spielwaren besprochen werden. Man kann sich bei Kautschukwaren behufs Zerstörung der organischen Stoffe auch des Verfahrens bedienen, das Henriques[2]) für die Bestimmung des Gesamtschwefels ausgearbeitet hat, nämlich:

Ein kleines, außen unglasiertes Porzellanschälchen von 6 cm Durchmesser und 30 ccm Inhalt wird mit einem Glasstäbchen versehen, zu einem Drittel mit reiner konzentrierter Salpetersäure (spezifisches Gewicht 1,4) gefüllt und auf dem Wasserbade angewärmt. Man trägt nun von der abgewogenen Substanzprobe (1 g) nach und nach kleine Mengen in der Weise ein, daß man nach dem Zusatz sofort ein Uhrglas aufdeckt und erst fortfährt, sobald lebhafte Entwicklung von roten Dämpfen den Beginn der Zersetzung andeutet. Durch zeitweiliges Abheben vom Wasserbade und Weitererhitzen wird dafür gesorgt, daß die Reaktion weder zu stürmisch noch zu träge verläuft. Wenn alle Substanz eingetragen ist, erhitzt man noch weiter bis zur völligen Zersetzung und zum Verschwinden der roten Dämpfe, wischt das Uhrglas mit etwas Filtrierpapier ab, das man zu der Lösung gibt, und dampft zum Sirup ein. Nach Zusatz von 20 ccm Salpetersäure wird das Eindampfen wiederholt und der Sirup in der

[1]) Gummi-Ztg. 1910, **24**, Nr. 17. Vgl. weiter B. Wagner; Chem.-Ztg. 1906, **30**, 638; Zeitschr. f. Untersuchung d. Nahrungs- u. Genußmittel 1907, **13**, 205; J. Rothe, Chem.-Ztg. 1909, **33**, 679; Frank und Jacobson, Gummi-Ztg. 1909, **23**, 1046; Chem. Zentralbl. 1909, II, 66.

[2]) Zeitschr. f. angew. Chemie 1899, **12**, 802.

Wärme sorgfältig mit einem feinpulverigen Soda-Salpeter-Gemisch (5 : 3) zu einem anscheinend trockenen Pulver verrührt. Man bedeckt das Pulver noch mit so viel Soda-Salpeter, daß im ganzen 5 g davon zur Anwendung kommen, erhitzt weiter auf dem Wasserbade, bis keine Kohlensäure mehr entweicht, und beginnt nun sehr vorsichtig mit der Schmelze. Zur Vermeidung von Verlusten durch Verpuffung setzt man das Schälchen 5 cm über eine ganz kleine Bunsenflamme, die allmählich höher geschraubt wird, und überdeckt es mit einem zweiten Schälchen von derselben Form (Hohlseite nach unten). Unter normalen Verhältnissen schwärzt sich die Masse zunächst an den Rändern, während sich in der Deckschale nur braune schwefelfreie Destillationsprodukte ansetzen. Schließlich wird nach Abnehmen des Schälchens unter Umrühren kräftig weiter geschmolzen, so daß die Operation etwa 1—1$^{1}/_{2}$ Stunden in Anspruch nimmt. Die erkaltete Schmelze wird mit heißem Wasser aufgenommen, und die Lösung, welche den gesamten Schwefel in Form des Sulfates — mit Ausnahme von etwaigem Bleisulfat (vgl. S. 813) — enthält, jedesmal schnell[1]) abfiltriert. Auf dem Filter verbleiben außer den alkalischen Erden die Schwermetalle als Oxyde oder Carbonate und werden in üblicher Weise bestimmt. Nur bei Gegenwart von Quecksilber, welches verloren geht, muß das vorstehend unter Nr. 2 beschriebene Verfahren angewendet werden.

4. Bestimmung der Bindungsform der Metalle. Um zu ermitteln, in welcher Bindung die einzelnen Metalle vorhanden sind, kann man, wie unter „Spielwaren" beschrieben wird, die Substanz direkt mit Wasser und Säuren auskochen oder noch besser nach dem Verfahren von Frank-Marckwald[2]) zunächst die in Aceton und Xylol löslichen organischen Stoffe entfernen[3]):

Die Probe wird im Soxhletschen Extraktionsapparate mit Aceton quantitativ ausgezogen und von dem ungelösten Rückstande 1 g mit 30 ccm Xylol in einem weiten, starkwandigen, mit eingeschliffenem Glasstopfen versehenen Reagensglase übergossen. Man erhitzt in einem halb mit Xylol als Heizflüssigkeit gefüllten Autoklaven langsam in einer Stunde auf 15 Atm. und erhält 3—4 Stunden auf einem Druck von 15—18 Atm. Nach dem Abkühlen setzt man, falls sich Bodensatz und Lösung klar getrennt haben, das gleiche Volumen Äther hinzu und rührt um. Anderenfalls setzt man zunächst 1—3 ccm absoluten Alkohol hinzu, wobei noch geringe Kautschukmengen ausfallen, und füllt dann erst mit Äther auf. Nach dem Stehen über Nacht wird der unlösliche Rückstand abfiltriert, mit Äther nachgewaschen, getrocknet und gewogen. Das trockne, staubige Pulver von meist grauer, schwarzer oder auch weißer Farbe enthält neben Kohle und wenig unlöslichen organischen Stoffen die Mineralbestandteile, welche jetzt leicht in wasserlösliche, salzsäurelösliche usw. getrennt werden können.

Zur Vermeidung der Autoklavenbehandlung haben Hinrichsen und Manasse[4]) die Extraktion mit einer Petroleumfraktion vom Siedepunkte 230—260° empfohlen, an deren Stelle nach Frank-Marckwald[5]) noch besser eine solche mit Paraffinöl (spezifisches Gewicht 0,86) in folgender Weise benutzt werden kann: Der zerschnittene Kautschuk wird mit 25 ccm des Petroleums oder Paraffinöls längere Zeit (1$^{1}/_{4}$—6 Stunden) gekocht und die Flüssigkeit nach dem Erkalten mit 50—100 ccm Petroläther, Benzin oder Äther, nicht aber Benzol, versetzt. Nach erfolgter Klärung, die eventuell durch Zentrifugieren beschleunigt wird, filtriert man und wäscht den Rückstand mit dem angewendeten Verdünnungsmittel aus. Er kann dann zur Entfernung von Antimonsulfid mit Schwefelammonium ausgewaschen, oder auch wie oben mit Wasser und Salzsäure behandelt werden.

---

[1]) Bei längerem Verweilen der heißen Lösung mit dem unlöslichen Rückstand kann sich aus etwa vorhandenem Bariumcarbonat und Natriumsulfat Bariumsulfat zurückbilden.

[2]) Gummi-Ztg. 1908, **22**, 134.

[3]) K. O. Weber hat schon früher (Berichte d. Deutsch. chem. Gesellschaft 1903, **36**, 3103) einen ähnlichen Vorschlag gemacht.

[4]) Chem.-Ztg. 1909, **33**, 735.

[5]) Chem.-Ztg. 1909, **33**, 812 und Gummi-Ztg. 1909, **23**, 98.

Falls in **Gummikleidungs-** bzw. **Möbelstoffen Arsen** bestimmt werden soll, verfährt man wie weiter unten S. 823 u. 845 angegeben ist oder nach III. Bd., 1. Teil, S. 499 u. 503.

Eingehende Untersuchung der Kautschukwaren.

Die Kautschukwaren enthalten, wie schon ausgeführt, neben dem eigentlichen Kautschuk die verschiedenartigsten organischen und unorganischen Stoffe. Die folgende Tabelle[1]) gibt eine Übersicht über diese Stoffe und wie sie, vorwiegend nach den Verfahren von **Frank** und **Marckwald**, getrennt und bestimmt werden können.

Zusammenstellung des Analysenganges (für fast alle Fälle anwendbar, bei Weich- und Hartkautschukwaren).

1. Ausgangsmaterial wird mit Aceton ausgezogen (S. 817)					4. Direkte Bestimmungen im Ausgangsmaterial
A. Auszug:	B. Rückstand wird in zwei Gruppen weiter bearbeitet:				Wasser
Gesamte Menge des freien Schwefels	2. Behandeln mit alkoholischem Kali (S. 817)		3. Behandeln mit Xylol im Autoklaven (S. 818)		Asche (wird zur qualitativen Untersuchung verwendet)
Harzsubstanz des Kautschuks	C. Auszug:	D. Rückstand:	E. Lösung:	F. Rückstand:	GesamterSchwefel
Zersetzte Kautschuksubstanz	Weißer ⎫ daran gebundenes Faktis ⎬ Chlor und Brauner ⎭ Schwefel Faktis	Kautschuksubstanz, daran gebunden Schwefel	Kautschuksubstanz mit daran gebundenem Schwefel	Füllstoffe Ruß, Graphit, Mehl, Cellulose usw.	Gesamtes Chlor
Partiell geschwefelte Faktisanteile	Oxydierte fette Öle	Mineralbestandteile, soweit nicht	Faktis	Alle Mineralfüllmittel	Goldschwefel
Fremde Harze	Chlor, welches an Kautschuk gebundenen war	mit alkoholischem Kali zersetzbar und löslich (zur Nitrositbestimmung nach Alexander)	Fremde Harze	Carbonate und Sulfide (zersetzt) Eiweißsubstanz aus Kautschuk (meist teilweise zersetzt) Zinnober enthaltende Mischungen dürfen nur im zugeschmolzenen Glase mit Xylol behandelt werden wegen der Flüchtigkeit der Quecksilberverbindung — Schädigung des Autoklaven —	Zinnober
Harzöle Mineralöle Feste Kohlenwasserstoffe Flüssige Kohlenwasserstoffe Freie fette Öle Wachs Lanolin Lösliche Anteile von Teeren, Pechen und Asphalten Organische Farben Wasser aus der Probe (indirekte Bestimmung)	Teil des Zinkoxyds und Goldschwefels Verseifbare, nicht in Aceton lösliche fremde Harze				Sulfidschwefel Direkte Bestimmung der Kautschuksubstanz (Axelrod)

Im einzelnen sei dazu noch folgendes bemerkt:

1. Wasserbestimmung. Die durch Raspeln oder Zerschneiden in kleine Würfel erhaltene Durchschnittsprobe wird im Porzellanschiffchen abgewogen und dann in einem weiten Glasrohr unter Durchleiten von Wasserstoff oder Kohlensäure (nicht Leuchtgas) bei 80—95° bis zur Gewichtsbeständigkeit getrocknet.

2. Aschenbestimmung. Man schneidet in eine Asbestplatte eine runde Öffnung von 3—4 cm, bringt in diese eine kleine, außen nicht glasierte **Porzellanschale**, in die man 0,5 g Substanz abgewogen hat, und erhitzt zunächst vorsichtig so, daß die flüchtigen organischen Stoffe, ohne Feuer zu fangen, fortsublimieren; erst wenn dieses geschehen ist, erhitzt man stärker und so lange, bis die organischen Stoffe völlig verbrannt sind.

Zur qualitativen Prüfung und quantitativen Analyse der Mineralstoffe benutzt man besser den Rückstand von der Aceton-, Xylol- oder Paraffinölbehandlung (S. 815).

3. Gesamtschwefel. Man führt die oben beschriebene Schmelze nach **Henriques** (S. 813) aus und fällt aus der wässerigen Lösung nach Abscheidung der Kieselsäure mit Chlorbarium.

---

[1]) Vgl. **Lunge-Berl**, Chemisch-technische Untersuchungsmethoden, 6. Aufl., Berlin, **Julius Springer** 1911, III. Bd., S. 855ff.

Außerdem kann der Schwefel nach dem Verfahren von Carius oder nach dem v. Konekschen Rapidverfahren (Zersetzung mit Natriumsuperoxyd)[1]), oder nach Pennock und Morton[2]) (Zersetzung mit Natriumsuperoxyd und Titration mit Bariumchromat) bestimmt werden.

4. An Metalle gebundener Schwefel. *a) Sulfidschwefel.* Durch Auskochen der Substanz mit Salzsäure bis zum Verschwinden des Schwefelwasserstoffgeruchs werden die Sulfide zersetzt. Der abfiltrierte, mit Wasser ausgewaschene und nach dem Trocknen gewogene Rückstand dient zur Bestimmung des Schwefels nach 3. Der Sulfidschwefel ergibt sich aus der Differenz.

b) Sulfatschwefel. Falls die salzsaure Lösung kein Barium enthält, kann etwa vorhandenes Barium nur als Sulfat vorhanden sein. Der zugehörige Schwefelgehalt läßt sich mithin aus der Bariumbestimmung berechnen. An Calcium gebundene Schwefelsäure wird aus der salzsauren Lösung als Bariumsulfat gefällt.

5. Chlor. 1 g Substanz wird vorsichtig mit Soda-Salpeter-Gemisch geschmolzen und die wässerige Lösung nach Volhard titriert.

Da Chloride in Kautschukwaren nicht vorkommen, so weist ein etwaiger Chlorgehalt bei unvulkanisiertem und bei heiß vulkanisiertem Kautschuk auf die Anwesenheit von weißem Faktis hin, welcher etwa 6—8% Chlor enthält. Während aber im ersteren Falle aus dem Chlorgehalte der Gehalt an Faktis berechnet werden kann, ist dies bei dem heiß vulkanisierten Kautschuk wegen der unvermeidlichen Chlorverluste nicht möglich.

Bei kalt vulkanisiertem Kautschuk kann Chlor als weißer Faktis vorhanden, aber auch dem Kautschukmolekül addiert sein. Die Entscheidung der Frage erfolgt auf Grund der in Nr. 8 besprochenen Bestimmung von Faktis und daran gebundenem Schwefel. Findet man hierbei wesentlich mehr Schwefel als Chlor, so ist brauner chlorfreier Faktis zugegen, weil weißer Faktis äquivalente Mengen Chlor und Schwefel enthält. Bei Anwesenheit von weißem Faktis sind Schwefel und Chlor in äquivalenten Mengen vorhanden. Man berechnet dann die Chlormenge, welche dem an Kautschuk gebundenen Schwefel äquivalent ist, und schreibt den Überschuß dem Faktis zu.

6. Kohlensäure. Zur Bestimmung bringt man die Substanz direkt oder den nach der Extraktion mit Nitrobenzol hinterbleibenden Rückstand in einen Geißlerschen Apparat, übergießt sie aber nicht mit Wasser, sondern zur Zurückhaltung von Schwefelwasserstoff mit Kupfersulfatlösung und zersetzt in üblicher Weise mit Phosphorsäure oder Salzsäure.

7. Extraktion mit Aceton. Man zieht die getrocknete und gewogene Probe in einem Apparate von Zuntz oder Soxhlet 6—10 Stunden mit Aceton aus und bestimmt nach dem Verdunsten des Lösungsmittels sowohl die Gewichtsabnahme der Probe als auch, zur Kontrolle, das Gewicht der in Lösung gegangenen Substanz. In Lösung gehen: der gesamte freie Schwefel, die Harzsubstanz des Kautschuks und fremde Harze, zersetzte Kautschuksubstanz, partiell geschwefelte Faktisanteile, Harz- und Mineralöle, feste und flüssige Kohlenwasserstoffe, freie fette Öle, Wachs, Lanolin, lösliche Anteile von Teer, Pech und Asphalt, organische Farben. Zur Bestimmung der Harze kann die Löslichkeit in 70 proz. Alkohol herangezogen werden, während die Trennung der verseifbaren und unverseifbaren Stoffe sowie die Bestimmung des Schwefels in üblicher Weise erfolgt.

Der in Aceton unlösliche Rückstand wird in zwei Teilen nach 8 und 9 getrennt weiterbehandelt.

8. Behandlung mit alkoholischem Kali (Faktisbestimmung). Man kocht 5 g mit 25 ccm halbnormaler alkoholischer Kalilauge 4 Stunden am Rückflußkühler, befreit den unlöslichen Teil vom Alkohol, wäscht mit siedendem Wasser bis zum Verschwinden der alkalischen Reaktion und trocknet ihn auf gewogenem Uhrglase oder im

---

[1]) Gummi-Ztg. 1904, **18**, 729.
[2]) Journ. Amer. Soc. 1903, **25**, 1265.

Wägegläschen. Die Gewichtsdifferenz umfaßt: weißen und braunen Faktis nebst daran gebundenem Chlor und Schwefel, oxydierte fette Öle, Chlor, welches an Kautschuk gebunden war, Teile des Zinkoxydes und Goldschwefels, in Aceton unlösliche verseifbare fremde Harze. Im Rückstande bleiben: Kautschuksubstanz mit daran gebundenem Schwefel, Mineralstoffe.

9. Behandlung mit Xylol im Autoklaven.
Bei dieser unter der Bestimmung der Mineralstoffe beschriebenen Behandlung (S. 815) gehen in Lösung: Kautschuk mit daran gebundenem Schwefel, Faktis und fremde Harze.

Im Rückstande befinden sich alle Mineralstoffe im unzersetzten Zustande, ferner die meist teilweise zersetzte Eiweißsubstanz des Kautschuks und die Füllstoffe: Ruß, Graphit, Mehl, Cellulose usw.

10. Stickstoff im Kautschuk.
A. Tschirch und W. Schmitz[1]) bestimmen den Stickstoff im Kautschuk wie folgt: 2—3 g Kautschuk werden in einem 300 ccm-Kjeldahl-Kolben mit 45—50 g konzentrierter Schwefelsäure so übergossen, daß alle Teile benetzt sind. Man erhitzt wie üblich auf dem Drahtnetz mit kleiner Flamme bis zur Verflüssigung, — bei starkem Schäumen setzt man etwas Paraffin zu —. Nach dem Erkalten gibt man 0,25 g Kupferoxyd + 10 g Kaliumsulfat hinzu und erhitzt, bis die Flüssigkeit klar und durch das gelöste Kupfer grün erscheint. Die Flüssigkeit wird nach dem Erkalten mit Natronlauge alkalisch gemacht und wie üblich oder im Wasserdampfstrome destilliert.

Zur Bestimmung der stickstoffhaltigen Nebenbestandteile in Rohkautschuk verfahren die Verfasser folgendermaßen: 3—7 g in dünne Schnitte zerschnittener Rohkautschuk (nicht gewaschen und nicht entharzt) werden nach 8 tägigem Trocknen im Vakuum-Exsiccator in einem 500 ccm-Kolben mit 40—60 ccm Pentachloräthan (Pentalin) übergossen und nach Verschließen des Kolbens mit Wattebausch im Trockenschrank 4—6 Stunden auf 80° erhitzt. Nach dem Erkalten verdünnt man mit 400 ccm Chloroform, läßt im Scheidetrichter sich klären, filtriert durch ein gewogenes Filter, wäscht mit Chloroform vollständig aus, trocknet im Vakuumexsiccator und wägt. Darauf verbrennt man den Rückstand samt Filter, wie vorstehend angegeben ist, und berechnet die Stickstoffmenge unter Abzug des Stickstoffs des Filters.

Rohpara ergab 2,9—3,1% unlöslichen Rückstand mit 11,0—12,6% Stickstoff; der Kautschuk selbst enthielt bei direkter Bestimmung 0,357% Stickstoff, wovon nach Behandlung mit Pentalin und Chloroform 0,345% wiedergefunden wurden.

11. Reinkautschuk.
An Stelle der früher üblichen Bestimmung aus der Differenz empfehlen Frank und Marckwald folgende beiden Verfahren:

a) Nitrositverfahren von Alexander.[2]) 0,5 g der klein zerschnittenen, sorgfältigst mit Aceton ausgezogenen Probe werden in 50 ccm Tetrachlorkohlenstoff suspendiert und nach 12 stündiger Quellung mit einem aus Stärke und konzentrierter Salpetersäure (spezifisches Gewicht 1,4) hergestellten nitrosen Gasgemisch behandelt. In relativ kurzer Zeit entsteht das sog. Nitrosat (Alexander), und nach einigen Stunden sind die Stückchen durch und durch umgesetzt. Man läßt sie vorsichtshalber noch über Nacht in der mit Gas gesättigten Lösung stehen und ermittelt, ob sie sich leicht zu einem Pulver zerdrücken lassen. Zeigen sich hierbei noch unangegriffene elastische Teile im Inneren, so setzt man die Nitrosierung fort. Anderenfalls gießt man den Tetrachlorkohlenstoff ab, wäscht den Rückstand mit Tetrachlorkohlenstoff aus und löst ihn in Aceton. Die filtrierte Lösung wird nach und nach in einem Nitrosierungskölbchen bei einer 45° nicht übersteigenden Temperatur unter Durchleiten von Wasserstoff bis auf einen kleinen Rest eingedampft und mit einigen Kubikzentimetern Äther versetzt. Man filtriert, wenn Kohlenstoff niedergeschlagen werden sollte, ab, fällt dann mit viel Äther

---

[1]) Gummi-Ztg. 1911/12, **26**, 1877 u. 2079 und Zeitschr. f. Untersuchung d. Nahrungs- u. Genußmittel 1913, **26**, 268 und 269.

[2]) Gummi-Ztg. 1907, **21**, 727. Vgl. Harries, Bericht d. Deutsch. chem. Gesellschaft 1902, **35**, 4429; 1903, **36**, 1917.

und destilliert von dem jetzt pulverigen Reaktionsprodukte das Lösungsmittel ab. Der Rückstand wird im Luft- oder Wasserstoffstrom getrocknet und gewogen und danach zur Schwefelbestimmung benutzt.

2,4 g schwefelfreies Nitrosat = 1 g Reinkautschuk.

b) Bromidverfahren nach Axelrod.[1]) Man löst 1 g der Probe durch Kochen mit 100 ccm Petroleumdestillat vom Siedepunkt bis 300° am Rückflußkühler und pipettiert nach dem Abkühlen und kräftigem Umschütteln 10 ccm in ein Becherglas von 300 ccm Inhalt. Zu dieser 0,1 g Substanz entsprechenden Menge werden 50 ccm Buddescher Bromlösung (1000 ccm Tetrachlorkohlenstoff, 6 ccm Brom, 1 g Jod) unter Umrühren hinzugesetzt. Der Niederschlag wird nach 3—4stündigem Absitzen unter Umrühren mit 100—150 ccm 96 proz. Alkohol versetzt, bis die ganze Flüssigkeit eine strohgelbe Farbe angenommen hat, und dann auf dem Filter zunächst mit einem Gemisch gleicher Teile Alkohol und Tetrachlorkohlenstoff und zuletzt mit Alkohol allein ausgewaschen. Nach dem Trocknen wird gewogen. Von dem Gewicht des Bromids subtrahiert man die unter Zusatz von einem Tropfen Schwefelsäure hergestellte Asche und multipliziert die Differenz mit 0,314.

Bezüglich der Einzelheiten der chemischen Untersuchung, sowie besonders bezüglich der wichtigen physikalischen Bestimmungen der Elastizität, des Tragmoduls usw. muß auf die Sonderschriften verwiesen werden. Aus der chemischen Analyse allein kann nur in beschränktem Maße ein Urteil über die Brauchbarkeit von Kautschukwaren für einen bestimmten Zweck gewonnen werden. Hoher Gehalt an Carbonaten u. dgl. bedingt natürlich geringe Widerstandsfähigkeit gegen Säuren, beeinflußt hingegen die Ölbeständigkeit in günstigem Sinne. Das Verhalten gegen Säuren, Laugen, Salze, Chlor, Öle, trockene und feuchte Wärme usw. wird meist durch den praktischen Versuch geprüft. Nur für die Gummimischung zur Isolierung von Normalleitungsdrähten ist nach Hinrichsen[2]) die Vereinbarung einer bestimmten chemischen Zusammensetzung getroffen. Sie soll neben 66,7% Zusatzstoffen einschließlich des Schwefels mindestens 33,3% Kautschuk mit höchstens 4% Harz enthalten.

IV. Farben, Farbzubereitungen und gefärbte Gegenstände.

Für die hier in Betracht kommenden Farben und Farbzubereitungen gelten besondere Bestimmungen, welche in dem „Gesetz, betreffend die Verwendung gesundheitsschädlicher Farben bei der Herstellung von Nahrungsmitteln, Genußmitteln und Gebrauchsgegenständen vom 5. Juli 1887" enthalten sind.

Nach Ansicht des Gesetzgebers unterliegt nicht die Herstellung der Farben der Überwachung durch das Nahrungsmittelgesetz, sondern nur die Anwendung der Farben bei solchen Gegenständen, die wegen ihrer Berührung mit dem menschlichen Organismus einen gesundheitsgefährlichen Einfluß haben können.

Es ist jedoch darauf aufmerksam zu machen, daß außer den in diesem Gesetz genannten auch noch andere Farben als gesundheitsschädlich in Betracht kommen können (§ 12 des Gesetzes vom 14. Mai 1879).

Die Bestimmungen betreffend Farben und Farbzubereitungen im Gesetz vom 5. Juli 1887 für die Nahrungs- und Genußmittel sowie für die einzelnen Gebrauchsgegenstände lauten aber verschieden, weshalb es sich empfiehlt, diese der Reihe nach getrennt für sich zu behandeln.

A. Farben für Nahrungs- und Genußmittel.

1. Gesetzliche Anforderungen (§ 1 des Gesetzes vom 5. Juli 1887). Der § 1 des Gesetzes vom 5. Juli 1887 lautet: „Gesundheitsschädliche Farben dürfen zur Herstellung von Nahrungs- und Genußmitteln, welche zum Verkauf bestimmt sind, nicht

---

1) Gummi-Ztg. 1907, **21**, 1229.

2) Chem.-Ztg. 1910. **34**. 184.

verwendet werden. Gesundheitsschädliche Farben im Sinne dieser Bestimmung sind diejenigen Farbstoffe und Farbzubereitungen, welche

Antimon, Arsen, Barium, Blei, Cadmium, Chrom, Kupfer, Quecksilber, Uran, Zink, Zinn, Gummigutti, Korallin und Pikrinsäure

enthalten."

Anmerkung. Bei Anwendung von sonstigen Farbstoffen für Nahrungs- und Genußmittel handelt es sich nicht nur um die Gesundheitsschädlichkeit der Farben, sondern auch um die Vortäuschung einer besseren Beschaffenheit im Sinne des § 10 des Nahrungsmittelgesetzes vom 14. Mai 1879. So ist durch das Gesetz, betreffend die Schlachtvieh- und Fleischbeschau, vom 3. Juni 1900 die Färbung von Fleisch verboten (vgl. III. Bd., 2. Teil, S. 41), desgleichen von Wurst (vgl. III. Bd. 2. Teil, S. 102 u. 104), desgleichen von Schweineschmalz, Kunstspeisefett und Palmin (Cocosbutter) (vgl. III. Bd., 2. Teil, S. 457), desgleichen von Wein behufs Nachmachens von Rotwein (vgl. weiter unten); dasselbe gilt zweifellos auch von Milch (III. Bd., 1. Teil, S. 279).

In allen sonstigen Fällen, in welchen das Färben der Nahrungs- und Genußmittel eine bessere Beschaffenheit vortäuschen soll, muß dasselbe nach § 10 des Gesetzes vom 14. Mai 1879, z. B. bei Mehl (III. Bd., 2. Teil, S. 521 u. 627), bei Nudeln bzw. Makkaroni (III. Bd., 2. Teil, S. 666 u. 673), Honig (III. Bd., 2. Teil, S. 790 u. 799), Gemüsedauerwaren (III. Bd., 2. Teil, S. 848 u. 851), Obstdauerwaren (III. Bd., 2. Teil, S. 879f.), Fruchtsäften (III. Bd., 2. Teil, S. 895 u. 902), Limonaden (III. Bd., 2. Teil, S. 918 u. 922), Gewürzen (3. Teil, vorstehend S. 22 u. f.) beurteilt werden.

In diesen Fällen kann die künstliche Färbung höchstens unter deutlicher Deklaration gestattet werden. In anderen Fällen wird die künstliche Färbung mit — selbstverständlich — unschädlichen Farbstoffen stillschweigend geduldet, z. B. die Gelbfärbung bei Käse, Butter, Butterschmalz (III. Bd., 2. Teil, S. 319, 394, 406), nach der Bekanntmachung des Bundesrates vom 18. Februar 1902 bzw. 4. Juli 1908 ist die Gelbfärbung der Margarine ausdrücklich gestattet, sofern diese Verwendung nicht anderen Vorschriften zuwider läuft. Auch die Färbung des Zuckers mit Ultramarin, die von Essig (S. 475) und Branntweinen (S. 378, 381 u. 390) mit Caramel ist gestattet.

Das Gesetz umfaßt hiernach verbotene unorganische und organische Farbstoffe.

a) Unorganische Farbstoffe (Mineralfarben).

Die gebräuchlichsten unorganischen Farbstoffe (Mineralfarben), die zum Färben von Nahrungs- und Genußmitteln gegebenenfalls in Betracht kommen können, sind folgende:

α) Weiße Farben.

Verboten { Bleiweiß ($2 PbCO_3 \cdot Pb[OH]_2$), Metallweiß ($PbSO_4$), Zinkweiß (ZnO), Lithopone[1]) ($BaSO_4 + ZnS$), Blanc fixe (Schwerspat $BaSO_4$).

Nicht verboten { Kreide ($CaCO_3$), Gips ($CaSO_4 + 2 H_2O$), Ton [Pfeifenerde $H_2Al_2(SiO_4)_2 + H_2O$], Satinweiß [$Al_2(SO_4)_3 + 18 H_2O$ und CaO = Aluminiumhydroxyd + Gips].

β) Graue und schwarze Farben.

Verboten { Zinkgrau (Zn + Kohle), Galamine (gemahlene Zinkblende oder gemahlener Galmei).

Nicht verboten { Rebenschwarz (Kohle aus Fruchtschalen, Korkabfällen usw.), Beinschwarz (Elfenbeinschwarz oder Pariserschwarz = Kalkphosphat + 20 % Kohle), Rußschwarz (Lampenruß), Graphit.

---

[1]) Erhalten durch Fällen einer Lösung von Zinksulfat mit Bariumsulfid und Glühen des getrockneten Niederschlages unter Luftabschluß. Lithopone wird um so wertvoller geschätzt, je höher der Gehalt an Zinksulfid ist.

γ) Blaue Farben.

Verboten
Bergblau [$2\,CuCO_3 \cdot Cu(OH)_2$], Bremerblau [$Cu(OH)_2$], Coeruleum, Kobaltstannat ($CoSnO_3$).

Nicht verboten
Berliner-, Pariser-, Turnbulls-, Mineralblau $Fe_4[Fe(CN)_6]_3$, Thenardsblau $CoO \cdot AlO_3$, Smalte (Kobaltsilicat, aber vielfach arsenhaltig und dann verboten), Ultramarin ($Na_6Al_4Si_6S_4O_2$), Manganviolett (Manganphosphat), Kobaltviolett (Kobaltphosphat).

δ) Grüne Mineralfarben.

Verboten
Schweinfurtergrün, Scheelesches Grün [$3\,CuAs_2O_4 + Cu(C_2H_3O_2)_2$] Berggrün [$CuCO_3 \cdot Cu(OH)_2$], Grünspan [$Cu(C_2H_3O_2)_2 \cdot 2\,Cu(OH)_2$], Kuhlmanns Grün (basisches Kupferchlorid), Casselmanns Grün (basisches Kupfersulfat), Chromoxydgrün (Cr_2O_3), Guignets-, Smaragd-, Casalisgrün [$Cr_2O \cdot (OH)_4$], Arnaudons Grün (Chromphosphat), Rinmanns Grün, Kobaltgrün ($ZnO \cdot CoO$), Grüner Zinnober (Berlinerblau + Chromgelb), Zinkgrün (Pariserblau + Zinkgelb).

Nicht verboten
Grüner Ultramarin (Aluminiumsilicate + Polysulfide, vorausgesetzt, daß letztere nicht verboten sind), Grünerde (Eisenoxydulsilicat mit Tonerde).

ε) Gelbe Mineralfarben.

Verboten
Barytgelb ($BaCrO_4$), Chromgelb ($PbCrO_4$), Cadmiumgelb (CdS), Musivgold (SnS_2), Neapelgelb, Antimongelb [im wesentlichen Bleiantimoniat $Pb_3(SbO_4)_2$], Operment (As_2S_3), Zinkgelb ($ZnCrO_4$).

Nicht verboten
Kobaltgelb [$Co(NO_2)_3 \cdot 3\,KNO_2$] und Strontiangelb ($SrCrO_4$): diese beiden gelben Farbstoffe fallen zwar dem Wortlaute nach nicht unter den § 1 des Gesetzes vom 5. Juli 1887, ob sie aber völlig unschädlich sind, muß dahingestellt bleiben. Nicht verboten und auch nicht schädlich ist Ocker (Ton + Fe_2O_3).

ζ) Rote Mineralfarben.

Verboten
Chromrot [$PbCrO_4 \cdot Pb(OH)_2$], Mennige, Minium (Pb_2O_4), Zinnober (HgS).

Nicht verboten
Englischrot, Indischrot, Polierrot, Colcothar, Totenkopf, Caput mortuum usw. (Fe_2O_3).

η) Braune Mineralfarben.

Verboten
Florentinerbraun, Hatchutts Braun [$Cu_2Fe(CN)_6$], Ferrocyankupfer.

Nicht verboten
Kasselerbraun, Van-Dyck-Braun (geschlämmte und gepulverte Braunkohle), Umbra, Samtbraun (Gemisch von Eisenhydroxyd und Manganoxyden).

2. Probenahme. Die Mineralfarben kommen wohl nur für Zwecke des Malens (auch von Gebrauchsgegenständen, Kinderspielwaren), kaum für Zwecke des Färbens von Nahrungs- und Genußmitteln in Betracht. Wenn sie getrennt für sich als solche vorliegen, bietet die Probenahme für die Untersuchung keine Schwierigkeit. Sind sie äußerlich aufgetragen (Zuckerbackwaren, Spielwaren), so lassen sie sich unter Umständen durch ein scharfes Messer so abtrennen, daß sie von der Masse, welche sie bedecken sollen, wenig einschließen. Sind die Gegenstände aber mit dem Farbstoff durchtränkt bzw. durchmischt, so entnimmt man von diesen tunlichst viele Einzelproben, zerkleinert und mischt dieselben und verwendet die gleichmäßige Mischung zur Untersuchung.

3. Chemische Untersuchung. Behufs Beurteilung der Mineralfarben für Malzwecke sind eine Reihe physikalische und technische Untersuchungsverfahren in Gebrauch, die hier belanglos sind und übergangen werden können, weil für die Beurteilung der Färbung von Nahrungs- und Genußmitteln nur durch chemische Verfahren der Nachweis erbracht zu werden braucht, ob und nötigenfalls wieviel von einem oder mehreren der vorstehend genannten Mineralstoffe vorhanden sind.

a) Vorprüfung. Wenn die Farbstoffe als solche vorliegen, so können schon durch einfaches Glühen Rückschlüsse auf seine Natur gezogen werden. Verbrennt braunschwarze Farbe ohne wesentlichen Rückstand, so ist Kohle anzunehmen, bleibt ein weißer bzw. heller Rückstand, so kann neben Kohle Calciumphosphat, Zinkoxyd oder Ton vorhanden sein. Wird umgekehrt eine helle Farbe beim Glühen schwarz, so sind entweder organische Stoffe oder Kupferverbindungen vorhanden. Bleiweiß und Zinkweiß werden beim Glühen gelb, Zinkweiß in der Kälte wieder weiß. Permanentweiß (Schwerspat), Kobaltgrün, Kobaltblau, Chromoxydgrün, schwach erhitztes Ultramarin, Neapelgelb und einige rote Ocker bleiben unverändert, gelbe Ocker, Chromgelb, grüne Erden und einige Rotocker werden rotbraun, das feurige Chromoxyd geht unter Wasserverlust in Mattgrün über. Zinnober verflüchtigt sich unter Entwicklung von schwefliger Säure.

Blei-, Kupfer- und einige kobalthaltige Farben werden beim Betupfen mit Schwefelammonium schwarz bzw. dunkel. Auch durch die sonst üblichen qualitativen Vorprüfungsverfahren (wie Herstellung der Borax- und Phosphorsalzperle, Prüfung der mit Soda vermischten Substanz auf Kohle vor dem Lötrohr), durch Prüfung mit Salzsäure auf sich entwickelnde Gase usw. lassen sich Anhaltspunkte für die Natur des vorhandenen Mineralfarbstoffes gewinnen.

b) Aufschließung. Die Art der Aufschließung richtet sich nach den durch die evtl. Vorprüfung gefundenen Bestandteilen. Wenn es sich nur um Bestimmung der basischen Bestandteile handelt, so wird man konzentrierte Schwefelsäure und Kaliumsulfat (vgl. III. Bd., 1. Teil, S. 489) oder konzentrierte Salpetersäure oder Salzsäure und chlorsaures Kalium anwenden, einerlei, ob der Farbstoff getrennt für sich oder vermischt mit Nahrungs- und Genußmitteln vorliegt. Sollen aber auch die sauren Bestandteile (wie Chromsäure, Schwefelsäure, Schwefel usw.) bestimmt werden, so vermischt man die hiermit versetzte Substanz in einem Platintiegel oder Nickeltiegel mit wasserfreiem kohlensaurem Natrium (bzw. Natron-Kali), dem bei Vorhandensein von zu bestimmendem Schwefel Salpeter zugemischt wird, erhitzt bzw. verascht anfangs gelinde, schließlich stärker, bis man eine gleichmäßige ruhige Schmelze erhalten hat. Diese Schmelze wird dann wie üblich S. 808 bzw. 813 weiter untersucht.

Sind die den Nahrungs- und Genußmitteln beigemengten Mineralstoffe, auf die geprüft werden soll, nicht flüchtig, so kann man die fragliche Substanz auch in gewöhnlicher Weise einäschern und die Asche untersuchen.

c) Anzuwendende Menge. Bezüglich der Einwage wird man am besten die amtliche Anweisung, obgleich diese nur für Arsen und Zinn erlassen ist, beachten und demnach von festen, in der Masse gefärbten Nahrungs- und Genußmitteln 20 g, von oberflächlich gefärbten 20 g der abgeschabten Oberflächenschicht und von Flüssigkeiten, wie Fruchtsäften u. dgl. so viel verwenden, daß etwa 20 g Trockensubstanz zur Verarbeitung gelangen.

Bei den Untersuchungen von Farbstoffen in Substanz, für welche es an einer amtlichen Vorschrift fehlt, empfiehlt es sich, so viel zu verwenden, als zur Färbung von 20 g eines Nahrungs- oder Genußmittels ausreicht, nämlich nach dem Vorschlage von R. Hefelmann[1]) bei festen Farbstoffen 1 g und nach dem Vorschlage von F. Filsinger[2]) bei flüssigen Farben oder Farblösungen 5 g. Die Einwage wird zweckmäßigerweise in dem Gutachten vermerkt.

d) Prüfung und Bestimmung von Arsen. Am häufigsten ist eine Prüfung der Farben und der gefärbten Gegenstände auf Arsen vorzunehmen.

---

[1]) Zeitschr. f. öffentl. Chemie 1898. **4**, 373; Zeitschr. f. Untersuchung d. Nahrungs- u. Genußmittel 1898, **1**, 516.

[2]) Zeitschr. f. öffentl. Chemie 1898. **4**, 418.

α) **Qualitative Prüfung.** Um in kürzerer Zeit, besonders bei der Untersuchung zahlreicher Proben, ein vorläufiges Urteil über die Anwesenheit von Arsen zu erlangen, bedient man sich zweckmäßig des im 1. Teile dieses Bandes auf S. 500 beschriebenen Verfahrens von Gutzeit. Dasselbe ist zwar nicht völlig eindeutig, weil auch Phosphorwasserstoff die gleiche Reaktion gibt. Da es aber bei negativem Ausfalle mit Sicherheit die Abwesenheit in Betracht kommender Arsenmengen erweist, kann es zu einer Auslese der verdächtigen Proben mit Erfolg benutzt werden.

Neben der Gutzeitschen ist noch die Bettendorfsche Reaktion anzuführen, bei welcher die salzsaure Lösung mit festem Zinnchlorür erhitzt wird. Arsen bewirkt infolge der Reduktion des Zinnchlorürs Braunfärbung. Die Reaktion ist noch weniger scharf als die vorstehende und besitzt nur orientierenden Wert.

Für sehr geringe Arsenmengen eignet sich neben dem biologischen Verfahren von Gosio (s. III. Bd., 1. Teil, S. 502) besonders die schon von Beckurts[1]) empfohlene Destillation mit Eisenchlorür, welche nach A. Ortmann[2]) zweckmäßig in folgender Weise ausgeführt wird:

In einer Retorte bringt man 5 g des trockenen Farbstoffes oder eine zur Trockne verdampfte entsprechende Menge Farbstofflösung mit einigen Kubikzentimetern konzentrierter Eisenchlorürlösung und wenig Wasser zusammen und leitet dann in die erwärmte Flüssigkeit eine Stunde lang Chlorwasserstoff ein. Das in die Vorlage übergegangene Destillat wird entweder direkt oder nach vorhergehender Behandlung mit Kaliumchlorat wie üblich im Marshschen Apparate weiter behandelt. 0,25 mg As_2O_3 in 5 g Farbe sollen nach 20 Minuten noch einen deutlichen Arsenspiegel geben.

β) **Quantitative Bestimmung.** Zur quantitativen Bestimmung des Arsens sind die im 1. Teile dieses Bandes, S. 505 u. f., aufgeführten Verfahren heranzuziehen.

Über die Untersuchung sonstiger Mineralfarben vgl. unter B, S. 827 und D, S. 833 u. 838.

b) Organische Farbstoffe.

Als organische Farbstoffe sind in dem Gesetz vom 5. Juli 1887 zum Färben von Nahrungs- und Genußmitteln nur Gummigutti, Korallin (Synonyma: Aurin, Paeonin) und Pikrinsäure (Synonyma: Welters Bitter, Pikrylbraun) verboten. Es gibt aber unter den Teerfarbstoffen noch verschiedene schädliche bzw. giftige Farbstoffe, die ebenfalls nach § 12, Ziffer 1 des NMG. vom 14. Mai 1879 verboten sind.

Zu diesen gesundheitsschädlichen Teerfarbstoffen gehören nach 1. Teil des III. Bandes, S. 548, und nach einer Zusammenstellung von Beythien und Hempel[3]) folgende:

Dinitrokresol (Synonyma: Safransurrogat, Goldgelb, Viktoriagelb, Viktoriaorange, Anilinorange).
Martiusgelb = Dinitro-α-Naphthol (Synonyma: Naphtholgelb, Naphthalingelb, Manchestergelb, Safrangelb, Jaune d'or).
Aurantia = Natrium- oder Ammoniumsalz von Hexanitrodiphenylamin (Synonym: Kaisergelb).
Orange II = Sulfanilsäure-azo-β-Naphthol (Synonyma: Orange Nr. 2, β-Naphtholorange, Tropaeolin 000 Nr. 2, Mandarin-Goldorange, Mandarin-G. extra, Chrysamin, Chrysaurein, Chrysaurin).
Metanilgelb = Natriumsalz des m-Amidobenzol-monosulfosäure-azo-diphenylamins (Synonyma: Orange M. N., Tropaeolin G.).
Methylenblau.

---

1) Archiv d. Pharmazie 1884, **222**, 653.
2) Österr. Sanitätswesen 1898, **10**. 78; Zeitschr. f. Untersuchung d. Nahrungs- u. Genußmittel 1898, **1**, 515.
3) Farbenzeitung 1910. **15**, Nr. 8: Über die zum Färben von Nahrungs- und Genußmitteln benutzten Farbstoffe.

Phenylenbraun = Salzsaures m-Phenylendiamin-dis-azo-bi-m-phenylendiamin (Synonyma: Bismarckbraun, Anilinbraun, Canella, Englischbraun, Goldbraun, Lederbraun, Manchesterbraun, Vesuvin, Zimtbraun).

Safranin = ms-Phenyl- oder Tolyl-diamidotolazoniumchlorid (Synonym: Anilinrosa).

Goldorange = Salzsaures Anilin-azo-m-toluylendiamin (Synonym: Chrysoidin).

Eine große Zahl der anderen Teerfarbstoffe ist auf ihre etwaige Giftigkeit überhaupt noch nicht geprüft worden und kann ebenfalls gesundheitsschädlich sein. Es wäre daher zweckmäßig, wenn statt einer völlig unzulänglichen Liste verbotener Farbstoffe nach dem Muster der amerikanischen Gesetzgebung ein Verzeichnis der allein zulässigen organischen Farben herausgegeben würde.

Zurzeit können folgende Farbstoffe als **unschädlich** angesehen werden (vgl. auch 1. Teil, S. 549 und 2. Teil des III. Bandes, S. 744 u. Anm. 2):

Fuchsin = Rosanilinchlorhydrat (Synonyma: Rubin, Magenta, Rosein, Brillantfuchsin).

Säurefuchsin = Saures Natrium- oder Calciumsalz der Rosanilindisulfosäure (Synonyma: Fuchsin S, Rubin S).

Roccellin = Sulfoxyazonaphthalin oder Natriumsalz des α-Naphthylamin-sulfosäure-azo-β-Naphthols (Synonyma: Roscellin, Echtrot, Rouge I, Brillantrot, Rubidin, Rauvacienne, Cerasin, Orcellin Nr. 4, Cardinalred).

Bordeaux- und Ponceaurot d. s. Produkte der Verbindung von β-Naphthol-disulfosäuren mit Diazoverbindungen des Xylols und anderer höherer Homologen des Benzols.

Eosin = Tetrabrom-Fluorescein.

Spritlösliches Eosin = Kaliumsalz des Tetrabromfluoresceinäthylesters (Synonyma: Primerose S, Rose 7 B à l'alcool).

Erythrosin = Tetrajodfluorescein-Natrium.

Phloxin P = Tetrabromdichlorfluorescein.

Amaranth = Natriumsalz der Naphthionsäure-azo-2-Naphthol-3, 6-disulfosäure (Synonyma: Naphtholrot, Azorubin usw.).

Ponceau 3 R = Natriumsalz der ψ-Cumidin-azo-2-Naphthol-3, 6-disulfosäure (Synonym: Cumidinscharlach).

Alizarinblau = Dioxyanthrachinon-chinolin, $C_{17}H_9NO_4$.

Anilinblau = Triphenylrosanilin (Synonyma: Spritblau, Gentianablau, Opalblau, Lichtblau).

Wasserblau = Sulfosäuren des vorstehenden (Synonym: Chinablau).

Indogoline = Indigodisulfosaures Natrium.

Induline = Sulfosäuren des Azodiphenylblaus (Synonyma: Echtblau R, 3 R, B, 6 B, Nigrosin wasserlöslich, Solidblau).

Säuregelb R = Amido-azobenzol-sulfosaures Natrium (Synonyma: Echtgelb R, G, S, Neugelb L).

Tropaeolin 000 Nr. 1 = Sulfoazobenzol-α-Naphthol oder Natriumsalz des Sulfanilsäure-azo-α-Naphthols. (Synonyma: Orange I, Naphtholorange, Orange R).

Naphtholgelb S = Natriumsalz der Dinitro-α-Naphthol-Sulfosäure (Synonyma: Citronin A, Schwefelgelb S, Säuregelb S).

Orange L = Natriumsalz der Xylidin-azo-Naphthol-Sulfosäure (Synonyma: Brillantorange R, Scharlach R und GR, Orange N, Xylidinorange, Xylidinscharlach).

Hellgrün SF gelblich = Natriumsalz der Diäthyl-dibenzyldiamidotriphenylcarbinol-trisulfosäure (Synonyma: Lichtgrün SF gelblich, Säuregrün).

Malachitgrün = Tetramethyl-diamidotriphenylcarbinol-chlorhydrat.

Methylviolett B und 2 B = Chlorhydrate des Hexa- und Penta-Methyl-Pararosanilins (Synonyma: Methylviolett V_3, Pariser Violett).

Chemischer Nachweis der organischen Farbstoffe.

Die Probenahme erfolgt sinngemäß wie bei den Mineralfarben, S. 821. Die anzuwendende Menge kann bei den organischen Farbstoffen, getrennt für sich, wegen ihrer großen Färbekraft erheblich geringer sein, von gefärbten Gegenständen muß aber dieselbe Menge wie von den Mineralfarben angewendet werden. Die Prüfung der drei gesetzlich verbotenen organischen Farbstoffe ist schon im 1. Teile des III. Bandes beschrieben, nämlich von G u m m i g u t t i S. 563, von K o r a l l i n S. 556 Fußnote 2, von P i k r i n s ä u r e S. 559 Fußnote 2.

Es mögen hier aber noch die Vorschriften[1]) mitgeteilt werden, welche in den früheren Vereinbarungen unter dem Vorsitz des Kais. Gesundheitsamtes von einer Kommission gefaßt worden sind und also lauten:

α) G u m m i g u t t i. Man zieht die mit Sand verriebene und mit Salzsäure durchfeuchtete Masse mit Äther oder Choroform aus. Ist der Äther oder das Chloroform gefärbt, so verdünnt man einen Teil der Lösung mit Alkohol und fügt Eisenchlorid hinzu. Tritt hierbei Schwarzfärbung auf, so kann Gummigutti zugegen sein. In diesem Falle wird der ätherischen Lösung durch stark verdünntes Ammoniak die Gambiogasäure entzogen und diese nach dem Verdampfen der Lösung durch ihr Verhalten gegen Metallsalze, z. B. gegen Bariumchlorid, Kupfersulfat usw. nachgewiesen[2]).

β) K o r a l l i n. Die zu untersuchende Masse wird mit Sand verrieben und nacheinander mit Äther und Alkohol ausgezogen. Die Auszüge werden verdunstet und der Rückstand mit verdünnter Natronlauge ausgezogen. Wird die alkalische purporrote Lösung mit Ferricyankalium versetzt, so wird die rote Farbe der Lösung noch viel dunkler. Zum weiteren Nachweis der diese Reaktion bedingenden Pseudorosolsäure vgl. Z u l k o w s k y[3]).

γ) P i k r i n s ä u r e. Man kocht mit Alkohol aus, verdampft die Lösung zur Trockne und löst den Rückstand in Wasser. Die neutrale oder schwach schwefelsaure Lösung färbt Wolle stark gelb, gibt mit einer Lösung von Kaliumcyanid und Kalihydrat beim gelinden Erwärmen eine tiefrote Färbung von Isopurpursäure, und mit Kalilauge und etwas Traubenzucker erwärmt, gleichfalls Rotfärbung von Pikraminsäure.

Über den Nachweis sonstiger organischer Farbstoffe (Teer- und natürliche Farbstoffe) vgl. 1. Teil des III. Bandes, S. 548f. und die behandelten einzelnen Nahrungs- und Genußmittel, die künstlich gefärbt zu werden pflegen.

B. Farben für Gefäße, Umhüllungen oder Schutzbedeckungen zur Aufbewahrung und Verpackung von Nahrungs- und Genußmitteln

(§ 4 des Gesetzes vom 5. Juli 1887).

1. Gesetzliche Anforderungen. Der § 2 des Gesetzes vom 5. Juli 1887 lautet: „Zur Aufbewahrung oder Verpackung von Nahrungs- und Genußmitteln, welche zum Verkauf bestimmt sind, dürfen Gefäße, Umhüllungen oder Schutzbedeckungen, zu deren Herstellung Farben der in § 1 Abs. 2 (vgl. unter A S. 819) bezeichneten Art verwendet sind, nicht benutzt werden.

Auf die Verwendung von

schwefelsaurem Barium (Schwerspat, Blanc fixe),

Barytfarblacken, welche von kohlensaurem Barium frei sind,

Chromoxyd,

Kupfer, Zinn, Zink und deren Legierungen als Metallfarben,

Zinnober,

Zinnoxyd[4]),

---

1) Vgl. L. G r ü n h u t, Zeitschr. f. öffentl. Gesundheitspflege 1898, **4**, 563.

2) Vgl. auch Hirschsohn, Zeitschr. f. analyt. Chemie 1891, **30**, 655.

3) Liebigs Ann. d. Chem. u. Pharm. 1878, **194**, 123.

4) Als Zinnoxyd im Sinne des Gesetzes sind außer S t a n n i o x y d (SnO_2) auch die Hydrate desselben (Stannihydroxyd sowohl, wie Stannohydroxyd) zu verstehen, wie sie u. a. durch Vermischen von Zinnlösungen mit Alkalien entstehen. Derartige Hydrate kommen in Verbindung mit organischen Farbstoffen, auf mineralische Beisätze gefällt, als F a r b l a c k e zur Verwendung.

Schwefelzinn als Musivgold,

    sowie auf alle in Glasmassen, Glasuren und Emails eingebrannten Farben und auf
den äußeren Anstrich von Gefäßen aus wasserdichten Stoffen
findet diese Bestimmung nicht Anwendung."

Weiter ist zu berücksichtigen, daß nach § 1, Ziff. 3 des Gesetzes vom 25. Juni 1887 Emails
und Glasuren beim Kochen mit einem in 100 Gewichtsteilen 4 Gewichtsteile Essigsäure
enthaltendem Essig an letzteren kein Blei abgeben dürfen.

Auch ist zu berücksichtigen, daß die in § 1, Abs. 2 verbotenen Stoffe nach § 10 des Farbengesetzes vom 5. Juli 1887 als konstituierende Bestandteile enthalten sein müssen. Sind sie
als Verunreinigungen vorhanden, und zwar höchstens in einer Menge, welche
sich bei den in der Technik gebräuchlichen Darstellungsverfahren nicht vermeiden läßt, so finden die vorstehenden Bestimmungen nicht Anwendung.

2. Erläuterungen hierzu. Über die Bestandteile und Unterschiede von
Emails und Glasuren vgl. S. 805.

Unter „Firnissen und Lacken" sind im allgemeinen Flüssigkeiten zu verstehen,
welche, wenn sie auf glatte Oberflächen dünn aufgestrichen werden, rasch erhärten und einen
elastischen, widerstandsfähigen Überzug bilden. Die sog. „flüchtigen" Lacke (Spiritus-,
Amylacetat-, Terpentinöllacke) sind Auflösungen von Harzen in genannten Lösungsmitteln[1]),
die nach dem Verdunsten das Harz als äußerst feine Oberflächenschicht zurücklassen. Fette
Lacke, Öllacke, Lackfirnisse enthalten außer dem Harz (vorwiegend Kopal) trocknendes
Öl und flüchtiges Lösungsmittel.

Unter Firnis versteht man ein trocknendes Öl für sich allein, welches, wenn es in dünner
Schicht auf Gegenstände ausgestrichen und der Luft ausgesetzt wird, unter Sauerstoffaufnahme
erhärtet und auf den Gegenständen eine dünne schützende Haut bildet. Als wichtigster Firnis
gilt der Leinölfirnis. Um die Sauerstoffaufnahme bzw. die erhärtende Eigenschaft zu
beschleunigen, setzt man dem Leinöl Trockenmittel (Sikkative) zu, welche die Sauerstoffaufnahme katalytisch unterstützen. Die Sikkative sind fast ausschließlich Blei- und
Manganverbindungen. Früher wurden durchweg nur Bleiglätte oder Braunstein oder
borsaures Manganoxydul angewendet, womit das Leinöl erhitzt wurde; das so gekochte
Leinöl hieß Firnis. Jetzt werden als Sikkative meistens leinölsaure oder harzsaure Salze
von Blei, Mangan bzw. von beiden, harzsaurer Kalk (Kalkharz oder Calciumresinat), essigsaures oder oxalsaures Mangan u. a. angewendet. Die leinölsauren und harzsauren Salze
werden durch Fällen der alkalischen Lösungen von Leinölsäuren oder Harz mit Lösungen
von Blei- oder Mangansalzen erhalten; die Lösungen dieser Fällungen in Leinöl oder Terpentinöl kommen als „flüssige oder lösliche Sikkative" in den Handel.

Unter Lackfarben versteht man im allgemeinen alle künstlich bereiteten Farben,
welche aus einem pflanzlichen oder tierischen Pigment in Verbindung mit Mineralstoffen
bestehen. Die Öllackfarben oder Emailfarben — nicht zu verwechseln mit den Emailfarben der Keramik — sind Gemische von Lacködlen mit unorganischen Pigmenten,
wie Zinkoxyd, Bleioxyd, Eisenoxyd usw. Die Lackfarben mit organischen Pigment-
farben sind in Wasser unlösliche Substanzen bzw. in Wasser unlösliche Verbindungen, welche
man dadurch erhält, daß man die meist löslichen Farbstoffe, wenn sie basischer Natur sind,
mit einer Säure oder saurem Salz, und wenn sie saurer Natur sind, mit einer Base bzw. Salz
fällt. Typische Fällungsmittel (Lackbildner) für basische Farbstoffe sind Gerbsäure für Fuchsin-
farbstoffe, Wasserglas, Casein und Albumin, Harzsäure u. a., für saure Farbstoffe das Chlorbarium für Sulfonsäuren, Bariumhydroxyd für Hydroxylfarbstoffe, Bleiacetat und Blei-

---

[1]) Man stellt die Harzfirnisse auch in der Weise her, daß man Harze (Fichtenharz, Kopal,
Kolophonium) mit Natronlauge kocht, die Harzseifenlösung mit Schwefelsäure fällt, den Niederschlag durch Abschöpfen oder Filtrieren sammelt, mit Wasser auswäscht, in Wasser verteilt und
hierzu so viel Ammoniak setzt, bis sich alles gelöst hat.

nitrat für Resorcinfarbstoffe, Zinksulfat für Eosine, Alaun und Soda bzw. Borax für natürliche Farbstoffe des Pflanzen- oder Tierreiches. Um den durch Lackbildner und Farbstoffe gebildeten Farblacken die volle Intensität und größte Leuchtkraft, Deckkraft, Pulverisierbarkeit, Undurchsichtigkeit usw. zu verleihen, müssen die Farblacke, wenigstens die mit Teerfarbstoffen, direkt auf eine oder gleichzeitig mit einer geeigneten Substanz, Substrat oder Basis genannt, niedergeschlagen werden. Solche Substrate sind: Lithopone, Bariumsulfat (entweder natürlicher Schwerspat oder gefälltes Blanc fixe), Ton, China Clay, Gips, Kieselgur, Mennige, Zinkoxyd, Bleisulfat, Tonerdehydrat, Kreide, Lampenruß, Grüne Erde, Zinnober und andere Mineralfarben.

Diese Angaben mögen als Anhaltspunkte dafür dienen, auf welche Bestandteile bei der Untersuchung eines Farblackes bzw. eines Firnisses Rücksicht genommen werden muß.

3. Chemische Untersuchung.
Die Probenahme für die chemische Untersuchung bietet bei diesen Gegenständen weniger Schwierigkeit als die Aufschließung und Gewinnung des Farbstoffes. Von den Gefäßen verwendet man 1 oder 2 Stück, von Schutzbedeckungen und Umhüllungen, je nach der Größe, eine geringere und größere Anzahl, aus denen durch Zerschneiden in Fetzen eine engere Probe für die Untersuchung gebildet werden kann. Unter Umständen mag es auch möglich sein, die Farblacke, ähnlich wie Emails und Glasuren, S. 806, mechanisch von den Gegenständen abzutrennen und für sich zu gewinnen, wodurch die Untersuchung sehr vereinfacht wird.

a) Aufschließung. Wenn es sich bloß um Untersuchung der unorganischen Bestandteile handelt und diese nicht flüchtig sind, kann man die von den Gefäßen abgetrennte Schicht oder bei Papier- und ähnlichen Bedeckungen bzw. Umhüllungen diese mit einäschern und sie in üblicher Weise untersuchen (vgl. III. Bd., 1. Teil, S. 479 u. f.). Oder man verbrennt die Substanz unter Zusatz von Soda, wenn man auf etwaige Mineralsäuren, oder von konzentrierter Schwefelsäure oder rauchender Salpetersäure, wenn man vorwiegend auf die basischen Bestandteile Wert legt.

Bei den Öllackfarben erreicht man die Abtrennung der Lackschicht auch dadurch, daß man die Gegenstände in Berührung mit Äther oder Chloroform oder Terpentinöl bringt, die Gegenstände so lange mit den Lösungsmitteln in Berührung läßt, bis sich die Lackschicht gelockert hat und abgespült bzw. abgewischt werden kann. Man filtriert alsdann, verdampft das Lösungsmittel und untersucht den Abdampfrückstand hiervon sowie den unlöslich gebliebenen Rückstand.

In anderen Fällen kann eine Lösung von Natriumcarbonat oder Natriumhydroxyd (5—10%) eine Aufweichung und Abtrennung der Lackschicht bewirken, ohne daß die Gegenstände, Lackträger, selbst hiervon angegriffen werden (vgl. unter Vernierung der Dauerwarendosen S. 796).

Die Wasserlackfarben können häufig durch Alkohol, in der Regel (Leimfarben)[1] durch eine Lösung von Natriumcarbonat bzw. Natriumhydroxyd von den Gegenständen aufgelockert und abgetrennt und auch hier Lösung und Rückstand für sich untersucht werden. Bei den Farblacken selbst wendet man auch zum Aufschließen entweder 20grädige Natronlauge oder konzentrierte Schwefelsäure an und zieht die Aufschlüsse mit Äther aus, um über die Natur des Farbstoffes Aufschluß[2] zu erhalten.

b) Mikroskopische Untersuchung. Wenn durch vorstehende Lösungsmittel das Substrat bzw. die Farbstoffbasis bloßgelegt ist, kann die mikroskopische Untersuchung nicht nur über den größeren oder geringeren Feinheitsgrad, sondern auch über die Natur des Substrates Aufschluß geben. Der natürlich vorkommende Schwerspat zeichnet sich z. B. durch krystallinische Struktur vor dem künstlich gefällten Bariumsulfat (Blanc fixe) aus; auch der Zinnober, der angewendet werden darf, besitzt eine krystallinische Be-

---

[1] Lackfarben, die mit Leimwasser aufgetragen sind.
[2] Vgl. B. Neumann, Posts Chem.-techn. Analyse II. Bd., 1909, S. 1486 u. f.

schaffenheit, das künstlich hergestellte Quecksilbersulfid, das nicht angewendet werden darf, ist amorph.

c) Art der Bariumverbindungen. Ein Teil des Abschabsels bzw. des in den genannten Aufschließungsmitteln unlöslichen Rückstandes wird zur Entfernung löslicher Salze mit destilliertem Wasser erschöpft und mit kalter verdünnter Salzsäure behandelt. Die salzsaure Lösung darf keinen Baryt (oder höchstens Spuren) aufnehmen. Der unlösliche Rückstand wird mit kohlensaurem Natrium-Kalium geschmolzen und mit Wasser behandelt. Falls hierbei Natrium- und Kaliumsulfat in Lösung gehen, während der mit Salzsäure gelöste Rückstand Barium enthält, ist auf die Anwesenheit des zulässigen Bariumsulfats zu schließen.

Barytfarblacke müssen frei von kohlensaurem Barium sein; sie dürfen deshalb mit verdünnter Essigsäure kein Kohlendioxyd entwickeln. Falls Kohlendioxyd entwickelt wird, muß geprüft werden, ob die äquivalente Menge Barium in Lösung gegangen ist.

d) Chromoxyd. Nach Auffindung von Chrom ist nachzuweisen, daß keine Chromate zugegen sind.

Chromate entwickeln beim Erwärmen mit Salzsäure Chlor. Am empfindlichsten aber ist folgende Reaktion: Man versetzt 1—2 ccm Wasserstoffsuperoxydlösung mit etwas verdünnter Schwefelsäure und etwa 2 ccm Äther und schüttelt kräftig durch; darauf setzt man einige Tropfen der wässerigen Lösung des durch die Aufschließungsmittel — außer bei Anwendung von Soda oder Natronlauge[1] — erhaltenen Rückstandes des Farblackes oder eine wässerige Aufschwemmung desselben hinzu und schüttelt sofort wieder; bei Gegenwart von nur 0,1 mg Chromsäure färbt sich — infolge Bildung von Perchromsäure — die obenauf schwimmende Ätherschicht intensiv blau.

e) Kupfer, Zinn, Zink und deren Legierungen als Metallfarben. Die durch Wasser, Alkohol und Äther gereinigten Metallfarben müssen sich durch metallisches Quecksilber amalgamieren und, aus dem Amalgam abgeschieden, nachweisen lassen.

f) Quecksilber. Falls Quecksilber zugegen ist, behandelt man den durch die Aufschließungsmittel erhaltenen Rückstand mit Salpetersäure, in welcher der erlaubte Zinnober unlöslich ist. Er kann dann an der krystallinischen Struktur erkannt werden. Beim Erhitzen im Röstrohre muß die Verbindung Schwefeldioxyd und einen Quecksilberspiegel liefern. Der letztere bildet sich schon beim Erhitzen mit Kupferspänen.

g) Zinnoxyd und *Musivgold* (Zinnsulfid SnS_2) bleiben bei Behandlung des durch die Aufschließungsmittel erhaltenen Rückstandes mit mäßig verdünnter kalter Salpetersäure ungelöst.

Musivgold läßt sich durch Alkalipolysulfid ausziehen und aus der Lösung durch Schwefelsäure wieder ausfällen. Oder um auch das Zinnoxyd gleichzeitig oder allein zu bestimmen, mischt man den mineralischen Rückstand mit der 6fachen Menge eines Gemisches von gleichen Teilen Schwefel und wasserfreiem Natriumcarbonat, löst die Schmelze in Wasser und fällt aus der Lösung durch Zusatz von Schwefelsäure bis zur sauren Reaktion als Zinnsulfid und bestimmt dieses wie üblich (vgl. auch S. 783).

h) Besondere Papiersorten. Zum Einwickeln von Butter, Käse, Wurst u. a. wird vielfach Pergamentpapier und als Umhüllung von Zigaretten ebenso ein besonderes Papier, das Zigarettenpapier, benutzt, wofür noch besondere Untersuchungen erforderlich sind.

α) Pergamentpapier. Die Brauchbarkeit des zum Einwickeln oder Verpacken von Nahrungsmitteln viel benutzten Pergamentpapiers wird unter Umständen außer durch freie Schwefelsäure durch gewisse Beimengungen verringert. Man untersucht es in erster Linie auf einen bisweilen beobachteten Gehalt an Zucker[2] und Glycerin, welche das Wachs-

---

[1] Hat man die Farblacke durch Soda oder Natronlauge aufgeweicht, so kann die Chromsäure des Chromates in diese Lösung mit übergehen. Man säuert dann diese Lösung schwach mit Schwefelsäure an und prüft sie ebenfalls in obiger Weise.

[2] Vgl. Anm. 1 folgende Seite.

tum von Schimmelpilzen begünstigen, ferner von Eisen, welches der Butter einen bitteren Geschmack und mißfarbiges Aussehen verleihen kann, und von Borsäure, welche das Pergamentpapier vor Schimmelbildung schützen soll, aber in das Nahrungsmittel übergehen und ihm eine gesetzwidrige Beschaffenheit erteilen kann. Zur Bestimmung des Zuckers, wovon Schwarz[1]) bis 10% fand, sowie zur Bestimmung des Glycerins zieht man eine bestimmte Menge mit Wasser aus und behandelt den Auszug nach bekannten Verfahren, während das Papier nach vollständiger Durchtränkung mit Soda getrocknet, eingeäschert und die Asche wie bekannt auf Borsäure untersucht wird.

β) **Zigarettenpapier.** Papiere für Zigaretten, für Umhüllung von Löffeln, Messern, Gabeln u. dgl., welche mit Metallfolien (unechtem Blattgold oder Blattsilber) bedruckt werden sollen, müssen gegebenenfalls auf „Metallschädlichkeit", d. h. auf einen Gehalt an Chlor und freier Salzsäure (bzw. Schwefelsäure bei Pergamentpapier) geprüft werden. Zum Nachweise von Chlor wird das angefeuchtete Papier mit abwechselnden Lagen von Kaliumjodatstärkepapier zusammengepreßt, welches bei Gegenwart von Chlor eine blaue Farbe annimmt. Die Anwesenheit freier Säuren erkennt man an dem Verhalten des wässerigen Auszuges gegen Kongorot oder Amidoazobenzol; die geringste Menge freie Säure färbt die rote Lösung dieser Indicatoren blau. Hingegen ist die Reaktion gegen Lackmus, Methylorange und Methylviolett nicht ausschlaggebend, weil diese Reagenzien nach L. Kollmann[2]) auch Alaun anzeigen.

Die Metallschädlichkeit der Papiere kann auch durch Schwefel bzw. Schwefelverbindungen, die als Antichlormittel in das Papier gelangen, verursacht werden. Ferner kann bei gleichzeitiger Anwesenheit von Chloriden und Alaun in einem Papier in feuchter Luft Salzsäure gebildet und Rost erzeugt werden.

Am sichersten zum Nachweise dieser Bestandteile ist immer der praktische Versuch, indem man entweder nach Stockmeier[3]) abwechselnd aufeinandergelegte Blätter Papier und Metallfolie im Trockenschranke auf 50° erhitzt, oder nach R. Kayser[4]) den Dämpfen eines siedenden Wasserbades aussetzt. Metallschädliche Stoffe rufen auf dem Blattmetall bräunliche oder schwärzliche Flecke hervor.

C. Farben für kosmetische Mittel
(§ 3 des Gesetzes vom 5. Juli 1887).

1. Gesetzliche Anforderungen. Ausdrücklich verboten ist bei der Herstellung dieser Zubereitungen die Verwendung von:

Antimon, Arsen, Barium, Blei, Chrom, Cadmium, Kupfer, Quecksilber, Uran, Zink, Zinn, Gummigutti, Korallin, Pikrinsäure.

Zulässig sind jedoch:

Schwefelsaures Barium (Schwerspat, Blanc fixe), Schwefelcadmium, Chromoxyd, Zinnober, Zinkoxyd, Zinnoxyd, Schwefelzink, Kupfer, Zinn, Zink und deren Legierungen in Form von Puder.

Zu den in § 2 als zulässig erklärten Stoffen wird bei den kosmetischen Mitteln auch noch Schwefelcadmium gerechnet. Mit den im ersten Absatz genannten Stoffen ist aber die Menge der schädlichen und damit nach § 12 Abs. 2 des NMG. von selbst verbotenen Stoffe noch nicht erschöpft; nach Beythien und Atenstädt[5]) sind den schädlichen Stoffen noch

---

[1]) Vgl. C. Schwarz, Molkereiztg. 1904, **24**, 373; Zeitschr. f. Untersuchung d. Nahrungs- u. Genußmittel 1905, **9**, 290; Burr und Wolff, Milchwirtschaftl. Zentralbl. 1910, **2**, Heft 6.

[2]) Beckurts Jahresbücher 1907, **17**, 134.

[3]) Bericht über die 11. Versammlung der Bayr. Chemiker 1890, **9**, 41.

[4]) Zeitschr. f. öffentl. Chemie 1899, **5**, 43; Zeitschrift f. Untersuchung d. Nahrungs- u. Genußmittel 1899, **2**, 754.

[5]) Pharmaz. Zentralhalle 1908, **49**, 993.

zuzurechnen: Silber, Molybdän, Kobalt; auch Wismut und seine Salze, die ebenfalls verwendet werden, dürften nicht als indifferent anzusehen sein.

Von schädlichen organischen Stoffen kommen nach R. Sendtner[1]) Paraphenylendiamin, das ebenso wie das verwendete Diamidophenol Ekzembildungen veranlaßt, in Betracht.

Begriffserklärung und Erläuterungen. Zu den zur Reinigung, Pflege oder Färbung der Haut, des Haares oder der Mundhöhle dienenden kosmetischen Mitteln zählen die **Haar- und Lippenpomaden, Schminken, Puder, Schönheitswässer, Haaröle, Haarfärbemittel, Zahnwässer, Zahnpulver, Zahnseifen** und **Toiletteseifen.**

Gegenstand	Grundmasse	Zusatzmittel
1. Haarpomaden	Schmalz (gereinigt), Talg, Wollfett, Spermacet (fester Anteil aus dem Schädelfett des Potwales, auch Walrat gt.), weißes und gelbes Wachs, Harze, Vaselin, Palmöl, Paraffin, Olivenöl und andere flüssige Öle.	Jasminöl, Mandelöl, Lavendelöl, Bergamottöl, Neroliöl, Geraniumöl, Pomeranzenöl, Cassia(Zimt)öl, Veilchenwurzelessenz, Rosenöl, Storaxbalsam von Liquidambar orientale, Tonkabohnen, Moschus und andere ätherische Öle.
2. Lippenpomaden	Im wesentlichen dieselben Stoffe wie bei Haarpomaden, aber mehr die festen Fette und Wachse; ferner auch wohl Kakaofett und Muskatbutter.	Im wesentlichen dieselben ätherischen Öle. Die Lippenpomaden — meistens in Stangen — sind vielfach durch den Farbstoff der Alkannawurzel rot gefärbt.
3. Schminken	Feinste Mehle; Reis- und Weizenstärke, entfettetes Mandel- oder Nußmehl, Veilchenwurzelpulver, Talkerde, Specksteinpulver; Kreidepulver, Magnesia, Zinkcarbonat, Zinkoxyd, basisch kohlensaures Wismut, basisch salpetersaures Wismut, Wismutchlorid.	Für weiße Schminke: Zusatz von Ultramarin, um gelblichen Farbenton zu beseitigen; für rote Schm.: Carmin oder Carthamin oder Aloxan, das auf der Haut rot wird; für gelbe Schm. (f. Brünetten): gelber Carmin; für blonde Schm. (Adern): feinstes Berlinerblau, dazu unter Umständen etwas Rosenöl, Bergamottöl u. a.
	(Die festen, staubartigen Puder werden mittels eines Hasenpfötchens oder eines Bausches von Schwanenpelz auf die Haut gebracht. Es gibt aber auch flüssige Schminken, d. h. Aufschwemmungen der genannten Stoffe in Veilchen- oder Rosenwasser und Rosenölspiritus oder Glycerin, wobei für Rot auch Eosin verwendet wird).	
4. Puder	Die Puder enthalten im allgemeinen dieselben Stoffe wie die staubartigen Schminken; sie werden durchweg zum Bestreuen der Haare, besonders der Perücken verwendet.	
5. Schönheitswässer (zur Verschönerung der Haut)	Glycerin, Borax, kohlensaures Kalium, Kaliseife, unterschwefligsaures Natrium.	Rosenöl, Rosenwasser, Thymianöl, Mandelöl, Neroliöl, Orangenblütenwasser, Benzoetinktur, Kölnisches Wasser u. a.

---

[1]) Forschungsberichte über Lebensmittel usw. 1897, **4,** 302.

Gegenstand	Grundmasse	Zusatzmittel
5. Schönheitswässer	(Gegen Sommersprossen werden auch Mischungen der genannten Stoffe mit Quecksilberchlorid (weißem Quecksilberpräcipitat) und Bleiessig, die beide sehr bedenklich sind, angewendet; wirksam und unschädlich soll ein frischbereitetes Gemisch von gebrannter Magnesia und Wasserstoffsuperoxyd sein, das öfters abends auf die Haut gestrichen werden soll.)	
	Warzenvertilgungsmittel bestehen aus Chromsäurelösungen oder Wachs, Harz, Terpentin und Grünspan, oder Quecksilbersalbe mit 5—10 proz. arseniger Säure; auch wird konzentrierte Salpetersäure empfohlen.	
	Enthaarungsmittel bestehen meistens aus Polysulfiden der Alkalien und alkalischen Erden; sie greifen wohl die Haut, aber nicht die Haare an.	
6. Haaröle	Gereinigte flüssige Öle bzw. Huiles antiques, d. h. Olivenöl, das bei 40—50° mit den verschiedensten wohlriechenden Blüten von Rosen, Orangen, Jasmin, Akazien, Tuberosen u. a. erhitzt war; Mandelöl, Muskatnußöl, Erdnußöl u. a.	Benzoesäure, die aus Benzoeharz sublimiert wird; ätherische Öle wie Bergamott-, Citronen-, Nelken-, Zimt-, Neroli-, Rosenöl u. a.
	(Krystallisiertes Haaröl ist ein Gemisch von verschiedenen Huiles antiques und Mandelöl mit Walrat; Philokome desgl. von verschiedenen Huiles antiques mit weißem Wachs; Brillantine desgl. eine Auflösung von Glycerin oder Ricinusöl in Weingeist unter Zusatz der verschiedensten ätherischen Öle.	
7. Haarfärbemittel[1]	Schwarzfärbung: Silbernitrat in blauer Flasche;	dazu Schwefelalkalien od. Pyrogallussäure od. Tannin in and. Flasche.
	Wismutnitrat und Weinstein.	Glycerin und Natronlauge nach Bedarf.
	Chinesische Tusche und arabisches Gummi.	Rosenwasser.
	Braunfärbung: Kupfersulfat, Kupferacetat, Pyrogallussäure und Salmiak.	Dazu gelbes Blutlaugensalz, nach dem Behandeln hiermit und Trokkenwerdenlassen des Haares.
	Pyrogallussäure allein.	Kastaniennußschalenextrakt färbt für sich allein nicht.
	Kaliumpermanganat.	Auf 1 Teil 15—16 Teile Wasser.
	Hellblondfärbung: Wasserstoffsuperoxydlösung.	1 g Ammoniakwasser auf 50 g H_2O_2-Wasser.
	Persisches Mittel: Gepulverte Blätter des Zypernstrauches (Lawsonia), „Henna" gt.	Dazu „Reng", gepulverte Blätter der Indigopflanze.

[1] Haarwaschwässer sind meistens: Weingeistige Lösungen mit Zusätzen: Bay-Rum, oder Tresterbranntwein, Glycerin, Seife, Kaliumcarbonat, Ammoniak, Extrakte der verschiedensten Blüten (Rosen, Rosmarin, Orangen u. a.), Tinkturen (Canthariden, Quillaya), ätherische Öle (Arnika-, Rosenöl), Perubalsam-, Vanille-, Safranauszug u. a.

Gegenstand	Grundmasse	Zusatzmittel
8. Zahnwässer	Zahnwässer oder Zahntinkturen sind meistens alkoholische Auszüge aus bitteren Pflanzenteilen, z. B. Wurzel von Geranium suelda, ferner Myrrhentinktur aus Ratanhiawurzeln, Gewürznelken und Myrrhe (Milchsaft von Balsamodendron Myrrha), dazu unter Umständen Sandelholzauszug, Borax und Honig; oder Myrrhe und Eau de Cologne; Veilchenmundwasser aus Veilchenwurzeltinktur, Rosensprit und Bittermandelöl; Mundwasser aus Seifenwurzelrinde. Coccionella, Pfefferminzwasser und Gaultheriaöl; Odol = alkoholische Lösung von Salol (salicylsaures Phenyl), Menthol (aus Pfefferminzöl), Saccharin, Salicylsäure und Pfefferminzöl; Pfefferminzlysoformmischung von Formaldehyd und flüssiger Seife, versetzt mit Pfefferminzöl; Pergenolmischung von Natriumperborat und Natriumditartrat; Millers Zahntinktur = alkoholische Lösung von Eucalyptustinktur, Wintergrünöl, Benzoesäure und Thymol; Perhydrolmundwasser = 3 proz. Wasserstoffsuperoxyd; auch verdünnte Lösung von Kaliumpermanganat dient als Mundwasser u. a.	
9. Zahnpulver	Präcipitierter kohlensaurer Kalk, kohlensaure Magnesia, kohlensaures Ammon, Veilchenwurzel, Chinarinde, Milchzucker, Stärkemehl, feinstes Bimsstein-, Kohlen- und Austernschalenpulver, auch gepulverte Tintenfischknochen u. a.	Pfefferminzöl, Citronenöl, Neroliöl, Rosenöl, Santelholzöl, Nelkenöl, Muskatöl, Anisöl, Orangenblütenöl, Myrrhe gepulvert, Zimtcassiarinde, Chinarinde u. a.
10. Zahnseifen (Zahnpasten)	Zahnseifen bzw. Zahnpasten sind Mischungen von durchweg denselben Grundstoffen wie unter Nr. 9 mit Seifen (Toiletten- oder Kaliumchlorat- oder Medizinalseife, vgl. S. 849).	
11. Toilettenseifen	Da bei den Toilettenseifen auch noch andere Bestandteile außer den Farbstoffen für die Beurteilung zu berücksichtigen sind, so sollen diese in einem besonderen Abschnitt V, S. 848 für sich behandelt werden.	

2. Probenahme. Wenn sich die Gegenstände in Dosen oder Flaschen ·befinden, so entnimmt man mindestens je ein mit voller Aufschrift .versehenes Stück derselben; sind sie dagegen in größeren Behältern untergebracht, so kann man auch nach gehöriger Durchmischung den Inhalt bis auf einen Rest ausleeren, hierzu etwas von dem durchmischten Inhalt eines zweiten oder dritten Behälters geben, um so eine gute Durchschnittsprobe zu erhalten. Hierbei ist zu berücksichtigen, daß sich der Inhalt eines kosmetischen Mittels, z. B. Haarfärbemittels, durchweg in zwei getrennten Flaschen befindet, deren Inhalt nicht zusammengegeben werden darf, sondern aus jeder der Flaschen mit verschiedenem Inhalt getrennt untersucht werden muß.

Von in Form von Stangen (Pomade), Kugeln (Seife), Tabletten verpackten Gegenständen kann man, je nach ihrer Größe, mehrere Stück entnehmen, diese durchschneiden und aus den Teilproben eine Durchschnittsprobe bilden.

Bei der Verschiedenartigkeit der Verpackung gerade dieser Gegenstände lassen sich schwer für jeden Fall passende Probenahmevorschriften geben; indes wird der Sachverständige unter Berücksichtigung der vorstehend angegebenen Bestandteile, worauf bei diesen Mitteln Rücksicht zu nehmen ist, sinngemäß eine richtige Auswahl treffen können.

3. Chemische Untersuchung. Die Prüfung auf die verbotenen Substanzen und die Entscheidung, ob sie in einer zulässigen Form zugegen sind, erfolgt nach den schon S. 821—828 angegebenen Verfahren.

Zweckmäßig ist es, fettreiche Gegenstände, wie Salben und Pomaden, Haaröle u. a., zunächst durch Ausziehen oder Ausschütteln mit Äther von Fett zu befreien, oder aus Seifen die Fettsäuren abzuscheiden und zu entfernen, oder flüssige Mittel zunächst einzudampfen und darauf, wenn nötig, die organischen Stoffe in bekannter Weise durch Schwefelsäure oder Salpetersäure oder Einäschern unter Zusatz von Soda und Salpeter oder sonstwie zu zerstören.

a) Der qualitative Nachweis bzw. *die quantitative Bestimmung* der hier häufig vorkommenden Schwermetalle, wie Arsen, Quecksilber, Blei, Silber, Wismut, Cadmium, Zink erfolgt in der hergestellten Lösung durch Fällen mit Schwefelwasserstoff usw. nach dem allgemeinen Gange der chemischen Analyse (vgl. auch S. 787 u. 799). Über den qualitativen Nachweis von Molybdän und Kobalt sei noch folgendes bemerkt:

α) Zum Nachweise des Molybdäns fällt man die schwach salzsaure Lösung mit Schwefelwasserstoff und behandelt einen Teil des Niederschlages mit Schwefelammonium, worin sich Molybdänsulfid völlig löst. Ein anderer Teil wird zur Trennung von dem unlöslichen Quecksilbersulfid mit mäßig konzentrierter Salpetersäure erwärmt und die durch Eindampfen von der überschüssigen Säure befreite Lösung mit Rhodankalium versetzt. Bei Gegenwart von Molybdän tritt nicht direkt, wohl aber nach Zusatz von etwas Zink eine carminrote Färbung auf, die beim Schütteln mit Äther in diesen übergeht. Auf Zusatz von Wasserstoffsuperoxyd zu der schwach sauren Lösung entsteht eine gelbe Farbe, welche beim Schütteln mit Äther nicht von diesem aufgenommen wird.

β) Kobaltlösungen geben mit Schwefelammonium, hingegen nicht mit Schwefelwasserstoff, einen schwarzen Niederschlag. Die Lösung desselben in Königswasser gibt nach dem Verjagen der überschüssigen Säure und nach Abstumpfung des Restes mit Natronlauge auf Zusatz von Essigsäure, Natriumacetat und Kaliumnitrit einen gelben krystallinischen Niederschlag von Kobaltikaliumnitrit (vgl. auch S. 790).

b) Neben den genannten anorganischen Stoffen ist auf folgende *organische Verbindungen* zu achten, welche mehrfach in kosmetischen Mitteln angetroffen wurden und als gesundheitsschädlich anzusehen sind:

α) Pyrogallol geht beim Ausschütteln der angesäuerten Flüssigkeit mit Äther in Lösung. Die wässerige Auflösung des Verdunstungsrückstandes reagiert sauer, färbt sich auf Zusatz von Salpetersäure stark braungelb und gibt mit Eisenchlorid eine braunrote (Purpurogallin), mit oxydiertem Ferrosulfat hingegen (aber nur bei Abwesenheit freier Salzsäure) eine blauschwarze Färbung. In wässeriger Pyrogallussäurelösung ruft Kalkwasser zunächst eine violette, darauf unter flockiger Trübung eine braune bis schwarze Färbung hervor, wässerige Alkalien färben unter Sauerstoffentwicklung stark braun, und aus Silbernitratlösung wird sofort metallisches Silber abgeschieden. Zum sicheren Nachweise kann man nach Krause[1]) das Pyrogallol durch Kochen mit Essigsäureanhydrid in die Triacetylverbindung überführen, welche nach dem Umkrystallisieren aus Alkohol den Schmelzpunkt 165° zeigt.

β) Paraphenylendiamin. Diese überaus gefährliche Substanz wird nach H. Kreis[2]) entweder durch Ausschüttelung der etwas Schwefelammonium enthaltenden Lösung mit Äther isoliert, oder man dampft die mit Salzsäure schwach angesäuerte Flüssigkeit bis fast zur Trockne, verreibt den Rückstand mit calcinierter Soda und kocht das Paraphenylendiamin mit Benzol aus. Nach dem Sublimieren schmilzt es bei 140° und zeigt folgende Reaktionen:

---

1) Süddeutsche Apoth.-Ztg. 1908, Nr. 89.
2) Bericht des Kantonchemikers in Basel 1903; Zeitschr. f. Untersuchung d. Nahrungs- u. Genußmittel 1907, **13**, 761.

1. Die salzsaure Lösung färbt sich bei gelindem Erwärmen mit Schwefelwasserstoff-wasser und Eisenchlorid violett (Lauthsches Violett).

2. Beim Kochen mit überschüssigem Natriumhypochlorit gibt sie einen weißen, flockigen Niederschlag, der aus verdünntem Alkohol in langen Nadeln vom Schmelzpunkte 124° krystallisiert (Chinondichlordiimid).

3. In einer sehr verdünnten schwach sauren Lösung ruft Anilin und Eisenchlorid eine Blaufärbung hervor (Indaminreaktion).

Anmerkung. Das nicht giftige Eugatol, ein Gemisch von Paraaminodiphenylaminsulfo-säure und Orthoaminophenolsulfosäure kann unter Umständen mit dem Paraphenylendiamin ver-wechselt werden, weil es die Indamin- und die Lauthsche Reaktion ebenfalls gibt. Es unterscheidet sich davon aber durch die Indophenolreaktion, indem es in schwach mit Salzsäure angesäuerter Lösung auf Zusatz von Carbolwasser und Eisenchlorid eine prachtvoll blaue, Paraphenylendamin hingegen nur eine schwach braunrote Färbung annimmt. Weiter gibt Eugatol im Gegensatze zu Paraphenylendiamin mit Bromwasser in schwach salzsaurer Lösung eine weinrote, allmählich über Violett und Blau in Grün übergehende Färbung. Verdünnte Salzsäure fällt unter Entwicklung von Schwefeldioxyd einen hellgrauen flockigen Niederschlag, der sich zum Unterschiede von dem mit Paraphenylendiamin entstehenden allmählich in Wasser auflöst. In der mit Soda und Salpeter hergestellten Schmelze läßt sich Schwefelsäure nachweisen.

Im übrigen wird eine Verwechslung des Paraphenylendiamins und des Eugatols sicher ver-mieden, wenn man nach dem Vorschlage von Kreis mit Benzol auskocht, worin Eugatol unlöslich ist.

4. Gerichtliche Beurteilung. a) Bestimmungen für den Verkehr mit kos-metischen Mitteln enthält, außer dem Gesetz vom 5. Juli 1887, die in § 6, Abs. 2 der Gewerbe-ordnung erlassene Kais. Verordnung vom 22. Okt. 1901 betr. den Verkehr mit Arznei-mitteln, aber nur „soweit sie als Heilmittel feilgehalten und verkauft werden" oder Kreosot, Phenylsalicylat. oder Resorcin enthalten. Auch sind ihre Herstellung, ihr Feil-halten und Verkaufen durch Giftpolizeiverordnungen von 1906 beschränkt. Im übrigen ge-hören die kosmetischen Mittel im Sinne des Nahrungsmittelgesetzes zu den Gebrauchs-gegenständen, die nach Maßgabe des Gesetzes vom 14. Mai 1879 der polizeilichen Beaufsichtigung unterliegen, wenngleich sie in § 1 des letzteren Gesetzes neben Spielwaren, Tapeten, Farben, Eß-, Trink- und Kochgeschirren nicht namentlich aufgeführt sind. Wenn hierbei Körper- bzw. Gesundheitsbeschädigungen auftreten, so müssen, weil die kos-metischen Mittel nicht ausdrücklich im NMG. vom 4. Mai 1879 genannt sind, wie A. Jucke-nack[1] begründet, die allgemeinen Bestimmungen des Strafgesetzbuches zur Anwen-dung gelangen.

Ein solcher Fall lag z. B. bei Enthaarungsmitteln (Polysulfiden der Alkalien) vor, die als Hautreinigungs- bzw. als Schönheitsmittel zu den kosmetischen Mitteln zu rechnen sind, aber in einem gegebenen Falle nicht die Haare beseitigt, sondern die Haut angegriffen hatten.

b) Eine merkwürdig verschiedene Beurteilung seitens der Gerichte hat auch das Vor-kommen von Bleipflaster in kosmetischen Mitteln gefunden. Ein von einem Drogisten verkaufter „Diachylon-Wundpuder" enthielt 3% Bleipflaster, 4% Borsäure und 93% Puder. Drei Landgerichtsurteile (Potsdam vom 13. März 1909, desgl. vom 7. Juli 1909 und vom 16. Okt. 1909) lauteten, nach einer Besprechung von F. Auerbach[2], überein-stimmend dahin, daß der Verkauf von Diachylon-Wundpuder durch Drogisten nicht gegen die Kais. Verordnung vom 22. Okt. 1901, betreffend den Verkehr mit Arzneimitteln, ver-stoße, sondern als kosmetisches Mittel unter § 3 des Giftfarbengesetzes vom 5. Juli 1887 falle. Ein Vergehen gegen dieses Gesetz wurde aber nicht angenommen, weil das Mittel Bleipflaster, aber kein Blei im Sinne des § 3 dieses Gesetzes enthalte. Demgegenüber muß festgestellt

---

[1] Zeitschr. f. Untersuchung d. Nahrungs- u. Genußmittel 1908, **16**, 728.
[2] Ebendort 1911, **21**, 45.

werden, was das Gesetz vom 5. Juli 1887 in § 3 unter „Stoffe" versteht. Hier ist nämlich ausdrücklich von „Stoffen" und nicht von Farben die Rede. Es fallen also unter diesen Paragraphen nicht bloß Stoffe, die schon Farben sind, sondern auch solche Stoffe, die erst auf dem menschlichen Körper zu Farben werden. Aber diese Begriffserklärung geht noch nicht weit genug. Das Kammergericht hat daher in der Sitzung vom 17. Febr. 1910 folgende Begriffserklärung gegeben: „Unter den ‚Stoffen' im § 3, Abs. 1 sind die in § 1 Abs. 2 genannten Minerale und die solche Minerale enthaltenden chemischen Verbindungen zu verstehen." Trotzdem erklärte das Kammergericht, ebenso wie in der Sitzung vom 17. Juni 1909, das genannte Wundpulver als nicht unter den § 3 des Gesetzes vom 5. Juli 1887 fallend, weil das Bleipflaster trotzdem kein Blei bzw. keine Bleiglätte enthalte. Es beruft sich auf das Buch von Springfeld, „Rechte und Pflichten der Drogisten und Geheimmittelhändler", worin es S. 377 heißt: „die Spaltungsprodukte und Reste der beiden zu vereinigenden Körper Bleiglätte, Fett, Glycerin sind in dem reinen Präparat nicht enthalten" (vgl. auch Herstellungsvorschrift im Arzneibuch für das Deutsche, Reich).

Für jeden Chemiker ist es aber unverständlich, daß Bleipflaster kein Blei bzw. eine chemische Verbindung nicht die Grundstoffe enthalten soll, aus denen sie gebildet worden ist. Auch hat das Reichsgericht bereits am 27. Febr. 1899 die Entscheidung gefällt, daß unter dem Worte „Stoffe" nicht nur Farben, sondern die Stoffe „in der Totalität ihres Wesens und ihrer Eigenschaften, soweit solche für die Herstellung kosmetischer Mittel überhaupt in Betracht kommen", zu verstehen seien. Dieses Urteil des Reichsgerichtes entspricht einem anderen, in dem es heißt: „Da Quecksilberchlorid bekanntermaßen eine chemische Verbindung von Quecksilber und einigen anderen Stoffen ist, die überdies gelöst werden kann, so ist die Annahme des ersten Richters, daß das Präparat Quecksilber enthalte, rechtlich nicht zu beanstanden."

In Übereinstimmung mit diesen Ansichten hat denn auch das Oberlandesgericht in Posen in einer Sitzung vom 22. Okt. 1910 entschieden, daß das Diachylon-Wundpulver — mit einem Gehalt an Bleipflaster — dem Verbot des § 3 des Gesetzes vom 5. Juli 1887 unterliege.

Aus dem Grunde hat auch die „Verordnung des Schweizerischen Bundesrates, betreffend den Verkehr mit Lebensmitteln und Gebrauchsgegenständen vom 29. Jan. 1909" der Vorschrift für kosmetische Mittel eine viel klarere Fassung gegeben, indem sie lautet:

„Kosmetische Mittel zur Reinigung der Mundhöhle, zur Pflege oder Färbung der Haut und des Haares dürfen keine Arsen-, Blei- oder Quecksilberverbindungen",

„Haarfärbemittel dürfen außerdem keine gesundheitsschädlichen Stoffe (Paraphenylendiamin usw.) enthalten."

K. v. Buchka[1]) kommt bei Darlegung der „Begründung und technischen Erläuterungen" zu dem Gesetz vom 5. Juli 1887 zu folgenden Schlußfolgerungen:

α) Eine Beschränkung des Verbotes des § 3 Absatz 1 des Farbengesetzes auf die freien Metalle des § 1 Absatz 2 steht nicht im Einklang mit den übrigen Bestimmungen dieses Gesetzes und im Widerspruch zu der „Begründung" und den „Technischen Erläuterungen".

β) Ebensowenig und aus dem gleichen Grunde kann dieses Verbot nur auf Farbstoffe beschränkt bleiben, welche die verbotenen Stoffe des § 1 Absatz 2 enthalten.

γ) In Rücksicht auf die chemische Beschaffenheit vieler im Verkehr befindlichen kosmetischen Mittel und die vielfach beobachteten Gesundheitsschädigungen bei der Verwendung solcher Mittel, sowie unter Berücksichtigung der ausdrücklichen Ausführungen in der Begründung und den Technischen Erläuterungen zum Farbengesetz erscheint eine Auslegung des Begriffs „Stoffe" im § 3, Absatz 1 als alle Stoffe des § 1 Absatz 2 im freien metallischen Zustande und in Form chemischer Verbindungen jeglicher Art umfassend — mit Ausnahme der im § 3 Absatz 2 angeführten Stoffe — als allein richtig.

---

[1]) Zeitschr. f. Untersuchung d. Nahrungs- u. Genußmittel 1910, **19**, 417.

c) Auch ist von seiten der Fabrikanten versucht worden, zwischen **Haarfärbemitteln
für totes und solchen für lebendes Haar** zu unterscheiden, um den § 3 des Gesetzes
vom 5. Juli 1887 umgehen zu können. Aber abgesehen davon, daß im Gesetz nur schlechtweg
von Haar und nicht von lebendem Haar die Rede ist, kann die Färbung von **totem Haar**
mit giftigen Färbemitteln, wenn es als Perücke oder Flechten zum Ersatz oder zur Ergänzung
des lebenden Haares dienen soll, in der verschiedensten Weise gerade so gut Hautbeschädi-
gungen hervorrufen als die Färbung von **lebendem Haar** mit schädlichen Färbemitteln.

d) Zur **Bekämpfung der Verwendung des Paraphenylendiamins und der Silbersalze**, außer Chlorsilber, bieten die Giftverordnungen der Bundesstaaten (Sachsen vom 6.
II. 1895 mit Nachträgen vom 22. II. 1906) eine wirksame Handhabe, indem sie den Handel
mit diesen zu den Giften der Abteilung 3 gehörenden Stoffen von einer polizeilichen Genehmigung abhängig machen.

d) Auch kann gegen einige Kosmetica, z. B. **Haarwuchsmittel mit Resorcin**
auf Grund der Kais. Verordnung vom 22. X. 1901, betr. den Verkehr mit Arzneimitteln
eingeschritten werden, wenn der medizinische Sachverständige, wie es z. B. in Dresden vorgekommen ist, Kahlköpfigkeit für eine Krankheitserscheinung erklärt.

D. Farben für Spielwaren (einschl. der Bilderbogen, Bilderbücher und Tuschfarben für Kinder), Blumentopfgitter und künstliche Christbäume

(§ 4 des Gesetzes vom 5. Juli 1887).

1. Gesetzliche Anforderungen. Für die Beurteilung und Untersuchung der
Spielwaren kommt neben § 12 des Nahrungsmittelgesetzes, welcher die Herstellung und den
Verkauf gesundheitsschädlicher Spielwaren verbietet, der § 4 des Farbengesetzes in Betracht,
welcher folgenden Wortlaut hat:

„§ 4. Zur Herstellung von zum Verkauf bestimmten Spielwaren (einschließlich der
Bilderbogen, Bilderbücher und Tuschfarben für Kinder), Blumentopfgittern und künstlichen
Christbäumen dürfen die im § 1 Abs. 2 bezeichneten Farben nicht verwendet werden."

(Es sind das diejenigen, welche Antimon, Arsen, Barium, Blei, Cadmium, Chrom, Kupfer,
Quecksilber, Uran, Zink, Zinn, Gummigutti, Pikrinsäure, Korallin enthalten.)

„Auf die im § 2 Abs. 2 bezeichneten Stoffe, sowie auf **Schwefelantimon** und **Schwefelcadmium** als Färbemittel der Gummimasse;

Bleioxyd in Firniß;

Bleiweiß als Bestandteil des sogenannten Wachsgusses, jedoch nur, sofern dasselbe
nicht ein Gewichtsteil in 100 Gewichtsteilen der Masse übersteigt;

chromsaures Blei (für sich oder in Verbindung mit schwefelsaurem Blei) als Öl-
oder Lackfarbe, oder mit Lack- oder Firnißüberzug;

die in **Wasser unlöslichen Zinkverbindungen**, bei Gummispielwaren jedoch nur,
soweit sie als Färbemittel der Gummimasse, als Öl- oder Lackfarben oder mit Lack-
oder Firnißüberzug verwendet werden;

alle in **Glasuren oder Emails eingebrannten Farben** findet diese Bestimmung
nicht Anwendung."

„Soweit zur Herstellung von Spielwaren die in den §§ 7 u. 8 bezeichneten Gegenstände
verwendet werden, finden auf letztere lediglich die Vorschriften der §§ 7 u. 8 Anwendung."

Demnach sind wie für Gefäße, Umhüllungen und Schutzbedeckungen nach § 2 des Gesetzes vom 5. Juli 1887 nicht verboten:

Zinnoxyd,

Schwefelzinn als Musivgold,

Zinnober,

Kupfer, Zinn, Zink und deren Legierungen als Metallfarbe,
Chromoxyd,
Bariumsulfat,
Barytlackfarben, welche von Bariumkarbonat frei sind,
alle in Glasmassen, Glasuren oder Emails eingebrannten Farben und Farben
auf dem äußeren Anstrich von Gefäßen aus wasserdichten Stoffen.

Weiter sind von dem Verbote ausgenommen solche Färbungen, welche im
Wege des Buch- und Steindrucks auf den Spielwaren angebracht sind, und die an Spiel-
waren befindlichen Tapeten, Möbelstoffe, Teppiche, Stoffe zu Vorhängen, Be-
kleidungsgegenstände, Masken, Kerzen, künstliche Blätter, Blumen und
Früchte. Diese Gegenstände müssen lediglich arsenfrei sein unter gewissen in den folgenden
Abschnitten angeführten Bedingungen.

Zum Schluß ist auch noch die einschränkende Bestimmung in § 10 des Farbengesetzes zu berücksichtigen. Hiernach sind nur solche Farben verboten, welche die unzulässigen
Stoffe als konstituierende Bestandteile enthalten, hingegen nicht solche, welche diese
Stoffe als Verunreinigungen enthalten, und zwar höchstens in einer Menge, welche sich
bei den in der Technik gebräuchlichen Darstellungsweisen nicht vermeiden läßt. Wie hoch
dieser Gehalt an Verunreinigungen sein darf, ist bis jetzt weder durch Gesetz noch Verordnung
festgelegt. Den einzigen Anhalt bietet daher die Vereinbarung der Freien Vereinigung bayrischer
Vertreter der angewandten Chemie, nach welcher die höchst zulässige Menge für 100 g der
bei 100° getrockneten Farben

> je 0,2 g bei Antimon, Arsen, Blei, Kupfer und Chrom;
> je 1,0 g bei Barium, Kobalt, Nickel, Uran, Zinn und Zink

betragen soll[1]). Bei gleichzeitiger Anwesenheit mehrerer der genannten Stoffe soll die Summe
die angegebene Grenze von 0,2, resp. 1,0 g nicht überschreiten.

Im Hinblick auf die neueren Anschauungen könnte das Kupfer vielleicht in die zweite
Gruppe versetzt werden, während das nach Kobert sehr giftige Uran den schärferen Anforderungen der Gruppe 1 unterworfen werden muß.

Da 1 g Farbe nach Annahme der bayrischen Chemiker zum Bemalen von 100 qcm Holz
in Wasser- oder Leimfarbe und von 600 qcm Papier ausreicht, würde die Höchstgrenze für
diese Fläche bei den Stoffen der ersten Gruppe 0,002 g, bei denjenigen der zweiten Gruppe
0,01 g betragen.

2. Erläuterungen.
Über Glasuren und Email vgl. S. 805, über Firnisse,
Lacke, Öl- oder Lackfarben S. 826.

a) Wachsguß[1]) ist eine durch Zusammenschmelzen erhaltene Mischung von Wachs
mit Walrat oder Paraffin oder mit beiden zusammen.

b) Hierher sind noch zwei andere Kinderspielwaren zu rechnen, obschon sie in
dem § 4 nicht erwähnt sind, nämlich:

α) Abziehbilder, die auf dem Wege des Steindruckverfahrens hergestellt werden.

Die mit Druckfirnis angeriebenen Farben werden, wie Th. Sudendorf[2]) mitteilt, im Drei- bzw.
Mehrfarbendruck auf gummiertes Papier aufgetragen und die ganze Bildfläche wird nachträglich mit
Bleiweißfirnis gedeckt. Diese Bleiweißdeckung verfolgt in der Hauptsache einen technischen Zweck;
sie macht den Firnisdruck des ganzen Bildes einerseits sehr hart, andererseits wirkt sie als gute
Deckschicht, wenn das Bild auf dunkle oder poröse Gegenstände übertragen wird. Gleichzeitig
erhöht aber eine Bleiweißdeckschicht auch den Spielreiz mit solchen Bildern, weil dieselben zunächst
blaß und verschleiert sind, während sie nach dem Abziehen in lebhaften Farben erscheinen. Die
so gedeckten Bilder werden manchmal obendrein noch eingestäubt oder eingerieben, wozu früher

---

1) Man begegnet derartigen Fabrikaten jetzt nur mehr selten.
2) Zeitschr. f. Untersuchung d. Nahrungs- u. Genußmittel 1914, 28, 449.

auch Bleiweiß verwendet wurde; seit vielen Jahren gelangt aber hierfür fast ausschließlich Talkum zur Anwendung. Obwohl es der Industrie längst gelungen ist, die oben erwähnte früher als unentbehrlich hingestellte Bleiweißdeckschicht durch eine solche aus Zinkoxyd oder Lithopon zu ersetzen, werden immer noch Abziehbilder mit Bleiweißdeckschicht angetroffen.

β) **Buntbedruckte bzw. bemalte Weißblechwaren (Dauerwarendosen und Kinderspielwaren).**

Die Fabrikation dieser Gegenstände erfolgt nach Th. Sudendorf in der Weise, daß zunächst Blechplatten mit einer Firnisschicht bedruckt und nach dem Trocknen derselben entweder einfarbig oder mehrfarbig gemustert werden. Während der einfarbige Druck mit Hilfe von Druckpressen aufgetragen wird, erfolgen bunte Verzierungen durchweg auf dem Wege des Steindruckverfahrens. Die nachträglich noch mit einer Lackschrift versehenen Platten werden in besonderen Kammern bei etwa 140° getrocknet, gestanzt, eventuell gepreßt und dann gefalzt; man stanzt auch sehr häufig die Blechplatten so aus, daß kleine zahnartige Vorsprünge stehen bleiben, die beim Zusammensetzen der einzelnen Teile in entsprechende Schlitze eingeschoben und umgebogen werden, wodurch das Zusammenhalten erreicht wird. Bei anderen Blechspielwaren werden buntbedruckte Papierbögen aufgepreßt. Diesen beiden Kategorien steht die weit größere Zahl von Blechspielwaren gegenüber, die zunächst zusammengelötet oder gefalzt und dann mit der Hand bemalt und lackiert werden.

Bei allen drei Arten von Spielwaren werden auch Lack- oder Firnisfarben benutzt, deren Verwendung bei Zugrundelegung des § 4 des Farbengesetzes unstatthaft ist.

Als bunte Farben gelangen bei der Herstellung von Abziehbildern vornehmlich Krapprot, Berlinerblau, ferner Chromgelb und Mischungen von den beiden letztgenannten als grüne Farben zur Anwendung. Während Chromgelb (chromsaures Blei) in der benutzten Zubereitung mit Druckfirnis gemäß § 4 Abs. 5 fraglos gestattet ist, muß die Deckschicht aus Bleiweißfirnis, nach denselben Bestimmungen beurteilt, als unzulässig angesehen werden, da Bleiweiß nur als einprozentiger Zusatz zu Wachsgüssen, die bei der Herstellung von Puppenköpfen oder -gliedern eine Rolle spielen, vom Gesetzgeber zugelassen wird.

3. Probenahme und Vorbereitung der Proben für die chemische Untersuchung. Je nach der Größe der Gegenstände entnimmt man ein oder mehrere Stück derselben, um die für die Untersuchung nötige Menge zu erhalten.

a) Aus Geweben hergestellte Teile von Spielwaren, z. B. Puppenkleider, Vorhänge und Teppiche von Puppenstuben usw., sowie, mit Ausnahme von Bilderbogen und Bilderbüchern, aus Papier hergestellte Teile (Tapeten usw.) sind loszulösen und nach der in den folgenden Abschnitten mitgeteilten Vorschrift lediglich auf Arsen zu prüfen.

b) Wenn auf Spielzeug befindliche Verzierungen und Bilder im Wege des Buchoder Steindrucks hergestellt worden sind, brauchen sie nur auf Arsen geprüft zu werden.

c) Über die Gewinnung von Glasuren und Emails vgl. S. 806, über die von Öl- und Lackfarben sowie Firnissen S. 827. Sind die Gegenstände in der Masse gefärbt, so werden sie gepulvert oder sonst möglichst fein zerkleinert, während man von den oberflächlich gefärbten Gegenständen die Farbe abzuschaben sucht, das Abschabsel pulvert und mischt.

4. Chemische Untersuchung. Über die Untersuchung der aus Metall bestehenden Kinderspielwaren vgl. S. 797 u. 799, der aus Kautschuk bestehenden S. 813, über die Untersuchung von Glasuren und Emails S. 806, der Farblacke S. 827, über den Nachweis von Arsen S. 822, über den Nachweis der verbotenen organischen Farbstoffe S. 824. Hier handelt es sich noch um folgende weitere Nachweise, nämlich:

a) Nachweis von *Schwefelantimon und Schwefelcadmium* als Färbemittel in Gummimasse. Man löst letztere nach S. 815 u. 817 mittels Aceton und Xylol, behandelt die rückständige Masse mit Alkalisulfiden und fällt im Filtrat das Schwefelantimon durch Salzsäure aus usw., während der mit Alkalisulfiden behandelte Rückstand mit Salpetersäure gekocht und in üblicher Weise auf Cadmium untersucht werden kann.

Sollte man auch auf Antimongelb (Neapelgelb) Rücksicht nehmen müssen, so kann man die in Aceton und Xylol unlösliche Masse auch mit Soda und Schwefel zusammenschmelzen, die Schmelze mit Wasser ausziehen und das gelöste Natriumsulfantimoniat im Filtrat nachweisen, während Bleisulfid und andere Metallsulfide im Rückstand verbleiben.

b) Bleioxyd in Firnis. Zur Prüfung, ob Bleioxyd in Firnis vorliegt, oder, an Harzsäuren oder Fettsäuren gebunden, von Firnis herrührt, extrahiert man die Probe mit säurefreiem Alkohol, Äther und Chloroform, welche Harz- oder leinölsaures Blei lösen. Es ist aber zu berücksichtigen, daß oxydierter bleihaltiger Leinölfirnis sich auch in den angeführten Lösungsmitteln wenn auch nur teilweise löst, und daß hierdurch unter Umständen Irrtümer verursacht werden können (vgl. auch S. 827).

c) Bleiweiß [$2 PbCO_3 \cdot Pb(OH)_2$] *in Wachsguß.* Man entfernt die organischen Bestandteile der Masse durch Äther oder Chloroform, prüft die Lösung durch Schütteln mit Schwefelwasserstoffwasser auf etwa in Lösung gegangenes Blei und bestimmt im Rückstande quantitativ das Blei. Man behandelt den Rückstand mit Salpetersäure, verdampft die Lösung mit Schwefelsäure und bestimmt das Blei nach S. 784 u. 799 als Bleisulfat.

d) Bleiweiß in Firnisdeckschicht. Zum Nachweise, ob die Farben in buntbedruckten Blechspielwaren oder Abziehbildern keine schädlichen Bleiverbindungen enthalten, genügt wie von R. Weber[1]) und Schlegel[2]) bereits hervorgehoben wurde, nicht der Nachweis von Bleiverbindungen an sich, sondern es ist notwendig festzustellen, daß die obere Deckschicht aus Bleiweiß besteht. Hierzu bedient man sich mit Erfolg sowohl des von Beck und Stegmüller[3]) als auch des von Schlegel[2]) vorgeschlagenen Prüfungsverfahrens. Bei ersterem werden die Bildflächen etwa fünf Minuten mit Fließpapier bedeckt, welches mit 4 proz. Essig durchtränkt ist. Gegen das abgehobene Papier läßt man einen Schwefelwasserstoffstrom treten, wodurch bei vorliegender Bleiweißdeckung eine Schwarzfärbung auftritt. Nach dem zweiten Verfahren betupft man die Bildfläche einfach mit einer 10 proz. Natriumsulfidlösung, worauf bei vorhandener Bleiweißdeckschicht alle Farben des Bildes fast augenblicklich tiefschwarz erscheinen, während bei Zinkweiß- oder Lithopondeckung sich nur eine gelbbraune Verfärbung bemerkbar macht.

Anmerkung. α) Nach Beobachtungen von Th. Sudendorf (l. c.) kann übrigens bei Abziehbildern ohne Deckschicht, die im Handel nicht gerade selten vorkommen, beim Betupfen mit Schwefelnatriumlösung auch eine augenblickliche Schwärzung auftreten; sie beschränkt sich dann aber nur auf die bleihaltigen Farben des Bildes, hauptsächlich gelbe und grüne, während andere Farben wie blaue und weiße unverändert bleiben. Dieses Verhalten kann als zuverlässiger Anhaltspunkt dafür angesehen werden, daß in solchen Fällen keine Bleiweißdeckschicht vorliegt.

β) Die weiteren bei Abziehbildern erforderlichen Prüfungen erstrecken sich auf die Feststellung des Löslichkeitsgrades der vorhandenen Bleiverbindungen und bilden die Grundlage für die Beurteilung ihrer Gesundheitsschädlichkeit auf Grund des § 12 des Nahrungsmittelgesetzes vom 14. Mai 1879. Außerdem ist natürlich die An- bzw. Abwesenheit von Arsenverbindungen festzustellen.

e) Chromsaures Blei mit und ohne Bleisulfat. Es ist der Beweis zu erbringen, daß chromsaures Blei für sich oder in Verbindung mit schwefelsaurem Blei als Öl- oder Lackfarbe oder mit Lack- oder Firnisüberzug vorliegt.

Man zieht der Reihe nach mit heißem Alkohol und Terpentinöl aus. Nach dem Verdunsten des Alkohols verbleiben Harze (Schellack, Kolophonium oder Teile von Dammarharz). Terpentinöl löst vornehmlich Dammar, Kopal und Leinölfirnis. Die Gegenwart von Leinölfirnis gibt sich in deutlicher Weise durch einfaches, unmittelbares Erhitzen der abgeschabten Farbe in einem kleinen Reagensröhrchen kund.

---

[1]) Zeitschr. f. öffentl. Chemie 1906, **12**, 108.

[2]) Pharmaz. Zentralhalle 1908, **49**, 1—3.

[3]) Arbeiten a. d. Kaiserl. Gesundheitsamte 1910, **34**, 476.

Die nach der Ausziehung mit obigen Lösungsmitteln verbleibenden Farbstoffe können alsdann in der üblichen Weise nachgewiesen werden.

Zu beachten ist auch, daß Ölfarben oder mit Öl- oder Harzlack überzogene Wasserfarben beim Reiben mit Wasser nichts oder nur Spuren von der Farbe abgeben.

f) Wasserunlösliche Zinkverbindungen. Als in Wasser unlösliche Zinkverbindungen sind zu erachten: Zinkgrau (ein Gemisch von metallischem Zink und Zinkoxyd), Zinkweiß (Zinkoxyd), Lithopone (ein Gemisch von Zinkoxyd, Zinksulfid und Bariumsulfat).

Zinkchromat ist nicht als in Wasser unlösliche Zinkverbindung, sondern als eine Verbindung der Chromsäure zu beurteilen.

g) Untersuchung der in der Masse gefärbten Gegenstände. Nach Zerstörung der organischen Substanz mit Hilfe der unter IV B S. 827 angegebenen Verfahren führt man die qualitative Untersuchung aus, die zur Ausschaltung der zulässigen technischen Verunreinigungen erforderlichenfalls durch die quantitative Bestimmung zu ergänzen ist. In Zweifelsfällen empfiehlt es sich, wenn möglich die benutzte Farbe in Substanz herbeizuziehen.

Abgesehen von den erlaubten technischen Verunreinigungen sind für oberflächlich bemalte Spielsachen ohne jede Einschränkung verboten: Arsen, Antimon (vgl. aber „in der Masse gefärbtes Gummi" S. 812), Cadmium (desgl.), Uran, Pikrinsäure, Korallin, Gummigutti. Bei ihrer Auffindung ist eine weitere Ausdehnung der Untersuchung nicht erforderlich.

5. Gerichtliche Beurteilung.
Über die Anwendung von bleihaltigen Farben bei Herstellung von Kinderspielwaren liegen mehrere gerichtliche Entscheidungen vor, die, wie Th. Sudendorf[1]) begründet, wohl dem Wortlaut, nicht aber dem Zwecke des Gesetzes vom 5. Juli 1887 entsprechen, nämlich:

a) Vorkommen von Bleiweiß in der Deckschicht mittels Steindrucks (auf Abziehbildern und Weißblechwaren).

Das Oberste Landesgericht in München hat auf Grund zweier Gutachten in der Sitzung vom 15. Juni 1909[2]) und weiter das Landgericht I Berlin in der Sitzung vom 10. Mai 1912[3]) für Recht erkannt, daß Abziehbilder, bei denen die Bleiweißdeckschicht mittels Steindrucks aufgetragen ist, nach § 5 des Farbengesetzes zu beurteilen sind, daß aber solche Bilder, die nachträglich noch mit Bleiweißpulver eingestäubt sind, ein Verfahren, welches, wie oben bereits erwähnt, kaum noch angewendet wird, den Bestimmungen des § 4 unterliegen. Das letztere Gericht ist auch zu der Entscheidung gekommen, daß Abziehbilder, denen die Bleiweißschicht im Steindruckverfahren aufgetragen wird, zu gesundheitlichen Bedenken keinen Anlaß geben.

Demgegenüber aber stehen Beck und Stegmüller.[4]) mit anderen Fachgenossen auf dem Standpunkte, daß zum Wesen des Steindrucks der Umstand gehört, daß Bild und Unterlage untrennbar miteinander verbunden sind, daß daher Abziehbilder, bei denen der farbige Aufdruck sich für ihre bestimmungsgemäße Anwendung besonders leicht ablösen muß, soweit sie als Spielware in Betracht kommen, unbedingt den Bestimmungen des § 4 des Farbengesetzes unterliegen. Sie bejahen auch auf Grund eingehender Versuche über die Löslichkeit der vorhandenen Bleiverbindungen in verdünnter Salzsäure von bestimmtem Gehalt bei Bluttemperatur und in bestimmter Zeit die Gesundheitsschädlichkeit mit Bleiweißfirnis gedeckter Abziehbilder.

Auch die Preußische wissenschaftliche Deputation für das Medizinalwesen[5]) hat sich in einem nachträglichen Gutachten vom 11. Dezember 1912 dahin ausgesprochen, daß nur

---

[1]) Zeitschr. f. Untersuchung d. Nahrungs- u. Genußmittel 1914, **28**, 499.
[2]) Ebendort, Gesetze und Verordnungen 1911, **3**, 272.
[3]) Ebendort 1913, **5**, 225.
[4]) Arbeiten a. d. Kais. Gesundheitsamte 1910, **34**, 477 bzw. 482.
[5]) Zeitschr. f. Untersuchung d. Nahrungs- u. Genußmittel, Gesetze u. Verordnungen 1914, **27**, 215.

die bleiweißfreien Abziehbilder für gesundheitlich unbedenklich zu erachten sind. In demselben Sinne hat sich ferner die Hamburger Medizinalbehörde mehrfach geäußert.

b) **Vorkommen von Bleimennige auf Spielwaren.** Eine im Hamburger Handel angetroffene, zum Teil mit roter Lackfarbe bemalte Lokomotive aus Blech wurde beanstandet, weil diese Farbe im wesentlichen aus einer mit Eosin geschönten Bleimennige bestand. Bei der beantragten gerichtlichen Entscheidung wurde vom Amtsgericht in Hamburg Schöffengericht 4 in der Sitzung vom 31. Mai 1912 die polizeiliche Strafverfügung unter der Begründung bestätigt, daß Bleimennige weder chromsaures Blei noch auch Bleioxyd sei und daher nicht zu den in § 4 des Gesetzes aufgeführten Ausnahmen gerechnet werden könne. Da auch die Voraussetzungen des § 10 nicht zuträfen, müsse die verwendete Bleimennige als vom Gesetz verboten erachtet werden.

Im Gegensatz hierzu hat das Königliche Schöffengericht in Brandenburg a. H. in der Sitzung vom 18. November 1912 bezüglich eines analogen Fabrikates dahin entschieden, daß Bleimennige eine Oxydationsstufe von Blei darstelle, mithin im weiteren Sinne als Bleioxyd aufzufassen sei und in der vorliegenden Zubereitung mit Firnis unter die in § 4 Abs. 2 aufgeführte Ausnahme falle.

Zieht man in dieser Frage die technischen Erläuterungen[1]) zum Entwurf des Farbengesetzes zu Rate, so ist, wie Th. Sudendorf bemerkt, eigentlich kein Zweifel darüber möglich, daß unter „Bleioxyd in Firnis" nur sog. Sikkativ verstanden werden kann, das durch Kochen von Leinöl oder Harz mit Bleiglätte hergestellt wird, und organische Bleisalze oder auch Spuren überschüssiger Bleiglätte enthält. Auf Seite 262 heißt es nämlich „hier möge noch hervorgehoben werden, daß Bleioxyd als Firnis gilt, wenn es, an Fett oder Harzsäuren gebunden, in fetten Ölen gelöst enthalten ist"; vier Zeilen weiter ist von solchem Firnis als Hilfsmittel zur Färbung die Rede, während Bleimennige in der Spielwarenindustrie doch wohl lediglich als Farbe selbst, und zwar als dauerhaft rote in Betracht kommt; und wenn immer wieder hervorgehoben wird, daß Bleimennige als Harz oder Lackfarbe ebenso ungefährlich ist wie chromsaures Blei in gleicher Zubereitung, so darf nicht übersehen werden, daß letzteres auch fast ausschließlich aus Gründen der derzeitigen technischen Unentbehrlichekit zugelassen wurde.

c) Schließlich weist Th. Sudendorf (l. c.) noch auf eine besondere Art von Lacken hin, die im Handel unter Bezeichnungen wie Emaillelacke oder kurzweg „Emaillen" vorkommen und bei Temperaturen über 100°, technisch gesprochen, eingebrannt werden. Wenn auch in den technischen Erläuterungen zum Entwurf des Gesetzes[2]) die in § 4 als Ausnahmen aufgeführten Glasuren und Emails nicht näher definiert sind, so kann darüber doch wohl kein Zweifel herrschen, daß damit lediglich Glas- oder Metallflüsse, wie sie in der keramischen Industrie (vgl. S. 805) hergestellt werden, gemeint sein sollen. Trotzdem scheinen Anzeichen vorhanden zu sein, daß von seiten der Industrie die beschriebenen Lacke, bei denen auch Farben wie Bleiweiß, Bleimennige u. a. Anwendung finden, als Glasuren oder Emails im Sinne des § 4 aufgefaßt werden.

E. Farben für Buch- und Steindruck
(§ 5 des Gesetzes vom 5. Juli 1887).

Der § 5 des Gesetzes vom 5. Juli 1887 lautet:

„Zur Herstellung von Buch- und Steindruck auf den in den §§ 2, 3 und 4 bezeichneten Gegenständen dürfen nur solche Farben nicht verwendet werden, welche Arsen enthalten."

Der **Steindruck** wird jetzt in größerem Umfange als früher angewendet und ist schon vorstehend S. 837 u. f. gesagt, daß hierzu außer Arsen andere giftige Metalle bzw. Metallfarben verwendet werden, auf welche ebenfalls Rücksicht genommen werden muß, besonders auf

---

[1]) *Arbeiten a. d. Kais. Gesundheitsamte* 1887, **2**, 232.

[2]) Ebendort 1887, **2**, 263.

Bleiweiß, wie im vorstehenden Abschnitt gezeigt worden ist. Der § 5 genügt daher den heutigen veränderten Fabrikationsverhältnissen nicht mehr.

F. Tuschfarben

(§ 6 des Gesetzes vom 5. Juli 1887).

1. Gesetzliche Anforderungen. Der § 6 des Gesetzes vom 5. Juli 1887 lautet:

„Tuschfarben jeder Art dürfen als frei von gesundheitsschädlichen Stoffen bzw. giftfrei nicht verkauft werden, wenn sie den Vorschriften im § 4 Abs. 1 u. 2 nicht entsprechen." Tuschfarben für Kinder müssen stets giftfrei sein.

2. Erläuterungen. Unter „Tuschfarben", Tuschen oder Aquarellfarben

versteht man Farben, die aus einem Teig von Farbstoffen, Zusätzen und Klebemitteln (wie Gummi arabicum, Tragant, Agar-Agar, Dextrin, Zucker, Honig, Leim, Hausenblase, Eiweiß, Leim u. a.) zubereitet, zu runden oder rechteckigen Stückchen geformt und getrocknet werden. Sie brauchen für die Verwendung nur mit Wasser angerührt und mit einem Pinsel aufgestrichen zu werden; nach dem Verdunsten des Wassers bleibt der Farbstoff durch das darin gelöst gewesene Bindemittel an dem Untergrunde haften. Die verwendeten Farbstoffe dürfen nicht in Wasser löslich sein. Meistens werden angewendet: Bleiweiß, Zinkweiß, Lithopone, Ton (als Leimfarbe), Kreide, gelber Ocker, Terra di Siena, Kasselergelb (Gemisch von $PbCl_2 +$ $7PbO$), Zinkgelb (Doppelsalz von Zinkchromat und Kaliumchromat), Cadmiumgelb (CdS), Englischrot bzw. Caput mortuum bzw. roter Ocker (Fe_2O_3), Eisenmennige, Zinnober, Ultramaringrün (S. 821), Chromoxydgrün, Kobaltgrün bzw. Zinkgrün (Kobaltzinkat), Zinnobergrün (Mischung von Pariserblau und Chromgelb), Ultramarin (S. 821), Smalte (Kobaltverbindungen), Bergblau [$Cn(OH)_2 + 2CuCO_2$], Ultramarinviolett, Umbra (S. 821), Braunstein, Florentinerbraun (S. 821) u. a.; dazu als organische Farbstoffe: Indischgelb oder Gummigutti, Krapplack, Carminlack, Krappviolett, Beinschwarz, Ruß und Rebenschwarz.

Kalkgrün, welches meistens zum Anstrich der Wände dient, ist eine mit Brillantgrün oder Malachitgrün (Teerfarbstoffen) geschönte Grünerde (Eisensilicat, Ton usw.), welche durch ihren Gehalt an Kieselsäure, den sonst kalk- und lichtunechten Farbstoff vorübergehend schützt.

Bei gewöhnlichen Anstrichen bedient man sich des Leimwassers und besonders häufig der durch Alkali aufgeschlossenen Stärke. Die Aquarellmalerei bedient sich der Lasurfarben, welche wie Gummigutti u. a. zu durchsichtigen Massen austrocknen, und daher die Grundfarbe oder eine andere bereits aufgetragene Färbung durchschimmern lassen. Die Ölmalerei, Gouachemalerei und die Pastellmalerei wenden Deckfarben an, welche wie z. B. das in Öl verteilte Bleiweiß oder die in Wasser verteilte chinesische Tusche (feine Kohle) die bereits vorhandene Färbung einer Fläche vollständig verdecken d. h. zum völligen Verschwinden bringen. Jetzt hat man Deckfarben in Bleistiftform.

Die Caseinmalerei bedient sich als Bindemittel des aus Casein (Milch) und Ätzkalk erhaltenen hart werdenden Caseinkalkes. Die Freskenmalerei verwendet als Malmittel Wasser, Kalk- oder Barytwasser, worin die kalk- und lichtechten Farbstoffe verteilt und auf nassen Verputz aufgetragen werden. Der entstehende kohlensaure Kalk fixiert die Farbstoffe. Bei der Mineralmalerei bestehen Untergrund und Malgrund aus weißem Zement, weißem Marmor, Quarzsand und kohlensaurem Barium, die vorher mit Kieselfluorwasserstoffsäure aufgelöst werden; dann werden die Farben, mit Tonerde- und Kieselsäurehydrat, Bariumcarbonat, Flußspat, Zinkoxyd und Wasser gemischt, aufgetragen und mit einem tunlichst warmem Gemisch von Kaliwasserglas und überschüssigem Ammoniak fixiert. Bei der Stereochromie wird der mit Sandstein abgeriebene Kalkputz erst mit Phosphorsäure und Kaliwasserglas behandelt und auf die so erhaltene Fläche werden wie bei der Freskomalerei die alkalibeständigen Farbstoffe aufgetragen. Die bemalte Fläche wird mit Fixierungswasserglas bespritzt und nach einigen Tagen zur Entfernung der ausgeschiedenen Kalisalze mit Alkohol abgewaschen.

Diese Erläuterungen können als Anhaltspunkte für die Art der Untersuchung dienen, wenn es sich um die Frage handelt, ob die angewendeten Farben den gesetzlichen Anforderungen entsprechen.

3. Probenahme. Die Probenahme bietet bei den Tuschfarben keine Schwierigkeit; liegen sie als Pulver vor, so durchmischt man den Vorrat und entnimmt eine Teilprobe von 50—100 g; bilden sie runde oder rechteckige Stückchen, so entnimmt man mehrere Stückchen oder auch Teile einer größeren Anzahl Stückchen der gleichen Art und zerreibt diese in einem Mörser. Sind aus den Tuschfarben Aufschwemmungen in glycerin-, glykose- oder honighaltigen Lösungen hergestellt, so hat man ev. auf Vorhandensein von Carbolsäure, Guajacol, Naphthol oder Borsäure Rücksicht zu nehmen, womit die Aufschwemmungen haltbar gemacht zu werden pflegen.

4. Chemische Untersuchung. Die Tuschfarben werden zur Prüfung auf unzulässige Farbstoffe mit Salzsäure unter Zusatz von etwas Alkohol (mit Rücksicht auf vorhandenes Bleichromat) gekocht. Man filtriert ab und untersucht die Lösung nach den Regeln der qualitativen Analyse. Erscheint der Rückstand nicht rein weiß, so kann dies von einem erlaubten Gehalte an Zinnober oder von Berlinerblau, aber auch von in Salzsäure unlöslichen Arsen- und Antimonfarbstoffen herrühren. In diesem Falle ist der Rückstand mit Salzsäure und chlorsaurem Kalium weiter zu behandeln.

Auf unzulässige organische Farbstoffe wird nach IV A S. 825 geprüft.

5. Beurteilung. Zur Beurteilung der Tuschfarben gibt A. Neufeld[1]) folgende Erläuterung:

Die Bestimmungen des § 4 treffen nur Tuschfarben, die als Spielwaren für Kinder dienen sollen. Dagegen müssen nach § 6 solche Tuschfarben, die zu künstlerischen oder Unterrichtszwecken u. dgl. bestimmt sind, nur jenen Anforderungen genügen, wenn sie ausdrücklich als „frei von gesundheitsschädlichen Stoffen" oder als „giftfrei" verkauft werden.

Da wiederholt Tuschfarben für Kinder wegen eines Gehaltes an Zinnober (Quecksilbersulfid) beanstandet worden sein sollen[1]), so sei darauf hingewiesen, daß nach § 4 Abs. 2 die Bestimmung des § 4 Abs. 1 auf die in § 2 Abs. 2 bezeichneten Stoffe keine Anwendung findet; unter den letzteren findet sich auch Zinnober angeführt. Demnach ist die Verwendung von Zinnober zur Herstellung von Tuschfarben für Kinder zulässig.

Nach Untersuchungen, die im Kaiserlichen Gesundheitsamt ausgeführt worden sind, enthalten die für Unterrichts- und Demonstrationszwecke vielfach benutzten Farbkreiden (Zeichenkreiden, dermatographische Kreiden) nicht selten einen erheblichen Gehalt an Verbindungen des Bleis oder Arsens; dies ist besonders bei den gelb, braun und violett gefärbten Kreiden zu beobachten. Da nun solche Farbkreiden bei ihrer Verwendung meist unmittelbar mit den Fingern angefaßt werden, so besteht bei ihrer leichten Abreibbarkeit die Gefahr, daß die in ihnen enthaltenen Blei- und Arsenfarben Gesundheitsschädigungen hervorrufen; solche sind nach der Mitteilung des Kaiserlichen Gesundheitsamtes auch in der Tat beobachtet worden. Aus diesem Grunde wurde in verschiedenen Bundesstaaten durch Ministerialerlasse[2]) vor dem Gebrauche derartiger arsen- oder bleihaltigen gesundheitsschädlichen Farbkreiden gewarnt.

Für die sogenannten Pastellstifte (Blau- und Rotstifte usw.), bei denen Bleifarben mit Pastellkreide gemischt in einer Wachsmasse eingebettet zu Stiften geformt und diese wie bei den Bleistiften von einem Holzmantel umgeben sind, besteht beim bestimmungsgemäßen Gebrauch die Gefahr einer Gesundheitsschädigung nicht.

---

[1]) Vgl. Deutsch. Nahrungsmittelbuch, 1905, S. 162.
[2]) Z. B. in Bayern durch die Ministerialentschließung vom 2. Dezember 1902.

G. Farben für Tapeten, Möbelstoffe, Teppiche, Stoffe zu Vorhängen oder Bekleidungsgegenständen, Masken, Kerzen, künstliche Blätter, Blumen, Früchte, ferner für Schreibmaterialien, Lampen- und Lichtschirme, sowie Lichtmanschetten

(§ 7 und 8 des Gesetzes vom 5. Juli 1887).

1. Gesetzliche Anforderungen. Für alle oben genannten Gegenstände gelten dieselben gesetzlichen Bestimmungen, nämlich:

Zur Herstellung von den genannten zum Verkauf bestimmten Gegenständen dürfen Farben, welche Arsen enthalten, nicht verwendet werden.

„Auf die Verwendung arsenhaltiger Beizen oder Fixierungsmittel zum Zweck des Färbens oder Bedruckens von Gespinsten oder Geweben findet diese Bestimmung nicht Anwendung. Doch dürfen derartige bearbeitete Gespinste oder Gewebe zur Herstellung der bezeichneten Gegenstände nicht verwendet werden, wenn sie das Arsen in wasserlöslicher Form oder in solcher Menge enthalten, daß sich in 100 qcm des fertigen Gegenstandes mehr als 2 mg Arsen vorfinden. Der Reichskanzler ist ermächtigt, nähere Vorschriften über das bei der Feststellung des Arsengehalts anzuwendende Verfahren zu erlassen.“

Außerdem kommt für Bekleidungsgegenstände der § 12 Abs. 2 des NMG. vom 14. Mai 1879 in Betracht, der lautet:

„Mit Gefängnis . . . wird bestraft,

2. Wer vorsätzlich Bekleidungsgegenstände usw. derart herstellt, daß der bestimmungsgemäße oder vorauszusehende Gebrauch dieser Gegenstände die menschliche Gesundheit zu beschädigen geeignet ist, ingleichen wer wissentlich solche Gegenstände verkauft, feilhält oder sonst in Verkehr bringt. Der Versuch ist strafbar.“

Hiernach sind für die Herstellung von Bekleidungsgegenständen außer Arsen auch alle anderen Stoffe (Farben usw.) verboten, welche die Gesundheit des Menschen zu schädigen geeignet sind.

2. Erläuterungen. a) Zu den Bekleidungsgegenständen gehören alle auch im weiteren Sinne zur Bekleidung dienlichen Gegenstände (Schlipse, Gürtel, Strumpfbänder, Hutleder usw.).

b) Auf die Färbung von Pelzwaren finden nach § 11 die Vorschriften des Gesetzes vom 5. Juli 1887, betreffend die Verwendung gesundheitsschädlicher Farben, nicht Anwendung.

c) Nach Abs. 2 in § 7 sind arsenhaltige Beizen oder Fixiermittel erlaubt, wenn sie das Arsen nicht in wasserlöslicher Form oder in solcher Menge enthalten, daß sich in 100 qcm des fertigen Gegenstandes nicht mehr als 2 mg Arsen vorfinden.

Unter „Beizen“ versteht man Salze und Stoffe, welche vor der Färbung auf die Fasern einwirken und erst nach ihrer Einwirkung auf die Fasern die eigentliche Färbung bewirken. Der Farbstoff geht mit den Salzen bzw. dem Stoffe eine Verbindung ein, es entsteht ein Farblack (S. 826), der in Wasser unlöslich ist und an der Faser fest haftet.

Fixiermittel sind Lösungen von Stoffen, die wie Fixierungswasserglas (Stereochromie S. 842) oder Firnisse [Auflösungen von Harzen (Sandarak, Mastix, Kopal usw.) in Weingeist oder Terpentinöl usw.] auf bereits gefärbte Gegenstände aufgebracht werden, um die Farbstoffe bzw. Färbung dauerhaft zu machen.

d) Vorstehende gesetzliche Bestimmungen berücksichtigen den Arsengehalt der Gegenstände. Es können aber auch noch andere schädliche Stoffe in Betracht kommen. So werden Kerzen mitunter durch Zinnober oder bleihaltige Farbstoffe aufgefärbt, infolgedessen beim Verbrennen der Kerzen schädliche, metallische Dämpfe (Quecksilber und Blei) und schweflige Säure (bei Zinnober) auftreten können.

Diese bei Kerzen schädlichen Farbmittel werden aber weder durch § 7 des Gesetzes vom 5. Juli 1887 noch auch durch § 12 NMG. vom 14. Mai 1879 getroffen, weil Kerzen in § 12 Abs. 2 nicht namentlich mit aufgeführt sind.

e) Der § 8 des Gesetzes vom 5. Juli 1887 bezieht sich nur auf Schreibmaterialien, Lampen- und Lichtschirme sowie Lichtmanschetten. Für sonstige Gegenstände aus Papier, z. B. für Gefäße, Umhüllungen und Schutzbedeckungen zur Aufbewahrung oder Verpackung von Nahrungs- und Genußmitteln sind aber nach § 2 (vgl. unter B, S. 825, ferner für Spielwaren aus Papier nach § 4 des Gesetzes vom 5. Juli 1887 (vgl. D, S. 836) außer Arsen auch sonstige Stoffe verboten.

Es fehlen aber unter den in § 8 aufgeführten Papieren die Buntpapiere, die nach A. Neufeld[1]) nicht selten bedeutende Mengen Arsen[2]) enthalten; sie werden nicht nur zur Herstellung von Düten oder zum Bekleben von Kästchen für Back- und Zuckerwaren (§ 2) oder zur Herstellung von Spielwaren (§ 4), sondern auch in der Buchbinderei zum Bekleben von Schachteln und Kästchen, die nicht zur Aufbewahrung von Nahrungs- und Genuß- mitteln usw. dienen, verwendet und können in letzteren, vom Gesetz nicht getroffenen Fällen ebenso schädlich wirken, als bei den in § 2 und 4 angegebenen Verwendungszwecken.

3. Probenahme. Da zur Bestimmung von Arsen und Zinn in gefärbten Nah- rungs- und Genußmitteln, die in der Masse gefärbt sind, 20 g und von Gespinsten und Geweben (auch Papier) 30 g verwendet werden sollen, so ist es, um nötigenfalls eine Bestimmung zweimal ausführen zu können, ratsam, mindestens die doppelte Gewichtsmenge von den entsprechen- den Gegenständen zu entnehmen. Haften die Farbstoffe äußerlich an (wie z. B. bei Masken, künstlichen Blättern, Lampen- und Lichtschirmen usw.), so kann man auch die äußerlich anhaftende Farbe abschaben und so viel des Abschabsels nehmen, als einer Menge von 20 bzw. 30 g des Gegenstandes entspricht.

4. Chemische Untersuchung. *a) Qualitative und quantitative Be- stimmung des Arsens und Zinns.* Hierüber vgl. S. 823, ferner III. Bd., 1. Teil, S. 499 und 503, über die amtliche Vorschrift für gefärbte Nahrungs- und Genußmittel ebendort, S. 506, desgleichen für Gespinste und Gewebe ebendort S. 509.

A. F. Schulz[3]) hat die zuerst von Sanger und Black[4]) angegebene colorime- trische Bestimmung des Arsens mittels Sublimat in folgender Weise für die Untersuchung der Tapeten ausgebildet:

Ein Stück von 50 (4 × 12,5) qcm Tapete, das alle Abdruckfarben des Musters enthalten muß, wird um 8—10 Zinkstäbchen von etwa je 5 cm Länge in der Weise umwickelt, daß möglichst viele Stellen der Tapetenoberfläche mit dem Zink in direkte Berührung kommen; dieses Päckchen wird auf den Boden eines Präparatenglases von etwa 13 cm Höhe und 2,5 cm Durchmesser mit ziemlich weitem Hals geschoben. Das Glas wird darauf mit ver- dünnter Schwefelsäure (25 Vol.-prozentig, unter Zusatz von 0,01 % Kupfersulfat als Kataly- sator) so weit angefüllt, daß die Zinkstückchen 0,5 m hoch überdeckt sind. Hierüber schaltet man zwischen Flüssigkeit und Sublimatpapier Bleiwatte ein, die durch Tränken von ent- fetteter Baumwolle mit alkalischer Bleiacetatlösung und durch Trocknen an einem warmen Ort hergestellt wird.

Ein durchbohrter Korkpfropfen wird unten mit Sublimatpapier belegt und mit diesem in den Hals des Pulverglases gepreßt. Das Sublimatpapier wird in der Weise hergestellt, daß man etwa 100 Stück schwedisches Filtrierpapier in einer Petrischale mit heiß gesättigter alkoholischer Sublimatlösung tränkt und nach einigen Stunden trocknet.

---

[1]) Zeitschr. f. Untersuchung d. Nahrungs- u. Genußmittel 1913, **25**, 211.

[2]) A. Neufeld fand z. B. in 3 Sorten Buntpapier:

Arsenige Säure	Violettes	Rosarotes	Hellila
In 100 qcm . . . . 9,83 mg		6,70 mg	1,22 mg
In Gewichtsprozenten . . 1,77%		1,14%	0,18%

[3]) Arbeiten a. d. Kaiserl. Gesundheitsamte 1915 **48**, 303.

[4]) Zeitschr. f. unorgan. Chemie 1908, **58**, 121.

Nach einer 3—4 stündigen Einwirkung ist die Prüfung beendet. Das Sublimatpapier wird dann $^1/_4$ Stunde in eine Lösung von 10 g Sublimat in 70 ccm Alkohol und 10 ccm Salzsäure (spez. Gew. 1,19) getaucht (entwickelt), mit angesäuertem Alkohol von überschüssigem Sublimat befreit, getrocknet und mit angesäuertem Kollodium getränkt (fixiert). Man vergleicht den Farbflecken dann mit solchen, die aus 0,025, 0,050, 0,075, 0,100, 0,150 und 0,200 mg arseniger Säure unter gleichen Verhältnissen erhalten wurden, um hieraus den Gehalt der untersuchten Tapete an arseniger Säure zu ermessen.

Das Verfahren ist nach A. F. Schulz zwar nicht ganz genau, soll aber für praktische Verhältnisse ausreichen.

b) Bestimmung der Schwermetalle. Zur Bestimmung der Schwermetalle (Quecksilber, Blei, Kupfer) werden die Gegenstände mit Schwefelsäure, Salpetersäure, oder Salzsäure und chlorsaurem Kali aufgeschlossen und die Lösungen nach dem üblichen Gange der chemischen Analyse weiter untersucht (vgl. S. 799 und III. Bd., 1. Teil, S. 497). Bei fetthaltigen Stoffen bzw. bei Kerzen (aus Stearin, Paraffin usw.), ebenso bei Firnissen behandelt man die Gegenstände bzw. das Abschabsel mit Äther bzw. Alkohol bzw. Chloroform bzw. Terpentinöl, wobei die mineralischen Bestandteile ungelöst bleiben und für sich weiter getrennt werden können. Wenn es sich um Nachweis von Bleiverbindungen in fetthaltigen Stoffen oder Kerzen handelt, wird man den Ätherauszug mit Salzsäure oder Schwefelsäure schütteln und zersetzen müssen, weil sich hier auch in Äther lösliche Bleiseifen vorfinden können, die durch Zersetzung mittels Säure unlöslich abgeschieden werden. Zur Bestimmung des Quecksilbers wird dasselbe zweckmäßig in die Oxydform übergeführt und entweder als Sulfid (HgS) oder, wenn Quecksilberchlorid in Lösung ist, als Quecksilberchlorür bestimmt, indem man die Lösung mit phosphoriger Säure behandelt.

Zur Trennung von Quecksilber und Blei kann man die neutralisierte Lösung, welche das Quecksilber als Oxyd enthalten muß, mit Cyankalium versetzen, das gefällte Bleicyanür durch Lösen in Salpetersäure, Eindunsten mit Schwefelsäure in Sulfat überführen, während das in Lösung gebliebene Quecksilbercyanid durch Schwefelwasserstoff gefällt werden kann.

5. Beurteilung. Die Vorschriften in den §§ 7 und 8 des Gesetzes vom 5. Juli 1887 beziehen sich nur auf den Arsengehalt, während, wie schon vorstehend gesagt, Kerzen unter Umständen mit Zinnober und Bleiverbindungen gefärbt werden, die beim Verbrennen der Kerzen schädlich wirken können.

Aus dem Grunde heißt es auch im Schweizerischen Lebensmittelbuch 1909, 2. Aufl., S. 301: „Christbaumkerzen und andere Kerzen dürfen nicht mit Farben versetzt sein, welche Antimon, Arsen oder Quecksilber in irgendeiner Form enthalten."

Arsenhaltige Buntpapiere werden nach S. 845 ebenfalls von dem Gesetz nicht getroffen, obschon es in den Materialien zur technischen Begründung des Gesetzes unter 13 heißt: „Was die bunten Papiere, Tapeten usw. anbetrifft, so kommen noch viele in den Handel, welche durchaus nicht den Anforderungen, die die Hygiene stellen muß, genügen. Viele Papiere enthalten Kupfer-, Blei- und Arsenverbindungen." Das Schweizerische Lebensmittelbuch (2. Aufl., Abschn. IV, S. 37) rechnet daher alle „farbigen Papiere und aus solchen angefertigten Gegenstände" zu den der hygienischen Kontrolle bedürftigen Gebrauchsgegenständen und die Vorschrift des Schweizerischen Bundesrates vom 29. Januar 1909 bestimmt in Art. 258: „Papiere und aus solchen hergestellte Gegenstände dürfen kein Arsen enthalten."

Es wird daher auch das Deutsche Gesetz vom 5. Juli 1887 nach dieser Richtung zu ergänzen sein.

Das schwedische Giftreglement vom 7. Dez. 1906 bestimmt, daß 200 qcm Tapete nicht mehr als 0,2 mg Arsen enthalten dürfen. A. F. Schulz (l. c.) fand von 311 untersuchten deutschen Tapeten für 1 qm folgende mg arsenige Säuren (As_2O_3):

Kein Arsen,	Unter 5 mg.	5—10 mg,	10—15 mg,	15—20 mg.
19,9%	54,3%	19,9%	5,6%	0,3%

Hiernach würden 97% der untersuchten deutschen Tapeten selbst dieser strengen schwedischen Vorschrift entsprechen; nur in einem Falle wurde diese Menge um etwa die Hälfte überschritten.

Für Bekleidungsgegenstände ist auch außer auf Arsen (vgl. vorstehend S. 844) auf sonstige Stoffe Rücksicht zu nehmen, welche die menschliche Gesundheit zu schädigen geeignet sind. Der Chemiker wird sich auf den Nachweis der in Betracht kommenden Stoffe mit Hilfe der früher mitgeteilten Verfahren beschränken, ferner die Menge der nachgewiesenen Stoffe und ihre Löslichkeit in Wasser und Säuren feststellen, im übrigen aber die Beurteilung der Gesundheitsschädlichkeit dem medizinischen Sachverständigen überlassen.

H. Farben für Oblaten
(§ 8 des Gesetzes vom 5. Juli 1887).

In § 8 des Gesetzes sind die Vorschriften für Oblaten im 2. Absatz denen für Schreibmaterialien usw. angegliedert, obschon kaum ein Zusammenhang zwischen diesen Gebrauchsgegenständen besteht. Die Vorschrift für Oblaten lautet:

„Die Herstellung von Oblaten unterliegt den Bestimmungen im § 1, jedoch sofern sie nicht zum Genuß bestimmt sind, mit der Maßgabe, daß die Verwendung von schwefelsaurem Barium (Schwerspat, Blanc fixe), Chromoxyd und Zinnober gestattet ist." D. h. also:

Oblaten, die zum Genuß bestimmt sind, dürfen mit den gesundheitsschädlichen unter A, S. 819 u. f. angeführten Farben nicht gefärbt sein.

Bei Oblaten, die nicht zum Genuß dienen sollen, ist die Verwendung von schwefelsaurem Barium (Schwerspat, Blanc fixe), Chromoxyd und Zinnober gestattet.

Die Oblaten werden durch einfaches Einteigen von Weizenmehl und Backen des ungesäuerten Teiges zu Scheiben hergestellt; letztere dienen, weil sie bei geringer Anfeuchtung weich werden, entweder statt des Siegellacks zur Besiegelung der Briefe (Siegeloblaten) oder werden als Unterlage für feine Backwaren bzw. zum Einfüllen unangenehm schmeckender Medikamente (Speiseoblaten) gebraucht. Die Verwendung künstlicher Süßstoffe zur Herstellung von Speiseoblaten ist durch das Süßstoffgesetz vom 7. Juli 1912 verboten.

Die chemische Untersuchung erfolgt wie bei den Gegenständen unter A, S. 821, und B, S. 827. Man kann für die chemische Untersuchung die Oblaten oder Teile einer größeren Anzahl (im ganzen etwa 10 g) direkt entweder mit konzentrierter Schwefelsäure oder mit Salzsäure und chlorsaurem Kalium aufschließen.

J. Farben für Anstrich von Fußböden, Decken, Wänden, Türen, Fenstern der Wohn- und Geschäftsräume, von Roll-, Zug- oder Klappläden oder Vorhängen, von Möbeln und sonstigen Gebrauchsgegenständen
(§ 9 des Gesetzes vom 5. Juli 1887).

Der § 9 des Gesetzes vom 5. Juli 1887 lautet: „Arsenhaltige Wasser- oder Leimfarben dürfen zur Herstellung von Fußböden usw. (folgen die obigen Gebrauchsgegenstände) nicht verwendet werden."

Unter Wasserfarben versteht man solche Farben, die nur mit Wasser, unter Leimfarben solche, welche nur mit einem mit Leim (auch Gummi, Honig usw.) versetzten Wasser angerührt zu werden brauchen, um einen deckenden Anstrich zu liefern (vgl. S. 842).

Für die chemische Untersuchung muß man von den hölzernen oder kalkigen bzw. gipshaltigen Gegenständen so viel der farbstoffhaltigen Schicht (je nach der Reinheit, d. h. von Beimengungen freien Farbschicht 5—20 g) abschaben, als für den Nachweis von Arsen, der hier einzig in Frage kommt, erforderlich ist. Über den Nachweis von Arsen vgl. S. 823.

K. Einschränkung der Bestimmungen des Farbengesetzes vom 5. Juli 1887.

Der § 10 des Gesetzes vom 5. Juli 1887 gibt folgende Einschränkung der Bestimmungen: „Auf die Verwendung von Farben, welche die im § 1, Abs. 2 bezeichneten Stoffe nicht als konstituierende Bestandteile, sondern nur als Verunreinigungen, und zwar höchstens in einer Menge enthalten, welche sich bei den in der Technik gebräuchlichen Darstellungsverfahren nicht vermeiden läßt, finden die Bestimmungen der §§ 2—9 nicht Anwendung."

Hiernach dürfen Nahrungs- und Genußmittel als solche die in § 1 (S. 819 u. f.) genannten Stoffe (Farbstoffe oder Farbzubereitungen) auch als technische Verunreinigungen nicht enthalten; dagegen sind für die in den §§ 2—9 aufgeführten Gegenstände, Farbstoffe und Farbzubereitungen mit Verunreinigungen von diesen Stoffen in solcher Menge gestattet, welche als technische Verunreinigungen bezeichnet zu werden pflegen.

Was als zulässige technische Verunreinigung im Sinne des § 10 zu verstehen ist, ist bis jetzt gesetzlich oder amtlich nicht festgesetzt, sondern dem Urteile des Sachverständigen überlassen.

Nur bezüglich des Arsens ist ein Grenzwert aufgestellt[1]).

Um dem Sachverständigen einen ungefähren Anhalt für sonstige Stoffe zu geben, sei angeführt, daß in dem Entwurf der bayrischen Vereinbarungen Dr. Kayser und Dr. Prior vorschlugen[2]):

„Für 100 g der bei 100° getrockneten Farbe sollen für Antimon, Arsen, Blei, Kupfer, Chrom zusammen oder von jedem 0,2 g, für Barium, Kobalt, Nickel, Uran, Zinn, Zink zusammen oder von jedem 1,0 g als zulässige Verunreinigung gelten."

Um zu entscheiden, ob Arsen in einer Farbe als wesentlicher Bestandteil oder nur als Verunreinigung enthalten ist, welche sich bei den in der Technik gebräuchlichen Darstellungsverfahren nicht vermeiden läßt, ist der zweifellose Ausfall der Marshschen Arsenprobe nicht ausreichend, es ist vielmehr ein quantitative Arsenbestimmung auszuführen.

V. Seife.

Vorstehend S. 832 ist die Seife als kosmetisches Mittel in betreff der zulässigen Färbung besprochen worden. Die Seife findet aber als Reinigungsmittel nicht nur für die Haut, sondern auch für die verschiedensten Gegenstände im Haushalte eine so weitgehende Verwendung und erfüllt diese Zwecke je nach ihrer Beschaffenheit und Zusammensetzung in so verschiedenem Grade, daß es gerechtfertigt ist, hier die Anforderungen an die Seife außer in hygienischer auch in chemisch-technischer Hinsicht zu besprechen.

1. Die verschiedenen Seifensorten des Handels und Wirkung der Seife.
Seifen im weiteren Sinne heißen alle Salze der höheren Fettsäuren. Im engeren Sinne versteht man darunter nur Natrium- und Kaliumsalze, die zu Reinigungszwecken dienen. Die Natriumsalze bilden die harten oder Kernseifen, die Kaliumsalze die weichen, grünen oder Schmierseifen.

Zur Darstellung dieser Seifen werden die verschiedenartigsten tierischen wie pflanzlichen Fette verwendet.

Die Kernseifen werden durch längeres Erhitzen der Fette mit starker Natronlauge und nachheriges Aussalzen durch Zusatz von Kochsalz erhalten. Hierdurch trennt sich die Masse in die Unterlauge (sog. Seifenleim), welche das gesamte Glycerin, Kochsalz und die überschüssige Natronlauge enthält, und in die oben aufschwimmende Kernseife, welche eigentümliche Krystall-

---

[1]) Das Schweiz. Lebensmittelbuch 1909, 2. Aufl., S. 300, betrachtet eine Substanz als arsenfrei, wenn 1 qdcm oder 1 g derselben weniger als 0,2 mg Arsen enthält.

[2]) Vereinbarungen 1885, S. 224.

bildungen — Kern oder Fluß genannt — zeigt. Werden die Kernseifen nochmals mit Wasser oder schwacher Natronlauge gekocht, so erhält man die sog. **geschliffenen Seifen**. **Leim- oder gefüllte Seifen** sind solche Seifen, welche durch **kalte Verseifung von Fetten** — z. B. Cocosfett und Palmkernöl — hergestellt werden, sich nicht aussalzen lassen und das gesamte Glycerin neben viel Wasser einschließen. **Halbkern- oder Eschweger Seifen** sind Gemische von Kern- und Leimseifen.

Die **Schmierseifen** oder sog. **grüne Seifen** werden, ähnlich den Kernseifen, durch längeres Erhitzen der Fette mit **Kalilauge** erhalten; da sie aber nicht ausgesalzen werden können, so enthalten sie noch das ganze Glycerin, ferner überschüssiges Kali und viel Wasser.

Statt der Neutralfette und Ätzalkalien verwendet man jetzt auch vielfach **freie Fettsäuren** und **Alkalicarbonate** (sog. kohlensaure Verseifung) zur Darstellung von Seifen; diese sollen aber den aus Neutralfetten hergestellten Seifen an Güte nachstehen.

Durch Verseifen eines Gemisches von Fett (Talg und Schweinefett) mit 20—40% **Kolophonium** oder **Fichtenharz** vermittels Natronlauge, erhält man die **gelben Seifen, Harzseifen,** auch **Wachskernseifen** genannt. Angeblich enthält auch die **Sunlightseife** einen gewissen Prozentsatz hiervon.

Unechte Transparentseifen werden als minderwertige Seifen dadurch gewonnen, daß man die Leimseifen statt mit Kochsalz mit Zuckerlösung und Salzlösungen fällt; echte **Transparentseifen** durch Auflösen der fein geschabten Seifen in Alkohol (95%) und Erstarrenlassen in Formen; setzt man gleichzeitig Glycerin zu, so erhält man die **Glycerinseifen**. **Kieselseife** ist eine gewöhnliche Talg- oder Ölseife unter Zusatz von Kieselgur oder Wasserglas; **Bimsteinseife** desgleichen unter Zusatz von gepulvertem Bimstein; **Knochenseife** desgleichen ein Gemenge von Harz- oder Cocosnußölseife mit Knochengallerte. **Marseiller Seife** wird aus **Olivenöl** hergestellt. **Medizinische** oder **Medizinalseifen** sind Mischungen von Kernseifen mit Arzneistoffen (z. B. behufs Desinfizierens **carbolsaure** Seife durch Zusatz von Carbolsäure zu Kernseife; oder Teer, Schwefel, Sublimat, Jodoform usw.). Die eigentliche **medizinische Seife** (Sapo medicatus) wird durch Verseifen von Schweinefett und Olivenöl in der Weise gewonnen, daß man zu der verseiften Masse Spiritus, Wasser und nötigenfalls so lange Natronlauge zusetzt, bis ein durchsichtiger, in Wasser löslicher Seifenleim gebildet ist. Dann setzt man Kochsalz und etwas Natriumcarbonat zu, hebt die abgeschiedene Masse nach einigen Tagen ab, wäscht sie mit etwas Wasser, preßt, zerkleinert und trocknet an einem warmen Ort; man erhält so ein Seifenpulver, das in Wasser und Weingeist völlig löslich ist.

Im übrigen bestehen die **trockenen Waschpulver** des Handels aus Soda und zerkleinerter Kernseife.

Die Verbindungen der Fettsäuren mit Blei-, Zinkoxyd, Kalk und Tonerde, die **Blei-** bzw. **Zinkpflaster** finden für medizinische Zwecke, die **Tonerdeseifen** in der Papierfabrikation, die **Kalkseifen** in der Stearinfabrikation Verwendung.

Die **Toilettenseifen** werden durch Vermischen mit **wohlriechenden Stoffen und ätherischen Ölen** hergestellt, und zwar auf dreierlei Weise:

1. Durch Umschmelzen der Kernseifen unter gleichzeitiger Parfümierung;

2. Durch die sog. kalte Parfümierung fertiger, hierfür besonders dargestellter geruchloser Seife;

3. Durch direkte oder warme Verseifung unter Zusatz der zur Parfümierung und evt. Färbung bestimmten Stoffe. Zur Parfümierung dient eine ganze Anzahl ätherischer Öle, die z. T. schon unter Pomaden S. 830 aufgeführt sind; für die billigen Sorten wird meistens Nitrobenzol verwendet.

Zum **Färben** werden besonders benutzt: Smalte, Ultramarin, Zinnober, Umbra und Teerfarbstoffe. Das marmorierte Aussehen der Seife erreicht man dadurch, daß man verschiedene Erdfarben mit Wasser anrührt und nicht gleichmäßig mit der Seife vermischt.

Die **reinigende Wirkung** der Seife wurde früher dadurch erklärt, daß die fettsauren Alkalisalze beim Lösen in Wasser in saures, fettsaures Alkalisalz, welches in Wasser unlöslich ist, und in basisch fettsaures Alkalisalz, welches in Wasser gelöst bleibt, hydrolytisch gespalten werden. Letzteres soll Schmutz und Fett, die an Fasern haften, lösen bzw. von den Fasern trennen, und die abgetrennten Stoffteilchen sollen von dem sauren fettsauren Alkalisalz aufgenommen und in Emulsion gehalten werden. W. Spring[1]) erklärt jedoch die reinigende Wirkung der Seife durch ihre außergewöhnlich große Oberflächenspannung (Schaumbildung). Fette und Schmutzteilchen aller Art (auch fettfreie) werden von organischen Fasern durch Adsorption festgehalten. Durch Behandeln derselben mit Seife wird die Oberflächenspannung der Fasern erniedrigt, die Seife reichert sich an der Oberfläche an, verdrängt die adhärierenden fein zerteilten Stoffe und verhindert dieselben, sich an den zu waschenden Gegenständen festzusetzen. Filtriert man eine Aufschwemmung von völlig fettfreiem Kienruß in Wasser durch ein Papierfilter, so werden die Rußteilchen vom Papier festgehalten, das Wasser läuft klar ab. Mischt man den Ruß aber mit 1 proz. Seifenlösung, so geht er glatt durch das Filter und schwärzt es nicht einmal.

Zur Erhöhung der reinigenden Kraft sollen Zusätze wie Sand, Kieselgur, Wasserglas, Soda, Borax, Eiweiß, Terpentinöl, Mineralöl, Petroleum usw. dienen.

Als Beschwerungsmittel und wertvermindernde Zusätze sind anzusehen: Kreide, Schwerspat, Talk, Ton, Gips, Kochsalz, Glaubersalz, Dextrin, Zucker, Leim, Kartoffelmehl u. a.

2. Chemische Untersuchung. a) Wasser.

5 g der in möglichst dünne Scheibchen zerschnittenen Durchschnittsprobe werden mit Sand und etwas Alkohol verrührt und dann zunächst auf dem Wasserbade, zuletzt im Trockenschranke bei 105° getrocknet.

Wenn ohne Sand eingetrocknet wird, empfiehlt es sich, zunächst auf 30—50° zu erwärmen und erst allmählich die Temperatur auf 100 und 105° zu steigern.

Unter Umständen, besonders stets, wenn Alkohol, Petroleum und andere flüchtige Stoffe zugegen sind, muß das Wasser aus der Differenz, d. h. durch Abzug aller bestimmbaren Stoffe von 100 ermittelt werden.

Fahrion erhitzt 2—4 g Seife vorsichtig in einem Platintiegel mit der dreifachen Menge Olein auf einer kleinen Bunsenflamme bis zur klaren Lösung und bestimmt den Gewichtsverlust.

b) Asche. 5 g Seife werden getrocknet und in üblicher Weise verbrannt. Der Rückstand dient zur Bestimmung des Chlors nach Volhard.

c) Gesamtfettsäuren. In der Regel genügt es, 5 g Seife mit 200 ccm Wasser und 50 ccm $^1/_2$ N.-Schwefelsäure zu zersetzen und im übrigen wie bei Bestimmung der Hehnerzahl zu verfahren (vgl. III. Bd., I. Teil, S. 383).

Bei Anwesenheit von Fetten, welche in Wasser lösliche, sowie flüchtige Fettsäuren enthalten, wie Palmkernöl, Cocosfett usw., oder wie Leinöl leicht oxydierbar sind, empfiehlt es sich, folgendes Verfahren von Simmich[2]) anzuwenden:

In dem Erlenmeyer-Kolben des nebenstehend gezeichneten Apparates (Fig. 278) werden 5 g Seife mit 100 ccm Wasser und 25 ccm Alkohol gelöst, darauf mir 10 ccm Schwefelsäure (1 : 3) zersetzt und nach Zusatz von so viel Wasser, daß die Flüssigkeit zwischen Teilstrich 1 und 4 steht, zuerst mit 70—80 ccm Äther gut durchgeschüttelt und darauf mit Petroläther bis zur Marke 150 aufgefüllt. Nach nochmaligem Schütteln und Ablesen des Volumens der Äther-Petrolätherschicht läßt man einen möglichst großen abgemessenen Teil des letzteren in das Destillierkölbchen (Fig. 279) abfließen, neutralisiert genau mit $^1/_2$ N. alkoholischer Kalilauge (Phenolphthalein) und destilliert die Lösungsmittel im Wasserstoff- oder Kohlensäurestrom ab. Schließlich wird bis auf 100 mm evakuiert und nach einhalbstündigem Erhitzen im siedenden Wasserbade gewogen. Das Gewicht des fettsauren Kaliums (*f*) gibt bei reinen Kaliseifen direkt den Gehalt an Reinseife an. Den Gehalt an

---

[1]) Zeitschr. f. Kolloidchemie 1909, **4**, 116; 1910, **6**, 11, 109 u. 164.

[2]) Zeitschr f. Untersuchung d. Nahrungs- und Genußmittel 1911, **21**, 37.

Fettsäuren erfährt man aus der Gleichung $x = f - 0,01907 v$, worin v die Anzahl der zur Neutralisation verbrauchten Kubikzentimeter $^1/_2$ N.-Lauge bezeichnet.

Das Verfahren von Sim̱mich berücksichtigt alle bisher gemachten Erfahrungen von Hefelmann und Steiner[1], Fendler und Frank[2] u. a. und gibt zuverlässige Werte. Auf die zahlreichen volumetrischen Verfahren von Dominikiewicz[3], Stiepel[4], Lüring[5] u. a., welche z. T. für die Betriebskontrolle gut brauchbar sind, kann nur verwiesen werden.

Der Begriff der Gesamtfettsäuren umschließt auch den Gehalt an unverseiftem Neutralfett, an unverseifbaren Stoffen und an Harzsäuren. Will man die beiden ersteren bestimmen, was nur ausnahmsweise erforderlich ist, so extrahiert man den nach Sim̱mich erhaltenen Rückstand mit Äther - Petroläther und wägt die nach Verdunstung des Lösungsmittels hinterbleibende Summe als Fett und Unverseifbares. Darauf wird nochmals verseift und von neuem mit Äther-Petroläther ausgeschüttelt (unverseifbare Stoffe).

d) Harzsäuren. Zur qualitativen Prüfung auf Harzsäuren bedient man sich der im 1. Teile des III. Bandes, S. 410 angegebenen Reaktionen.

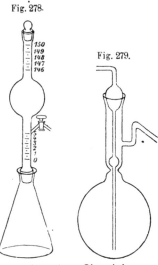

Fig. 278.

Fig. 279.

Apparat von Sim̱mich.

Die quantitative Bestimmung erfolgt nach dem von Holde und Marcusson[6] abgeänderten Twitchellschen[7] Verfahren in folgender Weise: 5 g der nach Hehner oder Sim̱mich abgeschiedenen Gesamtfettsäuren werden in 50 ccm absolutem Alkohol gelöst und unter Kühlung mit trockenem Salzsäuregas gesättigt. Das mit der fünffachen Menge Wasser $^1/_4$ Stunde lang gekochte Reaktionsprodukt schüttelt man zuerst mit 100, darauf mehrfach mit je 50 ccm Äther aus und gewinnt aus der abgehobenen ätherischen Schicht die Harzsäuren durch Ausschütteln mit 50 ccm Kalilauge (10 g Kali, 10 g Alkohol, 100 cm Wasser). Nach sorgfältiger Reinigung wird die alkalische Lösung mit Salzsäure angesäuert, mit Äther ausgeschüttelt, der Äther abdestilliert und der Rückstand gewogen.

Zur Entfernung der geringen Fettsäuremengen, welche sich der Verseifung entzogen haben, ist von dem Verf. ein Reinigungsverfahren mit Silbernitrat ausgearbeitet worden, bezüglich dessen auf das Original verwiesen sei.

e) Gesamtalkali. Man zersetzt bei der Bestimmung der Fettsäuren nach Hehner mit einer abgemessenen Menge $^1/_2$ N.-Schwefelsäure, füllt das Filtrat zu einem bestimmten Volumen auf und titriert den Säureüberschuß zurück.

[1] Benedikt-Ulzer, Analyse der Fett- u. Wachsarten. 5. Aufl., S. 10; Zeitschr. f. öffentl. Chemie 1898, **4**, 389; Zeitschr. f. Untersuchung d. Nahrungs- u. Genußmittel 1898, **1**, 725.

[2] Zeitschr. f. angew. Chemie 1909, **22**, 252; Zeitschr. f. Untersuchung d. Nahrungs- u. Genußmittel 1910, **19**, 167.

[3] Chem.-Ztg. 1909, **33**, 728; Zeitschr. f. Untersuchung d. Nahrungs- u. Genußm. 1910, **20**, 609.

[4] Seifensiederztg. 1904, **31**, 279.

[5] Ebendort 1906, **33**, 509; Zeitschr. f. Untersuchung d. Nahrungs- u. Genußmittel 1905, **9**, 495; 1907, **13**, 721; 1908, **15**, 245. Vgl. weiter: Huggenberg; Zeitschr. f. öffentl. Chemie 1898, **4**, 163; Zeitschrift f. Untersuchung d. Nahrungs- u. Genußmittel 1898, **1**, 367; Goldschmidt, Seifenfabrikant 1904, **24**, 201; Braun, Seifenfabrikant 1906, **26**, 127; Zeitschr. f. Untersuchung d. Nahrungs- u. Genußmittel 1905, **10**, 630; 1907, **13**, 162; Röhrig, Zeitschr. f. angew. Chemie 1910, **23**, 2161.

[6] Mitteil. d. Königl. techn. Versuchsstation Berlin 1902, **20**, 40; Zeitschr. f. Untersuchung d. Nahrungs- u. Genußmittel 1904, **7**, 59.

[7] Benedikt - Ulzer, 5. Aufl., S. 247.

f) Freies Alkali. ·Zur qualitativen Prüfung betupft man die frische Schnittfläche der Seife mit einer Quecksilberchloridlösung, wobei freies Alkali Gelb- oder Schwarzfärbung hervorruft.

Die quantitative Bestimmung erfolgt nach dem Chlorbariumverfahren von P. Heermann[1]): 5—10 g Seife werden in 250 ccm frisch ausgekochtem Wasser gelöst und mit 10—15 ccm konzentrierter, vorher gegen Phenolphthalein neutralisierter Chlorbariumlösung (300 g : 1 l) gefällt. Die durch ein mit frisch ausgekochtem Wasser angefeuchtetes Filter gegossene Lösung wird mit $^1/_{10}$ N.-Säure (Phenolphthalein) titriert.

Für weniger genaue Bestimmungen genügt es, die Lösung der Seife in heißem absoluten Alkohol von den ungelösten Füllmitteln abzufiltrieren und mit $^1/_{10}$ N.-Schwefelsäure gegen Phenolphthalein zu titrieren.

Die Berechnung aus der Differenz (Gesamtalkali minus Alkali an Kohlensäure und an Fettsäuren gebunden) nach Henriques liefert zu ungenaue Werte. Dasselbe gilt nach. Heermann von den Aussalzmethoden Schmatollas[2]) und Hottenroths[3]). Originell, aber noch nicht nachgeprüft sind die Vorschläge von Divine[4]) und Telle[5]), von denen der erstere die alkoholische Seifenlösung unter Zusatz von etwas. Chlorbarium mit einer $^1/_{10}$ N. alkoholischen Stearinsäurelösung, der letztere mit Ölsäurelösung titriert.

g) Kohlensaures Alkali. Die Bestimmung erfolgt entweder nach dem Aussalzverfahren oder nach dem Kombinationsverfahren von Heermann[1]).

Nach dem ersteren löst man eine abgewogene Menge Seife in Wasser, salzt mit Kochsalz aus und titriert in einem aliquoten Teile des Filtrates die Summe von freiem Alkali und kohlensaurem Alkali mit Methylorange als Indicator und bringt das freie Alkali in Abzug.

Nach dem Kombinationsverfahren löst man die getrocknete Seife in Alkohol und sättigt die Flüssigkeit mit Kohlensäure. Das unlösliche Carbonat wird abfiltriert, mit heißem absoluten Alkohol ausgewaschen und mit $^1/_{10}$ N.-Säure titriert. Auch hier wird das gesondert bestimmte freie Alkali in Abzug gebracht.

Für weniger genaue Analysen genügt es, die Seife in absolutem Alkohol zu lösen und den ausgewaschenen Filterrückstand direkt zu titrieren.

Bei Gegenwart von Boraten und Silicaten muß die Kohlensäure nach Henriques oder im Geißlerschen Apparate bestimmt werden. Den Gehalt an Wasserglas berechnet man aus der Kieselsäure nach der Formel $Na_2Si_4O_9$.

h) Alkali an Fettsäuren gebunden berechnet sich nach dem Verfahren von Simmich aus dem Verbrauche an titrierter Lauge. Bei Abwesenheit von Neutralfett, Harz usw. ergibt es weiter das mittlere Molekulargewicht der Fettsäuren.

i) Füllmaterialien. In dem bei der Behandlung mit Wasser unlöslich bleibenden Rückstande werden kohlensaurer Kalk, Ton, Speckstein, Kieselgur, Asbest, Stärke usw. in üblicher Weise, z. T. mikroskopisch, identifiziert. In der Lösung findet man Kochsalz, Glaubersalz, Borax, Wasserglas und Zucker (Polarisation).

Die Bestimmung des Petroleums, Alkohols, Terpentinöls und anderer flüchtigen Stoffe erfolgt durch Destillation, diejenige des Glycerins durch Oxydation mit Kaliumpermanganat nach dem Verfahren von Benedikt und Zsigmondy[6]) (vgl. III. Bd., 1. Teil, S. 545).

----

[1]) Chem.-Ztg. 1904, **28**, 53; Zeitschr. f. Untersuchung d. Nahrungs- u. Genußmittel 1905, **9**, 244.

[2]) Chem.-Ztg. 1904, **28**, 60.

[3]) Seifensiederztg. 1910, **37**, 599.

[4]) Zeitschr. f. Untersuchung d. Nahrungs- u. Genußmittel 1901, **4**, 504.

[5]) Ebendort 1903, **6**, 851.

[6]) Chem.-Ztg. 1885, **9**, 975; Benedikt - Ulzer, Analyse der Fette und Wachsarten. 5. Aufl., S. 196. Vgl. Beythien und Schwerdt, Zeitschr. f. Untersuchung d. Nahrungs- u. Genußmittel 1911, **21**, 673.

Für die Untersuchung der **Waschmittel**, welche meist aus viel Salz und Wasserglas neben wenig Seife bestehen, ist vor allem die Bestimmung des in Form von Peroxyden, Perboraten, Persulfaten, Percarbonaten vorhandenen freien Sauerstoffs von Bedeutung. Man bestimmt ihn entweder nach dem Vorschlage von Beythien und Simmich[1]) durch Zersetzung der Substanz im Geißlerschen Kohlensäureapparate mit kobaltsulfathaltiger Schwefelsäure und Ermittlung des Gewichtsverlustes oder, für genauere Analysen, nach dem Verfahren von Boßhard und Zwicky[2]), auf welches hier nur verwiesen werden kann.

k) Anhaltspunkte für die Beurteilung von Seife.

α) Eine gute **Toilettenseife** soll von milder Wirkung auf die Haut sein, d. h. diese reinigen, aber gleichzeitig weich und geschmeidig erhalten und ihr einen angenehmen Geruch erteilen.

β) Eine gute Toilettenseife soll wenigstens etwas **schäumen**; jedoch ist der **Schaum** allein kein Merkmal für die Güte einer Seife. Schlechte Seifen schäumen häufig sehr stark und geben einen **großblasigen** Schaum, während der Schaum **feiner** Seifen feinblasig erscheint.

γ) Die **Natronseife** soll **gut getrocknet** und von tunlichst **neutraler** Beschaffenheit sein.

δ) Für die Beurteilung einer **Waschseife** ist in erster Linie ihr Gehalt an **fettsaurem Alkali** heranzuziehen, während Stärke und andere sog. Füllstoffe als wertlose Beschwerungsmittel, Wasserglas usw. geradezu als der Wäsche schädlich[3]) zu bezeichnen sind.

Da gesetzliche Bestimmungen zum Schutze gegen verfälschte Seifen nicht bestehen und z. B. der Versuch des Kgl. Sächsischen Ministeriums[4]), mittels der amtlichen Nahrungsmittelkontrolle einen Deklarationszwang für Stärke einzuführen, ohne Erfolg geblieben ist, suchen die Seifenfabrikanten einerseits sich selbst zu helfen, andererseits die größeren Betriebe sich vielfach durch besondere Lieferungsverträge zu schützen.

1. So hat der Verband der Seifenfabrikanten folgende Begriffsbestimmungen für reine **Kern-** und **Schmierseifen** aufgestellt:

a) Unter „reinen Kernseifen" versteht man alle nur aus festen und flüssigen Fetten sowie Fettsäuren auch unter Zusatz von Harz durch Siedeprozesse hergestellten, aus ihren Lösungen durch Salze oder Salzlösungen (auch Unterlauge oder Leimniederschlag) abgeschiedenen, technisch reinen Seifen mit einem **Mindestgehalt von 60% Fettsäurehydraten** einschl. Harzsäure.

b) Unter „reinen Schmierseifen" versteht man solche, welche mindestens 36% Fettsäurehydrate einsch. Harzsäure enthalten und technisch rein sind.

2. Abmachungen des „Verbandes der Seifenfabrikanten" bei behördlichen Ausschreibungen in Bayern, Sachsen und Baden:

a) Harte Seifen.

α) Kernseife . . . . soll mindestens 60%
β) Halbkernseife . . . . „   „   46%
γ) Cocos- (Hand-) Seife „   „   60%

Fettsäuregehalt, als Fettsäurehydrate berechnet, haben.

---

[1]) Zeitschr. f. Untersuchung d. Nahrungs- u. Genußmittel 1911, **21**, 675.

[2]) Zeitschr. f. angew. Chemie 1910, **23**, 1153.

[3]) Vgl. Rowagnoli, Seifensiederztg. 1905, **33**, 67; Zeitschrift f. Untersuchung d. Nahrungs- u. Genußmittel 1906, **11**, 489.

[4]) Veröffentl. d. Kais. Gesundheitsamtes 1906, **30**, 507; Zeitschrift f. Untersuchung d. Nahrungs- u. Genußmittel 1907, **13**, 111.

b) Weiche Seifen.

α) Naturkernseife, *β)* glatte Seifen, grün, gelb oder braun, *γ)* weiße oder hellgelbe, sogenannte Silberseifen, sollen mindestens 40% Fettsäuregehalt haben.

c) Harzseifen.

Ihr **Harzgehalt** darf höchstens 20% betragen.

Die gelieferten harten Seifen dürfen **kein freies Alkali** in merklicher Menge enthalten.

3. Die Dresdener städtischen Anstalten stellen an die zu liefernden Seifen folgende Anforderungen:

Sämtliche **Natronseifen** müssen in gut ausgetrocknetem Zustande geliefert werden und hinreichend neutrale Beschaffenheit besitzen.

Keine der zu liefernden Seifen (einschließlich Schmierseife) darf **Füllungsmittel** irgendwelcher Art — Wasserglas, Stärke, Tonerde, Talk, Mineralöl u. dgl. — enthalten.

Es sind herzustellen und zu liefern: **Talgkernseife**, aus reinem Talg mit einem Zusatze von höchstens 40% Palmkernöl, mit einem Fettsäuregehalt von mindestens 70%, **Eschweger Seife**, mit einem Fettsäuregehalt von mindestens 60%; **Harzkernseife** aus Talg, reinem Harze und einem geringen Zusatz von Palmkernöl, mit einem Fettsäuregehalt von mindestens 70%; **Cocosseife**, rein und mild, ohne Zusatz, mit einem Fettsäuregehalt von mindestens 65%; **Schmierseife**, mit Pottasche gesotten und einem Fettsäuregehalt von mindestens 40%.

VI. Papier.

Das Papier als Gebrauchsgegenstand in **hygienischer Hinsicht** ist für Gefäße, Umhüllungen und Schutzbedeckungen behufs Aufbewahrung oder Verpackung von Nahrungsmitteln unter B, S. 825, für Spielwaren unter D, S. 836, für Tapeten, Masken, künstliche Blätter, Blumen, Früchte, sowie für Schreibmaterialien, Lampen- und Lichtschirme, Lichtmanschetten unter G, S. 844, besprochen worden. Es werden aber an das Papier und seine Beschaffenheit noch verschiedene **technische Anforderungen** gestellt, für deren Feststellung noch andere Untersuchungsverfahren als die auf Farbstoffe erforderlich sind, und diese Untersuchungsverfahren mögen hier ebenfalls kurz angegeben werden.

1. Herstellung von Papier und Papiersorten. Papier ist ein aus einem Filz von Fasern angefertigtes, auf künstlichem Wege in Schichten verteiltes blätterartiges Gebilde. Es wird dadurch erhalten, daß man Faserstoffe aller Art in Wasser verteilt, gleichmäßig in Schichten ausbreitet und das Wasser, sei es durch Ablaufenlassen oder Trocknen oder Pressen, so entfernt, daß eine gleichmäßige Lage der filzartig angeordneten Fäserchen zurückbleibt. Sind die Lagen dünn, so daß sie sich mit Leichtigkeit falten lassen, so heißt das Erzeugnis **Papier**, sind sie dagegen dick und fest, so daß sie sich nicht mehr leicht falten lassen, so nennt man es **Pappe**.

a) Rohstoffe. Als Rohstoffe für die Papierfabrikation kommen vorwiegend in Betracht:

α) **Hadern** oder **Lumpen**. Diese werden erst nach ihrer Herkunft, Feinheit und Farbe gesondert; die **leinenen** (Flachs-) Hadern liefern das feinste Papier und bedürfen keiner besonderen Aufschließung, sondern brauchen nur gekocht und gewaschen zu werden; die **baumwollenen** Lumpen geben für sich allein ein lockeres, rauhes Papier und lassen sich nur mit **leinenen** Lumpen verwenden. Die **seidenen** und **ungewalkten wollenen Lumpen** sind zu Packpapier geeignet; diese dienen noch vorwiegend zur Darstellung gekrempelter Seide bzw. Kunstwolle. Sehr geeignet dagegen sind **Hanfabgänge**.

β) Als **Hadernersatzstoffe** werden angewendet **Stroharten**, **Esparto** (Stipa tenacissima L. oder Macrochloa tenacissima Kunth.), **Jute** (Corchorus capsularis und andere Arten), **Adansonia** (Bast des Affenbrotbaumes, Adansonia digitata), **Manilahanf** (Troglodytarum textoria) und vor allem **Holz aller Art**. Die ersten 4 Ersatzstoffe und auch teilweise noch Holz werden behufs Entfernung des Bastes bzw. der Pektinstoffe, der Lignine und anderer, die Cellulose begleitenden Stoffe, vorher mit Natronlauge oder bei Stroh und Jute auch mit Kalkwasser gekocht oder gedämpft.

Die Aufschließung des Holzes bewirkt man dagegen jetzt allgemein mit saurem, schwefligsaurem Kalk nach dem Mitscherlichschen oder Ritter - Kellerschen Verfahren (Sulfitcellulose). Das Holz wird auch durch einfaches Schleifen und Waschen mit Wasser auf sog. Holzstoff bzw. Holzschliff verarbeitet, aus dem die geringwertigsten Papiersorten hergestellt werden. Gegen die Sulfitcellulose aus Holz, die noch mehr oder weniger gebleicht wird, treten die anderen Rohstoffe für die Papierfabrikation jetzt in den Hintergrund.

Aus dem Mineralreich dient auch Asbest zur Herstellung von papier- und pappeähnlichen Erzeugnissen.

b) *Umwandlung der rohen Fasern in Papierzeug.* Die vorbehandelten bzw. aufgeschlossenen Faserstoffe werden zunächst durch besondere Vorrichtungen (Stampfer, deutsches Geschirr oder Stampfgeschirr, Holländer Stoffmühle) zu Halbzeug zerkleinert, gleichzeitig gebleicht (mit Chlorkalk, unterchlorigsaurem Natron, elektrolytisch gewonnenem Chlor, Chlorwasser usw.), gehörig gewaschen unter Mitanwendung von unterschwefligsaurem Natrium oder schwefligsaurem Natrium oder Zinnsalz als Antichlor und durch weitere Zerkleinerung auf Ganzzeug verarbeitet. Um dem Papier entweder eine größere Festigkeit oder eine weißere Farbe zu erteilen, werden dem Ganzzeug einerseits Füllstoff (Kaolin, Gips, Schwerspat, Schlämmkreide, Kalkphosphat, Magnesiaweiß, Asbest), andererseits blaue Farbstoffe (Indigo, Berliner- und Pariserblau, Ultramarin u. a.) zugesetzt. Weiter wird, um den Fasern einen besseren Zusammenhang durch Verfilzung zu erteilen, eine Leimung vorgenommen, d. h. es wird ein klebender Stoff zugesetzt. Letzterer wird entweder schon dem Ganzzeug im Holländer zugesetzt (Leimen im Stoff) oder das Ganzzeug wird erst zu Papier verarbeitet und dann erst mit Leim getränkt (Bogenleimung). Zu der ersten Leimung verwendet man Harzseifen — für die feinsten Papiere Wachsseifen — d. h. man setzt alkalische Lösungen von Harz oder Wachs zu und zersetzt diese mit Tonerdesalzen. Auch Viscose (ein Cellulosexanthogenat, erhalten durch Behandeln von Zellstoff mit Alkalien und Schwefelkohlenstoff) wird zum Leimen verwendet. Bei der Bogen- (Oberflächen-) Leimung bedient man sich dagegen des tierischen Leimes.

Man unterscheidet Hand- oder Büttenpapier und Maschinenpapier. Ersteres wird in kleineren bestimmten Formen hergestellt, indem man das Ganzzeug aus dem Holländer in einen Zeugkasten (Bütte, Schöpfbütte) überführt und aus diesem mittels Schöpfer von bestimmter Form und Höhe eine für einen Bogen ausreichende Menge Faserbrei entnimmt; man läßt das Wasser aus dem fein durchlöcherten Sieb ablaufen, preßt, trocknet und taucht das Papier dann in die Leimlösung (tierischer Leim).

Zur Anfertigung des Maschinenpapiers wird das Ganzzeug auf ein Drahtgewebe ohne Ende übergeführt und hier von Knoten, Sand, Wasser befreit, gepreßt, getrocknet, in die gewünschten Größen geschnitten, geleimt usw. Durch hydraulische Pressen werden die Bogen noch geglättet (satiniert). Gerippte Papiere werden durch ungleichmäßiges Drahtgewebe, bei dem die der Länge nach laufenden Drähte durch starke Querdrähte verbunden sind, gewonnen. Für das Velinpapier wird ein aus sehr feinem Draht gewebter Siebboden angewendet.

Die Wasserzeichen werden dadurch erhalten, daß man diese mit Draht auf das Gewebe der Form näht, oder dadurch, daß man vor die Preßwalze eine gemusterte Walze legt. Das Papier wird an den betreffenden Stellen dünner.

c) *Papiersorten.* Man unterscheidet in der Handfabrikation folgende Papiersorten:

α) **Lösch-, Schrenz- und Packpapiere:**

1. Lösch-, Fließpapier (durch Schöpfen gewonnene, nicht gepreßte und ungeleimte Papiere [Hand-, Büttenpapiere]). Graue und rote Papiere (letztere unter Zusatz von roten Lumpen).
2. Schrenzpapiere. Eigentliches Packpapier und dünn.
3. Packpapier. Geleimt oder halbgeleimt. Rotes aus roten Lumpen; braunes aus alten Stricken, Werg, Manilahanf usw.; gelbes aus Stroh mit Lumpenzusatz; blaues entweder aus blauen Lumpen oder mit Blauholz gefärbtem Ganzzeug.

β) Druckpapiere (ungeleimt oder halbgeleimt, weiß).

αα) Eigentliches Druckpapier (für Buchdrucker):
1. Konzeptdruck (schlechteste Sorte; 2. Kanzleidruck, Mittelsorte; 3. Postdruck, feinere Sorte, gerippt; 4. Velindruckpapier. Zu letzterem gehört das ungeleimte Filtrierpapier.

ββ) Notendruckpapier, besonders dick.

γγ) Kupferdruckpapier, dick, Velin, ungeleimt.

δδ) Gold- oder Seidenpapier, sehr dünn, zum Einwickeln von Gegenständen, auch von Zigaretten.

γ) Schreib- und Zeichenpapier (geleimte, weiße Papiere).

αα) Schreibpapier, gerippt und Velin.
1. Konzeptpapier, gerippte Sorte; 2. Kanzleipapier, mittelfeine Sorte; 3. Postpapier, feine und allerfeinste Sorten; hierzu gehört auch das Briefpapier.

ββ) Notenpapier, dick.

γγ) Zeichenpapiere, Velin, nicht gebläut.

δ) Besondere Sorten Papier. Durch weitere Behandlungen des Papiers erhält man noch besondere Papiere, z. B.:

1. Blaupapier, erhalten durch Auftragen von mit Indigo gefärbtem Stärkekleister. 2. Kopier-, Paus- und Kalkierpapier, durch Tränken mit transparentmachenden Stoffen wie trocknenden Ölen oder Firnissen. 3. Kreidepapier, Glacépapier zu Adreß- und Visitenkarten, Kupfer- und Steinabdrucken; Pergamentschnitzel, Hausenblase und arabisches Gummi werden mit Wasser gekocht, in die Abkochung wird feinstes Bleiweiß (auch Zinkweiß u. a.) eingetragen und das Papier mit diesem Brei bestrichen. 4. Pergamentpapier; davon gibt es zwei Sorten, von denen die eine aus der vorstehenden Sorte dadurch gewonnen wird, daß man diese nach dem Überziehen und Schleifen mit klarem Leinölfirnis tränkt; die zweite Sorte, das vegetabilische Pergament, wird dadurch erhalten, daß man ungeleimtes Papier eine gewisse Zeit in Schwefelsäure taucht. 5. Wachspapier, erhalten durch Tränken von dünnem Schreibpapier mit weißem Wachs, Stearin oder Paraffin unter etwaiger Färbung mit Grünspan oder Zinnober. 6. Papier zu Wäschegegenständen, erhalten aus Leinenstoff und Baumwolle durch besondere Verarbeitung. 7. Wasserdichtes Papier, in der verschiedensten Weise erhalten, durch Eintauchen von Papier in eine konzentrierte Lösung von Zinkchlorid, Calcium-, Magnesium- oder Aluminiumchlorid und nachherige Behandlung mit Salpetersäure, oder man taucht das Papier in Schwefelsäure, der etwas Zink und Dextrin zugesetzt ist usw. 8. Gefärbte Papiere und Buntpapiere. Gefärbte Papiere sind diejenigen Papiere, welche in der ganzen Masse gefärbt, also durch und durch von Farbstoff durchtränkt sind. Sie werden entweder durch Anwendung farbiger Lumpen oder durch Zusatz von Farbstoffen zum Ganzzeug erhalten. Als Farbstoffe kommen in Betracht: Indigocarmin, Blauholzextrakt, Rotholzextrakt, Saflorcarmin, Carmin, Orlean, von mineralischen Farben: Ocker, Umbra, Ultramarin, Berlinerblau, Bleichromat u. a.

Über die Bestimmungen des Farbengesetzes vom 5. Juli 1887 vgl. S. 819.

Buntpapiere sind nur auf der Oberfläche, entweder auf einer oder beiden Seiten gefärbt. Die Färbung wird entweder durch Körperfarben oder Saftfarben bewirkt. Körperfarben (Deckfarben oder Erdfarben) sind solche Farbstoffe, welche in Form eines höchst feinen Pulvers mit den Bindemitteln (d. h. wässerigen Auflösungen von Klebemitteln) vermischt werden; hierzu gehören auch Lacke und Lackfarben (S. 826). Saftfarben heißen diejenigen Farben, welche in aufgelöstem Zustande den Bindemitteln zugefügt werden. Über gesetzliche Bestimmungen für Buntpapiere vgl. S. 845.

Unter den Buntpapieren spielt das in der Buchbinderei vielverwendete Marmorpapier eine große Rolle.

9. Zu den Buntpapieren können auch die Tapeten gerechnet werden, zu denen je nach der herzustellenden Qualität beste und schlechteste Faserstoffe genommen werden, die aber stets stark geleimt und gut geglättet sein müssen. Die Farben werden bald durch Hand-, bald durch Maschinendruck aufgetragen.

Über die gesetzliche Bestimmung für Tapeten vgl. S. 844.

2. Chemische Untersuchung des Papiers. Bezüglich der eingehenderen Untersuchung von **Druck-** und **Schreibpapier** muß auf die Spezialliteratur, insbesondere das Buch von W. Herzberg „Die Papierprüfung"[1], verwiesen werden. Einige der wichtigsten Bestimmungen seien aber hier angeführt.

a) Asche. 2—4 g Papier werden in üblicher Weise bis zur Gewichtsbeständigkeit verbrannt[2]. Die Asche dient zur Prüfung auf die gebräuchlichsten an organischen Füllstoffe: Kaolin, Speckstein, Schwerspat, Gips, wobei zu berücksichtigen ist, daß diese beim Veraschen Umsetzungen erleiden können.

b) Tierleim. Man kocht eine größere Menge des Papiers mit Wasser und setzt zu der filtrierten Lösung frisch gefälltes Quecksilberoxyd (aus Quecksilberchlorid und verdünnter Natronlauge) hinzu. Geht die gelbe Farbe des Niederschlages bei weiterem Kochen durch ein schmutziges Grün nach Schwarz über, während sich gleichzeitig ein schwarzer körniger Niederschlag von metallischem Quecksilber abscheidet, so ist die Anwesenheit von Leim wahrscheinlich. Erwiesen ist sie, wenn beim Auswaschen des Niederschlages mit Wasser und danach mit verdünnter Salzsäure ein unlöslicher schwarzer Rückstand von Quecksilber hinterbleibt.

Versetzt man den stark konzentrierten wässerigen Papierauszug mit einer konzentrierten wässerigen Alaun- oder Gerbsäurelösung, so entsteht bei Anwesenheit von Leim eine gallertartige Ausscheidung oder milchige Trübung. Läßt sich in dem Niederschlage durch Verbrennen mit Natronkalk oder nach Kjeldahl deutlich oder gar quantitativ bestimmbar Stickstoff oder Ammoniak nachweisen, so ist die Anwesenheit von Tierleim erwiesen.

Bei Abwesenheit von Eiweißstoffen ist auch die mikrochemische Reaktion mit Millons Reagens für die Anwesenheit von Leim kennzeichnend (Rotfärbung des Papiers).

Ist ein Papier bloß an der Oberfläche geleimt, so haftet es beim Bedrücken mit feuchten Fingern klebrig an letzteren.

c) Casein- bzw. Albuminleim. Der Casein- und Albuminleim läßt sich in der Weise nachweisen, daß man das Papier mit Boraxlösung oder schwachen Laugen behandelt, das Filtrat mit Essigsäure schwach ansäuert und kocht. Ein flockiger Niederschlag deutet auf Casein- bzw. Albuminleim. Eine Bestimmung des Stickstoffs in dem Niederschlage kann den Befund erhärten.

d) Harzleim. Man erwärmt das Papier mit absolutem Alkohol und gießt die Lösung in Wasser, wobei Harz eine milchige Trübung hervorruft. Zum Vergleiche behandelt man nach Beadle[3] eine Lösung von 1 g Kolophonium in 1000 g Alkohol auf dieselbe Weise.

Oder man übergießt das in kleine Stücke zerschnittene Papier mit Eisessig, kocht einige Male auf und verdünnt die Lösung mit Wasser. Bei Anwesenheit von Harzleim entsteht eine dicke weiße Trübung.

Wenn kein Fett, Eiweiß usw. zugegen ist, behandeln Wiesner und Mohlisch das Papier mit Zuckerlösung und konzentrierter Schwefelsäure (Raspailsche Reaktion), oder betupfen es direkt mit konzentrierter Schwefelsäure. Harzhaltiges Papier nimmt hierbei eine rotviolette Färbung an. Die Reaktion versagt bei Holzschliffpapier, weil dieses beim Betupfen mit Schwefelsäure sofort schmutziggrün wird.

---

[1] Vgl. auch Lunge-Berl, Chemisch-technische Untersuchungsmethoden 1911, IV. Bd. S. 375.

[2] Falls Bleiverbindungen vermutet werden können, muß im Porzellantiegel verascht werden.

[3] Chem. News 1903. S. 87, und Beckurts Jahresbericht 1907, **17**, 104.

Morawski[1]) hat vorgeschlagen, Papier (etwa 10 qcm) mit Essigsäureanhydrid zu erwärmen, die Flüssigkeit in einem Reagensglase erkälten und dann an der trockenen Wandung des
Glases einen Tropfen konzentrierter Schwefelsäure hinunterfließen zu lassen. Bei Anwesenheit
von Harzleim entsteht eine rote bis violette Farbe, die alsbald einer braungelben Platz macht.

Ein anderes Nachweisverfahren besteht darin, daß man eine Scheibe des Papiers auf
ein Uhrglas legt, auf die Mitte der Scheibe 4—5 Tropfen Äther auftropfen und diesen verdunsten läßt. Bei harzgeleimten Papieren zeigt sich dann an der Peripherie der Äthertropfen
ein mehr oder weniger kreisförmiger Rand, der bei durchfallendem Licht erkannt und photo-
graphisch aufgenommen werden kann.

Bei gefetteten Papieren versagen alle diese Reaktionen mit Ausnahme der von
Morawski, falls nicht gleichzeitig Harzöl angewendet wurde, welches auch diese Reaktion gibt.

Eine annähernde quantitative Bestimmung des Harzgehaltes läßt sich in der Weise
ausführen, daß man das Papier mit 5 proz. Natronlauge auszieht, die Lösung mit Schwefelsäure fällt, die ausgeschiedenen Harzsäuren in Äther löst und nach Verdunsten des letzteren wägt.

e) Stärke. Bei Aufbringung sehr verdünnter Jodlösung färbt sich stärkehaltiges Papier
blau. Pergamentpapier zeigt allerdings die gleiche Reaktion bei Abwesenheit von Stärke.

Quantitativ läßt sich die Stärke annähernd in der Weise bestimmen, daß man das
in Schnitzel zerkleinerte Papier mit warmem Wasser anrührt, mit Diastase versetzt, mehrere
Stunden bei 65—70° unter öfterem Umrühren stehen läßt, in der Lösung, wie üblich, den
Zucker bestimmt und hieraus die Stärke berechnet.

Man findet aber auf diese Weise zuviel Stärke, weil auch die Hemihexosane und Hemi-
pentosane, die stets im Papier vorhanden zu sein pflegen, durch Diastase z. T. hydrolysiert
werden. Verdünnte Säuren sind aus dem Grunde zur Hydrolyse noch weniger geeignet.

f) Wachs, Paraffin, Stearin, Fett, Öl. Zum Nachweise dieser Stoffe zieht man
eine größere Menge Papier mit Äther oder Chloroform u. a. aus und ermittelt durch Verseifung,
durch Bestimmung der Verseifungszahl, Jodzahl usw. die Natur des Rückstandes.

g) Chlor, freie Säuren, Metallschädlichkeit. Über den Nachweis dieser Papier-
fehler vgl. S. 829. Außer durch Anwendung von Schwefelsäure bei der Herstellung von
Pergamentpapier soll freie Schwefelsäure auch durch Anwendung von Alaun beim Leimen
auftreten können. Angeblich kann freie Schwefelsäure neben Alaun durch eine Lösung von
Congorot- oder Tropaeolin- Lösung nachgewiesen werden, welche beide von Alaun
nicht verändert werden, während von freier Schwefelsäure erstere himmelblau, letztere rotviolett gefärbt wird.

Freie Säure im Papier macht dasselbe brüchig und bewirkt schließlich einen Zerfall

3. Art der Faserstoffe. *a) Nachweis durch mikroskopische Unter-*
suchung. Die Art der Pflanzenfasern wird am sichersten auf mikroskopischem Wege oder
mit Hilfe mikrochemischer Reaktionen bestimmt.

Zum Zwecke der Untersuchung kocht man eine Durchschnittsprobe des Papiers mit
Wasser oder bei geleimten Papieren mit verdünnter (etwa 2—5 proz.) Natronlauge, wäscht
den Brei auf einem feinmaschigen Siebe zur Entfernung der Lauge mit Wasser und entfärbt,
wenn nötig, durch Behandlung mit Salzsäure oder Salpetersäure.

Auf dem Objektträger behandelt man Fasern mit Jodjodkaliumlösung (6 g Jod, 10 g
Jodkalium, 10 g Glycerin, 90 g Wasser) oder mit Chlorzinkjodlösung (100 g Zinkchlorid,
10,5 g Kaliumjodid, 0,5 g Jod, 75 g Wasser).

Jenke[2]) bettet die Fasern in folgende Lösung:

30 ccm gesättigte Chlormagnesiumlösung und

2,5 ccm Jodjodkaliumlösung (2 g KJ, 1,15 g Jod, 20 ccm Wasser).

---

[1]) Mitteil. a. d. Technolog. Gewerbe-Museum in Wien 1888, Nr. 1 u. 2, S. 13.
[2]) Papierztg. 1900, Nr. 77.

Hierin erscheinen:

Lumpen . . . . braun   Holzzellstoff . . . . ungefärbt bis schwach rötlich
Strohzellstoff . . blauviolett   Holzschliff und rohe Jute . gelb.

Schleger[1]) empfiehlt folgende Einbettungsflüssigkeit für die Fasern:

100 g Calciumnitrat, 90 ccm Wasser,
3 ccm Jodlösung (5 g KJ, 1 g Jod, 50 ccm Wasser).

Hierin erscheinen:

Lumpen . . . . . . weinrot   Nadelholzzellstoff (gebleicht). . . rosa mit violettem Stich
Strohzellstoff . . . blau   Nadelholzzellstoff (ungebleicht). . . hellzitronengelb
Laubholzzellstoff . . blau   Holzschliff . . . . gelb.

Es färben sich nach Herzberg[2]) mit Jodlösung:

> gelb: Holzschliff, Jute.
> gar nicht: Cellulose aus Holz, Stroh oder Esparto.
> braun: Baumwolle, Leinen, Hanf.

G. Dalén[3]) unterscheidet folgende Gruppen:

> Gruppe I. Fasern, die in der Natur unverholzt vorkommen, werden von Jodjodkalium braun, von Chlorzinkjodlösung rot gefärbt. Zu dieser Gruppe gehören die Lumpenfasern: Leinen, Hanf und Baumwolle, ferner Ramie und ein Teil der im Esparto und Manilahanf enthaltenen Fasern.
> Gruppe II. Fasern, die ursprünglich verholzt waren, aber durch chemische Behandlung von dem Lignin befreit worden sind, werden von Jodjodkalium grau oder schwach braun, von Chlorzinkjodlösung blau gefärbt. Zu dieser Gruppe gehören die Zellstoffe: Holz-, Stroh-, Jute-, Manila-, Esparto- u. a. Zellstoffe.
> Gruppe III. Fasern, die noch verholzt sind, sowie Wolle und Seide färben sich mit beiden Lösungen gelb oder braungelb. Zu dieser Gruppe gehören Holzschliff, rohe Jute, Strohstoff und andere unvollständig aufgeschlossene Fasern.

v. Höhnel[4]) behandelt das Papier mit „Papierjodschwefelsäure" (wässerige Jodjodkaliumlösung und konzentrierte englische Schwefelsäure) und gibt folgende Reaktionen an:

Cellulosefasern grau bis weinblau.

Hadernfasern (Leinen, Baumwolle gebleichter Hanf) rötlich violett.

Holzschliff gelb.

Sehr eingehend hat Behrens[5]) die Erkennung der Papiersorten durch Färbungsreaktionen bearbeitet. Er empfiehlt namentlich eine Doppelfärbung mit Malachitgrün und Congorot oder Congorubin.

Bei der mikroskopischen Untersuchung der Papierfasern ist zu beachten, daß die Fasern oft großenteils nicht in unversehrtem, sondern in stark verletztem Zustande (zerschlitzt, gestreift, gespalten, zerrissen, zerquetscht) vorhanden sind, was besonders für die Leinenfaser zutrifft.

Der Strohstoff gibt sich unter dem Mikroskope zu erkennen an den stark verkieselten, in Längsreihen angeordneten, wellig konturierten Oberhautzellen, ferner an den nicht verholzten Fasern, die dünn, langgestreckt, an beiden Enden zugespitzt sind und nach dem

---

[1]) Papierfabrikant 1903, S. 425.
[2]) W. Herzberg, Papierprüfung. Berlin 1907. Julius Springer. 3. Aufl.
[3]) G. Dalén, Chemische Technologie des Papieres. Leipzig 1911. Joh. Ambrosius Barth. S. 116.
[4]) v. Höhnel, Mikroskopie der Faserstoffe 1905, 2. Aufl.
[5]) Behrens, Anleitung zur mikrochem. Analyse. Hamburg u. Leipzig 1896.

Inneren zu in regelmäßigen Abständen Wandverdickungen zeigen (vgl. Fig. 280). Netz-, Spiral- und Ringgefäße, sowie Sklerenchymzellen und große dünnwandige leere Parenchymzellen gehören zu den weiteren vorkommenden Gewebsteilen.

Von dem Espartogras (Lygaeum Spartum), Alfa-Cellulóse, ist das Stroh durch die großen, dünnwandigen, porigen Parenchymzellen unterschieden, die dem Alfastoff fehlen, während dieser dagegen die kleinen Härchen von den Blättern her als charakteristisches Merkmal aufweist. Sonst sind beide sehr ähnlich (vgl. folgenden Abschnitt).

Holzschliff und Holzstoff rühren größtenteils von Nadelholzarten (Fichten), seltener von Laubholzarten (Buchen, Birken, Espen, Pappeln) her. Die Nadelholzarten sind vor allem kenntlich an den Tracheiden und den behöften Tüpfeln (Fig. 159, III. Bd., 2. Teil, S. 602), die Laubholzarten an den großen porigen Gefäßen und den meist schräggetüpfelten Libriformfasern (Fig. 160, III. Bd., 2. Teil, S. 602).

Holzcellulose unterscheidet sich mikroskopisch durch den höherer Zerstörungsgrad des Zellverbandes infolge der chemischen Behandlung, sowie in der Regel durch das Ausbleiben der Holzstoffreaktionen.

Über die mikroskopische Unterscheidung von Leinen-, Esparto-, Hanf-, Jutefasern, Baumwolle und anderen Fasern vgl. folgenden Abschnitt S. 875 u. f.

b) Nachweis der Art der Faserstoffe durch chemische Reaktionen. Dieser Nachweis bezieht sich vorwiegend auf:

α) **Holzschliff.** 1. Qualitative Reaktionen: Eine filtrierte Lösung von 5 g Naphthylamin in 50 ccm Wasser und 1 ccm Salzsäure erzeugt auf holzschliffhaltigem Papier einen orangefarbigen Fleck.

Eine Lösung von 5 g Anilinsulfat in 50 ccm Wasser färbt goldgelb. p-Nitranilin (2 proz. Lösung in Salzsäure vom spezifischen Gewicht 1,06) färbt beim Erwärmen feuerrot, eine Lösung von 2 g Phloroglucin in 25 ccm Alkohol und 5 ccm konzentrierter Salzsäure rot.

Im letzteren Falle nimmt die Intensität der Färbung nach W. Herzberg[1] ganz allmählich zu, und die einzelnen Fasern treten besonders

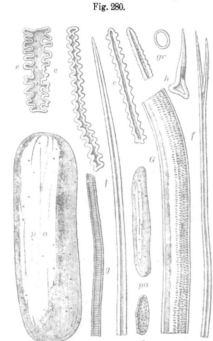

Fig. 280.

Gewöhnlicher Strohstoff.

pa Parenchymzellen des Markes, *e* Epidermiszellen, *f* Fasern, *g* Spiralgefäß, *G* Netztüpfelgefäß, *gr* Gefäßring, *h* Haar, *s* Sclerenchymzelle. Vergr. 340. (Nach v. Höhnel.)

dunkel hervor, während bei gefärbtem Papier (Metanilgelb) die Färbung viel schneller erscheint, aber auch früher verblaßt, und der nicht faserig, sondern gleichmäßig verlaufende Fleck sich mit einem violetten Hofe umgibt. Bei gleichzeitiger Anwesenheit von Holzschliff und fremdem Farbstoff prüft man zunächst mit Salzsäure allein. Nur wenn diese ohne Einwirkung ist, kann man die mit Phloroglucin eintretende Färbung dem Holzschliff zuschreiben. Anderenfalls muß die mikroskopische Untersuchung die Entscheidung bringen.

In der Wärme und beim längeren Stehen geben aber auch die Pentosane die Reaktion mit Phloroglucin, die wahrscheinlich auf der Bildung von Furfurol beruht. Die Reaktion ist daher die unsicherste von allen Reaktionen.

[1] Mitteil. d. Kgl. Materialprüfungsamtes 1904, **22**, 293; Zeitschr. f. Untersuchung d. Nahrungs- u. Genußmittel, 1905, **10** 512.

Ein Gemisch von gleichen Teilen Isobutylcarbinol und konzentrierter Schwefelsäure, welches auf dem Wasserbade bis zum Beginn einer schwachen Gasentwicklung erhitzt und dann abgekühlt worden ist, gibt nach A. Kaiser[1]) mit Holzschliff, je nach dessen Menge, rote, violette oder indigblaue Töne, deren Auftreten durch Aufblasen von Luft oder gelindes Erwärmen beschleunigt wird. Zeitungspapier wird z. B. erst grünlich, dann blau, Filtrierpapier rot oder in geringeren Qualitäten violett. In ähnlicher Weise wirken nach J. Hertkorn[2]) alle übrigen Alkyl- oder aromatischen Sulfosäuren. Solventnaphthasulfosäure färbt z. B. tief blau, Anthracensulfosäure rot.

2. Quantitative Bestimmung des Holzschliffs. Bamberger und Benedikt wollten die Eigenschaft des Lignins, durch Kochen mit Jodwasserstoffsäure Jodmethyl abzuspalten, zur quantitativen Bestimmung des Lignins benutzen (vgl. III. Bd., 1. Teil, S. 540). Das Verfahren aber scheitert nach den Untersuchungen von J. König und E. Rump[3]) daran, daß die Lignine der Holzarten und sonstigen Pflanzenstoffe gar zu schwankende Mengen Methyl- bzw. Methoxylgruppen enthalten. Wir fanden Schwankungen von 115,89 (Tannenholz) bis 260,45 Teile Methyl (Buchenholz) auf 1000 Teile Lignin.

A. Müller[4]) hat vorgeschlagen, die lösliche Cellulose durch Kupferoxydammoniak von dem unlöslichen Holzstoff zu trennen, während Wurster, Gaedike und Herzberg glauben, durch eine colorimetrische Bestimmung mit vergleichenden Färbungen von bekannten Papieren diesen Zweck erreichen zu können.

Hierzu ist zu bemerken, daß Kupferoxydammoniak bzw. Zinkchloridsalzsäure die Cellulose nur dann vollständig löst und von den Ligninen trennt, wenn die sonstigen Begleitstoffe der Cellulose, die Hemicellulosen u. a., vorher entfernt sind; sind auch Cutine vorhanden, so bleiben auch diese mit den Ligninen ungelöst. Am sichersten kann man nach J. König und E. Rump (l. c.) die Lignine in Holzarten — und jedenfalls auch in Papier — dadurch bestimmen, daß man die Stoffe zuerst mit Wasser, nach dem Trocknen mit Benzol-Alkohol-Gemisch (zu gleichen Volumteilen) auszieht, wieder trocknet und nun entweder nach dem Vorschlage von Ost und Wilkening[5]) mit 72proz. Schwefelsäure (auf 1 g etwa 5—10 ccm der Säure) oder nach dem Verfahren von Willstätter mit konz. Salzsäure (1,21) bei Zimmertemperatur so lange behandelt, bis in dem Rückstande mit Jod und Schwefelsäure keine Blaufärbung mehr eintritt; oder man kann nach unseren Versuchen auch ebensogut etwa 3 g der vorbehandelten Substanz mit 200 ccm 1proz. Salzsäure 6 Stunden bei 5—6 Atm. Überdruck dämpfen, wodurch alle Cellulose gelöst[6]) wird. In beiden Fällen werden die Rückstände nach Verdünnen mit Wasser abfiltriert, mit Wasser, dann mit Alkohol und Äther ausgewaschen, getrocknet, gewogen, verascht und wieder gewogen. Die Differenz gibt wie bei der Rohfaser die Menge Lignine (+ Cutin). Will man auch letzteres bestimmen, so verfährt man mit einer zweiten Probe in derselben Weise, behandelt diese aber nach dem Auswaschen mit Wasserstoffsuperoxyd und Ammoniak (vgl. III. Bd., 1. Teil, S. 456), um das Lignin wegzuoxydieren, bestimmt im Rückstande durch Trocknen, Wägen, Veraschen und Wiederwägen das Cutin, und erhält durch Abziehen des letzteren vom ersten Rückstande die Lignine.

Wertvolle Anhaltspunkte kann nach hiesigen Ermittlungen auch die Bestimmung der Pentosane und des Alkohol-Benzol-Auszuges[7]) liefern; so ergaben sich in der Trockensubstanz:

	Sulfitzellstoff	Natronzellstoff	Holzschliff
Pentosane	4,0—7,0%	8,0—11,0%	11,0—13,0%
Alkohol-Benzol-Auszug (Harz usw.)	0,8—1,2%	0,2— 0,5%	1,5— 2,0%

---

[1]) Chem.-Ztg. 1902, 26, 315; Zeitschr. f. Untersuchung d. Nahrungs- u. Genußmittel 1903, 6, 517.

[2]) Zeitschr. f. Untersuchung d. Nahrungs- u. Genußmittel 1903, 6, 632.

[3]) Ebendort 1914, 28, 117.   [4]) Vgl. Herzberg (l. c.).   [5]) Chem.-Ztg. 1910, 34, 461.

[6]) Man untersucht auch hier den Rückstand mikroskopisch unter Befeuchtung mit Jod und Schwefelsäure.

[7]) Alkohol und Benzol zu gleichen Volumteilen gemischt und damit 10—12 Stunden ausgezogen.

β) **Unterscheidung der einzelnen Cellulosearten mit Malachitgrün.** Nach dem Vorschlage von P. Klemm[1]) versetzt man beim Versagen der übrigen Holzschliffreaktionen die Substanz mit einer gesättigten Auflösung von Malachitgrün in 2 proz. Essigsäure, welche reingebleichte Cellulose unverändert läßt, ungebleichte hingegen schwach blaugrau färbt. Ein anderer Teil der Probe wird mit einer gesättigten Auflösung von schwefelsaurem Anilin in alkoholhaltigem Wasser, welche bis zum Auftreten eines violetten Schimmers tropfenweise mit Schwefelsäure versetzt worden ist, behandelt. Hierbei färbt sich 1. ungebleichter Zellstoff tief violett, 2. gebleichte Sulfitcellulose weniger intensiv und weniger ins Violette spielend rot; 3. ungebleichter Natronzellstoff noch weniger als 2 und 4. gebleichter Natronzellstoff nur schwach rötlich. Die Unterscheidung zwischen 2 und 3 erfolgt auf Grund der Reaktion mit Malachitgrün.

4. Physikalische Untersuchung des Papiers. Bezüglich der physikalischen Verfahren zur Papierprüfung (Zerreißungsfestigkeit, Dehnung und Falzbarkeit; Quadratmetergewicht, Dicke und Raumgewicht; Widerstandsfähigkeit gegen Zerknittern und Reiben usw.) sei auf die Sonderwerke verwiesen:

W. Herzberg, Papierprüfung, Berlin, 4. Aufl. 1915; Hofmann, Handbuch der Papierfabrikation, Berlin 1891; Klemm, Handbuch der Papierfabrikation, Leipzig 1910; Muspratt-Bunte, Technische Chemie, Braunschweig, 6. Bd., 1896; Beltzer und Persoz, Les Matières cellulosiques, Paris 1911.

5. Anhaltspunkte für die Beurteilung des Papiers. Nach den Bestimmungen über das von den Staatsbehörden zu verwendende Papier[2]) sind folgende Stoffklassen vorgesehen:

I. Papiere nur aus Hadern (Leinen, Hanf, Baumwolle) für besonders wichtige Urkunden, Standesamtsregister, Geschäftsbücher usw. Aschengehalt bis höchstens 2%.

II. Papiere aus Hadern mit höchstens 25% Zellstoff aus Holz, Stroh, Esparto, Jute, Manila, Adansonia usw., jedoch unter Ausschluß von verholzten Fasern.

Für das zu dauernder Aufbewahrung bestimmte Aktenpapier. Aschengehalt höchstens 5%.

III. Papiere von beliebiger Stoffzusammensetzung, jedoch mit Ausschluß von verholzten Fasern.

Für gewöhnliche Aktenpapiere, die nur einige Jahre aufbewahrt werden. Aschengehalt höchstens 15%.

IV. Papiere von beliebiger Stoffzusammensetzung.

Der Aschengehalt der Papiere ist beliebig, ohne Grenzwert.

Sonstige Vorschriften für die Papiersorten in Deutschland und anderen Staaten lauten wie folgt:

Papiersorte	Leim	Reißlänge[3]) m	Bruch-dehnung[4]) %	Gewicht für 1 qm g
1. Urkunden- und Bücherpapier	tierischer	5600	4,0	100
2. Dieselben Sorten	Harz-	4500	3,5	100
3. Kanzlei-, Brief- und Mundierpapier	—	4000	3,0	90
4. Konzeptpapier	—	3100	2,5	70
5. Druckpapier, geleimt	?	3000	2,5	70
6. Fließpapier	—	1000	1,5	60

[1]) Zeitschr. f. angew. Chemie 1897, **10**, 437.

[2]) Vgl. Dalén (l. c.), S. 117.

[3]) Unter Reißlänge versteht man diejenige Länge, die ein parallelkantiger Streifen haben müßte, um, frei aufgehängt, durch sein eigenes Gewicht abzureißen.

[4]) Bruchdehnung = Dehnung bis zum Zerreißen.

VII. Gespinste und Gewebe.

Vorbemerkungen.

Über die gesetzlichen Anforderungen an Gespinste und Gewebe in gesundheitlicher Hinsicht vgl. S. 844. Außerdem aber werden an die Bekleidungsgegenstände noch verschiedene technische Anforderungen gestellt, die nicht selten Veranlassung zu Untersuchungen geben und hier ebenfalls kurz besprochen werden müssen.

1. Begriffserklärungen. Unter „Gespinste" versteht man die auf mechanischem Wege durch Zusammendrehen faseriger Rohstoffe erzeugten, fadenförmigen Gebilde, während „Zwirne" durch die Vereinigung mehrerer Garnfäden durch Zusammendrehen zu einem Faden gebildet werden.

„Gewebe" sind die flächenförmigen Gebilde aus mindestens zwei sich kreuzenden Fäden in beliebiger Ausdehnung nach Länge und Breite; die in der Längsrichtung verlaufenden Fäden heißen Kette, die durch oder um diese quer verlaufenden Schuß (Einschuß, Einschlag, Eintrag). Man unterscheidet:

a) Glatte (schlichte, taffetartige) Gewebe, bei denen die halbe Anzahl aller Kettenfäden über, die halbe Anzahl unter dem Schusse liegen, so daß nach jedem Schußgange die Kettenfäden regelmäßig im Flottliegen abwechseln (Loden, Tuch).

b) Gazeartige oder Drehergewebe, bei denen der eine Teil Kettenfäden über, der andere Teil unter dem Schusse liegt, in der Weise, daß nach jedem Schußgange jeder Kettenfaden seine Stellung zu rechts oder zu links ändert. Es entstehen lockere Gewebe mit Maschenöffnungen (Beuteltuch, Müllereigaze, Barège).

c) Köper- oder geköperte (diagonale, gekieperte, croisierte) Gewebe haben eine andere Zahl von Kettenfäden über als unter dem Schuß, wobei die Unregelmäßigkeit innerhalb der zur Kombination genommenen Kettenfäden gesetzmäßig abwechselt. Eine besondere Art der Köper sind die Atlasbindungen, bei denen der Schußfaden nur an sehr zerstreut liegenden Knotenpunkten flott (offen) ist.

d) Gemusterte (fassonierte, dessinierte oder figurierte) Gewebe (Damaststoffe) erhalten durch besondere Kreuzungen der Ketten- und Schußfäden eine Zeichnung (Dessin), wobei die Fäden gefärbt oder ungefärbt angewendet werden können (bunte Gewebe).

e) Gefütterte Gewebe entstehen durch das Zusammenweben von zwei Lagen in der Kette oder in dem Schusse, wobei die Unterseite häufig rauh ist (Strucks, baumwollene Hosenstoffe).

f) Doppelgewebe werden aus mehreren Ketten- und mehreren Schußlagen in der Weise erhalten, daß die Oberseite von der Unterseite in Kette und Schuß wie im Aussehen verschieden ist (Paletot-, Pelz- und Piquetstoffe, Winterröcke). Trikotstoffe haben abwechselnd Oberschuß oder Oberkette, auch auf der Unterseite flottierend bzw. Unterschuß oder Unterkette auf der Unterseite.

g) Samtgewebe wird durch besondere (rauhe) Schußfäden, Polschuß (Schußsamt) oder durch besondere Polkette (Kettensamt) auf dem Grundgewebe erhalten. Wenn die Fäserchen lang sind, so entsteht der Plüsch (Hutplüsch).

2. Rohstoffe. Zu den Gespinsten und Geweben können die verschiedensten faserigen Stoffe, Pflanzenfasern, Pflanzen- und Tierhaare, Seide, Schleimfäden, Glasfäden usw. verwendet werden.

a) Pflanzliche Spinnfasern. α) **Haarbildungen.** Hierzu gehört als am hervorragendsten und am weitesten verbreitet:

αα) Die Baumwolle (Koton, Cotton), die Samenwolle der Gossypium-Arten (Malvaceen), unter deren Sorten die nordamerikanische als die beste gilt. Nach dem Mischen (Gattieren) der Baumwollsorten unterliegt sie vor dem Verspinnen dem Reinigen und Auflockern (Entfernen des Staubes und fremder Körper), dem Kratzen (Krempeln, Streichen, Kardieren), dem Kämmen und *Strecken durch besondere* Maschinen; die gesponnenen Garne und Zwirne werden gebleicht und

gefärbt. Durch Behandeln der Baumwolle nach Mercer mit Natronlauge erhält man die mercerisierte Baumwolle; sie wird kürzer, aber fester und seidenglänzend.

ββ) Samenhaare von Apocyneen und Asclepiadeen, auch Pflanzenseide genannt.

β) Dicotyle Bastfasern und Baste.

αα) Flachs (Lein). Der Flachs, nach oder neben Baumwolle die bedeutendste Gespinstfaser,
ist die Bastfaser der Leinpflanze (Linum usitatissimum L.). Die nicht völlig ausgereifte Pflanze wird
zur Entfernung der unreifen Samenkapseln erst geriffelt oder gereffelt und dann behufs Lösung der
Faser mit den Gefäßbündelteilen der Einwirkung von Luft und Wasser ausgesetzt (Röste oder Rotte).
Man legt die Stengel aufs freie Feld (Tauröste) oder mehrere Tage in Wasser (Wasserröste). Man
erreicht die Röste jetzt auch durch heißes Wasser bzw. Wasserdampf. Der gerottete Flachs wird
getrocknet und durch Brechen (Braken, Klopfen), Schwingen und Hecheln usw. zu verspinnbarer
Faser umgearbeitet.

Kunstflachs wird aus alten, abgenutzten Tauen, Seilen u. a. durch Auffasern, Kratzen
usw. gewonnen.

ββ) Hanf, Fasern aus den Stengeln der Hanfpflanze (Cannabis sativa L.). Der Hanf wird
in ähnlicher Weise wie der Flachs zubereitet und vorwiegend für Seilerwaren, Packleinwand, Segel-
tuch u. a. verwendet.

γγ) Jute (Bengalhanf, Kalkuttahanf, Dschut) ist die Bastfaser aus den Stengeln der Jute-
pflanze (Corchorius olitorius L. und C. capsularis L.). Die in der Blüte stehenden Stengel werden
wie Flachs in Wasser gerottet, die Fasern dagegen mit der Hand von den Stengeln abgezogen. Die
Jute wird vorwiegend zu Tauwerk angewendet.

δδ) Ramiéfaser, Chinagras (Kaluihanf, Kaukhura); sie stammt von der nesselartigen
Pflanze Boehmeria nivea L.; die Gewinnung der Fasern ist schwieriger als bei den vorstehenden
Arten; die Stengel werden entweder mit chemischen Mitteln (Alkalien oder Chlorpräparaten) oder
durch Warmwasserröste oder durch mechanische Hilfsmittel aufgeschlossen. Die Nesselfaser dient
zur Herstellung von Kleidern (Hosenleinen, Grasleinen), von Seilen und Papier. Zu denselben
Zwecken werden ferner verwendet:

εε) die Sunfaser, ostindischer Hanf (Sun), von der zu den Papilionaceen gehörigen
Pflanze Crotolaria juncea L.,

ζζ) die Tapafaser, Papiermaulbeerbaumfaser von Bronssonetia papyrifera.

γ) Monocotyle Pflanzenfasern.

αα) Manilahanf, Musahanf (Bananenfaser, Pinas-, Pisangfaser, Avaca, Abacca, Siamhemp)
vom Stamm der Musa textilis L., M. paradisiaca L. und anderen Musaarten; die Faser wird durch
Hecheln verfeinert und dient zu Seilen, Tauen und Möbeldamasten.

ββ) Sisalhanf, Pitafaser (Domingohanf, Pite, Izzle, Mexicangras), wird auf mechanischem Wege aus den Blättern von Agave americana, A. sisalan u. a. gewonnen; sie wird außer zu
Seiler- und Flechtwaren zu Teppichen verwendet. Dasselbe gilt von der

γγ) Cocosfaser (Coïr, Kair) aus der faserigen Fruchtschale der Cocospalme (Cocos nucifera L.);
sie wird durch eine mehrmonatige Wasserröste, Klopfen, Hecheln usw. zubereitet.

δδ) Piassave (Tikabahanf, Pasagras) von den Stämmen der Palme, Attalea funifera L., Ersatzstoff für Roßhaar, dient zu Flechtwerken, Straßenkehrwalzen, Rohrwischern, Bürsten usw.

εε) Raphiafaser, Raphiabast, aus den Blättern der Raphiapalme, wird zu feineren Flecht-
erzeugnissen benutzt.

ζζ) Neuseeländer Flachs bzw. Hanf (Korati, Korere), von den Fasern der zähen Flachs-
lilie, Phormium tenax Forst., hat Ähnlichkeit mit dem Hanf und wird in ähnlicher Weise verwendet.

Hierzu kommen noch:

Echter Aloehanf von Aloearten, Aloe perfoliata L.;

Ananasfaser (Silkgras, Pinna), Bastfaser von Bromelia Ananas L., wie Piassave auch als Ersatzstoff für Roßhaare.

Den Gespinstfasern können als Flechtstoffe und Polsterstoffe zugezählt werden:
Stroh aller Art für z. B. Hüte (Panamahüte aus den Blättern von Cardulovica palmata R.
et Pav.); Esparto (binsenartige Blätter von Stipa [Macrochlea] tenacissima L.); Stuhlrohr,
spanisches Rohr von dem kletternden Stamm der Rotangpalme (Calamus Rotang), in dünnen
Stücken zu Stuhlgeflechten, in stärkeren Stücken zu Spazierstöcken; Seegras, Blätter der Zostera
marina L.; Kapok (Bombax-Keïbawolle, Samen- und Fruchthaare, Pflanzendunen) von den Woll-
bäumen (Bombax ceïba L. und B. pentandrum L.); Graswolle von Eriophorum; Holzwolle aus
feinen Holzspänen; u. dgl. mehr.

b) *Tierische Spinnfasern.* Als Spinnfasern aus dem Tierreich werden Haare und
Seide verwendet. Die tierischen Haare sind kegel- oder zylinderförmige Horngebilde von
ähnlichem Bau, der Schaft und der obere Teil der Wurzel haben eine gleiche Struktur. Man
unterscheidet 1. Stichelhaare, markführend, entweder Spürhaare (Wimper-, Lippenhaare)
oder als Haarkleid z. B. beim Pferd; 2. Grannenhaare, länger als Stichelhaare, meist schlicht
und markführend; 3. Flaum- oder Wollhaare, gekräuselt, meistens markfrei, wie bei den
Schafen. Letztere dienen vorwiegend zur Anfertigung von Gespinsten und Geweben.

α) **Schafwolle.** Man unterscheidet einschurige und zweischurige Wolle (letztere nur bei lang-
wolligen Schafen); die einschurige feine und seidenschurige Wolle, Lammwolle genannt, wird vorgezogen. Die Wolle wird erst auf dem Tier mit Wasser von Schmutz befreit (Rückenwäsche), dann
nach der Schur behufs Entfernung des Schweißes (Fettes) mit 50—75° warmem soda- oder pottasche-
haltigem Wasser (unter Zusatz von Harn und Seifenrinde) behandelt (Fabrikwäsche). Die gewaschene
Wolle wird unter Umständen mit waschechten Farbstoffen gefärbt, im übrigen unterliegt sie vor
dem Verspinnen dem Trocknen (auf Trockenböden oder mit Hilfe von Ventilatoren), dem Ent-
kletten, dem Wolfen (Auflockern unter gleichzeitiger Entfernung von noch vorhandenem Schmutz),
dem Fetten (Ölen, Einschmalzen, um der Wolle wieder Geschmeidigkeit und Glätte zu verleihen,
und schließlich dem wichtigen Krempeln (Kartätschen, Kardieren) zur Erlangung der flockigen
Gleichartigkeit für das Vor- und Feinspinnen.

Kunstwolle ist das aus wollehaltigen Lumpen oder Haaren dadurch erhaltene Erzeugnis,
daß man die Lumpen behufs Entfernung der pflanzlichen Gewebeanteile mit Salzsäure oder Schwefelsäure oder gasförmiger Salzsäure oder Chloraluminium oder Chlorzink so weit und so lange erhitzt,
bis die pflanzlichen Anteile verkohlt (carbonisiert) sind und sich von den unzersetzten Wolleanteilen
trennen lassen. Kunstwolle von langhaarigen Stoffen wird Shoddy, von kurzhaarigen Stoffen
Mungo genannt.

β) **Seide.** Die echte Seide ist das Erzeugnis der Raupe des Maulbeerspinners, welche beim
Verpuppen aus zwei Drüsen die Fibroinmasse, aus zwei anderen Drüsen das Sericin (Seidenschleim-
masse) absondert, hieraus Fäden bildet und diese zu einem 3—6 cm langen Gehäuse, dem Kokon,
umarbeitet und sich hierin einspinnt. Die Kokons werden in lauwarmem Wasser aufgeweicht, mit
Reisern gepeitscht und die aus mehreren (3—8) Kokons entstehenden Fäden zu einem Rohseiden-
faden vereinigt. Die abgehaspelte Rohseide wird durch Kochen mit Seifenwasser bzw. mit diesem und
Soda von dem leimartigen Überzuge (Sericin) befreit (Degummieren, Entschälen, Entbasten genannt),
gefärbt oder vorher noch mit schwefliger Säure gebleicht.

Sowohl die Rohseide als auch die degummierte Seide wird beim Färben mit den
verschiedensten Stoffen erheblich bis zu 100% und mehr künstlich im Gewichte ver-
mehrt, d. h. beschwert. Als Beschwerungsmittel kommen nach dem jetzt viel angewendeten
Zinn-Phosphat-Silicat-Verfahren in Betracht: Zinn, Phosphorsäure, Kieselsäure, Tonerde, Blei,
Antimon, Eisenoxyd, Chromoxyd, Wolframsäure, Ferricyanwasserstoffsäure, Gerbstoffe, Glykose,
Dextrin, Gummi, Stärke, Glycerin, Öle u. a.

Unter Florettseide versteht man die aus den Flockseiden an den Reisern und von der äußeren Hülle der Kokons sowie den Abfällen (dem Strusi) erhaltene Seide.

Stumba- oder Boretteseide ist der Abfall beim Kämmen der Florettseide.

Seidenshoddy wird in ähnlicher Weise wie Shoddywolle aus abgenutzten Resten gewonnen.

γ) **Kunstseide.** Außer den seidenartigen Erzeugnissen von Tieren, z. B. der Spinnenseide (von Nephila madagascarensis) und der Muschelseide, Byssus (von Lana penna) sowie den durch Mercerisieren der Baumwolle (S. 864) und durch Appreturmittel erhaltenen Seidennachahmungen kommen jetzt als Ersatzstoffe der echten Seiden die Kunstseiden in Betracht, die nach verschiedenen Verfahren erhalten werden, nämlich aus:

Nitrocellulose (Kollodium, Chardonnet- bzw. Lehnerseide);

Cellulose - Kupferoxydammoniaklösung (Langhans, Pauly, Despaissis);

Glanzstoff, aus vorstehender Lösung durch Pressen unter Druck in die Spinnapparate und durch Koagulieren der austretenden Fäden in Schwefelsäure oder Natronlauge erhalten (Bronnert, Fremery, Urban);

Viscose (Cellulosethiocarbonat) (Steam);

Celluloseacetat (v. Donnersmark, Lederer);

Tierischen Stoffen (Leim und Casein), Vanduraseide.

Ohne auf die Fabrikation der Kunstseiden hier näher eingehen zu können, sei nur erwähnt, daß sie trotz des dickeren Fadens eine geringere Festigkeit besitzen als Naturseide und daher bis jetzt nur als Schuß, nicht als Kette verwendet werden können. Die Färbungen der Kunstseiden besitzen aber einen besonders schönen Glanz, weshalb sie sehr beliebt sind.

3. Das Bleichen, Färben und Appretieren.

Die Gespinste und Gewebe müssen vor dem Färben oder Bedrucken nicht nur erst von Schmutz usw. befreit, d. h. mit Soda oder Seife gewaschen, sondern auch noch gebleicht werden. Dieses geschieht entweder durch die Rasenbleiche (nur noch bei Leinen) oder mit Chlorkalklösung (bei Leinen und Baumwolle) oder mit schwefliger Säure oder Wasserstoffsuperoxyd (bei Wolle und Seide).

Die anzuwendenden Farben müssen in Wasser löslich sein und werden entweder direkt oder durch Beizen (vgl. S. 844) fixiert; Farben wie Beizmittel werden, um eine scharfe Konturierung zu erzielen, mit Kleister (aus Weizenstärke, hellen Dextrinen, Tragant, arabischem Gummi oder Albumin) verdickt. Die Farben werden entweder durch Hand- oder Maschinendruck aufgetragen.

Um den Farben mehr Glanz und Glätte zu erteilen, werden die bedruckten Zeuge noch appretiert, d. h. mit einer aus Weizenstärke oder Kartoffelstärke oder Dextrin bestehenden dünnflüssigen Appreturmasse (Kleister) überzogen („aufgeklotzt"). Hierbei werden die Gewebe häufig, um die schlechte Beschaffenheit zu verdecken, mit Beschwerungsmitteln (Gips, Kreide, Schwerspat, Ton u. a., die dem Kleister zugesetzt werden) beschwert. Der Appreturmasse werden auch, um den Farbenton oder Glanz oder die Weichheit (eine gewisse Feuchtigkeit der Stoffe) zu erhöhen bzw. zu erhalten, Ultramarin, Benzidinfarbstoffen (für Weiß), bzw. Seife, Fett, Wachs oder Paraffin bzw. Glycerin und Chlormagnesium zugesetzt.

Chemische Untersuchung.

Die Probenahme muß so stattfinden, daß die Teilproben von den Gespinst- und Gewebestücken einem guten Durchschnitt entsprechen. Dabei ist besonders zu berücksichtigen, daß durch senkrechten Schnitt von den verschieden gefärbten und bedruckten Gegenständen entweder die Gesamtmuster in Länge, Breite und Dicke oder die einzelnen Teilstücke mit gleicher Farbe bzw. gleichem Muster in der dem Gesamtmuster entsprechenden Anzahl in der Probe vertreten sind. Im allgemeinen werden 50—200 g der Gegenstände je nach dem Umfange der gewünschten Untersuchung genügen.

Die Untersuchung der Gespinste und Gewebe erstreckt sich außer auf Arsen und Farbstoffe auf Beiz-, Appretur- und Beschwerungsmittel, vorwiegend aber auf die Art der verwendeten Faser. Für die Feststellung der letzteren sind neben der mikroskopischen Untersuchung auch verschiedene chemische Verfahren vorgeschlagen. Wenngleich hierfür die mikroskopische in erster Linie entscheidend ist, mögen die chemischen Unterscheidungsverfahren hier ebenfalls kurz besprochen werden.

1. Untersuchung auf Beiz-, Appretur- und Beschwerungs-
mittel. Die Bestimmung der Beschwerungsmittel kommt vorwiegend nur für Seide, der Beiz-
und Appreturmittel für alle Gewebe in Betracht. Für Seide sind daher noch besondere Verfahren hinzuzuziehen. Im allgemeinen wird man durch folgenden Gang Aufklärung über die
genannten Behandlungen[1]) erhalten:

a) Bestimmung des Wassers. 5—10 g der Stoffe werden bei 120—130° bis zur Gewichtsbeständigkeit getrocknet. Ist der Wassergehalt höher als 15%, so ist anzunehmen, daß
die Stoffe (wenigstens die Seide) mit wasseranziehenden Mitteln (Chlormagnesium, Chlorzink,
Glycerin u. a.) behandelt worden sind.

b) Asche. 3—5 g Gewebe werden in einem Porzellantiegel verascht und geglüht. Verbleibt mehr als 1% Asche, so sind die Gewebe als mit Mineralstoffen beschwert anzunehmen.
Die Asche wird dann nach dem allgemeinen Gange der chemischen Analyse auf die S. 865
genannten Beschwerungsmittel untersucht.

Man kann für den Zweck das Gewebe auch mit konz. Schwefelsäure oder mit dieser und
konz. Salpetersäure aufschließen (vgl. III. Bd., 1. Teil, S. 477 und diesen Teil, S. 846).

c) In Wasser lösliche Stoffe. Die getrocknete Seide wird mit kaltem Wasser
behandelt, wodurch Zucker, Dextrin, Glycerin, Magnesium und sonstige lösliche Salze abgetrennt bzw. gelöst werden; kocht man mit Wasser, so werden auch Leim,
Stärke, Gerbsäure, sofern letztere nicht an Eisen, Zinn usw. gebunden ist, ausgezogen und
können in den Lösungen nach bekannten Verfahren qualitativ nachgewiesen bzw. quantitativ bestimmt werden.

Zur Prüfung auf Gerbsäure empfiehlt W. Massot[2]), das Gewebe kurze Zeit durch eine
ganz verdünnte Eisenbeize zu ziehen, wobei Gerbsäure sich schwärzt. Bei dunkel gefärbten
Stoffproben kocht man mit verdünnter Salzsäure, schüttelt die Lösung mit 20—30 ccm eines
Gemisches von 2 Teilen Äther und einem Teile Essigäther aus, verdunstet den mit Wasser gewaschenen Auszug zur Trockne und versetzt den Rückstand mit Eisenchlorid (Schwarzfärbung).
Auf sehr kleine Mengen Gerbsäure prüft man nach dem Vorschlage von Seyda[3]) mit Goldchlorid (Rotfärbung). Zucker erkennt man an seiner Rechtsdrehung; Leim an der Biuretreaktion des wässerigen Auszuges; Weinsäure durch Fällung aus ammoniakalischer Lösung
mit Salmiak und Chlorcalcium; Citronensäure durch Kochen dieser Lösung; essigsaure
Salze an der Bildung von Essigester. Stärke bestimmt man nach H. Kreis[3]), indem man mit
alkoholischer Kalilauge auskocht, mit absolutem Alkohol fällt und verzuckert.

d) Äther- oder Petrolätherauszug. Das mit Wasser gewaschene und getrocknete
Gewebe wird im Soxhletschen Extraktionsapparat mit Äther oder Petroläther ausgezogen, das
Lösungsmittel verdunstet, der Rückstand gewogen und in üblicher Weise weiter auf Öle
untersucht.

Den Rückstand von der Ätherbehandlung kann man noch weiter mit Alkohol zur
eventuellen Prüfung auf Seifen und Harze ausziehen.

e) Behandlung mit Salzsäure. Durch Behandlung des Gewebes mit verdünnter
Salzsäure (1 : 2) bei 30—40° gehen die Metallbeizen (Eisen-, Chrom-, Aluminiumverbindungen), Zinn, Phosphorsäure und Gerbsäure in Lösung; außerdem gibt die Art der
Färbung der Lösung Aufschluß über die Art der Beschwerung und des verwendeten Farbstoffes (bei Seide). Wenn die Seide bei dieser Behandlung rötlichgelb, die Lösung dunkel-

---

[1]) Vgl. Steiger und Grünberg, Qualitativer und quantitativer Nachweis von Seiden-
chargen, Zürich 1897, und P. Heermann, Koloristische und textilchemische Untersuchungen.
Berlin 1903.

[2]) Zeitschr. f. Textilindustrie 1901, **4**, 368; Zeitschr. f. Untersuchung d. Nahrungs- u. Genußmittel *1901*, **4**, *668*.

[3]) Chem.-Ztg. 1898, **22**, 1085.

schmutzigbraun gefärbt ist und die Lösung durch Kalkzusatz nicht violett wird, so deutet dieses nach Moyret auf Eisengerbstoff - Beschwerung. Ist die Farbe der Lösung rötlich und wird sie durch Kalkwasser violett, so ist Blauholzschwarz anzunehmen. Wird die Faser dunkelgrün, die Lösung gelb und tritt auf Zusatz von Kalkwasser kein Farbenumschlag ein, so ist auf Berlinerblau zu schließen. Ist die Faser grün, die Lösung rosa und wird diese mit Kalkwasser violett, so liegt ein mit Berlinerblau aufgefärbtes Blauholzschwarz vor.

f) Behandlung mit Alkalien. Durch Behandlung der Gewebe mit 2 proz. Sodalösung bei 30—40° gehen Gerbstoff, Leim, Ferrocyanwasserstoff, sowie kleine Mengen von Antimon, Zinn und Wolframsäure in Lösung bzw. werden abgetrennt. Falls Ferrocyanwasserstoff vorhanden ist, entsteht nach dem Ansäuern auf Zusatz eines Eisenoxydsalzes Berlinerblau.

g) Stickstoff- bzw. *Fibroingehalt, Chargenbestimmung.*[1]) α) Für Couleuren: 1—2 g der zu untersuchenden Seide werden zur Entfernung der Farbstoffe und des Sericins 2 Stunden mit kochender Seifenlösung (25—30 g in 1 l), darauf behufs Entfernung von Ammonsalzen weiter mit kochender Sodalösung (1,5° Bé) behandelt, der Rückstand vollständig ausgewaschen, getrocknet und nach Kjeldahl verbrannt (N × 5,455 = Fibroin [mit 18,33% N]).

β) Chargenbestimmung für Schwarz. 1 g der getrockneten Seide wird mit 100 ccm 1 proz. Salzsäure behandelt und dieses so häufig wiederholt, bis die saure Flüssigkeit nicht mehr oder nur ganz wenig gefärbt ist. Nach dem Auswaschen wird der Rückstand mit 100 ccm 2 proz. Sodalösung bei 80° behandelt und dieses so oft wiederholt, bis die Flüssigkeit mit Eisenchlorid keine Reaktion auf Berlinerblau mehr gibt. Zuletzt kocht man den Rückstand $1\frac{1}{2}$ Stunden mit 100 ccm Seifenlösung (25 g Seife in 1 l), wäscht gut aus, trocknet und verbrennt wie bei α nach Kjeldahl.

γ) Flußsäure - Aufschließung. Zur Bestimmung der Charge für die nach dem Zinn-Phosphat-Silicat-Verfahren beschwerte Seide behandelt H. Zell[2]) 1—2 g der Seide 5 Minuten mit Wasser von 89—100°, 15—20 Minuten in einem Kupfergefäß mit 1,5 proz. Flußsäure bei 50°. Hierauf wäscht man die Seide bzw. preßt sie zwischen Filtrierpapier gut aus, behandelt sie 15 Minuten mit 5 proz. Salzsäure bei 50—60°, wäscht wieder mit heißem Wasser aus, behandelt, um eventuell das Sericin zu entfernen, 1 Stunde mit kochender 2,5- bis 3 proz. Seifenlösung und, um letztere weiter zu entfernen, 15 Minuten mit heißer Sodalösung von 1° Bé. Darauf wäscht man mit heißem Wasser aus, trocknet und wägt den Rückstand als Fibroin. Man kann die Reinheit des letzteren auch durch eine Stickstoffbestimmung kontrollieren.

Hat man z. B. 2,3804 g Seide angewendet, die nach dem Behandeln mit Flußsäure und Salzsäure 1,1686 g und nach weiterem Behandeln mit Seife und Soda 0,9684 g trockenen Rückstand (Fibroin) ergeben haben, so beträgt die Menge des Sericins 1,1686 — 0,9684 = 0,2002 = 17,13%, die Menge des Fibroins $\dfrac{0,9684 \times 100}{1,1686}$ = 82,87% der verwendeten Seide (d. h. Rohseide, Souple oder Ecru). Die Beschwerung würde 2,3804 g — 1,1686 g = 1,2118 g oder 50,91% betragen.

Anmerkung. In ähnlicher Weise wird man sich von der Reinheit eines Wolle - Gewebes überzeugen können. Nur muß hier auf die vollständige vorherige Entfettung besonders Rücksicht genommen werden. Die reine (asche- und fettfreie) Wollfaser enthält 15,79% Stickstoff.

(Fortsetzung S. 870).

---

[1]) Vgl. Lunge-Berl, Chem. - techn. Untersuchungsmethoden. Berlin 1911, Bd. IV, S. 999 u. f.

[2]) Zeitschr. f. Farben- u. Textil-Chemie 1903, S. 239.

Verhalten	Tierische Faser	Pflanzliche Faser		
Beim Verbrennen	Kennzeichnender Geruch nach verbrannten Haaren. Curcuma bräunende Dämpfe (Ammoniak). Glänzende schwammige Kohle	Geruchlose Veraschung mit Hinterlassung von Kieselsäure. Säuerliche Dämpfe, neutrales Lackmuspapier rötend, wenig Asche		
Mit verdünnter Schwefelsäure	und Zuckerlösung Rotfärbung (Furfurolreaktion)	und Thymol (Molischs Reaktion) rotviolett; und Jodlösung Blaufärbung. Bei Gegenwart von Lignin wird die Cellulosereaktion verdeckt	Cellulosereaktion	
Mit Anilinsulfat	—	(Grün- bis Gelbfärbung), dann goldgelb	Holzreaktionen	
Mit Phloroglucin und Salzsäure	—	kirschrot		
Mit Naphthylaminsäure	—	orange		
Mit Indol	—	rosa		
Mit Natronlauge (5%)	Quellung, dann Lösung; Seide schnell, Wolle langsamer.	Unlöslich		
Dazu Bleizuckerlösung	Wolle schwärzt sich, Seide nicht (Schwefel).	Unverändert		
Dazu Nitroprussidnatrium	Wolle violett; Seide nicht	Unverändert		
Mit konzentrierter Schwefelsäure	Seide löst sich in einigen Sekunden, Wolle wird langsam angegriffen	Baumwolle quillt gallertartig auf. Digerieren mit Schwefelsäure (4° Bé). Trocknen bei 60—80° beseitigt die Pflanzenfaser (Carbonisierung)		
Mit konzentrierter Salzsäure	Echte Seide löst sich in einer halben Minute, andere Seiden später, Wolle und Haare nicht	Unverändert. Nur hochkonzentrierte Salzsäure von 1,21 spezifischem Gewicht bewirkt Quellung und Lösung		
Mit verdünnter Salpetersäure (1 : 1)	Gelb	Unverändert		
Mit Pikrinsäurelösung	Gelb	Unverändert		
Mit salpetersaurem Quecksilberoxydul (Millons Reagens)	Ziegelrot	Unverändert		
Mit Kupferoxydammoniak	Seide unverändert, Wolle quillt langsam	Aufquellung, bei Baumwolle und Hanf teilweise Lösung		
Zinkchloridlösung (1,7 spezifisches Gewicht)	Seide wird gelöst, Wolle teilweise	Ohne Einwirkung; Baumwolle und Flachs Violettfärbung		
Zinnchlorid	Unverändert	Schwarz gefärbt		

h) Nachweis der Beschwerung der Seide nach E. Königs. E. Königs verfährt zum Nachweis derartiger Beschwerungsmittel, wie folgt:

Zunächst wird der Wassergehalt der Seide bestimmt, dann das Fett durch Extraktion mit Äther, und der gummiartige Überzug durch Behandeln mit lauwarmem Wasser entfernt. Aus dem Rückstand löst man das Berlinerblau durch Alkali, fällt es durch Säuren wieder aus, sammelt das wiederhergestellte Berlinerblau auf einem Filter und glüht den Rückstand unter wiederholtem Zusatz von Salpetersäure; 1 Teil des erhaltenen Eisenoxyds ist = 1,5 Teilen Berlinerblau. Weiterhin bestimmt man etwa vorhandenes Zinnoxyd und berechnet dieses als catechugerbsaure Verbindung; 1 Teil Zinnoxyd = 3,33 Teilen catechugerbsaurem Zinnoxyd. Außerdem wird die gesamte Menge Eisenoxyd bestimmt. Zieht man hiervon das in Form von Berlinerblau gefundene und das in der Seide (0,4%, für Rohseide 0,7%) vorhandene Eisenoxyd ab, so verbleibt die Menge Eisenoxyd, welche eventuell in Form von Catechu- und Kastanienextrakt-Gerbsäure vorhanden ist; 1 Teil dieser Menge Eisenoxyd ist = 7,2 Teilen gerbsauren Eisenoxyds. Sind Eisenoxydverbindungen der letzteren Art vorhanden, so multipliziert man die letztere Menge Eisenoxyd statt mit 7,2 mit 5,1.

2. Nachweis und Bestimmung der Art der Fasern nach chemischen Verfahren.

Die zu den Gespinsten und Geweben verwendeten Fasern lassen sich durch verschiedene chemische Reagenzien nebeneinander erkennen und in einigen Fällen annähernd sogar quantitativ voneinander trennen. Zur Erleichterung der Identifizierung empfiehlt es sich, zunächst eine Trennung von Kette und Einschlag, die oft aus verschiedenen Fasern bestehen, vorzunehmen, unter Umständen auch, das Gewebe in einzelne Fäden aufzulösen und danach durch Kochen mit Wasser, verdünnten Säuren (3 proz. Salzsäure) oder durch 2 proz. Sodalösung, durch Alkohol oder Äther Appretur und Farbstoffe zu beseitigen. Unter Umständen (bei Kunstseiden) empfiehlt es sich auch, die Farbstoffe mit Hilfe von Chlorkalklösung oder Kaliumpermanganat und schwefliger Säure oder Hydrosulfitlösung vollkommen zu entfernen, die entfärbten Fasern auszuwaschen und zu trocknen. Jedoch dürfen die Reagenzien nur schonend angewendet werden, um eine Deformierung der Fasern zu vermeiden.

Die so vorbereitete Substanz wird mit einer Reihe von Reagenzien behandelt, welche die Unterscheidung tierischer (Eiweiß) und pflanzlicher Fasern (Kohlenhydrate) ermöglichen.

Besonders folgende Merkmale werden in der Tabelle, S. 869, als geeignet angegeben.

Einen systematischen Gang zur chemischen Trennung gibt auch die von Pinchon aufgestellte Tabelle:

10 proz. Ätzkali- oder Ätznatronlösung				
Alles löst sich	Chlorzink löst in der Kälte alles	Die alkalische Lösung wird auf Zusatz von Bleiacetat nicht schwarz		Seide
	Chlorzink löst teilweise	Der lösliche Teil wird durch Bleiacetat nicht schwarz		Gemenge von Seide und Wolle
		Der unlösliche wird durch Bleiacetat schwarz		
	Chlorzink löst nichts	Die Masse schwärzt sich d. Bleiacetat		Wolle
Bleibt ungelöst	Chlorzink löst nichts	Chlorwasser und Ammoniak färben die Faser rotbraun	Die Faser wird mit Salpetersäure und Untersalpetersäure, d. h. rauchende, rot	Neuseeländischer Hanf
		Chlorwasser oder Ammoniak färben die Faser nicht	Weingeistige Fuchsinlösung 1:20 färbt die Faser dauernd	Jod und Schwefelsäure färben gelb,	Hanf
			Kalilauge färbt die Faser gelb	Jod u. Schwefelsäure färben blau	Flachs
			Färbung mit Fuchsin ist auswaschbar, Kalilauge färbt nicht gelb		Baumwolle

10proz. Ätzkali- oder Ätznatronlösung	Ein Teil löst sich	Chlorzink löst teilweise	Ein Teil schwärzt sich durch Bleiacetat	Kalilauge löst die in Chlorzink unlöslich gebliebenen Fasern teilweise; die bleibenden Fasern lösen sich in Kupferoxydammoniak	Gemenge von Wolle, Seide und Baumwolle
			Bleiacetat schwärzt nicht	Pikrinsäure färbt teilweise gelb, der übrige Teil bleibt weiß	Seide und Baumwolle
		Chlorzink löst nichts		Salpetersäure färbt teilweise gelb, der übrige Teil bleibt weiß	Gemenge von Flachs und Baumwolle

Ferner sind zur Unterscheidung einzelner Faserstoffe pflanzlicher Natur noch folgende Sonderreaktionen empfohlen worden:

Baumwolle und Leinen. Man taucht nach Herzog[1]) 4 qcm des Gewebes in eine lauwarme alkoholische Cyaninlösung, spült mit Wasser ab und legt in verdünnte Schwefelsäure. Hierbei wird Baumwolle entfärbt, während Leinen, auch nach dem Eintauchen in Ammoniak die blaue Farbe beibehält.

Durch alkoholische Rosolsäurelösung und Natriumcarbonat, sowie durch 1proz. Fuchsinlösung und Ammoniak wird nur Leinen, hingegen nicht Baumwolle gefärbt.

Baumwolle und Kapok (Samenwolle von Eriodendron anfractuosum). Nach M. Greshoff[2]) färbt Schultzes Reagens (Chlorzinkjodlösung) Baumwolle rotblau, Kapok gelb; Fuchsinlösung (1 : 3000 Alkohol und 3000 Wasser) färbt nach einer Stunde Baumwolle nicht, Kapok hingegen rot. Zur quantitativen Bestimmung von Kapok empfiehlt er die Bestimmung des Pentosangehaltes, welcher bei Kapok 22,9—24,8% beträgt, gegen 0,7—1,7% bei Baumwolle. Hohe Pentosangehalte haben ferner Manilahanf (13%), Jute (19%), Pflanzenseide oder Widuri (von Calotropia gigantea) (33—44%).

Mercerisierte Baumwolle gibt sich nach Lange[3]) dadurch zu erkennen, daß das weiße oder vorher mit Chlor gebleichte Gewebe nach dreiminutenlanger Behandlung mit einer Lösung von 30 Teilen Zinnchlorür, 5 Teilen Jodkalium und 1 Teil Jod in 24 Teilen Wasser blau wird, während gewöhnliche Baumwolle unverändert bleibt. Nach Hübener[4]) tritt der gleiche Unterschied hervor, wenn das Muster in Jodjodkaliumlösung gelegt wird.

Kunstseide und natürliche Seiden. Zur Prüfung der Kunst- und natürlichen Seiden mit chemischen Reagenzien ist es notwendig, vorher die Farbstoffe nach S. 870 h, und bei den natürlichen Seiden auch die Appretur und Beschwerungsmittel nach S. 870 Nr. 2 zu entfernen. Für die Unterscheidung der bloßgelegten Fasern können dann nach A. Herzog[5]) folgende Prüfungen dienen (siehe Tabelle, S. 872).

Chlorzinkjod verhält sich ähnlich wie Jod und Schwefelsäure, Kupferoxydammoniak oder Nickeloxydammoniak ähnlich wie alkalische Kupferglycerinlösung. Die Reaktion mit halbgesättigter Chromsäure bietet keine wesentlichen Unterschiede.

Unter den Kunstseiden unterscheiden sich die Kollodium- und Gelatineseide von den aus Cellulose gewonnenen Seiden durch ihren Stickstoffgehalt. Dieser kann bei beiden Seiden nach dem Verfahren von Kjeldahl quantitativ bestimmt werden, wobei für die Kollodiumseide mit Phenolschwefelsäure nach Jodlbauer (III. Bd., 1. Teil, S. 245) verbrannt werden muß. Für Kollodiumseide wird man aber ebenso zweckmäßig das Schlösing-

---

[1]) Revue int. d. falsif. durch Beckurts Jahresbericht 1905, **15**, 175.

[2]) Pharm. Weekbl. 1908, **45**, 867; Zeitschr. f. Untersuchung d. Nahrungs- u. Genußmittel 1910, **19**, 524.

[3]) Chem.-Ztg. 1903, **27**, 592 und 735.

[4]) *Ebendort* 1908, **32**, 220.

[5]) A. Herzog, Die Unterscheidung der natürlichen und künstlichen Seiden. Dresden 1910.

Erzeugnis	Verbrennen. Reaktion d. Verbrennungsgase	Jod und Papierschwefelsäure[1]	Eisessig	Kalilauge, 40proz., heiß	Alkalische Kupferglycerinlösung[2]	Diphenylaminschwefelsäure[3]	α-Naphthol[4]
Naturseiden			Verhalten gegen				
Echte Seide	Alkalisch	Gelb bis gelbbraun	Kalt und warm ohne Einwirkung	Rasch gelöst	Fibrin gelöst; Sericin ungelöst; Flüssigkeit violett	Ohne Einwirkung	Färben die Lösung gelb bis rötlichbraun
Wilde Seide	Desgl.	Desgl.	Desgl.	Nach langem Kochen Zerfall und zum Teil gelöst	Kalt: ohne Wirkung; heiß: Violettfärbung der Lösung	Desgl.	
Muschelseide	Desgl.	Von Natur aus gelbbraun	Schwache Quellung	Desgl. und prächtige Längsstreifung	Kalt und warm: schwache Quellung ohne Lösung	Desgl.	
Kunstseiden							
Kollodiumseide	Sauer	Blau mit rotviolettem Stich	Kalt und warm ohne Einwirkung	Starke Quellung ohne Lösung	Auch nach längerem Kochen ohne Einwirkung	Intensiv blau	Werden rasch gelöst und färben die Flüssigkeit tiefviolett
Glanzstoff (S. 866)	Desgl.	Desgl.	Desgl.	Desgl.	Desgl.	Ohne Einwirkung	
Viscose	Desgl.	Desgl.	Desgl.	Desgl.	Desgl.	Desgl.	
Acetatseide	Desgl.	Gelb	In der Kälte rasch gelöst	Desgl.	Desgl.	Desgl.	
Gelatineseide	Alkalisch	Gelbbraun	Kalt: starke Zerklüftung; nach langem Kochen fast ganz gelöst	Rasch gelöst	Heiß: nach kurzer Zeit Lösung	Desgl.	Wie Naturseide

sche Verfahren in der Abänderung von P. Wagner oder Schulze-Tiemann (vgl. III. Bd., 1. Teil, S. 265 ff.) anwenden. 0,3—0,5 g der trockenen Kollodiumseide werden genau abgewogen, mit 30 ccm in das Kölbchen *a* gebracht und dann wie dort angegeben weiter behandelt.

[1] 1 g Jodkalium wird in 100 ccm Wasser gelöst; dazu wird Jod im Überschuß gegeben und letzterer auch in der Flüssigkeit belassen. Die Schwefelsäuremischung wird durch Mischen von 2 Vol. reinstem Glycerin, 1 Vol. Wasser und 3 Vol. konz. Schwefelsäure erhalten. Man läßt auf die tunlichst von Wasser befreite Faser auf dem Objektträger erst die Jodlösung einwirken und fügt dann nach Entfernung der überschüssigen Jodlösung die Schwefelsäuremischung zu.

[2] 10 g Kupfersulfat werden in 100 ccm Wasser mit 5 g konz. Glycerin versetzt und dazu wird so viel Kalilauge zugefügt, bis der entstandene Niederschlag völlig gelöst ist.

[3] Lösung von Diphenylamin in konz. reiner Schwefelsäure (jedesmal frisch herzustellen). Vgl. auch unter Wasser S. 498.

[4] 20 g Naphthol werden in 100 ccm Alkohol gelöst. Man bringt 0,1 g Faserstoff, 1 ccm Wasser, 2 Tropfen Naphthollösung in 1 ccm konz. Schwefelsäure zusammen.

Einige der vorstehenden Verfahren zur Unterscheidung der Fasern sind auch zur q u a n t i - t a t i v e n T r e n n u n g benutzt worden. So ist z. B. auch für die

Quantitative Bestimmung des Baumwollengehaltes in Wollengarn folgende amt- liche Anweisung erlassen:

„In einem 1 l fassenden Becherglase übergießt man 5 g Wollengarn mit 200 ccm 10 proz. Natronhydratlösung, bringt sodann die Flüssigkeit über einer kleinen Flamme langsam (in etwa 20 Minuten) zum Sieden und erhält dieselbe während weiterer 15 Minuten in einem ge- linden Sieden. In dieser Zeit wird die Wolle vollständig aufgelöst.

Bei appretierten Wollengarnen hat der Behandlung mit Natronhydrat eine solche mit 3 proz. Salzsäure voranzugehen; hierauf ist die zu untersuchende Probe so lange mit heißem Wasser auszuwaschen, bis empfindliches Lackmuspapier nicht mehr gerötet wird.

Nach der Auflösung der Wolle filtriert man die Flüssigkeit durch einen Goochschen Tiegel (einen kleinen etwa 4—5 cm hohen Porzellantiegel mit engmaschigem Sieb als Boden, auf welchen erforderlichenfalls eine Schicht Asbest gelegt wird), trocknet alsdann bei gelinder Wärme den Tiegel samt den darin zurückgebliebenen Baumwollfasern und läßt die hygroskopische Masse vor dem Verwiegen noch einige Zeit an der Luft stehen.

Die Gewichtsdifferenz des Tiegels vor und nach der Beschickung gibt das Gewicht der Baumwollenfasern.

Diese sog. Reichsmethode liefert nach H u n g e r [1] bei appreturfreien Mischgarnen richtige Werte, wenn man die extrahierten und gelinde getrockneten Proben vor dem Wägen mindestens 3 Tage stehen läßt und zu dem Gewichte der Baumwolle 4% des Wertes addiert. Bei appretierten Ge- weben wird hingegen zu wenig gefunden. L o s s e a u [1] hat daher vorgeschlagen, 10—20 g des bei 110° getrockneten Gewebes 10 Minuten mit einer 1- bis 2 proz. Natronlauge zu kochen und den abfiltrierten und mit Wasser gewaschenen Rückstand nach dem Trocknen bei 110° zu wägen. Zur Umrechnung auf lufttrockene Substanz soll der Wassergehalt der Wolle zu 18%, derjenige der Baum- wolle zu 8,5% angenommen werden. A. P i n a g e l [1] endlich kocht das entfettete Gewebe zur Ent- fernung der Appretur mit 2 proz. Salzsäure und behandelt den bei 110° getrockneten Rückstand wie oben mit 2 proz. Natronlauge. Hierbei verliert reine Baumwolle 3,5%, Wolle etwa 1%.

Auf alle Fälle empfiehlt es sich, zur Kontrolle den Stickstoffgehalt der Muster heranzuziehen.

Physikalische Untersuchung der Gespinste und Gewebe.

Für die Beurteilung der Gespinste und Gewebe als Grundstoffe für unsere Kleidung kom- men noch verschiedene p h y s i k a l i s c h e E i g e n s c h a f t e n in Betracht, die in h y g i e n i s c h e r Hinsicht von Bedeutung sind, wie z. B.:

1. S p e z i f i s c h e s G e w i c h t, 2. S t o f f d i c k e, Flächengewicht und Porenvolumen, 3. L u f t d u r c h l ä s s i g k e i t, 4. W a s s e r a u f n a h m e f ä h i g k e i t (Benetzbarkeit) und W a s s e r - a b g a b e f ä h i g k e i t, 5. W ä r m e a b s o r p t i o n s v e r m ö g e n, W ä r m e l e i t u n g s f ä h i g k e i t, W ä r m e a b s t r a h l u n g s v e r m ö g e n u. a.

Bezüglich der Ermittlung dieser Eigenschaften sei auf die Lehrbücher der Hygiene z. B. von K. B. Lehmann, Die Methoden der praktischen Hygiene, Wiesbaden bei J. F. Berg- mann; M. Rubner, Lehrbuch der Hygiene, Leipzig und Wien bei Franz Deuticke u. a. verwiesen.

Mikroskopische Untersuchung der Gespinste und Gewebe [2].

Für die U n t e r s c h e i d u n g der Gespinst- und Gewebefasern ist in erster Linie die m i k r o - skopische Untersuchung maßgebend. Die verschiedenen Fasern zeigen nämlich in Länge, Dicke, Querschnitt, Lumen, Endspitze, Oberfläche und Struktur eigenartige Unterschiede, die unter Hinzuziehung von mikrochemischen Reagenzien, vgl. S. 858, und S. 870, eine sichere Unterscheidung ermöglichen.

---

[1] Bundesratsbeschluß vom 30. Januar 1896; Bekanntmachung des Reichskanzlers vom 6. Februar 1896; Zentralblatt f. d. Deutsche Reich 1896, Nr. 7.

[2] Bearbeitet von Dr. A. S c h o l l, Münster i. W.

Zur Bloßlegung der gefärbten Gespinst- und Gewebsfasern müssen die zu untersuchenden Gegenstände nach S. 870 in vorsichtiger Weise von Beiz-, Appretur- und Beschwerungsmitteln sowie Farbstoffen befreit werden.

Zum Zweck eines Querschnittes taucht man ein Bündel Fasern in Gummilösung, der man etwas Glycerin zugesetzt hat, oder bettet es in geschmolzenes Paraffin oder Glycerinseife ein und macht hiervon, im ersteren Falle zwischen Korkplättchen, Querschnitte.

Baumwolle.

Die äußere Umhüllung des Samens von Gossypium arboreum, die Baumwollfaser, ist ein einzelliges Haar, dessen unteres Ende abgerissen erscheint, während die Spitze ein oft kegel-, spatel- oder kolbenförmiges Aussehen besitzt.

Fig. 282.

Fig. 281.

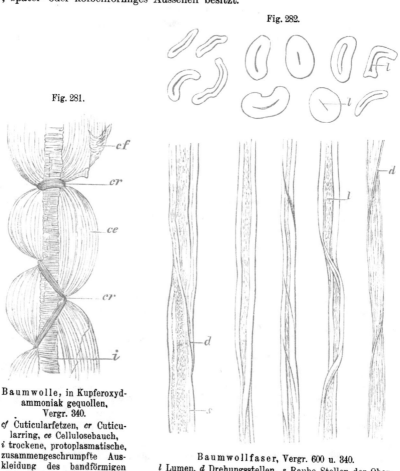

Baumwolle, in Kupferoxyd-
ammoniak gequollen,
Vergr. 340.

cf Cuticularfetzen, *cr* Cuticu-
larring, *ce* Cellulosebauch,
i trockene, protoplasmatische,
zusammengeschrumpfte Aus-
kleidung des bandförmigen
Lumens. Nach v. Höhnel.

Baumwollfaser, Vergr. 600 u. 340.
l Lumen, *d* Drehungsstellen, *s* Rauhe Stellen der Oberfläche der Cuticula. Nach v. Höhnel.

Die Länge und Breite der Haare schwankt bei den verschiedenen Sorten von Gossypium außerordentlich, ist aber auch bei denen von einem und demselben Samen oft sehr verschieden.

Die Länge wechselt zwischen 1—4 cm, die Breite zwischen 12—45 μ.

Außerdem zeigen die Baumwollfasern oft eine sehr verschiedene Struktur. Bei den ge-wöhnlichen Sorten erscheint die Faser als ein breites, fein gekörntes Band, das häufig um seine Achse gedreht ist.

Die Wandung ist bei diesen Fasern verhältnismäßig dünn und das Lumen drei- bis viermal breiter als die Wandung, ihre Dicke beträgt ein Drittel der Breite. Feinere dünne Sorten, besonders von Gossypium barbadense, sind wenig zusammengedrückt, nur schwach seilförmig gedreht, oft auf lange Strecken zylindrisch und der Leinenfaser einigermaßen ähnlich.

Das Baumwollhärchen ist meist von einer Cuticula umkleidet, deren rauhe Oberfläche die Faser oft gekörnt oder gestreift erscheinen läßt, was am besten in Luft zu beobachten ist. Beim Behandeln der Faser mit Kupferoxydammoniak[1]) quillt die Cellulose sehr stark auf, wobei die Cuticula an vielen Stellen zerreißt, oft aber als Gürtel schmale Partien eng umschließt, so daß (aber nicht bei allen Baumwollarten) blasenförmige Anschwellungen entstehen (Fig. 281). An gebleichter und mercerisierter Baumwolle kann die Cuticula fast vollständig fehlen.

Der Baumwolle nach ihrer morphologischen Abstammung stehen die weniger wichtigen Pflanzendunen (Samen- und Fruchthaare verschiedener Wollbäume [Bombax, Eriodendron u. a.]) und Pflanzenseiden (Samenhaare von Apocyneen und Asclepiadeen) nahe.

Beide sind im Querschnitt runde Haare, von denen erstere ein rundes Lumen besitzen, während die Pflanzenseiden durch stark verdickte Längsleisten ein gestreiftes Aussehen haben und besonders im Querschnitte leicht erkannt werden. Alle Pflanzendunen sind verholzt, sie quellen daher in Kupferoxydammoniak nur wenig.

Sonstige einheimische pflanzliche Wollhaare, wie Pappelwolle, Rohrkolbenwolle und Wollgrashaare, werden nur als Stopfmaterialien, nicht zu Gespinsten verwendet.

Leinen- oder Flachsfasern.

Die Bastfaser des Leines besteht größtenteils aus reiner Cellulose, jedoch mit stellenweiser Einlagerung von Holzstoff, wie schon Schlesinger 1873 angab, oft noch mit anhängenden Teilchen der Epidermis des Flachsstengels behaftet. Ihre Länge ist durchschnittlich 25—30 mm, der Durchmesser 20—25 μ.

Auf dem Querschnitt bemerkt man oft einzelne, zuweilen 4—6 Fasern von 5—6eckiger, scharfkantiger Form zusammenliegend. Mit Jod und Schwefelsäure behandelt, zeigt die Faser die reine Cellulosereaktion, stellenweise wird aber regelmäßig auf dem Querschnitt die Mittellamelle oder die Urwandung durch diese Reagenzien gelb gefärbt. Wenn man die Faser ihrer Länge nach betrachtet, so erscheint sie glatt oder längsstreifig, häufig mit gekreuzten Querlinien und Verschiebungen versehen, welche besonders beim Behandeln mit Chlorzinkjod durch ihre tief braune Farbe deutlich hervortreten. Das Lumen der Faser gibt sich durch eine schmale, gelbe Linie zu erkennen, auf dem Querschnitt erscheint es als feines, gelbes Pünktchen. Die natürlichen Enden sind scharfspitzig und lang ausgezogen.

Fig. 283.

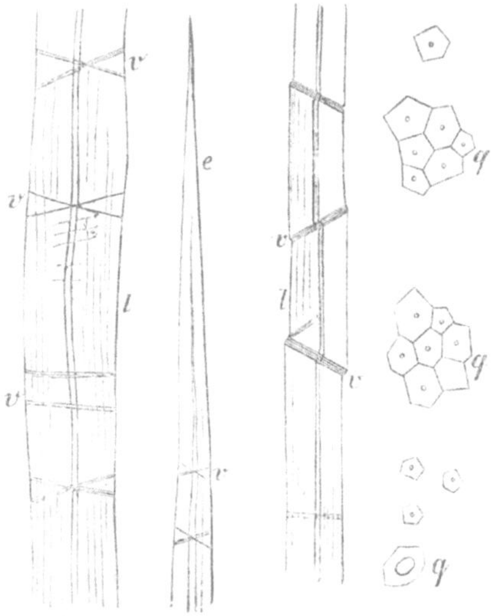

Leinenfaser, Vergr. 200 u. 400. *l* Längenansichten, *v* Verschiebungen, *q* Querschnitte, *e* Spitze. Nach v. Höhnel.

---

[1]) Eine Lösung von Kupfersulfat wird mit so viel Ammoniak versetzt, bis das Kupferhydroxyd nahezu ausgefallen ist. Der Niederschlag wird durch Glaswolle abfiltriert, zwischen Fließpapier abgetrocknet und in möglichst wenig starkem Ammoniak gelöst. Unverholzte Cellulose wird hierdurch schnell gelöst. Um die kennzeichnenden Anschwellungen bei Baumwolle auftreten zu lassen, muß das Reagens ganz konzentriert und möglichst frisch zubereitet sein.

In den obersten und untersten Partien des Flachsstengels zeigen die Bastfasern häufig eine beträchtlich abweichende Ausbildung, welche im Querschnitt derjenigen der Hanffasern ähnlich ist. Solche Flachsfasern kommen aber nur in gröberen Flachssorten vor.

Hanffaser.

Die Hanffasern sind den Flachsfasern sehr ähnlich; auch hier bemerkt man wie bei jenen Risse und Verschiebungen, wie sie überhaupt Bastfasern eigentümlich sind. Die Hanffaser ist indes durchschnittlich etwas kürzer, meist 15—25 mm, bei einer Dicke von durchschnittlich 22μ.

Da die Hanffasern schwach verholzt sind, werden sie durch Jod und Schwefelsäure an den Rändern schmutzig gelb gefärbt, was am besten auf dem Querschnitt an den äußeren Begrenzungen und den Mittellamellen zu beobachten ist.

Die Faser ist nicht so gleichmäßig dick wie die des Flachses und auf dem Querschnitt erscheinen die Fasern nicht so scharfkantig polygonal wie beim Flachs, sondern nach außen hin mehr abgerundet, mit auffallenden Schichtungen.

Fig. 284.

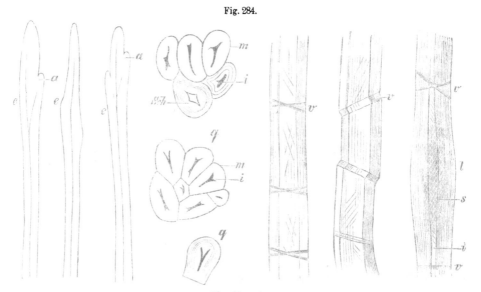

Hanffaser.

c Spitzen mit Abzweigungen a, q Querschnitte mit Mittellamellen m, Wandschichtung Sch, Lumina i,
v Verschiebungen, s Streifungen. Nach v. Höhnel.

Das meist leere Lumen erscheint im Querschnitt nicht als Punkt, sondern hat die Gestalt einer Linie, welche zuweilen unregelmäßig und auch verzweigt ist (Fig. 284).

Besonders kennzeichnend für Hanf sind auch die Enden, welche zum Unterschiede von Leinfasern nicht spitz, sondern stumpf sind und manchmal kolbige und gabelige Verzweigung besitzen, indes, wie sich herausgestellt hat, nicht bei allen Sorten. Je südlicher sie wachsen, desto mehr verzweigt sind die Enden, desto verholzter die Bastfasern.

Zur Auffindung der Enden behandle man ein Büschelchen Fasern mit verdünnter Kalilauge, wasche aus und suche bei ganz schwacher Vergrößerung nach vorhandenen Enden, die dann bei 4—500facher Vergrößerung weiter beobachtet werden.

Bei der Behandlung mit Kupferoxydammoniak verhalten sich die Flachs-und Hanffasern ähnlich wie Baumwolle, es tritt Quellung ein, welche manchmal zur Bildung blasenförmiger Auftreibungen der Wand führt. Beim weiteren Einwirken des Reagenzes und nach dem Zerfließen der Wand bleibt nur die Innenhaut mit dem Protoplasma übrig, und zwar bei der

Flachsfaser als dünner, meist wellig gebogener bis gekräuselter Schlauch, bei der Hanffaser dagegen als quergefaltetes oder schraubig gestreiftes Band.

Zur sicheren Unterscheidung von Flachs- und Hanffasern kann man nach T. F. Hanausek[1]) auch ihr Verhalten gegen Chrom-Schwefelsäuregemisch anwenden, in welches die trockenen Fasern eingebettet werden. Die Wand der Fasern quillt zunächst, wobei die äußerste Schicht in Gestalt einer kräftigen, meist schwach gewundenen Linie sich abgliedert. Verschieden verhält sich aber bei Flachs und Hanf die Innenhaut. Bei Flachs bleibt sie nach der Einwirkung des Reagenzes als schmaler, teils wellenförmig, teils unregelmäßig gewundener, einer Blitzlinie gleichender Schlauch, stellenweise mit geringer Erweiterung des Lumens und körnigem Inhalt, zurück, während sie sich bei Hanf zu einer geraden, sehr plastisch hervortretenden, niemals wellenförmig gewundenen breiten Röhre ausbildet, die an Faserabschnitten oder Rißenden vor dem Zerfließen sich konisch ausweitet. Bei gebrauchten Flachsfasern (gewaschener Leinewand) verläuft der Schlauch aber ebenfalls fast gerade und zeigt gekörnte Oberfläche.

Nesselfasern (Urtica urens, Urtica dioica L.).

Es sind dieses unregelmäßig gebaute, gefaltete, zum Teil bandförmige und unregelmäßig gestreifte Fasern von 25—30 mm Länge und 50 μ Breite. Die Enden sind abgerundet, auch zuweilen gabelförmig. Auf dem Querschnitt erscheint das Lumen oval, abgeplattet, breit, die Wandungen meist dünn, zuweilen aber auch mächtig und deutlich geschichtet.

Chinagras.

Zu unseren heimischen Nesseln hat sich jetzt auch die chinesische Riesennessel gesellt, die Ramie oder das Chinagras, Böhmeria nivea, die auf Rieselfeldern bei Paris vorzüglich gedeiht. Sie ersetzt Hanf, Flachs, vielfach Seide und Baumwolle. Die französischen

Fig. 285.

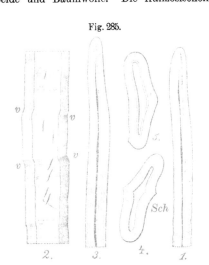

Fig. 286.

Chinagrasbastfaser, Vergr. 270.
2 Längsansicht, *v* Verschiebungen, *4* und *5*
Querschnitte mit Lumen und Innenschicht,
Sch Schichtung, *1* und *3* Spitzen von Fasern.
Nach v. Höhnel.

Jutefaser.
e Spitzen mit weitem Lumen *L*, *l* Längsabschnitte
mit Verengerungen *v*, *q* Querschnitte mit
Lamelle *m* und Verdickung *k*. Nach v. Höhnel.

Banknoten bestehen aus Nesselpapier, die Chinesen fertigen daraus Papier zu Taschentüchern. Für Kupferdruck ist es besonders geeignet. Die Faser ist reine Cellulose, feiner,

---

[1]) Zeitschr. f. Farben-Ind. 1908, Heft 7.

doch stärker als Hanf und Flachs, dabei im Durchschnitt 120 mm (nach Hassack zuweilen bis 580 mm) lang und 50 μ breit mit sehr breitem Lumen, Verschiebungen und abgerundeten Spitzen (Fig. 285).

Jute (Corchorus capsularis).

Die Jute (Fig. 286, S. 877) besteht aus stark verholzten Bastfasern von durchschnittlich 2 mm Länge und 20 μ Breite. Es liegen stets eine größere Menge Fasern zu einem Bündel vereinigt, von denen die einzelnen Elemente glatt sind, keine Verschiebungen und keine Streifungen zeigen. Die Enden der Fasern sind weitlumig und verhältnismäßig dünnwandig. Auf dem Querschnitt sind die Fasern polygonal, an den Berührungsflächen scharfkantig und durch eine schmale Mittellamelle verbunden, die sich mit Jod und Schwefelsäure kaum dunkler färbt als die Verdickungsschichten.

Das Lumen ist fast so breit oder breiter als die Wandung, rundlich oder oval, jedoch niemals auf eine längere Strecke hin gleichmäßig weit, sondern in oft regelmäßigen Abständen durch Verdickung der Zellwandung teilweise oder ganz unterbrochen.

Diese Verengungen bilden ein gutes Unterscheidungsmerkmal der Jute vom Hanf und Flachs.

Phloroglucin und Salzsäure färben die Jute ihres Holzstoffgehaltes wegen schön rot.

Sehr ähnlich der Jutefaser in ihrem Bau sind der Gambohanf und die Abelmoschusfaser, indes kommen diese nur selten im Handel vor.

Außer den hier genannten Pflanzenfasern kommen noch mehrere Hunderte von Fasern außereuropäischer Gewächse im Handel vor, so besonders die Cocos-, Ananas- und Agavefaser. In zweifelhaften Fällen wird man daher auch diese in Betracht ziehen müssen, worüber man bei Wiesner[1] und v. Höhnel[2] Näheres findet.

Von solchen Fasern seien hier noch beschrieben der Neuseeländer Flachs und die Alfafaser.

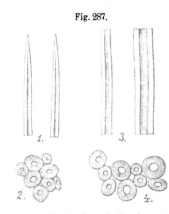

Fig. 287.

Neuseeländer Flachs, Vergr. 250.
1 Spitzen der Fasern, 3 Mittelstücke,
2 u. 4 Querschnitte. Nach v. Höhnel.

Neuseeländer Flachs (Phormium tenax).

Die verholzten Fasern des Blattes von Phormium tenax (Fig. 287) sind meist 8—10 mm lang und 16 μ dick. Sie sind gleichmäßig verdickt, auch das Lumen ist gleichmäßig breit, doch schmäler als die Wandung, an welcher Streifungen und Verschiebungen fehlen. Die Enden sind spitz. Im Querschnitt sind die Fasern rund oder polygonal gerundet, auch das Lumen ist rundlich oder oval. Gefäße sind nicht häufig. An der rohen Faser haften häufig glänzende derbe Epidermisstückchen mit Spaltöffnungen.

Alfafaser (Esparto).

Dieser Faserstoff wird gewonnen durch Zerreißen der Blätter zweier Gräser, Stipa tenacissima und Lygaeum spartum, auf Hechelmaschinen oder auf dem Wolf.

Bei der mikroskopischen Untersuchung treten vor allem das Oberhaut- und das Gefäßbündelgewebe in die Erscheinung (Fig. 288 und 289). Die stets in Form von Fetzen den Bastfasern anhaftende Oberhaut zeigt neben den gewöhnlichen gestreckten Epidermiszellen mit gewellten Seitenwänden auch Kurzzellen, welche mit den ersteren in Paaren abwechseln. Auf

---

[1] Wiesner, Rohstoffe des Pflanzenreichs. Leipzig. Derselbe, Beiträge zur Kenntnis der indischen Pflanzenfasern (Sitz. d. Wien. Akad. Ges. 1862).

[2] v. Höhnel, Mikroskopie der Faserstoffe. Wien 1906.

der Epidermis sitzen zahlreiche kurze, konische Haare mit oft hakenförmig gekrümmter Spitze, deren Länge etwa 40—60 μ und deren Durchmesser an der Basis 9 μ beträgt (Fig. 290 und 291). Die Bastfasern sind etwa 1 mm lang und 9—15 μ breit, regelmäßig walzenförmig mit lang ausgezogenen zugespitzten Enden, ihre Wand ist stark verdickt, das Lumen eng.

Fig. 289.

Fig. 288.

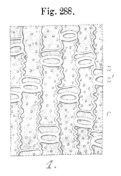

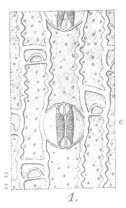

1.

1.

Stipa tenacissima, Oberhaut der Blattunterseite, Vergr. 360.
zz' paarige Kieselzellen, c Langzellen. Nach Hayek.

Lygaeum spartum, Oberhaut der Blattunterseite, Vergr. 360.
e Epidermiszellen, zz Kieselzellen, in der Mitte eine Spaltöffnung mit Nebenzellen. Nach Hayek.

Fig. 290.

Fig. 291.

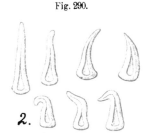

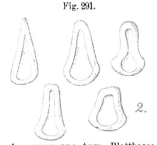

Stipa tenacissima, Blatthaare, Vergr. 360. Nach Hayek.

Lygaeum spartum, Blatthaare, Vergr. 360. Nach Hayek.

Tierische Haare.

Die Haare und Wolle der Tiere sind als fadenförmige Fortsetzungen der Hornhaut zu betrachten und enthalten als solche zum Unterschiede von den Pflanzenhaaren große Mengen Stickstoff. Die Mehrzahl der Haare sind aus drei verschiedenen Gewebselementen zusammengesetzt, von denen das eine oder andere oft gering entwickelt ist, oder sogar ganz fehlen kann.

Außen befindet sich eine ein- bis mehrfache Schicht von Epidermiszellen, oder Cuticulaschuppen genannt; ihr folgt die entweder dünnwandige oder derbe Faser-, Horn- oder Rindenschicht, und im Innern befindet sich der Markzylinder.

Der Stärke und der Steifheit nach unterscheidet man mehrere Arten von Haaren: Stacheln, Borsten, das Stichelhaar, das Grannenhaar und das Wollhaar.

Schafwolle.

Die im Handel geführte Wolle der Landschafe besteht aus einem Gemisch von Grannen- und Wollhaaren, von denen bald die einen, bald die anderen in vorwiegender Menge vorhanden sein können. Fast nur Grannenhaare hat das Newleicesterschaf, während das Merinoschaf fast nur reines Wollhaar trägt.

Fig. 292.

Fig. 293.

Fig. 294.

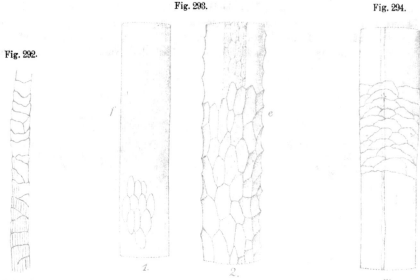

Feinste
Auszugwolle,
Vergr. 340.
Nach
v. Höhnel.

Ungarische Landwolle, Grannenhaare. Vergr. 260.
1 Nahe der Spitze, unten Andeutung der Epidermis,
f Faserstreifung. 2 Mitte des Haares, mit mehrreihigem
Markzylinder, e muschelige, plattenförmig aneinanderstoßende Epidermiszellen. Nach v. Höhnel.

Walachische Schaf-
wolle, Grannenhaar,
Vergr. 260. e Schuppen,
m Markzylinder.
Nach v. Höhnel.

Fig. 295.

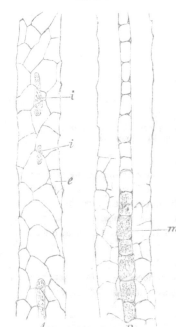

Englische Leicester-Schafwolle,
Vergr. 340.
A Fadenstück mit Markinseln i und
Epidermisschuppen e; B Fadenstück mit
Markzylinder m. Nach v. Höhnel.

Das Aussehen der Wolle kann ein sehr verschiedenes
sein, je nachdem man die Basis, die Spitze oder die Mitte
beobachtet. Diese Verschiedenheit des Aussehens wird
dadurch noch erhöht, daß vielen Haaren Mark und
Epidermis vollständig, anderen streckenweise fehlen
(Fig. 293 und 295).

Die feinste Wolle, wie sie das Merinoschaf liefert,
hat 12—37 μ dicke Fäden mit deutlichen sich dachziegelförmig deckenden Epidermisschuppen, von denen im
Querschnitt des Haares nur 1—2 vorhanden sind (Fig. 292).
Die Schuppen zeigen am Vorderrande eine deutliche
Verdickung, so daß es den Anschein hat, als steckten sie
tütenförmig ineinander. Das Mark fehlt stets bei den
feineren Wollen, die Faserschicht gibt sich durch deutliche Längsstreifung zu erkennen.

Die bei unseren gewöhnlichen Landschafen in
größerer oder geringerer Menge vorkommenden Grannenhaare, die bei dem Leicesterschaf (Fig. 295) vorwiegend
vorhanden sind, haben eine Breite von 30—60 μ. Die
Grannenhaare charakterisieren sich hauptsächlich durch
das Vorhandensein des Markzylinders, der freilich an der
Spitze des Haares meist fehlt, oft sich streckenweise insel-
artig zu erkennen gibt, in der Mitte und an der Basis
aber zuweilen die Hälfte der Haarbreite ausmacht. Die
Epidermisschuppen umkleiden das Haar dachziegelförmig,
oft aber nur gürtelförmig, wenn sie streckenweise abge-
stoßen sind.

Die natürlichen Spitzen der Haare findet man selten, sie sind eigentlich nur bei der ersten Schur, also der Lammwolle, vorhanden.

Kunstwolle.

Die Wiederverarbeitung der Lumpen zu Garn, der sog. Kunstwolle, ist zu einer in manchen Gegenden hoch entwickelten Industrie geworden.

Wegen des großen Preisunterschiedes zwischen Naturwolle und Kunstwolle wird letztere, deren Haltbarkeit gegen Naturwolle zurücksteht, mit dieser oder auch für sich allein versponnen und nicht selten wieder als beste Ware in den Handel gebracht.

Man teilt die Kunstwolle meistens ein in:

Shoddy, Alpaka und Mungo.

Shoddy wird (vgl. auch S. 865) aus ungewalkten Schafwollstoffen, Wirk- und Strickwaren gewonnen.

Alpaka gewinnt man aus denselben Geweben, welche noch daneben Baumwolle oder andere pflanzliche Fasern enthalten.

Zur Entfernung der Pflanzenfaser werden die betreffenden Lumpen einem Carbonisierungsprozesse mittels Schwefelsäure unterworfen, bei dem die Wollfasern wenig oder gar nicht angegriffen werden.

Mungo ist wegen der vorhandenen, durchweg kurzen Fasern die schlechteste Kunstwolle, sie wird nur aus geschorenen Zeugen, vornehmlich aus Tuchstoffen, gewonnen.

Die Beantwortung der Frage, ob in einem Gewebe Kunstwolle vorhanden ist, ist wegen des sehr verschiedenen Aussehens der reinen Wollfäden eine sehr schwierige. Der Nachweis von Baumwolle in einem Gewebe ist wohl stets als Beweis für verwendete Kunstwolle anzusehen; denn eine Vermischung der echten Schafwolle mit Baumwolle dürfte wohl selten vorkommen.

Als ein recht brauchbares Mittel empfiehlt es sich, das zu untersuchende Gewebe mit einer scharfen Bürste auf beiden Seiten zu bearbeiten. Während bei einem Gewebe aus echter Schafwolle nur wenig Fasern gelöst werden, lassen sich aus Kunstwollgeweben oft mehrere Prozent kurzer, zerrissener Härchen abbürsten, welche, in Salzsäure zur Quellung gebracht, an den Enden pinselartig zerrissene Faser- und Epidermispartien erkennen lassen, während die eingewalkten Scherhaare fast stets zwei scharfe Schnittflächen aufweisen.

Ganz besonderen Wert legt v. Höhnel[1]) auf den Nachweis gefärbter Fasern in den aus Geweben gelösten Wollfäden.

Zur Herstellung von Kunstwolle werden nämlich die Lumpen ihrer Hauptfarbe nach sortiert; unbekümmert, ob einige gemusterte Lumpen dabei sind, werden die einzelnen Sorten je nach ihren Hauptfarben wieder zu Garn verarbeitet. Bei aufmerksamer Beobachtung eines aus Kunstwolle hergestellten Fadens wird man daher in den meisten Fällen Fasern von ganz verschiedener Farbe in demselben finden. In einem des Zusatzes von Kunstwolle verdächtigen Stoffe, dessen Garn aufs neue gefärbt ist, wird die zuletzt aufgetragene Farbe durch vorsichtiges Erwärmen mit Salzsäure zerstört. Sehr häufig treten alsdann die ursprünglichen Farben in den einzelnen Fäden wieder hervor.

Eine größere Anzahl von Haaren anderer Tierarten und von Pelzhaaren hat v. Höhnel (a. a. O.) beschrieben, worauf verwiesen sei.

Seide.

Im rohen Zustande besteht die Seidenfaser aus zwei durch den Seidenleim zusammengeklebten, parallel neben einander herlaufenden Fäden. Durch die Behandlung der Rohware mit Seifenwasser wird die Sericinhülle gelöst und entfernt, wodurch die Doppelfäden in einzelne zerfallen.

---

1) v. Höhnel, Mikroskopie der Faserstoffe. Wien 1906.

Unter dem Mikroskop erscheint die Seide als ein homogener, massiver, glatter Zylinder (im Mittel 15 μ dick), ohne besondere charakteristische Streifung, daher mit gleichmäßiger Lichtbrechung (Fig. 296). Fremde, einem Seidenzeug zugemischte Fasern werden sich bei mikroskopischer Beobachtung durch ihr völlig verschiedenes Aussehen sofort verraten.

Fig. 296.

Außer der gemeinen oder echten Seide (von dem Seidenspinner Bombyx mori) gibt es im Handel noch andere, von verschiedenen, meist tropischen Schmetter-

Fig. 297.

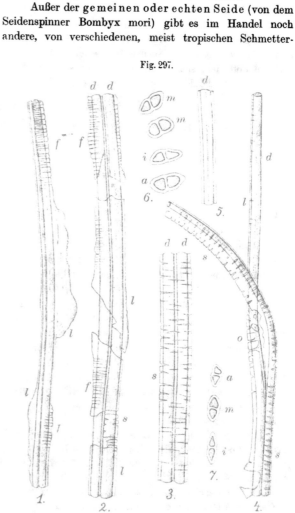

A Seide, Vergr. 340.

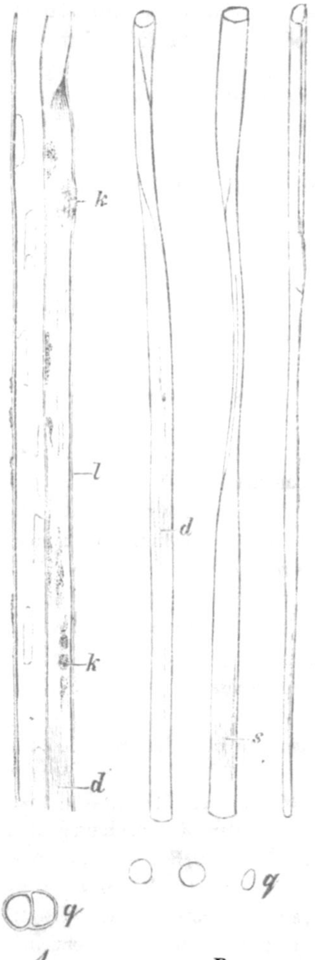

A Ungekocht, B gekocht; *k* Körnerhäufchen auf der Sericinschicht *l*, *d* Fibroidinfaden, *s* Längsstreifen, *q* Querschnitte. Nach v. Höhnel.

Florettseide.

1—5 Längsansichten, *6* und *7* Querschnitte, *d* Fibroinfaden. *l* Sericinschicht, *s* Spalten, *f* Falten der Sericinschicht, *o* Sericinschollen; Querschnitte: *a* von der Außenseite, *i* von der Innenschicht des Kokons, *m* Feinseide.

lingen der Gattung Bombyx herrührende Seidenarten (Yamamay-, Tussahseide u. a.). Zwischen diesen und der echten Seide bestehen zwar im mikroskopischen Bilde Unterschiede, welche aber vorwiegend nur graduell sind und Übergänge erkennen lassen, so daß die Unterscheidung der verschiedenen Seidenarten als recht schwierig zu betrachten ist.

Die Rohseide sieht unter dem Mikroskop verschieden aus, je nachdem sie von der äußeren bzw. inneren Schicht (Florettseide und Bourettseide) oder der mittleren Schicht des Kokons (feine Seide) herstammt. In der inneren Schicht des Kokons sind die Seidenfäden durch Sericin zu einer pergamentartigen, gelblichen Haut verklebt, der Florettseide haftet daher die Sericinmasse in kleineren oder größeren unregelmäßigen und Querrisse aufweisenden Schollen an (Fig. 297).

Ähnlich den Bombyxseiden ist die Muschelseide oder Lana plana, welche von der Steckmuschel (Penna nobilis) herrührt und aus olivenbraunen Fäden von elliptischem Querschnitt

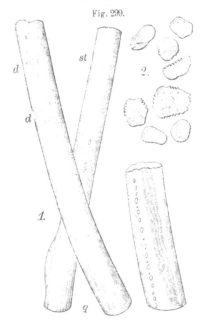

Fig. 299.

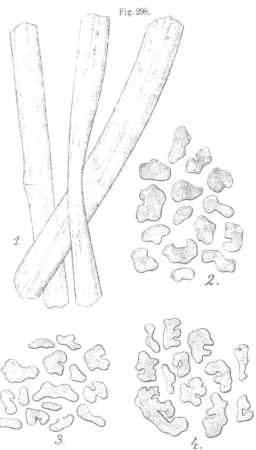

Fig. 298.

Paulys Celluloseseide, Vergr. 150.
1 Längsansicht: *d* Druck(Kreuzungs)-stelle, *st* Längsriefen, im Innern Luftbläschen, *q* Querlinien. *2* Querschnitte. Nach Hassack.

mit zarter und regelmäßiger Längsstreifung besteht.

Einen bedeutenden Handelsartikel bilden ferner die

Kunstseiden,

Chardonnetseide (Collodiumseide), Vergr. 150.
1 Aus Près de Vaux, Längsansicht, *2* Querschnitt derselben.
3 Aus Walston, Querschnitte. *4* Aus Fismes, Querschnitte.
Nach Hassack.

von welchen es eine große Anzahl Sorten (S. 866) gibt, je nach dem verwendeten Ausgangsmaterial und dem Herstellungsverfahren.

Von der echten Seide unterscheiden sich die künstlichen Seiden mikroskopisch durch ihre bedeutenden Dicken und durch die verschiedene Gestalt ihrer Oberfläche und des Querschnittes.

In Kalilauge, selbst konzentrierter, quellen die künstlichen Seiden auch beim Kochen nur mehr oder weniger stark auf unter Gelb- bis Braunfärbung, während echte Seide sich schon bei leichtem Erwärmen vollkommen und ohne Farbenänderung löst. Dagegen lösen sich die künstlichen Seiden in halbgesättigter Chromsäurelösung schon nach kurzem Stehen in der Kälte. v. Höhnel führt (a. a. O.) noch eine Reihe weiterer Reagenzien auf, welche zur Unterscheidung der echten von den künstlichen Seiden und der verschiedenen Arten der letzteren untereinander dienen können.

Da der künstliche Seidenfaden nach dem Austreten aus der Auspreßöffnung in verschiedenster Weise erstarrt, so weisen die künstlichen Seidenfäden Querschnitte von äußerster Mannigfaltigkeit, nicht nur bei verschiedenen Fäden, sondern auch an verschiedenen Stellen eines und desselben Fadens, auf. In der Flächenansicht erscheint der Faden in der Regel glatt mit meist zahlreichen Längsleisten. Luftkanäle treten ziemlich selten und dann meist nur auf kurze Strecken des Fadens auf.

Die mikroskopische Erscheinung von Chardonnetseide verschiedener Herkunft zeigt Fig. 298, S. 883.

Die Paulysche Celluloseseide (Fig. 299) hat die Gestalt eines etwas abgeplatteten zylindrischen Stabes, sie ist viel einfacher und gleichmäßiger gebaut als die Chardonnetsche Collodiumseide. An der Oberfläche ist sie oft mit sehr feinen, dicht gestellten Längsriefen versehen, oft auch mit sehr zarten Querlinien. Luftbläschen treten vereinzelt und in Reihen auf.

Verfälschungen kommen bei den Geweben in dem Sinne vor, daß sie in übergroßer Menge durch mineralische Zusätze beschwert werden. Während man sich bei den leinenen Geweben meistens nur des Stärkeglanzes als Appreturmittels bedient, setzt man den Appreturmitteln bei baumwollenen Geweben mitunter bis zu 50—60% mineralische Zusätze Kieserit, Ton usw.) zu. Über den Nachweis dieser Zusätze vgl. S. 867 und 870.

VIII. Petroleum.

Gewinnung. Über die Entstehung des Petroleums oder Erdöles sind die Ansichten noch immer geteilt, jedoch hat die Ansicht C. Englers, daß das Erdöl durch Zersetzung tierischer Reste (Fischöle) unter Druck entstanden ist, die meiste Wahrscheinlichkeit für sich. Indes sind die in den einzelnen Ländern erbohrten Erdöle von verschiedener chemischer Zusammensetzung. Das amerikanische, d. h. pennsylvanische Erdöl, das sich in Devonschichten findet, besteht vorwiegend aus Kohlenwasserstoffen der Methan- oder Paraffinreihe (C_nH_{2n+2}), während die Kohlenwasserstoffe des im Sandstein des Muschelkalkes vorkommenden russischen Erdöles (Baku) und anderer vorwiegend zu den Naphthenen (alicyklischen Polymethylenen C_nH_{2n} oder hydrierten Benzolen) gehören. Isocarbocyklische (aromatische) Kohlenwasserstoffe (wie Benzol) kommen in den Erdölen nur in geringer Menge vor. In einigen Sorten finden sich auch schwefelhaltige Verbindungen.

Das rohe Erdöl oder Rohpetroleum enthält indes Kohlenwasserstoffe von sehr verschiedenem Siedepunkt, niedrig- und hochsiedende. So gibt H. Ost für die durch fraktionierte Destillation getrennten Kohlenwasserstoffe folgende Gehalte an:

Rohöl von	Spezifisches Gewicht	Benzin, Siedepunkt bis 150° %	Brennöl, Siedepunkt 150—300° %	Destillationsrückstand, Siedepunkt über 300° %
Pennsylvanien . .	0,79—0,82	10—20	55—75	10—20
Lima	0,80—0,85	10—20	30—40	35—50
Baku	0,85—0,90	5	25—30	60—65
Galizien	0,82—0,88	5—20	35—50	30—35

Die unter 150° siedenden Kohlenwasserstoffe des pennsylvanischen Petroleums sind noch weiter wie folgt zerlegt:

	Cymogen	Rhigolen	Petroläther, Naphtha (Pentan u. Hexan)	Benzin (Hexan, Heptan, Octan)	Ligroin (Heptan, Octan)	Putzöl (Ersatz von Terpentinöl)	Brennöl (Leuchtpetroleum)	Schmieröl, Vulkanöl
Siedepunkt	von 0° an	18,3°	50—60°	60—80°	90—120°	130—150°	150—300°	über 300°
Menge . .				20%			61%	19%

Unter der einfachen Bezeichnung „Petroleum" (Leuchtpetroleum) versteht man allgemein nur den bei 150—300° siedenden Anteil des Rohpetroleums (Erdöles). Man unterscheidet gewöhnliches Petroleum und Sicherheitsöl (besonders gereinigtes Leuchtöl). Zur Gewinnung des Leuchtpetroleums wird das rohe Erdöl der fraktionierten Destillation unterworfen, das bei 150—300° übergehende rohe Destillat wird mit konz. Schwefelsäure so oft geschüttelt (raffiniert), bis es fast farblos und schwach riechend geworden ist, dann von der Schwefelsäure getrennt und entweder mit Wasser oder dünner Natronlauge oder Kalkwasser ausgewaschen, bis jede Spur von Säure entfernt ist. Zuweilen wird nochmals destilliert. Bei dem schwefelhaltigen Lima-Öl (Rohöl von West-Ohio und Indiana) leitet man die Dämpfe des rohen Öles erst über Kupferoxyd und fraktioniert bzw. raffiniert es dann ebenso wie die sonstigen rohen Erdöle.

Untersuchung des Petroleums.

Probenahme. Zur vollen Untersuchung des Petroleums ist 1 l erforderlich. Die für die Einfüllung zu verwendenden Flaschen müssen aus hellem Glas bestehen, gut gereinigt und vollständig trocken sein und entweder mit neuen reinen Korkpfropfen oder eingeschliffenen Glasstopfen verschlossen werden. Die Untersuchung erstreckt sich:

A) Auf regelmäßig auszuführende Bestimmungen:
1. Sinnenprüfung.
2. Entflammungspunkt.
3. Wasser und Schmutz.
4. Spezifisches Gewicht.
5. Fraktionierte Destillation.

B) Nötigenfalls auszuführende Bestimmungen:
6. Raffinationsgrad.
   a) Säureprobe, b) Säuregehalt, c) Natronprobe, d) Schwefelgehalt.
7. Leuchtwert.
8. Zähigkeit.

Die praktische Kontrolle beschränkt sich in der Regel auf die wichtigste Bestimmung, nämlich die des Entflammungspunktes.

1. Sinnenprüfung. Gutes Petroleum soll fast farblos, höchstens schwach gelblich gefärbt, schwach bläulich fluorescierend sein, und nur einen schwachen, den meisten nicht angenehmen Geruch besitzen.

Das Petroleum wird, wenngleich die Färbung keinen Rückschluß auf den Leuchtwert zuläßt, meistens nach festgesetzten Farbtypen gehandelt, nämlich: Water white (beste Sorte), Prima white, Standard white, Merchantable (minderwertigste Sorte).

Die Färbung wird mit Hilfe von Colorimetern entweder von Stammer[1] (Erdölcolorimeter) oder von Wilson[2] unter Anwendung von Vergleichs-Farbgläsern oder Kaliumbichromatlösungen ermittelt. Da diese Bestimmung nur selten verlangt wird, außerdem den Colorimetern von den anfertigenden Firmen Gebrauchsanweisungen beigefügt werden, so sei hierauf nur verwiesen.

2. Entflammungspunkt. Die einzige gesetzliche Vorschrift über den Verkehr mit Petroleum ist die Verordnung des Bundesrats vom 24. Februar 1882, nach welcher das gewerbsmäßige Verkaufen und Feilhalten von Petroleum mit einem Entflammungspunkte von weniger als 21° (760 mm) verboten ist, wenn die Aufbewahrungsgefäße nicht die Inschrift „Feuergefährlich" tragen.

Für die Ausführung der Untersuchung ist der auch in England gebräuchliche Abelsche Petroleumprober vorgeschrieben.

Der Prober (Fig. 300, S. 886) besteht aus folgenden Teilen: 1. dem Petroleumgefäß *G*; 2. dem Gefäßdeckel *D* mit Drehschieber *S* und Zündvorrichtung *l*; 3. dem auf dem Deckel befestigten

---

[1] Angefertigt von der Firma Schmidt & Haensch in Berlin oder von Sommer & Kunze in Berlin.

[2] Desgl. von W. Ludolph in Bremerhaven.

Triebwerk T, mit Hilfe dessen die Zündvorrichtung l in dem vorschriftsmäßigen Zeitverlauf in Wirksamkeit tritt; 4. dem Wasserbehälter W, in welchen das Petroleumgefäß eingehängt wird;

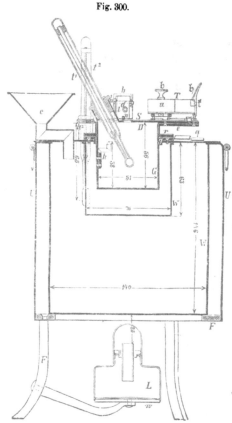

Fig. 300.

5. dem Dreifuß F mit Umhüllungsmantel U und Spirituslampe L zur Erwärmung bzw. Warmhaltung des Wasserbades; 6. dem in das Petroleumgefäß einzusenkenden Thermometer t_1; 7. dem in den Wasserbehälter einzusenkenden Thermometer t_2.

Das Triebwerk T (vgl. auch Fig. 301) ist in der Weise konstruiert, daß es selbsttätig eine langsame und gleichmäßige Bewegung des Drehschiebers S bewirkt und derartig reguliert, daß die nach und nach erfolgende Aufdeckung der Löcher gerade in zwei vollen Zeit-Sekunden beendet ist, und der Schieber S, nachdem dieses geschehen ist, schnell wieder in seine Anfangslage zurückgeführt wird und die Löcher schließt.

Zu dem Apparat ist folgende Gebrauchsanweisung gegeben:

Fig. 301.

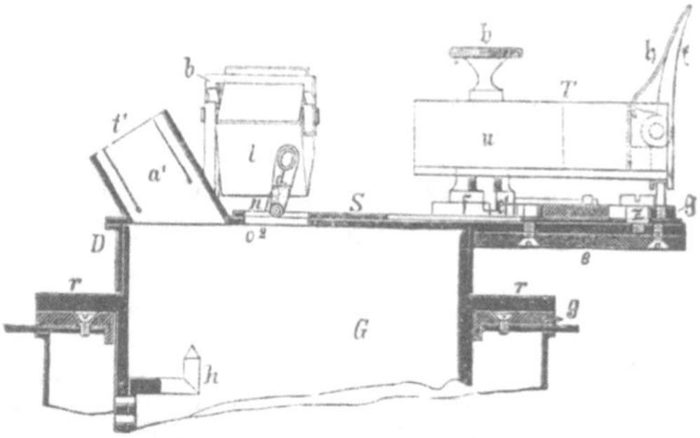

Apparat zur Bestimmung des Entflammungspunktes von Petroleum.

I. Vorbereitungen.

1. **Wahl des Arbeitsraumes.** Für die Untersuchung des Petroleums ist ein möglichst zugfreier Platz in einem Arbeitsraum von der mittleren Temperatur bewohnter Zimmer zu wählen.

2. **Behandlung des Petroleums vor Beginn der Untersuchung.** Das Petroleum ist vor der Untersuchung in einem geschlossenen Behälter innerhalb des Arbeitsraumes genügend lange aufzubewahren, so daß es nahezu die Temperatur des letzteren angenommen hat.

3. **Ablesung des Barometerstandes und Festsetzung des Wärmegrades,** bei welchem das Proben zu beginnen hat. Vor Beginn der Untersuchung wird der Stand eines geeigneten, im Arbeitsraume befindlichen Barometers in ganzen Millimetern abgelesen und auf Grund desselben aus nachfolgender Tafel derjenige Wärmegrad des Petroleums (s. Nr. 12) ermittelt, bei welchem das Proben durch das erste Öffnen des Schiebers zu beginnen hat.

Bei einem Barometerstande	erfolgt der Beginn des Probens
von 685 bis einschl. 695 mm	bei +14,0° C
von mehr als 695 „ „ 705 „	„ +14,5° C
„ „ „ 705 „ „ 715 „	„ +15,0° C

Bei einem Barometerstande				erfolgt der Beginn des Probens
von mehr als 715 bis einschl.	725 mm			bei +15,5° C
,, ,, ,, 725 ,,	,,	735 ,,		,, +16,0° C
,, ,, ,, 735 ,,	,,	745 ,,		,, +16,0° C
,, ,, ,, 745 ,,	,,	755 ,,		,, +16,5° C
,, ,, ,, 755 ,,	,,	765 ,,		,, +17,0° C
,, ,, ,, 765 ,,	,,	775 ,,		,, +17,0° C
,, ,, ,, 775 ,,	,,	785 ,,		,, +17,5° C

4. **Ermittelung des maßgebenden Entflammungspunktes.** Weicht der gemäß Nr. 3 gefundene Barometerstand· von dem in § 1 der Verordnung vom 24. Februar 1882 bezeichneten Normal-Barometerstande (760 mm) um mehr als 2¹/₂ mm nach oben oder unten ab, so ist noch derjenige Wärmegrad zu ermitteln, welcher gemäß § 2 Absatz 2 daselbst bei dem jeweiligen Barometerstande dem Normal-Entflammungspunkte (21° C bei 760 mm) entspricht und maßgebend ist. Zu diesem Zwecke sucht man in der obersten Zeile der Umrechnungstabelle (S. 889) die der Höhe des beobachteten Barometerstandes am nächsten kommende Zahl ab und geht in der mit dieser Zahl überschriebenen Spalte bis zu der durch einen leeren Raum oberhalb und unterhalb hervorgehobenen Zeile hinab. Die Zahl, auf welche man in dieser Zeile trifft, bezeichnet den maßgebenden Wärmegrad, unter welchem das Petroleum entflammbare Dämpfe nicht abgeben darf, wenn es nicht den Beschränkungen in § 1 der Verordnung vom 24. Februar 1882 unterliegen soll. (Beispiele: Zeigt das Barometer einen Stand von 742 mm, so liegt der maßgebende Wärmegrad bei 20,3° C, zeigt es jedoch 744 mm, so liegt derselbe bei 20,5° C.)

5. **Aufstellung des Probers.** Nach Ausführung der in Nr. 3 und 4 vorgeschriebenen Ermittelungen wird der Prober, zunächst ohne das Petroleumgefäß, so aufgestellt, daß die rote Marke des in den Wasserbehälter eingehängten Thermometers sich nahezu in gleicher Höhe mit den Augen des Untersuchenden befindet.

6. **Füllung des Wasserbehälters und Vorwärmung des Bades.** Hierauf wird der Wasserbehälter durch den Trichter mit Wasser von +50° bis +52° C soweit gefüllt, daß dasselbe anfängt durch das Abflußrohr abzulaufen.

Ist Wasser von der erforderlichen Wärme anderweitig nicht zu beschaffen, so kann man den Wasserbehälter des Probers selbst, unter Anwendung der beigegebenen Spirituslampe oder eines Gasbrenners od. dgl., dazu benutzen, das Wasser vorzuwärmen. Bei dieser Art der Vorwärmung ist aber jedenfalls eine Überhitzung des Tragringes an dem Dreifuße zu vermeiden.

7. **Füllung der Zündungslampe.** Die mit einem rund geflochtenen Dochte versehene Zündungslampe wird mit loser Watte angefüllt, und solange Petroleum auf die Watte gegossen, bis diese und der Docht sich gehörig vollgesogen haben. Hierauf wird der nicht angesogene Überschuß an Petroleum durch Auftupfen mit einem Tuche entfernt, die Watte aber in der Lampe belassen. Die Mündung der Dochttülle ist zugleich von etwa anhaftendem Ruße zu befreien.

8. **Reinigung des Petroleumgefäßes und seines Deckels, sowie des zugehörigen Thermometers, Behandlung des Petroleums unmittelbar vor der Einfüllung.** Das Petroleumgefäß und sein Deckel nebst zugehörigem Thermometer werden nunmehr, jedes für sich, gut gereinigt und erforderlichenfalles mit Fließpapier getrocknet.

Der Schluß der Vorbereitungen besteht darin, daß das Petroleum, falls seine Temperatur (s. Nr. 2) nicht mindestens 2° unter dem gemäß Nr. 3 ermittelten Wärmegrade liegt, bis zu 2° unter letzterem abgekühlt wird. Das Gefäß ist auf dieselbe Temperatur zu bringen, wie das Petroleum, und, falls es zu diesem Zwecke in Wasser getaucht wurde, aufs neue sorgfältig zu trocknen.

II. Das Proben.

9. **Erwärmung des Wasserbades auf +54,5 bis 55° C.** Nach Beendigung aller Vorbereitungen und nach genügender Vorwärmung des Wasserbades wird dieses mit Hilfe der

Spirituslampe auf den durch eine rote Marke an. dem Thermometer des Wasserbehälters hervorgehobenen Wärmegrad von +54,5 bis 55° C gebracht.

10. **Befüllung des Petroleumgefäßes und Aufsetzung des Deckels.** Inzwischen
wird das Petroleum mit Hilfe der Glaspipette behutsam in das Gefäß soweit eingefüllt, daß die
äußerste Spitze der Füllungsmarke sich eben noch über den Flüssigkeitsspiegel erhebt. Eine
Benetzung der oberhalb der Marke liegenden Seitenwandungen des Gefäßes ist unter allen Umständen zu vermeiden; sollte sie trotz aller Vorsicht erfolgt sein, so ist das Gefäß sofort zu entleeren, sorgfältig auszutrocknen und mit frischem Petroleum zu befüllen. Etwaige an der
Oberfläche des Petroleums sich zeigende Blasen werden mittels der frischen Kohlenspitze eines
eben ausgebrannten Streichhölzchens vorsichtig entfernt.

Unmittelbar nach der Einfüllung wird der Deckel auf das Gefäß gesetzt.

11. **Einhängung des Petroleumgefäßes.** Das befüllte Petroleumgefäß wird hierauf
mit Vorsicht und ohne das Petroleum zu schütteln, in den Wasserbehälter eingehängt, nachdem konstatiert ist, daß der Wärmegrad des Wasserbades +55° C beträgt. Die Spirituslampe
wird nach dieser Konstatierung ausgelöscht.

Hatte die Wärme des Wasserbades 55° C bereits überschritten, so ist sie durch Nachgießen
kleiner Mengen kalten Wassers in den Trichter des Wasserbehälters bis auf 55° C zu erniedrigen.

12. **Entzündung des Zündflämmchens und Aufzug des Triebwerkes.** Nähert
sich die Temperatur des Petroleums in dem Petroleumgefäße dem gemäß Nr. 3 ermittelten
Wärmegrade, so brennt man das Zündflämmchen an und reguliert dasselbe dahin, daß es,
seiner Größe nach, der auf dem Gefäßdeckel befindlichen weißen Perle ungefähr gleichkommt.
Ferner zieht man das Triebwerk auf, indem man den Kopf desselben in der Richtung des darauf
markierten Pfeiles bis zum Anschlag dreht.

13. **Das eigentliche Proben.** Sobald das Petroleum den für den Anfang des Probens
vorgeschriebenen Wärmegrad erreicht hat, drückt man mit der Hand gegen den Auslösungs-
hebel des Triebwerks, worauf der Drehschieber seine langsame und gleichmäßige Bewegung
beginnt und in zwei vollen Zeitsekunden beendet. Während dieser Zeit beobachtet man,
indem man jede störende Luftbewegung, namentlich auch das Atmen gegen den Apparat,
vermeidet, das Verhalten des der Oberfläche des Petroleums sich nähernden Zündflämmchens.
Nachdem das Triebwerk zur Ruhe gekommen, wird es sofort von neuem aufgezogen, und man
wiederholt die Auslösung des Triebwerkes und den Zündungsversuch, sobald das Thermometer
im Petroleumgefäß um einen halben Grad weiter gestiegen ist. Dies wird von halbem zu
halbem Grad so lange fortgesetzt, bis eine Entflammung erfolgt.

Das Zündflämmchen wird sich besonders in der Nähe des Entflammungspunktes durch
eine Art von Lichtschleier etwas vergrößern, doch bezeichnet erst das blitzartige Auftreten
einer größeren blauen Flamme, welche sich über die ganze freie Fläche des Petroleums ausdehnt,
das Ende des Versuchs und zwar auch dann, wenn das in vielen Fällen durch die Entflammung
verursachte Erlöschen des Zündflämmchens nicht eintritt.

Derjenige Wärmegrad, bei welchem die Zündvorrichtung zum letzten Male, d. h. mit deutlicher Entflammungswirkung in Bewegung gesetzt wurde, bezeichnet den Entflammungspunkt des untersuchten Petroleums.

III. Wiederholungen des Probens und Schluß der Prüfungen.

14. **Wiederholung des Probens.** Nach Beendigung des ersten Probens ist die Prüfung in der vorgeschriebenen Weise mit einer anderen Portion desselben Petroleums zu wiederholen. Zuvor läßt man den erwärmten Gefäßdeckel abkühlen, währenddessen man das Petroleumgefäß zu entleeren, im Wasser abzukühlen, auszutrocknen und frisch zu beschicken hat.

Auch das in das Gefäß einzusenkende Thermometer und der Gefäßdeckel sind vor der
Neubeschickung des Petroleumgefäßes sorgfältig mit Fließpapier zu trocknen, insbesondere
sind auch alle etwa den Deckel- oder den Schieberöffnungen noch anhaftenden Petroleumspuren
zu entfernen.

Vor der Einsetzung des Gefäßes in den Wasserbehälter wird das Wasserbad mittels der Spirituslampe wieder auf 55° C erwärmt.

15. Anzahl der erforderlichen Wiederholungen. Ergibt die wiederholte Prüfung einen Entflammungspunkt, welcher um nicht mehr als einen halben Grad von dem zuerst gefundenen abweicht, so nimmt man den Mittelwert der beiden Zahlen als den scheinbaren Entflammungspunkt an, d. h. als denjenigen Wärmegrad, bei welchem unter dem jeweiligen Barometerstande die Entflammung eintritt.

Beträgt die Abweichung des zweiten Ergebnisses von dem ersten einen Grad oder mehr, so ist eine nochmalige Wiederholung der Prüfung erforderlich. Wenn alsdann zwischen den drei Ergebnissen sich größere Unterschiede als 1 1/2 Grad nicht vorfinden, so ist der Durchschnittswert aus allen drei Ergebnissen als scheinbarer Entflammungspunkt zu betrachten.

Sollten ausnahmsweise sich stärkere Abweichungen zeigen, so ist, sofern es sich nicht um sehr leichtes, beim ersten Öffnen des Schiebers entflammtes und deshalb unzweifelhaft zu verwerfendes Petroleum handelt, die ganze Untersuchung des Petroleums auf seine Entflammbarkeit zu wiederholen. Vorher ist jedoch der Prober und die Art seiner Anwendung einer gründlichen Revision zu unterziehen. Dieselbe hat sich wesentlich auf die Richtigkeit der Aufsetzung des Gefäßdeckels, der Einsenkung des Thermometers in das Gefäß und der Einhängung der Zündungslampe, sowie auf die hinreichende Ausführung der Reinigung aller einzelnen Apparatteile zu erstrecken.

16. Schluß. Ist der gemäß Nr. 15 gefundene, dem Mittelwert der wiederholten Untersuchungen entsprechende Entflammungspunkt niedriger als der gemäß Nr. 4 ermittelte maßgebende Entflammungspunkt, so ist das untersuchte Petroleum den Beschränkungen des § 1 der Verordnung vom 24. Februar 1882 unterworfen.

Will man noch denjenigen Entflammungspunkt ermitteln, welcher bei Zugrundelegung des normalen Barometerstandes (760 mm) an die Stelle des unter dem jeweiligen Barometerstande gefundenen Entflammungspunktes treten würde, so sucht man zunächst in der, dem letzteren Barometerstande entsprechenden Spalte der Umrechnungstabelle (s. Nr. 4) diejenige Gradangabe, welche dem beobachteten Entflammungspunkte am nächsten kommt. Hierbei werden Bruchteile von einem halben Zehntel oder mehr für ein volles Zehntel gerechnet, geringere Bruchteile aber unberücksichtigt gelassen. In der Zeile, in welcher die hiernach berechnete Gradangabe steht, geht man bis zu derjenigen Spalte, welche oben mit 760 überschrieben ist (der Spalte der fettgedruckten Zahlen). Die Zahl, bei welcher jene Zeile und diese Spalte

Umrechnungstabelle.

Barometerstand in Millimetern																				
685	690	695	700	705	710	715	720	725	730	735	740	745	750	755	760	765	770	775	780	785
Entflammungspunkte nach Graden des hundertteiligen Thermometers																				
16,4	16,6	16,7	16,9	17,1	17,3	17,4	17,6	17,8	18,0	18,1	18,3	18,5	18,7	18,8	**19,0**	19,2	19,4	19,5	19,7	19,9
16,9	17,1	17,2	17,4	17,6	17,8	17,9	18,1	18,3	18,5	18,6	18,8	19,0	19,2	19,3	**19,5**	19,7	19,9	20,0	20,2	20,4
17,4	17,6	17,7	17,9	18,1	18,3	18,4	18,6	18,8	19,0	19,1	19,3	19,5	19,7	19,8	**20,0**	20,2	20,4	20,5	20,7	20,9
17,9	18,1	18,2	18,4	18,6	18,8	18,9	19,1	19,3	19,5	19,6	19,8	20,0	20,2	20,3	**20,5**	20,7	20,9	21,0	21,2	21,4
18,4	18,6	18,7	18,9	19,1	19,3	19,4	19,6	19,8	20,0	20,1	20,3	20,5	20,7	20,8	**21,0**	21,2	21,4	21,5	21,7	21,9
18,9	19,1	19,2	19,4	19,6	19,8	19,9	20,1	20,3	20,5	20,6	20,8	21,0	21,2	21,3	**21,5**	21,7	21,9	22,0	22,2	22,4
19,4	19,6	19,7	19,9	20,1	20,3	20,4	20,6	20,8	21,0	21,1	21,3	21,5	21,7	21,8	**22,0**	22,2	22,4	22,5	22,7	22,9
19,9	20,1	20,2	20,4	20,6	20,8	20,9	21,1	21,3	21,5	21,6	21,8	22,0	22,2	22,3	**22,5**	22,7	22,9	23,0	23,2	32,4
20,4	20,6	20,7	20,9	21,1	21,3	21,4	21,6	21,8	22,0	22,1	22,3	22,5	22,7	22,8	**23,0**	23,2	23,4	23,5	23,7	23,9
20,9	21,1	21,2	21,4	21,6	21,8	21,9	22,1	22,3	22,5	22,6	22,8	23,0	23,2	23,3	**23,5**	23,7	23,9	24,0	24,2	24,4
21,4	21,6	21,7	21,9	22,1	22,3	22,4	22,6	22,8	23,0	23,1	23,3	23,5	23,7	23,8	**24,0**	24,2	24,4	24,5	24,7	24,9
21,9	22,1	22,2	22,4	22,6	22,8	22,9	23,1	23,3	23,5	23,6	23,8	24,0	24,2	24,3	**24,5**	24,7	24,9	25,0	25,2	25,4
22,4	22,6	22,7	22,9	23,1	23,3	23,4	23,6	23,8	24,0	24,1	24,3	24,5	24,7	24,8	**25,0**	25,2	25,4	25,5	25,7	25,9

zusammentreffen, zeigt den gewünschten, auf den Normalbarometerstand umgerechneten Entflammungspunkt an.

Beispiel. Der Barometerstand betrage 727 mm. Da eine besondere Spalte für 727 mm in der Tabelle nicht vorhanden ist, so ist die mit 725 mm überschriebene entsprechende Spalte maßgebend. Das erste Proben habe ergeben 19,0° C, das zweite 20,5° C, das hiernach erforderte dritte 19,5° C. Der Durchschnittswert beträgt somit 19,67° C. Derselbe wird abgerundet auf 19,7° C. In der mit 725 überschriebenen Spalte findet man als der Zahl 19,7 am nächsten kommend die Zahl 19,8. In der Zeile, in welcher diese Zahl steht, findet man jetzt in der mit 760 überschriebenen Spalte die fettgedruckte Zahl 21,0. Die letztere ist somit der auf den Normalbarometerstand umgerechnete Entflammungspunkt des untersuchten Petroleums.

3. Wasser und Schmutz.[1]) Man destilliert 100—200 ccm Petroleum oder 50 ccm Petroleum und 100 ccm Xylol (vgl. III. Bd. 2. Tl. S. 310 und 502) über freier Flamme oder aus dem Ölbade und liest das Volumen des übergegangenen Wassers in engen graduierten Zylindern ab. — Der Schmutz wird durch Filtration des mit Benzol gemischten Petroleums auf gewogenem Filter gesammelt.

4. Spezifisches Gewicht wird mit Hilfe einer Senkwage oder des Pyknometers bei 15° ermittelt.

5. Fraktionierte Destillation. 100 ccm Petroleum werden mit dem Englerschen (oder Wegerschen) Apparate in die Fraktionen bis 150°, 150—200°, 200—250°, 250—275° und 275—300° zerlegt; der über 300° siedende Anteil wird aus der Differenz bestimmt. Die Erhitzung wird so geleitet, daß bis 150° die Temperatur etwa 4° in der Minute und von 150 bis 300° etwa 8—10° in der Minute steigt. Als Siedebeginn gilt derjenige Punkt, bei welchem der erste Tropfen Destillat vom Kühlerende des Englerschen Apparates abfällt. Es wird das Volumen der auf Zimmertemperatur abgekühlten Destillate angegeben. Angewendet werden 100 ccm Petroleum. Der Apparat[2]) ist im Zentralblatt f. d. Deutsche Reich Nr. 22 vom 27. Mai 1898 beschrieben; vgl. auch D. Holde, Untersuchung der Mineralöle und Fette. Berlin bei Julius Springer 1905.

6. Raffinationsgrad. Zur Ermittelung des Raffinationsgrades sind folgende Bestimmungen auszuführen:

a) Säureprobe. 10 ccm Petroleum werden mit 4 ccm Schwefelsäure vom spezifischen Gewichte 1,73 in einem kleinen Zylinder bei Zimmertemperatur 2 Minuten geschüttelt und wird nach erfolgter Schichtentrennung die Farbe der Säure und des Petroleums festgestellt. Bei gut raffiniertem Petroleum darf die Säure höchstens schwach gelb gefärbt sein. R. Kissling[3]) beobachtet mit Hilfe eines besonderen Apparates die hierbei eintretende Temperaturerhöhung.

b) Säuregehalt. 100 ccm des in neutralisiertem Alkohol-Äther gelösten Petroleums werden mit $^1/_{10}$ alkoholischer N.-Natronlauge (Phenolphthalein) bis zur Rotfärbung titriert.

c) Natronprobe. Man schüttelt 300 ccm Petroleum und 18 ccm Natronlauge (spez. Gewicht 1,014) nach dem Erwärmen auf 70° eine Minute lang tüchtig durch. Die abgetrennte alkalische Schicht wird vorsichtig mit konzentrierter Salzsäure gegen Methylorange neutralisiert und sofort beobachtet, ob man durch die in einem Reagensglase befindliche Lösung Petitdruck noch deutlich lesen kann. Ist dies nicht der Fall, so bestimmt man

d) den *Aschengehalt* durch Verbrennung des 10 ccm betragenden Destillationsrückstandes von $^1/_2$—1 l Petroleum. Die Asche, die 2 mg in 1 l nicht übersteigen soll, wird auf Magnesia geprüft.

---

[1]) Vgl. Kissling, Petroleum 1910, **5,** 505; Zeitschr. f. Untersuchung d. Nahrungs- u. Genußmittel 1911, **22,** 752.

[2]) Der Apparat wird von der Firma Sommer & Runge in Berlin angefertigt, welche ihm auch eine Beschreibung beifügt.

[3]) Chem.-Ztg. 1905, **29,** 1086.

e) Schwefelgehalt. Zur qualitativen Prüfung erwärmt man 5 ccm Petroleum mit 2 ccm ammoniakalischer Silberlösung, wobei Schwefelverbindungen Bräunung oder Schwärzung hervorrufen.

Die quantitative Bestimmung erfolgt am besten nach dem Verfahren von Engler[1]), welcher die Verbrennungsprodukte von Petroleum durch eine entfärbte Lösung von Brom in Kalilauge leitet und die entstandene Schwefelsäure als Bariumsulfat fällt. Man füllt in einen Petroleumbehälter mit Docht — ähnlich wie bei einer Spirituslampe — Petroleum, wägt, setzt mittels eines Korkverschlusses einen Zylinder auf und saugt durch zwei Öffnungen im Kork so viel Luft, daß das Ölflämmchen, ohne zu rußen, brennt. Das Verfahren und der dazu erforderliche Apparat sind bei Holde (l. c.) S. 50 sowie in Post, Chem.-techn. Analyse 1908, 1, 321 und Lunge-Berl, Chem.-techn. Untersuchungsmethoden 1911, 4, 518 eingehend beschrieben.

Bei dem sonst ähnlichen Verfahren von Friedländer[2]) werden die Gase in Kaliumhydrocarbonatlösung absorbiert und dann mit Kaliumpermanganat oxydiert, während Kissling[3]) gleich in konzentrierter Permanganatlösung auffängt. Die Verfahren von G. Filiti[4]) (Verbrennen in der calorimetrischen Bombe), E. Graefe[5]) (Verbrennen in einer mit Sauerstoff gefüllten Flasche), Garette und Lomax[6]) (Schmelzen mit Kalk und Soda), Carius usw. haben den Nachteil, daß zu geringe Mengen Petroleum in Anwendung kommen.

7. Leuchtwert. Der Leuchtwert eines Petroleums wird beurteilt:

1. nach der Lichtstärke einer mit Petroleum gespeisten Flamme;
2. nach der Menge des in einer bestimmten Zeit und zur Erzeugung einer bestimmten Lichtstärke verbrannten Öles, d. h. nach dem Ölverbrauch in einer Kerzenstunde (vgl. S. 736);
3. nach der Gleichmäßigkeit bzw. Abnahme der Lichtstärke und Flammenhöhe während längerer Brenndauer, nach dem Verkohlen des Dochtes usw.;
4. nach der Färbung des Lichtes.

Im allgemeinen wird durch photometrische Messungen in Verbindung mit dem Petroleumverbrauche ermittelt, wie viel Kerzenstärken 100 g Petroleum eine Stunde lang hervorbringen. Vgl. Holde (l. c.); Schaffer und Schulz[7]) u. a.

8. Zähigkeit (Viscosität). Wenn eine Bestimmung der Zähigkeit, worin die Petroleumsorten je nach der Herkunft große Unterschiede aufweisen, notwendig werden sollte, wird sie mit dem bekannten Englerschen Viscosimeter[8]), welches in den vorstehend unter 6e angegebenen Schriften beschrieben ist, ausgeführt.

C. Engler und H. Ubbelohe geben in Posts chem.-techn. Analyse 1908, 1, Tab. 5 folgende Übersicht über die Werte der verschiedenen Leuchtpetroleumsorten:

---

[1]) Chem.-Ztg. 1896, **20**, 197.

[2]) Arbeiten a. d. Kaiserl. Ges.-Amte 1899, **15**, 366; Zeitschr. f. Untersuchung d. Nahrungs- u. Genußmittel 1900, **3**, 290.

[3]) Chem.-Ztg. 1896, **20**, 199.

[4]) Bull. Soc. Chim. 1899 [3] **21**, 338; Zeitschr. f. Untersuchung d. Nahrungs- u. Genußmittel 1900, **3**, 292.

[5]) Zeitschr. f. angew. Chem. 1904, **17**, 616.

[6]) Journ. Soc. Chem. Ind. 1905, **24**, 1212; Zeitschr. f. Untersuchung d. Nahrungs- u. Genußmittel 1906, **12**, 632.

[7]) Schweiz. Wochenschr. Chem. u. Pharm. 1901, **39**, 162; Zeitschr. f. Untersuchung d. Nahrungs- u. Genußmittel 1902, **5**, 93.

[8]) Der Apparat wird von der Firma Sommer & Runge in Berlin angefertigt, welche auch eine Gebrauchsanweisung beifügt.

Ursprung des Petroleums	Spezifisches Gewicht bei 15°	Flammpunkt im Abelschen Prober Grad	Siedebeginn Grad	Destillationsmengen Vol.-Proz. zwischen den Siedegraden bis 150°	150 bis 200°	200 bis 250°	250 bis 300°	über 300°	Spez. Zähigkeit, wenn Wasser von 20° = 1	Verwendete Brenner oder Zylinder[1]	Mittl. Lichtstärke in 8 Brennstunden[2]	Abnahme der Lichtstärke in 8 Brennstunden	Verbrauch an Petroleum für 1 Hefnerkerze und 1 Stunde g	Verkohlte Dochtschicht nach 8 Brennstd. mg
1. Amerikan. Water white .	0,7903	39	153	—	32,1	36,3	22,5	9,0	1,69	K 13,6 / R 9,1	26,9	3,6 / 4,2	18 / 28
2. Desgl. Standard white . .	0,8001	27	126	10,9	25,4	17,7	22,9	23,0	1,89	K 11,4 / R 10,0	33,8	3,65 / 3,8	60 / 80
3. Russisches „Meteve" . .	0,8003	34,5	145	1,2	40,0	32,0	18,5	8,0	1,46	K 11,4 / R 14,1	24,7	3,55 / 3,1	24 / 33
4. Desgl. „Nobel"	0,8240	33,5	144	2,0	32,0	35,5	22,3	8,0	1,69	K 10,1 / R 13,0	28,3	3,85 / 3,05	11 / 13
5. Galizisches .	0,8091	31,0	133,5	3,0	26,7	31,9	26,0	12,0	1,80	K 9,8 / R 12,2	31,0	3,7 / 3,07	35 / 33
6. Deutsches . .	0,8098	32,0	134,0	2,6	26,2	32,5	27,0	11,5	1,82	K 9,95 / R 14,1	24,8	3,9 / 3,0	27 / 29

Anhaltspunkte für die Beurteilung.

1. Ein gutes Petroleum muß wasserfrei, klar und farblos[3] sein (d. h. blaßgelb mit schwacher blauer Fluorescenz) und einen schwachen nicht penetranten Geruch besitzen.

2. Das spezifische Gewicht, welches nur zur Identifizierung dient, liegt bei amerikanischem Petroleum meist zwischen 0,79 und 0,81, bei europäischem zwischen 0,81 und 0,82.

3. Der Entflammungspunkt darf nach der gesetzlichen Vorschrift nicht unter 21,5° C liegen, sollte aber bei guten Sorten aus Gründen der Feuersicherheit wesentlich höher sein. Viktor Meyer hat eine Erhöhung auf 35°, Stransky[4] nach dem Vorgange Englands und Ungarns eine solche auf 38° vorgeschlagen.

In der Schweiz ist der Entflammungspunkt mit 23° C — für Sicherheitsöle mit 38° —, in Frankreich (Apparat Luchaire) mit 35° C, in England mit 73° F (= 22,8° C), in Spanien und Portugal mit 110° F festgelegt.

4. Die fraktionierte Destillation bietet den besten Anhalt für die Güte des Petroleums. Der Gehalt an unter 150° oder 140° siedenden Bestandteilen sollte nicht über 5—10%, der Gehalt an hochsiedenden (über 300°) nicht über 10% betragen, da die letzteren den Docht verkohlen.

Das Schweizerische Lebensmittelbuch verlangt, daß für amerikanisches und russisches Petroleum das Destillat zwischen 150—300° mindestens 80%, für Sicherheitsöl gegen 90% beträgt; der Gehalt an unter 150° siedenden Bestandteilen soll bei gewöhnlichem Petroleum nicht mehr als 15%, bei Sicherheitsöl nicht mehr als 10% betragen. An über 300° siedenden Schwerölen soll das Petroleum weniger als 10% enthalten.

---

[1] K = Kosmosbrenner 14''' von Wild u. Wessel und Kosmoszylinder, R = Reformbrenner 14''' der Deutsch-russischen Naphthaimportgesellschaft in Berlin und Reformzylinder.

[2] In die Reformbassins von 10 cm Durchmesser wurden 400 g eingefüllt. Der Abstand zwischen der Oberfläche des Petroleums und dem Brennerrande betrug zu Beginn des Versuches 11,5 cm.

[3] Sicherheitsöle sind mitunter rot gefärbt.

[4] Chem. Revue d. Fett- u. Harzindustrie 1898, 5, 229; Zeitschr. f. Untersuchung d. Nahrungs- u. Genußmittel 1899, 2, 748.

5. Auch der **Raffinationsgrad** ist von größter Bedeutung[1]).

a) Bei Behandlung mit konz. Schwefelsäure darf sich diese nur schwach gelblich, nicht braun färben. Eine Dunkelfärbung der Petroleumschicht deutet auf sauerstoffhaltige, harzartige Beimischungen.

b) Das Petroleum darf keine nachweisbaren Mengen von freien Säuren enthalten.

c) Der Aschengehalt soll 2 mg in 1 l nicht übersteigen.

d) Der Schwefelgehalt soll höchstens 0,02% betragen.

6. Für **Leuchtwert** und **Ölverbrauch** lassen sich zur Zeit noch keine bestimmten Grenzwerte angeben.

IX. Zündwaren. Zündhölzer.

Vorbemerkungen.

Nachdem durch das Reichsgesetz vom 10. Mai 1903 betreffend Phosphorzündwaren die Anwendung des **gelben** (giftigen) **Phosphors** für alle Zündwaren verboten ist, geben die Zünd- oder Streichhölzer als weitverbreiteter Gebrauchsgegenstand nicht selten Veranlassung zur Untersuchung auf gelben Phosphor.

Der **nicht giftige Phosphor** kommt als amorpher bzw. **dunkelroter** und als **hellroter** Phosphor zur Verwendung. Der **dunkelrote** Phosphor wird durch Erhitzen des gelben Phosphors auf höhere Temperaturen unter Luftabschluß, der **hellrote** durch Kochen einer Lösung von gelbem Phosphor in Phosphortribromid erhalten.

Man wendet diese ungiftigen Modifikationen des Phosphors entweder in den **Zündköpfchen** an, die sich an jeder Reibfläche entzünden, oder der Phosphor befindet sich an der Reibfläche und dient zur Entzündung des phosphorfreien Zündkopfes; letztere Zündhölzer bilden die eigentlichen sog. „Sicherheitszündhölzchen". Man hat auch Zündhölzer **ohne** jeglichen Phosphorgehalt, aber sie haben sich bis jetzt noch keinen Eingang verschafft.

Zur Herstellung werden sowohl für die **Zündhölzer** als auch für die **Reibfläche** die verschiedenartigsten Stoffe verwendet; F. Schroeder[2]) gibt darüber folgende Übersicht:

1. **Zündende Stoffe:** Roter und hellroter Phosphor[3]), Schwefelphosphorverbindungen, Thiophosphite, Hypothiophosphite, Zinkpolyhypothiophosphit (Sulfophosphit), Phosphorsuboxyd, fester Phosphorwasserstoff, Grauspießglanzerz, Schwefelkies, Goldschwefel (Antimonpentasulfid), Bariumthiosulfat, Bleithiosulfat, Kupferthiosulfat, Cuprinatriumthiosulfat, Cuprobariumpenta-thionat, Sulfo-Cuprobariumpentathionat, Calciumhypophosphit, Persulocyansäure, Kalium-xanthogenat, Nitrocellulose, pikrinsaure Salze, Natrium, Diazoverbindungen, chromammonium-sulfocyansaure Salze.

2. **Sauerstoffabgebende Stoffe:** Kalium-, Natrium-, Calciumchlorat, bromsaure Salze, Braunstein, Kaliumpermanganat, Kalium-, Barium-, Strontium-, Bleinitrat, Bleisuperoxyd, Mennige, Kaliumchromat, Kaliumbichromat, Barium-, Zink-, Bleichromat, Chromsäureanhydrid, Calcium-plumbat.

3. **Die Verbrennung übertragende Stoffe** (Schwefel jetzt nur mehr selten): Wachs, Stearinsäure, stearinsaure Salze, Paraffin, Fichtenharz, Kolophonium, Campher, Schwefelkies, Blutlaugensalz, Bleicyanid, Kupferrhodanid, Bleirhodanid, Gasreinigungsmasse, Kohle, Naphthalin, Phenanthren, Lycopodium, Roggenmehl, Weizenstärke.

---

[1]) Vgl. Holde (l.c.), S. 50; weiter Graefe, Zeitschr. f. angew. Chem. 1905, **18**, 2530; Zeitschr. f. Untersuchung d. Nahrungs- u. Genußmittel 1908, **16**, 558; Utz, Petroleum 1906, **1**, 475; Zeitschr. f. Untersuchung d. Nahrungs- u. Genußmittel 1908, **16**, 558; Kissling, Chem.-Ztg. 1898, **22**, 223; Zeitschr. f. Untersuchung d. Nahrungs- u. Genußmittel 1899, **2**, 164; Chem. Revue d. Fett- u. Harz-industrie 1908, **15**, 211; Zeitschr. f. Untersuchung d. Nahrungs- u. Genußmittel 1909, **18**, 349.

[2]) *Arbeiten a. d. Kaiserl. Gesundheitsamte* 1913, **44**, 1.

[3]) Zuweilen noch verunreinigt mit weißem Phosphor.

4. **Füll- und Reibstoffe:** Magnesia, Kreide, Glaspulver, Bimsstein, Sand, Infusorienerde, Quarzmehl, Zinkweiß, gebrannter Gips, Zinkstaub, Kalomel.

5. **Bindemittel:** Leim, Gelatine, Arab. Gummi, Kolophonium, Tragant, Senegal-Gummi, Dextrin, Eiweiß, Terpentin, Terpentinöl.

6. **Farbstoffe und Lacke:** Zinnober, Eisenoxyd, Ocker, Smalte, Schwefelblei, Kohle, Umbra, Ultramarin, Kienruß, Terra de Siena, Kermesminerale, Zinkgrün, Chromgrün, Berlinerblau, Turnbullsblau, Teerfarbstoffe, Harzfirnis, Leinölfirnis, Gebleichter Schellack, Sandarak, Kanadabalsam.

7. **Das Nachglimmen verhindernde Stoffe:** Phosphorsäure, Ammoniumphosphat, Ammoniumsulfat, Alaun, Bittersalz, Natriumwolframat, Natriumsilicat, Ammoniumborat, Ammoniumchlorid, Zinksulfat, Borsäure.

8. **Parfümierende Stoffe:** Benzoe, Lavendelöl, Cascarillrinde, Weihrauch (Olibanum).

Die Herstellung der Zündhölzer geschieht in der Weise, daß der eine untere Teil der eventuell mit Lösungen der Stoffe der Gruppe 6, 7 und 8 getrockneten Hölzer nach dem Trocknen in aus den Stoffen der Gruppe Nr. 3 gebildete Flüssigkeiten und dann in die dickflüssige Zündmasse getaucht wird, die durch Mischen der Stoffe von Gruppe 1 — bei den Sicherheitsstreichhölzern fällt Gruppe 1 (Phosphor) aus — von Gruppe 2, 5 und 6 und durch Anrühren mit Wasser erhalten wird; unter Umständen mögen der Zündmasse auch Stoffe der Gruppe 8 zugefügt werden. Darauf werden die Hölzer getrocknet.

Die Reibfläche besteht bei den gewöhnlichen Zündhölzern aus Stoffen der Gruppe 2, 4 und 5, bei den Sicherheitsstreichhölzern treten hierzu roter Phosphor und Stoffe der Gruppe 1.

Die sog. schwedischen Zündhölzer enthalten z. B. in der Regel in der Zündmasse: Kaliumchlorat oder -dichromat, Bleinitrat, Schwefel, Schwefelkies und Schwefelantimon, sowie zur Milderung der Explosion Ocker, Umbra, Glas oder Sand; in der Reibfläche hingegen amorphen Phosphor, Schwefelantimon oder Schwefelkies und oft Glaspulver.

In den ohne Reibfläche entflammbaren Sicherheitszündhölzern finden sich neben den genannten Stoffen u. a. Schwefelphosphor, Rhodan- und Cyanmetalle, Kohle, Pikrate, Naphthalin, Phenanthren, Schellack, Harz; ferner als Sauerstoff abgebende Mittel Kaliumpermanganat und Nitrocellulose und zur Milderung der Explosion Metalldoppelverbindungen von Pariserblau und Turnbullsblau.

Chemische Untersuchung.

Die Probenahme für die chemische Untersuchung bereitet keine Schwierigkeit, da nur etwa 500—1000 Stück der betreffenden Zündhölzersorte neben der Reibfläche von einigen Behältern zu entnehmen sind. Schwieriger ist die Gewinnung der Zündmasse von den Hölzern und von der Reibfläche. Wie diese für die Prüfung auf weißen Phosphor geschehen soll, ist nachstehend unter II S. 895 angegeben. Da aber ein Abschaben und Pulvern der Masse von Zündholzköpfen und Reibfläche nicht immer möglich ist oder doch nicht quantitativ verläuft, so kann man auch wie folgt verfahren: Man schneidet bei den Zündhölzern eine Anzahl der Köpfe ab, trocknet diese im Vakuum über Schwefelsäure, wägt, löst die Zündmasse mit Wasser ab, seiht die breiige Masse durch, trocknet die Hölzchenenden wieder im Vakuum über Schwefelsäure, wägt und erhält aus der Differenz die Menge der Zündmasse von den gezählten Stück Zündhölzern. Man untersucht dann den Zündmassebrei für sich und kann die von der Zündmasse befreiten Hölzchen auf Wachs, Paraffin usw., ferner auf Stoffe der Gruppe 7 bzw. 6 untersuchen.

Die Reibflächen durchfeuchtet man mit Wasser, spült mit Wasser ab und untersucht diese für sich.

Die Zündmasse, sei es an den Köpfen, sei es auf der Reibfläche, muß, unter der Lupe betrachtet, möglichst homogen sein, insbesondere darf sich der Phosphor nicht in einzelnen Körnchen bemerkbar machen.

1. Prüfung auf weißen oder gelben Phosphor nach der amtlichen Anweisung für die chemische Untersuchung von Zündwaren.[1])

I. Vorbemerkung.

Die nachfolgenden Untersuchungsvorschriften finden Anwendung bei der Prüfung

1. von rotem und von hellrotem Phosphor sowie von Phosphor-, namentlich Schwefelphosphorverbindungen, welche zur Bereitung von Zündmassen Verwendung finden,
2. von Zündmassen,
3. von Zündhölzern sowie sonstigen Zündwaren.

Von diesen sind Zündmassen, Zündhölzer und sonstige Zündwaren stets nach dem nachstehend unter III angegebenen Verfahren und bei positivem Ausfall weiter nach Verfahren IV zu untersuchen. Roter Phosphor ist nur nach Verfahren III zu prüfen. Bei der Untersuchung von Schwefelphosphorverbindungen und hellrotem Phosphor findet das Verfahren III keine Anwendung.

II. Herrichtung der Probe zur Untersuchung.

Der zu prüfende Stoff wird zunächst, soweit es notwendig ist, im Exsiccator so lange getrocknet, bis eine Probe sich mit Benzol gut benetzt, und darauf, soweit die Explosionsgefährlichkeit dies zuläßt, möglichst zerkleinert. Bei Zündhölzern ist ein Trocknen im Exsiccator in der Regel nicht erforderlich; es wird hier die Zündmasse vorsichtig mit einem Messer abgeschabt. Läßt die leichte Entzündlichkeit der Zündmasse eine derartige Ablösung nicht zu, so werden die Zündköpfe möglichst kurz abgeschnitten. Die also vorbereitete Masse wird hierauf in einem mit einem Rückflußkühler verbundenen Kolben auf kochendem Wasserbade eine halbe Stunde lang mit Benzol im Sieden erhalten, und zwar werden hierzu von Phosphor und Phosphorverbindungen je 3 g und je 150 ccm Benzol, von Zündmassen 3 g und 15 ccm Benzol, von Zündhölzern entweder 3 g der abgeschabten Zündmasse oder 200 Zündholzköpfe und 15 ccm Benzol angewendet. Die gewonnene Benzollösung, welche den etwa vorhandenen weißen oder gelben Phosphor enthält, wird nach dem Erkalten durch ein Faltenfilter filtriert und dient zu den nachstehenden Prüfungen.

III. Prüfung mittels ammoniakalischer Silbernitratlösung.

1 ccm der Benzollösung wird zu 1 ccm einer ammoniakalischen Silbernitratlösung gegeben, welche durch Auflösen von 1,7 g Silbernitrat in 100 ccm einer Ammoniakflüssigkeit vom spez. Gewicht 0,992 erhalten worden ist.

Tritt nach kräftigem Durchschütteln der beiden Lösungen und Absetzenlassen keine Änderung oder nur eine reingelbe Färbung der wässerigen Schicht auf, so ist die Abwesenheit von weißem oder gelbem Phosphor anzunehmen. Die Beurteilung der Färbung hat sofort nach dem Durchschütteln und Absetzen der Flüssigkeiten und nicht erst nach längerem Stehen zu erfolgen.

Tritt dagegen nach dem Durchschütteln der Flüssigkeiten alsbald eine rötliche oder braune Färbung oder eine schwarze oder schwarzbraune Fällung in der wässerigen Schicht ein, so können diese sowohl von weißem oder gelbem Phosphor als auch von hellrotem Phosphor oder von Schwefelphosphorverbindungen herrühren. Handelt es sich um die Untersuchung von rotem Phosphor, so ist bei dem vorstehend angegebenen Ausfall der Reaktion die Anwesenheit von weißem oder gelbem Phosphor nachgewiesen, und es bedarf einer weiteren Prüfung nicht mehr.

In allen anderen Fällen ist mit dem Rest der Benzollösung, wie folgt, zu verfahren:

IV. Prüfung auf Anwesenheit von weißem oder gelbem Phosphor mittels der Leuchtprobe.

Ein Streifen Filtrierpapier von 10 cm Länge und 3 cm Breite wird durch Eintauchen in die Benzollösung mit dieser getränkt. Nach dem Abtropfen der überschüssigen Lösung, welche zu sam-

---

[1]) Rundschreiben des Reichskanzlers vom 25. Dezember 1906. Veröffentl. d. Kaiserl. Gesundheitsamtes 1907, **31**, 146; Zeitschr. f. Untersuchung d. Nahrungs- u. Genußmittel 1907, **13**, 509.

meln und aufzubewahren ist, wird der Streifen mittels eines Drahthakens an einem Korke befestigt, der seinerseits in das obere Ende eines Glasrohres von 50 cm Länge und 4,5 cm Durchmesser eingesetzt wird. Dieses wird mittels einer Klammer in senkrechter Lage gehalten und ragt mit seinem unteren offenen Ende ungefähr 3 cm tief in den etwa 10 cm weiten Innenraum eines Victor Meyerschen Heizapparates hinein. In den Kork am oberen Ende des Glasrohres ist ein Thermometer so eingesetzt, daß seine Quecksilberkugel etwa 20 cm vom unteren Ende des Glasrohres entfernt ist. Der Heizapparat wird mit Wasser als Siedeflüssigkeit beschickt und das Wasser mittels eines Bunsen-

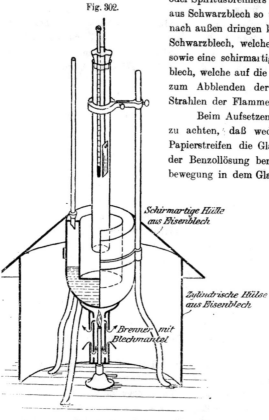

Fig. 302.

oder Spiritusbrenners zum Sieden erhitzt, der durch einen Mantel aus Schwarzblech so umschlossen ist, daß möglichst wenig Licht nach außen dringen kann. Eine zylindrische Hülse aus dünnem Schwarzblech, welche den Heizapparat nebst Brenner umgibt, sowie eine schirmartige Hülle, gleichfalls aus dünnem Schwarzblech, welche auf die erstgenannte Hülse aufgesetzt wird, dienen zum Abblenden der seitlichen und nach oben gerichteten Strahlen der Flamme (vgl. Fig. 302).

Beim Aufsetzen des Korkes auf das Glasrohr ist darauf zu achten, daß weder der mit der Benzollösung getränkte Papierstreifen die Glaswandung berührt, noch daß diese von der Benzollösung benetzt wird. Damit die notwendige Luftbewegung in dem Glasrohr stattfinden kann, ist der Kork, der zum Festhalten des Thermometers und des Papierstreifens dient, mit vier seitlichen Einschnitten zu versehen. Die Temperatur des Luftstroms in dem Glasrohr soll während des Versuches 46—50° betragen. Dies wird in der Weise erzielt und geregelt, daß man das Glasrohr mehr oder weniger tief in den Innenraum des Heizapparates hineinragen läßt. In keinem Fall darf die Temperatur im Glasrohr über 55° steigen.

Die Untersuchung ist in einem Raum auszuführen, der vollkommen verdunkelt werden kann, und es ist darauf zu achten, daß weder von außen noch von der Flamme des Brenners aus ein Lichtschimmer in das Auge des Beobachters gelangen kann. Ferner ist es nötig, das Auge vor Beginn der Untersuchung

Schirmartige Hülle aus Eisenblech

Zylindrische Hülse aus Eisenblech

Brenner mit Blechmantel

Apparat zur Prüfung auf weißen Phosphor.

durch einiges Verweilen in dem verdunkelten Raum an die Dunkelheit zu gewöhnen, da sonst die Leuchterscheinungen nicht mit der erforderlichen Sicherheit wahrgenommen werden. Die vor der eigentlichen Beobachtung notwendigen Handgriffe werden am besten bei einer schwachen, nach der Seite des Beobachters hin abgeblendeten künstlichen Beleuchtung ausgeführt. Auf die Einhaltung dieser Maßregeln ist besonderer Wert zu legen.

Vor Ausführung der Untersuchung selbst ist der Apparat durch einen Vorversuch mittels einer Benzollösung, welche in 10 ccm 1 mg weißen Phosphor enthält, auf seine Brauchbarkeit und Zuverlässigkeit zu prüfen; hierbei ist namentlich darauf zu achten, daß die Temperatur des Luftstromes in dem Glasrohr die angegebenen Grenzen nicht übersteigt.

Nach sorgfältiger Reinigung des Apparates wird nunmehr zur eigentlichen Prüfung geschritten.

Tritt bei dieser nach etwa 2—3 Minuten ein Leuchten des Papierstreifens ein, so ist die Anwesenheit von weißem oder gelbem Phosphor nachgewiesen. Die Leuchterscheinung selbst beginnt mit einem schwachen Leuchten des Papierstreifens an seinem unteren und oberen Ende und verbreitet sich nach der Mitte zu. Sind größere Mengen Phosphor — entsprechend etwa 1 mg Phosphor in 10 ccm Benzol oder mehr — zugegen, so nimmt das Leuchten an Stärke zu, und nach kurzer Zeit beginnen charakteristische Leuchtwolken von dem Streifen aus in dem Glasrohr emporzusteigen. Bisweilen erscheinen auch auf dem Papierstreifen, von unten und oben oder von den Rändern beginnend und nach der Mitte zu fortschreitend, schlangenförmig gewundene Leuchtlinien, und erst später kommt es auf kürzere Zeit zu einer flächenförmigen Lichterscheinung auf dem Papierstreifen. Das Auftreten der Leuchtwolken ist in diesem Falle auch etwas später, aber sonst in der gleichen Weise zu beobachten.

Tritt nach 2—3 Minuten eine Leuchterscheinung nicht auf, so ist der Versuch noch 2—3 Minuten fortzusetzen; erst nach Ablauf dieser Beobachtungsdauer darf beim Ausbleiben der Leuchterscheinung auf Abwesenheit von weißem oder gelbem Phosphor geschlossen werden. Nach Beendigung des Versuches ist jedesmal festzustellen, ob die Temperatur nicht über 55° gestiegen ist; bejahendenfalls ist, wenn die Leuchterscheinung eintrat, der Versuch zu wiederholen. Ebenso ist zu verfahren, wenn das Ergebnis des Versuches zweifelhaft war, sei es, daß die Leuchterscheinung undeutlich, sei es, daß sie zu spät eintrat.

V. Prüfung auf die Anwesenheit von Schwefelphosphorverbindungen.

War mit ammoniakalischer Silbernitratlösung eine Reaktion eingetreten und liegt, gleichviel, zu welchem Ergebnis die Leuchtprobe geführt hatte, ein Anlaß vor, festzustellen, ob Schwefelphosphorverbindungen vorhanden sind, so ist noch die folgende Prüfung auszuführen:

1 ccm der ursprünglichen Benzollösung wird mit 1 ccm einer zweifach normalen wässerigen Bleinitratlösung versetzt und das Gemisch gut durchgeschüttelt. Entsteht nach dem Absetzen der Flüssigkeitsschichten eine braune Färbung an der Trennungsfläche beider Flüssigkeiten oder ein schwarzer oder schwarzbrauner Niederschlag von Schwefelblei, so ist das Vorhandensein von Schwefelphosphorverbindungen nachgewiesen.

VI. Schlußbemerkung.

War mit ammoniakalischer Silbernitratlösung eine Reaktion eingetreten, verliefen dagegen die Leuchtprobe und die Reaktion mit Bleinitratlösung ergebnislos, so ist die Anwesenheit von hellrotem Phosphor anzunehmen.

Anm. F. Schroeder[1]) hat das Verfahren erneut nachgeprüft und gefunden, daß sich bei genauer Einhaltung des vorstehenden Verfahrens in der Benzollösung, wenn sie in 100 ccm 0,002 g weißen Phosphor enthält, letzterer noch deutlich nachweisen läßt, daß man zu dem Zwecke 3 g Zündmasse, d. h. die abgeschabte Menge von etwa 200 Zündköpfen anwenden müsse. Auch müsse für den Nachweis von Schwefelphosphorverbindungen zur Prüfung unter III unbedingt die Prüfung unter V hinzutreten, weil die Reaktion unter III auch durch Schwefelphosphorverbindungen hervorgerufen, die Reaktion unter V aber durch Anwesenheit von gelbem Phosphor nicht beeinträchtigt werde. F. Schroeder hält Phosphorpräparate mit einem Gehalt an weißem Phosphor bis zu 0,05% für unbedenklich in gesundheitlicher Beziehung.

Für den verschärften Nachweis von giftigem Phosphor, besonders bei Gegenwart des nicht verbotenen Phosphorsesquisulfides, welches im Mitscherlichschen Apparate ebenfalls ein Leuchten hervorruft, sind zahlreiche Vorschläge ausgearbeitet worden.

E. von Eyk[2]) sucht das Leuchten des Phosphorsesquisulfides durch Zusatz von Bleiacetat zu verhindern. L. Aronstein[3]), welcher dieses Mittel als unwirksam bezeichnet, extra-

---

[1]) Arbeiten a. d. Kaiserl. Gesundheitsamte 1913, **44**, 1.

[2]) Chem. Weekbl. 1906, **3**, 367.

[3]) Ebd. 1906, **3**, 283, 493 und 1907, **4**, 183; Zeitschr. f. Untersuchung d. Nahrungs- und Genußmittel 1908, **15**, 118, 119; 1909, **18**, 716.

hiert mit Schwefelkohlenstoff, verdampft die Lösung zur Entfernung von Alkohol, Terpentinöl u. dgl. im Kohlensäurestrome und erwärmt dann in einem Strome trockener Kohlensäure unter zeitweiligem Zutritt von Luft auf 30—40°. Hierbei soll Phosphor ein Leuchten hervor rufen, Phosphorsesquisulfid hingegen erst beim Erhitzen auf 80°. Thomas E. Thorpe[1]) sublimiert den Phosphor in einem evakuierten und mit Kohlensäure gefüllten Kölbchen bei 40—60°, und R. Schenck und E. Scharff[2]) endlich benutzen die Eigenschaft des weißen Phosphors, im Gegensatz zum Phosphorsesquisulfid, die Luft zu ionisieren.

2. Eingehende Untersuchung der Zündhölzer.

Eine eingehende Untersuchung von Zündwaren kann nach K. Fischer[3]) in folgender Weise ausgeführt werden:

Man erwärmt eine genügende Menge von aufgeweichter und abgetrennter Zündmasse mit Wasser, filtriert und prüft die Lösung, nötigenfalls nach vorherigem Eindampfen,

a) zunächst durch Erhitzen mit Natronlauge auf Leim und Eiweiß (Ammoniakbildung, auch durch Fällen mit Gerbsäure usw. nachweisbar), durch Behandlung mit Jodlösung auf Gummi (rötlich-blaue Färbung) und durch Ausschütteln mit Äther oder Amylalkohol auf Teerfarbstoffe. Die Gegenwart von Dextrin kann an der Rechtsdrehung erkannt werden.

Andere Teile der Lösung können nach bekannten Verfahren auf Blei, Salpetersäure (von Nitraten), Chlorsäure (Kaliumchlorat u. a.) geprüft, Blutlaugensalz kann mittels Eisenoxydulsalzlösung nachgewiesen werden usw.

b) Der unlösliche Rückstand wird durch Alkohol und Äther von Harz, Stearinsäure, Wachs, Paraffin u. dgl. befreit und darauf mit konzentrierter Salzsäure gekocht. Entwickelt sich hierbei Chlor, so sind Bleisuperoxyd, Mennige oder Braunstein anzunehmen; ein Geruch nach schwefliger Säure deutet auf Anwesenheit von unterschwefligsauren Salzen, ein Geruch von Schwefelwasserstoff kann von Ultramarin herrühren. Die salzsaure Lösung wird in üblicher Weise auf Basen und Säuren geprüft.

c) Cyanverbindungen werden, wenn sie löslich sind, direkt durch Destillation mit Schwefelsäure als Blausäure nachgewiesen. Unlösliche Cyanverbindungen müssen hingegen zuvor durch Auslaugen mit Wasser von etwa vorhandenen Chloraten befreit werden.

d) Der Phosphorgehalt der Zündmasse läßt sich in der Weise nachweisen, daß man den in Wasser unlöslichen Rückstand vor der Behandlung mit Alkohol-Äther mit Salpetersäure erhitzt und das Filtrat auf Phosphorsäure prüft bzw. hierin die Phosphorsäure quantitativ bestimmt.

e) Im Rückstande von der Behandlung mit Salzsäure finden sich Smalte, unter Umständen auch Ockerteilchen, ferner die Reibmittel Kohle, Sand, Glas- bzw. Bimssteinpulver, die mittels der Lupe unterschieden werden können.

f) Für den Nachweis von Phosphorsesquisulfid gibt Wolter[4]) folgende Vorschrift: Die Köpfe von 200—300 Streichhölzern werden mit Schwefelkohlenstoff ausgezogen; die Lösung wird filtriert und unter Abkühlen auf 0° und kräftigem Durchschütteln langsam so lange mit Jodschwefelkohlenstofflösung behandelt, als noch ein Übergang der braunen Lösung in Gelb zu beobachten ist. Bei Gegenwart von Phosphorsesquisulfid scheidet sich, namentlich nach Zusatz von 30—40 Vol.-Proz. Benzol oder Ligroin, das Dijodadditionserzeugnis in Form seidenartig glänzender goldgelber Blättchen ab, die an ihrem Schmelzpunkt 119,5° erkannt

---

[1]) Journ. Chem. Soc. London 1909, **95**, 440; Zeitschr. f. Untersuchung d. Nahrungs- und Genußmittel 1911, **21**, 767.

[2]) Berichte d. Deutsch. Chem. Ges. 1906, **39**, 1522; Zeitschr. f. Untersuchung d. Nahrungs- u. Genußmittel 1909, **17**, 175.

[3]) Arbeiten a. d. Kaiserl. Gesundheitsamte 1902, **19**, 300; Zeitschr. f. Untersuchung d. Nahrungs- u. Genußmittel 1904, **7**, 381.

[4]) Chem.-Ztg. 1907, **31**, 640.

und nach Oxydation mit Salpetersäure- auf ihren Gehalt an Phosphorsäure und Schwefelsäure untersucht werden können. Hierbei ist indes zu berücksichtigen, daß durch die Ausziehung mit Schwefelkohlenstoff auch Schwefel, falls dieser vorhanden ist, ausgezogen werden kann.

g) Für die quantitativen Bestimmungen können vorwiegend in Betracht kommen: die Menge des in Wasser unlöslichen Rückstandes, die Aschenbestandteile desselben, ferner der Gehalt an Phosphor, Schwefel, Blei, Kalium, Salpetersäure, Chlorsäure u. a. Der Phosphor kann nach 2d, der Schwefel nach 2f bestimmt werden, vorausgesetzt, daß in ersterem Falle keine wasserunlösliche Phosphorsäure und im letzten Falle neben Schwefel nur Phosphorsesquisulfid vorhanden ist. Die Salpetersäure kann in dem wässerigen Auszuge nach einem der im III. Bd,, 1. Teil, S. 265 u. f. mitgeteilten Verfahren bestimmt werden. Für die Bestimmung des Kaliums kann man nur den wässerigen Auszug benutzen, für die des Bleis dagegen wird man die gesamte Zündmasse oder den wässerigen Auszug und den unlöslichen Rückstand benutzen müssen. Für die Bestimmung des Kaliumchlorats bzw. der Chlorsäure gibt K. Fischer folgende Vorschrift:

Man zieht etwa 0,5 g der Zündmasse mit 50 ccm Wasser wiederholt aus und erhitzt den Auszug mit dem 1,5fachen Volumen rauchender Salzsäure nach Zusatz von etwas jodsäurefreiem Jodkalium in einer verschlossenen Flasche 15—20 Minuten lang im Wasserbade. Nach dem Erkalten wird das ausgeschiedene Jod durch Titration mit $^1/_{10}$ N.-Thiosulfatlösung bestimmt (1 ccm $^1/_{10}$ N.-Thiosulfat = 0,002 018 g $KClO_3$).

Über sonstige, nur selten erforderliche Bestimmungen, z. B. der Hygroskopizität, Entzündungstemperatur u. a. vgl. K. Fischer, Arbeiten a. d. Kaiserlichen Gesundheitsamte 1903, 19, 300 und Lunge - Berl, Techn. Untersuchungsmethoden 1911, 3, 154.

Geheimmittel und ähnliche Mittel[1].

Begriffsbestimmung. Unter Geheimmittel versteht man gewöhnlich solche
zu Heilzwecken bestimmte Zubereitungen, deren Zusammensetzung vom Hersteller nicht in
allgemein verständlicher Weise bekanntgegeben wird. Eine allgemein gültige und erschöpfende
Definition des Begriffes „Geheimmittel" gibt es jedoch nicht.

Die eigentlichen Geheimmittel zeichnen sich gewöhnlich dadurch aus, daß sie
unter Vorspiegelung besonderer Heilwirkungen zu einem unverhältnismäßig hohen Preis in
den Handel gebracht werden. Dies ist nur möglich mit Hilfe umfangreicher Reklame, die auf
die Notlage leichtgläubiger Kranker berechnet ist. Während die meisten der hierher gehörigen
Mittel nur zur Bekämpfung bestimmter Leiden dienen sollen, gibt es auch solche, denen
eine Heilwirkung bei zahlreichen oder gar bei allen Krankheiten angedichtet wird. Eine
besondere Heilwirkung kommt diesen Mitteln mitunter überhaupt nicht zu, was sich z. T.
dadurch erklärt, daß die Hersteller häufig auf ganz veraltete Volksheilmittel, deren Unwirk-
samkeit längst erwiesen ist, zurückgreifen (z. B. Mittel gegen Lungenkrankheiten).

Oft tauchen bestimmte Zubereitungen unter neuem Namen wieder auf, oder ihre Zusammensetzung wird abgeändert, sei es, um gesetzliche Bestimmungen zu umgehen oder die
Kontrolle zu erschweren.

Zu erwähnen sind hier noch die sogenannten Spezialitäten, die sich in verschiedener
Hinsicht von den Geheimmitteln unterscheiden. Da ihre Hersteller im allgemeinen der pharma-
zeutisch-chemischen Industrie angehören, sind sie meist nach rationellen Gesichtspunkten,
die den Anschauungen der modernen Therapie in gewissem Sinne Rechnung tragen, zusammengestellt. Es liegt ihnen also nicht die Absicht zugrunde, das Publikum auszubeuten. Dementsprechend geben auch die Hersteller solcher Zubereitungen die Zusammensetzung ihrer
Mittel mehr oder weniger genau an. Eine scharfe Grenze zwischen Geheimmitteln und Spezialitäten läßt sich natürlich nicht ziehen, beide gehen vielmehr ineinander über.

Abgesehen von den lediglich zu Heilzwecken bestimmten Präparaten sind vielfach
auch andere Zubereitungen von Geheimmittelcharakter Gegenstand der chemischen Untersuchung, wie Nähr- und Kräftigungsmittel, Desinfektionsmittel, kosmetische
Mittel u. dgl., für die die nachstehenden Ausführungen deshalb gleichfalls Gültigkeit besitzen.

Allgemeine Gesichtspunkte für die Untersuchung. Es empfiehlt
sich, zunächst die dem zu untersuchenden Gegenstand eventuell beigegebene Literatur
(Prospekte, Broschüren) einer eingehenden Durchsicht zu unterziehen, da die auf Gebrauch
und Wirkung des Mittels bezüglichen Angaben häufig wertvolle Anhaltspunkte über möglicherweise vorhandene Bestandteile liefern.

Ist eine Zusammensetzung angegeben, so wird natürlich in erster Linie eine Prüfung
nach dieser Richtung erfolgen. Derartigen Deklarationen gegenüber ist jedoch größter Zweifel
am Platze; denn es hat sich gezeigt, daß oft wichtige (namentlich stark wirkende) Stoffe vollständig verschwiegen werden, oder daß die Zusammensetzung überhaupt eine ganz andere
ist, als angegeben wird. Mit Vorliebe wird auch versucht, die Zusammensetzung dadurch
zu verschleiern, daß ganz veraltete Bezeichnungen gewählt werden (namentlich bei Drogen)
oder unverständliche Abkürzungen. In anderen Fällen wieder verbergen sich z. B. hinter
den wissenschaftlich klingenden Aufzählungen von einem halben Dutzend Proteinen Magermilchpulver, entfettetes Eigelb usw. Ähnliche Beispiele ließen sich noch in Menge aufführen.

---

[1] Bearbeitet von Dr. C. Griebel, an der Staatlichen Nahrungsmittel-Untersuchungsanstalt
in Berlin.

Was die Untersuchung selbst betrifft, so ist zunächst folgendes zu bemerken: Wenn man sich die Verschiedenartigkeit der Zubereitungen und die große Anzahl der in Betracht kommenden Stoffe vergegenwärtigt, so ist es selbstverständlich nicht möglich, einen für alle Fälle passenden Analysengang anzugeben. Aber selbst diese Möglichkeit zugegeben, so würde doch die Durchführung einer solchen Untersuchung in den meisten Fällen an der zu geringen zur Verfügung stehenden Materialmenge scheitern, ganz abgesehen davon, daß der Zeitaufwand in jedem Fall ein sehr großer sein würde. Der Analytiker muß daher von Fall zu Fall nach einem geeigneten Weg suchen, die nach Lage der Sache möglicherweise in Frage kommenden Stoffe nebeneinander nachzuweisen oder voneinander zu trennen. Auch der Geübte ist nicht immer in der Lage, die Zusammensetzung derartiger Mittel restlos aufzuklären. weil eine ganze Anzahl von Stoffen (z. B. zahlreiche Pflanzenextrakte u. dgl.) chemisch nur ungenügend oder gar nicht zu unterscheiden sind. Geruch und Geschmack sind bei der Geheimmittelanalyse oft bei weitem zuverlässigere Erkennungsmittel als chemische Reaktionen (ätherische Öle, Balsame u. dgl.). Eine große Rolle spielt die mikroskopische Untersuchung, da viele der hier in Rede stehenden Zubereitungen zum Teil oder ausschließlich aus pflanzlichen Pulvern bestehen. Pharmakognostische Kenntnisse sind daher Voraussetzung für eine erfolgreiche Betätigung auf diesem Gebiet. Aber auch nichtpflanzliche Stoffe aller Art werden in trockenen Gemengen häufig durch das Mikroskop erkannt und können dann eventuell auch mikrochemisch identifiziert werden.

Zur Prüfung auf stark wirkende Stoffe finden für gewöhnlich die in der toxikologischen Analyse üblichen Verfahren Anwendung, sofern nicht im gegebenen Fall ein anderer Weg zweckmäßiger erscheint.

Was die quantitative Bestimmung der in Betracht kommenden Arzneistoffe betrifft, so muß im allgemeinen auf die pharmazeutisch-chemische und toxikologisch-chemische Spezialliteratur verwiesen werden. In vielen Fällen ergibt sie sich aus der Art der Isolierung der betreffenden Substanz von selbst. Andererseits sind für eine ganze Anzahl von Arzneistoffen Verfahren zur quantitativen Bestimmung bisher überhaupt nicht bekannt. Als Nachschlagewerke sind in erster Linie zu empfehlen: Schmidt, Pharmazeutische Chemie; Gadamer, Lehrbuch der chemischen Toxikologie; Realenzyklopädie der gesamten Pharmazie, 2. Aufl.

Nach dem oben Gesagten kann es nicht der Zweck der nachstehenden kurzen Ausführungen sein, alle vorkommenden Fälle zu berücksichtigen; sie sollen vielmehr lediglich als Anleitung dafür dienen, in welcher Weise die Untersuchung der Heil- und Geheimmittel mit Aussicht auf Erfolg in Angriff zu nehmen ist. Mit Rücksicht auf die Bedürfnisse der Praxis erschien die Einteilung des umfangreichen Stoffes in folgende Hauptabschnitte zweckmäßig:

A. Gang der Untersuchung der wichtigsten Zubereitungsformen.
B. Die Untersuchung der Drogenpulver.
C. Übersicht über die wichtigsten Gruppen von Heil- und Geheimmitteln nach ihrer Zweckbestimmung und die darin häufiger vorkommenden Stoffe und Zubereitungen.
D. Kurze Beschreibung der Eigenschaften der bei der Herstellung von Heil- und Geheimmitteln häufiger Verwendung findenden Stoffe.
E. Gesetzliche Bestimmungen für die Beurteilung der Geheimmittel usw.

A. Gang der Untersuchung der wichtigsten Zubereitungsformen.

I. Tee.

Unter „Tee" im pharmazeutischen Sinn versteht man im allgemeinen geschnittene Pflanzenstoffe, die zur Herstellung eines Aufgusses zum innerlichen oder äußerlichen Gebrauch bestimmt sind.

Als „Teegemische" bezeichnet man Gemenge von unzerkleinerten oder zerkleinerten Pflanzenteilen miteinander oder mit anderen Stoffen. Bisweilen werden die Pflanzenteile mit Lösungen anderer Stoffe (Kaliumtartrat, Weinsäure) durchtränkt und dann getrocknet.

Einheitliche Teesorten, also solche, die aus den getrockneten und zerkleinerten Teilen nur einer Pflanze bestehen, sind nicht immer auf den ersten Blick als solche kenntlich. Denn blühende Kräuter stellen z. B. im geschnittenen Zustand objektiv ein Gemenge aus Stengelteilen, Blättern und Blüten dar. Es muß daher in solchen Fällen geprüft werden, ob die einzelnen Bestandteile von derselben Pflanze herrühren, da diese Feststellung für die rechtliche Beurteilung des Tees von Wichtigkeit ist.

Teegemische werden zwecks Untersuchung auf ihre Komponenten zunächst abgesiebt, wobei sich pulverförmige Zusätze (Zucker, Alaun, Senfmehl u. dgl.) zu erkennen geben, wenn man die feinen Bestandteile mit der Lupe untersucht. Die gröberen Bestandteile werden nunmehr mit einer Pinzette ausgelesen und die gleichartigen Teilchen in kleinen Porzellanschälchen vereinigt. Hierbei bietet die Benutzung einer Lupe von 8—10facher Vergrößerung, die sich zweckmäßig an einem geeigneten Stativ befindet, oft große Vorteile. Die Bestimmung der Einzelbestandteile geschieht am schnellsten mit Hilfe von Vergleichsmaterial. Man muß sich daher eine Sammlung der hauptsächlich in Betracht kommenden Drogen im geschnittenen Zustand anlegen. Gelingt die Identifizierung auf diese Weise nicht, so muß das Mikroskop zu Hilfe genommen werden. Aus Hölzern, Rinden, Wurzeln u. dgl. sind geeignete Schnitte anzufertigen oder durch Zerreiben Pulver herzustellen. Blätter werden mit Javellescher Lauge gebleicht. Eine derartige Untersuchung setzt natürlich pharmakognostische Kenntnisse voraus. Besondere Kennzeichen der wichtigsten Drogenpulver sind im Abschnitt B aufgeführt, auf weitere Einzelheiten kann hier nicht eingegangen werden.

Die wichtigsten Drogen, die zur Herstellung von Teegemengen Verwendung finden, sind folgende:

1. Blätter und Kräuter. Bärentraube, Birke, Bitterklee, Bruchkraut (Herniaria), Boldo, Brombeere, Brennessel, Ehrenpreis, Eibisch, Eucalyptus, Erdrauch, Gauchheil, Gundelrebe, Hirtentäschel, Hohlzahn, Huflattich, Johanniskraut (Hypericum), Kardobenediktenkraut, Königskerze, Krauseminze, Leberblümchen, Leinkraut, Lungenkraut (Pulmonaria), Löffelkraut, Malve, Majoran, Maté, Melisse, Orange, Odermennig, Pfefferminze, Polygala amara, Quendel, Rainfarn, Raute, Rosmarin, Salbei, Sanikel, Schachtelhalm, Schafgarbe, Senna, Steinklee, Stiefmütterchen, Tausendgüldenkraut, Thymian, Verbene, Vogelknöterich, Walnuß, Waldmeister, Wermut, Ysop.

2. Blüten. Arnica, Holunder, Huflattich, Kamille (gemeine und römische), Katzenpfötchen, Königskerze, Kornblume, Klatschmohn, Lavendel, Linde, Malve, Rainfarn, Rittersporn, Rose, Ringelblume, Schafgarbe, Schlehenblüte, Schlüsselblume, Stockmalve, Strohblume, Taubnessel, Wundklee.

3. Früchte und Samen und Teile solcher. Anis, Apfel, Bohnenschalen, Citronenschalen, Feigen, Fenchel, Flohsamen, Hagebutten, geschälter Hafer, Heidelbeere, Johannisbrot, Kakaoschalen, Koloquinthen, Koriander, Kümmel, Leinsamen, Macis, Mohnkapseln, Petersilie, unreife Pomeranzen, Quitte, schwarzer Senf, Sternanis, Sennaschoten, Wacholder, Wasserfenchel.

4. Rinden. Cascara sagrada, China, Faulbaum, Eiche, Weide, Zimt.

5. Hölzer. Blauholz, Guajak, Quassia, rotes Santelholz, Sassafras.

6. Wurzeln und Rhizome. Alant, Baldrian, Carex, Eibisch, Eberwurz, Engelwurz, Enzian, Galgant, Haselwurz mit Kraut, Heuhechel, Iris, Ingwer, Kalmus, Klettenwurzel, Liebstöckel, Löwenzahnwurzel mit Kraut, Meisterwurz, Petersilie, Pimpinelle, Quecke, Rhabarber, Ratanhia, Rapontikwurzel, Sarsaparille, Senega, Süßholz, Tormentille, Zaunrübe, Zichorie, Zitwer.

7. Nicht zu den vorstehenden Gruppen gehörige Drogen: Bittersüßstengel, Blasentang, Caragheen, Isländisches Moos, Lungenflechte, Manna, Wacholderspitzen.

II. Flüssigkeiten.

Die zu Heilzwecken Verwendung findenden Flüssigkeiten sind hinsichtlich ihrer stofflichen Zusammensetzung sehr verschieden geartet. Der Gang der Untersuchung richtet sich infolgedessen zweckmäßig in erster Linie nach der Eigenart der vorliegenden Flüssigkeit. Daher empfiehlt es sich, die wichtigsten Typen hier besonders aufzuführen. Gemische der einzelnen Gruppen untereinander behandelt man sinngemäß unter Berücksichtigung der nachstehenden Ausführungen:

1. Ätherische Öle.

Sie sind als solche gekennzeichnet durch ihren Geruch und die vollständige Flüchtigkeit mit Wasserdämpfen. Einheitliche Öle lassen sich im allgemeinen mit Hilfe des Geruchs leicht identifizieren. Außerdem können verschiedene Konstanten unter Umständen einen gewissen Anhalt bieten, wie spezifisches Gewicht, Refraktion, Siedepunkt und namentlich die spezifische Drehung. Doch ist zu berücksichtigen, daß alle diese Werte erheblichen Schwankungen unterliegen. Falls Gemische von ätherischen Ölen vorliegen, so ist oft der Geruchssinn das einzige Hilfsmittel zur Kennzeichnung. Zur Verfeinerung dieser sinnlichen Prüfung stellt man sich zunächst eine Verreibung des Öles mit Zucker her (Ölzucker) und löst diese in einer entsprechenden Menge Wasser. Der kennzeichnende Geruch tritt auf diese Weise viel schärfer zutage als ohne diese Verteilung.

Kommen Gemische von ätherischen Ölen mit organischen Lösungsmitteln in Frage, so gelingt die Isolierung der letzteren leicht mit Hilfe der fraktionierten Destillation. Nichtflüchtige Bestandteile (fette Öle, Paraffinöl) erkennt man bei der Destillation mit Wasserdampf. Fette Öle liefern beim Erhitzen mit Kaliumbisulfat Acrolein. Über den Nachweis siehe unter Glycerin (III. Bd., 1. Teil, S. 399). Der Nachweis von Säuren und Phenolen erfolgt durch Ausschütteln der ätherischen Lösung mit Kaliumcarbonat- und Kaliumhydroxydlösung (vgl. S. 913).

2. Fette Öle.

Eine Untersuchung der fetten Öle nach den üblichen Verfahren zwecks Identifizierung ist natürlich nur nach der Entfernung etwaiger Zusätze möglich. Organische Lösungsmittel (Äther, Chloroform, Kohlenwasserstoffe u. dgl.) lassen sich durch fraktionierte Destillation abscheiden. Die übrigen flüchtigen Bestandteile müssen durch Wasserdampfdestillation entfernt werden. In Betracht kommen hauptsächlich:

Ätherische Öle, Menthol, Campher, Phenole (Carbolsäure, Kresole, Kreosot, Thymol, Naphthol), Säuren (Benzoesäure, Salicylsäure, Zimtsäure), Ester (Cinnamëin[1]), Salicylsäuremethylester), Jodoform, auch Cantharidin.

Das Destillat wird ausgeäthert und die Ätherlösung zur Trennung von Säuren, Phenolen und chemisch indifferenten Stoffen, wie auf S. 913 angegeben, weiter verarbeitet.

Mit Wasserdampf nicht flüchtige Phenole (Resorcin, Pyrogallol) lassen sich durch Ausschütteln des mit Äther verdünnten Öles mit 1proz. Kalilauge isolieren.

Mineralöl findet sich im unverseifbaren Anteil des Öles.

Erscheint eine Prüfung auf Alkaloide (z. B. Pilocarpin, Veratrin) erforderlich, so schüttelt man das im Äther gelöste Öl wiederholt mit schwefelsaurem Wasser aus. Die Weiterverarbeitung der Ausschüttelungen erfolgt nach den Angaben auf S. 913.

Zur Prüfung auf Crotonöl und Ricinusöl schüttelt man das vorliegende Öl etwa mit dem gleichen Volumen Alkohol, worin die genannten Öle löslich sind.

Weiteres siehe unter Crotonöl und Ricinusöl.

3. Alkoholhaltige Flüssigkeiten. a) Destillate.

Die Destillate werden im allgemeinen durch Übergießen von aromatischen Pflanzenstoffen mit Alkohol und Destillieren des Gemenges mit Wasserdampf hergestellt.

Sie müssen bis auf einen geringfügigen Rückstand, der zum Teil aus harzigen Oxydationserzeugnissen ätherischer Öle, zum Teil aus Alkaliverbindungen besteht, flüchtig sein. Die nie-

---

[1]) Aus Perubalsam.

mals fehlenden Spuren von Alkaliverbindungen — die sehr geringe Menge Asche des Verdunstungsrückstandes reagiert stets stark alkalisch — stammen aus dem Glase. Ob eine Flüssigkeit ein Destillat oder ein Gemisch aus Wasser, Alkohol und ätherischen Ölen darstellt, läßt sich häufig am Geruch erkennen, da Destillate aus Pflanzenstoffen, namentlich bei geringem Alkoholgehalt, gewöhnlich den sogenannten Blasengeruch besitzen. Die Prüfung auf pflanzliche Extraktivstoffe erfolgt am besten durch Versetzen des gelösten Verdunstungsrückstandes mit einem Tropfen stark verdünnter Eisenchloridlösung. Eine grünbraune, grüne oder bläuliche Färbung zeigt Gerbstoffe an. Auch das Verhalten gegen Fehlingsche Lösung beim Kochen besitzt bei positiver Reaktion unter Umständen Beweiskraft, da die meisten Pflanzenauszüge reduzierende Stoffe enthalten.

Die Bestimmung des Alkoholgehalts in Destillaten erfolgt hinreichend genau durch Feststellung des spezifischen Gewichts, da der durch die ätherischen Öle verursachte Fehler nur gering ist. Um die ätherischen Öle zu isolieren, schüttelt man die Flüssigkeit mit Pentan aus und verdunstet letzteres vorsichtig, bei quantitativen Bestimmungen im Exsiccator unter Durchsaugen von trockener Luft.

b) Auszüge (Tinkturen und Fluidextrakte). Tinkturen und Fluidextrakte aus indifferenten Pflanzenstoffen lassen sich im allgemeinen nur durch Farbe, Geruch und Geschmack der Flüssigkeit und des Verdunstungsrückstandes kennzeichnen. Zur Prüfung auf eigenartige Stoffe verjagt man den Alkohol auf dem Wasserbade und behandelt den in saurem Wasser gelösten Rückstand nach dem in der toxikologischen Analyse üblichen Verfahren von Stas-Otto (siehe S. 911). Hierdurch lassen sich u. a. nachweisen:

Auszüge aus Emodin enthaltenden Drogen (siehe diese), Belladonna, Capsicum, China, Coca, Cola, Colchicum, Colocynthis, Digitalis, Hydrastis, Lobelia, Opium, Strychnos, Strophantus, Veratrum.

Sind eigenartige Stoffe nicht nachweisbar, so muß man sich bei Gemischen meist mit der Angabe begnügen, daß Auszüge aus indifferenten Pflanzenstoffen vorliegen.

c) Homöopathische Verdünnungen. In den meist mit verdünntem Weingeist hergestellten Zubereitungen gelingt es nur ausnahmsweise, die Art des Arzneimittels festzustellen. Niedrige Verdünnungsgrade pflanzlicher Auszüge lassen sich mitunter durch den Geruch identifizieren.

4. Wässerige Flüssigkeiten (Lösungen, Abkochungen, Emulsionen u. dgl.). Alle hierher gehörigen Flüssigkeiten werden zunächst mit Lackmus- oder Kongopapier auf ihre Reaktion geprüft. Alkalische Reaktion läßt in erster Linie auf Alkalicarbonate, Borax oder Ammoniak schließen. Blaufärbung des Kongopapiers deutet auf freie Salzsäure oder Schwefelsäure hin. Rotfärbung des Lackmuspapiers (Kongo violett) kann durch Salze oder organische Säuren (Ameisensäure, Essigsäure, Milchsäure, Weinsäure, Citronensäure, Benzoesäure, Salicylsäure, Zimtsäure, Gerbstoffe [Pflanzenauszüge] usw.) bedingt sein.

Ein etwaiger Bodensatz in der Flüssigkeit wird zunächst für sich chemisch und mikroskopisch untersucht.

Zur weiteren Information dampft man eine gewogene Flüssigkeitsmenge auf dem Wasserbade zur Trockne, um Beschaffenheit und Menge des Verdunstungsrückstandes kennenzulernen. Ergibt sich beim Glühen, daß nur anorganische Bestandteile vorliegen, so erfolgt die weitere Untersuchung nach dem üblichen Gang der qualitativen Analyse.

Sind ausschließlich organische Stoffe oder solche neben anorganischen vorhanden, so verfährt man nach dem Verfahren von Stas-Otto, um ausschüttelbare Phenole, Säuren, Basen und chemisch indifferente Stoffe abzuscheiden [1]). Sind alle ausschüttelbaren Stoffe

---

[1]) Von einer Destillation mit Wasserdampf kann man bei wässerigen Flüssigkeiten im allgemeinen absehen, weil alle hierbei übergehenden Substanzen auch durch Ausschütteln mit Äther der Flüssigkeit entzogen werden können. Trotzdem kann eine Destillation unter Umständen von Vorteil sein, um eine Trennung von nichtflüchtigen Stoffen herbeizuführen.

entfernt, so wird die Flüssigkeit nach der Neutralisation unter Zusatz von Seesand eingedampft und der Rückstand mit Alkohol ausgezogen. Die hierbei in Lösung gehenden Stoffe, wie Zuckerarten, Glycerin, Pflanzensäuren, Gerbstoffe, Pflanzenfarbstoffe u. dgl. (vgl. S. 912), sucht man durch spezielle Reaktionen zu kennzeichnen.

Die Feststellung der anorganischen Stoffe kann im allgemeinen durch die qualitative Analyse des Glührückstandes erfolgen, wenn nicht mit der Möglichkeit gerechnet werden muß, daß flüchtige Körper (arsenige Säure, Quecksilberverbindungen) vorhanden sind. Liegt diese Möglichkeit vor, so empfiehlt sich bei Flüssigkeiten, die reich an organischen Substanzen sind, die Zerstörung mit Salzsäure und chlorsaurem Kali, wie es in der toxikologischen Analyse üblich ist. Bei der Analyse des Glührückstandes ist zu berücksichtigen, daß pflanzliche Auszüge stets die normalen Bestandteile der Pflanzenasche enthalten (hauptsächlich Ka, Na, Ca, Mg, SO_3, Cl, P_2O_5). Das Fehlen von Kalium und Phosphorsäure schließt die Anwesenheit von Pflanzenasche aus.

Bei Abkochungen und ähnlichen Zubereitungen aus Pflanzenstoffen ist außerdem noch auf folgende Punkte hinzuweisen: Die stets vorhandenen, wenn auch noch so geringfügigen Sedimente sind sorgfältig mikroskopisch zu untersuchen, da nicht selten kennzeichnende Zellelemente aufgefunden werden, die einen Schluß auf die verwendete Droge zulassen.

Starkes Schäumen der Flüssigkeit beim Schütteln läßt auf saponinhaltige Drogen schließen (Senega, Sarsaparilla, Quillaja), auch Süßholzsaft bewirkt starke Schaumbildung. Über den Nachweis von Saponin vgl. III. Bd., 2. Teil, S. 518 und 740.

Abkochungen von Bärentraubenblättern färben sich auf Zusatz von etwas Ferrosulfat schmutzig-violett, nach einiger Zeit entsteht ein violetter Niederschlag.

Emulsionen sind milchähnliche Zubereitungen, die Öle, Harze, Balsame oder andere Stoffe in sehr feiner und gleichmäßiger Verteilung enthalten. Sie werden entweder aus fettreichen Samen (z. B. Mandeln) oder aus anderen Stoffen mit Hilfe von Bindemitteln (Gummi arabicum, Tragant, Eigelb) hergestellt. Die Abscheidung der Öle, Harze und Balsame gelingt durch Ausschütteln mit Äther, eventuell unter Zusatz von etwas Alkohol. Weiter werden der Verdunstungsrückstand und die Asche einer näheren Prüfung unterzogen. Über den Nachweis von Gummi arabicum und Tragant siehe diese Stoffe.

Von flüssigen Arzneizubereitungen sind außerdem noch kurz zu erwähnen die Sirupe und Linimente. Erstere werden durch Verkochen von Pflanzensäften oder -auszügen mit Zucker hergestellt. Letztere sind zum äußerlichen Gebrauch bestimmte gleichmäßige Mischungen, die Seife enthalten, z. T. neben ätherischen oder fetten Ölen oder ähnlichen Stoffen. Am bekanntesten ist das „flüchtige Liniment" und das „Campherliniment", die durch Schütteln von Ammoniakflüssigkeit mit Öl bzw. Campheröl erhalten werden.

III. Pulverförmige Zubereitungen.

a) Mineralstoffe. Die Untersuchung erfolgt nach den allgemein üblichen Verfahren der qualitativen Analyse.

b) Pflanzenstoffe. Pflanzliche Pulver werden unter Berücksichtigung der im nächsten Abschnitt (B) gemachten Ausführungen mikroskopisch untersucht. Gelingt auf diese Weise die Identifizierung nicht, so kann — ausreichendes Material vorausgesetzt — versucht werden, einen kennzeichnenden Stoff (Alkaloid, Bitterstoff u. dgl.) daraus abzuscheiden, was bei positivem Ergebnis fast immer einen Schluß auf die Natur des Untersuchungsmateriales zuläßt. Zu dem Zweck kocht man das Pulver unter Zusatz von etwas Weinsäure wiederholt eine halbe Stunde am Rückflußkühler mit Alkohol aus, verdunstet die vereinigten Auszüge bis auf ein geringes Volumen, wobei aber möglichst alle Stoffe in Lösung bleiben sollen, und versetzt die Flüssigkeit, noch bevor der Alkohol völlig verdampft ist, allmählich mit Wasser, indem man letzteres in kleinen Portionen unter Umrühren zugibt. Erst dann wird der Alkohol vollständig verjagt, wobei sich häufig erhebliche Mengen von harzigen Stoffen (Farbstoffe

u. dgl.) ausscheiden. Die abfiltrierte Flüssigkeit wird, wenn sie noch sehr trüb ist, zur Trockne verdampft und mit kaltem Wasser aufgenommen. Die weitere Prüfung des aus dieser Lösung erhaltenen Filtrates erfolgt nach dem Verfahren von Stas-Otto oder Gadamer (siehe S. 911).

c) Aus organischen Körpern bestehende Pulver. Um festzustellen, ob eine einheitliche Substanz vorliegt, prüft man zunächst das Verhalten verschiedener Lösungsmittel, indem man die betreffende Substanz z. B. mit Äther, Chloroform, absolutem Alkohol und Wasser behandelt. Ist die Substanz in einem bestimmten Lösungsmittel nur zum Teil löslich, so geht hieraus schon hervor, daß ein Gemenge vorliegt, das sich auf diese Weise in mehrere Fraktionen zerlegen läßt. Ein einheitlicher Körper kann in Frage kommen, wenn sich das Pulver in bestimmten Flüssigkeiten gleichmäßig und vollständig löst. In diesem Falle krystallisiert man die Substanz, wenn möglich, aus einem geeigneten Lösungsmittel um und vergleicht den Schmelzpunkt der Krystallfraktion mit dem der ursprünglichen Substanz, nachdem man die Proben im Schwefelsäure-Exsiccator einen Tag getrocknet hat. Stimmen beide Schmelzpunkte überein, so ist man berechtigt anzunehmen, daß ein einheitliches Arzneimittel vorliegt, andernfalls kommt ein Gemenge in Betracht. Im letzteren Fall führt man das Pulver eventuell in wässerige Lösung über und versucht nach den Ausschüttelungsverfahren von Stas-Otto oder Gadamer und unter Berücksichtigung der Angaben auf S. 911 eine Trennung der Bestandteile zu erzielen. Bei negativem Ergebnis ist man auf Spezialreaktionen angewiesen, falls es nicht durch fraktionierte Krystallisation gelingt, eine Trennung herbeizuführen.

Für die Identifizierung einheitlicher organischer Arzneimittel ist der Schmelzpunkt im allgemeinen eines der wichtigsten Merkmale[1]). Sehr wertvoll ist daher eine Tabelle, die die Schmelzpunkte nach steigenden Temperaturen zusammengestellt enthält (siehe Gadamer, S. 671—675). Trotzdem gelingt es auf diese Weise nicht immer, den vorliegenden Stoff zu identifizieren, so daß eine eingehende chemische Prüfung erforderlich wird. Diese beginnt zweckmäßig mit der Feststellung, ob der Körper Stickstoff enthält. Gleichzeitig prüft man auf Schwefel, Halogene und Metalle.

Zu dem Zweck bringt man einen Teil der Substanz (etwa 0,02 g) in ein Glühröhrchen aus schwer schmelzbarem Glas und fügt etwa die zehnfache Menge blanken metallischen Natriums hinzu (vgl. auch III. Bd., 1. Teil, S. 239).

Nachdem das Natrium zum Schmelzen erhitzt ist, wird eine Zeitlang geglüht.

Das noch glühend heiße Röhrchen taucht man sodann in ein etwa 10 ccm Wasser enthaltendes Kölbchen, wodurch Zerspringen des unteren Teiles erfolgt. Die Flüssigkeit wird mit den Glassplittern aufgekocht und durch ein glattes Filter gegossen. Das Filtrat dient zur Prüfung auf Stickstoff, Schwefel und Halogene, während der Filterinhalt auf Metalle (Silber, Quecksilber, Wismut, Eisen) untersucht wird.

Zur Prüfung auf Stickstoff Schwefel und Halogene teilt man das Filtrat in drei Teile.

Einen ersten Teil versetzt man mit einem Tropfen einer gesättigten Ferrosulfatlösung, kocht auf, fügt einen Tropfen verdünnte Eisenchloridlösung hinzu und säuert nach dem Erkalten schwach mit Salzsäure an. Eine deutliche Grünfärbung oder Abscheidung von Berlinerblau zeigt Stickstoff an (Lassaignesche Probe).

---

[1]) Hierbei ist jedoch zu berücksichtigen, daß geringfügige Verunreinigungen den Schmelzpunkt unter Umständen erheblich beeinflussen können. In solchen Fällen, in denen man auf den Schmelzpunkt allein angewiesen ist — sei es aus Mangel an Material, oder weil keine kennzeichnenden Reaktionen zur Verfügung stehen —, empfiehlt es sich daher, eine Probe des zu untersuchenden Materials mit etwa der gleichen Menge des vermuteten Körpers zu mischen und den Schmelzpunkt des Gemisches festzustellen. Stimmt er mit dem zuerst gefundenen überein oder weicht er nur wenig davon ab, so ist dies ein weiterer Beweis, daß die gemischten Körper tatsächlich identisch sind, da anderenfalls erfahrungsgemäß eine beträchtliche Erniedrigung des Schmelzpunktes einzutreten pflegt.

Den zweiten Teil des Filtrates versetzt man mit einigen Tropfen einer kalt gesättigten Lösung von Nitroprussidnatrium. Bei Gegenwart von Schwefel tritt Violettfärbung auf, die oft schnell in Rot übergeht.

Der letzte Teil des Filtrates wird in der üblichen Weise auf Chlor, Brom und Jod geprüft. Zum Nachweis von Halogenen in einem organischen Körper ist auch die Flammenreaktion geeignet. Man bringt die Substanz zusammen mit ausgeglühtem Kupferoxyd am Platindraht in die nichtleuchtende Flamme. Bei Gegenwart von Jod wird die Flamme rein grün gefärbt, während blaugrüne Färbung auf Chlor oder Brom schließen läßt.

Ein von Gaebel ausgearbeitetes systematisches Untersuchungsverfahren zur Erkennung organischer stickstoffhaltiger Arzneimittel findet sich bei Gadamer, S. 663 ff. Voraussetzung für die Durchführung des analytischen Ganges ist, daß einige Zentigramme Substanz zur Verfügung stehen. Da nicht immer derartige Mengen vorhanden sind (z. B. bei Alkaloiden), ist man häufig auf Orientierungsreaktionen und Spezialreaktionen angewiesen, nachdem man den allgemeinen Charakter der Substanz durch das Ausschüttelungsverfahren nach Stas-Otto oder Gadamer festgelegt hat.

Als Orientierungsreaktionen kommen in Frage die Prüfung mit Alkaloidfällungsreagenzien (Kaliumquecksilberjodid, Jodjodkalium, Pikrinsäure, Phosphormolybdänsäure, Tannin, Goldchlorid usw.), das Verhalten gegen Eisenchlorid (vgl. S. 914), Neßlers Reagens, ammoniakalische Silberlösung, Natronlauge u. dgl. Zu erwähnen sind ferner die Indophenol- und Azofarbstoffreaktion, die einerseits Anilide, andererseits Phenole anzeigen (vgl. Gadamer).

Da das Zustandekommen beider Reaktionen an die Gegenwart einer freien primären, aromatischen Amidogruppe gebunden ist, kocht man zur Prüfung auf Anilide die Substanz zunächst $^1/_2$—1 Minute mit etwas konzentrierter Salzsäure, um eine Verseifung der Säureamidogruppe herbeizuführen. Zur Ausführung der Indophenolreaktion bringt man die Flüssigkeit nach dem Abkühlen mit Wasser auf etwa 2 ccm und fügt einen Tropfen Carbolsäure und einige Tropfen frisch bereitete Chlorkalklösung hinzu. Bei Gegenwart von Anilinderivaten tritt hierbei gewöhnlich eine schmutzig-violette Färbung auf, die nach dem Übersättigen mit Ammoniak in Indigoblau übergeht (bei wenig Material nur Grünfärbung).

Die Azofarbstoffreaktion wird zweckmäßig in folgender Weise ausgeführt: Die nach dem Kochen mit Salzsäure erhaltene und auf etwa 2 ccm gebrachte Flüssigkeit kühlt man möglichst auf 0° ab, fügt einige Tropfen Kaliumnitritlösung (1 : 20) hinzu, macht mit Natronlauge unter Abkühlung alkalisch und überschichtet mit alkalischer β-Naphthollösung.

Alle Stoffe mit primärer Kernamidogruppe geben hierbei eine rote Zone, die bei verschiedenen Körpern verschiedene Nuancen aufweist.

Bezüglich der Identitätsreaktionen bestimmter Arzneimittel sei auf den Abschnitt D verwiesen.

d) *Gemenge anorganischer und organischer Substanzen aller Art* (Chemikalien, Vegetabilien, Eiweißpräparate u. dgl.). Zu dieser Gruppe gehören z. B. die meisten der im Handel befindlichen Nähr- und Kräftigungsmittel, Mittel zur Erzielung voller Körperformen, Mittel gegen sexuelle Neurasthenie usw.

Bei der Analyse derartiger Gemenge muß man zunächst versuchen, die einzelnen Komponenten nach Möglichkeit mechanisch voneinander zu trennen. Dies gelingt meist infolge ihres verschiedenen spezifischen Gewichts bis zu einem gewissen Grade durch Sedimentieren mit Chloroform und ähnlichen indifferenten Flüssigkeiten. Hierfür eignen sich besonders Glasschalen mit geneigten Wänden und Ausguß, weil sie in jeder Phase der Sedimentierung eine Isolierung des Bodensatzes durch Abgießen der überstehenden Flüssigkeit gestatten. Bei der Sedimentierung mit Chloroform schwimmen sehr bald etwa vorhandene Proteinstoffe (Milchpulver, Casein, Lecithinalbumin, Kleber, Hämoglobin) neben einem Teil der Pflanzenstoffe auf der Oberfläche der Flüssigkeit und können leicht durch Abschöpfen entfernt werden.

Die meisten pflanzlichen Stoffe bleiben zunächst in Suspension (besonders die Stärkearten) und scheiden sich erst nach einiger Zeit auf der Flüssigkeit ab. Das Sediment besteht vorwiegend aus anorganischen Stoffen, organischen Metallsalzen, Zuckerarten usw. In welcher Weise die Sedimentierung im Einzelfall am besten auszuführen ist, ist Sache der Übung und Erfahrung. Das im Verhältnis zu den übrigen Stoffen häufig sehr geringe Sediment wird zwecks Befreiung von noch vorhandenen Pflanzenstoffen u. dgl. wiederholt in derselben Weise behandelt. Natürlich kann man sich nach diesem Schlämmverfahren beliebig viele Fraktionen herstellen, auf alle Fälle wird man aber die verschieden gearteten getrennt für sich untersuchen.

Die die schwersten Stoffe enthaltenden Sedimente werden zunächst mit der Lupe oder dem binokularen Mikroskop genau durchgemustert. Gewöhnlich kann man hierbei gleichartige größere Partikelchen mechanisch auslesen, um sie für die später anzustellenden Spezialreaktionen gesondert aufzubewahren. Es folgt hierauf die mikroskopische Untersuchung der einzelnen Fraktionen, die in verschiedenen Medien (Alkohol, Wasser und Glycerin) erfolgen muß, wobei auf die Lösungsverhältnisse der einzelnen Bestandteile besondere Rücksicht zu nehmen ist. Durch die mikroskopische Untersuchung der Sedimente gelingt es bei einiger Übung, meist eine ganze Anzahl der in Betracht kommenden Stoffe so weit zu kennzeichnen, daß zur sinngemäßen Ausführung besonderer Reaktionen geschritten werden kann. Die oft nur geringe zur Verfügung stehende Materialmenge zwingt den Analytiker häufig, die Reaktionen mit wenigen Tropfen der Lösung oder mit einigen Körnchen der Substanz auszuführen. Die Verwendung entsprechend kleiner Reagensgläschen und Capillarpipetten sowie die Heranziehung mikrochemischer Verfahren ist daher Voraussetzung für erfolgreiches Arbeiten. Der Verdunstungsrückstand der Sedimentierungsflüssigkeiten muß natürlich ebenfalls eingehend untersucht werden. Bei Anwendung von Chloroform kann er z. B. Lecithin, Fett, Harze u. dgl. enthalten, auch auf synthetische Arzneimittel ist Rücksicht zu nehmen.

IV. Pillen.

Zur Herstellung von Pillen werden die gepulverten Arzneistoffe gemischt und nötigenfalls unter Zusatz geeigneter Bindemittel zu einer bildsamen Masse angestoßen, die dann in Pillenform gebracht wird.

Als Bindemittel kommen u. a. in Betracht: Süßholzpulver, Eibischwurzelpulver, Süßholzsaft, Tragant, Gummi arabicum.

Häufig werden die Pillen mit einer zuckerhaltigen Überzugsmasse versehen (Dragierung). Die am meisten Verwendung findenden Bestandteile solcher Überzugsmassen sind Rohrzucker, Milchzucker, Stärkearten, Kakaopulver, roter Bolus, Tragant, Gummi arabicum u. dgl. Ferner dienen als Überzugsmittel Silber- und Aluminiumfolie, selten Gelatine oder Hornstoff (Keratin).

Zwecks Untersuchung entfernt man zunächst etwa vorhandene Überzugsmassen entweder mechanisch oder durch vorsichtiges Schütteln mit Wasser. Der eigentliche Kern wird im letzteren Fall mit Filtrierpapier abgetrocknet, in der Reibschale zerrieben und eine Probe des so erhaltenen Pulvers zur Information im Wasser- und Alkoholpräparat unter dem Mikroskop durchgemustert. Eine entsprechende Menge des Materials unterwirft man hierauf einer planmäßigen Ausziehung, indem man am Rückflußkühler wiederholt mit Äther, dann mit starkem Alkohol — gegebenenfalls unter Zusatz von etwas Weinsäure —, nach Bedarf auch mit verdünntem Alkohol und schließlich kalt mit Wasser auszieht. Die weitere Verarbeitung der Verdunstungsrückstände der einzelnen Auszüge erfolgt nach den bei dem Ausschüttelungsverfahren (S. 911) und bei der Pulveruntersuchung angegebenen Gesichtspunkten.

Der wässerige Auszug sowie der in Wasser unlösliche Rückstand sind namentlich auch auf anorganische Stoffe zu prüfen. Man kann zu dem Zweck auch die ursprüngliche Pillenmasse veraschen.

Der in Wasser unlösliche Teil der Pillenmasse besteht gewöhnlich vorwiegend aus pflanzlichen Pulvern. Namentlich bei Gegenwart von Eisensalzen sind diese so dunkel gefärbt, daß zunächst eine Aufhellung durch Zusatz von Salzsäure erfolgen muß, bevor ein eingehenderes Studium der Zellelemente möglich ist. Zur Herstellung von Pillen finden u. a. häufig bittere Extrakte aus indifferenten Pflanzenstoffen Verwendung, deren Natur sich mangels kennzeichnender Bestandteile gewöhnlich nicht näher ermitteln läßt.

V. Tabletten, Pastillen und ähnliche Zubereitungen.

Als Tabletten bezeichnet man im allgemeinen Arzneizubereitungen, zu deren Herstellung die gepulverten und nötigenfalls mit Binde- oder Auflockerungsmitteln gemischten Arzneistoffe mit Hilfe von Maschinen durch Druck in die gewünschte Form gebracht werden, während Pastillen gewöhnlich aus einer bildsamen Masse hergestellt werden[1]).

Die hierher gehörigen Zubereitungen erhalten zur Verbesserung des Geschmackes ebenso wie die Pillen häufig eine zucker- oder schokoladehaltige Überzugsmasse.

Als Binde- und Auflockerungsmittel sind zu nennen: Tragant, Stärkearten, Milchzucker und ähnliche Stoffe. Als Gleitmittel findet ferner Talkum bei der Herstellung der Tabletten Verwendung.

Für die Untersuchung der Tabletten u. dgl. sind im allgemeinen dieselben Gesichtspunkte maßgebend, die bereits bei Pulvern und Pillen aufgeführt wurden. Man wird also den Gang der Analyse von der Natur der Hauptbestandteile abhängig machen und zunächst feststellen, ob anorganische, organische oder pflanzliche Stoffe oder Gemenge von ihnen vorliegen. Bei Gegenwart von organischen Verbindungen und pflanzlichen Pulvern beginnt man nach einer informatorischen mikroskopischen Prüfung mit der planmäßigen Ausziehung der zerriebenen Tabletten durch Äther, Alkohol usw. Die Weiterverarbeitung der Verdunstungsrückstände der einzelnen Fraktionen erfolgt dann, den Umständen entsprechend, entweder nach dem Ausschüttlungsverfahren von Stas-Otto oder Gadamer oder nach den bei der Analyse pulverförmiger organischer Arzneimittel gemachten Angaben (siehe unter Pulver).

VI. Salben.

Als Bestandteile der Salbengrundlagen kommen hauptsächlich in Betracht Fette, Öle, Paraffin, Mineralöl, Vaselin, Harze, Wachs, Walrat, seltener finden Verwendung Seife, Glycerin, Stärkekleister, Casein u. dgl.

Die physikalischen Eigenschaften der Zubereitung (Farbe, Geruch, Konsistenz, Schmelzbarkeit auf dem Wasserbad, Verhalten beim Verreiben auf der Haut usw.) lassen häufig bestimmte Stoffe ohne weiteres erkennen. Auch die mikroskopische Untersuchung einer dünn ausgestrichenen Probe bietet oft gewisse Anhaltspunkte. Läßt die allgemeine Beschaffenheit auf das Vorhandensein flüchtiger Stoffe schließen, so empfiehlt es sich, diese zunächst durch Destillation mit Wasserdampf abzuscheiden.

In Betracht kommen namentlich ätherische Öle, Menthol, Campher, Phenole (Carbolsäure, Kresole, Thymol, α- und β-Naphthol), Säuren (Benzoesäure, Salicylsäure), Ester (Cinnamein aus Peru- und Tolubalsam, Salol, Salicylsäuremethylester), Jodoform, Formaldehyd, Holzteerbestandteile u. a. Rücksicht zu nehmen ist ferner auch auf Cantharidin, da es mit Wasserdämpfen etwas flüchtig ist.

---

[1]) Nach der abweichenden Definition des Deutschen Arzneibuches (5. Ausgabe) sind Tabletten nur eine bestimmte Form der Pastillen, was für die rechtliche Beurteilung einer Zubereitung unter Umständen von Bedeutung sein kann.

Sind flüchtige Stoffe nicht vorhanden, so wird eine Probe der Salbe in einem Glas-schälchen $1/2$—1 Stunde auf dem Wasserbade erhitzt. Wasser und Glycerin scheiden sich hierbei am Boden ab, zum größten Teil auch Drogenpulver und anorganische Stoffe (z. B. Borsäure, Borax, Bleicarbonat, Zinkoxyd, Wismutsubgallat und Subnitrat, Queck-silberverbindungen, Schwefel u. dgl.), die man durch Petroläther, Äther oder Chloroform vom Fett befreit und zunächst einer mikroskopischen Prüfung unterzieht. Man kann auf diese Weise gewöhnlich erkennen, ob ein einheitlicher Körper oder ein Gemenge in Frage kommt. Zur Prüfung auf Stärke ist das Präparat mit Jodlösung zu behandeln. Ob sich gleichzeitig organische Stoffe im Sediment befinden, erkennt man beim Glühen im Porzellantiegel. Hierbei ist zu berücksichtigen, daß eine leichte Schwärzung bei Beginn des Glühens fast stets eintritt, da stets noch geringe Fettmengen vorhanden sind.

Zum Nachweis von nichtflüchtigen organischen Stoffen behandelt man die Salbe zweckmäßig mit heißem Alkohol (90 proz.). Es gehen hierbei u. a. in Lösung:

Terpentin, Fichtenharz, Perubalsam, Styrax, Ricinusöl, Teerpräparate, Seife, ferner Gallus-säure, Pyrogallol, Chrysarobin, Resorcin, Tannin und ähnliche Substanzen neben geringen Mengen Fett, Wachs, Lanolin u. dgl.

Über die Trennung von Säuren, Phenolen und chemisch indifferenten Stoffen siehe S. 913.

Zur Prüfung auf Alkaloide (narkotische Extrakte) löst man einen Teil der Salbe in Äther und schüttelt diese Lösung mit stark verdünnter Schwefelsäure aus, oder die geschmol-zene Salbe wird mit heißer verdünnter Säure geschüttelt, wobei die Alkaloide als Salze in Lösung gehen. Im übrigen verfährt man nach dem Verfahren von Stas-Otto oder Gadamer.

Die Ermittlung der zur Herstellung der Salbe verwendeten Fette und Öle ist bei Gemischen oft nicht möglich. Man verfährt hierbei nach den allgemein üblichen Ver-fahren. Coniferenharze erkennt man beim Verbrennen am Geruch, außerdem lassen sie sich leicht durch die Storch-Morawskische Reaktion nachweisen (siehe Coniferenharze). Seife läßt sich der ätherischen Lösung der Salbe durch Schütteln mit Wasser entziehen. Ver-dünnte Säure ruft alsdann in der wässerigen Flüssigkeit Ausscheidung von Fettsäuren hervor. Mineralöl, Paraffin sowie Vaselin finden sich im unverseifbaren Anteil. Über ihre Er-kennung siehe unter „Kohlenwasserstoffe". Bleipflaster hinterläßt beim Verbrennen Blei-oxyd und wird beim Schütteln mit heißer verdünnter Salzsäure in Fettsäure und Bleichlorid gespalten. Über den Nachweis von Lanolin, Wachs, Walrat siehe diese Stoffe. Glycerin geht beim Behandeln der Salbe mit heißem Wasser in Lösung. Der Nachweis erfolgt mit Hilfe der Acroleinreaktion (siehe Glycerin). Casein ist in Wasser, Alkohol und Äther unlöslich. Es löst sich in Ammoniak und scheidet sich beim vorsichtigen Ansäuern dieser Lösung mit Essigsäure wieder aus. Auf Zusatz von Jodjodkalilösung färbt es sich braun (Protein-reaktion).

VII. Pflaster.

Pflaster sind zum äußerlichen Gebrauch bestimmte Zubereitungen, deren Grundmasse aus fettsaurem Blei, Fett, Öl, Lanolin, Wachs, Harz u. dgl. oder aus Mischungen einzelner dieser Stoffe besteht. Bei gewöhnlicher Temperatur sind die Pflaster im allgemeinen fest, beim Erwärmen auf dem Wasserbad werden sie flüssig. Die Prüfung auf anorganische und organische Körper sowie auf Drogenpulver erfolgt in derselben Weise wie bei den Salben. Als geeignetes Lösungsmittel ist in erster Linie warmes Chloroform zu empfehlen, das, abgesehen von den genannten Stoffen, auch etwa vorhandenen Kautschuk löst. Aus der eingeengten Chloroformlösung wird der Kautschuk durch Zusatz von Petroläther je nach der Menge in Flocken oder gallertartig abgeschieden. Die von der Flüssigkeit befreite Fällung gibt sich dann nach dem Verdunsten der Reste des Lösungsmittels durch seine Konsistenz ohne weiteres als Kautschuk zu erkennen.

Von Arzneistoffen, die als Zusätze in Betracht kommen, sind u. a. zu nennen: Zinkoxyd, Bleiweiß, Quecksilberverbindungen, Seife, Campher, Salicylsäure, Phenol, Capsicumauszug, Canthariden (Cantharidin), Euphorbium und pflanzliche Pulver.

Trennung der aus Flüssigkeiten durch Ausschüttlung abscheidbaren organischen Stoffe.

Die Trennung der ausschüttelbaren Stoffe erfolgt nach dem in der toxikologischen Analyse allgemein üblichen Verfahren von Stas - Otto oder nach dem von Gadamer abgeänderten und erweiterten Verfahren (vgl. auch III. Bd., 1. Teil, S. 298).

Nach Stas - Otto wird zunächst die wässerige angesäuerte Flüssigkeit mit Äther ausgeschüttelt. Hierbei gehen Säuren, Phenole, Neutralkörper und z. T. auch schwache Basen in den Äther über. Sodann wird die Lösung mit Lauge alkalisch gemacht und wieder mit Äther durchgeschüttelt. Der Äther nimmt nunmehr die stärkeren Basen auf, soweit sie nicht Phenolcharakter besitzen.

Phenolbasen (wie z. B. Morphin) lassen sich nur aus ammoniakalischer oder bicarbonatalkalischer Lösung ausziehen. Die natronalkalische Flüssigkeit wird daher nach Verjagen des Äthers durch Zusatz von Chlorammonium ammoniakalisch gemacht oder noch besser mit Salzsäure angesäuert und mit Ammoniak oder Bicarbonat übersättigt und dann sofort mit Chloroform ausgezogen.

Zwecks Abscheidung nichtausschüttelbarer Stoffe wird die Flüssigkeit weiterhin nach dem Neutralisieren unter Zusatz von Sand zur Trockne verdampft und mit Alkohol ausgezogen.

Noch zweckmäßiger für die Untersuchung der Heil- und Geheimmittel ist in manchen Fällen das auf den gleichen Grundsätzen beruhende, von Gadamer[1]) ausgearbeitete erweiterte Verfahren, weil es gleichzeitig auf die synthetischen Arzneimittel Rücksicht nimmt und z. T. eine weitergehende Trennung der Stoffe gestattet als das vorgenannte Verfahren. Man verfährt nach Gadamer in folgender Weise:

1. Die schwach saure wässerige Flüssigkeit[2]) wird wiederholt mit Äther ausgeschüttelt. Von den häufiger in Heil- und Geheimmitteln vorkommenden Stoffen gehen hierbei in Lösung[3]):

Säuren: Ameisensäure, Essigsäure (Trichloressigsäure), Milchsäure, Benzoesäure, Salicylsäure, Zimtsäure, Gallussäure (geringe Mengen von Gerbstoffen).

Phenole: Carbolsäure, Kresole, Kreosot (Guajacol und Kreosol), Thymol, Eugenol, α- und β-Naphthol, Resorcin, Hydrochinon (Spaltprodukt von Arbutin), Pyrogallol.

Ester: Cinnamein (aus Perubalsam und Tolubalsam), Amylnitrit, Salicylsäuremethylester.

Bitterstoffe (Lactone): Santonin, Cantharidin.

Abführmittel: Oxymethylanthrachinone aus pflanzlichen Extrakten (Emodin, Chrysophansäure), Phenolphthalein, Cambogiasäure (aus Gutti), Quercetin (aus Podophyllin).

Amidoverbindungen: Veronal, Capsaicin, Spuren schwacher Basen (Coffein u. dgl.).

Ferner: Sclererythrin (Farbstoff des Mutterkorns), Fette und ätherische Öle, Harze, Balsame und ähnliche Stoffe.

2. Die Flüssigkeit wird durch vorsichtiges Erwärmen vom Äther befreit und mit Chloroform ausgeschüttelt, dem 10% Alkohol zugesetzt sind.

In Lösung gehen, abgesehen von Resten der vorhergehenden Gruppe:

---

[1]) Vgl. J. Gadamer, Lehrbuch der chemischen Toxikologie.

[2]) Alkohol enthaltende Flüssigkeiten müssen auf dem Wasserbad zunächst vom Alkohol befreit werden. Falls Salze organischer Säuren in Frage kommen (z. B. Natriumsalicylat), empfiehlt sich ein nicht zu geringer Zusatz von Mineralsäure, um die organische Säure vollständig in Freiheit zu setzen.

[3]) Falls zuvor eine Destillation mit Wasserdampf erfolgt ist, sind natürlich die flüchtigen Stoffe bereits entfernt.

Digitoxin, etwas Strophantin, Coffein, Theobromin, Narkotin, Hydrastin, Veratrin, Colchicin.

3. Die Flüssigkeit wird nach dem Verjagen des Chloroforms mit Lauge deutlich alka·lisch gemacht und sofort mit Äther ausgeschüttelt.

In Lösung gehen:

Antipyrin, Pyramidon, Pyridin, Piperazin, Nicotin, Lobeliin, Codein, Berberin, Anästhesin, Cocain, Tropacocain, Novocain und die übrigen Ersatzmittel des Cocains, Strychnin und Brucin, Chinaalkaloide, Atropin, Emetin, Yohimbin, Veratrumalkaloide. Die aus natronalkalischer Flüssigkeit in alkoholhaltiges Chloroform übergehenden Stoffe sind nur von untergeordneter Bedeutung. Gegebenfalls siehe bei Gadamer.

4. Die Flüssigkeit wird mit Salzsäure angesäuert, nach dem Verjagen des Äthers mit Ammoniak oder besser mit Natriumbicarbonat übersättigt und sofort mit Chloroform ausgeschüttelt.

Es gehen in Lösung:

Apomorphin, Morphin, Oxychinolin (aus Chinosol), Pilocarpin.

5. Die natriumbicarbonatalkalische Lösung wird mit Ammoniumsulfat gesättigt und mit 10% Alkohol enthaltendem Chloroform, mit flüssiger Carbolsäure oder mit Amylalkohol ausgeschüttelt.

Hierbei werden ausgesalzen und gehen in die Ausschüttelungsflüssigkeit über: Aloine, Colocynthin, Saponine, Strophantin.

6. Die nunmehr verbleibende Flüssigkeit wird durch Schütteln mit Petroläther vom Extraktionsmittel befreit, unter Zusatz von Seesand zur Trockne verdampft und der Rückstand mit starkem Alkohol unter Erwärmen ausgezogen (gegebenenfalls im Soxhlet-Apparat).

In Lösung gehen nunmehr u. a.:

Zuckerarten, Mannit, Glycerin, ferner Pflanzenfarbstoffe (Chinarot u. dgl.), Gerbstoffe, Äpfelsäure, Citronensäure und Phenolsulfosäure in Form von Natriumsalzen.

7. Der Rückstand der Alkoholextraktion wird mit verdünnter Schwefelsäure durchgearbeitet und nochmals mit Alkohol behandelt.

In Lösung gehen Weinsäure und die Reste der unter 6. genannten Stoffe sauren Charakters.

Im Interesse der besseren Übersicht sind im vorstehenden eine ganze Anzahl Alkaloide und synthetische Arzneimittel nicht erwähnt worden, weil sie bei der Analyse von Heil- und Geheimmitteln nur ausnahmsweise zur Beobachtung gelangen dürften. In dieser Hinsicht muß auf Gadamer verwiesen werden.

Einige in kaltem Wasser kaum lösliche Arzneimittel, die vorwiegend in Pulverform Verwendung finden, wurden ebenfalls nicht aufgeführt, weil sie dem Analytiker erfahrungsgemäß nicht in gelöstem Zustand begegnen. Ihre Isolierung ist ohne weiteres durch die Schwerlöslichkeit in Wasser gegeben.

Was die praktische Durchführung des obigen Ganges für unsere Zwecke betrifft, so ist folgendes zu bemerken:

In vielen Fällen empfiehlt es sich, vor der Ausschüttlung mit Äther eine solche mit Petroläther vorzunehmen, um fette Öle, ätherische Öle u. dgl. zu entfernen. Zu berücksichtigen ist dabei jedoch, daß die flüchtigen Phenole gleichfalls aufgenommen werden.

Eine zu untersuchende Flüssigkeit muß ferner stets zunächst ohne Zusatz von Säure ausgeäthert werden, einerseits um die neutralen Stoffe nach Möglichkeit von den sauren getrennt zu erhalten und andererseits, um gegebenenfalls vorhandene freie Säuren getrennt von den gebundenen abscheiden zu können.

Überhaupt kann der erfahrene Analytiker von Fall zu Fall den Analysengang abändern und meist erheblich abkürzen, doch lassen sich hierüber allgemein gültige Angaben nich machen. Hat man nur auf bestimmte Stoffe zu prüfen, so ergibt sich die zweckmäßigste Arbeitsweise unter Berücksichtigung der vorstehenden Angaben von selbst.

Die Ausschüttlungen jeder Gruppe müssen so lange fortgesetzt werden, bis das Lösungsmittel merkliche Mengen von Stoffen nicht mehr aufnimmt. Im allgemeinen genügen 3—4 Ausschüttlungen, wobei man zweckmäßig etwa gleiche Volumina der zu untersuchenden Flüssigkeit und des Lösungsmittels anwendet.

Die Äther- und Chloroformausschüttlungen werden zwecks Entwässerung einige Stunden mit geglühtem Natriumsulfat behandelt, durch ein trockenes Filter gegossen und verdampft.

Reinigung der Auszüge.

Die häufig erforderliche Reinigung der Auszüge muß stets dem Einzelfall angepaßt werden. In Betracht kommen hauptsächlich Destillation mit Wasserdampf, Krystallisation, Sublimation und, namentlich bei Alkaloiden, wiederholte Ausschüttlung. Zu dem Zweck löst man den Verdunstungsrückstand in saurem Wasser auf und schüttelt diese Lösung, der Isolierung entsprechend, mit Äther oder Chloroform, wodurch ein Teil der Verunreinigungen in das Lösungsmittel übergeht, während die Base in der wässerigen Flüssigkeit verbleibt. Hierauf macht man die Lösung mit Bicarbonat alkalisch und schüttelt von neuem aus, um die Base in das Lösungsmittel überzuführen. Die Äther- oder Chloroformlösung der Base wird andererseits wieder mit Wasser geschüttelt, wobei weitere Verunreinigungen entfernt werden. Man kann auch den Äther- und Chloroformlösungen der Basen durch Schütteln mit salzsäurehaltigem Wasser die Alkaloide entziehen und die Chlorhydratlösung zur Erzielung von Krystallen im Exsiccator über Ätzkalk verdunsten lassen.

Trennung von Phenolen, Säuren und Neutralkörpern.

Eine Trennung der aus saurer Lösung in Äther übergehenden Substanzen in Phenole, Säuren und Neutralkörper kann man in folgender Weise vornehmen:

1. Die ätherische Lösung wird wiederholt mit 2proz. Sodalösung geschüttelt.

Die freien Säuren gehen hierbei als Salze in die wässerige Flüssigkeit über und lassen sich durch Zusatz von Mineralsäure und Ausäthern daraus wieder abscheiden.

2. Die von den Säuren befreite ätherische Lösung wird mit 1proz. Kalilauge geschüttelt.

Die Körper mit Phenolcharakter gehen als Phenolate in die wässerige Flüssigkeit über. Die Zersetzung der Phenolate erfolgt entweder durch Einleiten von Kohlensäure bis zur Sättigung oder ebenfalls durch Zusatz von Mineralsäure. Durch Äther lassen sich dann die freien Phenole wieder ausziehen.

Die nunmehr noch im Äther vorhandenen Stoffe sind Neutralkörper (fette und ätherische Öle, Ester, Kohlenwasserstoffe usw.).

Hierzu ist zu bemerken, daß konzentriertere Lauge als 1—2proz. zum Ausschütteln der Phenole nicht verwendet werden darf, da sonst eine teilweise Verseifung etwa vorhandener Fette und anderer Ester eintreten kann.

Liegt eine wässerige Lösung von Phenolaten und Salzen ätherlöslicher Säuren vor, so scheidet man zunächst die Phenole durch Sättigen der Flüssigkeit mit Kohlensäure ab, äthert aus und zersetzt dann die übrigbleibenden Salze durch Mineralsäure.

Kennzeichnung der durch Ausschütteln getrennten Stoffe.

Konsistenz, Farbe, Geruch und Geschmack sowie die Löslichkeitsverhältnisse und die Reaktion des Verdunstungsrückstandes liefern oft wichtige Anhaltspunkte über die Natur der vorhandenen Stoffe.

Eine ganze Anzahl der durch das Ausschüttlungsverfahren abscheidbaren Körper (namentlich aus saurer Lösung) ist durch gute Krystallisationsfähigkeit ausgezeichnet und läßt sich durch Umkrystallisieren leicht so weit reinigen, daß mit Erfolg eine Schmelz-punktbestimmung ausgeführt werden kann, nachdem die Krystalle einen Tag über Schwe-felsäure getrocknet worden sind. Zu berücksichtigen ist auch die Sublimierbarkeit. Un-zersetzt sublimieren z. B. Benzoesäure, Salicylsäure, Zimtsäure, Resorcin, Pyrogallol, Oxy-chinolin, Piperazin, Veronal, Coffein, Theobromin, Cantharidin, Santonin.

Lassen sich auf die eine oder andere Weise nicht genügend Anhaltspunkte gewinnen, um zu Identitätsreaktionen übergehen zu können, so führt man eine Reihe von Orientierungs-reaktionen aus.

Man prüft zunächst das Verhalten der in Wasser gelösten Substanz gegen stark ver-dünnte Eisenchloridlösung (1 Teil offizinelle Eisenchloridlösung + 19 Teile Wasser). Die Phenolgruppen enthaltenden Körper (und einige andere) liefern hierbei kennzeichnende meist lebhafte Färbungen (violett, blau, grün, rot). In Betracht kommen hauptsächlich Phenol, Kresole, Guajacol (Kreosot), Naphthol, Resorcin, Pyrogallol, Oxychinolin (Chinosol), Salicylsäure und die meisten ihrer Derivate, Gallussäure, Phenolsulfosäure, Sozojodolsäure, Mekonsäure (Opium), Morphin, Apomorphin, Antipyrin, Pyramidon.

Die Ausführung der Eisenchloridprobe erfolgt in kleinen Porzellanschälchen, wie man sie bei der Alkaloiduntersuchung verwendet, indem man die wässerige Lösung des betreffenden Stoffes zunächst mit einem Tropfen und dann eventuell mit weiteren Mengen der verdünnten Eisenchloridlösung versetzt.

Weiter prüft man das Verhalten gegen Neßlers Reagens und ammoniakalische Silberlösung.

Auch die Indophenol- und Azofarbstoffreaktion seien erwähnt, da sie die An-wesenheit von Aniliden und Phenolen erkennen lassen (vgl. S. 907).

Handelt es sich nur um geringfügige Rückstände, so ist in erster Linie festzustellen, ob Alkaloide oder Glykoside vorhanden sind.

Glykoside geben die Brunner-Pettenkofersche Reaktion.

Man löst einen Teil der Substanz mit einem Körnchen gereinigter Ochsengalle in wenig Wasser und unterschichtet in einem kleinen Proberöhrchen mit dem gleichen Volumen konzentrierter Schwe-felsäure. Die Bildung eines blutroten Ringes an der Berührungszone und Rotfärbung der ganzen Flüssigkeit beim Umschütteln zeigt Glykoside an, vorausgesetzt, daß kein Zucker zugegen ist.

Zum Nachweis von Alkaloiden im allgemeinen dienen die sogenannten Alkaloid-fällungsreagenzien. Als solche sind u. a. zu nennen: Tannin, Pikrinsäure, Jodjodkalium, Phosphormolybdänsäure, Kaliumquecksilberjodid, Gold- und Platinchlorid.

Man verfährt in der Weise, daß man einen Teil des Verdunstungsrückstandes in schwefel-saurem Wasser löst und die Einwirkung einiger der genannten Reagenzien auf die Lösung beobachtet. Da es sich meist um sehr geringe Materialmengen handelt, werden die Reaktionen mit je einem Tropfen der Lösungen in Mikroreagensgläsern oder auch auf dem Objektträger ausgeführt. Bei Gegenwart von Alkaloiden treten auch noch in großer Verdünnung eigenartige Niederschläge auf. Bemerkt sei, daß zahlreiche Arzneimittel basischen Charakters mit den genannten Reagenzien gleichfalls derartige Fällungen liefern.

Die weitere Kennzeichnung der Alkaloide erfolgt mit Hilfe besonderer Farbreaktionen. Die hierbei Verwendung findenden Reagenzien sind hauptsächlich folgende:

Konzentrierte Schwefelsäure,

Konzentrierte Salpetersäure,

Erdmanns Reagens (salpetersäurehaltige Schwefelsäure),

Fröhdes Reagens (Molybdänschwefelsäure),

Mandelins Reagens (Vanadinschwefelsäure),

Marquis' Reagens (Formaldehydschwefelsäure).

Zwecks Ausführung der Farbreaktionen löst man die zu untersuchende Substanz in Äther, Chloroform o. dgl., verdunstet einen Teil der Lösung in kleinen Porzellanschälchen mit flachem Boden, setzt einen oder wenige Tropfen des Reagenzes zu und beobachtet während einiger Zeit die hierbei eintretenden Veränderungen bei gewöhnlicher Temperatur oder beim Erwärmen.

Die für die wichtigsten Alkaloide in Betracht kommenden Farbreaktionen, die z. T. gleichzeitig als Identitätsreaktionen gelten, sind im Abschnitt D unter „Alkaloide" aufgeführt. Im übrigen sei auf Gadamer verwiesen, wo alle wichtigeren Alkaloide nach dieser Richtung eingehend behandelt sind.

Entsteht in der Lösung der zu untersuchenden Substanz mit Alkaloidfällungsmitteln kein Niederschlag und haben auch die übrigen Orientierungsreaktionen keine genügenden Anhaltspunkte ergeben, so stellt man mit Hilfe der Lassaigneschen Probe fest, ob die fragliche Substanz Stickstoff enthält, und kann damit zugleich die Prüfung auf Schwefel und Halogene verbinden (über die Ausführung siehe unter „Pulverförmige Zubereitungen", S. 906).

Liegt eine stickstoffhaltige Substanz vor, so kann man, ausreichendes Material vorausgesetzt, nach dem von Gaebel ausgearbeiteten, bei Gadamer[1]) angegebenen Gang verfahren.

B. Die Untersuchung der Drogenpulver.

I. Gang der Untersuchung.

Allgemeines. Bevor man mit Erfolg an die Untersuchung von Drogenpulvern gehen kann, ist es unbedingt erforderlich, sich die Elemente der wichtigsten Drogen durch mikroskopische Untersuchung im ganzen und zerkleinerten Zustand einzuprägen. Derartige Untersuchungen müssen an der Hand von pharmakognostischen Lehrbüchern und Atlanten erfolgen. Wegen ihres Reichtums an naturgetreuen Abbildungen sind besonders die Atlanten von Tschirch‐Oesterle[2]) und von Koch[3]) für diese Zwecke geeignet.

Die planmäßige Ermittlung der Bestandteile eines Gemenges von Pflanzenpulvern — etwa im Sinne einer qualitativen Analyse — ist nicht möglich. Die Bestimmung der Einzelbestandteile beruht vielmehr lediglich in dem Auffinden bekannter Zellelemente bestimmter Drogen. Der Erfolg hängt also hierbei in erster Linie von der Anzahl der dem Gedächtnis des Analytikers eingeprägten Einzelbilder ab und ist daher in gewissem Grade Zufallssache.

Da nur eine beschränkte Anzahl Drogen bereits an einem einzigen Merkmal sicher erkennbar ist und man vielmehr im allgemeinen erst beim Auffinden verschiedener Kennzeichen eine Droge identifizieren kann, so besteht bei Gemengen die Hauptschwierigkeit oft darin, die zusammengehörigen Elemente herauszufinden, also richtig zu kombinieren.

Die Untersuchung komplizierter Gemenge von Pflanzenpulvern gehört daher mit zu den schwierigsten Aufgaben der angewandten Mikroskopie. Selbst der geübte Mikroskopiker ist oft nicht in der Lage, sämtliche Bestandteile eines solchen Gemenges festzustellen, was auch ohne weiteres einleuchtet, wenn man außerdem noch den Mangel mancher Drogenpulver (z. B. sehr feiner Blattpulver) an kennzeichnenden Merkmalen berücksichtigt. Aber selbst einheitliche Pflanzenpulver lassen sich in der Praxis nicht immer mit einem bekannten identifizieren, sei es aus Mangel an besonderen Kennzeichen oder weil es praktisch nicht möglich ist, alle in Betracht kommenden Drogen zum Vergleich heranzuziehen; denn das Vergleichspräparat ist bei der Analyse der Drogenpulver in zweifelhaften Fällen stets das beste und oft sogar das einzige Auskunftsmittel[4]).

---

1) Gadamer, S. 663 ff.

2) A. Tschirch und O. Oesterle, Anatomischer Atlas der Pharmakognosie und Nahrungsmittelkunde.

3) L. Koch, Die mikroskopische Analyse der Drogenpulver.

4) *Aus dem Grunde ist es erforderlich, sich auch eine Sammlung der wichtigeren Drogenpulver anzulegen, die entweder von einer ganz zuverlässigen Firma bezogen oder selbst hergestellt*

Es kommt hinzu, daß Kurpfuscher gelegentlich auch Pulver aus solchen Pflanzen, die für gewöhnlich gar nicht im Drogenhandel vorkommen, für ihre Zwecke verwenden. Auch an die neueren, noch wenig bekannten Drogen ist hier zu denken, die hin und wieder von Geheimmittelherstellern eingeführt und zu Zubereitungen verarbeitet werden. In solchen Fällen ist überhaupt nur durch Zufall eine Identifizierung des Pulvers möglich, wenn nicht gerade besondere Kennzeichen auf eine bestimmte Pflanzengattung oder Familie hinweisen.

Mikroskopische Untersuchung. Im allgemeinen wächst die Schwierigkeit der Untersuchung mit dem Feinheitsgrad des Pulvers, und in sehr feinen Pulvern sind oft die kennzeichnenden Elemente größtenteils bis zur Unkenntlichkeit zertrümmert. Man muß daher bei feinen Pulvern zunächst für eine Anreicherung der gröberen Teilchen Sorge tragen, um kennzeichnende Zellen und Zellverbände zu Gesicht zu bekommen. Hierzu eignet sich z. B. der von Hartwich eingerichtete Sedimentierapparat[1]) (vgl. auch III. Bd., 2. Teil, S. 564).

Stets kommt man aber auch zum Ziel, wenn man die Sedimentierung des betreffenden Pulvers in kleinen Glasschälchen vornimmt. Sehr zweckmäßig sind hierfür die mit Ausguß versehenen Schälchen aus Jenaer Glas mit flachem Boden und geneigter Wand, weil sie die Möglichkeit bieten, die Trennung von Bodensatz und Suspension in jeder beliebigen Phase der Sedimentierung durch einfaches Abgießen der Flüssigkeit vorzunehmen und so beliebig viele Fraktionen herzustellen. Die Sedimentierung erfolgt je nach der Beschaffenheit des Pulvers mit Äther, Alkohol oder Wasser. Hierbei ist natürlich zu berücksichtigen, daß Äther und Alkohol Fette, Harze und ähnliche Substanzen lösen, während Wasser z. B. Schleimzellen zum Verquellen bringt, gewisse Farbstoffe löst u. dgl. Bei der Herstellung der Präparate ist daher entsprechend zu verfahren. Um nach dieser Richtung nichts zu übersehen, untersucht man die möglichst unveränderten Pulver zunächst in verschiedenen Verteilungsmitteln, und zwar in Wasser, Alkohol und fettem Öl oder Glycerin.

Die durch Sedimentieren erzielten Fraktionen werden getrennt der mikroskopischen Prüfung unterworfen. In den ersten Sedimenten finden sich die gröberen Teilchen, also hauptsächlich größere Zellkomplexe, die für die Diagnose meist von besonderer Wichtigkeit sind, ferner auch größere Krystallbildungen. Die mittleren Fraktionen enthalten z. B. bei stärkereichen Pulvern die Hauptmenge der Stärke, ferner finden sich hier Einzelzellen, Haare u. dgl., während die letzten Anteile vorwiegend aus den feinsten Zelltrümmern bestehen, die nur selten noch diagnostisch wichtige Bestandteile erkennen lassen. Etwa auf der Sedimentierungsflüssigkeit schwimmende Anteile werden ebenfalls besonders untersucht.

Die wichtigsten für die Untersuchung erforderlichen Reagenzien sind folgende:

Jodjodkaliumlösung. Stärke wird blau bis schwarzblau gefärbt, Amylodextrinkörner rotbraun, Proteinstoffe (Aleuronkörner, Milchröhren usw.) gelbbraun, Cellulose färbt sich gelb.

Phloroglucin-Salzsäure. Verholzte Elemente färben sich rot.

Eisenchlorid gibt grünbraune, grüne bis blauschwarze Färbungen mit Gerbstoffen und ähnlichen Körpern.

Tusche dient zum Nachweis von Schleimzellen. Man stellt auf dem Objektträger eine Anreibung her, verteilt darin rasch das zu untersuchende Pulver, das noch nicht mit Wasser behandelt sein darf, und legt sofort ein Deckglas auf. Wo sich Schleimzellen befinden, entsteht im Präparat durch Verdrängung der Kohleflitterchen ein wasserheller Fleck, der einige Zeit an Größe zunimmt. (Nicht mit Luftblasen verwechseln!)

---

sein müssen, damit Verwechselungen oder gröbere Verunreinigungen und Verfälschungen ausgeschlossen sind.

[1]) Handbuch der Nahrungsmitteluntersuchung von Beythien, Hartwig und Klinger **2**, 34.

Bismarckbraun in gesättigter, wässeriger Lösung eignet sich ebenfalls zum Nachweis von Schleim sehr gut. Die Schleimmassen färben sich namentlich am Rande stark braun. Die Untersuchung erfolgt wie beim Tuschepräparat.

Konzentrierte Schwefelsäure löst alle Zellelemente mit Ausnahme des Korkes.

Osmiumsäurelösung (1 : 100) färbt Fett dunkelbraun bis schwarz. (Auch Aleuron, Gerbstoffe, Harze und ätherische Öle werden mehr oder weniger dunkel gefärbt.)

Da in vielen Fällen zahlreiche Teilchen des Präparates infolge ihrer Dicke oder dunklen Färbung mehr oder weniger undurchsichtig sind und daher Einzelheiten nicht erkennen lassen, ist für das weitere Studium ein Aufhellen unerläßlich. Hierfür stehen verschiedene Flüssigkeiten zur Verfügung. Am beliebtesten sind Chloralhydratlösung und Kalilauge. Chloralhydrat verquillt Stärke beim Erwärmen ziemlich leicht; es eignet sich daher bei stärkereichen Zellen gut zur Sichtbarmachung der Zellwandstruktur, da es diese relativ wenig verändert. Viel rascher wird die Stärke von Lauge gelöst, die aber namentlich zartere Zellen durch Quellung der Membran erheblich verändert. Zur Aufhellung stark pigmentierter Teilchen (Rinden, Samenschale u. dgl.) ist Javellesche Lauge weitaus am besten geeignet. Stärkekörner und Zellmembran werden hierdurch kaum angegriffen. Aus dem Grunde erweist sie sich für die meisten Fälle als besonders zweckmäßig.

Mit der Aufhellung läßt sich gleichzeitig die Sedimentierung verbinden. Man verfährt hierbei in der Weise, daß man das Pulver in einer Glasschale mit einer entsprechenden Menge Javellescher Lauge bis zur vollständigen Entfärbung[1]) behandelt.

Je nach der Feinheit und Färbung des Pulvers ist auch die zum Bleichen erforderliche Zeit verschieden. Gröbere Pulver müssen bis zur völligen Entfärbung oft über Nacht mit Javellescher Lauge stehenbleiben, während feine Pulver schon in wenigen Stunden genügend gebleicht sind. Nach erfolgter Entfärbung führt man Pulver und Flüssigkeit in ein Becherglas über und verdünnt mit etwa 200 ccm destilliertem Wasser. Die sich zuerst absetzenden gröberen Teilchen werden durch Abgießen der überstehenden, durch feinste Pulverteile oft getrübten Flüssigkeit isoliert, noch einige Male in derselben Weise mit Wasser oder zuletzt auch mit stark verdünnter Salzsäure gewaschen und dann in Glycerinwasser bis zur mikroskopischen Prüfung aufbewahrt. Die zuerst abgegossene trübe Flüssigkeit bringt man in ein Sedimentierglas, um so auch die feinsten Teilchen zum Absetzen zu bringen. Auf diese Weise kann man nach Bedarf 2—3 oder auch mehr Fraktionen herstellen, die dann getrennt untersucht werden.

Zur Abscheidung der feinsten Pulverteile kann man sich auch der Zentrifuge bedienen. Da die so gebleichten Pulver die Zellformen in deutlichster Weise erkennen lassen, eignen sie sich besonders auch zur Aufbewahrung in Flüssigkeit zwecks späterer Nachprüfung. Eine solche ist nicht selten erwünscht, weil es z. B. vorkommt, daß kennzeichnende Zellelemente, die sich nicht hatten identifizieren lassen, dem Analytiker bei anderer Gelegenheit wieder begegnen und dann erkannt werden.

Es ist daher außerdem auch dringend zu empfehlen, auffallende Zellformen oder Zellverbände durch Zeichnung oder Photogramm festzuhalten, da diese Bilder für spätere Untersuchungen häufig wertvolles Material darstellen.

Die in den Geheimmitteln und ähnlichen Zubereitungen vorkommenden Drogenpulver sind meist aus Blättern, Kräutern, Blüten, Samen, Früchten, Rinden, Hölzern, Wurzeln und Rhizomen hergestellt.

Von allgemeinen Gesichtspunkten für die Kennzeichnung dieser Gruppen kommen folgende in Betracht:

Blätter und Kräuter. Blätter- und Kräuterpulver sind durch das Vorkommen von Chlorophyllparenchym gekennzeichnet, das häufig eigenartige Haarformen

---

[1]) Lediglich Phytomelan, das z. B. in der Alantwurzel vorkommt, wird durch Javellesche Lauge nicht entfärbt.

(Sternhaare, Büschelhaare, Borstenhaare, Drüsenhaare, Gliederhaare usw.) aufweist. Einige Haarformen lassen ohne weiteres einen Schluß auf die Pflanzenfamilie, der die fragliche Droge angehört, zu, wie die bei den Labiaten vorkommenden, in der Flächenansicht rottenförmigen Drüsenschuppen, die den Sitz der ätherischen Öle darstellen. Auch die Compositendrüsenhaare, die, von oben gesehen, als quergeteilte Ellipse erscheinen, gehören hierher. Für die Diagnose sind die Haarformen überhaupt im allgemeinen von größter Wichtigkeit.

Bei den Blättern hat man ferner in erster Linie auf die Ausbildung der Epidermiszellen zu achten, ob ihre Wände glatt oder wellig gebogen sind, auf das Fehlen oder Vorhandensein einer Cuticularzeichnung, auf die Form und Größe der Schließzellen der Spaltöffnungen und die Anordnung der sogenannten Nebenzellen. Auch die in manchen Fällen vorhandenen Sclerenchymfasern und Krystallkammerfasern sind von Bedeutung. Kaliumoxalat kommt in den meisten Blättern vor, und zwar hauptsächlich in Drusen und Einzelkrystallen, aber auch in Form von sogenannten Krystallsandzellen (Solaneen). In letzterem Fall erfolgt der Nachweis am besten mit Hilfe des Polarisationsapparates.

Manche Blätter (z. B. Althaea) sind durch verhältnismäßig zahlreiche Schleimzellen ausgezeichnet. Sekretbehälter, die an sich für die Diagnose sehr wichtig sind, weil sie nur bei einer beschränkten Anzahl von Blättern vorkommen, finden sich nur in größeren Zellverbänden in noch unverletztem Zustand.

Die Kräuterpulver enthalten außer den Elementen der Laubblätter auch diejenigen der Stengel, der Blüten und gelegentlich auch der Früchte (siehe diese). Kennzeichnend für Stengelteile sind in erster Linie das Mark- und Rindenparenchym, die Gefäße und Sclerenchymfasern, die sämtlich vorwiegend in Längsansicht zur Beobachtung gelangen.

Blüten. Das auffälligste Merkmal der Blütenpulver sind die Pollenkörner, deren Form, Größe und Membranstruktur für die Erkennung der Droge meist von besonderer Wichtigkeit ist. Die Epidermiszellen der Blumenblätter sind in manchen Fällen zu Papillen ausgezogen, die zarte Streifung erkennen lassen. Kennzeichnend sind ferner die eigenartig verdickten Faserzellen der Antherenwände sowie das Epithel der Narbe, wenn es in Form von Papillen ausgebildet ist. Auch die Fruchtknotenwand ist mitunter für die Erkennung von Bedeutung.

Samen und Früchte. Als besonderes Kennzeichen für die Samenpulver kommen die Aleuronkörner in Betracht, die dem Samenkern entstammen und in keinem anderen Pflanzenteil vorkommen. Weiter läßt das Vorhandensein von verhältnismäßig vielem Fett in einem Pflanzenpulver mit großer Wahrscheinlichkeit auf Samenbestandteile schließen, da Fett fast nur in Samenpulvern in größerer Menge enthalten ist. Viele Samen enthalten außerdem Stärke. Diagnostisch von größter Wichtigkeit ist die Samenschale, deren Gestaltung eine sehr verschiedenartige sein kann. Fragmente der Samenschale gelangen bei der Pulveruntersuchung gewöhnlich in der Flächenansicht zur Beobachtung. Sie fallen meist durch eigenartige Ausbildung der Epidermiszellen auf und zeichnen sich infolge ihres Gehaltes an Pigmentzellen häufig durch dunkle Färbung aus. In vielen Fällen enthält die Samenschale eigenartige Scleroiden, die z. B. bei den Leguminosen die sogenannte Palisadenschicht bilden, unter der die gleichfalls eigenartige Hypodermis aus sanduhrförmigen Zellen (Träger- oder Säulenzellen) liegt. In ähnlicher Weise ist die Testa der Cruciferen durch die sogenannten Becherzellen ausgezeichnet. Schleimzellen kommen einzeln oder in zusammenhängenden Schichten vor. Erwähnt sei noch das namentlich bei den Palmen vorkommende Hornendosperm, dessen stark verdickte poröse Zellen aus sogenannter Reservecellulose bestehen (vgl. auch III. Bd., 2. Teil, S. 538—613).

Bei den Früchten kommen zu den Elementen des Samens noch die der Fruchtwand hinzu. Hier finden sich vielfach Sclerenchymfasern und Steinzellen, auf deren Größe, Form und Farbe besonders zu achten ist. Die Epidermiszellen der Früchte sind im allgemeinen durch dicke Außenwände gekennzeichnet. Besonders bemerkenswert ist mitunter auch die Ausbildung des Endokarps.

Rinden. Die Rindenpulver sind in erster Linie durch das Vorkommen von meist polygonalen, mehr oder weniger braun gefärbten Korkzellen ausgezeichnet. Von mechanischen Elementen treten hauptsächlich die eigenartigen, gewöhnlich isolierten Bastfasern in den Vordergrund, häufig kommen noch Steinzellen hinzu und in einigen Fällen auch Krystallkammerfasern. Das dünnwandige Rindenparenchym enthält oft Stärke oder Oxalat. Gefäße fehlen vollständig.

Hölzer. Der Hauptbestandteil der Holzpulver sind die Holzfasern, die zum Unterschied von den Bastfasern gewöhnlich in zusammenhängenden Komplexen zur Beobachtung gelangen. Ihre Verdickung ist im allgemeinen weniger stark als bei den Bastfasern. Auffallend sind ferner die weiten Gefäße, deren Tüpfelung verschieden geartet ist. Die Nadelholzarten besitzen keine echten Gefäße, sondern sogenannte Tracheiden, die durch die bekannten Hoftüpfel ausgezeichnet sind. Stärke findet sich bei den Holzarten nur in den Markstrahlen, deren Trümmer als solche leicht erkennbar sind. Kork fehlt, Steinzellen desgleichen.

Wurzeln und Rhizome. Die Wurzeln enthalten einerseits die Elemente der Rinde, andererseits die des Holzes. An Stelle des Korkes findet sich in manchen Fällen braunes abgestorbenes Parenchym, in anderen ist noch die Epidermis erhalten. Wirklich verholzte Bestandteile treten sehr in den Hintergrund, während die Hauptmasse des Pulvers aus Stärkekörnern und stärkereichem Parenchym besteht. Die Form und Größenverhältnisse der Stärkekörner sind diagnostisch besonders wichtig. Die Fasern fehlen zuweilen vollständig. Bei einigen Wurzeln finden sich Krystallkammerfasern. Bei den Tracheen ist besonders auf die Art der Verdickung und auf die Weite Rücksicht zu nehmen. Bemerkenswert sind schließlich die zuweilen vorkommenden Schleim-, Sekret- und Farbstoffzellen.

II. Übersicht über die häufiger Verwendung findenden Drogenpulver mit kurzer Kennzeichnung[1]).

A. Tierische Drogen.

Canthariden. Das Pulver ist ausgezeichnet durch die schon mit der Lupe wahrnehmbaren, schön grün glänzenden Bruchstücke der Flügeldecken. Unter dem Mikroskop beobachtet man ferner ziemlich viel Borstenhaare.

Cochenille. Das Pulver besteht aus rötlich bis rotbraun gefärbten Stoffteilchen, die den Farbstoff zum Teil an Wasser abgeben. Auf Zusatz von Ammoniak geht der Farbstoff mit purpurvioletter Färbung vollständig in Lösung, wobei die Struktur der Trümmer des Insektenkörpers deutlich wird.

B. Pflanzliche Drogen.

I. Blätter.

Boldo. Das Pulver ist ausgezeichnet durch die dickwandigen porösen Zellen des Hypoderms und die dickwandigen Büschelhaare, von denen aber vorwiegend nur Einzelstrahlen auf-

---

[1]) In der obenstehenden Übersicht sind die häufiger vorkommenden Drogenpulver, unter kurzer Angabe der diagnostisch wichtigen Bestandteile, nach den obigen Gruppen zusammengestellt.

Der größere Teil der hier aufgeführten Drogenpulver ist in dem schon genannten Atlas von Koch eingehend behandelt, dessen Angaben dieser Übersicht auch vorwiegend zugrunde gelegt sind. Ein Teil der Pulver findet auch als Gewürz Verwendung.

Über die Sekrete (Harze u. dgl.) siehe unter Abschnitt D.

gefunden werden. Die ätherisches Öl oder Harzklumpen enthaltenden kugeligen Sekretzellen des Schwammparenchyms sind nur selten erhalten.

Coca. Die Epidermiszellen der Ober- und Unterseite sind durch kleine Cuticularzäpfchen gekörnt. Die etwas kleineren Epidermiszellen der Unterseite sind außerdem, mit Ausnahme der Nebenzellen der Spaltöffnungen, zu Papillen ausgestülpt, die in der Flächenansicht als kreisförmige Linien in der Mitte der Zelle erscheinen.

Eibisch. Als Kennzeichen kommen die stark verdickten, aus 3—8 Gliedern bestehenden Büschelhaare mit getüpfeltem Basalteil in Betracht, sowie die ziemlich zahlreichen Schleimzellen.

Das Eibischblätterpulver enthält auch fast immer einzelne Pollenkörner, die durch ihre Größe und dichte Bestachelung ausgezeichnet sind.

Eucalyptus. Die Epidermis besteht aus derbwandigen, polygonalen Zellen mit sehr dicker Außenwand. Die ziemlich großen Spaltöffnungen sind kennzeichnend. Besonders auffallend sind im Pulver die zahlreichen Bruchstücke von Bastfaserbündeln und die zahlreichen relativ großen rhomboedrischen Oxalatkrystalle. Die kugeligen Sekretbehälter findet man nur selten unverletzt in größeren Gewebetrümmern.

Maté. Kennzeichnend sind die 4—8eckigen dickwandigen Epidermiszellen mit eigentümlich gestreifter und gerunzelter Cuticula; die Cuticularstreifen bilden ein maschenförmiges Netz. Über den Blattnerven sind die Epidermiszellen tafelförmig und zu regelmäßigen Reihen angeordnet.

Pfefferminze. Kennzeichnend für das Pulver sind die ziemlich dickwandigen, durch deutliche Längsstreifung ausgezeichneten Borstenhaare und die Labiatendrüsenschuppen.

Salbei. Besonders kennzeichnend sind die schmalen peitschenförmigen Wollhaare, die durch eine ziemlich dicke Wand und enges Lumen ausgezeichnet sind. Unverletzte Labiatendrüsenschuppen finden sich ziemlich selten.

Senna. Sennapulver ist ausgezeichnet durch die dünnwandigen, geradlinig-polygonalen Epidermiszellen, die dickwandigen, einzelligen, meist etwas gebogenen Borstenhaare, deren Cuticula mit kleinen Warzen besetzt ist, und durch die Sclerenchymfasern, die oft von Krystallkammerfasern begleitet sind. Zu erwähnen sind auch die Schleimzellen der Epidermis.

Stechapfel. Für Stramoniumpulver kennzeichnend sind die außerordentlich zahlreichen Krystallzellen, die ziemlich große Oxalatdrusen enthalten, und die mit einer feinwarzigen Cuticula versehenen Gliederhaare. Die Drüsenhaare tragen einen vielzelligen, etwa birnenförmigen Kopf auf kurzem, nicht scharf gekrümmtem Stiel.

Tollkirsche. Das Pulver ist ausgezeichnet durch die eiförmigen Krystallsandzellen und die Bruchstücke der Gliederhaare und Drüsenhaare mit sechszelligem, elliptischem Drüsenkopf.

Ferner kommen unter Umständen in Betracht: Bärentraube, Bitterklee, Bucco, Fingerhut, Huflattich, Heidelbeere, Lorbeer, Malve, Melisse, Orange, Rosmarin, Tabak, Tee, Walnuß.

II. Kräuter.

Bilsenkraut. Kennzeichnend sind die vielzelligen, an der Basis oft sehr breiten Drüsenhaare mit eiförmiger Drüse und die Oxalatbildungen, bestehend aus Einzelkrystallen, die oft zu Zwillingsbildung neigen, ferner einfach gebaute Drüsen.

Hohlzahn. Das Pulver des großblütigen Hohlzahns enthält zahlreiche zwei- bis dreizellige, mit scharfer Spitze versehene Gliederhaare, die durch ihre starken Wände und die Körnung der Cuticula ausgezeichnet sind. Sehr vereinzelt finden sich die für Galeopsis eigenartigen langgestielten Drüsenhaare, von denen aber fast immer nur der abgebrochene Kopf zur Beobachtung gelangt, der sich in der Flächenansicht als mehr oder weniger braungefärbtes, vielzelliges, oft oxalatreiches Scheibchen darstellt.

Indischer Hanf. Das Pulver ist kenntlich an den Cystolithenhaaren, die in zwei verschiedenen Formen vorkommen: die von der Blattoberseite stammenden sind kurz kegelförmig, durch eine verdickte, gekrümmte Spitze und einen bauchförmig erweiterten Fußteil ausgezeichnet, der ziemlich tief ins Blattgewebe hineinragt. Die auf der Unterseite des Blattes vorkommenden Cystolithenhaare sind länger und häufig rechtwinklig gebogen. Die in beiden Gebilden vorhandenen traubigen Cystolithen entwickeln auf Zusatz von Salzsäure Kohlensäure.

Lobelie. Das an Stengelfragmenten reiche Pulver ist in erster Linie durch die Bruchstücke der Samenschale gekennzeichnet, deren Epidermis aus 5—6seitigen, mit dicken gelbbraunen Wänden versehenen Zellen besteht. Auffallend sind ferner die Haare mit gestreifter Cuticula, Gewebefetzen mit dunkelbraunen Milchsaftschläuchen sowie die Bruchstücke der Blumenblätter mit haarartigen Papillen.

Schachtelhalm. Das Pulver ist gekennzeichnet durch die gerippten Schließzellen der Spaltöffnungen und durch die in der Cuticula der Epidermis befindlichen Kieseleinlagerungen. Beim Veraschen bleibt die Form dieser Zellen erhalten.

Thymian (Thymus vulgaris). Kennzeichnend sind die kleinen, 1—3 zelligen, geraden oder hakig gekrümmten, oft knieförmig gebogenen Borstenhaare. Die Labiatendrüsenschuppen werden nur an größeren Fragmenten aufgefunden.

Wermut. Diagnostisch wichtig sind die verschiedenen Haarformen, und zwar die T-förmigen Haare, die Compositendrüsenhaare und die bandförmigen Spreuhaare mit zarter Längsstreifung. Die kleinen, kugeligen Pollenkörner sind glattwandig und lassen drei Keimporen erkennen.

Außerdem kommen hauptsächlich in Betracht: Kardobenediktenkraut, Majoran, Quendel, Schafgarbe, Steinklee, Tausendgüldenkraut.

III. Blüten.

Gewürznelken. Kennzeichnend ist das Oxalatdrusen enthaltende Collenchym und Schwammparenchym, die Epidermiszellen, die Antherenfragmente und die einzeln oder in Ballen zur Beobachtung gelangenden Pollenkörner, die aus kleinen abgerundet-dreieckigen Körnern bestehen. Die Parenchymtrümmer färben sich mit Eisenchlorid blau.

Kamille, gewöhnliche. Der auffallendste Bestandteil des Kamillenpulvers sind die runden, bestachelten, mit drei Austrittstellen versehenen Pollenkörner. Zu erwähnen sind ferner die Compositendrüsenhaare, die Schleimzellen, leiterförmig verdickte Zellen der Fruchtknotenwand, das papillöse Epithel der Narbe, die Faserzellen der Antherenwand, die gestreiften Epidermispapillen der Randblüten und die aus dem Hüllkelch stammenden Sclereiden.

Kamille, römische. Das Pulver ist dem der gewöhnlichen Kamille sehr ähnlich. Es unterscheidet sich durch das seltene Vorkommen von Pollenkörnern, die zudem meist unreif und verkümmert sind. Die mechanischen Elemente treten stärker hervor als bei der gewöhnlichen Kamille. Kennzeichnend sind die Bruchstücke der Spreublätter, die aus langen schmalen, farblosen prosenchymatischen Zellen bestehen (fehlen der gewöhnlichen Kamille).

Safran. Das Pulver ist gekennzeichnet durch den gelb- bis rotbraunen, in Wasser und Alkohol löslichen Zellfarbstoff (Untersuchung in Öl), die mit kegelförmigen Papillen versehene Epidermis, das Parenchym und die sehr großen kugeligen Pollenkörner. Konzentrierte Schwefelsäure färbt die Teilchen blau.

Wurmsamen. Einen Hauptbestandteil des Pulvers bilden die dünnwandigen schmalen Flügelzellen des Hüllkelches. Die zahlreichen kleinen Pollenkörner sind kugelig-dreibuchtig, einzeln oder zu Häufchen vereinigt. Bemerkenswert sind ferner die sehr dünnwandigen, außerordentlich langen, wellig gebogenen Wollhaare, die Compositendrüsenhaare und die aus den Hüllkelchblättern stammenden Sclerenchymfasern.

In Betracht kommen ferner: Arnica, Holunder, Insektenpulver, Kosso, Königskerze, Lavendel, Ringelblume.

IV. Früchte.

Anis. Kennzeichnend sind die meist einzelligen, starkwandigen, mit Cuticularwarzen versehenen Haare der Fruchtwandepidermis, die zuweilen hakig gebogen sind. In größeren Gewebetrümmern finden sich oft Ölstriemen, die durch gelbbraune Farbe auffallen. Die Endosperma-
zellen führen Ölplasma und Aleuronkörner. Letztere enthalten sehr kleine Oxalatrosetten
(vgl. auch S. 90).

Cubeben. Das Pulver ist ausgezeichnet durch die gelben Steinzellen verschiedener
Größe, deren Wand von meist verzweigten Tüpfelkanälen durchzogen ist, und die mit kleinkörniger Stärke vollständig angefüllten Perispermzellen. Aus letzteren stammende Stärkeballen finden sich ebenfalls häufig. Kennzeichnend sind außerdem die gelblich-rotbraun gefärbten
Fragmente der Samenschale.

Fenchel. Als Kennzeichen für das Pulver kommen die leisten- oder netzförmig verdickten
Parenchymzellen der Fruchtwand, die parkettartig angeordneten Querzellen der Frucht-
wandinnenschicht und die Pigmentzellen der Fruchtwand in Betracht. Die Endospermzellen enthalten reichlich Aleuronkörner mit sehr kleinen Oxalatrosetten (vgl. auch S. 92).

Kardamom. Das Pulver besteht hauptsächlich aus den die Perispermzellen anfüllenden
kompakten Stärkeballen (ähnlich wie beim Pfeffer). In der Mitte jeder Stärkemasse befindet
sich ein kleiner Hohlraum mit einem kleinen Oxalatkrystall. Kennzeichnend sind ferner die braunen
Palisadenscleraeiden der Samenschale, die bis auf eine kleine Höhle an der Außenseite vollständig verdickt sind und in der Flächenansicht polygonal erscheinen, sowie die aus langen,
schmalen Zellen bestehenden Trümmer der Samenoberhaut (vgl. auch S. 46).

Koloquinthen. Kennzeichnend ist das großzellige, relativ dünnwandige Parenchym, das aber
größtenteils zertrümmert oder zu filzartigen Knäueln zusammengeballt ist. Unverletzte Zellen
zeigen an den Berührungsstellen ziemlich große kreisrunde bis ovale Poren. Vereinzelt finden
sich die Steinzellen der Samenschale.

Koriander. Das Pulver ist gekennzeichnet durch die Fragmente der Sclerenchymplatte
aus faserförmigen, dichtgefügten und in verschiedenen Richtungen gekreuzten Steinzellen. Zu
erwähnen ist ferner das Endokarp, das sich ähnlich wie beim Fenchel aus parkettartig gruppierten
Zellen zusammensetzt, und die orangebraune Samenhaut.

Paprika und Cayennepfeffer. Kennzeichnend für Capsicum sind die sclerosierten Zellen des
Endokarps und die Epidermiszellen der Samenschale, die sog. Gekrösezellen. Größere Gewebe-
teile der Fruchtschale fallen durch die gelbrot gefärbten Öltropfen auf, die sich mit konzentrierter
Schwefelsäure blau färben.

Beim Cayennepfeffer sind die Oberhautzellen der Fruchtwand kleiner als bei Paprika
und stärker und gleichmäßiger verdickt, außerdem sind sie regelmäßiger vierseitig und mehr oder
weniger in Reihen angeordnet (vgl. auch S. 84).

Piment. Das Pulver ist gekennzeichnet durch zahlreiche farblose, deutlich geschichtete
Steinzellen, die meist sehr stark verdickt und durch verzweigte Tüpfelkanäle ausgezeichnet sind. Neben braunem Parenchym finden sich ferner rötliche oder gelbliche Pigmentkörper, zusammengesetzte Stärkekörner und in größeren Stückchen der Fruchtschale Ölräume.

Die Pigmentkörper werden durch Eisensalze blau gefärbt. Beim Erwärmen mit Kalilauge
lösen sie sich mit schmutzigvioletter Farbe (vgl. auch S. 72).

Sternanis. Kennzeichnend sind namentlich die gelben Palisaden der Samenschale mit an
der Basis erweitertem Lumen, ferner die farblosen, schwächer verdickten Palisaden des Endokarps
und die aus der Fruchtwand stammenden Idioblasten (vgl. auch S. 36).

Vanille. Diagnostisch wichtig sind die etwa 0,4 mm langen und 0,3 mm breiten schwarzen
braunen oder gelbroten Samen, deren Oberhaut aus eigenartigen Sclereiden besteht und die
an Oxalatkrystallen reiche Epidermis der Fruchtwand (vgl. auch S. 41).

Wacholder. Das Pulver ist gekennzeichnet durch die braune Epidermis des Fruchtfleisches mit sehr stark verdickter Außenwand, die Epidermispapillen, die Steinzellen der Samenschale, die fast stets einen Oxalatkrystall enthalten, und die meist zertrümmerten großen Idioblasten.

Ferner kommen noch in Betracht: Kümmel, Lorbeer, Myrobalanen, Pfeffer, Sizygium jambolana, Wasserfenchel.

Hinsichtlich der mehlliefernden Früchte, die namentlich bei der Herstellung von Nährmitteln und ähnlichen Zubereitungen eine große Rolle spielen, wie Roggen, Weizen, Hafer, Gerste (Malz), Reis, Mais sei auf Bd. III, 2. Teil S. 542 u. 568 u. f. verwiesen. Auch die Bananen-stärke ist dort beschrieben. Hinzuzufügen ist, daß Bananenmehl, abgesehen von den Stärke-körnern, durch die dunkelbraunen, in Alkohol und Äther unlöslichen, in heißer Kalilauge mit gelbbrauner Farbe löslichen Sekretteilchen gekennzeichnet ist.

V. Samen.

Arecanuß. Das Pulver besteht hauptsächlich aus den Trümmern des sehr stark verdickten Endosperms (Reservecellulose), dessen Wände von großen, meist kreisrunden Tüpfeln durchsetzt sind. Hieran ist das Arecapulver leicht kenntlich. Bemerkenswert sind ferner die Trümmer des Ruminationsparenchyms, aus ziemlich dünnwandigen farblosen bis braunen Zellen mit spaltenförmigen Poren bestehend.

Colanuß. Das Pulver besteht vorwiegend aus rundlichen, eiförmigen bis länglichen, oft mit Kernspalte versehenen Stärkekörnern, mit denen auch die unverletzten polyedrischen Parenchymzellen angefüllt sind. Die von runden Poren durchsetzten Zellwände des Parenchyms sind durch eingedrungenes Colarot gelbbraun gefärbt. Sehr vereinzelt finden sich ziemlich dickwandige, oft gekrümmte Einzel- oder Büschelhaare.

Foenum graecum. Das Pulver ist ausgezeichnet durch die eigenartigen etwa flaschen-förmigen, nach außen papillös zugespitzten Palisadensclereiden der Samenschale mit dicker, in Wasser verquellender Außenwand, und die darunter liegenden gerippten Trägerzellen, sowie durch die Schleimendospermzellen. Das Reservestoffparenchym enthält Aleuronkörner und Ölplasma.

Kakao. Kennzeichnend für Kakaopulver sind die violett bis rotbraun gefärbten Pig-mentzellen und die fast immer auffindbaren Trümmer der Samenschale. Auf Zusatz von Kalilauge nehmen die Parenchymfetzen eine grünliche Färbung an. Die Hauptmasse des Pulvers besteht aus den Inhaltsstoffen des Reservestoffparenchyms, nämlich kleinkörniger Stärke, Aleuronkörnern und Fett (vgl. auch S. 292 u. ff.).

Leinsamen. Das Pulver ist gekennzeichnet durch die Bruchstücke der Samenschale, ins-besondere durch die Schleimzellen der Epidermis, durch die Sclerenchymfaserschicht und die dazu rechtwinklig verlaufende Querzellenschicht, sowie durch die meist rechteckigen Pigmentzellen mit gelblichbraunem Zellinhalt, der häufig ausgefallen ist und die Form der Zellen zeigt. Das Parenchym des Embryos und Endosperms enthält Aleuronkörner und Ölplasma (vgl. auch S. 20).

Muskatnuß und Macis. Muskatnußpulver ist gekennzeichnet durch das aus braunen dünnwandigen Zellen bestehende Ruminationsparenchym, das häufig in Verbindung mit den größeren Sekretzellen vorkommt. Der Inhalt der Endospermzellen besteht aus klein-körniger Stärke, Fett, großen Aleuronkörnern, Pigmentkörpern und Krystalloiden (vgl. auch S. 24 u. 30).

Macispulver ist gekennzeichnet durch die kleinen, unregelmäßig geformten Amylodex-trinkörner, die sich mit Jodkalium rotbraun, mit Chloraljod rot färben.

Kennzeichnend sind außerdem die langen, schmalen Epidermiszellen.

Senf, schwarzer. Diagnostisch wichtig sind die Fragmente der Samenschale, und zwar die Schleimzellen der Epidermis, die eigenartigen Palisadensclereiden (Becherzellen) und die Pigmentzellen. Das Reservestoffgewebe enthält Aleuronkörner und grünlichgelbes Öl plasma (vgl. auch S. 15).

Ferner kommen noch in Betracht: Colchicum, Mandeln, Mohn, Kaffee, Strychnos.

Bezüglich der mehlliefernden Leguminosensamen (Erbse, Bonne, Linse), die wie die Zeralien bei der Herstellung von Nährmitteln Verwendung finden, sei auf Bd. III, 2. Teil, S. 603 u. f. verwiesen.

VI. Rinden.

Cascara sagrada. Das Pulver ist dem der Faulbaumrinde (siehe diese) sehr ähnlich; es unterscheidet sich von ihm hauptsächlich durch das Vorhandensein von Steinzellen.

China. Das Pulver ist leicht kenntlich an den sehr eigenartigen Bastfasern, die vor allem durch ihre Dicke auffallen, sowie durch die zahlreichen etwa trichterförmigen Poren.

Faulbaum. Als kennzeichnende Bestandteile des Faulbaumrindenpulvers sind zu nennen: Bruchstücke stark verdickter schmaler Bastfasern, einzeln oder in Komplexen, in deren Begleitung sich häufig Krystallkammerfasern finden und dünnwandiger Kork, dessen Zellen meist durch rote, braunrote oder gelbrote Färbung ausgezeichnet sind. Die Färbung des Rinden parenchyms ist grünlichgelb. Auf Zusatz von Kalilauge färben sich alle Teilchen sofort blutrot bis purpurrot. Die parenchymatischen Elemente sind vielfach perlschnurartig verdickt.

Granatwurzel. Diagnostisch wichtig sind die Krystallkammerfasern, die aus quadratischen, je eine Oxalatdruse enthaltenden Zellen bestehen und meist in Verbindung mit stärkereichem dünnwandigem Rindenparenchym auftreten. In größeren Komplexen sind die abwechselnden Längsreihen von Krystall- und Stärkezellen besonders kennzeichnend. Als Kennzeichen kommen ferner die einseitig verdickten Korkzellen in Betracht, die in der Flächenansicht die Tüpfelung der verdickten Wand als feine Punkte zeigen. Zu erwähnen sind schließlich die sehr seltenen, durch verzweigte Tüpfelkanäle ausgezeichneten Steinzellen.

Eiche. Das Eichenrindenpulver ist durch das Vorhandensein zahlreicher, stark verdickter Steinzellen ausgezeichnet, deren deutlich geschichtete Wand von zum Teil verzweigten Poren durchzogen ist. Auffallend ist an den unregelmäßig polygonalen Zellen außerdem die Neigung zur Bildung kleiner spitzer Auswüchse. Außerdem finden sich zahlreiche, oft zu Bündeln vereinigte und von Krystallkammerfasern begleitete Bruchstücke schmaler, stark verdickter Bastfasern. Die Pulverteilchen färben sich mit Eisenchloridalkohol blau.

Quillaja. Im Pulver fallen neben den zahlreichen Bruchstücken von Bastfasern die großen, meist zerbrochenen prismatischen Krystalle von Calciumoxalat durch ihre Menge auf, die die Droge kennzeichnen.

Yohimbe. Das Pulver ist gekennzeichnet durch das massenhafte Vorkommen englumiger, porenfreier Bastfasern, die eine gewisse Ähnlichkeit mit denen des Zimtes besitzen, ferner durch die scharfpolygonalen Korkzellen, die zum Teil verdickt und dann stark porös und pigmentfrei sind, sowie durch das braunwandige stärkefreie Parenchym neben rotbraunen Farbstoffklumpen.

Ceylon-Zimt. Diagnostisch wichtig sind die dickwandigen Bastfasern mit engem Lumen und die allseitig oder nur einseitig verdickten Steinzellen, deren geschichtete Zellwand von zahlreichen Poren durchsetzt ist. Zu erwähnen sind ferner die Schleimzellen, die dunkelbraunen Sekretzellen und das stärkereiche Parenchym (vgl. S. 137).

Ferner kommen in Betracht: Cascarilla, Condurango- und Pomeranzenschale.

VII. Holzarten.

Guajacholz. Das Pulver besteht vorwiegend aus Bruchstücken stark verdickter Holzfasern. Die dunkelbraun gefärbten Bruchstücke der kurzgliedrigen Gefäße fallen durch die dichtstehenden kleinen, kreisrunden Tüpfel auf. Ferner finden sich braune Harzklumpen, die vorwiegend aus den Gefäßen stammen. Die Färbung fast aller Elemente ist grünlichgrau bis bräunlich. Die Teilchen färben sich mit Eisenchloridalkohol blau, ebenso mit Chloraljod.

Sandelholz, rotes. Das Pulver besteht hauptsächlich aus Trümmern von Holzfasern, einzeln oder in Komplexen, die durch ihre rote Farbe auffallen (in Wasser orangerot, auf Zusatz von Lauge purpurrot). Manche Fragmente sind durch das Vorherrschen von Parenchym mit zahlreichen, ziemlich großen Oxalatkrystallen ausgezeichnet.

Färbung mit Eisenchloridalkohol schwarzviolett, mit Chloraljod blutrot.

Quassiaholz. Die Holzfasern sind bei Quassia relativ dünnwandig. Die Bruchstücke der Gefäße sind durch kleine, dichtstehende, behöfte Tüpfel ausgezeichnet. Sehr vereinzelt finden sich Krystallkammerfasern.

Von Holzarten kommen außerdem unter Umständen noch in Betracht Sassafras- und Campecheholz.

VIII. Wurzeln, Rhizome und Knollen.

Alant. Das Pulver ist durch äußerst zahlreiche, vorwiegend nadelförmige, zum Teil auch flach rhombische Krystalle von Alantsäureanhydrid ausgezeichnet, die sich in Äther, Alkohol und heißem Wasser lösen (Wasserpräparat!). Aus ungeschälter Wurzel hergestellte Pulver enthalten außerdem stets Phytomelan (kohleartige Masse), das namentlich in gröberen Pulvern in zusammenhängenden netzartigen Verbänden zur Beobachtung gelangt.

Baldrian. Das Pulver besteht vorwiegend aus Trümmern des stärkereichen Parenchyms. Die Stärkekörner sind klein, kugelig; bis vierfach zusammengesetzte Körner kommen vor. Die gelbbraunes Sekret enthaltenden Zellen werden nur selten unverletzt aufgefunden.

Curcuma. Kennzeichnend sind die gelben Klumpen, die aus mehr oder weniger verkleisterter Stärke bestehen, in die der Curcumafarbstoff eingedrungen ist. Zum Nachweis des Farbstoffs zieht man die Borsäurereaktion heran. Das Pulver färbt sich mit Eisenchloridalkohol dunkelbraun, mit Kalilauge rotbraun (vgl. auch S. 20 u. 21).

Eibisch. Die Hauptmasse des Pulvers besteht aus kleinen Stärkekörnern und stärkereichem Parenchym. Die Stärkekörner sind kugelig, ei- oder keulenförmig, meist mit exzentrischem Kern oder Längsspalt. Diagnostisch wichtig sind besonders die Schleimzellen bzw. die Trümmer der Schleimballen (Nachweis mit Tusche oder Bismarckbraun S. 916 u. 917). Von verdickten Elementen sind die Trümmer der Gefäße und Sclerenchymfasern zu erwähnen.

Enzian. Kennzeichnend sind das ziemlich dickwandige Parenchym und die äußerst kleinen nadelförmigen Oxalatkrystalle, die im Pulver in großen Mengen vorkommen, aber erst bei Anwendung des Polarisationsapparates deutlich sichtbar werden.

Galgant. Großzelliges, dünnwandiges, stärkereiches Parenchym mit kleinen, spärlichen Poren. Stärke vorwiegend ei-, birn- oder keulenförmig, mit exzentrischem, im breiteren Ende gelegenem Kern und undeutlicher Schichtung (Zingiberaceenstärke). Sclerenchymfasern mäßig stark verdickt. Kennzeichnend sind die dunkelrotbraunen Sekretzellen und Sekrettrümmer. Gefäße vorwiegend mit treppenförmiger Verdickung (vgl. auch S. 148).

Jalappe. Die Hauptmasse des Pulvers besteht aus konzentrisch geschichteter Stärke, die teils unverändert, teils mehr oder weniger verkleistert ist. Die Mehrzahl der Stärkekörner ist einfach, kugelig bis eiförmig, gewöhnlich mit strahliger Kernhöhle versehen. Häufig kommen auch doppelt und dreifach zusammengesetzte Körner vor. Die Zwillingskörner sind oft durch eine gekrümmte Berührungsfläche ausgezeichnet. Die unverletzten Parenchymzellen sind mit intakter oder verkleisterter Stärke vollständig angefüllt. Diagnostisch wichtig sind ferner im Wasserpräparat die kugeligen Milchsafttropfen, die das Harz in Emulsion enthalten und die sich durch ihren trüben Inhalt sofort von der Stärke unterscheiden. Auf Zusatz von Jodlösung färben sie sich gelb. Von verdickten Elementen kommen nur Steinzellen und die zum Teil mit behöften Tüpfeln versehenen Gefäßtrümmer in Betracht. Beide finden sich aber nur in sehr geringer Menge.

Ingwer. Kennzeichnend ist für das Pulver wie bei allen Zingiberaceenwurzeln die Form der Stärkekörner. Diese sind im Profil schmal elliptisch, in der Flächenansicht sack- oder keulenförmig bis eiförmig oder rundlich, oft in ein kurzes, den Kern bergendes Spitzchen vorgezogen, mit undeutlicher exzentrischer Schichtung versehen. Unverletzte Parenchymzellen sind von Stärkekörnern dicht angefüllt. Ziemlich selten finden sich im Pulver die dünnwandigen Sclerenchymfasern. Häufig sind dagegen die Trümmer des aus den Sekretzellen stammenden gelblichen bis braunen Harzes (vgl. auch S. 146).

Iris. Das Pulver ist ausgezeichnet durch dickwandiges, getüpfeltes Parenchym, das von eigenartigen Stärkekörnern erfüllt ist und durch die Trümmer der großen, prismatischen Calciumoxalatkrystalle. Die Stärkekörner sind ei- bis keulenförmig, meist mit abgeflachter Basis und hufeisenförmig nach der Basis verlaufender Kernspalte. Hieran ist das Iriswurzelpulver leicht erkennbar.

Kalmus. Stark verdickte Elemente fehlen im Pulver vollständig. Die Parenchymzellen sind dicht mit kleinkörniger Stärke gefüllt. Zellwände zum Teil mit spaltenförmigen Tüpfeln durchsetzt, im Profil perlschnurartige Verdickung. Die spärlich vorhandenen Gefäße zeigen vorwiegend ringförmige Verdickung (vgl. auch S. 150).

Rhabarber. Das Rhabarberpulver ist gekennzeichnet durch die ungewöhnlich großen Oxalatdrusen (Durchmesser bis über 100 μ) und durch die gelben Farbstofftrümmer, die aber wegen ihrer leichten Löslichkeit in Wasser nur in Alkoholpräparaten zur Beobachtung gelangen. Durch Lauge färbt sich der Farbstoff blutrot. Die reichlich vorhandene Stärke ist, abgesehen von den zusammengesetzten Körnern, kugelig und besitzt ein deutliche Kernspalte.

Süßholz. Im Süßholzpulver fallen die äußerst dickwandigen, porenfreien Sclerenchymfasern auf, deren Trümmer häufig in gelblich gefärbten, oft von Krystallkammerfasern begleiteten Komplexen zur Beobachtung gelangen (für Süßholz kennzeichnend). Die Gefäße sind zum Teil durch Hoftüpfel ausgezeichnet. Das Parenchym ist reich an kleinkörniger Stärke. Form der Stärkekörner kugelig, eiförmig bis spindel- oder keulenförmig (vgl. auch S. 152).

Zitwerwurzel. Den Hauptbestandteil des Pulvers bildet die großkörnige, eigenartige Stärke neben dünnwandigem Parenchym, das mit solchen Stärkekörnern dicht angefüllt ist. Die exzentrisch geschichteten Stärkekörner sind im Profil schmal, in der Flächenansicht ei-, keulen- oder sackförmig, auf einer Seite mehr oder weniger in eine Spitze ausgezogen, die den Kernpunkt enthält (Zingiberaceentypus). Diagnostisch wichtig sind außerdem die aus den Sekretzellen stammenden gelblichen bis gelblichbraunen Sekretklumpen (vgl. auch S. 149).

Ferner kommen hauptsächlich in Betracht: Colombo, Eberwurz, Engelwurz, Ginseng, Hauhechel, Hydrastis, Ipecacuanha, Liebstöckel, Löwenzahn, Meisterwurz, Nießwurz, Päonie, Pimpinelle, Ratanhia, Senega, Sarsaparille, Tormentille, Wurmfarn, Zaunrübe, Zichorie.

IX. Drogen, die nicht zu den vorstehend aufgeführten Gruppen gehören.

Blasentang. Das Pulver läßt Trümmer aus parenchymatischen Zellen mit farbloser gallertartiger Wandung und braunem Inhalt erkennen, der das Lumen ausfüllt. Die aus der Markschicht stammenden Algenzellen sind zu mehr oder weniger gedrängt liegenden, durcheinander verflochtenen fadenförmigen Verbänden vereinigt. Da die Schleimmembran dieser Zellen im Wasserpräparat oft kaum sichtbar ist, erscheinen die Querwände häufig als freischwebende Ringe um den zentralen Zellinhalt.

Galläpfel. Kennzeichnend sind die den größten Teil des Pulvers ausmachenden, aus dem Parenchym stammenden farblosen, kantigen Gerbstoffschollen (Eisenreaktion), die sich langsam in Wasser lösen. Daneben findet sich großzelliges Parenchym mit porösen Wänden, einfache und zusammengesetzte Stärkekörner mit zentraler Kernspalte und längliche, mäßig stark verdickte Steinzellen, deren Wände von zahlreichen Tüpfeln durchzogen sind.

Holzkohle. Das Pulver besteht aus braunen bis schwarzen Stoffteilchen, die die Elemente des Holzes noch deutlich erkennen lassen. Besonders kennzeichnend sind die Bruchstücke der Gefäße.

Lycopodium. Die Lycopodiumsporen stellen tetraederartige Gebilde dar mit konvex gewölbter Basis. Die Zellwand ist durch feine Leisten verstärkt, die ziemlich regelmäßige 5—6seitige Maschen bilden.

Lupulin. Die Droge besteht aus den Drüsen der Fruchtzapfen des Hopfens. Die Drüsen sind 150—250 μ groß, scheiben-, kugel- oder kreiselförmig. Ihr unterer Teil besteht aus polygonalen tafelförmigen Zellen, der obere aus der halbkugelig emporgewölbten Cuticula mit dem darunter befindlichen Sekret.

Kamala. Die Droge besteht aus den abgebrochenen rotbraunen Drüsenhaaren und Büschelhaaren der Frucht von Rottlera tinctoria. Nach Entfernung des Harzes mit Äther wird der Bau der eigenartigen Drüsen deutlich und man erkennt die ziemlich zahlreichen keulenförmigen Drüsenzellen.

Meerzwiebel. Das Pulver ist durch die zahlreichen, zum Teil noch zu Bündeln vereinigten Krystallnadeln (Raphiden) und deren Bruchstücke ausgezeichnet. Zu erwähnen sind außerdem die Bruchstücke der Epidermis und der Leitbündel.

Tragant. Das Pulver besteht aus meist scharfkantigen Schollen, die in Wasser rasch quellen und in Schleimkugeln übergehen (Bismarckbraun). Die einfachen und zusammengesetzten kleinen Stärkekörner lassen sich dann durch Jod leicht sichtbar machen.

Hinsichtlich der Stärkearten (Kartoffel, Maranta usw.) sei auf III. Bd., 2. Teil, S. 538 u. f. verwiesen.

C. Übersicht über die wichtigsten Gruppen von Heil- und Geheimmitteln und die darin häufiger vorkommenden Stoffe und Zubereitungen[1]).

Als solche kommen in Betracht:

1. Abführmittel.

Aloe, Cascara sagrada, Faulbaum, Manna, Rhabarber, Ricinusöl, Senna, Kalomel, Natriumsulfat, Magnesiumsulfat, -oxyd und -carbonat, Tartrate, Quellsalznachbildungen, Phenolphthalein, Schwefel,
Gutti, Jalappenwurzel, Jalappenharz, Koloquinthen, Podophyllin.

2. Abortivmittel.

Aloe, Sadebaum und andere an ätherischen Ölen reiche Stoffe sowie diese Öle selbst, Safran, Mutterkorn, Drastica.

3. Adstringierende Mittel.

Alaun, Aluminiumacetat, Aluminiumacetotartrat, Galläpfel, Gallussäure, Tannin, Salbei, Ratanhia.

4. Ätzpasten (zum Nervtöten für die zahnärztliche Praxis):

Arsentrioxyd, metallisches Arsen, Chinosol, Chloralhydrat, Formalin, Kreosot, Trikresol, Morphin, Zinkoxyd.

5. Anaesthetica (örtlich wirkende):

Anästhesin, Orthoform, Cocain, Novocain, Tropacocain,
Alypin, Eucain, Stovain; die Injektionslösungen enthalten gewöhnlich sehr geringe Mengen Suprarenin.

---

[1]) Die auf die Zweckbestimmung und therapeutische Wirkung Rücksicht nehmende Zusammenstellung soll lediglich einen Anhalt dafür bieten, nach welcher Richtung die verschiedenen Gruppen von Heil- und Geheimmitteln u. dgl. etwa zu prüfen sind. Es würde jedoch zu weit führen, alle bei jeder einzelnen Gruppe in Betracht kommenden Stoffe namhaft zu machen. Erwähnt sind aber größtenteils diejenigen starkwirkenden Mittel, deren Anwesenheit erfahrungsgemäß möglich erscheint und auf die daher besonders Rücksicht zu nehmen ist.

6. Antikonzeptionelle Mittel.

Alaun, Aluminiumacetotartrat, Borax, Borsäure, Chinin, Chinosol, Kaliumchlorat, Kaliumbitartrat, Magnesiumsuperoxyd, Natriumperborat, Weinsäure.

7. Antiseptica, antiseptisch wirkende Mittel oder Desinfektionsmittel.

Alaun, Aluminiumacetat, Aluminiumacetotartrat, Aluminiumsulfat, Benzoesäure, Borax, Borsäure, Chinosol, Formaldehydlösung, Jodoform und seine Ersatzmittel,

Kaliseife, Kaliumchlorat, Kaliumpermanganat, Carbolsäure, Kresol (Kresolseifenlösung), Kreosot, Magnesiumsuperoxyd, Natriumperborat,

Salicylsäure, Sublimat, Tannin (gerbstoffhaltige Mittel), Wasserstoffsuperoxyd, Wismutsubgallat (Dermatol), Zinksulfophenylat.

8. Aphrodisiaca siehe Mittel gegen Impotenz.

9. Asthmamittel.

Stramonium, Lobelie, Belladonna, Cannabis indica, Hyoscyamus, Coca, Tee, Salpeter, Zucker, Amylnitrit, Bromoform, Chloroform, Chloralhydrat, Eucalyptol, Jodkalium, Magnesiumsuperoxyd, Opium.

10. Augenwässer.

Borax, Borsäure, Euphrasia-Auszug, Fenchelauszug, Glycerin, Zinksulfat.

Zu prüfen ist ferner auf Alkaloide, namentlich Atropin.

11. Bandwurmmittel.

Arecanuß, Farnkrautwurzel, Granatwurzel, Kamala.

12. Mittel gegen Blasenleiden.

Bärentraubenblätter, Herniaria, Hirtentäschelkraut, Copaivabalsam, Hexamethylentetramin. Siehe auch unter Nierenleiden.

13. Blasenziehende Mittel.

Canthariden (Cantharidin), Euphorbium.

14. Blutreinigungsmittel.

Indifferente und abführend wirkende Drogen (siehe Abführmittel).

15. Mittel gegen Blutarmut.

Eisenpräparate, Nährmittel.

16. Blutstillende Mittel.

Alaun, Eisenchlorid, Eisenoxychlorid, Tannin, Hydrastis canadensis (Fluidextrakt), Hamamelis (Fluidextrakt), Viburnum (Fluidextrakt).

17. Brechmittel.

Ipecacuanha, Kupfersulfat, Brechweinstein.

18. Mittel gegen Darmerkrankungen.

Magnesiumsuperoxyd, Opium, Tannalbin, basisches Wismutnitrat und -salicylat, Yoghurtpräparate.

19. Mittel gegen Diabetes.

Boldoblätter, Jodkalium, Sizygium Jambolana (Früchte und Fluidextrakt), Bärentraubenblätter, Heidelbeerblätter, Buccoblätter, Eucalyptusblätter, Bohnenschalen (sämtlich als Droge z. T. auch in Form von Fluidextrakten).

20. Entfettungsmittel.

Abführende Drogen und deren Extrakte (siehe Abführmittel). Belladonnaextrakt, Salze der Fruchtsäuren, Blasentang in Form von Pulver, Tee oder Extrakt.

Nachbildungen von Quellsalzen, Schilddrüsenpräparate.

21. Mittel gegen Epilepsie.

Amylnitrit, Borax, Bromsalze, Valeriana, Zinkoxyd oder -lactat.

22. Fiebermittel.

Acetanilid, Acetylsalicylsäure (Aspirin), Antipyrin, Chinin, Lactophenin, Salicylsäure und deren Salze, Phenacetin, Pyramidon, Salipyrin.

23. Mittel gegen Flechten und ähnliche Hautkrankheiten.

Borax, Borsäure, Campher, Chinosol, Chrysarobin, Dermatol, Holzteerpräparate, Ichthyol, Kaliseife, Calomel, Menthol, Naphthalan, α-Naphthol, β-Naphthol, Perubalsam, Phenol, Pyrogallol, Quecksilberoxyd, Quecksilberpräcipitat, Resorcin, Salicylsäure, Salol, Schwefel, Styrax, Tannin, Tumenol, Wismutsubnitrat, Wismutsubgallat, Wismutoxyjodidgallat (Airol).

24. Mittel gegen Fußschweiß.

Essigsäure, Formaldehydlösung, Salicylsäure, Tannin, Tannoform.

25. Mittel gegen Gallensteine.

Abführmittel (siehe diese), fette Öle, Salzgemenge mit Lithiumsalzen, Opium, Borsäure, Citronensäure, Kalomel, Podophyllin, Boldo.

26. Mittel gegen Gonorrhöe.

Äußerlich: Bleiacetat, Ichthyol, Kaliumpermanganat, Salicylsäure, Silbersalze, namentlich organische (z. B. Protargol), Tannin, Zinksulfat, Zinksulfophenolat.

Innerlich: Copaivabalsam, Kawaharz, Sandelöl, Hexamethylentetramin, Salol.

27. Mittel gegen Gicht und Rheumatismus.

Innerlich: Borax, Pflanzensäuren und deren Salze, namentlich Citrate, Colchicum, Harnstoff, Lithiumsalze, Piperazin, Salicylate, Urotropin, Quellsalze, künstliche.

Äußerlich: Ammoniakflüssigkeit, Borax, Chloroform, Chloralhydrat, Capsicumauszug, Ichthyol, Campher, fette Öle, Bilsenkrautöl, ätherische Öle, Menthol, Salicylsäure, Salicylsäuremethylester, Seifenspiritus.

28. Mittel gegen Haarausfall.

Cantharidentinktur (Cantharidin), Capsicumauszug, Chinaextrakt und -tinktur, Chinin, Chloralhydrat, Glycerin, β-Naphthol, Opiumtinktur, Perubalsam, Pilocarpin, Ricinusöl, Salicylsäure, Tannin.

29. Mittel gegen Hämorrhoiden.

Innerlich: Abführmittel (siehe diese), insbesondere abführend wirkende Drogen in Form von Tee, Pulver oder Auszügen.

Äußerlich: Gerbstoffhaltige Drogenpulver (Galläpfel, Myrobalanen), Hamamelisextrakt.

30. Mittel gegen Hautkrankheiten siehe unter Flechtenmittel.

31. Hustenmittel.

Ammoniumchlorid, Benzoe, Borax, Campher, Natriumbenzoat, Perubalsam, Schwefel, Althaea, Anis, Fenchel, Eucalyptol, Thymol, Menthol, Malzextrakt, Pimpinella, Senega, Süßholz, schleimhaltige Pflanzenstoffe, Codein, Morphin, benzoehaltige Opiumtinktur.

32. Mittel gegen Impotenz u. dgl.

Cantharidenpräparate, Ginsengwurzel, Lupulin, Maté, Muira-puama-Extrakt, Cola, Yohimberinde, Yohimbin, Chinin, Lecithinpräparate, Calciumphosphat, Glycerophosphate, Hypophosphite, Eisenverbindungen, Magnesiumsuperoxyd.

33. Mittel gegen Kopfschmerz.

Acetanilid, Acetylsalicylsäure (Aspirin), Antipyrin, Chinin, Coffein, Migränin, Pyramidon, Phenacetin, Salicylate, Salipyrin.

34. Mittel gegen Lungenkrankheiten.

Guajacolester, Kreosot, Perubalsam, Zimtsäure,
Gundelrebe (Glechoma hederacea), Hohlzahnkraut (Galeopsis ochroleuca), Vogelknöterich.

35. Mittel gegen Magenbeschwerden siehe unter Mittel gegen Verdauungsstörungen und Abführmittel.

36. Mittel gegen Menstruationsstörungen.

Flüssigkeiten: Alkoholhaltige Destillate aus aromatischen Pflanzenstoffen, wie Römische Kamille, Zimt, Nelken, Baldrian, Muskatnuß usw.; Auszüge aus Pflanzenstoffen, wie Zimttinktur, Safrantinktur, Hydrastisfluidextrakt; äpfelsaure Eisentinktur.

Pulver und Pillen: Römische und gewöhnliche Kamille,
Aloe, Chinin, Eisenverbindungen (wie Eisenzucker, Ferrolactat, äpfelsaures Eisenextrakt u. dgl.), Eumenol, Myrrhe, Safran, Schwefel, Zimt.
Gelatinekapseln: Apiol (Apiolum viride).
Tee: Römische Kamillen, Kardobenediktenkraut.

37. Sogenannte Nährsalze (physiologische).

Gemenge von Chloriden, Sulfaten und Phosphaten neben wenig Fluorid und Silicat oder Kieselsäure. Als Basen kommen in Betracht: Kalium, Natrium, Calcium, Magnesium, Eisen und Spuren von Mangan.

38. Sogenannte Nähr- und Kraftpulver [1]).

Bananen-, Gersten-, Hafer-, Weizen-, Bohnen-, Erbsen-, Linsenmehl, Mais-, Maranta-, Reisstärke, Malzpulver, Malzextraktpulver, Milchzucker, Rohrzucker, Casein, Hämoglobinpräparate, Kleber, Magermilchpulver, Yoghurttrockenpräparate, Lecithinalbumin, Eisenpräparate, wie zuckerhaltiges Eisencarbonat, Eisenzucker, Ferriphosphat, Eisenpyrophosphat und Glycerophosphat, Natrium-, Calcium- und Magnesiumglycerophosphat, Calciumphosphat, Natriumchlorid, Natriumbicarbonat.

39. Sogenannte Nervennährmittel siehe auch Nähr- und Kraftpulver.

Lecithin, Lecithinalbumin, Hämoglobin, Magermilchpulver, Kleber, Calciumphosphat, Glycerophosphate, Cola.

40. Mittel gegen Nieren- und Blasenleiden siehe auch unter Mittel gegen Blasenleiden.

Bärentraubenblätter, Hauhechelwurzel, Herniariakraut, Liebstöckel, Petersilienwurzel, Borax, Citrate, Diuretin, Lithiumsalze.

41. Mittel gegen Parasiten.

Naphthol, Perubalsam, Resorcin, Schmierseife, Styrax, Schwefel, Fenchelöl, graue Salbe, Naphthalin, Sabadillessig.

42. Mittel gegen Rheumatismus siehe unter Gicht.

43. Mittel gegen Syphilis.

Guajacholz, Holztee, Sarsaparille; zu prüfen ist ferner auf Quecksilber- und Jodverbindungen.

44. Tierheilmittel [2]).

Einreibungen: Salmiakgeist, Campherspiritus, Seifenspiritus, Äther, Spanischpfeffertinktur, Terpentinöl, Kupfersulfat.
Antiseptisch wirkende Flüssigkeiten und Salben enthalten u. a.: Alaun, Borsäure, Salicylsäure, Kupferalaun, Aluminiumacetat, Formalin, Sublimat.
Innerliche Mittel enthalten in den meisten Fällen pflanzliche Pulver, wie Aloe, Asa foetida, Anis, Fenchel, Enzian, Kalmus, Foenum graecum, Bitterklee, Lorbeeren, Wacholder, Wermut u. dgl. oder Auszüge aus solchen Pflanzenstoffen. Von mineralischen Stoffen finden Verwendung: Kaliumsulfat, Natriumsulfat, Magnesiumsulfat und -oxyd, Schwefel, Schwefelantimon, Brechweinstein und andere.

45. Mittel gegen Trunksucht.

Bittere Drogenpulver wie Aloe, Enzian, Kalmus; Brechweinstein, Bromkalium.

46. Mittel gegen Verdauungsstörungen (Verdauung befördernde Mittel), siehe auch unter Abführmittel.

Holzkohlepulver, Pepsin (Pepsinwein), Salzsäure, Glycerophosphate, Magnesiumoxyd, -superoxyd und -carbonat, Natriumbicarbonat, Natriumsulfat, Schwefel, Weinstein, Wismutsubnitrat.
Bittere und aromatische Drogen und aus solchen hergestellte Tinkturen und Extrakte. In Betracht kommen hauptsächlich: Aloe, Bitterklee, Capsicum, Cascarilla, China, Condurango, Enzian, Galgant, Ingwer, Kalmus, Kardobenediktenkraut, Kardamom, Nelken,

---

[1]) Die Prüfung auf arsenige Säure ist bei derartigen Präparaten nicht zu unterlassen.
[2]) Von den zahlreichen Tierheilmitteln seien nur die wichtigsten Gruppen kurz erwähnt.

Pomeranzenschale, unreife Pomeranzenfrüchte, Quassia, Rhabarber, Tausendgüldenkraut, Wacholder, Wermut, Zimt.

47. Wurmtötende Mittel siehe auch Bandwurmmittel.

Santonin, Wurmsamen.

48. Mittel gegen Zahnschmerz.

Campher, Chloralhydrat, Cajeputöl, Guajactinktur, Carvacrol, Menthol, Nelkenöl, Pohoöl.

D. Kurze Beschreibung der Eigenschaften der bei der Herstellung von Heil- und Geheimmitteln häufiger Verwendung findenden Stoffe [1]).

1. Acetanilid (Antifebrin). Farblose, bei 113—114° schmelzende Krystallblättchen, die sich leicht in Äther, Alkohol und Chloroform, ferner in 22 Teilen heißem und in 230 Teilen kaltem Wasser mit neutraler Reaktion lösen.

Beim Erhitzen mit Kalilauge tritt Anilingeruch auf. Erhitzt man nach Zusatz einiger Tropfen Chloroform weiter, so entwickelt sich der widerliche Isonitrilgeruch. Wird Acetanilid mehrere Minuten mit 2 ccm Salzsäure gekocht und zur abgekühlten Flüssigkeit etwas Carbolsäure und einige Tropfen frisch bereiteter Chlorkalklösung hinzugefügt, so entsteht eine schmutzig-violettblaue Färbung, die auf Zusatz von überschüssigem Ammoniak in beständiges Indigoblau [2]) übergeht (Indophenolreaktion). Azofarbstoffreaktion (vgl. S. 907) positiv.

2. Acetylsalicylsäure (Aspirin). Geruchloses, bei etwa 135° schmelzendes Krystallpulver von säuerlich-süßlichem Geschmack, das sich in Äther und Alkohol leicht, in Wasser nur ziemlich schwer mit saurer Reaktion löst.

Beim Erhitzen mit Lauge tritt leicht Verseifung ein und beim Ansäuern mit Schwefelsäure hierauf Abscheidung von Salicylsäure. Die abfiltrierte Flüssigkeit riecht nach Essigsäure und beim Kochen mit etwas Alkohol und konzentrierter Schwefelsäure nach Essigäther. Eine wässerige Lösung von Acetylsalicylsäure wird durch Eisenchlorid nur ganz allmählich violett gefärbt.

Das unter dem Namen „Aspirin" geschützte Originalpräparat unterscheidet sich von den übrigen Handelspräparaten durch den etwas höheren Schmelzpunkt (etwa 137°) und durch die Krystallform.

3. Adrenalin siehe unter Anaesthetica.

4. Ätherische Öle. Die ätherischen Öle sind mit Wasserdämpfen flüchtig und rufen auf Papier vorübergehend einen durchscheinenden Fleck hervor. Ihre Abscheidung aus wässerigen und alkoholhaltigen Flüssigkeiten gelingt am besten durch Ausschütteln mit Pentan (evtl. nach Sättigung der Lösung mit Kochsalz). Fettes Öl läßt sich in dem nichtflüchtigen Rückstand am besten durch die Acroleinreaktion nachweisen.

---

[1]) Pflanzenstoffe sowie Stoffe rein unorganischer Natur sind in dieser Zusammenstellung unberücksichtigt geblieben, abgesehen von den sehr wichtigen Quecksilberverbindungen und den radioaktiven Stoffen.

Von den zahlreichen synthetischen Arzneimitteln konnte aus Zweckmäßigkeitsgründen nur eine sehr beschränkte Anzahl aufgenommen werden. In erster Linie sind die wichtigsten Antipyretica aufgeführt, da sie dem Analytiker erfahrungsgemäß sehr häufig begegnen, ferner eine Anzahl Jodoformersatzmittel, Lokalanaesthetica, Schlafmittel und andere, die praktisch eine Rolle spielen.

Was die Alkaloide und andere starkwirkende Pflanzenstoffe betrifft, so wurden, abgesehen von den in Heil- und Geheimmitteln immer wiederkehrenden, nur diejenigen erwähnt, denen in therapeutischer Hinsicht eine größere Bedeutung zukommt.

[2]) Bei sehr wenig Substanz kommt nur Grünfärbung zustande.

Die nachstehend aufgeführten ätherischen Öle finden häufiger Verwendung: Anisöl, Bittermandelöl, Cajeputöl (mit einer gesättigten wässerigen Jodjodkaliumlösung geschüttelt, scheidet sich ein Jodadditionsprodukt des Cineols in grünen, metallglänzenden Krystallblättchen aus), Calmusöl, Citronenöl, Eucalyptusöl (Eucalyptol), Fenchelöl, Fichtennadelöl und verwandte Öle, Campheröl, Kümmelöl, Lavendelöl, Melissenöl, Muskatnußöl, Nelkenöl (Eugenol siehe unter Phenole), Orangeblütenöl, Pfefferminzöl (Menthol), Rosmarinöl, Sandelöl (blaßgelbliche, dickflüssige, linksdrehende Flüssigkeit, die sich in 90 proz. Alkohol in jedem Verhältnis, in 70 proz. im Verhältnis 1 : 5 löst. Siedepunkt 300—340°), Sassafrasöl, Senföl, Terpentinöl, Thymianöl, Quendelöl, Wacholderbeeröl, Wintergrünöl (siehe Salicylsäuremethylester), Zimtöl (siehe dieses).

5. Airol siehe organische Wismutverbindungen.

6. Alkaloide und Xanthinbasen. Zwecks Identifizierung wird, wie schon früher ausgeführt, eine Prüfung der Substanz mit den allgemeinen Farbreagenzien vorgenommen. Hierbei liefern von wichtigen Alkaloiden keine Reaktion mit konz. Schwefelsäure, Salpetersäure, Erdmanns Reagens und Fröhdes Reagens: Atropin (Hyoscyamin, Scopolamin), Chinin, Cinchonin, Cocain und verwandte Alkaloide, Pilocarpin sowie die Purinbasen Coffein und Theobromin. Strychnin reagiert von den genannten Flüssigkeiten nur mit Salpetersäure unter Gelbfärbung. In der Praxis macht man, um Material zu sparen, zunächst eine Probe mit Fröhdes Reagens. Verläuft diese negativ, so erübrigt sich die Anwendung von Erdmanns Reagens und konz. Schwefelsäure. In solchen Fällen empfiehlt sich zunächst ein physiologischer Versuch am Tierauge. ·

Atropin (Hyoscyamin, Scopolamin) und Cocain führen eine Erweiterung der Pupille herbei, was man am besten am Katzenauge beobachten kann. Man träufelt zu dem Zweck eine neutrale wässerige Lösung des Alkaloids zwischen Augapfel und Lid ein. Verengerung der Pupille deutet auf Pilocarpin oder Physostigmin hin.

Im nachstehenden sind nur die bemerkenswertesten Reaktionen der wichtigsten Alkaloide aufgeführt. Eine eingehende Behandlung dieser Stoffe mit Tabellen der Farbenreaktionen usw. findet sich bei Gadamer.

a) Atropin[1]). Wenn nur sehr wenig Substanz vorhanden ist, kommt, abgesehen vom physiologischen Versuch (siehe vorstehend) für den Nachweis nur die Vitalische Reaktion in Betracht. Der Rückstand wird mit einigen Tropfen rauchender Salpetersäure auf dem Wasserbade eingedampft und mit wenig alkoholischer Kalilauge befeuchtet. Eine rotviolette Färbung läßt auf Atropin (Hyoscyamin) schließen, das als solches in der Zubereitung vorliegen kann oder in Form eines diese Basen enthaltenden Pflanzenextraktes (Belladonna, Hyoscyamus).

b) Chinaalkaloide. Das wichtigste von ihnen ist das Chinin.

c) Chinin ist durch stark bitteren Geschmack ausgezeichnet. Die schwefelsaure Lösung fluresciert schön blau. Zur Erkennung dient ferner die Thalleiochin- und die Herapathitreaktion. Die Thalleiochinreaktion führt man in der Weise aus, daß man die Lösung mit Chlor- oder Bromwasser versetzt und sofort mit Ammoniak deutlich übersättigt. Es tritt hierbei eine schöne grüne Farbe auf, die beim Neutralisieren blau, beim Übersättigen mit Säuren violett bis rot wird. Die Reaktion gelingt jedoch nicht immer[2]). Ähnlich verhält es sich mit der Herapathitprobe. Die Bildung dieses Perjodids erfolgt nach Host Madsen am sichersten, wenn man die in wenig Alkohol gelöste Substanz mit einer Mischung aus 1 Teil Jod, gelöst in 1 Teil 50 proz. Jodwasserstoffsäure und 50 Teilen 70 proz. Alkohol, und 0,8 Teilen Schwefelsäure versetzt und kurze Zeit stehen läßt. Bei Anwesenheit von Chinin bilden sich metallglänzende Blättchen, die im reflektierten Licht canthariden-

---

[1]) Ebenso verhalten sich die verwandten Solaneenalkaloide Hyoscyamin und Scopolamin.

[2]) Mit sicherem Gelingen der Reaktion kann man rechnen, wenn man auf 5 Teile der Alkaloidlösung (1 : 200) 1 Teil Chlorwasser und Ammoniak bis zur alkalischen Reaktion zusetzt.

grün erscheinen. Bei sehr geringen Materialmengen ist die Erythrochininreaktion[1]) zu empfehlen. 10 ccm der schwach angesäuerten Alkaloidlösung werden mit je einem Tropfen Bromwasser, Ferrocyankalilösung (1 : 10) und Ammoniak versetzt und mit wenig Chloroform geschüttelt. Bei Gegenwart von Chinin[2]) tritt deutliche Rotfärbung des Chloroforms ein.

β) **Cinchonin.** Von den übrigen Chinaalkaloiden findet fast nur Cinchonin hin und wieder arzneiliche Anwendung. Eine kennzeichnende Reaktion der Base ist nicht bekannt. Es unterscheidet sich vom Chinin durch die leichte Löslichkeit des Sulfates in Wasser und umgekehrt durch die Schwerlöslichkeit der freien Base in Äther.

c) **Cocain** und seine Ersatzmittel siehe unter Anaesthetica.

d) **Codein** siehe unter Alkaloide bei „Opiumbasen".

e) **Colchicin.** Die Base ist in Wasser, Alkohol und Chloroform leicht mit gelblicher Farbe löslich, in Äther wenig, in Petroläther fast nicht löslich. Die Isolierung gelingt durch Ausschütteln der sauren Lösung mit Chloroform. Konz. Schwefelsäure löst mit intensiv gelber Farbe; konz. Salpetersäure (spez. Gewicht 1,4) färbt violett, die Färbung geht bald durch Grün in Gelb über. Mandelins Reagens färbt vorübergehend grün, dann braun.

f) **Hydrastisalkaloide.** Das als Stypticum Verwendung findende Fluidextrakt aus dem Wurzelstock von Hydrastis canadensis enthält mehrere Alkaloide, von denen das Hydrastin das wirksame Prinzip der Droge darstellt. Hydrastin läßt sich aus saurer Lösung mit alkoholhaltigem Chloroform oder aus schwach alkalischer Lösung mit Äther ausschütteln. Wird eine Lösung des Alkaloids in verdünnter Schwefelsäure mit etwas Permanganatlösung versetzt, so tritt infolge von Hydrastininbildung blaue Fluorescenz auf.

Berberin, das allein schon wegen seiner gelben Färbung für den Nachweis von Hydrastisextrakt von Bedeutung ist, wird aus stark alkalischer Lösung von Äther oder Chloroform aufgenommen. Wird Hydrastisfluidextrakt mit der doppelten Menge verdünnter Schwefelsäure kräftig geschüttelt, so erfolgt nach kurzer Zeit reichliche Abscheidung von gelben, aus Berberinsulfat bestehenden Krystallen. Reaktionen des Berberins: Chlorwasser färbt die Lösung rot (Klunge). Eine konzentriertere alkoholische Lösung liefert mit gelbem Schwefelammonium nach einiger Zeit Abscheidung braunschwarzer Krystalle. Wird eine Berberinlösung mit $1/_{10}$ Vol. konz. Natronlauge und $1/_2$ Vol. Aceton versetzt und auf etwa 50° erwärmt, so erfolgt nach dem Erkalten innerhalb eines Tages Abscheidung gelbbrauner, aus Aceton-Berberin bestehender Krystalle.

g) **Ipecacuanha-Alkaloide.** In der Brechwurzel kommen verschiedene stark wirkende Alkaloide vor, von denen das Emetin das wichtigste ist. Aus Ipecacuanha enthaltenden Zubereitungen erhält man durch Ausschütteln aus alkalischer Flüssigkeit kein reines Emetin, sondern ein Alkaloidgemenge. Konzentriertes Fröhdes Reagens löst dieses Gemenge mit braungrüner Farbe; fügt man rasch einen Tropfen konz. Salzsäure oder etwas Kochsalz hinzu, so tritt eine tiefblaue Färbung auf (Reaktion des Cephaëlins).

h) **Opiumbasen.** Von den zahlreichen Alkaloiden des Opiums finden vorwiegend Codein und Morphin arzneiliche Verwendung.

---

[1]) Pharmaz. Ztg. 1907, S. 680.

[2]) Von Chininsalzen finden hauptsächlich arzneiliche Verwendung das Chlorhydrat, Sulfat, Tannat und das Eisenchininincitrat. Letzteres stellt rotbraune, in Wasser allmählich lösliche Blättchen dar. Die Lösung reagiert nach Zusatz von Salzsäure mit Ferro- und Ferricyankalium unter Blaufärbung. Das Tannat ist in verdünnten Säuren nur wenig löslich, etwas reichlicher in Alkohol. Mit Eisenchlorid färbt es sich blauschwarz. Der Geschmack ist adstringierend, aber kaum bitter. Zur Abscheidung der Base (z. B. beim Nachweis in Pillen usw.) ist es erforderlich, mit Natronlauge stark alkalisch zu machen.

α) **Codein** ist leicht in Äther, Alkohol, Chloroform, sowie in heißem Wasser löslich. Die wässerige Lösung reagiert stark alkalisch. Die Isolierung der Base erfolgt aus alkalischer Lösung mit Äther. Fröhdes Reagens färbt gelbgrün, allmählich blau (Unterschied von Morphin), ähnlich verhält sich Mandelins Reagens. Mit Marquis' Reagens tritt, ähnlich wie bei Morphin, sofort blauviolette Färbung auf. Zum Unterschied von Morphin wirkt es auf Jodsäure nicht reduzierend und liefert aus demselben Grunde mit Eisenchlorid und Ferricyankalium auch keine Blaufärbung.

β) **Morphin.** Die freie Base ist in den üblichen Lösungsmitteln sehr schwer löslich, ausgenommen in Alkohol und heißem Chloroform. Als Phenolbase läßt sich Morphin nicht aus natronalkalischer Flüssigkeit ausschütteln, sondern nur aus bicarbonatalkalischer oder mit Ammoniak übersättigter Lösung. Zum Ausschütteln empfiehlt sich heißes Chloroform. Reaktionen: Konz. Salpetersäure färbt blutrot, Fröhdes Reagens schön violett, das allmählich durch Blau in Grün übergeht. Marquis' Reagens erzeugt sofort prächtige Violettfärbung, die allmählich in Blau übergeht. Die beiden letztgenannten Reaktionen sind besonders empfindlich.

Eine mit wenig Eisenchlorid versetzte Ferrocyankaliumlösung färbt sich mit Morphin blau (Bildung von Berliner Blau). Aus Jodsäure scheidet Morphin freies Jod ab, das sich durch Ausschütteln mit Chloroform sichtbar machen läßt.

Zur Prüfung einer Zubereitung auf Opium[1]) oder Opiumauszug genügt es, neben Morphin auf Narkotin und Mekonsäure zu fahnden. Zu dem Zweck stellt man eine für die Ausschüttelung geeignete schwefelsaure Flüssigkeit her, der zunächst durch wiederholtes Ausschütteln mit Äther u. a. das Mekonin entzogen wird. Die durch Erwärmen vom Äther befreite Flüssigkeit wird hierauf mehrmals mit Amylalkohol ausgeschüttelt, der Mekonsäure aufnimmt. Der Verdunstungsrückstand wird in wenig salzsaurem Wasser aufgenommen und mit Eisenchlorid versetzt. Bei Gegenwart von Mekonsäure entsteht eine braunrote bis blutrote Färbung, die beim Erhitzen sowie bei Zusatz von Goldchlorid beständig ist. Diese Reaktion läßt sich mitunter direkt mit der wässerigen sauren Flüssigkeit ausführen.

Zur Entfernung des Amylalkohols wird die wässerige Flüssigkeit mit Petroläther geschüttelt. Hierauf erwärmt man bis zur Verjagung des Petroläthers und macht mit Natronlauge schwach alkalisch. Durch Äther läßt sich nunmehr Narkotin ausziehen neben Papaverin, Thebain und Codein. Man löst den Verdunstungsrückstand des Äthers in wenig angesäuertem Wasser, filtriert und bringt durch gesättigte Natriumacetatlösung Narkotin und Papaverin zur Abscheidung. Der Niederschlag wird abgesaugt, ausgewaschen, in schwefelsäurehaltigem Wasser gelöst und die Flüssigkeit nach dem Übersättigen mit Alkali mit Benzol ausgeschüttelt, worin Narkotin leicht, Papaverin schwer löslich ist.

Der Verdunstungsrückstand des Benzols wird auf Narkotin geprüft. Konzentrierte Schwefelsäure löst Narkotin grünlichgelb, die Lösung wird bald gelbrot. Konzentriertes Fröhdes Reagens (0,05 g Ammoniummolybdat in 1 ccm Schwefelsäure) löst grün, dann geht die Farbe in Kirschrot über. Mandelins Reagens färbt zinnoberrot, dann rotbraun, endlich carminrot.

Zur Abscheidung des Morphins wird die von den übrigen Basen befreite Flüssigkeit mit Salzsäure angesäuert, mit Ammoniak übersättigt und mit heißem Chloroform ausgezogen. Der Verdunstungsrückstand des Chloroforms wird wie oben auf Morphin geprüft.

i) **Pilocarpin.** Die Isolierung erfolgt am besten durch Ausziehen mit Äther aus bicarbonatalkalischer Lösung. Das Alkaloid ruft eine Verengerung der Pupille hervor, wenn die neutrale Lösung ins Auge eingeträufelt wird. Von Farbenreaktionen kann die Helchsche Reaktion zur Erkennung dienen. Man stellt durch Verdunsten mit etwas Salzsäure das Chlorhydrat her, löst in etwas Wasser, setzt ein Körnchen Dichromat, 1 ccm Chloroform und 1 ccm

---

[1]) Vgl. Gadamer S. 530.

3 proz. Wasserstoffsuperoxyd zu und schüttelt im Reagensglas einige Minuten. Das Chloroform wird hierbei blauviolett bis indigoblau gefärbt.

k) Strychnos-Alkaloide. Arzneizubereitungen, die einen Auszug (Extrakt oder Tinktur) aus Strychnossamen enthalten, liefern beim Ausschütteln der alkalischen Flüssigkeit ein aus Strychnin und Brucin bestehendes Alkaloidgemenge. Strychnin findet außerdem auch für sich arzneiliche Verwendung, während dies bei Brucin nicht der Fall ist.

α) **Strychnin.** Die sehr leicht krystallisierende Base ist in Wasser fast unlöslich, schwerlöslich in Äther, leichter in Alkohol und Chloroform. Die Lösung ist durch außerordentlich bitteren Geschmack ausgezeichnet. Von Schwefelsäure wird Strychnin ohne Färbung gelöst; gibt man zur Lösung kleine Kryställchen von Kaliumbichromat und bewegt die Flüssigkeit durch Neigen des Schälchens, so bilden sich blauviolette Schlieren, die bald wieder verschwinden. Mandelins Reagens gibt blauviolette Färbung, die allmählich in Rot übergeht. Chlorwasser erzeugt in Strychninlösungen einen Niederschlag von Chlorstrychnin. In zweifelhaften Fällen kann zur Entscheidung der physiologische Versuch herangezogen werden, indem man das Alkaloid durch Abdunsten mit Salzsäure in das Chlorhydrat überführt und die wässerige Lösung einer weißen Maus oder einem Frosch unter die Haut spritzt. Strychnin ruft tetanusartige Krämpfe hervor.

β) **Brucin** wird durch konz. Salpetersäure blutrot gefärbt, die Färbung geht allmählich in Gelb über.

Wird bei der Untersuchung einer Arzneizubereitung Brucin nachgewiesen, so ist nach dem oben Gesagten auch mit dem Vorhandensein von Strychnin zu rechnen.

In Gemengen beider Basen läßt sich aber Strychnin durch die Bichromatreaktion nicht sicher erkennen. Dagegen färbt Mandelins Reagens ein solches Gemenge zunächst blau und bald rot, während Brucin allein rot und allmählich gelb wird.

Man kann auch nach verschiedenen Verfahren eine Trennung der Alkaloide herbeiführen, z. B. durch Fällung der schwach essigsauren Lösung mit konz. Kaliumbichromatlösung. Strychnin wird hierbei als Chromat abgeschieden, das mit konz. Schwefelsäure die kennzeichnende blauviolette Färbung liefert.

l) Veratrin. Das Alkaloid läßt sich aus schwachsaurer Lösung mit Chloroform abscheiden, besser noch aus alkalischer Flüssigkeit.

Es ist leicht löslich in Chloroform, Alkohol und Äther. Mit konz. Schwefelsäure verrieben, zeigt die Mischung zunächst grünlichgelbe Fluorescenz und färbt sich allmählich orange, schließlich intensiv kirschrot. Erdmanns, Fröhdes und Mandelins Reagens wirken ähnlich. Einige Zeit mit konz. Salzsäure gekocht, tritt eine kirschrote Färbung ein, die wochenlang haltbar ist.

Ein Gemenge von Veratrin mit etwas Zucker färbt sich nach dem Durchfeuchten mit konz. Schwefelsäure anfangs grün, nach einiger Zeit blau.

m) Yohimbin. Die Isolierung erfolgt aus alkalischer Lösung mit Äther oder Chloroform. Das aus Yohimberindenpulver gewonnene Alkaloidgemenge gibt im wesentlichen dieselben Reaktionen wie das reine Yohimbin, verändert sich aber schon nach einigen Tagen und verliert immer mehr an Reaktionsfähigkeit. Die Reaktionen, die übrigens denen des Strychnins ähneln, müssen daher sofort nach der Isolierung angestellt werden.

Konz. Salpetersäure färbt gelb. Von konz. Schwefelsäure wird Yohimbin farblos aufgenommen; auf Zusatz von kleinen Körnchen Bichromat entstehen Streifen mit blauviolettem Rand. Die Farbe geht bald in Blaugrau und Grünblau über. Fröhdes Reagens gibt sofort schöne Blaufärbung, die bald vom Rande her in Grün übergeht. Mit Mandelins Reagens tritt ebenfalls sofort Blaufärbung mit einem Stich ins Violette ein. Die gelbe Färbung des Reagenzes geht hierbei ziemlich rasch durch Orange in Ziegelrot über, während sich das Blau in schmutziges Grün verwandelt [1]).

[1]) Vgl. Zeitschr. f. Unters. d. Nahr. u. Genußmittel 1909, **17**, 77.

n) Xanthin-Basen. Coffein und Theobromin sind keine eigentlichen Alkaloide, sie geben weder mit den allgemeinen Alkaloidfällungsreagenzien in verdünnten Lösungen Niederschläge (ausgenommen Goldchlorid), noch treten die Farbreaktionen ein.

Zum Nachweis beider dient die Murexidprobe. Dampft man Coffein oder Theobromin mit überschüssigem Chlorwasser auf dem Wasserbade rasch zur Trockne, so färbt sich der gelbrote Rückstand beim Befeuchten mit Ammoniak schön rotviolett. Besonders vorsichtig muß die Reaktion bei Theobromin ausgeführt werden. Es empfiehlt sich deshalb, nur Ammoniakdampf auf den Rückstand einwirken zu lassen, indem man ein mit einem Tropfen Ammoniak befeuchtetes Uhrglas darüber deckt.

Coffein ist in Wasser verhältnismäßig leicht löslich, Theobromin fast unlöslich. Chloroform löst Coffein sehr leicht, Theobromin nur heiß etwas reichlicher. Die Ausschüttelung erfolgt aus saurer Lösung mit Chloroform. Eine Trennung beider Basen ist durch Tetrachlorkohlenstoff möglich, worin Theobromin bei gewöhnlicher Temperatur unlöslich ist (vgl. S. 277).

Beide sublimieren unzersetzt und sind an der Krystallform des Sublimats zu erkennen, falls kein Gemenge vorliegt. Mikrochemisch lassen sich beide leicht mit Hilfe der Goldsalze nachweisen.

Der Nachweis geringerer Mengen von Coffein in einer Zubereitung läßt auf das Vorhandensein von Kaffee, Tee, Maté, Guarana oder Cola bzw. deren Extrakte schließen.

Theobromin kommt in wesentlichen Mengen nur im Kakao vor.

Von Doppelsalzen sind zu erwähnen das Theobrominnatrium-Natriumsalicylat (Diuretin), das sich mit alkalischer Reaktion leicht in Wasser löst (Eisenchlorid färbt violett, Salzsäure scheidet Salicylsäure und allmählich auch Theobromin aus) und das Coffein-Natriumsalicylat, dem sich das Coffein durch Erwärmen mit Chloroform entziehen läßt.

7. Aloe. In heißem Wasser zu einer klaren braunschwarzen Flüssigkeit löslich, aus der sich beim Erkalten Harz abscheidet. Die wässerige Lösung wird durch Eisenchlorid schwarz gefärbt. Über die Bornträgersche, Hirschsohnsche und Schoutelensche Reaktion siehe unter Emodin enthaltende Abführmittel.

In Pulvern, Tabletten u. dgl. ist Aloe im Wasserpräparat unter dem Mikroskop meist leicht erkennbar. Die Aloestoffteilchen bilden mit Wasser sehr schnell kennzeichnende körnige, emulsionsartige Massen von grünlichbrauner Farbe.

8. Ameisensäure siehe unter „Säuren, organische“.

9. Anästhesin (p-Amidobenzoesäureäthylester). Örtliches Anaestheticum, leicht löslich in Alkohol, Äther und Chloroform, sehr schwer löslich in Wasser (daher zu Injektionen nicht geeignet), ferner in 50 Teilen fettem Öl sowie in verdünnten Säuren. Die Isolierung gelingt am besten durch Ausäthern aus alkalischer Flüssigkeit. Schmelzpunkt 90—91°. Eine Lösung von Anästhesin in verdünnter Salzsäure mit einigen Tropfen Natriumnitritlösung und Lauge bis zur alkalischen Reaktion versetzt, gibt beim Hinzufügen von alkalischer β-Naphthollösung dunkelorangerote bis kirschrote Färbung (Azofarbstoffreaktion).

10. Anaesthetica, örtliche. Erwähnt seien hier nur das Cocain und seine wichtigsten Ersatzmittel, soweit sie in Form von Lösungen als Injektionsanaesthetica, die häufiger Gegenstand der chemischen Untersuchung sind, Verwendung finden. Hierfür kommen außer Cocain hauptsächlich in Betracht: Tropacocain, Novocain, Alypin, Stovain und β-Eucain. Alle diese Körper sind dadurch ausgezeichnet, daß sie auf der Zunge vorübergehende Gefühllosigkeit hervorrufen.

Ihre Isolierung erfolgt durch Ausschütteln mit Äther aus alkalischer Flüssigkeit. Die üblichen Alkaloidfarbreagenzien liefern keine eigenartigen Färbungen. Mit den Fällungsreagenzien entstehen starke, zum Teil kennzeichnende Niederschläge. Cocain unterscheidet sich von allen seinen Ersatzmitteln vor allem durch die pupillenerweiternde Wirkung. Zur Kennzeichnung der Basen kann u. a. ihr Verhalten gegen alkoholische Kalilauge, gegen Permanganatlösung sowie gegen konz. Schwefelsäure und Kaliumjodat (letzteres siehe bei Gadamer) herangezogen werden.

Beim Übergießen mit wenigen Tropfen alkoholischer Kalilauge (Butterlauge) liefern bei gewöhnlicher Temperatur Cocain, Tropacocain und β-Eucain nach kurzer Zeit starken Benzoesäureäthylestergeruch. Novocain, Stovain und Alypin bleiben geruchlos. Das Verhalten gegen Permanganat prüft man in der Weise, daß man zunächst einen Tropfen 1 proz. Kaliumpermanganatlösung auf einen Objektträger bringt und einen Tropfen der gelösten Base (erhalten durch Aufnehmen der in das Chlorhydrat verwandelten Base mit gesättigter Alaunlösung) hinzufügt. Novocain und Stovain entfärben hierbei das Permanganat fast augenblicklich unter Ausscheidung von Braunstein. β-Eucain reduziert langsamer, gewöhnlich erfolgt zunächst Ausscheidung derber, wenig kennzeichnender Krystalle. Cocain, Tropacocain und Alypin bilden eigenartige Krystallformen, die sich erst nach einiger Zeit unter Braunfärbung zersetzen (Vergleichspräparate mit reinen Basen unter denselben Bedingungen!).

a) Cocain. Das Permanganat, dessen Krystallisation gewöhnlich erst nach einigen Minuten erfolgt, bildet in seinen typischen Formen rhomboedrische Tafeln, die gewöhnlich an der Peripherie der Krystallisationsherde am schönsten entwickelt sind. Zum mikrochemischen Nachweis sind außerdem auch die mit Pikrinsäure, Gold- und Platinchlorid entstehenden Niederschläge geeignet.

b) Tropacocain. Das sofort zur Ausscheidung gelangende Permanganat stellt zierliche, z. T. moos- oder farnähnliche Krystallgebilde oder nadelförmige Krystalle dar. Mit Kaliumbichromatlösung entsteht sofort ein krystallinischer Niederschlag, der sich beim Erhitzen löst und beim Erkalten der Flüssigkeit in derben Krystallen wieder abscheidet.

c) Alypin. Das sich meist sofort ausscheidende Permanganat bildet zu Gruppen vereinigte schmal tafelförmige Krystalle, die sich rascher als das Cocainsalz zersetzen.

d) β-Eucain. Permanganat wird nur allmählich entfärbt. Gewöhnlich bilden sich vorübergehend vereinzelt derbe, kurzprismatische Krystalle. Die durch Chromsäure oder Bichromat hervorgerufene gelbe Fällung löst sich auf Zusatz von Salzsäure wieder auf (Unterschied von Cocain).

e) Novocain. Permanganat wird sofort entfärbt. Die Base liefert direkt Azofarbstoffreaktion (scharlachrot bei Anwendung alkalischer β-Naphthollösung). Wird der durch Jodjodkali erzeugte Niederschlag in Natronlauge gelöst und schwach erwärmt, so tritt Jodoformgeruch auf.

f) Stovain. Permanganat wird sofort entfärbt.

Die genannten Anaesthetica lassen sich bei ausreichendem Material auch durch den Schmelzpunkt ihrer Salze (namentlich des Pikrates) kennzeichnen.

Die als Injektionsanaesthetica im Handel befindlichen Zubereitungen enthalten gewöhnlich eine der aufgeführten Basen in Kombination mit Adrenalin, dem wirksamen Prinzip der Nebenniere, das als Anaestheticum und Haemostaticum vielfach angewendet wird.

g) Adrenalin (Suprarenin). Die Base ist ein Brenzkatechinderivat und wird daher durch Oxydation sehr leicht verändert. Hierauf beruhen auch die meisten Reaktionen, die aber bei der starken, in einem Injektionsanaestheticum vorliegenden Verdünnung (gewöhnlich 1 : 100 000, so daß 1 ccm der Flüssigkeit im allgemeinen nur 0,00001 g Base enthält) zum Nachweis meist nicht ausreichen. Deutlich sichtbar ist auch noch bei 1 ccm Flüssigkeit (Inhalt einer Ampulle) die beim Erwärmen mit 0,1 proz. Kaliumpersulfatlösung auftretende rötliche Färbung. Beim Erwärmen mit Jodsäurelösung tritt gleichfalls eine rötliche Färbung auf. Auf Zusatz von etwas Natronlauge färben sich Adrenalinlösungen allmählich bräunlich.

Von den in kaltem Wasser unlöslichen, örtliche Anästhesie erzeugenden Mitteln sei das Anästhesin und Orthoform (siehe diese) genannt, die in Form von Salben, Streupulvern und ähnlichen Zubereitungen Verwendung finden.

11. Antipyrin und Derivate. a) Antipyrin.

Farblose, bei 110—112° schmelzende, schwach bitter schmeckende Krystalle, die sich in etwa 1 Teil Wasser, Alkohol, Chloroform und in 80 Teilen Äther lösen. Die wässerige Lösung reagiert neutral und gibt mit den Alkaloidfällungsmitteln starke Niederschläge. Die Gewinnung aus Flüssigkeiten erfolgt durch Ausschütteln aus alkalischer Lösung mit Äther oder Chloroform. Auch aus saurer Lösung geht es z. T. schon in den Äther über. Eisenchlorid ruft in verdünnten Lösungen eine tiefrote Färbung hervor, die auf Zusatz von Schwefelsäure in Gelb übergeht. Die wässerige Lösung färbt sich auf Zusatz einiger Tropfen rauchender Salpetersäure grün; erhitzt man zum Sieden und fügt einen weiteren Tropfen rauchender Salpetersäure hinzu, so schlägt die Farbe in Rot um. Die Grünfärbung entsteht auch, wenn man Antipyrinlösung mit Kaliumnitrit versetzt und ansäuert.

b) Migränin. Gemenge von Antipyrin, Coffein und wenig Citronensäure. Schmelzpunkt 105—110°. Die wässerige Lösung reagiert infolge des geringen Citronensäuregehaltes deutlich sauer und gibt mit Bleiacetat einen weißen Niederschlag. Zum Nachweis der Citronensäure nach Denigès ist es erforderlich, diese erst durch Bleifällung zu isolieren. Eine Trennung der Bestandteile durch Lösungsmittel ist nicht möglich. Zum Nachweis des Coffeins fällt man das Antipyrin mit Mercurinitrat und schüttelt das Filtrat mit Chloroform aus. Mit dem Verdunstungsrückstand des Chloroforms wird die Murexidprobe angestellt.

c) Pyramidon (Dimethylamidoantipyrin). Farbloses, bei 108° schmelzendes, in Wasser, Alkohol, Äther und Chloroform lösliches Krystallpulver. Die wässerige Lösung reagiert gegen Lackmus schwach alkalisch. Eisenchlorid färbt die mit Salzsäure schwach angesäuerte Lösung blauviolett, ebenso Jodlösung. Silbernitrat ruft zunächst kräftige blauviolette Färbung hervor, nach kurzer Zeit schwärzt sich die Flüssigkeit unter Abscheidung metallischen Silbers.

d) Salipyrin (salicylsaures Antipyrin). Löslich in 200 Teilen kaltem und in 20 Teilen siedendem Wasser, leicht löslich in Alkohol und Chloroform, weniger leicht in Äther. Schmelzpunkt 91—92°. Beim Erwärmen mit verdünnter Schwefelsäure wird Salicylsäure, beim Erwärmen mit Natronlauge wird Antipyrin abgespalten. Verdünnte Eisenchloridlösung färbt die wässerige Lösung violett, bei weiterem Zusatz von Eisenchlorid tritt ein mehr bräunlicher Farbenton auf. Rauchende Salpetersäure bewirkt Grünfärbung. Tanninlösung ruft weiße Fällung hervor.

12. Apiol.

Unter der Bezeichnung „Apiolum viride" findet ein durch Ausziehen von Petersiliensamen mit Petroläther gewonnenes rohes ätherisches Petersilienöl als Mittel gegen Menstruationsstörungen Verwendung. Das Präparat stellt ein grünes, in Alkohol und Äther lösliches, nach Petersiliensamen riechendes Öl dar, das infolge seiner Herstellungsweise neben ätherischem auch fettes Öl sowie Chlorophyll enthält.

13. Apfelsäure siehe unter „Säuren, organische".

14. Aristol siehe unter Jodoformersatzmittel.

15. Asa foetida siehe unter Harze.

16. Aspirin siehe unter Acetylsalicylsäure.

17. Atropin siehe unter Alkaloide.

18. Balsame. a) Copaivabalsam.

Eine kennzeichnende Reaktion ist nicht bekannt, aber auch entbehrlich, da der Balsam durch den eigenartigen Geruch und den gewürzhaft scharfen, schwach bitteren Geschmack sowie durch die dickflüssige Konsistenz hinreichend gekennzeichnet ist. Copaivabalsam ist häufig mit Gurjunbalsam oder mit fettem Öl verfälscht. Werden drei Tropfen Balsam in 3 ccm Essigsäure gelöst und die mit 2 Tropfen Natriumnitritlösung versetzte Mischung vorsichtig auf 2 ccm konz. Schwefelsäure geschichtet, so darf sich die Essigsäureschicht innerhalb einer Stunde nicht violett färben. Violettfärbung zeigt Gurjunbalsam an. Wird 1 g Balsam 3 Stunden auf dem siedenden Wasserbad erhitzt, so muß nach dem Erkalten ein sprödes Harz hinterbleiben. Ist der Rückstand weich, so läßt dies auf fettes Öl schließen.

b) Perubalsam. Der schwarzbraune Balsam ist durch vanilleähnlichen Geruch und durch scharf kratzenden bitterlichen Geschmack ausgezeichnet. Der eigenartige Bestandteil ist das mit Wasserdämpfen flüchtige Cinnamein (über 50%), das vorwiegend aus Benzoesäurebenzylester und Zimtsäurebenzylester besteht.

Beim Übergießen mit alkoholischer Kalilauge wird das Cinnamein schon bei gewöhnlicher Temperatur verseift und es tritt nach einigen Sekunden der Geruch nach Benzoesäureäthylester auf. Schon wenige Milligramme Perubalsam liefern deutlichen Estergeruch. Salben und ähnliche Zubereitungen unterwirft man in zweifelhaften Fällen zwecks Abscheidung des Cinnameins zunächst der Destillation mit Wasserdampf. Aus dem Destillat wird das Cinnamein durch Äther oder Petroläther ausgeschüttelt [1]).

c) Styrax. Gereinigter Styrax bildet eine braune, fast vollständig in Alkohol, Äther, Benzol und Schwefelkohlenstoff lösliche Masse von der Konsistenz eines dicken Extraktes, ausgezeichnet durch kennzeichnenden benzoeartigen Geruch. Er enthält ziemlich viel freie Zimtsäure, außerdem Zimtsäureester (wenig Cinnamein).

d) Tolubalsam. Tolubalsam verhält sich ähnlich wie Perubalsam, der Gehalt an Cinnamein ist jedoch ziemlich gering.

19. Benzoe siehe Harze.

20. Benzoesäure siehe „Säuren, organische".

21. Bittermandelwasser.
Der eigenartige Geruch der Flüssigkeit ist durch eine Verbindung von Benzaldehyd und Blausäure (Benzaldehydcyanhydrin) bedingt. Wird die Blausäure durch Zusatz von Silbernitratlösung ausgefällt, so muß der Geruch nach Benzaldehyd bestehen bleiben, wenn Bittermandelwasser vorhanden ist.

22. Blasentangextrakt.
Blasentang (Fucus vesiculosus) enthält geringe Mengen einer in Wasser und Alkohol löslichen organischen Jodverbindung, während Jod in Ionenform darin nicht nachweisbar ist. Letzteres ist um so bemerkenswerter, als die Alge und die daraus gewonnenen Extrakte beträchtliche Mengen von Natriumchlorid [2]) enthalten. Wird daher in einem Entfettungsmittel oder einer ähnlichen Zubereitung neben relativ erheblichen Chloridmengen eine alkohollösliche organische Jodverbindung festgestellt, so läßt dieser Befund mit großer Wahrscheinlichkeit auf das Vorhandensein von Blasentangextrakt schließen.

Die Prüfung auf die organische Jodverbindung erfolgt in der Weise, daß man — die Abwesenheit von Jodiden vorausgesetzt — die zu untersuchende Substanz mit 70—80 proz. Alkohol wiederholt auskocht, den Verdunstungsrückstand mit Soda verascht, die Lösung der Asche mit etwas Nitrit versetzt und nach vorsichtigem Ansäuern mit verdünnter Schwefelsäure mit wenig Chloroform schüttelt. Bei Gegenwart von Jod färbt sich das Chloroform rosarot bis violett (vgl. auch Schilddrüsenpräparate).

23. Blutpräparate.
Die extrakt- oder pulverförmigen Präparate (sogenanntes Hämoglobin) enthalten z. T. unveränderten Blutfarbstoff, z. T. Methämoglobin. Der Nachweis kann spektroskopisch oder mit Hilfe der Teichmannschen Probe erfolgen.

Ein auf Hämoglobin zu prüfendes Teilstückchen wird auf dem Objektträger mit einem Deckgläschen bedeckt und unter Zusatz einer Spur Natriumchlorid mit Eisessig bis zur Blasenbildung der Flüssigkeit über freier Flamme erwärmt. Bei Gegenwart von Blutfarbstoff scheiden sich nach dem Verdunsten des Eisessigs auf dem Wasserbade die kennzeichnenden Häminkrystalle (Teichmannschen Krystalle) in Form von braunen rhomboedrischen Tafeln aus, die oft Kreuzungszwillinge bilden. Die mikroskopische Prüfung erfolgt bei etwa 300 facher Vergrößerung.

---

[1]) Vgl. Zeitschr. f. Unters. d. Nahr. u. Genußmittel 12, **27**, 688.

[2]) In einem trockenen Extrakt aus Fucus vesiculosus wurden 20%, in einem Fluidextrakt 8,3% Natriumchlorid festgestellt. Vgl. außerdem Zeitschr. f. Unters. d. Nahr. u. Genußmittel 1916, **31**, 252.

Siehe auch unter „Eiweiß- bzw. Proteinpräparate".

24. *Brechweinstein* siehe unter „Weinsäure".

25. *Bromoform*. Farblose, chloroformähnlich riechende, süßlich schmeckende Flüssigkeit vom Siedepunkt 148—150°, in Wasser unlöslich, in Alkohol und Äther leicht löslich. Bromoform liefert die gleichen Reaktionen wie Chloroform. Beim Erhitzen mit alkoholischer Kalilauge am Rückflußkühler wird Bromkalium gebildet.

26. *Cantharidin*. Löslich in Äther und Chloroform, wenig löslich in Alkohol, fast unlöslich in Petroläther und in Wasser, aber mit Wasserdämpfen flüchtig; unzersetzt sublimierbar. Aus saurer Lösung läßt es sich mit Äther ausschütteln. Kennzeichnende Reaktionen sind nicht bekannt. Zum Nachweis dient der physiologische Versuch, der in der Weise angestellt wird, daß man den zu prüfenden Rückstand mit wenig Mandelöl verreibt, das Öl durch ein Stückchen Leinwand aufnimmt und dieses mit Hilfe von Heftpflaster am Oberarm befestigt. Cantharidin bewirkt Blasenbildung oder starke Hautrötung.

27. *Capsaicin*. Capsaicin läßt sich aus saurer Lösung durch Äther ausschütteln. Es ist durch den anhaltend brennenden Geschmack bereits hinreichend gekennzeichnet.

28. *Carbolsäure* siehe unter „Phenole".

29. *Carvacrol* siehe unter „Phenole".

30. *Casein* siehe unter „Eiweißstoffe".

31. *Chinin* und seine Salze siehe unter „Alkaloide".

32. *Chinosol*. Gelbes, wasserlösliches Pulver, Gemenge aus Orthooxychinolinsulfat und Kaliumsulfat. Das Oxychinolin läßt sich als Phenolbase aus natronalkalischer Flüssigkeit nicht ausschütteln, dagegen aus ammoniakalischer oder bicarbonatalkalischer Lösung. Mit den Alkaloidfällungsmitteln entstehen Niederschläge. Eisenchlorid färbt grün. Ferrosulfat färbt zunächst rot, später entsteht ein schwarzer Niederschlag. Ammoniakalische Silberlösung wird reduziert.

33. *Chloralhydrat*. In Alkohol, Äther und Wasser leicht löslich, mit Wasserdämpfen flüchtig; Geruch stechend, Geschmack schwach bitter. Beim Erwärmen mit Natronlauge erfolgt Abscheidung von Chloroform, das durch die Isonitrilreaktion leicht nachweisbar ist. Die wässerige Lösung von Chloralhydrat gibt mit Nesslers Reagens einen ziegelroten Niederschlag, der allmählich heller und schließlich gelbgrün wird (Unterschied von Chloroform).

34. *Chloroform*. Zum Nachweis geringer Mengen Chloroform eignet sich die Isonitrilreaktion. Wird die zu untersuchende Flüssigkeit mit alkoholischer Kalilauge und einem Tropfen Anilin erhitzt, so tritt bei Anwesenheit von Chloroform (Chloral, Bromoform und Jodoform verhalten sich ebenso) der widerliche Isonitrilgeruch auf. Wird eine Spur Chloroform (ebenso verhalten sich die übrigen genannten Stoffe) mit wässeriger Resorcinlösung unter Zusatz von einigen Tropfen Kalilauge erhitzt, so entsteht eine gelbrote Färbung mit schöner Fluorescenz (Schwarz).

35. *Chrysarobin*. Gelbes, in 45 Teilen Chloroform von 40° und in 300 Teilen siedendem Alkohol lösliches, in Wasser und Ammoniak unlösliches Pulver, das beim Erhitzen im Röhrchen schmilzt, gelbe Dämpfe ausstößt und dann verkohlt. Konz. Kalilauge und konz. Schwefelsäure lösen mit gelber Farbe und grüner Fluorescenz. Wird die alkalische Lösung mit Luft geschüttelt, so färbt sie sich rot. Beim Schütteln mit Ammoniak entsteht im Lauf eines Tages ebenfalls carminrote Färbung (Bildung von Chrysophansäure).

36. *Cinnamein* siehe Perubalsam.

37. *Citronensäure* siehe Säuren, organische.

38. *Citrophen* (citronensaures Phenetidin). Weißes Krystallpulver von säuerlichem Geschmack. Schmelzpunkt 181°. Fast unlöslich in Äther, schwerlöslich in Alkohol, löslich in 40 Teilen kaltem und 15 Teilen siedendem Wasser. Die alkoholische Lösung färbt sich auf Zusatz von Eisenchlorid grün, die Färbung geht bald, namentlich beim Erwärmen, in Lila über. Auf Zusatz von Salzsäure verschwindet die Färbung nicht sofort. Indophenol-

und Azofarbstoffreaktion positiv. Die wässerige Lösung gibt mit Bleiacetat eine weiße Fällung von Bleicitrat.

39. Cocain siehe unter „Alkaloide".

40. Codein siehe unter „Alkaloide".

41. Coffein siehe „Xanthinbasen" unter „Alkaloide".

42. Colchicin siehe unter „Alkaloide".

43. Colocynthin. Der wirksame Stoff der Koloquinten ist eine amorphe, stark bitter schmeckende Substanz, die sich in Wasser und Alkohol, aber nicht in Äther löst. Die Isolierung gelingt durch Ausschütteln der mit Ammonsulfat gesättigten wässerigen Lösung mit 10% Alkohol enthaltendem Chloroform oder mit Phenol. Colocynthin wird durch konz. Schwefelsäure gelbrot gefärbt, durch Fröhdes Reagens. kirschrot. Mandelins Reagens färbt tiefrot, das vom Rande her in Blau übergeht.

44. Colophonium siehe unter „Harze".

45. Coniferenharze siehe unter „Harze".

46. Copaivabalsam siehe unter „Balsame".

47. Crotonöl. Das Öl besitzt kratzenden und brennenden Geschmack und rötet befeuchtetes Lackmuspapier. Verseifungszahl 212, Jodzahl etwa 102. Crotonöl kommt meist mit anderen fetten Ölen gemischt vor (z. B. als sogenanntes Lebensöl zum Baunscheidt-schen Apparat). Durch Schütteln mit absolutem Alkohol läßt es sich den indifferenten Ölen zum größten Teil entziehen. Den Verdunstungsrückstand des Alkohols bringt man zwecks Anstellung eines physiologischen Versuches auf die tierische Haut. Bei Gegenwart von Crotonöl entsteht Pustelbildung oder starke Rötung.

48. Dermatol siehe unter „Wismutverbindungen, organische".

49. Digitalispräparate. Der wirksamste Bestandteil der Fingerhutblätter ist das Digitoxin, ein in Wasser und Äther schwer, in Alkohol und Chloroform leicht lösliches Glykosid, das sich aus saurer Lösung mit alkoholhaltigem Chloroform ausschütteln läßt. Für den chemischen Nachweis kommt hauptsächlich die Kellersche Reaktion in der Ab-änderung von Kiliani in Betracht. Wird eine Spur Digitoxin in 3—4 ccm eisenhaltigem Eisessig[1]) gelöst und die Lösung mit eisenhaltiger Schwefelsäure[2]) unterschichtet, so bildet sich an der Berührungsfläche zunächst eine dunkle Zone und nach 2 Minuten über derselben ein blauer Ring. Letzterer verbreitert sich allmählich, so daß nach 30 Minuten der ganze Eisessig tief indigoblau gefärbt erscheint.

Über den physiologischen Nachweis der Digitalispräparate siehe bei Gadamer.

50. Eisenpräparate, organische. Von den zahlreichen, zu Heilzwecken Verwendung findenden organischen Eisenpräparaten seien nur Eisencitrat, Eisenchinin-citrat, Eisenglycerophosphat, zuckerhaltiges Eisencarbonat, Eisenlactat und Eisenzucker sowie äpfelsaurer Eisenextrakt und Eisenalbuminatlösung erwähnt.

a) Eisencitrat. Braunrote, durchscheinende Schuppen, die sich langsam in Wasser zu einer schwach sauer reagierenden Flüssigkeit lösen. Ferrocyankalium bewirkt auch ohne Salzsäurezusatz Blaufärbung. Der Nachweis der Citronensäure erfolgt nach Denigès.

b) Eisenchinincitrat. Dunkelrotbraune, durchscheinende, in Wasser langsam lös-liche Blättchen. Die Lösung gibt nach Zusatz von Salzsäure mit Ferro- und Ferricyankalium eine blaue, mit Jodlösung eine braune Fällung.

c) Eisenglycerophosphat. Gelbgrüne, durchscheinende, in Wasser langsam lös-liche Blättchen, in pulverförmigen Zubereitungen bei der mikroskopischen Untersuchung durch die gelbgrüne Farbe der tafelartigen Schollen auffallend. Nach Zusatz von Salzsäure bewirkt Ferricyankalium Blaufärbung.

---

[1]) 100 ccm Eisessig + 1 ccm Ferrisulfatlösung (5 g Ferr. sulf. oxyd. in 100 g Wasser).

[2]) 100 ccm konz. Schwefelsäure + 1 ccm obiger Ferrisulfatlösung.

Über den Nachweis der Glycerophosphorsäure siehe unter „Glycerophosphat".

d) Zuckerhaltiges Eisencarbonat. Grünlichgraues Pulver, das mit Salzsäure Kohlensäure entwickelt. Die salzsaure Lösung reagiert mit Ferro- und Ferricyankalium. Bei starker Vergrößerung zeigen viele Präparate braungrüne, kugelige Gebilde; sie sind dann auch in komplizierten Gemengen leicht kenntlich.

e) Eisenlactat. Grünlichweißes, krystallinisches Pulver von eigentümlichem Geruch, das sich langsam in Wasser löst. Die Lösung gibt mit Ferricyankalium dunkelblauen, mit Ferrocyankalium hellblauen Niederschlag. Beim Erhitzen verkohlt das Pulver unter Entwicklung eines caramelartigen Geruches.

f) Eisenzucker. In heißem Wasser mit rotbrauner Farbe löslich. Die Lösung wird durch Ferrocyankalium nach Zusatz von Salzsäure erst schmutziggrün, dann reinblau. Unter dem Mikroskop ist der Eisenzucker an der durch das kolloidale Eisenhydroxyd bedingten rotbraunen, ungleichmäßigen Anfärbung der Zuckerkrystalle leicht kenntlich (Alkoholpräparat).

g) Äpfelsaures Eisenextrakt. Grünlichschwarze Masse, die neben Eisengerbstoffverbindungen und anderen Extraktivstoffen hauptsächlich Eisenoxydsalz der Äpfelsäure enthält. Die Lösung des Extraktes in Zimtwasser findet unter dem Namen äpfelsaure Eisentinktur Anwendung.

h) Eisenalbuminatlösung. Braune, kaum alkalisch reagierende Flüssigkeit, die auf Zusatz von Alkohol oder Kochsalz das Albuminat abscheidet. Alkalihydroxyde und -carbonate rufen nach kurzer Zeit Gelatinieren hervor. Mit Schwefelammonium entsteht zunächst dunklere Färbung, dann schwarze Fällung. Geringe Menge Säure bewirkt flockigen rotbraunen Niederschlag, der beim Erwärmen mit überschüssiger Säure farblos wird unter Abscheidung von Eiweißflocken.

51. Eiweiß- bzw. Proteinpräparate.
Zur Herstellung von Nährmitteln und ähnlichen Zubereitungen finden zur Zeit hauptsächlich folgende Proteinpräparate Verwendung:

Albumin, Casein, Kleber, Hämoglobin, Magermilchpulver und Lecithinalbumin (siehe auch unter „Lecithin").

Die Abscheidung dieser Präparate aus pulverförmigen Gemengen erfolgt am einfachsten durch Behandeln der betreffenden Pulver mit Chloroform, wobei sich die Proteinstoffe rasch an der Oberfläche des Chloroforms ansammeln, so daß sie entfernt werden können.

Kennzeichnend für die Proteinstoffe im allgemeinen ist u. a. ihr Verhalten gegen konz. Salpetersäure (Gelbfärbung) und gegen Millons Reagens (Rotfärbung bei vorsichtigem Erwärmen). In Lauge (z. T. auch in Ammoniak) lösen sie sich auf und werden beim vorsichtigen Übersättigen mit Essigsäure wieder abgeschieden. Die mit Lauge hergestellte Lösung färbt sich auf Zusatz eines Tropfens verdünnter Kupfersulfatlösung blauviolett (Biuretprobe). Bei stärkerem Erhitzen macht sich der Geruch nach verbranntem Horn bemerkbar. Unterm Mikroskop fallen die Proteine sofort durch die Fähigkeit auf, Jod zu speichern, indem sie sich auf Zusatz von Jodjodkali intensiv gelb bis braun färben.

Welcher Art die Proteine sind, die in einem Pulvergemenge vorliegen, läßt sich bei einiger Übung häufig schon durch einfache mikroskopische Untersuchung feststellen.

So besteht Casein gewöhnlich aus farblosen, fast strukturlosen Schollen, die im Wasserpräparat an den Rändern bald Quellungserscheinungen zeigen. Kleber stellt kleine, oft kantige Schollen von gelblicher Farbe dar. Hämoglobin gibt sich durch seine dunkelrotbraune Farbe zu erkennen und die leichte Diffusion des Farbstoffes in wässerige Flüssigkeiten. In zweifelhaften Fällen erfolgt der Nachweis mit Hilfe des Mikrospektroskops oder durch die Herstellung der Teichmannschen Krystalle (siehe unter Hämoglobin).

Magermilchpulver ist daran zu erkennen, daß es bei schwächerer Vergrößerung im Wasserpräparat bei Dunkelstellung des Spiegels bläulichweißes Licht reflektiert. Die unregelmäßigen dünnen Schollen des Magermilchpulvers sind außerdem häufig von etwa parallel verlaufenden Spalten durchsetzt (Fig. 303 und 304), die namentlich nach dem Erwärmen des Pulvers mit Alkohol besonders schön hervortreten. Andere Pulver bestehen wieder vorwiegend aus porösen Schollen mit runden (Fig. 305), ovalen der spaltenförmigen Poren[1]).

Fig. 303.

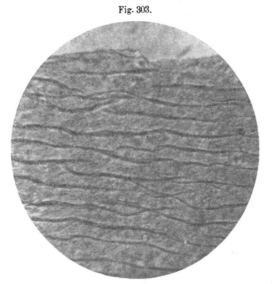

Magermilchpulver. Schollen mit etwa wellenförmig verlaufenden Spalten. Vergr. 1 : 210.

Lecithinalbumin bildet mehr oder weniger abgerundete Klumpen und Schollen verschiedener Größe, die einen gelben Farbenton aufweisen und bei stärkerer Vergrößerung granuliert erscheinen. Sie sind infolge ihres hohen Lecithingehaltes weich und lassen sich durch einen Druck aufs Deckglas breitquetschen (vgl. außerdem unter Lecithin).

Zur Information ist es mitunter zweckmäßig, eine Färbung der mit Hilfe von Chloroformsedimentierung getrennten Proteinstoffe mit der Ehrlich-Biondischen Dreifarbenmischung vorzunehmen. Das Triacidgemisch[2]), wie es auch genannt wird, besteht aus einem sauren, einem basischen und einem neutralen Farbstoff (Säurefuchsin, Methylgrün und Orange G). Dem Verfahren liegt die Beobachtung Ehrlichs zugrunde, daß die verschiedenen Proteinkörper gegenüber einem solchen Farbengemisch eine elektive Wirkung zeigen, also nur einen bestimmten Farbstoff an sich reißen, je nachdem in ihrem Molekül der basische oder saure Charakter überwiegt. Ehrlich unterscheidet hiernach acidophile, basophile und neutrophile Elemente.

Die Färbung wird in der Weise ausgeführt, daß man die Proteinstoffe in einem Reagensglas mit verdünntem Alkohol anschüttelt und dann mit einer entsprechenden Menge (einige Tropfen bis Kubikzentimeter) Triacidgemisch versetzt. Innerhalb einiger Minuten wird mehrmals umgeschüttelt, nach dem Absetzen oder Zentrifugieren die überstehende Flüssigkeit abgegossen und der nicht absorbierte Farbstoff durch mehrmaliges Waschen des Sedimentes mit verdünntem Alkohol beseitigt.

Fig. 304.

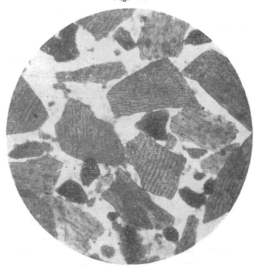

Magermilchpulver. Schollen mit gröberen, schon bei schwacher Vergrößerung sichtbaren Spalten nach dem Erwärmen mit Alkohol. Die formlosen, undurchsichtigen Massen bestehen aus Lecithalbumin. Vergr. 1 : 50.

Die Untersuchung des Sedimentes erfolgt mit Lupe und Mikroskop, und zwar verhalten sich die obengenannten Proteinstoffe hierbei wie folgt:

---

1) Vgl. Zeitschr. f. Untersuchung d. Nahrungs- u. Genußmittel 1916, **31**, 246.

2) Zu beziehen durch Dr. Grübler in Dresden.

Fig. 305.

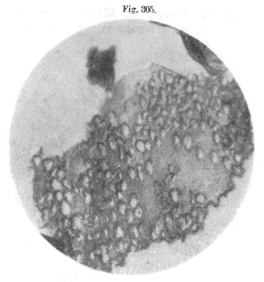

Magermilchpulver mit porösen Schollen: Poren etwa kreisförmig. Vergr. 1:60.

Milchpulver färbt sich gelblich-grün bis blaugrün (basophil);

Labcasein desgl.;

Kleber färbt sich rot (acidophil);

Säurecasein desgl.;

Lecithinalbumin färbt sich rot mit gelbem Ton;

Hämoglobin behält seine Dunkelfärbung bei und erscheint am Rand der Schollen orange.

Eingehende Versuche über die Färbung mit Triacid hat Hundeshagen[1]) angestellt, auf dessen Ausführungen hier hingewiesen sei.

Die Unterscheidung von Säurecasein und Kleber ist durch die einfache Triacidfärbung nicht möglich. Man prüft ein Proteingemenge am besten in der Weise auf Kleber, daß man mit 70proz. Alkohol auskocht. Etwa vorhandener Kleber geht hierbei z. T. in Lösung. In diesem Fall liefert der Verdunstungsrückstand des Alkohols beim Kneten mit wenig Wasser eine fadenziehende klebrige Masse (Kleberprobe).

Ob Magermilchpulver oder Casein vorliegt, läßt sich auch leicht durch die chemische Prüfung feststellen, falls die mikroskopische Untersuchung kein einwandfreies Ergebnis liefert. Milchpulver erzeugt beim Erhitzen im Röhrchen den kennzeichnenden Geruch nach angebrannter Milch. Durch Dialyse läßt sich aus Milchpulver der Milchzucker neben einem Teil der Salze (Chlornatrium, Phosphate) leicht gewinnen. Man setzt hierbei der wässerigen Flüssigkeit zweckmäßig einige Tropfen Chloroform zu, um das Wachstum der Bakterien und die hierdurch verursachte Fäulnis der Proteine hintanzuhalten.

52. Emodin enthaltende Abführmittel[2]). Hierzu gehören Aloe, Cascara sagrada, Frangula, Rhabarber und Senna. Gemeinsam ist diesen Drogen und den daraus hergestellten Extrakten der Gehalt an Oxymethylanthrachinonen. Für den Nachweis kommen in Betracht die in sämtlichen fünf Drogen reichlich vorhandenen Emodine und die Chrysophansäure, die sich nur im Rhabarber in größerer Menge findet.

Aus einer mit Natriumcarbonat alkalisch gemachten Lösung geht Chrysophansäure mit gelber Farbe in Petroläther über. Durch Schütteln mit etwas Ammoniak oder Lauge wird dem Petroläther die Säure unter Rotfärbung der wässerigen Flüssigkeit wieder entzogen. Die Emodine haben stärker sauren Charakter als die Chrysophansäure und gehen aus sodaalkalischer Lösung nur in Spuren in Petroläther über, leicht dagegen nach dem Ansäuern mit Mineralsäure. Beim Schütteln der so erhaltenen Petrolätherlösung mit Ammoniak färbt sich dieses schön rot (Bornträgersche Reaktion). Das Eintreten dieser Reaktion beweist das Vorhandensein einer oder mehrerer der obengenannten Drogen. Es läßt sich jedoch auf diese Weise nicht ermitteln, welche von den Drogen in Frage kommt. Auf das Vorhandensein von Rhabarber läßt es schließen, wenn neben Emodin auch reichlichere Mengen von Chrysophansäure vorhanden sind. Die Anwesenheit von Aloe läßt sich durch den Nachweis von Aloin feststellen. Aber nicht alle in der Literatur angegebenen Aloereaktionen sind hierfür gleich gut geeignet, da sie größtenteils nur für bestimmte Aloesorten zutreffen,

---

[1]) Zeitschr. f. öffentl. Chemie 1902, 8, Heft 12, 13, 14.

[2]) Vgl. Gadamer, Lehrbuch der chemischen Toxikologie, S. 420—422.

weil sich die Aloine verschiedener Aloesorten Reagenzien gegenüber verschieden verhalten. Am zuverlässigsten ist die Hirschsohnsche Reaktion: Versetzt man etwa 10 ccm der wässerigen Aloinlösung mit je einem Tropfen 10proz. Kupfersulfatlösung und 2proz. Wasserstoffsuperoxyd, so färbt sich die Lösung beim Aufkochen himbeerrot. Die meisten Aloine geben auch die Schoutelensche Reaktion, bestehend in einer grünen Fluorescenz, die in wässeriger Aloinlösung durch Zusatz von konz. Boraxlösung hervorgerufen wird (mitunter erst nach mehreren Stunden).

Zur Isolierung der Aloine schüttelt man nach Entfernung des Emodins die mit Ammonsulfat gesättigte wässerige Lösung mit flüssiger Carbolsäure aus. Die abgeschiedene Carbolsäure wird filtriert, mit dem mehrfachen Volumen Äther-Petroläther (2 + 1) verdünnt und mit Wasser ausgeschüttelt. Die wässerige Flüssigkeit verdampft man zur Trockne und stellt mit der Lösung des Rückstandes die Aloinreaktionen an.

53. Emetin siehe unter „Alkaloide".

54. Essigsäure siehe unter „Säuren, organische".

55. β-Eucain siehe unter „Anaesthetica".

56. Eucalyptol siehe unter „ätherische Öle".

57. Euphorbium. Gelbliches, teilweise in Petroläther, fast vollständig in heißem Chloroform lösliches Harz. Die ungelösten Anteile bestehen vorwiegend aus parenchymatischen Gewebetrümmern, in denen man vereinzelt die kennzeichnenden knochenförmigen Euphorbiaceen-Stärkekörner auffindet.

Wird eine Petrolätherlösung (0,1 : 10 ccm) auf konz. Schwefelsäure, die auf 20 ccm einen Tropfen konz. Salpetersäure enthält, geschichtet, so entsteht eine blutrote Zone. Beim Umschütteln wird die gesamte Schwefelsäure rot (Tschirch und Paul).

58. Europhen siehe unter „Jodoformersatzmittel".

59. Formaldehyd. Konz. Formaldehydlösungen sind schon am stechenden Geruch erkennbar. Allgemeine Aldehydreaktionen: Neßlers Reagens erzeugt gelbe bis gelbrote, beim Erwärmen sich schnell schwärzende Fällung, ammoniakalische Silberlösung wird unter Spiegelbildung reduziert, fuchsinschweflige Säure färbt sich allmählich rot.

Eine mit Ammoniak übersättigte Formaldehydlösung hinterläßt beim Verdunsten Krystalle von Hexamethylentetramin, dessen Lösung mit Kaliumquecksilberjodid und Sublimat eigenartig krystallisierende Doppelverbindungen liefert.

Morphinschwefelsäure färbt violett.

Zum Nachweis kleinster Mengen eignet sich die Hehnersche Probe mit Milch und eisenchloridhaltiger Schwefelsäure (vgl. III. Bd., 1. Teil, S. 594).

60. Gallensäuren. Ochsengalle sowie die daraus hergestellte Glykocholsäure und Taurocholsäure und deren Salze färben sich mit konz. Schwefelsäure und Zucker (oder etwas Fulfurol) rotviolett (Pettenkofersche Gallensäurereaktion).

61. Gallusgerbsäure siehe unter „Säuren, organische".

62. Gallussäure siehe unter „Säuren, organische".

63. Gerbstoffe. Gerbstoffe finden sich fast in allen Auszügen aus Pflanzenstoffen. Das Fehlen von Gerbstoffen in einer Zubereitung beweist daher im allgemeinen, daß ein Pflanzenauszug nicht in Frage kommt. Die Gerbstoffe sind in Wasser und Alkohol löslich, z. T. auch etwas in Äther und noch mehr in Essigäther. Mit stark verdünnter Eisenchloridlösung geben sie grünliche bis blauschwarze Färbungen. Durch Leimlösung werden sie gefällt. Den Gerbstoffen nahe verwandt sind die namentlich in Rinden, Wurzeln und Samen vorkommenden roten bis rotbraunen Farbstoffe (Phlobaphene), wie Chinarot, Colarot, Kakaorot, Ratanhiarot usw. Diese Farbstoffe unterscheiden sich von den Gerbstoffen durch ihre Unlöslichkeit oder Schwerlöslichkeit in Wasser. Sie lösen sich dagegen leicht in Alkohol und liefern mit Bleiacetat rotbraune bis violettrote Fällungen.

Erscheint es bei der Analyse wünschenswert, Lösungen zunächst von Gerbstoffen zu befreien, so erfolgt dies am zweckmäßigsten durch Schütteln mit Hautpulver.

64. Glycerin. Um Glycerin aus zuckerhaltigen Flüssigkeiten zu gewinnen, dampft man mit Kalkmilch unter Zusatz von Seesand fast bis zur Trockne ein und zieht den Rückstand mit heißem Alkohol aus. Die weitere Reinigung erfolgt nach III. Bd., 1. Teil, S. 538.

Zum Nachweis kann man die Eigenschaft des Acroleins, in einer wässerigen Lösung von Piperidin und Nitroprussidnatrium eine Blaufärbung hervorzurufen, benutzen (Lewin). Man erhitzt zu dem Zweck die auf Glycerin zu prüfende, durch Eindampfen möglichst von Wasser befreite Flüssigkeit im Röhrchen mit etwa der doppelten Menge Kaliumbisulfat. Über die aus dem Röhrchen entweichenden, stechend riechenden Dämpfe hält man ein Porzellanpistill, das mit einer Lösung eines Tropfens Piperidin und eines kleinen Krystalls Nitroprussidnatrium in einigen Kubikzentimetern Wasser befeuchtet ist. Bei Gegenwart von Acrolein tritt bald schöne Blaufärbung der an dem Pistill haftenden Flüssigkeit ein.

Auch die Reaktion des Glycerins mit Phenol (Reiche) ist zum Nachweis geeignet. Erhitzt man je 2 Tropfen Phenol, konz. Schwefelsäure und der vom Wasser möglichst befreiten zu untersuchenden Flüssigkeit vorsichtig auf etwa 120°, fügt nach dem Erkalten etwas Wasser und einige Tropfen Ammoniak hinzu, so löst sich die braune Masse bei Gegenwart von Glycerin mit carminroter Farbe infolge der Bildung von Glyceïn. Zu bemerken ist, daß die Reaktion bei Gegenwart von Zucker und ähnlichen Substanzen mißlingt. Es muß daher zunächst in der oben angedeuteten Weise eine Entfernung der zuckerartigen Stoffe erfolgen.

Borax, mit Glycerinlösung in die Flamme gebracht, ruft Grünfärbung hervor.

65. Glycerophosphate. Verwendung finden namentlich das Eisen-, Calcium- und Natriumsalz. Beim Glühen liefern sie Pyrophosphate. Beim Kochen mit Mineralsäure wird Phosphorsäure abgespalten. Zum Unterschied von den Phosphaten gibt die wässerige Lösung mit Bariumchlorid und mit Magnesiamixtur keine Fällung, Ammoniummolybdat reagiert erst beim Kochen (nach einiger Zeit) oder nach dem Glühen. Über Eisenglycerophosphat siehe unter „organische Eisenverbindungen".

66. Guajakharz siehe unter „Harze".

67. Gummi arabicum. Die wässerige Lösung wird durch neutrales Bleiacetat nicht, wohl aber durch Bleiessig gefällt, desgleichen durch Alkohol. Fehlingsche Lösung wird kaum reduziert. Die Asche besteht hauptsächlich aus Kalk. Arabisches Gummi liefert daher mit konz. Schwefelsäure nach mehreren Stunden Gipsnadeln (auf dem Objektträger auszuführen).

68. Gutti. Der wirksame Bestandteil ist die in Wasser unlösliche, in Alkalien mit blutroter Färbung lösliche Cambogiasäure. Die Säure löst sich ferner in Alkohol und Äther mit gelber Farbe und kann durch letzteren aus saurer Lösung ausgeschüttelt werden. Ihre alkoholische Lösung wird durch Eisenchlorid schwarzgrün gefärbt. Die tiefrote alkalische Lösung gibt mit Bleiacetat eine gelbe Fällung.

69. Harnstoff. Harnstoff krystallisiert in farblosen, bei 132° schmelzenden Prismen von kühlendem, salpeterartigem Geschmack. In Äther ist er fast unlöslich, leicht löslich in Alkohol und Wasser mit neutraler Reaktion. Die Gewinnung aus Salzgemengen u. dgl. erfolgt am besten durch Ausziehen mit absolutem Alkohol. Zur Erkennung dient die Krystallform des schwerlöslichen Nitrates und Oxalates, die aus konz. wässeriger Harnstofflösung durch Zusatz von Salpetersäure und Oxalsäure abgeschieden werden. Kennzeichnend ist auch die Krystallform der durch Mercurinitrat erzeugten Fällung.

Ferner kommt für den Nachweis die Biuretreaktion in Betracht. Erhitzt man trockenen Harnstoff im Röhrchen vorsichtig auf 150—160°, bis sich die geschmolzene Masse stark trübt, und löst nach dem Erkalten in wenig Wasser unter Zusatz von etwas Lauge, so entsteht beim Hinzufügen eines Tropfens verdünnter Kupfersulfatlösung eine rotviolette Färbung. Versetzt man eine Harnstofflösung mit Kaliumnitrit und etwas Salpetersäure, so wird der Harnstoff unter lebhafter Gasentwicklung in Wasser, Kohlensäure und Stickstoff zerlegt.

70. Harze. a) Aloe siehe diese.

b) **Asa foetida** ist durch den eigenartigen knoblauchartigen Geruch ausgezeichnet.

c) **Benzoe.** Geruch eigenartig. Die alkoholische Lösung gibt mit Wasser eine milchige Flüssigkeit. Siambenzoe enthält beträchtliche Mengen freier Benzoesäure, außerdem Benzoesäureester. Letztere werden beim Übergießen des Harzes mit alkoholischer Kalilauge (Butterlauge) zum Teil schon bei gewöhnlicher Temperatur verseift, unter intermediärer Bildung von Benzoesäureäthylester, der sich bereits nach einigen Sekunden durch den Geruch bemerkbar macht. Sumatrabenzoe enthält neben Benzoesäure erhebliche Mengen Zimtsäure.

d) **Coniferenharze** (Terpentin, Fichtenharz, Colophonium). Die Coniferenharze haben die Eigenschaft von schwachen Säuren (Harzsäuren). Sie lösen sich in Alkohol und lassen sich auf diese Weise aus fetthaltigen Zubereitungen (Salben) gewinnen; ferner sind sie löslich in Äther und Chloroform sowie in Eisessig. Ihr Nachweis erfolgt am sichersten mit Hilfe der Liebermann - Storchschen Reaktion. Der auf Harz zu prüfende Rückstand wird mit wenigen Kubikzentimetern Essigsäureanhydrid erwärmt und die abgekühlte Lösung mit einem Tropfen Schwefelsäure vom spez. Gewicht 1,53 versetzt, indem man ihn an der Wand des Reagensglases herunterlaufen läßt. Bei Gegenwart von Coniferenharz entsteht sofort eine schöne violette Färbung, die sehr schnell wieder verschwindet und in bräunliche Farbentöne übergeht.

e) **Euphorbium** siehe dieses.

f) **Guajakharz.** Leicht löslich in Alkohol, Äther, Chloroform und ätzenden Alkalien, durch schwachen Vanillingeruch ausgezeichnet. Durch oxydierende Agenzien (Eisenchlorid, Chlor usw.) wird es stark blau gefärbt.

g) **Gutti** siehe dieses.

h) **Jalapenharz.** Das Harz ist durch eigenartigen Geruch und widerlich kratzenden Geschmack ausgezeichnet. Es löst sich leicht in Alkohol, auch von Alkalilauge wird es gelöst, langsam von Ammoniak. Petroläther löst nur wenig, Äther und Chloroform etwa 10%. In konz. Schwefelsäure löst es sich mit rotbrauner Farbe, nach einiger Zeit tritt der eigenartige Geruch nach Isobuttersäure auf. Hieran ist Jalapenharz erkennbar. Ähnlich verhält sich allerdings das nahe verwandte Scammoniumharz.

i) **Kautschuk.** Kautschuk weist man in Pflastern und ähnlichen Zubereitungen in der Weise nach, daß man die mit warmem Chloroform hergestellte Lösung nach dem Filtrieren abkühlt und dann mit Petroläther versetzt. Kautschuk scheidet sich hierbei je nach der vorhandenen Menge in Flocken oder gallertig ab und ist nach dem Absaugen und Verdunsten des Lösungsmittels an seiner Konsistenz erkennbar.

k) **Kawaharz.** Das sehr weiche Harz ist in Alkohol, Äther usw. vollständig, in Petroläther nur zum kleineren Teil löslich. Ätherische Öle (wie Santelöl) lassen sich durch Destillation mit Wasserdampf entfernen. Durch konz. Schwefelsäure wird es sofort stark rot gefärbt, zunächst mit einem Stich ins Kirschrote. Die Färbung geht bald in Gelbrot bis Braunrot über. Die Lösung des Harzes in Essigsäureanhydrid färbt sich auf Zusatz eines Tropfens konz. Schwefelsäure in der Durchsicht dunkelrot bis rotbraun, während im auffallenden Licht nach kurzer Zeit dunkelgrüne bis braungrüne Fluorescenz wahrnehmbar wird. Verreibt man das Harz mit Seesand und kocht mit Petroläther aus, so geht nur ein Teil in Lösung. Die aus dem erkalteten Filtrat erfolgende Abscheidung besteht vorwiegend aus Methysticin und färbt sich mit konz. Schwefelsäure zunächst purpurviolett, dann infolge der beigemengten Harzanteile gelbrot bis braunrot.

l) **Myrrhe.** Die alkoholische Lösung ist durch den Geruch sowie durch den bitterlichen zusammenziehenden Geschmack gekennzeichnet. Der Verdunstungsrückstand des

Ätherauszuges färbt sich mit Dämpfen rauchender Salpetersäure rotviolett, ebenso mit Bromdampf.

m) Styrax siehe unter „Balsame".

71. Hämogallol. Durch Einwirkung von Pyrogallol auf Hämoglobin erhaltenes schwarzbraunes, in Wasser unlösliches Pulver.

72. Hämoglobin siehe unter „Blutpräparate".

73. Hexamethylentetramin (Urotropin). Farblose Krystalle von süßlichem und dann bitterem Geschmack, die in Wasser sehr leicht, in Alkohol schwerer und in Äther fast unlöslich sind. Beim vorsichtigen Erhitzen sublimieren sie teilweise unzersetzt, ohne zu schmelzen, unter Entwicklung eines fischartigen Geruches.

Beim Erwärmen der wässerigen Lösung mit verdünnter Schwefelsäure wird Formaldehyd, mit Lauge Ammoniak abgespalten.

Mit den allgemeinen Alkaloidfällungsmitteln entstehen starke Niederschläge. Neßlers Reagens gibt erst nach dem Erwärmen mit Säure gelben bis rotbraunen Niederschlag, der sich rasch schwärzt.

Mit Sublimat, Kaliumquecksilberjodid und anderen Fällungsmitteln entstehen eigenartig krystallisierende Doppelverbindungen.

74. Holzteer. Durch trockene Destillation des Holzes von Abietineen hergestellte dickflüssige, braunschwarze Masse von eigenartigem Geruch. Mit Holzteer geschütteltes Wasser färbt sich schwach gelblich, reagiert sauer und riecht und schmeckt nach Teer. Verdünnte Eisenchloridlösung ruft in dem Wasser eine vorübergehende Grünfärbung, Kalkwasser eine braunrote Färbung hervor.

75. Hydrastisextrakt siehe unter „Alkaloide".

76. Hydrochinon siehe unter „Phenole".

77. Jalapenharz siehe unter „Harze".

78. Ichthyol. Als Ichthyol schlechthin wird im allgemeinen das Ammoniumsalz der Ichthyolsulfosäure bezeichnet, die durch Sulfurieren eines durch trockene Destillation von bituminösen Schiefern gewonnenen Erzeugnisses erhalten wird. Ichthyolammonium bildet eine schwarzbraune, sirupdicke Flüssigkeit von eigenartigem Geruch, löslich in Wasser und in einem Gemenge von Alkohol und Äther. Aus konzentrierten wässerigen Lösungen scheiden Mineralsäuren die freie Sulfosäure als braune harzartige Masse ab. In Wasser und Äther ist die Sulfosäure löslich. Aus wässerigen Lösungen kann sie durch Säure oder Natriumchlorid wieder abgeschieden werden.

Ersatzpräparate für Ichthyol sind das hauptsächlich aus Schwefelverbindungen ungesättigter Kohlenwasserstoffe bestehende Thiol und Tumenol.

79. Indigo. Unlöslich in Wasser, Alkohol, Äther, Alkalien und verdünnten Säuren, löslich in Eisessig und konz. Schwefelsäure, etwas auch in Chloroform. Beim raschen Erhitzen im Röhrchen bilden sich rotviolette Dämpfe, die sich zu kleinen kupferfarbenen Krystallen verdichten.

80. Jodoform. Löslich in Alkohol, Äther, Chloroform, auch in fetten Ölen, mit Wasserdämpfen flüchtig. Beim Erhitzen entwickeln sich violette Dämpfe. Abgesehen vom eigenartigen Geruch sind die hexagonalen Krystallformen kennzeichnend, die beim Verdunsten der Lösungen hinterbleiben.

81. Jodoformersatzmittel. a) *jodhaltige* (beim Erhitzen im Reagensglas entwickeln sie Joddämpfe):

Airol siehe unter „Wismutverbindungen, organische".

Aristol (Dithymoldijodid). Rotbraunes, schwach aromatisch riechendes Pulver mit etwa 45% Jodgehalt, das in Wasser und Natronlauge unlöslich, in Alkohol, Äther, Chloroform und fetten Ölen leicht löslich ist. Die verdünnte alkoholische Lösung gibt auf Zusatz einiger Tropfen Chlorwasser eine schmutzigviolette Färbung.

Mit konz. Schwefelsäure erhitzt, zersetzt es sich unter Bildung von Joddämpfen. Auch durch Salpetersäure wird Jod in Freiheit gesetzt.

Europhen (Isobutylorthokresoljodid). Etwa 28% Jod enthaltendes, gelbbraunes, schwach aromatisch riechendes Pulver, das sich in Alkohol, Äther, Chloroform usw. löst, nicht in Wasser.

Die alkoholische Lösung wird durch Eisenchlorid schmutziggrün, durch Quecksilberchlorid und Bromwasser gelbbraun gefällt. Beim Erwärmen mit Wasser auf etwa 70° erfolgt Jodabspaltung (Ausschüttlung mit Chloroform).

Isoform (Parajodanisol). Farbloses, schwach nach Anis riechendes Pulver, in Wasser schwer löslich, in Alkohol, Äther usw. fast unlöslich. Schmelzpunkt 51—52°. Aus heißem Wasser oder heißer verdünnter Essigsäure scheidet es sich in glänzenden Blättchen ab. Die Lösung in Essigsäure gibt auf Zusatz von Salzsäure einen gelben flockigen Niederschlag unter Chlorentwicklung.

Jodol (Tetrajodpyrol). Etwa 89% Jod enthaltendes, geruchloses, blaßgelbes bis bräunliches Pulver, in Wasser fast unlöslich, in Alkohol, Äther und Chloroform leicht löslich. Silbernitrat ruft in der alkoholischen Lösung weiße, sich sofort schwärzende Fällung hervor. Alkoholische Sublimatlösung bewirkt Grünfärbung. Vorsichtig mit konz. Schwefelsäure erwärmt, liefert es eine stark grüne Lösung, die sich nach einiger Zeit schmutzigviolett bis braun färbt.

Loretin (Jodoxychinolinsulfosäure). Gelbes, wenig in Wasser, Alkohol und Äther lösliches Pulver. In heißer konz. Schwefelsäure löst es sich ohne Zersetzung. Beim Eingießen der Lösung in Wasser wird der Körper wieder krystallinisch abgeschieden. Bei etwa 260° zersetzt sich Loretin unter Entwicklung von Joddämpfen.

Sozojodol (Dijodparaphenolsulfosäure). Angewendet wird hauptsächlich das Kalium-, Natrium- und Zinksalz. Die Säure läßt sich nicht durch Ausschütteln gewinnen, sondern nur durch Ausziehen des zur Trockne verdampften angesäuerten Rückstandes mit Alkohol. Die wässerige Lösung der Säure und ihrer Salze gibt mit verdünntem Eisenchlorid Violettfärbung. Salpetersäure spaltet beim Erwärmen Jod ab unter Bildung von Pikrinsäure.

b) jodfreie:

Dermatol }
Xeroform } siehe „Wismutverbindungen, organische".

82. Kampher vgl. „ätherische Öle".

83. Kautschuk siehe unter „Harze".

84. Kawaharz siehe unter „Harze".

85. Kleber siehe unter „Eiweißpräparate".

86. Kohlenwasserstoffe. Einige Kohlenwasserstoffe der Fettreihe finden als solche oder in geeigneten Mischungen als Salbengrundlagen Verwendung. Zu erwähnen sind das feste Paraffin, das Paraffinöl, die Vaseline und außerdem das Naftalan. Paraffinsalbe ist ein durch Zusammenschmelzen von 1 Teil festem Paraffin und 4 Teilen Paraffinöl bereitetes Gemisch. Aus fetthaltigen Gemengen lassen sich die Kohlenwasserstoffe leicht abscheiden, da sie unverseifbar sind. In zweifelhaften Fällen behandelt man den unverseifbaren Teil zwecks Feststellung seiner Paraffinnatur einige Zeit auf dem Wasserbade mit konz. Schwefelsäure. Mit Ausnahme der Kohlenwasserstoffe werden hierbei alle organischen Substanzen unter Schwarzfärbung zerstört. Beim Eingießen des noch heißen Schwefelsäuregemisches in eine größere Menge Wasser scheiden sich dann die Kohlenwasserstoffe unverändert ab. Auch durch konz. Salpetersäure werden die Kohlenwasserstoffe nicht angegriffen. In den gewöhnlichen organischen Fettlösungsmitteln sind sie leicht löslich.

Festes Paraffin (Ceresin) bildet in reinem Zustand eine weiße, geruchlose, mikrokrystallinische Masse.

Flüssiges Paraffin (Paraffinöl) besteht aus den über 300° siedenden flüssigen Anteilen der Erdölkohlenwasserstoffe und bildet eine farblose, nicht fluorescierende Flüssigkeit. Von Alkohol wird es nur wenig gelöst.

Paraffinsalbe (künstliche Vaseline) läßt sich durch Destillation wieder in einen festen und flüssigen Anteil trennen. Geschmolzene Paraffinsalbe bildet beim Erkalten krystallinische Abscheidungen, die unter dem Mikroskop leicht sichtbar sind (Unterschiede von natürlicher Vaseline).

Vaseline ist eine neutrale gelbe oder weiße, aus den Rückständen der Petroleumdestillation gewonnene salbenartige Masse. Ihre Lösungen sind daher durch blaue Fluorescenz ausgezeichnet. Geschmolzene natürliche Vaseline geht beim Erkalten allmählich wieder in eine durchsichtige salbenartige Masse über, ohne daß krystallinische Abscheidungen auftreten.

Naftalan ist eine schwarzbraune, anscheinend aus einer bestimmten Erdölart gewonnene, schwach grünlich fluorescierende Masse von teerartigem Geruch, die sich mit wässerigen und alkoholischen Lösungen emulgieren läßt. Naftalan findet als Arzneimittel oder auch als Salbengrundlage Verwendung.

87. *Kreosot* siehe unter „Phenole“.

88. *Kresole* siehe unter „Phenole“.

89. *Kresolseifenlösung.* Klare, braune, kresolähnlich riechende Flüssigkeit, mit gleichen Mengen Äther, Alkohol, Chloroform u. dgl. klar mischbar. Beim Schütteln mit Wasser entsteht eine stark schäumende Flüssigkeit. Verdünntes Eisenchlorid ruft vorübergehend blauviolette Färbung, dann schmutzige Trübung hervor. Mineralsäuren scheiden die Fettsäuren und Kresole in Form einer braunen ölartigen Flüssigkeit ab. Die Abscheidung der Kresole erfolgt am besten durch Destillation mit Wasserdampf. Von den gleichzeitig mit übergehenden Kohlenwasserstoffen trennt man die Kresole durch Schütteln mit Lauge. Aus den Phenolatlösungen werden die Kresole durch Mineralsäuren oder, falls eine Verunreinigung mit Fettsäuren u. dgl. in Frage kommt, durch Kohlensäure in Freiheit gesetzt.

90. *Lactophenin.* Farblose, schwach bittere, bei 117—118° schmelzende Krystalle, die in Äther ziemlich schwer, in 10 Teilen Alkohol und in 45 Teilen siedendem Wasser löslich sind. Bei unzureichender Wassermenge schmilzt Lactophenin zu einer öligen Flüssigkeit. Verhalten gegen Salpetersäure und gegen Chromsäurelösung nach dem Kochen mit Salzsäure wie Phenacetin. Eisenchlorid färbt die alkoholische Lösung rötlichbraun. Beim vorsichtigen Erwärmen von Lactophenin mit Permanganatlösung tritt der Geruch nach Acetaldehyd auf.

Die wässerige Lösung gibt mit Bromwasser einen weißen Niederschlag.

91. *Lanolin.* Wollfett, besteht vorwiegend aus Cholesterinestern und ist erst durch anhaltendes Kochen mit alkoholischer Lauge verseifbar. Es ist leicht löslich in den Fettlösungsmitteln. Zur Prüfung eines Fettgemenges auf Lanolin erwärmt man etwa 0,2—0,3 g mit 2—3 ccm Essigsäureanhydrid bis zum Sieden, kühlt ab und versetzt die vom Ausgeschiedenen abgegossene Flüssigkeit mit 1—2 Tropfen konz. Schwefelsäure. Bei Gegenwart von Lanolin oder Lanolinalkoholen (Eucerin) entsteht allmählich eine beständige Grünfärbung mit grüner Fluorescenz. Letztere tritt noch bei sehr geringen Lanolinmengen auf, auch wenn die Grünfärbung durch Anwesenheit störend wirkender Stoffe mehr oder weniger verdeckt wird.

92. *Lebertran.* Ausgezeichnet durch eigenartigen Geruch. Wird 1 ccm Lebertran mit 1—2 Tropfen konz. Schwefelsäure versetzt, so tritt eine violettrote Färbung auf, die allmählich in schmutziges Rotbraun übergeht.

1 Tropfen Lebertran in 20 Tropfen Chloroform gelöst, färbt sich beim Schütteln mit einem Tropfen konz. Schwefelsäure zunächst blauviolett dann rotviolett, schließlich braun.

93. *Lecithin und Lecithalbumin.* Zahlreiche pulverförmige Nähr- und Kräftigungsmittel enthalten als wesentlichen Bestandteil Lecithin, und zwar entweder reines Lecithin (Ovolecithin oder Pflanzenlecithin) oder sogenanntes Lecithalbumin. Letzteres wird durch Behandeln von im Vakuum getrocknetem Eidotter mit solchen Fettlösungsmitteln, die Lecithin nur in Spuren lösen (Essigäther, Aceton), gewonnen. Die so erzielten Erzeugnisse bestehen mithin hauptsächlich aus Eiweiß und Phosphatiden — Fett und Cholesterin werden durch das Lösungsmittel entfernt — und enthalten die schlechthin als „Lecithin" bezeichneten Phosphatide wie der ursprüngliche Eidotter nur zum Teil in ätherlöslicher Form. Der Rest der Phosphatide bildet anscheinend mit dem Vitelin eine Art kolloidaler Lösung und läßt sich erst nach der Degenerierung des Eiweißstoffes, die am einfachsten durch Kochen mit Alkohol erfolgt, mit Äther ausziehen. Ist daher das gesamte Lecithin einer Zubereitung in Äther und Chloroform löslich, so liegt freies Lecithin, anderenfalls Lecithalbumin vor. Das Lecithalbumin, das übrigens nach seinem Gehalt an Phosphatid im Handel als 20proz., 30proz. usw. bezeichnet wird, ist, wie schon erwähnt, auch mikroskopisch als solches erkennbar (es stellt granulierte gelbliche Schollen dar, die beim Druck auf das Deckglas breitgequetscht werden). Um das durch Ätherausziehung aus einer Zubereitung gewonnene Rohlecithin von den häufig vorhandenen Samenfetten zu trennen, erwärmt man den erhaltenen Rückstand mit wenig Essigäther. Beim Abkühlen der Lösung scheidet sich das Lecithin aus, während die Fette in Lösung bleiben. Bei geringen Substanzmengen genügt auch Behandeln mit kaltem Essigäther. Die Lösung des so gereinigten Lecithins in absolutem Alkohol gibt mit einer gesättigten alkoholischen Cadmiumchloridlösung einen gelblichweißen Niederschlag. Die Reaktion versagt jedoch bei zu geringen Substanzmengen. Der Nachweis von Lecithin kann erst als erbracht gelten, wenn sich nach der Zerstörung des durch Ätherausziehung erhaltenen Rückstandes mit Soda und Salpeter Phosphorsäure feststellen läßt. Es sei hier erwähnt, daß das Vorhandensein alkohollöslicher Phosphorsäure noch nicht mit unbedingter Sicherheit auf Lecithin schließen läßt, weil unter Umständen mit der Anwesenheit von freier Glycerinphosphorsäure, die sich in heißem Alkohol löst, gerechnet werden muß. Es kommen nämlich aus den wasserlöslichen Spaltungsstoffen des Lecithins (Glycerinphosphorsäure, Cholin usw.) bestehende Präparate im Handel vor, die allerdings wohl hauptsächlich zur Herstellung flüssiger Zubereitungen Verwendung finden dürften. Alkoholextrakte müssen aber deshalb, um Irrtümer sicher auszuschließen, zunächst noch mit heißem Chloroform behandelt werden, worin die Glycerinphosphorsäure unlöslich ist (Cohn).

Wässerige Flüssigkeiten können auch unverändertes Lecithin enthalten, ohne daß Emulgierungsmittel zugegen sein müssen, nachdem es der Fa. Blattmann & Co. vor kurzem gelungen ist, ein Phosphatid herzustellen, das sich in Wasser zu 5—10% kolloidal löst. In solchen Fällen wird man zweckmäßig mit Chloroform ausschütteln. Die quantitative Bestimmung des Lecithins erfolgt im übrigen nach dem von Juckenack angegebenen Verfahren. Die gefundene Phosphorsäure wird auf Distearyllecithin (Mol. 807) berechnet (gefundenes $Mg_2P_2O_7 \times 7,247$). Vgl. auch III. Bd., 2. Teil, S. 662.

94. *Loretin* siehe „Jodoformersatzmittel".

95. *Magermilchpulver* siehe unter „Eiweißpräparate".

96. *Migränin* siehe unter „Antipyrin".

97.-*Milchsäure* siehe unter „Säuren, organische".

98. *Milchzucker.* Milchzucker ist in starkem Alkohol sehr wenig löslich. Durch konz. Schwefelsäure wird er erst nach längerem Stehen oder beim Erwärmen unter Dunkelfärbung angegriffen.

Fehlingsche Lösung wird beim Erwärmen reduziert (vgl. auch III. Bd., 2. Teil, S. 213).

99. *Morphin* siehe unter „Alkaloide" (Opiumalkaloide).

100. Muira puama-Extrakt[1]). Wird etwa 1 ccm des Fluidextraktes auf dem Wasserbade verdampft, der Rückstand mit Äther ausgezogen und letzterer auf etwa 1 ccm eingeengt, so nimmt die fast farblose Flüssigkeit auf vorsichtigen Zusatz von 3—5 Tropfen konz. Schwefelsäure eine schöne grüne Fluorescenz an. Zwecks Nachweises des Extrakts in Lecithin u. dgl. enthaltenden Zubereitungen verfährt man in folgender Weise: Eine nicht zu geringe Menge des zu untersuchenden Präparates wird mit alkoholischer Kalilauge auf dem Wasserbade bis zur Verseifung des Lecithins erwärmt. Die alkalische Flüssigkeit verdünnt man mit Wasser und schüttelt sie nach dem Verjagen des Alkohols zweimal mit Äther aus. Die ätherische Lösung wird durch Schütteln mit geringen Mengen stark verdünnter Schwefelsäure gereinigt und auf etwa 1 ccm eingeengt. Hierauf führt man die Reaktion aus, indem man tropfenweise unter jedesmaligem Umschütteln konz. Schwefelsäure zusetzt, bis eben Klärung der Flüssigkeit erfolgt, wozu etwa 3—5 Tropfen Säure erforderlich sind.

101. Mutterkornextrakt. Für den chemischen Nachweis kommt hauptsächlich die Isolierung des aus den äußeren Gewebeteilen des Mutterkorns stammenden kennzeichnenden Farbstoffes (Sclererythrin) in Betracht. Sclererythrin hat saure Eigenschaften und läßt sich aus angesäuerten Lösungen mit Äther ausschütteln. Beim Schütteln der ätherischen Lösung mit geringen Mengen kalt gesättigter Natriumbicarbonatlösung geht es mit rotvioletter Färbung[2]) in letztere über.

102. Myrrhe siehe unter „Harze".

103. Naftalan siehe unter „Kohlenwasserstoffe".

104. Naphthol, α- und β-, siehe unter „Phenole".

105. Novocain siehe unter „Anaesthetica".

106. Opium siehe unter „Alkaloide".

107. Orthoform (lokales Anaestheticum). Weißes oder gelbliches, geruchloses, in Wasser schwer lösliches Pulver. Leicht löslich in Säuren und Laugen, ferner in Alkohol, Benzol, Chloroform, schwerer in Äther. Die alkalischen Lösungen werden durch Oxydation rötlichbraun. Aus weinsaurer Lösung geht es teilweise in Äther über, vollständig aus bicarbonatalkalischer Lösung. Die alkoholische Lösung färbt sich mit wenig Eisenchlorid violett, die wässerige Lösung grün. Azofarbstoffreaktion positiv.

Orthoform „neu" (Schmelzpunkt 142°) wird durch konz. Salpetersäure violettblau, bei schwachem Erwärmen rot gefärbt. Orthoform „alt" (Schmelzpunkt 121°) löst sich in konz. Salpetersäure mit grüner Farbe.

108. Paraffin siehe unter „Kohlenwasserstoffe".

109. Paraffinöl siehe unter „Kohlenwasserstoffe".

110. Paraffinsalbe siehe unter „Kohlenwasserstoffe".

111. Pepsin. Der Nachweis des Pepsins gründet sich auf seine verdauende Wirkung Proteinstoffen gegenüber, und zwar bei Gegenwart freier Salzsäure. Kennzeichnende chemische Reaktionen sind nicht bekannt.

Flüssigkeiten werden unverdünnt oder bei hohem Alkoholgehalt nach entsprechender Verdünnung mit Wasser unter Zusatz von so viel Salzsäure, daß eine etwa 0,1 proz. Chlorwasserstoff enthaltende Lösung entsteht, mit hart gekochtem und durch ein grobes Sieb geriebenem Hühnereiweiß versetzt und in den Brutschrank oder ein Wasserbad von etwa 40° gebracht. Bei Gegenwart von Pepsin ist nach einigen Stunden teilweise oder vollständige Lösung des Eiweißes erfolgt. Die Flüssigkeit färbt sich dann auf Zusatz von Kalilauge und einigen Tropfen stark verdünnter Kupfersulfatlösung violett (Biuretreaktion). An Stelle von gekochtem Eiweiß verwendet man bequemer das im Handel befindliche Blutfibrin, das bei

---

[1]) Vgl. C. Griebel, Zeitschr. f. Unters. d. Nahr.- u. Gen. 1912, **24**, 687.

[2]) Bei geringen Mengen tritt eine Rosafärbung ein.

Gegenwart von Pepsin gelöst wird, während es im andern Fall nur aufquillt. Zweckmäßig ist hierbei ein blinder Versuch mit gleicher Flüssigkeitsmenge und Salzsäurekonzentration. Liegen salzreiche Pulvergemenge zur Untersuchung auf Pepsin vor, so empfiehlt es sich, die Salze zunächst nach Möglichkeit durch Dialyse zu entfernen. Die Entwicklung von Fäulnisbakterien verhindert man hierbei durch Zusatz von etwas Toluol oder Chloroform. Pepsin verliert erfahrungsgemäß allmählich seine proteolytische Wirkung, namentlich in Gemengen mit Salzen u. dgl. Es kann daher vorkommen, daß trotz des Vorhandenseins von Pepsin nach dem angeführten Verfahren der Nachweis nicht möglich ist.

In solchen Fällen ist die bei weitem empfindlichere und sicherere Ricinprobe von M. Jacoby[1]) zu empfehlen.

Sie beruht darauf, daß der als „Ricin" bezeichnete, aus dem Ricinussamen gewonnene Proteinstoff bei der für die Pepsinverdauung erforderlichen sauren Reaktion unlöslich ist und außerordentlich kleine Flocken bildet, die durch die Wirkung des Pepsins rasch gelöst werden. „Ricin nach Jacoby", das übrigens nicht mit dem „Rizin" genannten Toxin identisch ist, kann von den Chemischen Werken auf Aktien in Charlottenburg bezogen werden. 1 g des Pulvers bringt man in 25 ccm 3 proz. Kochsalzlösung, schüttelt einige Minuten stark durch, stellt das Gemisch eine Stunde in ein lauwarmes Wasserbad von ca. 40° und filtriert dann ab. Von dem völlig klaren Filtrat wird je 1 Volum mit ¹/₃—¹/₂ Volum ¹/₁₀-N.-Salzsäure versetzt. Es entsteht eine Trübung, die nach einiger Zeit zur Bildung sehr feiner Flocken führt. Man gibt die Salzsäure in Portionen hinzu, und zwar so lange, bis eine kräftige Trübung entsteht. Ein Überschuß von Säure löst die Trübung wieder auf, was vermieden werden muß.

Etwa 5 ccm der gut durchgeschüttelten Ricinaufschwemmung werden mit 1 ccm der zu prüfenden Flüssigkeit versetzt. Bei Gegenwart von Pepsin tritt bereits bei Zimmertemperatur, noch schneller im Brutschrank oder Wasserbad von 37°, Aufhellung und bald vollständige Klärung der Flüssigkeit ein. Mit Hilfe dieser Probe lassen sich die geringsten Spuren von Pepsin nachweisen.

112. Perubalsam siehe unter „Balsame".

113. Phenacetin (p-Acetylphenetidin). Farblose, geschmacklose Krystallblättchen, die sich in Alkohol, Äther und Chloroform, ferner in 1400 Teilen kaltem und 80 Teilen siedendem Wasser mit neutraler Reaktion lösen. Schmelzpunkt 134—135°. Die Krystalle färben sich beim Schütteln mit Salpetersäure gelb. Wird Phenacetin mit Salzsäure eine Minute gekocht und werden nach dem Verdünnen mit Wasser einige Tropfen Chromsäurelösung hinzugefügt, so tritt allmählich eine rubinrote Färbung auf.

Isonitrilreaktion negativ, Indophenol- und Azofarbstoffreaktion nach dem Kochen mit Salzsäure positiv.

114. Phenole. Gruppenreaktionen. 1. Liebermanns Reaktion. Wird eine Lösung von Kaliumnitrat in konz. Schwefelsäure mit einer wässerigen Phenollösung versetzt und vorsichtig auf 40—50° erwärmt, so treten intensive Färbungen auf.

2. Millonsche Probe. Millons Reagens färbt wässerige Phenollösungen beim vorsichtigen Erwärmen oder schon bei gewöhnlicher Temperatur rot. (Alle Stoffe, die ein Phenolhydroxyl enthalten, reagieren in dieser Weise, also auch Phenolsäuren usw.)

3. Eisenchloridprobe. Stark verdünnte Eisenchloridlösung (1 Teil offizinelle Eisenchloridlösung + 19 Teile Wasser) ruft in der wässerigen Lösung der meisten Phenole kennzeichnende Färbungen hervor (Violett, Blau, Grün, Rot).

Auch diese Reaktion ist im allgemeinen an das Vorhandensein von Phenolhydroxyl gebunden (vgl. Gallussäure, Tannin, Salicylsäure und ihre Derivate, Oxychinolin, ferner aber auch Antipyrin, Pyramidon und verwandte Körper).

4. Azofarbstoffreaktion (vgl. S. 907).

_____

1) Biochem. Zeitschr. 1906, 1, 53; Abderhalden, Biochemische Arbeitsmethoden III. 18.

a) Mit Wasserdämpfen flüchtige und durch starken Geruch ausgezeichnete Phenole. (Hierher gehören die einwertigen Phenole.)

α) **Carbolsäure.** Die wässerige Lösung (1 : 1000) färbt sich mit Eisenchlorid blau-violett, die Färbung verschwindet auf Zusatz von Alkohol (Unterschied von Salicylsäure). Verhalten gegen Liebermanns Reagens: erst braun, dann grün, schließlich blau. Versetzt man die wässerige Lösung mit Bromwasser, so scheidet sich ein gelblichweißer, krystallinischer Niederschlag von Tribromphenol aus (Schmelzpunkt 95°).

β) **Kresole.** Wirksamer Bestandteil der Kresolseifenlösungen (siehe diese). Sie unterscheiden sich von der Carbolsäure durch ihren Geruch, ihre Schwerlöslichkeit in Wasser sowie durch ihr Verhalten gegen Eisenchlorid: o-Kresol färbt sich schwach blau, wird aber schon nach einigen Minuten grün, m-Kresol gibt nur schnell vorübergehende Blaufärbung, die sich unter Trübung in schmutziges Grünlichbraun verwandelt, p-Kresol wird beständig blauviolett. Trikresol färbt sich zunächst blau bis blaugrün, auf weiteren Zusatz von Eisenchlorid schmutziggrünlich.

γ) **Kreosot** (besteht der Hauptsache nach aus einem Gemenge von Guajacol und Kreosol). Löslich in 120 Teilen heißem Wasser, beim Erkalten Abscheidung von ölartigen Tropfen. Im Filtrat ruft Bromwasser einen rotbraunen Niederschlag hervor. Die wässerige Lösung wird durch Eisenchlorid unter gleichzeitiger Trübung graugrün oder schnell vorübergehend blau, die ölartigen Tropfen färben sich hierbei gelbrot, dann braun. Die alkoholische Lösung nimmt bei Zusatz von wenig Eisenchlorid eine tiefblaue, bei weiterem Zusatz eine dunkelgrüne Färbung an. Guajacol als solches verhält sich gegen die genannten Reagenzien ähnlich wie Kreosot.

Kreosol und Guajacol finden in Form von wasserunlöslichen Estern vielfach arzneiliche Anwendung.

δ) **Thymol.** Schwer löslich in kaltem Wasser (1 : 1200), leicht löslich in Äther, Alkohol usw. Verhalten gegen Liebermanns Reagens: Zuerst rote, dann schnell grüne Färbung. Eisenchlorid gibt keine Reaktion. Löst man Thymol in 50proz. Kalilauge, erwärmt und fügt einige Tropfen Chloroform hinzu, so färbt sich die Flüssigkeit schön violettrot (Lustgarten). Eine Lösung von Thymol in Eisessig wird auf Zusatz konz. Schwefelsäure und eines Tropfens Salpetersäure schön blaugrün.

ε) **Carvacrol.** In Wasser unlösliche Flüssigkeit. Die alkoholische Lösung wird durch Eisenchlorid grün gefärbt.

ζ) **Eugenol.** (Hauptbestandteil des Nelkenöls). Die alkoholische Lösung färbt sich auf Zusatz von Eisenchlorid erst blau, dann grün, schließlich gelb.

η) **α-Naphthol.** Farblose, phenolartig riechende, bei 95° schmelzende Nadeln, die sich in Wasser schwer, in Alkohol und Äther leicht lösen und leicht sublimieren.

Millons Reagens liefert schon bei gewöhnlicher Temperatur scharlachrote Färbung. Eisenchlorid scheidet aus der wässerigen Lösung einen weißen, bald violett werdenden Niederschlag von Dinaphthol ab. Liebermanns Reagens erzeugt schwarzgrüne Färbung. Wird α-Naphthol in wenig Natronlauge gelöst und die Flüssigkeit nach Zusatz von etwas Formaldehydlösung erwärmt, so tritt eine grüne, rasch in Blau übergehende Färbung auf. Die Lösung in konz. Alkalilauge färbt sich nach Zusatz von einigen Tropfen Chloroform beim Erwärmen blauviolett (Lustgartensche Reaktion).

ϑ) **β-Naphthol.** Bei 122° schmelzende farblose Blättchen, von eigenartigem, schwach phenolartigem Geruch, die sich in 1000 Teilen kaltem, in 75 Teilen heißem Wasser, leicht in Äther, Alkohol, Chloroform, Alkalilaugen und fetten Ölen lösen. Mit Millons Reagens entsteht eine rötlichbraune Färbung und Abscheidung eines flockigen Niederschlages. Eisenchlorid erzeugt in wässeriger Lösung grünliche Färbung, allmählich Abscheidung weißer Flocken von β-Dinaphthol. Ammoniak, Kalilauge und Kalkwasser rufen in der wässerigen Lösung blauviolette Fluorescenz hervor. Lustgartensche Reaktion: Blaufärbung.

b) Mit Wasserdämpfen nichtflüchtige Phenole.

(Hierher gehören die mehrwertigen, durch keinen besonderen Geruch ausgezeichneten Phenole. Ihre Abscheidung erfolgt durch Ausschütteln aus saurer Lösung mit Äther.)

α) **Resorcin.** In Wasser, Äther und Alkohol leicht, in Chloroform ziemlich schwer lösliche Krystalle von kratzendem, süßlichem Geschmack. Schmelzpunkt 110—111°.

Millons Reagens erzeugt Gelbfärbung. Eisenchlorid färbt die wässerige Lösung violett, ebenso Chlorkalk. Bromwasser verursacht gelblichweißen Niederschlag. Ammoniakalische Silberlösung wird in der Wärme reduziert, Fehlingsche Lösung nicht. Erhitzt man Resorcin mit Phthalsäureanhydrid einige Minuten bis nahe zum Sieden, so entsteht eine Schmelze, die beim Lösen in verdünnter Lauge stark grüne Fluorescenz zeigt (Fluorescein). Eine Lösung von Resorcin in konz. Schwefelsäure mit etwas Weinsäure erhitzt, färbt sich rotviolett bis carminrot. Rotfärbungen entstehen z. B. beim Erwärmen von Resorcin mit Natronlauge und etwas Chloroform, sowie mit Salzsäure und Rohrzucker.

β) **Hydrochinon.** In Wasser, Alkohol und Äther leicht lösliche Krystalle. Es schmilzt bei 169° und sublimiert unzersetzt. Millons Reagens gibt beim Erwärmen Orangefärbung. Mit Eisenchlorid entsteht zunächst grünliche Färbung, dann Ausscheidung schwarzgrüner Nadeln von Chinhydron. Ammoniakalische Silberlösung wird in der Kälte, Fehlingsche Lösung beim Erhitzen reduziert.

Hydrochinon tritt unter Umständen als Spalterzeugnis des in den Bärentraubenblättern vorkommenden Glykosides Arbutin auf (z. B. in Abkochungen, die durch Mikroorganismen verändert sind).

Arbutin bildet in Wasser, Alkohol und Äther lösliche Krystalle. Die Isolierung gelingt aus saurer Lösung mit Äther. Es gibt die Brunner-Pettenkofersche Gallenreaktion und nach der Hydrolyse die Reaktionen des Hydrochinons.

γ) **Pyrogallol.** In Wasser, Alkohol und Äther leicht lösliche, bitter schmeckende Nadeln, die bei 131—132° schmelzen und beim vorsichtigen Erhitzen unzersetzt sublimieren. Millons Reagens wird reduziert. Eisenchlorid erzeugt rote Färbung, die mit etwas Calciumcarbonat blau wird. Die wässerige Lösung färbt sich mit Kalkwasser zunächst violett, dann schnell braun und schwarz. An der Luft färbt sich die wässerige Lösung allmählich braun, rasch bei Gegenwart von Alkali (Sauerstoffaufnahme). Mit oxydfreiem Ferrosulfat entsteht nur weiße Trübung, bei Gegenwart von Oxyd blauschwarzer Niederschlag. Gold-, Silber- und Quecksilbersalze werden reduziert. Mit Formaldehyd und starker Salzsäure tritt in der Kälte oder bei gelindem Erwärmen rubinrote Färbung auf.

115. Phenolphthalein. In Wasser fast unlöslich, löslich in Alkohol und Äther. Geht aus saurer Lösung in den Äther über. Phenolphthalein ist durch die mit Alkalien entstehende Rotfärbung genügend gekennzeichnet.

116. Phenolsulfosäure und ihre Salze siehe unter „Säuren, organische“.

117. Pilocarpin siehe unter „Alkaloide“.

118. Piperazin. Farblose, leicht zerfließliche, in Wasser und Alkohol sehr leicht, in Äther und Chloroform etwas schwerer lösliche Krystalle von stark alkalischer Reaktion. Die Base geht aus stark alkalischer Flüssigkeit in Äther und Chloroform über. Der Verdunstungsrückstand riecht in der Wärme ammoniakartig und gibt mit Salzsäure Nebelbildung. Die Lösung gibt mit den meisten Alkaloidfällungsmitteln Niederschläge (nicht mit Kaliumquecksilberjodid).

119. Podophyllin. Gelbes, in Wasser fast unlösliches Pulver. Der wässerige Auszug gibt mit Eisenchlorid Braunfärbung, mit Bleiessig eine gelbe opalisierende Flüssigkeit, aus der sich beim Stehen rotgelbe Flöckchen abscheiden (Quercetin). Durch Alkohol geht Quercetin leicht in Lösung. Diese Lösung färbt sich mit Eisenchlorid dunkelgrün, mit Bleiessig entsteht ein orangegelber Niederschlag.

120. Protargol (Albumosesilber). In Wasser leicht lösliches, gelblichbraunes Pulver, das beim Erhitzen unter Horngeruch verkohlt. Der Verbrennungsrückstand löst sich in Salpetersäure. Wird Protargollösung mit etwas Natronlauge und verdünnter Kupfersulfatlösung versetzt, so tritt nach wenigen Minuten Violettfärbung auf (Biuretreaktion).

121. Pyramidon siehe unter „Antipyrin“.

122. Pyrogallol siehe unter „Phenole“.

123. Quecksilberverbindungen.   **a) Quecksilberchlorid** (Sublimat). In Wasser, Alkohol und Äther ziemlich leicht löslich. Auf die Löslichkeit des Sublimats in etwa 17 Teilen Äther ist namentlich bei der Untersuchung von Salben besonders Rücksicht zu nehmen.

b) Quecksilberchlorür. Calomel ist in Wasser und Alkohol unlöslich. Mit Ammoniak färbt er sich sofort schwarz. Beim Erhitzen im Röhrchen ist er, ohne zu schmelzen, flüchtig.

c) Quecksilberjodid. Scharlachrotes Pulver, das beim Erhitzen im Reagensglas zuerst gelb wird, dann schmilzt, sich verflüchtigt und ein gelbes Sublimat liefert. Quecksilberjodid löst sich in heißem Alkohol (40 Teile) und leicht in Jodkaliumlösung.

d) Quecksilberoxyd. Gelbrotes, in verdünnter Salzsäure und Salpetersäure leicht lösliches Pulver. Beim Erhitzen im Röhrchen verflüchtigt sich Quecksilberoxyd unter Abscheidung von Quecksilber.

e) Weißer Quecksilberpräcipitat. Weißes, in Wasser unlösliches, in Salpetersäure beim Erwärmen lösliches Pulver. Beim Erwärmen mit Natronlauge geht es unter Entwicklung von Ammoniak in gelbes Quecksilberoxyd über. Beim Erhitzen im Röhrchen verflüchtigt sich Präcipitat, ohne zu schmelzen, unter Zersetzung.

f) Quecksilbersalicylat. Weißes, in Wasser und Alkohol unlösliches, in Natronlauge und Natriumcarbonat klar lösliches Pulver. Mit verdünnter Eisenchloridlösung (1 + 9) färbt es sich grünlich, auf Zusatz von Wasser violett.

124. Radioaktive Stoffe. Der Nachweis sehr geringer Mengen radioaktiver Stoffe in Zubereitungen ist nur mit Hilfe besonderer Meßinstrumente möglich, deren elektrische Ladung unter der Einwirkung der von radioaktiven Substanzen ausgehenden Strahlen abnimmt. Von diesen Instrumenten eignet sich für die Untersuchung von Heil- und Geheimmitteln wegen seiner Handlichkeit besonders das Fontaktoskop nach dem Prinzip von Engler und Sieveking in reduzierter Größe nach Kohlrausch und Löwenthal, das in erster Linie für die Ermittlung des Emanationsgehaltes von Quellwässern bestimmt ist (vgl. S. 636 u. f.).

Das Fontaktoskop besteht im wesentlichen aus einem Elektroskop, einer Blechkanne (Ionisationsraum), die die zu untersuchenden Substanzen[1] aufnimmt, und einem Zerstreuungsstab, der mit dem Elektroskop leitend verbunden ist und in den Ionisationsraum hineinragt.

Die wissenschaftlichen Grundlagen des Verfahrens sind kurz folgende; Radium zerfällt fortwährend unter Aussendung verschiedener Strahlenarten (α, β, γ) in zwei gasförmige Stoffe, Helium und Emanation. Die Emanation wirkt selbst wieder radioaktiv, sie ist also gleichfalls kein beständiger Körper, sondern verwandelt sich nach einiger Zeit unter Abspaltung weiterer Heliumatome in eine Reihe fester Stoffe. Die Emanation hat nun die Eigenschaft, die Luft, der sie sich mitteilt, durch Aussendung von α-Strahlen zu ionisieren, d. h. für Elektrizität leitend zu machen. Ein aufgeladenes Elektroskop verliert infolgedessen in solcher Luft allmählich seine Ladung, und die Schnelligkeit, mit der diese Entladung vor sich geht, kann als Maßstab für den Gehalt der Luft an Emanation dienen. Hieraus kann dann auch weiterhin auf die Menge des vorhandenen Radiumsalzes geschlossen werden (Bestimmung nach dem Emanationsverfahren).

---

[1] Diese müssen in flüssiger Form vorliegen.

Was die Handhabung des Fontaktoskops betrifft, so ist jedem Apparat eine Gebrauchsanweisung beigegeben, die sich auf die Bestimmung des Emanationsgehalts in Quellwässern[1]) bezieht. Zu Heilzwecken bestimmte Zubereitungen müssen aber Radiumsalz enthalten, wenn sie dauernd Emanation bilden, also dauernd wirksam bleiben sollen. Es ist daher eine Abänderung der Versuchsanordnung erforderlich, weil es sich in solchen Fällen darum handelt, festzustellen, wieviel Emanation eine bestimmte Menge des zu untersuchenden Präparates im Höchstwert zu liefern vermag.

Bei jedem Radiumpräparat tritt nämlich nach vier Wochen das sogenannte radioaktive Gleichgewicht ein, d. h. es wird nach dieser Zeit ebensoviel Emanation neu gebildet, als durch weitere Zersetzung verlorengeht. Man müßte also die von der vorhandenen Emanation befreite Lösung des zu untersuchenden Präparates zunächst vier Wochen stehen lassen, um bei der Bestimmung den Höchstwert zu erhalten. Da die Hälfte dieses Höchstwertes aber bereits nach vier Tagen erreicht wird, nimmt man in der Praxis die Messung gewöhnlich nach vier Tagen vor und verdoppelt den so erhaltenen Wert.

Man verfährt hierbei also in folgender Weise:

Eine wässerige Lösung oder Anschüttlung des zu untersuchenden Präparates wird zunächst einige Minuten gekocht, um die vorhandene Emanation vollständig auszutreiben. Dann bringt man die Flüssigkeit (etwa 50 ccm) in die Blechkanne und verschließt sie sofort mit einem Gummistopfen. Nach vier Tagen wird die Flüssigkeit etwa eine Minute kräftig durchgeschüttelt, wobei die gebildete Emanation bis auf einen geringen Rest, der sich – falls erforderlich – durch Rechnung ermitteln läßt, in die über der Flüssigkeit befindliche Luft übergeht. Man wartet hierauf drei Stunden, weil nach dieser Zeit ein Gleichgewichtszustand eingetreten ist, vertauscht jetzt den Gummistopfen mit dem Elektroskop, an dem der Zerstreuungsstab befestigt ist, und lädt auf. Nunmehr beobachtet man, wie weit die Blättchen des Elektroskops innerhalb einer bestimmten Zeit zusammenfallen. Falls die Entladung zu rasch erfolgt, muß der Versuch mit einer verdünnteren Lösung wiederholt werden. In einer dem Instrument beigegebenen Tabelle sind alle zu den Intervallen der Skala gehörigen Spannungen in Volt angegeben. Der so gefundene Voltabfall wird auf eine Stunde umgerechnet und nach Abzug des besonders ermittelten Normalabfalles und der sogenannten induzierten Radioaktivität in elektrischen oder in Macheeinheiten angegeben. Die Berechnung sowie die einzelnen Manipulationen erfolgen sinngemäß nach der dem Apparat beiliegenden Gebrauchsanweisung. Zu bemerken ist, daß die Macheeinheit ein Maß für eine bestimmte Emanationsmenge ist.

Als Einheit für exakte Radiummessungen gilt das Curie, d. h. diejenige Emanationsmenge, die mit einem Gramm Radiummetall im Gleichgewicht steht. Den tausendsten Teil davon bezeichnet man als Millicurie und ein tausendstel Millicurie als Mikrocurie. Ein Mikrocurie entspricht etwa 2500 Macheeinheiten.

Für genaue Radiumbestimmungen mit Hilfe des Fontaktoskops ist ein mit einer Standardlösung geeichtes Instrument erforderlich. Im übrigen sei hier auf die Arbeit von Engler, Sieveking und Koenig[2]) hingewiesen, in der das Verfahren, seine Fehlerquellen und deren Eliminierung eingehend besprochen werden.

Eine Zusammenstellung der verschiedenen Bestimmungsverfahren sowie der für die radioaktiven Elemente geltenden allgemeinen Verhältnisse findet sich in der Abhandlung von Kohlrausch[3]).

125. Resorcin siehe unter „Phenol".

126. Ricinusöl. Ricinusöl ist in absolutem Alkohol und Eisessig in jedem Ver-

---

[1]) Quellwässer enthalten im allgemeinen kein Radium und verlieren infolgedessen sehr bald ihre Radioaktivität durch Zerfall der Emanation.

[2]) Chemikerzeitung 1914, **38**, 425—427 u. 446—450..

[3]) Zeitschr. f. öffentl. Chemie 1913, **19**, 1—12 u. 21—30.

hältnis löslich. Es löst sich ferner in 4—5 Teilen 90 proz. Alkohol. Unlöslich ist es in Paraffinöl und schwer löslich in Petroläther. Es dreht das polarisierte Licht nach rechts.

127. Rohrzucker. Um in Pulvern, Tabletten u. dgl. Rohrzucker neben Milchzucker nachzuweisen, zieht man mit 90 proz. Alkohol aus, der Rohrzucker aufnimmt, Milchzucker aber fast nicht löst. Durch konz. Schwefelsäure wird Rohrzucker, zum Unterschied von Milchzucker, sofort geschwärzt. Mit Resorcinsalzsäure erwärmt, tritt infolge des Lävulosegehaltes Rotfärbung auf.

128. Salicylsäure siehe unter „Säuren, organische".

129. Salicylsäuremethylester (Hauptbestandteil des Wintergrünöles). Die Flüssigkeit ist durch ihren Geruch genügend gekennzeichnet. Mit Eisenchlorid tritt Violettfärbung ein, die beim Schütteln mit Äther oder Chloroform wieder verschwindet (Unterschied von Salicylsäure). Beim Erwärmen mit Lauge erfolgt leicht Verseifung und hierauf beim Übersättigen mit Mineralsäure Abscheidung von Salicylsäure.

130. Salipyrin siehe unter „Antipyrin".

131. Salol. Weiße, annähernd bei 42° schmelzende Krystalle von aromatischem Geruch und Geschmack, die in Wasser fast unlöslich, in Äther, Chloroform und Alkohol leicht löslich sind. Die alkoholische Lösung färbt sich mit Eisenchlorid violett. Die Lösung in Natronlauge scheidet beim Übersättigen mit Salzsäure Salicylsäure ab, gleichzeitig tritt Phenolgeruch auf.

132. Santelöl siehe unter „ätherische Öle".

133. Santonin. Farblose, am Licht gelb werdende, bei 170° schmelzende Krystalle, die sich in 4 Teilen Chloroform, in 44 Teilen Weingeist, in 125 Teilen Äther, sehr schwer in Wasser und fast nicht in Petroläther lösen. Ätzende und kohlensaure Alkalien lösen leicht unter Salzbildung. Aus saurer Lösung läßt es sich mit Äther ausschütteln.

Werden einige Tropfen der alkoholischen Lösung mit 2 proz. alkoholischer Furfurollösung versetzt und mit etwa 2 ccm konz. Schwefelsäure auf dem Wasserbade erwärmt, so tritt eine purpurrote, über Blauviolett in Blau übergehende Färbung ein (Thaeter). Wird Santonin mit einem Gemisch von 2 Volumen konz. Schwefelsäure und 1 Volum Wasser erhitzt und eine Spur Eisenchlorid zugegeben, so tritt Violettfärbung auf.

134. Saponin. Die am meisten Verwendung findenden, Saponin enthaltenden Drogen sind Quillaja, Sarsaparilla und Senega. Auszüge dieser Drogen sind durch starke Schaumbildung beim Schütteln ausgezeichnet. Zum Nachweis der Saponine dient der hämolytische Versuch. In physiologischer Kochsalzlösung aufgeschwemmte Blutkörperchen werden durch Saponinlösung rasch verändert, so daß der Blutfarbstoff in Lösung geht. Auf Zusatz von Cholesterin verlieren die Saponinlösungen in verdünntem Alkohol ihre hämolytische Wirkung (vgl. III. Bd., 2. Teil, S. 740).

135. Säuren, organische. a) Mit Wasserdämpfen flüchtig.

α) **Ameisensäure.** Mit Bleiessig entsteht weißer Niederschlag. Gelbes Quecksilberoxyd und Mercuronitratlösung werden beim Erhitzen zu metallischem Quecksilber reduziert, Quecksilberchlorid zu Calomel, Silbernitrat zu metallischem Silber. Werden ameisensaure Salze mit Alkohol und konzentrierter Schwefelsäure übergossen, so tritt neben Kohlenoxydentwicklung der stark an Rum erinnernde Geruch des Ameisensäureäthylesters auf.

β) **Essigsäure.** Essigsaure Salze liefern, mit Alkohol und konz. Schwefelsäure erwärmt, Essigäther. Eisenchlorid färbt Lösungen von Acetaten rot, die Färbung verschwindet auf Zusatz von Säure. Kennzeichnend ist ferner der beim Erhitzen mit Arsentrioxyd entstehende Kakodylgeruch. Von Salzen finden hauptsächlich arzneiliche Verwendung: Kaliumacetat, Aluminiumacetat, Aluminiumacetotartrat, Bleiacetat und basisches Bleiacetat (Bleiessig).

γ) **Baldriansäure** ist ohne weiteres am Geruch kenntlich. Verwendung findet u. a. das Zinksalz.

δ) *Milchsäure.* Milchsäure ist direkt nicht flüchtig, aus wässerigen Flüssigkeiten läßt sie sich durch Ausschütteln mit Äther isolieren. Beim vorsichtigen Erwärmen mit Permanganatlösung (1 : 1000) tritt der Geruch nach Acetaldehyd auf. Von Salzen sind zu nennen: Calciumlactat, Calciumlactophosphat und Ferrolactat (letzteres siehe unter organische Eisenverbindungen).

ε) *Benzoesäure.* Die freie Säure läßt sich mit Äther leicht ausschütteln und hinterbleibt beim Verdunsten des Extraktionsmittels krystallinisch. Der Schmelzpunkt liegt bei 120—121°. Die vorsichtig neutralisierte wässerige Lösung gibt mit neutraler Eisenchloridlösung einen fleischfarbenen Niederschlag. Zum Nachweis ist auch die Bildung des · eigenartig riechenden Benzoesäureäthylesters geeignet. Man verdampft die mit Soda neutralisierte Säure zur Trockne und erhitzt den Rückstand im Röhrchen mit Alkohol und konz. Schwefelsäure.

ζ) *Salicylsäure.* Salicylsäure ist ebenso wie Benzoesäure durch leichte Krystallisationsfähigkeit ausgezeichnet. Sie läßt sich aus saurer Lösung leicht mit Äther ausschütteln und hinterbleibt beim Verdunsten des Äthers stets in Krystallform. Schmelzpunkt 157°. Bei vorsichtigem Erhitzen unzersetzt sublimierbar, zersetzt sie sich bei raschem Erhitzen teilweise unter Carbolsäuregeruch. Die alkoholische und wässerige Lösung färben sich mit verdünntem Eisenchlorid violett. Freie Mineralsäuren, auch fremde organische Säuren, können die Reaktion stören.

Mit Bromwasser entsteht ein weißer Niederschlag. Millons Reagens gibt beim Erhitzen blutrote Färbung. Beim Erwärmen mit Methylalkohol und konz. Schwefelsäure tritt der kennzeichnende Geruch nach Wintergrünöl auf.

Um Salicylsäure und Benzoesäure nebeneinander nachzuweisen oder eine Trennung beider Säuren herbeizuführen, versetzt man die wässerige Lösung mit Bromwasser bis zur Gelbfärbung. Salicylsäure wird hierbei als Bromverbindung abgeschieden, während Benzoesäure in Lösung bleibt.

Von Derivaten der Salicylsäure sind u. a. zu erwähnen: Acetylsalicylsäure (Aspirin), Salicylsäuremethylester (Wintergrünöl), Salol, Salipyrin. Über ihren Nachweis siehe diese Verbindungen. Von Salzen finden häufig Verwendung: Natriumsalicylat, Theobrominnatrium-Natriumsalicylat (siehe unter Alkaloide, Xanthinbasen bei Theobromin) und basisches Wismutsalicylat (siehe unter organische Wismutverbindungen).

η) *Zimtsäure.* Sie kann, wie die beiden vorhergehenden Säuren, durch Destillation mit Wasserdampf oder durch Ausäthern aus saurer Lösung abgeschieden werden. Geruchlose Krystalle, die bei 134—135° (synthetische bei 132—133°) schmelzen und teilweise unzersetzt sublimieren; leicht in Alkohol, Äther, Chloroform und heißem Wasser, schwer in kaltem Wasser löslich. Wesentlicher Bestandteil der Sumatrabenzoe.

Wird Zimtsäure mit Natronlauge und Permanganatlösung erwärmt, so entwickelt sich Benzaldehydgeruch (Unterschied von Benzoesäure).

b) Mit Wasserdämpfen nicht flüchtig.

α) *Äpfelsäure.* Palladiumchloridlösung wird beim Kochen nach einiger Zeit reduziert. Zucker und Gerbstoffe müssen jedoch zuvor entfernt werden. Beim Erhitzen auf 150° bildet sich unter Wasserabspaltung Malein- und Fumarsäure. Letztere ist schwer in Wasser löslich und an den federartigen Krystallen, die beim Erkalten einer heiß hergestellten Lösung anschießen, kenntlich.

β) *Citronensäure.* Zur Erkennung geringer Mengen ist namentlich die Reaktion nach Denigès geeignet. Man versetzt etwa 5 ccm der zu prüfenden wässerigen Lösung mit 0,5—1 ccm einer Lösung von 5 g Quecksilberoxyd in 20 ccm Schwefelsäure und 100 ccm Wasser, erhitzt zum Sieden und fügt tropfenweise 1 proz. Permanganatlösung hinzu. Bei Gegenwart von Citronensäure entsteht unter Entfärbung des Permanganats eine weiße Ausscheidung (Doppelverbindung von Mercurisulfat mit Acetondicarbonsäure).

Häufiger Verwendung findende Salze sind: Lithium-, Magnesium-, Eisen- und Eisenchinincitrat.

γ) *Weinsäure.* Weinsäure und ihre Salze liefern beim Erhitzen den kennzeichnenden Caramelgeruch. Ammoniakalische Silberlösung wird bei Gegenwart von wenig Kalilauge beim Erhitzen unter Spiegelbildung reduziert. Als Spezialreaktion zum Nachweis geringer Mengen ist die Mohlersche Probe zu empfehlen. Weinsäure gibt beim Erwärmen mit Resorcinschwefelsäure auf etwa 130° schön purpurviolette Färbung. Zucker stört die Reaktion. Von Salzen sind zu nennen: Kaliumbitartrat, Seignettesalz, Aluminiumacetotartrat und Brechweinstein[1]).

Zur Abscheidung der sogenannten Fruchtsäuren (Weinsäure, Citronensäure, Äpfelsäure) aus zuckerhaltigen Zubereitungen u. dgl. verfährt man nach dem Bleiverfahren (vgl. III. Bd., 1. Teil, S. 462). Trockenen Gemengen lassen sich die freien Säuren durch absoluten Alkohol entziehen.

δ) *Glycerinphosphorsäure* siehe „Glycerophosphate".

ε) *Gallussäure.* Die Säure bildet farblose Krystallnadeln, die leicht in Äther, Alkohol und heißem Wasser löslich sind. Gold- und Silbersalze werden durch die Lösung reduziert. Mit Eisenoxydsalzen entsteht ein blauschwarzer Niederschlag, oxydfreie Eisenoxydulsalze geben keine Färbung. Leim und Eiweißlösung werden durch Gallussäure nicht gefällt, Fehlingsche Lösung wird beim Erhitzen nicht reduziert (Unterschiede von Gallusgerbsäure).

Von Salzen seien rwähnt: Dermatol und Airol (siehe unter organische Wismutverbindungen).

ζ) *Gallusgerbsäure* (Tannin). Unlöslich in Äther, leicht löslich in Wasser, Alkohol und Glycerin; Essigäther löst ebenfalls beträchtliche Mengen. Mit Eisenoxydsalzen entsteht schwarzblauer Niederschlag. Reine Eisenoxydulsalze reagieren zunächst nicht, dann entsteht violette Färbung und allmählich ein blauschwarzer Niederschlag. Eiweiß- und Leimlösungen werden gefällt. Alkalische Kupferlösung, Silber- und Goldsalzlösungen werden beim Erwärmen reduziert.

(Tannalbin, Tannigen, Tannoform siehe diese Stoffe.)

η) *Phenolsulfosäure.* Eisenchlorid färbt die Lösung der Salze violett. Die Säure läßt sich nicht ausschütteln, sie kann nach dem Eintrocknen der Flüssigkeit mit Seesand durch Alkohol ausgezogen werden. Verwendung findet hauptsächlich das in Alkohol und Wasser mit saurer Reaktion lösliche Zinksalz.

ϑ) *Sozojodol* (Dijodparaphenolsulfosäure) siehe unter „Jodoformersatzmittel".

ι) *Trichloressigsäure.* Stark hygroskopische, in Wasser, Alkohol und Äther lösliche Krystalle. Trichloressigsäure spaltet beim Erwärmen mit Sodalösung Chloroform ab.

136. Schilddrüsenpräparate. Die wirksame Substanz der Schilddrüse besteht aus organischen Jodverbindungen, die im unveränderten Zustand Eiweißcharakter besitzen. Je nach der Herstellungsart sind diese jodhaltigen Präparate — z. T. Spaltungserzeugnisse der Eiweißverbindungen — in Wasser oder Alkohol mehr oder weniger löslich. Zum Nachweis der geringen in Frage kommenden Jodmengen verascht man die zu prüfende Substanz unter Zusatz von Soda oder besser Lauge, versetzt die wässerige Lösung der Asche mit einigen Tropfen Kaliumnitritlösung und schüttelt nach vorsichtigem Ansäuern mit verdünnter Schwefelsäure mit wenig Chloroform, welches das Jod mit rosaroter bis violetter Farbe aufnimmt (vgl. auch Blasentangextrakt).

137. Stovain siehe unter „Anaesthetica".

138. Strophanthin. Die in den Samen verschiedener Strophanthusarten enthaltenen Glykoside verhalten sich Reagenzien gegenüber verschieden. Den mit Ammonsulfat gesättigten Lösungen lassen sie sich durch Ausschütteln mit alkoholhaltigem Chloroform ent-

---

[1]) Eine Lösung von Brechweinstein gibt mit Schwefelwasserstoff gelbrote Färbung. Erst auf Zusatz von Mineralsäuren oder Neutralsalzen erfolgt Abscheidung von Schwefelantimon.

ziehen. K-Strophanthin (aus S. Kombé) wird von konz. Schwefelsäure mit grüner Farbe, h-Strophanthin (aus S. hispidus) mit roter Farbe gelöst. Für den einwandfreien Nachweis ist der physiologische Versuch kaum entbehrlich. Letzterer erfolgt wie bei Digitalis am Froschherz (vgl. Gadamer).

139. Strychnin und **Strychnosauszüge** siehe unter „Alkaloide".

140. Styrax siehe unter „Balsame".

141. Sulfonal. Weißes, bei 125—126° schmelzendes Pulver, das sich in 15 Teilen heißem Wasser, in 65 Teilen Alkohol und in 135 Teilen Äther mit neutraler Reaktion löst. Mit Holzkohle erhitzt bildet sich Mercaptangeruch; angefeuchtetes Lackmuspapier wird durch die hierbei entstehenden Dämpfe gerötet.

Gegen Reagenzien, wie Schwefelsäure, Salpetersäure, heiße Kalilauge, ist Sulfonal sehr beständig.

142. Suprarenin siehe unter „Anaesthetica".

143. Tannin siehe Gallusgerbsäure unter „Säuren, organische".

144. Tannalbin (Eiweißtannat). Darmadstringens, geruch- und geschmackloses, bräunlichgelbes, in Wasser unlösliches Pulver. Die Gerbsäure wird beim Schütteln mit Wasser oder Alkohol allmählich an die Flüssigkeit abgegeben.

145. Tannigen (Acetylerzeugnis des Tannins). Adstringens. Voluminöses grauweißes Pulver, unlöslich in Wasser, leicht löslich in Alkohol und Sodalösung. Gegen Eisenoxydsalze verhält es sich ähnlich wie Tannin.

146. Tannoform (Kondensationserzeugnis von Formaldehyd und Tannin). Antisepticum. Unlöslich in Wasser, löslich in Alkohol, Ammoniak und Lauge. In Schwefelsäure löst es sich mit gelbbrauner Farbe, die beim Erhitzen zunächst in Grün und dann in Blau übergeht.

147. Theobromin siehe unter „Alkaloide bei Xanthinbasen".

148. Thymol siehe unter „Phenole".

149. Tolubalsam siehe unter „Balsame".

150. Trional. In Äther und Alkohol löslich, sehr wenig in Wasser. Schmelzpunkt 76°. Mit Holzkohle erhitzt, tritt wie bei Sulfonal der Geruch nach Mercaptan auf.

151. Tropacocain siehe „Anaesthetica".

152. Urotropin siehe „Hexamethylentetramin".

153. Vaseline siehe unter „Kohlenwasserstoffe".

154. Veratrin siehe unter „Alkaloide".

155. Veronal. Farbloses, bei 191° schmelzendes und unzersetzt sublimierendes Krystallpulver, das sich leicht in Äther, warmem Alkohol und heißem Wasser sowie in Soda- und Alkalilösung, schwerer in kaltem Alkohol und Chloroform löst. Aus saurer Lösung läßt es sich mit Äther ausschütteln. Die gesättigte und mit etwas Salzsäure versetzte wässerige Lösung gibt mit Millons Reagens eine weiße gallertige Fällung, die sich im Überschuß des Fällungsmittels wieder auflöst.

156. Wachs. Unlöslich in kaltem Alkohol, teilweise löslich in Äther, Petroläther und heißem Alkohol, vollständig löslich in Chloroform, Schwefelkohlenstoff und Terpentinöl.

Salben werden zur Prüfung auf Wachs zunächst mit Alkohol ausgezogen. Den in Alkohol unlöslichen Anteil löst man bei gewöhnlicher Temperatur in Petroläther (etwa 0,5 g in 5 ccm). Bei Gegenwart von Wachs bleibt eine wolkige Trübung, die sich nach einiger Zeit zu Boden setzt. Das Sediment besteht aus unregelmäßigen Verbänden winziger Krystallnadeln (mikroskopische Untersuchung in Paraffinöl oder fettem Öl).

157. Walrat. Walrat besteht hauptsächlich aus Cetin (Palmitinsäure-Cetylester). Leicht löslich in Äther, Chloroform und heißem Alkohol, wenig in Petroläther. Aus alkoholischer Lösung beim Erkalten leicht krystallisierend. Beim Verseifen mit alkoholischer

Kalilauge entsteht palmitinsaures Kalium und Cetylalkohol. Letzterer scheidet sich auf Zusatz von Wasser aus. Von Kohlenwasserstoffen läßt sich der Cetylalkohol durch Alkohol trennen, in dem er ziemlich leicht löslich ist.

158. Weinsäure siehe unter „Säuren, organische".

159. Wintergrünöl siehe unter „Salicylsäuremethylester".

160. Wismutsalze, organische. a) **Airol** (Wismutoxyjodidgallat). Graugrünes, in Wasser unlösliches, in Mineralsäuren und Ätzalkalien leicht lösliches Pulver. An feuchter Luft färbt es sich allmählich rot.

b) **Dermatol** (basisches Wismutgallat). Amorphes, citronengelbes, in Wasser, Alkohol u. dgl. unlösliches Pulver, das beim Glühen einen graugelben Rückstand hinterläßt.

Natronlauge löst es mit gelber Farbe, die Lösung wird durch Sauerstoffaufnahme bald rot.

Mit Schwefelwasserstoffwasser färbt es sich schwarz. Die vom Schwefelwismut abfiltrierte und durch Erwärmen vom Schwefelwasserstoff befreite Flüssigkeit wird mit verdünntem Eisenchlorid blauschwarz.

c) **Basisches Wismutsalicylat.** Weißes, in Wasser und Alkohol unlösliches Pulver, das beim Glühen einen gelben Rückstand hinterläßt. Mit verdünnter Eisenchloridlösung übergossen, färbt sich das Salz violett.

d) **Xeroform** (Tribromphenolwismut). Gelbes, geruch- und geschmackloses Pulver mit etwa 50% Bi_2O_3-Gehalt, in Wasser und den gewöhnlichen organischen Lösungsmitteln unlöslich. Durch verdünnte Säuren und Alkalien wird es zersetzt, ebenso beim Erhitzen auf etwa 120°.

161. Wollfett siehe „Lanolin".

162. Xeroform siehe vorstehend.

163. Yoghurtpräparate[1]). Yoghurttrockenpräparate werden gegenwärtig in großem Umfang hergestellt. Sie sind einerseits zur Herstellung von Yoghurtmilch im Haushalt bestimmt (Trockenfermente), andererseits werden sie direkt, und zwar für sich oder in Mischung mit anderen Arzneistoffen, dem Organismus zu Heilzwecken einverleibt (Pulver, Tabletten und ähnliche Zubereitungen). Handelt es sich um die Untersuchung eines zur Selbstbereitung von Yoghurtmilch bestimmten Fermentes, so ist zunächst zu prüfen, ob man nach der beigegebenen Vorschrift mit Hilfe des Präparates überhaupt genießbaren Yoghurt erzielen kann. Dies ist keineswegs immer der Fall. Namentlich alte Präparate versagen in dieser Beziehung gewöhnlich vollständig. Man erhält dann oft Erzeugnisse, bei denen sich das Casein in blasigen oder zähen Massen abgeschieden hat und die oft schon wegen ihres unangenehmen Geruches völlig ungenießbar sind, weil sich an Stelle der Milchsäurebildner hauptsächlich Buttersäurebakterien und peptonisierende Bakterien entwickelt haben.

Bei Zubereitungen, die zum direkten Genuß bestimmt sind, ist natürlich das Hauptgewicht der Untersuchung auf den Nachweis entwicklungsfähiger Yoghurtbakterien zu legen, da diese ja als der wirksame Stoff der in Betracht kommenden Präparate gelten.

Man führt die Untersuchung in der Weise durch, daß man zunächst mit einer entsprechenden Menge des Präparates eine Kultur in steriler Magermilch anlegt und diese 24 Stunden bei 40° im Brutschrank hält. Ist nach dieser Zeit noch keine Gerinnung eingetreten, so wird weitere 24 Stunden bebrütet. Das auf diese Weise erzielte Erzeugnis wird einerseits im hängenden Tropfen und andererseits im gefärbten Ausstrichpräparat untersucht. Liegen ältere Yoghurtpräparate vor, so kommen u. a. fast immer bewegliche Sporenbildner (Heubacillen u. dgl.) zur Entwicklung, die sich bei der Untersuchung im hängenden Tropfen ohne weiteres zu erkennen geben, weil alle normalen Yoghurtorganismen unbeweglich sind.

Die Ausstrichpräparate werden nach dem Trocknen mit stark verdünntem Collodium (1 : 20) fixiert, 10—20 Sekunden mit Loefflers Methylenblau gefärbt, mit Wasser abgespült

---

[1]) Vgl. C. Griebel, Zeitschr. f. Unters. d. Nahr.- u. Genußm. 1912, **24**, 541—556.

und getrocknet. Im fixierten und gefärbten Ausstrichpräparat lassen sich nunmehr die verschiedenen Bakterienformen und ihre relativen Mengenverhältnisse leicht feststellen.

Normaler Yoghurt enthält einerseits unbewegliche Langstäbchen (Bacterium bulgaricum) und andererseits Milchsäurestreptokokken, die in Form von Diplokokken oder in kürzeren oder längeren Ketten auftreten.

Fig. 306.

Fig. 307.

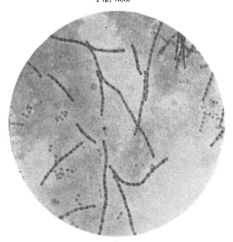

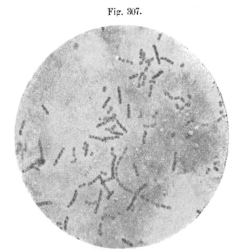

Magermilch-Yoghurt 24 Stunden bei 44°; Körnchenbacillus und Diplokokken; Methylenblaufärbung. Vergr. 1:1000.

Körnchenbacillus, Diplokokken und Streptokokken, sonst wie bei Fig. 306.

Fig. 308.

Fig. 309.

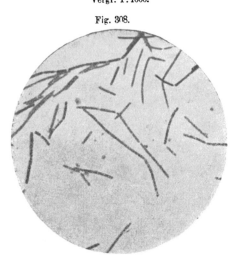

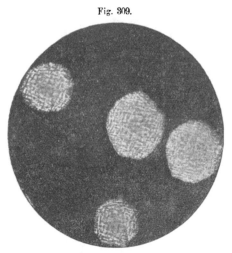

Bact. bulgaricum (körnchenfreie Form). Vergr. 1:1000.

Bact. bulgaricum (Körnchenbacillus). Kolonien bei seitlicher Beleuchtung. Vergr. 1:6.

Die Yoghurtlangstäbchen, die den spezifischen Organismus des Yoghurts darstellen, kommen in zwei verschiedenen Formen vor. Bei der einen Form färbt sich der Bakterienleib mit Methylenblau stets gleichmäßig blau (Typus A), während bei der anderen, wenigstens in den ersten Tagen der Kultur, metachromatische Körnchen auftreten (Typus B). Diese Körnchen wechseln in Zahl und Größe erheblich und färben sich nach dem angegebenen Verfahren violett bis rötlich; in überfärbten Präparaten erscheinen sie schwarzblau. Ist die Milchkultur älter als zwei Tage, so verschwinden die Körnchen allmählich wieder. Daher muß unter Umständen eine frische Milchkultur angelegt werden, um unterscheiden zu können, welche von beiden Formen vorliegt. Die beiden als Rassen einer Art anzusprechenden Yoghurtlangstäbchenformen kommen übrigens nur hin und wieder nebeneinander vor, während die meisten Präparate lediglich eine der

Fig. 310.

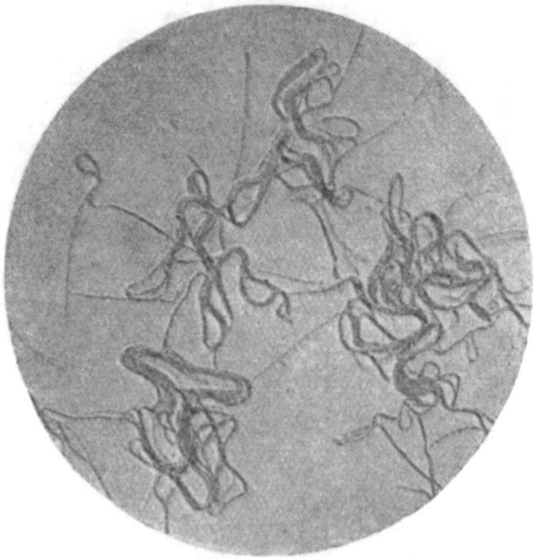

Fig. 311.

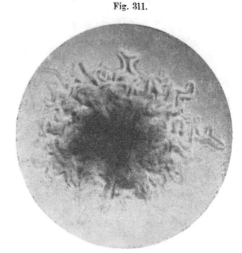

Bact. bulgaricum (Typus A). Schleifenform.
Vergr. 1 : 70.

Bact. bulgaricum (Typus A). Anthraxform.
Vergr. 1 : 40.

Fig. 312.

Fig. 313.

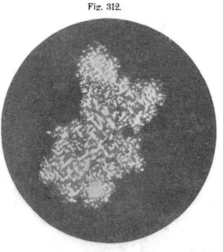
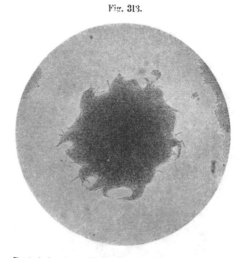

Bact. bulgaricum (Typus B). Kolonie im reflektierten
Licht. Vergr. 1 : 14.

Bact. bulgaricum (Typus A). Am Rande Neigung zur
Lockenbildung. Vergr. 1 : 70.

beiden Formen enthalten. In Fig. 306 und 307 ist die körnchenbildende, in Fig. 308 die körnchenfreie Form wiedergegeben.

   Biologisch unterscheiden sich die beiden Formen der Yoghurtlangstäbchen hauptsächlich durch ihr verschiedenes Säurebildungsvermögen. Die Körnchenbakterien bilden durchschnittlich bis 1,4 % Milchsäure, die körnchenfreien Langstäbchen etwa die doppelte Menge.

Mitunter kann es aber auch nach der Milchkultur noch zweifelhaft sein, ob man überhaupt Yoghurtbakterien vor sich hat. In solchen Fällen ist auf die Plattenkultur zurückzugreifen. Zu dem Zweck wird eine Öse der in steriler Magermilch erzielten Kultur in einem Kubikzentimeter steriler Nährbouillon durch Schütteln gleichmäßig verteilt und von dieser Mischung eine Öse mit Hilfe des Drigalskischen Glasspatels auf 2 proz. Glykoseagar ausgestrichen. Mit dem noch am Glasstab befindlichen Flüssigkeitsrest beschickt man in derselben Weise eine zweite Platte. Die Bebrütung der Platten erfolgt bei 35 bis 40°. Sind Yoghurtlangstäbchen vorhanden, so gelangen sie in 1—3 Tagen zur Entwicklung.

Über die recht verschiedenen Wachstumsformen des Bacterium bulgaricum siehe die angegebene Arbeit von Griebel. Die wichtigsten Formen sind in Fig. 309 bis 314 wiedergegeben. Man kann die Kolonien der Yoghurtlangstäbchen im reflektierten Licht gewöhnlich leicht erkennen, sobald sie eine gewisse Größe erreicht haben. Sie zeigen dann bei Lupenvergrößerung (etwa 10fach), schräg gegen das Licht betrachtet, bläulichweißen bis perlmutterartigen Glanz und fallen durch das regelmäßige Abwechseln heller und dunkler Partien auf (Fig. 309 und 312).

Durch Abimpfung der in Betracht kommenden Kolonien und Kultivierung in steriler Magermilch gelingt es dann leicht zu entscheiden, ob wirklich Yoghurtorganismen vorliegen.

164. Yohimbin siehe „Alkaloide".

165. Zimtöl. Die alkoholische Lösung färbt sich mit Eisenchlorid braun.

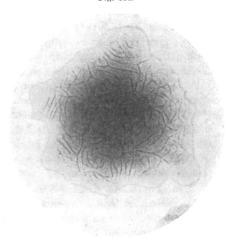

Fig. 314.

Bact. bulgaricum (Typus A). Vergr. 1:35.

Das Öl besteht fast nur aus Zimtaldehyd. Beim Schütteln mit Natriumbisulfit bildet sich daher ein geruchloses Kondensationserzeugnis. Andere ätherische Öle kommen dann durch ihren Geruch zur Geltung.

166. Zimtsäure siehe unter „Säuren, organische".

E. Gesetzliche Bestimmungen für die Beurteilung der Heil- und Geheimmittel.

Der Verkehr mit Heil- und Geheimmitteln wird in erster Linie durch die Kaiserliche Verordnung vom 22. Oktober 1901, betreffend den Verkehr mit Arzneimitteln, geregelt. Ergänzungen hierzu bilden in gewisser Hinsicht die Giftpolizeiverordnungen und die Polizeiverordnungen, betreffend den Verkehr mit Geheimmitteln und ähnlichen Arzneimitteln.

Durch die Kaiserliche Verordnung vom 22. Oktober 1901[1]) wird der Verkauf

    a) bestimmter pharmazeutischer Zubereitungsformen als Heilmittel (Verzeichnis A),

    b) bestimmter Stoffe (Verzeichnis B)

im Kleinhandel auf die Apotheken beschränkt und hierdurch der unbefugte Arzneimittelhandel der Geheimmittelfabrikanten eingedämmt.

---

[1]) Als Ergänzung erschien die Verordnung vom 31. März 1911, die den § 4 der alten Verordnung aufhebt und sich im übrigen auf einige neu hinzutretende Stoffe bezieht.

Während also die im Verzeichnis A namhaft gemachten Zubereitungen[1]) nur dann den Beschränkungen der Verordnung unterliegen, wenn sie als Heilmittel feilgehalten oder verkauft werden, sind die im Verzeichnis B aufgeführten Stoffe schlechthin auf die Apotheken beschränkt.

Bei Zubereitungen ist daher stets zu prüfen:

1. ob das Präparat als Heilmittel feilgehalten oder verkauft wird,

2. ob es eine der im Verzeichnis A aufgeführten Zubereitungsformen darstellt.

Den Begriff „Heilmittel" definiert die Verordnung selbst als „Mittel zur Beseitigung oder Linderung von Krankheiten bei Menschen und Tieren". Da gerade dieser Punkt ausschlaggebend ist für die Anwendbarkeit der Verordnung, geht das Bestreben der Geheimmittelfabrikanten dahin, ihre Präparate des Heilmittelmerkmales zu entkleiden, um sie frei verkäuflich zu machen und ihnen dadurch größere Verbreitung zu sichern. Die Hersteller bezeichnen deshalb ihre Fabrikate mit Vorliebe als Vorbeugungsmittel, Hausmittel, Nervennährmittel, Kräftigungsmittel u. dgl., obwohl in der dem Publikum in die Augen springenden Reklame sämtliche Krankheiten namhaft gemacht werden, bei denen das betreffende Präparat angeblich besondere Dienste leistet. Diese Gepflogenheit ist einer der beliebtesten Versuche zur Umgehung der Verordnung. In zweifelhaften Fällen wird sich der Gerichtsarzt darüber zu äußern haben, ob die betreffende Zubereitung mit Rücksicht auf die Zweckbestimmung einerseits und die Zusammensetzung andererseits als Heilmittel anzusehen ist oder nicht.

Während der Begriff „Heilmittel" durch die Verordnung eine nähere Erläuterung erfahren hat, bleibt die Definition des Begriffes „Krankheit" vollständig der Auslegung durch die Gerichte überlassen. Von den nach dieser Richtung ergangenen Entscheidungen seien die nachstehenden kurz erwähnt[2]):

Krankheit. Als Krankheit im Sinne der Verordnung über den Verkehr mit Arzneimitteln ist jede Abweichung von der Norm zu bezeichnen, die geeignet ist, das Wohlbefinden zu stören (KG. Berlin, 31. Januar und 2. Mai 1905).

Appetitmangel ist ein anormaler Zustand. Mittel zur Beseitigung desselben sind Heilmittel im Sinne der Kaiserl. Verordnung (KG., 4. und 29. September 1902).

Fettleibigkeit ist, je nach Lage des Einzelfalles bzw. der Zweckbestimmung eines Mittels, teils als Krankheit anzusehen, teils nicht (KG., 12. Januar, 16. Februar und 6. Juli 1903).

Übermäßige Fettleibigkeit ist als Krankheit anzusehen (KG., 3. Oktober 1907).

Flechten sind als äußere Erscheinungsformen krankhafter Störungen im Organismus, mithin als Krankheiten anzusehen (KG., 20. Februar 1902).

Kahlköpfigkeit kann eine Krankheit sein. Mittel gegen Kahlköpfigkeit sind Heilmittel, wenn sie gegen jede Art von Kahlköpfigkeit, also auch solche, welche zu den Krankheiten zu zählen ist, empfohlen und abgegeben werden (KG., 10. Dezember 1907).

Menstruationsstörungen gehören zu den Krankheiten. Mittel zur Beseitigung solcher Störungen sind Heilmittel im Sinne der Verordnung (OLG. München, 16. Juli 1911).

Schlechte Blutbeschaffenheit ist als Krankheit im Sinne der Kaiserl. Verordnung anzusehen (OLG. Köln, 20. Februar und 12. Mai 1906).

Trunksucht ist zwar gewöhnlich als Laster, unter Umständen aber auch als Krankheit anzusehen. Mittel gegen Trunksucht können daher auch zu den verbotenen Heilmitteln gerechnet werden (KG., 17. Oktober 1901).

---

[1]) Ohne Unterschied, ob sie heilkräftige Stoffe enthalten oder nicht.

[2]) Vgl. Sonderabdruck aus Pharmaz. Ztg. 1911: Freigegebene und nicht freigegebene Arzneimittel.

Verdauungsstörung zieht ein körperliches Übel nach sich, kann also ebenfalls als Krankheit angesehen werden (OLG. München, 18. Dezember 1902).

Verstopfung kann als Krankheit angesehen werden, da sie unter Umständen geeignet sein kann, das allgemeine Wohlbefinden eines Menschen in recht erheblicher Weise zu stören (KG., 10. März 1905 und 8. Februar 1907).

Besondere Bestimmungen enthält die Verordnung (§ 1a) hinsichtlich der kosmetischen Mittel, Desinfektionsmittel und Hühneraugenmittel. Diese dürfen nämlich auch als Heilmittel außerhalb der Apotheken feilgehalten und verkauft werden, sofern sie nicht Stoffe enthalten, deren Abgabe in den Apotheken nur auf ärztliche Verordnung hin gestattet ist[1]). Kosmetische Mittel sind außerdem auch dann im Verkehr auf die Apotheken beschränkt, wenn sie Kreosot, Phenylsalicylat oder Resorcin enthalten, immer vorausgesetzt, daß sie als Heilmittel verkauft werden. Die auf die kosmetischen Mittel bezüglichen Bestimmungen des Farbengesetzes werden hierdurch nicht berührt. Den Begriff „kosmetische Mittel" definiert die Verordnung als „Mittel zur Reinigung, Pflege oder Färbung der Haut, des Haares oder der Mundhöhle". Ein Präparat, welches lediglich zu Heilzwecken bestimmt ist, wird natürlich durch die Bezeichnung „kosmetisches Mittel" keineswegs freiverkäuflich. Voraussetzung hierfür ist vielmehr immer, daß es nach seiner Beschaffenheit tatsächlich als kosmetisches Mittel dienen kann (vgl. auch S. 829 u. 834.).

Eine Definition des Begriffes „Desinfektionsmittel" enthält die Verordnung nicht. Nach der Rechtsprechung des Kammergerichts sind darunter „Mittel zur Vernichtung krankheitserregender Bakterien" zu verstehen. Der Gesetzgeber meint offenbar die wirklichen Desinfektionsmittel, die auch im täglichen Leben als solche Verwendung finden. Anders denken hierüber natürlich die Geheimmittelfabrikanten. Sie versuchen jede Zubereitung, die u. a. einen Stoff enthält, der gleichzeitig auch mehr oder weniger antiseptisch wirkt, als Desinfektionsmittel zu reklamieren.

Die für die künstlichen Mineralwässer geltenden Bestimmungen können hier unerörtert bleiben, da sie praktisch nur geringere Bedeutung besitzen und zudem Zweifel in der Auslegung nicht leicht aufkommen lassen (vgl. S. 727).

Zu erwähnen ist noch, daß Zubereitungen zur Herstellung von Bädern sowie Seifen zum äußerlichen Gebrauch den durch die Verordnung gegebenen Beschränkungen nicht unterliegen.

Die im Verzeichnis A der Verordnung aufgeführten Zubereitungsformen sind folgende:

1. Abkochungen und Aufgüsse.
2. Ätzstifte.
3. Auszüge in fester oder flüssiger Form.
4. Trockene Gemenge von Salzen oder zerkleinerten Substanzen oder von beiden untereinander sowie Verreibungen jeder Art.
5. Flüssige Gemische und Lösungen, einschl. gemischte Balsame, Honigpräparate u. Sirupe.
6. Gefüllte Kapseln aus Gelatine oder Stärkemehl.
7. Latwergen.
8. Linimente.
9. Pastillen, Tabletten, Pillen und Körner.
10. Pflaster und Salben.
11. Suppositorien in jeder Form sowie Wundstäbchen.

Bei den unter 3., 4., 5., 6., 8., 9., 10. genannten Zubereitungen sind in der Verordnung eine Anzahl von Ausnahmen aufgeführt. Hierauf ist bei der Prüfung eines Mittels besonders Rücksicht zu nehmen.

Mittel, die keine der vorstehenden Zubereitungsformen darstellen, werden mithin durch die Verordnung überhaupt nicht betroffen, es sei denn, daß sie aus einem der im Verzeichnis B genannten Stoffe bestehen.

---

[1]) Welche Stoffe hierbei in Frage kommen, wird durch die in allen Bundesstaaten auf Grund des Bundesratsbeschlusses vom 13. Mai 1896 gleichlautend erlassenen Verordnungen, betreffend die Abgabe stark wirkender Arzneimittel in den Apotheken, bestimmt.

Hinsichtlich der einzelnen Zubereitungsformen sei zur Erläuterung noch folgendes bemerkt:

Zu 1. **Abkochungen** und **Aufgüsse** im Sinne der Verordnung sind alle durch Kochen oder Aufbrühen hergestellten Auszüge aus Drogen ohne Rücksicht auf die Natur der zum Ausziehen benutzten Flüssigkeit. Hierher gehören z. B. auch Bilsenkrautöl, Kamillenöl u. dgl.

Zu 3. Dieser Abschnitt umfaßt alle bei gewöhnlicher Temperatur durch **Ausziehen** von Drogen hergestellten Zubereitungen, insbesondere **Tinkturen** und **Extrakte** (trockene, dicke und Fluidextrakte).

Zu 4. In Betracht kommen hauptsächlich die **gemischten Pulver** und **gemischten Tees**. Teegemenge, die aus unzerkleinerten Drogen bestehen, fallen nicht unter die Verordnung. Kartoffelstärke, Weizenstärke, Lycopodium u. dgl. sind keine zerkleinerten, sondern von Natur aus pulverförmige Drogen. Daher unterliegt z. B. ein Gemenge aus Zinkoxyd und Weizenstärke nicht den durch die Verordnung gegebenen Beschränkungen, obwohl es eine pulverförmige Zubereitung darstellt.

Zu den unter Ziffer 4 aufgeführten **Ausnahmen** gehören u. a.:
„**Salze**, welche aus natürlichen Mineralwässern bereitet oder den solchergestalt bereiteten Salzen nachgebildet sind."

Diese Quellsalznachbildungen sind ein beliebtes Objekt für die Geheimmittelfabrikanten. Nach der Fassung der Verordnung können aber nur solche Salzgemenge als freiverkäuflich betrachtet werden, die **natürliche Vorbilder** haben und nicht etwa beliebige Gemenge der in natürlichen Quellen vorkommenden Mineralsalze.

Zu 5. **Flüssige Gemische** und **Lösungen** im Sinne der Verordnung sind pharmazeutische Zubereitungen, die durch **Vermischen** verschiedener Flüssigkeiten bzw. durch **Auflösen** einer festen Substanz in einer Flüssigkeit erhalten werden. **Destillate**, wie sie z. B. als Mittel gegen **Menstruationsstörungen** sich vielfach im Handel befinden, sind dagegen weder flüssige Gemische noch Lösungen in diesem Sinne. Sie stellen vielmehr eine selbständige Zubereitungsform dar und müssen, da sie sich bei keiner der in der Verordnung aufgeführten Gruppen unterbringen lassen, als **freiverkäuflich** gelten. In diesem Sinne sind auch die Entscheidungen der meisten Gerichte, insbesondere die des Kammergerichts, ausgefallen. Voraussetzung hierbei ist allerdings, daß ein echtes Destillat vorliegt, daß die Destillation zur Erzielung des Erzeugnisses also wirklich erforderlich war und nicht etwa nur zum Schein ausgeführt wurde, um das Präparat auf diese Weise freiverkäuflich zu machen.

Zu 9. Die unter dieser Ziffer aufgeführten **Zubereitungsformen** sind: **Pastillen** (auch Plätzchen und Zeltchen), **Tabletten, Pillen** und **Körner**.

Zu den genannten Zubereitungsformen gehören auch die **Dragees**, die entweder überzuckerte Pillen, Pastillen oder Tabletten darstellen. Unter den Begriff **Körner** fallen z. B. die homöopathischen **Streukügelchen**. Dagegen sind **Bonbons** als solche keine pharmazeutische Zubereitung im Sinne von Ziffer 9 und mithin freiverkäuflich, ausgenommen, wenn sie hinsichtlich ihrer Form und Darstellungsweise die Eigenart von Pastillen (Plätzchen, Zeltchen) besitzen.

Von den unter Ziffer 9 genannten **Ausnahmen**, die dem freien Verkehr überlassen sind, sind die aus natürlichen Mineralwässern oder aus künstlichen Mineralquellsalzen bereiteten **Pastillen** zu erwähnen. Für sie gilt das bereits unter 4. Gesagte.

Das **Verzeichnis B**, das die schlechthin auf die Apotheken beschränkten **Stoffe** einzeln namhaft macht, erfährt dadurch eine Erweiterung, daß bei den mit * versehenen Stoffen auch die **Abkömmlinge** der betreffenden Stoffe sowie die **Salze** der Stoffe und ihrer Abkömmlinge inbegriffen sind.

II. Die Giftpolizeiverordnungen, die auf Grund von Beschlüssen des Bundesrats vom 29. November 1894, 17. Mai 1901 und 1. Februar 1906 in den einzelnen Bundesstaaten[1]) gleichzeitig erlassen wurden, bilden insofern eine gewisse Ergänzung zur Kaiserl. Verordnung vom 22. Oktober 1901, als sie den Handel mit Gift überhaupt, also auch mit den im Verzeichnis B der genannten Verordnung nicht aufgenommenen und daher auch außerhalb der Apotheken verkäuflichen stark wirkenden Stoffen, regeln und bestimmten Beschränkungen unterwerfen.

Was als Gift im Sinne dieser Verordnungen gilt, ergibt sich aus der zugehörigen Anlage I, die in drei Abteilungen die in Betracht kommenden Drogen, chemischen Präparate und Zubereitungen einzeln aufführt.

III. Die Polizeiverordnungen, betreffend den Verkehr mit Geheimmitteln und ähnlichen Arzneimitteln, die unter Bezugnahme auf die Beschlüsse des Bundesrats vom 23. Mai 1903 und 27. Juni 1907 gleichartig erlassen wurden, enthalten Bestimmungen, die sich lediglich auf die in den zugehörigen Anlagen A und B mit Namen aufgeführten Geheimmittel beziehen.

So wird u. a. für die in der sogenannten Geheimmittelliste genannten Präparate eine bestimmte Bezeichnung der Gefäße oder Umhüllungen vorgeschrieben. Die öffentliche Ankündigung oder Anpreisung dieser Mittel ist schlechthin verboten. Die Fabrikanten konnten die Verordnung bisher leicht dadurch umgehen, daß sie ihrem Mittel einfach einen anderen Namen beilegten. Aus dem Grunde ist neuerdings z. B. in Berlin die Bestimmung aufgenommen worden, daß die Verordnung auch für solche Geheimmittel der Liste gilt, deren Bezeichnung, bei im wesentlichen gleicher Zusammensetzung, geändert wurde.

Man sollte eigentlich annehmen, daß der Geheimmittelunfug namentlich mit Hilfe des Betrugsparagraphen wirksam bekämpft werden könne. Dies ist jedoch nicht der Fall, weil die Tatbestandsmerkmale des Betruges nur selten gegeben sind indem sich erfahrungsgemäß nur ausnahmsweise Personen melden, die sich durch den Ankauf solcher Mittel betrogen fühlen.

Die Frage, welchen reellen Wert ein bestimmtes Mittel besitzt, wird dem Chemiker trotzdem ziemlich häufig vorgelegt. Hierbei ist zu berücksichtigen:

1. der materielle Wert der in Betracht kommenden Stoffe,

2. die durch die Zubereitungsform bedingte Arbeitsleistung,

3. der Wert der Behältnisse (Verpackung, Aufmachung).

Im allgemeinen kommt man zu einem brauchbaren Ergebnis, wenn man hierbei die in der deutschen Arzneitaxe vorgesehenen Preise berücksichtigt.

---

[1]) In Preußen kommt zur Zeit die Polizeiverordnung über den Handel mit Giften vom 22. Februar 1906 in Betracht.

Wein[1]).

(Vgl. S. 451.)

Für die Untersuchung des Weines ist eine neue Anweisung ausgearbeitet, die im Entwurf schon fertig vorliegt, aber noch einer abermaligen Bearbeitung und weiter der Genehmigung seitens des Bundesrates bedarf. Wir hatten gehofft, daß letztere bis 1918 erfolgen könne, und deshalb den Abschnitt an den Schluß dieses Bandes gestellt. Weil aber die Verabschiedung dieser Anweisung noch immer nicht abzusehen ist, so sehen wir von der Beschreibung der Untersuchungsverfahren für Wein hier ganz ab[2]) und beschränken uns außer Mitteilung der Entnahme und Behandlung der Weinproben auf die Besprechung der Beurteilung der Weine nach Maßgabe der chemischen Untersuchung, des Weingesetzes und der Rechtsprechung. Die alten Vorschriften für die chemische Untersuchung des Weines sind jedem Nahrungsmittelchemiker genügend bekannt oder doch in jedem Buch über Untersuchung der Nahrungs- und Genußmittel zu finden; die Beurteilung der Weine wird sich durch geringe Abänderungen und einige Ergänzungen der Untersuchungsvorschriften nicht ändern.

Entnahme und Behandlung der Proben.

1. Die Entnahme der Proben für die chemische Untersuchung hat mit der gebotenen Sorgfalt zu geschehen. Die Probe muß im allgemeinen der wirklichen durchschnittlichen Beschaffenheit des zu untersuchenden Erzeugnisses entsprechen. Liegt daher bei Wein in Fässern die Möglichkeit vor, daß seine Zusammensetzung in den einzelnen Schichthöhen verschieden ist, so ist bei der Probeentnahme entsprechend zu verfahren, und zwar muß bei Wein, der vor kurzem mit Zucker oder Zuckerlösung versetzt worden ist, eine Durchmischung vorgenommen werden; bei Wein, der auf der Hefe lagert, oder bei kahmig gewordenem Weine ist die Probe aus der mittleren Flüssigkeitsschicht des nicht durchmischten Weines zu entnehmen. Soll im besonderen Fall durch die Untersuchung festgestellt werden, daß die Zusammensetzung des Faßinhalts in verschiedenen Schichthöhen ungleich ist, so sind Proben aus mehreren Schichthöhen der nicht durchmischten Flüssigkeit zu entnehmen.

2. Die Proben sind entweder durch den Zapfhahn des Fasses — unter Verwerfung der zuerst ablaufenden Anteile der Flüssigkeit — oder mit einem gereinigten Stechheber aus Glas zu entnehmen. Ist beides nicht ausführbar, so darf ein sauberer Gummischlauch verwendet werden, der zunächst mit dem zu entnehmenden Weine auszuspülen ist.

Die Flaschen für die Aufnahme der Proben müssen rein sein; Krüge oder undurchsichtige Flaschen, in denen etwa vorhandene Unreinlichkeiten und Abscheidungen (Bodensatz und dergleichen) nicht erkannt werden können, dürfen nicht verwendet werden.

3. Von Wein ist für die chemische Untersuchung eine Probe von annähernd $1^{1}/_{2}$ Liter (2 Flaschen zu etwa $^{3}/_{4}$ Liter) zu entnehmen. Diese Menge genügt für die gemäß Nr. 9a auszuführenden Prüfungen und Bestimmungen. Der Mehrbedarf für anderweite Untersuchungen ist von der Art der letzteren und der besonderen Fragestellung im einzelnen Falle abhängig.

---

[1]) Bearbeitet von Prof. Dr. K. Windisch-Hohenheim.

[2]) Es wird beabsichtigt, den Abschnitt „Wein", wenn die neuen Untersuchungsvorschriften vom Bundesrat genehmigt worden sind, in einem besonderen Heft als Nachtrag zu liefern.

4. Von Traubenmost und Traubenmaische ist für die chemische Untersuchung eine Probe von mindestens $3/4$ Liter (1 Flasche zu etwa $3/4$ Liter oder, was den Vorzug verdient, 1 Flasche zu 1 Liter) zu entnehmen. Diese Menge genügt für die in der Regel auszuführenden Bestimmungen (Nr. 10). Der Mehrbedarf für anderweite Untersuchungen ist von der Art der letzteren und der besonderen Fragestellung im einzelnen Falle abhängig.

Die Proben sind aus der mittleren Flüssigkeitsschicht zu entnehmen und müssen von Schalen, Teilen der Kämme und dergleichen freibleiben. Sie dürfen nicht filtriert werden und sind in der Weise haltbar zu machen, daß die zu drei Vierteln gefüllten Flaschen, nach Entfernung der Kohlensäure durch Schütteln, fest verkorkt, zugebunden und darauf $1/2$ Stunde im Wasserbad auf 80° erhitzt werden. Ist eine geeignete Vorrichtung hierzu nicht vorhanden oder sollen die Proben auf Saccharose untersucht werden, so sind der Flüssigkeit in jeder Flasche 6 Tropfen ätherisches Senföl zuzusetzen.

Von der Haltbarmachung darf abgesehen werden, wenn die Proben ohne größeren Zeitverlust an die Untersuchungsstelle abgeliefert werden können, ferner wenn sie nicht mehr deutlich gären und keinen süßen Geschmack zeigen.

5. Die Flaschen sind mit reinen, ungebrauchten Korkstopfen zu verschließen und so zu versiegeln, daß ein Entfernen des Stopfens, ohne das Siegel zu verletzen, nicht möglich ist. Zu diesem Zwecke ist die Flaschenmündung fest zu umschnüren und das Siegel auf dem trockenen Korkstopfen so anzubringen, daß der Stopfen und der auf ihm liegende Teil der Schnur von dem Siegellack vollständig bedeckt werden. Die beiden Enden der Schnur sind zu verknoten und gleichfalls mit einem Siegel zu versehen.

6. Jede Flasche ist mit einem Zettel, der angeklebt wird, oder, was den Vorzug verdient, mit einem Schildchen aus Pappe oder dergleichen, das angebunden wird, zu versehen. Auf dem Zettel oder Schildchen sind die zur Festlegung des Inhalts der Flaschen notwendigen Angaben anzubringen: Nummer, Ort und Tag der Entnahme, Inhaber und Ort des Lagers, Menge und Bezeichnung des Weines, Name des Probenentnehmers.

7. Die Proben sind sofort nach der Entnahme an die Untersuchungsstelle zu befördern. Ist dies nicht alsbald ausführbar, so sind die Flaschen an einem vor Sonnenlicht geschützten kühlen Orte liegend aufzubewahren. Bei Jungwein und Traubenmost ist wegen ihrer leichten Veränderlichkeit auf besonders schnelle Beförderung Bedacht zu nehmen.

8. Für jede Probe ist ein Begleitschreiben nach einem besonderen Muster auszufüllen und der Sendung beizufügen.

9. Bei der Beurteilung der Erzeugnisse ist auf Aussehen, Geruch und Geschmack Rücksicht zu nehmen.

Der Umfang der Untersuchung bleibt dem Ermessen des Sachverständigen nach Lage des einzelnen Falles überlassen. Bei Beanstandungen von Wein müssen die auszuführenden Prüfungen und Bestimmungen sich auf die Eigenschaften und Bestandteile jeder Probe erstrecken, die in der Tabelle S. 972 angegeben sind.

Die Bestimmungen dieser Bestandteile werden bis auf weiteres nach den alten Vorschriften für die Weinuntersuchung, soweit sie darin enthalten sind, ausgeführt; wenn andere und neue Verfahren für die Bestimmung der aufgeführten Bestandteile angewendet werden, so sind sie bei Verwertung der Analyse zu Gutachten oder zu Veröffentlichungen besonders anzugeben und zu begründen.

10. Zur Beurteilung von Traubenmost und Traubenmaische sind in der Regel die Bestimmungen des spezifischen Gewichts, des Gehalts an Alkohol, titrierbaren Säuren und Zucker auszuführen. Erzeugnisse, die nicht oder nur schwach angegoren haben, sind auf Erhaltungsmittel zu prüfen, sofern ein Verdacht auf deren Anwesenheit besteht.

Wird die Untersuchung auf andere bei der Untersuchung von Wein aufgeführte Eigenschaften und Bestandteile ausgedehnt, so finden die für Wein vorgeschriebenen Verfahren sinngemäße Anwendung.

Regelmäßig auszuführende Bestimmungen:	In besonderen Fällen auszuführende Bestimmungen:	
Spezifisches Gewicht,	Wasserstoffionen (Säuregrad),	Formaldehyd,
Alkohol,	Fremde rechtsdrehende Stoffe, un-	Borsäure,
Extrakt,	reiner Stärkezucker, Dextrin,	Fluor,
Asche,	Fremde Farbstoffe bei Weißwein,	Kupfer,
Gesamtalkalität der Asche, Alkali-	Schwefelsäure bei Weißwein,	Arsen,
tät des in Wasser löslichen An-	Schweflige Säure,	Zink,
teils,	Salicylsäure,	Eisen und Aluminium,
Phosphorsäure (Phosphatrest),	Saccharin,	Calcium und Magnesium,
Titrierbare Säuren (Gesamtsäure),	Gerbstoff und Farbstoff,	Kalium und Natrium.
Flüchtige Säuren,	Chlor,	
Titrierbare nichtflüchtige Säuren,	Salpetersäure,	
Milchsäure (bei trockenen Weinen),	Stickstoff,	
Weinsäure,	Bernsteinsäure,	
Glycerin,	Äpfelsäure,	
Zucker,	Citronensäure,	
Polarisation,	Ameisensäure,	
Fremde Farbstoffe bei Rotwein,	Benzoesäure,	
Schwefelsäure bei Rotwein.	Zimtsäure,	

11. Wenn die Untersuchung bei Wein und Traubenmost auf vorstehend nicht genannte Eigenschaften und Bestandteile erstreckt wird, so bleibt die Wahl des Untersuchungsverfahrens dem Ermessen des Sachverständigen überlassen, jedoch ist stets das Untersuchungsverfahren anzugeben.

12. Es sind alle nachstehend vorgeschriebenen Abmessungen, sofern nicht ausdrücklich eine andere Temperatur vorgeschrieben ist, bei 15° vorzunehmen und die Ergebnisse darauf zu beziehen.

13. Die Proben sind, außer wenn auf schweflige Säure geprüft werden soll, von ihrem etwaigen Kohlensäuregehalt durch wiederholtes kräftiges Schütteln möglichst zu befreien. Sind die Proben nicht klar und liegt ihre Temperatur unter 15°, so sind sie mit den ungelösten Bestandteilen auf 15° zu erwärmen und umzuschütteln, um die ausgeschiedenen Stoffe in Lösung zu bringen, und alsdann durch ein bedecktes doppeltes Papierfilter zu filtrieren. Ist eine chemische oder mikroskopische Untersuchung des Bodensatzes oder der schwebenden Teilchen auszuführen, so läßt man vor dem Filtrieren den größten Teil dieser Stoffe sich absetzen oder schleudert sie ab.[1])

---

1) Nach den zu erwartenden neuen Untersuchungsvorschriften werden voraussichtlich nachfolgende Bestimmungen Nr. 14 und 15 Geltung bekommen:

14. Die ermittelten Mengen der Bestandteile werden teils in Gramm, teils in Milligramm-Äquivalenten in 1 Liter angegeben, die Menge des Alkohols daneben auch in Maßprozenten.

In Milligramm-Äquivalenten ausgedrückte Werte sind ohne Dezimalstelle, jedoch bei Beträgen unter 1 mit einer gültigen Ziffer hinter dem Komma anzugeben.

In Gramm ausgedrückte Werte sind mit der folgenden Anzahl von Dezimalstellen anzugeben:

> ohne Dezimalstelle: Zucker bei 50 g oder mehr in 1 Liter;
> mit einer Stelle: Alkohol (bei Angabe in Maßprozenten mit 2 Stellen), Extrakt, titrierbare Säuren (Gesamtsäure), flüchtige Säuren, titrierbare nichtflüchtige Säuren, Milchsäure, Weinsäure, Glycerin, Zucker bei weniger als 50 g in 1 Liter, Äpfelsäure;

Die Beurteilung des Weines.

A. Die Beurteilung des Weines auf Grund der chemischen Untersuchung und der Kostprobe.

Die Grundlage für die Beurteilung des Weines bilden, abgesehen vom Nahrungsmittelgesetz vom 14. Mai 1879, hauptsächlich das Weingesetz vom 7. April 1909 und die dazu erlassenen Ausführungsbestimmungen und Ergänzungen. Das zur Zeit geltende Weingesetz hat bereits zwei Vorgänger gehabt, die Weingesetze vom 20. April 1892 und vom 24. Mai 1901. Da die Vorschriften des zur Zeit geltenden Weingesetzes in zahlreichen Punkten Abweichungen von denen der beiden älteren Weingesetze zeigen, im zweiten Band dieses Werkes (1904, S. 1289 u. f.) aber noch das frühere Weingesetz vom 24. Mai 1901 als für die Beurteilung des Weines maßgebend besprochen ist, möge hier der wesentlichste Inhalt des Weingesetzes vom 7. April 1909 folgen[1]).

§ 1 enthält eine Begriffsbestimmung für Wein: Wein ist das durch alkoholische Gärung aus dem Safte der frischen Weintrauben hergestellte Getränk. Ein Wein, der einer nach den Bestimmungen des Weingesetzes erlaubten Behandlung unterworfen worden ist, ist ebenfalls als Wein im Sinne des Gesetzes anzusehen.

§ 2 gestattet den Verschnitt von Weinen verschiedener Herkunft oder Jahre; jedoch darf Dessertwein (Süd-, Süßwein) nicht zum Verschneiden von weißem Wein anderer Art verwendet werden.

§ 3 gibt Vorschriften über die Zuckerung der Moste und Weine. Nur inländische Moste oder Weine dürfen gezuckert werden, ebenso inländische volle Rotwein-Traubenmaischen. Zum Zuckern darf nur technisch reiner, nicht färbender Rüben-, Rohr-, Invert- oder Stärkezucker verwendet werden. Die Zuckerung ist nur gestattet, um einem natürlichen Mangel an Zucker bzw. Alkohol oder einem Übermaß an Säure abzuhelfen, und zwar nur so weit, als es der Beschaffenheit des aus Trauben gleicher Art und Herkunft in guten Jahrgängen ohne Zusatz gewonnenen Erzeugnisses entspricht; der Zusatz von Zuckerwasser darf jedoch in keinem Fall mehr als $1/5$ der Gesamtflüssigkeit betragen. Die Zuckerung darf nur in der Zeit vom Beginn der Weinlese bis zum 31. De-

---

(Fortsetzung der Anm. 1 von voriger Seite.)

mit zwei Stellen: Asche, Phosphorsäure, Schwefelsäure, Gerbstoff, Chlor, Stickstoff, Bernsteinsäure, Calcium, Magnesium;

mit drei Stellen: schweflige Säure, Salpetersäure, Benzoesäure, Borsäure, Kupfer, Zink, Eisen, Aluminium, Kalium, Natrium;

mit vier Stellen: Salicylsäure;

mit fünf Stellen: Arsen.

Das spezifische Gewicht ist mit vier, der Säuregrad mit zwei und die Polarisation mit einer Dezimalstelle anzugeben.

15. Die bei der Untersuchung nicht verbrauchten Reste der Proben sind erforderlichenfalls durch Erhitzen oder durch Zusatz eines Erhaltungsmittels haltbar zu machen und, vor Verderben geschützt, 6 Monate aufzubewahren, sofern nicht nach Lage der Umstände eine längere Aufbewahrung notwendig ist.

[1]) Von den zahlreichen Kommentaren zum Weingesetz seien folgende hier genannt: Adolf Günther und Richard Marschner. Berlin 1910, Karl Heymanns Verlag; W. Fresenius, Zeitschr. f. öffentl. Chemie 1909, **21**, 403; Fritz Goldschmidt, 2. Aufl., Mainz 1909, J. Diemer; O. Krug, Pharm. Zentralh. 1909, **50**, 477; P. Kulisch, Zeitschr. Unters. Nahr.- u. Genußm. 1909, **18**, 85; W. Hofacker, Stuttgart 1914, W. Kohlhammer; Georg Lebbin, 2. Auflage, Berlin 1909, J. Guttentag; Theodor von der Pforten, München 1910, C. H. Beck; W. Reich, Zeitschr. f. Rechtspflege in Bayern 1909, Nr. 9–13; Karl Windisch, Berlin 1910, Paul Parey; Otto Zoeller, München und Berlin, J. Schweitzers Verlag (Arthur Sellier). Ferner Adolf Günther, Die Gesetzgebung des Auslands über den Verkehr mit Wein. Berlin 1910, Karl Heymanns Verlag.

z∍mber des Jahres vorgenommen werden; sie darf in der Zeit vom 1. Oktober bis 31. Dezember des Jahres bei ungezuckerten Weinen früherer Jahre nachgeholt werden. Die Zuckerung darf nur innerhalb der am Weinbau beteiligten Gebiete des Deutschen Reichs vorgenommen werden. Die Absicht, Traubenmaischen, -Moste oder -Weine zu zuckern, ist der zuständigen Behörde anzuzeigen. Für die Herstellung von Wein zur Schaumweinbereitung in den Schaumweinfabriken gilt die zeitliche und örtliche Beschränkung des Zuckerzusatzes nicht.

§ 4 bestimmt, welche Stoffe bei der Kellerbehandlung der Weine verwendet werden dürfen. In den Ausführungsbestimmungen vom 9. Juli 1909 zu § 4 werden folgende Arten der Kellerbehandlung des Weins zugelassen.

A. Allgemein.

1. Die Verwendung von frischer, gesunder, flüssiger Weinhefe (Drusen) oder von Reinhefe, um die Gärung einzuleiten oder zu fördern; die Reinhefe darf nur in Traubenmost gezüchtet sein. Der Zusatz der flüssigen Weinhefe darf nicht mehr als 20 Raumteile auf 1000 Raumteile der zu vergärenden Flüssigkeit betragen; doch darf diese Hefenmenge zuvor in einem Teil des Mostes oder Weines vermehrt werden. Dabei darf der Wein mit einer kleinen Menge Zucker versetzt und von Alkohol befreit werden.

2. Die Verwendung von frischer, gesunder, flüssiger Weinhefe (Drusen), um Mängel von Farbe oder Geschmack des Weins zu beseitigen. Der Zusatz darf nicht mehr als 150 Raumteile auf 1000 Raumteile Wein betragen. Ein Zusatz von Zucker ist hierbei nicht zulässig.

3. Die Entsäuerung mittels reinen gefällten kohlensauren Kalks.

4. Das Schwefeln, sofern hierbei nur kleine Mengen von schwefliger Säure oder Schwefelsäure in die Flüssigkeiten gelangen. Gewürzhaltiger Schwefel darf nicht verwendet werden. Aus in Stahlbomben befindlicher flüssiger schwefliger Säure darf diese gasförmig in die Fässer geleitet werden, ob auch in den Wein selbst, ist zweifelhaft. In Wasser gelöste schweflige Säure darf wohl zum Ausspülen der Fässer verwendet, aber nicht dem Wein zugesetzt werden.

5. Die Verwendung von reiner, gasförmiger oder verdichteter Kohlensäure oder der bei der Gärung von Wein entstandenen Kohlensäure, sofern hierbei nur kleine Mengen des Gases in den Wein gelangen.

6. Die Klärung (Schönung) mittels nachgenannter technisch reiner Stoffe:
   a) in Wein gelöster Hausen-, Stör- oder Welsblase,
   b) Gelatine,
   c) Tannin bei gerbstoffarmen Weinen bis zur Höchstmenge von 100 g auf 1000 Liter Wein in Verbindung mit den unter a und b genannten Stoffen,
   d) Eiweiß,
   e) Käsestoff (Casein, Milch),
   f) spanische Erde,
   g) mechanisch wirkender Filterdichtungsstoffe (Asbest, Cellulose u. dgl.).

7. Die Verwendung von ausgewaschener Holzkohle und gereinigter Knochenkohle.

8. Das Behandeln der Korkstopfen und das Ausspülen der Aufbewahrungsgefäße mit aus Wein gewonnenem Alkohol oder reinem, mindestens 90 Raumprozent Alkohol enthaltendem Sprit, wobei jedoch der Alkohol nach der Anwendung wieder tunlichst zu entfernen ist; bei dem Versand in Fässern nach tropischen Gegenden auch der Zusatz von solchem Alkohol bis zu 1 Raumteil auf 100 Raumteile Wein zur Haltbarmachung.

B. Bei ausländischem Dessertwein (Süd-, Süßwein).

9. Der Zusatz von kleinen Mengen gebranntem Zucker (Zuckercouleur).

10. Der Zusatz von aus Wein gewonnenem Alkohol oder reinem, mindestens 90 Raumprozent enthaltendem Sprit bis zu der im Ursprungsland gestatteten Alkoholmenge.

§ 5 enthält Vorschriften über die Bezeichnung gezuckerter Weine. Gezuckerter Wein darf keine Bezeichnung tragen, die auf Reinheit des Weins oder auf besondere Sorgfalt bei Gewinnung der Trauben deutet; auch ist es verboten, in der Benennung gezuckerter Weine den Namen eines Weinbergsbesitzers anzugeben oder anzudeuten. Wer Wein gewerbsmäßig in Verkehr bringt, ist verpflichtet, dem Abnehmer auf Verlangen vor der Übergabe mitzuteilen, ob der Wein gezukkert ist, und sich beim Erwerb von Wein die zur Erteilung dieser Auskunft erforderliche Kenntnis zu sichern.

§ 6 trifft Bestimmungen über die Herkunftsbezeichnung der Weine und den Gebrauch von Gattungsnamen. Im allgemeinen dürfen im gewerbsmäßigen Verkehr mit Wein geographische Bezeichnungen nur zur Kennzeichnung der Herkunft verwendet werden. Es ist jedoch erlaubt, die Namen einzelner Gemarkungen zu benutzen, um gleichartige und gleichwertige Erzeugnisse benachbarter oder nahegelegener Gemarkungen zu bezeichnen.

§ 7 enthält Vorschriften über die Benennung der Verschnitte. Ein Verschnitt aus Erzeugnissen verschiedener Herkunft darf nur dann nach einem der Anteile allein benannt werden, wenn dieser in der Gesamtmenge überwiegt und die Art bestimmt. Die Angabe einer Weinbergslage ist nur dann zulässig, wenn der aus der betreffenden Lage stammende Anteil nicht gezuckert ist. Bei Verschnitten ist es verboten, in der Benennung anzugeben oder anzudeuten, daß der Wein Wachstum eines bestimmten Weinbergsbesitzers sei. Die Beschränkungen in den Bezeichnungen treffen nicht den Verschnitt durch Vermischung von Trauben oder Traubenmost mit Trauben oder Traubenmost gleichen Wertes derselben oder einer benachbarten Gemarkung und den Ersatz der Abgänge, die sich aus der Pflege des im Faß liegenden Weines ergeben.

§ 8 bestimmt, daß ein Gemisch von Weißwein und Rotwein, wenn es als Rotwein in den Verkehr gebracht wird, nur unter einer die Mischung kennzeichnenden Bezeichnung feilgehalten oder verkauft werden darf.

§ 9 verbietet jedwede Nachmachung von Wein.

§ 10 handelt von den weinähnlichen Getränken, unter denen in erster Linie die Obst-, Beeren- und Malzweine zu verstehen sind. Die Herstellung derartiger weinähnlicher Getränke gilt nicht als Nachmachung von Wein. Diese Getränke dürfen im Verkehr als Wein nur in solchen Wortverbindungen bezeichnet werden, die die Stoffe kennzeichnen, aus denen sie hergestellt sind.

Nach den Ausführungsbestimmungen vom 9. Juli 1909 dürfen zur Herstellung von weinähnlichen Getränken, ferner von weinhaltigen Getränken, deren Bezeichnung die Verwendung von Wein andeutet, von Schaumwein oder von Kognak die folgenden Stoffe nicht verwendet werden: Lösliche Aluminiumsalze (Alaun u. dgl.), Ameisensäure, Bariumverbindungen, Benzoesäure, Borsäure, Eisencyanverbindungen (Blutlaugensalze), Farbstoffe mit Ausnahme von kleinen Mengen gebranntem Zucker (Zuckercouleur), Fluorverbindungen, Formaldehyd und solche Stoffe, die bei ihrer Verwendung Formaldehyd abgeben, Glycerin, Kermesbeeren, Magnesiumverbindungen, Oxalsäure, Salicylsäure, unreiner (freien Amylalkohol enthaltender) Sprit, unreiner Stärkezucker, Stärkesyrup, Strontiumverbindungen, Wismutverbindungen, Zimtsäure, Zinksalze, Salze und Verbindungen der vorbezeichneten Säuren sowie der schwefligen Säure (Sulfite, Metasulfite u. dgl.).

Durch Bundesratsverordnung vom 21. Mai 1914 ist bezüglich der Herstellung von Malzwein noch folgendes bestimmt worden: Bei der Herstellung von dem Weine ähnlichen Getränken aus Malzauszügen ist außerdem die Verwendung von Zucker und Säuren jeder Art, ausgenommen Tannin als Klärmittel, sowie von zuckerhaltigen und säurehaltigen Stoffen untersagt. Nur bei Getränken, die Dessertweinen ähnlich sind und mehr als 10 g Alkohol in 100 ccm Flüssigkeit enthalten, ist der Zusatz von Zucker gestattet; doch darf das Gewicht des Zuckers nicht mehr als das 1,8fache des Malzes betragen. Wasser darf höchstens in dem Verhältnis von zwei Gewichtsteilen Wasser auf ein Gewichtsteil Malz verwendet werden; soweit der Zusatz von Zucker zugelassen ist, wird das Gewicht des Zuckers dem des Malzes zugerechnet.

§ 11 handelt vom Haustrunk. Die Herstellung von Haustrunk aus Traubenmaischen, Traubenmosten, Rückständen der Weinbereitung (Trester, Weinhefe) oder aus getrockneten Beeren gilt nicht als Nachmachung von Wein im Sinne des § 9. Die Zuckerung des Haustrunks unterliegt keiner Beschränkung. Bei der Herstellung von Haustrunk dürfen nur die in der Ausführungsbestimmung zu § 4 aufgeführten Stoffe und Verfahren der Kellerbehandlung verwendet werden. Wer Wein gewerbsmäßig in Verkehr bringt, ist verpflichtet, der zuständigen Behörde die Herstellung von Haustrunk unter Angabe der herzustellenden Menge und der zur Verarbeitung bestimmten Stoffe anzuzeigen. Die Herstellung kann durch Anordnung der zuständigen Behörde beschränkt oder unter besondere Aufsicht gestellt werden. Die als Haustrunk hergestellten Getränke dürfen nur im eigenen Haushalt des Herstellers verwendet oder ohne besonderes Entgelt an die in seinem Betrieb beschäftigten Personen zum eigenen Verbrauch abgegeben werden.

Nach den Ausführungsbestimmungen vom 9. Juli 1909 ist bei der Herstellung von Haustrunk aus getrockneten Weinbeeren die Verwendung von Citronensäure außerhalb solcher Betriebe, aus denen Wein gewerbsmäßig in den Verkehr gebracht wird, gestattet. Die Landeszentralbehörden können die Verwendung von Citronensäure auch bei der Verwertung von Rückständen der Weinbereitung und für solche Betriebe zulassen, aus denen Wein gewerbsmäßig in den Verkehr gebracht wird.

Nach § 12 gelten die Vorschriften über die Kellerbehandlung, die Bezeichnung der gezuckerten Erzeugnisse, den Gebrauch von Gattungsnamen, die Benennung der Verschnitte, den Rotweißverschnitt und die Nachmachung auch für Traubenmoste und Traubenmaischen.

§ 13 verbietet, gesetzwidrig hergestellte Getränke in den Verkehr zu bringen. Dieses Verbot gilt auch für ausländische Erzeugnisse, der Bundesrat ist jedoch ermächtigt, hinsichtlich der Vorschriften über die Kellerbehandlung Ausnahmen für Getränke und Traubenmaischen zu bewilligen, die den im Ursprungsland geltenden Vorschriften entsprechend hergestellt sind. Die Ausführungsbestimmungen hierzu vom 9. Juli 1909 lauten wie folgt: Traubenmaischen, Traubenmoste oder Weine ausländischen Ursprungs, die den Vorschriften des § 4 des Gesetzes nicht entsprechen, werden zum Verkehr zugelassen, wenn sie den für den Verkehr innerhalb des Ursprungslandes geltenden Vorschriften genügen. Vom Verkehr ausgeschlossen bleiben jedoch:

a) Roter Wein, mit Ausnahme von Dessertwein, desgleichen Traubenmost oder Traubenmaische zu rotem Wein, deren Gehalt an Schwefelsäure in einem Liter Flüssigkeit mehr beträgt, als 2 Gramm neutralen, schwefelsauren Kaliums entspricht;

b) Traubenmaischen, Traubenmoste oder Weine, die einen Zusatz von Alkalicarbonaten (Pottasche o. dgl.), von organischen Säuren oder deren Salzen (Weinsäure, Citronensäure, Weinstein, neutrales weinsaures Kalium o. dgl.) oder eines der in den Bestimmungen zu § 10 des Gesetzes genannten Stoffe erhalten haben.

§ 14 verbietet die Einfuhr von Getränken, die nach § 13 vom Verkehr ausgeschlossen sind, und von Traubenmaischen, die einen unzulässigen Zusatz erhalten haben. Zu diesem Paragraphen sind umfassende Ausführungsbestimmungen erlassen worden.

§ 15 ordnet an, daß die nach § 13 vom Verkehr ausgeschlossenen Getränke zur Herstellung von weinhaltigen Getränken, Schaumwein oder Kognak nicht verwendet werden dürfen. Zu anderen Zwecken darf die Verwendung nur mit Genehmigung der zuständigen Behörde erfolgen.

§ 16 ermächtigt den Bundesrat, die Verwendung bestimmter Stoffe bei der Herstellung von weinhaltigen Getränken, Schaumwein oder Kognak zu beschränken oder zu untersagen sowie bezüglich der Herstellung von Schaumwein und Kognak zu bestimmen, welche Stoffe hierbei Verwendung finden dürfen, und Vorschriften über die Verwendung zu erlassen.

Nach den Ausführungsbestimmungen vom 9. Juli 1909 ist bei der Herstellung von weinhaltigen Getränken, von Schaumwein oder von Kognak der Zusatz aller der Stoffe verboten, die auch weinähnlichen Getränken nicht zugesetzt werden dürfen. Weiter ist durch Bundesratsbeschluß vom 27. Juni 1914 bestimmt worden, welche Stoffe bei der Herstellung von Kognak verwendet werden dürfen.

§ 17 regelt den Verkehr mit Schaumwein. Danach muß der Schaumwein eine Bezeichnung tragen, die das Land erkennbar macht, wo er auf Flaschen gefüllt worden ist. Bei Schaumwein, dessen Kohlensäuregehalt ganz oder teilweise auf dem Zusatz fertiger Kohlensäure beruht, muß die Bezeichnung die Herstellungsart erkennen lassen. Schaumweinähnliche Getränke, z. B. Obstschaumwein, müssen eine Bezeichnung tragen, die erkennen läßt, welche dem Wein ähnlichen Getränke zu ihrer Herstellung verwendet worden sind. Hierzu sind am 9. Juli 1909 genaue Ausführungsbestimmungen erlassen worden.

§ 18 regelt den Verkehr mit Kognak.

§ 19 schreibt eine genaue Buchführung vor, deren Einzelheiten durch die Ausführungsvorschriften vom 9. Juli 1909 festgesetzt sind.

§ 20 regelt die Kennzeichnung der Lagergefäße im Keller. Werden danach in einem Raum, in dem Wein zum Zweck des Verkaufs hergestellt oder gelagert wird, in Gefäßen, wie sie zur Herstellung oder Lagerung von Wein verwendet werden, Haustrunk oder andere Getränke als Wein oder Traubenmost verwahrt, so müssen diese Gefäße mit einer deutlichen Bezeichnung des Inhalts an einer in die Augen fallenden Stelle versehen sein. Bei Flaschenlagerung genügt die Bezeichnung der Stapel.

§§ 21 bis 24 enthalten Kontrollvorschriften.

§ 25 gibt Vorschriften über den Vollzug des Gesetzes.

Die §§ 26 bis 31 enthalten die Strafbestimmungen. Danach wird auch bestraft, wer Stoffe, deren Verwendung bei der Herstellung, Behandlung oder Verarbeitung von Wein, Schaumwein, weinhaltigen oder weinähnlichen Getränken unzulässig ist, zu diesen Zwecken ankündigt, feilhält, verkauft oder an sich bringt, ebenso wer einen diesem Zweck dienenden Verkauf solcher Stoffe vermittelt.

§ 32 betrifft die weitere Gültigkeit anderer Gesetze. Danach bleiben alle die Herstellung und den Vertrieb von Wein betreffenden Gesetze unberührt, soweit nicht die Vorschriften des Weingesetzes entgegenstehen. Dies gilt insbesondere vom Nahrungsmittelgesetz vom 14. Mai 1879, vom Warenzeichengesetz vom 12. Mai 1894, vom Wettbewerbsgesetz vom 7. Juni 1909, vom Süßstoffgesetz vom 6. Juli 1898.

§ 33 enthält Vorschriften über den Verkehr mit luxemburgischen Weinen.

§ 34 trifft Bestimmungen über das Inkrafttreten des Gesetzes und Übergangsbestimmungen.

Das zur Zeit geltende Weingesetz ist in bezug auf die Zusätze, die bei der Kellerbehandlung dem Wein zugesetzt werden dürfen, von größerer Klarheit als seine beiden Vorgänger. Das neue Weingesetz zählt genau auf, welche Behandlungsweisen des Weines und unter welchen Bedingungen sie erlaubt sind; abgesehen von der Zuckerung (§ 3) sind in den Ausführungsbestimmungen vom 9. Juli 1909 zu den §§ 4, 11, 12 alle die Stoffe aufgezählt, die bei der Kellerbehandlung und überhaupt ganz allgemein dem Wein zugesetzt werden dürfen. Der Zusatz oder die Verwendung von Stoffen, die hier nicht aufgeführt sind, ist verboten. Das gilt auch von Stoffen, die von selbst wieder aus dem Wein verschwinden oder, nachdem sie eine Wirkung ausgeübt haben, wieder daraus entfernt werden können.

I. Beurteilung gewöhnlicher herber Weine.

1. Erkennung und Beurteilung gezuckerter Weine[1]. Zwei

Arten der Zuckerung der Weine sind zu unterscheiden: der Zusatz von Zucker ohne Wasser, die sogenannte Trockenzuckerung, bei der der Zucker ohne jeden Wasserzusatz unmittelbar im Wein bzw. Most gelöst wird, und der Zusatz von wässeriger Zuckerlösung zum Wein. Die Trockenzuckerung findet verhältnismäßig selten statt; meist wird wenigstens so viel Wasser dazu genommen, als zum Auflösen des Zuckers erforderlich ist.

Durch die Trockenzuckerung in den praktisch üblichen und zulässigen Grenzen wird der Raum des Weines nur wenig verändert; 1 kg Zucker nimmt im gelösten Zustand einen Raum von etwa 0,6 l ein. Durch den Zuckerzusatz ohne Wasser wird nicht nur der Alkohol-

---

[1] J. Schindler, Zeitschr. f. landw. Versuchswesen in Österreich 1904, **7**, 407; P. Kulisch, Zeitschr. Unters. Nahr.- u. Genußm. 1910, **20**, 323; 1912, **24**, 29; W. Möslinger, Zeitschr. f. angew. Chemie 1904, **13**, 419; W. Fresenius, Zeitschr. Unters. Nahr.- u. Genußm. 1906, **12**, 123.

gehalt, sondern auch der Extraktgehalt des Weines erhöht, da bei der Vergärung des Zuckers auch merkliche Mengen von Extraktstoffen, insbesondere Glycerin und Bernsteinsäure, neu gebildet werden. Durch die Bernsteinsäure wird auch der Säuregehalt des Weines, allerdings kaum merkbar, erhöht; dieser Säurevermehrung kann eine geringe Säureverminderung (zugleich Extrakt- und Ascheverminderung) durch eine stärkere Abscheidung von Weinstein infolge des höheren Alkoholgehalts des gezuckerten Weines gegenüberstehen. Der Mineralstoffgehalt des Weines wird durch die Trockenzuckerung mit weißem Krystallzucker, der sehr aschenarm ist, nur wenig verändert.

Durch die Zuckerung mit wässeriger Zuckerlösung wird die Raummenge des Weines entsprechend der Höhe des Zuckerwasserzusatzes vermehrt. Die Verminderung der Extraktbestandteile geht aber wegen der Bildung von Extraktstoffen aus dem zugesetzten Zucker nicht Hand in Hand mit der Vermehrung des Weines, sondern die Herabsetzung der Extraktbestandteile ist mehr oder weniger erheblich geringer, als der Weinvermehrung entspricht[1]). Bei Verwendung hinreichend konzentrierter Zuckerlösungen findet eine Herabsetzung der Extraktbestandteile überhaupt nicht statt, der gezuckerte Wein kann sogar extraktreicher sein als der ungezuckerte. Der Mineralstoffgehalt des Weines wird durch das Zuckern mit wässeriger Zuckerlösung herabgesetzt. Mit dem Wasser können allerdings ziemlich beträchtliche Mengen von Mineralstoffen in den Wein gelangen, die aber in der Regel meist aus Kalksalzen bestehen und wohl zum Teil mit der Weinsäure wieder abgeschieden werden.

Bei der Beurteilung gezuckerter Weine kann es sich um die Beantwortung von drei Fragen handeln: 1. Ist der Wein naturrein oder gezuckert? 2. Ist der Wein überstreckt, d. h. mit mehr Zuckerwasser versetzt, als nach den Bestimmungen des Weingesetzes zulässig ist; ist insbesondere die Grenze der Zuckerung, 20 Proz. des fertigen Erzeugnisses, überschritten? 3. Ist der Wein überzuckert, d. h. mit mehr Zucker versetzt worden und dadurch alkoholreicher, als das Weingesetz gestattet?

a) Vergleich des Weines mit Naturweinen und gezuckerten Weinen gleicher oder ähnlicher Art. Das Weingesetz vom 7. April 1909 stellt, im Gegensatz zu den beiden älteren Weingesetzen, für jeden zu zuckernden Wein einen Normalwein auf, nach dem sich der Grad der Zuckerung zu richten hat: den aus Trauben gleicher Art und Herkunft in guten Jahrgängen gewonnenen Wein. Ein Wein, der einen Mangel an Zucker bzw. Alkohol oder ein Übermaß an Säure oder beides hat, darf durch Zuckerung so hergerichtet werden, daß er dem Normalwein in bezug auf Zucker- und Säuregehalt und in bezug auf seine ganze Beschaffenheit gleichkommt. Nur der Vergleich mit dem Normalwein wird daher mit Sicherheit eine Entscheidung ermöglichen, ob bezüglich der Zuckerung die Vorschriften des Weingesetzes eingehalten sind. Hierzu ist ein umfangreiches Vergleichsmaterial an reinen Naturweinen der verschiedenen Weinbaugebiete und Jahrgänge erforderlich.

Für die deutschen Weine sind wir im Besitz des erforderlichen Vergleichsmaterials. Bereits im Jahre 1886 trat eine Anzahl Weinchemiker aus den deutschen Weinbaugebieten zu einer „Kommission zur Bearbeitung einer Weinstatistik für Deutschland" zusammen. Diese Vereinigung von Fachmännern untersuchte in den Jahren 1886 bis 1891 eine große Anzahl reiner Moste und Weine aus den deutschen Weinbaugebieten, worüber in den Jahrgängen 1888 bis 1894 der Zeitschrift für analytische Chemie berichtet wurde; eine vergleichende Besprechung der Ergebnisse der Weinstatistik für die Jahrgänge 1886 bis 1890 wurde von M. Barth[2]) geliefert. Im Jahre 1892 nahmen die Regierungen der am Weinbau beteiligten Bundesstaaten die Weinstatistik in die Hand; die Berichte über die Ergebnisse der Untersuchungen, die von

---

[1]) J. Weiwers, Weinbau u. Weinhandel 1906, **24**, 60; P. Kulisch, Arbeiten a. d. Kaiserl. Gesundheitsamte 1910, **35**, 1; vgl. dagegen W. J. Baragiola, Zeitschr. Unters. Nahr.- u. Genußm. 1906, **12**, 135.

[2]) Zeitschr. f. analyt. Chemie 1892, **31**, 129.

den Mitgliedern der Kommission für die amtliche Weinstatistik alljährlich erstattet werden, werden in den „Arbeiten aus dem Kaiserlichen Gesundheitsamte" veröffentlicht. Die amtliche Weinstatistik ist in neuerer Zeit so weit ausgebaut worden, daß jetzt wohl aus den meisten Gemarkungen und vielen Weinbergslagen Moste und aus den wichtigeren Weinbauorten naturreine Weine untersucht werden.

In neuerer Zeit werden auch in verschiedenen Weinbaugebieten (Mosel, Unterfranken, Rheinpfalz, Württemberg, Baden, Elsaß-Lothringen) systematische Zuckerungsversuche durchgeführt und die dabei gewonnenen Weine genau untersucht[1]. Ein Teil des Weines wird naturrein belassen, ein Teil als Most gezuckert und ein Teil umgegoren, d. h. nach der ersten Gärung mit Zuckerlösung einer zweiten Gärung unterworfen. Die Ergebnisse dieser Versuche und Untersuchungen sind für die Beurteilung der Handelsweine von großer Wichtigkeit. Insbesondere ist durch diese Untersuchungen festgestellt worden, daß es für die Zusammensetzung eines gezuckerten Weines durchaus nicht gleichgültig ist, ob bereits der Most vor der Gärung gezuckert oder ein bereits vergorener Wein mit Zuckerlösung umgegoren wird; als Most gezuckerte Weine sind unter sonst gleichen Umständen extraktreicher als nach der ersten Gärung mit Zuckerlösung umgegorene Weine. Wenn es sich um Weine handelt, die nachweislich aus einer bestimmten Gemarkung und einem bestimmten Jahrgang stammen und von denen womöglich festgestellt werden kann, in welchen Lagen sie gewachsen sind, ist es an der Hand des Vergleichsmaterials der Weinstatistik wohl meist möglich, ein bestimmtes Urteil darüber abzugeben, ob und in welchem Maße die Weine gezuckert sind. So liegen die Verhältnisse in der Regel bei Weinen, die noch beim Erzeuger lagern, oft auch bei solchen Weinen, die ein Händler unmittelbar beim Erzeuger gekauft hat. In solchen Fällen ist es aber unumgänglich nötig, einen erfahrenen Weinchemiker aus dem betreffenden Weinbaugebiet zuzuziehen; wenn das Gericht dies nicht aus sich tut, sollte der mit der Untersuchung betraute Chemiker einen diesbezüglichen Antrag stellen. Niemand kennt die Eigenart der Weine eines Weingebaubietes so genau, niemand hat so große Erfahrungen, auch über die einzelnen Jahrgänge, als der dort ansässige Weinchemiker, dem eine große Anzahl dieser Weine durch die Hände geht.

Wenn es sich um Verschnitte von Weinen aus verschiedenen Gemarkungen, vielleicht sogar aus verschiedenen Weinbaugebieten und Jahrgängen handelt, ist die Beurteilung der etwa stattgehabten Zuckerung schon bedeutend schwieriger; noch mehr ist dies der Fall, wenn ein Wein vorliegt, über dessen Art und Herkunft man gar nichts weiß. In solchen Fällen wird es vielfach nicht möglich sein, ein sicheres Urteil abzugeben, und oft werden nur gröbere Verstöße gegen die Zuckerungsvorschriften mit Bestimmtheit festgestellt werden können.

Noch größer sind die Schwierigkeiten der Beurteilung bei ausländischen Weinen und bei Verschnitten von in- und ausländischen Weinen. Da im Ausland meist eine systematische Weinstatistik fehlt, mangelt es an Vergleichsmaterial für die Beurteilung. In dieser Hinsicht haben z. B. die griechischen Weine vor einigen Jahren zu großen Schwierigkeiten geführt. In einem anderen Fall, bei den spanischen Panadésweinen, konnte durch Beschaffung einwandfreier Vergleichsweine und Trauben aus dem fraglichen spanischen Weinbaugebiet Klarheit geschaffen werden[2].

---

[1] Die Ergebnisse finden sich in den Berichten über die amtliche Weinstatistik in den „Arbeiten aus dem Kaiserlichen Gesundheitsamte", ferner in den Jahresberichten des Untersuchungsamts der Stadt Trier, der önochemischen Versuchsstation Geisenheim, der Weinbau-Versuchsanstalt Weinsberg, der Landw. Versuchsstationen Augustenberg und Colmar i. Els. und anderer beteiligter Versuchsanstalten.

[2] A. Wingler, Zeitschr. f. Untersuchung d. Nahrungs- u. Genußmittel 1911, **22**, 358; W. Petri, ebendort 1911, **22**, 437; 1912, **24**, 421; 1913, **26**, 693; Filaudeau, Annal. falsif. 1911, **4**, 362; 1912, **5**, 71; A. Günther u. J. Fiehe, Arbeiten a. d. Kaiserl. Gesundheitsamte 1913, **46**, 524.

Beim Vergleich der zur Untersuchung stehenden Weine mit anderen Weinen bekannter Art und Herkunft ist besonders auf den freiwilligen Säurerückgang[1]) Rücksicht zu nehmen. Der biologische Säureabbau wird dadurch bewirkt, daß die Äpfelsäure des Weines durch gewisse Mikroorganismen in Milchsäure und Kohlendioxyd zerlegt wird. Er ist nicht nur mit einer Verminderung der titrierbaren Säure, sondern auch mit einem Extraktrückgang verbunden; aus 1 Gewichtsteil Äpfelsäure entstehen 0,67 Gewichtsteile Milchsäure. Wirklich vergleichbar sind nur Weine, bei denen der biologische Säureabbau gleich weit fortgeschritten ist; den Maßstab hierfür bildet der Milchsäuregehalt der Weine. Die Milchsäurebestimmung ist daher für die Beurteilung der Weine in jedem Fall unumgänglich notwendig; wenn die Milchsäurezahl fehlt, wird der Beurteilung ein wichtiger Grundpfeiler entzogen.

Auch darauf ist mit Nachdruck zu achten, ob der Wein gesund oder krank oder durch Mikroorganismen verändert ist. Durch Krankheiten und die Tätigkeit der Mikroorganismen kann die chemische Zusammensetzung der Weine erheblich verändert werden. Insbesondere kann der Kahmpilz[2]) nicht nur den Alkohol, sondern auch den Extraktgehalt erheblich verändern. Der Essigsäurepilz[3]) oxydiert nicht nur den Alkohol zu Essigsäure, sondern zerstört auch Extraktstoffe, z. B. die in keinem Wein fehlenden kleinen Mengen von Zucker bzw. Fehlingsche Lösung reduzierenden Stoffen. Durch die Mannitbakterien[4]) werden unter Umständen erhebliche Mengen Mannit gebildet und dadurch der Extraktgehalt der Weine bisweilen bedeutend erhöht. Auch die sonstigen, durch Mikroorganismen hervorgerufenen Weinkrankheiten[5]) können recht merkliche Veränderungen in der Zusammensetzung der

---

[1]) Über den freiwilligen Säurerückgang vgl. P. Kulisch, Weinbau u. Weinhandel 1889, **7**, 449, 459 u. 464; 1891, **9**, 459; 1897, **15**, 413, 423, 429; H. Müller-Thurgau, Weinbau u. Weinhandel 1888, **6**, Nr. 14 u. 15; 1891, **9**, 399; Alfred Koch, Weinbau u. Weinhandel 1898, **16**, 236 u. 243; 1900, **18**, 395, 407 u. 417; R. Kunz, Zeitschr. f. Untersuchung d. Nahrungs- u. Genußmittel 1901, **4**, 673; W. Möslinger, Zeitschr. f. Untersuchung d. Nahrungs- u. Genußmittel 1901, **4**, 1120; W. Seifert, Zeitschr. f. landw. Versuchswesen in Österreich 1901, **4**, 980; 1903, **6**, 567; K. Windisch, Die chemischen Vorgänge beim Werden des Weines. Stuttgart 1905, Verlag von Eugen Ulmer, S. 62; P. Kulisch, Zeitschr. f. Untersuchung d. Nahrungs- u. Genußmittel 1909, **18**, 118; R. Meißner, Weinbau u. Weinhandel 1910, **28**, 549; H. Becker, Zeitschr. f. öffentl. Chemie 1912, **18**, 325; H. Kreis, Zeitschr. f. Untersuchung d. Nahrungs- u. Genußmittel 1913, **26**, 691; Th. Omeis, Arbeiten a. d. Kaiserl. Gesundheitsamte 1911, **39**, 434; 1912, **42**, 597; 1913, **46**, 536; 1914, **49**, 488; Zeitschr. f. Untersuchung d. Nahrungs- u. Genußmittel 1914, **27**, 226; A. Halenke u. O. Krug, Arbeiten a. d. Kaiserl. Gesundheitsamte 1911, **39**, 450; 1912, **42**, 607; A. Wellenstein, Zeitschr. f. Untersuchung d. Nahrungs- u. Genußmittel 1916, **31**, 55; Chr. Schätzlein und O. Krug, Arbeiten a. d. Kaiserl. Gesundheitsamte 1913, **49**, 521; H. Müller-Thurgau u. A. Osterwalder, Landw. Jahrb. Schweiz 1914, S. 449.

[2]) X. Rocques, Annal. chim. analyt. 1902, **7**, 220.

[3]) C. Amthor, Zeitschr. f. Untersuchung d. Nahrungs- u. Genußmittel 1898, **1**, 810.

[4]) Über die Mannitgärung vgl. G. Basile, Staz. speriment. agr. ital. 1890, **19**, 202; 1894, **26**, 451; P. Carles, Compt. rend. 1891, **112**, 811; L. Rood, Journ. pharm. chim. [5] 1893, **27**, 405; Jégou, Journ. pharm. chim. [5] 1893, **28**, 103; U. Gayon u. E. Dubourg, Annal. de l'Institut Pasteur 1894, **8**, 108; 1901, **15**, 524, 1904, **18**, 385; H. u. A. Malbot, Bull. soc. chim. Paris [3] 1894, **11**, 87, 176 u. 413; W. Seifert, Allgem. Wein-Ztg. 1899, **16**, 153; Ph. Schidrowitz, Analyst 1902, **27**, 42; W. Peglion, Zentralbl. f. Bakterien- u. Parasitenk. 1898 [2. Abt.], **4**, 73; P. Mazé u. A. Perrier, Annal. de l'Institut Pasteur 1903, **17**, 587; G. Paris, Staz. speriment. agr. ital. 1909, **4**, 437; E. Dubourg, Annal. de l'Institut Pasteur 1912, **26**, 923.

[5]) Vgl. über das Umschlagen oder Brechen der Weine J. Laborde, Compt. rend. 1896, **123**, 1074; V. Martinand, Compt. rend. 1897, **124**, 512; P. Cazeneuve, Compt. rend. 1897, **124**, 406; Boussard, Compt. rend. 1897, **124**, 706; J. Laborde, Compt. rend. 1904, **138**, 228; P. Mazé u. P. Pacottet, Annal. de l'Institut Pasteur 1904, **18**, 245. Über das Zähwerden der Weine E. Kay-

Weine verursachen. Das gleiche gilt von der Fäulnis der Trauben[1]), die bisweilen die chemische Zusammensetzung der Moste und Weine bedeutend verändert. Bei Weinen aus faulen Trauben ist gegenüber solchen aus gesunden Trauben der Säuregehalt (meist), der Extrakt- und Aschengehalt höher, der Stickstoffgehalt niedriger.

Weiter kann auch der Gesundheitszustand der Reben einen Einfluß auf die Zusammensetzung der Weine ausüben, insbesondere der Befall mit Pilzkrankheiten. Weine von peronosporakranken Reben sind nach J. Behrens meist mineralstoffarm, zuckerarm und säurereich[2]); Weinstöcke, die vom Oidium befallen sind, geben nach P. Kulisch); extrakt- und mineralstoffreiche Weine, auch ist das Mostgewicht und der Säuregehalt der Moste höher. Von Wichtigkeit ist auch die Zeit der Lese der Trauben, weil davon der Reifezustand der Trauben abhängt, der einen erheblichen Einfluß auf die chemische Zusammensetzung der Weine ausübt; ferner das etwaige Auftreten von Frost, solange die Trauben noch am Stock hängen. Schließlich ist auch die Art der Herstellung der Weine nicht ohne Bedeutung für die chemische Beschaffenheit der Weine[3]). Es ist z. B. nicht gleich, ob der Most sofort nach dem Mahlen der Trauben abgepreßt wird oder ob er auf den Trestern (auf der Maische) angärt oder größtenteils vergärt; beim Vergären auf der Maische werden die Weine extrakt-, gerbstoff- und mineralstoffreicher, aber säure- und etwas alkoholärmer, als wenn der Most sofort nach dem Mahlen der Trauben abgekeltert und für sich vergoren wird. Die einzelnen Mostanteile, der von selbst ablaufende Vorlauf, der Preßmost und der nach dem Umscheitern der Trester abfließende Nachdruck sind nicht ganz gleich zusammengesetzt. Die mit der sogenannten kontinuierlichen Kelter gewonnenen Weine sind extrakt-, mineralstoff- und gerbstoffreicher, aber säureärmer als die mit den gewöhnlichen Keltern gepreßten Weine.

b) Nachweis von Saccharose. Der Traubensaft enthält keine Saccharose. Zugesetzte Saccharose wird allmählich invertiert, weniger durch die Säuren des Weines, deren invertierende Kraft bei gewöhnlicher Temperatur nicht sehr groß ist, als vielmehr durch die Invertase, die im Traubensaft enthalten ist. Sobald die Gärung einsetzt, und schon vorher, beginnt die Inversion der Saccharose durch die Invertase der Hefe und endet bereits, lange bevor aller Zucker vergoren ist. In vergorenen, mit Saccharose gezuckerten Weinen wird man daher in der Regel vergeblich nach dem Rothenfußerschen Verfahren (III. Bd., 2. Teil, S. 250) nach Saccharose suchen. Nur in Ausnahmefällen wird man in gezuckerten Weinen, die nach der Zuckerung eine Gärung durchgemacht haben, noch Spuren von Saccharose finden.

c) Resorcin-Salzsäurereaktion nach J. Fiehe. Die Resorcin-Salzsäurereaktion dient zum Nachweis von Oxymethylfurfurol, das u. a. bei der Inversion von Rohrzucker durch Erhitzen mit Säuren und beim Erhitzen gewisser Zuckerarten entsteht; sie wird daher zum Nachweis von technisch hergestelltem Invertzucker im Honig und zum Nachweis von Karamel benutzt. A. Kickton[4]) prüfte, ob bei der Inversion der Saccharose durch die Invertase der Hefe auch Oxymethylfurfurol entsteht und daher bei gezuckerten Weinen die Resorcin-Salzsäurereaktion eintritt. Dies war nicht der Fall. Als mit Salzsäure invertierte

ser u. E. Manceau, Compt. rend. 1906, **142**, 725; 1906, **143**, 247; 1908, **146**, 92. Über das Bitterwerden der Weine J. Wortmann, Landw. Jahrb. 1900, **29**, 629; A. Trillat, Compt. rend. 1906, **143**, 1244; E. Voisinet, Compt. rend. 1910, **150**, 1614; 1910, **151**, 518; 1911, **153**, 363; 1913, **156**, 1181 u. 1410. Über zahlreiche Bakterien im Wein und Obstwein und die durch sie verursachten Veränderungen berichten H. Müller-Thurgau u. A. Osterwalder, Zentralbl. f. Bakteriol. u. Parasitenk. 1913 [2. Abt.], **36**, 129—338.

[1]) Karl Windisch, Die chemischen Vorgänge beim Werden des Weines. Stuttgart, Verlag von Eugen Ulmer. 1905, S. 12.

[2]) E. Manceau, Compt. rend. 1903, **137**, 998; 1906, **142**, 589.

[3]) J. Schindler, Zeitschr. f. landw. Versuchswesen in Österreich 1904, **7**, 407.

[4]) Zeitschr. f. Untersuchung d. Nahrungs- u. Genußmittel 1908, **16**, 574.

Zuckerlösungen, die die Reaktion stark gaben, vergoren wurden, trat die Reaktion nicht mehr auf; das Oxymethylfurfurol wird also durch die Gärung zerstört bzw. verändert und man kann auf diese Weise auch nicht eine (bisweilen, aber selten vorkommende) Zuckerung des Weines mit technisch hergestelltem Invertzucker (Fruchtzucker, flüssiger Raffinade) nachweisen.

d) Nachweis von Nitraten. Ausgehend von der Voraussetzung, daß reiner Traubensaft frei von Nitraten sei, andererseits aber viele Brunnenwässer Nitrate enthalten, glaubte man, ähnlich wie bei der Milch, die Feststellung einer stattgehabten Wässerung des Weines durch den Nachweis von Nitraten führen oder wenigstens ergänzen zu können. Dem steht gegenüber, daß auch naturreine Moste und Weine kleine Mengen von Nitraten enthalten können. Nach W. Seifert und H. Kaserer[1]) ist der Nitratgehalt der Weine von der Traubensorte, dem Reifegrad, der Bodenbeschaffenheit, der Düngung und den Witterungsverhältnissen (Regen) abhängig. Die Genannten, wie auch Milan Metelka[2]), M. Spica[3]) und J. Tilmans[4]) fanden die untersuchten Weine teils nitrathaltig, teils frei von Nitraten; Tilmans stellte in deutschen Naturweinen bis zu 18,75 mg Salpetersäure (N_2O_5) im Liter fest. Ein geringer Gehalt der Weine an Nitraten kann aus dem Wasser herrühren, das zum Reinigen und Ausspülen der Fässer und Bottiche verwendet wurde[5]). Da die Salpetersäurereaktion mit Diphenylamin-Schwefelsäure sehr empfindlich, manche Wässer aber sehr nitratreich sind, kann dieser Fall vorkommen[6]).

Zahlreiche Untersuchungen haben ergeben, daß die Nitrate bei der Gärung des Mostes verschwinden können[7]). Sie werden zu Nitriten und unter Umständen weiter zu Ammoniak reduziert, das der Hefe als Nährstoff dient; auch Bakterien können bei der Zersetzung der Salpetersäure beteiligt sein. Die Nitrate verschwinden aber bei der Gärung nicht immer, sondern sie bleiben auch öfter bestehen, namentlich bei Luftzutritt. M. Spica[8]) stellte fest, daß die Nitrate nach der Gärung bei Luftzutritt aus den Nitriten wieder zurückgebildet werden können.

Hiernach kann aus dem Vorhandensein kleiner Mengen von Nitraten nicht ohne weiteres auf eine Wässerung des Weines geschlossen werden; selbst der Nachweis größerer Mengen von Nitraten ist in dieser Hinsicht nicht immer beweisend, als ergänzendes Merkmal der Wässerung kann ein Nitratbefund aber doch sehr wertvoll sein.

e) Grenzwerte. Mit Grenzwerten vermag man in der Weinchemie wenig anzufangen, weil die Art und die Beschaffenheit der Weine je nach Traubensorte, Standort, Witterung und vielen anderen Umständen überaus mannigfaltig ist. Die Grenzzahlen werden notwendigerweise in der Regel so niedrig gewählt, daß zahlreiche Weine erst durch sehr starke Wässerungen an die Grenzzahlen herankommen; und doch gibt es andererseits wieder einzelne Weine, die selbst im Naturzustand den Grenzzahlen nicht genügen. Ein irgend erheblicher Wert ist daher den in Vorschlag gebrachten Grenzzahlen nicht beizumessen.

---

[1]) Zeitschr. f. landw. Versuchswesen in Österreich 1903, **6**, 555.

[2]) Ebendort 1904, **7**, 725.

[3]) Staz. speriment. agr. ital. 1907, **40**, 177; Gazz. chim. ital. 1907, **37**, II, 17.

[4]) Zeitschr. f. Untersuchung d. Nahrungs- u. Genußmittel 1911, **22**, 201.

[5]) E. Egger, Arch. f. Hyg. 1884, **2**, 373.

[6]) E. Pollak, Chem.-Ztg. 1887, **11**, 1465 u. 1623.

[7]) J. Herz, Repert. analyt. Chemie 1886, **6**, 360; E. Borgmann, Zeitschr. f. analyt. Chemie 1888, **27**, 184; W. Seifert, Österr. Chem.-Ztg. 1898, **1**, 285; W. Seifert u. H. Kaserer, Zeitschr. f. landw. Versuchswesen in Österreich 1903, **6**, 555; M. Metelka, Zeitschr. f. landw. Versuchswesen in Österreich 1904, **7**, 725; F. Rossi u. F. Scurti, Gazz. chim. ital. 1906, **36**, II, 632; M. Spica Staz. speriment. agr. ital. 1907, **40**, 177; Gazz. chim. ital. 1907, **37**, II, 17; G. Paris u. T. Marsiglia, Staz. speriment. agr. ital. 1908, **41**, 223.

[8]) Gazz. chim. ital. 1907, **37**, II, 17.

ʌ) Extrakt- und Mineralstoffe. Das Weingesetz vom 24. Mai 1901 bzw. die Ausführungsbestimmungen dazu vom 2. Juli 1901 setzten folgende Grenzzahlen für gezuckerte Weine fest:

	Weißwein	Rotwein
Extrakt.	16,0 g	17,0 g im Liter
Extrakt nach Abzug der nichtflüchtigen Säuren	11,0 „	13,0 „ „ „
Extrakt nach Abzug der Gesamtsäuren	10,0 „	12,0 „ „ „
Mineralbestandteile.	1,3 „	1,6 „ „ „

Unter Extrakt ist dabei der „zuckerfreie Extrakt", d. h. der Extrakt nach Abzug des 1 g im Liter überschreitenden Zuckergehaltes verstanden. Diese Grenzzahlen sind für viele Weine erheblich zu niedrig; sie können mit bedeutend mehr als 20 Proz. Zuckerlösung versetzt werden, ohne daß diese Werte unterschritten werden.

Andererseits gibt es, wenn auch seltener, sogar Naturweine, die vorstehende Werte entweder für den Extraktgehalt oder für den Mineralstoffgehalt, vereinzelt auch für beide nicht erreichen. Über extrakt- und aschenarme Naturweine berichten u. a. C. Amthor[1]), M. Barth[2]), Th. Hoffmann[3]) (elsässische Weine), G. Paris[4]) (italienische Weine), J. Fiehe[5]) (südfranzösische Weine), Br. Haas[6]) (österreichisch-ungarische Weine), A. Wingler[7]) W. Petri[8]), Filaudeau[9]), A. Günther u. F. Fiehe[10]) (spanische Weine aus Katalonien). Weine trockener Jahrgänge sind vielfach aschenarm, namentlich in manchen Weinbaugebieten, z. B. an der Mosel, wo die Grenzzahlen des früheren Weingesetzes bezüglich des Mineralstoffgehalts bei großer Trockenheit des Sommers und Herbstes nicht nur vereinzelt, sondern in zahlreichen Fällen nicht erreicht wurden. Daß nicht überall und immer die Trockenheit die Ursache einer ungewöhnlichen Aschenarmut der Weine sein muß, lehren die Untersuchungen von R. Meißner[11]) über 1904er Weine aus Württemberg und zahlreiche andere Untersuchungen. Der Ansicht, daß die Weine der Portugiesertrauben regelmäßig extrakt- und aschenarm seien, trat P. Kulisch[12]) mit Erfolg entgegen.

Die Grenzzahl für den Extrakt nach Abzug der Gesamtsäuren wird besonders häufig nicht erreicht, sowohl bei sehr sauren kleinen Weinen, als auch bei stark essigstichigen Weinen. Durch den Essigstich wird einerseits der Säuregehalt des Weines erhöht, andererseits kann der Extraktgehalt vermindert werden. Der Sinn dieser früher üblichen Grenzzahl ist überhaupt kaum zu verstehen. Für den Gehalt der Weine an Extrakt nach Abzug der nichtflüchtigen Säuren sind von Schmidt und J. Jeanprêtre[13]) mit dem Alkoholgehalt steigende Grenzzahlen vorgeschlagen worden, ebenso im Schweizerischen Lebensmittelbuch, 3. Auflage, S. 38.

Bei der Beurteilung des Extrakt- und Mineralstoffgehalts der Weine sind alle die Umstände zu berücksichtigen, von denen vorher ausgeführt wurde, daß sie auf den Extrakt- und Mineralstoffgehalt der Weine verändernd einwirken können: Krankheiten des Weinstocks, Fäulnis und Reifegrad der Trauben, Art der Herstellung der Weine, der freiwillige Säurerück-

[1]) Forschungsberichte über Lebensmittel 1893, **1**, 19.

[2]) Ebendort 1893, **1**, 162.

[3]) Ebendort 1893, **1**, 168.

[4]) Zeitschr. f. Untersuchung d. Nahrungs- u. Genußmittel 1898, **1**, 816.

[5]) Chem.-Ztg. 1908, **32**, 1105.

[6]) Arch. Chemie Mikrosk. 1909, **2**, 149.

[7]) Zeitschr. f. Untersuchung d. Nahrungs- u. Genußmittel 1911, **22**, 358.

[8]) Ebendort 1911, **22**, 437; 1912, **24**, 421; 1913, **26**, 693.

[9]) Annal. falsific. 1911, **4**, 342; 1912, **5**, 74.

[10]) Arbeiten a. d. Kaiserl. Gesundheitsamte 1913, **46**, 524.

[11]) Weinbau u. Weinhandel 1905, **23**, 403.

[12]) Ebendort 1905, **23**, 453; Weinblatt 1905, **44**, 412 u. 424.

[13]) Mitteil. a. d. Gebiete d. Lebensmitteluntersuchung 1910, **1**, 96.

gang, Krankheiten der Weine und die Kellerbehandlung der Weine. In letzterer Hinsicht sind namentlich das Schwefeln und das Entsäuern mit kohlensaurem Kalk von großer Bedeutung. Wegen der schwefligen Säure vgl. den Abschnitt über die Beurteilung der schwefligen Säure und der Schwefelsäure im Wein. Durch das gesetzlich zulässige Entsäuern mit kohlensaurem Kalk[1]) wird der Säure- und Extraktgehalt der Weine herabgesetzt, der Mineralstoff-, insbesondere der Kalkgehalt erhöht.

β) **Säurerest, totaler Extraktrest.** Von W. Möslinger[2]) ist der Begriff Säurerest eingeführt worden. Er versteht darunter den Gehalt des Weines an nichtflüchtigen Säuren nach Abzug der gesamten freien Weinsäure und der Hälfte der halbgebundenen Weinsäure; der Säurerest umfaßt also hauptsächlich die Äpfelsäure, die Milchsäure, die Bernsteinsäure und den Gerbstoff. Der als Weinsäure berechnete Säurerest soll nach Möslinger bei gezuckerten Weinen mindestens 2,8 g im Liter betragen, sofern der Extraktgehalt nicht wenigstens 17 g im Liter beträgt; bei extraktreicheren gezuckerten Weinen kann nach Möslinger ein kleinerer Säurerest vorkommen. Bei Weinen mit einem Säurerest unter 2,8 g im Liter verlangt L. Grünhut[3]) einen „totalen Extraktrest" von mindestens 5 g im Liter; unter „totalem Extraktrest" ist der Extraktgehalt nach Abzug der nichtflüchtigen Säuren, des Glycerins und der Mineralstoffe zu verstehen. Grünhut verlangt weiter für ordnungsmäßig gezuckerte Weine einen Gesamtsäuregehalt von 4,5 g im Liter.

Für viele Weine ist ein Säurerest von 2,8 g im Liter viel zu niedrig[4]). Nachdem die Berechnung der freien und halbgebundenen Weinsäure aus der amtlichen Anweisung, weil auf nicht ganz einwandfreien Voraussetzungen beruhend, verschwunden ist, wird auch der Möslingersche Säurerest hinfällig.

γ) **Alkohol-Säureregel und ähnliches.** Nach A. Gautier[5]) soll die Summe des Alkohols, ausgedrückt in Volumprozent, und der Gesamtsäure, ausgedrückt in Gramm Schwefelsäure (H_2SO_4) im Liter Wein, bei Naturweinen einen bestimmten Wert erreichen. Bei essigstichigen Weinen sind an den Alkohol- und Säurezahlen Korrektionen anzubringen. Die Höhe der Summe von Alkohol und Gesamtsäure, die bei Naturweinen erreicht werden soll, wird verschieden angegeben[6]). Ch. Blarez[7]) vergleicht die nichtflüchtigen Säuren mit dem

---

[1]) Über die Entsäuerung der Weine mit kohlensaurem Kalk vgl. K. Windisch, Jahresbericht d. önochem. Versuchsstation Geisenheim 1902, S. 9; J. Schindler, Weinbau u. Weinhandel 1902, **20**, 539; F. Reis, Weinbau u. Weinhandel 1905, **23**, 347; K. Votruba, Zeitschr. f. Untersuchung d. Nahrungs- u. Genußmittel 1910, **19**, 393; Th. Omeis, Arbeiten a. d. Kaiserl. Gesundheitsamte 1912, **42**, 604; L. Mathieu, Annal. falsific. 1913, **6**, 201; L. Moreau u. E. Vinet, Annal. falsific. 1913, **6**, 329; Filaudeau, Annal. falsific. 1913, **6**, 581; Rousseaux u. M. Sirot, Annal. falsific. 1914, **7**, 74; W. J. Baragiola u. Ch. Godet, Mitteil. a. d. Gebiet d. Lebensmitteluntersuchung 1914, **5**, 261.

[2]) Zeitschr. f. Untersuchung d. Nahrungs- u. Genußmittel 1899, **2**, 93.

[3]) Ebendort 1901, **4**, 1161.

[4]) P. Kulisch, Zeitschr. f. Untersuchung d. Nahrungs- u. Genußmittel 1899, **2**, 119; Weinbau u. Weinhandel 1900, **18**, 18; K. Windisch, Zeitschr. f. Untersuchung d. Nahrungs- u. Genußmittel 1901, **4**, 625.

[5]) A. Gautier, A. Chassevant u. L. Magnier de la Source, Journ. pharm. chim. [6] 1901, **13**, 14; L. Magnier de la Source, Annal. chim. analyt. 1901, **6**, 96; A. Gautier, Journ. pharm. chim. [6] 1906, **24**, 403.

[6]) O. Lacombe, Journ. pharm. chim. [6] 1906, **24**, 246; 1907, **26**, 450; G. Guérin, Journ. pharm. chim. [6] 1908, **27**, 237; J. Jeanprêtre, Mitteil. a. d. Gebiet d. Lebensmitteluntersuchung u. Hyg. 1910, **1**, 19; Annal. falsific. 1911, **4**, 357 u. 399; N. Zachariades u. J. Czak, Zeitschr. f. landw. Versuchswesen in Österreich 1914, **17**, 869; Schweizer. Lebensmittelbuch, 1. Abschnitt, 2. Aufl. Bern, Neukomm u. Zimmermann 1904, S. 15. (In der 3. Aufl. fehlt dieser Absatz.).

[7]) Annal. chim. analyt. 1908, **13**, 47.

Alkohol und gibt sowohl für die Summe Alkohol $+$ nichtflüchtige Säuren, wie auch für das Verhältnis Alkohol : nichtflüchtigen Säuren Mindestwerte an, die verschiedentlich verändert wurden[1]).

Für andere Verhältniszahlen u. dgl. wurden von L. Roos[2]) und de Cillis[3]) Mindestwerte aufgestellt. Es unterliegt keinem Zweifel, daß allen diesen Versuchen, Konstanten zu ermitteln, die Aufschluß darüber geben sollen, ob ein Wein naturrein oder gezuckert ist, bei der überaus großen Mannigfaltigkeit in der chemischen Zusammensetzung der Weine verschiedener Herkunft nur ein geringer Wert beigemessen werden kann.

2. Nachweis eines Zusatzes von Tresterwein. Die Tresterweine werden in der Weise hergestellt, daß die ausgepreßten Weintrester mit Zuckerlösung übergossen und das Ganze einer neuen Gärung überlassen wird. Ein stets vorhandenes Merkzeichen der Tresterweine ist ein hoher Gerbstoffgehalt, der durch das längere Verweilen der gärenden Flüssigkeit auf den Trestern aus den Hülsen, Kernen und Kämmen ausgezogen wird. In der Regel sind die Tresterweine auch reich an Mineralstoffen, insbesondere an Kalk und Kali, aber arm an Extraktstoffen, Gesamtsäure und vor allem arm an Stickstoff und Phosphorsäure[4]). Die Alkalität der Asche ist oft niedrig[5]). Wenn die Tresterweine nur kürzere Zeit auf den Trestern gären, kann der Mineralstoffgehalt auch niedriger sein als bei normalem Wein. Bei der Herstellung der Tresterweine werden große Mengen von Wasser verwendet, wodurch, je nach der Beschaffenheit des Wassers, beträchtliche Mengen von Kalk und auch von Nitraten in den Tresterwein gelangen können. Das Alkohol-Glycerinverhältnis ist oft normal, bisweilen enthalten die Tresterweine viel Glycerin, mitunter auch wenig.

Von anderen Kennzeichen für Tresterweine sind folgende zu nennen: Nach M. Barth[6]) beträgt der aus den Trestern stammende Anteil des Extraktes bei auf den Trestern vergorenen Weinen mindestens das Fünffache des vorhandenen Gerbstoffgehaltes; Weine, die nach Abzug der fünffachen Menge des Gerbstoffgehaltes vom Gesamtextrakt weniger als 15 g Extrakt im Liter aufweisen, sind nach Barth Tresterweine oder Verschnitte von Wein mit Tresterwein oder übermäßig gestreckte, über den Trestern vergorene Weine. — W. Fresenius und L. Grünhut[7]) pflichten dem Gedankengang Barths bei, meinen aber, der Faktor 5 sei wohl zu hoch. Sie fanden, daß Tresterweine halbgebundene Weinsäure in der Regel nur in der Form von Weinstein enthalten; an alkalische Erden gebundene Weinsäure enthalten sie nur selten und dann nur sehr wenig, während normale Weißweine meist 0,1 g an alkalische Erde gebundene Weinsäure in 100 ccm enthalten. Durch Zusatz von organischen Säuren, insbesondere Weinsäure, durch häufiges starkes Schwefeln, auch durch Gipsen wird dieses Merkmal verwischt, weil dadurch die Alkalität der Asche verändert wird. Das Fresenius-Grünhutsche Kennzeichen des Tresterweines setzt eine normale Alkalität der Weinasche von 8 bis 10 ccm Normalalkali auf 1 g Asche voraus.

Nach Th. von Fellenberg enthalten die Tresterweine, im Verhältnis zu den Methyl-

---

[1]) G. Halphen, Bull. soc. chim. Paris 1906, **35**, 879; Annal. chim. analyt. 1908, **13**, 173; J. Jeanprêtre, Mitteilung a. d. Gebiet d. Lebensmitteluntersuchung u. Hyg. 1910, **1** ,19; Annal. falsific. 1911, **4**, 357; N. Zachariades u. J. Czak, Zeitschr. f. landw. Versuchswesen in Österreich 1914, **17**, 869.

[2]) Bull. assoc. chim. sucre et distill. 1906, **24**, 653; Annal. falsific. 1911, **4**, 357.

[3]) Vgl. N. Ricciardelli u. F. Carpentieri, Staz. speriment. agr. ital. 1900, **33**, 532.

[4]) J. Stern, Zeitschr. f. d. Nahrungsm.-Untersuchung u. Hyg. 1893, **7**, 409; E. Spaeth, Zeitschr. f. angew. Chemie 1896, **9**, 721; Annal. falsific. 1911, **4**, 357; E. Hugues, Annal. falsific. 1913, **6**, 12.

[5]) M. Barth, Zeitschr. f. Untersuchung d. Nahrungs- u. Genußmittel 1899, **2**, 106.

[6]) F. Schaffer, Zeitschr. f. Untersuchung d. Nahrungs- u. Genußmittel 1906, **12**, 266.

[7]) Zeitschr. f. analyt. Chemie 1899, **38**, 472.

pentosen, mehr Pentosen[1]) als die normalen Weißweine und die Bromabsorptionsverhält-
nisse[2]) sind bei den Tresterweinen andere als bei normalen Weinen.

Bezüglich des augenfälligsten Merkmals der Tresterweine, des erhöhten Gerbstoff-
gehalts, ist zu bemerken, daß auch normale Weißweine einen solchen aufweisen können.
Während in einigen Weinbaugebieten, namentlich an der Mosel, mit Sorgfalt darauf geachtet
wird, daß die Traubenmaischen sofort nach dem Mahlen der Trauben abgekeltert werden,
bleiben in anderen Weinbaugegenden, z. B. im Elsaß und in Württemberg, die Traubenmaischen
häufig längere Zeit stehen, so daß der Wein auf den Trestern angärt oder die Hauptgärung
größtenteils auf den Trestern durchmacht; so hergestellte Weißweine werden beträchtliche
Mengen Gerbstoff aus den Trestern aufnehmen. Andererseits ist zu berücksichtigen, daß
durch starke Schönungen mit eiweiß- oder leimartigen Mitteln der Gerbstoffgehalt der
Tresterweine in weitgehendem Maße herabgesetzt werden kann.

Die sonstigen Merkmale der Tresterweine, die vorher aufgeführt wurden, sind meist nicht
durchschlagend. Ein einzelnes von ihnen wird nur selten soweit ausreichen, daß der Beweis
des Vorliegens von Tresterwein als sicher erbracht angesehen werden kann. Nur wenn mehrere
der Verdachtsmomente zusammentreffen, wird man in der Regel zu einem sicheren Ergebnisse
kommen. Durch Verschnitt der Tresterweine mit normalem Wein werden die Merkmale des
Tresterweins mehr oder weniger verwischt, so daß der Nachweis noch bedeutend erschwert
wird. Nicht gerade selten wird man den sicheren Beweis eines Zusatzes von Tresterwein durch
die chemische Untersuchung überhaupt nicht erbringen, sondern nur einen dringenden Verdacht
aussprechen können.

Von O. Krug[3]) ist auf die physikalische Beschaffenheit, besonders das Aussehen
des analytisch hergestellten Weinextraktes als Merkmal für die Erkennung von Tresterwein
und anderen Nachweinen hingewiesen worden. Extrakte normaler Weine sind amorph,
glänzend und mit Bläschen durchsetzt, Extrakte von Tresterweinen körnig, fast
krystallinisch, glanzlos, entweder sehr trocken oder ganz schmierig.

3. Nachweis eines Zusatzes von Hefenwein.
Es sind zu unterscheiden
der Hefepreßwein oder Trubwein, der sich beim Filtrieren oder Auspressen der flüssigen
Weinhefe (Trub, Geläger, Drusen) ergibt, und der eigentliche Hefenwein, der durch Vergären einer Zuckerlösung mit ausgepreßter oder nicht ausgepreßter, flüssiger Weinhefe gewonnen
wird. Der Hefepreßwein oder Trubwein enthält infolge längerer Berührung mit der Hefe
viel Extraktstoffe und stickstoffhaltige Bestandteile, auch Ammoniak; die Gesamtsäure ist
oft niedrig, der Aschengehalt teils hoch, teils niedrig, die Aschenalkalität niedrig, der Phosphorsäuregehalt hoch[4]). Der Hefepreßwein ist als Wein im Sinne des Weingesetzes aufzufassen, aber minderwertig. Der eigentliche Hefenwein, wie der Tresterwein ein Kunst-
oder Halbwein, ist, wenn er nicht künstlich aufgebessert ist, arm an Extrakt, Säure, Gerbstoff
und Mineralstoffen, unter denen das Kali überwiegt, aber reich an Stickstoffverbindungen.

Der Nachweis eines Zusatzes von Hefenwein ist schwierig und dürfte nur ausnahmsweise
möglich sein.

4. Nachweis eines Zusatzes von Rosinenwein.
Sachgemäß her-
gestellter Rosinenwein hat eine Zusammensetzung, wie sie auch Naturweine zeigen[5]).
Zufolge ihrer Herstellungsweise neigen sie zum Essigstich; dieser läßt sich bei geeigneter
Arbeitsweise aber wohl vermeiden. Durch die chemische Untersuchung läßt sich ein

---

[1]) Mitteil. a. d. Gebiet d. Lebensmitteluntersuchung u. Hyg. 1912, **2**, 213; J. Weiwers fand
in 100 ccm Most (bzw. Wein) 0,03—0,11 g (Mittel 0,05 g) Pentose, nämlich l-Arabinose.

[2]) Ebendort 1912, **3**, 97.

[3]) Zeitschr. f. Untersuchung d. Nahrungs- u. Genußmittel 1907, **14**, 117.

[4]) H. Astruc, Annal. falsific. 1910, **3**, 330; W. J. Baragiola, Schweizer Woch. Chem.
Pharm. 1911, **49**, 519.

[5]) A. Schneegans, Arch. f. Pharm. 1901, **239**, 91 u. 589.

Rosinenweinzusatz zum Traubenwein in der Regel nicht nachweisen; ein im städtischen Laboratorium zu Paris benutztes Verfahren[1]) dürfte auch nicht zum Ziele führen.

5. Nachweis eines Zusatzes von Obstwein.

Als Zusatz zu Weißweinen zu Täuschungszwecken kommt hauptsächlich der Birnenwein in Betracht; er eignet sich besonders gut, besser als der Äpfelwein hierzu, weil der Birnenwein, der aus den eigentlichen Mostbirnen hergestellt ist, neutral im Geschmack und besonders reich an Extrakt- und Mineralstoffen ist. Der Extraktgehalt naturreiner Birnenweine kann bis zu 50 und 60 g im Liter steigen, der Mineralstoffgehalt 4 g im Liter überschreiten; die Birnenweine sind daher wie geschaffen, um überstreckte Weine im Extrakt- und Mineralstoffgehalt wieder aufzubessern. Weine aus Stachelbeeren dürften wegen ihres ausgeprägten Eigengeschmacks kaum als Zusatz zum Weißwein in Frage kommen, wohl aber der ziemlich neutral schmeckende Wein aus weißen Johannisbeeren. Als Zusatz zu Rotwein eignet sich am besten der Heidelbeerwein, dessen natürlicher Farbstoff dem des Rotweins mindestens nahe verwandt ist; daneben wäre an Kirschwein zu denken.

Äpfel- und Birnenweine unterscheiden sich von den Traubenweinen dadurch, daß sie frei sind von Weinsäure und deren Salzen. Die Säure der Äpfel- und Birnenmoste besteht neben wechselnden, bisweilen recht hohen Mengen von Gerbstoff, fast ausschließlich aus Äpfelsäure, die nach der Gärung durch Spaltpilze mehr oder weniger in Milchsäure übergeführt wird. In der Regel enthalten die Äpfel- und Birnenweine weniger Alkohol, weniger Säure, aber mehr Extrakt, säurefreien Extrakt, Mineralstoffe und durch Alkohol fällbare Stoffe als die Traubenweine. Diese Unterschiede in der chemischen Zusammensetzung sind die wichtigsten Merkmale für die Erkennung eines Obstweinzusatzes zum Traubenwein. Durch die Mischung mit Traubenwein werden die Unterschiede in weitgehendem Maße ausgeglichen und verwischt, so daß ein sicheres Urteil oft nicht möglich ist. Selbst das vollständige Fehlen der Weinsäure und ihrer Salze in den Äpfel- und Birnenweinen gibt häufig keinen sicheren Anhaltspunkt für die Beurteilung. Der Gehalt reiner gesunder Weine an Weinsäure und Weinstein kann unter Umständen niedriger sein als bei Gemischen von Trauben- und Obstwein; noch mehr gilt dies von gegipsten, mit kohlensaurem Kalk entsäuerten und manchen kranken Weinen[2]). Immerhin hat die chemische Untersuchung schon öfter zum sicheren Nachweis eines Zusatzes von Obstwein zu Traubenwein geführt.

Von besonderen Verfahren zum Nachweis von Obstwein im Traubenwein sind folgende zu erwähnen: Tuchschmidt[3]) gab an, der Kalkgehalt der Obstweine sei bedeutend höher als der der Traubenweine, und gründete darauf ein Verfahren zum Nachweis von Obstwein im Traubenwein. Die Grundlage dieses Verfahrens hat sich als irrig erwiesen[4]). Nach F. F. Mayer[5]) entstehen beim Vermischen von Trauben- und Obstwein mit Ammoniak krystallinische Niederschläge. Aus Traubenwein scheidet sich dabei Ammonium-Magnesiumphosphat in der Form von kleinen Sternen, aus Obstweinen aber Calciumphosphat in Gestalt tafelförmiger oder prismatischer Krystalle aus. Die Nachprüfung dieses Verfahrens durch J. Formanek und O. Laxa[6]) ergab eine gewisse Bestätigung der Angaben von Mayer, bei Mischungen von Trauben- und Obstweinen ist das Ergebnis aber doch nicht sicher genug. Jedenfalls müßten noch viel mehr Obst- und Traubenweine in dieser Hin-

---

[1]) Moniteur vinicole 1887, **32**, 146.

[2]) E. Source, Schweizer. Wochenschr. Chem. Pharm. 1874, **12**, 338; J. Brun, Schweizer. Wochenschr. Chem. Pharm. 1874, **12**, 331; W. Seifert, Zeitschr. f. Nahrungsmittel-Untersuchung u. Hyg. 1892, **6**, 120.

[3]) Ber. d. Deutschen chem. Gesellsch. 1870, **3**, 971.

[4]) H. Hager, Zeitschr. f. analyt. Chemie 1872, **11**, 337; W. Seifert, Zeitschr. f. Nahrungsmittel-Untersuchung u. Hyg. 1892, **6**, 120.

[5]) Neues Jahrb. d. Pharm. 1872, **36**, 314.

[6]) Zeitschr. f. Untersuchung d. Nahrungs- u. Genußmittel 1899, **2**, 401.

sicht untersucht werden, ehe dem Verfahren eine ausschlaggebende Bedeutung beigemessen
werden könnte.

Zur Zeit der Baum- und Lagerreife enthalten Äpfel und Birnen noch Stärke, die beim
Auspressen in den Saft gelangt und sich im Geläger (Hefe, Trub) wiederfindet. K. Portele[1])
und W. Seifert[2]) fanden im Obstweingeläger tatsächlich die paukenähnlichen, bisweilen auch
kreisrunden Stärkekörner des Obstes von meist 11 bis 13,5 μ Durchmesser. Reife Trauben
sollen zur Zeit der Reife keine Stärke mehr enthalten. Wenn es daher möglich ist, Geläger
oder Trub eines Weines zu untersuchen und darin die Stärkekörner des Obstes festzustellen,
so kann auf diesem Wege der Nachweis von Obstwein im Traubenwein gelingen. Zu beachten
ist dabei aber, daß unreife Trauben, insbesondere auch die grünen Traubenkämme, Stärke
enthalten können, die sich im Geläger finden kann. Immerhin ist die mikroskopische Untersuchung des Gelägers in solchen Fällen von Wert, da man darin auch sonstige morphologische
Elemente der Äpfel- oder Birnenfrucht finden kann; bisweilen hat man im Geläger von Traubenweinen, die mit Obstwein versetzt waren, sogar ganze Obstkerne gefunden. Bei filtrierten
Weinen ist das Verfahren naturgemäß nicht anwendbar.

Zum Nachweis von Heidelbeerwein im Rotwein wurde die Beobachtung herangezogen, daß der Heidelbeersaft Citronensäure (A. Gautier) und größere Mengen Mangan[3])
enthält als der Traubenwein. Zum Nachweis von Kirschwein im Rotwein kann der Blausäuregehalt des Kirschweins dienen[4]).

6. Alkohol und Glycerin. Wir wissen heute, daß das Glycerin kein eigentliches Gärungserzeugnis ist, das durch Einwirkung der Hefe auf Zucker gebildet
wird, sondern ein Stoffwechselerzeugnis der Hefe, das unabhängig von der Alkohol-
bildung aus dem Zucker ist; man darf annehmen, daß das Glycerin, wie die höheren Alkohole
und die Bernsteinsäure, durch eine Gärung von Aminosäuren gebildet wird. Die Menge des
bei der Gärung entstehenden Glycerins ist abhängig von der Lebensenergie der Hefe, die
wieder in engster Beziehung zu den Verhältnissen steht, unter denen die Gärung verläuft;
die Umstände, die die Lebensenergie der Hefezellen steigern, wie richtige Konzentration der
Zuckerlösung, reichliche Ernährung, geeignete Gärtemperatur, Fehlen schädlich wirkender
Stoffe, wirken günstig auf die Glycerinbildung[5]). Auch die Heferasse scheint einen entschei-
denden Einfluß auf die Menge des bei der Gärung entstehenden Glycerins zu haben[6]). Während E. Mach und K. Portele[7]) und J. Effront[8]) auf Grund ihrer Versuche annahmen,

---

[1]) Zeitschr. f. landw. Versuchswesen Österreich 1898, **1**, 241.

[2]) Österreich. Chem.-Ztg. 1898, **1**, 265.

[3]) L. Medicus, Repert. analyt. Chemie 1885, **5**, 63.

[4]) E. Mylius, Pharm. Zentralhalle 1881, **22**, 433; K. Windisch, Arbeiten a. d. Kaiserl. Gesundheitsamte 1895, **11**, 369; O. Langkopf, Pharm. Zentralhalle 1900, **41**, 421; W. Kaupitz, Pharm.
Zentralhalle 1900, **41**, 665.

[5]) Th. Peneau, Chem. News 1878, **38**, 153; J. Boussingault, Annal. chim. phys. [5],
1881, **22**, 98; H. Müller-Thurgau, Chem. Zentralbl. [3], 1887, **18**, 707; M. Barth, Weinlaube
1885, **17**, 97; L. Weigert, Mitteil. d. chem.-physiol. Versuchsstation für Wein- u. Obstbau in
Klosterneuburg 1888, **5**, 58; V. Thylmann u. A. Hilger, Arch. f. Hyg. 1889, **8**, 451; L. von Udranszky, Zeitschr. f. physiol. Chemie 1889, **13**, 539; A. Rau, Arch. f. Hyg. 1892, **14**, 225; P. Kulisch, Zeitschr. f. angew. Chemie 1896, S. 418; J. Laborde, Compt. rend. 1899, **129**, 344; W. Seifert
u. R. Reisch, Zentralbl. f. Bakteriol. u. Parasitenk. 1904, **12**, [2. Abt.], 574; E. Mach u. K. Portele,
Landw. Versuchsstationen 1892, **41**, 470; L. Mathieu, Bull. assoc. chim. sucre et distill. 1902, **23**, 1411.

[6]) J. Wortmann, Landw. Jahrb. 1892, **21**, 901; 1894, **23**, 535; 1898, **27**, 631; Zentralbl. f.
Bakteriol. u. Parasitenk. 1894, **1**, [2. Abt.], 249; O. Bernheimer, Chem. Zentralbl. 1895, II, 650;
J. Laborde, Compt. rend. 1899, **129**, 344.

[7]) Landw. Versuchsstationen 1892, **41**, 470.

[8]) Compt. rend. 1894, **119**, 92.

daß am Ende der Gärung mehr Glycerin gebildet wird als zu Beginn der Gärung, kamen J. Laborde[1]), W. Seifert und R. Reisch[2]), sowie R. Reisch[3]) zu dem entgegengesetzten Ergebnis.

Die frühere Annahme, daß auf 100 Teile Alkohol im Wein 7 bis 14 Teile Glycerin kommen und daß man bei einem geringeren Glyceringehalt auf einen Alkoholzusatz, bei einem höheren Glyceringehalt auf einen Glycerinzusatz schließen könne, ist bestritten worden. Wenn man aber dem Alkohol-Glycerinverhältnis deshalb, weil Alkohol- und Glycerinbildung zwei voneinander völlig unabhängige Vorgänge sind, jeden Wert abgesprochen hat, so ist man damit entschieden zu weit gegangen. Die Erfahrung hat gelehrt, daß in der Mehrzahl der Fälle bei der Mostgärung auf eine bestimmte Menge Alkohol eine Glycerinmenge entsteht, die nur innerhalb gewisser Grenzen zu schwanken pflegt; die Verhältnisse der Mostgärungen scheinen, wenigstens innerhalb derselben Weinbaugebiete, so ähnlich zu liegen, daß auch die Glycerinbildung ziemlich gleichmäßig verläuft. Nach der Weinstatistik wurden in 3597 Proben Wein von 4423 Gesamtproben, also bei über 80 Proz., 7,0 bis 11,0 Teile Glycerin auf 100 Teile Äthylalkohol gefunden.

Das Alkohol-Glycerinverhältnis hat auch heute noch für die praktische Weinbeurteilung Bedeutung, man darf sich nur nicht engherzig an die Zahlen klammern, sondern muß die in jedem Einzelfall vorliegenden Verhältnisse und die in langjähriger Arbeit gemachten Erfahrungen berücksichtigen. Man weiß z. B., daß es zahlreiche Weine, gezuckerte und Naturweine, gibt, die weniger als 7 g Glycerin auf 100 g Alkohol enthalten; selbst die Zahl 6 dürfte bisweilen noch etwas zu hoch sein und kann bei nicht mit Alkohol versetzten Weinen noch etwas unterschritten werden[4]). Ferner steht fest, daß ein hoher Glyceringehalt, also ein hohes Alkohol-Glycerinverhältnis über 100 : 10 in der Regel nur bei besseren körperreichen Weinen mit hohem sonstigen Extraktgehalt, z. B. bei feinen Rheingauer und Pfälzer Weinen, insbesondere in Ausleseweinen aus edelfaulen Trauben vorkommt. Von der (privaten) Kommission für Weinstatistik[5]) wurde im Jahre 1894 beschlossen, die Beanstandung eines Weines wegen Glycerinzusatzes sei nur dann angezeigt, wenn bei einem 5 g im Liter übersteigenden Glyceringehalt der Extraktrest nach Abzug der nichtflüchtigen Säuren vom Extrakt zu mehr als $2/3$ aus Glycerin besteht, oder wenn bei einem Verhältnis von Glycerin zu Alkohol von mehr als 10 : 100 der Extrakt nicht mindestens 18 g im Liter oder der nach Abzug des Glycerins vom Extrakt verbleibende Rest nicht mindestens 10 g im Liter beträgt. Dieser Vorschlag ist auch heute noch beachtenswert.

Bei Einführung der Reinhefe war die Vermutung ausgesprochen worden, daß dadurch die Glycerinbildung bei der Gärung verändert werde und die früheren Erfahrungen bezüglich des Alkohol-Glycerinverhältnisses keine Geltung mehr hätten. Dies hat sich nicht bestätigt; die in der Praxis mit Reinhefen vergorenen Weine zeigen im ganzen die gleichen Glycerinmengen wie die spontan vergorenen Weine. Es lag auch die Befürchtung nahe, daß in mit Zuckerlösung verbesserten Weinen wegen der durch die Verdünnung bewirkten Herabsetzung der Nährstoffe für die Hefe bei der Gärung weniger Glycerin gebildet würde, als in Naturweinen. Diese Befürchtung war grundlos. Bei den unter der Geltung des Weingesetzes vom Jahre 1892 vorkommenden starken Streckungen der Weine mag wohl die Glycerinbildung gelitten haben, bei der Begrenzung der Streckung der Weine auf höchstens 20 Proz. durch das Weingesetz von 1909 ist dies nicht zu befürchten. Aus den in neuerer Zeit ausgeführten wissenschaftlichen Zuckerungsversuchen ergibt sich, daß die ordnungsmäßig gezuckerten Weine im

---

[1]) Compt. rend. 1899, **129**, 344.

[2]) Zentralbl. f. Bakteriol. u. Parasitenk. 1904, **12**, [2. Abt.], 574.

[3]) Ebendort 1907, **18**, [2. Abt.], 396.

[4]) Vgl. z. B. P. Kulisch, Forschungsber. über Lebensm. 1894, **1**, 280, 311, u. 361; Weinbau u. Weinhandel 1894, **12**, 416.

[5]) Zeitschr. f. analyt. Chemie 1894, **33**, 630; 1895, **38**, 650.

allgemeinen nicht weniger Glycerin im Vergleich zum Alkohol haben als die zugrunde liegenden Naturweine; trocken oder unter Verwendung von wenig Wasser gezuckerte Weine können sogar mehr Glycerin enthalten als die Naturweine[1]). Bei der sogenannten Umgärung der Weine scheinen die Verhältnisse allerdings anders zu liegen. Die Gärung des dem bereits vergorenen Wein zugesetzten Zuckers verläuft infolge der Gegenwart des Alkohols und des Mangels an Hefenährstoffen unter wesentlich ungünstigeren Bedingungen, was sich auch durch Bildung kleinerer Mengen Glycerin zu erkennen geben kann[2]).

Die Beurteilung der Weine auf Grund des Alkohol-Glycerinverhältnisses setzt voraus, daß Alkohol und Glycerin noch in dem Verhältnis im Wein enthalten sind, wie sie bei der Gärung entstanden. Der Alkoholgehalt der Weine kann durch längeres Lagern im Faß infolge von Verdunstung zurückgehen; alte, lange Zeit im Faß gelagerte Weine haben daher im Verhältnis zum Alkohol einen hohen Glyceringehalt[3]), oft mehr als 14 Teile Glycerin auf 100 Teile Alkohol. Der Alkohol kann auch durch Organismen aufgezehrt (Kahm) oder verändert werden (Essigpilze). Überhaupt wird man bei der Beurteilung kranker Weine besonders vorsichtig sein müssen, da nicht nur der Alkohol, sondern auch das Glycerin durch Mikroorganismen zerstört werden kann. Ob das Glycerin bei längerer Faßlagerung ganz unverändert bleibt oder einer langsamen Oxydation unterliegt, ist bisher nicht einwandfrei festgestellt[4]).

Alle bisherigen Erfahrungen über den Glyceringehalt der Weine und das Alkohol-Glycerinverhältnis beruhen auf der Bestimmung des Glycerins nach dem bisher üblichen Kalkverfahren. Sollte dies späterhin etwa durch das Jodidverfahren ersetzt werden, so werden die Beurteilungsgrundsätze gegebenenfalls geändert werden müssen, falls sich herausstellen sollte, daß das Jodidverfahren von dem bisherigen Verfahren abweichende Ergebnisse liefert.

7. Schweflige Säure, Sulfite, Schwefelsäure. a) Schweflige Säure.

Die schweflige Säure, die hauptsächlich durch das Einschwefeln der Fässer oder des Weines oder durch Zusatz von verdichteter oder in Wasser gelöster schwefliger Säure in den Wein gelangt, bleibt dort nicht unverändert. Ein Teil verbindet sich mit den im Wein enthaltenen Aldehyden, vorwiegend wohl mit Acetaldehyd, zu aldehydschwefliger Säure

$$CH_3 \cdot CH\!\!<^{OH}_{SO_3H}, \quad \text{oder} \quad CH_3 - C\!\!<^{OH}_{H}\!\!-O-SO_2H,$$

in zuckerhaltigen Weinen auch mit den Zuckerarten, ein anderer Teil wird zu Schwefelsäure oxydiert; dem Umstand, daß sich die schweflige Säure verhältnismäßig rasch mit den Aldehyden verbindet, ist es zuzuschreiben, daß sie nicht in stärkerem Maß zu Schwefelsäure oxydiert wird. In einige Zeit gelagerten geschwefelten Weinen findet man in der Regel nur noch ziemlich kleine Mengen freier schwefliger Säure. Die organisch gebundene schweflige Säure ist physiologisch weniger stark wirksam als die freie schweflige Säure, und dies kommt auch bei der Beurteilung der schwefligen Säure und bei der aus gesundheitlichen Gründen erfolgten Begrenzung der zulässigen Menge im Wein zum Ausdruck.

Nach der deutschen Weinstatistik enthielten:

	Gesamte schweflige Säure in Prozenten von 437 Proben			Freie schweflige Säure in Prozenten von 217 Proben			
Prozent der Weine	75%	22%	3%	5,6%	60%	33%	1,4%
Schwefl. Säure in 1 l	bis 100 mg	100–200 mg	über 200 mg	Spuren	1–10 mg	11–50 mg	51–75 mg

---

[1] Arbeiten a. d. Kaiserl. Gesundheitsamte 1910, **35**, 1.

[2] W. Seifert u. R. Haid, Zentralbl. f. Bakteriol. u. Parasitenk. 1910, **28**, [2. Abt.], 37.

[3] E. Winkelmann, Weinbau u. Weinhandel 1886, **3**, 115; E. Borgmann, Weinbau u. Weinhandel 1886, **3**, 115; J. Moritz, Chem.-Ztg. 1886, **10**, 779 u. 1370; W. Thomas, Pharm.-Ztg. 1886, **31**, 307; C. Schmitt, Die Weine der Herzogl. Nassauischen Kabinettskellers. Wiesbaden 1892, S. 31.

[4] K. Windisch, Die chemischen Vorgänge beim Werden des Weines. Stuttgart 1905, bei Eugen Ulmer, S. 26.

Über 75 mg freie schweflige Säure im Liter enthielt kein Wein. In ganz vereinzelten Fällen — bei Elsaß-Lothringer Weinen nach Kulisch — stieg der Gehalt an gesamter schwefliger Säure auf 300 bzw. 400 mg für 1 l. In Edelweinen pflegt er höher zu sein als in gewöhnlichen Trinkweinen.

Im Deutschen Reich bestehen bisher keine amtlichen Grenzzahlen für den zulässigen Gehalt der Weine an schwefliger Säure; in den Ausführungsbestimmungen vom 9. Juli 1909 zu dem Weingesetz vom 7. April 1909 heißt es nur, durch das Schwefeln dürfen nur kleine Mengen von schwefliger Säure in den Wein gelangen, woraus zu schließen ist, daß die Menge der schwefligen Säure im Wein keineswegs unbeschränkt sein soll. Nach dem Vorgang der schweizerischen analytischen Chemiker, die schon im Jahre 1894 einen diesbezüglichen Beschluß faßten[1]), war man lange Jahre geneigt, 20 mg freie und 200 mg gesamte (freie und organisch gebundene) schweflige Säure im Liter Wein als Grenzwerte anzusehen [sie haben für Italien[2]) und einige andere Länder[3]) gesetzliche Gültigkeit]; der Codex alimentarius austriacus[4]) sieht 16 mg freie und 200 mg gebundene schweflige Säure im Liter Wein als noch zulässig an. In neuerer Zeit ist man aber mehrfach über diese Werte hinausgegangen. In den Vereinigten Staaten[5]) von Amerika dürfen trockene Weine 200 mg, Weine bis zu 2 Proz. Zucker 250 mg, Weine von 2 bis 3 Proz. Zucker 300 mg und Weine mit mehr als 3 Proz. Zucker 350 mg gesamte schweflige Säure im Liter enthalten. In Frankreich[6]) sind 350 mg schweflige Säure (mit einer Fehlergrenze von 10 Proz.) zugelassen, ohne daß zwischen freier und gebundener schwefliger Säure unterschieden wird, ebenso in Brasilien[7]).

Die deutsche Kommission für die amtliche Weinstatistik erklärte sich im Jahre 1911 mit der Festsetzung einer Grenzzahl von 200 mg gesamter und 50 mg freier schwefliger Säure im Liter für deutschen Konsumwein, der in den Handel gelangt, einverstanden[8]); ausgenommen hiervon sollen Ausschankweine (Zapfweine) und Hochgewächse sein, deren Alkoholgehalt, vermehrt um die aus dem unvergorenen Zucker berechnete Alkoholmenge, mehr als 10 g in 100 ccm beträgt. Diese Vorschläge der Kommission wurden den Bundesregierungen zur Kenntnis gebracht und die Kontrollstellen angewiesen, bei der Beurteilung der geschwefelten Weine nach diesen Vorschlägen zu verfahren. Im Jahre 1912 kam die Kommission zu der Ansicht[9]), daß für die Weine, deren Alkoholgehalt, vermehrt um die aus dem unvergorenen Zucker berechnete Alkoholmenge, mehr als 10 g in 100 ccm beträgt, die Festsetzung einer Grenzzahl von 350 mg schwefliger Säure im Liter den tatsächlichen Verhältnissen entsprechen würde. Die Pfälzer Ausleseweine wurden ausgenommen; für diese wurden weitere Erhebungen in Aussicht genommen. Es wurde für unbedenklich gehalten, in den Weinen mit mehr als 10 g Alkohol in 100 ccm mehr als 50 mg freie schweflige Säure im Liter zuzulassen. Für die Umrechnung des unvergorenen Zuckers in Alkohol wurde vereinbart,

1) Schweizer. Wochenschr. f. Chem. u. Pharm. 1894, **32**, 389; diese Grenzwerte finden sich auch in der dritten Auflage des Schweizerischen Lebensmittelbuchs.

2) Carlo Mensio, Staz. speriment. agr. ital. 1907, **39**, 422.

3) Vgl. H. Mastbaum, Chem.-Ztg. 1908, **32**, 427; A. Günther, Die Gesetzgebung des Auslands über den Verkehr mit Wein. Berlin 1910, Karl Heymanns Verlag.

4) Codex alimentarius autsriacus. Wien 1911. Band **1**, 391.

5) H. W. Wiley, U. S. Dep. of Agriculture, Bur. of Chemistry; Food Insp. Decisions Nr. 13; Zeitschr. f. Untersuchung d. Nahrungs- u. Genußmittel 1907, **13**, 57.

6) Vgl. auch die Vorschläge von P. C. Mestre, Annal. falsific. 1911, **4**, 266 u. 338; J. Ogier u. Richaud, Annal. falsific. 1911, **4**, 197.

7) H. Mastbaum, Chem.-Ztg. 1908, **32**, 427.

8) Arbeiten aus d. Kaiserl. Gesundheitsamte 1912, **42**, 1; Zeitschr. f. Untersuchung d. Nahrungs- u. Genußmittel 1913, **25**, 225.

9) Arbeiten a. d. Kaiserl. Gesundheitsamte 1913, **46**, 1; Zeitschr. f. Untersuchung d. Nahrungs- u. Genußmittel 1915, **29**, 345.

daß für 1 g Zucker 0,5 g Alkohol angenommen werden soll. Für Ausschankweine (Zapfweine), mit Ausnahme der elsaß-lothringischen, würde eine Grenzzahl von 200 mg schwefliger Säure im Liter den tatsächlichen Verhältnissen entsprechen. Die Zulassung der Rückverbesserung überschwefelter Weine wurde als wünschenswert bezeichnet.

Französische Weine wurden wiederholt als sehr reich an schwefliger Säure befunden. Von deutschen Weinen halten sich die Moselweine[1]) fast ausnahmslos in der Grenze von 200 mg schwefliger Säure im Liter; die Pfälzer Weine, insbesondere die besseren mit mehr als 10 g Alkohol in 100 ccm enthalten nach Chr. Schätzlein[2]) häufig mehr schweflige Säure, sie überschreiten sogar die Grenze von 350 mg im Liter nicht gerade selten.

Nach § 13 des Weingesetzes vom 7. April 1909 und den dazu ergangenen Ausführungsbestimmungen vom 9. Juli 1909 sind für die Beurteilung der ausländischen Weine bezüglich ihres Gehaltes an (freier und gebundener) schwefliger Säure die Vorschriften des Ursprungslandes maßgebend; wenn sie diesen Vorschriften genügen, werden sie bei der Einfuhr zugelassen. Ob es angängig ist, ausländische Weine, die in bezug auf den Gehalt an schwefliger Säure den Vorschriften des Ursprungslandes, nicht aber den (noch zu erlassenden) deutschen Vorschriften genügen, nach gestatteter Einfuhr bei der Inlandskontrolle zu beanstanden, ist fraglich und könnte zu Weiterungen führen[3]).

b) Sulfite. Nach den Ausführungsbestimmungen zu dem Weingesetz vom 7. April 1909 ist die Verwendung der Salze der schwefligen Säure bei der Kellerbehandlung der Weine, der weinhaltigen und weinähnlichen Getränke verboten. Die Verwendung von Sulfiten an Stelle des Einschwefelns der Fässer und des Weines ist in Deutschland nie üblich gewesen, wohl aber, wie es scheint, im Ausland, insbesondere in Frankreich. Neben dem Kaliumbisulfit und dem Calciumbisulfit trat mehrfach das Kaliummetasulfit oder Kaliumpyrosulfit $K_2S_2O_5$ als Ersatz für den Schwefel in der Kellerwirtschaft auf[4]); es hat den Vorzug vor anderen Sulfiten, daß es an der Luft wesentlich beständiger ist, und, auch vor dem Einbrennen mit Schwefel, daß es eine bessere Dosierung der schwefligen Säure erlaubt. Annähernd gleich gut dürfte dies auch durch Verwendung der schwefligen Säure in verdichteter Form oder in wässeriger Lösung erreicht werden.

Mit den Kaliumsulfiten gelangt eine entsprechende Menge Kalium in den Wein, die den Mineralstoff- und Kaliumgehalt erhöht. Bei den kleinen Mengen der Sulfite, die in der Regel in Frage kommen, und den bedeutenden Schwankungen im Kaliumgehalt der Weine wird es meist aussichtslos sein, aus dem Kaliumgehalt der Weine einen Schluß auf die Verwendung von Kaliumsulfit ziehen zu wollen.

c) Schwefelsäure. Die Traubensäfte und Weine enthalten regelmäßig kleine Mengen von Sulfaten. Ihre Menge kann auf zwei Arten wesentlich erhöht werden:

1. Durch das Gipsen, das darin besteht, daß die Trauben oder auch die Traubenmaischen mit Gips versetzt werden. Der Gips (Calciumsulfat) wirkt in erster Linie auf den Weinstein ein, wobei Calciumtartrat, neutrales Kaliumsulfat und freie Weinsäure entstehen. Die früher wiederholt vertretene Anschauung[5]), daß beim Gipsen des Weines Kaliumbisulfat (Kaliumhydrosulfat) entstehe, ist durch neuere Untersuchungen, insbesondere auf physikalisch-chemischem Weg, als unrichtig erkannt worden[6]). Die wichtigsten Änderungen, die das Gipsen

---

[1]) A. Wellenstein, Zeitschr. f. Untersuchung d. Nahrungs- u. Genußmittel 1916, **31**, 55.

[2]) Arbeiten a. d. Kaiserl. Gesundheitsamte 1913, **46**, 552.

[3]) Zeitschr. f. Untersuchung d. Nahrungs- u. Genußmittel 1910, **20**, 339 u. 341.

[4]) Ferreira da Silva, Rivista di chimica pura e applicata 1905, **1**, 126 u. 216; Zeitschr. f. Untersuchung d. Nahrungs- u. Genußmittel 1907, **13**, 653; W. Kelhofer u. P. Huber, Schweizer. Wochenschr. f. Chem. Pharm. 1906, **44**, 625, 651 u. 667; E. E. Pantanelli, Staz. speriment. agr. ital. 1906, **39**, 543; C. Mensio, Staz. speriment. agr. ital. 1909, **42**, 89.

[5]) Vgl. z. B. F. Carpentieri, Staz. agr. speriment. agr. ital. 1900, **33**, 307.

[6]) P. Carles, Annal. chim. analyt. 1901, **6**, 321; Répert. pharm. [3], 1901, **13**, 433; L. Magnier

im Wein hervorbringt, ist eine starke Erhöhung des Schwefelsäuregehaltes, eine Erhöhung des Mineralstoffgehaltes und eine erhebliche Verminderung der Aschenalkalität[1]).

2. Durch das Schwefeln. Die beim Verbrennen des Schwefels entstehende schweflige Säure wird zum Teil zu Schwefelsäure oxydiert, die sich dadurch in Weinen, die öfter geschwefelt worden sind, also namentlich bei älteren Weinen, bedeutend anreichern kann. In dem Holz leerer Fässer, die häufig eingeschwefelt werden müssen, sammeln sich große Mengen Schwefelsäure an, die in den in das Faß eingefüllten Wein gelangt, wenn die Fässer zuvor nicht lange Zeit mit Wasser ausgelaugt werden[2]). Auf diesem Wege können auf einmal große Mengen Schwefelsäure in den Wein kommen. Auch die durch das Schwefeln in den Wein gelangende Schwefelsäure wird sich zunächst als neutrales Kaliumsulfat in dem Wein finden; wenn ihre Menge aber genügend groß wird, so daß die im Wein enthaltenen Basen zu ihrer Bindung nicht mehr ausreichen, kann sie auch als Kaliumbisulfat und selbst als freie Schwefelsäure im Wein auftreten. Die in diesem Zustand im Wein enthaltene Schwefelsäure macht sich durch einen harten Säuregeschmack bemerkbar (Schwefelsäurefirne)[3]); solche Weine verhalten sich in physikalisch-chemischer Hinsicht ganz anders als die gegipsten Weine, die nur neutrales Kaliumsulfat enthalten[4]). Organisch gebundene Schwefelsäure, z. B. Äthylschwefelsäure oder Glycerylschwefelsäure, scheint im Wein nur spurenweise oder gar nicht vorzukommen[5]). Auch durch die Schwefelsäure, die durch das Schwefeln in den Wein gelangt, wird die Aschenalkalität und die Alkalität des wasserlöslichen Anteils der Asche erheblich herabgesetzt[6]).

Bezüglich der Beurteilung der Schwefelsäure im Wein enthält das Weingesetz vom 7. April 1909 keine Vorschrift; in den Ausführungsvorschriften wird dagegen angeordnet, daß Rotweine mit Ausnahme roter Dessertweine, Traubenmost und Traubenmaische zu Rotwein ausländischen Ursprungs vom Verkehr ausgeschlossen sind, wenn sie im Liter mehr Schwefelsäure enthalten, als 2 g neutralem schwefelsaurem Kalium entspricht. Diese Grenzzahl gilt somit nur für ausländische Rotweine mit Ausschluß der roten Dessertweine; sie gilt nicht für Weißweine und Dessertweine aller Art und nicht für inländische Rotweine. Daß weiße Dessertweine gegipst werden und große Mengen von Kaliumsulfat enthalten, ist seit langem bekannt. Es ist aber auch festgestellt[6]), daß viele inländische Weiß- und Rotweine mehr Schwefelsäure enthalten, als für die ausländischen Rotweine gestattet ist. Da das Gipsen in Deutschland nicht ausgeübt wird, handelt es sich bei den inländischen Weinen stets um die Erhöhung des Schwefelsäuregehaltes durch häufiges Schwefeln oder durch Aufnahme aus ungenügend gereinigten, in leerem Zustand öfter geschwefelten Fässern.

Die Beurteilung der inländischen Rot- und Weißweine, der ausländischen Weißweine und der Dessertweine bezüglich des Schwefelsäuregehalts bietet gewisse Schwierigkeiten. Das Weingesetz vom 7. April 1909 bietet keine unmittelbare Handhabe, es ist in diesem Punkte sogar milder als die älteren Weingesetze von 1892 und 1901; in diesen war wenigstens für

---

de la Source, Annal. chim. analyt. 1901, **6**, 444; G. Magnanini u. A. Venturi, Staz. speriment. agr. ital. 1902, **35**, 714; 1904, **37**, 200; A. Venturi, Staz. speriment. agr. ital. 1906, **33**, 978; A. Quartaroli, Staz. speriment. agr. ital. 1907, **40**, 321; C. Montanari u. N. Maltese, Staz. speriment. agr. ital. 1913, **46**, 283.

[1]) C. Mensio, Staz. speriment. agr. ital. 1909, **42**, 89; F. Carpentieri, ebendort 1909, **42**, 273.

[2]) P. Kulisch, Weinbau u. Weinhandel 1900, **18**, 295 u. 307; W. Fresenius, Forschungsber. über Lebensm. 1893, **3**, 370; vgl. auch Weinbau u. Weinhandel 1912, **30**, 408.

[3]) P. Kulisch, Weinbau u. Weinhandel 1900, **18**, 295 u. 307.

[4]) W. J. Baragiola u. Ch. Godet, Mitteil. a. d. Gebiet d. Lebens.-Unters. u. Hyg. 1912, **3**, 53.

[5]) W. J. Baragiola und O. Schuppli, Zeitschr. f. Untersuchung d. Nahrungs- und Genußmittel 1915, **29**, 193.

[6]) L. Grünhut, Zeitschr. f. Untersuchung d. Nahrungs- u. Genußmittel 1903, **6**, 929; C. A. Neufeld, Zeitschr. f. Unters. d. Nahrungs- u. Genußmittel 1914, **27**, 299; J. Mayrhofer, Zeitschr. f. Untersuchung d. Nahrungs- u. Genußmittel 1915, **29**, 487.

alle Rotweine, also auch die inländischen, die Grenze von 2 g Kaliumsulfat im Liter vorgeschrieben. Das Weingesetz vom Jahre 1909 gestattet jedoch nur das Schwefeln, sofern dabei nur kleine Mengen Schwefelsäure in den Wein gelangen. Man kann nun sehr wohl der Meinung sein, daß eine Schwefelsäuremenge, die mehr als 2 g Kaliumsulfat im Liter Wein entspricht, nicht mehr als eine kleine Menge Schwefelsäure anzusehen und daher zu beanstanden ist. Die Grenze von 2 g Kaliumsulfat im Liter Wein wurde aus gesundheitlichen Gründen festgesetzt; es ist nicht einzusehen, wie die Überschreitung dieser Menge Kaliumsulfat in ausländischen Rotweinen gesundheitsschädlich sein soll, in inländischen Rotweinen aber nicht. Bei gewöhnlichen Weißweinen dürften die Verhältnisse ganz ähnlich liegen wie bei Rotweinen, während Dessertweine, die nur in kleineren Mengen genossen zu werden pflegen, vielleicht anders zu beurteilen sein werden. L. Grünhut[1]) und C. A. Neufeld[2]) sind übereinstimmend der Ansicht, daß auch deutsche Rotweine und die Weißweine mit mehr als 2 g Kaliumsulfat im Liter zu beanstanden seien. Grünhut bezeichnet deutsche Weine, deren Alkalitätsfaktor (d. h. die Alkalität von 0,1 g Asche in ccm N-Kali) unter **0,65** sinkt und deren Gehalt an Schwefeltrioxyd gleichzeitig mehr als 20 Prozent der Asche beträgt, als übermäßig geschwefelt, auch wenn der Gehalt an freier und an gesamter schwefliger Säure in normalen Grenzen liegt. Beträgt hierbei der Gehalt an Schwefeltrioxyd im Liter Wein mehr als 2 g neutralem Kaliumsulfat entspricht, so ist der Wein zu beanstanden, gleichgültig, ob Rot- oder Weißwein vorliegt. Wird dieser Grenzwert noch nicht erreicht, so ist dennoch zum Ausdruck zu bringen, daß der Wein infolge des übermäßigen Schwefelns in seiner chemischen Zusammensetzung wesentlich verändert und infolgedessen möglicherweise in seinem Geschmack nachteilig beeinflußt worden ist. Der richtige Weg wird der sein, den Neufeld einschlägt: Der Chemiker beanstandet die Weine mit mehr als 2 g Kaliumsulfat im Liter und überläßt es dem Gutachten des ärztlichen Sachverständigen, zu entscheiden, ob der Wein gesundheitsschädlich ist.

8. Gesamtsäure. Der Gehalt der Weine an Gesamtsäure, als Weinsäure berechnet, schwankt innerhalb weiter Grenzen, in der Regel zwischen 4 und 15 g im Liter, doch kommen auch säureärmere und säurereichere Weine vor. Von Einfluß auf den Säuregehalt der Weine ist vor allem der Reifegrad der Trauben, also Witterung und Standortsverhältnisse, ferner die Traubensorte, die Bodenbeschaffenheit u. a. Rotweine sind meist säureärmer als Weißweine; südländische Weine haben meist weniger Säure. Infolge der Abscheidung von Weinstein und des natürlichen Säureabbaus, der in der Umwandlung der Äpfelsäure in Milchsäure besteht, sind die Weine stets säureärmer als die Moste, aus denen sie entstanden sind. Durch die Entsäuerung mit kohlensaurem Kalk und durch das Zuckern mit wässeriger Zuckerlösung wird der Säuregehalt der Weine vermindert; auch sonst kann die Kellerbehandlung der Weine den Säuregehalt beeinflussen, namentlich das Schwefeln.

9. Weinsäure [HOOC · CH(OH) · CH(OH) · COOH]. Die in den unreifen Trauben in großer Menge enthaltene freie Weinsäure wird durch die aus dem Boden aufgenommenen Basen (Kali, Kalk, Magnesia) in Salzform übergeführt. Weine aus reifen Trauben enthalten häufig keine freie Weinsäure. Der Gehalt der Weine an Gesamtweinsäure unterliegt großen Schwankungen, etwa von 0,5 bis 6,0 g im Liter. Von dem im Most enthaltenen Weinstein wird ein Teil bei und nach der Gärung abgeschieden, im allgemeinen um so mehr, je höher der Alkoholgehalt und je niedriger die Temperatur ist; auch weinsaurer Kalk wird dabei abgeschieden. Durch Entsäuern mit kohlensaurem Kalk, durch Gipsen und Phosphatieren wird der Weinsäuregehalt der Weine vermindert, ebenso durch Mikroorganismen bei manchen Krankheiten.

Die bisher übliche Unterscheidung und Bestimmung der einzelnen Bindungsformen der Weinsäure (freie Weinsäure, Weinstein, an alkalische Erden gebundene Weinsäure) sind in der neuen Anweisung verlassen worden, weil sie mit den neueren Anschauungen über den

---

[1]) Zeitschr. f. Untersuchung d. Nahrungs- u. Genußmittel 1903, **6**, 929.
[2]) Ebendort 1914, **27**, 299.

Zustand der Lösungen nicht recht vereinbar sind. Die frühere Beobachtung[1]), daß in Weinen mit höchstens 8 g Gesamtsäure im Liter die freie Weinsäure nicht mehr als $1/6$ bis $1/5$ der gesamten nichtflüchtigen Säuren beträgt, kann daher heute nicht mehr recht verwendet werden; dieser Grenzzahl lag überdies die Bestimmung der Weinsäure nach den Verfahren von Berthelot und A. de Fleurieu[2]) sowie von J. Neßler und M. Barth[3]) zugrunde, die sicher noch weniger einwandfrei sind, als das Verfahren der Anweisung vom Jahre 1896. Fest steht, daß im Wein freie Weinsäure vorkommt und daß deren Menge durch die beim Schwefeln in den Wein gelangende freie Schwefelsäure erhöht wird.

10. Äpfelsäure und Milchsäure.

a) Frische Traubensäfte enthalten bedeutende Mengen von Äpfelsäure (l-Äpfelsäure), die in der Regel mehr als die Hälfte der gesamten Säuren ausmacht und den Weinsäuregehalt überwiegt. Bei und namentlich nach der Gärung wird die Äpfelsäure mehr oder weniger durch im Wein enthaltene Bakterien[4]) in Milchsäure und Kohlendioxyd zerlegt:

$$HOOC \cdot CH_2 \cdot CH(OH) \cdot COOH = CH_3 \cdot CH(OH) \cdot COOH + CO_2.$$

Dieser wichtige Vorgang, auf dem der freiwillige Säurerückgang der Weine zum größten Teil beruht, tritt, je nach den Verhältnissen, in verschieden hohem Grad ein. Notwendig ist, daß die Äpfelsäure spaltenden Bakterien im Wein vorhanden sind und geeignete Lebensverhältnisse vorfinden; von Wichtigkeit sind die Temperatur, der Säure- und Alkoholgehalt der Weine. Meist tritt die Umwandlung der Äpfelsäure erst nach der Hauptgärung ein, während der Wein noch auf der Hefe liegt; vielfach verzögert sie sich mehr oder weniger und bisweilen tritt sie erst nach längerem Lagern der Weine ein.

Da die Verfahren zur Bestimmung der Äpfelsäure recht umständlich sind, liegen nur wenige Angaben über den Gehalt der Moste und Weine an Äpfelsäure vor. C. von der Heide und H. Steiner[5]) fanden in einem Most 7,2 g, in zwei Weinen nach der Hauptgärung 5,9 bzw. 6,0 g, in 2 älteren Weinen 1,5 bzw. 0,8 g Äpfelsäure im Liter. Einige weitere Werte von W. Mestrezat[6]) sind nach einem nicht einwandfreien Verfahren ermittelt worden. G. Jörgensen[7]) stellte in Rotweinen aus dem dänischen Handel 0,1 bis 0,4 g Äpfelsäure im Liter fest.

b) Milchsäure ist in frischen Traubensäften nicht enthalten; die darin gefundenen Milchsäuremengen liegen noch innerhalb der Fehlergrenze der Bestimmung, die 0,2 bis 0,3 g Milchsäure im Liter beträgt. In vergorenen Weinen schwankt der Milchsäuregehalt, je nach dem freiwilligen Säurerückgang, sehr stark; neben Weinen, die nur 0,5 g Milchsäure im Liter enthalten, gibt es solche mit mehr als 7 g Milchsäure im Liter. Da die Milchsäure fabrikmäßig hergestellt wird und technische Milchsäure billig zu haben ist, muß auch mit der Möglichkeit des Zusatzes solcher Milchsäure zum Wein gerechnet werden. Ob bei normaler Kellerbehandlung gesunder Weine Milchsäure allmählich zu einem kleinen Teil durch Oxydation verschwindet, ist durch genaue Untersuchungen noch nicht festgestellt; einige Beobachtungen deuten darauf hin[8]). Daß in kranken Weinen Milchsäure durch Bakterienwirkung zerstört werden kann, unterliegt keinem Zweifel.

---

[1]) Zeitschr. f. Nahrungsm.-Untersuchung u. Hyg. 1890, **4**, 258.

[2]) Zeitschr. f. analyt. Chemie 1864, **3**, 216.

[3]) Ebendort 1883, **22**, 160.

[4]) A. Koch, Weinbau u. Weinhandel 1898, **16**, 236 u. 243; 1900, **18**, 395, 407 u. 417; W. Seifert, Zeitschr. f. landw. Versuchswesen in Österreich 1901, **4**, 180; 1903, **5**, 567; H. Müller-Thurgau u. A. Osterwalder, Zentralbl. f. Bakteriol. u. Parasitenk. 1913, [2. Abt.], **36**, 129.

[5]) Zeitschr. f. Untersuchung d. Nahrungs- u. Genußmittel 1909, **17**, 314.

[6]) Zeitschr. f. Untersuchung d. Nahrungs- u. Genußmittel 1909, **17**, 420.

[7]) Annal. chim. analyt. 1907, **12**, 347; Compt. rend. 1907, **45**, 260.

[8]) W. Seifert, Zeitschr. f. landw. Versuchswesen in Österreich 1901, **4**, 890; R. Meißner, Bericht d. K. Württ. Weinbau-Versuchsanstalt Weinsberg 1904, S. 69; J. Behrens, Bericht d. Großh. Bad. Landw. Versuchsanstalt Augustenberg 1903, S. 27.

Milchsäure kann noch auf einem zweiten Weg in den Wein gelangen: Durch Einwirkung von Milchsäurebakterien auf Zucker oder andere Weinextraktstoffe. Bei dieser Milchsäuregärung entstehen meist auch größere Mengen flüchtiger Säuren (Buttersäure). Solche Weine sind als krank und fehlerhaft anzusehen, während Weine, die auch einen starken freiwilligen Säureabbau durchgemacht haben und dadurch reich an Milchsäure geworden sind, gesund und normal sind[1]).

11. Bernsteinsäure.
Die Bernsteinsäure entsteht erst bei der Gärung der Moste, und zwar nicht als Gärungserzeugnis aus dem Zucker, sondern, wie F. Ehrlich[2]) nachgewiesen hat, aus der Glutaminsäure, einem Abbauerzeugnis des Proteins. Der Vorgang ist verwickelter als die Bildung der höheren Alkohole aus den entsprechenden Aminosäuren (Amylalkohol aus Leucin usw.). Ehrlich nimmt an, daß aus der Glutaminsäure unter Wassereintritt Ammoniak abgespalten und Oxyglutarsäure gebildet wird:

$$
\begin{array}{l}
CH_2 - CH(NH_2) - COOH \\
| \qquad\qquad\qquad\qquad\qquad + H_2O = \\
CH - COOH
\end{array}
\begin{array}{l}
CH_2 - CHOH - COOH \\
| \qquad\qquad\qquad\qquad\qquad + NH_3 . \\
CH_2 - COOH
\end{array}
$$

Die Oxyglutarsäure spaltet sich in Bernsteinsäurehalbaldehyd und Ameisensäure:

$$
\begin{array}{l}
CH_2 - CHOH - COOH \\
| \qquad\qquad\qquad\qquad\qquad = \\
CH_2 - COOH
\end{array}
\begin{array}{l}
CH_2 - CHO \\
| \qquad\qquad\qquad\qquad + HCOOH . \\
CH_2 - COOH
\end{array}
$$

Der Halbaldehyd der Bernsteinsäure wird durch die Oxydase der Hefe zu Bernsteinsäure oxydiert:

$$
\begin{array}{l}
CH_2 - CHO \\
| \qquad\qquad\qquad + O = \\
CH_2 - COOH
\end{array}
\begin{array}{l}
CH_2 - COOH \\
| \qquad\qquad\qquad . \\
CH_2 - COOH
\end{array}
$$

Über den Bernsteinsäuregehalt der Weine liegen nur wenige Angaben vor. A. Rau[3]) ermittelte 0,25 bis 1,5 g, R. Kayser[4]) 0,9 bis 1,3 g Bernsteinsäure im Liter Wein. R. Kunz[5]) fand in 24 Weinen 0,6 bis 1,15 g Bernsteinsäure im Liter. Auf 100 Teile Alkohol kamen 0,74 bis 1,35 Teile Bernsteinsäure; bei 14 Weinen lag das Alkohol-Bernsteinsäureverhältnis zwischen 100 : 0,9 und 100 : 1,1. Nach O. Prandi[6]) betrug der Bernsteinsäuregehalt der von ihm untersuchten italienischen Weine in der Regel 0,9 bis 1,3 g im Liter. Wesentlich niedrigere Bernsteinsäurewerte stellte G. Jörgensen[7]) nach einem anderen, nicht ganz einwandfreien Verfahren in dänischen Handelsweinen fest, 0,4 bis 0,7 g im Liter; auf 100 Teile Alkohol kamen 0,4 bis 0,8 Teile Bernsteinsäure. Schon bisher war es vielfach üblich, bei Annäherungsrechnungen anzunehmen, daß bei der Gärung auf 100 Teile Alkohol in der Regel etwa 1 Teil Bernsteinsäure entstehe; diese Annahme wird durch die neueren Untersuchungen im wesentlichen bestätigt.

12. Gerbstoff.
Der Saft des Beerenfleisches der Trauben enthält keinen oder nur Spuren Gerbstoff; dieser findet sich in den Hülsen, Kernen und Kämmen. Weißweine, bei deren Bereitung der Most sofort nach dem Mahlen der Trauben abgepreßt wurde, enthalten daher nur

---

[1]) Über die Beurteilung der Milchsäure im Wein vgl. W. J. Baragiola u. Ch. Godet, Mitteil. a. d. Gebiete d. Lebensm.-Untersuchung u. Hyg. 1912, **3**, 235.

[2]) Biochem. Zeitschr. 1909, **18**, 391; Vgl. auch W. Thylmann u. A. Hilger, Arch. f. Hyg. 1889, **8**, 451; A. Rau, Arch. f. Hyg. 1892, **14**, 225; J. Effront, Compt. rend. 1894, **119**, 92; R. Kunz, Zeitschr. f. Untersuchung d. Nahrungs- u. Genußmittel 1903, **6**, 721; 1906, **12**, 641.

[3]) Arch. f. Hyg. 1892, **14**, 225.

[4]) Repert. f. analyt. Chemie 1881, **1**, 209.

[5]) Zeitschr. f. Untersuchung d. Nahrungs- u. Genußmittel 1903, **6**, 726.

[6]) Staz. speriment. agr. ital. 1905, **38**, 503.

[7]) Zeitschr. f. Untersuchung d. Nahrungs- u. Genußmittel 1909, **17**, 407.

ganz geringe Mengen Gerbstoff, etwa bis 0,05 g im Liter. · Wenn der Most längere Zeit mit den Trestern in Berührung bleibt, geht erheblich mehr Gerbstoff in den Wein über. Weißweine können dann Gehalte von 0,2 bis 0,4 g Gerbsäure in 1 l annehmen; bei einem Gehalt von 0,5 bis 0,8 g im Liter erscheinen sie schon herb. Rotweine sind zufolge ihrer Bereitung stets reich an Gerb- und Farbstoff; sie enthalten in der Regel 1,5 bis 2,5 g, südländische Rotweine oft noch mehr, in Ausnahmefällen bis zu 5 g im Liter. Bei der Gärung können bedeutende Mengen von Gerbstoff verschwinden, auch bei der Lagerung geht der Gerbstoffgehalt zurück. Durch Schönen mit eiweiß- und leimartigen Mitteln wird der Gerbstoff zum Teil ausgefällt. Nach den Ausführungsbestimmungen zum Weingesetz dürfen beim Schönen gerbstoffarmer Weine mit Hausenblase oder Gelatine bis zu 100 g Tannin (Gallusgerbsäure) auf 1000 Liter Wein zugesetzt werden; dadurch kann eine Erhöhung des Gerbstoffgehaltes stattfinden.

13. Flüchtige Säuren.

Moste aus gesunden Trauben enthalten bereits Spuren, aus faulen Trauben größere Mengen flüchtiger Säuren. Ihre Menge wird durch die Gärung erhöht; auch bei der Vergärung steriler Moste mit Reinhefe werden flüchtige Säuren gebildet, ihre Menge bleibt aber gering. Bei der Lagerung der Weine erhöht sich der Gehalt an flüchtigen Säuren, bei ordnungsmäßiger Kellerbehandlung bleibt er aber in bescheidenen Grenzen. Kleine Mengen flüchtiger Säure sind normale Weinbestandteile. Größere Mengen flüchtiger Säuren werden durch Bakterien erzeugt. Meist treten dabei die Essigsäurebakterien bei Gegenwart von Luft in Tätigkeit, wodurch der Alkohol zu Essigsäure oxydiert wird. Durch andere Bakterien können auch in Abwesenheit von Luft aus Zucker oder nichtflüchtigen Säuren oder anderen organischen Extraktbestandteilen flüchtige Säuren gebildet werden.

Nach der Weinstatistik wurden in je 100 ccm deutscher Weine des Jahrgangs 1900 folgende Mengen flüchtiger Säuren — als Essigsäure berechnet — gefunden:

Moselweine (284 Proben)		Rheingauweine (53)		Ahrrotweine (136)		Naheweine (33)	
Schwankungen	Mittel	Höchst	Mittel	Höchst	Mittel	Höchst	Mittel
0,020—0,120 g	0,044 g	0,060 g	0,039 g	0,090 g	0,072 g	0,050 g	0,026 g

Die Menge der flüchtigen Säure — auf Essigsäure berechnet — erreicht hiernach selten 0,100 g in 100 ccm, kann aber bei fehlerhaften Weinen, durch ungünstige Gärung und unrichtige Kellerbehandlung wesentlich erhöht werden, so daß die Weine den Essigstich annehmen. Bei Dessertweinen steigt der Gehalt bis 0,200 g in 100 ccm und höher, ohne daß er sich durch den Geschmack zu erkennen gibt.

Unter den flüchtigen Säuren überwiegt meist die Essigsäure; daneben wurden Ameisensäure, Propionsäure, Buttersäure und höhere Fettsäuren festgestellt[1]. Zu den flüchtigen Säuren des Weines zählt auch die schweflige Säure, was meist nicht beachtet wird; 1 Teil Schwefeldioxyd entspricht bei der Bestimmung der flüchtigen Säuren 1,88 Teilen Essigsäure. Auch die Milchsäure ist, wenn auch wenig, mit Wasserdämpfen flüchtig und findet sich unter den flüchtigen Säuren des Weines[2].

Bezüglich der flüchtigen Säuren wurde auf der 16. Versammlung der freien Vereinigung bayerischer Vertreter der angewandten Chemie in Landshut im Jahre 1897 auf Vorschlag von W. Möslinger folgender Beschluß gefaßt[3]:

---

[1] Über die Bildung der flüchtigen Säuren im Wein vgl. Karl Windisch, Die chemischen Vorgänge beim Werden des Weines. Stuttgart, bei Eugen Ulmer. 1905, S. 57ff.

[2] J. A. Muller, Bull. soc. chim. 1896 [3], **15**, 1206 und 1218; A. Partheil. Zeitschr. f. Untersuchung d. Nahrungs- u. Genußmittel 1901, **4**, 1172; 1902, **5**, 1053; Ber. Dtsch. pharm. Gesellschaft 1903, **13**, 340; Arch. Pharm. 1903, **241**, 412; F. Utz, Chem.-Ztg. 1905, **29**, 363, u. 1174; L. Roos und W. Mestrezat, Ann. chim. analyt. 1906, **11**, 41; R. Kunz, Zeitschr. f. Untersuchung d. Nahrungs- u. Genußmittel 1901, **4**, 673; K. Windisch und Th. Roettgen, Zeitschr. f. Untersuchung d. Nahrungs- u. Genußmittel 1911, **22**, 160.

[3] Forschungsber. über Lebensm. 1897, **4**, 329.

a) Das erste jugendliche Stadium des Weines ausgenommen, sollen deutsche Weißweine hinsichtlich der flüchtigen Säure als normal gelten, wenn sie nicht mehr als 0,9, deutsche Rotweine wenn sie nicht mehr als 1,2 g flüchtige Säure im Liter Wein aufweisen.

b) Als nicht mehr normal, aber noch nicht zu beanstanden sollen deutsche Weißweine gelten, welche über 0,9, aber nicht über 1,2, deutsche Rotweine, die nicht über 1,6 g flüchtige Säure im Liter Wein enthalten.

c) Deutsche Weißweine, die über 1,2, und deutsche Rotweine, die über 1,6 g flüchtige Säure im Liter Wein enthalten, stellen keine normale Handelsware vor, sind gutachtlich in dieser Weise zu bezeichnen und zu beanstanden, auch dann, wenn die Kostprobe nichts Auffälliges ergibt.

d) Ein Weißwein oder Rotwein ist dann als ,,verdorben" im Sinne des Nahrungsmittelgesetzes anzusehen, wenn bei einem Gehalte von über 1,2 bzw. 1,6 flüchtiger Säure im Liter Wein auch die Kostprobe ganz zweifellos und überzeugend das Verdorbensein erweist.

e) Deutsche Edelweine und Weine, die länger als 10 Jahre im Fasse gelagert haben, werden von den Bestimmungen a, b, c nicht getroffen. Die Beurteilung derselben nach ihrem Gehalte an flüchtiger Säure hat unter Berücksichtigung der besonderen von Fall zu Fall verschiedenen Verhältnisse zu geschehen.

Diese Beurteilungsgrundsätze gelten, wie ersichtlich, nur für deutsche Weiß- und Rotweine; ausländische Weine[1]) haben oft, Süßweine[2]), wie schon gesagt, meist mehr flüchtige Säuren, ohne daß sie als fehlerhaft oder verdorben bezeichnet werden können. Auch bei inländischen Weinen ist der Gehalt an flüchtigen Säuren mit der Geschmacksprobe nicht immer in Übereinstimmung. Der Extrakt- und namentlich der Mineralstoffgehalt der Weine hat einen erheblichen Einfluß auf das Hervorschmecken der flüchtigen Säuren; extrakt- und aschenreiche Weine können viel mehr flüchtige Säuren enthalten, ohne daß diese sich im Geschmack bemerkbar machen.

Wirklich essigstichige Weine sind auf Grund des Nahrungsmittelgesetzes vom 14. Mai 1879 als verdorben zu beanstanden. Bei der Feststellung des Essigstichs ist das Ergebnis der Kostprobe ausschlaggebend; die Bestimmung der flüchtigen Säuren hat vorwiegend den Wert eines weiteren Beweismoments, durch das der Ausfall der Kostprobe bestätigt wird.

Die Kommission für die amtliche Weinstatistik hat sich in den Jahren 1912 und 1913 mit der Frage der Beurteilung der flüchtigen Säuren im Wein befaßt[3]). Sie kam zu dem Ergebnis, daß die im Jahre 1897 in Landshut gebilligten Beurteilungsgrundsätze für deutsche Weine auch jetzt noch zutreffend seien.

14. Citronensäure [HOOC·CH$_2$·C(OH)·COOH·CH$_2$·COOH]. Der Zusatz von Citronensäure zum Wein ist nicht gestattet. Für die Beurteilung des Befundes kleiner Mengen Citronensäure im Wein ist es wichtig, festzustellen, ob in Naturweinen geringe Mengen von Citronensäure vorkommen. In der älteren Literatur findet man keine sicheren Anhaltspunkte für die Beantwortung dieser Frage; die Verfahren zum Nachweis und namentlich zur Bestimmung der Citronensäure waren zu unsicher und zu ungenau. Späterhin wurde in ausländischen, insbesondere französischen, italienischen und griechischen Weinen vielfach Citronensäure festgestellt, es blieb aber unentschieden, ob die Weine von Natur aus kleine Mengen Citronensäure enthielten oder ob ein Zusatz stattgefunden hatte.

---

[1]) G. Morpurgo, Österr. Chem.-Ztg. 1899, **2**, 209; A. Beneschovsky, Zeitschr. f. landw. Versuchswesen in Österreich 1905, **8**. 78.

[2]) W. Fresenius, Forschungsber. über Lebensm. 1897, **1**, 453; Zeitschr. f. analyt. Chemie 1897, **36**, 118; Br. Haas, Zeitschr. f. landw. Versuchswesen in Österreich 1904, **7**, 775; A. Jonscher, Zeitschr. f. öffentl. Chemie 1916, **22**, 33.

[3]) Arbeiten a. d. Kaiserl. Gesundheitsamte 1913, **46**, 1; 1914, **49**, 1; Zeitschr. f. Untersuchung d. Nahrungs- u. Genußmittel 1916, **29**, 346 u. 477.

A. Hubert[1]), H. Astruc[2]) und G. Denigès[3]) fanden nach dem Verfahren von Denigès in vielen Naturweinen kleine Mengen Citronensäure, Denigès 0,05 bis 0,06 g im Liter. Astruc will 0,5 g Citronensäure im Liter Wein zulassen; er und Denigès sind der Ansicht, daß in älteren Weinen die Citronensäure durch Mikroorganismen zerstört werde. E. Dupont[4]) erhielt ebenfalls bei zahlreichen Weinen die Citronensäurereaktion nach Denigès und stellte das Verschwinden des die Reaktion gebenden Körpers beim Lagern der Weine fest; geschwefelte und sterilisierte Weine gaben die Reaktion länger. J. Mayrhofer[5]) konnte in zahlreichen Weinen, auch selbst hergestellten, keine Citronensäure feststellen und hält den Beweis dafür, daß die Citronensäure ein normaler Weinbestandteil sei, für nicht erbracht; 0,5 g Citronensäure im Liter Wein lassen sich nicht mehr sicher und eindeutig nachweisen. J. Mayrhofer-Mainz[6]) wies in zahlreichen 1912er Weinen Citronensäure nach dem Verfahren von Schindler nach. O. Krug[6]) hält das Verfahren von Denigès wegen seiner großen Empfindlichkeit in vielen Fällen für nicht geeignet, mit Sicherheit zu entscheiden, ob einem Wein Citronensäure zugesetzt worden ist oder nicht; er empfiehlt das Verfahren von Stahre. R. Kunz[7]) stellte mit dem von ihm abgeänderten Verfahren von Stahre fest, daß Naturweine Citronensäure enthalten können, aber nach seinen Erfahrungen nicht mehr als 0,08 g im Liter. In selbstgepreßten Traubensäften fand Kunz keine Spur Citronensäure, wohl aber in Preßhefe beträchtliche Mengen; es ist daher zu vermuten, daß die Citronensäure nicht ursprünglich im Traubensaft vorhanden ist, sondern bei der Gärung als Stoffwechselerzeugnis der Hefe gebildet wird und so in den Wein gelangt. Blarez, Denigès und Gayon[8]) prüften zahlreiche Weine nach dem Verfahren von Denigès auf Citronensäure. 25 Weine aus der Gegend von Sauterne, zum Teil alte Flaschenweine, zum Teil neue Weine in Fässern, enthielten Spuren bis 0,45 g, Weine aus edelfaulen Trauben 0 bis 0,30 g Citronensäure im Liter. In unvergorenen Mosten wurden 0,12 bis 0,70 g, in den daraus entstandenen Weinen 0,08 bis 0,65 g Citronensäure im Liter ermittelt; meist blieb die Citronensäuremenge vor und nach der Gärung gleich.

Wenn durch die vorstehenden Untersuchungen die Frage nach dem natürlichen Vorkommen von Citronensäure im Wein auch noch nicht nach jeder Richtung geklärt scheint, dürfte doch feststehen, daß sehr kleine Mengen Citronensäure von Natur aus im Wein vorkommen können. Der Nachweis von Spuren Citronensäure genügt daher nicht, einen Zusatz von Citronensäure zum Wein darzutun; dazu wird erforderlich sein, daß größere Mengen Citronensäure festgestellt werden.

15. Oxalsäure (HOOC·COOH).

A. Looß[9]) wies in einem Wein Oxalsäure nach, die künstlich zugesetzt worden war. L. Monnier[10]) fand im Bodensatz eines Weines Krystalle von Kalium- und Calciumoxalat und im Wein selbst Oxalsäure. Auch H. Fonzes-Diakon[11]) berichtet über das Vorkommen von Calciumoxalat in Weinbodensätzen; er nimmt aber an, daß die Oxalsäure nicht durch die Gärung gebildet, sondern den Weinen als Schutz gegen eine Weinkrankheit zugesetzt worden sei. H. Kreis und W. J. Baragiola[12]) konnten in

[1]) Annal. chim. analyt. 1908, **13**, 139.

[2]) Ebendort 1908, **13**, 224.

[3]) Ebendort 1908, **13**, 226.

[4]) Ebendort 1908, **13**, 338.

[5]) Arch. f. Chem. Mikrosk. 1912, **5**, 73.

[6]) Arbeiten a. d. Kaiserl. Gesundheitsamte 1914, **49**, 1; Zeitschr. f. Untersuchung d. Nahrungs- u. Genußmittel 1915, **29**, 487.

[7]) Arch. f. Chem. Mikrosk. 1914, **7**, 285.

[8]) Annal. falsific. 1914, **7**, 9.

[9]) Zeitschr. f. Untersuchung d. Nahrungs- u. Genußmittel 1904, **7**, 354.

[10]) Annal. chim. analyt. 1911, **16**, 168.

[11]) Annal. falsific. 1914, **7**, 22.

[12]) Schweizer Apoth.-Ztg. 1915, **53**, 397.

75 Weinen keine Spur Oxalsäure nachweisen. Man darf hiernach bis auf weiteres annehmen, daß die Weine von Natur aus keine Oxalsäure enthalten; ein Oxalsäurebefund beweist den Zusatz dieser Säure zum Wein, der verboten ist.

16. Mannit [$CH_2 \cdot OH - (CH \cdot OH)_4 - CH_2OH$]. Nach W. Seifert[1]) können kleine Mengen **Mannit in zähgewordenen Weinen und in Weinen aus grünfaulen Trauben** vorkommen; die Organismen der **Schleimgärung** und der **Schimmelpilz** Penicillium glaucum erzeugen Mannit. Größere Mengen Mannit werden durch besondere Mannitbakterien gebildet. Die Mannitgärung der Weine ist besonders durch N. Gayon und E. Dubourg[2]) erforscht worden, deren Ergebnisse durch Untersuchungen von W. Seifert[1]) Ph. Schidrowitz[3]), P. Mazé und A. Perrier[4]), G. Paris[5]) und E. Dubourg[6]) bestätigt wurden. Die Vorbedingungen für die Wirkung der Mannitbakterien sind hohe Temperatur (am günstigsten sind 35° C) und niedriger Säuregehalt der Weine. Deshalb kommt diese Weinkrankheit fast nur bei südländischen Weinen, aber nur selten bei deutschen Weinen vor; am häufigsten hat man sie bei algerischen Weinen beobachtet. Die Mannitbakterien betätigen sich bereits bei der Gärung. Nur die **Fructose** wird zu Mannit reduziert; daneben entstehen beträchtliche Mengen von Milchsäure, Essigsäure, Kohlendioxyd und kleine Mengen Bernsteinsäure und Glycerin. Auf Glykose wirken die Mannitbakterien auch ein, es entsteht aber kein Mannit, sondern hauptsächlich Milchsäure, Essigsäure, Kohlendioxyd und Äthylalkohol. Wenn die Mannitgärung einsetzt, hört die alkoholische Gärung bald auf; mannitkranke Weine gären nicht durch und enthalten in der Regel noch viel Zucker. Der Mannit erhöht den Gehalt der Weine an zuckerfreiem Extrakt unter Umständen bedeutend. Meist finden sich in mannitkranken Weinen 5 bis 15 g Mannit im Liter, mitunter auch erheblich mehr. Als Verfälschungsmittel kommt Mannit nicht in Betracht. **Mannithaltige Weine sind krank** und bisweilen als **verdorben** zu bezeichnen. Bei der Beurteilung des Extraktgehaltes ist ein etwaiger Mannitgehalt zu berücksichtigen. Die optische Drehung und die Glycerinbestimmung werden durch das Vorhandensein von Mannit beeinflußt. Gegenwart von Mannit im Wein schließt die Anwendung des Jodidverfahrens zur Glycerinbestimmung aus.

17. Stickstoff und Stickstoff-Verbindungen[7]). Der Most enthält von Stickstoff-Verbindungen eigentliche Proteine (Urproteine), darunter auch gerinnbare, und deren Abbauerzeugnisse: Proteosen, Peptone, Aminosäuren, Säureamide, ferner Ammoniumverbindungen. Bei der Gärung wird ein Teil der leicht aufnehmbaren Stickstoff-Verbindungen, insbesondere die Aminosäuren, Säureamide und das Ammoniak von der Hefe als Nahrung aufgenommen, wobei aus den Aminosäuren zahlreiche Nebenerzeugnisse der Gärung entstehen, z. B. die Amylalkohole aus den Leucinen, die Bernsteinsäure aus der Glutaminsäure (vgl. S. 996), die Alkohole Tyrosol aus dem Tyrosin und Tryptophol aus dem Tryptophan[8]). Zugleich werden bei der Gärung die Proteine und ihre höheren Abbauerzeugnisse weiter abgebaut; bei Gärungen auf der Maische werden auch die unlöslichen Proteine der Kämme, Hülsen usw. gelöst und abgebaut. Die Hefe gibt, namentlich wenn sie sich nach der Hauptgärung zur

[1]) Allgem. Wein-Ztg. 1899, **16**, 153.

[2]) Annal. de l'Institut Pasteur 1894, **8**, 109; 1901, **15**, 524; 1904, **18**, 385.

[3]) Analyst 1902, **27**, 42.

[4]) Annal. de l'Institut Pasteur 1903, **17**, 587.

[5]) Staz. speriment. agr. ital. 1909, **42**, 437.

[6]) Annal. de l'Institut Pasteur 1912, **26**, 923.

[7]) Das bis zum Jahre 1905 über die Stickstoff-Verbindungen der Moste und ihre Veränderungen bei der Gärung Bekannte findet sich bei Karl Windisch, Die chemischen Vorgänge beim Werden des Weins. Stuttgart 1905, Eugen Ulmer. S. 91—113.

[8]) F. Ehrlich, Ber. d. Deutsch. chem. Gesellsch. 1907, **40**, 1047; 1911, **44**, 139; 1912, **45**, 883 u. 2428.

Ruhe gesetzt hat, lösliche Stickstoffverbindungen an den Wein ab, insbesondere Aminosäuren (Leucin, Tyrosin, Asparaginsäure, Glutaminsäure usw.), Alloxurbasen[1]), wie Sarkin, Xanthin, Hypoxanthin usw., Hexonbasen, Cholin[2]) u. a. Das Vorkommen dieser und ähnlicher Selbstverdauungserzeugnisse der Hefe im Wein ist anzunehmen, wenn ihre Menge auch meist sehr gering sein wird; einige von ihnen (Xanthin, Sarkin, Cholin, Lecithin) sind bereits im Wein gefunden worden. Neben Ammoniak finden sich im Wein auch kleine Mengen von Aminbasen und Basen unbekannter Zusammensetzung[3]). Zu den stickstoffhaltigen Bestandteilen des Weines gehören auch die Lecithine, das Tryptophol[4]) (β-Indoläthylalkohol) und mitunter Spuren von salpetersauren Salzen.

Der Gehalt der Moste an gesamtem Stickstoff beträgt etwa 0,2 bis 1,7 g im Liter[5]); Moste von überreifen und besonders von faulen Trauben sind stickstoffärmer als Moste von gesunden Trauben. Durch starke Stickstoffdüngung kann der Stickstoffgehalt der Moste erhöht werden[6]). Bei der Gärung wird der Stickstoffgehalt bedeutend vermindert; die Weine enthalten stets weniger Stickstoff als die Moste, aus denen sie entstanden[7]). Auch beim Lagern der Weine nimmt der Stickstoffgehalt in der Regel noch etwas ab. Der Stickstoffgehalt der Weine ist selten unter 0,1 und kann bis zu 0,9 g im Liter steigen. Hefepreßweine sind stets stickstoffreich[8]), ebenso Weine, die länger auf der Hefe belassen wurden. Hohen Stickstoffgehalt (0,8 g im Liter und mehr) findet man sonst meist nur in feineren, extraktreichen Weinen. Weine mit weniger als 0,07 g Stickstoff im Liter sind einer Streckung verdächtig; kranke Weine sind oft stickstoffarm, da die Krankheitsorganismen den Stickstoff aufzehren. Umgegorene Weine, die eine zweite Gärung mit Zuckerwasser durchgemacht haben, werden dadurch ärmer an stickstoffhaltigen Bestandteilen.

Über den Ammoniakgehalt der Weine liegen Untersuchungen von C. Amthor[9]), J. Laborde[10]), F. Schaffer und E. Philipp[11]), W. J. Baragiola und Ch. Godet[12]) u. a. vor. Da ein Teil des Ammoniaks durch die Hefe aufgenommen wird, enthalten die Weine vielfach nur sehr kleine Mengen (112 Proben 1910er ergaben Spuren bis 0,25 g im Liter), mitunter gar kein Ammoniak. Hefeweine sind reich an Ammoniak. Der Umstand, daß bei der Gärung das Ammoniak großenteils verschwindet, ist zur Unterscheidung von vergorenen Süßweinen und Mistellen (gespriteten Mosten) herangezogen worden.

18. Frischhaltungsmittel (Konservierungsmittel). Von den eigentlichen Frischhaltungsmitteln ist für die Weinbereitung nur das seit alters her in der

[1]) R. Kayser, Repert. analyt. Chemie 1881, **1**, 294.

[2]) H. Struve, Ztschr. f. analyt. Chemie 1900, **39**, 1; 1902, **41**, 544.

[3]) A. Guérin, Journ. pharm. chim. [6], 1898, **7**, 323; R. Reisch, Zeitschr. f. Untersuchung d. Nahrungs- u. Genußmittel 1902, **5**, 1172.

[4]) F. Ehrlich, Biochem. Zeitschr. 1917, **79**, 232.

[5]) E. Mach u. K. Portele, Landw. Versuchsstationen 1890, **36**, 373; 1892, **41**, 264; L. Weigert, Mitteil. d. chem.-physiol. Versuchsstation Klosterneuburg 1888, Heft **5**, 116; C. von der Heide, Arbeiten a. d. Kaiserl. Gesundheitsamte 1912, **42**, 39.

[6]) P. Kulisch, Bericht über d. Verhandl. d. 19. deutsch. Weinbau-Kongresses Colmar i. Els. 1900, S. 64; P. Wagner, Weinbau u. Weinhandel 1902, **20**, 52.

[7]) L. Weigert, Mitteil. d. chem.-physiol. Versuchsstation Klosterneuburg 1888. Heft **5**, 116; K. Windisch, Die chemischen Vorgänge beim Werden des Weins. Stuttgart 1905, Eugen Ulmer, S. 105; F. Schaffer, Mitteil. a. d. Gebiet d. Lebensm.-Untersuchung u. Hyg. 1910, **1**, 321; F. Schaffer u. E. Philippe, Mitteil. a. d. Gebiet d. Lebensm.-Unters. u. Hyg. 1912, **3**, 1.

[8]) C. Amthor, Zeitschr. f. angew. Chemie 1890, S. 27.

[9]) Zeitschr. f. angew. Chemie 1890, S. 27.

[10]) Annal. de l'Institut Pasteur 1898, **12**, 517; Compt. rend. 1903, **137**, 334.

[11]) Mitteil. a. d. Gebiet d. Lebensm.-Untersuchung u. Hyg. 1912, **3**, 1.

[12]) Zeitschr. f. Untersuchung d. Nahrungs- u. Genußmittel 1915, **30**, 969.

Kellerwirtschaft gebräuchliche Schwefeln erlaubt und auch dieses nur insoweit, als dabei nur kleine Mengen von schwefliger Säure oder Schwefelsäure in den Wein gelangen. Alle übrigen Frischhaltungsmittel, sie mögen heißen, wie sie wollen, sind unzulässig. Bezüglich der Beurteilung einiger dieser Mittel ist folgendes zu bemerken:

a) Ameisensäure. Ameisensäure ist in neuerer Zeit vielfach zur Frischhaltung von Fruchtsäften empfohlen und angewendet worden[1]); unter den Namen Werderol[2]), Fruktol[3]) und Alazet[4]) kamen Ameisensäurelösungen für diesen Zweck in den Handel. Andererseits ist zu beachten, daß, wie es scheint, Ameisensäure in natürlichen Weinen in kleinen Mengen vorkommen kann. Sie wurde zuerst von L. Liebermann[5]) darin gefunden, und S. Kiticsan[6]) bestätigte dieses Ergebnis, ebenso Khoudabachian[7]). Auch K. Windisch fand wiederhol tin Weinen eine flüchtige Säure, die Quecksilberchlorid zu Quecksilberchlorür reduzierte, die anderen Reduktionseigenschaften der Ameisensäure zeigte und daher als solche angesprochen wurde. In Himbeeren und Himbeersaft sind nur ganz kleine Mengen Ameisensäure enthalten[8]). Es ist auch festgestellt, daß Ameisensäure bei der Gärung gebildet wird[9]). In vielen Branntweinen, insbesondere in den Edelbranntweinen, darunter auch im Kognak (Weindestillat), findet man kleine Mengen Ameisensäure in freiem Zustand und in Esterform; auch im Wein ist ein Teil der Ameisensäure verestert. Wenn auch kaum ein Zweifel darüber bestehen kann, daß die als Ameisensäure angesprochene flüchtige Säure des Weines wirklich Ameisensäure ist, so wäre es doch erwünscht, wenn dies durch Isolierung der Säure aus einer größeren Menge Wein sichergestellt würde.

Was die Menge der Ameisensäure im Wein betrifft, so fand K. Windisch nicht mehr als 0,02 g im Liter in freiem Zustand und etwa gleichviel in Esterform. Da zur dauernden Frischhaltung des Weines mindestens 1,5 g Ameisensäure auf 1 l Wein erforderlich sind[10]), wird sich, selbst wenn der natürliche Ameisensäuregehalt der Weine bisweilen etwas größer sein sollte, durch die Bestimmung der Ameisensäure im Wein feststellen lassen, ob ein Zusatz stattgefunden hat. Zu wünschen wäre, daß nach den neueren, verbesserten Verfahren der Ameisensäuregehalt in einer größeren Anzahl von Weinen ermittelt würde, damit man einen Überblick gewinnt, in welchen Grenzen er etwa schwankt. Dabei wird besonders auf die schweflige Säure mit Rücksicht zu nehmen sein, die Ameisensäure vortäuschen kann.

b) Salicylsäure. Von L. Medicus[11]) wurde zuerst die Beobachtung gemacht, daß in Naturweinen ein Stoff enthalten sein kann, der sich der Salicylsäure gleich verhält. Diese

[1]) R. Kröger, Pharm. Ztg. 1906, **51**, 667; H. Lührig u. A. Sartori, Zeitschr. f. Untersuchung d. Nahrungs- u. Genußmittel 1909, **17**, 473.

[2]) R. Otto u. B. Tolmacz, Zeitschr. f. Untersuchung d. Nahrungs- u. Genußmittel 1904, **7**, 78; R. Hoffmann, Apoth.-Ztg. 1904, **19**, 78.

[3]) R. Hoffmann, Apoth.-Ztg. 1904, **19**, 78; Br. Haas, Zeitschr. f. Untersuchung d. Nahrungs- u. Genußmittel 1905, **9**, 611.

[4]) W. Seifert, Zeitschr. f. landw. Versuchswesen in Österreich 1904, **7**, 667.

[5]) Ber. d. Deutsch. chem. Gesellsch. 1882, **15**, 437.

[6]) Ebendort 1883, **16**, 1179.

[7]) Annal. de l'Institut Pasteur 1893, **6**, 600.

[8]) A. Röhrig, Zeitschr. f. Untersuchung d. Nahrungs- u. Genußmittel 1910, **19**, 1; H. Kreis, Mitteil. a. d. Gebiet d. Lebensm.-Untersuchung u. Hyg. 1912, **3**, 266.

[9]) Vgl. z. B. B. Rayman u. K. Kruis, Chem. Zentralbl. 1892, **1**, 211; P. Thomas, Compt. rend. 1903, **136**, 1015.

[10]) W. Seifert, Zeitschr. f. landw. Versuchswesen in Österreich 1904, **7**, 667; G. Lebbin, Chem.-Ztg. 1906, **30**, 1009.

[11]) Ber. d. 9. Versammlung d. fr. Verein. bayer. Vertreter d. angew. Chemie in Erlangen. Berlin 1890, Julius Springer, S. 42.

Beobachtung wurde wiederholt[1]) bestätigt. J. Ferreira da Silva[2]) fand, daß der „salicyl-
säureähnliche Stoff" des Weines alle Salicylsäurereaktionen gibt, nicht nur die Eisenchloridreaktion. H. Mastbaum[3]) isolierte den Stoff und wies nach, daß es wirklich Salicylsäure
ist; er vermutet, daß die Salicylsäure in Esterform im Wein vorhanden sei. Sie findet sich
hauptsächlich in den Traubenkämmen. Nicht alle Weine enthalten Spuren von Salicylsäure,
viele sind ganz frei davon.

Die Menge der natürlich im Wein vorkommenden Salicylsäure beträgt nach den vorliegenden Untersuchungen nicht mehr als 1 mg im Liter Wein. Da zur Haltbarmachung des
Weines bedeutend größere Mengen Salicylsäure notwendig sind, wird sich leicht feststellen
lassen, ob ein Salicylsäurezusatz zum Wein stattgefunden hat. Nach dem Verfahren der
Anweisung zum Nachweis der Salicylsäure findet man in der Regel keine Salicylsäure, wenn
solche dem Wein nicht künstlich zugesetzt ist.

Von Interesse ist es, daß auch in zahlreichen Obstarten kleine Mengen Salicylsäure enthalten sind, etwa in gleicher Menge wie im Wein[4]).

c) *Borsäure.* Die Borsäure ist im Boden sehr weit verbreitet, wenn auch meist nur
in kleinen Mengen. Sie wird von den Pflanzen aufgenommen und findet sich infolgedessen
in zahlreichen Pflanzenteilen. Es ist daher verständlich, daß, wie in den verschiedenen Teilen
des Weinstocks, auch im Wein kleine Mengen von Borsäure vorkommen. Dies ist seit 1888
bekannt und seitdem vielfach bestätigt worden[5]). Die meisten der auf Borsäure geprüften
Weine enthielten solche.

[1]) J. Ferreira da Silva, Compt. rend. 1900, **131**, 423; Annal. chim. analyt. 1900, **5**, 381;
1901, **6**, 11; H. Pellet, Annal. chim. analyt. 1900, **5**, 418; 1901, **6**, 328; Bull. assoc. chim. sucre
et dist. 1902/03, **20**, 286; A. Cardoso Pereira, Bull. soc. chim. Paris [3], 1901, **25**, 475; K. Windisch, Zeitschr. f. Untersuchung d. Nahrungs- u. Genußmittel 1902, **5**, 653 (daselbst weitere Literaturangaben); H. Mastbaum, Chem.-Ztg. 1901, **25**, 465; 1903, **27**, 829; A Desmoulières, Bull.
sciences pharmacol. 1902, **4**, 204; Zeitschr. f. Untersuchung d. Nahrungs- u. Genußmittel 1903,
6, 760; M. Spica, Gazz. chim. ital. 1903, **33**, II, 482; J. Mayrhofer, Zeitschr. f. Untersuchung d.
Nahrungs- u. Genußmittel 1910, **19**, 398; C. Amthor, Zeitschr. f. Untersuchung d. Nahrungs- u.
Genußmittel 1911, **23**, 430.

[2]) Annal. chim. analyt. 1900, **5**, 381; 1901, **6**, 11.

[3]) Chem.-Ztg. 1901, **25**, 465; 1903, **27**, 829.

[4]) Vgl. R. Hefelmann, Zeitschr. f. öffentl. Chemie 1897, **3**, 171; R. Truchon u. Martin-
Claude, Annal. chim. analyt. 1901, **6**, 85; L. Portes u. A. Desmoulières, Annal. chim. analyt.
1901, **6**, 401; P. Süß, Zeitschr. f. Untersuchung d. Nahrungs- u. Genußmittel 1902, **5**, 1201; A. Des-
moulières, Bull. sciences pharmacol. 1902, **4**, 204; Zeitschr. f. Untersuchung d. Nahrungs- u.
Genußmittel 1903, **6**, 760; Journ. pharm. chim. [6], 1904, **19**, 121; F. W. Traphagen u. E. Burke,
Journ. Amer. Chem. Soc. 1903, **25**, 242; Pharm. Zentralhalle 1904, **45**, 892; H. Mastbaum, Chem.-
Ztg. 1903, **27**, 829; K. Windisch, Zeitschr. f. Untersuchung d. Nahrungs- u. Genußmittel 1903,
6, 447; Jablin Gonnet, Annal. chim. analyt. 1903, **8**, 371; Utz, Österr. Chem.-Ztg. 1903, **6**, 385;
C. Formenti u. A. Scipiotti, Zeitschr. f. Untersuchung d. Nahrungs- u. Genußmittel 1906, **12**,
287; S. Grimaldi, Staz. speriment. agr. ital. 1905, **38**, 618; H. Pellet, Annal. chim. analyt. 1907,
12, 10; C. Neuberg, Biochem. Zeitschr. 1910, **27**, 271.

[5]) P. Soltsien, Pharm. Ztg. 1888, **33**, 312; M. Ripper, Weinbau u. Weinhandel 1888, **6**,
331; G. Baumert, Landw. Versuchsstationen 1886, **33**, 39; Ber. d. Deutsch. chem. Gesellsch. 1888,
21, 3290; S. Weinwurm, Zeitschr. f. Nahrungsm.-Untersuchung u. Hyg. 1889, **3**, 186; C. A.
Crampton Ber. d. Deutsch. chem. Gesellsch. 1889, **22**, 1072; E. Hotter, Landw. Versuchsstationen
1890, **37**, 437; A. Jorissen, Bull. assoc. Belge chim. 1890, **4**, 21; F. Schaumann, Zeitschr. f.
Naturwiss. 1891, **64**, 270; F. Schaffer, Schweizer Wochenschr. f. Chem. Pharm. 1902, **40**, 478;
H. Jay u. Dupasquier, Compt. rend. 1895, **121**, 260; H. Jay, Compt. rend. 1895, **121**, 896;
E. Azzarello, Gazz. chim. ital. 1906, **36**, II, 575; Dugast, Compt. rend. 1910, **150**, 838; G. Ber-
trand u. J. Agulhon, Annal. chim. analyt. 1914, **19**, 211; Annal. falsific. 1914, **7**, 1119.

Von erheblichem Interesse ist die Menge der Borsäure, die sich von Natur aus in den Weinen finden kann. Darüber liegen folgende Angaben vor: M. Ripper[1]), von dem wohl die erste quantitative Bestimmung dieser Art herrührt und der die Borsäure als Borfluorkalium wog, fand 2,7 mg Borsäurehydrat (BO_3H_3) in 1 l Wein. H. Jay und Dupasquier[2]) fanden in zahlreichen Weinen 9 bis 33 mg Borsäurehydrat im Liter. F. Schaffer[3]) stellte in 28 Weinen nach dem colorimetrischen Verfahren von A. Hebebrand[4]) 8 bis 50 mg, im Mittel 29 mg Borsäurehydrat im Liter fest. E. Azzarello[5]) ermittelte (gewichtsanalytisch als Borfluorkalium) in 4 Weinen aus Sandböden 19,1 bis 28,9 mg, in 2 Weinen von Tonböden 39,1 und 41,8 mg Borsäure im Liter. G. Bertrand und H. Agulhon[6]) fanden nach einem colorimetrischen Verfahren in 1 kg Trauben 10,1 bis 36,5 mg Borsäure. Diese Mengen Borsäure können nicht als unerheblich bezeichnet werden. Da die Borsäure nur schwache konservierende Eigenschaften hat, müßten dem Wein zu Frischerhaltungszwecken erheblich größere Mengen Borsäure zugesetzt werden. In jedem Fall wird aber zur Entscheidung der Frage, ob ein natürlicher Borsäuregehalt oder ein unzulässiger Borsäurezusatz vorliegt, eine quantitative Bestimmung der Borsäure erforderlich sein.

Auch in den Obstarten hat man Borsäure als normalen Bestandteil etwa in gleichen Mengen wie in den Weintrauben und im Wein festgestellt[7]).

d) Fluorverbindungen. Fluorverbindungen, die eine starke antiseptische Kraft haben, sind schon wiederholt als Frischhaltungsmittel für Wein empfohlen worden; es sei nur an die Frischhaltungsmittel Nafiol[8]), Antiflorin[9]) und Remarcol[10]) erinnert. Mit Fluorverbindungen versetzte Weine sind im Handel festgestellt worden[11]).

Was das natürliche Vorkommen der Fluorverbindungen im Wein betrifft, so konnte K. Windisch[11]) solche nicht feststellen. F. Schaffer[12]), D. Ottolenghi[13]), Maurel[14]), P. Carles[15]) kamen zu dem Ergebnis, daß im Wein von Natur sehr kleine Mengen Fluorverbindungen vorkommen können. F. P. Treadwell und A. A. Koch[16]) fanden nur in einem Malagawein Fluor, aber in solchen Mengen, daß ein Zusatz von Fluorverbindungen als bewiesen gelten kann; die anderen, von ihnen untersuchten Weine waren ganz frei von Fluor. F. Le-

---

[1]) Weinbau u. Weinhandel 1888, **6**, 331.

[2]) Compt. rend. 1895, **121**, 260 u. 896.

[3]) Schweizer. Wochenschr. f. Chem. Pharm. 1902, **40**, 478.

[4]) Zeitschr. f. Untersuchung d. Nahrungs- u. Genußmittel 1902, **5**, 55, 721 u. 1044.

[5]) Gazz. chim. ital. 1906, **36**, II, 575.

[6]) Annal. chim. analyt. 1914, **19**, 211.

[7]) E. Hotter, Landw. Versuchsstationen 1890, **37**, 437; Zeitschr. f. Nahrungsm.-Untersuchung u. Hyg. 1895, **9**, 1; H. Jay u. Dupasquier, Compt. rend. 1895, **121**, 260; H. Jay, Compt. rend. 1895, **121**, 896; K. Windisch, Arbeiten a. d. Kaiserl. Gesundheitsamte 1898, **14**, 309; A. Hebebrand, Zeitschr. f. Untersuchung d. Nahrungs- u. Genußmittel 1902, **5**, 1044; E. O. von Lippmann, Chem.-Ztg. 1902, **26**, 465; A. H. Allen u. A. R. Tankard, Analyst 1904, **29**, 301; H. Agulhon, Annal. de l'Institut Pasteur 1910, **24**, 321; G. Bertrand u. H. Agulhon, Annal. chim. analyt. 1914, **19**, 211. Auch im Tierkörper und in tierischen Erzeugnissen ist das Bor weitverbreitet; vgl. G. Bertrand u. H. Agulhon, Compt. rend. 1912, **155**, 248; 1913, **156**, 732 u. 2027.

[8]) P. Kulisch, Zeitschr. f. Untersuchung d. Nahrungs- u. Genußmittel 1907, **14**, 662.

[9]) R. Meißner, Weinbau u. Weinhandel 1901, **19**, 383.

[10]) F. Schaffer, Zeitschr. f. Untersuchung d. Nahrungs- u. Genußmittel 1903, **6**, 1015.

[11]) Zeitschr. f. Untersuchung d. Nahrungs- u. Genußmittel 1901, **4**, 961.

[12]) Zeitschr. f. Untersuchung d. Nahrungs- u. Genußmittel 1903, **6**, 1015.

[13]) Ebendort 1907, **14**, 429.

[14]) Chem.-Ztg. 1908, **32**, 1177.

[15]) Annal. falsific. 1913, **6**, 644.

[16]) Zeitschr. f. analyt. Chemie 1904, **43**, 469.

perre[1]) stellte in Trauben aus Malaga und Kleinasien Spuren von Fluor fest. A. Kickton und W. Behncke[2]) fanden in einer großen Anzahl ausländischer Weine kleine Mengen Fluor. In spanischen Weinen war die Fluormenge meist so groß, daß ein künstlicher Zusatz angenommen werden mußte; im übrigen kommen Kickton und Behncke zu dem Ergebnis, daß sich sehr geringe Mengen Fluor in vielen Weinen von Natur aus finden können.

Die Frage nach dem natürlichen Vorkommen von kleinen Mengen von Fluor im Wein ist aus mehreren Gründen nicht ganz leicht zu entscheiden. Der Nachweis sehr kleiner Mengen Fluor nach der Ätzprobe ist nicht ganz sicher; insbesondere sind die Meinungen geteilt, ob eine erst nach dem Anhauchen sichtbar werdende Ätzung des Glases als beweisend für das Vorhandensein von Fluor gilt. Die bei der Prüfung auf Fluor verwendeten Reagenzien müssen sorgfältig geprüft werden, da sie häufig fluorhaltig sind[3]). Nach P. Carles[4]) enthalten einige in der Kellerwirtschaft angewendeten Stoffe, wie Gelatine, Tierkohle, Tannin, häufig kleine Mengen Fluor; L. Vandam[5]) meint allerdings, mit diesen Weinbehandlungsmitteln könnten nachweisbare Mengen Fluor nicht in den Wein gelangen. Wichtiger dürfte sein, daß zur Desinfektion der Fässer vielfach Fluorverbindungen verwendet werden, z. B. Flammon (Fluorwasserstoff-Fluorammonium) und mehrere kieselfluorwasserstoffhaltige Mittel, wie Montanin und Keramyl. Ob es möglich ist, selbst durch sorgfältige und gründliche Reinigung der Fässer vor der Ingebrauchnahme, die Fluorverbindungen wieder restlos aus dem Faßholz zu entfernen, ist unwahrscheinlich; bei oberflächlicher Reinigung (Abwaschen, Abspülen, Abspritzen des Faßinnern mit Wasser) bleiben sicher kleine Fluormengen im Faßholz zurück, die später in den Wein übergehen, wenn dieser längere Zeit in einem solchen Faß lagert.

Wenn man mit L. Vandam[6]) auch wohl der Meinung sein kann, daß das natürliche Vorkommen von Fluor in den Trauben und im Wein noch nicht mit der wünschenswerten Sicherheit nachgewiesen worden ist, so ist es doch nach den vorliegenden Untersuchungen und bei der weiten Verbreitung der Fluorverbindungen in der Erde und ihrem regelmäßigen Vorkommen in allen Teilen des Tierkörpers[7]), nicht nur in den Zähnen und Knochen, mehr als wahrscheinlich.

19. Mineralbestandteile. Die Beurteilung der Gesamtmenge der Mineralstoffe und einzelner Mineralstoffe wurde bereits vorher behandelt: Die Gesamtmenge der Mineralstoffe und die Nitrate bei Besprechung der gezuckerten Weine (S. 978 u. 982), die Alkalität der Asche, die schweflige Säure und die Schwefelsäure unter Nr. 7, die Ammoniumverbindungen unter Nr. 17, die Borsäure und die Fluorverbindungen unter den Frischhaltungsmitteln (Nr. 18 c und d).

Der Gehalt an Mineralstoffen im Wein beträgt in der Regel etwa $^1/_{10}$ des zuckerfreien Extraktes und ist bei extraktreichen Weinen naturgemäß höher als bei extraktarmen; er pflegt zwischen 0,1 bis 0,45 g in 100 ccm Wein zu schwanken. In Prozenten der Gesamtmenge sind an einzelnen Bestandteilen gefunden (s. Tabelle, S. 1006).

In der Moselweinasche wurden außerdem noch 0,66 Proz. Aluminiumoxyd und 0,19 Proz. Manganoxydoxydul gefunden.

---

[1]) Bull. soc. chim. Belg. 1909, **23**, 82.

[2]) Zeitschr. f. Untersuchung d. Nahrungs- u. Genußmittel 1910, **20**, 193.

[3]) A. Kickton u. W. Behncke, Zeitschr. f. Untersuchung d. Nahrungs- u. Genußmittel 1910, **20**, 192; P. Carles, Bull. soc. chim. France [4], 1913, **13**, 553.

[4]) Annal. chim. analyt. 1908, **13**, 102.

[5]) Ebendort 1908, **13**, 260.

[6]) Zeitschr. f. Untersuchung d. Nahrungs- u. Genußmittel 1911, **21**, 59; Annal. falsific. 1909, **2**, 160.

[7]) E. Zdarek, Zeitschr. f. physiol. Chemie 1910, **69**, 127; U. Alvisi, Gazz. chim. ital. 1912, **42**, II, 450; A. Gautier u. P. Clausmann, Compt. rend. 1913, **157**, 94.

Analysen	Kali %	Natron %	Kalk %	Magnesia %	Eisenoxyd %	Phosphorsäure (P_2O_5) %	Schwefelsäure (SO_3) %	Kieselsäure (SiO_2) %	Chlor %	Kohlensäure (CO_2) %
Neue[1]	37,23	1,31	12,30	10,04	0,22	16,19	16,98	2,30	1,82	2,48
Altere . { Mittel	40,00	2,50	5,50	6,50	0,40	14,50	10,50	3,00	3,50	—
Schwankungen	25—60	—	2—22	2—15	—	7—25	3,8—25	—	1—7	—

Über einzelne Mineralstoffe ist noch folgendes zu bemerken:

a) **Kalium.** Der Kaliumgehalt der Weine steht in einem gewissen Zusammenhang mit dem Weinsäuregehalt, insofern weinsäurereiche Weine in der Regel kaliumreich sind. Jede Abscheidung von Weinstein, z. B. durch Abkühlung, bedingt eine Verminderung des Kaliumgehaltes. Das Gipsen[2]), das Phosphatieren und die Entsäuerung mit Calciumcarbonat können zu Weinen mit höherem Kaliumgehalt führen. Im allgemeinen enthalten die Weine etwa 0,2 bis 2,5 g Kali (K_2O) im Liter; die Weinasche besteht in der Regel durchschnittlich zu etwa 40 Proz. aus Kali.

b) **Natrium.** Über den Natriumgehalt der Weine liegen eingehende Untersuchungen von O. Krug[3]) vor; er fand 0,001 bis 0,062 g Natron (Na_2O) in 1 l Wein und schlägt vor, jeden deutschen Wein mit mehr als 0,1 g Natron im Liter zu beanstanden. Durch Düngung mit Chilesalpeter wird, wie Krug feststellte, der Natriumgehalt der Weine nicht erhöht. Ein höherer Natriumgehalt der Weine ist auf den Zusatz von Natriumsalzen (Natriumchlorid, Natriumbicarbonat, Natriumphosphat) zurückzuführen. Durch Zusatz von Natriumchlorid, wie er früher beim Schönen bisweilen üblich war, jetzt aber verboten ist, wird der Natriumgehalt der Weine erhöht. Über den Natriumgehalt der Weine von Salzböden (Meeresküste) vgl. unter „Chlor".

c) **Calcium.** Der Gehalt der Weine an Kalk (CaO) beträgt etwa 0,03 bis 0,3 g, seltener bis 0,5 g im Liter. Durch weitgehendes Entsäuern mit Calciumcarbonat, das ohne Berücksichtigung des Weinsäuregehalts vorgenommen wird, kann der Calciumgehalt des Weines bedeutend erhöht werden; bei jeder Entsäuerung mit Calciumcarbonat wird wohl der Calciumgehalt des Weines ein wenig erhöht.

d) **Barium und Strontium.** Barium und Strontium sind, soweit bekannt, keine normalen Bestandteile des Weines, sondern gelangen bei dem sogenannten Entgipsen, d. h. bei der Verminderung des hohen Sulfatgehalts der gegipsten Weine mit Barium-[4]) und Strontiumverbindungen[5]) (Chlorid, Tartrat, Carbonat), in den Wein. Da jeder Wein Sulfate enthält, werden in einem vorsichtig entgipsten Wein sich nur sehr kleine Mengen von Barium finden können. Von dem leichter löslichen Strontiumsulfat können größere Mengen im Wein zurückbleiben; Ch. Girard[6]) fand in einem mit Strontiumsalz entgipsten Wein 0,036 g Strontiumoxyd im Liter. Das Entgipsen wird wohl heute kaum mehr ausgeübt.

---

[1]) Analyse der Asche eines Moselweines von C. von der Heide u. W. J. Baragiola; Landw. Jahrbücher 1910, **39**, 1044.

[2]) L. Magnier de la Source, Annal. chim. analyt. 1898, **3**, 37.

[3]) Zeitschr. f. Untersuchung d. Nahrungs- u. Genußmittel 1905, **10**, 417; 1907, **13**, 544.

[4]) Tony-Garcin, Monit. vinicole 1888, **33**, Nr. 44; A. Gautier, La sophistication des vins. 4. Aufl. 1891, S. 286; H. Quantin, Compt. rend. 1892, **114**, 369.

[5]) Dreyfuss, Monit. vinicole 1890, **35**, 261; Gayon u. Blarez, ebendort 1890, **35**, Nr. 70; B. Balli, Chem.-Ztg. 1891, **15**, 1130; M. Spica, Staz. speriment. agr. ital. 1891, **20**, 247; A. Riche, Annal. d'hyg. publ. 1892, **27**, 52; G. Pouchet, ebendort 1892, **27**, 55.

[6]) Annal. d'hyg. publ. 1892, **27**, 45.

e) Magnesium. Der Magnesiagehalt der Weine schwankt etwa von 0,03 bis 0,35 g im Liter; diese Zahlen sind aber keineswegs als Grenzzahlen aufzufassen. Ein Zusatz von Magnesiumverbindungen zum Wein dürfte kaum vorkommen.

f) Eisen. Das Eisen ist im Wein von Anfang an in Form von Ferrosalzen vorhanden, die aber allmählich zu Ferriverbindungen oxydiert werden können. Der Eisengehalt der Weine ist meist sehr gering; im Liter Wein sind etwa 0,004 bis 0,025, ausnahmsweise bis 0,05 g Eisenoxyd (Fe_2O_3) enthalten[1]. U. Gayon, Ch. Blarez und E. Dubourg[2] fanden in 378 roten Girondeweinen des Jahres 1887 0,004 bis 0,021 g Eisenoxyd in 100 ccm. Mitunter scheint er auch höher zu sein; Sambuc[3] berichtet von einem französischen Wein mit 0,11 g Eisenoxyd im Liter. Der Eisengehalt der Weine ist von mancherlei Zufälligkeiten, Berührung des Mostes und Weines mit eisernen Gegenständen, abhängig. Weine mit höherem Eisengehalt können bei Gegenwart von Gerbstoff leicht schwarz werden.

g) Aluminium. Kleine Mengen von Aluminiumverbindungen finden sich vielfach im Wein, fehlen aber auch öfter ganz. Ihre Menge kann durch die den Trauben anhaftende Erde und durch Verwendung ungeeigneter erdiger Schönungsmittel (spanische Erde) etwas erhöht werden[4]. L. L'Hôte[5] fand in 8 Weinen 0 bis 0,036 g, E. Borgmann und W. Fresenius[4] fanden 0,002 bis 0,0065 g, andere Chemiker meist bis 0,01 g Tonerde (Al_2O_3) im Liter Wein. Die Zahl der vorliegenden Tonerdebestimmungen im Wein ist nur klein.

Früher wurde bisweilen dem Wein Alaun zugesetzt[6]. Der Alaun bleibt im Wein nicht unverändert, sondern setzt sich mit den Phosphaten um, wobei Aluminiumphosphat oder ein Calcium- oder Magnesium-Aluminiumphosphat sich abscheidet. Der Aluminiumgehalt des Weines steigt also nicht entsprechend dem Alaunzusatz, dagegen wird der Schwefelsäuregehalt dadurch erhöht und der Phosphorsäuregehalt vermindert[7]. Ein größerer Alaunzusatz wird sich immer durch einen erhöhten Aluminiumgehalt des Weines zu erkennen geben; möglicherweise kann auch eines der besonderen, zum Nachweis des Alauns im Wein vorgeschlagenen Verfahren[8] dabei gute Dienste leisten.

h) Mangan. Das Mangan, das im Pflanzenreich[9] und im Tierreich[10] weit verbreitet ist, ist ein normaler Bestandteil des Weines, er scheint aber mitunter auch zu fehlen. Über den Mangangehalt der Weine liegen recht zahlreiche Untersuchungen vor. Es fanden im Liter Wein: C. Neubauer[11] 0,0097 g, E. Ostermeyer[12] in 9 Weinen 0,0012 bis 0,0027 g, im Mittel 0,0018 g, E. J. Maumené[13] in 3 Weinen 0,005 bis 0,007 g, in 31 weiteren Weinen[14]

---

[1]) C. Portele, Weinlaube 1878, **10**, 319; L. Weigert, Mitteil. d. Versuchsstation Klosterneuburg 1888, Heft **5**; M. Ripper, Weinbau u. Weinhandel 1892, **20**, 636.

[2]) U. Gayon, Ch. Blarez u. E. Dubourg, Analyse chim. des vins rouges, récolte de 1887, Paris 1888.

[3]) Journ. pharm. chim. [5], 1887, **16**, 343.

[4]) W. Fresenius u. E. Borgmann, Weinbau u. Weinhandel 1886, **3**, 210.

[5]) Compt. rend. 1887, **104**, 853.

[6]) D. Martelli, Zeitschr. f. Untersuchung d. Nahrungs- u. Genußmittel 1901, **4**, 652.

[7]) F. Sestini, Staz. speriment. agr. ital. 1895, **28**, 281; F. Lopresti, Staz. speriment. agr. ital. 1900, **33**, 373; D. Martelli, Zeitschr. f. Untersuchung d. Nahrungs- u. Genußmittel 1901, **4**, 652; G. Masoni, Staz. speriment. agr. ital. 1910, **43**, 241.

[8]) Vgl. die in der Anmerkung 7 genannten Abhandlungen, ferner Georges, Journ. pharm. chim. [6], 1895, **2**, 22.

[9]) F. Jadin u. A. Astruc, Compt. rend. 1912, **155**, 406.

[10]) G. Bertrand u. F. Medigreceanu, ebendort 1912, **154**, 1450.

[11]) Annal. d. Oenolog. 1875, **4**, 102.

[12]) Pharm. Ztg. 1882, **27**, 92.

[13]) Compt. rend. 1884, **98**, 845.

[14]) Ebendort 1884, **98**, 1056.

0 bis 0,002 g, im Mittel 0,0006 g, A, Hasterlik[1]) in 20 Weinen 0,01 bis 0,05, im Mittel 0,023 g (13 Weine waren manganfrei), O. Prandi und A. Civetta[2]) 0,00053 bis 0,00165 g, Dumitrescu und E. Nicolau[3]) in 52 Weinen 0,0018 bis 0,027 g, G. Massol[4]) in 14 Mistellen (durch Alkohol stumm gemachten Mosten), von denen 4 manganfrei waren, 0 bis 0,0008 g Mangan. In ungarischen Rotweinen[5]) wurden 0,0010 bis 0,0016 g Mangan im Liter festgestellt; L. Medicus[6]) fand in der Weinasche 0,39 bis 2,72 Proz. Mangan. Die vorstehenden Manganwerte wurden nach verschiedenen Verfahren gewonnen, die nicht ohne Einfluß auf das Ergebnis gewesen sind. Hubert[7]), der nicht mehr als 0,002 g Mangan im Liter Wein fand, hält nur Mangangehalte bis zu 0,005 g im Liter Wein für normal; solche von 0,005 bis 0,010 g im Liter sind nach ihm zweifelhaft, bei mehr als 0,010 g im Liter hält er einen Zusatz von Manganverbindungen für nachgewiesen. Diese Grenzzahlen werden nur mit Vorsicht zu gebrauchen sein.

Bisweilen hat man versucht, Rotweine durch Behandeln mit Kaliumpermanganat oder Manganperoxyd zu Weißweinen zu entfärben[8]). Die eingreifenden Änderungen der Weinbestandteile durch diese starken Oxydationsmittel sind von P. Jakob[9]) und G. Leoncini[10]) ermittelt worden. Durch diese Behandlung gelangen beträchtliche Mengen Mangan in den Wein; L. Hugounenq[8]) fand in einem solchen „manganisierten" Wein 0,58 g Manganoxyd im Liter.

i) Kupfer. Bei dem Besprißen der Reben mit kupferhaltigen Brühen zur Bekämpfung der Blattfallkrankheit können Kupferverbindungen auf die Trauben und dadurch in den Most gelangen. Das Kupfer wird bei der Gärung fast vollständig als Kupfersulfür (Cu_2S) abgeschieden[11]). Die Weine von gekupferten Reben enthalten nach zahlreichen Untersuchungen[12]) nur Spuren von Kupfer, höchstens 1 mg im Liter, oder sind auch ganz frei davon. In Tresterweinen findet sich etwas mehr Kupfer. Auch Weine von nichtgekupferten Reben können Spuren von Kupfer enthalten.

Zur Entfernung von Schwefelwasserstoff aus böckserndem Wein ist ein Zusatz einer berechneten Menge von Kupfervitriol oder Überleiten des Weines über metallisches Kupfer empfohlen worden[13]). Dadurch können größere Mengen Kupfer in den Wein gelangen. Auch aus Kupfer- oder Messinggeräten kann der Wein Kupfer aufnehmen.

k) Zink. Wein, der in Gefäßen aus Zink oder verzinktem Blech aufbewahrt wird, löst

---

[1]) Mitteil. a. d. pharm. Inst. u. Labor. f. angew. Chemie d. Univers. Erlangen 1889, Heft 2, 122.

[2]) Staz. speriment. agr. ital. 1911, **44**, 58.

[3]) Annal. falsific. 1910, **3**, 407.

[4]) Bull. soc. chim. France [4], 1907, **1**, 953.

[5]) Mitteil. d. Versuchsstation Klosterneuburg 1888, Heft **5**, Tabelle X.

[6]) Repert. analyt. Chemie 1885, **5**, 61.

[7]) Annal. chim. analyt. 1907, **16**, 264.

[8]) L. Hugounenq, Journ. pharm. chim. [6], 1898, **7**, 321.

[9]) Journ. pharm. chim. [6], 1898, **8**, 163.

[10]) Staz. speriment. agr. ital. 1910, **43**, 33.

[11]) A. Desmoulins, Monit. vinicole 1886, **31**, 365; Millardet u. U. Gayon, Bull. soc. chim. France [2], 1885, **44**, 2; H. Quantin, Compt. rend. 1886, **103**, 888.

[12]) A. Desmoulins, Monit. vinicole 1886, **31**, 330 u. 338; Vierteljahrsschr. Fortschr. Chem. Nahr.- u. Genußm. 1888, **3**, 279; Fréchou, ebendort 1891, **6**, 226; J. Sestini, Staz. speriment. agr. ital. 1893, **26**, 115; G. Teyxeira, ebendort 1896, **29**, 569; M. Hoffmann, Zentralbl. f. Bakteriol. u. Parasitenk., II. Abt., 1898, **4**, 369; Th. Omeis, Zeitschr. f. Untersuchung d. Nahrungs- u. Genußmittel 1903, **6**, 116.

[13]) M. Cercelet, Weinbau u. Weinhandel 1907, **25**, 234; G. Gimel, Bull. assoc. chim. sucre et dist. 1909, **26**, 478 u. 1083; E. Pozzi-Escot, ebendort 1909, **26**, 986.

Zink auf[1]). Vor Jahren wurde ein Klärmittel[2]) in den Handel gebracht, das aus Zinksulfat, Ferrocyankalium und Gelatine oder Hausenblase bestand; der beim Zusammentreffen der beiden Salze entstehende gallertige Niederschlag von Ferrocyanzink sollte den Wein klären. Namentlich bei unvorsichtiger Handhabung können dadurch beträchtliche Mengen Zink, auch Cyanverbindungen, in den Wein gelangen. R. Bodmer[3]) fand in einem mit einem solchen Klärmittel behandelten Wein 28 mg krystallisiertes Zinksulfat im Liter. Solche Klärmittel sind unzulässig und zinkhaltige Weine zu beanstanden.

l) Blei. Abgesehen von den Fällen, wo durch einen Zufall Blei in einen Wein gelangt, ist die Möglichkeit vorhanden, daß der Wein durch Behandlung der Reben mit bleihaltigen Schutzmitteln, z. B. Bespritzen mit Bleiarseniat enthaltenden Brühen, bleihaltig wird. C. von der Heide[4]) fand nach der Bespritzung der Reben mit Bleiarseniatbrühen folgende Mengen Blei in 100 g: Trauben 0,7 mg, Beeren 0,3 mg, Rappen 10,6 mg, Blätter 48 mg, Most 0,8 mg, Trester 0,8 bis 1,4 mg, Hefe (trocken) 20,7 mg, Wein 0,2 bis 0,6 mg. L. Moreau und E. Vinet[5]) stellten folgendes fest: Als die Reben zweimal vor der Blüte mit Bleiarseniatbrühe gespritzt wurden, waren zur Zeit der Ernte (Ende Oktober) die Beeren frei von Bleiarseniat, während die Kämme (Rappen) 0,62 bis 1,82 mg Bleiarseniat auf 100 g Trauben enthielten. Wurden die Reben nach der Blüte, im August, nochmals bespritzt, so enthielten bei der Ernte die Beeren 0,4 bis 2,08 mg, die Kämme 5,51 bis 28,2 mg Bleiarseniat auf 100 g Trauben. Der Bleigehalt der Spritzbrühe, die Zeit des Spritzens und die Witterung (Regen oder Trockenheit) werden von Einfluß auf den schließlichen Bleigehalt der Trauben und des Weines sein. Vor dem Genuß so behandelter Trauben in frischem Zustand wird gewarnt.

m) Arsen. Es ist öfter vorgekommen, daß Weine infolge eines höheren Arsengehalts, der durch Zufall oder durch absichtlichen Zusatz hineinkam, zu Vergiftungen geführt haben[6]). Viel wichtiger ist die Frage, ob und wieviel Arsen bei der in neuerer Zeit vorgeschlagenen und auch schon praktisch ausgeübten Behandlung der Reben gegen Schädlinge durch Bespritzen mit arsenhaltigen Brühen und Bestäuben mit arsenhaltigen Pulvern auf die Trauben und in den Wein gelangt. Imbert und Gély[7]) konnten in Weinen aus so behandelten Reben nur in 2 Fällen Spuren von Arsen feststellen; normale Weine waren stets arsenfrei. H. D. Gibbs und C. C. James[8]) fanden von 329 Weinen 38 arsenhaltig; die größte beobachtete Menge betrug 0,05 mg Arsen im Liter Wein. Ob die Weine von Reben stammten, die mit arsenhaltigen Mitteln behandelt worden waren, ist nicht erwiesen. C. von der Heide[9]) stellte nach der Bespritzung der Reben mit Bleiarseniat folgende Mengen Arsen in 100 g fest: Trauben 0,3 mg, Beeren 0,2 mg, Rappen 7,1 mg, Blätter 16 mg, Most 0,3 mg, Trester 0,6 bis 0,7 mg, Hefe (trocken) 12,9 mg, Wein 0,1 bis 0,2 mg, Wein geschönt 0,05 mg; im folgenden Jahr wurde

---

[1]) G. Benz, Zeitschr. f. Untersuchung d. Nahrungs- u. Genußmittel 1903, **6**, 115.

[2]) R. Meißner, Weinbau u. Weinhandel 1902, **20**, 403; A. Röhling, Weinbau u. Weinhandel 1902, **20**, 476; K. Windisch, Zeitschr. f. Untersuchung d. Nahrungs- u. Genußmittel 1903, **6**, 453; Weinbau u. Weinhandel 1904, **22**, 321; Fr. Mallmann, Weinbau u. Weinhandel 1905, **23**, 105; R. Bodmer, Analyst 1905, **30**, 264; W. Meindersma, Pharm. Weekbl. 1907, **44**, 1055.

[3]) R. Bodmer, Analyst 1905, **30**, 264.

[4]) Arbeiten a. d. Kaiserl. Gesundheitsamte 1908, **29**, 1; Zeitschr. f. Untersuchung d. Nahrungs- u. Genußmittel 1908, **16**, 612.

[5]) Compt. rend. 1910, **150**, 787; 1911, **151**, 1147; Annal. chim. analyt. 1911, **16**, 94.

[6]) Vierteljahrsschr. Fortschr. Chem. Nahr.- u. Genußm. 1888, **3**, 165; 1889, **4**, 193; A. Vallet, Journ. pharm. chim. [6], 1904, **20**, 541; C. Formenti, Bull. chim. farm. 1906, **45**, 217; M. Mestrezat, Annal. chim. analyt. 1906, **11**, 324.

[7]) Répert. pharm. [3], 1901, **13**, 495.

[8]) Journ. Amer. Chem. Soc. 1905, **24**, 1484.

[9]) Arbeiten a. d. Kaiserl. Gesundheitsamte 1908, **29**, 1; 1909, **32**, 305; Zeitschr. f. Untersuchung d. Nahrungs- u. Genußmittel 1908, **16**, 612; 1910, **19**, 404.

durchschnittlich etwas weniger Arsen gefunden. Von 66 deutschen Weinen aus Reben, die
nicht mit arsenhaltigen Mitteln behandelt worden waren, enthielten 39 Arsen bis zu 0,5 mg im
Liter; Ausleseweine waren meist arsenhaltig. Der Arsengehalt der Weine stammt nicht ausschließlich aus dem zum Einbrennen verwendeten Schwefel. Die Untersuchungsergebnisse
von L. Moreau und E. Vinet wurden bereits im vorhergehenden Abschnitt „Blei" aufgeführt.
W. Kerp[1]) und G. Sonntag[2]) berichten über den Arsen- und Bleigehalt von Obst und Beeren
nach dem Behandeln der Bäume und Sträucher mit arsen- und bleihaltigen Mitteln, der teilweise nicht unerheblich war. Spuren von Arsen sind im Pflanzenreich weitverbreitet, und
es ist daher erklärlich, daß sie sich auch im Wein finden[3]).

　　n) Chlor. Der Chlorgehalt normaler Weine ist meist gering und beträgt etwa 0,01 bis
0,09 g im Liter; in der Regel übersteigt der Gehalt an Chlornatrium nicht 0,15 g im Liter.
Fr. Turié[4]) fand in Weinen, die auf Salzböden an der Meeresküste gewachsen waren, bedeutend höhere Chlormengen, 1,11 bis 4,51 g Chlornatrium im Liter. Das scheint aber ein
Ausnahmefall zu sein; nach J. Neßler und M. Barth[5]) enthalten auch Weine von der Meeresküste in der Regel nicht mehr als 0,1 g Chlornatrium im Liter. Bei Weinen, die mehr als 0,15 g
Chlornatrium im Liter enthalten, darf man meist annehmen, daß ihnen Chlorverbindungen
zugesetzt worden sind, entweder in Form von Kochsalz oder von kochsalzhaltigem Wasser;
auch durch Entgipsen mit Chlorbarium oder Chlorstrontium wird der Chlorgehalt des Weines
erhöht.

　　Die vom Kaiserlichen Gesundheitsamte im Jahre 1884 einberufene Kommission von
Weinchemikern beschloß, Weine mit mehr als 0,5 g Chlornatrium im Liter zu beanstanden.
Diesem Beschluß kann auch heute im allgemeinen noch zugestimmt werden. Die Grenze wurde
so hoch gegriffen, weil es früher bisweilen üblich war, dem Wein beim Schönen etwas Kochsalz
beizugeben. Dieses durch das Weingesetz vom Jahre 1892 gestattete Verfahren ist heute nicht
mehr zulässig.

　　o) Phosphorsäure. Der Phosphorsäuregehalt der herben Weine schwankt in weiten
Grenzen. Meist beträgt er etwa 0,15 bis 0,4 g P_2O_5 im Liter, er kann aber auch bis zu 0,7 und
sogar 0,9 g im Liter steigen, andererseits unter 0,1 g bis zu 0,04 g im Liter herabgehen.
Rotweine enthalten infolge der Maischegärung häufig mehr Phosphorsäure als Weißweine.

II. Beurteilung der Süßweine.

　　Die Beurteilung der Süßweine (Dessertweine) ist in umfassender Weise bearbeitet worden;
die Freie Vereinigung bayerischer Vertreter der angewandten Chemie und der daraus hervor-
gegangene Verein Deutscher Nahrungsmittelchemiker haben sich wiederholt mit dieser Frage
beschäftigt. Bereits im Jahre 1886 faßte die Freie Vereinigung auf der 5. Versammlung in
Würzburg[6]) auf Grund eines Vortrages von E. List einen Beschluß hierüber. Weitere Beschlüsse kamen auf der 16. Versammlung in Landshut[7]) im Jahre 1897 zustande, nachdem
sich die 13. Versammlung in Aschaffenburg[8]) mit dem gleichen Gegenstand beschäftigt hatte;
bei beiden Versammlungen war W. Fresenius als Berichterstatter tätig. Die Landshuter

---

[1]) Arbeiten a. d. Kaiserl. Gesundheitsamte 1908, **29**, 1; 1910, **35**, 1; Zeitschr. f. Untersuchung
d. Nahrungs- u. Genußmittel 1908, **16**, 612; 1911, **22**, 427.

[2]) Arbeiten a. d. Kaiserl. Gesundheitsamte 1914, **49**, 502.

[3]) F. Garrigou, Compt. rend. 1902, **135**, 1113; A. Gautier, ebendort 1902, **135**, 1115;
A. Gautier u. P. Clausmann, Compt. rend. 1904, **139**, 101.

[4]) Journ. pharm. chim. [5], 1893, **28**, 542; 1894, **30**, 151.

[5]) Zeitschr. f. analyt. Chemie 1882, **21**, 60.

[6]) Bericht über die 5. Versammlung d. Fr. Vereinigung bayer. Vertreter d. angew. Chemie
zu Würzburg am 6. u. 7. August 1886. Berlin 1887, Julius Springer. S. 41.

[7]) Forschungsber. über Lebensm. 1897, **4**, 291.

[8]) Ebendort 1894, **1**, 449.

Beschlüsse bildeten bis in die neueste Zeit die Grundlage für die Beurteilung der Süßweine. Der Verein Deutscher Nahrungsmittelchemiker verhandelte über die Beurteilung der Süßweine auf der 12. Hauptversammlung in Breslau[1]) im Jahre 1913 und auf der 13. Hauptversammlung in Koblenz[2]) im Jahre 1914; Berichterstatter war L. Grünhut.

Die früheren Abmachungen sind durch die neueren überholt, es erübrigt sich daher, auf sie näher einzugehen. Von allgemeinem Interesse sind noch einige weitere Abhandlungen, zum Teil mit zahlreichen Untersuchungsergebnissen, von W. Fresenius[3]) über die Beurteilung der Süßweine. Seit dem Jahre 1895 ist ein ansehnliches statistisches Material über die Zusammensetzung der Süßweine gesammelt worden, das für die Beurteilung dieser Weine im einzelnen von Wert ist. Größere Untersuchungsreihen liegen, abgesehen von den Fresenius-schen Veröffentlichungen, über folgende Dessertweine vor: Über ungarische bzw. österreichisch-ungarische Süßweine, insbesondere Tokaierweine, von B. Haas, L. Weigert u. a.[4]), Preyß[5]), M. Barth[6]), L. Rösler[7]), Ed. Laszlo[8]), S. Bein[9]), J. Szilagyi[10]), J. Mayrhofer[11]); über Portwein von B. Haas, L. Weigert u. a.[4]), A. Kickton und R. Murdfield[12]); über Madeira von B. Haas, L. Weigert u. a.[4]), A. J. Ferreira da Silva[13]), A. Kickton und R. Murdfield[14]); über Xeres (Sherry) von E. Borgmann und W. Fresenius[15]), X. Rocques[16]); über Malaga von B. Haas, L. Weigert u. a.[4]), O. Leixl[17]), X. Rocques[16]); über Marsala von G. Paris[18]); über griechische Süß-weine von M. Barth[19]), E. List[20]); über Samos von G. Graff[21]). Weitere Untersuchungsergebnisse finden sich in Band 1, S. 1313 bis 1337.

[1]) Zeitschr. f. Untersuchung d. Nahrungs- u. Genußmittel 1913, **26**, 498.

[2]) Ebendort 1914, **28**, 586.

[3]) Zeitschr. f. analyt. Chemie 1891, **30**, 507; 1897, **36**, 102; Zeitschr. f. Untersuchung d. Nahrungs- u. Genußmittel 1912, **24**, 44.

[4]) Mitteil. physiol.-chem. Versuchsstation Klosterneuburg 1885, Heft **4**; 1888, Heft **5**.

[5]) Mitgeteilt von V. Wartha, Zeitschr. f. Nahrungsm.-Untersuchung, Hyg. u. Warenkunde 1894, **8**, 246.

[6]) Forschungsber. über Lebensm. 1896, **3**, 20.

[7]) Zeitschr. f. analyt. Chemie 1895, **34**, 354.

[8]) Zeitschr. f. angew. Chemie 1897, S. 175.

[9]) Zentralbl. f. Nahrungs- u. Genußmittel 1896, **2**, 309; Vierteljahrsschr. Fortschr. d. Nahr.- u. Genußm. 1897, **12**, 82.

[10]) Chem.-Ztg. 1903, **27**, 681.

[11]) Arch. f. Chem. Mikrosk. 1909, **2**, 231; Zeitschr. f. landw. Versuchswesen in Österreich 1910, **13**, 806.

[12]) Zeitschr. f. Untersuchung d. Nahrungs- u. Genußmittel 1913, **25**, 625; ebendort 1914, **27**, 617 (Ersatzweine für Portwein).

[13]) Annal. falsific. 1911, **4**, 57.

[14]) Zeitschr. f. Untersuchung d. Nahrungs- u. Genußmittel 1914, **28**, 325; (auch Ersatzweine für Madeira).

[15]) Zeitschr. f. analyt. Chemie 1889, **28**, 71.

[16]) Revue génér. chim. pure et appl. 1903, **5**, 43; Chem.-Ztg. 1903, **1**, 658.

[17]) O. Leixl, Zur chemischen Charakteristik der Malagaweine. Dissertation, Regensburg 1898, bei J. Habel; Zeitschr. f. Untersuchung d. Nahrungs- u. Genußmittel 1900, **3**, 196.

[18]) Zeitschr. f. Untersuchung d. Nahrungs- u. Genußmittel 1898, **1**, 164.

[19]) Forschungsber. über Lebensm. 1896, **3**, 20.

[20]) Ebendort 1896, **3**, 81.

[21]) Zeitschr. f. Untersuchung d. Nahrungs- u. Genußmittel 1912, **23**, 445; vgl. auch die Verhandlungen über Samoswein bei Gelegenheit der 11. Hauptversammlung des Vereins deutscher Nahrungsmittelchemiker in Würzburg (Zeitschr. f. Untersuchung d. Nahrungs- u. Genußmittel 1912, **24**, 56).

Die Leitsätze des Vereins Deutscher Nahrungsmittelchemiker sind in zwei Lesungen (1913 und 1914) beraten worden; die in Aussicht genommene dritte Lesung hat wegen des Krieges bis jetzt nicht stattgefunden. Sie sind also bis jetzt noch nicht endgültig, sondern als Entwurf anzusehen. Sie haben folgenden Wortlaut:

Leitsätze über Dessertweine.

I. Begriffsbestimmungen.

Dessertweine (Südweine, Süßweine) sind solche Weine, die nach einem der nachstehend beschriebenen Verfahren so hergestellt sind, daß ihr Gehalt an Alkohol oder an Zucker oder an Alkohol und Zucker höher ist als der durch Gärung des unveränderten Saftes frischer, gewöhnlicher Trauben allgemein zu erzielende.

Die Herstellungsverfahren zerfallen in zwei Gruppen:

1. Vergärung von Traubensaft von besonders hoher Konzentration oder Anreicherung gewöhnlichen Weines durch konzentrierten Traubensaft. (Konzentrierte Süßweine.)
2. Zusatz von Alkohol zu hinreichend weit in der Vergärung vorgeschrittenem Most, gegebenenfalls auch unter Verwendung konzentrierten Traubensaftes. (Gespritete Dessertweine, auch Likörweine genannt.)

Im einzelnen sind folgende Verfahren im Gebrauch:

1. Konzentrierte Süßweine.

a) Vergärung des Mostes ausgelesener Trockenbeeren (z. B. Tokaieressenz, süße rheinische Ausleseweine) oder getrockneter Beeren (z. B. Strohweine).

b) Vergärung des Mostes gemeinsam gelesener gewöhnlicher Trauben und Trockenbeeren (z. B. süße Szamorodner).

c) Ausziehen von Trockenbeeren (z. B. Tokaier Ausbruch) oder getrockneten Beeren durch Most und Vergärung des Auszuges.

d) Ausziehen von Trockenbeeren oder getrockneten Beeren durch Wein.

e) Vergärung von eingekochtem Most (z. B. vini cotti).

2. Gespritete Dessertweine (Likörweine).

f) Zusatz von Alkohol, daneben teilweise auch von gespritetem Most, zu dem hinreichend weit vergorenen Most gewöhnlicher Trauben (z. B. Portwein, süße Prioratoweine).

g) Zusatz von Alkohol, daneben teilweise auch von gespritetem Most, zu dem hinreichend weit vergorenen Most von Trockenbeeren oder getrockneten Beeren (z. B. Gold-Malaga).

h) Zusatz von Alkohol zu dem hinreichend weit vergorenen Auszug von Trockenbeeren oder getrockneten Beeren mit gewöhnlichem Most oder mit gewöhnlichem Wein.

i) Zusatz von Alkohol, daneben teilweise auch von gespritetem und von eingekochtem Most zu gewöhnlichem Wein (z. B. Marsala, Madeira, Sherry, Tarragona-Dessertweine).

k) Verschnitt von Erzeugnissen, die nach den Verfahren f bis i hergestellt sind, mit eingekochtem Wein (z. B. brauner Malaga).

Trockenbeeren im Sinne dieser Begriffsbestimmungen sind die innerhalb des Weinbaugebietes, in dem der Dessertwein bereitet wird, am lebenden Weinstock ohne absichtliche Knickung der Stiele eingetrockneten Beeren.

Getrocknete Beeren im Sinne dieser Begriffsbestimmungen sind die innerhalb des Weinbaugebietes, in dem der Dessertwein bereitet wird, aus Trauben der letzten Ernte nach absichtlicher Knickung der Stiele oder nach erfolgter Aberntung gewonnenen eingetrockneten Beeren des Weinstocks von verhältnismäßig geringem Eintrocknungsgrade.

II. Grundsätze für die Beurteilung.

1. Erzeugnisse, die nicht wenigstens einen Teil ihres Alkoholgehaltes einer hinreichenden eigenen Gärung verdanken, sind nicht als „Wein" im Sinne des § 1 des deutschen Weingesetzes

und der Ausführungsbestimmungen zu § 13 desselben Gesetzes anzusehen. Als hinreichend vergoren im Sinne dieser Bestimmungen gelten Dessertweine mit weniger als 60 g Alkohol in 1 Liter (z. B. Tokaieressenz) nur dann, wenn sie ihren gesamten Alkoholgehalt, solche mit mehr Alkohol nur dann, wenn sie wenigstens 60 g Alkohol in 1 Liter der eigenen Gärung verdanken.

2. Im Inlande dürfen Dessertweine nur unter Zuhilfenahme von Trockenbeeren oder getrockneten Beeren (nach dem Strohweinverfahren) innerhalb der sonstigen, durch das Weingesetz festgelegten Grenzen hergestellt werden.

3. Dessertweine ausländischen Ursprungs sind, unbeschadet der folgenden Bestimmungen, zum Verkehr zugelassen, wenn sie den für den Verkehr innerhalb des Ursprungslandes geltenden gesetzlichen Vorschriften genügen.

Nicht verkehrsfähig sind:

4. Dessertweine, bei deren Herstellung Zucker oder Rosinen verwendet wurden.

Rosinen (in manchen Gegenden auch Ziben genannt) im Sinne dieser Bestimmung sind die nach absichtlicher Knickung der Stiele oder nach erfolgter Aberntung eingetrockneten Beeren des Weinstocks von höherem Eintrocknungsgrade. Auch eingetrocknete Beeren von geringem Eintrocknungsgrade sind ihnen zuzurechnen, sobald sie außerhalb des Weinbaugebietes gewonnen wurden, in dem der Dessertwein bereitet wird, oder sobald sie älter sind als Trauben der letzten Ernte.

Korinthen sind Rosinen im Sinne dieser Begriffsbestimmung.

5. Dessertweine, bei deren Herstellung die nachbezeichneten Stoffe zugesetzt oder sonst verwendet werden: Alkalicarbonate (Pottasche od. dgl.), lösliche Aluminiumsalze (Alaun u. dgl.), Bariumverbindungen, Borsäure, Eisencyanverbindungen (Blutlaugensalze), Farbstoffe mit Ausnahme von kleinen Mengen gebrannten Zuckers (Zuckercouleur), Fluorverbindungen, Formaldehyd und solche Stoffe, die bei ihrer Verwendung Formaldehyd abgeben, Glycerin, Kermesbeeren, Magnesiumverbindungen, organische Säuren oder deren Salze (Ameisensäure, Benzoesäure, Citronensäure, Oxalsäure, Salicylsäure, Weinsäure, Zimtsäure, Weinstein, neutrales weinsaures Kalium u. dgl.), unreiner (freien Amylalkohol enthaltender) Sprit, unreiner Stärkezucker, Stärkesirup, Strontiumverbindungen, künstliche Süßstoffe, Wismutverbindungen, Zinksalze, Salze und Verbindungen der vorbezeichneten Säuren sowie der schwefligen Säure (Sulfite, Metasulfite u. dgl.).

Als verfälscht, nachgemacht, verdorben oder irreführend bezeichnet sind anzusehen:

6. Dessertweine, die im Inlande Zusätze erfahren haben, die nicht innerhalb des Rahmens der erlaubten Kellerbehandlung zulässig sind.

7. Den Dessertweinen ähnliche Getränke, die aus Fruchtsäften, Pflanzensäften oder Malzauszügen hergestellt und nicht mit solchen Wortverbindungen bezeichnet sind, welche die Stoffe kennzeichnen, aus denen sie hergestellt sind. Die betreffenden Wortverbindungen müssen den deutschen Namen des verwendeten Ausgangsstoffes unverändert enthalten (z. B. ,,Malzwein" und nicht ,,Maltonwein").

8. Dessertweine, die unter Verletzung der gesetzlichen Vorschriften ihres Ursprungslandes hergestellt worden sind.

9. Dessertweine, deren Zusammensetzung und Beschaffenheit nicht der normalen Zusammensetzung und normalen Beschaffenheit der Erzeugnisse entsprechen, mit deren Namen sie belegt sind.

10. Dessertweine, die infolge von Essigstich oder anderen Weinkrankheiten oder von ungeeigneter Behandlung oder aus anderen Ursachen zum Genusse als Wein nicht mehr geeignet sind.

11. Dessertweine, deren Bezeichnung andeutet, daß der Wein Wachstum eines bestimmten Weinbergbesitzers sei, und die nicht unter Ausschluß jeden Alkohol- und Zuckerzusatzes aus Most, eingekochtem Most, Trockenbeeren oder getrockneten Beeren der Ernte des genannten Besitzers hergestellt sind.

12. Dessertweine, die als Medizinalweine bezeichnet oder sonst mit einem Namen belegt sind, der auf besonders heilende oder stärkende Eigenschaften hindeutet.

Ferner gelten folgende Bestimmungen:

13. Dessertwein darf im Inland nicht mit weißem Weine anderer Art verschnitten werden.

14. Im gewerbsmäßigen Verkehr mit Dessertwein dürfen geographische Bezeichnungen nur zur Kennzeichnung der Herkunft verwendet werden. Die Benutzung der Namen einzelner Gemarkungen oder Weinberglagen ist nur zulässig bei Erzeugnissen, die unter Ausschluß jeden Alkohol- und Zuckerzusatzes aus Most, eingekochtem Most, Trockenbeeren oder getrockneten Beeren der betreffenden Gemarkung bzw. Lage hergestellt sind. Dabei bleibt es jedoch gestattet, die Namen einzelner Gemarkungen oder Weinberglagen, die mehr als einer Gemarkung angehören, zu benutzen. um gleichartige und gleichwertige Erzeugnisse benachbarter oder nahegelegener Gemarkungen oder Lagen zu bezeichnen. — Diese Bestimmungen gelten auch für die indirekte Verwendung geographischer Bezeichnungen zur Bezeichnung der Art, wie z. B. ,,Portweinart", ,,Ersatz für Portwein", ,,frühere Bezeichnung Portwein", ,,griechischer Portwein" usw.

15. Ein Verschnitt von Dessertwein mit Dessertwein oder mit Wein anderer Art darf nur dann nach einem der Anteile allein benannt werden, wenn dieser in der Gesamtmenge überwiegt und die Art bestimmt. Ausgenommen sind die unter Ziffer 16 und 17 aufgezählten Fälle.

16. Dessertweinverschnitte, die Anteile enthalten, die nicht der Tokaier Weingegend entstammen, dürfen keinesfalls als Tokaier, Tokaier Wein, Tokaier Ausbruch, Hegyaljaer, Szamorodner, Máslás oder unter sonst einer auf die Tokaier Weingegend oder eine dazu gehörende Gemeinde oder Lage hinweisenden Bezeichnung in Verkehr gebracht werden.

17. Dessertweinverschnitte, die Anteile enthalten, die nicht den betreffenden portugiesischen Bezirken des Douro bzw. der Insel Madeira entstammen und über die Häfen von Porto bzw. Funchal verschifft worden sind, dürfen im inneren Verkehr des Deutschen Reiches nicht als Porto (Oporto, Portwein oder ähnliche Zusammensetzungen, wie z. B. red Port, white Port, royal Port, Portil, Portoletta usw.) bzw. als Madeira (Madeirawein oder ähnliche Zusammensetzungen) verkauft werden.

18. Dessertweine oder Dessertweinverschnitte, die ohne geographische Herkunftsbezeichnung in Verkehr gebracht werden, müssen den Anforderungen des deutschen Weingesetzes an inländische Erzeugnisse entsprechen. Die Bezeichnung ,,Sherry" ist im Sinne dieser Bestimmung und des Satzes 14 als geographische Herkunftsbezeichnung für Jerezweine anzusehen.

III. Deutung der Ergebnisse der chemischen Analyse.

Die chemische Analyse der Dessertweine vermag Aufschlüsse über die Herstellungsweise der untersuchten Erzeugnisse zu geben und damit Unterlagen für die Anwendung der vorstehenden Beurteilungsgrundsätze zu gewähren.

a) Konzentrierte Süßweine. 1. Konzentrierte Süßweine besitzen einen verhältnismäßig hohen Gehalt an zuckerfreiem Extrakt, an Mineralstoffen und an Phosphatrest. Sie enthalten wenigstens 29 g zuckerfreien Extrakt (Gesamtextrakt nach der Rohrzuckertafel — Zucker + 1) und wenigstens 0,40 g Phosphatrest (PO_4) in 1 Liter.

2. Diese Grenzzahlen sind nur maßgebend für die Beurteilung der Frage, ob ein Wein überhaupt als konzentrierter Süßwein anzusehen ist. Im übrigen kommt den einzelnen Sorten der konzentrierten Süßweine ein sehr verschiedenartiger Grad der Konzentration zu. Mit dem Konzentrationsgrade steigen im allgemeinen die Werte für zuckerfreien Extrakt und Phosphatrest an; sie stehen demnach in Beziehung zu dem ursprünglichen Extraktgehalt des Mostes, aus dessen Vergärung der Dessertwein hervorging.

3. Demnach empfiehlt es sich, bei der Begutachtung der konzentrierten Süßweine den ursprünglichen Extraktgehalt des Mostes zu berechnen.. Das geschieht, indem man nach der Formel $d + 0,001\,A$ das ursprüngliche spezifische Gewicht ermittelt und den zugehörigen Extraktgehalt der Rohrzuckertafel entnimmt. Hierin bedeutet d das spezifische Gewicht des Weines bei 15°, bezogen auf Wasser von 4°, und A den Alkoholgehalt in Gramm in 1 Liter Wein. Bei Wein, der einen Alkoholzusatz erfahren hat, trifft eine derartige Berechnung nicht zu.

4. Die Herbeiziehung noch anderer Merkmale als der unter 1. und 2. genannten ist für die Beurteilung der Frage, ob ein konzentrierter Süßwein vorliegt, und für die Ermittlung des Grades der Konzentration zu erstreben. Insbesondere wird in Zukunft mehr als bisher auf den Gehalt der Dessertweine an **nichtflüchtigen** Säuren und an **Milchsäure** und auf den aus diesen beiden Werten abzuleitenden **ursprünglichen Säuregehalt** des Mostes zu achten sein.

5. Konzentrierte Süßweine, die durch Vergären von Traubensaft von besonders hoher Konzentration nach den Verfahren a bis c und e bereitet sind, zeigen ein merklich höheres Fructose-Glykoseverhältnis als 1 : 1.

6. Konzentrierte Süßweine, die Fructose und Glykose nahezu im Verhältnis 1 : 1 enthalten, hatten ihre Gärung bereits vollendet, ehe der darin enthaltene Zucker ihnen einverleibt wurde, sind also nach Verfahren d bereitet.

7. Ob Trockenbeeren, getrocknete Beeren oder eingekochter Most bei der Herstellung eines konzentrierten Süßweines oder ob statt dessen Rosinen verwendet wurden, läßt sich meist nicht aus den Ergebnissen der Analyse erkennen. Doch wird man — mit Ausnahme von rheinischen Trockenbeerauslesen und Tokaieressenz — bei einem Erzeugnis, dessen Zusammensetzung auf ein Ausgangsmaterial von mehr als 460 g Extrakt in 1 Liter hinweist, im allgemeinen die Verwendung von Trockenbeeren oder von getrockneten Beeren für ausgeschlossen und diejenige von stärker eingetrockneten Rosinen für wahrscheinlich halten können.

b) Gespritete Dessertweine (Likörweine). 8. Dessertweine, bei denen auf 100 Gewichtsteile Alkohol weniger als sechs Gewichtsteile Glycerin kommen, haben einen Alkoholzusatz erhalten und sind als gespritete Dessertweine anzusehen. — Glycerin im Sinne dieser und der folgenden Bestimmung ist das nach einem solchen analytischen Verfahren ermittelte, das tatsächlich reines Glycerin finden läßt.

9. Gespritete Dessertweine sollen wenigstens 3,6 g Glycerin in 1 Liter enthalten; andernfalls sind sie nicht Wein im Sinne des Deutschen Weingesetzes.

10. Gespritete Dessertweine, die durch Alkoholzusatz zu nicht vollständig vergorenem Most gewöhnlicher Trauben oder zu nicht vollständig vergorenem Trockenbeermost, Most von getrockneten Beeren oder eingekochtem Most hergestellt sind, zeigen einen wesentlichen Überschuß des Fructosegehaltes über den Glykosegehalt.

11. Gespritete Dessertweine, bei denen das Verhältnis von Fructose zu Glykose nicht wesentlich von 1 : 1 abweicht, sind durch Alkoholzusatz zu trockenem Wein oder zu gewöhnlichem Most oder zu konzentriertem Traubensaft oder zu Mischungen von trockenem Wein mit gewöhnlichem Most oder konzentriertem Traubensaft bereitet, ohne daß nach der Vermischung bzw. nach dem Alkoholzusatz eine weitere wesentliche Gärung stattgefunden hätte.

12. Zur Entscheidung der Frage, ob bei der Herstellung eines gespriteten Dessertweines einerseits gewöhnlicher Most oder andererseits Trockenbeeren oder getrocknete Beeren oder eingekochter Most verwendet wurden, kann der Gehalt an zuckerfreiem Extrakt, an Mineralstoffen, an Phosphatrest, an nichtflüchtigen Säuren, an Milchsäure und sehr wahrscheinlich auch an Stickstoff herangezogen werden.

c) Gezuckerte Erzeugnisse. 13. Erzeugnisse, die unter Verwendung von Zucker hergestellt wurden, sind in der Regel an einem niedrigen Gehalt an zuckerfreiem Extrakt, an Phosphatrest und an nichtflüchtigen Säuren kenntlich. Diese Merkmale treten unter Umständen nur dann hervor, wenn man sie in Beziehung zu dem Extraktgehalt setzt, den das Ausgangsmaterial vor der Vergärung aufgewiesen haben müßte. Manchmal enthalten die hierher gehörenden Erzeugnisse noch unveränderte Saccharose.

d) Beurteilung der einzelnen Sorten. 14. Die Frage, ob ein vorliegender Dessertwein die normale Zusammensetzung der Sorte besitzt, der er seiner Benennung nach angehören soll, ist von Fall zu Fall an der Hand des statistischen Materials zu entscheiden. Eine wesentliche Vermehrung desselben läßt die Veröffentlichung von Ergebnissen der Auslandweinkontrolle erwarten. Vorschläge zu Beurteilungsnormen für die einzelnen Sorten sind deshalb zweckmäßig bis zum Erscheinen jener Veröffentlichungen zurückzustellen. Im Besitz derselben wird man nicht eine Aufstellung von

Grenzzahlen, sondern vielmehr eine Charakterisierung der einzelnen Sorten anstreben müssen, die sich insbesondere auf die Art der Herstellung, die Art und den Grad einer etwaigen Konzentration und eines etwaigen Alkoholzusatzes zu erstrecken hätte.

e) Einzelne Gesichtspunkte. 15. Mit Beziehung auf den Gehalt der Dessertweine an flüchtigen Säuren ist zu beachten, daß die für einheimische trockene Weine geltenden Beurteilungsgrundsätze nicht auf das vorliegende Gebiet übertragen werden können. Bis auf weiteres sind die von Haas aufgestellten Normen zu benutzen. Danach sind Dessertweine mit einem Gehalt von 1,7 g flüchtigen Säuren in 1 Liter, berechnet als Essigsäure, nicht zu beanstanden. Dessertweine, in welchen die Sinnenprobe keinen Geruch oder Geschmack nach Essigsäure wahrnehmen läßt, können auch bei mäßiger Überschreitung der angegebenen Grenzzahl nicht als essigstichig bezeichnet werden.

16. Mit Beziehung auf den Gehalt der Dessertweine an Sulfatrest ist zu beachten, daß ein größerer Gehalt hieran bei manchen Sorten der normalen Zusammensetzung entspricht.

17. Eine Beurteilung der Dessertweine auf Grund des unter Nr. 12d der amtlichen Anweisung für die Untersuchung des Weines beschriebenen Verfahrens zum Nachweis der unvergärbaren Stoffe des unreinen Stärkezuckers ist in der Regel nicht zulässig.

Hierzu ist folgendes zu bemerken: Die Forderung, daß die Süßweine eine gewisse Gärung durchgemacht haben und eine bestimmte, durch Eigengärung entstandene Menge Alkohol enthalten sollen, ist schon alt. Im Jahre 1897 hatte bereits die Freie Vereinigung bayerischer Vertreter der angewandten Chemie auf der Jahresversammlung in Landshut den Satz aufgestellt: „Ein nicht sehr früh gespriteter Süßwein soll mindestens 6 g Mostgärungsalkohol in 100 ccm enthalten." Seitdem wurden von vielen Nahrungsmittelchemikern Süßweine, die dieser Anforderung nicht genügten, beanstandet; man ließ solche Getränke nicht als Wein im Sinne des § 1 des Weingesetzes gelten. Auch anderwärts wird zwischen genügend vergorenen Süßweinen und stumm gemachten, nur schwach angegorenen Mosten (sogenannten Mistellen) unterschieden. Dieser Standpunkt kann zur Zeit nicht mehr vertreten werden, nachdem das Reichsgericht durch Urteil vom 2. Dezember 1915 dahin entschieden hat, daß die nur schwach angegorenen, durch Alkoholzusatz stumm gemachten Getränke (Mistellen) als Wein anzusehen und verkehrsfähig sind. Dementsprechend können die Leitsätze unter II, Nr. 1 und III, Nr. 9 nicht mehr aufrechterhalten werden.

Die strenge Auffassung der Begriffe „Portwein" und „Madeira", wie sie unter II, Nr. 17 der Leitsätze zum Ausdruck gebracht ist, beruht auf den Bestimmungen des Handels- und Schiffahrtsvertrags zwischen Deutschland und Portugal vom 30. November 1908. Dadurch, daß Portugal in den Kriegszustand mit dem Deutschen Reich eingetreten ist, ist der Vertrag aufgehoben. Es dürfte sich aber im allseitigen Interesse empfehlen, an den bisherigen scharfen Anforderungen festzuhalten.

III. Fehlerhafte, kranke, verdorbene Weine.

Von den Fehlern und Krankheiten der Weine sind die wichtigsten das Schwarzwerden, verursacht durch gerbsaures Eisenoxyd; das Rahn-, Rohn-, Braun- oder Fuchsigwerden, verursacht durch die Wirkung von Oxydasen; der Böckser, verursacht durch die Gegenwart von Schwefelwasserstoff im Wein; das Kahmigwerden, der Essigstich, der Milchsäurestich (das Zickendwerden), das Zäh-, Lang-, oder Weichwerden, das Umschlagen, das Bitterwerden der Rotweine, unreiner, fremdartiger Beigeschmack (Mäusel-, Schimmel-, Stopfengeschmack usw.). Manche Weinfehler und Weinkrankheiten lassen sich leicht und vollständig beheben, z. B. das Schwarzwerden, das Rahnwerden, der Böckser, das Zähwerden. Bei anderen Krankheiten kommt es darauf an, wie weit sie vorgeschritten sind. Falls Organismen die Ursache krankhafter Veränderungen sind, wird man gegen diese vorgehen müssen; häufig ist das Pasteurisieren der Weine hierzu nötig. Fehlerhafte und kranke Weine sind nicht verkehrsfähig, werden auch von den Konsumenten ohne weiteres zurückgewiesen.

Durch Krankheiten wirklich verdorbene Weine sind nach dem Nahrungsmittelgesetz nicht verkehrsfähig und zu beanstanden. Ob sie wieder genußfähig gemacht werden dürfen, ist zweifelhaft und hängt von den Umständen ab; keinesfalls genügt es, ihnen nur den Schein einer besseren, normalen Beschaffenheit zu geben.

Über die Beurteilung der essigstichigen Weine vgl. S. 997.

IV. Schaumweine.

Der Schaumwein ist nicht Wein im Sinne des § 1 des Weingesetzes, sondern ein aus Wein hergestelltes Getränk. Nach § 15 des Weingesetzes dürfen zur Herstellung von Schaumwein nicht verwendet werden: Weißweine, die mit Dessertweinen verschnitten sind, Weine und Traubenmaischen, die gesetzwidrig gezuckert sind, Weine und Traubenmaischen, die andere Zusätze erhalten haben, als nach § 4 für die Kellerbehandlung zugelassen sind, und ebenso dürfen nachgemachte Weine im Sinne des § 9 des Weingesetzes nicht verwendet werden.

Durch § 16 des Weingesetzes ist der Bundesrat ermächtigt worden, die Verwendung bestimmter Stoffe bei der Herstellung von Schaumwein zu beschränken oder zu untersagen, und zu bestimmen, welche Stoffe hierbei Verwendung finden dürfen. Auf Grund dieser Ermächtigung wurde durch die Ausführungsbestimmungen vom 9. Juli 1909 zu § 16 des Weingesetzes die Verwendung der auf S. 975 aufgeführten Stoffe (lösliche Aluminiumsalze usw.) bei der Herstellung von Schaumwein verboten. Bestimmungen darüber, welche Stoffe bei der Schaumweinherstellung verwendet werden dürfen, wodurch also die Verwendung aller übrigen Stoffe ausgeschlossen würde, sind bisher nicht erlassen worden. Zusätze zum Schaumwein, die in den Ausführungsbestimmungen zu § 16 des Weingesetzes nicht genannt sind, sind nach Maßgabe des Nahrungsmittelgesetzes zu beurteilen.

§ 17 des Weingesetzes ordnet die Kenntlichmachung des Landes der Flaschenfüllung, die Kennzeichnung des etwa stattgehabten Zusatzes fertiger Kohlensäure und die Kenntlichmachung der schaumweinähnlichen Getränke, d. h. besonders der Obstschaumweine an. Hierzu sind ausführliche, ins einzelne gehende Ausführungsbestimmungen ergangen.

Gesetzwidrig gezuckerte, überstreckte Weine dürfen nicht auf Schaumweine verarbeitet werden. Dazu ist zu bemerken, daß die Schaumweine in der Regel aschen- und auch oft extraktärmer sind als gewöhnliche (stille) Weine[1]). Die Schaumweine werden in der Regel aus Klarettweinen hergestellt, die durch schwaches Abpressen blauer Trauben sofort nach dem Mahlen gewonnen werden. Der Klarettmost enthält vorwiegend die leicht abfließenden Anteile des Saftes des eigentlichen Beerenfleisches; von diesem Beerenfleischmost weiß man, daß er ärmer an Mineralstoffen und auch an neutralen Extraktstoffen ist als die Mostanteile aus anderen Teilen der Traubenbeeren. Von dem hohen Mineralstoffgehalt der Trester (Kämme, Hülsen) gelangt nichts in den Klarettmost. Dann macht der Schaumwein nach der Faßgärung eine zweite Gärung in der Flasche durch, wobei die Hefe wieder Mineralstoffe aus dem Wein nimmt. Der dabei entstehende höhere Alkoholgehalt vermindert die Löslichkeit des Weinsteins und kann die Abscheidung von solchem veranlassen, was wieder eine Herabsetzung der Mineralstoffe bewirkt. Schließlich findet durch den Likörzusatz eine Verdünnung der Mineralstoffe und des zuckerfreien Extraktes statt, die bei süßen Schaumweinen recht erheblich sein kann. Ein geringerer Gehalt an Mineralstoffen, unter Umständen auch an Extrakt, insbesondere an neutralen Extraktstoffen, ist danach erklärlich und beweist nicht eine starke Streckung des dem Schaumwein zugrunde liegenden Weines.

---

[1]) P. Kulisch, Zeitschr. f. angew. Chemie 1898, S. 573 u. 610; L. Grünhut, Zeitschr. f. analyt. Chemie 1898, **37**, 231; Weinbau u. Weinhandel 1898, **16**, 253; O. Rosenheim u. Phil. Schidrowitz, Analyst 1900, **25**, 6. Vgl. auch B. Heinze, Hyg. Rundschau 1903, **13**, 44; S. Bein, Zeitschr. f. Untersuchung d. Nahrungs- u. Genußmittel 1904, **8**, 681.

V: Weinhaltige Getränke.

Unter „weinhaltigen Getränken" versteht man solche Erzeugnisse, die unter
Verwendung von fertigen Naturweinen bzw. verkehrsfähigen Weinen (im Sinne des § 13
des Weingesetzes vom 7. April 1909) hergestellt sind. Man zieht Pflanzen, Kräuter, Gewürze und Drogen entweder mit dem Wein aus, indem man Säckchen mit den Pflanzenstoffen in den Wein oder gärenden Most so lange eintauchen läßt, bis die gewünschte Würzung erfolgt ist, oder man fertigt einen weinigen bzw. alkoholischen Auszug aus den
Pflanzenstoffen, gegebenenfalls unter Mitverwendung von Zucker an und setzt diesen dem
verkehrsfähigen Weine zu. Es dürfen keine Pflanzenstoffe verwendet werden, deren Verkauf nur den Apotheken vorbehalten ist.

Man erhält auf diese Weise die gewürzten bzw. aromatisierten Weine, wozu unter
anderen gehören:

1. Der *Wermutwein* (auch einfach Wermut, Vermouth, Vino Vermouth genannt). Unter Wermutwein versteht man einen mit Wermut und anderen, den Apotheken zum Verkauf
nicht vorbehaltenen Kräutern[1]) gewürzten, verkehrsfähigen Wein, welchem Alkohol und
Zucker, gegebenenfalls auch Zuckerlösung (etwa 1 Zucker : 1 Wasser) zugesetzt werden dürfen.
Die Menge dieser Zusätze soll aber, wie von fachmännischer Seite geltend gemacht wird, 30 Proz.
nicht überschreiten, so daß der Wermut mindestens 70 Proz. Wein enthält.

Das preußische Ministerialblatt für Medizinal-Angelegenheiten vom 14. Februar 1914 sagt
über die Herstellung des Wermutweines in Italien, dem eigentlichen Lande der Wermutherstel-
lung, folgendes:

In Italien wird Wermut aus unverfälschten und alkoholischen Weißweinen hergestellt. Es
ergibt sich mithin selten die Notwendigkeit, zu einem Alkoholzusatz zu schreiten. Man süßt den
genannten Wein mit Rohrzucker, welchen man in dem Wein selbst sich auflösen läßt, oder in einer
nur gerade zur Auflösung unbedingt erforderlichen Menge Wasser. Der Wasserzusatz ist mithin
auf jeden Fall sehr gering. Darauf geht man dazu über, gewürzreiche und bittere Substanzen zuzusetzen, die dazu dienen, dem Wermut das Aroma und seinen besonderen Geschmack zu geben.
Die so gewonnene Flüssigkeit erfährt dann die gewöhnliche Kellerbehandlung, wie Abklärungen,
Filtrationen, bis sie den gewünschten Grad der Ablagerung erreicht hat.

Nach dem italienischen Weingesetz vom 11. Juli 1904 bzw. nach dessen Ausführungsbestimmungen vom 4. August 1905[2]) wird Wermutwein nicht als weinhaltiges Getränk,
sondern als Wein aufgefaßt, dem als solchem keine Zusätze von Wasser, Alkohol
und Zucker gemacht werden dürfen.

Das ungarische Weingesetz vom 14. Dezember 1908 bzw. die Durchführungs-
bestimmungen dazu vom 30. Dezember 1908 unterscheiden zwischem süßem Wermut

---

[1]) Als solche Kräuter werden angegeben: Tausendgüldenkraut, Quassia, Bitterorangenschalen,
Chinarinde, Enzian, Angelikawurzel, Kalmuswurzel. Br. Haas (Archiv f. Chem. u. Mikroskopie
1908, **1**, 227; Zeitschr. f. Untersuchung d. Nahrungs- u. Genußmittel 1915, **29**, 166) gibt an, daß
außer Wermut 29 solcher aromatischer Pflanzen verwendet werden. Nach ihm werden verschiedene
Kräuter und Drogen mit dem Wermutkraut vermischt, zerkleinert und mit 20 Teilen Weißwein
oder Alkohol oder mit einem Gemisch beider 15—20 Tage in geschlossenen Fässern unter öfterem
Umrühren stehen gelassen. Nach dem Abziehen werden die Kräuter nochmals mit Wein und Alkohol
einige Tage behandelt und dann destilliert. Auszug und Destillat werden je nach Bedürfnis gemischt,
zur Haltbarmachung pasteurisiert und, um spätere Weinsteinabscheidung zu verhüten, auf 0° abgekühlt und mit spanischer Erde als bestem Schönungsmittel geschönt. Vollkommene Klarheit
erreicht man nur durch Filtration. Zu den feinsten Turiner Wermutweinen wird Moscato di Canelli
verwendet. Br. Haas hält Zusatz von Rohrzucker für erlaubt, Verwendung von Zuckerwasser
dagegen für eine Verfälschung.

[2]) Vgl. A. Behre u. K. Frerichs, Zeitschr. f. Untersuchung d. Nahrungs- u. Genußmittel
1913, **25**, 429.

(aus eingekochtem Most) und gewöhnlichem Wermut (auf kaltem Wege bereitetem Wermut, „Raitzenwermut") und gestattet den Zusatz von Zucker und Alkohol zu dem süßen Wermut; bei dem gewöhnlichen Wermut ist außer Naturwein nur die Benutzung von Wermut und sonstigen gebräuchlichen Gewürzen gestattet, die Benutzung von Zucker und Alkohol wie auch von allen übrigen, bei der Weinbehandlung verbotenen Zutaten ist nicht gestattet.

Auch in Österreich ist bei der Bereitung des Wermutweines außer Wein (auch Süßwein) nur das Aromatisieren mit Wermutkraut und anderen, den Apotheken nicht vorbehaltenen Drogen erlaubt. Der Codex alim. austr. I. Bd. 1911 sagt darüber:

Wird die Extraktion anstatt mit Wein mit verdünntem Sprit vorgenommen und die erhaltene Flüssigkeit mit Zucker evtl. auch mit Weinsäure oder Citronensäure versetzt, so ist das so bereitete Getränk kein Wermut; es kann aber je nach seinem Zuckergehalt als „Wermutbranntwein" „Wermutbitter" oder als „Wermutlikör" in Verkehr gebracht werden. Mischt man einem solchen Getränk Wein bei und zeigt die Mischung eine dem Wermutwein ähnliche Zusammensetzung, so ist sie ein verbotenes weinhaltiges oder weinähnliches Getränk im Sinne des Weingesetzes, es sei denn, daß ihr Alkoholgehalt mehr als 22,5 Vol.-Proz. beträgt, in welchem Falle sie nicht den Bestimmungen des Weingesetzes unterliegt.

Das schweizerische Lebensmittelbuch von 1909, S. 233, gibt folgende Begriffserklärung:

Unter Wermutwein versteht man Wein, der durch Infusion von verschiedenen Pflanzenstoffen aromatisiert ist. Ein Alkoholzusatz ist zulässig, jedoch darf der gesamte Alkoholgehalt des Wermutweines 18 Vol.-Proz. nicht übersteigen. Gewisse Sorten sind durch Zusatz von Zucker versüßt.

2. Bitterwein. Für Bitterwein gilt dasselbe, was vom Wermutwein gesagt ist. Seine Herstellung unterscheidet sich nur dadurch von der des Wermutweines, daß andere ausgeprägter bittere Kräuter und Drogen, deren Verkauf nicht den Apotheken vorbehalten ist, verwendet werden.

In diese Gruppe gehören auch eine Reihe sonstiger aromatisierten Weine, z. B. der Süßwein „Amarena", der auf Sizilien in der Weise gewonnen wird, daß man den Most auf Pfirsich-, Kirsch-, Weichsel- und Mandelblättern vergären läßt.

Ebenso gehört Rhabarberwein hierher, wenn Rhabarberwurzeln unter Mitverwendung von Gewürzen (Cardamomen u. a.) mit Wein (Xeres) ausgezogen werden. Dagegen muß der aus Rhabarbersaft unter Mitverwendung von Zucker durch Gärung hergestellte Wein zu den weinähnlichen Getränken gerechnet werden (vgl. folgenden Abschnitt VI).

3. Chinawein, erhalten durch Ausziehen von Chinarinde mit Wein (Süßwein).

4. Maiwein oder Maitrank, erhalten durch Ausziehen von Waldmeister unter Zusatz von Zucker mit Wein.

5. Ingwerwein (vorwiegend in England gebräuchlich), durch Ausziehen von Ingwer (bzw. Gewürzen) unter Zusatz von Zucker erhalten.

6. Pepsinwein besteht aus Wein mit Zusatz von Pepsin und etwas Salzsäure. Statt Pepsin wird auch wohl Papain verwendet, welches aber nicht so günstig auf die Verdauung wirkt als Pepsin. Der vorhandene Alkohol, wie auch etwa vorhandener Zucker vermindern die Verdauungskraft.

7. Weinpunsch (-essenz bzw. -extrakt). Unter Punsch im allgemeinen versteht man eine Mischung von Rum, Arrak, Citronensaft, Zucker und aromatischen Stoffen. Führen sie die Bezeichnung in Verbindung mit dem Wort „Wein" (z. B. Weinpunsch) oder einem bekannten Weinbauort bzw. einer bekannten Traubensorte (z. B. Bordeaux-Punsch, Burgunder-Punsch), so fallen sie wie die vorstehenden Getränke unter die Ausführungsbestimmungen zu §§ 10 und 16 des Weingesetzes, d. h. der verwendete Wein muß ebenso wie bei Weinbowlen (Aufgüssen von Wein evtl. mit etwas Kognak, Rum, Arrak, ferner mit Selterwasser oder Schaumwein auf Früchte und aromatische Stoffe, wie Ananas oder Pfirsiche oder Erdbeeren oder Waldmeister), Schorle - Morle (Mischung von Wein und Selterwasser), Kalte Ente (Mischung von Rot- und Schaumwein) u. a. dem § 13 des Weingesetzes entsprechen.

Auszüge von Korinthen und Rosinen, vergoren oder unvergoren, sind nicht zulässig, ebenso nicht die alleinige oder Mitverwendung von Obst- oder Beerenwein. Erzeugnisse aus letzteren müssen ausdrücklich als solche bezeichnet sein, z. B. „Wermutobstwein" usw.

Wenn die weinhaltigen Getränke mit Wein oder Traubenmost in einem Raume aufbewahrt werden, so müssen die Gefäße der ersteren mit einer deutlichen Bezeichnung des Inhaltes an einer in die Augen fallenden Stelle versehen sein.

Die häufigsten Verfälschungen der weinhaltigen Getränke bestehen in einer Überstreckung (Zusatz von zuviel Wasser oder Sprit) oder in einer unrichtigen Bezeichnung.

Wenn ein Wermutwein als Vermouth, Vino Vermouth oder Vermouth di (uso) Torino, Turiner Wermutwein bezeichnet wird, so muß er nicht nur nach der in der Turiner Umgebung üblichen Art, sondern auch aus den dort gebräuchlichen Rohstoffen (Wein, Kräutern und Gewürzen) hergestellt sein.

Die Untersuchung dieser weinhaltigen Getränke[1]) wird wie die der Weine bzw. Süßweine ausgeführt. Sie liefert aber hier noch weniger als bei letzteren sichere Anhaltspunkte für die Beurteilung, ob und wieviel verkehrsfähiger Wein bei der Herstellung mit verwendet worden ist. Am ersten kann, wie A. Beythien und A. Behre für Wermutwein geltend machen, die Bestimmung der Menge des Glycerins, der Menge und Alkalität der Asche, sowie des Gehaltes an Phosphorsäure Aufschluß geben, obschon auch hier die erforderlichen Gehalte sich durch künstliche Zusätze erreichen lassen.

A. Verda (vgl. Anm. 1) hält bei Wermutwein die Bestimmung der Asche und der Schwefelsäure für belangreich, indem nach Abzug der Sulfate (K_2SO_4) von der Asche mindestens 0,06 bis 0,07 g Mineralstoffe für 100 ccm Wein übrigbleiben sollen; fällt die Differenz unter 0,05 g, so soll der Wermut nicht mehr als rein angesehen werden können.

Man wird hiernach für die Beweiserbringung in der Regel hauptsächlich auf die Buchführung und Zeugenaussagen angewiesen sein.

Zur Herstellung weinhaltiger Getränke dürfen nach § 15 des Weingesetzes die gesetzwidrig hergestellten Weine, deren Verarbeitung auf Schaumweine nicht gestattet ist, nicht verwendet werden (vgl. unter IV, Absatz 1, S. 1017). Verboten ist weiterhin bei weinhaltigen Getränken, deren Bezeichnung die Verwendung von Wein andeutet, der Zusatz der in den Ausführungsbestimmungen vom 9. Juli 1909 zu §§ 10 und 16 des Weingesetzes genannten Stoffe (lösliche Aluminiumsalze usw.). Für weinhaltige Getränke, deren Bezeichnung die Verwendung von Wein nicht andeutet, gilt diese Bestimmung nicht. Daraus darf aber nicht geschlossen werden, daß bei solchen Getränken der Zusatz dieser Stoffe ohne weiteres gestattet sei; hier ist vielmehr von Fall zu Fall die Zulässigkeit der Zusätze auf Grund des Nahrungsmittelgesetzes zu beurteilen.

---

[1]) Über die Zusammensetzung der weinhaltigen Getränke vgl. bezüglich a) Wermutwein: A. Behre u. K. Frerichs, Zeitschr. f. Untersuchung d. Nahrungs- u. Genußmittel 1913, **25**, 429; A. Beythien u. Mitarbeiter, ebendort 1905, **10**, 10 u. 1911, **21**, 670; Pharm. Zentralhalle 1907, **42**, 489; J. J. Hoffmann, Pharm. Weekblad 1902, **39**, 853; Zeitschr. f. Untersuchung d. Nahrungs- u. Genußmittel 1906, **11**, 543; M. Mansfeld, ebendort 1907, **13**, 292; O. Lobeck, Zeitschr. f. öffentl. Chemie 1907, **13**, 184; R. Woy, ebendort 1912, **18**, 303; P. Trübsbach, ebendort 1912, **18**, 373; 1913, **19**, 63; A. Verda, Schweizer. Apoth.-Ztg. 1915, **53**, 248; Zeitschr. f. Untersuchung d. Nahrungs- u. Genußmittel 1916, **31**, 373; Br. Haas, Arch. f. Chemie u. Mikrosk. 1908, **1**, 227; Zeitschr. f. Untersuchung d. Nahrungs- u. Genußmittel 1915, **29**, 166. — b) Ingwerwein: Russell u. Hodgson, ebendort 1912, **23**, 225. — c) Pepsinwein: A. Fischer, ebendort 1901, **4**, 1036.

VI. Weinähnliche Getränke.

Zu den weinähnlichen Getränken gehören nach § 10 des Weingesetzes vom 7. April 1909 die durch alkoholische Gärung aus frischen Fruchtsäften (Obst- und Beerenfrüchten, auch Heidelbeeren), frischen Pflanzensäften (z. B. Rhabarber) und Malzauszügen (Malzweinen) hergestellten Getränke. Die Herstellung dieser Getränke fällt daher nicht unter § 9 des Weingesetzes (nachgemachte Weine). Die wichtigsten unter den weinähnlichen Getränken im Deutschen Reiche sind folgende:

1. Obst- und Beerenweine. Die Obst- und Beerenweine (Fruchtweine) werden aus den Säften der Obst- und Beerenfrüchte in ähnlicher Weise wie der Wein aus dem Safte der Weintrauben gewonnen. Die gesunden, vollreifen Früchte — von Äpfeln und Birnen verwendet man meistens die säurereichen Sorten — werden gewaschen, zerkleinert und gepreßt. Die Säfte mit ausgesprochenem Säureüberschuß, wie z. B. fast alle Beerensäfte, werden in der Regel mit Zuckerwasser so verdünnt, daß der Säuregehalt 8 bis 12 g für 1 l beträgt. Die zuzusetzende Zuckermenge richtet sich nach dem zu erzielenden Getränk, ob man herbe oder süße Getränke erzielen will, bei Beerentischwein 130 bis 160 g, bei Beerenlikörwein entsprechend mehr zu 1 l Saft. Aus Heidelbeeren werden meistens nur herbe Getränke hergestellt. Die Trester werden häufig noch mit Wasser angerührt, nach einigem Stehen abermals gepreßt und der Preßsaft wird mit oder ohne Zusatz von Zucker mitverwendet. Zur Gärung dient jetzt bisweilen Reinhefe.

Auch beim Obstwein findet während und nach der Hauptgärung ein Säurerückgang (Übergang von Äpfelsäure in Milchsäure, S. 995) statt. H. Becker[1] beobachtete bei Äpfelwein unter Abnahme der Äpfelsäure und Zunahme der Milchsäure einen Säurerückgang von 0,13 bis 0,56 g in 100 ccm[2]), in Beerenweinen konnte er keinen oder nur einen sehr geringen Säurerückgang beobachten. Dagegen fand H. Becker auch in ihnen, wahrscheinlich als Umwandlungserzeugnis des Zuckers bei der Gärung, Milchsäure, nämlich in 100 ccm Wein:

	Äpfelwein	Heidelbeerwein	Stachelbeerwein	Johannisbeerwein
Milchsäure	0,31—0,63 g	0,24 g	0,06 g	nicht über 0,09 g

Die sonstigen Bestandteile der Obst- und Beerenweine sind folgende: Äthylalkohol, kleine Mengen höherer Alkohole, Glycerin, Aldehyde, Ester, Glykose und Fructose, Äpfelsäure, Citronensäure (in Beerenweinen), Bernsteinsäure, Salze dieser Säuren, Milchsäure, Essigsäure, Gerbsäure, unter Umständen Spuren von Benzoesäure (z. B. im Saft der Preiselbeeren), Spuren von Ameisensäure (im Saft von Himbeeren), Spuren von Salicylsäure (0,9 bis etwa 2 mg in 1 l Saft mehrerer Früchte. 2. Teil, S. 893), ferner Gummi, Pektinstoffe, Farbstoffe, stickstoffhaltige und mineralische Stoffe (wie im Traubenwein).

Die Herstellung der Obstschaumweine erfolgt bisweilen, wie bei den Traubenschaumweinen, durch Flaschengärung, meist aber durch Zuführung von Kohlensäure.

Über die chemische Zusammensetzung der Obst- und Beerenweine vgl. I. Bd. 1903, S. 1375.

Als Unterschiede zwischen Obst- und Traubenweinen gibt K. Kulisch[3] folgende an:

„Der Alkoholgehalt der Obstweine ist meist so niedrig, wie ihn Traubenweine nur in ganz geringen Jahren zeigen. Im Verhältnis dazu ist ihr Säuregehalt nicht entsprechend hoch, dagegen der nach Abzug der Säure verbleibende Extraktrest, sowie der Aschengehalt höher als bei geringen Traubenweinen. Der Stickstoffgehalt der Äpfelweine ist sehr viel niedriger, als man ihn ge-

---

[1]) Zeitschr. f. öffentl. Chemie 1912, **18**, 325.

[2]) Amthor fand (Arbeiten a. d. Kaiserl. Gesundheitsamte 1912, **42**, 210; 1914, **49**, 167) in 100 ccm Apfelwein 0,42 g Milchsäure.

[3]) Landw. Jahrbücher 1890, **19**, 83.

wöhnlich bei Traubenweinen beobachtet. Die Asche der Äpfelweine ist an Phosphorsäure ziemlich arm. Diese Angaben haben natürlich nur dann Geltung, wenn reine, unverbesserte und unvermischte Obstweine vorliegen. Wenn diese mit etwas Traubenwein verschnitten sind, kann man aus einem niedrigen Gehalt an Weinstein und freier Weinsäure keinerlei Schlüsse mehr ziehen, da es Traubenweine gibt, die an beiden Substanzen einen sehr geringen Gehalt aufweisen. Nur das vollkommene Fehlen beider kann als beweisend gelten."

Die Verfälschungen der Obst- und Beerweine bestehen vorwiegend in der unrichtigen Bezeichnung und Überstreckung; hierzu kommen unter Umständen noch verbotene Zusätze.

Die Untersuchung der Obst- und Beerenweine erfolgt wie bei den Traubenweinen.

Für die Beurteilung ist zu beachten, daß Äpfel und Birnen nur ausnahmsweise so säurereich sind, daß sie eines Wasser- und Zuckerzusatzes bedürfen, daß andererseits die Säure der Äpfel und Birnen zumeist aus Äpfelsäure besteht, die in Milchsäure übergeführt wird, ein Vorgang, der mit einem erheblichen Säurerückgang verbunden ist. Äpfel- und Birnensäfte enthalten meist einen dem Charakter der Obstweine, die nicht zu alkoholreiche Erfrischungsgetränke sein sollen, entsprechenden genügenden Zuckergehalt. Äpfel- und Birnenweine bedürfen hiernach in der Regel weder einer Streckung durch Wasser, noch einer Zuckerung. Trotzdem wird heute von den meisten Nahrungsmittelchemikern die strenge Forderung, daß die Äpfel- und Birnenweine des Handels ganz ungezuckert sein sollen, nicht mehr aufrechterhalten, sondern eine leichte Streckung bis zu etwa 10 Proz. für zulässig erachtet; andere chemische Sachverständige wollen sogar eine Zuckerung bis zu 20 Proz., wie beim Traubenwein, zulassen. Größere Streckungen sind unter allen Umständen zu beanstanden. Die Anforderungen, die an den Äpfelwein des Handels gestellt werden, scheinen in den einzelnen Teilen des Reichs verschieden zu sein. Naturäpfelwein oder echter Äpfelwein u. dgl. muß natürlich aus reinem Äpfelsaft hergestellt sein. Ein Zusatz von Säuren (Milchsäure, Weinsäure) sollte auch in solchen Fällen, wo er nicht zu Fälschungszwecken erfolgt, gekennzeichnet werden.

In einigen Landesteilen sind alkoholische Getränke aus Äpfeln und Birnen üblich, die unter Verwendung erheblicher Mengen Wasser hergestellt werden; das Wasser wird zum Auslaugen der Trester benutzt oder gleich der vollen Maische zugesetzt. Zuckerzusatz ist nicht gebräuchlich, kommt aber vor. Zu diesen Getränken gehört der württembergische Most. Wer in Württemberg einen „Most" kauft, weiß, daß er ein gewässertes Erzeugnis kauft; der Preis ist auch entsprechend niedrig. Der schwäbische Most ist kein Äpfelwein, wie man ihn anderwärts gewohnt ist, an ihn können daher auch nicht die gleichen strengen Anforderungen gestellt werden. Bei dem württembergischen Most kann noch eine Wässerung bis zu $1/3$ des fertigen Erzeugnisses als normal gelten; erst was darüber hinausgeht, ist zu beanstanden.

Für die Beurteilung der Obstweine hinsichtlich einer etwa stattgehabten Wässerung und deren Höhe sind der Extrakt- und besonders der Mineralstoffgehalt heranzuziehen. Bei gezuckerten Obstweinen ist zu berücksichtigen, daß bei der Vergärung des Zuckers Extraktstoffe (Glycerin, Bernsteinsäure usw.) neu gebildet werden. Der Säuregehalt, besser der Gehalt an nichtflüchtigen Säuren ist ein weniger sicheres Merkmal, da er sehr wechselnd ist; wirkliche Mostäpfel enthalten oft beträchtliche Mengen nichtflüchtiger Säuren, während Süßäpfel und manche Birnensorten ganz arm daran sind. Stets ist bei der Beurteilung der Obstweine der Milchsäuregehalt heranzuziehen, weil er einen Maßstab für den stattgehabten Säurerückgang gibt; der Säurerückgang ist zugleich mit einem Rückgang des Extraktgehaltes verbunden. Der Extraktgehalt der Äpfel- und Birnensäfte schwankt innerhalb weiter Grenzen. Namentlich gibt es Birnensorten, deren Säfte sehr reich an zuckerfreiem Extrakt sind; der Extrakt kann bis zu 50 g im Liter und noch höher steigen. Im allgemeinen wird man annehmen dürfen, daß naturreiner Äpfelwein mindestens 20 g zuckerfreien Extrakt im Liter hat. Bei Birnenweinen kann die Grenze noch höher angesetzt werden. Der Aschengehalt der Äpfel- und Birnenweine ist auch hoch und ist auf mindestens 20 g im Liter anzusetzen.

Äpfel- und namentlich säurearme Birnenweine enthalten häufig mehr flüchtige Säuren als gesunde Weißweine. Es gibt Obstweine, die 1,5 g flüchtige Säuren und noch mehr im Liter enthalten, ohne bei der Kostprobe stichig zu schmecken; der hohe Extrakt- und besonders Mineralstoffgehalt lassen die flüchtigen Säuren weniger in Erscheinung treten. Obstweine mit höherem Gehalt an flüchtigen Säuren (1,5 g und mehr im Liter), die bei der Kostprobe deutlich stichig schmecken, sind als verdorben zu beanstanden.

Die Beerenweine erfordern wegen des hohen Säuregehalts der Beerensäfte in der Regel einen Wasser- und Zuckerzusatz; nur ein zu hoher Wasserzusatz kann hier zu einer Beanstandung Veranlassung geben.

2. Holunder- und Rhabarberweine. Zu den weinähnlichen Getränken müssen auch Holunderbeer- und Rhabarberwein gerechnet werden.

Der Holunderbeerwein wird nach A. Petri[1]) in der Weise gewonnen, daß man die Beeren entstielt, preßt und den Preßsaft einkocht, um den bitteren Geschmack zu beseitigen. Darauf setzt man auf 1 l Saft 3 l Wasser und 1,5 kg Zucker zu und läßt nach Zusatz von frischer Bäckerhefe (300 g auf 100 l Mischung) vergären. Das Gärerzeugnis wird nach dem Abstich wie Trauben- bzw. Obstwein weiter behandelt.

Die Bereitung des Rhabarberweines[2]) ist, wie H. Kreis[3]) berichtet, ähnlich; man setzt zu 1 Teil Rhabarbersaft 5 Teile Wasser und 1 Teil Zucker und läßt dieses Gemisch vergären[4]).

3. Malz- und Maltonweine. Unter „Malzwein" versteht man die aus Malzaufguß, gegebenenfalls unter Zusatz von Zucker hergestellten weinähnlichen Getränke, die den gewöhnlichen Trink- bzw. Tischweinen im Gehalt an Extrakt und Alkohol gleichen; unter „Maltonwein" dagegen solche, welche wegen ihres höheren Gehaltes an Extrakt und Alkohol den Süß- bzw. Dessertweinen gleichkommen sollen.

Zu ihrer Herstellung wird geschrotenes Malz mehrmals mit heißem Wasser so ausgezogen, daß eine tunlichst hohe Zuckerbildung erzielt wird. Der Auszug wurde vor Erlaß der Bundesratsverordnung vom 21. Mai 1914 nach Zusatz von Rübenzucker der Gärung unterworfen. Um den dem herzustellenden Wein eigenartigen Geruch und Geschmack (Bukettstoffe) zu erzielen, werden Reinzuchthefen der entsprechenden Weinsorten angewendet. P. Kulisch[5]) ist der Ansicht, daß die reingezüchteten Weinhefen keinen nennenswerten Einfluß auf die Bildung der Weinbukettstoffe ausüben, daß durch Anwendung von Bier- und Preßhefe ein gleicher Erfolg zu erreichen sei; die Hauptsache sei, die Gärung so zu leiten, daß genügend, aber auch nicht zu viel Milchsäure, deren Entstehung in den Malzauszügen nach der Herstellung alsbald einsetze, gebildet, anderseits die Bildung größerer

---

1) Jahresber. d. Öffentl. Nahrungsm.-Untersuchungsamtes in Coblenz 1914, 34; Zeitschr. f. Untersuchung d. Nahrungs- u. Genußmittel 1916, **31**, 375.

2) Es werden auch Rhabarberwurzeln unter Mitverwendung von Gewürzen (Cardamomen) mit Wein (Xeres) ausgezogen, und ein derartiges Erzeugnis gehört dann zu den weinhaltigen Getränken (vgl. S. 1019).

3) Bericht über die Lebensmittel-Kontrolle im Kanton Basel-Stadt 1915, 33; Zeitschr. f. Untersuchung d. Nahrungs- u. Genußmittel 1916, **31**, 375.

4) Vgl. Petri, Jahresber. d. Öffentl. Nahrungsm.-Untersuchungsamtes in Coblenz 1912, 42; Zeitschr. f. Untersuchung d. Nahrungs- u. Genußmittel 1913, **26**, 695.

5) P. Kulisch (Zeitschr. f. Untersuchung d. Nahrungs- u. Genußmittel 1913, **26**, 705) glaubt nach seinen Untersuchungen annehmen zu können, daß auf 100 l gewöhnlichem Malzwein etwa 6—8 kg Malz und 8—15 kg Zucker verwendet werden. Bei der Herstellung der Maltonweine müssen natürlich die angewendeten Mengen Malz und Zucker höher sein.

Mengen flüchtiger Säuren (Essigsäure, Buttersäure und höherer Fettsäuren), wobei meistens der Mäuselgeschmack auftrete, vermieden werde.

Künstlich zugesetzte Wein- oder Citronensäure hat P. Kulisch in den von ihm untersuchten Malzweinen des Handels nicht nachweisen können.

Über die Zusammensetzung gewöhnlicher Malzweine vgl. P. Kulisch (l. c.) und einiger Malton-Süßweine I. Bd. 1903, S. 1403.

Die Malzweine enthalten vielfach nur wenig Alkohol, Extrakt (besonders zuckerfreien Extrakt), wenig Gesamtsäure, Glycerin und Mineralstoffe, dagegen viel Essigsäure, wodurch der **stichige Mäuselgeschmack** bedingt ist. Auch schmecken sie häufig fade, süßlich und pappig. Ferner sind sie infolge des Maltose- und Dextringehaltes im 200-mm-Rohr vor wie nach der Inversion stark **rechtsdrehend**, wodurch sie sich am ersten von Traubenweinen unterscheiden. Auf Alkoholzusatz scheiden sich die Dextrine als flockiger Niederschlag aus.

Die Untersuchung der Malzweine erfolgt wie die der Traubenweine, die Beurteilung, insofern Malzwein nach § 10 des Weingesetzes vom 7. April 1909 zu den weinähnlichen Getränken gehört, wie bei Getränken aus Frucht- und Pflanzensäften und nach Maßgabe der Bundesratsverordnung vom 21. Mai 1914.

Um der Herstellung von alkoholarmen Malzweinen unter Zucker- und Säureverwendung, welche kleinen deutschen Traubenweinen sehr ähnlich sind, eine Grenze zu setzen, ist in den Ausführungsbestimmungen zu den §§ 10 und 16 des Weingesetzes vom 7. April 1909 durch Verordnung des Bundesrats vom 21. Mai 1914 noch folgende Einschränkung getroffen:

„Bei der Herstellung von dem Wein ähnlichen Getränken aus Malzauszügen ist außerdem (d. h. außer den sonst verbotenen Stoffen) die Verwendung von Zucker und Säuren jeder Art, ausgenommen Tannin als Klärmittel, sowie von zucker- und säurehaltigen Stoffen untersagt. Nur bei Getränken, die Dessertweinen ähnlich sind und mehr als 10 g Alkohol in 100 ccm Flüssigkeit enthalten, ist der Zusatz von Zucker gestattet; doch darf das Gewicht des Zuckers nicht mehr als das 1,8 fache des Malzes betragen. Wasser darf höchstens in dem Verhältnis von 2 Gewichtsteilen auf 1 Gewichtsteil Malz verwendet werden; soweit der Zusatz von Zucker zugelassen ist, wird das Gewicht des Zuckers dem des Malzes zugerechnet."

Es ist geltend gemacht, daß die Bezeichnung „Maltonwein" keine genügende Bezeichnung für einen bestimmten Stoff, sondern ein Phantasiename sei. Nach einem Erkenntnis des OLG. Hamburg vom 30. Juli 1913, Beil. Bd. IX, S. 318, ist indes die Bezeichnung „Maltonwein aus Malz" für ein dem Wein ähnliches Getränk nicht zu beanstanden, sondern kennzeichnet genügend den Stoff, aus dem es hergestellt ist. Nach einem weiteren gerichtlichen Urteil (LG. Hamburg vom 3. April 1913, ebendort) findet der § 6 des Weingesetzes (Herkunftsbezeichnung usw.) auf weinähnliche Getränke im Sinne des § 10 des Weingesetzes keine Anwendung.

VII. Nachgemachte oder Kunstweine.

Zu den Weinen, die nach § 11 des Weingesetzes nicht in den Verkehr gebracht, sondern nur als Haustrunk im eigenen Haushalt verwendet oder ohne besonderes Entgelt nur an die im eigenen Betriebe beschäftigten Personen zum eigenen Verbrauch abgegeben werden dürfen, gehören im Sinne des § 9 als nachgemachte Weine:

1. Tresterwein (auch petiotisierter Wein). Er wird dadurch erhalten, daß man auf Weißweintrester — Rotweintrester sind hierfür weniger geeignet — Zuckerwasser gießt und die Mischung vergären läßt. Das kann unter Umständen wiederholt werden. Mitunter werden auch sonstige Abfälle der Weinbereitung (Geläger, Hefe) oder Trockenbeeren (Rosinen, Korinthen) mitverwendet; die Landesbehörde kann die Verwendung von Citronensäure und einen Zusatz von Obstwein bzw. -maische gestatten, Zusatz von Weinsäure dagegen ist verboten.

2. Hefenwein, dadurch erhalten, daß man Weinhefe (Weintrub) in derselben Weise wie Nr. 1 mit Zuckerwasser von entsprechendem Gehalt nochmals einer Gärung unterwirft. Solcher Hefenwein ist nicht zu verwechseln mit T r u b w e i n, den man dadurch erhält, daß man Weintrub gleich nach dem Abstich durch Sackfilter laufen läßt oder durch geeignete Pressen unter schwachem Druck auspreßt. Solcher Wein ist unter Umständen v e r k e h r s - f ä h i g, wenn er aus ganz frischem Hefetrub gewonnen wird.

Nach W. J. B a r a g i o l a[1]) ist der Alkoholgehalt im Trubwein etwas vermindert, alle anderen Bestandteile sind wesentlich erhöht.

3. Trockenbeerenwein (Rosinenwein). Trockenbeeren (Rosinen, Zibeben, Korinthen) werden entweder trocken zerrieben und mit Wasser ausgelaugt, oder sie werden mit Wasser aufgequollen, mit der Traubenmühle gemahlen und der wässerige Auszug der Gärung sowie der weiteren Behandlung wie bei Traubenwein unterworfen.

4. Sonstige Kunstweine. Früher wurden, vorwiegend im östlichen Deutschland, aus Wasser, Sprit, Zucker, Weinsäure oder Citronensäure, Essenzen (z. B. Muskatlünelessenz u. a.), Koriander, Holunder- und Fliederblüten unter etwaiger Mitverwendung kleiner Mengen Süßwein oder Obstwein und unter Färbung mit Teerfarbstoffen, Zuckercouleur oder Heidelbeerfarbstoff Getränke hergestellt, die unter den verschiedensten Phantasienamen, wie Gewürzwein, Gewürztrank, Gewürzlikör, Gelbwein, Feuerwehrwein, Muskatfasson, Portwein-, Sherry-, Madeira-Fasson u. a. in den Handel gebracht wurden. Die Herstellung solcher Getränke für den V e r k e h r ist jetzt wie von Nr. 1, 2 und 3 verboten.

Die T r e s t e r w e i n e enthalten[2]), wenn sie keine fremden Zusätze erfahren haben, durchweg weniger Extrakt[3]), Gesamtsäure und sonstige Extraktbestandteile, dagegen mehr G e r b - s ä u r e als Weißweine, vgl. S. 985.

Die H e f e n w e i n e sind ebenso wie der T r u b w e i n — über diesen vgl. vorstehend — vorwiegend durch einen hohen Stickstoff- und Phosphorsäuregehalt und dem ersteren entsprechend durch hohen Glyceringehalt vor den gewöhnlichen Weinen ausgezeichnet. Sie werden aber jetzt nur mehr wenig hergestellt.

Die R o s i n e n w e i n e haben, wenn die Herstellung sachgemäß ausgeführt wird, eine mit den Traubenweinen gleiche Zusammensetzung; sie können am ersten am Geschmack durch eine sachkundige Kostprobe erkannt werden.

Die K u n s t w e i n e werden sich in den meisten Fällen durch eine eingehende Bestimmung aller Bestandteile aus dem Verhältnis dieser Bestandteile zueinander (z. B. Alkohol : Glycerin, Extrakt : Asche), aus Art und Menge des Zuckers und der Säure, Alkalität der Asche, Stickstoffsubstanz usw. zu erkennen geben.

Hierüber hat der Minister des Innern in Preußen folgenden Erlaß vom 19. Februar 1913 (Ministerialbl. f. Mediz.-Angel. S. 92) bekanntgegeben: „Die namentlich in Teilen Ostdeutschlands verbreiteten Gewürzgetränke sind nicht einheitlicher Art; daher lassen sich auch nicht einheitliche Grundsätze für ihre Beurteilung aufstellen, vielmehr ist Prüfung jedes Einzelfalles nötig. Sofern die Getränke nach ihrer Beschaffenheit (Aussehen, Geruch, Geschmack) Wein vortäuschen können, sind sie als verbotene Nachmachungen zu beanstanden. Daran ändert auch nichts eine etwaige

---

[1]) Schweizer. Wochenschr. f. Chem. u. Pharm. 1911, **49**, 519; Zeitschr. f. Untersuchung d. Nahrungs- u. Genußmittel 1913, **26**, 692.

[2]) Vgl. Bd. I, 1903, S. 1360—1364; vgl. auch P e t r i (Arbeiten a. d. Kaiserl. Gesundheitsamte 1913, **46**, 77).

[3]) C. H u g u e s (Annal. des falsific. 1913, **6**, 12; Zeitschr. f. Untersuchung d. Nahrungs- u. Genußmittel 1915, **30**, 352) gibt für Tresterweine mehr Extrakt und Extraktbestandteile als in gewöhnlichen Weinen an, nämlich in 100 ccm für 4 Sorten: 4,8—7,9 g Alkohol, 3,75—5,60 g Extrakt, 0,225—0,526 g Weinstein, 0,415—0,540 g Mineralstoffe. Diese Unterschiede gegen sonstige Analysen können wohl nur in der verschiedenen Gewinnungsweise der Tresterweine ihre Ursache haben.

Bezeichnung der Getränke als Liköre oder mit Phantasienamen, die das Wort Wein vermeiden. Unterscheiden sie sich jedoch durch ihre Eigenschaften, z. B. durch einen ausgesprochenen Gewürzgeschmack, deutlich von Wein, so sind sie nicht als Nachmachung von Wein anzusehen."

Beurteilung des Weines nach der Rechtslage.

Begriffsbestimmung für Wein (§ 1 des Weingesetzes). Hefepreßwein enthält an sich alle Bestandteile des Weines, er ist aber, falls er nicht aus ganz frischer Hefe gewonnen wird, ein minderwertiges Erzeugnis und zum unmittelbaren Genuß nicht geeignet. Solcher Hefepreßwein ist kein „Getränk", die Begriffsbestimmung des § 1 des Weingesetzes trifft darauf nicht zu, und der Verschnitt von Wein mit solchem Hefepreßwein ist nach § 2 Nr. 2 des Weingesetzes nicht zulässig. — LG. Zabern 4. März 1910; RG. 17. Oktober 1910. (Sammlung Günther 1912. 1. 1.)

Verschnitt (§ 2 des Weingesetzes). Nach dem Wortlaut des § 2 des Weingesetzes darf auch Wein mit Most und Wein mit voller Traubenmaische verschnitten werden; die Umgärung älterer Weine auf Traubenmaische ist zulässig, auch wenn durch die Tresterbestandteile der Traubenmaische der Extraktgehalt des Verschnitts erhöht wird. — LG. Stuttgart 2. Juni 1911; RG. 6. November 1911. (Gesetze, Verordn., Gerichtsentscheid. 1914. 6. 1.)

Die Anteile eines Verschnitts müssen sämtlich den Bestimmungen des Weingesetzes entsprechend hergestellt sein. Die Rückverbesserung überstreckter oder überzuckerter Weine durch Verschnitt mit Naturwein oder schwach gezuckertem Wein ist unzulässig. — LG. Aschaffenburg 18. Mai 1910. (Sammlung Günther 1912. 1. 9.)

Die Herstellung eines Rotweines geschah wie folgt: Von roter italienischer Traubenmaische ließ man den Saft ab. Auf die Maische wurde nach Ablauf des Safts älterer inländischer Rotwein geschüttet, die Mischung einen Tag stehen lassen und abgepreßt; zu diesem Wein wurde die Hälfte des Saftes der italienischen Maische gegeben. Die Strafkammer nahm an, daß der Aufguß auf teilweise entmostete Trauben erfolgt sei, wodurch der inländische Rotwein aus den Trestern Extraktstoffe („fremde Stoffe") aufgenommen habe. Das Reichsgericht hob das verurteilende Erkenntnis der Strafkammer auf mit der Begründung, das Vorgehen bei der Weinbereitung komme im vorliegenden Fall dem Verschnitt mit der vollen Traubenmaische gleich. — LG. Stuttgart 29. August 1911; RG. 8. Januar 1912. (Sammlung Günther 1913. 2. 1.)

Sherry darf nicht zum Verschnitt mit weißem Wein anderer Art verwendet werden, wenn der Verschnitt herber Weißwein ist. Wein, der im Haushalt unentgeltlich den Haushaltungsangehörigen, Dienstboten und Konfirmationsgästen vorgesetzt wird, ist nicht in den Verkehr gebracht. — LG. Schwäbisch-Hall 28. Juni 1910. (Sammlung Günther 1912. 1. 10.)

Eine Beimischung von Weißwein zu Dessertwein ist zulässig, wenn das Erzeugnis des Verschnittes wieder ein Dessertwein ist. Durch § 2 Satz 2 des Weingesetzes soll nur verhütet werden, daß durch Zusatz von Süßweinen zu herben Weißweinen Edelweine oder Auslesen vorgetäuscht werden. — LG. Freiburg i. Br. 15. Juli 1914; RG. 2. Dezember 1915. (Ges., Verordn., Gerichtsentscheid. 1916. 8. 110.)

Verwendung von Dessertwein zum Verschneiden von weißen Weinen anderer Art (§ 2). Verwendung falscher geographischer Bezeichnungen (§ 6). Unrichtige Bezeichnung von Verschnitten (§ 7). Herstellung von „Samos II" aus Samoswein mit 40% Wasser, Zucker und Sprit (§ 9). — LG. Posen, 20. August 1915. (Ges., Verordn., Gerichtsentscheid. 1915. 7. 546.)

Zuckerung (§ 3 des Weingesetzes). 1908er schwer, d. h. stark gezuckerter (überzuckerter) Wein wurde im Oktober 1909 mit Most und Zuckerwasser umgegoren. Da der 1908er Wein dem Weingesetz nicht entsprach, durfte er überhaupt nicht zum Verschnitt dienen; alle Verschnittanteile müssen dem Weingesetz entsprechen, eine „Rückverbesserung" ist unzulässig. In dem angewendeten Verfahren wurde eine zweite Zuckerung des

1908 er Weines erblickt. Dabei ist es gleichgültig, ob das Zuckerwasser unmittelbar dem gezuckerten 1908 er Wein zugesetzt wurde, oder ob zuerst der Most gezuckert und dann dem 1908 er gezuckerten Wein beigemischt wurde, oder ob erst der 1908 er gezuckerte Wein und der Most verschnitten und der Verschnitt gezuckert wurde. — LG. Koblenz 19. Mai 1910; RG. 14. Februar 1911. (Sammlung Günther 1912. .1. 5.)

Ein 1909 er Nahemost mit 70° Oechsle und 8,33⁰/₀₀ Säure wurde auf Anraten eines Apothekers in der Weise verbessert, daß auf 1 Stück (1200 Liter) fertiges Erzeugnis 70 kg Zucker und 120 Liter Wasser gegeben wurden. Die Strafkammer hatte gegen den Zuckerzusatz nichts einzuwenden, beanstandete aber den Wasserzusatz, weil ein Übermaß an Säure im Most nicht vorhanden und daher ein Wasserzusatz nicht erforderlich gewesen sei; hier sei nur Trockenzuckerung zulässig gewesen. Der gezuckerte Wein hatte im Anfang März 1910 nur noch 0,46⁰/₀ Säure. Das Reichsgericht erkannte auf Freisprechung, indem es von der Ansicht ausging, daß, wenn Zuckerung überhaupt gestattet sei, es einerlei sei, ob der Zucker trocken oder in wässeriger Lösung als Zuckerwasser zugesetzt würde. Auch wenn bei einem Mangel an Zucker im Most ein Übermaß an Säure nicht vorhanden sei, dürfe der Most doch mit Zuckerlösung gezuckert werden, sofern der fertige, gezuckerte Wein keinen geringeren Säuregehalt habe als der (theoretische) Normalwein aus guten Jahrgängen. Daß das gleiche Ergebnis auch durch Trockenzuckerung hätte erreicht werden können, sei unerheblich; es komme im wesentlichen auf das Ergebnis der Zuckerung, die Zusammensetzung des gezuckerten Weines an. Es sei nicht richtig, daß der Zucker nur zur Aufbesserung des Zuckergehalts, das Zuckerwasser nur zur Herabsetzung des Säuregehalts bestimmt sei.

LG. Koblenz, 14. September 1910; RG. 25. April 1911. (Ges., Verordn., Gerichtsentscheid. 1912. 4. 99.) (Das wichtige Urteil des Reichsgerichts widerspricht der Anschauung der Mehrzahl der Weinchemiker.)

Ein 1909 er Nahemost von 68° Oe. und 8,7⁰/₀₀ Säure war mit Zuckerlösung so gezuckert worden, daß der Wein bei der Untersuchung im Dezember 9,27 g Alkohol und 0,60 g Gesamtsäure in 100 ccm enthielt; der Säuregehalt ging später bis auf 0,45 g in 100 ccm zurück. Das Landgericht kam zu einer Verurteilung wegen Überstreckung; bei einem Säuregehalt von 8,7⁰/₀₀ im Most sei nur Trockenzuckerung zulässig gewesen, da ein Übermaß an Säure nicht vorhanden gewesen sei. Das Reichsgericht hob das Landgerichtsurteil mit der Begründung auf, der Satz, daß ein Most, der kein Übermaß an Säure, sondern lediglich einen Mangel an Zucker habe, nur mit Zucker ohne Wasser verbessert werden dürfe, sei irrig; auf das vorstehende Urteil vom 25. April 1911 wird dabei verwiesen. Das Reichsgericht erklärt weiter die Auffassung, erst bei einem Säuregehalt im Most von 10 bzw. 11⁰/₀₀ sei die Verwendung von Zuckerwasser gesetzlich zulässig, für unrichtig; diese Annahme sei rein willkürlich und finde in dem Gesetz nicht die mindeste Stütze. Bei der zweiten Verhandlung stellte das Landgericht fest, daß der Alkoholgehalt des gezuckerten Weines über das gesetzlich zulässige Maß hinausging, und daß sein Säuregehalt nicht dem Durchschnittsgehalt guter Jahrgänge entsprach, es kam aber aus subjektiven Gründen zu einer Freisprechung. — LG. Koblenz, 14. Juli 1910; RG. 5. Mai 1911; LG. Koblenz, 4. Oktober 1911. (Ges., Verordn., Gerichtsentscheid. 1914. 6. 7.)

Ein Nahewein mit 9,7 bis 9,9 g Alkohol und 0,51 bis 0,54 g Gesamtsäure in 100 ccm wurde wegen Überzuckerung beanstandet. Bezüglich der Vorsätzlichkeit führte das Reichsgericht aus, daß der Nachweis des sogenannten Eventualdolus für ausreichend zu erachten ist, daß also dem „Wissen" und dem „Bewußtsein" ein „Sichvorstellen" und „Fürmöglichhalten" gleichsteht, und zwar in der Gestalt, daß Vorsatz gegeben ist, wenn der Täter sich vorstellt und mit der Möglichkeit rechnet, daß der Erfolg, von dessen Verursachung das Gesetz die Strafbarkeit abhängig macht, durch seine Handlung herbeigeführt werden könne, und er diesen Erfolg eventuell in sein Wissen aufnimmt, mit ihm, falls er eintritt, einverstanden ist. Aus der Tatsache allein, daß der Zuckerzusatz mit Wissen und Willen des

Angeklagten gemacht ist, kann nicht hergeleitet werden, daß ihm die jetzt vorgeschriebenen objektiven Normen für die Zulässigkeit der Zuckerung zum Bewußtsein gekommen sind und daß er von den sachlichen Beschränkungen der Zuckerung — Beschaffenheit des aus Trauben gleicher Art und Herkunft in guten Jahrgängen ohne Zusatz gewonnenen Erzeugnisses sowie Höchstmaß von $^1/_5$ bei Zuckerwasserzusatz — Kenntnis gehabt oder sich eine Vorstellung gemacht hat. Mußte das Landgericht damit rechnen, daß der Angeklagte den Wein verbessern wollte und dabei die Grenze nicht innehielt, die das Gesetz gezogen hat, so konnte es wegen wissentlicher Zuwiderhandlung nur auf Grund der Feststellung verurteilen, daß der Angeklagte von vornherein wußte oder doch als möglich annahm und billigte, daß sein Zuckerzusatz nicht unter den vom Gesetz vorgeschriebenen Voraussetzungen erfolgte. Dazu war der Nachweis erforderlich, daß Angeklagter von der Beschaffenheit des zu verbessernden Weines in bezug auf Zucker, Alkohol und Säure Kenntnis gehabt, daß er die gleiche Kenntnis bezüglich des in guten Jahrgängen aus Trauben gleicher Art und Herkunft gewonnenen Naturweines besaß und schließlich auch gewußt hat, welche Wirkung die Zuckerung auf Alkohol und Säure sowie auf Mengenvermehrung ausüben würde. War dem Angeklagten das positive Wissen hinsichtlich dieser Tatsache nicht nachzuweisen, so war zu prüfen, ob er mit einer für den Eventualdolus ausreichenden Vorstellung und Willensrichtung gehandelt hat. Wer zuckern will, muß die Voraussetzungen kennen, unter denen das Gesetz die Zuckerung jetzt nur noch zuläßt, und prüfen, ob und in welchem Maße die Zuckerung für ihn im gegebenen Falle zulässig ist. Aus ihrer wissentlichen Vornahme allein kann eine Bestrafung wegen vorsätzlicher Zuwiderhandlung gegen das Gesetz gerechtfertigt erscheinen, wenn der Täter sich jeder Prüfung entschlägt und Zucker zusetzt, ohne den Verbesserungszweck im Auge zu haben. Wird der Zusatz zum Zwecke der Verbesserung gemacht, so ist die Verurteilung wegen vorsätzlichen Vergehens gegen § 3 Abs. 1 davon abhängig, daß der Täter die Prüfungspflicht erfüllt, sich genügend über die Voraussetzungen unterrichtet und trotzdem wissentlich die Grenzen nicht innegehalten hat, die das Gesetz vorschreibt. Hat der Täter diese Grenzen aus Fahrlässigkeit überschritten, so kann er nicht wegen wissentlicher Zuwiderhandlung bestraft werden. — LG. Koblenz, 5. September 1910; RG. 17. Januar 1911; LG. Koblenz, 11. Mai 1911. (Ges., Verordn., Gerichtsentscheid. 1912. 4. 107.)

Überzuckerter rheinhessischer Wein mit 12,6 g Alkohol in 100 ccm. Gute, d. h. reife Erzeugnisse des Weinstocks dürfen nicht gezuckert werden, auch wenn sie die Überreife guter und bester Jahrgänge nicht erreichen. Das Höchstmaß der Zuckerung bestimmt sich nach dem Alkoholgehalt des Naturerzeugnisses gleicher Art und Herkunft in guten Jahrgängen, in denen die Trauben zur Vollreife gelangt sind. Unter keinen Umständen darf durch die Zuckerung ein Zucker- bzw. Alkoholgehalt herbeigeführt werden, wie ihn die Natur nur in außergewöhnlich guten Weinjahren und in bevorzugten Lagen erzeugt. Das Vorgehen ist geeignet, dem Nichtweinkenner das Vorliegen eines Edelweines vorzutäuschen, und gibt unlauteren Elementen im Weinhandel die Möglichkeit, die übersüßen Getränke mit minderwertigen, überstreckten Erzeugnissen zu verstechen und so ein Gemisch herzustellen, das die Kontrolle eben noch besteht. — LG. Mainz, 26. November 1910. (Sammlung Günther 1912. 1. 29.)

1911er Niederingelheimer Most von 68° Oe. wurde mit wenig Zuckerwasser auf ein Mostgewicht von 90° Oe. gebracht. Durch Ausnahmeverhältnisse (vorzeitiges Abfallen der Blätter und Vertrocknen der Traubenstöcke) waren die Trauben in dem sonst vorzüglichen Jahr 1911 unreif geblieben. Freisprechung. — LG. Mainz, 13. Dezember 1911. (Sammlung Günther 1912. 1. 30.)

Rheinhessische Moste von 62 bis 75° Oe. wurden so gezuckert, daß Weine mit 8,49 bis 9,49 g Alkohol und 0,40 bis 0,45 g Gesamtsäure in 100 ccm entstanden. Die Moste durften höchstens bis 85° Oe. hinaufgezuckert werden. Verurteilung wegen Überzuckerung; Überstreckung wurde nicht als erwiesen angesehen. — LG. Mainz, 11. Dezember 1916. (Ges., Verordn., Gerichtsentscheid. 1917. 9. 655.)

Moselweine wurden nach den Angaben eines Chemikers so gezuckert, daß der Alkoholgehalt der fertigen Weine 8,5 bis 8,6 g in 100 ccm hätte betragen sollen; er betrug in Wirklichkeit 8,63 bis 9,63 g in 100 ccm. Die Ansichten der chemischen und Weinhandelssachverständigen über den zulässigen Alkohol-Höchstgehalt waren geteilt: 8 g, 9 g, über 9 g in 100 ccm. Das Gericht hält die Weine mit mehr als 9 g Alkohol in 100 ccm für überzuckert, worin eine zulässige Fehlergrenze von 0,5 g Alkohol enthalten ist. Freisprechung aus subjektiven Gründen. — LG. Trier, 7. März 1917. (Ges., Verordn., Gerichtsentscheid. 1917. **9**. 631.)

Zusatz von mehr als $^1/_5$ Zuckerwasser zum Wein. Dem übermäßig gezuckerten Wein wurde etwa 20 Tage später Most aus Tiroler Trauben zugemischt, worin eine indirekte Zuckerung des ausländischen Weines zu erblicken ist. — LG. Heilbronn, 11. Februar 1911. (Sammlung Günther 1912. **1**. 31.)

Zuckerung großer Mengen Pfälzer Weine mit über $^1/_4$ Zuckerlösung. — LG. Frankenthal, 25. Juni 1915; RG., 29. November 1915. (Ges., Verordn., Gerichtsentscheid. 1916. **8**. 381.)

1909er Moselweine mit 8,35 bis 9,20 g Alkohol, 1,83 bis 2,07 g Extrakt, 0,56 bis 0,68 g Gesamtsäure in 100 ccm. Verurteilung wegen Überstreckung, Zusatzes von mehr Zuckerlösung, als zur Herabsetzung des Säuregehalts notwendig war; Überschreitung der Höchstgrenze der Zuckerung von 20%. — LG. Koblenz, 5. April 1911. (Ges., Verordn., Gerichtsentscheid. 1911. **3**. 465.)

Ein gleich nach der Lese gezuckerter Wein wurde am 22. Dezember nochmals mit einer Zuckerlösung versetzt, da der Wein noch äußerst rauh war. Der Wein war bei der zweiten Zuckerung noch nicht ausgegoren, es war noch kein fertiges Produkt; es liegt nicht eine zweifache, sondern nur eine fortgesetzte Zuckerung vor. Nachdem im Herbst der Beginn der Zuckerung angemeldet war, lag kein Anlaß vor, die Zuckerung vom 22. Dezember nochmals anzumelden. — LG. Kolmar, 6. Juli 1911. (Sammlung Günther 1912. **1**. 33.)

Verurteilung wegen Zuckerung eines ausländischen (spanischen) Weines. Wegen Unterlassung der Anzeige der Absicht, den spanischen Wein zu zuckern, fand eine Bestrafung nicht statt. Die Anzeigepflicht besteht bloß für die Zuckerung inländischer Weine. LG. Straßburg, 21. September 1910. (Sammlung Günther 1912. **1**. 33.) Ebenso LG. Heilbronn, 14. Mai 1911. (Sammlung Günther 1912. **1**. 34.)

Verurteilung wegen Zuckerung eines ausländischen (Tiroler) Weines in Augsburg, also außerhalb der am Weinbau beteiligten Gebiete des Deutschen Reichs. Die Anzeigepflicht wird verneint (wie in den Fällen vorher). — LG. Augsburg, 17. Januar 1911. (Sammlung Günther 1912. **1**. 34.)

Ein Pfälzer Wein, der bereits gezuckert war, wurde im gleichen Herbst nochmals mit 10 Liter Zuckerlösung versetzt; von der ersten Zuckerung hatte der Beklagte keine Kenntnis. Nach dem Urteil des Reichsgerichts war zuerst zu entscheiden, ob die zweite Zuckerung überhaupt unter den Umständen, unter denen sie erfolgte, zulässig oder schon danach verboten war, ob der Wein in dem Zustand, wie ihn der Beklagte erhielt, überhaupt verbesserungsbedürftig und noch verbesserungsfähig war. Mangel an Zucker und Alkohol, Übermaß an Säure hat der zu zuckernde Wein nur dann, wenn er in seiner natürlichen Beschaffenheit sich im Zucker-, Alkohol- und Säuregehalt ungünstig von dem Durchschnittswein aus guten Jahrgängen in der gleichen Lage unterscheidet. — RG., 6. November 1913. I. Instanz LG. Heilbronn. (Ges., Verordn., Gerichtsentscheid. 1915. **7**. 416.)

Gezuckerter inländischer Most wurde mit italienischem Most verschnitten, ehe der dem inländischen Most zugesetzte Zucker vergoren war. Dies ist eine mittelbare Zuckerung des ausländischen Mostes, die gegen §§ 3, 4 des Weingesetzes verstößt. — LG. Heilbronn, 19. Juni 1911; RG., 12. Oktober 1911. (Sammlung Günther 1912. **1**. 36.)

Gezuckertem Most wurde, noch bevor der Zucker vergoren war, inländischer, bereits verzuckerter Wein und französischer Wein beigemischt. Dieses Verfahren stellt eine zweite Zuckerung des bereits gezuckerten inländischen und eine Zuckerung des französischen Weines dar. Es ist gleichgültig, daß der Zucker den Weinen nur mittelbar zugeführt wurde und daß die Menge des zugesetzten alten Weins im Verhältnis zum Most sehr gering war. — RG., 23. Dezember 1911. (Ges., Verordn., Gerichtsentscheid. 1914. **6**. 6.)

Ein Wein hatte über 9% Alkohol, während er, wenn er nach dem auf Grund der Mostuntersuchung erteilten Rat eines Sachverständigen gezuckert worden wäre, nur 8,5 bis 8,6% Alkohol gehabt hätte. In der Nichtbefolgung des Rats und der Mehrverwendung von Zucker ist eine vorsätzliche Übertretung des § 3 des Weingesetzes erblickt worden. — LG. Koblenz, 8. Januar 1912; RG., 25. Oktober 1912. (Sammlung Günther 1913. **2**. 3.)

1909er unterfränkischer Rotwein wurde am 2. Oktober 1909 stark überzuckert und überstreckt. Da der Wein infolgedessen in der Gärung steckenblieb, wurde ihm am 27. Oktober Naturwein gleicher Art zugesetzt. Verurteilung wegen unzulässiger Rückverbesserung. — LG. Aschaffenburg, 18. Mai 1910. (Sammlung Günther 1912. **1**. 9.)

Wein, der im Herbst zu mehr als $^1/_5$ der Gesamtmenge mit Zuckerwasser verbessert, also überstreckt worden war, wurde nach einer Kellerkontrolle im folgenden Frühjahr durch Zusatz von Wein aufgebessert, so daß der Verschnitt den Zuckerungsvorschriften entsprach. Durch die Rückverbesserung wird die ursprüngliche Überstreckung nicht straflos gemacht. Die Rückverbesserung ist eine besondere Straftat. Überstreckter Wein ist nicht verschnittfähig nach § 2 des Weingesetzes, weil er kein nach erlaubten Verfahren hergestellter Wein ist. Auch nach § 4 des Weingesetzes ist der Verschnitt von überstrecktem Wein mit gesetzmäßig hergestelltem Wein unzulässig und strafbar. — RG., 17. Dezember 1914; I. Instanz LG. Schweinfurt. (Ges., Verordn., Gerichtsentscheid. 1915. **7**. 418.)

Gezuckerter Wein wurde auf Tiroler Rotweintraubenmaische gebracht, der durch natürlichen Ablauf mehr als die Hälfte ihres Saftes entzogen war. In diesem Verfahren liegt eine mittelbare Zuckerung der ausländischen Traubenmaische, und zwar einer nicht mehr vollen Traubenmaische; ob die teilweise Entmostung der Trauben auf natürlichem Wege durch Ablassen des den Hülsen von selbst entströmenden Saftes oder auf künstlichem Wege durch Pressung erfolgt, ist gleichgültig. — RG., 18. Mai 1911. (Ges., Verordn., Gerichtsentscheid. 1914. **6**. 5.)

Wein wurde mit einer Zuckerlösung gezuckert, die mit Hilfe von Bachwasser hergestellt war, das mit einem früher als Pfuhlschöpfer (Jaucheschöpfer) benutzten Gefäß aus dem Bach geschöpft war. Das Bachwasser ist nicht „reines" Wasser im Sinne des § 3 des Weingesetzes. — LG. Landau, 23. September 1910. (Sammlung Günther 1912. **1**. 32.)

Beimischung bereits gezuckerter Weine und von ausländischem Wein zu gezuckertem, noch in der Gärung befindlichem Wein ist als mittelbare zweite Zuckerung des bereits gezuckerten Weines und als Zuckerung des ausländischen Weines anzusehen. — LG. Heilbronn, 8. Juli 1911; RG., 4./23. Dezember 1911. (Sammlung Günther 1913. **2**. 4.)

Aufgießen gezuckerten Mostes auf ausländische Traubenmaische, der ein Teil des Saftes (Vorlaß) ohne Pressen entzogen war, stellt sich als Zuckerung eines ausländischen Weines und als Zuckerung einer teilweise entmosteten Traubenmaische dar. Ob in diesem Verfahren ein Nachmachen von Wein im Sinne des § 9 des Weingesetzes zu sehen ist, wie die Strafkammer meinte, bezeichnet das Reichsgericht als fraglich. — LG. Rottweil, 30. Januar 1911; RG., 27. April/18. Mai 1912. (Sammlung Günther 1913. **2**. 6.)

Gezuckerter, mangelhaft gärender inländischer Weißwein wurde mit spanischer weißer Traubenmaische und Zuckerlösung versetzt, um die Mischung zur Gärung zu bringen. Hierin liegt ein dreifacher Verstoß gegen § 3 des Weingesetzes: Zuckerung eines ausländischen Traubenerzeugnisses, Zuckerung einer weißen Traubenmaische, Zuckerung zu einem nicht erlaubten Zweck (Einleitung einer besseren Gärung). — LG. Heilbronn, 29. April 1911; RG., 6. Juli 1911. (Sammlung Günther 1913. **2**. 9.)

Beimischung von ausländischem Wein zu gärendem, gezuckertem Most ist eine unzulässige mittelbare Zuckerung des ausländischen Weins. — LG. Heilbronn, 28. Juni 1911; RG., 12. Oktober 1911. (Sammlung Günther 1913. **2.** 9 u. 11.)

Wein, der für Tiroler Wein gehalten wurde, aber aus der Pfalz stammte, wurde gezuckert; Verurteilung wegen versuchten Vergehens gegen § 3 Abs. 1 des Weingesetzes (sog. Versuch am untauglichen Objekt). — LG. Heilbronn, 29. Mai 1911. (Sammlung Günther 1913. **2.** 12.)

Kellerbehandlung (§ 4 des Weingesetzes). Mehrere Jahre lang fortgesetzte Wässerung kräftiger spanischer Weine mit ¹/₃ Wasser. Verurteilung aus § 4 Weingesetz. — LG. Kolmar, 5. Oktober 1910. (Sammlung Günther 1912. **1.** 37.) — Ganz ähnlicher Fall: LG. Straßburg, 17. Oktober 1912; RG., 17. März 1913. (Ges., Verordn., Gerichtsentscheid. 1914. **6.** 20.)

Zusatz von Wasser zu Moselwein in Flaschen. — LG. Lissa, 5. Mai 1916; RG., 11. Juli 1916; LG. Lissa, 22. September 1916. (Ges., Verordn., Gerichtsentscheid. 1916. **9.** 587.)

Bei Verwendung von Reinhefe zum Zwecke der Einleitung oder Förderung der Gärung ist ein Zusatz einer kleinen Menge Zucker nur gestattet, wenn es sich um vergorenen Wein handelt, der umgegoren werden soll; zu Most oder Traubenmaische ist ein solcher Zuckerzusatz nicht gestattet. Da es sich im vorliegenden Fall um ausländische Traubenmaische handelte, war jeder Zuckerzusatz verboten. Wenn in einem Verschnitt von verkehrsfähigem und nicht verkehrsfähigem Wein letzterer auch nur einen kleinen Teil ausmacht, ist doch die Gesamtmenge des Weines einzuziehen; durch den Verschnitt mit dem gesetzmäßigen Wein ist der ungesetzmäßige Wein nicht untergegangen. — LG. Ravensburg, 12. April 1911; RG., 29. Juni 1911. (Sammlung Günther 1913. **2.** 12.)

Das Einschwefeln leerer Fässer mit Gewürzschwefel ist dem Einschwefeln des Weins mit Gewürzschwefel gleichzuachten und verboten; in beiden Fällen gelangen die Gewürzstoffe in den Wein. — LG. Stuttgart, 15. Juli 1912. (Sammlung Günther, 1913. **2.** 14.)

Verkauf eines Gemisches von süßem Ungarwein, Apfelsaft und Alkohol als „Fein süßer Ungarwein". Verurteilung aus § 4 W.G. und § 10 Nr. 2 NMG. — LG. Hirschberg i. Schl., 14. Januar 1913; RG., 23. Mai 1913. (Ges., Verordn., Gerichtsentscheid. 1914. **6.** 17.)

Verschnitt von 11 Fuder Moselwein mit 9 Fuder Rhabarberwein und Verkauf des Verschnitts als 1911er Naturweißwein einer Moselgemarkung. Verurteilung wegen Weinfälschung und Betrug. — LG. Landau, 3. Juni 1913. (Ges., Verordn., Gerichtsentscheid. 1914. **6.** 15.)

Auffärben von Portugieserweinmaische mit Holunderbeeren. — LG. Mainz, 12. September 1912. (Sammlung Günther 1913. **2.** 16.)

Einfüllen von Wein in ein Faß, das noch Zwetschenbranntwein enthielt; auf 100 Liter Wein kam mindestens 0,5 Liter Branntwein. Verurteilung aus § 4 W.G. — LG. Schweinfurt, 4. Oktober 1912. (Sammlung Günther 1913. **2.** 16.)

Zusatz von Drusenbranntwein (Weinhefenbranntwein) zu Wein. — LG. Straßburg, 30. August 1910. (Sammlung Günther 1912. **1.** 39.)

Zusatz von Salmiak zum Wein (1 Pfund auf 1 Stück) zur Förderung der Gärung: Verurteilung aus § 4 WG. — LG. Mainz, 11. Dezember 1916. (Ges., Verordn., Gerichtsentscheid. 1917. **9.** 655.)

Bezeichnung gezuckerter Weine (§ 5 des Weingesetzes). Verkauf von gezuckertem Wein als Naturwein; Verurteilung aus § 5 WG. — LG. Trier, 13. Juli 1916; RG., 12. Dezember 1916. (Ges., Verordn., Gerichtsentscheid. 1917. **9.** 582.)

Mündliche Bezeichnung eines gezuckerten Weines als Naturwein genügt zur Bestrafung. Es ist zur Bestrafung nicht nötig, daß der Verkäufer des gezuckerten Weines selbst diesen als naturrein bezeichnet; es genügt, wenn der Verkäufer auf eine Frage des Käufers, ob der Wein naturrein sei, dies bejaht. Dem Kaufliebhaber gegenüber, der zur

Abnahme des Weines noch nicht verpflichtet und auch noch nicht berechtigt ist, die Ablieferung des Weines zu verlangen, besteht die Verpflichtung der Auskunftserteilung gemäß § 5 Abs. 2 noch nicht, sondern erst gegenüber dem Abnehmer nach Vollzug des Kaufes. — LG. Kolmar, 13. März 1912; RG., 30. September 1912. (Sammlung Günther 1913. **2.** 17.)

Ein Wirt, der in Anzeigen seine „reine Weine" hervorhebt, tatsächlich aber vorwiegend nur gezuckerte Weine führt, verstößt gegen § 5 WG. — AG. Koblenz, 14. März 1911; LG. Koblenz, 8. Mai 1911. (Ges., Verordn., Gerichtsentscheid. 1911. **3.** 470.)

In Straußwirtschaften (Heckenwirtschaften) darf auch gesetzmäßig gezuckerter Wein ausgeschänkt werden. Das Heraushängen des „Buschen" ist keine Bezeichnung des Weines, in der angedeutet wird, daß der Wein naturrein sei, oder daß er Wachstum eines bestimmten Weinbergbesitzers sei. — LG. Koblenz, 22. Dezember 1910. Ebenso: AG. Neustadt a. H., 21. Januar 1911; LG. Frankenthal, 21. Februar 1911; Bayer. Oberstes Landesgericht München, 20. Mai 1911. (Sammlung Günther 1912. **1.** 40.)

Verwendung geographischer Bezeichnungen (§ 6 des Weingesetzes).

Bei der Bezeichnung „Liebfrauenmilch" handelt es sich um einen Gattungs- und Phantasienamen, mit dem jedenfalls unter dem alten Weingesetz (vom 24. Mai 1901) Rheinweine von qualitativ hervorragender, lieblicher Art bedacht wurden, ohne daß dabei die wirkliche Herkunft wesentlich in Betracht kam. — AG. Worms, 8. Dezember 1911; LG. Mainz, 21. Mai 1912. (Ges., Verordn., Gerichtsentscheid. 1914. **6.** 36.)

Sachverständige aus Weinhandelskreisen waren der Ansicht, das ganze Weinbaugebiet der Mosel sei in vier Bezirke einzuteilen: Ruwer, Saar, Obermosel und die übrige Mosel; jeder Wein, der in einem dieser Bezirke gewachsen sei, sei jedem in demselben Bezirk gewachsenen Wein als nahegelegen zu bezeichnen. Dieser Auslegung des Gesetzes trat die Strafkammer nicht bei, da sie dem Wortlaut des Gesetzes widerspricht. — LG. Trier, 13. Juli 1916; RG., 12. Dezember 1916. (Ges., Verordn., Gerichtsentscheid. 1917. **99.** 582.)

Die Bezeichnung eines aus deutschen und algerischen Trauben gewonnenen Rotweins als „Deutsch-algerischer Rotwein Burgunder Typ" verstößt gegen § 6 WG. Die Worte „Rotwein Burgunder" waren in auffallend großer, in die Augen springender roter Schrift, die anderen Worte in kleiner blauer Schrift aufgedruckt. — AG. Dresden, 29. Mai 1913; LG. Dresden, 19. September 1913. (Ges., Verordn., Gerichtsentscheid. 1913. **5.** 499.)

Verkauf von österreichischem Süßwein als „süßer Ungarwein Ausbruch, garantiert reiner Medizinalwein". Verurteilung aus § 6 Abs. 1 WG. und § 16 Abs. 1 des Gesetzes zum Schutz der Warenbezeichnungen vom 12. Mai 1894. — LG. Memmingen, 20. Mai 1915. (Ges., Verordn., Gerichtsentscheid. 1915. **7.** 403.)

Verkauf von Tarragonawein als Portwein. Verurteilung aus § 4 des Gesetzes gegen den unlauteren Wettbewerb vom 7. Juni 1909. Ein Verstoß gegen § 6 WG. wurde nicht angenommen, da der Wein vor der Verkündung des Weingesetzes (16. April 1909) bereits hergestellt war. — LG. I Berlin, 14. September 1911; RG., 27. Februar 1912. (Ges., Verordn., Gerichtsentscheid. 1914. **6.** 42.)

Verkauf von Tarragonawein als Douro - Portwein. Verurteilung aus § 6 WG. — LG. Lissa, 5. Mai 1916; RG., 11. Juni 1916; LG. Lissa, 22. September 1916. (Ges., Verordn., Gerichtsentscheid. 1917. **9.** 587.)

Die Bezeichnung eines von Reben, die aus Malaga nach Griechenland verpflanzt worden waren, gewonnenen Weines als „griechischer Malaga" ist unzulässig. — AG. Cham, 5. Mai 1911; LG. Amberg, 16. Juni 1911; Bayer. Oberstes Landesgericht München, 17. Oktober 1911. (Sammlung Günther 1912. **1.** 49.)

Bezeichnung eines in Österreich aus einem kleinen ungarischen Landwein mit Hilfe von Rosinen und wenig Zucker hergestellten Süßweines als „in Österreich gesüßter Ungarwein". Einen Verstoß gegen § 6 WG. nahm die Strafkammer nicht an, wohl aber einen Verstoß gegen § 3 Abs. 1 und § 13 WG. Als Ursprungsland wurde das Land, in dem die Trauben gewachsen waren, bezeichnet, also Ungarn, nach dessen Weingesetz der Zusatz von Rosinen zu herbem Wein für Zwecke der Herstellung von Süßwein nicht erlaubt ist. Das Reichsgericht führte aus, diese Begriffsbestimmung des „Ursprungslandes" treffe im allgemeinen zu, nicht aber in dem Fall, wo der Wein durch die Behandlung wesentlich verändert und in eine andere Ware verwandelt werde, wie z. B. bei der Zurichtung eines herben Weines zu Süßwein durch Rosinenzusatz; unter diesen Umständen sei das Land der Herstellung (Süßung) als Ursprungsland anzusehen, im vorliegenden Fall also Österreich. Da das österreichische Weingesetz die Herstellung von Süßweinen aus herben Weinen und Rosinen zulasse, sei dieses Erzeugnis in Deutschland einfuhrfähig und dürfe in Deutschland als „in Österreich gesüßter Ungarwein" bezeichnet werden. — LG. Breslau. 1. November 1915; RG., 2. Mai 1916. (Ges., Verordn., Gerichtsentscheid. 1916. **8.** 470.)

Für die Lagebezeichnungen der Weine sind nicht nur die grundbuchmäßigen Bezeichnungen, sondern auch die historischen, im Volksmund allgemein üblichen und seit langen Jahren im Verkehr gebräuchlichen Lagebezeichnungen zulässig; die letzteren sind sogar vielfach viel mehr angezeigt als die ersteren. Dagegen steht es dem Weinbergbesitzer nicht frei, seinen Weinbergen eine beliebige Benennung zu geben und die darin gewonnenen Weine ohne Rücksicht auf den Eintrag im Grundbuch unter neuen Phantasiebezeichnungen in den Verkehr zu bringen. — AG. Oppenheim, 26. Januar 1912; LG. Mainz, 30. März 1913; OLG. Darmstadt, 24. Juli 1913. (Sammlung Günther 1913. **2.** 20.)

Durch den Gebrauch wortgeschützter Phantasiebezeichnungen, wie Sonnenblick, Kühleborn, Jugendbrunnen, Vogelnest u. dgl., in Verbindung mit Gemarkungsnamen wird der Eindruck hervorgerufen, daß es sich bei den so bezeichneten Weinen um Gewächse aus bestimmten Weinbergslagen der betreffenden Orte handelt. Weine, die nur einen Gemarkungsnamen tragen, werden allgemein als geringere, Weine mit Lagenamen als bessere Weine angesehen. Die Angabe, die Bezeichnungen, wie „Geisenheimer Sonnenblick" usw., seien gesetzlich geschützte Hausmarken, ist irreführend, weil nicht die Marken „Geisenheimer Sonnenblick", sondern nur die Namen „Sonnenblick" usw. als Warenzeichen geschützt sind. Verurteilung aus § 3 des Gesetzes gegen den unlauteren Wettbewerb vom 7. Juni 1910. — LG. Wiesbaden, Kammer für Handelssachen, 16. Dezember 1910; OLG. Frankfurt a. M., 27. März 1911. (Sammlung Günther 1913. **2.** 25.)

Als geographische Bezeichnungen der Weine im Sinne des § 6 WG. kommen nicht nur die offiziellen oder verwaltungsrechtlich bestimmten, sondern auch die volkstümlichen Namen einer Örtlichkeit in Betracht, auch wenn sich der amtliche Verkehr ihrer nicht bedient. — LG. Trier, 27. April 1912; OLG. Köln, 7. März 1913; RG., 16. September 1913. (Ges., Verordn., Gerichtsentscheid. 1914. **6.** 39.)

Bezeichnung von Verschnitten (§ 7 des Weingesetzes). Ein Verschnitt von rheinhessischem und italienischem Wein, in dem die Menge des rheinhessischen Weines überwog, wurde als rheinhessischer Wein verkauft; Verurteilung, weil der Verschnitt nicht mehr den Charakter eines rheinhessischen Weines trug. — AG. Worms, 8. Dezember 1911; LG. Mainz, 21. Mai 1912. (Ges., Verordn., Gerichtsentscheid. 1914. **6.** 36.)

Ein Verschnitt von gezuckertem Graacher Zehnthaus und gezuckertem Piesporter wurde als „Graacher Zehnthaus" bezeichnet. Dies war unzulässig, da der Graacher gezuckert war; die Lage durfte nur angegeben werden, wenn der Graacher ungezuckert gewesen wäre. — AG. Bernkastel-Cues, 12. Mai 1916; LG. Trier, 5. Juli 1916; OLG. Köln, 6. Oktober 1916. (Ges., Verordn., Gerichtsentscheid. 1917. **9.** 353.)

Rotweißverschnitt (§ 8 des Weingesetzes). Ein Verschnitt von Rotwein und Weißwein darf, wenn er als Rotwein in den Verkehr gebracht wird, nur unter einer Bezeichnung verkauft werden, die deutlich erkennbar macht, daß in dem Gemisch Weißwein enthalten ist. Aus der Bezeichnung „Rotweinverschnitt" vermag der Käufer nicht zu ersehen, daß ein Verschnitt von Rotwein mit Weißwein vorliegt; sie genügt zur Kennzeichnung eines solchen Verschnittes nicht. — LG. Glogau; RG., 17. März 1913. (Ges., Verordn., Gerichtsentscheid. 1915. **7.** 425.)

Verkauf eines Gemisches von italienischem und spanischem Rotwein mit stark gezuckertem Weißwein als Rotwein, Burgunder, Ingelheimer, Medoc usw. Verurteilung aus § 8 WG. — LG. Trier, 13. Juli 1916. (Ges., Verordn., Gerichtsentscheid. 1917. **9.** 582.)

Ein aus blauen Trauben weißgekelterter Wein (Weißherbst oder Klarett) ist Weißwein; ein Verschnitt solchen Weines mit Rotwein bedarf der Kennzeichnung nach § 8 WG. — LG. Ravensburg, 19. April 1912. (Sammlung Günther 1913. **2.** 30.)

Nachmachung von Wein (§ 9 des Weingesetzes). „Façon - Ungar."

bestand aus Äpfelsaft, Alkohol, Sherry und Hagebuttensaft, „Fein süßer Ungar" enthielt daneben noch Ungarwein. Verurteilung aus §§ 4, 9 Weingesetz und § 10² NMG. — LG. Hirschberg i. Schl., 14. Januar 1913; RG., 23. Mai 1913. (Ges., Verordn., Gerichtsentscheid. 1914. **6.** 17.)

Stark mit Zucker gesüßter Tarragonawein wurde als „Halb und Halb" ausgeschänkt. Verurteilung aus § 4 WG. Ein Nachmachen von Wein im Sinne des § 9 WG. liegt nicht vor. — LG. I Berlin, 13. November 1913. (Ges., Verordn., Gerichtsentscheid. 1914. **6.** 32.)

Herstellung eines rotweinähnlichen Getränks. „Vita rot" aus Kirsch- und Heidelbeersaft, alkoholischem Fruchtauszug, Citronen- und Weinsäure mit Zusatz von Ameisensäure verstößt gegen § 9 Weingesetz. — LG. Altona, 5. August 1911; RG., 6. November 1911. (Ges., Verordn., Gerichtsentscheid. 1914. **6.** 106.)

Herstellung von Blutwein usw. (roten Dessertweinen) unter Verwendung von Heidelbeerwein sowie Zusatz von Sprit und Wasser zu Tarragonawein. Verurteilung aus § 4 Weingesetz. — LG. II Berlin, 31. Mai 1913; RG., 9. Dezember 1913. (Ges., Verordn., Gerichtsentscheid. 1915. **7.** 535.)

Herstellung eines weinähnlichen Getränks aus Mostextrakt (hauptsächlich Tamarindenmus) und Verkauf als Zider oder Ziderlimonade. Verurteilung aus § 9 Weingesetz. — LG. Kolmar i. Els., 9. November 1911. (Sammlung Günther 1912. **1.** 55.)

Herstellung eines Wein-Obstweinverschnitts und dessen Verkauf, auch unter genauer Kennzeichnung, verstoßen gegen § 5 Weingesetz. — LG. Rottweil, 24. Mai 1911; RG., 18. September 1911. (Sammlung Günther 1912. **1.** 51.) Ebenso LG. Mülhausen, 8. Dezember 1911. (Sammlung Günther 1912. **1.** 51.)

Ein Gemisch von Muskatwein und Apfelwein darf auf Verlangen von Gästen verkauft werden, auch darf es zum alsbaldigen Ausschank an Gäste, die ein derartiges Gemisch fordern, vorrätig gehalten werden. — LG. Beuthen (O.-Schl.), 8. September 1913; RG., 2. Dezember 1913. (Ges., Verordn., Gerichtsentscheid. 1914. **6.** 80.)

Die Herstellung von Samoswein durch Stummachen des angegorenen Mostes durch Alkoholzusatz ist zulässig; so hergestellter Samoswein, auch wenn er nur wenig durch Eigengärung erzeugten Alkohol enthält, ist in Deutschland verkehrsfähig. Die Forderung der Nahrungsmittelchemiker, daß ein Süßwein mindestens 6 g durch Eigengärung erzeugten Alkohol haben müsse, ist willkürlich und findet in den Gesetzen keine Stütze. Die Feststellung des durch Eigengärung erzeugten Alkohols aus dem Glyceringehalt der Weine ist unsicher und ungenau. — AG. Würzburg, 21. April 1911; LG. Würzburg, 8. Juni 1911; Oberstes Landesgericht München, 7. November 1911; LG. Würzburg, 27. März 1912. Diese Urteile stützen sich auf das Weingesetz vom 24. Mai 1901. (Ges., Verordn., Gerichtsentscheid. 1912. **4.** 249.) LG. Würzburg, 22. September 1913. (Ges., Verordn., Gerichtsentscheid. 1913. **5.** 479.) LG. Frankfurt a. M., 6. Februar 1914; RG., 2. Dezember 1915. (Ges., Verordn., Gerichtsentscheid. 1916. **8.** 114.) LG. Freiburg i. Brg., 15. Juli 1914; RG., 2. Dezember 1915. (Ges., Verordn., Gerichtsentscheid. 1916. **8.** 110.)

Die künstliche Herstellung süßweinähnlicher Getränke und ihr Verkauf unter Namen, wie Muskat, Muskatwein, Muskatfasson, Muskatlikör, Muskattrank, Kunstmuskatgewürzwein, Muskat-Lunell, Muskatgewürztrank, Gewürzwein, Gewürzlikör, Roussillonfasson, Gelbwein, Kunstgelbwein, Kunstrotwein, Maraska, Gewürzblümchen, Süßling,

Biesiada, Samosa, Samos-Fasson usw. oder auch unter reinen Phantasienamen verstößt gegen § 9 des Weingesetzes. Hierüber liegen zahlreiche Urteile vor, hauptsächlich aus den östlichen Provinzen Preußens, wo diese Getränke früher in ausgedehntem Maß hergestellt und verzehrt wurden. — (Ges., Verordn., Gerichtsentscheid. 1914. **6.** 44, 50, 51, 53, 56, 58, 59, 61, 63, 66, 69, 71, 74, 76, 78, 82, 84, 87, 92, 94, 95, 97, 100, 102, 113, 116, 189; 1915. **7.** 426, 434, 443, 547; Sammlung Günther 1912. **1.** 55, 58, 59, 61, 62; 1913. **2.** 30, 31, 43.

Weinähnliche Getränke (§ 10 des Weingesetzes).

Obstweine sind „weinähnliche Getränke" im Sinne des Weingesetzes. — RG., 24. Mai 1906. (Ges., Verordn., Gerichtsentscheid. 1912. **4.** 122.)

Für Elsaß-Lothringen ist ein Wasserzusatz oder Zuckerwasserzusatz von 10 bis 20% zum Äpfelwein landesüblich; ein solches Getränk darf noch als „Äpfelwein" schlechthin bezeichnet werden, eine Kennzeichnung des Wasser- oder Zuckerwasserzusatzes ist nicht erforderlich. — LG. Zabern, 25. Juli 1911. (Ges., Verordn., Gerichtsentscheid. 1911. **3.** 489.)

Das Gericht erblickt in jedem Wasserzusatz zu Äpfelwein, der 10% übersteigt, eine Verfälschung. Da eine konstante Übung in dieser Hinsicht noch nicht vorliegt, wurden nur die Äpfelweine beschlagnahmt, deren Extraktgehalt die Annahme eines Wasserzusatzes von über 25% rechtfertigte. — LG. Landau (Pfalz), 4. November 1911; RG., 26. Februar 1912. (Ges., Verordn., Gerichtsentscheid. 1914. **6.** 123.)

Äpfelwein mit 40% Zuckerwasser ist keine normale Ware mehr, sondern überstreckt. — AG. Edenkoben, 18. Mai 1911; LG. Landau (Pfalz), 3. November 1911; Oberstes Landesgericht München, 9. Januar 1912. (Ges., Verordn., Gerichtsentscheid. 1914. **6.** 143.)

Äpfelwein mit 30 bis 40% Wasserzusatz ist verfälscht. Fall- und Leseobst darf zur Herstellung von Äpfelwein, der in den Verkehr gebracht werden soll, nicht verwendet werden. Essigstichiger Äpfelwein ist verdorben. — LG. Würzburg, 4. August 1913. (Ges., Verordn., Gerichtsentscheid. 1915. **7.** 190.)

Äpfelwein mit 50 bis 60% Wasserzusatz ist verfälscht. — AG. Tarnowitz, 25. Juli 1916; LG. Beuthen (Oberschl.), 9. März 1916. (Ges., Verordn., Gerichtsentscheid. 1916. **8.** 321.)

Äpfelwein, der zur Hälfte aus Zuckerwasser besteht, ist verfälscht. Auslaugen der Trester mit höchstens 10% Wasser ist zulässig. LG. Landau (Pfalz), 11. Januar 1916. (Ges., Verordn., Gerichtsentscheid. 1917. **9.** 367.)

Verkauf von stichigem Obstwein mit ganz wenig Traubenwein als stichiger Traubenwein an eine Essigfabrik. Verurteilung wegen Betrugs. Stichige, verdorbene Weine sind keine Getränke, sie fallen daher nicht mehr unter das Weingesetz. — LG. Mainz, 14. Dezember 1911; RG., 22. April 1917. (Sammlung Günther 1913. **2.** 53.)

Färben von Äpfelmost (süßem, unvergorenem Äpfelwein) mit einem Teerfarbstoff (Scharlachrot) ist unzulässig. Auch der unvergorene, süße Apfelsaft ist weinähnlich (oder doch weinmostähnlich). — LG. Frankfurt a. M., 17. Dezember 1912; RG., 5. April 1913. (Ges., Verordn., Gerichtsentscheid. 1914. **6.** 111.)

Zusatz von kleinen Mengen Zuckerfarbe zu süßem Apfelwein ist nach den Ausführungsbestimmungen vom 9. Juli 1909 zum Weingesetz an sich zulässig, es kann aber darin eine Nachahmung von Wein und somit ein Verstoß gegen § 9 des Weingesetzes enthalten sein, wenn dadurch ein Getränk erzeugt wird, das mit Wein verwechselt werden kann. — LG. Liegnitz, 24. August 1915; RG., 26. November 1915; LG. Liegnitz, 19. Januar 1916. (Ges., Verordn., Gerichtsentscheid. 1916. **8.** 304.)

Johannisbeerwein wurde aus 2 Teilen Johannisbeersaft und 5 Teilen Wasser hergestellt; das Gericht sah darin keine Fälschung. Stichiger Obstwein ist verdorben. — LG. Guben, 30. April 1913. (Ges., Verordn., Gerichtsentscheid. 1914. **6.** 132.)

Ein aus Äpfel-, Johannisbeer-, Heidelbeer- und Rhabarberwein unter Zusatz von 1 bis 2% Alkohol hergestelltes südweinähnliches Getränk wurde als „Obst-Sherry" verkauft. Die Weine waren „süß vergoren", d. h. vor der Gärung stark gezuckert, so daß bei der Gärung viel Alkohol entstand; das fertige Getränk hatte 15,36 Vol. % Alkohol. Nach Ansicht des Gerichts liegt objektiv eine Nachahmung von Südwein vor, der Name „Obst-Sherry" deutet aber an, daß es sich um ein sherryähnliches Erzeugnis aus Obst handelt. Das Getränk soll einen Ersatz für Wein bieten, solchen aber nicht vortäuschen. Auch eine Verfälschung des Obstweines liegt nicht vor. — LG. Posen, 18. April 1914; RG., 6. November 1914; LG. Posen, 20. Mai 1915. (Ges., Verordn., Gerichtsentscheid. 1916. **8.** 481.)

Aus Malz hergestellte weinähnliche Getränke wurden als „Maltonweine aus Malz" bezeichnet. Diese Bezeichnung genügt zur Kennzeichnung des Rohstoffs. Eine Wortverbindung nach § 10 Abs. 3 des Weingesetzes braucht keine Wortzusammensetzung zu sein. Auch die Beifügung „nach Tokayer-, Sherry-, Portweinart" ist nicht zu beanstanden. — AG. Hamburg, 20. September 1912; LG. Hamburg, 3. April 1913; Hanseat. Oberlandesgericht Hamburg, 30. Juli 1913. (Ges., Verordn., Gerichtsentscheid. 1913. **5.** 506.)

Äpfelwein mit 14 Vol. % Alkohol ist keine „Spirituose"; so viel Alkohol kann durch Gärung des (gezuckerten) Obstsaftes entstehen. Eine „Spirituose" ist ein durch Zusatz von destilliertem Alkohol hergestelltes Getränk. — Kriegsgericht Gleiwitz, 21. Januar 1915. (Ges., Verordn., Gerichtsentscheid. 1915. **7.** 325.)

Haustrunk (§ 11 des Weingesetzes).

Haustrunk im Sinne des § 11 Abs. 3 WG. ist das zum Verbrauch im eigenen Haushalt bestimmte Getränk nur dann, wenn es seiner Herstellung nach unter den § 11 Abs. 1 WG. fällt. Die Anzeigepflicht trifft nur den, der aus Traubenmaische, Traubenmost, Rückständen der Weinbereitung oder aus getrockneten Weintrauben zum Hausgebrauch ein Getränk herstellt, für das er die Vorschriften der §§ 2, 3, 9 WG. nicht einhalten will. — LG. Koblenz; RG., 7. Januar 1914. (Ges., Verordn., Gerichtsentscheid. 1917. **9.** 6.)

Es ist zulässig, mittels Werkvertrags einem anderen die Zubereitung des Tresterweins zu übertragen und ihm die hierzu erforderlichen Stoffe zur Verfügung zu stellen. Der Übertragende stellt das Getränk zum eigenen wirtschaftlichen Nutzen und auf eigene Rechnung durch Verarbeitung ihm gehöriger Stoffe mittels der Arbeit einer dritten Person her und ist als Hersteller des Haustrunks anzusehen. — LG. Koblenz, 14. Dezember 1914; RG., 22. April 1915; LG. Koblenz, 8. Juli 1915. (Ges., Verordn., Gerichtsentscheid. 1915. **7.** 525.)

Wer gewerbsmäßig Wein in Verkehr bringt, muß die Herstellung des Haustrunks auch dann anmelden, wenn er in einem einzelnen Jahr Wein tatsächlich nicht absetzt oder auch von vornherein die Absicht hatte, dies nicht zu tun. — LG. Mainz, 31. Oktober 1911. (Sammlung Günther 1912. **1.** 72.)

Eine anmeldepflichtige Herstellung von Haustrunk liegt auch dann vor, wenn aus einem Getränk, das zum Haustrunk bestimmt und als solches gekennzeichnet und verwendet war, durch Zusatz neuer Bestandteile eine neue, gleichfalls zum Haustrunk bestimmte Mischung hergestellt wird. — LG. Kolmar i. Els., 12. Oktober 1911; RG., 19. Februar 1912. (Sammlung Günther 1912. **1.** 71.)

Die Herstellung einer größeren Menge Haustrunk, als angemeldet wurde, ist nicht zulässig, die Mehrherstellung muß vielmehr neu angezeigt werden. Die Abgabe von Haustrunk an die im Betrieb beschäftigt gewesenen Arbeiter, nachdem die Beschäftigung in dem Betrieb bereits beendet ist, ist unstatthaft. — LG. Mainz, 12. Dezember 1911; RG., 21. März 1912. (Sammlung Günther 1913. **2.** 65.)

Verkauf von Haustrunk verstößt gegen § 11 Weingesetz. — LG. Stuttgart, 22. August 1912. (Ges., Verordn., Gerichtsentscheid. 1914. **6.** 138.)

Entgeltliche oder unentgeltliche Abgabe von Haustrunk an einen Sohn oder an eine Tochter, die nicht zum Haushalt des Herstellers gehören, sondern anderwärts wohnen, ist unzulässig. — LG. Koblenz, 16. September 1912. (Ges., Verordn., Gerichtsentscheid. 1914. **6.** 136.) — LG. Heilbronn, 11. Februar 1911; RG., 10. April 1911. (Sammlung Günther 1913. **2.** 61.)

Unentgeltliche Abgabe von Haustrunk an frühere Arbeiter nach Beendigung der Beschäftigung zum eigenen Gebrauch ist unzulässig. — LG. Koblenz, 20. Oktober 1910. (Sammlung Günther 1912. **1.** 72.)

Dem Haustrunk im Sinne des § 11 WG. darf Obstwein, Tamarindenextrakt und Weinsäure nicht zugesetzt werden, auch nicht nachträglich zu dem fertigen Tresterwein. — LG. Mainz, 14. Mai 1912; RG., 11. Juli 1912. (Sammlung Günther 1913. **2.** 62.) — LG. Mainz, 14. Februar 1912. (Sammlung Günther 1913. **2.** 64.) — LG. Mainz, 1. Oktober 1912. (Sammlung Günther 1913. **2.** 63.)

Ein durch Essigstich verdorbener Haustrunk ist kein Getränk mehr, bei solchem ist das Weingesetz nicht mehr anwendbar; ein verdorbener Haustrunk kann zu Brennzwecken abgesetzt werden. — LG. Landau, 12. Oktober 1915; RG., 31. Januar 1916; LG. Landau, 21. März 1916. (Ges., Verordn., Gerichtsentscheid. 1916. **8.** 464.)

Traubenmost (§ 12 des Weingesetzes). Wenn bei der Behandlung und Bearbeitung von Traubenmost behufs Herstellung alkoholfreier Getränke eine solche Veränderung in der Beschaffenheit und stofflichen Zusammensetzung des Traubensaftes eingetreten ist, daß dadurch das Wesen des Rohstoffes völlig aufgehoben ist, so stellt das Erzeugnis nicht mehr Most im Sinne des § 12 WG. dar, sondern eine neue Sache. Diese Veränderung wurde für die zweimal bei hoher Temperatur sterilisierten Erzeugnisse der Nektargesellschaft in Worms bejaht. Es wurde festgestellt, daß Aussehen, Geruch und Geschmack der Erzeugnisse gegenüber wirklichem Traubenmost grundverschieden waren und daß aus den Erzeugnissen durch Zusatz von Gärmitteln ein normal schmeckender Wein nicht zu erzielen war. — LG. Mainz, 29. Oktober 1910; RG., 18. Mai 1911; LG. Mainz, 26. September 1911. (Sammlung Günther 1912. **1.** 73.)

Inverkehrbringen ausländischer Erzeugnisse (§ 13 des Weingesetzes). Aufgabe der Zollbehörden ist es, der Einfuhr ausländischer Getränke, die nach § 13 vom Verkehr ausgeschlossen sind, vorzubeugen. Wird von den Zollbehörden die Einfuhr eines Erzeugnisses von verbotswidriger Beschaffenheit zugelassen, weil diese Beschaffenheit nicht erkannt wird, so erlangt die Auslandsware durch dieses Versehen keinen Freibrief für den inländischen Verkehr, dieser untersteht vielmehr ganz den Bestimmungen des § 13 WG. Daher besteht auch die Möglichkeit, den zur Einfuhr zugelassenen Wein von verbotswidriger Beschaffenheit im sog. objektiven Verfahren einzuziehen, falls eine vorsätzlich oder fahrlässig begangene Handlung des Inverkehrbringens im Inland nachweisbar ist. — LG. Frankenthal, 5. Dezember 1911; RG., 2. Mai 1912. (Sammlung Günther 1913. **2.** 66.)

Weinhaltige Getränke (§ 16 des Weingesetzes). Wermutwein enthält mindestens 50% Wein und höchstens 33$\frac{1}{3}$% Wasser. Es besteht kein Herkommen, nach dem deutscher Wermut mindestens 70% Wein und höchstens 1 Liter Wasser auf 1 kg Zucker enthalten darf. Wermut mit 50 bis 55% Wein und 33$\frac{1}{3}$% Wasser ist nicht verfälscht. — AG. Chemnitz, 2. August 1911; LG. Chemnitz, 7. November 1912. (Ges., Verordn., Gerichtsentscheid. 1913. **5.** 248.)

„Wermut" ohne Weinzusatz mit 10,62% Alkohol und 0,21% Gesamtweinsäure. Das Schöffengericht unterscheidet zwischen „Wermutwein" und „Wermut"; „Wermut" braucht Wein nicht zu enthalten. Die beiden oberen Instanzen gehen hierauf nicht ein; Freispruch aus subjektiven Gründen (Fehlen der Wissentlichkeit). — AG. Saarbrücken, 9. Mai 1916; LG. Saarbrücken, 29. Juli 1916; OLG. Köln, 6. Oktober 1916. (Ges., Verordn., Gerichtsentscheid. 1917. **9.** 360.)

Unter Maitrank wird vom Publikum ein Getränk verstanden, das aus Moselwein oder anderem Traubenwein mit Zusatz von Waldmeister und Zucker hergestellt ist. Als Maitrank erwartet das Publikum ein aus Wein hergestelltes Getränk; wenn es nicht aus Wein hergestellt ist, muß beim Kauf ausdrücklich mitgeteilt werden, daß es ohne Wein zubereitet ist. — AG. Berlin-Mitte, 12. November 1908; LG. I Berlin, 8. Januar 1909; Kammergericht

Berlin, 23. April 1909; LG. I Berlin, 22. September 1909; Kammergericht Berlin, 28. Dezember 1909; LG. II Berlin, 21. März 1910; Kammergericht Berlin, 10. Juni 1910. (Ges., Verordn., Gerichtsentscheid. 1910. **2**. 430.)

Verkauf von Maitrank aus Äpfelwein im Großverkehr zu 38 bis 42 Pf. für die ³/₄ Literflasche. In den Kreisen der Kleinkaufleute und des ‧Publikums besteht keine allgemeine oder wenigstens überwiegende Verkehrsanschauung, daß unter Maitrank nur ein Getränk aus Traubenwein zu verstehen sei. — AG. Waldenburg i. Schl., 21. Dezember 1911; LG. Schweidnitz, 23. Februar 1912. (Ges., Verordn., Gerichtsentscheid. 1914. **6**. 129.)

„Maitrank aus Fruchtwein" enthielt in 100 Liter 55 Liter Äpfelwein, 35 Liter Wasser, 10 Liter Zucker, 500 g Weinsäure und Maitrankessenz. Wasser durfte nur soweit zugesetzt werden, als zur Lösung des Zuckers erforderlich war, Weinsäure überhaupt nicht; letztere diente nur zur Verdeckung des Wasserzusatzes. Gegen die Bezeichnung ist nichts einzuwenden. — LG. II Berlin, 31. Mai 1913; RG., 9. Dezember 1913. (Ges., Verordn., Gerichtsentscheid. 1915. **7**. 535.)

„Maitrank aus Traubenwein" bestand nur zu ²/₃ aus Wein, im übrigen aus Zuckerlösung, Wasser, Sprit und Weinsäure. Verurteilung aus § 10 Nr. 1 u. 2 NMG. — AG. Berlin Mitte, 12. August 1915; LG. I Berlin, 7. Dezember 1915; KG. Berlin, 18. Februar 1916. (Ges., Verordn., Gerichtsentscheid. 1917. **9**. 41.)

Mit Teerfarbstoff gefärbter Maibowlensirup, der zur Herstellung von Maibowle, einem weinhaltigen Getränk, diente. Verurteilung aus § 16 WG. — LG. Schneidemühl, 11. Mai 1914. (Ges., Verordn., Gerichtsentscheid. 1915. **7**. 397.)

Ein unter Verwendung von wenig Moselwein, Teerfarbstoffen und Stärkesirup hergestelltes süßes Getränk wurde als „Muskatfasson" zum Preise von M. 0,60 für die Flasche verkauft. Das Gericht verneint, daß die Bezeichnung „Muskatfasson" andeute, das Getränk sei weinhaltig; dies sei die Auffassung des Kundenkreises des Beschuldigten. — LG. Osnabrück, 16. Januar 1912; RG., 2. Juli 1912; LG. Osnabrück, 20. September 1912. (Ges., Verordn., Gerichtsentscheid. 1914. **6**. 147.)

Burgunderpunschsirup ist ein weinhaltiges Getränk und darf Kapillärsirup nicht enthalten. — LG. Düsseldorf, 11. Oktober 1911; RG., 8. März 1912. (Ges., Verordn., Gerichtsentscheid. 1914. **6**. 139.)

Dasselbe gilt von Rotweinpunschessenz, die weder Kapillärsirup, noch Teerfarbstoffe enthalten darf. — LG. Leipzig, 28. September 1910. AG. Mühlhausen (Thür.), 6. April 1911. LG. Bayreuth, 24. Mai 1911. (Sammlung Günther 1912. **1**. 77, 78.)

Auch Glühweinextrakt (und Glühextrakt) ist ein weinhaltiges Getränk, dessen Bezeichnung die Verwendung von Wein andeutet; er darf Teerfarbstoffe nicht enthalten. LG. I Berlin, 13. März 1912. LG. III Berlin, 27. April 1912. (Ges., Verordn., Gerichtsentscheid. 1914. **6**. 136 u. 152.)

Ein Gemisch von Rotwein, Kirschsaft, Alkohol, Wasser, Zucker und Gewürzen wurde als „Glühextrakt" in Flaschen mit Bezeichnungen verkauft, deren Umrahmung aus Weinlaub und Weintrauben bestand. Hierdurch ist die Verwendung von Wein angedeutet. Kirschsaft ist als Farbstoff im Sinne der Bekanntmachung des Bundesrats vom 9. Juli 1909 anzusehen. — LG. Landsberg a. W., 22. November 1912; RG., 4. April 1913. (Ges., Verordn., Gerichtsentscheid. 1914. **6**. 153.)

Weinbrause-Essenz, die etwa 10% Rotwein und einen Teerfarbstoff enthält, soll in Verbindung mit Zuckersirup und kohlensaurem Wasser zur Herstellung von „Edel-Weinbrause alkoholfrei" dienen. Die Essenz ist als Getränk im Sinne des Weingesetzes anzusehen, da sie einen wesentlichen Bestandteil der Brauselimonade darstellt, der der Limonade überhaupt erst ihren Charakter gibt. Die Essenz ist ein weinhaltiges Getränk, der Weingehalt wird in der Bezeichnung bildlich (durch Weinblätter und Traube) angedeutet. — LG. I Berlin, 25. Juli 1910. (Ges., Verordn., Gerichtsentscheid. 1911. **3**. 11.)

Schaumwein, Obstschaumwein (§ 17 des Weingesetzes). Wein, der durch eine Nachgärung in der geschlossenen Flasche so viel Kohlensäure erhält, daß er beim Öffnen der Flasche schäumt, der ferner gerüttelt und entheft wird, ist Schaumwein im Sinne des Schaumweinsteuergesetzes. Zugabe von Likör (Dosierung) ist nicht erforderlich, ebensowenig eine zweite Zuckerung vor der Flaschenfüllung; die erste Zuckerung kann zur Hervorrufung der Flaschengärung ausreichen. — LG. Metz, 13. Juli 1912; RG., 16. Juni 1913. (Ges., Verordn., Gerichtsentscheid. 1914. **6.** 160.)

Zeitungsanzeigen sind ein im Geschäftsverkehr übliches Angebot; solche betr. Schaumweine müssen Angaben über das Land, in dem der Schaumwein auf Flaschen gefüllt ist, enthalten. — AG. Köln, 26. September 1911; LG. Köln, 12. Dezember 1911. (Ges., Verordn., Gerichtsentscheid. 1914. **6.** 163.)

Der Name „Sekt" schlechthin ist gleichbedeutend mit Traubenschaumwein; Obstschaumwein kann auch als Obstsekt bezeichnet werden. Auf den Kennzeichnungsstreifen der Obstschaumweinflaschen dürfen die Worte „Deutsches Erzeugnis" angebracht werden. — LG. Wiesbaden, Kammer für Handelssachen, 31. Januar 1911; OLG. Frankfurt a. M., 29. Januar 1912; RG., 2. Juli 1912. (Ges., Verordn., Gerichtsentscheid. 1914. **6.** 199.)

§ 6 des Weingesetzes, betr. Verwendung geographischer Bezeichnungen, bezieht sich nicht auf Schaumweine. Während früher die Bezeichnung „Aßmannshäuser Sekt" oder „Moussierender Aßmannshäuser" ungefähr gleichbedeutend mit „rotem Schaumwein" war, sind seit Verkündung des Weingesetzes vom Jahr 1909 in Bezeichnungen wie „Aßmannshäuser Sekt" nach Auffassung eines erheblichen Teils der beteiligten Verkehrskreise keine bloßen Waren-(Gattungs-)Namen, sondern wirkliche Herkunftsbezeichnungen zu sehen. — AG. Rüdesheim, 11. März 1913; LG. Wiesbaden, 23. September 1913. (Ges., Verordn., Gerichtsentscheid. 1914. **6.** 156.)

Ein zur Hälfte aus Wein, zur Hälfte aus Wasser bestehendes Getränk, dem Zucker, Citronensaft und Kohlensäure zugesetzt war, wurde in Flaschen, die nach Art der Schaumweinflaschen ausgestattet waren, als „Stuttgarter Altstadt-Schorle" verkauft, Dieses Getränk ist nicht schaumweinähnlich im Sinne des § 17 Abs. Ziff. 2, sondern wirklicher Schaumwein. Der Zusatz von Citronensaft ist zulässig. Die Bezeichnung läßt erkennen, daß das Getränk in Stuttgart hergestellt und daß ihm künstlich Kohlensäure zugesetzt ist. — LG. Stuttgart, 22. August 1912. (Ges., Verordn., Gerichtsentscheid. 1914. **6.** 138.)

Reklameplakate sind im allgemeinen keine Angebote im zivilrechtlichen Sinne, denn sie sind an einen unbestimmten und unbegrenzten Personenkreis gerichtet und ermangeln der Bindungsabsicht. Sie können nur dann im geschäftlichen Verkehr übliche Angebote werden, wenn darin wenigstens die Bezugsbedingungen und Preise ersichtlich sind. — AG. Köln, 15. Juni 1912; LG. Köln, 20. August 1902; OLG. Köln, 29. November 1912. (Sammlung Günther 1913. **2.** 78.)

Eine mit Teerfarbe künstlich gefärbte, mit Kohlensäure versetzte, aromatisierte wässerige Zuckerlösung mit ganz wenig Weinzusatz wurde in Schaumweinflaschen als „Feinster Sekt Grand Mousseux" verkauft. Verurteilung aus § 10 Ziff. 1 u. 2 NMG. wegen Nachmachens von alkoholfreiem Schaumwein und Feilhaltung unter einer zur Täuschung geeigneten Bezeichnung. Da das Getränk nicht als weinähnlich gelten konnte, entfiel die Beurteilung auf Grund des Weingesetzes. — LG. Dresden, 3. Dezember 1907; RG., 8. März 1908; LG. Dresden, 12. Juni 1908; RG., 17. November 1908. (Ges., Verordn., Gerichtsentscheid. 1909. **1.** 119.)

Verkauf eines limonadenartigen Getränks mit höchstens 20% Wein und 0,7% Alkohol in Sektflaschen unter der Bezeichnung „Rheingeist". Verurteilung wegen Nachmachens von alkoholfreiem Schaumwein. — AG. Berlin-Mitte, 19. November 1912; LG. I Berlin, 17. März 1913; Kammergericht Berlin, 3. Juni 1913. (Ges., Verordn., Gerichtsentscheid. 1914. **6.** 206.)

Buchführung (§ 19 des Weingesetzes). Filialen (Verkaufsstellen) von Weinhandlungen unterliegen der Buchführungspflicht; die Bücher sind in den Filialen, nicht in dem Hauptgeschäft zu führen, um eine sofortige Kontrolle am Verkaufsort zu ermöglichen. — LG. Darmstadt, 16. Februar 1911; OLG. Darmstadt, 11. Mai 1911. (Sammlung Günther 1912. 1. 82.)

Das gleiche gilt von den Verkaufsstellen von Konsumvereinen. — AG. Döhlen, 23. Mai 1911; LG. Dresden, 21. Juli 1911; OLG. Dresden, 11. September 1911. (Ges., Verordn., Gerichtsentscheid. 1914. 6. 170.)

Weinkontrolleure (§ 21, 22 des Weingesetzes). Die auf Grund des Weingesetzes vereidigten und auf Dienstvertrag angestellten Weinkontrolleure im Hauptamt sind nicht ohne weiteres öffentliche Beamte; es kommt auf die Art des Dienstvertrags an. — LG. Frankfurt a. O., 23. April 1912; Kammergericht Berlin, 2. Juli 1912. (Ges., Verordn., Gerichtsentscheid. 1914. 6. 175.)

Wenn die Weinkontrolleure Hilfsbeamte der Staatsanwaltschaft sind, wie dies in Bayern zufolge der Ministerialverordnung vom 19. Juli 1909 allgemein zutrifft, so können sie als Sachverständige vor Gericht abgelehnt werden. — RG., 3. Oktober 1912. (Ges., Verordn., Gerichtsentscheid. 1914. 6. 176.)

Ankündigung usw. verbotener Stoffe (§ 26 des Weingesetzes). Verkauf von Muskatessenz bzw. Muskatlunelessenz zur Herstellung eines süßweinähnlichen Getränks. Verurteilung aus § 26 ¹ Weingesetz. — LG. Posen, 11. Juni 1912; RG., 8. November 1912. (Ges., Verordn., Gerichtsentscheid. 1914. 6. 184.) Ebenso: LG. Breslau, 1. Oktober 1912. (Ges., Verordn., Gerichtsentscheid. 1914. 6. 196); LG. I Berlin, 6. August 1913 (Ges., Verordn., Gerichtsentscheid. 1914. 6. 188); LG. I Berlin, 10. April 1915 (Ges., Verordn., Gerichtsentscheid. 1915. 7. 395.)

Verkauf von Gelbweinessenz zur Herstellung von süßweinähnlichem Gelbwein. Verurteilung aus § 26 ¹ Weingesetz. — LG. Posen, 20. April 1912; RG., 15./22. Oktober 1912. (Ges., Verordn., Gerichtsentscheid. 1914. 6. 189.)

Vertrieb von Essenzen „Madeirageschmack", „Malagageschmack", „Portweingeschmack" usw. zur Herstellung süßweinähnlicher Getränke im Haushalt. Die Essenzen selbst sind nicht weinähnlich, sie sind keine Nachahmung von Wein (§ 9). Die Vorschrift des § 26 Abs. 1 Ziff. 3 des Weingesetzes bezieht sich nur auf Stoffe, deren Verwendung bei der Herstellung von Wein, Schaumwein, weinhaltigen oder weinähnlichen Getränken unzulässig ist. Hier handelt es sich nicht um Wein oder Schaumwein, sondern um Ersatzgetränke für ausländische Dessertweine; diese sind auch nicht dem Wein ähnliche Getränke im Sinn des § 10 Weingesetz, auch nicht weinhaltige Getränke, deren Bezeichnung die Verwendung von Wein andeutet. § 26 Abs. 1 Ziff. 3 ist auf diese Essenzen nicht anwendbar. — LG. I Berlin, 27. März 1912; RG., 29. Oktober 1912; LG. I Berlin, 15. Januar 1913. (Ges., Verordn., Gerichtsentscheid. 1914. 6. 178.)

Ankündigung von Weinbukettessenzen verschiedener Art (Fruchtestern) für Export. Verurteilung aus § 26 Abs. 1 Ziff. 3 Weingesetz. — LG. Dessau, 10. Oktober 1916; RG., 11. Dezember 1916. (Ges., Verordn., Gerichtsentscheid. 1917. 9. 206.)

Feilhalten von „Weinextrakt Rotweinart", einer dunkelroten, alkohol-, säure- und zuckerhaltigen, aromatisierten, mit rotem Teerfarbstoff versetzten Flüssigkeit, die unter Verwendung von Zucker, Weingeist und Wasser zur Herstellung von „Rotwein" bestimmt war. Verurteilung aus § 26 Abs. 1 Ziff. 3 Weingesetz. — LG. Dresden, 7. Juli 1911. (Sammlung Günther 1912. 1. 91.)

Verkauf von Waldmeister-Bowle-Extrakt mit grünem Teerfarbstoff. Verurteilung aus § 26 Abs. 1 Ziff. 3 Weingesetz. Bowle ist ein weinhaltiges Getränk. — LG. Schneidemühl, 16. Dezember 1912; RG., 3. Juni 1913. (Ges., Verordn., Gerichtsentscheid. 1914. 6. 192.)

Verkauf von Stoffen zur Haustrunkbereitung, bestehend aus Rosinen, rohem Tamarindenmus, kohlensaurem Natron, Weinstein, Gerbstoff, Zuckerfarbe und Apfeläther.

Das daraus hergestellte Getränk war nach Aussehen, Farbe, Geschmack weinähnlich, also eine Nachahmung von Wein gemäß § 9 WG. Verurteilung aus § 26 Abs. 1 Ziff. 3 Weingesetz. — LG. Offenburg, 5. Januar 1911; RG., 8. April 1911. (Ges., Verordn., Gerichtsentscheid. 1911. **3**. 303.)

Ähnlicher Fall mit gleichem Ergebnis. — LG. Offenburg, 23. März 1911; RG., 26. Juni 1911. (Sammlung Günther 1912. **1**. 69.)

Breisgauer Mostansatz, bestehend aus Tamarindenmus, Weinsäure, Tannin, Apfeläther und Salmiak, sollte zur Herstellung eines obstweinähnlichen Haustrunks dienen. Das Getränk war wohl weinähnlich, aber nicht derart, daß es Wein vortäuschen und im Verkehr für Wein gehalten werden konnte. Der Mostansatz sollte nicht zur Herstellung von Wein, Kunstwein oder Haustrunk im Sinne des § 11 WG. dienen. Freisprechung. — LG. Freiburg i. Brg., 17. Februar 1915; RG., 31. Mai 1915. (Ges., Verordn., Gerichtsentscheid., 1915. **17**. 522.)

Bezüglich des „Sundgauer Mostextraktes", bestehend aus Tamarindensaft und Citronensäure, führt das Reichsgericht folgendes aus: Stoffe, die dem Wein bei der Kellerbehandlung nicht zugesetzt werden dürfen, dürfen zum Zweck unzulässiger Verwendung nicht angeboten usw. werden. Das gleiche Verbot trifft alle Stoffe, die zum Zweck der Nachmachung von Wein vertrieben werden. Bezüglich der Herstellung weinhaltiger und weinähnlicher Getränke ist die Ankündigung usw. nur der Stoffe untersagt, die in der Bekanntmachung des Bundesrats vom 9. Mai 1909 zu §§ 10, 16 des Weingesetzes aufgezählt sind. Für die Frage der Zulässigkeit oder Unzulässigkeit der Verwendung bestimmter Stoffe und sonach für die Frage, ob Ankündigung usw. zu einem Zweck erfolgt, den das Weingesetz zuläßt oder verbietet, kommt es vor allem darauf an, wie die Beschaffenheit eines Getränks, das unter Verwendung der Stoffe hergestellt wird, zu beurteilen ist, ob also die Stoffe zur Herstellung von Wein, zur Nachmachung von Wein oder zur Erzeugung eines weinhaltigen oder weinähnlichen Getränkes bestimmter Art nach Meinung und Absicht des Täters dienen sollen. — RG., 21. September 1914. (Ges., Verordn., Gerichtsentscheid. 1915. **7**. 423.)

Verkauf von Gewürzschwefel zum Einbrennen von Fässern. Verurteilung aus § 26 Abs. 1 Ziff. 3 WG. — LG. Stuttgart, 15. Juli 1912. (Sammlung Günther 1913. **2**. 14.)

Der Verkauf von Stoffen, die bei der Kellerbehandlung dem Wein nicht zugesetzt werden dürfen (im vorliegenden Fall Gewürzschwefelschnitten) ist auch dann strafbar, wenn der Käufer sich im Ausland befindet und die Ware dorthin ausgeführt wird. — RG., 20. November 1913. (Ges., Verordn., Gerichtsentscheid. 1915. **7**. 421.)

Der Verkauf von „Hamburger Schnellklärung Fackelhell", bestehend aus Mangansulfat, Natriumphosphat, kleinen Mengen Natriumcarbonat und Gelatine oder Hausenblase, verstößt gegen § 26 Abs. 1 Ziff. 3 des Weingesetzes. — LG. Hamburg, 26. September 1910. (Sammlung Günther 1912. **1**. 92.)

Essigstichiger Wein ist eine verdorbene Ware. Wird essigstichiger Wein mit anderem Wein verschnitten, so ist auch der Verschnitt ein verdorbenes Genußmittel im Sinne des § 10² NMG. — LG. Hamburg, 30. Dezember 1914; RG., 10. Mai 1915. (Ges., Verordn., Gerichtsentscheid. 1917. **9**. 323.)

Sachverzeichnis.

Zum 1., 2. und 3. Teile des III. Bandes.

---

[1] Die auf S. 524 angegebene Formel $x = 0,999\,145 \cdot g \cdot 3$ muß lauten: $x = \dfrac{g}{0,999\,145 \times 3}$. Ist S das spez. Gewicht der ursprünglichen Flüssigkeit, so berechnen sich für diese die Gewichtsprozente nach der Formel:

$$\dfrac{\dfrac{g}{0,999\,145 \times 3}}{S}.$$

---

[1]) Zur Bestimmung der Rohfaser ist während des Druckes eine neue Anweisung seitens des Kaiserl. Gesundheitsamtes veröffentlicht worden, worauf verwiesen sei.

Printed in the United States
By Bookmasters